中国风景园林学会　编

第十三届中国风景园林学会年会

论文集

美美与共的风景园林：人与天调　和谐共生

Landscape Architecture with Beauty of Diversity and Integration:
The Pursuit of Mankind Harmonious Coexistence with Nature

CHSLA 2023

中国建筑工业出版社

图书在版编目（CIP）数据

第十三届中国风景园林学会年会论文集 / 中国风景园林学会编. -- 北京：中国建筑工业出版社，2024.7.
ISBN 978-7-112-30222-2

Ⅰ.TU986.2-53

中国国家版本馆 CIP 数据核字第 20244T4Z26 号

责任编辑：兰丽婷　杜　洁
责任校对：赵　力

第十三届中国风景园林学会年会论文集
中国风景园林学会　编

*

中国建筑工业出版社出版、发行（北京海淀三里河路9号）
各地新华书店、建筑书店经销
北京红光制版公司制版
建工社（河北）印刷有限公司印刷

*

开本：880毫米×1230毫米　1/16　印张：58¼　字数：2372千字
2024年5月第一版　2024年5月第一次印刷
定价：**198.00元**
ISBN 978-7-112-30222-2
（43628）

版权所有　翻印必究
如有内容及印装质量问题，请与本社读者服务中心联系
电话：（010）58337283　QQ：2885381756
（地址：北京海淀三里河路9号中国建筑工业出版社604室　邮政编码：100037）

第十三届中国风景园林学会年会论文集

美美与共的风景园林：人与天调　和谐共生

Landscape Architecture with Beauty of Diversity and Integration:
The Pursuit of Mankind Harmonious Coexistence with Nature

CHSLA 2023

主　编：李如生

编　委：（按姓氏笔画排序）

　　　　王向荣　毛华松　包志毅　陈明坤　林广思
　　　　金荷仙　贾建中　高　伟　董　丽　戴　菲

目 录

风景园林理论与历史

城市美化运动影响下的近代南京公园系统
　　规划（1927—1937）
　　………………………… 陈韵如　莫 非（003）

北京园林之佛寺道观山水环境溯源及部分典籍考
　　………………… 黄 彪　刘晓明　陈 拓　高 洁
　　　　　　　　　　彭红明　江泽慧（010）

生态智慧引导下的川盐古道体系构建与地方实践研究
　　………………………… 杨璧沅　杜春兰（018）

济南古城空间形态演变分析与地域景观提升策略研究
　　………………… 王慧英　邓庆哲　白 雪　杨謦铭（024）

乡土营法：黑水河藏族村寨聚落景观环境适应策略探析
　　………………… 蒋思玮　李 西　黄诗艺　朱春艳（029）

泉州古城海上丝绸之路游径网络规划设计研究
　　………………………… 谭 灵　杜 雁（035）

古罗马花园——意大利园林史和演变的象征
　　………………… 张德顺　姚鳗卿　Camilla Cavalera　孙明洋
　　　　　　　　　　叶俊声　刘 露　钟春海（041）

方位与中心
　　——无锡"无塔不园"背后的营造知识与应用
　　………………………………… 许家瑞（047）

徐派园林"亭"建筑的发展与演变
　　………………………… 李旭舟　余 瑛（052）

徽州传统滨水商贸聚落风景体系分析
　　………………………… 龙 琼　金云峰（058）

15世纪日本园林造园理念与方法研究
　　——以雪舟万福寺庭园为例
　　………… 胡 杨　周俣轩　阴帅可　杜 雁　秦仁强（064）

清代方志舆图中营城思想与山水空间格局制图表达研究
　　——以少林寺为例
　　………… 陈雁秋　袁槿沫　阴帅可　杜 雁　秦仁强（071）

风景园林学科建设

以创新训练元素激发学生兴趣潜能的景观设计课内外
　　结合教学方式研究与实践
　　………………… 任欣欣　刘 湃　王梓涵（083）

风景园林规划设计

城市公园老年人活动空间满意度评价及优化策略研究
　　——以西安市城市公园为例
　　………………………… 欧阳善　王晓雄（091）

寒冷地区适老性住区环境设计初探
　　——以西安市住区环境为例
　　………………… 王晓雄　欧阳善　刘心悦（098）

基于动态视觉景观的城市特色线性开敞空间导控研究
　　………………… 吴昌广　刘梅华　于 晴　成雅田（104）

基于扩散模型的仿江苏古典园林空间布局生成方法
　　………………………… 曾倩颖　孙忠伟（112）

国内外景观特征评估（LCA）方法与实践对比分析
　　………………… 高 滢　苏 毅　贺健强　王梦尧（118）

遗址公园视角下古城区遗址保护利用策略研究
　　——以肇庆府署遗址公园为例
　　………………………… 王绍杰　郭 谦（124）

北京通州区景观情景模拟及评估
　　………………………… 周红润　徐 峰（135）

基于多源数据的上海市土地覆盖类型演化模拟与预测
　　………………………… 黄钰麟　金云峰（140）

风景园林植物

线性视角下的杭州西湖山林游步道植物景观特征研究
　　………………………… 李上善　包志毅（147）

基于SBE-SD法的西安环城西苑植物景观评价
　　………………………… 刘君君　张文婷（161）

风景园林工程与技术

基于POI-MCR的乡村旅游风景道选线研究
　　——以金寨县鲜花湖景区为例
　　………………… 侯凯琦　李高钰　陈 明　戴 菲（169）

基于MSPA-MCR的生态安全格局构建及优化
　　——以重庆市长寿区为例
　　………………………… 范俊贤　应 文（178）

风景园林精细化管理

基于湖泊形态效应的滨湖绿地蓝绿空间生态与
　　游憩定量影响研究
　　——以武汉市中心城区为例
　　………………………… 冯科智　裘鸿菲（189）

风景园林文化传承应用

桂林市传统村落山水空间格局解析与传承研究
　　——以漓江风景名胜区传统村落为例
　　………………………… 雷林峰　刘丽荣（199）

文旅融合目标下苏州历史景点的公众情绪与
　　文化感知相关性研究
　　………… 马文涛　朱凤辰　苟卓灵　邱月妍　朱 逊（206）

长江国家文化公园建设背景下倒水
　　举水流域历史文化游径选线研究
　　………… 刘雨馨　高樱芷　杜 雁　刘思瑶　彭子懿
　　　　　　　　　　秦仁强（217）

新地域主义视野下当代乡土景观设计策略研究

——以京郊景观为例
　　　　　　　　　　张学玲　何钰昆　杨艺璇（225）
城市公园历史风貌演变及影响机制研究
　　——以上海市中山公园为例
　　　　　　　　　　　　　　卓林欣　金云峰（231）
古树名木文化服务评价指标体系构建
　　　　　　　　　　李鑫雨　赵　巍　朱　逊（244）
山地历史城镇文化景观发展可持续评估
　　——以重庆中山古镇为例
　　　　　　　　　　　　　　　　　　秦　攀（252）
城市历史景观（HUL）视角下城市文化空间景观
　　提升路径研究
　　——以北杜铁塔为例
　　　　　　　　　　　　　　　　　　刘力源（259）
全国重点文物保护单位温泉摩崖石刻群文化景观的
　　活化利用研究
　　　　　　　　　　　　张　姝　沈　丹　周　旭（270）

风景园林与国土空间优化

基于多源数据的长沙市主城区绿色空间分布特征研究
　　　　　　　　　　杨瑞华　刘润妓　付宇飞（281）
整合生态系统服务的城市绿地生态修复分区研究
　　——以武汉市东湖风景区为例
　　　　　　　　　　潘芷卉　张宇晗　杜　雁（286）
国土空间视角下的生态系统服务时空演变分析
　　——以抚州市为例
　　　　　　　　　　　　　　邱天琦　王向荣（292）
重庆市植被覆盖变化及趋势预测
　　　　　　　　　　　　　　　　　　王涵玉（297）
基于景观特征评估的城市边缘区识别与管理
　　——英格兰的经验与实践
　　　　　　　　　　　　　　谢　柔　鲍梓婷（302）
基于InVEST模型的济宁市生境质量评价及预测分析
　　　　　　　　　　　　　　李　豪　刘志成（309）
湖北省荒野识别及空间分布研究
　　　　　　　　　　刘晓钰　裘鸿菲　吴　逸（314）
秦岭北麓地区近20年景观格局时空演变及驱动力分析
　　　　　　　　　　　　　　　　　　叶雅诗（319）
基于生态安全格局的国土空间生态修复分区及协同
　　治理路径研究
　　——以山西中部城市群为例
　　　　　　　　刘　猛　李晓静　周正伟　王　霜（324）
基于文献计量分析的生态规划方法与技术应用研究进展
　　　　　　　　　　　　　　谢婉月　郝培尧（329）
哈尔滨市绿色空间生态系统服务演变特征及其对国土
　　空间规划的启示
　　　　　　　　　　　　　　祁玉馨　胡远东（337）
国土空间背景下市域生态修复规划分析方法与策略研究
　　——以汉中市汉台区为例
　　　　　　　　　　　　　　　　　　王沛瑶（345）
基于代际正义的城市蓝绿空间布局研究
　　——以济宁市为例
　　　　　　　　　　　　　　徐一丹　王洁宁（352）
苏州小城镇发展分类评估与发展模式分类研究
　　　　　　　　徐安祺　肖湘东　姜佳怡　秦慕文（357）

风景名胜区与自然保护地

性别差异视角下景区空间环境女性满意度研究
　　——以桂林市象山景区为例
　　　　　　　　　　　　　　赵梦雨　龙良初（365）
法国自然保护区建设与管理研究
　　　　　　　　　　　　　　黄鹏飞　刘　畅（373）
汉城湖景区社会生态系统韧性评价及优化策略
　　　　　　　　　　韩鑫炜　蒋洪波　陈稳亮（380）
基于风景名胜区与国家公园比较的自然保护地规划编制研究
　　　　　　　　　　　　　　蔡　萌　金云峰（386）

风景园林与绿色低碳发展

基于PSR模型的区县生态韧性评价及优化策略研究
　　——以济南历城区为例
　　　　　　　　　　　　　　李建云　李卓然（393）
基于可视化模拟的城市风道系统构建
　　——以成都市新都区为例
　　　　　　　　　　　　　　　　　　刘临莉（399）
基于机器学习的城市绿色空间形态对碳效应的影响研究
　　——以中国超特大城市为例
　　　　　　　　　　　　　　　　　　甘润雨（404）
基于土地利用的城乡绿色空间碳代谢特征及影响因子探究
　　——以上海奉贤为例
　　　　　　　　　　　　　　崔钰晗　金云峰（410）
北京市朝阳区景观格局与碳储量时空演变特征
　　　　　　　　　　　　　　于雯伊　李　豪（423）
城市化进程影响绿心城市风环境的数值模拟研究
　　——以浙江省台州市为例
　　　　　　　　　　　　　　李蒽芸　俞壹通（427）
衢州市绿色低碳体检指标体系构建与实证研究
　　　　　　　　　　　　　　　　　　高　晗（436）

风景园林与城市更新

城市更新背景下西安市适老设施布局公平优化研究
　　　　　　　　　　刘令贵　屠宇恒　周　典（445）
基于社交媒体数据的北京市高热度公园多尺度评价体系研究
　　　　　　　　　　　　　　　　　　丁婷婷（450）
老年人视角下地铁站地面垂直转换设施空间布局的
　　使用评价与优化设计
　　　　　　　　　　董贺轩　赵孜冉*　高　翔（462）
基于ENVI-met的老旧社区热舒适性优化策略研究
　　——以长沙市登仁桥社区为例
　　　　　　　　刘晓芸　郭美芳　刘路云　罗凤妓（472）
"共享街道"理念下的历史街区更新设计研究
　　——以上海愚园路百乐门设计为例
　　　　　　　　　　孙瑾璐　陈忆湄　郭　巍（484）
山地城市社区户外公共空间的老幼代际行为模式研究
　　——以重庆市渝中区华福巷社区为例
　　　　　　　　　　　　　　裴高博　杜春兰（492）
环境行为学视角下的山地社区公共空间更新策略研究

——以重庆市国际村社区为例
　　……………… 张嘉馨　杜　苗　李轶群　周冠宇 (501)
基于 CiteSpace 的国内老年友好社区研究热点与趋势
　　……………… 马颖婧　王晓雄　余侃华 (512)
安全感视角下老旧住区生活性街道适老化设计研究
　　——以哈尔滨主城区为例
　　……………… 于嘉慧　董　宇　郭海博 (518)
文脉主义视角下天津古文化街文脉价值评价及更新研究
　　……………… 骨雨含　李鹏波 (527)
基于空间句法理论的昭馀古城公共空间特征研究
　　……………… 白钊义　赵建明　温佳浩 (532)
基于社交媒体文本数据的网红景观评价研究
　　——以成都市、上海市和深圳市为例
　　……………… 张雯婷　王晓萌 (540)
空间叙事视角下的城中村日常行为研究
　　——以广州元岗村公共空间为例
　　……… 朱纯熙　李敏稚　谭　藏　王　彤　冉姗姗 (546)
场所营造视角下城市公共空间优化策略研究
　　——基于 2012—2022 年相关文献分析
　　……………… 管毓宁 (554)
基于 PSPL 和空间句法的新老城区衔接区公共
　　空间评估与优化策略
　　——以成都市典型公园为例
　　……… 顾梅馨　熊雪倩　刘　玥　杜雨桐　王倩娜 (559)
生活性城市街道休憩空间更新设计策略研究
　　——以重庆市沙正街为例
　　……………… 李轶群 (571)
城市更新背景下老旧小区公共空间特征及改造策略研究
　　——以成都市为例
　　……………… 何妍伶　郑德伟 (577)
基于多功能需求的社区小微公共空间景观设施
　　提升与改造策略
　　……………… 祁艳丽　李颖睿 (583)

风景园林与乡村振兴

乡村振兴背景下遗址区闲置土地识别与利用
　　——以汉长安城遗址为例
　　……………… 吴　彬　杨　曼　陈稳亮 (591)
传统时期湖州菱湖桑基鱼塘景观解析
　　……………… 姚心远　郭　巍 (599)
珠三角乡村聚落时空演变与影响机制研究
　　……………… 陈玉玺　李明倩　王春晓 (610)
生态约束下景边型传统村落产业空间布局研究
　　——以阳朔县旧县村为例
　　……………… 刘春晖　刘丽荣 (617)
人口老龄化背景下乡村适老性景观设计要素研究
　　……………… 瞿才皓　周　旭 (622)
传统村落景观叙事要素的游客感知与认同
　　——以北京灵水村为例
　　……………… 冯萌欣　徐　峰 (632)
基于人居环境质量评价的洋县溢水镇空心村治理策略研究

　　……………… 甄　妮　蔡　辉　余侃华 (638)

生态基础设施

社会-经济-生态发展投入及其系统耦合协调度熵值分析
　　——以重庆市为例
　　……………… 卿　鑫　邢　忠 (645)
特色资源驱动型县域绿道网络构建研究
　　——以桓仁满族自治县为例
　　……………… 王梦瑶　彭晓烈 (654)

城市生物多样性

气候变化背景下北京市黑鹳适生区和景观格局相关性研究
　　……………… 陈　红　何玥彤　郑　曦 (663)
昆明市湿地公园鸟类多样性及其生境偏好研究
　　……… 李福泷　陈仕军　马长乐　杨建欣　李　瑞 (671)
融入人为干扰因子的生境单元制图法在森林型郊野
　　公园中的应用
　　——以北京市将府公园为例
　　……… 李金诺　陈晓彤　马玥祺　尹　豪 (676)
城市鸟类生境偏好性研究
　　——以昆明市黑龙潭公园为例
　　……… 李　瑞　韩丹妮　马长乐　李福泷 (688)
基于生物多样性感知的城市野境价值认同路径研究
　　……………… 庞世源　嵇雨桐　李　雄 (695)
基于生态系统服务协同与权衡关系的城市生态空间管
　　控策略研究
　　——以粤港澳大湾区红树林湿地为例
　　……………… 张　婷　严仙友阳 (699)

风景园林与公众健康

多重弱势叠加效应下城市绿地使用公平性研究
　　——以哈尔滨为例
　　……… 郭雨倩　陈溪雨　张　曼　侯韫婧 (709)
法国老年友好城市建设实施框架：以第戎市和里昂市为例
　　……………… 张宇晗　潘芷卉　杜　雁 (718)
基于 POI 数据与电路模型的朝阳区功能空间分布格局与
　　绿色出行网络研究
　　……………… 孙千翔　李　雄 (725)
养老机构疗愈景观评价体系构建与应用研究
　　——以昆明市三家养老机构为例
　　……………… 韩　宏　丁　宁　金雪花 (735)
基于公众感知的公园节点游憩活动吸引力影响因素研究
　　——以马甸公园为例
　　……… 何　吴　蹇汶辰　王博娅　刘志成 (741)
植物群落特征因子对飞絮飘散的影响
　　……… 米夏原　丁　康　于　森　李运远 (748)
附属绿地的春季致敏风险特征与改善策略研究
　　……………… 宋淑晴　马　嘉　李运远 (756)
基于遥感影像的城市自然因素对居民热暴露时空驱动研究
　　——以重庆建成区为例

······················· 张 凯 陈江华（764）

风景园林与绿色公平

基于出行行为的成都市公园绿地可达性研究
······················· 马朝杨（773）
基于有序 Logistic 模型的城市居民对绿色休闲空间
公平感知研究
······················· 梁天婧（779）

小微绿地和口袋公园建设

包容性视角下老旧住区周边小微绿地更新研究
······················· 李诗玥（787）
基于 CiteSpace 的口袋公园研究进展综述及展望
············ 白 雪 杨馨铭 王慧英 邓庆哲（793）

智慧园林

城市园林绿化数字化智治应用的搭建与实践
——以平湖市为例
······················· 高逸平（801）

风景园林管理和工程实践

数字风景园林技术研究热点变化与前沿趋势
——基于历届国际数字景观大会的议题分析
············ 周凯漪 黄艳玲 张 炜（807）

植物园建设与发展

公园城市背景下成都建设国家植物园的必要性和功能
定位研究
········ 陈明坤 冯 黎 白 宇 卢奕芸 骆小红（819）
基于地域特色的植物园规划策略
——以郑州第二植物园规划设计为例
······················· 李美蓉（826）
融合发展视角下盲人植物园营建研究
——以日本大阪大泉绿地公园的感官花园为例
········ 张耀文 崔思贤 贾 婕 王旭东（831）
现代植物园的发展趋势与战略思考
——以上海辰山植物园为例
············ 张沐春 马其侠 胡永红（838）
英国皇家植物园邱园建设管理研究
········ 李 莎 匡 纬 丁 戎 杨 鑫 白 丹（842）

植物园发展历程及中国国家植物园建设思考
······················· 张 楠（849）
植物园提升改造中存量景观升级策略
——以上海辰山植物园藤蔓园改造为例
············ 杨 榕 马其侠 胡永红（854）
智能交互技术及交互体验在植物园科普教育中的应用
············ 张译雯 徐 峰（859）

城市公园绿地开放共享

城市公园绿地的多元化利用与开放共享策略研究
······················· 马 骁（867）
城市公园绿地开放共享路径与策略
——以济南森林公园为例
············ 于永红 焦秋霞 庞海宁（871）
传统自然感知及公园城市政策对城市绿地开放共享的
启发梳理
——探讨绿美广东理念下的深圳绿地开放共享
······················· 赵 亮（877）
智慧化多元开放共享空间探讨
——以三殿公园为例
············ 冯 钰 安 妮（882）
公园城市发展导向下的城市业态空间演替
······················· 冯 春（889）
公园城市理念下超大城市"城市公园绿地"开放共享
建设策略探究
——以闵行区古美公园为例
············ 王 艺 潘 兵（897）
公园绿地开放共享的路径探索
——以宜春为例
······················· 漆子钰（904）
基于大数据分析的城市公园绿地开放共享策略研究
——以广州市天河区为例
············ 姚 睿 李 杨（910）
深度共享
——城市公园绿地活力提升策略与路径
········ 张琪奥 李书畅 卢诗意 张晋石（916）
在家门口亲近自然
——城市公园绿地开放共享策略探讨
············ 谢细伢 郭美锋 周爱平（921）

风景园林理论与历史

城市美化运动影响下的近代南京公园系统规划（1927—1937）[①]

Park System Planning in Modern Nanjing Under the Influence of the City Beautiful Movement (1927—1937)

陈韵如　莫　非*

摘　要：19—20世纪初期，城市美化的思想对欧美多个国家首都城市的公园系统改造产生了直接影响，但与中华民国首都南京的公园系统规划的联系尚不明确。本文通过说明城市美化思想对当时多座首都城市公园系统的影响，结合对南京成为中华民国首都后，《首都大计划》《首都计划》多轮规划文本的分析，说明该理念对近代南京城市公园系统的影响。研究发现城市美化的主要影响是一种对现代城市"美"的观念的引入，城市公园及林荫道的规划结合了南京本土的山水格局，规划体现中西交融的矛盾与复杂性，公园系统的规划仅部分得到实施。城市美化对南京城市公园系统规划的影响，说明了这一思想对塑造民国首都政治及文化景观的作用。

关键词：城市美化；南京；公园系统；首都计划

Abstract: In the early 19th to 20th century, the concept of city beautiful had a direct impact on the transformation of park systems in many European and American capital cities. However, its connection to the park systems planning in the capital city of the Republic of China, Nanjing, remained unclear. By illustrating the influence of the idea of city beautiful on the park systems of several capital cities at that time and analyzing various urban planning texts related to Nanjing becoming the capital of the Republic of China, we can understand its impact on the city's modern park system. The research has found that the main effect of city beautiful was the introduction of the concept of beauty into modern cities. The planning of urban parks and tree-lined avenues in Nanjing was integrated with the local landscape, reflecting a blend of Chinese and Western influences with their inherent contradictions and complexities. However, only parts of the park system planning were implemented. The influence of city beautiful on the planning of Nanjing's park system demonstrates its role in shaping the political and cultural landscape of the capital city during the Republic of China era.

Keywords: City beautiful; Nanjing; Park System; Capital Plan

引言

20世纪初期，城市美化运动对华盛顿、堪培拉、新德里等多座首都城市的公园系统规划产生重要影响[1-2]。中华民国的首都南京在制定城市公园系统的规划时，同样参考了城市美化的思想，但目前已有的近代园林史的研究中，对南京近代公园系统的研究对这一影响缺乏探索。南京近代公园系统的研究主要集中在讨论《首都计划》本身[3-5]，尚未揭示城市美化的理念如何引入首都计划，并体现在多次计划的城市公园系统规划中。本研究通过对20世纪20—30年代南京历次首都规划进行分析，说明城市美化理念对近代南京公园系统的影响。研究分析了《首都大计划》《首都计划》及各修订文件，说明其中涉及公园与林荫道的公园系统规划演变，以及计划的实施情况。本文旨在揭示城市美化对作为中华民国首都的南京制定公园系统规划的影响，完善对这一理念塑造政治及文化景观的认识。

1　城市美化运动影响下的公园系统建设

城市美化（city beautiful）对欧美首都城市建设的影响以奥斯曼（Georges Haussmann）的巴黎重建为标志。1853年的巴黎重建计划中，通过对城市公园、林荫道进行修建，使得巴黎的开放空间格局发生了重要转变。贯穿巴黎市中心的林荫大道及其连接的城市公园，结合蜘蛛网式的街道构建的街旁绿地体系，奠定了巴黎基本的公园系统结构。在此之后，1893年美国芝加哥世界博览会（World's Columbian Exposition）进一步对城市美化的理念进行了展示。负责博览会规划设计的伯纳姆（Daniel H. Burnham）与奥姆斯特德（Frederick L. Olmsted）等人，成为1902年美国首都华盛顿特区（Washington D. C.）麦克米兰规划（McMillan Plan）的核心成员。该规划通过对角线式的路网，连接城市滨水区域及绿地，提升城市开放空间体系的连续性和整体性。该计划受到城市美化思想的影响，进一步扩大了朗方（Pierre C. L'Enfant）所制定的首都规划中的中轴线大道构想，以800英尺（约243.8m）宽的林荫道，凸显华盛顿纪念碑与国会大厦之间的轴线关系，并连接周边的绿地构成国家广场（The National Mall）（图1）[6]。这一方案塑造出兼具纪念性及象征性的政治景观，提供了市民集会的公共空间。之后，美国多座城市开展了以城市美化为导向的城市更新。

[①]　项目基金：上海市哲学社会科学规划课题（编号：2019ECK004）。

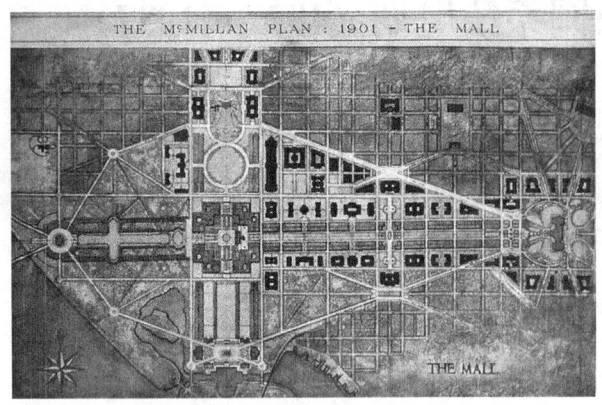

图1 麦克米兰规划中的国家广场[6]

城市美化的理念同时也传播到澳大利亚首都堪培拉、印度首都新德里、菲律宾首都马尼拉等地[7-11]，其中不少城市将当地自然资源与城市美化元素相融合以构建绿地空间。如1911年的堪培拉规划（The Griffin Plan for Canberra），格里芬夫妇（Marion M. Griffin & Walter B. Griffin）充分利用丰富的山水景观资源，通过在陆轴（land axis）、水轴（water axis）上交汇的轴线林荫道界定城市中心三角区（the parliamentary triangle），连接城市公园及绿地，并在东、西、南部山脉建设森林，形成环绕"露天剧场"的生态景观带[8]（图2）。

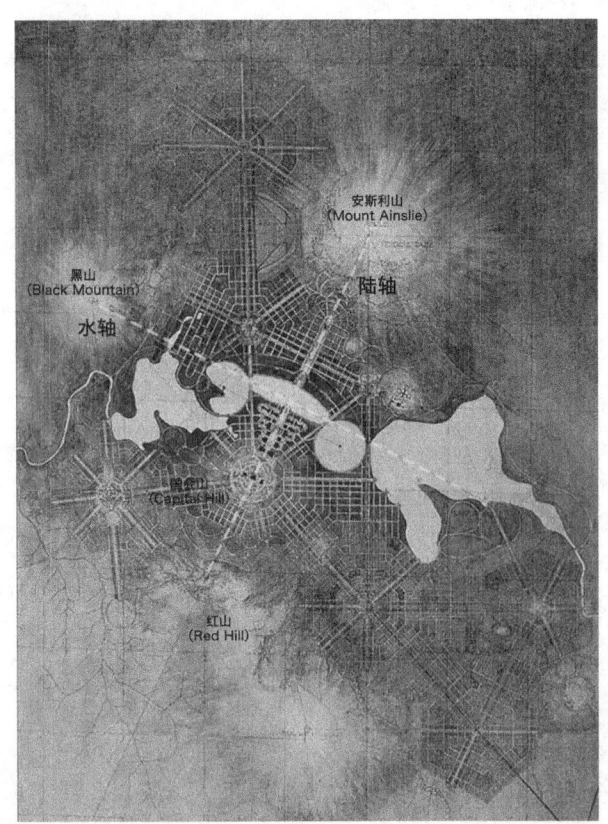

图2 1911年格里芬堪培拉规划[12]

2 城市美化运动影响下的近代南京公园系统规划

2.1 首都大计划——欲求实现美的都市

2.1.1 大计划规划背景

1927年国民政府将首都设立于南京，此时北伐战争尚未结束，南京久经战乱，城市景象颓败。1928年初，南京市工务局开始制定首都规划，编制原则中强调以田园城市为理论基础的"农村化"，保留民族性的"艺术化"，学习西方城市规划理论的"科学化"[13-15]，其最终希望达到的成果用"美"进行总结[16]。城市公园建设被认为是欧美各国提升城市艺术形象的重要手段，公园化的城市给人以"如行图画之中"的游赏体验[17]。当时的报刊、杂志上还经常出现诸如"建设艺术化之新南京！"的口号标语[18]，认为现代城市形象的建立是社会发生根本变革的象征。这展现出政府对首都城市重建和现代市政转型的殷切期盼，但"农村化、艺术化、科学化"都服务于城市物质形象提升，希冀以此"改变首都民众之观感，一新全国民众之观感"[17]。

2.1.2 大计划中的园林区与林荫道

1928年2月，《首都大计划》初稿完成，分有7个功能区，其中包括园林区（图3）。园林区选址以南京传统风景名胜为基础，一处为玄武湖及紫金山周边，一处为莫愁湖周边。其他功能区散置城市公园、绿地，规定宽度30尺（10m）以上的道路两侧均种植一排道树。为迎回孙中山先生灵柩，初稿中首次提出了"迎榇大道"，即"中山大道"（今中山北路—中山路—中山东路）的规划构想。

1928年7月初，重新组建规划首都图案委员会，进一步完善《首都大计划》首稿。聘请韦以黻、周向贤、吕彦直、庄俊、范文照、董修甲、夏光宇、杨孝述、陈扬杰9人为委员，其中多数成员具有留美学习建筑、城市规划或机械工程的背景，并参与了之后《首都计划》的编制工作。但本次重组随着时任市长的去职不了了之。后新任市长任下市工务局对《首都大计划》的修改没有影响园林区选址，对迎榇大道路线进行重新调整，打破了南京古城原有肌理。大道全长12km，以鼓楼为中心，北段路线由鼓楼经海陵门（今挹江门）直达江岸，中段由鼓楼向南至新街口，东段贯穿明故宫直抵朝阳门（今中山门）。路幅宽40m，快车道两侧依次排布慢车道、双排悬铃木绿岛、人行道及单排行道树（图3）。1928年8月12日，中山大道破土动工。

1928年10月，《首都大计划》第三稿将"园林区"改为"农林区"，在原园林区范围基础上扩展至沪宁铁路西南各地区。此时的道路规划在施工中进行着部分调整。大计划编制中人事变更频繁，也没有详尽准确的前期城市调研和市区地图，导致三易其稿。但在历次规划中始终保留的园林区以及中山大道的规划建设都为一年后《首都计划》公园与林荫道系统奠定基础，初步显现出城市美化运动对南京城市公园系统规划的影响。

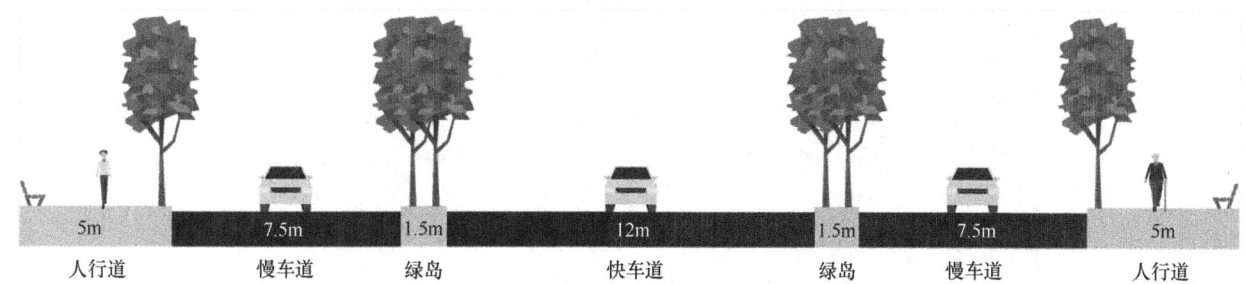

图 3 中山大道断面图
(图片来源：作者根据参考文献 [19] 自绘)

2.2 首都计划——壮丽美观之都市

2.2.1 首都计划规划背景

随着北伐战争的胜利，首都建设得到国民政府重视。1928 年 12 月，国都设计技术专员办事处（以下简称"国都办"）成立，计划重新编制《首都计划》，直接对国民政府负责。该计划以华盛顿、巴黎、柏林等首都城市为例，将城市公园、林荫大道视作不可或缺的现代都市装置，旨在塑造纪念性的壮丽景观，以改善南京的城市面貌，让首都成为全国城市表率，比肩欧美城市[16-18]。

较之由市政府主导的侧重现代市政建设的《首都大计划》，《首都计划》则是国民政府预期百年的国都谋划，编制遵循"欧美科学之原则"与"吾国美术之优点"的指导原则[20]。当局聘请美国建筑师墨菲（Henry K. Murphy）与工程师古力治（Ernest P. Goodrich）主导编制，并启用大量留美归国青年建筑师，确保《首都计划》能够采用最前沿的规划工具与知识。

在编制《首都计划》之前，墨菲就以实践融合中国传统建筑的"适应性建筑"（adaptive architecture）在中国闻名，他在《广州市政计划》中的城市规划体现出将中国古代营城模式与城市美化思潮相结合的特点[21]。赴任南京之初，《纽约时报》将墨菲对南京的构想与华盛顿、堪培拉、新德里并论[21]，并指出墨菲将把他的建筑理念扩展到城市尺度，在中国的新首都继续践行"中国固有之形式"。协助墨菲进行首都规划的归国建筑师也深受他的影响，如吕彦直等人。古力治则为《首都计划》带来了科学化的城市规划理论与技术[22]。他与福特（George B. Ford）于 1913 年共同创立了美国第一家私人规划咨询公司，推动基于统计资料的科学、数字城市规划管理方法，具备丰富的城市规划实践经验与更为进步的理论知识。

2.2.2 首都计划中的公园与林荫道

《首都计划》引入了奥姆斯特德的公园系统理论，更加注重城市公园的整体性与联系性，增筑公园的同时"并辟林荫大道，以资联络"[20]。使用较为科学的评估指标，将城市公园覆盖率、每英亩公园分配人数与欧美各城市对比，继而划定新建公园面积。

此次规划前南京已有中山陵、玄武湖公园、第一公园三处大型公园，鼓楼公园、秦淮小公园两处小型公园（图 4）。规划预计新建公园选址分为以下几类：一类依托名胜古迹，如在雨花台、莫愁湖、清凉山、朝天宫辟建公园，下关、五台山、鼓楼、北极阁及其西保留为公众休憩地，五台山保留区域辟为体育场；一类为城市中心的社区公园，如新街口公园；一类是城外郊野公园，如浦口公园。《首都计划》论及公园作用最多的仍是美观，但公园对塑造身心健康的首都市民形象的作用也得到更多关注。

图 4 1929 年南京主要绿地及公园
(图片来源：作者自绘，底图引自参考文献[20])

林荫大道串联城市公园，提升公园可达性，便于市民前往。大道沿线栽植悬铃木，布置路灯、座椅、儿童游乐场等设施，视作公园类型之一（表 1）。其中两段较长路线一为秦淮河滨水林荫道（图 5），一为环内城垣林荫道（图 6）。规划发掘秦淮河历史名胜资源，拆除距岸一定距离内的所有房屋，开辟林荫大道、人行道与滨水游憩小径（图 7）。环城林荫大道则是墨菲基于保护南京城墙提

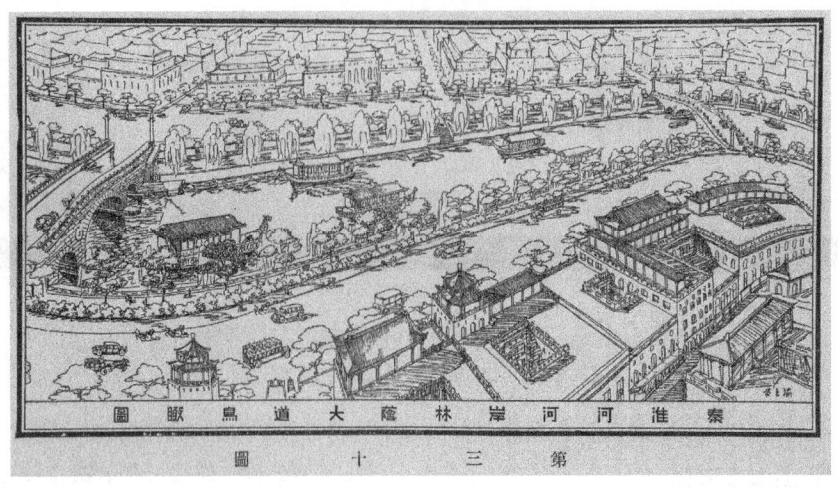

图 5　秦淮河河岸林荫大道鸟瞰图[20]

《首都计划》中的公园性质道路[20]

表 1

公园性质道路	分类		路面宽度
林荫大道	城市林荫大道		平均宽度100m，各处不一，酌情而定
	秦淮河滨水林荫大道		14~17m车行道与5m人行道
正城大道	环内城垣林荫大道		至少22m
	城垣大道	海陵门—南门—通济门段	双侧通车，宽度酌情而定
		东段	单侧通车/仅人行，宽度酌情而定

图 6　围城林荫大道及城上大道鸟瞰图[20]

图 7　秦淮河河岸林荫大道断面

(图片来源：作者根据参考文献［20］自绘)

出的更新利用。由城墙改筑的环城大道成为天然高架道路，有助舒缓城区交通压力，也便于游人登高游赏。因部分城面狭窄仅可人行，环内城垣林荫大道将同时作为环城大道支路以便汽车通行，增添沿途风光。

《首都计划》的公园区与上述公园系统范围基本一致（图8）。1930—1933年，首都建设委员会与市工务局两次调整城市分区，两次调整中的公园区保持一致（图9、图10）。其较之《首都计划》公园区的主要变化在于取消了秦淮河林荫大道、明故宫与新街口公园区，缩减清凉山与北极阁公园区，北城区新增两处西南—东北走向林荫道连接教育区与商业区，城市公园系统布局更为零散破碎。1931年，为补充城区公园不足，市政府发布《南京市森林公园计划书》，利用城区西北部山脉及南城外雨花台等自然资源构筑森林公园，形成大公园系统，增进首都美观。

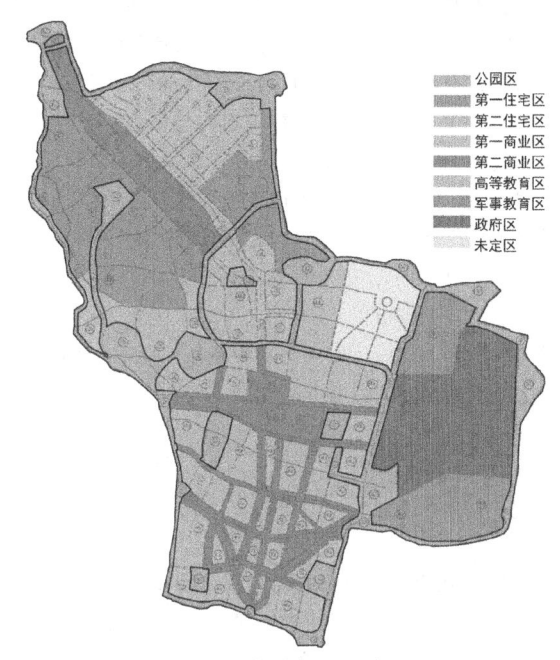

图 9　1930年首都城内分区图

(图片来源：作者自绘，底图引自参考文献［23］)

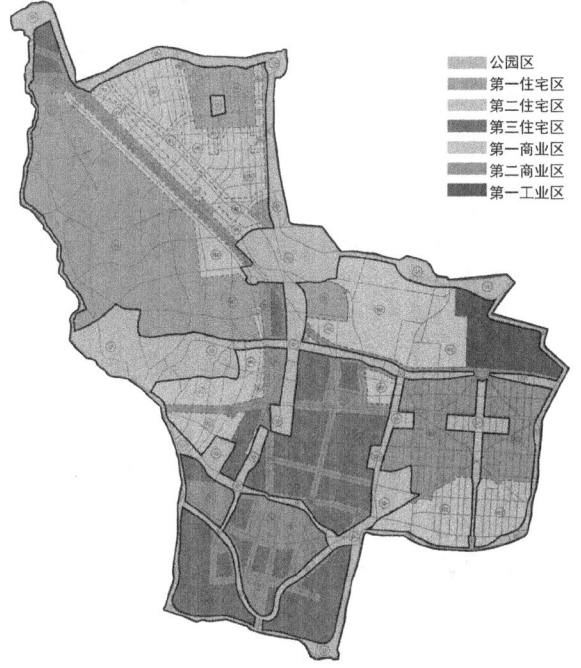

图 8　《首都计划》城内分区图

(图片来源：作者自绘，底图引自参考文献［20］)

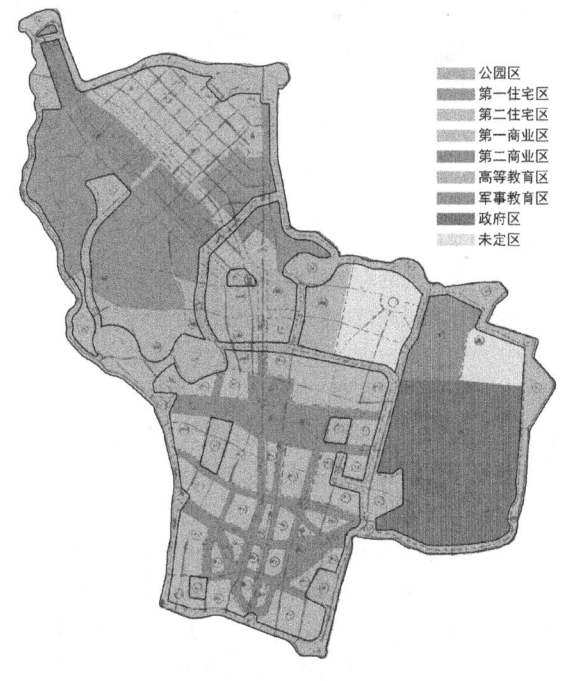

图 10　1933年首都城内分区图

(图片来源：作者自绘，底图引自参考文献［24］)

2.3 公园系统规划的实施

民国时期的南京是政治因素主导的城市，现代化转型并非由经济发展带动，连年的战争又使得政府军费支出庞大，没有余力提供首都建设经费。当局多以民族主义论调呼吁市民自觉为首都建设的不朽事业作出贡献[16,25]，《首都计划》则将公园、街道等建设款项定为由市民及受益产业承担。最先付诸实施的规划是政府建筑与城市道路，公园与林荫道建设被延后。至1937年前，首都规划中最能够惠及市民的公园系统大多停留在图纸之上。部分开展的公园建设多为对原有公园、风景名胜的修缮提升，新辟城市公园仅有中央政治区公园、平民公园等个别小型公园[26]。林荫大道未能按规划构想实施，但以中山大道为代表的城市道路则形成了真正意义上的林荫大道。1929年4月，中山大道快车道全线竣工，沿线空地多由军政机关自行修建办公大楼，成为展现国家权力的场所。1929年6月1日，奉安大典举行，孙中山灵柩沿中山大道行进，当日送殡市民10万余人，再次强化了中山路的政治空间属性。此后，中山大道中段于1935年完成40m路幅的全线建设，北段及东段工程于1937年前完成了部分慢车道铺筑[19]。

3 结语

作为民国时期政治中心的首都南京，城市规划由政府自主掌控，吸纳西方城市规划理论与技术。除城市美化运动外，南京公园系统规划还受到田园城市、公园系统等多重理论影响，逐渐由粗略的园林区划分、片面强调物质美化呈现出更为科学理性的发展趋势，形成具有一定整体性、连续性的公园系统规划。南京国民政府希望借此构建新兴民族国家的现代形象，以增进市民认同感，巩固政权合法性。因此，公园系统规划具有政治空间营造的意向，城市美化的理念根本上与深层次的社会变革理想相联系。

南京历次规划编制都呈现了不同程度的中西交融。欧美专家与留学归国的青年技术官僚积极引入先进规划理论，融合传统以展现民族精神。但规划重视传统山水格局利用，却忽视历史遗存保留和民生现状的实践，也体现出民族主义与西方崇拜的矛盾杂糅。城市美化的思想蕴藏在《首都大计划》《首都计划》中，但城市公园及林荫道的构建，并不仅仅是出于美学因素的考虑，也体现出城市绿地与公众健康、政治景观营造等综合的规划设计思想。

城市美化之所以会对当时南京的公园系统规划产生影响，与南京作为首都的政治地位有直接关联。法国首都巴黎、美国首都华盛顿所采用的相似的规划理念，成为南京市政府编制首都规划的重要参考案例，这也是促进城市美化思想在中国传播的关键原因。与此同时，南京的城市山水格局也是公园系统规划的自然基础。

参考文献

[1] Gordon D. Planning Twentieth Century Capital Cities[M]. Routledge, 2006.

[2] Hall P. Cities of Tomorrow: An Intellectual History of Urban Planning and Design Since 1880[M]. John Wiley & Sons, 2014.

[3] 王智勇，李纯，孙新旺. 民国南京《首都计划》中公园系统规划的解读、评价及启示[J]. 中国园林，2017，33(11)：81-86.

[4] 许若菲，王晓俊. 近代南京城市绿地形态演变及其影响因素分析[J]. 中国园林，2022，38(2)：60-65.

[5] 叶茂华. 南京近代城市景观历史演变研究初探[D]. 南京：东南大学，2014.

[6] McMillan 1902 plan of Washington, D. C.[EB/OL]. [2023-07-31]. https://www.whitehousehistory.org/photos/fotoware?id=F0F739CE933B4264%20A492AA62F25F33B2.

[7] Ellem C. No Little Plans: Canberra, Via Chicago, Washington DC, The Philippines, and Onwards[J]. Thesis Eleven, 2014, 123(1): 106-122.

[8] Duggan L. 'A Sort of Mythical Thing': Canberra as an Imaginary Capital[J]. Journal of Australian Studies, 2009.

[9] Ghertner D A. Rule by Aesthetics: World-Class City Making in Delhi[M]//Worlding Cities. John Wiley & Sons, Ltd, 2011: 279-306.

[10] Buch M N. Lutyens' New Delhi-yesterday, today and tomorrow[J]. India International Centre Quarterly, 2003, 30(2): 29-40.

[11] 王跻崭. 殖民主义、城市规划与现代国家建构——20世纪初美国"城市美化运动"在菲律宾的实践[J]. 东南亚研究，2021(5)：23-52，154-155.

[12] Plan for Canberra[EB/OL]. [2023-07-31]. https://www.naa.gov.au/students-and-teachers/learning-resources/learning-resource-themes/government-and-democracy/parliament-and-elections/plan-canberra.

[13] 何市长在第六次总理纪念周之报告[Z]. 南京特别市市政公报，1927(3)：7-10.

[14] 何市长在第一次总理纪念周之报告[Z]. 市政公报，1928(8)：4-7.

[15] 我们三个月的工作计划[Z]. 市政公报，1928(11)：4-12.

[16] 姚鹓雏. 首都市政一月内之预计[Z]. 市政公报，1928(13)：9-11.

[17] 造成艺术化的新南京[Z]. 市政公报，1928(13)：92.

[18] 侯风云. 传统、机遇与变迁：南京城市现代化研究1912-1937[M]. 人民出版社，2010.

[19] 苏则民. 南京城市规划史[M]. 2版. 北京：中国建筑工业出版社，2016.

[20] 国都设计技术专员办事处. 首都计划[M]. 南京：南京出版社，2018.

[21] Cody J W. Building in China: Henry K. Murphy's "adaptive Architecture", 1914-1935[M]. Chinese University Press, 2001.

[22] 郭世杰. 民国《首都计划》的国际背景研究[J]. 工程研究-跨学科视野中的工程，2010，2(1)：74-81.

[23] 首都建设委员会. 首都建设委员会第一次全体大会特刊[Z]. 1930.

[24] 首都城内分区图[J]. 地政月刊，1933，1(8)：1.

[25] 董修甲. 首都建设问题[N]. 申报，1928-07-07.

[26] 首都未来之公园[J]. 道路月刊，1935，46(2)：84-85.

作者简介

陈韵如，1998年生，女，汉族，江苏省徐州市人，上海交通大学硕士在读，研究方向为风景园林历史与理论。电子邮箱：olivechench@163.com。

（通信作者）莫非，1986年生，女，汉族，云南省昆明市人，博士，上海交通大学，副教授，研究方向为风景园林历史与保护。电子邮箱：fei_mo@sjtu.edu.cn。

北京园林之佛寺道观山水环境溯源及部分典籍考

Tracing the Origin of the Mountain-water Environment of Buddhist and Taoist Temples and Textual Research on Some Ancient Books in Beijing Gardens

黄彪 刘晓明 陈拓 高洁 彭红明* 江泽慧

摘 要：本文研习金代八大水院、《帝京景物略》和《鸿雪因缘图记》，以此考究历史上有详细记载的北京佛寺道观山水胜地，进而对北京佛寺道观山水环境空间的分布和类型进行探究，其山水环境空间主要有依名山胜迹、置城市河湖、傍护城皇河和临郊野河道4类，总结出北京佛寺道观因凭山水，环境怡人秀美，其山水环境空间形成与发展是自然、宗教、政治、生态、经济的综合社会反映，呈现出一定的发展特点，供读者借鉴。

关键词：佛寺道观；山水环境；金代八大水院；《帝京景物略》；《鸿雪因缘图记》

Abstract: This paper studies the Eight Water Institutes of the Jin Dynasty, Imperial Scenery, and The Legend of Hongxue Karma, in order to study the historical records of the scenic spots of Beijing Buddhist temples and Taoist temples, and then explores the distribution and types of the landscape environment space of Beijing Buddhist temples and Taoist temples. The landscape environment space is different, mainly based on famous mountains and scenic spots, urban rivers and lakes, the Imperial River near the city, and the riverway near the countryside, It is concluded that the environment of Beijing Buddhist Temple and Taoist Temple is pleasant and beautiful because of its landscape. The formation and development of its landscape environment space is a comprehensive social reflection of nature, religion, politics, ecology and economy, presenting certain development characteristics for readers to learn from.

Keywords: Buddhist and Taoist Temples; Mountain-water Environment; Eight Water Institutes of the Jin Dynasty; Imperial Scenery; Legend of Hongxue Karma

引言

北京作为历史悠久的古都名城，拥有繁多的儒释道文化发展印记，其中寺观园林作为三教文化思想表达的载体，对推动民族文化和独立意志的发展起着重要的作用。各类文献对北京地区的园林描述众多，尤其自明清时期以来相关典籍明显增多，其中不乏对寺观园林和其山水环境的描绘。近代对北京地区寺观园林的研究从未间断，主要集中在直接研究和利用典籍进行历史追溯两个方面。直接研究的包括：北京市档案馆编写的《北京寺庙历史资料》和科学出版社出版的《北京寺庙宫观考古发掘报告》以历史视角调查和分析寺庙道观的建筑及环境[1-2]。佟洵在中央民族大学出版社出版的《佛教与北京寺庙文化》中系统论述了北京寺庙发展历程，从文化内涵层面探寻北京寺庙园林的历史文化，通过介绍寺庙的自然环境、总体布局、建筑特色及雕刻绘画生动描绘了北京寺庙[3]。孟兆祯博士的《京西园林寺庙浅谈》介绍了北京西山一带园林寺庙的特点、择址、山水环境和遗产保护，为后续的开发利用提出了建议[4]。陈连波的《北京道教宫观环境景观研究》通过整理北京地区的道教宫观，分析其总体分布、建筑空间布局、空间序列和细节特色[5]。利用典籍进行历史追溯的研究如：清华大学建筑学院贾珺对《帝京景物略》的历史地位、记载的北京地区园林与人文风景区以及它们的园林意境进行了归纳总结，并从山水环境的角度描述了北京的寺观园林[6]。王哲生则从《鸿雪因缘图记》的记载中分析北京寺院园林的景点特色[7]。苗天娥、景爱依据史籍查考研究了北京金代西山八大水院的相关记载[8]。本文基于前人对北京寺观园林环境和相关典籍的理论基础，更进一步推敲北京一带佛寺道观的山水空间环境营建与分布发展。

1 记述北京佛寺道观的相关典籍

北京城随着历朝历代的不断发展，城市地位逐渐提升，尤其是在北京成为辽国五京中的"南京"之后，至清朝时期城内已经涌现了大量精美的寺观园林。而由于近代历史原因，真正保存下来的名刹古寺并不多，利用古书典籍中的记载研究北京佛寺道观是有据可循的。相比寺观众多的盛相，描绘寺观园林风景的书籍并不多，仅《帝京景物略》《鸿雪因缘图记》《日下旧闻考》《帝京岁时纪胜》以及一些地方史志等，而《帝京景物略》在园林典籍之中地位之高，可用"南《园冶》，北《帝京景物略》"来形容，《鸿雪因缘图记》则由于其作者兼具官位和文学造诣，使该书成为一部记述内容丰富、综合性强的园林典籍。本文根据北京佛寺道观园林的发展，主要对北京全盛

---

① 基金项目：中央公益性科研院所基本科研业务费专项资金（1632021019、1632022006）。

时期的佛寺道观进行研习，如金代八大水院、明代《帝京景物略》和清代《鸿雪因缘图记》中提到的京城寺观园林，以此分析其与山水空间环境的结合。

2 北京佛寺道观山水环境历史分布及演变

北京园林中佛寺道观的山水环境空间是宗教与自然结合的产物，在漫长的历史岁月中，佛寺道观依山傍水而建者不在少数，且不断地扩充规模，精工细作，园林内历代文化雅士的摩崖碑刻和楹联诗文，沉淀着宗教史迹，使其山水环境空间蕴涵丰厚历史和文化游赏价值。从寺庙山水环境上看，北京寺庙多位于名山胜迹，其环境亦为重要的园林环境[1-2,9-10]。历经初生、发展、兴盛、衰败等一系列起起落落的过程[3,11-12]，得益于山水环境。北京佛寺道观山水环境具有自然和人文特征[4,6]，大体呈现出两汉魏晋南北朝始传初期、隋唐完善期、宋代兴盛期、元代发展期、明代聚集期和清代极致期6个阶段的历史分布及演变。

北京佛寺道观与山水环境最初要追溯到东汉，此时原始的道教开始在北京地区有所活动，道家文化推崇"长生求仙"，追求"洞天福地""天人合一"的道教景观，并将修仙之地择址于郊野自然风景条件优美、符合传统风水习俗的山麓上。至两晋南北朝后，北京地区佛教兴盛，名山胜迹均可见僧寺之地。北京佛寺道观山水环境空间的发展始于西晋嘉福寺，即寺址于小西山脚下的潭柘寺，寺庙依山取势、背山而建、群山环抱、建筑与山川美景相容。除此之外，该时期大多数的寺庙也建于山麓，这里溪水汇集，树木繁盛，寺观建筑依附于自然美景，巧妙利用山水环境。

到了隋唐，佛寺道观各项制度已日渐完善，佛寺道观开始世俗化，信众的到访使僧道侣在修建佛寺道观之时更加注重建筑庭院园林及其内部园林环境，比如证果寺分布于庐师山，慧聚寺（现戒台寺）各院内均有叠山石、松柏、塔碑等。

宋代寺庙园林受"清静无为""净土"等影响，由世俗化进一步文人化，寄情山水之情又一次掀起了在山野风景地带建置寺观的高潮[7]。如金代北京西山就建成了"八大水院"（表1）。这一时期佛寺道观的山水环境空间营造受绘画艺术的影响，虚实结合，写实与写意相辅相成，绘画要求体现出一种"可行、可望、可游、可居"的意境，因而在佛寺道观的园林创作上也试图诠释这样的意境特点，与山水环境结合形成虚实相间的艺术空间。

金代八大水院的分布情况　　　　　表1

始建年代	寺名	院名	位置	山水环境概况
金，1188年	黄普寺	圣水院	北京海淀	地处西山车儿营西北五里，金章宗建黄普院，明尹奉和尚在遗址以南建妙觉禅寺。内有一石曰金刚石，一洞曰明照洞，一泉曰圣水泉，一塔曰金刚千载寿塔
金，1188年	法云寺	香水院	北京海淀	地处西山妙高峰。《珂雪斋集》云："寺枕最高处，近寺有双泉鸣于左右，过石梁拾级而上，至寺门，内有方池，石桥间之，水沧然沉碧，双泉交会也……山有银杏二株，大数十围，至三层殿后，乃得泉源。西泉出石罅间，经茶堂两庑绕溜而下，东泉出后山，经蔬圃入香积厨而下，会于前之方塘，是名香水也"[17]
金，1188年	金仙庵	金水院	北京海淀	地处西山金山，抗日战争时被烧毁，仅存遗址和古银杏两株。金山翠碧幽谷，山清泉冽，至今不衰
辽，1068年	大觉寺	清水院	北京海淀	位于阳台山南麓，有碑刻道"清水院者，幽都之胜概也"。寺内龙泉绵延。辽金时期北京地区的寺庙大多朝东向日，因古契丹、女真人崇信佛教，且崇尚太阳升起的东方，大觉寺沿袭了该时期的民族习惯，其坐西朝东。现大觉寺东北的香道上"紫气东来"的砖影壁即是面向东方[19]
金，1186年	香山寺	潭水院	北京海淀	西山的香山公园[18]里有香山寺遗址，该寺初名"大永安寺""永安禅寺"，又名"甘露寺"。古人赞曰：西山之刹，以数百计，香山号独胜。当时寺内建有内买卖街、香云入座坊、眼界宽等建筑，形成了前街、中寺、后园独特的寺庙布局。寺庙主体后园以眼界宽、南北爬山廊相环，至青霞寄逸封闭为园。园中建有六方楼、月水空明殿，两侧假山嶙峋，整组建筑依山而立、错落有致、规模宏伟、建筑壮观，为西山诸寺之冠。原寺从下至上层层升高，中间由一条叠石磴道相连。寺前筑有祭星台，整座寺宇极为宏丽

续表

始建年代	寺名	院名	位置	山水环境概况
金	芙蓉殿	泉水院	北京海淀	位于玉泉山麓，"天下第一泉"的玉泉即位于此山麓，"燕京八景"之一的"玉泉趵突"即指该泉，金章宗年间在玉泉山麓建芙蓉殿，遗址有古银杏，故可为"泉水院"
金，1188年	香盘寺	双水院	北京石景山	地处石景山双泉村北，西山之名刹。东北西三面环山，泉从寺后山麓涌出，砌石池汇聚水中，然后再从寺中流入河谷，形成两股自然小溪。这里苍柏翠松，泉流飞瀑，润石嵌空，山峦清秀
金，1180年	栖隐寺	灵水院	北京门头沟	地处门头沟仰山之巅，金大定二十年正月始建，明代学士刘定之重建，山秀泉秀，五峰八亭

元代以后，北京地区佛、道二教虽不如前朝那样兴盛，但仍然有一些佛寺道观建成，这一时期，总体而言，佛教寺院较道教宫观发展较好。大多佛寺道观不仅有其独立的园林也精心布置着庭院园林，并结合外围的自然风景，形成山水园林化的环境空间。无论择址于城市山水之中，还是依托于自然山水之中，佛寺道观注重周边景物的经营，竭力创造出近自然的山水园林化环境，并成为游客信众喜爱游访之地，具有极大的包容性和开放性，逐渐发展为古代最初的公共游览地。

明朝迁都北京后，北京成为全国的政治文化中心，同时也是宗教文化的集聚之地，佛寺道观数量越来越多。西山一带兴建了大量寺观，其佛寺道观均有独立的园林环境，西山一带也成为历史上著名的风景名胜地[5]，不乏许多文人墨客、得道高僧来此游历。这些佛寺道观以优美的山水环境空间或庭院园林而闻名于世，香山寺便是其中之一。《帝京景物略》中有诗形容香山寺道："香山晓苍苍，居然有幽意。一径杏回合，双壁互葱翠。虽矜丹碧容，未掩云林致致。凭轩眺湖山，一一见所历。千峰青可扫，凉魔讽然至。披襟对山灵，真心归释帝。兹游如可屡，无问人间事。"[8,13]这一时期，北京逐渐成为全国推崇的道教中心，佛教山水园林发展放缓，城内和四郊大量兴建道观，无论规模大小，都十分重视山水园林化环境。

清朝主张儒学，统治阶级为了统一民心，笼络各阶层，也比较推崇佛教和道教。在统治阶级的政策支持下，新建了不少佛寺道观，当中有一些是皇家敕建。佛寺道观因凭山水而建，仍传承着宋代文人山水园林的特点，佛寺道观中有独立园林环境的不在少数，更有甚者成为当时的山水名园，许多建在城市环境中或者近郊郊野地带的佛寺道观因为其优美的山水环境空间，不仅成为僧道传经授法之地，更令文人墨客汇聚于此吟诗作对、畅谈理想。比如真觉寺（五塔寺）坐北朝南，寺庙的选址非常好，建置于长河一侧，更有云林寺、大慧寺、普觉寺、寿安寺、万寿寺等一系列名寺毗邻[6]。清代重修白云观，观后为花园，有三座石假山拱卫中轴线上的四合院，院内南为三清阁和凸出的戒台，北修筑有云集山房，东西回廊。西院中心为假山，上有妙香亭，院北为退居楼，西为廊[14]。

综上所述，清代北京佛寺道观山水园林化环境艺术水平发挥到极致，无论是处于城市环境还是郊野地带的佛寺道观，均精心营造寺观附属园林环境及其内部园林庭院，并结合所在地段的山形地貌和水文条件，创造出佛寺道观山水环境空间[15]。

3 北京佛寺道观山水环境的典籍考究

3.1 金代八大水院

早在金代，北京西山就建成了"八大水院"（圣水院——黄普寺、香水院——法云寺、金水院——金仙庵、清水院——大觉寺、潭水院——香山寺、泉水院——芙蓉殿、双水院——香盘寺、灵水院——栖隐寺）[16]，可以想见当日的西山，峻山峭岭，流泉飞瀑，清磬伴鸟语，梵音舞清流。

3.2 《帝京景物略》中北京佛寺道观山水环境空间[8,13,20]

北京佛寺道观因凭山水，环境怡人秀美，每座佛寺道观都各有其突出特点。《帝京景物略》一书中详细描述了北京地区著名的山水名胜地，其按城北、城东、城南、城西、西山、畿辅等地区，对明代北京及京畿一带近130处山水园林、名胜古迹、寺庙佛塔进行了详细记述。根据其描述，笔者总结其对北京佛寺道观山水环境空间的分类，主要依据佛寺道观所在的外部空间不同可以分为两种类型：一种位于城市建成环境之中，是为城市环境型；另一种位于山川、河谷、林地、平原之中，以自然环境为基调，是为自然环境型。从《帝京景物略》中描述的有山水环境要素的寺庙的诗文来看，位于城市环境中的有30个，处于自然环境中的有26个（表2）。

《帝京景物略》寺庙分类汇总表　　表2

环境分类	寺	庙	庵	宫	观	祠	总计
城市环境型	21	1	4	3	1	0	30
自然环境型	22	1	2	0	0	1	26
总计	43	2	6	3	1	1	56

《帝京景物略》中"山根碎石率卓，泉亦碎而涌流，声短短不属……去山不数武，遂湖，裂串湖也……水拂并

也,如风拂柳,条条皆东……去湖遂溪,缘山修修,曰望湖亭……一径华严寺登乎山,望西湖,月半规……"描绘的是玉泉山山林翠郁,洞穴盘山,与裂串湖山水成趣的画面。书中香山、石景山、盘山等名山名刹的描写很多,其中对碧云寺、香山寺、万寿寺进行了重要描述,对金刚寺、崇国寺、报国寺、天宁寺、白塔寺、极乐寺、法云寺、红光寺、十方普觉寺、嘉禧寺、潭柘寺、千像寺、火神庙、药王庙、摩诃庵、中峰庵、雀儿庵、灵济宫、显灵宫、晏公祠、狄梁公祠等均从择址、历史沿革、名人诗句等不同方面进行了分析。书中主要体现了风景山地、综合水景、自然名胜古迹三类,其中风景山地类有红螺山、盘山、红螺崎、罕山、石景山、玉泉山、瓮山、仰山、滴水岩、百花陀、岣岣崖、银山、驻跸山、上方山、石经山;综合水景类有水关、泡子河、海淀、水尽头、西堤、汤泉;自然名胜古迹类有弘仁桥、南海子、聚燕台、卢沟桥、黑龙潭、温泉、九龙池、云水洞。

3.2.1 自然环境型

位于自然环境中的佛寺道观多依托于自然景观,相比位于城市环境中的寺庙,他们拥有更为丰富的自然环境特征,选址多位于山势宏伟、风光旖旎的山崖之间、溪涧之侧、绝顶之上、洞府之中。同一片区内大大小小寺庙聚集形成一定规模,连同优渥的自然环境资源,与园林空间一起形成郊野风景名胜,如潭柘寺、香山寺、碧云寺、十方普觉寺,上方山、石经山、云水洞等寺庙群吸引着文人墨客、皇家贵族的亲临体验与度假。

(1) 洞府怪石层叠掩映

有山即有石,山石根据其所处的地理位置不同会形成不同的形态,文中关于石的形态的描述类型多样,有位于泉间的"石窦""石罅",山壁上的"石洞""洞岩""断崖""乱峰",洞中的"石笋",崖上的"危石""石根"等;这些岩石往往不是单独成景,而多与其他景观要素共同存在,形成共同的审美意象组合,如"石泉""泉岩""石苔""石磴""石河""涧石""木石"等等。

(2) 溪涧池沼交织更替

根据《帝京景物略》描述,位于自然环境之中的寺庙,其环境提及与水相关的词共计105处。其中"水"32处,"泉"30处,"湖"13处,"涧"9处,"溪"8处,"潭""河""池""瀑"各3处,"海"1处。这是因为自然环境中地表没有硬质铺装的覆盖,雨水下渗,在土地内部容易积存大量的地下水资源,因而水景观较之城市环境便尤其丰富。水体除了能为寺庙提供优美的内部外部形象空间环境之外,流动的水体还能形成悦耳动听的声音,成为寺观营造清净宁谧氛围的不可或缺的因素。如碧云寺"泉声下石溜,历历飞寒玉",嘉禧寺"久看山色换,静听水声幽",表达的即是这种氛围。

(3) 老树花木上下争荣

山为寺庙择址的空间基底,水是寺庙生息的源泉,而植物则是万物欣欣向荣的重要比拟。所以古人在对佛寺道观进行选址的过程中自然也会注意观察植被的生长态势。《帝京景物略》中处于自然环境之中的佛寺道观其环境要素有兰花、青芙蓉、芙蓉、松、柏、丹枫、湿苔、苔草、竹、细草、绿萝、薜萝、杏花、苍藤、荷、蒲苇、渚花、汀柳、春草、枯杨、枫叶、香林等植物景观,还有老莺、鸟、水萤等鸟兽虫鱼等动物景观。

3.2.2 城市环境型

城市环境中的因凭山水佛寺道观往往位于城市之内或者近郊之地,公共性较强的寺庙往往邻近市井,紧靠城市主要道路、护城河或人工河道,交通区位优良。这些寺庙受到周边城市环境的限制,通常与其他北京民居一样采用南北向的院落布局形式,极个别的因为道路或水系对边界的限制而顺应地形偏离一定的角度(如万寿寺)。

(1) 借西山入景

虽然城中的寺庙很多没有挨着山川或者位于山川之中,但是仍然多以北京西郊山脉为借景,纳远山入寺院。如"西山去城三十里,紫蠟青逻见湖底""爽入西山影,晴飞北阙霞""西山今日望,庵隐当山游",对于居于城市环境的因凭山水的寺观的描述中,"山"共总出现了44次,光"西山"就占了1/4。城市中的寺观为了与喧闹的环境进行隔离,一般设置高大的院墙形成相对封闭的庭院空间。考虑到能够借景入园的尺度,推测其余的远山、群山的描述也应多指北京西北郊的燕山山脉及其余脉,可见京西山川之于北京佛寺道观整体环境空间营造的重要性。诗中亦不乏对群山"丹碧""秋色"的描述,可见西山秋色也是寺院的重要景观。

(2) 融自然之境

城市环境中多以建筑为主,为了营造隐逸市中的幽情雅致,让寺庙自觉地融入人工建筑环境之中,寺庙在选址上往往借助城市或者城郊具有一定自然环境的场地作为基础,哪怕是几棵古树、几弯清潭,都可以作为营建壶中天地的重要素材。开泉湖以扦莲,理花木而引鸟。金刚寺"老树鸟知曙,寒湖香在邻",崇国寺"出门皆黛色,入寺有泉声",净业寺"芰荷池上远鸿飞,望处西山翠不微",庆寿寺"风度花随泥处着,雨余山碧望中深"等都是借助自然环境营建寺观"禅房花木深"氛围的典型案例。

(3) 依田禾而生

位于城市之中或者周遭的寺观的选址常常位于田舍之间,除却优美的田园风光之外也是为了方便寺观内粮食的供给。如三圣庵"南客偏宜水,北田亦插禾",龙华寺"雨归莲叶静,风起稻花香"都是对田禾的描述。除此之外,韦公寺"自取青山当几席,喜从畿甸得樵渔"也揭示了寺院利用周边山水条件获取生活便利的营造意图。

3.3 《鸿雪因缘图记》中北京佛寺道观山水环境空间[21,22]

清代道光年间,著名的学者完颜麟庆,喜性山水,将其平生涉历之事撰写成记,辅以图画表现,其中著名的《鸿雪因缘记》广为流传,全书一事一图,展示出清代道光年间各地山川、古迹、风土民情等,其中不少山水名胜是北京佛寺道观山水环境空间的写真,对北京西郊一带的佛寺道观及其与山水环境的关系记载得尤为详细,"三山五园"交相辉映，为我们留下极其珍贵的研究史料。

《鸿雪因缘图记》中曾记载潭柘寺为："潭柘寺旁建行宫，有猗玕亭、延清阁、太古堂诸胜。"西山十方普觉寺，即"卧佛寺"，则以菩提树、山石水景、高阁复壁闻名于世，图记中载道："寺内即娑罗树，大三围，皮鳞鳞，枝槎槎，瘿累累，根拏拏，花九房峨峨，叶七开蓬蓬……一右转而西，泉喁喁来石渠……泉注于池，池前四五古杨，散阴云云……影交池中。"完颜麟庆誉香山寺为"京师天下之观"，对香山寺的成因及历史演变详细载道："六院游览，此其一院。草际断碑，'香水院'三字存焉。塘之红莲花，相传已久，而慳松阴数亩，久过之。二银杏……计寺为院时，松已森森，银杏已略播矣"。笔者根据图记中的文字与图册，将部分北京佛寺道观山水环境空间中的景物特点整理如表3所示。

《鸿雪因缘图记》中部分北京佛寺道观山水环境的记述 表3

篇目/园林	画	寺中景	画中景
《戒台玩松》戒台寺		山门、波离殿、千佛阁、"活动松"、辽明碑刻、戒台、九龙松、石钟、古塔	浑河、灵鹫峰、佛像、伏虎崖、蝙蝠洞、观音洞、金灯洞、孙膑洞等洞穴、群山、楼台、禅院、古松、远山、石塔及塔影
《五塔观乐》五塔寺		五丈金刚宝塔、须弥宝座、石碑、石台、石栏、小塔、双层亭、攒尖亭、松、庭院、塔、建筑、假山	佛殿、佛塔、碑亭、群山、古树、园林组景
《潭柘寻秋》潭柘寺		寺门、池塘、双柏、行宫、猗玕亭、延清阁、三圣殿、观音殿、歇心亭、净室、太古堂、曲水流觞、古树、亭、书壁、泉、林木花草、大殿、舍利塔	卢师山、秘魔崖、证果寺、罗睺岭、一线天、九峰寺、石桥、山石、亭、牌楼、大门、佛塔、林木
《香界重游》香界寺		松、竹、泉、涧、池塘、高台、殿、红鱼、水藻	昆明湖、玉泉、瓮山、石径山溪、慧云堂、宝珠石洞、龙泉庵、龙王堂、楼阁、泉池、林木、桥、牌坊
《卧佛遇雨》十方普觉寺		荷叶山、寺门、四王府、石经、牌楼、铜佛卧像、长廊、碑文	香山、玉乳峰、十方普觉寺、马车、五色琉璃坊

续表

篇目/园林	画	寺中景	画中景
《宝藏攀桂》宝藏寺		金山、青龙桥、"湖山一览"双峰、山谷、坡路、万寿楼、观音殿、宝藏寺、灵山神庙、寺门、佛殿、台、憩泉亭、泉溪、玉华池、塔、桂树	香山、桥、昆明湖、磨石口、溪涧、宝塔、平台、牌坊、禅房、松林、桂树
《龙潭感圣》龙潭寺		寺门、院墙、大殿、牌坊、高台、佛龛、环形曲岸、深潭、水渠、金色龙鱼、苔藓、虾、水草、岩石夹缝、古树、翠藤	山林、寺庙、水院、中庭、水田、廊、水潭、景窗、奇石
《碧云抚狮》碧云寺		寺门、石狮两座、石牌坊、木牌坊、砖牌坊、金刚宝塔、五百罗汉堂、松、杉、泉渠、六角亭	香山、山石、溪涧、石狮、寺庙、宝塔、松林、远山、塔影
《大觉卧游》大觉寺		正殿、无量寿佛殿、大悲坛、香积厨、憩云轩、蔬菜园、领要亭、坛、塔、莲池、楼台、叠石瀑布、古树、泉渠交融	群山、塔影、院墙、月洞门、禅房、溪流、亭、宝塔、林木

4 北京佛寺道观山水环境类型

北京佛寺道观山水环境类型丰富多样，天然之趣不乏人事之工[23]，其因凭优美绝佳的山水环境，借助名山大川[9,10]，选址时巧于因借、因时因地制宜，精心经营其园林环境，使游客信众慕名前来，香火绵延不断，寺冠于天下。笔者主要从风景园林角度分析北京佛寺道观山水环境空间分布，以有山水记述的历史记载为主要依据，初步认为北京山水环境主要有以下4种类型：名山胜迹、城市河湖、护城皇河、郊野河道（表4）。城市河湖主要集中在城区内，名山胜迹主要分布于四郊，护城皇河主要是指南北护城河、元土城护城河和故宫筒子河，郊野河道主要依托北京五大水系的各类郊野河道。再结合上述典籍考究大体推测北京佛寺道观山水环境空间分布集中在4类环境空间中：依名山胜迹、置城市河湖、傍护城皇河和临郊野河道[24-25]。

北京佛寺道观山水环境空间分布　　　　表4

山水环境类型	佛寺道观分布	说明
依名山胜迹	白龙潭龙泉寺、白浮泉都龙王庙、卢师山、平顶山、翠微山的八大处、翠微山承恩寺及法海寺、玉泉山宗教寺庙群、瓮山宗教寺庙群、香山宗教寺庙群（昭庙、香山寺、碧云寺、十方普觉寺）、石经山云居寺、马鞍山戒台寺、潭柘山潭柘寺、仰山栖隐寺、上方山七十二寺、红螺山红螺寺、金山金仙庵、金城山白瀑寺、天泰山慈善寺宗教寺庙群、丫髻山宗教寺庙群、妙峰山宗教寺庙群、阳台山大觉寺、大石河的铁瓦寺、孔水洞万佛堂、白铁山灵岳寺、灵山清水河双林寺、白水河白水寺、金柱山灵严寺、十字寺等	依名山胜迹的山水环境是北京佛寺道观修建中选择最多的空间环境，寺观利用自然风景和人文古迹，配合其内的园林景观，为人们提供焚香祈福场所的同时，也成为游人体验自然、游赏名胜的享乐之处
置城市河湖	恭王府的山神庙、龙王庙，大观园的栊翠庵、芦雪庵，陶然亭慈悲庵、云绘楼清音阁陶然亭、龙叔亭、龙泉寺、龙潭湖袁督师庙、西苑三海寺庙建筑群以及积水潭什刹海地区（法华寺、太平庵、龙华寺、净业寺、莲花庵、三圣庵、火神庙等）等	置城市河湖的佛寺道观，以城郊或城市的山水为借景，以田园风光为底色，描绘城园一体的园内景观，为城市居民提供了城内近处的游览之地
傍护城皇河	南北护城河周边有白云观、雍和宫、拈花寺、关岳庙、敕建火德真君庙等，傍故宫筒子河的寺庙主要有景山关帝庙、忠义庙、太庙、宣仁庙、凝和庙、普度寺、昭显庙、静默寺、福佑寺、万寿兴隆寺等	傍护城皇河的佛寺道观临近皇城，多为皇家禁区，园内山水空间为城市特色，由于围墙高耸，虽不能借远山，但往往临水而设，引水入园，形成内部城市山水空间
临郊野河道	青年湖安外清真寺，钓鱼台（今玉渊潭）慈寿寺和岫云观，长河沿岸的万寿寺、真觉寺、延庆寺等，二闸及安定门外满井一带的佛寺道观	临郊野河道的佛寺道观水体景观丰富，离山较远，周围地势平坦，建筑突出，形成以植物、水景结合建筑的空间布局形式

5　结语

本文通过对北京园林山水环境概况结合佛寺道观的梳理，得到北京佛寺道观山水环境两汉魏晋南北朝始传初期、隋唐完善期、宋代兴盛期、元代发展期、明代聚集期和清代极致期6个历史阶段的历史分布及演变，可以发现北京佛寺道观山水环境空间形成与发展是自然、社会、经济以及历史发展的反映。通过部分典籍考析，研习金代八大水院、《帝京景物略》中处自然环境中（洞府怪石层叠掩映、溪涧池沼交织更替、老树花木上下峥嵘）和处城市环境中（借西山入景、融自然之趣、依田禾而生）两类北京佛寺道观山水环境空间及《鸿雪因缘图记》中北京佛寺道观山水环境空间，结合北京四大山水环境类型，可大体推测北京佛寺道观山水环境空间分布主要集中在依名山胜迹、置城市河湖、傍护城皇河和临郊野河道4类环境空间中，显示了宗教与山川水系风景的密切联系。

综上，启示北京佛寺道观山水环境空间营建的影响特点：其一，自然因素是北京佛寺道观山水理景与环境空间形成和营建的地理条件，其形成首先得益于北京地区山水地形条件。其二，宗教内涵是其山水环境营建的内因，在宗教内因驱动下，北京地区最终形成了佛寺道观名山均有寺、胜迹均有景、佛道儒交融、文化深厚的人文观面貌。其三，政治因素中君权神授与自然崇拜的结合体现，主要表现为历代君王和政权对寺观山水环境空间建设的扶持，多数寺院均为皇家所建，推动了寺观环境空间格局发展。其四，生态文化因素层面，自然生态观对山水环境选址有着非常重要的影响。其五，经济因素层面，独立经济体是其满足山水环境营造的物质条件。

参考文献

[1] 北京市档案馆. 北京寺庙历史资料[M]. 北京：中国档案出版社，1997.
[2] 北京市文物研究所. 北京寺庙宫观考古发掘报告[R]. 北京：科学出版社，2010.
[3] 佟洵. 佛教与北京寺庙文化[M]. 北京：中央民族大学出版社，1997.
[4] 孟兆祯. 京西园林寺庙浅谈[J]. 城市规划，1982(6)：52-56.
[5] 陈连波. 北京道教宫观环境景观研究[D]. 北京：北京林业大学，2011.
[6] 贾珺.《帝京景物略》园林论述析读[J]. 建筑史. 2012(3)：99-113.
[7] 王哲生. 麟庆《鸿雪因缘图记》的景园研究[D]. 天津：天津大学，2013.
[8] 苗天娥. 景爱. 金章宗西山八大水院考[J]. 文物春秋，2010(4)：28-34.
[9] 北京市园林局. 中国风景名胜大全·北京卷[M]. 北京：中国大百科全书出版社，2004.
[10] 郭晓梅. 中国风景名胜大全·北京卷[M]. 北京：中国大百科全书出版社，2004.

[11] 汪菊渊. 中国古代园林史：下卷[M]. 2版. 北京：中国建筑工业出版社，2012.
[12] 佟洵. 道教与北京宫观文化[M]. 北京：宗教文化出版社，2008.
[13] 王同祯. 寺庙北京[M]. 北京：文物出版社，2009.
[14] 顾乐晓. 北京佛教古寺庙生态调查[D]. 杭州：中国美术学院，2010.
[15] 邓其生. 我国寺庙园林与风景园林的发展[J]. 广东园林，1983(12)：1-5.
[16] 刘侗，于奕正. 帝京景物略[M]. 北京：北京古籍出版社，1980.
[17] 刘侗，于奕正. 帝京景物略. 北京：故宫出版社，2013.
[18] 邓夏. 北京白云观源流考与建筑研究[D]. 北京：北京建筑工程学院，2008.
[19] 周维权. 中国古典园林史[M]. 北京：清华大学出版社，2008.
[20] 王雪莲. 北京西山八大水院：北京记忆丛书[M]. 北京：中国人民大学出版社，2017.
[21] 袁中道. 珂雪斋集[M]. 上海：上海古籍出版社，1989.
[22] 香山公园管理处. 香山公园志[M]. 北京：中国林业出版社，2000.
[23] 北京西山大觉寺管理处. 阳台集——大觉寺历史文化研究[M]. 北京：北京燕山出版社，2012.
[24] 麟庆. 鸿雪因缘图记[M]. 汪春泉，注. 北京：国家图书馆出版社，2011.
[25] 计成. 园冶[M]. 北京：中华书局，2011.

作者简介

黄彪，1989年生，女，汉族，湖南长沙人，博士，国际竹藤中心，高级工程师，研究方向为规划设计理论、竹藤花卉景观规划与人居环境美学、国内外城市绿地可持续发展。电子邮箱：huangbiao181@126.com。

刘晓明，1962年生，男，汉族，江苏南京人，博士，原中国圆明园学会皇家园林分会会长，研究方向为风景园林规划设计与理论。

陈拓，1986年生，男，汉族，浙江温州人，硕士，北京清华同衡规划设计研究院，高级工程师，研究方向为文物保护、历史文化名城保护及更新、历史城市营造建设。

高洁，1986年生，男，汉族，山东潍坊人，硕士，潍坊职业学院农林科技学院，讲师，研究方向为园林工程技术、风景园林规划设计及理论。电子邮箱：2021020002@sdwfvc.edu.cn。

（通信作者）彭红明，1965年生，女，汉族，江苏扬州人，博士，中国花卉协会副秘书长、国际竹藤中心园林景观所首席专家，研究方向为竹藤园林花卉与景观、城市绿地可持续发展、园林植物与观赏园艺。

江泽慧，1938年生，女，汉族，江苏扬州人，博士，国际竹藤中心，教授，中国花卉协会会长，研究方向为木材科学与技术、园林植物与观赏园艺。

生态智慧引导下的川盐古道体系构建与地方实践研究

The Construction of the Sichuan Salt Ancient Road System and Local Practice Research Under the Guidance of Ecological Intelligence

杨壁沅　杜春兰

摘　要：川盐古道所焕发出的生命力在当代落实可持续优化设计中得到活跃呈现，其营建中包含的生态智慧作为当下地方性探索的核心关注点，离不开对周围环境特征的研究。川盐古道作为中国最具特色的盐文化遗产走廊，既是盐文化、古代商驿、商贸、民族迁徙等文化的重要载体，更是作为人与自然环境对话的历史见证。因此，本论文聚焦川盐古道本体，对古道的时空演变规律与空间特征进行研究，先对川渝地区进行地理单元划分，再由驿道和非驿道的角度切入，分别梳理各地理单元内的古道时空演变历程，最后将各个单元进行叠加，总结川盐古道的时空演变特征及规律。旨在提炼出川盐古道蕴含的生态智慧与传统营造景境技艺手法，进一步提升对川盐古道的认识，完善川盐古道系统的架构，为盐文化遗产线路上的盐业古镇以及特殊景观资源等的保护、可持续发展和传承提供参考。

关键词：生态智慧；川盐古道；景境特征；设计营造

Abstract: The vitality of the "Sichuan Salt Ancient Road" has been actively present in the contemporary implementation of sustainable optimization design. The ecological wisdom contained in the construction as the core attention point of the current local exploration is inseparable from the research on the characteristics of the surrounding environment. As the most distinctive salt cultural heritage corridor in China, it is not only an important carrier of salt culture, ancient business posts, commerce and trade, national migration, etc., but also as a historical testimony of dialogue between man and natural environment. Therefore, this thesis focuses on the entity of the Sichuan salt trail, studies the laws and spatial characteristics of the space-time evolution of the ancient roads, first divides the geographical unit of the Sichuan-Chongqing area, and then cuts into the perspective of the post road and non-post roads. The evolutionary process of the ancient road and space will finally superimposed each unit to summarize the ejaculation characteristics and laws of the Sichuan Salt Road. The aim is to refine the ecological wisdom contained in the Salt Salt Road and create the techniques of scenic spots, further enhance the understanding of the Sichuan Salt Ancient Road, improve the structure of the Sichuan Salt Road system, and serve the salt industry on the salt cultural heritage line and the special landscape resources on the salt cultural heritage line. Provide reference for protection, sustainable development and inheritance.

Keywords: Ecological Intelligence; Sichuan Salt Ancient Road; Scenic Features; Design Building

引言

近年来，以"生态智慧引导下的生态实践"为核心议题的讨论在国内外学界和业界频频发生，如何进一步营造人与自然和谐共生的城市生活，追求城市社会的可持续生态发展，学者们纷纷开始对生态和谐进行探索。川盐古道横跨在我国内陆的西南地区，其范围主要是长江中上游区域[1]，对渝、鄂、湘、黔交会地区产生极大影响，是中华民族古代先民们在西南地区长期大规模的人口迁移和民族交往贸易活动基础中形成的。自古以来，它不仅成为古代巴蜀地方对官道的重要补充，还进一步打通了不同区域间经济文化的交流，推动了各少数民族间的人文活动交流，共同组成了一个强大的川盐民族文化交通网络，横贯我国中东部和西南西腹地，组成了一个古老的民族文化沉积带[1]。川盐古道大多途经崇山峻岭和高峡深谷，区域地貌复杂、沟壑纵横，总体山势呈现由南北向长江河谷逐级递减趋势，随着地形的变化，不同山脉之间形成起伏的丘陵、盆地和平原，为川盐古道的繁荣与开发提供了优越的自然环境。

根据记载，巴蜀交通的主要通道以水路为主，隋唐以降，巴蜀两地陆路交通兴起，袭称"驿运"，又呼"驿传""邮传"。川东地区井盐资源丰富，在上千年时间中逐渐开辟出川盐古道[2]。汉武帝以前，盐的产、运、销均由商人掌握，自由传销。直至清代，才制定了系统的盐业专卖制度和具体的销盐区域[3]。从清雍正时起，就规定了盐的运输方式有水引、陆引之分。陆引只能由旱道运销；水引即遇水行水，水路行程走完还未到达指定的销盐地区时，再转由陆路运输，直至抵达目的地（表1）。通过各种史料的记载佐证和通过大量深入细致的历史田野遗迹调查，发现大量散布于这一特殊区域之内的原始民居聚落、古建筑，及许多史料文件上反复提到的大量古驿道石刻、土司城遗址、古战场等遗址建筑以及相关考古发掘报告等，这些东西看起来零星分散、互不紧密相干，其实大体可以简单看成也是一条围绕川盐古道这条极具特色的主线来串起历史。

---

① 基金项目：国家自然科学基金重点项目"宜居城乡景观生态规划理论与方法——以西南山地为例"（编号：52238003）。

川盐古道历史发展进程　　表1

时间	发展进程
汉武帝以前	盐的产、运、销均由商人掌握，自由运销
隋朝至初唐（583—713年）	汉武帝实行专卖后，停止商民运销；后放弃专卖管制，凭民间产销自由
唐、宋、元、明时期	虽然实行划分销区的办法，但史书上没说明某处销某盐场的盐
清雍正时期	规定了按人口卖盐的办法（即计口授食盐办法），且在运输上有水引、陆引之分
清朝末年	朝廷规定云阳盐计岸有云阳、奉节、开县、新宁、梁山、万县、巫山、达州、东乡、太平、建始11个州县，边岸有石柱直隶厅等

目前学界亦围绕川盐古道遗迹及古道沿线聚落遗迹作更为丰富详细的考古学研究，见藏云倩等人著的《泉州古驿道线路及沿线传统村落空间特征研究》（2018），通过梳理泉州地区驿道的形成和发展脉络，得出驿道与沿线村落的空间分布关系，再对驿道聚落的分布成因、演变发展进行归纳总结。刘雅熙的《南粤古驿道增城段线性文化遗产保护与发展研究》（2019）选取南粤古驿道增城段作为研究的对象，首先对线性文化遗产的概念进行梳理，综述国内外线性文化遗产的研究进展，分析不同历史时期的古道，归纳驿道的时空演变特征，指出其现状问题。再如任乃强撰写的《盐说》等，唐仁粤先生的《中国盐业史地方篇》等，以及田秋野、周维亮的《中华盐业史》等，虽然都较少有人直接涉及"川盐古道"，但为撰写本系列论文提供了较为重要可靠的背景资料。

总体来说，学界与业界对古道及其沿线传统聚落的研究领域达到了一定的深度和广度。但是仍然存在不足之处：第一，对于古道的研究多停留在定性描述上，未合理地将定性的研究和定量的分析相结合。第二，对于古道的研究局限于静态的分析，鲜有从时空演变角度出发，探究古道时空演变规律。因此本文聚焦川盐古道的网络梳理及其组成要素之间的联系，并在历史文献、古代舆图的支撑下，拓宽古道研究的时间维度，尽最大可能梳理出宋元明清历代古道变迁，用可视化的方式，还原川盐古道的时间脉络和空间网络，以更好地保护景观文化资源，以在后续的保护、发展和传承中为川盐古道的系统完整性研究奠定基础。

1 川盐古道的历史与现状

川盐古道作为独具特色的盐文化遗产走廊，既是盐文化、古代商驿、商贸、民族迁徙等文化的重要载体，更是作为人与自然环境对话的历史见证。历魏晋、元、明、清的经营，川盐古道具有"石板古道""岩凿山道""悬桥水道"以及"盐业古镇"等特色风景系统，古道的发展与变化，一方面促进了川、鄂、湘、黔交会地区盐运道路上一系列名城古镇的形成，另一方面建立了一批驿站、庙宇、风雨桥、盐商会馆等。

1.1 逐盐而居，因盐聚众

我国古代形成了以水路综合运输系统为主体，陆路运输通道为重点辅助设施的运盐网络。川盐古道选址基于依山傍江的山水格局，随着大量盐业资源的集中开采，便萌生孕育了许多因产盐、制盐及运盐而兴起的古镇。重庆境内主要水系较为发达，支流湖泊众多、星罗棋布，长江主干道横贯内江全境，是我国川盐外运的主要水路和陆路通道，文献记载显示大量的大型盐场、盐业古镇都建立于长江主干道及其重要支流水系上，其中盐产地布局多沿河流分布，通常选址于两山间的沟谷旁，与史籍记载的"识其水脉"的选址原则相同，即两岸夹一沟、沟岸有泉流[4]（图1）。

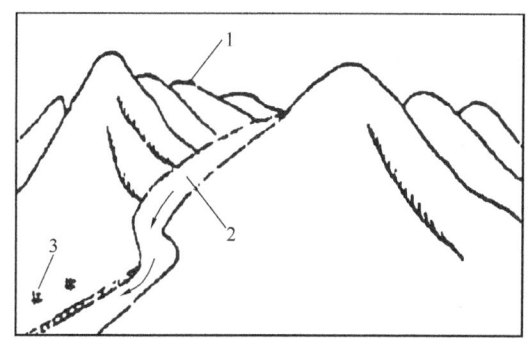

1—山脉　2—河流　3—井位

图1　盐厂选址位置图[4]

1.2 水陆分引，因江聚集

川盐古道的选址不仅要满足人们安居乐业的最基本要求，还要满足其周围盐业古镇的功能性要求，便于盐的运入和输出，清四川总督丁宝桢总纂《四川盐法志》中记载："按凡盐船行大江皆顺流，而行滩深处奔湍成窨，船与水争，至数十百人之力仅乃得上，上则颔手相度云""按凡盐行陆地赢马驮运最便，人力则计岸多擔荷，有用背数者一人率数百斤，憩息夏月挥汗成雨"[5]（图2、图3）。

盐夫　　激流险滩　　盐运船只

图2　水道盐运图

图3 山道盐运图

1.3 代际平衡，因策协同

川盐覆盖的区域范围主要是长江流域中上游地区，主要城市是长江鄂、渝、湘、黔铁路交会地区，它的经济影响力虽不如淮盐，与其他盐区相比，四川盐业仍具有以下鲜明特征。

川盐古道涵盖的区域内地貌复杂，沟壑纵横，自古交通不便，盐业运输除江河船运外，大多靠人挑马驮，由于山路形成不易，一旦形成，千百年来一般少有改变，因此对山中城镇的分布格局影响巨大，现在的巴蜀大山中许多古镇附近仍存有用青石板铺就的运盐古道。此外，川盐古道沿途分布着种类众多、风格各异的寺庙宫殿和商业会馆建筑。

2 川盐古道的历史文化要素分析

历代兴建和维护的川盐古道不但留下许多历史遗存，且成为我国历史上最重要的交通线路之一并一直延续。川盐古道由盐而兴，形成了我国发展贸易、传播文明的主要纽带。据国内外专家评价，"川盐古道"的形成和发展具有比"茶马古道"更为重要的意义与价值，因而享有"南方丝绸之路"的美誉，并因盐而创造了"钱龚滩"的商业传说[1]。现代交通发展迅速，"川盐古道"由于其道路行走艰难、地形险要等原因，渐渐被人淡忘。因此本文分析其时间演变特征主要集中于公元前221年至清乾隆元年（1736年）。

2.1 古镇

川盐古道在自然交通、地理位置、经济空间与分布形态等方面存在较大时空差异，各镇又具有地域个性鲜明、多样复杂的景观空间信息（表2），因此形成了迥异的景观地域空间格局和空间组合形态，造就与形成了具有不同景观地理特色的城市景观信息面（表3）。

川盐古道主要景观信息点　　　表2

名称	性质	主要景观信息点
郁山古镇	盐场	鸡鸣井、飞水井、中井坝盐业遗址、陈盐商老宅、道士岩、九宫十八庙、滑石巷老街、棉籽地老街道、太平桥老街、苏家院子等
云安古镇	盐场	白兔井、银窝场、斜张桥、老街、箭楼、维新学堂、文峰塔、文昌宫、东岳庙、慈悲寺、豪宅大院等
宁厂古镇	盐场	七里半边街、大宁河栈道、过街楼、女王寨、桃花寨、制盐遗址等
温泉古镇	盐场	产盐旧址、仙女洞、温汤泉、七里潭风景区、白玉森林公园等
白沙古镇	盐场	鹤年堂、夏公馆、白屋文学院、朝天嘴码头、邓家大院、石家朱家洋楼、聚奎书院、九宫十八庙、老字号三荣祥鞋店、洪顺祥盐号等
龚滩古镇	运盐	西秦会馆、川祖庙、冉家院子、鸳鸯楼、董家祠堂、巨人梯、太平缸、鲤鱼跳龙门、三抚庙、文昌阁等
西沱古镇	运盐	云梯街、下盐店、紫云宫、禹王宫、万天宫、桂花园、二圣宫、永诚商号、福尔岩摩崖造像、关庙、南城寺等
龙潭古镇	运盐	赵世炎故居、刘仁故居、万寿宫、明清建筑群、大峡谷、猫儿镇潭、吴家大院、王家大院等

川盐古道沿线盐业古镇选址特点　　　表3

类型	背山面水型	河流平地型	丘陵平地型
主要特点	基于选址要求，四面环山，平地围合成具有"藏风聚气""天人合一"的宝地	受流水不断冲击的影响，河岸在岩石较硬的地方形成河曲，由于河曲的凹岸受到的河水冲击较大，泥沙堆积较少，便于运输盐的货船停靠，由此在河曲处或河曲上游地带多形成停靠的驿站	基于自然环境因素和里程间距因素，陆路驿站的选址一般在丘陵平缓区，一方面满足规模化的集中建设，另一方面满足盐业运输

类型	背山面水型	河流平地型	丘陵平地型
图示分析	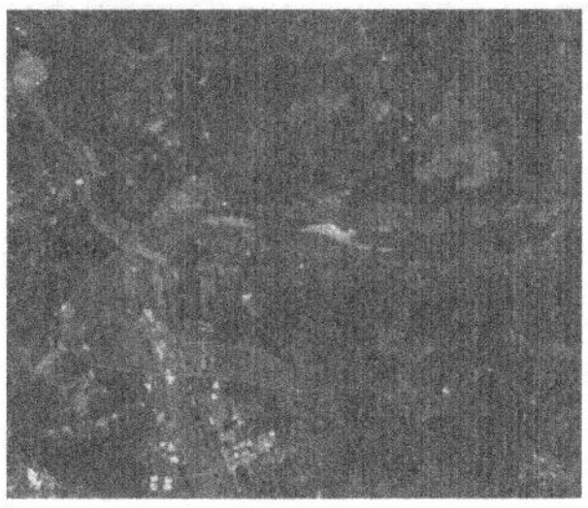 五通桥古镇	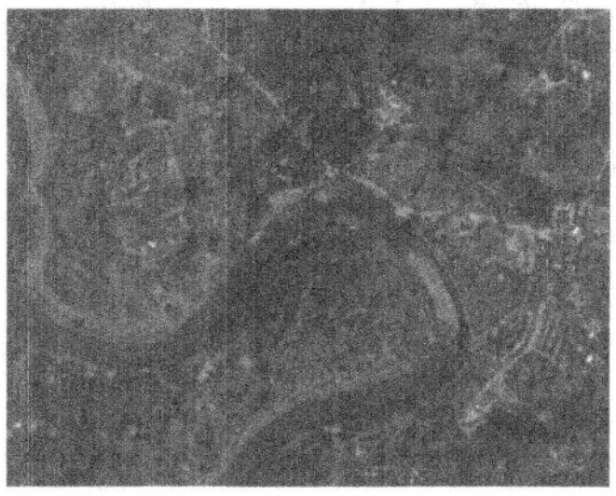 仙市古镇	 罗城古镇

2.2 水系

重庆境内地形丰富，河流落差较大，水系交通发达，得天独厚、便利的公路与水运条件是支撑重庆盐运物流贸易大通道的重要运输载体。

长江作为整个盐运的主要水路通道，大多数的盐场都位于长江干道及其支流上。随着盐场的确定，水岸码头所在区域逐渐发展为一个个盐业场镇。川盐古道上的盐业古镇大多分布在河流的沿岸，形成以河道为主的景观通廊，长江主干道和其支流为主要线路，单个盐业古镇为线路上分布的节点，共同构成盐业古镇景观信息总线路（表4）。

川盐古道主要运输线路　　表4

廊道	水路运输线路	目的地	分布
长江线	江津—重庆—涪陵—丰都—洋渡镇—忠县—石宝寨—万州—云阳—奉节—巫山	湖北	白沙、西沱
乌江线	涪陵—彭水—龚滩；涪陵—江口	贵州	龚滩
綦江线	江津—郭扶镇—綦江—东溪；涪陵—彭水—龚滩	贵州	东溪
大宁河	巫山—大昌—巫溪—宁厂	陕西	大昌、宁厂
清江线	忠县—涂井镇—西沱	湖北	西沱
郁江线	郁山盐场	湖北	郁山

2.3 街道

川盐古道景观区中所贯穿的众多大小街巷、道路桥梁等连通着古道各个景区及重要景点，3条主景点入口街道和沿途多条景点辅助出入口小街道构成了主要景观线。

古道是各盐场内沟通以及进行各种重要商贸生产活动的交通方式。江河水系古道则可以将河道沿途各个主要乡镇盐场有机又高效地串联起来，进一步组合成为一个网状体系。

3 生态智慧引导下的川盐古道遗产价值分析

川盐古道是中华民族古代先民在西南地区长期大规模的人口迁移和民族贸易交往活动中逐渐形成的，不仅是古代商道，还是一个多民族文化交融的走廊和枢纽。川盐古道的环境要素是影响其选址布局的重要因素，景观文化基因的产生、变异和发展受到环境要素的影响，据考古及文献资料表明，川盐古道所经之处，是早期人类活动的重要地区之一，也是古代民族活动相当频繁的地区。表5为从山地、河流、气候3个方面的环境要素进行分析。

川盐古道环境因素　　表5

类型	主要特点
山地	四川地区山体众多、分布范围广且类型丰富，造就了盐运古镇不同的分布形式和不同的山地气候
河流	四川盆地河流众多，以长江水系为主，主要有长江、嘉陵江、沱江、岷江、大渡河、金沙江、雅砻江等。河运体系的发达，确保了古镇水资源的充足，盐业古镇的水陆运输得到了保证
气候	川盐古道位于四川盆地，主要位于中亚热带，具有亚热带湿热季风气候的特点，且由于群山环绕，北方的冷空气入侵受到阻挡，气温要高于同纬度的长江中下游地区

3.1 自然景观

自然山水景观文化与古代盐文化在空间上的相互渗透、有机融合，促使川盐古道沿线地区山水和人文景观资源得以与古代原始自然景观文化完美统合于一体。

3.2 文化景观

川盐古道及其沿线区域最突出的传统文化因子为产运盐文化和盐运码头文化。

3.2.1 古盐道遗址

川盐生产以井盐为主，其沿线分布的遗址众多，经资料查证整理出如下主要景观信息点（表6）。

川盐古盐道遗址　表6

名称	性质	主要景观信息点
重庆	古盐道遗址	石柱西沱镇楠木垭、酉阳丁市镇的古盐道
四川自贡	古盐道遗址	彙柴口、泸州雪山关、凉山喜德县孙水关、宜宾筠连县犀牛村及隐豹关的古盐道
贵州	古盐道遗址	金沙县五里坡、毕节七星关、遵义鸭溪镇水淋岩的古盐道
云南	古盐道遗址	盐津豆沙关、富源县胜境关、宣威可渡关的古盐道
湖北	古盐道遗址	恩施建始县花坪镇石垭村、竹山柳林乡、神农架林区红举村的古盐道
陕西	古盐道遗址	镇坪车湾、代安河及鸡心岭山垭的古盐道

3.2.2 关隘、古桥

位于古盐道交通节点两侧的军事关隘遗迹和古桥都是川盐古盐道景观的重要历史组成。沿线目前保存情况较好的木制和石质拱桥主要有沾益的黑桥和九孔桥、恩施的永顺桥及步青桥、丽江束河古镇青龙桥及自贡艾叶镇平康桥等[4]，这些历史古桥现今在当地仍发挥着极为重要的交通作用。

3.2.3 堰闸、码头、险滩

为了逐步提升盐运能力，历史上于部分重要支流上修建了堰闸，济运闸、庸公闸等作为釜溪河段的重要的堰闸，至今仍发挥着较为重要的水利功能。赤乌江流域的龚滩、潮砥滩是川盐水路运输中著名的险滩[6]。

3.2.4 碑刻、摩崖石刻

历史上所留存的大量古代征收川盐的凭证、器具以及影像记录材料等不仅是研究清代川盐运销活动的重要历史实物载体记录，同时也是清代川盐古道物质文化遗产重要的补充和组成部分，应永久保存（表7）。

碑刻、摩崖石刻遗存　表7

名称	性质	主要景观信息点
自贡	碑刻	《颜昌英　李振亨二善人修路碑记》、牛佛镇的《牛佛义渡章程碑》、邓关的《富顺县邓关运盐船业同业公会会所修建碑》及旭水河"菩萨石"摩崖造像[6]
凉山	碑刻	凉山盐源县平川镇骡马堡"润盐古道"题刻
酉阳	碑刻	酉阳龙潭镇的《补修小盖山至山黛沟盐路碑》
石柱	碑刻	石柱西沱楠木垭修路功德碑
开县	碑刻	开县七里潭廊桥记事碑
綦江	碑刻	綦江的"盗盐反省碑"及"筑路功德碑"
龚滩	碑刻	龚滩的《永定成规》及《永定章程》碑
竹溪	碑刻	竹溪卡门湾的《万古不朽五福桥》碑刻
神农架	碑刻	神农架林区的"百步梯修路碑"
赤水河	摩崖石刻	赤水河流域的《整理赤水河航道碑》《陛诏修河碑》及葫市摩崖造像
金沙县	碑刻	金沙县境的《万年碑》《立德永年》《万福桥碑》等修筑盐道的记事碑及渔塘河碑刻群

3.3 川盐古道特色要素特征总结

川盐古道沿途不仅历史文化底蕴极为深厚，还繁衍和创造出许多建筑文化景观、民居景观、宗教景观、码头港口文化景观、商业景观、军事景观遗址建筑等历史遗存，具有珍贵的城市历史文化遗产价值、考古发掘科学价值、社会价值和区域城市旅游综合价值。区域内代表性的人文景观遗迹集中地包括古冶盐泉、盐业驿站、民居建筑、会馆、祠堂、教寺建筑、码头遗迹等。盐业古镇遗址及附近村落往往同时还保留着一些原始的自然风景区，古代自然风光与现代地域文化渗透融合。

4 结语

川盐古道本身的山水自然资源优越，这从侧面也反映出人类社会与景观共生的状态，体现出由起初受环境的限制到适应环境再到建设环境的过程。对于古道的"景"，在观念上要传承好文化渊源，在营造上要建立起动态可持续发展的态度。对于古道的"境"，在观念上要超越现当下周围环境所造成的局限，在营造上要从动静两方面建立起人的综合体验，提供可持续发展的平台。川盐古道本体与自然生态环境相辅相成，体现出就江取势的特征，因此在进行其保护模式的框架构建时，需要注意的是不能再以单一的遗产保护作为主体思路，在结合城市发展的同时应深入挖掘并传承历史文化，让川盐古道继续在如今的经济、政治、交通、文化方面发挥重要作用，成为一条新的连接纽带，既由传统而来又具有当今时代的景境特征。

综上，从生态智慧视角审视当今对川盐古道的保护，有必要对隐藏在川盐古道中的历史景观信息进行全面系统的挖掘，积极探索川盐古道沿线古镇建设的地方新途径。本着构建人地和谐的生态宜居空间格局，合理探索川盐古道历史景区的修复与重建，结合实际情况提出分类讨论、分期发展、循序渐进、保护与发展并举的生态智慧策略，探讨川盐古道山水风景系统营构的特征和经验，对当前新时代背景下川渝地区山水人居风景环境的传承和发展，具有重要的现实意义。

参考文献

[1] 常璩. 华阳国志·巴志[M]. 任乃强，校注. 上海：上海古籍出版社，1983.

[2] 齐羚. 术艺结合 以形媚道——圆明园土山理法与中国传统园林的生态智慧[J]. 中国园林，2015，31(2)：110-114.

[3] 杨雪松，赵逵. "川盐古道"文化线路的特征解析[J]. 华中建筑，2008(10)：211-214，240.

[4] 四川省地方志编撰委员会. 四川省地方志[M]. 成都：四川省出版社，1995：322.

[5] 四川省地方志编撰委员会. 四川省地方志[M]. 成都：四川省出版社，1995：210.

[6] 薛晓飞. 浅论中国传统园林"借景"理法之时间要素[J]. 风景园林，2014(3)：90-92.

作者简介

杨璧沅，1997年生，女，白族，云南丽江人，重庆大学建筑城规学院风景园林学硕士在读，研究方向为风景园林规划与设计。电子邮箱：2573002911@qq.com。

杜春兰，1965年生，女，汉族，青海西宁人，博士，重庆大学建筑城规学院，院长、教授、博士生导师，山地城镇建设与新技术教育部实验室，研究方向为风景园林历史与理论、风景园林规划与设计。电子邮箱：cldu@163.com。

济南古城空间形态演变分析与地域景观提升策略研究

Analysis of the Spatial Form Evolution of Jinan Ancient City and the Strategy of Regional Landscape Improvement

王慧英　邓庆哲　白　雪　杨謦铭

摘　要：在城市人居环境建设中，山水既是城市发展的生态基础，同时也限制了城市发展格局，山水城一体化已成为城市发展的硬性指标和迫切需要，济南独特的山—水—城关系最具有代表性，本文以济南古城为研究对象，梳理了济南古城空间形态的演变，从宏观、中观、微观三个层面上进行空间肌理图形关系的识别与转译，在分析的基础上，从城融水、城望山、山水共融三个层次探究未来济南城市地域景观提升策略，为济南由大明湖时代转入黄河时代的新格局提出优化建议。

关键词：济南古城；空间形态肌理；地域景观；黄河时代

Abstract: In the construction of urban living environment, Landscape is not only the ecological basis of urban development, It also limits the pattern of urban development, The integration of landscape city has become a hard indicator and urgent need for urban development, Jinan's unique mountain-water-city relationship is the most representative, This paper takes the ancient city of Jinan as the research object, Comting the evolution of the spatial form of Jinan ancient city, The identification and translation of the spatial texture graph relationship from the macro, meso and micro levels, On the basis of the analysis, Exploring the strategy of improving Jinan urban regional landscape from the three levels of urban Rongshui, urban mountain and landscape integration, Put forward optimization suggestions for the new pattern of Jinan from the Daming Lake era to the Yellow River era.

Keywords: Ancient City of Jinan; Spatial form Texture; Regional Landscape; Yellow River Era

引言

历史古城是人类聚居的见证，古城变迁代表着人类生存方式的适应性及地域性的转变，长期的人地关系互动形成了特定地域景观。目前，在对城市空间形态演变研究中，主要运用历史图像分析、形态学、社会学、空间句法、ARCGIS空间分析等方法，研究的类型主要集中在城市空间历史变迁、形态演变、用地变化、历史街区或古城的形态等方面；在对城市空间形态结构研究中，主要运用空间句法、分形理论视线控制理论、Arc GIS建模、MATLAB测度、空间形态模拟、遥感等数据监测和评估等方法，研究的类型主要集中在城市空间肌理、城市街道空间研究、时空耦合等方面。历史城区在演变过程中的"渐进性"以及文化脉络的延续性、叠合城墙边界、轴线街坊、建筑院落、水系水网等各要素，是历史城镇演变过程的重要表征。

基于以上背景，本文以济南古城区为例，梳理了济南古城空间的演变过程，从宏观、中观、微观三个层面上进行空间肌理图形关系的剖析，总结明湖古城历史格局的演进以及现代转译模式，从城融水、城望山、山水共融三个层次探究未来济南城市地域景观提升策略，为济南由大明湖时代转入黄河时代的新格局提出一定的理论支持。

1　济南城市空间形态的形成与演变

1.1　济南市基本概况

济南南靠泰山、北邻黄河，是黄河下游流域的中心城市，近五千年的文明史、三千年的建城史以及独特的地质结构，造就了济南融合山、泉、湖、河、城于一体的城市空间形态，泉城共生，古城与商埠并存。

济南最初建城采取以老城为中心的集中团块状形式，也出现过双子城，随着城市化进程的加快和人口的扩张，南北两侧的黄河与南部山区阻碍了向南北两侧的发展，使济南不断地向东西延展，一条经十路贯穿济南的东西，南部山区与北部黄河流域成为城市的外围边界，形成了济南靠山临水的带状城市空间形态（图1）。

1.2　济南历史城区形态演变

从济南历史上看，继城子崖遗址后，济南古城区为东平陵城，东平陵城位于今天的济南市章丘区，城子崖遗址在两公里外。春秋时代，济南隶属于齐国，名为"平陵邑"。汉高祖刘邦在置济南郡后，以"济水之南"之意命名"济南"。济水是古代中国的一条重要河流，与黄河、长江、淮河并称为华夏"四渎"。

---

① 基金项目：山东省自然科学基金面上项目（编号：ZR2023ME108、ZR2023ME166）；山东省高等学校青创科技支持计划（编号：2020KJG004、2022KJ202）。

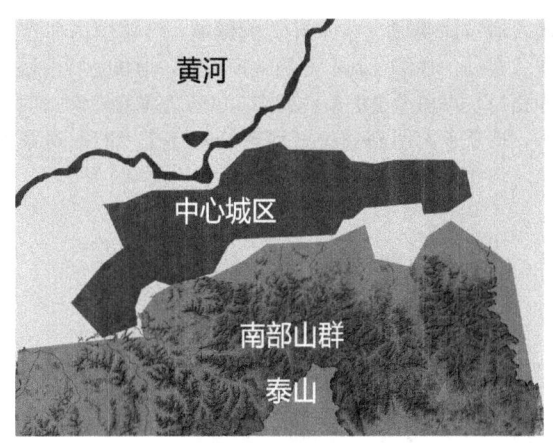

图1 济南空间形态

济南治所在西晋时从东平陵城向西迁移70公里到历城；到了东汉末期，济水中游干枯，下游的济水河就变为季河。其次是战争频繁，在这种大环境下，城邑搬迁至群泉涌动的古历城，春秋战国时期，又称"历下县"，因历山（千佛山）而得名。历城县从西汉开始，隶属于济南。济南是东汉初期的一个县，后来又成为济南国。济南府治所迁到历城后，历城的范围得到了进一步扩展。但它的府署并未移到历城的老城区，而是在历城的东边建了一个新的城府，那时的名字就叫东城。从此，济南城的东城和西城合并，形成了一种特殊的"双子城"，这种格局直到宋朝都没有改变。到了元朝，东城和历城合并，市区向东、向北延伸，最后将大明湖囊括在内，使济南形成"一城山色半城湖"的城市特色（图2）。

图2 历史时期济南城址的演变（图片来源：底图改绘自《中国城市历史地理》）

20世纪初期胶济铁路通车后，济南的城市空间格局发生了改变，商埠区在古城区的西边出现，城市的格局由原来的以旧城为主，变为了旧城与商业的双重中心，城市向东西方向发展，逐渐形成了黄河、城市、山区三条平行地带。新中国成立之初，确定了城区的空间拓展以既有老城区的道路为中心，继续沿城区的带状发展，并向东西两侧跨越发展，形成"一城两区"的中心城区、西部城区和东部城区。

2 济南古城空间形态肌理分析

结合现有的历史数据可以看出，济南是一个四面高、中心低，四面环山，山又环水的城市空间格局，历史更替中建筑在不断地演变，但布局却始终保持着一种井然有序的格局。根据"经久延续，控制城市形态特征"的原则，确定了"面水为山"的景观格局以及"纵横交错"的街巷形态肌理（图3）。

面水背山，山—水—城相依

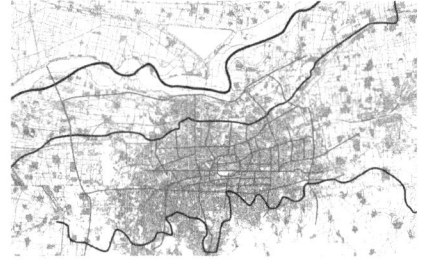

因势利导，理水营城

城市肌理遵循街巷结构

图3 济南城市空间形态肌理

2.1 古城格局空间层级——"一环绕明府，明湖映古城"的空间形态

在宏观层次上，城内山水环境决定了济南城市的总体格局。济南古城选址依山傍水，属于理想聚落模式的格局，古代济南城市山水环境不断演变，至明清时期济南城市山水环境由城市外围"梳状"水网体系、"一带多点"山体结构及城内"一湖一环多节点"的城内山水格局构成。

大明湖占据了济南老城1/3以上的用地面积，再加上泉水的复杂性，限制了济南古城的空间结构，不可能像明清紫禁城一样有一个严谨规整的中轴线，南北两道门也不在同一个轴线上，城市的交通格局也受到大明湖的制约，没有一条规则的主干道横贯南北；其次，城内南北高低错落，使古城南北两个门户位置也不对等；最终，由于城市的地势和防洪排涝，道路布局多为南北向、东西向，东西门大街、东门大街、南门大街是城市的主干道，连接东西城门、东门大街、南北门大街的主干道。总体而言，济南古城布局受城池泉水环境的影响，借鉴国内典型的棋盘式布局，并结合其本身的地理特点，形成独特的城市空间格局，再加上黑虎泉、趵突泉、五龙潭和珍珠泉四大泉群，造就了大明湖和护城河系统相互连接的宏观都市形象（图4）。

图4　"一环绕明府，明湖映古城"的空间形态

2.2 街巷空间层级——"走街串巷"的泉水街巷空间形态

济南泉水聚落是以趵突泉、黑虎泉、珍珠泉和五龙潭四大泉系组合的城市空间格局，同时也是古城内最具有特色的滨水空间。珍珠泉的位置比较分散，大大小小的泉水喷涌而出，在院落和街巷之间穿行，是泉城典型的街巷院落，也是中观层面水城空间格局空间架构中的重点研究对象。古城内部出露的泉水按存在形式主要有点状泉眼、线状泉渠和面状泉池三种类型。人们将泉水水系形态与街巷相融合，泉水或沿着街巷线性布置，或分布在建筑院落内部，街巷两侧建筑有秩序地组合排列，辗转起承，形成一系列丰富多变的城市带状滨水开放空间序列。以泉水水系连接街道、小巷、胡同等，独有的老城地域性的交通网络系统成为一种别具一格的泉城景观（图5）。

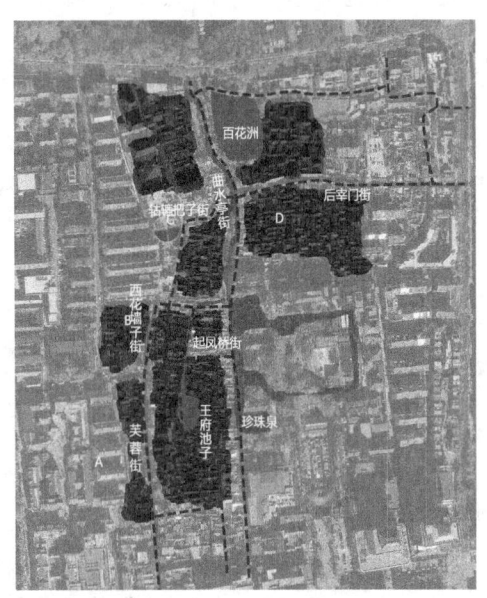 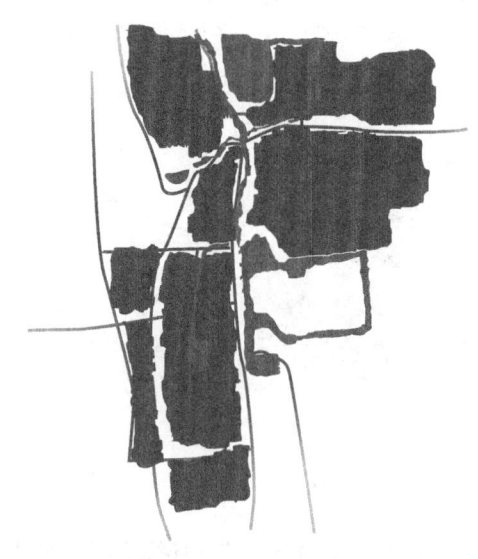

图5　"走街串巷"的泉水街巷空间形态

图5中街坊A是一条以芙蓉街为中心的商业街，规模很大，向南北方向延伸，主要由多个院落、院落和院落的纵横交错排列构成。街坊B因沿王府池子水系，起凤桥街西侧地块一侧贴水建房，另一侧沿街，布局形态是建筑—泉水—街道—建筑的形式，营造出一种比较幽静的生活氛围。泉水流经宅院，形成家家有泉水的济南特有的老城景观。街道C区为曲水亭街两侧呈现出明显南北走向的带状块面，显示出线形动态。水系位于道路和建筑的中央，大部分院落分布在河流的两边，形成了一种建筑—街道—河流—街道的格局，为济南城市道路系统和水系融合的典型范例。街坊D坐落在后宰门大街和院后街的交界处，为东西走向的矩形，主要包括两个院落——横向院落和四合院。

2.3 建筑空间层级——"户户泉水，家家杨柳"的泉水院落空间形态

济南古民居院落一般呈现由四周建筑围合的四合院形制，院落内没有严格的中轴线，济南先民将院落空间的营建与泉水水系结合，既方便了居民用水，也丰富了院落空间。从整体上院落与泉的结合方式可总结为三种：泉渠围绕院落（相离）、泉池在院落内部（包含）、泉渠穿插于院落（相间），泉水、泉池一般在院子的中心、院子一角或者穿过院子（图6）。

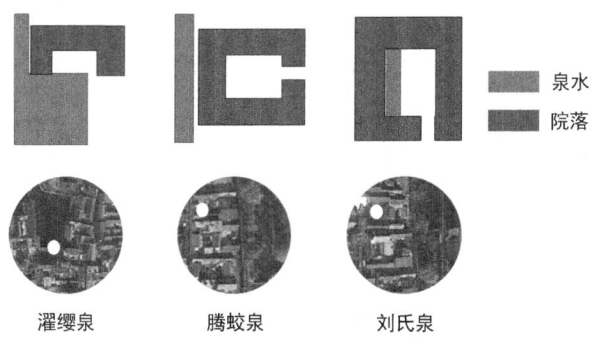

图6 泉水院落空间

在泉渠环绕庭院的格局中，泉道形成了庭院与周边环境的柔软界面，将庭院与外部空间分隔开来，并保持了视觉上的连贯性；庭院中有泉池，或圆形或方形的泉池分散在庭院中，泉眼常成为庭院空间的焦点；泉渠在庭院中穿行，泉水与庭院建筑融为一体，使泉水成为庭院空间的一个有机部分。泉河水系与城市空间的各种规模紧密地联系在一起，构成了一个城市的公共空间系统。泉水水系既可以组织城市的空间，又可以发挥园林的功能，使居住空间充满诗意和独特的都市形象。

3 济南地域景观提升策略

城市化进程的加快，使原有的城市空间和格局已经不足以支撑人们生活的需要和社会经济的发展，济南城区不断向外扩展，但由于南北两侧的黄河与南部山区阻碍了城市南北的拓展，使得济南不断地向东西两侧延展，南山北水成为城市的外围边界，形成了济南靠山临水的带状城市空间形态。为使山、水、城市三者形成和谐的发展关系，从城融水、城望山、山水共融三个层次探究未来济南城市山—水—城空间形态肌理的架构，提出空间一体化发展的策略。

3.1 城融水

黄河、小清河和大明湖形成的两个空间平行地向南扩展。黄河是济南中部地区的北部分界线；小清河位于黄河和大明湖之间，有众多的支流，将黄河和大明湖连接起来，是济南北部地区的重要交通枢纽；大明湖坐落在老城区北部，是济南古城的命脉，这里泉水汇聚，一直是市区的中心，也是泉群最多的地方。黑虎泉、趵突泉、五龙潭等四大泉群遍布全城，形成了"户户泉水，家家杨柳"的泉水井空间形态。

在"水城相依"的空间形态基础上，突破南北空间的限制，跨河发展。在最新的济南城市总体规划中，新增加了济南新旧动能起步转换区，使得济南突破北部黄河的阻隔限制，实现城市的跨河发展。黄河、小清河、徒骇河等众多河流纵横交错，鹊山龙湖、太平等湿地湖泊星罗棋布，具有得天独厚的自然条件和突出的生态安全地位。黄河生态风景示范段已初见成效，大寺河、青宁沟等河道综合治理已初见成效，成为黄河地区南北双向互济、内外陆海协同发展的重要战略枢纽（图7）。

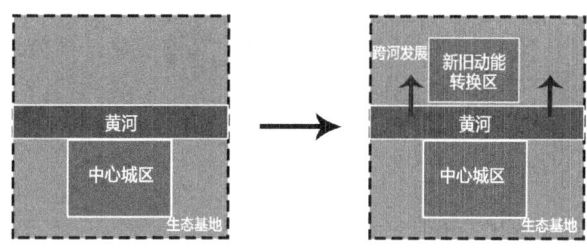

图7 跨河发展模式

3.2 城望山

从水平、纵向两个维度提出控制策略，一方面要因地制宜，利用群山形成的广阔空间，在城市宏观尺度上预留南北廊道，划分动态变化的城市"底"空间，将东西带状结构调整为多组团协调发展的城市结构，促进图底之间的空间渗透；另一方面，对城市重要地段（例如旧城区、山前区）的建筑平均高度进行控制，保证了山脊线在城市地平线中的比例，从而形成以南部山区为基点的城市竖向图底关系。南山区是济南的水源涵养地——"城市绿肺"，实施南联发展战略，可将其定位为具有齐鲁文化特征的自然风貌带、绿色生态保护与工业发展区域、大型的公共休闲娱乐场所。

3.3 山水城共融

运用整体性思维，以区域视角融合山—水—城，将城市置于大尺度的山水格局，整体统筹构建城市空间发展形态，构建"千佛山—古城—黄河"泉城特色风貌带、主城区—新旧动能转换区双城模式。为保证济南市和周边山水景观能够更好地融合，在构建济南山水城市架构时将济南市老城区、东部、西部、南部、北部整体山水格局纳入景观结构，有利于山水城市景观系统的完善（图8）。

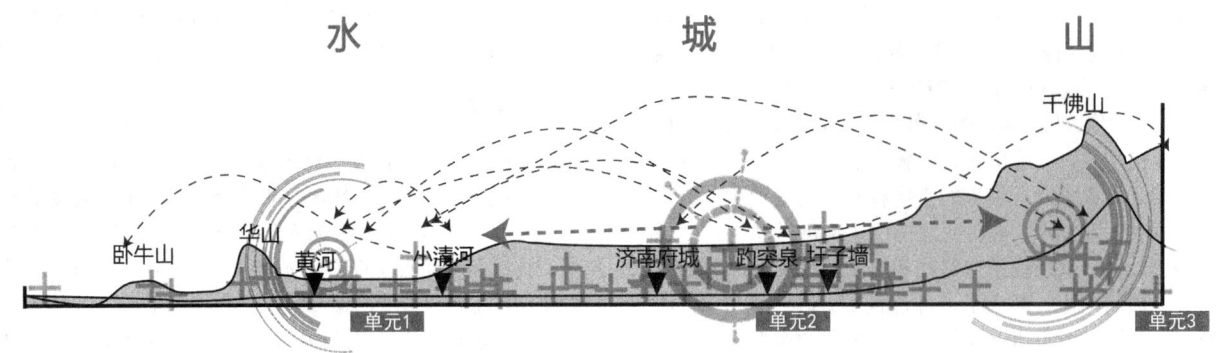

图 8 山水城一体化空间形态

在北部构建黄河及小清河水景风貌带，向南延伸，加强与大明湖景区的链接，带动黄河以北区域社会经济发展，实现济南跨河发展。南部山区风貌带的规划重点是千佛山，千佛山是全风貌带以及"齐烟九点"历史景观的观景点，作为城市的背景，是实现南北轴线贯穿的关键，也是打通黄河—大明湖—泰山—曲阜山东整体特色风貌带上的关键节点。规划过程中应加强千佛山景区本底生态资源的保护。中部泉城特色风貌带是济南风貌带的核心所在，优化大明湖景区，扩展水面，净化水体，提升大明湖开放空间的景观效果，将"园中湖"转变为"城中湖"，再现历史上济南"一城山色半城湖"的城市风貌。

4 结语

历史古城的起源与发展，经济是外源驱动力，内源动力是人地关系空间格局的变迁。揭示区域的历史演变过程，挖掘地域景观特征，分析自然地理空间与人文景观空间的叠加关系，从而深度把握人地关系的内在规律，为现代城市发展演变提供理论支撑[8]。

参考文献

[1] 张莉莉. 中国园林美学视角下的济南山水城市营造研究[D]. 天津：天津大学，2017.
[2] 张蕾. 济南老城城市空间特色研究[D]. 厦门：华侨大学，2014.
[3] 佚名. 生态视角下的沿黄城市形态优化研究[D]. 南京：东南大学，2020.
[4] 李旭，陈代俊，罗丹. 城市形态基因的生成机理与传承途径研究——以成都为例[J]. 城市规划，2022，46（4）：44-53.
[5] 王越. 区域水环境影响下聊城古城演变及空间特征研究[J]. 古建园林技术，2020(6)：46-51.
[6] 费广实. 聊城古城保护模式及更新策略研究[D]. 济南：山东建筑大学，2010.
[7] 肖华斌，刘莹，况范霖，等. 济南洪范池泉群浪溪河流域泉水聚落地域性景观与生态智慧[J]. 风景园林，2020，27（8）：69-75.
[8] 肖华斌，王梦颖，安淇，等. 京杭大运河"运河之脊"南旺分水枢纽生态智慧探析[J]. 风景园林，2019，26（6）：41-46.

作者简介

王慧英，2000年生，女，汉族，山东菏泽人，山东建筑大学硕士在读，研究方向为风景园林规划与设计。电子邮箱：1905877487@qq.com。

邓庆哲，1999年生，男，汉族，山东聊城人，山东建筑大学硕士在读，研究方向为风景园林规划与设计。电子邮箱：D1872513834@163.com。

白雪，1998年生，女，汉族，山东济南人，山东建筑大学硕士在读，研究方向为风景园林规划与设计。电子邮箱：snow784722267@163.com。

杨馨铭，2000年生，女，汉族，河南安阳人，山东建筑大学硕士在读，研究方向为地景规划与生态修复。电子邮箱：921867368@qq.com。

乡土营法：黑水河藏族村寨聚落景观环境适应策略探析

Vernacular Landscape Construction: An Explorationof the Environmental Adaptation Strategies of Tibetan Village in Heishui River

蒋思玮　李　西　黄诗艺　朱春艳

摘　要：藏族村寨是藏族在高原自然环境、生产生活方式和族群文化习俗等因素共同影响下所形成的乡土聚落，蕴含着山地人居营建智慧及环境适应性。本文以川西北黑水河流域的藏族村寨为研究对象，基于乡土营法的视角和多元交叉的方法，从山地聚落人居环境"人受制于地"到"人改造地"再到"人融于地"的生存逻辑解析地域村寨景观的乡土营建方式，探索与地域环境相适应的地方经验及营建策略，以期为黑水河藏族村寨聚落的保护以及当代乡土聚落的适地性建设提供参考依据。

关键词：藏族村寨；山地人居环境；聚落景观；乡土营建；适应性；黑水河

Abstract: Tibetan villages are vernacular settlements formed by the Tibetan people under the joint influence of the plateaunatural environment, production and living styles, and cultural practices of the ethnic groups, which contain the wisdom of mountain habitat construction and environmental adaptability. This paper takes the Tibetan villages in the Heishui River Basin as the research object, and based on the perspective of vernacular landscape construction and diversified research method, analyzing the local construction methods of regional villages from the survival logic of"human are limited by geography" to "human transforming land" to "harmonious development of land and people" in the habitat of mountainous settlements, and exploring the local experience and construction Strategies that is compatible with the regional environment, with a view to providing references to the protection of Tibetanvillageand the construction of localized settlements in contemporary times.

Keywords: Tibetan Village; Mountain Habitat; Settlement Landscape; Vernacular Landscape Construction; Adaptability; Heishui River

引言

民族村寨是我国农耕文明历史影响下多元民族赖以生存的乡村聚落单元，也是中华民族传统人居文化的重要物质表征。近年来，民族地区部分乡建行动对地域乡土营造经验和历史景观形态并没有足够的研究和正确的认识，致使民族村寨面貌的原真性和地域性逐渐丧失，乡土营建传统正在淡化，长期以来人地关系稳定所形成的村寨聚落面临一种"重写"。如何重新认识原本极具地域特征的民族村寨聚落并引导其适应性发展与转化是亟待解决的问题，这种认识的本质是一种对乡土聚落景观适地性的"定位"。因此，本文以笔者长期在地研究的黑水河藏族村寨为例，基于田野调查所观察的聚落"空间"与搜集到的民族志"文本"[1]，从地域主体（村民）的"主位"视角适应当地环境而采取的"人受制于地"到"人改造地"再到"人融于地"的生存逻辑解析村民合理回应、适地调配建设村寨的乡土营建方式，探索村民与地域环境相适应的地方经验及营建策略，这对于在现今复杂的乡村建设行动中如何立足于地域环境实现村寨可持续发展具有重要意义。

1 何为"乡土营法"

"乡"是村寨农耕聚落的单位，"土"是村寨农耕聚居的条件，"乡土村寨聚落"则是藏族从事农耕生产定居的产物。在传统乡土社会，经济技术和社会文化必然要通过土地等资源条件起作用，村民为了"维持生存"也要依靠土地，那么土地就成为人人为之归属和寄托的要素，同时如何"用地"成为影响人们改造聚落环境且长期与外部环境互动的重要因素。在长期适应地域环境的过程中，藏族人民不断探索出应对当地自然环境和资源条件的适应性营建方式，培育出各具特色、形态各异、功能复合的乡土景观，这种适应于地域环境的乡土营建方式，就称为"乡土营法"[2-3]。本文聚焦的黑水河藏族村寨是藏族群体自发营建而形成的乡土聚落，具有自组织特征。无论是符合高原的生活方式，还是契合山地的用地策略，藏族人民会调和选择、合理顺应，探索出与村寨地域环境相适应的乡土营造方式，各村寨继而将这一聚居"营法"作为文化传统传承、固化于村寨聚落景观中，从而村民的营建活动就与"地域"在相对恒定中存在对应关系[4]，这也就是乡土景观学者J. B. Jackson所说的"乡土景观最重要的是它的地域适应性"[5]。

---

① 基金项目：四川省社会科学重点研究基地中国近现代西南区域政治与社会研究中心资助项目（编号：XNZZSH2309）；四川省教育厅人文社科重点研究基地四川景观与游憩研究中心资助项目（编号：JGYQ2022018）；四川省哲学社会科学重点研究基地现代设计与文化研究中心资助项目（编号：MD21E014）。

2 黑水河及藏族村寨概况

黑水河地处青藏高原东部阿坝州境内（图1），是岷江上游最大的支流，发源于岷山羊拱山脉，整体自西北向东南流入茂县羌族聚居区后汇合于岷江。据藏文史籍记载，黑水古地名有"柯（戈）基龙坝"之称，实为古羌部族戈基人开发聚居地[6]。唐蕃争战后，当地古羌部族与吐蕃军队移民交往、融合，形成已蕃化的地域族群即为"嘉绒藏族"。因流域地理条件和生产资源的制约，黑水河逐步发展成为以农耕文明为主的藏族聚居区，相应分布在黑水河流域的藏族村寨，在山河同构的地形地貌、差异分布的气候物产、多样频发的自然灾害的生存环境下，顺应自然、因地制宜，较为集中选址分布在2400~3200m的中起伏、大起伏的中山、亚高山地带[7]。藏族村民依托山地生境，利用不同海拔高度的地理环境，采取适应山地资源条件的营造策略，创设出"中山向阳宜农、高山宜猎宜牧"，与自然环境调和适配的农、牧、林优势互补的生产方式，并形成了综合、平衡山、水、风、土、人、景的乡土聚落景观（图2）。本文依据典型性、代表性、完整性原则选取黑水河传统藏族村寨（落）作为调研对象，基于村寨生存与聚落景观的关系开展在地田野调查，通过走访、记录、拍摄、口述史等方式搜集"文本"，并深入了解村寨聚落营建的"空间"特征，对比互证进而归纳村寨聚落的景观特征及适应地域环境的乡土营建方式。

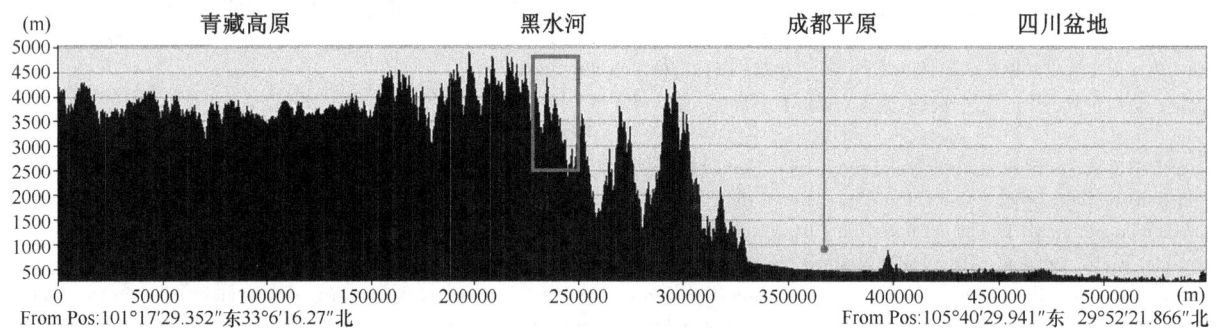

图1 黑水河区域地理概况

图2 黑水河典型的山地村寨

3 黑水河藏族村寨聚落景观的环境适应策略解析

3.1 "人受制于地"的择基相地之法：因地择基，相地合宜，趋利避害，向阳而生

"生存在某一块土地上，不管情愿与否，这块土地的自然环境总是'包围'着我们"[8]，黑水河"两山夹峙，河谷深切"的高原山地使得世居藏族长期面临着"受制于地"的生存问题，为了获取更有保障的村寨空间，村民必然要考虑在不同海拔高度和地表环境中寻找宜居地带的可能性和可行性。在高山峡谷的地理环境中，2400~3200m的中山、亚高山地带地貌环境的起伏度和坡度较大，对于村民聚居建设存在着一定影响，但山地山体稳定，台地广布，同时临近山林草场，可农林兼作，适垦殖，相比河谷地带，生活资源相对充裕且易守难攻。藏族村民凭借中山、亚高山地带的有利条件，因地就势选择易于开发的山间台地基址，相地而生，灵活布局，依山势、地脉、风向综合考虑"山—林—田—寨"的整体布局，以山间生产性和防御性优势将"天然自然"改造为适宜各种自然地缘关系的"人为自然"，把聚落生活生产环境嵌套在山地生境中，进而在黑水河山河同构的地理条件下形成特殊的山地聚落选址格局。

黑水河流域夏季短暂、冬季漫长且寒冷，光照充足又多大风天，以致向阳、采光、防风成为村寨选址需要解决的主要问题。所调查的村寨选址朝向及位置都遵循背山向阳和"对包不对山"的原则，这既利于聚落向阳采光以及农作物生长，也可利用地形遮挡寒风、避开山体威胁。此外，先民们在严酷环境下对聚居地景的勘察与总结形成了一套关于适地择址的地方性知识：当地藏族把人居基址分为阳地、阴地和中性之地三类（图3）。无论是村寨选址还是民房择基，村民都会根据地形环境和民间信仰，观山相土，察水辨风，以求地美神安、人兴业旺。各个村寨顺应恶劣之境，营建深山之居，并将择基相地的自然之利固化为村寨的"定名身份"（表1），形成了向阳而生、与地合宜的山地乡土聚落。

图3　黑水河藏族传统选址观念示意

藏族村寨地名命名及释义　　　　表1

选址地形	村寨地名释义
中山地带	日多（向阳地）、沙板沟（龙头形地）、热拉（可居可移的地方）、约窝（形如晒坝）、俄窝（半山平地）、库车（富饶之地）
亚高山地带	白日（靠近高山草坪）、瓦钵（岩山梁）、甲足（高山富饶之地）

资料来源：作者据地方地名录及田野调查整理。

3.2 "人改造地"的精明生计之法：适配营建，用尽其利，聚集簇团，内生集约

"何以为生"是山地聚居面临的根本命题[9]，在村寨初步形成阶段，自然基底与选址布局的复杂性限制了聚落的无序扩张，村民不得不综合考量、审慎抉择，在地缘与资源紧张的条件下平衡好用地关系。各寨根据不同海拔高度的地形环境和土壤地力的局部差别，本着寸土能为的节地原则和寸土有为的用地原则，依托海拔高度的纵向空间和山体等高线的横向空间扩展生产活动半径，开荒治土，培土植林，化制约条件为有利条件以最大限度地获取生活生产资源。在中山地带，崖坡错叠，土高于水，各个寨子顺形耕种，依山理水，寸土不闲，垒石作塍，沿山间溪沟、寨边田埂开挖水沟，开凿水池，将自然降水、积雪融水和山林下渗水引入寨中。寨中农田结合灌溉设施跌级布设，遵循着"广种""薄收"的原则种植玉米、洋芋、做自阿（甜荞）、做自时（苦荞）等耐旱粮食作物。而位于坡脚、崖边不适合耕种的土地主要用作建设用地，民居建筑坦耕陡居，集聚收缩，建筑之间层次错落，前不蔽后，宅间田边种植着苹果、花椒、核桃等经济林，起到防风遮阴、调节生态、保护耕地的作用。在海拔较高的山林，村民适应地形坡度开垦着零散的点状农田，并与天然草场相间分布，构成农业轮作休耕、畜牧"夏秋放养、冬春圈养"的"见缝插针"式生产节律和用地模式（图4）。各寨尊重场地条件，根据海拔高度及地形环境，构成从高到低垂直分布的"上放牧—中农耕—下采集"的土地利用方式，这种适应于垂直分异现象的改地用地方式是村民合理利用与有限改造的调适结果，不失为山地生存明智之举。

农业生产是黑水河藏族最基本的生计方式，耕地的多寡基本决定了村寨聚落的规模。依据耕地规模及布局，村寨聚落可分为分散式和集中式两种形式（图5）：分散式通常是可耕土地呈斑块状，与岩坡、林地间穿插嵌套分布，村寨通过不断向外扩张，分寨簇团聚集为几个小寨子，民居建筑顺应地形变化，避让耕地，或疏或密，形成整体分散、组团聚集的空间形态。集中式通常是分布在较为平坦且面积较大的台地缓坡地带，缓坡腹地耕地资源较好，农田垂直开垦，层层递进，这类村寨通常存在大户人家和较大规模的房屋组团，依地势簇团集中分布于农田中心的山包地带。结合村寨整体布局形态来看，两种布局方式都呈现聚集簇团的建成环境和耕地广布的用地模式（图6），这是村寨群体与相邻村寨争夺资源所采取的簇团紧缩的空间占领方式，也是村寨内部集约利用土地的结果，蕴含着村民团结协作、珍视土地的营建智慧。

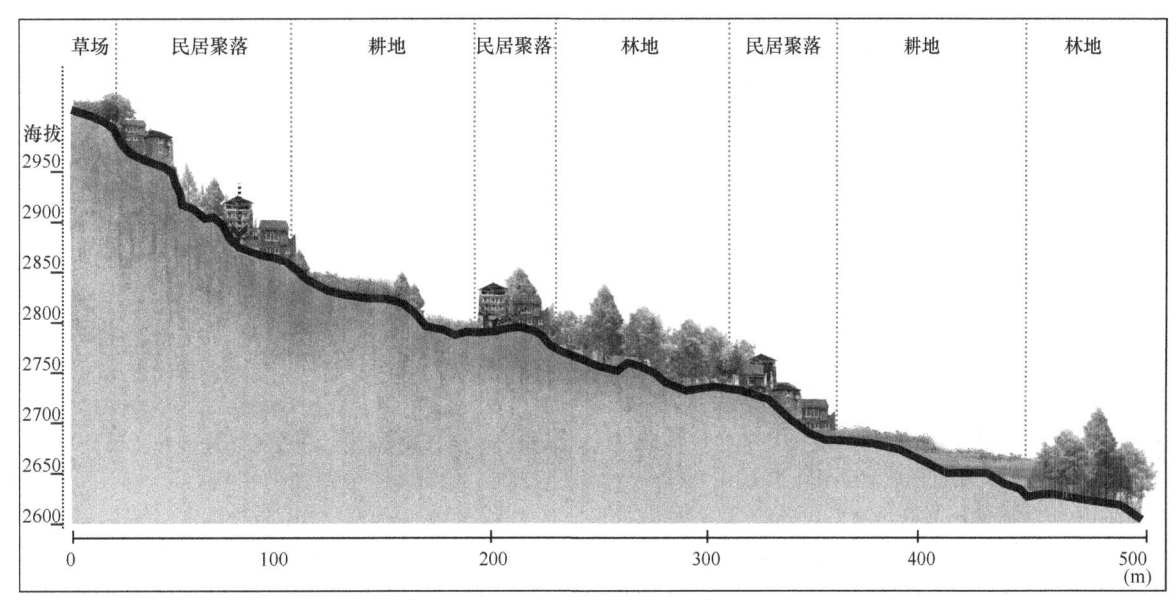

图4　村寨土地利用模式示意

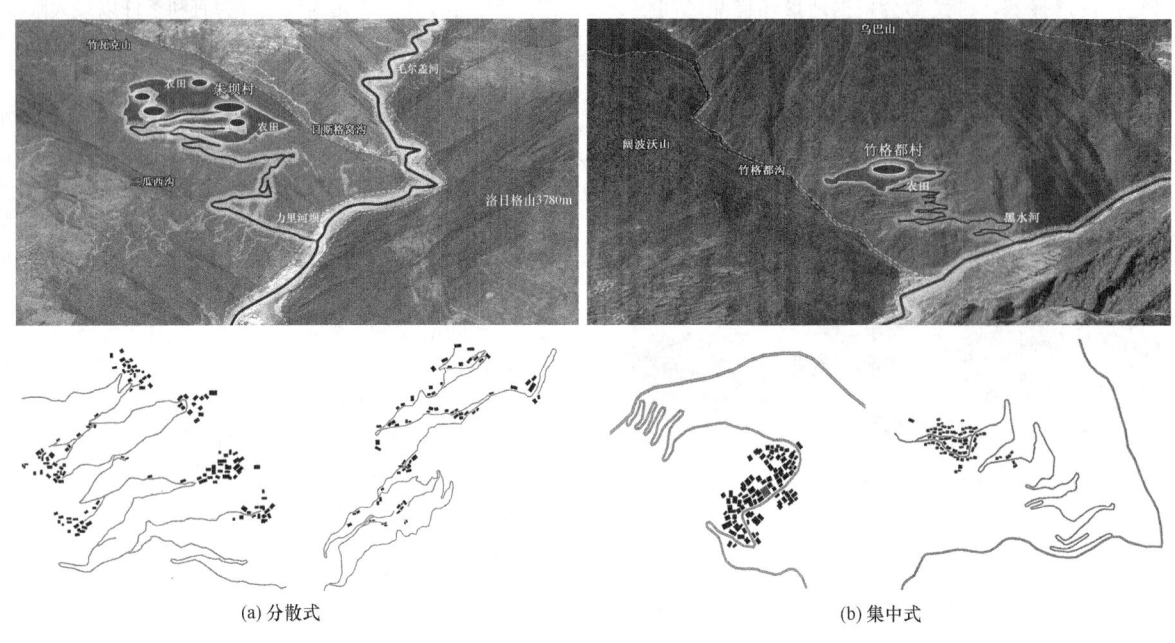

(a) 分散式   (b) 集中式

图 5 黑水河藏族村寨聚落布局形态

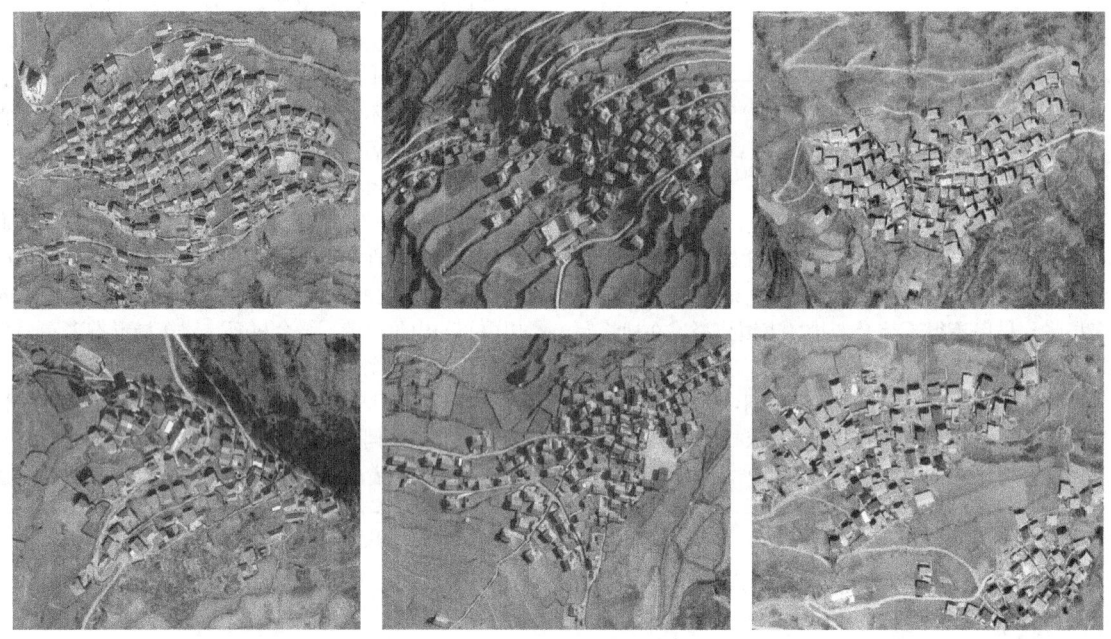

图 6 村寨聚集簇团结构提取

3.3 "人融于地"的居者安居之法：就地借势，防住一体，人神共居，景文互生

历史时期，黑水河动荡、整合的外部环境孕育了世居藏族以防御性功能特征与住居性职能导向作为首要目的的安居需求。在村寨选址方面，村民"潜意识"的防卫心理左右着村寨营建过程，各寨依托自然，借势而为，强调防御之适形，注重住居之实用，借助山地陡坡的隔障隐蔽优势营建易守难攻、防住一体的聚落环境。在村寨聚居方面，各个村寨始终保持着资源占有、人地共融的历史特征。村民基于当时当地的考量，设置与农耕生活相适应的公共空间，寨内宅院、广场、道路等空间要素随地赋形，与民居、农田、晒坝相生相融，构成具有多义性的公共空间和功能复合的利用方式。因地处高山，村寨没有明显的主次路网结构，对外道路多顺应山体等高线，曲折盘绕，蜿蜒攀升，暗藏在溪沟旁、山林间。而寨内道路受到地势坡度和建筑布局的影响，曲直不一，似通非通，防御性和排斥性较强，并具有一定的民居生活印记（图7），也正是这种交通条件为村寨聚落提供了相对安全、封闭的住居之境。在民居建筑方面，各家碉房以群体共识的"宅小、人多、气旺"的"石头房子"作为基本构型，利用当地的石、木等适地性材料，垒石架木，临坡建房。各家建筑采用筑台、附岩、错层等接地措施，以利于在坡陡地狭的基址中获取

纵向住居空间。建筑立面逐层缩进、垂直划分、缩小体量，内部立面空间"下圈、中居、上供神"并带有明显防御性特色。建筑平面方正规整，封闭紧凑，墙体厚重，门窗窄小，既保温、抗震、坚固不易破坏，又构建起隔离住宅内外的"保护壳"。寨内民居建筑与山地地形地貌、当地的建筑材料、群体共识的建造模式形成适配关系，类型重复、形态多变、位置错落，与山体轮廓、林田边界融合成为"共构"的山地聚落建筑群（图8）。

图 7　村寨道路

图 8　就地借势的山地藏寨聚落

在藏族乡土传统影响下，村民始终保持着"可为"与"不可为"的实践态度及行事方式，不断将神化自然观、宗教信仰、群体观念等投射到村寨的信仰领域及对象中，并赋予"人融于地"的"生存理想"之意义。在地景尺度中，黑水河共同信仰的奥太基神山和各自村寨的寨神是聚落的地方神，各个村寨在后山修建拉则、玛尼堆、煨桑台等营建出村寨公共祭祀区域。在村寨聚落尺度主要包括寺庙、白塔、曲康等宗教景观节点，这类空间是聚落群体认同的核心，具有明显的等级性和固定性，村民们设定边界、共信共守，不断地修整、加饰、扩建，并通过特定的祭祀祈福活动标识出村寨地域人与神、人与群体、人与人的定位意识。在住居空间尺度中，民居顶层的经堂是村民开展家庭佛事的信仰空间，经堂外侧墙缘砌筑有煨桑炉，其上竖起柏枝和经幡以守护房屋。村民日常通过在对应的仪式空间中日复一日的宗教仪式，带着对自然、生命和神明的敬畏与感恩，烟供朝拜，祈求护佑，这建构和强化着村民心里的安全感和空间领域意识，也遏制了村寨"融地"过程中无限度的资源夺取。由此，村寨聚落在满足村民日常生活和宗教行为需要的情况下，不断调适、更新而趋于稳定，各景观要素之间井井有条，统一共融，进而营建出物质景观与精神文化和谐共生的乡土村寨聚落。

4　结语

黑水河藏族村寨是地域主体基于自然地理环境处理人地关系的适应性产物，也是地域"地脉"与"文脉"相互交融的充分表现。在高原山地居住的藏族人民往往面临着巨大的生存压力，村民始终贯穿着尊重自然、敬畏自然、顺应自然的生存准则，才得以在恶劣的山地环境下营造栖居、生息繁衍。同时自然基底与选址布局决定了村寨存续空间的基础条件，各寨基于生存理性以"低技术"与"弱行为"的多维度、多样化生产方式，因地就势，适应改造，广为生产，用尽其利，形成与村寨地域环境相适配的调整策略和建造经验，进而满足山地聚落居者安居的生存理想。基于生存压力的"受制于地"、基于生存理性的"人改造地"、基于生存理想的"人融于地"的营建逻辑及过程，黑水河藏族人民以一种与自然环境适应的、与乡土文化共生的适地性方式，通过建造实践和外在物化将乡土聚落营建融入自然环境、生活生产和文化传统，维持着"自然—文化—村寨"的平衡发展，最终形成适应于黑水河自然环境及文化传统的乡土聚落景观。本文从山地聚落人居环境"人受制于地"到"人改造地"，再到"人融于地"的生存逻辑，总结与提炼黑水河藏族村寨与地域环境相适应的乡土营建方式，在一定程度上拓展了现有藏族村寨的研究视野，为更加深入地认识藏族村寨乡土景观以及今后系统科学地保护利用黑水河藏族村寨提供理论支撑。

参考文献

[1] 周政旭. 山地民族聚落人居环境历史研究的方法论探讨——以贵州为例[J]. 西部人居环境学刊, 2016, 31(3): 8-16.
[2] 李浩然, 董璁. 鄂西南土家族乡土景观营法探析[J]. 中国园林, 2022, 38(1): 64-69.
[3] 王通, 杨瑞祺, 尚书棋, 等. 鄂西武陵山区乡村聚落景观营构传统研究[J]. 风景园林, 2021, 28(5): 107-113.
[4] 段德罡, 王宁. 传统聚落地域性的当代思考——从玉湖村事件谈起[J]. 华中建筑, 2009, 27(11): 147-149, 165.
[5] Jackson J. Discovering the Vernacular Landscape[M]. New Haven and London: Yale University Press, 1984.
[6] 多尔吉. 嘉绒藏区社会史研究[M]. 北京: 中国藏学出版社, 2015: 3.
[7] 孙松林, 宋爽. 风景遗产视角下藏羌交汇区聚落遗产空间特征识别与价值研究[J]. 园林, 2022, 39(7): 28-38.
[8] 和辻哲郎. 风土[M]. 北京: 商务印书馆, 2006: 10.
[9] 周政旭, 程思佳. 贵州白水河布依聚落形态及其生存理性研究[J]. 建筑学报, 2018, 594(3): 101-106.

作者简介

蒋思玮，1996年生，男，汉族，四川阿坝人，四川农业大学风景园林学院硕士在读，研究方向为乡村人居环境规划、传统村落文化景观。电子邮箱：1245291107@qq.com。

李西，1974年生，女，汉族，四川成都人，四川农业大学风景园林学院教授、博导，研究方向为风景园林历史文化理论、乡村人居环境规划。电子邮箱：lixi@sicau.edu.cn。

黄诗艺，1998年生，女，汉族，重庆沙坪坝人，四川农业大学风景园林学院硕士研究生在读，研究方向为乡村人居环境规划。电子邮箱：673099492@qq.com。

朱春艳，1971年生，女，汉族，四川成都人，四川农业大学风景园林学院副教授，研究方向为风景园林历史文化理论。电子邮箱：444718219@qq.com。

泉州古城海上丝绸之路游径网络规划设计研究

Research on the Planning and Design of the Maritime Silk Road Trail Network System in the Ancient City of Quanzhou

谭 灵 杜 雁

摘 要：海上丝绸之路是我国最重要的线性文化遗产之一，它的重要起点泉州于2021年以"泉州：宋元中国的世界海洋商贸中心"为题列入《世界遗产名录》。在我国积极推进当代海上丝绸之路文化建设的背景下，本研究通过网络语义分析、空间句法等方法构建泉州古城海上丝绸之路游径网络，以期建设串联城市自然资源和人文资源的时空耦合的动态体系，从而达到因地制宜地保护和挖掘具有城市本土特色的历史文化要素的目的。通过游径网络系统规划设计满足遗产保护、活化以及人群体验、活动等需求，提供社会、经济、自然、历史文化等多个层面的现实价值。

关键词：游径网络；游径规划设计；泉州：宋元中国的世界海洋商贸中心；海上丝绸之路；泉州古城

Abstract: The Maritime Silk Road is one of the most important linear cultural heritages in China. Its important starting point, Quanzhou, was included in the The World Heritage List in 2021 under the title of "Quanzhou: the World Marine Trade Center of Song and Yuan China". Against the background of actively promoting the cultural construction of the contemporary Maritime Silk Road, Constructing the Route Network of the Maritime Silk Road in Quanzhou Ancient City through Semantic Analysis, Space syntax and Other Methods. We hope to build a spatiotemporal coupling dynamic system that connects natural and cultural resources in the city. Thus, the goal of protecting and excavating historical and cultural elements with local characteristics of the city can be achieved according to local conditions. People can meet the needs of heritage protection, revitalization, as well as crowd experience and activities, and provide practical value at multiple levels such as society, economy, nature, history and culture.

Keywords: Trail Network; Trail Planning and Designing; Quanzhou: Emporium of the World in Song-Yuan China; Maritime Silk Road; The Ancient City of Quanzhou

引言

泉州于2021年以"泉州：宋元中国的世界海洋商贸中心"为题列入《世界遗产名录》（以下简称"泉州世遗"）。泉州世遗由22处代表性古迹遗址及其关联环境和空间构成，它完整体现了宋元泉州的海外贸易体系，"产—运—销"一体化以及支撑其运行的制度、社群、文化因素构成了多元社会系统[1]。在完善的商贸体系中，泉州古城作为核心贸易中枢集中地分布着8个世遗遗址点，其中有传承至今仍繁荣发展的遗址，如开元寺、府文庙等，是泉州古城中香火最旺盛、人群最聚集的地方；也有藏匿于古巷的、即将淹没水中的世遗遗址点，如市舶司、顺济桥遗址等，在缺少了古代商贸体系的依托和发展后，逐渐有隐没于人们视野的趋势。

海上丝绸之路是我国最重要的线性遗产之一。游径与绿道、遗产廊道、风景道、文化线路这些概念均与线性遗产相关，它们有重合的部分又互相区别。国内部分学者对其含义进行了辨析，认为这些概念的共同点是"线性空间，具有遗产保护功能，注重连续性与完整性"[2]。游径被美国国家公园管理处定义为：一条用于步行、骑马、自行车、直排轮、滑雪、越野休闲车等游憩活动的非机动车通道，最早可以追溯到20世纪20年代的美国阿巴拉契亚游径[3]。游径网络的构建能合理利用遗产区域的自然和文化资源，实现游览及教育解说功能[4]。同时，游径是解决我国旅游活动过程中人多地少、人地矛盾突出、公共空间缺乏等问题的一个非常有效的途径[5]。通过构建游径网络可以因地制宜地保护城市历史文化要素，挖掘具有城市本土特色的场所，联通过去与现在、联系自然与人文。类似的案例如：将分散于美国波士顿中心区的17个遗产点联系起来的波士顿自由之路[6]；由6条遗产旅游线路连接一系列古物古迹，形成6组遗产群落的香港文物径[7]；形成"历史展示＋休闲体验"的线性文化遗产保护利用模式的南粤古驿道[8]等。

在我国积极推进当代海上丝绸之路文化建设的背景下，以泉州申遗成功作为发扬泉州优秀传统文化的契机，在泉州古城的空间尺度下，构建泉州古城海上丝绸之路游径网络，成为保护古代泉州海上丝绸之路贸易中枢的历史文化资源的同时合理提升资源价值的解决方案之一。

1 研究区域概况

福建省泉州市东望台湾岛、南邻厦门市，拥有丰富的自然资源和人文资源。在绿道方面，泉州市具有依托清源山的山线绿道和沿晋江的水线绿道两条特色绿道。

泉州古城位于泉州市鲤城区，占地面积6.41km²，位置在上述两个绿道之间，北邻近山线绿道，南紧邻水线绿道，即北至清源山，南邻晋江。同时，泉州古城被环护城河绿道包围（图1）。泉州古城内有8个世界文化遗产、2个全国文物保护单位、11个省级文物保护单位以及37个市级文物保护单位。具有极其重要的历史人文价值。

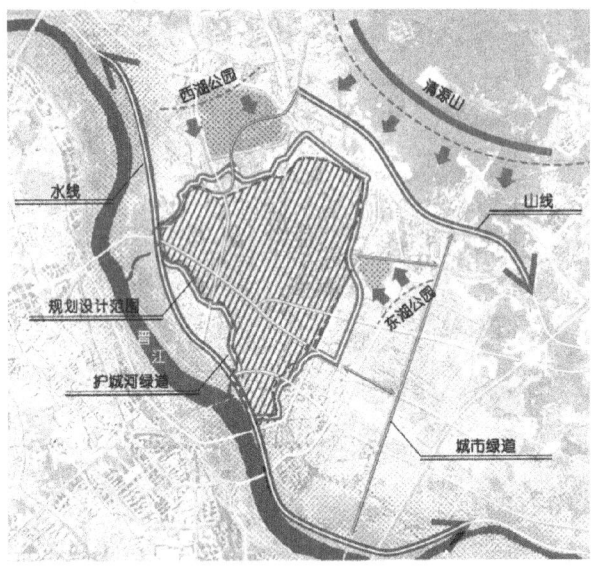

图1　泉州古城周边环境分析图

通过对《泉州市城市总体规划（2008—2030）》《泉州市城市绿道系统规划（2012—2020）》以及"泉州：宋元中国的世界海洋贸易中心"相关图纸和文本进行整合分析，同时对泉州古城的用地布局规划、绿地规划、古城发展轴线规划以及规划紫线进行叠加，发现古城的格局与其历史发展脉络息息相关。世遗遗址点所在的紫线保护区域呈线性分布趋势，商业区也具有线性发展的格局，与游径规划的线性空间相契合。通过对《泉州古城绿地提升与绿地防灾避险建设规划》进行分析发现，泉州古城中线性文物古迹保护空间形态明显，但公园绿地分布较为均匀分散，绿地服务半径基本已覆盖。古城绿道中步行绿道连续性和延展性不强并缺少对历史文化文物古迹、城市公园绿地的引导性和串联性，因此希望通过游径的规划来综合提升利用整个遗址保护区域。

现阶段，泉州古城内主要存在的问题有：

（1）各个遗址点之间发展相对独立，宋元时期的商贸体系不复存在，体验感较差。

（2）古城街巷形式单一、空间不足、功能混乱，导致空间破碎，交通不便。

（3）受道路交通限制，古巷中的遗址点可到达性低，每处遗址点之间缺乏交通引导，导致整体性不强。

（4）自然资源与人文资源较为割裂，绿地普遍缺乏文化感知作用。

本文试图通过综合网络语义分析、空间句法等方法规划设计泉州古城海上丝绸之路游径网络系统，提升遗址点之间的整体性、可达性、可识别性，加强自然资源的文化感知属性，增强公众文化感知，提升整体旅游体验。在古城尺度下，海上丝绸之路游径网络可以补充泉州古城内关于遗址点的串联游览线路的空白，同时古城内的游径与古城外的城市绿道相互连通，互为补充，形成了更为丰富的泉州市绿道游径网络。

2　游径网络规划选线过程

首先进行资料查找、文献阅读、实地调研、人群访谈等前期工作。利用网络语义分析法分析民众关注点以及对遗址点的普遍评价和印象，挖掘有开发潜力的节点。其次进行古城范围内历史文化资源的综合分析，以世界文化遗址为最重要的节点，同时结合国家级文保单位、省级文保单位、市级文保单位，进行筛选、归类得出游径所需串联的遗址点，结合城市开放空间以及城市绿地丰富节点类型。随后通过空间句法建立模型，分析连接度、整合度、选择度与所有遗址点的关系，得出泉州古城空间交通网络的特征，明晰线性空间的流动聚集趋势，叠加其他如视域视廊等要素进行人工判别分析，得出游径规划网络系统结构。

2.1　语义分析

通过爬取网上排名前十的泉州热门景点点评进行泉州市的热词分析，同时对网上8个遗址点的点评及游记数量的总和进行热词分析。发现8个最主要的世遗遗址点中，开元寺、清净寺、天后宫、府文庙皆为热门景点，但人们对于其海上丝绸之路的背景知之甚少。德济门遗址、市舶司遗址、南外宗正司遗址在泉州申遗之后才渐渐被人们关注，与海上丝绸之路相关的高频词较多。但顺济桥遗址目前关注度极低，文本来源几乎全部为周边交通路况信息。

2.2　历史人文资源整理

对泉州古城范围内的世界文化遗产以及各级文物保护单位进行整理，分别对应如下：

（1）世界文化遗产

泉州古城范围内的世界文化遗产共有8个，属于"泉州：宋元中国的世界海洋商贸中心"系列遗产，包括清净寺、开元寺、天后宫、府文庙、德济门遗址、南外宗正司遗址、市舶司遗址、顺济桥遗址。

（2）国家级文物保护单位

泉州古城范围内的国家级文物保护单位共有2个，包括崇福寺应庚塔和安礼逊图书楼。

（3）省级文物保护单位

泉州古城范围内的省级文物保护单位共有11个，包括李贽故居、承天寺石经幢、施琅故宅、通淮关岳庙、东观西台吴氏大宗祠、组间苏民居、锡兰侨民旧居、花桥慈济宫、泉州黄氏民居、富美宫、泉州闽国铸钱遗址。

（4）市级文物保护单位

泉州古城范围内的市级文物保护单位共有37个，包括承天寺、铜佛寺、元妙观、谯楼（威远楼）、定心塔等。

所有世遗遗址点和各级文保单位按照类别可以分为古建筑及历史纪念建筑物、古遗址、近现代重要史迹及代

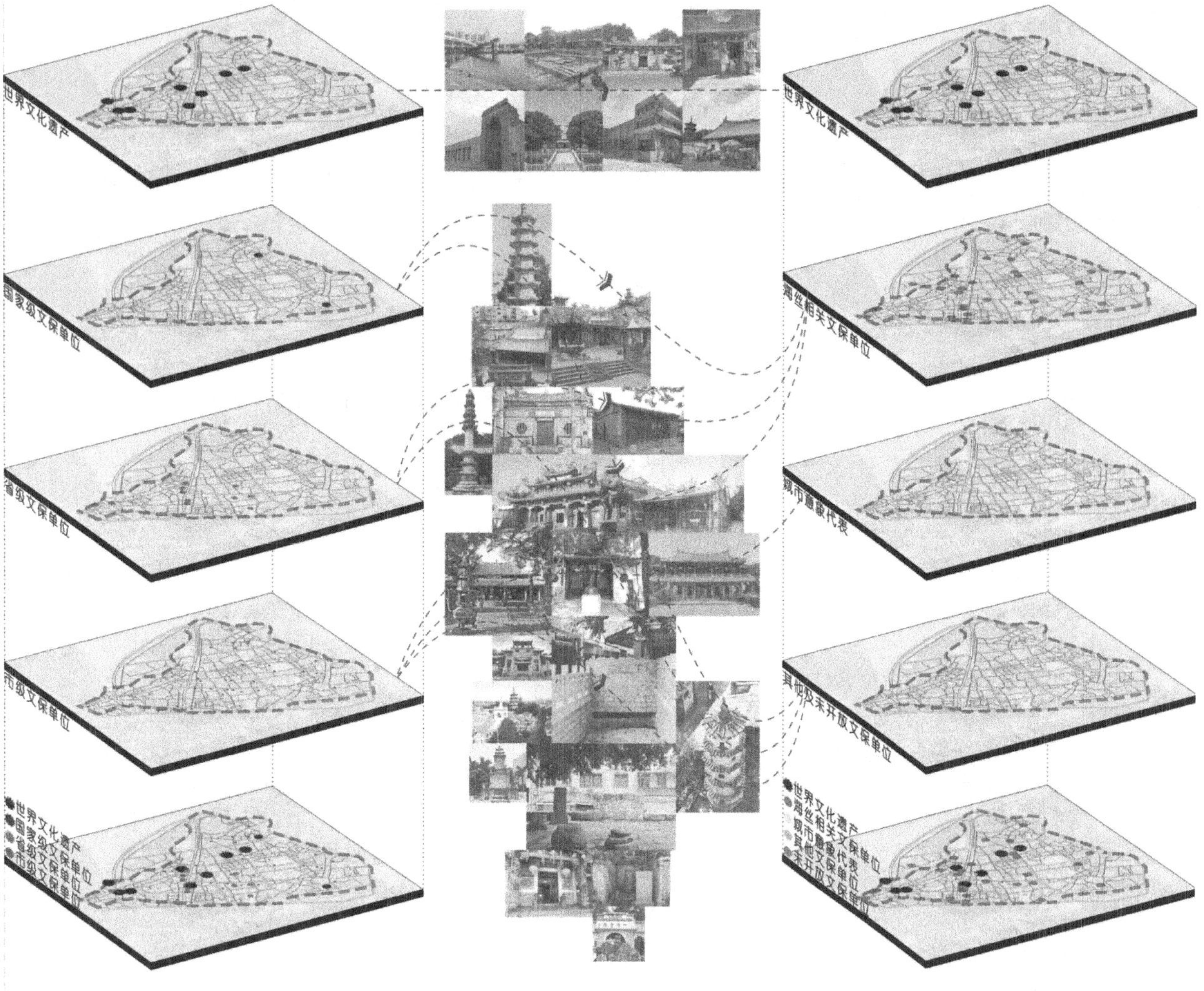

图 2 遗址点分类图

表性建筑、古墓葬、石刻与造像以及其他。将所有文物保护单位进行二次分类，分别为：①海上丝绸之路相关文保单位（包括宗教信仰相关、海上丝绸之路相关管理单位、运输部门等）；②代表泉州城市意象的文保单位；③其他文保单位；④未开放文保单位（图 2）。通过分类梳理与游径规划最相关、次相关以及不相关的遗址点，确定了游径规划中"人文资源点"的组成部分。以 8 个世遗遗址点为游径主要构成节点，海上丝绸之路相关文保单位和城市意象代表文保单位作为游径次要构成节点，其他文保单位则作为补充，未开放的文保单位则不予考虑。

2.3 视域视廊分析

保留古城内视廊，并规划增加观景点（图 3）。

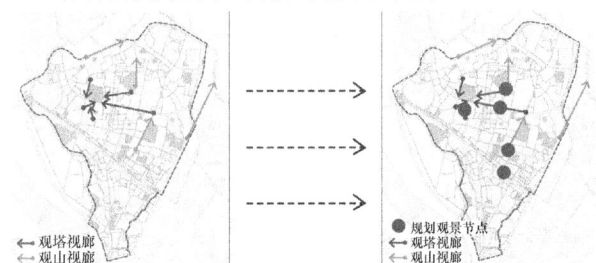

图 3 视域视廊分析图

2.4 空间句法分析

构建游径网络中的线性空间，首先通过空间句法对泉州古城交通空间的特征进行分析，客观地从连接度、整合度、选择度三个方面对泉州古城的道路交通情况进行解析。

2.4.1 模型建立

选取《泉州市城市总体规划（2008—2030）》中泉州古城部分作为底图，建立轴线模型和线段模型，以环古城主干道为边界，在 CAD 中绘制后导入 Depthmap 软件中建模，进行整合度、选择度和视域等的研究。Depthmap 软件显示颜色的原则是从最大值到最小值，由暖变冷，由红转蓝，即颜色较暖的线的值高于颜色较冷的线（图 4）。

2.4.2 连接值

Depthmap 软件计算后的连接值与渗透性成正比，连接值越高空间渗透性越好。渗透效果较好的空间位于贯穿古城区的南北向主街道与东西向主街道附近，各个街巷均与其相连接。

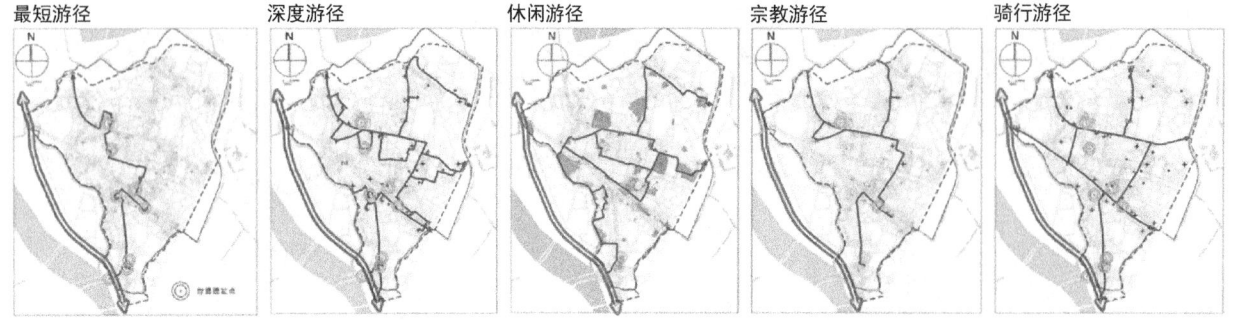

图 4 空间句法分析图

2.4.3 整合度

(1) 全局整合度

Depthmap 软件计算后的全局整合度描述了每个街道段的中心性,反映了每个街道段作为运动目的地的潜力。整合度与可达性成正比,整合度越高可达性越高。古城区具有明显识别感的核心区域位于南北向中山路、新华路和东西向东街至西街、涂门街至新门街的路网附近。

(2) 局域整合度

Depthmap 软件计算后的局域整合度代表该空间局部系统中的便捷程度。$R=3$ 的距离可看作步行活动距离,可以判断人们步行时实现出行目的的难易程度。古城区次中心特征明显,位于新华北路与新门街十字路口、东街与中山路十字路口、中山南路、爱国路与井亭巷十字路口附近。

2.4.4 选择度

(1) 全局选择度

Depthmap 软件计算后的全局选择度描述了每个街道段的被穿过性,反映了每个街道段作为运动通道的潜力。选择度与通过量成正比,选择度越高通过量越高。古城区通过量高的区域位于南北向中山中路至中山南路、新华北路和东西向东街至西街、涂门街至新门街路网附近,遗址点大多数分布于此,在这些位置前往各遗址点都较为方便。

(2) 局域选择度

Depthmap 软件计算后的局域选择度,$R=800\text{m}$ 的距离可看作 10 分钟步行活动距离,是步行出行的优势距离。可以判断人们步行时选择通行街道的偏好与空间活力。

2.5 人工判别

游径网络的构建除了依托城市道路,还需要结合部分城市开放空间以及小街古巷,同时考虑节点与游径的连接关系。通过人工判别的方式对空间句法的结果进行细节上的校正和补充,从而更加合理地处理游径网络中节点与路径之间的关系。

结合现场调研的结果对路径以及节点进行人工判别,从而理清各个节点与道路之间的动态关系(图 5)。

(1) 只有一个出入口的遗址点

以清白源井为例,清白源井是明代泉州织染局所在地,北宋时泉州出口的"刺桐缎"便出自这里。由于此遗址点只有 1 个出入口,因此路径选择上,以终点为此遗址点的断头路连接该遗址点与其他游径。

(2) 有 2 个以上出入口的遗址点

以文庙为例,文庙西边的出入口位于中山中路,南边的出入口位于涂门街,北边的出入口位于大西街,东边的出入口位于后城街和府学路。因此存在多条路径选择的可能,结合空间句法和现场调研的情况,以路径穿越的方式连接此遗址点和游径。即从东边的后城街进入文庙,穿过文庙后从北边的打锡街进入打锡街公园,或穿过中山中路进入金鱼巷。通过游径穿越的方式尽可能增强游径与遗址点的连接性,使得游径与遗址点相互耦合。

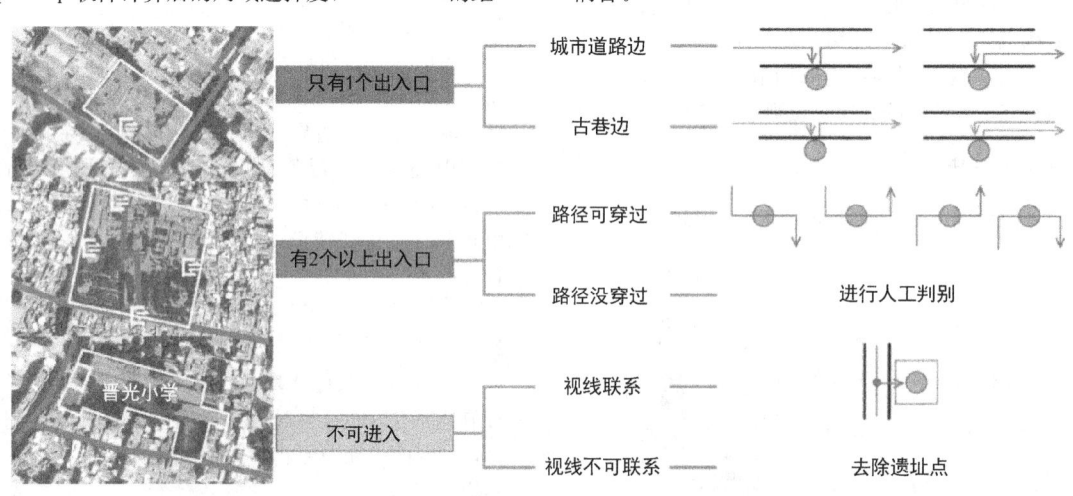

图 5 人工判别过程示意图

(3) 不可进入的遗址点

以施琅夏园为例，施琅夏园位于晋光小学内部，如今只留有一处四周环水的假山。由于学校不可开放，因此路径选择不经过该遗址点。

通过以上的分类和处理，人工判别完所有遗址点与路径的关系。结合可以穿越或经过的城市绿地与其他城市开放空间，增强游径绿地休闲体验的同时发挥绿地的文化感知作用，最终得出了总体游径网络规划（图6）。

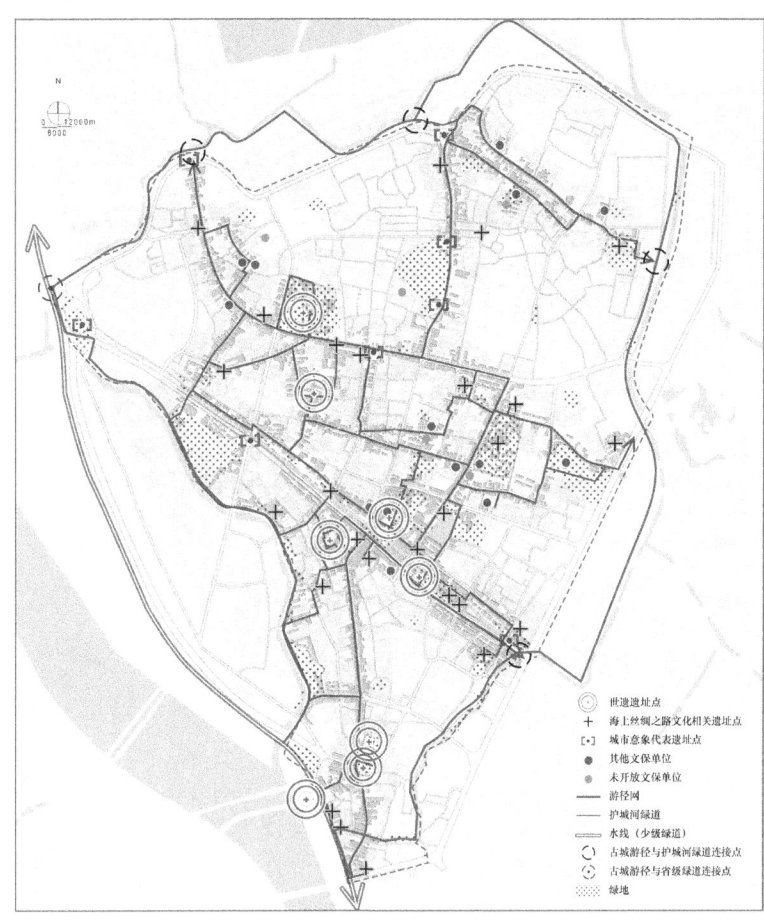

图6　泉州古城游径网络规划图

3　游径分类

在游径网络的基础上，依据大部分游客的需求将游径进行分类，提供5种不同类型的游径供人们参考选择（图7）：

（1）最短游径：最短路径体验泉州海上丝绸之路文化，主要经过8个海上丝绸之路遗址点，适合时间紧张、对海上丝绸之路文化感兴趣的人群。

（2）休闲游径：经过更多文化历史景点与绿地，适合时间较充足、追求休闲文化体验的人群。

（3）宗教游径：更好地体验多种宗教文化，适合对宗教文化感兴趣的人群。

（4）深度游径：深度体验泉州海上丝绸之路文化与闽南文化的游径，涵盖了遗址点与大多数文保单位，适合时间充足、想充分了解泉州的人群。

（5）骑行游径：通过骑行游经古城内主要景点，适合骑行爱好者。

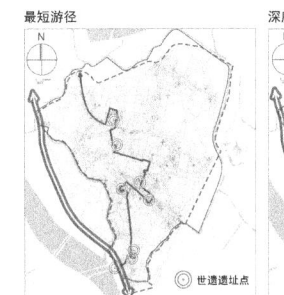 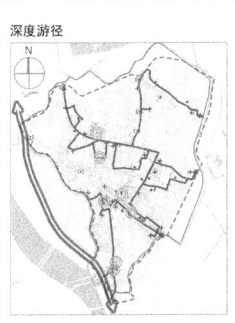 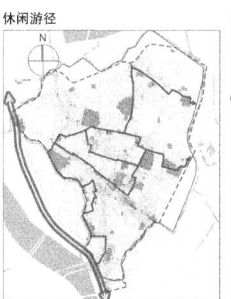 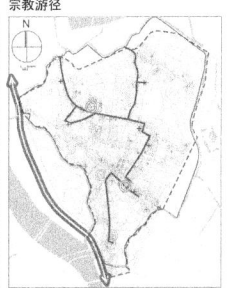 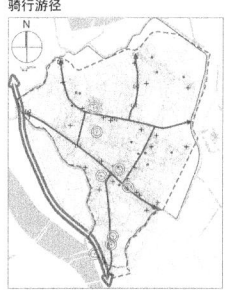

图7　游径分类图

4 结语

游径网络规划过程本身存在一定的复杂性、综合性和主观性，在游径选择上提供多种类型方案是满足不同人群游径体验需求的解决方案之一。除此之外，游径网络系统规划不仅包含选线，还可以包含很多配套的规划设计内容，如标识系统规划设计、雨洪管理系统规划设计、植被规划设计等作为体系支撑。

例如 City walk 等城市漫步活动的兴起，代表着拒绝千城一面的、对城市特色文化体验的旅游需求的上升。在泉州古城这一适合步行、骑行游览的区域中，丰富的历史人文资源天然地给予古城游径以特色的游览体验。在合理的游径规划下，可以实现将历史文化以因地制宜和时空耦合的方式融入当今社会发展。

参考文献

[1] 傅晶，王敏，梁中荟，等. 泉州：宋元中国的世界海洋商贸中心——系列遗产整体价值及要素构成研究[J]. 自然与文化遗产研究，2021，6(3)：5-21.

[2] 杜雁，吕笑，薛晓飞. 美国国家历史游径管理和规划评述[J]. 中国园林，2015，31(8)：40-44.

[3] 余青，林盛兰，莫文静. 美国国家游径系统开发与管理研究——以阿巴拉契亚国家风景游径为例[J]. 国际城市规划，2013，28(4)：108-114.

[4] 夏文莹，杜雁，周盼，等. 澧阳平原稻作遗产区域游径网络构建[J]. 中国城市林业，2022，20(5)：100-105.

[5] 韩淼. 绿道·风景道·游径研究综述[J]. 旅游规划与设计，2014(3)：8-23.

[6] 刘炜. 从波士顿自由足迹看美国城市遗产保护的演进与经验[J]. 建筑学报，2015(5)：44-49.

[7] 肖洪未，李和平，孙俊桥. 关联性视角遗产群落活态保护方法——以香港文物径为例[J]. 中国园林，2018，34(1)：91-95.

[8] 邱衍庆，汪志雄. 风景园林视角下的南粤古驿道规划设计研究[J]. 风景园林，2019，26(11)：26-30.

作者简介

谭灵，2000年生，女，汉族，内蒙古包头人，华中农业大学园艺林学学院风景园林专业硕士在读，研究方向为风景园林历史与理论。电子邮箱：596272022@qq.com。

杜雁，1972年生，女，土家族，湖北长阳人，博士，华中农业大学园艺林学学院风景园林系副教授，美国华盛顿大学（UW & Seattle）建成环境学院风景园林系访问学者，研究风景为园林历史与理论、风景园林规划设计。电子邮箱：yuanscape@mail.hzau.edu.cn。

古罗马花园——意大利园林史和演变的象征

Roman Gardens: A Symbol of the History and Evolution of Italian Landscape

张德顺　姚鳗卿　Camilla Cavalera　孙明洋　叶俊声　刘　露　钟春海*

摘　要：意大利园林作为欧洲园林体系的鼻祖，对西方古典园林风格的形成起到重要的作用，它受到埃及、希腊及波斯等东方国家早期花园的启发和影响，演变出了非常独特的园林艺术形式。古罗马花园作为意大利园林的起源，是影响意大利造园艺术发展的代表作，它们的风格特征能够体现出意大利园林的共性特征，更是进一步研究意大利文艺复兴园林和巴洛克园林的重要佐证。本文从古罗马时期不同社会阶段的历史背景出发，结合文艺作品、历史文献以及园林遗迹对古罗马花园的起源与演变过程进行详细分析，并且对该时期古罗马花园的空间要素、布局结构以及功能特点进行系统梳理，探索古罗马花园的文化、艺术以及社会交互影响，为进一步研究意大利园林提供理论路径。

关键词：古罗马花园；意大利园林；空间结构；自然元素

Abstract: As the ancestor of the European garden system, Italian garden played an important role in the formation of the western classical garden style. It was also inspired and influenced by the early gardens in Egypt, Greece, Persia and other Eastern countries, and evolved a very unique garden art form. As the origin of Italian gardens, Roman gardens are representative works that influence the development of Italian garden art. Their style characteristics can reflect the common characteristics of Italian gardens, and it is important evidence for further research on Italian Renaissance gardens and Baroque gardens. Starting from the historical background of different social stages in the ancient Rome period, combined with literary works, historical documents and garden relics, the origin and evolution of the ancient Rome Garden was detailed analyzed, the spatial elements, layout structure and functional characteristics of the ancient Rome Garden were systematically combed in this period, the cultural, artistic and social interaction of the ancient Rome Garden was explored in this paper. It provides a theoretical path for further study of Italian landscape history.

Keywords: Roman Garden; Italian landscape; Spatial structure; Natural elements

引言

意大利语中的花园（giardino）一词最早源自拉丁词"hortus"，而拉丁词最初是与人类生产农作物相关的空间[1]。公元前309年至公元前27年的古罗马时期，"hortus"被用于形容被墙壁包围的建筑附属用地，分布在城市中心或城郊乡村，农民在这里种植蔬菜、香料等食用植物，以满足贵族的生活需求。在公元前116年左右，"hortus"的概念在罗马著名作家、农学家马可·特伦齐奥·瓦隆（Marco Terenzio Varrone）的主张下发生了根本性的改变，转变成围绕着皇家以及贵族主体建筑的、除种植可食植物之外还拥有着花坛、树篱、喷泉、雕像和林荫道等符合当世艺术与审美准则的观赏花园。不管是中世纪时期还是文艺复兴时期，意大利的造园艺术都是对古罗马时期的花园特征的延续和传承，可以说古罗马花园是意大利园林发展的源头。

作为"万城之城"的罗马，在罗马王政时代、罗马共和国时期和罗马帝国时期一直是核心权力的集中地，是意大利城市文化名副其实的代名词。随着城市扩张以及政治、宗教等社会原因，古罗马时期的花园也处于不断更新和完善中，对其研究大多只能通过艺术作品和少数留存下来的遗迹花园进行分析和推测，因此古罗马花园的专题资料较少，学者们更多聚焦于意大利园林这一宏观体系以及成熟后的意大利造园艺术。本文结合古罗马时期的文化发展和社会变更的大背景，结合古罗马花园的实际案例，研究古罗马花园的空间要素与结构特征，探索古罗马花园的文化、艺术和社会特点，为意大利园林的深层研究提供一条学术路径。

1　古罗马花园概述

1.1　古罗马花园的历史背景

公元前15世纪，位于幼发拉底河（the Euphrates River）沿岸的美索不达米亚花园（the Mesopotamian Gardens）中就已出现了许多古罗马花园的特征元素，然而真正的古罗马花园并不是美索不达米亚花园的简单延伸，它还受到了其他古文明的共同影响，一些波斯、古埃及以及古希腊的园林传统和元素特征均在古罗马花园中得以呈现，例如波斯花园由于炎热气候而形成的沟渠或溪流的水景、古埃及神话和神学影

---

① 基金项目：国家自然科学基金（编号：32071824；华东滨海地区抗风园林树种的选择机制研究）；上海城市树木生态应用工程技术研究中心项目（项目号：17DZ2252000）。

响下的中庭与内院的组织、有着先进艺术文化的古希腊人在建筑与雕塑方面的装饰成就都能在古罗马花园中找到相对应的身影。这是因为随着公元前27年罗马帝国的建立，罗马人几乎征服了整个意大利半岛，成为地中海首屈一指的大国。罗马帝国的皇帝和将领们从古希腊和其他海外地区带回不少战利品，他们把别墅花园作为一种政治力量的象征，当作是上流社会奢侈生活的表现，因此借鉴历史更为悠久的东方花园的理念建造庭院，引入东方国家的花草树木以及艺术品来装点别墅[2]，古罗马花园在这一阶段达到了鼎盛时期。

然而盛极一时的古罗马花园随着东、西罗马帝国的分裂和其他民族的入侵逐渐消失殆尽，特别是在公元476年西罗马帝国灭亡之后，许多皇家花园变成了一片废墟。幸运的是，古罗马时期有许多作家记录和撰写了有关花园的园林活动，这些文学作品很好地展现了当时的皇室与贵族生活。前期罗马帝国的扩张也使得古罗马花园出现在意大利境外的其他欧洲国家，与庞贝古城中保留下来的建筑及其花园共同构成了后世研究古罗马花园的重要佐证。

1.2 古罗马花园的发展演变

在共和时期，许多贵族家庭都想远离政治中心的纷争与喧嚣，除了在城市中的豪华别墅外，他们还希望构建一个位于城郊的别墅庄园——那里充斥着自然之美，可以获得短暂而难得的快乐与健康。"hortus"在这个阶段得到了极大的发展，随后成为田园诗般的伊甸园、避世离俗的桃花源的代表，被罗马著名哲学家蒂托·卢克雷齐奥·卡罗（Tito Lucrezio Caro）誉为"众神的安静居所"[3]。在公元前2世纪末，被称作"hortus"的古罗马花园与早期不同的是，其不再以建筑作为园林的主角，而是以自然环境为中心，各种植物的选择与配置成为花园中最重要的元素，比如闻名世界的哈德良别墅（Hadrian's Villa）就是一个典型例子（图1）。

图1 哈德良别墅

古罗马时期的作家热衷于记录下当世著名的花园以及园艺活动，这为后世研究古罗马花园的发展和演变起到了关键作用。第一个提到古罗马花园的作家、博物学家是老普林尼（Pliny the Elder），他在《自然书》中引用了对园林活动的描绘，让人们能够探究更早时期罗马人对花园的看法与态度。他认为早期古罗马花园主要是生产型的种植园，花园与农民阶级是分不开的[4]。但老普林尼也在《博物学史》一书中提到了罗马帝国第七位即最后一位皇帝塔魁尼阿斯（Tarquinius）的众多花园，塔魁尼阿斯作为伊特鲁里亚人非常热爱园艺，以至于在他领导下的墓地都绿树成荫、鲜花环绕，甚至有专门的园丁悉心照料。这些奢侈型花园代表了主人极高的社会地位，包含了强烈的阶级色彩。这些豪华的花园并没保留下来，如今我们只能从铭文和书籍中了解到共和时期古罗马花园的盛景。古罗马著名建筑师维特鲁威（Marcus Vitruvius Pollio）在其著作中就提到了贵族属地里的那些皇家住宅花园与构筑物，包括大露台、入口的大型树阵以及花坛和观赏花园[5]。比如卢西奥·利西尼奥·卢库洛（Lucius Licinius Lucullus）将军是共和时期最早装饰花园的人之一，他的别墅庄园——花园之丘建在有着一系列台地的山坡上，巨大的台阶与山顶的圆形建筑相连接（图2），这个建筑被认为是献给时运女神福尔图娜的神庙。这些拥有奇珍异草和宏大主题的庄园表明，该时期的庄园主开始关注奢侈型花园所体现出的权力与地位的象征意义，而不是传统花园的生产特质。

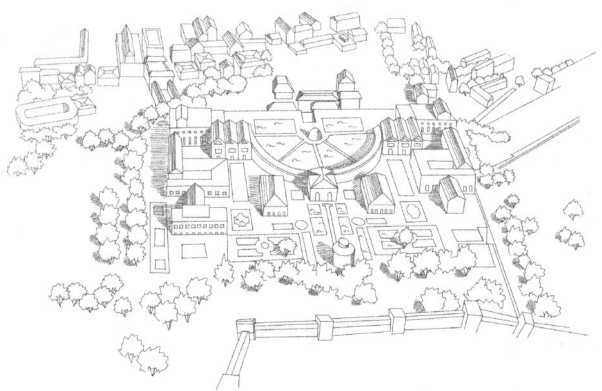

图2 花园之丘（Collis Hortulorum）

公元前27年至公元476年间，最具代表性的古罗马花园则是帝国花园。由于没有预算与场地方面的限制，帝国花园拥有能够完美融入自然环境的住宅与服务建筑，还有着建筑师精心设计的观赏景观和奢华的游乐场所，花园中甚至有着大片林地、草地以及天然湖泊。这些花园成为皇室和贵族家庭不可缺少的活动场所，比如盖乌斯·尤利乌斯·凯撒（Gaius Julius Caesar）为罗马公民建造的，被称为"Horti Cesaris"的大型公共花园，拥有一系列豪华建筑，建筑与构筑物之间配有长长的拱廊供人们步行，构筑物包括附带小型林地的两座神庙和铺有大理石的图书馆，花园中随处可见精致的花坛、树篱、雕像、大理石水池和喷泉。从公元1世纪开始，随着水上游戏、温泉水池、赛马场和神庙等设施的引入，花园中的构筑物功能变得愈发复杂多样。到了公元3世纪，"Horti Cesaris"甚至占据了罗马大约1/10的土地，主要由常绿乔木和地中海地区常见灌木来组织公共花园布局和公共道路种植，围绕城市中心形成了一顶绿色的"王冠"。古罗马花园的风格迅速在整个帝国流行起来，甚至传到了遥远的东方，深深地影响了伊斯兰园林的发展。

2 古罗马花园的空间结构与功能特征

早期的古罗马花园最重要的是其生产价值，因此这些花园总是位于建筑的背面，是住宅的一个附属场地，与住宅之间的活动联系很少。随着对希腊的征服，罗马人获得了大量的艺术品与财富，同时也将希腊的柱廊结构带了回来。罗马的贵族们为了彰显自己的文化品位，汲取了希腊别墅的灵感，通过前期的模仿摸索出了具有罗马风格的柱廊式花园。这一变化极大地影响了古罗马花园的空间结构规划，不仅连接了花园与建筑，还出现了使用率极高的中庭，促成了围绕花园的环形路径。

古罗马花园的空间布局主要以功能为主，因此一般划分为3个区域。第一个区域被称为"xystus"，是室内室外空间的连接点，通过有顶的门廊将主体建筑与室外花园连接起来。第二个部分是"ambulation"，位于较低楼层，是一块通过回廊划定的绿色区域，由花卉、高大乔木等观赏植物组成规则的几何图案，用于步行和与中庭有关的活动。这一区域也可以配置一个带门廊的露台，变成被攀缘植物或乔木枝叶遮蔽的绿色空间，夏季可以在这里享受清凉，而秋天则可以遮风挡雨。第三个区域是"gestation"，一个围绕着道路建造的圆形或椭圆形空间，通常用于马匹活动。

到了罗马帝国时期，花园逐渐出现了更多的功能和明显的装饰特征。许多罗马贵族的大型庄园中会专门为客人规划和设计优雅的亭子，有的采用神庙的建筑形式，有的将亭子的顶部扩展为屋顶露台。不仅如此，这种奢侈型花园通常还拥有私人剧院、图书馆或者博物馆，供贵族们在闲暇时找寻乐趣。别墅花园的墙壁上往往装饰着有关花园的壁画或图案，有的则是点缀着花鸟鱼虫的艺术品。出于对力量的崇拜，罗马人对健康非常痴迷，许多希腊医生在公元前47年之后涌入罗马，进一步促进了当地医学的进步，这也反映在了古罗马花园中。奢侈型别墅的许多古罗马花园都有私人的锻炼设施，比如健身房、体育场和赛马场，为贵族们提供散步、跑步和马术活动的场地。罗马建筑师和文学作家小普林尼（Pliny the Younger）位于托斯卡纳的别墅中就有着当时很著名的赛马场。同时，罗马人对种植的热情依旧高涨，生产用地在花园中始终占据一席之地，例如在庞贝古城遗址北部的博斯科雷莱别墅（the villas of Boscoreale）中就能看到用于种植食用植物的大型高架花坛（图3）。并且随着科技的不断进步，罗马人的栽培水平越来越高，会根据不同情况选择不同的施肥和灌溉方法，播种、扦插、移植和嫁接都是当时植物栽培的常规手段。

3 古罗马花园的主要构成元素

从传统种植园到奢侈观赏花园，罗马人对美丽花园的喜爱已经成为他们生活的一部分，这份对自然景观的热爱也已成为古罗马花园的特征之一[6]，从小普林尼在他给友人的十封信中就有提到，古罗马花园中绿化面积必须大于建筑用地。另一个特征则是古罗马花园对建筑的精巧设计和对空间结构规划的强调，体现出了对强大帝国文化的支持与认可。

3.1 构筑物

3.1.1 祭坛和神庙

古罗马人是以农牧业为主的民族，所以自王政时代对农牧之神的崇拜即已流行于民间。早期的罗马人非常在意神的职能，把社会生活的方方面面都与对神的崇拜联系起来，因此罗马的原始宗教是多神教，信奉"万物有灵"。在这样的文化背景下，祭坛和神庙成为古罗马花园中最珍贵的建筑元素。罗马人常常在神庙中供奉家庭守护神拉列斯（Lares）、花神弗洛拉（Flora）、果树之神波莫纳（Pomona）等与花园有关的神明。神庙一般位于山丘上，周边环绕着有明显宗教特征的小树林。

3.1.2 洞穴和"仙女"

洞窟（grotto），分为天然洞穴和人工洞穴。洞窟成为意大利园林中特有的景观要素的起源也与罗马人的宗教信仰有关。最早的洞窟景观是在古希腊的神圣泉水上建造的神社，随后演变为神庙，在古罗马时期开始流行，"grotto"一词也逐渐成为围绕花园中喷泉的人造石窟的代名词[7]。

凉爽宜人的温度是判断一个洞窟是否成功的关键因素，由于罗马地处地中海沿岸，夏日高温少雨，日照强度很高，因此洞窟主要作为一个阴凉的夏季休养地而存在。也正是因为这个原因，洞窟的开口朝向大多数远离阳光直射的方向。洞窟有时在诗人和作家的笔下被幻想成"仙女"的居所。而被称作"仙女"的花园洞窟通常采用天然岩石的风格进行处理，清凉的溪流从岩石、贝壳和骨头上流过，然后通过石壁上镶嵌着的狮子形象的喷泉流出，汇聚在下方的小池塘里，在绘画、雕塑等人工元素映照下显得格外神秘、怪诞。

3.1.3 凉亭和凉棚

凉亭是开放式的花园构筑物，主要为人们休憩和放松的场地上方提供阴凉。哈德良别墅里有着一个宏大的聚餐凉亭，背靠瀑布，周围被花坛、雕塑环绕，长约121.4 m的水渠连接着小片丛林和一个半圆形的石质躺椅[8]。大理石作为一种昂贵的材料在凉亭中常见，但主要出现在皇家花园中，大部分贵族或私人花园中的凉亭主要使用天然岩石、砖石或木头进行构造。

图3　高架花坛

凉棚也是类似的开放式结构，通常是用大理石或砖石作为柱子支撑起轻质的木质框架，常春藤（Hedera nepalensis var. sinensis）、葡萄（Vitis vinifera）、蔷薇（Rosa sp.）和葫芦（Lagenaria siceraria）等植物的藤蔓环绕在柱子和框架上，为花园小径上散步的人们起到遮阴的效果。

3.1.4 花园围墙和柱廊

古罗马花园的围墙上常常装饰着描绘花园美景或是园艺活动的油画、壁画，这些艺术品很好地体现了别墅主人的审美意趣。围墙也和低矮的装饰性栅栏、栏杆结合来划分花园的功能空间。这些低矮的围墙上大多有穿孔或开放窗口的设计，可以有效地引导凉风的流通。一些墙体上有规则地设计着嵌入装置，用以放置装满鲜花的石瓮、小型碗装喷泉或是修剪过的柏树枝条。

柱廊也是古罗马花园中非常重要的元素，它通常连接着花园与别墅主体建筑。最初的柱廊主要受到古希腊城市住宅的影响，组成了由柱廊围成的开放式庭院，也被称为"柱廊式庭院"。这种希腊柱廊式庭院内的园艺活动以及风俗传统往往与古希腊的特殊公共建筑有关，后来与罗马住宅相结合，演变成了被别墅包围的中庭花园。

3.2 水景

水元素在古罗马花园中占有特殊的地位。早期的古罗马花园中由于水源缺乏，直接通过相邻建筑的屋顶来存积雨水，之后通过城市引水渠来蓄水，水资源逐渐充沛，花园中开始出现模仿自然水道修建的人工运河，水池成为影响古罗马花园设计中重要的自然元素（图4）。花园里的水池大小不一、形状各异，有的水池来自皇家别墅或城市公园，占据着花园中心的大面积观赏性水面，用大理石和天然岩石进行装饰，通常会使用马赛克砖石组成海洋主题的抽象作品。波光粼粼的水面以及水面反射出的五彩斑斓的光影赋予古罗马花园极高的美学价值。

图4 哈德良别墅的水景

罗马素有"喷泉之都"的美称，拉丁文学作品中常有关于古罗马花园中人工水元素的描写，庞贝古城中也发现了各式各样的喷泉、瀑布和水渠。早期罗马人受到技术方面的限制，喷泉从大理石构成的碗装水池中喷出低矮的水柱，模仿天然泉水的形式。随着科技的发展，人们开始使用更高的射流来获得变化的光影效果。喷泉通常和被称为"euripypes"的人工瀑布相伴。水流跳跃在石头台阶做的"水梯"上，一部分水通过人工渠道为房屋、浴场和花园供水。瀑布的两侧有着盛满植物的花瓶和精美的小型雕像，背后是郁郁葱葱的林地和林荫道。

3.3 雕塑

古罗马花园中的雕塑与园艺生活紧密相联。作为古罗马花园中的重要人工元素，雕塑既可以提供一种愉悦的氛围，又可以增加花园的艺术气息，它们会呈现各种各样的形式，大多数由天然岩石制作而成，但一些小型雕像会使用大理石、木材、青铜等材料。通过选择雕像的质感和类型，园主人能够塑造出不同的花园主题。

雕塑往往与罗马的英雄人物或是希腊传统的元神有关。古罗马花园中使用宗教雕塑的记录可以追溯到公元前，最流行的主题是维纳斯（Venus），因为她不仅是掌管花园的神明，同时也是庞贝城的守护神。家庭守护神拉列斯（Lares）、生殖之神普里阿普斯（Priapus）和半人半羊的森林之神萨堤尔（Satyrs）也是古罗马花园中供奉最多的神明。世俗雕塑的主题旨在烘托郊野和乡土氛围，往往与野猪、鹿、鳄鱼等野生动物有关，而狮鹫（Griffin）等神话动物雕塑也经常作为石桌的支架或柱廊的装饰。花园中一部分雕塑是从希腊带回来的战利品，也有一些是罗马复制品。庄园的主人们常常把雕塑作为继建筑之后，第二个反映财富和地位的媒介。

3.4 植物

古罗马花园非常强调对植物的利用和配置，其特点是使用许多本地的常绿乔木和灌木，如松属（Pinus）树木、月桂（Laurus nobilis）、桃金娘（Rhodomyrtus tomentosa）、黄杨（Buxus sinica）等。从其他地区引入外来植物的做法在古罗马花园中也很广泛，这是一种从希腊传来的园艺传统，罗马人沿袭这一传统，从征服或有贸易往来的国家那里进口观赏植物和食用植物。

3.4.1 乔灌木

古罗马花园中使用的树木分为两类，一种被称为"arbores silvestres"，即在天然林地中自由生长的野生乔木，比如山毛榉（Fagus longipetiolata）、地中海松（Pinus halepensis）、橡树（Quercus robur）、黑杨（Populus nigra）。另一种被称为"arbores urbanae"，即适合在城市和庭院中种植的乔木，比如油橄榄（Olea europaea）、棕榈（Trachycarpus fortunei）、榆树（Ulmus laevis）和酸橙（Citrus aurantium）等，既可以用于生产活动，也可以用于观赏。

在炎热的罗马，创造树荫是园丁的首要任务。古罗马时期的细密画（miniature）中描绘的理想花园里种满了树木和奇花异草，精巧的木质栅栏后面是神秘的丛林或是整齐规整的高大树木，这与花园遗迹表现出的特征是一致的，比如庞贝古城的古罗马花园的中心常常由一棵巨大的海枣（Phoenix dactylifera）或其他棕榈科乔木主导，而无花果（Ficus carica）和欧洲甜樱桃（Prunus avium）等果树则被布置在庭院的每个角落。在一些较大的花园里，果树会被单独种植在别墅的一块被称为"pomerium"的场地里，常常靠近葡萄园或橄榄园。

古罗马花园中的乔灌木也常常与主人的信仰、崇拜相联系。老普林尼在《自然书》中指出，一些树木是神明的象征，例如银白杨（*Populus alba*）与大力神海格力斯（Hercules）有关；常春藤的心形叶子是酒神和植物神巴克斯（Bacchus）的象征之一；桃金娘是爱神和美神维纳斯（Venus）的圣物；风信子（*Hyacinthus orientalis*）和月桂（*Laurus nobilis*）则属于太阳神阿波罗（Apollo）。

3.4.2 攀缘植物

罗马人对于攀缘植物有着浓厚的兴趣，它们常常被种植在花园的柱廊、墙壁或是凉棚上。葡萄、常春藤和牵牛花（*Ipomoea nil*）是使用最多的攀缘植物，通过壁画和文学作品中的描绘，它们常常被制作成装饰花束，通过绳索悬挂在长廊的柱子之间，有时也悬挂在树干之间。它们往往被种植在放在地上的陶罐里，罗马人将这些陶罐巧妙地倾斜在植物需要生长的方向上，让它能够自然地攀附向上。

3.4.3 花卉

古罗马花园中除了常绿植物之外还栽培了许多药用植物以及花卉，这些植物不仅颜色宜人，而且芳香四溢。它们数量并不多，主要被用作花园的点缀，本地物种尤其受到罗马人的青睐。老普林尼在他的著作中提到了用于墓地装饰的紫罗兰（*Matthiola incana*）、欧洲水仙（*Narcissus tazetta*）和马鞭草（*Verbena officinalis*）；用来装饰宴会的欧芹（*Petroselinum crispum*），它的白色花序非常高贵圣洁；种植在花坛和花盆中的红花琉璃草（*Cynoglossum officinale*）以及三色堇（*Viola tricolor*）；罂粟（*Papaver somniferum*）、迷迭香（*Rosmarinus officinalis*）等可食用的草本植物则主要种植在菜园里。

3.4.4 水果和蔬菜

由于最初的古罗马花园主要是用于食物生产，罗马人精通各种种植技巧，在受到希腊文明的影响之后，农业科学突飞猛进，甚至有了嫁接技术，一棵树上可以嫁接两到三个品种，这也在《自然书》中有所提及[9]。罗马许多水果和蔬菜的种类都是从其他地区引进的，比如从大不列颠等引进了芹菜（*Apium graveolens*）、芫荽（*Coriandrum sativum*）和黄瓜（*Cucumis sativus*）；从如今的亚美尼亚共和国引进了樱桃（*Prunus* spp.）和杏（*Prunus armeniaca*）；从如今的阿拉伯叙利亚共和国引进了桃（*Prunus persica*）和李（*Prunus salicina*）；从北非大陆引进了石榴（*Punica granatum*）与枣（*Ziziphus jujuba*）等。

3.4.5 盆景

陶罐是古罗马花园里常见的盆栽容器，一般有两种使用方式：第一种是将植物通过陶罐从苗圃或天然林地转移到种植地，播种时直接将陶罐埋进土地里然后打破，让植物的根系可以从破碎的陶罐里自由的生长和延展开来；第二种是将植物直接种植在陶罐中，然后将陶罐放置在地面上，这种做法使植物更容易移动和摆放，也可以更好地剪枝修根，控制植物的生长状态。

4 结语

古罗马时期的花园是罗马人对自然以及美好生活的探索，也是将理想空间转移到现实土地上的构架和尝试。古罗马花园象征着人类活动和自然世界的和谐关系，就如同老普林尼在其著作中谈到"花园对于罗马人的重要性不仅仅体现在它本身的园艺价值，更源于人们对花园原始的崇拜和详细描述"[1]，这些花园不单单为它们的主人提供了实用意义，还与对于花园的记录和向往一起，共同构成了意大利园林乃至意大利文化的重要部分。

作为意大利园林发展的源头，古罗马花园不仅激发了随后几个世纪的艺术和审美情趣，它的影响力甚至延续到了现在，古罗马时期的园林传统目前仍在意大利的一些地区延续着，很多现代私家园林和公园的场景都与当时艺术作品中描述的古罗马花园几乎一致[10]。它融合了许多古文明早期花园的特征，结合罗马特有的宗教、政治、社会和文化特征，产生出古罗马花园这样特殊的艺术形式，不仅成为西方文化的标志之一，也启发了包括法国、英国、德国等西方地区的园林发展。

参考文献

[1] 陈志华. 外国造园艺术[M]. 郑州：河南科学技术出版社，2001.
[2] 田甜. 罗马城区历史别墅园林研究[D]. 北京：北京林业大学，2012.
[3] Elisabeh B. MacDougall. Ancient Roman Villa Gardens[M]. Washington：DUMBARTON OAKS, 1987.
[4] 郦芷若，朱建宁. 西方园林[M]. 郑州：河南科学技术出版社，2001.
[5] 维特鲁威，陈平. 建筑十书[J]. 中华建设，2013(6)：51.
[6] 张德顺，张百川，卡塔·尚·坎皮戈托，等. 意大利风景园林的历史与演变[J]. 华中建筑，2019, 37(9)：6-11.
[7] 朱凯，汤辉. 透视文艺复兴时期意大利园林中的洞窟艺术[J]. 世界建筑，2020(11)：48-51, 132.
[8] 朱建宁. 西方园林史[M]. 北京：中国林业出版社，2008.
[9] John Henderson. The Roman book of gardening[M]. UK：Routledge, 2004.
[10] 张德顺，Chiara Dosso. 意大利花园旅游对区域经济发展的影响——以塔兰托庄园植物园为例[J]. 古建园林技术，2021(5)：57-60.

作者简介

张德顺，1964年生，男，汉族，山东潍坊人，博士，同济大学建筑与城市规划学院高密度人居环境生态与节能教育部重点实验室教授、博士生导师，研究方向为园林植物与应用、风景园林规划设计、生态与气候变化响应规划、园林小气候调控规划、风景旅游区规划。

姚鳗卿，1995年生，女，汉族，四川成都人，同济大学建筑与城市规划学院高密度人居环境生态与节能教育部重点实验室博士在读，研究方向为园林植物与应用、生态与气候变化响应规划。

Camilla Cavalera，同济大学建筑与城市规划学院、意大利帕维亚大学双学位硕士，研究方向为景观建筑规划设计。

孙明洋，1999年生，男，汉族，河南省平顶山市人，重庆交通大学与同济大学建筑与城市规划学院高密度人居环境生态与节能教育部重点实验室联合培养硕士在读，研究方向为园林植物与应用、生态与气候变化响应规划。

叶俊声，2000年生，男，汉族，重庆市南坪区人，重庆交通大学、同济大学建筑与城市规划学院高密度人居环境生态与节能教育部重点实验室联合培养硕士在读，研究方向为园林植物与应用、生态与气候变化响应规划。

刘露，1998年生，女，满族，重庆市南岸区人，重庆交通大学、同济大学建筑与城市规划学院高密度人居环境生态与节能教育部重点实验室联合培养硕士在读，研究方向为园林植物与应用、生态与气候变化响应规划。

（通信作者）钟春海，1997年生，男，汉族，江西省赣州市人，重庆交通大学、同济大学建筑与城市规划学院高密度人居环境生态与节能教育部重点实验室联合培养硕士在读，研究方向为园林植物与应用、生态与气候变化响应规划。电子邮箱：3512400390@qq.com。

方位与中心
——无锡"无塔不园"背后的营造知识与应用

Orientation and Center
—Construction Knowledge and Application Behind Wuxi's Impression of "No Tower, No Garden"

许家瑞

摘 要：无锡"无塔不园"的印象，由园林外部的借塔成景和内部的建塔造景共同组成。本文以历时性的时间视角与共时性的空间视角重新审视明清至民国时期无锡园林与塔的相关史料，得到"园前建塔""园后建塔""塔在园外""塔在园内"四种关系。通过比较妙光塔、龙光塔、灯塔、白塔、仁寿塔、念劬塔和凝春塔在不同园林布局中的方位异同，发掘构图中心，进而解读史料背后的内涵，分析得出无锡的塔不仅仅是园林用于成景的竖向建筑或审美元素，还是兼具佛塔、纪念塔、文昌塔 3 种身份的象征符号，体现了中国园林相应的营造知识与应用形式，折射出儒、释、道、易四学下的文化精神。

关键词：无锡园林；塔；方位；中心；营造

Abstract: The impression of "no tower, no garden" in Wuxi is composed of borrowing towers from outside the gardens and landscaping gardens by building towers inside. From the diachronic perspective of time and the Synchronicity perspective of space, we re-examine the historical materials related to Wuxi gardens and towers from the Ming and Qing Dynasties to the Republic of China, and obtain four relationships: "building towers before the garden", "building towers after the garden", "towers outside the garden", and "towers inside the garden". By comparing the similarities and differences in the orientations of Miaoguang Tower, Longguang Tower, Light Tower, White Tower, Renshou Tower, Nianqu Tower, and Ningchun Tower in different garden layouts, the composition center is excavated, and the connotation behind historical materials is interpreted. The analysis shows that the towers in Wuxi are not only vertical buildings or aesthetic elements used for landscaping in gardens, but also symbolic symbols that combine the three identities of Buddha Pagoda, Memorial Tower, and Wenchang Tower, It reflects the corresponding construction knowledge and application form of Chinese garden, and reflects the cultural spirit of Confucianism, Buddhism, Taoism and Yi.

Keywords: Wuxi Garden; Tower; Orientation; Center; Construction

引言

无锡与太湖相生相伴，久负盛名，得天独厚的自然环境和历史悠久的人文底蕴孕育了衍生于风景中的园林。无论是始建于明正德十五年（1520 年）的寄畅园，还是诞生于近代的横云山庄、公花园、梅园与蠡园等，均是无锡现代园林与风景名胜区建设的参照蓝本与设计的灵感源泉，而"无塔不园"也随着城市发展与旅游热潮，逐渐成为一种对无锡风景园林的固有印象。21世纪初，沙无垢指出塔是无锡园林中的标志性景观建筑物[1]。2019年出版的《中国无锡近代园林》将"无塔不园"认定是描述无锡近代园林特色的民谚。书中认为，塔作为竖向景观，其高耸的外形成为无锡近代园林重要的造景元素[2]。由此可知，"无塔不园"的印象诞生于无锡现代园林与风景名胜区之前，在明清至民国时期就已具雏形。

1 园塔关系

早在南朝梁武帝年间，无锡县城东南外就建有南禅寺。南禅寺内宝塔，始建于北宋雍熙年间，直到北宋崇宁三年（1104 年），宋徽宗赵佶才为塔赐名"妙光"，沿用至今[3]，成为无锡历史最为悠久的现存宝塔。明代初年，无锡县学教谕李孟昭创锡山八景诗。"南禅宝塔"一诗写道："梵宫突兀南城隅，浮屠屹立凌清虚。碧瓦飞甍振鸣铎，金盘结顶擎明珠[4]"，表明妙光塔是当时无锡的最高建筑。这也是塔这一建筑形式首次被识别和认定为无锡天际线上竖向的景观资源。

明代正德年间，礼部官员顾鼎臣在游览锡惠二山后，认为无锡之所以长期不出状元，是因为对应惠山龙身的锡山龙头上无角，故在锡山上建立了一座实心石塔。后来无锡人以"龙角用于听，必须空其中"为由，于明万历四年（1576 年）建立了龙光塔，留存至今[3]，而石塔逐渐荒废无踪。我们可以从明代松江画家宋懋晋绘制的《寄畅园图册》中看到龙光塔与石塔的身影，分别出现于"苍源""蔷薇幕"与"寄畅园"三景之中[5]（图1）。可以确定的是，在寄畅园的建造过程中，园主秦燿充分考量借景园外的锡山风光，这使龙光塔至今都是园内东南向观景的经典构图元素之一。

与妙光塔与龙光塔相似，横云山庄灯塔的兴建初衷是为了照亮太湖的夜行航道，而并非作为景观资源。杨翰西在《横云景物志》里面描述灯塔缘起，源于他听闻华艺三讲述其父亲避庚申之难，黑夜行舟的故事。舟行太湖，

图1 宋懋晋《寄畅园图册》三景中龙光塔与石塔[5]

图2 吴观岱《太湖鼋渚图》局部（1922年）

夜黑风高浪大，不辨方向，若有灯明，则知鼋渚。故杨翰西初在渚头立杆悬灯，方便通航（图2）。1924年，每天一班往返于无锡和湖州之间的大型多层客轮锡湖号开航，杨翰西作为股东之一，倡议集资建灯塔作为开航纪念。灯塔位于石渚西侧尽头，由秦毓鎏撰，张湛若书《锡湖通航纪念灯塔记》以记之，后有杨味云撰《鼋头渚灯塔铭》，镶嵌于塔身。如今灯塔为1982年李正先生翻修改建。

在以历时性的时间视角与共时性的空间视角审视明清至民国时期无锡园林与塔的相关史料后，可以得到"园前建塔""园后建塔""塔在园外""塔在园内"4种关系（表1），发现在妙光塔与龙光塔之后的白塔、仁寿塔、念劬塔与凝春塔，连同灯塔，都是处于对应园林的内部，并且晚于园林的始建年份。所以，无锡"无塔不园"印象，是由众多城中园林与寄畅园的外部借塔成景，和横云山庄、公花园、梅园与蠡园的内部建塔造景共同组成。在外部借塔成景中，塔早于园林出现，不受园主控制，故以园林布局适应塔的方位。在内部建塔造景中，塔晚于园林出现，可随园主安排，故以塔的方位适应园林布局。

明清至民国时期与无锡园林联系密切的塔相关信息表　　　表1

序号	名称	始建年代	高度	形制	对应园林	园塔关系
1	妙光塔	北宋雍熙年间（984—987年）	43.3m	七层八角楼阁式砖塔	城中园林	园前建塔 塔在园外
2	龙光塔	明万历二年（1574年）	32.3m	七层八角楼阁式砖塔	寄畅园	园前建塔 塔在园外
3	灯塔	1924年（1982年）	12.6m（13.1m）	砖塔，顶部为西式铁皮半球（六角重檐攒尖塔）	横云山庄	园后建塔 塔在园内

续表

序号	名称	始建年代	高度	形制	对应园林	园塔关系
4	白塔	1927年	约3m	七层六角瓷砖水泥塔	公花园	园后建塔 塔在园内
5	仁寿塔	1935年	约6m	藏式白塔	横云山庄	园后建塔 塔在园内
6	念劬塔	1930年	18m	三层八角楼阁式砖塔	梅园	园后建塔 塔在园内
7	凝春塔	1936年	约9m	五层八角砖石实心塔	蠡园	园后建塔 塔在园内

2 谁是中心

前文所述的4种关系，是在将塔视作景观资源的基础上形成的。塔作为一种竖向建筑或审美元素，高大挺拔、精致美丽，自然而然地成为在园林游览观赏中的标志物，也就是景观中心。结合无锡地区的地形数据，以前文所梳理的七座塔顶为视点作视域分析，得出的可见范围，也就是不考量其他建筑与植物遮挡因素，可以地面观塔的区域（图3）。

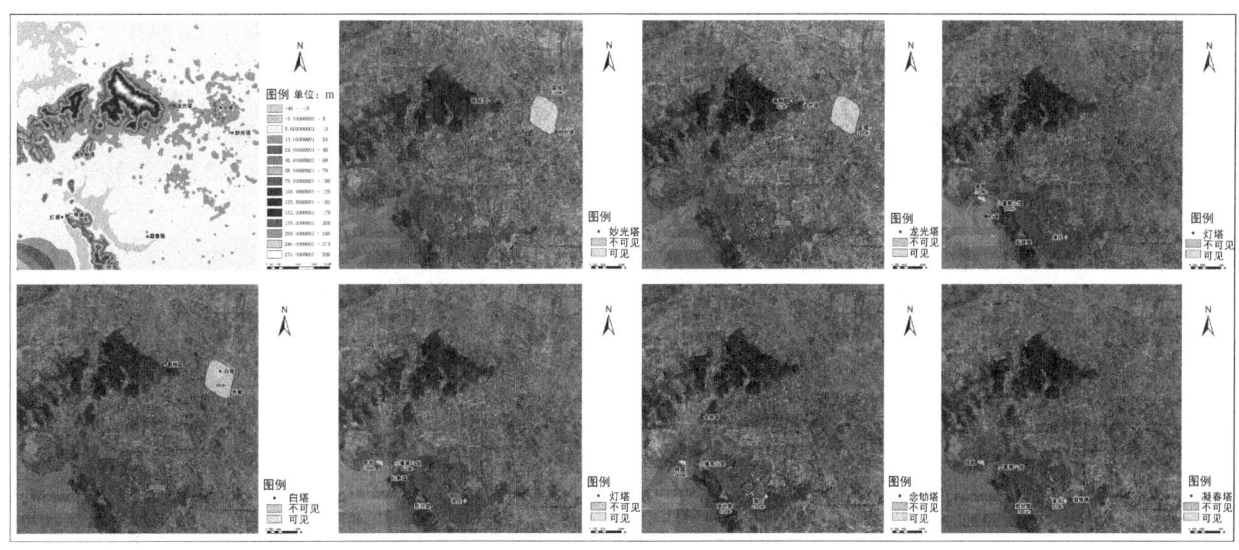

图3 七塔视域分析图

从图3中可以得知，无锡县城一半以上的地面都可以观妙光塔。若对城中园林稍微进行高程处理，加上人的身高，基本可以做到全城观塔，但寄畅园观妙光塔的视线则被锡山完全遮挡。龙光塔的可见范围大于妙光塔，不仅惠山南北东三面均可观塔，而且在县城中同样可以。与此同时，虽然锦园与小蓬莱山馆可观灯塔并借景园内，但结合灯塔的初衷是为了尽可能照亮鼋头渚周边水域，故其选址以功能为主，以石渚最西尽头为佳。除公花园白塔外，横云山庄仁寿塔、梅园念劬塔和蠡园凝春塔均可在服务各自所属园林的基础之上，提供借景他园之所需：锦园与小蓬莱山馆可观仁寿塔，锦园、茹经堂和渔庄可观念劬塔，茹经堂和渔庄可观凝春塔。究其原因，是因为白塔高度较低，属于园内点景之塔，虽然仁寿塔与凝春塔并不像其他四塔较高，但一居山腰一居湖中，视线开阔，故能成为对应园内或园外的景观中心。

那么，值得思考的是，当塔不作为景观中心的时候，又有哪些园林外或园林内的元素，成为控制塔兴建方位的构图中心呢？从妙光塔与龙光塔可找到线索。在妙光塔被李孟昭认定为景观资源之前，就已是南禅寺中不可分割的建筑组成部分，与供奉佛像的大殿，一前一后地组成了南禅寺的建筑中轴线。早期，佛塔与佛陀存在对等关系，是统领空间的中心建筑，象征着万物围绕中心组织的宇宙观；后来，佛像逐渐取代佛塔的地位，在大殿中拜佛，犹如在祠堂中拜祖一样，更适合于中国人的礼拜行为[6]，所以，妙光塔在原有南禅寺布局之中，是受到了作为中心的大殿的影响，并结合祭拜过程，处于大殿中轴线的南侧或北侧。而对于龙光塔，由于兴建缘由是期望昌盛无锡地区的文运，"形家言，惠山九峰蜿蜒如龙"[7]，将其建立在惠山山势东落的锡山之上。所以，龙光塔在无锡城布局之中，是受到了作为中心的县城的影响。在这样的线索指引下，能够成为控制塔兴建方位的构图中心，只有两种答案：一是园林中的主体建筑，二是园林本体。

3 三种身份

依照以上推论，结合对应史料与园林布局，分析得出控制七塔方位的构图中心，如表2所示。其中，灯塔的构图中心为横云山庄本体，白塔为公花园多寿楼，仁寿塔为横云山庄花神庙，念劬塔为梅园楠木厅，凝春塔为蠡园景宜楼。

明清至民国时期与无锡园林联系密切的塔方位布局表　　　表2

名称	妙光塔	龙光塔	灯塔	白塔	仁寿塔	念劬塔	凝春塔
构图中心	南禅寺大殿	无锡城	横云山庄	多寿楼	花神庙	楠木厅	景宣楼
方位	南（北）	西	西	东南	东北	东北	西南
方位与中心图示	25m+	2500m+	200m+	20m+	20m+	100m+	80m+

3.1 佛塔

1935年，横云山庄园主杨翰西在花神庙藏玄洞后建仁寿塔，仿北京北海白塔及承德外八庙藏式塔，下设供奉空间，以此朝拜。仁寿塔与藏玄洞、花神庙形成"东北—西南"向轴线，契合花神庙朝向，布局关系与佛寺中大殿与佛塔一致。"仁寿"之名也有来历。杨翰西之妻恽夫人与其儿媳胡夫人于1927年依次感染肺结核。为开辟养病隔离之所，杨翰西在惠山忍草庵旁建立"仁寿斋"，作记勒石，以明其志[8]。然而，恽夫人与胡夫人最终仍因病情严重而去世。所以，杨翰西建立同名之塔，纪念亡妻。

另外，单独造塔也具有积善修德之功。1936年，蠡园园主王禹卿之子王元元在园林南侧的五里湖中建凝春塔。"凝春"之名虽暗合1932年文人墨客在蠡园举行伐春大会之韵事，但塔成之后，乡邑名人则是纷纷撰联夸赞王禹卿在当时"建蠡桥，设医局，数赈灾，时平糴，施衣给米，任恤掩埋"[9]的善举。如沈寿桐道"塔竣九如合与湖山并寿，碑传众口非维乡邑之光"[10]。

3.2 纪念塔

1927年，锡金师范同学会集资建立一白塔于公花园松崖之上，位于主体建筑多寿楼东南侧。朱梦华曾在《锡报·副刊》连载《无锡公园景事追溯记》，记中说明了建塔的缘由："逊清之季，侯君保三，设初级师范于西门，名曰西师范，以别于贝巷上之北师范也……同学会中人，谋以垂永久，因就枕漪桥北捐建西社……北师范同学，见西师范之举，即亦广醵金，植一小塔于松崖之巅，塔为水泥所建。形制姝欠古雅。有巧匠阿四者，贾勇于周君寄湄，堕水泥塔而另为之。塔身遍嵌瓷砖，差为玲珑，即今日直立于冈上者也。"[11]所以，师范同学会建白塔一方面是为了丰富公花园东侧景区，更重要的另一方面则是纪念性质。

佛塔最初在印度被称为"窣堵波"，即佛陀的坟、庙，本具有纪念色彩，在传入中国后，被儒家所吸收同化，用于纪念父母先祖，以传孝道。荣德生于1930年在梅园浒山部分建立念劬塔。"念劬"取自《诗经·小雅》"哀哀父母，生我劬劳"，建塔之年也适逢荣母石太夫人八十冥寿，指明了荣德生纪念父母之意。故钱振煌在《念劬塔记》中有言："高标突起于嵌岩之上，榜曰念劬，则荣氏兄弟宗锦、宗铨思其父母之所筑也。"[12]

3.3 文昌塔

相较于佛塔与纪念塔，文昌塔的方位与园林布局的关系稍显复杂，通常立于构图中心的"甲""巽""丙""丁"等文昌位[6]。"文昌"出自儒家体系下对科举功名的美好追求。

念劬塔在身为纪念塔的同时，也是梅园的文昌塔，这应和了荣德生在梅园开办公益二校和豁然洞读书处的举动。故念劬塔在追思先人的同时，寄托了荣德生对教化育人的美好祝愿与殷切期盼。同样的情况在蠡园凝春塔上也可找到踪影。王禹卿建立蠡园的初期用地，就是其创办的王氏培本小学十周年校庆举行学生运动会的场所[13]。逸清丁鹏振曾在凝春塔建成后撰联"风月无边鱼跃莺飞都妙道，园林交翠夕阳晓色尽文章"[10]。表明凝春塔处生机勃勃，"尽文章"的表达也令人发起对文运昌盛的想象。

4 结语

塔是中国园林中一种常见的竖向建筑或审美元素，以往研究的重点是这一标志物景观中心如何影响园林布局，园主如何通过调整游览观赏方式以在更好的角度"观"塔。本文从塔的方位和构图中心入手，比较分析了无锡的塔在不同园林布局中的异同，首先识别了每一座塔作为景观塔外的多重文化身份，其次剖析了不同身份象征符号下的园林布局方式。由此可见，方位与中心是中国园林营造工程中尤为重要的两个考量因素，具有较为庞杂的知识体系。"无塔不园"只是在无锡地区明清至民国时期形成的固有印象，体现了塔在中国园林中相应的应用形式，仍有广阔的研究前景，可在江苏、江南甚至全国范围内进行更加深入的比较研究。这不仅有助于理解塔从印度传至中国前后，这一建筑多义交织的特点，也对当今风景园林学科的设计理论构建大有裨益。

参考文献

[1] 沙无垢，杨海荣. 蠡园[M]. 苏州：古吴轩出版社，2002：49.
[2] 朱霞峻. 中国无锡近代园林[M]. 北京：中国建筑工业出版社，2019：114.
[3] 政协无锡市梁溪区委员会. 梁溪区文物古迹集[M]. 苏州：古吴轩出版社，2018：175-180.
[4] 盖绍周. 无锡导游[M]. 无锡：大锡出版社，1948：12.
[5] 金石声. 明代宋懋晋《寄畅园图册》图像解析[J]. 无锡文博，2020(1)：177-199.
[6] 许家瑞，刘庭风. 由意生象——浅析佛塔对中国古典园林的影响[J]. 西部人居环境学刊，2021，36(2)：112-118.
[7] 杨寿枏. 云在山房类稿[M]. 台北：文史哲出版社，1994：734.
[8] 杨世奎. 慎终追远——无锡杨氏(杨菊仙系)创业纪实[M]. 澳门：澳门天成(国际)文化艺术出版社，2003：92.
[9] 朱蓉，王文姬. 太湖鼋头渚近代园林研究[M]. 南京：东南大学出版社，2016：47.
[10] 章静镇. 无锡湖山导游[M]. 大同书局，1936：113-114.
[11] 龚近贤. 锡山旧闻 民国邑报博采[M]. 上海：上海辞书出版社，2011：285.
[12] 沙无垢，等. 荣氏梅园史存[M]. 苏州：古吴轩出版社，2002：156.
[13] 无锡市蠡湖地区规划建设领导小组办公室，无锡市太湖文化研究会. 蠡湖影踪[M]. 苏州：古吴轩出版社，2006：63-66.

作者简介

许家瑞，1991年生，男，汉族，湖北宜昌人，博士，海南经贸职业技术学院人文艺术学院讲师，中国风景园林学会理论与历史专业委员会青年委员，研究方向为园林历史文化。电子邮箱：xujiarui@hceb.edu.cn。

徐派园林"亭"建筑的发展与演变

The Development and Evolution of Pavilion in Xu-style Landscape Architecture

李旭冉　余　瑛

摘　要：通过对古徐州地区汉画像中有关园林"亭"建筑的图像研究，结合对古文献文字所载"亭"景观功能开发的"肇始者"进行调查和分析，表明：亭作为徐派园林最重要的园林建筑之一，自汉代就在古徐地"憩亭"的基础上开发出具有景观功能的"园亭"，后经两晋南北朝的不断发展，至隋唐时期对亭的园林应用已十分成熟，出现了以亭为主要建筑、承载园林立意和园主思想的"亭园"；而且，汉代以来徐派园林亭脊的各种类型及应用手法等在当代徐派园林"亭"建筑中都有所传承，对中国园林建筑的发展作出了巨大贡献。

关键词：亭；发展；演变；徐派园林

Abstract: Through the study of the images of the garden "pavilion" architecture in the Han Dynasty portraits in ancient Xuzhou area, combined with the investigation and analysis of the "initiator" of the development of the landscape function of "pavilion" in the ancient literature, it is shown that: Pavilion as Xu-style landscape architecture one of the most important landscape construction, since the han dynasty to rest "pavilion" developed on the basis of which has the function of landscape "garden house", after the development of the southern and northern dynasties in the 5th to the sui and tang dynasties landscape application in the booth is very mature, the pavilion as the main bearing garden conception and garden architecture, the main idea of "the garden"; Moreover, since the Han Dynasty, various types and application techniques of Xu School of garden pavilion ridge have been inherited in contemporary Xu-style landscape architecturel of pavilion, , and has made a great contribution to the development of Chinese garden architecture.

Keyword: Pavilion; Development; Evolution; Xu-style Landscape Architecture

引言

亭是中国传统建筑中形式多变、应用最广泛的建筑形式之一，富有深厚的艺术感染力和文化内涵。学术界一般认为，"亭"建筑的起源可以上溯至商周时期，随着不断的发展演变，"亭"的功能、造型和结构都发生了巨大的变化；大致以魏晋南北朝为界，秦汉及以前的亭，实用功能高于景观功能，隋唐及以后的亭，景观功能则逐渐超过了实用功能；从文献文字记载的具体事件来讲，具有景观功能的亭最迟肇始于晋时"会稽山阴"的兰亭和南朝宫苑中的亭[1-6]。但是，通过对古徐地汉画像和魏晋南北朝时期的历史人文研究，表明亭的景观功能在汉代的古徐州地区已经被广泛开发。

1　汉代古徐地的"憩亭"

汉画像石是在当时社会经济高度发展和厚葬之风盛行的背景下产生的，它有着深刻的历史和艺术渊源，是我国古代文化遗产中的瑰宝，一幅幅画面不仅反映出当时高超的艺术水平，也使我们得以窥探两汉时期的社会风貌。两汉时期，古徐州地区自然条件优越、文化发达、经济富庶，古汴水、泗水在这里交汇，是经济发达的地区之一。徐州是汉高祖刘邦的故乡，两汉时期一直备受重视，这里共有13代楚王、5代彭城王，其荫封的王子侯孙、豪族世家更是数不胜数。豪强之家生时恣意享乐、极尽其欲，死后则崇仰厚葬，加之崇仰鬼神、迷信之风甚盛，多爱把自己所崇拜、爱慕的东西在墓中雕刻成画。豪族贵戚如此，一些中小地主也竞相效仿。因此，众多的汉画像墓便在古徐州一带兴盛了起来。仅目前江苏徐州地区展出的汉画像石就有1000余块，在这些汉画像石描绘的图像里，有众多的生活景象，对当时的"亭"建筑也进行了较为细致清晰的刻画。

汉代有许多不同功能的建筑被叫作"亭"，有都亭、门亭、旗亭、市亭、驿亭、邮亭等种类，涉及军政、邮驿等多种功能。《东汉观记》载："翼山通路，列亭置邮"。两汉时期，在交通要道上设置了众多兼有邮递、驿站等功能的"亭传"（图1）。据《汉书·百官公卿表》所载，西汉时全国共设亭29635个。随着私营的逆旅出现，"亭传"的邮递、驿站等功能逐渐消失，但民间仍保留了在路旁、村口等地筑亭的习俗，作为旅途休憩之用和送客迎宾的社交礼仪场所[1]（图2）。

图1　邮驿亭（山东滕州）

所以，东汉《释名》曰："亭者，停也，所停集也"，

图 2 "长亭送别"图之憩亭（河南芒山）[7]

表明"亭"在此时的主要功能是供人们停留、休憩。同时，这种作休憩和迎来送往之用的"憩亭"，在造型结构上，也逐渐趋向并稳定于单体建筑"小亭子"[5]。

2 从"憩亭"到"园亭"

从汉画像图案来看，在古徐州地区，一些"憩亭"或周围配植以树木、点缀以山石，或被设立于山水、苑囿之中，被拓展成为具备景观功能的"园亭"（图3）。如果说，图2中的以迎送功能为主"憩亭"建于飞鸟云集、自然生长的树木旁，那么图3中两株严格对植的针叶树（也可能是造型树）带有明显的人工修剪痕迹，应是出于景观需要而点缀亭旁。并且，这种民间单体建筑"亭"的形式一直持续到近现代，成为"亭"建筑的最基本形制[5]。

图 3 "庭园休闲"图之园亭（江苏徐州）

2.1 汉画像中"园亭"的区分

首先，在结构上以"有顶无墙"为标准，即须具有四

图 4 "庭园"中体量大、规格高的厅堂建筑（江苏徐州）

图 5 苑囿中的亭（江苏邳州）

周没有围墙遮挡的开敞性结构。二是，在装饰和体量上以"无帷幔类装饰或仅有简易的帷幔类装饰"、规格较低、体量较小等为标准，以区别"厅堂"建筑（图4）。随着社会的不断发展，汉代厅堂建筑空间由小变大，连续性与完整性不断加强，室内空间的营造需要帷帐、帷幔等来组织与隔断。此外，空间的装饰性及具有等级性的装饰表达，也是这一时期"厅堂"建筑装饰的特点[8]。三是，根据建筑周边环境确定其景观功能，即"亭"的景观功能以其是否处于园、苑囿、山水等场景中或与植物、置石等组景情况来确定（图5）。

2.2 两晋南北朝时期南渡徐人对徐地"园亭"的传承

北魏郦道元《水经注·浙江水 斤江水》中的记载："浙江又东与兰溪合，湖南有天柱山，湖口有亭，号曰兰亭，亦曰兰上里。太守王羲之、谢安兄弟，数往造焉。吴郡太守谢勖封兰亭侯，盖取此亭以为封号也。太守王廙之（一说王羲之），移亭在水中。晋司空何无忌之临郡也，起亭于山椒，极高尽眺矣。亭宇虽坏，基陛尚存。"由此可以分析，虽晋时"湖口有亭"的"兰亭"是否具备景观功能难以考证，但之后，无论是王廙之（一说王羲之）"移亭在水中"，还是何无忌"起亭于山椒"，则无疑是为了观赏山水景致而建造的"园亭"。

及至南朝，帝王宫苑园林中建亭已经非常普遍。《舆地志》载宋武帝刘裕所建乐游苑（北苑）："县东北八里，晋时为药圃，卢循之筑药围垒即此处也。其地旧是晋北郊，宋元嘉中移郊坛出外，以其地为北苑，遂更兴造楼观于覆舟山，乃筑堤壅水，号曰后湖。其山北临湖水，后改曰乐游苑。山北有冰井，孝武藏冰之所。至大明中，又盛造正阳殿。侯景之乱，悉焚毁。"其"山上大设亭观"，说明亭作为园林建筑被大量用于高处观景。《太平御览·苑囿》载："湘东王（萧绎，后为梁元帝）于子城中造湘东苑，穿池构山，长数百丈，植莲蒲，缘岸杂以奇木。其上有通波阁，跨水为之。南有芙蓉堂，东有禊饮堂，堂后有隐士亭，北有正武堂，堂前有射埛、马场。其西有乡射堂，堂安行棚，可得移动。东南有连理。太清初生此连理，当时以为湘东践祚之瑞。北有映月亭、修竹堂、临水斋。前有高山，山有石洞，潜行宛委二百余步，山有阳云楼，极高峻，远近皆见。北有临风亭、明月楼。"其中，"映月亭"和"临风亭"，表明了亭与自然景观的融合造景。《梁书·昭明太子传》载梁武帝萧衍长子萧统的玄圃园："性爱山水，于玄圃穿筑，更立亭馆，与朝士名素者游其中。尝泛舟后池，番禺侯轨盛称：'此中宜奏女乐。'太子不答，咏左思《招隐诗》曰：'何必丝与竹，山水有清音。'侯惭而止。"更是表明，在园林意境思想的诞生期，亭已是园林中的重要建筑[9]。

此外，《宋书·徐湛之传》载徐湛之园："徐湛之，字孝源，东海郯人……贵戚豪家，产业甚厚。室宇园池，贵游莫及。伎乐之妙，冠绝一时。门生千余人，皆三吴富人之子，姿质端妍，衣服鲜丽。每出入行游，途巷盈满，泥雨日，悉以后车载之……广陵城旧有高楼，湛之更加修整，南望钟山。城北有陂泽，水物丰盛。湛之更起风亭、月观，吹台、琴室，果竹繁茂，花药成行，招集文士，尽游玩之适，一时之盛也。"这表明，在南朝的民间园林中，亭作为园池宅第的重要建筑，也为"人在画图中"的意境营造作出了重要贡献。

巧合的是，无论是"移（兰）亭在水中"的琅琊临沂（今山东临沂）人王廙之或王羲之，"起（兰）亭于山椒"的东海郯县（今山东郯城）人何无忌，"起风亭、月观"的东海郯县（今山东郯城）人徐湛之，还是于帝王宫苑中建亭造景的刘宋帝王（彭城绥舆里人，在今徐州市铜山区，一说安徽萧县）、萧梁宗室（东海兰陵人，今临沂兰陵），这些古文献文字记载的"园亭"营造（"亭"景观功能开发）的"肇始者"，都是六朝时期南迁的徐地之人。其中"偶然中的必然"，即为他们对故乡古徐地"园亭"艺术的传承所致。

另外，从文化内涵上来看，"亭"具有送别亲友、饯行离别等功能，逐渐赋予了其一种与离人、思乡、旅愁等紧密联系的，带有离别伤感色彩的内涵，成为极富客愁情怀的文化符号[6]。这种两汉以来形成的内涵与意义，在两晋南北朝时期随着徐人一起南渡到江东地区。如，《晋书·王导列传》所载："过江人士，每至暇日，相邀出新亭（三国吴建，名临沧观；晋重修，名新亭）饮宴。周顗中坐而叹曰：'风景不殊，举目有江河之异。'皆相视流涕。惟导（琅琊临沂人王导）愀然变色曰：'当共勠力王室，克复神州，何至作楚囚相对泣邪！'众收泪而谢之。"虽然此时的"亭"，已经从单纯的"憩亭"转变为带有景观功能的"园亭"，但其中的文化基因和旅愁情怀仍使南渡徐人徒生哀伤。

3 从"园亭"到"亭园"

隋唐以降，亭已成为徐派园林营造中不可或缺的建筑。清光绪七年（1901年）刻本《东平州志·卷第二十四·古迹录序·名胜》记载唐代的洎源亭："洎源亭，须昌古城西南十二里，亭址泊即洎源亭故址，考泊即小洞庭，汶济合流所经汇为巨泽，周围数十里。今安山湖其南畔也。唐东平太守苏源明有《小洞庭洎源亭讲四郡太守诗》，又有《秋夜小洞庭离宴序》，令狐楚皆刻之石为之记。"洎源亭建于湖泊大泽，人可赏汶济合流之壮观，亭可点缀"月澄凝兮明空波，星磊落兮耿秋河"而成景。

宋代苏轼《放鹤亭记》载："熙宁十年秋，彭城大水。云龙山人张君之草堂，水及其半扉。明年春，水落，迁于故居之东，东山之麓。升高而望，得异境焉，作亭于其上。"于放鹤亭上，不但可观"春夏之交，草木际天；秋冬雪月，千里一色；风雨晦明之间，俯仰百变"之景，而且"彭城之山，冈岭四合，隐然如大环，独缺其西一面，而山人之亭，适当其缺"，说明对于放鹤亭的设置，不但考虑观景需要，也已经充分考量作为被观赏点的景观需要。

元代诗人虞集《赋砀山成简卿心远亭》："作亭临河河水浑，草树绕屋啼鸟闻。梦回枕上彭城雨，目送檐间芒砀云。归来黄菊有佳色，坐老青山无垢氛。但愿樽中尝得酒，曲阿莫问旧参军。"清代砀山知县郭浩诗曰："孤亭如笠倚晴曛，地僻唯应鸥鸟群。千载有心谁共远，风流长忆旧参军。"同样，心远亭不但临河，草树环绕，而且其"孤亭如笠"的审美趣味成为风景园林中点睛的"妙笔"。

清代王琴九《雨后过潜园》诗中描绘潜园的"小兰亭"："萦回水抱小兰亭，雨后苔深草更青。两部蛙声千树柳，一钩月影半池萍"。"小兰亭"成为园主在潜园诗意栖居的重要场所（图6）。

图6 "小兰亭"复原意象图[10]

同时，亭在园林中的重要性不断提升，大量以亭为主要园林建筑、以亭名为园名的"亭园"持续出现。《桂苑丛谈》载唐代赏心亭园："咸通中，丞相姑臧公拜端揆日，自大梁移镇淮海……自彭门乱常之后，藩镇疮痍未平，公按辔舁已而治之，补缀颓毁，整葺坏纲，功无虚日。以其郡无胜游之地，且风亭月榭，既已荒凉；花圃钓台，未惬深旨，一朝命于戏马亭西，连玉钩斜道，开辟池沼，构茸亭台，挥斥既毕。萃其所，芳春九旬，都人士女，得以游观……初，公构池亭毕，未有名，因名'赏心'……"赏心亭园利用徐州戏马台西侧"玉钩斜道"（今剪子股）的地形，开辟园池，于池中构亭，尽享"赏心乐事"，又成"路失玉钩芳草合"（宋代苏轼《与舒教授张山人参寥帅同游戏马台》）的园林景观。

宋代苏轼作《南都妙峰亭》记商丘古城南妙峰亭园："千寻挂云阙，十顷含风湾。开门弄清泚，照见双铜镮。池台半禾黍，桃李余榛菅。无人肯回首，日暮车班班。使君非世人，心与古佛闲。时要声利客，来洗尘埃颜。新亭在东阜，飞宇临通阛。古甓磨翠壁，霜林散烟鬟。孤云抱商丘，芳草连杏山。俯仰尽法界，逍遥寄人寰。亭亭妙高峰，了了蓬艾间。五老压彭蠡，三峰照潼关。均为拳石小，配此一掬悭。烦公为标指，免使勤跻攀。"可见，妙峰亭园"千寻挂云阙，十顷含风湾""池台半禾黍，桃李余榛菅"，应为一处具有田园风光的郊野园林，而"飞宇临通阛"的妙峰亭便是园中主景。

《同治徐州府志》记载："在城东南，旧志宋熙宁末李邦直持节徐州，即唐薛能阳春亭故址构建。郡守苏轼名曰快哉，后明奎楼，俗名拐角楼。"《徐州园林志》载："快哉亭园在清同治年间，扩建为公共园林。据府志记载，徐州镇军董梧轩与知府桂中行把快哉亭扩建为游宴之地。除主建筑快哉亭外，还建有回廊、文昌殿、景苏堂、水阁、跳珠轩、阳春亭、苏堤等建筑。快哉亭前有大面积的荷塘，塘边杨柳依依，池塘西部有苏堤和石桥。"桂中行在《重修快哉亭记》中写道："快哉亭地级幽胜……芙蕖映水，杨柳红桥，虹堤倒影，有楼阁参差，隐现于花光树色间者……快哉亭是也。"快哉亭园，虽几经兴废，但无论多少次湮灭复建，无论园中有多少廊、轩、殿、阁等建筑争奇斗艳，快哉亭却秉承苏轼"贤者之乐，快哉此风"的壮志豪情，继往开来，历久弥新（图7）。

图 7　快哉亭

4　从"古亭"到"今亭"

古徐州地区汉画像中"亭"的形象类似于厅堂建筑，以四坡式顶为主，当今较为普遍的攒尖顶的亭在当时罕见。汉代以后，关于徐派园林"亭"建筑的典籍资料很少涉及亭的造型与结构的描写，又缺乏相应的图像资料，所以其造型与结构的演变难以梳理出一条明晰的主线，仍需在今后于浩瀚的历史文献中努力发掘。但对于古徐州地区汉画像中的亭脊类型——平直、正脊平斜出、脊尾平缓微翘、脊尾尖翘、斜脊、斜脊凹曲反翘等[11]——在当代徐派园林亭建筑中都有所传承（图8）。

平直脊亭（山东邹城）

金龙湖宕口公园草亭

图 8　古徐州地区汉画像中的亭脊类型与当代徐派园林亭建筑（一）

正脊平斜出亭(江苏徐州)

大龙湖景区木亭

脊尾平缓微翘亭(江苏徐州)

云龙山三让亭

脊尾尖翘亭(江苏徐州)

馨园蠻秀亭

斜脊凹曲反翘亭(江苏铜山)

无名山公园望月亭

图8 古徐州地区汉画像中的亭脊类型与当代徐派园林亭建筑(二)

同时，虽然以亭名为园名的园林景观在当今的徐州及周边地区已不多见，但是以亭为主要建筑物或主要景观节点的园林景点仍屡见不鲜。如，徐州彭祖园内福山北麓的樱花林景区，3000余株樱花"漫蔚然之云举，布半山之琳琼"，而上覆金黄色琉璃瓦的六角重檐的赏樱亭是樱花林景区唯一的建筑物，独立于樱花林中部，隐现于花海，登此亭纵观樱花林全景，令人赏心悦目（图9）；徐州奎山公园的高风亭六角起翘，乘风欲飞，寓意"高风亮节"的高尚情怀，作为景观节点主题建筑有机融入奎山公园的"劝学励志"氛围（图10）。

图9 隐现樱花林的赏樱亭

图10 奎山公园的高风亭

此外，充分利用亭的灵活多变的特性，今天的徐派园林在传承中创新发展，将亭与桥、廊等结合，形成"亭桥""廊亭"等组合建筑形式，独具一格，颇具特色（图11、图12）。

图11 云龙湖泛月桥（图片来源：童钰博 摄）

图12 云龙湖"廊亭"建筑（图片来源：杨全德 摄）

5 结语

通过汉画像与古文献相结合的研究，表明亭作为徐派园林最重要的园林建筑之一，自汉代就在古徐地被开发出景观功能，后经两晋南北朝的不断发展，至隋唐时期对亭的园林应用已十分成熟，且开始出现以亭为主要建筑、承载园林立意和园主思想的"亭园"。同时，当今徐派园林"亭"建筑的造型、结构及园林应用等，在一定程度上与汉代以来古徐州的"亭"建筑一脉相承，显示出徐派园林"亭"建筑自汉代即迸发出强劲的园林艺术活力，对中国园林建筑的发展作出了巨大贡献。

参考文献

[1] 谭力. 亭史综述[J]. 中国园林，1992，8(4)：24-28.
[2] 张渝新. "亭"考[J]. 中国园林，2002(3)：76-79.
[3] 张渝新. 中国古建"亭"的发展演变浅析[J]. 四川文物，2002(3)：50-56.
[4] 马炳坚. 第二讲传统园林建筑——亭（一）[J]. 古建园林技术，1989(4)：57, 60-64.
[5] 郭明友. 中国古"亭"建筑考源与述流[J]. 沈阳建筑大学学报（社会科学版），2012，14(4)：358-362.
[6] 于洋，王金岩. "亭"文化及中国亭建筑功能演变探析[J]. 城市建筑，2017(35)：64-66.
[7] 皇甫昱. 浅析汉画"长亭送别"[J]. 浙江工商职业技术学院学报，2011，10(1)：6-7.
[8] 葛安伟. 秦汉时期室内空间营造研究[D]. 秦皇岛：燕山大学，2012.
[9] 李旭冉. 中国园林意境理论发轫之文献学证据——兼论徐派园林"意境念"论的产生[J]. 徐派园林研究，2020，3(2)：1-10.
[10] 刘禹彤. 徐派园林史略：徐州清末古园"潜园"研究[C]//中国风景园林学会. 中国风景园林学会2019年会. 北京：中国建筑工业出版社，2019：246-250.
[11] 种宁利，刘禹彤，等. 徐风汉韵 徐派园林文化图典[M]. 北京：中国林业出版社，2020.

作者简介

李旭冉，1987年生，男，汉族，山东聊城人，硕士，徐州市园林建设管理中心，高级工程师，研究方向为园林历史与理论、生态园林等。电子邮箱：526611685@qq.com。
余瑛，1975年生，女，土族，青海民和人，硕士，徐州市公园管理服务中心，高级工程师，研究方向为公园管理、园林历史与理论等。电子邮箱：173412024@qq.com。

徽州传统滨水商贸聚落风景体系分析

The Landscape System of Traditional Waterfront Commercial Settlement in Huizhou

龙 琼 金云峰*

摘 要：古徽州人对自然山水改造和利用过程中形成的滨水聚落是古徽州聚落中具有独特性和代表性的空间范式，其中依托水运贸易而营建的滨水商贸聚落在徽商繁荣历史中发挥着重要的促进作用，在风景上呈现出与以家族关系维系的传统农耕居住聚落迥然不同的面貌。文章基于文献和现存聚落调研，通过解析滨水商贸聚落的形成与发展，识别出水运贸易影响下的5个滨水商贸聚落风景体系构成，包括山水环境基底、水运交通设施、聚居生产单元、世俗教化空间、风景游赏系统，并归纳风景要素组成及体系特征，为后续的徽州聚落保护发展、城乡风景治理提供理论参考。

关键词：风景园林；商贸聚落；水文化景观；风景体系；传统聚落；徽州

Abstract: The waterfront settlements formed during the transformation and utilization of natural landscapes by the people of ancient Huizhou are a unique and representative spatial paradigm in Huizhou Traditional Settlements, The waterfront commercial settlements built on the basis of water transportation trade played an important role in promoting the prosperity of Huizhou's commerce in history, it presenting a completely different landscape from traditional agricultural residential settlements maintained by family relationships. Based on literature review and existing settlement research, this article analyzes the formation and development of waterfront commercial settlements, identifies five landscape systems of traditional waterfront commercial settlements in Huizhou, which formed under the influence of water transportation trade, including the natural environment base, the water transportation facilities, the settlement and production unit, the secular and religious indoctrination space, and the scenic recreational system. The composition of landscape elements and system feature were summarized, in order to provide theoretical reference for the sustainable development of Huizhou settlements and the governance of urban and rural landscapes in the future.

Keywords: Landscape Architecture; Commercial Settlement; Water Cultural Landscape; Landscape System; Traditional Settlement; Huizhou

引言

"依水而居，利水而兴"是古徽州聚落特征形成的重要因素之一，古徽州地处皖南山区，境内河谷纵横，为取水或水运便利，多数聚落依水而建，发达的水系滋养了两岸的溪口、渔梁、万安、宏村、雄村等村落，作为中国区域史研究中的典型区域之一，更是研究聚落水文化景观的理想区域[1]。既往的研究中，一般从聚落与水的关系将徽州滨水聚落分为依水而建（宏村、渔梁、雄村等）、夹水而建（唐模、呈坎等）、混合式三类[2]，但就水对古徽州聚落形成的影响方式而言，不仅表现在传统农耕聚落的灌溉和生活取水方面，更表现在水上交通和贸易，所以徽州传统滨水聚落还可以分为以农耕居住为主的滨水居住聚落和以水运贸易为主的滨水商贸聚落。滨水商贸聚落因徽商的繁荣和发达的水运贸易而形成，对促进古徽州的繁荣发展具有重要的职能作用，相比于村落，商业和运输功能更为核心，在居民组成上也形成了一定的宗族关系。由于社会功能和自然环境条件的不同，滨水商贸聚落的内外山水格局、水文功能景、聚落职能空间均呈现出与传统农耕居住聚落迥然不同的面貌，反映了依托水运发展的商贸功能与自然环境相互耦合的历史风貌痕迹，

亦是徽州文化的重要孕育场所。当前古徽州聚落的研究主要侧重在宏村、西递、棠樾等居住聚落，对滨水商贸聚落关注较少，滨水商贸聚落或在城镇化发展之下合并为城镇商业街（如屯溪老街），或因偏离城镇、商业和人口迁出而逐渐没落破败（如万安老街）。地域特色丧失、风貌趋于同质化、场所感和归属感丧失是当前城乡景观治理重要关注的问题之一，作为重要的传统文化景观，在未来的城乡发展中，需要进一步先厘清现有的景观资源，明确其中的典型要素和文化特征。

1 徽州传统滨水商贸聚落的形成与发展

1.1 徽州水运商贸与商贸聚落的形成

独特的地理环境和发达的水系是促成徽商繁荣的重要原因，地处丘陵的徽州地区山川秀美，境内木材、茶叶等山林资源丰富，但同时也面临着耕地面积少、粮食不足的现实难题，因此，对外物资交易促成了徽州人外出经商。受山区地形限制，历史上的徽州多利用区域内的河网进行水路运输，以此实现徽州与杭州、江西等地的联系。当时联通外界的水运航道包括徽饶水道、徽杭水道、徽宣

---

① 基金项目：国家自然科学基金项目（编号：51978480）资助。

水道、徽池水道等[3]，徽饶水道、徽杭水道是依托徽州境内的两大水系——鄱阳湖水系、新安江水系[4]而形成的水上运输航道，其中徽饶水道南线途经婺江、乐安河水路，联通江西与婺源，北线途经阊江、昌江河，联通江西与婺源、祁门、黟县，沿线的水运商埠包括渔亭、汪口等；徽杭水道一出为歙县练江，流入新安江，二出为横江、率水汇聚成浙江，而后与练江汇合流入新安江，徽行水道联通杭州与徽州歙县、绩溪、休宁，途经徽州的主要商埠有渔梁[5]、深渡、万安、屯溪等，发达的水域使得大宗贸易运输成为可能，成为徽商繁荣的契机，而运输水道沿线的商埠，由于地处水陆交通枢纽，对接水上运输的货物集散，商业贸易频繁和人口扩张繁衍，逐渐形成了一定规模的聚落（图1）。

图1　明清时期繁荣的商业水埠-屯浦
［图片来源：《休宁县志·卷1》，清康熙三十二年（1693年）］

1.2　滨水商贸聚落的繁荣与发展

聚落是指人类聚集而居，具有生产、生活属性的场所。商贸聚落因码头建制而发展演变，初期主要承担运输和货物功能，随着商业的形成街市，商人、船工等人员扩张，慢慢发展成为具有居住、商贸属性的小型聚居点，在家族繁衍和血缘关系固化影响下，又出现了宗族、庙宇、书院等建制，最终形成具有商贸集散、居住生活、文化游赏为一体的综合型聚落。徽州聚落依水而居的传统和水路航运古已有之，真正奠定徽州水运商贸和港埠码头聚落大量形成的时期可追溯至南宋。南宋迁都临安对于徽州来说是一个契机，从地理上拉近了徽州与中国政治、经济文化中心的距离，相比于北宋时期距离都城的千里之遥，南宋时期徽州依靠新安江与临安紧密联系在一起[3]。一方面，南宋临安对木材、酒类、鲜果、茶叶等具有极大的消费潜力；另一方面，徽州人本身具有外出经商谋生和信息资源交流的强烈需求，使得南宋开始徽州与临安贸易往来非常频繁，大量的水运贸易使得商埠的聚落结构等级、数量规模不断上升，在宋、明时期，新增了大量传统聚落，其中有不少即为具有交通、贸易与居住功能的商贸聚落[6]，如深渡、汪口村等都为宋代新增村落[7]。到明晚期，徽州地域传统村落的分布格局基本奠定，商贸滨水聚落的聚落街巷空间形态和格局也已成熟。

2　水运贸易影响下的滨水商贸聚落风景体系构成

2.1　风景体系

体系是若干有关事物或思想意识相互联系而构成的一个整体[8]，风景作为人居环境的一种形式，是聚落与其周围能够关照的整体区域范围内，由自然系统和人工系统相互作用形成的相对稳定的统一体[9-11]，反映出聚落山水环境、历史遗产等具有典型代表性要素组成及其关系特征。根据国内学者对风景体系的研究，风景体系至少包括聚落内外的山水自然要素、街巷建筑等构成的社会空间以及由游览、公共休闲而衍生的风景游憩空间，而在特殊的一些聚落风景体系研究中，也将具有重大影响的特殊功能空间纳入风景体系。如王晞月等在研究陂湖时纳入水利功能系统单元[12]，达婷认为传统城镇的御灾防卫、祭祀旌表职能导致了其与现代城镇的巨大差异[13]。总体来看，风景体系这一概念紧密贴合了中国传统聚落风景营建特征，直观反映了"山—水—聚落"的传统聚落空间范式。风景体系是地域景观的精髓，是当地文化认同感和归属感的体现[14]，是理解本研究中古徽州滨水商贸聚落与自然山水互动关系的重要手段，作为重要的文化资源，对于当前乡村风貌发展引导规划、旅游规划及不发达地区的发展引导等具有重要的指导作用[15-16]。

2.2　滨水商贸聚落风景体系构成

水运在传统滨水商贸聚落的形成上具有重要的影响。徽州传统商贸聚落是集货物转运集散、商业交易和船工集居地为一体的分布在山水自然环境中的非农业性聚落，即地处山水间，随处可见自然风景，又拥有农村所不具备的商业贸易功能。古徽州人在对自然溪、河、江水的改造利用过程中，水运功能体系逐渐与聚落职能空间、自然环境相互融合发展，形成了独特的滨水聚落山水格局和风景特征，基于徽州传统滨水商贸聚落风景形成的特点，徽州传统滨水商贸聚落景观体系由5个层面构成：山水环境基底、水运交通设施、聚居生产单元、世俗教化空间、风景游赏系统（图2）。其中山水环境基底是指聚落内外山水等自然风景要素；水运交通系统是基于水运交通转换和商贸交易的交通要素；另外三者是古徽州传统聚落重要的三大职能空间，包括以居住、生产生活为主的聚居生产空间，以山水欣赏、邻里交往为主的风景游赏空间和古徽州传统聚落中因祭祀旌表职能而安排的建筑物、构筑物等形成的世俗教化空间。这五类空间相互交织、叠合，共同形成古徽州滨水聚落别具一格的景观面貌（图3）。

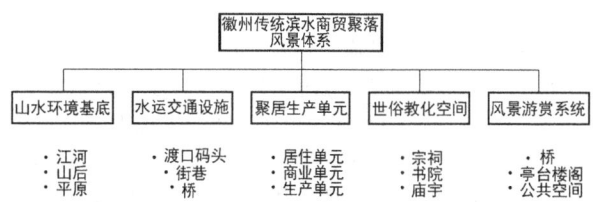

图2　徽州传统滨水商贸聚落风景体系构成

图3 《渔梁全景图》（民国初年）风景体系图像分割
（图片来源：根据参考文献改绘）

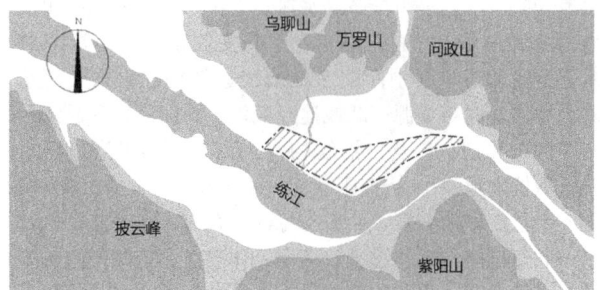

(a) 山水平行的渔梁村

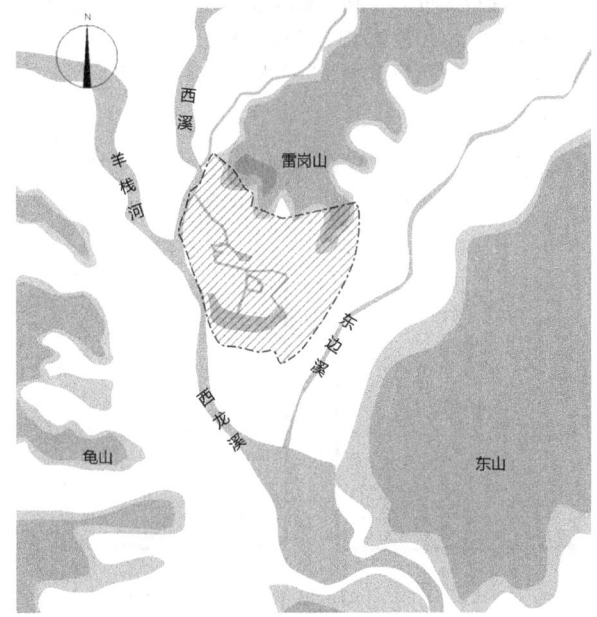

(b) 山环水抱的宏村

图4 水运商贸聚落和农耕居住聚落山水关系比较

3 徽州传统滨水商贸聚落风景体系特征

3.1 山水环境基底

与在风水堪舆思想影响下经过精心选址和规划而形成的农耕聚落不同，现存商贸聚落选址受到一定的限制。由于平原盆地区域居住条件适宜，具有较多的耕地，早期已被大型村落和县城占据。与此同时，为水运便利同时和集镇联系，一般在距离县城集镇不远处的丘陵区域选址，山体平缓，同时紧邻江，与江面有一定的高度。宏村等农耕聚落地处盆地，耕地充足，水系较多，为引水、水渠开凿改造创造了有利条件，所以内部具有条件衍生出湖、水圳等水文设施[17]，但商贸聚落由于地处山地边缘，与水面高差较大，同时平缓地面积较小，引水不便，即使成熟期内部也较少见水渠开凿、引水成湖和水圳等水文设施，所以，传统商贸聚落水体主要由通航功能的江和排洪功能的河渠构成，聚落更多的是顺应江规划建制，一般背靠山体，面水，形成山、村、水的平行关系，人工排洪河渠横穿聚落通向江（图4）。

3.2 水运交通设施

水上运输、货运转换、商品交易是滨水商贸聚落的主要职能，因此，供船只停靠的码头、货物转运的巷道、车马运输及商业交易的街成为商贸聚落核心的交通网络，三者成"一横多竖"的鱼骨状布局（图5、图6）。具体表现为，以商业功能为主的街作为主骨，与江大致成平行状分布；以交通功能为主的巷道与主街垂直，数量是主街的10倍以上，一面连接水岸码头，一面通向居民区侧门和陆运古道。主街贯穿整个聚落，头尾一般有亭、桥或石坊作为标志物，一面与县城相通，一面连接古道，由于长度较长，在称谓上一般作多段式称呼。如万安街分为上街、中街、下街；深度老街分为外街、中街、横街和里街，宽度一般3m左右，较为狭窄。与当代商业外摆不同，古徽州时期的商业活动主要在店堂内，以此也能保证货物运输和商业经营不冲突。巷子一般由民居山墙围合，沿河一侧直通码头，数量是背后一侧的多倍，反映出聚落的亲水特性。码头是滨水商贸聚落最为重要的水文和交通设施，由于古代徽商贸易繁盛，大量货运需要水路转换，商贸聚落一般设置多个码头，针对货物种类、运输类型、公私类别进行了分工明确。以渔梁、万安为例，不仅有公用的渡

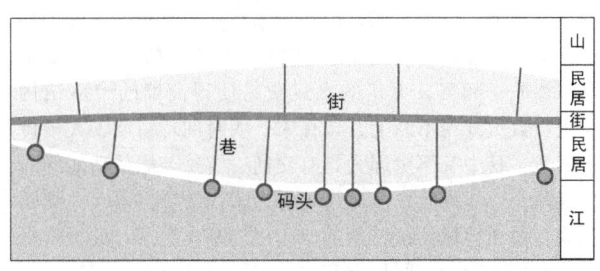

图5 水运交通设施与水系关系模式

(a) 商街码头　　　(b) 临水一侧巷道

(c) 码头

图 6　万安街水运交通设施

人码头和渡货码头，还有直通店铺或宅后门的私人码头。依据巷名"盐包巷""石灰巷"等的称谓，可以推测针对不同运输货物有专用的货物卸载转运码头。甚至在渔梁，还有对内、对外的分工区别，以渔梁坝为界分成坝上和坝下两部分。坝上主要以对内交通功能为主，发送的货物相对较小、零散，通过巷与主街联系；坝下主要以对外交通为主，发送大宗货物，主街和滨水直接联系。除了主要的街巷网络，桥在滨水商贸聚落中也是重要的交通设施，用于联系江两岸，一般在聚落的两端都会有跨江大桥的设置，如渔梁的紫阳桥、万安的水南桥；内部的排水河渠上为了便于交通，也会有小桥的建制，如渔梁的狮子桥，万安的轮车桥、观音桥。

3.3　聚居生产单元

徽州传统滨水商贸聚落的聚居建筑呈轴线生长状态，具体表现为主要沿主街轴向生长，其次沿垂直的巷建制，但扩张距离有限。聚落中的建筑布局紧密，大部分为二层，提供居住、商业经营等空间，占据了聚落大面积的土地，整体范围成鱼状或条状。在建筑功能上，除了传统以居住为功能的民居，商业、作坊、住宅混合功能的过塘行、商铺等占有较大比重，多呈"前店后宅""前店中坊后宅""下店上宅""坊宅混合"的模式[18]。在销、产、宅方面，具有实用的考虑。其中，过塘行是旧式的货运公司，掌握着当地大量的水运物流管理，是水运古道流域上的重要文化遗产[19]。20世纪30年代《中国经济志·歙县卷》记载："歙县过载行，概集于渔梁、深渡两处，渔梁计有八家，深渡计有五家，南源口亦有一家，全县共计十

四家"。作为重要的商业建筑，一般规模较大，呈多进院落布局，如渔梁现存的巴道复运输过塘行，即为"前店中坊后宅"的布局形式，具备店铺交易管理、仓库和居住功能。在建筑形态上，临江岸一侧还有不少吊脚楼的出现，沿江分布，成为徽州其他传统聚落所不具备的独特风景（图7、图8）。

图 7　渔梁村巴道复运输过塘行总平面图[20]

(a) 万安街吊脚楼　　　(b) 渔梁街吊脚楼

图 8　徽州传统滨水商贸聚落独特的吊脚楼民居

3.4　世俗教化空间

祭祀旌表是传统古徽州聚落中重要的职能，是居民繁衍发展到一定程度追求精神的产物。为安排与祭祀旌表相关的建筑物、构筑物乃至水利绿化而形成的世俗教化空间，是导致传统聚落风景面貌独特性的一个重要原因。商贸聚落的主要教化空间包括家族文化的宗祠和祈福文化的寺庙，从宗祠构成来看，由于聚落多为杂性居住，居民身份多为船工、渔民、码头工、商家等，一般有多座祠堂。和以血缘宗族为本建村的多数徽州村落有所不同，在宗祠规模和分布上，较少出现长期以某一宗祠为中心、外姓边缘化的严格宗族等级制度，更为开放包容。在寺庙的建制上，除了一般的山林建佛寺和道观，还有不少祠、庙宣扬水运文化，如渔梁坝坝祠"崇报祠"以及"忠护庙"等，都带有祈求航运、水利平安的愿望。

3.5　风景游赏系统

与农耕居住聚落不同，滨水商贸聚落内部较少有以单纯游赏为目的而塑造的"景点"，更多的是由水运交通

设施、世俗教化空间结合聚落外的特色自然风景资源共同形成风景游赏系统（表1）。如渔梁村的白云禅院既是世俗教化空间，又是具有较好观赏实现的风景观赏点。聚落的两端的跨江桥由于形态优美，结合自然山水，通常也是游赏系统中重要的观赏对象和观景点。在聚落内部，桥亭、码头和临水平台是最常见的观景点和停留点（图9），相比于传统农耕居住的婉约内敛，这些空间都具有向外观赏的良好视线，在游赏体验中更见开敞壮阔。这些景点空间与风景经文人总结，形成反映居民区域风景审美认同的传统八景[21]。在传统八景中，周边的山水风景及聚落本身热闹繁华的社会人文风景是重点认同的对象。如屯溪八景中的"屯浦归帆"反映的是水埠繁华的人文商贸风景；渔梁八景中的紫阳烟雨、碎月滩声关注外向开敞的壮阔山水。

风景游赏系统的主要组成要素　表1

类型	设施
山水环境基底	浅滩地
	风景秀丽的山林
水运交通设施	码头
	桥、亭桥
	主街临水的宽敞平台
聚居生产单元	临水的吊脚楼
世俗教化空间	建于高处的祠寺
	临水的古迹碑亭
聚居生产单元	临水的吊脚楼

(a) 渔梁亭桥

(b) 渔梁码头

(c) 万安临水平台

图9　徽州传统滨水商贸聚落公共游赏空间

4 结论与讨论

4.1 结论

总体来看，在山水环境和对水体利用需求的社会功能影响下，以水运商贸功能为主的徽州传统滨水聚落呈现出山水环境基底、水运交通设施、聚居生产单元、世俗教化空间和风景游赏系统五者融糅的风景体系，构成具有代表性和可识别性的风景范式，塑造出古徽州滨水聚落的景观风貌。本文在现状调研踏勘的基础上，结合文献研究，对徽州传统滨水商贸聚落的形成与发展进行梳理，并结合比较分析方法，识别其风景体系构成与特征，发现相比于大众更为熟知的滨水居住聚落，滨水商贸聚落受选址局限性更大，与航运交通需求关系密切，与邻近水系的依赖性更强，具体表现在：①"背山面水、水村平行"的山水关系；②"鱼骨街巷、四通八达"的交通网络；③"轴线生长、商居共荣"的聚居形态；④"水运文脉、开放包容"的教化风俗；⑤"人文点染、壮阔外向"的游赏体验。

4.2 讨论

从滨水商贸聚落形成与水利、航运交通的密切关系及其所呈现出的风景体系特征，不难看出当前滨水商贸聚落的没落现状和没落原因。如深渡老街由于新安江水库的建设而仅剩里街；屯溪老街随着现代交通和商业模式的转变，只保留了街的骨架；渔梁在当代滨水联通思想影响下，沿岸的码头做了部分的串联，向休闲与旅游功能转变。高度依赖水运贸易而形成的商贸聚落，在交通、水利、城镇化的影响下走向没落，不仅表现在整体格局和外部风景的断层式变化，更由于地处县城边缘，商业原因导致人口的大量流失。在未来的遗产保护与复兴中，如何恢复江河与聚落联系，有效传承乡村地方性是商贸聚落可持续发展需要进一步考虑研究的重点。

参考文献

[1] 史书萱，俞孔坚. 徽州传统水文化景观的结构特征与当代价值[J]. 景观设计学（中英文），2021，9(4)：28-49.

[2] 朱姝莹. 徽州古村落水景观特征研究[D]. 合肥：安徽农业大学，2014.

[3] 孟凡胜. 明清徽州水利社会几个问题的研究[D]. 合肥：安徽大学，2013.

[4] 李久林，储金龙，李瑶. 古徽州传统村落空间分布格局及保护发展研究[J]. 中国农业资源与区划，2019，40(10)：101-109.

[5] 吴文浩. 渔梁——徽商之源[D]. 合肥：合肥工业大学出版社，2013.

[6] 李久林，储金龙，叶家珏，等. 古徽州传统村落空间演化特征及驱动机制[J]. 经济地理，2018，38(12)：153-165.

[7] 杨诗. 古徽州传统聚落空间网络形成演化过程分析[D]. 合肥：安徽建筑大学，2019.

[8] 夏征农. 辞海[M]. 上海：上海辞书出版社. 1999.

[9] 周干峙. 城市及其区域——一个典型的开放的复杂巨系统[J]. 城市规划，2002(2)：7-8，18.

[10] 吴良镛. 人居环境科学导论[M]. 北京：中国建筑工业出版社，2001：15-28.
[11] 王思蓝. 长治城市区域风景体系传承的现代方法[D]. 西安：西安建筑科技大学，2019.
[12] 王晞月，王向荣. "水利—风景"视野下古代陂湖的风景体系及典型特征[J]. 风景园林，2021，28(8)：74-79.
[13] 达婷. 传统城镇风景空间环境协同研究[D]. 北京：北京林业大学，2014.
[14] 金云峰，方凌波. 基于景观原型的设计方法——探究上海松江方塔园地域原型与历史文化原型设计[J]. 广东园林，2015，37(5)：29-31.
[15] 金云峰，陶楠. 国土空间规划体系下风景园林规划研究[J]. 风景园林，2020，27(1)：19-24.
[16] 陶楠，金云峰. IP磁极：欠发达地区广域乡村就地城镇化路径——基于乡村景观的研究[C]//中国风景园林学会. 中国风景园林学会2018年会论文集. 中国建筑工业出版社，2018：8.
[17] 揭鸣浩. 徽州古村落——宏村空间形态影响因素研究[J]. 上海城市管理职业技术学院学报，2006(5)：42-45.
[18] 龚凯. 渔梁[M]. 南京：东南大学出版社，1998.
[19] 唐力行. 江南社会历史评论[M]. 第2期. 北京：商务印书馆，2010.
[20] 毕忠松，李沄璋，曹毅. 徽州古商业建筑特征分析——以渔梁村巴道复运输过塘行为例[J]. 建筑与文化，2014(10)：176-181.
[21] 毛华松，廖聪全. 城市八景的发展历程及其文化内核[J]. 风景园林，2015(5)：118-122.

作者简介

龙琼，1995年生，女，汉族，江西宜春人，同济大学建筑与城市规划学院硕士在读，研究方向为风景园林规划设计方法与技术。电子邮箱：867882718@qq.com。

（通信作者）金云峰，1961年生，男，汉族，上海人，同济大学建筑与城市规划学院、上海市城市更新及其空间优化技术重点实验室、上海同济城市规划设计研究院有限公司，教授、博士生导师，研究方向为公园城市与景观治理有机更新。电子邮箱：jinyf79@163.com。

15世纪日本园林造园理念与方法研究
——以雪舟万福寺庭园为例[①]

Gardening Concept and Method in Japanese Gardens in the 15th Century
—A Case Study of Manpuku-ji Temple Garden by Sesshu

胡 杨 周俣轩 阴帅可 杜 雁 秦仁强*

摘 要：室町时代，中日禅僧交流频繁，雪舟等杨是日本庭园史上受中国传统文化影响最为显著的造园巨匠。享誉世界的画圣雪舟，在修行实践中悟道，再以绘画和作庭传达悟境。原归属于益田氏的万福寺庭园，是其巧妙利用石组创作表现佛教世界观的卓越典例，又是同时期池泉回游式庭园为数不多的现存实例。首先在复原石组空间布局的基础上，初界定其与须弥山世界的抽象对应关系；进而通过石组要素的具体尺度关系，分析人在园内的身心感知行为，辨析了人与园林精神价值的相通性；最后对整座庭园的布局进行了意蕴感知层面的理解。以理念中的"神"为核心，解析了神-神、石-神、人-神、意-神以及园-神的多元性关系，将该园林作品中的精神诉求与景象表达的一致性进行了提炼与阐释，对于把握15世纪中日文化交流背景下日本园林的造园理念与方法有一定的参考价值。

关键词：风景园林；雪舟等杨；须弥山；置石；室町期庭园

Abstract: During the Muromachi period, there were frequent exchanges between Chinese and Japanese Zen monks. Sesshu Toyo was a garden master deeply influened by Chinese traditional culture in the history of Japanese Garden. Sesshu, a world-renowned painting sage, realized the enlightenment in practice and then conveyed it through painting and gardening. The Manpuku-ji Temple garden, originally owned by Masuda family, is an excellent example of Sesshu's ingenious use of stone groups to express the Buddhist world view. It is also one of the few existing examples of the stroling garden with pond in the Muromachi period. Fistly, on the basis of restoring the spatial layout of the stone groups, the abstract correspondence between them and the world of Mount Sumeru is defined. Then through the concrete scale relationship of stone elements, people's physical and mental perception behavior in the garden ia analyzed, and the commonality between people and the spiritual value of the garden is distinguished. Finally, the layout of the whole garden is understood at the level of implication perception. Taking "God" in the concept as the core, this paper analyzes the pluralistic relationship between God-God, stone-God, man-God, mind-God and garden-God, and refines and explains the consistency between spiritual appeal and scene expression in this garden work, which has certain reference value for grasping the gardening concept and method of Japanese gardens in the context of Sino-Japanese cultural exchanges in the 15th century.

Keywords: Landscape Architecture; Sesshu Toyo; Mount Sumeru; Stone Arranging; Gardens in Muromachi Period

引言

在日本，禅僧雪舟等杨（1420—1506年）的名字家喻户晓，他是室町时代（1336—1573年）水墨画家的代表人物，被誉为"古今之画圣"。青年时期在京都相国寺邂逅日本古典园林，48岁时如愿跟随遣明使团西渡，期间所见中国山水皆入画中，收获水墨画的精神风范；归国后遍游日本，营建出众多兼具画意与禅意的庭园，几乎全都较为完整地传承至今。出于雪舟的重要地位及其分散足迹，日本雪舟相关的学术团体探究领域与分布区域都很广泛。以重森三玲为代表的园林学者在20世纪对传说的雪舟庭园逐一开展研究，主要比较庭园空间与绘画构图的关联性，证实作庭的真实性。但仅凭画面无法形成真实庭园，具体探究造园意匠与造型逻辑的研究还未充分积累。我国学者对雪舟及其作品虽也有关注，但立足风景园林学科以景观构成的视角分析个例并阐明其特征的研究还较少。

1 万福寺庭园历史沿革

岛根县北临日本海，东西跨度大，拥有美丽的海岸线景观，位于海岸线西端的益田市是岛根县面积最大的城市，因中世纪[②]受到益田氏支配而得名。

万福寺山号"清泷山"，前身是建于平安时代位于益田川右岸的安福寺，为天台宗寺院，为"益田五福寺"[③]之一。万寿三年（1026）年，五寺均在海啸中被冲毁，元

[①] 基金项目：2020年华中农业大学自主科技创新基金资助（编号：2662020YLPY025）。
[②] 中世纪：镰仓幕府末期，足利氏宗家当主足利尊氏（1305—1358年）开启的武家政权时期。
[③] 时宗：日本净土宗流派之一。

应元年（1319年）"安福寺"改"宗时宗"①。室町初期的应安7年（1374年），益田氏第11代当主②益田兼见，将寺院从益田川河口移至现在的益田市东町，建造了本堂与书院（表1），并定其为益田氏的家族寺庙予以供奉，改称"万福寺"。室町中期的文明十一年（1479年），第15代当主益田兼尧邀请雪舟（1420—1506年）为其在建筑北侧建造万福寺庭园（图1），面积1431m²。昭和时代著名作庭家重森三玲明确指出："庭园是当时方丈书院的后庭（东庭），是池泉回游式庭园"[1]。

万福寺及其庭园历史沿革一览表　　表1

建设时间（年）	构成	事件
1374	本堂	1934年修复；1904年被指定为国家重要文化财产
	书院	1983年7月23日因水灾而重建
	总门	庆应二年（1866年）在益田口战争中被烧毁
	库房	在战争中幸存
1479	万福寺庭园	1928年被指定为国史遗迹及名胜

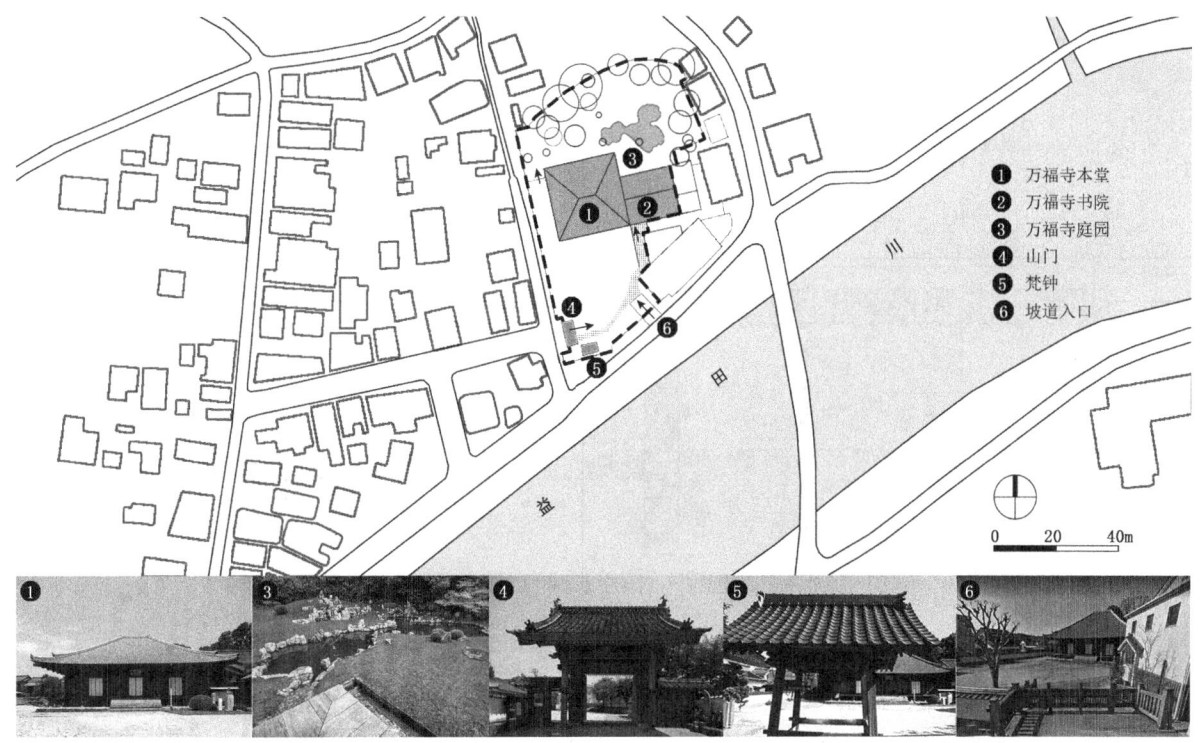

图1　万福寺及其庭园风貌

2　雪舟身份背景

雪舟，又称雪舟等杨，"等杨"为相国寺春林禅师所起禅名，"雪舟"则是出自1462年渡日元僧楚石梵琦的赠字。地方贫民出身的雪舟，自幼喜爱绘画，此后孜孜无怠，奠定了日本水墨画基础，亦成为杰出的造园家。室町时代，宋元画风的水墨画在日本画坛盛行，雪舟在学习中国古典笔样的同时，掌握的是寄寓在山水画中的佛教思想。而绘画这一美的见习，亦为空间创作提供了必要的灵感源泉。彼时的日本庭园受前代宋元画的深刻影响，追求以观赏为主的抽象化理想世界[2]，万福寺庭园亦然（图2）。概览雪舟的一生（表2），他与益田市渊源颇深，四大庭园中有两座均在益田。1991年，鉴于雪舟为增进中日两国文化尤其是传统文化交流所作的贡献，益田市与宁波市缔结友好城市关系。

雪舟等杨重要履历一览表　　表2

时间（年）	事件	关于绘画与造园的经历
1420	出生于本州备中③赤浜村（今冈山县总社市）	—
1432	在京都相国寺任知客僧	绘画师从如拙与周文，驰名一时
1464	离开相国寺，住在山口（小京都）的画室云谷庵	受到地方大名大内政弘为首的优待
1467	访明，登陆宁波港，南下天童禅寺，后游学京师	完成《四季山水图》（夏）
1469	归国日本	途中自然风光尽收纸上
1476	居于九州的天开图画楼	广泛取法于中国画，长年旅游写生
1479	到访益田市	作万福寺庭园，之后云游京都等地
1506	逝世	

---

① 五福寺：益田川下游的安福寺、福王寺、妙福寺、藏福寺、专福寺，五寺均在海啸中损毁。
② 当主：日本古时对家族统领者的称谓。
③ 备中：过去位于日本山阳道的令制国，约在今天冈山县西南部。

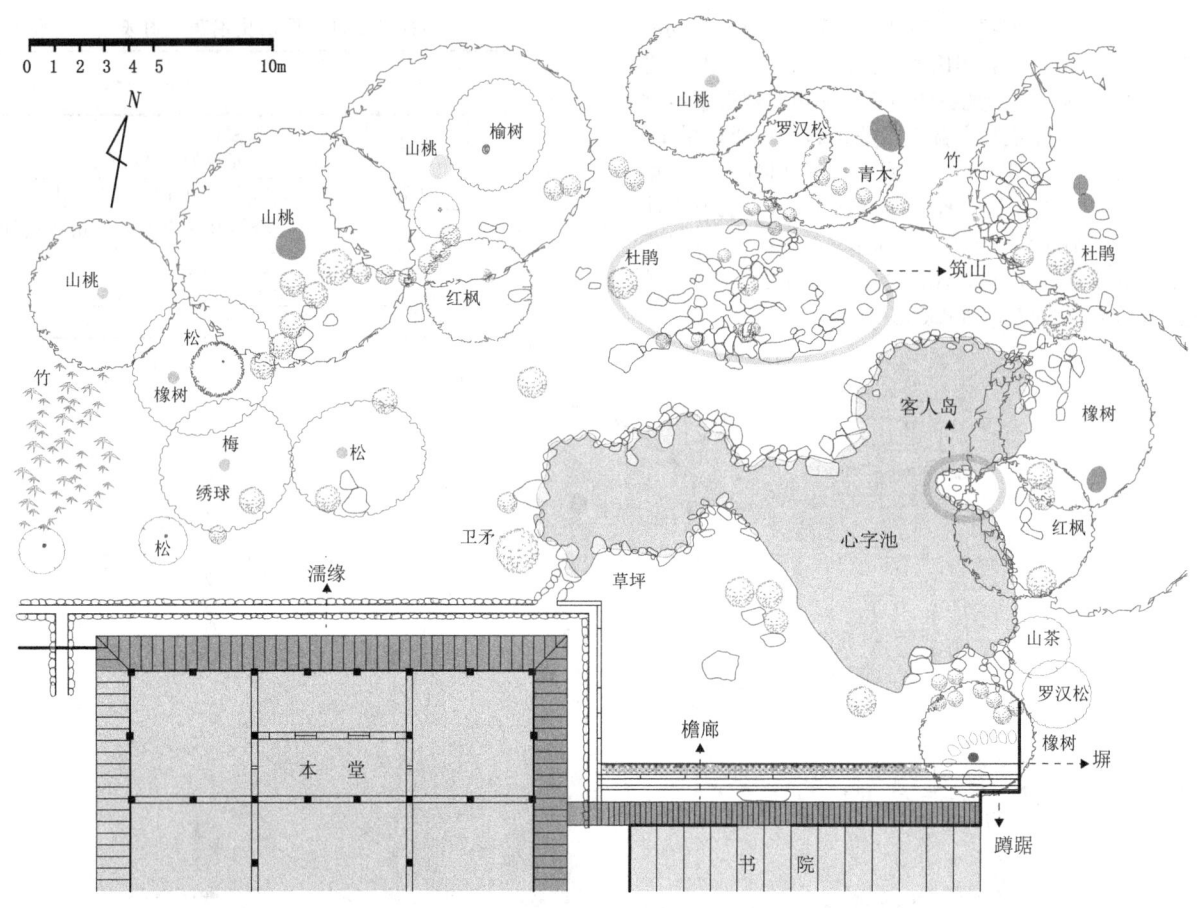

图 2 万福寺庭园平面图（图片来源：改绘自参考文献 [3]）

3 设计理念与维度呈现

3.1 山石组构与营造逻辑

日本传统园林之所以抽象者十之七八，主要在于使用未经加工的岩石为骨架，与大多数描绘具体名胜实景的庭园相比，那些意在表露内心理想山水的庭园在理解上更具挑战性。日本最初造园文献《作庭记》中记载："凡作山水，必立以石。"要想厘清万福寺庭园筑山①和石组所构须弥山世界的内在逻辑，关键在于明晰须弥山概念原型并使之对应园林中的空间表征。

《日本书记》中记载，推古天皇二十一年（612年），来自百济（今韩国）的造园家在日本皇宫之南构筑须弥山和吴桥，从此有了庭园之中造须弥山的做法[4]。须弥山是佛教里的神山，由梵语"sumeru"音译而来，意为宝山、妙高山。古印度文明启蒙了佛教须弥山世界的空间雏形，在漫长而复杂的历史流变中，其空间体系不断成长，内涵适地完善。承载佛教世界观的万福寺庭园，在空间布局上大体表达出了须弥山世界的空间模式及其特性——层级性、向心性、对称性、稳定性[5]，并展现出地域化的立体关系（图3）。

庭园中心是位于筑山山顶的单个景石，其名"须弥山石"，引用自佛教须弥山世界，代表着耸立在世界中心的山。为呈现佛教的理想世界，后发展为整个须弥山石组，在筑山之上以须弥山石为中心呈螺旋形下降。妙高山之外有九重山、八重海，山海交替包围绕，此名"九山八海"。庭园中，主石须弥山石为山顶的绝对中心，其周围结合配置单石与石组，即是对九山八海的向心性的模仿。另外，海中遍布大、中、小洲，表现在池泉园中是池岸的客人岛（图3）。筑山中段的最外侧分别是明王石与神王石，呼应了佛教经典中半山腰有四大天王的描述。筑山集团的右方尽端是枯瀑石组，左方则以平缓斜坡上放置的三尊石收束，整体来看，石组配置十分稳定。在空间平面布局中，山体模拟须弥山呈360°圆形，但面向建筑的主要景素，集中展示于被压缩后的190°空间内，虚实分明。

3.2 园林要素与场所理念

池泉园偏重以池泉为中心的园林构成[6]，虽然每一时期的风格样式随时代思想不断演变，但它的突出特点始终是石组造景，遑论跟佛教思想密切相关的须弥山。室町时代，受山水画影响，池泉园由舟游式向回游式过渡。在有限的园林空间里，万福寺庭园巧妙利用园林要素（表3）创造出表达佛教广阔思想的脱俗境地。

---

① 筑山：意为叠山，是日庭园的构景方式之一，在古书《嵯峨流庭古法秘传之书》（1395年）中就有记载。

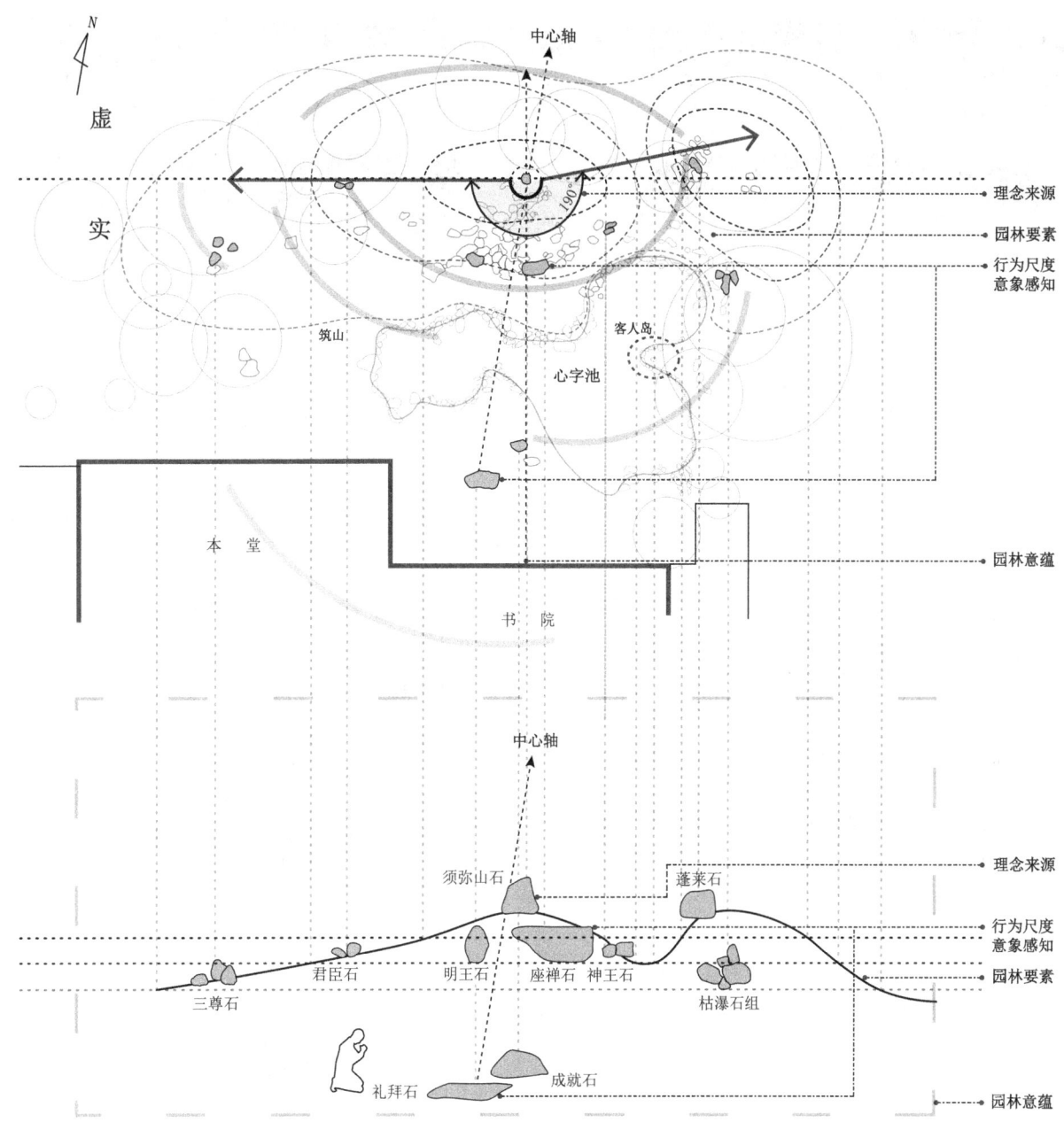

图 3　万福寺庭园造园理念及方法分析图

万福寺及其庭园构成要素一览表　表 3

地形因素	池
	筑山
	半岛（客人岛）
人为因素	石组
	建筑（本堂、书院）

3.2.1　岩石

山石是日本园林不可或缺的景观元素。关于园石的配置，所谓景石，虽有个别石头独立成为观赏、评价对象的情况，但在日本园林中大多是与其他景石对应配置，或整体关联构成石组。石组强调不加任何人工修饰、加工状态下的自然山石组合[7]，对其进行设计、建造与评价，相较个别石头更为复杂。认识石组需先了解其种类与名称，但由于种类多样，名称亦会随分类主题不同而产生变化。常用分类是依据石组的目的，将其分为风致性石组、宗教性石组、实用性石组[8]。中国传统造园与佛道思想奠定了日式庭园用石的基调[9]，而早在园林出现以前，石神信仰便深植于日本先民心中[10]。结合文献考察求证，尽可能对每一块石头进行名称确立（图 4）和思想归类（表 4），承载神仙思想、儒家秩序及深厚佛教文化的原生石①，极力烘托出场所的神圣性。

---

① 原生石：日本园林用石不重姿态变化，而求厚重野趣[9]。

图 4　万福寺庭园岩石要素分析

万福寺庭园岩石要素分类一览表　　表 4

目的	名称
佛教思想	须弥山石、三尊石、明王石、神王石、礼拜石、座禅石
道家思想	蓬莱石、不老石
儒家思想	君臣石、成就石
风景审美	枯瀑石组、护岸石组
园林实用	飞石、沓脱石

3.2.2　池

在室町后期即枯山水出现以前，日本园林多为池岸曲折、水景清澈的池泉园。得益于护岸石组，历时近 6 个世纪的万福寺庭园完好保留了处于园林中心、呈汉字"心"形轮廓的水池。如果说筑山和石组配合塑造须弥山世界，那么分隔庭园与建筑的池塘既象征大海，又象征天地之间的分界线。

3.2.3　植物

在体量不大的庭园内，覆盖无遗的草坪保证了均衡散置的园石之外仍有较多视觉留白（图 2）。另外，庭园边界消失于成丛的常绿乔木与围墙间，实现了理想世界的延展意味。在形质上，草坪与石头间的质感对比，突出石组主景；灌木点景按照最低限度栽种且规则式修剪整形，圆润外观既和乔木背景形成对比，又在一定程度上弱化了与岩石尺寸差异的醒目性。色彩方面，庭园外观随季节转换上演多样性与偶然性，彰显场所的纯粹性。

3.3　造景尺度与行为属性

山石、水和植物组合构成了万福寺庭园景观，置身建筑之外的庭园空间，游客主要依靠视觉审美领悟隐逸的禅意；而对于参禅者，这里是平和珍贵的信仰殿堂，人与象征神的石在心理层面更为亲近。山腰中段的天然巨石名为"座禅石"，表面平整，尺度合宜，适于寂坐与观望。其度量关系以人为本，专为禅道高僧安设，同时也是其他石组置石尺度的依据（图 5）。

图 5　座禅石度量与石组尺度关系解析图

3.4　知觉意象与精神境界

庭园不仅是色彩的知觉世界，更是心象的映像世界。自认"山水是吾师[11]"的雪舟对自然风物深有感触，天然山川图景远非理念性的山水画可比，园中虽筑山置石，但超越了模山范水式的描绘，而是与自然对话后的心灵随笔[12]。于是参拜完本堂内的阿弥三尊，绕至建筑后方时，人们能够直接远眺雪舟打造的须弥山秘境。筑山脚下静谧的心字池与池畔横向延伸的石组令人倍感幽邃写意，冬雪弥漫（图 6）和月光照耀下的庭园更如画卷上的水墨世界。从礼拜石到彼岸没有桥石，而是通过两岸立石在脑海里虚设一座想象之桥（图 5），沟通人间与神界。静坐于座禅石上，禅修者面前是象征各洲的心字池，身后是宇宙至高中心须弥山，闭目默声，心神入境，禅意如树木伸展那般缓缓流淌。主峰、座禅石、礼拜石与山岳构成了入境与出境的知觉境界。

图 6　万福寺庭园冬景图
（图片来源：网络）

3.5　庭园布局与园林意蕴

池泉回游式庭园的显著特点是建筑及其景观环境高度融合，二者边界即使在万福寺庭园这样的小型园林内也似完全消隐。石立僧[①]雪舟利用建筑的门窗、檐廊[②]等元素寻求天、地、人三间的微妙平衡。一方面，书院建筑正对庭园主体，因此恰以门窗为画框，平眺庭园时，书院到池岸间的草地为前景，心字池为中景，对岸筑山为背景[13]，山水画意趣充盈心怀。另一方面，檐廊作为典型过渡空间，人们可以坐在本堂建筑外围的濡缘[③]上舒适且自由地观赏。

以书院前设的沓脱石为视觉出发点（图7），考虑景深及植物遮挡关系，对于身处建筑中的坐观者，视野所见主体景物包括两侧的三尊石组、枯瀑石组和焦点须弥山石组。进一步分析造景要素之间的连接角度，发现重要石组均符合对称于A轴两侧的规律，且被设置在人体舒适的水平观赏视域内。

日本的艺术创作离不开对自然力量尤其是太阳的原始崇拜，轴线B从礼拜石连接至筑山顶部的须弥山，为庭园造园时的理念中轴，筑山前方的石组平缓地沿水平方向的左右扩展，因而构成纵横交错的十字线条（图3），虽然相互碰撞感并不强烈。值得注意的是，轴线B在地理方位上面向正北，显化了宗教秩序以及自然权威。

综上，万福寺庭园从最初理念来源的神性到最终空间创造的神韵，这一精神—物质—精神的园林营造过程，核心是所立之意，即"神"。以理念中的"神"为核心，"神—神、石—神、人—神、意—神、园—神"等多元关系互为交融，立体多维地呈现了造园的理念、要素，人的行为、存在以及历经数百年隽永不衰的园林意蕴；五者之间存在指代、度量、合一、感知、统领的关联性；同时在物质识别与精神感知上具有明确的景象空间与现实世界理解上的虚实差异（图8）。

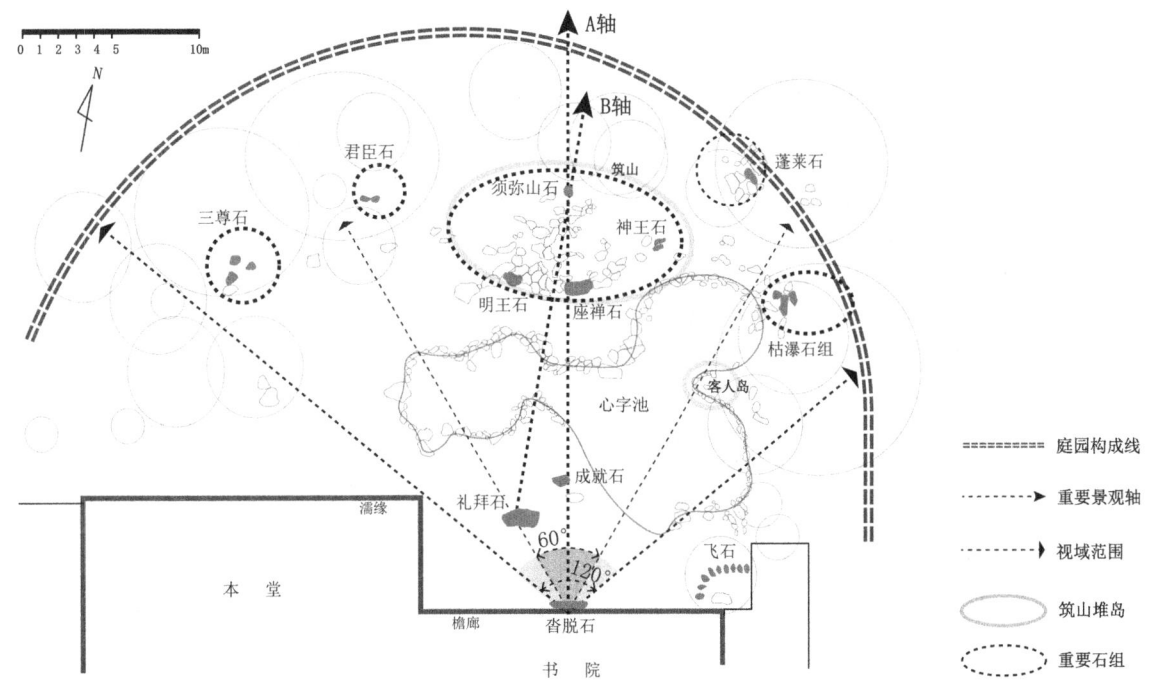

图 7　万福寺庭园布局与园林意蕴构成分析图

---

① 石立僧：在日本能够制作庭园的僧侣的统称。
② 檐廊：连接日本传统建筑室内与室外的通道空间。
③ 濡缘：檐廊的一种类型，露天不遮风雨。

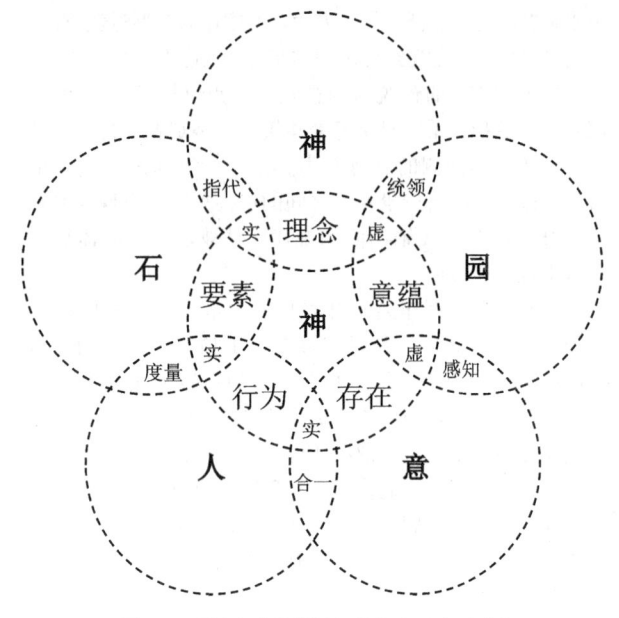

图8 万福寺庭园设计理念方法与空间感知解析模式图

4 结语

由于四面环海的地理环境，石神敬畏与太阳信仰根植于日本原始文化。日本园林史上，池泉园是最早发展出的源自中国自然山水园的庭园样式，注重天、地、人三者的关系。

通过对雪舟万福寺庭园的历史追溯及设计分析，在解析须弥山理念在园林应用中特定的意境表达方法的基础上，可以得出园林物质创造与精神诉求的一致性。日本古典园林的营造逻辑与中国传统园林在立意、布局、立微的造园思维上存在相似性；在室町时期私家园林营建材料上，朴素的景观要素从属于园林行为中的主体需求，在景素选取与运用上，讲究天然无拘；在布局与构景方法上，注重平面、立面与空间深度的多维构成与转化，多局部构景且互为关联，与整体造园目的密不可分，手法细腻生动，用、悟、赏、游，行为需求与园林功能层次分明。

解析作为园林遗产的庭园个例，挖掘其历史价值、园林美学价值以及传统园林遗产价值，对15世纪东方园林造园实践研究具有补充意义。由于本人未实地调研，更因为日文文献理解尚不到位，以及同时期中日传统园林对比等研究未尽之处，对于文中漏误之处恳请各位学者批评指正。

参考文献

[1] 重森三玲. 日本庭園歴覧辞典[M]. 东京: 东京堂出版社, 1974.
[2] 重森三玲, 重森完途. 日本庭園史大系第五卷[M]. [出版地不详]: 株式会社社会思想社, 1973.
[3] 高畑雅一. 萬福寺庭園の好まれる風景と視点場[J]. 日本建築学会計画系論文集, 2022, 87(802): 1-6.
[4] 欧阳秋子. 体现宗教思想与信仰的日本庭园石组[J]. 艺海, 2010(9): 104-105.
[5] 丁剑. 佛教宇宙观对佛教建筑及其园林环境的影响研究[D]. 天津: 河北工业大学, 2015.
[6] 蒋文彬. 日本景观用石文化应用研究[D]. 南京: 南京林业大学, 2013.
[7] 章俊华. 内心的庭院[M]. 昆明: 云南大学出版社, 2001: 98.
[8] 千葉喬三, 竹村薫, 林克俊. 日本庭園の庭石の分布特性に関する研究[J]. 岡山大農学部, 1984(64): 15-24.
[9] 杨秀娟, 李树华. 日式庭园用石形态的变迁及受中国文化影响之探析[J]. 中国园林, 2011, 27(3): 86-89.
[10] 赵玉萍. 日本古典园林的石景及其美学意义研究[D]. 北京: 人民大学, 2011.
[11] 严妮. 宋元时期中日禅僧交流对日本中世庭园文化的影响[D]. 北京: 北京林业大学, 2020.
[12] 冈仓天心. 理想之书 尤其是有关日本艺术的理想[M]. 成都: 四川文艺出版社, 2017.
[13] 真木利江, 柴惟史. 山水画の構成手法と池泉鑑賞式庭園の景観構成に関する研究[J]. ランドスケープ研究, 2013, 76(5): 405-410.

作者简介

胡杨，2001年生，女，汉族，湖北黄冈人，华中农业大学园艺林学学院风景园林系硕士在读，研究方向为风景园林历史与理论、山水美学。电子邮箱：hy20154863@163.com。

周保轩，1998年生，女，回族，河北沧州人，华中农业大学园艺林学学院风景园林系硕士在读，研究方向为风景园林历史与理论、山水美学。电子邮箱：zyx537633@163.com。

阴帅可，1977年生，男，汉族，河北丰润人，博士，华中农业大学园艺林学学院风景园林系，农业农村部华中地区都市农业重点实验室，副教授，研究方向为风景园林历史与理论。电子邮箱：Yly@mail.hzau.edu.cn。

杜雁，1972年生，女，汉族，湖北长阳人，博士，美国华盛顿大学（西雅图）访问学者，华中农业大学园艺林学学院风景园林系副教授，山水风景传承与保护团队负责人，研究方向为风景园林历史与理论。电子邮箱：yuanscape@mail.hzau.edu.cn。

（通信作者）秦仁强，1971年生，男，汉族，硕士，河南信阳人，华中农业大学园艺林学学院风景园林系，副教授、硕士生导师，研究方向为风景园林历史与理论、山水美学。电子邮箱：180566881@qq.com。

清代方志舆图中营城思想与山水空间格局制图表达研究
——以少林寺为例[①]

A Study on the Cartographic Expression of Urban Construction and Landscape Spatial Pattern in Traditional Chinese Maps of Qing Dynasty
—Taking Shaolin Temple as an Example

陈雁秋　袁槿沫　阴帅可　杜　雁　秦仁强＊

摘　要：中国传统舆图是古人对自然世界及人文空间的图像化表达，是对客观世界的主观呈现，蕴含着古人天人合一的思想和朴素的世界观。本文从舆图的宏观—中观—微观3种尺度入手，分别在国土空间—区域景观—风景名胜的视角下对照研究山水舆图中的图像信息，探索山水格局并了解其体现的思想内涵。本研究以五岳文化体系中的嵩岳少林寺为例，选取并分类界定出清代方志中的城域尺度、寺域尺度和寺院尺度舆图，通过多尺度全面解析了古代舆图空间与国土空间的吻合度，多视角总结了古代舆图制图方法与自然人文世界的关联性表达，以期从传统风景资源认知的表达方法上，结合嵩山风景名胜区的建设现状，拓宽风景园林历史文化理论与自然风景资源规划设计的研究方法。

关键词：方志舆图；少林寺；嵩山；空间格局

Abstract: Traditional Chinese map is the ancient people's pictorial expression of the natural world and human space, reflecting the ancient people's world view of nature. In this paper, we start from three scales: macro, meso and micro, and study the image information in landscape maps from the perspectives of national landscape, regional landscape and scenic landscape, in order to explore the landscape pattern and understand the ideological connotation of its embodiment. Taking Shaolin Temple in the the five Mountains cultural system as an example, the paper selects and classifies the maps of the Qing Dynasty's local Chronicles in terms of city scale, temple scale and architecture scale, and comprehensively analyzes the compatibility between the ancient map space and the territorial space through multi-scale; and summarizes the correlation between the ancient mapping method of public opinion maps and the world of nature and humanities from multiple perspectives. In order to expand the research method of historical and cultural theory of landscape architecture and natural landscape resources planning and design from the expression method of traditional landscape resources cognition, combined with the construction status quo of modern Song Mountain Scenic Spot.

Keyword: Traditional Chinese map; Shaolin Temple; Song Mountain; Spatial pattern

1 研究背景

舆图又叫舆地图，"舆"字意为承载物体的车的底座，"地图"承载着山川、城镇、风物等地理信息，由此得名"舆图"。方志舆图是由古人绘制，涵盖地区地理、风俗、名胜、古迹等内容的一种具有独特的表达方式的地图[1]。它们真实记录了丰富的历史信息，一定程度上揭示了古人的思想观念和空间认知[2]。舆图具有象形化、艺术性强的特点[3]，并包含着绘图者的主观倾向，更容易表达出所画空间的特征和内涵[4]。

中国得天独厚的环境资源滋养了中国人"天人合一"的生存观念，也使得中国的风景园林具有自然和人工结合的特点[5]。佛教传入中国后，寺院营建逐渐兴盛，多选址在风景优美的山水之间，体现着中华民族的传统文化与营建智慧[6]。嵩山少林寺在山地寺院园林中具有代表性。现存地方志中附有众多与之相关的舆图，舆图从不同尺度描绘少林寺与周边山水环境之间的关系。目前针对少林寺的研究多集中在宗教、旅游领域，大多研究都是从纯文本或地图制图角度出发，忽略了对传统舆图中"有主观意识的绘图"的解读[7]。针对舆图制图方法的解析有助于全面理解古人对山水环境格局的认知、风景资源的相互关系以及名胜古迹规划设计。通过解读嵩岳少林寺这一案例，能够加深对少林寺格局的认识，为少林寺和嵩山风景区保护和发展提供有益的参考。

2 研究对象和方法

嵩山风景名胜区包括太室山和少室山（图1），地处河南省登封市，是黄河文明的中心地带，具有秀丽的自然风光和繁多的人文景观。嵩山也是中国佛教禅宗的发源地，少林寺位于其中的少林寺景区，是北魏太和二十年（496年）孝文帝为招待天竺僧人佛陀而建，因位于少室山密林之中而得名少林。少林寺作为我国佛教圣地，有"禅宗祖庭"之称。自1982年电影《少林寺》放映起，少

[①] 基金项目：2020年华中农业大学自主科技创新基金资助（编号：2662020YLPY025）。

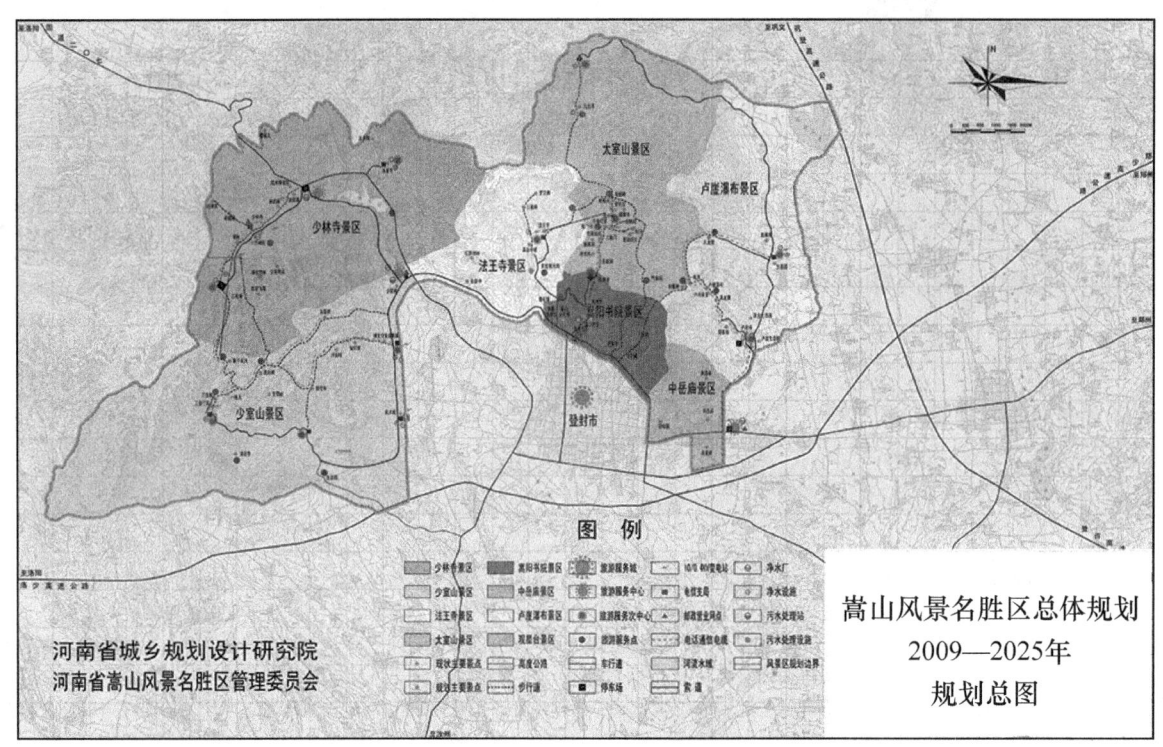

图1　2009年嵩山风景名胜区规划总图（图片来源：登封市人民政府）

林寺逐渐形成了特色旅游文化，成为中外游客的旅游胜地[8]。

少林寺建筑群在历朝历代都有修整和改建，直到清代乾隆时期才基本奠定了现在的格局[9]。按照时间将清代方志中少林寺相关舆图分类整理（表1），并按照3种空间尺度，构建其空间结构和与周边环境的水山格局。由于绘图者的主观地理认知，图面内容与现状存在不吻合，研究分析了其表达差异的原因并进行校正，从而揭示舆图中的传统地理思想，并总结了方志舆图的绘制方法特点，为后续研究提供参考。

嵩山少林寺相关舆图一览表　　表1

内容	尺度	出处	作者	成图时间（年）
《府属十境全图》	城域	《河南府志》	施诚、童钰	1779
《河南府河图》	城域	《河南府河图》	—	1734—1779
《登封县河图》	城域	《河南府河图》	—	1734—1779
《嵩山总图》	城域	《嵩山志》	焦钦宠	1676
《嵩岳全图》	城域	《河南府志》	施诚、童钰	1779
《少林寺图》	寺域	《嵩山志》	焦钦宠	1676
《少林寺图》	寺域	《少林寺志》	焦钦宠	1748
《少林寺图》	寺域	《登封县志》	洪亮吉	1787
《寺院全图》	寺院	《少林寺志》	焦钦宠	1748

3　城域尺度下的舆图解读

从宏观角度分析清朝时期城域尺度舆图（表2），研究古人对山、水、城市空间格局的理解，探究其营城思想与山水资源之间的联系。同时可以解析出舆图制图中的方法与资源权重分布规律，进而全面理解山水空间布局和文化内涵。

城域尺度舆图一览表（作者自绘）　　　　　　　　　　　表2

图号	舆图	出处	成图时间（年）	内容
《府属十境全图》		《河南府志》，施诚、童钰	1779	河南各县及周边山水关系
《河南府河图》		《河南府河图》	1734—1779	河南各县周边水文及山川分布
《登封县河图》		《河南府河图》	1734—1779	登封县周边水文及山川分布
图号	舆图	出处	成图时间（年）	内容

续表

图号	舆图	出处	成图时间（年）	内容
《嵩山总图》	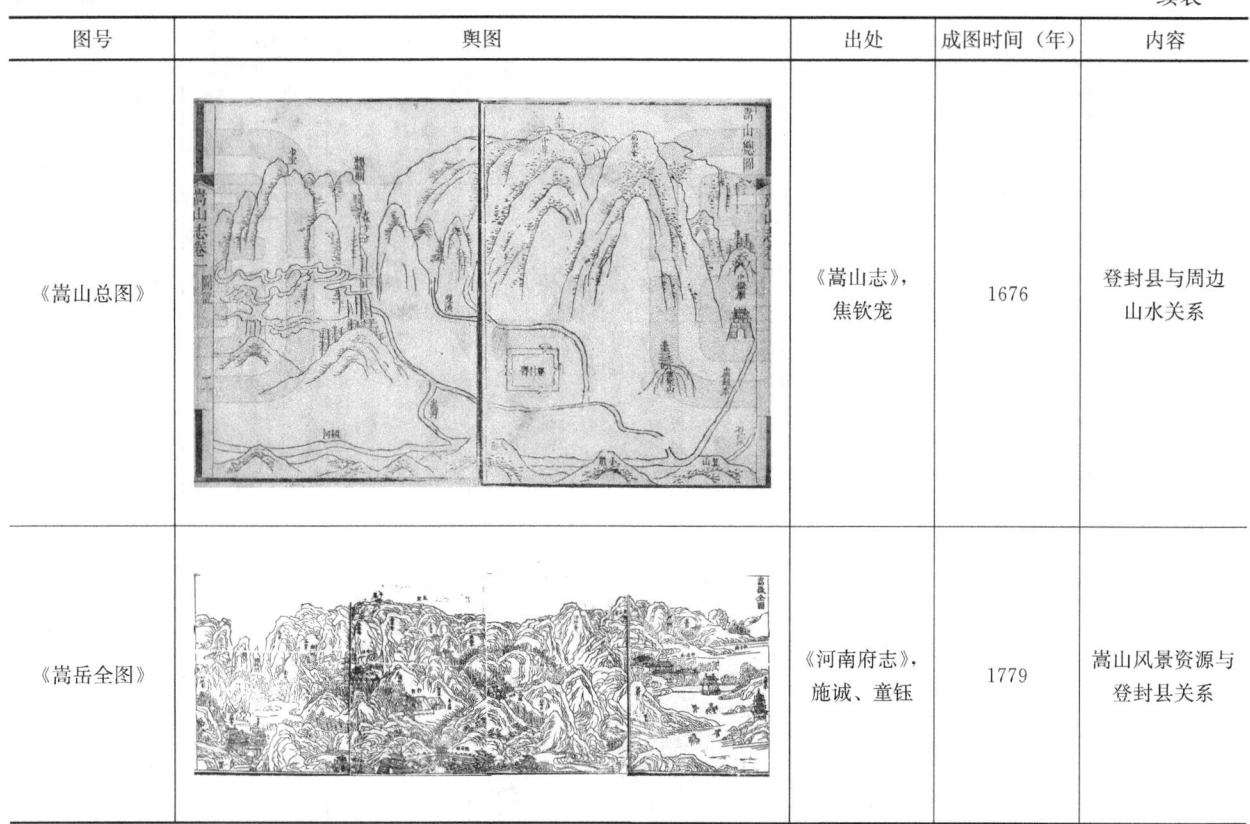	《嵩山志》，焦钦宠	1676	登封县与周边山水关系
《嵩岳全图》		《河南府志》，施诚、童钰	1779	嵩山风景资源与登封县关系

表2中，《府属十境全图》从河南省的角度绘制了各县及周边山水关系；《河南府河图》为上南下北布局，从水文角度表现河南省自然资源与城池分布；《登封县河图》缩小绘图范围，绘制了登封县周边水文及山川分布。《嵩山总图》《嵩岳全图》则主要绘制登封县周边山水格局。《嵩山总图》采用平面结合立面画法，图面上部以山水画形式刻画嵩山，左侧的少室山高耸，右侧的太室山稳健，少林寺、中岳庙分别标注在两山中。中部采用平面形式刻画城市与水系，底部则刻画箕山、大小熊山等山系。《嵩岳全图》采用三远法①刻画嵩山山体，范围从左起少林寺至右边中岳庙。人工建筑散布在山中，近处密度较大的4个点分别为：少林寺、法王寺、嵩阳观、中岳庙，远处则是万岁峰和卢岩，图面中下部绘有登封县城。

舆图具有独特的空间方位视觉：源于古人独特的空间认知，舆图中往往存在多重方位视角，并根据制图需要灵活组合平立面，法无定式。

3.1 山水营城思想的体现

表2中《府属十境全图》《嵩山总图》《嵩岳全图》均表现了山、水、城之间的布局关系。古人的山水营城思想源于堪舆风水学。山水与城池的对应关系展现了登封县城的传统堪舆格局：图中登封城位于图面中心龙穴，周边山水城组合呈现负阴抱阳的最佳城池布局（图2）。方志舆图的主要服务对象是当地统治者，在所有表现县境方位的舆图中，政治中心均位于中部，其余地理要素围绕它排布，体现着"四至八到"的中心政治内涵[10]。

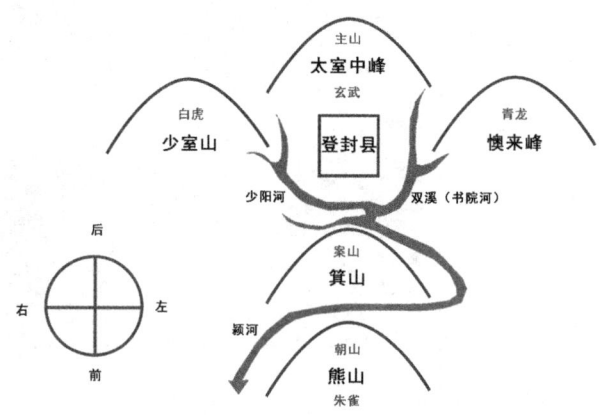

图2 舆图中体现的山水营城布局

3.2 制图要素的主观排布

由要素布局可分析表2中《嵩岳全图》视角为西南向东北，图中的地理要素也进行了主观增减排布；在《嵩岳全图》中，少室山南部山体陡峭缺少人工建筑，而登封县城作为当地的政治中心，在绘图者的意识中占据重要地位[11]。为了使主要的建筑集群在图中的分布更加美观合宜，绘图者对图面要素进行了主观的视角选择和要素增减处理，形成了以县城为中心，周边人工建筑分布合宜的环绕式长卷。正如《芥舟学画编》所写："密不嫌迫塞，疏不嫌空松。增之不得，减之不能，如天成，如铸就，方合古人布局之法。"揭示了绘图者对经营位置的深入考量[12]。

---

① 郭熙《林泉高致》：自山下而仰山巅谓之高远；自山前而窥山后谓之深远；自近山而望远山谓之平远。

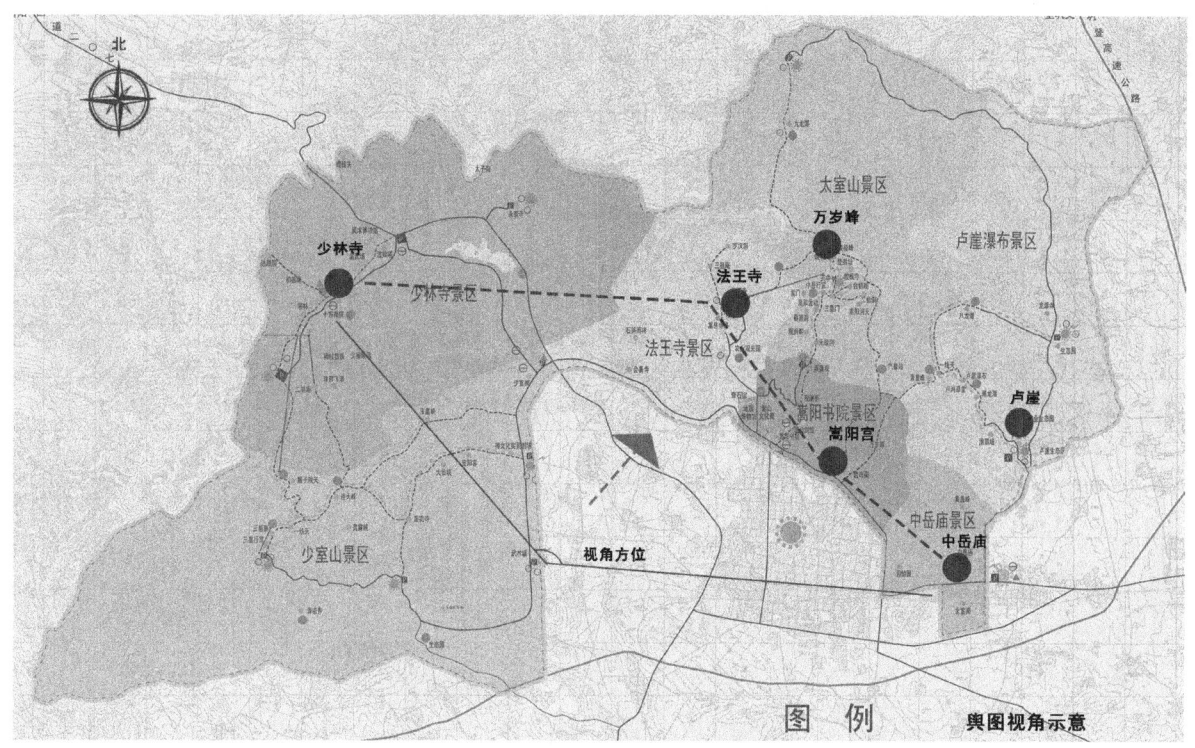

图3 绘图视角示意图（图片来源：作者改绘自2009年嵩山风景名胜区规划图）

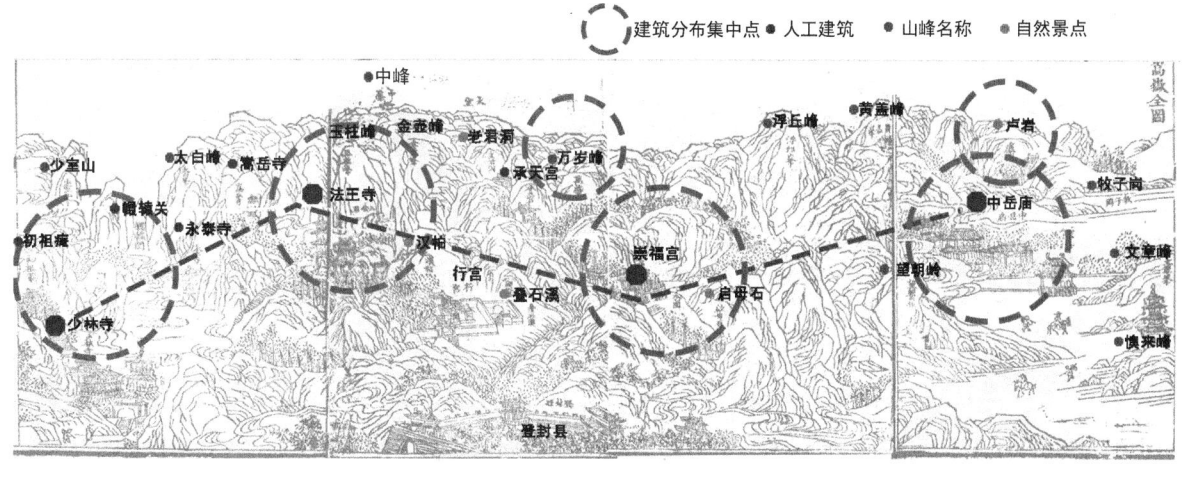

图4 舆图中的建筑分布集中点（图片来源：作者改绘自《河南府志》）

表2《河南府河图》中也运用了山水画的"散点透视法"：图中少林寺、行宫、中岳庙建筑在现实中均为南北朝向，却被多角度地绘制，目的在于展现最佳观看视角[11]（图3）。古人并非被动地服从自然，而是在与其相互依存的同时，根据自己的意图改变着自然，展示着"天地纳于心"的哲学思想。

3.3 舆图空间与现实空间的吻合度

舆图中的6个建筑分布集中点恰好与风景名胜区规划中的6个景区一一对应（图4），表明这6个景区在清代建设就较为完备。而少室山景区并未画入图中，说明当时该地尚缺人工营建，后人增建的部分较多。两图的相似性体现了舆图的准确性，也意味着古人和今人在一定程度上思想吻合。

不吻合之处则在于地图制图中地理要素完全按照现实刻画。在舆图方位经营上，绘图者更注重堪舆空间上的对应，而非精确表示地理要素的相互方位，图中的山水轴线被刻意摆正，与现实情况存在出入（图5、图6），体现了传统地理空间体系的风水思想。

在城域尺度上，嵩山地区的整体格局以登封县城为中心，周围环护着少室山、太室山和箕山，形成了"天地之中"的风水格局[13]。此格局延续至今天的嵩山风景名胜区。少林寺位于白虎位的少室山南麓，与其他建筑一起以县城为中心，呈现出分散有序的布局。虽然距离政治中心不远，但地处群山茂密之中，选址既满足了寺院的香火需求，也为僧人提供了清静的修行环境。

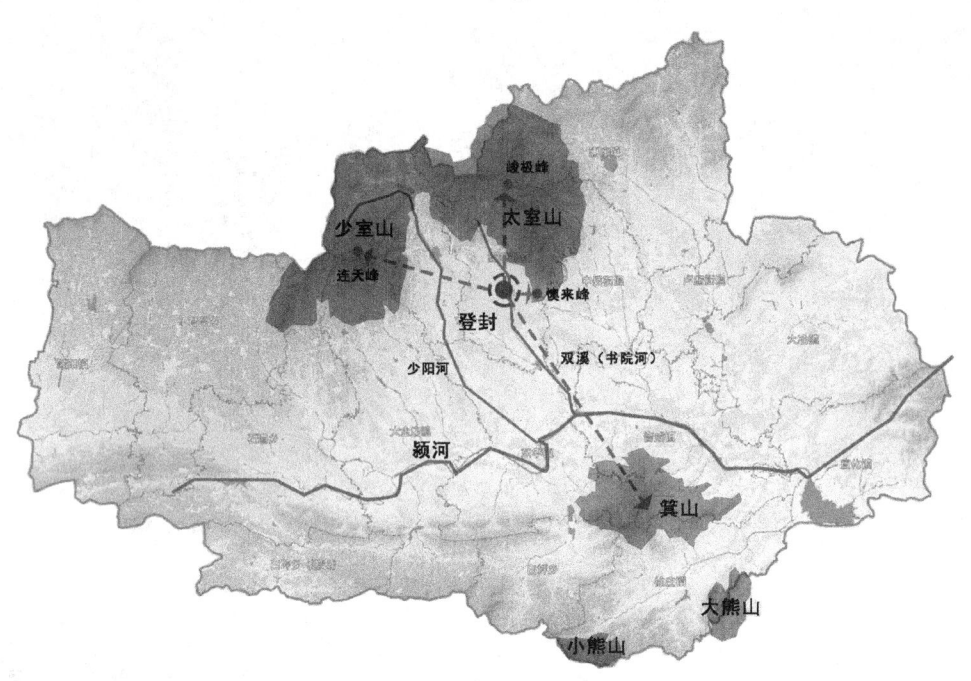

图 5 现实中的山水城方位

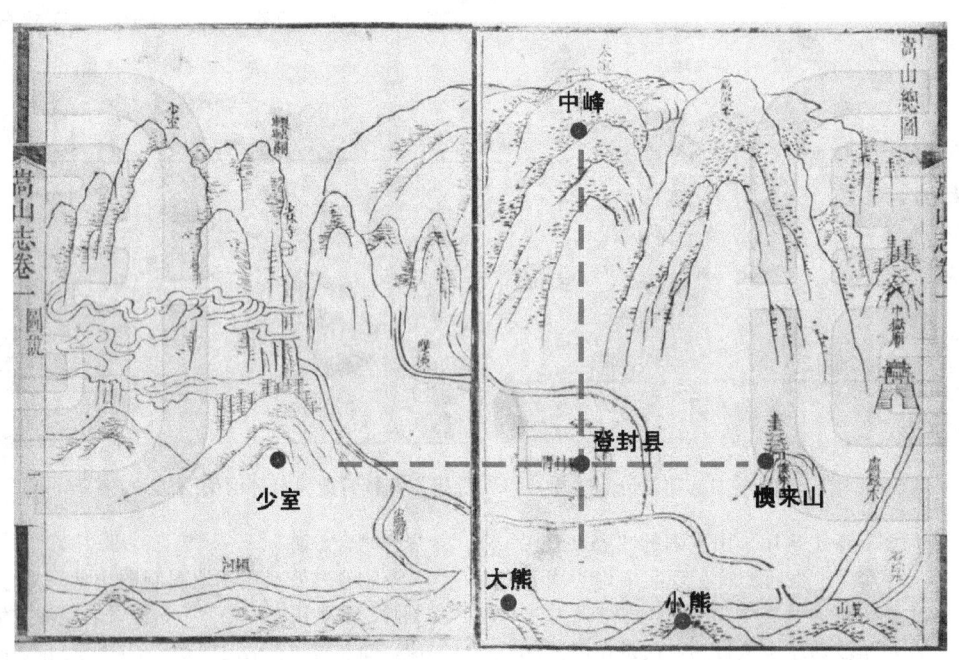

图 6 舆图中的山水城方位（图片来源：改绘自《嵩山志》）

4 寺域尺度下的舆图解读

受到技术水平的限制，城域尺度下的舆图精确程度较低，而在寺域尺度下各地理要素能有更加精确的表现。本节分析了方志中仅有的 3 张寺域尺度舆图中少林寺周边自然环境的空间格局（表 3），并探讨了舆图史料的可信性。

表 3 中图 a 和图 b 画面内容相似，画面上部画远景，左边御砦、钵盂峰屏立，右边五乳峰开展如鸟翼，山中有初祖庵、二祖庵两座庵。下部画近景，从左到右依次为南园、少溪河、少林寺。两图中题记为："寺以山重，图山则两庵，亦附寺显选胜，东来全景在目。"表 3 中 c 图在中心刻画少林寺建筑，图左山峰下标有达摩洞。

舆图是理性与感性的融合：由文人绘制，在总体概念上是客观的，在具体表现上则包含主观因素，凝练传统山水画理，实现艺术与科学的结合。

少林寺图一览表　　　　　　　　　　　　　　　　　　　　　　　　　　　　表 3

序号	少林寺图	视角	来源	时间（年）
a		东透视图	《嵩山志》，焦钦宠	1676
b		东透视图	《少林寺志》，焦钦宠	1748
c		西透视图	《登封县志》，洪亮吉	1787

4.1 地理要素的准确性

表3中图a和图b中的文字解释了绘图者的作图思路，与画面结合可以理解到：此图是从东视角绘制的少林寺全景图，画面右边少林寺被重山和树林包围，较大的建筑显露出来，初祖庵、二祖庵属于少林寺的下属寺院，被标清了位置。图c则是从西侧视角绘制，标记了下属寺院达摩洞的方位。

表3中图a绘于康熙年间，图b和图c绘于乾隆年间。三者绘制间隔的时间内，雍正进行了一次大的寺院整改，增建了山门和院墙（表4），因此表3图b中出现了山门和旌旗，图c中出现了院墙。三图共同展现了一幅山水寺相融的场景，近处五乳峰深远，远处御砦平远，体现了三远法的绘图审美。丛林中可见毗卢殿和大雄殿，二者和山门呈现轴线关系，轴线两侧有钟鼓楼。舆图中的地理要素绘制详略得当，具有一定的精确性，在当时知识水平下能够满足实用要求。

清代少林寺营建时间表　　表4

年代	类型	事件
清康熙二十三年（1684年）	新建	修慈云庵
清雍正十三年（1735年）	改建	大规模整修少林寺，拆僧院、建院墙、山门
清乾隆十年（1745年）	重修	重修寺内大雄殿
清乾隆三十八年（1773年）	重修	重修寺内毗卢阁
清道光七年（1827年）	重修	重修寺内钟鼓楼、御座房和御碑亭
清道光二十七年（1848年）	重修	重修寺前少阳桥

4.2 方位经营的准确性

由表4可知，自清雍正后少林寺没有大的格局改建[14]，因此可以结合东西视角的表3中的图b和图c，复原出舆图中的清代少林寺空间位置示意图。

对比规划地图可以发现图中刻画存在勘误，绘图者为了表现山包围寺的空间布局，改变了五乳峰在图中的方位（图7、图8）。三远法绘制的舆图由于图幅限制、主观美化等，会产生方位的偏移错位。

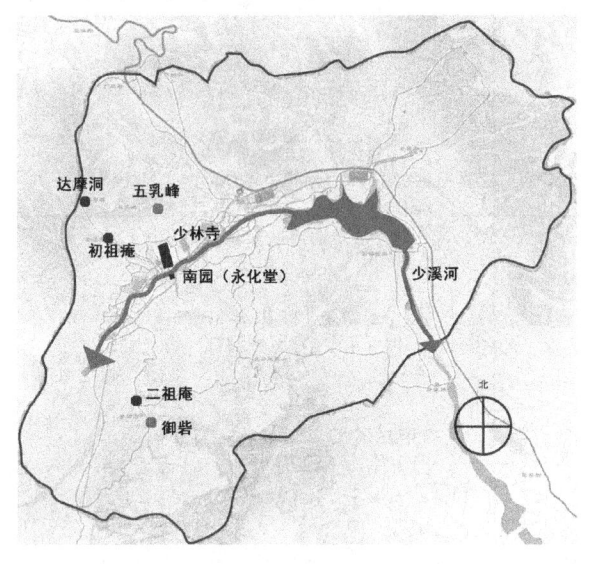

图7　少林寺周边空间格局图
（图片来源：改绘自嵩山少林景区规划文本）

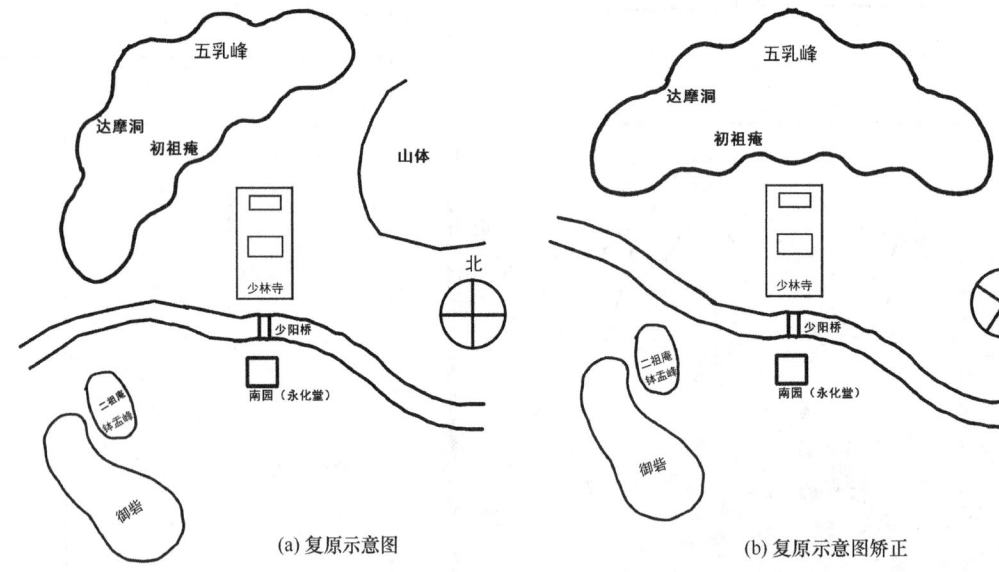

(a) 复原示意图　　　(b) 复原示意图矫正

图8　少林寺图中的空间格局复原及矫正

在寺域尺度上，少林寺周边环境同样属于背山面水、抱阴负阳的风水布局，背靠五乳峰，面朝少溪河，下属建筑分散在山麓间相互对望。深山谷地的幽境不仅具有丰富的景观层次，也反映了汉传佛教寺院"契理契机"的思想。可以看出，古代方志舆图在表现精确位置时准确性较低，一方面是由于地理技术的限制，另一方面，舆图的用途是为地方长官了解当地地物，文人绘制舆图时更注重其政治性和可读性，较少考虑精确性。

5 寺院尺度下的舆图解读

前文解析了方志舆图的非精确性及其原因，此后则在寺院尺度上对少林寺舆图进行分析，解读图中建筑的空间结构和反映的社会背景。

5.1 舆图反映的社会信息

图中主要殿堂按照禅宗寺院的布局形式呈南北纵轴线排列（图9），由南至北依次是山门、天王殿、大雄宝殿、法堂、方丈室、达摩亭和毗卢阁[15]。中轴上的建筑刻画得最细致，中部的大雄宝殿最大，其次是毗卢阁，与前文舆图中的等级次序一致。两侧的僧院、厨房等附属建筑随中轴线左右对称，绘制简单，体量较小。整体布局呈现出规则有序的韵律感，模式与古代宫廷类似。与实景俯视图对比，舆图中的寺院长宽比例失真，建筑排布的大小比例、繁简差异比现实的建筑布局更加明显，一定程度上反映了当时社会的等级制度、封建礼制思想和禅宗佛教的中国化情况。

舆图中融入了社会因素：图中要素的比例和构图并非完全依现实，而是绘图者的精心安排。舆图的用途、尺度、等级不同，山水人文资源的权重分配也不同，反映着社会风物特色和统治者的政治意图。

5.2 独特空间观念的体现

地图制图要求视角统一，而舆图中不仅采用平立面结合的形式，立面朝向也各不相同，中轴建筑一致由南向北，强化秩序等级，其余建筑根据绘图视点分别朝向东、西两侧（图9），这种确定地图方位的方法来源于传统山水画理：天下之图本无上下，而自人观之，面北者，北为上，面南者，南为上，东、西类同[16]。

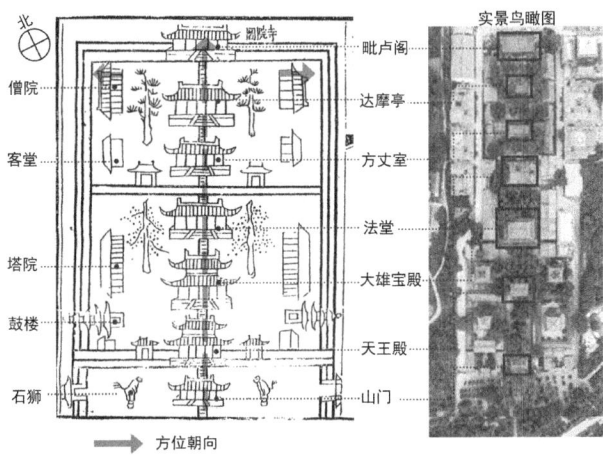

图9 寺院全图（图片来源：改绘自《少林寺志》）与实景对比图

6 结语

古代舆图的绘制是依据现实世界的实践探索过程中的理论与方法的抽象与具象表达，在不同时期、分类、尺度、内容、方位上存在主客观的权重差异。作为黄河流域中原文明的核心区，嵩岳山水景观地貌丰富，人文理念与自然空间有机布局，风景体系与营城格局密切关联。少林寺山水舆图作为风景感知尺度的风景资源与其他周边同尺度景观继承了舆图制图中的各种制图问题，自成体系，与宏观山水营城思想一致。在理微层面，舆图表达遵从空间格局与内容信息准确性表达，二维语言在特征与位置关系上具有典型性。

参考文献

[1] 高文娟. 宋代以前的方志舆图述略[J]. 图书情报工作, 2011, 55(19): 142-147.
[2] 安敏, 张春玲. 中国古代地图的数学基础与地理空间维度认知[J]. 测绘科学技术学报, 2007(S1): 32-34.
[3] 吴寒. 世俗与神圣之间: 国图藏佛教名山舆图的时空构建与人文意蕴[J]. 文献, 2020(3): 180-191.
[4] 陈忆湄, 郭巍. 中国传统舆图的制图学研究[J]. 风景园林, 2022, 29(6): 128-134.
[5] 刘滨谊. 寻找中国的风景园林[J]. 中国园林, 2014, 30(5): 23-27.
[6] 孔啸. 终南山北麓佛寺地景空间格局调查分析研究[D]. 西安: 西安建筑科技大学, 2018.
[7] 达婷. 明清南昌城历史景观组织研究[J]. 中国园林, 2017, 33(4): 120-124.
[8] 王恒蕊. 从《少林寺志》视角探寻嵩山少林品牌的创意开发[J]. 汉字文化, 2018(10): 51-53.
[9] 江权. 山岳型风景区中寺院文化环境的保护与利用研究[D]. 北京: 清华大学, 2004.
[10] 高瑞艳. 以图示古: 解读中国古代方志地图——以洪武《平阳志》地图为例[J]. 中国地方志, 2022(2): 57-72, 126.
[11] 黄炯炯. 唐代嵩山寺院研究[D]. 郑州大学, 2016.
[12] 曹生龙. 中国画散点透视法与塞尚的多点透视法[J]. 艺术工作, 2017(1): 18-19.
[13] 李光明. 登封中岳庙选址理念解析[J]. 古建园林技术, 2009(2): 27-30.
[14] 赵长贵. 试论嵩山少林寺与清政府关系之演变[J]. 世界宗教研究, 2011(6): 33-41.
[15] 谢岩磊. 山地汉传佛教寺院规划布局与空间组织研究[D]. 重庆: 重庆大学, 2012.
[16] 阙维民. 中国古代志书地图绘制准则初探[J]. 自然科学史研究, 1996(4): 334-342.

作者简介

陈雁秋，2000年生，女，汉族，河南洛阳人，华中农业大学园艺林学学院风景园林学硕士在读，研究方向为风景园林历史与理论。电子邮箱：yanqiuchen7@qq.com。

袁槿沫，1998年生，女，汉族，湖北宜昌人，华中农业大学园艺林学学院风景园林学硕士在读，研究方向为风景园林历史与理论。邮箱1102135174@qq.com。

阴帅可，1977年生，男，汉族，河北丰润人，博士，华中农业大学园艺林学学院风景园林系，农业农村部华中地区都市农业重点实验室，副教授，研究方向为风景园林历史与理论。电子邮箱：Yly@mail.hzau.edu.cn。

杜雁，1972年生，女，汉族，湖北长阳人，博士，美国华盛顿大学（西雅图）访问学者，华中农业大学园艺林学学院风景园林系副教授，山水风景传承与保护团队负责人，研究方向为风景园林历史与理论。电子邮箱：yuanscape@mail.hzau.edu.cn。

（通信作者）秦仁强，1971年生，男，汉族，河南信阳人，硕士，华中农业大学园艺林学学院风景园林系，副教授，硕士生导师，研究方向为风景园林历史与理论、山水美学。电子邮箱：180566881@qq.com。

风景园林学科建设

以创新训练元素激发学生兴趣潜能的景观设计课内外结合教学方式研究与实践①

Research and Practice on Combinative Teaching Methods of Inside and Outside the Landscape Design Class with Innovative Training Elements to Stimulate Students' Interest Potentials

任欣欣 刘 湃 王梓涵

摘 要：面向新时代高质量环境需求对人居环境设计人才培养的新指向，通过景观设计课程的教学实践，以设计任务为基础引入激活传统文化特色、关注人本需求、营造环境特质为兴趣元素的并行版块，形成学生兴趣分类、基础理论、知识扩展、方案研讨、技术应用、艺术表达、研究型设计训练等教学过程；建立激发学生学习兴趣和潜能的景观设计课内外教学方法及实施路径，解决时代性、创新性、通专结合等多元需求下提高学生培养质量的关键教学发展问题。该教学方式基于各专业教师教学过程中的固有环节，如创新训练项目和专业课程等，具有较强的实用性和有效性，可在相关设计课程教学实施及教改中应用推广，以激发不同学生的学习兴趣和潜能，为教师发展提供课内外结合的教学方式提供参考。

关键词：研究型；人居环境；景观设计；创新训练；教学

Abstract: Facing the new orientation of human settlement environment design talent training due to the demand of high-quality environment in the new era, through the teaching practice of landscape design course, we introduce parallel modules including traditional cultural characteristics, humanistic needs, and environmental characteristics as interest elements on the basis of previous design tasks. Form the teaching process of students' interest classification, basic theory, knowledge expansion, program discussion, technology application, artistic expression, research-oriented design training, etc., teaching methods and implementation paths that inside and outside the landscape design class with innovative training elements to stimulate students' interest potentials were established, in which key teaching development problems of improving students' training quality under the multiple needs of new times, innovation, general and specialized knowledge combination. This teaching method is based on the inherent links in the teaching process of various majors, such as innovative training projects and professional courses, and has strong practicability and effectiveness. It can be applied and promoted in the teaching implementation of relevant design courses and teaching reform, so as to stimulate the learning interest and potential of different students, and provide references for teachers' development of teaching methods combining both inside and outside class.

Keywords: Research-oriented; Human Settlement; Landscape Design; Innovation Training; Teaching

引言

近十几年，我国经历了高速发展时期，城市建设发生翻天覆地的变化，其变化不仅反映在速度、高度、广度等"量"的方面，也表现出多样性和复杂性。伴随我国城市新型城镇化的战略转型，国内环境建设大多开始从规模化建成环境生产转向内涵式、精细化等"质"的空间营造。然而，对比城市环境突如其来的变化速度与发展情势，过去三十余年的设计课程教育与研究进展较缓。尽管如此，随着新时代全国高等学校本科教育工作的加强，在双创实践教学体系的构建下，教学方式还是扩展了不少有益尝试，如在创新训练项目设置上注重创新精神与基本技能的融合，在教学方法和指导手段上通过参与式、体验式、研究型教学提高学生学习兴趣，加强设计师、技术人员与学生的交流互动[1-3]，引入实际设计项目、科研项目、开放式、多途径的活动课程平台等促使学生跟进设计实施、科研探索、社会调研等[4-6]。但在传统课程内容上，如何探索新型城市化进程中人居环境高质量发展的多元影响因素，做好设计思维的转换和空间表达的衔接仍在探讨之中，毕竟我国现行相关人才培养主要是服务增量规划建设，相对的教学模式也较为粗放，应对存量时代质量提升的多元化教学路径还较为缺乏。

景观设计课程作为建筑类院校的一门重要的主干课程，是一门对自然及建成环境的分析、规划、设计、管理和维护等的综合学科。由于景观设计以风景园林学科知识为基础，具有多学科交叉、跨界、协同的特性，以环境背景轴、使用者活动轴、规划建设轴为发展坐标体系[7]，它比其他单一学科在对环境的理解与塑造方面有更多的优势（图1），能够整合不同的学术视角与职业实践，在

---

① 基金项目：大连理工大学教师教学发展专项教学改革基金项目"以创新训练元素激发学生兴趣潜能的景观设计课内外结合教学方式研究与实践"（编号：ZX2022002）。

造福人类、实现持续发展、塑造优质环境中发挥举足轻重的作用。因此，近年来与景观设计相关的多视角创新训练项目在建筑类院校的开展和有效实施也伴随当今城市环境发展和人才培养趋势呈现更加多样化的视角，促使教师课内外教学的多元化发展。尽管国内外对于景观设计的领域及其潜力仍在不断认知的过程中，但从其基础学科具有科学、人文、形式、人类、应用、社会学科群的结合体特性，我国新型城镇化环境变化的多样性，以及人们对人居环境越来越高的需求来看，景观设计课程相关的创新训练项目更有可能与新时期城市建设存量时代城市环境问题和质量提升导向进行多方位的动态融合，其创新训练项目的相关视角和内容元素能够补充传统景观设计课程的教学内容，激发更多学生对建筑类传统课程学习的兴趣和课下探索的潜能，从而作为传统景观设计课程内容的有益补充，加强课内外的联动、知识交互促进，形成新型的以学生为中心的可持续教学方式。

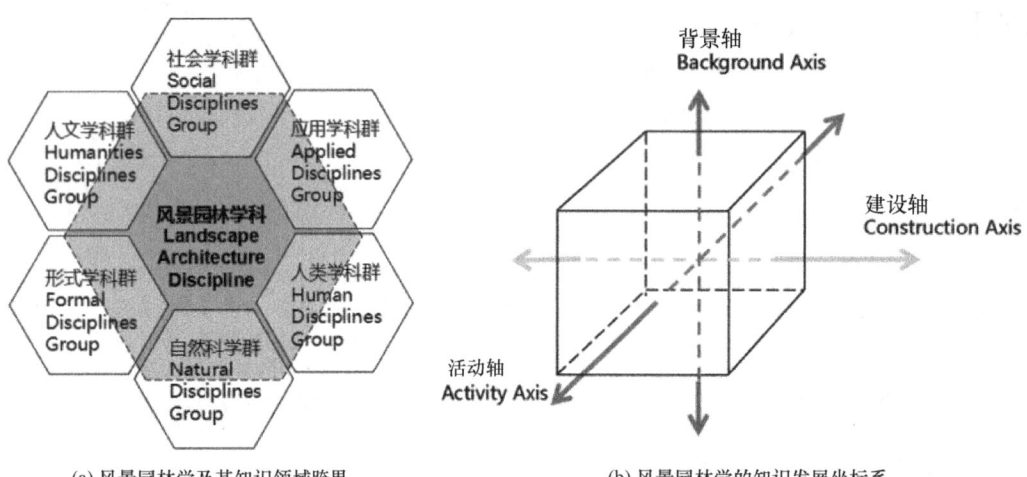

(a) 风景园林学及其知识领域跨界　　　　(b) 风景园林学的知识发展坐标系

图 1　景观设计课程的基础学科及其知识交叉协同特性[7]

1　大学生创新训练元素与景观设计课程结合的课内外教学建设思路

1.1　国内外高校景观设计相关教学和大学生创新训练项目实践现状

大学生创新训练项目是创新创业训练计划三大项目之一，是我国适应经济社会和国家发展战略需要而产生的一种教学理念与模式，旨在促进高校转变教育思想观念，改革人才培养模式，强化创新能力训练，培养适应创新型国家建设需要的创新人才。景观设计相关的大学生创新训练项目实践是由新时代人居环境建设与更新导向、景观设计学科发展现状、人才培养需求、教学科研互动、学生课外探索意愿和求知兴趣使然等因素共同决定的。对于景观设计的课内教学，针对国内外教学现状的探讨由来已久，国内外学者均认为景观可协调人与自然的关系，对于土地和一切人类的户外活动进行科学研究和规划设计，其核心是工学、生命科学与文化艺术三位一体，在课程设置上是工程、规划、设计、艺术与人文、社会学并重。

当前，国内已普遍意识到景观设计的特点在于其综合性非常强，而目前国内各高校景观设计课程与实践则长期重设计、轻问题，技术性强而科学性弱，缺乏对学科内涵、外延的探究，致使景观设计学生以至从业人员利用其他领域的知识与成果能力薄弱，对于复杂环境问题的剖析训练较为欠缺。同时，亟须与国情时代同步，适应社会需要：善于包容，善于吸收新观点、新理念，拓展学科范围和内涵。显然，这些有关景观设计内涵与外延的知识获取和相应能力的提高，通常需要学生在传统设计课程之外通过多种方式自学获得，而有效的创新训练项目能够成为有意愿得到课外指导，期待在某方面探索、实践、提高的学生们完善其专业能力，并进一步发展自身创新潜力的"土壤"和"助推剂"。一段时间的大学生创新训练项目实践效果反馈又能够给传统的景观设计课程内容设置提供可以激发学生更广泛学习兴趣潜能的教学元素和教学方法，促使教师教学与时俱进、优化发展。

与国外相比，现代意义上的景观设计及其教育在国内只有近几十年的发展历程，正处于初级发展阶段，学科专业体系与行业环境尚不完善，其专业教育、设计实践及理论研究还不够成熟。目前，景观设计课程在建筑类、农林类、艺术类院校以及地理学院系中均有各自的特点，相对来看，其在建筑类院校的发展取得的成绩较大。但对比于更广泛的其他学科中模式化发展较快的大学生创新训练项目设置，景观设计相关的创新训练项目尚未形成标准化的教学体系，也由于缺乏将课内传统景观设计课程与课外创新训练项目结合的教学方式研究，导致近年来景观设计相关创新训练项目的量变对院校相关学科建设和人才培养的贡献不大，影响了创新训练项目在补充传统设计课程中有益作用的发挥，尤其是使得景观设计相关创新训练项目在激发学生潜力与发展创新能力上未体现出明显优势，在教学相长上未能起到渗透和衔接作用。

1.2　景观设计课程与创新训练元素结合的教学设计

大学生创新训练项目是大学生创新创业训练计划的三大项目之一，由本科生团队在导师的指导下自主完成创新性项目设计、条件准备和项目实施、研究报告撰写、成果交流等工作。创新训练项目的研究课题比较灵活，可由学生提出，也可由学生和导师共同拟定，或由导师提出，学生选择。研究内容围绕经济社会发展热点、学习兴趣与课程知识点延伸、校内优势平台项目等多个层面，鼓励跨学科的联合命题。大连理工大学是"国家大学生创新性实验计划"大学，其中，建筑与艺术学院的3个传统专业，即建筑学、城乡规划学、环境设计专业，具有与风景园林学交叉的知识体系，在开展融合自然科学与人文艺术的大学生创新训练项目方面具有优势。因此，以建筑学、城乡规划学、环境设计专业为参照，首先，搜集近五年的大学生创新训练项目内容，依据学生参与完成情况、项目内容的普遍性、近年来的增长趋势，归纳总结出三方面内容主题，引入激发学生学习兴趣和潜能的景观设计课内外结合教学版块；其次，根据景观设计教学任务书，由内容主题引申出激活传统文化特色、关注人本需求、营造环境特质的三大创新训练兴趣元素，通过以各元素为兴趣触媒点的相关理论课程知识内容的课内教学注入，建立激发学生兴趣与潜能的景观设计课内教学内容、扩展研究型课外创新训练项目等教学内容体系；再次，通过教学效果反馈，进一步凝练和优化教学方法和手段，在课程教学思路、教学方法、教学实践上建立以学生为中心、激发学生兴趣与潜能的课内外结合的景观设计教学方式，如图2所示。

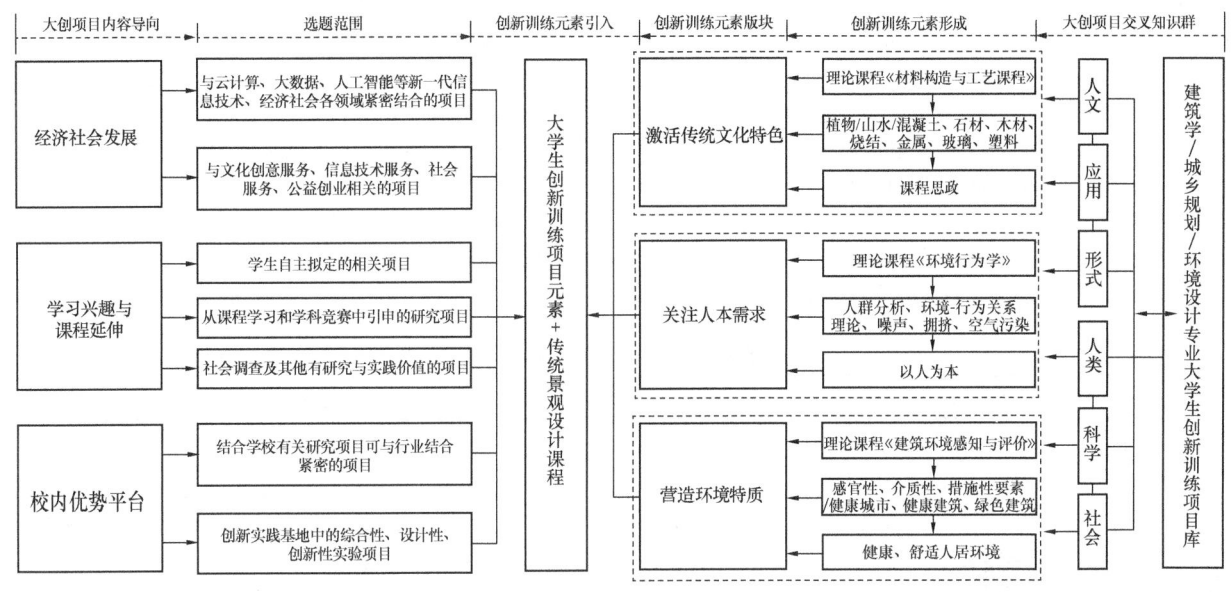

图2　景观设计课程与创新训练元素结合模式图

2 景观设计课程与创新训练元素结合的课内外教学实践

2.1 以激发学生兴趣潜能为抓手优化教学内容

基于引文空间分析软件（Citespace）对2011—2020年的中国风景园林学会年会论文进行文献计量分析，可以得出文化景观是近十年出现的新兴研究热点[8]，学科热点反映出学科研究的细化和深入、学科领域的拓宽、与多学科的交叉融合以及对于国家政策的积极响应。因此，在景观设计系列课程中，选择环境设计专业大三学年必修课程"景观设计3"，即"文化景观设计"为教学实践课程案例，引入激发学生兴趣潜能的创新训练教学元素。"景观设计3"课程基地位于中国大连高级经理学院，是落实国家党政人才、企业经营管理人才和专业技术人才"三支人才队伍一起抓"的人才强国战略的重要载体，使用者为干部培训学员和在校教师、员工。园区环境在培训教学过程中对师生员工具有熏陶、导向作用，设计范围所包括的教学区、生活区、运动休闲区又是使用者沟通交流、放松休闲的景观空间[9]。该课程和教学任务设置能够较好地承载创新训练兴趣元素，即一方面承接风景园林学科热点领域，另一方面发展学生在中国文化特色景观、人性化（高级经理学院学员使用者特征）景观、健康舒适环境特质营造方面的设计兴趣和研究潜能。在设计导论、设计案例等教学过程后，学生自由选择兴趣切入点，提炼设计主题，并制定案例学习、调研方案；随着教学过程的不断深入，各兴趣版块的学生不断增加兴趣触媒点从而激发个体潜能，通过教学互动促使每个版块下的景观设计内涵和外延不断发展，通过课堂研讨促进各兴趣版块所对应的"材料构造与工艺""环境行为学""建筑环境感知与评价"等理论课程知识的交叉和进度并行。最后，整合基础理论、设计案例、方案研讨、技术应用、艺术表达等教学过程，针对激活传统文化特色、关注人本需求、营造环境特质三大主题版块分别建立启发、激励、感染的课程思政，通过以人为本的使用者人群与行为的特征分析，形成以健康舒适特质的人居环境营建为重点目标导向的课内外结合教学内容。

2.2 以设计课程与理论课程的联动优化教学方法

在各创新训练元素版块下，分别形成"景观设计3"与"材料构造与工艺""环境行为学""建筑环境感知与评价"融合的设计课与理论课交叉点。在与"材料构造与工艺"课程交叉的教学内容实施中,注重从软质景观材料与硬质景观材料两方面拓展景观设计课程思政内容。例如,在设计中注重乡土树种、园林理水等软质景观材料造景方法的运用,以及木材、陶土仿古青砖、青瓦、砖雕等中国传统、古典硬质景观材料的运用与创新。在与《环境行为学》的交叉教学内容中,着重分析高级经理学院景观环境的使用者类型、行为特征与需求等,从可供性视角提供以人为本的教学区、生活区、运动休闲区等文化景观空间。此外,在该过程中强调用户中心化设计,将用户列入每一个阶段的设计思考中。这一理念区别于传统设计方式中以设计师的视角推进方案设计,而是以用户的视角进行方案演化。以设计场地中所包含的所有用户为中心,进行用户群体划分,分析用户群体的特征、需求,根据不同群体需求的异同性进行空间功能设计。课程中所采用的用户分析侧重于引导学生对设计场地的相关信息进行调研、分析。在明确设计目标的基础上,列出所有设计相关群体,引导学生针对不同群体进行分析、提炼,根据总结的群体特征、需求,生成用户画像[10]。在环境特质营造中,着重拓展与"建筑环境感知与评价"相交叉的教学内容,以健康城市、健康建筑、绿色建筑的发展趋势为着眼点,发挥感官性、介质性、措施性景观要素的效益,通过有针对性的分析,应用到促进健康、舒适景观的可持续性人居环境设计实践中。

2.3 以实地调研与虚拟现实实验为手段推进研究型设计

在以往的研究型大学生创新训练项目中,多种技术方法的运用促进了研究型设计的发展,如在线研究、实地调研[11]、实验室研究方法的应用,如表1所示。在"景观设计3"的课外创新训练教学中,主要针对营造环境特质这一兴趣元素,通过教学进程中学生感兴趣的内容设置研究专题,以专题介入的形式形成课外研究型设计教学方法,激发本科生的研究探索潜能。在课外教学对象上,主要通过吸纳有兴趣的本科生开展大学生创新训练项目,并与研究生共同参与,通过交流实践的方式进行以实地调研或实验室研究为手段的研究型设计,从而在教学中探索以问题导向为本,凝聚针对性、开放性、互动性的研究型设计课外教学内容及实施方法,形成"提出问题—分析问题—解决问题—评价反馈—成果交流"的研究性设计全过程[12]。

研究型创新训练项目的实施方法示例   表1

线上问卷调查	线下问卷调查
 1. 在线研究法(ORMs) 通过互联网收集数据的方法,也称为互联网科学方法或iScience法,包括网上问卷调查、在线访谈、网络实验等常用类型 2. 问卷星平台 专业的在线问卷调查、测评、投票平台,提供功能强大、人性化的在线设计问卷、采集数据等,广泛用于高校学术调研、社会调查	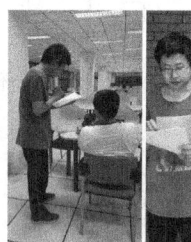 1. 通过制定详细周密的问卷,要求被调查者据此进行回答以收集资料的方法,是在社会调查研究活动中用来收集资料的一种常用工具。调研人员借助这一工具对社会活动过程进行准确、具体的测定,并应用社会学统计方法进行定量的描述和分析,获取所需要的调查资料 2. 采取自填式与代填式两种方法
实地访谈	实地物理参数测量
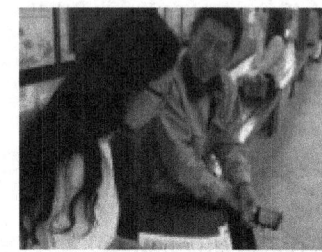 1. 半结构式 按照访谈提纲对环境使用者进行非正式访谈,根据访谈时的实地情况灵活地做出必要的调整 2. 非结构式 调研人员和使用者之间进行时间较长的(通常是30分钟到1小时),针对某一论题一对一方式的谈话,用以采集看法或寻找做出某项决定的原因等	 对研究对象周围设施、建筑物等物质环境开展试地测量记录 1. 视觉环境:图像采集、视频采集、观察记录 2. 声环境:声压级测量、声源记录 3. 温湿度环境 4. 光环境 5. 风环境

续表

| 虚拟现实实验 |

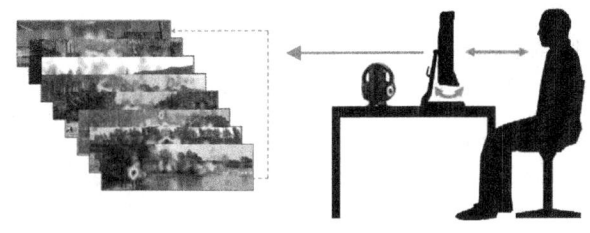

虚拟现实技术（VR）主要包括模拟环境、感知、自然技能和传感设备等方面。
1. 在虚拟现实实验室开展眼动仪测试实验，记录环境使用者在审美质量评估中处理视觉信息时的眼动轨迹特征
2. 通过VR影像与双耳听觉环境的还原或设计，通过自身与环境的相互作用分析环境场景的多感官问题
3. 应用虚拟现实技术开展声景评价、健康体验等评价验证，关注环境使用者对健康导向的人居环境体验评估的感觉、知觉、认知与判断

该教学内容在应用层面可实施于以提高学生设计研究综合能力为目标的教学方法优化，即通过设计与研究并行的过程指导，使学生充分了解前沿理论及其研究方法，切实意识到系统研究对于设计过程的积极意义，提升学生开展研究型设计的积极性，开拓学生创新思路和研究视野。其次，实地调研、虚拟现实实验等技术手段可用于解决传统设计课程在设计作业与实地问题对接，设计者与使用者的沟通，场景特质评价反馈，以及不同年级学生互动等不容忽视的、以往设计课欠缺和亟须改善的教学问题，在以研究型设计为主导的课外教学过程中可搭建城市实地问题、设计者、使用者之间的桥梁。在"景观设计3"的课外教学中，主要以视听感知的健康性体验以及绿化植物的舒适效应为专题开展了实地调研和实验室研究（图3），该教学过程的实施有效验证了街景环境、绿化植物与健康舒适环境特质的关联性[13]，较好地发展了学生创新意识与开展研究型设计论证的能动性，解决了传统课程中设计者与使用者之间的断层，以及设计者主观臆断带来的偏差。

图3 "景观设计3"课外研究型设计教学实践

3 结语

以创新训练元素激发学生兴趣潜能的景观设计课内外教学方法的建立价值在于，以风景园林知识交叉为基础的教学研究与实践方法能够与新时期城市建设存量时代城市环境问题和质量提升导向进行多方位的动态融合，补充建筑类院校课内外结合的教学互动，促进课内教学培养目标的达成，引发课外教学的创新兴趣；扩展以学生为中心的设计课程教学方法并有益于课程思政教学在设计课内外的贯彻实施。该教学方式基于各专业教师教学过程中的固有环节，如创新训练项目和专业课程等，具有较强的实用性和有效性，可在相关设计课程教学实施及教改中应用推广，为激发不同学生的学习兴趣和潜能以及教师教学发展提供课内外结合的教学方式。项目的实施过程渗透了研究型设计的教学思想，结合兴趣元素版块，贯穿引导学生提出问题—分析问题—解决问题的教学全过程，可为人居环境高质量发展需求下的教学理论与方法、研究型设计在本科生景观设计教学中的应用提供参考。此外，教学过程将课程思政内容潜移默化地融入课内外教学内容体系、教学方法、教学实践全过程，其启发—激励—感染的递进式课程思政教学方法可在相关课内外教学中应用推广。

参考文献

[1] 张博阳，李磊，武颖. 应用型创新创业人才培养模式下的景观设计课程改革[J]. 教育现代化，2019，8(69)：9-10.
[2] 胡晓兰，叶慧. 地方应用型高校个性化创新创业人才培养模式研究[J]. 科技创业月刊，2018，31(5)：22-24.
[3] 任欣欣，康健，刘晓光. 城市休闲绿地的声景感知研究[J]. 景观设计学，2016，10：42-55.
[4] 李德丽，刘俊涛，于兴业. 融入与嵌入：创新创业课程体系建设与模式转型[J]. 高教探索，2019，3：30-35.
[5] 王云翠. 系统论视域下创新人才培养的思考[J]. 教育现代化，2018，5(44)：16-18.
[6] 欧海峰，黄妙红. 建筑设计未来所长创新创业训练营课程体系构建[J]. 中外建筑，2019，12：65-66.
[7] 刘滨谊. 学科质性分析与发展体系建构——新时期风景园林学科建设与教育发展思考[J]. 中国园林，2017，33(1)：7-12.
[8] 王建国，施海音，付彦荣，等. 中国风景园林学学科研究热点与趋势分析——基于2011—2020年中国风景园林学会

年会论文[C]//中国风景园林学会. 中国风景园林学会2022年会论会集. 2023：5.

[9] 邱文晓，董丹申，陈瑜，等. 从平衡走向真实——中国大连高级经理学院设计[J]. 建筑学报，2014，8：90-91.

[10] Williams K L. Personas in the Design Process：A tool for understanding others[J]. Georgia Institute of Technology，2006(8)：69-78.

[11] 任欣欣，李昕儒，张敏，等. 老年人户外健身景观环境满意度及其影响因素调查研究——以大连为例[J]. 建筑科学，2020，10：77-83.

[12] 范悦，任欣欣，高莹. 建构，融构，同构——研究型建筑设计教学的国际化开放式实践[J]. 城市建筑，2017(28)：24-27.

[13] Ren X，Li Q，Yuan M，et al. How visible street greenery moderates traffic noise to improve acoustic comfort in pedestrian environments[J]. Landscape and Urban Planning，2023，238：104839.

作者简介

任欣欣，1983年生，女，汉族，黑龙江省牡丹江人，博士，大连理工大学建筑与艺术学院，副教授，研究方向为健康人居环境营造与评估、声景/景观感知的审美研究等。电子邮箱：renxinxin@dlut.edu.cn。

风景园林规划设计

城市公园老年人活动空间满意度评价及优化策略研究①
——以西安市城市公园为例

Research on Satisfaction Evaluation and Optimization Strategy of Activity Space for the Elderly in Urban Parks: A Case Study of Urban Parks in Xi'an

欧阳善　王晓雄*

摘　要：人口老龄化对承载老年人日常休闲活动的城市公园提出了新的要求，如何建设适宜老年人活动的城市公园空间亟须进一步探究。本文基于层次分析法和重要性与满意度分析法对老年人活动空间满意度进行了量化分析，以西安市3个城市公园为研究实例，构建了城市公园老年人活动空间满意度评价体系，通过问卷调查、数据分析、模型构建，得到了满意度评价结果，针对性地提出了优化策略。本次研究总结了老年人在城市公园活动的影响因素和公园建设的现存问题，提出了改进措施，旨在为老年群体营造更加安全惬意的活动空间，为今后城市公园适老性环境建设提供参考依据。

关键词：老年人；活动空间；城市公园；满意度评价

Abstract: The aging of the population puts new requirements for urban parks, which carry the daily leisure activities of the elderly. How to build the suitable activity space for the elderly in urban parks need to be further explored. Based on the Analytic Hierarchy Process and Importance-Performance Analysis, this paper makes a quantitative analysis of satisfaction. It takes three urban parks in Xi'an as examples, constructs an evaluation system of activity space for the elderly, and obtains the evaluation results of activity space satisfaction for the elderly through questionnaire survey, data analysis and model construction, so as to propose targeted optimization strategies. The study summarizes the influencing factors of the activities of the elderly in the city park and the existing problems in the construction of the park, and put forward improvement measures. The aim is to create amore comfortable activity space for the elderly, and provide a reference for the construction of the elderly environment in urban parks in the future.

Keywords: The Elderly; Activity Space; Urban Parks; Satisfaction Evaluation

引言

由西安市统计局数据发布可知，截至2020年底第七次全国人口普查，西安市60周岁及以上老年人口占总人口占比16.02%，相较2010年的"六普"占比上升了3.48%[1]，老年人的高龄化趋势明显，老龄化速度加快[2]。根据国际人口老龄化标准，西安已经完全步入老龄化社会。2022年，国家卫生健康委联合发布《"十四五"健康老龄化规划》，提出到2025年，老年人服务资源更加合理，老年健康服务体系基本建立[3]。城市公园拥有良好的自然环境、完善的基础设施、周全的服务系统，对于倾向选择集体活动的老年群体来说，城市公园具有较大的吸引力。生活水平大幅提升，多数城市公园设置的活动区已不能满足老年人活动需求[4-6]，更加系统地在公园中创造安全舒适的老年活动空间，对老年人身心健康具有重大意义。

满意度被视为使用者对物体的价值期待与其实际体验之间的比较[7]，满意度评价被广泛应用于医学、旅游、环境、产品等多个方面。城市公园满意度评价的相关研究大致分为两类[8]：一类为宏观层面，这类研究聚焦于城市公园的总体规划，另一类为微观层面，归纳剖析影响使用群体满意度的因素[9]，通过数据反馈的满意度评价结果来采取有效措施。但上述研究层面针对老年人的城市公园活动空间满意度的关注尚且不够。本研究选取西安市长乐公园、革命公园、莲湖公园3个具有代表性的城市公园作为研究区域，进行调查与评价。采用层次分析法及重要性与满意度分析法对西安市城市公园老年人活动空间满意度进行研究，分析了老年人在公园中进行各类活动时的影响因素，提取了重要性和满意度冲突较为严重的指标并提出了优化策略，以期为今后城市公园新一轮适老化建设提供参考。

1　研究区域选择

经过文献研究和实地调研，综合考虑西安市已建成城市公园的区位、类型、面积、使用群体等因素，选取了长乐公园、革命公园和莲湖公园作为研究区域。它们分别

---

① 基金项目：陕西省科学技术厅，陕西省自然科学基础研究计划"基于绿色增长的关中平原城市群生态空间碳中和效能量化及优化路径研究"（编号：2022JQ-491）资助。

服务于所在城市片区（图1），且满足免费开放、人流量大、老年人使用频率高、活动类型丰富等条件[10,11]，且3个公园在景观和功能上都有较好反馈，有利于深入分析，使研究更具有说服力与典型性。

图1 城市公园区位图

2 研究设计

2.1 数据收集

本研究数据收集的方法主要是问卷调查法，以构建的评价体系为基础制定调研问卷，目的是了解老年人对城市公园活动空间的使用情况及满意度评价。为方便老年人理解，将评价指标口语化，采用李克特量表法以区分指标不同满意度，各评价指标的满意度赋值为5、4、3、2、1，依次意味着非常满意、比较满意、一般满意、比较不满意、非常不满意[12]。2022年10月至2023年3月累计发放问卷450份，三个公园各发放150份，去除填写不完整、有误、质量不高的问卷共23份，长乐公园收回问卷139份，革命公园收回142份，莲湖公园收回146份，共计427份，问卷有效率为94.9%[13]。

2.2 研究方法

2.2.1 层次分析法

层次分析法（analytical hierarchy process, AHP）是20世纪70年代由美国学者T. L. Saaty等人提出的，该方法能够使一个难以直接精准定性的复杂问题，通过拆解、量化得到解决。通过对目标问题的影响元素进行分层研究，从不同层次、维度进行科学评判[14]。首先建立评价体系，再通过德尔菲法构建判断矩阵，计算出各指标权重，将定性的问题定量处理，从而对目标问题提出优化策略[15]。

2.2.2 重要性与满意度分析法

重要性与满意度分析法（importance-performance analysis, IPA），最初是由Martilla等人提出的，早期应用于商业，以获取消费者满意度，随着学科的耦合发展，IPA法被广泛应用[16]。该方法以评价指标的重要性和满意度为纵轴和横轴，重要性和满意度均值的中值或总体均值为交点，构建二维四象限图，各指标数据作为散点分布在象限图中，以此来展示指标满意度情况，简洁直观、清晰易懂，为提出合理的优化策略提供重要决策依据[17,18]。

3 结果与分析

3.1 构建评价体系

评价指标的合理性和确定标准是进行满意度评价的基础与重点。本研究在参考前人研究结果的基础上[19-21]，参照马斯洛需求理论，综合考虑影响老年人活动的因素，所选指标除了要满足城市公园的基本功能，即安全、游览、观赏等外，还需满足老年人群进行社会交往和社会参与的功能[22-24]。依据现有规范，结合上述要求，最终确定了5项一级指标、21项二级指标构建城市公园老年人活动空间满意度评价体系（表1）。

城市公园老年人活动空间满意度评价体系 表1

目标层	准则层（一级指标）	指标层（二级指标）
城市公园老年人活动空间满意度A	安全性B1	空间安全C1
		植物安全C2
		设施安全C3
		空间视线通透C4
		夜间照明系统C5
	便捷性B2	空间可达C6
		标识导向系统C7
		服务设施便捷C8
		无障碍设施C9
	舒适性B3	植物微气候营造C10
		场地空间舒适C11
		设施材质舒适C12
		管理制度合理C13
		色彩舒适C14
	社交性B4	社交空间尺度C15
		社交空间类型C16
		休憩设施形式C17
	吸引性B5	康体设施多样C18
		空间功能多元C19
		空间易识别C20
		景观小品艺术性C21

3.2 计算指标权重

依据德尔菲法确定各评价指标的权重值，首先构造各层级指标的两两比较判断矩阵，专家评分过程采用

"1~9"标度法,计算出相应指标的权重后,对矩阵进行一致性检验。检验时,首先需要计算一致性指标 $CI = \frac{\lambda_{max} - n}{n - 1}$,再计算一致性比率 $CR = \frac{CI}{RI}$,其中 λ_{max} 为最大特征值,n 为判断矩阵的阶数,RI 为平均一致性指标。当 $CR < 0.1$ 时,表明判断矩阵具有理想的一致性;当 $CR \geqslant 0.1$,则需要对判断矩阵进行修正[25,26]。将各专家的评分结果进行几何平均,导入 SPSSAU 中计算,得到指标权重结果及一致性检验结果(表2)。

两两判断矩阵和一致性检验　　表2

A	B1	B2	B3	B4	B5	权重	一致性检验
B1	1	3.1576	5.787	7.5472	6.2972	0.5255	
B2	0.3167	1	2.0825	5.1867	3.3512	0.2229	$\lambda_{max}=5.21$
B3	0.1728	0.4802	1	2.8466	0.5177	0.094	$CI=0.0525$
B4	0.1325	0.1928	0.3513	1	0.3213	0.0445	$RI=1.12$
B5	0.1588	0.2984	1.9318	3.112	1	0.1131	$CR=0.0469<0.1$
B1	C1	C2	C3	C4	C5	权重	
C1	1	5.1813	1.7182	2.5381	9.901	0.4366	
C2	0.193	1	0.263	0.277	1.9841	0.0741	$\lambda_{max}=5.124$
C3	0.582	3.802	1	1.4859	5.3191	0.2611	$CI=0.031$
C4	0.394	3.61	0.673	1	2.0121	0.1754	$RI=1.12$
C5	0.101	0.504	0.188	0.497	1	0.0529	$CR=0.0277<0.1$
B2	C6	C7	C8	C9		权重	
C6	1	3.2895	3.0395	6.2893		0.5308	
C7	0.304	1	0.3412	3.1447		0.1564	$\lambda_{max}=4.2363$
C8	0.329	2.931	1	1.9763		0.2341	$CI=0.0788$
C9	0.159	0.318	0.506	1		0.0788	$RI=0.89$
							$CR=0.0885<0.1$
B3	C10	C11	C12	C13	C14	权重	
C10	1	0.3618	6.5445	1.3278	3.3058	0.261	
C11	2.764	1	2.6157	2.6918	7.9554	0.4245	$\lambda_{max}=5.3439$
C12	0.1528	0.3823	1	0.5656	2.343	0.1023	$CI=0.086$
C13	0.7531	0.3715	1.7681	1	2.8686	0.1586	$RI=1.12$
C14	0.3025	0.1257	0.4268	0.3486	1	0.0535	$CR=0.0768<0.1$
B4	C15	C16	C17			权重	
C15	1	2.8752	1.2265			0.4538	$\lambda_{max}=3.006$
C16	0.3478	1	0.3385			0.1464	$CI=0.003$
C17	0.8153	2.9544	1			0.3998	$RI=0.52$
							$CR=0.0057<0.1$
B5	C18	C19	C20	C21		权重	
C18	1	4.914	4.6361	2.8645		0.5328	
C19	0.2035	1	0.5332	0.2601		0.0792	$\lambda_{max}=4.1007$
C20	0.2157	1.8756	1	0.3199		0.1157	$CI=0.0336$
C21	0.3491	3.8452	3.1256	1		0.2723	$RI=0.89$
							$CR=0.0377<0.1$

根据表2所得权重数据,将其重新分配,确定指标层(C)对目标层(A)的总权重,得到城市公园老年人活动空间满意度评价指标权重合集(表3)。

城市公园老年人活动空间满意度
评价指标权重合集　　　表3

目标层	准则层	权重(B-A)	指标层	权重(C-B)	总权重(C-A)	排序
A	B1	0.5255	C1	0.4366	0.2294	1
			C2	0.0741	0.0389	8
			C3	0.2611	0.1372	2
			C4	0.1754	0.0922	4
			C5	0.0529	0.0278	11
	B2	0.2229	C6	0.5308	0.1183	3
			C7	0.1564	0.0349	9
			C8	0.2341	0.0522	6
			C9	0.0788	0.0176	15
	B3	0.094	C10	0.261	0.0245	12
			C11	0.4245	0.0399	7
			C12	0.1023	0.0096	18
			C13	0.1586	0.0149	16
			C14	0.0535	0.005	21
	B4	0.0445	C15	0.4538	0.0202	13
			C16	0.1464	0.0065	20
			C17	0.3998	0.0178	14
	B5	0.1131	C18	0.5328	0.0603	5
			C19	0.0792	0.009	19
			C20	0.1157	0.0131	17
			C21	0.2723	0.0308	10

3.3 构建满意度评价模型

由以上研究为基础，采用多目标线性加权函数法[27]对城市公园老年人活动空间满意度进行综合评价，计算模型公式为：

$$P = \sum_{k=1}^{m} A_k B_k = \sum_{k=1}^{m}(\sum_{j=1}^{n} C_j D_j) B_k$$

式中，P 表示满意度评价总得分，A_k 为准则层中第 k 个单项指标的满意度分值；B_k 为第 k 个准则层指标的权重；C_j 为指标层中第 j 个单项指标的满意度分值；D_j 为指标层中第 j 个单项指标的权重；m、n 分别为准则层和指标层中评价指标的个数。最终将 P 值反映的满意度评价进行分级，得到定级标准[28]，如表4所示。

满意度评价定级标准　　　表4

评价分值（P）	等级
$4 \leqslant P \leqslant 5$	优
$3 \leqslant P < 4$	良
$2 \leqslant P < 3$	中
$1 \leqslant P < 2$	差

3.4 问卷调查结果

3.4.1 问卷信效度检验

通过SPSS对有效问卷数据进行信效度检验，得到克隆巴赫系数为0.820，KMO值为0.856，Bartlett球形检验结果 $P = 0.000 < 0.05$（表5），检验结果表明问卷信效度均很好，说明调研数据能够准确地反映老年人满意度水平，具有一定的研究价值[29]。

问卷信效度检验结果　　　表5

检验	项目	结果
信度检验	Cronbach's Alpha	0.820
KMO取样适切性量数	KMO值	0.856
Bartlett球形检验	近似卡方	2143.366
	自由度（df）	210
	显著性（$Sig.$）	0.000

3.4.2 重要性和满意度结果

整合问卷所得的重要性和满意度评分结果（表6），以推测老年人对于西安市城市公园活动空间的满意度。

西安市城市公园老年人活动空间重要性和满意度评价结果　　　表6

准则层	指标层	重要性均值	排序	满意度均值	排序	I-P值	排序
安全性B1	空间安全C1	4.19	1	3.24	11	0.95	3
	植物安全C2	3.91	11	3.61	1	0.3	20
	设施安全C3	4.04	4	3.26	9	0.78	6
	空间视线通透C4	3.68	20	3.15	16	0.53	14
	夜间照明系统C5	3.63	21	3.21	12	0.42	16
便捷性B2	空间可达C6	3.72	18	3.18	14	0.54	13
	标识导向系统C7	3.94	10	3.27	8	0.67	9
	服务设施便捷C8	3.98	8	3.48	5	0.5	15
	无障碍设施C9	3.87	13	3.25	10	0.62	11

续表

准则层	指标层	重要性均值	排序	满意度均值	排序	I-P 值	排序
舒适性 B3	植物微气候营造 C10	3.99	7	3.39	7	0.6	12
	场地空间舒适 C11	3.88	12	3.51	4	0.37	19
	设施材质舒适 C12	4.07	2	2.91	21	1.16	1
	管理制度合理 C13	3.81	16	3.11	18	0.7	8
	色彩舒适 C14	3.95	9	3.54	3	0.41	17
社交性 B4	社交空间尺度 C15	3.79	17	3.07	19	0.72	7
	社交空间类型 C16	3.84	15	3.45	6	0.39	18
	休憩设施形式 C17	4.03	5	2.96	13	1.07	2
吸引性 B5	康体设施多样 C18	3.70	19	3.05	20	0.65	10
	空间功能多元 C19	4.05	3	3.17	15	0.88	5
	空间易识别 C20	4.02	6	3.12	17	0.9	4
	景观小品艺术性 C21	3.86	14	3.57	2	0.29	21

根据表6可知，满意度总体均值为3.262分，说明老年人对于西安市城市公园已建成活动空间基本满意。其中C2植物安全指标项评分最高，达3.61分；同时，C12设施材质舒适指标项得分最低，为2.91分。21项指标中满意度均值在总体均值以上的有8项，集中在植物景观与功能展现方面；均值以下指标有13项，主要集中在空间功能及设施配置上。从I–P数据来看，各项指标的重要性均值都大于满意度均值，表明老年人对各指标的满意度低于期望值，两者差值越大，说明该指标的影响性越大，应当提高重视，尽快针对性地提出优化改进措施[15, 30]。

3.4.3 西安市城市公园老年人活动空间满意度评价指标IPA象限分析

基于上述调查结果，本研究对21个二级指标进行IPA象限分析，以指标的满意度为横轴、重要性为纵轴，满意度总体均值3.262和重要性总体均值3.902两线垂直相交构建二维四象限图[31,32]，再结合表6数据，利用Origin软件绘制出IPA象限图（图2）。

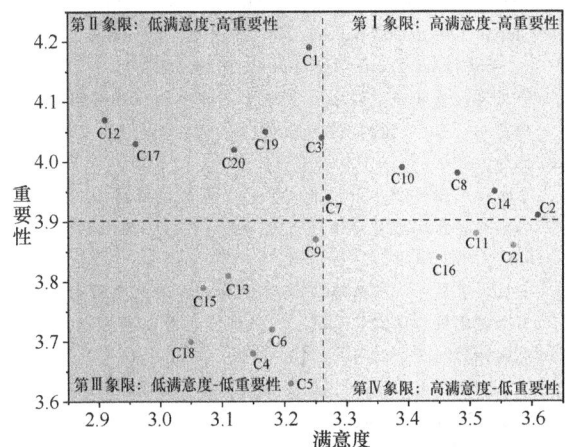

图2 西安市城市公园老年人活动空间满意度评价指标IPA象限图

根据图2各项评价指标重要性和满意度的调查结果显示：

（1）第Ⅰ象限的各评价指标满意度和重要性都高，是"保持优势区"。本区域包括植物安全、标识导向系统、服务设施便捷、植物微气候营造、色彩舒适这5项指标。它们既是城市公园老年人活动空间的重要组成部分，也得到了老年人的认可和满意，后期应在保持和管理这些优势指标的基础上再进行自身强化。

（2）第Ⅱ象限的满意度低、重要性高，是"重点改善区"。包括空间安全、设施安全、设施材质舒适、休憩设施形式、空间功能多元、空间易识别。该区域指标对于老年人活动具有重要性，但现有空间尚未满足其需求，应重点进行优化。优化时首先须切实保障活动空间及各类设施的安全性；其次加强空间内设施材质的舒适性，创造多种空间形式，例如开放、半开放、私密空间，以提升老年人的参与感和体验感；最后构思空间功能的多元性，保证各类空间明确，以提升城市公园对于老年人的吸引性。

（3）第Ⅲ象限是"次级优化区"，特征是满意度低重要性也低。包括空间视线通透、夜间照明系统、空间可达、无障碍设施、管理制度合理、社交空间尺度、康体设施多样7项指标。该象限尚未受到较高的重视度，但这并不意味着可以对上述指标置之不理，如果在实际工作中得不到重视和改善，这些指标的满意度将会持续下降[32]。且随着经济水平的发展和生活质量的提升，老年人的需求层次也会发生改变，这类指标也有望成为重点发展指标，故应将其作为老年人活动空间优化的次级重点。

（4）第Ⅳ象限为"维持现状区"，该区域满意度高但重要性低。该象限包括场地空间舒适、社交空间类型、景观小品艺术性，意味着老年人对于这3项指标满意程度较高，应维持该象限指标现状，并重视其进一步发展。

3.5 西安市城市公园老年人活动空间满意度综合得分

将表3、表6数据代入评价模型 $P = \sum\limits_{k=1}^{m}(\sum\limits_{j=1}^{n}C_j D_j)B_k$

中，计算得出 $P=3.255$，满意度得分在 [3，4)，对应等级为"良"，说明西安市老年人对于城市公园活动空间现存的规划设计基本满意，但是对于有些方面仍抱有消极态度。应针对"重点改善区"和"次级优化区"的评价指标尽快进行优化，再更新维持"保持优势区"和"维持现状区"的相关指标，使活动空间更满足老年人的综合需求，以提高老年人的满意度、参与感和幸福感。

4 城市公园老年人活动空间优化策略

基于以上分析结果，为提高老年人对城市公园活动空间的满意度，针对空间、设施、景观、管理提出以下优化策略[4,11,33-35]。

4.1 优化活动空间场地

在优化和更新城市公园活动空间时，秉持以人为本的原则，充分考虑老年人的特殊性和主体性。合理划分空间场地，建设类型多元、功能明确的空间；设置开放空间、半开放空间、私密空间；将健身活动和休憩观赏相隔开，做到动静分区，分别满足不同活动的空间需求，提升老年人在城市公园中的参与感和体验感。

4.2 提高公园设施质量

城市公园内设施设备多存在老旧破损、种类不足等问题，应以老年人的使用需求和舒适度为重点，更换或维修破损老旧的设施，配备适宜老年人的休憩设施、康体设施、照明设施、无障碍设施等，并及时关注老年人的评价反馈，采纳使用群体的意见，更好地为其提供各类舒适便捷的设施。

4.3 丰富公园景观风貌

在植物选择和景观设计过程中，应优先考虑老年人的安全性，避免有毒或带刺植物。可以选择不同类型、尺度和色相的植物来丰富植物景观的层次感，并确保空间的视线通透，便于观赏。同时，增设具有公园特色景观小品，以体现公园的历史文化和精神内涵，吸引老年人，提高群体参与度。

4.4 加强服务管理水平

在优化城市公园管理过程中，应对管理组织和人员进行专业培训，制定合理的管理制度，加强对管理规定的执行，确保公园内设施和服务的正常运行。同时，可以考虑引入数字化管理系统，提高管理效率和问题解决的速度，以为老年人提供更好的公园体验，增强其归属感和满意度。

5 结论与展望

面对日益严峻的人口老龄化的挑战，城市公园作为老年群体优先选择的活动场所，其活动空间所存在的问题亟需解决。本文基于层次分析法和重要性与满意度分析法，通过文献梳理总结和对西安市3个城市公园老年人活动空间满意度调查，得知其现存问题，从而探索优化策略，为今后城市公园老年人活动空间的发展建设提供科学的理论支持。研究表明：①通过AHP法建立评价体系，共确定了5个一级指标，各指标权重结果为：安全性 0.5255＞便捷性 0.2229＞吸引性 0.1131＞舒适性 0.094＞社交性 0.0445；②由重要性与满意度分析法可得，指标满意度总体均值为3.262分，在均值以上的指标有8项，集中在植物景观与功能展现角度；在均值以下的有13项，主要集中在空间功能及设施配置上；③最终得出西安市城市公园老年人活动空间满意度评价综合得分为3.255分，等级为"良"，属于中等水平，说明公园一定程度上满足了老年人的基本需求；④总结提出了优化活动空间场地、提高公园设施质量、丰富公园景观风貌、加强服务管理水平的优化策略。

本次研究中尚待深化研究的内容主要有以下3个方面：第一，由于时间、人力、成本等因素的限制，本次调查集中在秋冬季节，缺乏对春夏时期的调查，使研究结论在时间维度上缺乏代表性；第二，选择的3个城市公园均具有悠久的历史和深厚的文化底蕴，但是研究中未结合老年人的文化背景等因素着重进行满意度评价分析；第三，指标选择具有一定的主观性，没有更加详细的划分。未来应进一步完善研究的不足，使研究结果更加合理、准确、科学。

参考文献

[1] 西安统计局. 西安市第七次全国人口普查主要数据公报[EB/OL]. [2023-06-17]. http://tjj.xa.gov.cn/tjgz/tzgg/60b47af8f8fd1c0bdc2d59c0.html.

[2] 肖铁桥, 马瑾美, 李融融. 安徽省县域人口老龄化时空演变及影响因素研究[J]. 沈阳建筑大学学报(社会科学版), 2023, 25(3): 271-278.

[3] Li Yonghua, Ran Qinchuan, Yao Song, et al. Evaluation and Optimization of the Layout of Community Public Service Facilities for the Elderly: A Case Study of Hangzhou[J]. Land, 2023, 12(3), 629.

[4] 王艳霞, 蔡祖亮. 老年人公园绿地可达性的时空分布特征[J]. 风景园林, 2023, 30(1): 110-118.

[5] Zhang Ling, Shao Kebin, Tang Wenfeng, et al. Outdoor Space Elements in Urban Residential Areas in Shenzhen, China: Optimization Based on Health - Promoting Behaviours of Older People[J]. Land, 2023, 12(6), 1138.

[6] 徐文飞, 董贺轩. 健康城市视角下的社区公园空间适老性研究——基于SEM量化分析[J]. 城市建筑, 2020, 17(32): 18-20.

[7] 于冰沁, 谢长坤, 杨硕冰, 等. 上海城市社区公园居民游憩感知满意度与重要性的对应分析[J]. 中国园林, 2014, 30(9): 75-78.

[8] 王敏, 宋昊洋, 汪洁琼. 城市公园总体满意度影响因素的宏微观比较与供需智慧调控：以江苏省昆山市为例[J]. 风景园林, 2022, 29(10): 109-114.

[9] Li Zhiqiao, Liu Qin, Zhang Yuxin, et al. Characteristics of Urban Parks in Chengdu and Their Relation to Public Behaviour and Preferences[J]. Sustainability, 2022, 14(11): 6761.

[10] 张绿水, 喻雪晴, 游礼泉, 等. 基于老年人视角的南昌市城市公园休闲满意度评价研究[J]. 西北师范大学学报(自

然科学版），2022，58(2)：122-127.

[11] 陈晓卫，刘维峰，杨彩虹. 城市公园建成环境要素对老年人活动影响研究[J]. 南方建筑，2022(12)：93-103.

[12] 孟世玉，杨芳绒，李卓，等. 广西乡村景观村民满意度评价及障碍因子分析——以北流市北部乡村为例[J]. 中国园林，2022，38(9)：87-92.

[13] Wu Xianfeng, Li Xiangyu. Post-Occupancy Evaluation of Sports Parks during the COVID-19 Pandemic：Taking Sports Parks in Beijing as Examples[J]. Buildings，2022，12(12)：2250.

[14] 刘童，何穆，王禹骁，等. 基于AHP与Kano模型分析的天津水上公园满意度综合评价[J]. 山东农业大学学报(自然科学版)，2016，47(3)：417-424.

[15] 晏忠，陈建华. 基于层次分析-语义差异法的城市公园景观质量评价——以广州市天河公园为例[J]. 中南林业科技大学学报，2023，43(4)：191-198.

[16] 黄梓浩，关靖文，石丹，等. 基于IPA方法的生态旅游游客价值感知因素分析——以吉林省长春市净月潭国家森林公园为例[J]. 旅游研究，2023，15(2)：42-55.

[17] 陈璐瑶，谭少华，杨春，等. 感知价值视角下的城市绿道环境游憩满意度评价——以重庆市九龙坡绿道为例[J]. 中国园林，2022，38(1)：76-81.

[18] 席宇斌，侯玉霞. 基于IPA法的红色旅游游客满意度研究——以上海红色纪念馆为例[J]. 时代经贸，2023(2)：048-052.

[19] 赵万民，李长东，尤家曜. 城市公园适老运动环境影响要素聚类研究[J]. 中国园林，2021，37(5)：50-55.

[20] Liu Yuqi, Guo Yingqi, Lu Shiyu, et al. Understanding the long-term effects of public open space on older adults' functional ability and mental health[J]. Building and Environment，2023，234：110126.

[21] Zhai Yujia, Baran PerverKorça. Urban park pathway design characteristics and senior walking behavior[J]. Urban Forestry & Urban Greening，2017，21：60-73.

[22] Lu Shanshan, Wu Fei, Wang Zhijie, et al. Evaluation system and application of plants in healing landscape for the elderly[J]. Urban Forestry & Urban Greening，2021，58：126969.

[23] Shan Weiting, Xiu Chunliang, Ji Rui. Creating a Healthy Environment for Elderly People inUrban Public Activity Space[J]. International Journal of Environmental Research and Public Health，2020，17(19)：7301.

[24] 曲艺，张然，刘畅，等. 北方城市开放性公园空间适老化设计策略研究——基于沈阳百鸟公园老年人四季行为时态调查[J]. 建筑学报，2018(2)：106-111.

[25] 陈建华. 地域性视角下城市公园景观质量评价——以成都市浣花溪公园为例[J]. 中南林业科技大学学报，2022，42(6)：152-159.

[26] Xu Congbao, Ma Qingsong, Lu Yunqin, et al. Improving cycling environment in a Green Park based on the post-occupancy evaluation method[J]. Journal of Asian Architecture and Building Engineering，2023，22(2)：513-529.

[27] 刘明香，林怡，刘晖，等. 城乡一体化指标体系的构建与评价——以石狮市为例[J]. 福建农林大学学报(哲学社会科学版)，2013，16(4)：52-56.

[28] 杨芳绒，张晨曦，鲁黎明. 基于AHP法的郑州城市公园康养景观评价[J]. 西北林学院学报，2022，37(1)：247-252.

[29] 杜吉利，李东升，燕亚飞. 基于KANO-IPA分析的遗址公园使用者满意度评价——以洛阳市西苑公园为例[J]. 农业与技术，2023，43(5)：130-134.

[30] 陈晨，熊驰雁，肖雨璇. 基于IPA方法的南昌市城市公园老年人休闲满意度评价研究[J]. 江西科学，2021，39(4)：762-768.

[31] Yuan Jianqiong, Deng Jinyang, Pierskalla Chad, et al. Urban tourism attributes and overall satisfaction：An asymmetric impact-performance analysis[J]. Urban Forestry & Urban Greening，2018，30：19-181.

[32] 辛欣，陈楠. 基于IPA方法的文化主题公园旅游项目优化研究——以开封清明上河园为例[J]. 资源科学，2013，35(2)：321-331.

[33] Liu Binyu, Chen Ye, Xiao Meng. The Social Utility and Health Benefits for Older Adults of Amenity Buildings in China's Urban Parks：A Nanjing Case Study[J]. International Journal of Environmental Research and Public Health，2020，17(20)：7497.

[34] Wang Siqiang, Esther Hiu Kwan Yung, Sun Yi. Effects of open space accessibility and quality on older adults' visit：Planning towards equal right to the city[J]. Cities，2022，215：103611.

[35] 谭少华，何琪潇，陈璐瑶，等. 城市公园环境对老年人日常交往活动的影响研究[J]. 中国园林，2020，36(4)：44-48.

作者简介

欧阳善，1999年生，女，汉族，江苏镇江人，长安大学建筑学院风景园林学研究生在读，研究方向为风景园林规划设计、城市更新。电子邮箱：1300750882@qq.com。

(通信作者)王晓雄，1973年生，男，汉族，陕西榆林人，长安大学建筑学院，副教授，研究方向为风景园林规划与设计、城市景观设计。电子邮箱：wxxbobo@163.com。

寒冷地区适老性住区环境设计初探
——以西安市住区环境为例

Preliminary Study on Environment Design of Age-appropriate Residential Area in Cold Area: A Case Study of Residential Environment in Xi'an

王晓雄* 欧阳善 刘心悦

摘 要：在中国人口老龄化程度不断加深的背景下，适老性住区逐渐受到社会各界的广泛关注。通过对西安市住区户外活动空间进行调研分析，针对社会老龄化趋势及该地区老年人特征展开研究，总结出目前寒冷地区适老性住区环境设计存在道路混杂、公共空间减少、设施配置匮乏、天气多变等主要问题。进而深入剖析地域气候条件、老年群体行为心理特征、住区环境设计特色、住区环境使用特点等因素，根据设计原则、布局策略、设计要素搭建出适老性住区环境设计框架，对于今后提高老年人生活质量，提升老年人生活幸福感，满足人口老龄化社会需求具有重要的意义。

关键词：老年人；寒冷地区；住区环境；适老性；气候

Abstract: In the context of the deepening population aging in China, age-appropriate residential areas are gradually attracted extensive attention. Through the investigation and analysis of the outdoor activity space of residential areas in Xi 'an city, the aging trend of society and the characteristics of the elderly in this area are studied, and the main problems in the environmental design of elderly residential areas in cold areas are summarized, such as mixed roads, reduced public space, lack of facilities and changeable weather. Therefore, the regional climate, behavioral and psychological characteristics of elderly groups, environmental design characteristics, environmental use characteristics, and other factors, which might affect the environmental design, are deeply analyzed with age-appropriate residential areas in cold areas. According to design principles, layout strategies, design elements, and other aspects, the environmental design framework of age-appropriate residential areas is built. The improvement of this environment design system of age-appropriate residential areas in cold areas meets the needs of the aging trends in our society, which will improve the life quality and happiness of the elderly significantly in the future.

Keywords: The Elderly; Cold Areas; Residential Environment; Age-appropriate; Climate

引言

住区环境是人们在住区内相互交往的主要场所，影响住区环境的因素很多，其中不同气候环境形成人们不同的户外交往习惯，气候特点作为住区环境的一大重要影响因素，在设计中需着重关注。人人皆会老，万物皆会新旧更替，随着社会老龄化问题的日益凸显，人口老龄化、住宅小区老龄化"双重老龄化"趋势不仅是城市发展与城市更新的新议题，同时也是人类社会发展的必然趋势，寒冷地区的住区环境在满足老年人行为和心理的要求方面所存在的问题急需关注和改善[1-2]。

1 住区环境现状及存在问题分析

1.1 现状调查

在西安市选择不同区位、不同建设年代的典型住区10个，共发放调研问卷200份，分别针对寒冷地区住区户外空间环境的使用情况进行调研，借助实地调研和可达性分析进行住区适老性评价，从供给角度探讨服务供给水平及差异，得到住区户外的活动人群分布（图1）和老年人活动类型分布（图2）。

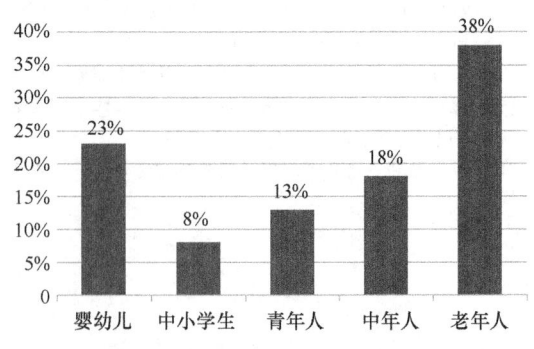

图1 住区活动人群分布

寒冷地区住区户外空间活动特点：活动人群以老年人和婴幼儿为主，分别占比38%和23%。在老年人的活

---

① 基金项目：陕西省科学技术厅，陕西省自然科学基础研究计划"基于绿色增长的关中平原城市群生态空间碳中和效能量化及优化路径研究"（编号：2022JQ-491）资助。

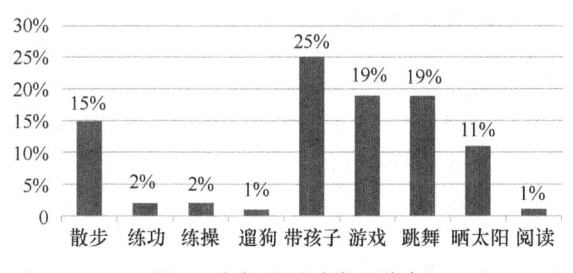

图 2　老年人活动类型分布

动类型中，带孩子、跳舞、散步等占比较大。

1.2　存在问题

本研究就西安市住区环境问题对市区中心不同住区的 100 位老年人（年龄在 65 周岁以上）进行了调研，共收集 18 条信息，其中和西安城市住区环境有密切关系的有 10 条。经过分析比对，将比较突出、占比较大的住区环境问题整理如表 1 所示。

住区环境存在问题　　　　　　表 1

项目	步行环境	户外活动	住区休闲	建筑入口
存在问题	车速高、车流量大、行人横过马路难、交通噪声大、灰尘多	住区户外活动设施严重不足	住区内部以及附近缺少安静、设施齐全、景观良好的公共休闲环境	入口前的台阶过高、过滑，大门开启困难
所占比例	39%	18%	11%	6%
占比次序	1	2	3	4

1.2.1　住区交通

住区交通问题主要体现在公交、人车混行以及建筑出入口等方面。目前对老年人来说，住区环境交通问题最突出，所占比例也最大。随着车辆的普及，汽车已成为家庭必不可少的交通工具，西安很多住区是人车混行，使得老年人在住区中行走没有了基本的安全保障[3]。虽然无障碍住区环境空间设计已将老年人运动机能下降的问题作为考虑重点，如在住区地面、垂直交通环境设施的台阶、楼梯的高程以及这些设施的布局方面都有所考虑，但有些住区、建筑的入口台阶过高过滑，导致老年人上下台阶不安全、不方便，极易造成老年人摔跤[4]。

1.2.2　公共空间

住区公共空间包括活动空间、交通空间、休闲空间等。没有地下停车库的住区，人们只能将汽车停放在住区内，且为了增加停车面积，原有的空地都被用来停放车辆，导致住区内的公共空间不断减少，更没有了活动空间[5]。同时，调研涉及的住区公共空间内容十分单一，绿地率较低，没有使人能亲近自然的景观空间，舒适度较差。住区内的建筑多采用简单的行列式布局模式，围合的空间形态单一，公共空间使用性差。通过多个住区调查统计，总结住区公共空间使用状况如表 2 所示。

住区公共空间使用状况　　　　　　表 2

时间	活动内容	使用空间
6:00—9:00	散步	广场
	聊天、晒太阳	道路空间
	健身活动	广场、健身器材
9:00—11:00	聊天、晒太阳	道路空间
	带孩子、遛狗、娱乐	广场、道路空间
	健身活动	广场、健身器材
14:00—17:00	聊天、晒太阳	道路空间
	带孩子、娱乐、休息	广场、道路空间
	健身活动	广场、健身器材
19:00—21:00	散步、健身活动	道路空间、健身器材

1.2.3　设施配置

主要包括为老年人服务的健身、娱乐、公共公用设施以及会所活动中心等设施。调研涉及的住区环境中缺乏足够的设施配置，66% 的人认为设施少，无法满足老年人休闲娱乐活动（图 3）。如缺少健身器材，或者器材缺乏围护已经毁坏，老人们只能在栏杆上压腿；缺乏公共公用设施，老人们只好坐在花坛边；没有活动室，老人们只有自带桌椅在室外打麻将，且非常受天气影响，冬天就只能取消室外活动；当前休息设施材质选择也不合理，44% 的受访老人倾向选择木材质（图 4）。

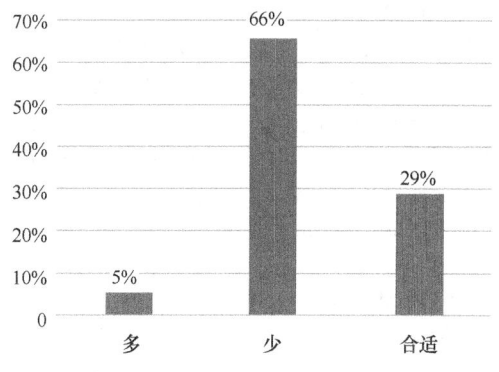

图 3　设施配置数量

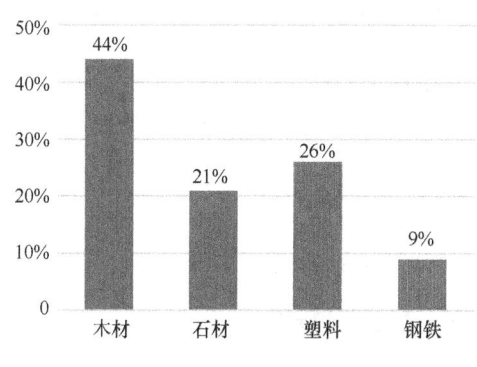

图 4　休息设施材质选择

1.2.4　恶劣天气

老年人生理机能下降，对抗外界恶劣环境的能力亦明显下降，而北方寒冷地区往往有着较为恶劣的天气——炎热的夏季，寒冷的冬季，有时还有沙尘困扰，这些都严重影响老年人的生活。43%的受访老人认为气温较低，35%的受访老人认为日照不足，22%的受访老人认为风较大。因此，在住区环境设计时要充分考虑天气因素，使老年人在恶劣的天气情况下也能小范围地活动。

2 适老性住区环境影响因素剖析

2.1 地域气候条件特征

西安是暖温带大陆性气候，气候的基本特征：四季分明，冬季寒冷，夏季炎热。气温年较差大，气温日较差亦大。最冷月出现在1月，最热月在7月，春季气温高于秋季气温；降水量少且季节分配不均，降水多集中在夏季；年平均湿度69.6%，平均气温26.4℃。西安冬季气候因素对住区环境的不利影响主要表现在：气温低、光照不足、寒风烈。

2.2 老年人行为心理特性

通过对西安市老年人冬季时域性的室外行为活动特征及空间需求的观测调查结果进行分析，发现老年人日常室外活动以休闲健身为主，需要一定的步行道路与交往广场。

2.2.1 运动机能下降

老年人的脚力、上下肢肌肉力量、背力、握力和呼吸机能会降低，对危险运动的神经反射及平衡能力也会降低，且容易出现碰撞等危险。随着年龄增长老年人出现肢体动作迟缓，可能会被路面上一个很小的突起而绊倒，就大多数人而言，都会感到身体容易疲劳，上下楼梯困难，需要有与住区车流隔离的平缓场地[6,7]。

2.2.2 感觉机能衰退

一般情况下，老年人的感觉机能是按照视觉、听觉、嗅觉和触觉的顺序下降的[8]。随着年龄的增长，老年人对高频声音的听力下降幅度比较大，听力下降后，就容易对社会生活产生孤独感，需要较为安静的小尺度空间。

2.2.3 心理机能退化

老旧小区中空巢老人居多，获得子女陪伴较少，社会参与度低，缺少精神慰藉，内心孤独感较强。老人如果记忆力、判断力下降就会出现看不懂导游图、产品使用说明书、街牌等情况，也会出现迷路和走失等行为障碍，这就需要设计浅显易懂的标识、文字、符号和字母等[9,10]。

2.3 住区环境设计特色

2.3.1 热舒适性

寒冷地区户外冬季温度低，热舒适性差，严重影响了老年人的户外交往活动。西安地区冬季室外温度−10～10℃，东北风、气温低，一定要考虑本地气候特征进行住区环境设计，调整点式建筑的位置，并按照太阳高度角调整建筑屋顶的坡度，减少遮挡阴影，增加住区环境的日照[11,12]。此外在住区东北部建板式建筑可为其内部活动起到抵御寒风的屏障作用；可利用中国传统理论"负阴抱阳"的理想模式，将老年人活动场地布置在空间向阳区域，且南侧建筑不宜太高（图5）。除了在选址上考虑防风外，也可利用乔灌木的组合减弱住区风速（图6），或选择蓄热性好的材质铺地，都能提高住区内的温度、湿度，改善老人们冬季在户外活动的环境。

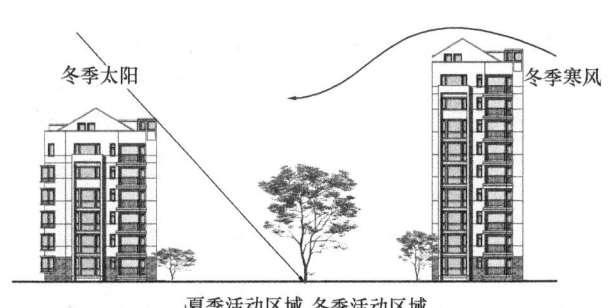

图5 室外活动区域示意

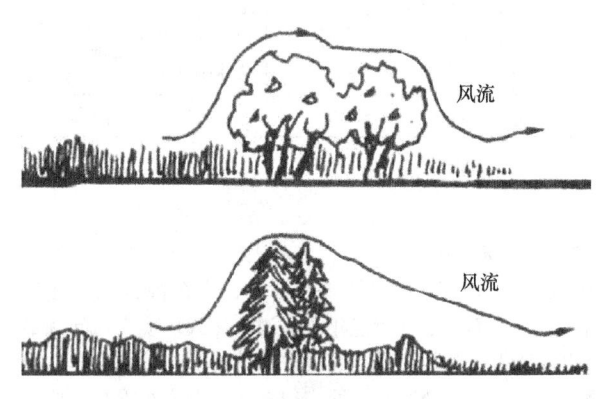

图6 乔灌木减弱风速

2.3.2 安全性

老年住区宜采用人车分流交通模式，且活动场地、步行道路不宜靠近住区车行道路的交叉口，以保证交通安全。另外，住区内住宅之间，高层与低层、多层之间要有良好的围合，以便处于较低层的住户观察住区内部情况，对老人进行适当照顾。可将广场分为不同区域，加强领域感，增进老年人相互交往、认知及熟悉度，以唤醒居民的守望意识，增进邻里关系，降低住区犯罪率。

2.4 住区环境使用特点

2.4.1 提供休闲交往空间

由于老年人，尤其是子女不在身边或丧偶、单身的老年人，极易产生孤独感，所以住区的公共空间环境要为他们提供多样的交流娱乐场所。小范围的微更新改造对于提升住区老年人的生活质量有显著的作用，如加建部分建筑面积，增加户厕功能，增加必要的无障碍设计，楼梯内增加感应灯，为老年人提供生活便利[13]。这些场所的布局和设施要符合老年人的生理和心理需要，要具备易识别性和可达性，同时也要兼顾儿童的需要。

2.4.2 提供充分的活动设施

住区内的小型广场应区域化，用低矮绿植划分空间，配置充足的活动设施，并设置休息区，如花架、花廊及座椅，供老年人活动后休息。花架、花廊也可使老年人躲避夏季的太阳与冬季的寒风[14]。

2.4.3 提供舒适、优美的景观环境

考虑寒冷地区特点，应增加冬季常青植物，确保冬季绿色植物的覆盖。绿地空气中负离子较多，空气清新，适合老年人漫步、运动。同时布置错落有致的颜色鲜艳的花卉，增加视觉感官，使老年人感受到四季变化的美景，保持对生活的热情。

3 适老性住区环境设计框架

3.1 设计原则

3.1.1 邻里永续原则

住区邻里存在着长期以来形成的地缘或业缘关系。住区的邻里关系和社会网络正是基于此逐渐产生强大的凝聚力。而对于老年人来讲，住区内有熟悉的人和事物，有熟悉的社会网络结构，在进行住区环境设计中，遵从邻里永续原则，是老年人生活质量得以提高[15]。

3.1.2 安全弥补原则

营造具有安全弥补性的住区户外活动空间，通过合理的空间组织和细节处理，减少老年人在行动上的不便以及可能会受到的伤害，建造一个安全无障碍的空间环境。

3.1.3 历史延续原则

在适老性住区环境设计时，不应一味照搬现代住区园林式、景观式设计方式，而应尊重老年人长期活动形成"地域固定性"物质空间的延续性，以及长期形成的住区文化、住区生活的延续性。

3.2 布局策略

3.2.1 均匀分布

由于大部分老年人步行10分钟就会产生疲倦感，因此寒冷地区老年人外出活动喜欢去离家近的小型户外场所。活动场所宜分布在单元楼周围600m范围之内，各个活动场所之间以1200m距离为限，形成均匀分布的网状系统（图7）。

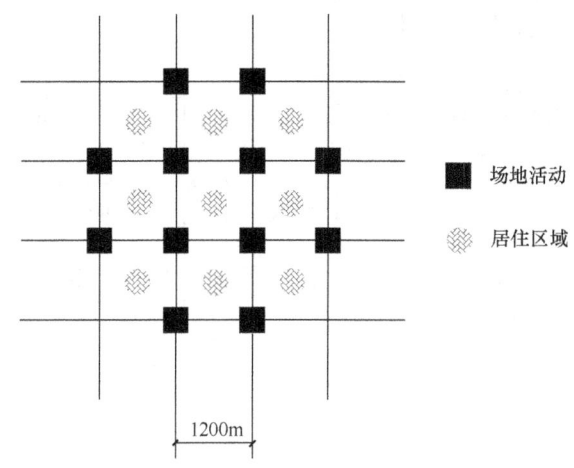

图7 均匀分布模式

3.2.2 合理分级

建立不同层次空间结构，从小组团和小空间到大组团与大空间，从较私密的空间到逐渐具有更强公共性的空间，形成公共—半公共—半私密的空间层次（图8）。其中，公共空间是为有群体性需求的老年人服务的大空间，能提升住区活力，加强邻里关系的稳定性[16]。半公共空间是指宅前屋后、道路交叉口、小的健身场地等空间，大多数老年人喜欢这一类空间，更有安全性，他们可以在自己的住宅附近休憩、健身、散步、聊天。半私密空间主要是单元楼出入口、宅前小花园以及住宅底层架空、底层连廊等空间，老年人倾向于室内空间与室外空间结合地带，可进可退，有安全感，尤其可以适应各种气候和季节变化。

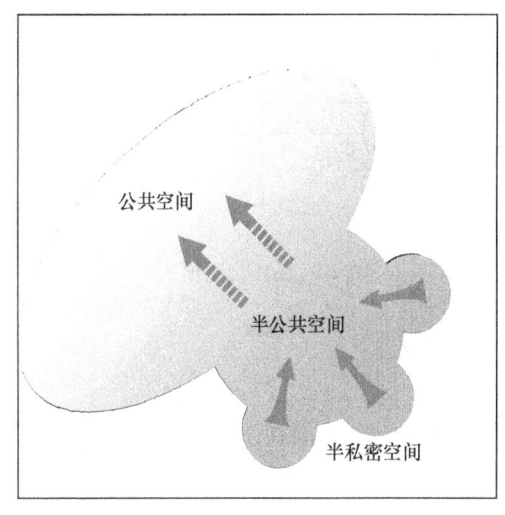

图8 合理分级模式

3.2.3 复合渗透

针对寒冷地区住区空间特点，结合老年人自身特征，尽量保持各活动场所之间的便捷联系和良好的视觉通廊，这样有助于促进老年人之间交往，增强空间环境的利用率（图9）。

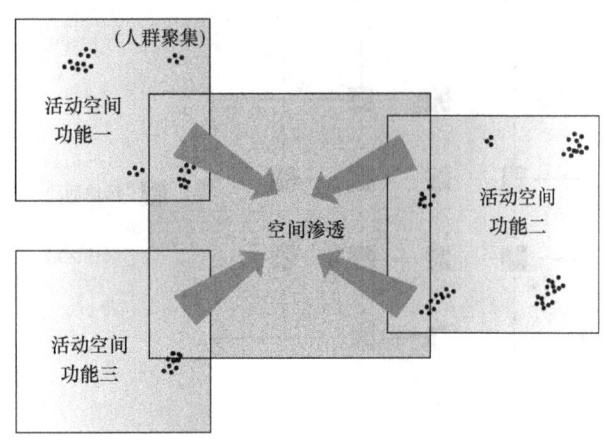

图9 复合渗透模式

3.2.4 循环交通

住区步行系统是老年人交往空间的重要组成部分，对于老年人来说，不能回到起点的路线容易使他们迷失方向，过于复杂的步行路线会给老年人带来不安全感，尤其是在风霜雪雨、严寒酷暑中，不熟悉方向或长时间步行会给老年人带来危害。因此，适老性住区应建立明确、易识别的步行系统，形成合理分级、循环的步行系统（图10）。

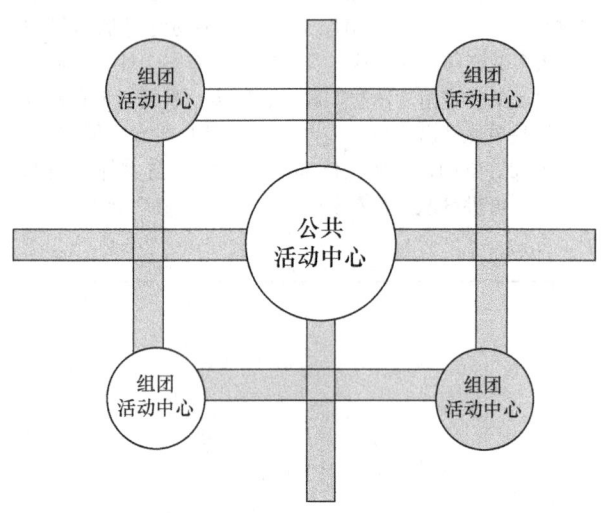

图10 循环交通模式

3.3 设计要素

3.3.1 坡道、扶手等无障碍设施

应充分考虑老年人需求，执行《老年人居住建筑》15J923中关于室外台阶、踏步和坡道的相关规定。同时还应注意寒冷地区冰雪天气的湿滑问题，选择防滑铺装材料，采用非白色材料和无反光材料，以避免眩光，这不仅适用于老年人活动场地，也适用于北方寒冷地区所有室外道路和活动场地[17]。

3.3.2 舒适化的休息座椅

休息座椅是老年人从事户外活动最为基础的设施，而通过调查发现增设座椅数量和座椅舒适性是老年人最关心、最实际的问题。在满足一般适应性设计的要求后，寒冷地区休息座椅还应在舒适性上有所注意。

将座椅结合通道、遮蔽物和植物配置，给老年人提供安全、舒适的观赏和交流区域[18]。座椅周围区域应考虑老年人冬季透光、夏季遮阳的需求，利用植物搭配来达到需求；座椅应避免布置在冬季主导西北风向上，而夏季应布置在主导东南风向上；座椅椅面、靠背、扶手应选用木质材料。

3.3.3 宜人的绿化景观

老年人对住区环境的关注度高，对绿化空间的利用率也明显高于中、青年人，应重视绿化景观设计，为老年人提供更好的生活空间。在寒冷地区的住区绿化设计中应注意以下几点：①注意常绿树与落叶树的比例。日照对老年人十分重要，应多种落叶树种，保证冬季户内、户外日照充足，一般情况下常绿树与落叶树比例控制在1:3~1:4。②在植物配置方面，尽量选择乡土树种、老年人友好型树种以及无飞絮、无过多花粉刺激和刺鼻气味树种。③老年人视力下降，多配置色叶植物，丰富植物种类，创造四季景观[19]。

3.3.4 适老性的健身器材

户外健身器材应避免耗费大量体力且易运动过猛的器材；应色彩鲜艳，吸引老年人注意，增强空间的识别性。

3.3.5 适老性的户外标识

住区内标识系统应保持统一风格，使用大尺寸、材料无反光的标识牌，采用宋体、黑体等没有装饰的粗体字体。宜用白字配深色背景，易于老年人识别；如使用彩色字体，宜采用黄色、红色、橙色等暖色系，与背景形成鲜明对比。

3.3.6 适老性的户外照明

适合老年人的照明设施应有比普通照明设施更高的照度水平，一般应提高2~3倍才能使老年人感到舒适[20]。为避免过亮的眩光点可采用以下措施：光线交叠区可减少眩光；利用半透明的灯罩遮挡视内直射光；使用光线向下的照明灯具而非光线朝上或朝外的射灯。

4 结语

寒冷地区适老性住区环境既是一个城市问题也是一个社会问题，它需要全社会来共同关注、共同面对。在住区环境设计中应该从住区小气候着手，控制好活动区域的日照和通风，确保每个活动区域有良好的日照与热环境，尽量避免冬季寒冷气候的影响，为住区老年人营造更加舒适安全的环境。

参考文献

[1] 邬樱，李爱群. 北京老旧小区更新改造政策梳理与柔性化策略研究——双重老龄化视角[J]. 城市发展研究，2022（5）：73-79.

[2] 徐丽婷，陈维肖，徐辰，等．人口老龄化背景下的社区宜老性研究——以南京市4个社区为例[J]．中国科学院大学学报，2020（3）：424-431．

[3] 张月．室内人体工程学[M]．北京：中国建筑工业出版社，2012：12-53．

[4] 牛凤瑞．城市学概论[M]．北京：中国社会科学出版社，2008：87-140．

[5] 方创琳，姚士谋，刘盛和，等．中国城市群发展报告[M]．北京：科学出版社，2011．

[6] 谷鲁奇．面向老年人的旧住宅区公共活动空间更新方法研究[D]．重庆：重庆大学，2010．

[7] 吴良镛．人居环境科学导论[M]．北京：中国建筑工业出版社，2011．

[8] 谷志莲，柴彦威．老龄化社会背景下单位社区的"宜老性"研究——以北京大学燕东园社区为例[J]．城市发展研究，2012（11）：89-95+102．

[9] 赵立志，丁飞，李晟凯．老龄化背景下北京市老旧小区适老化改造对策[J]．城市发展研究，2017（7）：11-14．

[10] 胡刚钰，黄建中，牛强．老龄化背景下社区服务设施相关研究综述与启示[J]．城市发展研究，2016（2）：78-83．

[11] Wei N, Zheng W, Zhang N, et al. Field study of seasonal thermal comfort and adaptive behavior for occupants in residential buildings of Xi'an, China[J]. Journal of Central South University, 2022（7）：2403-2414．

[12] 董雨琴，宁春娇，杨喻明，等．校园景观空间冬季微气候分析和热舒适研究——以福建农林大学为例[J]．江苏林业科技，2022（3）：15-21．

[13] 王晨曦，郝小雨．老龄化背景下西安纺织城典型单位社区的转型发展之路[J]．城市建筑，2021（8）：115-117．

[14] 李昆．老年人社区公共活动空间研究初探[D]．北京：清华大学，2011．

[15] 扬·盖尔．交往与空间[M]．何可人，译．北京：中国建筑工业出版社，1992．

[16] 奚雪松，王雪梅，王凤娇，等．城市高老龄化地区社区养老设施现状及规划策略[J]．规划师，2013（1）：54-59．

[17] 张健，王婷，刘小溪．老龄化社会背景下的东北寒地宜老社区景观设计思考[J]．沈阳建筑大学学报（社会科学版），2014（2）：113-116．

[18] 陈蕾．城市社区中适老化公共座椅设施研究[D]．武汉：湖北工业大学，2019．

[19] 王汉，瞿萧羽，庄敬宜．东北寒地康养特色小镇建筑景观一体化设计策略——以适老空间为例[J]．现代园艺，2021（20）：87-88．

[20] 高桥仪平．无障碍建筑设计手册[M]．陶新中，译．北京：中国建筑工业出版社，2015．73-167．

作者简介

（通信作者）王晓雄，1973年生，男，汉族，陕西榆林人，硕士，长安大学建筑学院副教授，研究方向为风景园林规划与设计、城市景观设计。电子邮箱：wxxbobo@163.com。

欧阳善，1999年生，女，汉族，江苏镇江，硕士，长安大学建筑学院风景园林学研究生在读，研究方向为风景园林规划设计、城市更新。电子邮箱：1300750882@qq.com。

刘心悦，1998年生，女，汉族，陕西铜川人，硕士，长安大学建筑学院风景园林学研究生在读，研究方向为风景园林规划设计、遗产保护。电子邮箱：1196017793@qq.com。

基于动态视觉景观的城市特色线性开敞空间导控研究[①]

Research on Urban Characteristic Linear Open Spaces Guidance and Control Based on Dynamic Visual Landscape

吴昌广　刘梅华　于　晴　成雅田

摘　要：城市特色线性开敞空间能够起到景观延续与视线引导作用，在高密度城市建成环境景观设计中表现出愈发重要的意义。而对于城市内部潜在景观资源及观赏者动态视觉感知的把握往往是城市特色线性开敞空间研究与实践的难点。为明晰不同景观类型及运动状态下的视觉感知现状，促进城市特色线性开敞空间的系统导控，本文从动态视觉景观的角度切入，在认知人眼动态视觉感知特征、明确特色线性开敞空间选择依据的基础上，以"景""观"结合的视角出发提炼城市特色线性开敞空间的分类分级方法、整体管控原则与分类导控途径。同时应用于武汉市武珞路—珞喻路的案例研究中，旨在为城市景观空间设计提供相应的方法参考。

关键词：城市景观；城市设计；动态景观；城市开敞空间；武汉市

Abstract: Urban linear open spaces are increasingly important in the landscape design of high-density urban built environment, as they provide landscape continuity and visual guidance. However, grasping the potential landscape resources and the dynamic visual perception of the viewers are often the difficulties in the researches and practices of urban characteristic linear open spaces. In order to clarify the status of visual perception in different landscape types and movement states and promote the systematic control of linear open spaces with urban characteristics, this paper refines the classification and grading methods, the overall control principles as well as the ways of guiding the classification and control of characteristic linear open spaces from the perspective of the combination of "landscape" and "view" based on the recognition of the dynamic visual perception characteristics of the human eyes and the basis for the selection of characteristic linear open spaces. Furthermore, research results are applied to Wuluo Road to Luoyu Road in Wuhan City as the case, aiming to provide a corresponding methodological reference for the design of urban landscape spaces.

Keywords: Urban Landscape, Urban Design, Dynamic Landscape, Urban Open Space, Wuhan City

引言

当前，我国的城市化进程已进入存量更新阶段，在高密度的城市建成环境中，快速增长的城市建筑高度使城市自然肌理破碎、景观特征趋同，若无地势依托，城市景观的观赏视线将受到阻挡而局限于较小空间中。因此，分布广泛、具备观赏价值的城市特色线性开敞空间逐渐成为城市景观风貌展示的重要窗口。城市特色线性开敞空间是指能够融合自然环境、体现地域文化、展现时代特点的条带状连续的户外开敞空间体[1]，其主要依托城市道路（如街道、有轨交通通道、游步道及特色步行街等）或江河水道而存在。城市特色线性开敞空间景观内容作为总体城市设计中景观环境专项的重要组成部分，具备对城市内各点状、面状开敞空间景观的连接作用以及观景路径内部的视线引导作用，愈发在城市景观格局改善及品质提升方面显示出重要意义。

目前，城市特色线性开敞空间内容主要集中在实际项目的规划应对研究中。当面对复杂的城市特色线性开敞空间景观现状时，相关实践多依靠设计师的主观经验和设计素养，而缺乏理论、方法层面的系统组织，难以进行普遍推广。为促进城市特色线性开敞空间的科学性、完整性导控，相关城市设计研究被广泛开展，且研究内容往往围绕以下两点展开。一方面，研究者们关注到了线性开敞空间中指向特色景观的视线内容，如在进行城市建筑高度控制时，钮心毅等考虑到了关键滨水道路指向城市山体背景的视线保护[2]，彭建东等则关注了人行状态下街道指向地标建筑的视线保护[3]；另一方面，研究者们将观赏时的动态视觉感知特性作为理论基础以提出对相应空间要素的规划设计要求，如田少朋凝练了三类速度体验下的道路景观评价原则及设计要点[4]，许姝通过分析相关视觉理念对高速铁路沿线动态景观的控制方法及内容进行了探索[5]。相关研究的开展旨在解决城市特色线性开敞空间两个方面的景观导控问题：①"景"的问题——建设过程缺乏针对空间内部现有城市景观资源的关注，而往往着眼于进行界面景观的统一整治，使得空间景观涣散、特点平淡；②"观"的问题——忽视了观赏者在空间中的动态视觉感知效果，而特色线性开敞空间景观理应结合人的运动状态及景观观赏习惯进行布局[6]。然而，当前研究却鲜有探讨城市特色线性开敞空间的各

[①] 基金项目：国家自然科学基金项目（编号：31670705）、中央高校基本科研业务费专项（编号：2662022YLYJ002）和武汉市园林和林业局科技计划项目（编号：WHGF2019A01）共同资助。

类特定视觉景观在不同人群运动状态下适宜开展的导控内容及导控强度,即以"景""观"的结合视角对空间导控要求进行系统阐述。

为明晰不同运动轨迹及相对速度下的视觉景观感知状况,促进城市特色线性开敞空间的系统导控,本文将"构建动态视觉景观"作为线性开敞空间的导控目的及导控体系的组织依据。动态视觉景观的内涵包括:①人在移动过程中将多个城市景观画面叠加获得的整体感知印象;②能带来上述感知行为的客观地理实体。概念中包含了"景"(城市景物)与"观"(动态观览方式)两个方面的内容。从"景""观"视角切入,分别提炼城市线性开敞空间在不同"景观种类与分布"及"人群活动状态"下的类型划分内容,并进行城市线性开敞空间品质评价的方法体系构建;以此为基础阐述其整体管控的原则逻辑及刚性、弹性控制的方法途径;同时应用于武汉市武珞路—珞瑜路路段的案例研究中。本研究试图补充及完善现有城市线性开敞空间的景观管控内容,以期为城市存量环境的精细化设计提供新的思路。

1 城市特色线性开敞空间的导控基础

1.1 城市特色线性开敞空间的动态视觉感知特征分析

明晰动态视觉感知特征是进行城市特色线性开敞空间类型划分的基础,也是景观空间实施导控过程的重要理论依据。动态视觉景观主要涉及观赏主客体间的相对位置及相对速度两个方面的空间视觉感知内容。"景""观"间的相对位置关注的是不同视觉距离及观赏角度下的视觉感知差异,而相对速度的叠加则将造成视野范围的缩小及视觉体验的模糊化,其在前者基础上通过增加时间维度丰富了视觉感知内容的层次性。

1.1.1 视野范围

通常情况下,人眼的视野范围控制在水平视角120°以内,其中最为清晰的范围则保持在60°以内。当观赏者在空间内以一定速度运动时,若运动方向与视线方向平行,视野范围将随速度的提高而减小(图1a);若运动方向与视线方向垂直,速度对视野的影响则不显著[7]。

1.1.2 视觉距离

在城市特色线性开敞空间范围内,相对某一特定景观的实际视觉距离会随观赏者的运动而不断发生变化,不同视距下进行观赏产生的视觉感知不同:30m以内可感知线性开敞空间界面的景物单体及其细部;30~600m以内可感知线性开敞空间前方建筑(群)的整体形象及其与周边环境的关系;1500m以内是感知线性开敞空间内大型地标建构筑物及城中山体的适宜距离;5000m以内则是感知城市大型开阔山水界面的有效距离。

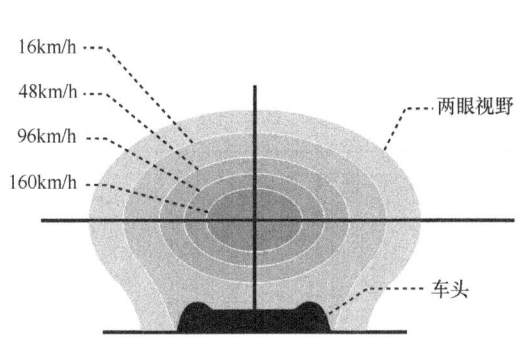

(a) 动视野范围

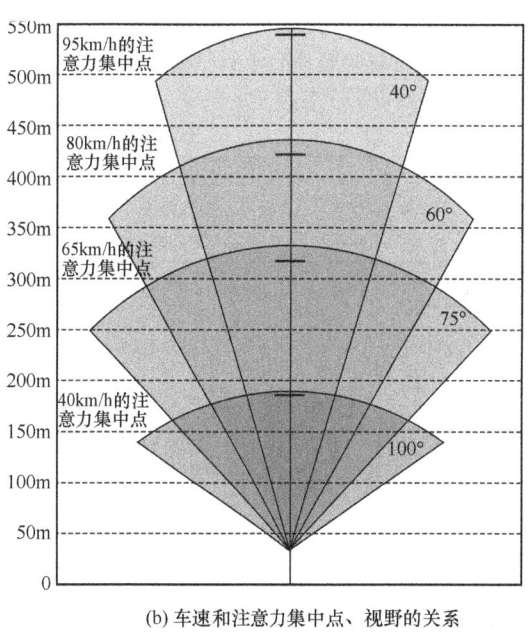

(b) 车速和注意力集中点、视野的关系

图1 不同速度下的生理视觉特征

在视觉生理层面,随着运动速度的改变,观赏者应发生变化。此现象在驾驶者于城市道路的行驶过程中表现尤为显著,其注意力集中点会随着运动速度的增加而退远(图1b),视线将被集中在较小的范围中,且视点逐渐固定[7]。而当观赏者的视线方向与运动方向垂直时,如车内乘客的观景,则只需满足回转角速度条件,使注视物体相对人眼的回转速度小于每秒72°,保证运动的景物在视网膜上成像完整即可[7]。一般来说,城市道路内的最大车速不超过80km/h,则能看清物体的最小距离将不大于7m,即运动过程中道路外两侧界面的景观是普遍清晰可见的。

1.1.3 垂直视角

人在观赏线性开敞空间界面时的垂直视角是影响观赏感受的关键因素之一,其通常以视点到线性开敞空间景物界面的距离D与景物界面高度H的比值表示。如图

2所示，当视角为45°（$D/H=1$）时，可看清线性开敞空间内的景物高度及其细部，观赏时吃力，对运动中的行人则具压迫感；当视角为27°（$D/H=2$）时，此时为静态观赏整个界面的最佳视角，对运动中的行人而言则视线受限，具有一定围合感；当视角为18°（$D/H=3$）时，可观察到界面景物背景在内的整体景观，运动时将给人以半开放的空间感；当视角为14°（$D/H=4$）时，可观察到线性开敞空间景观全貌，运动时行人将获得较为开敞的空间感；当视角为11°（$D/H=5$）时，线性开敞空间界面景物对运动中的行人作用可忽略不计，且将获得完全开放的空间体验[8]。

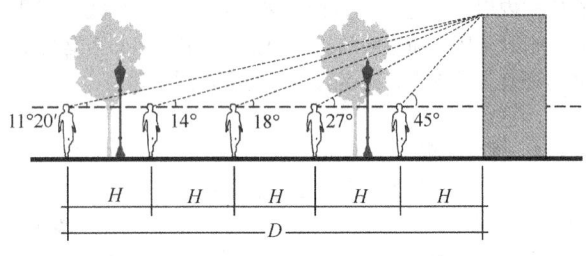

图2 特殊的垂直视角示意

1.2 城市特色线性开敞空间的选取条件

城市特色线性开敞空间作为城市中常见的动态观赏场所形式，其选择过程须充分结合现有景观资源的适宜观赏范围及分布特征进行，从而使线性开敞空间起到城市景观观赏及视觉感知延伸的作用，城市特色线性开敞空间的选取条件有以下三点：

（1）线性开敞空间存在可识别的视觉焦点：城市特色线性开敞空间的适宜观赏范围内存在可观赏识别的节点型视景，满足该条件的空间类型较多，几乎所有线性开敞空间均能通过不同体量及风格的标志景物以提升整体景观水平。

（2）线性开敞空间存在连续的景观界面：城市特色线性开敞空间位于界面型视景的沿线范围，除部分具有良好山水资源或建筑界面的城市干道或江河水道外，满足条件的还包括围绕历史文化、商业、景观休闲等主题建设的游览型道路。

（3）线性开敞空间为城市区域连接、穿行的重要通道：此类线性开敞空间主要起到城市景观衔接与城市形象展示的作用，因此可不具备原生的景观资源基础，而通过优化建筑立面、丰富植物景观等形式提升空间内部的景观性。满足此条件的主要为城市快速路、主干道、江河水道等线性开敞空间。

1.3 "景""观"导向下的城市特色线性开敞空间类型划分

以"景观种类与分布"及"人群活动状态"两个因素为依据，本文将从"景"与"观"两个角度对城市特色线性开敞空间展开类型划定。

根据观赏者在城市特色线性开敞空间内部与景物间的相对位置差异，可将其划分为视觉中心型、视觉轴线型和视觉界面型3类。进而又可通过城市景观资源类型展开为7个小类，不同类型景观适宜观赏的视距及视角不同（表1）。

视觉景观导向下的城市特色线性开敞空间分类　　　　表1

城市特色线性开敞空间类型	视景类型	适宜观赏的人眼视野范围	适宜观赏的视觉距离	示意图
视觉中心型	地标建（构）筑物、门户建筑群	60°，30°以内最为清晰	600m以内，大型建（构）筑物可达1500m	
视觉轴线型	山体	随运动速度的改变在40°与120°之间变化	1500m以内	
	地标建（构）筑物	60°，30°以内最为清晰	600m以内，大型建（构）筑物可达1500m	

续表

城市特色线性开敞空间类型	视景类型	适宜观赏的人眼视野范围	适宜观赏的视觉距离	示意图
视觉界面型	山体	120°，60°以内最为清晰	5000m 以内	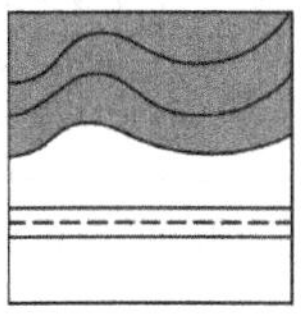 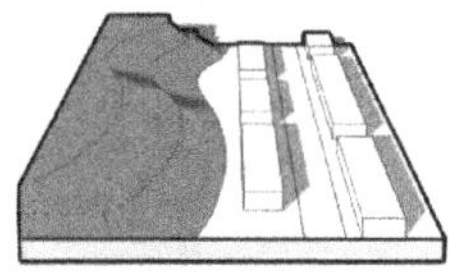
	水体	120°，60°以内最为清晰	5000m 以内水域范围	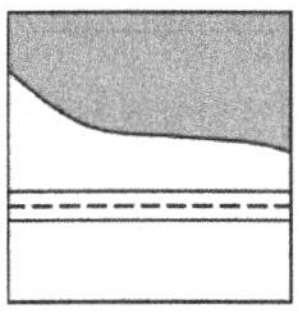 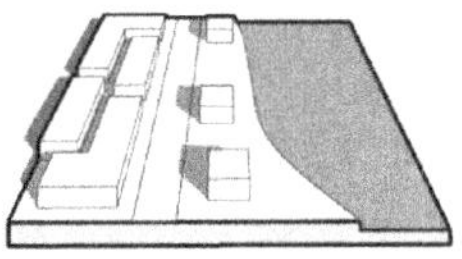
	地标建（构）筑物、大型公建、历史建筑、自然景区等形成的廊道立面	120°，60°以内最为清晰	1500m 以内	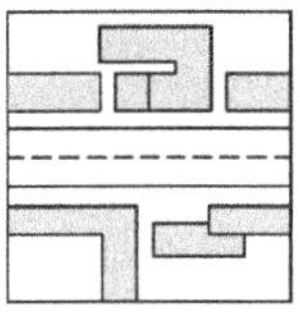 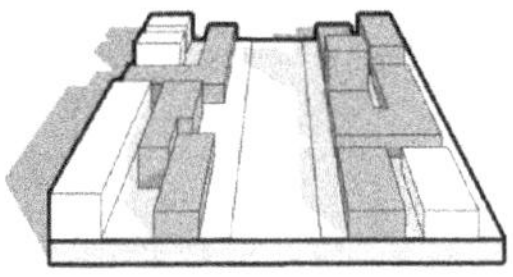

根据观赏者在城市特色线性开敞空间内部与景物间的相对速度差异，并结合对应的线性开敞空间功能，可将其划分为游览型、综合型和交通型 3 类，且分别对应低、中、高速下不同的景观观赏状态。

（1）游览型城市特色线性开敞空间，通常以历史文化街区街道、商业街道、绿道、游步道等场所为载体进行构建，其通行方式主要为步行、自行车、电动车等，速度一般在 5~15km/h。该运动方式的灵活性较强，观赏者可于关键景点位置停留进行驻足观赏。低速运动对于观赏视野及视距的影响不大，因此对于空间内部的景观感知最为适宜，观赏者将会对其中的景物细节产生较为深刻的印象。

（2）综合型城市特色线性开敞空间，通常以城市干道及江河水道为载体进行构建，其主要通过汽车、公共汽车、电车、快艇等交通方式进行，运动速度普遍在 40~60km/h 范围内。此时观赏者的注意点普遍集中在线性开敞空间前方的中心位置或远处界面，且仅能获得对关键景点或界面形态及色彩的粗略印象。除此之外，上述的低速运动方式也普遍发生在此类空间中，故需综合考虑空间内的人群活动状态，兼顾空间整体序列及关键路径内景物的细节变化。

（3）交通型城市特色线性开敞空间，通常以城市快速路、轻轨高架桥及铁路为载体进行构建，其主要通过汽车、轻轨、火车等交通方式进行，运动速度普遍在 60km/h以上，最高可达 200~300km/h。高速运动下的观赏者往往仅能识别大体量的景物以及感知界面景观的段落变化，从而获得对城市形象的大致印象。

1.4 动态视觉景观角度下的城市特色线性开敞空间评估分级

城市范围内的特色线性开敞空间众多，为科学选取公众认可度高、景观基础好的线性开敞空间内容，并将其作为后续导控的参考依据，有必要建立起城市特色线性开敞空间的评估体系。考虑到同一线性开敞空间不同区段的景观特征差异以及观赏者在不同运动状态下的视觉关注重点差异，故需在层次分析法确定各类线性开敞空间指标不同权重的基础上，以线性开敞空间内的景观特点为依据进行分段评估。评估指标体系的构建对于理解、认知线性开敞空间视觉景观的现状特色、品质、影响力及资源条件具有重要意义。评估过程应首先考虑线性开敞空间整体可传达的风貌意象感知特征以及沿线局部景观的品质特征，其次分析当前线性开敞空间的公众偏好，同时需结合现状条件，对线性开敞空间未来开发的必要性展开评判，将此 4 项准则内容及对应的 11 项指标进行打分评价、数值叠加后得评估结果（表 2）。每一分级的城市特色线性开敞空间概况如下：

（1）一级城市特色线性开敞空间——空间范围内存在具有战略意义的地标建（构）筑物、特色建筑群或山水景观界面，且景观目标清晰可见、视野范围构图合宜；沿线界面景观风貌鲜明统一、开合有序；线性开敞空间自身可达性高、沿线植景丰富、设施齐全。

（2）二级城市特色线性开敞空间——空间视野范围内存在观赏价值较好的景观资源，且观赏对象较为醒目；沿线景观风貌及序列感一般；线性开敞空间可达性较好，沿线环境及设施条件相对一般。

（3）三级城市特色线性开敞空间——空间范围景观条件一般，但存在较大开发潜力；沿线景观单一，无显著特色；空间具有较好的可达性及开放度，但环境及设施条件一般。

城市特色线性开敞空间评估体系　　　　　　表2

目标层	准则层	指标层	评估标准	因子权重 游览型	因子权重 综合型	因子权重 交通型
城市特色线性开敞空间景观品质评价	风貌特色性	地域风貌特色	以沿线景观对当地风土特征的反映程度为依据，能充分体现当地城市意象（5分）；具备一定程度地域特色感知体验（3分）；地域特色感知不明显（1分）；无地域特色（0分）	0.071	0.053	0.049
		自然风貌特色	以沿线景观与自然环境的融合程度为依据，能明显感知自然景观风貌（5分）；具备一定程度自然特色感知体验（3分）；自然特色感知不明显（1分）；无自然特色（0分）	0.039	0.035	0.067
		历史风貌特色	以沿线景观对历史文脉的传承反映程度为依据，能明显感知历史特色氛围（5分）；具备片段性历史特色感知体验（3分）；历史特色感知零散（1分）；无历史特色（0分）	0.087	0.030	0.029
		时代风貌特色	以沿线景观对当代城市形象的展示程度为依据，能明显感知当代都市风貌（5分）；具备一定程度时代特色感知体验（3分）；时代特色感知不明显（1分）；无时代特色（0分）	0.030	0.053	0.062
	景观品质性	景观美学形象	以线性开敞空间界面的建（构）筑物形态优美性、建筑群组合协调性为依据，具有地域标志性（5分）；具有显著美学价值（3分）；可识别欣赏（1分）；不具有可识别景观（0分）	0.122	0.074	0.051
		景观醒目程度	从色彩、体量、形态、质感等角度出发，以景点与其周边环境的对比为依据，观赏对象突出（5分）；少量遮挡、较醒目（3分）；大部遮挡、不醒目（1分）；难以识别（0分）	0.039	0.072	0.115
		景观序列性	以线性开敞空间范围内标志物、节点与路径的分布关系为依据，序列连续且段落特征丰富（5分）；存在一定段落特征（3分）；视景单一无变化（1分）；空间秩序混乱（0分）	0.044	0.138	0.154
	公众认可度	人流聚集度	以通过或邻近线性开敞空间的相对人流量为依据，人流量大（5分）；较大（3分）；一般（1分）；较少（0分）	0.166	0.169	0.090
		景观美景度	以公众对现状沿线景观优美程度的相对评价结果为依据，公认景观优美程度高（5分）；较高（3分）；一般（1分）；不优美（0分）	0.193	0.210	0.156
	开发潜力性	景观潜力性	以沿线界面的自然或人工景观资源条件为依据，景观条件独特且改造价值显著（5分）；具有景观条件及一定改造价值（3分）；无景观条件但具备改造必要性（1分）；无景观条件且改造价值小（0分）	0.077	0.094	0.162
		文化潜力性	以沿线空间对城市形象展示、文化彰显的潜在作用为依据，能够对城市形象及文化塑造起到关键作用（5分）；对城市形象文化具备一定提升作用（3分）；提升作用不显著（1分）；不存在文化塑造潜力（0分）	0.130	0.070	0.065

2 动态视景营造下的城市特色线性开敞空间导控途径

2.1 导控原则

导控实施是城市特色线性开敞空间选择、评估的主要目标环节。为发挥城市内部有限景观资源的最大化作用，并保持城市动态视觉景观的整体连续性，城市特色线性开敞空间在全局结构层面理应贯彻"先局部、后整体"的导控逻辑，即首先围绕现有视景展开，以维护具备景观观赏条件的重点地段内的视觉意象，后续通过规划构建的线性开敞空间则主要起到景观点或是景观片间的视觉连接作用，用于满足城市的门户需求。本文关注的城市特色线性开敞空间涉及的城市景观范围相对较广，其营造及维护工作在实际的城市建设过程中是长期而持久的。因此需要通过"要素控制"的方法，对建成环境实施可行性较强的局部调整[9]（表3），同时有必要考虑不同等级、类型的城市特色线性开敞空间在导控要素、导控强度及建设时序方面的差异性[10]。

在分级管控层面，首先需依据城市特色线性开敞空间的功能类型及评估结果区分其重要程度，一般来说，游览型及综合型线性开敞空间的重要性高于交通型，而在同类型中，评估结果占优势的线性开敞空间则相对重要。分级管控一方面可按控制措施的严格程度差异进行落实，即将限定建筑地块高度的刚性管控措施与关注整体风貌的弹性管控措施相结合，根据线性开敞空间特性选择相应控制强度；另一方面则可通过规划建设的时序性差异进行落实，即优先提升核心的线性开敞空间景观环境质量，随后改造等级较低的空间。从而在合理分配有限城市资源的基础上，实现针对相应城市特色线性开敞空间的有效控制。

在分类引导层面，虽然每个城市特色线性开敞空间内呈现的场景不同，但具有类似"景""观"间相对位置及相对速度的动态视觉景观，在景观组成层次及视线关注重点方面同样具有相似性，因此可确定同种动态观赏方式下景观控制的核心要素及适宜强度，以形成与线性开敞空间类型相应的控制逻辑。

城市特色线性开敞空间分类导控要素汇总　　表3

类型		刚性控制要素			弹性引导要素										
		城市地标	景观视廊	天际轮廓线	街道尺度	建筑高度	建筑体量	建筑屋顶	建筑立面	开敞空间	植物绿化	地面铺装	街道家具	景观小品	灯光设施	广告位
景观空间类型	视觉中心型	√	√	○	√	√	○	○	○	√	○	○	○	√	√	√
	视觉轴线型	√	√	√	√	○	○	○	○	√	○	○	○	√	√	√
	视觉界面型		√	√	√	√	√	√	√	○	○	○	○	√	√	√
运动状态类型	游览型	○	○	○	√	√	√	√	√	√	√	√	√	√		
	综合型	○	○		√	√	√			√	√	√	√	√	√	√
	交通型	○	○								√				√	√

注："√"表示不同类型下的核心管控要素，"○"表示特定情况下需予以考虑的管控要素。

2.2 景：城市特色线性开敞空间动态视觉景观导控

2.2.1 "景"的可见性导控

为保证城市特色线性开敞空间的视线通透性，有必要在关键位置处划定景观视廊用于保护沿线开敞空间的特定景观视线。本文以不同景观空间类型的城市特色线性开敞空间视觉特征为依据，阐述在线性观赏场所中各类景观视廊的分区导控方法及内容。除景观视廊本身范围外，导控中还需关注视廊的背景协议区范围。

（1）视觉中心型：主要考虑控制观赏动线与节点间景观视廊范围的建筑高度。线性开敞空间按普通观者视高提升后，将景点需被观赏到的最低高度控制点与提升后的路径连接形成建筑高度控制面，该控制面与地表高度间的差值即为控制范围内的允许建筑高度（图3a）。

（2）视觉轴线型：主要考虑控制景观视廊部分无遮挡及背景协议区内的建筑高度。为显露城市干道或江河水道的对景景点，可选择沿线景点可见性最差的位置进行视廊控制，规划时可考虑对临街建筑裙房檐口以上部分进行退台，同时减少绿化、广告牌带来的视线遮挡，从而形成通畅、延续的景深。背景控制的深度因视景的不同而有所区别，一般设定在2.5~4km；协议区内无严格建筑高度控制，但需要对超越高度阈值的开发予以限制，从而避免形成屏风一样的建筑（图3b）。

（3）视觉界面型：主要考虑控制观景动线与界面间景观视廊范围或界面背景协议区范围内的建筑高度。图示为实现山体景观界面前景的建筑高度控制过程（图3c），通过从视线轨迹上的各点出发在山脊保护线上寻找最近点，两点间直线段相连，无数线段构成建筑高度控制面，此方法仅能确保与路径相近范围内景观界面的可见性。

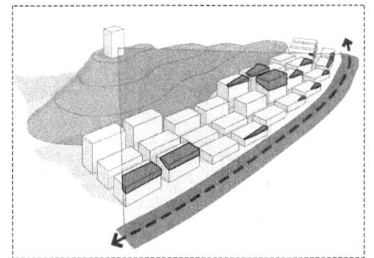
(a) 视觉中心型线性开敞空间建筑高度导控

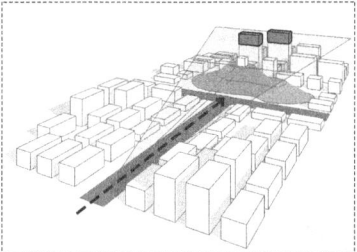
(b) 视觉轴线型线性开敞空间建筑高度导控

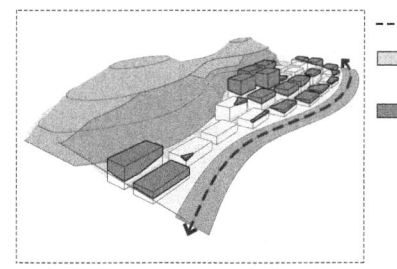
(c) 视觉界面型线性开敞空间建筑高度导控

图3　建筑高度刚性控制方法示意图

2.2.2 "景"的品质性导控

为提升城市特色线性开敞空间的景观美学形象,需针对重要程度高、改造潜力大的景观节点及景观界面进行导控,导控过程既涉及以指标形式量化的刚性控制内容,又包括以条文形式落实的弹性引导内容。

景观节点:以弹性引导为主。注重节点高度及体量与周边环境的协调程度,节点体量可依据动态观赏时的运动速度提升而适当增大;通过外形、色彩与材质设计以及夜间灯光布置等措施强调城市建(构)筑物节点景观的视觉效果。

景观界面:刚性与弹性结合导控。通过各城市形态的指标阈值以控制界面景观质量,指标包含建筑面宽、间口率、贴线率及天际线相关指标(如轮廓节奏指数、轮廓波动指数)等;此外,应关注打造天际线的韵律感与层次感,强调建筑立面布置的连续性,维护立面及屋顶风格、色彩的统一性,合理布置灯光、广告位,维护修复沿线自然景观,从而塑造景观界面的整体风貌,令其美观有序。

2.3 观:城市特色线性开敞空间动态观赏场所引导

动态视觉景观观赏场所的环境条件优劣往往是影响整体观景效果的重要因素,高品质的线性观赏场所本身便可作为观赏对象以融合界面或背景景观。在不同的人群运动状态下,针对城市特色线性开敞空间底界面的引导内容也相应地各有侧重。

(1)游览型城市特色线性开敞空间主要关注慢行动线内植景补植、铺装设置及街道家具布置的风格统一性,以形成和谐的场所风貌及氛围感。在线性开敞空间尽头或中间处增设特色建构筑物或小品,能够使对景观起到对人群的视线引导作用。内部的灯光设置用于烘托节点及界面景观的视觉效果,广告店招设置则注重融合当前的景观环境,同时,需间隔适宜距离设置开敞空间以供观赏者驻足停留。

(2)综合型城市特色线性开敞空间主要关注车行绿带、行道树绿带配置层次及种类的丰富性,注重人行道铺装、灯光设置、公共设施及广告位的美观性,同时可考虑在重点观赏位置或人流集散处设置开敞空间以进行城市风貌展示及文化彰显。

(3)交通型城市特色线性开敞空间主要关注路灯、围栏、绿化分隔带、路旁绿化的美观程度及其与背景、界面景观的协调程度,同时广告牌设置不应影响沿线关键位置处的景观视野。此外,线性开敞空间布置应顺应地形,以形成起伏变化的城市景观。

3 基于动态视觉景观的武珞路—珞喻路导控示例

3.1 研究路段空间特色分析

武珞路—珞喻路路段是武汉市武昌范围的主要干道,其西北端起长江大桥武昌引桥,东南至珞喻东路,全长13.5km,途经范围包含了多处名胜景点、交通枢纽、商业圈层及科教基地。其中,以黄鹤楼、洪山、光谷广场综合体、街道口商圈、华中科技大学等为代表的自然资源和人工要素可以作为视觉识别的景观焦点或景观界面。路段对于武昌整体区域起到了门户展示的关键作用,且范围内的景物形式与通行状态具有多样性及复杂性,因此有必要对其开展系统性的评估、导控研究。

3.2 研究路段现状景观评价分级

为形成针对研究路段范围适用性较强的相关优化策略,有必要通过分类与分级过程确定景观导控需关注的重点地段与一般类型,以便识别相应范围内现存的景观问题。

研究路段的景观类型以山体、建筑载体的视觉界面型为主,除此之外还包含城市门户范围的视觉中心型和视觉轴线型;观赏类型为综合型,导控过程需要统筹考虑范围内的车行与人行环境。结合研究路段的分类分级结果,本文从11处景观特征段落中提炼了3类重点景观区域与4类一般景观区域,并识别了范围内的相应景观问题(图4)。

3.3 研究路段景观导控途径

在研究路段的导控过程中,需要遵循"先局部、后整体"的原则,首先进行重点地段(存在战略景观或慢行人流密集的区段),即黄鹤楼、光谷广场、街道口商圈范围的细化导控,进而推进相关典型路段的整体控制。同时,各类线性开敞空间的导控应首先识别范围内亟须控制的关键要素内容,此综合型路段以"景"的要素导控为主、"观"的要素引导为辅,在要素明晰的基础上便于进行后续的细化设计(图5)。

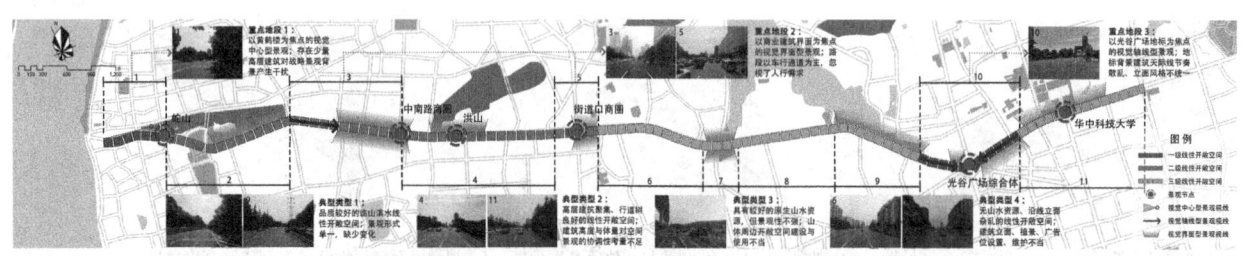

图4　武珞路—珞喻路路段分级与动态视觉景观分布图

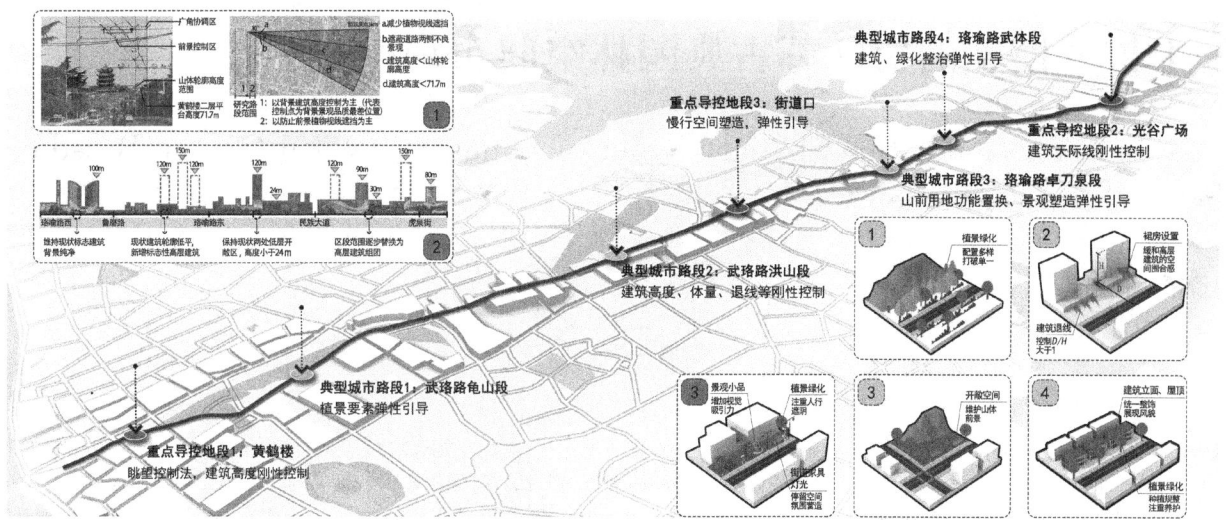

图5 武珞路—珞喻路关键路段导控策略示意

4 结语

目前，国内城市环境普遍面临景观意象断续、视线阻隔的困境。在景观资源有限的特定城市环境下，城市特色线性开敞空间构建方法的合理运用能够使城市上空零散的视觉空间与城市底面带状的实体空间结合，从而弥补建筑割裂城市空间带来的消极影响，由此保持城市景观的连续性与可读性。本文结合动态视觉景观对城市特色线性开敞空间的规划设计进行了系统性深化，以期为相关方向提供理论及实践参考。

另外值得思考的是，城市特色线性开敞空间除了具备引导视线走向、连接城市景观空间的作用外，还可考虑叠加城市绿廊，并附加城市通风等功能。通过建立视廊、绿廊、风廊相结合的城市空间网络，有限的城市土地资源将发挥最大的景观、游憩、交通、生态的复合价值，该集合思想可在城市设计领域进行下一步的探索。

参考文献

[1] 杨保军，朱子瑜，蒋朝晖，等. 城市特色空间刍议[J]. 城市规划，2013，37(3)：11-16.
[2] 钮心毅，宋小冬，陈晨. 保护山体背景景观的建筑高度控制方法及其实现技术[J]. 上海城市规划，2014(5)：92-97.
[3] 彭建东，丁叶，张建召. 多维视线分析：人行动态视感分析维度下的高度控制新方法[J]. 规划师，2015，31(3)：57-63.
[4] 田少朋. 三类速度体验下的城市道路景观设计要点研究[D]. 西安：西安建筑科技大学，2012.
[5] 许姝. 基于视觉特性的高速铁路沿线动态景观控制研究[D]. 广州：华南理工大学，2012.
[6] 杨俊宴，孙欣，潘奕巍，等. 景与观：城市眺望体系的空间解析与建构途径[J]. 城市规划，2020，44(12)：103-112.
[7] 熊广忠. 城市道路美学[M]. 北京：中国建筑工业出版社，1990.
[8] 秦晓春. 公路景观评价的感知理论与方法研究[D]. 广州：华南理工大学，2008.
[9] 杨震，费保海，郑松伟，等. 基于存量环境更新的山水城市总体城市设计——开县案例[J]. 城市规划，2016，40(3)：51-57.
[10] 王颖楠，陈振羽. 北京眺望景观设计与规划[J]. 北京规划建设，2017(4)：29-35.

作者简介

(通信作者)吴昌广，1984年生，男，汉族，浙江温州人，博士，华中农业大学园艺林学学院，副教授、副系主任，研究方向为风景园林规划设计、城市气候适应性规划与城市绿色空间效能优化。电子邮箱：wcg1129@163.com。

刘梅华，1998年生，女，汉族，浙江舟山人，华中农业大学硕士研究生，研究方向为风景园林规划设计。电子邮箱：liumeihua0121@163.com。

于晴，1997年生，女，汉族，天津人，华中农业大学硕士研究生，研究方向为风景园林规划设计。电子邮箱：654702987@qq.com。

成雅田，1997年生，女，汉族，湖北孝感人，华中农业大学博士研究生，研究方向为风景园林规划设计。电子邮箱：1810059838@qq.com。

基于扩散模型的仿江苏古典园林空间布局生成方法

A Method for Generating Spatial Layout of Jiangsu Classical Garden Based on Stable Diffusion Model

曾倩颖　孙忠伟

摘　要：中国古典园林一直以来是景观设计师研究和学习的重要对象。随着人工智能及深度学习算法的发展，模型算法能否利用学习古典园林设计特征并生成具有古典园林布局的方案值得探讨。本文采用扩散模型算法，利用 LoRA 技术训练生成仿江苏古典园林空间布局方案，通过空间句法的整合度指标对比生成方案与原始方案，发现扩散模型算法结合 LoRA 技术能够生成近似江苏古典园林空间布局的结果，在园林设计过程具有一定的应用潜力。

关键词：扩散模型；LoRA 技术；生成式设计；江苏古典园林；空间句法

Abstract: Classical Chinese Gardens are a valuable source of inspiration and knowledge for landscape designers. However, generating the layout of classical gardens is a challenging task, as it requires a deep understanding of the design features and rules of classical gardens. With the development of artificial intelligence and deep learning algorithm, it is worth discussing whether the machine can learn the characteristics of classical garden and generate a classical garden layout. In this paper, we propose a novel method for generating spatial layout of Jiangsu Classical Garden, based on a diffusion model and LoRA. We generated layouts of classical gardens using our method, and evaluated them by the integration value of space syntax, which measures the connectivity and accessibility of spatial elements. We found that our method can produce results that are similar to the original layouts, which can provide useful guidance for landscape designers who want to create classical garden layouts, as well as inspire possibilities for future research on artificial intelligence and landscape design.

Keywords: Stable Diffusion Model; LoRA; Generative Design; Jiangsu Classical Gardens; Space Syntax

引言

中国古典园林作为中华文化的瑰宝，其空间布局与造园手法一直以来都是景观设计师们研究学习的重要内容。其中，江苏古典园林作为私人园林的代表，拥有细致入微的场景设计和复杂的空间布局。在过去的研究中，学者们观察了许多园林，分析其中的造园特色，总结为固定的手法，如移步换景、以小见大等。但是，对于当代设计师而言，如何仿效古典造园手法，挖掘古典内涵，设计新的古典园林，摒除因经验不足、艺术偏好带来的欠缺，仍是一项极有挑战性的任务。

针对这类复杂的设计问题，可以通过生成式设计的方法辅助设计师工作。在 20 世纪 50 年代就有学者进行早期的生成式设计试验，如利用元胞自动机生成不同的用地方案。自 2000 年以来，基于深度学习的生成式设计方法得以产生和运用，现在人们可以输入简单的自然语言指令，指导机器产生多样化的设计方案。对于中国古典园林这类布局图像与描述性自然语言并存的艺术形式，可以应用在以概括式自然语言文本生成特定图像的生成式设计中。

如何判断生成的古典园林布局方式与既有园林设计的近似程度有赖于对于古典园林空间布局的认知。过去的研究多是结合园林特色进行定性的描述。近年来，空间句法作为一种对空间量化分析的理论与工具，逐步应用于园林空间分析，如对不同地域的园林进行比较分析，对写仿园林与原始园林进行相似性分析等，为量化评估园林空间布局提供了参考。

本文基于 Stable Diffusion 模型和 LoRA 技术，通过江苏古典园林平面图和自然语言提示词进行机器训练，实现具有江苏古典园林风格的园林空间智能生成。并利用空间句法，对生成方案与原始园林方案进行定量对比分析，研究生成式设计方法能否应用于生成江苏古典园林风格方案。

1　基于深度学习的生成式设计研究

生成式设计作为一种基于计算机辅助的设计方法，其目标是在设计过程中以更便捷迅速的方式提供更多的可能方案。目前，通过计算机辅助的方向主要有参数化设计及人工智能设计两种。随着人工智能技术的发展，新的算法模型不断提出，深度学习技术为建筑及景观领域的生成式设计提供了更多的可行性。2014 年，生成对抗网络（generative adversarial network，GAN）被提出，并衍生出如 DCGAN、StyleGAN 等修正模型，通过进行图形标注，使生成园林景观布局、生成建筑内部空间布局等在有限空间内以图像生成图像的方式成为可能。除此之外，变分自动编码器（variational auto encoder，VAE）亦为生成式设计的函数构建提供了思路，可通过 VAE 习得城市布局的模式。2021 年，CLIP 模型（contrastive language-image pre-training）模型产生，能够让机器分别学习文本和图像并对两者进行匹配，从而更好习得图片中的特征。其后，扩散模型（diffusion model，DM）得到推广，可以精准指令机器从文本中进行学习，生成更真实和更具细节的图片，如自动生成建筑立面图。与此同时，随着自然语言处理技术（natural language processing）的发展，如ChatGPT等预训练语言模型，可以在文本产生、模型语言理解上，为生成式设计提供更多的参考。

2 基于扩散模型的仿江苏古典园林空间生成设计

2.1 技术原理

2.1.1 扩散模型

扩散模型是一种基于潜在扩散模型（latent diffusion model，LDM）的文本到图像生成技术。它生成结果的可变性比传统生成对抗网络（GAN）更优，模型本身的训练也更加稳定，也可以完成如无条件图像合成、图像修复（inpainting）、文本到图像生成等多种任务。其理论原理是基于语言模型，通过输入的文本信息，对添加了随机噪声的图片进行逐步去噪，最终生成理想的图片。2022年，StabilityAI公司提出改进后的扩散模型——Stable Diffusion，提升了扩散模型的训练速度，并将代码开源，可以在本地设备上进行部署和训练。

2.1.2 LoRA技术

随着Stable Diffusion模型的推广应用，利用模型生成定制图片的需求日益增长。但是，扩散模型本身涉及上亿的参数，难以全部重新训练定制。微软研究人员开发了一种名为LoRA的技术（low-rank adaptation of large language models，LoRA），主要用于解决大规模语言模型的微调问题。它使用额外的训练数据集，预先训练好需定制的模型参数并冻结。LoRA可作为一个插件应用于Stable Diffusion模型中，输入已训练好的特定参数，使模型能够生成更符合定制条件的图片。LoRA微调技术的训练速度很快，对数据集数量要求低（20~100张图片即可），对本地设备显卡的计算要求也比其他微调技术更低，非常适合运用于大模型微调定制中。

2.2 基于Stable Diffusion模型和LoRA技术的仿江苏古典园林空间布局生成训练

2.2.1 生成流程

（1）训练数据集选择：在本研究中，从《中国古典园林平面图集》中筛选出风格较统一的20张江苏省典型的古典园林平面图，将图像统一调整为512像素×512像素，如图1所示。根据对应园林的空间布局特征（含水体尺度、有无连廊、建筑数量、建筑布局形式），为每张图片标记提示词。

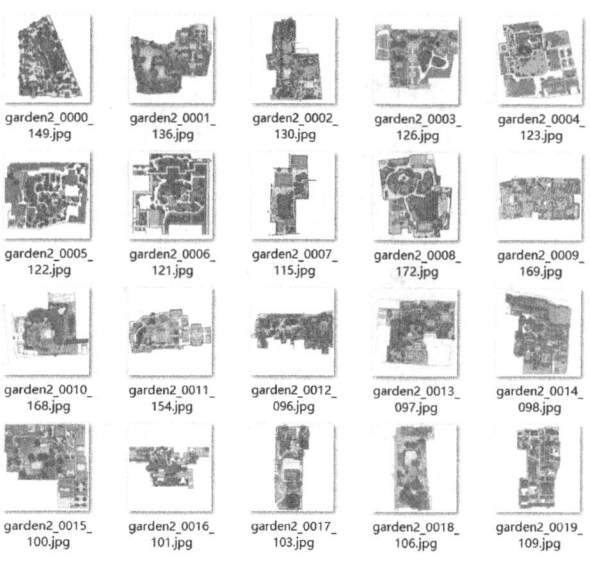

图1 训练数据集

（2）底模选择：可选用不同的底层Stable Diffusion模型，以训练更适合目标风格的方案。根据图2中三种常用底层模型（通用模型SD1.5、真实风格模型realistic、动漫风格模型anything）的生成效果，本研究采用realistic模型作为底模。

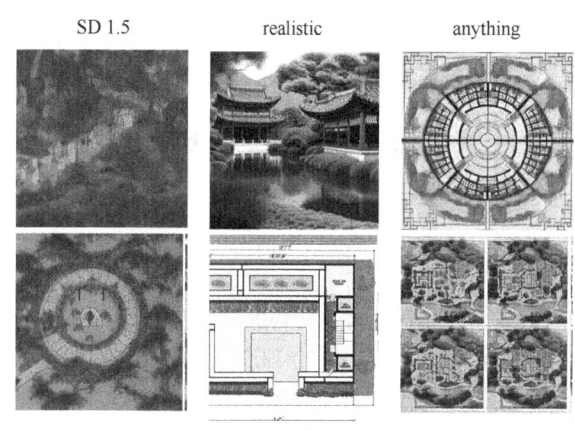

图2 不同底模初始生成效果对比图
（提示词：classical Chinese garden layout, meticulous details, winding pathways, plan trees, large ponds, corridors, many buildings, symmetrical pavilion layout）

（3）优化器设置：在Stable Diffusion模型中，采用Adam优化器算法，能够使模型学习率自适应，动态调整学习率，提升模型训练效果。

2.2.2 训练结果

数据集准备完成后，在本地部署的LoRA中进行了10000次迭代（Epoch=50，每张图片重复次数=20，Batch Size=1，显卡为NVIDIA GTX1060 5G），耗时10小时，最终生成72Mb大小的LoRA微调模型。以插件的形式应用于Stable Diffusion模型中，使用相同的提示词和随机种子、不同的插件权重进行文本生成图片，结果如图3所示。结合训练模型的Loss函数值和生成的园林空

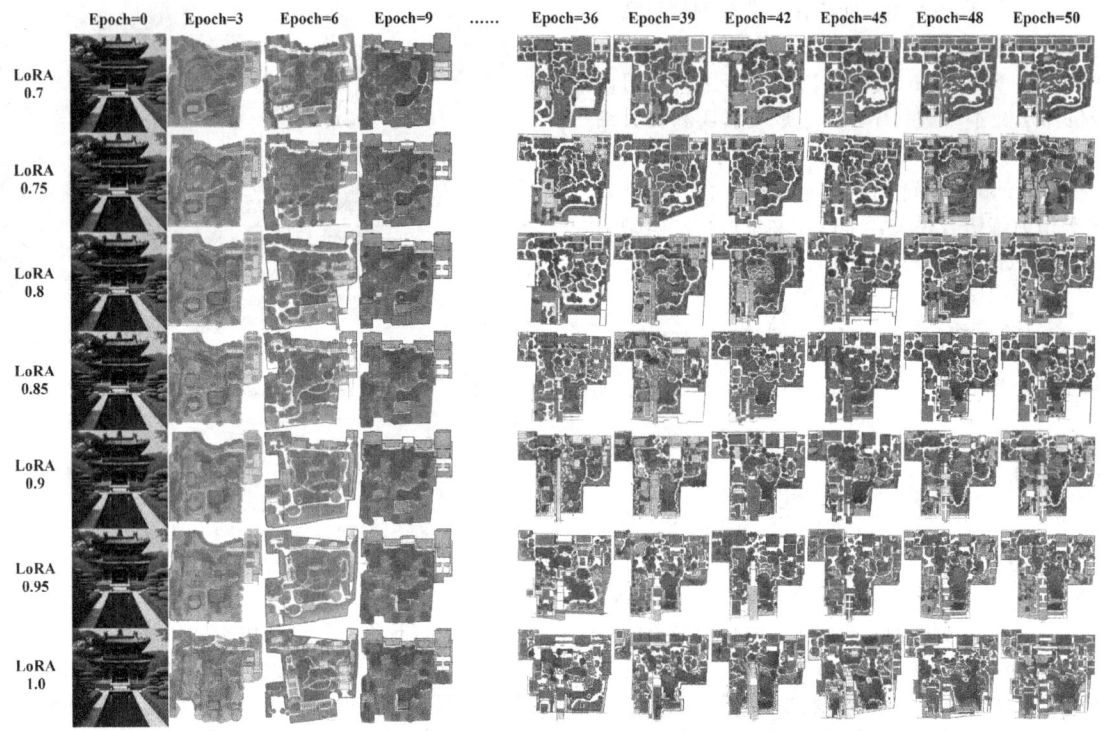

图 3　不同 LoRA 权重及不同迭代轮次（Epoch）LoRA 插件生成效果对比图

间布局实际效果，插件权重为 0.8 时和 Epoch 为 42 及 50 的模型生成效果较为理想。

3　基于空间句法的生成式古典园林空间布局分析

3.1　空间句法

空间句法是一种对空间结构进行定量分析的方法，它由 Bill Hiller 提出，基于拓扑学理论将空间抽象为点线拓扑关系，由此提取分析空间的特征。目前，已有许多学者将空间句法用于分析古典园林特征，如针对南浔私家园林结构、扬州园林回廊等。本研究应用了空间句法常用的量化指标整合度（integration），衡量某个空间在整体空间中可达到的难易程度，代表了空间的可达性或可视性。

本研究中，通过上文训练好的 LoRA 和 Stable Diffusion 模型，使用最终训练所得的 LoRA 模型插件，以 0.8 的权重随机生成 120 张仿江苏古典园林空间布局的图片，从中挑选 3 张生成效果较理想的图片并进行矢量化，改绘为可视层、可行层两类平面图，如图 4 所示。与 3 个原始江苏古典园林的道路整合度、视线整合度进行对比，分析模型生成布局与原始古典园林布局特征的差异，评判生成式古典园林空间布局与原始古典园林的近似效果。

3.2　生成式古典园林与原始江苏古典园林空间布局量化分析

3.2.1　空间可达性

生成式古典园林与原始江苏古典园林的可行层整合度结果见图 5，呈现了两组园林空间的园路及建筑可达性的情况。可行层整合度高的位置均接近园林中心区域，通常为园林中心景观或其旁边导向中心景观的道路。如沧浪亭空间可达性最高的区域为假山旁的清香馆，生成式古典园林①可达性最高的区域为中心水体旁的观景亭榭。

从可达性而言，两组园林空间可达性从最高的区域往周围的区域逐渐下降，中心景观区域两旁相连的建筑或回廊可达性较高，远离中心的建筑及其附属小庭院的可达性较低，呈现了江苏古典园林集中重要景色、其余作为散点景色的空间结构。

3.2.2　空间可视性

生成式古典园林与原始江苏古典园林的可视层整合度结果见图 6，呈现了两组园林空间可视性的情况。两组园林可视性最高的区域均为中心开敞景观旁的亭台观景区域，如怡园可视性最高的区域为金粟亭—小沧浪亭的观景区域，生成式古典园林①和生成式古典园林②可视性最高的区域为可观测到两处水体及周边建筑的庭院或观景台区域，生成式古典园林③可视性最高的区域为开敞水体。它们临近开敞景观（如水体），视域开阔，而建筑空间相对园林空间呈现较低的可视性。

从空间可视性角度，两组园林在中心开敞区域呈现较高的视线整合度，与其他园林空间能够形成强烈对比，符合江苏古典园林中多用开合的手法。但是，原始江苏古典园林组可视性较低的建筑空间中，主体建筑群两侧的建筑可视性明显更低，可视性上的划分更加清晰详细，反差强烈，而在生成式古典园林组中呈现与中心距离逐渐变大可视性逐渐降低的趋势，划分不够清晰。

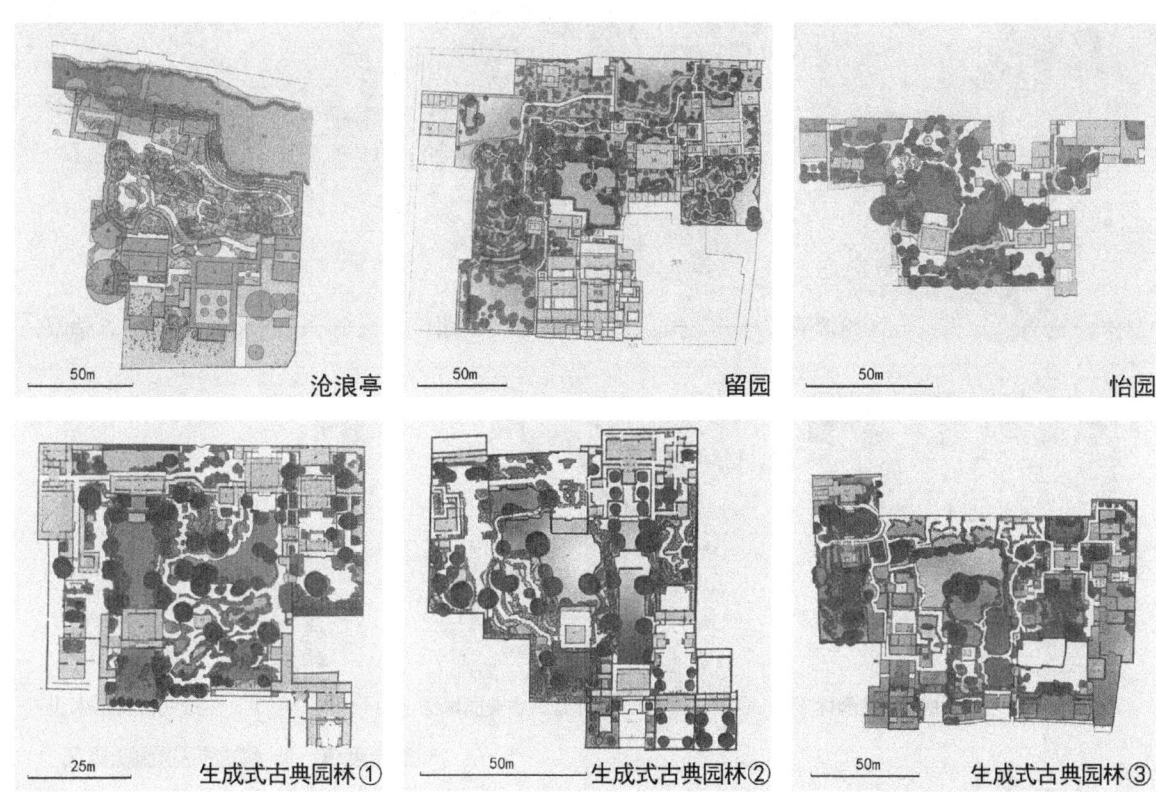

图4 原始江苏古典园林平面图（沧浪亭、留园、怡园）与生成式园林平面图①～③

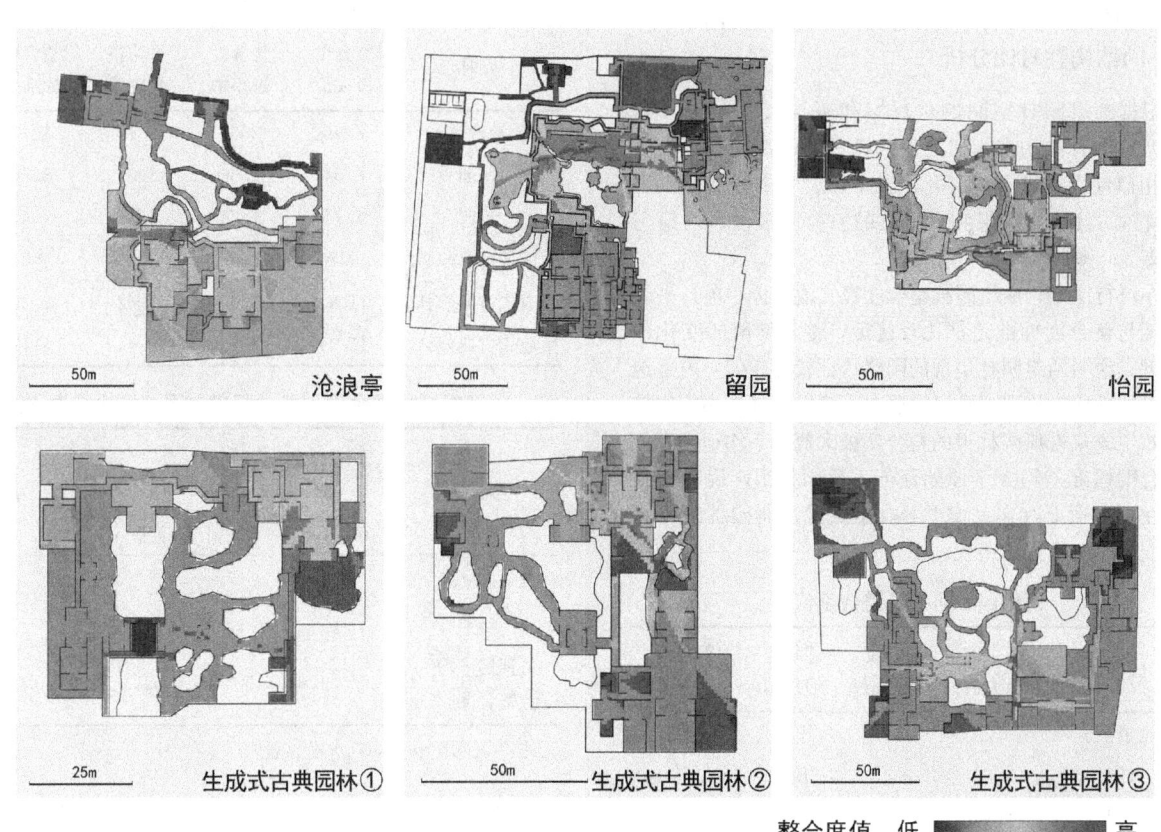

整合度值 低 ■■■ 高

图5 可行层整合度分析图

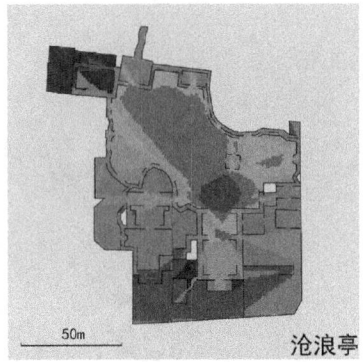

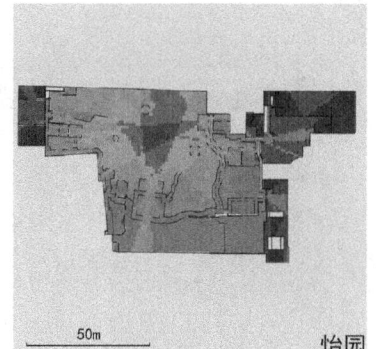
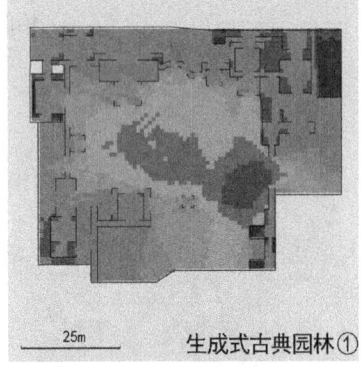
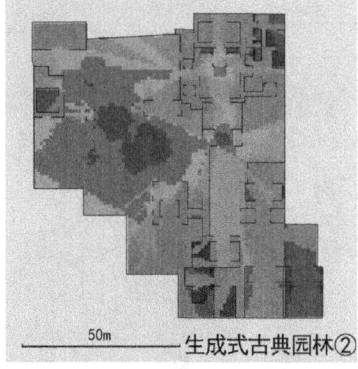
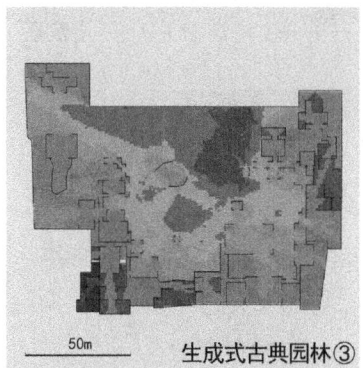

图 6 可视层整合度分析图

3.3 生成式古典园林与原始江苏古典园林空间布局的结构性对比分析

根据两组园林空间的可行层和可视层整合度分析图，两组园林结构有相似之处，但它们是否具有统计学上的相似性仍需进一步研究。表 1 和表 2 中分别列出了 6 个园林的具体可行层和可视层的整合度极值、均值与标准差。

在可行层中，两组园林整合度极大值、极小值、平均整合度与整合度标准差都比较接近，整合度值的变化区间接近，说明两组园林呈现的园路特征较为相似，内部道路的可达性比较稳定。在可视层中，两组园林极小值比较接近，生成式古典园林组的整合度极大值、平均整合度值和整合度标准差均大于原始江苏古典园林组，说明两组园林在可视性上存在一定差异，生成式古典园林组可视性和变化区间比原始组大。

两组园林可行层整合度值　　　表 1

园林	整合度极大值	整合度极小值	平均整合度值	整合度标准差
沧浪亭	3.25	1.10	2.22	0.46
留园	2.59	0.85	1.66	0.41
怡园	2.58	0.97	1.77	0.35
生成式古典园林①	3.33	1.21	2.24	0.42
生成式古典园林②	3.54	1.35	2.31	0.44
生成式古典园林③	3.98	1.32	2.35	0.47

两组园林可视层整合度值　　　表 2

园林	整合度极大值	整合度极小值	平均整合度值	整合度标准差
沧浪亭	8.49	2.03	5.18	1.71
留园	8.54	1.69	5.51	1.57
怡园	7.74	1.74	4.51	1.47
生成式古典园林①	19.74	2.55	11.27	4.04
生成式古典园林②	11.67	2.67	7.62	2.29
生成式古典园林③	15.29	1.78	9.44	3.17

两组园林整合度均值、标准差及 t 检验结果　　表 3

指标	生成式园林		原始江苏古典园林		t	p
	平均值	标准差	平均值	标准差		
可行层平均整合度	2.30	0.05	1.88	0.30	−2.40	0.07
可视层平均整合度	9.45	1.83	5.07	0.51	−3.99	0.02*

注：* 表示在 $p<0.05$ 水平显著。

通过对两组园林指标进行 t 检验，从表 3 可知，可行层平均整合度的 t 检验 p 值均大于 0.05，结果不显著，无法说明两组园林在可行性上具有显著差异，即两组园林在园路安排上存在一定的相似性，生成式古典园林的园路结构组织可在一定程度上习得原始江苏古典园林在可行性方面的特征。

而两组园林的可视层平均整合度的 t 检验 p 值小于 0.05，结果显著，说明两组园林在可视性上有显著差异，即两组园林在视线组织上存在差异。原始江苏古典园林的可视性要小于生成式古典园林，在空间布局整体上更具有私密性。从造景手法上来看，原始江苏古典园林能够结合具体的地形和植被，对障景、一步一景等手法运用更加娴熟，开敞和围闭空间的穿插变换更为明晰，视线能有所收放；而生成式古典园林为直接平面生成，对园林尺度、地形起伏及具体场景塑造存在欠缺。从建筑和院落细节上来看，生成式古典园林的建筑较单一，缺乏功能的划分，也缺乏对开门开窗方向的考虑；原始江苏古典园林则对每一个建筑进行了区别，房间之间、房间和廊道、房间和景观之间的联系有细致的安排，最终可以将可视性控制在适中的取值。

4 结语

本研究基于扩散模型和 LoRA 微调技术，通过输入特定的图像、文本进行模型训练，能够使机器学习生成较理想的仿江苏古典园林空间布局，并基于空间句法，量化比较了生成式古典园林布局与原始江苏古典园林布局的特征，得到以下结论：

（1）园林可达性上，生成式古典园林布局的园路组织能够一定程度模仿江苏古典园林，存在相似性，具有设计上的参考意义。

（2）园林可视性上，生成式古典园林布局的可视性高于江苏古典园林，未能复现原始江苏古典园林对视线安排的开合，具体的造景细节仍待完善。

总体而言，基于扩散模型生成的古典园林布局与原始江苏古典园林布局具有相似性，能够一定程度上辅助园林设计。通过利用深度学习生成特定风格的园林空间布局，不仅可以为实际设计过程提供多样的方案，而且能够逐步探究深度学习算法对设计文本、设计图像特征的响应程度，发现算法中难以复现真实设计的部分，进一步完善实际的设计方案。但目前基于深度学习生成方案的细节仍不够丰富，量化评估的指标并不明朗，未来随着相关设计理论和算法进一步发展，可以继续深入研究。

参考文献

[1] 黎夏,叶嘉安.基于神经网络的元胞自动机及模拟复杂土地利用系统[J].地理研究,2005(1):19-27.

[2] 李恒,张继刚,韩贵锋,等.江南私家园林与西蜀祠宇园林空间布局特征比较研究[J].中外建筑,2023(6):67-73.

[3] 董宇翔,刘颂.基于空间句法拓扑理论的文园狮子林园林写仿研究[C]//中国风景园林学会.中国风景园林学会2021年会论文集.北京:中国建筑工业出版社,2021:533-539.

[4] Attar R, Aish J, Stam D, et al. Khan, Physics- based generative design[C]. Montreal: CAAD Futures Conference, 2009.

[5] Luo Ziniu, Huang Weixin. FloorplanGAN: Vector residential floorplan adversarial generation[J]. Automation in Constructionelsevier, 2022, 142: 104470-104470.

[6] Kempinska, Kira, Murcio, et al. Modelling urban networks using Variational Autoencoders[J]. Applied Network Sciencespringernature, 2019, 4(1): 1-11.

[7] Ma Haoran. Text Semantics to Image Generation: A method of building facades design base on Stable Diffusion model [DB/OL]. (2023-04-07)[2023-07-31]. https://arxiv.org/abs/2303.12755.

[8] Chenshuang Zhang, Chaoning Zhang, et al. Text-to-image Diffusion Models in Generative AI: A Survey[DB/OL]. (2023-04-02)[2023-07-31]. https://arxiv.org/abs/2303.07909.

[9] Yang Ling, Zhang Zhilong, et al. Diffusion Models: A Comprehensive Survey of Methods and Applications[EB/OL]. (2023-03-23)[2023-07-31]. https://arxiv.org/abs/2209.00796.

[10] Edward J, et al. LoRA: Low-Rank Adaptation of Large Language Models[C]. ICLR 10th International Conference on Learning Representations, 2022.

[11] Cloneofsimo. LoRA[DB/OL]. (2023-02-13)[2023-07-31]. https://github.com/cloneofsimo/lora.

[12] Pedro C, Sayak P. 使用 LoRA 进行 Stable Diffusion 的高效参数微调[EB/OL]. (2023-06-13)[2023-07-31]. https://huggingface.co/blog/zh/lora.

[13] 刘庭风.中国古典园林平面图集[M].北京:中国建筑工业出版社,2018.

[14] Hillier B, Hanson J. The Social Logic of Space [M]. Cambridge: Cambridge University Press, 1989.

[15] 张清海,张山峰,赵晨晔.基于空间句法优化的南浔近代私家园林空间特征研究[J].南京林业大学学报(自然科学版),2021,45(6):209-216.

[16] 曹玮,王晓春,薛白,等.扬州园林复道回廊的空间句法解析——以何园、个园为例[J].扬州大学学报(农业与生命科学版),2020,41(4):119-126.

作者简介

曾倩颖,1998年7月生,女,汉族,广东佛山人,重庆大学建筑城规学院硕士研究生在读,研究方向为城市规划技术。电子邮箱:qianying.zeng@outlook.com。

孙忠伟,1971年8月生,男,汉族,黑龙江鸡西人,重庆大学建筑城规学院副教授,研究方向为城市交通规划、GIS、遥感。电子邮箱:z.sun@cqu.edu.cn。

国内外景观特征评估(LCA)方法与实践对比分析

Comparative Analysis of Landscape Character Assessment (LCA) Methods and Practices: A Domestic and International Perspective

高滢* 苏毅 贺健强 王梦尧

摘 要：景观特征评估（LCA）作为重要的景观评价方法，在研究城市景观结构和引导城市发展建设方向方面具有重要意义。本研究通过科学计量可视化和文献分析，全面回顾总结了近30多年来国内外LCA的研究现状、热点趋势和应用情况。本文说明了该方法的应用流程，并揭示其潜在应用前景；总结国内外经验，针对国内在LCA应用方面的局限性这一问题，提出了国内LCA的应用策略与建议，为促进我国地域特色景观的保护和可持续发展提供有益的启示和参考。

关键词：景观特征评估（LCA）；研究趋势与热点；国内外对比；计量分析

Abstract: Landscape Character Assessment (LCA), as an important method of landscape evaluation, holds significant significance in studying urban landscape structure and guiding urban development and construction directions. Through scientific metric visualization and literature analysis, a comprehensive review and summary of the research status, hot trends, and applications of LCA in domestic and international contexts over the past 30 years have been presented. The article outlines the application process of this method and reveals its potential prospects. By summarizing experiences from both domestic and international sources, the article proposes application strategies and suggestions for domestic LCA, aiming to provide valuable insights and references for promoting the protection and sustainable development of China's unique regional landscapes.

Keywords: Landscape Character Assessment (LCA); Research Trends and Hotspots; Domestic and Foreign Comparisons, Quantitative Analysis

引言

景观特征评价（landscape character assessment, LCA）的核心目标是对不同类型的景观进行定义和详细描述，是一种逐步发展和演变的景观识别和评价方法。本研究利用 CiteSpace 软件以及传统文献综述方法，对过去30多年国内外景观特征评价（LCA）的研究进展以及热点应用进行了系统回顾和总结。研究的主要关注点：①国内 LCA 研究的总体概况与研究热点趋势；②国际 LCA 研究的概貌和研究热点趋势；③国内外 LCA 研究的比较与综合分析；④LCA 在中国的应用前景。通过深入探讨上述问题，全面了解 LCA 在国内国际的研究现状与应用，提出应用建议，为推动该领域的发展提供有益的借鉴和启示。

1 景观特征评估（LCA）基础分析

1.1 景观特征评估（LCA）概念解析

景观特征在 *Landscape Character Assessment Guidance for England and Scotland*（《英格兰和苏格兰景观特征评估指南》）中，被定义为在特定类型的地貌中不断出现的一种独特的、可识别的元素模式（图1）。这一特征是由地质特征、地形地貌、土质结构、植被分布、土地用途、田地格局以及人类聚居地等多种因素综合而成的。而景观特征评估则是在对景观特征识别的表征过程之后，基于对景观特征的认识而进行进一步判断的过程[1]。

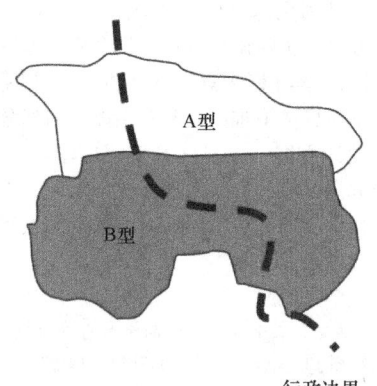

图1 景观特征分区及行政界线关系示意[2]

1.2 景观特征评估（LCA）评估步骤

LCA方法评估可划分为两大阶段、六个步骤[2]（图2）。

1.2.1 第一阶段：特征识别阶段

第一步：确定具体的考核目标和考察地域范围。

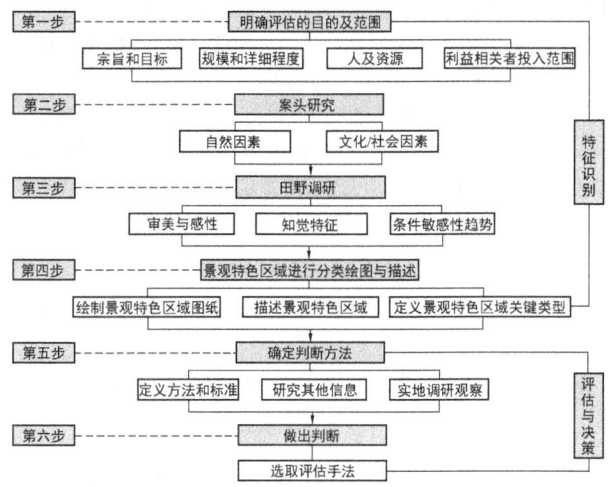

图 2　景观特色评估方法流程图[2]

第二步：开展案头研究，进行资料收集，绘制基于审查相关背景文件和空间数据的地貌特征区域或类型草图，编写草图说明。

第三步：进行田野调研与实地考察，搜集资料，对案头调研成果进行补充完善。

第四步：对景观特色区域进行分类、绘图及描述，进一步完善并最终确定表征过程的结果。

1.2.2　第二阶段：评估与决策阶段

第五步：决定实现评估目标所需的判断方法，选择合适的评估准则和指标。

第六步：根据评价目标选择合适的评估手法，进行综合评估和决策。

在整个评估过程中，需注意利益相关方的参与和贡献可能在所有阶段都是必要的，因此整个评估过程可能是迭代的，需要不断进行调整和完善。

2　基于文献计量手段的景观特征评估（LCA）研究现状分析

2.1　研究数据来源与分析工具

针对 LCA 分析，本研究采用 Web of Science 数据库（核心合集）作为国际文献分析的来源。考虑到中国本土对 LCA 的研究较为有限，因此选择中国知网（CNKI）期刊及硕博士论文库作为研究样本。文献分析主要借助 CiteSpace 工具辅以系统性文献综述方法对景观特征评估（LCA）的研究进行综合概述和总结。

2.2　基于知网的景观特征评估(LCA)研究特征分析

2.2.1　研究趋势

某一领域的文献数目及其发文量增减变化趋势，可以反映该领域的研究进展情况[3]。通过 LCA 发文量年变化图（图 3）可以观察到，在 2013 年以前，LCA 在学术界刚刚开始被广大学者所了解，相关研究数量相对较少。

然而，从 2015 年开始，针对 LCA 的研究逐年呈上涨趋势，表明该领域的研究得到了更多的关注和投入。尽管研究文献数量逐年增加，但总发文量仍然相对较少，这表明 LCA 在该领域仍处于相对较小的规模和影响力。

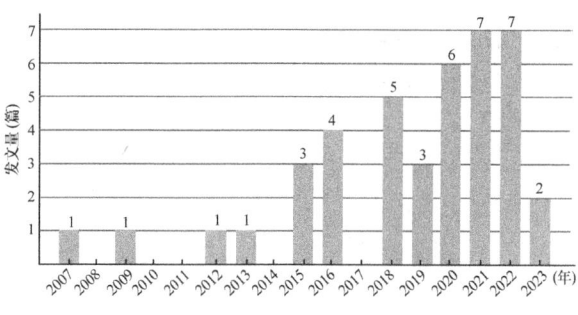

图 3　LCA 方法发文量年变化图

2.2.2　研究方向

通过对 41 篇 LCA 相关文章标题、摘要及文章结论的分析可得知，论文主要分为两大类：第一大类为对于 LCA 在项目中的实践应用，共计 24 篇文章；第二大类是针对 LCA 应用的理论研究，共计 17 篇。

（1）实践研究成果

通过对 LCA 的流程和不同阶段进行分类和分析，由于不同项目对于 LCA 的评估重点与目的存在差异，因此 LCA 在国内研究和应用上呈现出全面而多样的发展态势。基于评估流程的不同，我们将 LCA 实践文章分为以下 4 类：

1）基于步骤一评估目的的不同，国内研究集中于国土空间风貌管治，并进一步细分为针对城市空间[4]、水空间[5]以及绿地空间[6]的景观规划，以及乡村景观规划和水系规划[7]。此外，该类研究还将 LCA 方法与生命周期评价的基本特征和体系框架相结合，应用于城市新建设项目[8]与旅游发展项目[9]。

2）对于步骤二案头研究与步骤三田野调研，国内学者通过借鉴与本土匹配度较高的案例，构建了符合我国国情的景观识别框架，并对景观特征要素进行了深入分析与选取[10]并应用于实际项目。

3）根据步骤四区域分类，国内研究了地理格网与空间单元的划分，为整合景观特征斑块提供了研究方法[11]。

4）对于第五、六步的评估判断与决策，国内学者也提出了具有针对性的特质识别框架与解决实践中常见问题的策略[12]。

（2）理论研究成果

与 LCA 相关的理论研究多为针对欧洲、英国、中国香港实例的解读与分析，结合中国政策与实际条件，进行理论上的探讨，提出针对本国的建议。借鉴英格兰的经验并结合我国城市风貌管控要求[13]，对于 LCA 方法在美丽乡村建设中的运用，也提出了多方法融合以及时空动态评价的建议[14]。

2.3　基于 WOS 的研究趋势分析

作为最早提出并系统研究景观特征的国家，英国开展了景观特征评估的先导性探索（landcape character assessment，LAC）。随着其他各国开展对LCA的本土化探索与研究，LCA体系逐渐发展成为在国际上广受认可的重要方法和工具，用于识别不同地域景观特征。

2.3.1 研究进程分析

运用CiteSpace软件绘制的关键词聚类图谱（图4）的纵向为聚类编号和名称，横向为时间，将同一聚类的关键词按照时间顺序排列在线上，清晰地反映了国外LCA方法研究演进的时间跨度、研究内容和聚类主题。

关键词聚类图谱共生成11大类，分析结果中Silhouette值为0.893，大于0.3，表示聚类显著。Modularity，Q值0.770在0.7以上，表示聚类信度较高。对聚类中关键词汇的分类分析如表1所示。

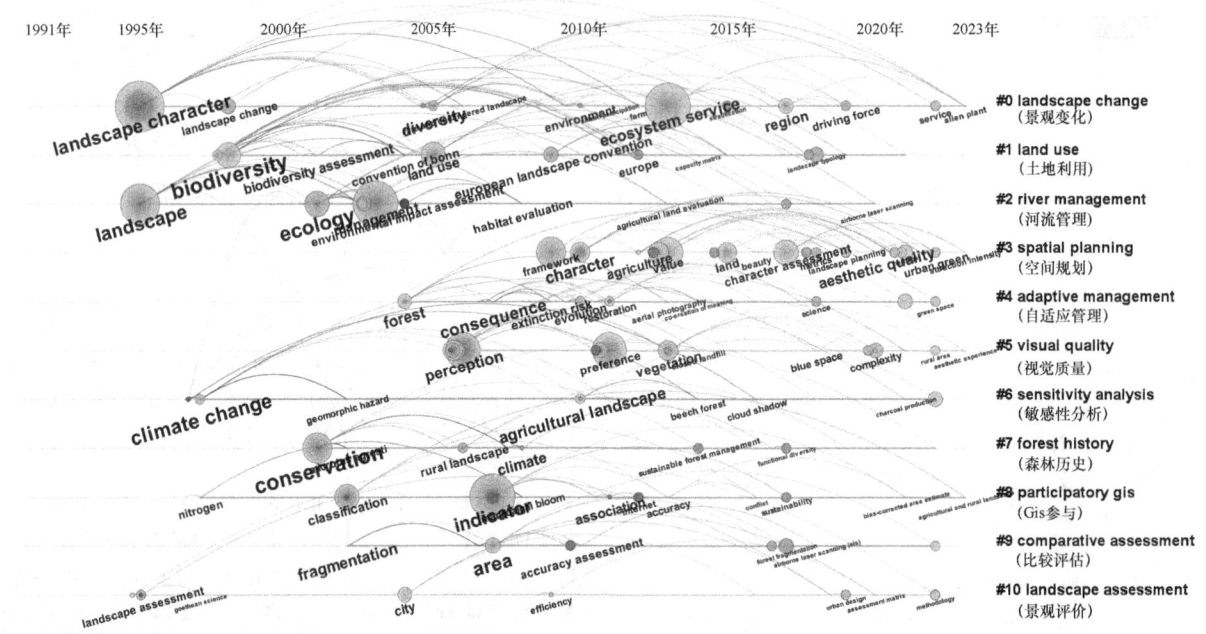

图4 LCA方法关键词聚类图谱

LCA方法关键词聚类信息表 表1

对数似然率（LLR）	聚类节点数	聚类分离度指标	关键词（前三个）
landscape change（景观变化）	51	0.732	生态系统服务、景观特征、景观指标
land use（土地利用）	45	0.891	文化景观、生物多样性评估与保护、欧洲景观公约
river management（河流管理）	43	0.883	遗产价值、河流类型、地理信息系统
spatial planning（空间规划）	41	0.777	城市绿化、可持续性、森林景观质量
adaptive management（自适应管理）	35	0.874	等级、人口规模、基于过程的监测
visual quality（视觉质量）	34	0.871	绿地、阿尔达罕、视觉特征
sensitivity analysis（敏感性分析）	33	0.972	淡水生态系统、公众参与、社会生态陷阱
forest history（森林历史）	32	0.965	可持续森林管理、线粒体DNA、欧盟的Natura2000自然保护区网络
participatorygis（Gis参与）	32	0.956	生产性地理信息系统、景观分类、景观稳定性或动态

续表

对数似然率（LLR）	聚类节点数	聚类分离度指标	关键词（前三个）
comparative assessment（比较评估）	20	0.946	精确度、明尼苏达州、三维模型
landscape assessment（景观评价）	19	0.956	风景路线、景观特征、反射光谱

2.3.2 LCA研究重点与热点分析

关键词共现图谱是反应文献内关键词信息的网络图谱，通过统计关键词在同一篇文献中出现的频次而形成。图谱中节点及文字大小都可以表示关键词出现的频率，节点和文字越大意味着出现次数越多，颜色越深意味着关键词中心性越强，从而反映出该领域的重点研究内容（图5）。

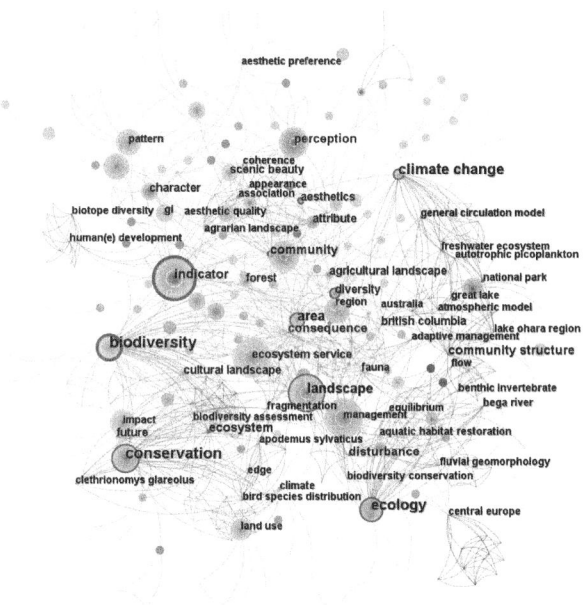

图5　LCA方法关键词共现图谱

LCA方法高频关键词表　表2

关键词	数量≥25	中心性	年份
ecosystem service（生态系统服务）	34	0.09	2013
impact（影响）	27	0.03	2001
conservation（保护）	26	0.18	2001
landscape（景观）	26	0.19	1995
biodiversity（生物多样性）	25	0.29	1998

结合LCA高频关键词表（表2），对LCA方法研究的前5个高频关键词进行分析总结，并选取每个高频关键词包含的被引用数量较高且研究方向不同、有代表性的文章进行解读：

（1）"生态系统服务"：研究涉及牧场管理[15]、农业系统[16]与乡村景观服务[17]等方面。

（2）"影响"：研究涉及设计农业系统可持续性[18]、湿地生态系统的健康[19]、农业景观对溪流健康的影响[20]等方面。

（3）"保护"：研究涉及设计可持续森林管理[21]、乡村景观战略、基于地方层面的意识和管理实践的乡村景观管理[22]、线性生境对农田小型哺乳动物群落的影响[23]等方面。

（4）"景观"：研究涉及生态学与动态学整合的河流科学和管理研究[24]、欧洲牧草地研究[25]、城市绿地中休闲和生物多样性价值[26]等方面。

（5）"生物多样性"：研究涉及城市绿地中休闲和生物多样性价值的现场感知[27]、绿道设计的研究[28]、新开发模型以进行全球陆地植被的潜在重新分布模拟研究[29]等方面。

此外，我们运用CiteSpace的可视化功能生成了突变关键词词表，深入探索近5年来景观特征评估（LCA）方法研究的最新趋势与研究前沿（图6）。

2019年至2023年，除了生态学和植被之外，关键词的突变值也较高，其中包括景观规划、土地和遗产等。突变词在一段时间内的显著增加通常反映了特定研究领域的最新前沿动态。

从2021年出现并持续至今的"遗产"这一突出词汇表明，国外学者对于LCA方法的应用，近年来更加集中于历史城区的景观资源保护和遗产资源保护再利用领域，例如历史城区的景观资源保护与再利用[30]、基于大数据和机器学习的适用于街区尺度的历史城市景观特征评估技术体系，以及与自然资源相关的文化生态系统服务[31]的研究。

2019—2023年研究文献关键词Top5的突显词

ecology（能源）	2019年	1.33	2019	2020
vegetation（植被）	2019年	1.06	2019	2020
landscape planning（景观规划）	2019年	1.06	2019	2020
land（土地）	2020年	1.24	2020	2021
heritage（遗产）	2021年	1.11	2021	2023

图6　LCA方法关键词突显图

3 总结与展望

3.1 总结

对知网和 Web of Science 数据库进行量化分析，发现景观特征评估（LCA）相关文献数量整体上涨，表明 LCA 方法应用逐渐普及，并在不同领域广泛运用，研究范围和视角也不断扩展。值得关注的是，LCA 在国内的应用有了一些创新。研究目的和范围的扩大显示出国内研究者对 LCA 的应用逐渐深入，案头研究和田野调研中的地区特色化调研内容增加，这有助于更深入地理解地域特色景观和文化背景。

然而，国内对于 LCA 的使用目前仍存在以下几点欠缺：

（1）对 LCA 方法的运用过于局限，主要集中在国土空间研究、乡村景观分类或湿地及溪流周边的保护研究，对其他领域的应用尚未充分开发。

（2）社会认知和应用意识不足，相较于国外的研究成果，我国 LCA 在实际景观评估与设计项目中的利用率较低。LCA 的实际应用需要更广泛的社会参与和共识。

（3）未将 LCA 方法的应用本土化，缺乏结合本国实际的评价方法与应用案例。本土化的应用多只局限于文献总结及建议，缺少本土化的实践。

综上，国内对 LCA 的研究和应用虽然取得了进步，但要更深入、更广泛地推动 LCA 在国内的认知与利用，以更好地推动保护具有区域特色的景观的可持续发展。

3.2 未来发展与应用

综上分析，LCA 除了可以应用于农业、旅游休闲业、农村及区域发展、住房及城市规划、景观策略研究、自然和文化遗产保护、文化教育、能源生产以及对于运输可持续发展的研究外，更可广泛地应用于生态系统服务、环境影响评估、历史资源保护等方面，以解决我国因城市化快速发展造成的景观破坏的情况，为解决城市化带来的环境和景观挑战，提供了有效的研究方法和决策支持（表3）。

LCA 方法未来应用领域建议表　　表3

序号	领域	应用
1	生态系统服务	评估景观对水资源保护、生物多样性、碳循环的影响，以及在自然灾害防御中的效益，为灾害管理和风险规划提供参考。评估景观休闲旅游价值，指导可持续发展的旅游发展规划；指导生态修复重建工程，促进生态系统服务升级
2	环境影响	为土壤侵蚀与保持、水质污染与净化、大气污染及空气质量、噪声及视觉影响、能源消耗及减排的影响等方面提供景观更新提升的参考和指导
3	历史资源保护	对该区域内的历史建筑、周边环境等进行鉴定与规划；结合英国历史景观特征识别体系（British historic landscape characterisation，BHLC）进行历史景观评估、演化分析和制定保护规划

参考文献

[1] Carys S. Landscape Character Assessment Guidance for England and Scotland[R]. The Countryside Agency, Scottish Natural Heritage, 2002.

[2] TUDOR C. An approach to landscape character assessment [R]. London: Natural England, 2014.

[3] [1]安敏, 王琲, 何伟军, 等. 可持续发展视角下水环境规制研究进展及其关键问题[J]. 环境工程技术学报, 2023, 13(2): 839-848.

[4] 黄永贤. 南宁市景观特征评估及三类景观区域划定研究[D]. 广州: 华南理工大学, 2021.

[5] 王敏, 叶沁妍. 基于水文生态风险评价与景观特征评价的城市水系空间组织研究——以安徽省宁国市为例[J]. 中国园林, 2016, 32(2): 47-51.

[6] 刘洋. 基于 LCA 方法的城市绿地群落结构对管养环境影响的研究[D]. 郑州: 河南农业大学, 2018.

[7] 张五九. 川西北山区乡村景观规划设计研究[D]. 绵阳: 西南科技大学, 2016.

[8] 华莉芳. 人工湖建设项目 LCA 理论与应用研究[D]. 西安: 西安建筑科技大学, 2009.

[9] 陈端吕, 董明辉, 彭保发. 基于 LCA 的森林景观的旅游生命力评价——以张家界市武陵源区为例[J]. 热带地理, 2007(1): 81-85.

[10] 袁阳. 基于 LCA 的山岳型国家公园景观特征识别和保护研究[D]. 福州: 福建农林大学, 2022.

[11] 陈慕婷, 周剑云, 鲍梓婷, 等. 省域湿地退化风险评价研究——基于地理格网与景观特征单元的多尺度分析[J]. 中国园林, 2023, 39(4): 52-58.

[12] 夏文莹. 宗教型名山风景区文化景观特质识别方法研究[D]. 武汉: 华中农业大学, 2022.

[13] 赵人镜, 李雄, 刘志成. 英国景观特征评估对我国国土空间景观风貌规划管控的启示[J]. 中国城市林业, 2021, 19(2): 41-46.

[14] 申佳可, 陈照方, 彭震伟, 等. 中国乡村景观特征评价的发展和展望[J]. 风景园林, 2022, 29(3): 19-24.

[15] Plieninger T, Hartel T, Martín-López B, et al. Wood-pastures of Europe: Geographic coverage, social-ecological values, conservation management, and policy implications[J]. Biological Conservation, 2015, 190: 70-79.

[16] Therond O, Duru M, Roger-Estrade J, et al. A new analytical framework of farming system and agriculture model diversities. A review[J]. Channels, 2013(5): 7.

[17] Van der Sluis T, Pedroli B, Frederiksen P, et al. The impact of European landscape transitions on the provision of landscape services: an explorative study using six cases of rural land change [J]. Landscape Ecology, 2019, 34: 307-323.

[18] Van C N, Biala K, Bielders C L, et al. SAFE—A hierar-

chical framework for assessing the sustainability of agricultural systems[J]. Agriculture Ecosystems & Environment, 2007, 120(2-4): 229-242.

[19] Assessing Wetland ecosystem health in Sundarban Biosphere Reserve using pressure-state-response model and geospatial techniques [J]. Remote Sensing Applications: Society and Environment, 2022.

[20] Travis S, Schmidt, et al. Linking the Agricultural Landscape of the Midwest to Stream Health with Structural Equation Modeling. [J]. Environmental Science & Technology, 2018.

[21] Gao T, Hedblom M, Emilsson T, et al. The role of forest stand structure as biodiversity indicator [J]. Forest Ecology and Management, 2014.

[22] Pinto-Correia T, Gustavsson R, Pirnat J. Bridging the Gap between Centrally Defined Policies and Local Decisions-Towards more Sensitive and Creative Rural Landscape Management[J]. Landscape Ecology, 2006, 21(3): 333-346.

[23] Tattersall F H, Macdonald D W, Hart B J, et al. Is habitat linearity important for small mammal communities on farmland? [J]. Journal of Applied Ecology, 2010, 39(4): 643-652.

[24] Newson M, Lewin J, Raven P. River science and flood risk management policy in England: [J]. Progress in Physical Geography: Earth and Environment, 2022, 46(1): 105-123.

[25] Plieninger, Hartel, Martin-Lopez, etal. Wood-pastures of Europe: Geographic coverage, social-ecological values, conservation management, and policy implications [J]. Biol Conserv, 2015, 190: 70-79.

[26] Qiu, Lindberg, Nielsen, et al. Is biodiversity attractive? On-site perception of recreational and biodiversity values in urban green space[J]. Landscape Urban Plan, 2013, 119: 136-146.

[27] SimensenT, Halvorsen R, Erikstad L. Methods for landscape characterisation and mapping: A systematic review [J]. Land Use Policy, 2018, 75: 557-569.

[28] CarlierJ, Moran J. Landscape typology and ecological connectivity assessment to inform Greenway design[J]. Science of The Total Environment, 2018, 651 (2): 3241-3252.

[29] Kirilenko A P, Solomon A M. Modeling Dynamic Vegetation Response to Rapid Climate Change Using Bioclimatic Classification[J]. Climatic Change, 1998, 38(1): 15-49.

[30] Forczek-Brataniec U. Assessment of Visual Values as a Tool Supporting the Design Decisions of the Cultural Park Protection Plan. The Case of Kazimierz and Stradom in Kraków[J]. Sustainability, 2021(13): 1-23.

[31] Jarmila Makovníková, Kolota S, Flaka F, et al. Regional Differentiations of the Potential of Cultural Ecosystem Services in Relation to Natural Capital—A Case Study in Selected Regions of the Slovak Republic[J]. Land, 2022, 11.

作者简介

（通信作者）高滢，1998年生，女，回族，北京人，北京建筑大学硕士在读，研究方向为生态城市规划设计理论与实践。电子邮箱：1622639411@qq.com。

苏毅，1980年生，男，汉族，北京人，博士，北京建筑大学韧性智慧大数据实验室主任，研究方向为生态规划、海绵规划以及数字化城市设计。电子邮箱：suyi@bucea.edu.cn。

贺健强，1999年生，男，汉族，北京人，北京城市学院硕士在读，研究方向为风景园林规划设计理论与实践。电子邮箱：1796519118@qq.com。

王梦尧，1994年生，男，汉族，北京人，硕士，北京科技大学工程师，研究方向为建筑与土木工程。电子邮箱：B2070667@USTB.edu.cn。

遗址公园视角下古城区遗址保护利用策略研究
——以肇庆府署遗址公园为例

Research on the Protection and Utilization Strategies of Ancient City Sites from the Perspective of Site Park
—Zhaoqing Government Department Site Park as an Example

王绍杰　郭　谦*

摘　要：为探索历史城区古遗址保护利用策略，本文以遗址公园为视角，归纳了当下遗址公园建设中存在的问题，以广东肇庆府署遗址为例，分析了其遗址的特点和保护利用的现实需求，提出了相应的保护利用策略。本研究揭示了遗址公园模式能更好地保护和利用古城区内的遗址，深化了遗址公园理念下对古城区遗址保护利用的认识，使其在历史城区遗址保护利用方面得到进一步论证和实践，丰富了文遗保护的理念，为风景园林学遗产保护提供了方法，为同类型古城内遗址保护利用提供了借鉴。

关键词：遗址公园；历史城区；遗址保护；遗址利用；肇庆府署遗址

Abstract: In order to explore the protection and utilization strategies of ancient sites in the historical city, this paper summarizes the current existing problems in the construction of site parks from the perspective of site park, takes the Zhaoqing Government Office site of Guangdong province as an example, this paper analyzes the characteristics of the site and the practical needs of protection and utilization, and puts forward the corresponding protection and utilization strategies. This study reveals that the site park model can better protect and make good use of the sites in the ancient city area. This study deepens the understanding of the protection and utilization of ancient city sites under the concept of site park, makes it further demonstrated and practiced in the protection and utilization of historical city sites, enriches the concept of cultural heritage protection, provides a method for the protection of landscape architecture, and provides a reference for the protection and utilization of sites in the same type of the ancient city.

Keywords: Site Park; Historic City; Site Protection; Site Utilization; Zhaoqing Government Site

引言

2021年11月，国家文物局发布《大遗址保护利用"十四五"专项规划》，着重强调"推动国家考古遗址公园高质量发展"，深入部署遗址公园的规划与设计。历史城区中的遗址公园相较于城郊、乡村的考古遗址公园与城市关系更密切，在平衡遗址保护和协调城市公共空间的关系方面对其有着更高的要求。[1]遗址公园指基于考古遗址主体及其环境的保护与展示，融合教育、科研、游览、休闲等多种功能的城市公共文化空间和遗址类的文化景观，是对考古类文化遗产资源的保护、展示与利用的新方式。[2]就目前来说，建设考古遗址公园是我国较好的遗址保护利用模式。而不同的遗址类型与区位关系决定着遗址公园的整体定位、遗址挖掘与保护、展示与利用、功能设置与布局、游客承载力及服务设施配比等诸多方面的区别。针对不同类型遗址公园建设模式的研究仍然缺乏，存在定位及功能设置不合理等问题。[3]

在城市化快速发展的背景下，古城遗址的保护规划设计跟植物配置、城市历史片区的更新及社区公众健康密切相关。在遗址公园建设中应结合遗址主题特色，在确保遗址保护的基础上合理利用，创造社区遗址公共休憩空间，应实现绿色中国和健康中国的国家战略。本文针对城市中的古遗址保护利用展开探讨，通过分析现有城市型遗址公园存在的问题，以广东肇庆府署遗址公园为例，探讨历史城区遗址公园的保护利用规划设计策略。

1　相关研究综述

1.1　遗址公园

在历史城区遗址保护与利用中，遗址公园作为一种常见的保护方式，旨在保护遗址真实性并提供公众参与的机会。王梅、陈教斌认为建设遗址公园要充分体现地域性，展示文化内涵和自然景观。景观设计策略应从宏观、中观、微观3个层面分析，为地域性景观设计提供借鉴[4]。

那么，遗址公园是如何进行保护和利用的呢？国内学者王新文、付晓萌、张沛[5]认为通过文献统计、热点主题词分析，可以研究考古遗址公园的发展和趋势，建立评价体系提出保护与利用的研究展望；吴卫红[6]认为"合理利用"是重要方式，建设遗址公园需综合考虑保护、传承和公众需求，且要加强管理，同时聚焦微观理论，认为遗址的安全需要有限可逆的改变[7]。Sun Chong[8]认为发展旅游业是保护文化的途径，可提高遗址公园的知名度和影响力。

上述研究从不同角度论述了遗址保护和利用的方法，为我们重新审视两者之间的关系提供了扎实的理论基础。不过，这些研究仍然存在一定的不足，值得进一步完善。

1.2 遗址公园建设中存在的问题

由于区位的特殊性，历史城区中遗址公园不仅要在城市发展中有效保存和利用考古遗址资源[9]，还需在保持自身特色的同时兼顾周围民众生活需求。如何平衡遗址保护与服务于民的关系成了历史城区遗址公园建设的难点，许多公园在建设中存在许多共性问题，究其根本，是因为无法将两者有机结合。

1.2.1 "真实性"丢失

城市遗址叠压于现代城市之下，考古发掘难度大，且城市污染相比郊野更严重，发展速度和工程建设量也远超城郊，更易对遗址本体造成毁灭性破坏[10]。遗址本体已脆弱不堪。然而在相关建设工作中，设计者更倾向于突出公园的娱乐性去迎合游客和市场需求，采取夸张手法来增加吸引力，使得遗址原有信息的保护与再利用出现偏差，无法展示出考古遗址所蕴含的历史和文化内涵，甚至篡改了遗址历史，这种做法与"真实性"原则背离[11]。

1.2.2 遗址公园属性变质

在遗址公园规划建设实践中，在注重考古和遗址保护的主体功能的基础上，适当融入一些文创娱乐体验项目利于建成后的运营，也是遗址公园可持续发展的新模式。然而部分园区开发过于考虑娱乐休闲性，忽略了遗址公园的本质属性，导致规划的功能和项目过多，其"遗址"的特征慢慢丧失，逐步沦为普通游娱公园和城市公园。

1.2.3 规划设计趋同

城市中的遗址记录了每个城市的历史，塑造了城市居民的独特记忆，是独一无二的。正因如此，以它们为中心规划建设的遗址公园理应是各具特色的。然而现如今遗址公园的同质化和缺乏特色却成为一种普遍现象：规划展示手段单一，景区景观大同小异，往往最后就形成了千篇一律的古城建设[12]。

1.2.4 植物设计园林化

从命名来看，历史城区遗址公园包含城区公园，意味着位于城区的遗址公园将会承担更多的城市景观、生态和休闲功能，因此绿化设计是公园规划的重要部分。但许多规划设计者无法在植物设计上找到平衡遗址展示和城市景观休闲功能的正确抓手，导致遗址公园植物设计过于园林化，忽略了遗址整体环境氛围营造，在种植绿化方面缺乏创新性的植物设计思路和手法，整体绿化风格与城市公园无差[13]。

1.2.5 与城市生活割裂

城市中考古遗址的社会、公共属性则更值得探索，增强遗址的可参与性更利于加深公众对当地历史文化的了解和认同。但许多遗址公园与其周边环境存在历史区域与城市区域脱节的问题，出现城市居民与城市遗址相互割裂的现象[14]，导致考古与土地资源的浪费。

2 案例背景

2.1 案例概况

广东肇庆古城位于肇庆市端州区，北邻宋城路，西侧和东侧分别靠近康乐南路、天宁南路。肇庆府署遗址位于肇庆古城西北角，包含披云楼段古城墙、第二阶挡土墙的府署存碑、府署古遗址、丽谯楼、宋狮、包公井、古树、古亭等。图1为肇庆府署考古遗址发掘现状图。

图1 肇庆府署遗址发掘现状图

2.2 府署遗址的特点及保护需求

2.2.1 行政性质与历史地位

地方衙署遗址即是古代地方各级行政长官、各级吏员及差役以及专管具体事务（如船政、织造、转运等）人员的办公建筑场所遗址。而府署是地方衙署的典型代表之一。明嘉靖《邓州志创设志内乡县志》中有"民非政不治，政非官不举，官非署不立"的记载，由此可见，地方衙署是为政必不可少的机构[15]。

2.2.2 规模性质和建筑布局的特点

古代对于地方衙署的建设均明文规定其规格等级，因此了解了府署的建设规格就了解了古代地方衙署的整体建筑形制。明清两代典型的地方衙署建筑功能大体涵盖军事机构、仓库、行政、经济，还含有主要官员的官邸，附设军器库、监狱、神庙等等[16]。对于肇庆府署的布局形制，清道光二年（1822年）阮元修《广东通志·艺文略》中有详细记载，详细布局如图2所示①。

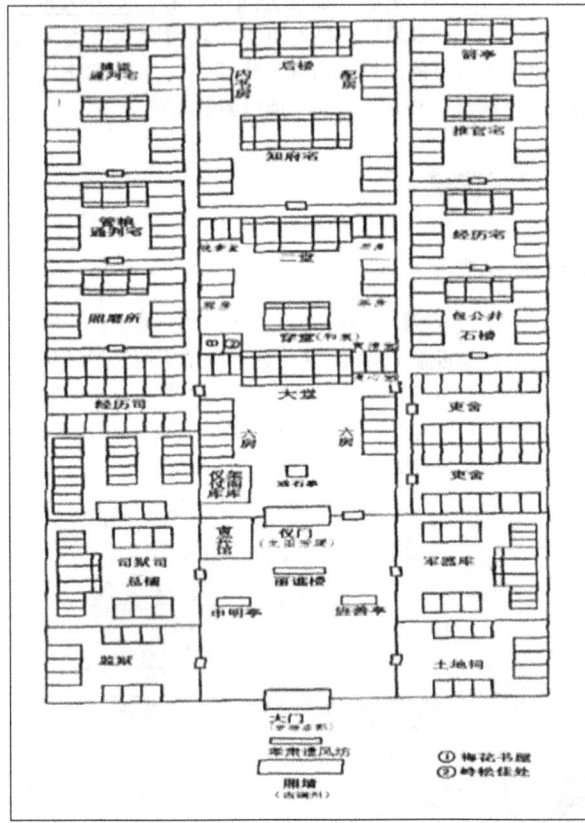

图2 《广东通志·艺文略》记载的府署布置

2.2.3 文化层面的价值和意义

府署遗址承载着当地政治、经济和文化的重要历史信息，具有学术研究、文物史料、建筑艺术、廉政教育等价值。

肇庆府署遗址第二阶挡土墙上的存碑刻于明清两代，共9块，碑面朝南，呈东西一字排开，包括明《肇庆府题名碑记》（图3）、《清福字碑》等，反映了明清时期的风貌，是研究肇庆历史建筑、政治文史的重要资料。此外府署建筑中蕴含着礼制文化，各个时期对官员廉洁问题的重视度也都深深体现在衙署建筑中，如获公正廉明谥号"孝肃"的包拯为百姓所敬，而后府戴燨加"孝肃遗风"之牌匾以警示官吏当清正廉明，具有廉政教育意义。

2.2.4 保护需求的综合分析

为实现保护府署遗址的规模性质特点，应要求保持遗址本体和周围环境的整体性和完整性，避免过度分割和改造，以保持其宏大和庄严感。同时尽量恢复和保留建筑、景观以及空间布局的原始特点，体现肇庆府署历史和文化价值。而保护其行政以及文化的特点，需要对肇庆府署进行历史研究、文物保护、展示和教育传承等方面的工作。

3 规划设计策略

3.1 府署遗址公园规划设计基本思路

3.1.1 常见问题的规避

以上共性问题的解决对于确保规划的准确性和有效性至关重要。在规划遗址公园时，必须充分认识到这些共性问题的存在，并采取相应的措施加以避免和解决。只有在避免这些共性问题的基础上，规划才能更加精确、科学，才能够真正体现府署遗址的特点和保护需求。

3.1.2 突出遗址特点为导向进行设计

针对府署遗址的特点，设计应该以其独特的行政性质、规模性质、建筑布局和文化层面为导向，以确保规划的准确性和有效性。在规划过程中，需要充分研究和理解府署遗址的历史背景和文化意义，深入分析其空间布局和建筑特征。

3.2 肇庆府署遗址公园具体保护利用策略

3.2.1 "真实性"的保护与展示

保留原始遗迹和建筑结构。全园以"最小干预"原则为指导，保留原始遗迹和建筑结构，注重原貌展示和标识展示，尽量减少对不完整的遗迹的干扰，通过真实解读历史信息进行展示。披云楼段城墙保持原貌，以植被清理延续其现状，尊重遗址真实性；包公府府署基址用玻璃罩盖原址（图4），并建造供游览的看台，实现保护和游客需求的双重目标。

虚实结合，多样化展示。把解读的内容通过园内的标识展示系统（图5、图6），让市民通过了解肇庆的府城的形制、格局以及历史发展脉络等信息去增强对府城历史的解读；同时对难以真实复原的历史场景进行虚拟手段数字化展示（图7），对较易复原的小场景通过制造仿古样品进行真实性展示。（图8）

图3 《肇庆府题名碑记》和《重修肇庆府提名碑记》碑刻

---

① 《广东通志·艺文略》记载："大堂五间，大堂前为仪门三间，仪门前叠辟为台门，颜曰古端名郡，建钟鼓楼三间，匾曰肇庆府。台门前为牌坊，题曰孝肃。遗风坊前为照墙，题曰古端州……仪门外台门内，西为寅宾馆。"

图 4 披云楼段城墙与包公府府署基址原貌

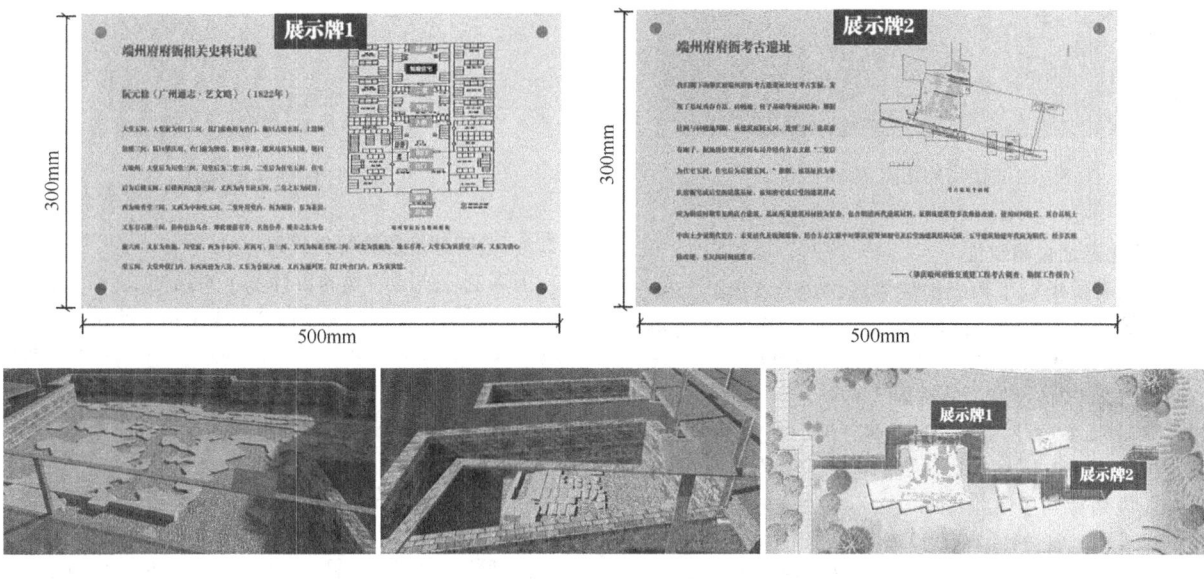

图 5 展示说明牌设计以及内容

图 6 仿古氛围感标识牌

图7 数字化复原古城格局

图10 包公府府署基址栈道

图8 丽谯楼内的仿古展示小品

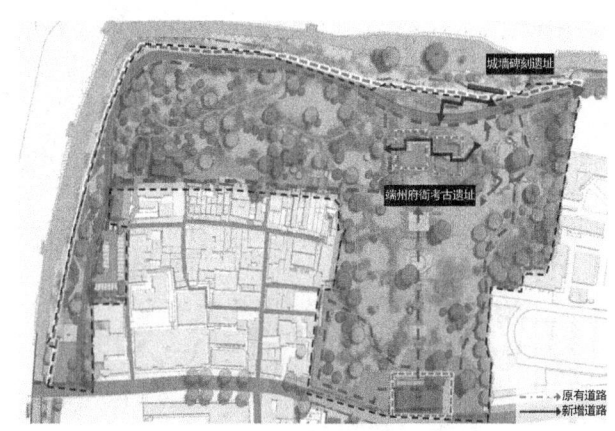

图11 园内交通流线

3.2.2 强化遗址公园定位

由于具有位于城市核心的优势区位，府署遗址公园具有社区公园、带状公园、街旁绿地等功能同时兼备的潜力。因此园区的功能定位是考古、展示和游览休憩；目标是在将遗址本体有效保护的同时方便后续考古的进行、在考古和研究"挖掘"好故事的前提下展示文化以及满足周围市民对于城市宜居性逐步提高的需求。府署遗址公园的功能规划做到了定位准确，在娱乐设施的建设上保持了高度克制，仅设置游览性设施（图9、图10）和参观步道（图11），满足考古展示的同时又能满足周围民众的游憩需求。园内通过参观步道连接各遗址点，形成完整流畅的环遗址流线。

图9 游览性设施建设

3.2.3 景观环境的独特化规划

府署遗址公园的规划设计基于对历史文化的充分研究与适当提取，对历史场景在"最小干预"的原则下进行重塑在现。公园以保留、展现"古味"为主题，通过特殊景观节点意境重塑、府署轴线恢复、保留原始景观视线通廊来延续历史，同时又凸显场地文化特色，让设计区别于其他遗址公园。

（1）府署轴线的恢复。通过还原通志中的格局和建筑单体（图12），沿着披云楼和丽谯楼相连的轴线布置广场和园路铺装，再现了府署的历史格局。灰色荔枝面花岗石铺装与周边绿化相衬，让游客仿佛穿越千年，感受古端州的历史氛围。

（2）景观节点意境的重塑。图13展示了遗址公园各个景观节点。建于"包公洗砚池"之上，以亭前短桥联结陆上，具有"止戈夕照"美景的止戈亭曾是府城内的景点之一。根据历史场景对其意境进行还原，在亭周围重挖水池形状并建设短桥，但不注水而是铺设白色水洗石（图14），尽量重塑景观意境。

（3）景观视线控制。留出古城周边"北看山、南看水"（图15）的景观视线通廊，并对园内视线进行引导（图16）。城内披云楼、丽谯楼和东侧的止戈亭形成对望关系，通过视线通廊引导游客欣赏"古城览胜"的视觉效果，强调"城"的空间印象（图17）。

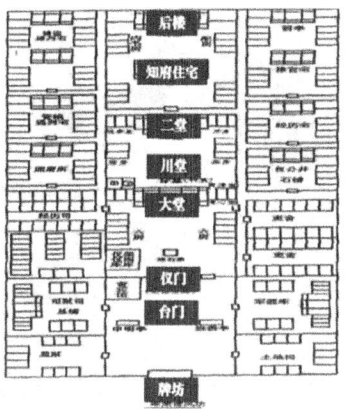

图 12 规划后府署遗址轴线（左）与史料记载的府署格局（右）

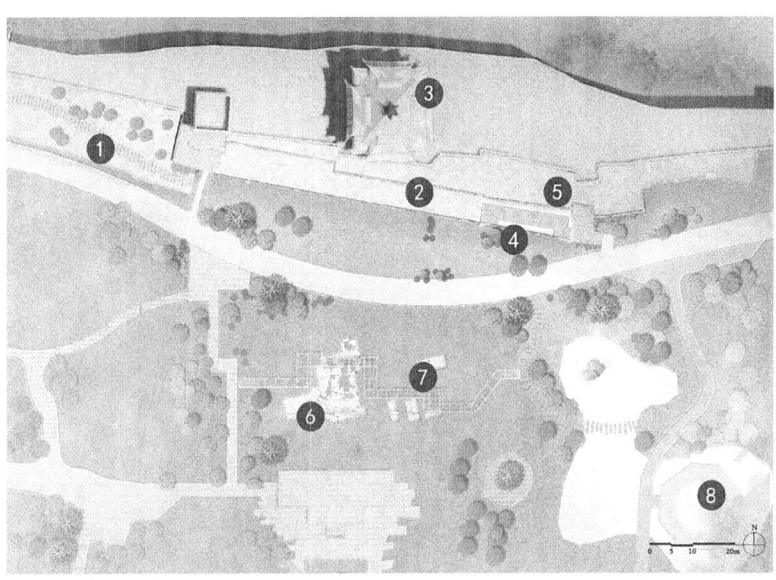

❶ 古城墙下的人行道　❷ 第二阶挡土墙　❸ 披云楼　❹ 碑刻保护与陈列馆　❺ 碑刻文物
❻ 端州区府署考古遗址　❼ 端州区府衙遗址保护及展示栈桥　❽ 止戈亭

图 13 遗址公园总平面及节点图

图 14 建于"包公洗砚池"之上的止戈亭（图片来源：网络）

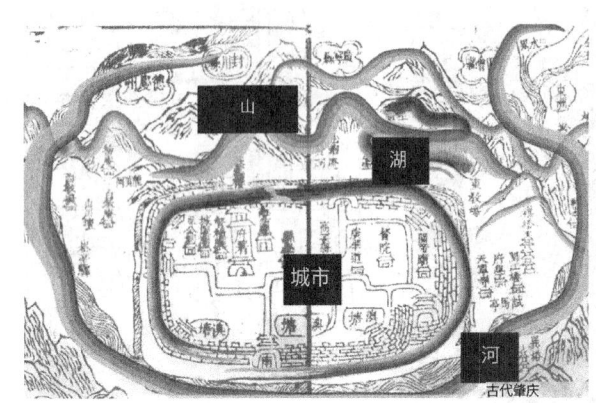

图 15 "山—湖—城—江"城市格局

图 16 披云楼—端州府署遗址—丽谯楼—南城门遗址轴线

图 17 "古城览胜"的视觉效果

3.2.4 特色的植物景观营造

选择具有历史氛围的常见本地植物。在府署遗址公园方案和施工过程中，始终强调并抓住"突出遗址主体"和"防止过度设计"这两点。在绿地风格控制上选择朴野的格调，完整保留3棵树龄超过140年的古树，新植树种的选择也以香樟、朴树、木棉等苗木为主（表1、图18）。进入公园，映入眼帘的斑驳的城墙遗址、高大宏伟且视线暴露度高的披云楼、古树，让场地中蕴含真切的岁月沧桑感（图19）。

府署遗址公园乔、灌木种植表　　　　　　　　　　　　　表1

乔木数量统计表

序号	图例	名称	规格			数量	单位	备注
			胸（地）径（cm）	高度（cm）	冠幅（cm）			
1		假苹婆桩	地径20~23	>550	≥250	39	株	假植全冠苗，桩景，树形丰满完整，多枝，秆高<80cm
2		凤凰木	23~25	550~600	250~300	3	株	容器全冠苗，≥三级分枝
3		木棉	35~40	>550	≥250	16	株	容器全冠苗，≥三级分枝，单株，碗状
4		朴树	15~18	500~550	200~250	21	株	容器全冠苗，≥三级分枝
5		杨梅	地径20~23	250~300	200~250	8	株	容器全冠苗，≥三级分枝
6		秋枫桩	30~33	>550	≥250	24	株	3~5头，容器全冠苗，≥三级分枝
7		菩提	15~18	500~550	200~250	15	株	容器全冠苗，≥三级分枝
8		蓝花楹	12~14	350~400	300~350	23	株	容器全冠苗，≥三级分枝
9		铁冬青	15~18	500~550	200~250	32	株	容器全冠苗，≥三级分枝
10		香樟A	12~14	350~400	150~200	49	株	容器全冠苗，≥三级分枝
11		香樟B	30~35	500~550	≥350	1	株	容器全冠苗，≥三级分枝
12		高山榕	15~18	550~600	≥350	39	株	容器全冠苗，≥三级分枝
13		黄槿	14~16	600~650	≥350	10	株	容器全冠苗，≥三级分枝
14		小叶榄仁	15~18	550~600	200~250	5	株	容器全冠苗，≥三级分枝
15		小花紫薇桩	地径20~22	220~250	150~200	5	株	容器全冠苗，≥三级分杜
16		大花紫薇	15~18	400~450	150~200	12	株	容器全冠苗，≥三级分枝
17		大叶蒲葵	—	150~180	180~220	168	株	叶片≥5片
18		佛肚竹	3~5	250~300	100~150	11	丛	12~15株/丛

灌木数量统计表

序号	图例	名称	规格			数量	单位	备注
			胸(地)径(cm)	高度(cm)	冠幅(cm)			
1		小花紫薇	3~5	160~200	80~120	32	株	单秆型,容器全冠苗,植株丰满
2		南天竹	—	120~150	100~120	40	株	容器全冠苗,植株丰满
3		四季桂	—	90~100	70~80	44	株	容器全冠苗,植株丰满
4		大叶棕竹	—	90~100	90~100	60	株	容器全冠苗,植株丰满
5		栀子	—	60~70	60~70	6	株	容器全冠苗,植株丰满
6		海桐球	—	110~120	100~120	29	株	容器全冠苗,自然形态
7		金叶假连翘	—	40~50	40~50	16	株	容器全冠苗,自然形态
8		金边万年麻	—	40~50	40~50	乙	株	容器全冠苗,自然形态
9		小叶蒲葵	—	40~50	40~50	9	株	容器全冠苗,自然形态
10		鸟巢蕨	—	60~80	60~80	119	株	容器全冠苗,自然形态

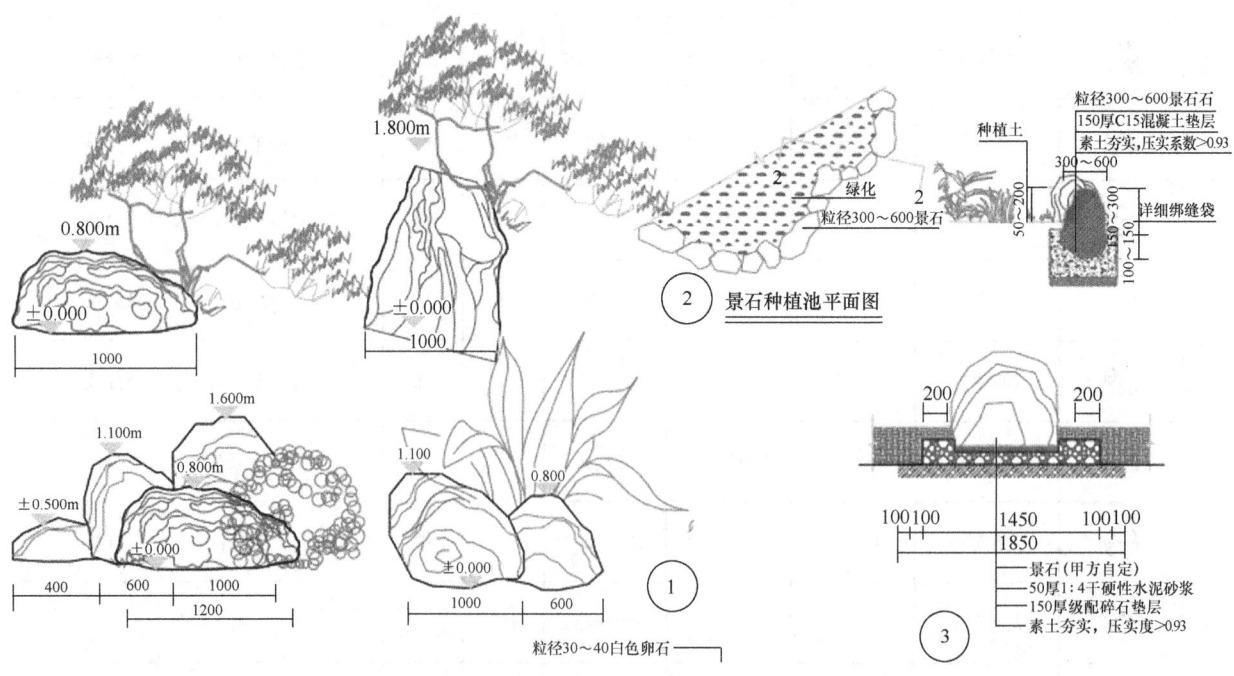

图18 绿化景观节点(单位:mm)

图 19　园内植物景观营造

3.2.5　促进公众参与与文化传承

为改善端州古城墙遗址保护不佳导致的居民生活与遗址割裂问题，规划设计利用城墙线性特点，建立古城墙外部慢步道和景观系统，串联城墙垂直交通和各遗迹点，与城内慢行系统相结合，构建环城慢行景观系统（图20），使遗址与城市绿地融为一体。同时举办府署文化展览和活动，并在城墙立面设置灯光秀，展示遗址风貌，引导公众与遗址对话联系。最后建立互动教育项目，打造包公文化品牌，举办相关活动（图21、图22），增强公众对包公文化的认知和理解。通过这些措施，将遗址文化融入公众生活，促进遗址保护与公众互动。

图 20　城内外慢行景观系统

图 21　包公文化学习交流活动

4　结语

在城市化的进程下，历史城区古遗址保护利用成为不可忽视的议题。遗址保护利用的重点应首先突出遗址特点，在尊重历史真实性的原则与前提下，以保护为主；其次结合周边环境合理利用古遗址，在明确遗址公园模式的保护利用模式后，从时间和空间角度入手，规划景观环境和植物配置等，总结城市遗址保护利用的策略和方法。以上述肇庆府署遗址公园为例进行实践验证，实现了遗址保护展示利用，为民众提供了休憩空间，同时也为古城遗址公园建设提供了借鉴。

参考文献

[1] 汤倩颖. 关于考古遗址公园规划设计原则与理念的探讨[J]. 遗产与保护研究, 2018, 3(6): 37-40.

[2] 杨晶. 基于遗址保护利用的考古遗址公园植物设计研究——以路县故城遗址公园为例[J]. 城市建筑空间, 2022, 29(1): 142-144.

[3] 钟晨, 薛玉峰. 考古遗址公园建设中"真实性"保护展示途径探讨——以隋唐洛阳城定鼎门遗址公园规划为例[J]. 中国园林, 2022, 38(3): 129-133.

[4] 王梅, 陈教斌. 基于地域性的遗址公园景观设计策略探讨——以西安地区遗址公园为例[J]. 西南师范大学学报（自然科学版）, 2018, 43(3): 102-109.

[5] 王新文, 付晓萌, 张沛. 考古遗址公园研究进展与趋势[J]. 中国园林, 2019, 35(7): 93-96.

[6] 吴卫红. 真实性　安全性：土遗址保护与遗址公园建设的原则两辨[J]. 东南文化, 2020(6): 6-12, 191-192.

[7] 吴卫红. 理论方法定位：土遗址保护与遗址公园建设的理性三问[J]. 东南文化, 2020(3): 23-29.

[8] Sun Chong. Observation and Reflection of the Country Park—Nanchang Red Earth Heritage Park[J]. Landscape Architecture Frontiers, 2019, 7(5).

[9] 汤倩颖. 关于考古遗址公园规划设计原则与理念的探讨[J]. 遗产与保护研究, 2018, 3(6): 37-40.

[10] 王军. 遗址公园模式在城市遗址保护中的应用研究——以唐大明宫遗址公园为例[J]. 现代城市研究, 2009, 24(9): 50-57.

[11] 钟晨, 薛玉峰. 考古遗址公园建设中"真实性"保护展示途径探讨——以隋唐洛阳城定鼎门遗址公园规划为例[J]. 中国园林, 2022, 38(3): 129-133.

[12] 李悦. 城市遗址公园的空间叙事设计研究[D]. 武汉：华中师范大学, 2022.

[13] 杨晶. 基于遗址保护利用的考古遗址公园植物设计研究——以路县故城遗址公园为例[J]. 城市建筑空间, 2022, 29(1): 142-144.

[14] 尚芊瑾, 郭谦. 城市中考古遗址层级性保护研究——以肇庆古城墙和府署遗址为例[J]. 中外建筑, 2022(3): 123-126.

[15] 张海英. 明清时期山西地方衙署建筑的形制与布局规律初探[D]. 太原：太原理工大学, 2006.

[16] 陈芳春. 地方衙署遗址的保护利用研究[D]. 合肥：安徽建筑大学, 2013.

作者简介

王绍杰，1986年生，男，汉族，山西人，华南理工大学博士研究生在读，研究方向为遗产保护、风景园林规划设计及其理论、历史环境保护与更新。电子邮箱：18520978818@126.com。

(通信作者)郭谦，1964年生，男，汉族，湖北人，博士，华南理工大学建筑学院，教授、博士生导师，研究方向为风景园林规划与设计及其理论、历史环境保护与更新。电子邮箱：gqrenders@163.com。

北京通州区景观情景模拟及评估

Study on Simulation and Evaluation of Landscape Scenarios in Tongzhou District, Beijing

周红润　徐　峰*

摘　要：在当前景观规划设计中，结合生态和文化维度来评估、模拟城市景观动态发展的趋势至关重要。因此，本文以北京市通州区为研究对象，利用CLUE-S模型对其2035年景观类型分布格局进行多情景模拟，并通过景观生态性评估和文化服务功能分析选择最优情景。研究表明，生态保护和综合发展情景更有利于通州区的发展；同时本研究基于综合发展情景提出生态与文化协同保护和发展的优化策略，旨在为区域景观建设提供支持。

关键词：情景模拟；情景评估；景观格局指数；文化服务功能；北京市通州区

Abstract: It is very important to combine ecological and cultural dimensions to evaluate and simulate the dynamic development trend of urban landscapes. Therefore, this research takes Tongzhou District as the object, using the CLUE-S model to simulate the distribution pattern of landscape types in 2035 in multiple scenarios, through landscape ecology Selection of optimal scenarios for sexual evaluation and cultural service function analysis. Studies have shown that ecological protection and comprehensive development scenarios are more conducive to the development of Tongzhou District; and based on the comprehensive development scenario, an optimized strategy for the coordinated protection and development of ecology and culture is proposed, aiming to provide support for the construction of regional landscapes.

Keywords: Scenario Simulation; Scenario Evaluation; Landscape Pattern Index, Cultural Service Function, Tongzhou District in Beijing

2035年我国城镇化率将达到70%以上。现代城市发展呈现出动态化和多元化的特征，迫切需要相对全面和更具弹性的规划视角。而情景规划正是针对发展的不确定性，构建不同条件下的未来情景，并通过CLUE-S模型对多情景的景观类型分布格局进行模拟，推演出最优发展模式，服务于规划的制定和修订。

从20世纪90年代开始，情景规划被应用于中小尺度如公园[1]、湿地保护、水资源约束、耕地布局[2]、城市规划、土地利用规划[3-9]等情景规划。CLUE-S模型基于多驱动因子，能够模拟区域景观类型的时空动态变化[10]，具有广阔的应用前景[11,12]。

景观格局是考量生态安全的重要指标。利用Patch Analyst和Fragstats4.2等软件进行景观格局指数分析[13,14]。其中，Fragstats4.2（Fragmentation Statistics）的使用最广泛，功能也最强，可以从斑块、斑块类型和景观水平对景观格局指数进行定量计算，进而分析景观的生态格局[15-16]。同时，在空间分析中，可以通过移动窗口法等在ArcGIS中叠加分析生态效应的安全性[17-18]。

景观的文化服务功能则是通过提供精神、娱乐和文化收益来实现的，指人们从自然界中获得的非物质利益，包括精神、美学、教育和娱乐价值[19]。景观文化服务功能的研究多是对完整的景观单元进行研究[20]，包括从全球[21]和区域尺度[22]研究文化服务与人类福祉的关系，而以行政区划为研究范围的相对较少。研究方法主要是通过问卷调查[23]分析文化服务价值，或通过GIS分析固定路径内的文化休闲设施、风景名胜景点的分布[24]以及单位面积吸引游客数量等指标。

因此，研究选取北京城市副中心通州区为研究对象，尝试通过构建多景观情景预测空间格局发展的动态。基于景观格局指数对景观情景的生态性进行评估，结合文化景观点位与所选情景的景观类型进行叠加分析，以获得最优景观发展模式，为城市景观规划建设提供依据和支持。

1　研究区概况

通州区位于北京东南部，北接顺义区，西与朝阳区和大兴区相连，南接天津、廊坊，东隔潮白河与河北省遥望。通州区总面积906平方公里，辖10个镇、6个街道、1个民族乡。

《北京城市总体规划（2016年—2035年）》明确了通州区以行政办公、商务服务、文化旅游为主导的城市综合功能。《北京市通州区总体规划（2016年—2035年）》指出在未来的规划中，要不断优化和完善城市的功能和空间结构，实现区域功能联动；以特色乡镇的建设布局保障生活环境宜居。

2　数据处理与研究方法

2.1　数据预处理

2.1.1　景观类型划分与格局预测

将通州区2005年、2018年土地利用现状图进行再分类，划分为耕地、林草、水域、裸地、建成景观5种类型。并基于两期景观类型数据，假定景观类型变化为均匀速率，计算期间各年景观类型需求数量。

2.1.2 景观情景构建

结合区域、城市发展趋势与通州区的规划定位，设定历史趋势、生态保护和综合发展3种情景方案。

历史趋势情景，假设通州区未来发展保持原有趋势，仍然以经济建设为主。生态保护情景，假设通州区未来发展以生态保护为主，该情景中景观类型需求主要是在严格保护林草和水域景观两个一级生态用地的同时，加强竞争性用地向生态用地的转变。综合发展情景，假设实现生态和经济的综合发展，通过优化各景观类型的配置比例，实现生态保护和基本农田保护的同时，保证规模合理的建成景观扩张以实现通州区未来综合发展。通过线性内插法和不同情景的假设条件，计算2035年各景观类型的需求数量。

2.1.3 驱动因子制定

基于数据可获取性、时空一致性、可量化性等因素确定驱动因子。选取高程、坡度和坡向作为自然驱动因子；获取与公路、铁路、水系、建设用地的距离作为区位驱动因子；获取人口、社会经济数据作为人文驱动因子。

2.2 研究方法

2.2.1 CLUE-S模型模拟

输入数据预处理得到的CLUE-S模型各项运行参数，模拟出各景观类型的面积变化和空间分布。

2.2.2 生态性评估

从景观格局指数出发，分析多情景下的景观格局指数和生态影响指数，选出优势情景。结合相关文献数据[25,26]和研究区景观特点，在景观水平上选取平均斑块面积、香农多样性指数、香农均匀度指数、结合度指数、蔓延度指数、聚合度指数6个指标，通过Fragstats4.2软件，对景观格局指数进行计算并评估。

通过叠加景观格局指数的方法[27]，计算通州区3种景观情景的景观生态影响指数，从整体上评价区域的生态安全性。景观生态影响指数与人为活动因素对景观的影响度呈现正相关，其数值越大，景观相对就越脆弱，遭受生态环境风险的概率就越高[25]。

2.2.3 文化服务功能分析

本研究基于谢高地等[28]研究中不同土地类型的生态系统服务价值当量表，确定对文化服务功能有影响的土地类型，并结合通州区运河水系历史文化的特点，最终将林草景观、建成景观和水域景观作为影响文化服务功能的主要景观类型。

提取通州区391个村庄点位和461个文化景观点位的数据，建立通州区各村庄服务半径的缓冲区，并叠加文化景观点位的分布和影响文化服务功能的主要景观类型，分析文化服务功能的分布特征。

3 结果与分析

3.1 景观情景模拟

3.1.1 各景观类型的面积变化

历史趋势情景下（表1），耕地景观、水域景观面积占比较低，分别为41.57%和2.02%，而建成景观面积所占比例最高，为47.67%。生态保护情景下，耕地景观、林草景观、水域景观的面积占比较高，分别为52.71%、8.62%、3.72%，且为3种景观情景下的最高值，建成景观面积占比为34.83%，也是3种景观情景下的最低值。综合发展情景下，耕地景观、建成景观面积占比分别为52.58%和39.3%，相比于前两种景观情景处于中间水平，林草和水域景观面积占比为4.28%和3.72%，相比于生态保护情景较少。

2035年不同景观情景下景观类型面积变化分析　　表1

景观类型	历史趋势情景		生态保护情景		综合发展情景	
	面积（hm²）	百分比（%）	面积（hm²）	百分比（%）	面积（hm²）	百分比（%）
耕地景观	37452	41.57	47484.43	52.71	47365.75	52.58
林草景观	7761.29	8.62	7761.29	8.62	3857.00	4.28
水域景观	1823.86	2.02	3347.00	3.72	3347.00	3.72
建成景观	42938.43	47.67	31383.00	34.83	35405.82	39.30
裸地景观	104.43	0.12	104.43	0.12	104.43	0.12

3.1.2 空间分布特征

历史趋势情景的空间分布主要表现为建成景观的扩张：一是城市副中心核心区对北运河水系的侵占；二是城市副中心对周边以及亦庄经济开发区的大面积侵占。生态保护情景的建成景观数量明显低于历史趋势情景，增加的林草景观的分布相对历史趋势情景更加集中，保障了城市副中心和亦庄两个区域林草景观的数量。综合发展情景的建成景观的分布特点与生态保护情景类似，林草景观主要分布于城市副中心水系附近、亦庄以及其他镇域水系附近；相较生态保护情景，其他区域林草景观有所减少。

3.2 生态性评估

3.2.1 景观格局指数

从景观格局指数来看（表2），在历史趋势情景下，各景观格局指数均低于2018年水平，说明景观的破碎度增大，各种景观类型呈现分散布局。景观的结合度、连通性和聚合度降低，从生态性来看不利于通州区的整体发展。

生态保护情景下景观异质性变高，景观类型丰富但优势景观类型不显著；同时，结合度指数、聚合度指数虽然低于2018年水平，但相对于历史趋势情景明显提高。

综合发展情景下，平均斑块面积、结合度、蔓延度、聚合度指数相对于另外两种情景显著提高。其中蔓延度指数高于2018年水平，说明综合发展情景在景观破碎度、景观类型间的结合度、连通性和聚合度方面都更好。

通州区景观水平的景观格局指数　　　　表2

年份	平均斑块面积 AREA_MN	香农多样性指数 SHDI	香农均匀度指数 SHEI	结合度指数 COHESION	蔓延度指数 CONTAG	聚合度指数 AI
2005	145.0564	0.9222	0.573	99.4715	57.8552	88.0286
2018	99.867	1.027	0.6381	99.2846	52.2317	85.6665
2035（历史趋势情景）	30.9873	1.016	0.6313	98.688	47.8269	78.7251
2035（生态保护情景）	58.3042	1.0462	0.65	98.9532	49.8305	83.5872
2035（综合发展情景）	68.7109	0.9734	0.6048	99.0776	52.8172	83.7456

3.2.2 生态影响指数

将生态影响指数值进行分级，得到三级指数，即Ⅰ级高值区、Ⅱ级中值区、Ⅲ级低值区。

历史趋势情景生态影响指数的高值区呈现线性分布，主要在北运河水系附近以及潮白河水系区域，还有马驹桥镇和张家湾镇的大部分区域。

生态保护情景相比于历史趋势情景，高值区分布并未集中在北运河和潮白河水系附近，而是较为分散。因此对水系的破坏性明显降低，水系附近的生态安全性明显提高。

综合发展情景相对另外两种景观情景高值区的分布明显更为分散，原本在水系附近的高值区多数变成中值区，亦庄的部分高值区也相对减少。和生态保护情景相似，综合发展情景降低了重点区域的生态安全风险，也尽可能保护了原处于低值区的家务乡和永乐店镇。

综上所述，从生态性来看，生态保护情景和综合发展情景均适合通州区发展。因而，在文化服务功能研究中选择这两种情景进一步对比分析，以求得最佳景观情景发展模式。

3.3 文化服务功能分析

对现有文化景观资源分布与所选情景的三类景观用地类型分布进行归一化处理后加权叠加，权重设定为0.5，得到各缓冲区内可提供的景观文化服务功能分布特征。

在生态保护情景中，以副中心6个街道展示文化服务功能为主，其他区域整体水平较低；高水平文化服务功能覆盖区域仅有副中心6个街道及周边城镇，这样的趋势可能会导致文化服务功能水平分布的两极化现象。

在综合发展情景中，高水平文化服务功能覆盖区域与中等文化服务功能区域明显增多，西、北部区域，包括宋庄镇、台湖镇、马驹桥镇等在内的边缘城镇整体文化服务水平得到提高，运河水系沿岸的文化服务功能得以发展，中等水平的文化服务功能区域过半，有利于长远发展。

由此可见，综合发展情景最有利于通州区未来文化服务功能发展。在数量上，整体文化服务功能提高的区域最显著；在空间上，既保护了运河水系的文化服务功能以及核心区高水平的文化服务功能，也实现了整个区域的连通发展和相对均衡的提升发展。

4 景观综合优化策略

根据综合发展情景中生态保护及文化服务发展区域的划定，针对通州区不同乡镇特点和发展潜能，制定更详细、更具针对性的景观综合优化策略。

4.1 "生态修复—文化认同"区

结合自然条件建设生态景观：对于城市发展的周边区域，以人居环境改善和提升为目标。综合考虑现状自然地理环境的特征，结合城市人口的分布情况，合理布局绿地生态空间，开展植树造林，实现具有一定规模和效益的城市森林生境，保证人与自然的和谐。

依托运河水系优化文化景观：通州区内多条水系交汇，且文化服务功能区也均依托水系分布，因此运河是通州区最鲜明、最重要的文化载体。应依托水系布局，沿线打造特色运河文化景观，以充分利用地域文化特色，修复历史遗迹，实现文化服务功能主导，形成文化认同，实现文化自信。

4.2 "生态优化—文化重塑"区

结合水系优化生态景观：在运河水系的周边区域，以保护水域资源、城市滨水环境营造和防洪防涝防治为目标。考虑其自身的生态安全性，顺应水系自然脉络，完善生态蓄水、理水措施；结合周边环境优化滨水空间，合理设计和营造滨水岸线、护坡、雨水花园、生态湿地等环境，实现城与水、人与水的健康发展。

挖掘历史，重塑文化景观：结合历史文化挖掘特色景观元素，兼顾历史文化特色的保护和传承，以重塑文化景观为目标。疏通自然水域，如北运河、潮白河、温榆河、通惠河、减河等；对漕运仓储文化中漕运码头、石坝码头、大光楼（验粮楼）等历史遗迹以及建筑遗迹文化中通州古城、张家湾古镇、路县故城、"三教庙"等历史遗迹进行保护、修缮；重现商业贸易文化中京东大鼓、面人汤和大风车等特色民间艺术；将皇家泛舟文化与滨水游憩、娱乐等文化活动进行融合。

4.3 "生态保护—文化保育"区

落实耕地保护政策，塑造农业景观。通州区的耕地景观始终都在受建成景观的侵占而逐渐破碎，于家务乡、永乐店镇属于生态影响指数相对较低、生态环境安全风险较低的区域。随着经济的增长，要控制耕地景观向建成景观的转换，可以结合原有耕地景观的保护，合理塑造农业景观向乡村旅游综合体的发展，以此带动区域经济发展和农耕文化的传承。

值得关注的是，通州区的行政区划仍在不断调整，势必会造成区域生态、文化特征的变化，进而引发景观综合优化策略的变化。因此，要加强景观生态和文化服务功能的动态监测，形成新的解决方案和应对措施。

5 结语

本研究将景观情景模拟结合生态性评估和景观文化服务功能进行分析，提出了综合景观优化策略，是基于多情景的景观类型模拟指导景观规划的一种尝试。未来，还可以通过对极端情景进行深入的模拟和研究，形成更具针对性和现实意义的指导策略。

良好的环境质量和高效的资源利用是城市发展的重要基础[29]，深厚的文化底蕴和丰富的人文环境是健康城市的核心品质。基于生态性的评估，可以保障环境作为城市物质空间的健康发展；对于文化服务功能分析，则可以实现城市精神空间的健康发展。景观综合优化策略对于现代化城市高质量的发展将起到至关重要的作用。

参考文献

[1] Steinitz C, Arias H, Bassett S, et al. Alternative Future for Changing Landscapes: the Upper San Pedro River Basin in Arizona and Sonora [M]. Washington DC: Island Press, 2003.

[2] 王欣, 段增强. 面向水土资源优化配置的科尔沁左翼后旗宜耕沙地情景规划分析[J]. 中国农业大学学报, 2017, 22 (4): 67-80.

[3] 但新球. 情景规划与体验设计探讨——以雷公山森林公园规划为例. 中南林业调查规划, 2005(3): 35-39.

[4] 赵民, 陈晨, 黄勇, 等. 基于筑治意愿的发展情景和情景规划——以常州西翼地区发展战略研究为例. 国际城市规划, 2014, 29(2): 89-97.

[5] Salim A, Hidayat S, Wulandari R, et al. A green scenario for sustainable landscape planning: the case study in Sintang Regency, West Kalimantan Province [C]. 1st International Seminar on Natural Resources and Environmental Management, 2019.

[6] 梁友嘉, 徐中民, 钟方雷. 基于SD和CLUE-S模型的张掖市甘州区土地利用情景分析[J]. 地理研究, 2011, 30(3): 564-576.

[7] Huanhuan Li, Wei Song. Evolution of rural settlements in the Tongzhou District of Beijing under the new-type urbanization policies[J]. Habitat International, 2020: 101.

[8] Bronwyn Price, Felix Kienast, Irmi Seidl, et al. a Future landscapes of Switzerland: Risk areas for urbanisation and land abandonment[J]. Applied Geography, 2015: 32-41.

[9] Zhang Da, Huang Qingxu, He Chunyang, et al. Planning urban landscape to maintain key ecosystem services in a rapidly urbanizing area: A scenario analysis in the Beijing-Tianjin-Hebei urban agglomeration, China[J]. Ecological Indicators, 2019, 96(1): 559-571.

[10] 蔡玉梅, 刘彦随, 宇振荣, 等. 土地利用变化空间模拟的进展——CLUE-S模型及其应用[J]. 地理科学进展, 2004, 23(04): 63-71.

[11] Kucsicsa, et al. Assessing the Potential Future Forest-Cover Change in Romania, Predicted Using a Scenario-Based Modelling [J]. Environmental Modeling & Assessment, 2019.

[12] 时宇, 李明阳, 杨玉锋, 等. 基于CLUE-S模型的城市森林公园土地利用情景规划方法研究[J]. 西北林学院学报, 2014, 29(05): 163-168.

[13] 邬建国. 景观生态学——格局、尺度、过程与等级[M]. 北京: 高等教育出版社, 2000.

[14] 郭晓妮, 刘晓农, 宋亚斌, 等. 基于Fragstats的海南省东方市景观格局动态研究[J]. 中南林业调查规划, 2016, 35 (1): 30-33+52.

[15] 郑新奇, 付梅臣. 景观格局空间分析技术及其应用[M]. 北京: 科学出版社, 2010.

[16] 陈立东. 应用FRAGSTATS3.3对呼和浩特市青城公园景观格局的研究及评价[D]. 呼和浩特: 内蒙古农业大学, 2009.

[17] 陈鹏, 潘晓玲. 干旱区内陆流域区域景观生态风险分析——以阜康三工河流域为例[J]. 生态学杂志, 2003(4): 116-120.

[18] 刘春艳, 张科, 刘吉平. 1976—2013年三江平原景观生态风险变化及驱动力[J]. 生态学报, 2017, 38(11).

[19] Judith M A, Christine A Moore, Marna H, et al. Cultural Ecosystem Services in Protected Areas: Understanding Bundles, Trade-Offs, and Synergies[J]. Conservation Letters, 2017, 10(4): 440-450.

[20] Louise W, Lars H, Martinus E, et al. Space for People, Plants, and Livestock? Quantifying Interactions among Multiple Landscape Functions in a Dutch Rural Region[J]. Ecological Indicators, 2009, 10(1): 62-73.

[21] Mark E, Laurence J, Bill W. Have we neglected the societal importance of sand dunes? An ecosystem services perspective[J]. Aquatic Conservation: Marine and Freshwater Ecosystems, 2010, 20(4): 476-487.

[22] Van J, Biggs R, Scholes R, et al. Measuring conditions and trends in ecosystem services at multiple scales: the Southern African Millennium Ecosystem Assessment (SA f MA) experience[J]. Philosophical Transactions of The Royal Society, 2005, 360: 425-441.

[23] 霍思高, 黄璐, 严力蛟. 基于SolVES模型的生态系统文化服务价值评估——以浙江省武义县南部生态公园为例[J]. 生态学报, 2018, 38(10): 3682-3691.

[24] 葛韵宇, 李方正. 基于主导生态系统服务功能识别的北京市乡村景观提升策略研究[J]. 中国园林, 2020, 36(1): 25-30.

[25] 贾旭飞. 基于CLUE-S模型的长安区土地利用变化模拟及其景观生态效应分析[D]. 西安: 长安大学, 2018.

[26] 林伊琳,赵俊三,张萌,袁磊,白旭.基于FLUS模型的昆明市建设用地扩张模拟及景观效应分析.兰州大学学报(自然科学版),2019,55(6):716-725+732.

[27] 贡璐,鞠强,潘晓玲.博斯腾湖区域景观生态风险评价研究[J].干旱区资源与环境,2007(1):27-31.

[28] 谢高地,甄霖,鲁春霞,等.一个基于专家知识的生态系统服务价值化方法[J].自然资源学报,2008(5):911-919.

[29] 武占云,单菁菁,马樱婷.健康城市的理论内涵、评价体系与促进策略研究[J].江淮论坛,2020(6):47-57+197.

作者简介

周红润,1995年生,女,汉族,云南镇雄人,中国农业大学园艺学院,硕士,现就职于中央农业广播电视学校,研究方向为园林规划设计方向。电子邮箱:728814315@qq.com。

(通信作者)徐峰,1969年生,汉族,浙江慈溪人,硕士,中国农业大学园艺学院,教授、博士生导师,研究方向为乡村景观与文化遗产保护、园林康养与健康景观设计。电子邮箱:ccxfcn@sina.com。

基于多源数据的上海市土地覆盖类型演化模拟与预测

Simulation and Prediction of Land Cover Type Evolution in Shanghai Based on Multi-source Data

黄钰麟　金云峰*

摘　要：基于上海市 2000—2020 年的土地覆盖栅格数据以及地形和社会经济统计数据，利用 Futureland 软件对上海市未来土地覆盖格局进行模拟预测。结果表明：①2000—2020 年除建设用地快速增长外，其余用地均呈减少趋势，建设用地增加的主要来源是耕地。②Logistic 回归分析表明，上海市土地覆盖类型变化主要受到 GDP、城市道路、铁路建设以及水体影响。③2020—2030 年上海市将不断提升土地资源要素配置效率和产出效益，科学统筹开展山水林田湖草沙一体化，走内涵式、集约型、绿色化高质量发展路线。最后，本文基于研究结果对上海市未来土地发展提出以下几点思考：①低影响开发设施，集约利用土地；②严控制土地扩张，注重存量更新；③优化生态网络结构，促进物种多样性。

关键词：元胞自动机；土地覆盖变化；驱动力分析；模拟预测

Abstract: Based on the land cover grid data, terrain, and socio-economic statistics data of Shanghai from 2000 to 2020, Futureland software was used to simulate and predict the future land cover pattern in Shanghai. The results indicate the following: (1) From 2000 to 2020, except for the rapid growth of construction land, all other land types showed a decreasing trend, and the main source of increased construction land was cultivated land. (2) Logistic regression analysis shows that changes in land cover types in Shanghai are mainly influenced by GDP, urban roads, railway construction, and water bodies. (3) From 2020 to 2030, Shanghai will continuously improve the efficiency and output benefits of land resource allocation, scientifically coordinate the development of mountains, rivers, forests, farmland, lakes, grasslands, and deserts, and pursue a high-quality development path that is intensive, green, and sustainable. Based on the research results, the following considerations are proposed for the future land development in Shanghai: (1) Develop low-impact facilities and utilize land intensively. (2) Strictly control land expansion and focus on renewing existing stock. (3) Optimize the ecological network system and promote species diversity.

Keywords: Cellular Automaton; Land Cover Change; Driving Force Analysis; Simulated Prediction

引言

土地覆被类型变化反映人类活动与自然环境之间的互馈关系，是可持续发展研究领域的核心议题。随着城市化进程的快速推进，土地过度开发与生态环境恶化的问题层出不穷，人地矛盾日益凸显。元胞自动机（cellular automata，CA）以其模拟复杂系统时空动态变化的能力，成为城市土地利用变化模拟研究的有力工具之一。目前，国内外基于 CA 开发了多款模拟软件，包括 Futureland（LandCA）[1]、urban CA[2]、CLUE-S[3]、FLUS[4]、CA-Markov[5] 等，相关学者基于各种模型与平台进行了有关土地利用变化的一系列研究，如碳储量变化[6]、热岛效应[7]、景观格局等[8]。土地覆盖类型变化受到社会、经济、生态、政策等因素的影响，其动态变化的机理复杂且具有空间异质性[9,10]，已有研究证明土地覆盖变化受到人口[11]、经济[12]、基础设施[13]等要素的综合作用，利用多源时空大数据对驱动要素进行智能化监测，是实现未来情景推演的关键环节[14,15]。

在资源环境紧约束的背景下，上海市转变了规划的思维方式，明确上海的城市发展要牢固树立"底线思维"，严守土地、人口、环境、安全 4 条底线，实现内涵发展和弹性适应。本文以上海市为研究区域，基于 GlobeLand30 地表覆盖数据，利用 Futureland 软件，探究上海市未来 20 年间土地覆盖类型变化及其与驱动因子间的相互关系。

1 区域与数据

1.1 研究区概况

上海市位于我国华东地区，北接长江，东濒东海，南临杭州湾，西接江苏省和浙江省，是中华人民共和国国务院批复确定的中国国际经济、金融、贸易、航运、科技创新中心。2017 年，中国政府网正式发布了《国务院关于上海市城市总体规划的批复》（国函〔2017〕147 号）。"上海 2035"对优化城市空间布局、严格控制城市规模、加强生态环境保护、创造优良人居环境、塑造城市特色风貌、保障城市安全运行、健全城市管理体制等提出了明确要求；到 2035 年上海市常住人口控制在 2500 万左右，建设用地总规模不超过 3200km²。

---

① 基金项目：国家自然科学基金项目（编号：51978480）资助。

1.2 研究数据

本研究的数据来源于GlobeLand30、规划云、地理空间数据云、中国科学院地理科学与资源研究所等网络资源平台（表1）。

数据类型与来源　　表1

类型	分辨率	数据源	数据处理
地表覆盖类型（2000年、2010年、2020年）	30m	GlobeLand30	草地与灌木地合并（2010年、2020年）
上海市行政区划图	—	规划云	
数字高程模型（DEM）	30m	地理空间数据云	
人口密度（POP）	1km	中国科学院地理科学与资源研究所	重采样至分辨率30m
GDP	1km	中国科学院地理科学与资源研究所	重采样至分辨率30m
道路		OpenStreetMap	GIS求欧式距离
铁路		OpenStreetMap	
水体		OpenStreetMap	

2 模型与方法

2.1 模拟参数设置

2.1.1 驱动因子选择

随着城市的不断扩张，自然资源受到人为影响越来越显著，过去相关的研究表明，城市土地覆盖类型会受到地形、GDP、人口密度（POP）、交通路网等基础设施建设的影响，故文本选择 DEM、POP、GDP、Dis_Road、Dis_Railways、Dis_Water 作为驱动因子，根据逻辑回归判断各驱动因子对不同土地覆盖类型变化的影响（表2）。

显著性驱动因子　　表2

类型	显著驱动因子
耕地	GDP***、POP*、Dis_Road***、Dis_Railways***、Dis_Water***
林地	GDP**、Dis_Railways*、Dis_Water***
草地	GDP***、Dis_Railways***、Dis_Road***、Dis_Water***
湿地	GDP***、Dis_Road***、Dis_Railways***、Dis_Water***
水体	GDP***、POP*、Dis_Railways***
建设用地	POP*、Dis_Railways***、Dis_Road***、Dis_Water***

注：1. 本文建设用地（人造地表）覆被数据不包括内部连片绿地和水体。数据来源于Globeland 30全球地表覆盖数据库。
2. * 表示 $p<0.05$，** 表示 $p<0.01$，*** 表示 $p<0.001$。

2.1.2 转换规则

（1）规划占比分配

根据2020年实际土地覆盖分类占比设置各类土地的占比。

（2）邻域影响权重

参考上海市土地覆盖类型演变的相关研究[16-18]，作为邻域影响权重的参考（表3），并结合近年来土地的相关变化情况，设置影响权重（表4）（同类型土地间的影响计为1.00）。

2010—2015年上海土地覆被转移矩阵（单位：km²）[8]　　表3

2010—2015年	林地	耕地	草地	水体	建设用地	未利用地
林地	85.09	8.06	53.68	0.23	313.20	80.95
耕地	270.60	488.40	2.90	0.44	836.00	133.80
草地	0.11	110.50	0.87	0.00	1.96	0.58
水体	0.90	4.89	1.74	125.40	62.17	14.50
建设用地	80.60	174.00	341.00	17.32	3080.00	206.30
未利用地	2.04	18.43	4.86	14.49	248.60	58.10

邻域影响权重设置　　表4

	耕地	林地	草地	湿地	水体	建设用地
耕地	1.00	0.75	0.50	0.50	0.30	0.10
林地	0.02	1.00	0.15	0.40	0.01	0.20
草地	0.30	0.01	1.00	0.60	0.01	0.10
湿地	0.03	0.10	0.10	1.00	0.05	0.10
水体	0.02	0.05	0.05	0.50	1.00	0.10
建设用地	0.80	0.60	0.80	0.80	0.60	1.00

注：本文建设用地（人造地表）覆被数据不包括内部连片绿地和水体。数据来源于Globeland 30全球地表覆盖数据库。

（3）转换成本

综合考虑土地覆盖类型转换对社会、经济、生态多方面的影响，设置权重（表5）。

表5 转换成本权重设置

	耕地	林地	草地	湿地	水体	建设用地
耕地	0.00	0.80	0.90	0.80	0.80	0.90
林地	0.20	0.00	0.80	0.20	0.50	0.60
草地	0.10	0.60	0.00	0.30	0.10	0.20
湿地	0.50	0.50	0.30	0.00	0.20	0.60
水体	0.30	0.50	0.50	0.10	0.00	0.80
建设用地	0.90	0.90	0.90	0.90	0.90	0.00

2.2 模拟精度评价

利用Futureland中的"Validation"功能，进行精度评价。将2020年上海市土地覆盖类型的实际与预测数据（以2010年土地覆盖数据为预测底板）进行对比分析，得到的模型总体精度为78.86%，Kappa系数为0.666，说明模型可用于模拟预测。

3 研究结果

3.1 上海市土地覆盖类型演变分析

自2000年以来，上海的城市建设以黄浦区、静安区、徐汇区、长宁区等中心城区为核心，不断向南汇新城、嘉定新城、青浦新城、松江新城、奉贤新城等新城扩张，中心城区周围的耕地不断被建设用地挤压蚕食。2016年《关于补足耕地数量与提升耕地质量相结合落实占补平衡的指导意见》（国土资规〔2016〕8号）的发布，通过耕地"补改结合"，实现建设占用耕地"占一补一、占优补优、占水田补水田"，使得2010—2020年上海市耕地减少速度下降（图1~图3）。

2010—2020年，上海市按照"增加总量、优化布局、强化监督、发挥效益"的工作路径，加大国土绿化力度，强化森林资源监管，实现了林业生态空间持续扩大，林业生态品质逐步提升，林业管理基础不断夯实，林业服务能力显著增强的目标，林地面积上升，说明虽然城市生长具有自组织的特性，但政府的适时有效调控与优化土地使用政策，可促进土地覆盖类型的供求平衡。在此期间，上海市水体面积呈现先下降后上升最后趋于平稳的态势，草地、湿地面积整体呈上升趋势。湿地是分布于陆生生态系统和水生生态系统之间，具有独特水文、土壤、植被与生物特征的生态系统，在调节气候、涵养水源、蓄洪防旱、控制土壤侵蚀、促淤造陆、净化环境、维持生物多样性和生态平衡等方面均具有十分重要的作用。

3.2 土地覆盖类型变化驱动因素分析

土地覆被利用类型的改变主要受自然地理、人类社会经济及土地覆被管理等因素的影响。本文利用GlobeLand30土地覆盖栅格数据，结合研究区DEM、社会经济统计数据以及交通网络数据共同进行Logistic回归分析（图4），结果表明上海市耕地变化受到GDP、城市道路、铁路建设、水体的极显著影响（$p<0.001$）以及人口密度的显著影响（$p<0.05$）；林地变化主要受水体影响（$p<0.001$），其次为GDP（$p<0.01$），最后为铁路建设（$p<0.05$）；GDP、铁路建设均对草地、湿地、水体变化起到极显著影响（$p<0.001$）；建设用地受到铁路、道路建设以及水体的极显著影响（$p<0.001$），其次为人口密度（$p<0.05$）。

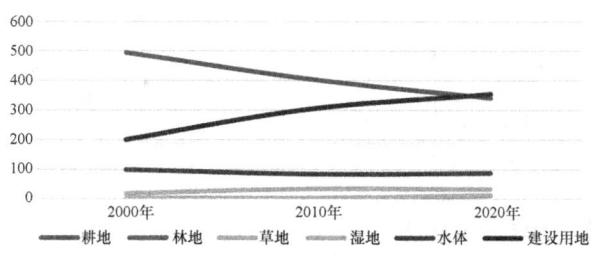

图4 2000—2020年上海市土地覆盖类型栅格变化

3.3 上海市未来土地覆盖类型预测分析

由Futureland软件预测出2030年上海市土地覆盖图（图5），并通过栅格数统计2020—2030年上海市土地覆盖面积变化情况（图6）。未来10年内上海市草地、湿地、水体面积将逐渐降低，其中以水体面积减少最多，约占上海市总面积的0.5%。城市生长变化具有自组织特征，元胞自动机（CA）成为最流行的空间显式城市扩张建模方法之一。根据预测结果以及以往趋势，2030年上海市耕地与林地将呈下降趋势，但实际上，为了更好地管

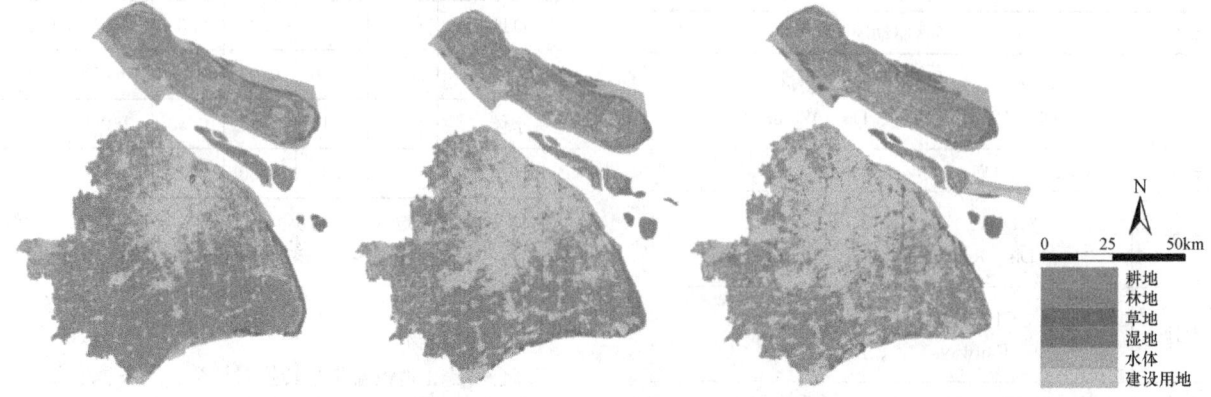

图1 2000年土地覆盖格局　　图2 2010年土地覆盖格局　　图3 2020年土地覆盖格局

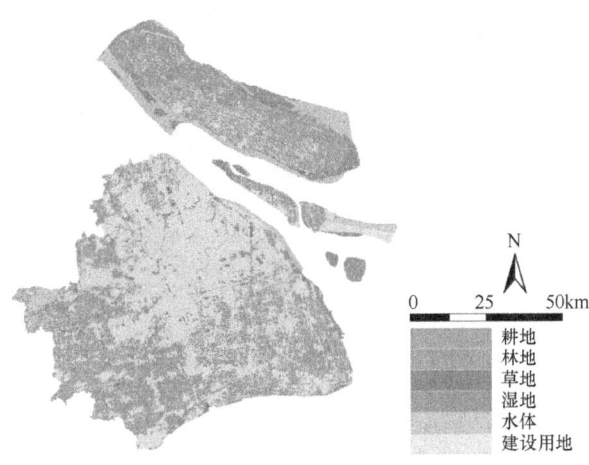

图5 2030年预测土地覆盖格局

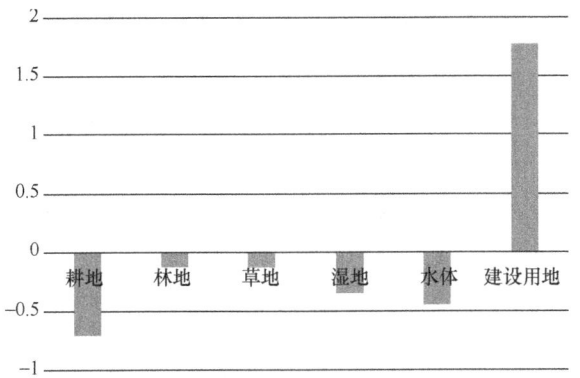

图6 2020—2030年上海市土地覆盖类型变化预测

理土地资源,近年来上海市政府加大了土地监管和环境保护力度,并取得了显著成效。上海市规划和自然资源局提供的数据显示,2014年至2022年底,通过复垦工矿仓储用地、宅基地等存量低效土地,上海累计新增耕地超过6.75万亩(4500hm²)、新建林地超过5.25万亩(1680hm²),不仅拓宽、补充了耕地来源,更有效增加了耕地面积并提升了耕地质量。

2020年,在国务院正式批复的《长三角生态绿色一体化发展示范区国土空间总体规划(2021—2035年)》中提出了"全面践行让河湖休养生息的治水理念,加强河网湖荡互联互通,构建引排通畅、水城共融、蓝绿交织的水网空间布局体系,突出重点河湖空间保护,科学制定退渔还湖还湿方案,保障示范区水面率不降低。实施水环境综合治理,妥善处理经济发展与环境保护的关系。"2021年自然资源部、农业农村部、国家林业和草原局联合下发了《关于严格耕地用途管制有关问题的通知》(自然资发〔2021〕166号,以下简称《通知》)。《通知》提出,各地要在永久基本农田之外的优质耕地中,划定永久基本农田储备区并上图入库。土地整理复垦开发和新建高标准农田增加的优质耕地应当优先划入永久基本农田储备区[19]。

2023年,国家林业和草原局华东调查规划院编制了《上海市森林和林地保护利用规划(2023—2035年)》(以下简称《规划》)。《规划》提出,要以国土"三调"成果为统一底版,以国土空间规划及"三区三线"划定成果为依据,明确林地管理边界,统筹规划,落实规划期末全市及各区林地保有量、森林覆盖率、占用林地定额等约束性、预期性指标,全面保护林地[20]。同年,上海市规划和自然资源局组织编制了《上海市国土空间生态修复专项规划(2021—2035年)》(以下简称《生态修复规划》),《生态修复规划》从生态系统功能和价值提升出发,遵循自然演替规律,依据国土空间规划,针对生态功能退化、生态系统受损、空间格局失衡、自然资源开发利用不合理的国土空间,科学统筹开展山水林田湖草沙一体化保护修复活动。对象包括山水林田湖草沙全域生态要素,以促进生态系统要素健康、结构稳定、功能提升为目标,努力实现生态系统的整体平衡和可持续发展[21]。

综上所述,2020—2030年上海市耕地、林地不再呈下降趋势,为进一步落实市委、市政府有关加快转变超大城市发展方式,深入推动"上海2035"总体规划实施,未来上海市将不断提升土地资源要素配置效率和产出效益,科学统筹开展山水林田湖草沙一体化、走内涵式、集约型、绿色化高质量发展路线。

4 结论与讨论

本文以上海市为研究区域,以2000年、2010年和2020年3期土地覆盖数据为基础,依托Futureland软件对上海市20年间不同类型土地时空变迁情况进行分析,利用Logistic回归模型分析不同类型土地变化与地形、社会经济等驱动力因子之间的定量关系,最后对上海市2030年的土地覆盖格局进行模拟预测。根据本文的研究结果,未来的城市发展应注重以下几点:

低影响开发设施,集约利用土地。研究结果表明,城市基础设施如道路、铁路的建设,对城市各类型土地具有不同程度的显著影响,如何更好平衡城市基础设施建设与土地资源利用,避免由建设带来的土地破坏是未来需要关注的问题。低影响开发不止于城市蓝绿空间的构建,同样适用于其他类型的开发建设。此外,可通过布局优化、标准控制、盘活利用等手段,达到节约土地、减量用地、促进低效废弃地再利用、优化土地利用结构和布局、提高土地利用效率的目的。

严控制土地扩张,注重存量更新。我国已从增量扩张时代转向存量更新时代,城市发展的核心资源从新增建设用地转向存量土地及存量空间,更应关注的是存量空间资源使用的基础性制度设计。应加强国土空间用途管制,严守耕地保护红线。严格规范耕地用途转换行为,切实保护城市粮食与生态安全"生命线"[22]。要挖掘城市"边角料"的潜能,通过用地混合与功能叠加的方式,精细化治理,发挥土地的效能,通过城市更新释放存量空间价值。

优化生态网络结构,促进物种多样性。由于近年来城镇化的高速发展,城市中湿地、林地、水体面积大量缩减。同时,自然景观破碎化现象改变了生态系统结构,影响其正常功能发挥,是造成生物多样性丧失、生态系统质量和稳定性下降的重要原因之一,也是当前我国生物多样性保护和生态保护修复面临的重要问题之一。联合国环境署发布的《2018/2019前沿报告——全球环境的新兴问题》中将生态连通性列为全球面临的5个关键问题之一。应重视城市的生态修复，严守生态保护红线，科学统筹开展山水林田湖草沙一体化发展，有关部门应加大监管与环境监督力度，贯彻落实《长三角生态绿色一体化发展示范区国土空间总体规划（2021—2035年）》等要求，增强水生态安全韧性；坚持应保尽保、因地制宜，稳定耕地和永久基本农田面积；坚持水系空间修复和水环境提升，维持江南水乡特色空间，坚持规模适度、宜林则林，适度提高林地空间和森林覆盖率，形成符合水乡肌理特质的田、林、水、湿、镇空间要素比例。

参考文献

[1] Feng Yongjiu, Lei Zhenkun, Tong Xiaohua, et al. Spatially-explicit modeling and intensity analysis of China's land use change 2000-2050[J]. Journal of Environmental Management, 2020: 263.

[2] 冯永玖,李鹏朔,童小华,等. 城市典型要素遥感智能监测与模拟推演关键技术[J]. 测绘学报, 2022, 51(4): 577-586.

[3] Liao Guitang, He Peng, Gao Xuesong, et al. Land use optimization of rural production-living-ecological space at different scales based on the BP-ANN and CLUE-S models[J]. Ecological Indicators, 2022, 137: 108710.

[4] 李立,胡睿柯,李素红. 基于改进FLUS模型的北京市低碳土地利用情景模拟[J]. 自然资源遥感, 2023, 35(1): 81-89.

[5] Fatiha H E A, Latifa O, Ahmed A. Simulating and predicting future land-use/land cover trends using CA-Markov and LCM models[J]. Case Studies in Chemical and Environmental Engineering, 2023, 7.

[6] Feng Yongjiu, Chen Shurui, Tong Xiaohua, et al. Modeling changes in China's 2000-2030 carbon stock caused by land use change[J]. Journal of Cleaner Production, 2020, 252: 119659.

[7] 陈光,赵立华,持田灯,等. 基于CA-Markov的土地利用数据在城市热岛效应模拟中的评价[J]. 建筑科学, 2021, 37(2): 113-120.

[8] Fu Fei, Liu Wenwen, Wu Dan, et al. Research on the Spatiotemporal Evolution of Land Use Landscape Pattern in a County Area Based on CA-Markov Model[J]. Sustainable Cities and Society, 2022, 80: 103760.

[9] Li X, Lao C, Liu X, et al. Coupling urban cellular automata with ant colony optimization for zoning protected natural areas under a changing landscape[J]. International Journal of Geographical Information Science, 2011, 25(4): 575-593.

[10] 刘小平,黎夏,张啸虎,等. 人工免疫系统与嵌入规划目标的城市模拟及应用[J]. 地理学报, 2008(8): 882-894.

[11] Yan Z, Xia C, Yanfang L, et al. Urban expansion simulation under constraint of multiple ecosystem services (MESs) based on cellular automata (CA)-Markov model: Scenario analysis and policy implications[J]. Land Use Policy, 2021, 108: 105667.

[12] Zhou L, Dang X, Sun Q, et al. Multi-scenario simulation of urban land change in Shanghai by random forest and CA-Markov model[J]. Sustainable Cities and Society, 2020, 55: 102045.

[13] 何苏玲,贺增红,潘继亚,等. 基于多模型的县域土地利用/土地覆盖模拟[J]. 自然资源遥感, 2023, 35(4): 201-213.

[14] Liu X, Li X, Shi X, et al. A multi-type ant colony optimization (MACO) method for optimal land use allocation in large areas[J]. International Journal of Geographical Information Science, 2012, 26(7): 1325-1343.

[15] 危小建,谢亚娟,孙显星. 城市土地扩张与人类活动之间的关系识别——以环鄱阳湖城市群为例[J]. 测绘科学, 2020, 45(1): 138-148, 156.

[16] 冯永玖,杨倩倩,崔丽,等. 基于空间自回归CA模型的城市土地利用变化模拟与预测[J]. 地理与地理信息科学, 2016, 32(5): 37-44, 127.

[17] 李永浮,姜乐洋,朱冬奇,等. 上海浦东土地利用变化时空特征和动因研究[J]. 城镇化与集约用地, 2019, 7(2): 39-51.

[18] 杨丽君. 基于遥感影像的上海市土地覆被变化及驱动力分析[J]. 集美大学学报（自然科学版）, 2020, 25(2): 152-160.

[19] 中华人民共和国自然资源部. 自然资源部 农业农村部 国家林业和草原局关于严格耕地用途管制有关问题的通知[EB/OL]. (2021-11-27)[2023-07-31]. https://www.gov.cn/zhengce/zhengceku/2021-12/26/content_5664643.htm? eqid=fee213e00000b27800000006645ca143.

[20] 上海市绿化和市容管理局. 上海市森林和林地保护利用规划（2023—2035年）公开稿[EB/OL]. (2023-05-10)[2023-07-31]. https://lhsr.sh.gov.cn/zcqfzgh/20230510/d2457fa988674522ae9397b1fe1d50c1.html? eqid=80135a84000bf5af00000004645cba58.

[21] 上海市规划资源局. 上海市国土空间生态修复专项规划（2021—2035年）[EB/OL]. (2023-01-19)[2023-07-31]. https://ghzyj.sh.gov.cn/ghjh/20230119/25e1eaa90c1f4818b638eb76b843c011.html.

[22] 朱北宇,周伺. 基于MCCA的上海市土地利用结构变化预测及分析[J]. 国土与自然资源研究, 2022(3): 33-35.

作者简介

黄钰麟，1995年生，女，汉族，福建永安人，同济大学建筑与城市规划学院博士在读，研究方向为公园城市与景观治理有机更新。电子邮箱：hylin_ya@163.com。

（通信作者）金云峰，1961年生，男，汉族，上海人，同济大学建筑与城市规划学院、上海市城市更新及其空间优化技术重点实验室、上海同济城市规划设计研究院有限公司，教授、博士生导师，研究方向为公园城市与景观治理有机更新。电子邮箱：jinyf79@163.com。

风景园林植物

线性视角下的杭州西湖山林游步道植物景观特征研究

Research on Plant Landscape Characteristics of Hangzhou West Lake Mountain Forest Trails under the Linear Perspective

李上善 包志毅*

摘　要：西湖山林游步道植物景观作为联结自然与人文的线性景观，综合西湖山林、西湖特色植物两大申遗要素，亟须加强关注度与开展系统研究。本文以杭州西湖山林景区游步道游人视线范围内的植物景观为研究对象，选取11条西湖山林游线77个样带，以游步道单体线性视角串联西湖山林区域面植物群落、西湖山林游线植物景观特征，探讨其在不同生境因素、海拔变化、人为建设强度等因素影响下，游步道植物景观物种组成、优势植物群落、群落多样性、垂直结构形式、植物空间类型等特征要素梯度性差异。基于研究成果，提出动态视角维持与生态群落引领两方面建议，为探索西湖山林游步道植物景观可持续发展提供理论参考。

关键词：杭州西湖风景名胜区；山林游步道植物景观；植物景观特征

Abstract: As a linear landscape linking nature and humanities, the plant landscape of the West Lake forest trail, which is a combination of the two major elements of the West Lake forest trail and the West Lake characteristic plants, urgently needs to be strengthened to pay attention to and carry out systematic research. Plant communities, community diversity, vertical structure, plant spatial types and other characteristics of the gradient differences. Based on the research results, it is suggested to provide theoretical references for exploring the sustainable development of plant landscapes of West Lake mountain forest trail by maintaining the dynamic perspective and leading the ecological communities

Keywords: West Lake Scenic Area; Plant Landscape of Mountain Forest Trail; Plant Landscape Features

引言

杭州西湖风景名胜区自12世纪以来便形成了"三面云山一面城"的空间特征，山林总面积占风景区面积的86.73%[1]。群山间十里锒铛、栖霞古道、九溪十八涧等山林游步道作为西湖山林景观的重要组成，其沿线植物景观承载西湖山林、西湖特色植物两大申遗要素，不断适应着时代的发展需求，山林游步道植物景观的突出价值与传承延续是西湖风景名胜区建设的重要考虑方向。

综合西湖山林游步道与植物的相关研究，角度多样且不断深化，助推西湖风景区山林景观科学发展与文化遗产保护。在研究对象方面，山林植物景观成果集中于景观点与区域面[2-8]；在研究时间段方面，植物景观作为活态的遗产，现有研究集中于西湖申遗之前[9]，随着后申遗时代对西湖景观规划方针的不断调整，新时期西湖山林植物景观特点及分布有待更新；在研究内容方面，现有研究多从中观山地景区植物生态功能[10]、景观美学[9]角度开展，缺少宏观山林植物风貌、中观山林游线、微观山林景观段多层次的系统研究；在研究角度方面，西湖山林作为一个整体，现有成果涉及植物景观格局与多样性格局[11]，然而西湖不同山林区域的环境因子具有差异性，不同山域、游线的植物景观特征的纵横比较有待研究。

因此本文以西湖山林游步道为研究切入点，以实现西湖山林植物景观可持续发展为价值导向，通过实地调研，以线性的角度串联植物景观点进而认知区域景观风貌，以点—线—面多层次构建植物景观研究途径，为西湖风景名胜区植物景观研究提供全新视角与补充，以期助力西湖山林植物景观保护，助推西湖风景区优态发展。

1 研究样段与方法

1.1 研究区域及对象

研究于西湖风景名胜山林范围内，以西湖管委会《西湖风景名胜区登山旅游地图》中的推荐游线、主要游步道、次要游步道为选择基础，依据西湖山林与西湖的距离，划分为临湖、近湖、远湖三类风景游线。基于现场踏查、游人咨询与实地测量，对西湖山林游线按照游线海拔变化、爬坡占比、平均登山时长、游线长度、沿线景观资源数量、道路连接度、沿线基础设施数量7项指标的综合聚类分析（表1），选取西湖群山范围内具有代表性的11条的风景游线为研究对象（图1），包含以步行为主的主要游步道和次要游步道。

西湖山林风景游线基本信息 表1

山峰区域	山林风景游线名称	游线长度(m)	海拔变化(m)	爬坡占比(%)	平均登山时长(min)	景观资源数量(个)	道路连接点(个)	基础设施数量(个)
临湖	九曜山游线	2820	172	80	90	3	5	3
	孤山游线	780	24	0	30	5	4	7
	宝石山游线	2780	110	45	70	18	12	6
近湖	玉皇山—凤凰山游线	5610	205	80	145	17	9	10
	吴山游线	1670	80	55	50	10	9	4
	南高峰游线	2890	227	80	110	7	5	4
	虎跑游线	4850	198	75	150	6	7	6
	天马山—龙井游线	3250	216	65	100	3	7	3
	北高峰游线	5460	298	65	130	7	8	8
远湖	美人峰—枫树岭游线	3830	281	55	145	4	4	5
	石人岭—百子尖游线	8450	292	50	250	3	9	5
	九溪游线	3160	70	60	90	5	2	7
	云栖—十里琅珰游线	5520	295	45	155	6	4	8

注：游线名称以主要山峰景点代称；海拔变化指游线最低点与最高点的差值；爬坡以连续爬升超过50m定义；平均登山时长来自官方推荐数据；道路连接点指与风景游线相接的主干道与次干道数；基础设施指代公共厕所与游憩亭廊。

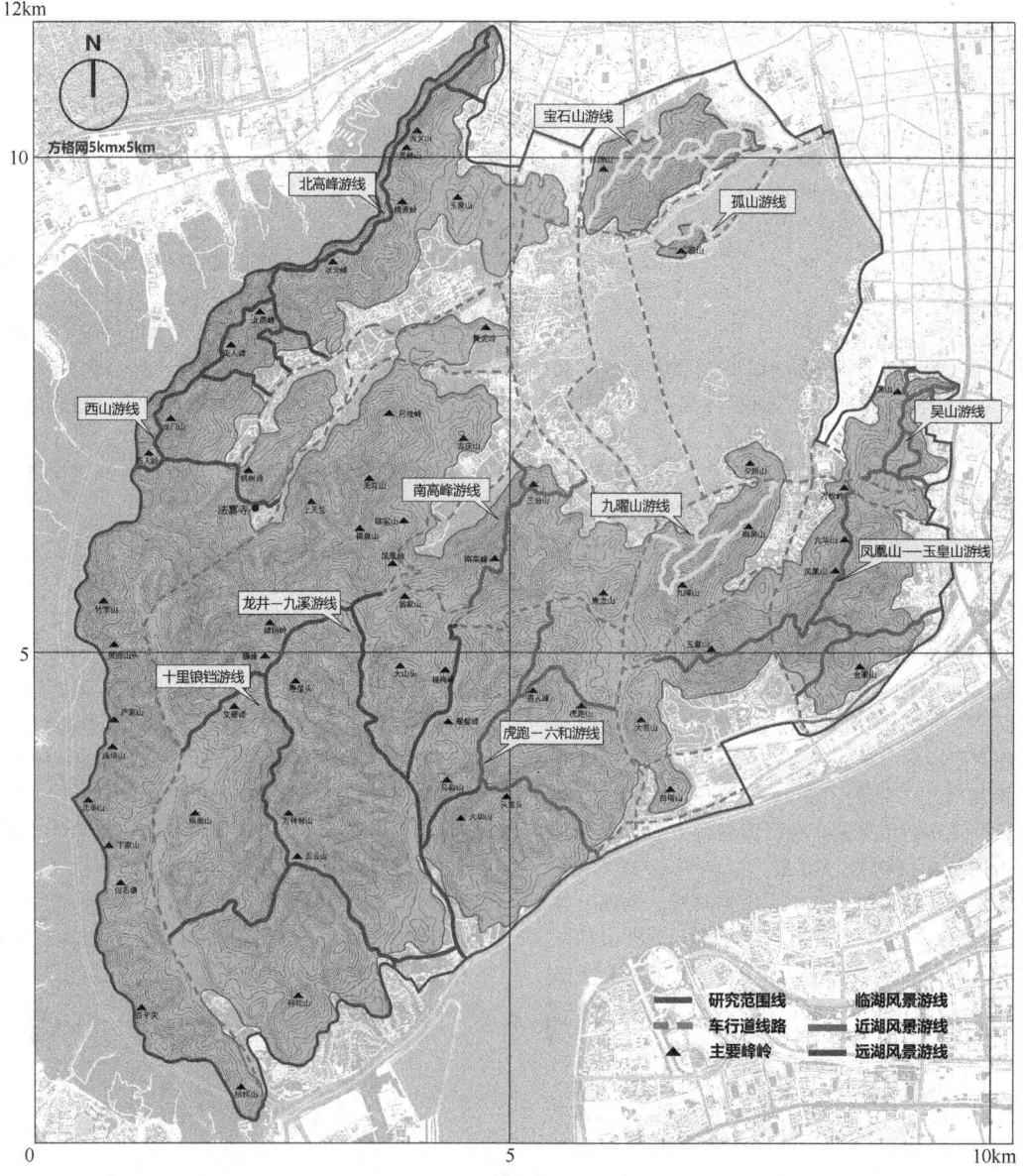

图1 西湖山林游步道调查样线分布图

1.2 研究方法

1.2.1 调查样带设置

对所选择的山林风景游线于2021年5—10月进行实地踏查，根据乔木层主要优势种及典型植物群落的树种组成划分路段。采用典型取样法，在每个路段中选取1~3个植被分布较集中或典型的地段，沿游步道路基边界，与游步道平行方向设置面积400m²的调查样带，同时在每个样带的中心、边缘选取物种较为丰富的典型草本植物群落进行取样调查，以1m×1m的草本样方取样。并根据对西湖山林游步道的实地勘察，将西湖山林游步道分为农用田、溪流、自然林地、园林环境4类不同生境。最终实地共调查样带77个，草本样方405个，包括农用田样带7个、溪流样带12个、园林环境样带21个、自然林地样带37个（图2），样带基本做到在山林游线不同路段均有覆盖。

1.2.2 植物调查及数据处理

对样带内所有乔灌植物和样方内的所有草本植物进行调查。记录的主要指标如下：①乔木——种名、树高、胸径、冠幅、树冠净空高度；②灌木——种名、株数、高度；③草本——种名、高度、盖度。

（1）物种重要值计算

乔木重要值　　$IVIV_{乔i}=(B_i+P_i+D_i)/3$　　(1)

灌木重要值　　$IVIV_{灌i}=(B_i+P_i+C_i)/3$　　(2)

草本重要值：　$IV_{草i}=(H_i+P_i+C_i)/3$　　(3)

式中，B_i为物种i的相对多度；P_i为物种i的相对频度；D_i为物种i的相对优势度；C_i为物种i的相对盖度；H_i为物种i的相对高度。胸高断面积为乔木层树种的优势度。

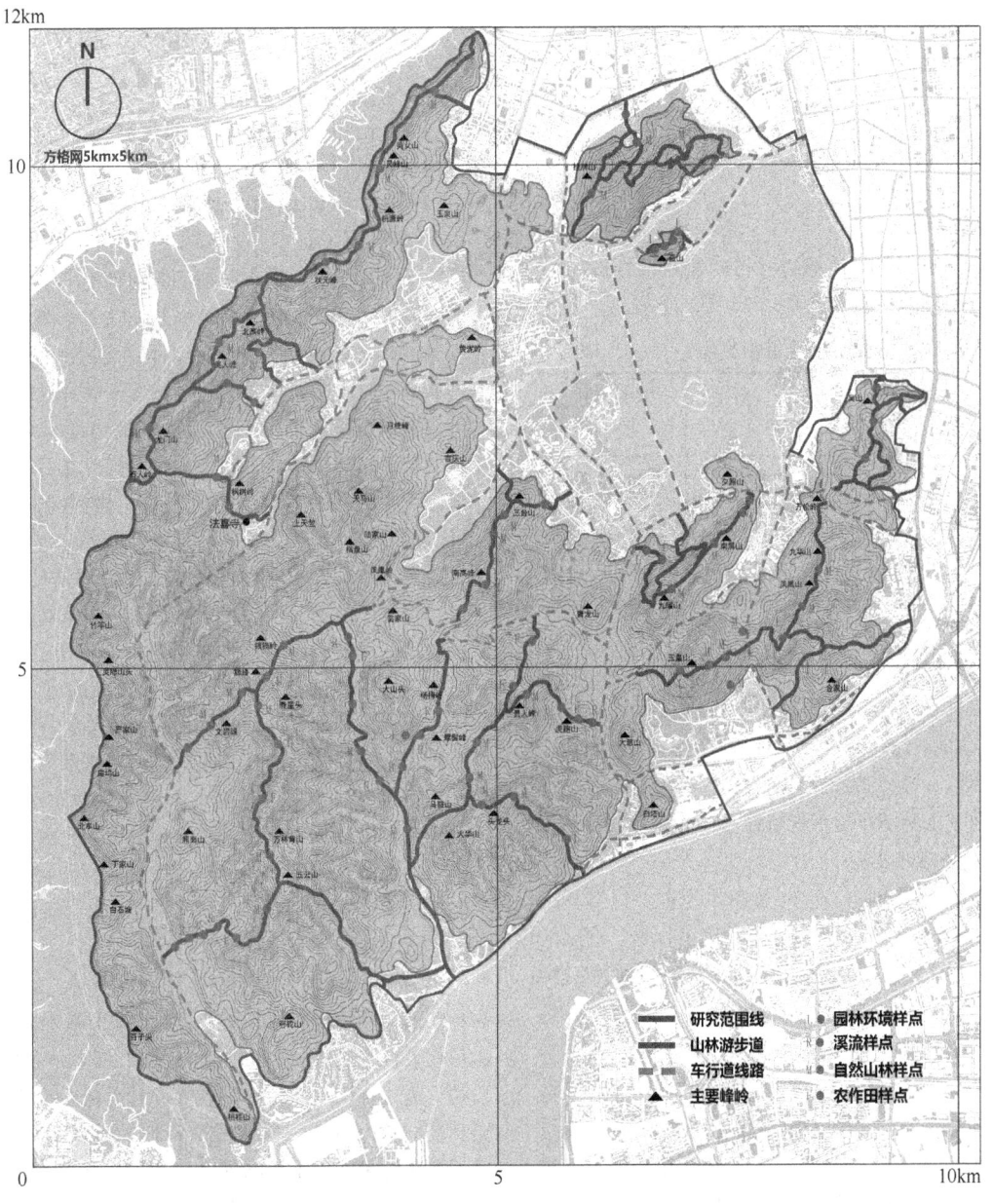

图2　植物景观调研样地分布

(2) 植物多样性指数

参考相关研究，本文选取物种丰富度（R）、Shannon-Wiener（香农多样性）指数（H）和Pielou均匀度指数（J）、Simpson优势度指数（D）4个指标综合比较分析物种的多样性。

Patric 物种丰富度指数 $R = S$ (4)

Shannon-Wiener 指数 $H' = -\sum_{i=1}^{S} P_i \ln P_i$ (5)

Pielou 均匀度指数 $J = H'/\ln S$ (6)

Simpson 优势度指数：$D = 1 - \sum_{i=1}^{S}(n_i/N)^2$ (7)

式中，P_i指第i种物种的重要值所占比例；S为种i所在样方的物种总数；n_i代表植物种的个体数量；N代表样地中全部植物种类的个体数量之和。

2 西湖山林游步道植物景观概况

2.1 植物种类组成

2.1.1 物种组成

根据对西湖山林游步道植物样带的实地调查（表2），统计记录植物物种256种，隶属于100科199属。

西湖山林游步道植物类型   表2

类型	科数（个）	属数（个）	种数（个）	种数占比（%）
被子植物	86	178	232	90.63
裸子植物	5	9	10	3.91
蕨类植物	9	12	14	5.5

2.1.2 植物生活型构成

对西湖山林游步道植物物种生活型进行统计，其中乔木99种、灌木51种、草本75种、藤本13种、竹类5种、蕨类13种，占比约为9∶5∶7∶1∶1∶1（表3）。由表3可知，西湖山林游步道木本植物占绝对优势，乔灌比为1.9∶1，常绿落叶比为1∶1.31。

草本植物共有75种，以多年生草本为主。竹类共有5种，包括乔木状毛竹和灌木状方竹、凤尾竹等。对比西湖宝石山、灵隐、虎跑、九溪等单独山区植被草本层种类数量情况，西湖山林游步道草本植物种类较少。自然因素方面，虽有自生草本植物的生长，但西湖山林游步道植物群落乔木林内郁闭度较大，影响草本植物存活。人为因素方面，山林游步道对西湖山区的全覆盖建设与登山爱好者野道的大量开辟，对游步道周边的草本植物生境造成了一定程度的破坏，导致草本植物缺少良好的生长环境。

西湖山林游步道植物生活型特征   表3

生活型		种数	种数小计	种数比例（%）	种数占比合计（%）
乔木	常绿	39	99	15.22	38.66
	落叶	60		23.44	
灌木	常绿	26	51	10.16	19.93
	落叶	25		9.77	
藤本		13	13	5.08	5.08
草本	多年生	58	75	22.67	29.31
	一二年生	17		6.64	
竹类		5	5	1.94	1.94
蕨类		13	13	5.08	5.08

2.1.3 优势植物种类

西湖山林游步道植物中的优势种可以分为园林栽培树种与自然树种两类。调研发现西湖山林游步道植物群落中常见的乔木树种有18种、灌木10种、竹类1种、草本10种（表4）。

由表4可知，乔木层植物应用种类丰富。重要值最高的5种乔木分别是枫香、香樟、桂花、木荷、苦槠。枫香作为高观赏价值的彩化树种，在西湖各山林游步道周边均有分布；香樟、桂花、鸡爪槭等园林常见应用树种较高的重要值反映出西湖山林植物景观建设的人为痕迹。木荷、苦槠、马尾松、青冈作为新中国成立后西湖山林的主要绿化树种，占有较高的生态位；构树因其极强的自发性、适应性，是代表性的乡土树种之一。

灌木层中，重要值较高的5种分别是杜鹃、老鼠矢、茶、檵木、山茶。杜鹃、花叶青木、山茶等园林高频植物的应用，可提升山林游步道植物群落中层的色彩丰富度；茶作为西湖重要的农作植物有着较高的重要值，主要集中在西南水域梅家坞、龙井、满觉陇等处；老鼠矢则作为西湖山林主要的灌木，分布广泛，多自发生长。

西湖山林游步道路侧草本植物主要可分为园林应用品种和自生草本，高频出现的种类较为集中。沿阶草、吉祥草在公园化程度较高的山林游步道与自然山林游步道两侧均有分布。自生草本苎麻、淡竹叶、杜若、透茎冷水花、求米草等重要值较高。

另外在调查样地中有35种乔木树种、22种灌木、37种草本植物出现频度为1，说明西湖山林不同区域游步道植物景观具有较高的多样性，其中草本植物因道路建设的人为干扰，大面积群落较少。对比相近的南京紫金山森林公园登山道植物群落数量特征，西湖山林游步道植物群落优势种在乔木层与灌木层具有一定的相似度，枫香、马尾松、糙叶树、山胡椒等乡土或适生树种应用广泛，且具有较好的景观效果。

西湖山林游步道常见植物及其重要值　　表4

重要值（%）	生活型			
	乔木（18种）		灌木及竹类（11种）	草本（10种）
IV>15	枫香	苦槠	毛竹	沿阶草
	香樟	鸡爪槭	杜鹃	苎麻
	桂花	马尾松	老鼠矢	淡竹叶
	木荷		茶	
10≤IV<15	朴树		檵木	杜若
	青冈		山茶	透茎冷水花
	枫杨		花叶青木	求米草
5≤IV<10	天竺桂	杜英	南天竹	牛膝
	水杉	浙江楠	山胡椒	接骨草
	糙叶树	杉木	八角金盘	吉祥草
	构树	白栎	蓬蘽	鸭跖草

2.2 植物群落分析

2.2.1 植物群落类型

西湖山林游步道植物群落构建以西湖山区次生植被为基础，部分步道群落因周边环境的景观改造趋于园林化。从植物群落类型出发，参照《中国植被》的分类标准，将调查的77个样带划分为针阔叶混交林、常绿落叶阔叶混交林、常绿阔叶林、落叶阔叶林、针叶林、竹林、竹阔叶混交林7种植被类型，并以各样带中物种重要值作为划分依据，以植物群落优势度作为命名依据，整理西湖山林游步道主要群落类型（表5），并绘制群落类型分布图（图3）。

西湖山林游步道主要植物群落类型　　表5

群落类型	生境			主要群落
针阔叶混交林			R(4)	水杉＋枫香；水杉＋枫杨-茶；水杉＋苦槠；水杉＋浙江楠-冷水花
	M(7)	F(1)		马尾松＋木荷；马尾松＋香樟-老鼠矢；马尾松＋木荷-茶；马尾松＋杉木＋沙朴-老鼠矢
	M(1)			白栎＋马尾松-檵木
常绿落叶阔叶混交林		G(1)		七叶树＋苦槠
	M(4)			朴树＋白栎；朴树＋香樟；朴树＋桂花
	M(5)	G(1)		枫香＋杜英＋木荷；枫香＋香樟-杜鹃-沿阶草；枫香＋米槠-蓬蘽；
			R(1)	鸡爪槭＋枫杨＋桂花-吉祥草
	F(1)			枫杨＋米槠＋茶；
		G(1)		苦槠＋青冈＋枫香-杜鹃
常绿阔叶林	M(4)	F(3)	G(3)	R(1)	香樟；香樟＋杜英；香樟＋桂花；香樟＋米槠；香樟＋广玉兰
	M(4)			木荷＋香樟；木荷＋马尾松；木荷＋苦槠
	M(2)	F(1)		苦槠＋枹栎；苦槠＋青冈
			R(1)	豹皮樟＋浙江楠
		G(1)	R(1)	桂花＋鸡爪槭-沿阶草
		G(1)		槲栎＋白栎
		G(1)		天竺桂＋桂花
		G(1)		浙江楠＋杜英
落叶阔叶林		G(1)		鸡爪槭＋枫香
		G(1)		珊瑚朴＋鸡爪槭
	M(1)			黄山栾树＋枫香
	M(1)	F(1)	G(1)	R(1)	枫杨；枫杨＋朴树；枫杨＋榉树；枫杨-茶
	M(1)			麻栎＋青冈
	M(2)			朴树＋珊瑚朴；朴树＋黄山栾树

续表

群落类型	生境			主要群落
针叶林		G(1)		马尾松-杜鹃
			R(1)	水杉
竹林		G(5)	M(1)	毛竹＋鸡爪槭；毛竹；毛竹＋桂花
竹阔叶混交林	M(2)		R(1)	毛竹＋枫香；毛竹＋木荷
		G(1)	R(1)	浙江楠＋毛竹＋桂花；浙江楠＋毛竹＋枫香

注：1. 表中数字指不同生境的样带数量。
2. 表中字母 M 代表自然林地生境（mountain land）；F 代表农用地生境（farm land）；G 代表园林环境生境（garden land）；R 代表溪流生境（river land）。

由图3可知，西湖山林游步道最主要的植物群落为常绿阔叶林、常绿落叶阔叶混交林、针阔叶混交林，分别占总类型的32.9%、19.2%、16.4%，与西湖山区主要植被类型分布基本一致。空间分布上，环湖山域群落类型较为集中，并有较高比例的落叶阔叶林群落。远湖山域群落类型丰富度较高，北高峰、狮峰等处针阔叶混交林与常绿阔叶林为主要群落。纵观西湖山林游步道植物群落整体，代表性的常绿阔叶林群落有香樟群落、木荷群落、朴树群落、苦槠群落和桂花群落，主要分布在九溪、北高峰、十里琅珰等道路周边，具有较强的地域特征。代表性的常绿

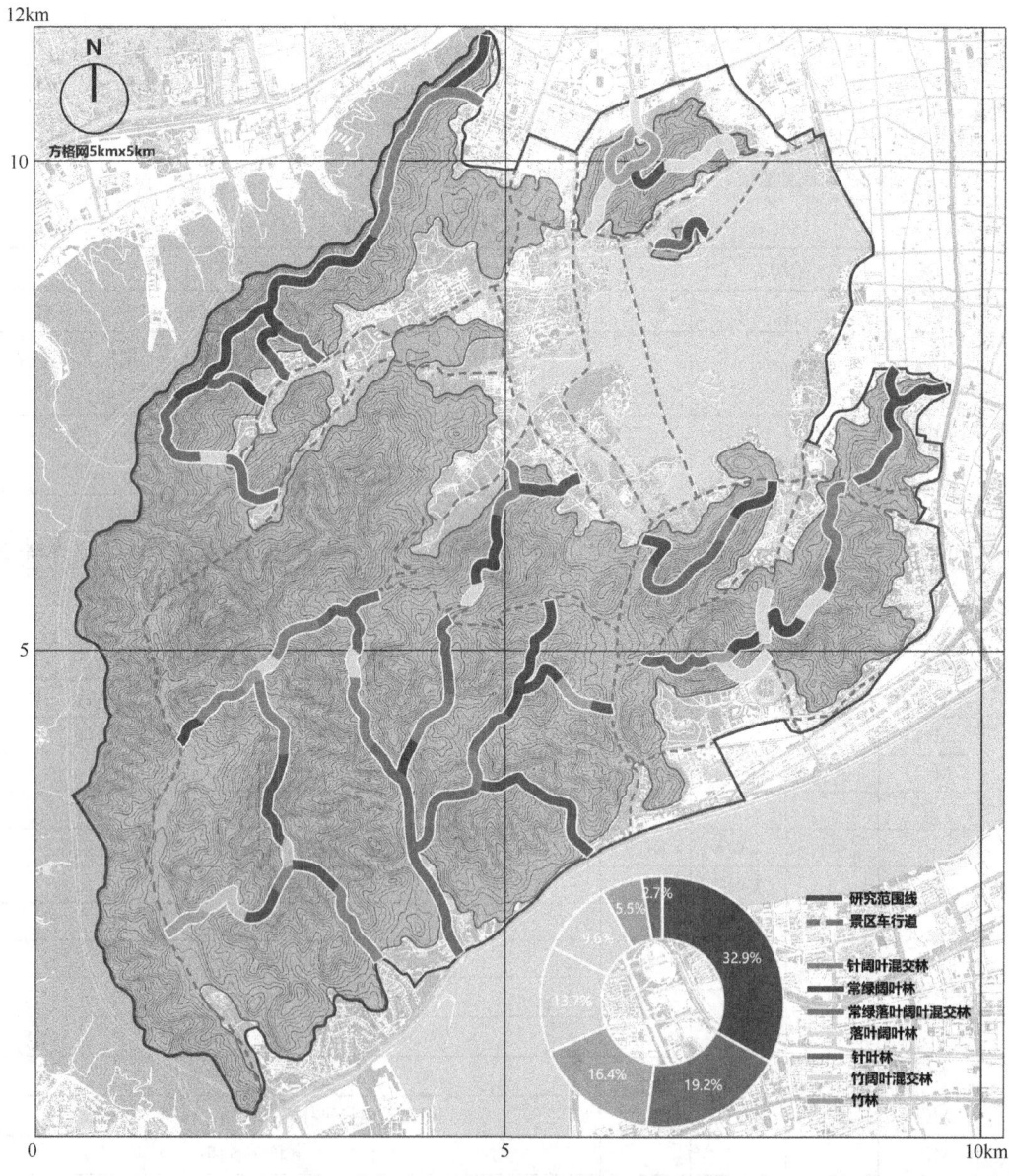

图3 山林游步道植物群落类型分布图

落叶阔叶混交林为枫香群落、朴树群落，在西湖山区均有分布，群落应用形式广泛。代表的针阔叶混交林则由水杉群落、马尾松群落为主。水杉群落主要分布在九溪、虎跑两处，马尾松群落则主要分布在凤凰山、南高峰等处。仅有的两处针叶林群落分别为孤山北坡的马尾松林与虎跑入口通道的水杉林。

由表5可知，对于不同生境类型样带所含的群落类型而言，自然林地生境作为山林游步道主要的生境类型，样带分布覆盖西湖全域，群落类型最为丰富。园林环境生境虽然样带数量少于自然林地生境，但群落类型同样丰富。园林环境塑造的植物群落具有强烈的人文性，毛竹群落、七叶树群落、浙江楠群落集中在灵隐、九溪、云栖、玉皇山等公园化的景区中。溪流生境与农用地生境因地域分布的特殊性，群落特点明显，其中溪流生境分布于九溪、虎跑等处，包含以水杉为主的针阔叶混交林（出现频率33.33%）与以枫杨、枫香为主的落叶阔叶林。农用地生境以茶田为主，多与枫杨、香樟等大型乔木相组合，集中在梅家坞、龙井、满觉陇等地。

与西湖山区的群落类型相比，山林游步道植物群落基本相似，差异性体现在部分优势种上。对比前人研究样点的设置，本文将近湖吴山、凤凰山、九曜山三山列入调查样地，提高了公园化山地园林道路周边调查样带的比例，香樟、桂花、鸡爪槭作为优势树种大量伴生在植物群落中，人工园林化的植物群落与次生自然群落形成一定的对比。

2.2.2 植物群落垂直结构

基于山林游步道群落空间的梳理，分析山林游步道植物群落垂直结构（图4）。由图可知，植物群落垂直结构形式分为三类，其中乔—草结构占比46.58%，因山林环境下乔木占绝对优势，山林游步道植物景观垂直结构以乔—草结构和乔—灌—草结构为主。

结合群落郁闭度的计算，相同结构形式内，乔—草结构郁闭度0.6~0.8的区间占比75.76%，总体郁闭度水平较高。乔—灌—草结构郁闭度大于0.7的区间占比60.59%，群落郁闭度最高。对比各游步道郁闭度空间分

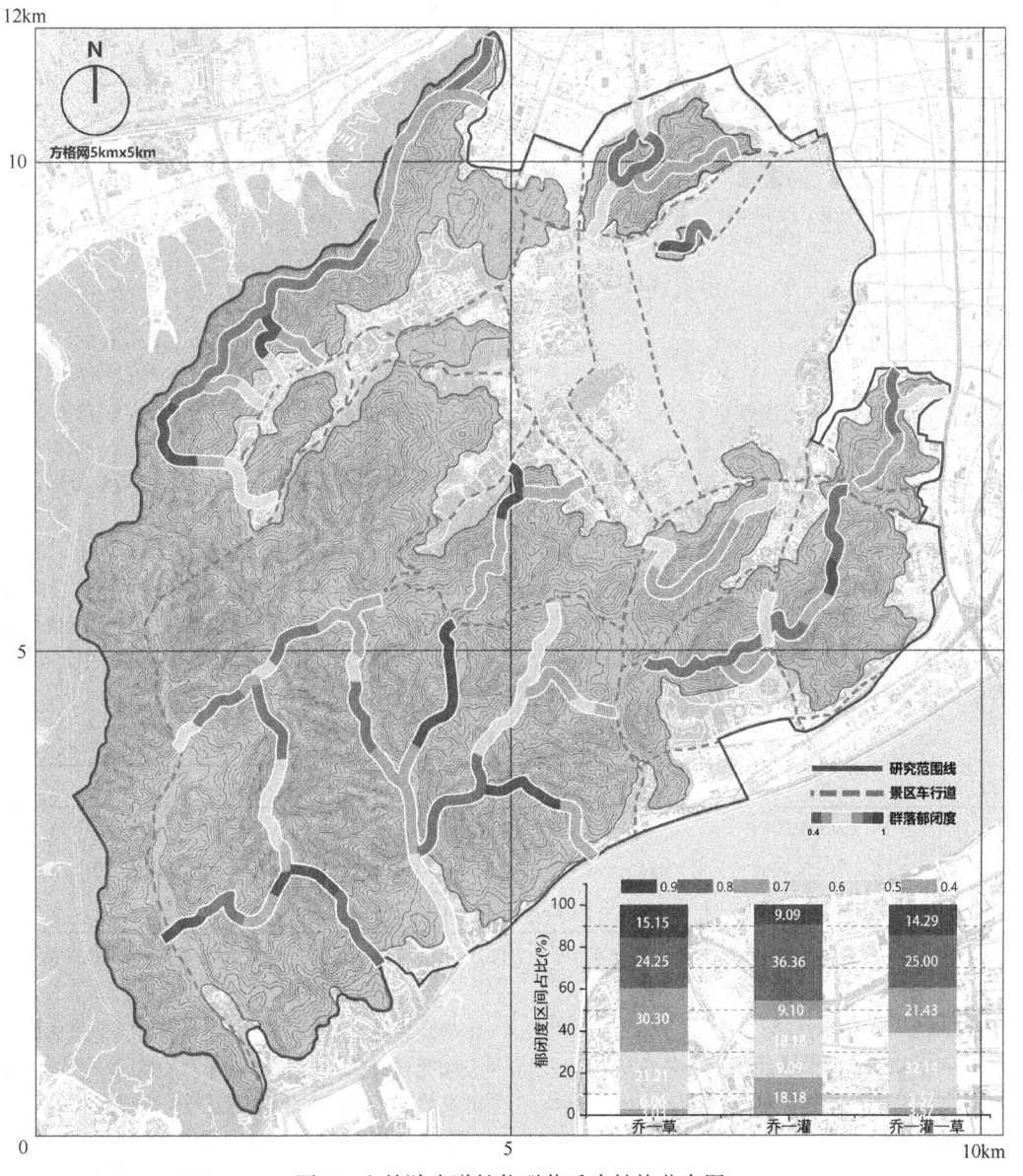

图4 山林游步道植物群落垂直结构分布图

布，西湖山林游步道植物群落整体呈现以高郁闭度密林为主、部分疏林组合的布局。西湖西北侧北高峰游线，西南侧五云山、狮峰游线，南侧玉皇山、凤凰山、吴山游线均呈现高郁闭度，且郁闭度值较为集中，呈现深山密林的植物风貌。十里银铛、满觉陇、灵隐等处郁闭度差异较大，茶园、寺观园林等特殊环境增加了游步道的植物垂直群落形式，使得景观空间序列丰富度提升。疏林区域则集中在游步道起始阶段等人工干预度较高的区域。

通过对西湖山林游步道植物群落郁闭度总体情况的分析，进一步对比游步道各植物群落类型的垂直结构（图5）。由图5可知，各植物群落类型以密林（郁闭度大于0.7）为主。高郁闭度占比的竹林、针阔叶混交林、竹阔叶混交林的平均株高分别为12.72m、12.38m、11.39m，高郁闭度的顶平面与较低的枝下高形成封闭的空间感受。常绿阔叶林、常绿落叶阔叶混交林作为西湖山林游步道植物群落占比最多的两类群落，因植物组成类型多样，营造生境多样，整体郁闭度、平均株高、枝下高处于中等水平，植物景观垂直结构对比显著。

综上所述，西湖山林游步道植物群落垂直结构以山林特征的高郁闭度密林为主要表现。农用地生境、园林环境生境则因人为建设的影响，植物群落垂直结构变化多样，疏林、密林有机结合。整体西湖山林游步道的竖向景观可作适当调整，可对部分自然林地生境游步道密林区域进行梳理。

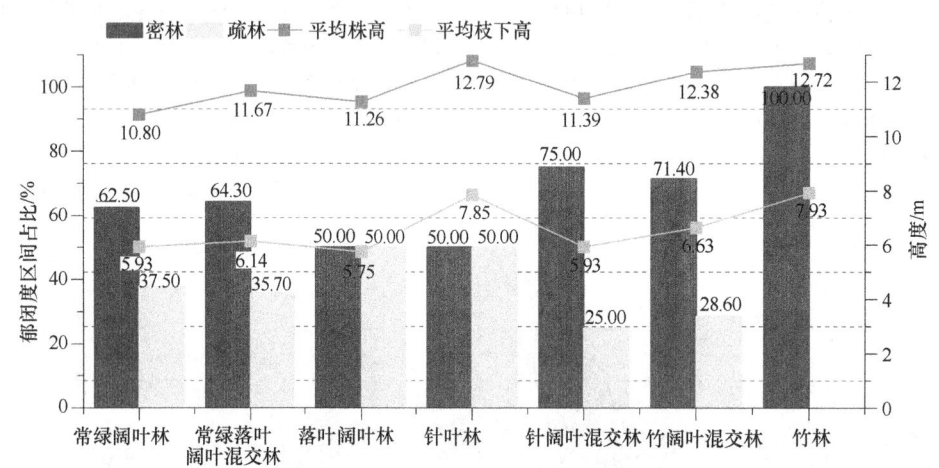

图5　山林游步道植物群落垂直结构对比

2.2.3　植物群落多样性

（1）不同生活型植物群落多样性差异

基于调查数据与植物生活型分类，从乔木、灌木、草本3个层次对比分析差异（表6）。通过物种多样性指标的对比分析，西湖山林游步道植物群落受人工造林绿化的影响，乔木物种丰富度最高（9.750±3.265）。同时木荷林、苦槠林、毛竹林等群落高郁闭度的林下空间一定程度上影响了草本群落的丰富度。Pielou均匀度方面，灌木均匀度较低（0.642±0.407），潜在原因是在西湖山林游步道建设过程中，在公园环境中大面积采用杜鹃、八角金盘等灌木配置，以及在自然山林环境中大面积的老鼠矢群落，使得灌木层内物种分布的均匀性较低；草本层则因为不同区域不同生境草本物种差异性较大，使得草本层内物种分布的均匀度较高（0.825±0.176）。整体Shannon-Wiener指数与Simpson优势度指数方面，都呈现出乔木（1.789±0.487、0.750±0.147）、草本（1.465±0.615、0.679±0.221）、灌木（0.808±0.665、0.452±0.314）依次减少的态势，说明物种种数高时，物种多样性同样较高。同时可以发现灌木各项指数均较低，因此在西湖山林游步道未来植物群落改造中，灌木植物的应用应该被重视。

不同生活型植物群落多样性　　　　　表6

植物层次	R	H	J	D
乔木层	9.750±3.265^a	1.789±0.487^a	0.802±0.157^{ab}	0.750±0.147^a
灌木层	2.970±2.466^b	0.808±0.665^b	0.642±0.407^b	0.452±0.314^b
草本层	6.400±3.943^c	1.465±0.615^a	0.825±0.176^a	0.679±0.221^a

注：1. R代表物种丰富度指数；H代表Shannon-Wiener指数；J代表Pielou均匀度指数；D代表Simpson优势度指数。
　　2. 不同字母表示差异显著（$P<0.05$）。

（2）不同生境植物群落多样性差异

基于西湖山林游步道周边生境的差异，分自然林地、园林环境、农用地、溪流4类生境讨论植物群落物种多样性与生境因子之间的联系（表7）。

综合来看，园林环境游步道植物群落各物种多样性指数均较高，且分布均匀。主要原因是园林环境游步道因公园化建设，需要满足通行、景观、游憩等多种需求，如北高峰、孤山、吴山等处公园、寺庙园林的游步道，均种植有大量园林栽培品种，提升了园林环境游步道的植物群落的物种丰富度。自然林地作为西湖山林游步道主要的生境类型，物种丰富度与多样性均较高，但与均匀性相关的指标较低，可能原因是山域植物基调人为把控导致乔木林内优势种较为明显，物种种类较少，但林缘的物种较为丰富。溪流生境物种丰富度较低但多样性指数较高，主要原因是乔木树种水杉、枫杨较为集中，主要群落的差异性体现在灌草群落中。农用地生境则因为人为茶田的布置，生境受人为干扰显著，不利于灌草层植物生长，各项指数均处于较低的水平。

不同生境植物群落多样性 表7

生境类型	R	H	J	D
自然林地	20.82±1.530	2.459±0.398[a]	0.713±0.102[c]	0.871±0.771[a]
园林环境	21.10±6.307	2.186±0.502[ab]	0.817±0.985[a]	0.801±0.135[a]
农用地	17.00±1.512	2.031±0.396[b]	0.719±0.126[bc]	0.787±0.118[b]
溪流	17.41±4.135	2.256±0.420[ab]	0.798±0.805[ab]	0.843±0.085[a]

注：1. R代表物种丰富度指数；H代表Shannon-Wiener指数；J代表Pielou均匀度指数；D代表Simpson优势度指数。
2. 不同字母表示差异显著（$P<0.05$），无字母表示差异不显著。

（3）不同植被类型植物多样性差异

基于现状西湖山林游步道植物群落的分类整理，从植被类型讨论物种多样性间的差异同，结果见表8。综合不同植被类型的样带数量，常绿阔叶林、常绿落叶阔叶混交林作为西湖山林区域主要的植被组成，具有较高的多样性，且分布均匀。竹阔叶混交林、落叶阔叶林物种丰富度也处于较高数值，可能的原因是人为山林植物风貌彩化调控干预，大量的枫香、黄山栾树、青冈、麻栎等树种或穿插在纯林群落间，或作为优势树种形成群落，与原有基底树种一同提升了群落的物种多样性。竹林、针叶林群落因竹、水杉、马尾松等树种单独成景，且样带数量相对较少，各项指数均较低。

不同植被类型植物群落多样性 表8

植被类型	R	H	J	D
常绿阔叶林	22.22±9.391	2.298±0.601[a]	0.751±0.117	0.815±0.141[b]
常绿落叶阔叶混交林	21.00±4.243	2.294±0.068[a]	0.758±0.073	0.858±0.308[a]
落叶阔叶林	19.18±3.686	2.188±0.326[a]	0.745±0.096	0.826±0.087[a]
针叶林	18.43±4.090	2.095±0.338[ab]	0.723±0.093	0.797±0.096[c]
针阔叶混交林	17.45±5.466	2.089±0.454[ab]	0.738±0.117	0.801±0.109[bc]
竹阔叶混交林	19.57±5.827	2.254±0.686[a]	0.755±0.184	0.808±0.196[b]
竹林	16.75±4.992	1.827±0.597[b]	0.645±0.158	0.721±0.203[c]

注：1. R代表物种丰富度指数；H代表Shannon-Wiener指数；J代表Pielou均匀度指数；D代表Simpson优势度指数。
2. 不同字母表示差异显著（$P<0.05$），无字母表示差异不显著。

3 西湖山林风景游线植物景观特征

3.1 植物物种构成与优势种差异

对不同西湖山林风景游线植物物种数进行统计（图6），物种总数上呈现出近湖游线＝远湖游线＞临湖游线的现象，结合现场调研的情况，一方面因为临湖游线的距离相对较短，样带数量的原因导致物种丰富度较低。另一方面，临湖游线山域总体植物构成相似，人为的林相调控，使得香樟、枫香、桂花、白栎等主要树种在三处山域均有种植，游步道植物景观总体差异性较小。近湖游线涵盖山域植被特征明显，玉皇山、凤凰山、吴山三山受历史风貌影响，马尾松、香樟、竹林等历史上的植物风貌得以恢复，又因彩叶树种的补充，呈现出较高的物种多样性。

不同生活型物种数方面，乔木层呈现近湖游线＞远湖游线＞临湖游线。综合分析，近湖游线既包含玉皇山、吴山等人工管理程度较高的景区环境，也包含南高峰、满觉陇至虎跑至六和等自然野化程度高的山林环境，乔木种类相较于以自然山林为基础的远湖游线处于较高水平，游步道植物景观呈园林植物配置与自然植物群落相结合的风貌。灌木层、草本层均呈现远湖游线＞近湖游线＞临湖游线的趋势。灌木层物种数在西湖山林风景游线两侧均处于较低的水平，因道路建设、山林坡度等影响因子，未能为灌木层植物提供良好的生长条件，自然山野环境中除老鼠矢等绝对优势植物外，其余灌木零星分布。草本层因远湖游线的自然野化环境，物种数显著高于其余两条游线。

对山林风景游线优势植物进行对比分析（表9），三类山林风景游线优势植物在组成上存在差异。乔木层整

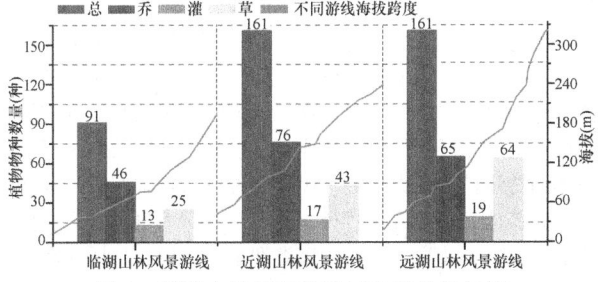

图6 西湖山林风景游线植物种类数量图

体差异较大，灌木层、草本层均有相同的优势物种。临湖游线由于引入大量园林树种，如鸡爪槭、桂花、杜鹃、山茶、吉祥草等品种的应用而呈现城市化的游步道植物景观，枫香、白栎、老鼠矢、牛膝、求米草等树种则在园林风貌上增添了自然野趣。近湖游线在香樟、毛竹、马尾松等历史优势物种的基础上，增加了檵木、山茶、结香等中层观赏植物。远湖游线则体现出新中国成立后人工山林绿化的特征，枫香、木荷、苦槠等树种的广泛应用以及枫杨等乡土古树的存留，增加了远湖游线的地域特征，老鼠矢、蓬蘽、苎麻、杜若、冷水花等反映出游线自然生态的风貌。

西湖不同山林风景游线主要优势植物　　表 9

生活型	临湖山林风景游线	近湖山林风景游线	远湖山林风景游线
乔木	枫香、香樟、鸡爪槭、桂花、白栎	香樟、毛竹、马尾松、枫香、朴树、木荷	毛竹、枫杨、水杉、枫香、木荷、苦槠
灌木	杜鹃、老鼠矢、胡颓子、山茶、阔叶十大功劳	杜鹃、檵木、山茶、结香、山胡椒	老鼠矢、杜鹃、檵木、山茶、蓬蘽
草本	沿阶草、牛膝、吉祥草、求米草、淡竹叶	沿阶草、淡竹叶、牛膝、求米草、接骨草	苎麻、杜若、冷水花、沿阶草、吉祥草

注：除含竹类的生活型外，均选取重要值前5的物种。

3.2 植物多样性空间分布与影响因素差异

3.2.1 西湖山林游步道植物多样性差异

西湖山林游步道受地域环境和山林地形影响，其植物群落多样性在垂直空间与水平空间中均呈现差异性。对不同海拔的游步道样带植物多样性指数进行整合（图7a），高物种丰富度指数值集中在海拔50~150m的区间内，海拔较高的山林游步道植物群落呈现优势物种集中的特征，高香农指数集中在50~100m，175~225m两个区间内，各数值分布离散（图7b）。均匀度指数、优势度指数在各海拔区间内较为集中。可见西湖山林游步道植物群落物种丰富度指数、香农多样性指数在不同海拔高度差距显著，均匀度指数、优势度指数垂直性差距较小的特征。

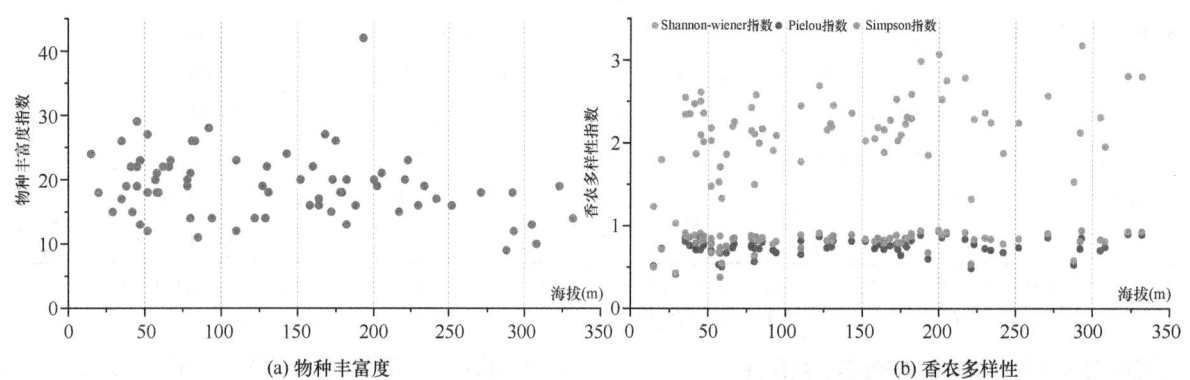

图 7　西湖山林游步道植物样点多样性海拔分布

不同游步道植物群落多样性受人工维护、人文景观建设、交通可达性等因素的影响，水平空间分布上存有一定差异。总体多样性指数方面（图8d），九溪游线、北高峰游线、十里银珰游线、玉皇山游线具有较高的数值，长距离、多生境的游步道特征促使游步道群落呈现较高的多样性。乔木层方面（图8a），宝石山游线、北高峰游线、玉皇山游线香农多样性指数、均匀度指数均较高，九溪游线、宝石山游线、北高峰游线则优势度指数较高。灌木层方面（图8b），北高峰游线、孤山游线、玉皇山游线、虎跑游线各多样性指数均处于较高值，园林环境占比的提升促使栽培灌木品种大量应用，相较于自然环境山林游步道两侧的灌木植物多样性数值较高的特征。草本层方面（图8c），九溪、北高峰、十里银珰等以自然林地生境为主的远湖山林游线物种多样性指数较高，自生草本与栽培品种的混杂，提升植物群落的多样性。

3.2.2 西湖山林游线植物多样性差异

选取香农多样性指数（H）、均匀度指数（J）、优势度指数（D）作为物种多样性的评价指标进行分析（图9），从选择的物种多样性指数分析来看，各指数在同一生活型植物中的排序基本一致，物种多样性指数具有统一性。植物整体多样性方面，远湖游线具有最高的物种多样性，临湖游线最低。临湖游线植物群落的复杂程度、均匀程度与优势程度均较低。相较于近湖游线、远湖游线，临湖山区游步道两侧植物群落主题植物景观较少，以混交林景观为主要风貌，可能导致植物组团分布不均匀，优势植物群落不明显。同时也可以发现，近湖游线虽然与远湖游线物种丰富度相同，但近湖游线物种多样性却较低，这可能与远湖游线植物株数较多，优势物种分布均匀有关。远湖游线涵盖低海拔的云栖竹径、九溪十八洞，也包含高海拔的十里银珰、北高峰线，生境类型丰富，植物多样性保持了较高的数值。

(a) 乔木　　(b) 灌木

(c) 草本　　(d) 总体

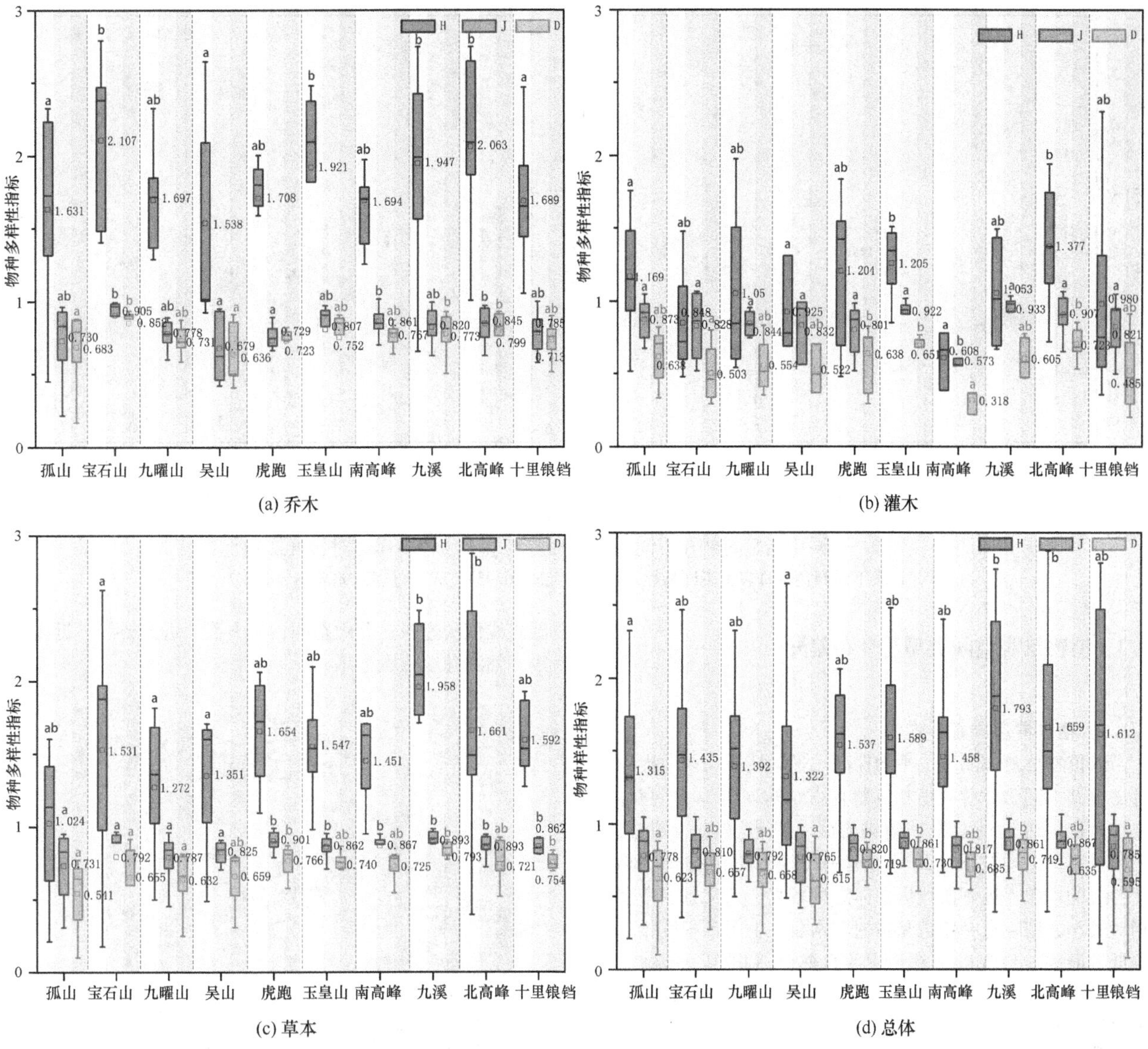

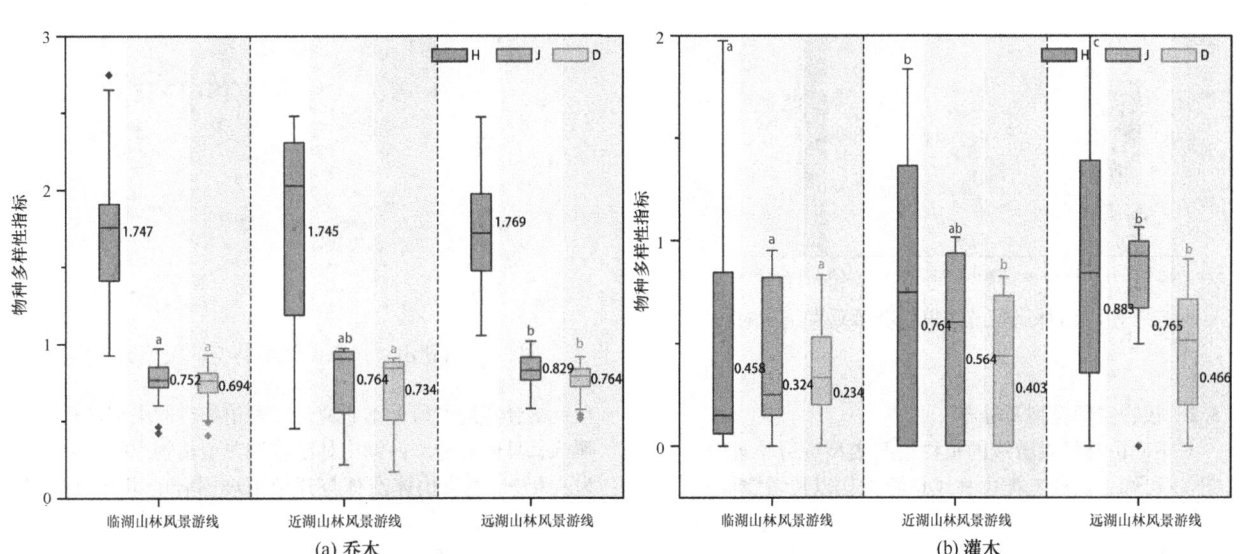

图 8　西湖山林游步道植物群落多样性特征

[注：不同颜色字母表示不同指数差异显著（$P<0.05$），无字母表示差异不显著]

(a) 乔木　　(b) 灌木

图 9　不同生活型植物在不同西湖山林游线中的物种多样性对比（一）

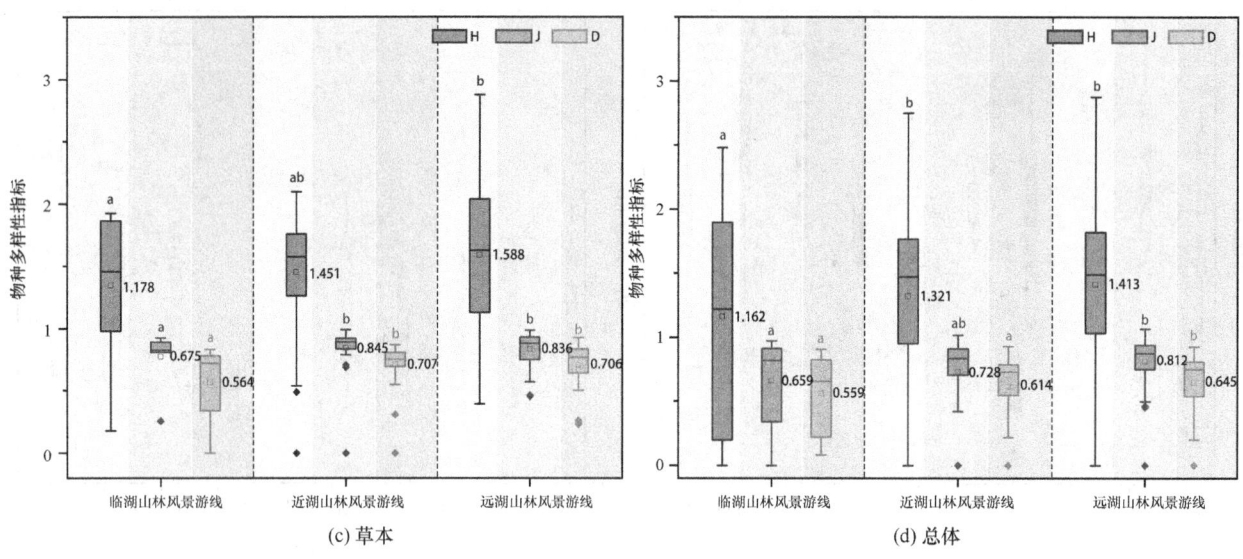

图 9 不同生活型植物在不同西湖山林游线中的物种多样性对比（二）
［注：不同颜色字母表示不同指数差异显著（$P<0.05$），无字母表示差异不显著］

3.3 植物景观空间类型与分布差异

3.3.1 植物群落垂直形式

以植物群落郁闭度、平均株高、平均枝下高 3 项指标对比西湖不同山林游线植物群落垂直结构（图 10）。密林疏林占比呈现远湖游线＞近湖游线＝临湖游线的趋势，平均株高、平均枝下高均呈现远湖游线＞近湖游线＞临湖游线的现象。远湖游线因总体海拔较高、人文景点密度相对较小，留存有一定数量古树名木、人工干预程度相对较低等原因，呈现以密林为主的自然景观风貌。近湖游线、临湖游线以历史人文为主要景观特征，园林品种的种植时长限制、管理养护等因素在一定程度上影响总林相的平均高度。同时园林景观与自然景观的结合，使得植物景观空间的疏密占比较为丰富。

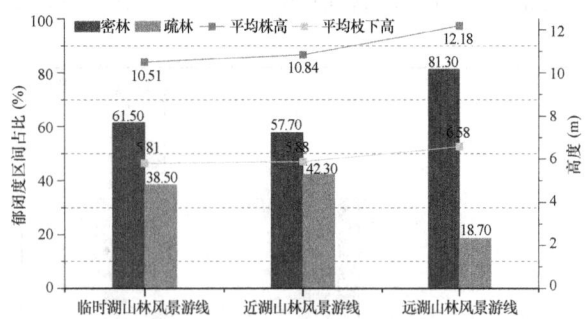

图 10 西湖山林风景游线植物群落垂直结构对比

3.3.2 植物空间类型及分布

对不同山林风景游线的植物空间类型进行整理统计，由图 11 可知，西湖三类山林风景游线均以覆盖空间、垂直空间为主。覆盖空间占比方面，近湖游线＞远湖游线＞临湖游线；垂直空间占比方面，远湖游线＞临湖游线＞近湖游线；半开敞空间占比方面，远湖游线、近湖游线、临湖游线依次递减；开敞空间占比方面，远湖游线、近湖游线、临湖游线依次递增。

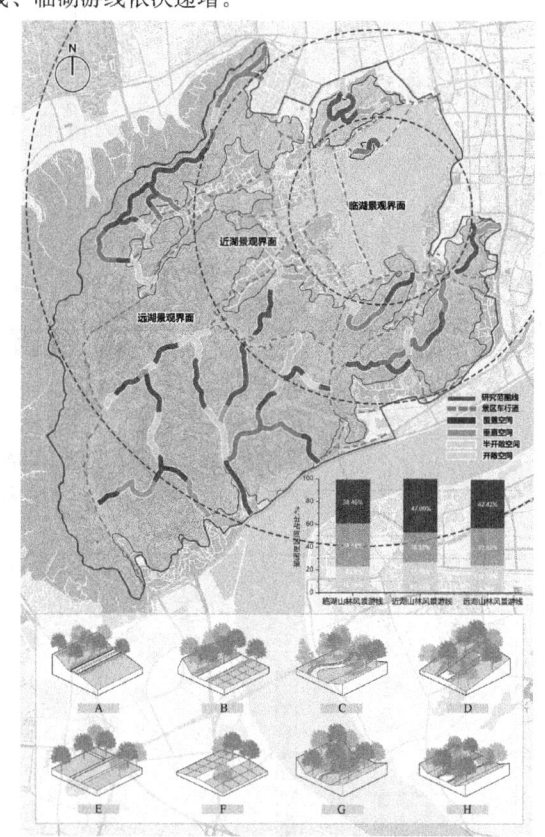

图 11 西湖山林风景游线植物空间类型分布图

结合实地调研，本研究对 4 种植物空间类型进行典型筛选、具体划分。西湖山林游步道典型植物空间类型分别为：A——垂直山体密林与开敞山坡围合的半开敞空间；B——山坡密林与茶田围合的开敞空间；C——山体密林与水体围合的开敞空间；D——山坡高郁闭度密林围合的垂直空间；E——草坪铺装围合的开敞空间；F——山脊区域茶田围合的开敞空间；G——山体密林与水体围合的覆盖空间；H——山体密林围合的覆盖空间。典型的半开敞空间分布于远湖游线、近湖游线，A类空间主要位于高海拔的狮峰、北高峰区域，具有俯视西湖的景观视角。B类空间主要位于十里琅珰、龙井、九溪等茶田景观处，以植物竖向的变化围合景观空间；C类空间则以九溪龙井村相接处、虎跑入口处为典型，以水体空间与密林山体形成对比。垂直空间作为西湖山林游步道最为普遍的类型，在西湖各山林游线中均有一定的占比。覆盖空间则因环境的不同，分为山体密林与水体围合以及山体密林围合两种类型，G类游线主要分布于远湖游线的九溪、杨梅岭、永福寺等处。开敞空间作为西湖山林游线植物空间类型中占比最少的类型，分自然与人工两种类型。自然式开敞空间以茶田景观为主，主要分布于远湖的梅家坞、十里琅珰与近湖的满觉陇处；人工式开敞空间则以铺装空间、草坪空间为主要表现，以黄龙吐翠、吴山为典型。

综合各类型植物空间分布，远湖游线西南区域云栖、九溪、十里琅珰、龙井等处植物空间类型多样，自然生境包含山脊、坡地、山顶、谷地、溪流等多要素，营造较为丰富的景观序列；北线北高峰游线则空间类型集中，仅永福寺、法喜寺等园林环境中有小尺度的景观空间变化。近湖山林游线虎跑、玉皇山、凤凰山南高峰、满觉陇等处均为人工景观与自然要素相结合，在游步道的起始或结束阶段与万松书院、虎跑公园等园林景观相衔接，营造开敞、半开敞植物空间。临湖游线则因为与城市车行主干道连接紧密，开敞空间具有相对较高的占比，整体景观序列变化较为单一。

4 西湖山林游步道植物景观优化与提升

4.1 动态视角下，适宜景观效果的优态维持和提升

4.1.1 梳理植物密度，提质视觉通廊

西湖山林游步道植物景观依托于西湖山林，以自然野趣结合园林景致为特色，整体管理较为粗放。植物景观作为动态的景观，群落密度及长势随时间的改变对山林游步道的视觉通廊产生影响，因此梳理植物密度对提升西湖山林游步道的视觉美感具有重要作用。

对西湖山林游步道植物视觉通廊的提升主要针对远景、中景两方面。基于前文的梳理，山林透景线作为各山林游线主要的景观组成，游人对于俯视西湖的景观视角具有较高的关注度。高密度的山林空间会让游人产生闭塞的通行感受，在山地的环境中影响对景观的关注度。因此对现有较密林地采取疏伐，修剪高枝叶，清理中层杂木，梳理通透视线（图12a）；对于部分裸露处以补充草花灌木并搭配色叶小乔木的配置，形成视觉前景（图12b）；对于新规划的植物群落，依据植物特性，预留合适的生长空间，从时间维度考虑高、中、低不同密度的植物造景形式，形成不同的视觉景观（图12c）。并通过

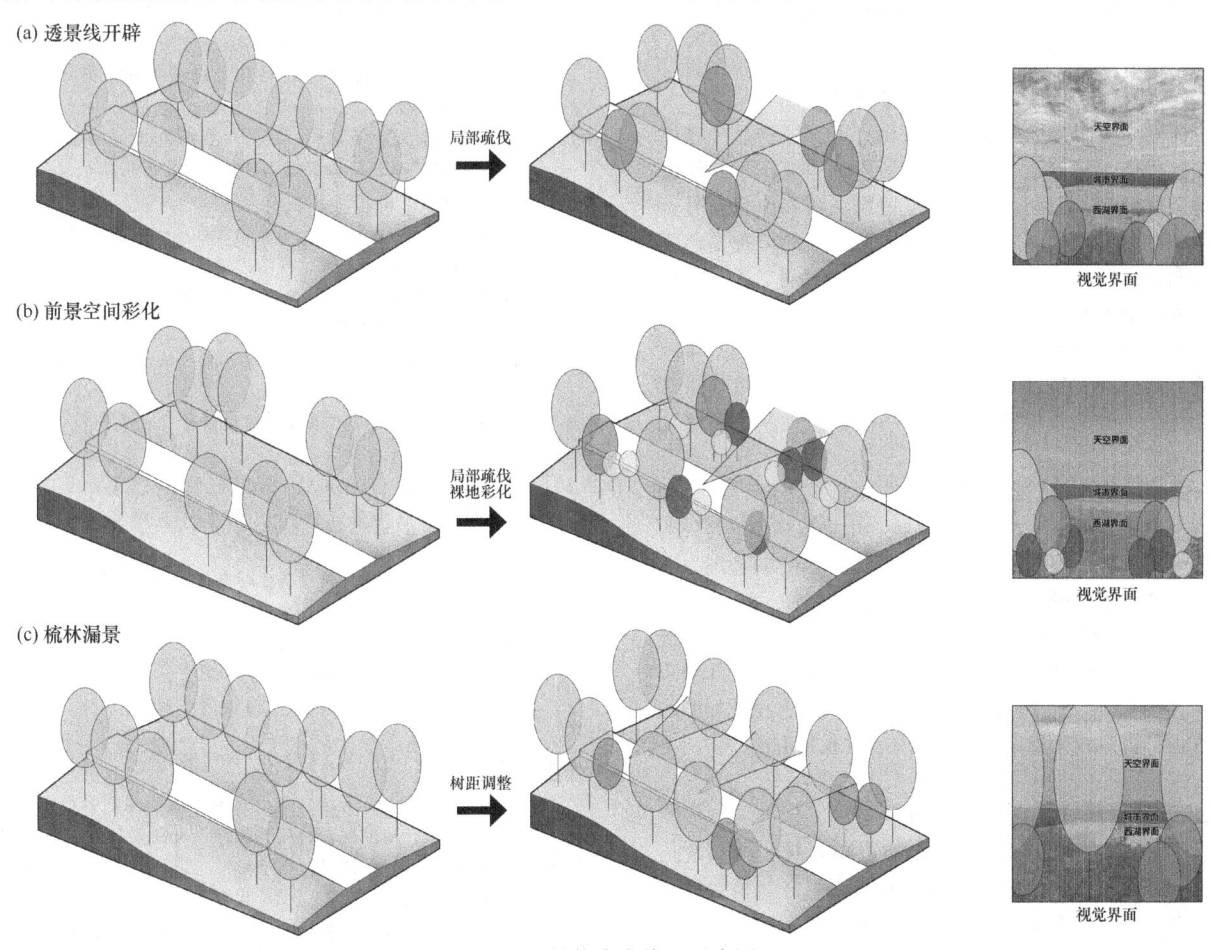

图12 植物密度梳理示意图

4.1.2 更新群落层次，丰富景观界面

植物作为活态的景观，时间变化下的植物景观季相色彩与垂直结构将会产生不同的景观效果，同时树木形态的变化对竖向景观界面也会产生一定影响。因此可基于植物景观动态性特征，从植物现状优化与未来规划两方面，对西湖山林游步道植物景观效果进行维持和提升。

基于西湖山林游步道植物景观以乔木为主的"乔—草"结构现状，从形态与季相变化的补充方面优化景观界面。群落上层应在重点路段增加枫香、黄山栾树、黄连木等秋色叶树种，林下则补充观花灌木与草本。园林游步道段可增加杜鹃、绣球、南天竹等灌木与石蒜、大吴风草等草本，形成不同的景观时序。自然游步道段可增加蓬蘽、山茶、酢浆草、紫花地丁、紫堇等灌木与草本，丰富林下色彩。

对于山林游步道植物景观的新规划，从时间维度考虑植物景观效果的未来走向，对植物群落的体量比例、色彩季相、景观协调进行衡量，通过园林树种、山野树种的分别管理，不断调整群落层次，形成多样的立体景观序列。道路作为山林游步道植物景观的构成要素之一，其整体景观效果的提升同样要重视提升视觉界面的景观性，实现最佳景观效果的维持和最少的管理投入。

4.2 生态引领下自然群落结构的科学管控与优化

4.2.1 优化品种选择，提升生物多样性

西湖山林游步道经历时间演化，不少植物品种在不断变迁中依然被广泛记录与种植。梳理相关记录并结合实地调研发现，西湖山林游步道植物在西湖山林充分开发的基础上不断更新，其中具有地域特征的树种是西湖山林植物景观营造中的优质乡土品种，枫香、香樟、枫杨、浙江楠等大型乔木可作为优势种构建自然群落。同时以功能经济生产为主的桃、杨梅、柿树等果树也可以丰富植物群落的观赏特征，亦可作为西湖山林游线植物景观季相优化提升的重要选择，其良好的适应性利于群落生态的构建。

针对不同山林游线植物群落多样性的差异，对临湖游线植物景观丰富上层、下层植物，增加园林栽培品种的应用，提升物种丰富度，强化乔木景观差异；对近湖、远湖游线调整植物群落垂直结构，对部分"乔—草""乔—灌"等单一景观结构进行生态修复，均衡林地结构，通过补充中、下层优势品种，并结合利于群落平衡的自生草本、乔木小苗。梳理补充色叶纯林景观，提升植被类型的多样性，打造较为稳定的复层混交森林植物群落。

4.2.2 修复调整林相，构筑稳定生态

西湖山林植被经过70余年的封山育林、林相改造形成了具有地域特色的次生风景林景观。自然植物群落受人为及自然气候影响产生了一定的变化。对于人为干预程度较高的龙井、满觉陇、梅家坞等游步道沿线茶园地区应控制茶园规模，为自然植物群落的形成创造空间，增植马尾松、浙江楠、乌桕等树种，增强土壤蓄水保肥能力，提升景观多样性。对于占山林游步道主要比例的高郁闭度植物空间，应进行适当的中、下层清理，优化群落结构，提升林地的生态服务功能。对于部分游步道沿线裸露区域应进行补种，提升对中、幼龄林的抚育，提高其生境质量。同时，应形成有效的监管体系与制度，对不同区域的山林游步道植物景观建设和维护制度进行归档，为西湖山林游步道植物景观的可持续发展提供资料。

5 结语

西湖山林游步道植物景观作为山林植物的线性承载，复合多元属性功能，是西湖景区优态发展的重要助推力。通过生态群落的构建助推城市生物多样性提升，以乡土树种的传承展现地域特征与文化，西湖山林游步道植物景观的形成与发展贴合西湖千百年的发展轨迹，可为西湖风景区优态发展以及其他相似的城市型风景区山林游步道植物景观建设提供参考。

参考文献

[1] 马时雍. 杭州的山[M]. 杭州：杭州出版社，2010.
[2] 蔡壬侯，何绍箕. 杭州西湖山区的植被类型及其分布[J]. 杭州大学学报（自然科学版），1980，25(4)：100-112.
[3] 慎佳泓. 西湖风景名胜区森林植被多样性及人为干扰的影响研究[D]. 杭州：浙江大学，2006.
[4] 张启蒙. 杭州西湖孤山景区植物景观调查与分析[D]. 杭州：浙江农林大学，2015.
[5] 刁怀庆，饶显龙，董延梅，等. 杭州西湖风景名胜区宝石山风景观赏植物资源分类与统计[J]. 西北林学院学报，2013，28(5)：234-239.
[6] 章四庆，宋李玲，赖齐贤. 杭州西湖三台山景区植物景观组合空间分析[J]. 中国园林，2013，29(3)：90-95.
[7] 单仁红. 杭州灵隐和虎跑梦泉山地景区植物群落调查与评价[D]. 杭州：浙江农林大学，2011.
[8] 陈波. 杭州溪涧植物景观研究[D]. 杭州：浙江农林大学，2011.
[9] 史琰. 杭州西湖风景名胜区山林植物景观研究[D]. 杭州：浙江林学院，2009.
[10] 唐宇力，任笑一，范丽琨，等. 杭州西湖风景名胜区山林生态服务功能价值评估[J]. 浙江林业科技，2012，32(5)：54-59.
[11] 叶琰迪. 杭州西湖风景区景观动态与植物多样性格局[D]. 杭州：浙江理工大学，2019.
[12] 吴征镒. 中国植被[M]. 北京：科学出版社，1995.
[13] 陈启瑺. 杭州西湖山区植被的分类[J]. 植物生态学与地植物学报，1988，34(4)：23-29.

作者简介

李上善，1996年12月生，男，汉族，浙江温州人，硕士，浙江省城乡规划设计研究院，助理工程师，研究方向为风景园林规划设计、风景园林植物应用。电子邮箱：859110564@qq.com。
（通信作者）包志毅，1964年10月生，男，汉族，浙江东阳人，博士，浙江农林大学，教授，博士生导师，研究方向为风景园林植物应用。电子邮箱：bao99928@188.com。

基于 SBE-SD 法的西安环城西苑植物景观评价

Evaluation on Plant Landscape of Xi'an Huancheng Xiyuan Based on SBE-SD Method

刘君君　张文婷*

摘　要：本文以环城西苑植物景观为研究对象，采用 SBE 法和 SD 法对选取的具有代表性的 32 个植物景观进行客观评价。通过正态性检验、相关性分析和线性回归分析，构建景观评价模型，探索影响植物景观视觉效果的关键因素，提高环城西苑的植物景观质量，提高公众对公园植物景观的满意度。结果表明，影响公园植物景观美景度的主要因素为色彩丰富度、环境协调度、植物景观特色度以及秩序感，其中植物景观特色度是最重要的影响因子。通过评价分析，可为公园植物景观优化提升及今后植物景观建设提供参考依据。

关键词：景观评价；植物景观；SBE 法；SD 法；环城西苑

Abstract: The paper takes the plant landscape of Xiyuan around the city as the research object, and uses the SBE method and SD method to objectively evaluate the selected 32 representative plant landscapes. Through normality test, correlation analysis and linear regression analysis, construct a landscape evaluation model, explore the key factors affecting the visual effect of plant landscape, improve the quality of plant landscape in Xiyuan around the city, and improve the public's satisfaction with the park's plant landscape. The results show that the main factors affecting the beauty of the park's plant landscape are color richness, environmental coordination, plant landscape characteristics and sense of order, among which the plant landscape characteristics are the most important influencing factors. Through the evaluation and analysis, it can provide a reference for the optimization and improvement of the park's plant landscape and the construction of plant landscape in the future.

Keywords: Landscape Assessment; Plant Landscape; SBE Method; SD Method; Huancheng Xiyuan

引言

Karin Laumann 小组曾开展试验，向被测者展示自然环境的视频片段并测量手动反应时间后得出，大自然包括植物景观能够有效降低疲劳程度、恢复注意力及减少心理压力[1]。可见，作为公园绿地重要组成部分的植物景观不仅能够提高城市空气质量、维持城区生态平衡，还能有效提高公众的生活质量。对其进行景观评价将有利于推动城市环境及公园的建设，为其他城市公园及未来新建公园提供植物景观设计的理论依据。这也是本文研究的主要目的和出发点。

目前国内外学者最常使用的景观评价方法包括层次分析法（AHP）、美景度评价法（scenic beauty estimation method，SBE 法）、语义差异法（semantic differential，SD 法）、审美评判测量法（BIB-LCJ）、人体生理心理指标测试法（PPI）等。这些方法的研究实践已较为成熟。本文采用 SBE 法与 SD 法，这两种方法结合能够更清楚地表达各人群的审美态度，有效降低评判者的主观性，符合此次评价要求。在植物景观评价研究方面，主要集中在植物景观配置研究[2-7]及评价理论[8]研究上。本文则以环城西苑为研究对象，整体评价其植物景观质量，建立植物景观要素与美景度之间的评价模型，量化分析影响景观美景度的具体因子和影响程度。

1　材料与方法

1.1　样地选择

环城西苑，全长 2.8km，占地 25hm²，隶属西安环城公园，共分北中南 3 段，是西安市中心区最大的园林绿地，也是西安市民尤其是中老年人最常去的一座带状公园（图 1）。据调查，环城西苑共有植物 94 种，乔灌草比例为 6.25∶3∶2，植物种类较为丰富。

图 1　环城西苑地理位置图

1.2 数据采集

本文以照片为媒介进行植物景观评价。照片拍摄前，多次抵达公园现场进行实地调研，了解基本情况，体验并感知公园整体活动氛围。

（1）数据采集选取天气晴朗、能见度高的天气进行拍摄。摄影时间段为当日10:00到14:30。
（2）设备型号为佳能6D，横向水平拍摄，不使用闪光灯。
（3）高度1.5m，拍摄时平视为主，拍摄距离在15m左右移动，并尽量避免非景观构成要素可能会对景观评价所带来的影响[9]。
（4）为保持拍摄照片选景尺度与构图的一致，所有照片均由一人拍摄。

共拍摄294张植物景观照片。对于评价样本照片的数量，应根据所测样地景观的丰富程度来确定，尽可能选择能代表样地景观的、典型的样本照片来参与景观评价[10]。研究最终选取环城西苑具有代表性的各种类型的32张植物景观作为评价对象。其中，环城西苑北段选取8张，中段选取12张，南段选取12张，涵盖城墙根区域、入口空间、道路旁、休息娱乐区等。所选样本均以乔灌草、乔草、灌草及全灌4类植物配置模式为主（图2、图3）。

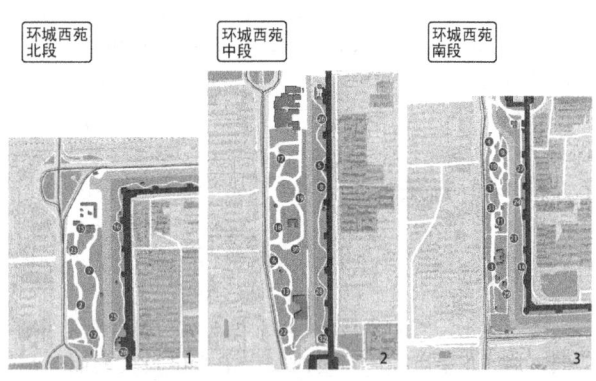

图2 环城西苑植物景观样本分布图

图3 环城西苑植物景观样本照片及编号

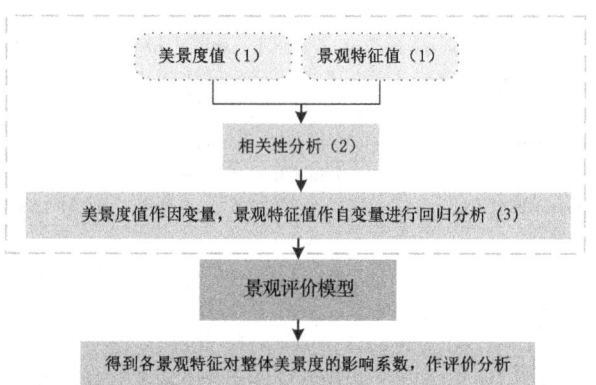

图4 景观评价模型构建过程

1.3 评价方法

本次研究将SBE法与SD法相结合进行评价，建立景观评价模型。

构建景观评价模型共分3步（图4）：①通过SBE法对数据进行标准化后获取公众审美态度；②通过SD法分解景观特征并获得各特征值；③根据①②步所得分值经过正态性检验后进行相关性及回归分析建立景观质量评价模型[11]，分析影响景观整体质量的关键因素。

1.3.1 测定公众审美态度——SBE法

SBE法，主要是由评判者对研究样本进行美景度评分，将分值进行标准化处理得到各样本SBE值[12]。

对于评判者，本文以公众和大学生为主，共选取253人参与此次美景度评价。在评判前向评判者介绍不影响评价结果且不涉及研究对象背景的简要说明及评价原则，请其根据植物景观样本的初始印象进行评分。评价尺度设为7级，分别为"非常差""差""较差""一般""较好""好""非常好"，赋值"-3""-2""-1""0""1""2""3"。数值越大表示评判者对该植物景观越欣赏。对32张景观样本进行随机编号，每张照片播放8s（心理学专家发现，人可以在8s内对感知到的刺激给出确切反应[13]），期间评判者进行打分。线上线下共发放253份问卷，共回收244份，有效问卷率97%。

为了减少景观自身与评判者个人审美水平对景观评价结果的影响，有必要对每位评判者的评价数据进行标准化处理。

标准化公式为：

$$Z_{ij} = \frac{R_{ij} - \overline{R}_j}{S_j} \quad (1)$$

$$Z_i = \sum_j Z_{ij} / N_j \quad (2)$$

式中，Z_{ij}表示第j个评判者对第i张景观照片打分的标准化值；R_{ij}表示第j个评判者对第i张照片的评价等级值；$\overline{R}_j$表示第j个评判者对所有照片评价等级的平均值；S_j表示第j个评判者对所有照片的评价等级的标准差；Z_i表示所有评判者对同一景观的标准化得分的平均值；N_j为评判者总人数。Z_i的分值用Y_{SBE}表示。

1.3.2 景观要素分解——SD法

通过 SD 法获得评判者对景观的感受，从而构造定量数据分析[14]。

本文从植物景观的特征及人的心理感受两个角度出发，根据现场调研并结合园林、景观等相关领域的文献资料，构建适用于环城西苑植物景观评价的 12 对形容词作为景观评价因子。在征求专家意见后，将"自然化"因子剔除，理由是环城西苑内大部分植物均由人工种植，其"自然化"评价整体偏低，因此将其剔除。最终选取 11 项景观因子（表1）。评价尺度设定为 5 级，得分分别为-2、-1、0、1、2，让评判者根据其心理感受强度对景观因子进行打分，分数的绝对值越高代表评判者认为该项景观因子对景观效果产生的影响越大。

由于评价中涉及专业词汇，因此本文将评判者定为 32 名建筑学院师生，且已有研究表明选择专业学生进行评判能够获取更为可靠的评价结论[15]。采用线上发放问卷的方式进行评价，问卷发放 32 份，有效问卷 31 份，有效率 97%。将收集到的数据通过 Excel 2016 进行标准化处理，计算出样本景观特征的平均值。其中，综合平均值 =∑各因子项的平均值/32（样本数量）。

公园景观视觉评价SD因子表　　表1

序号	评价因子	评价尺度形容词对扩展
X_1	植物种类多样性	种类单一的—种类丰富的
X_2	色彩丰富度	单一的—丰富的
X_3	环境协调度	不协调的—协调的
X_4	植被显著度	绿视率低—绿视率高
X_5	美景度	美景度低—美景度高
X_6	植物景观特色度	特色模糊—特色鲜明
X_7	层次感	层次模糊的—层次分明的
X_8	植物生长势	植物生长势差—植物生长势好
X_9	舒适愉悦度	舒适愉悦度低—舒适愉悦度高
X_{10}	秩序感	杂乱的—有序的
X_{11}	可达性	空间可达性弱—空间可达性强

2 结果分析

2.1 问卷数据检验

2.1.1 效度分析

效度分析用来衡量定量数据设计是否合理，主要通过 SPSS 因子分析中的 KMO 值进行判断，若 KMO 值小于 0.6 则表示效度不佳，不宜进行深入分析。本次分析结果 KMO 值为 0.800，大于 0.6，效度较高；且所有研究项所对应的共同度值均高于 0.5，意味着研究项信息能够被有效提炼，不存在不合理的研究项。

2.1.2 信度分析

信度分析主要是分析所得数据是否真实可靠，多用于分析公众态度型的量表题。一般通过 SPSS 可靠性统计中的克隆巴赫 Alpha 系数进行判断，若克隆巴赫 Alpha 系数小于 0.6，则说明信度不佳；本次分析结果克隆巴赫 Alpha 系数为 0.921，大于 0.6，说明信度高，可进行深入分析。

2.2 景观分析

2.2.1 美景度评价分析

根据上文公式（1）（2）将 32 个样本得分进行标准化处理后可得各样本的 SBE 值及美景度排名（表2）。

32 个样本的 Y_{SBE} 值范围为 -1.364~0.868，$Y_{SBE} \geq 0.5$ 的植物景观有 5 个，分别为样地 19、5、30、21、11，其中 4 个为乔灌草结构景观，占比 80%。而 $Y_{SBE} \leq 0$ 的植物景观有 14 个，包括乔灌草结构景观 1 个、乔草结构景观 5 个和灌草结构景观 8 个，可见环城西苑植物景观美景度评价值较高的为乔灌草复层结构。在 SBE 排名靠前的 4 组植物景观中，乔灌草的复层搭配及层次感较好，较为注重灌木、地被与地形的运用。相比排名靠前的植物景观，排名靠后的样本 12、7、23 和 8 四处景观植物群落结构单一，同类型植物使用频繁，造景手法简单呆板、缺乏活力，SBE 值较低。综合可知，植物群落结构对植物景观美景度的影响相对显著。

景观样本美景度评价结果　　表2

样本编号	Y_{SBE}	排名	样本编号	Y_{SBE}	排名	样本编号	Y_{SBE}	排名
1	0.297	10	12	-1.364	32	23	-0.987	30
2	-0.616	28	13	-0.154	23	24	0.302	9
3	0.469	6	14	-0.114	22	25	-0.220	24
4	0.464	7	15	-0.095	21	26	0.101	17
5	0.737	2	16	-0.319	25	27	-0.431	27
6	0.342	8	17	-0.077	20	28	0.206	12
7	-1.045	31	18	0.094	18	29	0.148	14
8	-0.674	29	19	0.868	1	30	0.688	3
9	-0.337	26	20	-0.053	19	31	0.156	13
10	0.270	11	21	0.539	4	32	0.146	15
11	0.518	5	22	0.141	16			

2.2.2 景观特征评价分析

对获取的植物景观因子分数进行统计,计算出各项景观因子均值(表3)。

结果显示,除了色彩丰富度(−0.26)及植物景观特色度(−0.25)分值均值为负值外,评判者对环城西苑的植物景观整体上比较认可。在植被显著度和植物生长势两项因子中,评判者给分较高,均值为1.01和0.92;其余均值在0.22~0.78。说明评判者认为环城西苑的植被显著度高,植物生长势好,但公园的植物景观色彩单一,缺乏特色。在所有样本中,样本19的环境协调度、植物景观特色度、舒适愉悦度及美景度4个景观因子排名均位列第一,由此看出人们对经过人工配置、具有明亮色彩及优美姿态的植物景观更加青睐,并非只追求景观植物生长旺盛、种类丰富或引进外来名贵树种,但整体呈现效应简洁明快。

景观因子综合评价值　　　　　　　　　　　　　　　　　　　　　　　　表3

样本	景观预测因子										
	X_1	X_2	X_3	X_4	X_5	X_6	X_7	X_8	X_9	X_{10}	X_{11}
1	1.42	0.26	1.42	1.32	1.19	0.26	0.90	1.19	1.13	1.06	−0.90
2	1.35	−0.06	−0.52	1.19	−1.10	−0.94	−0.45	1.16	−0.94	−1.19	0.42
3	1.65	0.35	1.23	1.32	1.13	0.10	1.26	1.39	1.42	1.65	1.65
4	−0.06	0.10	0.87	0.90	0.42	−0.16	0.39	1.03	0.23	1.39	1.32
5	1.55	1.26	1.39	1.23	1.23	0.06	0.94	1.10	1.55	1.10	1.74
6	1.32	1.06	0.90	0.55	0.97	0.23	0.94	0.55	1.10	1.10	1.55
7	−1.35	−1.55	0.26	0.97	−1.23	−1.03	−0.68	1.10	−1.06	−1.06	1.10
8	−1.00	−1.35	0.29	0.61	−0.65	−0.94	0.26	0.81	−0.71	1.39	−0.94
9	0.45	−0.10	0.45	0.55	−0.16	−0.32	0.06	0.71	0.10	−0.81	1.29
10	−0.58	−1.32	1.03	1.06	0.87	0.32	1.06	1.52	1.16	1.52	−0.65
11	1.52	0.10	1.19	1.00	1.00	0.52	0.87	1.32	1.23	0.81	1.71
12	−1.45	−1.74	−0.35	0.77	−1.39	−1.42	−1.03	0.42	−1.23	−1.03	0.97
13	0.87	0.10	0.61	0.87	0.26	−0.26	0.48	0.94	0.29	0.35	0.26
14	−0.39	−0.90	0.90	1.26	−0.29	−0.77	1.03	1.45	0.32	1.29	−0.35
15	1.65	1.35	0.42	0.97	−0.06	−0.39	0.29	0.48	0.23	−0.42	1.35
16	−1.00	−1.48	0.39	0.35	−0.48	−0.58	0.84	0.23	−0.29	1.55	1.68

样本	景观预测因子										
	X_1	X_2	X_3	X_4	X_5	X_6	X_7	X_8	X_9	X_{10}	X_{11}
17	1.71	1.48	0.55	0.81	0.26	−0.19	0.84	1.06	0.71	0.16	1.13
18	−0.10	−1.03	1.19	1.58	0.77	0.06	0.97	1.65	1.00	0.97	−0.10
19	1.61	0.65	1.48	1.13	1.58	0.58	0.65	1.23	1.55	0.65	1.42
20	−0.06	0.03	−0.13	0.58	−0.52	−0.48	0.35	0.77	−0.35	−0.10	0.90
21	−0.06	−0.84	0.32	0.23	−0.16	−0.61	0.52	0.19	0.19	0.35	1.55
22	0.65	−0.94	1.77	1.74	1.58	0.42	1.16	1.84	1.58	1.61	1.77
23	−1.87	−1.97	−0.55	0.55	−1.23	−1.19	−0.42	0.39	−1.16	0.13	0.29
24	1.39	0.84	1.32	1.42	1.03	0.19	1.13	1.81	1.23	1.35	1.65
25	0.84	−0.16	−0.03	0.03	−0.48	−0.55	0.61	0.48	−0.32	0.00	−0.32
26	1.61	1.55	0.55	1.23	0.52	−0.26	−0.03	1.48	0.35	−0.45	−0.97
27	−1.68	−1.90	0.06	0.39	0.03	−0.03	0.55	0.58	−0.13	1.13	0.81
28	1.84	−0.23	0.97	0.74	0.19	−0.19	0.77	0.97	0.32	−0.23	1.61
29	0.00	−1.32	0.90	0.90	0.58	−0.06	0.52	1.13	1.03	0.90	1.42
30	1.23	−0.19	1.19	0.74	1.03	0.35	0.55	0.48	1.23	0.87	1.65
31	−0.74	−1.42	0.26	1.29	−0.06	−0.48	1.16	1.52	−0.19	0.71	−1.45
32	1.26	1.13	0.58	1.06	0.19	−0.16	0.48	0.97	0.48	0.32	1.55

2.3 建立景观质量评价模型

2.3.1 正态性检验

数据通过美景度值和景观因子的平均分值进行正态性检验。对美景度及11项景观因子执行正态性检验。结果显示,层次感、可达性及植物种类多样性3项呈现出显著性($p<0.05$),说明理想状态下此3项景观因子不具备正态性特质,但通过观察偏度绝对值与峰度绝对值可得,此3项数据可以被认为基本符合正态分布。其余各项景观因子均未呈现显著性($p>0.05$),表示其具有正态性特质。综合可得，以上11项景观因子均可被接受为正态分布。

2.3.2 相关性分析

通过SPSS 26.0对32个样本的美景度与11个景观因子进行相关性分析，使用Pearson相关系数表明关系强弱情况。结果显示：美景度与植物种类多样性、色彩丰富度、环境协调度、植被显著度、美景度、植物景观特色度、层次感、植物生长势、舒适愉悦度、秩序感呈现显著正相关，系数值分别为0.607、0.467、0.919、0.502、0.861、0.955、0.743、0.535、0.974、0.619；但美景度与可达性之间相关性系数值小于0.3，表示两者之间不存在相关关系（表4）。

主要变量的Pearson系数矩阵　　　　　　　表4

变量	均值	标准差	1	2	3	4	5	6	7	8	9	10	11
植物种类多样性	0.424	1.162	1										
色彩丰富度	−0.258	1.072	0.881**	1									
环境协调度	0.653	0.601	0.521**	0.349	1								
植被显著度	0.917	0.397	0.314	0.217	0.581**	1							
美景度	0.219	0.833	0.607**	0.467**	0.919**	0.502**	1						
植物景观特色度	−0.248	0.510	0.584**	0.434*	0.842**	0.377*	0.955**	1					
层次感	0.530	0.561	0.375*	0.236	0.715**	0.306	0.743**	0.721**	1				
植物生长势	1.008	0.463	0.293	0.188	0.596**	0.884**	0.535**	0.451**	0.448*	1			
舒适愉悦度	0.377	0.847	0.631**	0.482**	0.924**	0.490**	0.974**	0.927**	0.765**	0.523**	1		
秩序感	0.533	0.848	−0.022	−0.083	0.626**	0.232	0.619**	0.558**	0.786**	0.315	0.602**	1	
可达性	0.785	0.985	0.292	0.246	0.260	−0.107	0.233	0.277	0.043	−0.204	0.302	0.024	1

注：* 表示 $p<0.05$，** 表示 $p<0.01$。

2.3.3 回归分析

根据评价所得各样本分值，通过SPSS 26.0进行线性回归分析。将去除可达性之外的景观特征因子作为自变量，美景度值作为因变量，检测自变量对因变量的影响程度，比较分析各自变量之间的相互作用。SPSS共进行7次运算，最终模型7的拟合情况最为理想，共余4项景观因子，依次为：植物景观特色度＞环境协调度＞秩序感＞色彩丰富度。其中 R^2 为0.966，调整后 R^2 为0.962，4项自变量能解释因变量变化程度的96.2%，模型拟合度好。且VIF均小于5，表示模型不存在多重共线性，各自变量之间没有干扰问题。回归方程为

$$Y = 0.099 + 0.087X_2 + 0.484X_3 + 0.910X_6 + 0.098X_{10}$$

且模型通过F检验（$p=0.000<0.05$），说明此模型有效。

综上，色彩丰富度（X_2）、环境协调度（X_3）、植物景观特色度（X_6）以及秩序感（X_{10}）会对植物景观的美景度产生显著的正向影响（表5）。

回归系数值　　　　　　　表5

	未标准化系数		标准化系数	t	显著性	VIF
	B	标准错误	$Beta$			
（常量）	0.099	0.088		1.122	0.272	
色彩丰富度（X_2）	0.087	0.034	0.112	2.552	0.017	1.549
环境协调度（X_3）	0.484	0.098	0.349	4.949	0.000	4.002
植物景观特色度（X_6）	0.910	0.114	0.557	7.997	0.000	3.907
秩序感（X_{10}）	0.098	0.050	0.099	1.958	0.061	2.077
R^2				0.962		
F				194.600		
P				<0.001		
因变量：美景度						

2.4 景观样本综合结果分析

综合SBE值和SD值，分值较高的景观样本为编号3、5、11、19、30。这类植物景观所共有的特点是：在远景视觉上，首先植物景观整体的绿视率把控较好，自然气息浓厚，植物色彩丰富且搭配恰到好处；其次景观与周围环境协调度高，风格统一，两者相配合所营造出轻松舒适的整体氛围，这也是整体得分较高的主要原因。在近景视觉上，植物的树形优美，生命力旺盛，视觉上软化了所处的硬质空间，且植物景观均搭配相应休息及娱乐设施，在具备高观赏性的基础上又结合了实用功能。

综合得分值较低的景观样本编号为2、7、8、12、23。这类景观的生长势及其秩序感较差，且植物色彩单一，未呈现出令评判者身心愉快的景观氛围。样本2、7、

12三处景观植物大多处于自然生长的状态，无人工修剪维护的痕迹，形成的层次虽多但视觉上杂乱无章，美感较差；样本8和23景观层次感和秩序感相对较好，但其植物种类较为单一，植物搭配上只将乔木和地被植物简单组合，观赏性较低。且样本23的地被植物生长极为稀疏，植物量不足，视觉整体效果差。

SBE值与SD值得分差异较大的样本编号为17和21。样本17视觉效果较为杂乱，乔木与灌木在植物色彩搭配及树形层次上都导致景观整体不协调，因此SBE值较低；但在SD特征评价中，该景观的植物种类及色彩较为丰富，并且搭配了带有城墙图案的景观灯来体现植物景观的特色，因而其SD得分要远大于SBE得分。样本21中，两排行道树搭配周围灌草，整齐爽朗，所营造的景观氛围休闲舒适，但其植物色彩较为单一，缺乏景观特色，因而SBE得分大于SD得分。

3 结论与讨论

本文通过数据分析、数学建模及景观综合评价得出影响植物景观的关键因素，揭示了各因素之间制约又配合的关系。可得出以下结论：①植物景观整体质量的高低并非由单纯某一因素所造成，且要素之间存在相互制约又相互配合的关系。②影响环城西苑植物景观美景度的主要因素有色彩丰富度、环境协调度、植物景观特色度及秩序感，但并不代表其他因素不影响植物景观的整体质量，在进行植物景观设计时仍需注重多元因素之间的均衡关系。③前期设计过程并非直接决定景观呈现效果，还应加大后期修整维护，营造舒适惬意的景观氛围。

此次研究结果与王晓玥[16]、赵慧楠[17]、雷翻宇[18]等对园林植物景观的研究结果较为一致，表明色彩丰富度、环境协调度与植物景观特色度能够显著影响植物景观的美景度；当多个独立的研究得出相似结果时，即环城西苑植物景观评价与王晓玥等学者的研究对园林植物景观的研究结果一致，可认为这些因素在不同的情境下均具普遍适用性。但与王强[19]对公园景观植物评价研究相比，本研究中色彩丰富度是较为重要的影响因素，而在王强的研究中则被剔除在外，原因可能是王强研究中的公园植物色彩丰富度得分较低，对美景度影响较小而被排除，公园定位不同以及评判者和照片的选择难免会影响结果。这一结果反映出影响植物景观美景度的因素不是已定的，而需要根据立地条件、景观类型等进行详细分析。

本次评价以照片为媒介，由于照片拍摄及选取存在主观性，在一定程度上会影响到评价结果的客观准确，因此之后的景观评价中可结合VR技术和GIS软件，将真实模拟与时空因素运用到植物景观评价，探索植物景观更全面的变化特征，使评价结果更科学严谨。

参考文献

[1] Laumann K, Gärling T, Stormark K M. Selective attention and heart rate responses to natural and urban environments [J]. Journal of environmental psychology, 2003, 23(2): 125-134.

[2] 翁殊斐, 朱锦心, 苏志尧, 等. 岭南地区滨水绿地植物景观质量评价[J]. 林业科学, 2017, 53(1): 20-27.

[3] 王竞红, 魏殿文, 张峥嵘. 深圳市莲花山公园植物景观评价[J]. 国土与自然资源研究, 2007(1): 57-58.

[4] 宋云龙. 哈尔滨市欧式建筑周边植物配置的评价[D]. 哈尔滨: 东北林业大学, 2006.

[5] 宋新建. 呼和浩特市综合公园植物景观评价[D]. 呼和浩特: 内蒙古农业大学, 2008.

[6] 翁殊斐, 陈锡沐, 黄少伟. 用SBE法进行广州市公园植物配置研究[J]. 中国园林, 2002(5): 85-87.

[7] 段敏杰, 王月容, 谢军飞, 等. 基于美景度评价法的北京城市公园植物景观美学质量评价[J]. 科学技术与工程, 2018, 18(26): 45-52.

[8] 芦建国, 李舒仪. 公园植物景观综合评价方法及其应用[J]. 南京林业大学学报(自然科学版), 2009, 33(6): 139-142.

[9] 陈鑫峰, 贾黎明, 王雁, 等. 京西山区风景游憩林季相景观评价及经营技术原则[J]. 北京林业大学学报, 2008(4): 39-45.

[10] Arthur L M. Predicting scenic beauty of forest environments: Some empirical tests[J]. Forest science, 1977, 23(2): 151-160.

[11] 毛炯玮, 朱飞捷, 车生泉. 城市自然遗留地景观美学评价的方法研究——心理物理学方法的理论与应用[J]. 中国园林, 2010, 26(3): 51-54.

[12] 杨书豪, 谷晓萍, 陈珂, 等. 国内景观评价中SBE方法的研究现状及趋势[J]. 西部林业科学, 2019, 48(3): 148-156.

[13] 郭秀艳, 杨治良. 基础实验心理学[M]. 北京: 高等教育出版社, 2005.

[14] 章俊华. 规划设计学中的调查分析法16——SD法[J]. 中国园林, 2004(10): 57-61.

[15] Hull IV R B, Buhyoff G J, Daniel T C. Measurement of scenic beauty: the law of comparative judgment and scenic beauty estimation procedures[J]. Forest science, 1984, 30(4): 1084-1096.

[16] 王晓玥, 高欣怡, 梁漪薇, 等. 基于SBE分析法对滨水植物景观的量化研究——以南京滨水公园为例[J]. 中国园林, 2020, 36(5): 122-126.

[17] 赵慧楠. 基于SBE法和SD法的植物群落景观评价研究[D]. 杭州: 浙江农林大学, 2019.

[18] 雷翻宇. 基于SD法的园林植物景观评价研究——以广西财经学院相思湖校区为例[J]. 山东农业大学学报(自然科学版), 2020, 51(5): 858-862.

[19] 王强. 基于多维度量化分析的济南城市公园景观评价研究[D]. 泰安: 山东农业大学, 2022.

作者简介

刘君君, 1999年3月, 女, 汉族, 山东泰安人, 长安大学建筑学院硕士在读, 研究方向为风景园林规划与设计。电子邮箱: 2250656285@qq.com。

(通信作者)张文婷, 1989年10月, 女, 汉族, 陕西西安人, 博士, 长安大学, 副教授、硕士生导师, 研究方向为风景园林规划与设计。电子邮箱: 308898937@qq.com。

风景园林工程与技术

基于 POI-MCR 的乡村旅游风景道选线研究
——以金寨县鲜花湖景区为例

Research on Route Selection of Scenic Road for Rural Tourism Based on POI-MCR Model
—Taking Fresh Flower Lake Scenic Area in Jinzhai County as an Example

侯凯琦 李高钰 陈 明 戴 菲

摘 要：旅游风景道是具有交通通行与风景观光功能的一类交通道路。近年来随着乡村振兴进程的不断推进，乡村旅游持续增温，乡村旅游风景道建设成为地区旅游开发的重要议题，然而目前针对乡村旅游风景道的研究相对较少，评价体系尚不完善。本文以安徽省六安市金寨县鲜花湖旅游风景区为研究对象，构建乡村旅游风景道建设评价体系及 POI-MCR 道路选线模型，从交通功能、景观游憩功能、生态功能 3 个层面对乡村旅游风景道建设适宜性进行评价，最后基于成本连通性模型提出旅游风景道选线方案。研究进一步优化了乡村旅游风景道评价体系与选线方法，为乡村旅游风景道选线建设提供参考。

关键词：乡村振兴；乡村旅游风景道；POI；MCR 最小累积阻力模型；风景道选线

Abstract: Tourism scenic road is a kind of transportation road with the function of traffic passage and scenery sightseeing. In recent years, as the process of rural revitalization continues to promote, rural tourism continues to heat up, rural tourism scenic road construction has become an important issue for regional tourism development, however, at present there are relatively few studies on rural tourism scenic roads, and the evaluation system is not yet perfect. This paper takes Fresh Flower Lake Tourism Scenic Area in Jinzhai County as the research object, constructs the evaluation system of rural tourism scenic road construction and POI-MCR road routing model, evaluates the suitability of rural tourism scenic road construction from three levels of transportation function, landscape recreation function, and ecological function, and finally proposes a scenic road routing scheme based on the cost connectivity model. The study further optimizes the evaluation system and routing method of rural tourism scenic roads, and provides references for the construction of rural tourism scenic road routing.

Keywords: Rural Revitalization; Rural Tourism Scenic Road; POI, MCR Model; Scenic Route Selection

1 研究背景

旅游风景道是指兼具交通运输和景观欣赏功能的通道，涉及风景公路、风景驾车道、风景线路等概念[1]。近年来，随着乡村建设的不断推进及乡村旅游市场需求的增长，乡村旅游风景道建设成为带动地方旅游与经济发展的重要举措。"十四五"时期，我国旅游业新发展规划提出了高质量旅游发展的新目标要求，《"十四五"旅游业发展规划》指出合理规划建设美丽乡村，统筹推进乡村旅游道路基础设施建设，推动旅游与交通、农业等领域融合发展助力乡村振兴。

风景道选线是乡村旅游风景道建设的首要工作。目前国内外学术文献对于风景道选线的研究集中在风景道规划体系、选线方法、功能性评价等方面。在风景道规划体系方面，相关学者对风景道的规划设计理论[2-4]、建设管理体系[5-6]进行探讨，构建了风景道研究的基本理论框架。在选线方法上，等距离专家组目视评测法[7]、层次分析法-地理信息系统（AHP-GIS）[8-10]的道路选线方法较为常见，此外亦有学者将最小累积阻力模型（minimal cumulative resistance，MCR）用于道路选线实践中[11]。在功能性评价方面，风景道选线评价逐步由单一景观视觉评价因子，发展到整合土地利用[12]、生态保护[13]等多目标需求的综合性规划。尽管目前关于风景道选线的研究相对较多，但对于综合考虑复杂道路建设情况以及需要协同区域旅游与生态可持续发展的乡村旅游风景道选线研究相对较少，且选线评价体系尚不完善，如何选择乡村旅游风景道选线源地也需要进一步探讨。

本研究选取的研究对象为安徽省六安市金寨县鲜花湖风景区，该区域生态环境良好、旅游资源丰富，是国家 4A 级旅游风景区，亦是国家级风景道——红岭公路的主要建设区域之一，对其进行乡村旅游风景道选线研究具有一定的代表性。研究通过 POI-MCR 的选线方法进行风景道选线模拟，并结合项目实际建设需求对模拟结果进行优化，形成最终选线方案，旨在为乡村旅游风景道的布局和优化提供参考。

2 区域概况与数据来源

2.1 鲜花湖景区概况

鲜花湖风景区位于金寨县大别山东部，总面积约为 665.7km²，景区以鲜花湖水库为中心，范围包含 5 个乡

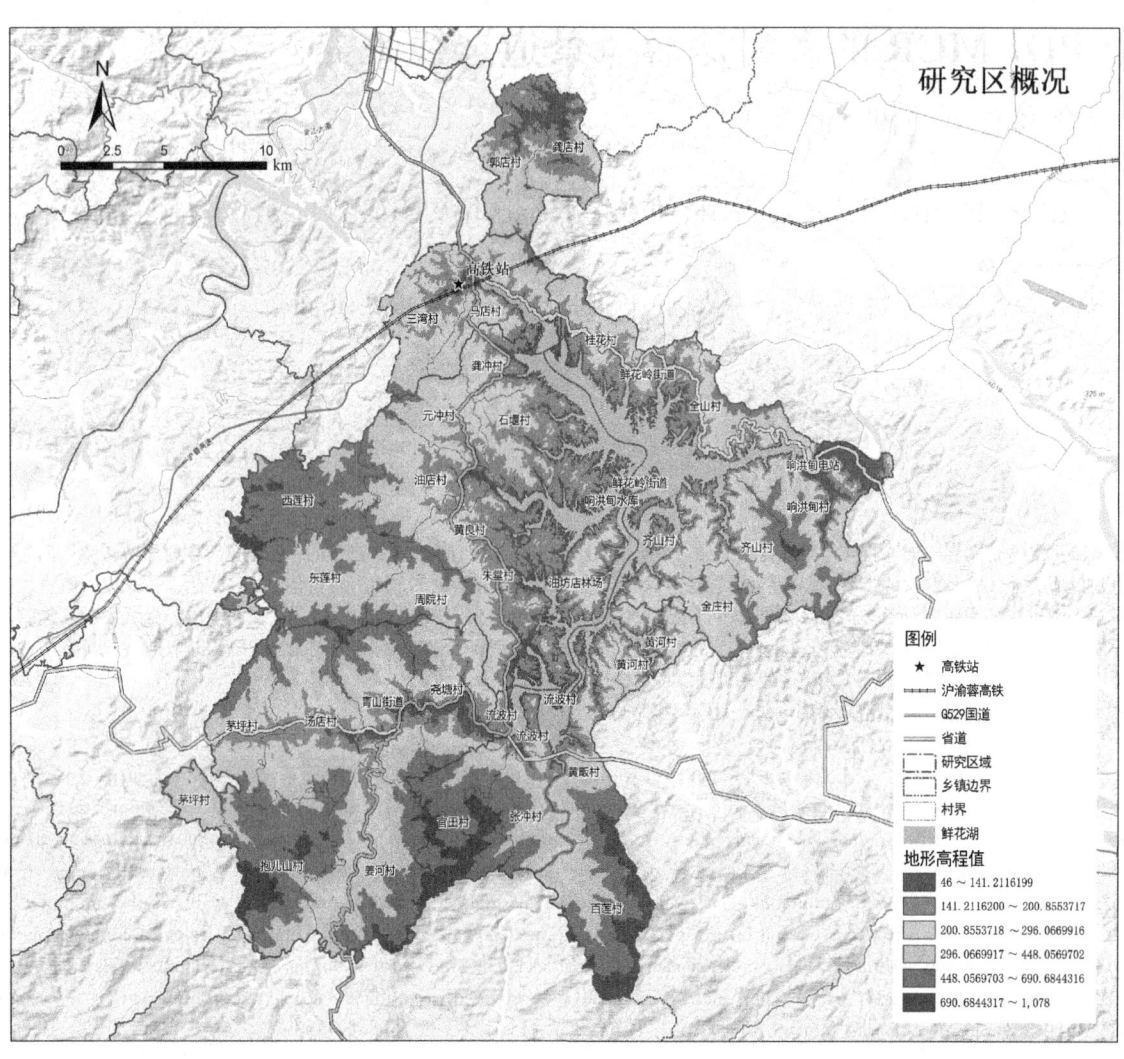

图1 鲜花湖景区概况

镇的21个行政村，G529国道（红岭公路）自北向南贯穿全境。鲜花湖风景区旅游资源较为丰富，拥有"六安西茶谷""红石谷景区""十里溪景区""桂花王景区"等多个知名旅游景点，具有极大的旅游开发潜力（图1）。然而，鲜花湖风景区现有的道路系统并不完善，优势景观资源缺乏整合利用，无法满足当地经济和旅游发展需求。因此，通过科学的选线方法来优化路网结构，以提升资源节点间的连通性与可达性，是当前鲜花湖旅游风景道规划建设的首要目标。

2.2 数据来源与预处理

本研究使用的数据如表1所示，包含行政边界数据、道路交通路网数据、土地利用数据、POI数据、DEM数据和卫星底图数据。其中，行政边界数据、道路交通路网数据、土地利用数据由金寨县自然资源和规划局提供；网络开源POI数据来源于高德开放平台2021年开源网络数据集，通过Easypoi软件进行查询提取。DEM数字高程模型来源于地理空间数据云30m精度GDEM产品。相关数据均经过补充修正及调研确认，并在Arc-gis中进行数据预处理。

数据来源与预处理　表1

类型	数据名称	处理	数据来源
矢量数据	行政边界数据	坐标转换、裁剪	金寨县自然资源和规划局
	道路交通路网数据	坐标转换、裁剪、拓扑检查	金寨县自然资源和规划局
	土地利用数据	坐标转换、裁剪	金寨县自然资源和规划局
	网络开源POI数据	查询提取、坐标转换	高德开放平台
栅格数据	DEM数据	投影、填洼、裁剪	地理空间数据云
	卫星底图	透明度调整	ESRI在线地图

3 乡村旅游风景道选线方法

3.1 POI-MCR模型选线思路

研究在已有MCR选线模型的基础上引入POI选线源

地识别方法，构建POI-MCR选线模型（图2）。首先通过网络开源POI数据功能属性重分类的方式识别风景道选线源地，其次使用AHP层次分析法构建风景道选线因子指标体系并对相关因子进行分析，加权叠加后生成MCR选线阻力面，最后使用Arcgis中成本连通性模型对识别的"POI选线源地"与"MCR选线阻力面"进行选线模拟，并对模拟的选线方案进行比选，结合实际情况确定最终的乡村旅游风景道选线方案。

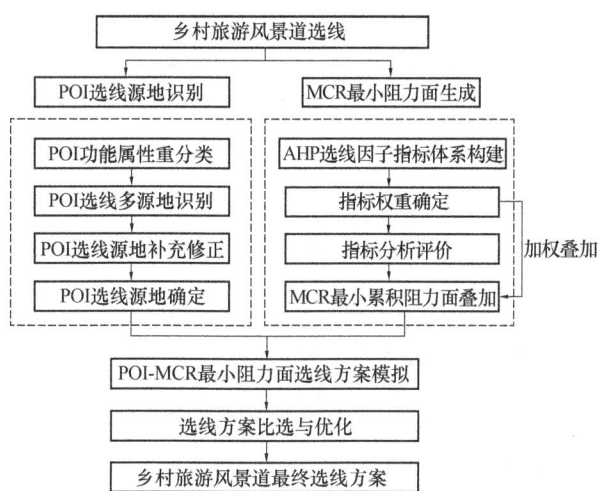

图2 乡村旅游风景道选线总体思路

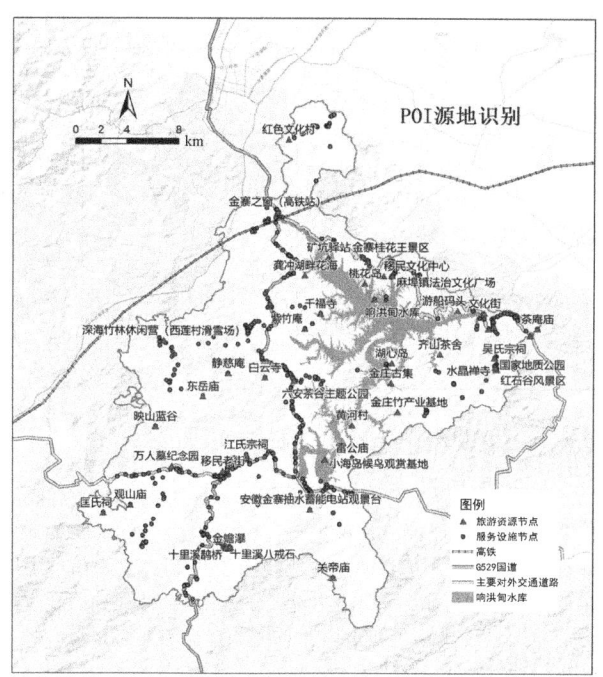

图3 鲜花湖景区POI源地识别结果

3.2 POI选线多"源地"识别

兴趣点（POI）作为网络开源数据的主要类型，包含名称、类别、地理坐标等空间信息，可运用于业态集聚分析和风景道选线研究[14]。本研究中，为更好地表征"游客"与"原住居民"作为两类主体使用者对乡村旅游风景道的使用需求，通过POI功能属性重分类的方式，参考高德地图提供的POI分类编码标准，选取具有"旅游服务"与"生活服务"功能属性的两类POI节点为风景道"源地"。具体将风景名胜、体育休闲、住宿服务类别POI数据合并为"旅游资源节点"源地；将生活服务、汽车服务、餐饮服务、购物服务类别POI数据合并为"服务设施节点"源地。剔除重复点位后，最终识别"旅游资源节点"源地39个、"服务设施节点"源地400个（图3）。

3.3 风景道选线因子评价体系构建

本研究在参考国内外不同旅游风景道评价标准及专家咨询意见的基础上，从交通功能、景观游憩功能、生态功能3个层面构建表2所示的鲜花湖旅游风景道选线因子指标体系。交通功能层因子体现了旅游风景道的一般车行需求，具体选取现状道路宽度（C1）、路网可达性（C2）、配套服务设施（C3）3个选线指标进行量化分析。景观游憩功能层因子能够识别研究区域内旅游热点区域及高质量景观视觉区域，选取景观游憩资源丰富度（C4）、景观视觉资源敏感度（C5）、村庄整体风貌（C6）进行量化评价。生态功能层因子明确了风景道建设的生态保护要求，从生态敏感性的角度出发，选取坡度（C7）、高程（C8）、土地利用适宜性（C9）3个常用生态指标进行分析。

评价体系构建成后，邀请8位来自景观及规划领域的专家学者，采用1~9级的标度评价法对同一功能层级下选线因子相对重要程度进行评价，确定评价因子权重。同时，构建评价矩阵并对其评价结果的一致性进行检验，检验结果显示一致性比例（$C.R.$）为0.0516，权重评价结果整体可行。

金寨县鲜花湖景区旅游风景道选线因子指标体系   表2

目标层A	因子层B 名称	权重W_1	指标层C 名称	权重W_2	综合排序
金寨县环鲜花湖旅游风景道选线评价	B1 交通功能	0.26	C1 现状道路宽度	0.11	6
			C2 路网可达性	0.12	4
			C3 配套服务设施	0.03	9

续表

目标层 A	因子层 B		指标层 C		综合排序
	名称	权重 W_1	名称	权重 W_2	
金寨县环鲜花湖旅游风景道选线评价	B2 景观游憩功能	0.41	C4 景观游憩资源丰富度	0.25	1
			C5 景观视觉资源敏感度	0.05	7
			C6 村庄整体风貌	0.11	6
	B3 生态功能	0.33	C7 坡度	0.14	3
			C8 高程	0.04	8
			C9 土地利用适宜性	0.15	2

3.4 MCR 风景道选线阻力面生成

MCR 最小累积阻力模型最早由 Knaapen 等[15]提出，由俞孔坚[16]进行修改，该模型可以判定源向外扩张的可能性[17]，被广泛应用于道路选线研究中[11,18]。本研究基于 MCR 最小累积阻力模型理论，使用 Arcgis 地理信息系统对选线指标进行量化分析，具体方法如表 3 所示，归一化及分级处理后得到各选线指标评价值。各指标加权叠加后生成交通功能、景观游憩功能、生态功能 3 类风景道选线功能因子阻力栅格以及乡村旅游风景道选线 MCR 综合阻力面。MCR 最小累积阻力模型[16]一般可表示为：

$$MCR = f \min \sum_{j=n}^{i=m}(D_{ij} \times R_i) \quad (1)$$

式中，MCR 为乡村旅游风景道选线的最小累积阻力值；f 为 MCR 与变量间乘积（$D_{ij} \times R_i$）的一个函数；D_{ij} 代表从源 j 到空间某一点所穿越的景观单元 i 的空间距离；R_i 表示景观单元 i 对某种物体运动的阻力系数；min 表示景观单元 i 对于不同选线源点的累积阻力最小值。

最小累积阻力值体现了乡村旅游风景道选线建设的难易程度，低阻力值区域一般为地势平缓、现状道路建设水平相对较好且景观游憩资源丰富的区域；高阻力值区域则被认为是地势复杂、海拔较高或是不适合风景道选线建设的水域或耕地区域。

金寨县鲜花湖景区旅游风景道选线因子评价方法　　　表3

选线因子	评价方法	评价标准	说明
C1 现状道路宽度	实际测量	道路宽度：12m 以上（5分）、10~12m（4分）、7~9m（3分）、3~6m（2分）、无道路（1分）	按道路宽度进行分类统计
C2 路网可达性	网络分析 (network analyst)	采用 5 级自然间断点分级法进行分级赋值	通过反距离权重插值工具汇总，行驶时间成本越低评分越高
C3 配套服务设施	核密度分析 (kernel density)	采用 5 级自然间断点分级法进行分级赋值	统计配套服务设施分布情况，分布越密集评分越高
C4 景观游憩资源丰富度	核密度分析 (kernel density)	采用 5 级自然间断点分级法进行分级赋值	统计游憩资源分布情况，资源越密集评分越高
C5 景观视觉资源敏感度	核密度分析 (kernel density)	采用 5 级自然间断点分级法进行分级赋值	选取茶田、竹林等特色视觉景观资源点
C6 村庄整体风貌	专家打分法 空间插值法 (kriging)	采用 5 级自然间断点分级法进行分级赋值	通过专家打分对村庄风貌进行评价，并通过空间插值工具进行汇总
C7 坡度	坡度分析（DEM）	坡度：≥35°（1分）、[25°~35°)（2分）、[15°~25°)（3分）、[5°~15°)（4分）、[0°~5°)（5分）	一定坡度区间内道路建设适宜性较高
C8 高程	高程分析（DEM）	采用 5 级自然间断点分级法进行分级赋值	高程越高评分越低
C9 土地利用	重分类赋值 (reclassify)	按不同用地类型进行评分：交通运输用地（5分）>工矿用地和其他土地（4分）>住宅用地（3分）>林地和草地（2分）>耕地（1分）	依据用地建设适宜性，对不同用地类型进行打分

3.5 成本连通性模型选线模拟

成本连通性模型（cost connectivity）可根据"源地"与"阻力面"生成最优模拟选线路径，是风景道选线模拟的重要方法。分别将前期识别的"旅游资源节点"与"服务设施节点"两组源地数据及MCR综合阻力面输入Arc-gis成本连通性模型中，模拟生成"游客"与"原住居民"视角下两组不同风景道选线方案。

4 金寨县鲜花湖景区乡村旅游风景道选线实践

依据确定的风景道选线指标分析方法及指标权重，计算得到金寨县鲜花湖风景区乡村旅游风景道选线功能单一指标分析结果（图4）及综合因子分析结果(图5)。

4.1 交通功能因子分析结果

单一指标分析结果显示，在现状道路宽度方面，

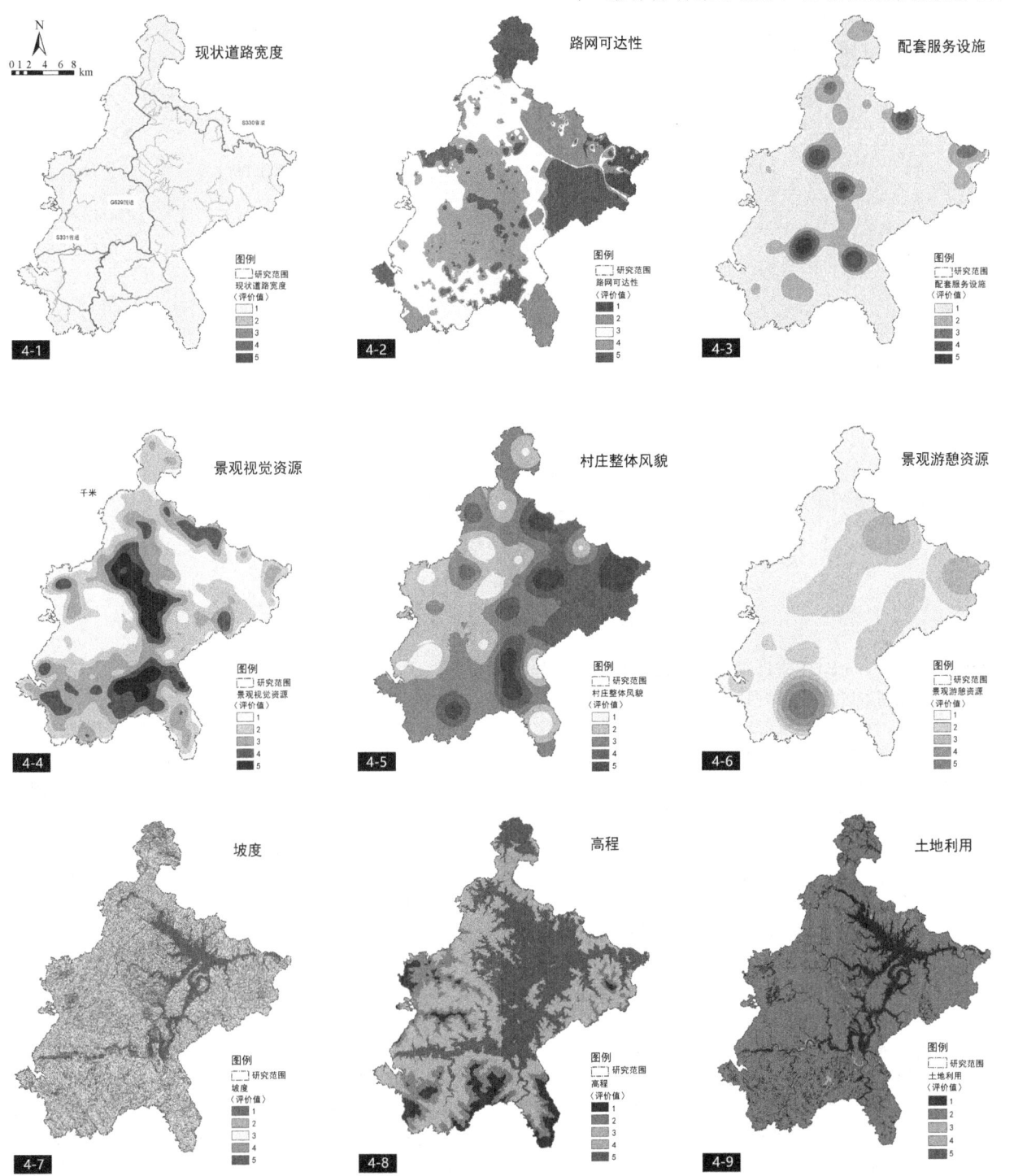

图4 鲜花湖景区乡村旅游风景道单一指标分析结果

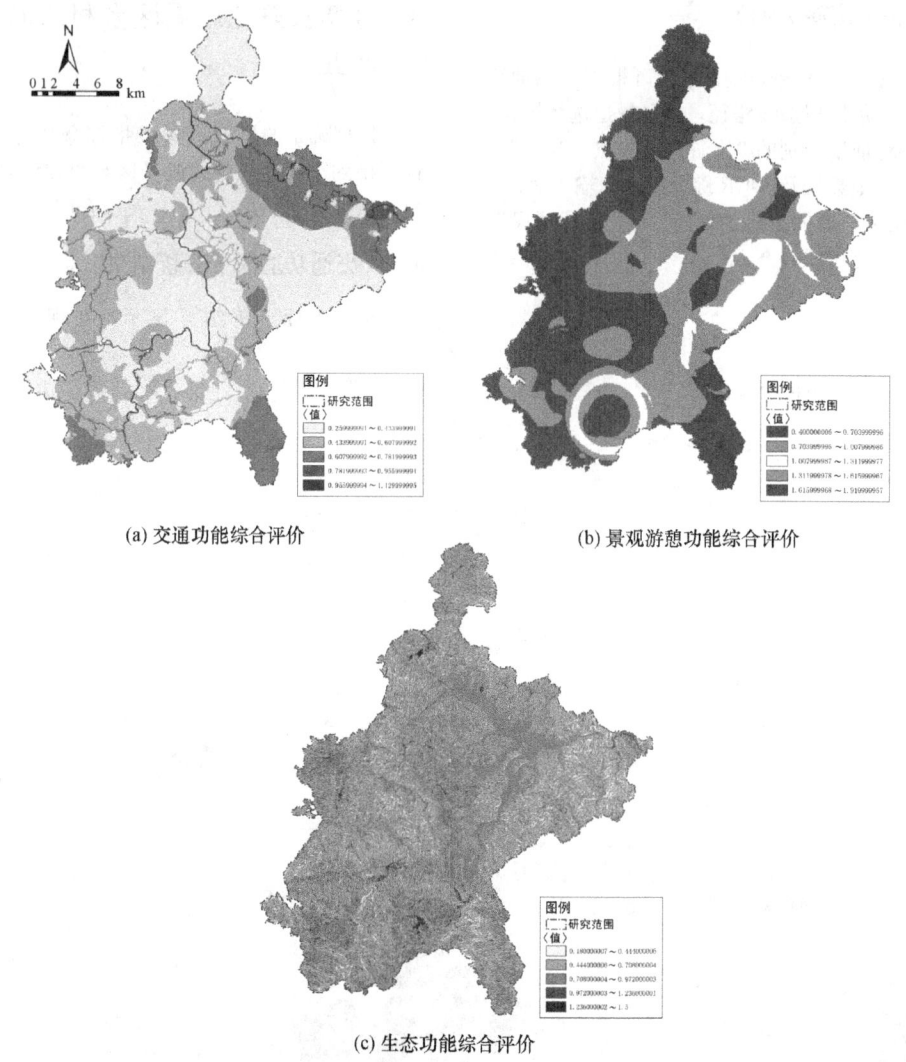

图 5 鲜花湖景区乡村旅游风景道综合因子分析结果

G529 国道、S330 与 S331 省道建路面较宽；在路网可达性方面，鲜花湖景区北部及中西区域可达性较差，东部区域可达性较好。水库西侧与东北侧区域以及 G529 国道、S330 省道沿线配套服务设施数量聚集度较高，便利程度较好。交通功能因子综合分析结果显示（图 5a），低阻力值区域集中在 G529 国道、S330 与 S331 省道以及鲜花湖东部区域。

4.2 景观游憩功能因子分析结果

单一指标分析结果显示，鲜花湖景区景观游憩资源分布区域主要集中在东部桂花村、响洪甸村以及南部的姜河村，形成了桂花王景区、红石谷景区和十里溪景区 3 个核心旅游区域。在景观视觉资源敏感度方面，鲜花湖景区西部平原区域及南部山地区域景观视觉资源分布集中，视觉观赏效果较好；此外，鲜花湖水库周边的桂花村、朱堂村、金庄村等村庄整体风貌较好。景观游憩功能因子综合分析结果显示（图 5b），低阻力值区域主要集中在鲜花湖景区中部、东部及南部区域。

4.3 生态功能因子分析结果

单一指标分析结果显示，鲜花湖景区中部水库沿岸区域及局部河谷地区高程较低、坡度相对平缓，建设成本较低。在土地利用适宜性方面，区域内部可利用土地相对较少，适宜建设区域主要为已有的道路与沿线村庄的建设用地。生态功能因子综合分析结果显示（图 5c），鲜花湖景区水库沿岸、中部平原地区及西南部河谷地区风景道建设阻力值较低。

4.4 MCR 最小累积阻力模型选线模拟

加权叠加交通功能、景观游憩功能与生态功能选线成本栅格得到鲜花湖景区乡村旅游风景道 MCR 综合阻力面（图 6）。MCR 综合分析结果显示，乡村旅游风景道选线低阻力值区域主要集中在中部鲜花湖水库沿岸以及场地西南部平坦河谷地区，其余区域阻力值较高。使用成本连通性模型对前期识别的两类源地与 MCR 综合阻力面进行模拟，生成对应的游客选线路径与原住民选线路径模拟方案（图 7）。

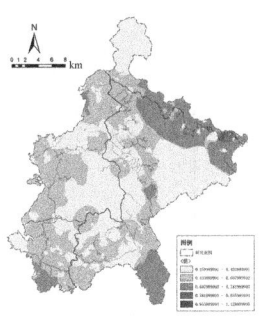

(a) 交通功能综合评价

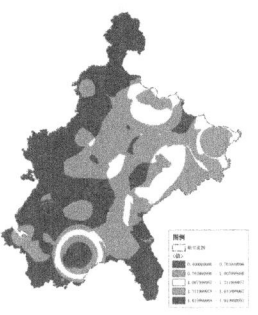

(b) 景观游憩功能综合评价

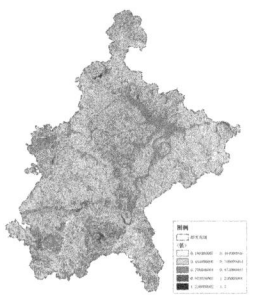

(c) 生态功能综合评价

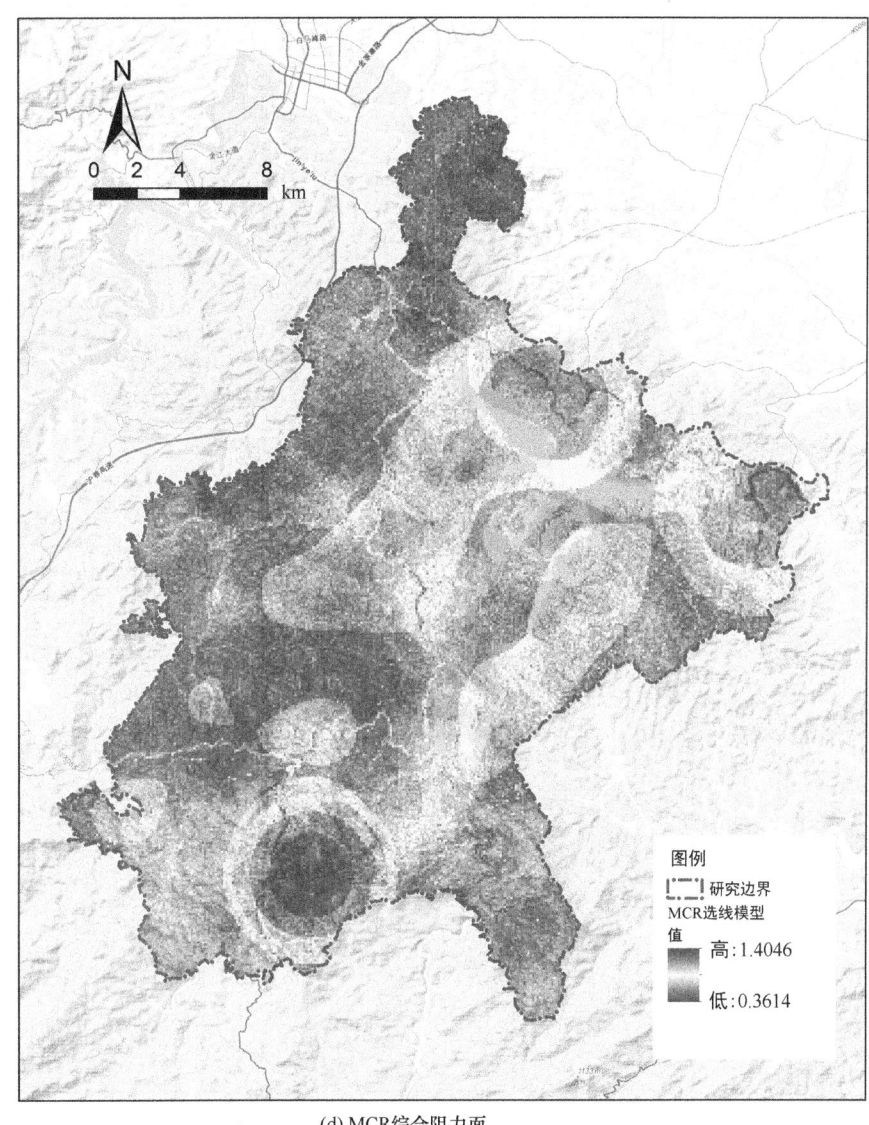

(d) MCR综合阻力面

图 6 鲜花湖景区乡村旅游风景道 MCR 综合阻力面

4.5 鲜花湖景区乡村旅游风景道选线方案

结合现状道路建设情况对模拟选线方案进行比选与优化。优化过程中，尽可能选择与现有道路高度重合的路线，在剔除多余以及水域等穿越难度大的线路后最终得到鲜花湖景区乡村旅游风景道选线优化方案（图8），确定一级风景道、二级风景道、景点连接线 3 级风景道布局模式以及新建、拓宽、更新的风景道改建策略。

（1）一级风景道总长度为 152km，为"游客选线路径"与"原住居民选线路径"高重叠景区，环绕鲜花湖水库并延伸到景区西南部，包含 G529 国道与 S330、S331 省道以及新建的"响洪甸村—流波村"环湖公路 4 段路径，重点打通鲜花湖景区东南区域 G529 国道与 331 省道的连接。

（2）二级风景道总长度为 37km，以"原住居民选线路径"为主，打造汤店村—油店村、抱儿山村以及流波抽水蓄能电站景区公路 3 段路径，采取道路拓宽的策略提升风景道生活服务设施的便捷度，改善山区不良通行状况。

（3）景点连接线总长度为 63km，以"游客选线路径"为主，在原有村道的基础上进行拓宽改造，打通景区全域景观游憩节点与一、二级风景道的连接，引导游客向鲜花湖聚拢，提升滨水可达性。

5 总结与讨论

乡村旅游风景道作为一种重要的绿色基础设施，在完善道路交通体系、改善乡村人居环境、带动乡村经济发展等方面发挥着重要作用。本文通过金寨县鲜花湖景区乡村旅游风景道选线的实际案例研究，验证了 POI-MCR 选线模型在乡村旅游风景道选线中的可行性。相较于传统的风景道选线方式，基于 POI-MCR 选线模型的乡村旅游风景道选线方法在"源地"识别、工作流程简化等方面展现出一定的优越性，能突出地方乡镇的旅游资源特质及道路沿线景观特点，选线结果相对科学客观。

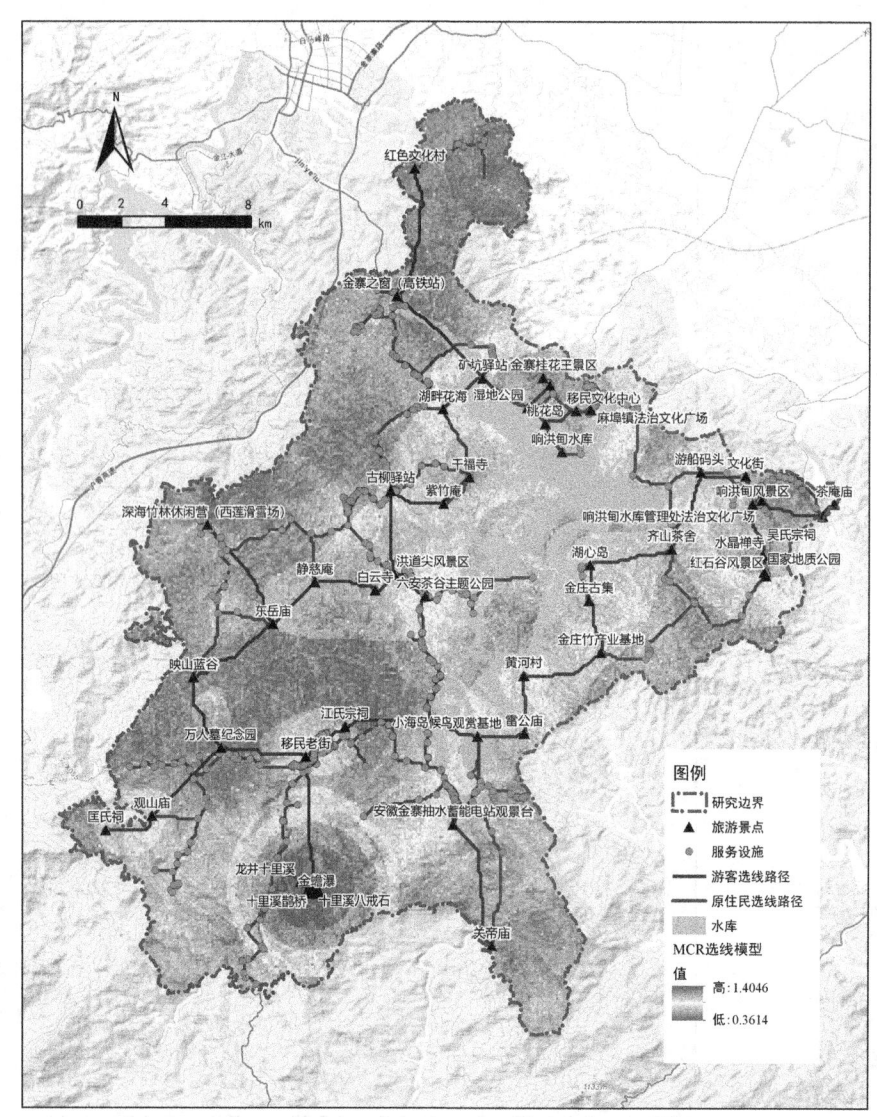

图 7 鲜花湖景区乡村旅游风景道 MCR 选线模拟方案

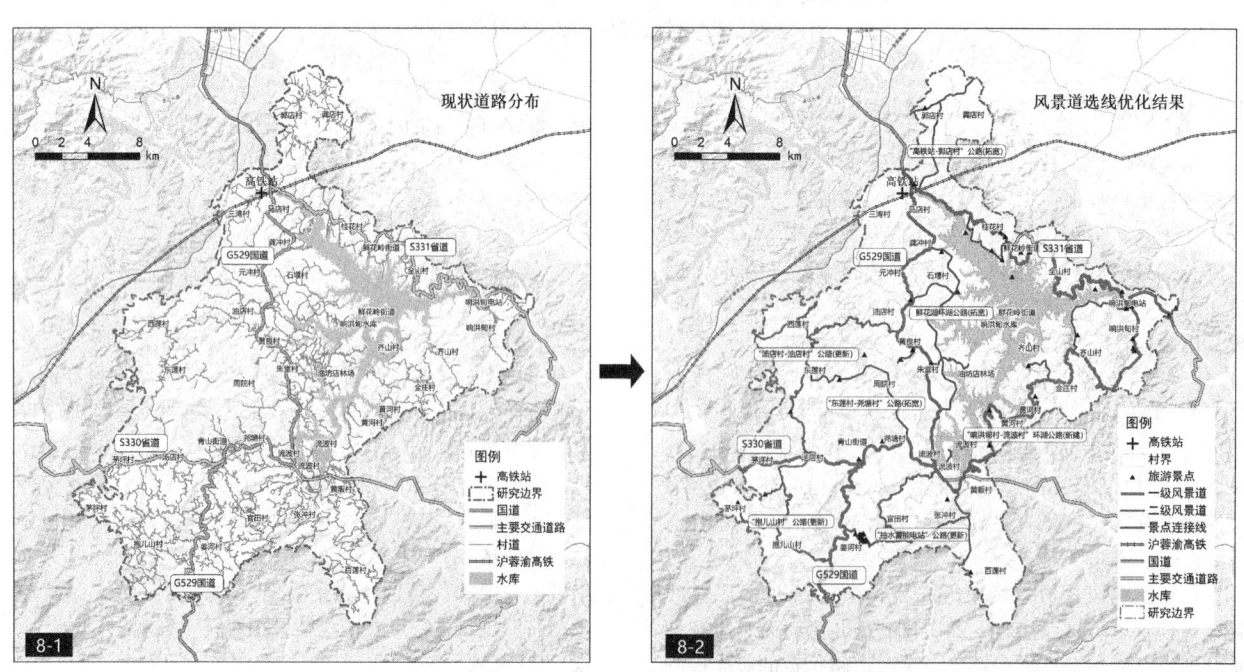

图 8 鲜花湖景区乡村旅游风景道选线方案

然而，该方法仍存在一定局限性。首先，本研究使用的评价方法虽然适用于多数乡村旅游风景道选线，但对于地理区位、资源条件各异的乡村而言，评价指标体系的构建仍需要根据不同的地域条件进行完善。此外，本研究所用POI数据反映的是节点的空间分布特点，尚未考虑节点间建设水平差异及未来建设的动态变化，选线结果存在一定的不足。因此，在未来乡村风景道选线的研究中可考虑进一步优化评价指标体系及选线源地识别方法，从而提升旅游风景道规划结果的科学性。

参考文献

[1] 路梦西，王婷，王甫园. 旅游风景道空间生产与优化 [J]. 中国生态旅游，2022，12（6）：1067-1079.

[2] 余青，吴必虎，刘志敏，等. 风景道研究与规划实践综述 [J]. 地理研究，2007（6）：1274-1284.

[3] 余青，樊欣，刘志敏，等. 国外风景道的理论与实践 [J]. 旅游学刊，2006（5）：91-95.

[4] 张清. 旅游风景道系统规划设计方法研究 [D]. 天津：天津大学，2017.

[5] 孙盼盼，余青. 美国风景道政策演进：历程、特征及启迪 [J]. 热带地理，2020，40（6）.

[6] 张清. 美国风景道规划建设管理体制初探 [M] //中国城市规划学会. 共享与品质——2018中国城市规划年会论文集（13风景环境规划）. 北京：中国建筑工业出版社，2018：7.

[7] 吴必虎，李咪咪. 小兴安岭风景道旅游景观评价 [J]. 地理学报，2001（2）：214-222.

[8] 苏会，杨效忠，李龙. 基于层次分析法的廊道旅游资源评价体系——以大别山风景道为例 [J]. 淮南师范学院学报，2019，21（5）：24-29.

[9] 唐晓岚，刘小涵，刘政. 基于GIS-AHP的皖南山区风景道选线研究 [J]. 内蒙古农业大学学报（自然科学版），2020，41（5）.

[10] 韩蕊. 基于ArcGIS的城市浅山区绿道选线研究 [D]. 济南：山东建筑大学，2021.

[11] 严军，刘嘉晖，吴皓琪. 基于MCR的溧阳全域风景道选线研究 [J]. 生态科学，2023，42（1）：56-66.

[12] 王子尧，李惊，王宏伟，等. 基于景观视觉质量与土地适宜性综合评价的风景道选线研究——以新疆博尔塔拉蒙古自治州为例 [J]. 中国园林，2022，38（8）.

[13] 曹胜昔，赵艳，杨昌鸣，等. 三生空间视角下的生态风景道功能适宜性评价体系——以崇礼区冬奥风景道为例 [J]. 风景园林，2022，29（4）：121-127.

[14] 戴菲，杨超，徐亚如，等. 基于POI点数据的武汉汉阳区绿道线路选择 [J]. 中国城市林业，2020，18（6）：26-31.

[15] Knaapen A，et al. Estimating habitat isolation in landscape planning [J]. Landscape & Urban Planning，1992，23（1）：1-16.

[16] 俞孔坚. 生物保护的景观生态安全格局 [J]. 生态学报，1999（1）：10-17.

[17] 韩世豪，梅艳国，叶持跃，等. 基于最小累积阻力模型的福建省南平市延平区生态安全格局构建 [J]. 水土保持通报，2019，39（2）：192-198.

[18] 刘娟，黄晓冰，李庆. 基于最小累积阻力模型的城市绿道选线方法研究 [C] //中国城市规划学会，成都市人民政府. 面向高质量发展的空间治理——2021中国城市规划年会论文集（12风景环境规划），2021：121-128.

作者简介

侯凯琦，1998年3月，男，白族，云南大理人，华中科技大学建筑与城市规划学院硕士在读，研究方向为地景规划与生态修复。电子信箱：1261346936@qq.com。

李高钰，1992年8月，女，汉族，四川隆昌人，在读博士研究生，华中科技大学建筑与城市规划学院博士在读，研究方向为地景规划与生态修复。电子信箱：381188242@qq.com。

陈明，1991年生，男，汉族，福建福州人，博士，华中科技大学建筑与城市规划学院景观学系讲师，研究方向为大气颗粒物污染。电子信箱：chen_m@hust.edu.cn。

（通信作者）戴菲，1974年3月，女，汉族，湖北武汉人，博士，华中科技大学建筑与城市规划学院景观学系教授，研究方向为地景规划与生态修复。电子信箱：? 58801365@qq.com。

基于 MSPA-MCR 的生态安全格局构建及优化
——以重庆市长寿区为例

Construction and Optimization of Ecological Security Pattern Based on MSPA－MCR：A Case Study of Changshou District in Chongqing

范俊贤　应　文

摘　要：为避免脆弱的生态系统受快速城市化的不良影响，本研究以重庆市长寿区为例，综合考虑生态保护和建设扩张，基于形态学空间格局分析（MSPA）、最小累积阻力模型（MCR）、重力模型构建生态安全格局，采用网络分析法对比优化前后结构指数，结果表明：①长寿区生态安全空间分布呈东西低中南高态势，划定生态屏障区、生态扩展区、生态管控区和生态防护区；②构建潜在生态廊道、重要生态廊道和生态-产业廊道，全方位实施系统综合治理与保护；③识别并设置生态节点、生态断裂点和生态-产业战略节点等实现生态流的正常传输。本研究为长寿区生态安全提供有效的理论支撑，提出生态管控建议，为推动长寿区乃至重庆市的生态可持续提供参考。

关键词：生态安全格局；形态学空间格局分析（MSPA）；最小累积阻力模型（MCR）；重庆市长寿区

Abstract：In order to avoid the adverse impact of fragile ecosystems caused by rapid urbanization, taking Changshou District of Chongqing as an example, comprehensively considering ecological protection and construction expansion, the ecological security pattern was constructed based on morphological spatial pattern analysis (MSPA), minimum cumulative resistance model (MCR) and gravity model, and the network analysis method was used to compare the structural index before and after optimization. The results showed that：① The spatial distribution of ecological security in Changshou District is low in the east and west, high in the middle and south, and ecological barrier area, ecological extension area, ecological control area and ecological protection area are delineated；② Build potential ecological corridors, important ecological corridors and eco－industrial corridors, and implement comprehensive management and protection of the system in an all-round way；③ Identify and set ecological points, ecological fault points and eco-industrial strategy points to achieve the normal transmission of ecological flow. This study provides effective theoretical support for the ecological security of Changshou Distric, puts forward ecological management and control suggestions, and provides reference for promoting the ecological sustainability of Changshou Distric and even Chongqing.

Keywords：Ecological Security Pattern；Morphological Spatial Pattern Analysis (MSPA)；Minimum Cumulative Resistance Model (MCR)；Changshou District, Chongqing

引言

快速城市化使土地利用方式的人工性逐渐增强，生境斑块减少、景观破碎化程度加剧等生态矛盾直接影响生态安全格局[1-2]。如何协调生态保护与城市发展，引导生态网络的构建与完善，已然成为维护生态安全亟须解决的问题[3]。

国外学者对生态安全开展大量研究，提出地理、规划等多学科融合模式，在模型构建、环境保护等方面取得进展[4]。俞孔坚改良最小成本距离模型并引入国内，开发完善了"源地选择—阻力面设置—廊道提取"的构建范式[5,6]。①在源地选择上，主要通过 MSPA 识别核心区作为生态源地，如王军等人应用并剖析了旅游发展与景观格局演变的联动关系[7]；②在阻力面设置上，创建阻力因子并赋予权重，郝晋珉等人将阻力因子分为自然、经济和综合三类[8]；③在廊道提取上，通过 MCR 识别潜在生态廊道、利用重力模型量化廊道重要程度，如陈小平、陈文波对鄱阳湖生态经济区展开研究，开拓景观与经济角度的生态网络研究视角[9]。近年来逐渐开展如网络结构指数等的网络评价分析[10]。生态安全格局构建日趋完善，不同尺度、层面的研究不断积累，现有研究在选取斑块时已充分考虑空间形态学意义及生态价值重要性，但在构建阻力面和生态廊道时，建设扩张与生态保护平衡的有效测度不够深入，人类活动的影响缺乏有效评析，难以加入既有生态网络框架体系。

本研究选取重庆市长寿区为研究对象，综合考虑生态保护与建设扩张的关系，构建生态安全格局，提出生态规划布局及优化对策，以期为维护重庆市生态安全提供一定的参考价值。

1 研究区概况及数据来源

1.1 研究区概况

长寿区（东经 106°49′～107°27′，北纬 29°43′～30°12′）地处重庆市主城东北隅，下辖 7 街 12 镇，全域总面积 1424km²，截至 2021 年末，城镇化率 70.64%。长寿区为亚热带湿润季风气候，属四川盆地东部平行岭谷褶皱低山丘陵区，独特的地理区位使其"三山两槽"，丘陵波状起伏，冲田梯土层层，水网密布。长寿区吸收了重庆市淘汰的化工业，分布大量工业集聚区，生态用地逐渐被建设用地蚕食，生态安全受到严重威胁，生态调控能力明显削弱（图1）。

1.2 数据来源

本研究涵盖的主要数据：①土地利用数据来源于第三次全国国土调查，分为耕地、林地、园地、草地、水域、裸地及建设用地7类；②DEM数据获取于国家地理空间数据云的ASTER GDEM 30M数据库；③道路矢量数据来源于OpenStreetMap；④从政府采集的专题数据，主要为《重庆市长寿区城乡总体规划》（2013年编制）、《重庆市长寿区土地利用总体规划大纲（2006—2020年）》。

2 研究方法

生态安全格局构建优化包括：源地识别—生态安全分区划定—生态廊道模拟及节点识别—基于网络结构指数定量分析（图2）。

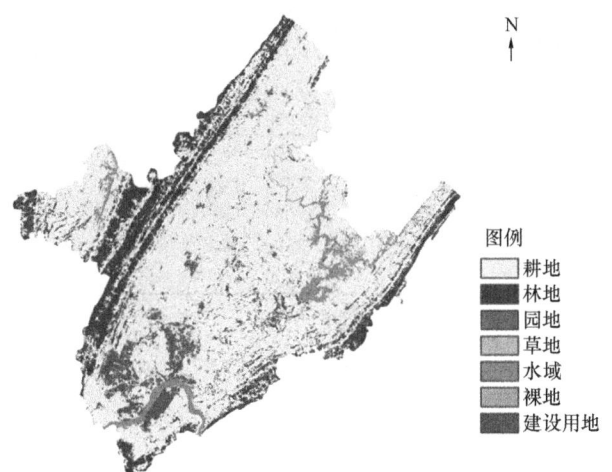

图1 2020年长寿区土地利用图

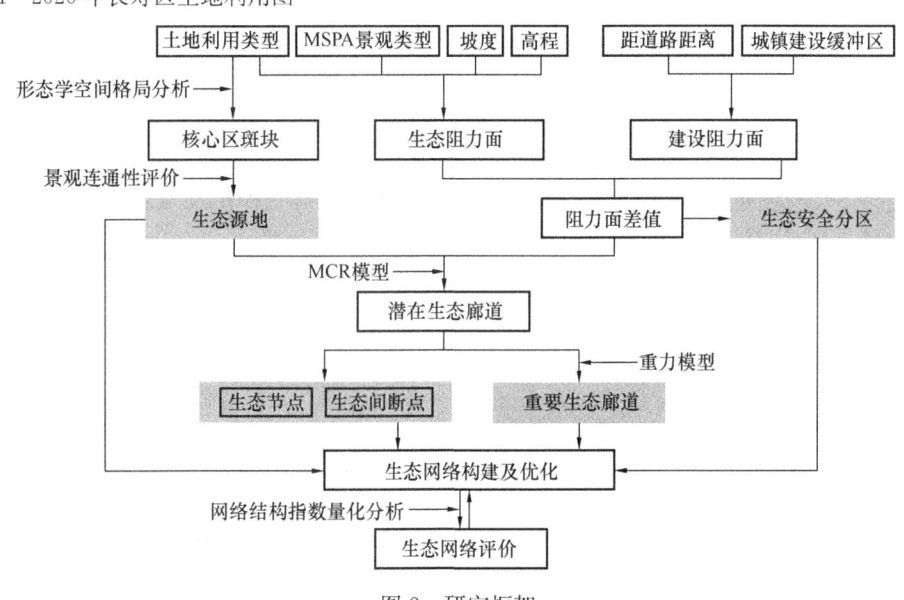

图2 研究框架

2.1 源地识别

2.1.1 生态源地提取

（1）基于MSPA的景观要素识别

MSPA从生态结构连通性入手，对栅格图像空间格局进行度量、分割并解译，按二进制映射分割成互斥的7类景观[11]（表1）。

MSPA的景观类型和生态学含义	表1
景观类型	生态学含义
核心区	通常为前景像元中较大的生境斑块，为大型且连续的物种栖息地，如森林保护区等
孤岛	相互孤立、破碎的小型自然斑块，连接度较低，通常包括建成区内的小型城市绿地
环道	同一核心区内进行生物物种迁移的快捷通道，与外围自然斑块的连接度低
桥接	不同核心区连通的廊道，是生态网络中生物与景观连通的路径，如大型绿化带等
孔隙	核心斑块的内边界，核心区和内部非生境景观的过渡区域，不具有生态效益
边缘区	核心斑块的外边界，核心区和外部斑块的过渡区域，具有边缘效应
支线	仅与核心区一端联系的生态斑块，景观连通度较差

（2）基于景观连通性识别生态源地

综合考虑斑块面积和景观连通性，评价核心斑块间的连接水平以判定生态源地[12-13]：

$$PC = \frac{\sum_{i=1}^{n}\sum_{j=1}^{n}\alpha_i\alpha_j p_{ij}^*}{A_L^2} \quad (1)$$

$$dPC = \frac{PC - PC'}{PC} \times 100 \quad (2)$$

式中，PC 表示可能连通性指数；dPC 表示景观的连通重要性；PC' 为在剔除了该斑块之后的可能连通度指数；α_i 和 α_j 为斑块的面积；p_{ij}^* 为生物在斑块 i、j 间迁徙扩散的最大乘积概率。

2.1.2 建设源地提取

选取2020年面积大于1km²的建设用地斑块作为建设源地。

2.2 生态安全分区划定

2.2.1 生态阻力面构建

选择MSPA景观类型、土地利用、坡度和高程建立生态源地阻力评价指标体系（表2）。

长寿区生态安全格局构建的生态阻力　　表2

阻力因子	权重系数	类型或分级	阻力值
MSPA景观类型	0.25	核心区	1
		桥接、环道	3
		支线、孤岛	5
		边缘、孔隙	7
		背景	9
土地利用类型	0.35	林地	1
		草地、园地、水域	3
		耕地	5
		裸地	7
		建设用地	9
坡度	0.2	(0, 5]	1
		(5, 10]	3
		(10, 17]	5
		(17, 26]	7
		(26, 67]	9
高程	0.2	(23, 296]	1
		(296, 384]	3
		(384, 518]	5
		(518, 701]	7
		(701, 1021]	9

2.2.2 建设阻力面构建

将建设缓冲区、与道路距离设为建设源地阻力因子，得到建设阻力面（表3）。

长寿区生态安全格局构建的建设阻力　　表3

阻力因子	权重系数	分级	阻力值
建设缓冲区	0.7	(0, 250]	1
		(250, 500]	3
		(500, 1000]	5
		(1000, 2000]	7
		(2000, 5000]	9
与道路距离	0.3	(0, 500]	1
		(500, 1000]	3
		(1000, 1500]	5
		(1500, 2000]	7
		(2000, 2500]	9

2.2.3 生态安全分区划定

通过生态与建设阻力面差值（$R_{差值}$）划定生态安全分区[14]：

$$R_{差值} = R_{生态} - R_{建设} \quad (3)$$

式中，$R_{生态}$ 和 $R_{建设}$ 分别表示生态保护与建设扩张阻力值。当 $R_{差值}=0$ 时，表示生态保护与建设扩张处于临界点；当 $R_{差值}>0$ 时，表示生态保护受阻较大，更适宜建设扩张；当 $R_{差值}<0$ 时，表示建设扩张受阻较大，更适宜生态保护。

2.3 生态廊道模拟及节点识别

2.3.1 生态廊道提取

最小累积阻力模型以生态源地为出发点，克服综合阻力面，得到物种迁徙运动与生态因子交流的最佳路径，实现最大化生态系统服务价值[15]：

$$MCR = f_{\min}\sum_{j=n}^{i=m}(D_{ij}R_i) \quad (4)$$

式中，D_{ij} 为源点 j 到源点 i 的空间距离；R_i 为源点 i 对某物种运动过程的阻力系数；f 为反映阻力与生态过程的单调递增正函数。

2.3.2 生态廊道分级

通过重力模型构建源地间相互作用矩阵以识别潜在生态廊道的重要层级[16]：

$$G_{ij} = \frac{\frac{\ln s_i}{p_i} \times \frac{\ln s_j}{p_j}}{\left(\frac{L_{ij}}{L_{\max}}\right)^2} = \frac{L_{\max}^2 \times \ln s_i \times \ln s_j}{L_{ij}^2 \times p_i \times p_j} \quad (5)$$

式中，G_{ij} 表示斑块 i 和斑块 j 的相互作用强度；s_i、s_j 为斑块的面积；p_i、p_j 为平均阻力值；L_{ij} 为斑块 i 到斑块 j 生态廊道的累积阻力值；$L_{\max}$ 为廊道最大累积阻力值。

2.3.3 生态节点识别

生态节点是生物种群迁徙的关键点，本研究将廊道交点视为生态节点，廊道与道路的交点视为生态间断点[17]。

2.4 基于网络结构指数定量分析

选取网络闭合度 α、线点率 β、网络连接度 γ 定量分析生态网络的连接性、闭合和复杂程度[7,11]：

$$\alpha = \frac{l-v+1}{2v-5} \quad (6)$$

$$\beta = \frac{l}{v} \quad (7)$$

$$\gamma = \frac{l}{3(v-2)} \quad (8)$$

式中，l 为生态廊道数；v 为生态源地或踏脚石的数量。

3 结果与分析

3.1 长寿区源地识别

3.1.1 长寿区生态源地识别

（1）基于MSPA的景观格局分析

本文提取林地、草地、水域作为前景数据，通过MSPA分析得到长寿区景观格局[16]（图3、表4）：核心区面积18231.84hm²，占前景景观的60.68%，主要为西部林区及东部、南部水域，在空间上分布不均；桥接区是构成潜在生态廊道的重要成分，占比2.97%，面积较小、分布破碎，说明核心区之间连通性较弱；边缘区面积大大超过孔隙，占前景景观的20.95%，表明长寿区在受到不同斑块的影响后能够得到有效缓冲，可以良好地保护生物多样性，但缺少孔隙又影响生物的生存，容易受到外部因素干扰；孤岛零散分布在长寿区各处，有利于提高斑块连通性，可以起到踏脚石的作用。

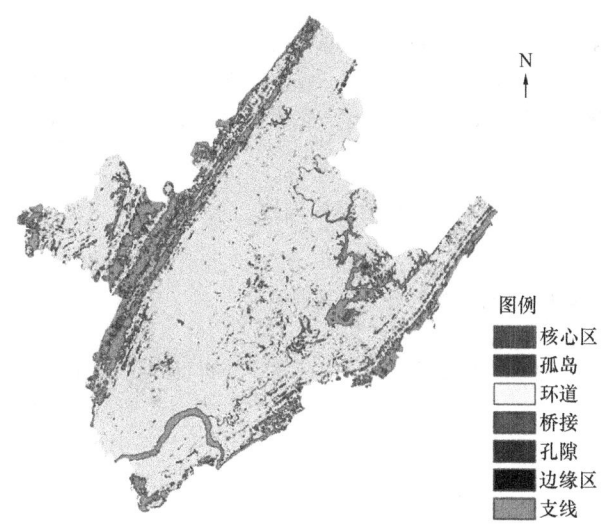

图3 长寿区基于MSPA的景观类型图

应扩建林地、草地等核心区斑块以此新增生态源地，碎片式核心区可构建为踏脚石斑块；同时规划应增强东部南北方向以及整个区域东西方向的连通性，促进生态源地之间的联系，降低景观破碎化。

长寿区不同景观类型面积　表4

景观类型	面积（hm²）	占前景景观比例（%）	占总体景观比例（%）
核心区	18231.84	60.68	12.81
孤岛	1722.33	5.72	1.21
孔隙	504.72	1.67	0.36
边缘区	6296.49	20.95	4.43
环道	413.37	1.37	0.29
桥接	869.22	2.97	0.61
支线	1998.36	6.64	1.41

（2）生态源地及景观连通性评价

基于Conefor 2.6量化连通性指标，将核心区斑块距离阈值取值1.6km，概率设置为0.5，在面积前20的核心区斑块中取dPC值大于4的11块斑块识别为生态源地[17]（图4、表5）：长寿区西部林区及东、南部水域可作为生物赖以生存的生境和栖息地，西部斑块呈带状分布，起到生态廊道的功能；生态源地分布不均，北部和东南部稀缺、中部甚至无生态源地，缺乏生态源地服务的区域有海棠镇、新市街道等；物种迁移扩散存在很大阻碍，

长寿区景观连通性评价　表5

序号	面积（hm²）	dPC值
1	338.85	4.389756
2	239.94	9.346427
3	576.54	25.05089
4	316.98	5.861985
5	1076.13	29.08064
6	239.85	4.730055
7	371.52	10.29116
8	205.38	5.253572
9	1976.04	8.529462
10	3067.38	71.77638
11	1204.29	6.462527

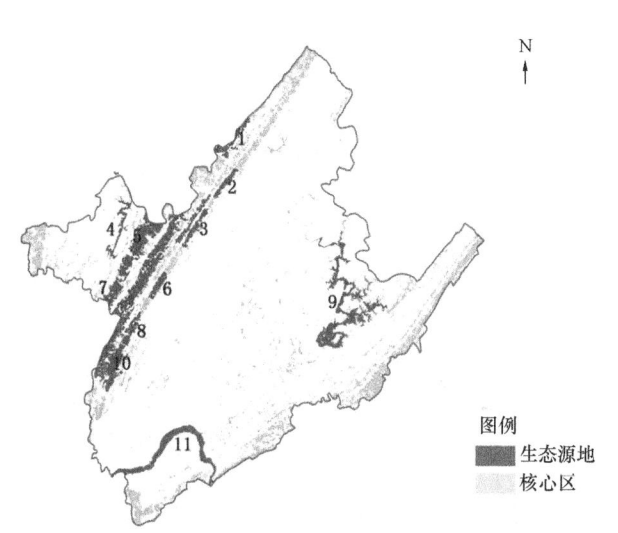

图4 长寿区生态源地分布图

3.1.2 长寿区建设源地识别

识别出8块建设源地，总面积为42.11km²，占长寿区总面积的2.96%，各建设扩张源地主要集中在城市建成区。

3.2 长寿区生态安全格局构建

3.2.1 长寿区生态安全分区的确定

（1）阻力面构建

建立阻力因子图层，加权叠加分析得到生态阻力面（图5）。长寿区集中连片的建设用地阻碍了生态源地的扩张，高值区域集中于用地建成区，其余大部分区域阻力值处于中等水平。邻封镇建设用地破碎、缺乏大型林地斑块；晏家街道等区域发展工业，对生态造成严重破坏；海棠镇和云集镇林地资源丰富，但核心区斑块连通度较低，生态扩张受阻较大。

建设扩张阻力值较高的区域主要在西部、东部林区，西部生态源地集中，东部距建成区、道路较远，受人类开发影响较小；南部主城及零散分布的建成区建设扩张阻力值较低（图6）。

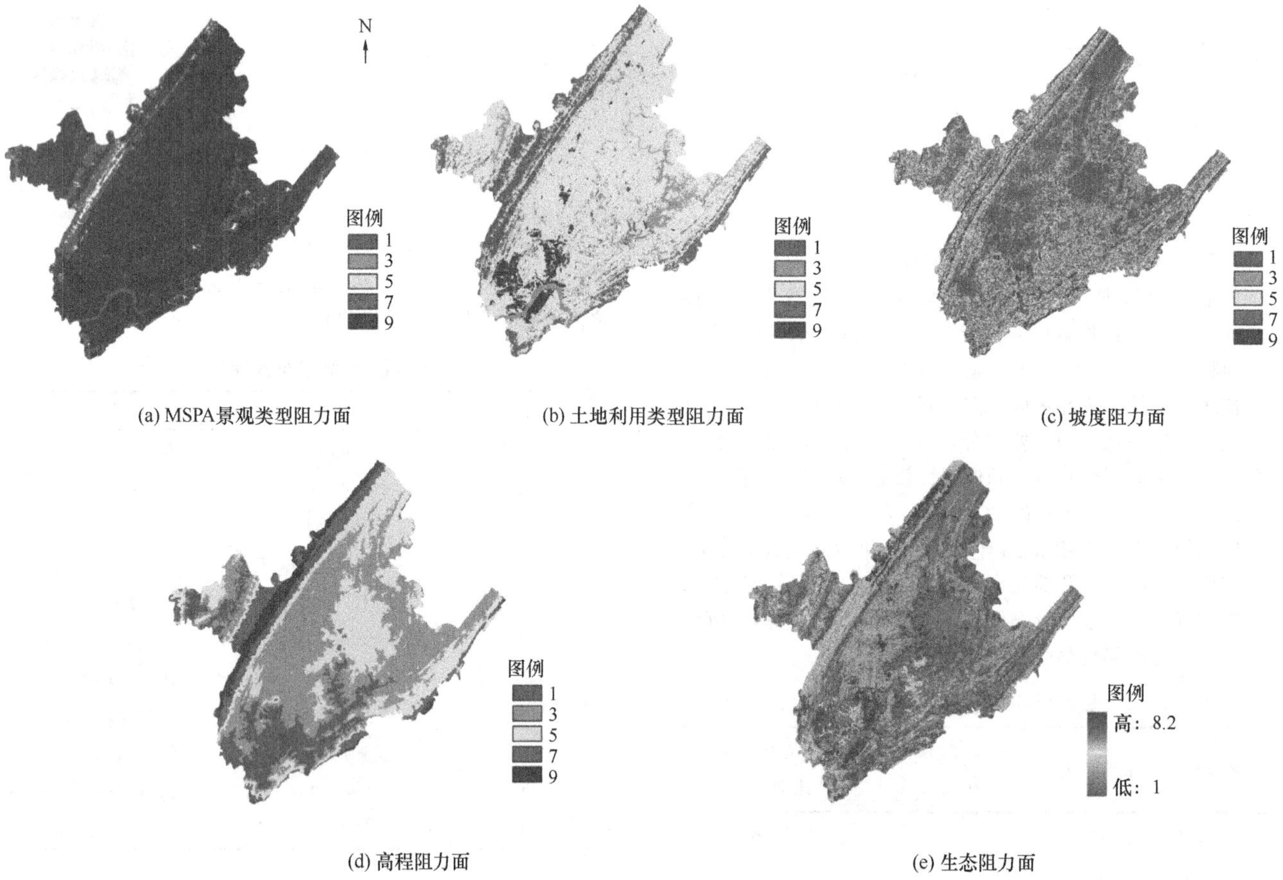

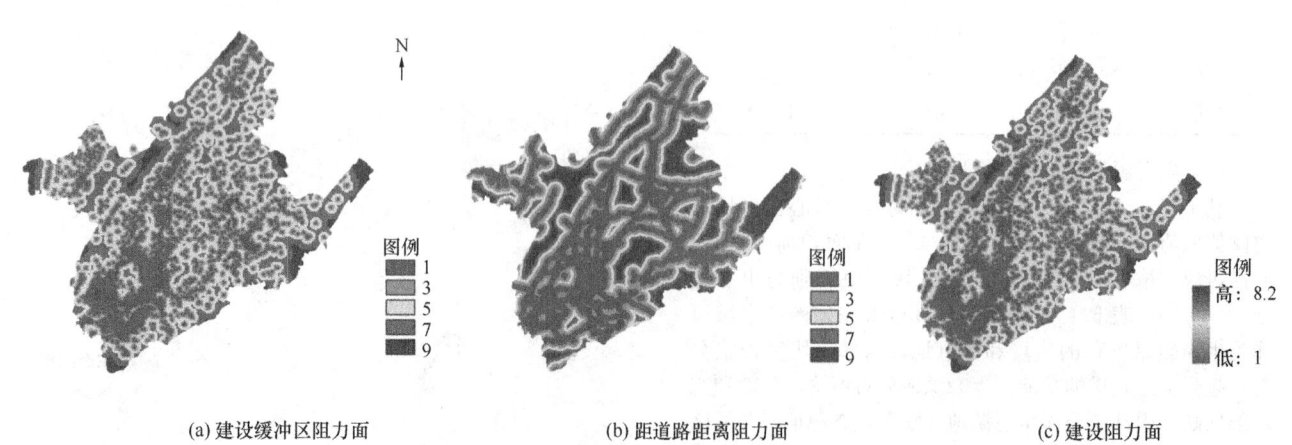

N
图例
1
3
5
7
9
(a) MSPA景观类型阻力面
(b) 土地利用类型阻力面
(c) 坡度阻力面
(d) 高程阻力面
高：8.2
低：1
(e) 生态阻力面

图5 长寿区生态保护阻力面

N
图例
1
3
5
7
9
高：8.2
低：1
(a) 建设缓冲区阻力面
(b) 距道路距离阻力面
(c) 建设阻力面

图6 长寿区建设扩张阻力面

（2）生态安全分区划定

长寿区生态保护与建设扩张阻力差值呈东西低中南高的态势，通过自然断点法划分为生态屏障区、生态扩展区、生态管控区和生态防护区（图7）：生态屏障和扩展区基本表现为林地和水域，主要分布在洪湖镇、云集镇、葛兰镇和邻封镇，适宜生态源地扩张；生态扩展区有较丰富的核心区斑块，生态阻力较小，是生态屏障区的过渡区域，能够有效促进物种迁徙交流。

生态管控区和防护区主要分布在建成区，除南部主城外其余建设用地分布较为零散；生态管控区受人类影响较大，建设用地扩张阻力较小，是生态防护区的过渡区域。

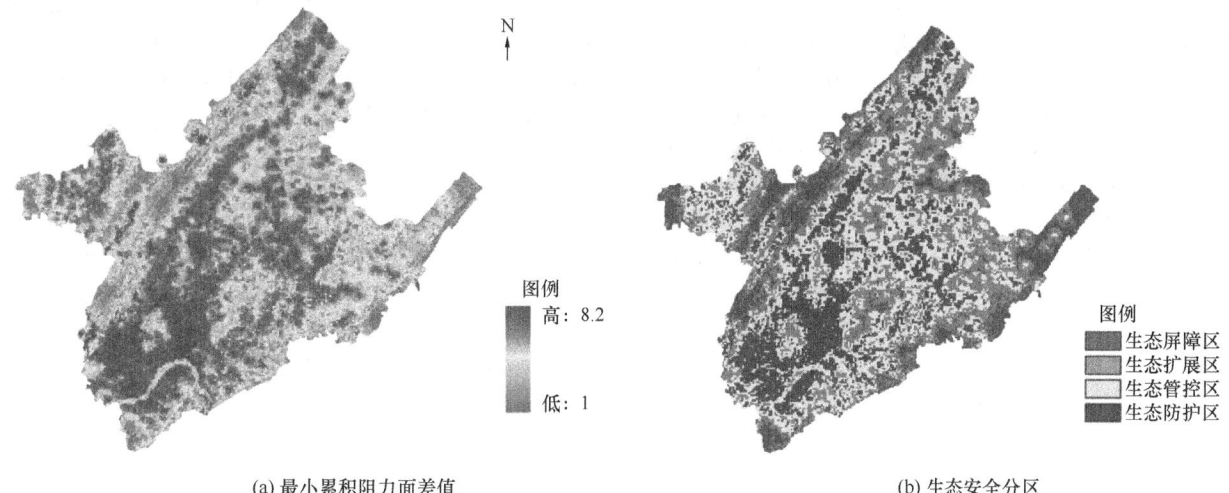

(a) 最小累积阻力面差值　　　　　　　　　　(b) 生态安全分区

图7　长寿区最小累积阻力面差值及生态安全分区

3.2.2　长寿区生态廊道构建

基于MCR模型识别有效生态廊道共23条，长度为341.88km，长寿区生态廊道东部连通性较弱，西部显著性增强，分布并不均衡，大部分生态源地之间没有直通廊道，而是通过其他生态源地间接相连；廊道结构简单、连通程度较弱，无法满足物种的迁移和扩散。

通过重力模型评价斑块间相互作用强度，将G_{ij}大于0.5的区域定为重要生态廊道（表6）。分析生态廊道宽度，资料显示[18]：60~100m能够满足植物及小型动物的迁徙，100~200m可以形成内部生境，满足鸟类及中大型动物的迁徙。因此，将潜在生态廊道宽度定为100m，重要廊道宽度定为200m，以此衡量建设廊道的成本与效益。后续应新增并合理规划生态廊道，提供更高的生态补偿资金，以支持为维持生态系统稳定所作的贡献，全方位地对长寿区实施整体保护、系统修复、综合治理。

采用重力模型的斑块间相互作用矩阵　　　　　表6

斑块号	2	3	4	5	6	7	8	9	10	11
1	0	0.440108	0.094454	0.227824	0.190002	0.110276	0	0.027195	0.059048	0.017161
2		1.225286	0.166164	0.467846	0.392347	0.182245	0	0.030245	0.086345	0.021495
3			0.596654	0	3.182649	0.597322	0	0.039201	0.210348	0.037684
4				2.82424	0.434431	1.400096	0.22061	0.014533	0.118573	0.02105
5					1.656408	1.669076	0.316594	0.027859	0.172808	0.032239
6						0.786064	0	0.02605	0.284085	0.036749
7							0.948618	0.019551	0.352034	0.041528
8								0.021144	1.413228	0.057391
9									0.018296	0.019717
10										0.092057

3.2.3　长寿区生态节点提取

提取生态节点共19个，在生态网络中起到连接生态源地、为生物种群迁徙提供休息场所的作用。生态节点主要集中分布在西部林区，中部也有零散分布，北部及南部没有生态节点；长寿区交通道路对生态网络的破坏较大，阻碍了物种交流，提取到66个生态间断点，应在其之上建设架高交通、之下建造过境隧道，未来建造高等级道路时也应当考虑生物迁徙，通过设置过境生物多样性公园等措施来实现生态流的正常传输。

3.3 长寿区生态安全格局优化

3.3.1 生态安全格局优化路径

长寿区分布着工业化早期形成的工业集聚区，生态安全受到威胁，亟须优化生态网络：在产业区与生态廊道的冲突处设立生态-产业战略节点，并补充生态-产业廊道，分布在产业密集的新市、渡舟、菩提和凤城街道。

长寿区中部生态源地服务匮乏，生境斑块间廊道的绝对距离过长，规划找寻中部较为聚集的碎片状核心区新增踏脚石斑块，北部和东南部扩建核心区斑块作为二级生态源地；长寿区的禁建区主要布设在黄草山等范围以内，以及长寿湖等重点水域用地周围，铜锣山和明月山是长寿区山水生态网络的骨架，应完善林地的结构和功能，保持滨水地带的自然形态，保护水生生态系统。经过优化，最终得到长寿区生态安全格局图（图8）。

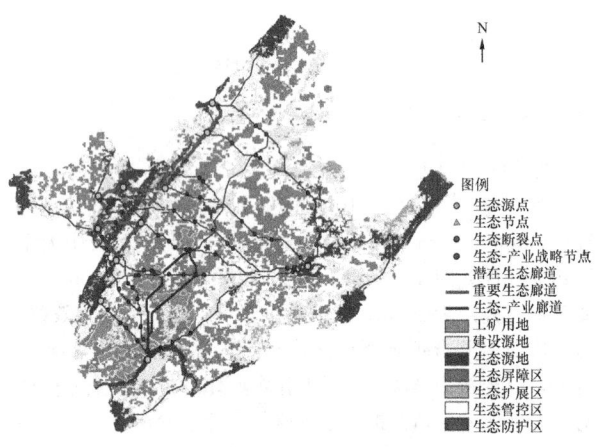

图8 长寿区生态安全格局图

3.3.2 生态安全格局优化前后评价分析

α指数从0.35增加到0.53，β指数由1.42提升到1.77，γ指数从0.58上升到0.71，生态网络较之前有了大幅提升，生态网络信息流动和能量交换更加高效，连通性显著增强，网络结构由"树状"转为"网状"，有效保证了生态要素的流通，优化了生态安全格局。

4 创新与局限

4.1 创新与优点

本研究充分考虑生态保护和建设扩张的关系，通过"生态安全分区—生态源地—生态廊道—生态节点"的划分得到由点、线、面、网组成的多目标及多层次的空间配置方案，构建区域生态安全格局。研究自然活动和人类干扰对生态环境的影响，指导生态保护工程的建设，对生物多样性保护、城乡可持续发展具有深远的意义：

（1）形态学空间格局分析（MSPA）区别于仅从斑块面积选取生态源地的传统粗提取方式，基于空间拓扑关系等空间形态属性，识别重要生境斑块等对景观连通性起重要作用的区域，从空间形态与结构连接两方面对源地进行分类。据此确定的源地充分考虑到了景观连通性，规避了综合分析等方法所引发的主观性，提高了生态源地选择的客观性。

（2）最小累积阻力模型（MCR）综合考虑生态过程的内在联系，以及源、距离和景观界面特征，模拟生物种群迁徙的潜在可能和格局变化之间的关系，通过最小累积阻力的大小判断目标与源单元的连通性，提高生态网络构建的科学性。

4.2 局限与不足

（1）形态学空间格局分析（MSPA）侧重空间形态属性的表达，缺乏对斑块生境质量等功能的考虑，因此在识别生态源地时有所局限。本研究尚未考虑生态红线等高生态价值区域，在生态源地选取时仅单方面考虑了景观连通性。

（2）最小累积阻力模型（MCR）在阻力因子选择及权重设置上，基于前人研究基础进行了调整，但仍不充分，例如距道路距离的权重可以就道路等级进行再划分。

（3）本研究选取市辖区这一研究范围，未来研究可试图对比不同研究范围对同一区域的作用，了解行政边界对生态安全格局构建的影响。

（4）生态学理论转为实践应用目前仍处于探索阶段，本研究识别的生态源地并未实地勘查，也未考虑人口、产业结构与布局等因素，结果应用到实践还存在一定差距。

5 结论

本文以长寿区为例，从平衡生态保护与建设扩张的角度出发，依据"源地—廊道—节点"范式构建生态安全格局，结论如下：

（1）长寿区生态安全空间分布呈东西低中南高的态势，包括生态源地11块，建设源地8块。本研究将长寿区划分为生态屏障区、扩展区、管控区和防护区：生态屏障区应作为禁建区，考虑生态功能的重要性，对建设活动实行严格管控；生态扩展区应作为限建区，适当发展生态旅游，协调好与农业的关系；生态管控区应作为城市的弹性发展空间，是城市的潜力开发区；生态防护区为已经开发完善的建成区，强化区域的生产、生活功能，提高人居环境质量。

（2）生态廊道数量较少，结构简单，规划需加强东部南北方向及区域东西方向的连通性，充分发挥生态廊道作为线形生境的功能。构建潜在生态廊道、重要生态廊道和生态-产业廊道，全方位实施系统综合治理与保护。

（3）识别并设置生态节点、生态断裂点和生态-产业战略节点，促进物种交流，为生物种群迁徙提供休息场所，实现生态流的正常传输。

参考文献

[1] 彭建, 赵会娟, 刘焱序, 等. 区域生态安全格局构建研究

[2] 秦子博,玄锦,黄柳菁,等.基于MSPA和MCR模型的海岛型城市生态网络构建——以福建省平潭岛为例[J].水土保持研究,2023,30(2):303-311.

[3] 王雪然,万荣荣,潘佩佩.太湖流域生态安全格局构建与调控——基于空间形态学-最小累积阻力模型[J].生态学报,2022,42(5):1968-1980.

[4] Wang Shuang, Wu Maoquan, Hu Mengmeng, et al. Promoting landscape connectivity of highly urbanized area: An ecological network approach [J]. Ecological Indicators, 2021, 125: 107487.

[5] Li Hailong, Li Dihua, Li Ting, et al. Application of least-cost path model to identify a giant panda dispersal corridor network after the Wenchuan earthquake—Case study of Wolong Nature Reserve in China[J]. Ecological Modelling, 2010, 221(6): 944-952.

[6] 俞孔坚.生物保护的景观生态安全格局[J].生态学报,1999(1):10-17.

[7] 钟莉娜,李正欢,王军.武夷山市旅游发展与景观格局演变的联动关系[J].经济地理,2022,42(3):222-230.

[8] 武子豪,张金懿,帕茹克·吾斯曼江,等.县域生态网络构建与优化研究——以河北省曲周县为例[J].中国农业大学学报,2022,27(7):221-234.

[9] 陈小平,陈文波.鄱阳湖生态经济区生态网络构建与评价[J].应用生态学报,2016,27(5):1611-1618.

[10] 陈瑾,赵超超,赵青,等.基于MSPA分析的福建省生态网络构建[J].生态学报,2023,43(2):603-614.

[11] 沈振,高阳,刘悦忻,等.基于生态安全格局的国土综合整治关键区识别与策略研究——以辽宁省庄河市为例[J].中国土地科学,2022,36(11):24-35.

[12] 陈炯臻,季翔,葛希辰,等.基于MSPA和空间句法的县域绿色基础设施网络时空格局演变分析:以徐州市睢宁县为例[J].现代城市研究,2022(10):101-107.

[13] Alfonso Tortora, Statuto Dina, Picuno Pietro. Rural landscape planning through spatial modelling and image processing of historical maps[J]. Land Use Policy, 2015, 42: 71-82.

[14] 李志英,李媛媛,李文星,等.基于形态学空间格局分析与最小累积阻力模型的昆明市生态安全格局构建研究[J].生态与农村环境学报,2023,39(1):69-79.

[15] 李红波,黄悦,高艳丽.武汉城市圈生态网络时空演变及管控分析[J].生态学报,2021,41(22):9008-9019.

[16] 张启舜,李飞雪,王帝文,等.基于生态网络的江苏省生态空间连通性变化研究[J].生态学报,2021,41(8):3007-3020.

[17] 谢于松,王倩娜,罗言云.土地利用类型视角下重庆市主城区生态控制区区划及生态廊道构建研究[J].中国园林,2021,37(11):115-120.

[18] 朱强,俞孔坚,李迪华.景观规划中的生态廊道宽度[J].生态学报,2005(9):2406-2412.

作者简介

范俊贤,1999年生,女,汉族,贵州六盘水人,重庆大学硕士在读,研究方向为山地城市生态规划。电子邮箱:450909445@qq.com。

应文,1972年生,女,汉族,浙江丽水人,博士,重庆大学副教授、硕士生导师,研究方向为山地城市规划、景观生态设计。

风景园林精细化管理

基于湖泊形态效应的滨湖绿地蓝绿空间生态与游憩定量影响研究
——以武汉市中心城区为例[①]

Quantitative Study on the Ecological and Recreational Effects of Blue and Green Space of Lakeside Green Space Based on Lake Form Effect
—A Case Study of Central City of Wuhan

冯科智　裘鸿菲*

摘　要：作为城市中十分重要且具有生命力的组成部分，蓝绿空间对于城市可持续发展、构建良好人居环境提高幸福感具有十分重要的作用。文章以武汉市中心城区典型蓝绿空间的 40 个滨湖绿地为研究对象，利用近圆率、水体紧凑度、分形维数等水形态指标量化湖泊水体空间形态，综合湖泊水质、营养状况等湖泊环境质量要素以及问卷收集的滨湖绿地评价结果，建立指标间、要素间 SEM 关联模型，探讨湖泊形态空间效应与滨湖绿地生态与游憩质量之间的关系，提出蓝绿空间建设、环境优化、游憩服务能力提升等方面优化建议，以期为滨湖绿地及蓝绿空间建设提供参考。

关键词：湖泊形态；滨湖绿地；生态游憩；定量影响；武汉市

Abstract: As a very important and vital part of the city, blue and green space plays a very important role in the sustainable development of the city, the construction of a good living environment and the improvement of happiness. In this paper, 40 lake-front green Spaces in typical blue-green Spaces in central urban area of Wuhan city are taken as research objects, and water form indicators such as proximity ratio, water compactness and fractal dimension are used to quantify the spatial form of lake water bodies. By combining lake environmental quality factors such as lake water quality and nutrition status and the evaluation results of lake front green Spaces collected by questionnaires, SEM correlation models among indicators and factors are established. This paper discusses the relationship between the spatial effect of lake morphology and the ecology and recreation quality of the lakeside green space, and puts forward optimization suggestions on the construction of blue-green space, environmental optimization, and enhancement of recreation service capacity, in order to provide references for the construction of the lakeside green space and blue-green space.

Keywords: Lake Morphology; Lakeside Green Space; Ecological Recreation; Quantitative Impact; Wuhan City

引言

滨湖绿地作为典型蓝绿空间一般是指湖水周边的绿色空间，是保护湖泊水质、促进城市可持续发展、提供居民自然活动空间的重要元素。随着城市化进程的不断加快，灰色空间迅速增长，滨湖绿地不断挤压而趋于破碎化的状态。

2023 年 2 月，生态环境部指出要推动江河湖库生态保护治理，打好碧水保卫战。2021 年 5 月，武汉市自然资源和规划局发布《武汉市国土空间"十四五"规划和2035 远景规划》，提出重点实施全要素自然资源保护、长江大保护、蓝绿网络、生态修复与国土综合整治等 4 大行动计划。滨湖绿地保护、修复、建设与科学利用刻不容缓。

已有研究对城市滨水绿地的探讨主要涉及蓝绿空间参数化设计、居民健康、绿地公平性、大数据分析和滨水生态环境等多个方面，其中滨水空间参数化设计、自然水景水网定量化分析以及对城市水体空间形态效应的研究作为研究前沿已经逐步展开。国外学者的研究主要集中在水形态与城市发展、生态系统服务等方面：在城市尺度下通过构建水网形态—尺度—密度—功能（SDMF）框架，发现水网形态、密度耦合协调度的提升对城市韧性有显著积极影响；研究水形态对于提升水生动植物生活环境的影响，进一步提高滨水空间生态系统服务等。而国内学者研究主要集中在水形态对滨湖景观的影响：叶岱夫提出提高水体空间渗透效应与空间分隔效应会增加景观的视觉效果，袁旸洋通过量化水形态进行水体参数化设计，研究均以提升水环境品质及游憩质量为目的。

本文以武汉市中心城区 40 处滨湖绿地为研究对象，聚焦湖泊形态空间效应，以水质及营养状态等指标反映

[①]　基金项目：国家自然科学基金面上项目"基于蓝绿协同的城市湖泊公园景观绩效与优化调控研究——以武汉市为例"（编号：31770753）资助。

水环境状态，以问卷评价方式获取滨水绿地游憩质量等级，从生态和游憩两方面进行湖泊水形态对蓝绿空间的定量影响研究，以期为滨湖绿地及蓝绿空间建设提供优化建议。

1 数据与方法

1.1 研究区域

武汉市地处江汉平原东部，市内湖泊密布、江河纵横，拥有丰富的淡水资源，水域面积约占全市面积的1/4，是研究城市滨水绿地的典型区域。根据《武汉湖泊志》记载全市共有湖泊166处，其中中心城区湖泊40处，分布在江岸区、江汉区、硚口区、汉阳区、武昌区、青山区和洪山区等7个行政区（图1）。

自从1962年紫阳湖开始修建绿地，武汉市滨湖绿地快速发展，目前武汉市中心城区拥有滨湖绿地40处。根据《武汉市中心城区湖泊"三线一路"保护规划》、《武汉市湖泊保护总体规划》和《武汉市"大湖+"主题功能区空间体系规划》，将武汉市中心城区40处湖泊分为城市公园型、郊野游憩型及生态保护型3类，具体分类情况见表1。

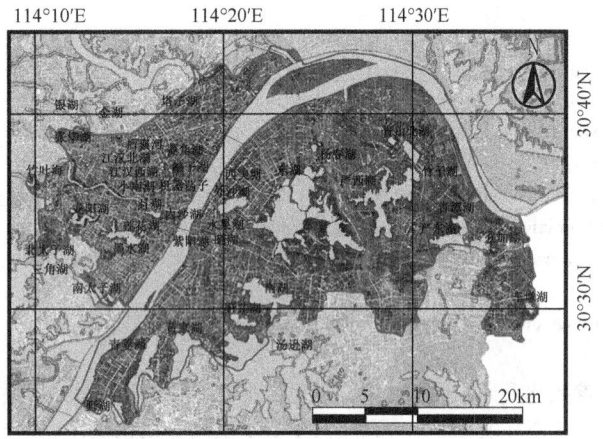

图1 武汉市中心城区40个湖泊空间分布图

武汉市中心城区40个湖泊分布与功能定位　　表1

行政区划	城市公园型	郊野游憩型	生态保护型
江岸区	鲩子湖、塔子湖		
江汉区	机器荡子、江汉北湖、江汉西湖、菱角湖、后襄河、小南湖		
硚口区	张毕湖、竹叶海		
汉阳区	月湖、莲花湖	龙阳湖、墨水湖	

续表

行政区划	城市公园型	郊野游憩型	生态保护型
武昌区	外沙湖、内沙湖、晒湖、四美塘、紫阳湖、水果湖		
青山区		青山北湖	
洪山区		杨春湖、野芷湖	
东西湖区		金湖、银湖	
东湖新技术开发区		五加湖	严东湖、车墩湖
武汉经济技术开发区		三角湖、北太子湖、南太子湖	
化工区			竹子湖、青潭湖
跨不同区域	黄家湖	东湖、汤逊湖、南湖	严西湖、青菱湖、野湖

1.2 研究方法

（1）根据目标对象特点筛选水形态定量评价指标，选择对应卫星影像，利用ArcGIS提取水体边界，导入AutoCAD对水边界矢量化。

（2）发放滨湖绿地使用状况与价值评估问卷，将生态游憩评价结果与水形态定量化数据赋值结果、水质、营养状况数据和问卷评价数据输入Excel和SPSS19.0软件进行数据整理与相关性和回归分析（图2）。

（3）结合Amos23.0软件构建结构方程模型，研究湖泊水形态指标对水质、营养状况及滨湖绿地生态游憩服务评价等的影响，并提出基于湖泊形态空间效应的自然水景优化建议。减少单一变量对结果的不确定影响，科学研究水形态与湖泊环境之间的内在关系。

1.3 数据获取及预处理

1.3.1 湖泊水质与营养状态数据

通过武汉市生态环境局官网获取2022年1月至2023年6月每单月武汉中心城区40个湖泊水质和营养状态数据，对水质及营养状态赋值，将水质分为劣Ⅴ类、Ⅴ、Ⅳ、Ⅲ、Ⅱ、Ⅰ六个等级，分别赋值1、2、3、4、5、6分；营养状态分为重度富营养、中度富营养、轻度富营养、中营养、贫营养五个等级，分别赋值1、2、3、4、5分。

1.3.2 水形态指标筛选与计算

湖泊水形态是指岸线围合而成的几何图形，在相关研究中常利用水形态指标量化水体几何形状以及构建三维模型对水形态、水环境进行相关研究。本文通过提取武汉市中心城区卫星影像处理得到40处湖泊水体形态图

(图3），结合文献阅读法及现场勘察，筛选分形维数、岸线发育系数、形状率、近圆率、紧凑度、水体空间包容面积、环湖开敞空间面积比、绿化面积比和生态坡岸比等9项指标，指标计算方法及表征含义见表2，指标统计结果见表3。

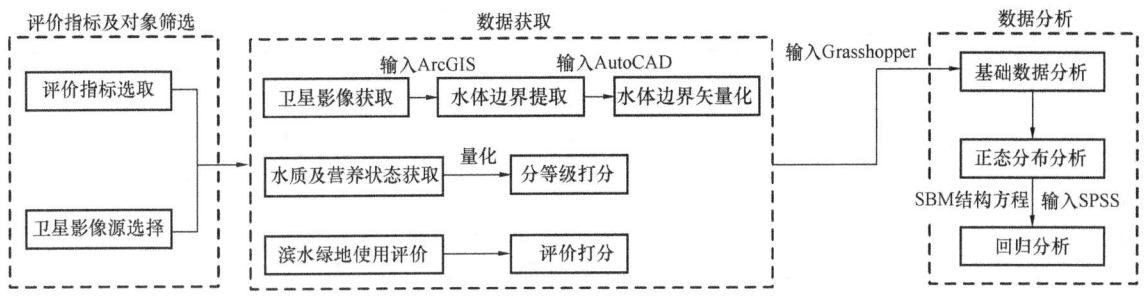

图2 研究技术路线

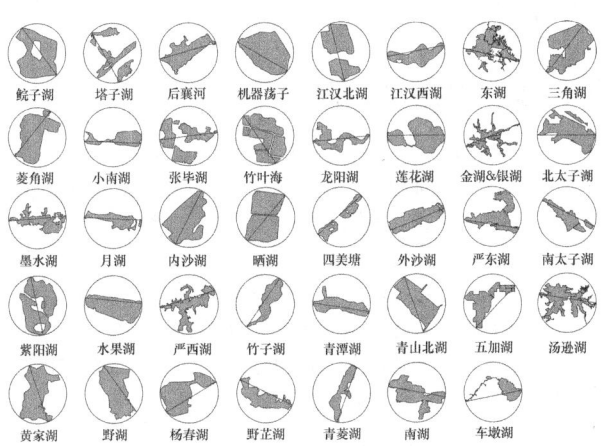

图3 武汉市中心城区40个湖泊水形态图

评价指标　　　　　　　　表2

指标分类	指标名称	计算方法	表征含义
分形几何形态指标	分形维数	$FD = \dfrac{2\ln P/4}{\ln A}$	表明湖泊水体形态复杂程度，其值越接近1，水体形态相似性越强，形状越整齐；其值越接近2，水体形态相似性越弱，形状就越复杂
欧式几何形态指标	岸线发育系数	$SDI = \dfrac{P}{2\sqrt{\pi A}}$	值越大表明岸线越不规则，湖泊岸线越曲折
欧式几何形态指标	形状率	$F_R = \dfrac{A}{L^2}$	表明湖面开阔程度和湖泊水平环流的发育。形状率等指标值较小的湖泊表现为水面宽窄变化大、岸线曲率大、局部形状相对封闭等特点
欧式几何形态指标	近圆率	$C_R = \dfrac{4\pi A}{P^2}$	反应空间离散程度，近圆率越小，水面岸线曲率越大，形状周长就越大

续表

指标分类	指标名称	计算方法	表征含义
欧式几何形态指标	紧凑度	$C = \dfrac{A}{A_0}$	表示湖泊形状的指数，反映湖面开阔程度，数值越大表示湖面越开阔；反之，表示湖泊越狭长
欧式几何形态指标	水体空间包容面积	$\Delta A = \pi(R_0^2 - R^2)$	在水面积指标一定的条件下，水面空间结构变化而引起陆面扩大的效应。水面积相等而形状各异的湖泊所控制的陆地范围不同
环境定量评价指标	环湖开敞空间面积比	$r_1 = \dfrac{A_1}{A_3}$	环湖开敞空间面积与湖泊水面面积的比值，是反映湖泊生态保护总体量度的重要指标
环境定量评价指标	绿化面积比	$r_1 = \dfrac{A_2}{A_3}$	湖泊环湖游憩绿地面积与湖泊水面面积的比值，是反映滨湖区绿化程度的重要指标
环境定量评价指标	生态坡岸比	$r_3 = \dfrac{P_n}{P}$	生态坡岸占所有坡岸的比例，可以反映湖岸线的自然状态

注：A 为湖泊面积，P 为湖泊周长，L 为湖泊最长轴，A_0 为湖泊外接圆面积，R 为面积相等标准圆半径，R_0 为最大外接圆半径，A_1 为环湖开敞空间面积，A_2 为湖泊环湖游憩绿地面积，A_3 为湖泊及环湖游憩绿地总面积，P_n 为生态坡岸长度。

水形态指标统计　　　　　　　　表3

水体形态指标	个案数	最小值	最大值	平均值	标准差
面积	39	0.032	56.474	5.196	11.799
岸线长度	39	1.210	122.810	15.556	27.596
湖泊最长轴	39	0.371	12.840	2.610	2.911

续表

水体形态指标	个案数	最小值	最大值	平均值	标准差
分形维数	39	-12.770	2.741	-0.403	2.679
岸线发育系数	39	1.878	13.033	4.208	2.272
形状率	39	0.101	0.634	0.366	0.132
近圆率	39	0.024	1.134	0.367	0.240
紧凑度	39	0.115	0.784	0.445	0.158
水体空间包容面积	39	0.041	77.568	7.107	15.914
生态坡岸比	39	0.000	0.986	0.530	0.351
环湖开敞空间面积比	39	0.286	2.862	1.134	0.619
绿化面积比	39	0.248	2.456	0.962	0.586

注：因金湖和银湖为连通湖，生态数据联合公布，在本研究中将其作为一个整体进行研究。

1.3.3 滨湖绿地游憩服务评价数据

采用POE结合CVM评价法从生态和游憩两个方面对城市中心城区40个滨湖绿地环境进行评价打分，主要包括停留时间、湖泊水形态满意度、湖泊水质量满意度、滨湖空间视觉评价、滨湖使用空间满意度、支付意愿和环境提升价值评价等7项指标。其中POE评价是利用观察法结合问卷调查的方式进行统计；CVM评价是利用问卷收集滨湖绿地非使用价值评价结果，对滨湖绿地环境测算评估。

本研究问卷调查分为3个阶段，其中2023年5月为预调研阶段，发放50份问卷咨询专家意见，整理意见后对问卷修改；第二阶段在2023年6月对中心城区9个滨湖绿地进行小范围调研，发放50份问卷，根据调研结果对问卷进行二次修改；第三阶段于2023年6月完成全部问卷调查，总共发放问卷500份，其中回收有效问卷394份。

根据问卷调查结果，在39个湖泊中竹叶海、竹子湖和严西湖停留时间较长，停留时间普遍可达1~3h；金银湖、墨水湖和东湖湖泊水形态、水质量和使用空间满意度得分均较高，基本可达"比较满意"和"满意"两个评价等级；综合评价结果中竹叶海最优，青山北湖最差；此外停留时间、滨湖使用空间满意度和湖泊水质指标标准差较小，数据离散程度较大，前两者因为滨湖绿地功能单一不能满足全部居民使用需求，评价有所差异，而后者主要受湖泊水质变化影响评价结果出现较大差异，具体统计结果见表4。

POE和CVM评价问卷主要指标及结果 表4

指标	个案数	最小值	最大值	平均值	标准差
停留时间	39	2.176	5.112	3.582	0.695
湖泊水形态满意度	39	2.000	5.000	3.670	1.034
湖泊水质量满意度	39	2.000	4.440	3.239	0.593
滨湖空间视觉评价	39	1.880	5.080	3.617	0.997
滨湖使用空间满意度	39	2.288	4.376	3.486	0.499
支付意愿	39	1.100	5.200	4.054	1.105
环境提升价值评价	39	2.000	5.000	3.658	0.836
综合评价结果	39	2.720	6.390	4.478	0.868

2 研究结果

2.1 水质与营养状态分析

在监测期间武汉市中心城区40个湖泊中有10个湖泊水质长期维持在Ⅲ类及以上水平，营养状况在中营养及以上，如皖子湖、紫阳湖；19个湖泊为Ⅳ类水质、轻度富营养状态，如野芷湖、杨春湖；此外11个湖泊为Ⅴ类或劣Ⅴ类水质、中度或重度富营养状态，如龙阳湖在2022年9月出现重度富营养情况，车墩湖在2023年3月水质呈现劣Ⅴ类水质现象，这也是继2021年末武汉市全市劣Ⅴ类湖泊数量清零后首次复现。

2.2 湖泊定量指标数据分析

武汉市中心城区40个湖泊中，水体面积在1km²以下的有22个，湖泊岸线长度在6km以下的有19个，最长轴在2km以下的有21个，主要分布在江岸区、江汉区、硚口区等老城区中，整体来说武汉市湖泊面积呈现中间小、周边大的态势，这与城市发展、填湖造地有一定关联。

此外对比发现岸线发育系数与湖泊形状率、近圆率和紧凑度3项指标呈显著负相关（表5），岸线发育系数越大其他3项指标越小，岸线形态呈现更复杂、水体形态更狭长的趋势。武汉市中心城区大多数湖泊岸线发育系数较小，水体形态曲率较小，宽窄变化单一，岸线较为平直，相对而言区位更靠外的汤逊湖、金银湖、严西湖、东湖等湖泊的岸线变化则会更为丰富，生态坡岸比与绿化面积比基本均超过50%，而中心老城区湖泊坡岸硬质化率高、开敞率低，例如机器荡子、四美塘和汉阳莲花湖，均集中在中心老城区。

武汉市中心城区湖泊定量指标与水质、营养状况、蓝绿服务评价相关性分析 表5

	湖泊营养	分形维数	岸线发育系数	形状率	近圆率	紧凑度	水体空间包容面积	生态坡岸比	环湖开敞空间面积比	绿化面积比	蓝绿服务评价
湖泊水质	0.898**	0.046	-0.149	0.133	0.166	0.112	-0.330*	-0.160	-0.051	0.023	0.274
湖泊营养		0.088	-0.194	0.158	0.235	0.112	-0.341*	-0.224	-0.102	-0.015	0.199
分形维数			0.168	0.190	-0.046	0.166	0.156	-0.026	-0.361*	-0.353*	-0.182

续表

	湖泊营养	分形维数	岸线发育系数	形状率	近圆率	紧凑度	水体空间包容面积	生态坡岸比	环湖开敞空间面积比	绿化面积比	蓝绿服务评价
岸线发育系数				-0.339*	-0.761**	-0.354*	0.638**	0.112	0.018	0.221	0.184
形状率					0.580**	0.973**	-0.106	-0.049	-0.239	-0.263	-0.052
近圆率						0.612**	-0.432**	-0.290	-0.316	-0.401*	-0.360*
紧凑度							-0.101	-0.077	-0.238	-0.274	-0.075
水体空间包容面积								-0.022	-0.102	-0.099	-0.079
生态坡岸比									0.336*	0.284	0.595**
环湖开敞空间面积比										0.864**	0.825**
绿化面积比											0.781**

注：**表示在0.01级别（双尾），相关性显著，*表示在0.05级别（双尾），相关性显著。

2.3 水形态指标与蓝绿生态和游憩结构方程模型

根据相关性分析结果构建湖泊水形态与水质、营养状态和滨湖绿地生态游憩服务评价结果的结构方程模型。选取湖泊面积、岸线长度、水体空间包容面积和湖泊最长轴4项指标为基础参数，加之岸线发育系数、环湖开敞空间面积比、绿化面积比和生态坡岸比4项自变量，以及湖泊水质、营养状态和滨湖绿地生态游憩综合服务评价结果3项因变量。分析发现4项基础参数指标联系紧密，路径系数基本在0.85以上，具有强关联性，而3项因变量的9个路径系数中有7个是负数，表明在提升湖泊水质、营养与生态游憩服务的过程中可以一定程度缩小4项基础参数指标；此外环湖开敞空间面积比、绿化面积比及生态坡岸比对游憩服务的路径系数分别是0.83、0.78和0.60，表明生态游憩服务提升与周边绿色空间建设有强相关性，而水质营养状态的提升更多与岸线发育系数等水形态优化有更大相关性（图4）。

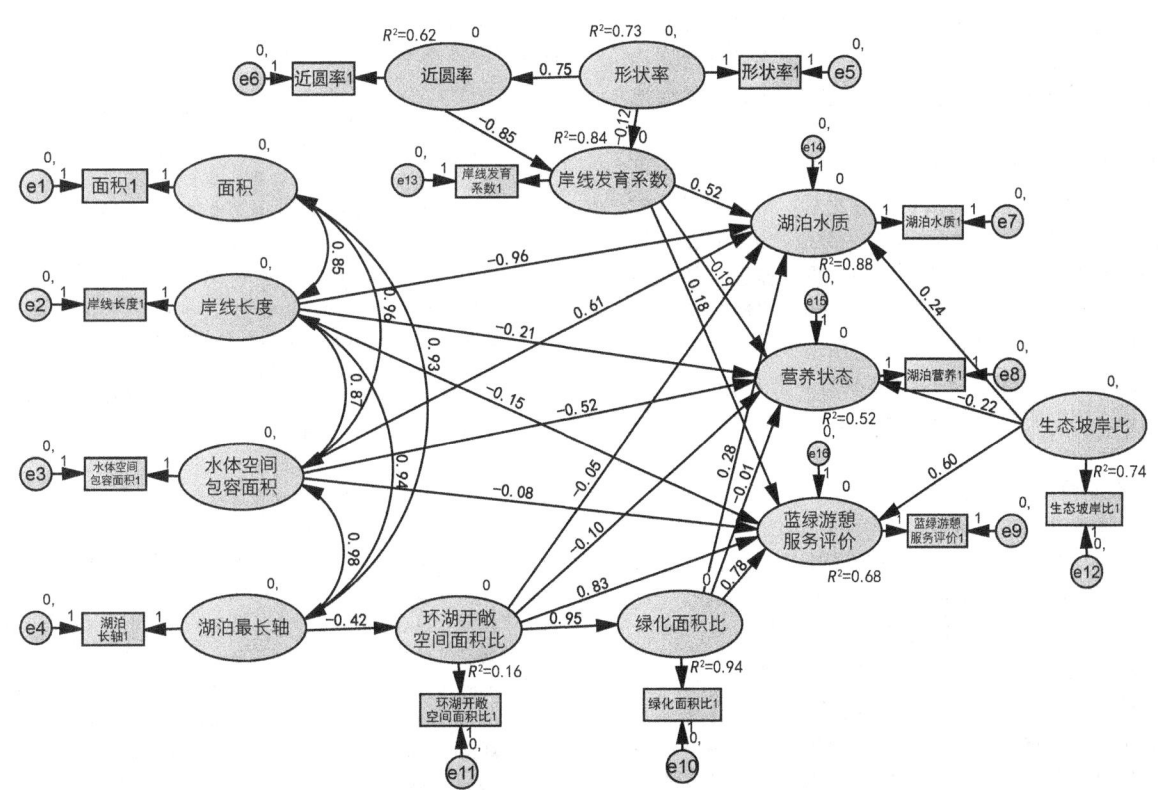

图4 湖泊各指标影响水质、营养及服务评估结构方程模型

2.4 滨湖蓝绿空间共性问题总结

根据对比分析与研究发现，武汉市中心城区40个湖泊整体水质与营养状况均偏差，70%左右的湖泊受周边开发用地影响存在一定的环境问题；同时湖泊岸线受到严重人为干扰，驳岸硬质化严重、缺乏变化，水体形态也较为单一；此外滨湖绿地大部分受不同程度破坏，设施老化，环湖开敞面积、生态坡岸与绿化面积都较少，后期保护与管理严重不足。

3 结论与讨论

3.1 结论

研究发现湖泊水质、营养状态与岸线发育系数、水体空间包容面积和生态坡岸比呈现负相关，与形状率、近圆率、紧凑度和绿化面积比、蓝绿服务评价呈现正相关，而与分形维数和环湖开敞面积比指标没有显著关联，而根据结构方程模型结果显示，未来对滨湖绿地生态游憩服务及环境的提升应多集中在湖泊周边绿色空间的建设上，而水质营养状态的提升则更应关注岸线发育系数、紧凑度、形状率等水形态指标的提升以及岸线的塑造优化等方面。

3.2 建议

3.2.1 已建成滨湖空间保护修复

武汉市中心城区滨湖绿地建设时间较为久远，加之人为破坏严重，修复时间与财力成本巨大，所以在滨湖绿地修复建设中应严格遵循水资源管理、水污染治理和生态修复以及水景观建设的"三位一体"生态综合治理理念，加强科学治理与修复、系统化提升城市滨湖绿地质量。

对于水质较为良好但植物生长较差的滨湖绿地，可以重点提高湖泊紧凑度与形状率等指标，适地适树种植本土树种，同时阻拦净化入湖的地表径流，减少湖泊岸线的侵蚀和底部淤泥悬浮，修复湖泊，提高蓝色空间透明度；而对于水质长期反复出现污染问题的滨湖绿地，可以结合实地调查采取水体彻底清淤、湖泊坡岸修复整治工作，提高湖泊生态坡岸比与物种多样性，增强水陆物质信息与能量交换，使湖泊提高自修复能力。

3.2.2 新建滨湖空间

对于城市未来建设新型蓝绿空间，不论面积大小、区位内外都应在建设时注意水岸线曲折变化，设计岸线曲率大小交替，同时岸线尽量生态化处理，使分形维数保持在[-0.3, 0]区间，岸线发育系数保持在[2, 6]区间，形状率保持在[0.3, 0.5]区间，提升水体空间包容面积保持在[0.1, 0.4]区间，可以利于提升湖泊水质和营养状况；同时逐步提高水体周边绿地率与开敞空间面积比，依靠湖泊自身修复与净化能力提高水质并改善营养状态与生态环境，进而也可以提升周边居民游憩体验

与生活环境质量；此外也应加强环境保护科普宣传，增强公众环保意识，引导居民"共建、共治、共享"，创造良好生活空间。

参考文献

[1] Xie Qing, Lee Chanam, Lu Zhipeng, Yuan Xiaomei. Interactions with artificial water features: A scoping review of health-related outcomes[J]. Landscape and Urban Planning, 2021, 215: 104191.

[2] 叶阳, 裘鸿菲, 张群. 武汉中心城区湖泊公园服务范围与优化调控研究[J]. 中国园林, 2021, 37(1): 74-79.

[3] 黎俊仪, 林盈芳, 董建文, 等. 语义分割技术下的城市滨水绿地美景度评价研究——以福州西湖公园、左海公园为例[J]. 中国园林, 2022, 38(10): 92-97.

[4] Tan X, Peng Y. Scenic beauty evaluation of plant landscape in Yunlong Lake wetland park of Xuzhou City, China[J]. Arabian Journal of Geosciences, 2020, 13(15): 1-9.

[5] Feng Xinghua, Tang Yan, Bi Manyu. Analysis of Urban Resilience in Water Network Cities Based on Scale-Density-Morphology-Function (SDMF) Framework: A Case Study of Nanchang City, China[J]. Land, 2022, 11(6): 898.

[6] Peng Xue, Zhang Lu, Li Yuan, et al. The changing characteristics of phytoplankton community and biomass in subtropical shallow lakes: Coupling effects of land use patterns and lake morphology[J]. Water Research, 2021, 200: 117235.

[7] 赵亚琛, 曾坚. 景观格局优化视角下水环境生态空间适应性发展研究——以大运河沿线台儿庄古镇为例[J]. 中国园林, 2021, 37(5): 62-67.

[8] Ożgo Małgorzata, Urbańska Maria, Marzec Magdalena, et al. Lake-stream transition zones support hotspots of freshwater ecosystem services: Evidence from a 35-year study on unionid mussels[J]. Science of the Total Environment, 2021, 774: 145114.

[9] 武汉市水务局. 武汉湖泊志[M]. 武汉: 湖北美术出版社, 2014.

[10] 袁旸洋, 朱辰昊, 成玉宁. 城市湖泊景观水体形态定量研究[J]. 风景园林, 2018, 25(8): 80-85.

[11] 汪洁琼, 陈奕, 毛永青, 等. 基于Delft3D污染物扩散模拟的城市湖泊景观水体三维形态循证设计[J]. 中国园林, 2021, 37(5): 44-49.

[12] Yu Q, Du M, Li H, et al. Research on the Integrated Planning of Blue-Green Space towards Urban-Rural Resilience: Conceptual Framework and Practicable Approach[J]. Journal of Resources and Ecology, 2022, 13(3): 347-359.

[13] 袁旸洋, 陈宇龙, 成玉宁. 基于逻辑构建与算法实现的拟自然水景参数化设计[J]. 风景园林, 2018, 25(6): 101-106.

[14] 叶岱夫. 城市风景湖形状的空间效应与景观设计[J]. 中国园林, 1999(5): 41-43.

[15] 叶岱夫. 城市风景湖形状对生态环境的影响[J]. 城市环境与城市生态, 1988(4): 27-32.

[16] 汪洁琼, 刘滨谊. 基于水生态系统服务效能机理的江南水网空间形态重构[J]. 中国园林, 2017, 33(10): 68-73.

[17] Xue P, Lu Z, Yuan L, et al. The changing characteristics of phytoplankton community and biomass in subtropical shallow lakes: Coupling effects of land use patterns and lake morphology[J]. Water Research, 2021, 200: 117235.

[18] Vanessa B, et al. Influence of water volume reduction on

the phytoplankton dynamics in a semi-arid man-made lake: A comparison of two morphofunctional approaches[J]. Anais da Academia Brasileira de Ciencias, 2020, 92(1): e20181102.
[19] 成玉宁, 王雪原. 拟自然化: 城市湖泊水环境治理的生态智慧与途径——以南京玄武湖为例[J]. 中国园林, 2021, 37(7): 19-24.
[20] 丁金华, 纪然. 水生态系统服务供需视角下的水网乡村适应性规划策略——以吴江张鸭荡片区为例[J]. 中国园林, 2020, 36(11): 45-50.
[21] 贺鼎, 郑淳之, 王子瑜. 北京长城堡寨聚落水环境适应性景观特征[J]. 风景园林, 2023, 30(4): 115-122.
[22] 汪洁琼, 朱安娜, 王敏. 城市公园滨水空间形态与水体自净效能的关联耦合: 上海梦清园的实证研究[J]. 风景园林, 2016, 133(08): 118-127.
[23] Ahmed S, Meenar M, Alam A. Designing a Blue-Green Infrastructure (BGI) Network: Toward Water-Sensitive Urban Growth Planning in Dhaka, Bangladesh[J]. Land, 2019, 8(9).
[24] Niamh S, Michail G, et al. Urban blue spaces and human health: A systematic review and meta-analysis of quantitative studies[J]. Cities, 2021, 119: 103413.

作者简介

冯科智, 1996年生, 男, 汉族, 天津人, 华中农业大学园艺林学学院硕士在读, 研究方向为风景园林规划设计与理论。电子邮箱: Fengkezhitj@163.com。

（通信作者）裘鸿菲, 1962年生, 女, 汉族, 上海人, 华中农业大学园艺林学学院, 农业农村部华中都市农业重点实验室, 教授、博士生导师, 研究方向为风景园林规划设计与理论。电子邮箱: qiuhongfei@mail.hzau.edu.cn。

论文集

风景园林文化传承应用

桂林市传统村落山水空间格局解析与传承研究
——以漓江风景名胜区传统村落为例

Analysis and In heritance of Landscape Spatial Pattern of Traditional Villages in Guilin City
—Taking the Traditional Villages in Lijiang River Scenic Area as an Example

雷林峰　刘丽荣

摘　要：桂林山水以典型的喀斯特风貌著名，其山水环境与传统聚落形成了独特的山水空间格局。本文以桂林山水中最为突出的漓江风景名胜区为例，通过数字高程数据、历史影像数据、传统村落相关基础资料和实地调研，结合类型学分析方法，研究漓江风景名胜区内传统村落与自然山水的空间关系及其传承概况。研究发现，漓江风景区内10个传统村落山水格局呈现典型的环形格局和轴线格局模式，其中环形格局分为双层环形格局模式和单层环形格局模式；轴线格局则包括"山体—聚落—农田—河流—山体"模式、"山体—农田—聚落—农田—河流"模式以及"山体—聚落—农田—山体"模式。此外，受漓江风景名胜区不同功能景区旅游发展影响和保护区分级空间管控限制，传统村落山水格局传承具有明显差异性。

关键词：传统村落；山水空间格局；桂林山水；漓江风景名胜区

Abstract: Guilin landscape is famous for its typical karst landscape, and its landscape environment and traditional settlements have formed a unique landscape spatial pattern. This paper takes the most prominent scenic spot of Lijiang River in Guilin as an example. Through digital elevation data, historical image data, relevant basic data of traditional villages and field research content, combined with typological analysis methods, this paper studies the spatial relationship between traditional villages and natural landscapes in scenic spots and their inheritance. The study found that the landscape pattern of 10 traditional villages in the scenic area presents a typical ring pattern and axis pattern. The ring pattern is divided into double-layer ring pattern and single-layer ring pattern. The axis pattern includes 'mountain-settlement-farmland-river-mountain' mode, 'mountain-farmland-settlement-farmland-river' mode and 'mountain-settlement-farmland-mountain' mode. In addition, due to the influence of the tourism development of different functional scenic spots in the scenic spot and the limitation of the hierarchical space control of the protected area, the inheritance of the landscape pattern of traditional villages has obvious differences.

Keywords: Traditional Villages; Landscape Spatial Pattern; Guilin Landscape; Lijiang River Scenic Area

引言

得益于别具一格的山水风景，桂林市漓江流域传统聚落发展将其中的山水要素融入聚落选址、营造中，形成了极具特色的传统聚落山水空间格局。目前对于传统聚落与自然山水的研究中，更多是以桂林老城区为研究对象，即分析历代桂林城市发展与自然山水的空间关系[1-2]。将传统村落作为研究对象，分析其与山水空间关系的研究也有涉及，主要是从不同空间层面上分析传统村落地域空间分布特征[3]、传统村落选址与布局特点[4]以及传统村落空间形态特征[5]等。

以上研究较为系统地分析了桂林漓江流域传统村落地域分布特征和传统村落选址建设的历史缘由，但对于探寻传统村落与山水之间是怎样的空间格局关系？传统村落山水格局的精神内核是什么？当代传统村落山水格局如何继承与发展？目前研究有待完善。基于上述问题，本文选取桂林山水中最具代表的漓江风景名胜区内的典型村落作为研究对象，对其山水格局深入解析，探究传统村落在选址、发展中与周围山水的空间关系，揭示传统村落山水格局的内在形成特征并对未来传统村落山水空间格局传承提出针对性思考。

1 研究对象

漓江风景名胜区（以下简称"风景区"）是全国首批国家级风景名胜区之一，同时也是世界上规模最大、风景最美的岩溶山水游览区之一。风景区主体部分位于桂林至阳朔地域，以漓江及其两岸峰丛洼地、遇龙河及其周边峰林平原为基础，总面积1159.4km²。风景区历史悠久、文化深厚，其中包括3个中国历史文化名镇、2个中国历史文化名村以及10个中国传统村落（图1）。本文以风景

---

① 基金项目：国家自然科学基金地区科学基金项目"景边型传统村落空间功能与生态肌理适配耦合研究——以漓江风景名胜区为例"（编号：52268010）。

区内 10 个中国传统村落作为研究对象（表 1）。

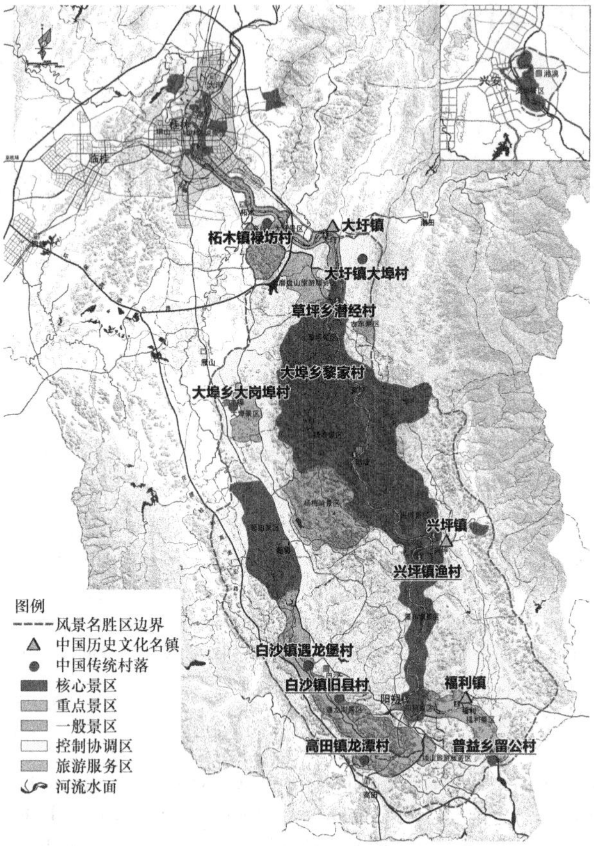

图 1 研究对象空间关系图

传统村落基础信息表　　表 1

所属旅游区等级及景区名称	村名	建村年代	聚居民族	地形地貌
核心景区	<u>兴坪镇渔村</u>	明正德年间	汉族	喀斯特地貌
	大埠乡黎家村	明朝中期	汉族	喀斯特地貌
	草坪乡潜经村	元朝	回族、汉族	喀斯特地貌
重点景区	<u>白沙镇旧县村</u>	明万历年间	汉族	喀斯特地貌
	白沙镇遇龙堡村	明嘉靖期间	汉族	喀斯特地貌
	高田镇龙潭村	明万历期间	壮族、汉族、苗族	喀斯特地貌
一般景区	大埠乡大岗埠村	明永乐年间	汉族	喀斯特地貌
	普益乡留公村	明崇祯年间	壮族、汉族、瑶族	喀斯特地貌
	<u>柘木镇禄坊村</u>	明末清初	汉族	平原
控制协调区	大圩镇大埠村	明朝中期	汉族	平原丘陵

注：下划线村落同时为中国历史文化名村。

2 数据来源与研究方法

2.1 数据来源

村落发展情况资料包括传统村落保护规划（具体以各村编制时间为准）和传统村落调查登记表，并结合当地统计年鉴补充完善；地形高程采用国家地理空间数据云的 GDEMV2 30M 分辨率数字高程数据；河流水系分布从广西标准地图服务平台桂林市地图中提取；影像数据来自奥维互动地图的 Google Earth 历史影像数据（2012 年、2022 年数据），并结合实地无人机航拍补充完善。

2.2 研究方法

通过以上基础数据，本文通过下列方法对风景区内传统村落山水空间格局及其传承进行分析。

（1）通过将数字高程数据和河流水系数据导入 ArcGIS10.7 软件，获得各个村落与周边山体的高程数据和水系关系数据，分析传统村落与周边山体水系的空间关系。

（2）利用奥维互动地图中 Google Earth 10 年变化影像数据，结合传统村落保护规划图纸和第三次全国土地调查数据内容，得出传统村落 2012—2022 年建成区变化关系。

（3）利用类型学方法分析传统村落新增建成区与传统聚落的空间关系，判断传统村落山水空间格局传承情况。

3 风景区传统村落山水空间格局解析

3.1 总体特征

风景区内传统村落与周围自然山水联系紧密，按照传统聚落与山水之间的空间关系，其山水空间格局大致有两种类型——环形格局和轴线格局。

3.1.1 环形格局

按照圈层划分，环形格局包括两种模式（表 2）。一种是双层环形格局模式，即内圈临水居中和外圈环山居中双层格局模式。此模式中由于聚落紧临或比较临近河流，在空间上以河流为界限形成了首层临水居中式环形格局；进一步跳出聚落和水系的关系，可以发现聚落处在周围环形山体的中心，与远处重要山体形成第二层环山居中式格局。风景区内传统村落大多数呈现双层环形格局模式特征，如漓江西畔上的留公村，背山面水，聚落处于后山、廖军山及矮山与漓江构成的环形中心，形成了首层环形格局模式，并以远处的骆驼山为核心，结合四周环山形成了第二层环山居中式格局。

另一种环形模式中，聚落处在深山中，缺少河流水系，聚落选址和发展与周边山体空间关系较为密切，呈现单层环山格局。如位于风景区核心景区中的黎家村，周边并无河流水系，聚落发展规模相对较小，背山而居，聚落处于四周山体的中心。

风景区传统村落山水空间环形格局模式 表2

格局特征	村名	山水格局	村名	空间特征
双层环形格局	渔村		龙潭村	
	旧县村		遇龙堡村	
	留公村		潜经村	
	禄坊村		大埠村	

续表

格局特征	村名	山水格局	村名	空间特征
单层环形格局	黎家村	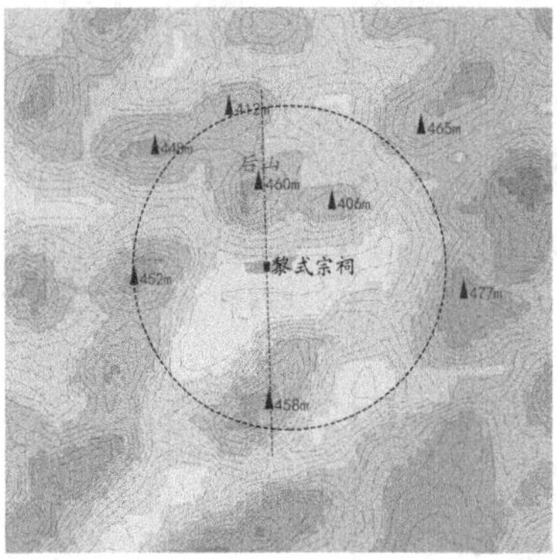	大岗埠村	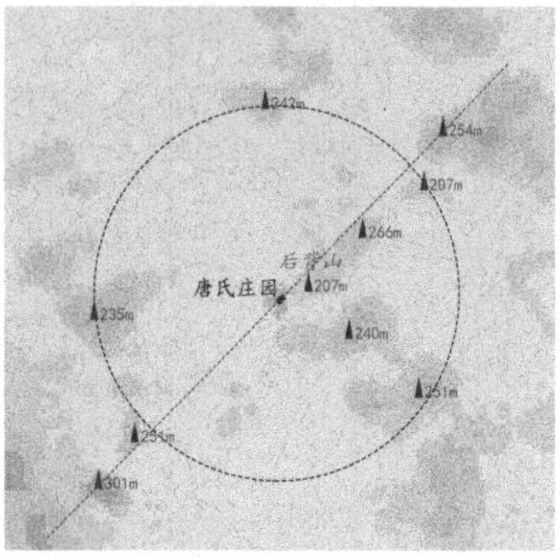

3.1.2 轴线格局

轴线格局则是聚落以宗祠、重要院落为发展轴线，聚落与周围山体、农田、河流等组合成不一样的空间序列形式。根据此类空间特性，10个典型传统村落山水空间轴线格局大致可以划分为三种类型，见表3。

风景区传统村落山水空间轴线格局模式　　　　表3

山水空间轴线格局特征	典型村落	典型村落山水空间轴线格局图示
山体—聚落—农田—河流—山体	旧县村、渔村、留公村、潜经村、遇龙堡村、龙潭村	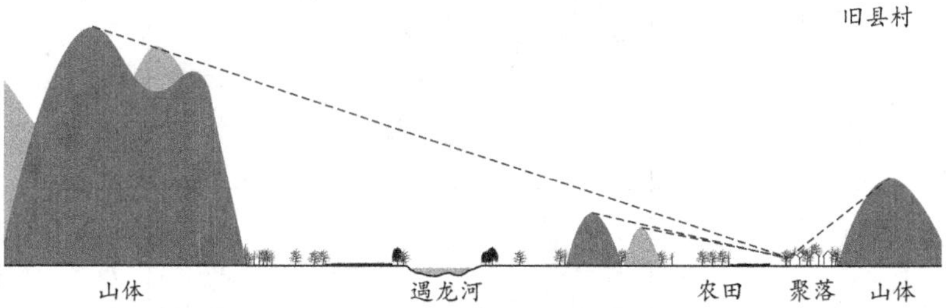 旧县村（山体—遇龙河—农田—聚落—山体）
山体—农田—聚落—农田—河流	大埠村、禄坊村	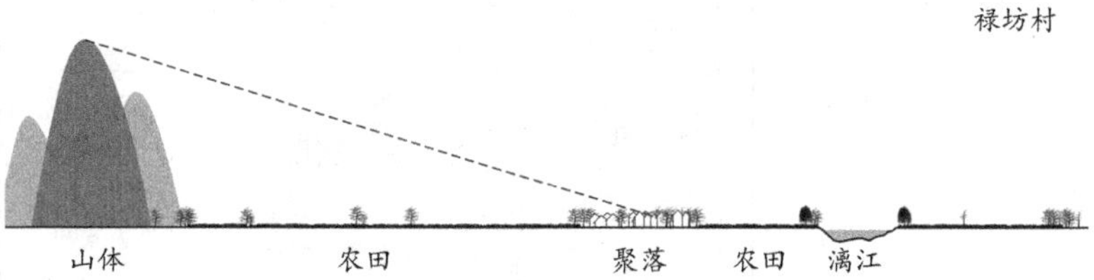 禄坊村（山体—农田—聚落—农田—漓江）
山体—聚落—农田—山体	黎家村、大岗埠村	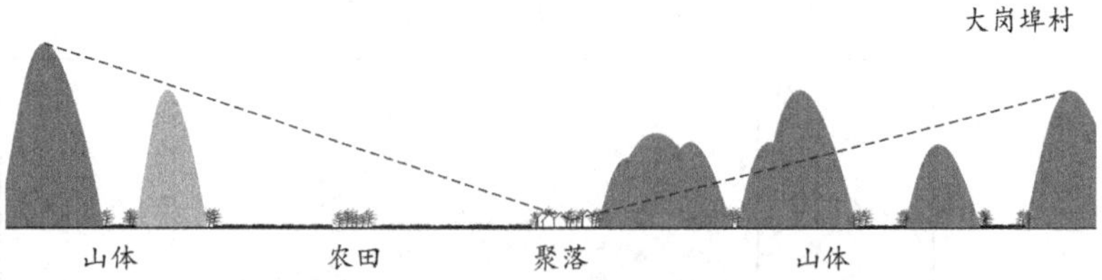 大岗埠村（山体—农田—聚落—山体）

（1）山体—聚落—农田—河流—山体

此类模式中传统村落大多位于山体较多的区域，村落直接靠山布局，以山背为序列开头，并以聚落中重要建筑物为轴线核心，如宗祠、大院落等（渔村小学原为宗祠所在地），向外延伸发展，构成"山体—聚落—农田—河流—山体"的轴线空间格局，如旧县村、渔村、留公村、潜经村、遇龙堡村、龙潭村等。

（2）山体—农田—聚落—农田—河流

此类模式中传统村落主要处在地势较为平缓的区域，附近山体较少且距离高山、河流较远，聚落被农田包裹在其中，聚落发展方向以重要建筑物为中心，如宗祠等向外围拓宽发展，与周围山水环境构成"山体—农田—聚落—农田—河流"的轴线空间格局，如大埠村、禄坊村等。

（3）山体—聚落—农田—山体

此类模式中传统村落由于缺乏河流水系，发展规模相较于前两种模式中的聚落较小，村落背山发展，聚落以宗祠或大院落为中心沿山体走向横向发展，构成"山体—聚落—农田—山体"的轴线空间格局，如黎家村、大岗埠村等。

3.2 形成机制

3.2.1 聚落与河流水系的关系

风景区内的传统村落大多沿漓江、遇龙河等河流布局发展，双层环形格局模式中的临水居中格局所形成的原因具有差异性。据《堪舆泄密》中记载，"水抱边可寻地，水反边不可下"[6]。意思就是，在河流的凸岸处水流缓慢，容易形成淤泥堆积，土地肥沃，适合造房居住。相反，河流凹岸水流较急，河岸受到水流侵蚀，不适宜造房居住。按照以上选址要点，风景区内大多数临水村落的选址均符合以上特征，但位于漓江边上的渔村和金宝河畔的龙潭村却不符合此类选址要求，二者选址均位于河流的凹岸处。但从结果上看，两村却因所处地段河流湍急形成了极具特色的码头水运交通，孙中山先生还曾到渔村驾舟而下漓江。由此来看，古人在传统聚落具体选址中不仅仅局限于"凸岸宜居、凹岸不居"的结论，而是辩证地看待聚落与河流水系的关系，综合考虑了二者之间的利弊关系，择良处而居。

3.2.2 聚落与自然山体的关系

风景区内自然山体陡峭险峻，形态多样，具有典型的喀斯特风貌特征。古人在聚落选址中将远处的环山与聚落结合，在此进行安全防御、文化纪念、风景点缀等建设，达到人与自然和谐的境界。以山体层次丰富的渔村为例，《渔村村志》中记载："村位坐东朝西，后山头圆面，五官端正，相貌堂堂，是一英雄将军之像，故曰将军山。"将军山后面是一片千仞高原，高原之上有山峰；将军山左有一座文笔山，喻义"鱼塘洲出文人才子"；中间的太祖山是将军山的"先靠"，意在后面"扶助撑腰"；将军山的南边亦有一山，防御外犯。村背山体与对岸奇峰鲤鱼山相望，渔村位于层峦叠嶂的环山之中，群山围抱、水系环绕的山水格局使得村落无平坦陆地可通，大大加强了对外防御等级。渔村人利用周围山水环境，适应自然，做到了"天人合一"。

4 风景区传统村落山水格局的传承分析

4.1 传承概况

不同于其他地域环境中的传统村落，风景区内传统村落的发展不仅受到周围自然山水环境的影响，同时还受风景区不同功能景区旅游发展影响和保护区分级空间管控限制（表4）。

基于风景区所具有的影响特性，结合传统村落新增建成区的变化情况，可以得出传统村落山水空间格局传承情况及其形成原因。具体步骤如下：首先分析奥维互动地图中Google Earth 2012年和2022年卫星影像历史数据，结合无人机航拍以及实地调研数据，得出传统村落10年来新增建成区分布情况；其次运用类型学方法分析新增建成区与传统聚落形态的关系，最后将传统村落聚落空间变化形态与传统山水空间格局进行比较分析，进而判断传统村落山水空间格局的实际传承情况。研究发现，风景区传统村落山水格局传承情况可以分为两种类型，如表5所示。

风景区保护分区空间管控要求　　表4

风景区保护分区等级	分布村落名称	空间管控要求
特级保护区	黎家村	严格保持自然状态，禁止建设各类人工设施，区域内农村居民点须实行生态搬迁
一级保护区	渔村、潜经村	严格控制农村居民点发展，禁止建设与风景保护无关的建筑物，鼓励居民向城镇集中
二级保护区	旧县村、遇龙堡村、龙潭村	严格保护由石山、溪流、水田、村落等形成的景观格局的完整性。可以安排少量住宿，加大对村庄建设规划的管理
三级保护区	大岗埠村、留公村	适宜开展休闲度假，各项建设活动应符合风景规划要求
控制协调区	大埠村、禄坊村	加强生态环境保护，各项建设活动应符合风景区规划要求

风景区传统村落空间形态发展特征　　表5

传承情况	空间形态发展特征	传统村落2012—2022年建成区变化情况
遵循传统环形格局和轴线格局	与原聚落空间形态有较强的联系	   黎家村　　渔村　　禄坊村

续表

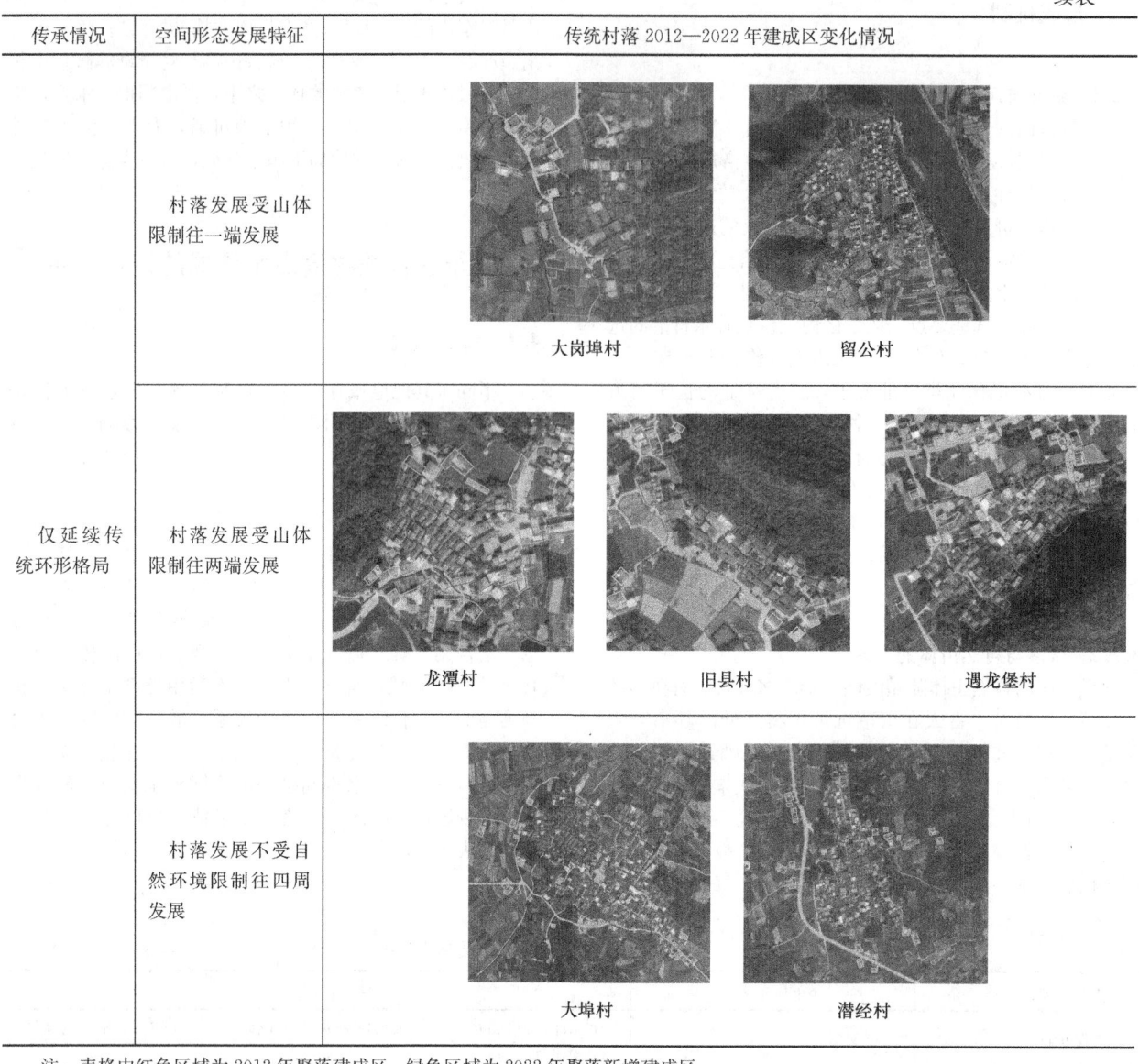

传承情况	空间形态发展特征	传统村落2012—2022年建成区变化情况
仅延续传统环形格局	村落发展受山体限制往一端发展	大岗埠村　留公村
	村落发展受山体限制往两端发展	龙潭村　旧县村　遇龙堡村
	村落发展不受自然环境限制往四周发展	大埠村　潜经村

注：表格中红色区域为2012年聚落建成区，绿色区域为2022年聚落新增建成区。

（1）遵循传统环形格局和轴线格局

此类传承情况的形成两种原因：一是传统村落位于特级或一级保护区，受风景区空间管控较为严格，聚落发展较缓慢，如处在风景区特级保护区中的黎家村仅有一处新增建设区；二是传统村落新增建成区较多，但其发展与原聚落空间形态具有空间连续性，并未打破原有空间格局，如禄坊村。

（2）仅延续传统环形格局

此类传统村落发展较为多样化，新增建成区发展受社会经济带动从而脱离原有聚落空间，呈点状散落布局，与原空间形态存在空间隔离。聚落发展仅延续原有环形格局，并未继承传统轴线格局。如位于风景区重点景区中的旧县村，由于旅游发展，促进了村落餐饮、民宿等服务业发展，但新建建筑脱离了原有的聚落空间，并在建筑高度、形制等方面与传统建筑具有很强差异性，山水空间轴线格局由"山体—聚落—农田—河流—山体"转向"山体—聚落—农田—聚落—河流—山体"（图2）。

4.2 发展思考

自传统村落保护名录工作开展以来，传统村落保护与发展已经走过了10余个年头。从以上研究中可以发现，大多数传统村落的发展较好地继承了原有的环形山水空间格局，这在一定程度上归功于传统村落保护规划中历史文化保护分区空间管控。但同时也可以看出，传统村落轴线山水空间格局大多未能完全延续下去，一方面是由于传统聚落周围自然山水环境与聚落本身空间较远，不在传统保护分区空间管制范围中；另一方面源于传统村落山水空间此类概念较为抽象，在空间保护中未能形象具体化。在旅游发展影响下，部分村落过分追求经济发展，造成了新建建筑在建筑高度、建筑形制、建筑风貌等方面与传统聚落格格不入，不可避免地破坏了传统山水格局。因此在未来发展中，针对传统村落山水空间格局的延续有以下两点思考：首先应将周围山水环境纳入传统村落空间保护中，有必要认识传统村落与自然山水是相互

图 2 旧县村山水空间格局图

一体化发展的；其次应当对传统村落新建建筑的选址以及建设要求提出更为精细化的管控，最大程度上减小对传统山水空间格局的破坏。

5 结语

风景区内的山水风景是桂林地区最具代表性的名片，其中传统聚落与自然山水的空间关系更是自然人文的精粹。本文先后分析了漓江风景名胜区内传统村落的山水空间格局及其传承概况，在"绿水青山就是金山银山"理念下，传统村落空间保护发展也需扩大到周围山水的空间关系中，继承传统营建与山水空间和谐统一的理念。

参考文献

[1] 韩光辉，陈喜波，赵英丽. 论桂林山水城市景观特色及其保护[J]. 地理研究，2003(3)：335-342.
[2] 姚远. 桂林历史城市人居环境山水境域营造智慧研究[D]. 西安：西安建筑科技大学，2013.
[3] 张茹，陆琦. 桂林传统村落分布特征及影响要素量化解析[J]. 南方建筑，2021(1)：15-20.
[4] 谭乐乐. 基于文化地理学的桂林地区传统村落及民居研究[D]. 广州：华南理工大学，2016.
[5] 段思嘉，王静文. 桂林传统村落空间形态特征分析[J]. 中国城市林业，2020，18(3)：84-89.
[6] 王娟，王军. 中国古代农耕社会村落选址及其风水景观模式[J]. 西安建筑科技大学学报(社会科学版)，2005(3)：17-21.

作者简介

雷林峰，1998年生，男，汉族，湖南郴州人，桂林理工大学硕士研究生在读，研究方向为传统村落保护与振兴。电子邮箱：crazylin0221@163.com。

刘丽荣，1964年生，女，汉族，湖南长沙人，硕士研究生，桂林理工大学土木与建筑工程学院，教授，研究方向：传统村落保护与振兴。电子邮箱：llr8288.@qq.com。

文旅融合目标下苏州历史景点的公众情绪与文化感知相关性研究

A Study on the Correlation between Public Emotion and Cultural Perception at Suzhou's Historical Attractions under the Objective of Cultural-Tourism Integration

马文涛　朱凤辰　苟卓灵　邱月妍　朱　逊

摘　要：随着社会经济的发展，文化与旅游融合已成为旅游业的重要发展趋势。苏州作为中国历史文化名城，拥有极其丰富的文化与旅游资源。本研究选取了苏州 55 个历史景点的游客评论数据，通过人脸识别与文本分析的方法，针对游客对于苏州历史景点文旅融合的感知进行深入研究。结果显示，游客对于苏州历史景点的文旅融合持有较为积极的态度，尤其是对于地名文化、历史故事、传统艺术赞赏有加，同时也比较关注传统建筑的审美与其在时间维度上的动态性特征。研究立足苏州的历史景点，试图采用图片与文本数据结合的方式，从整体到情绪和关注点，建立游客情绪与文化感知特征的关联，探索历史文化名城文旅融合的示范性途径。

关键词：文旅融合；历史景点；游客评论；文化感知；苏州

Abstract: With the progression of socio-economic development, the integration of culture and tourism has emerged as a significant trend within the travel industry. Suzhou, recognized as a historic and cultural city in China, possesses a wealth of cultural and tourism resources. This study collected visitor reviews from 55 historical attractions in Suzhou and, through facial recognition and textual analysis, conducted an in-depth investigation into tourists' perceptions of the cultural-tourism integration at these historical sites. The findings indicate that visitors generally hold a positive view towards the blend of culture and tourism at Suzhou's historic landmarks, particularly expressing appreciation for the local nomenclature, historical narratives, and traditional arts. There's heightened interest in the aesthetics of traditional architecture and its dynamic characteristics over time. Grounded in Suzhou's historical attractions, the research seeks to combine image and textual data to establish a link between visitors' emotional responses and cultural perceptions, from a holistic view down to specific emotions and focal points. The goal is to explore exemplary methods of integrating culture and tourism in historic and cultural cities.

Keywords: Cultural and Tourism Integration; Historical Sites; Tourist Reviews; Cultural Perception; Su Zhou

引言

党的二十大报告指出，要让中华优秀传统文化得到创造性转化、创新性发展。作为我国文化业与旅游业发展的现实方向，文旅融合是新时代的新要求。文旅融合指的是将特色文化元素融入旅游项目或产品中，实现在旅游活动中对文化的感知体验。这是旅游产业针对市场发展趋势形成的新路径，有效地兼顾了经济效益与社会文化效益[1]。针对文旅融合的研究最早起源于 16 世纪，文化体验被当作是旅游的目的。Pine 等认为，文化创意是粘合文化与旅游的根本[2]；Connel 提出"影视＋文旅"的模式[3]；Altunel 对旅游在动机上进行分析和调研，并对旅游者进行分类[4]。国内关于文旅融合的研究可分为两个方面：一是定性研究，主要包含对作用机制和融合模式的研究，其中关于作用机制的研究包含数字经济赋能文旅融合等[5]；对融合模式的研究，包含城市更新、乡村振兴、数字化等目标的探究与应用[6-7]。另一方面是定量研究，多数研究从文化产业和旅游产业的发展规模与实力、投入-产出水平、要素绩效水平等方面定量分析经济效益[8]，少部分研究其他方面，如文旅融合度[9]。但国内对文旅融合的研究较少关注游客的主观感知和情绪体验。

目前旅游地感知研究更多关注旅游地形象感知，例如 Baloglu 提出的认知-情感模型[10]，将"感知形象"分为认知形象、情感形象和整体形象，目前学界对这种三维结构已基本认同。对于游客对旅游地感知的测量，现有的研究方法，如量表法、问卷法、可穿戴传感器测量等方法，各有优劣[11]。近几十年来，量大、真实、易获取、带有地理标记的社交媒体数据逐渐成为学者了解旅游地的新工具，景秀丽利用携程等旅游网站游记从文旅融合视角对三坊七巷历史文化街区游客感知进行分析[12]；李萍等人运用文本挖掘的方法对北京市旅游社区形象感知进行研究[13]；张瑞、张建国基于网络文本，运用 IPA 模型对上海辰山植物园旅游形象感知进行了研究[14]；李欣等人基于马蜂窝游记对天津市旅游形象进行分析[15]。综上所述，目前国内旅游地形象感知以网络文本数据分析为主，鲜有采用以图片与文本结合分析的方式。本文以苏州为例，试图采用图片与文本数据结合的方式，从整体到情绪和关注点，建立文旅融合感知特征识别模型。

苏州文化旅游景点数量众多，拥有包括古典园林、历史街区在内的16处世界文化遗产，是中国拥有世界文化遗产第二多的城市，仅次于北京。本研究选取苏州55个文化景观为研究对象，以微博网站上相关游客的点评为数据来源，通过python调用Face++进行图片情绪识别，并通过网络文本分析了解游客关于不同文化景观的情绪及关注点，再利用Geiph对情绪、活动、关注点进行关联性分析，我们可以探寻游客的关注点、活动和情绪之间的影响关系，以此为基础提出具体的优化策略与建议，为苏州文化景观在文旅融合背景下的体验优化提供有益参考。

1 技术路线与研究方法

1.1 研究区域

苏州作为中国历史文化名城，积累了超过2500年的深厚文化底蕴，拥有丰富的文化景观遗产和传统文化资源，不断吸引着全球的旅游人群。同时，苏州作为一座现代化的多元文化融合之城，拥有巨大的微博数据获取量。为了系统地了解和分析苏州在文旅融合背景下的历史文化景点感知特征，本研究选择了姑苏区、虎丘区、吴中区、相城区、吴江区五区范围内的文化遗产、国家文物保护单位、A级景区、综合公园与自然保护地作为研究对象，并基于典型性、开放性、大数据性、丰富性的原则，利用网络爬虫技术，收集了各个文化景点从2021年1月1日至2023年1月1日的微博人脸照片和评论数据。最终筛选评论数据在100条以上的景点，共得到了55个有效景点的微博数据。

1.2 数据收集

本研究的数据来源于新浪微博，其为中国乃至全球最大的社交媒体平台之一。根据2021年微博官方的统计数据，微博的注册用户已超过5.4亿，日活跃用户达到2.8亿，用户通过微博分享了大量的照片和文字信息。在数据收集方面，本研究利用了Python编程语言调用网页采集器，通过解析URL地址，获取了这55个文化景点中带有微博地理坐标的基础数据，包括人脸照片、评论文本和URL链接。最终，本研究共获取了8343份人脸照片数据以及14514份评论文本数据。

1.3 数据处理

针对得到的人脸数据与评论文本数据本研究分别采用不同的处理方法。对于人脸数据：为了保证后续情绪识别的平衡性，在一个POI中仅选用一个用户出现的前四张人脸照片数据，共获得6788张有效人脸照片数据。对于文本数据：首先经过Python编程调用pandas库，去除评论中的表情、话题、地址、HTML标签和符号、网址和重复内容，然后经人工去除空格、纯噪声内容（如啊、呀）、无关信息（包括垃圾信息、敏感信息和非法信息）等，最终获得12367份有效评论文本数据。

1.4 情绪分析

本研究采用广泛应用于情绪研究的Face++平台来识别和分析用户的情绪特征。该平台能够准确计算面部图片所蕴含的7种主要情绪类别，包括happiness（快乐）、surprise（惊讶）、neutral（中立）、fear（恐惧）、anger（愤怒）、disgust（厌恶）、sadness（悲伤）的概率。本研究将happiness和surprise 2种情绪类别归为积极情绪，将neutral归为平和情绪，而将fear、anger、disgust、sadness 4种情绪类别归为消极情绪。通过Face++平台计算7种情绪的综合概率，进而判断情绪趋势，并计算出情绪置信度（EC）（7种情绪置信度的总和为100）。本研究通过Python编程调用Face++平台的API接口，从人脸照片数据中识别出的情绪，共得到6788份有效情绪数据。

1.5 网络文本分析

NVivo12Plus软件是由澳大利亚QSR公司设计的一款质性分析软件，能以其强大的编码功能来处理分析繁复的网络文本。本研究借助该软件对于所选取的文本进行分词和词频分析，网络文本高频词统一删除地标性和无意义的词汇，过滤无关的高频词汇，得到高频词汇表。对于获得的词频统计词，选取出现次数大于或等于10次的词语，并对这些词语进行编码与分类，获得关于活动类型、情感表达、参与方式与关注要素4大类总词表，如表1所示。

词语分类总词表　　　　　　　　表1

第一级	第二级	第三级	第四级
活动	旅游/文化活动	旅游	游客、旅行、夜游、旅游、参观、一日游、游园、游玩、行程、游人、路线、春游、游览、游记、旅程、沿途
		拍照	拍照、照片、摄影、记录、拍摄、相机、摄影师、拍拍、视角、镜头、角度、取景、实景
		其他	视频、游戏、晒太阳、电影、音乐、灯会、表演、烟花、演出、观赏、话剧、演员、展览

续表

第一级	第二级	第三级	第四级
活动	体育活动	锻炼	健康、锻炼、户外、健身、减肥
		运动	爬山、运动、跑步、奔跑、自行车、骑车
		散步	走走、出门、逛逛、漫步、溜达、徒步、散步、走过、行走、脚步、转转、踏青、兜兜、出行、步行、走路
	饮食	吃	好吃、味道、美食、月饼、水果、吃饭、吃吃喝喝、烧烤、火锅、小吃、羊肉、蛋糕、食堂、草莓、馄饨、风味、食物、饭店、龙虾、美味
		喝	咖啡、奶茶、喝酒、喝茶
		野餐	露营
		三餐	早餐、早点
	阅读	阅读	读书、阅读
情感		喜悦、愉快	喜欢、快乐、开心、热爱、幸福、愉快、欢喜、好事、乐趣、向往、有幸、可爱、乐园
		期盼、希望	希望、期待、追求
		惊喜、未预期	惊喜、意外、奇妙、玄妙、有趣、独特、兴趣、有意思
		满足、安逸	幸福、治愈、满足、平安、满意、安全、惬意、如意、舒适
		丰富、多元	丰富、多元、新鲜、多样的、各种各样、丰盈、繁多、全面、广泛、海量、多彩、多姿多彩的、五花八门
		赞扬、认同	美好、好看、不错、值得、漂亮、美景、美丽、推荐、精美、优秀、雅致、精品、实在、美美、免费、仔细、主动、最佳、标准、著名、满意、欣赏、诗意
		回忆、怀念	想念、思念、珍惜、缅怀、怀念、怀旧、依依不舍、留念、记忆、小时候、经历、纪念、当年、回忆、依旧、一生、长大、日记、一辈子、往事、久违、童年、回首
		平静、放松	平静、宁静、安静、静谧、睡觉、休息、放松、悠悠、舒适、随意、发呆、漫漫、悠闲、轻松、舒服、容易、享受、休闲
参与	人物	伙伴/成员	朋友、老师、姐姐、妈妈、人人、先生、夫人、爷爷、爸爸、人民、室友、女儿、兄弟、对方、老公、对象、一家、奶奶、宝贝、弟弟、阿姨、同学、姐妹、妹妹、儿子、小伙伴、父亲、父母、母亲、老婆、哥哥
		社交	分享、爱情、恋爱、见面、约会、介绍、参加、点评、交流、聊天
		独自	自己、单独、独自
	天气与时间	天气	天气、下雨、下雨天、温度、雨天、小雨、风雨、晴天、凉快、阴天、雪海、高温、降温、台风、吹风、晚风、春风
		季节	秋天、夏天、春天、秋风、深秋、避暑、春日、季节、暑假、秋色、四时、四季、盛夏、春光、冬天、秋意、秋日、夏日、冬日、秋高气爽
		节日	假期、节假日、过年、中秋、国庆、新年、中秋节、周年、度假
		天周月时间	今天、今日、深夜、时刻、凌晨、八月、一刻、半夜、半天、周日、五月、世纪、上周、周五、黄昏、那天、三月、傍晚、时间、九月、周末、小时、早起、下午、晚上、最近、今年、过去、时光、分钟、日落、昨天、明天、早上、未来、半日、中午、上午、十月、夜晚、时期、昨晚、年间、目前、去年、昨日、瞬间、夜半、今晚、午后、时节、当下、白天、最终、此刻、周六、期间、一会儿、周一、四月、清晨、短暂
	城市生活	城市生活	万物、生活、人生、城市、时代、面试、手机、工资、平时、时空、工作、现实、日常、加班、人类、上课、营业、出差、日子、下班、上班、生命、老板、同事、社会、天下

续表

第一级	第二级	第三级	第四级
参与	城市生活	城市要素	地铁、公交、大学、巷子、农家、公司、市集、交通、酒店、市区、汽车、市井、街头、市场、街上、街区、街道、单位、学校、小区
		疾病	新冠肺炎、核酸、口罩、隔离、检测
		地点	平江、江苏省、山上、全国、山里、百花洲、河南、天涯、无锡、北方、杭州、位置、平山、地区、上方山、东北、地方、太湖、世界、中国、城外、苏州市、老家、美国、德里、上海、中心、吴江、国家、东山、北京、江苏、南京、南方、城区、地点、西山、山顶
关注		设计感	设计、体验、艺术、光影、现代、美学、规模、造型、古典、建造、重建、效果、整体、私家、光线、正式、经典、特色、风格、空间、意境、中式
		历史文化感	江南、园林、姑苏、烟雨、历史、人间、文化、古镇、烟火、王府、大师、评弹、故事、岁月、文物、天堂、小桥流水、山水、古代、古城、百年、传统、太平天国、乾隆、古人、东方、小巷、始建、传承、风光、现存、遗址、遗产、马王堆、古老、文人、风雅、清风明月、年代、明代、明清、韵味、藏品、软语、苏轼、红楼梦、石刻、故地重游、山河、诗人、碑刻、古建筑、古朴、宝藏、文明、石桥
		公园	公园、博物馆、城墙、远山、山塘、景点、风景、建筑、植物园、园内、动物园、斜塔、假山、景区、山庄、园子、老宅、景色、钟声、声音、气息、山林、庭院、美术馆、院子、景致、城楼、园区、牡丹亭、房子、城门、星星、景观、纪念馆、小镇、香气、广场、当地
		水	天池、运河、温泉、大运河、海洋、护城河、钓鱼、湖边、水乡、客船、流水、湖面、坐船、河边、游船、湿地、水面、珍珠
		植物	桂花、梅花、花园、银杏、月季、枫叶、荷花、樱花、玉兰、石榴、竹筒、芭蕉、花木、植物、土豆、花儿、紫藤、森林、海棠、绿豆、莲花、枇杷、花卉、杨梅、柿子、牡丹
		设施与服务	排队、门票、垃圾、服务、预约、讲解、展厅、展示、导游
		宗教	菩萨、罗汉、寺庙、师傅、寺院、佛像、神仙、观音、布施
		材料	玻璃
		颜色	茶色、绿色、颜色、色彩、蓝色、彩色、青色、粉色、红色、本色、黑色、白色、黄色
		灯光	夜景、灯光
		工艺、文化	丝绸、苏绣、作品、刺绣、手工、旗袍、昆曲、琵琶、衣服、碧螺春、工艺
		野生动植物	狮子、动物、尾巴、金鸡、螃蟹、白马、鸳鸯、蚊子、蟹黄
		背景环境	阳光、太阳、清风、自然、落日、日出、微风、白云、月亮、空气、夕阳、环境、天空、蓝天、氛围、晚霞、月光、余晖、大自然、明月
		人	孩子、人山人海、人群、女孩、小朋友、人们、学生、女人、男人、美女、少年、小孩、人员、少女、陌生人、大叔、老人、宠物、主人、大爷、女子、姑娘、娃娃、宝宝、成年人

2 数据分析结果

2.1 景点整体感知特征分析

通过使用 NVivo12Plus 软件获取并分析的高频词汇表，我们可以深入理解游客对苏州文化景观空间的整体感知特征及其主要影响因素。在这些高频词汇中，主要包括名词、形容词和动词三类。名词主要反映了地理位置、景点及关注要素；形容词揭示了游客对于苏州文化的感知或评价；而动词揭示了游客在文化景观空间的具体行为或活动。表 2 列举了词频统计中出现频次最高的 60 个词。

从词频统计来看，前10名的词汇为"江南""姑苏"和"平江"等富有文化感的词语。这说明在苏州文化景观空间中，游客对于文化的感知更为强烈。"园林""博物馆""第一"和"生活"等词语的频繁出现，则反映了苏州文化景观的独特价值和地位，同时也揭示了游客对这些文化景观的认同和向往。而词汇"开心""喜欢"和"快乐"的频繁出现，则揭示了游客通过感知苏州的文化景观空间能够得到愉快的情绪体验。

高频词表　　表2

序号	单词	计数	序号	单词	计数	序号	单词	计数
1	江南	517	21	公园	144	41	桂花	104
2	园林	445	22	朋友	140	42	一直	103
3	博物馆	424	23	发现	135	43	历史	103
4	开心	421	24	现在	135	44	可爱	103
5	姑苏	343	25	世界	132	45	看看	103
6	喜欢	318	26	出来	130	46	人间	101
7	第一	309	27	烟雨	129	47	一定	100
8	生活	306	28	中国	128	48	终于	99
9	快乐	285	29	时间	127	49	觉得	99
10	平江	237	30	山塘	125	50	新冠肺炎	97
11	今天	179	31	已经	125	51	文化	96
12	地方	174	32	周末	124	52	哈哈哈	94
13	太湖	171	33	拍照	124	53	小时	94
14	感觉	171	34	感受	122	54	建筑	94
15	天气	164	35	美好	121	55	照片	92
16	今日	163	36	秋天	116	56	起来	92
17	看到	163	37	希望	114	57	一些	91
18	一下	151	38	最后	114	58	下午	91
19	知道	150	39	风景	112	59	夏天	91
20	一起	145	40	人生	109	60	好看	91

2.2 游客情绪特征分析

通过Face++平台对照片进行情绪识别分析，我们获取了各景点的情绪数据。其中，"happiness"（快乐）与"neutral"（中立）这两种情绪类别的出现概率最高，"sadness"（悲伤）和"surprise"（惊讶）次之，而"anger"（愤怒）、"disgust"（厌恶）和"fear"（恐惧）这三种情绪类别在所有景点中出现的概率都较低。将"happiness"与"surprise"在某一景点的概率相加得到情绪积极概率，某一景点的情绪平和概率则等于"neutral"的概率。这两种情绪的分布较为均匀，且数量相近，无明显差异（图1）。

基于获得的文本词频词表，我们将喜悦、希望、惊喜、满足、丰富、认同7类词作为积极情绪词，回忆与平和两类词作为平和情绪词，消极这类词作为消极情绪词。可以得到人脸识别无法得到的具体的情绪感知总体特征（图2）：人们在情绪积极时，倾向于用快乐、开心、可爱、美好等词来描述自己的情绪感知；在情绪平和时往往会用舒服、休闲、安静、惬意等来表述平和的情绪感知体验；在情绪消极时，人们经常性地提及可惜、不好、孤独、无聊等词来抒发自己的情感。

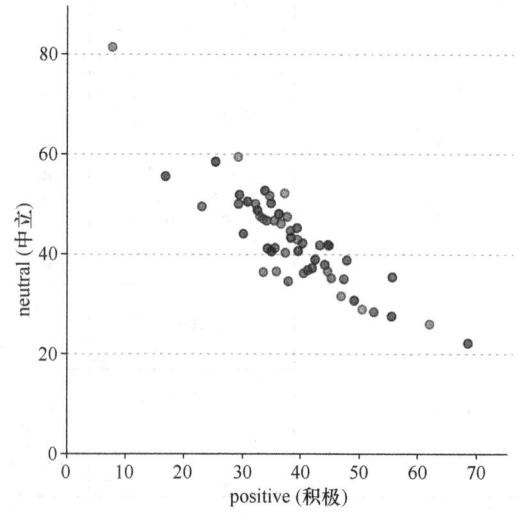

图1　人脸情绪分布图

对比人脸识别与词频统计的结果，我们发现，无论是从文本统计还是人脸识别的结果来看，都可以看出游客积极情绪占据了主导地位，文本作为人脸情绪识别结果的补充，有助于我们更好地识读苏州历史景点的情绪特征。

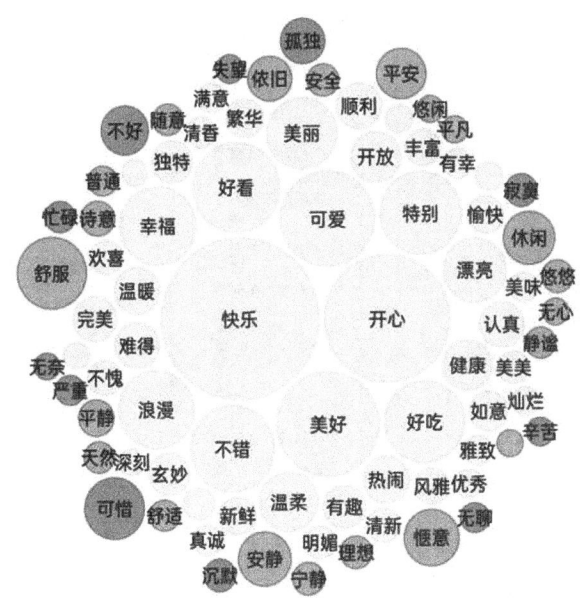

图 2　词频情绪分布图

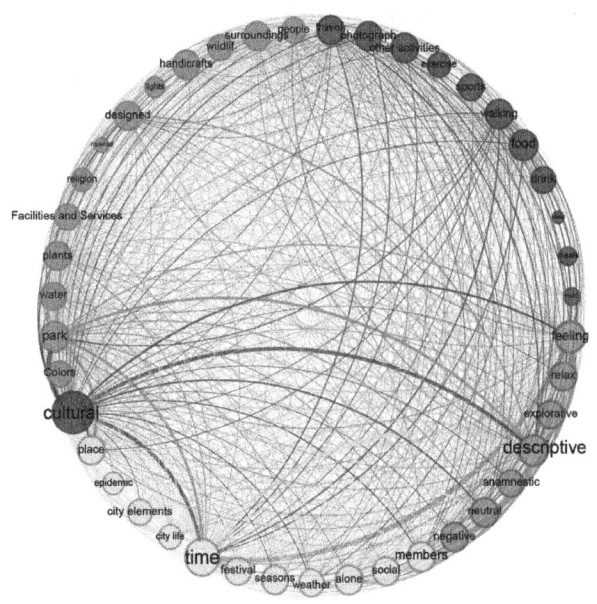

图 3　词频关联性分析

2.3　相关性分析

2.3.1　评论数据总体相关性分析

基于 Gephi 平台对评论数据中各词频间的关系进行分析，得到总关系图（图 3）。其中节点大小表示数据量的多少，两节点间的连线表示两者具有关联性，连线的宽度代表两者关系的强弱。图中红色代表各类型的活动，如旅游、摄影、散步、锻炼、饮食等；橙色代表情感相关类词语，分为感受类、描述类、中性词、消极类等；黄色代表游客如何参与到景点中，包括时间、季节、天气、伙伴等要素；绿色代表游客关注的要素，如颜色、水体、植物、设计感等。

总体上看，红色的活动节点、橙色的情感节点、黄色的参与节点与绿色的关注元素节点间的连线在图中互相交织，相互关联，这表明游客在景点的体验是多元的，既包括实际的活动，也有情感上的反馈，同时还关注景点的特点和他们在其中的参与情况。

图中"cultural""time""descriptive"三个节点最大，说明与历史文化性、时间变化、描述类形容词相关的评论数最多（关于三者与其他要素的具体分析将在下文提到）；活动中"walk"与其他节点关联性最多，说明散步游览是游客在苏州景区中的主要活动类型；"cultural"与"feeling""descriptive"间的连线较粗，说明历史文化类的元素会引发游客的感受，游客也倾向于用描述类词语对历史文化类要素进行评价；而"time"与"park""cultural""descriptive"间的连线较粗，说明游客常常将时间变化与景点本身、景点中的历史文化要素相联系，同时时间的变化也会引发游客情感的变化。

2.3.2　历史文化感与游客情绪相关性分析

苏州以其悠久的历史和丰富的文化底蕴而闻名。作为中国古代运河文化的重要节点，苏州拥有众多历史建筑、文化遗址和博物馆，这些都是苏州丰富历史文化的见证，这也吸引了许多游客前来，促进了苏州旅游业的发展。为研究苏州市各景区景点历史文化感与游客情绪之间的关系，本文对高频词中涉及历史文化感的词语进行整理并分类，将其分为地名、要素、历史性词语和文学艺术类词语 4 类（表 3），与情感类词语进行共现性分析，结果如图 4 所示。

历史文化感词语分类　　表 3

历史文化感	地点	江南、姑苏、古镇、王府、小巷、马王堆
	要素	园林、文物、小桥流水、山水、始建、传承、现存、遗址、遗产、清风明月、藏品、石刻、山河、碑刻、古建筑、宝藏、石桥
	历史（与年代感相关的词语）	历史、故事、岁月、古代、古城、百年、传统、太平天国、乾隆、古人、风光、古老、年代、明代、明清、韵味、古朴、文明
	文化艺术（文学、绘画、雕塑等）	烟雨、人间、文化、烟火、大师、评弹、天堂、东方、文人、风雅、软语、苏轼、红楼梦、诗人

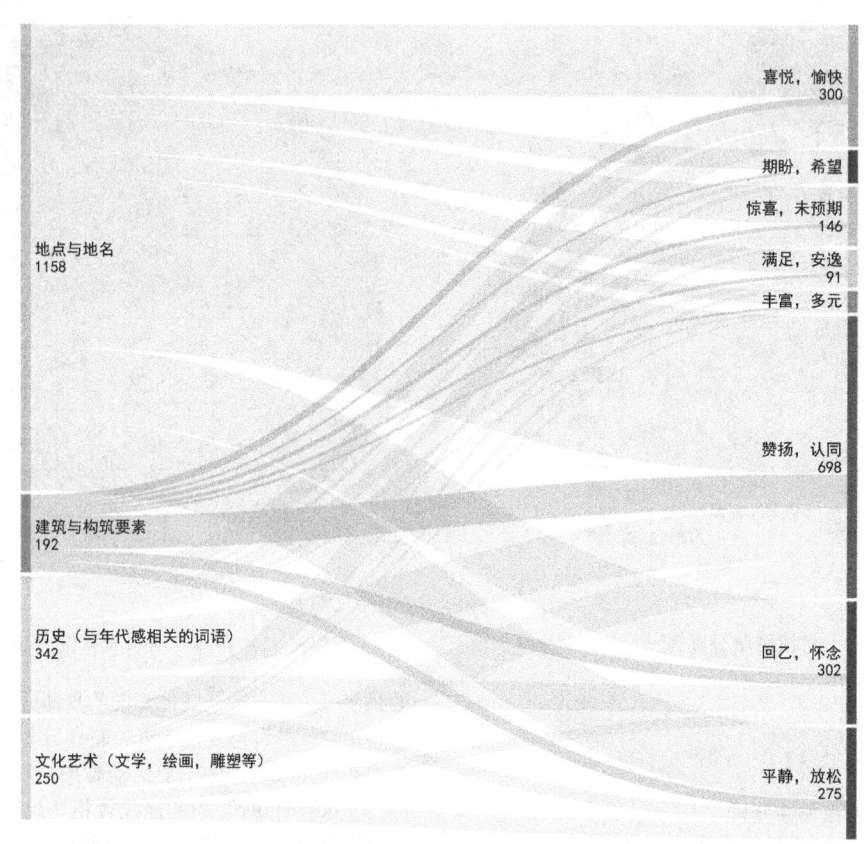

图4 历史文化感词语与情感类词语共现性

在历史文化类词语中,地点类词语出现次数最多,占比59.6%,其次是与年代感相关的历史性词语,占比17.6%。在与历史文化类词语共现的情感类词语中,表示赞扬、认同的词语最多,占比36.5%;其次是表示回忆与怀念的词语,占比15.8%。

地名类词语与赞扬、回忆、喜悦、平静四类情感的关联性较高,游客在参观历史名胜地标的时候,会表达对历史、文化和地方风景的赞赏和赞美。而"江南""姑苏"等词语也常与平静的心绪相关联:"一条平江路,半座姑苏城。苏州真的是一座安逸的城市,商业化完全不严重,游客也很少,节奏很慢,商家也很佛系,在河边坐着吹风喝一杯奶茶都可以坐一整晚"。

建筑要素与赞扬、回忆、平静三类情感的关联性较高:游客不仅表达了对具有历史韵味的建筑与构筑物独特设计和匠心工艺的赞扬,同时,这些要素也引发了他们的深度回忆和情感共鸣。而这些建筑所蕴含的历史与文化也会给人平静、宁静的感受。

与年代感相关的历史性词语与赞扬、回忆两类情感的关联性较高。朝代的更替、历史的厚重常常会引发游客的感慨,唤起他们的回忆。

文学与艺术类词语与赞扬、喜悦两类情感的关联性较高。说明文学、艺术等文化领域受到游客的认可与喜爱,游客在游览的同时对景点的文化内涵也有所关注。而游览时有感而发,联想到古人古诗的情况也很常见,如提到"美景",联想到"诗词"。

2.3.3 景园设计与游客情绪相关性分析

景点的设计感能够有效提升游客的感知体验,促进文旅融合。为探究哪些要素能够让游客感受或联想到设计感,本文将设计感词语进行整理并分类,将其分为建筑风格与特色、景观布局与设计、园林要素、细节设计4个类别(表4),通过Gephi对设计感与其他要素进行关联性分析,并基于文旅融合感知视角进行了设计感与游客情感间的共现性分析,结果见图5、图6。

设计感词语分类　　表4

设计感	建筑风格与特色	风格、特色、古典、传统、典雅、古色古香、古老、宏伟、壮观、古风、古朴、古韵、古雅、古建、园林、建筑、庭院、现代、美学、建造、重建、中式、造型
	景观布局与设计	意境、布置、巧妙、布局、体验、景点组合、景色交融、景致错落、错落有致、景观引导、景观融合、景色宜人、视野开阔、风景如画
	园林要素	水景、假山、花草、小桥流水、溪流、古井、亭、台、楼、阁、廊、树、园门、栏杆、回廊、岩洞、皇家、私家
	细节设计	工艺、精致、纹饰装饰、雕塑镶嵌、装饰品、雕刻、细腻工艺、雕梁画栋、镂空、精细装饰、细节处理

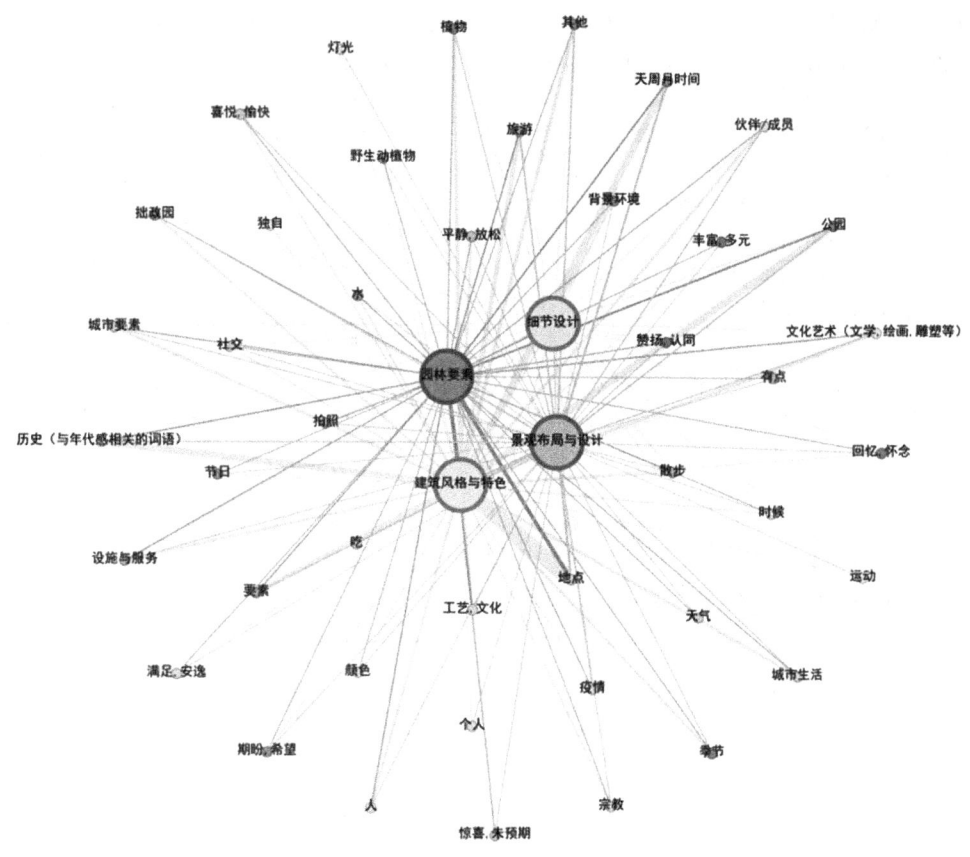

图 5 设计感词语相关性

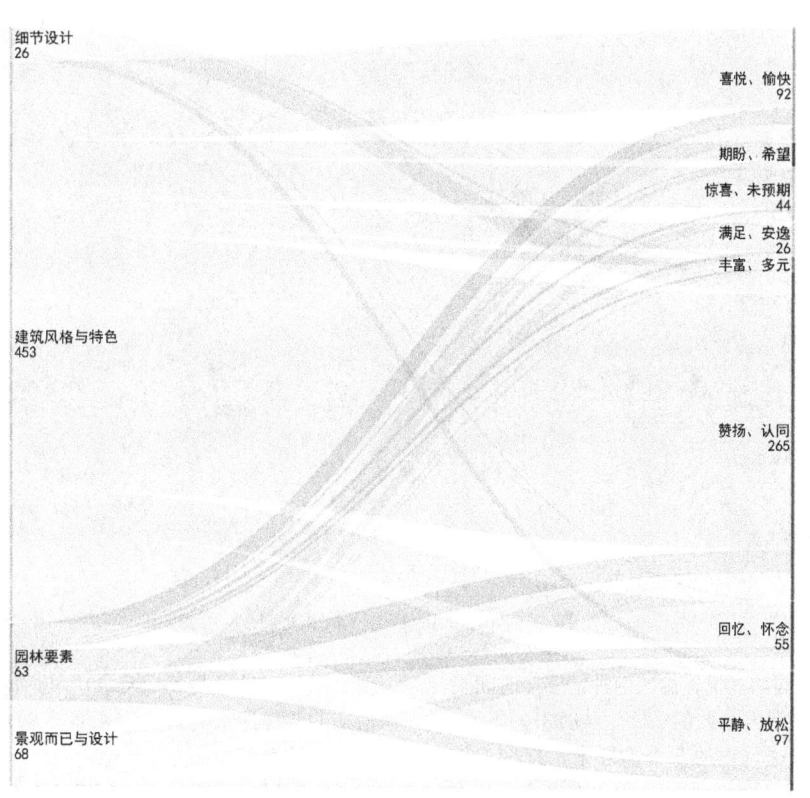

图 6 设计感词语与情感共现性

从图5可以看出,设计感与地点、历史文化性、时间之间关联性较高;图6则表明对于设计感,游客表示赞扬与认同的居多,占43.4%;而图5与图6都表明设计感的4种类别中"建筑风格与特色"出现频率最高,占总数的74.3%,说明大多数游客对于景点中设计感的感知来自景点中的建筑风格与特色。

建筑风格与特色与历史文化的关联性较高,说明景点的设计感与其所承载的历史文化有紧密联系。设计可能在呈现历史文化的同时,借助美学元素来塑造观者对于历史和文化的感知和体验。这种关联性可以体现在建筑风格、装饰艺术、符号意义等方面。

建筑风格与特色与时间之间的关联性主要体现在时间变化所带来的光线、光影和氛围的改变。光线的变化赋予景点不同的氛围和视觉效果,在不同时间下参观景点,游客能够得到不同的观赏效果和情感体验。

2.3.4 时间感与游客情绪相关性分析

时间类词语在评论中出现的频率很高,本研究对其进行整理并分类,将其分为月份与季节、时间点(一天中)、时间节点、时间长度、时段4个类别(表5),通过Gephi进行关联性分析并进行设计感与游客情感间的共现性分析,结果如图7、图8所示。

时间类词语分类   表5

时间	时间点(一天中)	今天、今日、深夜、凌晨、黄昏、傍晚、日落、早上、中午、上午、夜晚、昨晚、今晚、清晨、中午、午后、一天
	时段	上周、今年、过去、最近、未来、目前、去年、当下、期间、瞬间
	时间长度	时间、时光、小时、分钟、年间
	月份与季节	一月、二月、三月、四月、五月、六月、七月、八月、九月、十月、十一月、十二月、秋天、夏天、春天、秋风、深秋、避暑、春日、季节、暑假、秋色、四时、四季、盛夏、春光、冬天、秋意、秋日、夏日、冬日、秋高气爽
	时间节点	时刻、一刻、时期、时节、此刻、一会儿、最终

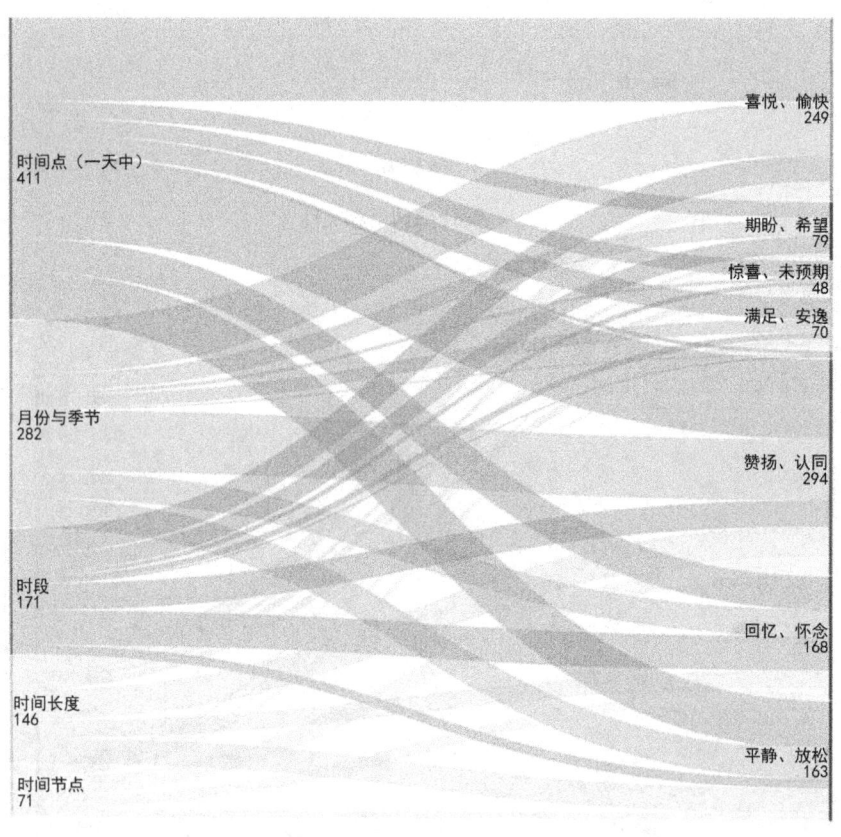

图7 时间类词语与情感共现性

图8表明赞扬、认同和喜悦、愉快两种情感与时间类词语的共现性最高,分别占总数的27.2%与23.0%。而图7与图8都表明时间类词语的5个类别中"月份与季节""时间点(一天中)"这两个类别出现频率最高,共占总数的50.2%,说明二者在时间类词语中占主要地位。

"时间点(一天中)"与"城市生活""伙伴/成员"之间的关联性较高,如"今天"一词常常与"下班"一同出现。同时"时间点(一天中)"与赞扬、喜悦、平静3种情绪的共现性最高,这表示景点常作为人们工作后舒缓压力的地方。

"月份与季节"与"地点""植物"的关联性较高,同时与喜悦、赞扬两种情绪的共现性较高,说明人们常关注景点内植物在一年四季的不同变化,良好的植物景观也会激发游客的积极情感。

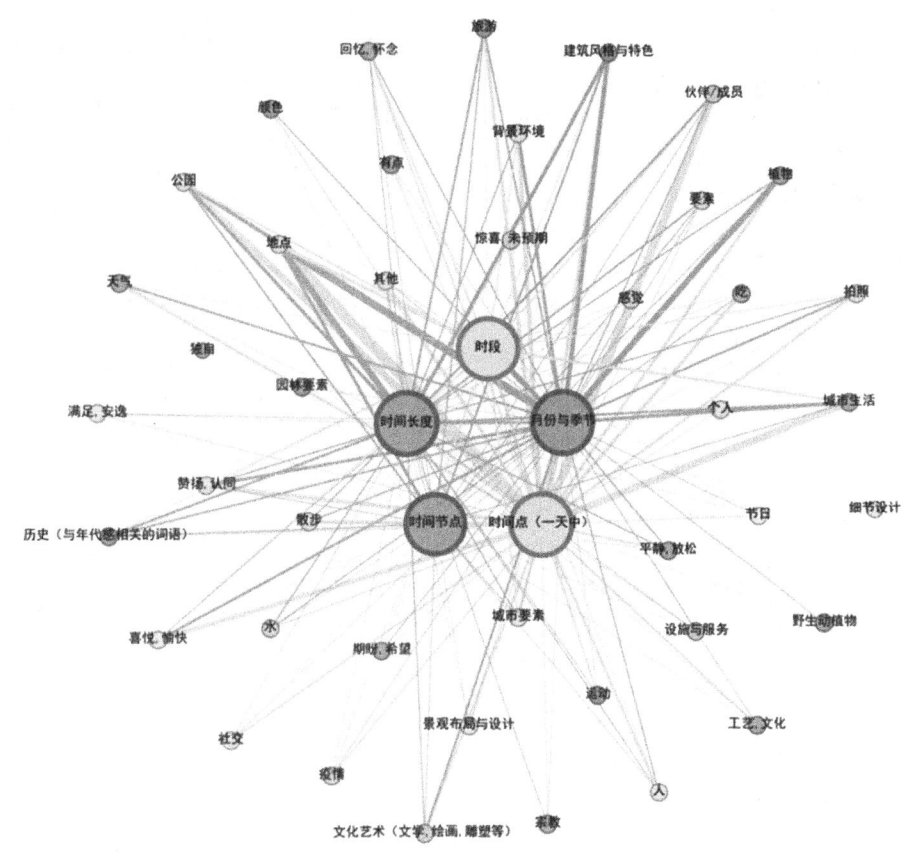

图 8　时间类词语相关性

2.3.5　不同要素感知与游客情感的对比分析

前文分别对历史文化感、设计感、时间相关词语与情感词语间的共现性进行分析，三者所展现的情感趋势相近，评论占比最高皆为赞扬与认同（图 9）。而三者在占比第二高的情感上则有所差异：历史文化感共现分析中，占比第二的情感为喜悦与愉快；设计感共现分析中，占比第二的情感为平静与放松；时间类词语共现分析中，占比第二的情感为回忆与怀念。说明苏州历史与传统文化更能令游客感到喜悦；良好精美的设计、独具特色的建筑与园林更能令游客放松；而时间则常常令游客追忆往昔，产生回忆与怀念之情。

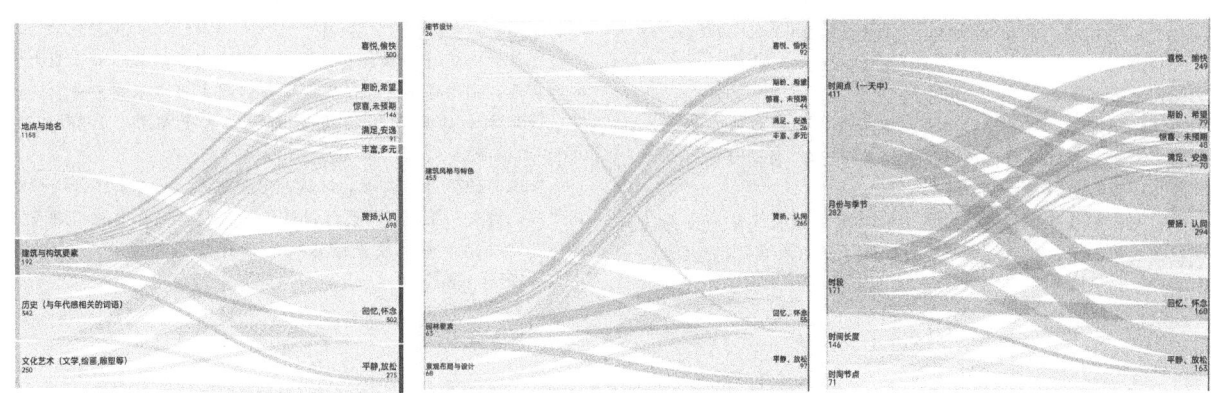

图 9　三类词语与情感共现性比对

3　结语

本文基于新浪微博数据，通过对苏州市 5 个区内 55 个历史景点的微博评论和人脸照片进行情绪分析和词频分析，探讨了游客对苏州历史景点文旅融合的感知特征，结论如下：

游客对于历史景点中背后蕴含的文化以及艺术有较高的认同度和赞赏度，而"江南""姑苏"和"平江"等富有文化特色的词语能引发游客对文化的强烈感知。因此，可以通过强化相关元素，例如设施布置、增加宣传材料、增加游客体验性文化产品等，来深化游客的文化感知，提升游客体验。

良好的设计感受到游客的广泛认可，可以显著提升感知体验。对于景点中的历史遗迹、园林建（构）筑物等，应良好维护、妥善保护，可考虑利数字化手段进行展示以增加其可视性和观赏性，并进一步完善其解说系统，以强化游客的文化认知。还可以增加相应的体验互动旅游活动和项目，发挥其文化旅游功能，实现历史遗迹保护和旅游开发的可持续性。

时间因素对游客的感知体验具有重要影响。游客在参观历史景点时，会关注景区在不同时间（如一天中的不同时间点、一年中的不同月份和季节）的变化。可以考虑从景观设计的角度完善植物季相，给人以时令的启示，增强季节感，表现出园林景观中植物特有的艺术效果。

本研究的数据来源主要基于易获得性，但微博用户可能并不完全代表所有游客的感知体验。未来可以考虑结合其他数据来源，如问卷调查、相关旅游网站数据等，以获取更全面和准确的游客感知信息；也可以进一步探讨游客的行为特征，如游览路径、活动类型等，以及这些行为特征与感知特征间的关系，增加游客在游览期间和访问前后感知变化的研究。

总体上，本文为促进游客对文旅融合的感知路径提供了新的思路与方法，希望能为苏州市以及其他历史文化城市的文旅融合推动提供有益的启示。

参考文献

[1] 郭艳华. 文旅融合视角下黄河流域旅游文化保护与传承研究——评《黄河流域旅游文化及其历史变迁》[J]. 人民黄河，2022，44(2)：165-166.

[2] B Joseph PineII, James H Gilmore. The experience economy[M]. Harvard: Business School Press, 1999.

[3] JoanneConnel. Film tourism-evolution, progress and prospects[J]. Tourism Management, 2012, 33(5): 1007-1029.

[4] Mustafa C A, Berkay E. Cultural tourism in Istanbul: The mediation mediation 1 effect of tourist experience and satisfaction on the relationship between involvement and recommendation intention[J]. Journal of Destination Marketing & Management, 2015(4): 213-221.

[5] 吴江，陈坤祥，陈浩东. 数商兴农背景下数智赋能乡村农商文旅融合的逻辑与路径[J]. 武汉大学学报（哲学社会科学版），2023，76(4)：116-127.

[6] 刘英基，邹秉坤，韩元军，等. 数字经济赋能文旅融合高质量发展——机理、渠道与经验证据[J]. 旅游学刊，2023，38(5)：28-41.

[7] 罗米，余翰武. 文旅融合视角下的小城镇建成环境更新路径研究——以浙江省瑶滩乡镇区更新为例[J]. 现代城市研究，2023(3)：28-34.

[8] 贺一雄，郝丽莎，李瑞. 江苏省古迹文化旅游的文旅融合发展特征分析——基于旅游景观的三维融合测度视角[J]. 地理与地理信息科学，2023，39(1)：136-144.

[9] 李娇. 融媒体环境下公共图书馆文旅融合度的评价指标体系构建研究[J]. 情报科学，2023，41(2)：169-176+184.

[10] Baloglu S, Mccleary K W. A model of destination image formation[J]. Annals of Tourism Research, 1999, 26(4): 868-897.

[11] 谢晶，方平，姜媛. 情绪测量方法的研究进展[J]. 心理科学，2011，34(2)：488-493.

[12] 景秀丽，赖银红. 文旅融合视角下聚落遗产旅游形象感知研究——以三坊七巷历史文化街区为例[J]. 辽宁大学学报（哲学社会科学版），2021，49(6)：49-61.

[13] 李欣，王庆生. 基于旅游目的地形象感知的天津文旅融合发展对策研究[J]. 城市，2021(8)：35-45.

[14] 张瑞，张建国. 基于网络文本与IPA模型分析的上海辰山植物园旅游形象感知研究[J]. 中国园林，2019，35(8)：83-87.

[15] 李萍，陈田，王甫园，等. 基于文本挖掘的城市旅游社区形象感知研究——以北京市为例[J]. 地理研究，2017，36(6)：1106-1122.

作者简介

马文涛，2002年生，男，汉族，安徽人，哈尔滨工业大学本科在读，互动媒体设计与装备服务创新文化与旅游部重点实验室，研究方向为风景园林规划设计。电子邮箱：2760401872@qq.com。

朱凤辰，2002年生，男，满族，辽宁人，哈尔滨工业大学本科在读，互动媒体设计与装备服务创新文化与旅游部重点实验室，研究方向为风景园林规划设计。电子邮箱：211386838@qq.com。

苟卓灵，2002年生，男，汉族，四川人，哈尔滨工业大学本科在读，互动媒体设计与装备服务创新文化与旅游部重点实验室，研究方向为风景园林规划设计。电子邮箱：3521905712@qq.com。

邱月妍，2001年生，女，汉族，黑龙江人，哈尔滨工业大学本科在读，互动媒体设计与装备服务创新文化与旅游部重点实验室，研究方向为风景园林规划设计。电子邮箱：1728717532@qq.com。

朱逊，1979年生，女，汉族，黑龙江人，哈尔滨工业大学建筑学院，博士，互动媒体设计与装备服务创新文化与旅游部重点实验室，研究方向为风景园林规划设计及其理论。电子邮箱：zhuxun@hit.edu.cn。

长江国家文化公园建设背景下倒水
——举水流域历史文化游径选线研究

Research on the Route Selection of Historical and Cultural Trails in the Dao
—Jv River Basin under the Background of Yangtze River National Cultural Park Construction

刘雨馨　高樱芷　杜　雁　刘思瑶　彭子懿　秦仁强*

摘　要：为发掘与保护长江流域的历史文化资源，凸显长江文化价值，国家提出建设长江国家文化公园。倒水与举水作为长江支流，其流域范围内的特色历史文化和生态自然环境是长江国家文化公园建设的重要资源。通过建设历史文化游径网络，能够串联沿江散落的地域文化和特色资源、充分彰显荆楚地域文化特色，促进地域生态保护及产业发展。本文在划定流域范围、总结梳理流域内历史文化资源的基础上，主要引用最小累积阻力模型法进行选线探索，构建以主游径、次游径、连接径和历史文化资源点为组成要素的历史文化游径，以加强对倒水—举水流域文化遗产保护与利用，为探索历史文化游径在长江国家文化公园建设中的应用提供参考。

关键词：长江流域；历史文化游径；最小累积阻力模型；选线规划

Abstract: In order to explore and protect the historical and cultural resources of the Yangtze River basin and highlight the cultural value of the Yangtze River, the state proposed the construction of the Yangtze River National Cultural Park. As the tributaries of the Yangtze River, Daoshui and Jvshui has multiple historical and cultural resources and scenic spots within the basin, that are all important resources for the construction of the Yangtze River National Cultural Park. Through the construction of the historical and cultural trail network, it can connect the regional culture and characteristic resources scattered along the river, fully highlight the regional cultural characteristics of Jingchu, and promote regional ecological protection and industrial development. On the basis of demarcating the scope of the basin and summarizing and sorting out the historical and cultural resources in the basin, this paper mainly uses the method of minimum cumulative resistance model to conduct route selection and exploration, and constructs a historical and cultural trails with main trails, secondary trails, connecting paths and historical and cultural resource points as components, so as to strengthen the protection and utilization of the cultural heritage in the Dao—Jv River basin. It provides reference for exploring the application of historical and cultural trail in the construction of Yangtze River National Cultural Park.

Keywords: Yangtze River Basin; Historical and Cultural Trails; Minimum Cumulative Resistance Model; Route Selection Planning

引言

　　长江国家文化公园是以激活长江流域历史文化资源、挖掘长江文化价值、保护长江文物和文化遗产为目的，于2021年正式启动的国家重点建设项目，其建设范围涵盖13个省区市。湖北省位于长江中游，承东启西，连南接北，拥有最长长江干线，是长江国家文化公园重点建设区段之一[1]。充分挖掘和保护省内荆楚文化、石家河文化等历史文化资源，是长江文化保护性传承的重要内容[2]。倒水与举水是长江湖北段的两条一级支流，连网成片，流域覆盖河南省新县、湖北省黄冈市红安县、麻城市以及武汉市新洲区等地。流域内依水而生的繁荣经贸、近代革命运动的发展和新中国成立以来以倒水下游改道工程为代表的水利建设，对流域内丰富历史文化资源的形成产生了强烈的影响。

　　历史文化游径是以特定地域或主题的历史文化资源点为主串联而成的历史文化遗产的游憩线路[3]。其连续性、多样性的特点，对于整个国家不同地区的线性文化遗产活化利用研究意义重大[4]。同时，历史文化游径结合沿线村镇，充分利用现有交通网络，在传承地域文化、保护自然生态、发展旅游产业以及建设美丽乡村等方面均可发挥重要作用[5]。目前国内以本土为对象进行的历史文化游径研究案例较少。研究以倒水—举水流域为例，在梳理整合历史文化资源的基础上，探究历史文化游径选线方法，为流域视角下历史文化的保护与利用提供参考，进而助推长江国家文化公园的建设。

1　基于 DEM 数据提取倒水—举水流域范围

　　倒水与举水同属长江中游下段北岸的鄂东北水系，倒水发源于大别山南麓河南省新县庆儿寺，于新洲区龙口处汇入长江，干流全长 166km，流域总面积为

---

① 基金项目：2020 年华中农业大学自主科技创新基金资助（编号：2662020YLPY025）。

1837.10km²；举水发源于湖北省麻城市乘马岗乡，于新洲区鹅公颈处汇入长江，干流全长170.4km，流域总面积为4367.6km²。

1.1 提取方法与数据来源

流域是由分水线围合的河流集水区。人工提取流域相关的水系数据费时费力，GIS环境下基于DEM进行流域的自动提取逐渐成为流域参数化的一种简便方法[6]。借助ArcGIS水文分析工具，利用集水区提取流域单元效率较高，常被用于较大流域的提取[7]，适用于倒水—举水流域的提取。

研究的基础数据包括地理空间数据云的ASTER GDEM 30M分辨率数字高程数据、2021年Landsat-8遥感影像数据，全国地理信息资源目录服务系统1∶100万公众版基础地理数据及实地调研数据。

1.2 提取过程

研究基于倒水河、举水河所在区域的DEM数据，借助ArcGIS10.6平台，利用干流及支流所流经的整个地区的集水区进行流域提取，操作步骤如表1所示。

流域提取操作步骤一览表　　表1

步骤	操作	输入数据	输出数据	参数设置
DEM预处理	Spatial Analyst Tools-Hydrology-Fill	ASTER GDEM 30M分辨率数字高程数据	无凹陷点DEM数据	默认
流向分析	Hydrology-Flow Direction	无凹陷点DEM数据	流向栅格数据	算法为D8单流向算法
流量统计	Hydrology-Flow Accumulation	流向栅格数据	汇流累积量	
流量划分	Spatial Analyst Tools-Map Algebra-Raster Calculator，Reclassify	最小蓄积栅格数据	分类后的河流链接	估算能够汇聚成河流的最小蓄积栅格数据：汇水面积/像元大小，研究取200000
河流链接	Hydrology-Stream Link	汇流累积量、流向栅格数据	河流链接	
流域提取	Hydrology-Watershed	流向栅格数据、河流链接	流域范围	

ArcGIS的水文分析是依据自然地形模拟水流汇聚的过程，只能分析自然地表水系统，其流域提取的精度会受到河渠开挖、管网建设等人为活动的影响[8]。倒水下游存在较大规模的改道历史，因此需要对其流域提取的结果进行人工修正，按照河流归属合并流域范围（图1）。

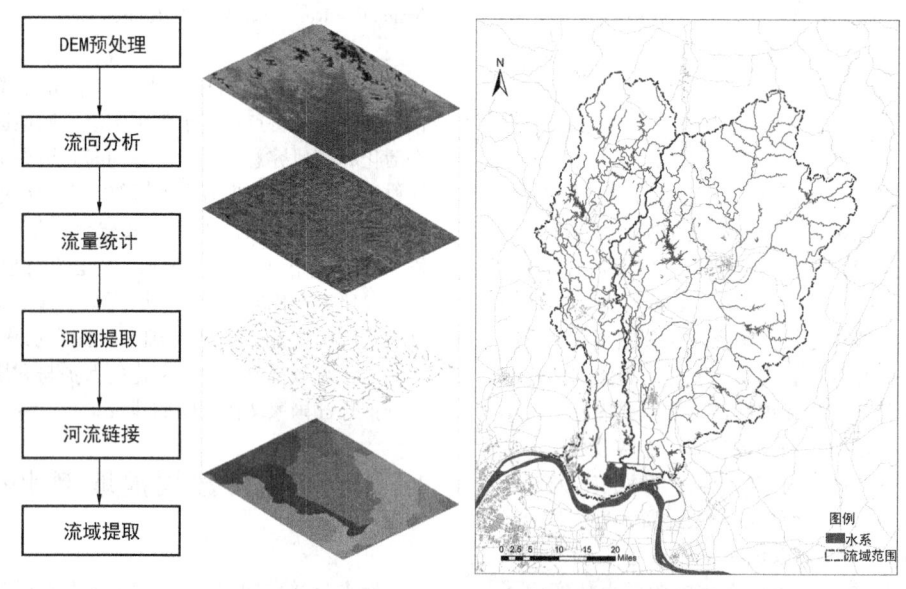

图1　流域提取过程及流域范围图

研究提取的流域总面积为6433.3km²，其中，举水流域面积与文献记载数据基本一致，而倒水流域面积较历史数据扩大了343km²，这是因为其下游入江口由涨渡湖改道龙口。总的来说，该流域范围是合理的，为后续的历史文化资源调查与分析、历史文化游径选线划定了空间范围，提供了基础数据。

2 历史文化资源获取及分析

各类要素的识别筛选与统计梳理是历史文化游径系统构建的基础，为选线规划提供了依据。研究参照《文化线路宪章》，结合场地条件及历史文化游径选线目标，将倒水—举水流域内文化资源划分为历史交通线路要素、有形遗产要素和无形遗产要素三大类[9]。研究采用文献研究法与实地调研法，对历史资料和当地文化资源进行识别、整合和分类。

2.1 历史文化资源构成

倒水河与举水河流域面积广、流经乡镇数量多，水路交通的便利促进了流域内的经济发展，同时也增加了人口的流动，为各类文化的传播与发展奠定了基础。流域内历史文化资源类型丰富，涵盖古盐道、古建筑、古遗址、古河道、红色资源、非遗技艺等众多类型，特色鲜明，内涵丰富，是流域文化表征的重要载体。

2.1.1 历史交通线路要素

倒水与举水之上，自古便有频繁的水路运输往来：据《黄安初乘》记载，明代倒水河上即有竹排往来；清道光时，河上竹排往来络绎不绝；自新中国成立初期至20世纪60年代中，竹排运输经历了旺盛的发展阶段[10]。据《麻城县志》记载，新中国成立前，麻城水运航道有举水、巴水，运具是竹簰、木船[11]。

倒水、举水等支流，曾是淮盐在鄂东南地区的运销渠道。淮鄂古盐道东路线自流域而过，经倒水向阳逻，又由鹅公颈入举水经岐亭至宋埠而抵麻城。其中的红安县与麻城市曾分别作为运盐古镇和主要集散城镇，在古盐道运输线路中发挥了重要的枢纽作用[12]。

2.1.2 有形遗产要素

流域内有形遗产要素主要包括石刻、古建筑、古遗址、古村镇、具有人文历史积淀的自然风景区以及革命纪念建筑物等类型，其中国家级文保单位6处，省级文保单位46处，市县级文保单位245处。石刻的代表有天台山石刻、似马山摩崖石刻、石堰幽寻石刻，与古代"黄安八景"之中"天台夜月""似马重峦""石堰幽寻"几处景物相互对应；古建筑中以宗教、宗祠类建筑为主，多为明清时期建筑，如砖仿木结构佛塔双城塔、千年历史道教建筑五脑山帝主庙和鄂东地区乡土建筑陡山吴氏祠；古遗址有谢家墩遗址、万人墩遗址及喻家楼遗址等，历史年代可追溯至新石器时代；古村镇如历史文化名村岐亭镇杏花村，据专家学者考证，即晚唐诗人杜牧《清明》中所写的杏花村；革命纪念建筑物主要分布于倒水河上游红安县境内，包括大革命时期董必武、李先念故居及其他将军故居等；水利风景区及水闸有浮桥河国家级水利风景区、明山国家级水利风景区、龙口大闸、沐家泾闸等，均具有重要的历史意义和研究价值。

2.1.3 无形遗产要素

非物质文化遗产类型丰富，在流域内广泛分布，包括国家级非遗3项、省级非遗13项。民间音乐有花鼓戏、湖北大鼓、牌子锣等；传统技艺包括红安绣活、传统棉纺织技艺、米酒制作技艺、传统面食制作技艺和制秤技艺等；民间文学有十八老子的故事、孔子问津传说等；此外还有庙会、竹雕、皮影戏等多种形式。

2.2 历史文化资源分析

在相关文献资料查找与实地调研基础上，经过人工筛选统计，最终确定倒水—举水流域具有较高历史文化价值的资源点共计253处，其中红色革命文化资源点47处，遗址文化资源点40处，水路文化资源点11处，宗教文化资源点129处以及具有人文历史积淀的自然风景资源点26处（图2）。

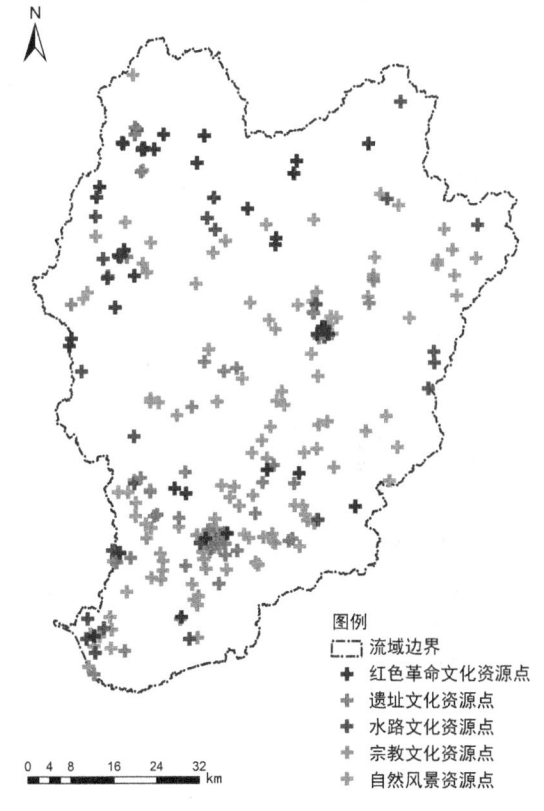

图2 资源点分布图

2.2.1 核密度分析

核密度分析能够反映要素点的集中程度和空间集聚情况。以5km为半径，对识别出的流域历史文化资源点进行核密度分析，结果显示有5处相对明显的聚集区（图3）。通过核密度分析可知流域内文化资源空间分布的不均衡以及主要的资源聚集区，以此为游径选线的参考。

2.2.2 词云分析

对网络上共计17万余字的160余篇游记进行词云分析（图4），得到关键词为革命、鄂豫皖、中国、工农红军等，显示出流域内突出的红色文化，需在整体的游径规划中提升景观品质，发挥其景观作用，避免景观体验的同质性。学术研究价值高的部分文化遗产，游客数量较少，对其价值的认识不足，遗产未完成价值符号化过程；词云中缺少与水相关的关键词，显示出人们对于水路文化关注的缺失。

总体而言倒水—举水流域历史文化资源丰富，为后续选线提供了翔实的基础资料和依据。流域文化资源的总体特征为内涵丰富性、分布广泛性、时间连续性及地方特色性，具体体现为历史文化资源点数量多、等级高、影响力大。但同时也存在文化资源点之间分布不均、一些重要资源点游离于聚集区之外的情况，在游径选线过程中须探求其解决方法。

3 MCR模型应用与历史文化游径选线过程

3.1 游径选线方法

最小累积阻力模型（minimum cumulative resistance, MCR）是荷兰生态学家Knappen于1922年创立的一种以图论为基础的度量方法[13]。通过加权计算，能够得到源在空间水平运动过程中所克服的景观阻力的累积值，其中，累积阻力最小的路径即为最适宜的通道。

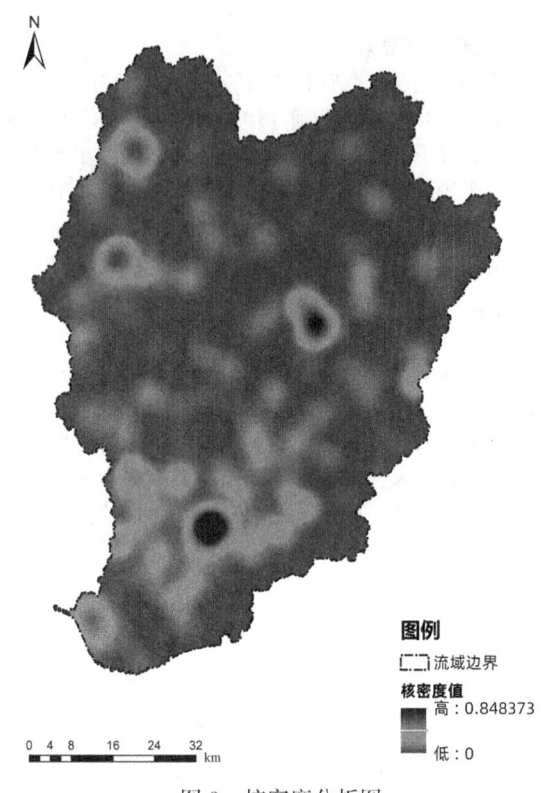

图3 核密度分析图

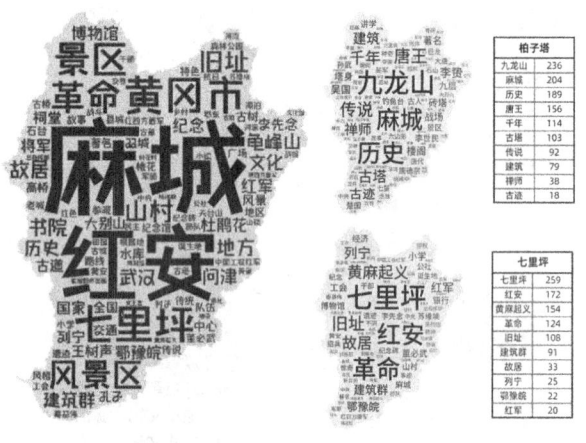
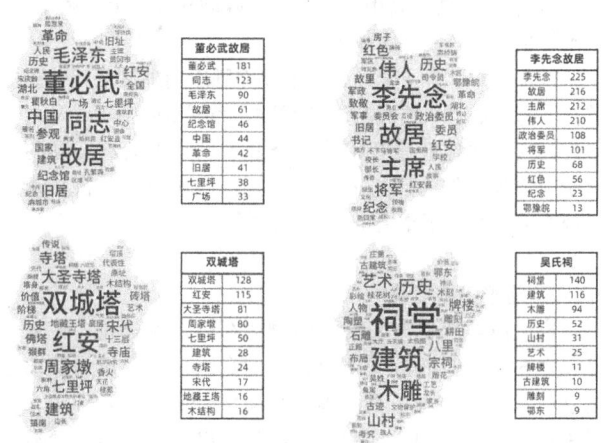

图4 网络词云分析图

MCR模型最早应用于生态领域，在土地规划管理、生态安全格局研究等方面应用广泛，现也逐渐被应用于绿道、风景道的线路模拟。

历史文化游径是串联历史文化资源节点的游憩线路，涉及人们在空间上克服阻力，从一个历史文化资源点到达另一个点的游览过程，这与MCR模型法的原理相合。MCR模型应用于历史文化游径选线，可以用以下公式描述（式1）：

$$MCR = f \min \sum_{j=n}^{i=m}(D_{ij} \times R_i) \quad (1)$$

式中，f是累计阻力与运动过程的正相关函数；D_{ij}为历史文化资源点j到另一资源点i的距离；R_i为i所在位置对于历史文化游径构建的阻力[14]。

同时，倒水—举水流域自然环境复杂，历史文化资源数量多、类型丰富、分布范围广且相互之间缺乏联系的特点决定了历史文化游径选线的复杂性。在实际操作中，MCR模型往往配合层次分析法（analytic hierarchy process, AHP）进行阻力评价体系的建立，以适配场地现状，实现评价指标定性与定量的结合，在一定程度上避免了主观性与狭隘性，能够提升历史文化游径线路规划的科学性和经济性。

3.2 历史文化游径选线过程

3.2.1 最小累积阻力表面评价与构建

基于倒水—举水流域特征，选取坡度、坡向、地形起伏度、土地利用现状、植被覆盖、与水系的距离6个生态适宜性评价指标，与资源点的距离、与国（省）道的距离、与县（乡）道的距离及道路网密度4个可达性阻力评价指标构建历史文化游径选线阻力评价指标体系（表2）。各指标分级、赋值与权重参考文献综述研究，以基于专家打分的AHP法确定（表3、表4）。

历史文化游径选线阻力评价体系一览表 表2

目标层	指标层	权重	准则层	权重
历史文化游径选线阻力评价指标体系	生态适宜性阻力评价指标	0.5	坡度	0.09
			坡向	0.05
			地形起伏度	0.1
			土地利用现状	0.18
			植被覆盖	0.3
			与水系的距离	0.27
	可达性阻力评价指标	0.5	与资源点的距离	0.49
			与国省道的距离	0.16
			道路网密度	0.26
			与县乡道的距离	0.1

生态适宜性阻力分级标准一览表 表3

阻力值		1	2	3	4	5
分级标准	地形起伏度	<10m	10~20m	20~30m	30~50m	>50m
	坡向	南向、平面	东南、西南	东向、西向	西北、东北	北向
	坡度	<3°	3°~5°	5°~15°	15°~25°	>25°
	用地类型	灌木林地、草地	林地、水体	耕地	建设用地	裸地
	植被覆盖	>60%	40%~60%	20%~40%	10%~20%	<10%
	与水系的距离	300~499m	500~1199m	1200~1499m	1500~2499m	<300m，≥2500m

可达性阻力分级标准一览表 表4

阻力值		1	2	3	4	5
分级标准	与资源点的距离	<500m	500~799m	800~1199m	1200~2499m	≥2500m
	与国省道的距离	<3000m	3000~3999m	4000~4999m	5000~5999m	≥6000m
	道路网密度	0.00001689~0.000649464	0.000649465~0.001297240	0.001297241~0.001906911	0.001906912~0.00274520	0.00274521~0.009718328
	与县乡道的距离	<500m	500~799m	800~1199m	1200~2499m	≥2500m

以构建的阻力表面模型指标体系及权重模型为基础，以ArcGIS10.6平台的Reclassify为各个因子分级赋值，再通过Raster Calculator将相应因子加权叠加，得到生态适宜性阻力面、可达性阻力面及二者进一步加权得到的综合阻力面（图5），为判别历史文化游径潜在线路打下基础。

3.2.2 最小阻力径生成与人工修正

在核密度分析所得的5处资源点聚集区中选取等级最高、最具吸引力的历史文化资源点作为核心资源点，基于综合阻力面这一成本栅格，以Cost Back Link工具计算源点的成本回溯连接，以Cost Distance工具对任意两个相邻源点之间进行最小成本距离计算，最后通过Cost Path工具在多点之间生成最小阻力径，作为备选的主游径（图6）。

对其余的历史文化资源点重复最小阻力径计算步骤，得到各类历史文化资源点阻力径网络（图7）。判断资源价值，将其分为两级，一级资源点等级较高，吸引力更强，以6000m作为其影响范围；二级资源点等级较低，吸引力较弱，以2500m作为其影响范围（图8）。以资源点吸引力缓冲区为依据，将串联分布较为密集的历史文化资源点的最小阻力径设为次游径，而将串联游离的历史文化资源点的最小阻力径设为连接径。

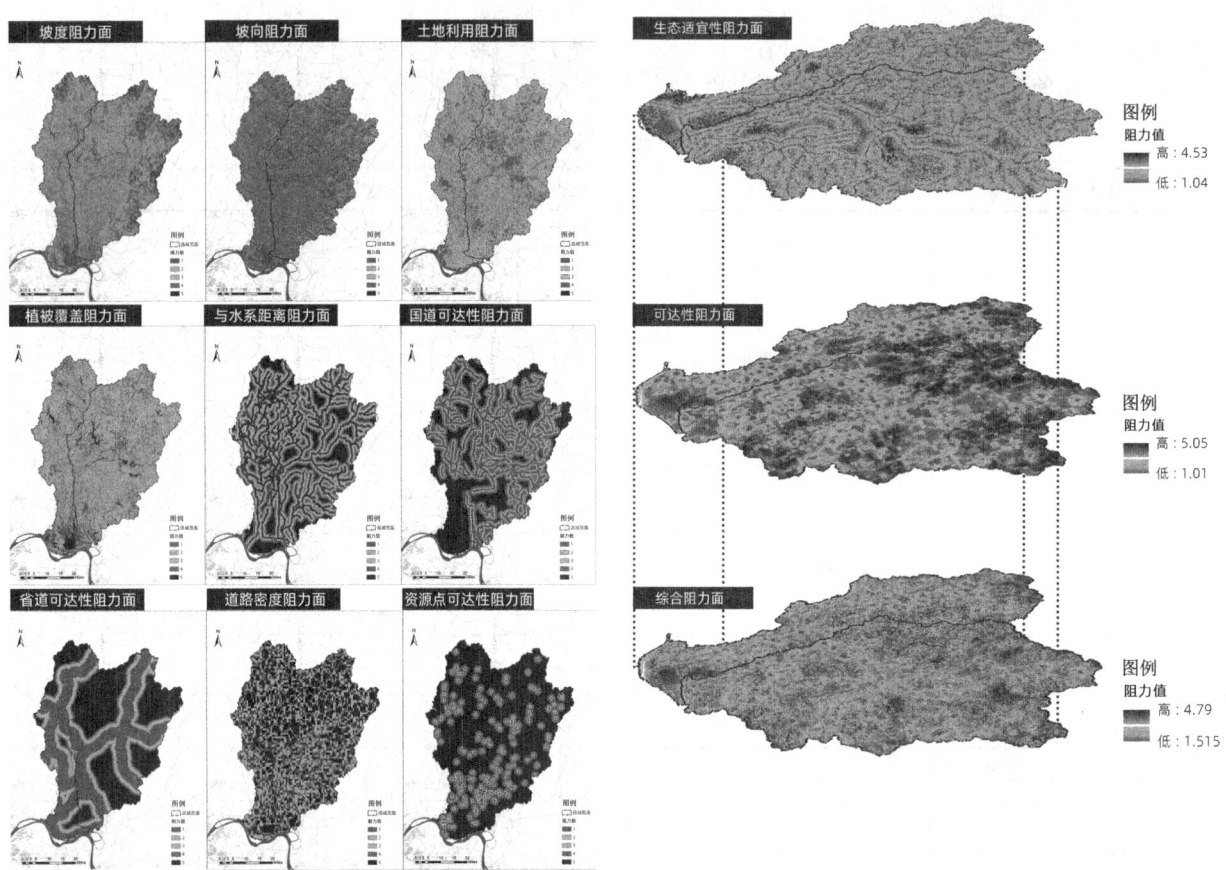

图5 最小累积阻力表面生成过程

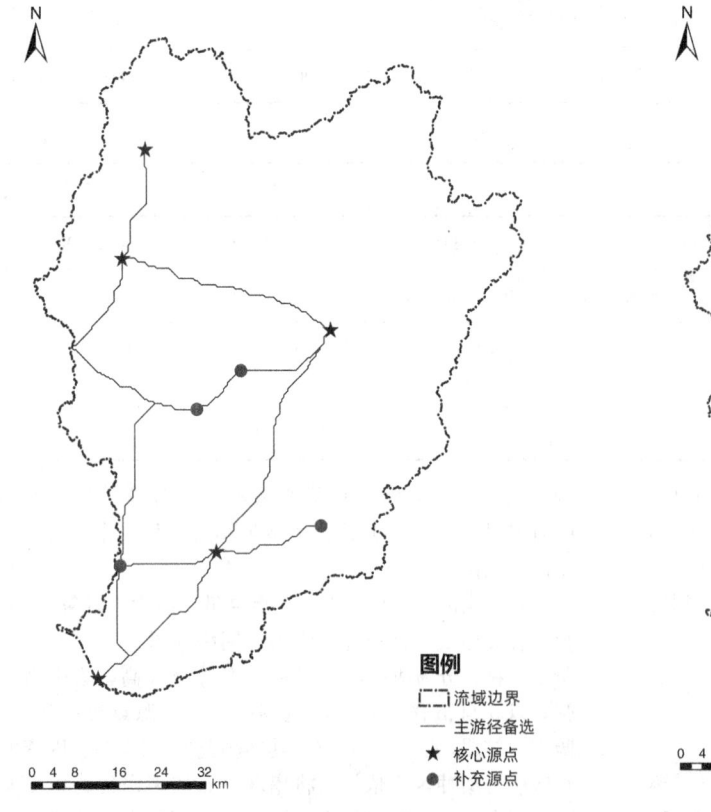

图6 核心源点与主游径备选图

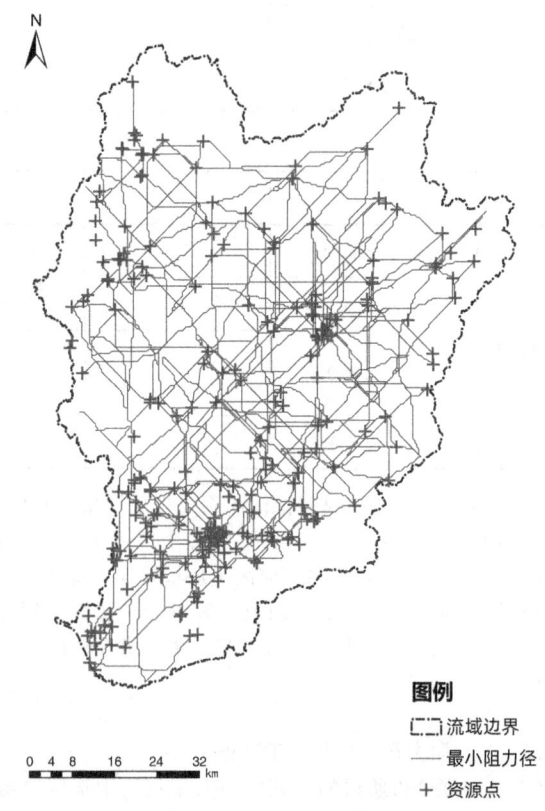

图7 最小阻力径网络图

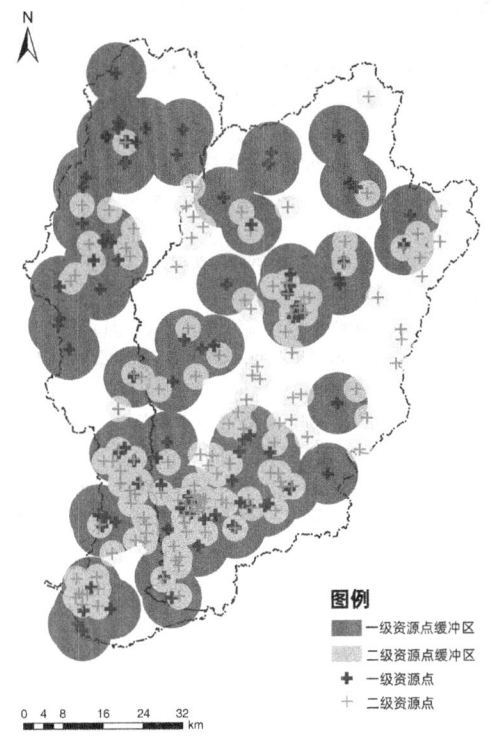

图 8 资源点缓冲区图

人是风景游径的游览主体,人的主观意识判断有利于提高游径选线的合理性和建造可行性[15]。将计算机初步选线与现状道路叠加,以全部或部分现状道路走向与计算游径走向相似为选线原则,对历史文化游径系统进行人工修正,并调整部分游径的等级,防止不同等级道路相互交叉,影响游人出行明确性与安全性。

应用MCR模型法进行倒水—举水流域历史文化游径选线,综合考虑了地形、植被、水文等自然因素和游径使用者的潜在游憩行为模式,阻力评价指标选取和权重分配都基于流域自然地理环境及历史文化资源点分布现状,具有一定合理性。

4 历史文化游径系统构建

倒水—举水流域历史文化游径系统的构成要素为:主游径、次游径、连接径及各种文化主题的历史文化资源点及用作补充的自然风景资源点(图9)。

主游径以车行、公共交通出行为主,主要依托于国道、省道,实现倒水—举水流域内部各历史文化资源聚集区及对外交通的快速直达;次游径鼓励骑行、步行出游,主要依托于县道、乡道;连接径作为主、次游径的补充,串联个别距离较远的资源点,增加游径网络的可达性,或依托于特色道路,为游览者提供特色的自然、文化风景体验。

基于已构建的历史文化游径系统,规划筛选出5条主题线路,分别为革命历史红色主题线路、山野徒步运动探险线路、水岸田园风光体验线路、遗址溯源文化主题线路和宗教宗祠传统文化线路(图10)。主题线路的建设为游客出行选择提供了参考,有利于各类文化资源的集中展示宣传。

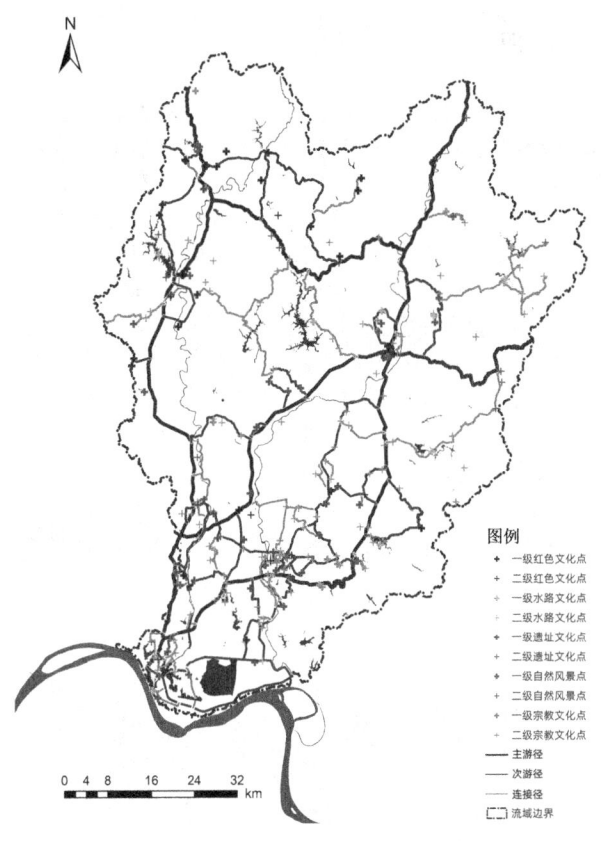

图 9 历史文化游径系统图

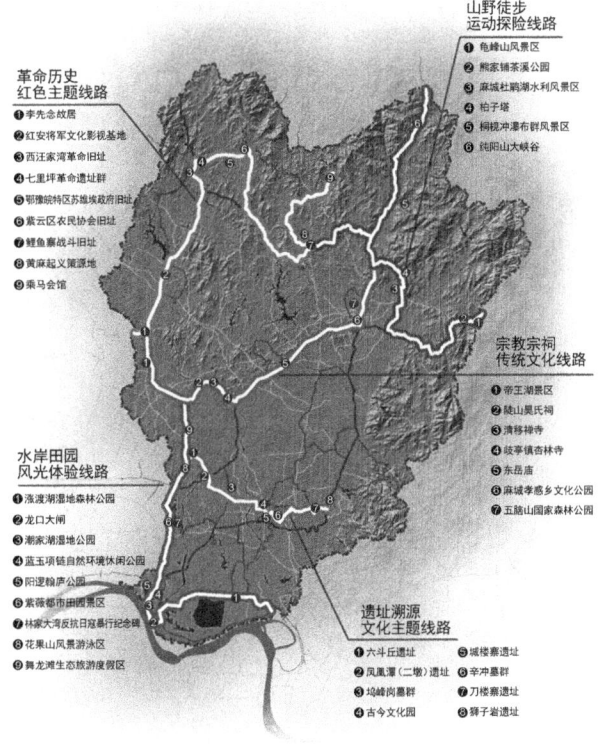

图 10 主题线路图

5 结语

研究基于倒水、举水实地调研和文献分析，引入MCR模型法，在中小型流域尺度内进行历史文化游径选线，技术方法上具有科学性；完成了资源点、主次游径及连接径的系统构建，具有有效性；在历史文化游径的基础上进行了不同尺度的规划与设计探索，具有可行性。限于分析数据在时间范围上有所不足，本研究未能涵盖整体历史时间；阻力评价指标体系构建参照绿道选线标准，偏重选线生态适宜性的评价。综合来看，历史文化游径选线对于历史文化资源价值挖掘与地域性流域流域文化宣传具有重要的意义。倒水和举水作为长江湖北段的重要支流，其流域内文化遗产的活化利用以及历史文化游径的建设有利于挖掘和宣传荆楚文化，是利用历史文化游径串联长江流域历史文化资源，推进长江国家文化公园建设的一个尝试。

参考文献

[1] 曾成,周伶俐.高质量建设长江国家文化公园湖北段[N].中国社会科学报,2022-11-30(006).
[2] 高琰鑫.长江国家文化公园建设策略——以湖北十堰为例[J].文化产业,2022,229(12):145-147.
[3] 曾秀兰.乡村振兴战略背景下建设历史文化游径的价值及路径——基于广东历史文化游径的观察[J].城市观察,2021(5):119-126.
[4] 牛丞禹.基于文化传承的连州秦汉古驿道历史文化游径规划研究[M]//中国城市规划学会.2019中国城市规划年会论文集(09城市文化遗产保护).北京:中国建筑工业出版社,2019.
[5] 龚蔚霞,周剑云.历史文化传承视角下的线性遗产空间保护与再利用策略研究——以梅州市古驿道活化利用为例[J].现代城市研究,2020(1):17-21+29.
[6] 孙燕霞.基于ArcGIS的流域分割[J].经纬天地,2020(5):68-72.
[7] 程峥,李永胜,高徽徽.基于ArcGIS的DEM流域划分[J].地下水,2011,33(6):128-130.
[8] 李晶,张征,朱建刚,等.基于DEM的太湖流域水文特征提取[J].环境科学与管理,2009,34(5):138-142.
[9] 丁援.国际古迹遗址理事会(ICOMOS)文化线路宪章[J].中国名城,2009(5):51-56.
[10] 湖北省红安县地方志编纂委员会.红安县志[M].武汉:武汉大学出版社,2016.
[11] 湖北省麻城市地方志编纂委员会.麻城县志[M].北京:红旗出版社,1993.
[12] 赵逵.中国盐业考古与盐业文明[D].成都:西南交通大学出版社,2019.
[13] Marten S, Bert H, et al. Estimating habitat isolation in landscape planning[J]. Landscape and Urban Planning, 1992, 23(1): 1-16.
[14] 夏文莹,杜雁,周盼,等.澧阳平原稻作遗产区域游径网络构建[J].中国城市林业,2022,20(5):100-105.
[15] 陈挺帅,夏文莹,杜雁,等.基于多重目标的杭州市临安区游径系统构建策略分析[J].景观设计,2021(3):36-43.

作者简介

刘雨馨,2001年生,女,汉族,山西人,华中农业大学大学硕士在读,研究方向为风景园林历史与理论。电子邮箱:2961452078@qq.com。

高樱芷,2001年生,女,汉族,浙江人,华中农业大学大学硕士在读,研究方向为风景园林历史与理论。电子邮箱:1260867858@qq.com。

刘思瑶,2001年生,女,汉族,内蒙古人,华中农业大学本科在读,研究方向为风景园林历史与理论。电子邮箱:1711121882@qq.com。

彭子慈,2002年生,女,汉族,四川人,华中农业大学本科在读,研究方向为风景园林历史与理论。电子邮箱:1556453927@qq.com。

(通信作者)秦仁强,1971年生,男,河南信阳,华中农业大学园艺林学学院,副教授、硕士生导师,山水文化传承与保护团队成员,研究方向为风景园林历史与理论、山水美学。电子邮箱:180566881@qq.com。

新地域主义视野下当代乡土景观设计策略研究
——以京郊景观为例

Contemporary Design Strategy of Vernacular Landscape Based on New Regionalism
—Taking the Suburban Landscape in Beijing as an Example

张学玲* 何钰昆 杨艺璇

摘　要：论文面向中国式现代化发展，基于新地域主义思想及其设计观念的梳理与分析，以乡土景观设计观念及典型案例为研究内容，从地域景观概念入手开展当代乡土景观设计策略研究。以京郊乡土景观设计实践为例，在解析新地域景观设计相关背景、范畴、内涵等基础上，归纳当代乡土景观的自然肌理与文化特征，探究了我国当代地域性景观设计整体提升的策略与方法。研究认为乡土解译与场所设计、地域性景观要素提炼与重组、塑造地域性场景与情境、传承地方文脉内涵等是有中国特色的乡土景观设计主要策略，对其深入解析是地域性景观设计深化的重要途径。本研究相关成果可为有中国特色的乡土景观设计实践提供纵深思考结论与实践探索依据。
关键词：新地域主义；乡土景观；地文特征；设计策略；北京郊区；风景园林

Abstract: Facing the development of Chinese modernization, based on the combing and analysis of the new regionalism thought and its design concept, this paper takes the concept of vernacular landscape design and typical cases as the research content, and studies the contemporary vernacular landscape design strategy from the concept of regional landscape. Taking the practice of rural landscape design in Beijing suburbs as example, on the basis of analyzing the background, category and connotation of new regional landscape design, this paper summarizes the natural texture and cultural characteristics of contemporary vernacular landscape, and explores the strategies and methods for the overall improvement of contemporary regional landscape design in China. The research holds that the main strategies of vernacular landscape design with Chinese characteristics are vernacular interpretation and place design, extraction and reorganization of regional landscape elements, shaping regional scenes and situations, inheriting local cultural connotation and living presence, and in-depth analysis of them is an important way to deepen regional landscape design. The relevant results provide in-depth thinking conclusions and practical exploration basis for the practice of vernacular landscape design with Chinese characteristics.
Keywords: New Regionalism; Vernacular Landscape; Physiographic Feature; Design Strategy; Suburban of Beijing; Landscape Architecture

引言

党的二十大提出，中国式现代化是人口规模巨大的现代化，是全体人民共同富裕的现代化，是物质文明和精神文明相协调的现代化，是人与自然和谐共生的现代化，是走和平发展道路的现代化。中国式现代化致力于物质文明和精神文明协调发展，强调人与自然和谐发展，是正确妥善处理代际之间、人与自然之间、全球化与地域化之间公平与效率问题的重要指导，对于当代风景园林科学研究与设计实践具有重大的现实意义和深远的理论意义。

实践是理论之源，更是检验真理的唯一标准。在中国式现代化发展导向下的风景园林领域，全球化与地域化这两种发展趋势既互相矛盾又互相联系，它们的交织和冲突，使当代景观设计变得日益丰富、错综复杂[1]。伴随全球化产生的景观文化传统失落与地域界限模糊，使地域性表达形式成为当前风景园林设计创新的内在需要。在乡土景观设计中，传统的地域主义园林主要将地域文化表现为符号性、图案性和表面性等，很少能在更深的层面上对地域本底进行挖掘和深刻的反映。

然而，地域恰恰是一个宽泛的概念，风景园林中的地域包含地理与人文双重含义。大至面积广袤的区域，小至建筑周边的庭院环境，在自然与人工的作用下都会形成自身的历史印记；自然环境与文化积淀具有多样性与特殊性，不同场所之间的差异是生成地域性景观多样性的内在因素。新地域主义拥有对知觉、体验等现象学方面的思考，并在普世文明的文化间隙中，为乡土景观设计提供了更为广阔的实践途径[2]。新地域主义奠定了一种应对景观地域界限模糊问题的积极价值观语境，为探索相关的新地域主义景观设计理论与实践提供了保障。如宁夏韩美林艺术馆、贵州安龙山地公园游客服务中心等被学界认为是当代新地域性景观设计实践的典型代表（图1、图2）。

---

① 基金项目：论文系国家自然科学基金青年项目"基于 eCognition 遥感测度的乡村蓝绿景观形态耦合解析技术及其优化算法研究——以京西典型传统村落为例"（编号：52108036）、北京建筑大学"金字塔人才培养工程"英才项目（编号：JDYC20220802）共同资助。

图 1　宁夏韩美林艺术馆
（图片来源：网络）

图 2　贵州安龙山地公园游客服务中心
（图片来源：网络）

论文基于对风景园林专业视野下地域、地域性、新地域主义概念的深入分析，对新地域主义景观设计理论的背景、范畴、内涵、特点、观念展开了探讨，基于当代新地域性景观设计理论研究与设计实践，以北京郊区乡土景观设计实践为例，对基于新地域性主义理念的当代景观设计策略与方法进行发掘与提炼，以期拓展传统地域主义景观的现象阐释与艺术表达深度，为当代中国式新地域主义景观设计提供理论基础与实践参考。

1　新地域性主义景观概述

1.1　新地域主义概念

新地域主义（neo-regionalism），最早出现在建筑理论研究里，指的是建筑上吸收本地的、民族的或民俗的风格，使现代建筑中体现出地方的特定风格。它不等于地方传统建筑的仿古或复旧，新地域主义依然是现代建筑的组成部分，它在功能上与构造上都遵循现代标准和需求，仅仅是在形式上部分吸收传统的东西而已[3]（图3）。

区别于传统地域主义景观所包含的具体地域范围内自然景观、人文景观及人类活动所表现出的地域特征，新地域主义景观着眼于特定的地域和文化，关注日常生

图 3　阿联酋阿布扎比卢浮宫
（图片来源：网络）

活方式和真实熟悉的生活轨迹，萃取最本质的文化内涵，致力于把当地文化用先进的理念、技术表达出来，使景观和其所处的地文环境维持一种紧密、有机且具有持续性的关系。新地域主义不仅仅存在于相对明确的地理边界内，具有独自的特色与特征；同时新地域主义也是时代的产物，更能体现出当代景观创造"丰富性、多样性"和身份确认的需求，新地域主义是新历史主义与时代精神的体现[4]。

基于新地域主义的乡土景观设计不仅展现了某一地域范围内独特的自然景色，也反映了这一范围内的人类在自然中留下的印迹，包括独具特色的城市环境、建筑房屋，也包括这一地域内特有的传统文化与生活方式。其中，北京作为全国的政治和文化中心，被誉为"天下总汇"。北京地处华北平原、东北平原和内蒙古高原三大地区相通的特殊地带，历史上一直是中原农耕民族与北方游牧狩猎民族文化交流融合的枢纽地区。自辽金元以至明清时期，契丹、女真、蒙古族和满族人，大量迁入北京，逐渐与汉族融合。源自平原、森林、草原的地域环境特征，融合丰富多彩的民族文化，构筑出京郊独树一帜的文化格局与乡土景观气质。如京郊木兰围场，就将草原的精神属性与中国传统文化属性相互融合打通，牧民的生活景象通过抽象、再现的方式被以地域性景观的语言重新诠释（图4）。新地域性主义景观体现了人们对地域的熟知感，记载了人与自然和谐相处的过去与当下，并将其延续至未来。

图 4　京郊木兰围场
（图片来源：网络）

1.2 地域性乡土景观要素

1.2.1 地域性自然资源

地方性要素是构成地域性自然肌理的重点。由于地理纬度、环境空间分布、海拔高度等因素的综合影响,使自然环境具有地带性。区域性季节变化,使得地表各地区的自然环境要素也发生变化,由此又导致各地区自然环境的差异。乡土景观以地域环境作为历史的起点,强调地域环境的自然肌理,对地形地貌、空间、材料、植物、自然气候等景观要素进行解析,透过营造的思考建构出"景观形式"的回应(图5),并通过与地域材质的交互运用,创造出属于当代的地域景观语言[2]。

图5 北京门头沟区爨底下村自然风貌
(图片来源:网络)

地球表面的空间和形态是构成景观地域性的基本元素。地形地貌承载了场地的自然肌理,是连接景观中的景观要素和空间关系的主线[5],影响着景观区域的地域性美学特征、空间构成和空间感受。地方材料不仅能调和对大自然造成的侵扰,还能通过其在场所本底中孕育形成的材质、色彩、质感、体量等对地域风格产生直接影响,赋予乡土景观许多自然的原始特征。地方材料参与了新地域性景观的"细部"构建,通过触觉、视觉领域,唤醒人们对材料触觉的场所记忆,材料的真实材性给人们的内心带来人情化的触觉[6]。

此外,植物拥有丰富多彩的效果,是乡土景观中最富于变化的因素之一。在人们对乡村环境的持续体验中,植物以其独一无二的变迁特征成为人们场所记忆中最活跃的自然因素。植物的质感、色彩、阴影与周边环境等共同构成了其独有的景观空间领域,这种领域会使人们产生特定的场所概念。

1.2.2 地域性人文环境

文化的发展有历史的继承性,同时也具有民族性、地方性。不同民族、不同地域的文化又形成了人类文化的多样性。地域性文化为人们共同所有,进入人们的"集体记忆"。这种"集体记忆"不是某一代或某时期人们心智记忆的产物,每个历史阶段的人们的都为其增添新的内容。

集体记忆在人类历史文化中由个体和群体以口述、文字、工法和人工环境的形式保持下来,凝聚成地域性人文肌理延续下去。"当一处城市空间的物质形态记录了可触摸的时间流逝,并体现出'集体记忆'时,它的相对永恒性就能促使自身成为一个有意义的场所。"[7]地域性景观正是这种"集体记忆"的重要载体。

当代乡土景观在弘扬中华传统农耕文明的驱动下,有着对地域性、民族性文化与个性的强烈渴望,不再拘泥于将地域性解释为景观与当地气候、文化、艺术、工艺技术的传承和表达,而是要去确认、延续那些最深层的地域文化脉络。乡土景观的地域性很重要的一方面表现在地区的历史、人文的环境之中。一个民族,一个地区的人们的长期生活决定了这片地域的历史文化传统。地域文化中使自身区别于其他文化,从而展现出自身特色的东西,是那个特定地域和文化中的人们依据其生活方式、文化背景和自然条件,在建设自己的生活家园时自然得出的自己特殊的解决方式。当代乡土景观从传统地域的地理环境概念,向广义的地域文化观念发展。它打破封闭和单一的观念,向地域美学观念、地方生活模式、宗教信仰等文化性方向扩展,扎根于生活空间,进入人们世代的集体记忆,获得后人的知觉与体验,又影响着新的环境塑造活动。

近年来,在追求技术与人文结合的观念影响下,乡土景观出现了对地域工法的实践探索,它是新地域主义在技术探索方向的一种特例(图6)。将高技景观营造方式与传统乡土地域工法相结合是既追求既有信息、智能以及生态技术功能,又充满地域文化特色的景观创作倾向。这是信息时代适宜技术的景观审美与社会审美取向互动的产物,也是全球环境下"高技景观地域化"与"地域景观高技化"两性并置与互融共生结果。地域工法与高技景观营造方式的结合有多种方法,如将地域工法与高技景观营造方式并置或提炼传统乡土地域工法中最具特色的部分,加以改进后直接用于当代乡土景观创作,更有的以高技景观营造方式重新诠释传统地域工法的特征等等[8]。

图6 北京溪山悦——传统工法的现代演绎
(图片来源:网络)

1.3 新地域主义乡土景观的基本特性

除了气候、土壤、植被、资源等自然环境条件以外,地域性同时显示出在长期历史发展中形成的地域人文精神，这些因素深刻地影响着人类的生存方式和生活环境。而相对于传统的地域主义而言，城市外围乡土环境还具有自组织、自适应、自修复的能力。秉承这种积极开放的新地域主义理念，当代乡土景观孕育出与都市景观迥然而异的批判性、开放性和共生性[5]。

首先，新地域主义乡土景观具有二重批判性。它虽然对传统地域主义景观设计持批判的态度，但它拒绝抛弃传统地域主义景观设计中对地方和乡土要素的解释，并将其作为一种景观设计表述的手法或片段注入景观空间。其次，新地域主义乡土景观具有开放性。它不把景观强调为独立的甚至孤零零的实物，而是不断与外部环境进行物质、能量、信息交换，在乡土景观内部空间要素与外部地域特征的互动中体现其存在的价值和意义。其次，新地域主义乡土景观具有共生性，在保持自身特色的基础上，主动与先进文化和谐共生、多元融合，自觉地融入中国式现代化景观发展进程。

2 新地域主义视野下乡土景观设计策略

基于当代新地域主义的乡土景观设计源于地域本底肌理的某种特殊表征，并通过对其重新解构、凝练表达的手段，来对当代景观设计语境下的同一性加以调节，用地域文化特征与本土文化语境回应全球化带来的设计策略与操作手法的冲击，重塑因地制宜、文化传承的地方性景观环境。

2.1 乡土解译与场所设计

新地域主义视野下的乡土景观设计重视场地的乡土解译，将乡土景观整体特征及其在地性作为着手点，在把握乡土景观基底特征的基础上生成属于其场所独有的景观风貌片段[9]。一方面，把握场地的设计方向与乡土景观的演替规律，其形态、功能与所在乡土环境整体的耦合关系；另一方面，场地与场地之间存在相互影响与渗透，场地与场地之间外部的相互影响有时远远超过场地的内部矛盾。

场所的自然肌理是景观自然演替生命力的重要表现载体，人类活动对自然的改造肌理也是人类与场地本底共同演进的程度和方式的体现。通过对场地自然肌理的解析，面向新地域主义的乡土景观设计不仅关注设计从方案到生成的全过程，更关注景观与场地之间的共同演进，保持并延续景观与场地本底的生命力与关联性，共同营造具有乡土归属感的场所空间（图7）。

图7 北京密云区司马台彩霞人家

2.2 地域性景观要素提炼与重组

在充分认知乡土与场地的自然条件和人文条件的基础上，提炼地域性景观要素，并以此构建乡土景观空间。新地域性景观空间建构首先是对地域性景观要素进行解析，将可以体现场地地域性特征、满足人们地域性知觉与体验需求的景观要素应用于空间的建构过程中。解析的过程不仅要将场地的地域性景观要素与人们新的使用要求相结合，也要恰当表达景观空间的感知意图（图8）。

图8 怀柔栗花溪谷绿道
（图片来源：网络）

乡土景观要素与地文特征之间存在内在的联系，特定的景观要素反映特定的景观意向。因此，乡土景观设计就是妥善利用适宜的地文景观要素，营造具有地域性特征的景观空间。地形、植物、水体、园路、构筑物等景观要素不仅拥有视觉形象效果，景观要素单体或要素之间也存在着深刻的自然文化内涵与自然演变机理。地域性景观设计通过对这种文脉与自然肌理的解析、抽象与再现，根据当代景观的功能、结构，结合新技术与新材料创造新的乡土景观空间形式[10]。

2.3 塑造地域性场景与情境

地域场景是地域自然本底与人文演进二者作用力下共生演替的结果，记载着当地的历史兴衰，也反映了人类与自然之间的和谐共生。新地域性景象是地域性景观表现出的整体形象的延续与发展，其景观形态与外部地域特征中重要特质相互延续，在此基础上进一步凝练出地域本底肌理的"场所精神"。其营造的景象又是地域性景观空间内在逻辑关系的表达，主要表现在景象形态的外在边界与场所本身的关系之中。

乡土景观充分反映了基于传统农耕本底的深刻文化内涵，从环境、功能、空间、造型、材质、植物造景等方面显示其地文特色（图9）。因此，乡土景观真正魅力不在于景观空间的外在形态，而在于景观内部景象与外部地域特征耦合的同一性与逻辑性。

2.4 传承地方文脉和生活在场

基于新地域主义思想的乡土景观设计从场地、气候、自然条件以及传统习俗和文脉中思考景观文脉的生成条件与设计原则。新地域主义强调的文脉传承，是指景观存在的合理性、必要性和延续性，是人类为了某种实践的需

图9 北京雁栖湖景观设计
（图片来源：网络）

要而有意识地利用自然来创造景观的方法与过程，它从人们的生活空间中、从集体记忆中蜕变、进化而来，又重新在当代文明一隅打上深刻的烙印，使景观重新获得场所感与归属感[11]。

地方文脉内涵的传承是乡土景观设计复杂性与独特性的体现，也是对自然演替的再现与历史进程二次认知的表达（图10）。乡土景观从既有的环境中抽象出文化的构成与脉络，将抽象的地域文化与物质生活空间载体紧密结合，从而对于特定的时间、空间、人群、文化、生活现状加以表现，通过场所记忆中的片段的整合与重组，将文脉与自然高度融合，成为新的景观空间的内核，以唤起人们对于场所里流淌文脉的映像，形成特定的景象，使其与场地本身的"场所精神"达到一致，体现地域的存在感与可识别性[12]。

图10 北京昌平区长峪城村景观风貌

3 结语

新地域主义是对全球化趋势的深刻体悟与能动应对，在景观设计中应融入在地文化，服务地域感观，关注生活存在，传承地文特征[13]。与之相应的乡土景观设计则应通过深入挖掘历史文脉与自然肌理，借助"解析""抽象""再现"等手法，合理运用地域景观要素，通过乡土解译与场所设计、地域性景观要素提炼与重组、塑造地域性场景与情境、传承地方文脉和生活在场等设计策略，根据实际乡土环境的功能、结构，结合适宜技术与材料创造营建属于地文环境的乡土景观形式。

景观无国界，人类共命运，建设美丽家园是人类的共同梦想。乡土景观是动态的、发展的，它是在不断创新、不断吸收中逐渐积累起来的。本文中关注的新地域主义景观设计策略与创新手法并非各自独立，往往是同时出现、相辅相成的。事实上，乡土景观设计语言也并非一种封闭的设计模式，它是开放发展的动态过程，其生命力在于融合与发展[14]。我们应结合当代新地域主义设计的发展趋势，重视吸收地域环境文化的优秀传统，努力寻求传统地域文化与乡土景观设计语境的结合点，不断探索传统景观营造与现代审美意识的结合方式[15]。将地域文化运用于当代乡土景观设计中，充分涵盖景观的功能之美、技术之美、社会之美，还包括了地域文脉、自然肌理等诸多方面，通过地域属性的深层表达，最终体现为"形而上关怀"，使我国当代乡土景观设计焕发出蓬勃的生命力、创造力，实现当代我国乡土景观设计水平的整体提升与高质量发展。

参考文献

[1] 徐千里. 全球化与地域性——一个"现代性"问题[J]. 建筑师，2004(3)：68-75.

[2] Intelligent Information Technology Application Association. Proceedings of 2011 International Conference on Social Sciences and Society(ICSSS 2011 V3)[C]. Intelligent Information Technology Application Association，2011：6.

[3] 邓庆坦，邓庆尧. 当代建筑思潮与流派[M]. 武汉：华中科技大学出版社，2010.

[4] 毛刚. 生态视野：西南高海拔山区聚落与建筑[M]. 南京：东南大学出版社，2003.

[5] 张彤. 整体地区建筑[M]. 南京：东南大学出版社，2003.

[6] 杨鑫. 地域性景观设计理论研究[D]. 北京：北京林业大学，2009.

[7] Matthew C，Tim H，Taner O，et al. 城市设计的维度——公共场所、城市空间[M]. 南京：江苏科学技术出版社，2006.

[8] 曾坚，杨崴. 多元拓展与互融共生——"广义地域性建筑"的创新手法探析[J]. 建筑学报，2003(6)：10-13.

[9] 杨鑫，张琦. 基于乡土景观肌理的城郊边缘空间整合——解读巴黎社舍曼公园[J]. 新建筑，2010(6)：109-112.

[10] Kenneth F. Studies in Tectonic Culture：The poetics of Construction in Nineteenth and Twentieth Century Architecture[M]. Bei Jing：China Architecture &Building Press，2007.

[11] 王铭铭. 社会人类学与中国研究[M]. 桂林：广西师范大学出版社，2005.

[12] 汪峰. 新地域主义在城市景观设计中的运用[J]. 中国园林，2007(12)：60-63.

[13] 曹伟作. 传统村落[M]. 北京：中国建材工业出版社，2021.

[14] 张大玉. 传承与创新：让传统村落在乡村振兴中焕发生机[J]. 城乡建设，2023，661(10)：13-15.

[15] 成玉宁，樊柏青. 数字景观进程[J]. 中国园林，2019，35(10)：5-12.

作者简介

（通信作者）张学玲，1987年生，女，汉族，北京市人，博士，北京建筑大学建筑与城市规划学院，讲师、硕士生导师，研究方向为数字景观理论与技术、乡村景观规划设计与理论。电子邮箱：zhangxueling@bucea.edu.cn。

何钰昆，1995年生，男，江苏省南通市人，京都大学工学研究科建筑学专业博士，研究方向为文化景观设计理论与景观特征研究。电子邮箱：fp2-heyukun@archi.kyoto-u.ac.jp。

杨艺璇，1999年生，女，陕西渭南人，北京建筑大学建筑与城市规划学院硕士在读，研究方向为乡村景观规划设计与理论。电子邮箱：2109530022011@stu.bucea.edu.cn。

城市公园历史风貌演变及影响机制研究[①]
——以上海市中山公园为例

Study on the Evolution of Historical Style and Influence Mechanism of Urban Parks
—Taking Shanghai Zhongshan Park as an Example

卓林欣　金云峰*

摘　要：公园是城市历史与文化的空间载体，承载着丰富的历史文化内涵。随着中国城市的快速发展，许多不同等级、不同规模的公园正面临着新的一轮保护与更新，在此过程中，既要关注物质的、空间要素的保护与更新，也要注意非物质的、精神的、文化的延续和活力，即基于公园的历史风貌对公园做出合理改造。公园风貌承载着一个城市不同年代的集体记忆，对公园进行历史风貌演变及影响机制研究，能够为公园的保护与更新思路提供重要价值。本文以上海中山公园为例，梳理绘制公园历史风貌变迁谱系，并研究其风貌变迁影响机制。

关键词：风景园林；历史风貌；保护更新；景观治理；上海中山公园

Abstract: Parks are spatial carriers of urban history and culture, carrying rich historical and cultural connotations. With the rapid development of Chinese cities, many parks of different grades and scales are facing a new round of protection and renewal, in which not only the protection and renewal of material and spatial elements should be paid attention to, but also the continuation and vitality of immaterial, spiritual and cultural ones should be carried on, i. e., the parks should be reasonably remodeled based on the park's historical landscape. The park landscape carries the collective memory of a city in different ages, and the study on the evolution of historical landscape and the influence mechanism of the park can provide important value for the protection and renewal of the park. Taking Shanghai Zhongshan Park as an example, this paper maps out the spectrum of the park's historical landscape change, and studies the influence mechanism of its landscape change.

Keywords: Landscape Architecture; Historic Landscape; Conservation and Renewal; Landscape Governance; Zhongshan Park, Shanghai

引言

公园是城市历史与文化的空间载体，承载着丰富的历史文化内涵[1]。上海中山公园是上海近现代最具代表性的历史公园之一，具有丰厚的历史、艺术、文化及社会价值。上海中山公园在近百年的园林建设中，逐渐形成了以英国式园林风格为主体，辅以中国传统园林、日本式园林、植物园观赏区等多种园林风格于一体的园林景观。研究上海中山公园的风貌变迁及影响机制，可以为城市公园改造与更新提供新的价值与思路。

1　概念界定及研究步骤

1.1　公园风貌与公园历史风貌

《辞海》中对于风貌的解释为"风格和面貌"，即"风"对应非物质性要素，"貌"对应实体空间要素，"风"与"貌"共同构成完整的风貌。由此，公园风貌可以看作人与活动层面（风）、城市背景层面与公园内部层面（貌）的结合。其中人与活动层面包括人群构成、活动举办，城市背景层面包括公园轮廓、周边发展，公园内部层面包括建筑构筑谱系、要素变化、分区变化等。

多个时期的风貌叠合积累而形成历史风貌，所以"时间"是公园历史风貌研究中不可或缺的部分。

1.2　公园风貌演变影响因素与机制

一个公园在不同的时代背景下展现的风貌不尽相同，而影响公园历史风貌的原因是复杂多样的，包括城市事件、公园内部事件与城市发展进程等。

不同的时期、不同的事件对于公园风貌的影响程度也有差异，需要对影响因素进行筛选与比较，才能更准确地归纳与研究公园风貌演变影响机制。

1.3　研究步骤

对于城市公园的历史风貌演变与机制研究，可以从以下8个步骤推进：

①历史资料搜集整理；②风貌变迁阶段划分；③发展变迁谱系图绘制；④风貌要素及风貌分区归纳；⑤不同阶段风貌特征描述；⑥风貌演变影响要素归纳；⑦演变要素影响评估；⑧风貌演变影响机制归纳

[①]　基金项目：国家自然科学基金项目（编号：51978480）资助。

2 上海中山公园风貌变迁

2.1 上海中山公园概况

中山公园位于上海市长宁区东北部，吴淞江之南，上海西站之东，长宁路780号。公园东侧为兆丰别墅，两侧与花园村、苏家角相连，北面紧靠万航渡路。占地21.33hm²，其中树坛667万 m²，草坪3.53万 m²，水面1.2万 m²，至今已有百余年历史，是上海市著名的大型公园之一[2]。

1860年勤努·霍格（Jenner Hogg）购买土地，修建兆丰花园，1914年租界工部局收购，由租界工部局园场监督麦克利（Macg-regor）主持扩建，对外国人开放，是近代上海最早的西方园林。1928年，公园向中国公民敞开大门，并开始了一系列的规划和设计，经过多次调整和发展，已成为具有一定规模和特色的公共绿地。在之后不同时期，公园也有遭受不同程度的破坏，受到不同程度的影响。1978年至今，公园仍在不停地进行建设与完善，并成为上海市精神文明建设先进单位，配合城市建设与更新不断改造升级。

2001年公园转为区属管理后，一共经历了3次大的改造和提升，分别是2006年公园延长开放改造、2013年公园整体改造和2016年公园全时段开放改造，三次改造都没有对公园的整体布局和骨架作大的调整，而是在现有基础上作更新和提升，对环境的更新和提升起到了很好的效果，也满足了游客游园的基本需求。

2.2 上海中山公园风貌变迁

2.2.1 中山公园发展阶段划分

通过对文献与资料的搜集整理，从中山公园的风貌变迁角度出发，可将中山公园归纳为5个发展阶段（图1）。

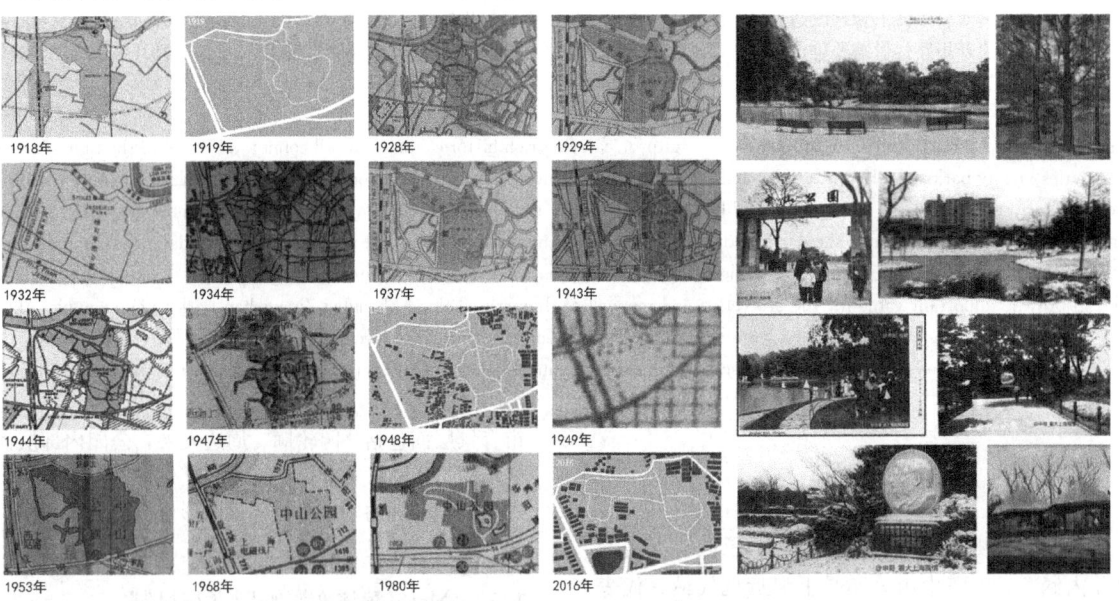

图1 上海中山公园历史地图及图片搜集与整理[6]

第一阶段：兆丰花园时期（1864—1912年）。1860年，霍格三兄弟合伙创办了商行"兆丰洋行"（JessfieldFoyeign-Fiyms）；勤努·霍格（Jenner Hogg）买下曹家渡以西的土地兴建"兆丰花园"，并以当地的林木景观作为特色，建成专供自己郊游度假的私人花园别墅。霍格于1879年将兆丰花园北面的84英亩（约34hm²）园地出售于美国圣公会共同兴建校舍，开办圣约翰学院（St. John College），且于1911年再度将72英亩（约29hm²）园地出售。

第二阶段：租界公园时期（1913—1941年）。1913年3月，租界工部局收购兆丰花园并主持改建为公共花园"兆丰公园"，由租界工部局越界管理。1917年建成"儿童运动场"；1921年建成第一座租界公共动物园——极司非尔动物园；1923年建成半喇叭形的露天音乐台；1924年公园建设开始转移到旱桥以南的大片新辟园地；1926年"四不像"保存于中山公园。1928年6月1日，公园对中国人开放；1935年中国式凉亭迁建于牡丹园中，并建造西洋古典式大理石亭（嘉道理·爱斯拉夫人赠）；1939年，按日本庭园造景风格，在公园东南侧新建了富有日本庭园风貌的公园景点。

第三阶段：抗日战争至新中国成立前时期（1941—1948年）。1944年6月，汪伪政权将公园改名为"中山公园"；1945年抗日战争胜利后，国民党政府工务局接管公园，计划将公园改建成"植物标本园"；1949年上海解放前夕，国民党军队为修筑工事成批砍伐树木，公园遭到严重破坏。

第四阶段：新中国成立后三十年时期（1949—1978年）。上海解放后，1951年建成砖木结构的陈列室；1953年建立了毛泽东和斯大林的浮雕像；1956年辟建了牡丹园、桃花园、棕榈林等特色园地；1958年受大炼钢铁影响，"上海救火会大铜钟"失踪；1959年建成园内最大的跨河石拱桥；1964年公园动物园全部迁至上海西郊公园（今上海动物园）；"文化大革命"时期公园景观遭到严重破坏；1977年将原游泳池改为溜冰场，兴建戏院，整修中山酒家，活动内容激增，公园日益兴旺。

第五阶段：改革开放至今（1978年—）。公园通过整改验收，建立健全了各项规章制度。1994年更新移植了1300余株树木；1996年全面改造牡丹园；1997年修复了大理石亭女神雕塑和牡丹亭；1995年、1997年为了长宁路拓宽工程和地铁二号线等城市建设项目的需要共划出5300m²园地；并于2000年、2006年、2013年分别进行改造，各项工作逐步走上正轨，成为上海市精神文明建设先进单位[3-6]。

2.2.2 上海中山公园发展变迁谱系图整理

通过对不同时期中山公园进行公园大事件、上海历史事件、公园周边发展、公园内部变化、公园举办活动与名人游园时间的资料整理[7,8]，绘制完成上海中山公园发展变迁谱系图（图2～图7）。

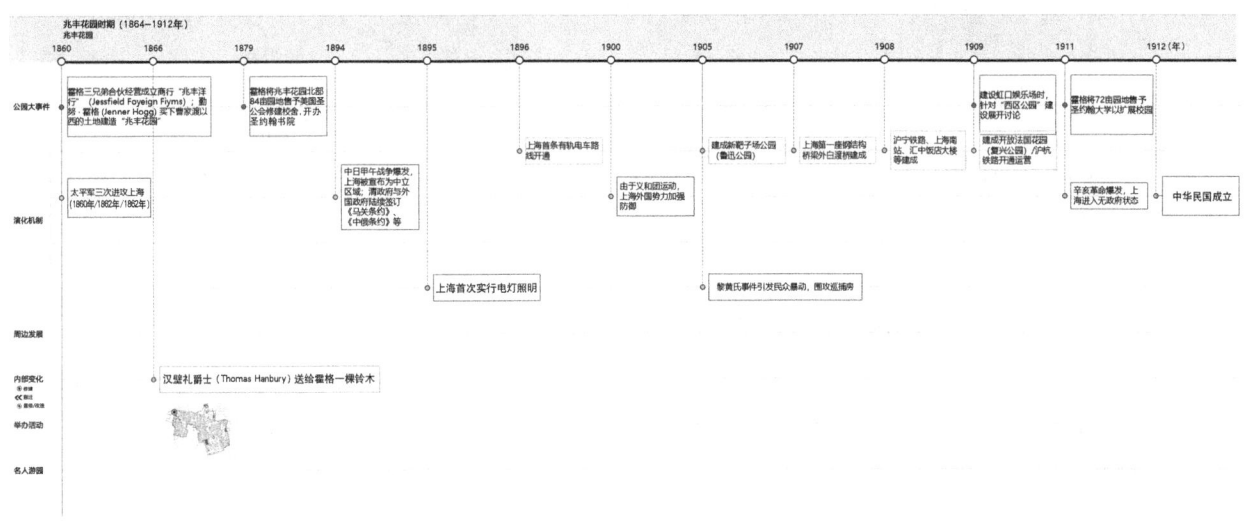

图2　中山公园发展变迁谱系图——兆丰花园时期（1864—1912年）

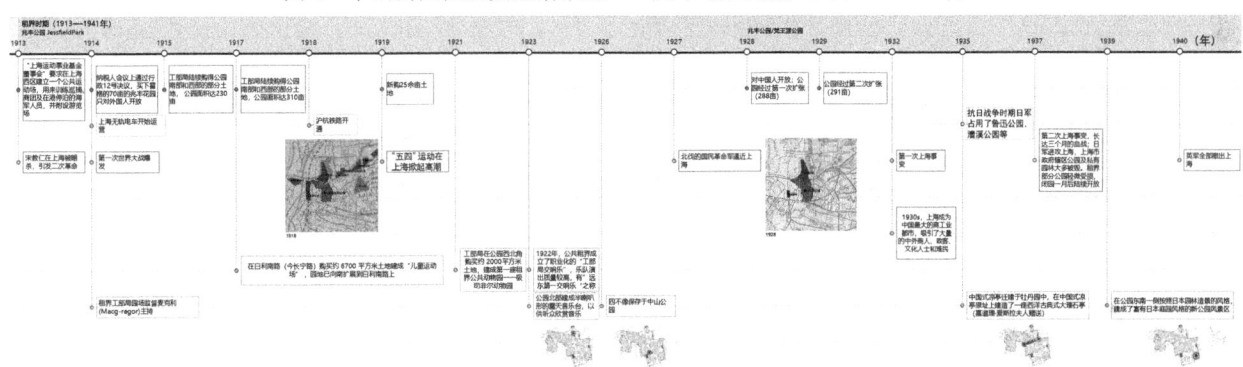

图3　中山公园发展变迁谱系图——租界公园时期（1913—1941年）

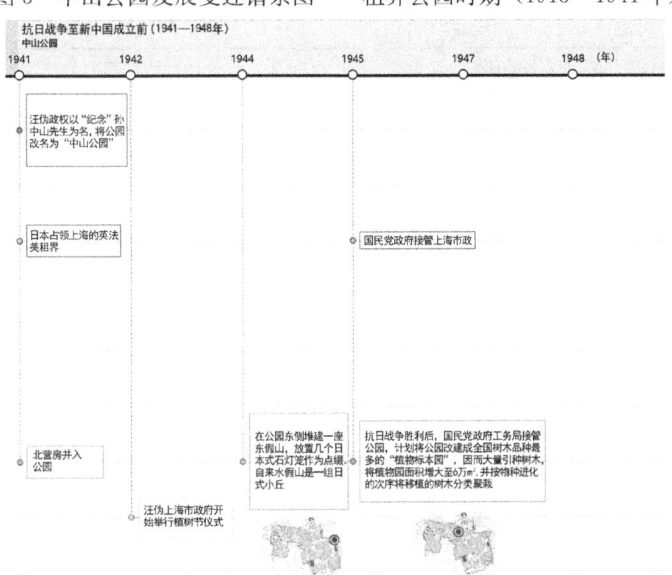

图4　中山公园发展变迁谱系图——抗日战争至新中国成立前时期（1941—1948年）

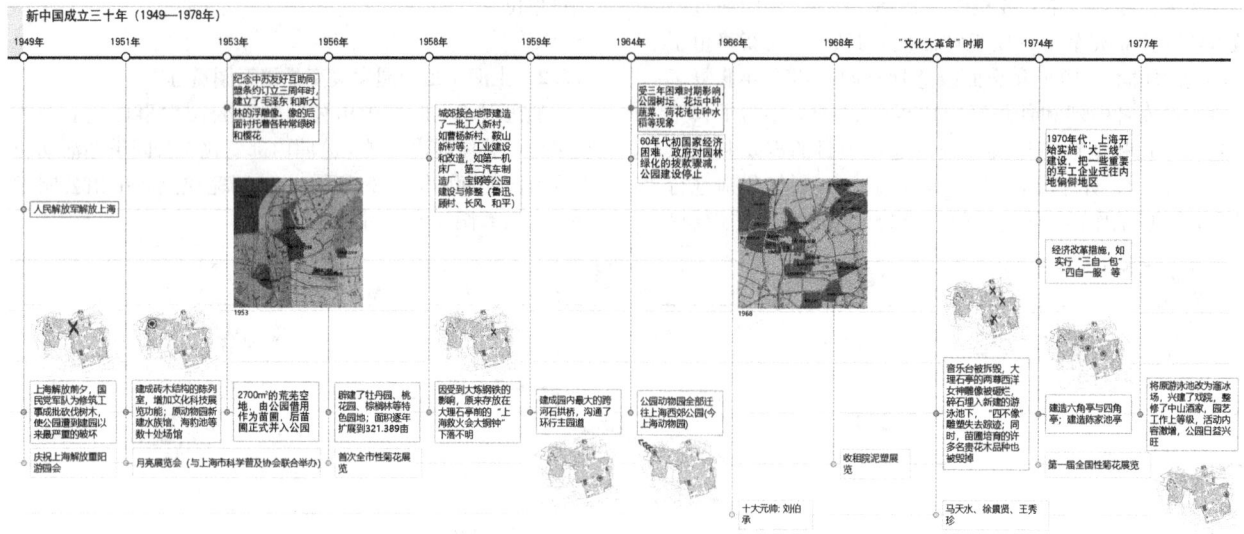

图 5　中山公园发展变迁谱系图——新中国成立三十年时期（1949—1978年）

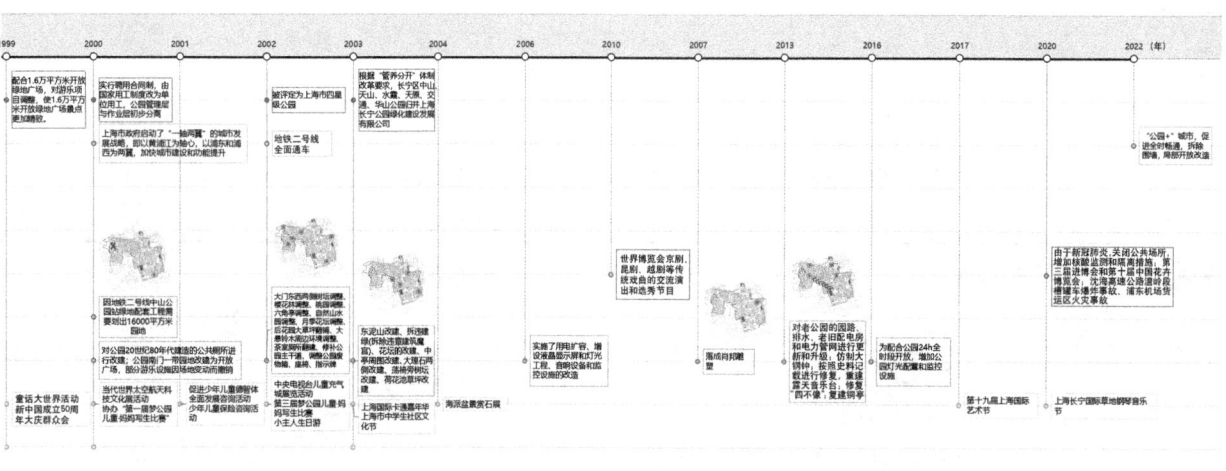

图 6　中山公园发展变迁谱系图——改革开放至今（1979年—）1

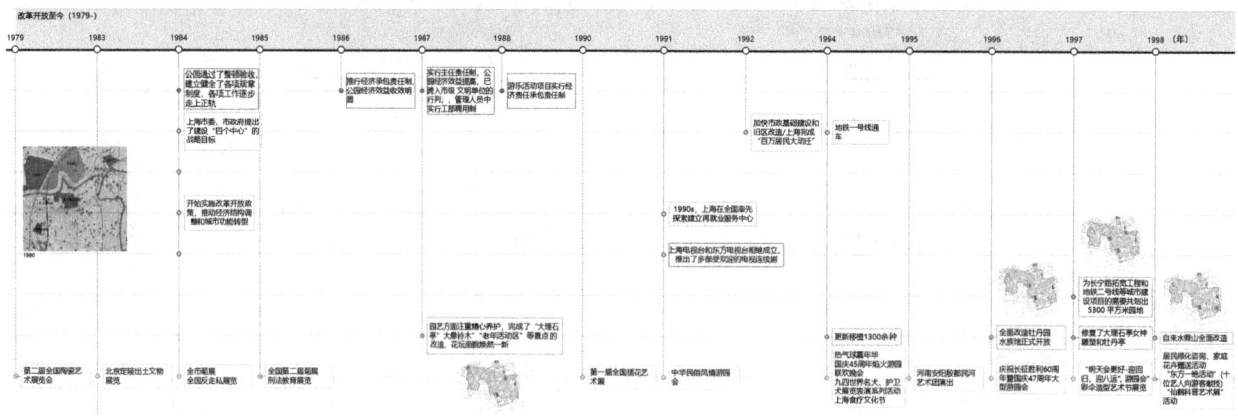

图 7　中山公园发展变迁谱系图——改革开放至今（1979年—）2

3 上海中山公园风貌要素及分区特征

3.1 上海中山公园风貌要素及分区演变特征描述

依据历史地图、卫星图片与文献，绘制不同阶段的公园历史风貌实体空间要素图与公园历史风貌分区图，并进行相同时期风貌要素构成与风貌类别构成的特征描述：

兆丰花园时期（1864—1912年）：属于霍格私人，以自然乡村风光为主，主要活动为私人度假与休闲。

租界公园时期（1913—1941年）（图8、图9）：南部增加土地建儿童乐园，西北部增加土地建动物园；路网较简单，支路较少，主、次路已有分化；中部有河流穿过，水体注重强化英国自然风景园风格；植被以大片草坪为主，北部有较少乔木；已有建筑二号门、音乐台、陈列馆、牡丹亭。主导设计规划人麦克利提出："照我们的理念，用显著的风格"，其规划内容主要分为3个部分：旷野的花园、植物的园林、装饰的部分，此外也要求必须要一个养鸟房与"动物部"，整体风格以英式自然风景园风格为主，自然风景园风貌特征明显。游览人群以外国游客为主，1928年后有少量中国游客。

抗日战争至新中国成立前时期（1941—1948年）（图10、图11）：东北部土地减少；主路贯通北部区域，增加部分支路，荷花池原主路弱化成次路；水体仍注重强化英国自然风景园风格；草坪被分隔，少量绿地改作硬地，且乔木、灌木集中于植物园、牡丹园区域；已有建筑增加大理石亭。修建植物园、增加日本园，硬地面积进一步增加，英式自然风景园风格开始弱化。游览人群主要为周边居民与游客，常进行晨练健身、聚会聊天、艺术切磋、弈棋打牌等日常休闲活动。

新中国成立三十年时期（1949—1978年）（图12、图13）：东北部增加苗圃区域，西南部增加鸳鸯池区域；继续增加部分支路，主路开始明显分隔不同分区，路网体系趋于完整；原地上河流改为地下穿过，增加植物园、牡丹园、鸳鸯湖水系，陈家池中增加岛屿，水系分散；形成主要三处大草坪，其他地方多为乔木、灌木；已有建筑二号门、音乐台、牡丹亭、大理石亭；修建鸳鸯湖区域，增加樱花林区域，英式自然风景园风貌进一步弱化。人群活动同上一时期，且公共展览与活动明显增加。

图8 租界公园时期公园历史风貌实体空间要素图

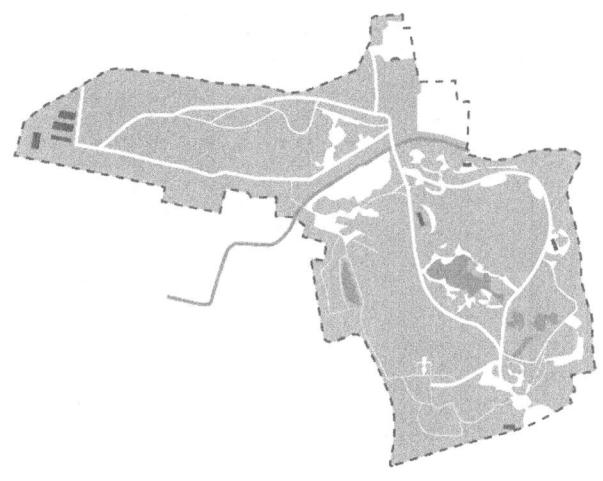

图10 抗日战争至新中国成立前时期公园历史风貌实体空间要素图

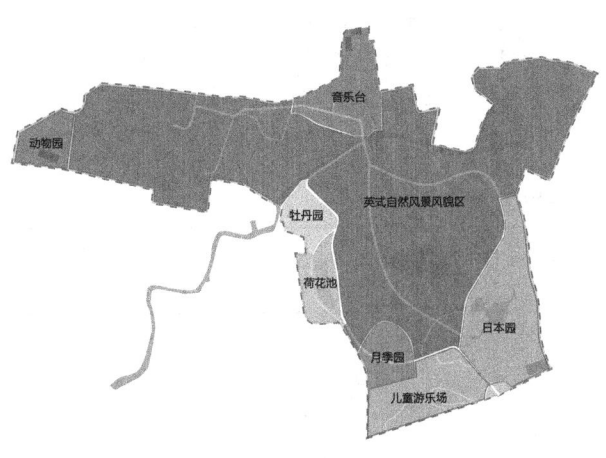

图9 租界公园时期公园历史风貌分区图

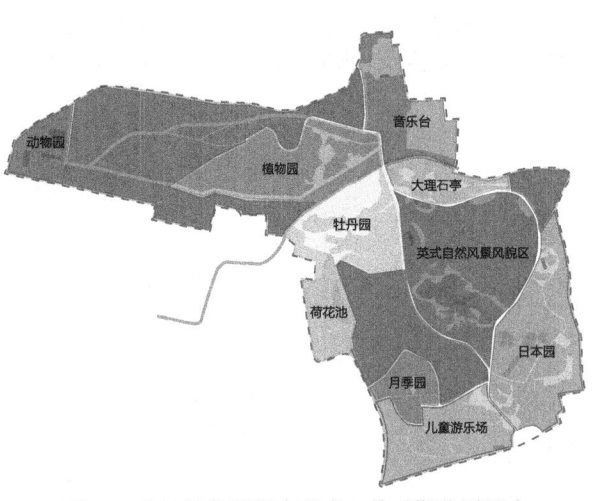

图11 抗日战争至新中国成立前时期公园历史风貌分区图

图12 新中国成立三十年时期公园历史风貌实体空间要素图

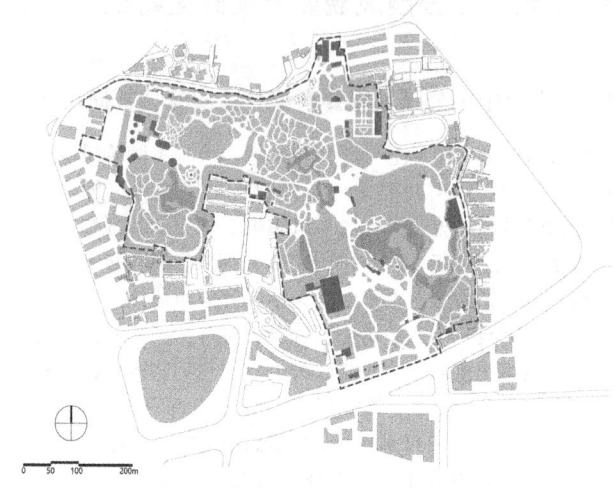
图14 改革开放至今公园历史风貌实体空间要素图

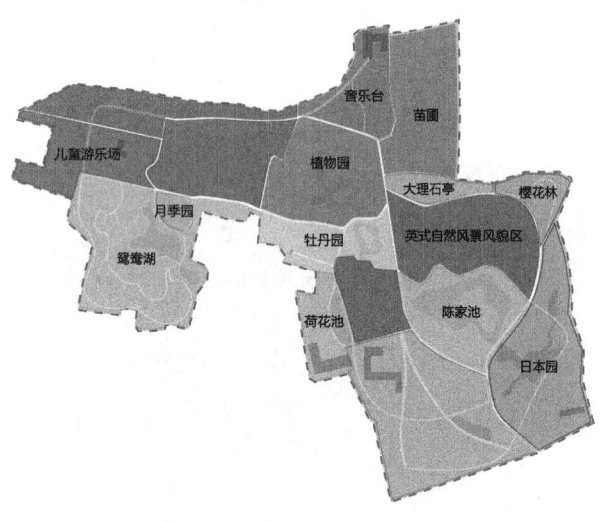
图13 新中国成立三十年时期公园历史风貌分区图

图15 改革开放至今公园历史风貌分区图

改革开放至今（1978年—）（图14、图15）：减少部分土地用于城市建设；强化主园路，大量增加支路，极大提高公园的可进入性，路网体系复杂；减少凝聚力博物馆广场前水系，水体分布仍较分散；增加园内建筑，已有建筑二号门、音乐台、陈列馆、牡丹亭、六角亭、四角亭、陈家池亭。此时期风貌分区众多，各种风格区域都有一定弱化并向城市公园靠拢，风格较为杂糅。游览人群主要为周边居民、周边上班族与游客，多进行晨练健身、聚会聊天、日常通勤、周末休闲、运动跳舞、摄影、演奏唱歌等活动，经常举办大型公共活动与展览。

各时期中山公园历史风貌特征总结见表1。

中山公园历史风貌特征描述　　　　　　　表1

风貌特征			兆丰花园时期 （1864—1912年）	租界时期 （1913—1941年）	抗日战争至新中国成立前 （1941—1948年）	新中国成立三十年 （1949—1978年）	改革开放至今 （1978年—）
貌	实体空间要素	分区图		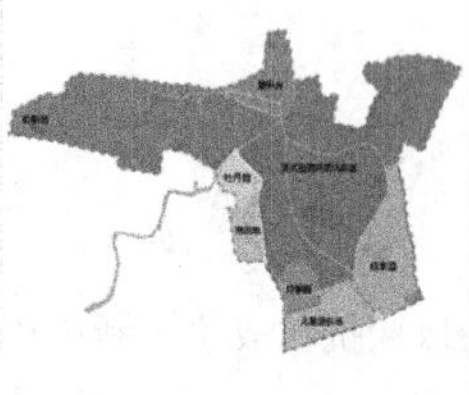	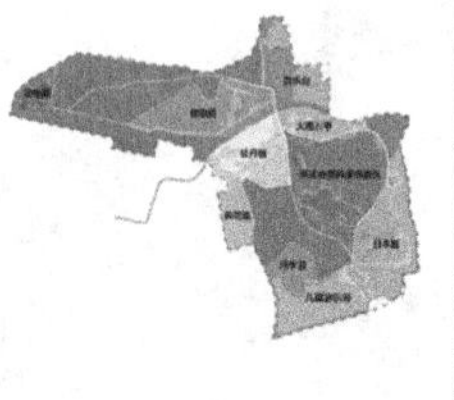	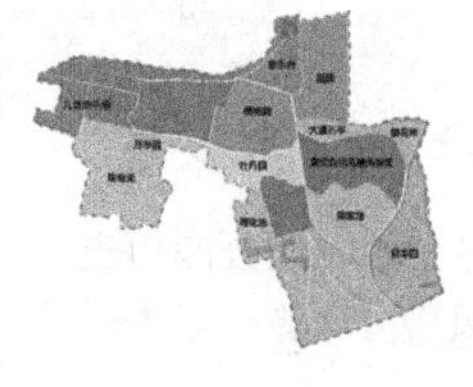	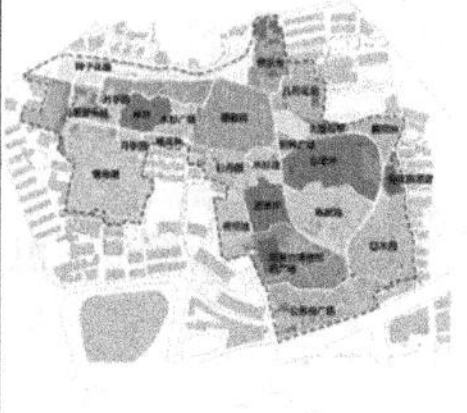

续表

风貌特征		兆丰花园时期 (1864—1912年)	租界时期 (1913—1941年)	抗日战争至新中国成立前 (1941—1948年)	新中国成立三十年 (1949—1978年)	改革开放至今 (1978年—)
貌	实体空间要素图					
貌	特征描述 边界		南部购买土地建儿童乐园；西北部购买土地建动物园	东北部土地减少	东北部增加苗圃；西南部增加鸳鸯池	
貌	特征描述 道路		路网较简单；支路较少	增加部分支路；主路贯通北部区域；荷花池道路弱化	增加部分支路；道路分隔分区	强化主园路；大量增加支路；极大提高公园可进入性
貌	特征描述 水体		河流穿过；荷花池；水体强化英国自然风景园风格	河流穿过；荷花池；水体强化英国自然风景园风格	增加植物园、牡丹园、鸳鸯湖水系；陈家池增加岛屿；河流地下穿过；水系分散	减少凝聚力博物馆广场前水系；水体分布较为均匀
貌	特征描述 绿地		多为大片草坪；北部有较少乔木	草坪被分隔；少量绿地改作硬地；植物园、牡丹园区域乔木灌木较多	形成3处主要大草坪；其他地方植被较多	形成3处主要大草坪；植物种植分区特征明显
貌	特征描述 建筑		二号门；音乐台；陈列馆；牡丹亭	二号门；音乐台；陈列馆；牡丹亭；大理石亭	二号门；音乐台；牡丹亭；大理石亭	二号门；音乐台；陈列馆；牡丹亭；六角亭；四角亭；陈家池亭
风	特征描述 设计风格	自然乡村风光	麦克利提出："照我们的理念，用显著的风格"，其规划内容主要分为3个部分：旷野的花园、植物的园林、装饰的部分，此外也要求必须要一个养鸟房与"动物部"；以英式自然风景园风格为主	英式自然风景园风格弱化；修建植物园；增加日本园	英式自然风景园进一步弱化；修建中式鸳鸯湖区域；增加樱花林区域	各种风格区域都有一定弱化，风貌向城市公园靠拢
风	特征描述 人群	霍格私人	外国游客为主，1928年后有少量中国游客	周边居民；游客	周边居民；游客	周边居民；周边上班族；游客
风	特征描述 活动	度假	游览、休闲	晨练健身、聚会聊天、艺术切磋、弈棋打牌等	晨练健身、聚会聊天、艺术切磋、弈棋打牌；展览	晨练健身、聚会聊天、日常通勤、周末休闲、运动跳舞、摄影、演奏唱歌等；不定期/定期大型公共活动；展览

　　依据4个阶段的公园历史风貌分区图与实体空间要素图，整理得出公园历史风貌要素构成与公园历史风貌类别构成比例，并进行风貌要素构成与风貌类别构成的对比（图16、表2）。

　　由图表可分析得出，在公园历史风貌要素构成方面，道路、硬质场地占比不断增大，建筑数量增多、占地面积增加，水体面积增加，水系由集中变为分散，绿地占比减少。在公园历史风貌类别构成方面，主要原始风貌为英式自然风景园风貌、中式山水风貌、日式风貌、植物园风貌，且上海解放前以英式自然风景园风貌为主，上海解放后英式风景园区域骤减、其他风貌区域增多，改革开放以后风貌构成冗杂、风貌特征不明显。

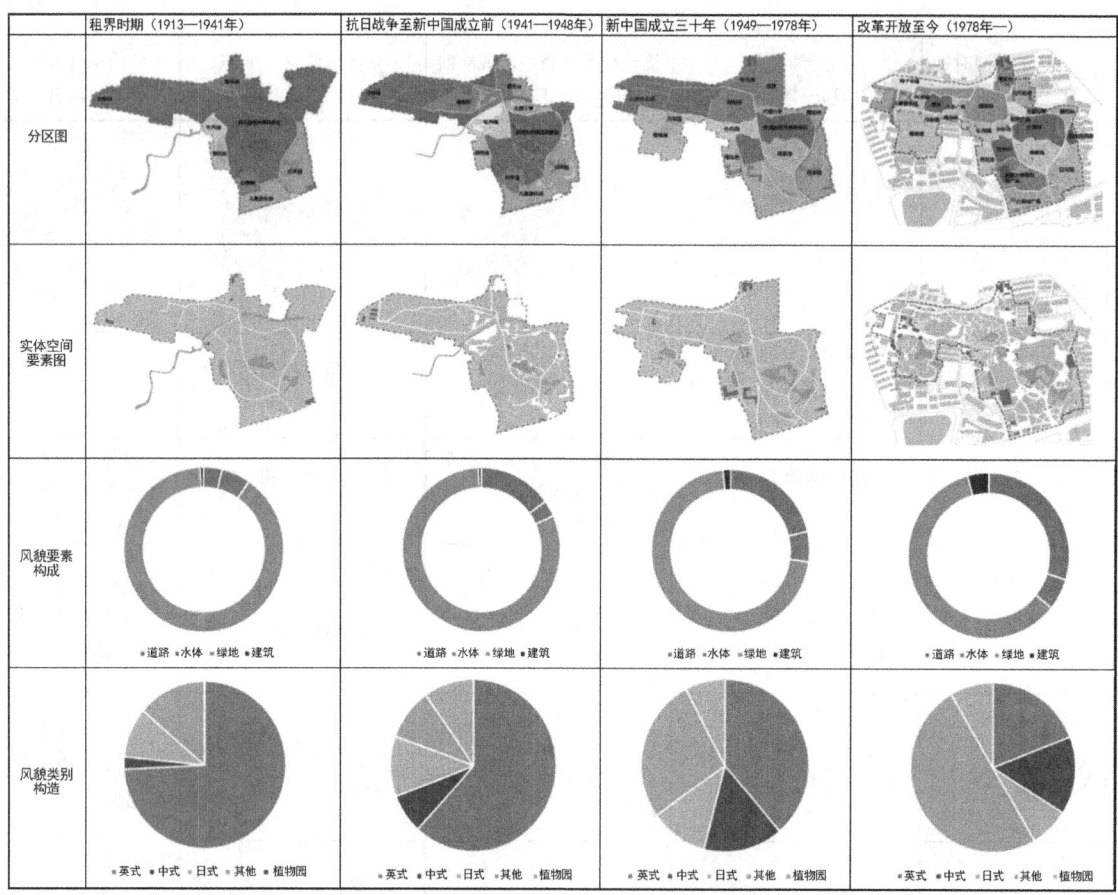

图 16　中山公园历史风貌要素及分区演变

中山公园历史风貌影响要素筛选分类　　表 2

时间段	兆丰花园时期（1864—1912 年）	租界时期（1913—1941 年）	抗日战争至新中国成立前（1941—1948 年）	新中国成立三十年（1949—1978 年）	改革开放时期（1979 年—）
城建发展	上海首条有轨电车路线开通	上海无轨电车开始运营		城郊结合地带建造了一批工人新村，如曹杨新村、鞍山新村等；工业建设和改造，如第一机床厂、第二汽车制造厂、宝钢等；公园建设与修整（鲁迅、顾村、长风、和平）	上海市委、市政府提出了建设"四个中心"的战略目标，即国际经济、金融、贸易和航运中心
	建成新靶子场公园（鲁迅公园）	抗日战争时期日军占用了许多租界公园		20 世纪 60 年代初国家经济困难，政府对园林绿化拨款骤减，公园建设停顿	上海完成"百万居民大动迁"
	上海第一座钢结构桥梁外白渡桥建成			20 世纪 70 年代，上海开始实施"大三线"建设，把一些重要的军工企业迁往内地偏僻地区	加快市政基础建设和旧区改造
	沪宁铁路、上海南站、汇中饭店大楼等建成				地铁一号线通车
	建成开放法国花园（复兴公园）				上海市政府启动了"一轴两翼"的城市发展战略，以黄浦江为轴心，以浦东和浦西为两翼，加快城市建设和功能提升
	沪杭铁路开通运营				地铁二号线全面通车
					"公园+"城市，促进全时畅通，拆除围墙局部开放改造

续表

时间段	兆丰花园时期（1864—1912年）	租界时期（1913—1941年）	抗日战争至新中国成立前（1941—1948年）	新中国成立三十年（1949—1978年）	改革开放时期（1979年—）
政治事件	太平军三次进攻上海（1860年/1862年/1862年）	宋教仁在上海被暗杀，引发二次革命	日本占领上海的英法美租界	人民解放军解放上海	
	中日甲午战争爆发，上海被宣布为中立区域；清政府与外国政府陆续签订《马关条约》《中俄条约》等	第一次世界大战爆发	国民党政府接管上海市政	纪念中苏友好互助同盟条约订立三周年时，建立了毛泽东和斯大林的浮雕像	
	由于义和团运动，上海外国势力加强防御	五四运动在上海掀起高潮			
	辛亥革命爆发，上海进入无政府状态	北伐的国民革命军逼近上海，英军匆忙增加在沪兵力			
	中华民国成立	第一次上海事变			
		第二次上海事变，长达三个月的血战；日军进攻上海，上海市政府辖区公园及私有园林大多被毁。租界部分公园轻微受损，闭园一月后陆续开放			
		英军全部撤出上海			
经济事件					开始实施改革开放政策，推动经济结构调整和城市功能转型
					推行经济承包责任制，公园经济效益收效明显
					实行主任责任制，公园经济效益提高，已跨入市级文明单位的行列；管理人员实行工部聘用制
					游乐活动项目实行经济承包责任制
					20世纪90年代，上海在全国率先探索建立再就业服务中心
			经济改革措施，如实行"三自一包""四自一服"等		实行聘用合同制，由国家用工制度改为单位用工，公园管理层与作业层初步分离

续表

时间段	兆丰花园时期（1864—1912年）	租界时期（1913—1941年）	抗日战争至新中国成立前（1941—1948年）	新中国成立三十年（1949—1978年）	改革开放时期（1979年—）
社会文化事件	上海首次实行电灯照明	1922年，公共租界成立了职业化的"工部局交响乐"，乐队演出质量较高		受三年困难时期影响，出现在公园树坛、花坛中种蔬菜以及在荷花池中种水稻等现象	
	黎黄氏事件引发民众暴动，围攻巡捕房	20世纪30年代，上海成为中国最大的工商业都市，吸引了大量的中外商人、政客、文化人士和难民			上海电视台和东方电视台相继成立，推出了多部受欢迎的电视连续剧
					世界博览会
					21世纪10年代，京剧、昆剧、越剧等传统戏曲的交流演出和选秀节目
					第三届中国国际进口博览会和第十届中国花卉博览会
					由于新冠肺炎，关闭公共场所，增加核酸检测和隔离措施
周边发展		在白利南路（今长宁路）购买约6700m² 土地建成"儿童运动场"，园地已向南扩展到白利南路上			为了长宁路拓宽工程和地铁二号线等城市建设项目的需要，共划出5300m² 园地
		工部局在公园西北角购买约2000m² 土地，建成第一座租界公共动物园——极司非尔动物园			为地铁二号线中山公园站绿地配套工程划出16000m² 园地

3.2 上海中山公园风貌影响要素及影响机制

3.2.1 影响要素归纳

对1864年至今的国家大事件、上海大事件进行整理，筛选出共计57件对上海中山公园历史风貌造成影响的主要事件作为影响要素，并将其分为5大类：城建发展类、政治事件类、经济事件类、社会文化事件类与周边发展类（表3）。

中山公园历史风貌影响机制分析表　　表3

时间段	兆丰花园时期（1864—1912年）	影响	总分
城建发展	上海首条有轨电车路线开通	2	8
	建成新靶子场公园（鲁迅公园）	1	
	上海第一座钢结构桥梁——外白渡桥建成	1	
	沪宁铁路、上海南站、汇中饭店大楼等建成	1	
	建成开放法国花园（复兴公园）	1	
	沪杭铁路开通运营	2	

续表

时间段	兆丰花园时期（1864—1912年）	影响	总分
政治事件	太平军三次进攻上海（1860年/1862年/1862年）	1	6
	中日甲午战争爆发，上海被宣布为中立区域；清政府与外国政府陆续签订《马关条约》、《中俄条约》等	1	
	由于义和团运动，上海外国势力加强防御	1	
	辛亥革命爆发，上海进入无政府状态	1	
	中华民国成立	2	
经济事件		0	0
社会文化事件	上海首次实行电灯照明	1	2
	黎黄氏事件引发民众暴动，围攻巡捕房	1	
周边发展		0	0
总分			16
时间段	租界时期（1913—1941年）	影响	总分
城建发展	上海无轨电车开始运营	2	5
	抗日战争时期日军占用了许多租界公园	3	
政治事件	宋教仁在上海被暗杀，引发二次革命	1	13
	第一次世界大战爆发	2	
	五四运动在上海掀起高潮	2	
	北伐的国民革命军逼近上海，英军匆忙增加在沪的兵力	2	
	第一次上海事变	1	
	第二次上海事变，长达三个月的血战；日军进攻上海，上海市政府辖区公园及私有园林大多被毁。租界部分公园轻微受损，闭园一月后陆续开放	3	
	英军全部撤出上海	2	
经济事件		0	0
社会文化事件	1922年，公共租界成立了职业化的"工部局交响乐"，乐队演出质量较高	3	5
	20世纪30年代，上海成为中国最大的工商业都市，吸引了大量的中外商人、政客、文化人士和难民	2	
周边发展	在白利南路（今长宁路）购买约6700m²土地建成"儿童运动场"，园地已向南扩展到白利南路上	3	6
	工部局在公园西北角购买约2000m²土地，建成第一座租界公共动物园——极司非尔动物园	3	
总分			29
时间段	抗日战争至新中国成立前（1941—1948年）	影响	总分
城建发展		0	0
政治事件	日本占领上海的英法美租界	3	5
	国民党政府接管上海市政	2	
经济事件		0	0
社会文化事件		0	0
周边发展		0	0
总分			5
时间段	新中国成立三十年（1949—1978年）	影响	总分

续表

时间段	新中国成立三十年（1949—1978年）	影响	总分
城建发展	城郊结合地带建造了一批工人新村，如曹杨新村、鞍山新村等；工业建设和改造，如第一机床厂、第二汽车制造厂、宝钢等；公园建设与修整（鲁迅、顾村、长风、和平）	2	6
	20世纪60年代初国家经济困难，政府对园林绿化拨款骤减，公园建设停顿	3	
	20世纪70年代，上海开始实施"大三线"建设，把一些重要的军工企业迁往内地偏僻地区	1	
政治事件	人民解放军解放上海	2	5
	纪念中苏友好互助同盟条约订立三周年时，建立了毛泽东和斯大林的浮雕像	3	
经济事件	经济改革措施，如实行"三自一包""四自一服"等	1	1
社会文化事件	受三年困难时期影响，出现公园树坛、花坛中种蔬菜以及荷花池种水稻等现象	3	3
周边发展		0	0
总分			15
时间段	改革开放时期（1979年—）	影响	总分
城建发展	上海市委、市政府提出了建设"四个中心"的战略目标，即国际经济、金融、贸易和航运中心	1	9
	上海完成"百万居民大动迁"	1	
	加快市政基础建设和旧区改造	1	
	地铁一号线通车	1	
	上海市政府启动了"一轴两翼"的城市发展战略，以黄浦江为轴心，以浦东和浦西为两翼，加快城市建设和功能提升	1	
	地铁二号线全面通车	1	
	"公园+"城市，促进全时畅通，拆除围墙局部开放改造	3	
政治事件	上海市委书记调任中央	1	1
经济事件	开始实施改革开放政策，推动经济结构调整和城市功能转型	1	7
	推行经济承包责任制，公园经济效益收效明显	1	
	实行主任责任制，公园经济效益提高，已跨入市级文明单位的行列；管理人员实行工部聘用制	1	
	游乐活动项目实行经济承包责任制	1	
	20世纪90年代，上海在全国率先探索建立再就业服务中心	1	
	实行聘用合同制，由国家用工制度改为单位用工，公园管理层与作业层初步分离	2	
社会文化事件	上海电视台和东方电视台相继成立，推出了多部受欢迎的电视连续剧	1	7
	世界博览会	1	
	21世纪10年代，京剧、昆剧、越剧等传统戏曲的交流演出和选秀节目	1	
	第三届中国国际进口博览会和第十届中国花卉博览会	1	
	由于新冠肺炎，关闭公共场所，增加核酸检测和隔离措施	3	
周边发展	为了长宁路拓宽工程和地铁二号线等城市建设项目的需要，共划出5300m² 园地	2	4
	为地铁二号线中山公园站绿地配套工程需要，划出16000m² 园地	2	
总分			28

3.2.2 公园历史风貌演变影响机制研究

为探索中山公园历史风貌演变影响机制，对表3中事件进行风貌演变影响评估。设定评估标准如下：

赋值1：影响微弱。对中山公园风貌有造成影响，但影响较小，多为间接影响与辐射性影响。

赋值2：有一定影响。对中山公园风貌造成一定程度的影响，但影响不剧烈，多为非公园层面的政策变化与历史事件。

赋值3：影响较明显。对中山公园风貌造成明显影响，且影响程度较大，多为改变公园内外布局、规划、性质与使用的直接影响。

根据以上评估标准，对所筛选的影响要素进行评估后，得出中山公园历史风貌影响机制分析表（表3）。

整理分析每一阶段影响占比最大的分类与总影响最高的阶段，可得中山公园历史风貌影响机制：各个阶段中以城建发展与政治事件为主要影响，经济事件、社会文化事件与周边发展几类影响要素的影响程度受历史阶段变化较大；社会文化事件、周边发展一般对公园有一定影响，经济事件往往对公园影响较小；租界时期（1913—1941年）与改革开放时期（1978年—）公园受外界要素影响较大。

4 结语

由以上研究可得出结论：

上海中山公园风貌变迁可分为5个阶段，总体风貌呈现从单一到复杂的变化趋势。在实体空间角度，在发展过程中上海中山公园面积逐渐扩张，硬地活动空间增加，绿地面积减少，建筑数量与面积增加。从设计风格与活动角度，上海中山公园主要原始风貌为英式自然风景园风貌、中式山水风貌、日式风貌、植物园风貌，上海解放后英式风貌区域骤减、其他风貌区域增多，改革开放以后公园风貌构成趋于冗杂、特征不明显，同时面向人群多样化，举办活动次数增多、形式多变。上海中山公园发展影响因子多样，其中城建发展与政治事件影响较大，且租界时期与改革开放时期，上海中山公园受外界因素影响较剧烈。

参考文献

[1] 金云峰，方凌波. 基于景观原型的设计方法——探究上海松江方塔园地域原型与历史文化原型设计[J]. 广东园林，2015, 37(5): 29-31.
[2] 赵慧. 上海现代城市公园变迁研究（1949—1978）[D]. 上海：上海交通大学，2010.
[3] 宇宏. 上海中山公园园名演变[J]. 世纪，2002(2): 56-57.
[4] 《上海园林志》编纂委员会. 上海园林志[M]. 上海：上海社会科学院出版社，2000.
[5] 朱敏彦，王孝泓. 上海名园志[M]. 2007.
[6] 中共上海市委党史研究室. 地图中的百年上海[M]. 上海：上海人民出版社，2021.
[7] 纪丹雯，胡抒含，周向频，等. 上海中山公园空间与功能百年变迁的研究[J]. 中国城市林业，2018, 16(6): 62-66.
[8] 郑力群，周向频. 上海近代公共园林谱系研究[J]. 城市建筑，2014(4): 195.

作者简介

卓林欣，2000年生，女，汉族，福建人，同济大学建筑与城市规划学院硕士在读，研究方向为数字景观与工程技术。电子邮箱：1548432010@qq.com。

（通信作者）金云峰，1961年，男，汉族，上海人，同济大学建筑与城市规划学院、上海市城市更新及其空间优化技术重点实验室、上海同济城市规划设计研究院有限公司，教授、博士生导师，研究方向为公园城市与景观治理有机更新。电子邮箱：jinyf79@163.com。

古树名木文化服务评价指标体系构建

Construction of Cultural Service Evaluation Indicator System for Old and Valuable Trees

李鑫雨　赵　巍　朱　逊*

摘　要：在城市快速发展中，人们的精神文化需求日益高涨，古树名木作为城市生态系统的重要组成部分，区别于普通树木，发挥了重要的文化服务功能。在以往研究中，古树名木作为生态、文化和科学研究的集合体，在作为生态资源方面具有大量研究，而文化资源方面研究较少。本文采用层次分析法，通过专家咨询及文献资料整理，构建了城市古树名木文化服务功能评价指标体系，并确定了各评价指标的权重。结果表明，历史文化是影响古树名木文化服务功能的最重要因素。历史见证、地域精神、稀有树种等是影响古树名木文化服务功能的重要内容。建议以古树名木历史文化价值为依托，推进重点保护极具科研价值的稀有树种、丰富蕴含精神文化的古树名木节点、加强古树名木及其文化资源保护管理等历史文化宣传发展策略。

关键词：古树名木；文化服务功能；层次分析法；评价体系；发展策略

Abstract: In the rapid development of cities, people's spiritual and cultural needs are increasingly high, and old and valuable trees, as an important part of urban ecosystems, distinguish themselves from ordinary trees and play an important cultural service function. In previous studies, as a collection of ecological, cultural and scientific research, old and valuable trees have a large number of studies in terms of being ecological resources, while there are fewer studies on cultural resources. In this paper, using hierarchical analysis, through expert consultation and literature collation, the evaluation index system of cultural service function of urban old and valuable trees was constructed, and the weights of each evaluation index were determined. The results show that history and culture are the most important factors affecting the cultural service function of old and valuable trees. Historical testimony, regional spirit, rare species, etc. are important elements that affect the cultural service function of old and valuable trees. It is suggested that the historical and cultural values of old and valuable trees should be used as a basis to promote the development strategies of historical and cultural promotion, such as focusing on the protection of rare species with great scientific research value, enriching the nodes of old and valuable trees that contain spiritual culture, and strengthening the protection and management of old and valuable trees and their cultural resources.

Keywords: Old and Valuable Trees; Cultural Service Functions; Analytic Hierarchy Process; Evaluation System; Development Strategy

引言

古树名木是大自然遗留下来的宝贵财富，更是历史文化遗存的重要代表。我国一直高度重视保护古树名木，2000年印发了《城市古树名木保护管理办法》。2015年中共中央、国务院印发《关于加快推进生态文明建设的意见》，要求"切实保护珍稀濒危野生动植物、古树名木及自然生境"。2016年全国绿化委员会颁布了《关于进一步加强古树名木保护管理的意见》，2019年全国人大常委会修订森林法，将保护古树名木作为专门条款，成为国家依法保护古树名木的里程碑[1]。2021年国务院办公厅颁布了关于颁布了《关于科学绿化的指导意见》，以此做好对古树的科学有依据的保护工作，深入学习宣传贯彻习近平生态文明思想，进一步加强生态文明宣传教育工作，引导全社会牢固树立生态文明价值观念和行为准则。

近年来，国内外对于古树名木的研究主要集中在现状与后备资源调查[2-4]、地理区位研究[5-8]、危害因子分析[9-12]、保护复壮技术[13-15]以及对古树相关因素进行评价等方面。其中，对于古树名木相关评价研究主要集中在对古树名木的健康状况[16,17]、资源现状与价值[18-21]、空间布局[22]、艺术审美与景观价值[23-24]、养护质量[25]进行评价。1976年美国环境心理学家Daniel等提出了美景度评价（SBE），以某种标准对景观的质量作出评价与判断[26]。此评价在我国对单体古树评价方面也有一定的应用[27]。此外如CTLA法（council of tree and landscape appraisers）、Burnley法、AVTW法（amenity valuation of trees and woodlands）和STEM法（standard tree evaluation method）也用来对古树名木生态服务功能、经济价值、文化和景观价值进行估算[28]。以上评价因子主要选取古树名木生长状态、树龄、景观美学、特殊性等来评价古树名木的价值[29]，因子分散在各个专项评价体系中，缺乏特定评价体系将其整合统筹。同时，现有古树名木的评价体系，主要侧重于古树名木自身情况的评价，对于古树与周边环境的结合、古树名木对文化和生态文明建设意义存在认识不足的问题。在次级指标的侧重上，对于强

---

① 黑龙江省双创智库"基于地区历史文脉构成的策展型商业发展模式研究"（编号：ZKKF2022186）。

调古树名木历史文化功能方面的相关指标较少。

联合国发起的千年生态系统评估相关报告中的文化服务，成为全球公认较为权威的文化服务评估体系。古树名木作为连接自然景观和人类社会发展进程的载体，人们可以在从中获取物质资源的同时，也逐渐产生对古树名木的文化感知和精神依赖，其可以作为居民获取文化服务的来源之一。因此基于现有古树名木评价体系的情况，结合千年生态系统评估相关报告内容，对古树名木进行文化服务功能量化分析的研究，在丰富文化服务功能评价对象的同时，也可以弥补当前对古树名木文化功能认识不足的局限。

本文采用层次分析法（analytic hierarchy process，AHP），构建古树名木文化服务功能评价指标体系，可以在重视保护古树名木的基础上，提升古树名木文化服务功能，提供有针对性的古树名木文化资源保护发展策略，提升社会共同参与意识，对于城市历史文化遗产留存的合理利用、满足人们精神文化需求以及生态文明建设具有重要意义。

1 古树名木文化服务指标因子选取

对于评价体系因子的选择，参考了以上国内外对古树名木评价的现有研究中的各类评价因子以及千年生态系统评估体系中提出的10个因子：文化多样性、精神与宗教、知识体系、教育、灵感、美学、社会关系、地方感、文化遗产、娱乐与旅游[30]。古树名木的文化服务内涵依托于生态系统文化服务，首先古树名木依托于树木本身、生境植物群落可提供生态效益；其次古树名木承载了当地历史文化记载、科研价值、人文遗产、哲学精神、树木文学与艺术等内容；再次，古树名木与生境构成的优美生态环境场所具有放松身心、休闲娱乐等功能。因而，根据MEA对生态系统文化服务的定义与古树名木的文化服务功能，最终选取景观美学、历史文化、精神文化、自然教育、科研价值、地方依恋、活动承载7个评价因子，如表1所示。

（1）景观美学

古树名木是景观环境中重要的风景构成[31]。树木健康时，其长势旺盛[32]，树木结构良好，具有冠大荫浓、枝形饱满等特点，枝条以及叶子色彩呈现出整体的美感，构成四季分明的景观，具有美学观赏价值。因此，选择生长健康、树姿优美、树体规模、季相变化作为景观美学评价因子下的指标因子。

古树名木文化服务功能指标因子及其内涵　　表1

指标名称	定义及内涵	代表性的服务来源要素
景观美学	人们获取审美感受的重要来源，可以满足人们的审美需求	观赏古树，古树公园
历史文化	文化遗产在景观上的表现形式，赋予人类在自然和文化环境中地位的连续性，这些遗产昭示人类集体和个人的历史根源	见证重要历史事件的古树，名人栽种的树木，处于历史文化公园的古树名木，具有神话传说的古树名木
精神文化	人类需要从精神、信仰等层面确认自身存在，而生态系统的景观特征、物种等可以为人类提供进行反思的对象化情境	具有人格象征意义的古树名木，在地方具有特殊含义的树种
自然教育	生态系统为精神文明、科学知识和开展宣传教育等活动提供了物质载体各生态要素与人类互相作用，是人类自我教育的重要来源	树木宣传展板，自然科普教育
科研价值	可用于人类自然历史的研究，从而了解山川气候、森林植被与植物区系的变迁，为农业生产、区域规划、自然资源开发提供参考	高龄古树，该地域长期生长状态良好的本地古树树种，恶劣环境中能展现不同生长状态的古树
地方依恋	人与场所之间在感情、认知、和实践基础上的一种联系，个人和某个特别的地方的正向的情感联系，其主要特质是个人倾向于和地方保持密切的联系	与人们关系密切的有古树生长的地域，公园，住区等
活动承载	提供人类休息放松、缓解压力的场所，同时提供娱乐与休闲活动，提供生态保健效益	古树树下休憩空间，古树节点活动空间，结合古树开展相应活动

（2）历史文化

古树名木在历史岁月长河里积淀了深厚的文化内涵[33]。一棵古树背后往往有着传奇的故事记载，具有丰厚的文化考证、历史考古价值。寺庙道观等历史文化类场所中常常有古树名木的生长，这些宗教场所将建筑、雕塑、文物、古树等融为一体，具有宗教、艺术、教育等多种功能。因此，选择历史年限、历史见证、神话传说、所处位置作为历史文化评价因子下的指标因子。

（3）精神文化

古树名木因久历风霜而形成了独特的人格象征[23]。古人注重以木"寓德"，经常运用松、柏等不同树种的文化寓意[34]。中国文学作品中的很多诗词都留下了赋予树木人格化题材的诗篇。古树名木的精神文化往往因所处地域的不同而具有不同的内涵，如以分布在潮汕地区榕树为例,在发音上,由于"榕"在潮汕方言中的发音同"成""承"或"诚",被赋予了有所成就、承前启后、真心真意的美意而广受潮汕人的喜爱[35]。因此,选择人格象征、地域精神作为精神文化评价因子下的指标因子。

（4）自然教育

古树名木作为"活化石""活文物",既是一部好的爱国爱乡教科书[36],为开展爱国主义教育和传统文化教育提供珍贵素材,也是引导人们亲近自然、关注自然的重要载体。一棵古树往往远近闻名,因此在古树名木上悬挂古树信息标牌,可以让前来参观的人们充分了解古树树种、树龄等信息,并配有植物科普知识宣传展板,以第二课堂等形式进行自然科普教育。从认识古树名木、亲身接触古树名木,到了解一棵树的生命史、生境等方面,感受古树之美[37]。因此,选择知名度、标识性、科普活动作为自然教育评价因子下的指标因子。

（5）科研价值

古树名木大多是历经千百年自然选择遗留下来的树木,是对当地气候和立地条件长期适应的乡土树种,具有适应性强、抗逆性强等特点[38]。因此,对古树名木的生长状态、历史进行研究,能够为当地园林规划设计提供基础。同时,古树名木树种中,也会存在少部分当地不常见的稀有树种,其具有较高科研价值的同时也可以作为树木引种规划的参考。古树名木也反映了整个生态环境的发展,以环境污染为例,古树名木的兴衰状态直接反馈到当地环境污染的情况。因此,选择树种规划参考、稀有树种、环境污染指标作为科研价值评价因子下的指标因子。

（6）地方依恋

人们往往会因为一棵古树,对一个场所产生依恋感。古树名木往往给当地居民以亲切感和美好的遐想,对于该地区居民就是不可多得的风景树、风水树,更是一份难舍的乡愁,对于该地区历史文化传承、增加居民身份认同感等方面有促进作用。古树名木的生态价值、游息价值、文化价值对居民场所依恋有显著的线性正向相关关系[39]。因此,选择场所认同、场所依恋作为地方依恋评价因子下的指标因子。

（7）活动承载

在古树保护核心区外,不干涉古树正常生长的前提下,以古树为中心的一定范围内,人们可以依托古树进行户外休息活动。同时利用古树名木特有的价值点,打造独特的景观节点,结合丰富的休闲活动或主题活动,吸引众多市民游客前往参观,促进文化旅游业的发展。另外,古树名木所生长的区位,其交通便利性也是人们前往的重要影响因素之一,交通区位越便利,人流量越大,可提供的效益越高。因此,选择交通便利、活动丰富、游憩空间作为活动承载评价因子下的指标因子。

2 古树名木文化服务功能评价指标体系的构建及计算

2.1 建立层次结构模型

通过对城市中古树名木的调研与分析,将人类文化活动结合古树名木资源特点,参考相关法律法规或文献中使用的指标体系,向专家咨询影响古树名木文化价值的指标因素。本次所咨询的专家包括哈尔滨市园林局从事古树或树木相关工作的专业人员和来自农林院校及工科类院校风景园林专业的教师共计10人。将影响因素进行整理归纳后发送给专家,剔除普遍认为影响较小的指标因素,调整之后再次咨询专家意见,直到得到比较一致的结论,然后以这些指标作为二级指标进行评价体系的构建,其中最高层即评价目标A为古树名木文化服务功能,最底层即因子层是对上一层（准则层）具体评价的指标细分（图1）,各指标具体内涵见表3。

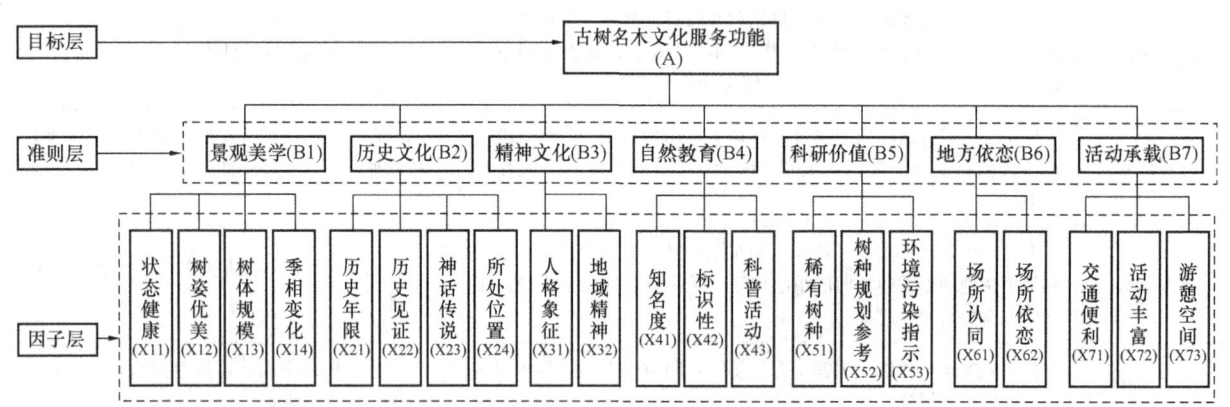

图1 古树名木文化服务功能指标体系

2.2 构建判断矩阵及计算权重

根据上文中建立的城市古树名木文化服务功能评价指标,通过征求上述专家的意见,对比较矩阵进行赋值,判断各因素之间的相对重要性,据此构建判断矩阵,并计算权重。对矩阵进行一致性检验,一致性比率均在指标范围内,则矩阵成立,准则层与因子层权重均合理。

通过对古树名木文化服务功能指标层中同一层次的不同因子,在重要性程度上每两个因子进行两两比较,进而构造出比较矩阵。对矩阵赋值采用1～9作为赋值的标度,不同的标度赋值代表不同的重要性程度。其中,标度"1"表示两个评价因子相比较同样重要,"3"表示两个评价因子中前者比后者稍微重要,"5"表示两个评价因子中前者比后者明显重要;"7"表示两个评价因子中前者比后者强烈重要,"9"表示两个评价因子中前者比后者极端重要,标度"2、4、6、8"表明处于以上相邻两项标度之间。

根据矩阵计算统计,得出城市古树名木文化服务功能评价各指标因子权重(表2)。准则层权重最大的是历史文化(B2),其次是科研价值(B5)和精神文化(B3),表明古树名木的历史文化是最重要因素,充分体现了古树名木的核心特征与价值所在。而古树的科研价值在于其蕴含极其丰富的生物信息,对当地的气候和土壤有较强的适应性。分析古树可获取当地气候、水文、植被、环境的变迁情况,为众多领域研究提供科学依据。精神文化是民族和地域精神的重要体现,铭刻着时代与地区的印记。

古树名木文化服务功能评价体系指标权重值 表2

层次模型	判断矩阵								层次单权重(%)	一致性检验	层次总权重(%)(A-X)
A-B	A-Bi	B1	B2	B3	B4	B5	B6	B7	—		—
	景观美学(B1)	1	0.143	0.2	0.333	0.167	0.333	0.25	2.808	$\lambda_{max}=7.515$ $CR=0.064<0.1$	—
	历史文化(B2)	7	1	3	5	2	5	4	33.114		—
	精神文化(B3)	5	0.333	1	5	0.333	5	3	17.132		—
	自然教育(B4)	3	0.2	0.2	1	0.2	2	0.333	5.57		—
	科研价值(B5)	6	0.5	3	5	1	6	4	27.274		—
	地方依恋(B6)	3	0.2	0.2	0.5	0.167	1	0.333	4.452		—
	活动承载(B7)	4	0.25	0.333	3	0.25	3	1	9.651		—
B1-X	B1-Xi	X11		X12		X13		X14	—	$\lambda_{max}=4.217$ $CR=0.082<0.1$	
	生长健康(X11)	1		7		6		9	67.063		1.88
	树姿优美(X12)	0.143		1		0.333		3	9.35		0.26
	树体规模(X13)	0.167		3		1		5	19.125		0.54
	季相变化(X14)	0.111		0.333		0.2		1	4.462		0.13
B2-X	B2-Xi	X21		X22		X23		X24	—	$\lambda_{max}=4.094$ $CR=0.035<0.1$	
	历史年限(X21)	1		0.2		2		0.333	10.909		3.61
	历史见证(X22)	5		1		6		3	55.607		18.41
	神话传说(X23)	0.5		0.167		1		0.2	6.487		2.15
	所处位置(X24)	3		0.333		5		1	26.997		8.94
B3-X	B3-Xi	X31		X32					—	—	
	人格象征(X31)	1		0.333					25		4.28
	地域精神(X32)	3		1					75		12.85
B4-X	B4-Xi	X41		X42		X43			—	$\lambda_{max}=3.065$ $CR=0.062<0.1$	
	知名度(X41)	1		7		5			73.064		4.07
	标识性(X42)	0.143		1		0.333			8.096		0.45
	科普活动(X43)	0.2		3		1			18.839		1.05
B5-X	B5-Xi	X51		X52		X53			—	$\lambda_{max}=3.018$ $CR=0.017<0.1$	
	稀有树种(X51)	1		2		4			55.842		15.23
	树种规划参考(X52)	0.5		1		3			31.962		8.72
	环境污染指示(X53)	0.25		0.333		1			12.196		3.33
B6-X	B6-Xi	X61				X62			—	—	
	场所认同(X61)	1				0.5			33		1.47
	场所依恋(X62)	2				1			67		2.98
B7-X	B7-Xi	X71		X72		X73			—	$\lambda_{max}=3.009$ $CR=0.009<0.1$	
	交通便利(X71)	1		3		2			53.961		5.21
	活动丰富(X72)	0.333		1		0.5			16.342		1.58
	游憩空间(X73)	0.5		2		1			29.696		2.87

2.3 指标评价标准体系

古树名木文化服务功能指标评价标准的制定参考《全国古树名木普查建档技术规定》《城市古树名木保护管理办法》《古树名木评价规范》及相关文献资料，并咨询上述专家的意见制定，每个评价指标限定1~5分的分级标准，代表不同情况的古树名木，文化服务功能指标评价标准及评分见表3。

古树名木文化服务功能指标评价标准　　　　表3

评价内容	5分	4分	3分	2分	1分	具体内涵
生长健康	生长旺盛，枝叶繁茂，无枯枝枯梢，无病虫害	生长正常，偶有枯枝枯梢，无病虫害	生长一般，有少量枯枝枯梢，无病虫害	生长衰弱，较多枯枝枯梢，有病虫害	树体有明显损伤，生长病危，树体受损严重	古树名木的生长旺盛程度。树体完整无损伤，无病虫害，无枯枝枯梢的古树名木生长势属于健康
树姿优美	冠幅饱满，枝干舒展自然，形态非常优美	冠幅完整，枝干舒展自然，形态较好	冠幅较完整，枝干较完整，整体形态一般	树冠饱满度差，树体受损，形态较差，冠幅不完整	树体受损，形态极差	冠幅完整度、枝干舒展度以及整体姿态的评价。优美奇特的树姿更能提升古树名木的观赏性
树体规模	胸径：≥120cm	90cm≤胸径<120cm	60cm≤胸径<90cm	30cm≤胸径<60cm	胸径<30cm	树体大小是决定古树观赏效果的一个重要原因之一，而树体大小主要是由胸径、树高与冠幅决定。因此，古树胸径越大、树高越高、冠幅越大观赏性越高，给人的震撼力越强
	冠幅：>19m	16m≤冠幅<19m	13m≤冠幅<16m	10m≤冠幅<13m	冠幅<10m	
	树高：>30m	25m≤树高<30m	15m≤树高<25m	10m≤树高<15m	树高<10m	
季相变化	季相色彩丰富，色彩层次分明，观赏度非常高	季相色彩丰富，观赏度较高	整体色彩自然，具有一定观赏度	整体色彩自然，不具备季相变化	整体色彩较差，不具备季相变化	具有季相色彩并且层次丰富鲜明的树体呈现出的色彩丰富度较高
历史年限	499年以上	400~499年	300~399年	100~299年	小于100年	历史年限即古树名木的生长时间。历史年限越长的古树名木其自然文化价值越高
历史见证	有大量史料文字或诗文题咏记载，远近闻名	—	有少量文字记载	—	无史料文字记载	历史见证是指古树名木是否有相关文字史料或诗文题咏记载，或者是否有被列为国家保护树木
神话传说	有大量文字记载的传说趣闻	—	有少量文字记载的传说趣闻	—	无传说趣闻	古树名木是否有相关文字记载或口口相传的传说趣闻
所处位置	处于文物保护区	处于历史文化园区	处于历史厂区	处于公园	处于普通街道	古树名木生长的位置与历史文化场所的相关性
人格象征	具有家喻户晓的人格意义象征	特殊历史事件使古树具有人格意义象征	所处特殊位置具有人格意义象征	规划中赋予的人格意义象征	没有人格意义象征	以木"寓德"，运用不同树种寓意不同人格文化
地域精神	全国均认同的精神象征意义，如国树	省域范围内具备的精神象征意义	市域范围内具备的精神象征意义	小范围内所认同的地域精神意义	没有精神象征意义	古树名木的精神文化往往因所处地域的不同而具有不同的内涵
知名度	国家知名古树名木	省级知名古树名木	地方知名古树名木	区域附近知名古树名木	不知名古树名木	古树名木被人们的熟知程度

续表

评价内容	5分	4分	3分	2分	1分	具体内涵
标识性	具有强烈地域特色，有相关知名艺术作品或被报道	古树旁有详细的介绍科普展示牌	标识对树种树龄作简要介绍	只标识了古树名木	未做任何标识	古树名木上悬挂古树信息标牌，以便人们充分了解古树名木树种树龄等信息。
科普活动	国家级教育基地或开展各类科普活动	省级教育基地或开展各类科普活动	地市级教育基地或开展各类科普活动较少	区域或中小学开展各类科普活动	未曾开展过科普类活动	结合古树名木以第二课堂等形式进行自然科普教育
稀有树种	当地株数≤5株	5株＜当地株数≤20株	20株＜当地株数≤35株	35株＜当地株数≤50株	＞50株	古树名木为外来树种或当地不常见树种，具备科学研究价值或引进价值
树种规划参考	抗逆性较强，生长状态较好	抗逆性强，适宜当地生长	抗逆性良好，偶尔需要维护	抗逆性一般，需要定期维护	抗逆性较差，且维护成本高	古树名木作为当地抗逆性较强的树种可以为树种规划提供参考
环境污染指示	环境污染时会短时间内显现出反馈	环境污染时会短时间内显现出反馈	环境污染时较长时间才显现出反馈	环境污染时较长时间才显现出反馈且反馈不明显	环境污染时长时间难以观察到反馈	对于环境污染情况，古树名木会通过生长状态的变化反映出来
场所认同	以问卷形式获得平均得分					人们以所处区域有古树名木的存在而感到自豪或在心理上产生认同
场所依赖	以问卷形式获得平均得分					人们习惯在古树名木景观节点进行游憩聚会、观赏等活动
交通便利	交通十分便利，紧邻多条主干道	交通便利，紧邻主干道与次干道	交通便利一般，处于次干道附近	交通不便利，距离街道较远	交通非常不方便，难以到达	古树名木所在位置的交通越便利则一定程度上意味着前来观赏的人流量越大，游憩价值越高
活动丰富	聚集型休闲活动丰富多样，有古树名木主题活动	休闲娱乐、主题活动等聚集性活动	休憩、停留等非聚集性活动	观赏、停留	仅仅适合观赏	在观赏活动的基础上，还有丰富的休闲活动以及古树名木主题活动的古树名木其景观空间游憩价值高
游憩空间	在古树名木保护核心区域外，不干涉古树正常生长的情况下，游憩空间大，适合团体聚集	游憩空间较大，适合多人聚集	游憩空间较小，游客容量较小	游憩空间小，适合短暂停留	游憩空间非常小，不适合停留	在古树保护核心区范围外具备观赏、活动、停留、休息的空间

3 讨论

国内外学者对古树名木评价体系构建的研究主要包括健康状况、资源价值、景观美学评价等，但是其都存在只考虑了树体自身或只关注树体外在表现问题，缺乏树体与周边环境因素的结合以及对精神文化的影响。部分研究人员构建了古树名木的综合评价体系，但研究指标不够全面，特别是较少将树木内在的历史文化价值、对科研的贡献，及其对人类精神需求福祉等评价指标一并考虑。

本研究提出的古树名木评价体系中，将树体本身内在、外在资源价值与对人类精神文化福祉综合评价指标结合考虑。研究发现，在准则层中，历史文化、精神文化和科研价值3个指标占总权重相对较大，其中历史文化指标权重占比最高，这与魏丹等人对古树的存量与分布研究得到的古树除了受自然地理与历史遗留的约束外，更深受历史文化要素的影响基本一致[40]。在指标层中，历史见证、地域精神和稀有树种所占总权重较大，说明古树名木内在文化价值方面的重要性，以及对于地域内人们的精神意义，同时应着重保护珍贵的稀有树种。由此可知，古树名木的文化服务评价研究是一项着重考虑古树与人或与环境相互关系的综合研究。因此在今后的古树名木文化服务发展中，在树木保护的基础上可以深入挖掘古树历史文化内涵，并与人类精神福祉结合考虑，这样既能保护古树名木的多元价值，又能够确保古树名木的文化价值能够持续保存和传承。

4 古树名木文化服务发展策略建议

根据指标体系中占比较高的准则层因子历史文化、科研价值、精神文化，以及其下层因子历史见证、稀有树种、地域精神，同时结合树木自然教育、地方依恋等其他因子协同，提出古树名木文化服务发展建议。

（1）以古树名木历史文化价值为依托推进宣传工作

挖掘古树景观要素、环境要素以及古树的文化内涵，提升古树名木的文化吸引力[41]；积极开展城市古树名木评选活动，如树王评选、最美古树评选、名木故事讲解评选宣传等，充分利用资源稀缺性、文化承载等优势，整合景观资源进行生态研学、文化教育、开展主题丰富的古树生态旅游等；系统梳理古树景观的历史文化内涵，在原有的古树名木历史文化功能基础上，融入民族文化的特色，结合当地文化定位进行名片打造与形象提升，开展礼仪礼制、宗族伦理、传统习俗等活动，进一步丰富和完善古树名木的活化功能。开展古树公园建设试点，在了解公园建造背景和古树名木历史渊源的基础上，通过研读文化发展脉络，进一步挖掘古树名木的文化价值和特定内涵，强化历史文化标识，提升周边配套服务，提高公众对文化遗产服务的满意度。

（2）重点保护极具科研价值的稀有树种

对于古树名木树种中少部分当地不常见的稀有树种，其具有较高科研价值的同时也可以作为树木引种规划的参考。对稀有树种进行有针对性的分级分类保护，同时出台相关政策对稀有树种的保护和发展提供科学的规划和引导，加快稀有树种的开发利用，促进城市林业的多元化发展。本土古树名木树种与新优树种相结合，注重古树树种的历史文化性、地域性和对环境的适应性，在古树名木后续资源树种规划中，应以乡土树种为主，适当选用经过长期考验、适应气候条件的新优外来树种作为古树名木后续资源的补充树种。保护、发展和合理利用稀有树种资源，对促进科学研究、学术交流以及维护生态平衡、促进可持续发展具有重要意义。

（3）丰富蕴含精神文化的古树名木节点

丰富节点要在不干涉古树正常生长的前提下，坚持整体保护的理念，建立古树名木保护核心区、缓冲区、协调区三个层次的保护体系，并依据植物习性对古树周边植物进行合理种植等。通过增加依托古树的户外休息活动空间或平台，增设座椅以及符合精神主题的景观雕塑、景墙等景观小品，并根据不同树种的文化寓意，营造具有特定文化主题和深意的空间场所[34]，供人们休憩、游乐或社交活动。将具有独特的人格象征的古树名木，融合情节环境搭建故事景观，在增进观赏趣味性的同时也起到自然教育的作用；基于古树名木与历史文化公园构建文化遗产廊道，通过合理设置交通方式提升节点可达性；增设解说系统，对古树名木的树木信息、历史文化内涵及典故传说等进行系统性解读，让公众深入了解当地古树名木的特色与文化；结合古树名木定期开展主题文化活动，增强古树与人的联结感、互动感，以及人对古树名木节点场所的地方依恋感。

（4）加强古树名木及其文化资源保护管理工作

建立完善的管理保障制度，结合当地资源现状，从协商机制、资金保障、完善标准等多方面健全古树名木保护管理制度[19]；推动城市古树名木自然信息与文化信息一并纳入管理平台，提升管理效能；完善保护管理机制，划定树木保护与文化资源保护的责任监管部门职责；制定科学监管方案，从树体保护，到古树名木生长环境改善，再到与周边文化环境风貌融合，对古树和周边生境以及景观开展统一保护，侧重文化内涵的延续，充分发挥并挖掘空间的价值，使其在继续承载文化历史的同时，与古树及周边环境形成具有地域性和时代性的和谐的精神，使地域的历史文化、场所精神得以延续。

5 结语

本研究以古树名木为研究对象，对其文化服务功能进行评价体系建构，得到文化服务功能因子权重，从而构建古树名木文化服务功能评价体系，并有针对性地提出古树名木文化服务发展策略建议，以充分发挥和提升古树名木文化服务功能，为城乡历史文化遗产保护以及文化服务资源的优化及合理开发利用提供借鉴和指导，未来也将展开对古树群文化服务功能的深入研究。

参考文献

[1] 亓玉昆，寇江泽．保护古树名木 维护生态安全[N]．人民日报，2023-01-03(014)．

[2] Li Huang, Cheng Jin, Mingming Zhen, et al. Biogeographic and anthropogenic factors shaping the distribution and species assemblage of heritage trees in China[J]. Urban Forestry & Urban Greening, 2020, 50.

[3] 朱坤，代继平，庞婧，等．云南省芒市古树名木资源调查与特征分析[J]．林业资源管理，2020(1)：22-29．

[4] 魏丹，赖略，郑昌辉，等．河源市古树资源特征分析研究[J]．林业与环境科学，2020，36(3)：80-85．

[5] 周天鸿，王云才．上海古树名木及古树后续资源与城市生态网络的空间关系[J]．中国城市林业，2020，18(6)：37-42，48．

[6] Zhang H, Lai P Y, Jim C Y. Species diversity and spatial pattern of old and precious trees in Macau[J]. Landscape and Urban Planning, 2017, 162：56-67.

[7] 邱族周，胡希军，钱惠，等．新田县古树名木资源组成和

[8] Yang Yibo, Bao Guangdao, Zhang Dan, et al. Spatial Distribution and Driving Factors of Old and Notable Trees in a Fast-Developing City, Northeast China[J]. Sustainability, 2022, 14(13).

[9] 田凌鸿, 崔蓓, 李珍, 等. 天水市伏羲庙古侧柏树干空腐状况诊断及其应用[J]. 西北林学院学报, 2020, 35(3): 153-160.

[10] 李亭潞, 秦长生, 赵丹阳, 等. 汕头、肇庆、韶关及东莞地区古树名木资源特征及危害因子分析[J]. 林业与环境科学, 2018, 34(4): 80-87.

[11] Gromann J, Pyttel P, Bauhus J, et al. The benefits of tree wounds: Microhabitat development in urban trees as affected by intensive tree maintenance[J]. Urban Forestry & Urban Greening, 2020, 55: 126817.

[12] Lindenmayer D B, Blanchard W, Blair D, et al. The road to oblivion Quantifying pathways in the decline of large old trees[J]. Forest Ecology and Management, 2018, 430.

[13] 徐婷, 刘丹, 殷秀强, 等. 古树健康诊断的复壮措施及效果评价指标[J]. 东北林业大学学报, 2022, 50(9): 45-49.

[14] 王广进, 舒健骅, 丛日晨, 等. 北京戒台寺抱塔松、卧龙松复壮措施效果解析及古树复壮建议[J]. 国土绿化, 2021(2): 36-41.

[15] Erickson C C, Waring K M. Old Pinus ponderosa growth responses to restoration treatments, climate and drought in a southwestern US landscape[J]. Applied Vegetation Science, 2014.

[16] 夏甜甜, 吴青萱, 林子皓, 等. 济南中山公园古侧柏健康评价与分级保护[J]. 安徽农业科学, 2022, 50(22): 106-110, 137.

[17] 严朝东, 苏纯兰, 孔爱冬, 等. 东莞市古树名木无损诊断和健康评价[J]. 林业与环境科学, 2021, 37(6): 155-162.

[18] 吴小双, 吴晓羚, 王东良, 等. 嘉兴市古树名木资源现状与评价[J]. 陕西林业科技, 2022, 50(5): 45-50.

[19] 吴志文. 广元市古树名木资源现状调查评价、价值评估及保护对策[C]//中国环境科学学会 2021 年科学技术年会论文集(三), 2021: 280-288.

[20] 熊璐瑶. 江西省古树名木资源价值评价[J]. 南方林业科学, 2021, 49(5): 69-73.

[21] 马士祝, 杨天福, 苏嗣杰, 等. 大理州古树名木资源调查分析及评价[J]. 绿色科技, 2021, 23(1): 72-74+86.

[22] 张强, 郑洪, 艾训儒, 等. 湖北巴东古树名木资源现状分析及其空间布局评价[J]. 安徽农业科学, 2022, 50(11): 116-121+125.

[23] 李欣妍. 从环境艺术角度认识古树名木三个维度: 基本属性、构成层次、艺术审美[J]. 现代园艺, 2022, 45(5): 100-102.

[24] 闻瑞鹏. 基于 AHP 的淳安县古树名木景观价值评价[J]. 智能计算机与应用, 2020, 10(8): 167-170.

[25] 严巍. 古树名木和古树后续资源养护质量评价[R]. 上海: 上海市绿化管理指导站, 2020.

[26] Daniel T C, Boster R S. Measuring landscape esthetics: Thescenic beauty estimation method[M]. Colorado: USDA, 1976.

[27] 韩丽, 马长乐. 基于 SBE 法的滨江公园美景度调查研究——以昆明市滨江公园为例[J]. 江苏农业科学, 2020, 48(10): 137-142.

[28] 熊璐瑶. 江西省古树名木资源现状与价值评价[D]. 南昌: 江西农业大学, 2021.

[29] Watson G. Comparing formula methods of tree appraisal[J]. Journal of Arboriculture, 2002, 28(1): 11-18.

[30] Reid W V, Mooney H A, Cropper A, et al. Ecosystems and human well-being-synthesis: a report of the millennium ecosystem assessment[M]. Washington D C: Island Press, 2005.

[31] 闻瑞鹏. 淳安县古树名木特征分析及景观评价[D]. 临安: 浙江农林大学, 2020.

[32] 冷清清. 古树名木健康评估系统研究与开发[D]. 济南: 山东农业大学, 2021.

[33] 陈赛赛, 周钰, 李祉宣, 等. 江苏省不同区域古树名木分布特点研究[J]. 中国园林, 2021, 37(6): 117-121.

[34] 李小龙, 王树声, 刘丫丫, 等. 存木续脉: 一种古树名木保护与文脉传承的本土规划理念[J]. 城市规划, 2021, 45(9): 53-54.

[35] 邱族周, 胡希军, 钱惠, 等. 新田县古树名木资源组成和空间分布特征分析[J]. 中南林业科技大学学报, 2022, 42(10): 46-56.

[36] 林国钦. 大力保护古树名木弘扬森林生态文化[J]. 管理观察, 2013(13): 109-110.

[37] 税珺. 利用古树名木开展自然教育的意义和设想[J]. 现代农业科技, 2020(15): 152, 156.

[38] 冯宝春, 刘以龙, 郭斐, 等. 潍坊市古树名木保护与乡土生态文化传承[J]. 福建林业科技, 2022, 49(3): 116-120.

[39] 李玲蔺. 基于场所依恋理论的临安村落古树名木保护利用研究[D]. 临安: 浙江农林大学, 2021.

[40] 魏丹, 赖略, 郑昌辉, 等. 河源市古树资源特征分析研究[J]. 林业与环境科学, 2020, 36(3): 80-85.

[41] 薛雅飞, 高云昆. 赏古树芳华 享历史浓荫——论北京香山公园古树景观可持续利用[J]. 中国园林, 2014, 30(6): 79-84.

作者简介

李鑫雨, 1998 年生, 女, 蒙古族, 山东人, 哈尔滨工业大学建筑学院风景园林专业硕士, 寒地城乡人居环境科学与技术工业和信息化部重点实验室, 研究方向为风景园林规划设计。电子邮箱: 1064981955@qq.com。

赵巍, 1985 年生, 女, 汉族, 吉林松原人, 博士, 哈尔滨工业大学建筑学院, 寒地城乡人居环境科学与技术工业和信息化部重点实验室, 副研究员、硕士生导师, 研究方向为城市声景观。电子邮箱: zhaoweila@hit.edu.cn。

(通信作者) 朱逊, 1979 年生, 女, 满族, 黑龙江哈尔滨人, 博士, 哈尔滨工业大学建筑学院, 寒地城乡人居环境科学与技术工业和信息化部重点实验室, 教授、博士生导师, 研究方向风景园林规划设计及其理论。电子邮箱: zhuxun@hit.edu.cn。

山地历史城镇文化景观发展可持续评估
——以重庆中山古镇为例

Sustainable Assessment of Cultural Landscape Development in Historical Towns in Mountainous Areas
—A Case Study of Zhongshan Ancient Town in Chongqing

秦 攀

摘 要：文化景观是人与自然环境相互作用形成的产物，山地历史城镇文化景观保护与发展是当前国家的战略重心，于此探究发展可持续是时代必要。本文基于可持续理念以及山地历史特征和文化景观要素的类型维度，从文化景观底蕴、政策管理、实施效果3个维度反映山地历史城镇文化景观可持续发展的发展动力、协调支撑、持续运营情况。并以重庆市江津区中山镇为例，切实评估当前其发展状况，解析出内在发展可持续的症结，望对未来其文化景观保护与开发利用提供一定的参考意义。

关键词：文化景观；山地历史城镇；可持续；模型构建

Abstract: Cultural landscape is the product of the interaction between human and natural environment. The protection and development of cultural landscape in mountainous historical towns is the strategic focus of the current country. It is necessary to explore the sustainable development. Based on the concept of sustainable development, based on the type dimension of mountain historical characteristics and cultural landscape elements, this paper reflects the development momentum, coordination support and continuous operation of the sustainable development of cultural landscape in mountain historical towns from three dimensions : cultural landscape heritage, policy management and implementation effect. Taking Zhongshan Town, Jiangjin District, Chongqing City as an example, this paper evaluates its current development status and analyzes the internal sustainable crux, which has certain reference significance for the future protection and development and utilization of its cultural landscape.

Keywords: Cultural Landscape ; Mountain Historical Towns ; Sustainable ; Model Construction

引言

我国自2002年历史文化名镇提出后，以西南、华南、华东地区为代表的山地历史城镇不断成为国家文化发展的重心（图1），而山地历史城镇也因地理环境的多维性孕育了丰富的文化景观。文化景观（cultural landscape）概念于世界遗产委员会第16届大会提出，是一种结合人文与自然，侧重于地域景观、历史空间、文化场所等多种范畴的遗产对象；是对历史文化遗产的衍生释义，是融合自然和人文关系的遗产类型[1]。在党的二十大报告中，国家明确了以文塑旅、以旅彰文，推进文化和旅游深度融合发展的要求；在此背景下，山地历史城镇的文化景观不应只满足于保存好，而要实现保护与发展的协同并进，因此探究山地历史城镇文化景观可持续发展方式十分重要。

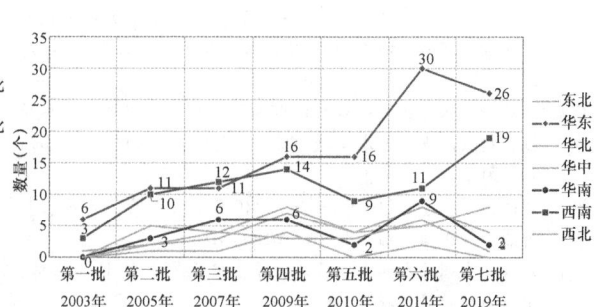

图1 我国历史名村名镇历年数量统计图（左）和
我国山地地区历史名镇历年数量统计图（右）

1 我国当前文化景观相关研究进展

1992年世界遗产委员会正式将文化景观列入世界遗产的范畴，至此激发了我国关于文化景观的研究[2]。当前我国有关历史城镇文化景观的研究可以分为3个阶段（图2）。

早期，主要是关于文化景观特征与价值研究的基础认识研究，由于当时我国历史文化名城名镇名村的提出，加快了国内学界对于文化景观的认识的步伐，如：李和平[1]等学者针对文化景观类型及其构成要素进行作出了中国式解读，而张纵[3]等学者则是上升到文化价值层面对徽州古村落及其水口园林景观建构、功能特性、文化属性进行较为详细的解析，这时期的学者针对文化景观表现特征以及外在价值等要素进行了综合的阐述，为后续历史城镇文化景观保护工作提供了坚实基础。中期，在新型城镇化、多学科交叉融合的背景下，开始集中于文化景观形成与演化研究的内在机制研究，通过理清历史城镇文化景观内在形成机制，才能深层次、有效地延续文化景观的价值内涵，也同时为现代城市文化景观建设提供参考[4]；同时多学科交叉研究的方式重构传统专业思维下对文化景观的认识逻辑，如：采用空间句法、认知意向、行动者网络、空间生产理论等[5,6]手段探寻传统村落文化景观空间的结构布局对全面认识历史城镇文化景观的演变规律有极大的促进作用。而当前对于文化景观保护与发展研究是对国家可持续发展、文化自信、文化安全等上级战略的响应，各类以文化景观促进乡村旅游发展的驱动模式探索成为主流，以及GIS、RS、物联网、5G等技术的发展也为历史城镇文化景观的发展提供了新思路[7]。于此，历史城镇文化景观研究基于可持续发展理念开展了物质载体、文化价值、政策支持、市场调节、社区参与等多维度的探索，通过不断的理论与实践积累，当前亟需一种有效的评判历史城镇文化景观可持续发展的可行性技术体系，通过此方法探究历史城镇在内在动力或是外在驱动层面的不足，从而为后续保护与发展提供相应策略。

阶段	背景	主题	维度	学者	主要内容
基础认识阶段 1990年	文化景观列入世界遗产的范畴、我国历史文化名城名镇名村的提出	文化景观特征与价值研究	景观特征	刘沛林	文化景观的特异性、文化景观基因理论和"胞—链—形"图式表达方式
				胡最，等	从符号学视角出发探究了文化景观基因的符号机制
				翟洲燕，等	构建了陕西传统村落文化景观基因组图谱，清晰地再现了陕西传统村落文化景观的遗传信息、空间序列、分布模式和地理格局等
			价值研究	周春山，等	基于区域、聚落、建筑等不同层面以及时间、空间、精神等不同维度，对传统村落的文化景观进行了特征分析与价值评定
				何艳冰，等	采用文化感知理论、层次分析法等定性与定量方法建立了部分传统村落文化景观感知评价体系
				毛琳箐，等	着眼于贵州侗族传统村落的声景观，通过对声景观的文化属性、活态性和非物质属性的探究，明确了传统声景观活态化保护的现实作用
内在机制认识阶段 2006年	新农村建设、美丽乡村、新型城镇化、城乡融合、多学科交叉融合	文化景观形成与演化研究	内在生成逻辑	王国萍，等	认为随时间推移，民族型传统村落文化景观斑块内部呈现空间破碎化的趋势
				黄成林	探究徽州古村落文化景观的形成机理与演化格局，明晰了徽州文化景观同地理环境、传统文化之间的关系
			外在驱动机制	林祖锐，等	在文化路线视野下，对其军防、商贸和移民等文化功能演变展开了深入分析
				王云才	探讨了城市化、工业化、现代化和商业化冲击下，传统村落文化景观的空间特征以及空间演变机理
驱动利用阶段 2012年	传统村落名录制度建立、科学发展观、可持续发展思想、文旅产业兴起	文化景观保护与发展研究	保护方法	单霁翔	强调应在政府主导、社区参与和市场调节的多元主体协调共治机制中延续传统村落的历史文脉，制定有针对性的乡村类文化景观管理办法，保护文化景观多样性
				邓运员，等	将地理信息系统（GIS）、遥感（RS）等技术运用于传统村落文化景观的规划与管理，实时监控文化景观遗产的动态变化，及时调整管理策略，实现宏观调控与微观监测的有效统一
			发展策略	张琳，等	提出了文化旅游的乡土景观保护策略，推动形成了乡村旅游发展与乡土文化传承的耦合关联机制
				张成渝	探索出了世界遗产、生态博物馆和乡村旅游等多种保护模式

图2 我国文化景观理论研究历程

（图片来源：作者基于参考文献[2]整理绘制）

2 山地历史城镇文化景观可持续发展的认识

2.1 山地历史城镇文化景观要素的构成

文化景观是人与自然环境相互作用形成的产物，山地历史城镇多维空间布局与多样复杂的自然环境，长久以来，正是山地环境与山地人群的不断交流传承才形成如今丰富的山地历史城镇文化景观。李和平[2]等学者通过整理分析国外文化景观的分类特征，结合中国的地域历史文化国情提出了"五类型、两大系统"的历史文化景观构成形态。文化景观类型与构成要素互为交叉，文化景观既是存在的物质空间又散发价值属性（表1）。

表1　文化景观类型与构成要素分析表

类型	主要构成要素	
	物质系统	价值系统
设计景观	建筑：历史建（构）筑物 空间：空间构成、空间形态 结构：空间结构、景观结构 环境：山水环境	人居文化：生活理念、生活文化 历史文化：历史背景、历史人物 精神文化：审美情趣、艺术风格、文化观念
遗址景观	建筑：建筑遗址、遗迹 环境：自然环境	历史文化：历史背景、历史事件、历史人物 产业文化：产业历史、产业发展、产业特征 精神文化：文化观念、精神信仰
场所景观	行为：行为模式、节庆仪式、传统技艺 空间：空间形态 环境：自然环境	人居文化：地方习俗、生活理念、生活文化 历史文化：历史沿革 精神文化：文化观念、精神信仰
聚落景观	行为：日常行为、节庆仪式、传统技艺 建筑：历史建筑、乡土建筑 空间：空间构成、空间形态 结构：空间结构、景观结构 环境：山水环境、田园风光、绿化植被	人居文化：地方习俗、生活理念、生活文化 历史文化：历史沿革、历史事件、历史人物 产业文化：产业历史、产业发展、产业特征 精神文化：文化观念、审美情趣、精神信仰
区域景观	建筑：历史古迹与建筑遗址、遗迹 结构：区域布局、景观结构 环境：山水环境、区域环境、绿化植被	历史文化：历史背景、历史事件、历史人物 产业文化：产业发展、产业特征 精神文化：文化观念、精神信仰、审美情趣

资料来源：参考文献［1］。

而山地历史城镇的文化景观构成须基于山地历史城镇的基本认识。山地历史城镇可以从山地物质空间建设特征与历史文化内涵交叉进行释义，山地城镇在历史的长河中为适应地形、地貌环境不断发展，在物质空间形态上的塑造出区域、城镇、街区、建筑4个维度的特征，具体包括：互契格局、立体簇群、多维街巷、共构建筑，其分别记录了宏观、中观、微观尺度山地城镇的共性营造信息[8]。而伴随物质空间形态影响诞生的是独具特色的文化精神和价值取向，具体包括：自然共生哲学、节约集约观念、包容机变思维、坚韧不屈品质。一方面文化价值观念孕育着物质空间形态的塑造，另一方面后者也反过来影响着文化观念的塑造。这样不断交换、共生的物质空间与文化价值特征构建了独特的山地历史城镇文化景观（图3）。综合山地历史城镇特征要素，基于"五类型、两大系统"的构成体系，本研究从文化景观类型与要素两大层面对山地城镇文化景观进行提取与再识别（图4）。

2.2　山地历史城镇文化景观发展可持续认识

本文基于可持续发展理论探讨山地历史城镇文化景观永续发展的可行性。可持续发展最早于1987年提出，其本意是实现发展与环境保护的互相联系，形成共生的有机体。本文意在探讨文化景观层面的保护与发展协调共进。

可持续的发展实现需要满足"发展、协调、持续"的系统运行本质，其内在含义就是实现数量维（发展）、质

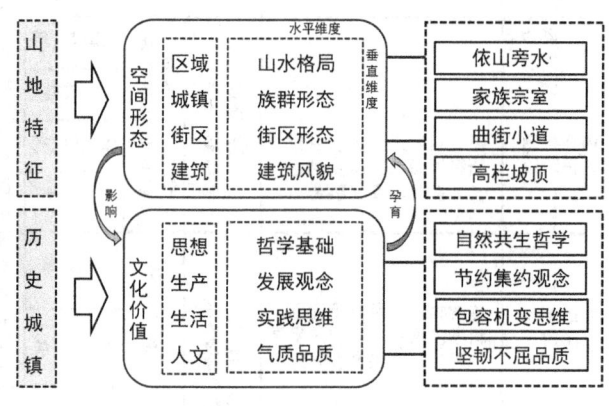

图3　山地历史城镇特征内涵图
（图片来源：作者基于参考文献［8］整理绘制）

量维（协调）、时间维（持续）的要求[9]。本文基于该理想运作理论探讨实现山地历史城镇可持续发展需要满足的条件：对文化景观数量维度（发展）的动力评估，其是对地区文化景观底蕴的研判，可以判别山地历史城镇是否可以健康、合理地发展，是保证其发展持续动力的基本盘；再者是山地历史城镇文化景观发展应"协调"，这个层面需要对上级政策、管理维度进行有效研判，是实现文化景观高质量发展的坚实后盾；最后，需要满足山地历史城镇文化景观时间维（持续）的要求，这是判断其在长期发展中能否合理发展的关键要素，需要基于山地历史城镇保护规划，针对文化景观层面实施效果进行判断。综合

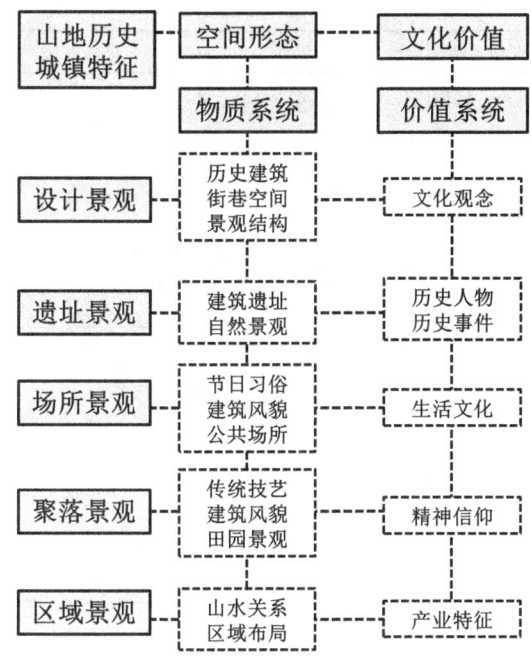

图 4 山地历史城镇文化景观认识

以上，本文以期从山地历史城镇文化景观底蕴、政策管理、实施效果 3 个层面的综合理解实现对山地历史城镇文化景观可持续发展的研判（图 5）。

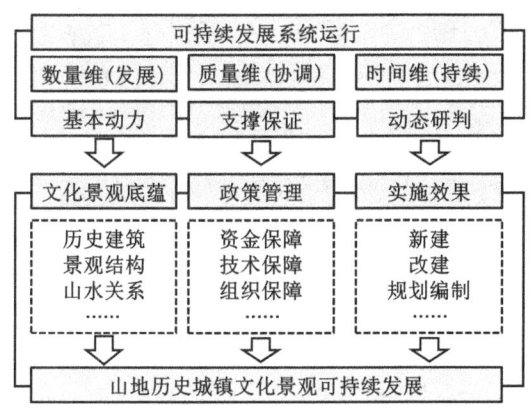

图 5 山地历史城镇文化景观可持续发展路径

3 山地历史城镇文化景观发展可持续评估指标体系构建

3.1 指标体系的构建

基于以上对山地历史城镇文化景观发展的可持续认识建构其发展可持续评估指标体系，致力于精准研判山地历史城镇当前发展的困境，以便后续针对性提出保护与发展的建设性意见。本研究提出的模型基于山地历史城镇文化景观的基本特征认识与发展的持续性考虑，纳入政策管理以及实施效果两个维度，拟采用"定性＋定量"的研究方法充分考虑保护工作的公平、公正以及科学规范。最终形成 3 大系统、11 个子系统、32 个指标（图 6）。

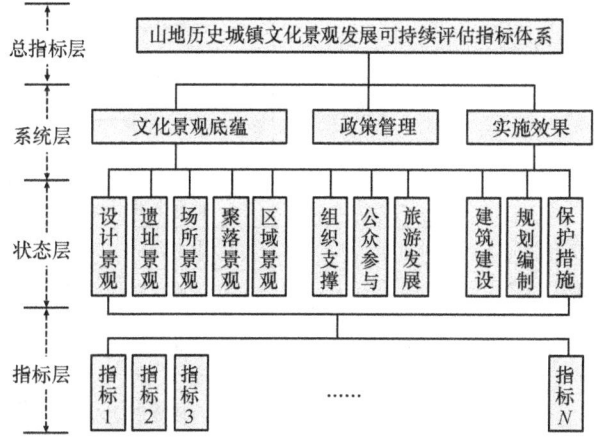

图 6 山地历史城镇文化景观发展可持续评估指标体系构建

3.2 数据处理

本研究大部分数据直接采集自历史文化名镇统一标准统计资料；部分资料来自实地调研，通过现场采集获取，再进行评定。

由于各指标评价性质、评价方式不同，本文对其进行统一度量，采用专家打分法，综合各部门意见进行处理、分析和归纳，将各项指标按特性分别赋分 0、20、40、60、80、100（表 2）。

山地历史城镇文化景观发展指标体系　　表 2

系统层	状态层	指标层	指标层	获取方法
文化景观底蕴	设计景观	历史建筑年代	宋元之间（100）、明清之间（80）、明清之间（60）、近代（40）、无（20）	定量
		街巷空间特征	独一无二（100）、传统尺度（60）、现代尺度（20）	定性
		景观结构情况	景观要素丰富（100），存在景观斑块、廊道、基质其中两项（80），存在景观斑块、廊道、基质其中一项（60），无景观结构（20）	定性
		文化观念	存在两种及以上文化观念（100）、存在一种文化观念（80）、无文化观念（20）	定量

续表

系统层	状态层	指标层	指标层	获取方法
文化景观底蕴	遗址景观	建筑遗址	文保建筑最高等级：国家级(100)、省级(80)县、市级(60)、无(0)	定量
		自然景观	存在自然与生物景观(100)、存在自然与生物景观其中一项(80)、自然与生物景观均无(20)	定性
		历史人物	5人及以上(100)、2~5人(80)、1人(60)、无(20)	定量
		历史事件	3件及以上(100)、2~5件(80)、1件(60)、无(20)	定量
	场所景观	节日习俗	3件及以上(100)、2~5件(80)、1件(60)、无(20)	定量
		公共场所	3个及以上(100)、3~5个(80)、1~2个(60)、无(20)	定量
		生活文化	3件及以上(100)、3~5件(80)、1~2件(60)、无(20)	定量
	聚落景观	传统技艺	5件及以上(100)、3~5件(80)、1~2件(60)、无(20)	定量
		建筑风貌	传统(100)、传统加新中式(80)、新中式(40)、现代(0)	定性
		田园景观	存有较多(100)、部分荒弃(80)、完全荒弃(60)、无(20)	定性
		精神信仰	存有精神信仰(100)、无(20)	定性
	区域景观	山水关系	好(100)、较好(80)、一般(60)、较差(40)、差(20)	定性
		区域布局	好(100)、较好(80)、一般(60)、较差(40)、差(20)	定性
		产业特征	传统业态较多(80)、保留部分传统业态(60)、无传统业态(40)	定性
政策管理	组织支撑	保护机构建设情况	建立专门的保护机构(60)、未建立专门的保护机构(20)	定量
		固定编制的专职工作人员组织情况	有固定编制的专职工作人员(60)、无固定编制的专职人员(20)	定量
	公众参与	是否有政府之外的公众参与保护全过程	是(80)、否(20)	定性
		前期是否咨询当地人群意见	是(80)、否(20)	定性
	旅游发展	年新增游客比重	5%以上(80)、0~2%(60)、负增长(20)	定量
		业态商铺种类	丰富(80)、一般(60)、单一(40)	定性
实施效果	建筑建设	新建建筑比例	无(100)、10%~20%(60)、20%~40%(20)、40%及以上(0)	定量
		改建建筑比例	无(100)、10%~20%(80)、20%~40%(60)、40%及以上(40)	定量
	规划编制	保护规划编制及批准	是(80)、否(20)	定量
		是否按保护规划实施	是(80)、否(20)	定量
		是否颁布地方保护法规/办法/公约	是(80)、否(20)	定量
	保护措施	基础设施完备情况	好(100)、较好(80)、一般(60)、较差(40)、差(20)	定性
		重点建筑的保护修缮情况	好(100)、较好(80)、一般(60)、较差(40)、差(20)	定性
		完整性和原真性	好(100)、较好(80)、一般(60)、较差(40)、差(20)	定性

3.3 权重确定

采用专家赋权加变异系数法求各因子权重。变异系数法是一种客观赋权的方法，其计算公式为

$$u_i = \frac{j_i}{\sum_{i=1}^{n} j_i} = \frac{y_i / \bar{x}}{\sum_{i=1}^{n}(y_i / \bar{x})}$$

式中，u_i 是评价因子权重；j_i 是评价因子变异系数；y_i 是评价因子标准差；$\bar{x}$ 是评价因子平均值

4 案例分析

4.1 中山古镇概况

中山古镇位于重庆江津区中山镇北部笋溪河旁，距离重庆市城区约97km，距江津城区48km。中山古镇历史悠久，历史上贵州、綦江、合江于此进行中转交易，是古时的商贸重镇，内有丰富的古建筑群。然而，在2021年6月4日，中山古镇发生一起重大火灾，造成古镇内部大量建筑被烧毁，文化景观受到严重破坏（图7）。现近两年已过，正值中山古镇恢复发展时期，对其内部文化景观发展的可持续评估十分必要。

图7 中山古镇大火照片（图片来源：网络）

4.2 中山古镇文化景观发展可持续评估

基于山地历史城镇文化景观发展可持续评估模式，通过文献查阅、资料收集以及实地调研等方式，获得中山古镇文化景观发展可持续评估指标结果（表3）。

中山古镇文化景观发展可持续评估指标结果　　表3

总得分（分）	系统层得分（权重/分）	状态层得分（权重/分）	指标层（专家赋权）	指标层得分（分）
中山古镇文化景观发展可持续（50.84）	文化景观底蕴（0.22/71.85）	设计景观（0.07/86）	历史建筑年代（0.2）	80
			街巷空间特征（0.3）	100
			景观结构情况（0.3）	80
			文化观念（0.2）	80
		遗址景观（0.07/85）	建筑遗址（0.25）	80
			自然景观（0.25）	80
			历史人物（0.25）	80
			历史事件（0.25）	100
		场所景观（0.4/76）	节日习俗（0.5）	100
			公共场所（0.2）	100
			生活文化（0.3）	20
		聚落景观（0.31/68）	传统技艺（0.2）	80
			建筑风貌（0.4）	80
			田园景观（0.2）	80
			精神信仰（0.2）	20
		区域景观（0.15/56）	山水关系（0.5）	60
			区域布局（0.3）	60
			产业特征（0.2）	40

续表

总得分（分）	系统层得分（权重/分）	状态层得分（权重/分）	指标层（专家赋权）	指标层得分（分）
中山古镇文化景观发展可持续（50.84）	政策管理（0.42/41.9）	组织支撑（0.14/60）	保护机构建设情况（0.5）	60
			固定编制的专职工作人员组织情况（0.5）	60
		公众参与（0.55/44）	是否有政府之外的公众参与保护全过程（0.6）	20
			前期是否咨询当地人群意见（0.4）	80
		旅游发展（0.31/30）	年新增游客比重（0.5）	20
			业态商铺种类（0.5）	40
	实施效果（0.36/48.44）	建筑建设（0.47/36）	新建建筑比例（0.6）	20
			改建建筑比例（0.4）	60
		规划编制（0.38/64）	保护规划编制及批准（0.4）	80
			是否按保护规划实施（0.3）	20
			是否颁布地方保护法规/办法/公约（0.3）	80
		保护措施（0.15/48）	基础设施完备情况（0.3）	60
			重点建筑的保护修缮情况（0.3）	60
			完整性和原真性（0.4）	40

4.3 结果分析

最终中山古镇整体文化景观发展可持续得分50.84分，其中文化底蕴得分71.85分、政策管理得分41.9分、实施效果得分48.44分。可以得出中山古镇整体文化景观基底雄厚，其中极具代表的为设计景观和遗址景观方面。但由于政策管理和实施效果方面的不足导致整体发展协调性和持续性动力不足，其中主要原因是曾经的火灾带来的负面影响，如地区各业态受损严重、游客削减导致政府管理政策跟不上；大火过后，除了少部分建筑完整保留下来，大部分建筑的风貌、格局都受到很大程度的破坏，导致实施效果远远偏离规划理想状态。

5 结论与展望

本文针对山地历史城镇文化景观工作重点以及现实局限，基于可持续理念，指出当前山地历史城镇文化景观发展可持续的必要。进而基于山地历史城镇特征和文化景观要素的类型维度，从文化景观底蕴、政策管理、实施效果三个方面反映山地历史城镇文化景观可持续发展的动力、协调支撑、持续运营情况。并以重庆市江津区中山镇为例，切实评估当前其发展状况，解析出其内在可持续发展的症结，以期对未来文化景观保护与开发利用提供一定的参考意义。

当前研究仍有诸多不足：其一，对于山地历史城镇文化景观要素的提取，本文主要针对西南山地地区，我国地大物博，不同山地地区文化景观特征不同，因此有以偏概全之势。其二，本文指标选取中也存在过于主观的问题，在实际运用中，需根据案例实际情况具体选择。最后，在指标体系确立中，采用专家赋权加变异系数法，过分倾向于机械式的数据处理，难以衡量山地历史城镇文化景观保护发展过程中的人本思想与文化价值内涵，所以易导致结果的偏差。在后续的深入研究中，应不断完善、补充山地历史城镇文化景观相关研究。

参考文献

[1] 李和平，肖竞. 我国文化景观的类型及其构成要素分析[J]. 中国园林，2009，25(2)：90-94.
[2] 李雪，李伯华，窦银娣，等. 中国传统村落文化景观研究进展与展望[J]. 人文地理，2022，37(2)：13-22，111.
[3] 张纵，高圣博，李若南. 徽州古村落与水口园林的文化景观成因探颐[J]. 中国园林，2007(6)：23-27.
[4] 李慧敏，王树声. 古村落人居环境构建原型及文化景观环境营造——以国家历史文化名村夏门为例[J]. 西北大学学报（自然科学版），2012，42(5)：849-852.
[5] 陈驰，李伯华，袁佳利，等. 基于空间句法的传统村落空间形态认知——以杭州市芹川村为例[J]. 经济地理，2018，38(10)：234-240.
[6] 王丹. 基于空间生产理论的古村落文化景观研究[D]. 西安：西安建筑科技大学，2016.
[7] 邓运员，申秀英，刘沛林. GIS支持下的传统聚落景观管理模式[J]. 经济地理，2006(4)：693-697.
[8] 肖竞，张晴晴，杨亚林，等. 山地历史城镇景观基因"双系统"解译及其特征保护与气韵传承[J]. 中国园林，2021，37(6)：43-48.
[9] 牛文元. 可持续发展理论的基本认知[J]. 地理科学进展，2008(3)：1-6.

作者简介

秦攀，1996年生，男，土家族，重庆市石柱县人，重庆大学硕士，研究方向为城市规划。电子邮箱：1063242309@qq.com。

城市历史景观（HUL）视角下城市文化空间景观提升路径研究
——以北杜铁塔为例

Research on the Path of Urban Culture Space Landscape Improvement from the Perspective of Historic Urban Landscape (HUL)
—Taking Beidu Iron Pagoda as an Example

刘力源

摘　要：城市文化空间是实现文化建设高质量发展的主要载体，却面临着需求错配、建设滞后、可持续发展能力不足等众多问题。在动态发展的社会中，只有维持文化遗产的动态保护才能更好应对时代的挑战。基于此，本文从城市历史景观视角，尝试对城市文化空间进行价值的再认知与现存问题的再思考。以城市历史景观层积性、整体性、动态发展性三大特征，于文化核心、空间风貌、场地功能三大层面探索文化空间的景观表征与规划指引，得出文化价值的识别与综合认知、空间环境的多维关联、与城市的耦合发展三大实践路径。同时本文以北杜铁塔为例进行景观提升实践，探索城市历史景观视角下文化空间的自生长路径，为同类型的城市文化空间景观环境提升提供参考和借鉴。
关键词：城市历史景观；城市文化空间；景观提升；北杜铁塔；文化遗产

Abstract: Urban culture space is the main carrier to achieve high-quality development of cultural construction, but it faces many problems such as mismatched demand, lagging construction, and insufficient capacity for sustainable development. In a dynamically developing society, only by maintaining the dynamic protection of cultural heritage can we better meet the challenges of the times. Based on this, this paper attempts to re recognize the value of Urban culture space and rethink the existing problems from the perspective of HUL. Exploring the landscape representation and planning guidance of cultural space at the three levels of cultural core, spatial style, and site function, based on the three major characteristics of HUL layering, integrity, and dynamic development, three practical paths are identified and comprehensively recognized for cultural value, multi-dimensional construction of spatial system, and catalytic coupling of urban development. And take Beidu Iron Pagoda as an example to carry out landscape improvement practice, explore the self-growth path of cultural space from the HUL perspective, and provide reference and reference for the improvement of the landscape environment of the same type of Urban culture space.
Keywords: Historic Urban Landscape; Urban Culture Space; Landscape Improvement; Beidu Iron Pagoda; Cultural Heritage

引言

城市文化空间是一种占据一定物质空间、得到居民普遍认可、集中体现城市公共文化的场所[1]。但有许多的城市文化空间或因遗产破旧、年代久远，景观品质低下，与城市居民休闲需求错配严重；或因待建未开发，遗产"孤岛化"，建设较为滞后，空间频频遭受挤压[2]；或在建设发展中走旧拆新建的传统思路，文化特质丢失、同质化现象严重，造成文化空间实用性不强、场地文化价值可持续发展能力不足等问题。推动高质量发展，文化是重要支点[3]。城市文化空间作为承载城市精神和文化传统的重要载体，其高品质发展对城市和人民都具有重要意义。

城市历史景观（HUL）作为一种综合的、动态的文化保护方法，旨在维持人类环境的质量，在承认其动态性质的同时提高城市空间的生产效用和可持续利用率，以及提升社会和功能方面的多样性，有助于在当代建筑和基础设施的发展下保持城市特征[4]。目前国内已在遗产内涵的拓展、城市保护管理的应用等方面开展了诸多研究[5]。因此，将城市历史景观（HUL）引入城市文化空间景观的研究中具有重要的理论和实践意义。

本文基于城市历史景观视角，重新认定城市文化空间的价值，尝试分析城市历史景观对文化空间景观表征的指引，并以北杜铁塔为例进行景观提升实践，对城市历史景观在文化景观上的应用进行探索。

1　城市历史景观视角下的文化空间

1.1　城市历史景观：理解文化空间的新视角

城市历史景观（HUL）最早提出是在2005年[6]，是指"文化和自然价值及属性在历史上层层积淀而产生的城市区域"。2011年，《关于城市历史景观的建议书》[7]（以下简称《建议书》）中提到，"城市历史景观方法核心在于城市与自然环境之间、今世后代的需要与历史遗产之间可持续的平衡关系"。

城市历史景观是一项整合现代城市和历史建成环境保护的政策和实践的工具，包含了三个观念——整体观、层积观和动态发展观[8]。整体观强调对遗产本体与其物质环境的统筹考虑，将城市及历史视为一个有机整体。对遗产的保护不能只局限于遗存的实体，要置于更广阔的视角中去理解，在城市与空间的整体视角下考虑，才能制定出顺应时代发展的更新模式。层积观强调对遗产全时段、全生命周期的识别，将城市历史价值的生成视为不同时期的文化层积连续作用的过程。是对遗产价值判定的客观标准，通过对遗产全时段信息的挖掘和研究，可以准确客观地反映出城市发展变化的不同历史时期，实现对遗产整个生命周期的价值识别[4]。动态发展观强调城市的动态性和有机性[9]，在承认城市动态发展的基础上把整体生活环境统一而平等地归于城市遗产。

城市历史景观的提出，标志着城市遗产从"历史纪念物"到"社会综合体"再到"活的遗产"的这一重大转变[6]。无论是遗产本身、遗产环境还是保护目的，都在提倡一种整体的、综合的城市遗产保护方法，该方法不仅强调了保护本体的价值，也强调了要通过增强城市遗产与周边环境的关联性取得保护与发展之间的平衡。

空间是载体，景观是内涵。城市历史景观不仅是理解城市文化空间的一个新视角，还是一种方法：作为一个视角，它扩展了人们对文化景观的理解，帮助人们重新认识城市、遗产、文化与空间之间的关系；作为一种方法，它为城市文化空间的景观表征提供了指引。

1.2 城市历史景观视角下的文化景观

依据城市历史景观的核心思想对景观内涵进行转译，我们将文化空间的景观表征拆分为文化核心、空间风貌、场地功能三部分。文化核心即为文化空间的精神内核，涵盖了物质和非物质遗产范畴；空间风貌为文化在当下空间中的显性表达，存在不同空间尺度的概念；场地功能即为文化空间的实质作用，包括在全时间维度上的演变。

基于此，我们尝试分析城市历史景观为城市文化景观带来的规划指引：

（1）整体性视角

对空间风貌，一要摒弃单一空间视角，注重与历史空间的关联，注重与城市空间的互动，提供文化显化的载体。二要统筹考虑不同尺度下的文化概念，或延续、或恢复、或强化、或构建综合性的空间体系，修缮整体文脉。

（2）层积性视角

对文化核心，一要从实体化的显性价值转为关注隐性价值，加强文脉的提取和转译。二要注重从过去到未来、从文化本体到场所精神的转变，将文化的片段式保护转换为文脉的延续。三不仅要保护各个单独的层次，更要保护层次之间的关系，保护手段由静态转向动态、由单体保护转向系统保护[10]。

（3）动态发展视角

历史是建构的，文化遗产的价值也是建构的。对场地功能，要从景观使用变为景观管理，以文化景观的多元功能为触媒，构建多级多维度的触媒体系，激发潜在动能，转化文化内涵，带动场地功能的有机更新。

综上，城市历史景观在城市文化景观规划设计中的应用，可从文化价值的识别与综合认知、空间环境的多维关联、与城市的耦合发展三方面进行探索，从而对文化遗产进行保护、利用与活化，带动城市和文化空间的可持续生长（图1）。

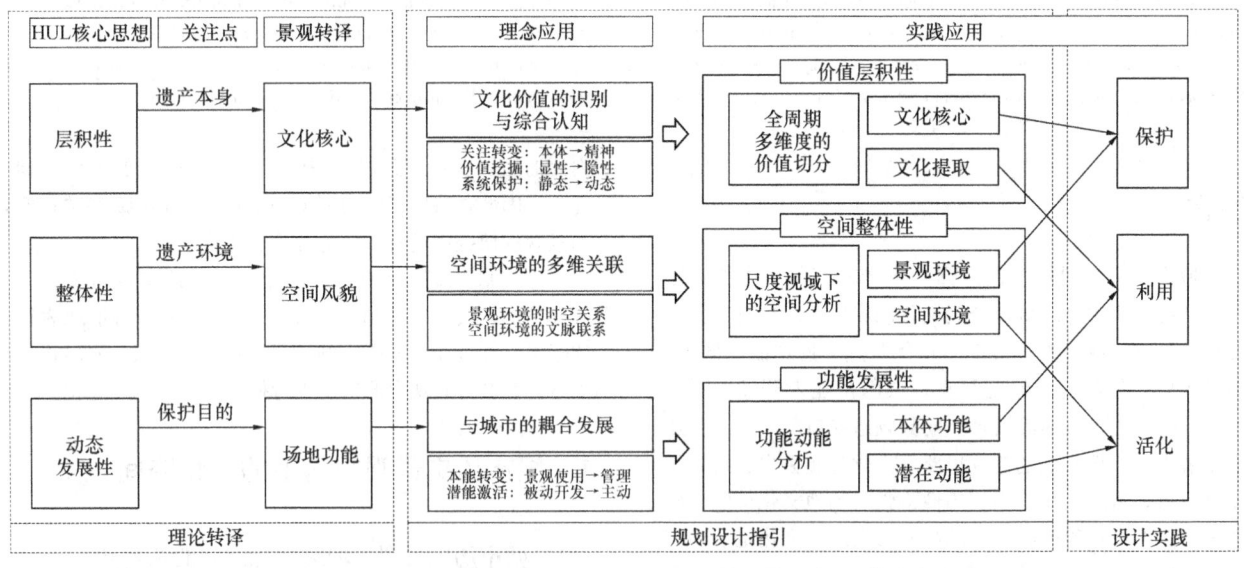

图1 整体研究思路

2 城市历史景观视角下北杜铁塔景观提升路径分析

北杜铁塔位于陕西省西咸新区空港新城北杜片区，紧靠咸阳国际机场三期，处在空港新城腹地中心位置。作为全国重点文物保护单位，是西安重要的历史文化遗存。然而目前存在三大问题：文物价值高，但空间孤立、价值未彰显；社会价值高，但功能压缩、文脉未传承；产业价值高，但场地待建、潜力未激活。针对这些问题，笔者以城市历史景观视角,对北杜铁塔进行景观提升的路径探讨。

2.1 北杜铁塔价值层积性分析

2.1.1 本体价值全周期分析

北杜铁塔始建于明万历年间(1608年)。宋朝先有福昌寺,后寺中建塔,百年来香火缭绕。后战火中福昌寺大殿损毁,独留塔体千年屹立不倒。1956年,北杜铁塔成为省级第一批重点文物保护单位;1990年,北杜铁塔文物管理所成立;2008年,陕西省文物局开展塔刹加固扶正工程;2013年,成为第七批全国重点文保单位,并于2017年编制了《北杜铁塔保护管理规划》。随着空港新城"十四五"文化和旅游发展的新契机,北杜铁塔将迎来新的发展机遇。

2.1.2 本体价值多维度切分

北杜铁塔是我国现存铁质部分最高、唯一可登临的铁塔,具有极高的独特价值。

本文对塔体本身进行了建筑特色、建筑形制、建筑结构、塔面装饰的研究(图2);对铁塔的考古概况和历史环境进行了梳理和推测(图3),对北杜铁塔的多维价值进行了识别和认知(表1)。

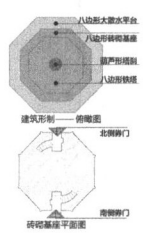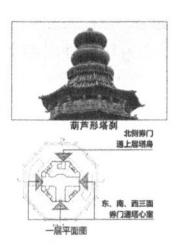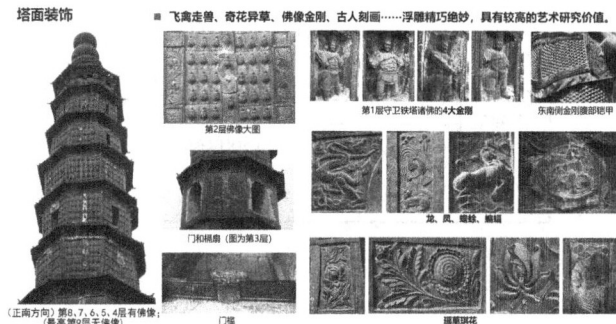

图 2 北杜铁塔塔体特性研究

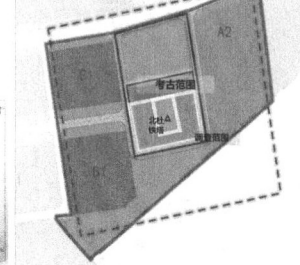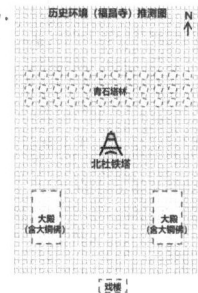

图 3 北杜铁塔考古历程及历史环境研究

北杜铁塔多维价值识别　　表 1

历史价值	中国古代建筑史的重要组分	(1)是我国现存铁质部分最高的铁塔,我国不可多得的佛教铁制文物建筑,历史价值重大。 (2)北杜铁塔建筑整体保存较为完好,反映出宋明时期佛教文化的兴盛和发展。 (3)是金始建的金福昌寺仅存的历史建筑,为研究福昌寺历史格局提供重要的史料
科学价值	体现金属建筑建造成就的重要史料	北杜铁塔为研究明代金属建造工艺和雕刻技法提供了珍贵的实物资料
艺术价值	研究明代雕塑工艺技法的重要实物	(1)每层皆有出檐,各处构建十分精致,外轮廓挺拔秀美,具有明代典型的建筑特征和地方特色。 (2)周身罗列千余座佛像形态逼真,动植物浮雕图案栩栩如生,是研究明代重大铸造、雕塑工艺和咸阳地区佛教文化的重要实物
社会价值	地域文化的核心之一	北杜铁塔片区人民的精神寄托

2.1.3 文化价值的阐释引导

①以北杜铁塔和福昌寺为文化核心,提取历史片层,分析物质特征及文化内涵,并进行景观规划的转译;②强调场地变化过程,对文化场景进行提取,重现环境氛围、延续场所记忆;③明确北杜铁塔核心、建设控制地带内的系统保护范围,统筹考虑文化空间的综合功能(图4)。

要素梳理		序号	内容	类别	文化内涵	是否留存	景观规划设计应用
塔与环境	寺塔城关系	1	坐北朝南、背山面水的风水格局	时代特征	明代风水思想	是	延续布局结构,强化南北轴线
				文俗民愿	"女娲洒土填肖河,土模灌铁佛塔成"的传说故事	是	以景观小品展示铁塔来源传说
塔体本身	建筑形态特征	2	形体简练、细节繁琐	时代特征	明代建筑形态特征	是	空间氛围营造,疏朗空间配置精致化小品
		3	塔身千佛	佛教意向	禅宗意境、放慢节奏、适度留白、心灵净化	是	以向心性景观空间营造禅意氛围
		4	塔身浮雕刻画	文俗民愿	安定顺遂、多子多福	是	节点故事性表达——以铺装小品和特色植物凸显纹样祈愿
	建筑材质特征	5	金属建筑	时代特征	明代冶金技术集大成、黏土砖材料技术改进与应用	是	控制整体风格,建造材料运用
		6	400余年未生锈	文俗民愿	守护、传承	是	塔体主题表达——以塔为核的外向型空间序列
		7	丢失的72个风铃	佛教意向	"弯月微风塔铃响"之意境	否	塔体主题表达——以景墙空间还原塔体意境氛围

图4 北杜铁塔文化元素阐释

2.2 北杜铁塔空间整体性分析

2.2.1 尺度视域范围下的空间分析

塔体完好,但空间封闭,与外界联系弱,周边环境杂旧。北杜铁塔塔身保存基本完好,现位于北杜村北杜铁塔文管所内(图5)。北杜铁塔文管所于2008年修建,占地约6000m²,四周围合,布设简单游览步道与绿化,空间封闭,品质较低。铁塔北侧为荒地(图6),有一处6~8m深的壕坑;其余三面被村庄包围,村庄内部道路陈旧,外部交通道路建设中,现为独立封闭院落(图7)。观赏舒适性与便捷性不足,环境有待提升。北杜铁塔周边建筑要素众多,功能混杂,风貌不一。北杜铁塔文管所、北源山庄、沿街商铺、村民房屋等均在拆除计划中。

图5 北杜铁塔现状

图6 铁塔北侧荒地

图7 北杜村现状

建控范围尺度下，北杜片区周边以物流仓储用地为主。北杜铁塔建控范围的西侧、北侧为已建成的物流园区、综保区、临空产业园等工业区，周围待建设开发。已建成的规划路为北杜大街、群贤路、天翔大道、天茂大道等，规划道路条件较好。

区域尺度下，空港新城不可移动文物众多，但目前主要分布于机场东侧及南侧。北杜铁塔是西北侧为数不多的文保单位，是空港新城唯一的塔类文物，对形成区域文化遗产圈层起到重要作用。

2.2.2 空间关联探索

将塔体和周围环境进行空间上的链接，进行以塔为核心的景观重建和铁塔遗产的强化利用，构建多层级的空间结构，聚焦本体、打通视廊、提升品质、还原文脉，将塔归还给城市和居民。

2.3 北杜铁塔功能发展性分析

2.3.1 文化空间功能分析

北杜铁塔是区域核心的文化场所和地域风俗文化的重要承载。原福昌寺的香火延续近800余年，虽庙宇皆毁，但当地人仍然以铁塔为中心，在此烧香纪念先人、祈福平安、进行节庆活动，北杜铁塔承载着杜氏族人历朝历代的文化生活和精神寄托。

目前北杜铁塔仅具观赏作用，游客以周边居民为主，服务功能缺失、游憩功能压缩、吸引力不足，名气锐减，社会价值淡化。对周边片区更新发展的功能需求未能做出响应。

2.3.2 潜在动能分析

北杜铁塔历史、科学、艺术、社会价值极高，是陕西极具代表性的旅游名片，市场潜力大，是引领空港特色文旅产业发展的重要驱动。北杜铁塔可积极承接空港客流首轮转化，具有发展成大西安旅游目的地第一站的潜力。但目前现状村庄风貌、道路风貌均未系统形成，文化形象品质低，对片区特色发展未能做出响应。

2.3.3 耦合发展构想

以"塔+区域文化圈层"视角，构建场地与城市的联系。以北杜铁塔作为驱动型触媒，落实保护规划要求，推进周边环境提升，完善功能布局，营造人本文化空间，进行发展的高效引领；创新文物活化模式，加快主要业态调整，激活文物、旅游融合发展潜力，形成联动性触媒，带动北杜片区衔接城市文化圈层，实现场地功能的有机更新，促进片区功能由单一转向耦合发展。

3 城市历史景观视角下北杜铁塔景观提升实践

3.1 保护：原址保护、原址展现

北杜铁塔又名"千佛铁塔"，原建于福昌寺中，福昌寺损毁无存，独留千佛铁塔。1980年、1985年、1989年政府分别对其进行调查勘察；1992年，明确北杜铁塔的保护范围（铁塔周围90m内）、建设控制地带（保护范围外扩200m）；2019年，对北杜铁塔周边4000m²区域进行考古探查。北杜铁塔南侧发现2处建筑遗址及1座壕坑，均为现代遗存，未发现福昌寺原有建筑基址或其他古代建筑文化遗迹。依据相关规范要求，在保护范围内，对北杜铁塔进行原址保护；在建设控制地带范围内，进行风貌保护。考虑周围村庄人口密度较大，暂不进行进一步的挖掘，以做好铁塔本体保护与展示为主，进行空间格局的延续与观览内涵的扩大。

（1）延续空间格局

对北杜铁塔北侧90m外的遗留壕坑进行覆土处理，地下空间预留作停车场或未来考古空间，预留场地弹性；地上绿地统筹考虑建设北杜铁塔遗址公园，以北杜铁塔作为规划核心节点，严格依据法律规范做好文物保护工作，同时打造景观环境，凸显文物价值。

北杜铁塔历史环境以福昌寺为前身，依据史料记载，福昌寺坐北向南，但现有资料未能查明寺与塔的准确布局关系。设计尊重传统寺庙建筑中轴对称、秩序突出的南北布局（图8），还原文化空间意境。

公园内构建北密南疏的开合空间。南部以塔为中心形成直观丰富的观塔空间，北部借用中国传统园林"道莫便于捷，而妙于迂"烘托幽深空间，形成从传统到现代，从规则到自然的大开大合空间关系，更加凸显铁塔的深远意境，从而进行历史文化格局的延续。

（2）扩大观览内涵

场地北部以水面为中心，南部以塔为中心，两者通过水面倒影、框景借景等形式建立虚实联系（图9），形成统一整体，对铁塔进行多维展示。场地南部铁塔展示空间以塔为核心，设定多种视距空间（图10），布设细节观赏、整体感知、远距离观赏效果最佳的观赏空间及路径，并结合空间轴线布设环塔观景点，在保护铁塔的同时，满足人群的多元观赏需求。

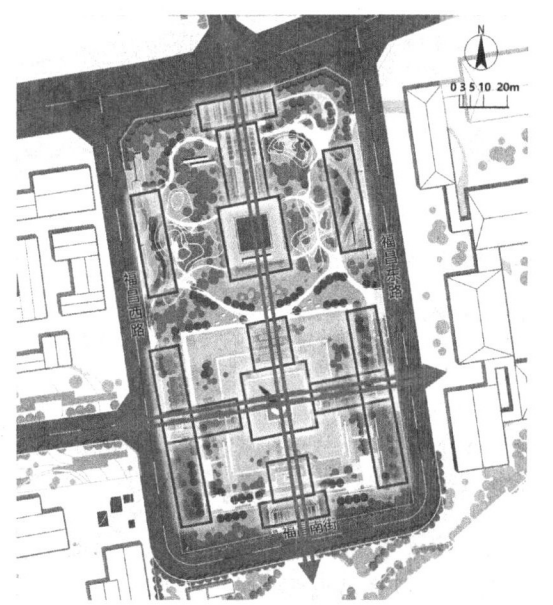

图8 延续历史文化格局

图9　扩大文物观览内涵

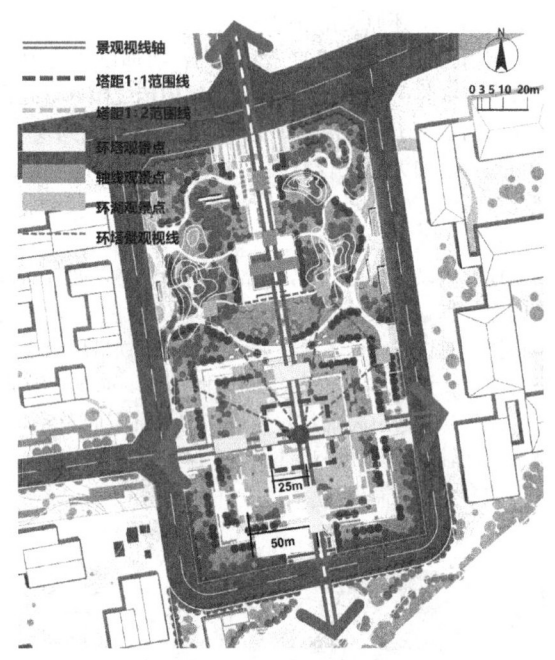

图10　观塔多种视距空间

3.2　利用：功能重构、文脉织补

在北杜铁塔原址保护之外，推进周边环境提升、完善功能布局，营造人本文化空间，响应区域发展需求。

（1）区域功能重构，响应城市功能

基于文物保护与利用，对场地进行功能划分与景观重构。在以北杜铁塔为核心的空间格局中，北部形成以福昌池为中心的文化休闲景观，南部形成以铁塔为核心的遗址保护展示景观，北密南疏、南开北合，南北通过"水景—塔影—铁塔"的虚实联系形成统一整体。公园内动静结合，宜观宜游，打造集遗址保护、景观园林、休闲游憩等多功能于一体的城市遗址公园（图11、图12）。

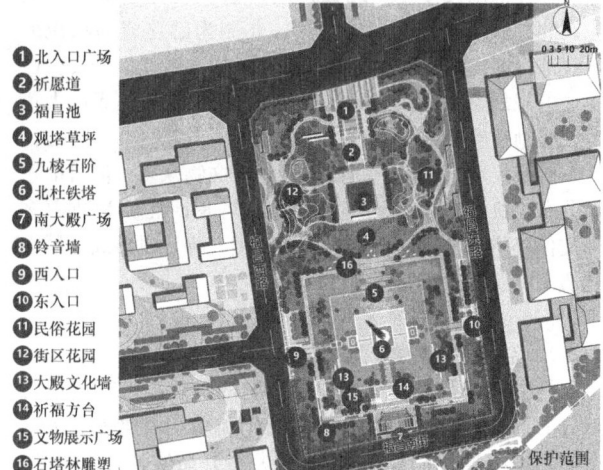

图11　总平面

图12　整体鸟瞰

充分考虑周边就业客群和游客群体的游览需求，设计有欣赏空间、游憩空间、活动空间等多种空间体验（图13），形成以观塔为核心的多样功能场景（图14），并配以全龄共享的服务设施。

图13　多种空间体验

（2）文脉织补，为空间显化增色

通过景观设计，以意向表达重现历史，还原文化意境。

据记载，福昌寺坐北向南，门前有一戏楼，寺院内绿树遮荫，香火缭绕，非常幽雅。民谣"八棱子，九层子，二十四个窟窿子，七十二个风铃子"，就是指千佛铁塔是八角形，共9层，有大小门窗瞭望孔等24个，铜风铃72

图 14　多种功能场景

个。塔前左、右有大殿，殿内供奉大铜佛各一尊，一尊不知下落，一尊新中国成立后移至凤凰台，"文化大革命"时期又移至咸阳博物馆。塔后面原有排列整齐的青石塔林，高2～3m。寺院历经战争损毁，当地群众在此取土，形成一个大深坑，坑内有零散石块，应为原寺庙后院的青石塔林[11]。原塔前附属文物石碑现收藏于周陵文管所，石羊收藏于北杜铁塔文管所，另有石塔林构件、石座、石臼、人像等文物收藏于北杜铁塔文管所。

图 15　南大殿广场、祈福方台

基于此，北杜铁塔南设南大殿广场、祈福方台（图15），东、西设大殿文化墙（图16），北设九棱石阶（图17）、石塔林雕塑，还原福昌寺意向空间格局，提取文化元素，以小品、地雕刻画等形式重现历史文韵；塔周以铃音墙（图18）之声景弥补铁塔七十二铜铃遗失之憾，复原千佛铁塔"弯月微风塔铃响"的美妙意境；并以文物展示广场收纳展示现存零散文物，进行历史科普（图19）。场地北侧以观塔草坪、福昌池（图20）形成疏朗开敞的休闲游憩观塔空间，突出塔景意境、丰富景观层次，利用虚实关系建立南北联系；以祈愿道、祈福广场打通观塔视线，对场所文化进行现代延续。

此外，活用历史纹样，挖掘铁塔艺术价值，进行文化演绎。如提取塔体形态、塔身古人刻画、瑶草琪花、飞禽走兽等吉祥纹样，形成文化符号，打造可视化文化体系，进行公园标识设计、座椅设施设计、标识系统设计、铺装设计等。公园标识将塔体与公园自然符号结合，形成主题logo（图21）；座椅与标识系统提取铁塔塔身颜色，以木材、石材打造大气简约现代风格，细部雕刻公园logo及

图 16　大殿文化墙

图 17　九棱石阶

图 18　铃音墙

图 19　文物展示广场

图 20　福昌池

图 21 公园 logo 设计

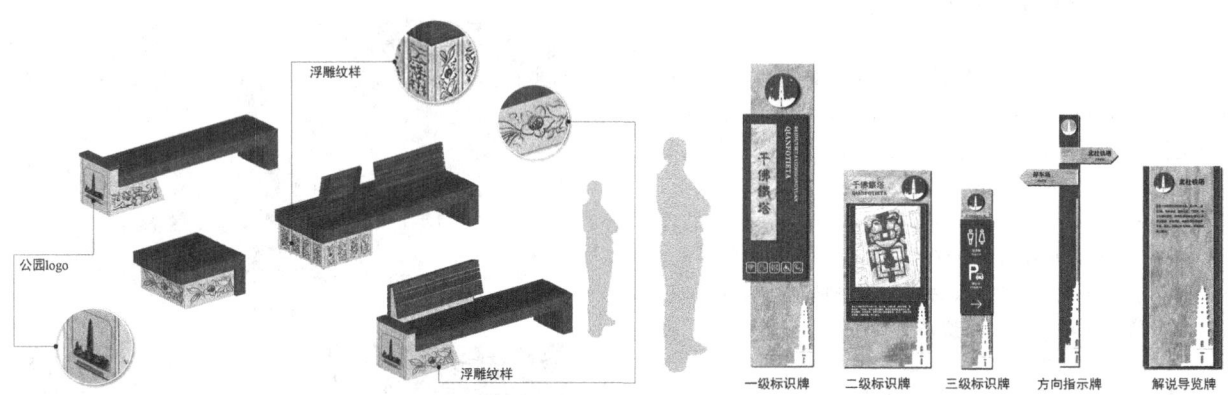

图 22 座椅与标识系统设计

塔身吉祥浮雕纹样（图22）；充分考虑遗址保护范围的要求，以低干扰、轻建设、无基础、本地材料进行建设活动，因此地面铺装硬化为无基础砂石路面形式，保证植物根系与遗址的安全距离，并烫印塔身纹样呼应主题。

考虑植物纹样与传统植物文化内涵，选取非招鸟且具有美好文化寓意的乡土树种进行种植设计，形成四季文化主题群落，并进行空间意境营造（表2）。

种植设计　　　　　　　　　　　　　　　表2

群落主题	分布区域	植物选取	空间氛围营造参考
松柏群落	主要栽植于福昌池东、西侧及铁塔北侧绿地，起空间围合作用	雪松为主，白皮松、圆柏、龙柏为辅。其中雪松、圆柏、龙柏为场地原有树种，就地利用；雪松、白皮松树形高大，圆柏、龙柏形态多元，均枝叶繁茂，适宜围合空间，且树种常绿，象征"万古长青"	杭州花港观鱼大草坪：以雪松限定空间，在中央留出充分的观景空间和活动空间，景观效果与功能均得到极大满足
秋景群落	主要栽植于场地北部东、西两侧及福昌池南侧，起丰富游客景观体验及点景作用	银杏、枫香、桂花等。其中银杏、桂花为场地原有树种，就地利用；银杏金叶白果、枫香满树红叶、桂花花丽香浓，秋季花叶季相特征明显，象征"佛禅文化""四季丰收"，具有特色文化内涵	留园闻木樨香轩：木樨为桂花，桂花和建筑文化成景
春花群落	主要栽植于南、北主入口广场，东、西两侧次入口广场及塔体东西轴线，起到强调场地轴线、丰富景观的作用	杏花、桃花、丁香、牡丹等。其中杏花为场地原有树种，就地利用；丁香、牡丹源自塔身浮雕纹样；杏花为空港特色，桃花寓意美好生活，丁香象征"佛禅文化"，牡丹"富贵吉祥"，均具有特色文化内涵	青州广福寺：禅房花木深意境
竹林群落	主要栽植于南入口广场东、西两侧，起到围合空间、烘托主题氛围的作用	竹类、合欢、草花类。竹类为场地原有树种，就地利用；竹类枝叶繁茂、合欢树形高大、草花形态低矮，适宜围合空间；可联结文化烘托竹林听音、欢乐呈祥氛围	杭州云栖寺：夹径萧萧竹万枝，云深幽壑媚幽姿

3.3 活化：文化赋能、风貌构建

目前，物流行业正进行轻科技、高智能、网络化、零库存的升级，北杜铁塔片区未来周边服务人群主要包含本地居民及中心城区溢出人群、旅游人群、产业蓝领、来访商务人士，服务配套面临高品质、重体验、强共鸣的更高要求，未来的北杜街区将会面临产业转型后的品质需求。衔接历史文化本底，综合考虑周边地区功能布局，落实配套服务诉求，本片区需创新文物活化模式，加快主要业态调整提升，激活文旅融合发展潜力。

(1) 文化特征赋能文旅特色

以北杜铁塔文化特征的挖掘赋能片区特色，以遗址公园环境为触媒，撬动片区更新，形成"一心、一环、三区"的总体结构（图23）。落实上位规划视线廊道与景观通廊，打通南北景观轴线道路，营造城市、片区、园区多层级景观视线体系，形成丰富多元的视距空间与观景点。围绕北杜铁塔文化核心，打造街区体验、文创体验、口袋公园体验、遗址公园体验、文化体验的多维体验环（图24）。

周边客群四类人群"多元丰满"的配套诉求可总结为：30%基础服务、55%增值服务、15%外溢服务。因此对功能业态进行更新，打造北杜历史文化特色产业区。围绕遗址公园园区，形成文旅主题街区、文创商业区、文化交流区三大功能分区（图25）；集合餐饮、零售、休闲娱乐、旅游服务、文创产业、服务体验、文化展示、文化交流八大功能业态（表3）。以30%基本服务，涵盖片区居民及产业人群最基础的传统生活服务配套，保障周边人群的基本生活需求；以55%增值服务，以共享发展理念推进区域服务设施均等化，营造安全便利的社区感；以15%外溢服务，包含文创街区、艺术中心、展览馆等，形成城市一站式文化交流平台，从而对本片区进行文创、文旅、文化交流的活力开发。

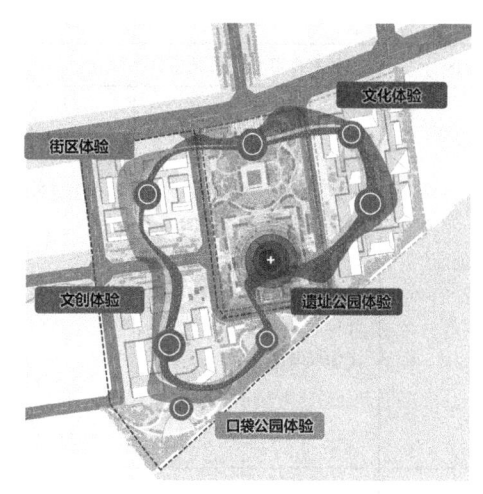

图24 多维体验环

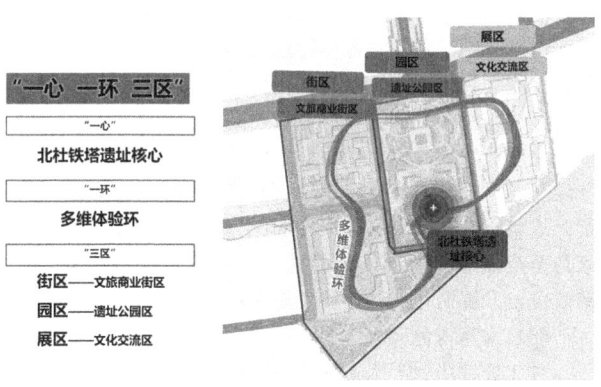

图23 规划片区总体结构

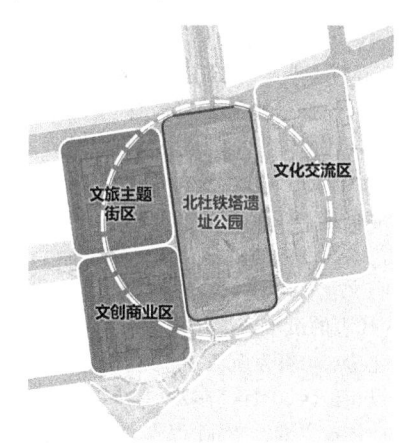

图25 片区功能分区

三大功能区业态分布　　　　表3

街区	主要客群与服务功能	业态空间分布	业态构成	
文旅主题街区	该片区主要消费客群为游客；餐饮类主要服务客群为游客+城市居民		零售类	时尚卖品潮店 旅游产品零售 特色电子产品售卖
			餐饮类	主题餐饮 网红饮品 老字号品牌餐饮
			休闲类	轻健身俱乐部 文化轻音酒吧 电子娱乐竞技
			旅游类	短途游服务 旅游产品售卖 在线VR沉浸旅游体验

续表

街区	主要客群与服务功能	业态空间分布	业态构成	
文创商业区	以文创、服务体验两大类为主，主要服务于短途游、兴趣游、周末游的游客，同时还有符合年轻群体需求的沉浸式体验集合	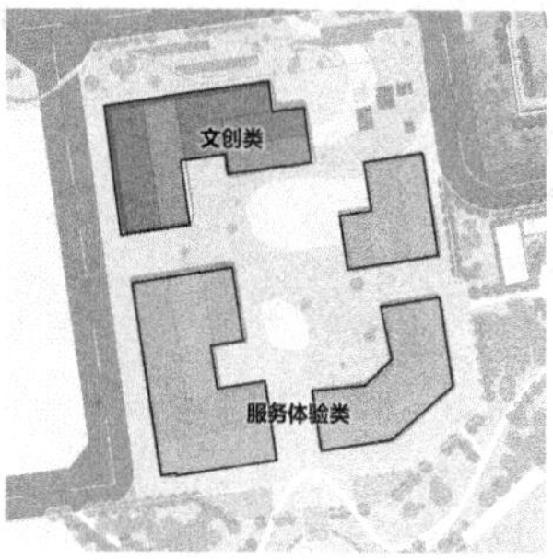	文创类	艺术名家、非遗传承人的艺术品 旅游纪念品 特色文玩 工艺美术品
			服务体验类	设计师品质酒店 观景酒店 室内手作工坊、沉浸式演艺 户外院落情景体验式消费休闲 航空摄影体验区
文化交流区	文化展览类包含本土艺术展和创新特色展两大板块；文化交流类叠加自贸试验区优势，输出空港文化品牌，助推高质量发展		文化展示类	文化活动举办 艺术品展览 遗址保护、展示利用
			文化交流类	"文化＋自贸" 北杜铁塔周边产品展销 文化贸易交流

文旅主题街区以商场内主题街区、创意集市、潮流 live 不夜场等潮流商业聚合年轻消费人群，结合古都文化融合的主题街区，打造独具特色的室内文化娱乐街区。文创商业区依托北杜木轮大车、底张根雕、泥塑、太平泾河竹马等本土传统工艺型非物质文化遗产，对接市域文化创意产业头部企业，打造特色旅游商品，提高非遗旅游商品附加值和艺术性。借助 AR、VR、MR 等元宇宙核心技术，推动现有文化内容向沉浸式内容移植转化，开发以"剧本杀"为代表的沉浸式娱乐体验产品；围绕空港演艺性非物质文化遗产，开发沉浸式非遗旅游演艺产品。面向省域主要景点、街区、景区等多种消费场景的过夜中转客群，开发以"住在空港、游在西安"为特色的设计师品质酒店。面向航空爱好者、摄影发烧友等客群设置观景酒店，并在酒店外规划航空摄影口袋公园，打造最佳看飞机据点。文化交流区促进黄土画派、文学陕军、西部影视、长安古乐、秦腔等本土艺术展览国际化；创新非遗民俗演艺、动漫、剧本杀、多媒体特色会展。依托北杜文物管理所、顺陵文物管理所，引入文化科技创新类企业，围绕大遗址保护与利用发展文化产业链，助力遗址保护利用、助推文化产业发展。以文带旅、以旅兴商、以商成文，打响空港新城"文商旅城"深度融合品牌。实施"文化＋自贸"战略，依托自贸区政策叠加优势，向"一带一路"国家乃至全球输出空港文化品牌。充分发挥自贸试验区带动效应，发展文化产业的研发与交流，助推高质量发展。

（2）构建特色风貌体系

对北杜铁塔进行建筑特色及色彩分析，对建筑风貌进行管控（表4），打造精致园林、尺度亲人的街道空间。

建筑风貌管控要求　　表4

管控要素	管控要求
建筑总体风格	建筑总体秉承传承文脉、开拓创新、古今交融的简约传统建筑风格。简约形体中蕴含中华传统文化神韵，避免符号感太强的装饰要素，避免突兀求怪的建筑造型
建筑高度	建设控制地带范围内新建建筑物总高度不得超过 6m
建筑风格	商业类建筑风格以满足商业业态功能需要为核心导向，并与现代产业气质相吻合，立面应创意多变，使用不同材质。文化类建筑风貌以满足文化类建筑功能为核心导向，关注大体量建筑空间和小体量传统特色建筑的风貌协调。设计形式上，在满足基本功能的基础上进行特色化设计，使用历史建筑符号作为设计元素，顶棚挑檐等位置选取特色纹样进行装饰
建筑第五立面	顶部样式：宜进行形体或立面处理，以强化建筑顶部意向。原则上，移动建筑形体的突起、错落、挖补、立面的向上虚化消解、立面强调等处理手法使用不宜多于 3 种。 色彩：新建坡屋顶建筑，屋顶色彩应与建筑色相相协调，明度艳度均宜降低 2.0~4.0；对于平屋顶建筑，宜采用与建筑本体相类似的色彩为屋顶色彩；特殊形式屋顶应与建筑色彩保持一致；禁止使用彩钢板等高反光度的屋顶材质和明度、艳度过高的屋顶色彩

续表

管控要素	管控要求
建筑第五立面	屋顶设施、设备：应规范整齐摆放，不应凸出立面。对紧邻北杜铁塔位置的建筑屋顶设备应进行隐蔽美化处理——使用格栅网架等遮蔽设备，隐于屋顶绿化景观，或精致化处理
建筑色彩及材质	结合片区定位，根据具体建筑风格分布，该片区邻近北杜铁塔的建筑色彩应与铁塔的色彩基调相呼应，以低明度、低艳度的灰色调为主，周边其他建筑也应以中低明度、中低艳度的暖灰色系为主，从而营造出沉稳大气的历史基调色彩形象。建筑立面用材以青砖、石材为主，质感涂、木塑等为辅
机场净空安全保护	参照民用航空法、机场管理条例等相关文件，系统化制定安全管控措施，避免基地对机场的影响

4 结语

文化是决定城市活力、潜力和创新能力的重要因素，推动城市发展必须大力推动文化繁荣。城市文化空间是实现文化建设高质量发展的主要载体，然而在一个动态发展的社会中，只有维持遗产的动态保护才能面对时代的挑战[12]。因此极有必要从城市历史景观（HUL）视角对城市文化空间进行价值的再认知和现存问题的再思考。使得文化景观的内涵由简单的观赏服务，逐渐扩展到对场地的管理、对城市的治理。在保证环境品质与承认城市动态发展的同时，提高城市空间的效率和可持续利用，促进社会和功能的多样性。本文以 HUL 视角重新审视城市文化空间，从其层积性、整体性、动态发展性三大特征，对景观文化核心、空间风貌、场地功能三大层面进行理解与思考，提出文化价值的识别与综合认知、空间环境的多维关联、与城市的耦合发展三个探索方向；并以北杜铁塔为例，进行景观提升实践，探索城市历史景观视角下文化空间的自生长路径，为同类型的城市文化空间景观环境提升提供参考和借鉴。

参考文献

[1] 王承旭. 城市文化的空间解读[J]. 规划师，2006（4）：69-72.
[2] 程遂营. 公共文化空间与我国城市居民休闲[M]. 北京：社会科学文献出版社，2017.
[3] 中共中央办公厅 国务院办公厅印发《"十四五"文化发展规划》[J]. 中华人民共和国国务院公报，2022，1779（24）：4-22.
[4] 刘举. "HUL"视角下洛阳老城东西南隅居住性历史建筑保护更新策略研究[D]. 郑州：郑州大学，2021.
[5] 陈欢. 基于 HUL 遗产特征认知的历史城市特色提升策略研究——以济宁历史城区为例[J]. 城乡规划，2022（4）：49-60.
[6] 张松，镇雪锋. 历史性城市景观——一条通向城市保护的新路径[J]. 同济大学学报（社会科学版），2011，22（3）：29-34.
[7] 肖竞，张晴晴，吕思维，等. 城市历史景观（HUL）视角下1949 年后城市地标公共文化价值多维度识别——以重庆为例[J]. 西部人居环境学刊，2022，37（6）：73-79.
[8] 杜扬. HUL 视角下非典型历史街区保护更新方法探讨——以上海田子坊为例[J]. 中国建筑装饰装修，2022（11）：150-152.
[9] 吴莎冰，张文静. HUL 视角下的历史文化街区保护及活化研究——以荆州古城南门大街为例[C]//中国城市规划学会，重庆市人民政府. 活力城乡 美好人居——2019 中国城市规划年会论文集（02 城市更新）. 2019：459-470.
[10] 张文卓. 城市遗产保护的景观方法——城市历史景观（HUL）发展回顾与反思[C]//中国风景园林学会. 中国风景园林学会 2018 年会论文集. 北京：中国建筑工业出版社，2018：438-445.
[11] 张德臣. 渭城文物志[M]. 西安：三秦出版社，2018.
[12] 加斯东·巴什拉. 空间的诗学[M]. 上海：上海译文出版社，2009：2-38.

作者简介

刘力源，1997年生，女，汉族，河南人，硕士，北京清华同衡规划设计研究院西北分公司，助理工程师、规划师，研究方向为风景园林规划设计。电子邮箱：937197908@qq.com。

全国重点文物保护单位温泉摩崖石刻群文化景观的活化利用研究

Research on the Activating and Utilizing the Cultural Landscape of Hot Springs and Cliff Inscriptions in Major Historical and Cultural Site Protected at the National Level

张姝 沈丹 周旭

摘　要：温泉摩崖石刻群自明代起逐渐发展壮大，2019年被评为第8批全国重点文物保护单位，其北侧的碧玉泉可饮可浴，自明代拥有"天下第一汤"的美名。本文通过挖掘温泉摩崖石刻群及其周边历史遗存的文化内涵，总结其文化价值，并在此基础上结合现状问题，提出"修旧如旧，以存其真""明确目标，形神兼备""故中有新，融入时代"3个策略，探讨文化景观活化利用的实施路径。

关 键 词：风景园林；文化景观；活化利用；温泉；摩崖石刻

Abstract: The hot spring cliff carvings group has gradually developed since the Ming Dynasty. In 2019, it was rated as the eighth batch of Major Historical and Cultural Site Protected at the National Level. The jasper spring on the north side of it can be drunk and bathed, and it has the reputation of "the best soup in the world" since the Ming Dynasty. This article explores the cultural connotations of the hot spring cliff stone carvings and their surrounding historical relics, summarizes their cultural value, and based on this, combined with current problems, proposes three strategies: "repair the old as old, to preserve its truth", "clarify the goal, combine form and spirit", and "incorporate new in the past, and integrate into the times" to explore the implementation path of cultural landscape activation and utilization.

Keywords: Landscape Architecture; Cultural Landscape; Activation Utilization; Hot Spring; Inscriptions on Precipices

引言

明代安宁温泉逐渐开发，永乐年间李绶曾加以修建，明代三才子之首杨慎称之为"天下第一汤"，吸引了大量名人雅士前来，沐浴之余在螳螂川东侧山体（现温泉摩崖石刻群）抒发情怀，留下石刻作品。清代安宁温泉发展壮大，云贵总督范承勋等人将温泉浴所——摩崖石刻连接成一个整体，实现自然景观、人文景观的融合。民国时期，云南军政大员们纷纷在温泉周边修建公馆，来安宁温泉休闲、旅游、度假的人络绎不绝，安宁温泉因文化的不断积累而日渐繁荣，发展成云南本土文脉传承之地，安宁温泉文化营造达到顶峰[1]。

1　基本概念

1.1　文化景观定义

文化景观是附着在自然景观上的人类活动形态，是作为生命主体的人与其承载客体互动的客观呈现，是包括人及其物质延伸、生活活动以及活动承载客体的整体[2]。

1.2　活化利用定义

将文化典故或文物本体通过通俗易懂的形式，结合现代手段，并赋予一定的功能，与大众生产生活产生共鸣。让"死"的历史，成为"活"的文化功能。

2　价值特色提炼

2.1　山水相依

摩崖石刻群修建于依山傍水的岩壁之上。

摩崖石刻群依山而建，东靠凤山，西临螳螂川，远眺龙山，临水望山，是龙凤呈祥的宝地。摩崖石刻群周边环境可向北远眺笔架山，三山遥遥对峙，螳螂川蜿蜒北去，是三面环山、一水穿行的典型的山川峡谷型地形地貌（图1）。

2.2　源远流长

摩崖石刻是安宁温泉文化的珍贵载体，其镌刻的内容大部分与描写石洞及"天下第一汤"温泉相关。

安宁温泉摩崖石刻群从明代至今，共有120余帖，其中明代作品8幅、清代共70余幅，另有40余出自民国年间，为滇中摩崖石刻群之最，内容丰富、规模宏大，在摩崖书法方面有较高的学术研究价值（图2）。

图 1　山水形胜分析图

图 2　部分摩崖石刻上与温泉相关的题刻

2.3 名流宅邸

摩崖石刻群因邻近"天下第一汤"泉眼，周边分布着曾经为来此度假而修建的名流宅邸。

1925 年安宁温泉公路开通后，吸引了大批新滇军高级将领在此修筑度假别墅，如以龙云、卢汉为首的为抗日战争作出了卓越贡献的新滇军将领（图 3）。

在当代，安宁温泉曾先后接待过多位老一辈革命家、国家领导人以及外国元首及贵宾。

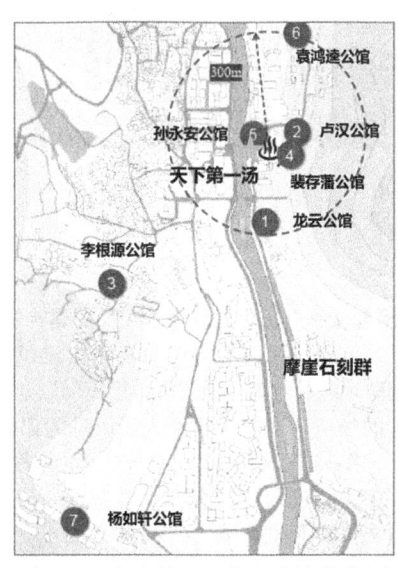

图 3　温泉小镇民国名人公馆分布图

3 核心问题与挑战

3.1 主要问题一：摩崖石刻周边环境的历史底蕴没有得到充分的挖掘与认识，缺乏准确的目标与定位

现有的摩崖石刻以及"天下第一汤"的历史研究成果丰富，但没有从整体出发，文化资源点之间缺乏联系。对摩崖石刻和天下第一汤的价值认识和提炼不足、宣传和展示不足，现有的内容具有局限性，缺乏主题提炼。

3.2 主要问题二：文物及其周边环境的保护和展示不足

设计范围周边的用地性质和建筑功能与全国重点文物保护单位摩崖石刻群的整体历史氛围协调性欠佳，现状不协调的建筑物严重破坏了摩崖石刻的历史风貌。

对摩崖石刻、"天下第一汤"的价值特色相关的展示内容较少。现有展示方式难以展示温泉遗产的整体价值，针对不同类型的遗存，缺少灵活多样的展示手法。同时周边植被茂盛，严重遮挡了摩崖石刻沿线的展示，缺乏视线通透性。

3.3 主要问题三：难以融入城市生活，缺乏活力

现状车行路一清路作为城市的主干道，将滨水空间

和摩崖石刻展示空间严重割裂。导致公共开敞空间不足，游人无法停下脚步欣赏摩崖石刻带来的震撼。摩崖石刻作为旅游景点门庭冷清，摩崖石刻的自身功能与相邻的"天下第一汤"及相关公馆资源成相对割裂关系。

4 活化利用策略

4.1 修旧如旧，以存其真

4.1.1 全面保护与摩崖石刻及"天下第一汤"相关的历史文化资源

（1）尊重历史山水格局，保护修缮文物，维修利用协调风貌建筑：严格按照文物保护法和全国重点文物保护单位保护规划的要求对文物进行保护、修缮和利用。对摩崖石刻的岩体进行修缮，同时恢复其历史环境。经现场考察并对比历史老照片与现状，发现其周边的铺装掩埋了一部分摩崖石刻，初步判断掩埋高度在0.4~1m，环境整治时对岩体采取保护措施，挖掘铺装，降低场地标高，将被掩埋的摩崖石刻展示出来（图4、图5）。

（2）讲好历史文化故事：充分认识到摩崖石刻与"天下第一汤"是息息相关的，设计上应将两者作为一个整体。据摩崖石刻上镌刻的内容推测，中国文人士大夫在"天下第一汤"沐浴后，向南来到摩崖石刻题字直抒胸臆，镌刻了文人的意绪。通过环境修缮将"天下第一汤"、摩崖石刻、公馆文化进行串联，取消车行路形成慢行系统，对文化展示内容进行总体提升。

图4 民国时期照片与现状照片地坪高度对比（图片来源：民国时期图片引自网络）

图5 设计后降低场地标高0.4m

（3）统一景观材料：材料与摩崖石刻的暖色调石材相协调，以暖色调的仿古石板、冰裂纹及面层粗糙的仿古花岗石为主，老料与新料结合，营造摩崖石刻周边古色古香的氛围。

4.1.2 调整核心区用地功能

设计范围内土地面积约3.36hm²，现土地状况主要包括一清路和停车场的交通功能用地、游泳馆的康体用地、温泉文化中心的商业用地，用地功能调整为以文物和公园绿地为主的公共性质，适当配套服务设施和文化休闲功能。

4.1.3 拆除与文物、历史建筑保护无关的建构筑物

拆除设计范围内风貌不协调的游泳馆建筑，形成开放空间；调整现状车行道，使"天下第一汤"建筑东侧形成规模较大的场所，连同现状停车场改造为温泉文化广场，使"天下第一汤"文化资源点形成"文化广场＋汤池＋碑刻＋博物馆"的组合形式，增大游览规模，使游客更好地感知温泉文化氛围（图6）。

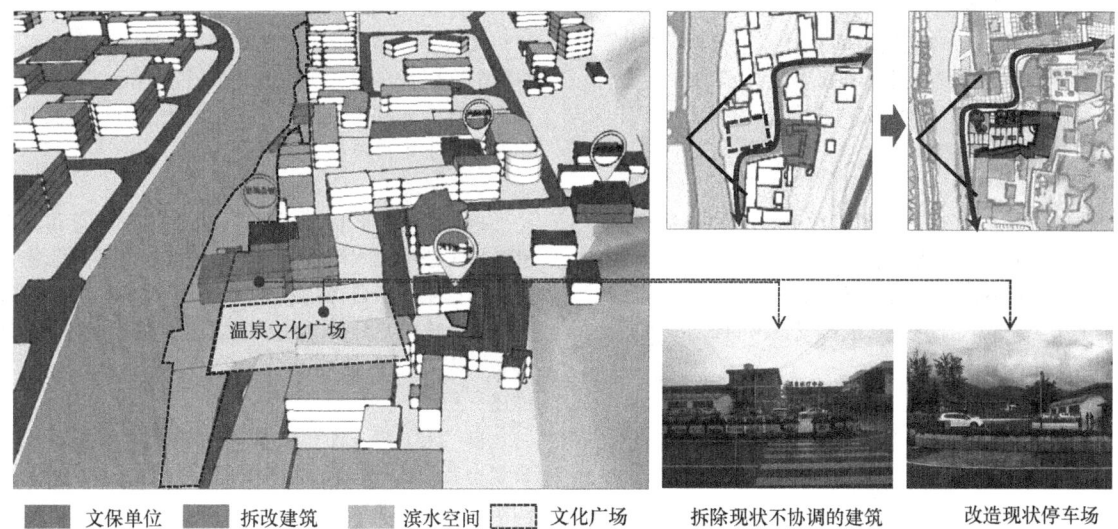

图 6 拆除建筑示意图

4.2 明确目标,形神兼备

设计将摩崖石刻周边环境"山水相依、源远流长、名流宅邸"等主要特色与文化内涵、外在形式相匹配,通过规划设计实现形象展示与文化传承、市民休闲两个具体目标。

徐霞客在《滇游日记十》中记载:"余乃下从岐,一里半,有舟子舣舟渡,上川东岸……复循东麓而北,抵北岭下……又其侧有'此处不可不饮'……又'听泉'二字上,刻醒石诗一绝……有庵当路左,下瞰西崖下,庐舍骈集,即温泉在是矣……内池中有石,高低不一,俱沉水中,其色如玉……"[3]描述了他从安宁乘船到达崖边,穿过山林观赏摩崖石刻后,继续攀登,进入"天下第一汤"的全过程。

根据徐霞客对摩崖石刻和"天下第一汤"的描述,提炼故事景点,结合"天下第一汤"外的温泉文化广场改造,采用现代景观手段,通过5个景点,讲好"天下第一汤"寻访故事(图7)。

图 7 温泉文化广场

(1) 景点 1：落琼径

表达徐霞客驳船穿林偶遇山间小径，小径两侧的植物景色营造出幽静谧之感，花瓣如琼珠玉珂般纷纷落下。以蓝花楹和微地形组织入口空间，渲染进入广场的氛围，形成"落琼寻幽径"的意境。

(2) 景点 2：蒸云溪

穿过山间小径后发现云烟雾气飘来，雾气如帷帐般环绕飘洒，似仙境一般，顺着烟雾的方向继续向深处探寻。流动的水系和强烈的迎宾轴线，配合雾喷，池中流淌的是"天下第一汤"温泉水，形成雾气蒸腾的景象，将游客引向"天下第一汤"。

(3) 景点 3：观澜舫

文人泛舟在平静而清澈的湖中，观赏周围湖光山色、云山雾绕宛若仙境般的景致。以现代的廊架景观，营造船舫形象，寓意古人乘舟从螳螂川登陆，寻踪"天下第一汤"的过程。

(4) 景点 4：醉墨池

文人骚客遇见此番胜景不禁诗性骤起，有感而发，纷纷陶醉在眼前的梦幻景色之中进行创作。以长条形的景观水池配合涌泉，象征一方砚，以此为墨，文人墨客在摩崖石刻留下了大量精彩的书法作品。

(5) 景点 5：濯缨池

乘兴驾着一叶扁舟至此，卸去一路的疲乏和劳累，用澄澈碧玉般的泉水濯洗全身，并泛起层层碧浪，洗去风尘俗气，享受怡然自得之感。对游泳馆内的游泳池保留并进行改造，作为户外公共戏水池之用，利用景观石配合水池形态，表达"内池中有石，高低不一，俱沉水中"的描述。

自"天下第一汤"至摩崖石刻群游览沿线，以种植、景观小品等景观材料，采用微缩手段展示温泉八景中的四景，弘扬在地文化（图 8）。

图 8　沿线四景

1）"溪山绣错"：以置石、碎石和植物的搭配，表达温泉周边群山连绵、山清水秀的自然意境。

2）"穿云印月"：在江心岛之上，设置"月影石"并浅凿水坑。晴朗的夜晚，月影印在水中，与雾喷一起形成"穿云印月"的意境。

3）"雨奇晴好"：穿过带有雾喷的小径，如同经过雨水的洗礼，映入眼帘的是如雨过天晴后彩虹般绚烂的花田及充满阳光意味的向日葵，体味"雨奇晴好"的魅力。

4）"石径松荫"：蜿蜒曲折的石头小径周围散布几株云南松，以此表达"石径松荫"的环境氛围。

4.3 故中有新，融入时代

4.3.1 在保护前提下包容开放，吸引游客，融入新时代的城市生活

设计秉持保护为前提、发展利用为目标的理念，积极将景区服务所必需的游客服务中心、商业服务与原有建筑相结合，停车设施等功能安排在核心景区之外（图 9）。核心景区范围自"天下第一汤"至龙凤桥，以摩崖石刻和"天下第一汤"为核心景观，由于用地有限，此范围内不宜布置影响景观的停车、设备等用地。

4.3.2 建（构）筑物营造源于传统，创新于传统

将保留的文化中心建筑改造为摩崖石刻文化中心。纯化视觉特征，拆除加建、简化立面，建筑外轮廓尺度以及立面元素可从民国传统建筑语汇中提取，与周边民国公馆建筑相协调，并有一定的创新。化整为零，优化室内空间流线，形成多样化的室内展示体验空间，其功能和设施应符合当代舒适性要求，空间布置上更为活泼，展厅、售卖、办公、储藏、配套服务等多种功能流线通畅衔接（图10）。

4.3.3 保护前提下植入新的展示手法

于重要的景点设置互动景观，游客可通过"天下第一汤"广场的互动涌泉，了解碧玉泉的文化特色内涵；通过摩崖石刻的拓印小品和二维码扫码点，增加游客对书法文化的参与感并获取讲解信息。

于摩崖石刻文化中心建筑内植入多媒体展示中心功能，安排摩崖石刻的模型展示、360°屏幕模拟影院等功能。

参照雅典卫城等成功景区的展示理念，将摩崖石刻、"天下第一汤"、民国公馆建筑的建设分布做成实体模型雕塑进行展示，为游人提供更为直观的文化体验，以便对景区形成更全面深刻的认识（图11）。

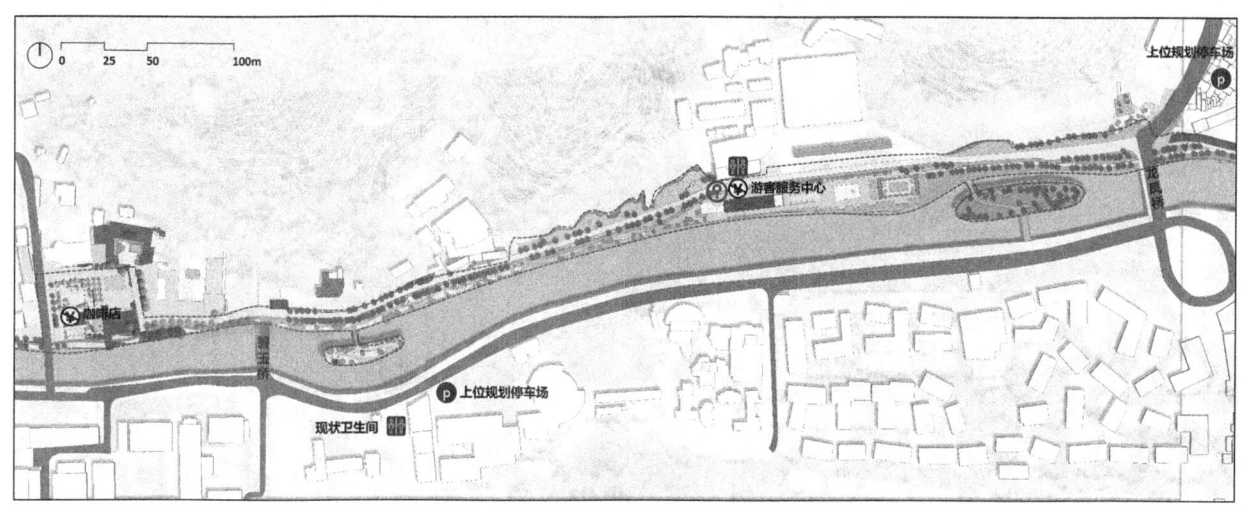

图9　配套服务分布图

图10　建筑改造前后对比

4.3.4 水景设计采用薄水面景观技术

薄水面景观能够形成优美倒影的同时，也是节水、低维护的水景手段之一。水景中除"天下第一汤"广场节点中改造的原游泳池日常蓄水外，其他水景均采用2～5cm的薄水面景观技术，在展示温泉水文化、保证倒影产生的延伸感的同时，降低维护成本（图12）。水体放干后可作为广场使用，蓄水后作为景观水池，水旱两便。

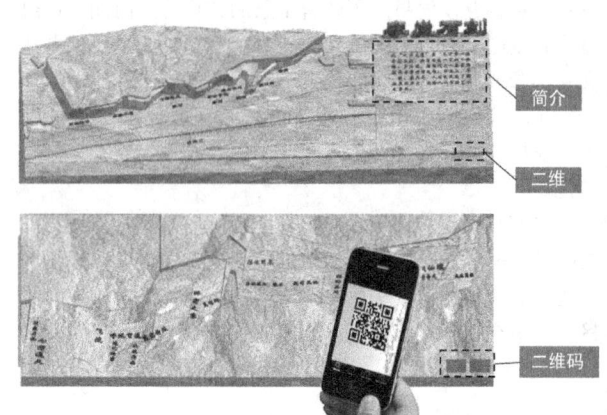

图 11 创新展示手法图

图 12 薄水面景观

5 结语

文化景观在历史的长河演变中，是不断累加、变化的。对于文化景观的改造设计，需要怀着敬畏又庄重的态度，慎之又慎，设计中的每一处改变都将影响文化景观的过去和未来，如何去对待它、尊重它、保护它、改变它，在不破坏文化景观整体风貌的前提下，让它变得更符合现如今的需求，是新时代文化景观设计需要探讨的问题。本文的努力仅在于提供了一种新的文化景观活化利用方式，并尝试以本体保护的前提、活化发展的态度、新时代的技术手段，达到文化景观永续的目的。

参考文献

[1] 李艳. 安宁温泉开发史话·元明时期[J]. 云南档案, 2017(3): 32-35.

[2] 黄昕珮. 对"文化景观"概念及其范畴的探讨[J]. 风景园林, 2015(3): 53-57.

[3] 徐弘祖. 徐霞客游记（三）[M]. 北京：学苑音像出版社，2005.

作者简介

（通信者）张姝，1989年生，女，汉族，辽宁沈阳人，硕士，北京清华同衡规划设计研究院有限公司，所长助理，研究方向为风景园林规划与设计。电子邮箱：49626791@qq.com。

沈丹，1982年生，男，汉族，江苏无锡人，硕士，北京清华同衡规划设计研究院有限公司，院副总规划师，研究方向为景观规划设计。电子邮箱：120786765@qq.com。

周旭，1988年生，男，汉族，河北人，北京清华同衡规划设计研究院有限公司，项目经理，研究方向为风景园林规划与设计。电子邮箱：1007794656@qq.com。

风景园林与国土空间优化

基于多源数据的长沙市主城区绿色空间分布特征研究[①]

Research on the Spatial Distribution Characteristics of Green Space in the Main Urban Area of Changsha Based on Multi-source Data

杨瑞华　刘润姣*　付宇飞

摘　要：研究基于卫星遥感影像和百度街景数据，结合遥感影像解译和机器学习，测量长沙市主城区街道 GVI 和 NDVI 的空间分布，并进一步探索两者在空间上的关联性。结果表明：长沙市主城区的 GVI 和 NDVI 值空间分析具有差异性，其中 GVI 的分布呈现沿湘江两岸 GVI 较高，逐步向两侧递减的趋势，NDVI 值的分布出现"街道低，山体和城区高"的现象。GVI 和 NDVI 空间关系上呈现显著正相关。对比 GVI 和 NDVI 分布揭示长沙市绿色空间分布现状，通过分析 GVI 和 NDVI 值矛盾点，识别城市绿色空间不足的区域，为城市更新进程中绿色空间的建设提供参考。

关键词：绿视率；植被覆盖率；机器学习；遥感解译；空间自相关

Abstract: Based on satellite remote sensing images and Baidu street view data, combined with remote sensing image interpretation and machine learning, this paper measures the spatial distribution of GVI and NDVI in the streets of the main urban area of Changsha, and further explores their spatial correlation. The results show that there are differences in the spatial analysis of GVI and NDVI values in the main urban area of Changsha. The distribution of GVI is higher along both banks of the Xiangjiang River, and gradually decreases to both sides. The distribution of NDVI values shows the phenomenon of "low streets, high mountains and urban areas". There was a significant positive correlation between GVI and NDVI. By comparing the distribution of GVI and NDVI, this paper reveals the current situation of green space distribution in Changsha. By analyzing the contradictions between GVI and NDVI, it identifies the areas where the urban green space is insufficient, and provides reference for the construction of green space in the process of urban renewal.

Keywords: GreenVision Index; Vegetation Coverage Rate; Machine Learning; Remote Sensing Interpretation; Spatial Auto Correlation

1　研究背景

随着我国城镇化发展步入中后期，城市建设由大规模增量建设向存量改造和增量调整并重的模式转变，城市规划逐步将重点转向人民城市建设和人居环境的优化提升[1]。在这一背景下，人本尺度的城市建设地位日趋重要[2]。街道绿化是城市设计层面评价城市形态的重要指标，也是居民最常接触的城市绿化形态。街道绿化在实际功能、景观建设和生态效益方面具有不可替代的作用[3]。基于此，街道绿色空间配置对人本城市建设至关重要。

在传统规划设计的指标选取上，归一化植被指数（NDVI）和人均绿地面积等是我国城市绿地衡量的常用指标[4]。这些指标主要反映的是城市平面的绿色空间情况，忽略了人的尺度对城市绿化的感知[5]。青木阳二在 1987 年提出 GVI（green view index）的概念[6]，即人眼中绿色所占百分比，用来进行三维城市空间绿化品质的测度。

在 GVI 的相关研究中，邓小军等首先将 GVI 的概念引入到国内城市绿化评价中[7]，Li 等基于谷歌街景和图像分割的方法对 GVI 的计算提出了改进[8]。国内的研究大多以 GVI 为指标进行多角度的城市绿色空间研究。刘玲君等整合街景等大数据对北京二环城区内进行街道可步行性评价[9]；裴昱等将街道 GVI 与人口热力图进行叠加分析，对北京市东城区街道进行绿色空间正义的评价研究[10]；Zhou 等以 GVI 为指标之一探究徐州室外热环境与多种影响因素之间的关系[11]；唐婧娴等通过街景图像的客观要素构成分析和步行主观评价，对北京和上海的街道舒适度进行研究[12]。

总体而言，已有研究侧重于在街道尺度，对街道的绿化配置、可步行性、居民满意度等展开 GVI 的评价研究。但是对 GVI 的空间分布的关联性研究仍有不足。因此，研究基于百度街景数据，以长沙市主城区 63 个街道为研究对象，探究 GVI 和 NDVI 在空间上分布的共性和差异性，研究有助于为长沙市城市绿地资源配置与绿地空间系统规划提供参考。

2　数据及方法

2.1　研究区概况

以长沙市主城区为研究对象，主要包括长沙市三环

[①]　基金项目：国家自然科学基金青年项目"防疫背景下的社区呼吸道疾病传播模型构建及健康环境设计策略研究"（编号：52008397）；湖南省自然科学基金青年项目"夏热冬冷地区的居住区健康环境设计与传染病防控关联研究"（编号：2022JJ40605）。

线内63个街道。长沙有着"山水洲城"的城市格局，由岳麓山、湘江、橘子洲、长沙城共同构成长沙市的景观空间格局。其中，岳麓山位于湘江西部，长沙老城区位于湘江东部。

2.2 数据来源

2.2.1 遥感影像

用计算归一化植被指数，表现区域的植被覆盖情况。数据来源是地理空间数据云平台，使用ENVI对获取的遥感影像进行辐射定标、波段运算等处理步骤。

2.2.2 街景图片

用于计算GVI，使用百度开放平台的API接口获取百度街景地图中的43224张图片，涵盖63个街道行政区。

2.3 数据计算

2.3.1 空间网格划分

基于网格方法研究长沙市GVI和NDVI的空间分布。在ArcGIS中使用渔网工具创建250m×250m的网格。取单位网格中点GVI的平均值作为网格的GVI值，将网格中栅格的NDVI值作为网格中的NDVI值。获得每个单元网格的GVI和NDVI值后，在250m×250m的尺度上进行空间关联性分析，并统计各个值段的分布数量情况。其中，网格尺度是根据已有研究中人视野的极限距离所确定，250m×250m也与街区尺度大致相符。

在ArcGIS中完成栅格插值、值提取到点和面关联的操作等，并在属性表中完成GVI和NDVI的描述性统计。

2.3.2 空间数据计算

（1）GVI计算

对街景图片GVI的识别基于机器学习分割网络工具（SegNet）提取图像特征[13]，将图像中的像素点分类为天空、道路、建筑、植物等要素，计算每张图片中绿化要素所占的比例（图1），街道的采样点间隔距离为50m，能较好地描述街道的绿视情况。

（2）NDVI计算

归一化植被指数（NDVI）是一个标准化指数，用来表示区域的植被覆盖度[14]，该指数对卫星图中多光谱栅格数据集中两个波段的特征进行对比，即红色波段中叶绿素的色素吸收率和近红外（NIR）波段中植物体的高反射率。

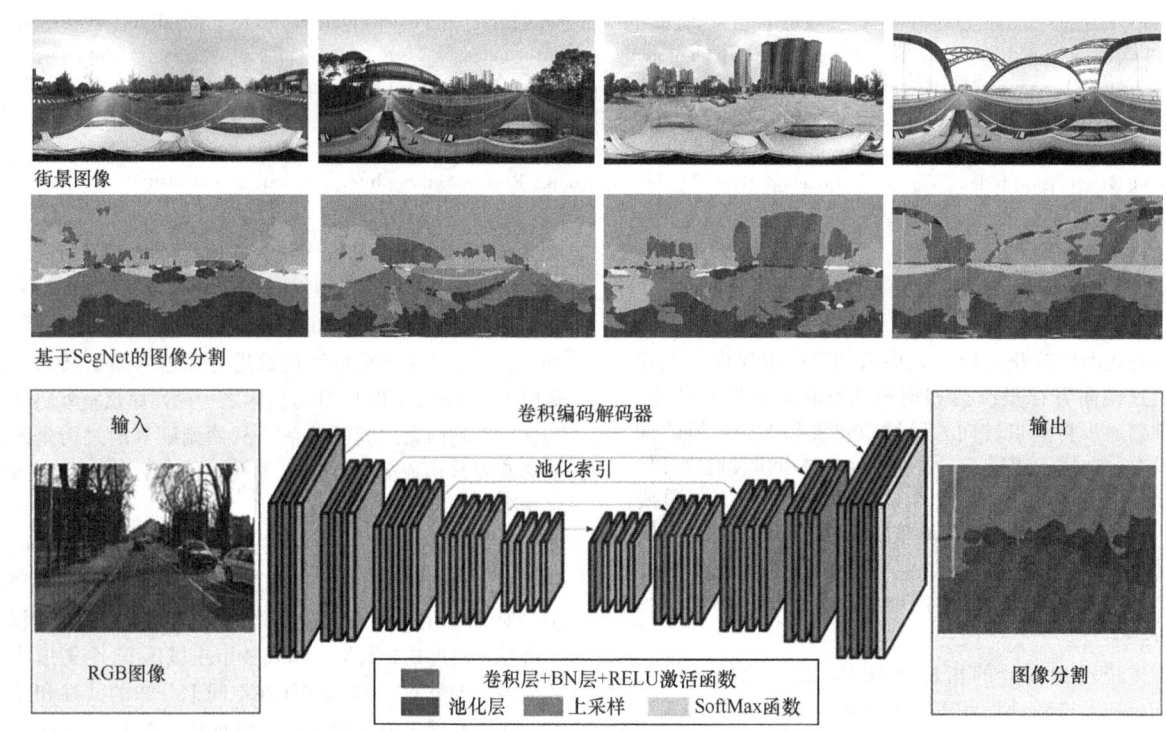

图1 基于SegNet算法的街景图片模式识别技术流程[13]

NDVI的计算公式为：

$$NDVI = [(NIR-RED)/(NIR/RED)]$$

式中，NIR含义是近红外波段的像素值。

NDVI取值在[-1, 1]，代表植被覆盖度。负值主要包括云、水；裸露岩石和土壤的值趋近于0；值越大代表植被覆盖度越高，地表植被覆盖度越丰富。使用预处理后的卫星遥感影像在ENVI 5.1平台中运行辐射校正、波段计算，并取90%的置信区间代表街道的植被覆盖度。

2.3.3 空间自相关分析

研究使用全局和局部空间自相关分析描述长沙市主城区的绿色空间分布。全局自相关用来描述研究对象的显著性、相关性和空间分布模式。局部自相关可以识别不同空间位置可能存在的空间相关模式，从而发现空间的局部不稳定性，更准确地把握局部空间元素的聚集和分异特征。用moran's I和局部moran's I指数来描述全局空间自相关和局部空间相关性[15]。具体计算公式如下：

$$l = \frac{\sum_{i}^{n}\sum_{j\neq i}^{n} w_{ij}(Y_i - \overline{Y})(Y_j - \overline{Y})}{S^2 \sum_{i}^{n}\sum_{j\neq i}^{n} W_{ij}}$$

式中，对单个空间单元 i 的局部 Moran's I 的指数为：

$$l = \frac{(Y_i - \overline{Y})}{S_i^2} \times \sum_{i=1, j=n}^{n} W_{ij} \times (Y_i - \overline{Y})$$

$$S^2 = \frac{1}{n}\sum_{i=1}^{n}(Y_i - \overline{Y})^2 \quad \overline{Y} = \frac{1}{n}\sum_{i=1}^{n} Y_i$$

式中，Y_i 和 Y_j 分别为单元 i 和单元 j 的属性值；n 为空间单元数量；W_{ij} 是基于欧氏距离和 K 近邻的空间权重矩阵。另外，为进一步分析 NDVI 和 GVI 的空间关联，研究在参考学者[16]在 Moran's I 指数的基础上，使用双变量全局自相关和局部自相关进行拓展，为揭示不同要素空间分布的相关性提供方法。

$$I_{lm}^p = z_1^p \sum_{q=1}^n W_{pq} z_m^q$$

$$z_1^p = \frac{X_1^p - \overline{X_1}}{\sigma_1}$$

$$z_m^q = \frac{X_m^q - \overline{X_m}}{\sigma_m}$$

式中，X_1^p 为空间单元 p 的属性 l 的值；X_m^q 为空间单元 q 的属性 m 的值；$\overline{X_1}$ 和 $\overline{X_m}$ 分别为属性 l 和 m 的平均值；σ_1 和 σ_m 分别为属性 l 和 m 的方差。

3 结果分析

3.1 GVI 和 NDVI 的空间分布特征

利用 ArcGIS 软件的自然间断点法对网格中 GVI 和 NDVI 的字段分为五级，得到 GVI 和 NDVI 的空间分布情况。

GVI 和 NDVI 在空间上的分布有较大差异性。研究区域的 GVI 大部分处在 7.82% 与 20.53% 之间，形成沿江两岸 GVI 较高，逐步向外递减的趋势；NDVI 总体表现为"山体和郊区值较高，街道值较低"。除山体外，NDVI 值中心向外递减。湘江以东地区植被覆盖度较差，NDVI 值在 0.17～0.36；湘江西部植被覆盖程度较好，NDVI 值在 0.36～0.54。高植被覆盖的地区主要分布在岳麓山和梅溪湖街道，NDVI 值在 0.54 以上。

另外，从统计特征来分析，长沙市主城区的 GVI 和 NDVI 计算结构也存在一定的差异性，不同等级的 GVI 按 5% 梯度划分。GVI 总体水平为 0～25%，占网格样本总数的 91.39%。据统计，长沙市主城区的平均 GVI 为 13.10%，其中 GVI 值主要分布在 5%～20% 区间（图 2）。根据 0.05 的梯度，将 NDVI 水平划分为不同的等级。NDVI 水平总体分布在 0.2～0.65，占样本总数的 70.06%。长沙市 NDVI 平均值为 0.46，总体分布较为均匀（图 3）。

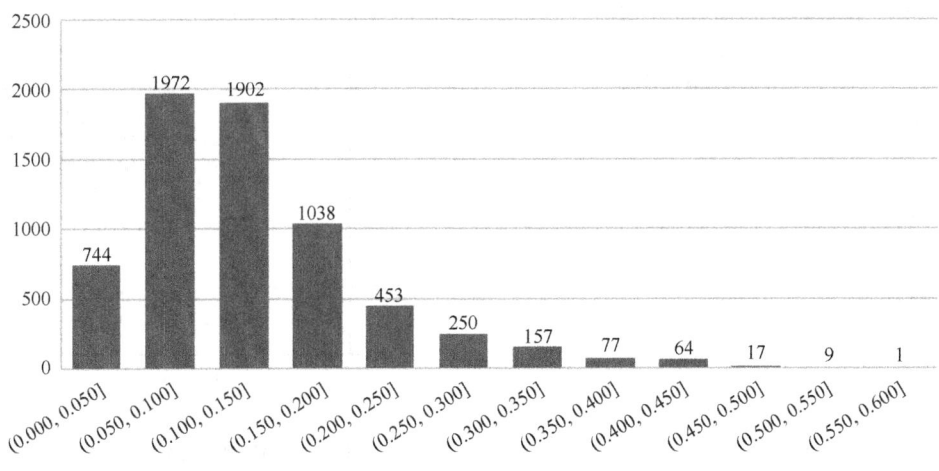

图 2 GVI 的网格统计结果

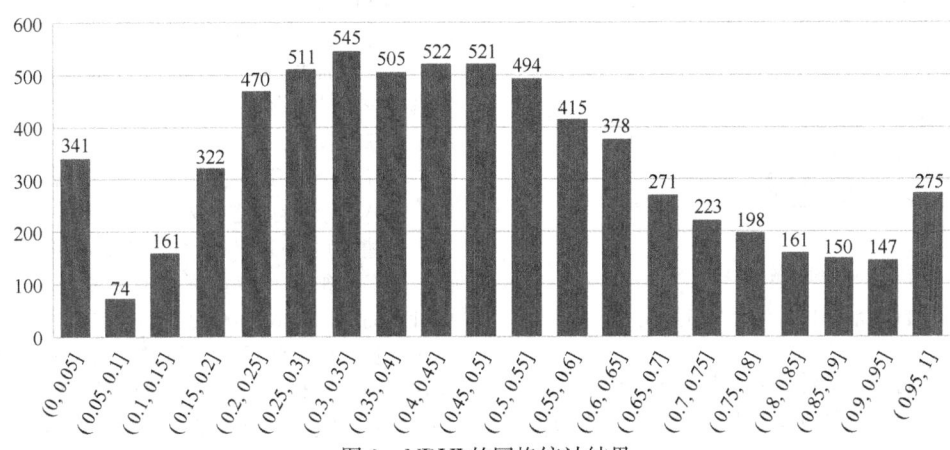

图 3 NDVI 的网格统计结果

为进一步探索 GVI 和 NDVI 在空间上分布的集聚情况，使用 ArcGIS 对 GVI 和 NDVI 分布运行全局自相关分析，长沙市主城区 GVI 的空间自相关性值为正且出现明显的集聚现象，其中 Moran's I 指数为 0.54，z 得分为 61.97，p 值小于 0.001。GVI 的局部自相关分析表明，研究区 GVI 高值和高值间集聚，低值和低值集聚，小范围 GVI 具有高值和低值集聚（图 4）。长沙主城区 NDVI 空间自相关值为正值，存在明显的集聚现象。Moran's I 指数为 0.51，z 值为 57.92，p 值小于 0.001。长沙市主城区 NDVI 分布明显在空间上集聚和自相关，具有明显的高值和高值、低值和低值集聚的特征，而高值和低值空间集聚特征不明显（图 5）。

类的分布特征；NDVI 值在岳麓山周边、望岳街道、捞刀河街道呈现高—高聚类的分布特征，在通泰街街道和坡子街街道呈现低—低聚类的分布特征。

究其原因，这主要是因为建成区土地利用类型的差异会影响 GVI 的值。商业街周围的 GVI 和 NDVI 普遍较低，其中湘雅路街道、通泰街街道的 GVI 和 NDVI 都出现了低—低聚类的分布；老城区的 GVI 和 NDVI 值低于新城区，老城区的建筑密度较大、街道绿化水平参差不齐，新城区建成条件优越，绿地布局合理导致梅溪湖街道出现高-高分布，坡子街呈现低—低聚类的分布特征；郊区由于道路设施建设不完备，而街区内部空间绿化完整，导致捞刀河街道出现在 GVI 分布上出现低—低特征而在 NDVI 值上出现高—高的集聚特征。

3.2 GVI 和 NDVI 的空间关联性分析

为探索 GVI 和 NDVI 在空间上的关联情况（图 6），利用 Geoda 软件计算 GVI、NDVI 双变量的全局 Moran's I 指数，并计算出 GVI 和 NDVI 的局部空间自相关显著性图和聚类分布图。

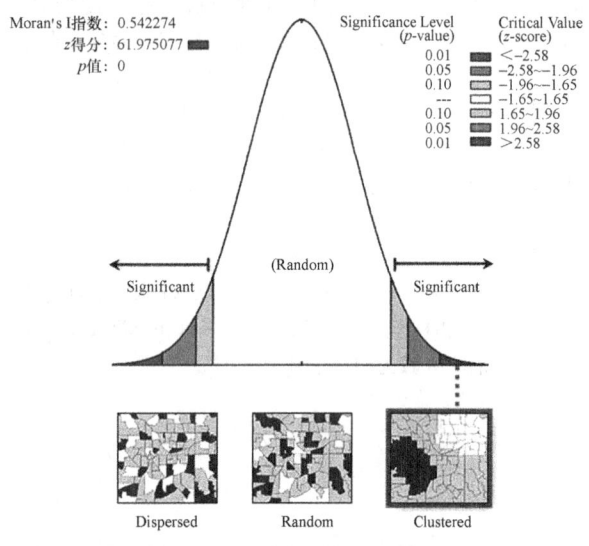

z 得分为 61.9750766357，则随机产生此聚类模式的可能性小于 1%。

图 4　GVI 的全局自相关分析结果

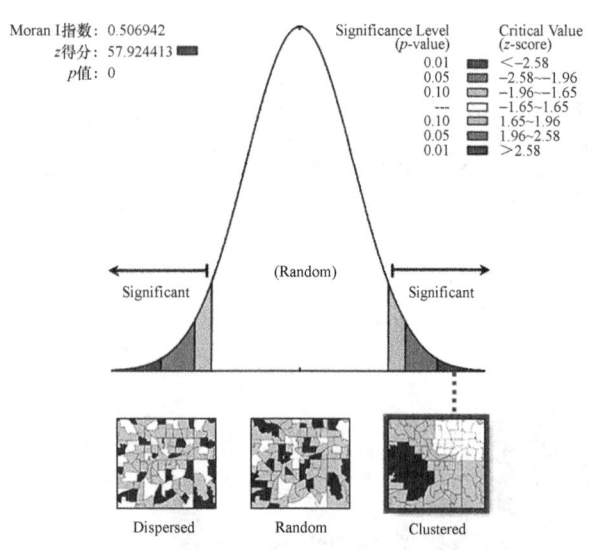

z 得分为 57.9244131808，则随机产生此聚类模式的可能性小于 1%。

图 5　NDVI 的全局自相关分析结果

从全局地理空间分布来看，长沙市主城区 GVI 在岳麓山周边、文源街道和梅溪湖街道呈现高—高聚类的分布特征，主要在通泰街街道和捞刀河街道呈现低—低聚

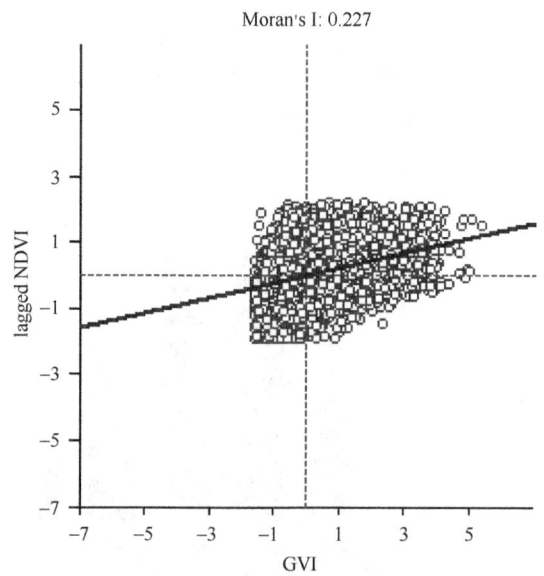

图 6　GVI 和 NDVI 的全局空间自相关

结果表明：Moran's I 指数为 0.227，表明长沙市主城区 GVI 和 NDVI 值在空间上呈现正相关，且具有比较高的相关性；长沙市主城区 GVI 和 NDVI 值在岳麓山、桃花岭、湘江周边、捞刀河街道、天顶街道和望岳街道的分布具有较高的显著性，表明这些区域的平面绿量与三维绿量关联性较强。

GVI 和 NDVI 的聚类分布图结果表明：长沙市 GVI 高、NDVI 高的区域主要分布在岳麓山、桃花岭周边和望岳街道建成区，GVI 低、NDVI 低的区域主要分布在湘江、通泰街街道和湘雅路街道建成区；差异性布局上，GVI 高而 NDVI 低的区域主要分布在湘江两岸，这可能是由于长沙市湘江风光带的建设，在湘江两岸组合种植了多品种乔木和灌木，以及建成了多种人本尺度的小广场、口袋公园等的街道景观。GVI 低而 NDVI 高的区域主要分布在长沙市三环线周边的位置，这可能是因为郊

区的街道基础设施建设不充分，人本尺度的绿化建设因为居民少等原因未开工建设，而街区内部主要由新建居住区组成，所以内部绿化水平高，因而NDVI值较高。

4 结论与展望

在城市建设朝着人本尺度转变的背景下，对于城市绿色空间建设的要求也逐步从平面转为立体。研究基于遥感影像和街景数据，采用遥感影像解译和语义分析的方法，分别选取NVDI和GVI两个代表性指标，对长沙主城区在平面和立体方面的绿色空间分布特征进行测度，并在此基础上，用全局自相关和局部自相关的方法探究这两个数据在空间上的关联性。

根据空间自相关结果确定这二者在长沙市主城区的空间关联性以及识别出城市更新规划进程中需要加强植被覆盖或是三维空间绿化的区域，对于高NDVI、低GVI的空间，应重视三维绿地的建设。与传统规划设计单纯增加绿地率等指标来提高城市整体绿化水平相比，使用新的规划设计手段提高三维视角下的绿地建设，可以使绿化空间得到更高的覆盖率和更好的满意度，从而为城市绿色空间建设提供参考。

另外，受技术方法和数据来源的限制，研究还存在一定的不足之处：①以街景采集车获取街景图片数据，与行人观察的视角有一定差别。②道路建设不完全，街景车所采集的图片计算出的GVI可能与网格内人的GVI有一定偏差。因此未来可以在技术和研究方法上作出进一步改进，从而得到更准确的研究数据和更高精度的研究方法，在规划设计响应上进行更深入的研究。

参考文献

[1] 杨保军，陈鹏. 新常态下城市规划的传承与变革[J]. 城市规划，2015，39(11)：9-15.
[2] 叶宇，张昭希，张啸虎，等. 人本尺度的街道空间品质测度——结合街景数据和新分析技术的大规模、高精度评价框架[J]. 国际城市规划，2019，34(1)：18-27.
[3] 刘承珊，曹洪虎，黄建. 城市街道绿化规划设计探讨[J]. 江西科学，2005(3)：247-252，269.
[4] Helbich M. Spatiotemporal contextual uncertainties in green space exposure measures：Exploring a time series of the normalized difference vegetation indices[J]. International Journal of Environmental Research and Public Health，2019，16(5).
[5] 肖路. 基于街景大数据的城市GVI与影响因素多尺度分析研究[D]. 北京：中国科学院大学，2021.
[6] Aoki Y，Yasuoka Y，Naito M. Assessing the impression of street-side greenery[J]. Landscape Research，1985，10(1).
[7] 邓小军，王洪刚. 绿化率 绿地率 GVI[J]. 新建筑，2002(6)：75-76.
[8] Li X，Zhang C，Li W，et al. Assessing street-level urban greenery using Google Street View and a modified green view index[J]. Urban Forestry & Urban Greening，2015，14(3).
[9] 刘玲君，郑曦. 基于多源大数据与语义分割模型的街道可步行性测度[C]//中国风景园林学会. 中国风景园林学会2022年会论文集. 北京：中国建筑工业出版社，2023.
[10] 裴昱，阚长城，党安荣. 基于街景地图数据的北京市东城区街道绿色空间正义评估研究[J]. 中国园林，2020，36(11)：51-56.
[11] Nocturnal influencing patterns on outdoor thermal environmental parameters along an urban road in summer：A perspective of visual index[J]. Urban Climate，2023，49.
[12] 唐婧娴，龙瀛. 特大城市中心区街道空间品质的测度——以北京二三环和上海内环为例[J]. 规划师，2017，33(2)：68-73.
[13] Vijay B，Alex K，Roberto C. SegNet：A deep convolutional encoder-decoder architecture for image segmentation[J]. IEEE transactions on pattern analysis and machine intelligence，2017，39(12).
[14] 李苗苗. 植被覆盖度的遥感估算方法研究[D]. 北京：中国科学院遥感应用研究所，2003.
[15] Ord K J，Getis A. Local spatial autocorrelation statistics：Distributional issues and an application[J]. Geographical Analysis，1995，27(4).
[16] Wartenberg D. Multivariate spatial correlation：A method for exploratory geographical analysis[J]. Geographical Analysis，1985，17：263-283.

作者简介

杨瑞华，2002年生，男，汉族，江西抚州人，中南大学建筑与艺术学院本科在读，研究方向为区域发展与规划。电子邮箱：rickyxh@csu.edu.cn。

（通信作者）刘润姣，1987年生，女，汉族，湖南长沙人，博士，中南大学建筑与艺术学院，讲师，研究方向为健康环境设计。电子邮箱：471285954@qq.com。

付宇飞，2001年生，男，汉族，江西抚州人，美国佐治亚理工学院研究生在读，研究方向为深度学习应用。电子邮箱：fuyufei083x@163.com。

整合生态系统服务的城市绿地生态修复分区研究
——以武汉市东湖风景区为例

A Study on the Ecological Restoration Zoning of Urban Green Space Integrating Ecosystem Services
—A Case Study of Wuhan East Lake Scenic Area

潘芷卉　张宇晗　杜　雁*

摘　要：生态系统服务是联结人类社会与自然生态系统的桥梁，可以从社会、经济和环境三个维度提供人类福祉。因此，从多个维度研究生态系统服务，才能制定出兼顾人类和生态需求的国土空间优化方案。国内相关研究主要从经济、生态的角度切入，在区域尺度上对于人类需求和绿地供给的研究也相对空白。故本研究以社会服务和生态服务属性高度综合的武汉市城市绿地东湖风景区为研究对象，综合生态系统服务评价，对东湖绿地修复进行识别和分区，以提供区域尺度下的生态修复分区方法。

关键词：修复分区；城市绿地；生态系统服务；语义识别

Abstract: Ecosystem services is a bridge connecting human society and natural ecosystems. It can provide human well-being in three dimensions: social, economic and environmental. Therefore, it is important to study ecosystem services from multiple dimensions in order to develop spatial optimisation plans for the national territory that take into account both human and ecological needs. Domestic studies have been conducted mainly from the economic and ecological perspectives, and there is a relative gap in research on human needs and green space provision at the regional scale. Therefore, this study takes the East Lake Scenic Area, an urban green space in Wuhan with highly integrated social and ecological service attributes, as the research object, and comprehensively evaluates the ecosystem services, identifies and partitions the restoration of the green space in the East Lake, in order to provide the ecological restoration partitioning method at the regional scale.

Keywords: Restoration Zoning; Urban Green Space; Ecosystem Services; Semantic Identification.

引言

我国正处于快速的城镇化进程之中。至2030年，我国城镇人口预计达到10.15亿人[1]；尽管我国陆地自然保护地覆盖率已经达到18%[2]，但依然存在着明显的保护空缺，人类社会需求与生态保护需求之间存在有普遍的冲突[3]。城乡发展和生态保护都存在迫切的土地需求，同时，也有许多适合城镇建设的土地具备不可替代的生态价值[4]。这些社会需求和生态需求的冲突不仅会降低生态保护的成效[5]，也会阻碍社会经济的正常发展。

近年来，此类需求与绿地供给的相互作用备受关注，已经有许多研究应用模型来分析具有空间差异的生态系统服务[6]。目前国外研究关注各个尺度上生态区域的保护及其表现形式和作用机制，而国内研究主要聚焦国家公园与自然保护地，在区域尺度则有待更进一步的研究[7]。

生态系统提供各种关键生态系统服务，如食品、能源、水、原材料等，是维持人类生计和福祉的关键。生态系统服务是人类社会与自然生态系统联结的桥梁，是满足人类多层次福祉的前提和保证[8]。生态系统的自然资源可以同时提供多种功能的生态系统服务，例如适合耕种的土地可能也具备重要的生态功能[9]，因此从多维度（如社会、经济和环境）出发才能准确研究景观格局和生态系统服务之间的定量关系，从而制定土地利用和景观格局优化方案。现有生态修复分区研究多采用夜间灯光系数、热力值、人口密度、交通流量[9-12]等经济维度指标与环境维度，生态系统服务中的社会需求维度有待进一步的研究。城市绿地所提供的生态系统服务中社会、文化、经济属性额外突出，在生态修复评估中仅考量生态脆弱性，可能无法满足城市环境系统中实际存在的社会需求[13]。

基于上述相应研究方向的空白与不足，本研究试图从生态系统服务的角度出发，引入社会需求度评估方法，利用参与式地理信息系统获取人类情感数据，以研究城市绿地供应是否满足人类需求，从而有针对性地对未达到生态系统服务需求的城市绿地进行分区修复，以改善城市绿地系统的可持续性，对城市绿地生态系统修复优先级统筹布局。

1　生态系统服务供给与评价

城市绿地系统为城市提供复杂的生态系统服务。生态系统服务的景观可持续性是指在一定区域背景下，不论环境和社会文化变化，特定景观依然能够不断、稳定、长期提供生态系统服务，以保持和改善人类福祉的能力[14]。当城市绿地的生态系统服务存在供给不足，则说明其景观可持续性处于潜在威胁之中，存在城市绿地生态修复的必要性。

生态系统服务的供给不足有许多原因，但大部分生态系统服务的退化是由生态系统的过程尺度与人类管理尺度的错配产生的[8]。城市提供相对于自然保护地尺度下尺度更为具体的生态系统服务，需要相应尺度的评价体系。

1.1 生态系统服务供给与景观绩效评价

景观绩效评价中的景观绩效指标分为环境、经济和社会3个类别，这些指标可以系统性地评估由景观创造或改变的生态系统服务[15]。

依照联合国新千年生态系统服务评估将生态系统服务进行的分类，即支持服务、供给服务、调节服务和文化服务[16]，景观绩效评价中的环境指标可度量供应服务、调节服务和支持服务，社会指标可度量文化服务，经济指标可度量与生态系统服务相关的货币收益[15]。其中，环境维度包括土地、水、栖息地、空气质量与碳能源、材料与废弃物几大方面；社会的效益指标涵盖了大部分文化服务，如使用者满意度角度的用户满意度、身心健康，以及风景质量、文化遗产、场所/场所感等内容。

与景观系统相关的生态系统服务　　　　　表1

供给服务（从生态系统中获得的产品）：水、食物、材料、能源、生物多样性	调节服务（从生态系统中获得的收益）：空气质量维护、气候调节、碳封存、温度调节、海岸线稳定、雨洪管理、风速降低、侵蚀控制、水体净化、人类疾病防控、暴雨防控	文化服务（从生态系统中获得的非物质效益）：精神的和宗教的、娱乐和生态旅游、美学价值、灵感、教育价值、场所感、文化遗产、社会关系
支持服务（为所有其他生态系统服务产品带来必要的服务）：土壤形成、养分循环、初级生产		

1.2 城市绿地尺度的生态系统服务供给

本研究在罗毅等人改良后的景观绩效评价指标[15]（表1，与景观系统相关的生态系统服务）基础上，从环境、经济、社会3个维度分别选取与区域尺度和城市绿地生态系统服务相适应的指标，构建区域尺度下的生态系统服务供给评价框架，对城市绿地尺度下的生态系统服务供给进行评估（表2）。

城市绿地尺度下的生态系统服务评估框架　表2

评估维度	服务供给	评估指标
环境	土地	土地利用效率/土地保护
	水	雨洪管理
	栖息地	栖息地保护/创建/恢复
		提高生态完整性
	碳、能源和空气质量	空气质量
		温度和城市热环境
经济		房产价值
		游客消费
社会	公共健康价值	用户满意度
		心理健康/疗愈价值
	历史文化价值	风景质量/文化遗产
		场所/场所感

2 研究方法

2.1 研究区域

东湖风景区位于湖北省武汉市中心城区，是首批国家级风景名胜区，集5A级旅游景区、国家级湿地公园、国家生态旅游示范区为一体[17]。内部的东湖绿道串联起磨山景区、听涛景区、落雁景区、吹笛景区，及境内的武汉植物园、武汉欢乐谷、东湖海洋世界等景区景点。东湖风景区同时承载着环境、经济、社会3个维度的多种生态系统服务功能，在城市和区域尺度上起到了重要的生态系统服务供给作用。

在数据调研的基础上，研究选取了东湖风景区实际建成的主要景区，即磨山景区、落雁景区、听涛景区、吹笛景区（马鞍山森林公园）、白马景区（华侨城国家湿地公园）为研究对象（图1），进行城市绿地系统服务中社会维度两大服务，即文化服务和康养服务供给进行研究，对绿地的生态修复分区进行识别和判定。

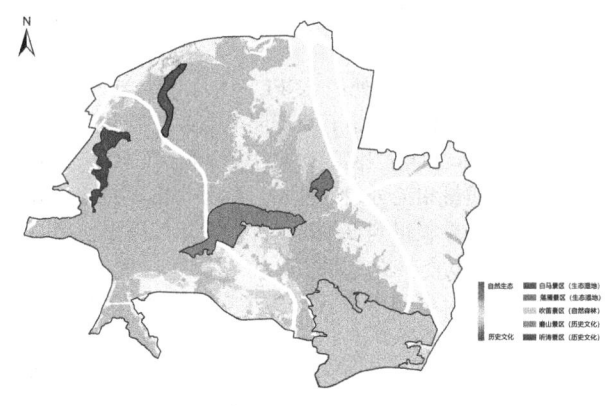

图1　东湖景区及主要研究区域

2.2 数据获取与分析

2.2.1 社交媒体数据爬取

参与式地理信息系统是指，利用带有地理信息数据的评价将使用者的评价与地理数据关联。本研究通过Phython爬取这些与地理信息相关联的用户评论，获取了各个研究区域使用者对该绿地的看法（图2）。

研究收集东湖景区内的城市公共绿地评价，去除重复评论等后共收集到有效评论6641条，其中磨山景区488条，落雁景区5468条，听涛景区160条，吹笛景区（马鞍山森林公园）358条，白马景区（华侨城生态湿地公园）167条。

2.2.2 情感分析

对所获得的文本进行情感分析，以分析绿地使用者对城市绿地的满意度，从而反映其公共健康价值。为了量化情感，首先需要预处理以转换为仅文本，以便轻松获得情感分析，且减少每条评论中其他信息引起的偏差。

利用自然语言处理（NPL）工具对评论进行批量处理，对文本中句子进行情绪判定和赋值。其中设定以"0"作为中性分值，单个肯定的词语如"好"赋值为"+1"，单个否定的表述如"差"赋值为"-1"，出现的程度副词则和情绪分值相乘得到该句的总分值。

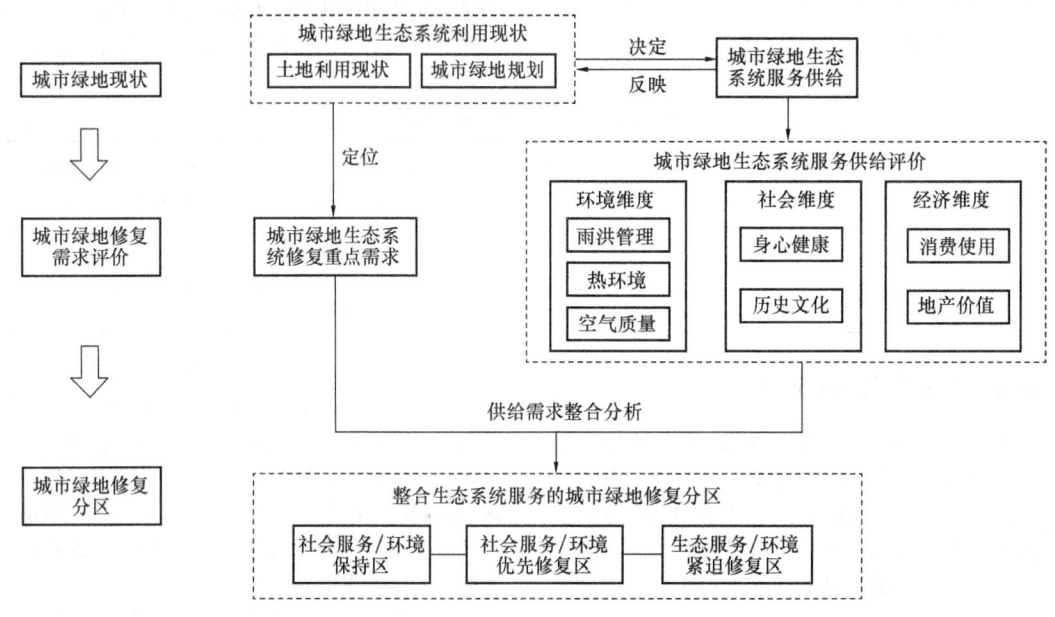

图2 技术路线与研究框架

2.2.3 语义分析

对所获得的文本进行语义分析，以分析绿地使用者对城市绿地需求的不同侧重点，从而反映其生态价值或历史文化价值。

首先利用自然语言处理（NPL）工具对评论进行批量处理，识别并标记文本中有关不同生态系统服务供给的关键词，例如，出现"纳凉""阴凉""清新"等关键词，识别为空气质量相关分句（表3）。以分句出现次数和分句得到的评分乘积得到该维度的综合赋值，得出使用者对于相应维度功能供给的满意度。

对于文化价值则参考评分体系中对于景点的评价：1分为"不佳"，2分为"一般"，3分为"不错"，4分为"满意"，5分为"超棒"的评价体系，与情绪分析的赋值重新进行标准化，即：-1分为"不佳"，0分为"一般"，1分为"不错"，2分为"满意"，3分为"超棒"。

2.3 生态系统服务供给可视化

计算每个研究区域内的平均情绪值和生态需求、社会需求分布。在Arc Map中为地理多边形所选择的绿地构建对应评论梳理、情绪平均值、非正面情绪占比、生态服务供给值、文化服务供给值等相应字段。关键词实例见表3。

不同维度生态系统服务供给识别关键词实例　　表3

评价维度	服务供给	评估指标	关键词
环境	水	雨洪管理	泥泞、淹没等
	栖息地	生态完整性	自然环境、大自然等
	空气质量	空气质量/热环境	清新、凉爽、舒适等
社会	身心健康	用户满意度	情绪赋值
	文化价值	风景质量	用户评分

3 讨论

3.1 绿地的生态系统服务供给

3.1.1 绿地的公共健康服务供给

5个景区平均情感赋值均高于0分，说明景区绿地公共绿地为公众提供的身心健康价值可以满足供给（图3、图4）；但与此同时，4个景区的非正面情绪评价高于50%，说明这些景区绿地提供身心健康价值为代表的公共健康服务质量仍存在提升空间（图5）。

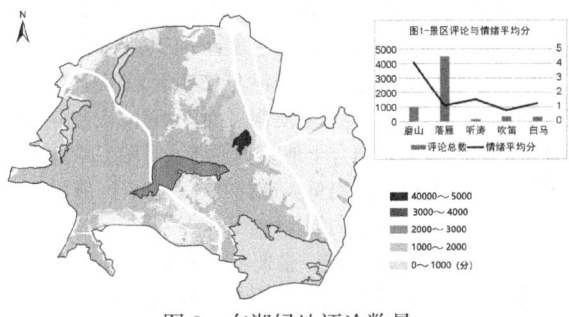

图 3　东湖绿地评论数量

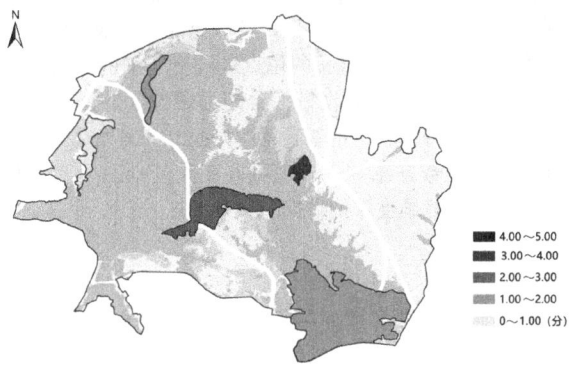

图 4　东湖绿地平均情绪得分

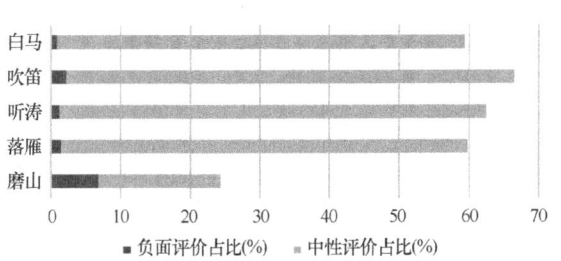

图 5　绿地非正面评价占比

3.1.2　绿地的历史文化服务供给

考虑到所选研究对象作为风景名胜区的特质，以及使用者在打分时绿地作为景点这一评价对象进行评价的事实，研究者将使用者对绿地的整体评分视为对风景质量/文化遗产这一维度的评分，以代表社会维度的历史文化价值。

在进行数据对应的标准化处理后，数据大于 0 分则代表绿地提供的历史文化价值供给能够基本满足使用者在绿地中的需求，分值达到 2 分则代表使用者对绿地所提供的历史文化需求满意，即绿地的历史文化价值供给充分满足了使用者的相应需求。

研究区域内的 5 个研究对象能够满足使用者对绿地基本的历史文化价值需求，其中除白马景区仅基本满足这一项服务的供给之外，另外 4 个景区均能充分满足使用者的历史文化服务需求（图 6）。

3.1.3　绿地的环境服务供给

在经过词义分析筛选出带有对于环境维度中水、空气质量、栖息地 3 项主要功能的分句后，对分句的语义进行与前两项服务供给相同标准的判定，最终得到各个绿地提供的平均环境服务，以描述绿地的环境服务供给。

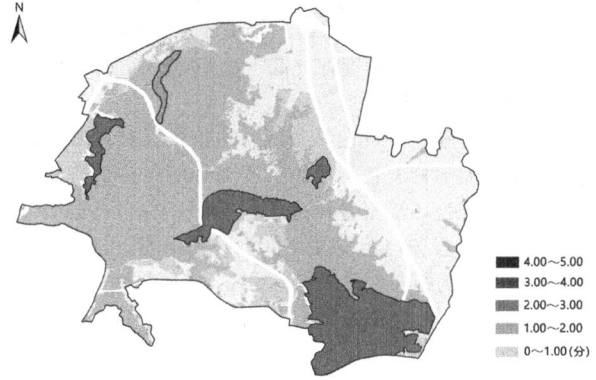

图 6　东湖绿地文化服务供给

可能是由于生态价值本身并不显性存在于对景点的评价体系中，导致许多使用者在对绿地进行评价时较少提及绿地作为环境的存在价值，造成这一维度整体数据量远低于另外两组。评分结果显示，绿地虽然能够基本满足使用者对于绿地的环境服务需求，但离满意还有相当的差距，存在较大的提升空间（图 7）。

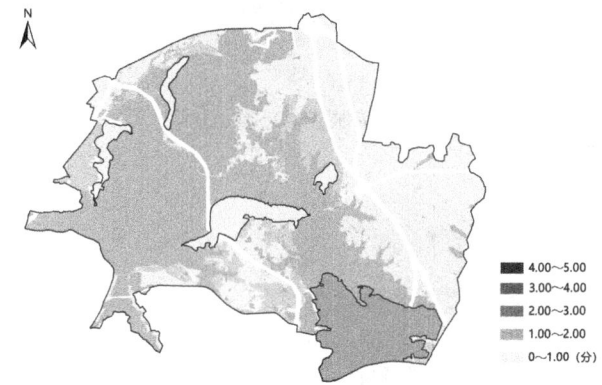

图 7　东湖绿地环境服务供给

3.1.4　绿地的生态系统服务供给

综合公共健康服务供给、历史文化服务供给、环境服务供给，以描述所选 5 个绿地的生态系统服务供给并对其进行综合评价。其中，白马景区 3 项服务供给均不能达到完全满意，吹笛景区、听涛景区、落雁景区在健康服务供给和环境服务供给上不能达到完全满意，磨山景区仅环境服务供给不能达到完全满意。

3.2　基于绿地生态系统服务供给的修复分区

在城市绿地生态修复中，修复工作的社会资源投入应当结合实际的社会发展需求来判定，以得出合理投入、合理效益的最佳情况[18]。因此，本研究结合生态系统服务的视角进行社会需求度分析，得出修复分区优先级。

结合国土空间规划的思路，基于绿地生态系统服务供给现状，结合规划文件中对各个景区的定位，划分城市绿地修复分区。按照生态系统服务供给与需求的匹配度，供给不能满足需求（≤0 分）的区域划分为紧迫修复区，供给服务存在提升空间（0 分＜得分≤2.00 分）的区域划分为优先修复区，供给服务实现需求（＞2.00 分）的区域划分为服务保持区。其中若出现绿地重点定位的生态功能不能实现需求的情况（如，定位为自然森林公园的吹笛景区，在环境服务维度评分低于2.00分）同样划定为该维度的紧迫修复区。

综合环境服务分析白马景区、吹笛景区和落雁景区为环境服务紧迫修复区，听涛景区为环境服务优先修复区，磨山景区为环境服务保持区（图8）。综合社会维度下的公共健康服务与历史文化价值两大功能，综合分析得出白马景区为社会服务紧迫修复区，落雁景区、吹笛景区、听涛景区为社会服务优先修复区，磨山景区为社会服务保持区（图9）。

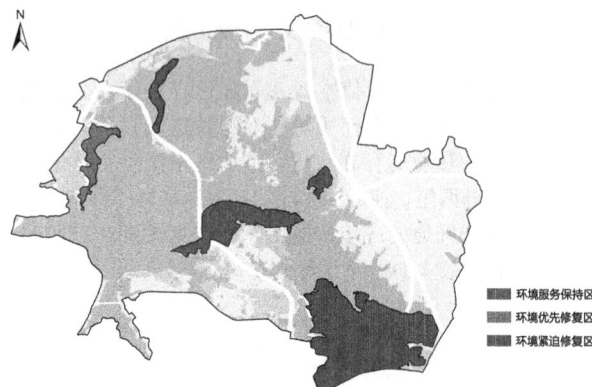

图8 环境服务生态修复分区

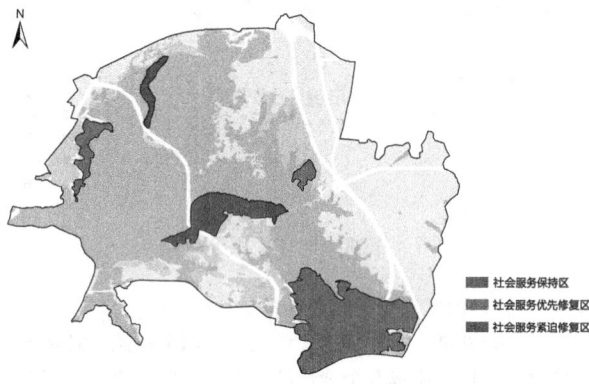

图9 社会服务修复分区

针对不同的修复分区结果，在东湖绿地生态修复规划中可以有针对性地采取不同的修复策略。在对景区绿地进行修复时有针对性地进行投入，在环境分不能达到满意水准的区域要重点关注绿地提供的空气质量提升、微小气候改善、雨洪管理等基础生态服务，以及在使用者满意度和心理健康这些基础的生态系统服务的基础上，更有针对性地选择修复重点。例如，针对自然生态定位的城市绿地和环境服务供给，在修复过程中尤其需要关注对其生态完整性的识别与保护；而对于历史文化定位下的城市绿地，则可以相对降低对生态完整性的投入，更注重风景质量的维护和场所感的塑造。

4 结语

本研究在生态修复分区研究中作出了探索和尝试，以景观绩效评价的角度反映生态系统服务实际供给，从而作出城市绿地尺度下生态修复需求的识别和分区。研究以生态系统服务的供给是否满足使用者对于生态系统服务的需求为切入点，衡量使用者对于城市绿地作为生态系统的功能需求，结合土地利用规划，对城市绿地是否需要修复，以及修复的侧重点进行判定，符合区域尺度的数据规模并且具备一定的创新性。

由于时间和技术限制，未能实现最初设想中对于特定区域内评论准确位置信息的采集，导致得到的分区结果偏离预期，但从景区作为城市绿地基础规划单位的角度而言可以提供一定的完整性，条件允许时，希望可以结合更多数据库，与url链接的位点进行更精细的分析。此外由于本研究采用数据收集平台的局限性，数据内容中有关景点文化特质、使用者满意度方面的数据充足，但环境评价方面的数据悬殊，未来可以在此基础上引入其他该尺度下的环境维度评价数据。

参考文献

[1] 国务院. 国务院关于印发国家人口发展规划(2016—2030年)的通知[EB/OL].（2017-01-25）[2021-10-29]. http://www.gov.cn/zhengce/content/2017-01/25/content5163309.htm.

[2] 杨锐，曹越. 论中国自然保护地的远景规模[J]. 中国园林，2018，34(7)：5-12.

[3] 高吉喜，刘晓曼，周大庆，等. 中国自然保护地整合优化关键问题[J]. 生物多样性，2021，(23)：290-294.

[4] Mccloskey J T, Lilieholm. R J, Cronan C. Using bayesian belief networks to identify potential compatibilities and conflicts between development and landscape conservation[J]. Landscape and Urban Planning, 2011, 101(2)：190-203.

[5] Balmford A, Moore J L, Brooks T, et al. conservation conflicts across africa [J]. Science, 2001, 291(5513)：2616-2619.

[6] Xing L, Liu Y, Liu X, et al. Spatio-temporal disparity between demand and supply of park green space service in urban area of Wuhan from 2000 to 2014, [J] Habitat Int., 2018, 71：49-59.

[7] 彭钦一，杨锐. 保护冲突研究综述：概念、研究进展与治理策略[J]. 风景园林，2021，28(12)：53-57.

[8] 于德永，郝蕊芳. 生态系统服务研究进展与展望. 地球科学进展[J]，2020，35(8)：804-815.

[9] 于伯华，吕昌河. 土地利用冲突分析：概念与方法[J]. 地理科学进展，2006(3)：106-115.

[10] 焦胜，刘奕村，韩宗伟，等. 基于生态网络—人类干扰的国土空间生态修复优先区诊断——以长株潭城市群为例[J]. 自然资源学报，2021，36(9)：2294-2307.

[11] 杨培峰，焦泽飞. 生态—社会经济系统耦合方法在县域国土空间生态修复规划中的运用——以四川威远县为例[J]. 自然资源学报，2021，36(9)：2308-2319.

[12] 袁媛，白中科，师学义，等. 基于生态安全格局的国土空间生态保护修复优先区确定——以河北省遵化市为例[J]. 生态学杂志，2022，41(4)：750-759.

[13] Xie S L, Zhou W Q, Li J S, et al. Combining the preferences of residents for neighborhood green spaces and conservation of avian diversity: Case study from Beijing[J]. 2012, 78(127758).

[14] Wu J. Landscape sustainability science: Ecosystem services

and human well-being in changing landscapes[J]. Landscape Ecology, 2013, 28: 999-1023.

[15] 罗毅, 李明翰, 段诗乐, 等. 已建成项目的景观绩效: 美国风景园林基金会公布的指标及方法对比[J]. 风景园林, 2015, 114(1): 52-69.

[16] Millennium Ecosystem Assessment. Ecosystems and Human Well-being[M]. Washington DC: Island Press, 2005.

[17] 武汉东湖生态旅游风景区管理委员会. 武汉东湖生态旅游风景区: 武汉东湖生态旅游风景区介绍[EB/OL]. 2001[2023-7-28]. http://www.whdonghu.gov.cn/zjdh_6322/.

[18] 程可欣, 王志芳, 唐瑜聪. 国土空间尺度下生态修复空间优先级与策略探究: 以矿山用地为例[J]. 风景园林, 2021, 28(12): 10-15.

作者简介

潘芷卉, 2001 年生, 女, 汉族, 湖南省株洲市人, 华中农业大学风景园林硕士在读, 研究方向为风景园林设计及其理论。电子邮箱: panzhihui@webmail.hzau.edu.cn。

张宇晗, 2000 年生, 女, 汉族, 河南省郑州市人, 华中农业大学风景园林硕士在读, 研究方向风景园林设计及其理论。电子邮箱: zyh12241004@163.com。

(通信作者) 杜雁, 1972 年生, 女, 土家族, 湖北长阳人, 博士, 华中农业大学园艺林学院风景园林系, 副教授, 美国华盛顿大学 (UW & Seattle) 建成环境学院风景园林系访问学者, 研究风景为园林历史与理论、风景园林规划设计。电子邮箱: yuanscape@mail.hzau.edu.cn。

国土空间视角下的生态系统服务时空演变分析
——以抚州市为例

Spatial-Temporal Evolution Analysis of Ecosystem Services from the Perspective of Territorial Spatial
—A Case Study of Fuzhou City

邱天琦　王向荣*

摘　要：我国生态建设仍面临诸多挑战，抚州市作为国家唯二的生态产品价值实现机制试点市之一，进行生态系统服务定量评估分析对抚州市生态文明建设有着指导作用。本文通过 InVEST 模型，对抚州市 2000—2020 年碳储量、生境质量、水源涵养及综合生态系统服务的空间格局及时空演变进行分析研究，结果如下：抚州市综合生态系统服务重要性南部山林高于北部平原，资溪县、宜黄县以及黎川县重要性较高，其空间格局与国土空间类型有显著相关性；2000—2020 年抚州市生态系统服务指数为 0.804、0.81 及 0.801，后 10 年退步较明显，与城镇的扩张以及生态政策的落实相关。

关键词：InVEST 模型；生态系统服务；国土空间

Abstract: Our country's ecological construction still faces many challenges. As one of the country's only two pilot cities for the value realization mechanism of ecological products, the quantitative evaluation and analysis of ecosystem services plays a guiding role in the construction of ecological civilization in Fuzhou. This paper uses the InVEST model to analyze and study the spatial pattern and spatial evolution of carbon storage, habitat quality, water conservation and comprehensive ecosystem services in Fuzhou from 2000 to 2020. The results are as follows: the importance of comprehensive ecosystem services in Fuzhou is higher than that of southern mountain forests In the northern plains, Zixi, Yihuang, and Lichuan are more important, and the spatial pattern has a significant correlation with the spatial type of land; From 2000 to 2020, the ecosystem service index of Fuzhou City was 0.804, 0.81, and 0.801, and the regression was more obvious in the next ten years, which was related to the expansion of cities and the implementation of ecological policies.

Keywords: InVEST model; Ecosystem services; Territorial Spatial

引言

随着我国经济及人口的快速发展，城镇化进度不断加快，大面积、高强度针对自然空间的开发利用对国土生态环境造成了严重的破坏[1-2]，我国生态安全相关问题日益凸显[3]。党的十八大以来，我国一直在努力推进着生态文明的建设与生态环境的保护[4-6]，但在城镇化发展的趋势下，生态建设仍面临着诸多考验。在此背景下，国土空间景观层面针对生态系统服务进行定量评估分析显得尤为重要，其对国土空间优化以及生态建设规划落实有着显著指导作用。

InVEST 模型是自然保护协会（TNC）、世界自然基金会（WWF）与斯坦福大学开发的生态系统服务评估模型[7]，被国内外学者广泛应用于了不同尺度、不同类型[8-11]的研究当中。InVEST 模型根据生态系统服务功能的不同，被划分为了碳储量模块、生境质量模块、产水量模块等。

抚州市作为国家唯二的生态产品价值实现机制试点市之一以及江西的生态文明示范市，生态建设是政府重点关注的对象。然而，国内针对抚州市生态空间的格局及演变的文章几乎没有。本文运用 InVEST 模型及 Arcgis 软件，针对抚州市 2000—2020 年生态系统服务，选取碳储量、生境质量、水源涵养这 3 项指标进行运算及定量评估，得出碳储量、生境质量、水源涵养以及综合生态系统服务的空间格局及其时间演变特征，同时阐述抚州市国土空间类型与生态系统服务之间的关系，为今后抚州市生态文明建设提供参考与指导。

1　研究区概况

抚州市位于我国江西省中东部，是长江中游城市群重要组成部分之一，同时也是海峡西岸经济区中的 20 个城市之一。其地理位置坐标为 27°34′~29°33′N，115°45′~117°05′E，全域面积 18786km²，下辖有 2 个区和 9 个县。抚州市东南西三面环山，中有抚河流经 7 个区县汇入鄱阳湖，整体气候地处亚热带湿润季风区，降雨集中于 4—7 月[12-13]。抚州市地带植被类型为中亚热带常绿阔叶林区，土壤类型以红壤为主。

2 数据及方法

2.1 数据来源

研究区土地利用数据来自武汉大学黄昕老师公布的CLCD数据集；道路矢量数据、行政区划数据、流域数据以及高程数据来自中国科学院地理科学与资源研究所；降水量数据[14-15]以及蒸散发数据集[16-17]来自国家青藏高原科学数据中心；土壤数据来自世界土壤数据集（HSWD1.2）。所有数据统一经过投影、克里金插值、重采样等形成基于WGS_1984_UTM坐标系的30m×30m栅格数据。

2.2 研究方法

2.2.1 生境质量评估模块

生境质量的评估通过InVEST3.11.0模型中的生境质量模块进行运算。模型通过分析土地利用类型以及其对于生物多样性的威胁程度计算得到场地的生境质量指数分布图。生境质量计算公式为[18]：

$$Q_{xi} = H_i \left[1 - \left(\frac{D_{xi}^2}{D_{xi}^2 + k^z} \right) \right]$$

式中，Q_{xi}代表土地利用类型i中单元栅格x的生境质量指数；H_i代表土地利用类型i的生境适宜度；D_{xi}代表土地利用类型i中单元栅格x的生境退化度；k代表半饱和常数；z代表归一化常数。生境退化度由威胁因子相关参数（表1）以及研究区不同生境类型对各威胁因子的敏感程度（表2）通过运算得到。研究区威胁因子的选择、最大胁迫距离、距离递减函数权重、不同生境类型生境适宜度及敏感度的数值确定，参考了相关文献[19-21]以及研究区域实际情况。

研究区威胁因子表　　表1

威胁因子	最大威胁距离（km）	权重	距离递减函数
耕地	3.5	0.6	线性
城镇用地	6.2	1	指数
道路	1.8	0.5	指数

研究区不同生境类型对各威胁因子的敏感度表　　表2

土地利用类型	生境适宜度	威胁因子		
		耕地	城镇用地	道路
耕地	0.43	0.2	0.6	0.2
林地	1	0.8	0.85	0.5
灌丛	0.9	0.75	0.75	0.45
草地	0.8	0.7	0.7	0.4
水体	0.75	0.55	0.75	0.3
裸地	0.25	0.15	0.3	0
城镇用地	0			

2.2.2 碳储量评估模块

碳储量的评估通过模型中碳储量分析模块，运用土地利用数据及碳库数据进行分析计算形成场地总碳储量数据。碳库数据具体为不同土地类型碳密度，通过参考InVEST模型附录参照及前人研究[22-23]综合分析得出（表3），总碳储量计算公式为[24]：

$$C = C_{above} + C_{below} + C_{soil} + C_{dead}$$

式中，C代表研究区域总碳储量；C_{above}代表植被的地上碳储量；C_{below}代表植被的地下碳储量；C_{soil}代表土壤碳储量；C_{dead}代表死亡有机质的碳储量。其中，死亡有机质碳储量数据较难获取且占比极少，故在本研究当中不参与运算。

研究区不同土地类型碳储量表　　表3

土地利用类型	地上碳储量（Mg/hm²）	地下碳储量（Mg/hm²）	土壤碳储量（Mg/hm²）
耕地	5.64	1.31	106.64
林地	54.34	15.83	172.84
灌丛	3.41	6.32	131.98
草地	2.31	3.33	97.74
水体	1.54	0	65.63
裸地	0.44	0	52.23
城镇用地	0.79	0	51.32

2.2.3 水源涵养评估模块

水源涵养的评估通过模型中产水量分析模块得出研究场地内的产水量分布情况，并进一步修正得出场地内的水源涵养深度。产水量计算公式为[25]：

$$Y_x = \left[1 - \frac{AET(x)}{P(x)} \right] \cdot P(x)$$

式中，Y_x代表栅格x的产水量；$P(x)$代表栅格x的降水量；$AET(x)$代表栅格x的实际蒸散量。其中实际蒸散量数值通过蒸散系数、植物根系深度等数据运算得到潜在蒸散量，并进一步耦合得到。产水量计算完成后还需通过修正公式进行修正，得出场地内的水源涵养深度。水源涵养修正公式为：

$$W_x = \min\left(1, \frac{249}{V_x}\right) \cdot \min(1, 0.3 T_x) \cdot \min\left(1, \frac{K_x}{300}\right) \cdot Y_x$$

式中，W_x代表栅格x的水源涵养深度；V_x代表栅格x的流速系数；T_x代表栅格x的地形系数；K_x代表栅格x的土壤饱和导水率；Y_x代表栅格x的产水量。

上述计算中，相关参数参考InVEST模型附录及研究[26-27]得出（表4）。

研究区水源涵养相关参数表　　表4

土地利用类型	植物根系深度（mm）	蒸散系数	流速系数
耕地	2000	0.71	1380
林地	5200	1	200
灌丛	5200	0.92	260
草地	2400	0.66	520
水体	100	1	2012
裸地	300	0.25	1500
城镇用地	100	0.34	2012

2.2.4 综合生态系统服务评估模块

本研究为了进一步对研究场地的生态系统服务进行

评价，对上述3项指标结果进行归一化处理，并借助Arcgis中主成分分析工具确定3项指标各自的特征值与贡献率（表5），加权叠加并重新分类，最终形成综合生态系统服务的重要性分级结果。

研究区指标特征值及贡献率表　　表5

指标	特征值	贡献率（%）	累计贡献率（%）
碳储量	2.24	86.80	86.80
生境质量	0.24	9.38	96.18
水源涵养	0.10	3.82	100.00

3　结果与分析

3.1　各项生态系统服务功能空间格局及时空演变分析

3.1.1　碳储存分析

碳储量空间格局，碳储量高的区域集中于抚州市南侧丘陵山地，北部大面积平原地区碳储量较低，而抚河本体及其沿岸城镇聚集地碳储量最低。抚州市下辖的资溪县平均碳储量最高，两个市辖区平均碳储量相较其他县明显偏低。

2000—2020年抚州市全域总碳储量分别为$3.913×10^8$t、$3.924×10^8$t及$3.885×10^8$t，呈先增加后下降趋势。2000—2010年高碳储量区域向平原地区延伸，但内部有少量"天窗"产生，同时低碳储量区域向四周少量延伸。2010—2020年高碳储量区域"天窗"进一步扩大，低碳储量区域扩张明显。在所研究的20年里，黎川县、资溪县及广昌县平均碳储量下降最为显著。

3.1.2　生境质量分析

生境质量空间格局，生境质量高的区域与碳储量高的区域大致重合；抚州市内水系及湖泊生境质量中等；城镇聚集区及周边平原生境质量较差。其中，资溪县、宜黄县、黎川县平均生境质量较高，两个市辖区较低。

2000—2020年抚州市平均生境质量为0.813、0.816及0.807，趋势同碳储量。在这期间，平原耕地以散布斑块形式逐渐提升其生境质量；生境质量低的城镇空间向四周快速蔓延。其中，黎川县在这20年里平均生境质量下降最多。

3.1.3　水源涵养分析

水源涵养空间格局，受年降水量分布数据影响较大，水源涵养深度最高区域位于大范围的山林斑块核心地区，其他山林斑块水源涵养深度同样较高；水源涵养深度低的区域分布于抚河两岸及北部平原。两个市辖区及金溪县水源涵养深度较其他县偏低。

2000—2020年抚州市平均水源涵养深度分别为98.51mm、167.37mm及97.74mm，2010年数据相较其他两年有明显上涨，这与2010年前后年降水量骤增有关。这20年间水源涵养深度变化主要位于远离城镇聚集区及水系的平原及山地，变化较为丰富。2000—2020年抚州市全域偏南侧区县水源涵养深度有所下降，北侧则上升。

3.2　综合生态系统服务空间格局及时空演变分析

从市域空间格局上看，综合生态系统服务极为重要的区域主要分布于抚州市南侧山林地当中，其空间主要特征为相对高程较高、坡度较大、植被覆盖率高、远离城市及村落聚集区、交通可达性较低；中等重要及较高重要的区域多分布于抚河沿岸滩涂、中间绿洲以及山林与耕地交界处，其空间主要特征为高程较低、临近人工硬质表面、植被覆盖率中等；一般重要区域主要集中于抚州市城市聚集地、抚河沿岸以及其他县级城镇村落，呈现"一心一带多点"的空间格局，其空间主要特征为高程较低、坡度很缓、下垫面多为人工硬质表面、人为活动丰富。从区县尺度空间格局上看，资溪县、宜黄县以及黎川县平均综合生态系统服务指数较高，崇仁县指数较低，而临川区、东乡区这两个市辖区平均综合生态系统服务指数显著低于其他县。

2000—2020年抚州市全域平均综合生态系统服务指数分别为0.804、0.81以及0.801，指数均保持有一个较高的水准，在2000—2020年有个微弱增长，同时在2010—2020年之间有一个较明显下降。综合生态系统服务极为重要区域占比从2000年的70.13%到2010年的70.94%再到2020年的69.92%，呈现先上升再下降的趋势；中等重要及较高重要的区域在2000—2020年变化并不显著；比较重要区域占比在2000—2010年有一个明显的下降；一般重要区域占比从2000年的3.21%到2010年的3.74%再到2020年的4.41%呈现逐渐增加的趋势。区县尺度的平均综合生态系统服务指数变化显示，除黎川县及南丰县以外的区县2000—2010年指数增加，而2010—2020年各区县指数均有一定的下降。

进一步对生态系统服务退化改善情况进行分析。2000—2020年，全域退化区域面积1183.62km²，改善区域面积959.90 km²。分区县的退化改善情况中（表6），退化区域主要集中于临川区、南丰县、乐安县、金溪县以及东乡区城镇聚集地附近，资溪县退化面积较少；改善区域临川区最多，分布于城镇周边耕地及林地当中。在研究的20年中，2000—2010年全域退化区域面积1031.47km²，改善区域面积1093.32km²，多于退化面积，主要体现在崇仁县、乐安县以及金溪县中；2010—2020年全域退化区域面积1167.62km²，改善区域面积870.22km²，远小于退化面积，主要体现在黎川县、乐安县、资溪县以及广昌县中。

各区县生态系统服务退化改善面积表　　表6

区县	2010—2000年		2020—2010年		2020—2000年	
	退化（km²）	改善（km²）	退化（km²）	改善（km²）	退化（km²）	改善（km²）
临川区	196.20	209.48	200.77	177.44	211.49	206.44
东乡区	98.30	94.37	99.57	93.07	105.09	95.99

续表

区县	2010—2000年		2020—2010年		2020—2000年	
	退化 (km²)	改善 (km²)	退化 (km²)	改善 (km²)	退化 (km²)	改善 (km²)
南城县	90.32	90.10	85.27	78.54	92.72	85.79
黎川县	73.79	53.13	98.46	36.13	111.67	29.82
南丰县	165.50	112.12	100.33	160.89	115.87	124.14
崇仁县	83.07	123.04	119.07	79.34	107.47	108.92
乐安县	100.97	153.29	173.43	74.06	152.07	106.10
宜黄县	44.78	55.17	75.20	26.89	71.82	34.11
金溪县	98.56	121.39	116.22	86.91	112.04	106.15
资溪县	19.99	13.42	28.74	9.30	32.92	7.14
广昌县	59.98	67.80	70.57	47.64	70.46	55.31

3.3 国土空间类型对生态系统服务的影响

本研究按照国土空间功能特征将抚州市用地空间进行重分类，分为生态空间、农业空间以及城镇空间。将这三大类国土空间类型与2000—2020年抚州市生态系统服务进行映射分析，可以得出两者之间具有极强的相关性。抚州市生态空间内生态系统服务水平多样，但90%以上空间为极为重要，对应土地利用类型以林地为主；农业空间内生态系统服务水平为比较重要与中等重要，两者之间的地理空间区别主要集中于其距离城镇空间的距离；城镇空间内生态系统服务水平均为一般重要。上述分布特征均适用于本文所研究的3个时间点，且三类国土空间中生态系统服务水平所占比例无明显变化。

4 结论

本研究在国土空间的视角下，选取2000—2020年作为研究时间段，运用InVEST模型分别对抚州市全域的碳储量、生境质量以及水源涵养深度进行运算，并综合得出抚州市平均综合生态系统服务的重要性评定划分。之后，研究进一步分析了3项生态系统服务功能指标以及综合生态系统服务的空间格局以及其时空演变特征。最后，研究分析比对了不同国土空间类型对生态系统服务的影响。得出结论如下：

（1）抚州市生态系统服务总体处于一个较高的水平，市域南侧山林重要性较高，抚河沿岸重要性偏低。其中资溪县、宜黄县以及黎川县重要性较高，临川区、东乡区偏低。3项生态系统服务功能指标中碳储量、生境质量空间格局与综合生态系统服务相近，水源涵养空间格局中南侧山林中央核心斑块涵养深度最高。

（2）抚州市国土空间类型与生态系统服务有着明显的相关性，生态空间重要性多样，普遍较高；农业空间重要性中等；城镇空间重要性较一般。

（3）总结2010—2020年抚州市生态系统服务演变，前10年变化不大，后10年有一个较明显的退步，退化区域多分布于临川区、南丰县、乐安县、金溪县以及东乡区。

（4）抚州市生态系统服务的时空演变与抚州市城镇的扩张以及生态政策的落实密切相关。2008—2015年抚州各区县编制落实退耕还林专项规划，表现于生态系统服务上，比较重要区域散点式逐渐向极为重要区域转变。但同时，部分区县生态系统服务一般重要区域的增加对应着城镇空间的快速扩张，使得整体平均综合生态系统服务指数下降。

参考文献

[1] 王悦露，董威，张云龙，等. 基于生态系统服务的生态安全研究进展与展望[J/OL]. 生态学报：1-9[2023-05-17].

[2] 刘鹏飞，梁留科. 生态安全研究进展[C]//武汉大学. Proceedings of Conference on Environmental Pollution and Public Health. [S.l.]: Scientific Research Publishing，2010.

[3] 应凌霄，孔令桥，肖燚，等. 生态安全及其评价方法研究进展[J]. 生态学报，2022，42(5)：1679-1692.

[4] 王菲，佘若晨，张乐，等. 基于InVEST模型的海口市生态系统服务空间评估[J/OL]. 热带农业科学：1-9[2023-05-17].

[5] 文学禹. 中国式现代化视域下生态文明建设研究[J/OL]. 湖南社会科学，2023(2)：16-21[2023-05-17].

[6] 谷树忠，胡咏君，周洪. 生态文明建设的科学内涵与基本路径[J]. 资源科学，2013，35(1)：2-13.

[7] 邱天琦，王向荣. 基于InVEST模型的长株潭城市群生境质量时空演变分析研究[J]. 林业资源管理，2022(5)：99-106.

[8] Dai E F, Wang X L, Zhu J J, et al. Methods, tools and research framework of ecosystem service trade-offs. Geographical Research, 2016, 35(6): 1005-1016.

[9] 谢余初，巩杰，张素欣，等. 基于遥感和InVEST模型的白龙江流域景观生物多样性时空格局研究[J]. 地理科学，2018，38(6)：979-986.

[10] 吴健生，毛家颖，林倩，等. 基于生境质量的城市增长边界研究——以长三角地区为例[J]. 地理科学，2017，37(1)：28-36.

[11] 刘志伟. 基于InVEST的湿地景观格局变化生态响应分析[D]. 杭州：浙江大学，2014.

[12] 郑劲光，邓建斌，蔡小琴. 抚州市近50年暴雨气候特征[J]. 气象与减灾研究，2012，35(4)：64-68.

[13] 万见怡，刘平辉，朱传民. 基于土地利用变化的抚州市生态系统服务价值变化研究[J]. 湖北农业科学，2023，62(1)：31-38.

[14] 马宁，Jozsef Szilagyi，张寅生，等. 中国陆地实际蒸散发数据集(1982-2017). [EB/OL]. [2023-06-07].

[15] Ma N, Szilagyi J. The CR of evaporation: A calibration-free diagnostic and benchmarking tool for large-scale terrestrial evapotranspiration modeling. Water Resources Research, 2019, 55: 7246-7274.

[16] 彭守璋. 中国1km分辨率逐月降水量数据集(1901-2021)[EB/OL]. [2023-06-01].

[17] Peng S Z, Ding Y X, Wen Z M, et al. Spatiotemporal change and trend analysis of potential evapotranspiration over the Loess Plateau of China during 2011-2100[J]. Agricultural and Forest Meteorology, 2017, 233: 183-194.

[18] 曾欣怡，宋钰红. 基于InVEST模型的昆明市生境质量时空演变分析[J]. 农业与技术，2023，43(8)：47-51.

[19] 潘菲，吉长东. 基于InVEST模型的泉州市生态环境质量

生态系统服务功能时空变化分析[J]. 测绘与空间地理信息, 2019, 42(10): 141-144.
[20] 刘汉仪, 林媚珍, 周汝波, 等. 基于InVEST模型的粤港澳大湾区生境质量时空演变分析[J]. 生态科学, 2021, 40(3): 82-91.
[21] 吴季秋. 基于CA-Markov和InVEST模型的海南八门湾海湾生态综合评价[D]. 海口: 海南大学, 2012.
[22] 罗雯, 陈佳, 卢瑛莹. 2000—2020年浙江省陆域生态系统碳库碳储量演变及提升路径[J]. 环境污染与防治, 2023, 45(3): 413-418, 426.
[23] 贾芳芳. 基于InVEST模型的赣江流域生态系统服务功能评估[D]. 北京: 中国地质大学, 2014.
[24] 林彤, 杨木壮, 吴大放, 等. 基于InVEST-PLUS模型的碳储量空间关联性及预测——以广东省为例[J]. 中国环境科学, 2022, 42(10): 4827-4839.
[25] 马靖宣, 金晓媚, 张绪财, 等. 基于InVEST模型的张承地区水源涵养功能时空变化特征[J/OL]. 水文地质工程地质: 1-12[2023-05-17].
[26] 陈竹安, 刘子强, 危小建, 等. 2000—2019年鄱阳湖生态经济区水源涵养时空变化[J]. 测绘通报, 2022(8): 1-6.
[27] 肖晴川. 基于InVEST模型的生态系统服务评估及影响因素分析[D]. 南昌: 江西财经大学, 2022.

作者简介

邱天琦, 1999年生, 男, 汉族, 江苏阜宁人, 北京林业大学园林学院硕士在读, 研究方向为风景园林规划与设计、景观生态学、国土空间规划。电子邮箱: qiutianqi@bjfu.edu.cn。

(通信作者) 王向荣, 1963生, 男, 汉族, 甘肃兰州人, 北京林业大学园林学院, 教授, 研究方向为风景园林规划设计。电子邮箱: Email: xrw@bjfu.edu.cn。

重庆市植被覆盖变化及趋势预测

Study on Vegetation Cover Changes and Trend Prediction in Chongqing

王涵玉

摘 要：根据 2002—2021 年重庆市生长季 NDVI 数据，应用一元线性回归方法拟合重庆市 NDVI 的动态变化速率，并利用 t 检验技术评价 NDVI 的变化显著性，并运用 Hurst 指数预测重庆市植物在未来发展趋势。结果表明：①重庆市 2002—2021 年植被变化整体向好（变率：0.0044/a），时间上呈"双阶"态势，空间上呈"东北部、东南部高，西部低"格局；②重庆植被极显著改变地区占比 73.78%，显著及不显著改变地区占比 17.47%，退化区占比 8.75%；③重庆市植被未来持续退化的重点区域占比 2.27%，主要包括主城地区、长江沿岸以及零散的县城建成区；植被目前处于改善状态但未来会出现减退变化的预警区域占比 20.01%，主要分布在主城周边以及涪陵、垫江等地；④研究区植被生态治理需加强监测，因地制宜地开展修复工程，积极探索"绿色基础设施"建设方式，并着重探索城镇发展、自然环境保护和经济社会增长三者平衡的城市发展规划。

关键词：NDVI；Hurst 指数；植被时空演变预测；城市生态

Abstract: Observation and forecasting of plants are the main methods for environmental monitoring and protection of natural resources in China. Based on the MODIS NDVI remote sensing technical data from 2002 to 2021, we applied the one-dimensional linear regression method to fit the dynamic change rate of NDVI in Chongqing, and evaluated the significance of NDVI change using t-test technique, and used Hurst index to predict the vegetation in Chongqing in the future development trend. Results：①The overall vegetation change in Chongqing from 2002 to 2021was positive (variation rate：0.0044/yr), with a "double-order" trend in time and a spatial pattern of "high in the northeast and southeast and low in the west"；②the percentage of areas with very 73.78% of the areas with significant vegetation change, 17.47% of the areas with significant or insignificant change, and 8.75% of the degraded areas；③2.27% of the key areas with continuous future vegetation degradation in Chongqing, mainly including the main city area, Yangtze River coastline and scattered built-up areas of counties；20.01% of the warning areas with vegetation improvement but future degradation. ④The ecological management of vegetation in the study area needs to strengthen monitoring, carry out restoration projects according to local conditions, actively explore ways of building "green infrastructure", and focus on exploring economic development models and town development plans that balance urban development, natural environmental protection and economic and social growth.

Keywords: NDVI; Hurst Index; Vegetation Pattern Prediction; Urban Ecology

引言

当前我国新型城镇化建设已进入高速发展阶段，与之相伴的还有严峻的生态危机，包括生境破坏、热岛效应、生物多样性下降等，严重威胁着环境体系的可持续性和以人为主环境的安全。在此背景下，"绿色基础设施"建设理念应运而生[1]。植物变化的动态监控及其植物未来趋势预报是生态环境科学研究的主要内容，对城市固碳潜力的掌握有着重要意义[2-4]。重庆市因为其特殊的地理位置和独特的水土自然生态系统，面临着影响国土资源开发与环境的多重问题。因此地表植被变化研究对区域的经济开发和生态也具有重大价值。前人分析了西南地区植被变化特征及驱动机制，认为我国西南部喀斯特地区植物的覆盖度在总体上呈现出明显增长趋势，其退化程度主要发生在城市建成区[5-7]。在城镇化进程中，人类活动也对城市植被改变产生了较显著的负效应。植物的综合修复治理必须了解植物演化特点与发展机理，也必须掌握植物未来的趋势。Hurst 指数也是用来量化描述序列长程依赖性的重要方法[8]。前人利用 Hurst 指数对不同重要地区植被的未来发展趋势进行了大量调查与分析[9-11]，但关于重庆市植被未来发展趋势的预测数据尚少，尤其是对一个长期波动区域植被变化趋势的具体走向尚不甚了解。

本研究通过对 2002—2021 年重庆市生长季 NDVI 统计分析，同时利用一元线性回归分析、Hurst 指数等数理手段，通过分析重庆市 NDVI 的空间分布变化规律及其动态变化特征，从而预见研究区域植被的未来发展趋势。结果可掌握重庆市植被格局动态变化，服务于重庆市生态环境治理和区域经济的可持续发展策略探索。

1 研究区概况及数据

1.1 研究区概况

重庆市（105°11′~110°11′E，28°10′~32°13′N）地处中国西南部、长江上游区域[12]，属亚热带季风湿润性气候，气候温和，降水丰富，位于"一带一路"和长江经济带的重要联结点。市内地形以长江水平面海拔最低，向周围扩散为山地，海拔由外侧越高[13]。城市东南部和东北部地势高,以丘陵和山地为主,西南和中东部地势稍低,但西南为重庆市主城分布区域,城市化建设程度相对较高。常年平均气温在 17~23℃,平均降水量 1229mm[14]。2019 年重庆市森林覆盖率达到 50.10%,西部植被覆盖情况低于东部地区。区内分布喀斯特地貌,生态地质环境问题频发[15]。城市植被动态变化的调研和大数据分析成果,可广泛应用于城市生态修复及空间发展变化划定等重要工作。

1.2 数据来源及预处理

本文中所用的 NDVI 资料均来自中国科学院国家环境科学研究与发展信息中心的中国生长季 1KM 植被指数(NDVI)空间分布数据集。集成月度数据,采用最大值合成法获取 2002—2021 年度生长季植被指数数据集。高程数据源于地理空间数据云平台 GDEMDEM 30M 产品数据。数据投影位置为 WGS_1984_UTM_ZoNe_第 47N。数据裁剪应用 5km 缓冲区,得到重庆市内逐年 NDVI 的栅格数据及其他基础数据。

2 研究方法

2.1 植被变化趋势检测

利用一元线性回归[16]分析 NDVI 时间变化,回归方程斜率(θ_{slope})代表在研究区时间测度内逐像元 NDVI 的变化程度,有效反演植被变化趋势的空间分布。采用 t 检验[17]获取 NDVI 变化显著性,并进行变化显著性分级,公式如下:

$$\theta \, slope = \frac{n \times \sum_{i=1}^{n} i \times NDVI_i - \sum_{i=1}^{n} i \sum_{i=1}^{n} NDVI_i}{n \times \sum_{i=1}^{n} i^2 - (\sum_{i=1}^{n} i)^2} \quad (1)$$

$$t = \frac{\overline{x_1} - \overline{x_2}}{S \times \sqrt{\frac{1}{n_1} + \frac{1}{n_2}}} \quad (2)$$

式(1)中,n 表示序列长度;i 表示第 i 年;$NDVI_i$ 表示第 i 年的 NDVI 值。调用 ArcGIS 的 Python 工具进行逐像元运算。式(2)中,$\overline{x_1}$、$\overline{x_2}$ 代表 2 个子样本均值;n_1、n_2 分别是 2 个子样本的长度。

$\theta_{slope} > 0$ 代表植被改善,反之代表退化。其变化趋势分级为:极显著变化($p<0.01$)、显著变化($0.01<p<0.05$)和不显著变化($p>0.05$)[18]。

2.2 植被变化持续性预测

Hurst 指数可以定量地描述序列变化的持续方向及其强弱程度。采用聚合方差法(aggregated variance)统计得到重庆市 NDVI 变化的 Hurst 指数。其基本原理是将给定的时间序列 $X_i(i=1,2,\cdots,N)$ 分割为 N/m 个长度相等的子区间,于不同子区间中分别进行计算[19],得到各子区间平均值并进一步计算其平均值的样本方差:

$$X_x(k) = \frac{1}{m} \sum_{i=(k-1)m+1}^{k_m} x_i, k = 1,2,\cdots,N/m \quad (3)$$

$$VarX_m = \frac{1}{N/m} \sum_{k=1}^{N/m} [X_m(k) - \overline{X}]^2 \quad (4)$$

如果序列中存在着长程依赖性,则 $VarX_m \sim m^a$ 成立。在 $(m, VarX_m)$ 的双对数曲线上通过线性函数拟合可以得到斜率 a,$H=(a/2)+1$。H 值的分布情况可划分为以下 3 种状态(图 1)[20]。

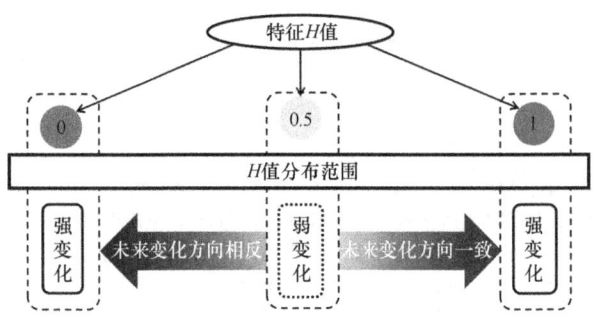

图 1 Hurst 值分布特征解释

3 结果与分析

3.1 植被时空变化特征

2002—2021 年,重庆市植被呈现波动上升态势,NDVI 的年均上升速度是 0.0044/a,平均值是 0.78;2004 年的 NDVI 年均值最低(0.73);2019 年的 NDVI 年均值最高(0.83)。NDVI 在其成长过程中一般呈现比较明确的阶段性特征(图 2),变化趋势轨迹一般为"双阶梯"形式,2002—2012 年、2016—2021 年为发展平台阶段,2013—2016 年为快速增长阶段。

根据 2021 年均 NDVI 的空间分布图分析,该区植物面积存在显著的地域分异,主要呈现"东北部、东南部高,西部低"的空间态势。各个 NDVI 值的区域分布不均,NDVI 值>0.85 的区域主要分布于东北部、东南部的高山区域,包括研究区域西部的南川、綦江等地,区域占比 47.41%;NDVI 值<0.65 的地域占比 4.60%,主要呈块状、点状分布于主要县城中心地带,或成带状分布于长江岸边,同时零星散布在各个县城建成区,从而表现出人工发展和城镇化对植物产生强烈的抑制作用[21]。研究区 91.24% 的区域 NDVI 水平趋于改善。

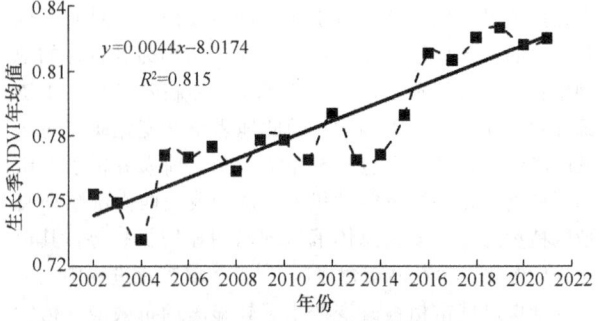

图 2 2002—2021 年重庆市 NDVI 的时间变化

其中 73.78% 的区域为极明显改善,而东北部及东南部的植被改变现象尤为明显。已有研究表明：由于近年来区域内气候环境好转，坡地条件有利于植物生长发育，再加上退耕还林项目[22]等活动的积极影响[23]，使得这类地区的植被呈现出改善趋势。显著改善（7.81%）和不显著改善（9.66%）区域的面积接近全区的18%，主要呈斑块状、点状分布在重庆市主城周围及垫江、石柱、忠县等地，这些地区的生态建设工程已取得部分生态效益[24]。

NDVI值退化区约占全区面积的8.75%，主要分布于重庆主城区域、长江沿线地区和各县的城建区域内。上述地区在天气、地貌以及人类活动等方面，也具有造成植物衰退的影响因素[25]：由统计资料可以得知，由于近年来重庆建设面积正在不断扩大，因此频繁强烈的人类活动也对植物生长的影响很大，这种现象主要发生在重庆主城区、长江沿岸地区以及其零星散布的老县城建成区；而由于重庆山地泥石流、塌方等灾害频繁，因此也对植物的成长带来了很大影响，而这些情况也大多发生在东北部和东南部的高山地区。

3.2 植被未来变化预测

研究区Hurst指标值介于0~0.95，区域平均值仅为0.59，正向持续性变化区占比为65.75%，反向持续性变化区则占比34%以上。另根据李双双等[26]的对植物变化持续性的评估方法，将重庆市NDVI的持续性划分为：强反持续性（0~0.35）、弱持续性（0.35~0.65）和强持续性（0.65~1）3个阶段。

从Hurst指标空间分布状况出发（图3），弱持续波动区域主要分布在反向持续性波动区域与正向连续性波动区域中间的过渡地段，如梁平、忠县等地，波动范围一般仅有30.53%，而这些范围内植物未来的演变又面临着不确定性。单一的自然影响加上人为和各种因素联合影响下的植被恢复，在演化过程中都出现很强的持续性[27]，本阶段区域内约30%的地区植物都出现了相对薄弱持续性，说明此段地区植物受到了自然与人为的多重影响的复杂影响。较强反持续性的研究区域，主要分布在西南永川、西部合川和中部涪陵等地，较强持续性区域的分布也比较普遍，尤其是在本研究区域的东北部和东南部地区，尤其突出。

对Hurst指数结果以及NDVI变化的分级结果进行了叠加研究，得出重庆植被情况未来变化的可持续性预测结论。持续性改善地区范围更大，范围仅为43.07%，东北及西南山区多数地方处于此类，上述区域NDVI未来变化相当乐观，除去天气影响的正面效果后，人为影响正面效果将继续展现[28]。反持续退化主要分布在重庆市嘉陵江上游及永川、将近等地，占比4.11%，这部分区域在退耕还林等人为作用下，未来植被情况会有所改善[29]。持续性衰退区主要遍布于主城地区以及长江沿线，范围比例仅为2.28%。城市拓展会导致植物损伤，应密切跟踪这些区域植物动向，适时制定植物修复与管理政策。反持续改变区域主要分布于主城周边和重庆中部涪陵、垫江等地，国土面积仅占20.01%。这些区域处于地形过渡带，气候梯度大、地理背景复杂，植物维持改善的环境压力会逐步扩大；另一方面，随着主城的饱和，人类生活能量会随之向主城外溢，向周边区域拓展。必须做好植物动态监控，因人因地制定措施，防止反持续改变行为加剧，积极管控环境行为。

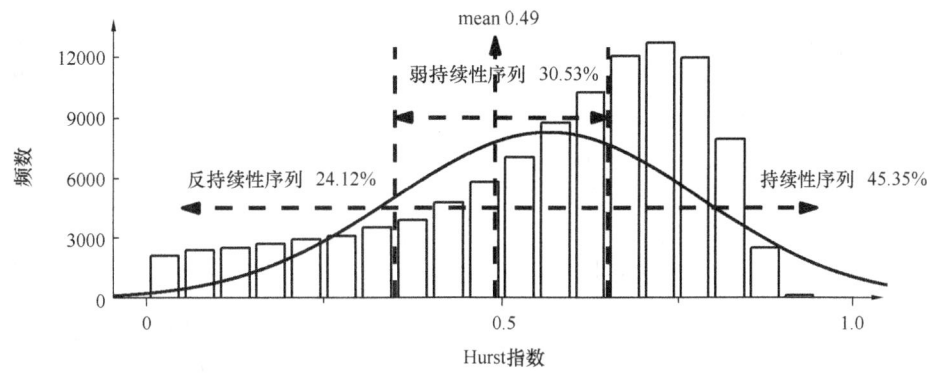

图3 重庆市Hurst指数正态分布

3.3 植被退化预测分析及防治建议

重庆市植被退化主要集中出现在主城区域、带状分布于长江沿岸及零星分布在各县建成区。植被的未来变化趋势预测结果中，大部分城市建成区植被将出现持续下降态势，如主城区域、长江沿岸等，由此可以明晰城市化对区域生态恶化产生的负面影响极大[30-31]。重庆市中部的涪陵、丰都等位于地质差异较大的地貌梯级区[32]，土层厚度及稳定性较差，同时喀斯特地貌不利于水土保持，容易导致植被退化。区内过去粗放式开发，导致生态系统日益脆弱[33]，植被的抗干扰能力减弱。重庆市植被生态维护与修复可从以下3方面入手，以实现植被格局的可持续发展。

（1）优化植被动态监测，因地制宜开展生态建设

持续实施天然林保护、退耕还林等重点生态建设项目，遏制林产资源过量利用。重庆市近年来实施的退耕还林还草工程促进了植被恢复，在一定程度上提高了土壤天然植被有机质蓄积；石漠化生态恢复、重建工程提高了植被覆盖率，有效控制了因为地下水土侵蚀而导致土地利用价值日益减少的局面[31,34]。据此，在对重点研究地区的未来植被管理上，应加强对植被脆弱区的监测与预警，针对持续退化重点区域，如主城、长江沿岸以及涪陵

区域、丰都等地，因地制宜继续开展生态建设工程，并科学开展生态脆弱区域及水文等自然灾害高发区域的生态移民。

(2) 积极开展绿色基础设施网络优化

MArk a. Benedict 等也认为绿地基础设施建设为城市生态修复与人居环境改善提供新的思路，能辅助构建城市绿网[35]。绿色基础设施建设是现代城镇可持续发展的重要手段，应得到重视，并将其相关概念纳入人居环境的设计建造过程中[36]。因此，在长江沿岸及主城内部，应积极建设城市绿色基础设施网络，改善城市人居环境。

(3) 优化土地空间发展与管理，加强城市规划管理

统筹规划"三线"，并实施严格管理，建立科学合理的空间布局，力求实现保护地区生态安全、资源安全等目的[37-38]。国土空间结构在一定程度上体现了城市地域内各种土地类型的组合、分配，土地质和量之间的对比及其在空间结构上的相关性与差异[39]。重庆市土地空间结构长期处在不和谐态势，进一步激化了人与地关系问题。为此，必须做好"三线"规划，明晰界限、科学控制，通过增加城市建成区植物覆盖面、提高城市农村聚落绿地率、完善森林的植物结构、改善城市草地品质，并根据植被的未来变化实现土地空间结构优化，以统筹协调城市综合发展。

4 结论

(1) 最近二十年间的植被覆盖率呈现波动增长态势。从持续时间上，趋势曲线为"双阶梯"形式，并且表现出两个上升台阶期。在空间结构上，水热组合较好的重庆东北部、东南部NDVI明显超过了西部、南部和中部，而中部受城市化的限制NDVI则较小。在2000—2019年，重庆市NDVI极显著改变区域分布较广，变化区域范围占比为73.78%，显著改变和不显著改变范围占比为17.47%，退化区占比为8.75%，主要分布于主城地区和长江沿线。

(2) 重庆市植被覆盖的整体上将继续现阶段趋势。43.07%地区位于持续性改变，2.28%区域位于持续性退化；反持续性改变占比为20.01%，反持续性退化区域占比为4.11%。反持续性改变主要分布在主城周边以及重庆中部涪陵、点将等地；持续性退化主要分布在主城区域、长江沿线以及各县建成区。

(3) 研究区域植物管理时需强化对植物资源的监测，并因地制宜地实施各类植物修复生态工程项目；调整经济发展模式，积极探索"绿色基础设施"的建设模式，积极实践公园城市发展理念；着重研究区域城乡之间、生态环境保护之间和经济社会发展之间的协调性和均衡，注重生态空间未来变化，并适时进行经济发展方向的研究和选择。

参考文献

[1] 姚映，杜春兰. 绿色基础设施与公园城市共生关系研究[J]. 园林, 2021, 38(7): 74-81.

[2] D Schiml, Melillo J, Tian H-Q, et al. Contribution of Increasing CO_2 and Climate to Carbon Storage by Ecosystems in the United States[J]. Science, 2000, 287(5460): 2004-2006.

[3] Liu Y L, Lei H M. Responses of natural vegetation dynamics to climate drivers in China from 1982 to 2011[J]. Remote Sensing, 2015, 7(8): 10243-10268.

[4] Gudrun-A-I B, Linusson A C, Olsson E G A. Vegetation changes in semi-natural meadows with unchanged management in southern Sweden, 1965-1990[J]. Acta Oecologica, 2000, 21(2): 125-138.

[5] 童晓伟，王克林，岳跃民，等. 桂西北喀斯特区域植被变化趋势及其对气候和地形的响应[J]. 生态学报, 2014, 32(12): 3425-3434.

[6] 肖建勇，王世杰，白晓永，等. 喀斯特关键带植被时空变化及其驱动因素[J]. 生态学报, 2018, 38(24): 8799-8812.

[7] 吕妍，张黎，闫慧敏，等. 中国西南喀斯特地区植被变化时空特征及其成因[J]. 生态学报, 208, 38(27): 8774-8786.

[8] 江田汉，邓莲堂. Hurst指数估计中存在的若干问题——以在气候变化研究中的应用为例[J]. 地理科学, 2004, 24(2): 177-182.

[9] 雷声剑，张福平，燕玉超，等. 黑河上游植被覆盖时空变化特征及其未来趋势[J]. 水土保持通报, 2016, 36(3): 159-164.

[10] 李芳，蒋志荣. 张掖地区植被覆盖变化及其预测研究[J]. 水土保持通报, 2011, 31(5): 220-224, 239.

[11] 刘宪锋，任志远，林志慧，等. 2000—2011年三江源区植被覆盖时空变化特征[J]. 地理学报, 2013, 68(7): 897-908.

[12] 刘兴钰. 近20年重庆气候变化及NDVI的响应研究[D]. 重庆：重庆师范大学, 2019.

[13] 吕广斌，廖铁军，姚秋昇，等. 基于DPSIR-EES-TOPSIS模型的重庆市土地生态安全评价及其时空分异[J]. 水土保持研究, 2019, 26(6): 249-258.

[14] 原丽娟，毕如田，徐立帅，等. 沁河流域植被覆盖时空分异特征[J]. 生态学杂志, 2019, 38(4): 1093-1103.

[15] 张玉韩，侯华丽，悦沈，等. 乌蒙山片区矿产资源开发功能分区及扶贫政策探索[J]. 资源科学, 2018, 40(9): 1716-1729.

[16] 刘梁美子，占车生，胡实，等. 黔桂喀斯特山区植被变化及其地形效应[J]. 地理研究, 2018, 37(12): 2433-2446.

[17] 王园香，唐世浩，郑照军. 1982—2006年中国5~9月的NDVI变化与人类活动影响分析[J]. 地球信息科学学报, 2015, 17(11): 1333-1340.

[18] 熊巧利，何云玲，李同艳，等. 西南地区生长季植被覆盖时空变化特征及其对气候与地形因子的响应[J]. 水土保持研究, 2019, 26(6): 259-266.

[19] Tomsett A, Shley C, Toumi R. Annual persistence in observed and modelled UK precipitation[J]. Geophysical Research Letters, 2001, 28(20): 3891-3894.

[20] Montanari A. Estimating long-range dependence in the presence of periodicity: An empirical study[J]. Mathematical and Computer Modelling, 1999, 29(10): 217-228.

[21] 熊小菊，廖春贵，胡宝清. 基于遥感数据的广西植被变化特征分析[J]. 科学技术与工程, 2018, 18(11): 123-128.

[22] 朱林富，谢世友，杨华，等. 基于MODIS-EVI的重庆植被覆盖时空分异特征研究[J]. 生态学报, 2018, 38(19): 6992-7002.

[23] 王志红，任金铜，戴华阳，等. 贵州植被生产力时空变化分析：以威宁县为例[J]. 环境科学与技术, 2018, 41(9): 200-205.

[24] 黄林峰,田鹏举,帅士章.2000—2016年赤水河流域植被生态质量变化分析[J].中低纬山地气象,2018,42(5):20-24.

[25] 何清芸,牟凤云,李秋彦,等.重庆植被覆盖度时空演变及驱动力地理学探究[J].科学技术与工程,2021,21(28):11955-11962.

[26] 李双双,延军平,万佳.近10年陕甘宁黄土高原区植被覆盖时空变化特征[J].地理学报,2012,67(7):960-970.

[27] 李卓,孙然好,张继超,等.京津冀城市群地区植被覆盖动态变化时空分析[J].生态学报,2017,37(22):7418-7426.

[28] 马士彬,安裕伦,杨广斌,等.喀斯特地区不同植被类型NDVI变化及驱动因素分析——以贵州为例[J].生态环境学报,2016,25(7):1106-1114.

[29] 姜丽光,姚治君,王蕊,等.金沙江梯级水电开发区NDVI时空变化及其驱动因子研究[J].资源科学,2014,36(11):2431-2441.

[30] 马凤娇,刘金铜,Eneji A. Egrinya.生态系统服务研究文献现状及不同研究方向评述[J].生态学报,2013,33(19):5963-5972.

[31] 韩会庆,苏志华.喀斯特生态系统服务研究进展与展望[J].中国岩溶,2017,36(3):352-358.

[32] 韩竹军,何玉林,安艳芬,等.新生地震构造带——马边地震构造带最新构造变形样式的初步研究[J].地质学报,2009,83(2):218-229.

[33] 周鹏,邓伟,彭立,等.典型山地水土要素时空耦合特征及其成因[J].地理学报,2019,74(11):2273-2287.

[34] 何霄嘉,王磊,柯兵,等.中国喀斯特生态保护与修复研究进展[J].生态学报,2019,39(18):6577-6585.

[35] Benedict M, Mcmahon E, Fund T-C, et al. Green infrastructure: Linking landscapes and communities[J]. Natural Areas Journal, 2017, 22(3): 282-283.

[36] 张云路,李雄,王鑫.基于绿色基础设施空间转译的村镇绿地分类体系探索[J].中国园林,2015,31(12):9-13.

[37] 王颖,刘学良,魏旭红,等.区域空间规划的方法和实践初探——从"三生空间"到"三区三线"[J].城市规划学刊,2018,(4):65-74.

[38] 张雪飞,王传胜,李萌.国土空间规划中生态空间和生态保护红线的划定[J].地理研究,2019,38(10):2430-2446.

[39] 万将军,邓伟,张继飞,等.中国西南喀斯特山区国土空间利用变化的人文驱动框架构建[J].中国岩溶,2018,37(6):685-859.

作者简介

王涵玉,2000年生,女,汉族,四川自贡人,重庆大学建筑城规学院城乡规划学专业在读,研究方向为植被演变、城市绿色空间热舒适性。电子邮箱:913027519@qq.com。

基于景观特征评估的城市边缘区识别与管理
——英格兰的经验与实践

Peri-urban Demarcation and Management Based on Landscape Character Assessment
—Experience and practice in England

谢 柔 鲍梓婷*

摘 要：城市边缘区作为兼具独立性与动态性的多功能地域，面临发展与保护协调、城乡要素合理配置、多功能目标等难题。本文对以英格兰为代表的城市边缘识别的景观方法及案例进行梳理，总结城市边缘区边界的研究现状以及景观边界的特点，并针对城市边缘景观的多功能目标与多用途需求，选取容纳住区发展的汤顿敦、北安普顿以及控制城市蔓延的大曼彻斯特绿带案例进行分析。景观特征评估（LCA）提供一种更为综合整体的景观方法，划定相对同质的景观单元，帮助理解或识别城市边缘区，更好厘清城市边缘区混乱的景观现状，为城市边缘区多功能目标下的空间规划和土地管理提供方法借鉴。

关键词：城市边缘；景观特征评估；景观边界；多功能

Abstract: As a multi-functional region with independence and dynamic characteristics, peri-urban is faced with problems such as balance between development and protection, rational allocation of urban and rural elements, and multi-functional goals. This paper takes England as the representative to sort out the landscape methods and cases of urban fringe identification, and summarizes the research status of peri-urban demarcation and the characteristics of landscape boundaries. In view of the multi-functional and multi-purpose goal of peri-urban, the cases of Taunton Town and Northampton, which accommodate residential development, and the Green belt of Greater Manchester, which controls urban sprawl, are selected for analysis. Landscape Character assessment provides a comprehensive and holistic landscape method, delineating homogeneous landscape units to understand or identify peri-urban, better clarify the chaotic landscape status of peri-urban, and provides method for spatial planning and land management for multi-functional purpose.

Keywords: Peri-urban; Landscape Character Assessment; Physical Boundary; Multifunction

1 城市边缘区的特征与挑战

1.1 城市边缘区的独立性与动态性

城乡边缘区是城市与乡村边缘的中间区域，正在成为一种新的、快速增长的多功能地域[1]。这些地区因逐渐城市化而失去乡村特征，也同样缺乏毫无疑问的城市景观的特征。在从城乡二元对立的规划体系过渡到整体的空间规划体系的背景下，城市边缘区逐步显示出独立性，是一个与城市和乡村均不同的地域组织单元。由于其具有特定的时空尺度、形成机理及演变特征，应与核心区一样被当作区域结构的独立要素。英国乡村署指出有必要正视对城市边缘区原有的消极固有偏见和描述方法，城市边缘区不应被当作城市与乡村之间的过渡区域，而应被视为特殊区域[2-4]。

城市边缘区是受城市核心影响的城市化最活跃的区域，是城乡发展进程相遇、混合、相互作用的区域，具有强烈的动态特征，其景观呈现过渡性的、快速增长的和不断变化的特点[2,5-7]。城乡双向、多种外部驱动力对城市边缘景观的施压，带来物理环境和社会经济的深刻变化，土地利用变化从乡村转向城市，极大增加了环境的压力，如农业用地减少、景观破碎化、栖息地破坏、生态系统服务功能下降等[2,8]，但同时也建立了新的互利关系。Mattias Qviström认为应该将城市边缘区视为阶段而非场所，对景观自身的多方面分析，将反过来将促进规划中土地利用和价值更为开放的讨论[9]。

1.2 城市边缘区的多功能目标与权衡难题

显然，城市边缘区的功能与土地利用不是简单的一对多关系。其具备空气净化、生产、居住、工商业、休闲娱乐、美学[5,8,10]等一系列功能，2004年英国乡村署和基础建设信托委员会联合发布《城市内外的乡村（CIAT）》中亦明确提出城市边缘区的10项功能[4]。存在同一土地利用单元不同功能在空间、时间维度上的组合。城市边缘区多功能问题的根本并不在于各功能土地利用要素或斑块的共存，而是城乡不同要素之间在同一景观/空间领域内组织和配置的失调，或称之为"结构"问题。传统遵循划分、分离逻辑的规划，会倾向于促进单一功能，难以整合和协调各种空间使用功能[10,11]。

对多功能景观范式的学术关注是在农业政策及评价的背景下。OECD就农业提出的问题是，多功能性：是一个特征还是一个目标？这对于景观同样是适用的。将多功能性视为景观的本质特征，往往导致对不同行为和政策之间潜在消极相互作用的低估。因此，在一定程度上，多功能性应被视为是一个选择，而非固有特性。作为一个结果，差异化的景观功能以及潜在的积极和消极之间的权衡可以被呈现出来，避免冲突并促使环境、乡村与景观政策协同效应的最大化[12]。

1.3 城市边缘区是实现城乡统筹的关键区域

引导城市扩张、避免城市蔓延是一个艰难的政策挑战。基于城市边缘区及其问题的跨行政、跨部门、快速变化等复杂原因，有效的政策回应应该是多层级、多部门和多功能的。联合国人类住区规划署（UN-Habitat）《2022年世界城市报告：展望城市的未来》提及"城乡界面动态互动的多层次综合规划方法的重要性"[13]。

在可持续发展目标下，传统基于城市与乡村、发展与保护二元对立的概念，根据需求分别制定自身的发展或保护议程的政策框架和方法，并不适用于城市边缘区这一同时覆盖了城乡特征、涉及发展与保护问题的特殊地域[1]。

城市边缘作为城乡要素流动最频繁的区域，是城乡统筹的关键所在。在国家层面对于"城乡统筹""生态宜居""和谐发展"等为基本特征的新型城镇化战略要求下，亟待探索多功能目标下城市边缘国土空间管理、优化的途径。

2 城市边缘区边界识别的景观方法

2.1 城市边缘区的定义与核心特征

城镇与乡村之间的区域没有统一的术语与定义。2002年英国乡村署为其提供了一个相对清晰的描述："过渡区域从完全建成的城市地区的边缘开始，逐渐变得更加农村，同时在过渡到更广泛的农村之前，仍然保持城市和农村土地用途和影响的明确混合"。

2.2 城市边缘区的边界构成与识别

城市边缘区空间特征及其空间边界应该如何识别与划定，是通过规划政策与策略落实多功能目标的基础问题。城市边缘通常包括两个边界——内边界和外边界。内边界通常位于城市建成区的边界，是城市边缘区逐渐开始的地方，而外边界则向外部的乡村区域持续延伸，并位于城市和郊区就业的通勤范围内。由于城市边缘土地利用不规则和不连续，内、外边界复杂，难以明确的划定边界[2]。

学界长期以来仍没有形成统一的划定指标体系与界定方法。人口密度、非农人口比重、通勤距离等常作为能够刻画城市边缘特征的单因素指标。近年来，学者大多考虑经济、社会以及景观格局等多方面综合特征的多因素指标[14]，常用的划分方法有突变值/转折点法[15-18]、空间聚类法[19-21]、门槛值法[22,23]、模型法[24-26]、缓冲区分析[27]等。随着3S技术的发展，遥感影像，尤其是夜间灯光遥感影像[20,28,29]近年来越来越多被用于划定城市边缘区。

然而在英格兰和意大利等欧洲地区，则采取了一种更为综合、整体的景观方法来理解或识别城市边缘区，即景观特征评估的方法，通过将连续的景观划定为相对同质的景观单元，来确定城市边缘区的景观边界。景观边界是实体地域最直观的体现，景观作为客观的物质存在，其特征"在一定场地内使景观与众不同并创造出一种特定场地感受的因素"[30-32]，能很好满足边界界定的区域差异性、普遍适用性、可借鉴性、可操作性的原则[33]。

2.3 英格兰地方尺度城市边缘区的识别与评估

城市边缘区的边界定义及景观特征评估在规划评估与政策制定过程中发挥的作用随城市化阶段、区域核心问题不尽相同。了解景观变化的组成部分和动态是规划管理边缘区、制定改革愿景的基本前提[34]。

案例汇总　　　　　　　表1

案例	尺度	空间形态	边界	边界形式
大曼彻斯特绿带评估（2018）[35]	郡	环状	易于识别的永久物理特征	景观边界
北安普敦景观特征与敏感性研究（2018）[36]	市	环状	内边界：城市区域边界 外边界：行政边界外延1个教区	景观边界+行政边界
普利茅斯及其城市边缘景观与海景评估（2018）[37]	市	半环状	内边界：行政边界景观外延 外边界：1~3km外的景观边界	景观边界
吉尔福德景观特征评估与指南（2007）[38]	市	双环状	内边界：建成区的边缘 外边界：2~5km到周围农村景观边界	景观边界
阿伯丁景观研究：城市边缘评估（2021）[39]（苏格兰）	市	环状	内边界：城市景观特征单元边界 外边界：与城市景观特征单元毗邻的景观特征单元边界	景观边界
布莱顿与霍夫城市边缘评估（2014）[40]	区	块状	内边界：城市密集建筑边缘 外边界：南唐斯国家公园边界	景观边界+保护区边界
汤顿镇城市边缘区景观特征评估（2005）[41]	镇	环状	内边界：城镇景观边界 外边界：地理、感知边界	景观边界
布里克瑟姆城市边缘景观研究（2011）[42]	镇	半环状	内边界：南德文杰出自然风景区（AONB）边界 外边界：行政边界	保护区边界+行政边界

2.3.1 城市边缘区边界界定的组合方式

概括而言，表1案例关注地域实体，内边界为具有明显城市景观特征的建成区、高建筑密度边缘，外边界为具有明显景观差异的地理分界线或行政界线，景观边界为主要划分依据，根据研究需求与行政边界、保护区边界结合，相关组合方式有"景观边界""景观边界＋行政边界""景观边界＋保护区边界"。

景观边界主要以遥感影像为基础，获得性强且具有时空连续性，辅以实地调查，具有较强的可操作性。此外，较相对固定的保护功能性边界、行政边界，城市边缘景观强烈的动态性通过景观边界能得到更好的体现，在反映城市边缘景观变化上更灵敏。

2.3.2 城乡边缘区识别的景观维度与核心要素

景观边界的要素主要可以分为3类：①地理维度，如普利茅斯案例中的森林、农田、水域等；②人文维度，如布莱顿与霍夫案例中的城市密集建筑；③感知维度，如汤顿镇案例中的可见性、体验感两种景观感知要素（图1）。

图1 景观边界要素

3 边界的识别与应用：与适应多功能需求的评估框架结合

城市边缘景观多功能目标也意味着其用途需求多样化，边界划定同样需要结合地方需求与相应的空间框架进行评估与管理。城市边缘区的景观特征评估往往同时包含前期和后期两个步骤在内，其根本目的是厘清城市边缘区混乱的景观现状，为空间规划和土地管理提供前瞻性评估和指导。本文针对容纳发展和控制蔓延两个主要的城市边缘区规划管理的核心目标进行案例分析。

3.1 容纳住区发展——汤顿镇城市边缘区景观特征评估[39,41]

汤顿镇是位于英格兰西南部的城镇。乡村署自成立以来对城市附近的景观有持续的关注，2005年提出希望看到"真正可持续的、多功能的景观，视觉上令人愉悦，环境充满活力，功能上富有成效，对社会有用且易于使用"。基于此，汤顿镇为容纳未来建设发展展开评估。

3.1.1 汤顿镇城市边缘区景观评估的4个阶段

汤顿镇城市边缘区景观评估过程主要分为4个阶段：

第一阶段为起草全域景观特征图，为重点研究区域提供框架；第二阶段为识别重点研究区域，为后续景观敏感性、承载力的详细评估提供范围；第三阶段为景观特征单元整体评估，进行整体景观敏感性判断；第四阶段为城市边缘评估，确定城市边缘在景观方面具有的容纳区域建成发展的承载力（图2）。

在汤顿镇城市边缘区以景观特征地图为基础，参与评估的景观特征单元完全覆盖城市边缘区的狭长地带，并与之叠加形成评估的空间框架。评估路径为从景观特征单元的整体评估到城市边缘的局部评估，使得在狭长的城市边缘区的景观不会被孤立观察。

3.1.2 侧重联系感知的城市边缘区边界划定

汤顿镇在城市边缘区的界定上更考虑人的感知，将城市边缘区视为一个具有地方感的区域的集合，强调其与城区的物理、视觉及感知联系，以城镇景观边界为内边界，以地形、可见性、体验感"三项准则"确定外边界（表2）。

3.1.3 基于景观特征评估的景观敏感性与承载力评估

基于景观特征评估的景观敏感性评估框架如图3所示。评估结果为汤顿镇城市边缘基本单元提供了通过广泛的实地调查信息以及发展指南，在不同主体的开发项目评估、制定开发计划、景观保护及野生动物栖息地保护等行动上起重要作用。

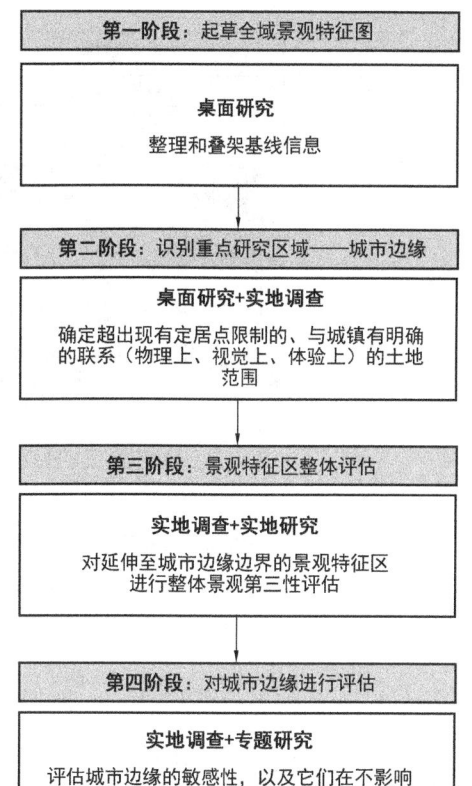

图2 汤顿镇城市边缘评估流程

汤顿镇城市边缘外边界的"三项准则" 表2

准则	对应维度		描述
地形	物理联系	地理	地形变化及其如何影响景观与城镇的物理联系
可见性	视觉联系		与地形有关，特别与视觉焦点（靠近城镇和视野的清晰度）有关
体验感	感知联系	感知	与城镇靠近和联系的感知指标。能否感知城市元素——地标性建筑、城市家具，以及感知特征（如繁忙的道路、噪声水平和安静程度）

3.2 容纳住区发展——北安普敦城市边缘区景观特征评估[36]

北安普敦是位于英格兰中部的自治市，其地方规划需要为人口的显著增长解决土地供应问题，以容纳多住房、维持和扩大就业机会、增强城镇中心，同时保护历史和自然环境。因此市议会为详细了解北安普敦及其周边地区景观特征和敏感性展开景观评估。

3.2.1 "景观+边界"的组合边界划定

北安普敦城市边缘区是"景观边界+行政边界"的边界组合形式，内边界是侧重人文维度的城市区域景观边界，外边界城市行政边界向外各个方向延伸一个教区的边界，不仅包括北安普敦的景观，还包括邻近的乡村景观。

评估的空间框架根据景观属性以及地面上明显的特征划定，划定景观特征类型（LCT）及地方景观特征区（LLCA），以LLCA作为景观敏感性评估的基本单元，作为监测景观变化的基线；将北安普敦内部的LLCA进一步划分子区域（即地块），作为景观承载力评估的基本单元。

3.2.2 基于景观特征评估的景观敏感性与承载力评估

北安普敦城市边缘区景观评估与汤顿镇类似，遵循从景观特征单元的整体评估到子区域的局部评估的路径。第一阶段划定景观特征单元并进行景观特征类型描述；第二阶段展开景观敏感性评估，包括整体景观敏感性评估、景观价值评估以及景观承载力评估，均采用5级评估（图4）。其中整体景观敏感性评估、景观承载力评估与汤顿镇"整体景观敏感性"评估类似，采用五分制语言量表矩阵系统。

该评估为每个LCT提供特征和状况的描述，及保护、增强和/或恢复等景观战略指南；同时为研究区域内开发主导景观变化的敏感性、适应开发的潜力以及适宜发展规模提供建议，为北安普敦地方规划中的场地评估和分

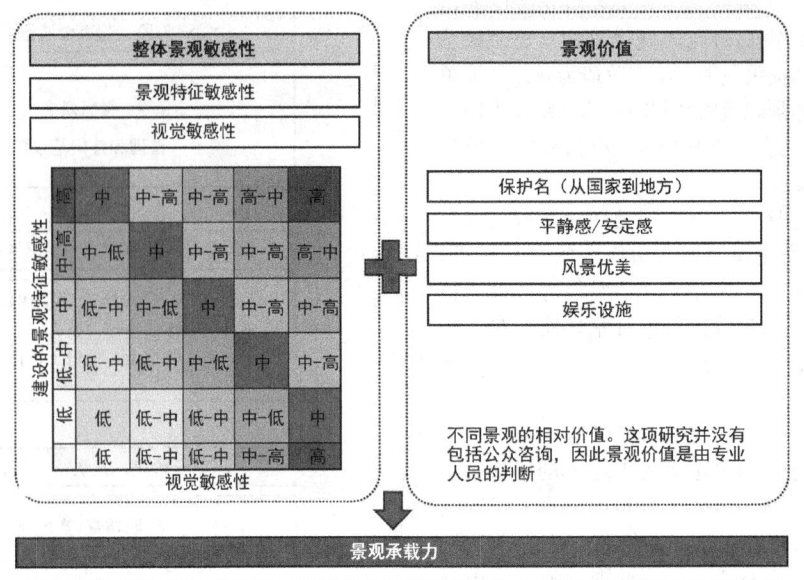

图3 汤顿镇景观承载力评估框架

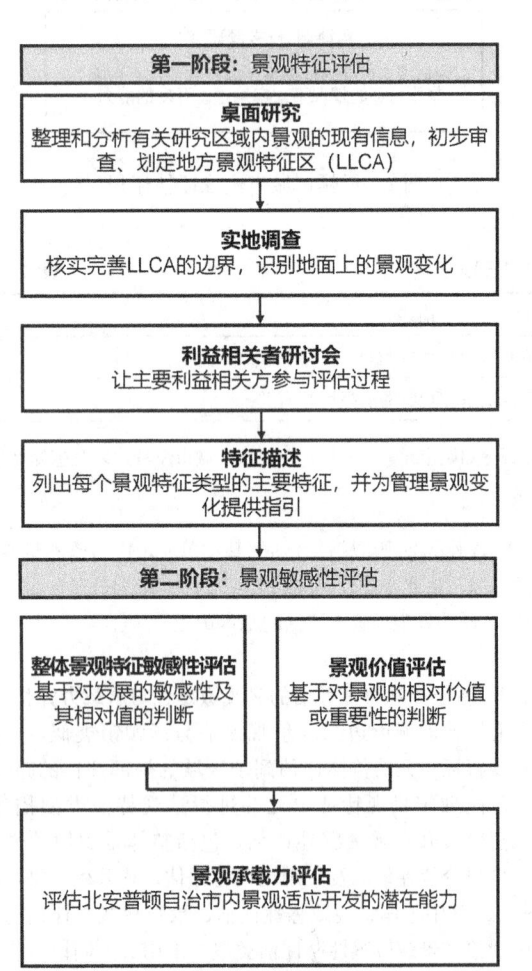

图4 北安普敦城市边缘景观评估流程

配提供信息并协助制订与自然环境和建筑环境有关的政策。

3.3 控制市区蔓延——大曼彻斯特绿带评估[35]

大曼彻斯是英格兰西北部的都会郡。

3.3.1 绿带边界的识别与划定

绿带作为一种绿色基础设施具有多功能性，可被视为一种特殊的城市边缘地带，其核心目的是保护自然开敞空间并控制城市蔓延。

大曼彻斯特在进行城市边缘的绿带定义时更侧重地理、人文维度，使用"使用易于识别且可能是永久性的物理特征来明确界定边界"；若没有其他适合边界，一些不太显著的特征也可以作为边界。

3.3.2 基于景观单元的绿带评估

大曼彻斯特通过绿带评估，帮助了解地块在何种程度上满足NPPF的绿带目标。评估框架包括独立地块、战略性绿带区（SGBAs），二者尺度不同。独立地块类似于"景观特征单元"，是具有相同或相似土地用途或性质且边界可识别特征的景观单元，划分原则为土地的不同部分具有不同的属性。SGBAs类似景观单元的组合，即每个SGBA由多个地块组合。

地块划分和评估步骤包括：桌面基础评估，了解每个地块单元多大程度符合的绿带目标，绘制关键制约因素并形成数字基线；实地调查，检查、验证、补充桌面评估的判断和结论，核实地块边界及收集照片；对评估结果的分析与结论。评估内容为NPPF规定的5项绿带目标中前4项。独立地块采用5级评估，SGBAs采用6级评估，但SGBAs评估并非地块评估结果简单平均（图5）。

该评估为管理城市土地供应的大曼彻斯特空间框架（GMSF）提供了关键基线证据，可以帮助确认现有的绿带，并将先前未指定用途的土地纳入绿带，同时将现有受保护土地纳入绿带、释放现有的绿带地区。

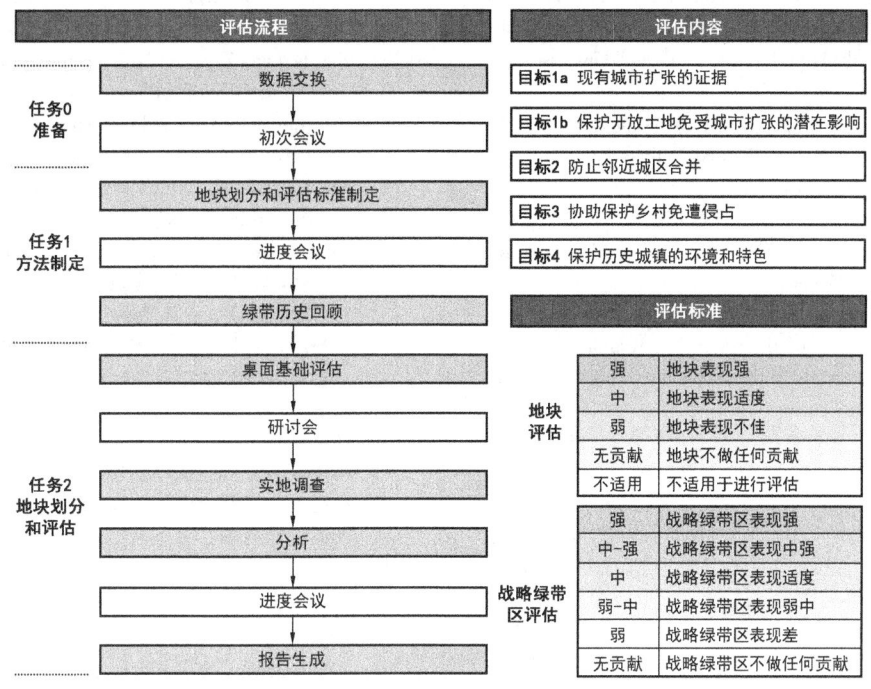

图 5　大曼彻斯绿带评估方法

4 经验启示

4.1 基于景观方法划定城市边缘及基本单元

基于景观方法划定城市边缘边界，可以作为城镇、生产、生态"三大空间"以外空间分区的补充，以城镇空间为城市边缘内边界，基于实体地域景观的延续性确定城市边缘外边界（如景观特征单元边界），识别城市边缘。并进一步基于类型学的形成差异化管治城市边缘景观单元，同时为单元内土地开发利用提供整体性空间评估框架，而不仅仅是考虑用地本身。

4.2 建立城市边缘基线数据库

大曼彻斯特建立的绿带数字基线，为其空间框架提供了关键的基线证据；汤顿镇、北安普敦的景观特征单元边界提供的也是一种基线。建立基于城市边缘景观边界和景观单元的城市边缘基线数据库，通过 Arcgis 平台进行信息的收集、输入、整合，形成构建链接人文与自然的空间单元的基线数据库，可以为理解、解释城市边缘混合性、复杂性提供基础信息。并通过整合进国土空间规划数据库，为进一步规划管理提供信息。

4.3 从控制变化转向到管理变化

汤顿镇和北安普敦通过景观敏感性评估、景观承载力评估协调容纳住区发展与景观可持续之间的关系，本质上是对景观变化的管理。国土空间优化应从控制变化转向管理变化，从促进单一功能的土地利用规划，转变为通过协调变化与开发利用冲突、引导积极变化从而促进城市边缘的多功能的管理方式。遥感影像与数字化景观基线结合，监测城市边缘景观变化，有助于长时效、动态性的景观管理。

参考文献

[1] 鲍梓婷, 周剑云. 多功能景观——城乡边缘区规划管理的新策略[J]. 南方建筑, 2017(3): 32-37.

[2] Mortoja Md G, Yigitcanlar T, Mayere S. What is the most suitable methodological approach to demarcate peri-urban areas? A systematic review of the literature[J]. Land Use Policy, 2020, 95: 104601.

[3] 彭建, 马晶, 袁媛. 城市边缘带识别研究进展与展望[J]. 地理科学进展, 2014, 33(8): 1068-1077.

[4] 方茗. 英国城市边缘区景观规划研究[D]. 北京: 北京林业大学, 2020.

[5] Žlender V. Characterisation of peri-urban landscape based on the views and attitudes of different actors[J]. Land Use Policy, 2021, 101: 105181.

[6] 陈佑启, 佘国强. 新的地域与功能——城乡交错带[J]. 中国农业资源与区划, 1996(3): 18-22.

[7] Tan J. The characterization and management of the peri-urban landscape: Evidence from Wuhan, China[C]. ISUF 2020 Virtual Conference Proceedings, 2021.

[8] Goswami M. Conceptualizing peri-urban-rural landscape change for sustainable management[C]. Bangalore: The Institute for Social and Economic Change, 2018.

[9] Qviström M. Landscapes out of order: Studying the inner urban fringe beyond the rural-urban divide[J]. Geografiska Annaler: Series B, Human Geography, 2007, 89(3): 269-282.

[10] Filyushkina A, Komossa F, Metzger M J, et al. Multifunctionality of a peri-urban landscape: Exploring the diversity of residents' perceptions and preferences[J]. Ecosystems and People, 2022, 18(1): 583-597.

[11] Gallen T N, Bianconi M, Andersson J. Planning on the Edge: England's rural-urban fringe and the spatial-planning agenda[J]. Environment and Planning B: Planning and Design, 2006, 33(3): 457-476.

[12] Brandt J, Vejre H. Multifunctional landscapes-motives, concepts and perspectives[D]. Department of Geography and International Development Studies, University of Roskilde, 2000.

[13] Khor N. World cities report 2022: Envisaging the future of cities[D]. Nairobi, Kenya: United Nations Human Settlements Programme (UN-Habitat), 2022.

[14] 廖霞, 舒天衡, 申立银, 等. 城乡融合背景下半城市化地区识别与演变研究——以苏州市为[J]. 地理科学进展, 2021, 40(11): 1847-1860.

[15] Lu W, Li Y, Zhao R, et al. Using remote sensing to identify urban fringe areas and their spatial pattern of educational resources: A case study of the chengdu-chongqing economic circle[J]. Remote Sensing, 2022, 14(13): 3148.

[16] 赵华甫, 朱玉环, 吴克宁, 等. 基于动态指标的城乡交错带边界界定方法研究[J]. 中国土地科学, 2012, 26(9): 60-65.

[17] Dong Q, Qu S, Qin J, et al. A method to identify urban fringe area based on the industry density of POI[J]. ISPRS International Journal of Geo-Information, 2022, 11(2): 128.

[18] 钱建平, 周勇, 杨信廷. 基于遥感和信息熵的城乡结合部范围界定——以荆州市为例[J]. 长江流域资源与环境, 2007(4): 451-455.

[19] 黄琦, 王宏志, 顾江, 等. 城乡景观复杂度视角下的城乡交错带界限确定——以武汉市为例[J]. 经济地理, 2019, 39(10): 71-77.

[20] Liu S, Shi K, Wu Y. Identifying and evaluating suburbs in China from 2012 to 2020 based on SNPP-VIIRS nighttime light remotely sensed data[J]. International Journal of Applied Earth Observation and Geoinformation, 2022, 114: 103041.

[21] 李志鹏, 陈晨. 基于"时空过程"的特大城市市域半城市化地区识别及其类型特征研究——以福州市为例(2000—2015)[J]. 城乡规划, 2020(6): 91-104.

[22] 林坚, 汤晓旭, 黄斐玫, 等. 城乡结合部的地域识别与土地利用研究——以北京中心城地区为例[J]. 城市规划, 2007(8): 36-44.

[23] 王秀兰, 李雪瑞, 冯仲科. 基于TM影像的北京城市边缘带范围界定方法研究[J]. 遥感信息, 2010(4): 100-104, 134.

[24] 许新国, 陈佑启, 姚艳敏, 等. 城乡交错带空间边界界定方法的研究——以北京市为例[J]. 安徽农业科学, 2010, 38(2): 995-998, 1048.

[25] Tian Y, Qian J. Suburban identification based on multi-source data and landscape analysis of its construction land: A case study of Jiangsu Province, China[J]. Habitat International, 2021, 118: 102459.

[26] Sui D Z, Zeng H. Modeling the dynamics of landscape structure in Asia's emerging desakota regions: A case study in Shenzhen[J]. Landscape and Urban Planning, 2001, 53(1-4): 37-52.

[27] Fang G, Sun X, Liao C, et al. How do ecosystem services evolve across urban-rural transitional landscapes of Beijing-Tianjin-Hebei region in China: Patterns, trade-offs, and drivers[J]. Landscape Ecology, 2023, 38(4): 1125-1145.

[28] Zhu J, Lang Z, Yang J, et al. Integrating spatial heterogeneity to identify the urban fringe area based on NPP/VIIRS nighttime light data and dual spatial clustering[J]. Remote Sensing, 2022, 14(23): 6126.

[29] Yang Y, Ma M, Tan C, et al. Spatial recognition of the urban-rural fringe of Beijing using DMSP/OLS nighttime light data[J]. Remote Sensing, 2017, 9(11): 1141.

[30] 鲍梓婷, 周剑云. 英国景观特征评估概述——管理景观变化的新工具[J]. 中国园林, 2015, 31(3): 46-50.

[31] 王子涵. 城市边界识别的概念廓清与实践进展[J]. 城市发展研究, 2022, 29(12): 35-42.

[32] 张志刚, 张安明, 郭欢欢. 基于DMSP/OLS夜间灯光数据的城乡结合部空间识别研究——以重庆市主城区为例[J]. 地理与地理信息科学, 2016, 32(6): 37-42.

[33] 任荣荣, 张红. 城乡结合部界定方法研究[J]. 城市问题, 2008(4): 44-48.

[34] Gallent N, Shoard M, Andersson R. Urban Fringe- Policy, Regulatory and Literature Research: Final Report[R]. 2004.

[35] Sarah Young, Nick James, Alex Burton, et al. Greater Manchester Green Belt Assessment[D]. LUC, 2016.

[36] Chris B A. Northampton Urban Fringe Landscape Character & Sensitivity Study[D]. Northampton Borough Council, 2018.

[37] Parker S. Plymouth and Plymouth Urban Fringe Landscape and Seascape Assessment[D]. LUC, 2018.

[38] Kate A, Jane W, Rebecca K, et al. Guildford Landscape Character Assessment & Guidance Volume 2: Rural-Urban Fringe Assessment[C]. Guildford Borough Council and Land Use Consultants, 2007.

[39] Douglas H, Claire M, Deb munro, et al. The Aberdeen Landscape Study: Peri-Urban Assessment[C]. Aberdeen City Council, 2021.

[40] Josh A, Helen K. Brighton & Hove Urban Fringe Assessment Final Report[D]. LUC, 2014.

[41] Landscape Character Assessment of Taunton's Rural-Urban Fringe. Taunton Deane Borough Council, 2005.

[42] Chris E, David H. Brixham Urban Fringe Landscape Study[C]. Torbay Council, 2011.

作者简介

谢柔, 1997年生, 女, 汉族, 广东人, 华南理工大学硕士在读, 研究方向为景观特征评估。电子邮箱: 845386822@qq.com。

(通信作者) 鲍梓婷, 1987年生, 女, 汉族, 山东人, 华南理工大学建筑学院、亚热带建筑科学国家重点实验室, 副教授、硕士生导师, 研究方向为地景规划与生态修复、景观特征评估。电子邮箱: cindy.b@foxmail.com。

基于 InVEST 模型的济宁市生境质量评价及预测分析

Evaluation and Prediction Analysis of Habitat Quality Based on InVEST Model in Jining City

李 豪 刘志成*

摘 要：城市是生物多样性的重要载体，在快速城镇化和高强度人类活动的背景下，构建生境网络已成为当前城市规划发展的重点实践内容。基于济宁市 2000 年、2010 年和 2020 年 3 期土地利用数据，采用 CA-Markov 模型模拟预测 2030 年自然增长情景下的土地利用格局，基于 InVEST 模型对济宁市 30 年间的生境质量指数进行等级划分与统计分析。结果显示：济宁市建设用地高速扩张，生境质量较高的林地和草地大量减少；整体生境质量逐期降低，生境持续受到外界的严重胁迫，低等级生境占比逐年上升，高等级生境占比逐年下降且呈现破碎化趋势。研究结果为济宁市今后的可持续发展建设提供了理论依据，为开展城市绿色空间规划与生物多样性保护工作探索了新思路。

关键词：InVEST 模型；CA-Markov 模型；生境质量；土地利用变化

Abstract: City is an important carrier of biodiversity. Under the background of rapid urbanization and high-intensity human activities, how to build habitat network has become the focus of urban planning and development. The paper uses the land use data of Jining City in 2000, 2010 and 2020, and simulates and predicts the land use pattern under the natural growth scenario in 2030 through the CA-Markov model. Based on the InVEST model, the 30-year Habitat Quality of Jining City is classified and statistics analysis. The results showed that the construction land in Jining City expanded rapidly, the forest land and grassland with higher habitat quality reduced a lot; the overall habitat quality declined gradually, the habitat continued to be severely stressed by the outside. The proportion of low-grade habitats increased year by year, while that of high-grade habitats decreased. The research results provide theoretical basis for future sustainable development of Jining City and explore a new way for formulating biodiversity protection policies.

Keywords: InVEST Model; CA-Markov Model; Habitat Quality; Land Use Change

引言

随着社会经济的快速发展和全球气候变化，生物多样性正受到严重的威胁。生物多样性是生物及其与环境形成的生态复合体以及与此相关的各种生态过程的总和，是生命系统的基本特征[1]。而生境质量在一定程度上反映出区域的生物多样性状况，并被视为区域生物多样性和生态服务水平的重要表征[2]。土地利用变化也对生态系统中的物质交换与能量循环产生重要影响，进而影响生境质量和生态变化过程，最终改变生态系统的结构与功能[3]。因此，研究土地利用变化及模拟预测，结合分析生境质量的分析和评价，对促进区域物多样性的保护及可持续发展具有重要意义。

区域生境质量的评价近年来国内外学者大多采用 InVEST 模型，这一模型通过结合土地利用和生物多样性威胁因素信息，生成生境退化度、生境质量和生境稀缺度分布图。刘春芳等[4]利用 InVEST 模型对 1995—2015 年甘肃榆中县的生境质量进行了评估，并探讨了生境质量对土地利用变化及景观格局变化的响应；朱燕等[5]在生境质量评价的基础上，对昌黎国家级自然保护区的生境退化度、生境质量和生境稀缺性的空间分布特征及其动态变化进行了定量分析。

土地利用变化是反映人类活动强度及发展方向的重要形式，对区域生境质量有着直接影响[6-7]。研究土地利用模拟预测的模型有 CA 模型、Markov 链模型、CLUE-S 模型和 Logistic 回归等模型，本研究选择应用广泛且效果较好的 CA-Markov 模型。贺正思宇等[8]运用 3 期土地利用数据预测了 2020 年漓江流域土地利用类型；罗紫薇等[9]利用多准则 CA-Markov 模型进行预测模拟，阐释了上杭县城区景观格局时空变化特征及规律。

虽然 InVEST 模型和 CA-Markov 模型在各自领域均取得较好的研究成果，但将二者结合使用的研究较少。本研究选择济宁市作为研究区，利用 CA-Markov 模型预测未来土地利用空间格局，在此基础上通过 InVEST 模型对历史、现在和未来不同时期的生境质量进行分析和评价，为济宁市今后可持续发展建设提供理论依据。

1 研究区概况

济宁市地处鲁西南腹地，位于黄淮平原与鲁中南山地的交接地带，地理坐标介于 115°52′~117°36′E，34°26′~35°57′N，总面积 11187km²。研究区属于暖温带大陆性季风气候，四季分明，夏季高温多雨，冬季寒冷干燥。济宁市是典型的煤炭资源型城市，是国家重点规划建设的 14 个大型煤炭生产基地之一。由于煤炭资源的大量开采，采矿迹地塌陷问题严重，形成了大面积的常年积水区域和季节性积水区域，导致地质地貌景观遭到破坏，自然生态环境功能严重退化。

2 数据与方法

2.1 数据获取与预处理

本研究采用的遥感影像数据来源于地理空间数据云，选取植被长势较好，低云量覆盖的数据（表1）。在 ENVI 5.3 平台中对这三期数据进行辐射定标、大气校正、图像镶嵌和裁剪等预处理。

参考国家标准《土地利用现状分类》GB/T 21010—2017，并结合研究区域的实际特征，将研究区土地利用类型划分为耕地、林地、草地、建设用地、水域、未利用地6类，采用监督分类的方法对2000年、2010年和2020年三年期遥感数据进行解译，结合人工目视解译，对结果纠错和修正。最后进行解译结果的精度验证，得出三期数据的 Kappa 系数均大于 85%，满足制图精度的需求。

遥感影像数据来源及参数　　　　　　表1

年份	卫星型号	日期（月-日）	云量（%）	空间分辨率（m）
2000	Landsat7_ETM+	09-14	0	30
2010	Landsat7_ETM+	08-16	0	30
2020	Landsat8_OLI	08-28	0.38	30

2.2 研究方法

2.2.1 土地利用转移矩阵

土地利用转移矩阵来源于系统分析中对系统状态与状态转移的定量描述，主要用来描述研究区域内不同土地利用类型之间的过渡。通过 ArcGIS 软件统计 2000—2020 年济宁市各种土地利用类型的面积，使用栅格计算器等工具，得到相邻两个研究时期的土地转移矩阵，以此直观地分析各个时期内土地利用类型间面积的变化特征。

2.2.2 CA-Markov 模型

元胞自动机（cellular automata，CA）模型是空间、时间和状态都离散的时空动态模拟模型，其主要由元胞及其状态、元胞空间、元胞邻域和转换规则4个部分构成[10-11]。在土地利用的模拟中，每个栅格都代表着一个元胞，每个元胞都代表着其特定的状态即土地利用类型，并随着元胞邻域和转化规则的变化而变化。

CA-Markov 模型综合了 CA 模型空间动态模拟和 Markov 模型的时间动态模拟的优势和特点，较好地实现了对土地利用空间格局的预测模拟[12]。通过 IDRISI 软件，用 2010 年和 2020 年的土地利用数据得到 Markov 转移矩阵和转换适宜性图集，并构建 5×5 的滤波器。以 2010 年为基准年，将元胞自动机迭代 10 次，得到模拟的 2020 年的土地利用图，并对其进行 Kappa 一致性的精度检验。最后再以 2020 年为基准年，迭代 10 次，预测模拟 2030 年的土地利用图。

2.2.3 InVEST 模型

InVEST 模型是由美国斯坦福大学、大自然保护协会（TNC）和世界自然基金会（WWF）联合开发的用于生态系统服务功能评估与权衡的生态模型。其原理是通过建立威胁因子和生境之间的关系，考虑生境对于威胁因子的敏感程度、威胁因子间的相互影响、生境栅格与威胁之间的距离及衰减方式等方面来进行生境质量评价。

生境质量指数是对区域土地利用类型的生境适宜性和生境退化程度状况进行评价的无量纲综合性指标，计算公式如下：

$$Q_{xj} = H_j \left[1 - \left(\frac{D_{xj}^z}{D_{xj}^z + k^z} \right) \right]$$

式中，Q_{xj} 为第 j 种景观类型 x 栅格单元的生境质量指数，范围为 0～1，数值越高表示生境质量越好；H_j 为第 j 种景观类型的生境适宜性；z 为尺度常数，取值通常为 2.5；k 为半饱和常数；D_{xj} 为生境退化程度，代表生境受到威胁因子影响后表现出退化的程度，计算公式如下：

$$D_{xj} = \sum_{r=1}^{R} \sum_{y=1}^{Y_r} \left(\omega_r / \sum_{r=1}^{R} \omega_r \right) r_y i_{rxy} \beta_x S_{jr}$$

式中，R 为威胁因子的数量；Y_r 为威胁因子的栅格单元总数；ω_r 为权重；r_y 为土地利用类型每个栅格单元上的威胁因子的个数；β_x 为栅格单元 x 受到法律保护的程度；S_{jr} 表示土地利用类型 j 对威胁因子的敏感程度；i_{rxy} 为威胁因子的影响距离，分为线性和指数衰退两种模式来计算：

线性衰减：$i_{rxy} = 1 - (d_{xy}/d_{r\max})$

指数衰减：$i_{rxy} = \exp(-(2.99/d_{r\max})d_{xy})$

式中，d_{xy} 为栅格 x 与 y 间的距离；$d_{r\max}$ 为威胁因子 r 的最大影响距离。

生境质量模块中需输入的参数主要有土地利用栅格图、威胁因子栅格图、威胁因子影响距离及权重、生境类型及生境类型对威胁的敏感性等。本研究在参考 InVEST 模型指导手册及相关研究[13-16]的基础上，结合研究区域的实际情况进行模型参数的赋值（表2、表3）。

威胁因子及其最大影响距离、权重及衰减类型　　表2

威胁因子	最大影响距离（km）	权重	衰减类型
耕地	5	0.6	线性
建设用地	8	1.0	指数
未利用地	6	0.5	线性

土地利用类型对威胁因子的敏感度　　　　表3

土地利用类型	生境适宜度	耕地	建设用地	未利用地
耕地	0.4	0.2	0.8	0.5
林地	1.0	0.6	0.4	0.2
草地	1.0	0.6	0.6	0.5
水域	0.8	0.4	0.4	0.2
建设用地	0	0	0	0
未利用地	0.5	0.5	0.4	0.2

3 结果与分析

3.1 土地利用演变

根据土地利用图得出济宁市2000—2020年土地利用转移矩阵（表4），由表可知，济宁市以耕地为主导土地利用类型，占研究区面积的60%以上，在研究期间面积净减588.20km²，土地变化的主要方向是耕地向建设用地的转化。建设用地的净增面积为717.17km²，变化率为58.88%，是所有土地利用类型中新增面积最大的，由耕地转入建设用地面积为890.18km²，占2000年耕地面积的11.68%；未利用地面积骤减，高达69.44km²，变化率为−44.91%，主要转化为水域和耕地，是除建设用地之外变化速率最快的土地利用类型；林地和草地面积都有所减少，变化率分别为−22.52%和−23.15%，大部分转化为耕地和建设用地，少部分转化为水域与未利用地；水域保持相对稳定变化率仅为12.08%，面积增加了147.50km²，主要来源于耕地和未利用地，其中未利用地的转入可能是由于采矿导致地面塌陷而形成的积水区域。

2000—2020年济宁市土地利用转移矩阵（单位：km²）　　　　表4

年份	土地利用类型	耕地	林地	草地	水域	建设用地	未利用地
2000—2020	耕地	6484.92	10.69	35.03	171.56	890.18	27.92
	林地	44.49	158.01	14.28	3.64	11.65	1.39
	草地	174.38	9.43	454.30	6.68	19.85	2.34
	水域	70.63	1.19	2.13	1113.01	10.81	23.27
	建设用地	206.45	0.92	3.09	6.86	998.54	2.07
	未利用地	51.23	0.59	3.75	66.80	4.08	28.18

3.2 CA-Markov模型精度检验及模拟

运用IDRISI模型中的Crosstab模块对模拟结果与实际结果进行Kappa系数检验。其计算公式为：

$$\text{Kappa} = (P_O - P_C)/(1 - P_C)$$

式中，P_O为正确模拟的比例；P_C为随机情况下期望的正确模拟比例。通常，当Kappa≥0.8时，则说明模拟精度较高，结果可信。将2020年模拟数据与2020年土地利用解译图进行比对，得出总体Kappa系数达到0.8605，大于0.8，表明两者一致性较高，模拟结果可信。本研究在此基础上以2020年为基准，使用CA-Markov模型预测得到2030年的土地利用图。

3.3 生境质量时空演变分析

生境质量的取值范围是0～1，其值越接近1，表明生境质量越好，生物多样性越高。通过InVEST模型计算得到研究区2000—2030年的平均生境质量（图1），总体来看，研究区的整体生境质量水平逐渐降低，下降了9.37%。2000—2030年三个时期的生境质量分别降低了0.84%、5.67%和3.11%。其中2010—2020年时期的变化率最高，是上一时期的6.8倍。

为了更清晰地分析研究区生境质量的变化，在Arc-GIS中对4个时期的生境质量分布进行等级划分，分别统计各等级的面积及其所占百分比（表5）。数据结果表明，研究区以较低等级的生境质量为主导，占60%以上，一直保持轻微降低的趋势；低等级面积逐年上升，增加了为57.45%，特别是在2010—2020年有明显的上升，变化率高达33.50%；高等级逐年减少，同样在2010—2020年

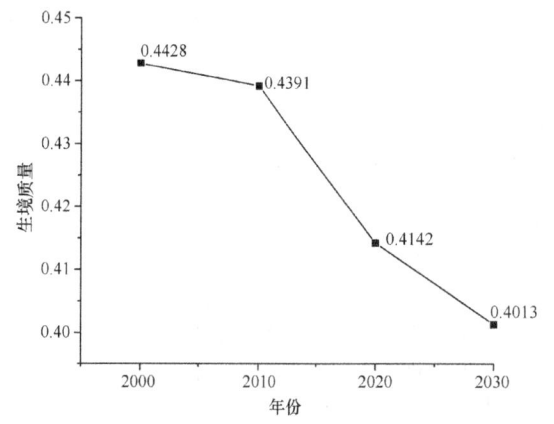

图1　2000—2030年济宁市生境质量变化

下降最为严重,占整个研究期间下降比率的85.75%;而中等级经历了先减少再增加,而后减少的波动过程,增加的阶段变化率高达82.32%,一方面可能由于中等级本身占比较小,易产生波动,另一方面也体现了2010—2020年土地利用及生境质量产生了强烈变化;研究期间中等级和较高等级占比保持相对稳定状态。

2000—2020年济宁市生境质量等级面积及占比 表5

等级	生境质量范围	2000年 面积(km²)	2000年 占比(%)	2010年 面积(km²)	2010年 占比(%)	2020年 面积(km²)	2020年 占比(%)	2030年 面积(km²)	2030年 占比(%)
低	0~0.2	1233.86	11.03	1374.17	12.28	1834.56	16.40	1942.71	18.37
较低	0.2~0.4	7624.26	68.15	7527.28	67.28	7212.96	64.47	7076.78	63.26
中	0.4~0.6	164.72	1.47	127.45	1.14	232.37	2.08	165.24	1.48
较高	0.6~0.8	1241.43	11.10	1252.31	11.19	1211.23	10.83	1328.88	11.88
高	0.8~1	923.23	8.25	906.29	8.10	696.38	6.22	673.89	5.02

4 结语

通过研究结果可以看出,济宁市在研究期间的生境质量出现显著下降。城市发展水平和经济水平的快速提高,对自然生态系统造成了不可逆的损害。特别是中心城区周边的建筑用地扩张迅速,侵占了大面积的高生态价值的林地和草地,加剧了景观格局的破碎化程度,造成生境质量的严重退化。虽然作为生境质量威胁因子的耕地和未利用地的面积有所减少,但没能抵消建设用地急剧增长而产生的消极生态影响。近年来,在部分采矿塌陷区,政府通过治理恢复了地表平整,为景观的生态修复提供了自然基础。但土壤土质和植被群落仍处于较低的生境质量状态,暂不足以逆转生境质量恶化的整体趋势,恢复完整的生态服务功能还需要长时间的人工引导与自然演替过程。

研究通过CA-Markov模型预测未来土地利用空间格局,然后利用InVEST模型分析评价生境质量格局,探究济宁市2000—2030年区域生境质量变化的情况,得出以下主要结论:①从土地利用转移矩阵可以看出,研究期间济宁市建设用地高速扩张,侵占了大量耕地;未利用地变化较大,一方面大量开垦为耕地,另一方面由于采矿塌陷成为积水区。林地和草地,这两种生境质量较好的土地类型面积有所减少。②以2010年数据为基础模拟2020年土地利用数据,与2020解译数据进行精度检验,得到Kappa系数为0.8605,模拟精度较高,表明CA-Markov模型预测模拟方法可行。③2000—2030年济宁市生境质量逐期降低,生境持续受到外界的严重胁迫,低等级生境占比逐年上升,高等级生境占比逐年下降,并且这种趋势没有得到有效缓和。因此,济宁市应实施全域的综合治理,着力解决建设开发与自然资源存在的突出问题,强化生态文明引导与生态评价,划分生态核心区、生态缓冲区和生态敏感区,推进采煤塌陷地治理,促进生态、经济、社会间的协调可持续发展。

本研究是一种新方法结合的尝试,还存在一些局限性:①InVEST模型参数的构建标准存在一定主观性,并且威胁因子的胁迫作用应是叠加复合的。②CA-Markov模型预测本文是基于自然发展状态,未来研究应引入多情景模拟,以探讨不同发展模式策略下的生境质量状况。③研究采用的遥感影像为30m的空间分辨率,导致土地利用图的解译和模拟结果存在一定误差。希望在未来的研究中能够加以完善,以期能够更加精确科学地评价历史时期和未来的生境质量状况,为生物多样性保护政策的制定提供参考依据和新途径。

参考文献

[1] 马克平,钱迎倩. 生物多样性保护及其研究进展[J]. 应用与环境生物学报,1998(1):3-5.

[2] 樊柏青,成玉宁. 乡村生态景观识别与生境网络优化——以南京市江宁区为例[J]. 风景园林,2023,30(4):27-33.

[3] 欧阳志云,郑华. 生态系统服务的生态学机制研究进展[J]. 生态学报,2009,29(11):6183-6188.

[4] 刘春芳,王川. 基于土地利用变化的黄土丘陵区生境质量时空演变特征——以榆中县为例[J]. 生态学报,2018,38(20):7300-7311.

[5] 朱燕,李怡然,李雪梅. 基于InVEST模型的昌黎黄金海岸国家级自然保护区生境质量评价[J]. 环境与可持续发展,2019,44(6):156-160.

[6] Otto C R, Roth C L, Carlson B L. Land-use change reduces habitat suitability for supporting managed honey bee colonies in the Northern Great Plains[J]. Proceedings of the National Academy of Sciences of the United States of America, 2016, 113(37): 10430-10435.

[7] Lohse K A, Newburn D A, Opperman J J. Forecasting relative impacts of land use on anadromous fish habitat to guide conservation planning[J]. Ecological Applications A Publication of the Ecological Society of America, 2008, 18(2): 467-82.

[8] 贺正思宇,谢玲,梁保平,等. 基于CA-Markov模型的漓江流域土地利用模拟研究[J]. 生态科学,2020,39(5):142-150.

[9] 罗紫薇,胡希军,韦宝婧,等. 基于多准则CA-Markov模型的城市景观格局演变与预测——以上杭县城区为例[J]. 经济地理,2020,40(10):58-66.

[10] 李凯,张北赢. 基于CA-Markov模型的黄土高原土地利用模拟预测[J]. 湖北农业科学,2022,61(16):64-69.

[11] 蔺卿,罗格平,陈曦. LUCC驱动力模型研究综述[J]. 地理科学进展,2005(5):81-89.

[12] 莫惠萍,黄宇斌,胡欣雨,等. 基于MCE-CA-Markov模型的佛山市土地利用景观格局演变及模拟预测[J]. 湖南城市学院学报(自然科学版),2022,31(2):38-45.

[13] 王晓琦,吴承照. 基于InVEST模型的生境质量评价与生

态旅游规划应用[J]. 中国城市林业, 2020, 18(4): 73-77, 82.

[14] 陈妍, 乔飞, 江磊. 基于 InVEST 模型的土地利用格局变化对区域尺度生境质量的影响研究——以北京为例[J]. 北京大学学报(自然科学版), 2016, 52(3): 553-562.

[15] 张学儒, 周杰, 李梦梅. 基于土地利用格局重建的区域生境质量时空变化分析[J]. 地理学报, 2020, 75(1): 160-178.

[16] 赵庆建, 吴晓珍. 基于 InVEST 模型的岷江流域土地利用变化对生境质量的影响研究[J]. 生态科学, 2022, 41(6): 1-10.

作者简介

李豪, 1994 年生, 男, 汉族, 山东人, 北京林业大学园林学院, 博士, 研究方向为风景园林规划与设计。电子邮箱: lihao_la@bjfu.edu.cn。

(通信作者) 刘志成, 1964 年生, 男, 汉族, 江苏人, 北京林业大学园林学院, 教授、博士生导师, 研究方向为风景园林规划与设计。电子邮箱: 780256337@qq.com。

湖北省荒野识别及空间分布研究

Study on Wilderness Identification and Spatial Distribution in Hubei Province

刘晓钰 裘鸿菲* 吴 逸

摘 要：荒野因其自然主导性而具有重要的价值和保护意义，目前国内对荒野空间分布和保护情况的研究较为欠缺。以荒野连续谱为概念基础，应用经典荒野制图法，选取道路遥远度、外观自然度、生物物理自然度和人口密度4项指标通过加权叠加分析法进行评估，得到湖北省荒野空间分布格局地图。结果表明：湖北省荒野以中质量荒野为主，海拔越高的地区荒野质量也越高。湖北省现有的自然保护地对高质量荒野尚未形成良好保护，存在大量保护空缺。

关键词：荒野；荒野制图；格局分析；空间分布

Abstract: Wilderness has important value and protection significance because of its natural dominance. At present, there is a lack of research on the spatial distribution and protection of wilderness in China. Based on the concept of wilderness continuum spectrum, using the classical wilderness mapping method, four indexes of road distance, appearance naturalness, biophysical naturalness and population density were selected to evaluate through weighted superposition analysis, and the spatial distribution pattern of wilderness in Hubei Province was obtained. The results showed that the wilderness in Hubei Province was mainly of medium quality, and the higher the altitude, the higher the quality of wilderness. The existing natural protected areas in Hubei Province have not yet formed good protection for high-quality wilderness, and there are a lot of protection vacancies.

Keywords: Wilderness; Wilderness Mapping; Pattern Analy; Spatial Distribution

引言

荒野与野性自然的含义相近，是指自然过程占主导而人类干扰度最低的野性自然区域。广义上的荒野包括了所有具有"野性"的景观，乃至城市荒野，也常常被引申为一种观念或意识形态，即"荒野观念"。狭义上的荒野被称为"荒野地"，是指大面积保留原貌或被轻微改变的、自然过程占主导的、没有永久和明显人类聚居点的自然区域。美国是最早通过立法来保护荒野的国家。1964年美国国会通过了《荒野法案》，并建立起美国国家荒野保护体系，将荒野景观和人工景观区别开来。1994年世界自然保护联盟（IUCN）将荒野保护区划定为1b类自然保护地，目前已有近五十个国家通过法律或行政手段认定和设立了荒野保护地。我国尚未将"荒野"作为一种用地类型列出，也未将其纳入保护地范围，但这并不代表荒野不具有研究价值和保护意义。已有的研究成果表明，荒野因其自然主导性而具有生态、社会、文化、精神和经济等多元价值。同时在保护生物多样性和维持生态系统服务方面也发挥着重要作用。

目前国内关于荒野的研究处于起步阶段，已有的研究主要集中于辨析荒野的内涵和价值、介绍国外的相关案例和经验以及探析荒野营造策略，而对具体区域的荒野地识别和空间分布研究相对较少。借鉴国外的研究经验，在开展荒野保护之前，须先进行荒野制图来识别荒野地的空间分布情况，进而制定合理的保护政策和开展科学管理实践。因此，荒野制图是开展荒野保护的空间基础，具有重要意义。荒野制图以"荒野连续谱"为概念基础，利用地理信息系统（GIS）将能反映自然度和遥远度的荒野指标进行综合评价来识别荒野特征及其空间分布格局。各国学者已从全球、大洲、国家、地区等角度开展了多尺度的荒野制图研究，荒野制图技术已经足够完善和成熟。本研究选取湖北省作为研究对象，在我国大陆国土尺度荒野制图的基础上结合湖北省现状，通过经典荒野制图法，分析湖北省荒野地的空间分布格局和保护现状，以期为湖北省未来的荒野保护地规划和管理提供依据和参考。

1 研究区域概况

湖北省地处我国中部地区，介于北纬29°01′53″—33°6′47″、东经108°21′42″—116°07′50″之间，总面积18.59万 km^2。整体地势为东、西、北三面环山，中间低平，略呈向南敞开的不完整盆地，兼具山地、丘陵、岗地和平原等多种地貌类型。省内河流众多，主要有长江、汉水、沮水、漳水等。湖北省湖泊资源丰富，纳入全省湖泊保护名录的湖泊755个，素有"千湖之省"之称。全省除高山地区外，大部分为亚热带季风性湿润气候。境内生物多样性丰富，有植物292科1571属6292种，其中天然分布的国家重点保护野生植物162种；有陆生脊椎动物687

---

① 基金项目：国家自然科学基金面上项目（编号：31770753）和中央高校基本科研业务费专项资助项目（编号：2662018PY087）资助。

种和鱼类206种。湖北省自然地理条件优越，动植物资源丰富且生物多样性高，保护好当地的荒野地对维护区域内生物多样性具有重要意义。

2 材料和方法

2.1 数据来源

为了反映荒野地自然度和遥远度的属性，本文在经典荒野制图法的基础上，参考不同尺度荒野制图的研究，并结合湖北省现状特点对荒野制图指标和权重进行重新选择和计算。选取了距可达道路遥远度、外观自然度、生物物理自然度和人口密度4项指标。这4项指标能够反映距离遥远、现代人工设施介入度低、自然程度较高和受人类干扰较少的特点。研究中使用的道路路网和居民点数据提取自全国地理信息资源目录服务系统地理数据库中公路、铁路要素层；土地利用类型数据来源于中国科学院资源环境科学与数据中心的2020年土地利用数据，分辨率为30m；各县区人口数据来源于《2021年湖北省统计年鉴》。高程数据来源于中国科学院计算机网络信息中心地理空间数据的30m分辨率数字高程数据。

2.2 荒野指标处理和计算

2.2.1 荒野指标处理

距可达道路遥远度反映某一栅格与可达机动车道路（包括铁路）的距离远近。由于不同等级道路的交通量存在明显差异，故需要对道路进行权重评估。参照曹越等的研究，将路网矢量数据分为4类（表1），在GIS中使用欧式距离工具分析计算，再将4类道路的计算结果加权叠加。结果数值越高表示该栅格距离道路越远。

道路等级分级和权重　　表1

道路等级	道路类型	说明	权重
铁路	铁路	包括高速铁路（250km/h以上）、快速铁路（200km/h左右）和普速铁路（160km/h以内）	0.284
公路等级一	高速公路	高速公路是具有4个或4个以上车道，设有中央分隔带，全部立体交叉，全部控制出入，专供汽车分向、分车道高速行驶的公路	—
	一级公路	一级公路与高速公路设施基本相同，部分控制出入	—
	二级公里	二级公路是中等以上城市的干线公路	—
公路等级二	三级公路	三级公路是沟通县、城镇之间的集散公路	—
	四级公路	四级公路是沟通乡、村等地的地方公路	—
公路等级三	未分类路	次要的、未被分类的道路，如住宅道路、人行道、用于农业的砾石道路、通往建筑停车场的服务型道路等	0.189

外观自然度表示永久人工设施的影响程度。由于交通设施和建筑物能够有效反映人工设施的分布情况，故选取湖北省道路路网分布数据和居民地点数据，在GIS中使用核密度分析工具计算其密度值，再对这两项数值进行平均加权叠加得到人工设施密度图。密度值越高表示该栅格外观自然度越低。

生物物理自然度反映自然生态系统因受人类影响而偏离原本自然状态的程度，通过对不同土地利用类型赋值来确定。参考国内外的相关研究，结合我国大陆荒野制图中的评分标准，对湖北省的19个二级土地利用类型进行打分评价。将土地类型分为5个等级，分别赋值1~5分，其中1分表示自然度最低，5分表示自然度最高（表2）。依据此权重得到湖北省生物物理自然度，数值越高表示该栅格生物物理自然度越高。

人口密度指单位面积土地上的人口数量，能够反映人类活动的干扰情况。选取湖北省各县区人口的点数据，在GIS中使用核密度分析计算，得到湖北省人口密度分布图。所得数值越大表示人口密度越高。

各种土地利用类型对应的生物物理自然度分级评价表　　表2

国土地类代码编号	土地利用类型	含义	生物物理自然度评分
11	水田	有水源保证和灌溉设施，在一般年景能正常灌溉，用以种植水稻、莲藕等水生农作物的耕地，包括实行水稻和旱地作物轮种的耕地	2
12	旱地	无灌溉水源及设施，靠天然降水生长作物的耕地；有水源和浇灌设施，在一般年景能正常灌溉的旱作物耕地；以种菜为主的耕地，正常轮作的休闲地和轮歇地	2
21	有林地	郁闭度>30%的天然木和人工林，包括用材林、经济林、防护林等成片林地	5
22	灌木林	郁闭度>40%、高度2m以下的矮林地和灌丛林地	4
23	疏林地	疏林地（郁闭度为10%~30%）	4
24	其他林地	未成林造林地、迹地、苗圃及各类园地（果园、桑园、茶园、热作林园地等）	3

续表

国土地类代码编号	土地利用类型	含义	生物物理自然度评分
31	高覆盖度草地	覆盖度>50%的天然草地、改良草地和割草地，此类草地一般水分条件较好，植被生长茂密	5
32	中覆盖度草地	覆盖度在20%～50%的天然草地和改良草地，此类草地一般水分不足，植被较稀疏	4
33	低覆盖度草地	覆盖度在5%～20%的天然草地，此类草地水分缺乏，植被稀疏，牧业利用条件差	4
41	河渠	天然形成或人工开挖的河流及主干渠常年水位以下的土地。人工渠包括堤岸	4
42	湖泊	天然形成的积水区常年水位以下的土地	5
43	水库坑塘	人工修建的蓄水区常年水位以下的土地	3
46	滩地	河、湖水域平水期水位与洪水期水位之间的土地	4
51	城镇用地	大、中、小城市及县镇以上建成区用地	1
52	农村居民点	农村居民点	1
53	其他建设用地	独立于城镇之外的厂矿、大型工业区、油田、盐场、采石场等用地，交通道路、机场及特殊用地	1
64	沼泽地	地势平坦低洼，排水不畅，长期潮湿，季节性积水或常积水，表层生长湿生植物的土地	5
65	裸土地	地表土质覆盖，植被覆盖度在5%以下的土地	5
66	裸岩石砾地	地表为岩石或石砾，覆盖面积>5%的土地	5

2.2.2 荒野指标计算

上述4项指标的单位和类型不同，为了在后续计算中统一各项指标的量纲，需要将其进行归一化处理，使标准得分的取值范围均为0～100。由于4项指标对荒野度的影响程度不同，参考相关荒野制图经验，本研究采用专家调查法获取4项指标的权重。邀请20位风景园林学科专家对指标进行评分，得到距可达道路遥远度、外观自然度、生物物理自然度、人口密度的权重分别为0.251、0.225、0.288和0.236。而后应用多指标评价法对归一化后的结果进行加权叠加分析，计算公式如下：

$$WQI = \sum_{1}^{n} N_i \times \alpha_i$$

式中，WQI为荒野度指数，该指数越高表示栅格的荒野度越高；$n=4$；N_i为第i项指标归一化后的标准得分；α_i为对应各项指标的权重值。

2.3 荒野质量分级

世界上不存在绝对不受人为干扰的自然区域，所以荒野是一个相对的概念，荒野质量随着荒野度指数的增加而增加。参考Lin等的研究，使用自然断点法将湖北省荒野度指数划分为10个等级，1级表示荒野度最低，10级表示荒野度最高。为进一步研究荒野的空间分布情况，将10个等级的荒野划分为低质量荒野（1～3级）、中质量荒野（4～6级）和高质量荒野（7～10级）3个类别，以此分析湖北省荒野质量空间格局以及保护格局。

3 结果与分析

3.1 荒野空间分布格局

3.1.1 水平空间格局

从水平范围上说，荒野区域排除了已开发土地，位于未建设用地范围。湖北省低质量荒野占荒野总面积的28.25%，中质量荒野占比52.06%，高质量荒野占比19.69%。其中中质量荒野比低质量荒野高出28.31%，比高质量荒野高出32.37%（表3），这说明湖北省的荒野地以中质量荒野为主，而完整度较好的高质量荒野区域在湖北省的储量较少，整体荒野度较低。

各类荒野面积及占比统计　　表3

荒野分类	低质量荒野	中质量荒野	高质量荒野
面积（km²）	51178.27	94325.66	35674.21
占比（%）	28.25	52.06	19.69

3.1.2 垂直空间格局

湖北省地势呈三面高起、中间低平、向南敞开、北有缺口的不完整盆地，整体地势高低相差悬殊。通常随着海拔的升高，土地开发利用的难度越高，受到人为干扰的因素越少。对不同海拔区间的3类荒野的面积及占比进行统计，结果表明：低质量荒野和中质量荒野主要分布在海拔低于147m的区域，两者面积之和占比达到该海拔区域荒野总面积的92.94%，而高质量荒野则主要分布于海拔

1792～3075m 的区域，其面积占比是该海拔区域荒野总面积的 82.83%（表 4）。这说明高质量荒野分布区域的海拔明显比低质量和中质量荒野分布区域的海拔更高。随着海拔的升高，低质量和中质量荒野的面积呈现出明显的下降趋势，而高质量荒野的面积出现缓慢减少而后又突增的情况。这是由于湖北省大部分地区地势低平，海拔越高的地区占地面积相应越小。除此之外，高质量荒野面积在同一海拔荒野总面积中的占比随海拔的升高逐渐升高，表明海拔越高的地区荒野质量也更高。

不同海拔区域荒野面积及占比统计　　表 4

海拔（m）	低质量荒野		中质量荒野		高质量荒野		总计	
	面积（km²）	占比（%）	面积（km²）	占比（%）	面积（km²）	占比（%）	面积（km²）	占比（%）
≤147	12116.71	23.68	61921.35	65.65	5620.81	15.76	79658.87	43.97
147～389	11712.02	22.88	13634.59	14.45	7311.00	20.49	32657.61	18.03
389～647	10852.64	21.21	8309.17	8.81	4873.25	13.66	24035.06	13.27
647～969	5725.10	11.19	4127.25	4.38	3323.95	9.32	13176.30	7.27
969～1292	5401.11	10.55	3921.22	4.16	3122.01	8.75	12444.34	6.87
1292～1702	3817.11	7.46	2110.16	2.24	2472.76	6.93	8400.04	4.64
1702～3075	1553.57	3.04	301.92	0.32	8950.43	25.09	10805.92	5.96
总计	51178.27	100.00	94325.66	100.00	35674.21	100.00	181178.14	100.00

3.2 荒野保护格局

目前湖北省对荒野的保护主要是依托建立自然保护区，初步形成了以一个国家公园（神农架国家公园）为主体，22 个国家级和 21 省级自然保护区为基础，各类自然公园为补充的自然保护地体系。依据《湖北林业"十四五"规划》，到 2025 年，湖北省将完善全省自然保护地总体布局规划，自然保护地占土地面积的比例达到 10.5%。

将湖北省荒野空间分布与湖北省自然保护区空间分布数据对比分析计算可知，湖北省有 8385.74km² 的荒野地受到保护，而最重要的高质量荒野仍存在较大的保护空缺。考虑到荒野在生态、社会、文化、精神和经济等多方面的重要价值，湖北省亟待开展荒野保护实践。在城市建设的过程中，相关部门应重视具有重要生态价值的荒野，尽量避免这些区域的开发建设，减少荒野资源的流失。对于已被自然保护地覆盖的荒野，可对保护地进行维护升级，统筹协调自然保护与经济发展活动的关系。最终在有效保护荒野的前提下，实现荒野的多元价值。

4 结论与讨论

4.1 结论

本研究基于荒野经典制图法，绘制了湖北省省域尺度荒野质量空间分布地图，将荒野划分为低质量荒野、中质量荒野和高质量荒野，分别占陆地面积的 27.53%、50.74% 和 19.19%，主要分布于山地、水系等自然条件优良的区域。在垂直分布格局上，海拔越高的地区荒野质量越高。湖北省的自然保护区系统对荒野起到了良好的保护作用，但高质量荒野仍存在较大的保护空缺。本研究可为湖北省荒野保护的理论和实践提供更为可靠的依据，对其他省域尺度荒野制图研究具有借鉴意义。荒野的空间分布情况能够为省域荒野保护体系规划、自然保护地规划、生态红线划定等提供指导作用。

4.2 讨论

目前，荒野在国内并不属于某一类单独的用地类型，也未被纳入现行的保护地体系。鉴于国外的荒野保护分类和实践，未来需要探索更适合特定研究区域的荒野定义、荒野制图方法和荒野管理等一系列内容。在生态文明建设、国家公园体制试点、自然保护地体系重构等国家政策背景下，是否能将荒野地保护纳入相关的国土空间规划和保护地体系之中也是值得深入探讨的问题。本文研究结果受到数据可获取性和数据精度的影响，其结果与实际情况可能存在一定偏差，未来有待完善多源数据的运用和改进研究方案，使其更符合研究区域的实际情况。为提升荒野空间分布研究结果的准确性，可将实地调查内容和公众参与决策的结果作为荒野制图的修正，以此得到更客观、更具实践意义的研究结论。

参考文献

[1] 王晴月，王向荣. 风景园林视野下的城市中的荒野[J]. 中国园林，2017，33(8)：40-47.

[2] Jones K R，Klein C J，Halpern B S，et al. The location and protection status of earth's diminishing marine wilderness[J]. Current biology：CB，2018，28(16)：2683.

[3] Schwartz M K，Hahn B A，Hossack B R. Where the wild things are：A research agenda for studying the wildlife-wilderness relationship[J]. Journal of Forestry，2016(3)：311-319.

[4] 高山. 浪漫主义哲学的自然观与美国的荒野保护[J]. 中国园林，2017，33(6)：4.

[5] 邵钰涵，徐欣璐，袁嘉，等. 城市荒野景观：内涵与价值审视[J]. 景观设计学，2021，9(1)：12.

[6] 斯蒂夫·卡佛，曹越. 西方经验：荒野制图技术发展及其在中国和东南亚的应用潜力[J]. 中国园林，2017，33(6)：6.

[7] 范建红，刘雅熙，朱雪梅. 欧洲荒野景观再野化的发展与

启示[J]. 中国园林, 2019, 35(12): 5.
[8] 陈媛, 史蒂芬·奈豪斯, 马修·范·道斯特. 城市荒野景观及其营造策略: 以荷兰实践为例[J]. 中国园林, 2022(8): 038.
[9] 曹越, 万斯·马丁, 杨锐. 城市野境: 城市区域中野性自然的保护与营造[J]. 风景园林, 2019, 26(8): 5.
[10] 崔鑫洋. 城市建设中的类荒野景观规划设计研究[D]. 保定: 河北农业大学, 2021.
[11] 王晞月. 城市缝隙: 人居语境下荒野景观的存续与营造策略[C]//持续发展理性规划——2017中国城市规划年会论文集(13风景环境规划), 2017.
[12] 曹越, 杨锐. 从全球到中国的荒野地识别: 荒野制图研究综述与展望[J]. 环境保护, 2017, 45(14): 6.
[13] Sanderson E, Jaiteh M, Levy M, et al. The human footprint and the last of the wild[J]. BioScience, 2009(52): 891-904.
[14] Aplet G, Thomson J, Wilbert M. Indicators of wilderness: Using attributes of the and toaccess the context of wilderness[J]. USDA ForestService Proceedings, 2000(2): 89-98.
[15] Carver S, Evans A, Fritz S. Widerness attribute mapping in the United Kingdom[J]. International Journal of wilderness, 2002, 8(1): 24-29.
[16] Rannveig L, Runnstrm M C. How wild is iceland? Wilderness quality with respect to nature-based tourism[J]. Tourism Geographies, 2011, 13(2): 280-298.
[17] Muller A, Bacher P, Svenning J. Where are the wilder parts of anthropogenic landscapes amapping case study for denmark[J]. Landscape andUrban Planning, 2015(144): 90-102.
[18] Zoderer B M, Carver S, Tappeiner U, et al. Ordering'wilderness': Variations in public representations of wilderness and their spatial distributions[J]. Landscape and Urban Planning, 2020(202): 103-875.
[19] 左翔, 韩旭, 陈静, 等. 大理市荒野格局分析[J]. 中国园林, 2019, 35(11): 5.
[20] 左翔, 彭树芳, 彭建松. 曲靖市马龙区荒野格局分析[J]. 西南林业大学学报: 自然科学, 2020, 40(1): 8.
[21] 曹越, 龙瀛, 杨锐. 中国大陆国土尺度荒野地识别与空间分布研究[J]. 中国园林, 2017, 33(6): 8.
[22] Plutzar C, Enzenhofer K, Hoser F, et al. Is There Something Wild in Austria? [M]//Carver s J, Fritz S. Mapping Wilderness: Concepts, Techniques, and Ap-plications. Netherlands: Springer, 2016.
[23] 左翔, 彭树芳, 彭建松. 曲靖市马龙区荒野格局分析[J]. 西南林业大学学报: 自然科学, 2020, 40(1): 8.
[24] Leu, Hanser, SE, et al. The human footprint in the west: A large-scale analysis of anthropogenic impacts[J]. Ecol Appl, 2008, 18(5): 1119-1139.
[25] Lin S, Wu R, Hua C, et al. Identifying local-scale wilderness for on-ground conservation actions within a global biodiversity hotspot[J]. Scientific Reports, 2016, 6(1): 25898.
[26] Radford S L, Senn J, Kienast F. Indicator-based assessment of wilderness quality in mountain landscapes[J]. Ecological Indicators, 2019, 97: 438-446.
[27] 刘瑛, 蒲云海, 郝涛, 等. 湖北省自然保护区建设管理现状、问题分析和对策建议[J]. 湖北林业科技, 2021, 50(1): 6.
[28] 曹越, 杨锐. 2020年后全球生物多样性框架下中国荒野地的系统性保护策略[J]. 中国园林, 2022(8): 38.
[29] 曹越, 杨锐. 中国荒野研究框架与关键课题[J]. 中国园林, 2017, 33(6): 6.
[30] 吴承照, 欧阳燕菁, 潘维琪, 等. 国家公园划定荒野保护区的意义与方法[J]. 中国园林, 2022(8): 38.

作者简介

刘晓钰, 1998年生, 女, 汉族, 湖北宜昌人, 华中农业大学硕士在读, 研究方向为风景园林规划与设计。电子邮箱: 2725601899@qq.com。

(通信作者)裘鸿菲, 1962年生, 女, 汉族, 湖北荆州人, 博士, 华中农业大学园艺林学学院, 教授、博士生导师, 研究方向为风景园林规划与设计。电子邮箱: qiuhongfei@mail.hzau.edu.cn。

吴逸, 1999年生, 女, 汉族, 湖北荆门人, 华中农业大学硕士在读, 研究方向为风景园林规划与设计。电子邮箱: 1056398549@qq.com。

秦岭北麓地区近20年景观格局时空演变及驱动力分析

Spatio-Temporal Evolution and Driving Force Analysis of Nearly 20a Landscape Pattern in the Northern of Qinling Mountains

叶雅诗

摘 要：通过对景观格局演变的研究分析，可为区域可持续发展提供理论依据。本文选用2000—2020年间3期高分遥感影像，利用Arcgis10.8、Fragstats4.1及Excel软件，量化分析秦岭北麓地区近20年间土地利用及景观格局演变特征，并采用灰色关联度分析法探讨其景观格局变化的驱动因素。结果表明：①耕地、林地及草地是秦岭北麓地区的主要景观类型，建设用地在20年间持续增加，且占用大面积自然土地类型。②秦岭北麓地区建设用地斑块面积比增大，且聚集性较强，草地和耕地边缘逐渐破碎化。区域整体景观异质性不断增加，斑块类型逐渐多样化、破碎化，但斑块分布更加均匀。③社会因素是推动秦岭北麓地区景观格局演变的主要因素，其中，因总人口数的增加带来建设用地的需求是推动秦岭北麓地区景观逐渐破碎化的关键驱动因素。研究结果可为研究区后续土地利用规划及景观格局优化提供决策依据。

关键词：景观格局演变；土地利用；灰色关联度；秦岭北麓

Abstract: The research and analysis of the evolution of the landscape pattern can provide a theoretical basis for the regional sustainable development. In this paper, three high-scoring remote sensing images from 2000 to 2020 were selected, and Arcgis10.8, Fragstats4.1 and Excel software were used to quantitatively analyze the evolution characteristics of land use and landscape pattern in the northern foothills of the Qinling Mountains in the past 20 years, and then the gray correlation analysis method was used to explore the driving factors of landscape pattern change. The results show that ① cultivated land, forest land and grassland are the main landscape types in the northern foothills of Qinling Mountains, with the construction land increasing continuously in 20 years, and occupied a large area of natural land types. ② The area ratio of construction land patches in the northern foot of the Qinling Mountains increases, and the aggregation is strong, and the grassland and cultivated land edges are gradually fragmented. The overall landscape heterogeneity is increasing, and the plaque types are gradually diversified and fragmented, but the patches are more evenly distributed. ③ Social factors are the main factors to promote the evolution of the landscape pattern in the northern foot of the Qinling Mountains, among which, the demand for construction land brought by the increase of the total population is the key driving factor to promote the gradual fragmentation of the landscape in the northern foot of the Qinling Mountains. The results can provide a decision basis for the subsequent land use planning and landscape pattern optimization in the research area.

Keywords: Landscape Pattern Evolution; Land Use; Gray Correlation; the Northern Foot of Qinling Mountains

引言

景观格局是指在自然因素与人工因素的综合作用下对生态环境中产生的变化及作用的综合反应，包括景观组成单元的类型、数量、分布特征及变化趋势等，自产生以来一直是景观生态学所关注的重要领域[1-3]。景观格局指数可以对于景观格局信息进行量化，更直观反映其结构和分布特征[4]，因此在景观格局分析中通常会选用合适的景观格局指数来反映景观格局的时空变化。目前，对于景观格局的研究主要集中在城市、乡镇[5]、流域[6]、自然保护区[7]等，景观格局分析方法主要采用景观指数分析、转移矩阵分析[5]、移动窗口分析[8]等，但大多未考虑到以较长时段的研究来深度总结景观格局的变化规律，而长期序列更能够反映事物的周期变化。因此，关注土地利用的动态演变可以掌握区域土地类型流转的变化规律，从而针对性地为区域景观格局优化提供理论依据。

秦岭作为我国的"中央水塔"，和合南北、泽被天下，更是中华文化的重要象征，且秦岭北麓地区是秦岭的核心生态区域，保护秦岭北麓生态环境对于实现我国可持续发展具有重要意义[9]。然而，目前秦岭北麓生态环境面临着多方面的问题，学者聚焦于秦岭生态环境，探究了秦岭生态敏感性[10]、动植物结构[11]、土壤修复[12]等问题，但忽略了秦岭北麓地区因城市化进程加快导致土地流转加速，景观格局受到严重威胁。因此，本文基于2000—2020年三期高分遥感影像，以十年为一发展阶段，对该地区土地利用情况进行解译，定量总结分析其景观格局演变规律，并运用灰色关联度定量分析探究其背后驱动力，为秦岭北麓生态环境可持续发展提供决策性的参考建议。

1 研究区概况

秦岭北麓范围目前没有明确的界定，此次研究范围选用广义上的秦岭北麓，东西至省界，南至秦岭主梁，北至渭河南缘，总面积14968.67km²，包含西安、宝鸡、渭南3市共15县（市、区）、82个乡镇、601个行政村。西安市处在关中心脏地带，居秦岭北麓腹腰部，也是秦岭北麓主体，宝鸡、渭南居于两侧。秦岭北麓自然资源丰富，拥有特殊的地貌类型——沟峪，据《秦岭北麓生态建设调查报告》统计，秦岭北麓范围内共有沟峪302条，其中西安市147条、宝鸡市82条、渭南市73条，是其发展生态旅游的重要基础，且秦岭北麓是渭河的主要补给源，水资源总量约40亿 m³，占关中水资源总量的51%，关系到关中城市群大多数居民的用水安全。同时，秦岭北麓境内共建成国家公园1处、自然保护区8处、自然公园31处、风景名胜区8处等，山环水绕，形成良好的山水格局。且秦岭北麓地区包含十三朝古都西安，积淀了丰富的历史文化底蕴。因此，保护秦岭生态环境意义重大，实现秦岭人与自然和谐共生已经成为重要课题。

2 研究方法

2.1 数据来源与处理

土地利用数据来自2000年、2010年、2020年 Landsat 遥感影像（分辨率30m）。首先对三期高分遥感影像进行预处理，包括几何校正、大气矫正，后进行图像融合、图像分类等，保证遥感解译准确度大于90%。根据中国科学院生态环境研究中心土地分类体系[13]，结合秦岭北麓地区土地利用情况，将土地分为耕地、林地、草地、水体、建设用地、未利用地6种土地类型。行政边界数据来源于地理国情监测云平台（GIM Cloud）的网站；数字高程模型（DEM）来自资源环境科学数据中心；社会经济数据和人口数据来自《2000—2020陕西省统计年鉴》；2000—2020年气象数据来源于中国气象科学数据共享平台。

2.2 土地利用分析

2.2.1 土地利用变化速度分析

（1）单一土地利用动态度

单一土地利用动态度（K）可以反映在某一时间段研究区单一土地类型的变化情况。计算公式为：

$$K = \frac{U_b - U_a}{U_a} \times \frac{1}{T} \times 100\%$$

式中，U_a、U_b 分别为研究期初和研究期末土地利用的面积；T 为研究时长。

（2）综合土地利用动态度

综合土地利用动态度（LC）可以反映研究区在某一时间段整体土地的变化情况。计算公式为：

$$LC = \frac{\sum_{i=1}^{n} \Delta LU_{i-j}}{2LU} \times \frac{1}{T} \times 100\%$$

式中，ΔLU_{i-j} 为 T 时段内 i 类型土地转为 j 类型土地的面积；LU 为土地利用类型总面积。

2.2.2 土地利用转移矩阵分析

土地利用转移矩阵可以反映研究区中不同类型土地间相互转化情况，计算公式如下。本研究通过使用 Arcgis10.8 将三期土地利用分布图进行叠加分析，后导出数据并利用 EXCEL 进行数据处理。

$$\boldsymbol{S}_{ij} = \begin{pmatrix} S_{11} & S_{12} & S_{13} & \cdots & S_{1n} \\ S_{21} & S_{22} & S_{23} & \cdots & S_{2n} \\ S_{31} & S_{32} & S_{33} & \cdots & S_{3n} \\ \cdots & \cdots & \cdots & \cdots & \cdots \\ S_{n1} & S_{n2} & S_{n3} & \cdots & S_{nn} \end{pmatrix} (i,j=1,2,\cdots,n)$$

式中，S_{ij} 为 i 类转化成 j 类的面积；n 为土地利用类型的数量；i 和 j 分别为转移前后的土地利用类型。

2.3 景观格局分析

景观格局分析是指对景观要素分布特征及格局进行系统研究和评估的过程，景观格局指数可将研究区景观格局演变及空间分布特征进行量化[4]。本研究根据研究区地理特征，参考相应文献选择斑块类型水平、景观水平两个层面共9个景观格局指数，后利用 Fragstats4.1 对秦岭北麓地区景观格局演变进行定量分析。其中，斑块类型水平景观格局指数包括：斑块面积比（PLAND）、斑块密度（PD）、最大斑块指数（LPI）、景观形状指数（LSI）；景观水平景观格局指数包括：斑块聚合度（AI）、斑块内聚力指数（COHESION）、蔓延度指数（CONTAG）、香农多样性指数（SHDI）、香农均匀度指数（SHEI）。

2.4 灰色关联度分析

灰色关联度分析可用于研究多种要素之间的关联性，通过计算因素序列之间的关联度，可以得到关联度序列，然后根据关联度序列的大小，评估和比较不同因素对目标因素的影响程度，找到主要因素并进行预测和决策[4]。研究区景观格局变化是由自然因素和人工因素综合作用下形成的[14]，本研究选择经济因素、社会因素和气候因素的9个指标进行分析[15]，经济因素包括：生产总值、第一产业、第二产业、第三产业4个指标；社会因素包括总人口数、GDP、粮食产量3个指标；气候因素包括年均气温、年降水量2个指标。

3 研究结果

3.1 土地利用类型变化

从图1可知，2000—2020年秦岭北麓地区土地利用一直以耕地、林地以及草地为主，未利用地占比最小。从空间分布来看，耕地和建设用地集中在秦岭北麓北部、渭河南缘，林地和草地集中在南部，水体和未利用地分布较为分散。从各景观类型面积变化看（表1），2000—2020年，耕地呈现持续下降趋势，从2000年的5354.62km² 下降至2020年的4835.95km²，共减少518.67km²，其中2010—2020年减速最快；建设用地在20年持续上涨，共增加488.83km²，其中2000—2010年增速最快。从整体变化看（表2），秦岭北麓地区在2000—2010年的土地变化幅度大于2010—2020年变化幅度，为0.26%。

从各个土地类型的转移情况看，最大转移发生在

2000—2010年由耕地向建设用地转移（表3），共转移301.84km²，同时大面积土地由耕地向草地转移，其中在2010—2020年（表4）转移107.47km²；林地和草地之间在2000—2020年出现大面积的相互转移情况，其中草地在2000—2010年向林地转移104.02km²，林地在2010—2020年向草地转移129.60km²；建设用地在2000—2020年主要由耕地和林地转移而来，共转移576.41km²和51.19km²，其他类型转移情况基本持平。

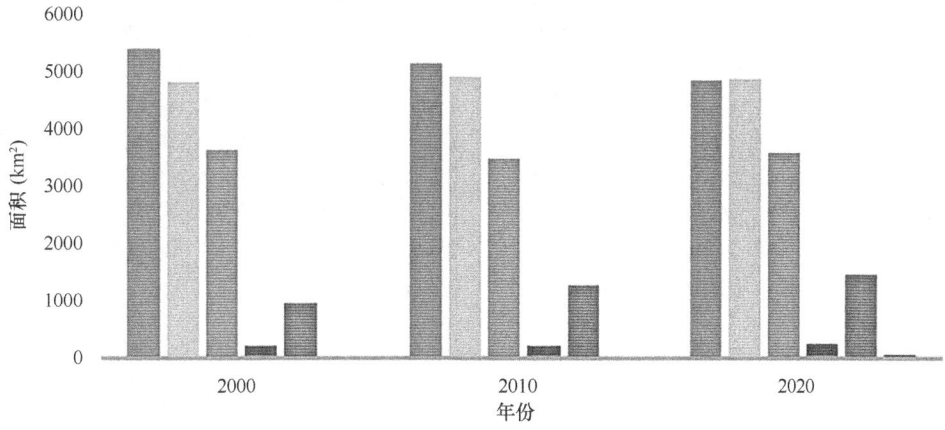

图1　2000—2020年秦岭北麓土地利用面积

2000—2020年单一土地利用动态度　　　　　　　　　　　　　　　　　　　　表1

土地类型	2000—2010年	2010—2020年
耕地	−0.46%	−0.54%
林地	0.14%	−0.07%
草地	−0.38%	0.28%
水体	0.01%	1.64%
建设用地	3.32%	1.35%
未利用地	−0.35%	1.98%

2000—2020年综合土地利用动态度　　　　　　　　　　　　　　　　　　　　表2

综合土地利用动态度	2000—2010年	0.26%
	2010—2020年	0.21%

2000—2010年秦岭北麓地区土地利用转移矩阵　　　　　　　　　　　　　　　表3

土地类型	耕地	林地	草地	水体	建设用地	未利用地	2010总计
耕地	4881.10	47.90	88.79	34.92	301.84	0.08	5354.62
林地	19.95	4718.66	27.46	3.08	41.81	0.56	4811.52
草地	136.12	104.02	3337.31	9.50	17.16	0.77	3604.87
水体	32.27	3.58	11.11	172.53	1.20		220.69
建设用地	40.19	1.28	2.23	0.97	910.66	0	955.33
未利用地	0.05	1.16	0.97		0.01	19.47	21.65
2000总计	5109.67	4876.59	3467.86	221.00	1272.67	20.88	14968.67

2010—2020年秦岭北麓地区土地利用转移矩阵　　　　　　　　　　　　　　　表4

土地类型	耕地	林地	草地	水体	建设用地	未利用地	2020总计
耕地	4647.31	36.05	107.47	43.27	274.57	1.00	5109.67
林地	27.10	4705.20	129.60	3.11	9.38	2.20	4876.59
草地	67.60	70.39	3310.12	13.57	4.72	1.47	3467.86
水体	12.35	2.13	6.70	196.24	1.96	1.61	221.00
建设用地	81.33	26.25	10.39	1.05	1153.51	0.15	1272.67
未利用地	0.27	0.81	1.04	0.02	0.02	18.72	20.88
2010总计	4835.95	4840.83	3565.33	257.25	1444.16	25.15	14968.67

3.2 景观格局变化

3.2.1 斑块类型水平变化

从图2可知，耕地、林地、草地3类土地的斑块面积比指数最大，表明耕地、林地和草地是秦岭北麓地区的主导景观类型，在2000—2020年耕地的斑块面积比指数呈现持续下降趋势，而建设用地则不断上升，表明随着城市化进程的加快，人们对于建设用地的需求不断上升。建设用地的斑块密度指数最大，且20年间基本持平，表明建设用地持续聚集化发展。耕地的最大斑块指数最大，但下降趋势明显，其他景观类型的最大斑块指数基本稳定，表明耕地在研究区的景观优势度降低。草地和耕地的景观形状指数最大，且均呈现大幅度上升状态，表明秦岭北麓地区的草地和耕地受到自然因素或人工因素的影响，导致其斑块形状复杂化，加大了景观破碎度。

3.2.2 景观类型水平变化

从景观类型水平变化看（表5），秦岭北麓2000—2020年斑块聚合度和斑块内聚力指数先降低后升高，表明在2000—2010年秦岭北麓地区斑块因城市化进程的加快而趋于分散，而在2010—2020年因为全国生态文明建设发展的驱动下，秦岭北麓斑块之间的连接度提升，景观格局不断优化，生态环境向好发展。蔓延度指数不断下降，表明秦岭北麓地区不同斑块团聚程度降低，景观破碎度加剧。香农多样性指数和香农均匀度指数不断提升，表明在2000—2020年秦岭北麓地区景观类型丰富度不断提升，景观异质性增加，斑块破碎度明显，但斑块分布逐渐均匀。

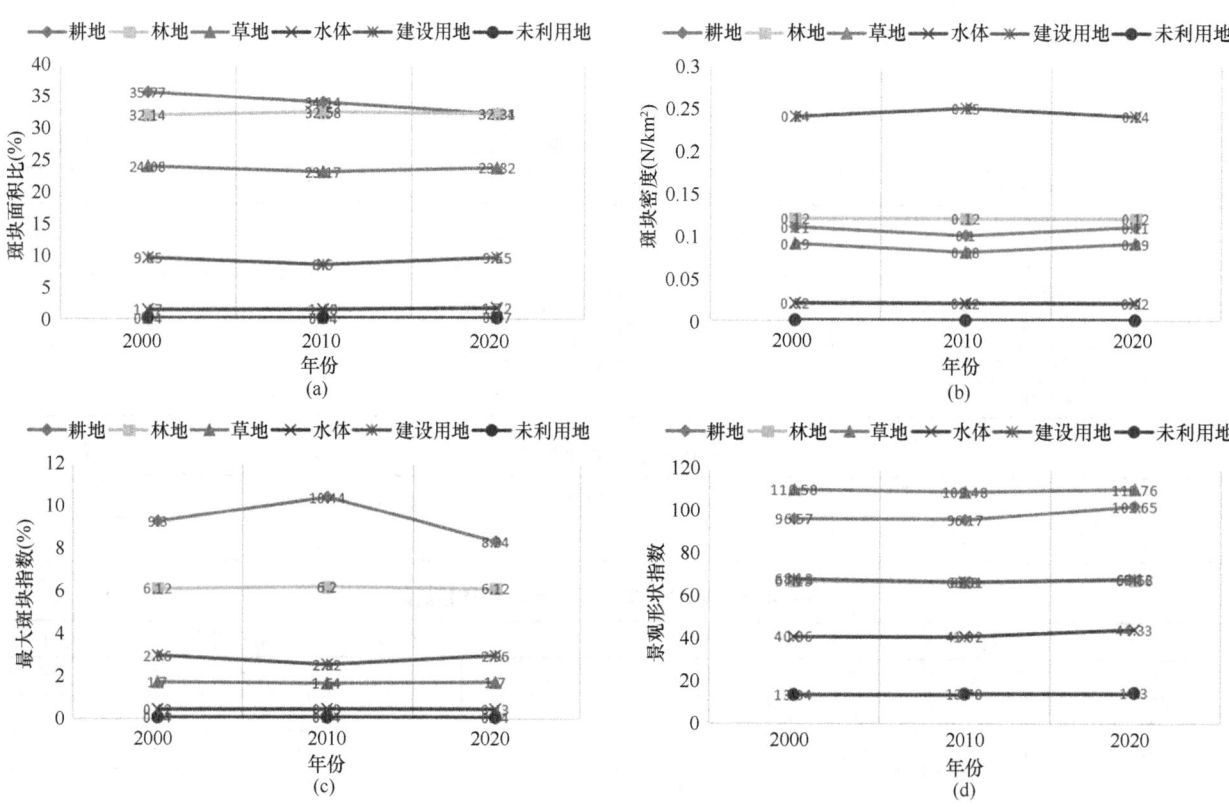

图2 2000—2020年秦岭北麓地区斑块类型水平格局指数

2000—2020年秦岭北麓地区景观水平格局指数　　表5

年份	斑块聚合度 AI	斑块内聚力指数 COHESION	蔓延度指数 CONTAG	香农多样性指数 SHDI	香农均匀度指数 SHEI
2000	95.80	99.73	57.22	1.32	0.74
2010	95.83	99.75	56.43	1.35	0.75
2020	95.67	99.71	55.51	1.38	0.77

3.3 驱动力分析

本文运用灰色关联度分析法来探究推动秦岭北麓地区景观格局演变的驱动因素。选取2000—2020年包括社会、经济、气候在内的9项指标，并与斑块聚合度、斑块内聚力指数、蔓延度指数、香农多样性指数和香农均匀度指数进行关联度分析（表6）。整体来看，社会因素（包括总人口数、GDP、粮食产量）对于秦岭北麓景观格局变化的综合驱动作用最大，其中总人口数对于香农多样性指数的关联系数高达0.998，其次是粮食产量与香农多样性指数的关联性，关联系数为 0.995；气候因素（包括年均气温、年降水量）对研究区景观格局的关联性指数在 0.977~0.993，驱动能力较强，其中年均气温的关联度高于年降水量；经济因素（包括生产总值、第一产业、第二产业、第三产业）对研究区的关联性较弱，其中第一产业与所选指标的关联性高于其他经济因素。表明因秦岭北麓地区总人口数的增加带来土地利用的需求，促使自然环境转变为人工环境，推动区域景观格局的显著变化。

景观指数与所选因子的关联系数　　　　　　表6

景观指数	X1	X2	X3	X4	X5	X6	X7	X8	X9
AI	0.675	0.770	0.653	0.677	0.995	0.665	0.992	0.992	0.978
COHESION	0.675	0.766	0.653	0.677	0.995	0.665	0.992	0.992	0.978
CONTAG	0.674	0.766	0.652	0.677	0.993	0.665	0.989	0.993	0.977
SHDI	0.675	0.767	0.653	0.678	0.998	0.665	0.995	0.991	0.981
SHEI	0.675	0.766	0.653	0.678	0.997	0.665	0.994	0.991	0.981

注：X1：地区生产总值；X2：第一产业；X3：第二产业；X4：第三产业；X5：总人口数；X6：GDP；X7：粮食产量；X8：年均气温；X9：年降水量。

4　结论

本研究通过对秦岭北麓地区 2000—2020 年三期遥感影响进行解译，分析总结秦岭北麓地区土地利用与景观格局的变化特征，并采用灰色关联度探究景观格局变化的背后驱动力，结果表明：①耕地、林地和草地为秦岭北麓地区的优势景观类型，但在 2000—2020 年土地类型发生显著变化，2000—2010 年土地转移速度大于 2010—2020 年土地转移速度，主要表现为耕地向建设用地大面积转移，且草地与林地之间存在大量土地相互转化现象。②从斑块类型水平看，2000—2020 年秦岭北麓地区建设用地的斑块面积比不断上升，且保持较高的聚集度，其原因主要为城市化的发展，但也加剧了草地与耕地的景观破碎化。从景观类型水平看，秦岭北麓整体景观多样性、异质性不断增加，但斑块分布呈现均匀化趋势。③秦岭北麓地区经济、社会和气候因素的综合作用推动其景观格局的显著变化，其中社会因素与景观格局的关联系数最高，气候因素次之，经济因素最弱，人口增加带来建设用地的需求是秦岭北麓地区景观格局演变的主导因素。

参考文献

[1] 王宪礼，肖笃宁，布仁仓，等．辽河三角洲湿地的景观格局分析[J]．生态学报，1997(3)：317-323.
[2] 彭建，王仰麟，张源，等．土地利用分类对景观格局指数的影响[J]．地理学报，2006(2)：157-168.
[3] 吕一河，陈利顶，傅伯杰．景观格局与生态过程的耦合途径分析[J]．地理科学进展，2007(3)：1-10.
[4] 布仁仓，胡远满，常禹，等．景观指数之间的相关分析[J]．生态学报，2005(10)：2764-2775.
[5] 冶晓铮，张金旭，候智国．青海省民和县土地利用景观生态格局动态分析[J]．农学学报，2023，13(5)：50-57.
[6] 张鹏，刘慧，王为木，等．东南山丘区水库流域多空间尺度景观格局对水质的影响[J]．水生态学杂志，2023，44(3)：17-25.
[7] 胡晓杰，陈灼康，莫罗坚，等．基于遥感影像的丹霞山国家级自然保护区森林景观格局分析[J]．生态科学，2023，42(2)：155-163.
[8] 闻译竣，石超，王树伟，等．近35年石羊河流域景观格局演变及其驱动因素[J]．草业科学，2023，40(1)：303-317.
[9] 王克西，任燕，张月华．秦岭北麓环山带生态环境保护问题研究[J]．西北大学学报(哲学社会科学版)，2007(2)：44-49.
[10] 王曦，程三友，李英杰，等．基于Landsat TM和OLI数据的30年间土地利用变化及生态敏感性研究——以西安市秦岭段鄠邑区为例[J]．第四纪研究，2022，42(6)：1655-1672.
[11] 李为民，李思锋，黎斌．秦岭山地濒危植物秦岭冷杉群落结构特征研究[J]．陕西林业科技，2012(5)：1-6.
[12] 陈曦，张彦军，邹俊亮，等．秦岭太白山森林表层土壤有机碳分布特征[J]．森林与环境学报，2022，42(3)：244-252.
[13] 张景华，封志明，姜鲁光．土地利用/土地覆被分类系统研究进展[J]．资源科学，2011，33(6)：1195-1203.
[14] 刘思峰，蔡华，杨英杰，等．灰色关联分析模型研究进展[J]．系统工程理论与实践，2013，33(8)：2041-2046.
[15] 丁金华，吴忻．苏南水网地区景观格局演变分析及其驱动因素探究——以七都镇为例[J]．西北林学院学报，2023，38(2)：257-264.

作者简介

叶雅诗，1999年生，女，汉族，河南周口人，长安大学建筑学院风景园林学专业硕士在读，研究方向为风景园林景观规划与设计。电子邮箱：18633030114@163.com。

基于生态安全格局的国土空间生态修复分区及协同治理路径研究[①]
——以山西中部城市群为例

Research on Ecological Restoration Zoning and Collaborative Governance Path of Territorial Space Based on Ecological Security Pattern
—Take the Central Urban Agglomeration of Shanxi Province as an Example

刘 猛* 李晓静 周正伟 王 霜

摘 要：区域生态环境协同治理对我国可持续发展作出重要贡献，本文以协同发展的山西中部城市群为例，综合形态学空间格局分析、最小累计阻力模型、电路理论构建 2020 年生态安全格局，基于可持续发展情景模式，并运用 PLUS 模型模拟优化 2030 年土地覆被数据，进而构建 2030 年生态安全格局。结合 2020 年和 2030 年生态安全格局，划定国土空间生态修复分区，提出城市群生态环境协同治理路径，为区域国土空间规划编制工作提供合理化参考，对维持快速城市化地区生态系统持续健康发展具有重要意义。

关键词：形态学空间格局分析；最小累计阻力模型；电路理论；PLUS 模型；生态安全格局

Abstract: Regional ecological and environmental collaborative governance makes an important contribution to China's sustainable development. This paper takes the central Shanxi city cluster with coordinated development as an example, constructs the ecological security pattern in 2020 by integrating morphological spatial pattern analysis, minimum cumulative resistance model and circuit theory, and simulates and optimizes the land cover data in 2030 based on the sustainable development scenario model by using the PLUS model, then construct ecological security pattern in 2030. In the light of the ecological security pattern in 2020 and 2030, the zoning of ecological restoration of territorial space is delimited, and the path of collaborative ecological environment governance of urban agglomerations is proposed, which provides a reasonable reference for the preparation of regional territorial spatial planning and is of great significance for maintaining the sustainable and healthy development of ecosystems in rapidly urbanizing areas.

Keywords: Morphological Spatial Pattern Analysis; Minimum Cumulative Resistance Model; Circuit Theory; PLUS Model; Ecological Security Pattern

引言

生态安全是国家总体安全的组成部分，是我国生态文明理念的重要内容[1]。近年来，快速城市化引发各类生态环境问题，如何平衡资源环境阈限与社会经济阈限，是当今的重要议题[2]。2020 年 9 月由自然资源部印发的《市级国土空间总体规划编制指南（试行）》强调"构建连续、完整、系统的生态保护格局，优先确定国土保护空间"[3]。因此，构建科学的生态安全格局将为实施山水林田湖草沙一体化的国土空间生态修复工程奠定重要基础。

1999 年，俞孔坚以生物多样性为视角，阐释生态安全格局[4]。随着社会-生态系统理论不断发展，生态安全格局构建方法也呈现多元化发展态势，基于"源-汇"理论和"源地-阻力面-廊道"的三步骤成为当今研究范式[5]，有研究引入多种生态节点，从而丰富生态安全格局的内涵[6]。人类干扰导致自然生态过程受到胁迫[7]，且受干扰的生态系统自我修复过程漫长。迄今为止，多数学者研究生态安全格局聚焦于完善提取生态源地的方法依据视角，极少关注生态安全格局的时空演变趋势和影响因素，以及对未来生态安全格局的情景模拟优化。因此，本文以快速城市化的山西中部城市群为研究对象，采用形态学空间格局分析、最小累计阻力模型、电路理论，构建城市群尺度的 2020 年生态安全格局，并运用 PLUS 模型设置可持续发展情景，模拟 2030 年土地覆被类型空间分布，从而模拟未来生态安全格局，并结合近期和未来生态安全格局划定国土空间生态修复分区，提出城市群协同治理理念及生态修复措施。本研究对促进山西中部城市群高质量、可持续发展具有重要意义。

[①] 基金项目：山西省自然科学基金（编号：20210302124437）。

1 区域概况与数据来源

1.1 研究区概况

山西中部城市群涵盖太原、吕梁、晋中、忻州、阳泉五市，毗邻京津冀城市群，土地面积 7.41 万 km²，地形复杂多样，流经滹沱河、汾河、桑干河等河流。截至 2021 年末，该区域常住人口 1613 万，GDP1.13 万亿元。

1.2 数据来源与处理

本研究基础数据为土地覆被类型（分辨率为 30m×30m）、山西中部城市群市级行政区划，以及 PLUS 模型所需要的驱动因子、构建生态安全格局所需要的阻力因子数据等，所有栅格数据均采用 ArcGIS10.4 软件重采样为 30m×30m 分辨率，详见表 1。

数据来源信息表　　　　　　　　　　　表 1

所需数据	初始数据来源
2010 年和 2020 年土地覆被数据	武汉大学杨杰、黄昕共同撰写的 Landsat 衍生的年度土地覆盖产品数据集[8]
高程	地理空间数据云
人口密度栅格数据	WorldPop
距离道路远近	OpenStreetMap
土壤类型数据	世界土壤数据库（Harmonized World Soil Data base version，简称 HWSD）
研究区行政区划矢量数据	全国地理信息资源目录服务系统
水域限制区	
距离河流远近	
距离政府驻地远近	
年均降雨量	中国科学院资源环境与数据中心
坡度	
土壤侵蚀因子	
地形地貌数据	
GDP 栅格数据	
植被覆盖度	

2 研究方法

2.1 PLUS 模型

斑块生成土地利用变化模拟模型（PLUS）集成了用地扩张分析策略（LEAS）和基于多类随机斑块种子的元胞自动机（CARS）两大模块。

LEAS 模块通过对比 2010 年和 2020 年土地覆被变化情况，提取土地利用扩张分析图。本研究考虑数据的可获得性，选取 DEM、坡度、植被覆盖度、土壤类型图、年均降雨量、地形地貌数据、GDP、人口密度数据、距离政府驻地远近、距离省级以上道路远近 10 种自然驱动因子和社会经济驱动因子，分析不同驱动因子对土地覆被变化的影响。通过随机森林回归算法[9]计算土地覆被类型的发展概率，形成用地扩张分析概率图。

CARS 模块在 LEAS 基础上，结合转换矩阵（表 2）、邻域权重（表 3），以及阈值递减机制，共同确定最终未来情景模式下的用地时空分布格局[10-12]。本文综合水源涵养、耕地保护、生态保护 3 种可持续发展理念设置可持续发展情景，模拟 2030 年土地覆被布局，进而提取生态源地，构建 2030 年生态安全格局。

土地覆被转换矩阵　　　　　　　　　　　表 2

2020	2030					
	耕地	林地	草地	水域	裸地	建设用地
耕地	1	1	1	0	0	1
林地	1	1	1	0	0	0
草地	1	1	1	1	1	1
水域	0	0	0	1	0	0
裸地	1	1	1	1	1	1
建设用地	1	1	1	0	0	1

土地覆被类型邻域权重　　　　　　　　　表 3

地类名称	耕地	林地	草地	水域	裸地	建设用地
邻域权重	0.40	0.65	1.00	0.50	0.80	0.85

2.2 形态学空间格局分析（MSPA）

MSPA 方法能够从像元视角精确识别出对维持景观连通性具有重要影响的不同景观类型。运用 Guidos Toolbox 2.8，提取研究区生境质量较高的林地、水域作为前景值，其余土地类型作为背景值，运用 MSPA 提取核心区、孤岛等景观要素。结合景观连通性分析，提取核心区面积较大、斑块较为集中、连通程度较高的区域，作为生态源地。

2.3 最小累计阻力模型（MCR模型）

最小累计阻力模型反映了"源"经过不同大小的阻力面所消耗的成本，即从目标斑块到最近源斑块的加权距离[13]，具体公式如下。

$$MCR = f_{min}\sum(S_{ij} \times R_i)$$

式中，MCR为最小累积阻力值；S_{ij}为空间从源j到任意空间单元i的距离；R_i为空间单元i对任意空间单元的阻力程度；$\sum$表示空间单元i与源j之间穿越所有空间的阻力累加值；f_{min}表示不同源的最小累积阻力与生态效应的函数关系。

3 2020—2030年土地覆被时空动态变化分析

结合我国发展现状，可持续发展理念应坚守"18亿亩耕地红线"，有效保障粮食安全；同时，应监测生态系统服务功能状况，守住绿地、公园和河流，提升民生福祉。运用PLUS模型设置水源涵养、生态保护、耕地保护3种综合发展模式作为可持续发展情景，通过对比2020年土地覆被模拟结果与实际土地覆被数据，Kappa系数为0.76，Fom系数为0.13，验证模型模拟精度良好，适用于该区域。因此，模拟优化可持续发展情景模式下2030年土地覆被类型数据，耕地、林地、建设用地、裸地面积均增加，草地和水域的适量减少。这有助于促进土地资源集约节约利用。裸地的适量增加顺应了国土空间规划体系中的留白政策，耕地、林地面积的大幅上升，建设用地合理适量的扩张均对城市群高质量、可持续发展有重要意义。

4 生态安全格局构建及未来模拟

4.1 2020—2030年生态源地时空演变特征

本文综合MSPA和景观连通性提取生态源地，提取2020年和2030年生态源地均为19个，2020年生态源地面积为8483.74km²，2030年为9065.53km²（表4）。这得益于可持续发展理念的约束，使2020—2030年林地面积增加3368.66km²，生态源地的供给量有所提升。2020—2030年的连通性高的生态源地均集聚于吕梁山脉。生态源地面积呈现"南高北低、西高东低"的特征，在空间分布上，源地斑块呈现"中部少、两侧多"的分布格局，生态源地的分布与地形地貌和人类活动高度相关，中部忻州盆地和太原盆地地区，形成耕地和建设用地集中连片区，人类活动剧烈，生境质量低，生态源地较少；两翼的吕梁山脉和太行山脉地区，人口密度较低，形成生态屏障区，将提供更多的生态源地，优化城市群生态环境。在行政区划上，吕梁市2030年的生态源地面积高达5074.24km²，提供生态源地达到最多。阳泉市生态源地面积增速最高，高达91.41%。2030年太原市生态源地占该市总面积比例高达33.44%，说明注重资源环境阈限和社会经济阈限达到动态平衡的可持续发展理念可以促进生态源地面积的增加，改善生态环境，提升社会福祉。

2020—2030年山西中部城市群各市生态源地占各市总面积比值（单位:%） 表4

城市	阳泉市	太原市	吕梁市	忻州市	晋中市
2020年占比	5.51	30.89	14.98	1.51	9.28
2030年占比	10.54	33.44	15.07	1.96	10.26

4.2 2020—2030年生态安全格局时空演变

本文采用6个阻力因子，采用层次分析法测算各阻力因子权重（表5），并通过GIS技术的栅格计算器对阻力因子极值标准化，通过加权叠合形成综合阻力面，基于MCR模型的基本原理，运用ArcGIS的Linkage Mapper模块提取生态廊道，采用Pinchpoint Mapper模块识别生态夹点，Barrier Mapper模块探寻生态障碍点，通过生态廊道与道路的交点识别生态断裂点，从而构建出源地—廊道—综合阻力面—节点的生态安全格局。2020年生态廊道37条，长度共1980.92km，2030年生态廊道36条，长度共1762.20km，2020—2030年生态廊道均呈现"北少南多"的分布格局，生态廊道总长度的减少说明可持续发展情景模式提升了城市群生境质量水平。部分区域的物种多样性增加。但城市化进程的加快致使人类活动加剧，在一定程度上阻碍物种迁移，以致可持续发展情景模式下，2020—2030年的生态夹点增加。但随着生态环境持续治理和改善，生态障碍点明显减少，2020年生态障碍点4611处，2030年生态障碍点3713处，且2030年生态障碍点分布范围缩小，主要集聚于太原盆地北部。可持续发展理念合理的控制了路网的无序扩张，使得2020年和2030年生态断裂点均为28处。此研究表明，尽管可持续发展的情景模式可以制约建设用地的无序扩张，优化区域生境质量，提升物种丰富度，但是城市化发展依然可能致使生态环境质量出现小区域短暂的下滑现象，因此，进行城市群生态环境定期监测，优化生态环境协同治理理念，以及科学实施生态修复工程具有重要意义。

山西中部城市群阻力因子权重 表5

阻力因子类型	坡度因子	高程因子	距离河流远近阻力因子	距离省级以上道路远近阻力因子	土地覆被类型阻力因子	土壤侵蚀阻力因子
权重	0.20	0.13	0.10	0.12	0.37	0.07

4.3 国土空间生态修复分区划定

综合近期（2020年）和未来可持续发展情景模拟优化后（2030年）的综合阻力面及生态安全格局，划定水土保持区、生态屏障区、水源涵养区、耕地保护区、生态过渡带、生态保育区的6种生态修复分区，分别分布于11个不同的地理区位，提出相应分区和协同治理理念，为城市群生态环境保护与国土空间规划编制工作提供合理化参考。

生态保育区主要分布于太行山脉中部、五台山、系舟山地区，尽管该区域林地和草地广泛分布，但由于城市化进程造成的建设用地扩张、人类活动加剧等因素，绿地景观斑块破碎，存在的生态源地连通性较差，面积较小，分布较为稀疏，因此，要加强绿地保护，促进建设用地有序合理扩张，在城区和矿区等建设用地较为密集的区域兴建公园，山区和农村等林草集聚和人口稀少地区要因地制宜种植果树，培育木材加工等实体经济和绿色产业的发展，加强生态减贫和乡村振兴等政策的落实，注重林地和水源地保护，提升社会福祉，落实生态保育措施，构建京津冀生态屏障，加快融入京津冀城市群协同发展战略。

耕地保护区主要分布于吕梁山脉北部、长治盆地北部、太原盆地、忻州盆地。该区域地形低平，地势起伏度较低，适宜发展农业，形成耕地集中连片区。应当积极开展耕地集约利用监察工作，加强实施农业机械化作业，同时采用科学技术手段提高耕地产量，确保粮食安全，合理利用耕地资源，确保耕地质量不降低、耕地数量不减少。该区域由于人类活动剧烈，城市化水平较高，因此，生态廊道较长，由于铁路、公路等道路数量较多，从而形成较多的生态断裂点和障碍点，采取修建"绿桥"的形式保护物种多样性，消除障碍点。煤矿富集区在煤矿开采时要积极降尘处理，防止大气污染破坏生态源地。同时加强动植物保护。对开采服务年限期满的煤矿区域，可修建矿山生态公园，提升人居环境质量，土地复垦要按照宜农则农、宜林则林、宜草则草的理念，促进城市生态系统健康发展。

生态屏障区主要分布于吕梁山脉中部，该地区属于林草集聚区，生境质量较高，拥有大面积的生态源地，且连通性较高。该区域人口密度较低，人类干扰度较低，形成生态屏障，为城市群提供涵养水源、调节气候的生态功能。

生态过渡带主要分布于太岳山和云中山，该区域林地和草地密集度适中，绿地景观面积较大却斑块破碎度高，尽管生境质量较高，但不易形成连通性较好的生态源地，且该区域存在少量生态障碍点，要合理控制城镇开发边界，增加城市绿地建设，加强生态安全网络的连通性和完整性，从而提升城市群生态环境协同治理水平。

水土保持区位于黄河流域山西段中部，该区域草地分布广泛，林地面积较少，因此不存在较大斑块的生态源地，要因地制宜实施宜林则林、宜草则草、宜湖则湖的生态修复理念，减少人类干扰，在黄河（山西段）中段地区建立生态隔离带，从而促进该区域水源和生态环境持续健康发展。

水源涵养区位于汾河上游地区，该区域连通性较高的生态源地斑块较少，且存在较多生态障碍点和生态断裂点，为生态脆弱区，应加强河道整治，落实河长制政策，实施严格的上游水域污染监测和治理工作，防止较大面积的河流面源污染和湖泊内源污染。河流沿岸应提升植被丰度，建立河湖缓冲带和生态隔离带，从而调节气候、涵养水源。促进生态源地和生态廊道的形成，对汾河上游流域生态系统可持续发展具有重要意义。

5 结语

本文以土地覆被类型为基础数据，运用MSPA模型、MCR模型、电路理论构建2020年生态安全格局。基于PLUS模型设置可持续发展情景，模拟优化未来2030年土地覆被数据，并重复上述步骤，模拟2030年生态安全格局。研究结果表明，2020—2030年生态源地面积增加581.79km^2，生态廊道总长度减少218.72km，生态夹点面积增加，生态障碍点数量减少，生态断裂点数量持平。在空间分布上，2020—2030年生态夹点的分布区域不断扩大，生态障碍点的分布区域不断缩小，说明可持续发展理念可以持续改善生态环境，提升物种多样性，但是城市高质量发展过程中，部分生态脆弱区依然会出现短暂的生态环境与社会经济发展无法协调的现象。本研究的创新点在于模拟优化可持续发展情景下2030年的生态安全格局，立足2020年生态安全格局和未来2030年生态安全格局，探究当前发展和未来可能出现的城市生态环境差异化问题，并划分水土保持区、生态屏障区、水源涵养区、耕地保护区、生态过渡带、生态保育区6种国土空间生态修复分区，提出城市群生态环境协同治理理念，为城市群国土空间生态修复工程实施提供合理化参考。

参考文献

[1] 张雪飞, 王传胜, 李萌. 国土空间规划中生态空间和生态保护红线的划定[J]. 地理研究, 2019, 38(10): 2430-2446.

[2] Zuo L Y, Gao J B, Du F J. The pairwise interaction of environmental factors for ecosystem services relationships in karst ecological priority conservation and key restoration areas[J]. Ecological Indicators, 2021, 131: 108125.

[3] 自然资源部. 市级国土空间总体规划编制指南（试行）[EB/OL]. 2020 [2023-7-20]. http://gi.mnr.gov.cn/202009/t20200924_2561550.html.

[4] Yu K J. Security patterns and surface model in landscape ecological planning [J]. Landscape and Urban Planning, 1996, 36(1): 1-17.

[5] 方莹, 王静, 黄隆杨, 等. 基于生态安全格局的国土空间生态保护修复关键区域诊断与识别——以烟台市为例[J]. 自然资源学报, 2020, 35(1): 190-203.

[6] 王云, 潘竟虎. 基于生态系统服务价值重构的干旱内陆河流域生态安全格局优化——以张掖市甘州区为例[J]. 生态学报, 2019, 39(10): 3455-3467.

[7] 覃彬桂, 林伊琳, 赵俊三, 等. 基于InVEST模型和电路理论的昆明市国土空间生态修复关键区域识别[J]. 中国环境科学, 2023, 43(2): 809-820.

[8] Yang J, Huang X. The 30m annual land cover dataset and its

dynamics in china from 1990 to 2019[J]. Earth System Science Data, 2021, 13(8): 3907-3925.
[9] Liang X, Guan Q, Clarke K C, et al. Understanding the drivers of sustainable land expansion using a patch-generating land use simulation (PLUS) model: A case study in Wuhan, China[J]. Computers Environment and Urban Systems, 2021, 85: 101569.
[10] 王子尧, 黄楚梨, 李倞, 等. 耦合 InVEST-HFI-PLUS 模型的生态分区规划与动态评估——以博尔塔拉蒙古自治州为例[J]. 生态学报, 2022, 42(14): 5789-5798.
[11] 陈艳, 吴睿, 马月伟, 等. 典型喀斯特地区生境质量的时空分异与模拟研究[J]. 生态与农村环境学报, 2022, 38(12): 1593-1603.
[12] 胡丰, 张艳, 郭宇, 等. 基于 PLUS 和 InVEST 模型的渭河流域土地利用与生境质量时空变化及预测[J]. 干旱区地理, 2022, 45(4): 1125-1136.
[13] 杨帅琦, 何文, 王金叶, 等. 基于 MCR 模型的漓江流域生态安全格局构建[J]. 中国环境科学, 2023, 43(4): 1824-1833.

作者简介

（通信作者）刘猛，1998 年生，男，汉族，河北沧州人，山西财经大学公共管理学院硕士在读，研究方向为国土空间规划、生态系统服务。电子邮箱：1258613527@qq.com。

李晓静，1981 年生，女，汉族，山西长治人，博士，山西财经大学公共管理学院，讲师，研究方向为国土空间规划、碳循环。电子邮箱：lixiaojingsxcd@163.com。

周正伟，1998 年生，男，汉族，山西忻州人，山西财经大学公共管理学院硕士在读，研究方向为土地整治与生态修复。电子邮箱：1214464525@qq.com。

王霜，2000 年生，女，汉族，山西运城人，山西财经大学公共管理学院硕士在读，研究方向为土地利用碳足迹。电子邮箱：1019194097@qq.com。

基于文献计量分析的生态规划方法与技术应用研究进展

Research Progress of Ecological Planning Methods and Technologies Application Based on Bibliometric Analysis

谢婉月　郝培尧*

摘　要：生态规划在协调人类活动与自然发展之间的相互关系方面具有重要作用。通过 CiteSpace 软件对该领域的英文文献开展文献计量和知识图谱分析，系统梳理生态规划研究的热点动态，归类总结研究运用的方法与技术，以期为优化生态规划实践研究提供理论基础。结果表明：生态规划方法主要体现在生态安全格局规划、土地利用与城市增长边界规划、生态网络规划和绿色基础设施规划几方面，向时空化、网络化的方向发展。描述时空变化的技术包括数学模型和空间模拟；体现网络结构的技术包括图论、回路理论和最低成本路径分析等。

关键词：生态规划；方法；技术；CiteSpace

Abstract: Ecological planning plays an important role in coordinating the relationship between human activities and natural development. Through CiteSpace software, this paper carrys out bibliometrics and knowledge mapping analysis of English literatures, systematically sorted out the hot trends of ecological planning research, classified and summarized the methods and technologies used in the research, to provide a theoretical foundation for optimizing ecological planning practice. The results show that the ecological planning methods are mainly embodied in the ecological security pattern planning, land use and urban growth boundary planning, ecological network planning and green infrastructure planning, which are developing in the direction of space-time and networking. The methods of describing spatiotemporal change include mathematical model and spatial simulation, and the way to reflect the network structure include graph theory, loop theory and the lowest cost path analysis.

Keywords: Ecological Planning; Method; Technology; Citespace

引言

工业化和城镇化进程造成了自然资源的损失和生态环境的破坏。生态规划是协调人类使用与生态保护的有效途径，可帮助实现土地的可持续利用。生态规划具有多样化的景观理解与评估方法，往往通过数种方法的综合应用以实现具体规划目标。生态规划方法的多样性是生态问题的复杂反映，通过一系列相互关联的分析来研究土地具有的景观价值和公共服务价值[1]。

国内外涉及生态规划研究的实践十分丰富，但多数聚焦于特定方法在研究区开展应用，研究结果较为分散，鲜有学者对研究成果予以系统梳理，缺乏关于生态规划方法与技术的总体论述。基于此，本文以英文文献检索数据为基础，通过文献计量分析与可视化图谱的方式，展示出生态规划领域相关研究的热点主题和前沿动态，归类并总结生态规划实践所运用的主流方法与相对应的技术。以期为我国生态规划实践提供参考依据和思路引导。

1 研究方法与数据提取

1.1 研究方法

可视化软件 CiteSpace 能够以知识图谱的形式，针对施引文献进行共现、聚类、耦合等分析。其关键词共现、聚类、共被引分析可获知学科中各主题之间的交互联系；其时区图可反应不同时期研究重点的变迁。基于上述工具，主要采取以关键词和共被引文献为对象的方法构建分析网络。文献分析一方面结合关键词共现、聚类图谱和时间线分布聚焦当下生态规划研究热点与发展趋势，另一方面结合高被引文献分布信息分析研究基础和动态，并总结生态规划实践的方法与技术。

1.2 数据提取

以 Web of Science（WOS）核心合集（SCI、SSCI、A&HCI、CPCI-S）为数据源采集英文文献并进行高级检索。检索式：TS＝ecological planning AND LA＝English AND DT＝Article。时间范围为全库（2003—2023 年）。对论文发表年度进行统计（图1），相关文献发表数量整体呈上升趋势（2023 年发文量应比实际年度发文量低），故设定发表时间为 2003 年—2023 年 7 月。为保证文献内容的学科相关性，选定研究方向为 Environmental Sciences Ecology or Biodiversity Conservation or Engineering or Forestry or Physical Geography or Urban Studies or Geography or Remote Sensing。通过整理去重，最终筛选出 675 篇文献。运用可视化软件 CiteSpace5.8.R3 对文献进行关键词共现、聚类分析。

---

① 基金项目："中央高校基本科研业务费专项资金"资助项目（编号：2019RW02）。

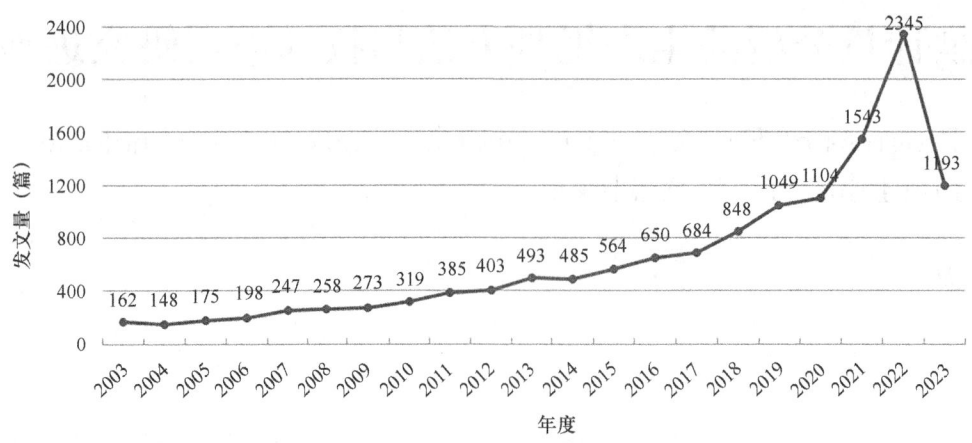

图1 相关文献年度发文量统计图

2 研究热点与发展趋势

2.1 研究热点

关键词是作者对于文献核心内容的提炼，关键词共现图谱中，城市（city）、土地利用（land use）、生态系统（ecosystem）、廊道（corridor）、绿色基础设施（GI）、生物多样性保护（biodiversity conservation）、生境破碎（habitat fragmentation）、格局（pattern）、模型（model）、可持续性（sustainability）、景观连通性（landscape connectivity）等共同构成生态规划研究领域热点分布画像，且各主题词之间关联性强（图2）。

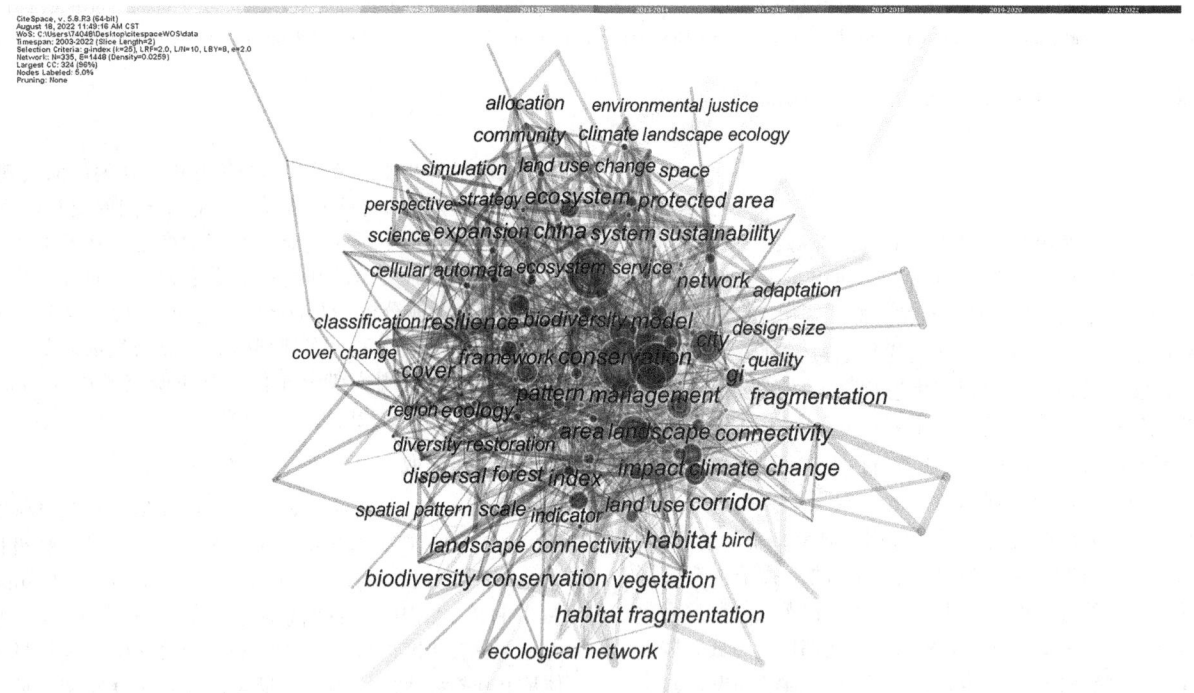

图2 生态规划研究文献关键词共现图

高频关键词可反映研究领域的热点方向。对高频关键词进行聚类统计后得到关键词聚类图谱（图3），筛选出文献数量大于10篇的聚类标签进行具体分析（表1），并在部分原标签的基础上进行了相关的补充。可总结得出，生态规划研究多集中于城市，其中，以生物多样性保护为目的的生态网络规划是生态规划方法的重要体现，通常采用景观图论、情景模拟等技术开展。

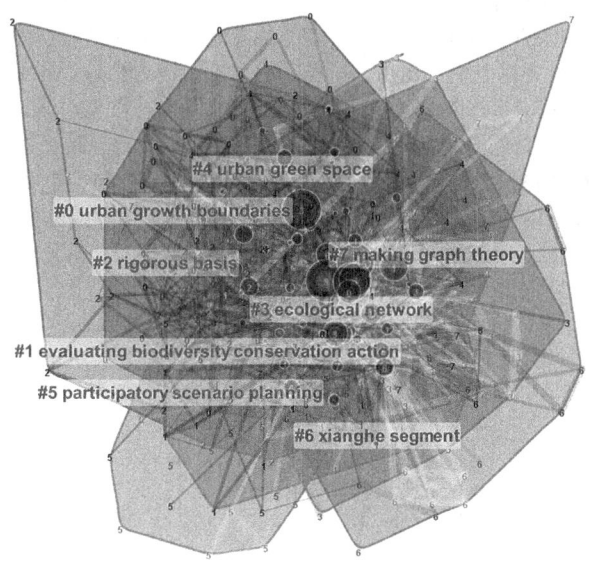

图 3　生态规划研究文献关键词聚类图

生态规划研究文献聚类高频主题词　　　　　　　　　　　　　　　　　　　　　　　　　　　　表 1

聚类	文献数量	轮廓值	平均年份	主题词标签（LLR算法）
#0 urban growth boundaries 城市增长边界	65	0.683	2016	urban growth boundaries（城市增长边界）（210.43，1.0E-4）；ecological constraint（生态约束）（206.78，1.0E-4）；dynamic change（动态变化）（174.07，1.0E-4）
#1 evaluating biodiversity conservation action 评价生物多样性保护行动	53	0.689	2011	evaluating biodiversity conservation action（评估生物多样性保护行动）（147.11，1.0E-4）；fragmented landscape（景观破碎）（147.11，1.0E-4）；generic focal species（指示物种）（147.11，1.0E-4）；least-cost network（最小成本网络）（147.11，1.0E-4）
#2 rigorous basis 严格依据（理论基础）	47	0.680	2014	rigorous basis（严格依据）（158.35，1.0E-4）；developing mapped ecological region（生态地区制图）（158.35，1.0E-4）；scenario-based approach（情景方法）（153.24，1.0E-4）；land use pressure（土地利用压力）（153.24，1.0E-4）
#3 ecological network 生态网络	43	0.745	2007	ecological network（生态网络）（145.34，1.0E-4）；land use（土地利用）（119.16，1.0E-4）；conservation planning（保护规划）（115.94，1.0E-4）；urban landscape planning（城市景观规划）（103.84，1.0E-4）
#4 urban green space 城市绿地	39	0.699	2014	ecological network（生态网络）（162.71，1.0E-4）；urban green space（城市绿地）（154.27，1.0E-4）；nature-based solution（基于自然的解决方案）（150.71，1.0E-4）；municipal practice（市政实践）（150.71，1.0E-4）
#5 participatory scenario planning 参与式情景规划	31	0.780	2011	participatory scenario planning（参与式情景规划）（258.06，1.0E-4）；ecological security assessment（生态安全评价）（151.36，1.0E-4）；protected areas management（保护区管理）（145.62，1.0E-4）；ecosystem services framework（生态系统服务框架）（145.62，1.0E-4）
#6 xianghe segment 香河段	25	0.815	2011	xianghe segment（香河段）（199.56，1.0E-4）；grand canal（大运河）（199.56，1.0E-4）；social-ecological change（社会生态变化）（126.78，1.0E-4）
#7 making graph theory 图论生成	21	0.834	2011	making graph theory（图论生成）（136.7，1.0E-4）；multifunctional agricultural landscape（多功能农业景观）（131.33，1.0E-4）；ecological assessments planning（生态评估规划）（128.45，1.0E-4）

2.2 研究趋势

将聚类标签沿时间维度展开得到聚类时间线图谱（图4），可见关于生物多样性保护和生态网络研究的热度居高不下并延续至今。以生物多样性保护行动标签为例，该话题之下的研究自关注生境破碎化问题、生态廊道开始，随着生态修复议题的出现，转而探讨生态网络和基质分布，将景观连通性、可达性等指标作为评价标准，近年来关注重要生态斑块的识别和景观图论技术的运用。以城市绿地标签为例，早期研究生态系统和生态规划网络化发展，在弹性城市等相关理念和策略的导向下，通常以景观生态学作为理论基础开展生态规划实践。当下学界则将人与自然视为一个有机整体融入生态规划当中，力图满足人类对生态系统服务的需求。

将关键词图谱按照时区绘制分析，进而得出生态规划领域研究变化与趋势（图5）。可以看出自2003年始，生态规划的相关研究整体已进入了比较成熟的阶段，规划方法包括廊道（corridor）、生态网络（ecological network）、空间格局（spatial pattern）、绿色基础设施（GI）、规划技术包括模型（model）等，多数基于景观生态学理论，以维持生态系统完整性为目的，并关注生物多样性保护。随着时间的推进，运用范围逐渐广泛，大尺度下指导区域扩张、预测土地利用变化，小尺度下可与社区规划相结合。

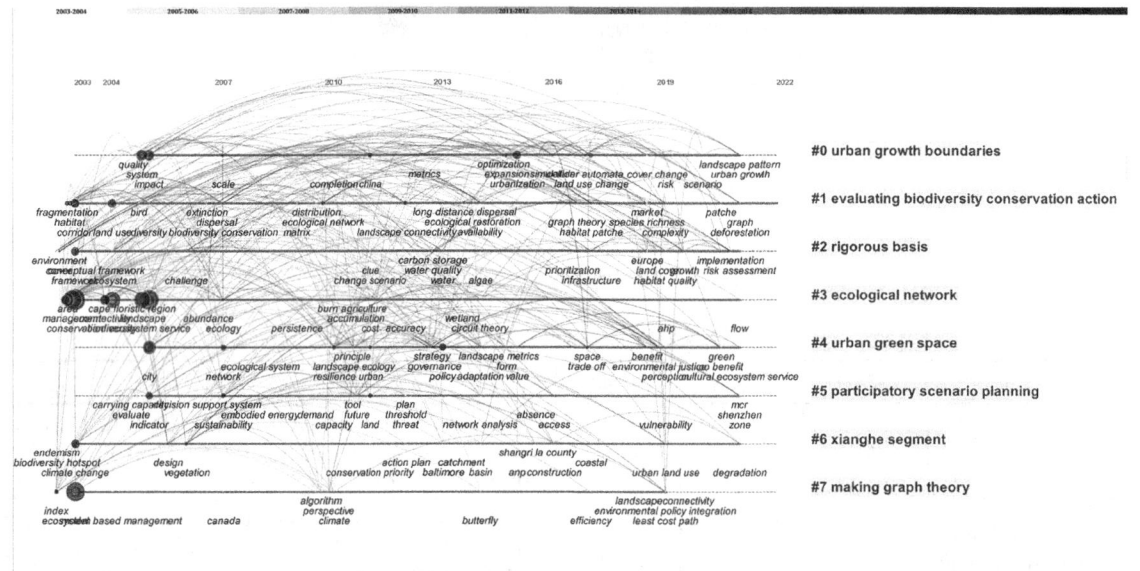

图4　生态规划研究文献关键词聚类时间线图

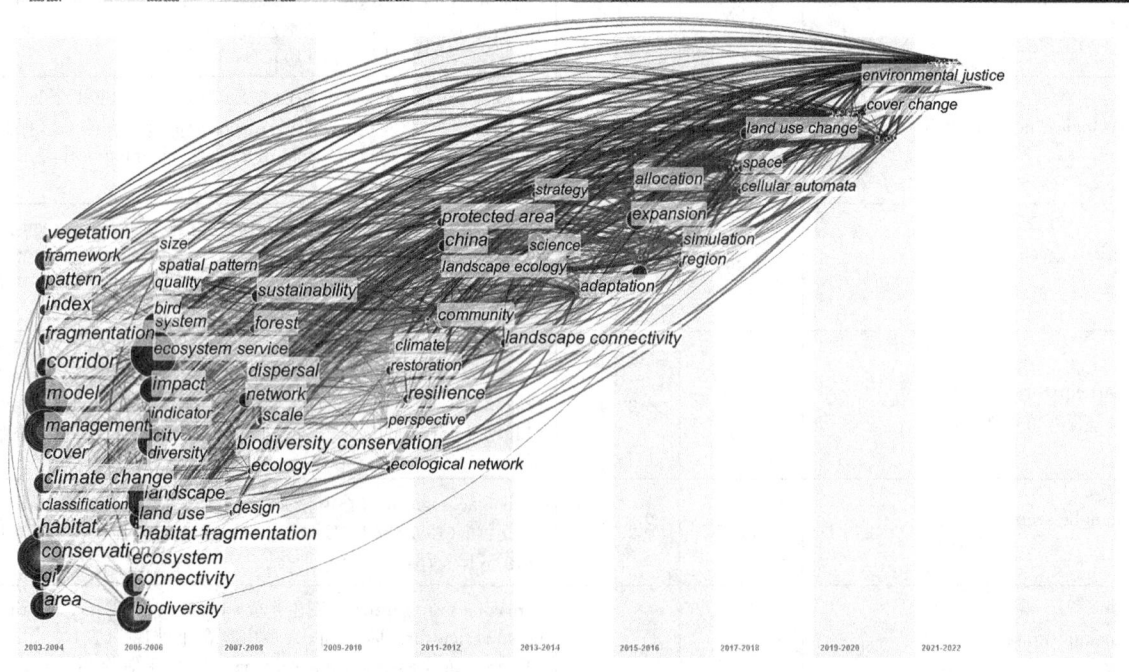

图5　生态规划研究文献关键词时区图

3 生态规划前沿方法与技术

原始数据中的被引文献构成研究领域的知识基础，施引文献构成研究前沿。基于文献共被引聚类图谱（图6）得到聚类标签和关键节点，明确研究前沿方向。而高被引文献能够表示研究成果的应用方面及客观影响力，结合生态规划研究高被引文献（表2）的研究内容，并对前沿主题及代表性领域进行梳理，总结出国际主流的生态规划方法与相对应的技术。

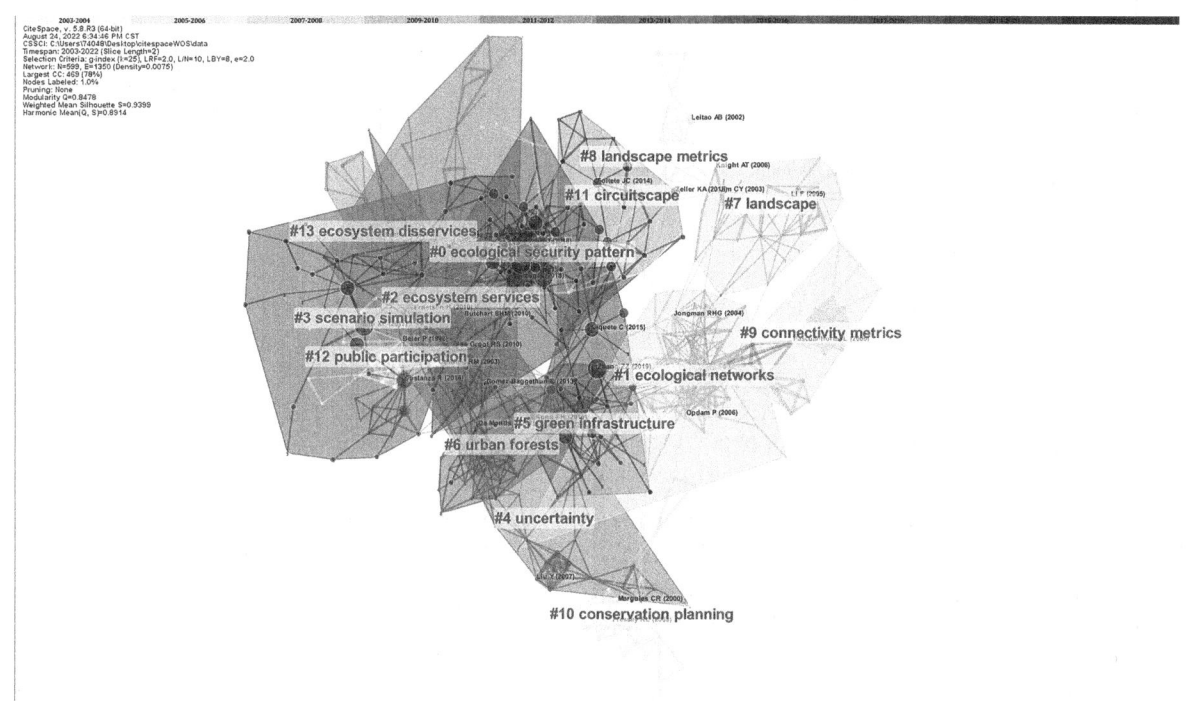

图6 生态规划研究文献共被引聚类图

生态规划研究的高频被引文献信息统计（前10篇） 表2

序号	聚类	被引频次	发表年份	标题	第一作者	来源期刊
1	0	31	2018	Linking ecological degradation risk to identify ecological security patterns in a rapidly urbanizing landscape	Peng J	Habitat International
2	3	26	2014	Changes in the global value of ecosystem services	Costanza R	Global Environmental Change-Human and Policy Dimensions
3	5	21	2015	Mapping green infrastructure based on ecosystem services and ecological networks: A Pan-European case study	Liquete C	Environmental Science & Policy
4	3	20	2017	A future land use simulation model (FLUS) for simulating multiple land use scenarios by coupling human and natural effects	Liu X P	Landscape and Urban Planning
5	5	20	2019	Enhancing landscape connectivity through multi-functional green infrastructure corridor modeling and design	Zhang Z Z	Urban Forestry & Urban Greening
6	2	19	2010	Challenges in integrating the concept of ecosystem services and values in landscape planning, management and decision making	de Groot R S	Ecological Complexity
7	8	13	2002	Applying landscape ecological concepts and metrics in sustainable landscape planning	Leitao A B	Landscape and Urban Planning

续表

序号	聚类	被引频次	发表年份	标题	第一作者	来源期刊
8	1	12	2006	Ecological networks: A spatial concept for multi-actor planning of sustainable landscapes	Opdam P	Landscape and Urban Planning
9	5	11	2017	Spatial planning for multifunctional green infrastructure: Growing resilience in Detroit	Meerow S	Landscape and Urban Planning
10	2	11	2013	Classifying and valuing ecosystem services for urban planning	Gómez-Baggethun E	Ecological Economics

3.1 生态安全格局规划

随着生态问题受到广泛关注，生态安全成为区域景观生态研究重点[2-3]。生态安全格局由生态系统的重要生态成分、斑块和廊道组成，其建设方法可分为3个步骤：确定生态安全源、构建生态阻力面以及识别关键生态廊道。结合生态安全源和生态廊道能够建设并优化区域生态安全格局。

生态安全源是提供生态系统服务的关键生态斑块。其识别方法通常有两种，一是直接通过选择自然保护区和重点物种栖息地[4-5]；二是基于生态斑块重要性评估，采用不同的指标体系进行多角度评价[5-6]。其中基于生态系统服务功能的评价和景观连通性评估最为常见。生态系统服务类型一般分为调节、支持和供给服务等，InVEST模型用于衡量生境质量；水平衡模型、土壤流失方程、CASA模型[5]用于评估水土保持能力。景观连通性指数一般用基于连接模型的连通性概率（PC）表示，使用以ArcGIS为代表的图论计算。多数研究在第二种方法的基础上进行了完善与创新，如通过MSPA（形态空间模式分析）与连通性概率相结合以提高计算效率[7]、将生态系统服务供应与人类生态需求重要性评估相结合以识别生态源[8]等。

生态阻力面描述了物种在不同栖息地斑块间移动的难度，表征了景观异质性对生态过程流动的影响。常根据土地利用类型的不同分配生态阻力系数，用于阻力面构建[9]。为了增加其客观性，一些研究进行了相应的修正补充，如基于生态风险指数、使用ENVI和ArcGIS提取不透水表面积（ISA）、夜间光照数据作为修正等[7-8]，为生态安全格局的识别提供新途径。

生态廊道具有改善生态斑块之间的生态连通性的作用，具备一些关键节点，如夹点、屏障等。生态廊道常通过基于生态阻力面的最小累计阻力（MCR）模型，通过GIS距离模型来提取[10]；也可通过应用回路理论模拟异质景观基因流动[11]，基于GIS将不同生态源等级关联到多进程MCRE模型。此外，MCR用于确定生态廊道的基本空间方向，机器学习中的蚁群算法等可用于识别生态廊道的宽度。

3.2 土地利用与城市增长边界规划

随着土地利用变化带来的环境影响越来越突出，逐渐威胁到城市乃至区域生态系统。预测未来土地利用变化，有助于优化土地利用格局。情景模拟是其中重要的方法之一。多数研究构建了一种未来土地利用模拟（FLUS）模型[12-15]，或通过耦合人与自然系统来模拟多种土地利用类型的长期变化，并采用元胞自动机（CA）与Markov模型结合的CA-Markov模型，预测不同规划情景下的未来土地利用的时空动态变化[16-17]，抑或结合运用一些其他算法将模型升级[14]。在此基础上进行的改进包括使用基于斑块的土地利用模拟（PLUS）模型[18-19]；选择多种生态系统服务类型进行评估分析，考察土地覆盖变化对多种生态系统服务及其相互作用的影响[13]。

此外，城市增长边界（UGB）通常被视为控制城市蔓延以及提高城市管理效率的有用工具[20]。FLUS模型可应用于城市增长边界划定，将气候变化等人类活动影响纳入情景模拟，一般采用交互耦合的系统动力学（SD）和元胞自动机（CA）模型[21-22]，或提出某种基于侵蚀和膨胀理论的形态学技术作为补充，以改善从模拟结果中生成UGB的效果。从而在不同的空间规划政策下分别开发情景方案，识别城市扩张机制，提高了模拟的准确性。

3.3 生态网络（栖息地网络）

生境破碎化导致了生物多样性损失日益严重，生态网络能够有效连接孤立或分散的景观单元，一般涉及两部分：一是节点，代表空间上具有高生物多样性和保护价值的优先区域；二是狭窄的线性廊道，称为生态链接。节点可以是保护区、栖息地斑块等生态源区。生态网络的构建多采用归一化植被指数（NDVI）、景观连通性和生境质量等指标。首先，使用MSPA识别生态源斑块并优化阻力面是生态网络识别和提取的关键过程[23-24]，结合基于NDVI的生态系统服务价值和基于InVEST模型的生境质量，评估综合生境质量。其次，景观连通性通过计算整体连通性指数（IIC）或PC来表示。通常使用最低成本路径分析法确定生态廊道。最后，对生态源区分布（优先保护区域）、成本最低路径（生态廊道）及其所包含的土地利用类型进行统计分析[25]。有少量研究运用其他方法对构建步骤进行优化，如Zonation软件直接确定优先保护区域，Conefour软件评估生态网络的稳健性。

重点物种栖息地网络的构建与生态网络的构建方法类似，一般针对目标物种进行生境制图，基于栖息地适宜性和功能连通性评估，建立景观连通性模型并量化栖息地斑块，最后识别生态廊道来完成，以帮助维持栖息地连通性和保护生物多样性[26-28]。

3.4 绿色基础设施网络

绿色基础设施（GI）网络由核心区和廊道组成，核心区指有利于生物多样性的生态区，如自然保护区；而廊道连接核心区，并增强生态系统的连通性。核心区与廊道相结合构成了 GI 网络，GI 整合了生态系统的生态连通性、多功能性和生物多样性保护的概念。

识别 GI 网络一般分为以下 3 步：一是以土地利用信息为基础，直接提取或根据 MSPA 分析、评估生态退化风险等方法确定核心区域；二是构建阻力面；三是通过使用最低成本路径或 MCR 模型方法来识别潜在廊道，以连接城市现有栖息地斑块。最后将 GI 网络与其相毗邻的缓冲区结合，基于此建立优先保护区。多数研究基于生态系统服务评估建立 GI 网络[29-30]，一般使用 Fragstats 评估区域景观的结构连通性，使用 Conefour 计算 IIC 评估功能连通性[31]。在城市层面，有研究在核心栖息地斑块有限的情况下，利用城市公园等剩余斑块连接廊道，以形成连续的城市绿带网络[32]。

4 结语

总体而言，生态规划方法主要体现在生态安全格局规划、土地利用与城市增长边界规划、生态网络规划和绿色基础设施网络规划几方面。生态安全格局通过保护重要的生态斑块和廊道来维持关键生态过程；城市增长边界的划定旨在防止不受控制的城市扩张，是一种刚性空间约束；生态网络更多地基于景观生态学理论，为创建由生态节点、斑块和廊道组成的保护区网络，特别关注生物多样性保护；而绿色基础设施网络是指由一系列生态设施组成的系统，对局部生态系统进行维护和提升。生态规划的方法虽然不同，但最终目的是一致的，即维护生态安全，改善生态问题，促进生态保护，并满足人类对生态系统服务的需求。

现代技术的发展扩展了生态规划问题的特征范围和相关研究的深度、广度。生态规划越来越强调空间网络的概念，逐步向时空化、网络化的方向发展。描述时空变化的方法包括数学模型和空间模拟方法，如 FLUS 模型、SD 模型与 CA-Markov 模型等，通过情景模拟来预测未来土地利用的动态变化。体现网络结构的方法包括最低成本路径分析、图论和回路理论等。如形态学空间格局分析和图论分析方法从数学角度强调景观结构的连通性，最小成本路径方法从空间角度确定景观功能的连通性。使用生态系统服务和 InVEST 模型来评估生境质量并选择生态源，景观生态学的源汇理论、MSPA、MCR 模型、重力模型、图论和回路理论用于提取关键廊道和潜在廊道。

生态规划需要在不同尺度与环境下寻求相对应的应用模式，如何在不同区域开展生态规划实践，并制定适当的发展战略和生态政策是未来工作的重点。首先需建立综合的生态系统服务功能、生态适宜性、敏感性等评估框架，为生态源区的划定、完善生态控制区域范围提供基础。其次，应注重协调土地利用类型，并对区域土地利用方式进行合理有效的规划与协调，引导城市建设用地的集约发展。最后，应加强自然保护区等高水平生态源地的保护与生态系统管理，完善现有的自然保护与生态空间规划机制，以提升生态环境质量，实现人与自然的和谐发展。

参考文献

[1] Ndubisi F. Ecological Planning：A Historical and Comparative Synthesis[M].[S. l.] JHU Press，2002.

[2] Fu B J，Liang D，Lu N. Landscape ecology：Coupling of pattern，process，and scale[J]. Chinese Geographical Science，2011，21(4)：385-391.

[3] 周锐，苏海龙，钱欣，等. 城市生态用地的安全格局规划探索[J]. 城市发展研究，2014，21(6)：21-27.

[4] Vergnes A，Kerbiriou C，Clergeau P. Ecological corridors also operate in an urban matrix：A test case with garden shrews[J]. Urban Ecosystems，2013，16(3)：511-525.

[5] Su Y X，Chen X Z，Liao J S，et al. Modeling the optimal ecological security pattern for guiding the urban constructed land expansions[J]. Urban Forestry & Urban Greening，2016，19：35-46.

[6] Li Y F，Shi Y L，Qureshi S，et al. Applying the concept of spatial resilience to socio-ecological systems in the urban wetland interface[J]. Ecological Indicators，2014，42：135-146.

[7] Li S C，Xiao W，Zhao Y L，et al. Incorporating ecological risk index in the multi-process MCRE model to optimize the ecological security pattern in a semi-arid area with intensive coal mining：A case study in northern China[J]. Journal of Cleaner Production，2020，247.

[8] Zhang L Q，Peng J，Liu Y X，et al. Coupling ecosystem services supply and human ecological demand to identify landscape ecological security pattern：A case study in Beijing-Tianjin-Hebei region，China[J]. Urban Ecosystems，2017，20(3)：701-714.

[9] Kong F H，Yin H W，Nakagoshi N，et al. Urban green space network development for biodiversity conservation：Identification based on graph theory and gravity modeling[J]. Landscape and Urban Planning，2010，95(1-2)：16-27.

[10] 李海龙. 基于最小累积阻力模型的川西高原绿道游径系统线路规划方法研究——以康定市为例[J]. 城市发展研究，2018，25(11)：58-64.

[11] Peng J，Yang Y，Liu Y，et al. Linking ecosystem services and circuit theory to identify ecological security patterns[J]. Science of the Total Environment，2018，644：781-790.

[12] Zhang D，Wang X R，Qu L P，et al. Land use/cover predictions incorporating ecological security for the Yangtze River Delta region，China[J]. Ecological Indicators，2020，119.

[13] Zhao J，Li C. Investigating spatiotemporal dynamics and trade-off/synergy of multiple ecosystem services in response to land cover change：A case study of Nanjing city，China[J]. Environmental Monitoring and Assessment，2020，192(11).

[14] Ye Y C，Kuang L H，Zhao X M，et al. Scenario-based simulation of land use in Yingtan (Jiangxi Province，China) using an integrated genetic algorithm-cellular automata-Markov model[J]. Environmental Science and Pollution Research，2020，27(24)：30390-30404.

[15] Zhang C C，Wang P，Xiong P S，et al. Spatial pattern sim-

[16] Li Z T, Li M, Xia B C. Spatio-temporal dynamics of ecological security pattern of the Pearl River Delta urban agglomeration based on LUCC simulation[J]. Ecological Indicators, 2020, 114.

[17] Li Q, Wang L, Gul H N, et al. Simulation and optimization of land use pattern to embed ecological suitability in an oasis region: A case study of Ganzhou district, Gansu province, China[J]. J Environ Manage, 2021, 287: 112321.

[18] Guo R, Wu T, Wu X C, et al. Simulation of Urban Land Expansion Under Ecological Constraints in Harbin-Changchun Urban Agglomeration, China[J]. Chinese Geographical Science, 2022, 32(3): 438-455.

[19] Lu C, Qi X, Zheng Z S, et al. PLUS-model based multi-scenario land space simulation of the lower Yellow River region and its ecological effects[J]. Sustainability, 2022, 14(11).

[20] 郑颖, 张翔, 徐建刚, 等. 城镇开发边界划定与用地集聚优化[J]. 遥感信息, 2019, 34(5): 142-150.

[21] Liu X P, Liang X, Li X, et al. A future land use simulation model (FLUS) for simulating multiple land use scenarios by coupling human and natural effects[J]. Landscape and Urban Planning, 2017, 168: 94-116.

[22] Liang X, Liu X P, Li X, et al. Delineating multi-scenario urban growth boundaries with a CA-based FLUS model and morphological method[J]. Landscape and Urban Planning, 2018, 177: 47-63.

[23] Zhang R, Zhang Q P, Zhang L, et al. Identification and extraction of a current urban ecological network in Minhang district of Shanghai based on an optimization method[J]. Ecological Indicators, 2022, 136.

[24] Modica G, Pratico S, Laudari L, et al. Implementation of multispecies ecological networks at the regional scale: Analysis and multi-temporal assessment[J]. Journal of Environmental Management, 2021, 289.

[25] Liang J, He X, Zeng G, et al. Integrating priority areas and ecological corridors into national network for conservation planning in China[J]. Sci Total Environ, 2018, 626: 22-29.

[26] Lv Z Y, Yang J, Wielstra B, et al. Prioritizing green spaces for biodiversity conservation in Beijing based on habitat network connectivity[J]. Sustainability, 2019, 11(7).

[27] Xiu N, Ignatieva M, Van Den Bosch C K, et al. Applying a socio-ecological green network framework to Xi'an City, China[J]. Landscape and Ecological Engineering, 2020, 16(2): 135-150.

[28] 张利, 何玲, 闫丰, 等. 基于图论的两栖类生物栖息地网络规划——以黑斑侧褶蛙为例[J]. 应用生态学报, 2021, 32(3): 1054-1060.

[29] Liquete C, Kleeschulte S, Dige G, et al. Mapping green infrastructure based on ecosystem services and ecological networks: A Pan-European case study[J]. Environmental Science & Policy, 2015, 54: 268-280.

[30] Ma Q W, Li Y H, Xu L H. Identification of green infrastructure networks based on ecosystem services in a rapidly urbanizing area[J]. Journal of Cleaner Production, 2021, 300.

[31] Bai Y J, Guo R. The construction of green infrastructure network in the perspectives of ecosystem services and ecological sensitivity: The case of Harbin, China[J]. Global Ecology and Conservation, 2021, 27.

[32] Zhang Z Z, Meerow S, Newell J P, et al. Enhancing landscape connectivity through multifunctional green infrastructure corridor modeling and design[J]. Urban Forestry & Urban Greening, 2019, 38: 305-317.

作者简介

谢婉月,1998年生,女,汉族,河南信阳人,北京林业大学风景园林学硕士在读,研究方向为风景园林规划与设计。电子邮箱: 740484440@qq.com。

(通信作者) 郝培尧,1983年生,女,汉族,重庆人,博士,北京林业大学园林学院,副教授,研究方向为植物景观规划与设计。电子邮箱: haopeiyao@bjfu.edu.cn。

哈尔滨市绿色空间生态系统服务演变特征及其对国土空间规划的启示

Evolution Characteristics of Green Space Ecosystem Services in Harbin and Their Enlightenment to Territorial Spatial Planning

祁玉馨　胡远东*

摘　要：工业城市生态转型过程中，其绿色空间生态系统服务随之变化。本研究利用Fragstats软件分析2000—2020年哈尔滨市绿色空间格局演变特征，基于InVEST模型分析其绿色空间生态系统服务时空变化特征，运用Spearman相关性分析各生态系统服务之间的权衡与协同关系，并通过叠加分析生态系统服务热点区域。结果表明：①2000—2020年哈尔滨市绿色空间面积占比均大于95%，非绿色空间面积呈增加趋势；②哈尔滨市景观破碎度有所缓解，绿色空间在景观中逐渐呈现均衡化趋势分布；③2000—2010年粮食供给服务显著上升，2010—2020年略微下降，产水量则持续增加，土壤保持量呈现先降低后增加态势，林地空间平均碳储量升高，水质净化服务先上升后下降，生境质量整体呈上升趋势。根据研究结果，可将哈尔滨市国土空间划分为生态治理区、生态提升区和生态保护区，从而为具体政策的落实提供科学参考。

关键词：绿色空间；景观格局；生态系统服务

Abstract: During the ecological transformation of industrial cities, their green space ecosystem services change accordingly. In this study, Fragstats software was used to analyze the evolution characteristics of its green space pattern in Harbin from 2000 to 2020, based on the InVEST model, the temporal and spatial variation characteristics of green space ecosystem services were analyzed, and the trade-offs and synergies between ecosystem services were analyzed by using Spearman correlation, and the hotspot areas of ecosystem services were analyzed by superposition, The results showed that: ①The proportion of green space area in Harbin from 2000 to 2020 was greater than 95%, the area of non-green space is increasing; ②The fragmentation degree of Harbin's landscape has been alleviated, and the distribution of green space in the landscape has gradually shown a balanced trend; ③From 2000 to 2010, the grain supply service increased significantly, decreased slightly from 2010 to 2020, the water production continued to increase, the soil conservation showed a trend of first decreasing and then increasing, the average carbon storage of forest land space was higher, the water purification service first increased and then declined, and the overall habitat quality showed an upward trend. According to the research results, the land space of Harbin can be divided into ecological governance area, ecological improvement area and ecological reserve, so as to provide scientific reference for the implementation of specific policies.

Keywords: Green Spaces; Landscape Pattern; Ecosystem Services

引言

快速城镇化背景下，土地利用类型的改变引起景观格局的变化，从而改变了生态过程，进而影响生态系统服务水平[1]，造成水土流失、环境污染和碳储量下降等问题，严重威胁到人类福祉[2-4]。随着2001年联合国千年生态系统评估项目的开展，生态系统服务得到了广泛关注。由于不可持续的土地利用，约60%的生态系统服务部分或全部减少[5]，限制了城市的可持续发展，因此，有必要加强对生态系统服务的管理。城市绿色空间是城市景观和生态系统的重要组成部分，具有多种生态系统服务功能，与人类福祉密切相关[6]，人们逐渐认识到绿色空间对城市生态环境和可持续发展的重要意义[7]，合理有效的绿色空间规划可以控制城市的无序扩张，改善城市生态状况[8]，但是目前我国城市绿色空间规划的研究滞后于当前国土空间规划的需求[3]。

目前对城市绿色空间的研究主要集中于网络构建[9-10]、景观格局指数研究[11]、生态系统服务评价[12]等方面，绿色空间通过提供生态系统服务，进而维持生态系统稳定及可持续发展[13-14]，是生态系统研究的热门话题。目前城市绿色空间生态系统服务评估主要分为两方面：一方面是通过计算生态系统服务价值量化生态系统服务[15-17]，另外一方面可通过InVEST模型[18-19]、CASA模型[20]、RUSLE模型[21]和SWAT模型[22]等空间可视化各生态系统服务，而InVEST模型由于数据易获得、具有良好的模拟效果等优势，被国内外广泛应用于生态系统服务研究领域[23-27]。

作为我国典型工业城市，哈尔滨市的生态系统面临着严重威胁，生态环境处于不可持续的负面状态[28]。本研究基于Fragstas软件、InVEST模型，分析了哈尔滨市绿色空间格局演变，评估了粮食供给、产水量、土壤保持、碳储量、水质净化和生境质量6项生态系统服务时空变化特征，并利用斯皮尔曼相关性分析探索其权衡与协同关系，通过热点区域识别，划分综合生态系统服务热点区域，以期为哈尔滨市国土空间规划提供科学合理的建议。

1 研究区概况与数据来源

1.1 研究区概况

哈尔滨市位于我国东北平原东北部，面积约5.3万km², 是我国工业基础较完备的高寒地区典型省会城市[29]。其西部地势平坦，东部多山，属于中温带大陆性季风气候，四季分明，具有固碳释氧、水源涵养、土壤保持等多种重要生态系统服务。

1.2 数据来源

研究使用的数据来源如表1所示：

数据来源　　　　　　　　　　　　　　　　　　表1

数据类型	数据形式	数据来源	分辨率	年份
土地利用类型	栅格	GlobeLand30	30m	2000年、2010年、2020年
降水量	栅格	国家地球系统科学数据中心	1km	2000年、2010年、2020年
气温	栅格	国家地球系统科学数据中心	1km	2000年、2010年、2020年
潜在蒸散发量	栅格	国家地球系统科学数据中心	1km	2000年、2010年、2020年
DEM	栅格	地理空间数据云	30m	2009年
NPP	栅格	美国地质勘探局MOD17A3HGF Version 6.0 产品	500m	2000年、2010年、2020年
粮食产量	txt	《哈尔滨市统计年鉴》	—	2000年、2010年、2020年
土壤数据	栅格	中国科学院南京土壤研究所	1km	1995年

2 研究方法

绿色空间目前尚未形成统一分类[30]，依据已有研究，学者对绿色空间的分类进行界定[31-33]，综合考虑研究目的及研究区域土地利用现状，本研究将耕地、林地、草地和水域确定为绿色空间。

2.1 绿色空间格局演变研究方法

景观格局指数法是城市绿色空间格局定量研究的常用方法之一。本研究使用Fragstats4.2软件，在斑块类型水平上选取5种指数：斑块数、斑块密度、分维数、最大斑块指数、斑块所占景观面积比例；在景观水平上选取6种指数：斑块数、斑块密度、景观形状指数、聚集度指数、香农多样性指数、香农均匀度指数，进而表现绿色空间格局演变。

2.2 生态系统服务评估方法

2.2.1 粮食供给

耕地面积占哈尔滨全市面积近半[20]，本研究使用NPP数据结合统计年鉴，量化粮食供给服务（FP）。计算公式为：

$$F_x = \frac{NPP_x}{NPP} \times F \quad (1)$$

式中，F_x为耕地栅格x上的农作物产量；F为哈尔滨市农作物年总产量；NPP_x为耕地栅格x上的NPP值；NPP为哈尔滨市耕地年NPP总量。

2.2.2 产水量

InVEST模型产水（water yield）模块主要根据水量平衡原理计算每个栅格像元的产水量（WY）。计算公式为：

$$Y_{xj} = \left(1 - \frac{AET_{xj}}{P_x}\right) \times P_x \quad (2)$$

式中，Y_{xj}为栅格x中土地覆被类型j的年产水量（mm）；AET_{xj}为栅格x中土地覆被类型j的实际蒸散量（mm）；P_x为栅格x的降水量（mm）；AET_{xj}/P_x为实际蒸散量与降水量的比值。

2.2.3 土壤保持

InVEST模型中SDR模块以基于像元尺度的USLE计算方法为基础计算土壤保持量（SC）[34]。计算公式为：

$$SC_i = RKLS_i - USLE_i \quad (3)$$
$$RKLS_i = R_i \times K_i \times LS_i \quad (4)$$
$$USLE_i = R_i \times K_i \times LS_i \times C_i \times P_i \quad (5)$$

式中，SC_i为年土壤保持量；R_i为降雨侵蚀力因子；K_i为土壤可蚀性因子；LS_i为坡度坡长因子（无量纲）；C_i为植被覆盖和作物管理因子（无量纲）；P_i为水土保持措施因子（无量纲）。

2.2.4 碳储量

InVEST模型的碳储存（CS）模块主要基于地上生物量、地下生物量、土壤碳库、死亡有机质来评估碳储量，计算公式为：

$$C_t = C_a + C_b + C_s + C_d \quad (6)$$

式中，C_t为碳储存量；C_a为地上部分碳储备量；C_b为地下部分碳储备量；C_s为土壤碳储备量；C_d为死亡有机物中的碳储备量。

2.2.5 水质净化

氮污染是松花江流域当前的主要污染因子[35]，氮输出量（NE）越高，代表水质净化能力越弱，本研究对氮输出进行反归一化处理，从而量化水质净化服务（WP）状况。计算公式为：

$$ALV_x = HSS_x \times pol_x \tag{7}$$

式中，ALV_x 为栅格 x 的调整后输出量；HSS_x 为栅格 x 的水文敏感性得分；pol_x 为栅格 x 的输出系数。

2.2.6 生境质量

生境质量（HQ）模块是值为 0~1 的无量纲指标[36]。主要计算公式如下：

$$Q_{xj} = H_j \left[1 - \left(\frac{D_{xy}^Z}{D_{xy}^Z + k^z} \right) \right] \tag{8}$$

$$D_{xj} = \sum_{r=1}^{R} \sum_{y=1}^{Y_r} \left(\frac{w_r}{\sum_{r=1}^{R} W_r} \right) r_y i_{rxy} \beta_x S_{jr} \tag{9}$$

式中，Q_{xj} 为土地覆被类型 j 中栅格单元 x 的生境质量；H_j 为土地覆被类型 j 的生境适宜度；D_{xy}^Z 为土地覆被类型 j 中栅格单元 x 的生境胁迫水平；k 为半饱和系数，通常取 D_{xy}^Z 最大值的一半；x 为常数。r 为威胁因子，R 为胁迫因子数；y 为胁迫因子 r 的所有栅格单元，Y_r 为胁迫因子 r 所占栅格单元总数；W_r 为胁迫因子的归一化权重；β_x 为生境栅格单元 x 的可达性水平；r_y 为栅格单元 y 中的胁迫因子 r；x 为栅格单元的胁迫作用。

2.3 权衡与协同关系分析

2.3.1 相关性分析

本研究使用 Spearman 相关性分析来确定生态系统服务之间的权衡/协同作用，用于确定其交互关系的方向和强度[37-38]。计算公式如下：

$$R_{ad} = \frac{\sum_{i=1}^{n}(a_i - \bar{a})(b_i - \bar{b})}{\sqrt{\sum_{i=1}^{n}(a_i - \bar{a})^2 \sum_{i=1}^{n}(b_i - \bar{b})^2}} \tag{10}$$

式中，R_{ab} 为两种生态系统服务的相关系数；a_i、b_i 为生态系统服务 a、b 的第 i 个样本点的值；$\bar{a}$、$\bar{b}$ 为生态系统服务 a、b 的均值；n 为样本数。

2.3.2 热点区域识别

为探究研究区综合生态系统服务能力的强弱，需进行生态系统服务热点区域识别，对于正向指标，以大于生态系统服务均值的区域为热点区，而负向指标则以小于均值的区域为热点区，将具有 1~2 项热点生态系统服务区定位低热点区，3~4 项为中热点区，5~6 项为高热点区，而若没有任何一类生态系统服务热点区，则定为非热点区。

3 结果分析

3.1 哈尔滨市绿色空间变化

2000—2020 年哈尔滨市绿色空间分类图和绿色空间面积变化情况如表 2 所示，哈尔滨市绿色空间面积占比始终大于 95%，耕地空间为主要绿色空间类型，占比 50% 左右，其次为林地，占比 35% 左右。2000—2020 年哈尔滨市绿色空间呈现持续减少趋势，共减少 698.10km²，其中耕地空间减少面积最多，共减少 1317.10km²，林地、草地和水域空间呈现增加趋势，分别增加 176.40km²、68.04km² 和 374.57km²。

各类型用地面积变化情况　　表 2

类型	2000 年		2010 年		2020 年	
	面积（km²）	比例（%）	面积（km²）	比例（%）	面积（km²）	比例（%）
耕地空间	27127.70	51.13	26960.70	50.80	25810.60	48.64
林地空间	18841.60	35.51	18690.60	35.22	19018.00	35.84
草地空间	4126.76	7.78	4433.23	8.35	4194.80	7.91
水域空间	1452.66	2.74	1436.87	2.71	1827.22	3.44
绿色空间	51548.72	97.16	51521.40	97.07	50850.62	95.83
非绿色空间	1509.29	2.84	1554.17	2.93	2212.35	4.17

2000—2020 年间，在城市化进程不断推进和生态政策持续推出的双重作用下，绿色空间和非绿色空间之间面积转移效果较为显著（表 3）。绿色空间共转出 1002.45km²，其中耕地空间共有 784.40km² 转为非绿色空间，主要分布于城镇建成区附近，尤其是西部市区内部，建设用地面积扩张迅速，人类活动愈加剧烈，因此非绿色空间面积增长幅度较大。非绿色空间共有 299.39km² 转为绿色空间，其中有 249.84km² 转为耕地空间，11.10km² 转为林地空间，35.42km² 转为草地空间，3.04km² 转为水域空间。

2000—2020年哈尔滨市绿色空间转移矩阵（单位：km²）　　表3

年份	类型	耕地空间	林地空间	草地空间	水域空间	非绿色空间	总计
2000—2010年	耕地空间	26010.70	311.72	468.93	63.24	273.10	27127.68
	林地空间	224.17	17868.14	694.83	42.97	11.52	18841.63
	草地空间	350.91	445.27	3112.82	117.92	99.84	4126.76
	水域空间	103.52	42.11	97.21	1208.82	1.00	1452.66
	非绿色空间	266.69	14.65	57.65	1.60	1168.69	1509.29
2010—2020年	耕地空间	24972.92	644.56	405.91	252.93	680.86	26957.19
	林地空间	286.71	17397.62	872.70	66.93	60.62	18684.58
	草地空间	321.87	950.90	2884.56	176.53	98.12	4431.98
	水域空间	214.82	20.48	18.45	1327.87	6.80	1435.10
	非绿色空间	167.63	4.44	13.17	2.97	1365.95	1554.15
2000—2020年	耕地空间	24619.39	796.67	651.25	275.98	784.40	27127.68
	林地空间	353.66	17341.01	999.92	86.99	60.06	18841.63
	草地空间	463.11	832.77	2465.07	217.43	148.39	4126.76
	水域空间	123.46	33.75	42.70	1243.14	9.61	1452.66
	非绿色空间	249.84	11.10	35.42	3.04	1209.89	1509.29
	总计	25809.45	19015.29	4194.36	1826.57	2212.34	53058.02

3.2 哈尔滨市绿色空间格局演变

2000—2020年哈尔滨市绿色空间整体景观格局指数如表4所示。景观斑块数（NP）和斑块密度（PD）呈现持续下降趋势，说明景观破碎度有所缓解，人类活动对绿色空间的干扰在降低；景观形状指数（LSI）呈现先上升后降低的趋势，表明景观形状复杂性先增加后减少；聚集度指数持续降低，说明景观团聚度不断下降；香农多样性和香农均匀度指数持续增加，说明绿色空间在景观中逐渐呈现均衡化趋势分布。

哈尔滨市绿色空间整体景观格局指数变化　　表4

年份	斑块数（NP）	斑块密度（PD）	景观形状指数（LSI）	聚集度指数（CONTAG）	香农多样性（SHDI）	香农均匀度指数（SHEI）
2000	249313	4.8365	198.446	56.5704	1.0084	0.7274
2010	242855	4.7137	200.539	56.2597	1.0176	0.7341
2020	224450	4.4139	196.824	55.8902	1.0374	0.7483

2000—2020年哈尔滨市绿色空间类型景观格局指数变化如表5所示，各类型绿色空间的斑块数量（NP）与斑块密度（PD）均发生明显变化，耕地空间、草地空间和水域空间均呈现持续下降趋势，表明其景观呈现不断集中分布的空间变化，而林地空间呈现先增加后减少的趋势，这可能与2010—2020年哈尔滨市加大"退耕还林"政策力度有关。

绿色空间PLAND总体不断下降，而非绿色空间则呈上升趋势，且2010—2020年上升速度增加，主要原因在于哈尔滨市近年来城镇化水平不断提高，人类对自然生态系统的干扰愈加剧烈，非绿色空间面积占比不断增加。但是2000—2020年林地空间的PLAND先降低后升高，2010—2020年上升迅速，表明城镇化快速发展对林地空间的扩张提供了有利条件，这与当地各项生态保护政策密切相关。

绿色空间各类型景观PRAFC均未超过1.5，表明其景观形状复杂程度不高，耕地空间和草地空间的PRAFC总体增加，表明这两类绿色空间受到人类活动的干扰程度逐渐增强，林地空间和水域空间受人类干扰逐渐降低，说明各项森林和湿地水体保护政策起到很大成效。

耕地空间始终具有最高的LPI值，说明耕地空间为绿色空间中的优势类型，林地空间和水域空间的LPI值先下降然后上升，草地空间则持续上升，非绿色空间的LPI值持续增加，且2010—2020年增长剧烈，说明哈尔滨市大规模的生态治理是在2010年后，且生态修复效果较为明显。

哈尔滨市绿色空间类型景观格局指数变化　　表5

年份	类型	斑块数（NP）	斑块密度（PD）	斑块所占景观面积比例（PLAND）	周长面积分维数（PAFRAC）	最大斑块指数（LPI）
2000	耕地空间	6836	0.1288	51.1283	1.3042	28.6981
	林地空间	60450	1.1393	35.5114	1.4328	9.9895

续表

年份	类型	斑块数(NP)	斑块密度(PD)	斑块所占景观面积比例(PLAND)	周长面积分维数(PAFRAC)	最大斑块指数(LPI)
2000	草地空间	172409	3.2494	7.7778	1.4355	0.2044
	水域空间	9618	0.1813	2.7379	1.4318	2.0473
	非绿色空间	9365	0.1765	2.8446	1.2341	0.2906
2010	耕地空间	5954	0.1122	50.7967	1.3065	28.5535
	林地空间	62936	1.1858	35.2151	1.4318	9.6732
	草地空间	168214	3.1693	8.3527	1.4391	0.2482
	水域空间	5751	0.1084	2.7072	1.3981	1.9982
	非绿色空间	9621	0.1813	2.9282	1.2442	0.3306
2020	耕地空间	5934	0.1118	48.6415	1.3101	26.9935
	林地空间	55752	1.0507	35.8404	1.4289	10.2808
	草地空间	158450	2.9861	7.9053	1.4392	0.2646
	水域空间	4314	0.0813	3.4435	1.3931	2.7010
	非绿色空间	10309	0.1943	4.1693	1.2503	0.8668

3.3 哈尔滨市生态系统服务演变

随着哈尔滨市绿色空间格局变化，城市生态系统服务也随之变化（图1）。2000年、2010年和2020年粮食供给总量分别为6.95×10^6 t、1.26×10^7 t和1.22×10^7 t，单位面积粮食供给量分别为1310.05kg/hm²、2372.98kg/hm²和2304.65kg/hm²，2000—2010年粮食供给服务显著上升，2010—2020年略微下降。

在产水量方面，2000年、2010年和2020年产水深度182.50mm、275.95mm和420.44mm，产水量呈现持续上升状态，非绿色空间产水深度最高，2000—2020年均值为332.78mm，其次为耕地空间和草地空间，最低为水域空间，仅有4.68mm。

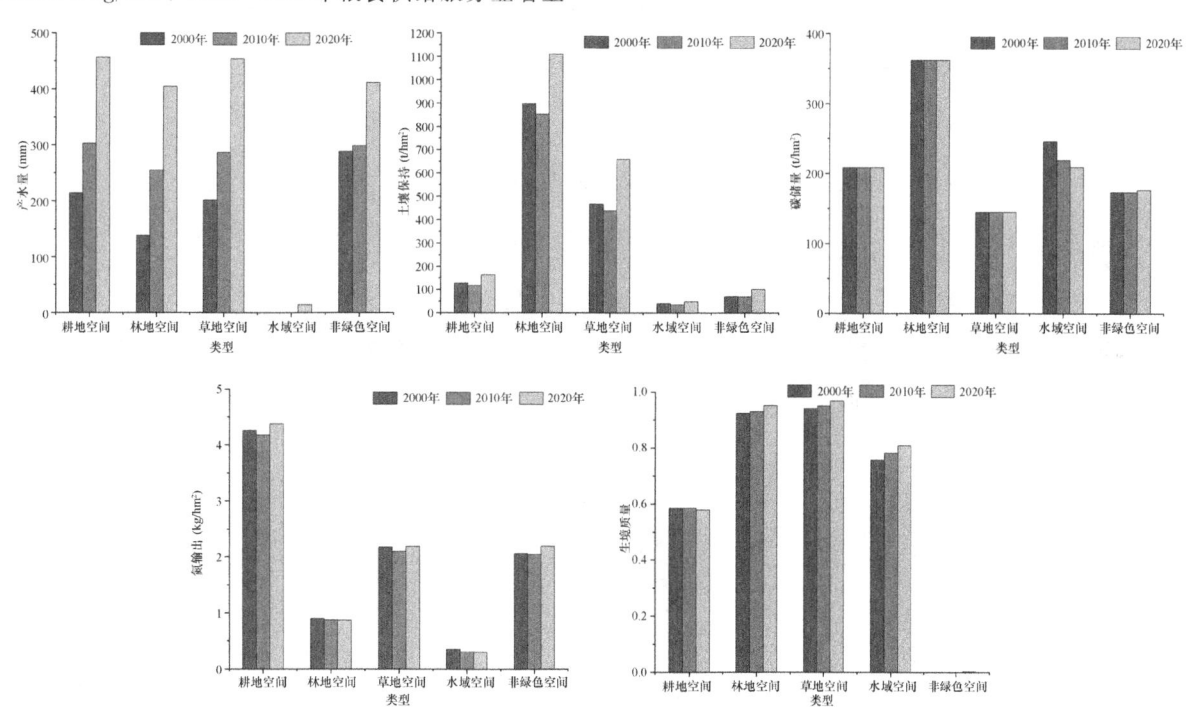

图1 不同类型绿色空间的生态系统服务

在土壤保持方面，土壤保持总量分别为2.18×10^9 t、2.07×10^9 t和2.77×10^9 t。绿色空间土壤保持量呈现先降低后增加态势，尤其是2010—2020年林地空间面积扩张，大大增加了城市土壤保持总量。城市西部以耕地空间为主，受人类活动干扰较大，应对其实施修建梯田、坡面水系整治、蓄水保土耕作等措施，在保证粮食生产的基础上，严格防治和监测水土流失状况。

在碳储量方面，2000年、2010年和2020年哈尔滨市总碳储量分别为1.37×10^9 t、1.36×10^9 t和1.36×10^9 t，平均碳储量分别为258.00t/hm²、256.42t/hm²和257.10t/hm²，总体为先下降后上升的变化态势。林地空间平均碳储量最高，其次为水域空间，耕地空间平均碳储量略低于水域空间，草地空间平均碳储量最低。

在氮输出方面，2000年、2010年和2020年哈尔滨市总氮输出量分别为1.35×10^7 kg、1.32×10^7 kg和1.34×10^7 kg，单位氮输出量为2.70kg/hm²、2.64kg/hm²和

2.68kg/hm²，氮输出呈先下降后上升态势，表明水质净化服务先增强后减弱。作为耕地面积占比近半的城市，哈尔滨市每年施用大量化肥，氮输出最多，对水质产生较为严重的影响。

在生境质量方面，2000—2020年整体呈现上升趋势，2000年平均值为0.7215，2020年为0.7279，相较于2000年增长了0.89%。林地空间、草地空间和水域空间的生境质量呈现持续上升态势，耕地空间总体则略有下降。建成区周围生境质量变化最为明显，非绿色空间快速扩张，使得周围生境质量降低，对附近的耕地空间产生严重影响。

3.4 哈尔滨市生态系统服务权衡与协同

3.4.1 生态系统服务相关性分析

除2000年产水服务和土壤保持服务相关性不显著，其他各年份各生态系统服务均呈现显著相关性（图2），粮食供给与土壤保持、碳储存和生境质量之间呈权衡关系，和产水量、氮输出呈现协同态势，原因在于粮食供给量越高，可能耕作活动愈加强烈，则氮肥等施加量增加，土壤受损严重，侵蚀量增加，进而土壤保持量减少，碳储量减少，氮输出增加，生境质量下降。产水量和土壤保持、碳储量、生境质量呈权衡作用，和氮输出呈协同作用，可能是由于产水量越高，单位面积的氮随水输出至河流越多，而产水量高的地方具有较低的植被覆盖率，碳储量较少，生境质量较低。土壤保持和碳储量、生境质量之间存在协同作用，氮输出和碳储量、生境质量之间存在权衡关系。

3.4.2 生态系统服务热点区识别

2000—2020年哈尔滨市生态系统服务热点区面积占比如图3所示，主要以低热点区为主，即大部分地区仅有1~2种生态系统服务高于均值，其面积及占比呈先略微升高后显著下降态势，主要集中于城市西部大面积的耕地空间；中热点区面积先减少后增加，而高热点区则持续增加，由2000年的2.90%上升至2020年的7.29%，中、高热点区主要集中于北侧的小兴安岭生态屏障区和中、东部的张广才岭生态屏障区。因此，应严格保护良好的生态系统服务高热点区，积极改善中、低热点区，推进城市绿色发展。

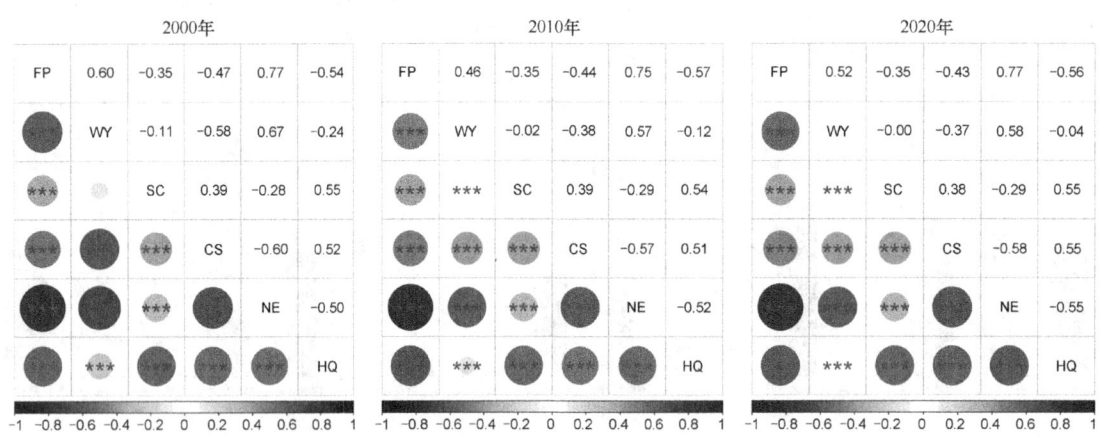

图2 2000—2020年哈尔滨市生态系统服务相关性

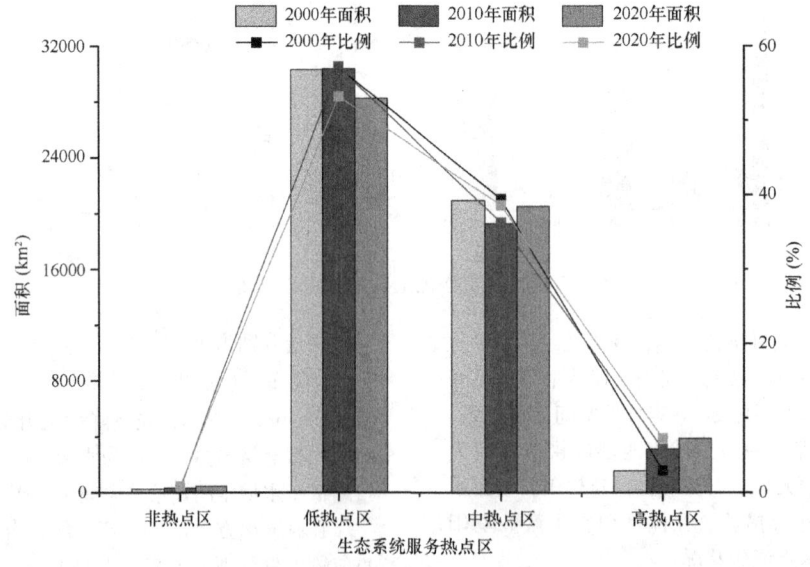

图3 生态系统服务热点区面积及占比

4 讨论

工业城市由于受到人类干扰活动强烈、资源开发程度较高等原因，导致自然生态系统受损严重，绿色空间面积被挤压，因此有必要进行严格的生态保护政策。生态系统服务是空间规划进行自然资源价值塑造的载体[39]，受自然因素和社会经济条件的共同作用，哈尔滨市生态系统服务在空间分布上呈现显著差异，在国土空间生态修复大背景下，哈尔滨市应从实际出发，制定科学合理的绿色低碳发展策略，基于本文研究结果，对哈尔滨市国土空间生态规划提出如下建议：

（1）针对生态保护区，其生态系统服务综合评估较高，人类活动干扰较少，应严格保护其生态环境，禁止大规模开发破坏，以防造成不可逆转的后果。建议制定严格保护措施，例如进行"源头严防、过程严管、后果严惩"的全过程行严格监管，确保此处生态功能不降低、面积不减少，塑造良好的生态屏障区。

（2）针对生态提升区，其生态系统服务综合评价居中，因此具有很高的提升空间，由于此区域分布着大面积的林地空间，且大部分位于小兴安岭和张广才岭生态屏障区内，可以大力发展生产林基地、红松果材兼用林基地、珍贵树种大径材培育基地，提升森林病虫害防治力度。而针对松花江沿岸的水域空间，可以推行建设"百里长廊"生态政策，修复退化湿地、营造滨水景观，同时推进湿地公园建设，以河流、绿道等线性要素为载体，串联自然保护地，维护生物多样性，以松花江干流为依托，维护自然保护区和国家公园，共同发挥生态廊道的重要生态功能。

（3）针对生态治理Ⅰ、Ⅱ区，其生态系统综合评估较低，主要位于城市西部的都市经济高质量发展区，以受人类活动干扰较大的耕地空间为主，城镇化水平较高，土地利用程度较高，大部分为养分丰富的黑土地，且建设用地也在不断扩张，工业、农业污染严重，同时土壤侵蚀对该地区粮食生产带来了严重影响，造成土壤肥力下降、生境质量破坏，从而影响人类福祉。因此此类区域应重点治理，开展综合防治水土流失的工程，采取农业耕作措施、林草措施与工程措施相结合，保护稀有黑土资源；开展水污染治理工程，控制生活污水、农药化肥流失等的排放；健全生态系统监管网络，严格防治和监测生态环境状况。

5 结论

本研究基于 Fragstats 软件、InVEST 模型和 Spearman 相关性分析了 2000—2020 年哈尔滨市绿色空间的景观格局演变和生态系统服务时空变化特征，并根据生态系统热点区制定国土空间生态分区，主要结论如下：

（1）哈尔滨市绿色空间面积占比始终大于 95%，耕地空间为主要绿色空间类型，景观破碎度有所缓解，人类活动对绿色空间的干扰程度在降低，绿色空间在景观中逐渐呈现均衡化趋势分布。

（2）2000—2010 年粮食供给服务显著上升，2010—2020 年略微下降，产水量则呈现持续上升状态；绿色空间的土壤保持量呈现先降低后增加态势，林地空间平均碳储量最高，其次为水域空间；水质净化服务先增强后减弱，生境质量整体呈现上升趋势。

（3）2000—2020 年哈尔滨市生态系统服务主要以低热点区为主，中热点区面积先减少后增加，而高热点区则持续增加，据此，可将国土空间划分为生态治理区、生态提升区和生态保护区，进行严格管控和综合治理。

参考文献

[1] 王飞,陶芹,程宪波,等. 快速城镇化地区景观格局变化对水生态系统服务的影响[J]. 水土保持学报,2023,37(1):159-167.

[2] 方露露,许德华,王伦澈,等. 长江、黄河流域生态系统服务变化及权衡协同关系研究[J]. 地理研究,2021,40(3):821-838.

[3] 成超男,胡杨,赵鸣. 城市绿色空间格局时空演变及其生态系统服务评价的研究进展与展望[J]. 地理科学进展,2020,39(10):1770-1782.

[4] 周宏春,江晓军. 习近平生态文明思想的主要来源、组成部分与实践指引[J]. 中国人口·资源与环境,2019,29(1):1-10.

[5] Vihervaara P, Rönkä M, Walls M. Trends in ecosystem service research: Early steps and current drivers[J]. AMBIO, 2010, 39(4): 314-324.

[6] 魏嘉馨,干晓宇,黄莹,等. 成都市城市绿地景观与生态系统服务的关系[J]. 西北林学院学报,2022,37(6):232-241.

[7] 陶宇,李锋,王如松,等. 城市绿色空间格局的定量化方法研究进展[J]. 生态学报,2013,33(8):2330-2342.

[8] 潘影,张茜,甄霖,等. 北京市平原区不同圈层绿色空间格局及生态服务变化[J]. 生态学杂志,2011,30(4):818-823.

[9] 徐承栋,王锦. 城市绿色空间网络构建与优化研究——以云南普洱市为例[J]. 西部林业科学,2022,51(5):50-58.

[10] 陈泓宇,李雄. 基于 MSPA-InVEST 模型的北京中心城区绿色空间生境网络优化[J]. 风景园林,2021,28(2):16-21.

[11] 王圳峰,王欣珂,谢香群,等. 基于 GWR 模型的福建省绿色空间景观格局演变影响因素及其空间差异[J]. 西北林学院学报,2022,37(5):242-250.

[12] 邵明,李方正,李雄. 基于多源数据的成渝城市群绿色空间生态系统服务功能供需评价[J]. 风景园林,2021,28(1):60-66.

[13] 张彪,徐洁,谢高地,等. 2000—2010 年北京城市绿色空间格局动态分析[J]. 生态科学,2016,35(6):10.

[14] Song P, Kim G, Mayer A, et al. Assessing the ecosystem services of various types of urban green spaces based on i-tree eco[J]. Sustainability, 2020, 12(4).

[15] Xiaomin G, Chuanglin F, Xufang M, et al. Coupling and coordination analysis of urbanization and ecosystem service value in Beijing-Tianjin-Hebei urban agglomeration[J]. Ecological Indicators, 2022, 137: 108782.

[16] Huang Z, Chen Y, Zheng Z, et al. Spatiotemporal coupling analysis between human footprint and ecosystem service value in the highly urbanized Pearl River Delta urban Agglomeration, China[J]. Ecological Indicators, 2023, 148: 110033.

[17] Su Y, Ma X, Feng Q, et al. Patterns and controls of eco-

system service values under different land-use change scenarios in a mining-dominated basin of northern China[J]. Ecological Indicators, 2023, 151: 110321.

[18] 钟莉娜, 王军. 基于InVEST模型评估土地整治对生境质量的影响[J]. 农业工程学报, 2017, 33(1): 250-255.

[19] 邱天琦, 王向荣. 基于InVEST模型的长株潭城市群生境质量时空演变分析研究[J]. 林业资源管理, 2022(5): 99-106.

[20] Huang J, Zheng F, Dong X, et al. Exploring the complex trade-offs and synergies among ecosystem services in the Tibet autonomous region[J]. Journal of Cleaner Production, 2023, 384: 135483.

[21] 高青峰, 郭胜, 宋思铭, 等. 基于RUSLE模型的区域土壤侵蚀定量估算及空间特征研究[J]. 水利水电技术, 2018, 49(6): 214-223.

[22] 郭军庭, 张志强, 王盛萍, 等. 应用SWAT模型研究潮河流域土地利用和气候变化对径流的影响[J]. 生态学报, 2014, 34(6): 1559-1567.

[23] Yohannes H, Soromessa T, Argaw M, et al. Impact of landscape pattern changes on hydrological ecosystem services in the Beressa watershed of the Blue Nile Basin in Ethiopia[J]. Science of the Total Environment, 2021, 793: 148559.

[24] Wang Y, Dai E. Spatial-temporal changes in ecosystem services and the trade-off relationship in mountain regions: A case study of Hengduan Mountain region in Southwest China[J]. Journal of Cleaner Production, 2020, 264: 121573.

[25] Yang S, Bai Y, Alatalo J M, et al. Spatio-temporal changes in water-related ecosystem services provision and trade-offs with food production[J]. Journal of Cleaner Production, 2021, 286: 125316.

[26] 魏培洁, 吴明辉, 贾映兰, 等. 基于InVEST模型的疏勒河上游产水量时空变化特征分析[J]. 生态学报, 2022, 42(15): 6418-6429.

[27] 赵亚茹, 周俊菊, 雷莉, 等. 基于InVEST模型的石羊河上游产水量驱动因素识别[J]. 生态学杂志, 2019, 38(12): 3789-3799.

[28] 蔡春苗, 尚金城. 哈尔滨市生态系统供需水平和发展能力动态[J]. 应用生态学报, 2009, 20(1): 163-169.

[29] 崔嵩, 贾朝阳, 宋梓萌, 等. 哈尔滨市城市化进程对气温变化影响[J]. 东北农业大学学报, 2020, 51(9): 70-78.

[30] 冯一凡, 冯君明, 李翅. 生态韧性视角下绿色空间时空演变及优化研究进展[J]. 生态学报, 2023(14): 1-14.

[31] 王驷鹞, 赵春雷, 陈霞, 等. 基于遥感的唐山市绿色空间演化及对热岛效应的影响[J]. 自然资源遥感, 2022, 34(2): 168-175.

[32] 闫水玉, 唐俊. 城市绿色空间生态系统服务供需匹配评估方法: 研究进展与启示[J]. 城市规划学刊, 2022(2): 62-68.

[33] 叶林, 曹坤梓, 邢忠. 基于规划诉求的城市绿色空间分类体系探讨[J]. 现代城市研究, 2018(6): 51-58.

[34] 何莎莎, 朱文博, 崔耀平, 等. 基于InVEST模型的太行山淇河流域土壤侵蚀特征研究[J]. 长江流域资源与环境, 2019, 28(2): 426-439.

[35] 叶匡旻, 孟凡生, 张铃松, 等. 松花江流域氮时空分布特征及源解析研究[J]. 环境科学研究, 2020, 33(4): 901-910.

[36] 吴可欣, 税伟, 薛成旦, 等. 珠江源区生境质量对土地利用变化的时空响应[J]. 应用生态学报, 2023, 34(1): 169-177.

[37] Dou H, Li X, Li S, et al. Mapping ecosystem services bundles for analyzing spatial trade-offs in inner Mongolia, China[J]. Journal of Cleaner Production, 2020, 256: 120444.

[38] Lyu R, Clarke K C, Zhang J, et al. Spatial correlations among ecosystem services and their socio-ecological driving factors: A case study in the city belt along the Yellow River in Ningxia, China[J]. Applied Geography, 2019, 108: 64-73.

[39] 李睿倩, 李永富, 胡恒. 生态系统服务对国土空间规划体系的理论与实践支撑[J]. 地理学报, 2020, 75(11): 2417-2430.

作者简介

祁玉馨, 1999年生, 女, 汉族, 山东省海阳市人, 东北林业大学园林学院硕士在读, 研究方向为城市生态系统服务。电子邮箱: qiyuxin@nefu.edu.cn。

(通信作者) 胡远东, 1977年生, 男, 土家族, 湖北省宜昌市人, 博士, 东北林业大学园林学院, 副教授, 研究方向为区域景观规划与生态修复、城市生态系统服务等。电子邮箱: huyuandong@nefu.edu.cn。

国土空间背景下市域生态修复规划分析方法与策略研究
——以汉中市汉台区为例

Research on Urban Ecological Restoration Planning Analysis Methods and Strategies Under the Context of National Spatial Planning
—A Case Study of HanTai District in Hanzhong City

王沛瑶

摘　要：近年来，随着"国土空间规划""双碳"目标的逐渐落实，生态修复规划成为区域和谐发展和公众需求的重要课题。本文以汉中市汉台区为例，评价生态系统及生态保护的重要性，总结综合评价结果，发现生态空间问题，并对生态系统恢复力进行评估。在此基础上，将汉台区划分为五大生态修复分区，并建立生态修复项目库。本文以问题为导向，采用"问题诊断—基础评价分析—生态修复分区—生态修复策略—修复工程落实"的市域生态修复规划思路，希望为其他类似地区的生态修复规划提供经验借鉴。
关键词：生态修复规划；汉台区；生态问题；生态评价；市域国土空间规划

Abstract: In recent years, with the gradual implementation of "National Spatial Planning" and the "Dual Carbon Theory", ecological restoration planning has become a crucial topic for regional harmonious development and meeting public demands. This paper takes HanTai District in Hanzhong City as an example to evaluate the importance of the ecological system and ecological conservation, summarize the comprehensive evaluation results, identify ecological spatial issues, and assess the restorative capacity of the ecosystem. Based on this analysis, the study divides HanTai District into five major ecological restoration zones and establishes an ecological restoration project repository. Employing a problem-oriented approach, the paper proposes a city-level ecological restoration planning methodology, encompassing "problem diagnosis-basic evaluation analysis-ecological restoration zoning-ecological restoration strategies-implementation of restoration projects", aimed at providing valuable insights for ecological restoration planning in similar regions. Through comprehensive discourse, the paper emphasizes the significance of ecological restoration for regional development and public welfare while offering a systematic planning approach and guiding strategies.
Keywords: Ecological Restoration Planning; HanTai District; Ecological Issues; Ecological Evaluation; Urban Regional Spatial Planning

1 研究区域概况

1.1 地理区位条件

汉中市位于陕西省西南部，地处秦岭北麓，南接巴山余脉，是一座历史悠久的国家级历史文化名城，同时也享有国家园林城市、国家生态农业示范区、全国优秀旅游城市、中国最美油菜花海等荣誉称号。汉台区东与城固县相连，西与勉县相邻，北与留坝县毗邻，南与南郑区隔江相望。其地理范围南北长37km，东西宽23km，总国土面积为549.19km²。地势地貌上，汉台区南临汉江，北依秦岭余脉天台山，地势逐渐由南向北升高，呈现出一定的阶地式地形。总体上可分为3个主要地形带：南部为汉江冲积平原，中部为沟梁相间的丘陵地带，北部则属于秦岭南坡山地。区域内的地貌类型主要包括平原、丘陵和山地3个部分，各自占比约为4∶3∶3。

1.2 生态区位条件

（1）位于国家生物多样性保护区

汉台区位于国家生物多样性保护优先区域中的秦岭生物多样性保护区，辖区涉及河东店镇、武乡镇、汉王镇等地。该地区自然植被十分丰富，拥有大量野生动植物资源。植被包含乔木和灌木类植物，共涵盖73余科近400种。

（2）位于秦巴生物多样性保护与水源涵养重要区

汉台区位于秦岭—大巴山生物多样性保护与水源涵养重要区，地处我国亚热带与暖温带的过渡带，自然条件独特且得天独厚。该区分布着北亚热带和暖温带的垂直自然带谱，成为我国乃至东南亚地区生物多样性最为丰富的地区之一，备受重视和保护。

（3）位于秦岭生态环境保护区

根据《汉中市秦岭生态环境保护总体规划》，汉台区属于汉中市秦岭生态环境保护区，总面积1.51万 km²，涵盖9个县（区）、82个镇及街道办。该区被誉为我国的"中央水塔"，规划强调加强森林和河湖生态系统的保护，提高森林植被覆盖率，实施天然林保护、退耕还林还草等工程，持续增强秦岭的水源涵养能力。这一规划旨在全面保护秦岭地区的生态资源，确保其持久发展和生物多样性的保持。

汉台区生态修复规划技术路线见图1。

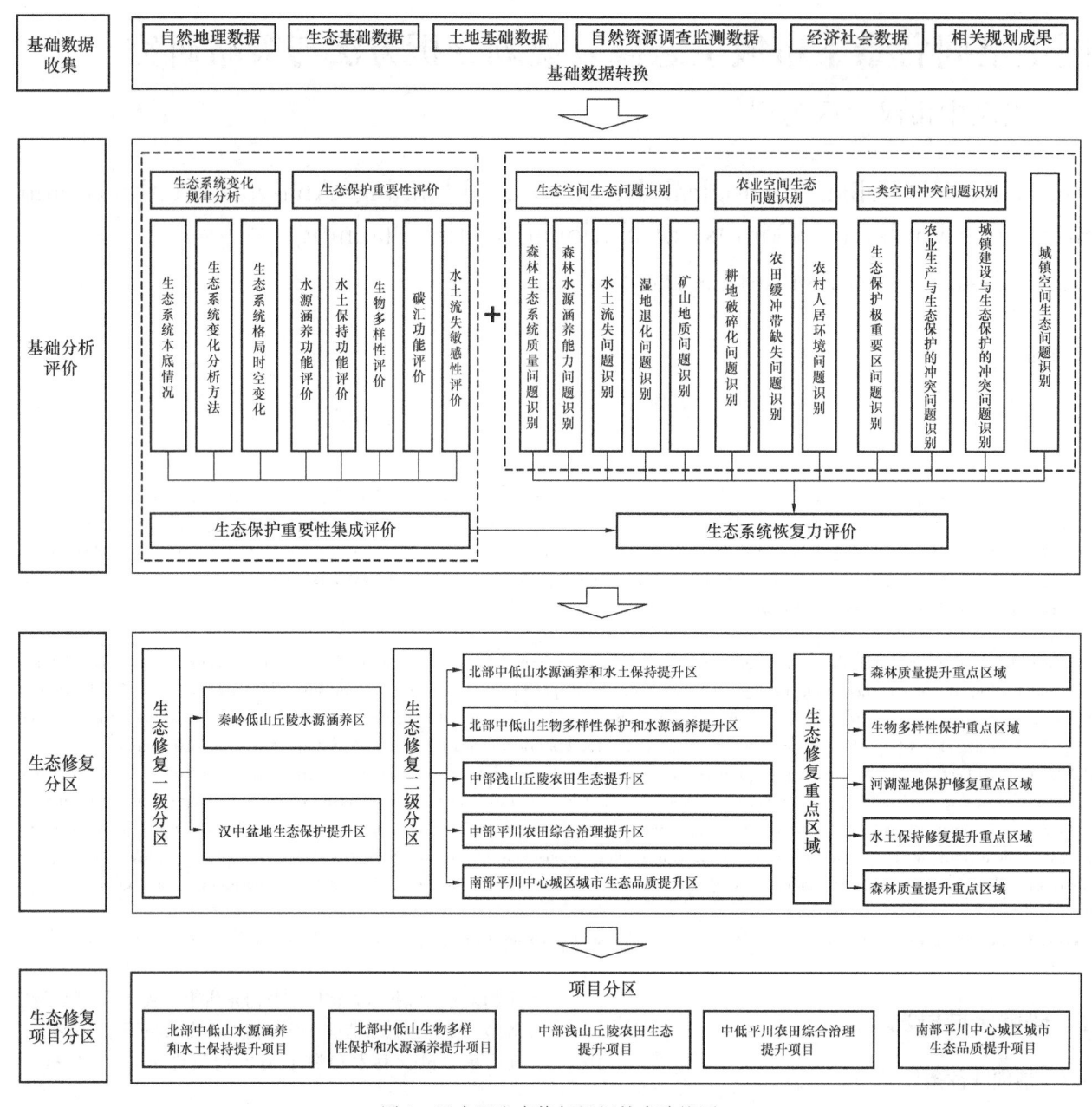

图 1　汉台区生态修复规划技术路线图

2　生态保护重要性评价与问题识别

2.1　生态保护重要性单项评价

2.1.1　水源涵养功能评价

基于"水量平衡"法计算汉台区水源涵养量[1]，发现汉台区生态系统水源涵养服务呈现秦岭山地大于平原区，由北向南递减的趋势。水源涵养服务主要受到降水量和地表水资源分布影响，二者分布规律基本一致，呈现北多南少、山区多平原少的特点。汉台区水源涵养服务高值区主要分布在北部河东店镇和武乡镇的秦岭山区，这些区域植被覆盖度高，分布的阔叶林、针叶林以及针阔混交林持水能力较好，并且年降水量高、水系发达、地表水资源较丰富，因此具有更好的生态系统水源涵养基础。

2.1.2　水土保持功能评价

采用修正水土流失方程（RUSLE）对汉台区的水土保持服务功能开展评价[2]，发现汉台区水土保持重点区域主要分布在秦岭山区河东店镇、武乡镇。秦岭山区山体多植被覆盖，郁闭度高，乔、灌、草及凋落物层状结构发育完整，水土流失轻微，但北坡水系发育，河流由北向南流程短、落差大、水流急，形成的沟谷在暴雨发生时也会伴有泥石流发生。并且该区域山高坡陡、土层薄、潜在水土流失程度高，是水土保持服务的重点区域。

2.1.3　生物多样性功能评价

采用 InVEST 模型中的生境质量模块进行生物多样性维护服务功能评估[3]。结果显示：汉台区生态系统生物多样性维护服务呈现北高南低的趋势。生物多样性维护服务主要集中在汉台区北部的秦岭山区,该地区林地类型主要为乔木和灌木,植被长势整体良好,为动植物生长栖息提供了有利的环境条件。国家公园、省级公园、自然保护区主要分布在汉台区北部的秦岭山区,该区域生物多样性丰富,是重要的生态屏障,是进行生物多样性维护的关键区域。汉台区南部和中部地区主要为城镇和农田,人类活动干扰更加明显,物种丰富度相对较低,无大规模生物栖息地分布,生物多样性维护功能较弱。

2.1.4 碳汇功能评价

碳汇功能是指特定生态系统通过植物的光合作用将CO_2转化为有机碳,并将其稳定地储存于植物体和土壤中,从而起到减缓全球气候变化的作用[4]。这些生态系统扮演着重要的角色,有助于减少大气中的CO_2浓度,对于抵消人类活动引起的温室气体排放具有积极的环境效益。研究利用机器学习方法融合观测—多模型模拟结果准确计量汉台区碳汇量,结果显示:碳汇功能极重要区主要分布在河东店镇、武乡镇,面积约163.78km²,占土地总面积的29.82%;武乡镇、汉王镇、徐望镇丘陵地区用地类型以园地为主,碳汇功能高于其他平原地区;汉王镇、武乡镇幼龄林、中龄林占比大,固碳速率较高。

2.1.5 水土流失敏感性评价

根据《第一次全国水利普查水土流失普查技术细则》,汉台区生态脆弱性主要表现在水土流失问题上。水土流失是指土壤表面被水流或风力冲刷侵蚀的现象,是严重的生态环境问题。根据土壤水蚀模型计算发现,汉台区水土流失极脆弱区主要集中在沿山丘陵地带,该区域的水力侵蚀强度被划分为剧烈和极强烈。同时,脆弱区主要分布在强烈和中度的区域。这些敏感区总共面积为84.89km²。

2.2 全域性系统问题识别

(1)中南部优质生态源地不足,部分生态廊道被阻断

中南部地区生态源地分布不均衡,北多南少,西多东少,且破碎化严重。河东店镇和武乡镇南部有较多优质生态源地,主要在天台山和褒河森林自然公园。但丘陵和平原地区受农业和城镇建设限制,生态源地较少,规模小,且连通性不足。保护生态需要加强规划、平衡生态源地布局和解决廊道连通性。

(2)城镇建设压缩生态空间,城郊水源保护地遭遇萎缩

城市建设的迅猛发展导致城区饮用水源地和河流沟道水环境受到了严重的影响。在中心城区的江北区域东、西郊,地下水水源地原本划定了约900hm²的保护区,但近年来,一些建设项目已经侵占了水源地保护用地。由于这些不当的干预,目前仅剩下420hm²的保护区面积,且部分水源井已经被迫报废。

(3)河道堤防合格率低,防洪体系建设需提升

汉台区主要河流为汉江、褒河及18条较大沟道。汉江治理达百年一遇标准,褒河未全面治理,未达五十年设防标准。沟道穿越聚落,防洪问题仍存。需提升山洪防治和小水库安全加固水平,发挥减灾与兴利效益。保障安全与可持续发展,应重视水利工程持续投入和维护,优先治理褒河等未治理河流,加强山洪防治与小水库安全加固,确保防洪体系稳固可靠,减轻灾害风险,促进经济社会可持续发展。

(4)河湖污染现象依然存在,水生态功能需有待提升

城市建设发展对汉台区渠系空间产生较大影响,导致生态环境退化、形态断裂,局部历史渠系被填埋和侵蚀。明珠河、西排洪渠、南排洪渠和北排洪渠4条渠系存在污染问题。渠道由原自然岸堤或土坝变成钢筋混凝土,综合功能受影响,生态功能逐渐退化,水生动植物生存受威胁,水环境治理任务较重。

(5)系统性生态修复理念较弱,修复资金渠道单一

生态修复涵盖范围广泛,工程类型多样,但由于生态要素的分割管理,针对生态修复,各职能部门以分头实施为主,单一要素保护修复工作虽取得一定成效,但由于未能打破行政区划、部门管理和生态要素界限,缺少对生态系统完整性和系统性的综合考虑,造成生态系统的综合治理资金重复投入但成效不高,未能实现生态、经济效益最大化。

2.3 生态空间生态问题识别

2.3.1 森林生态系统质量问题识别

(1)分析方法:基于NDVI判断森林质量

归一化植被指数(NDVI)是一项重要的参数,可反映农作物生长状况和营养信息,对生态系统的生境条件提供有价值的信息[5]。本研究使用2015—2020年的NDVI数据,采用年际的线性回归方法,分析了汉台区全域NDVI在20年间的变化率,以评估该地区林地的总体质量。计算公式如下:

$$y = a + bx$$

式中,y为NDVI值;x为年份;a为常量;b为斜率。通过将2015—2020年相应年份对应的NDVI值分别代入x、y得到方程的斜率b,表明2015—2020年NDVI的变化趋势。

(2)分析结果

汉台区秦岭地区的林地质量整体向好,但城区周边的林地受到严重损害。全区范围内,2015—2020年的NDVI变化趋势明显,尤其是秦岭地区的林地质量保持稳定。然而,城市建设扩张和产业发展导致南部平原地区的植被质量下降,涉及所有街道和乡镇。虽然秦岭地区林地质量持续提高,但仍存在林木生长受限、成林后郁闭度偏低和成林前长势不佳等问题。退化受损的林木主要分布在河东店镇、汉王镇和武乡镇。

2.3.2 森林水源涵养能力问题识别

(1)基于植被本身分析水源涵养能力

全区林地以中度郁闭为主,占总规模的99.33%。林龄结构以中幼龄为主,占78.99%。中度郁闭林地中幼龄占比较大,导致地表凋落物减少,易致林地坡面裸露,抵

御水流冲刷能力不足，土壤蓄水能力不高。尽管林地质量有所提高，但涵养水源能力仍较低。详细数据见表1、表2。

林地龄组统计表　　　　　表1

龄组	面积（hm²）	占比（%）
幼龄林	3389.30	21.88
中龄林	8845.64	57.11
近熟林	2666.30	17.21
成熟林	587.39	3.79
总计	15488.63	100

林地郁闭度统计表　　　　　表2

龄组	面积（hm²）	占比（%）
疏林（<0.2）	756.42	4.25
中度郁闭（0.2~0.69）	16925.45	95.08
密林（>0.7）	118.91	0.67
总计	17800.78	100

（2）基于气候因素分析水源涵养能力

从气候角度出发，秦岭西部区域降水量相对东部区域更低，有下降的趋势，导致地表径流量也呈下降趋势，且极端降雨频次增加，对地表冲刷力加强，降水滞留时间缩短，气温上升，蒸散发量也呈大幅增加趋势，多重气候因素下，导致汉台区秦岭区域涵养水源的能力出现退化。

2.3.3　水土流失问题识别

近年来水土流失总面积逐步减少，但局部生产建设活动导致的人为水土流失较为突出。全区水土流失重点防控区面积为47.89km²，主要分布在北部山地与丘陵过渡地带，以及南部汉江和褒河下游区域，以水力侵蚀为主，水土流失情况较为严重。水土流失造成表层熟土流失，土壤肥力、土壤有机质及水土保持能力下降，严重影响耕地和农作物质量，部分区域出现"越薄越垦、越垦越薄"的恶性循环。

2.3.4　湿地退化问题识别

随着城市空间扩张及人类活动频繁影响，2009年以来，全区共有312.23hm²湿地被占压。其中，农用地占压94.18hm²，主要涉及林地和耕地；建设用地占压213.31hm²，主要涉及水工建筑用地和交通运输用地；未利用地占压4.73hm²，均为其他草地。各类占压导致湿地系统生态服务功能存在退化风险。湿地的退化萎缩破坏了珍稀水禽、鱼类和两栖类动物的栖息繁殖地，湿地生态系统变得脆弱，野生动植物保护受到挑战。此外，过量补充给河流或下渗到地下的水难以被湿地储存，导致河流流速加快、调节径流能力下降，洪水压力增大。干旱季节，湿地和河流储水能力不足，进一步加剧河流断流，湿地的雨洪调蓄功能呈下降趋势。

2.4　农业空间生态问题识别

2.4.1　耕地破碎化问题识别

（1）分析方法

根据汉台区的实际情况，将连片度阈值设定为8m。利用ArcGIS软件中的缓冲区分析工具，确定阈值为8m进行缓冲，对缓冲区田块进行融合。根据融合的最终结果，计算耕地连片度，表达公式如下：

$$P = (\ln S_i - \ln S_{min})/(\ln S_{max} - \ln S_{min})$$

式中，P为耕地连片度；S_i为连片面积现状值；S_{max}为连片面积最大值；S_{min}连片面积最小值。P的范围[0，1]，P值越大，田块越集中连片[6]。

（2）分析结果

汉台区耕地连片度整体约为80%，丘陵平原区拥有大量连片耕地，而北部山地丘陵交接处和城区边缘的耕地则呈现较高的破碎化现象。大面积的耕地（133hm²及以上）主要分布在中部丘陵和南部平原地区，而小面积的耕地（133hm²以下）主要集中在城区周边，这是城市扩张对农业空间的渗透和侵蚀所致。特别是河东店镇和武乡镇的耕地破碎度较高，主要是因为它们处于秦岭南坡边缘地带，地形起伏较大，同时园地较多，导致耕地被分割成零散破碎的状态。

2.4.2　农田缓冲带缺失问题识别

农田生态缓冲带是水土保持治理措施之一，指在相邻空间或系统的一定边界区域内建设乔灌草相结合的立体植物带，在不同空间或系统之间起到一定的缓冲作用，具有面源污染阻控、提高水陆生态系统的生物多样性、美化环境、改善河流水质、水土保持等多种功能。

（1）分析方法

以通用土壤流失方程为基础，分析汉台区水土流失情况，识别水土流失严重区域；基于水土流失严重区域内河流水系的基线，两侧缓冲300m，叠加土地利用类型数据，选择缓冲区范围内土地利用类型为耕地和园地的地类；将选择的河段与坡度图叠加，采用插值法计算不同坡度条件下对应的生态缓冲带宽度。最小宽度推荐值见表3。

农田生态缓冲带最小宽度推荐值　　　　　表3

坡度（°）	一般河流最小宽度（m）	特殊河流最小宽度（m）
0~5	25	45
5~15	30	60
16~25	35	80
>25	70	125

（2）分析结果

目前汉台区尚未开展农田生态缓冲带建设工作，阻控面源污染和抵御水土流失的能力较弱，导致面源污染入河、泥沙入河的风险较大。

2.4.3 农村人居环境问题识别

（1）分析方法

规划通过统计2009—2020年全市人均农村居民点面积变化情况，对标陕西省人均农村居民点标准，分析区域农村用地情况，并通过实地踏勘走访，评价现状农村人居环境情况。

（2）分析结果

农村用地低效，人居环境有待进一步提升。汉台区村庄用地规模在逐年增加，但农村常住人口规模在持续减少，出现"人减地增""一户多宅"等现象，用地低效粗放。

2.5 三类空间冲突问题识别

2.5.1 生态保护极重要区问题识别

三类空间部分地类存在冲突。生态保护极重要区内存在一定规模建设用地和农用地。其中，建设用地195.52hm²，主要为农村居民点用地、公路用地、水工建筑用地，居民生活及基础设施建设对生态服务功能发挥造成一定影响；耕地97.3hm²，种植园地4.36hm²，主要分布在河东店镇、武乡镇、汉王镇秦岭浅山区的北部。不合理的农业生产活动，加大了生态空间的水土流失、生物多样性减少等生态破坏，以及提高了土壤、水资源等环境污染的风险。

2.5.2 农业生产与生态保护的冲突问题识别

农业生产不适宜区内的耕地面积为34.1hm²，占现状耕地面积的0.2%，主要分布在北部丘陵及秦岭浅山地区，即河东店镇、武乡镇、汉王镇，为25°以上陡坡耕地为主，陡坡耕种会加剧水土流失，导致农业空间水源涵养功能降低。

2.5.3 城镇建设与生态保护的冲突问题识别

城镇建设不适宜区存在210.74hm²的城镇建设用地，主要分布于河东店镇汉中路街道。主要是因为先天地形地貌、气候水文、地质构造等限制因素，北部丘陵山区为地质灾害高易发区，南部为汉江流域。不合理的城镇建设选址，使得部分城镇空间面临自然灾害风险。

2.5.4 相邻区域冲突问题

相邻区域缺乏生态缓冲带，空间连通性不足。由于缺乏缓冲带，农业生产过程中，化肥、农药、畜禽粪便等通过地表径流、地下渗漏等过程，对土壤及水体造成污染。褒河、狮子河和安沟河等河流局部缺少护堤林，开发建设活动进一步导致生态系统退化。城镇中硬质堤岸的建设，致使河流对水土污染的净化能力减弱，导致部分区域、水生生物死亡和水体富营养化，硬质铺装阻碍了雨水下渗，影响地下水循环。

3 生态系统恢复力评价

3.1 评价方法

规划选取地形、水文、社会、气候、植被、生物多样性六大类因子，建立生态系统恢复力指标评价体系（表4），运用加权叠加计算汉台区生态系统恢复力指数。

生态系统恢复力指标体系　　　　　　表4

影响因子	类型	权重	状态	潜力值
地形	高程	0.1	<700m	80
			700~900m	60
			900~1100m	40
			>1100m	20
	坡度	0.1	0~2	100
			2~6	80
			6~15	60
			15~25	30
			>25	10
水文	河湖水面率	0.1	>25%	80
			15%~25%	60
			7%~15%	40
			<7%	20
社会	土地利用方式	0.12	农用地	50
			未利用地	70
			建设用地	10
	夜间灯光指数	0.1	>4000	10
			2600~4000	30
			1300~2600	50
			400~1300	70
			<400	90

续表

影响因子	类型	权重	状态	潜力值
气候	降水	0.15	<1000	50
			900～1000	60
			>1000	70
植被	NDVI	0.21	−1～0	0
			0～0.2	40
			0.2～0.4	60
			0.4～0.6	80
			0.6～1	100
生物多样性		0.12	极重要	90
			重要	50
			一般重要	10

3.2 评价结果

汉台区生态系统恢复力南北差异较大，北部山区生态系统恢复力较强，南部地区生态系统恢复力较弱。生态系统恢复力高的区域主要集中在褒河省级森林自然公园和汉中天台山国家级森林自然公园，该区域远离城区，森林分布广，生物多样性比较丰富，生态服务功能强，人类干扰相对较少，生境条件较优越；生态系统恢复力较高的区域集中在河东店镇和武乡镇山区，这些地区生境条件较好，生物多样性相对丰富，但存在生态退化风险；生态系统恢复力中等区域分布于汉台中部和东南部，该区域自然生境较少，农业生产规模较大，地表覆被较为单一，以人工生态系统为主，生态自然恢复力不高；中心城区及城区周边现状大部分为建设用地，生态系统恢复力较差。

4 修复分区及策略

根据评价结果将汉台区划分为北部中低山水源涵养和水土保持提升区、北部中低山生物多样性保护和水源涵养提升区、中部浅山丘陵农田生态提升区、中部平川农田综合治理提升区、南部平川中心城区城市生态品质提升区5个生态保护修复分区。

4.1 北部中低山水源涵养和水土保持提升区

生态状况：本区域地貌以秦岭山地为主，森林中度郁闭，中幼龄林占比较大，近熟林、成熟林多分布在河东店镇东北地区。水资源富集，主要有褒河、沙河等河流。区域水源涵养、水土保持服务功能较为突出。生物多样性维护功能极重要区主要集中在河东店镇东北地区，重点野生保护动物为羚牛、豹、金雕等；区内划定生态保护红线81.78km²，分布2处自然保护地，自然生态环境保护重要程度较高。

修复主导方向：以水源涵养和水土保持功能提升为主，加强天然林保护，开展退化林分修复，提升重要河道两侧、主要水源地周边水土保持能力。

修复策略：通过实施河湖湿地保护修复工程、森林质量提升工程、水土保持提升工程、矿山修复治理工程，对区域生态环境进行综合整治、修复与保护。进行森林抚育、植树造林，推进自然保护地整合优化，结合国家森林公园建设，提高森林生态系统稳定性；开展流域综合治理，以沙河、褒河等上游有大中型水源地的河道作为优先整治对象，在坡面平缓处修建涝池，拦蓄径流，在河道内修建塘坝、谷坊等小型水保工程，按照生态清洁小流域标准防治水土流失，因地制宜选择河流、水库两岸直观坡面的裸露地段，补植林木，全面提升水土保持能力；进一步加强河湖生态保护修复，推进自然保护地整合优化[7]，完善自然保护地结构和空间布局；抓紧实施截污纳管工程，确保入河水质达到"零污染"，大力开展清淤疏浚及垃圾清理，清理内源、面源污染源，提高河流水质；开展矿山地质环境恢复治理，减少土地压占与景观破坏，恢复矿山自然生态功能。

4.2 北部中低山生物多样性保护和水源涵养提升区

生态状况：本区域地貌以秦岭山地为主，森林郁闭度相对较高，近熟林和成熟林占比大，山高林茂，生态环境良好；水资源富集，主要有褒河、黎家河、青沙河等河流。野生动植物类群众多，拥有羚牛、豹、苏铁、水杉、珙桐、红豆杉等多种国家珍稀野生动植物。区内划定生态保护红线71.89km²，分布2处自然保护地，自然生态环境保护重要程度较高。

修复主导方向：本区域围绕以生物多样性保护及水源涵养功能提升为主攻方向，加强森林保育，恢复植被和自然生境，遏制水土流失及湿地退化，加强野生动植物物种资源的保护力度，全面提升生态系统质量。

修复策略：以生物多样性提升、矿山生态修复为重点，对区域生态环境进行综合整治、修复与保护。开展矿山地质环境恢复治理，减少土地压占与景观破坏，恢复矿山自然生态功能；以汉中天台山国家级森林自然公园和陕西褒河省级森林自然公园为建设中心，保护生物多样性，恢复褒河、黎家河、青沙河流域退化湿地生态系统，改善多鳞白甲鱼等珍稀鱼类栖息地生境条件；提升国土绿化面积和森林质量，以全面保护修复森林、灌丛等生态系统完整性和稳定性为目标，采取封山育林、补植、补播、疏伐等方式，提升区域森林生态系统质量。

4.3 中部浅山丘陵农田生态提升区

生态状况：本区域整体位于汉台区中部丘陵地区，108.34km²，占区总面积的19.73%，是多条河流沟道的上游区域。以秦岭浅山丘陵园地为基础，是柑橘等现代特色农业发展的重点区域。

修复主导方向：以防治地质灾害、农业人居环境改善为主。通过工程措施、生物措施治理突然污染，减少农业面源污染，塑造农地生态景观，维护自然山水格局，实施精细化、生态景观化的高标准农田建设，促进休闲农业和乡村旅游发展。

修复策略：重点在宗营镇、武乡镇、汉王镇等地开展农田生态提升工程，建设高标准农田，加强面源污染治理和农田生物多样性提升，改善农田生态环境；主要河道实施清淤疏浚，解决河道自然淤堵问题，逐步改善河湖生态[8]，实现河湖水系联通，加强水生物资源保护，提升河湖水生物的多样性，加强河道岸线水土流失监测预防，推进流域内水土流失治理。

4.4 中部平川农田综合治理提升区

生态状况：本区域地貌类型为洪积平原，地势相对平坦，生态系统以农田为主，位于石门水库灌区，区域河网密布，褒河、青沙河、文庙河、黎家河、汉王河等河流皆流经本区域，农田生态保护重要性较高。

修复主导方向：提升农田生态，实施高标准农田，实施小流域综合治理。完善乡村基础设施及公共服务设施，提高乡村人居环境质量，提升区域整体生态环境。

修复策略：通过实施地块归并等工程措施，减少农业生产中的制约因素，促进高标准农田建设；提高人居环境整治力度，改善周边生态环境，增强生态系统稳定性[3]。

4.5 南部平川中心城区城市生态品质提升区

生态状况：本区域地貌类型为低海拔冲积洪积平原，地势平坦。受高密度开发建设影响，区内以城镇生态系统为主。汉江和褒河两大过境河流绕城而过，近年来开展"最美河湖"三年计划、"幸福河湖"三年计划及河湖"清四乱"行动，汉江综合整治基本完成，生态景观大幅提升。目前城区内莲花池公园、兴元湖公园、天汉文化公园等大型公园相继开园，公园绿地体系初步建立。区内分布自然保护地1处，为陕西汉江湿地省级自然保护区，受城镇开发建设影响，野生动植物种类较少。

修复主导方向：加强水生态保护修复，推进绿地空间格局优化，填补绿地服务盲区，防控生态环境风险，提高城市韧性水平。

修复策略：保护和提升褒河及汉江流域水功能，强化城区河湖空间管控与修复，提升水体自净能力和生物多样性，推进滨水空间整治及生态化改造，促进水网连通、循环、活化；充分利用疏解腾退用地还绿增蓝，优化城区蓝绿空间格局，依托环城开敞空间串联沿线重要公园，建设多层级、多功能的城市蓝绿网络空间体系；强化拆违腾退用地的生态修复，结合重要功能区及重点地区建设，推进休闲公园、口袋公园和小微绿地建设，填补公园绿地服务盲区，提升公共空间品质；聚焦热岛及内涝高风险区进行系统性风险管控和生态修复，提高城市韧性；打造绿色屋顶、生物滞留地，建设雨污分流设施，进一步推动海绵城市的建设。

5 结语

国土空间修复规划实践是有效促进生态系统稳定、国土空间格局优化和功能提升的重要举措。国土空间修复规划在保护生态环境、优化土地利用、促进城乡发展、防控自然灾害、改善人居环境和推动经济发展等方面都发挥着至关重要的作用，是实现可持续发展目标的重要手段之一，对于维护国家生态安全和人民福祉具有重要意义。本文以汉中市汉台区为例进行实践探索，以问题为导向，构建"问题诊断—基础评价分析—生态修复分区—生态修复策略—修复工程落实"为主的市域生态修复规划思路。分析评价过程采用分类评价的方式，综合选取各项指标要素，并建立相应评价指标体系，旨在加强前期生态单项评价分析的严谨性。生态修复是我国一直重视的发展内容，它与经济和社会发展并存，随着"双碳"目标的提出，生态修复逐渐占据了重要的地位，然而生态修复规划的思路与方法该如何高效地发挥作用，则需要更多的实践案例去探索，并通过实践反馈加以修正。

参考文献

[1] 宋猛, 葛燕平. 美国工矿空间生态修复管理实践及经验启示[J]. 自然资源情报, 2023：1-8.

[2] 梅代玲. 低碳理念下园林景观的生态修复问题——以牛栏山(金牛山)生态修复环境提升项目为例[J]. 现代园艺, 2023, 46(12)：176-178.

[3] 宫清华, 张虹鸥, 叶玉瑶, 等. 人地系统耦合框架下国土空间生态修复规划策略——以粤港澳大湾区为例[J]. 地理研究, 2020, 39(9)：2176-2188.

[4] 宋猛, 刘伯恩, 葛燕平. 区域生态系统碳汇能力评价与提升路径——以宁夏回族自治区为例[J]. 中国国土资源经济, 2023：1-11.

[5] 崔婧琦, 陆柳莹, 王聪. 国土空间生态修复规划策略与青岛实践[J]. 规划师, 2021, 37(S2)：11-17.

[6] 叶云, 赵小娟, 胡月明. 基于GA-BP神经网络的珠三角耕地质量评价[J]. 生态环境学报, 2018, 27(5)：964-973.

[7] 梁芳婷. 基于自然解决方案的城镇地区国土空间生态修复规划研究[D]. 广州：广东工业大学, 2022.

[8] 陈兵. 城镇空间生态修复规划编制思路探索——以西昌市国土空间生态修复规划为例[J]. 资源与人居环境, 2023(3)：32-36.

作者简介

王沛瑶，1997年生，男，汉族，陕西人，长安大学建筑学院城乡规划学硕士在读，研究方向为城乡规划理论与方法。电子邮箱：185020156@qq.com。

基于代际正义的城市蓝绿空间布局研究
——以济宁市为例

A Study of Urban Blue-Green Spatial Layout Based on Intergenerational Justice
—Jining City as An Example

徐一丹　王洁宁*

摘　要：蓝绿空间规划是国土空间规划的重要议题，是解决城市旱涝灾害、用水失衡、生境破坏等问题的重要手段，是城市空间的重要组成部分。本研究以济宁市蓝绿空间为研究对象，以代际正义为理论基础，建立"蓝绿空间-经济-社会"协同度模型，通过景观格局指数和蓝绿协同度计算，从时间维度探讨济宁市蓝绿空间的演变规律及代际正义导向下的发展策略。研究结果显示，1997—2021年间，济宁市蓝绿空间面积、破碎度逐渐减小，协同度先降低后提升，与济宁市经济-社会发展历程相符。因此，尊重城市蓝绿空间自然形态特征，使蓝绿空间的发展与经济、社会的发展相匹配，妥善处理自然资源的代际正义分配问题，是城市生态系统可持续发展的前提。

关键词：蓝绿空间、代际正义、协同度、景观格局

Abstract: Blue-green spatial planning is an important topic in territorial spatial planning, and is an important means to solve the problems of urban droughts and floods, water imbalance and habitat destruction, etc. It is an important part of urban space. This study takes blue-green space as the main research object, uses intergenerational justice as the theoretical basis, establishes a blue-green synergy model, calculates the landscape pattern index, calculates blue-green synergy, and explores the characteristics of blue-green space in Jining City from the time dimension. The results of the study show that between 1997 and 2021, the area and fragmentation of blue-green space in Jining City gradually decreases and the synergy degree increases, which is consistent with the construction of ecological civilization and indicates that urban construction increasingly attaches importance to sustainable development. The synergistic evolution process of blue-green space is explored to provide reference for the sustainable development of urban blue-green space and territorial spatial planning.

Keywords: Blue-Green Space; Intergenerational Justice; Synergy; Landscape Pattern

引言

城市中的蓝绿空间可以有效防治城市旱涝灾害，维持生物多样性，缓解城市热岛效应[1]，是城市重要的绿色基础设施。国内外学者对于蓝绿空间的研究涉及多个方面，有针对河流蓝绿空间的研究：王敏基于压力-状态-响应模型，构建城市水网空间的修复规划框架[2]；陈竞姝基于韧性城市理论，构建河流廊道韧性框架[3]。有探究蓝绿空间与城市热环境的关系：谭凝等[4]、宋芳菊等[5]探讨蓝绿空间与热环境的相关规律。有探讨蓝绿空间与人的关系：Zander S. Venter 等结合 NDVI、环境危害数据和社会经济数据探索奥斯陆市的环境正义问题[6]；程嘉琦等[7]从人本导向出发，发现蓝绿空间品质对居民环境感知有影响；Craig W. McDougall 等使用逻辑和负二项式回归模型来量化苏格兰淡水蓝色空间与身体和心理健康的关系[8]。学者从多个方面为解决蓝绿空间问题提出可行的解决方案，国土安全格局的保护和控制都有赖于蓝绿空间的协同布局优化，但鲜有学者从时间的维度去探究蓝绿空间的正义问题。蓝绿空间的变化及其协同作用涉及当代人与过去世代和未来世代的关系，不仅影响当代人的处境，也必将影响未来世代的处境。

本研究以济宁市为例，基于多时段城市遥感影像和蓝绿协同度模型，揭示济宁市蓝绿空间的演变规律，并基于代际正义理念，提出济宁市蓝绿空间可持续发展策略。

1　相关概念

1.1　蓝绿空间

城市中的蓝色空间和绿色空间共同构成城市的生态本底。蓝色空间通常由河流、湖泊、湿地、水库等水域构成；绿色空间包含所有人工以及自然的开放空间，包括公园、防护绿地、公共开放空间和林地、草地、耕地等。众多学者对于耕地是否包含在绿色空间中持有不同的意见，在市域尺度，耕地作为其他类型自然板块的纽带，对于促进生物多样性、改善城市生态健康具有不可替代的作用，因此本研究将耕地纳入城市蓝绿空间加以研究。城市蓝绿空间不仅包括蓝色空间和绿色空间，而且还包括了它们的协同效应、物质交换和流动等[9]。

1.2 蓝绿空间协同

协同是在耦合的概念上衍生出来的，耦合起源于物理学领域，描述两个或多个系统通过交互机制相互作用的现象。但是耦合度只能反映相互作用的强度、相互协调的水平，无法反映作用的利弊，而协同度可以反映良性耦合的大小与协调的好坏[10]。蓝绿协同强调蓝色空间和绿色空间耦合后的协调关系，例如：水源能够被绿地消纳，促进植物生长，绿地也能够发挥蓄水、净水的生态功能。

1.3 代际正义

生态正义符合新时代共同富裕的目标，有助于调节人-环境-社会之间关系的失衡，促进生态环境和生态资源的合理公平分配[11]。代际正义作为生态正义的一部分，探究时间层面上自然资源的可持续发展。重视代与代之间的生态待遇和责任平等，当代对自然生态的利用要为后人负责，保证后代的发展权益，这意味着当代人要合理利用自然资源，保证后代人发展所需要的资源。代际正义即保证资源的可持续利用，蓝绿空间作为自然资源，与代际正义相结合具有重要的意义，也为城市水资源和绿地资源的分配以及生态环境的治理指明方向。

2 研究方法

2.1 研究区域

济宁市又称运河之都，京杭大运河贯穿全境，是运河文化、儒家文化的发祥地，是历史文化名城、滨水生态旅游城市。济宁市水系发达，主要包含河流、湖泊、水库、塌陷区湿地等，拥有丰富的蓝绿资源。

2.2 数据来源

本研究采用分辨率为30m的CLCD（China Land Cover Dataset）中国年度土地覆盖数据集，该数据集是基于GEE上所有可获得的Landsat遥感数据进行目视解译，获得的1985—2021年的中国土地利用分类结果。结合济宁市的城市发展情况，选择1997、2002、2007、2012、2017、2021共6个时间段的数据（表1）进行蓝绿空间提取，在ArcMap 10.7中重分类，将田地、林地、灌木、草地合并为绿色空间，将水体、湿地合并为蓝色空间，不透水地面称为人造地表，得到相关蓝绿空间数据。

济宁市土地利用数据源 表1

数据名称	传感器	精度	分类体系
CLCD_v01_1997_albert_shandong	Landsat	30m	LCCS（9）
CLCD_v01_2002_albert_shandong			
CLCD_v01_2007_albert_shandong			
CLCD_v01_2012_albert_shandong			
CLCD_v01_2017_albert_shandong			
CLCD_v01_2021_albert_shandong			

2.3 土地利用转移矩阵构建

运用土地利用转移矩阵可以定量分析两个不同时期的土地利用类型的相互转化，详细反映地类的流向，通过构建矩阵，计算绿色空间、蓝色空间、人造地表的转移变化，分析变化趋势和相互转化的关系。

2.4 蓝绿协同模型建立

协同度是在耦合度的基础上提出的，因此协同度模型可以借由耦合量化模型提出。金云峰等[12]构建了基于内源和外源驱动力的协同度评价体系，提出n个系统相互作用的耦合度量化模型：

$$C = n\{[f_1(x) \times f_2(x) \times \cdots f_n(x)] / [f_1(x) + f_2(x) + \cdots f_n(x)]^n\}^{1/n} \quad (1)$$

式中，C为系统耦合度，$C \in [0, 1]$，$f_n(x)$表示第n个系统的功效系数，社会、经济因素与蓝绿空间为衡量城市系统的子系统，探讨蓝绿空间演变与经济、社会三者的协同关系，建立三者复合系统评价指标体系，实现协同度评价，因此$n=3$。

由于协同度可以反映良性耦合的大小与协调的好坏，因此引入协同度量化模型：

$$D = \sqrt{C \times T} \quad (2)$$

$$T = \alpha f_1(x) + \beta f_2(x) + \cdots \gamma f_n(x) \quad (3)$$

式中，D为协同度；α、β、γ等为权重系数，其中$\alpha + \beta + \cdots + \gamma = 1$；$T$为系统综合评价值。$D$越接近1，表明协同度越高，反之亦然。参考相关文献的研究，将协同度进行分级，共分为10个等级，分级情况见表2。

协同度等级划分 表2

协同度D值区间	等级	协同程度
[0, 0.1)	1	极度失调
[0.1, 0.2)	2	严重失调
[0.2, 0.3)	3	中等失调
[0.3, 0.4)	4	轻度失调
[0.4, 0.5)	5	濒临失调
[0.5, 0.6)	6	勉强协同
[0.6, 0.7)	7	初级协同
[0.7, 0.8)	8	中级协同
[0.8, 0.9)	9	良好协同
[0.9, 1)	10	优质协同

2.5 指标选取

2.5.1 蓝绿空间属性

利用 Fragstats 软件对景观格局进行分析，对数据提取空间量化指标，选取总面积、斑块数量、斑块密度、边缘密度、景观形状指标以及香农均匀度指数这 6 项指标来量化蓝绿空间的景观格局（表 3）。斑块数量（NP）是景观类型中包含的斑块总数；斑块密度（PD）和边缘密度（ED）可以用于评价景观的破碎程度；景观形状指标（LSI）可用于衡量景观的复杂性和异质性；香农均匀度指数（SHEI）是比较景观多样性变化的有力手段。

济宁市蓝绿空间属性变化　　　　表 3

年份	总面积（TA）	斑块数量（NP）	斑块密度（PD）	边缘密度（ED）	景观形状指标（LSI）	香农均匀度指数（SHEI）
1997	1117888.47	62954	5.6315	34.4447	94.0532	0.5292
2002	1117880.73	62498	5.5908	35.8405	97.7534	0.5394
2007	1117864.35	63838	5.7107	37.8017	102.9532	0.6512
2012	1117740.06	65718	5.8795	40.6852	110.7136	0.6785
2017	1117884.42	67659	6.0524	43.2653	117.4101	0.6770
2021	1117917.54	67198	6.0110	43.7165	118.5448	0.6891

2.5.2 经济技术指标

结合参考文献衡量经济社会发展的指标选取[6, 13, 14]，从《山东省统计年鉴》和《济宁市统计年鉴》中收集经济社会数据，经济因素包括：人均 GDP，第二、三产业比重，人均可支配收入；社会因素包括：人口自然增长率[15, 16]、登记失业率、城镇化率（表 4）。

社会经济指标选取　　　　表 4

子系统	指标	年份					
		1997	2002	2007	2012	2017	2021
经济	人均 GDP（元）	6144	7032	19968	34259	49668	60728
	第二产业比重（%）	42.7	46.3	52.6	50.0	43.3	40.1
	第三产业比重（%）	32.1	35.8	33.0	37.2	45.2	48.4
	人均可支配收入（元）	4426	7285	13894	25454	23847	31845
社会	人口自然增长率（‰）	5.42	4.09	3.50	6.24	10.25	0.14
	登记失业率（%）	3.4	3.6	3.4	3.0	3.1	1.8
	城镇化率（%）	22.93	25.96	25.63	34.70	57.12	61.19

2.6 确定权重系数

对于蓝绿空间而言，生态的连通性、边界的复杂性以及景观多样性是需要重点关注的，运用熵权法计算各个指标的权重，因为各组数据单位不一，所以应先进行归一化处理，对于正效应指标，数值越大越好，对于负效应指标，数值越小越好。

$$e_{ij} = \frac{x_{ij} - \min(x_{ij})}{\max(x_{ij}) - \min(x_{ij})}$$

$$e_{ij} = \frac{\max(x_j) - x_{ij}}{\max(x_j) - \min(x_j)}$$

式中，i 为年份；j 为指标类型；$\max(x_j)$ 和 $\min(x_j)$ 为指标在研究范围内的最大值和最小值。之后进行对第 i 年的第 j 项指标进行比重计算，m 代表评价指标的个数，即：

$$P_{ij} = \frac{e_{ij}}{\sum_{i=1}^{m} e_{ij}}$$

对评价指标的熵值 b_j 进行计算，当 $P_{ij} = 0$ 时，$P_{ij} \ln P_{ij} = 0$，即：

$$b_j = -k \sum_{i=1}^{m} (P_{ij} \times \ln P_{ij})$$

$$k = \frac{1}{\ln m}$$

计算第 j 个指标的差异系数 h_j，即：

$$h_j = 1 - b_j$$

计算权重 w_j，a 为评价对象的个数，得出结果如表 5 所示：

$$w_j = \frac{h_j}{\sum_{i=1}^{a} h_j}$$

蓝绿空间协调度权重　　　　表 5

子系统	指标名称	正反效应	权重
蓝绿系统（0.431）	总面积（TA）	+	0.040
	斑块数量（NP）	—	0.086
	斑块密度（PD）	—	0.086
	边缘密度（ED）	+	0.072
	景观形状指标（LSI）	+	0.072
	香农均匀度指数（SHEI）	+	0.074

续表

子系统	指标名称	正反效应	权重
经济 (0.313)	人均GDP（元）	+	0.102
	第二产业比重（%）	+	0.072
	第三产业比重（%）	+	0.103
	人均可支配收入（元）	+	0.076
社会 (0.256)	人口自然增长率（‰）	+	0.055
	登记失业率（%）	—	0.041
	城镇化率（%）	+	0.122

3 结果分析

3.1 蓝绿空间数量变化

对济宁市蓝绿空间数据进行叠加处理结果表明：济宁市绿色空间被持续侵占，2002年以后绿色空间大幅减少；蓝色空间先增长后减少，总体呈现上升趋势；人造地表持续稳步增长，2017年后增长速率降低（图1）。

3.2 蓝绿空间转移矩阵分析

为进一步阐明城市化快速发展的过程中蓝绿空间的相互作用，对1997、2007、2021三年的数据进行转移矩阵分析并且进行可视化（图2）1997—2021年绿色空间下降速度加快，但是转化为蓝色空间的面积减小。1997—2007年由绿色空间转变为蓝色空间的面积约400km²，得益于济宁市第十个五年计划期间，南四湖自然保护区建设，大运河和南四湖清水走廊、绿色走廊的打造、采煤塌陷地的治理等发展策略的提出，水域面积大幅增加。由绿色空间转换为人造地表的面积为340.25 km²，济宁市在这个时期大力推进城市化进程、构建都市区发展框架，城市规模有序扩大。2007—2021年，绿色空间较少约397.91km²，蓝色空间减少约144.58km²，主要分布在南四湖区域，长期以来受到建设用地扩张、降水量减少、南四湖绿色生态空间构建等原因的影响，蓝色空间部分转化为绿色空间。

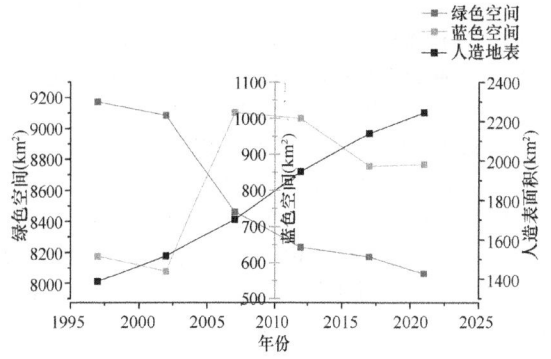

图1 济宁市蓝绿空间数据统计

3.3 蓝绿空间协同度

采用耦合协同度模型计算济宁市1997—2021年"蓝绿空间-经济-社会"复合系统的协调度来定量分析济宁市蓝绿空间协调发展水平，如表6所示，济宁市协同度在1997年较低，呈濒临失调状态；2002—2007年时段呈现向好趋势，甚至达到中级协同状态；2007年后协同度下降，直至2021年协同度恢复至中级协同。

济宁市蓝绿空间协同度　　表6

年份	协同度	等级	协同程度
1997	0.454	5	濒临失调
2002	0.516	6	勉强协同
2007	0.701	8	中级协同
2012	0.663	7	初级协同
2017	0.511	6	勉强协同
2021	0.732	8	中级协同

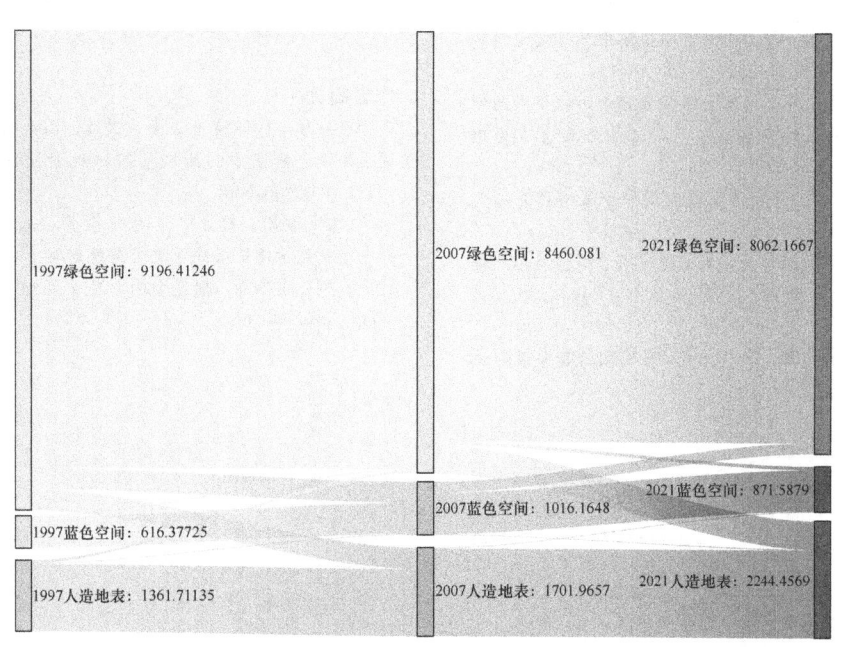

图2 蓝绿空间转移矩阵

4 结论与讨论

通过对研究数据的分析，从结果来看，1997—2021年，济宁市的蓝绿空间面积持续缩小，景观破碎度也逐渐减小。1997—2002年，济宁市城市化水平低，蓝绿空间面积虽然较大，但因为缺少开发利用，与人的联系较为薄弱，与经济社会的协同度较低。2002—2007年，济宁市蓝绿空间的协同度随城市发展持续升高，城市蓝绿空间逐渐获得重视，相关政策不断完善，监管工作不断落实。2007—2017年，协同度下降，此时济宁市正面临资源型城市转型时期，同时房地产开发浪潮兴起，蓝绿空间面积减小，城乡协调发展压力增加。2017—2021年，斑块破碎程度降低，人民福祉不断提升，蓝绿空间协同度呈现上升的趋势。

济宁市作为一座煤炭资源型城市，具有雄厚的工业基础，但是在开采的兴盛期，济宁市寻找转型的出路，积极推进采煤塌陷地的治理，推动城市建设快速健康发展。为解决围湖造田造成的环境问题，同时配合南水北调，在南四湖地区实行"退耕还湿"工程，积极进行城市湿地建设。蓝绿空间的协同并不是在短暂的时间能够实现的，是需要宽阔的视野、长远的考量甚至多代人共同坚持不懈的努力才可能达到协同的目标。

长久以来，人们对于正义问题的关注大多集中在代内公平正义，代际正义长期被忽视，导致社会注重眼前利益而忽视了长久的发展。代际正义具有人际间性[17]，主张人类及其后代都应享有生态利益，强调时代间生态利益的全面协调和发展。尊重城市蓝绿空间自然形态特征，提升其生态功能，使蓝绿空间的发展与经济、社会的发展相匹配，妥善处理自然资源的代际正义分配问题，是城市生态系统可持续发展的前提。

参考文献
[1] 黄锋，易芳蓉，汪思哲，等. 国土空间规划中蓝绿空间模式与指标体系研究[J]. 城市规划，2022，46(1)：18-31.
[2] 王敏，宋昊洋，朱雯，等. 国土空间规划背景下城市水网空间近自然修复规划策略与实践——以江苏省太仓市为例[J]. 风景园林，2022，29(12)：36-42.
[3] 陈竞姝. 韧性城市理论下河流蓝绿空间融合策略研究[J]. 规划师，2020，36(14)：5-10.
[4] 谭凝，陈天，李阳力. 天津市城市蓝绿空间景观格局与热环境的关联研究[J]. 西部人居环境学刊，2023，38(2)：115-120.
[5] 宋菊芳，江雪妮，郭贞妮，等. 城市蓝绿空间特征参数与地表温度的关联量化分析[J]. 中国城市林业，2023，21(1)：20-26.
[6] Venter Z S, Figari H, Krange O, et al. Environmental justice in a very green city: Spatial inequality in exposure to urban nature, air pollution and heat in Oslo, Norway[J]. Science of the Total Environment, 2023, 858: 160193.
[7] 程嘉琦，胡宏，束天媛. 基于活动空间的城市不同类型社区居民蓝绿空间品质差异研究[J]. 人文地理，2023，38(1)：44-55.
[8] McDougall C W, Hanley N, Quilliam R S, et al. Blue space exposure, health and well-being: Does freshwater type matter?[J]. Landscape and Urban Planning, 2022, 224: 104446.
[9] 袁旸洋，张佳琦，汤思琪，等. 基于文献计量分析的城市蓝绿空间生态效益研究综述与展望[J]. 园林，2023，40(4)：59-67.
[10] 左翔，许博文，刘晖. 基于蓝绿协同度评价的绿地格局优化研究[J]. 园林，2022，39(5)：30-36.
[11] 刘莉. 新时代共同富裕背景下生态正义的理论逻辑与实现路径[J]. 社会主义研究，2022(5)：25-32.
[12] 金云峰，李涛，王俊祺，等. 基于协同度量化模型的城乡绿地系统布局调适方法[J]. 中国园林，2019，35(5)：59-62.
[13] Song S, Wang S, Shi M, et al. Urban blue-green space landscape ecological health assessment based on the integration of pattern, process, function and sustainability[J]. Scientific Reports, 2022, 12(1): 7707.
[14] 杨柳琪，周燕，罗佳梦，等. 基于时空演变分析的武汉市城市蓝绿系统空间格局及其与城市发展的协同关系研究[J]. 园林，2022，39(7)：66-74.
[15] Marques I, Santos S, Monasso G S, et al. Associations of green and blue space exposure in pregnancy with epigenetic gestational age acceleration[J]. Epigenetics, 2023, 18(1): 2165321.
[16] Akaraci S, Feng X, Suesse T, et al. A systematic review and meta-analysis of associations between green and blue spaces and birth outcomes[J]. International Journal of Environmental Research and Public Health, 2020, 17(8): 2949.
[17] 喻长友. 代际正义与生态文明[N]. 中国社会科学报，2023-2-28(A02).

作者简介

徐一丹，1998年生，女，汉族，山东烟台人，山东建筑大学硕士在读，研究方向为风景园林规划设计与理论。电子邮箱：904082946@qq.com。

（通信作者）王洁宁，1979年生，女，汉族，山东济宁人，山东建筑大学建筑城规学院生态规划与景观设计研究所所长，副教授，硕士生导师，研究方向为城乡绿地系统规划。电子邮箱：wjn@sdjzu.edu.cn。

苏州小城镇发展分类评估与发展模式分类研究

Classification Assessment and Development Model Classification Study of Small Town Development in Suzhou

徐安祺　肖湘东*　姜佳怡　秦慕文

摘　要：在新型城镇化的背景下，江苏省苏州市的小城镇建设面临诸多挑战，利用规划的手段进行现状发展评估对小城镇未来的建设发展有着举足轻重的引导作用。本文通过一定的指标体系对苏州市域小城镇发展现状进行评估。同时，通过多维度交叉综合的分类指标对小城镇进行发展模式的分类，最后在模式分类的基础上提出相应的发展建议与规划策略，以期为苏州市小城镇未来的发展提供一定的参考。

关键词：小城镇；发展分类；空间格局

Abstract: In the context of new urbanization, the construction of small towns in Suzhou, Jiangsu Province, faces many challenges, and the use of planning means to assess the current situation development plays a decisive role in guiding the future construction and development of small towns. This paper evaluates the development status of small towns in Suzhou through a certain index system. At the same time, the development model of small towns is classified through multi-dimensional cross-comprehensive classification indicators, and finally the corresponding development suggestions and planning strategies are proposed on the basis of model classification, in order to provide a certain reference for the future development of small towns in Suzhou.

Keywords: Small Towns; Development Classification; Spatial Pattern;

1　苏州小城镇发展现状评估

苏州小城镇发展现状评估所涉及的变量因素众多，包括自然地理、经济水平、人口规模、空间区位、产业结构、产业层级、道路交通、空间建设、历史风貌、景区风貌等各方各面，单一的指标难以全面衡量小城镇的发展现状[1]。本文参考了王岱霞《区域小城镇发展的分类评估与空间格局特征研究：以浙江省为例》中构建的指标体系[2]，构建了较为全面的苏州小城镇发展现状评估指标体系，其中包括4个一级指标和14个二级指标，从发展基础和潜力、经济水平与层级、区位与交通可达性、风貌特质4个大方面综合分析苏州所有小城镇的发展现状（表1）。同时，通过核准苏州小城镇的行政区划与位置，采集《苏州统计年鉴2020》中的相关数据，爬取苏州小城镇的POI数据等工作[3]，为本文的现状分析获得了坚实的数据基础，在此基础上再利用GIS平台进行可视化显示，最终清晰地呈现出苏州小城镇的发展现状。

1.1　发展基础与潜力评估

发展基础与潜力是目前已经具备的基本物质基础和能够支持未来发展的潜在能力[4]。苏州小城镇的发展基础与潜力评估由以下几个方面体现：

（1）基础服务设施

基础服务设施是城镇未来发展的优势条件，反映着城镇发展的潜力。现状较为完备的基础服务设施可以为未来的发展提供有力的支撑，而不够完备的基础服务设施会为未来的发展增添一定的负担[5]。通过GIS的渔网分析苏州市小城镇各类服务设施的分布，可以大致看出杨舍镇、虞山镇、玉山镇3个镇的基础设施比较完备，无论是体育服务设施、医疗服务设施、科教服务设施还是餐饮服务设施都有集中分布的区域。从单个服务设施分布的空间差异来看，各城镇的体育服务设施比较完备，分布也较为平均，而医疗、科教、餐饮服务设施的分布差异化较为明显，集中的渔网点会出现上百个同种服务设施，而城镇外边缘则少有基础设施分布。通过对各种服务设施数量的加权叠加可以清晰地看出，虞山镇、杨舍镇、玉山镇服务设施数量最多，总数量达到17000多个；木渎镇、城厢镇盛泽镇基础设施也较为完备，总数量均达到7000

苏州小城镇发展现状评价体系		表1
评估目标	一级指标	二级指标
苏州小城镇发展现状	发展基础和潜力	服务设施数量
		第一产业从业人数
		第一产业生产总值
		城镇可建设用地面积
	经济水平与层级	企业数量
		第二产业生产总值
		第三产业生产总值
		镇域人口密度
		镇域人口规模
	区位与交通可达性	离最近高铁交通站距离
		离最近高速公路出入口的距离
		与主城区的空间距离
	风貌特质	自然地理情况
		风景名胜情况

---

① 基金项目：项目名称：基于局部气候区尺度下的植物景观响应热岛效应机制和优化设计研究——以长三角城市为例（编号：52178046）

以上；而临湖镇、黎里镇、周市镇、巴城镇等13个小城镇服务设施数量在3000～6000之间；董浜镇、东渚镇等整个城镇仅有几百个服务设施点，基础服务实施条件有待改善。

（2）第一产业从业人数

第一产业从业人数反映对苏州城市中心提供农产品或剩余劳动力的优势条件。通过GIS可视化第一产业生产总值的数据可以看出，第一产业从业人数最多的10个城镇是杨舍镇、玉山镇、金港镇、塘桥镇、木渎镇、城厢镇、平望镇、凤凰镇、沙溪镇、黎里镇，其第一产业的从业人员数量在五千万以上，可以看出这些城市是以农业发展为基础的小城镇，分布在苏州市域的外围且占有较大的比重。第一产业从业人数较少的城镇分布在苏州市区的周边，如虞山镇、木渎镇、陆家镇、望亭镇等。

（3）第一产业生产总值

第一产业生产总值能够反映小城镇基础农业的发展现状情况。从GIS的可视化数据来看，第一产业的生产总值最高的10个城镇是沙溪镇、震泽镇、浮桥镇、黎里镇、巴城镇、同里镇、杨舍镇、桃源镇、张浦镇、沙家浜镇，生产总值均在四千万元到七千万元之间，这些城镇主要分布在苏州市行政边界的边缘，发展潜力较弱。生产总值较低是虞山镇、木渎镇、陆家镇、望亭镇等，这些小城镇目前不单独依靠农业进行发展生产，虽然农业生产基础较为薄弱，但是未来的可塑性较强。

（4）各城镇可建设用地面积

城镇可建设用地面积是城镇未来能够用于建设的土地面积，反映着城镇的发展潜力。在苏州市所有的小城镇中，黎里镇、巴城镇、杨舍镇、盛泽镇、玉山镇、浮桥镇、甪直镇目前拥有较多的可建设用地面积，这些城镇主要分布在苏州城区周边，在未来可以进行更多可能的开发。其次，金港镇、东山镇、平望镇、张浦镇、虞山镇、大新镇、通安镇已经建设的用地较多，开发基础与潜力相对较弱。

对以上因素进行加权叠加分析。运用GIS中的重分类功能对同一指标的不同数据段进行重新打分，将数据按自然间断法分为5类，对照该二级指标与一级指标的关系进行重新赋值。接着，用AHP层次分析法计算二级指标所占的比重，结果如表2所示。最后，运用加权叠加的功能对于4个二级指标进行加权叠加分析，对苏州小城镇的发展基础和潜力的评估进行可视化表现，可大致认为综合评分为5的地区发展基础和潜力好，综合评分为4的地区发展基础和潜力较好，综合评分为3、2、1的依次为一般、较差、差。

发展基础和潜力各因素所占比重　　表2

一级指标	关系	二级指标	占比
发展基础和潜力	正相关	服务设施数量	28%
	正相关	第一产业从业人数	26%
	负相关	第一产业生产总值	20%
	正相关	城镇可建设用地面积	22%

可以分析发现各个城镇发展的分化格局：发展基础与潜力较为优越的小城镇主要集中在苏州行政边界的边缘，并呈现由城市边缘向内优势度降低的特征。优势城镇主要分布在市域东南部和西北部地区。东南部主要集中在黎李镇周边，西北部集中在杨舍镇周边，另外在玉山镇周边以及其西部的小城镇也显示出较强的优势。

1.2 经济水平与层级评估

经济水平与层级是小城镇现状发展的重要评估方面，经济水平、产业及结构、经济强度和城镇人口吸纳力体现小城镇的经济发展水平和城镇层级[6]。

（1）企业数量

企业数量是城镇经济发展水平的重要指标因素。苏州小城镇中企业数量在10000个以上的共有5个，分别是金港镇、盛泽镇、杨舍镇、木渎镇、花桥镇，这些小城镇经济业态形式丰富，分布于苏州行政边界处，具有较高的经济水平。企业数量在5000～10000的小城镇有9个，代表的有玉山镇、张浦镇、黎里镇，在苏州市内分布较为分散，有着良好的经济实力。企业数量在1000～5000的小城镇占大多数，经济发展处于一般的水平。同时，七都镇、东山镇、沙家浜镇、大新镇、金庭镇等5个小城镇企业数量在1000个以下，现状经济基础还处于薄弱的状态。

（2）第二产业生产总值

第二产业主要反映经济水平和产业结构。苏州市的小城镇中，锦丰镇、玉山镇、金港镇、浮桥镇、杨舍镇、盛泽镇、黎里镇、周市镇、张浦镇、千灯镇、南丰镇等10个小城镇的第二产业的生产总值达到100亿以上，经济发展水平较高。第二产业生产总值在50亿～100亿的小城镇有21个，在整体中占有较大的基数，这类小城镇经济发展水平较好。同时，有17个小城镇第二产业生产总值在1亿～50亿，经济发展依然还处于起步阶段。

（3）第三产业生产总值

第三产业即各类服务或商品，反映小城镇的产业结构。第三产业生产总值越高，小城镇的产业结构越完善，经济层级也就较高。杨舍镇、玉山镇、金港镇、花桥镇、盛泽镇、锦丰镇、城厢镇、周市镇、黎里镇、木渎镇、巴城镇第三产业的生产总值较高，均在100亿以上，相对应的经济层级较高。以浮桥镇、千灯镇为代表的12个小城镇第三产业生产总值在50亿～100亿，经济层次处于中等水平。其余的21个小城镇第三产业生产总值在50亿以下，目前经济层次处于较低的水平。

（4）镇域人口密度和规模

人口规模越大、密度越高，则该城镇的人口吸纳力越强、经济强度越高，相应的城镇的层级越高[7]。在苏州市的小城镇中，玉山镇、杨舍镇、木渎镇、金港镇的人口总量在30万人以上，同时具有较高的人口密度，这些城镇拥有着极强的人口吸纳力和较高的城镇经济层级。以盛泽镇、黎里镇为代表的21个小城镇人口规模在10万～30万，人口的吸纳力也较强。其余28个小城镇人口规模相对比较小，对应的城镇经济层级也比较低。

对以上因素进行加权叠加分析，处理方法与发展基础和潜力评估一致，运用GIS中的重分类功能对于同一指标的不同数据段进行重新打分，将数据按自然间断法分为5

类，对照该二级指标与一级指标的关系进行重新赋值。用AHP层次分析法计算二级指标所占的比重（表3），在GIS中运用加权叠加的功能对于5个二级指标进行加权叠加分析，对苏州小城镇的发经济水平与层级的评估按照好、较好、一般、较差、差5类进行可视化表现。

经济水平与层级各因素所占比重　　　表3

一级指标	关系	二级指标	占比
经济水平与层级	正相关	企业数量	22%
	正相关	第二产业生产总值	17%
	正相关	第三产业生产总值	20%
	正相关	镇域人口密度	23%
	正相关	镇域人口规模	18%

可以发现各小城镇经济水平与层级的分布呈现出核心带动片区发展的特征，即苏州市的东部、北部、南部均分布有经济发展的核心城镇，优势城镇明显分散在苏州市的北部和东部，尤其以金港镇、杨舍镇和玉山镇为经济最为发达的小城镇。

1.3　区位与交通可达性评估

区位与交通可达性能够衡量小城镇目前交通发展的现状和评估未来发展的潜力。对苏州市的公路和铁路构建交通路网，利用GIS的成本距离分析得出每个城镇距离最近火车站点或者高速公路出入口的距离。该目标层由以下4个二级指标构成：

（1）各城镇离火车站点的距离

在苏州市的小城镇中，璜泾镇、巴城镇、张浦镇、甪直镇、陆家镇、七都镇等小城镇内部配备有火车站点，城镇内的居民出行较为方便，区位优势非常明显，交通可达性也较好。沙溪镇、望亭镇、古里镇、双凤镇虽然镇内没有火车站，但是距离周边乡镇或者苏州市中心火车站的距离较近，交通可达性也比较好。苏州最北部、最南部和最西部的部分乡镇如金港镇、杨舍镇、浮桥镇、黎里镇、桃源镇距离火车站点较远，交通可达性略较差。

（2）各城镇离高速公路出入口的距离

各城镇离高速公路出入口的距离同样能够反映小城镇外部交通的可达性。在苏州的小城镇中，沙溪镇、望亭镇、古里镇、双凤镇的城镇中心距离高速公路的出入口距离较近，交通可达性较好。虽然黎里镇内部有4个高速公路出入口，甪直镇有3个高速公路出入口，巴城镇有3个高速公路出入口，但是城镇中心与出入口的距离较远，因此这类城镇的交通可达性一般；临湖镇、金庭镇、金港镇等城镇内部既没有高速公路出入口，同时距离相近的高速公路出入口也比较远，这类城镇的交通可达性较差。

（3）各城镇高程情况

城镇的高程情况能够反映地区的平坦度，地形较为平坦的地方自然地理条件越好，出行成本较低，空间可达性较强。利用地理空间数据下载苏州市的高程数据，并在GIS中进行高程分析，通过可视化的表现可以清晰地看出苏州市东部和中部的区域高程较低，分布在其中的小城镇如金港镇、锦丰镇可达性较高，西部和南部的高程较

高，分布在其中的小城镇如锦溪镇、浮桥镇可达性较低。

（4）各城镇距离主城区距离

各城镇距离主城区距离反映着城镇去往市区交通的便利程度。距离主城区的距离越近，区位优势越明显，交通可达性越好。在苏州的小城镇中，渭塘镇、木渎镇、同里镇、甪直镇围绕或靠近主城区分布，去往主城区的交通更为便利，交通可达性比较强。相反，远离主城区或者位于行政边界边缘的小城镇临湖镇、桃源镇、沙溪镇、大溪镇等来往苏州市区的距离较远，交通可达性也相对较差。

区位与交通可达性各因素所占比重　　　表4

一级指标	关系	二级指标	占比
区位与交通可达性	负相关	离最近高铁交通站距离	28%
	负相关	离最近高速公路出入口的距离	26%
	负相关	与主城区的空间距离	24%
	正相关	自然地理情况	22%

运用相似的办法对以上因素进行加权叠加分析，可以发现差异的分化格局：区位与交通可达性的评估显示，高铁站点所在周边区域的小城镇优势最强；其次以高铁站点为基准，沿高速公路出入口点位分布线，优势度降低。苏州东部地区相对西部地区的区位与交通可达性的优势更显著，与东部较为平坦的地形和相对较高的道路交通网密度相关。

1.4　风貌特质评估

限于数据获取情况，用历史文化名镇情况和风景名胜景点数量代表具有影响力的风貌特质。临湖镇总共有282个风景名胜景点，木渎镇、金庭镇、玉山镇、玉山镇、周庄镇、东山镇的风景名胜景点数量紧跟其后，城镇内部的景点数量均超过100个，具有较高的旅游游览价值，风貌特质较好。乐余镇、大新镇、渭塘镇、桃源镇内的景点在10个以内，属于历史文化气息较为清淡的城镇，就风貌特质来说较差。通过分析得出风貌特质的优势城镇分布较为离散，相对较多地分布在苏州市的中南部区域，其他地区的分布较均衡。

2　苏州小城镇发展模式的分类

2.1　苏州市各类小城镇的空间分布

对表4中的4类单指标划分的小城镇类别予以叠加组合，得到16种城镇分类类型，以经济水平与层级、发展基础与潜力作为主要依据，按发展阶段进一步整合为综合优势型、成熟型（区位交通带动型、特色风貌基底型、普通成熟型）、潜力型（区位交通潜力型、普通潜力型）、特色风貌型和一般型五大分类[2]（表5）。

2.2　苏州市各类小城镇的空间格局和发展特征

（1）综合优势型小城镇

苏州市综合优势型小城镇共有2个，分别是玉山镇、

黎里镇。综合优势型小城镇呈"点"状分布特征，并且分布较为分散，无明显的规律性分布特点，城镇交通便利，市场资源雄厚。玉山镇是一个拥有深厚的文化底蕴、具有悠久历史的水乡古镇，同时也是现代化工商业重镇。

按单类指标组合分类的小城镇类别　　表5

类别		典型特征指标的组合类型	小城镇名称
综合优势型		发展基础及潜力（典型）＋经济水平与层级（典型）＋区位与交通可达性（典型）＋风貌特质（典型）； 发展基础及潜力（典型）＋经济水平与层级（典型）＋区位与交通可达性（典型）	玉山镇、黎里镇
成熟型	区位交通带动型	经济水平与层级（典型）＋区位与交通可达性（典型）； 经济水平与层级（典型）＋区位与交通可达性（典型）＋风貌特质（典型）	木渎镇
	特色风貌基底型	经济水平与层级（典型）＋风貌特质（典型）； 发展基础及潜力（典型）＋经济水平与层级（典型）＋风貌特质（典型）	金港镇、杨舍镇
	普通成熟型	经济水平与层级（典型）； 发展基础及潜力（典型）＋经济水平与层级（典型）	盛泽镇
潜力型	区位交通潜力型	区位与交通可达性（典型）； 发展基础及潜力（典型）＋区位与交通可达性（典型）	古里镇、阳澄湖镇、渭塘镇、辛庄镇、沙溪镇、城厢镇、双凤镇、周市镇、张浦镇、千灯镇、花桥镇、陆家镇、锦溪镇、平望镇、七都镇、震泽镇、胥口镇、东渚镇、通安镇、望亭镇、黄埭镇、浒墅关镇
	普通潜力型	发展基础及潜力（典型）	
特色风貌型		风貌特质（典型）； 区位与交通可达性（典型）＋风貌特质（典型）； 发展基础及潜力（典型）＋区位与交通可达性（典型）＋风貌特质（典型）； 发展基础及潜力（典型）＋风貌特质（典型）	凤凰镇、虞山镇、沙家浜镇、巴城镇、甪直镇、同里镇、周庄镇、临湖镇、东山镇、金庭镇
一般型		无典型特征指标	大新镇、锦丰镇、乐余镇、南丰镇、塘桥镇、尚湖镇、海虞镇、梅李镇、董浜镇、璜泾镇、支塘镇、浮桥镇、浏河镇、淀山湖镇、桃源镇

（2）成熟型小城镇

苏州市成熟型小城镇共4个，分别是木渎镇、金港镇、杨舍镇、盛泽镇，占小城镇总数的7.5%，主要分布在苏州市域边缘，呈"点"状分布特征。成熟型小城镇可进一步细分为区位交通带动型、特色风貌基底型和普通成熟型。区位交通带动型小城镇分布区位在主要交通干线区域，借助高速公路以及高铁站点带来的优势，达到促进产业经济发展的需求[8]。苏州西南部的木渎镇，特色景观风貌优势明显，以此带动城镇发展。苏州东北部的金港镇和杨舍镇属于普通成熟型，依托主要发展城镇的趋势，优势明显，如苏州南部的盛泽镇。

（3）潜力型小城镇

苏州市潜力型小城镇共22个，占小城镇总数的41.5%，主要类型是区位交通潜力型和普通潜力型。其中区位交通潜力型小城镇主要沿着市域交通干线分布，呈现连续的"轴带"状空间分布特征，大多位于苏州市中心的周边或高速出入口周边，如古里镇、阳澄湖镇、渭塘镇、辛庄镇、沙溪镇、城厢镇、双凤镇等。

（4）特色风貌型小城镇

苏州市特色风貌型小城镇共有10个，占小城镇总数的18.8%，主要依托风景名胜区和历史文化名镇名村等旅游资源促进城镇发展，呈现较为"离散"的分布特征。苏州市东北部分布了较多历史文化名镇名村，如张家港市凤凰镇，历史悠久资源丰富，遗迹众多。苏州市西南部分布了一些依托于自然景观的特色风貌型小城镇，如吴中区东山镇、临湖镇以及金庭镇。

（5）一般型小城镇

苏州市一般型小城镇共有15个，占小城镇总数的28.3%，在各个评价指标上都不存在显著的优势。一般型小城镇呈"片"状分布，主要集中在苏州市东北部地区，如锦丰镇、乐余镇、南丰镇、塘桥镇、尚湖镇、海虞镇、梅李镇、桃源镇等。一般型小城镇由于地理条件的原因，区位交通条件较差，与苏州主城的联系较弱，此类型的小城镇持续发展的核心竞争力主要是自然生态环境和地域乡土文化。

3 发展建议与规划策略

3.1 综合优势型小城镇

玉山镇、黎里镇具有显著的区位、交通和市场资源优势，对此类综合优势型小城镇实施差别化发展战略，合理判断小城镇的定位和分工，明确能够带动社会经济发展和基础设施建设的优势因素，比如优秀的传统文化、风俗民俗，包括吸纳、投资、研发等高端资源要素的整合，聚焦到产业发展、科技创新，使之成为小城镇发展体系中的核心。

3.2 成熟型小城镇

苏州市成熟型小城镇共4个，分别是木渎镇、金港镇、杨舍镇、盛泽镇，占小城镇总数的7.5%。成熟型小城镇无论是区位交通带动型、特色风貌基底型还是普通成熟型，都有着自身资源优势和较成熟带动性产业，以促进小城镇发展，持续推动内部优质资源整合以及支持特色本土产业发展，加强综合实力，确保城镇建设的最佳效益。成熟型小城镇既要传承好现有的资源基础，也要展望未来发掘新的产业模式，为小城镇发展开拓新的领域。

3.3 潜力型小城镇

此类潜力型小城镇位于交通干道周边，交通可达性较好。苏州市潜力型小城镇共22个，占小城镇总数的41.5%。在此类的小城镇发展的过程中，在明确市场需求的基础上对产业进行升级，从而带动小城镇的进一步发展，充分利用人口较多、建设用地资源丰富的优势进行经济建设，在推动小城镇经济发展的过程中，对资源进行合理整合分配，倡导乡镇企业创新，凝聚相关产业核心生产力。在城镇建设的财政方面，科学地进行财政分配，统一规划，建立完善的融资体系，加强对资金的吸纳，提高投入资金利用率。同时完善相关企业制度，加强小城镇人口管理体系建设。

3.4 特色风貌型小城镇

特色风貌型小城镇特点是具有较多历史人文景点与风景名胜景点，在推动此类小城镇发展时，建设和发挥其旅游价值是两个重要的方面。自然生态资源与传统特色的地域文化是特色风貌型小城镇的发展资源，将其发展成为旅游城镇，为该镇建设不断注入活力，有助于对自然生态资源的开发与地区传统文化的保护。另一方面，应当推动小城镇特有的资源优势带动相关产业的发展以及人口的聚集，促进旅游业的发展，完善相关配套设施，提高设施的利用率，形成丰富的小城镇旅游产品和多元化的旅游体验。

3.5 一般型小城镇

一般型小城镇区位交通条件较差，处于边缘地带，与苏州市中心距离较远，难以与苏州中心城区建立联系共享资源。自然资源和传统地域文化是一般型小城镇发展核心的竞争力，所以在当前的一般型小城镇建设过程中，要与区域经济进行良性互动，融合当地的地域乡土文化，提高交通可达性，加强与周边环境的联系，重视自身文化、自然环境、地方产业、交通等的资源整合，在建设的过程中突出城镇特色，在经济、社会、文化等方面与大城市之间联系紧密。

4 结语

本文通过定量的指标体系对苏州小城镇的发展现状进行评估，分析确定小城镇发展模式的分类。其中，综合优势型小城镇仅有玉山镇、黎里镇呈"点"状分布特征，具有显著的区位、交通和市场资源优势；成熟型小城镇主要分布苏州市域边缘，呈"点"状分布特征，通过自身优势资源和带动型产业促进小城镇的发展；潜力型小城镇呈现连续的"轴带"状空间分布特征，区位与交通可达性上具有优势；特色风貌型小城镇呈现较为"离散"的分布特征，与自然景观和历史文化资源有密切相关性；一般型小城镇呈"片"状分布，主要集中在东北部地区。总结各类小城镇的问题并提出发展建议与规划策略，为小城镇的发展提供一定的借鉴意义。本次研究的调查对象选取数量不多，有一定的局限性，期待后续对更多城市的小城镇进行更为全面的分析以形成更成熟的理论，进而推进我国小城镇建设的完善。

参考文献

[1] 李同升, 刘笑明, 陈大鹏. 区域小城镇的空间类型与发展规划研究——以宝鸡市域为例[J]. 城市规划, 2002(4): 38-41.

[2] 王岱霞, 施德浩, 吴一洲, 等. 区域小城镇发展的分类评估与空间格局特征研究: 以浙江省为例[J]. 城市规划学刊, 2018(2): 89-97.

[3] Yin X, Wang J, Li Y R, et al. Are small towns really inefficient? A data envelopment analysis of sampled towns in Jiangsu province, China[J]. Land Use Policy, 2021, 109: 105590.

[4] 彭震伟. 小城镇发展与实施乡村振兴战略[J]. 城乡规划, 2018, (1): 11-16.

[5] 郭思润, 段翔, 张颖. 武汉地区小城镇分类引导建设策略[J]. 武汉轻工大学学报, 2022, 41(2): 80-85, 106.

[6] Wang X Q, Liu S H, Sykes O, et al. Characteristic development Model: A transformation for the sustainable development of small towns in China[J]. Sustainability, 2019, 11(13): 3753.

[7] 汪珠. 浙江省小城镇的分类与发展模式研究[J]. 浙江大学学报: 理学版, 2008, 35(6): 714-720.

[8] 郭相兴, 夏显力, 张小力, 等. 中国不同区域小城镇发展水平综合评价分析[J]. 地域研究与开发, 2014, 33(5): 50-54.

作者简介

徐安祺，1997年生，女，汉族，安徽铜陵人，苏州大学金螳螂建筑学院硕士在读，研究方向为风景园林规划与设计。电子邮箱：2019173694@qq.com。

（通信作者）肖湘东，1976年生，男，土家族，湖南常德人，苏州大学金螳螂建筑学院教授、风景园林系副主任，研究方向为风景园林建筑设计、风景园林规划设计。电子邮箱：ericx88@suda.edu.cn。

姜佳怡，1990年生，女，汉族，山东威海人，苏州大学金螳螂建筑学院师资博士后，研究方向为社会空间理论。电子邮箱：584671011@qq.com。

秦慕文，1997年生，女，汉族，江苏徐州人，苏州大学金螳螂建筑学院硕士在读，研究方向为风景园林历史与理论。电子邮箱：52368954@qq.com。

论文集

风景名胜区与自然保护地

性别差异视角下景区空间环境女性满意度研究
——以桂林市象山景区为例

A Study on Female Satisfaction in Scenic Area Spatial Environment from the Perspective of Gender Differences
—Take Xiangshan Scenic Spot in Guilin as an Example

赵梦雨　龙良初

摘　要：近年来，性别平等议题被公众持续关注，但城市空间环境中仍存在忽视性别差异现象。以桂林市象山景区为例，通过分析基于性别差异的女性空间环境需求，构建满意度评价指标体系，借助 Kano 模型分析各要素需求类别，明确其优先序列；运用 IPA 模型进行矩阵分析，明确各要素属性类别；通过整合 Kano-IPA 分析结果，针对性地提出了区分轻重缓急的保持和提升策略，为提升景区空间环境品质、建设性别平等理念下的人性化景区提供建议。

关键词：性别差异视角；空间环境；女性满意度；象山景区

Abstract: In recent years, there has been continuous public attention towards the issue of gender equality, However, it is still observed that the urban spatial environment tends to overlook gender differences. This study takes the Xiangshan Scenic Spot in Guilin as a case study, aiming to analyze the specific spatial environment requirements for women based on their unique needs. Furthermore, a satisfaction evaluation index system is constructed, and the demand categories of each element are analyzed using the Kano model to establish their priority sequence. Through the utilization of the IPA model for matrix analysis, the attribute categories of each element are clarified. By integrating the findings from the KANO-IPA analysis, maintenance and improvement strategies are proposed, prioritizing actions to enhance the spatial environment quality of scenic spots and promote the creation of humanized scenic areas, all under the concept of gender equality.

Keywords: Gender Difference Perspective; Space Environment; Female Satisfaction; Xiangshan Scenic Area

引言

游客满意度是反映旅游目的地发展质量的重要指标[1]，国内外学者通常将其定义为旅游者对目的地的期望与其在当地游览、体验后的结果进行评价的心理过程[2-4]，较高的游客满意度对于打造旅游目的地形象、提高游客重游率有重要价值[5]。而在景区的空间环境建设中，往往会忽视两性的需求差异，为女性的出行游览带来困扰，不利于景区发展及社会公平。

当前国内关于女性与空间环境的关系研究较多，但较少结合女性实际使用感受进行分析，如刘丹等从女性主义出发，分别从空间、经济和社会关系、认识论和方法论等 4 个角度探寻城市规划理论[6]；王芳结合女性主义认识论和环境心理学分析绿色空间环境设计，提出设计时应注重感性化、精致性、私密性和安全性[7]；胡毅、张京祥等以历史视角探究女性在居住空间中地位的变化，初步构建了有关女性与居住空间之间联系的基本构架[8]。鉴于此，本研究从女性使用者需求和现状感知出发，将性别差异视角与满意度评价相结合，探究景区空间环境建设存在的现实问题，并提出相应的优化建议，为重视性别平等社会背景下的景区空间环境规划设计提供有效参考。

1　基于性别差异的女性空间环境需求分析

性别不仅是人的基本属性，也是城市空间的属性之一[9-10]。通过既有相关文献研究（表 1），发现两性空间环境需求差异诱因主要为生理差异、感知差异、行为差异 3 类，本文主要基于 3 类诱因展开研究。

既有研究中性别差异类型一览　　　　　表 1

提出者	提出年份	性别差异类型	参考文献
李佳芯，王云才	2011	生理差异、心理差异、社会分工差异	[11]

---

① 桂林理工大学科研启动基金项目"桂林城乡规划发展历史研究"（编号：GUTQDJJ2017112）。

续表

提出者	提出年份	性别差异类型	参考文献
孔燕，李广斌，王勇	2014	生理差异、心理差异、行为差异	[12]
段城江，黄亚平，张茜	2015	先天差异、感知差异、行为差异	[13]
秦红岭	2019	生理差异、心理差异、行为差异	[10]
熊睿蕊	2019	生理差异、心理差异、行为差异、审美偏好	[14]

1.1 生理差异

在生理结构上，女性体型相对娇小，与男性相比体力较差、较易感到疲劳[11]，对休憩设施的配置和舒适性较重视；受大脑结构功能影响，在生理感知上，女性对于环境中的气味、湿度、温度等较敏感，因而更易感知到空间所营造的开敞、封闭、热闹、压抑等氛围；在生理代谢上，与男性相比，女性新陈代谢的速度较快，使用卫生间时间更长，孕期、哺乳期的女性对母婴室有特殊需求[11]。

1.2 感知差异

女性微妙的情感特征使她们更容易感知空间环境中的潜在危险因素，加之在生理上相对处于劣势，更注重空间安全性。此外，女性心思细腻且更为感性，更注重感知空间设计细节，偏好浪漫的氛围、温暖明亮的色彩、柔软的材质和弧形的设计元素等[15]，对空间的舒适度和美观度要求更高。

1.3 行为差异

在空间认知方面，女性方向感较差，边界识别能力较弱，易迷失方向，更依赖景区中的标识系统[16]；在服装方面，女性偏好高跟鞋，部分女性还需照料婴幼儿，对步行环境的安全性和舒适性要求较高[13]；此外，由于缺乏安全感，女性往往选择空间边缘地带进行停留或活动，相比于男性更喜欢私密空间[10]。

2 研究设计

2.1 研究区概况

象山景区为国家 5A 级旅游景区，据景区官方公众号数据：自其免费开放起，日接待游客从 3000～4000 人次提升到了 14000 多人次。2023 年春节期间，游客接待量同比增长 292.28%。此外，景区新推出的汉服拍照打卡、旅拍等活动吸引了大批女性游客。由此可见，受免费政策的影响，象山景区游客量激增，选择其作为研究对象具有代表性。

2.2 研究方法

2.2.1 Kano 模型分析法

Kano 模型是通过分析使用者需求对使用者满意度的影响，对使用者需求进行分类和优先排序的工具，用于体现产品性能与使用者满意度之间的非线性关系[17]，有助于明确各要素在采取提升策略时的优先次序。根据 Kano 模型，要素被分为 6 类[17]，每一类需求的属性特征如图 1、表 2 所示。

Kano 模型各类要素特征一览　　　　表 2

要素类别	特征	优先级
必备型需求要素（M）	游客认为必须具备的要素。当优化此类需求时，游客满意度不会升高，但当缺乏此类需求时，游客满意度会大幅下降，与满意度之间呈非线性关系	1
期望型需求要素（O）	游客期望能够具备的要素。当优化此类需求时，游客满意度将升高，当不提供此类需求时，游客满意度会下降，与满意度之间呈正线性关系	2
魅力型需求要素（A）	游客目前意想不到的要素。当优化此类需求时，游客满意度将大幅升高，但当缺乏此类需求时，游客满意度也不会下降，与满意度之间呈非线性关系	3
无差别型需求要素（I）	该类要素提供或不提供，游客满意度都不会有变化，与满意度之间无显著关系，该类要素在需求类别优先满足序列中通常可不予关注	—
反向型需求要素（R）	游客不需要的要素，提供后会导致游客满意度下降，与满意度呈负线性关系，通常选择去除该类要素以消除其对满意度的不利影响	—

2.2.2 IPA 模型分析法

IPA 模型分析法通过比较使用者对产品要素的期望（重要性）与实际产品性能（满意度）来衡量其对产品满意度[18]。其分析原理及各类要素特征总结如图 2、表 3 所示。

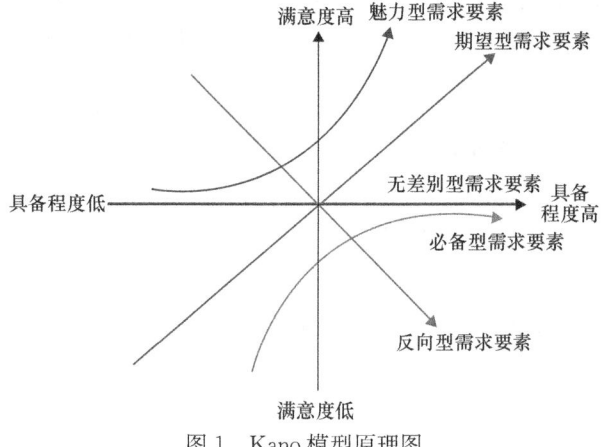

图 1 Kano 模型原理图

图 2 IPA 分析原理图

IPA 模型各类需求要素特征一览　　表 3

要素类别	特征
Ⅰ（优势区）	游客对其中的要素的感知重要性和现状满意度均较高
Ⅱ（保持区）	游客对其中的要素有较低的感知重要性，但对其现状满意度较高
Ⅲ（机会区）	游客对其中的要素有着较低的感知重要性和现状满意度
Ⅳ（修补区）	游客对其中的要素有着较高的感知重要性，但对其现状满意度较低

Kano 模型分析法与 IPA 模型分析法对游客满意度的关注点各有侧重且互为补充，将二者相结合用于满意度评价，有利于发挥各自优势，为提升景区空间环境女性满意度提供更全面、更可行、更具针对性的指导。

2.3 评价指标体系设计

在借鉴相关研究的基础上（表 4），结合实地调研情况及基于性别差异的女性空间环境需求总结，从安全性、舒适性、便捷性、审美性 4 个层面，选取了影响景区空间环境女性满意度的 17 个要素构建评价指标体系（表 5）。

既有研究中涉及指标层一览　　表 4

提出者	提出年份	涉及指标准层	参考文献
王芳	2008	感性化、精致性、私密性、安全性	[9]
孔燕，李广斌，王勇	2014	安全性、舒适性、便捷性	[12]
许天馨	2010	安全性、舒适性、便捷性	[16]
熊睿蕊	2019	安全性、舒适性、便捷性、审美性	[17]
吴江，李秋贝，胡忠义，刘洋	2022	审美性、安全性、舒适性、便捷性	[18]
杨帆，冯娟，谢双玉，龚箭	2022	安全性、舒适性、便捷性、审美性	[19]

评价指标体系表　　表 5

目标层	准则层	子准则层	指标层	指标释义
性别差异视角下景区空间环境女性满意度研究	安全性	心理安全	设施安全	座椅、亭廊等基础设施安全
			安保系统	监控设施、安保人员等是否齐全
		生理安全	步行空间安全	道路是否平坦、防滑；铺装、人车分流是否合理等
			私密/半私密空间安全	空间是否安全
			滨水空间安全	滨水空间是否有警示牌、安全设施等
	舒适性		照明	照明设施设置是否合理，有无阴暗死角等
		设施舒适	基础设施	座椅、亭廊等基础设施舒适性是否满足使用需求
			人性化设施	是否设置有女性需要的哺乳室、母婴室等设施
		环境舒适	自然环境	风、光、热等小气候是否适宜，空气是否清新，水质是否良好
	便捷性	交通便捷	交通便捷性	是否方便到达、停车位是否充足、停车是否便利等
		设施便捷	标识系统	地图、路牌等标识系统是否充分合理
			基础设施分布	座椅、亭廊等基础设施分布位置是否合理
			基础设施数量	座椅、亭廊等基础设施数量是否充足
		使用便捷	多样的活动空间	是否有满足女性活动需求的多样空间
			无障碍设施	是否有满足需要的无障碍设施
	审美性	造型色彩	美观度	园内风景、水景等是否美观
			色彩搭配	植物和基础设施色彩搭配是否美观舒适

2.4 问卷设计与数据收集

调查问卷共设计3部分内容：第一部分为受访游客的基本信息。第二部分采用Kano问卷形式，依据表4的评价指标体系设计17对正反向题项，旨在通过受访游客对各评价指标正反两种情境下的回答，识别各指标要素的需求类别。第三部分为IPA问卷，采用李克特五级量表法，并用分数的高低表示受访游客的期望和感知程度：1="不重要/不满意"；2="有些重要/有些满意"；3="重要/满意"；4="很重要/很满意"；5="非常重要/非常满意"。

本次研究实地调研时间集中于2023年5月15日—6月15日，为保证问卷调查数据的可信度，选择游客必经的象山景区出入口发放问卷，且发放对象仅选择女性下行游客。最后共收回问卷217份，其中有效问卷202份，有效率为93.09%。

3 数据处理

3.1 信度和效度检验

采用SPSS软件对问卷中各项问题分别进行信度检验和效度检验（表6）。各类问题的信度检验Alpha系数均大于0.9，KMO值均大于0.8，表明问卷数据可信度很高且问卷数据很有效。

信效度检验表 表6

项目	重要性问题	满意度问题	正向问题	反向问题
克隆巴赫Alpha	0.978	0.975	0.972	0.973
项数	17	17	17	17
KMO取样适切性量数	0.879	0.876	0.889	0.905
巴特利特球形度检验	显著性	0.000	0.000	0.000

3.2 Kano模型各要素需求分类

统计受访游客对各指标正反向问题的回答，参照指标要素需求分类表（表7），分别确定各指标要素在各受访女性心目中的需求类型，同时计算各指标要素的Better系数，当需求类型相同时，依据Better系数判断其优先序列，Better系数高则其优先级更高（表8）。

$$Better 系数 = \frac{魅力型需求要素 + 期望型需求要素}{必备型需求要素 + 魅力型需求要素 + 期望型需求要素 + 无差别型需求要素}$$

指标要素需求分类表 表7

使用者需求		需求不满足（反向问题）				
		喜欢	理所应当	无所谓	能忍受	讨厌
需求满足（正向问题）	喜欢	Q	A	A	A	O
	理所应当	R	I	I	I	M
	无所谓	R	I	I	I	M
	能忍受	R	I	I	I	M
	讨厌	R	R	R	R	Q

要素需求类别统计表 表8

准则层	子准则层	指标编号	指标层	各指标对应的分类数				需求类别	R	Better系数
				M	O	A	I			
安全性	心理安全	f1	设施安全	106	65	29	2	0	M	0.47
		f2	安保系统	122	53	24	3	0	M	0.38
	生理安全	f3	步行空间安全	113	56	30	3	0	M	0.43
		f4	私密/半私密空间安全	105	63	32	2	0	M	0.47
		f5	滨水空间安全	126	49	23	4	0	M	0.36
		f6	照明	116	59	25	2	0	M	0.42

续表

准则层	子准则层	指标编号	指标层	各指标对应的分类数					需求类别	R	Better系数
				M	O	A	I				
舒适性	设施舒适	f7	基础设施	27	45	122	8	0	A		0.83
		f8	人性化设施	26	133	37	6	0	O		0.84
	环境舒适	f9	自然环境	36	128	31	7	0	O		0.79
便捷性	交通便捷	f10	交通便捷性	126	57	12	7	0	M		0.34
	设施便捷	f11	标识系统	25	136	35	6	0	O		0.85
		f12	基础设施分布	53	115	28	6	0	O		0.71
	使用便捷	f13	基础设施数量	50	113	31	8	0	O		0.71
		f14	多样的活动空间	23	42	128	9	0	A		0.84
		f15	无障碍设施	32	38	125	7	0	A		0.81
审美性	造型	f16	美观度	61	126	9	6	0	O		0.67
	色彩	f17	色彩搭配	60	113	22	7	0	O		0.67

根据Kano问卷数据统计结果可知，必备型需求要素共7项，期望型需求要素共7项，魅力型需求要素共3项，无差别需求要素和反向型需求要素均为0项，说明此次研究中选取的各指标要素均与性别差异视角下的景区空间环境女性满意度有相关关系且无负相关关系。

3.3 IPA矩阵生成

通过统计IPA问卷结果发现：女性对于景区空间环境的整体感知重要性的均值为4.02，高于整体现状满意度的均值3.34，且二者之间存在一定差距，因此，该景区的空间环境仍有一定的优化空间。

对各要素进行IPA矩阵分析（图3），结果显示：安全性层面中的步行空间安全（f3）、滨水空间安全（f5）和便捷性层面中的交通便捷性（f10）、多样的活动空间（f14）位于修补区，是景区存在的主要劣势，应重点提升改进；舒适性层面中基础设施（f7）、人性化设施（f8）位于机会区，具有一定的发展机会，在条件允许的前提条件下，可适当对其进行改善，以适应人们日益增长的多样化需求；其余要素位于优势区和保持区，应尽心维持其高满意度现状。

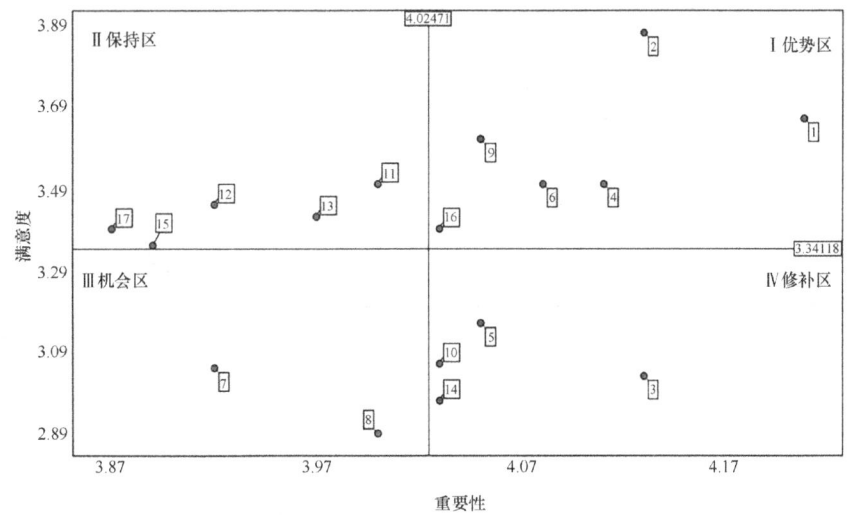

图3 IPA矩阵分析图

4 评价结果分析

4.1 策略决策准则

在IPA模型中，第Ⅰ象限和第Ⅱ象限中的各要素现状满意度较高，应采取积极的保持策略，同时由于第Ⅰ象限中各要素的感知重要性高于第Ⅱ象限，保持策略的优先级序列应为第Ⅰ象限＞第Ⅱ象限。第Ⅲ象限和第Ⅳ象限中的各要素现状满意度较低，应采取提升策略，同时由于第Ⅳ象限中要素的感知重要性高于第Ⅲ象限，优化提升策略的优先级序列应为第Ⅳ象限＞第Ⅲ象限。在Kano模型中，要素优先级排序为必备型需求要素＞期望型需求要素＞魅力型需求要素。通过将各要素的Kano模型和IPA模型分析结果综合考虑，制定策略决策（表9）。

策略决策表 表9

需求类别	IPA矩阵分析			要素编号	决策结果及优先级	
	所在象限	感知重要性	现状满意度		保持	提升
必备型需求要素（M）	Ⅰ	高	高	f1、f2、f4、f6	1	—
	Ⅱ	低	高	—	4	—
	Ⅲ	低	低	—	—	4
	Ⅳ	高	低	f3、f5、f10	—	1
期望型需求要素（O）	Ⅰ	高	高	f9、f16	2	—
	Ⅱ	低	高	f11、f12、f13	5	—
	Ⅲ	低	低	f8	—	5
	Ⅳ	高	低	—	—	2
魅力型需求要素（A）	Ⅰ	高	高	—	3	—
	Ⅱ	低	高	f15、f17	6	—
	Ⅲ	低	低	f7	—	6
	Ⅳ	高	低	f14	—	3

4.2 需求决策结果分析

4.2.1 保持策略及其优先序列

由表9可知，应采取保持策略的指标要素共11项，其中设施安全、安保系统、私密/半私密空间安全、照明的优先级最高；自然环境、美观度的优先级次之；标识系统、基础设施分布、基础设施数量的优先级再次之；无障碍设施、色彩搭配的优先级最低。

4.2.2 提升策略及其优先序列

由表9可知，应采取提升策略的指标要素共7项，将其各自的Better系数叠加分析后得出具体的提升优先级序列为步行空间安全＞滨水空间安全＞交通便捷性＞多样的活动空间＞人性化设施＞基础设施（表10）。

提升策略及其优先序列表 表10

决策	编号	指标要素	需求类别	Better系数	优先级
提升	f3	步行空间安全	M	0.43	1
	f5	滨水空间安全	M	0.36	2
	f10	交通便捷性	M	0.34	3
	f14	多样的活动空间	A	0.84	4
	f8	人性化设施	O	0.84	5
	f7	基础设施	A	0.83	6

5 优化建议

5.1 建设安全景区环境

象山景区中需提升的安全性指标要素包括步行空间安全和滨水空间安全。对于步行空间安全，景区中使用的大多是一些接缝较大且凹凸不平的铺装，如镂空草坪格和鹅卵石铺地等（图3），对于穿着高跟鞋的女性而言，易扭伤脚踝或损坏高跟鞋，为其带来了极大不便。为此，景区的地面铺装应尽量选择平整且防滑的材料，例如彩色混凝土砖，根据女性的审美偏好，可将铺装融入色彩、形式上的变化和曲线型的设计。此外，一部分女性常常有携幼儿、老人共同出行的习惯，婴儿车和轮椅是经常使用的工具，但景区中存在过多台阶为其带来了诸多不便，为此，应在台阶一侧加设坡道，方便女性推车行走。对于滨水空间安全，景区中的滨水区大多用灌木丛作为隔离或设置无栏杆的亲水平台（图4），虽保证了美观性，但防护性不强，许多携儿童出行的女性表示会尽量远离此空间，避免儿童陷入危险，为此，景区应尽快增设安全防护设施和安全警示标识，从而增强女性的安全感。

5.2 打造舒适体验场景

象山景区中需提升的舒适性指标要素包括基础设施和人性化设施。对于基础设施，从材质上看，景区中提供的休憩设施多为石凳（图5），但在体质和生理特征的影响下，女性不喜爱冰凉材质坐凳，更偏爱木质坐凳；从尺寸上看，景区中应考虑女性的生理需求，增设能够提供足够的腰部支撑和柔软的座垫，以及尺寸与女性体型相适应的座椅。对于人性化设施，景区中主要存在卫生间蹲位

(a) 镂空草坪格铺地　　(b) 鹅卵石铺地　　　　(a) 乱停车现象　　(b) 公共观景区

图 6　景区便捷性现状图

(c) 无隔离滨水空间　　(d) 灌木丛隔离滨水空间

图 4　景区安全性现状图

数不足的问题，其数量是按照男女对等设计的，因此当使用卫生间时，女性需要花费较长的等候时间，此外，景区内仅设有一个母婴室（图5）。为此，景区应合理增设女性卫生间蹲位数，根据女性生理特征设计卫生间尺寸大小，同时增设母婴室及第三卫生间，从而营造女性友好空间。

(a) 休憩石凳　　　　(b) 母婴室内部环境

图 5　景区舒适性现状图

5.3　提供便捷使用空间

象山景区中需提升的便捷性指标要素包括交通便捷性和多样的活动空间。对于交通便捷性，大多数受访者反映自景区免费开放后，景区的停车位不足，停车难、乱停车现象愈加严重（图6），为此，景区应合理控制人流量，考虑实行限流、预约、错峰等制度，同时增设女性停车位，为部分停车困难的女性提供便利。对于多样的活动空间，目前景区中多为公共观景区，缺乏多样性。为此，针对女性对于私密性的偏好，景区应当增加私密/半私密空间，同时，考虑到部分女性的育婴需求，应增设儿童游乐设施，从而提升女性游客的满意度。

5.4　构建人性化共享模式

不仅是女性需求，景区空间环境设计同时应积极应对不同群体的差异化需求。象山景区可通过空间合理分区分时划分、环境全龄化体验、资源均等化分配、设施互联互通共享、服务个性化多元化定制、管理精细化等，促进游客之间的互动合作，创造一个舒适、友好、安全的旅游环境，为游客带来更全面、平等、包容的体验，以满足不同游客群体的需求，构建象山景区人性化共享模式。

6　结语

要实现空间平等，其关键在于必须关注性别差异，正确认识女性在当代社会的角色和地位，并重新思考城市空间系统的合理性。通过对性别差异视角下桂林市象山景区空间环境女性满意度研究，在安全性、舒适性、便捷性3方面提出优化建议，探索构建景区人性化共享模式，有助于指导景区空间环境设计、实现空间平等，对桂林市减少世界级旅游城市的发展目标，以及全国类似景区的可持续发展研究与探索，具有一定的参考价值。当然，在强调考虑女性需求的同时，不能忽视男性的重要作用，城市建设过程中应当尊重不同阶层、群体的需求，因此在后续研究中应纳入更广泛的群体视角，从而实现社会公正和协调发展。

参考文献

[1]　黄大勇，陈芳．国内外旅游满意度研究综述[J]．重庆工商大学学报（社会科学版），2015，(1)：49-55．

[2]　Pizma A，Neumanny Y，Rechela A．Dimensions of tourist satisfaction with a destination area[J]．Annals of Tourism Research，1978，5(3)：314-322

[3]　李瑛．旅游目的地游客满意度及影响因子分析——以西安地区国内市场为例[J]．旅游学刊，2008，(4)：43-48．

[4]　汪侠，刘泽华，张洪．游客满意度研究综述与展望[J]．北京第二外国语学院学报，2010，32(1)：22-29．

[5]　董楠，张春晖．全域旅游背景下免费型森林公园游客满意度研究——以陕西王顺山国家森林公园为例[J]．旅游学刊，2019，(6)：109-123．

[6]　刘丹，华晨．从女性主义角度探寻城市规划理论的新发展[J]．城市规划，2005，(4)：78-82．

[7]　王芳．女性绿色空间环境设计[J]．规划师，2008，(5)：27-29．

[8]　胡毅，张京祥，徐逸伦．基于女性主义视角的我国居住空间历史变迁研究[J]．人文地理，2010，(3)：29-33．

[9]　何韵．基于女性视角的地铁站公共空间优化策略——以成都市为例[J]．城市建筑，2021，18(3)：95-98．

[10]　秦红岭．走向空间包容：将性别敏感视角纳入城市设计

[J]. 城市发展研究, 2019, (7): 90-95.
- [11] 李佳芯, 王云才. 基于女性视角下的风景园林空间分析[J]. 中国园林, 2011, 27(6): 38-44.
- [12] 孔燕, 李广斌, 王勇. 论女性需求的规划缺失与应对——基于女权主义视角[J]. 国际城市规划, 2014, (1): 87-90.
- [13] 段城江, 黄亚平, 张茜. 周期理论: 城市女性的空间需求研究[J]. 城市规划, 2015, (8): 46-55.
- [14] 熊睿蕊. 女性视角下的凤凰湖湿地公园景观评价[D]. 雅安: 四川农业大学, 2019.
- [15] 朱立元, 张德兴. 西方美学通史[M]. 上海: 上海文艺出版社, 2005.
- [16] 阎波, 胡妍霖, 贾鑫铭. 女性购物视角下地下商业空间恢复性研究[J]. 地下空间与工程学报, 2022, 18(S2): 543-553.
- [17] 梁莉华, 严建伟, 温宝华. 基于Kano-IPA法的城市滨水空间步行环境满意度提升策略[J]. 中外建筑, 2021(11): 2-7.
- [18] 吴江, 李秋贝, 胡忠义, 等. 基于IPA模型的乡村旅游景区游客满意度分析[J]. 数据分析与知识发现, 2023, 7: 89-99.
- [19] 许天馨. 基于女性主义视角的城市绿地建设的反思[J]. 湖南农业大学学报(自然科学版), 2010, 36(S2): 108-110.

作者简介

赵梦雨, 1999年生, 女, 汉族, 安徽亳州人, 桂林理工大学土木与建筑工程学院硕士在读, 研究方向为地域性城市设计。电子邮箱: 932568292@qq.com。

龙良初, 1966年生, 男, 仫佬族, 广西柳州人, 硕士, 桂林理工大学土木与建筑工程学院, 教授级高级工程师, 研究方向为地域性城市设计。电子邮箱: 409869383@qq.com。

法国自然保护区建设与管理研究

Research on the Construction and Management of Nature Reserves in France

黄鹏飞　刘　畅

摘　要：自然保护区具有丰富的生物多样性，是动植物种群的天然基因库，对维护生态系统的动态平衡具有至关重要的作用。本文以法国自然保护区为研究对象，通过对相关规划文件和文献的梳理，归纳出其建设和管理经验。回顾法国自然保护区的建设历史，分析其建设目标、分类体系、法律法规、运营管理模式和特色活动的开展，总结出法国自然保护区的几类特征。自然保护地是我国生态文明建设的核心载体，而自然保护区是自然保护地体系的重要组成部分，但现如今在法律文件、管理运作等方面还存在些许不足。从法国自然保护区的建设管理中充分汲取成功经验，将对我国自然保护区提供引导和启示，助推自然保护与社会经济发展的协调融合。

关键词：自然保护区；自然资源保护；建设管理；城市社会经济发展

Abstract: With rich biodiversity, nature reserves are the natural Gene pool of animal and plant populations and play a vital role in maintaining the Dynamic equilibrium of the ecosystem. The article takes French nature reserves as the research object, and summarizes their construction and management experience through sorting out relevant planning documents and literature. The article reviews the construction history of French nature reserves, analyzes their construction objectives, classification system, laws and regulations, operation and management models, and the development of characteristic activities, and summarizes several types of characteristics of French nature reserves. Nature reserves are the core carrier of China's ecological civilization construction, and they are an important component of the nature reserve system. However, there are still some shortcomings in legal documents, management and operation. The article fully draws successful experience from the construction and management of nature reserves in France, in order to provide guidance and inspiration for China's nature reserves, and promote the coordinated integration of nature conservation and socio-economic development.

Keywords: Nature Reserves; Natural Resource Protection; Construction Management; Urban Socio-Economic Development

1　法国自然保护区历史溯源、使命目标

1.1　历史溯源

1.1.1　遗产概念的延伸：从文化遗产到自然遗产

法国"遗产"概念的出现可以追溯到18世纪末的法国大革命时期，涉及文化和建筑遗产。1793年提出了"历史古迹"的概念。从19世纪开始，由于自然景观保护意识的出现和旅游业的诞生，遗产保护的概念延伸到了自然遗产。

森林是法国关注的第一类自然环境，原因是森林的破坏产生的后果非常明显，对人类的活动也产生了非常重大的影响。十九世纪上半叶，人们将关注点聚焦在了法国森林未来的发展，艺术家们纷纷行动起来，意在保护他们喜爱的风景。1853年，法国水资源和森林管理局（l'Administration des Eaux et Forêts）就在枫丹白露森林（Forêt de Fontainebleau）中建立了第一个"艺术保护区"，它于1861年由一项帝国法令正式确定，并将其面积扩大到1097hm²。这是世界上第一个植物和景观自然保护区，甚至早于美国黄石国家公园（Parc national de Yellowstone）。这种做法出于对自然遗址的保护和对美丽的自然风景的追求，但同时也鼓励将其投入旅游业的发展[1]。

1.1.2　自然遗产领域的扩展：生物多样性主导

19世纪末，越来越多的自然主义者发现了野生物种的稀缺趋势，甚至部分已经灭绝。虽然人类并没有直接攻击这些物种，但侵占土地、改变作物等行为侵占了它们的栖息地，构成了间接伤害，于是防止这种情况继续恶化的行动迫在眉睫。1912年，法国第一个自然保护区以私人鸟类保护区的形式在七岛群岛建立，于1976年被分类为国家自然保护区。

20世纪50到60年代，一系列的过度土地规划（土地占用、湿地干涸、道路割裂森林、快速的城市化）引发了自然保护运动的浪潮[1]。1957年7月1日，第57-740号法律引入了"自然保护区"的概念，以"物种的保护和进化"为目的，增加了"允许将某个地点归类为自然保护区"的条例。根据这一规定，法国于1961年3月15日创建了第一个国家级自然保护区——卢特尔湖国家自然保护区（Réserve naturelle nationale du lac Luitel）。

1976年7月10日，法国颁布了《自然保护法》（Loi sur la protection de la nature）。该法对1957年7月1日的法律进行了完善，相关制度也由此被最终确立。该法被认为是法国自然保护的奠基法，阐述了保护环境和物种的措施，也是野生动植物保护物种名录的起源。该法正式设立了自然保护区，也是2000年《环境法典》（Le Code de l'environnement）大部分规定的起源。1976年《自然保护法》明确规定了自然保护区的地位，颁布以后，法国自然

保护区的数量呈现出明显的上升趋势（图1）。

自然遗产的保护最初以视觉景观、旅游发展为中心，现已扩展到对动植物的保护，尤其是稀缺物种。20世纪90年代以来，"生物多样性"一词涵盖了自然保护的领域，自然保护的目的已经演变为生物多样性管理。法国目前拥有359个自然保护区，占地$1.71\times10^7 hm^2$，其中很大一部分位于法国南部和海外地区，它们的面积小到几公顷大到上千公顷，类别包含了海洋、陆地、湿地、原始森林、城市区域。

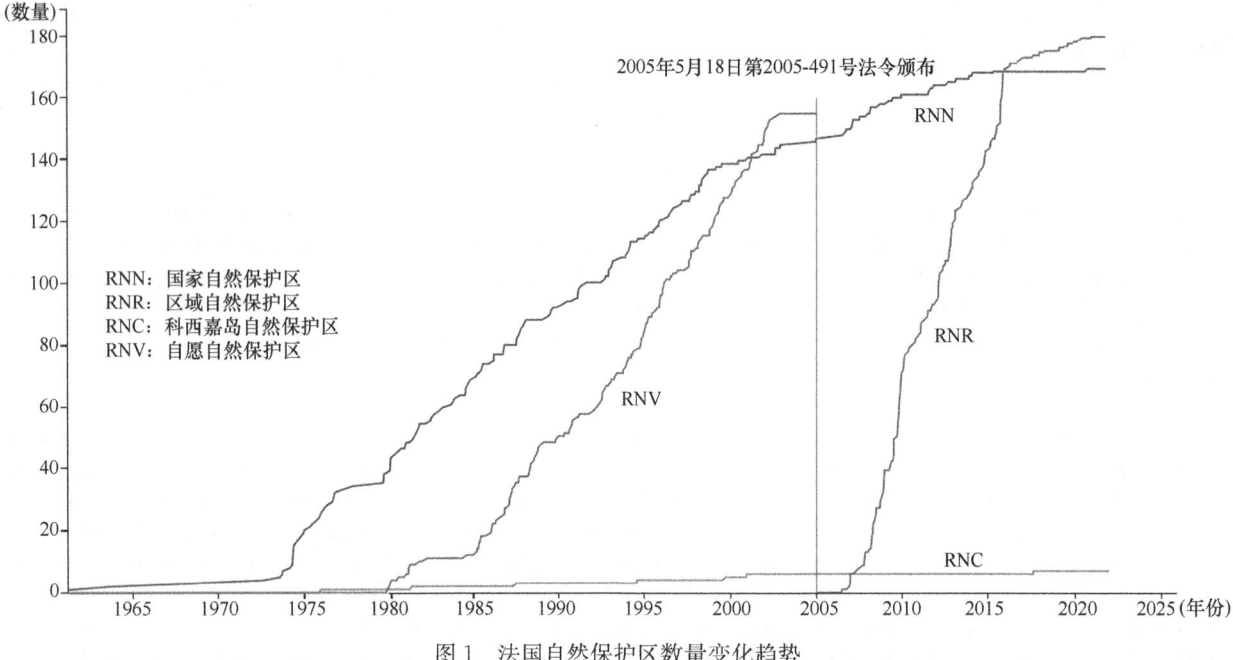

图1　法国自然保护区数量变化趋势

1.2　使命目标

众多的森林、河流、动植物共同构成了和谐动人的自然景观。这些景观环境往往较为脆弱，法国设立自然保护区的初衷是对重要的动植物物种和栖息地进行维护。自然保护区的保护目标列于《环境法典》第L.332-1条中，其中规定："当一个或多个城市的部分陆地或海域的动物群、植物群、土壤、水、矿物和化石矿床对自然环境来说特别重要时，可以划为自然保护区。应保护它们免受任何可能导致其退化的人为干预"。除此以外，法国自然保护区也在不断地探索如何协调人与自然之间的关系，在尊重自然环境的基础上发挥其价值。因此法国自然保护区的创建具有3个密不可分的使命：保护、管理和提高公众意识。

1.2.1　保护

脆弱的自然环境由复杂多样的生态系统构成，彼此之间有机联系、环环相扣。如果其中的组成部分发生了变化或受到了损害，自然环境将会面临破碎的风险。自然保护区雇佣员工，进行着保护自然空间和景观、保护动植物物种、维持生态系统平衡、保护自然资源免受威胁退化等工作。

1.2.2　管理

法国的每个自然保护区都有各自的保护和管理项目，以寻求人、动物、植物、土地和水域之间的平衡关系。该领域具备科学知识和丰富经验的管理者不断地在探索适宜的干预方式，这一过程须细心、警惕，目的是尽可能多地保障珍贵的自然财富，促进自然环境的多样性。在管理计划内，有关人员还会定期对自然保护区进行监测和评估，用以了解生态系统的功能、测量气候的变化等。

1.2.3　提高公众意识

让公众了解这些自然保护从业人员的日常工作和自然保护区的相关知识，最有效的方式就是进行潜移默化的自然教育。从业人员具备特定的专业知识，以及耐心倾听、适应公众各类性格的能力。通过游戏、卡片、小册子、主题游径、天文台等途径，带领游客了解自然、感悟自然，提高公众自然认知的能力。

2　法国自然保护区分类

自愿（私人）自然保护区（RNV）由1976年颁布的《自然保护法》设立。2002年2月27日《地方民主法令》（la loi "Démocratie de proximité"）对自然保护区进行了重新定义和类别划分，形成国家自然保护区、区域自然保护区和科西嘉岛自然保护区3种类型。2005年5月18日第2005-491号法令颁布后，后两者正式取代了先前设立的自愿保护区。法国各类自然保护区分布情况如表1所示。

法国各类自然保护区数量　　表1

地区	国家自然保护区		区域自然保护区		科西嘉岛自然保护区		总和	
	数量（个）	面积（hm²）	数量（个）	面积（hm²）	数量（个）	面积（hm²）	数量（个）	面积（hm²）
法国本土地区	151	183244	181	38565	7	86624	339	308432
海外地区	18	170887311	2	3067	0	0	20	170890378
总和	169	171070555	183	41632	7	86624	359	171198810

2.1 国家自然保护区（Réserves naturelles nationales，RNN）

在法国，国家自然保护区（RNN）的设立是为了保护与国家利益相关的自然环境要素，也是在履行欧洲法规或国际公约规定的义务，RNN按照部级法令或国务委员会法令分类。它是长期保护自然空间、物种或地质的工具，具有无限的保护期。法国第一个RNN是位于伊泽尔省奥弗涅-罗纳-阿尔卑斯大区的卢特尔湖自然保护区，占地约17hm²，有效地保护了卢特尔湖周围的泥潭沼泽和原始植物群。RNN涵盖的类型非常广泛，从海洋区域到高海拔地区、从湿地森林到城市区域，象征着法国丰富的自然环境和物种多样性。截至2023年7月，自然保护区网络包括了169个国家自然保护区，总面积达171089975hm²。

RNN分类法令对保护区内可能损害野生动植物或自然地质遗产的做法施加管制或禁止其行为，例如狩猎、渔业、农业、林业、畜牧业、工业、采矿等。RNN管理可以通过协议委托给公共机构、公共利益团体或协会、基金会、分类土地所有者、地方当局等以保护自然遗产为主要目的的组织。

根据世界保护自然联盟（International Union for Conservation of Nature，IUCN）的自然保护地分类体系，RNN可归为4种类别：第一和第二类为完整保护区，一般在森林和海洋环境中设立；第三类是指具有显著地质、地貌构造的地点，其管理的主要目的是保护这些富有特色的、见证了几亿年悠久历史的自然元素；第四类主要是须加以管理、保护，并能在其中开展科研教育活动的自然保护区，这种做法有助于所在地区的可持续性发展。

2.2 区域自然保护区（Réserves naturelles régionales，RNR）

区域自然保护区（RNR）与国家自然保护区（RNN）具有相同的管理特点，但区域自然保护区是由各地区的区域委员会发起创建倡议和分类。若保护的范围涉及多个地区，则由这些地区的区域委员会共同发起[2]。它既是保护生物多样性的区域战略工具，也是增强领土可持续发展的重要措施。

2002年2月27日颁布的《地方民主法令》赋予了各地区创建区域自然保护区和管理先前自愿自然保护区的权限。规定区域委员会可自行或应有关业主（所有者）的要求，将具有显著特征的动物群、植物群、地质或古生物遗产等所在地块划为区域自然保护区。区域自然保护区（RNR）自2002年起逐渐取代自愿自然保护区（RNV），

2005年5月18日法令废除自愿自然保护区后，区域自然保护区的数量呈现持续上升状态[2]。法国第一个RNR是根据洛林地区委员会的决定创建的阿梅尔池塘区域自然保护区，于2006年列入RNR名录。位于法国洛林大区默兹省，占地约147hm²。

RNR的分类可以遵从特定的制度，在必要情况下须禁止农业、林业、牧业活动以及各类工程的实施。但与RNN中规定不同的是，RNR中没有规定禁止狩猎、捕鱼或使用水域。虽然规定保护措施须以保护自然物种或地质遗产为出发点，但若现有的活动与分类之初的保护初衷相一致时，保护区中可维持现有的传统活动。但若活动不遵守自然保护区的有关规定，也将会受到惩罚。

截至2023年7月，法国的183个区域自然保护区总面积为41632hm²。但各类RNR的面积差异显著，最小的是面积为几平方米的绿矿自然保护区（Mine du Verdy），是蝙蝠、鼠科动物和洞穴无脊椎动物的栖息家园；最大的是面积超过5110hm²的皮贝斯特-奥尔赫特高原（Massif du Pibeste-Aoulhet），拥有陡峭的山坡悬崖、广阔的森林、大量珍贵的野生物种，呈现出极其多样化的自然环境。

区域自然保护区的管理以自然保护为主要目的，按照"量身定做"的长期规划、经专家验证和评估的法规和管理方法进行管理。在分类上，其中大部分属于前文提到的IUCN自然保护地分类体系中的第四类，即开展科研研究、自然教育、带动地区的可持续发展。若RNR的主要目的是保护特定的地质地貌要素，则被归入第三类，即保护自然特征元素。

2.3 科西嘉岛自然保护区（Réserves naturelles en Corse，RNC）

在2002年之前，科西嘉岛已经创建了6个自然保护区，2002年2月27日《地方民主法令》和2002年1月22日关于科西嘉岛的法律（2005年5月18日的执行法令）对《环境法》进行了部分修订，这项立法改革将自然保护区的创建和管理权限移交给了科西嘉领土集体。

科西嘉岛自然保护区（RNC）与法国大陆的自然保护区采用相同的标准和管理目标。科西嘉岛环境办公室代表领土集体负责控制其管理，它提供部分资金并执行程序。该办公室还负责审查建立或扩大自然保护区的申请。另一方面，科西嘉自然保护区有关狩猎、捕鱼、水资源管理以及工商业活动的监管规定由科西嘉州长全权管辖。同时，RNC的管理是科西嘉岛环境办公室与众多管理人员组成的网络体系。该网络可以协同人力资源并促进来自不同部门之间的经验交流。主要的联合行动涉及培训、科学监测、场地维护、加强公众意识。

科西嘉岛目前建立了 7 个自然保护区，总面积达 86624hm²。RNC 主要聚焦于海岸和海洋保护的问题，是科西嘉岛生物多样性保护政策的重要组成部分。斯坎多拉的鱼鹰、菲诺基亚罗拉的奥杜安鸥、博尼法乔口的海鸥、比古利亚的鸭子和涉禽等象征着地中海自然特色的物种，在科西嘉岛自然保护区内得以繁衍栖息。

同时，自然保护区也是科西嘉岛可持续发展的一项主要因素。岛上通过促进传统活动的开展、支持自然保护区内的新兴活动来促进领土的经济发展，在游客数量控制、渔业资源管理、海上安全措施等方面取得了显著成果。在分类上，RNC 主要属于前文提到的第四类，以保护结合管理利用的模式进行。

3 法国自然保护区的管理与运营

3.1 法国自然保护区的相关法律法规

3.1.1 《自然保护法》(Loi sur la protection de la nature)

尽管法国环境法的历史可以追溯到 19 世纪之前，但 1976 年 7 月 10 日颁布的《自然保护法》被认为是法国自然保护的创始法律。规定的主要保护内容有：①保护国家领土上具有突出品质的濒危动植物种和栖息地；②恢复动植物种群及其生境；③保护植物园中的珍稀植物物种；④保护显著的地质地貌景观；⑤保护或建立主要野生动物的迁徙路线；⑥进行对人类发展具有贡献的自然科学研究。

从颁布之日起，规定在实施某些公共或私人开发项目之前，需要进行一项研究，用以评估对环境（景观、空气、水、土壤、动物群、植物群）以及对相关人口和公众健康的影响。该评估必须提出避免和减少重大负面影响的措施，并在可能的情况下对其进行补救。除此以外，《自然保护法》规定所指定的官员和代理人有权查访自然保护区，以确保自然保护区内的正常运作和违法行为的及时发现。若有违法行为出现，则将根据国家刑事诉讼法进行处罚。

为了确保对野生动物的保护，该法提出了"受保护物种"的概念。规定禁止捕获、伤害国家和地区法令规定名单上的动植物，且动植物栖息地可以通过生境保护令得到庇护。1957 年 7 月 1 日法令允许设立自然保护区的实施过程较为艰难，直到 1976 年只创建了 36 个保护区。得益于《自然保护法》的颁布，这些保护区的地位得到了确立和巩固。法国现在拥有 359 个自然保护区，每年都会进行保护区的评估和影响研究。

1976 年颁布的《自然保护法》是自然保护政策的一个"转折点"、一场"革命"。它将先前的很多文件整合了起来，以便更好地保护自然，具有里程碑的意义。

3.1.2 《环境法典》(Le Code de l'environnement)

《环境法典》是法国有关环境的所有法律、法令、法规的总集。其中包含了 7 本书，定义了适用于法国本土以及海外地区的所有保护环境和生物多样性的措施。该法典于 2000 年 9 月制定，并于 2005 年和 2007 年进行了两次修订。《环境法典》的两个最主要的目标是保护景观、土壤、空气、水和保护野生动植物。其对自然保护区的法律规定做出了详细的阐述，其中包含了自然保护区的保护措施和运营管理框架。规定被划为自然保护区的领土不得被破坏或改变其状态和外观，除非获得区域自然保护区区域委员会的特别授权，或者获得负责自然保护的国家或部长代表的特别授权。

《环境法典》定义了自然环境可持续管理的 4 项基本原则：①预防原则。规定不能等到自然灾害或重大污染发生时再控制环境风险，采取有效措施是为了预防，而不是应对危机。②赔偿原则。这是对抗污染和人类对环境施加的各种压力的有效工具。规定与重大污染有关的人员须自行承担赔偿责任并修复被破坏的环境。该原则尤其适用于与化学工业相关的行业。③纠正原则。这一原则的目的是找到最佳解决方案，以可观的经济成本修复对环境造成的损害。④参与原则。旨在邀请所有公民为保护法国的自然环境和生物多样性做出贡献。且每一位公民都能够获取与化学、核、生物风险以及所有危险活动有关的信息和数据。

3.2 法国自然保护区的组织框架

在法国本土和海外，自然保护区由协会、地方当局或公共机构管理。根据保护区的现存问题、地理情况和当地其他各类因素的影响，保护区的分类需因地制宜。但法国三类保护区的初衷和目标是一致的，也拥有相同的法规、机制和管理机制。

自然保护区的创建通常由行政部门或自然保护协会发起倡议，列为自然保护区的区域需要组织治理和管理，由负责自然保护区的当局（RNN 省长、RNR 区域委员会、RNC 科西嘉岛社区）设立保护区咨询委员会，必要时还需要设立科学委员会。然后任命一名经理并起草保护区管理计划，管理计划可规定在保护区内开展的各项工作。

3.2.1 咨询委员会和科学委员会 (Le Conmité Consultatif Et Le Conseil Scientifique)

咨询委员会由官员、行政部门、科学家、环境保护协会、用户协会和社会专业机构的代表组成。每个自然保护区均设立咨询委员会，咨询委员会成员的任期为 3 年，由省长或其代表担任主席，每年召开一次会议。咨询委员会就储备金的运作、管理以及实施分类决定中规定的措施提出意见、对管理计划草案进行磋商。咨询委员会可以要求自然保护区管理者进行科学研究，收集公众意见，以确保保护区自然环境的保护和改善。

为了协助自然保护区咨询委员会和管理者，省长一般会组织一个科学委员会。该委员会是非正式的，由临时的咨询专家组成。可以是自然保护区的专门机构，也可以是其他保护区或国家公园的机构。若管理者具备充分的科学决策能力，也可不设立科学委员会。科学委员会应就管理计划或与保护区相关的任何科学问题进行磋商。

3.2.2 管理者 (Le Gestionnaire)

省长在与咨询委员会协商后，任命一名自然保护区经理并与其签订协议。自然保护区管理者须保护并在必要时恢复保护区范围内的自然遗产。管理者由社区、协会、基金会等公共机构组成，负责制定保护区的管理计划，该计划用来确定保护区5年内的养护和保护行动，向公众通报情况并欢迎公众提出意见、举报违法行为、监测自然环境的发展。

管理者应起草一份年度活动报告，包含管理计划的实施情况和所收到的资金的使用情况，以及上一年的财务报表和下一年的预算草案。这些文件提交给咨询委员会，并与咨询委员会的最终意见达成一致。这构成了一个名副其实的地方议会，汇集了与自然保护区有关的所有参与者（行政部门、业主、官员、地方协会）。法国自然保护区将法律保护与地方协调管理相结合，主要目标是确保自然遗产的保护、维护和修复。

3.2.3 管理计划 (Le Plan De Gestion)

自2005年5月18日第2005-491号法令颁布以来，自然保护区的管理计划一直在实施。管理者根据对自然保护区内的自然遗产及其发展的科学评估，制定自然保护区管理计划草案。草案中规定了为维持或恢复自然环境而需要实施的目标和手段，为期5年。

区域自然保护区和科西嘉岛自然保护区的管理计划分别经区域委员会和科西嘉岛议会审议批准。国家自然保护区的管理计划由省长制定，计划中如果包含森林制度下的森林区域，则须与自然遗产科学委员会、指定保留土地的民事和军事行政部门以及国家林业局协商。新建自然保护区的第一个管理计划需要提交国家自然保护委员会征求意见，如果该保护区包含军事用地，则应提交给领土主管军事当局并得到批准。在第一个5年期限结束时，管理者应对计划的执行情况进行评估，并对计划进行更新，必要时通过县级决定进行修改。

3.2.4 法国自然保护区协会 (Réservesnaturelles de France (association)，RNF)

法国自然保护区协会（RNF）于1982年成立，最初以自然保护区永久会议（CPNR）的名义创建。1994年更名为法国自然保护区协会，由此构建了法国自然保护区网络，是法国自然保护区网络的核心。通过向其成员提供技术支持、专业知识、工具和资源共享、会议讨论来协调该网络。

RNF是一个全国性的协会，汇集了法国自然保护区的各类管理者和分类机构，各个州、地区的专业赞助者和管理人员都可以自愿加入RNF。其中活跃成员包括以专业或志愿身份从事与自然保护区管理直接相关活动的从业者、自然保护区的法人、管理机构或所有者；准成员包括专家、自然保护区科学委员会成员、协会前成员、负责新自然保护区项目的组织、领导国家自然空间管理者网络的组织或以保护自然遗产为主要目标的国家组织。因此，一个自然保护区一般有多个RNF成员，这些成员每年都会召开一次大会来选举管理委员会。委员会和专门工作组为每个活动领域调动所有的可用资源，这些工作组讨论的主题包含地质遗产、环境教育、科学监测、环境管理、海外领土、人力资源等。

此外，RNF的行动在与多个国家级的伙伴的联系中得到扩展和巩固。例如，RNF为法兰西岛大区（Région Île-de-France）提供具备专业知识和运营能力的RNR管理者、共享RNR文化，从而丰富自然保护区网络；与国家林业局（Office National des Forêts）签订合约，主要目标是汇集资源，以建立和发展一个连贯的森林保护区网络，从而保护栖息地和物种多样性；与教育自然网络（Réseau Ecole et Nature）自2007年以来一直保持着伙伴关系，就自然和生物多样性教育进行交流、共同建设自然教育项目。通过动员活动鼓励公民参与生物多样性的保护、提升公民的自然环保意识，推进自然环境的可持续发展。

4 自然特色活动

法国自然保护区与其合作伙伴机构每年都会进行全国性的自然特色活动，旨在激发公众对自然的向往和热情，将自然环保意识渗透到公众的内心，这也是将自然保护区与地区的旅游业有机融合的重要途径。

4.1 自然节 (Fête de la Nature)

自然节是一项为期5天的免费活动，每年5月举行。在与大自然直接接触的过程中，让公众发现自然并且重新认识自然。届时，地方当局、学校、企业、个人会在城市和乡村举办数千场活动，每年都会有一个特定的主题。例如2017年的"自然超能力"主题，通过活动卡片展示物种或自然环境的超能力；2018年的"看见看不见的事物"主题，旨在启发公众去寻求、观察大自然的许多隐藏的特点甚至奇迹。

4.2 青蛙频率 (Fréquence Grenouille)

这是一项全国性的活动，法国自然保护区协会与自然保护区联合会（la Fédération des conservatoires d'espacesnaturels）合作开展了数年，旨在提高公众对湿地稀缺动物和两栖动物保护的认识。每年3月1日至5月31日，都会向公众提供大量活动、实地考察、会议、研讨会和保护项目。

4.3 夜之日 (Jour de la Nuit)

这项活动主要针对城市的光污染问题而打造。"夜之日"活动向所有人开放，旨在提高人们对夜间生物多样性和星空的保护，以及对光污染问题的认识。RNF是该活动的合作伙伴，因此这项活动由各地区的各类机构、协会、地方当局来组织。这项活动能让人们发现有趣的动植物群，并与天文学家一起观察星空。与此同时，各城市会被建议关闭部分公共照明。

4.4 自然之心 (Cœurs de nature)

2011年，法国自然保护区和《Terre Sauvage》杂志与主要的自然空间管理网络合作，推出了"法国自然之心"摄影收藏和展览活动，目的是向公众展示这些自然领土的存在，让每个人都能看见和感悟这些领土。为此，项目负责人通过照片的力量来突出这些地区美丽的风光及其所保护的物种，同时也展示了在这些地区采取的保护行动。这项活动由著名摄影师组建的团队来执行任务，并会挑选出具有代表性的摄影作品用于多个全国巡回展览。

4.5 世界湿地日（Journée Mondiale des Zones Humides）

湿地生态系统为人类提供净化水并补充地下水，使得人类免受洪水和干旱的影响，并有助于应对气候变化。然而公众对湿地的这些优势知之甚少。在法国，自20世纪初以来，三分之二的湿地已经消失。为了阻止这种现象的继续并让公众及时了解，法国每年都会举办与湿地有关的不同主题的展览性活动。

4.6 欧洲遗产日（Journées européennes du patrimoine）

这项活动每年能够让3000万人聚集，通过共同的自然遗产将所有人联系在一起。活动主题各不相同，例如2018年的主题为"分享的艺术"，2022年的主题为"可持续遗产"。法国自然保护区在此时会发起一项活动，旨在邀请公众探索自然遗产并成为其保护的行动者。

5 法国自然保护区的特征总结

5.1 严格有效的法律规章

在1976年之前，法国已零星地设立过数个自然保护区，多由国家主导创建。但没有明确的有关自然保护区的法律做统领和支撑，导致保护区的类别和等级不明确，创建过程和运营发展也较为缓慢。1976年《自然保护法》颁布后，先前的自然保护区得到了明确的归类，自然保护区的创建也从国家主导衍生出地区和私人申请创建的做法，由此为法国大量自然资源的保护提供了机遇。

《自然保护法》中对自然景观空间、动植物物种的保护作出了明确的规定，且将保护自然遗产的责任平均分配到每一位公民。对这些自然资源的保护命令是强有力的，严禁一切损伤物种生长环境的行为，并通过刑法对其进行制约。2000年《环境法典》中有关自然保护区的大部分内容延续了1976年《自然保护法》的规定要点，并将自然保护区的多方管理协作方式进行完善，构建出了一套详细的管理组织框架，为法国自然保护区的管理和发展提供了保障。

5.2 多方协作的管理运营

法国自然保护区的创建由行政部门决定，但并不是所有的自然保护区管理和运营事务都由其全权负责，而是将其管理委托给社区、协会、基金会等公共机构，职责归属明确。由法国各个州和地区的官员、地方协会、业主等多方自然专业人士组成，这些人员也构成了法国的自然保护区网络。这些人员负责自然保护区的正常运作，也向省长提出保护区监管措施的相关建议。

法国拥有高山、森林、草原、湿地、湖泊等丰厚的自然遗产资源，数量众多、类型丰富、分布广泛。各类自然遗产都拥有独特的地理位置和资源条件，划分出的每类自然保护区的维护运作措施应根据现有资源、气候条件等因素来制定。通过多个地区的机构和人们的协作管理，能够让法国的各类自然保护区都得到因地制宜的有效保护，很大程度上降低了统一组织管理的不均衡性，有助于形成稳固有序的自然保护区管理网络体系。

5.3 保障自然保护区的定期评估

法国的各类自然保护区均须制定管理计划，在管理计划的框架内还需要进行定期评估，以便在必要时及时调整管理计划。这些评估基于自然保护区的发展趋势，通过监测栖息地和物种，对水、空气、土壤进行生物分析，以检测潜在的有毒物质和环境问题。除了对单个保护区进行评估，还将其与周边的自然或半自然栖息地的生态连通性和生态缓冲区质量纳入评估范围，以确保同一区域的自然保护区的生态。同时也对夜间的环境质量进行监测，排除光污染等人工因素对环境产生的影响。

生态环境质量关乎城市的经济发展和公众的生活品质，自然保护区在法国的国家战略中发挥着越来越重大的作用。定期的评估和监测响应了《环境法典》中的预防原则，在很大程度上减少了自然环境风险发生的频率、稳定自然保护区的环境质量，也能够为进一步的管理计划制定提供科学的依据。

5.4 带动保护区可持续发展的活动

法国自然保护区中的保护措施相对灵活，例如在区域自然保护区内没有禁止所有的狩猎、捕鱼等活动，而是在不破坏生物多样性和生态系统稳定性的前提下，允许保留当地的传统习俗和活动，助推地区生态、经济、文化等方面的全方位发展。

通过知识分享，提高人们对保护生物多样性重要性的认识。作为巨大生态财富，自然保护区是开展特色自然活动的绝佳场所，针对不同的保护目标，并结合不同的主题，运用寓教于乐的方式促进了公众对大自然的认识和理解。在有效维护自然保护区的同时，也能够促进国家生态旅游方面的可持续发展。

6 对我国自然保护区建设和发展的经验启示

6.1 加强法律制度完善

我国自然保护区的发展已有近70年的历史，但目前还未出台与自然保护区相关的法律法规。1994年，国务院颁布的《中华人民共和国自然保护区条例》（以下简称《自然保护区条例》）是我国首部自然保护区行政法规，于2011年进行修订并沿用至今。《自然保护区条例》将自然保护的相关内容作出了详细的阐述，尽管在自然保护区的建设运营中发挥了重要的作用，但还未上升到法律层面，在执行力和约束力方面的法律效力较弱。同时也出现了自然保护区与其他自然保护地之间存在交叉规划管理、各级部门联系性较弱等问题。在自然资源的保护方面，由于城市社会经济的发展需要，自然保护区也成为发展生态旅游的首选之地，但也出现了忽视"生态先行"原则的现象，重经济而忽视生态、重发展而忽视自然环境资源，都违背了自然保护区设立的初衷和目标[3-4]。

有效的法律制度是开展自然保护区建设管理的重要保障，应平衡好保护区的保护管理和旅游业发展之间的关系。在今后的自然保护区运作中，应将自然保护区的法律体系进行完善，将现行的《自然保护区条例》的法律效力提升，增强其约束力，严格提出保护区管理的实施准则，并依照法律将有害保护区的违法行为进行惩处。同时需要进一步明确各级部门的相关职责，根据各地的地理特征明确当地自然保护区的管理目标和计划，避免出现交叉管理的现象，构建分级明确、管理有效的自然保护区运作体系。

6.2 加大评估监测力度

我国《土地调查条例》明确了土地调查相关制度，但存在调查间隔时间过长、调查深度不足等问题，因此难以有效评估自然保护区的土地利用状况和环境资源状况。且目前还未建立统一的环境监测体系，监测方法和指标尚未形成规范的指导标准。如此便不利于捕捉自然保护区的实时信息，对保护区措施计划的及时更新和调整带来不便[4]。

如今是数字化、信息化引领的新时代，我国的自然保护区应积极利用现代数字信息科技，加大监测力度。运用遥感、红外相机等技术，定期监测自然保护区内动物的数量、活动规律和植物的分布特征、生长状况指标，以及由于人为干扰和自然干扰形成的环境变化等。通过分析和评估数据，为后续的科学研究和管理计划更新提供有效的参考依据。此外，还应构建一套完整的自然保护区环境监测系统，构建完善的评估体系，提升生态环境监测的有效性，从而能够对自然保护区的灾害加以有效预防，对管理和保护计划作出及时调整。

6.3 融入特色自然活动

在我国的自然保护地体系中，自然保护区占据很重要的部分。其包含了各类动植物资源、自然人文资源，具有极其丰富的生物多样性和游赏价值，是公众自然游憩休闲的优良场地[5]。可在游览区域内进行丰富的自然活动组织，助推当地的生态旅游发展。

此方面可借鉴法国自然保护区通过针对各类自然资源开展的不同主题、不同季节的自然特色活动，在公众游览自然环境的同时，通过寓教于乐的方式对其进行潜移默化的自然保护意识引导，让公众在趣味活动中感悟自然的神奇与奥秘，从而建立人与自然的联结关系。我国自然保护区类型多样，在进行活动开发前应充分熟悉当地的自然资源，如森林古木、河流湖泊、山川地貌、动植物种类、特色植被资源等，探索具有地域特征的自然活动模式，形成具有地区特色的自然名片和对外展示的自然窗口。在向公众介绍环境保护知识的同时，还能够协调自然保护和旅游产业之间的矛盾，推动自然保护和社会经济之间的平衡发展。

6.4 推广全民参与机制

自然保护区的运作是一个全方位的复杂体系，需要多方力量的共同支撑。除了各级主管部门进行统一部署之外，还应借助公众的力量优势，形成完整的保护管理网络。但我国目前存在公众参与广度不足、参与保护意识有待加强等问题。

要建设人与自然和谐共生的现代化，需激发公众的主体意识和责任感。今后通过对自然保护区建设地区的宣传和推广，培养公众的自然环境保护意识，鼓励公众参与到保护、监督、宣传、管理等工作中来。参与的人员除了公众代表之外，还应积极吸收本地居民、专业人员、公益性组织等，建立"政府主导、部门协同、全民参与"的生态环境志愿服务机制，并欢迎公众随时提出建议和举报违法行为，构建保障制度，这对维持自然保护区生态系统的平衡具有重要的意义。

参考文献

[1] Luglia R. Aux origines des espacesnaturels protégés en France[J]. Journal international de géosciences et de l'environnement, 2021(47): 88-105.

[2] 荆珍, 李响. 法国自然保护地的法律框架评析及借鉴[C]//中国法学会环境资源法学研究会, 海南大学. 中国法学会环境资源法学研究会2019年年会论文集. 中, 2019.

[3] 杜群. 中国自然保护地法治建设的回顾与展望[J]. 北京航空航天大学学报(社会科学版), 2023, 36(1): 32-47.

[4] 蓝楠, 包旭. 自然保护区土地管理的域外经验及立法借鉴[J]. 环境保护, 2019, 47(2): 68-71.

[5] 李明霞, 李亚丽, 徐晓霞, 等. 国内自然保护区发展新途径之自然教育研究[J]. 中国城市林业, 2023, 21(2): 17-21, 34.

作者简介

黄鹏飞, 1996年生, 男, 汉族, 江苏南通人, 北京林业大学园林学院硕士, 研究方向为风景园林规划与设计。电子邮箱: 1067732027@qq.com。

刘畅, 1996年生, 女, 汉族, 江苏南通人, 浙江省地下建筑设计研究院有限公司江苏分公司, 助理规划师, 研究方向为城乡规划理论。电子邮箱: 947097472@qq.com。

汉城湖景区社会生态系统韧性评价及优化策略

Resilience Evaluation and Optimization Strategy of Social Ecosystem in Hancheng Lake Scenic Area

韩鑫炜　蔚洪波　陈稳亮*

摘　要：汉城湖景区拥有水文化和汉文化双重发展优势，蕴含着重要的文化和生态价值。本文基于韧性理论，通过梳理汉城湖景区社会生态系统的演化阶段和扰动因素，阐释其是具有动态适应演化特征的韧性系统。从韧性过程视角出发，依据景区发展阶段特征和韧性特征，构建韧性评价体系，发放调查问卷并进行分析。提出"维系抵抗能力，提升恢复能力、优化学习能力"三个方面的韧性优化策略，为文化遗产保护发展以及风景区的韧性研究提供新的视角。

关键词：社会生态系统；韧性评价；汉城湖景区

Abstract: The Hancheng Lake Scenic Area has the dual development advantages of water culture and Han culture, and contains important cultural and ecological values. Based on the resilience theory, this paper combs the evolution stage and disturbance factors of the social ecosystem of Seoul Lake Scenic Area, and explains that it is a resilient system with dynamic adaptive evolution characteristics. From the perspective of resilience process, according to the characteristics of the development stage and resilience of the scenic spot, the resilience evaluation system is constructed, and the questionnaire is issued and analyzed. The resilience optimization strategy of ' maintaining resistance ability, improving recovery ability and optimizing learning ability ' is put forward, which provides a new perspective for the protection and development of cultural heritage and the resilience research of scenic spots.

Keywords: Social Ecosystem; Toughness Evaluation; Seoul Lake Scenic Area

引言

汉城湖景区位于汉长安城遗址区东南角，曾作为汉长安城护城河及古漕运河道，是历史上著名的第一条关中漕渠，其内部的覆盎门、安门、霸城门遗址连接汉长安城遗址区内的村落。目前汉城湖景区囿于生态环境脆弱、景区功能弱化、文化传播力度不足、管理结构不明晰等困境。如何优化景区的发展现状，维护景区系统的稳定性，推动景区的高质量可持续发展尤为重要。

将汉城湖景区弥合至社会生态系统的韧性理论研究之中，可有效契合景区韧性发展的本质特征，拓宽韧性评价框架的思路。本文以汉城湖景区为研究范围，将景区的生态基底环境、建设环境和参与主体等构成的社会生态系统作为研究对象。本文在社会生态韧性语境下，分析汉城湖景区社会生态系统面临的扰动风险，结合杯球模型示意刻画其发展历程，以景区发展的阶段特征构建汉城湖景区社会生态系统韧性属性的评价体系，以抵抗、恢复和学习3个维度提出景区系统韧性优化策略。本文将历史文化资源保护和生态环境、社会价值、地区发展紧密结合，以实现汉城湖景区的整体性保护和利用为发展目标。

1 理论基础

1.1 韧性理论概述

韧性理论的研究经历了工程韧性、生态韧性、演进韧性3个阶段。演进韧性也称社会生态韧性，不仅强调系统在环境变动和外力干扰下的恢复能力，更强调复杂的社会生态系统"为回应压力和限制条件的一种变化、适应和转化的能力"[1]。

演进韧性运用了系统论的自适应性循环变化过程[2]，其研究逐渐从系统追求单一稳态的恢复平衡能力，变为系统追求提升自身应对外界干扰的适应和转变能力[3]，目标转化为实现复杂的社会生态系统与外界环境共同进化并"弹向更好状态"，并强调系统持续不断的适应力、学习力和创新力[4]。

1.2 景区韧性研究

国外许多学者对景区韧性的理论研究进行了系统梳理[5-7]，阐明景区韧性概念。社会生态系统韧性作为一种理论框架，逐渐从保护区扩展至社区城市、风景区等不同区域尺度[8]。

国内研究多将社会生态系统韧性理论结合具体景区，构建研究框架或研究模型，对系统的韧性能力做出评估，为旅游景区韧性发展提出策略[9-11]。虽然开展相关研究时提出的观点和结论略有差异，但总体上学者们积极肯定景区韧性在景区发展中的重要作用。

1.3 韧性评价方法

韧性理论的价值已被广为认可，虽未形成一个统一的测度框架体系，但选择视角多为自然生态系统与社会人文系统两个方面。总体来看，评价方法主要分为定性评价和定量评价，近年来的研究多选择定性和定量结合的评价方法，即以韧性属性的定性性质和对应指标的定量性质相结合，通过选取相应指标将韧性属性具体化，从而对研究对象的韧性能力进行评判和优化。

2 汉城湖景区社会生态系统

2.1 演化阶段和扰动因素

汉城湖景区作为一个小尺度上的社会生态系统，景区的经营产业、生态环境、游客主体、管理机构、文化内涵等，均已是系统的主要要素，且在不同时间和空间尺度下产生复杂的交互作用。同时汉城湖景区也嵌套在更大尺度上的社会生态系统之中，并相互影响。

任何一个韧性系统都具有不稳定性、自组织性和脆弱性等特征。汉城湖景区建设发展过程中必然存在一些需持续面对的外界影响，突发事件、自然灾害或多维度社会因素干扰均可能导致游客数量骤降、景区受损和发展不佳等现象。

对景区不同时期的多元扰动因素进行梳理分析，结合社会生态系统和杯球模型[12]，可直观刻画汉城湖景区社会生态系统（表1）。团结水库韧性系统崩溃展示了系统的脆弱性，经过汉城湖景区建设中的正向干预后，系统韧性水平得到提升。在面对扰动事件时，景区系统能充分发挥内部各要素之间的功能关系，保持动态变化中的平衡，可见汉城湖景区是具有动态适应演化特征的韧性系统。

汉城湖景区社会生态演化阶段和扰动因素　　　表1

时间	20世纪50年代至2005年	2005—2011年	2011年至今
阶段	团结水库系统崩溃	汉城湖景区建设	汉城湖景区功能提升
扰动情况	·负影响扰动 ① 直至2005年，汉城湖景区被称作团结水库，作为污水沉淀池。水库环境与质量逐步恶劣。②2004年至今，汉长安城遗址区城中村现象严重，一些不利于遗址保护、生态环境的行为均在"躲避式"的进行	·正影响扰动 ① 2005年，西安市人民政府下发《关于团结水库水环境综合治理工程建设征地拆迁安置及补偿等有关问题的通知》。②2009年，引沣河水至团结水库，团结水库正式更名为"汉城湖"。③2010年，因景区进行景观提升建设，汉城湖景区进行开闸放水，并于同年全面启动汉城湖水环境综合治理提升工程建设。 ·不确定性扰动 汉城湖景区的供水来源有限、水体质量难以保障	·正影响扰动 ① 2013年，汉城湖景区获评国家4A级旅游景区。② 2012年，汉长安城遗址区设立保护特区并搬迁与环境整治工作；2013年，制定《大遗址保护"十二五"专项规划》；2014年，汉长安城未央宫遗址"申遗"成功。③2018年起，未央区开展"环境整治""大棚房整治""违建清查"等活动。④2022年，景区入选国家水利风景区高质量发展典型案例名单。⑤2023年，西安市未央区第十八届人民代表大会中提及汉城湖发展方向。 ·负影响扰动 2012年至今对遗址区的保护一定程度上切断了汉城湖景区与外界的连通。 ·不确定性扰动 ① 2011年，汉城湖重新蓄水对外开放，出现社会层面的人为活动。②2016—2017年景区左岸垃圾山整治绿化管护项目招标，但难以建立长效治理机制。③2022年，景区运营公司进行交接
杯球模型示意图	20世纪50年代初至2005年团结水库杯球模型	2005—2011年汉城湖景区杯球模型	2011年之后汉城湖景区杯球模型
	小球面临外界干扰、其内生的核心功能不足，小球超越原有引力域的边界或阈值涌向新的引力域系统。团结水库原有的社会生态系统崩溃	受到的外界正向的人为干预后，汉城湖景区形成了新的引力域，即汉城湖景区所处的社会生态系统。小球不断滑向引力域的稳定区域，即引力域底部	汉城湖景区社会生态系统不断面对内外扰动冲击，小球状态开始"失衡"，脱离动态平衡的范围，但又在外界的正向干预下有回落趋势。在未来无论引力域扩展深度还是宽度，或是小球的自身调节能力变化，景区都应是立即"调整优化"的状态
	在杯球模型中，小球表示该阶段团结水库或汉城湖景区的状态，而引力域表示小球所处的社会生态系统		

2.2 韧性阶段特征

生态韧性体现景观格局多样性、物种多样性等复杂特性，保障系统抵抗干扰和稳定发展。社会韧性指社会系统面对外部扰动的恢复能力，多表现在社会文化领域中，强调群体组织关系和行为。景区社会生态系统的韧性机制在于自然与社会人文相互适应。分析其韧性系统的内在机制，可以看到受到自然环境和社会经济的扰动时，其"生态系统"和"社会系统"相互作用进行内部适应性循环。汉城湖景区作为一个复杂的社会生态系统，面对自身和外界的干扰影响，具有主动适应变化的调控能力。

汉城湖景区社会生态系统韧性具备过程属性，即汉城湖景区系统经历扰动前、扰动中、扰动后的动态过程时，不同阶段呈现不同的韧性特征和影响因素。本文尝试将韧性阶段特征与汉城湖景区相结合，分析景区在面对扰动冲击时的韧性阶段特征（图1）。

如图1所示，汉城湖景区社会生态系统在面对冲击时具有的"抵抗力""恢复力"和"学习力"，其面对扰动冲击的适应过程中，系统韧性水平伴随着的稳定性和适应性的增强而提升。其中，"抵抗力"保障系统维持稳定，体现出韧性系统的鲁棒性、多样性等特征；"恢复力"强调面对扰动冲击的适应过程，体现冗余性等韧性特征；"学习力"提高系统面对未来干扰的抵御能力，体现学习性等韧性特征[13]。

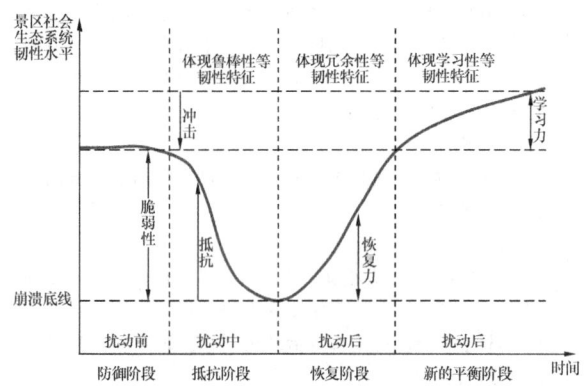

图1 汉城湖景区社会生态系统韧性阶段特征

3 汉城湖景区社会生态系统韧性评价

3.1 评价指标选取

评价框架的建立应考虑社会生态系统的社会、生态、经济、文化、管理等维度，参考景区的管理建设、景区评价、遗址保护、遗址公园等内容。在韧性属性特征和阶段特征的归纳总结的基础上，对汉城湖景区韧性评价指标进行筛选。以专家对韧性各种指标的赋权打分得出初步评价框架，进一步参照相关标准，对指标和数据结果进行校正，构建出汉城湖景区社会生态系统韧性评价的3个维度和29个指标[14]。

3.2 确定指标权重

将汉城湖景区社会生态系统韧性评价作为目标层（A），筛选后的韧性阶段特征为准则层（B），韧性特征为因素层（C），具体的指标为因子层（D）。

运用Yaahp12.9软件构建汉城湖景区社会生态系统韧性的层级关系模型和判断矩阵，综合专家打分意见后进行一致性检验，其一致性比率公式为 $CR = \frac{CI}{R1}$，公式表达为：$CI = \frac{\lambda_{\max} - n}{n - 1}$。检验结果 CR 值均小于0.1，符合一致性检验。将各准则层及其下属各因子层的权重计算结果进行归一化处理后，得到各指标层在评价体系中的权重值（表2）。

3.3 指标权重结果分析

由图2知，影响汉城湖景区社会生态系统韧性最大的评价指标分别为D3空气质量、D8水文景观、D13景区通达性、D16基础设施完善度、D23分区环境相似度、D24休闲服务空间布局、D25遗址可读性，其均匀分布在各准则层[15]。由此可见，景区抵抗力、恢复力和学习力3个维度的发展平均，缺乏突出亮点，整体需要进一步优化和提升。

汉城湖景区社会生态系统韧性评价体系及权重　　表2

目标层	准则层	权重	因素层	权重	因子层	权重
汉城湖景区社会生态系统韧性评价A	抵抗力B1	0.3451	鲁棒性C1	0.1611	服务管理D1	0.1455
					景区安全D2	0.1241
					空气质量D3	0.2911
					遗址本体的完整性D4	0.2197
					水体质量D5	0.2197
			多样性C2	0.1840	业态发展D6	0.1605
					文化活动D7	0.1269
					水文景观D8	0.2537
					空间功能D9	0.1157
					植物多样性D10	0.1829

续表

目标层	准则层	权重	因素层	权重	因子层	权重
汉城湖景区社会生态系统韧性评价 A	抵抗力 B1	0.3451	多样性 C2	0.1840	季相丰富度 D11	0.1605
			连通性 C3	0.1812	交通便利性 D12	0.1968
					景区通达性 D13	0.3788
					市场知名度 D14	0.2428
					景点关联性 D15	0.1815
	恢复力 B2	0.3243	冗余性 C4	0.1431	基础设施完善度 D16	0.3133
					管理及技术人员数量 D17	0.2149
					应急预案 D18	0.1567
					旅游资源丰富度 D19	0.2340
					适游期 D20	0.0811
			模块化 C5	0.1159	景观组合度 D21	0.1613
					防灾避难 D22	0.1438
					分区环境相似度 D23	0.2701
					休闲服务空间布局 D24	0.4249
	学习力 B3	0.3307	学习性 B6	0.2148	遗址可读性 D25	0.4062
					文化科普设施 D26	0.2064
					员工培训 D27	0.0598
					文化创新力 D28	0.1053
					科普教育活动 D29	0.2224

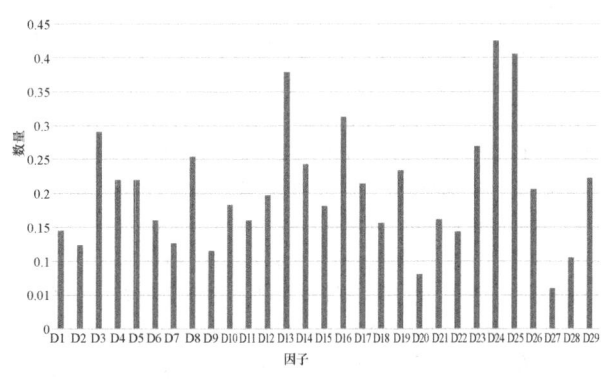

图 2 汉城湖景区社会生态系统韧性评价指标权重分布柱状图

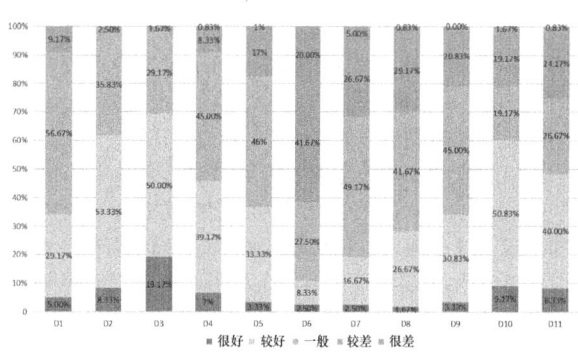

图 3 抵抗力-评价结果分析图

3.4 韧性评价结果分析

结合评价指标生成"汉城湖景区社会生态系统韧性评价"的纸质问卷和网络问卷。调查问卷的评分分值由 5~1 依次递减，即"很好""较好""一般""较差""很差"。发放对象主要为景区游客和工作人员，共计发放问卷 120 份，其中网络问卷 40 份，问卷信度分析良好。结合问卷分析（图 3 至图 5），发现游客对景区满意度较高的指标有空气质量、景区安全、植物多样性等，满意度较低的指标数量较多，有业态发展、文化活动、水文景观、市场知名度、旅游资源丰富度、休闲空间布局、遗址可读性、文化创新力等。由此可见，景区的优化策略研究应从以上指标入手，结合实地调研发现的现实问题，提出汉城湖景区社会生态系统的韧性优化策略。

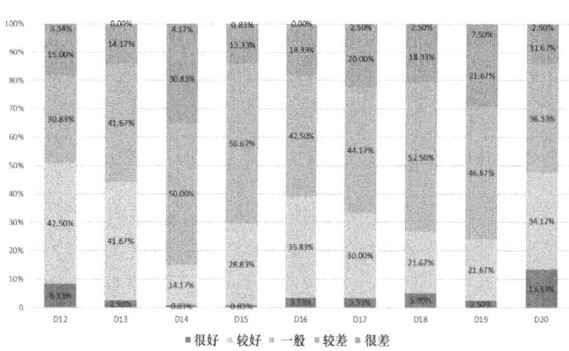

图 4 恢复力-评价结果分析图

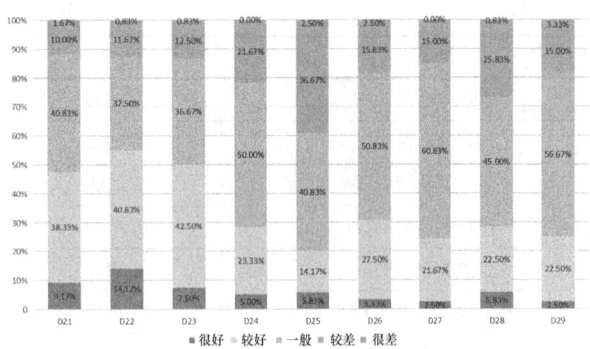

图 5 学习力-评价结果分析图

4 汉城湖景区社会生态系统韧性优化策略

4.1 维系抵抗能力

"抵抗力"表示系统面对外部干扰时，具有一定的抵御和缓冲能力。景区抵抗能力越好，韧性能力值也越高。游客观光游览满意度高、景区基础建设完善、水文景观的多元、植物种类和色彩的丰富、业态发展全面多样时，形成合力抵御干扰，更利于提升系统的韧性强度[16]。

增强基础设施鲁棒性，满足游客在景区休憩活动的基础需求，以及时维护和更换服务设施、增设无障碍设施和母婴设施数量、增设休憩设施、活化游客中心效能等。同时增加溺水报警装置，提高景区风险化解和防范能力[17]。

对遗址本体保护遵循原真性原则，种植浅根性植物和体现汉文化特色的植物，达到提升遗址文化的展示效果[18]。引入 AI、VR 等信息技术，创新遗址展示形式，加深游客对汉城湖景区内部遗址及历史的认知。

多元的文化活动是景区提升系统韧性能力的有效途径。挖掘汉城湖景区的文化符号，衍生文创 IP 和产品，打造汉文化文创集市，拉动游客消费。可以结合景区现有场所开展文化主题活动，例如在瓦当印象广场开展书法篆刻、陶艺等活动，在封禅广场开展汉乐、汉舞的展示活动，推出汉服游园、知识讲座等活动，提高景区的关注度。

考虑景区水体供给来源单一的特征，避免喷泉类水景，设置常态景观，借助声光电增加水景趣味性。配置挺水、浮水、沉水植物，投放水生动物，构建"植物-动物-微生物"的沉水生态系统，达到水质与景观的双重优化[19]。

4.2 提升恢复能力

"恢复力"确保在扰动冲击后，系统能够适应并采取多样化的响应措施进行调整和恢复。提升景区内外、人与景区、人与文化、人与人之间的连通性，可提升系统恢复力。此外要利用汉城湖景区旅游资源和汉文化的冗余性，提升景区系统韧性[20]。

加强景区与汉长安城遗址区内外连通道路建设，考虑增加公交站点和线路，增强景区和遗址区及城市的连通作用。景区内调节观光交通工具租赁的价格，投放儿童观光小火车等设施。还可在大风阁西侧引入水上吊桥，既缓解内部游线的不畅，又增加游客的体验乐趣。

汉城湖景区需借力于汉长安城遗址，以漕运明渠为中心，提升汉文化影响力，利用"差异化"和"特征化"使自身成为文化联动发展的名片。此外可依托大风阁举行入泮礼、开蒙礼等中小学生研学、实践活动，将汉文化引入学校通识教育，加强汉城湖景区在亲子游和文化游中的影响力。

汉城湖景区设立"一心、三线、七区"的整体游览格局，但各区之间并无较多关联性。建议合理设置游览路线，明确景观设施的文化内涵，强化景区的文化主题形象，加深游客对景区的认知。

发挥景区空间的冗余性，整合公共基础设施资源，形成综合性的应急服务空间，增加景区内部空间弹性和转换性。还要发挥汉城湖景区文化冗余性功能，克服同质化、浅显化的文化利用形式。还应设置雨水回收利用系统用于灌溉，提升景区水资源冗余度；提升管理人员数量与素质，增强人员冗余度。

4.3 优化学习能力

"学习力"表示在扰动结束后更新或重组的能力，使韧性系统转变和创新。学习性体现在水文化和汉文化等地方性知识更新延续的能力[21]。优化学习能力不仅要强调自然资源可持续利用与生态环境修复，还需关注文化遗产保护传承[22]。

考虑景区模块的可达性以及分布的合理性，进而推演整个景区系统的模块节点可具备相互"替换"的功能，联动整个系统的模块化属性，可将游客分散至景区各区域，达到景区系统韧性的优化与提升。例如将景区东侧的尚儒码头、水磨码头空间模块叠加亲水平台或文化景观小品，丰富该模块的功能性。

将植物组合作为系统中发挥模块化功能的节点，满足景区各区域乔灌草复合种植模式和"三季有花、四季有景"的季相变化，减少植物组合同质化。同时改善土壤结构、净化水土、降低噪声，达到生态修复效果，丰富系统的群落结构，增加植物多样性。

景区内的文化展示内容重复且浮于表面，需要创新科普形式，推进景区设施智能化建设。可针对不同受众群体组织开展特色鲜明的科普活动，同时增添"二维码标识牌"，让文化符号可以被读懂，使游客产生互动体验[23]。突出文化的品牌价值，使其更具创新力。

可以建立游客、员工、景区多方协调机制，建立同汉长安城遗址区的联动保护发展制度，增强自组织能力，完成对汉城湖自身资源再次开发利用，以此提升景区系统的创新能力和韧性水平。

5 结语

将韧性理念运用至汉城湖景区社会生态系统，可以帮助景区把握发展轨迹以及状态转换，更有利于提升景区社会生态系统灵活应对不同层面的风险扰动的能力。

本文结合汉城湖景区的扰动情况，以韧性过程视角，结合鲁棒性、冗余性、学习性等韧性属性确立指标层级，从抵抗、恢复、适应这3个维度建立评价体系并提出优化策略，为汉城湖景区的可持续发展提供实际着力点。

参考文献

[1] Walker B, Holling C S, Carpenter S R, et al. Resilience, adaptability and transformability in social-ecological systems[J]. Ecology and society, 2004, 9(2).

[2] Holling C S, Gunderson L H. Resilience and adaptive cycles[J]. In Panarchy: Understanding Transformations in Human and Natural Systems, 2002.

[3] 冀剑雄, 陈稳亮. 大遗址乡村社区的韧性发展研究——以汉长安城遗址区阁老门村为例[C]//中国城市规划学会, 重庆市人民政府. 活力城乡 美好人居——2019中国城市规划年会论文集(09城市文化遗产保护), 2019.

[4] 唐任伍, 郭文娟. 乡村振兴演进韧性及其内在治理逻辑[J]. 改革, 2018, 294(8): 64-72.

[5] Tyrrell, Timothy J, Johnston, et al. Tourism sustainability, resiliency and dynamics: Towards amore comprehensive perspective[J]. Tourism and Hospitality Research, 2008(1): 14-24.

[6] Tobias L, Romano W. Assessing and planning resilience in tourism[J]. Tourism Management, 2014(10): 161-163.

[7] Caroline O, Girish P, Charlotte B. Organizational resilience in the tourism sector[J]. Annals of Tourism Research, 2015(11): 56.

[8] Ruiz-Ballesteros E. Social-ecological resilience and community-based tourism: An approach from Agua Blanca, Ecuador[J]. Tourism Management, 2011, 32(3): 655-666.

[9] 蓝海霞. 旅游景区弹性管理研究——以瘦西湖景区为例[D]. 扬州: 扬州大学, 2012.

[10] 赵直. 天池博格达自然保护区社会—生态系统适应性循环机制及调控对策研究[D]. 西安: 西北大学, 2014.

[11] 邹煮蔚. 韧性理论视角下昆明世博园转型发展研究[D]. 广州: 暨南大学, 2020.

[12] 王群. 旅游地社会—生态系统恢复力研究[D]. 芜湖: 安徽师范大学, 2015.

[13] 张伟亚. 长城村落文化景观韧性评价研究[D]. 天津: 河北工业大学, 2021.

[14] 曾凡伟. 基于层次—熵权法的地质公园综合评价[D]. 成都: 成都理工大学, 2014.

[15] 蔚洪波. 汉城湖景区社会生态系统韧性评价及优化研究[D]. 西安: 长安大学, 2023.

[16] 李彤玥. 韧性城市研究新进展[J]. 国际城市规划, 2017, 32(5): 15-25.

[17] 孙立, 张云颖, 田丽, 等. 防疫背景下模块化设计策略提升社区韧性的思考[J]. 北京规划建设, 2020, 194(5): 76-79.

[18] 杨建宇. 基于自然解决方案的未央宫考古遗址公园景观优化策略研究[D]. 西安: 长安大学, 2022.

[19] 詹达美, 林佩斌, 张扬, 等. 城市景观水体生态修复与水质提升工程实践——以深圳市龙潭公园景观湖为例[J]. 环境生态学, 2020, 2(11): 57-62.

[20] 邵亦文, 徐江. 城市韧性: 基于国际文献综述的概念解析[J]. 国际城市规划, 2015, 30(2): 48-54.

[21] 卡特琳娜·巴克, 安琪·施托克曼. 韧性设计: 重新连接人和环境[J]. 景观设计学, 2018, 6(4): 14-31.

[22] 倪晓露, 黎兴强. 韧性城市评价体系的三种类型及其新的发展方向[J]. 国际城市规划, 2021, 36(3): 76-82.

[23] 葛瑶. 公园城市视角下西安市遗址公园景观营造策略研究[D]. 西安: 长安大学, 2022.

作者简介

韩鑫炜, 1998年生, 女, 汉族, 陕西榆林人, 长安大学建筑学院硕士在读, 研究方向为城乡发展历史与遗产保护。电子邮箱: hanxinwei99@163.com。

蔚洪波, 1997年生, 女, 汉族, 河南郑州人, 硕士, 长安大学建筑学院, 研究方向为风景园林遗产保护。电子邮箱: 1542395988@qq.com。

(通信作者)陈稳亮, 1979年生, 男, 汉族, 博士, 长安大学建筑学院城乡规划系主任, 教授, 研究方向为城乡遗产保护规划与管理、景观资源与遗产保护管理。电子邮箱: 1125258278@qq.com。

基于风景名胜区与国家公园比较的自然保护地规划编制研究

Study on the Planning and Compilation of Nature Reserves Based on the Comparison between Scenic Spots and National Parks

蔡 萌 金云峰*

摘 要：本文对风景名胜区、国家公园和自然保护地进行概念界定与关系梳理，从自然保护地规划体系下的风景名胜区和国家公园的比较研究出发，提取出两项关键问题，一是自然保护地体系在整体规划中缺失顶层设计，需要国家层面的法定规划，作为最高层级的统一引导；二是当前风景名胜区的整合优化措施单一，对此类空间的特殊价值，即自然和人文复合的基本特征考虑不周。基于此对自然保护地体系的进一步发展提出两项建议，一方面对接国土空间规划体系，自上而下构建并落实完善以国家公园为主体的自然保护地体系，另一方面从风景名胜区的本体特征出发，分类实行整合优化，以期在规划体系中发挥其重要的补充作用。

关键词：风景名胜区；国家公园；自然保护地；规划比较；风景园林

Abstract: This article defines and sorts out the concepts and relationships of landscape resort, national parks, and nature reserves. Starting from a comparative study of landscape resort and national parks under the planning system of nature reserves, two key issues are extracted. Firstly, the nature reserve system lacks top-level design in the overall planning, requiring statutory planning at the national level as the unified guidance at the highest level. Secondly, the current integration and optimization measures for landscape resort are single, and the special value of such spaces, namely the basic characteristics of natural and cultural integration, is not fully considered. Based on this, two suggestions are proposed for the further development of the natural reserve system. On the one hand, it is necessary to connect with the national spatial planning system and construct and implement a perfect natural reserve system with national parks as the main body from top to bottom. On the other hand, based on the intrinsic characteristics of landscape resort, it is necessary to implement integration and optimization in different categories, in order to play an important supplementary role in the planning system.

Keywords: Landscape Resort; National Parks; Nature Reserves; Planning Comparison; Landscape Architecture

1 概念与政策辨析

1.1 政策解析

自然保护地体系的全面建成分为3个时间节点完成。2019年6月，《关于建立以国家公园为主体的自然保护地体系的指导意见》（以下简称中发〔2019〕42文）指出，要在2020年提出国家公园及各类自然保护地总体布局和发展规划，完成国家公园体制试点，完成自然保护地勘界立标并与生态保护红线衔接；到2025年，健全国家公园体制，完成自然保护地整合归并优化，初步建成以国家公园为主体的自然保护地体系；到2035年，全面建成中国特色自然保护地体系[1]。目前正处于第一阶段与第二阶段的过渡期间，自然保护地的整合优化是当下的工作重点，期间出台了《关于做好自然保护区范围及功能分区优化调整前期有关工作的函》《自然资源部办公厅 国家林业和草原局办公室关于自然保护地整合优化有关事项的通知》《自然资源部办公厅 国家林业和草原局办公室关于生态保护红线划定中有关空间矛盾冲突处理规则的补充通知》和《国家林业和草原局办公室关于做好风景名胜区整合优化预案编制工作的函》，以逐步推进自然保护地体系的完善。其中自然保护地规划中风景名胜区和国家公园的规划定义与权属逐步明确。但在具体的规划推进过程中，依然存在一系列问题待优化解决，需要在充分认识三者关系的前提下，形成系统化、差异化、复合性且符合实际发展需要的自然保护地体系，以充分发挥三者价值。

1.2 概念关联

1.2.1 国家公园与自然保护地

国家公园是指由国家批准设立并主导管理，以保护具有国家代表性的自然生态系统为主要目的，实现自然资源科学保护和合理利用的特定陆地或海洋区域。自然保护地是由各级政府依法划定或确认，对重要的自然生态系统、自然遗迹、自然景观及其所承载的自然资源、生态功能和文化价值实施长期保护的陆域或海域[2]。中办发〔2019〕42号文提出"形成以国家公园为主体、自然保护区为基础、各类自然公园为补充的自然保护地分类系统"的建设要求，明确了"国家公园"与"自然保护地"的关系，以及各类自然保护地在体系中的地位和相互关系[1]。

自然保护地与国家公园之间的关系一直在逐步走向清晰的过程中，最初对关系的界定是2017年9月《建立国家公园体制总体方案》提出，国家公园是我国自然保护地最重要类型之一。后续在2019年6月《关于建立以国家公园为主体的自然保护地体系的指导意见》提出，建立分类科学、布局合理、保护有力、管理有效的以国家公园为主体的自然保护地体系[1]。明确在国家公园建立后，在相同区域一律不再保留或设立其他自然保护地类型，一系列文件说明了二者的关系，即自然保护地是国家公园的上位概念，国家公园体制试点的目的是"先行先试"，最终目标是要建设完整的自然保护地体系，国家公园作为承担"主体"地位的重要空间，彰显的是包含原生性、完整性、代表性、重要性4个方面的功能作用，并为其他各类型的自然保护地提供样本和建设基础，在此之后划定自然保护区和各类自然公园，最终完成自然保护地系统的全面构建。

1.2.2 风景名胜区与自然保护地

风景名胜区是最具中国特色，并具有世界影响力的风景名胜资源保护的类型[3]。然而中发〔2019〕42文并未提及风景名胜区归入自然公园在体系中的补充作用，且未提及自然公园及风景名胜区在自然保护地体系中的具体任务分工要求。文件指出"按照保护区域的自然属性、生态价值和管理目标进行梳理调整和归类，逐步形成以国家公园为主体、自然保护区为基础、各类自然公园为补充的自然保护地分类系统；自然公园包括森林公园、地质公园、海洋公园、湿地公园等各类自然公园"。由此可

发现，风景名胜区在自然保护地体系中的定位不够明确。在2017年《建立国家公园体制总体方案》第（七）条中要求"进一步研究自然保护区、风景名胜区等自然保护地功能定位"。2020年《自然保护区范围及功能分区优化调整》将风景名胜区归类为自然公园[4]，至此风景名胜区在自然保护地体系中的位置得到明确。结合中发〔2019〕42文可以总结出，风景名胜区在自然保护地分类系统中起到补充作用。

1.2.3 国家公园与风景名胜区

由上文比较得知，在自然保护地体系中，国家公园为主体，风景名胜区为补充，二者在自然保护地体系规划中承担着不同的角色。从管控角度看《建立国家公园体制总体方案》提出，国家公园属于全国主体功能区规划中的禁止开发区域，纳入全国生态保护红线区域管控范围，实行最严格的保护。《风景名胜区整合优化规则》提出，风景名胜区与生态保护红线进行有效衔接，风景名胜区中属于生态功能极重要、生态极脆弱的区域，符合生态保护红线管控要求的，划入生态保护红线，其他区域不划入生态保护红线，已划入生态保护红线的区域原则上不调整[1]。即国家公园的生态价值为首位，相对而言风景名胜区则根据区域的实际情况分区划分，实行分级的生态管控（表1）。

国家公园与风景名胜区概念对比　　　表1

概念	角色地位	核心功能	管控要求	目标行动
国家公园	从属-主体	生态保护	严格纳入生态红线	先行先试
风景名胜区	从属-补充	资源特色	分级分类衔接	整合优化

2 规划面临的挑战

2.1 国家层面规划缺失

在规划传导体系中，从国家层面到省级、市县级的逐步落实，是保障规划顺利实施的基础。《关于建立国土空间规划体系并监督实施的若干意见》确立了要构建覆盖全域、管控全要素的"五级三类"的国土空间规划体系，引导空间规划转向顶层设计的整体、系统、分级分类的体系，并提出了健全规划实施的传导机制。"国家-省-市-县-乡镇"的五级纵向传导体系，自上而下编制，厘清了中央和地方事权，建立上下通畅的反馈机制[5]。

自然保护地体系规划承接国土空间规划体系的"传导"机制，把自然保护地体系中的各类型当作一个整体，作出系统性、整体性的规划指导[6]。然而目前在国家层面未提及自然保护地体系规划，仅有《国务院关于国家公园空间布局方案的批复》在国家层面对国家公园进行统一部署，说明在国家层面的顶层规划还未落实到自然保护地的完整体系。目前已经有部分省份出台了相关规定，如《广东省自然保护地规划》，并进一步在省级规划的指导下，出台了《广州市自然保护地规划（2023—2035年）（征求意见稿）》《江门市自然保护地规划（2022—2035

年）（公示稿）》《揭阳市自然保护地规划（2021—2035年）（征求意见稿）》等。但从国家到省级的传导看，省级缺乏更上位的指导意见，国家级方案的落实不足，因此体系的完整性有待加强。在该分类下，由于国家公园的特殊属性，需要统一由国家调配资源，因此需要国家级规划，进一步再落实到省级规划。同时国家公园是保护地体系的主体，需要在自然保护地体系中发挥更好的引领作用，进而引导包括风景名胜区在内的自然公园整合实施，形成完整的由上而下的传导链路[7]。

2.2 整合优化要素单一

中发〔2019〕42文提出要于2025年完成自然保护地的整合优化。整合优化后，风景名胜区因兼具自然和人文双重属性，仅将其中生态功能极重要、生态极脆弱的部分区域划入生态保护红线，而其他自然保护地均划入生态保护红线。这一办法将风景名胜区的文化属性与自然属性分离，强调单一的生态保护价值，但风景名胜区既具备人文属性也具备自然人文混合属性，文化的保护和传承同样是自然保护地体系的重要内容，按照单一的生态价值来划定，难以体现自然保护地的多样性和复合价值。《自然保护区范围及功能分区优化调整》要求当省级自然保护区与国家级风景名胜区交叉重叠时，原则上保留省级自然保护区，此政策会导致文化资源丰富的国家级风

景名胜区地位被弱化；而《风景名胜区整合优化规则》要求国家级风景名胜区与其他自然公园或地方级自然保护区交叉重叠的，原则上整合为国家级风景名胜区，保留了风景名胜区的国家级地位。由此可见，对于风景名胜区的整合优化在不断完善，更加强调对重要资源的保护利用，而不是为了整合而不顾实际地进行合并。同时在实施过程中，应同时考虑与地方国土空间规划的对接，保证自然保护地整合优化符合国土空间规划整体发展要求以及地方战略发展要求，避免为了整合优化而放弃保护地的文化特色。

3 比较研究下的优化建议

3.1 形成系统职能分工

中办发〔2019〕42号文指出"依据国土空间规划，编制自然保护地规划"。因此自然保护地体系的规划需要基于国土空间规划体系在总规专项详规上的"可分工、可传导"运行机制，系统性地对总体规划结构进行梳理和落实，同步协调利益冲突、划分土地权属、厘清政策机制[8]。现有政策下，已经单独提取国家公园而不是自然保护地体系是不够的，要引导自然保护地体系的长期发展，各类型如何组成系统，需要明确各自承担职能的分工。

3.2 分类发展复合属性

2020年3月，自然资源部、国家林草局联合召开全国自然保护地整合优化和生态保护红线评估调整推进工作电视电话会议，会议指出，"风景名胜区范围按照自然保护地和生态保护红线的要求进行调整，空间区域将出现高度的破碎化，整个体系也将受到影响"[9]。2020年9月1日《自然资源部办公厅 国家林业和草原局办公室关于自然保护地整合优化有关事项的通知》明确，"本次自然保护地整合优化预案，暂不涉及风景名胜区自身范围调整，风景名胜区体系予以保留。针对当前风景名胜区内存在的城镇建成区、建制乡镇建成区、永久基本农田等大量人为活动，以及与其他各类自然保护地交叉重叠等问题，将另行研究解决"[10]。以国家公园为主体的自然保护地，具备非常强的生态保护属性，分为核心保护区和一般控制区，均位于生态保护红线内。相比国家公园和自然保护地概念对于生态属性的强调，风景名胜区在自然保护地体系中没有被全部划入生态保护红线[11]，因此可以充分发挥其文化属性，将自然与人文相融合，分类进行功能的调整。

在整合优化重组和空间矛盾冲突处理中，需要考虑风景名胜区的复合属性，可以分类进行空间结构的调整，避免重要资源的流失。第一类，人文与生态高度融合的风景名胜区，建议对于重点保护的生态资源和重点发展的文化资源实行差异化管理，其中文化要素能够提高风景名胜区的影响力应予以保留和加强，同时对生态的保护可以更好支撑其综合发展，不适合完全整合入生态保护红线中。第二类，以生态为主，人文属性稍弱的风景名胜区，建议对接区域发展战略，参与地方的长期发展计划，可以酌定划入自然保护地体系。第三类，生态属性极强的风景名胜区，划入自然保护地体系，准确评估其人文价值，可逐步转为国家公园及自然保护区，便于统一管控生态资源并拓展知名度。在分级整合的基础上，可以参考国家公园和自然保护区的分区管控方法，作为整合优化过渡阶段的管理方式。

在生态与人文属性融合的背景下，需要考虑与国土空间规划的对接，出台相关实施办法，明确不同主体属性类型的风景名胜区管理归属，清晰风景名胜区在自然保护地体系中的地位和作用，综合多元价值分类实行归并整合工作，避免单一原则的政策落地，完善从资源出发、以发展为目标的整合优化措施，探索最优的管理模式。

4 结语

自然保护地体系的完善一方面需要对接国土空间规划，在政策体系上形成规范的指导，另一方面需要从风景名胜区整合优化的短板出发，充分发挥复合价值的影响作用。然而在实际的落地中依然存在挑战：首先在国家层面已有的规划文件，自然保护地规划需要立足于现有的规划基础，从更高层面统筹指导各类型的规划方向，如何进行现有规划的整合与调整，需要管理部门综合的评价研判。其次，风景名胜区由于具备人文和自然双重属性，由于各类型空间在管理中的所属关系不一致，实际的整合优化存在诸多难点，真正的融合难以落实，需要以典型的风景名胜区来起到示范与带动作用。最后，在自然保护地体系中，风景名胜区和国家公园都具备丰富的生态资源，对于部分生态基底较优、融合价值较高的风景名胜区，结合《国家公园空间布局方案》，逐步转为国家公园，打造人文与生态价值兼备，更具有国际影响力的国家公园模式。

参考文献

[1] 中共中央办公厅，国务院办公厅. 关于建立以国家公园为主体的自然保护地体系的指导意见[Z]. 2019.
[2] 金云峰，王俊祺，崔钰晗等. 风景保护、修复与提升——欧盟风景园林规划综合实践途径研究[J]. 城乡规划，2021(Z1)：100-107.
[3] 自然资源部办公厅，国家林业和草原局办公室. 关于做好自然保护区范围及功能分区优化调整前期有关工作的函[Z]. 2020.
[4] 中华人民共和国中央人民政府. 中共中央国务院《关于建立国土空间规划体系并监督实施的若干意见》[R/OL]. 2019-05-23[2019-11-15]. http://www.gov.cn/zhengce/2019-05/23/content_5394187.htm.
[5] 金云峰，陶楠. 国土空间规划体系下风景园林规划研究[J]. 风景园林，2020，27(1)：19-24.
[6] 金云峰，陶楠. 国家公园为主体"自然保护地体系规划"编制研究——基于国土空间规划体系传导[J]. 园林，2020(10)：75-81.
[7] 王昌海，谢梦玲. 以国家公园为主体的自然保护地治理：历程、挑战以及体系优化[J]. 中国农村经济，2023(5)：139-162.
[8] 中国林业网. 全国自然保护地整合优化和生态保护红线评估调

整推进工作电视电话会议召开[EB/OL]. 2020-03-18[2023-06-17]. https://mp.weixin.qq.com/s/NabGXFo6hPADykEoY0r26A.

[9] 自然资源部办公厅, 国家林业和草原局办公室. 关于自然保护地整合优化有关事项的通知[Z]. 2020.

[10] 中共中央办公厅, 国务院办公厅. 关于在国土空间规划中统筹划定落实三条控制线的指导意见[Z]. 2019.

[11] 金英. 刍议新形势下我国风景名胜区整合优化实施策略[J]. 规划师, 2021, 37(18): 78-83.

作者简介

蔡萌, 1998年生, 女, 汉族, 大连人, 同济大学建筑与城市规划学院硕士在读, 研究方向为公园城市与景观治理有机更新。电子邮箱: 992628766@qq.com。

(通信作者) 金云峰, 1961年生, 男, 汉族, 上海人, 同济大学建筑与城市规划学院、上海市城市更新及其空间优化技术重点实验室、上海同济城市规划设计研究院有限公司, 教授、博士生导师, 研究方向为公园城市与景观治理有机更新。电子邮箱: jinyf79@163.com。

论文集

风景园林与绿色低碳发展

基于PSR模型的区县生态韧性评价及优化策略研究
——以济南历城区为例

Research on Ecological Resilience Evaluation and Optimization Strategy of Lower Yellow River Regions and Counties Based on PSR Model
—Taking Licheng District of Jinan as an Example

李建云* 李卓然

摘 要：城市生态韧性研究是城市可持续发展的重要维度。本文以街道为研究单元，构建"压力-状态-响应"3个维度的城市生态韧性评价指标体系，分析历城区城市生态韧性的空间格局特征，并针对不同类型街道提出相应优化策略。研究结论：该区城市生态韧性整体处于中低水平，其中，低值区主要呈现中北部聚集，而高值区主要在南部区域聚集；城市生态韧性总体呈现以老城区的低韧性为核心向外围增大的"C"型圈层结构；基于生态韧性指数和生态风险指数将研究区域街道划分4种类型，并根据历城区不同类型分区的街道，提出有针对性的优化策略。

关键词：生态韧性；PSR模型；优化策略

Abstract: The study of urban ecological resilience is an important dimension of urban sustainable development. This article takes streets as the research unit, constructs an urban ecological resilience evaluation index system with three dimensions of "pressure state response", analyzes the spatial pattern characteristics of urban ecological resilience in Licheng District, and proposes corresponding optimization strategies for different types of streets. Research conclusion: The overall resilience of urban ecology is at a medium to low level, with low-value areas mainly concentrated in the central and northern regions, while high-value areas mainly concentrated in the southern regions; The overall resilience of urban ecology presents a "C" shaped circle structure with the low resilience of the old urban area as the core and increasing towards the periphery; Based on the ecological resilience index and ecological risk index, the research area streets are divided into four types, and targeted optimization strategies are proposed based on the streets of different types of districts in Licheng District.

Keywords: Ecological Resilience; PSR Model; Optimization Strategy

引言

自然生态环境和人类活动有着密切关系，随着快速城镇化进程，气候变化、生态过载、环境污染等问题愈加凸显，导致生态脆弱性不断上升[1]。城市生态韧性作为城市韧性的重要维度，科学地认识到生态韧性对城市韧性领域研究的重要性，加强对城市生态韧性的研究，可以有效地提高城市抵御风险的能力。因此，如何增强城市生态承载力、提升城市生态韧性，是城市可持续发展的重要方向。

"韧性"最早源于拉丁词，最初主要被用于工程学来表示物体在受到外力产生变化后恢复原状的能力[2]。1973年，加拿大生态学家Holling将韧性的相关概念首次引入生态领域[3]。针对城市生态韧性的研究，相关学者进行了诸多探索。生态韧性评价方法主要分为指标体系和评价模型。常见的生态评价指标体系维度主要包括"抵抗-响应-创新"[4]"抵抗力-适应力-恢复力"[5]"规模-密度-形态"[6]"生态风险-连通-潜力"[7]等。生态韧性的研究多以城市为基本单元[8]，针对以街道（乡镇）为基本单元的研究较为匮乏。研究区域多为较发达地区，如杭州市[8]、山东半岛城市群[4]、长三角地区[9]。

本文以街道为研究单元，首先，利用多源数据，构建"压力-状态-响应"3个维度的城市生态韧性评价指标体系，运用综合评价模型对历城区的城市生态韧性进行测算；其次，借助描述性统计、趋势面和空间自相关等方法探索历城区城市生态韧性的空间格局特征；最后，对研究区域的街道进行分类，针对不同类型街道提出相应优化策略，以期为黄河下游城市生态保护和城市可持续发展提供理论支撑和量化基础。

1 研究区域与数据来源

1.1 研究区域概况

历城区位于济南市东部，地势南高北低，南部为泰山山脉余脉，也是济南的泉水涵养地，中部为山前平原区，北临黄河。黄河从历城区华山街道盖家沟入境，由历城区遥墙街道沙滩村出境。历城区作为济南"东强"战略进程中的主阵地，截至2021年底，总面积为1298.57km²，国内生产总值（gross domestic product，GDP）为1161.73亿元；第七次人口普查数据显示历城区常住人口为111.20万人，下辖21个街道。

1.2 数据来源及处理

数据主要包括2021年土地利用数据、2021年社会经济数据和2021年POI数据等。土地利用数据主要通过监督分类结合济南土地利用总体规划图目视解译而得，包括草地、建设用地、林地、农用地、水域湿地、未利用地等类型，其精度通过Kappa系数检验；社会经济数据主要来源于各街道统计公报；建筑轮廓和POI数据主要通过高德地图位置服务API接口爬取而来，包括公司、工厂的点位坐标数据和建筑轮廓数据。香农多样性、分形维度、破碎度和连通性等指标数据主要通过Fragstats软件计算而得；生物丰度主要依据《生态环境状况技术规范》计算而得。

2 研究框架与方法

2.1 基于PSR模型的城市生态韧性研究框架

1979年，加拿大统计学家David J. Rapport和Tony Friend提出"压力-状态-响应"（pressure-state-response, PSR）模型，主要用于探究生态环境问题[10]。城市生态韧性内部存在着因果关系，即是人类活动与自然干扰对生态环境产生影响，导致生态环境状态发生改变，然后生态环境本身和人类对其变化做出相应的响应。其中，生态压力主要反映人类活动或自然灾害对生态系统承载能力的压力，即是生态风险，主要用自然灾害指标和人类活动指标来表征；生态状态主要指生态环境的当前状态，反映生态系统本身的抵抗风险的能力和健康状态[10]，主要用景观格局、抵抗力、服务能力和多样性等指标来表征；生态响应主要反映针对生态环境退化问题做出直接或间接的对策与措施[11]，主要用支出经济能力、社会组织和认知程度和科技创新能力等指标来表征。生态压力、生态状态和生态响应之间紧密联系、相互作用，因此基于PSR模型的城市生态韧性研究框架的内部机制如图1所示。

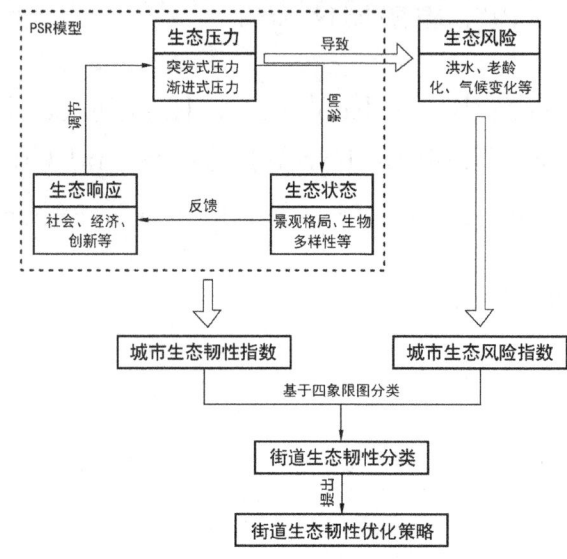

图1 城市生态韧性研究框架图

2.2 城市生态韧性与生态风险指标体系构建

本文参考吕添贵等[5]、夏楚瑜等[8]相关研究，并结合研究区域的生态环境特点和PSR模型确定生态压力、生态状态和生态响应3个维度的城市生态韧性评价框架。本文结合研究区域的地域性和数据的可获取性等特点，选取了15个指标构建城市生态韧性综合评价指标体系（表1）。生态风险主要是指在人类活动与自然活动综合作用下产生生态负面效应，因此本次研究采用生态压力维度指标来测算生态风险指数（表2）。

城市生态韧性评价指标表　　表1

目标层	维度名称	指标名称	指标解释	指标性质	权重
生态韧性	压力维度	公司（工厂）密度	单位面积公司（工厂）POI点数量	—	0.013
		人口密度	单位面积常住人口数	—	0.018
		建筑密度	建筑基底面积与街道建设面积比值	—	0.045
		建设开发强度	建设用地面积与街道土地面积比值	—	0.044
		常住人口城镇化率	街道城镇常住人口与街道常住总人口	—	0.139
	状态维度	香农多样性	反映景观类型的丰富度和复杂性	＋	0.041
		分形维度	反映景观形状复杂程度	—	0.037
		破碎度	反映景观被分割的破碎程度	—	0.023
		连通性	反映不同景观斑块的聚集程度或延展趋势	＋	0.049
		生物丰度	反映生物种类的多样性	＋	0.116
		人均植被面积	街道植被面积与街道常住人口的比值	＋	0.124
		公共预算支出	反映生态治理经济基础	＋	0.135
		植被覆盖率	街道植被面积与街道面积的比值	＋	0.043
	响应维度	高学历人员占比	高中学历以上人口占总人口的比值	＋	0.053
		人均水面面积	街道水面面积与常住人口的比值	＋	0.119

注："＋"表示正向指标；"—"表示负向指标。

生态风险指数测算指标表　　表2

目标层	指标名称	权重
生态风险	公司（工厂）密度	0.050
	人口密度	0.064
	建筑密度	0.147
	建设开发强度	0.154
	常住人口城镇化率	0.481

2.3 研究方法

2.3.1 生态韧性综合评价法

（1）数据标准化处理

为了消除各项指标量纲对评价结果的影响，对各项指标数据进行标准化处理[12]。其中，正向和负向指标的标准化分别由式（1）和（2）表示为：

$$Y_{ij} = \frac{X_{ij} - \min X_{ij}}{\max X_{ij} - \min X_{ij}} \quad (1)$$

$$Y_{ij} = \frac{\max X_{ij} - X_{ij}}{\max X_{ij} - \min X_{ij}} \quad (2)$$

式中，Y_{ij} 为第 i 项指标第 j 个数据的标准化值；X_{ij} 为第 i 项指标第 j 个数据的原始值；$\max X_{ij}$ 为第 i 项指标的最大值；$\min X_{ij}$ 为第 i 项指标的最小值。

（2）权重确定

熵权法是基于指标数据熵值信息确定权重，能避免人为主观因素带来的偏差，是常用的客观赋权方法之一[5]。因此，采用熵权法确定客观权重 W_i。具体计算由式（3）至式（5）表示为：

$$e_i = -k \sum_{j=1}^{n} \left[\left(\frac{y_{ij}}{\sum_{j=1}^{n} y_{ij}} \right) \cdot \ln \left(\frac{y_{ij}}{\sum_{j=1}^{n} y_{ij}} \right) \right] \quad (3)$$

$$k = \frac{1}{\ln n} \quad (4)$$

$$w_i = \frac{1 - e_i}{\sum_{i=1}^{15}(1 - e_i)} \quad (5)$$

式中，w_i 为第 i 个指标的权重；e_i 表示第 i 项指标的信息熵；n 为评价年数；k 为波尔茨曼常量。

（3）生态韧性指数

研究区域生态韧性指数的计算由式（6）表示为：

$$ER = \sum_{j=1}^{n} w_i Y_{ij} \quad (6)$$

式中，ER 为生态韧性值；ER 值越大，生态韧性越高。

（4）生态风险指数

为了更好地研究生态韧性优化路径，综上研究，生态风险指数主要采用压力维度的指标计算，计算由式（7）表示为：

$$ERI = \sum_{j=1}^{n} w_i Y_{ij} \quad (7)$$

式中，ERI 为生态风险指数 ERI 值越大，生态风险越高；Y_{ij} 为第 i 项指标第 j 个数据的标准化值。

2.3.2 空间自相关分析

空间自相关分析分为全局空间自相关和局部空间自相关。全局空间自相关分析可揭示研究区域空间相关性的总体趋势及差异[13]；局部空间自相关可以揭示研究区域不同单元之间的异质性。城市生态韧性具有明显地域特征，因此采用空间自相关分析城市生态韧性的空间分布差异性。

3 结果与分析

3.1 单维度生态韧性分析

3.1.1 生态压力维度

由图2、表3可知，各街道的生态压力维度韧性指数介于 0.03~0.22 之间，其平均值为 0.12，超过平均值的街道占比为 57.14%。其中，生态压力最大的街道为山大路街道，生态压力最小的街道为荷花路街道。各街道的韧性指数的变异系数为 0.51，说明各街道之间面临的生态压力的差异性较大。由图3可知，压力维度的韧性分布呈现高-高型聚集和低-低型聚集，低韧性的街道主要分布于中部偏北区域，主要由于此区域为核心建设区，建设强度较高；高韧性的街道主要分布在南部区域聚集，主要由于此区域为南部山区，整体的生态环境较好，所受到的生态压力较小。

3.1.2 生态状态维度

由图2、表3可知，各街道的生态状态维度韧性指数的平均值为 0.10，超过平均值的街道占比为 57.14%。其中，生态状态最好的街道为仲宫街道，生态状态最差的为山大路街道。各街道的韧性指数的变异系数为 0.40，说

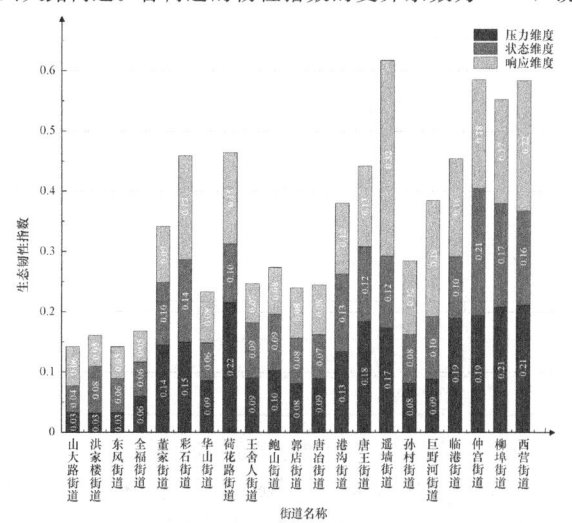

图2　各街道单维度生态韧性值图

明各街道的生态状态之间的差异性较大。由图3可知，状态维度的韧性分布呈现高-高型聚集和低-低型聚集，低韧性的街道主要分布于中部偏北区域，主要由于此区域的建设强度较高；高韧性街道主要分布于的南部区域，主要由于此区域主要为南部山区，生态状态较好。

3.1.3 生态响应维度

由图2、表3可知，各街道的生态响应维度韧性指数的平均值为0.12，超过平均值的街道占比为47.62%。其中，生态响应最高的街道为遥墙街道，生态响应较差的为洪家楼街道。各街道的韧性指数的变异系数为0.54，说明各街道的生态响应之间的差异性较大。由图3可知，响应维度的韧性主要以低-低型聚集为主，低韧性的街道主要在研究区域的西北区域聚集，主要由于此区域主要为老城，植被覆盖率低等原因。

3.2 生态韧性综合评价分析

由表3、图3可知，各街道的生态韧性指数的平均值为0.35，超过平均值的街道占比为57.14%。生态韧性较好的街道为遥墙街道、仲宫街道和西营街道，其韧性指数分别为0.62、0.59和0.58；生态韧性较差的为山大路街道、东风街道和洪家楼街道，韧性指数分别为0.14、0.14和0.16。各街道的生态韧性指数的变异系数为0.44，说明各街道的生态韧性的差异性处于较高水平。

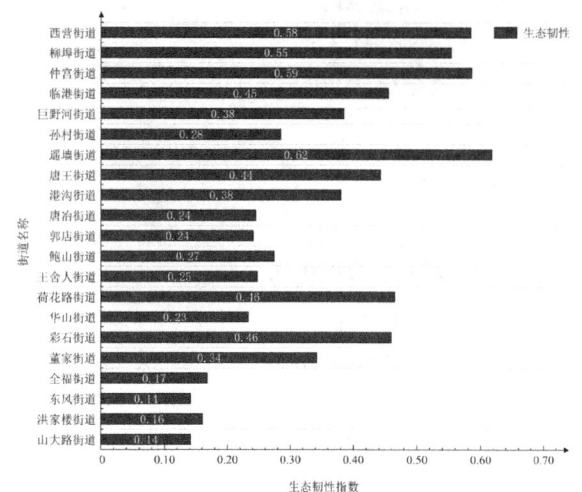

图3 各街道生态韧性值图

各街道各维度韧性值 表3

街道名称	生态压力维度	生态状态维度	生态响应维度	生态韧性
山大路街道	0.03	0.04	0.06	0.14
洪家楼街道	0.03	0.08	0.05	0.16
东风街道	0.03	0.06	0.05	0.14
全福街道	0.06	0.06	0.05	0.17
董家街道	0.14	0.10	0.09	0.34
彩石街道	0.15	0.14	0.17	0.46
华山街道	0.09	0.06	0.08	0.23
荷花路街道	0.22	0.10	0.15	0.46
王舍人街道	0.09	0.09	0.07	0.25
鲍山街道	0.10	0.09	0.08	0.27
郭店街道	0.08	0.08	0.08	0.24
唐冶街道	0.09	0.07	0.08	0.24
港沟街道	0.13	0.13	0.12	0.38
唐王街道	0.18	0.12	0.13	0.44
遥墙街道	0.17	0.12	0.32	0.62
孙村街道	0.08	0.08	0.12	0.28
巨野河街道	0.09	0.10	0.19	0.38
临港街道	0.19	0.10	0.16	0.45
仲宫街道	0.19	0.21	0.18	0.59
柳埠街道	0.21	0.17	0.17	0.55
西营街道	0.21	0.16	0.22	0.58
各街道平均值	0.12	0.10	0.13	0.35
各街道变异系数	0.51	0.40	0.54	0.44

由图4可知，生态韧性指数的Moran's I值为0.31，表明生态韧性的正相关较为明显，存在空间聚集现象；此外，生态韧性指数低值区主要呈现研究区域中北部聚集，而高值区在研究区域的南部聚集。为了更直观地探究城市生态韧性空间演变态势，因此引入趋势面方法分析城市生态韧性的空间分布特征（X轴代表东西方向，箭头方向为东；Y轴代表南北方向，箭头方向为北；Z轴代表城市韧性值大小）。由图4可知，东西方向呈现东西两端

低，中间高；南北方向呈现 U 形曲线，即南北两端高、中间低。

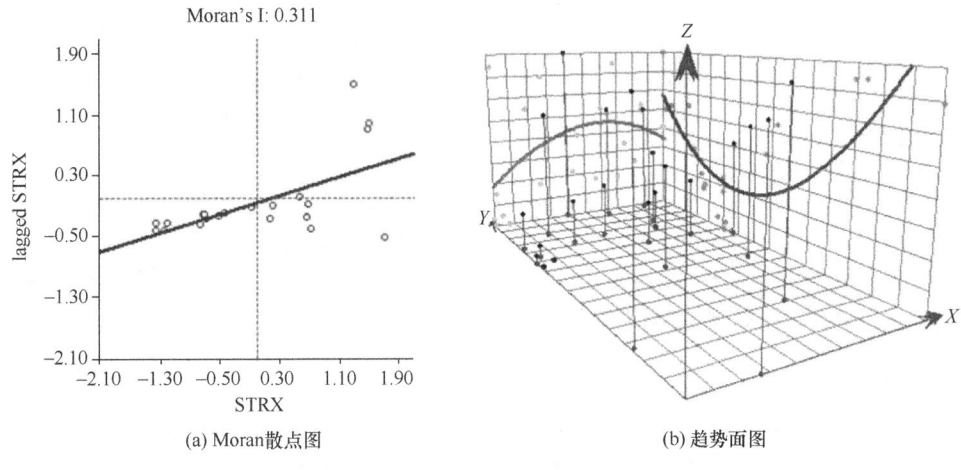

(a) Moran散点图　　　　(b) 趋势面图

图 4　各街道生态韧性 Moran 散点图和趋势面图

3.3　基于 ER-ERI 的分区优化路径探究

街道分区优化结合上文的生态韧性指数和生态风险指数，以生态韧性指数为横坐标，生态风险指数为纵坐标，将两项指数平均值为交叉点以建立四象限图。各街道优化划分类型可以根据生态韧性指数和生态风险指数两项指标与其本项指标的平均值的关系分为高韧性-高风险类型、高韧性-低风险类型、低韧性-高风险类型和低韧性-低风险类型。街道划分结果如表 4、图 5 所示。

街道分区表　　表 4

类型名称	街道名称
高韧性-高风险	巨野河街道
高韧性-低风险	彩石街道、荷花路街道、港沟街道、唐王街道、遥墙街道、临港街道、仲宫街道、柳埠街道、西营街道
低韧性-高风险	山大路街道、洪家楼街道、东风街道、全福街道、王舍人街道、郭店街道、唐冶街道、华山街道、孙村街道
低韧性-低风险	董家街道、鲍山街道

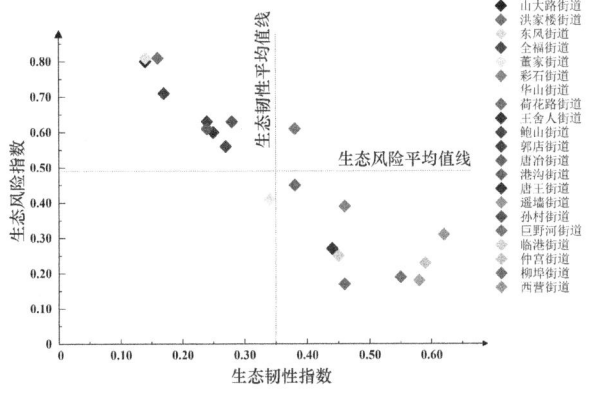

图 5　生态韧性象限图分区图

3.3.1　高韧性-高风险类型街道优化策略

高韧性-高风险类型街道具有较强的可持续发展能力，但也存在较高的突破生态抵抗能力的风险，加剧生态系统的不稳定性。高韧性-高风险类型的街道有 1 个，位于历城区东部区域。此类型街道优化策略：①应当在加强建成区域的生态用地的保护的前提下，完善区域的绿色基础设施，优化三生空间格局，加强生态景观的连通性和聚集性；②加大环境保护宣传力度，鼓励绿色低碳的生产和生活方式，不断加大应对生态压力的响应。

3.3.2　高韧性-低风险类型街道优化策略

高韧性-低风险类型街道具备较强的自组织、自学习、自调节能力，容易进入更稳定系统状态。高韧性-低风险类型的街道有 9 个，主要分布于历城区的南部和北部区域，南部区域多为山地，北部区域为黄河区域。此类型街道优化策略：①依托黄河水系加强北部区域的生态联通性，积极开展黄河湿地保护修复，保证生态稳定性和抵抗性；②保障南部山区街道的农田林网的绿色廊道建设，进一步提升生态景观连通度和水土保持能力。

3.3.3　低韧性-高风险类型街道优化策略

低韧性-高风险类型街道抵御外部扰动的能力较弱，生态风险较高，容易造成生态系统紊乱。低韧性-高风险类型的街道有 9 个，主要分布在历城区的中部区域。此类型街道优化策略：①积极修复建成区的生态廊道，结合建成区现有生态要素，构成完整的绿色廊道，提升城区生态空间之间联系；②加快产业升级和转型，缓解老城区的人口和土地压力；③加大技术与人才流通，提升生态环境保护的认知和创新。

3.3.4　低韧性-低风险类型街道优化策略

低韧性-低风险类型街道具有较弱的抵御、适应与转型能力，难以促进生态韧性提升。低韧性-低风险类型的街道有 2 个，主要分布历城区的中部区域。典型街道的优化策略为：①加强此区域空间规划和管理，提高土地利用集约度，优化三生空间格局，加强生态景观的连通性和聚集性；②积极构建完善的生态空间格局，加强城市生态基础设施建设，提升生态系统抵抗性和稳定性。

4 结论

研究结论如下：

（1）生态压力维度韧性的平均值为0.12，空间分布呈现以高-高型聚集和低-低型聚集为主，生态压力最大的街道为山大路街道。生态状态维度韧性指数的平均值为0.10，空间分布呈现以高-高型聚集和低-低型聚集为主，生态状态最好的街道为仲宫街道。生态响应维度韧性指数的平均值为0.12，空间分布呈现以低-低型聚集为主，生态响应最高的街道为遥墙街道。

（2）各街道生态韧性的平均值为0.35，生态韧性较好的街道为遥墙街道、仲宫街道和西营街道，其韧性指数分别为0.62、0.59和0.58。生态韧性低值区主要分布于中北部区域，而高值区分布于南部区域。生态韧性整体空间分布呈现以老城区低韧性为核心向外围增大的C形圈层结构。

（3）基于生态韧性指数和生态风险指数，将研究区域的街道划分为4种类型。其中，高韧性-高风险类型的街道分布于历城区东部区域；高韧性-低风险类型的街道主要分布于历城区的南部和北部区域，南部区域多为山地，北部区域为黄河区域；低韧性-高风险类型和低韧性-低风险类型的街道主要分布历城区的中部区域；根据历城区不同类型分区的街道，提出针对性的优化策略。

参考文献

[1] 霍童，张序，周云，等. 基于暴露-敏感-适应性模型的生态脆弱性时空变化评价及相关分析——以中国大运河苏州段为例[J]. 生态学报，2022，42(6)：2281-2293.
[2] 赵懋源，杨永春，王波. 广东省城市韧性水平评价及时空分析[J]. 兰州大学学报(自然科学版)，2022，58(3)：412-419，426.
[3] Holling C S. Resilience and stability of ecological systems[J]. Annual Review of Ecology and Systematics，1973，4(1)：1-23.
[4] 王松茂，牛金兰. 山东半岛城市群城市生态韧性的动态演化及障碍因子分析[J]. 经济地理，2022，42(8)：51-61.
[5] 吕添贵，胡晗，付舒斐，等. 长三角地区城市生态韧性时空分异特征及影响因素[J]. 地域研究与开发，2023，42(1)：54-60.
[6] 王少剑，崔子恬，林靖杰，等. 珠三角地区城镇化与生态韧性的耦合协调研究[J]. 地理学报，2021，76(4)：973-991.
[7] 陈萱伊，李俊翰，谢炳庚，等. 基于生态韧性评价的长株潭城市群生态廊道识别[J]. 中南林业科技大学学报，2023(5)：95-107.
[8] 夏楚瑜，董照樱子，陈彬. 城市生态韧性时空变化及情景模拟研究——以杭州市为例[J]. 生态学报，2022，42(1)：116-126.
[9] 陶洁怡，董平，陆玉麒. 长三角地区生态韧性时空变化及影响因素分析[J]. 长江流域资源与环境，2022，31(9)：1975-1987.
[10] 彭建，吴健生，潘雅婧，等. 基于PSR模型的区域生态持续性评价概念框架[J]. 地理科学进展，2012，31(7)：933-940.
[11] 邵月花，杨调调，谈存峰. 基于DPSIR模型的渭河干流甘肃段生态安全评价[J]. 水土保持通报，2022，42(3)：166-170.
[12] 刘彦平. 城市韧性系统发展测度——基于中国288个城市的实证研究[J]. 城市发展研究，2021，28(6)：93-100.
[13] 刘大均，胡静，陈君子，等. 中国传统村落的空间分布格局研究[J]. 中国人口·资源与环境，2014，24(4)：157-162.

作者简介

（通信作者）李建云，1994年生，男，汉族，河南驻马店人，山东建筑大学建筑城规学院城乡规划硕士在读，研究方向为城市韧性理论与方法研究。电子邮箱：1366696024@qq.com。

李卓然，1978年生，男，汉族，山东济南人，博士，山东建筑大学建筑城规学院，副教授、硕士生导师，研究方向为城市设计及城市交通。电子邮箱：99057995@qq.com。

基于可视化模拟的城市风道系统构建
——以成都市新都区为例

Construction of Urban Windway System Based on Visualization Simulation
—A Case Study of Xindu District, Chengdu

刘临莉

摘 要：风作为形成城市微气候的要素，对改善城市热岛效应、提升空气质量具有重要意义。因此，在城市规划与城市设计中应考虑科学合理的城市风道系统的构建。本研究以静风频发的成都市新都区为例，通过实际获取地方气象站的10年风向与风速的数据，再进行可视化模拟，进而分析城市空气污染源、风向与风速情况，结合城市绿地系统的格局控制，寻找潜在风源地，构建城市风道系统，以期通过规划控制手段，改善城市风环境，缓解城市空气污染。

关键词：空气污染；风速与风向；可视化模拟；城市风道系统；潜在风源地

Abstract: Wind, as an element of forming urban microclimate, is of great significance in improving urban heat island effect and air quality. Therefore, the construction of a scientific and reasonable urban wind channel system should be considered in urban planning and urban design. This study takes Xindu District of Chengdu City, where static winds are frequent, as an example, by actually obtaining the data of ten-year wind direction and wind speed from local meteorological stations, and then carrying out visual simulation, and then analyzing the urban air pollution sources, the wind direction and wind speed, and combining them with the pattern control of the urban greenland system to find the potential wind source places and construct the urban air duct system, with a view to improving the urban wind environment and mitigating the urban air pollution through the means of planning and controlling.

Keywords: Air Pollution; Wind Speed and Direction; Visualization Simulation; Urban Air Duct System; Potential Wind Sources.

引言

随着我国经济建设的高速发展，城市快速扩张，城市所依托的生态环境的敏感性增加，城市空气质量敲响警钟。风能够输送大气污染物，因此构建城市风道是治理城市大气污染的重要手段，以保障城市良好的通风环境，增加城市通风潜力，调节城市的微气候[1]。近年来，城市规划工作者通过引入通风廊道，打通城市内部通风阻碍，最大效率地改善城市通风条件，从而达到促进城市内部空气流动、减缓城市热岛效应和降低雾霾的作用。王绍增等建议将城市平面与风玫瑰图放大叠加，形成城市城郊绿地系统的轮廓[2-3]。杨立远指出依据风玫瑰图对绿地系统进行构建的会产生方向性的失误，单考虑风频是不够的，城市主导风向也会造成城市风环境的改变[4-5]。

因此，城市县志或市志对城市常年风向与风速的记载并不能对实际风道系统的构建产生影响，城市冬季风速较小，更应通过研究局部地区气象条件之间的差异来分析空气污染产生机制。基于此，本文通过获取新都区9个区域气象站10年以来的数据，针对成都市新都区的空气污染引发机制，以可视化模拟的方法，明晰城市的气流方向与风速，再从系统性、区域性入手，研究新都区城市绿地系统格局，寻找出城市风源地，进行新都区的风道系统构建，通过风道引导城市的用地与形态控制。

1 风道的概念

1.1 城市风道的概念及理论基础

城市风道，又称城市通风廊道，是指由城市主要道路、大面积水域、相连的城市绿地、非建筑用地、建筑线后移地带及低矮楼宇群等连续空间形成的开敞畅通，宏观上能将城市近郊区的冷风输送到城市内部的形成空气流通的地区或廊道。

德国学者Kress应用气候学中的局地环流运动规律，将城市通风系统分为3个部分：作用空间、补偿空间与空气引导通道[6-7]。作用空间是指存在热污染的区域，补偿空间是指冷空气、新鲜空气的来源地，空气引导通道是指连接作用空间与补偿空间之间的通道，即风道。通过评价下垫面气候功能评价标准，准确识别城市的作用空间与补偿空间[8]。依据城市气象数据划定空气引导通道，带动城市局部气流的循环与运动，向城市内部输送冷空气，排出污染空气，从而改善城市热环境。

1.2 城市风道的研究进展

国外从20世纪70年代开始关注城市风道。德国最早着手城市风道的研究，进行了"理想城市气候"计划研究，逐步推进城市风道的规划实践。日本学者开展《"风之道"

研究报告》，证明风道对城市风环境的改善作用；美国学者巴鲁克·吉沃尼研究建筑高度、建筑密度、色彩、城市道路等城市要素对城市气候的影响程度。在之后，气候学家与城市规划工作者合作，融入气象学、气候模拟技术等计算机技术，极大提高了城市风道系统规划的科学性。我国城市规划界相关研究起步较晚，2003年吴恩融教授提出空气流通评估，利用"风速比"对城市微气候进行评估，建立了城市建筑物与风速的关系；2010年余庄教授针对季节气候差异较大的城市提出"广义通风道"的概念，并对武汉风道提出相应规划策略[9]。国内城市风道规划实践率先在武汉、福州、南京、杭州、北京等城市启动[10]，但由于相关研究缺乏实践性，规划工作的开展受到限制。建立城市风道系统的构建体系可以为相关规划实践提供参考依据，为我国生态文明建设提供新思路。

2 城市风道系统构建的资料与方法

2.1 研究资料

研究所用资料包括新都区近10年的9大区域气象站的风速与风向观测资料（资料来源于成都市新都区气象局）、近10年的环境质量报告（资料来源于成都市新都区环保局）、高分辨率地理信息数据（资料来源于成都市新都区规划局）、土地利用现状与规划资源、城市绿地系统规划等。主要采取的分析方法包括GIS技术与tableau分析技术。通过tableau对近10年气象数据进行可视化清洗与分析，再通过GIS技术进行多源数据的关联分析，寻找新都区城市空气污染的源头，进而构建城市风道系统。

2.2 研究方法

通过近10年的环境质量报告的数据，分析近年来新都区的城市空气污染源与空气污染特征；结合气象数据分析冬季风速较小月份的风向与风速情况（风速较小月份空气污染不易消散）。通过tableau的数据，分析新都区全域的冬季风速较小月份的风向与风速情况，再通过gis模拟分析出最高风频的风向与风速情况以及风速最大的区域的风向。最终通过关联分析，在基于GIS信息技术平台，寻找潜在风源地、通风与阻风廊道。采用冬季最高频率风向与风速最大区域的风向，结合空气污染源的分析，以及城市土地利用现状情况，厘清新都区的空气污染运行机制，寻找出区域的潜在风源地、通风与阻风廊道，进而构建城市风道系统。

2.3 风道营建方法

通过实地风向数据的检测，结合新都区城市绿地系统规划，将城市生态资源要素进行整合，利用大面积水域、集中的城市生态绿地、城市主要道路等开阔连通的城市空间营造城市通风廊道[3]。对于静风频发的新都区来说，依据城市主导风向来判定城市通风廊道走向不能从根本上解决大气污染的问题[11]。根据国内外城市风道系统的营造经验，本文针对成都市新都区，提出风道系统营建的3个方法：一是城市风源地的寻找与保护；二是潜在通风廊道的寻找与控制；三是潜在阻风廊道的寻找与控制[12]。

2.3.1 城市风源地寻找与保护

城郊边缘地带多位于城市边缘地域，是新鲜空气进入城市内部的入口地带。多为成片的绿色生态廊道、大面积水域等自然地貌，不得设置污染性较高的生产设施。对于冬季风速较小的成都市，一方面需要充分利用城乡交界的楔形绿地将新鲜空气导入，因此需要寻找城乡的风源地；另一方面，城市内部绿地形成局部冷源，能够产生局地气流，因此，城市内部绿地与水体也是城市的风源地所在[13]。

2.3.2 潜在通风廊道寻找与控制

在城市风源地保护格局的基础上，在城市内部识别通风廊道，顺应自然风向，结合城市盛行风向，将风向频率转化到城市空间进行评估，识别风向频率较高的潜在通风区域[14]。结合城市绿地系统引风入城，促进城市空气流通，同时形成缓解热岛效应的城市布局，改善城市局部小环境。

2.3.3 潜在阻风廊道寻找与控制

对于空气污染而言，阻风廊道的构建可阻隔污染较大的区域产生的大量污染气体。城市工业区产生的污染废气向四周扩散，对周边的居民的身体健康以及空气质量造成影响。阻风廊道能有效阻止污染性气体向城市内部扩散，减轻对大气环境的污染，具有较好的防护作用。

3 成都市新都区的城市风道系统构建

3.1 新都区空气污染现状

3.1.1 空气质量状况

2015年，新都区空气综合污染指数为3.17，全年优良天数为202天，优良率为55.3%，较2014年下降了0.3个百分点。空气质量优20天，良182天，轻微污染95天，中度污染38天，重度污染26天，严重污染4天（表1）。

2015年，二氧化硫年均浓度值为0.036mg/m³，二氧化氮为0.036mg/m³，可吸入颗粒物（PM10）为0.117mg/m³，细颗粒物（PM2.5）为0.074mg/m³。二氧化硫、二氧化氮达到《环境空气质量标准》GB 3095—2012二级标准。与2014年相比，二氧化硫、可吸入颗粒物年均浓度值均略降，二氧化氮年均浓度值持平。

3.1.2 空气质量变化规律

新都区空气质量总体表现为冬季污染最重、夏季污染最轻，春秋季其间。主要由二氧化硫、二氧化氮、可吸入颗粒物浓度影响。其变化规律分别为：

（1）二氧化硫变化规律为：四季浓度变化不大，夏季略高。二氧化硫浓度月均值在0.036~0.058mg/m³范围内变化，1至5月逐渐下降，6、7月升高，7月浓度最高，然后下降，10至11月维持相对较低水平，12月再次升高。

2013—2015 年空气质量对比　　表1

年份	空气综合污染指数	全年优良天数	优良率	空气质量优天数	空气质量良天数	微轻度污染	中度污染	重度污染	严重污染
2013年	86.30	265	72.60%	62	203	78	18	1	3
2014年	3.34	203	55.60%	10	193	92	34	34	2
2015年	3.17	202	55.30%	20	182	95	38	26	4

(2) 二氧化氮变化规律为：春季＞冬季＞夏季＞秋季。二氧化氮浓度月均值在 0.026～0.046mg/m³ 范围内变化，1月最高，2月下降，3～6月又逐渐升高，6月浓度最高，然后下降，9～11月维持相对较低水平，12月再次升高。

(3) 可吸入颗粒物变化规律为：冬季＞春季＞秋季＞夏季。可吸入颗粒物浓度月均值在 0.076～0.226mg/m³ 范围内变化，1月最高，5月、12月次之，9至11月维持相对较低水平。

3.1.3 空气污染物

新都区的空气污染主要由扬尘、机动车尾气及煤烟这3类污染性气体造成，以扬尘污染为主。根据污染负荷系数统计结果表明：影响城区空气质量的主要污染物是颗粒物，其次为二氧化氮、二氧化硫。其污染负荷比分别为 51.3%，26.2%、22.5%（图1）。

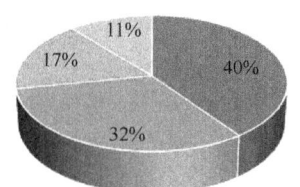

图1　新都区2015年空气质量污染负荷比

3.2 空气污染成因

3.2.1 新都区气象可视化模拟与分析

(1) 据县志记载：夏季风速＞秋季风速＞春季分数＞冬季风速。

新都区位于成都平原，属于亚热带湿润季风气候区。夏天降水偏多，且有明显的风，污染物扩散和沉降条件较好，而冬天则干燥、多雾、静风频率较高，不利于污染物扩散。因此新都区空气质量季节污染特征是冬季污染物浓度较高，春、秋季次之，夏季最低。

2014年，新都区降雨量偏少，且暖性天气系统起主导作用，冷空气活动偏弱，气象条件不利于污染物的稀释、扩散。使新都区空气主要污染物浓度有所上升。

(2) 据县志记载：新都区全年高频率风向为北风、东北风。

根据《新都县志》资料整理，新都区累年各风向平均频率以北风最多，频率为8%；其次是东北风，频率为7%；但静风占48%。累年平均风速为1m/s，5月份最大仅有1.3m/s，12月份最小只有0.6m/s。

(3) 可视化模拟结果：夏季强风环境下的高频风向为东南风、西南风。

基于新都区气象站的各年份气象数据，选择2014年、2015年的6至10月时间段内各区域风象站监测的风速及风向情况（图2），统计数据可视化，推导出新都区夏季高温日高频率风向为东南、西南风，风速较大，平均为1.4m/s。

(4) 可视化模拟结果：冬季弱风环境下的高频风向为东北风、东风、东南风。

通过对新都国家气象站的气象数据分析，12月1日至2月1日为新都区风速最小的时段；对各区域风象站监测的风速及风向情况进行统计，将统计数据可视化，推导出区域内年最小风速日的高频风向为东北风、东风、东南风，风速较小，风速平均为 0.7m/s。

3.2.2 空气污染源寻找

新都区空气污染源主要来自境外的青白江工业园区内企业和境内的工业企业的烟尘，以及机动车尾气排放（特别是物流园区周围卡车的尾气排放）。

3.2.3 空气源影响机制

冬季是新都区空气污染最严重的季节，根据冬季高频风向的可视化模拟，新都区域范围该季节的主导风向为东北风、东风与东南风，且风速较小。

依据冬季风向情况，对新都区境内及周边区域范围内的空气污染源分布情况进行分析发现：新都区境内工业企业的布局大多错开了主导风向，最严重的工业企业空气污染区域是泰兴镇及新都城区东部，污染源来自处于新都冬季主导风向上风向的青白江工业园区。

3.3 新都区风道系统营建

3.3.1 保护风源地

风源地是指可为城市带来清爽凉风的天然冷风源。新都区需要保护的风源地主要包括：城镇周边的耕地、水体、近郊林地和大型城市绿地。

城镇周边的耕地、水体，是地表热导与热容较小的未开发区域，是冷空气产生的理想地。保护耕地与草地，建立其与城镇之间的通风廊道，合理规划城镇用地与耕地、水体、草地之间的关系，可促进夜晚清新的冷空气流向城市。

近郊林地，主要包括新都区北部的军屯紫薇园、北星桂花园等大面积人工林地和五龙山、木兰山、乌龟山分水岭中的自然林地。近郊林地具有热补偿功能与空气卫生调

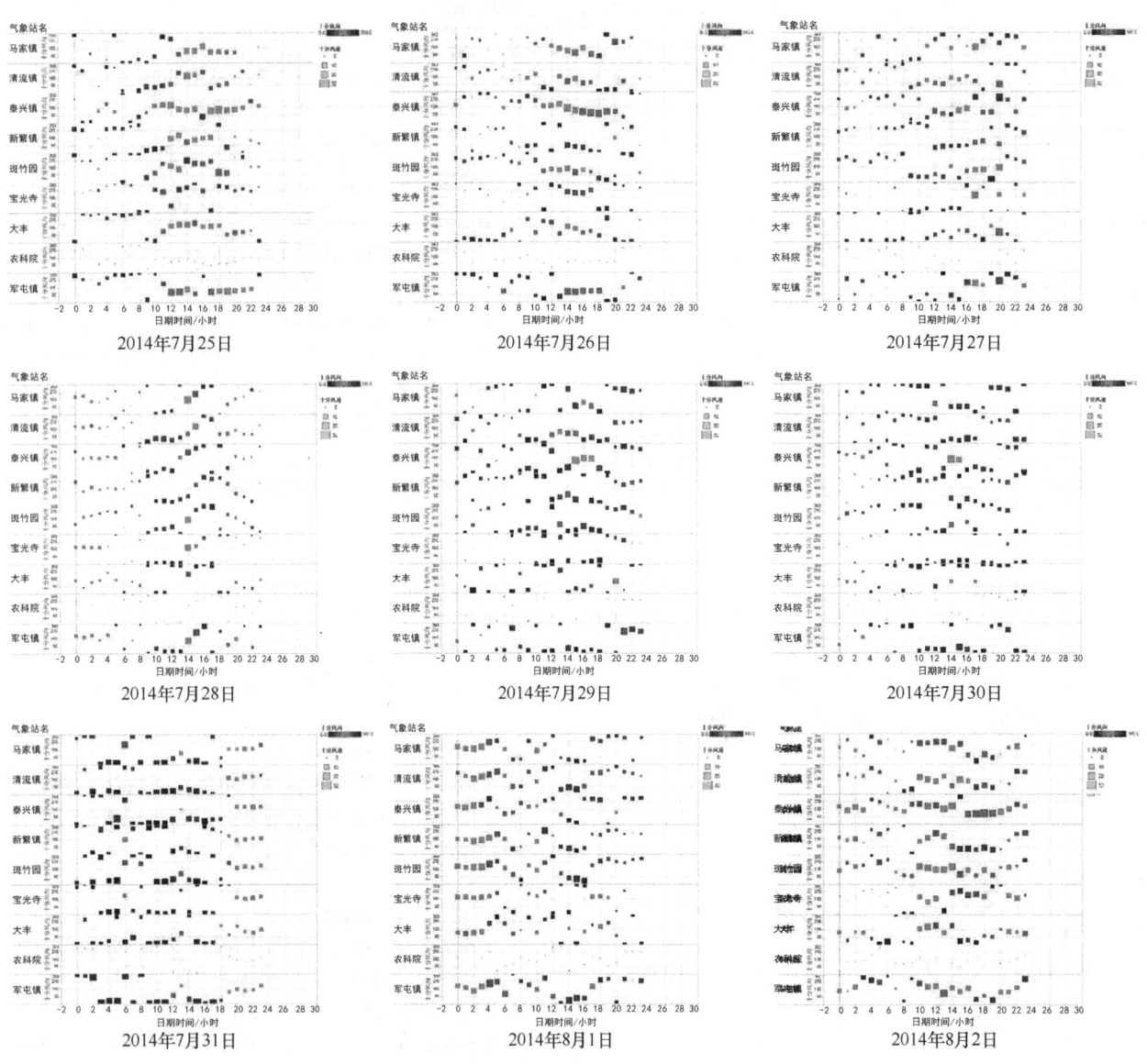

图2 新都区各区域气象站夏季强风环境的风速与风向模拟
(注：运用tableau对从气象局获取的风速与风向数据进行可视化模拟，数据部分展示)

节功能，不仅是冷源的产生地，而且能净化空气，因此建立城区与其之间的通风廊道对缓解城区空气污染具有重要作用。

城区内部绿地，主要包括新都城区内部的桂湖、宝光寺、饮马河绿带等城市绿地，城市内部绿地是城市中冷源的来源地，但是绿地的规模较小，作为风源地作用甚微，可将其与其他冷风源联通，共同作为冷风源或通风通道为城区提供新鲜的空气。

3.3.2 设置挡风林带

在成绵高速两侧、杨柳堰马家段，设置成绵高速阻风廊和杨柳堰风廊两处挡风林带，阻挡青白江工业园区工业企业的烟尘对泰兴镇及新都城区的污染。挡风林带内应种植高大乔木，组成密林。

3.3.3 设置通风廊道

构建从风源地到新都城镇的通风廊道，对城镇进行通风和降温。设置的通风廊道应尽量连通城镇外的风源地和城镇内的空旷地，主要沿着污染较少的生活型干道、水廊、林廊及低矮楼宇群、休闲开敞空间等设置[15]。

本研究建议新都在提升毗河、锦水河等河渠廊道的通风功能外，重点设置7条主要的通风廊道，分别是：蜀龙大道风廊、饮马河风廊、南四支渠风廊、北星大道风廊、北部商城内湖湿地风廊、新繁东湖风廊、新繁南二支渠风廊。

蜀龙大道风廊，连通植物园、翠微湖、饮马河绿带、体育公园等；饮马河风廊，连通乌龟山、泰兴花木园、泰兴水漾年华湿地、饮马河绿带、桂湖公园、马家西蜀桂园湿地等城市冷源，通过乌龟山与木兰山之间的山谷风联通新都城区；南四支渠风廊，连通五龙山、翠微湖、宝光寺等；北部商城内湖湿地风廊，连通毗河绿洲生态湿地、北部商城内湖湿地和马家西蜀桂园湿地；北星大道风廊，沿北星大道两侧设置林带；新繁东湖风廊，连通东湖和清白江花香渔村湿地；新繁南二支渠风廊，沿南二支渠设置林带，连通清白街麻柳湿地、香江湿地和黑熊基地。

参考文献

[1] 李军，荣颖. 武汉市城市风道构建及其设计控制引导[J]. 规划师，2014，30(8)：115-120.

[2] 王绍增，李敏. 城市开敞空间规划的生态机理研究（上）[J]. 中国园林，2001(4)：5-9.

[3] 王绍增，李敏. 城市开敞空间规划的生态机理研究（下）[J]. 中国园林，2001(5)：33-37.

[4] 洪亮平，余庄，李鹍. 夏热冬冷地区城市广义通风道规划探析——以武汉四新地区城市设计为例[J]. 中国园林，2011，27(2)：39-43.

[5] 赵红斌，刘晖. 盆地城市通风廊道营建方法研究——以西安市为例[J]. 中国园林，2014，30(11)：32-35.

[6] Kress R. Regionale air exchange processes and their importance for the R·Umliche Planning[M]. Dortmund: Institute of Environmental Protection of the University of Dortmund, 1979.

[7] 刘姝宇，沈济黄. 基于局地环流的城市通风道规划方法——以德国斯图加特市为例[J]. 浙江大学学报(工学版)，2010，44(10)：1985-1991.

[8] 任超，袁超，何正军，等. 城市通风廊道研究及其规划应用[J]. 城市规划学刊，2014(3)：52-60.

[9] 李鹍，余庄. 基于气候调节的城市通风道探析[J]. 自然资源学报，2006(6)：991-997.

[10] 杜吴鹏，房小怡，刘勇洪，等. 基于气象和GIS技术的北京中心城区通风廊道构建初探[J]. 城市规划学刊，2016(5)：79-85.

[11] 汪小琦，高菲，谭钦文，等. 高静风频率城市通风廊道规划探索——成都市通风廊道的规划实践[J]. 城市规划，2020，44(8)：129-136.

[12] 车生泉. 城市绿色廊道研究[J]. 城市规划，2001(11)：44-48.

[13] 朱亚斓，余莉莉，丁绍刚. 城市通风道在改善城市环境中的运用[J]. 城市发展研究，2008(1)：46-49.

[14] 巫溢涵，詹庆明. 丘陵地区城市的风道规划方法研究——以广州城市设计重点地区为例[J]. 城市规划，2022，46(7)：24-34.

[15] 薛立尧，张沛，黄清明，等. 城市风道规划建设创新对策研究——以西安城市风道景区为例[J]. 城市发展研究，2016，23(11)：17-24.

作者简介

刘临莉，1998年2月生，女，汉族，山西临汾人，重庆大学建筑城规学院硕士在读，研究方向为城乡生态规划。电子邮箱：862331418@qq.com。

基于机器学习的城市绿色空间形态对碳效应的影响研究
——以中国超特大城市为例

Research on the Impact of Machine Learning-based Urban Green Space Morphology on Carbon Effects:
—A Case Study of Super Mega Cities in China

甘润雨

摘 要：随着全球气候变化与可持续发展等问题的凸显，低碳发展成为更多国家选择的方向。本研究以我国超特大城市为例，应用随机森林模型，分析了2015年和2017年城市绿色空间形态与碳效应。结果显示，大多数城市在碳平衡方面存在不足，但一些城市通过绿色空间规划取得了较好的碳平衡水平。紧凑度、破碎度和规模是关键指标，扩大绿色空间规模、增加紧凑性可提升碳平衡水平，高破碎度削弱碳汇和生态系统服务能力。绿色空间形状和连通性对碳排放影响不大。与传统模式相比，评估碳效应随机森林模型优于线性模型。因此，面向碳中和目标的城市应致力于合理规划绿色空间形态，包括适度的空间复杂度、适宜的斑块数量和充足的绿色空间面积，为城市营造更清洁、健康和宜居的生活环境，并为应对气候变化和实现可持续发展营造有益的参考依据。

关键词：碳效应；随机森林；绿色空间；空间形态

Abstract: With the increasing prominence of global climate change and sustainable development issues, low-carbon development has become the direction of choice for many countries. Taking China's super mega-cities as an example, this study applies the random forest model to analyze the urban green space morphology and carbon effects in 2015 and 2017. The results demonstrate that most cities exhibit deficiencies in carbon balance, but some have achieved favorable levels of carbon balance through green space planning. Compactness, fragmentation, and scale are key indicators, where expanding the scale of green spaces and increasing compactness can enhance carbon balance, while high fragmentation weakens carbon sinks and ecosystem services. Green space shape and connectivity have minimal impact on carbon emissions. Compared to traditional models, the random forest model outperforms linear models in evaluating carbon effects. Therefore, cities aiming for carbon neutrality should strive for well-planned green space morphology, including moderate spatial complexity, suitable patch numbers, and sufficient green space area, to provide a cleaner, healthier, and more livable urban environment and serve as a valuable reference for climate change adaptation and sustainable development.

Keywords: Carbon Effects; Random Forest; Green Space; Spatial Morphology

引言

随着全球城市化进程的加速，城市面临着日益严重的环境挑战，碳排放与气候变化问题成为我国当前最重要的议题之一。在城市环境中，绿色空间作为重要的碳汇和生态系统服务提供者，发挥着关键的作用。绿地、森林、湿地等绿色空间的形态特征对碳效应具有重要影响，然而这种关系的深入研究仍然面临一定的挑战。

碳源和碳汇是实现碳中和的两项关键内容，其中碳源方面的研究表明，城市作为经济发展的主要集聚地，通常是碳排放的高发区。过去的研究主要聚焦于探究城市产业结构、交通运输和能源消耗等因素对碳排放的影响。例如，Makido等人[1]的研究发现城市的工业活动和能源使用是主要的碳排放来源，强调了工业结构调整和节能减排的重要性。而Shi等人[2]则从交通运输角度出发，探讨了交通出行方式和城市规模对碳排放的影响，为城市交通规划提供了参考依据[3]。在碳汇的研究中，城市绿色空间被认为是重要的碳汇，对城市的碳平衡和空气质量起到积极作用。Wang等人[4]的研究指出，城市绿地的增加可以吸收大量二氧化碳，缓解城市碳排放带来的环境问题。绿色空间的存在不仅可以吸收二氧化碳，还可以减少热岛效应，改善城市气候环境，提高居民的生活质量[5]。现有研究往往将城市形态与碳排放关系的研究和绿色空间与固碳效应关系的研究分开，很少有研究综合考虑不同碳代谢方式的土地利用形态与碳排放量和碳汇量供需之间的关系[6]。然而，这一点对于碳中和目标导向下的绿色空间形态具有重要意义，并且随着机器学习技术的迅速发展，其在城市研究中的应用备受关注。传统的城市规划和环境管理方法往往难以全面考虑复杂的空间形态对碳效应的影响。相比之下，机器学习模型能够从大规模的空间数据中学习和提取绿色空间形态与碳效应之间复杂关系的规律，为城市规划和管理提供新的见解和决策支持。

因此，本研究基于机器学习方法探究我国超特大城市中绿色空间形态对碳效应的影响。通过收集和分析大规模的土地覆盖数据，对绿色空间的形态特征与碳源（汇）区域的关系进行深入研究。具体而言，研究将考察绿色空间的规模、形状、碎片化程度、连通性和紧凑度等指标对碳效应的影响，以揭示绿色空间在调节城市碳效应中的作用。并将随机森林回归（RF）和普通线性回归模型进行比较以获得最佳的预测和解释能力。研究通过分析我国超特大城市中绿色空间形态与城市碳效应的关系，为中国超特大城市的碳减排和可持续发展提供科学依据。研究结果将有助于揭示绿色空间形态对城市碳效应的调节作用，进而为城市规划和管理部门制定相关政策和决策提供实证支持。此外，研究结果对于全球范围内类似城市的绿色规划和管理也具有普遍参考价值，有助于推动城市生态环境建设与碳效应管理的创新发展。

2 数据和方法

2.1 研究区域

根据国务院2014发布的《关于调整城市规模划分标准的通知》，将城市规模等级依据城区的常住人口划分为5个类别[7]，划分标准如表1所示。超特大城市的人口规模、经济发展水平和城市功能等方面处于国内领先地位。截至2020年，我国共有7个超大城市和14个特大城市，超大城市包括上海市、北京市、重庆市、深圳市、天津市、广州市、成都市；特大城市包括沈阳市、大连市、哈尔滨市、南京市、杭州市、济南市、青岛市、郑州市、武汉市、长沙市、佛山市、东莞市、昆明市、西安市。本文最终选取21个超大及特大城市作为研究对象，旨在深入探究城市绿色空间形态对碳的影响，并为这些城市的低碳可持续发展提供科学依据。

中国城市规模划分标准　　表1

规模等级	城区常住人口数
超大城市	1000万以上
特大城市	500万～1000万
大城市	100万～500万
中等城市	50万～100万
小城市	50万以

2.2 数据来源

2.2.1 碳源（汇）数据

为了获取碳排放数据和碳汇数据，研究参考了Chen等人[8]的方法，并利用DMSP/OLS和NPP/VIRS两种类型的夜间光数据以及植被净初级生产力（MODIS NPP）。为了提高计算的准确性，采用了人工神经网络和粒子群优化算法相结合的PSO-BP模型。其中夜间光数据是通过卫星观测城市夜间照明强度来推测碳排放情况的重要指标。DMSP/OLS和NPP/VIRS是两种常用的夜间光数据源，可以提供城市照明的空间分布和强度信息。通过分析这些数据，可以估算城市的碳排放量。另一方面，植被净初级生产力（NPP）是指植物通过光合作用将二氧化碳转化为有机物质的速率。可以利用MODIS NPP数据来评估城市的碳汇能力。为了准确计算NPP，采用人工神经网络和粒子群优化算法相结合的PSO-BP模型。这种模型可以综合考虑多个影响因素，如植被类型、土地利用和气象条件，从而更准确地估计城市植被的生产力。

通过结合夜间光数据和植被净初级生产力数据，并应用PSO-BP模型，计算出城市的碳排放数据CE和碳汇数据SE。这些数据对于评估城市的碳代谢过程以及制定相关的规划和设计策略非常重要。

2.2.2 空间形态

研究主要探求作为碳汇的绿色空间形态与碳源区域的形态关系，即绿色空间形态相对于外部环境的特征[9]。通过对城市绿色绿地的形状、大小、碎片化、连通性和紧凑性进行分析，旨在揭示城市绿色空间的特征对碳源区域的影响。根据之前的研究[10-14]，我们选择了7个指标来描述绿色空间形态，城市景观面积百分比（PLAND）、景观形状指数（LSI）、斑块数（NP）、最大斑块指数（LPI）、周长面积分形维数（PAFRAC）、连通指数（CONTIG）、聚集指数（CLUMPY）。PLAND为建筑面积占总景观面积的比例。景观形状指数（LSI）反映了绿色空间不规则的特征，LSI越大，城市就越复杂。NP是景观中斑块的总数。LPI是整个景观区中建筑面积最大的比例。PAFRAC描述不同空间尺度性状的复杂性值越大斑块形状越复杂，越无规律，受人为干扰程度越小。CONTIG表示景观中不同斑块类型的扩展趋势，值高一般表示景观中某种斑块类型具有良好的连通性。CLUMPY表示不同类型的斑块出现在地图上的概率，值为1表示斑块类型的聚集程度最大。绿色空间形态指标是基于2015年和2017年的土地覆盖数据[15]，分辨率为30m×30m，指标的计算通过Fragstats4.2软件完成。

2.2.3 控制变量

在本研究中，为了尽量纠正遗漏变量带来的估计偏误，参考了有关绿色空间形态对碳排放的研究，本文选择了以下控制变量：人口密度、人均地区生产总值、第二产业占GDP的比重、第三产业占GDP的比重以及城镇化率。人口密度是指单位面积内的人口数量，可以反映城市或地区的人口分布情况。人均地区生产总值（GDP）是指在特定地区内，平均每个居民创造的经济价值。第二产业和第三产业占GDP的比重则反映了一个地区的产业结构特点。城镇化率表示城镇人口在总人口中所占的比例。本研究中，控制变量主要来自对应年份的《中国城市统计年鉴》。2015年和2017年因变量、自变量和控制变量的描述性统计见表2。

2015 年和 2017 年各变量的描述性统计　　表 2

变量	单位	最大值		最小值		均值		标准差	
		2015	2017	2015	2017	2015	2017	2015	2017
碳源排放量 CE	百万 t	189.98	192.50	35.89	35.05	74.24	77.17	37.75	40.33
碳汇量 SE	百万 t	160.82	156.12	4.39	4.45	29.65	29.45	35.94	35.93
碳平衡指数 CNS	—	1.84	2.14	0.09	0.08	0.42	0.41	0.43	0.47
城市景观面积百分比 PLAND	％	98.21	98.10	34.55	34.29	78.57	78.31	18.74	18.81
城市斑块数量 NP	个	99.00	95.00	4.00	6.00	50.67	51.67	33.28	32.72
最大斑块指数 LPI	％	98.18	98.07	21.10	21.05	71.51	71.31	26.77	26.78
景观形状指数 LSI	—	13.07	13.10	4.88	4.93	8.53	8.58	2.48	2.47
周长面积分形维数 PAFRAC	—	1.44	1.40	1.28	1.40	1.37	1.40	0.05	0.05
连通指数 CONTIG	—	0.34	0.34	0.15	0.15	0.25	0.24	0.05	0.05
聚集指数 CLUMPY	—	0.83	0.83	0.53	0.54	0.74	0.74	0.07	0.07
人口密度 POPU	(人/km²)	2275.67	11140.00	180.98	1144.00	856.62	4246.00	478.27	2734.33
人均地区生产总值 PCG	元	157985.00	91200.00	52321.00	63689.00	96312.62	77444.50	26673.69	19453.21
第二产业占 GDP 的比重 PSG	％	60.46	47.40	19.74	44.80	41.57	46.10	8.47	1.84
第三产业占 GDP 的比重 PTG	％	79.65	52.30	37.83	49.05	55.06	50.68	8.86	2.30
城镇化率 UR	％	99.81	99.74	57.03	55.93	75.95	77.37	11.50	11.12

3　研究方法

3.1　碳源（汇）属性分类

通过作用于生态系统变化和生物化学过程变化，土地利用变化对生态系统的结构功能、物质和能量流动产生较大的影响[16]，进而影响生态系统的碳源（汇）属性和土地利用的碳效应格局。因此根据不同地类对生态系统碳循环不同的影响建立土地利用类型与土地碳源（汇）的属性关系（表 3）。林地、草地、水域及水利设施用地和未利用地在碳循环过程中更多地扮演生产者角色，起到吸收碳的作用，因此具备碳汇属性；城镇用地及农村居民点和交通运输用地主要承载与人类有关的各种活动，带来大量的碳排放，体现碳源的属性；耕地以植物为主体，具备一定的碳吸收力，同时与人类活动的关联产生碳排放，体现碳源和碳汇两种属性。在数据使用过程中参考的研究，将水域的绿色空间形态排除在外，耕地归为碳汇类型进行计算[17]。

土地利用类型与碳源（汇）对于关系　表 3

土地利用类型	碳源（汇）属性
林地（乔木林地、灌木林地、其他林地）	碳汇
水域及水利设施用地（河流、湖泊、水库）	碳源、碳汇
未利用地（裸土地、空闲地）	碳汇
草地（天然牧草地、人工牧草地、其他草地）	碳汇
城镇用地及农村居民点	碳源
耕地	碳源、碳汇

3.2　碳平衡系数测算

乡村碳排放及碳汇与社会经济发展阶段、自然资源禀赋、外部影响等多种因素有关（图 1）。鉴于人类活动对乡村碳系统影响的异质性，乡村碳排放和碳汇的相对比例可以揭示其独特的碳禀赋并量化碳中和状态，在一定程度上反映乡村的绿色低碳可持续性。本文采用碳中和系数（Carbon Neutral Cofficient, CNC），针对乡村特点进行了细化，用于表征乡村的碳平衡状态[18]。CNC 是一个相对指标，侧重于乡村碳汇与碳排放之间的关系，从而使不同地域之间具有更好的可比性。

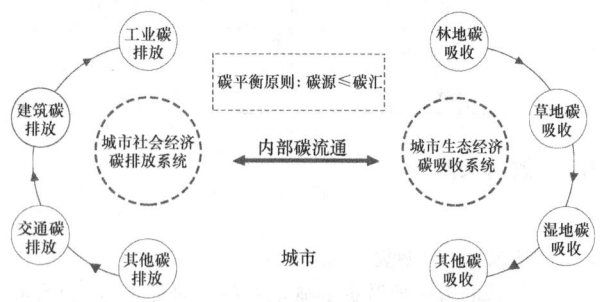

图 1　城市碳源碳汇关系图

$$CNC = SE/CE$$

式中，CNC 为乡村的碳中和系数；CE 为城市的碳排放量；SE 为城市的碳汇量，

3.3　随机森林法

随机森林（RF）模型是 Breiman 提出的一种基于决

策树的机器学习算法。随机森林模型的基础是决策树。通过随机选择的训练样本和随机选择的预测变量建立每个决策树，然后将其组合以生成最终预测值。RF模型有2个重要指标，即决策树数量（ntree）和每棵树使用的变量数量（mtry）。采用网格搜索计算，寻找最佳的ntree和mtry使模型达到最高精度。因此，采用重复10倍交叉验证（CV）的方法来评估RF模型的有效性，其中预测值和观测值通过均方根误差（RMSE）进行比较。在重复CV过程中，数据集被分成10个子集，本研究将9个子集作为训练数据，1个子集作为测试数据，计算其RMSE。依次重复该过程10次，然后重复拆分数据的过程3次。RMSE表示观察结果值与模型预测值之间的平均差异，较低的RMSE表示较高的模型精度[19]。

3.4 线性回归模型

本研究采用构建多元回归分析模型测度绿色空间形态与碳源、碳汇等指标的定量关系，分析城市绿色空间表征的绿色空间形态与碳排放之间的作用规律及其空间差异。基础模型形式为：

$$y = a_1x_1 + a_2x_2 + \cdots\cdots + a_nx_n + \varepsilon$$

式中，a 为回归系数；ε 为误差项。

4 结果

4.1 时空格局分析

图2对我国超特大城市的碳排放空间和时间演变进行了描述。结果显示，在大部分超特大城市中，碳平衡指数小于1，并且碳排放量明显上升，而碳汇量则呈下降趋势。具体而言，哈尔滨市表现出最高的碳平衡指数，其次是重庆市。这两个城市的碳汇能力超过了它们的碳排放量，它们在碳平衡方面取得了一定的成果。相比之下，其他特大城市的碳平衡指数较低，它们的碳排放量超过了碳汇量，存在碳平衡的改善空间。上海市在碳源排放与碳汇量之间存在明显的差额，其碳排放量远远超过了其碳汇能力，导致碳平衡指数较低。这可能与上海市的经济发展速度和人口规模增长相关。

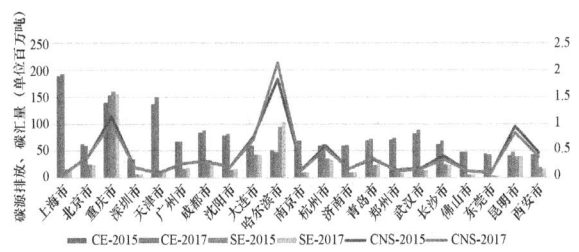

图2 2015年和2017年中国超特大城市碳源（汇）量与碳平衡指数变化图

基于自然断裂（Jenks）方法，将个绿色空间形态指标划分为5类。各城市总体斑块占景观面积比例（PLAND）、最大斑块指数（LPI）和连通指数（CONTIG）逐渐下降，反映了城市绿色空间总体面积的减少、破碎化程度的增加以及连接性的降低。而斑块数量（NP）和景观形状指数（LSI）聚集指数（CLUMPY）逐渐上升，表明城镇化扩张，这些城市绿色空间不仅面临不同程度的减少，形态也逐渐破碎化和复杂化。空间周长面积分形维数（PAFRAC）则基本保持稳定。

在空间规模方面，绝大多数城市的绿色空间比例在2015—2017年之间有所下降。原本存在的绿地和自然环境被城市化进程所取代，导致绿色空间的稀缺化。然而，有一些城市在绿色空间比例方面相对稳定。例如，重庆市在2015年和2017年都具有较高的绿色空间比例，这可能归因于城市规划和绿地保护政策，以及对生态环境的重视。

在空间形状方面，大多数城市的LSI呈现出增加的趋势，城市绿色空间的形状变得更为复杂。这可能是由于城市扩张和土地利用的改变所致。城市的土地利用方式发生了变化，绿地区域的形态也随之改变，出现了更多的形状多样的绿地斑块。这一变化反映出城市在绿地规划和设计方面的努力，旨在增加城市居民的绿色环境接触和享受。同时城市绿色空间的形态变得更为复杂，可能是由于城市扩张和土地利用的改变所致。虽然多数城市的PAFRAC指标在2017年相比于2015年有所增加，但变化幅度较小。这表明大多数城市绿色空间的边界复杂性相对稳定，没有发生显著的变化。虽然绿地边界的复杂性在一定程度上增加，但整体上并未出现明显的破碎化或分散化趋势。

在空间碎片化方面，首先，大多数城市的绿色空间斑块数量（NP）逐渐增加，这表明随着城市化进程的推进，新的绿地区域不断被开发或规划出来，以满足城市居民对绿色环境的需求。然而，令人担忧的是，这些新增的绿地区域通常是以零散、分散的形式存在，无法形成一个连续的绿色网络。其次，最大斑块指数（LPI）逐渐降低，这说明绿色空间的最大连续区域正在减少，绿地之间的分隔和断裂现象逐渐加剧，这可能是由于城市化过程中土地开发和建设导致的分割和破碎化效应。

在空间连通与集聚方面，绿色空间的连通性受到一定程度的影响，大部分城市CONTIG指标在2017年相对于2015年有所下降。城市内部的交通网络和空间结构可能存在缺陷，使得城市斑块之间的联系较为薄弱，难以形成一个统一的绿色生态系统。这也限制了人们在城市中的绿地活动和绿色交通的便利性。城市绿色空间的聚集程度在一定程度上保持稳定，这体现在指标CLUMPY的变化较小。聚集度较高的城市绿色空间意味着绿地之间的连续性和紧密性较好，形成了较为完整的生态系统网络。这种相对稳定的聚集程度可能与城市规划中的保护和恢复绿地的措施有关，例如保留和规划城市公园、自然保护区等绿地空间，并将它们有机地连接起来，促进对生物多样性的保护和生态功能的发挥。

4.2 随机森林建模和验证

随机森林模型是一种基于决策树的集成学习方法，用于构建预测模型。该模型通过随机选择的训练样本和预测变量构建多个决策树，并将它们组合以生成最终的预测结果。在随机森林模型中,决策树数量(ntree)和每棵树使用的变量数量(mtry)是关键参数,我们使用网格搜索来寻找最佳的 ntree 和 mtry 值,以获得最高的精度。

为了评估随机森林模型的有效性,我们采用了重复 10 倍交叉验证(CV)的方法。在交叉验证过程中,将数据集分成 10 个子集,并使用均方根误差(RMSE)来衡量预测值和观测值之间的差异。本研究选择了 15 个变量,包括 CE、SE、CNS、PLAND、NP、LPI、LSI、PAFRAC、CONTIG、CLUMPY、POPU、PCG、PSG、PTG 和 UR,用于训练随机森林模型。我们使用 Python 平台中的 sklearn 模块进行 RF 回归分析。首先,我们通过尝试将决策树数量设置在 5~400 之间来构建 RF 模型。然后,在其他参数保持默认值的情况下,对决策树的分裂特征数和最大深度进行不同组合的试验,以找到最佳的参数配置。

根据非线性和线性模型的评价结果(表 4),我们观察到 RF 模型的 R^2 值越高,对碳效应的估计效果越好。以 CE 为例,2015 年 RF 模型的 R^2 值为 0.69,2017 年为 0.62,而线性回归模型的 R^2 值分别为 0.57 和 0.53。此外,RF 模型的 RMSE 值较小,表明其具有较低的预测误差。这并不令人意外,因为随机森林方法能够通过随机选择训练数据来检测更复杂的关系。总体而言,我们可以得出结论,随机森林算法在性能上优于线性模型。

RF 模型和线性回归模型的比较　　　　　　　　　表 4

年份	模型	CE		PE		CNS	
		R^2	RMSE	R^2	RMSE	R^2	RMSE
2015	随机森林	0.69	16.14	0.86	11.24	0.62	0.27
	线性模型	0.57	20.45	0.65	13.00	0.51	0.39
2017	随机森林	0.62	11.70	0.63	12.05	0.71	0.18
	线性模型	0.53	19.68	0.51	19.21	0.59	0.21

4.3 变量对空气质量的相对重要性

基于随机森林模型,基于绿色空间形态指标对碳效应的重要性进行排序。并通过试验组的预测结果得到模型的评价指标值。结果如图 3 所示,突出显示了 7 个绿色空间形态指标中的前三名。结果表明,绿色空间形态对碳效应指标的影响程度既有相似之处,也有差异。从实证结果来看,CLUMPY 是对碳效应具有显著影响的指标。

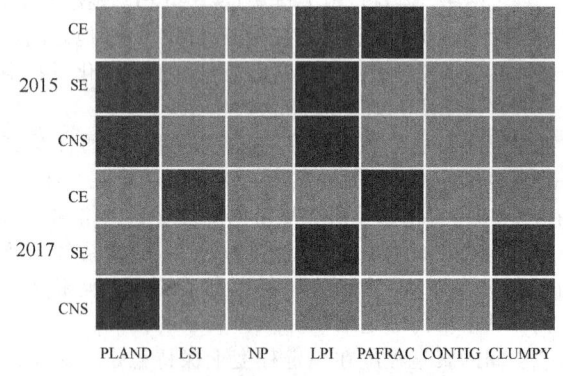

图 3　绿色空间形态对碳效应的影响

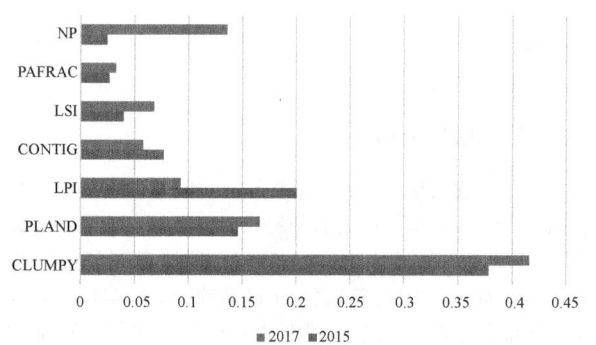

图 4　绿色空间形态对碳效应的相对重要性

在 2015 年和 2017 年,影响 CNS 的前三大绿色空间形态变量仍然是 CLUMPY、PLAND 和 LPI,它们代表了绿色空间的紧凑性、规模和破碎度。

在其他因素中,绿色空间规模和绿色空间破碎化程度对我国超特大城市的碳效应起着至关重要的作用,而 NP 与 CONTIG 的重要性可忽略不计。实证结果比较表明,绿色空间形态对碳效应的影响机制在不同年份存在差异。在 2015 年,PLAND 是影响我国超特大城市碳汇和碳平衡最重要因素,LPI 则对碳排放强度 CE 具有较高的重要性。而在 2017 年,城市形状指数 LSI 则与碳排放强相关,CLUMPY 对于碳汇和碳平衡的影响有所提升,而 LPI 对 CE 和 CNS 指标的重要性下降。图 4 描述了当去除控制变量时,城市形状因素对碳平衡的相对重要性。

5 结论

本研究运用 2015 年和 2017 年我国 21 个超特大城市数据,采用 RF 模型探讨了碳效应和绿色空间形态之间动态的复杂关系。研究结果表明:机器学习方法如随机森林模型在评估碳效应方面展现了较好的性能,优于传统的线性模型。大部分超特大城市存在碳平衡不足的问题,碳排放量持续上升,碳汇量逐渐减少。然而,哈尔滨市和重庆市等城市通过实施绿色空间规划和政策取得了一定的成果,其碳汇能力超过碳排放量,达到了相对较好的碳平衡水平。绿色空间形态影响碳效应的机制在不同年份中存在差异。其中,紧凑性是影响绿色空间形态和碳效应的重要因素,并且绿色空间规模和碎片化显著影响着碳平衡。2015 年,与 CE、SE 相关的最重要的绿色空间形态变量是 LPI、PLAND,2017 年则是 LSI、CLUMPY。

此外，研究还强调了人口分布、产业结构和城镇化对碳效应的影响，并验证了绿色空间形态指标的重要性，尤其是紧凑度、规模和破碎度。其中，高绿色空间紧凑度和规模可以显著提升城市的碳平衡水平，可提供更大的碳汇能力和生态系统服务，有效吸收二氧化碳并减少碳排放。绿色空间破碎度会对城市的碳平衡产生负面影响，破碎的绿色空间意味着绿地之间存在较多的建筑或其他人工用地，导致绿色空间断片化。因此，高绿色空间覆盖率、优化的城市景观形态（例如增加连通性和减少碎片化），以及推行清洁能源和改善交通系统，可以有效地改善碳效应并减少碳排放。

根据研究结果，碳排放是影响碳平衡的重要因素，尤其是在碳源排放与碳汇量之间存在差距的城市。因此，为改善碳排放情况，增加绿色空间面积、提高景观百分比和改善绿色空间的连通性是首要选择。此外，城市应加强能源管理、改善交通系统、推广清洁能源和提高工业排放标准，以减少碳排放并改善碳效应。综上所述，"双碳"目标的提出使得低碳发展成为城市未来发展的主流趋势。通过加强绿色空间规划、减排措施的实施以及应用机器学习方法，城市能够实现碳效应的改善和可持续发展的目标。这将为城市提供更清洁、健康和宜居的生活环境，同时为应对气候变化和可持续发展作出贡献。

参考文献

[1] Makido Y, Dhakal S, Yamagata Y. Relationship between urban form and CO_2 emissions: Evidence from fifty Japanese cities [J]. Urban Climate, 2012, 2: 55-67.

[2] Shi K, Xu T, Li Y, et al. Effects of urban forms on CO_2 emissions in China from a multi-perspective analysis [J]. Journal of Environmental Management, 2020, 262: 110300.

[3] 谭争伟. 基于就业可达性与碳排放指标的轨道交通影响研究 [D]. 西安：长安大学, 2015.

[4] Wang S, Shi C, Fang C, et al. Examining the spatial variations of determinants of energy-related CO_2 emissions in China at the city level using Geographically Weighted Regression Model [J]. Applied Energy, 2019, 235: 95-105.

[5] 曾勇. 基于风环境模拟的厦门环东海域空间形态优化研究 [D]. 天津：天津大学, 2018.

[6] 刘天昊, 冀正欣, 段亚明, 等. "双碳"目标下张家口市"三生"空间格局演化及碳效应研究 [J]. 北京大学学报（自然科学版）, 2023, 59(3): 513-522.

[7] 陈若曦. 城市财政压力缓解研究 [D]. 广州：暨南大学, 2017.

[8] Chen J, Fan W, Li D, et al. Driving factors of global carbon footprint pressure: Based on vegetation carbon sequestration [J]. Applied Energy, 2020, 267: 114914.

[9] 陈虹, 陈美球, 严格. 江西赣州市耕地碳效应时空特征分析 [J]. 国土资源科技管理, 2022, 39(6): 28-43.

[10] Wang H, Lu X, Deng Y, et al. China's CO_2 peak before 2030 implied from characteristics and growth of cities [J]. Nature Sustainability, 2019, 2(8): 748-54.

[11] 贾琦. 城市绿色空间演化及其冷岛强度遥感分析 [D]. 天津：天津大学, 2015.

[12] 舒心, 夏楚瑜, 李艳, 等. 长三角城市群碳排放与城市用地增长及形态的关系 [J]. 生态学报, 2018, 38(17): 6302-6313.

[13] 孙瑜. 城市空间形态与碳排放的关系研究 [D]. 杭州：浙江大学, 2021.

[14] 张玉. 基于景观格局演变的合肥市绿色空间生态效益研究 [D]. 合肥：安徽农业大学, 2017.

[15] 王静, 李抒芮. 基于土地利用格局的城市碳效应及空间分布特征 [J]. 统计与决策, 2023, 39(11): 72-77.

[16] 周媛, 唐密, 陈娟, 等. 基于形态学空间格局分析与图谱理论的成都市绿地生态网络优化 [J]. 生态学杂志, 2023, 42(6): 1527-1536.

[17] 崔钰晗, 金云峰, 梁引馨. 双碳目标下区县级尺度绿色空间形态演化的碳效应探究——以上海市郊为例 [C]. 长沙：第十三届中国风景园林学会年会, 2023.

[18] 赵荣钦. 城市生态经济系统碳循环及其土地调控机制研究 [D]. 南京：南京大学, 2011.

[19] 夏晓圣, 陈菁菁, 王佳佳, 等. 基于随机森林模型的中国PM2.5浓度影响因素分析 [J]. 环境科学, 2020, 41(5): 2057-2065.

作者简介

甘润雨，1998年生，女，汉族，北京人，长安大学建筑学院城乡规划专业硕士在读，研究方向为生态城乡规划、绿色空间研究。电子邮箱：xgdgry@163.com。

基于土地利用的城乡绿色空间碳代谢特征及影响因子探究
——以上海奉贤为例

Research on the Carbon Metabolism Characteristics and Its Influencing Factors of Urban and Rural Green Space Based on Land Use Pattern
—A Case Study of Fengxian, Shanghai

崔钰晗　金云峰*

摘　要：城乡绿色空间是城市中最主要的碳汇功能用地，城市代谢与碳循环视角下，应将其置入城市整体土地利用碳代谢过程中研究，一体化考虑碳代谢特征及影响因子，为基于土地利用的城乡绿色空间布局调控提供指引。本文以2000—2020年上海市奉贤区土地利用变化为基础，运用生态网络分析方法探究碳代谢节点的碳流供需特征、生态关系特征、源汇重心匹配特征，并运用地理探测器模型，从自然环境、经济人口和社会政策三方面探究影响机制，以指导"双碳"目标下城乡绿色空间布局优化。结果表明，2010年后，奉贤区各项举措均使得城乡绿色空间向有利于碳中和方向发展，未来应继续重视土地利用结构对于碳代谢节点面积的基础性作用，在西北-东南地区通过合理的用地布局规划提升源汇重心匹配度，并运用生态保护政策持续优化碳流路径，加强人为管理活动提升节点碳通量，以达到"增汇"目的。

关键词：绿色空间；城市碳代谢；土地利用；生态网络分析；地理探测器；风景园林

Abstract: Urban and rural green space is the most important land for carbon sink in the city. From the perspective of urban metabolism and carbon cycle, it should be placed in the study of urban overall land use, and the carbon metabolism characteristics and influencing factors should be considered in an integrated manner, so as to provide guidance for the regulation and control of urban and rural green space layout. Based on the land use change in Fengxian District, Shanghai from 2000 to 2020, the paper uses the Ecological Network Analysis method to explore the carbon supply and demand characteristics, ecological relationship characteristics, and source-sink gravity center matching characteristics of carbon metabolism nodes, and uses the Geodetector model to explore the impact mechanism from the three aspects of natural environment, economic population, and social policies, so as to guide the optimization of urban and rural green space layout under the dual carbon goal. The results show that after 2010, various measures in Fengxian District have made urban and rural green spaces develop in a direction that is conducive to carbon neutrality. In the future, we should continue to pay attention to the fundamental role of land use structure on the area of carbon metabolism nodes, improve the matching degree of source-sink gravity center through reasonable land use layout planning in the northwest-southeast direction, and use ecological protection policies to continuously optimize the carbon flow path, strengthen human management activities to increase node carbon flux, so as to achieve the purpose of 'increasing carbon sink'.

Keywords: Green Space; Urban Carbon Metabolism; Land Use; Ecological Network Analysis; Geodetector

1　研究背景

2020年开始，"双碳"目标已纳入我国国家发展总体战略。2021年时，中共中央、国务院印发的"双碳"工作意见中指出，城乡建设是我国绿色低碳发展的四大核心领域之一。其中，城镇化导致的土地利用变化碳排放是仅次于化石能源排放的第二大碳排放源。2022年7月，上海市印发"双碳"工作实施意见，强调优化城市布局，统筹三生空间，构建有利于"双碳"目标的城市空间格局。因此，"双碳"背景下探究以土地利用为基础的城乡用地特征及影响因子具有迫切性和必要性，可以为减碳增汇的空间优化提供基础。

城市系统是包含环境、经济、社会要素的开放性耗散系统，存在资源消费、物质流通、废弃物排放、处理和再利用代谢环节，这一过程在1965年被Wolman首次定义为城市代谢[1]，由此衍生出聚焦于单一元素在系统内流动循环过程的相关研究。碳循环视角下，城市碳代谢研究聚焦于碳元素在城市系统中的流通方向、强度与效率，常以系统性的网络视角，研究碳元素在代谢过程中的内在规律，为优化网络代谢结构提供支持[2-4]。因此，面对碳循环视角下城乡绿色空间的一体性，这一研究方法可从系统层面为优化城市源汇空间用地提供支撑。

国内外关于以土地利用为基础的城市碳代谢研究均采用生态网络分析方法，通过构建各土地利用类型的碳收支网络模型，探究影响碳收支变化的关键节点与碳流

---

① 基金项目：国家自然科学基金项目（编号：51978480）。

路径[4-8]。在此基础上，各类研究叠加运用不同的空间分析方法，以明晰空间碳代谢节点、流量、路径特征，如Xia等[6]运用重心分析探究节点碳流迁移过程；邹康等[5]运用推力拉力分析探究各用地碳流流量特征；夏楚瑜等[4]运用效用分析节点生态关系特征等。但现有城市碳代谢研究主要存在3个方面的不足：首先，在土地利用与生态网络分析相结合的研究中，城乡建设用地均被视为单一碳源排放用地[9-11]，并未考虑其绿色空间的碳汇能力，现有研究对于城乡绿色空间一体性的碳汇功能认识不足。其次，在影响因子探究方面，现有研究聚焦各类自然要素[12]，对于人为调控要素关注不足，影响因子与机制分析也难以应用于规划布局调整中。最后，在研究区范围选择上，大量研究着眼于城市群、城市等尺度[3,10,11,13,14]，而对于落实规划政策的区县级尺度关注不足。因此，本文聚焦于区县尺度，在碳收支网络模型构建过程中，同时考虑城乡绿色空间碳汇功能，并综合自然环境、经济人口、社会政策多因子研究驱动机制，以指导空间布局优化。

2 研究目的

探究碳代谢视角下城乡绿色空间特征及影响因子，以指导减碳增汇的空间布局优化。以2000—2020年上海市奉贤区的碳核算为基础，构建基于土地利用的碳收支网络模型，利用生态网络分析方法探究碳代谢节点的碳流供需特征、生态关系特征、源汇重心匹配特征，并运用地理探测器模型，从自然环境、经济人口和社会政策三方面探究影响机制，为空间布局优化提供基础。

3 研究对象与数据来源

3.1 研究区概况

上海市奉贤区位于上海市南部，杭州湾北部，根据2020年年鉴统计数据，总面积720.44km²，常住人口114.09万人。2001年奉贤区撤县定区，依托于其良好的生态环境资源，被定位为南上海城市中心，且正在创建国家生态园林城区。在上海"十四五"规划中，奉贤新城的生态本底资源也最为丰富，有五大新城中最大的生态绿心。因此，奉贤的生态本底、新城的示范定位、生态园林城区的目标导向促使奉贤区成为研究"双碳"目标下区县级城乡绿色空间碳代谢特征与影响因子的适宜案例。

3.2 研究对象与相关概念

本文所研究的城乡绿色空间是指城乡范围内具有碳汇特征的绿色空间，包括土地利用类型中的林地、草地、耕地、水域、未利用地以及城乡建设中的绿地及立体绿化等，涵盖国土空间规划视角下城乡山水林田湖草全域要素。

生态网络分析中，碳代谢密度（carbon metabolic density）是指某个碳代谢分室单位时间和单位面积上碳储量变化[15]〔单位为kg/（m²·a）〕，这一概念与碳通量（carbon flux）（生态系统通过某一生态断面的碳总量）本质相同，本文统一称作碳通量。根据子系统碳通量（即碳代谢分室的碳代谢密度）对于系统整体碳平衡状态的作用属性，将其分为碳源通量与碳汇通量，即在土地利用碳代谢分室之间流动的有利于碳中和的通量称为碳汇通量，反之亦然，如相同面积的耕地转化为林地，两者之间为碳汇通量。而碳代谢流量（carbon flow）是指不同代谢主体之间进行含碳物质交换的水平碳通量，在本文中指通过生态网络分析计算而得出的代谢主体的总体流量，包括直接流与间接流。

3.3 数据来源

本研究需要2000—2020年上海市奉贤区土地利用变化数据、各地类碳收支核算源数据以及影响因子数据。

土地利用栅格数据采用中国科学院资源环境科学数据中心提供的5期Landsat MSS、TM/ETM和Landsat 8的遥感影像解译后的30m空间分辨率的栅格数据，通过ArcGIS10.7软件处理生成2000—2020年每5年共4期土地利用转移矩阵。数据采用投影坐标系Krasovsky_1940_Albers。

各地类碳收支核算源数据来自《上海统计年鉴》（2011年、2016年、2021年）《上海绿化市容年鉴》（2011年、2016年、2021年）、《上海环境年鉴》（2002年、2006年）、《奉贤年鉴》（2001年、2006年、2011年、2016年、2021年）。其中，奉贤区各类能源消耗数据无法直接获得，参考文枫等[16]根据各人类活动类型产值占上海市GDP比值进行推算。

影响因子分为自然环境、经济人口、社会政策三大类，也统一采用Krasovsky_1940_Albers投影坐标系。自然环境中的地形起伏度源数据来自NASA ALOS卫星12.5m分辨率的DEM地形数据；气候数据分为年均降水与年均气温，源数据均来自Peng[17]论文中的公开数据；经济人口中的GDP数据来源于Chen[18]在论文中的公开数据；人口密度数据来源于WorldPop；社会政策数据来源于各类政策文件：《上海市城市总体规划（1999年—2020年）》《上海市土地利用总体规划（2006年—2020年）》《上海市城市森林发展规划（2001年—2020年）》《上海市城市绿化系统规划（2002年—2020年）》《奉贤区区域总体规划实施方案建设规划（2003年—2020年）》《上海工业园区转型升级"十三五"规划》《上海市奉贤区农业发展规划》《上海市林地保护利用规划（2010年—2020年）》《上海市基本生态网络规划》和各类统计年鉴。

4 研究方法

4.1 城市碳代谢视角的土地利用分类方法

城市碳代谢研究是从生态系统代谢的角度分析各土地利用类型之间的碳通量变化。生态系统中的分室是指具有某种功能的子系统单位，而路径是分室间进行物质交换和能量传递的通道[19]。根据人类活动对土地利用的参与程度，可分为自然用地、半自然用地和人工用地。自然用地即承担碳汇功能，半自然用地既有碳汇能力，又有人类活动的大量碳排放，而人工用地主要为碳源。根据IPCC报告及Wei最新的研究表明[20]，人工用地上的绿色空间可以充当碳汇，其作用不容小觑，因此，也将城市建设内部的绿色空间考虑进来。土地利用同样采用CNLUCC数据源分类，根据人类活动的碳源或是碳汇性质，自然用地包括未利用地、水域、林地、草地；半自然用地包括耕地、城镇用地；人工用地包括工矿及交通用地、乡村用地，两用地之间转换均可能产生碳转移，但不会有其他用地类型转为未利用地，因而是单向箭头，据此绘制城市碳代谢网络分析框架（图1）。将城乡用地共分为三大类分室、8个节点。

4.2 碳收支核算方法

基于不同土地利用类型上的活动内容，需要首先明确碳源汇收支核算的活动对象，借鉴IPCC（2006）碳排放清单条目[21]，结合图1城市碳代谢概念框架，构建城市碳代谢网络分析收支核算清单（表1）。具体源数据来自相关统计年鉴，统一单位为kgC/a。

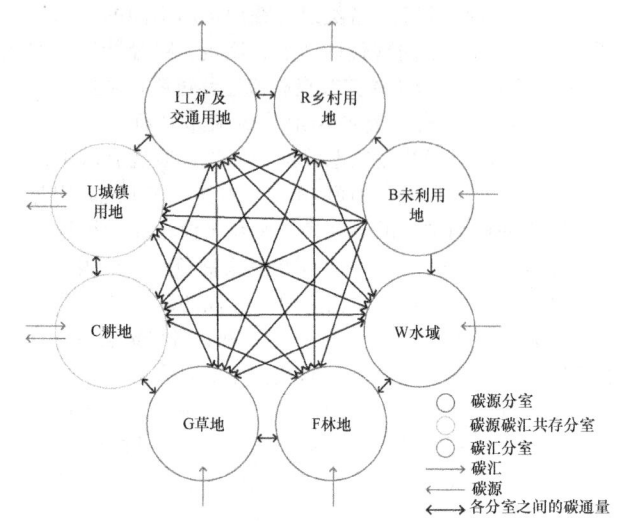

图1 城市碳代谢网络分析框架图

基于土地利用的碳源汇收支核算清单　　　　表1

生态分室分类	生态分室	碳源核算内容	碳汇核算内容
自然用地	B未利用地	—	未利用地不含人类活动，植被稀少，难以实施减排增汇手段，需根据区域实际情况测算
	W水域	—	水域碳汇
	F林地	—	林地碳汇
	G草地	—	草地碳汇
半自然用地	C耕地	施肥、浇灌活动；机械化生产	农作物碳汇
	U城镇用地	城市居民消费；建造活动；城市各项服务；人口呼吸作用	植被碳汇
人工用地	I工矿及交通用地	交通运输；工业活动	—
	R乡村用地	乡村居民消费；牲畜养殖；人口呼吸作用	—

针对碳汇核算，水域、林地、草地、耕地统一采用系数法，计算公式为

$$C_{si} = k_{si} \times S_i$$

式中，C_{si}为i类型分室的碳汇，kgC/a；k_{si}为不同碳汇分室的不同碳汇通量，kgC/（m²·a）；S_i为i类型分室的用地面积（表2）。

碳汇通量核算系数　　　表2

用地类型	系数	来源
W水域	0.04	段晓男等[22]
F林地	0.0655	方精云[23]
G草地	0.0124	方精云[23]、Piao[24]
C耕地	0.0007	夏楚瑜[4]

针对城镇用地中的植被碳汇，V. Whitford[25]于2001年提出了一种简易算法，公式为：

储碳量（tC/hm²）＝1.063×绿化覆盖率

碳呼吸量[tC/（hm²·a）]＝8.275×10⁻³×绿化覆盖率

统一单位至年，碳储量按100年计算，减去碳呼吸量[26]，可得城镇用地中植被碳汇计算公式为

$$C_{SU} = k_{SU} \times GC_U \times S_U$$

式中，C_{SU}为U城镇用地分室的碳汇，kgC/a；k_{SU}根据上述公式取常数0.0236kgC/（m²·a），表示城镇用地的绿化覆盖率。

碳排放的核算方式采用IPCC碳排放系数的计算方式，遵循如下公式：

各项能源消费碳排放：

$$C_{Er} = k_{Er} \times M_r \times 10^3$$

式中，C_{Er} 为 r 类型能源消费的碳源排放，kgC/a；k_{Er} 为不同类型能源消耗的不同碳排放系数，表示 r 类型能源的消耗量（吨标准煤当量，tce）。碳排放系数的选取参考 IPCC 核算清单[21]。

各类人畜呼吸碳排放：

$$C_{Et} = k_{Et} \times P_t$$

式中，C_{Et} 为 t 类型人畜呼吸作用的碳源排放，kgC/a；k_{Et} 为不同类型牲畜与人的不同碳排放系数，kgC/a 或 kgC/头或 kgC/人或 kgC/羽；P_t 为 t 类型碳源排放的人或牲畜的数量，个体数。

考虑人畜呼吸作用及牲畜肠道的发酵，牲畜以猪、家禽、牛为代表，综合 IPCC（2006）以及相关研究数据，得出对应的 k_E 系数表[6,7,27,28]（表3）。

人畜呼吸核算系数 表3

类型	主体对象	碳排放系数
呼吸作用	人	79
	猪	82
	牛	796
	家禽	3.5
牲畜肠道发酵	猪	1
	牛	67.9

各项耕地人类活动碳排放：

$$C_{El} = k_{El1} \times M_{l1} + (k_{El2} \times s_{l2} + k_{El3} \times W_{l3}) + k_{El4} \times s_{l4}$$

式中，C_{El} 为 1 类型耕地的碳源排放，kgC/a，具体被拆成化肥使用碳排放 $l1$，机械化生产碳排放 $l2$、$l3$，农业灌溉碳排放 $l4$ 三者之和；k_{El1} 为化肥使用碳排放系数，kgC/(a·kg)；M_{l1} 为化肥使用量，kg；k_{El2} 为机械化生产下的农田碳排放系数，kgC/(a·m²)；s_{l2} 为农田作物种植面积，(m²)；W_{l3} 为机械化生产农具碳排放系数，kgC/(a·kW)；k_{El4} 为农业生产机械化总动力 kW；s_{l4} 为灌溉时碳排放系数，kgC/(a·m²)；s_{l4} 为灌溉面积，m²。根据 West 的研究成果[29,30]可得对应 k_{El} 的碳排放系数表（表4）。

耕地农业活动核算系数 表4

类型	碳排放系数
化肥使用	0.85754
机械化农田耕种	0.001647
农业机械	0.18
灌溉	0.026648

4.3 生态网络分析方法

生态网络分析方法（ecological network analysis, ENA）建立了一种网络流分析模式，以投入产出的视角分析生态系统，关注系统内各分室之间物质和能量的直接和间接流动，明确碳代谢节点和路径，对于从系统内部各要素协同的视角深入探讨物质、能量在网络中的传递机制具有重要意义[30]。生态网络分析最显著的特征是能同时考虑物质和能量在系统内的直接与间接流动。若除去系统论的视角，则只能展示物质能量之间的直接流动，忽视间接流动。网络分析的基础围绕生态系统中的节点、路径和流量展开，如图2所示，在一个4个节点构成的生态系统中，节点1、2、3、4自身均存在自反馈流，这在生态网络分析中暂不考虑；节点1到节点4存在3条路径：a 路径表示节点1直接到节点4，这就是生态网络分析中的直接流，a 路径步数 s 为 1；而 b 路径和 c 路径表示节点1分别通过节点2和节点3到达节点4，那么说明节点1到节点4存在间接流，b 路径和 c 路径步数 s 均为 2。同理，节点1到节点2、节点1到节点3、节点2到节点4、节点3到节点4之间均为路径步数 s 为 1 的直接流。因此，路径步数大于 1 的均为间接流，路径步数为 1 的均为直接流，生态网络分析的优势在于分析网络中的间接流。

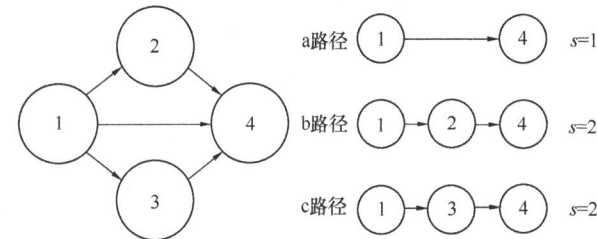

图2 生态网络分析中的直接流与间接流

首先，结合碳源汇用地的生态分室分类，依据特定的历史时间段构建区域土地利用转移矩阵，可获得不同土地利用类型之间的转换面积和方向。基于此，结合土地利用类型的碳收支核算，可计算每种土地利用类型的碳源通量与碳汇通量，以求得每个碳代谢节点 i 的单位面积碳通量 w_i [kgC/(a·m²)]，具体计算公式为：

$$w_i = \frac{G_i}{s_i}$$

式中，对人工用地来说，C_i 为碳源排放代谢量 C_{Ei}；对自然用地来说，C_i 为碳源吸收代谢量 C_{si}；对半自然用地来说，C_i 为碳源排放与碳汇吸收代谢量的差值 $C_{Ei} = C_{Ei} - C_{si}$。

那么生态系统中，从碳代谢节点 i 到 j 的碳流量 f_{ji} (kgC/a) 可以表示为：

$$f_{ji} = \Delta w_{ji} \times \Delta S_{ji} = (w_i - w_j) \Delta S_{jt}$$

式中，Δw_{ji} 为从碳代谢节点 i 到 j 的单位面积碳通量差值，ΔS_{ji} 为在土地利用转移矩阵中计算出从碳代谢节点 i 到 j 的面积变化。如果是负值，Δw_{ji} 为碳源通量；反之，则为碳汇通量。

然后，以节点 j 为研究对象，定义要素 g'_{ji} 为碳代谢节点 i 到 j 的碳流量 f_{ji} 与所有节点 j（T_j）的碳流交换量的比值为节点 j 的碳流交换强度：

$$g'_{ji} = \frac{\text{abs}(f_{ji})}{T_j}$$

式中，T_j 为所有节点 j 的碳流交换量，当系统处于稳态时，不仅包括其他节点流入的碳流量，还包括外界环境流入节点 j 的碳流量；因此引入变量 z_j（kgC/a），代表所有其他土地利用类型变换之外生产消费端进入节点 j 的碳流[31]，因而所有流入节点 j 的碳流量被表达为：

$$T_j = (\sum_{i=1}^{n} f_{ji}) + z_j$$

由于土地利用碳代谢框架中一共存在8个节点，每个节点均可计算碳流交换强度，因此构建所有节点的直接碳流交换强度矩阵 $\boldsymbol{G}' = (g'_{ji})$，那么整体碳流交换强度矩阵 $\boldsymbol{N}' = (n'_{ji})$（包含所有直接碳流交换和间接碳流交换）由所有节点的直接碳流交换强度矩阵组合而成，即等于所有直接碳流交换强度矩阵的无穷幂级数求和，矩阵收敛则可通过逆矩阵转换计算[30]：

$$\boldsymbol{N}' = (n'_{ji}) = (\boldsymbol{G}')^0 + (\boldsymbol{G}')^1 + (\boldsymbol{G}')^2 + \cdots + (\boldsymbol{G}')^m + \cdots = (\boldsymbol{I} - \boldsymbol{G}')^{-1}$$

式中，$\boldsymbol{I}$ 为单位矩阵；$(\boldsymbol{G}')^0$ 为自反馈流强度矩阵；$(\boldsymbol{G}')^1$ 为路径步长为1的节点之间的碳流交换强度矩阵；$(\boldsymbol{G}')^m$ 为步长m超过或等于2的节点之间的碳流交换强度矩阵。

通过所有输入节点 j 的碳流量 T_j 矩阵的对角矩阵 $diag(\boldsymbol{T})$ 与整体碳流交换强度矩阵 $\boldsymbol{N}'$ 相乘，可以得到整体的碳流量矩阵 $\boldsymbol{Y}$：

$$\boldsymbol{Y} = diag(\boldsymbol{T})\boldsymbol{N}'$$

式中，行向量 $y_j = (y_{j1}, y_{j2}, \cdots, y_{j8})$ 为其他节点流向节点 j 的整体碳流，即节点 j 的输入流，那么 $\sum_{i=1}^{n} y_{ji}$ 是整个生态系统作用于节点 j 的整体碳输入流。同理，列向量之和则为节点 j 作用于整个生态系统的碳输出流。

4.3.1 各碳代谢节点对于生态网络碳流的贡献权重与需求权重研判

基于整体碳流量矩阵 $\boldsymbol{Y}$，可以求得节点 j 对于整个生态系统碳代谢的碳流贡献权重 W_{Ej}（碳输出流占比）与碳流需求权重 W_{Sj}（碳输入流占比），以此体现节点 j 相对于整个生态系大写统碳流的贡献与需求[32]。

$$W_{Ej} = \frac{\sum_{i=1}^{n} y_{ji}}{\sum_{i=1}^{n}\sum_{j=1}^{n} y_{ji}}$$

$$W_{Sj} = \frac{\sum_{i=1}^{n} y_{ji}}{\sum_{i=1}^{n}\sum_{j=1}^{n} y_{ji}}$$

至此，可以分别得到每种土地利用碳代谢节点对于整体城乡生态系统碳代谢的贡献与需求，分析出历史时期变化中影响"碳中和"目标实现的关键节点与路径。

4.3.2 各碳代谢节点之间生态关系研判

利用生态网络效用分析定性求得土地利用碳代谢节点两两之间的生态关系，研究不同时期各节点之间的土地利用的关系变化。

首先，定义节点 i 到节点 j 碳流的效能。节点 i 到节点 j 的碳流量 f_{ji} 与节点 j 到节点 i 碳流量 f_{ij} 的差值，与所有流入节点 j 的碳流量 T_j 的比值，即为节点 i 到节点 j 碳流的效用为 d_{ji}：

$$d_{ji} = \frac{f_{ji} - f_{ij}}{T_j}$$

与碳流交换强度矩阵的研究方式相似，由于土地利用碳代谢框架中一共存在8个节点，每个节点均可计算碳流交换效用，因此构建所有节点的直接碳流交换效用矩阵 $\boldsymbol{D} = (d_{ji})$，那么整体碳流交换效用矩阵 $\boldsymbol{U} = (u_{ji})$（包含所有直接碳流交换效用和间接碳流交换效用）由所有节点的直接碳流交换效用矩阵组合而成，即等于所有直接碳流交换效用矩阵的无穷幂级数求和，矩阵收敛则可通过逆矩阵转换计算[30]：

$$\boldsymbol{U} = (u_{ji}) = \boldsymbol{D}^0 + \boldsymbol{D}^1 + \boldsymbol{D}^2 + \cdots + \boldsymbol{D}^k + \cdots = (\boldsymbol{I} - \boldsymbol{D})^{-1}$$

其中，$\boldsymbol{I}$ 为单位矩阵；$\boldsymbol{D}^0$ 为自反馈流效用矩阵；$\boldsymbol{D}^1$ 为路径步长为1的节点之间的碳流交换效用矩阵；$\boldsymbol{D}^k$ 为步长中 k 超过或等于2的节点之间的碳流交换效用矩阵。

然后，构建矩阵 $\boldsymbol{U}$ 效用符号矩阵 sgn($\boldsymbol{U}$) 描述不同节点之间的效用关系[33]。如果 $(su_{ji}, su_{ij}) = (+, -)$，表明节点 i 从节点 j 获得了更多的效能，因此判定生态关系为节点 i 掠夺节点 j，反之亦然；如果 $(su_{ji}, su_{ij}) = (-, -)$，表明节点 i 与节点 j 效能相损，因此判定生态关系为节点 i 与节点 j 竞争，反之，则为互惠共生关系；由于所有节点之间均存在路径，含有间接流量，因此不存在 $(0, 0)$ 的中立关系（表5）。

土地利用各分室之间可能的3种生态关系　表5

效用符号矩阵	生态关系
$(su_{jI}, su_{ij}) = (+, -)$	掠夺与限制
$(su_{ji}, su_{ij}) = (-, -)$	竞争
$(su_{ji}, su_{ij}) = (+, +)$	互惠共生

从历史演变的视角分析土地利用各分室之间的生态关系，可以展示不同土地利用组分之间碳代谢的关系变化，展现各组分协同的演变特征与整体碳平衡之间的关系，研判出各碳代谢节点之间良好的生态关系以及需要改善的生态关系，明确改善目标。

4.3.2 碳源、碳汇代谢空间重心迁移和匹配度分析

重心分析来源于物理学，单指空间位置上的重心，采用 ArcGIS 中的标准差椭圆模型计算，在此处运用可以探究碳源汇土地利用变化影响下碳源流量与碳汇流量的位置和方向变化[34,35]，然后再判定两者之间是否匹配。这里的碳源流量对应代谢分室中具有碳源排放功能的节点组，碳汇流量反之，对两者分别进行计算。

首先需假定研究区域为均匀平面，分别计算碳源代谢分室与碳汇代谢分室每个碳代谢节点的碳流变化重心，再通过这些碳流变化重心分别求得碳源代谢分室与碳汇代谢分室的重心。碳源/碳汇分室由 n 个碳代谢节点组成，第 i 个节点的几何坐标为 (x_i, y_i)，则碳源/碳汇分室在第 t 年的重心坐标为 (X_E, Y_E) 或 (X_{si}, Y_{si})。

重心位置的计算方式[36]如下：

$$X_t = \frac{\sum_{i=1}^{n} F_{ti} x_i}{\sum_{i=1}^{n} F_{ti}}, Y_t = \frac{\sum_{i=1}^{n} F_{ti} y_i}{\sum_{i=1}^{n} F_{ti}}$$

式中，X_t 和 Y_t 为碳源/碳汇分室在第 t 年重心的经

纬度坐标；F_{ti} 为在第 t 年碳代谢节点 i 的碳源/汇流量；x_i 和 y_i 为第 t 年碳代谢节点 i 重心的经纬度坐标。

根据第 t 年与第 $t+m$ 年重心位置的计算结论，确定碳源/汇重心位置从第 t 年到第 $t+m$ 年的移动方向。则重心偏移角 θ 度计算方式[37,38]如下：

$$\theta = \theta_{t+m} - \theta_t = \left[\frac{k \times \pi}{2} + \tan^{-1}\left(\frac{Y_{t+m} - Y_t}{X_{t+m} - X_t}\right)\right] \times \frac{180°}{\pi}$$

式中，m 为研究区域需要判定重心迁移的时间距离，k 取值 0、1、2，$\theta \in (-180°, 180°)$，并定义正方向为逆时针方向，因此正东为 0°。第一象限（0°, 90°)、第二象限（90°, 180°）、第三象限（-180°, -90°）、第四象限（-90°, 0°）分别为东北、西北、西南、东南方向。

分别求得碳源/汇空间重心偏移的角度 $\theta_{Emq}/\theta_{smq}$ 之后，q 为第 q 个 m 年即第 q 期变化的时间单元，定义碳源/汇之间 m 年偏移角度差的余弦值为匹配度 M_q 指标，则碳源/汇空间重心偏移的匹配度 M_q 计算方式[39]如下：

$$M_q = \cos(\theta_{smq} - \theta_{Emq})$$

式中，$M_q \in [-1, 1]$，值越靠近 1，表示碳源/汇空间重心偏移匹配度越强。$M_q = 1$ 当时，两者偏移方向完全相同，呈完全匹配状态；$M_q \in \left[\frac{\sqrt{2}}{2}, 1\right)$，两者呈匹配关系；$M_q \in \left(0, \frac{\sqrt{2}}{2}\right]$，两者呈较匹配关系；$M_q \in \left(-\frac{\sqrt{2}}{2}, 0\right]$，两者呈较不匹配关系；$M_q \in \left(-1, -\frac{\sqrt{2}}{2}\right]$，两者呈不匹配关系；$M_q = 1$，两者偏移方向完全相反，呈完全不匹配关系。

至此可以得出，碳源/汇空间重心迁移各自的轨迹路径以及两者之间的匹配度。

4.4 地理探测器影响因子分析方法

地理探测器模型是一种空间统计学方法，可用于探测要素空间异质性或探究地理要素驱动因子[40,41]。基本原理是通过探测层内方差之和小于总方差判定空间异质性，解释变量与被解释变量的空间分布存在相似性判定统计关联性[42]。该模型要求自变量为类型值，对于分区分类型空间要素具有独特的分析优势，并且还可以探测多种因子之间的交互作用。一共包含 4 个探测器，分异及因子探测器的基本公式如下：

$$q = 1 - \frac{\sum_{h=1}^{L} N_h \sigma_h^2}{N\sigma^2} = 1 - \frac{SSW}{SST}$$

在本研究中，式中 $h = 1, \cdots, L$，为解释因子 X 的空间分层（分区或分类）；N_h 和 N 分别为层（区或类）h 和全区的单元数量；σ_h^2 和 σ^2 分别为层（区或类）h 和全区的被解释因子 Y 的方差；SSW 为层内方差之和（within sum of squares）；SST 为全区总方差（total sum of squares）。$q \in [0, 1]$，q 值表示 X 因子可以解释 $q \times 100\%$ 的 Y，值越大表示自变量 X 对于因变量 Y 的解释力越强，反之亦然。

交互作用探测器是识别不同因子两两共同作用时，对于因变量 Y 的解释力是增强还是减弱，或相互独立。基本原理是通过分别计算两因子对于 Y 的 q 值 $[q(X_1), q(X_2)]$，然后计算两因子叠加之后的分层对于 Y 的 q 值 $q(X_1 \cap X_2)$，比较三者，判别关系。

在影响因子方面，初步选取影响土地利用空间组合方式的假设因子，从自然环境、经济人口和社会政策 3 方面出发。由于被解释因子碳代谢流量是具有一定时间间隔的过程量，影响因子也与之统一为过程变化量。自然环境包括地形和气候，又可细分为地形起伏度、年均降水量与气温变化；经济人口状况包括经济发展和人口分布，又可细分为年均 GDP 变化、人口密度变化；社会政策导向包括土地利用结构变化、用地布局变化、人为管理活动与生态保护政策，又可细分为土地利用结构变化、绿化系统规划、林地保护利用规划、工业区块布局整理等[43-44]（表6）。

地理探测器模型影响因子数据及处理方法 表6

数据类型	数据处理	因子分类	因子	因子选取			
				0～5	5～10	10～15	15～20
数值数据	自然间断点法转化为分类数据	自然环境	X1 地形起伏度	√	√	√	√
			X2 年均降水量变化	√	√	√	√
			X3 年均气温变化	√	√	√	√
		经济人口状况	X4 年均 GDP 变化	√	√	√	√
			X5 人口密度变化	√	√	√	√
属性数据	人为转化为分类数据或依据已有分类数据	社会政策导向	X6 土地利用结构变化	√	√	√	√
			X7 上海市城市总体规划土地使用规划	√	√	√	√
			X8 上海市绿化系统规划	√	√	√	√
			X9 上海市土地利用总体规划	√	√	√	√
			X10 上海市土地利用总体规划生态空间结构	×	√	√	√
			X11 上海市基本生态网络规划	×	×	√	√
			X12 上海市城市森林发展规划	×	√	√	√
			X13 奉贤区区域总体规划实施方案建设规划	√	√	√	√
			X14 上海市林地保护利用规划	×	×	√	√
			X15 上海市土地利用总体规划土地整理复垦开发	×	√	√	√
			X16 上海市工业区块布局整理	×	×	√	√

5 结果与分析

5.1 碳流供需特征

由于奉贤区土地利用数据中不存在未利用地,因此后续分析中对未利用地不再考虑。可以计算得出不同碳代谢节点之间转换的碳流量 f_{ji}(kgC)(图3),并根据碳源流量与碳汇流量值绘制空间分布图(图4),再计算不同节点的直接碳流交换强度、整体碳流交换强度,最终计算得到每个碳代谢节点对于整个生态系统碳代谢的碳流贡献权重与碳流需求权重(表7)。

由计算数据及图可知,2000—2005年奉贤区碳源通量主要由耕地转为工矿及交通用地导致,占比82.19%;碳汇通量主要由工矿及交通用地自身导致,占比56.71%,与之相匹配的工矿用地自身碳排放强度显著下降,单位面积碳通量由97.59下降到48.70。在碳流交换强度方面,工矿及交通用地与耕地之间的碳流交换强度对彼此都是最高值,达到71.42%与52.23%;林地的主要碳流交换来源于乡村用地,占比93.77%;乡村用地的主要碳流交换来源于乡村用地自身,占比67.76%,与之相匹配的乡村用地自身碳排放强度由单位面积碳通量3.14下降到1.42;城镇用地的主要碳流交换来源于耕地,占比84.91%;水域则来源于工矿及交通用地,占比88.24%。在各碳代谢节点的碳流需求权重方面,耕地占比最高,达到36.5%,乡村用地次之,然后是工矿及交通用地;而在碳流贡献权重方面,工矿及交通用地占比最高,达到73.67%,乡村用地次之,然后是城镇用地。在空间分布上,零散分布于东西两侧的耕地向工矿与交通用地转换为碳源流高值区,奉贤区西部城区北侧由耕地转换的城镇用地为主要碳源流中值区,沿南侧海岸线水域向耕地转换为碳源流低值区;碳汇流高值区位于金汇港沿线以及东侧乡村用地聚集区,中值区位于城区,而低值区则是广阔的农田基底。综上所述,从绿色空间的角度来看,2000—2005年碳流交换的关键节点在于耕地向工矿及交通用地转换,城镇用地、水域及林地碳汇通量占比可忽略不计,主要碳汇流量还是由碳源分室自身减少排放导致。

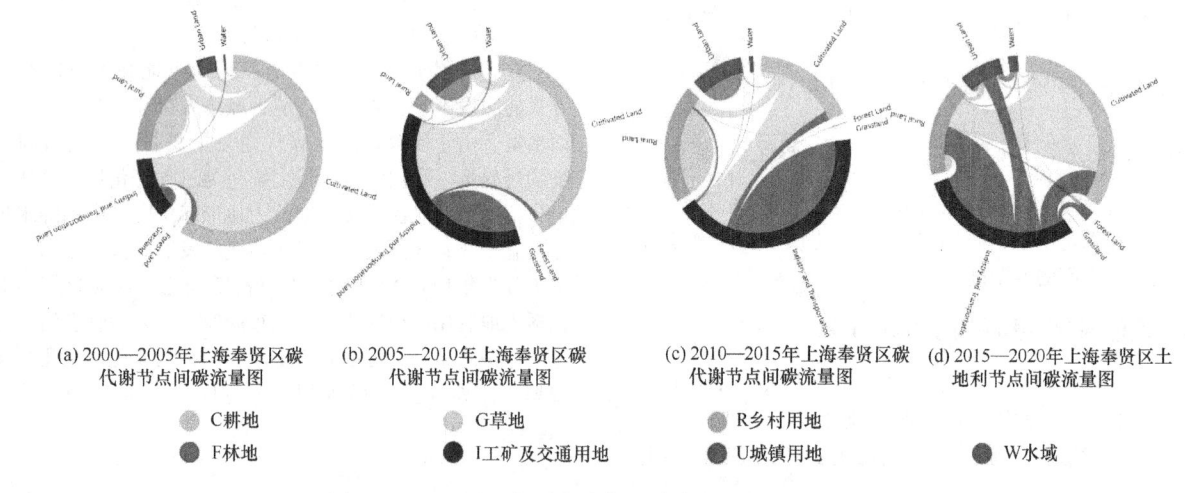

(a) 2000—2005年上海奉贤区碳代谢节点间碳流量图 　　(b) 2005—2010年上海奉贤区碳代谢节点间碳流量图 　　(c) 2010—2015年上海奉贤区碳代谢节点间碳流量图 　　(d) 2015—2020年上海奉贤区土地利节点间碳流量图

● C耕地　　● G草地　　● R乡村用地　　● W水域
● F林地　　● I工矿及交通用地　　● U城镇用地

图3　2000—2020年上海奉贤区碳代谢节点间碳流量图

2000—2020年上海奉贤区各碳代谢节点碳流供需权重　　表7

碳代谢节点	碳流贡献/需求权重	2000—2005年	2005—2010年	2010—2015年	2015—2020年
C耕地	碳流贡献	2.88%	2.53%	6.85%	7.46%
	碳流需求	36.50%	42.21%	25.08%	32.69%
F林地	碳流贡献	0.01%	0.02%	0.06%	1.38%
	碳流需求	0.08%	0.05%	0.07%	0.80%
G草地	碳流贡献	0	0	0	0.17%
	碳流需求	0	0	0	0
I工矿及交通用地	碳流贡献	73.67%	79.98%	63.25%	69.20%
	碳流需求	28.31%	41.39%	40.46%	46.27%
R乡村用地	碳流贡献	17.17%	7.91%	21.53%	15.94%
	碳流需求	33.32%	12.89%	13.87%	13.25%
U城镇用地	碳流贡献	6.13%	9.47%	7.60%	4.61%
	碳流需求	0.44%	3.08%	19.29%	5.91%
W水域	碳流贡献	0.14%	0.10%	0.71%	1.24%
	碳流需求	1.35%	0.38%	1.23%	1.08%

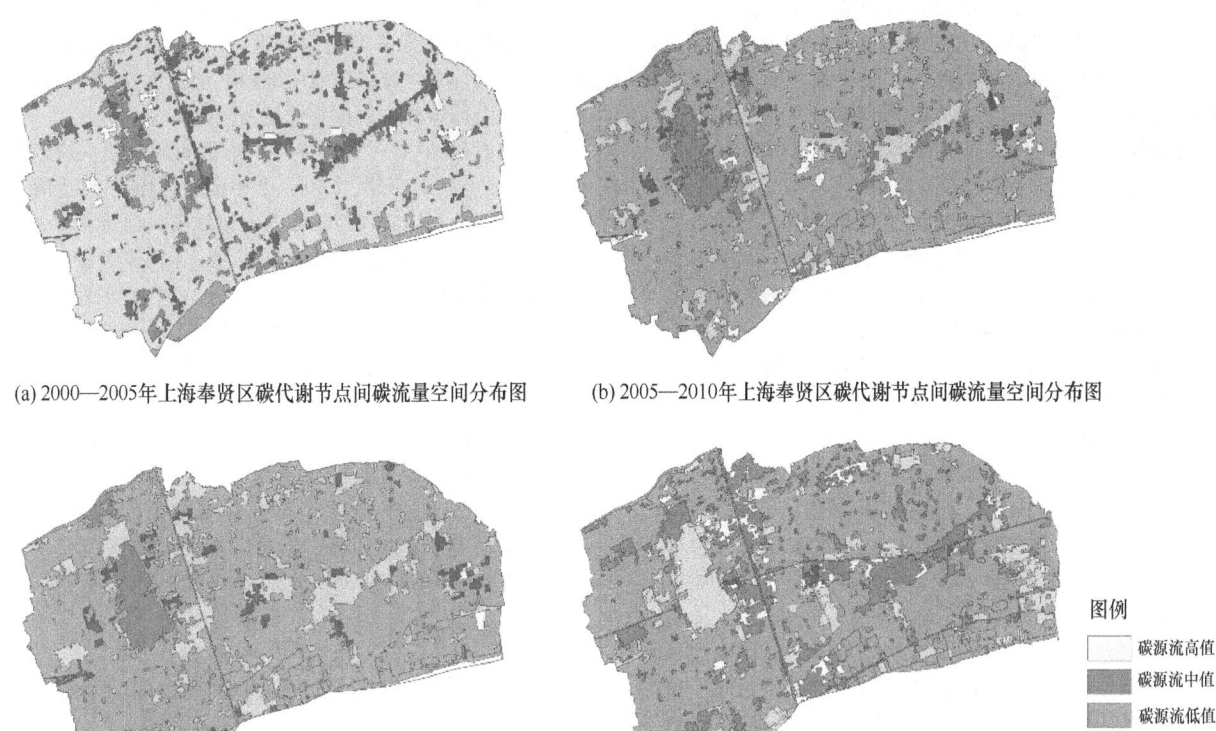

(a) 2000—2005年上海奉贤区碳代谢节点间碳流量空间分布图 (b) 2005—2010年上海奉贤区碳代谢节点间碳流量空间分布图

(c) 2010—2015年上海奉贤区碳代谢节点间碳流量空间分布图 (d) 2015—2020年上海奉贤区土地利节点间碳流量空间分布图

图例
碳源流高值区
碳源流中值区
碳源流低值区
碳汇流低值区
碳汇流中值区
碳汇流高值区
奉贤区边界

图4 2000—2020年上海奉贤区碳代谢节点间碳源汇流量空间分布图

2005—2010年上海奉贤区碳源通量仍然由耕地转为工矿及交通用地导致，占比77.37%；碳汇通量主要由工矿及交通用地自身导致，占比82.19%，与之相匹配的工矿用地自身碳排放强度显著下降，单位面积碳通量由48.70下降到30.13。在碳流交换强度方面，工矿及交通用地与耕地之间的碳流交换强度对彼此都是最高值，达到62.49%与60.85%，上述特征都与2000—2005年相似；林地的主要碳流交换来源于工矿及交通用地，占比52.20%，乡村用地次之，为35.28%；乡村用地的主要碳流交换来源于乡村用地自身，占比49.35%，耕地次之，为47.01%，与之相匹配的乡村用地自身碳排放强度由单位面积碳通量1.42下降到1.06；城镇用地的主要碳流交换来源于城镇用地自身，占比60.32%，耕地次之，为36.20%，与之相对应的城镇用地自身碳排放强度由单位面积碳通量3.76上升至5.55；水域则来源于工矿及交通用地，占比48.35%，乡村用地次之，为40.01%。在各碳代谢节点的碳流需求权重方面，耕地占比最高，达到42.21%，工矿及交通用地次之，为41.39%，然后是乡村用地；而在碳流贡献权重方面，工矿及交通用地占比最高，达到79.98%，城镇用地次之，然后是乡村用地。在空间分布上，零散分布于奉贤区乡村用地附近的耕地向工矿与交通用地转换为碳源流高值区，奉贤区西部城区城镇用地碳排强度增加为主要碳源流中值区，耕地自身碳排强度增加为碳源流低值区；碳汇流高值区位于奉贤区整体中部偏北侧的工矿及交通用地内，由其自身减少碳排放强度导致，中值区位于大面积的乡村用地内，而低值区则是奉贤区东北侧乡村用地向耕地转换区。综上所述，从绿色空间的角度来看，2005—2010年碳流交换的关键节点仍然在于耕地向工矿及交通用地转换，城镇用地、水域及林地碳汇通量占比可忽略不计，另外这一时期城镇用地自身碳交换强度显著提升，其内部碳汇通量作用甚微。

2010—2015年上海奉贤区碳源通量主要由耕地转为工矿及交通用地导致，占比57.27%，其次为城镇用地自身转换，占比20.44%，与之相匹配的城镇用地自身碳排放强度持续上升，单位面积碳通量由5.55上升到6.21；碳汇通量主要由工矿及交通用地自身导致，占比64.84%，其次为乡村用地，占比26.62%，与之相匹配的工矿用地自身碳排放强度显著下降，单位面积碳通量由30.13下降到25.63，乡村用地单位面积碳通量由1.05下降到0.65。值得注意的是工矿及交通用地向耕地转换的碳汇量位居第三，占比5.39%，可见工矿及交通用地不仅碳排放强度下降，也在逐渐向其他碳汇分室土地利用类型转换。在碳流交换强度方面，耕地的主要碳流交换来源于工矿及交通用地，达到50.78%，其次为自身碳流交换，达到37.50%，反映出耕地碳排放的持续增加；林地的主要碳流交换来源于工矿及交通用地，占比70.55%，其次为乡村用地，说明林地碳汇主要靠工矿及交通用地腾退产生；工矿及交通用地的主要碳流交换来源于自身，占比66.16%，可见自身碳排放强度的下降能产生显著碳汇收益；乡村用地的主要碳流交换来源于乡村用地自身，占比79.80%，与之相匹配的乡村用地自身碳排放强度由单位面积碳通量1.06下降到0.65；城镇用地的主要碳流交换也来源于自身，占比95.37%，可见用地强度显著提升对碳源排放增加的重要作用；水域也来源于自身，占比81.80%，水域面积的减少影响最大。在各碳代谢节点的碳流需求权重方面，工矿及交通用地占比最高，达到40.46%，耕地次之，然后是城镇用地；而在碳流贡献权重方面，工矿及交通用地占比最高，达到63.25%，乡村用地次之，然后是城镇用地。在空间分布上，奉贤区东南部耕地向工矿与交通用地转换为碳源流高值区，奉贤区西部城区城镇用地碳排强度增加为主要碳源流中值区，并有向北与上海市城区的连接趋势，耕地自身碳排强度增加为碳源流低值区；碳汇流高值区位于零散分布于奉贤区的工矿及交通用地内，由其自身减少碳排放强度导致，中值区位于大面积的乡村用地内，而低值区则是奉贤区中部乡村用地斑块附近新转换而成的林地。综上所述，从绿色空间的角度来看，2010—2015年碳流交换的关键节点在于工矿及交通用地向耕地转换，乡村用地向耕地转换次之，城镇用地、水域及林地碳汇通量占比可忽略不计。且这一时期碳平衡指数的显著提升是由工矿及交通用地、乡村用地显著减少碳通量导致的，即使城镇用地碳通量有所提升。

2015—2020年上海奉贤区碳源通量主要由耕地转为工矿及交通用地导致，占比71.50%，乡村用地向工矿及交通用地转换次之，占比19.41%；碳汇通量主要由工矿及交通用地自身导致，占比49.69%，工矿及交通用地向乡村用地转换次之，占比16.30%，然后为工矿及交通用地向耕地转换，与之相匹配的工矿用地自身碳排放强度显著下降，单位面积碳通量由25.63下降到12.15。在碳流交换强度方面，工矿及交通用地与耕地之间的碳流交换强度对彼此都是最高值，达到84.86%与44.60%；林地的主要碳流交换来源于工矿及交通用地，占比92.92%；草地主要碳流交换来自工矿及交通用地，占比63.41%；乡村用地的主要碳流交换来源于工矿及交通用地，占比58.12%；城镇用地的主要碳流交换来源于自身，占比74.65%，城镇用地单位面积碳通量开始下降，由6.21降为4.92；水域则来源于工矿及交通用地，占比71.88%。在各碳代谢节点的碳流需求权重方面，工矿及交通用地占比最高，达到46.27%，耕地次之，然后是乡村用地；而在碳流贡献权重方面，工矿及交通用地占比最高，达到69.20%，乡村用地次之，然后是耕地。在空间分布上，奉贤区沿金汇港和浦南运河附近的耕地向乡村用地与工矿及交通用地转换为碳源流高值区，同样沿着十字水街区域分布的乡村用地为碳源流中值区，耕地自身碳排强度增加为碳源流低值区；碳汇流高值区位于乡村用地附近，中部十字水街沿线、东南角以及西南角为3处聚集区，中值区较少，而低值区则是奉贤区城区城镇用地以及中部乡村用地斑块附近新转换而成的林地。综上所述，从绿色空间的角度来看，2015—2020年碳流交换的关键节点在于耕地向工矿及交通用地转换，以及工矿及交通用地向其他各类用地腾退，这一时期林地碳汇量重要性显著提升，城镇用地内部碳汇量也十分重要，使得城镇用地总体碳源排放重要性显著下降。

横向对比2000—2020年每5年之间的变化，可以显著发现2000—2005年、2005—2010年前10年间上海奉贤区整体土地利用碳代谢为碳源，整体碳源通量在19万t左右，而从2010年开始后的10年间，上海奉贤区整体土地利用碳代谢为碳汇，2010—2015年间，整体碳汇通量达到6.7万t，到2015—2020年，该数值上升至11.4万t，可见后10年土地利用碳代谢增加碳汇的显著成效。在空间分布上，碳流均沿着原有图斑扩散，集中于十字水街周围，西南角和东南角是近20年来新发展而成的聚集区。虽然奉贤区每一期最为关键的碳流均为耕地向工矿及交通用地转换，但在2010—2015年该转换占比有所下降，不过，2015—2020年又再次上升。另外，城镇用地碳流交换强度逐年提升，但在2015—2020年时突然下降，较为显著。

5.2 生态关系特征

计算求得土地利用碳代谢节点两两之间的生态关系（图5）。

由图可知，2000—2005年竞争关系存在于耕地与水域、林地之间，城镇用地、工矿及交通用地、乡村用地三者两两之间；互惠共生关系存在于水域与林地、工矿及交通用地之间；其他均为掠夺与限制关系。在空间分布上，竞争关系集中于奉贤区西南部，由水域转为耕地导致，其他则零散分布于原有耕地之间；互惠共生关系存在于零星几处，由林地、工矿及交通用地转为水域导致；掠夺与限制关系大量存在于耕地向其他用地转换，均位于现有城镇、乡村及工矿用地周围，奉贤城区呈现向北发展连向上海市区的趋势，大量乡村用地分布于耕地中，工矿及交通用地也呈现分散发展，并未向城区聚集。从绿色空间的角度来看，2000—2005年耕地受到城镇用地、乡村用地、工矿及交通用地的掠夺，从而选择与林地和水域相竞争，生态系统整体碳代谢因此而恶化。主要的生态关系存在于耕地与水域的竞争，主要布局于奉贤区西南侧杭州湾附近，其他绿色空间用地转换并无空间上的显著特征，均匀分散在大面积的耕地与乡村用地之间。少量林地、工矿及交通用地与水域之间是良好的互惠共生关系。

2005—2010年竞争关系存在于耕地与水域之间，城镇用地与林地、工矿及交通用地、乡村用地，以及交通用地与林地之间；其他均为掠夺与限制关系，不存在互惠共生关系。在空间分布上，竞争关系集中于奉贤区城区周围，由乡村用地与城镇用地导致，其他则零散分布于原有耕地之间；掠夺与限制关系大量存在于乡村用地与耕地之间的转换，均匀分布于耕地中。耕地与工矿及交通用地的掠夺与限制关系次之，沿着现有城镇用地与工矿及交通用地聚集分布。从绿色空间的角度来看，2005—2010年，耕地受到林地、工矿及交通用地、乡村用地、城镇用地的掠夺，与水域展开竞争，林地受到乡村用地的掠夺，与城镇用地、工矿及交通用地展开竞争，水域受到工矿及交通用地的掠夺，与耕地展开竞争，因此造成生态系统碳代谢结构恶化。主要的生态关系在于城镇用地和工矿及交通用地相互之间，以及与其他各类用地的竞争，导致各类用地最终对于耕地的掠夺，空间分布上以城镇用地和工矿及交通用地向外围扩张为特征。

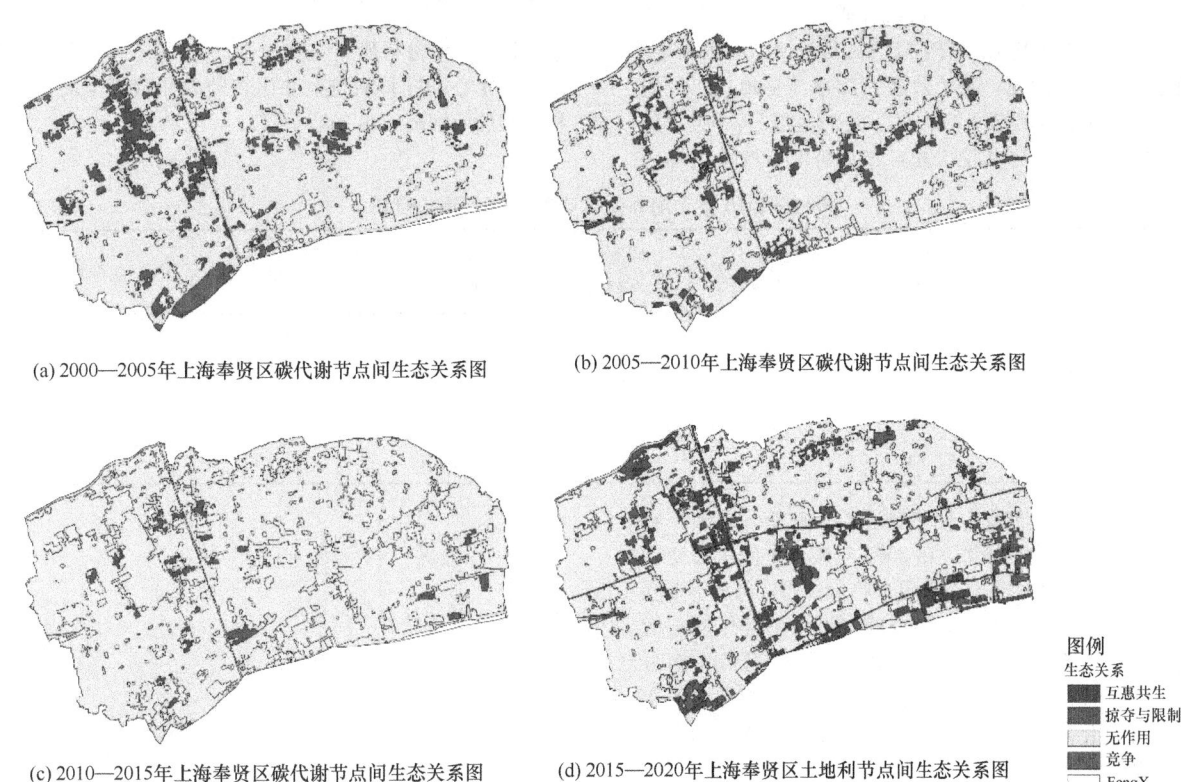

图 5　2000—2020 年上海奉贤碳代谢节点间生态关系变化图

2010—2015 年竞争关系存在于耕地与水域、林地之间，工矿及交通用地与乡村用地、城镇用地之间；互惠共生关系存在于城镇用地与林地之间；其他均为掠夺与限制关系。在空间分布上，耕地与林地的竞争关系集中于奉贤区中南部，耕地与水域的竞争关系集中于金汇港沿线，其他则零散分布于原有耕地之间，工矿及交通用地与城镇、乡村用地的竞争关系集中于城区周围以及中部乡村；林地和城镇用地存在潜在的互惠共生关系，并无直接用地转换；掠夺与限制关系大量存在于耕地向乡村用地转换，聚集于金汇港沿线地区，另有大量乡村用地零散分布于耕地中，并未向城区聚集。从绿色空间的角度来看，2010—2015 年耕地受到城镇用地、乡村用地、工矿及交通用地的掠夺，从而选择与林地和水域相竞争，生态系统整体碳代谢因此而恶化。其他绿色空间用地转换并无空间上的显著特征，均匀分散在大面积的耕地与乡村用地之间。林地和城镇用地间接达成了互惠共生的良好生态关系，这是由于林地掠夺工矿及交通用地，工矿及交通用地与城镇用地竞争。空间分布上以沿金汇港沿线用地之间掠夺限制关系为主，以及遍布全区大面积的乡村用地与耕地的掠夺限制关系。

2015—2020 年竞争关系存在于工矿及交通用地与草地、乡村用地、城镇用地、水域之间；互惠共生关系存在于耕地与林地、草地、乡村用地之间，城镇用地与草地之间；其他均为掠夺与限制关系。在空间分布上，工矿及交通用地与乡村用地之间的竞争关系最为显著，主要分布在城区与金汇港中间、奉贤区西南角、东北角以及中部地带，中部地带表现为工矿及交通用地腾退为乡村用地，其他地区反之。互惠共生关系均与耕地相关，耕地和林地的互惠共生关系反映在奉贤区中部及东南部，耕地和草地的则在东南部以及城区与金汇港中间地带，耕地和乡村用地则遍布于奉贤区，较为均匀。在掠夺与限制关系中，奉贤区中部其他用地转为水域用地的掠夺关系非常显著，即浦南运河的关注与重点建设，另外则是分散在各处的耕地与工矿及交通用地，沿着奉贤城区发展，在奉贤区东南角开始出现成片聚集。从绿色空间的角度来看，2015—2020 年耕地和其他各类绿色空间维持良好的互惠共生关系，虽然城镇用地掠夺林地，但林地对于工矿及交通用地、乡村用地呈掠夺限制关系，生态系统整体碳代谢向好发展。空间分布上以金汇港沿线用地之间互惠共生关系为主，以及中部耕地与林地、遍布全区大面积的乡村用地与耕地的互惠共生关系，这些积极的碳代谢都足以抵消区东南部、西南部的绿色空间向工矿及交通用地转换的碳代谢。

横向对比 2000—2020 年每 5 年之间的变化，可以显著发现 2000—2010 年奉贤区整体各类土地利用碳代谢节点之间的生态关系以掠夺与限制、竞争关系为主，而后 10 年间掠夺与限制关系逐渐减少，特别是 2015—2020 年间碳代谢节点之间出现了大量的互惠共生关系。具体到绿色空间上，在生态系统中，耕地碳代谢节点由最初的被掠夺地位（4 个）逐渐变为与其他节点互惠共生（3 个），可见土地利用调整使得生态关系向好，林地、草地、水域也都有此趋势。城镇用地原先一直与各类用地处于竞争关系，但到 2015—2020 年，仅与工矿及交通用地处于竞争关系。未来土地利用的调整应当优化林地与城镇用地，城镇用地与乡村用地，工矿及交通用地与草地、乡村用地、城镇用地、水域之间的关系，并且持续保持各类绿色空间之间良好的互惠共生关系，强化耕地与城镇用地内部绿色空间碳汇能力。

5.3 源汇重心匹配特征

通过重心分析研究 2000—2020 年每 5 年奉贤区碳源汇空间重心的迁移轨迹，并比较碳源和碳汇空间重心迁移之间的匹配度（表 8）。

2000—2020 年上海奉贤区碳源汇空间重心迁移　　　　表 8

时间	碳汇重心偏移角	碳汇重心偏移方向	碳源重心偏移角	碳源重心偏移方向	匹配度指数	匹配情况
2000—2005 年	154.22°	西北	−123.09°	西南	0.65	较匹配
2005—2010 年	−19.09°	东南	−139.64°	西南	0.39	较匹配
2010—2015 年	165.96°	西北	−12.69°	东南	−0.91	不匹配
2015—2020 年	137.63°	西北	−15.99°	东南	−0.95	不匹配

奉贤区碳源空间重心迁移轨迹总体向南，而碳汇空间重心迁移轨迹总体向北，在 2005 年碳汇空间重心变动较大，两者重心迁移未来有着重合趋势。通过每 5 年重心的标准差椭圆，可以发现碳源空间椭圆长轴与短轴差值逐渐变大，碳源排放的方向性逐渐增强，呈西北-东南方向，碳汇空间椭圆长轴与短轴差值先变大，后减小，但也仍然显著的沿着西北-东南方向，与碳源空间逐渐趋向于一致。

由表 8 可知，在两者重心迁移的匹配度上，虽然前10 年碳源和碳汇空间迁移方向较匹配，而后 10 年较不匹配，但两者在 2000 年时的初始重心位置差距较大，而重心迁移的不匹配性保证了到 2020 年两类空间重心的接近趋势，未来应使得两者重心尽量重合并匹配性迁移发展。

结合碳平衡指数、碳流变化情况综合分析，可以发现奉贤区碳源/汇代谢空间耦合情况持续向好。数量上，碳汇量持续上升，碳平衡指数随之提高。质量上，空间匹配性增强，碳流重心迁移有着重合趋势。未来应继续保持这种发展态势，在奉贤新城方向持续增加绿色空间，使得碳源汇空间重心匹配，并在之后的城乡建设中保持用地均衡分布，促使源汇空间重心同步迁移。

5.4 影响因子分析

每 5 年各因子变化对于碳代谢流量变化的解释力进行各时段对比，分析各因子解释力的变化与原因（图 6）。

由图可知，总体上各影响因子解释力均有所上升。X1 至 X5 影响因子隶属于自然环境和社会人口，与社会政策不同，是碳代谢流量的固有影响因子。其中，X1 地形起伏度对于奉贤区碳代谢流量的解释力最低，几乎没有。X2 降水变化和 X3 气温变化在 2010 年之前相较其他影响因子，解释力较大，之后逐渐降低，可能由于社会政策还未完全实施，自然环境影响占主导地位。X4 人均GDP 变化和 X5 人口密度变化在 2005 年之后影响因子解释力显著提升，特别是 X5 人口密度变化对于奉贤区碳代谢流量具有较强解释力，可能由于碳代谢流量均紧密围绕人类行为活动。

X6 至 X16 影响因子隶属于社会政策，是碳代谢流量

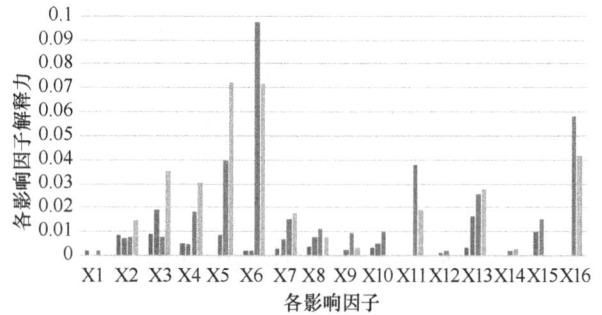

图 6　2000 年—2020 年各因子解释力变化图

的调控因子，也是进行空间布局优化的主要手段。其中，X6 土地利用结构变化在 2010 年之前影响因子解释力并不显著，但之后成为碳代谢流量的主要解释因子，这直观反映了绿色空间面积占比提升对于碳代谢流量的解释效力。X7 上海市城市总规和 X9 上海市土地利用总规均从上海市域层面对奉贤区土地使用进行规划安排，影响因子解释力均相对靠后，但均有所提升，其中 X7 上海市城市总规解释力更强，可见碳代谢流量与城市空间具体的用地类型更相关。X8 上海市绿化系统规划、X10 上海市土规生态空间体系、X11 上海市基本生态网络规划、X12 上海市城市森林发展规划均为上海市市域层面对于奉贤区绿色空间的规划安排。其中 X12 的影响因子解释力最低，几乎没有，X8 和 X10 的影响因子解释力持平，X11 解释力最高。可能由于 X12 主要针对林地，林地只是奉贤区碳代谢流量一小部分，且贡献的碳汇流量并不显著，使得解释力弱。X8 主要针对上海市绿化系统，X10 是土地利用规划中的生态空间结构，X11 基本生态网络规划在前两者的基础上进行了深化，综合了绿化系统与生态空间布局。X13 是社会政策中唯一的奉贤区级规划，基本代表着真实的用地空间分布，其对于碳代谢流量空间分布解释力持续较高，但均不超过 3%，可见该用地布局组合与碳代谢流量之间的微弱关系。X14 上海市林地保护利用规划、X15 上海市土地整理复垦开发、X16 上海市工业区块

布局整理 3 项因子是生态保护政策，代表着城市发展后期对绿色空间的保护与复育。其中，X14 因子解释力最弱，可能由于 X14 针对单一林地类型，在后 10 年保护复育的过程中，其空间分布对于碳代谢流量的影响不如其他因子显著，且本身林地用地占比较少，难以产生较大影响。X16 影响因子最强，在后 10 年间仅次于土地利用结构和人口密度，说明工业区块整理腾退优化对于碳代谢流量具有较大解释力，该政策通过改变碳代谢路径，较大影响了流量分布，并且工业区本身碳通量的变化也影响了碳代谢流量。X15 影响因子次于 X16，可能也是因为耕地复垦改变了碳代谢路径，从而影响碳代谢流量分布。

但总的来说，根据地理探测器模型分析结果，即使是因子之间的交互增强作用，自然环境、经济人口、社会政策各因子对于碳代谢流量的解释力最高不超过 15%，仍然不高。这说明各因子空间分布特征的解释力有限，空间布局调整对于碳代谢流量的影响至多不会超过 15%。

6 结论与建议

根据碳流供需特征、生态关系特征、源汇重心匹配特征可以得知，2010 年之前，奉贤区碳流交换的关键节点在于耕地向工矿及交通用地转换，2010 年后在于工矿及交通用地向耕地转换，以及工矿及交通用地向其他各类用地腾退，到近 5 年绿色空间碳汇的重要性才有所体现，建议保持现有用地政策并持续推进工业用地减量化发展。在生态关系中，未来土地利用调整应优化林地与城镇用地、城镇用地与乡村用地以及工矿及交通用地与其他各类用地之间的关系，保持各类绿色空间之间的互惠共生关系，强化耕地与城镇用地内部绿色空间碳汇能力。在重心匹配上，奉贤区源汇空间耦合程度向好，未来应在奉贤新城方向持续增加绿色空间，以促进碳流重心迁移重合趋势。

根据影响因子分析，可以得知：上海市奉贤区自然环境因子奠定了碳代谢流量空间分布的基础格局，经济人口因子明显影响碳代谢流量空间分布，社会政策因子则起到调整优化碳代谢流量空间分布的作用。其中，土地利用结构因子影响碳代谢节点面积，对于碳代谢流量空间分布的解释力相对最强；人为管理活动因子影响碳通量，是碳代谢流量数值的基础；用地布局规划因子影响碳代谢节点间空间匹配，生态保护政策因子影响碳流路径，均对于碳代谢流量空间分布解释力有所贡献。未来应协调各项因子，根据各因子的影响权重协同促进城乡绿色空间增汇，助力"双碳"目标的实现。

参考文献

[1] 夏楚瑜. 基于土地利用视角的多尺度城市碳代谢及"减排"情景模拟研究[D]. 杭州：杭州：浙江大学, 2019.
[2] 夏琳琳, 张妍, 李名镜. 城市碳代谢过程研究进展[J]. 生态学报, 2017, 37(12)：4268-4277.
[3] 李晶, 陈松林, 李晨欣, 等. 基于生态网络分析的厦漳泉地区土地碳代谢[J]. 应用生态学报, 2023, 5：1375-1383.
[4] 夏楚瑜, 李艳, 叶艳妹, 等. 基于生态网络效用的城市碳代谢空间分析——以杭州为例[J]. 生态学报, 2018, 38(1)：73-85.
[5] 邹康, 舒予晴, 李桂娥, 等. 基于生态网络分析(ENA)的城市地-碳框架构建及其时空演变研究[J]. 生态与农村环境学报, 2022, 38(8)：972-982.
[6] Xia L, Wei J, Wang R, et al. Exploring potential ways to reduce the carbon emission gap in an urban metabolic system：A network perspective[J]. International Journal of Environmental Research and Public Health, Multidisciplinary Digital Publishing Institute, 2022, 19(10)：5793.
[7] 杜金霜, 付晶莹, 郝蒙蒙. 基于生态网络效用的昭通市"三生空间"碳代谢分析[J]. 自然资源学报, 2021, 36(5)：1208-1223.
[8] 郑宏媚. 基于生态网络分析的京津冀城市群隐含碳代谢强度研究[J]. 环境科学学报, 2022, 42(3)：487-496.
[9] Zhang Y, Wu Q, Fath B D. Review of spatial analysis of urban carbon metabolism[J]. Ecological Modelling, 2018, 371：18-24.
[10] Zhang Y, Linlin X, Weining X. Analyzing spatial patterns of urban carbon metabolism：A case study in Beijing, China[J]. Landscape and Urban Planning, 2014, 130：184-200.
[11] Xia L, Zhang Y, Yu X, et al. Hierarchical structure analysis of urban carbon metabolism：A case study of Beijing, China[J]. Ecological Indicators, 2019, 107：105602.
[12] 李明. 基于土地利用视角的城市碳代谢及其驱动因素研究[D]. 兰州：西北师范大学, 2022.
[13] Wei J, Xia L, Chen L, et al. A network-based framework for characterizing urban carbon metabolism associated with land use changes：A case of Beijing city, China[J]. Journal of Cleaner Production, 2022, 371：133695.
[14] Xia L, Zhang Y, Huang Y, et al. The application of spatially explicit networks to compare carbon flows：A case study in Beijing, China[J]. Journal of Cleaner Production, 2021, 281：124694.
[15] Zhang Y, Xia L, Fath B D, et al. Development of a spatially explicit network model of urban metabolism and analysis of the distribution of ecological relationships：Case study of Beijing, China[J]. Journal of Cleaner Production, 2016, 112：4304-4317.
[16] 文枫, 鲁春阳. 重庆市土地利用碳排放效应时空格局分异[J]. 水土保持研究, 2016, 23(4)：257-262, 268.
[17] Peng S, Ding Y, Liu W, et al. 1 km monthly temperature and precipitation dataset for China from 1901 to 2017[J]. Earth System Science Data, Gottingen：Copernicus Gesellschaft Mbh, 2019, 11(4)：1931-1946.
[18] Chen J, Gao M, Cheng S, et al. Global 1 km × 1 km gridded revised real gross domestic product and electricity consumption during 1992-2019 based on calibrated nighttime light data[J]. Scientific Data, Berlin：Nature Portfolio, 2022, 9(1)：202.
[19] 李中才, 徐俊艳, 吴昌友, 等. 生态网络分析方法研究综述[J]. 生态学报, 2011, 31(18)：5396-5405.
[20] Wei D, Reinmann A, Schiferl L D, et al. High resolution modeling of vegetation reveals large summertime biogenic CO_2 fluxes in New York City[J]. Environmental Research Letters, Bristol：IOP Publishing Ltd, 2022, 17(12)：124031.
[21] Paustian K, Ravindranath N H, Amstel. 2006 IPCC guidelines for national greenhouse gas inventories[J]. Plan Agropecuario, 2006.

[22] 段晓男, 王效科, 逯非, 等. 中国湿地生态系统固碳现状和潜力[J]. 生态学报, 2008(2): 463-469.

[23] 方精云, 郭兆迪, 朴世龙, 等. 1981—2000年中国陆地植被碳汇的估算[J]. 中国科学(D辑:地球科学), 2007(6): 804-812.

[24] Piao S L, Fang J Y, Zhou L M, et al. Changes in vegetation net primary productivity from 1982 to 1999 in China [J]. Global Biogeochemical Cycles, Washington: Amer Geophysical Union, 2005, 19(2): GB2027.

[25] Whitford V. City form and natural process—indicators for the ecological performance of urban areas and their application to Merseyside, UK[J]. Landscape and Urban Planning, 2001, 57(2): 91.

[26] 钱杰. 大都市碳源碳汇研究——以上海市为例[D]. 上海: 华东师范大学, 2004.

[27] Paustian K, Ravindranath N H, Amstel A V. 2006 IPCC guidelines for national greenhouse gas inventories[J]. International Panel on Climate Change, 2006.

[28] 匡耀求, 欧阳婷萍, 邹毅, 等. 广东省碳源碳汇现状评估及增加碳汇潜力分析[J]. 中国人口·资源与环境, 2010, 20(12): 56-61.

[29] West T O, Marland G. A synthesis of carbon sequestration, carbon emissions, and net carbon flux in agriculture: Comparing tillage practices in the United States[J]. Agriculture Ecosystems & Environment, Amsterdam, 2002, 91(1-3): 217-232.

[30] Fath B D, Patten B C. Review of the foundations of network environ analysis[J]. Ecosystems, 1999, 2(2): 167-179.

[31] Li S, Zhang Y, Yang Z, et al. Ecological relationship analysis of the urban metabolic system of Beijing, China[J]. Environmental Pollution, 2012, 170: 169-176.

[32] Zhang Y, Zheng H, Yang Z, et al. Urban energy flow processes in the Beijing-Tianjin-Hebei (Jing-Jin-Ji) urban agglomeration: Combining multi-regional input-output tables with ecological network analysis[J]. Journal of Cleaner Production, 2016, 114: 243-256.

[33] Fath B. Network mutualism: Positive community-level relations in ecosystems[J]. Ecological Modelling, Amsterdam: Elsevier, 2007, 208(1): 56-67.

[34] 廉晓梅. 我国人口重心、就业重心与经济重心空间演变轨迹分析[J]. 人口学刊, 2007(3): 23-28.

[35] 黄婷婷, 张晓平. 大都市区工业重心时空变动轨迹分析: 以天津市为例[J]. 经济地理, 2012, 32(3): 89-95.

[36] 盖兆雪, 詹汶羲, 王洪彦, 等. 耕地利用转型碳排放时空分异特征与形成机理研究[J]. 农业机械学报, 2022, 53(7): 187-196.

[37] 李如友, 黄常州. 江苏省旅游经济重心演进格局及其驱动机制[J]. 地域研究与开发, 2015, 34(1): 93-99, 116.

[38] 向书江, 杨春梅, 谢雨琦, 等. 近20年重庆市主城区碳排放的时空动态演进及其重心迁移[J]. 环境科学, 2023, 44(1): 560-571.

[39] 荣慧芳, 方斌. 基于重心模型的安徽省城镇化与生态环境匹配度分析[J]. 中国土地科学, 2017, 31(6): 34-41.

[40] 王劲峰, 徐成东. 地理探测器: 原理与展望[J]. 地理学报, 2017, 72(1): 116-134.

[41] Wang J F, Li X H, Christakos G, et al. geographical detectors-based health risk assessment and its application in the neural tube defects study of the Heshun region, China [J]. International Journal of Geographical Information Science, Abingdon: Taylor & Francis Ltd, 2010, 24(1): 107-127.

[42] Wang J F, Zhang T L, Fu B J. A measure of spatial stratified heterogeneity[J]. Ecological Indicators, Amsterdam: Elsevier, 2016, 67: 250-256.

[43] 吕晨, 蓝修婷, 孙威. 地理探测器方法下北京市人口空间格局变化与自然因素的关系研究[J]. 自然资源学报, 2017, 32(8): 1385-1397.

[44] 陈万旭, 李江风, 曾杰, 等. 中国土地利用变化生态环境效应的空间分异性与形成机理[J]. 地理研究, 2019, 38(9): 2173-2187.

作者简介

崔钰晗, 1999年生, 女, 汉族, 陕西西安人, 同济大学建筑与城市规划学院景观学系硕士在读, 研究方向为风景园林规划设计方法与技术、绿地系统与公共空间。电子邮箱: cuiyuhan9936@163.com。

(通信作者) 金云峰, 1961年生, 男, 汉族, 上海人, 同济大学建筑与城市规划学院、上海市城市更新及其空间优化技术重点实验室、上海同济城市规划设计研究院有限公司, 教授、博士生导师, 研究方向为公园城市与景观治理有机更新。电子邮箱: jinyf79@163.com。

北京市朝阳区景观格局与碳储量时空演变特征

Spatiotemporal Evolution Characteristics of Landscape Pattern and Carbon Storage in Chaoyang District, Beijing

于雯伊　李　豪*

摘　要："双碳"目标背景下，相关政策越发强调在国土空间规划下提升城市碳汇能力。近些年来，为了更好地减少碳排放，陆地生态网络时空演变景观格局等成为热点。朝阳区是北京市绿地系统的重要构成，探讨其景观格局和碳汇的时空演变规律，对于北京市进行碳汇的空间优化提供了更有力的数据依据。本研究选取相关景观指数，运用 Fragstats 软件对于朝阳区 2005—2020 年的土地利用数据进行分析。本文结合 InVEST 模型中碳储量模块探寻朝阳区碳汇的时空演变趋势，联系相关生态空间分布演变特征，定性探究相关景观指数与碳储量时空演变规律。

关键词：InVEST 模型；碳储量；景观格局；时空演变；朝阳区

Abstract: In the context of dual-carbon strategy, relevant policies increasingly emphasise the enhancement of urban carbon sink capacity under territorial spatial planning. In recent years, in order to better reduce carbon emissions, terrestrial ecological networks such as spatial and temporal evolution of landscape patterns have become a hot topic. Chaoyang District is an important component of Beijing's green space system, and exploring the spatial and temporal evolution of its landscape pattern and carbon sinks provides a stronger data basis for spatial optimisation of carbon sinks in Beijing. In this study, relevant landscape indices were selected and land use data of Chaoyang District for the period of 2005-2020 were analysed using Fragstats software. This paper explores the spatial and temporal evolution of carbon sinks in Chaoyang District by combining the carbon storage module of the Invest model, and qualitatively investigates the spatial and temporal evolution of landscape indices and carbon storage in relation to the evolution of ecological and spatial distribution characteristics.

Keywords: InVEST Model; Carbon Storage; Landscape Pattern; Spatiotemporal Evolution; Chaoyang District

引言

陆地生态系统的相关变化是影响碳增汇的关键因素[1]。近些年来，为了更好地减少碳排放，陆地生态网络时空演变的相关分析成为研究热点[2]。景观格局由景观要素类型的种类、大小等景观指数在其空间上的分布所构成[3]。景观格局是影响生态系统服务功能的主要因子[4]。碳汇作为重要的生态系统服务功能[5]，研究景观格局与碳汇的关系本质上是对于景观格局与生态系统服务功能研究的具体化[6]。北京市过去经历了大面积的土地利用转化[7]。在双碳战略背景下，相关政策越发强调土地利用时空演变后的生态条件以及城市碳汇能力[8]。

近些年来，很多学者通过分析不同尺度的景观格局演变过程探索景观格局与生态系统服务价值的相关性[9]。在对于碳储量的时空演变分析中，多数学者将土地利用变化模拟与 InVEST 模型分析相结合，从而分析碳储量的空间格局和动态变化。而碳储量相关性探索只停留在土地再利用变化与碳储量的关系，而缺乏景观格局讨论。张子灿等人在市域范围内以娄底市为研究对象探究高碳汇导向的绿色空间格局优化[10]。李和平等人在成渝地区探索景观格局的碳汇效应。邱陈澜等人在城市群范围内研究碳储量与景观格局的关系特征[11]。

北京市作为"率先达峰城市联盟"名录的重点城市之一，是我国第二批碳排放试点[12]。朝阳区作为北京城六区之一，探讨其土地利用和景观格局以及碳汇的时空演变规律对于北京市实现碳达峰、进行碳汇的空间优化提供了有力的数据依据及支撑。因此，本文以朝阳区为研究对象，运用 Fragstats 软件对于朝阳区 2005—2020 年 4 个时期的土地利用数据进行分析，选取景观指数探索研究区的景观格局特点。利用 InVEST 模型分析朝阳区碳汇的时空演变，定性探究相关景观指数与碳储量时空演变规律，为区域优化生态空间结构布局提供科学导向。

1　研究区概况

朝阳区地处北京市中心城区东北部，地理坐标位于 39°49′—40°05′N，116°21′—16°42′E，研究区总面积约 454.8km² （不含首都国际机场约 10km²）。朝阳区生态空间条件优越，绿地总量为 148.8km²，约占中心城区总量的二分之一。区域土地利用类型多元，城市建设区和近郊村镇区的差异化特征显著。因此，研究朝阳区的景观格局及碳储量时空演变具有一定的典型性和示范性。

2 研究方法

2.1 数据获取与预处理

本研究采用的遥感影像数据来源于地理空间数据云，空间精度为30m×30m。选择2005年、2010年、2015年、2020年作为研究时间节点，挑选植被长势较好、低云量覆盖的数据，并在ENVI 5.3平台进行预处理。参考国家标准《土地利用现状分类》GB/T 21010—2017并结合研究区域的实际特征，将土地利用类型被划分为林地、灌木林地、草地、耕地、水体和建设用地6类，并参照同期高分影像对结果进行人工目视校正，保证数据满足精度需求。

2.2 景观格局指数

景观格局对于系统中的生态过程具有深远的影响，生态斑块的大小和形状都决定区域内的物种分布和生存能力。景观格局指数用于定量地描述景观格局，每项指数被赋予生态学意义，因而建立景观格局指数与生态过程间的联系，便于直观分析生态系统特征[13]。

研究选取4个重要的景观格局指数（表1），包括斑块密度（PD）、边缘密度（ED）、景观形状指数（LSI）和香农多样性指数（SHDI）。通过Fragstats 4.2软件进行计算，研究景观水平和类型水平两个层级上景观格局演变的差异。

景观格局指数公式及意义　　表1

指数	公式	描述	水平
斑块密度 PD	$PD = \dfrac{N_i}{A}(10000)(100)$	景观类型的完整性与破碎化程度	景观和类型
边缘密度 ED	$ED = \dfrac{\sum_{k=1}^{m} e_{ik}}{A}(10000)$	景观中异质性斑块之间的物质交换潜力及相互影响的强度	景观和类型
景观形状指数 LSI	$LSI = \dfrac{0.25 \sum_{k=1}^{m} e_{ik}}{\sqrt{A}}$	景观斑块形状的复杂程度和受干扰强度	景观和类型
香农多样性指数 SHDI	$SHDI = -\sum_{i=1}^{m}[P_i \ln(P_i)]$	整体的土地利用丰度和空间异质性	景观

2.3 基于InVEST模型的碳储量估算

InVEST模型是由美国斯坦福大学、大自然保护协会（TNC）和世界自然基金会（WWF）联合开发的用于生态系统服务功能评估与权衡的生态模型[14]。InVEST模型中碳储量模块计算将生态系统的碳储量划分为地上生物碳、地下生物碳、土壤碳、死亡有机碳4个基本碳库，计算公式如下：

$$C_{total} = C_{above} + C_{below} + C_{soil} + C_{dead}$$

式中，C_{total}表示总碳储量（t/hm²）；C_{above}、C_{below}、C_{soil}和C_{dead}分别表示地上生物碳、地下生物碳、土壤碳、死亡有机碳（t/hm²）。

本研究参考京津冀地区相关碳储量研究[15]和模型手册，结合区域实际状况，得到研究区各土地利用类型的碳密度（表2）。

各土地利用碳密度值（单位：t/hm²）　　表2

土地类型	地上碳密度	地下碳密度	土壤碳密度	死亡有机物碳密度
林地	38.72	26.03	106.51	2.92
灌木林地	26.33	21.01	85.16	1.01
草地	17.51	15.46	51.33	14.72
耕地	5.01	0	32.90	0
水体	3.93	0.52	69.54	0.20
建设用地	3.64	1.53	7.21	0.42

3 结果与分析

3.1 景观格局指数分析

通过Fragstats计算得到2005—2020年朝阳区景观格局指数，根据图1可知，朝阳区景观水平的PD指数逐步增加，由2005年的1.21持续增长至2020年的1.64，涨幅约36%，表明整体区域的景观格局趋于破碎。在类型水平上耕地和水体类型的持续下降，其他用地类型的变化趋势均与景观尺度相同。灌木林地和草地的PD值相较于2005年有大幅增加，耕地的数值大幅下降；ED指数在景观水平上经历了先增加后减少，最后增加的波动发展过程，由2005年的25.50增长至2020年的37.18，涨幅约46%，表明整体区域的景观系统的复杂程度有所提高。在类型水平上，建设用地的ED指数最高，是朝阳区最为复杂的用地类型，并且变化过程与景观水平同步，其他土地利用类型的ED指数处于相近水平。

北京市朝阳区景观水平的LSI指数经历了先增加后减少，最后增加的波动发展过程，由2005年的15.36增长至2020年的21.82，涨幅约42%，整体的景观格局趋于离散。在类型水平上，林地、水体和建设用地的LSI指数相对较高，草地和灌木林地的在2005—2015年的LSI指数水平较低，景观格局聚合程度高，受人类活动干扰较小，耕地的LSI指数在2010年达到峰值的27.78，而后持续减小，在2020年降至13.19，降低了约53%，是同年中LSI指数最低的土地利用类型；SHDI指数呈现逐年递增的发展状态，城市整体的景观格局丰富度与多样性得到显著提升。从2005—2020年3个研究阶段来看，增幅分别为5.7%、4.3%和16.7%，在2015—2020年阶段SHDI指数涨幅最大，由0.96增至1.12，生态系统间的物质交流与流动活动强度增加。

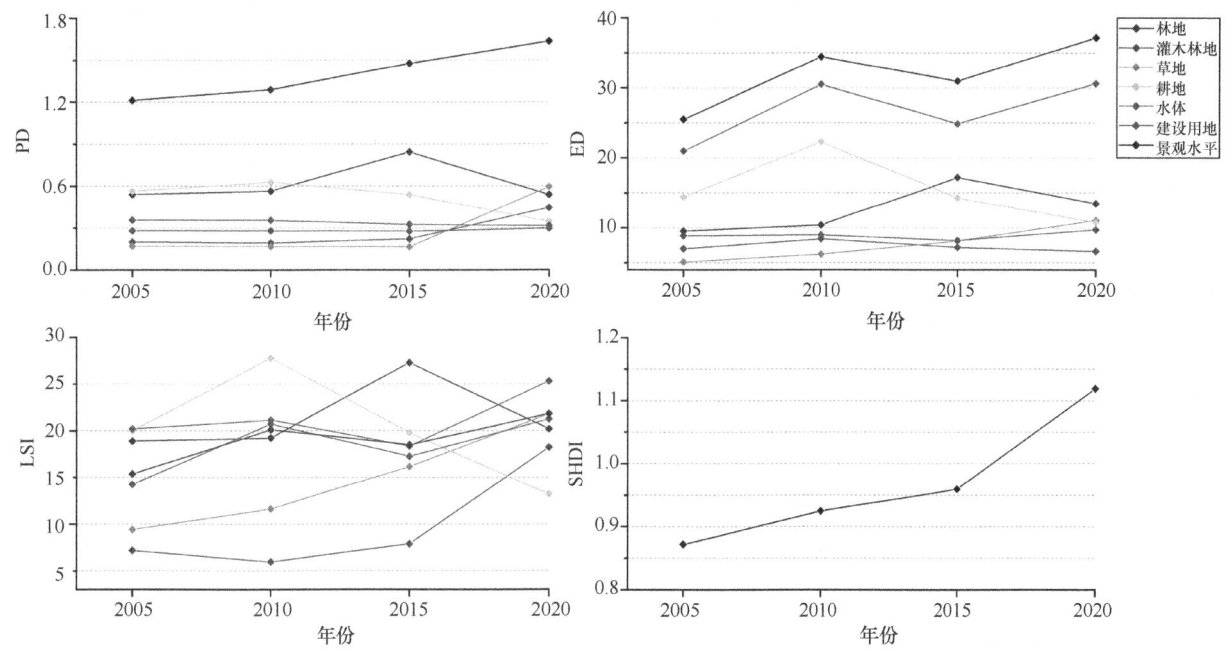

图1　2005—2020年朝阳区景观格局指数变化

3.2　碳储量时空演变分析

通过InVEST模型Carbon模块计算得到朝阳区2005—2020年的碳储量变化趋势，在时间维度上，2005年、2010年、2015年、2020年分别碳储量是1110376t、1237955t、1490982t、1958818t，整体呈现增长趋势，累计增长848442t。数据表明在研究时间范围通过退耕还林，留白增绿，存量发展等政策引导，加以部分建设用地腾退为绿色空间，使得碳储量整体呈稳步上升趋势。

在空间分布上，通过自然断点分级法图将碳储量分为5个等级（图2），结合《朝阳分区规划（国土空间规划）（2017—2035）》北京市朝阳区绿色空间结构规划，可见碳储量高值分布与绿色空间结构中的绿色生态景观带相重合。碳储量高峰值主要分布在西北呈带状分布以及在朝阳区东部中部呈带状分布。结合区域绿色空间分布，碳储量分布密集区域为朝阳区已规划建成的大型公园。

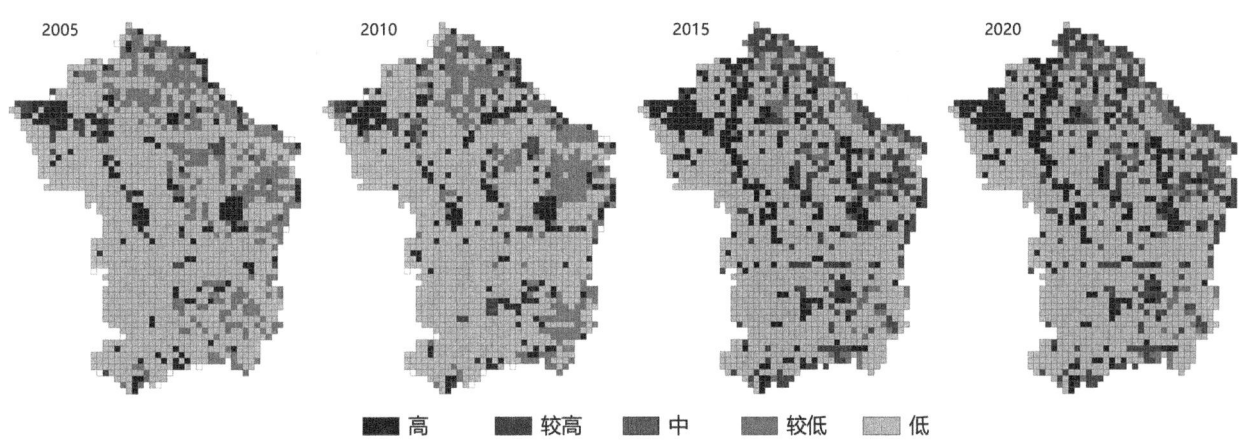

图2　2005—2020年朝阳区碳储量等级分布

纵观2005—2020年的碳汇时空演变特征，可见碳储量在生态空间分布较为固定的基础上，随着土地利用类型转移动态变化。带状分布的碳汇高值分布的主要生态空间类型为林地，且随着林地面积增加以及绿色生态景观带的规划，带状特征更加显著。东北部分布的耕地与草地与灌木林地区域碳储量密度也比较高。水体位置和面积变化相对受限，其分布区域碳储量密度也较高，且随时间呈现出局部升高趋势，建设用地碳储量密度较低。碳储存与生物的生产力有较为紧密的联系，而根据不同植被特征人工干扰要素等区分的生态空间为不同的生物生产力提供了良好的空间基础。这样不同空间基础所产生的生物生产积累一定程度上形成了碳汇的空间差异性。

4 结语

对于PD和SHDI指数在整体景观水平上与碳储量的变化趋势是同向的，表明景观格局在多样性和异质性提升上有助于加强生态系统的固碳功能。在2010—2015年间，耕地ED值下降，但林地的ED指数出现大幅提升，同时期东北部耕地—草地部分区域碳储量回升，且分布更加聚集，而呈现带状分布高值的林带区域碳储量出现局部下降。对于LSI指数，灌木林地在2015—2020年期间快速上升，朝阳区东北部边缘地带碳储量显著下降，表明各不同用地类型的LSI值和ED值与碳储量关系均具有一定负相关性。

在城镇迅速扩张以及存量更新的背景下，本研究通过定性探究相关景观指数与碳储量时空演变规律，为县域尺度下优化景观格局提升碳储量提供了科学导向，为区域优化生态空间结构布局以及北京市局部重要节点结构完善提供数据支持。同时，在保证量的前提下，探究二者的相关性可以更好的为生态空间破碎化、景观异质化等问题提供解决方案，从而更好地辅助北京市碳达峰目标。

参考文献

[1] 朴世龙，岳超，丁金枝，等．试论陆地生态系统碳汇在"碳中和"目标中的作用[J]．中国科学：地球科学，2022，52(7)：1419-1426

[2] 阳文锐．北京城市土地复合生态服务功效演变特征[J]．生态学报，2017，37(12)：4169-4181．

[3] 曹丽慧，郎琪，雷坤，等．1980—2020年永定河流域景观格局动态变化及驱动力分析[J]．环境工程技术学报，2023，13(1)：143-153．

[4] 郑碧军，刘晓芳，周忠学．秦巴山区人类活动对生态系统质量的影响——以汉中市为例[J]．陕西师范大学学报（自然科学版），2022，50(4)：45-58．

[5] 陈悦．应对气候变化与生物多样性保护的协同规制：以生态系统服务为路径[J]．中国政法大学学报，2022，24(2)：5-20．

[6] 李和平，谢鑫，李聪聪．成渝双城地区景观格局的碳汇效应与优化建议——基于BP神经网络的分析和预测[J]．城市发展研究，2023(1)：92-102．

[7] 李方正，韩依纹，李凤仪，等．北京市中心城土地利用变化及其对生境的影响（1992—2016）[J]．中国园林，2020，36(3)：76-81．

[8] 卢俊宇，黄贤金，陈逸，等．基于能源消费的中国省级区域碳足迹时空演变分析[J]．地理研究，2013，32(2)：326-336．

[9] 陈文波，肖笃宁，李秀珍．景观指数分类、应用及构建研究[J]．应用生态学报，2002(1)：121-125．

[10] 张子灿，张争光，李翅．高碳汇导向的绿色空间规划格局研究——以娄底市为例[J]．建筑创作，2022(4)：170-176．

[11] 邱陈澜，王彩侠，章瑞，等．京津冀城市群生态空间固碳服务功能及其与景观格局的关系特征[J]．生态学报，2022，42(23)：9590-9603．

[12] 邓荣荣，詹晶．低碳试点促进了试点城市的碳减排绩效吗——基于双重差分方法的实证[J]．系统工程，2017，35(11)：68-73．

[13] 俞孔坚．生物保护的景观生态安全格局[J]．生态学报，1999，19(1)：10-15．

[14] 柳嘉佳，王普昶，王志伟，等．基于InVEST模型的贵州喀斯特生态系统服务功能评估研究进展[J]．安徽农业科学，2021，49(20)：25-27，53．

[15] 邵壮，陈然，赵晶，等．基于FLUS与InVEST模型的北京市生态系统碳储量时空演变与预测[J]．生态学报，2022，42(23)：9456-9469．

作者简介

于雯伊，2001年生，女，汉族，北京人，北京林业大学园林学院硕士，研究方向为风景园林规划与设计。电子邮箱：midnight20010620@126.com。

（通信作者）李豪，1994年生，男，汉族，山东人，北京林业大学园林学院博士，研究方向为风景园林规划与设计。电子邮箱：lihao_la@bjfu.edu.cn。

城市化进程影响绿心城市风环境的数值模拟研究
——以浙江省台州市为例

Numerical Simulation of the Influence of Urbanization on the Wind Environment of Greenheart City
—A Case Study of Taizhou City, Zhejiang Province

李菡芸　俞壹通*

摘　要：在城镇化进程中，下垫面性质改变导致城市风速下降，对城市的人居环境造成一定负面影响。部分位于山地丘陵地区的中小城市依山就势，组团发展，形成绿心城市，这类城市生态本底优越，在快速城市化背景下对绿心城市展开风环境研究具有重要意义。本研究以浙江省台州市中心城区为研究对象，使用 WRF 耦合城市冠层模式（UCM），分别以 2006 年和 2020 年土地利用情况分析城市用地扩张对风速影响。研究发现土地使用性质的改变导致城市风速降低，风速最大下降约 2m/s，同时绿心对城市作用效果与作用范围受到抑制，还发现绿心对下风向风环境改善效果大于其他地区。夜间绿心产生山风环流，可改善周边风环境，但对上风向地区存在一定负面影响。部分地区开放空间面积较大且与风向一致，在城市扩张背景下风速有所上升。研究最后提出通过优化城市格局、构建城市通风廊道、利用局地环流等策略改善绿心城市风环境，可为其他绿心城市的风环境优化提供一定依据。

关键词：绿心城市；风环境；数值模拟；WRF 模式

Abstract: In the process of urbanization, the change of the underlying surface nature leads to the decrease of urban wind speed, which has a negative impact on the urban living environment. Some small and medium-sized cities located in mountainous and hilly areas have developed in groups to form green heart cities, which have superior ecological background, and it is of great significance to carry out wind environment research on green heart cities in the context of rapid urbanization. In this study, we used the WRF coupled urban canopy model (UCM) to analyze the impact of urban land expansion on wind speed in 2006 and 2020, respectively. It is found that the change of land use nature leads to the reduction of urban wind speed, and the maximum decrease of wind speed is about 2m/s, and the effect and scope of green heart on the city are inhibited, and it is also found that the effect of green heart on downwind environment improvement is greater than that in other regions. At night, the green heart produces mountain wind circulation, which can improve the surrounding wind environment, but has a negative impact on the upwind area. In some areas, the open space area is large and in line with the wind direction, and the wind speed has increased in the context of urban expansion. Finally, the study proposes to improve the wind environment of Greenheart City by optimizing the urban pattern, constructing urban ventilation corridors, and using local circulation, which can provide a certain basis for the optimization of wind environment in other Greenheart cities.

Keywords: Greenheart City; Wind Environment; Numerical Simulation; WRF Mode

引言

资料显示，在过去的 40 余年里，我国的城镇化进程步入快车道，城市化率快速上升，已从 1978 年末的 17.92% 增长至 2021 年末的 64.72%[1]。在未来的 10 年内，我国的城镇化进程还将继续推进，城镇人口占总人口的比例有望超过 70%。城镇化在推动经济发展、生活水平进步的同时也引发了严峻的环境问题，热岛效应加剧、雾霾天气频发、大气污染加重等[2]，一方面是由于城市规模扩张，人口数量的增长导致城市地区人为产热及排放的温室气体增加，另一方面是由于下垫面性质的改变导致地面粗糙度、地表反照率等参数发生变化，改变地表的风阻效应，造成静风现象。

近年来，在风景园林、城市规划领域，诸多学者通过研究证实绿地空间对于缓解热岛效应、提高城市风速具有积极作用[3-6]。不同类型的城市绿地对于城市风环境的作用存在一定差异，主要影响要素包括绿地面积、植被类型、绿地位置、绿地形态等[7-9]。浙江省台州市中心城区作为典型的环绿心组团式城市，绿心占据城市中心的优越位置，属于大规模开放式绿地，对周边城区的微气候改善具有重要作用，但近年来快速的城镇化进程不断侵蚀绿心空间，绿心面积逐年缩小。立足时间视角，针对城镇化进程下的绿心城市风环境展开研究，对于优化城市组团布局、管控城市发展方向、改善城市微气候具有重要作用。

1　资料与方法

1.1　研究区概况

台州市位于浙江省中部沿海地区，东临东海，北靠宁波市、绍兴市，南临温州市，西接金华市、丽水市。台州市中心由椒江区、黄岩区、路桥区三区构成，绿心位于三区的接合部，距三区的中心约为5km，在快速城镇化进程中，城市快速扩张，挤压绿心空间，绿心及其周边的开放空间逐年减少，呈现连片集中发展格局（图1）。《台州市绿心生态区总体规划》划定的绿心管理区面积为63.24km²，主要由丘陵、山地、果园和农田组成，其中山体丘陵占据近半面积，主要由九峰山、大岳山、狮子山组成，高度在500m以上的山峰共4座，绿心内还有多条河流组成环形水系。研究区地处中亚热带季风区，四季分明，雨热同期，夏季高温多雨，冬季潮湿少雨，其中夏季盛行东南风，冬季盛行北风。

1.2 WRF气象模拟

1.2.1 数据处理与试验方案设计

WRF模式（weather research and forecasting model, WRF Model）是由美国环境预测中心（NCEP）、美国国家大气研究中心（NCAR）等机构共同研发的新一代高分辨率中尺度预报模式[10-12]。WRF模拟采用的软件为4.3.1版本，模型运行需要输入的边界条件包括气象数据、土地利用数据和地形数据。

高精度的初始气象条件是进行气象模拟的基础，针对历史天气的模拟，现有研究多采用来自美国国家环境预报中心（NECP）提供的再分析气象资料（FNL）。本研究选用NCEP的全球1°×1°再分析气象资料驱动WRF模拟运行。数据时间分别为0时、6时、12时和18时，均为UTC标准时间。

研究选用不同时期的土地利用数据进行模拟运算，故需对原有土地利用数据进行替换，本研究基于遥感图像的分类方法识别构建不同时期的局地气候分区，进行遥感影像分析后得到不同时期的城市用地数据底图。研究共设计2个模拟方案，情景1是根据2006年城市实际发展情况形成的初始方案，绿心基本处于未开发状态，城市尚未集中连片发展，且周边保留有大面积的农田等开放空间；情景2是根据2020年城市扩张后的实际情况形成的现状方案，此时城市组团规模扩大，绿心面积大幅压缩，仅山地丘陵地区仍保留较为完整（图2、表1）。

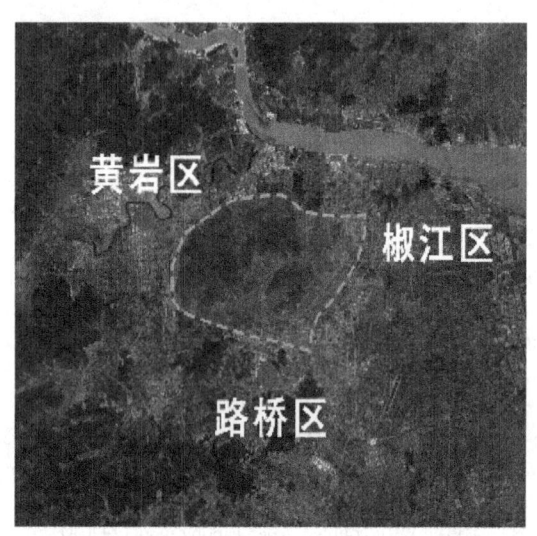

图1　台州市区位图

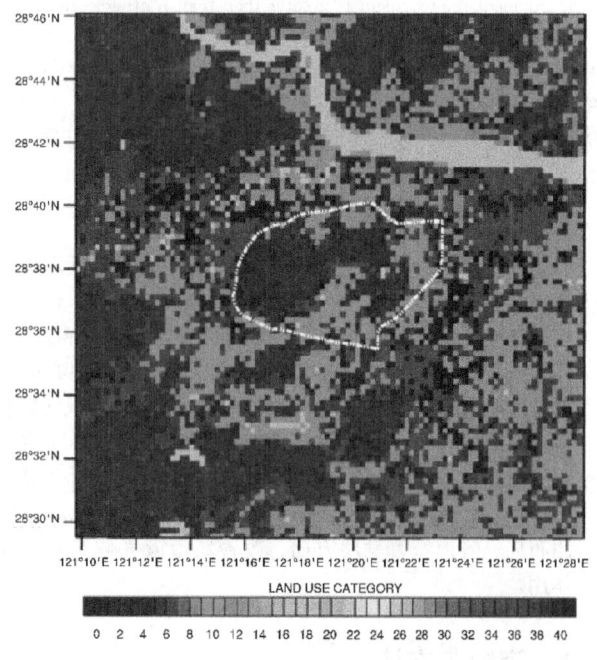

情景1 2006年土地利用情况

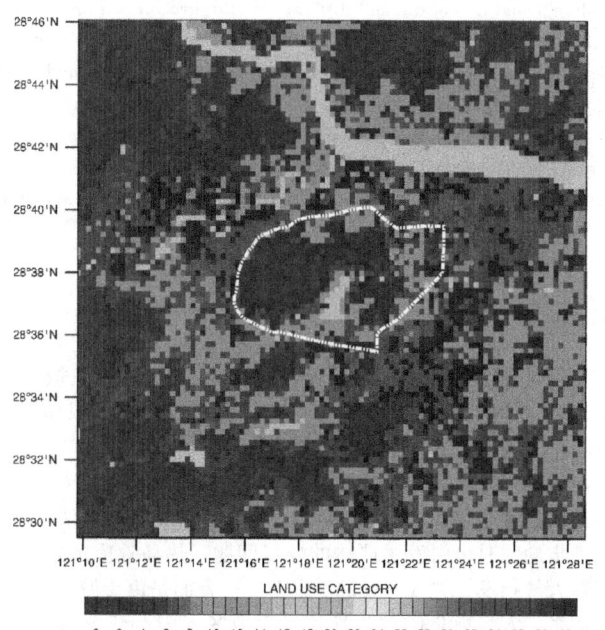

情景2 2020年土地利用情况

图2　试验方案设计

表1 2006年和2020年试验区土地利用类型面积变化（单位：km²）

2006年	建设区	密集高层 2.7	密集中层 31.0	密集低层 62.5	开放低层 138.9	大型低层 14.7	工业区 44.1	总计 294.0
	自然区	密集树木 231.8	稀疏树木 73.4	低矮植被 249.3	裸岩与道路 3.0	裸土与沙地 0.9	水域 38.4	总计 596.8
2020年	建设区	密集高层 28.1	密集中层 69.4	密集低层 63.7	开放低层 149.6	大型低层 10.7	工业区 70.5	总计 392.0
	自然区	密集树木 197.4	稀疏树木 64.4	低矮植被 186.3	裸岩与道路 6.9	裸土与沙地 1.1	水域 42.6	总计 498.6

针对对比试验的客观需要，选用LCZ城市气候分区数据替换默认的土地利用数据，与WRF自带的地理数据相比，LCZ数据在区分建设区和自然区两大类分区的基础上，进一步深入考虑了不同用地属性的各种参数，通过与WRF相关参数进行连接，为WRF模拟提供更为真实、准确的城市形态模型。具体流程主要有以下两步：首先需要在WUDAPT官网下载局地气候分区（LCZ）分类模板，选取每种局地气候分区的代表区域，并提交LCZ Generator进行样本训练。由于光栅文件格式，无法直接导入WRF模型中直接运行，需要在GIS中进行裁剪、重分类后导出ASCII格式数据，使用WRF中write_geogrid.c等程序对数据进行处理后生成二进制格式的用地文件替换原有的土地利用数据，制作索引文件后运行geogrid.exe文件即可得到替换后的土地利用数据。要使用基于局地气候分区的用地方案，需要创建URBPARM_LCZ.TBL替换原有文件，并namelist.input文件中的&physics中增加一行代码：use_wudapt_lcz=1，即可将基于局地气候分区的下垫面参数导入WRF模式中进行计算。由于台州地区地形较为平坦，故使用WRF数据库中的默认地形数据，不再进行替换（图3）。

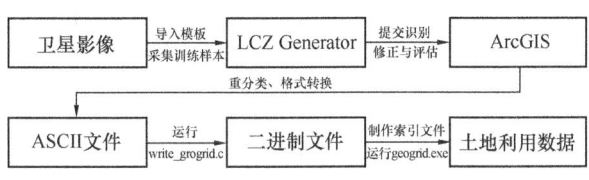

图3 WRF数据处理流程

1.2.2 模拟参数设置

WRF模式可以设置多层嵌套网格，在网格划分时应明确如何在最大限度考虑周边气象对中心区域的影响的同时，节省计算资源，提高模拟效率。研究选用3层嵌套网格，中心点经纬度为28.63°N，121.32°E，第1层网格数量为120×120，网格大小为3km×3km；第2层网格数106×106，网格大小为1km×1km；第3层网格数为94×94，网格大小为0.333km×0.333km，垂直方向设置34层，总高度16km。其中第3层网格基本覆盖台州绿心及周边城区范围。受研究篇幅限制，选取冬、夏两季典型气象日进行模拟，其中，夏季模拟时段为北京时间2020年7月21日8：00至7月22日24：00；冬季模拟时段为2020年1月18日8：00至1月19日24：00，逐时输出模拟结果，其中前16h为模拟预热时间，不计入计算结果。

WRF提供了丰富的物理模型供使用者选择，在城市尺度的风环境模拟中，街区形态、建筑布局、道路走向是影响城市通风的主要影响因素，故选择单层城市冠层模式（UCM）耦合WRF模型进行模拟。具体物理参数设置如表2所示。

表2 WRF物理方案

物理过程	物理方案
微物理方案	thompson scheme 一种适用于高分辨率模拟的冰、雪和霰过程的新方案
长波辐射	rrtm scheme 一种高效率辐射传输模型，匹配多个波段和微物理类型
短波辐射	goddard short wave 具有来自气候学和云效应的臭氧的两流多波段方案
陆面表面	noah-MP land surface model 其土壤层数为4层，参数包括了温度和湿度
行星边界层	mellor-yamada-janjic TKE scheme 一种局部垂直混合的一维预测湍动能方案
城市物理	urban canopy model（UCM） 具有屋顶、墙壁和街道表面效果的城市微物理选项

2 结果与分析

2.1 模式模拟结果与实测数据对比

为验证WRF模拟结果的可靠性，提取研究区中部的洪家气象站（58665）10m逐小时风速观测数据与模拟结果进行对比验证。首先，利用NCL后处理工具进行风速提取并进行时间转换和校对；其次，通过数据整理与分析，将模拟数据与实测数据选用Spss软件进行线性回归分析，得到平均误差（ME）、均方根误差（RMSE）、皮尔逊相关系数（R），计算公式如下。

$$RMSE = \frac{\sqrt{\sum_{i=1}^{N}(sim_i - obs_i)^2}}{N}$$

$$ME = \frac{\sum_{i=1}^{N}(sim_i - obs_i)}{N}$$

$$R = \frac{\sum_{i=1}^{N}[(sim_i - \overline{sim})(obs_i - \overline{obs})]}{\sqrt{\sum_{i=1}^{N}(sin_i - \overline{sim})^2}\sqrt{\sum_{i=1}^{N}(obs_i - \overline{obs})^2}}$$

式中，sim_i 为第 i 小时的模拟风速；obs_i 为第 i 小时的实测风速；$\overline{sim}$ 为模拟风速平均值；$\overline{obs}$ 为实测风速平均值；N 为模拟时长；ME 为平均误差；$RMSE$ 为均方根误差。

R 为相关系数。

平均误差可以衡量模拟结果的精密度高低，均方根误差可以说明样本的离散程度，相关系数可用于反映模拟值与实测值相关关系与密切程度。对比洪家站风速数据，发现冬夏两季的模拟结果与实测值存在显著正相关，夏季 10m 风速相关性为 0.68，冬季 10m 风速相关性为 0.72，说明风速的模拟结果与实际情况吻合良好，模拟风速变化趋势与气象实测基本一致。夏季风速的平均误差为 0.64m/s，冬季为 0.76m/s，夏季风速均方根误差为 1.22m/s，冬季为 1.48m/s（图4）。

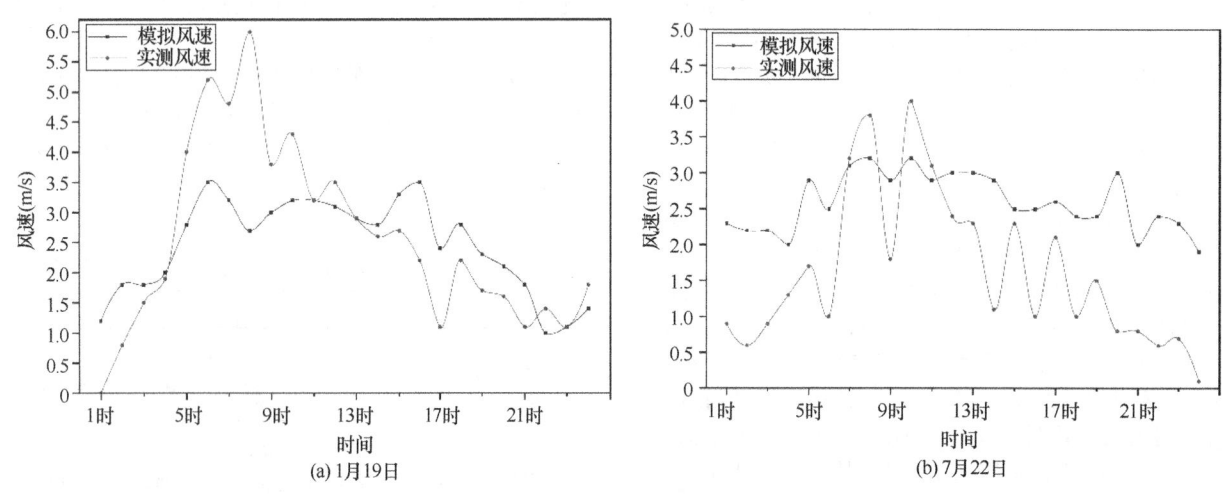

图 4　模拟值与洪家站观测值对比

2.2 城市化进程对城市风环境的影响

2.2.1 日平均风速对比

从冬夏两季模拟结果中提取台州市每小时的风速数值，使用 ArcGIS 计算得到日平均风速。夏季（2020 年 7 月 22 日）风场图如图 5 所示，此时主导风向为南风，城市背景风速多在 2.0~4.6m/s，局部地段风速可达 5.0m/s。绿心区域风速在 2.0~5.0m/s，风速大于周边城区，绿心南部风速较低，而气流运动至下风向的绿心北部时，风速有较明显上升，上升幅度在 0.6~1m/s，加速后的气流对下风向的城区影响范围可达 4km。随着城市化进程的推进，2006—2020 年台州日平均风速呈下降趋势，变化主要集中于城市临近绿心南部、北部及东部等近年来集中建设的地区，其中绿心东侧地区日平均风速下降 0.5~2.0m/s，北侧地区下降 0.2~1.0m/s，南侧地区下降 0.5~1.5m/s，同时绿心西南侧下降 0.2~1.0m/s，较之于 2006 年，绿心对于下风向的影响范围和作用强度有所降低。

冬季（2020 年 1 月 19 日）风场情况如图 3 所示，此时盛行东北风，城市背景风速多在 0.2~2.6m/s，西部山区风速较低，东部濒海平原地区风速较高，冬季绿心区域风速较高，多在 1.0~2.6m/s，周围建用地风速较低，除东侧平原地区外，其余地区风速多在 1.2m/s 以下。进一步分析城市扩张对于城市及绿心风环境的影响，可以发现在城市化进程中，区域整体风速有所降低，风速下降较为明显的区域集中在绿心东侧，风速由 2006 年的 1.0~1.8m/s 下降至 2020 年的 0.4~1.4m/s，部分地区出现明显的静风现象，同时还可以发现，绿心下风向的区域风速下降不明显，最大降幅约为 0.6m/s，小于绿心东侧未受绿心直接影响的区域，这一现象与夏季类似，即绿心对下风向的城区风环境具有一定的改善作用。

2.2.2 分时段风速对比

夏季不同时段的风场情况如图 6 所示，2020 年 7 月 22 日 8:00 的主导风向为南风和西南风，城市风速多在 1.6~4.4m/s，风速相对较高的区域分布在绿心西部及外围与城市邻近地带，风速多为 2.4~4.8m/s，与 2006 年相比，2020 年土地利用情况下绿心周边风速出现明显的下降，风速下降 0.2~1.0m/s。14:00 城市主导风向为南风，此时城市风速较大，多在 3.4~5.8m/s，风速相对较高的区域分布在绿心东西两侧，风速多为 3.8~5.8m/s，在城市化进程中，城区整体风速均有所下降，部分集中建设区域风速下降明显，在 0.8~2.4m/s。21:00 区域风环境较白天更为复杂，此时主导风向为南风和西南风，城市风速多在 1.4~3.8m/s，风速相对较高的区域分布在城市西侧，在这一时段还可以观察到山谷风环流的存在，在夜间表现为从山区吹向城市的山风，叠加大气环流，绿心北侧下风向区域风速有明显上升,最大可达 4.0m/s,绿心对于改善下风向的风环境有一定作用,同时上风向由于山风方向与大气环流方向相反,风速有所降低,但由于这一区域主要为公园、农田等开放空间,未对城市风环境产生负面影响。不同于其他时段,夜间绿心下风向地区风速下降较其他区域更为明显,但风速降低区域面积较小,对区域整体影响有限。

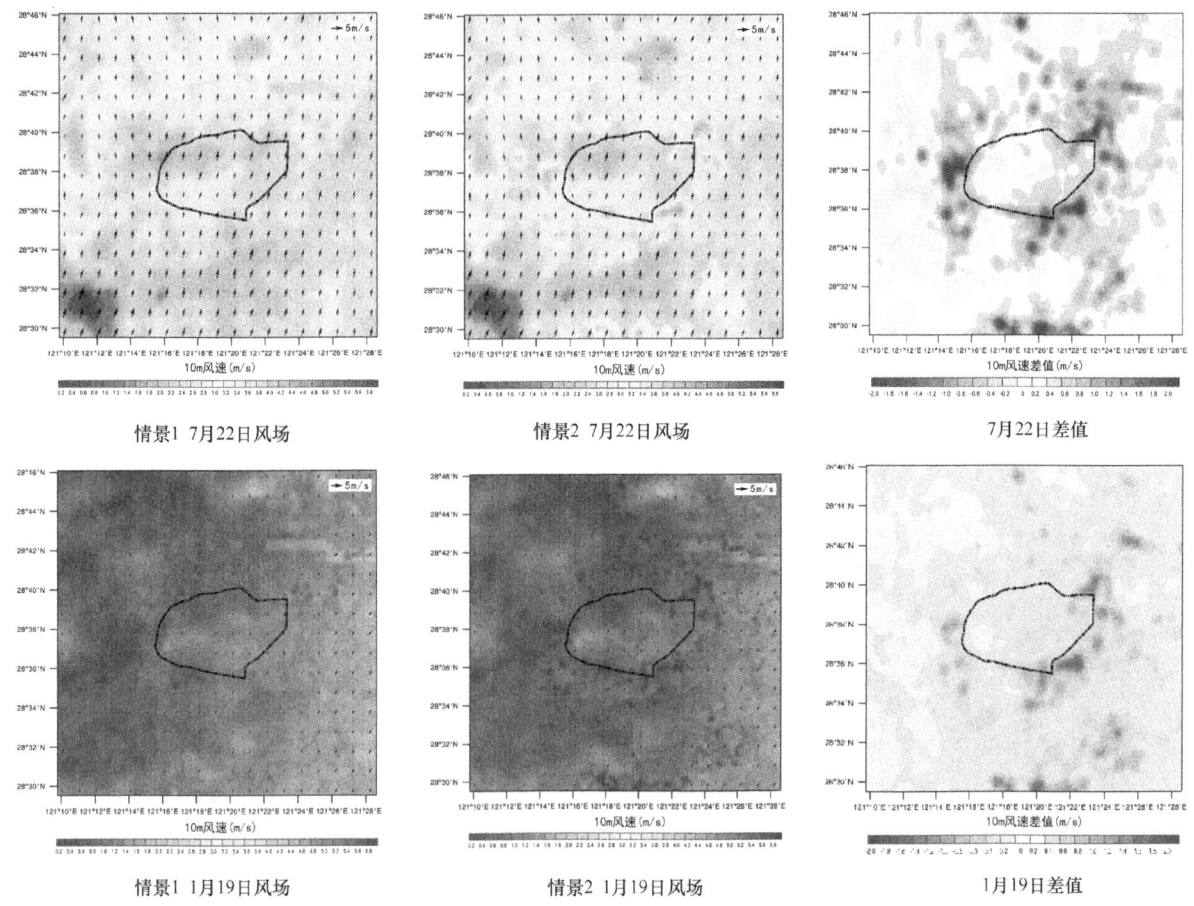

图 5 冬夏日平均风速分布对比

总的来看,在夏季南风条件下,绿心东西两侧风速较大,但随着工业用地和居住用地的扩张,通风性能有所下降,绿心南侧主要为裸地,对区域风的流动阻力较小,南部地区通风性能相对于北部地区更好。绿心的存在对于城市风环境具有一定的改善作用,主要表现为提高下风向风速,降低密集建设对于区域风速的负面影响。

冬季不同时段风场情况如图 7 所示,2020 年 1 月 19 日 8:00 的主导风向为北风,城市风速多在 0.8~2.6m/s,风速相对较高的区域分布在绿心内部及城市北部。与 2006 年相比,在 2020 年土地利用条件下,绿心周边风速出现一定幅度下降,下降较明显的区域集中在绿心东北部、西部和南部,下降幅度在 0.4~1.8m/s,其中风速下降最为明显的区域为西部黄岩区世纪大道至院路路之间,还可发现部分区域出现风速上升的现象,这些区域多具有较大面积的开放空间,且走向与风向一致,在高密度建设的城市内部形成潜在的通风廊道。14:00 城市主要受东风和北风影响,城市风速多在 0.8~4.0m/s,风速相对较高的区域分布在绿心东侧与北侧城区,在 2020 年土地利用情景下,城市建设用地风速下降较为明显,洪家、江口、南城等街道局地风速下降值达 1.5m/s 以上,这一时段绿心未对下风向城区产生明显影响。夜间 21:00 区域主导风向为东北风,城市风速多在 0.6~2.0m/s,整体风速较低,风速相对较高的区域分布在绿心外围东北侧,与 2006 年相比,2020 年土地利用情况下绿心周边城市范围可以观察到风速下降的情况,风速普遍 1.4m/s,下降幅度在 0.4m/s 左右。

总结冬季两情景下不同时段的风场分布情况,在冬季大气环流减弱的情况下,绿心对气流呈现出一定程度的阻挡作用,绿心上风向城区风速大于下风向城区。在城市用地快速扩张的背景下,下垫面性质的改变导致城市区域风速下降,且对下风向地区产生负面影响,冬季较低的背景风速叠加城市对气流的减速作用导致部分区域出现静风现象,特别是位于绿心下风向的路北街道、南城街道等地静风现象明显。

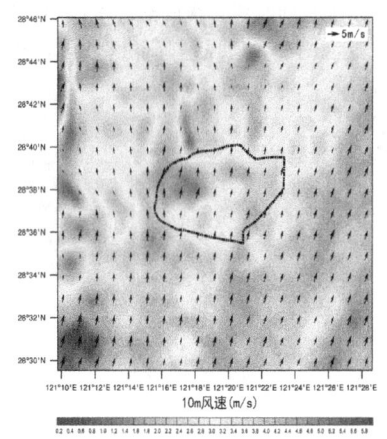
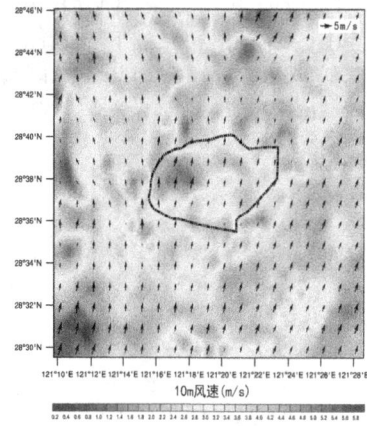
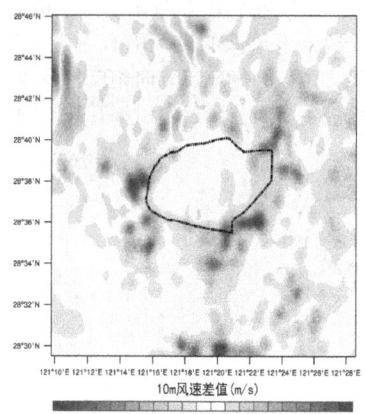

情景1 7月22日8:00风场　　　　情景2 7月22日8:00风场　　　　7月22日8:00差值

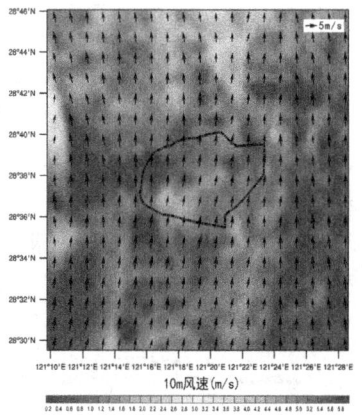
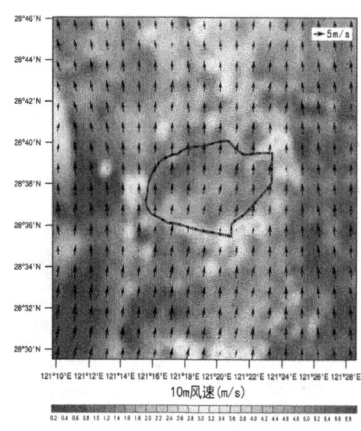
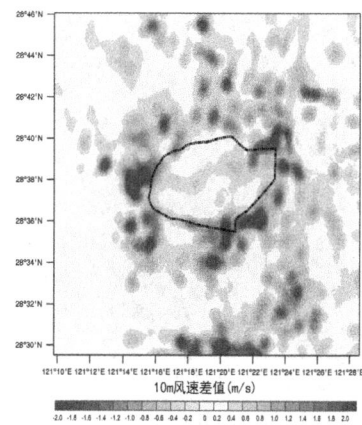

情景1 7月22日14:00风场　　　情景2 7月22日14:00风场　　　7月22日14:00差值

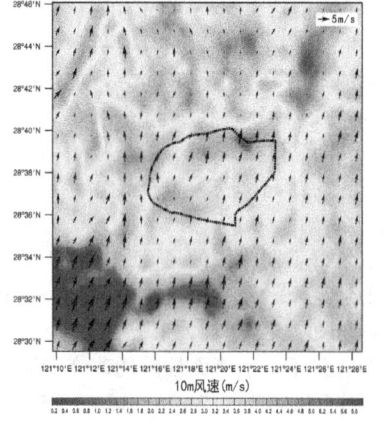
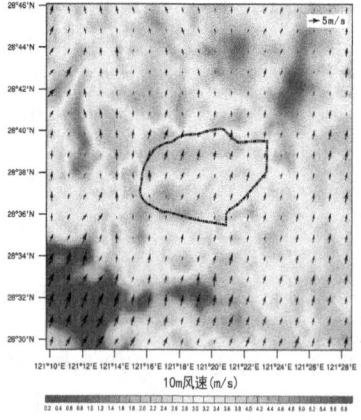
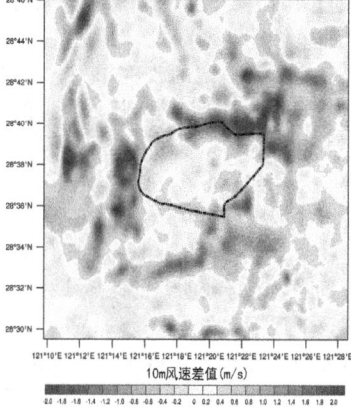

情景1 7月22日21:00风场　　　情景2 7月22日21:00风场　　　7月22日21:00差值

图6　夏季分时段风速分布对比

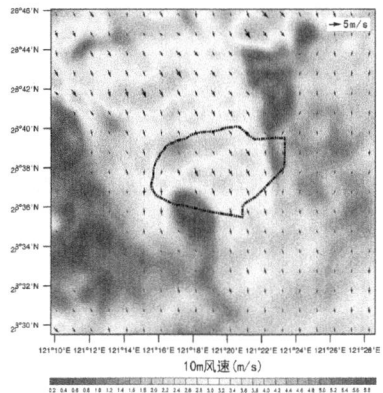
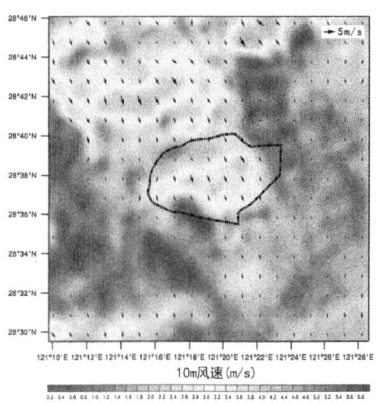
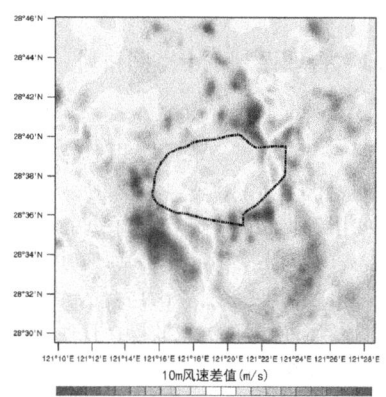

情景1 1月19日8:00风场　　　　情景2 1月19日8:00风场　　　　1月19日8:00差值

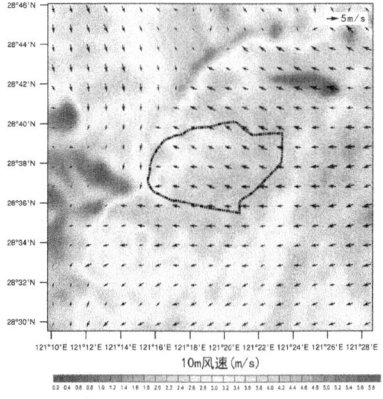
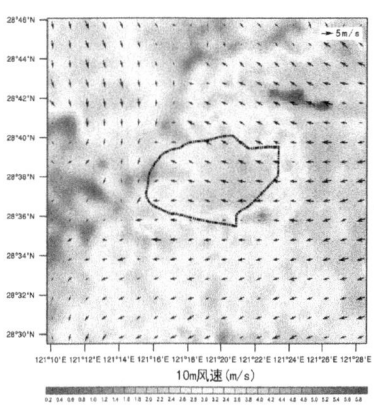
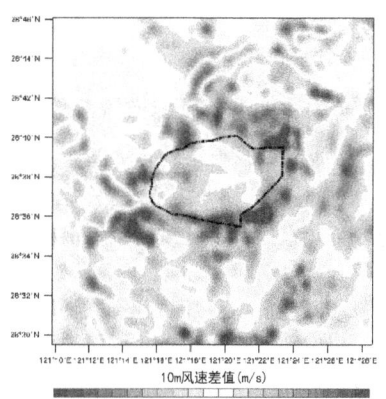

情景2 1月19日14:00风场　　　　情景2 1月19日14:00风场　　　　1月19日14:00差值

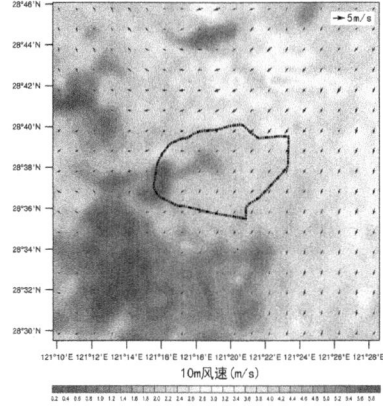
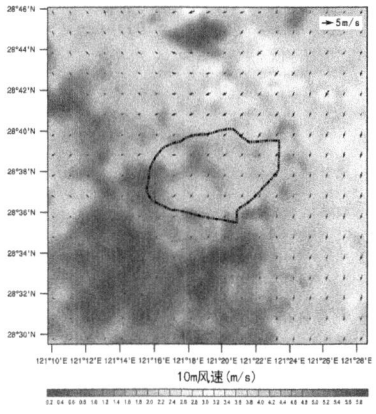
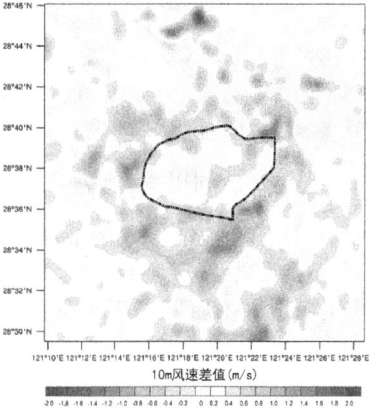

情景1 1月19日21:00风场　　　　情景2 1月19日21:00风场　　　　1月19日21:00差值

图7　冬季分时段风速分布对比

3 绿心城市风环境优化策略

3.1 合理谋划城市空间格局

面向未来城市高质量发展与生态文明建设需求，优化绿心内新增城镇和建设用地的规模，限定人工建成环境的容积率和覆盖率，合理布局城市中的住宅、商业、绿地等用地，保证绿心与外部作用空间和补偿空间的连通性，进而能高效率形成通风廊道并发挥风廊效能。通过分析城市风环境变化情况可发现，在冬、夏季主导风向下，绿心通风性能好的地方集中于地形空旷地带及上风向地区，因此在规划中，应当调整用地布局，避免侵占绿心用地，防止"贴线发展"，同时避免高层建筑过于集中，优化项目选址，改善城市的风环境。如位于绿心东侧的椒江区外围风速较大，可以考虑在这一区域布局一定的高层高密度建筑，降低城市内部高密度建设对于气流的阻挡作用，并降低对下风向地区的影响。由于绿心可改善下风向的风环境，可考虑在绿心南北两侧局部地段布局一定的高层高密度建筑，但不宜连片组团建设。

3.2 构建城市通风廊道体系

构建城市通风廊道是改善城市风环境、提升微气候舒适度、缓解空气污染的有效手段，应充分发挥绿心的生态功能，根据城市的风场特征识别城市现状或潜在的通风路径，提高绿心与城市内部开放空间的气流连通性，从而发挥其对城市热环境和空气环境的调控作用。在研究中可以发现，随着城市化进程的推进，部分地段由于建设密度较低，出现了天然的通风廊道，应以这些潜在的城市通风廊道为主体，以绿心为核心，在识别补偿空间、作用空间的基础上，识别构建城市通风廊道体系。主要通风廊道应联通城市绿心，与大型水体、森林等内外开放空间相协调，降低城市开发建设变化对风环境的影响；而次要通风廊道应起到辅助与延展主要通风廊道通风效能的作用，其应沟通、连接绿源、水体与建成区以及相邻的通风量差异显著的地区，尽量弥补主要通风廊道无法贯穿的区域。通过利用绿心分级分类构建城市通风廊道体系，为健康舒适的人居环境创造提供有利条件。

3.3 局地环流利用

台州城区坐拥绿心，组团发展，生态本底优越，通过WRF数值模拟可以发现绿心与周围城区可以形成山谷风环流，特别是对夜间的城市局部地段风环境有较明显改善。在城市建设中，应加强绿心及城市外围山体绿地的保护，充分利用局地环流，具体来说应做好以下几点：①应最大限度保留绿心作为城市的冷源，采用局地冷空气流动的手段改善城市静风频发的现象，可通过种植自然植被的方式有效加强局地的空气流通。②由于局地环流强度较小，对城市的穿透能力弱于大气环流，还应重视局地环流作用区域的用地管制和空间优化，如有计划改建路网，避免"断头路"阻碍风廊形成，尽可能采用方格网路网，建筑采用组团、行列式布局，减少对气流阻挡，通过建筑屋顶绿化和立面绿化等"增绿"手段实现绿心区域与城市区域的有效衔接。

4 结论

本文选取冬夏两季作为典型时段，基于WRF耦合城市冠层模式（UCM），以绿心城市浙江省台州市中心城区为研究对象，分别以2006年和2020年土地利用情况分析城市用地扩张对风速影响，并提出相应的策略。具体结论如下：

（1）随着城镇化进程加快，绿心范围内及其周边用地类型转为城镇和建设类用地时，城市整体风速逐渐呈下降的趋势。其中夏季主要受到南风的影响，在2006年用地情况下，风速在2.0~4.6m/s，2020年用地情况下，城区风速降低明显，最大下降约2m/s，同时还可发现绿心对下风向风环境的影响范围和作用有所降低。冬季主要受到东北风影响，2006年用地情况下，城市背景风速多在0.2~2.6m/s，在城市化过程中，部分地区风速下降明显，部分区域出现静风现象，还发现绿心对下风向的城区风环境具有一定的改善作用。

（2）夏季14：00风速高于8：00和21：00，在南风条件下，绿心东西两侧风速较大，但随着工业用地和居住用地的扩张，通风性能有所下降；夜间21：00风环境较为复杂，可观察到山谷风环流，叠加大气环流对绿心下风向地区有较明显作用，可降低密集建设对区域风速的负面影响。在冬季大气环流减弱的情况下，绿心对气流呈现出一定程度的阻挡作用；冬季较低的背景风速叠加城市对气流的减速作用，导致部分区域出现静风现象。在冬季还可观察到绿心下风向的部分地区由于具有较大面积的开放空间，且走向与风向一致，风速反而有所上升，形成潜在通风廊道。

（3）未来应通过合理谋划城市空间格局、构建通风廊道体系、局地环流利用等策略，提高绿心与城市内部开放空间的气流连通性，充分发挥绿心对于城市的降温增湿作用。

参考文献

[1] Ren C, Yang R, Cheng C, et al. Creating breathing cities by adopting urban ventilation assessment and wind corridor plan-The implementation in Chinese cities[J]. Journal of Wind Engineering and Industrial Aerodynamics, 2018, 182: 170-188.

[2] Arnfield A J. Two decades of urban climate research: A review of turbulence, exchanges of energy and water, and the urban heat island[J]. International Journal of Climatology, 2003, 23(1): 1-26.

[3] 李辰琦, 张伶伶. 在更新中激活城市的特色生命力——以湛江"绿心"城市设计方案为例[J]. 建筑学报, 2005(2): 15-17.

[4] 莫尚剑, 沈守云, 廖秋林. 基于WRF模式的长株潭城市群绿心通风廊道规划策略研究[J]. 中国园林, 2021(1): 80-84.

[5] 郭巍. 城市绿心发展及其空间结构模式策略研究[J]. 中国人口·资源与环境, 2010, 20(S2): 165-168.

[6] 蒋理, 刘超, 舒谦. 应用WRF-UCM模型分析城市绿色廊

道对热岛效应的影响——以上海市为例[J]. 建筑节能, 2019, 47(10): 89-96.

[7] 梁颢严, 李晓晖, 肖荣波. 城市通风廊道规划与控制方法研究以《广州市白云新城北部延伸区控制性详细规划》为例[J]. 风景园林, 2014(5): 92-96.

[8] 汪光焘, 王晓云, 苗世光, 等. 城市规划大气环境影响多尺度评估技术体系的研究与应用[J]. 中国科学 D 辑, 2005 (S1): 145-155.

[9] 何瑞林. 园林植被选取对空气净化的不同作用试验分析研究[J]. 环境科学与管理, 2018, 43(10): 5.

[10] 尹瑞雪. 城市冠层参数化在 WRF 中的应用研究[D]. 兰州: 兰州大学, 2012

[11] 郭飞. 基于 WRF/UCM 的城市气候高分辨率数值模拟研究[J]. 大连理工大学学报, 2016, 56(5): 502-509.

[12] 颜廷凯, 金虹. 基于 WRF/UCM 数值模拟的严寒地区城市热岛效应研究[J]. 建筑科学, 2020, 36(8): 107-113.

作者简介

李薏芸, 1997年生, 女, 彝族, 云南昆明人, 重庆大学硕士在读, 研究方向城市规划与设计。电子邮箱: 25251169591@qq.com。

(通信作者) 俞壹通, 1997年生, 男, 汉族, 浙江台州人, 重庆大学硕士在读, 研究方向为城市规划与设计。电子邮箱: 425206799@qq.com。

衢州市绿色低碳体检指标体系构建与实证研究

The Construction and Empirical Study of Green and Low Carbon City Examination Index System in Quzhou City

高 晗

摘 要：城市体检工作是新时期应对"城市病"等问题而出现的新的技术手段，本文立足于衢州的城市特色，进行绿色低碳专项体检评估，构建城市基础信息、碳源控制、碳汇建设、减碳机制和治理成效五大类别的指标体系。选取景德镇、杭州和宁波3个城市进行对比分析，了解目前衢州市在绿色低碳发展方面的成效和问题，提出对策建议，以实现城市的可持续发展，并希望为其他城市开展绿色低碳专项体检工作提供借鉴。

关键词：城市体检；绿色低碳；指标体系

Abstract: City physical examination work is a new technological means to address issues such as "urban diseases" in the new era. This article is based on the urban characteristics of Quzhou, conducting a green and low-carbon special city examination and evaluation, and constructing an indicator system for five categories of urban basic information, carbon source control, carbon sink construction, carbon reduction mechanism, and governance effectiveness. Jingdezhen, Hangzhou and Ningbo are selected for comparative analysis to understand the achievements and problems of green and low-carbon development in Quzhou, put forward countermeasures and suggestions to achieve sustainable development of the city, and hope to provide reference for other cities to carry out green and low-carbon special medical examination.

Keywords: City Examination; Green and Low-carbon; Index System

引言

改革开放以来，我国经历了世界历史上规模最大、速度最快的城镇化进程，截至2022年末全国常住人口城镇化率为65.22%。在城镇化进程中的高资源消耗、高能源消耗、高碳排放造成城市中出现大气污染、水污染等突出的环境问题。2020年我国政府在第七十五届联合国大会上提出二氧化碳排放力争于2030年前达到峰值，争取在2060年前实现碳中和的愿景[1]。为了实现这一愿景，中共中央、国务院发布了《关于完整准确全面贯彻新发展理念做好碳达峰碳中和工作的意见》《2030年前碳达峰行动方案》《关于加快建立健全绿色低碳循环发展经济体系的指导意见》等文件，对城市绿色建设提出新的要求。面对新的发展要求，需要新的技术方法，城市体检则是顺应城市发展建设的阶段性任务要求[2]，通过进行绿色低碳专项体检，分析目前城市中存在的成效和问题，对城市的绿色低碳发展具有十分重要的意义。

1 研究对象与研究方法

1.1 研究对象

1.1.1 研究城市概况

衢州市是首批省级低碳试点之一，且是浙江省首个"两山"实践示范区，在2019年、2020年连续两年在长三角城市群绿色金融发展竞争力评价中名列第一，此次主要体检范围为衢州市市辖区建成区，部分指标可拓展到衢州市市辖区和衢州市市域。

1.1.2 对比城市的选择

首先，衢州市在浙江省内，所以选取了浙江省内城市体检的样本城市作为对比，即杭州和宁波。其次，参考相关的政策文件，决定在四省九市范围内选取对比城市，其中景德镇为2022年城市体检样本城市，所以选取景德镇作为第三个对比城市。

1.2 研究方法

由于此专题的研究对象有4座城市，数据基数较小，所以在计算时主要根据数据本身的大小来进行评价，采用客观评价的方式来测度不同城市的绿色低碳水平。首先对原始数据矩阵进行无量纲标准化处理，再利用熵权法确定指标的权重，最后通过线性加权的方式计算不同城市的总得分。

（1）数据标准化

在计算得分前，为了消除量纲影响、变量自身变异大小和数值大小的影响，故将数据标准化。由于正向指标和负向指标的意义不同，故对于正向指标和负向指标采用不同的计算方法进行标准化，同时为消除负数和零的影响，进行数据平移[3]。设有m个评价对象、n个评价指标，则指标值矩阵为$X=(x_{ij})m \times n$，其中$i=1, 2, \cdots, m$；$j=1, 2, \cdots, n$。将矩阵按照以下模型进行标准化：

正向指标：$T_{ij} = \dfrac{x_{ij} - \min(x_{ij})}{\max(x_{ij}) - \min(x_{ij})} + 0.000001$

负向指标：$T_{ij} = \dfrac{\max(x_{ij}) - x_{ij}}{\max(x_{ij}) - \min(x_{ij})} + 0.000001$

（2）权重确定

主要利用熵权法确定指标权重，熵权法的基本思路是根据指标变异性的大小来确定客观权重。在数据标准化后，计算第 j 项指标的熵值：

$$h_j = -\dfrac{1}{\ln(m)} \sum_{i=1}^{m} \dfrac{T_{ij}}{\sum_{i=1}^{m} T_{ij}} \ln \dfrac{T_{ij}}{\sum_{i=1}^{m} T_{ij}}$$

计算每个指标的权重：

$$W_j = \dfrac{1-h_j}{\sum_{i=1}^{n}(1-h_i)}$$

（3）计算总分

第 i 个城市的总分 U_i 为：

$$U_i = \sum_{j=1}^{n} w_j \times T_{ij}$$

2 指标体系构建

2.1 构建思路

衢州市绿色低碳专项体检指标体系首先参考 2022 年城市体检指标体系，以绿色低碳为核心，参照其他指标体系，确定衢州市绿色低碳专项体检指标体系的类别和基础指标内容。其次，在 2022 年城市体检指标体系基础上，参照其他指标体系进行合理增补或删减。最后，依据衢州市的地域特色，根据衢州市的发展目标和要求，结合现阶段衢州的发展需要、现阶段存在问题，选取绿色低碳方面对应的特色指标。

2.2 指标选取

以绿色低碳为核心，将指标体系分为五大类别，分别是城市基础信息、碳源控制、碳汇建设、减碳机制和治理成效，包含 44 项指标。结合所选取的对比城市，根据其中的 38 项指标的数据进行分析，确定权重及得分，如表 1 所示。

衢州市绿色低碳专项体检指标体系及权重 表 1

类别	一级指标	二级指标	序号	三级指标	计量单位	指标类型	权重
城市基础信息	基础数据	社会经济基础数据	1	人均 GDP	元	+	—
			2	地区生产总值	亿元	+	—
			3	第三产业占地区生产总值比重	%	+	—
			4	城镇人均居住建筑面积	m²	+	—
	碳排放数据	资源消耗总量	5	总碳排放	万 t	—	3.423
		资源消耗强度	6	单位 GDP 碳排放	t/万元	—	2.862
			7	人均碳排放量	t/人	—	3.826
碳源控制	布局	城市空间组织	8	小于 50km² 的组团面积占比	%	+	2.167
			9	人口密度在 0.7 万/km²～1.5 万/km² 人之间的城市建设用地占比	%	+	2.320
			10	城市常住人口平均单程通勤时间	min	—	2.223
		城市密度控制	11	城市道路网密度	km/km²	+	1.953
	能源	能源消耗	12	能源的碳排放量	万 t	—	1.976
			13	非化石能源占比	%	+	1.939
		电力能源	14	全社会用电量	万 kW·h	—	4.180
	设施	市政设施	15	人均日生活用水量	L	—	2.842
			16	再生水利用率	%	+	3.026
			17	城市生活污水集中收集率	%	+	2.033
			18	居民人均生活垃圾产生量	t/年	—	3.195
			19	城市生活垃圾资源化利用率	%	+	2.795
			20	城市公共供水管网漏损率	%	—	3.179
		交通设施	21	绿色交通出行分担率	%	+	2.001
			22	专用自行车道密度	km/km²	+	2.972
			23	公交站点 500m 半径覆盖率	%	+	2.410
			24	新能源车辆占比	%	+	2.758
			25	社区低碳能源设施覆盖率	%	+	3.870

续表

类别	一级指标	二级指标	序号	三级指标	计量单位	指标类型	权重
碳源控制	文化	保护传承	26	历史建筑空置率	%	−	3.881
	社区	社区建设	27	完整居住社区覆盖率	%	+	3.443
			28	绿色社区占比	%	+	2.227
		社区管理	29	实施物业管理的住宅小区占比	%	+	2.696
	建筑	住房保障	30	新增保障性租赁住房套数占新增住房供应套数的比例	%	+	3.024
		绿色建筑	31	新建建筑中绿色建筑比例	%	+	0.001
			32	既有公共建筑能耗强度同比降低	%	+	3.301
	建造	绿色建造	33	新建建筑中装配式建筑比例	%	+	2.790
		循环利用	34	建筑垃圾资源化利用率	%	+	2.452
碳汇建设	生态	园林绿地	35	建成区绿地率	%	+	3.334
			36	森林覆盖率	%	+	1.966
			37	人均公园绿地面积	m²	+	2.119
			38	公园绿化活动场地服务半径覆盖率	%	+	1.968
			39	城市绿道服务半径覆盖率	%	+	2.857
		生态服务能力	40	新建、改建绿地中乡土适生植物应用占比	%	+	2.001
减碳机制	机制	政策机制	41	是否建立绿色低碳领域相关制度、标准计量体系、标准规范、工作体系、法律法规等,若存在上述情况,应在本年度指标评价中酌情设置加分项	分	+	—
		宣传引导	42	是否建立绿色低碳领域市场激励措施、鼓励市场参与绿色低碳建设,若存在上述情况,应在本年度指标评价中酌情设置加分项	分	+	—
治理成效	环境	生态环境质量	43	空气质量优良天数比率	%	+	2.057
			44	地表水达到或好于Ⅲ类水体比例	%	+	1.935

备注:灰色底色标注部分不参与计算得分。

3 衢州市绿色低碳体检实证分析

首先对衢州市绿色低碳水平进行整体评价,然后根据得分情况分析衢州市目前在绿色低碳方面存在的成效和问题,最后提出对策建议。

3.1 整体评价

首先对衢州、景德镇、杭州和宁波4座城市的基本信息进行对比,如图1所示,衢州的人均GDP和地区生产总值仅高于景德镇,衢州和景德镇的经济发展水平比较相近,但是相较于杭州和宁波有较大差距。

通过计算,衢州市总分最高,其次是景德镇、杭州,最后是宁波,如图2所示。不同类别得分情况如图3所示,可以看到衢州的碳排放数据方面得分最低,碳源控制得最好,治理成效和碳汇建设方面仅次于景德镇。

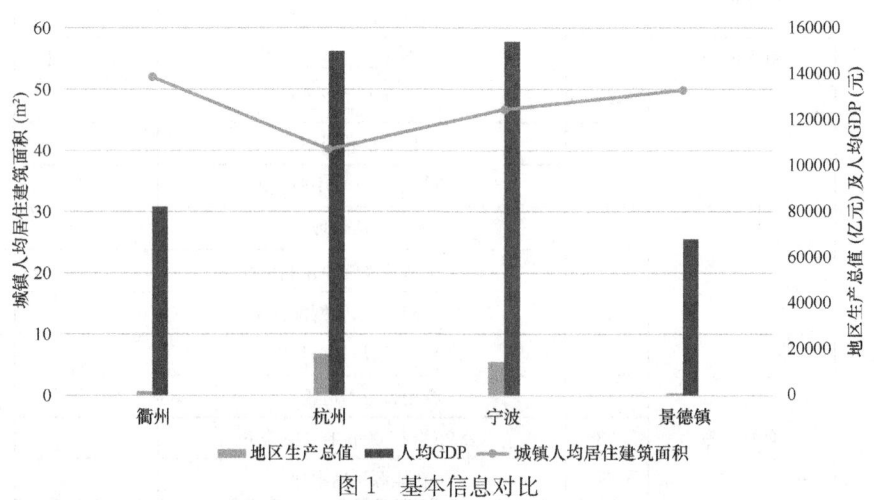

图1 基本信息对比

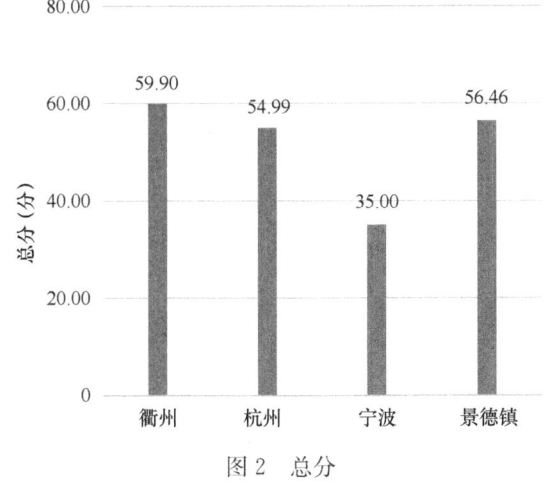

图 2 总分

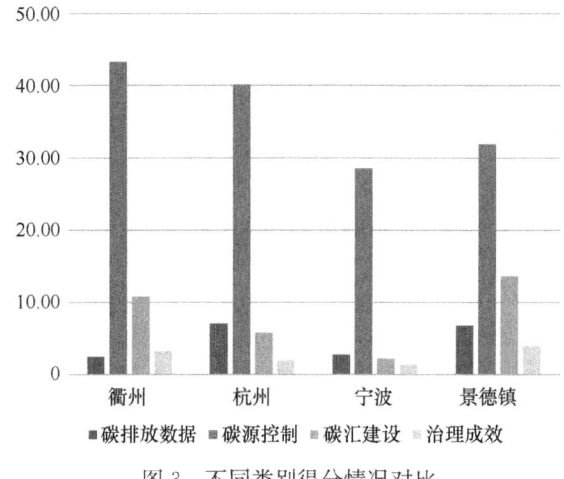

图 3 不同类别得分情况对比

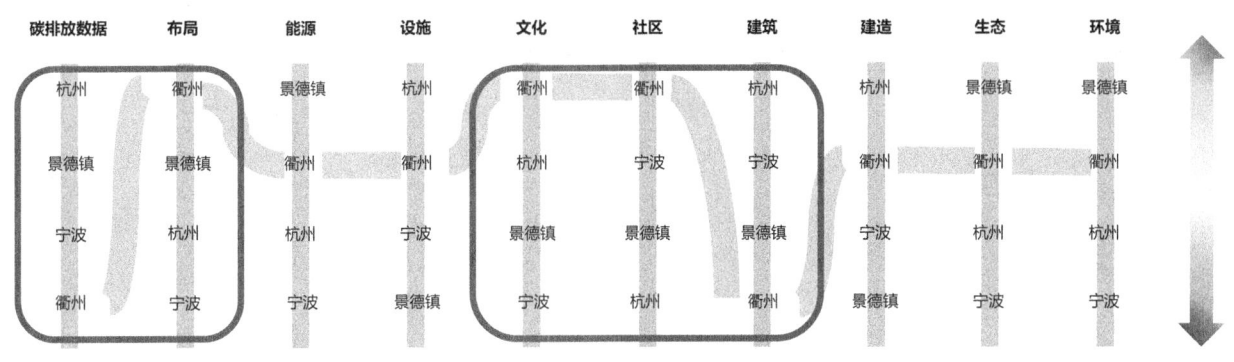

图 4 一级指标得分对比图

在大的类别下，对一级指标计算得分，分析衢州市的优势和劣势。如图 4 所示，衢州市得分普遍较高，在布局、文化和社区层面得分最高，在碳排放数据和建筑层面得分最低。

3.2 主要成效

（1）碳源控制方面：绿色社区建设位于前列

衢州市完整居住社区覆盖率和绿色社区占比得分均高于杭州、宁波和景德镇，社区建设位于前列。衢州市借力老旧小区改造项目政策资源，推进绿色社区建设。

（2）治理成效方面：生态环境质量优异

在生态和环境层面，衢州市得分均较高。衢州市森林覆盖率、公园绿化活动场地服务半径覆盖率和城市绿道服务半径覆盖率均高于其他 3 个城市。2021 年，衢州市积极拓宽"两山"转化通道，重视城市生态环境建设，在 2021 年城市体检的 59 样本城市中，衢州市空气质量优良天数比率、地表水达到或好于Ⅲ类水体比例位居前列（资料来源：中国城市体检报告（2021）），如图 5、图 6 所示。

3.3 主要问题

（1）碳排放数据方面：碳排放量较高

在 59 个样本城市中，根据《中国城市二氧化碳排放数据集（2020）》，可以看到衢州市在小城市中单位总 GDP 二氧化碳排放量位于前列，人均碳排放量也位于前列，同时高于很多大城市和中等城市，衢州市碳排放量亟须降低，如图 7、图 8 所示；可以推断出衢州市经济增长较多依赖于高能耗产业。

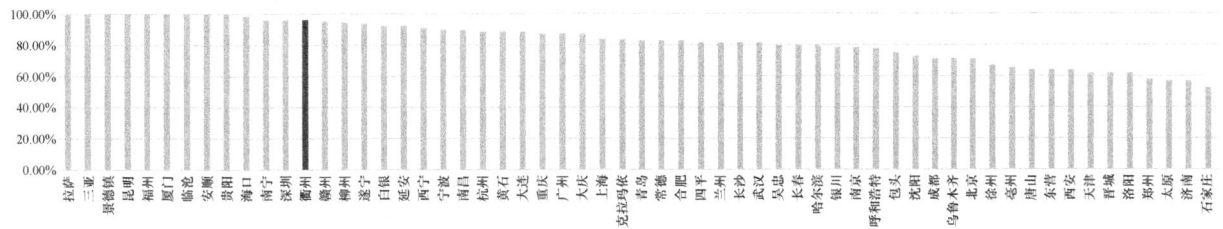

图 5 59 个城市空气质量优良天数比率对比图

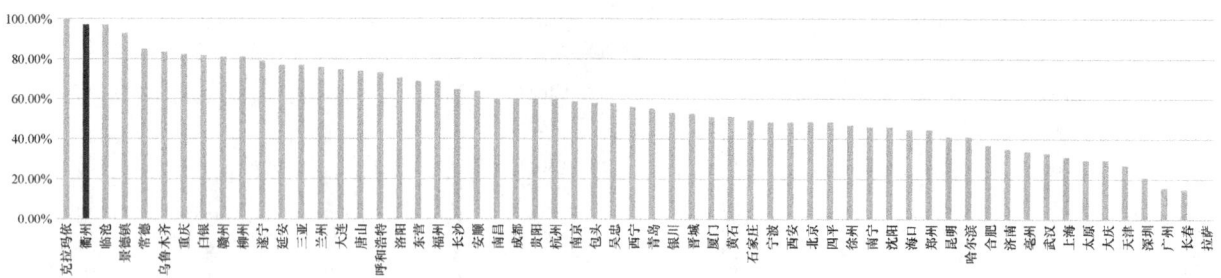

图6 59个城市地表水达到或好于Ⅲ类水体比例对比图

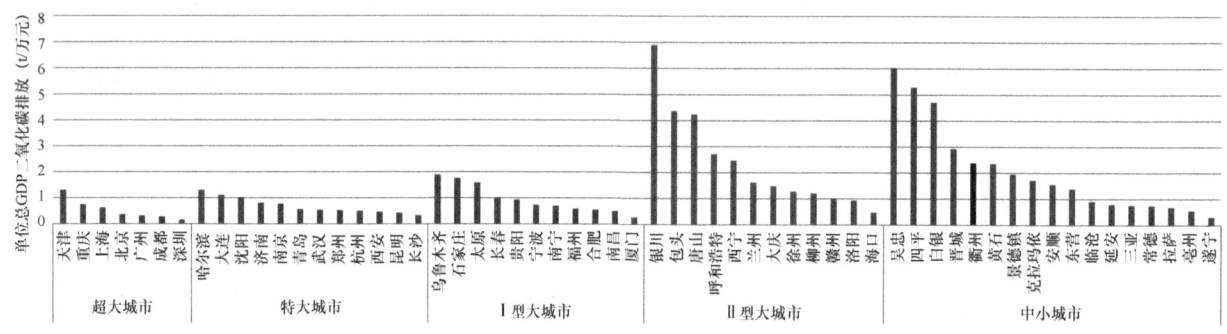

图7 59个城市单位总GDP二氧化碳排放量对比图

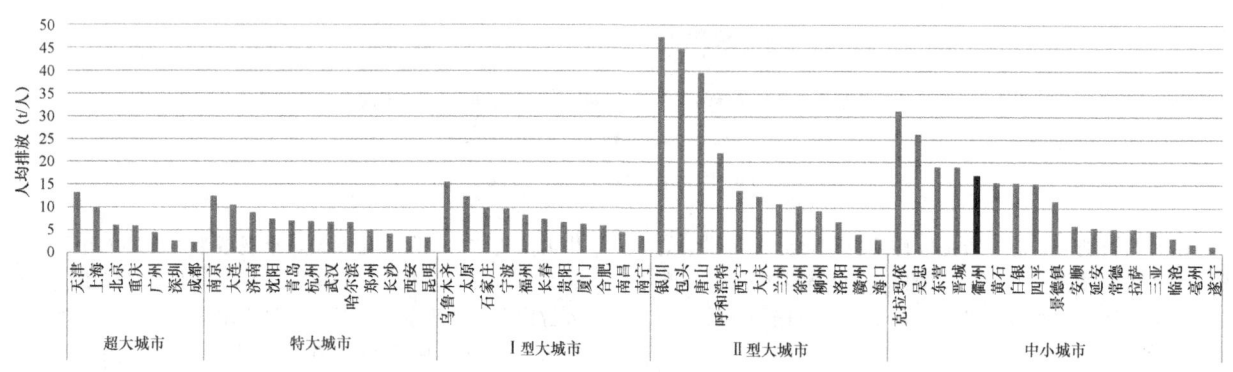

图8 59个城市人均碳排放量对比图

(2) 碳源控制方面：建筑能耗较高，绿色交通网结构不完善

衢州市在建筑层面得分最低，其中新建建筑中绿色建筑比例得分最高，但是既有公共建筑能耗强度同比降低得分最低，应加强对现有建筑绿色化的改造。从衢州市市域内选取2015—2021年耗电量最高的前200个建筑，找出位于建成区内耗电量较高的建筑进行分析，将其分为工业、办公、经营性企业和公共服务四大类，分析结果为衢州市工业类别的用电量远高于其他类别。

在绿色交通上，虽然衢州市绿色交通出行分担率、社区低碳能源设施覆盖率得分比较高，但是专用自行车道密度、公交站点500m半径覆盖率、新能源车辆占比得分较低。首先，公交站点在南区和东区南部分较少，剔除大型封闭厂区不适宜建站点的区域，公交站点未覆盖区域主要在东区南部。其次，专用自行车道总长度不足，且分布不均，专用自行车道主要集中在西区和老城区，其他区域较少。

3.4 对策建议

(1) 分析源头，精准施策

对于衢州市碳排放量较高的问题，应找出碳排放量过高的源头。衢州作为浙江省传统重化工业基地，来自工业的碳排放量占到了全市碳排放量的90%以上[4]，应该着重对衢州产业进行转型升级，减少工业领域碳排放量。对碳排放量过高的重点领域，应加大投资力度，推动产业转型绿色化，走清洁、集约的绿色低碳发展道路。

(2) 推动绿色发展方式，建造绿色建筑

第一，推动绿色发展方式，依托"碳账户"优势，持续探索低碳转型金融路径，让低碳者收益、减排者获利。深入践行绿色发展理念，探索政府主导、市场运作、公众参与的绿色生产、生活方式。

第二，全面提升建筑节能与绿色建筑发展水平，将绿色发展理念融入建筑建造、施工、运营全过程之中，推动绿色建筑全产业链协同发展，减少建筑能耗。积极创新技术，探索可持续发展路径，推动可再生能源应用、实施建筑电气化工程，为建筑"绿色化"发展筑好坚实根基。

（3）提倡绿色生活方式，充分发挥居民的主观能动性

第一，应积极提倡绿色生活方式，创建可以让居民绿色生活的物质环境，根据城市布局、居民区位置，合理规划路网结构，推进公交、自行车道的建设，提高道路的可达性。同时，提高新能源和清洁能源车辆比例，逐步淘汰高耗能、高排放车辆。

第二，要积极主动推动公众参与绿色社区建设全过程，充分发挥居民的主观能动性。通过互联网、邻里通等多种渠道进行宣传，及时回应群众关切问题。同时坚持政府机关带头，发挥示范带动和正面引导作用，充分调动广大群众的主观能动性，积极主动投身到绿色社区工作中来，践行绿色生活方式。

4 结论

城市体检工作目前还处在不断探索之中，相关的指标体系、技术方法等仍在不断完善。衢州作为自然资源条件十分丰富的城市，有着得天独厚的优势，同时作为绿色金融改革创新试验区，应该重点关注城市绿色低碳方面的发展。本文通过对衢州进行绿色低碳专项体检，了解目前衢州在绿色低碳方面的优势和问题，提出针对性的建议，提倡城市绿色发展、居民绿色生活，发挥居民的主观能动性，参与到城市绿色低碳建设之中，实现城市的可持续发展。

参考文献

[1] 苏涛永，郁雨竹，潘俊汐．低碳城市和创新型城市双试点的碳减排效应——基于绿色创新与产业升级的协同视角[J]．科学学与科学技术管理，2022，43(1)：21-37．

[2] 王凯．开展城市体检评估工作建设没有"城市病"的城市[N]．中国建设报，2021-11-08(001)．

[3] 李扬杰，张莉．基于全局熵值法的长江上游地区产业生态化水平动态评价[J]．生态经济，2021，37(7)：44-48，56．

[4] 孟扬，张冰洁．探索低碳发展的"衢州路径"[N]．金融时报，2022-06-15(004)．

作者简介

高晗，2000年生，女，汉族，吉林松原人，中国城市规划设计研究院硕士在读，研究方向为城乡规划。电子邮箱：gaoh426426@163.com。

风景园林与城市更新

城市更新背景下西安市适老设施布局公平优化研究

刘令贵　屠宇恒　周　典*

摘　要：城市适老设施布局是城市更新时期城市规划研究的重要内容之一。本文以西安市为例，以 GIS 技术、POI 数据为支撑，通过采用空间连接、核密度分析、缓冲区分析方法，系统分析适老设施的空间分布特征及其与住区分布的匹配关系，并通过设施覆盖率指标计算，评价西安市适老设施的配置水平。结果表明：（1）适老设施分布不均衡，主城区聚集性明显，总体呈现单中心或多种的模式存在。（2）适老设施的空间布局特征存在差异，既与居住小区的空间存在一定关联性，又体现了不同设施的属性特点。（3）适老设施综合配置水平较高，城区差异明显，环境设施和科教文化设施配置水平较低。本文的研究结果，可为城市更新背景下西安市适老设施的规划提供决策参考，为 POI 数据在城市规划中的应用作进一步的探索。
关键词：城市更新；适老设施；GIS；POI；覆盖率

Abstract: The layout of elderly-friendly urban facilities is one of the crucial components of urban planning research during the urban renewal period. Taking Xi'an as an example, this article utilizes GIS technology and POI data for support. It systematically analyzes the spatial distribution characteristics of elderly-friendly facilities and their matching relationship with residential areas through methods such as spatial connectivity, kernel density analysis, and buffer analysis. It also evaluates the level of elderly-friendly facility provision in Xi'an through the calculation of a facility coverage index. The results reveal the following: (1) The distribution of elderly-friendly facilities is uneven, with a noticeable concentration in the main urban areas, resulting in an overall pattern of either single-center or multi-center existence. (2) Variations exist in the spatial layout characteristics of these facilities, showing both a certain degree of correlation with the spatial layout of residential neighborhoods and reflecting the distinctive features of different facilities. (3) The comprehensive configuration level of elderly-friendly facilities is relatively high, with clear differences among urban areas, while the configuration levels for environmental facilities and scientific, educational, and cultural facilities are comparatively lower. The findings from this study can provide decision-making references for the planning of elderly-friendly facilities in Xi' an within the context of urban renewal and further explore the application of POI data in urban planning.
Keywords: Urban Renewal; Age-Friendly Facilities; GIS; POI; Coverage

引言

近年来，随着我国城镇化建设的深入推进，城市规划正在向以人为本、重视人的生活质量的方向转型。同时，人们的需求也由物质基础转向更高层次的精神和品质追求。实现城市生活的便利与公平，对于满足人们日益增长的美好生活需要具有一定现实价值。适老设施是城市社会性养老服务的依托载体，充分的适老设施可达性是保障老人生活质量的重要前提。因此，优化和完善适老设施配置，对实现城市高质量发展具有重要意义。

"生活圈"规划作为实现公共资源的均等、精准化配置和维护社会公正的重要举措，将是未来城市规划转型的落脚点。其内涵强调从居民基本生活需求出发，进行合理的圈层划分，进而分级配置基本服务与各类居民生活关联设施。"15min 生活圈"是从社区规划的层面对"生活圈"概念的应用，实现 15min 步行可达各类生活关联设施，能够切实提高居民的幸福感与生活质量[1]。但目前对居民基本生活需求的模式预设更多是从有工作的青壮年群体考虑[2]，虽然这可能是城市中占比较多的主要人群，但结合我国不断加剧的人口老龄化问题，未来生活圈规划应更加重视城市老年人这类弱势群体的需求，推进各类适老设施均等、精细配置。

综上，本文以西安市主城区为例，以老年群体为研究对象，从"15min 生活圈"视角探究城市住区与适老设施的耦合性。通过采用空间连接、核密度分析、缓冲区分析方法，系统分析适老设施的空间分布特征及其与住区分布的匹配关系，并通过设施覆盖率指标计算，评价适老设施的配置水平，旨在为我国城市适老设施的合理配置提供理论依据和实例支撑。

1 "15分钟生活圈"研究进展

日本是最早提出"生活圈"规划的国家。1965年，日本出台《第二次全国综合开发规划》中，提出"广域生活圈"的规划概念，即以广域生活圈为单位提升整体人居环境的规划构想，并逐渐发展成为本国合理配置基础设施和公共服务设施、促进地区均衡发展的重要策略，一直延续至今，并逐渐从城市尺度细化到社区尺度，成为日本城市规划和城市管理的基础单元。后来受到日本的影响，"生活圈"规划概念被韩国等国家和地区广泛运用[3]。

近年来，随着国内城市发展问题日益显著，关于城市"生活圈"规划的研究逐渐兴起。赵鹏军等利用手机信令和 POI 数据对北京市居民生活圈范围和公共服务设施可达性水平进行定量测度，并通过局部空间双变量分析揭示两者的空间匹配关系[4]；韩增林等将居民步行 15min 可达范围设定为 800m，利用 UNA 工具探讨"15min 生活圈"范围内公共服务设施的空间分布特征和可达性水平，研究发现大连市沙河口区公共服务设施分布呈"井"字形分布结构，其中 70% 的居住小区能够实现 15min 步行可达各类公共服务设施[5]；岑君毅等通过两步移动搜索法探讨广州市中小学设施分布的空间特征和可达性水平，结果表明广州市中小学设施分布呈多中心集聚的空间特征，且各城区的可达性水平存在较大差异，在中心城区范围内出现了"洼地"，即存在设施供给与需求的不匹配现象[6]。综上，国内"生活圈"研究成果主要以城市物质空间的设施配置及可达性研究为主，而较少关注微观个体的活动行为和需求。"15分钟生活圈"规划概念的引入，旨在从只关注"物"转向"人"的规划，从只关注城市公共服务设施的规模和数量转向重视设施的内涵与质量。肖凤玲等通过缓冲区（1000m）的空间分析方法测度乌鲁木齐市"15分钟生活圈"建设情况及现状问题，研究发现便民商业、医疗和教育类设施的覆盖水平最低，是未来配套设施建设的主要方向[7]。李健等采用便利度指数计算的方法，测度北京市公共服务设施的配置水平[8]；李俊研究发现长沙市"15分钟生活圈"建设仍存在设施配置不足和数量分布不均等问题[9]。赵彦云等结合POI数据测度各类公共服务设施的覆盖率和达标率，研究发现北京市各城区的交通和购物设施建设最为成熟，休闲广场和公园的覆盖率最低，供需缺口最大[3]。可见，如何划定"15分钟生活圈"的覆盖范围以及评价"15分钟生活圈"范围内城市公共服务设施的建设现状，正逐渐成为新的研究热点。

2 数据与方法

2.1 研究区概况

西安市地处关中平原，是我国西北部重要的国家中心城市。城市建成区面积约为10752km²。西安市共下辖11个行政区，2个县。根据第七次全国人口普查结果，截至2020年11月，西安市常住人口为12952907人，60岁及以上人口为2075318人，占16.02%，具体数据如表1所示。

西安市13区县老龄化率　　表1

地区	面积(km²)	常住人口数	60岁及以上人口数	老龄化率(%)
碑林区	23	756840	152839	20.19
新城区	31	644702	128592	19.95
莲湖区	43	1019102	182279	17.89
雁塔区	152	1202038	162616	13.53
未央区	262	733403	94093	12.83
灞桥区	332	593962	90541	15.24
鄠邑区	1282	459417	95652	20.82
长安区	1594	1090600	154570	14.17
临潼区	915	675961	142480	21.08
高陵区	294	416996	76833	18.43
阎良区	244	281536	57319	20.36
蓝田县	2006	491975	114785	23.33
周至县	2947	504144	106879	21.20

资料来源：作者根据七普数据整理。

本文以西安市主城区为研究对象，其包括未央区、灞桥区、莲湖区、新城区、碑林区和雁塔区。对比西安市所有区县的老年人口数量，莲湖区的老年人数量最多，雁塔区其次。同样面积较小的碑林区和新城区老龄化率也都接近20%。主城区老年人基数大，老年人对养老服务的需求也大，且养老服务设施配置较完备。因此，以主城六区为研究对象，能够较好地代表西安市公共服务设施布局的基础情况。

2.2 数据来源

本文数据主要来源于网络开放数据。本文POI数据来源于百度地图开放平台，通过申请百度地图Web服务API，利用Python代码爬取西安市主城区各类公共服务设施和居住小区的POI数据，经过数据去重处理，最终获得3796条居住小区数据和104207条公共服务设施数据。本文适老设施指标体系参考何静发表于《建筑学报》的文献[10]，将适老设施划分为9大类一级指标和35小类二级指标。另外，文中所确定的中心城区边界和行政区划数据来源于西安市城市总体规划（2008—2020年）CAD文件。

2.3 研究方法

2.3.1 "15分钟社区生活圈"评价范围的确定

1929年美国社会学家科拉伦斯·佩里（Clarence Perry）创建了以800m为单位的"邻里单元"（neighbourhood unit）理论，早年被应用于韩国住区的规划和建设。新城市主义代表人物彼得·卡尔索普提出，以5～10min步行路程（400～800m）为半径，建立集工作、居住、商业、文化、教育等为一体的社区，可以实现便捷易达的"一站式"生活圈。孙德芳等通过问卷调查的形式，获取居民在日常生活中愿意为到达各类公共服务设施所付出的时间成本，考虑老人和儿童的出行舒适度和最佳出行时长，以800m服务半径划定初级生活圈[11]；杨阳利用GIS路径分析，确定800m为服务半径确定道路范围内公共服务设施的种类对济南市住区环境与家庭出行能耗进行研究，结果表明，住区规划设计提升公共服务设施可达性可以降低家庭出行能耗[12]。因此，从生活圈划分理论的"一刻钟生活圈"出发，结合满足老年人日常生活所必需的适老设施需求，确定以800m为研究尺度。西安各城区内步行交通体系以垂直东西南北分布，800m的空间单元符合老年人实际步行路径，因而便于开展基于城市适老设施的覆盖率研究。

2.3.2 养老服务设施覆盖率计算

为了探究西安市老年人日常生活所必需的适老设施是否满足15min步行可达，本文基于全量POI数据，通过设施覆盖率指标计算，测度西安市9大类适老设施的覆盖情况。

覆盖率计算步骤如下：

假设市内某住宅小区s，以小区中心点为圆心、800m为半径划定圆形缓冲区，缓冲区内即为该小区居民的800m步行可达范围。

若住宅小区 s 在 800m 步行可达范围内存在 i 类生活设施，则称该小区 s 被生活服务设施 i 所覆盖。

最后用被该类生活设施 i 覆盖的小区数量除以该街道范围内的所有住宅小区数量，即为生活服务设施 i 在该街道范围的覆盖率。

具体计算公式如下：

$$C_{i,j,k,s} = \begin{cases} 1, \exists\, F_{j,k} \in N_1(Community_{i,s}) \\ 0, others \end{cases}$$

$$Cover_{i,k} = \frac{\sum_{s=1}^{m_i} C_{i,j,k,s}}{m_i}$$

式中，$F_{j,k}$ 为第 j 大类第 k 小类适老设施；$Community_{i,s}$ 为城区 i 中的小区 s，$C_{i,j,k,s}$ 为城区中的小区 s 的 800m 邻域内是否存在适老设施 $F_{j,k}$，存在即表示被覆盖；$Cover_{i,k}$ 为第 i 个城区适老设施 $F_{j,k}$ 的覆盖率，代表不同区域的覆盖水平；m_i 为该城区包括的小区数量。

计算适老设施 $F_{j,k}$ 在西安市六城区的综合覆盖率，需要对该设施在每个城区的覆盖率计算加权平均数，即用该设施在第 i 个城区的覆盖率乘以权重，权重即为该城区中居住小区的数量比全市六城区居住小区的总数，最后将六城区的数据相加。计算公式如下：

$$TCover_k = \sum_{i=1}^{6} Cover_{i,k} \frac{m_i}{\sum_{i=1}^{6} m_i}$$

$$= \sum_{i=1}^{6} \frac{\sum_{s=1}^{m_i} C_{i,j,k,s}}{m_i} \frac{m_i}{\sum_{i=1}^{6} m_i}$$

$$= \sum_{i=1}^{6} \frac{\sum_{s=1}^{m_i} C_{i,j,k,s}}{\sum_{i=1}^{6} m_i}$$

式中，$TCover_k$ 为适老设施 $F_{j,k}$ 在全市范围的覆盖率。西安市适老设施在主城区的 800m 步行可达范围覆盖率情况见表 2。

中心城区"15 分钟生活圈"各类设施覆盖率　　　　　　表 2

一级	二级	西安市六城区	碑林区	莲湖区	新城区	雁塔区	未央区	灞桥区
交通设施	公交站点	98.72	100.00	99.75	100.00	97.95	98.33	97.06
	地铁站点	71.04	88.17	82.27	82.85	66.44	61.72	51.66
餐饮设施	中餐厅	98.99	100.00	100.00	100.00	97.85	99.52	97.06
	老年餐厅	58.57	73.04	83.74	77.35	49.95	43.90	33.66
购物设施	百货商场	88.68	98.26	96.18	97.41	87.32	83.73	71.43
	便利店	99.33	100.00	100.00	100.00	98.63	99.28	98.63
	超市连锁	93.06	100.00	100.00	100.00	88.39	89.95	84.93
	农贸综合	97.13	100.00	100.00	100.00	94.93	98.09	90.41
生活服务设施	日间照料中心	58.57	73.04	83.74	77.35	49.95	43.90	33.66
	老年服务中心	25.67	44.87	27.71	50.49	22.83	9.93	17.22
	营业厅	86.44	99.83	96.18	97.41	80.68	78.23	74.95
	美容美发	96.89	100.00	100.00	100.00	94.44	96.77	91.78
	维修护理	90.36	100.00	99.75	100.00	80.68	88.88	81.41
	公共厕所	97.83	100.00	100.00	100.00	97.27	97.85	91.59
体育与休闲娱乐设施	运动场馆	95.47	100.00	100.00	99.68	95.80	92.58	84.54
	度假疗养	64.38	93.22	83.87	69.58	53.95	49.88	44.42
	老年活动室	49.76	75.48	50.99	64.72	44.29	45.33	27.40
	休闲场所	90.26	99.65	97.54	97.09	87.90	88.16	72.02
医疗保健设施	综合医院	87.56	100.00	90.27	94.50	91.22	76.08	76.32
	专科医院	84.61	100.00	95.57	99.35	81.27	77.51	59.10
	诊所	94.80	100.00	100.00	100.00	90.93	91.39	91.39
	急救中心	18.98	52.00	17.00	24.92	13.07	8.85	10.18
	医药销售	95.14	100.00	100.00	100.00	93.66	93.54	84.54

续表

一级	二级	西安市六城区	碑林区	莲湖区	新城区	雁塔区	未央区	灞桥区
科教文化设施	老年大学	23.53	42.78	20.94	42.72	24.78	5.98	20.35
	老年协会	6.19	4.87	4.93	5.18	11.22	0	10.37
	博物展览馆	12.56	40.17	10.59	16.50	13.66	0.12	0.20
	美术艺术馆	43.15	78.61	34.61	40.45	51.90	19.26	39.92
	图书文化活动	57.98	85.91	62.56	60.84	62.93	37.08	42.07
	幼儿园	95.51	100.00	99.63	100.00	92.68	96.05	85.91
	小学	87.40	99.13	96.31	88.67	86.15	80.26	73.97
	中学	64.32	96.35	80.05	74.43	54.63	48.56	43.84
金融设施	银行	92.53	100.00	99.75	100.00	91.90	85.41	81.21
	银行ATM	93.79	100.00	100.00	100.00	93.17	90.07	80.43
环境设施	公园	36.93	65.04	54.43	27.83	32.88	11.60	35.62
	广场	37.15	71.65	49.51	33.01	37.07	17.70	14.29
	旅游景点	66.32	92.70	80.42	59.55	68.39	52.51	37.38
各区综合平均覆盖率			87.49	81.40	80.78	71.68	66.07	61.69

3 结果与讨论

3.1 研究结果

由计算结果（表2）可得，西安市中心城区"15分钟生活圈"范围内的购物、餐饮、交通出行、便民类设施的覆盖率结果均超过90%，表明西安市中心城区的"15分钟生活圈"建设情况较好，可满足大部分老年人15min步行可达各类适老设施。其中覆盖率由高到低依次排序分别是便利店、中餐厅、公交站点、公共厕所、农贸综合等，结果基本符合老年人日常生活需求频率特点。

不同类型的适老设施覆盖水平存在一定的差异。在交通设施中，西安市主城区的公交站点覆盖水平较佳，覆盖率均值达到98.72%。其中，碑林区和莲湖区的公交站点已实现全区覆盖，其他四区也基本实现。在餐饮设施和购物设施中，除老年餐厅和百货商场的覆盖率较低外，其他适老设施的覆盖率均达到90%。在生活服务设施中，美容美发、维修护理、营业厅等与老年人日常生活关联较紧密的设施覆盖率显著高于日间照料中心和老年服务中心。在体育与休闲娱乐设施方面，运动场馆和休闲场所的覆盖率达到90%，度假疗养和老年活动室覆盖率相对较低。在医疗保健设施中，急救中心覆盖率相对较低，仅为18.98%，与其他设施覆盖水平存在显著差异。在科教文化设施中，仅幼儿园覆盖率达到90%，其他设施覆盖水平明显不足且存在较大差距，其中老年协会和老年大学的覆盖率分别为6.19%和23.53%。金融设施覆盖率在各类型中相对较好，银行和银行ATM基本都能实现90%的覆盖率。在环境设施中，公园、广场、旅游景点的覆盖率相对其他设施明显偏低，均不足70%。可见，西安市"15分钟生活圈"建设基本满足老年人的日常活动需求，但在养老、助老服务和老年活动空间建设方面仍有缺失，是补短板的重要方向。

西安市各城区之间适老设施的综合平均覆盖率存在一定差异，由高到低排名分别是：碑林区＞莲湖区＞新城区＞雁塔区＞未央区＞灞桥区，说明老城区的适老设施建设基础较好。其中，碑林区作为西安市中心城区的核心区，是人口和商业最为密集的区域，因建成时间长，各类适老设施配置相对完备，大部分设施的覆盖率结果均高于其他城区，综合平均覆盖率达到87.49%。而位于中心城区外围的未央区、灞桥区的养老关联服务设施的覆盖率均低于70%。可见，"15分钟生活圈"建设水平和与城区发展阶段和人口集聚过程存在关联性。

3.2 研究结论

本文以西安市主城区为例，从"15分钟生活圈"研究视角出发，结合适老设施和居住小区的POI数据，利用Arcgis空间分析工具，探讨老年人步行"15分钟生活圈"可达范围内各类适老设施的空间分布特征和覆盖率问题，并对居住小区与各类适老设施的空间匹配状况进行评价，有利于更好地判断西安市"15分钟生活圈"建设现状及可能问题，为科学规划城市社区养老生活环境提供有益建议。本研究主要结论有：

（1）利用POI数据对城市住区与9大类适老设施进行核密度分析，发现各类适老设施的空间布局特征存在一定差异，既与居住小区的空间分布存在一定关联性，呈现出由居住小区集聚的中心城区向外圈层递减的空间分布规律，又体现了不同设施的属性特点。

（2）从"15分钟生活圈"范围内适老设施的覆盖率结果来看，不同类型的适老设施覆盖水平存在一定的差异。以便利店、农贸综合为代表的购物设施和以公交站点为代表的交通设施的覆盖水平最高，基本实现全覆盖；以公园、广场为代表的环境设施和以老年协会和老年大学为代表的科教文化设施覆盖水平较低，与老年人需求之间的矛盾最为突出，供给缺口最大，是西安市"15分钟生活圈"规划和建设的主攻方向。

（3）通过各城区适老设施覆盖水平的对比发现，不同城区"15分钟生活圈"的覆盖水平与城区发展阶段和人口集聚过程存在关联性。以碑林区、新城区为代表的核心区内的养老关联生活设施覆盖率相对较高，以未央区、灞桥区为代表的外围区覆盖率相对偏低。其中，各城区在体育与休闲娱乐、医疗保健、生活服务、环境4类设施覆盖率上的差距最为显著。因此，未来西安市建设"15分钟生活圈"应注重加强外围城区的适老设施规划和建设，尤其是体育与休闲娱乐、医疗保健、生活服务、环境4类设施，老城区应加强改造过程中适老设施服务内容和质量的提升。

参考文献

[1] Department T U E.概念·方法·实践："15分钟社区生活圈规划"的核心要义辨析学术笔谈[J].城市规划学刊，2020，255(1)：1-8.

[2] 柴彦威，李春江.城市生活圈规划：从研究到实践[J].城市规划，2019，43(5)：9-16，60.

[3] 赵彦云，张波，周芳.基于POI的北京市"15分钟社区生活圈"空间测度研究[J].调研世界，2018(5)：17-24.

[4] 赵鹏军，罗佳，胡昊宇.基于大数据的生活圈范围与服务设施空间匹配研究：以北京为例[J].地理科学进展，2021，40(4)：541-553.

[5] 韩增林，李源，刘天宝，等.社区生活圈公共服务设施配置的空间分异分析——以大连市沙河口区为例[J].地理科学进展，2019，38(11)：1701-1711.

[6] 岑君毅，李郇，余炜楷.广州城市基础教育设施空间分布特征与规划供给机制研究[J].规划师，2019，35(24)：5-12.

[7] 肖凤玲，杜宏茹，张小雷."15分钟生活圈"视角下住宅小区与公共服务设施空间配置评价——以乌鲁木齐市为例[J].干旱区地理，2021，44(2)：574-583.

[8] 李健，张松海.基于兴趣点的北京市住宅生活便利度指数研究[J].计算机辅助设计与图形学学报，2021，33(4)：609-615.

[9] 李俊.基于POI的长沙市15分钟社区生活圈评价及优化研究[D].兰州：兰州大学，2019.

[10] 何静，周典，戴靓华.基于需求理论的城市适老设施评价体系研究[J].建筑学报，2020(S2)：37-44.

[11] 孙德芳，沈山，武廷海.生活圈理论视角下的县域公共服务设施配置研究——以江苏省邳州市为例[J].规划师，2012，28(8)：68-72.

[12] 杨阳.济南市住区建成环境与家庭出行能耗关系的量化研究[D].北京：清华大学，2013.

作者简介

刘令贵，1987年生，男，汉族，山东邹城人，博士，西安交通大学人文社会科学学院，副教授，研究方向为老年健康环境。电子邮箱：liulinggui@xjtu.edu.cn。

屠宇恒，2000年生，男，汉族，浙江宁波人，西安交通大学硕士在读，研究方向为老年健康环境。电子邮箱：1123860265@qq.com。

（通信作者）周典，1965年生，男，汉族，博士，人居环境与建筑工程学院，教授（二级），研究方向为居住环境规划与设计。电子邮箱：Dian-z@mail.xjtu.edu.cn。

基于社交媒体数据的北京市高热度公园多尺度评价体系研究

Research on the Multiscale Evaluation System of High Heat Parks in Beijing Based on Social Media Data

丁婷婷

摘 要：城市更新政策背景下公园已成为城市中重要的绿色休闲空间，社交媒体数据是当前景观研究的重要数据来源，游客在社交媒体上所发布的评论信息数据为公园系统性评价提供了新的契机。为充分了解北京市城市公园的发展现状，研究基于社交媒体数据文本分析的方法，针对不同人群特征、公园类型、游憩活动的时空分布等特征，多维度对比了北京市热度最高的50个城市公园的评价结果，并基于重要性-绩效分析（IPA）方法探讨影响公园满意度的主要因素。通过社交媒体数据的研究结果，深入剖析北京市热点公园的游客吸引力以及现状问题，拓宽对北京市城市公园游客活动和需求的认识，为公园城市建设提供有效的数据支撑。此外，研究北京市热点公园可以促进多样立地条件下的景观优势分析，以更有针对性和吸引力的方式整合各种资源，进行公园管理和规划，完善生态休闲服务体系。

关键词：城市公园；文本分析；社交媒体数据；大数据分析；IPA分析

Abstract: Under the background of urban renewal policies, parks have become important green leisure spaces in cities. Social media data is an important source of data for current landscape research, and the comment information data posted by tourists on social media provides new opportunities for systematic evaluation of parks. In order to fully understand the current development status of urban parks in Beijing, a method based on text analysis of social media data was studied. The evaluation results of the 50 most popular urban parks in Beijing were compared from multiple dimensions based on different demographic characteristics, park types, and spatial and temporal distribution of recreational activities. The main factors affecting park satisfaction were explored using the Importance Performance Analysis (IPA) method. Through the research results of social media data, in-depth analysis is conducted on the tourist attraction and current problems of popular parks in Beijing, broadening the understanding of tourist activities and needs of urban parks in Beijing, and providing effective data support for the construction of park cities. In addition, studying popular parks in Beijing can promote the analysis of landscape advantages under diverse site conditions, integrate various resources for park management and planning in a more targeted and attractive manner, and improve the ecological leisure service system.

Keywords: Urban Parks; Text Analysis; Social Media Data; Big Data Analysis; IPA Analysis

引言

当前城市发展正在由外延扩张式向内涵提升式转变，城市更新作为以盘活存量用地和空间结构优化为支撑的城市发展和治理方式，是国土空间规划管理的重要内容。2021年全国人民代表大会和中国人民政治协商会议将城市更新首次写入政府工作报告，《"十四五"发展规划及2035年愿景目标纲要》也明确提出实施城市更新行动，推动城市空间的结构优化和品质提升。城市公园作为人们进行日常活动的重要场所，为市民提供了"开窗见绿""出门见园"的就近休闲活动空间，不仅可以提升居住工作环境品质，也可以通过赋予其多样化的功能提升人民幸福感。北京市作为"国家第一批城市更新试点城市"，城市公园的功能优化成为其城市更新政策中尤为重要的一部分，因此人们对于公园绿地的使用评价和建议反馈也是城市更新工作中不可忽视的重要内容。

现有针对公园绿地功能评价的研究大多为单个公园的问卷调查分析，存在内容类别局限、数据样本量小、采集时间不足等问题，对研究结果的普遍性和准确率有一定的影响[1-3]。因此从不同的使用者角度出发，基于时间和空间两大维度针对各类公园服务功能评价的对比分析研究较为少见。

伴随网络信息技术的发展和普及，市民参与城市公园公众评价的途径越来越多元，越来越多的科学研究开始关注大数据下的人本感受，以自下而上的思想理念认识城市[4]。如今利用手机信令、卫星定位、社交媒体等平台数据等进行分析成为城市公园绿地大数据研究的直接手段。牛欣怡等利用手机信令数据，通过核密度法等及时提取了人口分布状况，为城市空间结构的研究提供了新思路[5-7]。李雄等利用卫星定位和GIS研究人们的出行变化特点，为进一步改善城市绿地环境体验补充了新方法[8-11]。社交媒体数据作为多源城市数据之一，以人为中心，传递日常生活、个人体验等信息，已被众多学者认可为公众参与实践的重要工具，它重新审视了我们对城市公园的理解[12]。以网络社交媒体为平台展开研究分析，能够为公众参与城市公园功能优化提供一种新的途径，有助于建成符合人民需求的城市环境，进一步提升人民幸福感，对城市更新背景下的城市公园功能优化具有重要意义。

1 研究方法与体系构建

本研究以北京市 50 个高热度公园为研究对象，通过采集社交媒体上各个时段中用户对各个公园的评论信息，使用文本分析的方法，得到不同人口统计学特征、不同类型、不同时间、不同区位下的公园评价文本的差异结果并探究其原因，进而基于重要性-绩效分析（IPA）方法探讨影响公园游憩满意度的主要因素，最终明确在城市更新背景下城市公园的优化方向，提供有效建议。

1.1 研究对象

研究区域选取北京市，选择我国某主流的社交媒体网站作为研究获取的数据来源平台，并选取该网站点评数量最多的前 50 个北京市高热度城市公园（表 1）作为研究对象，利用网络爬虫工具进行星级评分及评价信息的获取。同时结合我国城市绿地分类标准，为该项研究制定了一套基于公园属性的公园分类标准。所选取的 50 个公园根据属性不同被分为综合公园（23 个）、人文公园（9 个）、森林公园（12 个）、湿地公园（6 个）4 类。综合公园是内容丰富、适合开展各类户外活动、具有完善的游憩和配套管理服务设施的绿地；人文公园是重点展示特定历史文化并具有休闲游憩等功能的绿地；森林公园是具有一定规模、自然风景优美、可供人们进行游憩或活动的森林绿地；湿地公园是以良好的湿地生态环境和多样化的湿地景观资源为基础，具有多种功能、具备游憩和服务设施的绿地。此外，由于我国城市更新进程与城市投资市场变化息息相关，而城市投资市场整体呈现出以 3 年左右的波动周期，因此为便于研究城市更新背景下公园评论随时间的变化趋势，研究将 2006—2021 年分为 2006—2009 年、2010—2012 年、2013—2015 年、2016—2018 年、2019—2021 年五个大时段。

北京 50 个高热度公园名录　　表 1

序号	公园名称	所在区	是否收费	类别	平均星级	序号	公园名称	所在区	是否收费	类别	平均星级
1	玉渊潭公园	海淀区	收费	综合公园	4.48	26	青年湖公园	东城区	免费	综合公园	4.29
2	紫竹院公园	海淀区	免费	综合公园	4.38	27	龙潭公园	东城区	收费	综合公园	4.48
3	海淀公园	海淀区	免费	综合公园	4.49	28	柳荫公园	东城区	免费	综合公园	4.45
4	中坞公园	海淀区	免费	综合公园	4.75	29	天坛公园	东城区	收费	人文公园	4.63
5	玲珑公园	海淀区	免费	综合公园	4.59	30	地坛公园	东城区	收费	人文公园	4.42
6	香山公园	海淀区	收费	人文公园	4.41	31	中山公园	东城区	收费	人文公园	4.61
7	西山国家森林公园	海淀区	收费	森林公园	4.64	32	通州运河公园	通州区	免费	综合公园	4.50
8	百望山森林公园	海淀区	收费	森林公园	4.46	33	大运河森林公园	通州区	免费	森林公园	4.65
9	稻香湖自然湿地公园	海淀区	免费	湿地公园	4.37	34	城市绿心森林公园	通州区	免费	森林公园	4.54
10	翠湖湿地公园	海淀区	免费	湿地公园	4.29	35	东郊森林公园	通州区	免费	森林公园	4.67
11	朝阳公园	朝阳区	收费	综合公园	4.43	36	青龙湖公园	丰台区	收费	综合公园	4.22
12	北京温榆河公园	朝阳区	免费	综合公园	4.65	37	莲花池公园	丰台区	免费	综合公园	4.47
13	红领巾公园	朝阳区	免费	综合公园	4.46	38	绿堤公园	丰台区	免费	综合公园	4.38
14	太阳宫公园	朝阳区	免费	综合公园	4.26	39	北宫国家森林公园	丰台区	收费	森林公园	4.54
15	常营公园	朝阳区	免费	综合公园	4.54	40	北京冬奥公园	石景山区	免费	综合公园	4.45
16	奥林匹克森林公园	朝阳区	免费	森林公园	4.82	41	首钢园	石景山区	免费	人文公园	4.56
17	马家湾湿地公园	朝阳区	免费	湿地公园	4.48	42	永定河休闲森林公园	石景山区	免费	森林公园	4.27
18	陶然亭公园	西城区	收费	综合公园	4.46	43	南海子公园	大兴区	免费	综合公园	4.57
19	人定湖公园	西城区	免费	综合公园	4.47	44	亦庄新城滨河森林公园	大兴区	免费	森林公园	4.68
20	宣武艺园	西城区	免费	综合公园	4.55	45	昌平新城滨河森林公园	昌平区	免费	森林公园	4.51
21	北海公园	西城区	收费	人文公园	4.59	46	东小口森林公园	昌平区	免费	森林公园	4.40
22	北京大观园	西城区	收费	人文公园	4.34	47	野鸭湖国家湿地公园	延庆区	收费	湿地公园	4.39
23	月坛公园	西城区	收费	人文公园	4.29	48	北京世园公园	延庆区	免费	综合公园	4.45
24	景山公园	西城区	收费	人文公园	4.69	49	牛口峪湿地公园	房山区	免费	湿地公园	4.53
25	广阳谷城市森林公园	西城区	免费	森林公园	4.62	50	汉石桥湿地公园	顺义区	免费	湿地公园	3.88

注：公园名录来自某网站北京市"周边游"频道。

1.2 数据采集与处理

本次研究的采集数据来源于某网的北京市"周边游"频道，信息全部来源于用户基于真实体验和消费后的评论内容。首先筛选点评数量最多的前 50 个高热度城市公园，其中排名最末的点评数量也已超过 700 条，避免了样本过少导致偶然性高的问题。其次利用网络爬虫工具获取公园相关评价信息，包括：公园名称、用户 ID、点评文本内容、评价星级（1~5星）、评价时间、评价人性别和所在地域等。研究所抓取的评论时间集中在2006—2021年，避免了评论信息滞后导致结果偏颇的问题。在数据内容筛选方面，所采评论均为游客发布的没有任何商业行为的评论，以表达自己感受和情绪的语言作为判别标准，经筛选，309 865条、41 169 352字符的评论文本被确定为研究样本。

1.2.1 文本词频分析法

ROSTCM6软件是武汉大学沈阳教授研发编码的我国目前唯一的以辅助人文社会科学研究的大型免费社会计算平台。研究借助数据分析软件ROSTCM6中的"词频分析"以及"社会网络和语义网络分析"工具对文本进行量化处理，生成各个时段内50个城市公园的点评文本的高频词词频变化分析图和语义网络分析图，其中高频词词频变化分析图中的直方图表示每个大时段各自的前5名高频词以及它们的提及数量，折线图表示每个大时段都提及的前5名高频词的数量变化趋势；语义网络分析图由网络节点和有向线段组成，可以实现评价对象间属性的可视化分析，以便于进一步探究时间、空间两重维度下影响公园评价的要素及变化趋势。此外，分别提取每个时段内星级评分为5星的评价文本进行语义网络分析，生成正面语义网络图示；分别提取每个时段内星级评分为3星及以下的评价文本，生成负面语义网络图示。

1.2.2 IPA分析法

本研究归纳总结相关文献中的城市公园游憩要素和个体感官感知要素[13-14]，并提取已得到的网络点评文本高频词，记录游客集中的关注点，将两者结合确定评价因素，对各因素编码后分别形成相关评价体系，最终形成了具有4大指标、17个因素的公园游憩要素评价体系（表2）。其中，各种评价要素对于游客的重要性通过各要素的出现频次进行衡量，游客对各要素感知的满意度通过积极情绪文本在所有文本数据中的占比进行表示。

IPA分析图中以游客期望值（重要性）为横轴，以游客满意度为纵轴，并以总平均值作为X-Y轴的分隔点，形成具有优势保持区域、继续维持区域、缓慢改进区域、重点改进区域的评价模型（图1）。其中，游客期望值（重要性）通过各个因素出现的频次进行衡量，游客满意度通过积极情绪文本在文本数据中的占比进行衡量。本研究首先基于指标体系进行各指标所对应的文本数量的频率统计，其次参考李克特点量表的满意度的分级方法对评价文本进行分级，即评价文本的"1~5星级"分别对应"很不满意""不满意""一般""满意""很满意"[15]，并将4星以上的评价文本视作积极情感的文本，然后针对各指标分别进行积极情感文本的数量统计，以积极情绪文本比例衡量用户对该要素的满意程度。据此可以为公园的景观规划建设提供指导。

公园游憩要素评价体系　　表2

评价项	评价因子	评价因子阐释
景观质量（A）	自然生态环境（A1）	环境优美等环境质量评价
	植物景观（A2）	树木、叶子、花朵等植物景观观赏
	动物景观（A3）	鸭子、鸟、鱼、松鼠、青蛙等动物观赏
	山水景观（A4）	山、石、水、河流、湖泊、池塘等山水景观观赏
	历史人文景观（A5）	文化、历史、皇家、红墙、古亭、寺庙、圜丘、古树等特色景观观赏
游憩活动（B）	人文活动（B1）	展厅、庙会、祭祀、园艺等人文活动
	郊野活动（B2）	划船、露营、登山、野餐等郊野活动
	娱乐活动（B3）	跳舞、散步、拍照、休息等娱乐活动
	健身活动（B4）	锻炼、跑步、骑自行车、健身房等健身活动
基础设施（C）	交通可达性（C1）	地铁、公交车、打车、步行、距离、位置等内外部道路连通性
	公共服务设施（C2）	停车场、卫生间、垃圾桶等服务设施
	导航标志系统（C3）	导航、地图、解说、标识牌、指示牌等导览系统
	餐饮设施（C4）	餐厅、餐饮、食品售卖等
管理服务（D）	消费者支出（D1）	票价、免费、收费、消费等
	服务供给（D2）	管理、态度、预订、投诉、质量、维护、排队等
	规划布局（D3）	公园规划、路线、区域、建筑空间等
	科普教育（D4）	科普、展览、学习、知识等

2 研究结果与分析

2.1 北京市50个高热度公园对比评价差异

基于公园星级评价可以得出市民对于50个高热度公园评价的差异，其中高于4.50星的有22个，低于4星的有1个。为了解影响市民对公园评分的要素和各个时段内相关要素的变化，笔者分别生成正面语义网络图示（图2）和负面语义网络图示（图3）。由统计结果可以看出，在正面语义评价中，"门票""环境"是市民每个时段持续关注的要素，"态度""拍照"是2016—2021年新增的关注要素；在负面语义评价中，"免费""孩子"是市民每个时段持续关注的要素，"停车场"是2013—2021年新增加的关注要素。由此可知，门票的价格和数量合适、环境优美宜人、儿童游乐空间充足、停车场功能完备是提升市民对公园的评价的关键因素。

2.2 不同人群特征的公园评价差异

为研究不同人群特征的公园评价差异，经统计，研究数据包含有男性64 373位、女性198 832位，男性点评者平均星级评分为4.51星。女性点评者平均星级评分为4.53星，不同性别点评者星级评分差别不大。同时统计有北京本地人262 839位、非本地人45 748位，本地点评者平均星级评分为4.53星、非本地点评者平均星级评分为4.52星，不同地区点评者星级评分差别同样不大。

2.2.1 不同性别游客的公园评价差异

据不同性别文本数据统计（图4、图5），男性点评者在每个时段对公园的环境景色和门票供应都较为关注，到2019—2021年，他们逐渐开始关注"交通"这一要素；女性点评者相较于男性总体上则更注重公园的"消费价格"和"儿童和老人"对公园的适应性，在2006—2009年，女性点评者多关注公园的"环境"和"门票"，而到2019—2021年，女性点评者与男性点评者一同逐渐开始关注"方便度"这一要素。因此，公园便利性是两者都比较关注的要素，而女性比男性更关注公园服务中全龄友好性的提升。

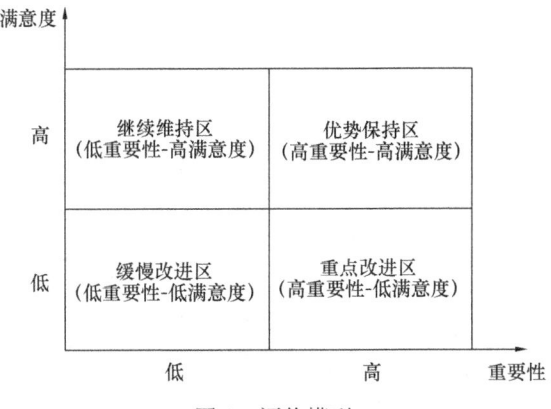

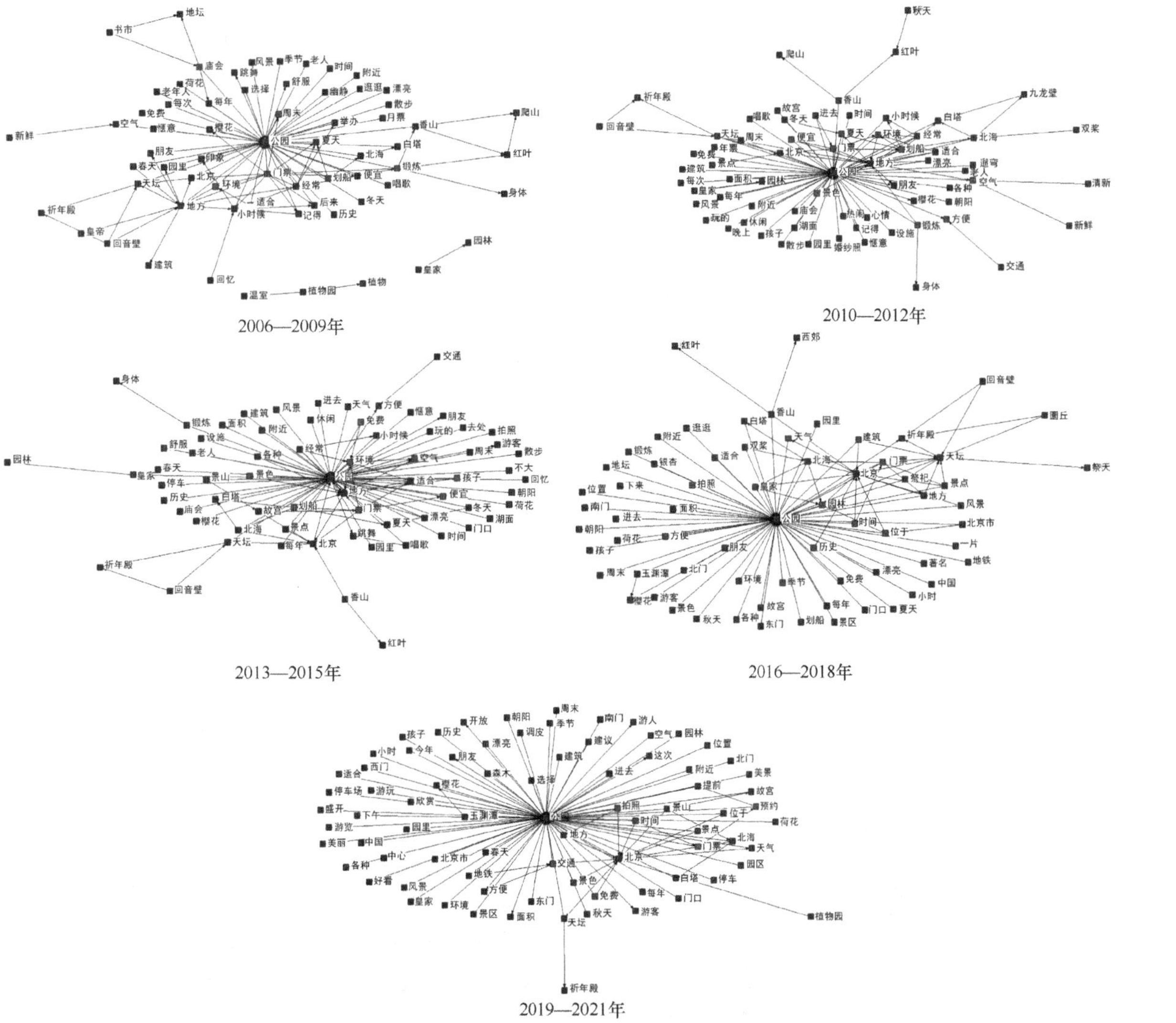

图1 评价模型

图2 各个时段公园评价正面语义网络分析

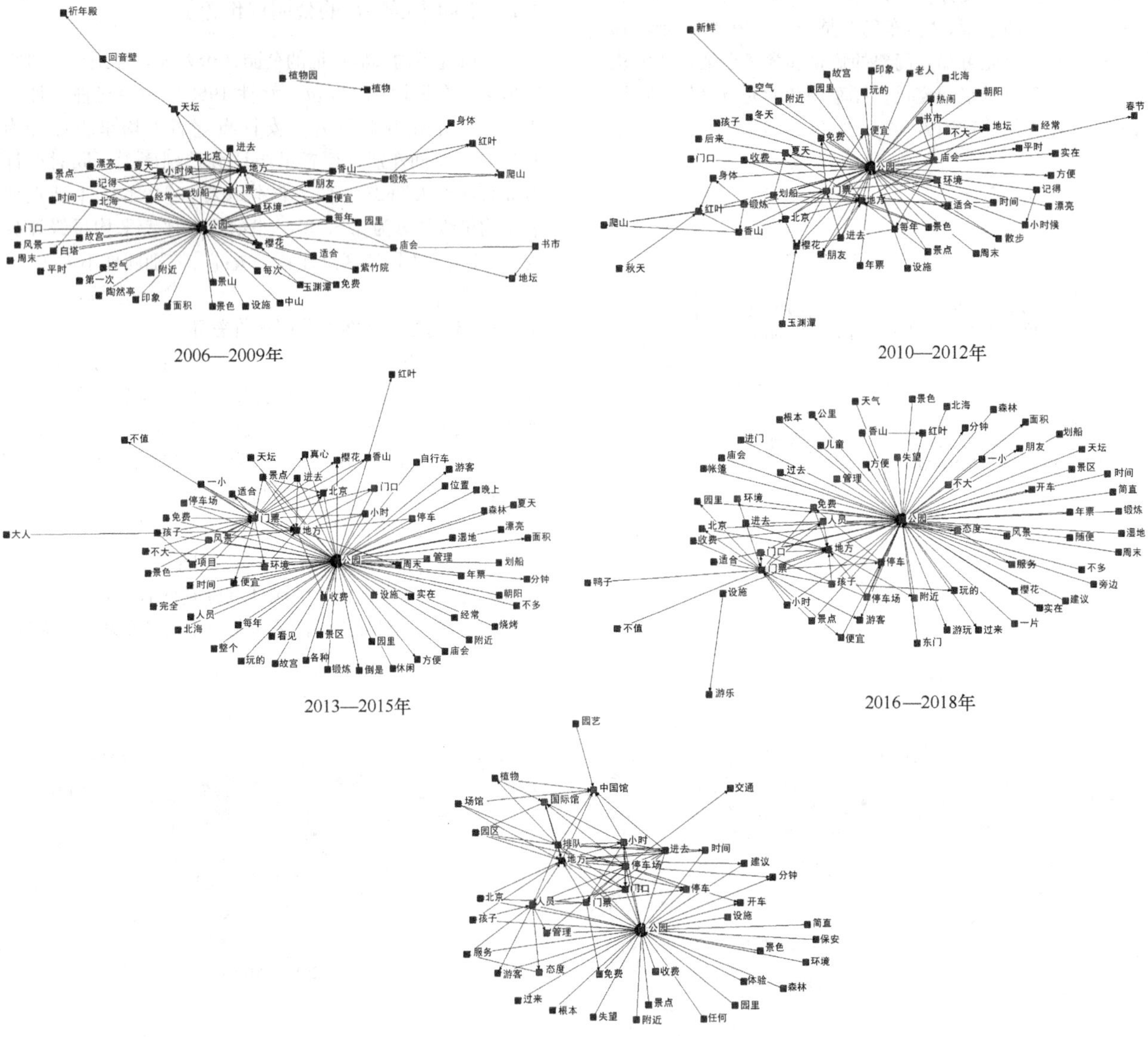

图 3 各个时段公园评价负面语义网络分析

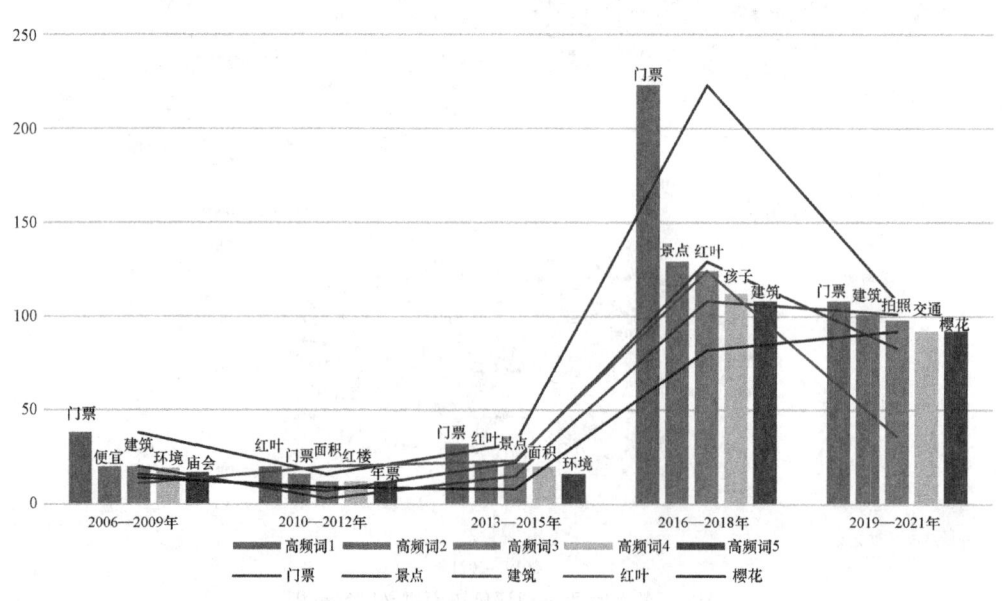

图 4 男性游客评价高频词词频变化分析

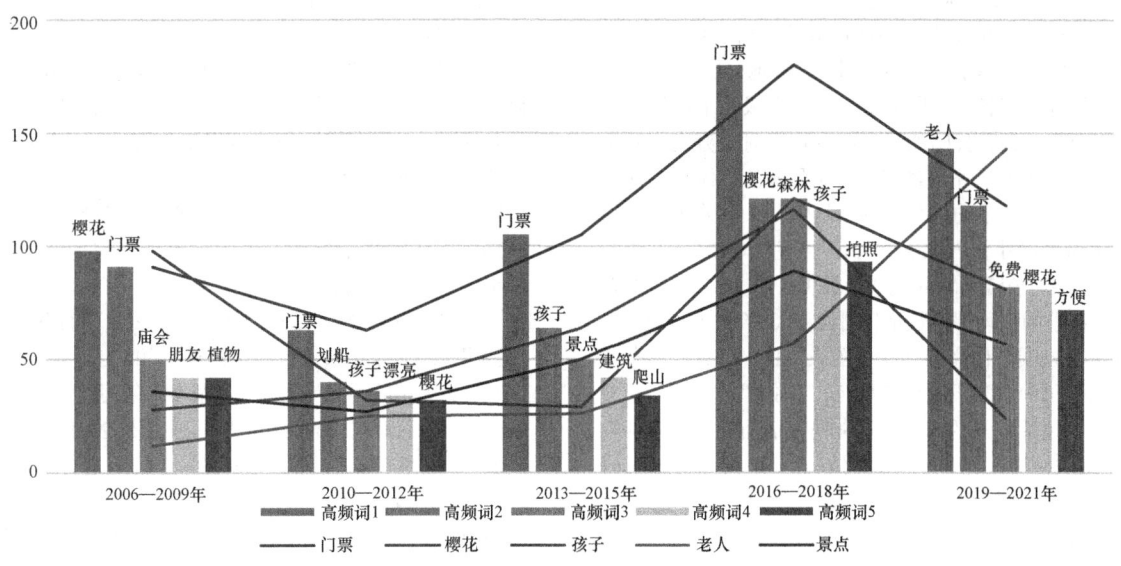

图 5 女性游客评价高频词词频变化分析

2.2.2 不同地域游客的公园评价差异

262839 位本地游客与 45748 位外地游客主要关注的公园要素也有所不同（图 6、图 7）。从每年群体的关注要素变化来看，本地游客一直较关注"门票供应"问题，并逐年开始关注公园的全龄服务性和"停车场"；而外地游客的关注点则集中在公园的"建筑""景点特色"，到 2019—2021 年，外地游客逐渐开始关注交通可达性问题。此外，根据数据统计分析发现，虽几乎所有公园的评论用户数量均为本地游客远超外地游客，但其中天坛公园的评论数量两者几乎持平，可见外地游客更倾向于特色人文景观突出的公园类型。

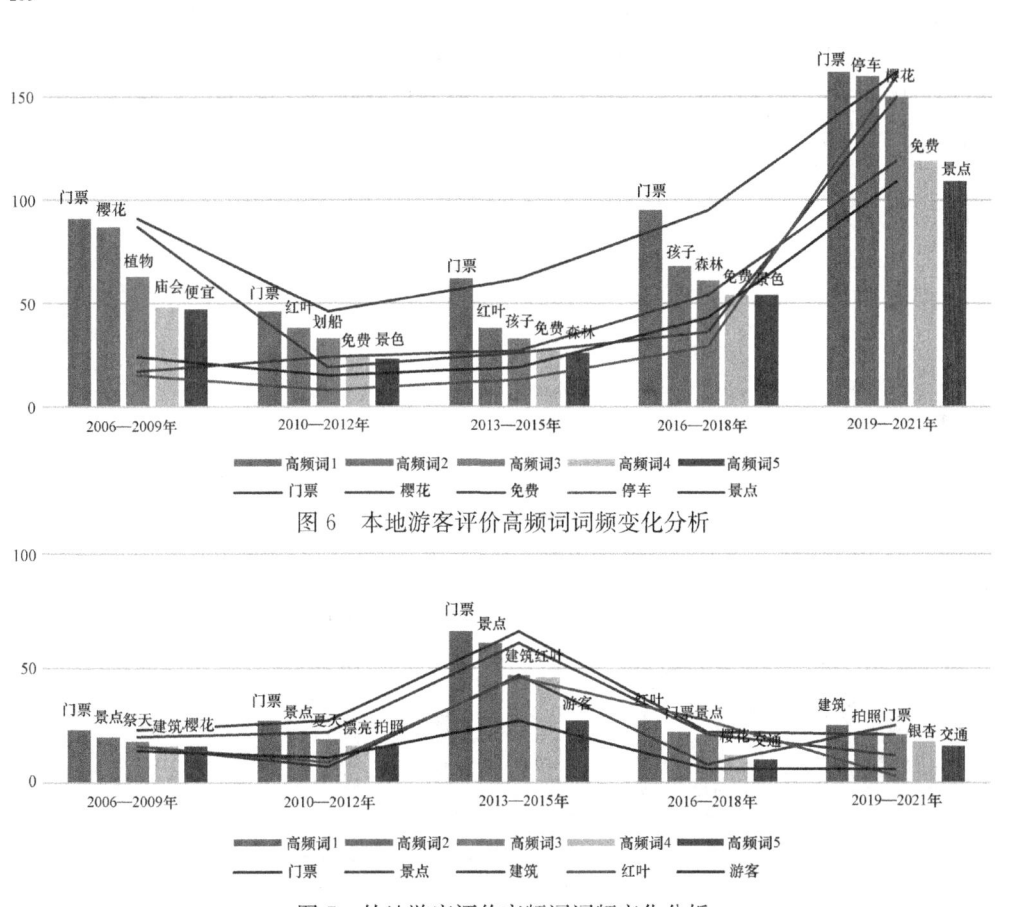

图 6 本地游客评价高频词词频变化分析

图 7 外地游客评价高频词词频变化分析

2.2.3 不同类型的公园评价差异

所选取的公园根据属性不同被分成综合公园(23个)、人文公园（9个）、森林公园（12个）、湿地公园（6个）4类。分别统计每年各类公园的平均评分星级和平均评论数量，可以发现：各类公园的平均评分均随时间升高，其中森林公园的总体平均评分最高，湿地公园的总体平均评分最低；森林公园的平均评分化幅度最大，人文公园的平均评分变化幅度最小；人文公园平均评论数量最高，达到12646条，湿地公园平均评论数量最低，为2007条，综合公园和森林公园平均评论数量分别为4931条和4838条。

据综合公园评价高频词变化图表（图8）显示，在综合公园的评价中游客更关注"樱花""跳舞""方便"等关键词，主要包括赏景的需求和日常便民活动的需求，其中"樱花"的关注度逐渐上升，说明综合公园某一时段集中的植物景观对于游客来说具有显著的吸引力，游赏景色是游客到综合公园进行的主要活动；同时，"方便""面积"的词频持续较高，说明游客对综合公园的可达性、活动面积非常重视。

在人文公园的评价中（图9），游客更关注"景点""方便"等关键词，同时"天安门""香山""祈年殿"等具体景点名的关注度也很高，这些关键词说明游客选择人文公园游玩的目的性较强，多为了解北京历史文化和古典园林及建筑；个别公园的特殊活动如"庙会""红叶"也有一定的热度；各个关键词的热度几乎保持不变，显示出游客对人文公园的关注点变化不大。

在森林公园的评价中（图10），游客更关注"面积""孩子""娱乐"等关键词，说明游客对森林公园的需求主要在于对自然森林景观的近距离接触和亲子活动当中；"停车场"一词的关注度说明森林公园的服务范围广，许多游客会选择自驾前往距离住处更远的森林公园进行游憩活动。

在湿地公园的评价中（图11），游客更关注"湿地""野鸭""自行车"等关键词，主要作用于游客的兴趣点，体现湿地公园的主要吸引力在于湿地景观、野生动物和骑行活动；"停车场"和与路程相关的"小时"也有很高的关注度，说明有一些游客选择自驾到距离较远的湿地公园活动；"野鸭"关注度每年都在持续上升，而"烧烤"一词的关注度逐渐下降，表明近年来公园的环境管理力度加大，游客生态体验感增强。

通过高频词分析（图12）可知，"方便""面积""舒服""门票"等关键词在4类公园中都有较高的出现频率，说明游人对各类公园的评价首先基于其基本服务功能，如：是否方便抵达、是否有足够的活动空间、感官体验如何、游览成本高低等。游客的日常活动更多在综合公园进行，对人文公园、森林公园和湿地公园的游览则有显著目的性，如对人文公园倾向于参与一些文化活动，对森林公园和湿地公园则越来越倾向于在周末和节假日和家人一起驾车前往。这4类公园的功能与人群的目标活动因此形成差异。

针对不同类型的公园，通过IPA分析可知（表3、图13），综合公园在景观设计、活动组织、基础设施、管理服务4个方面都需要进行改善，其中"山水景观""消费支出"需要重点改进，这可能与综合公园的消费性价比比较低有关；游客对于人文公园各方面满意度较高，但希望控制人文公园的消费成本；森林公园评价分值证明了游客对于森林公园的满意度最高，但在公园服务方面仍需提高水平；湿地公园除了"动物景观""休闲活动"两个要素位于高满意度区域，其他方面都需要进行改善，尤其是基础设施方面，这可能与湿地公园建设时间较晚、管理服务等方面尚不完善有关。

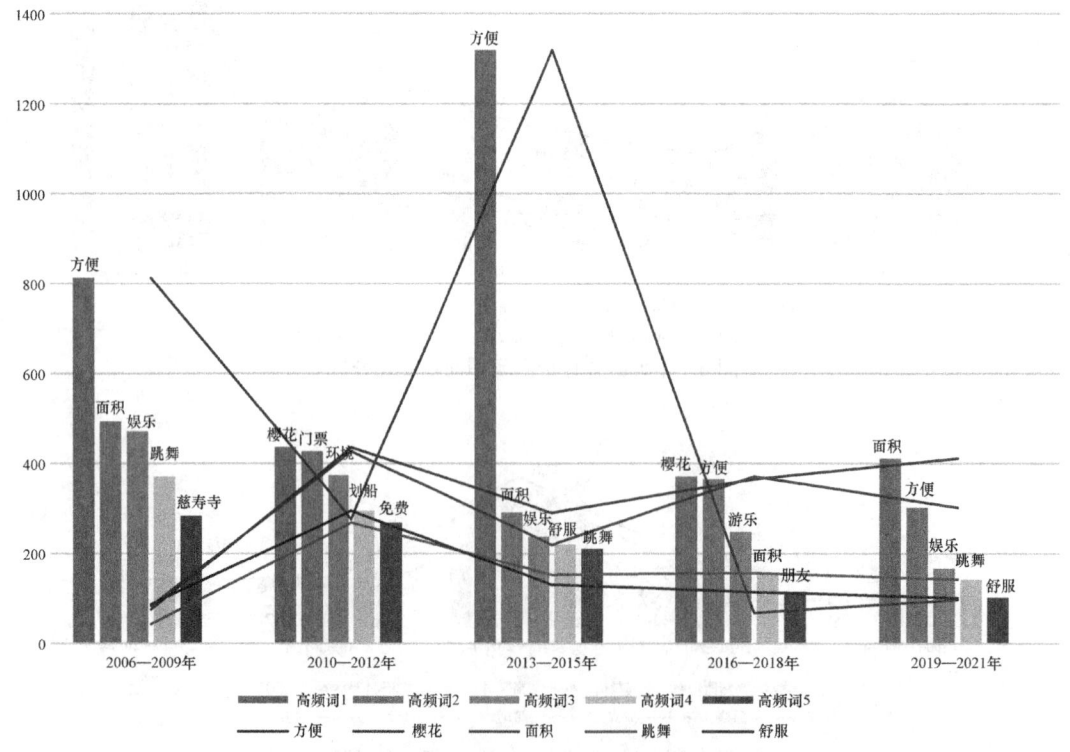

图8 综合公园评价高频词词频变化分析

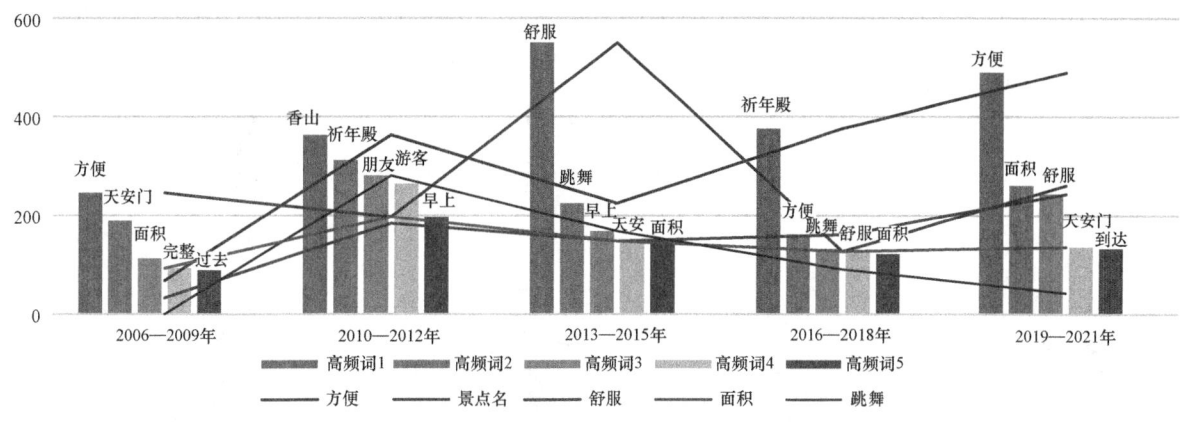

图 9 人文公园评价高频词词频变化分析

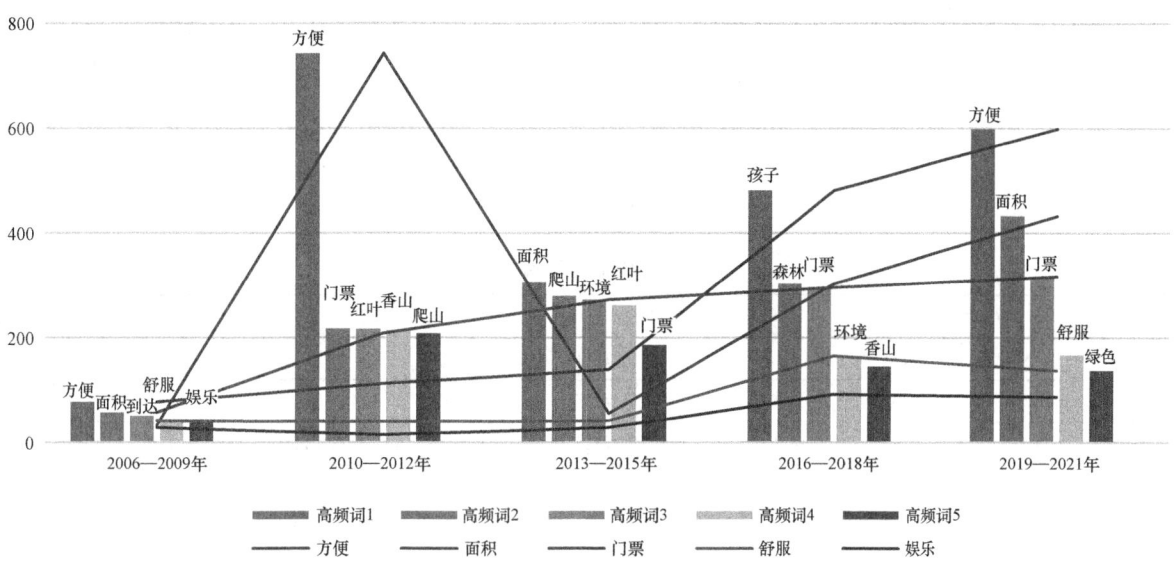

图 10 森林公园评价高频词词频变化分析

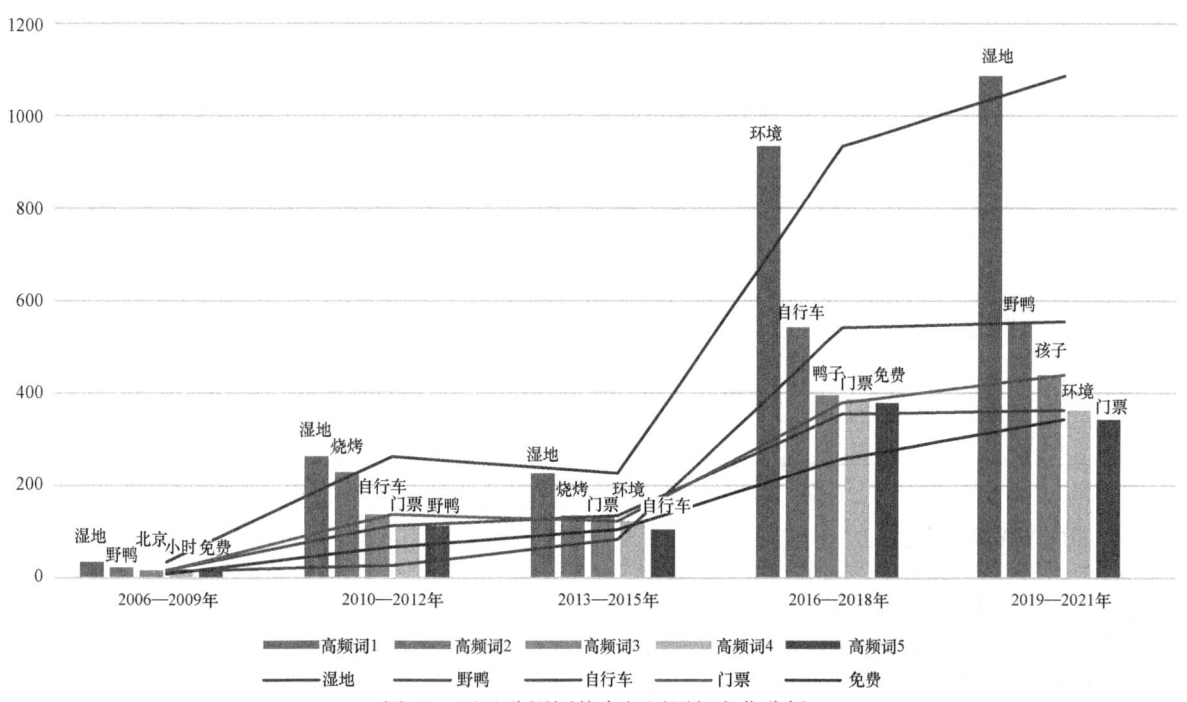

图 11 湿地公园评价高频词词频变化分析

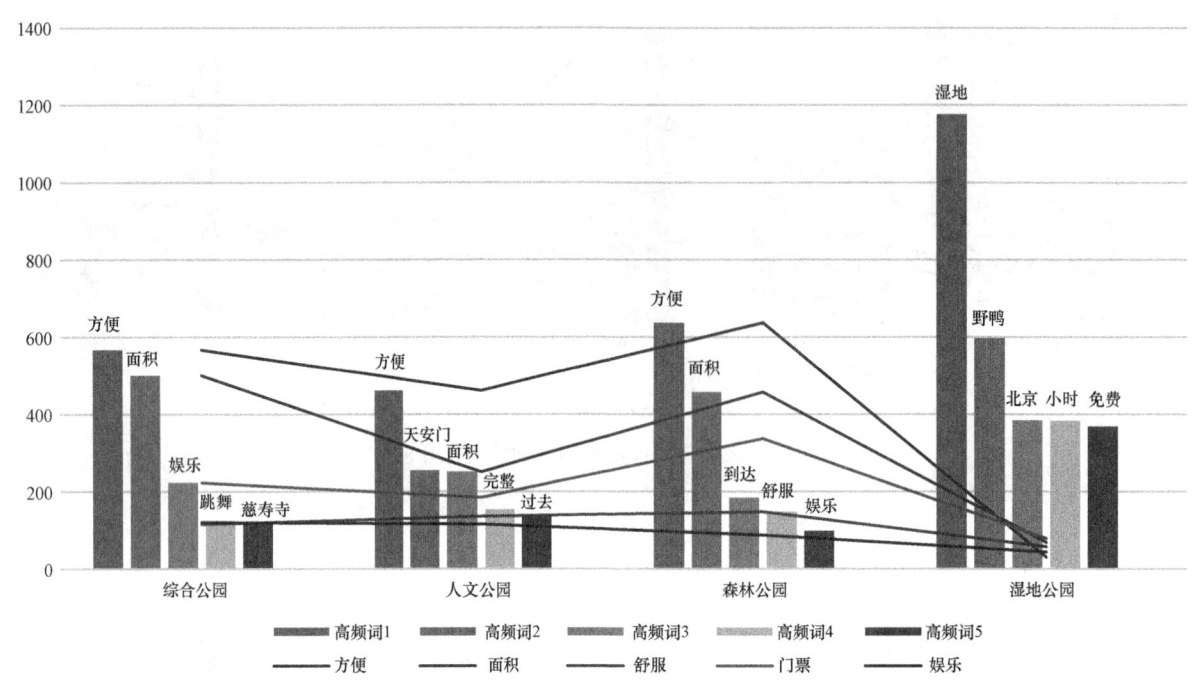

图 12 不同类型公园评价高频词词频变化分析

不同类型公园 IPA 数值计算　　　　表 3

序号	综合公园		人文公园		森林公园		湿地公园	
	重要性	满意度	重要性	满意度	重要性	满意度	重要性	满意度
A1	0.0834	0.6768	0.0764	0.7165	0.1169	0.7447	0.1373	0.6535
A2	0.1070	0.6662	0.0820	0.7121	0.0865	0.7411	0.0463	0.6488
A3	0.0378	0.7332	0.0334	0.7550	0.0464	0.7437	0.1356	0.7298
A4	0.1547	0.6436	0.1136	0.7244	0.1470	0.6893	0.1644	0.6246
A5	0.0361	0.6888	0.2000	0.7875	0.0130	0.7403	0.0077	0.6089
B1	0.0261	0.5927	0.0202	0.6375	0.0011	0.7922	0.0009	0.6296
B2	0.0545	0.6738	0.0294	0.6491	0.0744	0.7213	0.0563	0.6376
B3	0.0606	0.6389	0.0524	0.7384	0.0554	0.7603	0.0522	0.6798
B4	0.0509	0.6434	0.0266	0.6626	0.0732	0.7615	0.0491	0.6373
C1	0.0723	0.6687	0.0733	0.7371	0.0977	0.6915	0.0707	0.6453
C2	0.0597	0.6282	0.0257	0.6914	0.0928	0.6782	0.0714	0.5932
C3	0.0062	0.6289	0.0073	0.7238	0.0101	0.6659	0.0096	0.6122
C4	0.0195	0.6383	0.0113	0.7111	0.0078	0.7388	0.0154	0.6030
D1	0.1050	0.6123	0.0894	0.6709	0.0795	0.6956	0.0790	0.6087
D2	0.0738	0.6082	0.0950	0.7121	0.0541	0.6665	0.0711	0.6053
D3	0.0443	0.6182	0.0470	0.7404	0.0421	0.6870	0.0299	0.6089
D4	0.0083	0.6272	0.0043	0.7174	0.0019	0.7737	0.0031	0.6474

2.2.4 不同时段的公园评价差异

从 2006—2021 年，游客对于公园的满意度逐渐提升，因此北京市公园的整体网络评分逐年增长，平均打分从 4.0 星稳步上升到 4.6 星。同时由于社交平台的广泛普及，以及近两年城市更新背景下政府对公园建设和维护的重视，越来越多的人使用互联网对个人的游览体验进行记录，使得 2019—2021 年的公园评论数量有了大幅提升，并且将会持续增加。由统计结果（图 14）可知，2006—2009 年人们评价公园提及最多的要素是"环境""便宜""空气""划船""锻炼""爬山"；2010—2012 年，游客最为关注的要素是"环境""景点""设施""项目"等；2013—2015 年，"环境""免费""便宜""建筑""交通""停车场"等也逐渐受到重视；2016—2018 年，

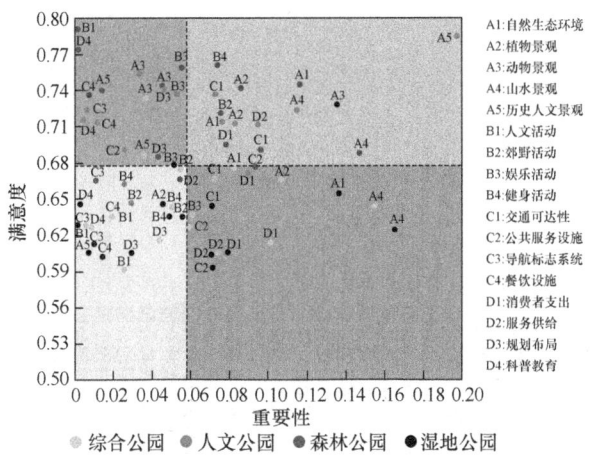

图 13 不同类型公园游憩满意度分析

游客关注的要素是"交通""时间""拍照""停车场"等；2019—2021年，游客关注的要素更加多元化，"时间""拍照""交通"等成为评价的重点要素，同时"态度""管理""建议"等关键词也逐渐显现。通过对比这5个时间段游客关注公园要素的不同可以发现，"环境""门票"

"免费和收费"一直是游客评价公园的重要因素，此外游客越来越重视公园的交通便利性、景点特色、项目设施、管理服务等要素，而公园中进行的活动也逐渐由划船、庙会转变为散步、拍照等，反映了游客娱乐兴趣点的转变，也体现了城市公园的功能逐渐由组织特定文化活动转变为兼顾日常休闲服务。

2.2.5 不同时间的公园评论量差异

为研究这些公园在节假日和非节假日的访客量差异，我们分别统计了所有公园从2006—2021年的节假日总评论量和非节假日总评论量（图15）。我国节假日与非节假日天数比例大约为1∶2，通过分析可以发现所有公园的非节假日评论量都多于节假日，说明即使在工作日游客也有较强的游憩需求，公园承载着人们平日里的日常休闲活动功能；玉渊潭公园、紫竹院公园、香山公园、陶然亭公园、北海公园、景山公园、天坛公园等的节假日和非节假日总评论量比例约为1∶2，说明这些公园已经成为人们生活中频繁进行游赏活动的地方，而非特定假日的游览目的地。

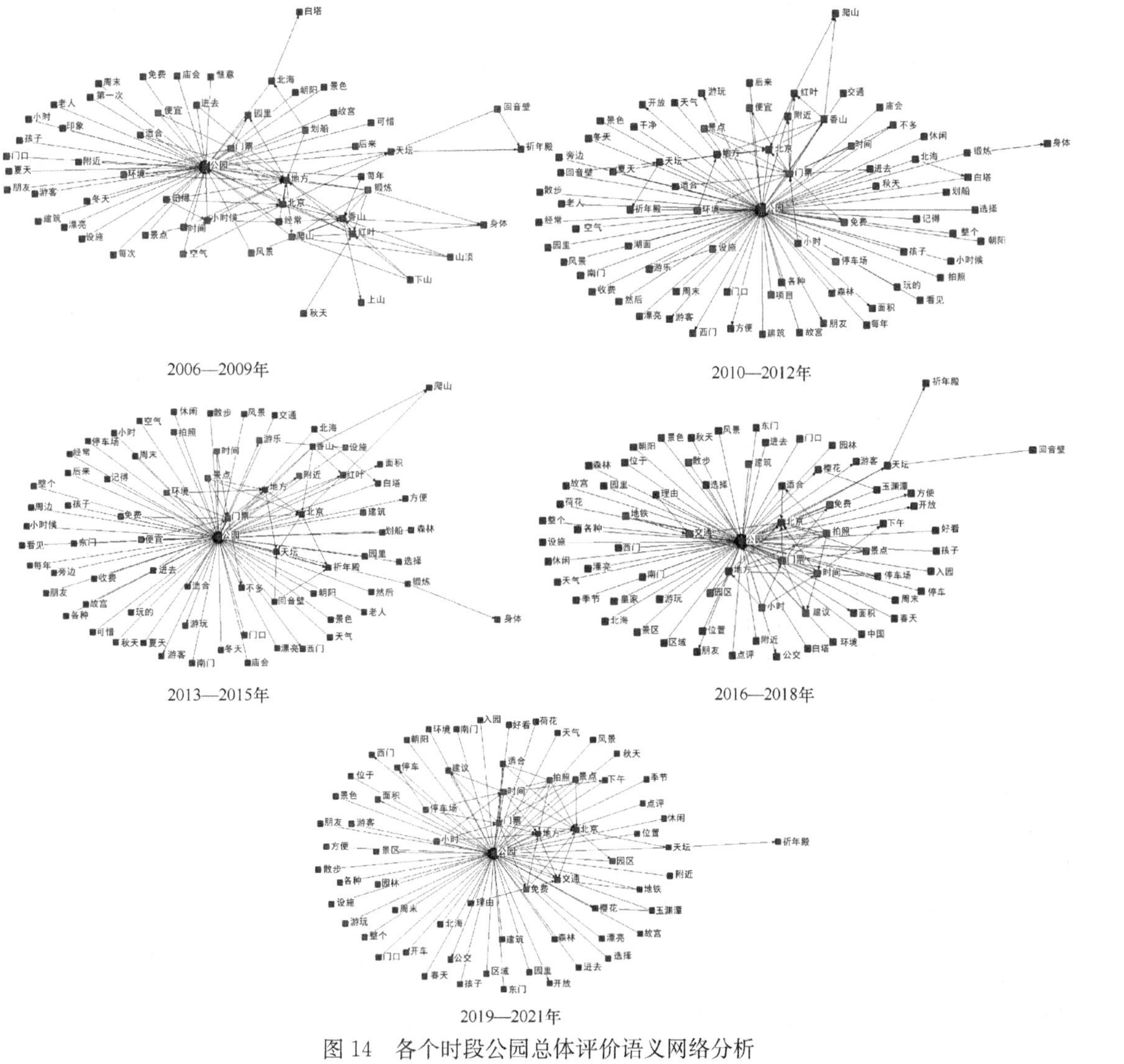

图 14 各个时段公园总体评价语义网络分析

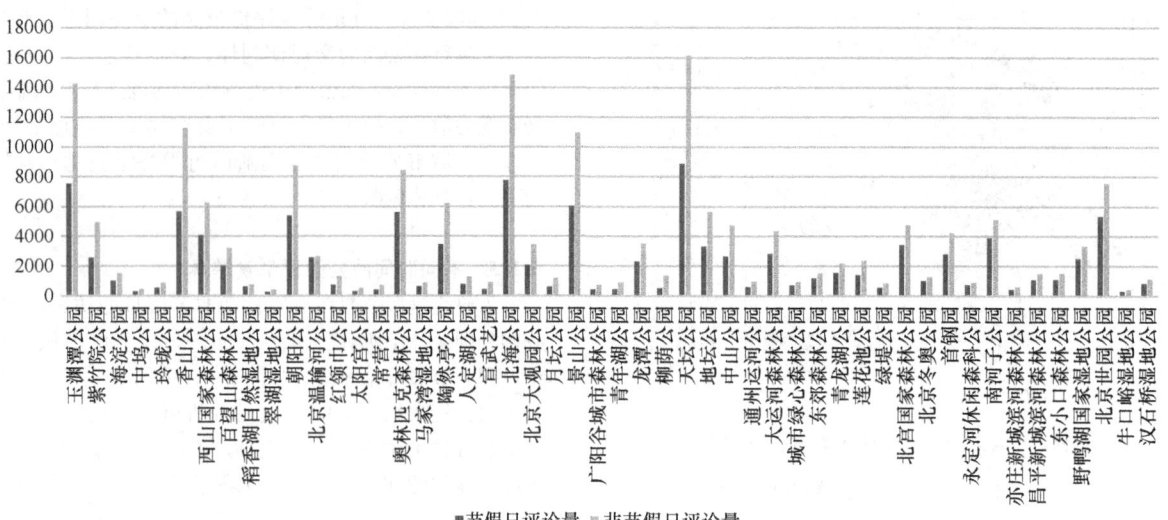

图 15 不同时间的公园评论量差异分析

3 结论与展望

研究基于北京市 50 个高热度公园的社交媒体数据，通过对比不同人口统计学特征、不同类型、不同年份、不同区位的公园评价文本，总结城市公园建设的公众反馈情况，运用大数据分析手段为城市更新背景下北京市公园的功能优化提供一定的依据与参考。

研究发现，从公园内部因素来看，北京市公园正面评价主要集中在环境、景点特色、活动组织等方面；负面评价多集中在门票提供、消费支出、管理服务等方面，尤其近年来停车场、儿童活动空间、娱乐项目设施等要素的关注度越来越高，因此在建设中，公园基础设施完善、空间丰富多样是提升市民公园游览体验的关键因素。公园评价中女性更关注公园的消费价格和儿童、老人的适应性，男性则更关注公园交通便利度，因此，公园建设需要考虑到不同年龄段人群的需求，打造多元休憩空间。对比外地游客与本地游客发现，本地游客更关注停车场等问题，而外地游客对公园的评价更关注公园景点特色、门票提供和消费价格等要素。

从公园属性来看，游客对于 4 类公园的服务需求也有所不同。综合公园建设应侧重交通可达性、整体活动面积；人文公园建设应注重通过组织科普认知活动等将历史文化进行充分的展现和表达；森林公园建设应重点关注亲子活动的组织运营；湿地公园应优化生态环境体验，加强生态科普教育功能。

从时间角度来看，公园的非节假日评论量相较于节假日来说更多，人们已经将公园作为进行日常休闲活动的游憩场所。随着年份的推移，游客从比较关注公园活动组织到关注园内消费支出，到如今更为关注公园交通便利度、管理运营服务等。因此，如今的城市公园建设应该以人民为中心，与时俱进，满足更多元丰富的需求。

总的来说，在公园游赏过程中，除了交通便利度、门票供应等外部基础因素，如今游客更加注重公园活动组织和特色植物景观的展现，如何塑造"公园 IP"、形成"公园品牌"，是城市公园提升优化的主要方向。

本研究的不足之处在于，由于大数据文本信息大多是由中青年提供，儿童、老年人较少，所涉及的人群构成较为单一，同时语义网络分析只是部分高频影响因素的展现，很难将所有因素全部覆盖，此外还存在社交媒体使用方式更新和运营方法等本身的微小误差，因此研究成果仍然存在一些不足，期待之后的研究进一步完善公园体系评价方法，为国内城市公园的功能优化提出更科学合理的建议。

参考文献

[1] 于冰沁，谢长坤，杨硕冰，等.上海城市社区公园居民游憩感知满意度与重要性的对应分析[J].中国园林，2014，30(9)：75-78.

[2] 肖星，杜坤.城市公园游憩者满意度研究：以广州为例[J].人文地理，2011，26(1)：129-133.

[3] 李翠翠，徐程扬，章志都，等.北京市居民对郊野公园建设的满意度分析[J].北京林业大学学报(社会科学版)，2010，9(2)：68-72.

[4] 李亮.基于深度学习的城市遗产有形属性与无形属性价值的识别研究——以苏州河为例[J].城市发展研究，2021，28(1)：104-110.

[5] Niu X Y, Ding L, Song X D. Understanding urban spatial structure of Shanghai central city based on mobile phone data[J]. China City Planning Review, 2015, 24(3): 15-23.

[6] Li J, Ning Y M. Population spatial change and urban spatial restructuring in Shanghai since the 1990s[J]. Urban Planning Forum, 2007, (2): 20-24.

[7] Ratti C, Williams S, Frenchman D, et al. Mobile landscapes: Using location data from cell phones for urban analysis[J]. Environment and Planning b Planning and Design, 2006, 33(5): 727-748.

[8] 王鑫，李雄.基于多源大数据的北京大型郊野公园的影响可视化研究[J].风景园林，2016，23(2)：44-49.

[9] 甄峰，王波，陈映雪.基于网络社会空间的中国城市网络特征：以新浪微博为例[J].地理学报，2012，67(8)：1031-1043.

[10] 戚荣昊，杨航，王思玲，等.基于百度POI数据的城市公

园绿地评估与规划研究[J]. 中国园林, 2018, 34(3): 32-37.
[11] 李方正, 董莎莎, 李雄, 等. 北京市中心城绿地使用空间分布研究: 基于大数据的实证分析[J]. 中国园林, 2016, 32(9): 122-128.
[12] 斯科特·麦夸尔. 地理媒介: 网络化城市与公共空间的未来[M]. 潘霁, 译. 上海: 复旦大学出版社, 2019.
[13] 范悦徽, 毛盾, 周成城, 等. 基于网络文本分析的福州西湖公园游憩资源评价[J]. 中国城市林业, 2019, 17(6): 41-46.
[14] 王敏, 邱明, 汪洁琼, 等. 基于重要性——绩效表现分析的上海苏州河滨水空间文化性生态系统服务供需关系分析与优化[J]. 风景园林, 2019, 26(10): 107-112.
[15] 于冰沁, 谢长坤, 杨硕冰, 等. 上海城市社区公园居民游憩感知满意度与重要性的对应分析[J]. 中国园林, 2014, 30(9): 75-78.

作者简介

丁婷婷, 1999年生, 女, 汉族, 安徽淮北人, 北京林业大学园林学院硕士在读, 研究方向为风景园林规划设计与理论。电子邮箱: dingtingting@bjfu.edu.cn。

老年人视角下地铁站地面垂直转换设施空间布局的使用评价与优化设计[①]

Usage Evaluation and Optimisation of Spatial Layout of Ground-level Vertical Conversion Facilities in Metro Stations from the Perspective of the Elderly

董贺轩　赵孜冉*　高　翔

摘　要："积极老龄化"趋势下，地铁成为老年人出行的重要公共交通工具，垂直转换设施则是地铁站运行的必要功能要素之一。基于老年人使用视角，以武汉市地铁站地面垂直转换设施为对象，从安全性、便捷性、舒适性、通畅性与识别性5个维度，研究地铁站地面垂直转换设施空间布局与老年人使用的关系。结果表明，邻接站厅公共空间复杂度与安全性、舒适性、便捷性、识别性均呈负相关，平均视域整合度与识别性呈正相关，基于此，对地铁站地面垂直转换设施空间布局提出优化策略，以期为地铁站空间环境的适老性建设提供理论依据与策略借鉴。

关键词：老年人视角；地铁站；地面垂直转换设施；使用评价；空间布局优化

Abstract: Under the trend of "active ageing", metro have become important public transport facilities for the elderly, and vertical transfer facilities are one of the necessary functional elements for the operation of metro stations. Based on the perspective of elderly people's use, we study the relationship between the spatial layout of metro station ground level vertical transfer facilities and elderly people's use from five dimensions: safety, convenience, comfort, accessibility and identification. The results show that the complexity of the public space in the neighbouring station halls has a negative correlation with the safety, comfort, convenience and identification, and that the average visual integration degree has a positive correlation with the identification. The results show that the complexity of the public space in the adjacent station hall is negatively correlated with safety, comfort, convenience and recognition, while the average visual field integration degree is positively correlated with recognition.

Keywords: Perspectives of the Elderly; Metro Stations; Above-ground Vertical Transfer Facilities; Evaluation of Use by the Elderly; Spatial Layout Optimization

引言

截至2022年底，我国53个城市共开通运营轨道交通线路290条，运营里程达9584km，车站总计5609座[②]，地铁站已经成为大多数城市公共交通和公共空间的核心支撑[1]。同时，在"积极老龄化"的推动下，老年人群出行范围不断扩大，地铁成为老年人中远距离出行的重要公共交通工具[2-6]。其中，地铁站地面垂直转换设施是连接地面与站厅层的楼梯、扶梯、直梯等各种垂直转换设施及其组合体，包括地铁站出入口建筑[7-8]。作为地铁站的必要功能要素，除了本身的适老性品质之外，地铁站地面垂直转换设施的空间布局，也能够极大程度影响老年人使用地铁的满意程度（图1）。

同时，调研发现，老年人使用地铁站地面垂直转换设施时，存在以下主要障碍（图2）：①老年人对周围环境信息接收较为迟钝，寻找垂直转换设施时会出现迷路现象，导致他们在地铁站多处折返；②老年人无法清晰识别环境中的障碍，导致他们对周边环境充满恐惧，常在垂直转换设施空间接驳处作短暂停留；③老年人使用垂直转换设施时，通常携带重物，易导致费力、疲惫，增加跌倒风险。这些障碍与垂直转换设施在地铁站域的空间布局均有相关性。

国内外相关研究聚焦于提升地铁站垂直转换设施的交通换乘效率，通过垂直转换设施的客流特征研究、换乘效率评价，探究了影响乘客选择垂直转换设施的关键因素。结果表明：垂直转换设施的高度与宽度、所处位置是影响乘客选择的关键空间布局因素；此外，排队人数以及乘客的紧急程度、携带行李情况、环境熟悉程度等因素，同样影响乘客对垂直转换设施的选择[4, 9-16]。然而，现有对基于老年人使用感受的地铁站垂直转换设施空间布局研究较少，有必要对老年人使用感受、地铁站垂直转换设施空间布局之间的关联规律进行深入探究。

本文以地铁站地面垂直转换设施为研究对象，首先通过实地勘察法，研究地铁站地面垂直转换设施所处空间布局特征；然后通过模拟实验法、SD法，对地铁站地面垂直转换设施进行体验性使用评价；最后通过SPSS关联性分析，研究两者的关联规律，并提出相应的优化策

[①] 国家自然科学基金面上项目（编号：51978298）。
[②] 数据来源：中华人民共和国交通运输部官网。

略，以期为地铁站空间环境的适老性建设提供理论依据与策略借鉴（图3）。

图 1　老年人使用地铁站地面垂直转换设施的现状

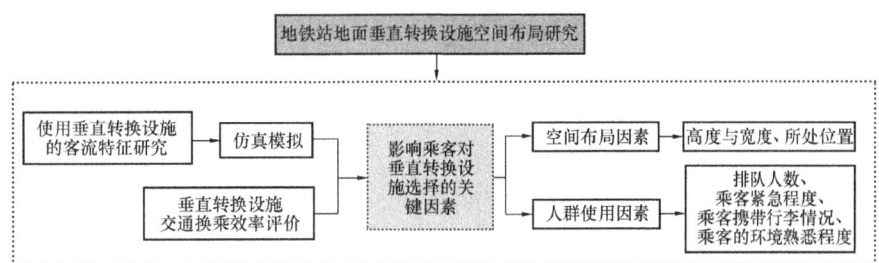

图 2　地铁站垂直转换设施空间布局研究现状

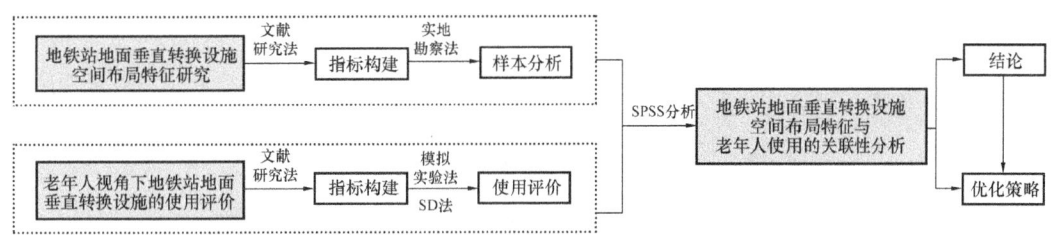

图 3　研究框架

1　研究内容

研究对象为地铁站地面垂直转换设施，包括常规地面垂直转换设施（楼梯、扶梯）、无障碍地面垂直转换设施（直梯）两类。研究范围包括地铁站地面垂直转换设施所处地面空间①、邻接地面开放空间②与邻接站厅公共空间③（图4）。

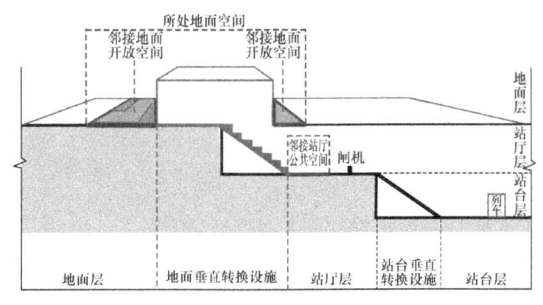

图 4　研究对象

1.1　样本选取

武汉市地铁建设蓬勃发展，截至2022年底，地铁车站总数共计282座，11条运营线路总里程数达435km，地铁客流量持续增长④。基于相关研究及规范，根据交通等级，将地铁站分为一般站、换乘站、枢纽站3类[15]。综合考虑地铁站类型及老年人使用情况，初步筛选出武汉市的6个地铁站（图5），并在其中选取39个具有典型性、代表性的地面垂直转换设施作为样本（图6）。其中，一般站以广埠屯、珞雄路为代表；换乘站以洪山广场、街道口为代表；枢纽站以香港路、徐家棚为代表。

1.2　研究步骤

研究共分为4个步骤：①地铁站地面垂直转换设施空间布局特征研究：构建地铁站地面垂直转换设施空间布局特征指标，通过实地勘察法，对39个样本的空间布局特征调研、分析；②老年人视角下地铁站地面垂直转换设

---

① 所处地面空间：以地铁站出入口建筑为中心，向外扩展至实体边界或虚拟边界为止的空间范围（实体边界指建筑、道路、台阶等实体空间边界；虚拟边界以地铁站出入口建筑为中心，向外辐射40m）。不同地铁站出入口的所处地面空间，由于不同的空间环境及使用情况会有所差异。
② 邻接地面开放空间：地铁站地面垂直转换设施所处地面空间范围内，对行人地铁交通出行产生影响的硬质开放空间。
③ 邻接站厅公共空间：邻接地铁站地面垂直转换设施的站厅层通行空间，其范围从地面垂直转换设施至地铁站厅的中心空间。
④ 数据来源：湖北省人民政府官网。

施的使用评价：通过 SD 法，设计地铁站地面垂直转换设施的使用评价问卷，带领穿戴老年行动模拟服①的实验者，对 39 个样本分别进行使用体验并填写问卷，得到老年人视角下，各样本地铁站地面垂直转换设施的使用评价数据，并进行分析；③关联性研究：通过 SPSS 相关性分析，对各样本的空间布局特征与老年人视角下的使用评价进行关联性研究，得出关键影响因子；④制定优化策略：以提升老年人使用感受为导向，对地铁站地面垂直转换设施的空间布局提出优化策略。

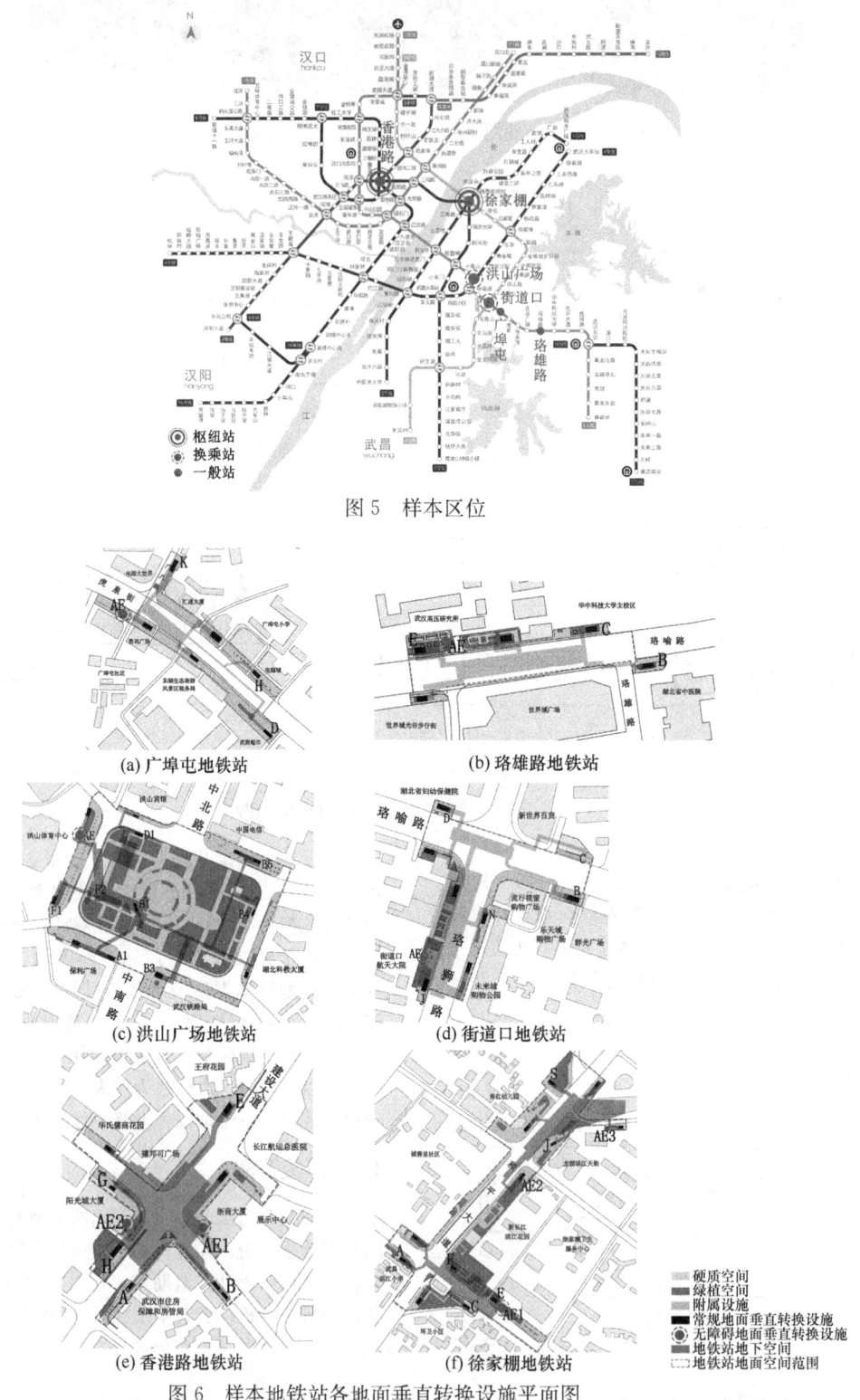

图 5 样本区位

(a) 广埠屯地铁站
(b) 珞雄路地铁站
(c) 洪山广场地铁站
(d) 街道口地铁站
(e) 香港路地铁站
(f) 徐家棚地铁站

图 6 样本地铁站各地面垂直转换设施平面图

---

① 老年行动模拟服：医护人员和设计师在教学中培养学生对老年人共情能力的常用装置，能够模拟人体运动系统、感知系统的衰退，降低人体的姿势平衡和步态稳定性。

2 数据分析

2.1 地铁站地面垂直转换设施空间布局特征

根据公共设施区位理论、国内外对地铁站垂直转换设施的相关研究[17-21]，从设施所处空间比例、邻接空间复杂度、设施可达性3个维度，构建地铁站地面垂直转换设施空间布局特征指标（表1）。

地铁站地面垂直转换设施的空间布局特征指标　　　表1

特征指标	主要内容	计算方式
设施所处空间比例	反映地面垂直转换设施与其所处空间的尺度关系	地面垂直转换设施所占地面空间面积/其所处地面空间面积
邻接空间复杂度	反映地面垂直转换设施的邻接地面开放空间、邻接站厅公共空间的复杂度	将空间单元周长记为L，并将该空间单元面积换算成同等面积的圆形，并计算出该圆周长，记为L^*，复杂度为L/L^*，即$L/(2/\sqrt{S\pi})$
设施可达性	反映地面垂直转换设施在地铁站范围内的控制力和影响力	地面垂直转换设施所处地面空间的平均视域整合度

本文按照地铁站类型及站点位置顺序，采取"地铁站编号-各垂直转换设施编号"的规则，对各地铁站地面垂直转换设施进行统一命名①，并绘制各样本的空间布局模型（图7）。同时，经过调研及计算，对各样本的平均视域整合度进行分析（图8），统计各样本空间布局特征的各项数据并绘制成图（图9）。根据图表，分析样本地铁站地面垂直转换设施的空间布局特征，得到以下4点结论：

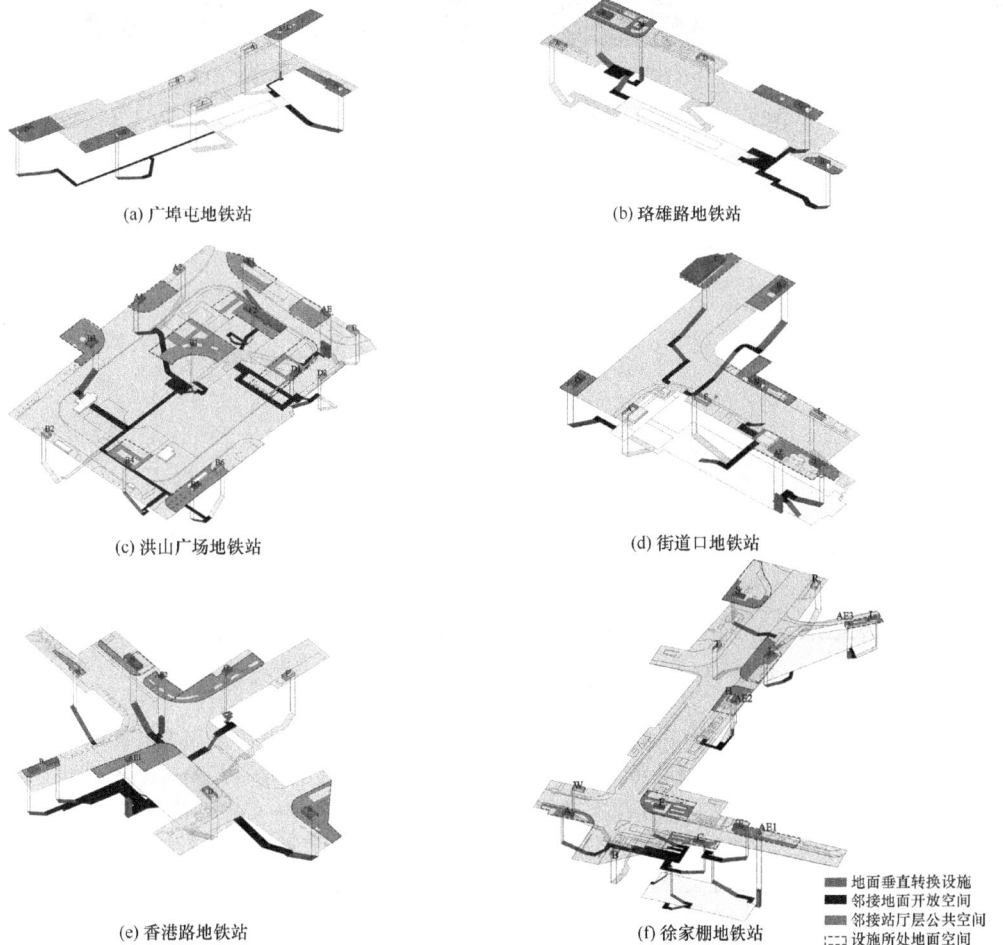

(a) 广埠屯地铁站　　(b) 珞雄路地铁站

(c) 洪山广场地铁站　　(d) 街道口地铁站

(e) 香港路地铁站　　(f) 徐家棚地铁站

图例：地面垂直转换设施／邻接地面开放空间／邻接站厅层公共空间／设施所处地面空间

图7　样本地铁站各地面垂直转换设施的空间布局模型

---

① 编码规则如下：一般地铁站中，宝通寺地铁站、广埠屯地铁站、珞雄路地铁站、光谷大道编号依次为A、B、C、D；换乘地铁站中，螃蟹岬地铁站、洪山广场地铁站、中南路地铁站、街道口地铁站编号依次为E、F、G；枢纽地铁站中，香港路地铁站、徐家棚地铁站编号依次为H、I；各垂直转换设施编号按照各出入口字母编号命名，其中由于无障碍垂直梯英文表示为"Accessible Elevator"，故编码为"AE"。

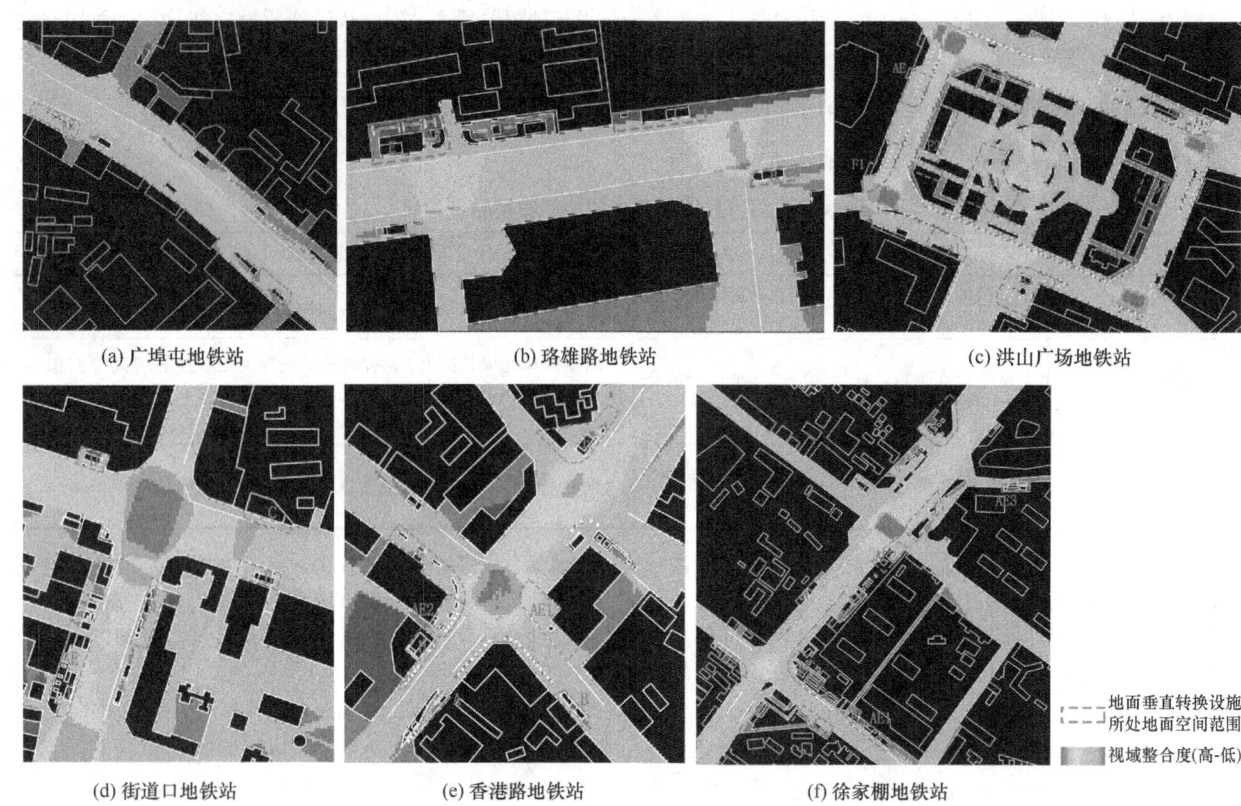

(a) 广埠屯地铁站　　(b) 珞雄路地铁站　　(c) 洪山广场地铁站
(d) 街道口地铁站　　(e) 香港路地铁站　　(f) 徐家棚地铁站

图 8　样本地铁站各地面垂直转换设施的视域整合度分析

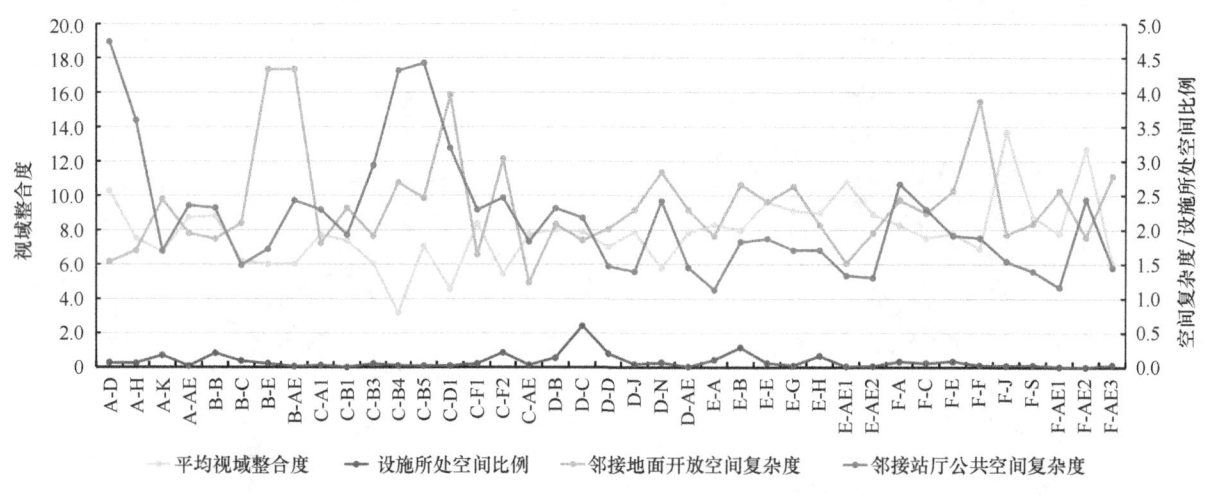

图 9　样本地铁站各地面垂直转换设施的空间布局特征

第一，各样本的所处空间比例差异不大，均处于 0.0061～0.6032。其中，D-C 所处空间比例最高，属于街道口地铁站；F-AE2 所处空间比例最低，属于徐家棚地铁站的无障碍垂直转换设施。此外，街道口地铁站各设施所处空间比例普遍较高，即该地铁站各设施所处的地面空间面积相对较小。

第二，各样本的邻接地面开放空间复杂度差异较大，整体处于 1.2367～4.3368 范围内。其中，B-E、B-AE 处于同一地面空间中，两者邻接地面开放空间复杂度相同且最高，属于珞雄路地铁站；C-AE 邻接地面开放空间复杂度最低，属于洪山广场地铁站的无障碍垂直转换设施。此外，该指标在同一地铁站的不同样本中均存在较大差异，在不同地铁站中并未表现出明显的规律特征。

第三，各样本的邻接站厅公共空间复杂度差异较大，整体处于 1.1312～4.4246 范围内。其中，A-D 邻接站厅公共空间复杂度最高，属于广埠屯地铁站；E-A 邻接站厅公共空间复杂度最低，属于香港路地铁站。此外，洪山广场地铁站中，各样本的邻接站厅公共空间复杂度普遍较高，而香港路地铁站的各样本邻接站厅公共空间复杂度普遍较低。

第四，各设施的平均视域整合度差异较大，整体处于 3.1768～13.7068 范围内。其中，F-J 平均视域整合度最高，属于徐家棚地铁站；C-B4 平均视域整合度最低，属于洪山广场地铁站。此外，洪山广场地铁站中，各样本的平均视域整合度普遍较低，即该地铁站的各垂直设施可达性普遍较低。

2.2 老年人视角下地铁站地面垂直转换设施的使用评价

首先，基于需求理论、环境行为学、环境心理学等相关理论，以及预调研中老年人对垂直转换设施的使用特征，将老年人视角下的地铁站垂直转换设施使用评价分为：安全性、舒适性、便捷性、通畅性、识别性共5个维度[①]。邀请5位城市设计、风景园林等领域的专家，对5个维度的指标两两进行比较并判断其重要程度，生成各专家的判断矩阵。经检验各判断矩阵均满足$CR<0.10$，一致性可接受。将各专家打分结果利用几何平均方式进行数据集结，最终得出各指标权重：安全性＞识别性＞便捷性＞舒适性＞通畅性，权重值分别为0.5008、0.1494、0.1418、0.1208、0.0873（图10）。

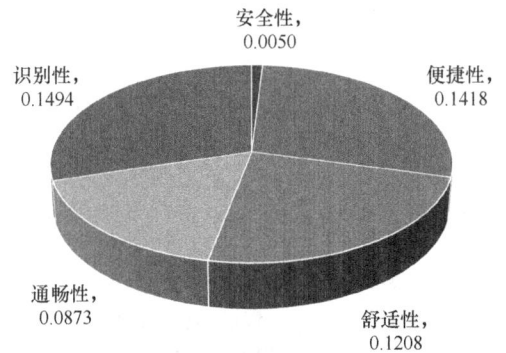

图10 老年人使用评价5个维度指标的权重

然后，通过模拟实验，进行老年人视角下地铁站地面垂直转换设施的使用评价。通过SD法，以李克特量表设计地铁站地面垂直转换设施的使用评价问卷，确定主观评价等级为7级，使用"非常""有些""稍微"来区分，从左到右分别给予数值$-3、-2、-1、0、1、2、3$。招募36位风景园林、建筑学专业的研究生，选取24个温度适宜、天气晴朗的工作日，由研究者带领穿戴老年行动模拟服的实验者（图11），对39个样本进行使用体验，并填写评价问卷，共收集1404份问卷。

最后，将问卷数据进行整理，得到老年人视角下，各地铁站地面垂直转换设施使用评价5个维度的分值（图12）。将专家打分的权重结果对各指标进行加权平均，最终得到老年人视角下，各地铁站地面垂直转换设施的使用评价结果（图13）。

从5个维度评价指标的结果来看，各样本的安全性、舒适性、便捷性、识别性评分差异较大。其中，便捷性评分差异最大，E-A便捷性最高（2.2143），C-B4便捷性最低（-2.5714）；通畅性评分差异最小，E-D通畅性最高（2.2143），B-AE通畅性最低（-0.6429）。进一步说明老年人对地铁站地面垂直转换设施的便捷性感受最强烈，通畅性感受较弱。

从加权后的老年人使用评价结果来看，各样本同样存在较大差异。D-D使用评价最高，为1.9978，C-B4使用评价最低，为-2.0998。此外，A-H、A-AE、C-B1、C-B3、C-B5、C-AE、D-C、D-N、E-B、E-G、F-A共11个样本的使用评价为负值，即给老年人带来负向的使用体验，分别属于广埠屯、洪山广场、街道口、香港路、徐家棚5个地铁站；珞雄路地铁站各样本的使用评价均为正值，即均给老年人带来正向的使用体验。

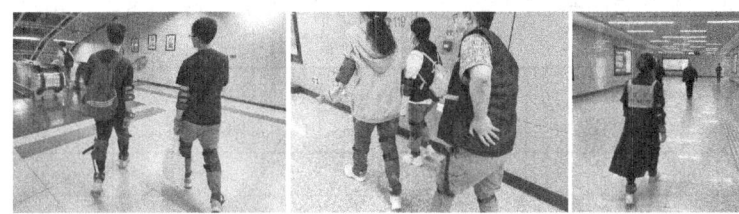

图11 老年人视角下样本地铁站地面垂直转换设施的使用评价调研

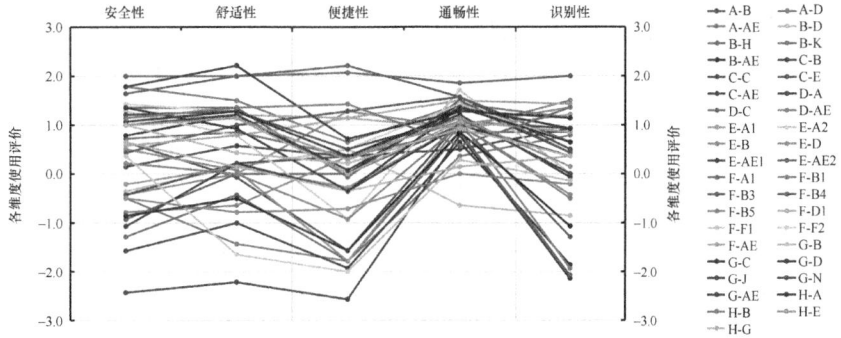

图12 老年人视角下样本地铁站地面垂直转换设施的5个维度评价结果

---

① 各指标评价内容如下：安全性，即使用地面垂直转换设施进行交通换乘时的安全保障程度，如是否存在危险因素；舒适性，即使用地面垂直转换设施进行交通换乘时感觉舒适的程度，如是否会产生放松感；便捷性，即使用地面垂直转换设施进行交通换乘时的便捷程度，如换乘活动是否受其他因素而延迟；通畅性，即使用地面垂直转换设施进行交通换乘时路线的通畅程度，如路线是否遇到阻碍；识别性，即使用地面垂直转换设施进行交通换乘时，各地面垂直转换设施被识别的程度，如是否易于寻找、指引标识是否清晰。

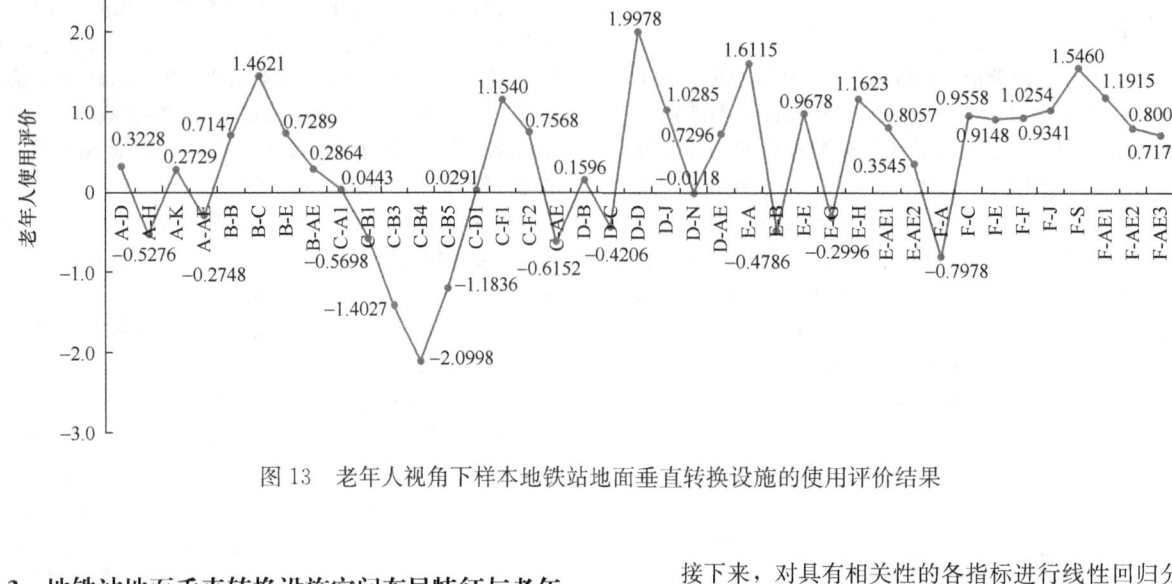

图13 老年人视角下样本地铁站地面垂直转换设施的使用评价结果

2.3 地铁站地面垂直转换设施空间布局特征与老年人使用的关联性

首先,将地铁站地面垂直转换设施空间布局特征,分别与老年人使用评价及其5个维度的评价指标进行相关性分析(表2)。可以得出,老年人使用评价与邻接站厅公共空间复杂度呈显著负相关,与平均视域整合度呈正相关;安全性、舒适性、便捷性、识别性均与邻接站厅公共空间复杂度呈显著负相关,且识别性还与平均视域整合度呈正相关。

接下来,对具有相关性的各指标进行线性回归分析,进一步筛选相关性显著($P<0.1$)的影响因子,最终得到线性回归结果(表3)。5个模型调整后的 R^2 分别为 0.407、0.291、0.332、0.528、0.267,即各模型解释能力分别为 40.7%、29.1%、33.2%、52.8%、26.7%。进一步确定,老年人使用评价与邻接站厅公共空间复杂度呈显著负相关;安全性、舒适性、便捷性均与邻接站厅公共空间复杂度呈显著负相关;识别性与邻接站厅公共空间复杂度呈负相关,同时与平均视域整合度呈正相关。

地铁站地面垂直转换设施空间布局特征与老年人使用评价及各维度指标的相关性分析(作者自绘) 表2

项目		设施所处空间比例	邻接地面开放空间复杂度	邻接站厅公共空间复杂度	平均视域整合度
老年人使用评价	皮尔逊相关性	−0.005	−0.013	−0.635**	0.333*
	Sig.(双尾)	0.975	0.938	0.000	0.039
安全性	皮尔逊相关性	0.063	0.063	−0.556**	0.303
	Sig.(双尾)	0.704	0.704	0	0.061
舒适性	皮尔逊相关性	0.029	0.029	−0.591**	0.295
	Sig.(双尾)	0.861	0.861	0	0.068
便捷性	皮尔逊相关性	−0.171	−0.171	−0.735**	0.284
	Sig.(双尾)	0.298	0.298	0	0.079
通畅性	皮尔逊相关性	0.121	0.121	−0.186	−0.058
	Sig.(双尾)	0.462	0.462	0.256	0.724
识别性	皮尔逊相关性	−0.159	−0.159	−0.470**	0.365*
	Sig.(双尾)	0.332	0.332	0.003	0.022

注:$N=39$,P 值即 Sig,P 值越小,相关性越显著。* 表示 $P<0.1$,一定程度相关;** 表示 $P<0.05$,显著相关。

地铁站地面垂直转换设施空间布局特征与老年人使用评价及各维度指标的
线性回归分析   表3

项目	模型	未标准化系数		标准化系数	t	显著性
		B	标准错误	Beta		
1 老年人使用评价	（常量）	0.982	0.605		1.624	0.113
	邻接站厅公共空间复杂度	−0.600	0.131	−0.590	−4.582	0
	平均视域整合度	0.087	0.059	0.192	1.490	0.145
2 安全性	（常量）	1.828	0.382	—	4.788	0
	邻接站厅公共空间复杂度	−0.664	0.163	−0.556	−4.072	0
3 舒适性	（常量）	1.951	0.361	—	5.405	0
	邻接站厅公共空间复杂度	−0.687	0.154	−0.591	−4.456	0
4 便捷性	（常量）	2.033	0.345	—	5.895	0
	邻接站厅公共空间复杂度	−0.972	0.147	−0.735	−6.600	0
5 识别性	（常量）	−0.236	0.804	—	−0.293	0.771
	邻接站厅公共空间复杂度	−0.437	0.174	−0.359	−2.510	0.017
	平均视域整合度	0.187	0.078	0.343	2.399	0.022

注：一般显著性值小于0.05为有统计学差异，小于0.01为有显著统计学差异。影响关系的正负则取决于未标准化系数的正负号。

根据SPSS关联性分析结果，并结合各样本的实际情况，以及对实验者的访谈结果，得出以下结论：

第一，地铁站地面垂直转换设施所处空间比例、邻接开放空间复杂度，与老年人使用评价均未呈现显著相关性，即地铁站地面垂直转换设施所处空间比例，以及邻接开放空间复杂度的高低，均不会对老年人使用垂直转换设施产生直接显著影响。然而，地铁站地面垂直转换设施邻接开放空间复杂度，能够影响老年人地面通行的顺畅程度，从而间接影响老年人使用。当老年人地面通行的顺畅程度较低时，同样会降低老年人使用地面垂直转换设施的安全性、舒适性、便捷性、通畅性体验。

第二，地铁站地面垂直转换设施邻接站厅公共复杂度，与老年人使用评价呈负相关，且与安全性、舒适性、便捷性、识别性均呈负相关，即地铁站地面垂直转换设施邻接站厅公共空间复杂度的高低，是影响老年人使用的关键因素。邻接站厅公共空间复杂度越低，代表邻接站厅公共空间的路径曲折程度较低、路线较清晰，老年人使用的安全性、舒适性、便捷性、识别性就越强。

第三，地铁站地面垂直转换设施的平均视域整合度，与老年人使用评价并无相关性，然而与识别性呈正相关，即地铁站地面垂直转换设施平均视域整合度的高低，并不会直接影响老年人的整体使用体验。地面垂直转换设施的平均视域整合度越高，代表其可达程度就越高，更有利于老年人寻路、识别，因此识别性就越强。然而，这种间接影响并不会对老年人的整体使用评价产生显著作用。

整体来看，邻接站厅公共空间复杂度是影响老年人使用的关键因素；平均视域整合度，主要影响老年人对各地面垂直转换设施的识别程度；邻接地面开放空间复杂度，主要影响老年人地面通行的顺畅程度，从而间接对老年人使用产生影响；而设施所处空间比例，并不会对老年人使用产生直接影响。

3 老年人视角下地铁站地面垂直转换设施空间布局优化策略

基于以上关联性分析结果，以及地铁站地面垂直转换设施的空间布局现状，以提升老年人使用的安全性、舒适性、便捷性、通畅性、识别性为目标，对地铁站地面垂直转换设施的空间布局提出以下优化策略：

（1）降低邻接站厅公共空间的路径曲折程度，并提升其开敞程度［图14（a-1）、图14（a-2）］。打造清晰、明确的交通流线，能够提升老年人使用的便捷程度，减少老年人使用过程中的寻路时间，从而提升使用的舒适性、便捷性、识别性；提升空间开敞程度，能够保证空间容纳一定的客流量，避免客流高峰期导致交通拥堵，从而降低老年人跌倒风险，提升老年使用者的安全性、通畅性。

（2）优化地面垂直转换设施的空间位置与布局方式［图14（b-1）、图14（b-2）］。设施的空间位置宜选择丁字路口、十字路口，或其他视域整合度较高的空间位置，以提高各设施所处地面空间的可达性；采用无障碍、常规两类地面垂直转换设施的组合布局方式，增强两类设施的显著程度，从而有利于老年人对垂直转换设施以及无障碍直梯的识别，同时能够提升无障碍设施使用效率，间接提升老年人使用的舒适性、便捷性。

（3）适当扩大邻接地面开放空间规模、增强空间边界的清晰度与整合程度［图14（c-1）、图14（c-2）］。在保证地面交通活动的基础上，为公共活动预留空间，以提高老年人的公共活动参与度、增强老年人对该空间的感知，从而提升老年人的舒适性体验；增强空间边界的清晰度与整合程度，能够使地面空间识别性更强、可达性更高，从而促进老年人对该空间中地面垂直转换设施的使用，提升老年人使用的便捷性、识别性。

（4）增强各地铁站地面垂直转换设施所处建筑的艺术风格，以及导视标识的辨识程度（图14d）。保证地面垂直转换设施所处建筑的采光，并将其作为城市公共建筑，融入地域文化的元素，与其所处空间环境进行一体化的艺术设计，以提升识别性；对于导视标识设施，应增大设施图标及文字尺度、增强色彩对比、增加标识数量，重点提升无障碍地面垂直转换设施标识的显著性。

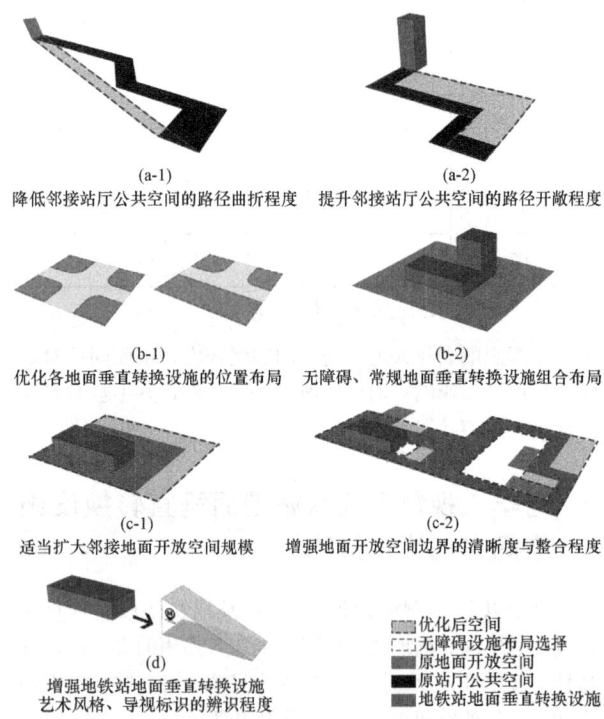

图14　老年人视角下地铁站地面垂直转换设施空间布局优化策略

4　总结与展望

在城市精细化管理不断提升、轨道交通快速发展的背景下，立足老年人的出行特征和行为需求，优化地铁站地面垂直转换设施的空间布局，对达成"积极老龄化"的目标、实现包容性城市建设具有重要意义。本研究以武汉市6个地铁站的39个地面垂直转换设施为样本，构建地铁站地面垂直转换设施空间布局特征指标、老年人视角下的使用评价指标，通过实地勘察法、模拟实验法、SPSS关联性分析，最终得出：地铁站地面垂直转换设施的邻接站厅公共空间复杂度、平均视域整合度，能够对老年人使用产生显著影响，并提出相应的适老性优化策略。

同时，研究存在一定的不足。首先，研究以武汉市为样本选择区域，并未对其他城市地铁站垂直转换设施的空间布局进行研究，因此研究结论具有一定的地域局限性；此外，地铁站空间环境复杂，实验者在老年人视角下对地铁站地面垂直转换设施的使用评价，在一定程度上会受到自身身体状况、地铁客流量，以及评价者主观因素等影响，后续研究中有待对其进一步补充分析。

参考文献

[1] 崔叙，喻冰洁，杨林川，等．城市轨道交通出行的时空特征及影响因素非线性机制——基于梯度提升决策树的成都实证[J]．经济地理，2021，41(7)：61-72.

[2] 王海波．武汉地铁网络化发展历程及其运营现状研究[J]．城市轨道交通研究，2018，21(S1)：6-9.

[3] 刘玉贤．基于老龄化视域下城市地铁站空间中的包容性设计研究[D]．南昌：南昌航空大学，2019.

[4] 沈方圆．轨道交通换乘路径与关键节点适老策略研究[D]．重庆：重庆大学，2020.

[5] 曾进东．面向老年人地铁出行服务水平的时空数据分析研究[D]．深圳：深圳大学，2020.

[6] 陈海勇，刘建友，郭志波．中国地铁设计理念的演化历史及发展方向[J]．铁道标准设计，2023，67(6)：124-130.

[7] 董贺轩，倪伟桥，陈果．城市多层面空间垂直转换节点使用后评价研究——以武汉光谷现代风情街为例[J]．华中建筑，2016，34(1)：136-140.

[8] 李双婷．商业街区垂直转换节点空间设计研究[D]．武汉：华中科技大学，2018.

[9] Cheung C Y, Lam W. Pedestrian route choices between escalator and stairway in mtr stations[J]. Journal of Transportation Engineering-Asce, 1998, 124(3): 277-285.

[10] Kaakal F, Hayat S, Moudini A E. A hybrid Petri nets-based simulation model for evaluating the design of railway transit stations[J]. Simulation Modelling Practice and Theory, 2007, 15(8): 935-969.

[11] Joshi A, Tsai P F, Lam S S, et al. A simulation approach for new facility layout design[C]// IIE Annual Conference. Proceedings. Institute of Industrial and Systems Engineers (IISE) 2008: 828.

[12] 吴先宇．城市轨道交通枢纽设施配置适应性分析及仿真优化方法[D]．北京：北京交通大学，2011.

[13] 朱竟争．基于客流特征的轨道换乘站换乘设施服务水平研究[D]．北京：北京交通大学，2012.

[14] 史芮嘉，丁勇，柏赟，等．地铁乘客对步行楼梯和自动扶梯的选择行为分析及建模[J]．交通运输系统工程与信息，2015，15(1)：185-190.

[15] 戴子文，谭国威，戴子龙．城市轨道交通车站分类及等级划分研究[J]．都市快轨交通，2016，29(4)：38-42.

[16] 丁佳麒．城市轨道交通换乘站设施服务水平分析与评价研究[D]．大连：大连交通大学，2017.

[17] Deverteuil G. Reconsidering the legacy of urban public facility location theory in human geography[J]. Progress in Human Geography, 2000, 24(1): 47-69.

[18] 黄亚平．城市空间理论与空间分析[M]．南京：东南大学出版社，2002.

[19] 傅搏峰，吴娇蓉，陈小鸿．空间句法及其在城市交通研究领域的应用[J]．国际城市规划，2009，23(1)：79-83.

[20] 宋正娜，陈雯，袁丰，等．公共设施区位理论及其相关研究述评[J]．地理科学进展，2010，29(12)：1499-1508.

[21] 宋正娜，陈雯，张桂香，等．公共服务设施空间可达性及其

度量方法[J]. 地理科学进展, 2010, 29(10): 1217-1224.

作者简介

董贺轩, 1972年生, 男, 汉族, 河南濮阳人, 博士, 华中科技大学建筑与城市规划学院教授、博士生导师, 研究方向为城市设计。电子邮箱: 415091740@qq.com。

(通信作者) 赵孜冉, 2000年生, 女, 汉族, 山东临沂人, 华中科技大学建筑与城市规划学院研究生在读, 研究方向为城市设计。电子邮箱: zhaoziran0027@163.com。

高翔, 1997年生, 女, 汉族, 山西临汾人, 华中科技大学建筑与城市规划学院博士在读, 研究方向为城市设计, 电子邮箱: 526646522@qq.com。

基于 ENVI-met 的老旧社区热舒适性优化策略研究
——以长沙市登仁桥社区为例

Research on Thermal Comfort Optimization Strategy of Old Community Based on ENVI-met
—A Case Study of Dengrenqiao Community in Changsha

刘晓芸　郭美芳　刘路云*　罗凤姣

摘　要：选取长沙市登仁桥社区作为研究对象，采取建筑拆建、绿化及景观改造、界面绿化设计3种改造手段，在ENVI-met软件中建立基础模型和优化情景模型，对比分析优化前后夏季高温时段热舒适性效应。结果表明：①拆除局部阻碍风道且质量较差的建筑以形成穿堂风对热舒适性改善效应显著且作用范围较大。②顺应主导风向在社区公共活动空间、住宅旁及街巷适当增加绿化，PET值平均降幅4.617℃，最高达15.819℃。③在社区重要节点及人群高频活动的街巷增加界面绿化对PET值影响微弱，微气候改善作用较小。④从改善的叠加效果来看，建筑拆建＋绿化及景观改造＋界面绿化设计＞建筑拆建＋绿化及景观改造＞绿化及景观改造＞建筑拆建＞界面绿化设计。

关键词：老旧社区；ENVI-met；情景模拟分析；热舒适性；PET

Abstract: Dengrenqiao community in Changsha city was selected as the research object, and three common reconstruction methods, namely building demolition and construction, greening and landscape renovation, and interface greening design, were adopted to establish basic model and optimization scenario model in ENVI-met software, and the thermal comfort effect in summer high temperature period before and after optimization was compared and analyzed. The results show that: ①The effect of ventilation on thermal comfort is significant and the range of effect is large by removing the buildings with poor quality and local obstructing air duct. ②In accordance with the dominant wind direction, the public activity space in the community, around the house and streets should be appropriately increased with greening, and the PET value will drop by 4.617℃ on average and 15.819℃ at the highest. ③The addition of interface greening in the important nodes of the community and the streets with high frequency of human activities has a weak effect on PET value, and the microclimate improvement effect is small. ④From the perspective of the superimposed effect of improvement, building demolition ＋ greening and landscape transformation ＋ interface greening design ＞ Building demolition ＋ greening and landscape transformation ＞ Greening and landscape transformation ＞ Building demolition ＞ interface greening design.

Keywords: Old Community; ENVI-met; Scenario Simulation Analysis; Thermal Comfort; PET

引言

高质量发展背景下人们对于居住环境品质的要求逐步提升[1]，而老旧社区由于居住密度高、建筑破旧、绿化稀少等使得居民户外热舒适性差[2]，探索具体改造策略以优化社区热舒适性，从而指导老旧社区的更新实践意义深远。近年来有关热舒适性的研究受到学者们的关注，宏观层面多通过WRF模拟、遥感反演等方法研究城市覆被变化、景观格局、空间演变等对热环境效应的影响[3-7]。中观层面多以商业街区[8-9]、城市广场[10-11]、公园绿地[12-13]、居住区[14-15]、历史街区[16-17]、城市街道空间[18-19]等作为研究对象，探究植物[9-14,15-16,19]、建筑[8-9,14,15-17,19]、下垫面[9,11]、水体[11]、空间布局[8,10,12,15-19]等要素对热舒适性的影响。微观层面多探究植物的种植排列方式对热舒适性的影响[20-22]。而目前针对老旧社区改造的研究多集中于物质空间层面，较多关注社区环境品质提升、公共服务配套、基础设施及建筑自身的改造等方面[23-25]。

基于上述研究，目前针对城市热舒适性的已有成果较多，但较少以老旧社区作为研究对象，部分文献更新策略存在大拆大建现象，并未切实基于老旧社区特征。本研究选取长沙市登仁桥社区作为典型案例对象，采取建筑拆建、绿化及景观改造、界面绿化设计3种常用改造手段，在ENVI-met软件中建立基础模型和优化情景模型，对比分析优化前后的夏季高温时段热舒适性效应，为未来老旧社区的景观改造与微更新提供新的视角。研究选择ENVI-met软件进行模拟，它是由德国美因茨大学地理研究所开发的一款用于模拟分析室外环境的微气候三维模拟软件，是目前全球应用最为广泛的小尺度范围的微气候模拟工具[26]。

1　研究区域概况

登仁桥社区位于长沙市老城区，属亚热带季风气候，

图 1　研究区域及测点位置

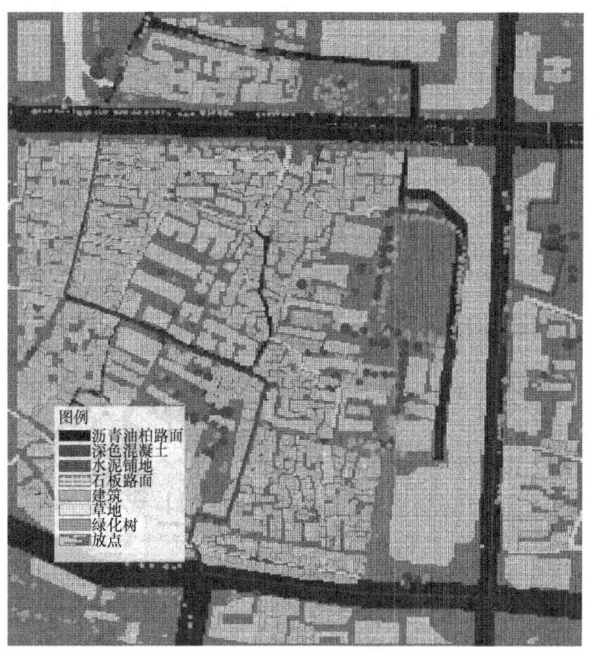

图 2　ENVI-met 赋材质

夏冬季长，春秋季短。夏季日平均气温在 30℃ 以上有 85 天，气温高于 35℃ 的炎热日平均每年达 30 天，盛夏酷热少雨。登仁桥社区东邻繁华的黄兴南路商业步行街，西靠西陵里，北起人民西路，南接西湖路，属典型的老旧社区。区内历史风貌建筑较多，有多条历史步道，并保留有一处国家级历史建筑和百年学府长郡中学（图 1）。

2　方法与建模

2.1　ENVI-met 模型建立与参数选取

根据长沙市天心区西文庙坪有机更新项目组提供的 CAD 等数据，结合高清卫星影像和现状调研，划分下垫面材质与属性，生成 SHP 面文件并分图层导入 Arc GIS 中，将处理好的 .shp 文件导入 ENVI-met 中，然后在软件中赋设材质（图 2）、设置网格精度为 3m×3m×5m 和嵌套网格 5 个，生成模拟场景图（图 3），各要素材质见表 1，输入实测气象参数（风速 2.5 m/s，风向为 180°南风）和热舒适性感受参数值[9]（服装热阻力值 0.34clo，年龄 35 岁，体重指数 75kg，行人高度 1.75m），利用 Space 模块中的 Receptors 功能在基础模型中均匀放置 300 个分析点，用以提取舒适性对比结果。

实测选取晴朗无云且无极端天气的夏季典型气象日，于 2022 年 8 月 15 日 6:00—18:00 进行连续 12h 的定点观测。仪器设备选用 HOBO 温湿度记录仪和 AVM-03 叶轮式分体风速仪，测量高度为距地面 1.5 m 行人高度，每小时整点记录数据一次。实测选取 19 个居民日常高频活动的代表性空间作为气象监测点（图 1）。测点 1、17～18 为建筑内部封闭空间；测点 2、15 为绿化遮荫空间；测点 3～6、11～14、16、19 为街巷空间；测点 7～10 为宅旁活动空间。

图 3　ENVI-met 3D 模型

2.2　热舒适度评价指标

热舒适度是描述温度主观体验的关键指标[27]，常用的指标有 PMV、PET、UTCI 等，其中生理等效温度 PET 反映的是人体皮肤温度和体内温度达到与典型室内环境同等的热状态所对应的气温[28]，本研究采用该指标进行评价。Ma X 等[29]在对我国中部以及东南部夏热冬冷地区人类的热感分布研究中确定 PET 值为 19～26 ℃时热感为"中性"，26～34 ℃ 为"略热"，34～42 ℃ 为"暖"，42～49 ℃ 为"热"，高于 49 ℃ 为"很热"。

各要素材质对照表　　　　　　　　　　　　　　　　　表1

要素类型		材质	ENVI-met 材质
建筑	屋顶	混凝土	0100C5 (Concretewall, cast dense)
		瓦	0000R2 (Roofing, terracotta)
		铝	0000AL (Alumin, single layer)
	墙体	砖	0100B2 (Brick wall, burned)
		砖混	0000PC (Concretewall, photoactive)
		混凝土	0100C5 (Concrete wall, cast dense)
		砖木	0100F1 (Passive wall-good insulation)
铺地		沥青柏油路面	0000ST (Asphaltroad)
		深色混凝土	0000PD (Concrete pavement, dark)
		水泥铺地	0000PP (Concrete, used/dirty)
		石板路面	0100SD (Sandy soil)
		自然裸地	0100LO (Loamy soil)
		草地	010000 (Funkia, hosta)
绿化（树冠覆盖面积）		<3.14m²	0000H2 (Hedge dense, 2m)
		3.14~12.56m²	0100H4 (Hedge dense, 4m)
		12.56~78.5m²	0000T1 (Tree 10m very dense, leafless base)
		78.5~176.63m²	0000SK (Tree 15m very dense, distinct crown layer)
		>176.63m²	0000SC (Tree 20m very dense, free stem crown layer)

注：建筑高度按每层3m计算。

2.3 现状模拟结果及模型校验

通过模拟得到登仁桥社区8:00、12:00、14:00和18:00 4个时间点的PET模拟结果图（图4），比对19个测点的模拟数据与实测数据，对结果进行校验（图5），结果显示温度和风速的实测值与模拟值误差分别控制在1℃和0.31m/s以内，实测与模拟值曲线整体趋势基本一致，说明将ENVI-met模拟运用于本区域的热舒适研究是可行的。

根据模拟结果可得各时段热感等级面积占比如表2所示，8:00和18:00在温度分布的高低区域上表现相似，PET高值区均出现在开敞绿地以及南北侧沥青柏油路面，PET低值区出现在中部建筑密集区域，考虑由于早晚时段太阳辐射相对较弱，建筑阴影导致建筑周边PET值偏低。12:00和14:00PET高值与低值分布区域与8:00和18:00两个时段相反。原因在于建筑聚集程度高导致街巷内部封闭空间较多，空气流通性差从而热舒适性欠佳。而开敞绿地空间虽太阳辐射强，但风速较高，且绿化本身具有一定的降温效应，热舒适度相对较好。因此，下文一方面对现有建筑进行针对性的改造，打造部分封闭空间的通风廊道，同时在适宜的公共空间区域合理规划布局绿化种植。

各时段不同热感等级面积占区域总面积的比例　　　　　表2

PET 热感等级	不同热感等级面积占区域总面积的比例（%）			
	8:00	12:00	14:00	18:00
中性（19~26℃）	—	—	—	—
略热（26~34℃）	48.37	—	—	—
暖（34~42℃）	50.65	0.48	—	64.74
热（42~49℃）	0.72	11.59	0.46	34.83
很热（>49℃）	0.26	87.93	99.54	0.43

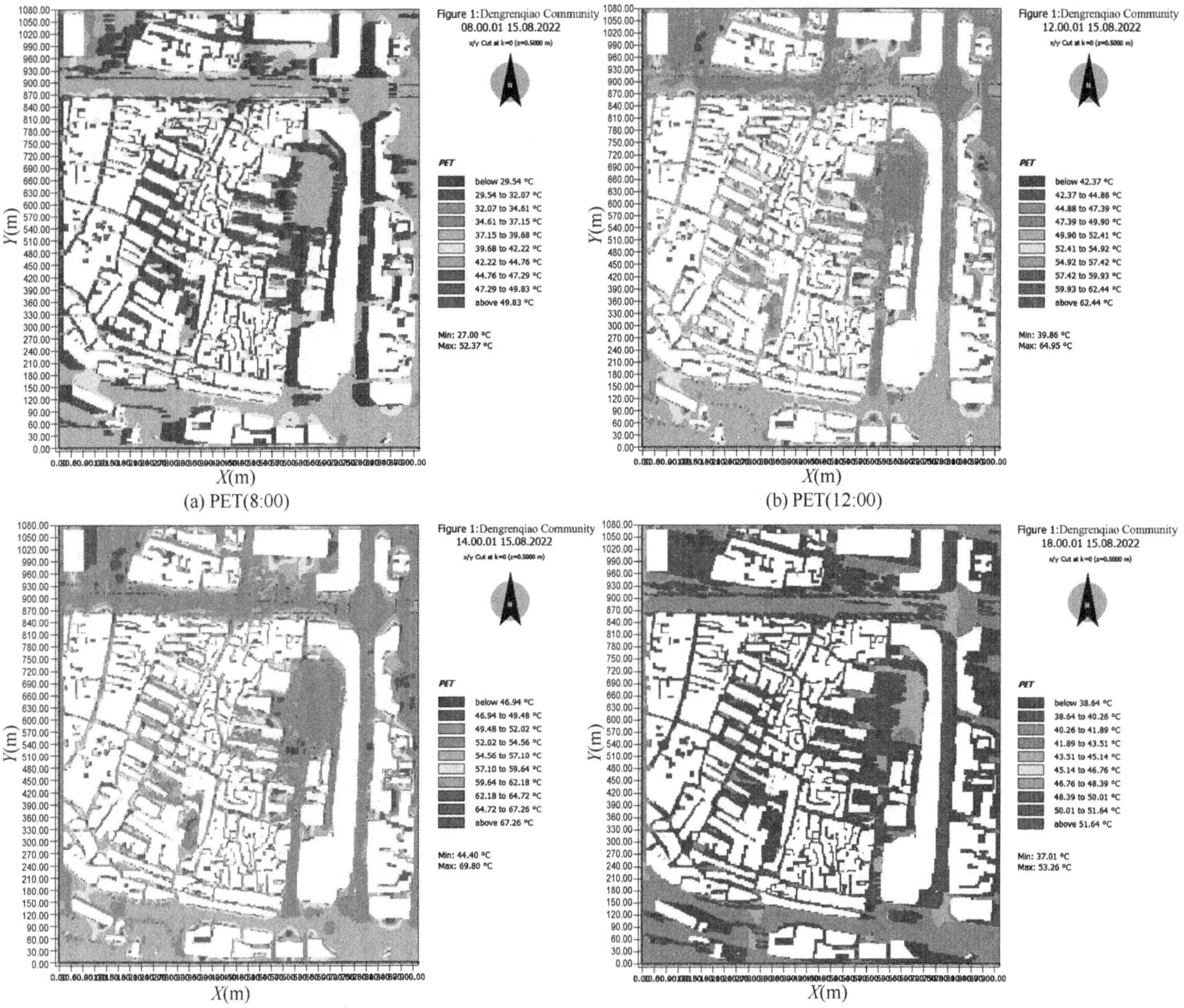

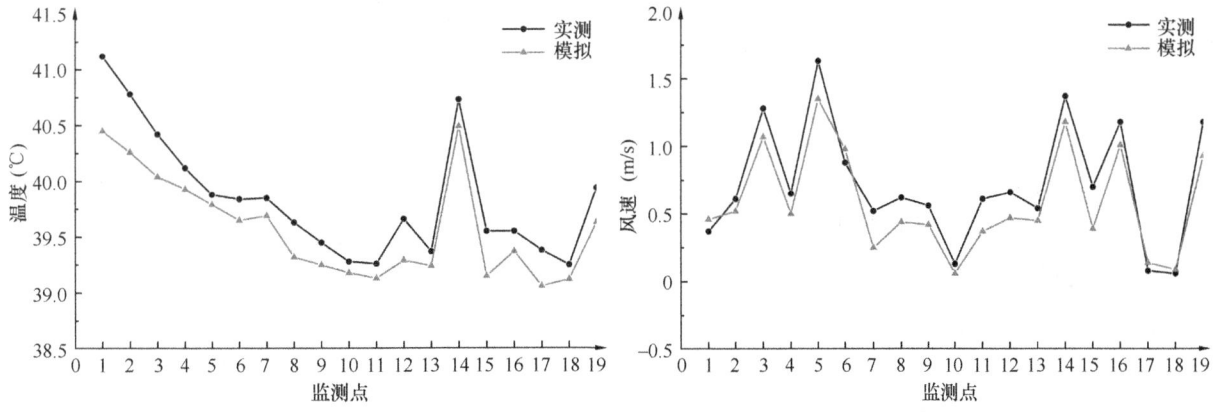

(a) PET(8:00)　　(b) PET(12:00)　　(c) PET(14:00)　　(d) PET(18:00)

图 4　现状各时段 PET 空间分布图

图 5　监测点温度、风速实测值与模拟值对比

3　情景模拟方案

3.1　建筑拆建

对研究区内建筑质量、景观风貌、历史步道和历史建筑详细调研，确定留改拆方案，对原风貌建筑和历史建筑予以保留，拆除或改建阻碍风道且质量较差、与区域景观风貌不相协调的建筑，以打通局部通风廊道形成城市穿堂风，改善内部静风区域。同时在研究区中部 D 区域，拆除原有破旧建筑并新建 12 层和 15 层建筑，满足拆迁原住居民的就地安置。建筑拆除改建规划及重点区域具体改造前后的建模对比见图 6。

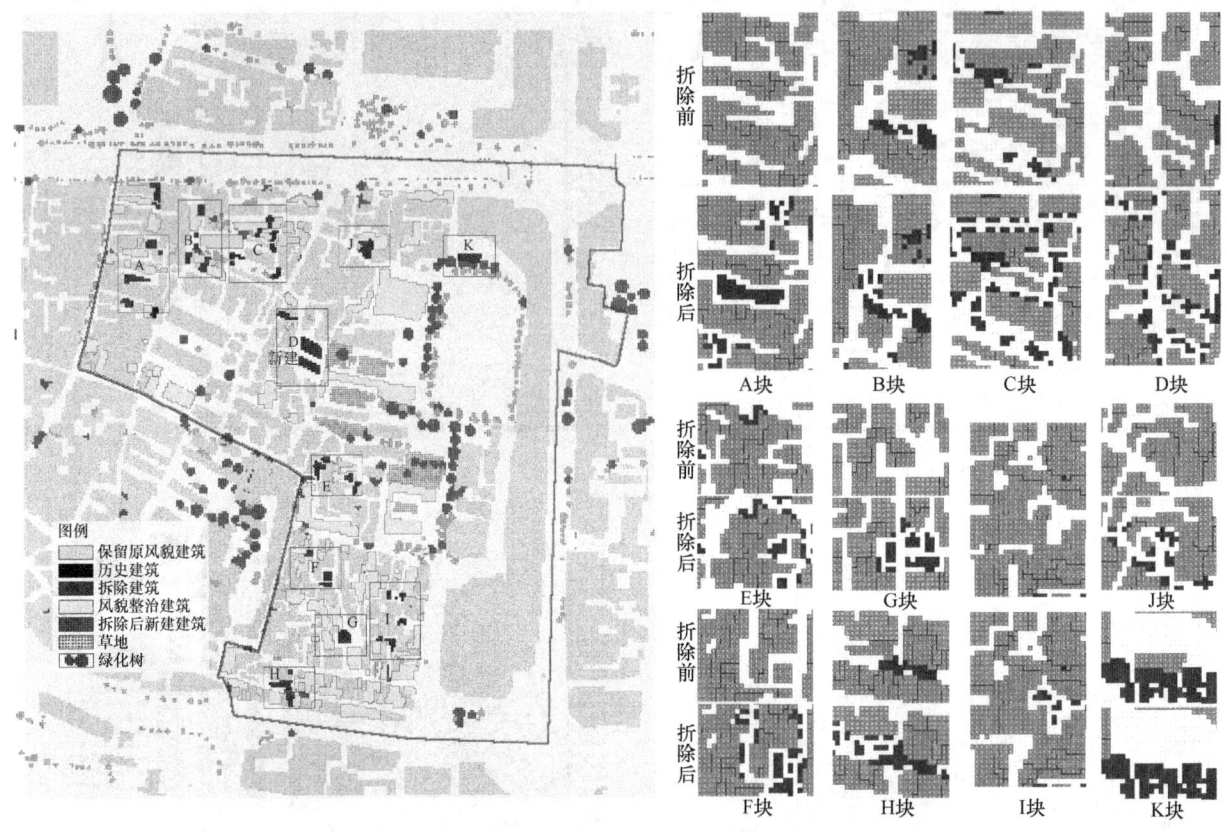

图 6 建筑拆除改建规划及重点区域改造前后模型对比

3.2 绿化及景观改造

已有绿化主要分布在东部长郡中学校园内部，北部、西部和南部建筑密度较大及人口活动密集的区域绿地率极低且分布零散。利用建筑拆建后形成的局部开敞空间打造邻里交往场所，形成多个社区级的公共活动绿地，保证绿地服务半径在整个区域全覆盖，绿化改造方案见图 7。主要巷道适当增加乔木、灌木，打造三纵三横的景观风廊。在绿地配置过程中留出部分空隙，借此引导风向以提升户外空间舒适感，让植物发挥最大降温效应，绿化种植设计导则及具体种植设计如图 8 所示。

3.3 界面绿化设计

增加界面绿化包括墙面垂直绿化与墙体绿植，补充和提升社区绿地率、改造景观效果。界面绿化增设位置结合社区居民日常活动、接送小孩等高频行动轨迹，对樊西巷、学院街及南墙湾巷 3 条东西向景观廊道两侧墙体进行垂直绿化打造，具体位置为 L、M、N 区域，墙体绿化以草本、藤本、观花植物为主，具体改造前后的建模对比如图 9 所示。

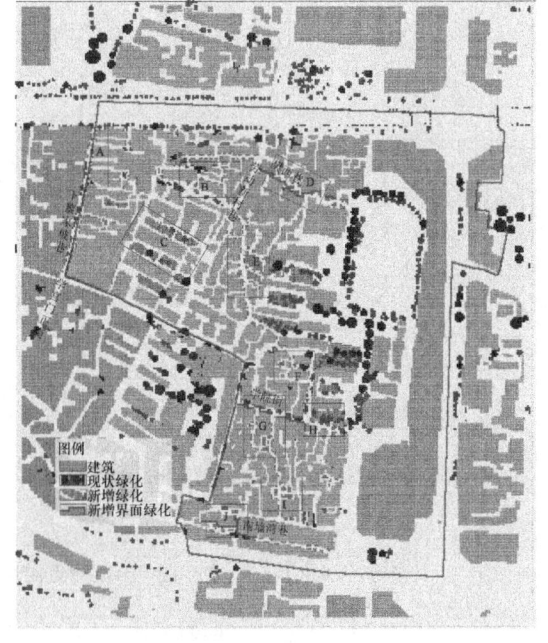

图 7 绿化景观规划

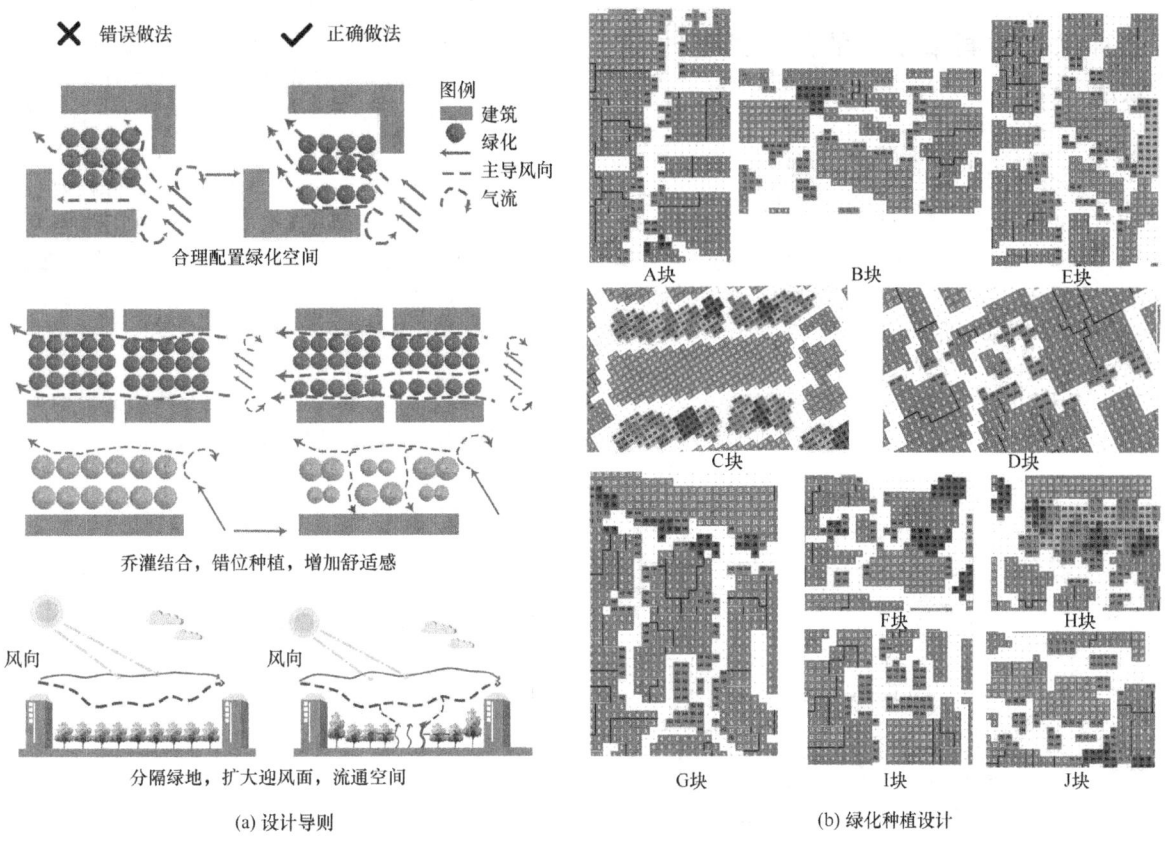

(a) 设计导则　　　　　　　(b) 绿化种植设计

图 8　绿化种植

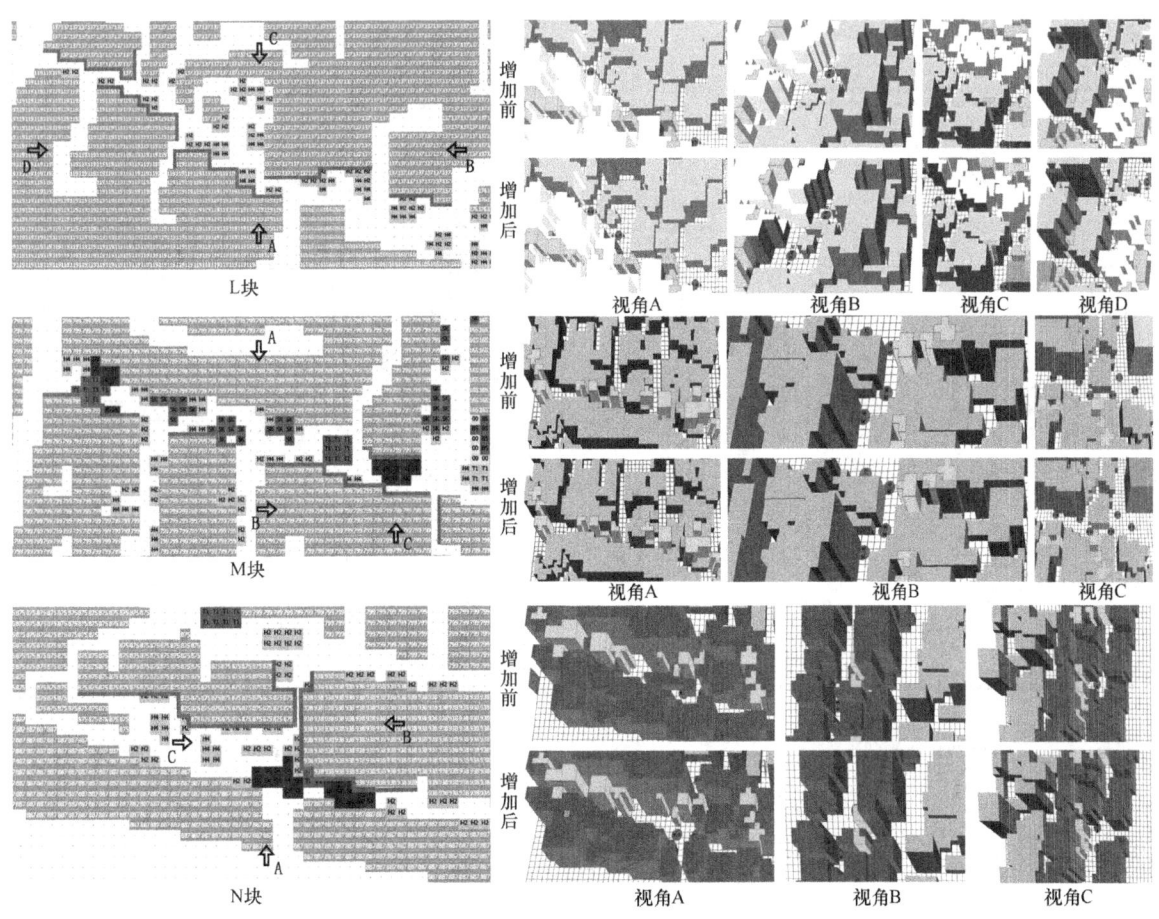

图 9　界面绿化设计及重点区域改造前后模型对比

4 三种优化方案情景下的热舒适性改善效应

4.1 情景一：建筑拆建前后效应对比

选取18个Receptors点，提取具体模拟结果数据，分析拆建前后PET改善效应（图10）。一天中14:00舒适性最差，热感为"很热"的面积比例较现状降低了0.3%，主要集中在建筑拆建周边区域。不同时段PET高值区和低值区分布情况与现状基本一致，对比不同时段地块PET值围绕平均值的数据波动情况可知，8:00和18:00的PET值波动相对较小，12:00和14:00波动较大。

建筑拆建后各时段PET值相较于现状均有所变化，建筑拆建方案与现状各时段PET对比分析见图11。整体来看12:00和14:00的热舒适性改善效果较为明显，14:00时PET值下降0.074～11.448℃，各测点平均降幅为2.853℃，为4个时段中最高；18:00时PET降幅最小，为−0.697～8.824℃，各测点平均降幅为0.68℃。高温时段测点1、4～6、14、17的PET值降幅相对较大。降幅大的测点均位于建筑聚集度高且南北不通透的住宅区内部，改造后PET值有3.229～11.448℃的降幅。测点2～3、10～11的PET值降幅较微弱，其中测点2～3同样位于密集住宅区内部，但未进行建筑拆除从而热舒适性无改善；测点10～11位于社区内南北向的街巷中，其PET值原本较低，因此降幅不明显。

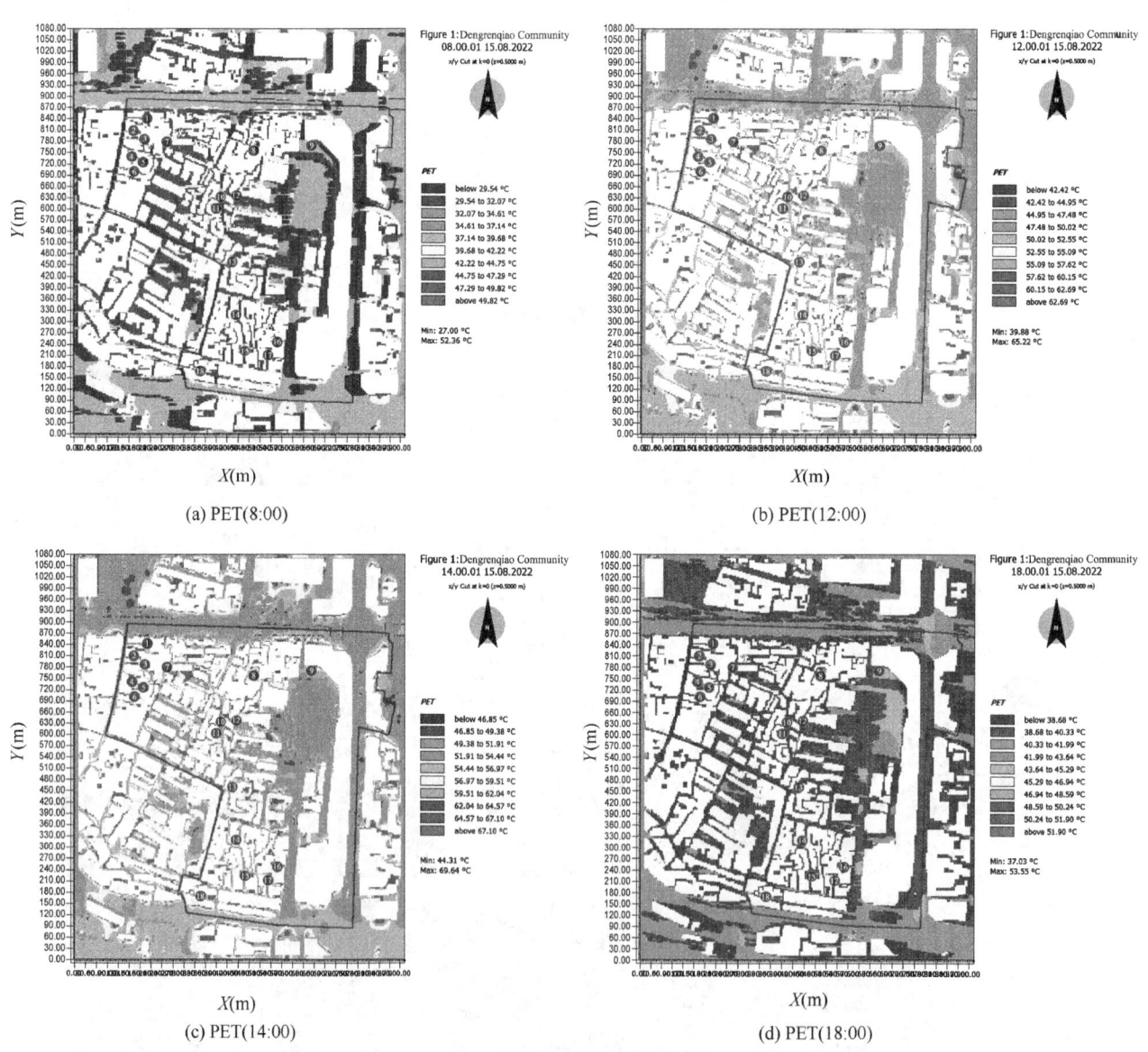

图10 建筑拆建方案各时段PET空间分布图

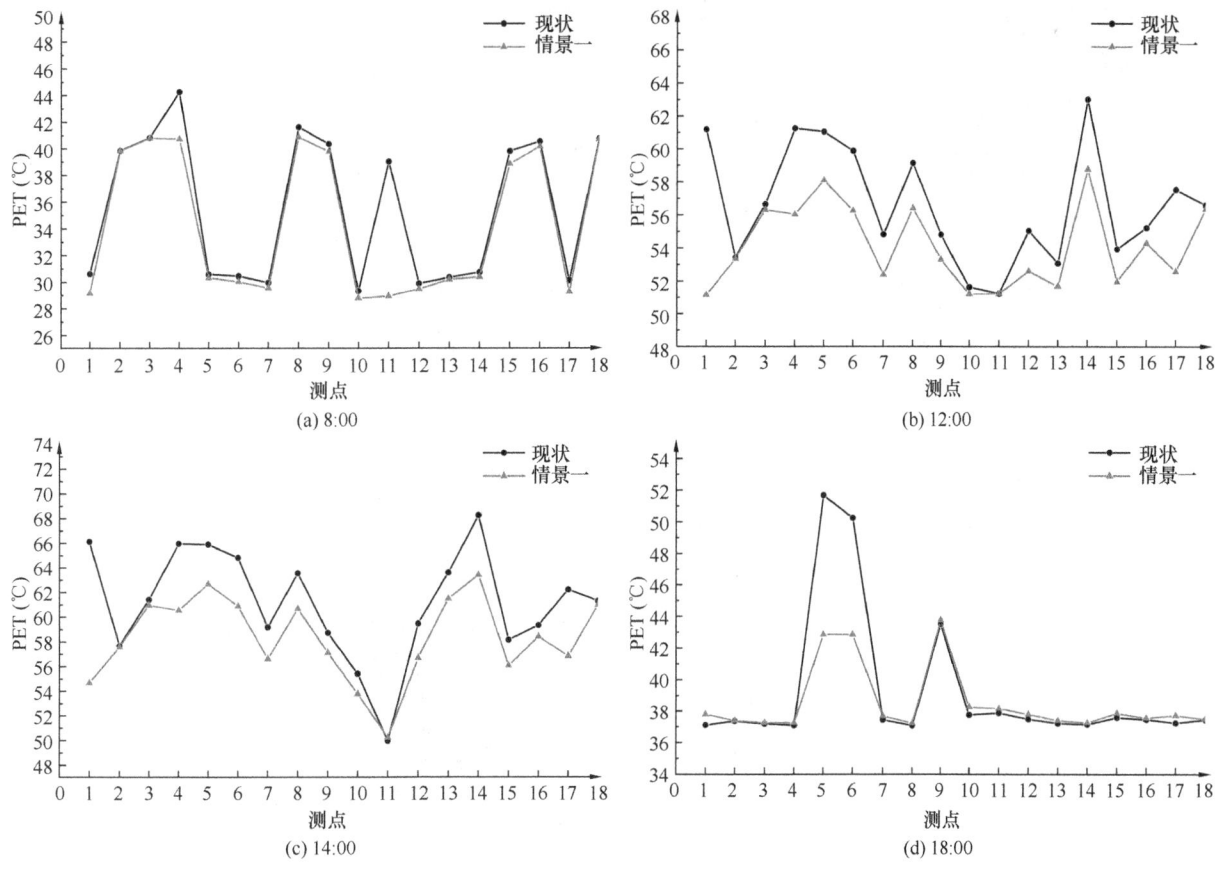

图 11 情景方案一 PET 前后对比分析图

4.2 情景二：绿化及景观改造前后效应对比

在上述方案基础上，进行绿化及景观改造，选取 30 个 Receptors 点，提取具体模拟结果数据，分析改造前后 PET 改善效应（图 12）。14：00 热感为"很热"的面积占比相较情景一下降 0.55%，下降明显区域主要集中在增加绿化的街巷空间。增加绿化后不同时段之间的 PET 差异情况基本不变，不同线性空间廊道之间的 PET 效应有所差异，12：00 和 14：00 的 PET 低值区范围扩大，除南北侧道路与中部绿地外，社区内部三纵三横景观风廊沿线也出现较多低值区域，由此可看出增加绿化对社区热舒适性的改善作用非常显著。

对比情景一，PET 数值变化明显，绿化及景观改造方案各时段 PET 前后对比分析见图 13。与建筑拆建方案作用趋势一致，日中高温时段热舒适性改善效果更为明显。12：00 和 14：00 PET 值波动较大，12：00 平均降幅为 4.387℃，14：00 平均降幅为 4.617℃，降幅最高达到 20.919℃。不同测点之间降幅存在差异，降幅突出的测点有 5、9、11~12、14、19、24、26~27，主要位于新增宅旁绿地和公共活动绿地，且现状 PET 值偏高的区域；7~8、18、20~21、23、28~30 测点 PET 降幅较小，主要位于内部街巷区域。8：00 和 18：00 PET 数值变化在不同测点间差异明显，但现状 PET 高值的测点总体下降明显，8：00 PET 值平均降幅为 1.989℃，18：00 PET 值平均降幅为 0.680℃。

4.3 情景三：增加界面绿化前后效应对比

选取 21 个 Receptors 点，提取具体模拟结果数据，分析 PET 改善效应（图 14）。增加界面绿化后不同时段之间、不同区域之间的 PET 分布与情景二基本一致，重点进行界面绿化改造的三条东西向廊道 PET 分布相较情景二出现微弱变化，14：00 热感为"很热"的面积占比无明显变化。各时段降幅均非常微弱，8：00 平均降幅为 0.002℃，12：00 平均降幅为 -0.013℃，14：00 平均降幅为 0.005℃，18：00 平均降幅为 0.016℃。且降幅在不同测点之间差距不明显。界面绿化设计方案与现状各时段 PET 对比分析见图 15。

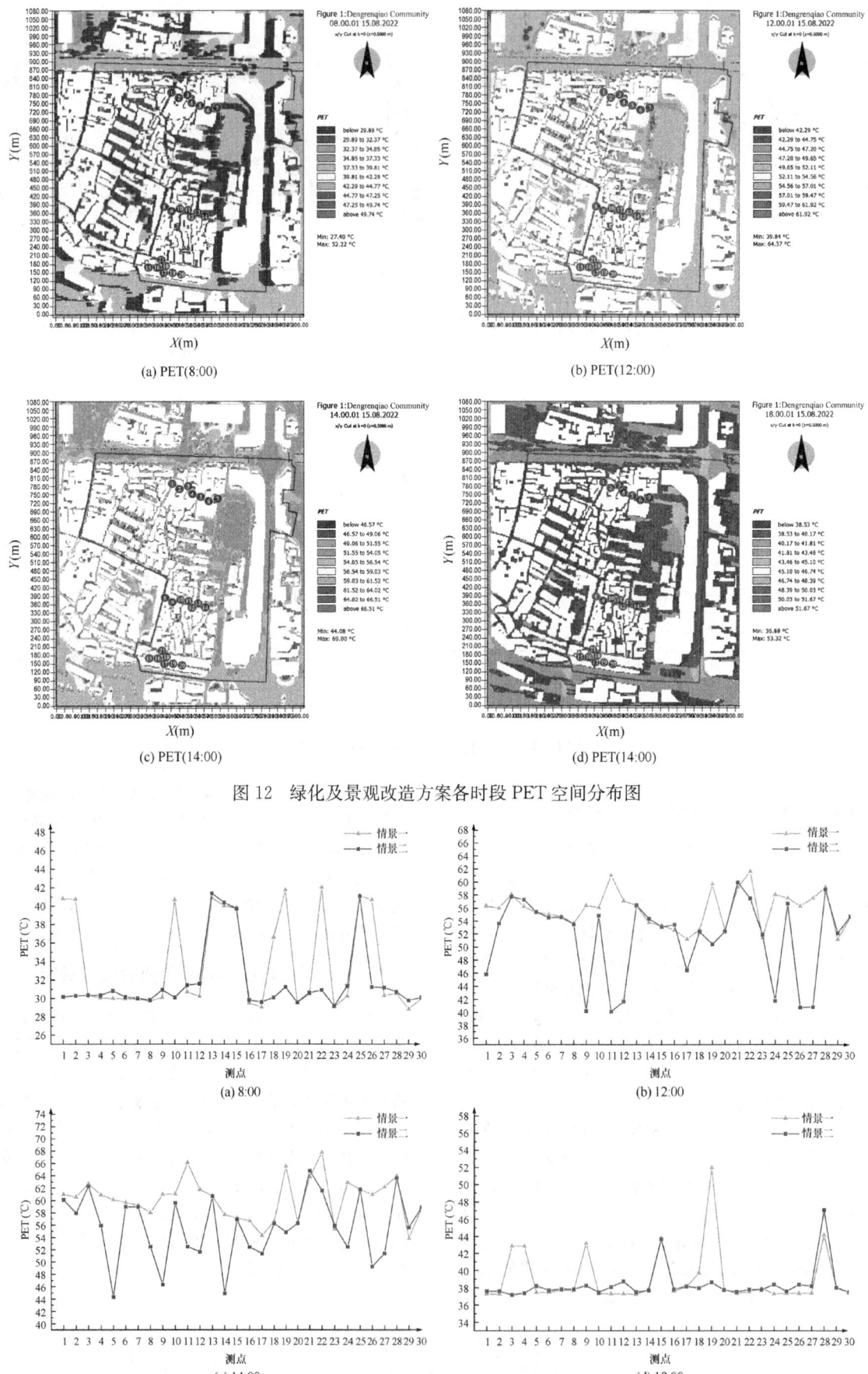

图 12 绿化及景观改造方案各时段 PET 空间分布图

图 13 情景方案二 PET 前后对比分析图

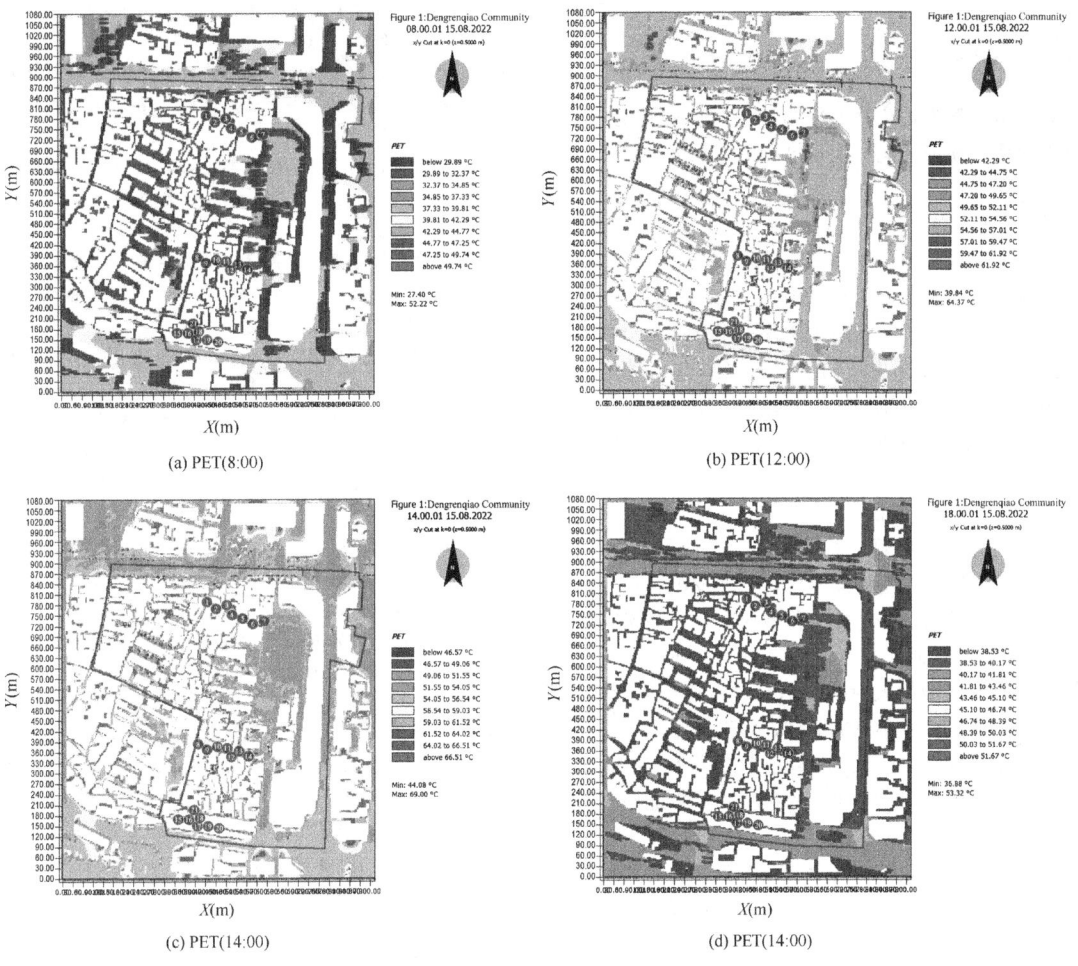

图 14 界面绿化设计方案各时段 PET 空间分布图

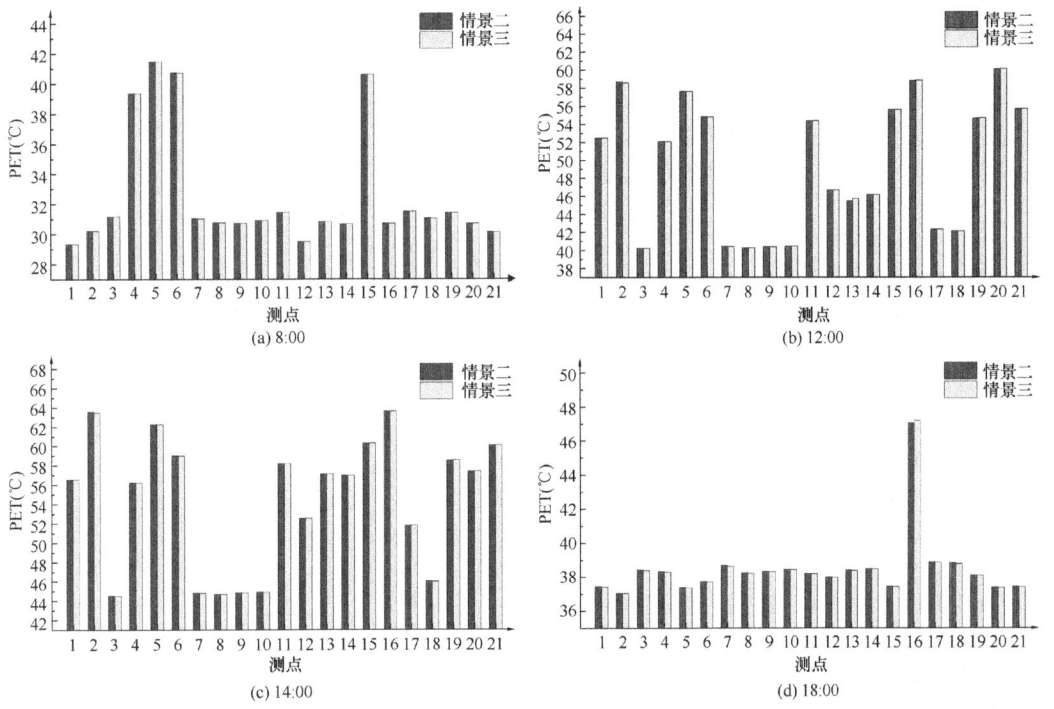

图 15 情景方案三 PET 前后对比分析图

5 结论与建议

通过对3组情景模拟方案的模拟结果进行对比分析，提出在夏季典型气候下的老旧社区热舒适性优化策略。

5.1 主要结论

（1）通过拆除局部阻碍风道且质量较差的建筑打造通风廊道对热舒适性改善效应显著，在高温时段可降低PET值0.074~11.448℃，早晚时段最高可降低8.824℃，且作用范围较大。该方案更适用于建筑聚集度高且南北不通透的街巷内部。在太阳辐射较弱、温度较低且相对湿度较高的早晚时段，建筑拆建对热舒适性的改善作用不明显。

（2）增加绿化对老旧社区夏季热舒适性的改善至关重要。在社区公共活动空间顺应主导风向，采取乔灌结合、错位种植、分隔绿地的方法增加绿化，宅旁及街巷适当增加小乔木种植，对社区热舒适性改善效应明显，高温时段平均降幅4.617℃，最高降幅可达15.819℃。在街巷、住宅间隙等不开敞区域增加大冠幅乔木会对风速产生影响，从而减弱改善效果，种植小冠幅植物，效果更为理想。在建筑背阳面集中种植植物，会在早晚时段造成一定面积的高湿区域，加之植物树冠对风速的影响，热舒适性改善效应相对较弱。

（3）在社区重要节点及人群活动频率较高的街巷增加界面绿化，对片区PET值影响较微弱，高温时段PET值平均降幅0.005℃，降幅最高0.111℃，且在不同区域之间无明显差异。因此界面绿化一定程度可提升旧区景观效果，但对微气候改善作用范围较小。

（4）在夏季炎热天气下，从改善的叠加效果来看，建筑拆建＋绿化及景观改造＋界面绿化设计＞建筑拆建＋绿化及景观改造＞绿化及景观改造＞建筑拆建＞界面绿化设计。建筑拆建、绿化及景观改造和界面绿化设计3种方案结合是提高老旧社区热舒适性最为有效的方法。

5.2 建议

基于方案模拟结果，从以下几点提出改善建议：①在不破坏老旧社区原有功能与历史肌理的前提下，可通过拆除部分阻碍风道或质量较差的建筑打造通风廊道，提升热舒适性。②注重社区公共活动空间内的绿化营造，住宅旁及街巷可适当增加小乔木种植，确保老旧社区中的绿化覆盖。③在社区重要节点及人群活动频率较高的街巷增加界面绿化，如种植藤本植物打造绿墙等。研究运用ENVI-met软件的Receptors功能对改善前后的模拟结果进行精确读取，深入剖析各点特征对微气候的影响效应，为老旧社区的改造提供了新视角。下垫面材质是影响社区热舒适性的重要因素，可进一步进行模拟对比，由于登仁桥社区目前已完成下垫面改造，本研究未从下垫面角度提出优化方案。

参考文献

[1] 杨苏，李航航．老旧小区改造对城市可持续发展的影响研究——基于双重差分法的实证检验[J]．西安理工大学学报，2023，39(1)：1-11．

[2] 李德智，朱嘉薇，朱诗尧．基于PCA-DEA的城市老旧小区精细化治理绩效评价研究[J]．现代城市研究，2020(7)：111-116．

[3] 周宏轩，陶贵鑫，炎欣烨，等．绿量的城市热环境效应研究现状与展望[J]．应用生态学报，2020，31(8)：2804-2816．

[4] 张波，郭晋平，刘艳红．太原市城市绿地斑块植被特征和形态特征的热环境效应研究[J]．中国园林，2010，26(1)：92-96．

[5] 刘晓彤，刘艳红．基于三维绿量的太原市绿地热环境效应研究[J]．林业与生态科学，2022，37(3)：346-354．

[6] 王竹依，樊彦国，单宝艳．基于遥感影像的城市建筑空间分布格局对热环境的影响研究——以济南市中心城区为例[J]．激光与光电子学进展，2023，60(2)：380-386．

[7] Haipeng Y, Zehong L, Ninghui Z, et al. Variations in the effects of landscape patterns on the urban thermal environment during rapid urbanization (1990-2020) in megacities[J]. Remote Sensing, 2021, 13(17): 3415.

[8] Yuan S, Qinfeng Z, Nan Z. Improvement strategies for thermal comfort of a city block based on PET Simulation—A case study of Dalian, a cold-region city in China[J]. Energy & Buildings, 2022, 261: 111557.

[9] 常鑫悦，顾康康，解卫东，等．基于ENVI-met的城市商业街区室外热舒适性优化研究[J]．建筑节能(中英文)，2021，49(12)：139-145．

[10] 魏冬雪，刘滨谊．上海创智天地广场热舒适分析与评价[J]．中国园林，2018，34(2)：5-12．

[11] 向艳芬，郑伯红．基于热舒适性模拟评价的城市广场改造研究——以长沙五一广场为例[J]．铁道科学与工程学报，2022，19(1)：291-300．

[12] 张芯蕊，聂庆娟，刘江秀．基于ENVI-met的城市公园绿地热舒适度改善策略研究[J]．生态科学，2021，40(3)：144-155．

[13] 张风，李利．基于人体舒适度的植物群落空间微气候实测与模拟研究——以奥林匹克森林公园为例[J]．北京建筑大学学报，2020，36(2)：30-39．

[14] 李砚哈，李琼，李晓晖，等．广州老旧住区空间设计对夏季室外热舒适影响分析[J]．建筑科学，2022，38(8)：61-69，96．

[15] 杨诗敏，郭晓晖，包志毅，等．基于ENVI-met的杭州夏季住宅热环境研究[J]．中国城市林业，2020，18(6)：84-88．

[16] 熊瑶，严妍．基于人体热舒适度的江南历史街区空间格局研究——以南京高淳老街为例[J]．南京林业大学学报(自然科学版)，2021，45(1)：219-226．

[17] 保娟娟，黄琼，张安晓，等．天津原租界街区夏季室外热舒适研究[J]．南方建筑，2021，205(5)：108-118．

[18] 彭旭路．城市街道夏季动态热舒适——以上海黄金城道步行街为例[J]．科学技术与工程，2022，22(25)：11170-11178．

[19] 郭晓晖，包志毅，吴凡，等．街道可视因子对夏季午后城市街道峡谷微气候和热舒适度的影响研究[J]．中国园林，2021，37(9)：71-76．

[20] 帅林茹，冯莉，阳少奇．植被种植方式对城市微环境热舒适度影响的数值模拟研究[J]．生态学杂志，2022，41(8)：1611-1618．

[21] 潘剑彬，李树华．北京城市公园绿地热舒适度空间格局特

征研究[J]. 中国园林, 2015, 31(10): 91-95.
[22] 胡海辉, 刘帅, 张思琪. 城市公园植物群落小气候效应及人体热舒适度——以哈尔滨三座公园为例[J]. 科学技术与工程, 2021, 21(23): 10021-10028.
[23] Bowen Z, Weimin G, Zhaolian X, et al. Current situation and sustainable renewal strategies of public space in Chinese old communities[J]. Sustainability, 2022, 14(11): 6723.
[24] 黄泓怡, 彭恺, 邓丽婷. 生活圈理念与满意度评价导向下的老旧社区微更新研究——以武汉知音东苑社区为例[J]. 现代城市研究, 2022, (4): 73-80.
[25] 赵珂, 杨越, 李洁莲. 赋权增能: 老旧社区更新的"共享"规划路径——以成都市新都区新桂东社区为例[J]. 城市规划, 2022, 46(8): 51-57.
[26] 杨玉锦. 数值模拟工具在城市微气候研究领域的应用情况综述——以ENVI-met软件为例[C]. 2019国际绿色建筑与建筑节能大会论文集, 2019.
[27] Yang Y, Gatto E, Gao Z, et al. The "plant evaluation model" for the assessment of the impact of vegetation on outdoor microclimate in the urban environment[J]. Building and Environment, 2019(159): 106151.
[28] Mayer H, Höppe P. Thermal comfort of man in different urban environments[J]. Theoretical and Applied Climatology, 1987, 38(1): 43-49.
[29] Max, Fukuda H, Zhou D, et al. Study on outdoor thermal comfort of the commercial pedestrian block in hot-summer and cold-winter region of southern China—A case study of the Taizhou old block[J]. Tourism Management, 2019, 75: 186-205.

作者简介

刘晓芸, 2000年生, 女, 汉族, 湖南湘潭人, 中南林业科技大学风景园林学院硕士在读, 研究方向为风景园林规划与设计。电子邮箱: 2276945674@qq.com。

郭美芳, 1986年生, 女, 汉族, 湖南岳阳人, 硕士研究生, 长沙市规划勘测设计研究院, 中级工程师, 从事城乡规划。电子邮箱: 1574224016@qq.com。

(通信作者) 刘路云, 1983年生, 女, 汉族, 湖南邵阳人, 博士, 中南林业科技大学风景园林学院, 副教授, 主要研究方向为城市更新和低碳生态城市。电子邮箱: t20172369@csuft.edu.cn。

罗凤姣, 1999年生, 女, 汉族, 四川绵阳人, 本科, 深圳市新城市规划建筑设计股份有限公司, 工程师, 研究方向为城乡规划与设计。电子邮箱: 1647871150@qq.com。

"共享街道"理念下的历史街区更新设计研究
——以上海愚园路百乐门段设计为例

A Study on the Renewal Design of Historic District under the Concept of "Shared Streets"
—A Case of Yuyuan Road Paramount Section in Shanghai

孙瑾璐 陈忆湄 郭 巍*

摘 要:"共享街道"是一种人本思想的街道设计理念,在城市由空间扩张转变为空间优化的当下具有重要意义。历史街区作为城市中重要的历史文化载体,与其他城市街道空间相比更具有共享化更新的价值。本文以上海愚园路历史街区百乐门段为例,基于"共享街道"理念,从交通系统、空间格局、建筑界面、生态环境、文化系统等方面探讨历史街区更新设计方法,实现道路人车共享、空间全时共享、生态绿色共享、历史文化共享等多维共享。为类似历史街区的共享化更新设计提供参考。

关键词:共享街道;以人为本;历史街区;愚园路

Abstract: "Shared Streets" is a human-centred street design concept, which is of great significance at a time when cities are changing from spatial expansion to spatial optimisation. As an important historical and cultural carrier in the city, historic districts are more valuable for shared renewal than other urban street spaces. This paper takes the Paramount section of the Yuyuan Road Historic District in Shanghai as an example, and discusses the design methodology for the renewal of the historic district based on the concept of "Shared Streets" in terms of the traffic system, spatial pattern, architectural interfaces, ecological environment, and visual identification system, so as to realise multi-dimensional sharing such as sharing of roads with people and vehicles, sharing of space all the time, sharing of ecology and greenery, and sharing of history and culture. To provide a reference for the design of shared regeneration of similar historic districts.

Keywords: Shared Streets; People-centred; Historic Districts; Yuyuan Road

引言

在城市从增量发展转变为存量发展的当下,公共空间品质的提升尤为重要。近年来,"共享街道"理念引入国内,其"以人为本",促进不同使用人群平等共享空间的核心思想对我国街区更新起到了正向推动作用。历史街区作为城市中宝贵的历史文化资源,更应在保护其历史风貌的基础上进行共享化、精细化更新,激发街区活力。本文基于"共享街道"理念,以上海愚园路百乐门段为例,探讨历史街区的共享化更新设计方法。解决原有交通组织混乱、空间利用低效、街道景观不佳、业态活力不足等问题,实现多维共享,提升街道品质,打造街区特色。

1 "共享街道"理念与特征

共享街道理念是把步行活动和汽车行驶统一在一个共享层面上,构造一个统一体,在同一街道平面内减少或不设置高差,适用于街道狭窄、以行人和骑行者为主,车流量小或车辆限行的区域[3]。这一理念源自荷兰的共享空间概念,最初被应用在居住区内,在居民的参与下,将人行道与公路统一到一个路面上,营造出一种庭院般的感觉,使驾驶员如同在"花园"中行驶,迫使驾驶员去关注其他的道路使用者(图1)[1]。

21世纪以来,场所营造理念逐渐引入共享街道的研究中,允许使用者更长久地停留在道路空间内。如今,共享街道理念在国内已得到广泛认可,并灵活运用于各种场景中,推动了城市街道的"人性化"转型。如《上海市街道设计导则》中提到"街道的核心价值是'以人为本',街道的设计原则是塑造安全、绿色、活力、智慧的高品质公共空间"[2],这与共享街道的核心理念一致。

2 历史街区概念与共享化更新设计

历史街区是指文物古迹比较集中,或能较完整地体现出某一历史时期传统风貌和民族地方特色的街区,蕴含着重要的历史资源和文化资源,其保护与更新是当今的重要议题。

历史街区一般具有以下特征:一是位于老城区,街道通常并不宽阔,以行人为使用主体,场所性大于通行性;二是使用人群多样,有居民、游客、商铺经营者等,街区承载着多元化的活动;三是具有历史文化意义,承担着展示地域文化特色、吸引游客打卡、提升城市活力的功能。基于以上特征,历史街区适宜进行共享化改造。在更新设计的过程中,除实现道路人车共享、空间全时共享以外,还应在延续街区历史风貌的基础上与时俱进，焕发新的活力，凸显街区特色，促进文化共享。

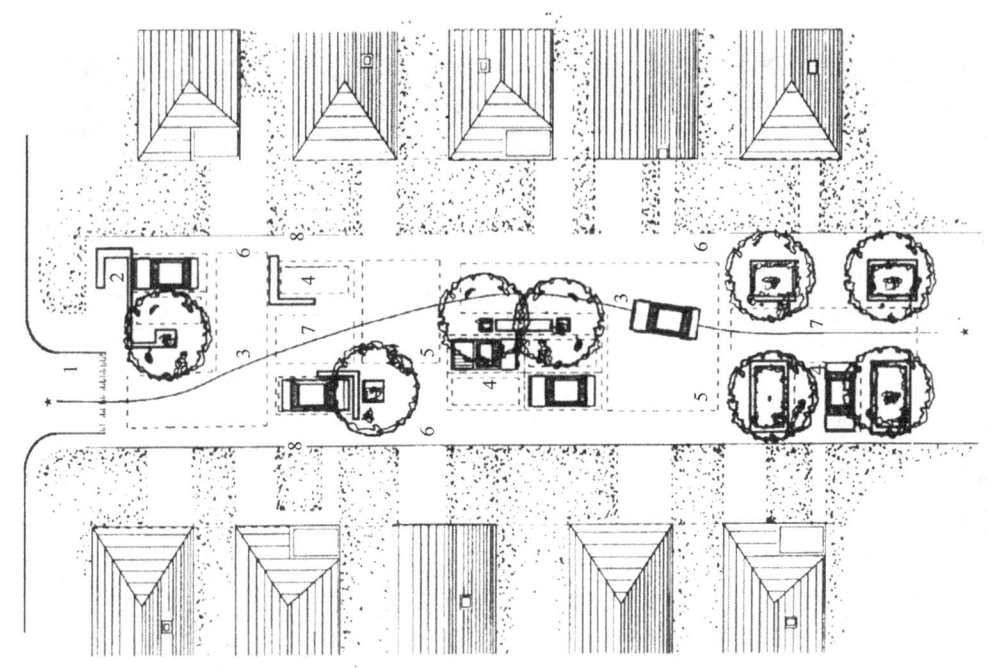

图1 共享街道的典型平面[1]

1-有明显标志的入口
2-休息区/坐凳
3-车道转弯
4-停车区
5-铺装材料变化
6-非连续路沿石
7-障碍物/植被带
8-典型道路边线

3 "共享街道"理念下的上海愚园路百乐门段设计实践

3.1 场地概况

愚园路历史文化风貌区在上海近现代发展史上占据重要地位，素有"一条愚园路，半部近代史"的美誉。愚园路东起静安寺，西至长宁路，其历史最早可追溯至1911年，是一条由公共租界越界修建的马路。愚园深受中西方文化共同影响，道路两侧逐渐形成了以新式里弄住宅为主，间杂公寓和花园别墅的住宅区，具有独特的历史风貌，是上海弄堂文化的典型代表之一。1933年，被称为"东方第一乐府"的百乐门舞厅建成，带动了愚园路的商业、娱乐业的发展，城市形态受到商业逻辑的推动，上海东西中轴线向西逐渐延伸至居住、商业、娱乐业功能混合的愚园路。

设计场地选址位于愚园路东端百乐门段，紧邻静安寺，由愚园路与愚园支路以及其相夹的三角绿地组成，是愚园路历史文化风貌区静安区域门户。此段深受静安寺庙会文化以及百乐门娱乐文化的影响，商业氛围浓厚，现已划入静安寺商圈。场地周边用地功能复合，业态丰富，有良好的发展潜力（图2）。但现状存在交通组织混乱、空间利用低效、业态活力不足、街道景观不佳、缺乏场地特色等问题。

3.2 设计目标与策略

结合相关上位规划，设计旨在将愚园路百乐门段打造为安全舒适、绿色开放、活力共享的特色商业娱乐文化历史街区（图3）。为实现这一目标，设计从"共享街道"理念及设计方法出发，提出以下策略。

3.2.1 优化交通系统，实现人车共享

愚园路现状车行道宽约10m，三角广场段宽约13m，为双向双车道，但机动车过境交通以西向东单向为主，且车流量较小，平均日流量约为200车次/h。非机动车流量较大，可达1500~1700车次/h，但现状愚园路并未区分单独的非机动车道，为机非混行道路，骑行安全得不到保障。此外，现状非机动车停放多而混乱，挤占人行空间，遮挡店铺（图4）。

（1）优化车行流线

将愚园路改为西向东单向通行，愚园支路东段采取交通管制，禁止机动车通行，减少机动车对广场的影响，紧急时刻三角广场可做消防通道使用。

（2）取消道牙，扩大慢行空间

由于街道的使用主体为骑行者和行人，因此设计将车行道缩窄至8.5m并取消道牙，通过铺装来区分机非与人行道，共享道路空间，并完善盲道体系。

（3）缩小转弯半径，降低车速

通过缩小道路转弯半径至5m和选用较为颠簸不平的铺装材料等方法降低机动车车速，限速至20km/h。实现愚园路从"车本位"到"人本位"的转变。

（4）优化停车体系

将现状三角广场的环卫车辆停放处转移至九百世纪城后门，并在国际丽都公馆北侧打造一处非机动车停车场，减少愚园路两侧停车压力。采取智慧停车方式，严格划定停车区域，考虑到来往机动车临时停泊的需求，设置5个共享停车位（图5）。

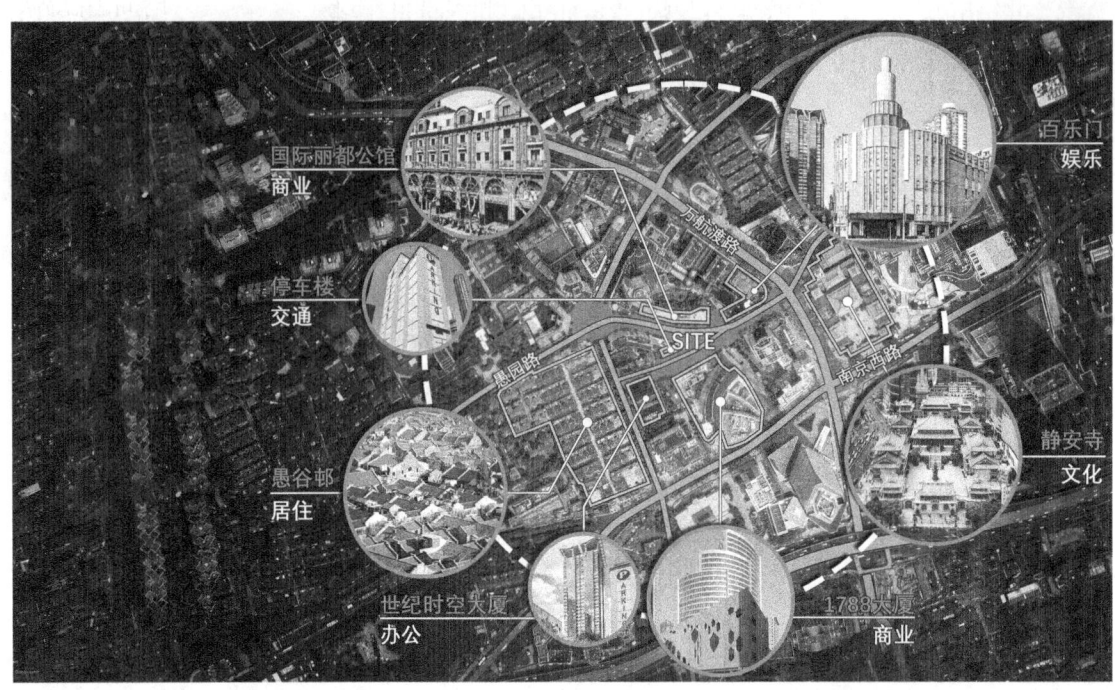

图 2　设计场地区位及概况

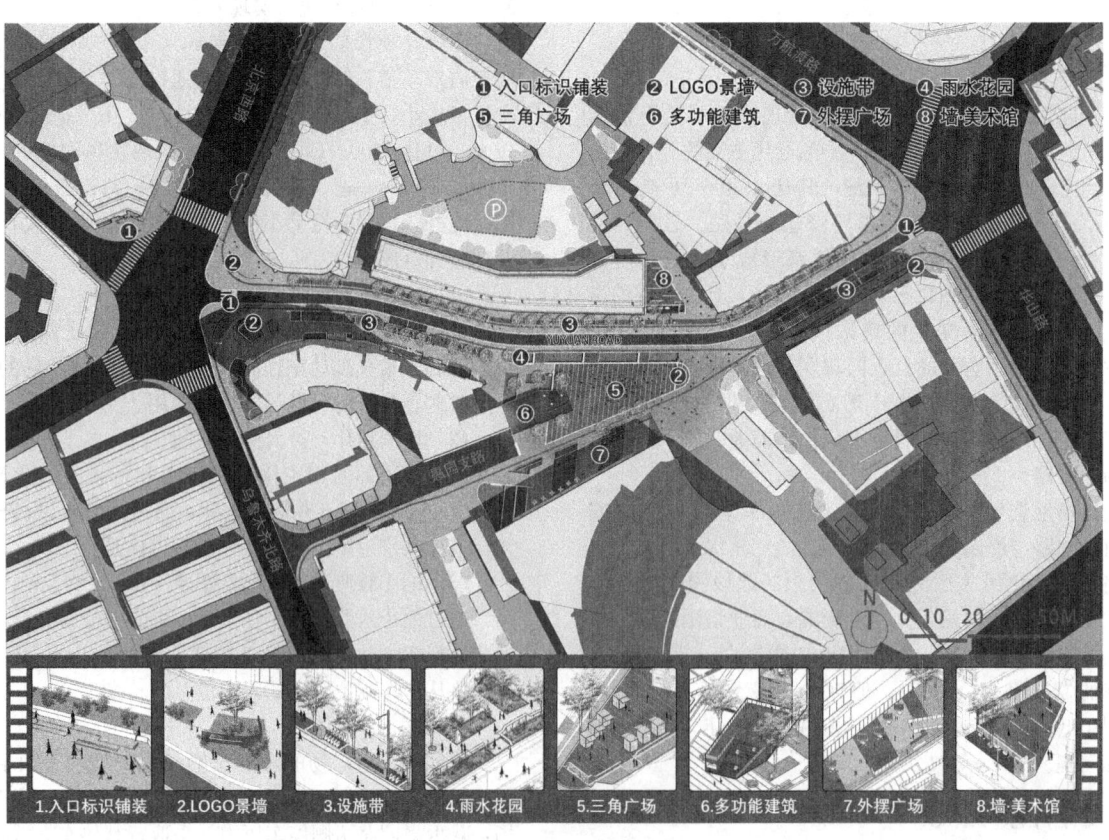

图 3　设计总图

图 4 现状问题照片

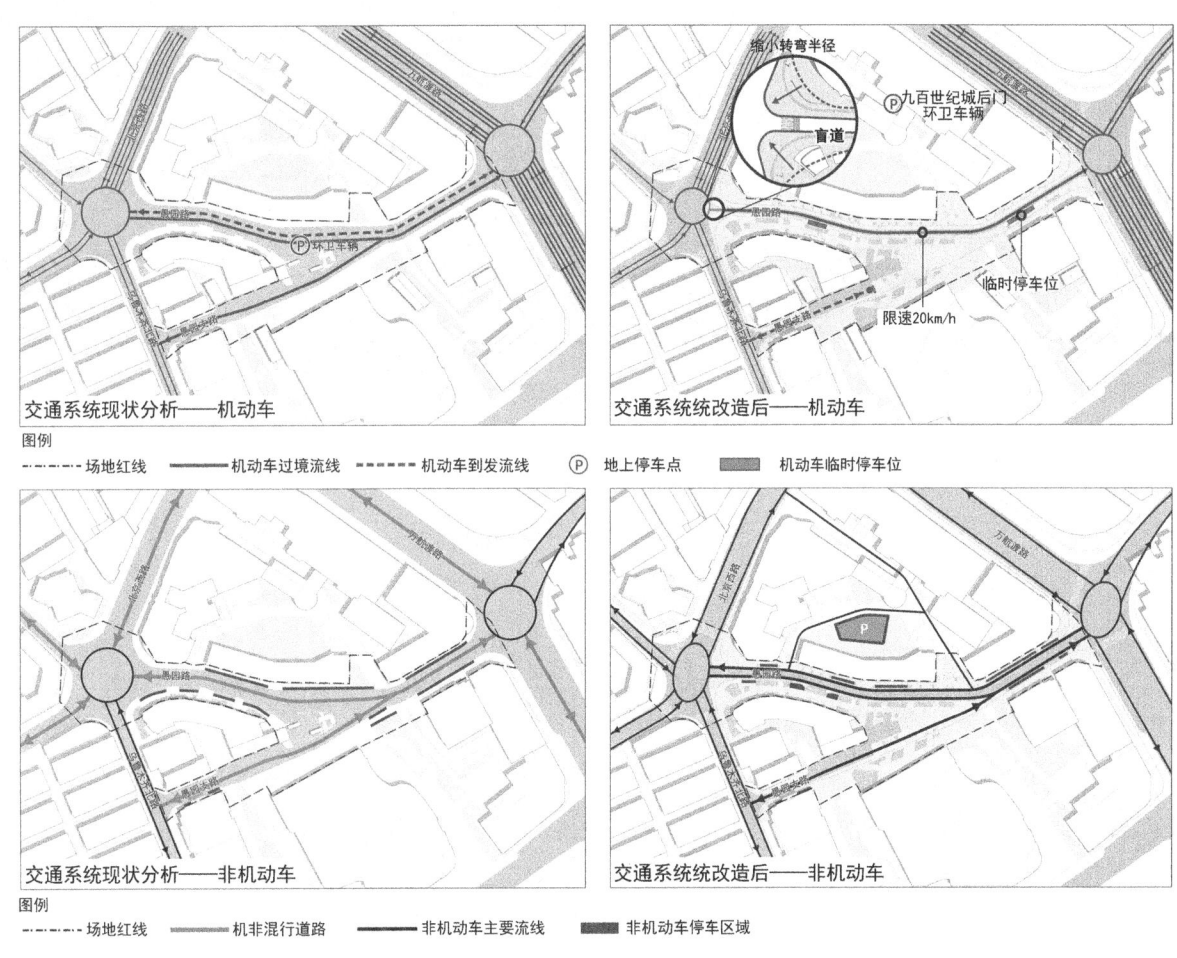

图 5 现状及改造后交通系统分析

3.2.2 改善空间格局，促进全时共享

场地周边餐饮、购物、住宿、生活等业态聚集度均较高，但由于现状街道空间拥挤，步行体验不佳，且缺乏发生公共活动的场所，导致商业活力不足。

此外，场地客流量大，客群类型多样，有居民、游客、商铺经营者等等，活动也不尽相同。上班族在早高峰时段需快速穿越街区，以附近居民为主导的广场活动与文娱活动集中在下午以及晚饭后，餐饮活动持续时间较长，在午、晚会出现高峰，购物活动则在晚饭后活动强度较高。

为激发商业活力，并满足不同人群对空间的需求，需促进街道空间开放并提升空间利用效率，实现全时共享。

（1）增加开放空间

将现状场地内的封闭绿地部分移除或打断，释放更多的公共空间。并将现状位于三角绿地的设备用房整合，结合台阶剧场和咖啡店，打造一处开放共享的多功能建筑，作为三角广场的核心。

（2）整合设施带

设计将非机动车停车位、垃圾箱、树池、现状电箱、电线杆、临时外摆等设施整合至一条设施带上，既节省空间，又整洁美观。

（3）鼓励商铺临时外摆

街道和广场空间在通勤早高峰及业态休整时段主要作为通行空间使用，保证行人的快速通行；而在用餐及夜晚休闲时段，可在三角广场、设施带放置临时外摆、可移动餐车以及临时座椅，激发商业活力（图6）。

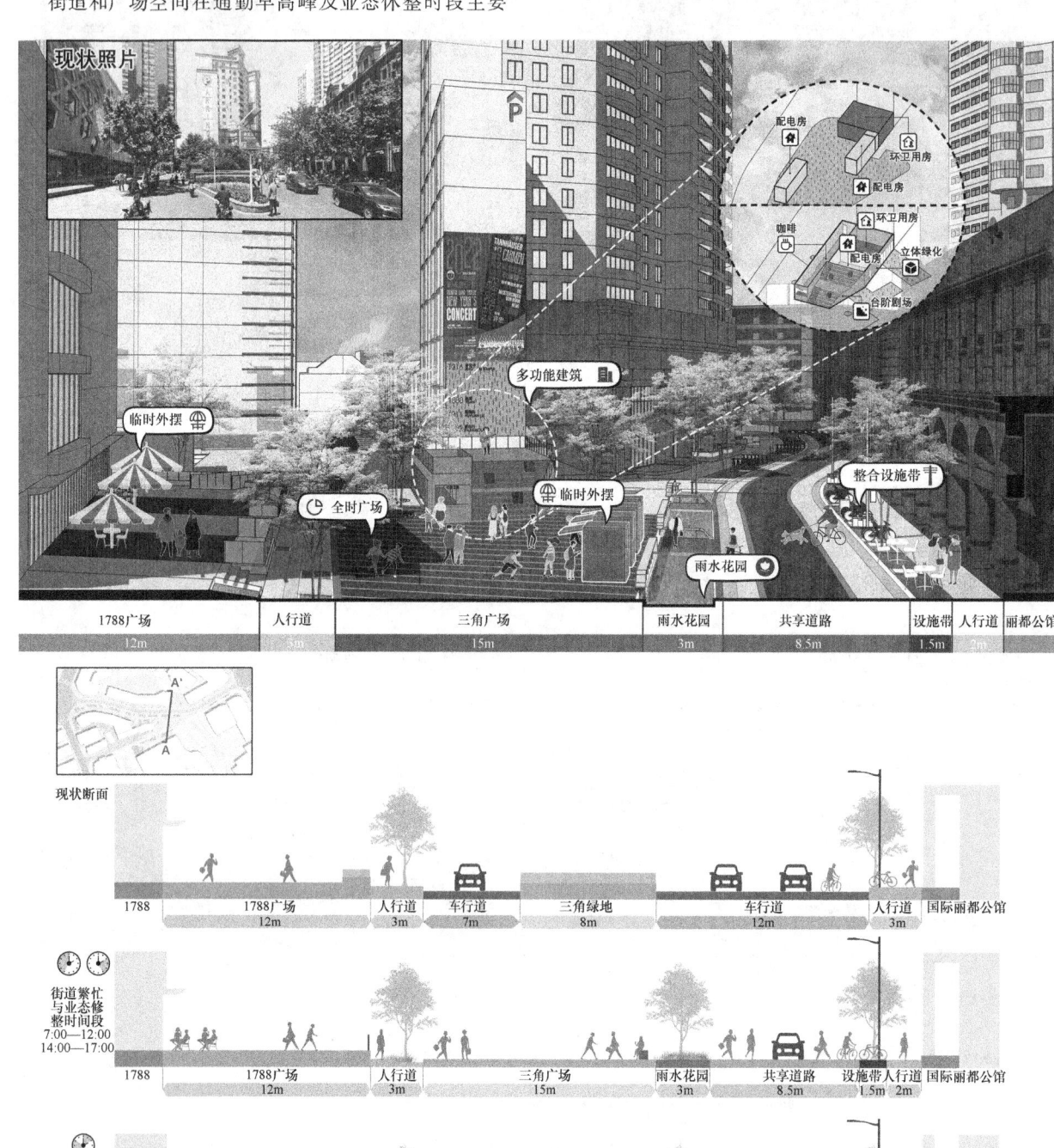

图6 三角广场段道路空间设计

3.2.3 优化建筑界面，延续历史风貌

愚园路两侧建筑风格多样，各具特色，展现着老上海历史文化风貌。其中最具代表性的是百乐门大楼，为一幢西洋风格建筑，距今已有近百年历史，建筑保存较为完好，但现状店招风格混杂，未形成统一视觉界面。此外，作为街道视线焦点的停车楼立面单调突兀，有待提升。

(1) 统一店招，历史建筑界面微调

设计在保留现状历史建筑特色的基础上不过多干预，仅作微调整。以百乐门大厦为例，对雨棚、空调外机装饰框做统一设计，增设电线槽隐藏电线，恢复建筑线脚，优化建筑出入口门头设计等。统一设计商铺店招，使用相同的文字样式，打造整洁有序的视觉界面（图7）。

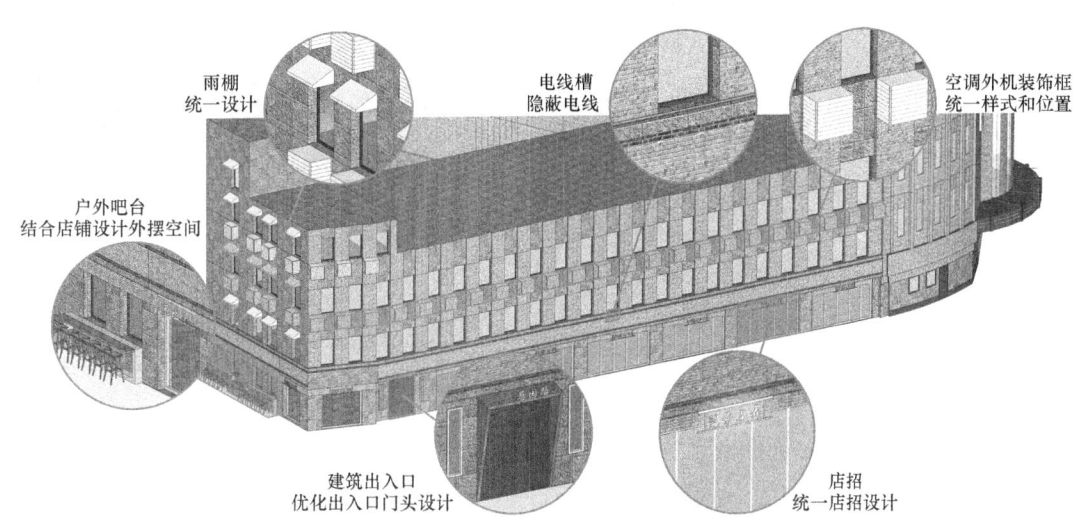

图 7　百乐门建筑立面改造

(2) 车楼立面整改

停车楼东立面正对路口，与静安寺互为对景，设计简化停车楼标识，使之更加简洁美观，并设计立体绿化文化墙，增设LED电子屏幕。在南立面悬挂广告牌，打破单调界面，强调商业娱乐氛围（图8）。

3.2.4　提升街道环境，实现生态共享

现状街道绿化种植情况较为单一，愚园路行道树以悬铃木为主，道路南侧搭配大叶黄杨绿篱，1788广场及紫安大厦临街商铺前有几处绿地，种植搭配较为丰富，但整体来看，街道未形成统一植物景观风貌。街道排水压力较大，现场随处可见雨污井盖和排水口。设计场地植物景观与排水体系仍有提升空间。

(1) 保留现状树，精细绿化

尽可能保留现状行道树和大乔木。对原管理用房和配电室进行整合后，三角广场中心新增建筑，因此对1棵现状树木进行移栽。根据设计景观节点，新增3棵梧桐树，搭配灌木地被，营造丰富的植物景观风貌。

(2) 设计生态排水系统

除车行道铺装外，街道大面积使用生态透水砖，并结合现状绿地设计雨水花园，通过道路坡度设计，收集地表径流，对雨水进行净化与再利用。不仅可以缓解街道排水压力，还可改善城市热岛效应，打造绿色生态街道（图9）。

3.2.5　打造街道品牌，促进文化共享

上海愚园路位于上海东西中轴线上，承载着历史与文化，有着独特的气质与内涵，但与上海其他历史街区相比，愚园路场地特色不够突出，缺乏辨识度。因此在设计时植入文化特色，打造愚园路品牌，实现文化共享。

(1) 设施点文化植入

设计愚园路LOGO并运用于各类街道设施中。如街道和广场入口的LOGO景墙、特色铺装、树池，以及垃圾桶、电箱等市政基础设施。

(2) 打造特色文化节点

场地内设计两处文化节点。三角广场作为街区的活力中心，设计台阶剧场，背景结合立体绿化设计愚园路文化墙，并设置LED屏幕，广场定期举办音乐节及歌舞主题活动，展现百乐门娱乐文化。道路北侧夹角处原本为一处绿地，较为静谧，设计将其打造为墙·美术馆节点，展示愚园路历史文化（图10）。

(3) 打造街道品牌，推广文创周边

将来可进一步推出愚园路精美地图、立体书等文创产品，打造愚园路品牌，提升街道辨识度。

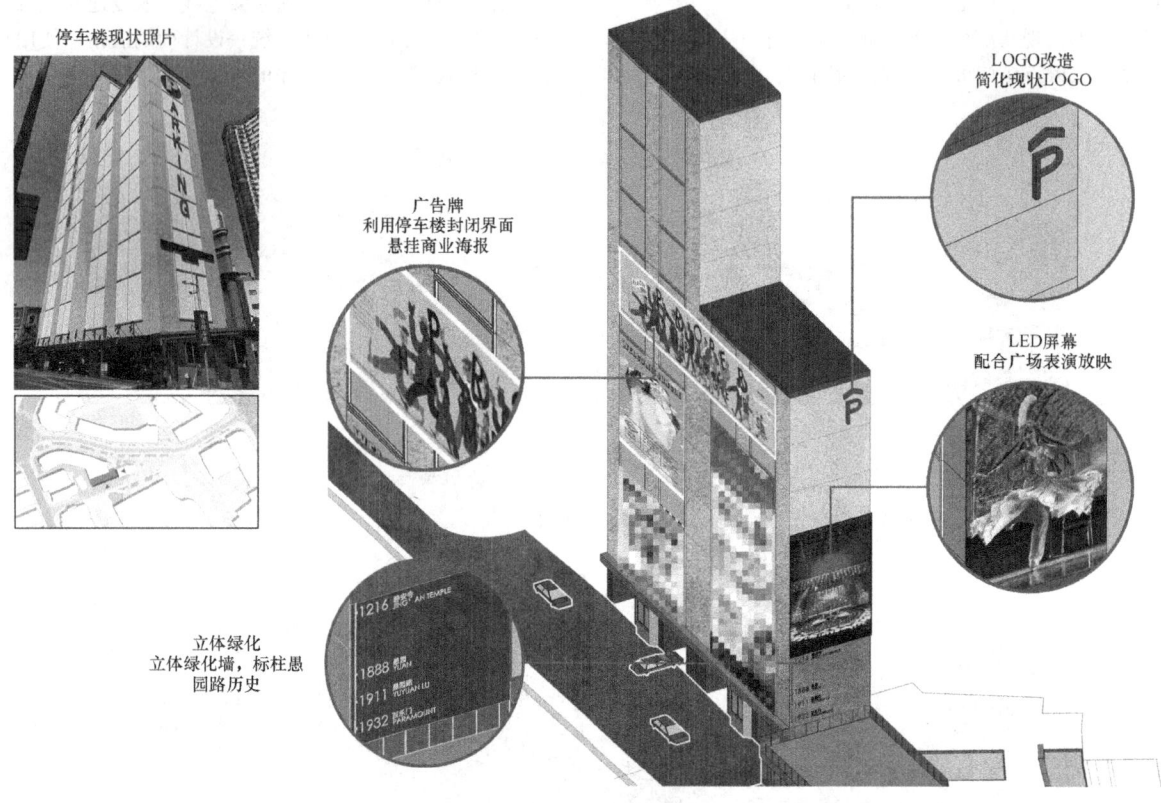

图 8　停车楼立面改造

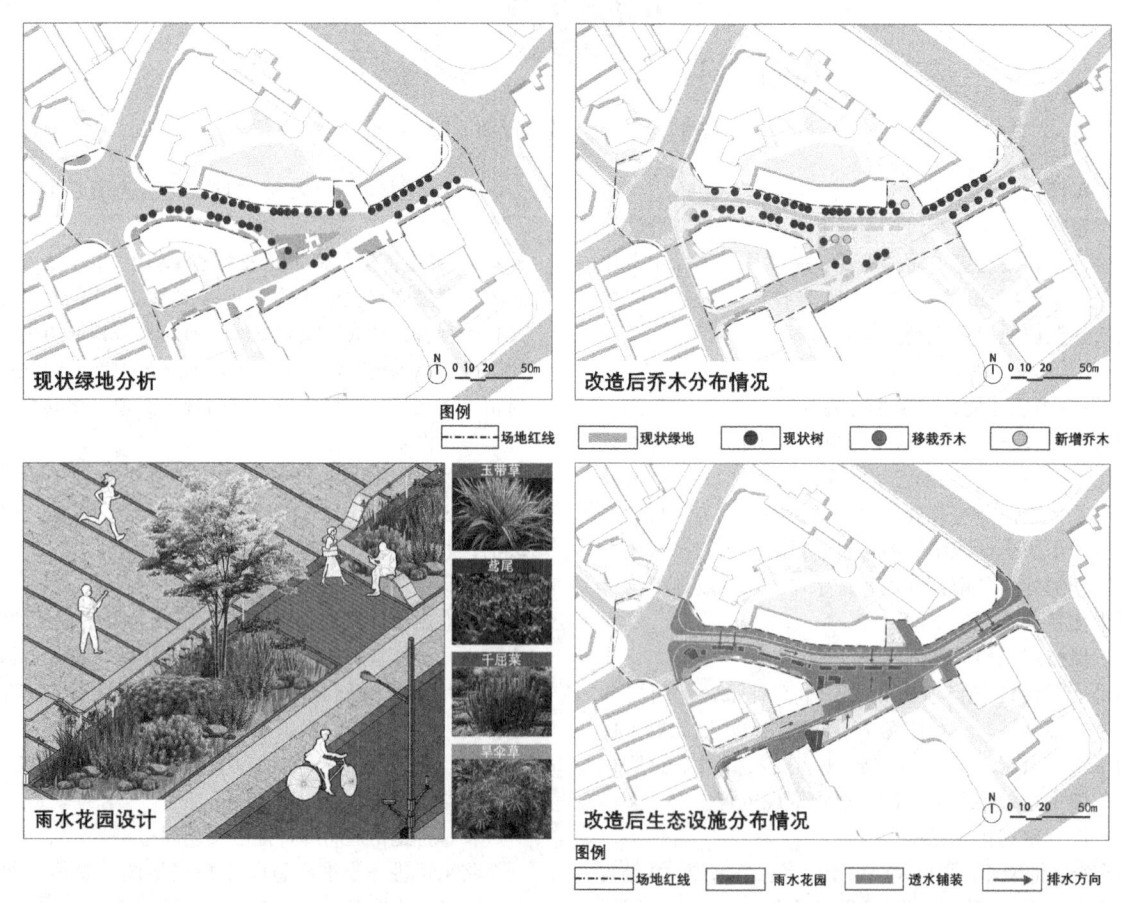

图 9　现状及改造后生态系统分析

 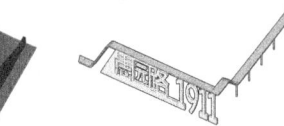 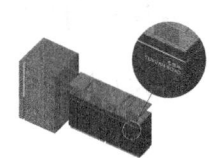 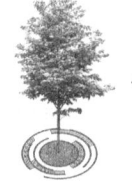 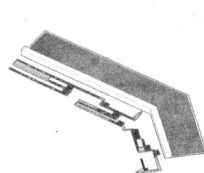

1. 入口LOGO景墙　　2. 广场入口LOGO　　3. 电箱、垃圾桶设计　　4. 树池设计　　5. 铺装设计

图 10　文化植入与文化节点设计

4　结语

"共享街道"是一种以人为本的街道设计理念，旨在将城市街道打造成为供不同使用人群共享的开放空间，有助于提升空间品质和街区活力。而历史街区作为承载历史文化与地域特色的重要场所，在城市存量发展的当下，共享化改造是实现历史街区活力再生的重要途径。本文以愚园路历史街区百乐门段更新设计为例，基于"共享街道"理念；旨在优化交通系统，实现人车共享；改善空间格局，促进全时共享；优化建筑界面，历史风貌共享；提升街道环境，绿色生态共享；打造街道品牌，实现文化共享。通过一系列共享化设计，激发场地活力，并为类似历史街区的改造更新提供参考。

参考文献

[1] 迈克尔·索斯沃斯、伊万·本-约瑟夫，索斯沃斯. 街道与城镇的形成[M]. 李凌虹，译. 北京：中国建筑工业出版社，2006.

[2] 上海市规划和国土资源管理局，上海市交通委员会，上海市城市规划设计研究院. 上海市街道设计导则[M]. 上海：同济大学出版社，2016.

[3] 冯卓婧."共享街道"理念下太原海子边街道景观设计研究[D]. 大连：大连外国语大学，2022.

作者信息：

孙瑾璐，女，1998年生，汉族，山东济宁人，北京林业大学风景园林专业硕士在读，研究方向为风景园林规划与设计。电子邮箱：943172085@qq.com。

陈忆湄，女，1997年生，汉族，四川凉山州人，英国埃克塞特大学博士在读，研究方向为城市地理。电子邮箱：chenyimei404@gmail.com。

（通信作者）郭巍，男，1976年生，汉族，浙江人，博士，北京林业大学园林学院教授，博士生导师，研究方向为乡土景观。电子邮箱：gwei1024@126.com。

山地城市社区户外公共空间的老幼代际行为模式研究
——以重庆市渝中区华福巷社区为例[①]

Intergenerational Behavior Patterns of Outdoor Public Space in Mountainous Urban Communities
—A Case Study of Huafuxiang Community in Yuzhong District, Chongqing

裴高博 杜春兰

摘 要：新时期老龄化与少子化带来的人口结构的不断变化，使得社区中的老幼代际关系重要性日益凸显。而山地城市社区特殊的自然地理条件，对老幼代际关系形成和发展带来了区别于平原城市社区的挑战和机遇。为了了解山地城市社区户外公共空间的老幼代际行为模式，帮助之后研究社区老幼代际融合的空间设计，本研究以重庆市渝中华福巷社区作为研究对象，运用环境行为学相关方法对社区内重点空间的老幼代际行为进行研究，分析了老幼代际行为的时间分布、空间分布、行为方式和行为关系特征。在此基础上，最后总结得出3类山地城市社区户外公共空间的老幼代际行为模式，即互看型、互伴型和互动型。以期为老幼代际融合的山地城市社区更新设计提供实证依据和支撑。

关键词：山地城市；社区户外公共空间；老幼代际行为模式

Abstract: In the new era, the aging and the decreasing number of children brought about by the constant changes in the population structure make the importance of the relationship between the old and the young in the community increasingly prominent. The special natural and geographical conditions of mountain city community bring challenges and opportunities to the formation and development of the relationship between the old and the young, which are different from the plain city community. In order to understand the intergenerational behavior pattern of outdoor public space in mountainous urban communities and help to study the spatial design of intergenerational integration in communities, this study takesHufuxiang community in Yuzhong District of Chongqing as the research object, and uses the environmental behavior related methods of behavior map and behavior note to study the intergenerational behavior of key Spaces in the community. The time distribution, space distribution, behavior type and behavior relationship characteristics of the intergenerational behavior are analyzed. On this basis, the intergenerational behavior patterns of outdoor public space in three types of mountain urban communities are summarized, which are mutual looking, mutual accompanying and interactive. The proposed three types of intergenerational behavior models are expected to provide empirical basis and support for the regeneration design of mountain urban communities with intergenerational integration.

Keywords: Mountain city; Community outdoor public space; Intergenerational behavior pattern;

引言

近年来，我国人口结构受到老龄化和少子化现象的影响不断变化[1]，传统的家庭代际支援已无法满足日益增长的居家养老托育的需求，社会老幼代际关系的重要性日益凸显[2]。社区作为城市的基本单元，不仅是老年人日常使用最频繁的空间，也是少儿活动的常见场所之一。社区户外公共空间作为社会老幼代际关系的环境载体之一，对老幼代际行为有重要的环境支持作用。然而山地城市独特的自然地理条件，适应地形的建设方式造就了山地城市社区地形多维、用地紧凑、公共空间分散、功能混合的特点[3]，为老幼代际行为带来了挑战和机遇。一方面，高差变化大、户外公共空间分散及多代通用设计缺失等问题对老幼代际行为产生负面影响。另一方面，山地独特多维的自然环境，依附地势的梯坎、坡道等要素却为老幼代际行为创造了积极的可能性。因此，通过研究山地城市社区户外公共空间的老幼代际行为模式，可为研究老幼代际融合的山地城市社区更新设计提供实证依据和支撑。

目前，老幼代际的相关研究在逐渐增多。例如，吕元等人通过分析不同年龄老幼行为方式，总结了看护型和参与型两种老幼共享模式[4]。黎晗提出了城市集合住居空间环境的代际融合圈域基础框架，并建构了代际融合指标要素集和优化设计策略集[2]。张炜玉通过可供性理论视角分析了老幼复合空间要素与边界特征[5]。针对山地城市社区而言，现有的研究主要集中于山地城市社区适老化改造和儿童友好社区建设方向，缺少针对山地城

[①] 国家自然科学基金重点项目，宜居城乡景观生态规划理论与方法——以西南山地为例（52238003）；重庆市规自局课题，城市更新视角下重庆主城公共空间适老化研究（KJ-2022020）。

市社区户外公共空间与老幼代际行为的研究。因此研究以重庆市渝中区华福巷社区为例，通过调查社区内不同年龄段老幼群体的行为活动，分析老幼代际行为的特征，总结了山地城市社区户外公共空间老幼代际行为模式，以期支撑老幼代际融合的山地城市社区更新设计研究。

1 研究概况

1.1 研究社区概况

为了明确山地城市社区户外公共空间的老幼代际行为特征，研究依据以下3点对典型社区进行筛选：以典型山地地貌为基底、老人与儿童人数与占比较高、社区户外公共空间类型及要素多样。通过实地调研，本研究最终选择了重庆市渝中区华福巷社区作为研究对象。该社区面积为0.144km²，社区内常住人口共10766人。社区内及周共有幼儿园3所、小学3所、中学1所、养老院4所、儿童医院1所。社区自然高差变化大，整体为南高北低，东高西低的趋势，最大高差接近67m（图1）。社区内部顺应地势形成多个分散的、大小不一的公共空间，并通过3个步道进行联系。通过预调研，本研究确定了14个社区内老幼代际行为频率较高的典型户外公共空间作为研究的重点观测区域（图2），包括点状空间D1~D9共9个、线状空间X1~X3共3个、面状空间M1~M3共3个。

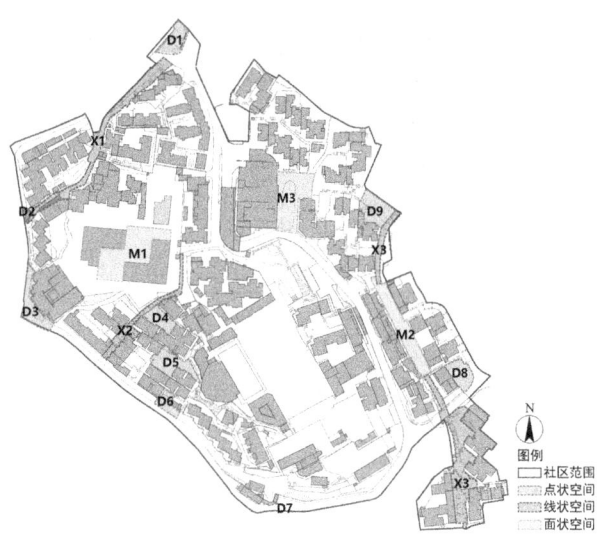

图2 华福巷社区平面图

1.2 调研对象选取

研究以老年代和少儿代群体为对象。依据我国《中华人民共和国老年人权益保障法》、联合国《儿童权利公约》以及常用的年龄划分模式，将少儿代和老年代的具体区间进行划分[6]。少儿代指0~18岁的人群，具体可分4亚类：婴幼儿（0~3岁）、学龄前儿童（4~6岁）、学龄儿童（7~12岁）、少年（13~18岁）。老年代指60岁以上的人群，具体可分3亚类：年轻老年（60~74岁）、老年（75~89岁）和长寿老年（90岁以上），并依据调研数据对行为主体进行分类（表1）。

1.3 调研方法与内容

通过预调研进行实地调查，全面了解华福巷社区户外公共空间现状及特征。针对正式调研，研究选择在天气晴朗、温度适宜的两个工作日和两个休息日里，从8:00—12:00和14:00—20:00每间隔1h对重点观测空间进行拍摄。通过行为注记法将老幼代际行为主体、类型、数量、分布等信息记录在平面图上，共观测老幼代际行为5990件（表2、表3），并采用行为地图法整合信息，得到老幼代际行为的空间分布数据。

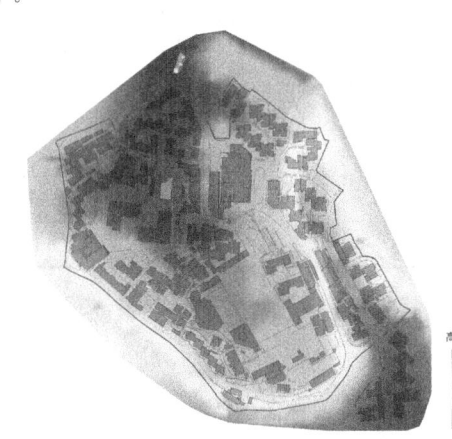

图1 华福巷社区高程分析图

老幼代际行为主体分类表　　表1

老幼代际行为主体大类	子类
A 年轻老年（60~74岁）+儿童	A1 年轻老年（60~74岁）+婴幼儿（0~3岁）
	A2 年轻老年（60~74岁）+学龄前儿童（4~6岁）
	A3 年轻老年（60~74岁）+学龄儿童（7~12岁）
	A4 年轻老年（60~74岁）+少年（13~18岁）
B 老年（75~89岁）+儿童	B1 老年（75~89岁）+婴幼儿（0~3岁）
	B2 老年（75~89岁）+学龄前儿童（4~6岁）
	B3 老年（75~89岁）+学龄儿童（7~12岁）
	B4 老年（75~89岁）+少年（13~18岁）
C 长寿老年（90岁以上）+儿童	C2 长寿老年（90岁以上）+学龄前儿童（4~6岁）
	C3 长寿老年（90岁以上）+学龄儿童（7~12岁）
	C4 长寿老年（90岁以上）+少年（13~18岁）

工作日老幼代际人数统计表　　　　表2

时间段	60～74岁	75～89岁	90岁以上	0～3岁	4～6岁	7～12岁	13～18岁	总人数
8：00—9：00	93	15	0	12	24	26	5	175
9：00—10：00	75	24	0	22	15	2	0	138
10：00—11：00	102	14	1	35	11	0	3	166
11：00—12：00	47	9	0	15	11	0	2	84
14：00—15：00	70	18	0	7	7	17	7	126
15：00—16：00	93	34	1	21	13	14	6	182
16：00—17：00	122	34	1	19	9	18	14	217
17：00—18：00	228	36	0	52	156	55	2	529
18：00—19：00	119	19	1	24	70	31	10	274
19：00—20：00	88	13	0	16	34	15	3	169
总人数	1037	216	4	223	350	178	52	2008

休息日老幼代际人数统计表　　　　表3

时间段	60～74岁	75～89岁	90岁以上	0～3岁	4～6岁	7～12岁	13～18岁	总人数
8：00—9：00	91	15	0	12	19	7	8	152
9：00—10：00	105	35	1	19	40	9	3	212
10：00—11：00	134	30	0	14	65	26	8	277
11：00—12：00	75	17	0	17	43	8	7	167
14：00—15：00	72	15	0	13	32	5	9	146
15：00—16：00	70	31	2	9	40	11	10	173
16：00—17：00	120	36	1	12	62	21	11	263
17：00—18：00	111	26	0	16	61	14	34	262
18：00—19：00	75	11	0	23	56	12	24	201
19：00—20：00	106	13	0	12	47	12	16	206
总人数	959	229	4	147	465	125	130	1929

2 山地社区户外公共空间老幼代际行为特征分析

本节基于代际团结与融合相关理论[7-9]对典型社区内老幼代际行为的时间分布、空间分布、行为方式和行为关系4方面特征进行梳理，为下文的山地社区户外公共空间的老幼代际行为模式的总结提供依据。

2.1 老幼代际行为时间分布特征

2.1.1 老幼代际行为高峰与平峰时段分布

通过对老幼在社区户外公共空间典型空间样本的活动时间分布情况进行统计，并对工作日和休息日中每个小时内老幼不同年龄段代际行为的数量（图3、图4）进行了分析。在工作日中，16：00—17：00、17：00—18：00、18：00—19：00为老幼代际行为发生的高峰时段，而9：00—10：00、11：00—12：00和14：00—15：00为平峰时段。在休息日中，10：00—11：00、16：00—17：00和17：00—18：00为老幼代际行为发生的高峰时段，而在8：00—9：00、11：00—12：00和14：00—15：00为平峰时段。

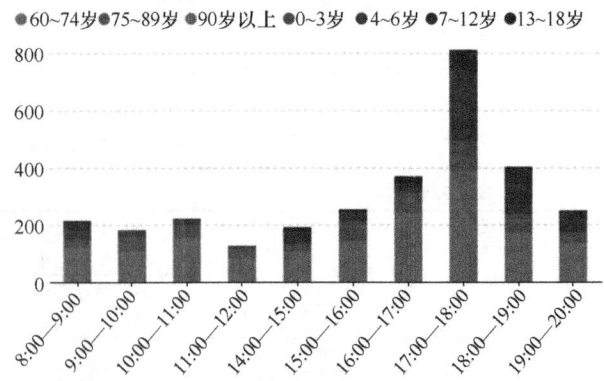

图3　工作日老幼代际行为时间分布统计图

2.1.2 老幼代际行为时段错峰分布

可以看出，首先工作日中，4～6岁、7～12岁和13～18岁少儿由于上学原因，10：00—17：00时间段行为发生数量较少。此外，老幼代际行为的发生存在错峰现象，例如：60~74岁老人在10:00—11:00时段发生老幼代际行为数量增多，但4~6岁的行为数量在减少；休息日中，4~6岁少儿17:00—18:00时段发生老幼代际行为数量增多，但60~74岁的行为数量在减少。综上，工作日中，10:00—11:00和16:00—19:00为少儿为主的老幼代际行为发生时段，8:00—10:00、11:00—12:00、14:00—16:00和19:00—20:00为老人为主的老幼代际行为发生时段。在休息日中，9:00—11:00和16:00—20:00为少儿为主的老幼代际行为发生时段，8:00—9:00、11:00—12:00和14:00—16:00为老人为主的老幼代际行为发生时段。详见图5、图6。

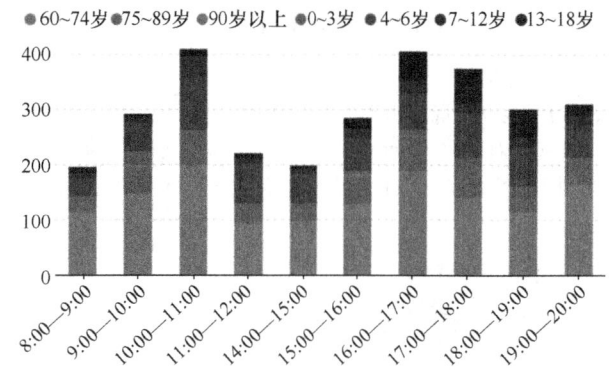

图4　休息日老幼代际行为时间分布统计图

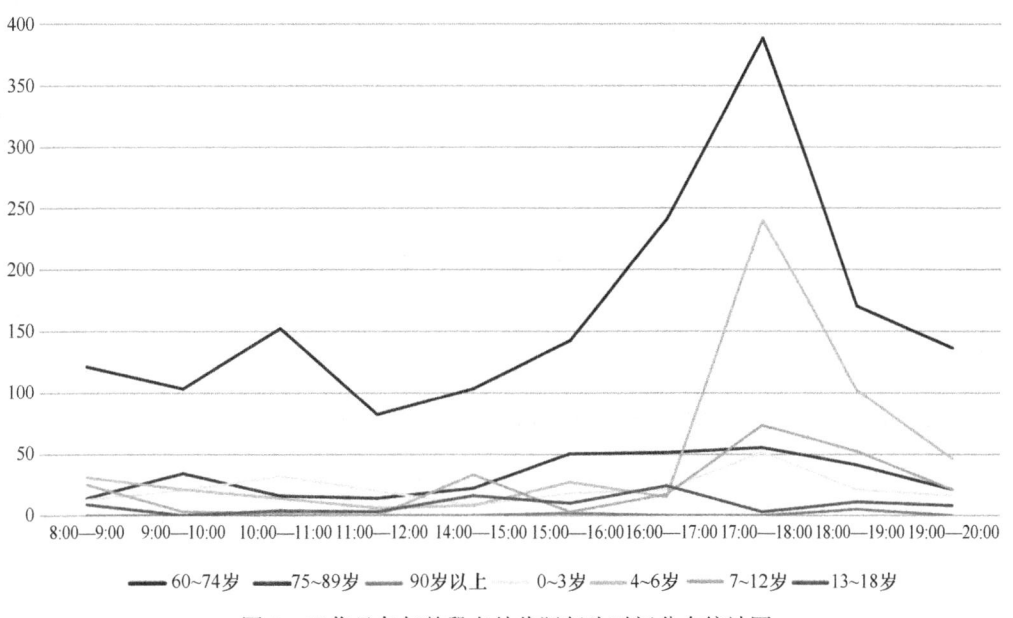

图5　工作日各年龄段老幼代际行为时间分布统计图

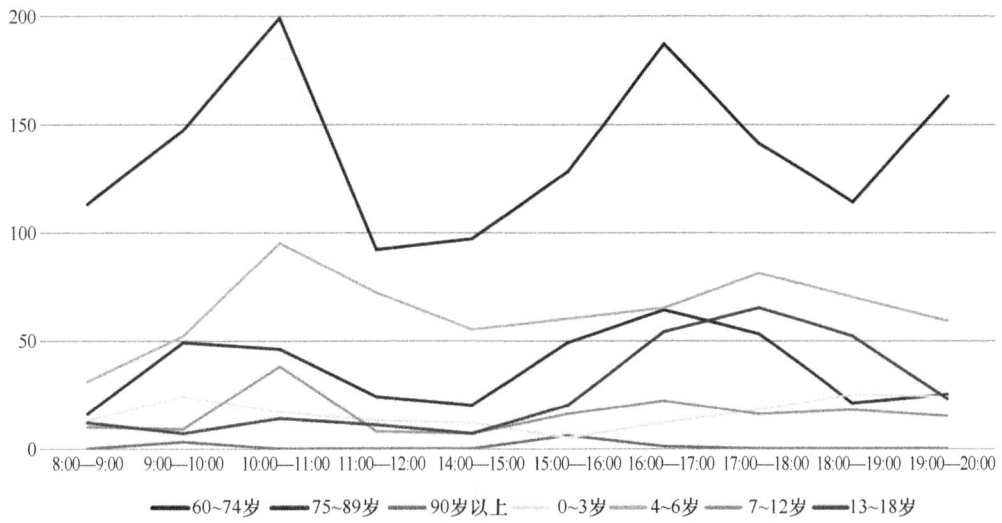

图6　休息日各年龄段老幼代际行为时间分布统计图

2.2 老幼代际行为空间分布特征

2.2.1 老幼代际行为整体空间分布

通过对14个重点观测空间进行老幼代际行为注记，并利用行为地图法进行整合得到老幼代际行为的空间分布特征。以重点观测空间M3为例。通过行为地图(图7)可以看出老幼代际行为更多发生在西侧运动场健身器材、桌椅、乒乓球台周围、树阵空间北侧树池和雕塑区域和南侧树池区域。其中老人多在树阵空间和运动场中休息设施和健身设施周围活动，儿童多在运动场和树阵空间北侧活动，并且老人的行为分布呈多个小群体的状态，儿童的行为分布为分散布局。

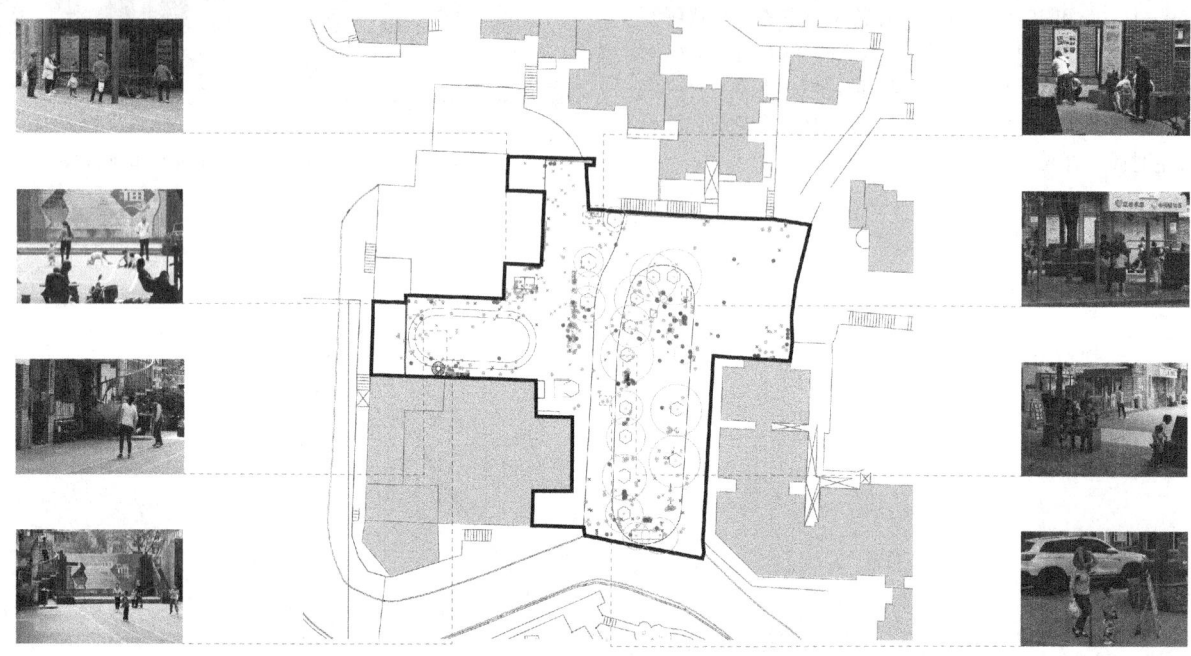

图7 M2空间老幼代际活动空间分布图

2.2.2 老幼代际行为与场地要素和空间特征的关系

首先场地要素中运动设施和休息设施对该空间老幼代际行为分布影响最明显，老幼代际行为一般在设施及其周围聚集分布。其中休息设施中主要使用人群多为60～74岁和75～89岁老人，活动强度较小，运动设施主要使用人群为60～74岁老人和4～6岁、7～12岁少儿，活动强度较大。空间特征中，高差变化对该空间老幼代际行为分布影响最明显。例如，通过调研数据发现，场地4个出入口处的空间内外高差越大，老幼代际行为就越少，但场地内台地、坡地、台阶等要素又成为儿童发生老幼代际行为的高频要素。

M2空间老幼代际活动空间分布表　　　　　　　　　表4

空间编号	空间位置	空间平面图	老人老幼代际行为空间分布	儿童老幼代际行为空间分布
M2	巴蜀中学北门对面，缘聚园小区旁			

M2场地要素与老幼代际行为关系表　　　　　　　　　表5

要素类型		数量	状态	要素与老幼代际行为关系
设施	休息设施	长椅7个	良好	多为休憩行为，主要为60～74岁和75～89岁老人，围绕休息设施聚集分布，聚集程度很高

续表

要素类型		数量	状态	要素与老幼代际行为关系
设施	运动设施	健身器材10个,乒乓球台1个	良好	多为运动行为,主要为60~74岁老人、4~6岁和7~12岁少儿,紧邻健身器材分布,聚集程度一般
	卫生设施	1个中型分类垃圾箱	一般	多为休闲行为,主要为60~74岁老人,分布围绕卫生设施,聚集程度一般
	标识设施	导视标识4个,其中可移动2个,宣传栏4个	良好	多为游憩行为,主要为60~74岁老人与0~3岁儿童,聚集程度一般
	照明设施	2个建议路灯	差	夜晚路灯下老人和儿童较少,少发生老幼代际行为
	停车设施	5个停车位,1个停车杆	一般	有部分儿童在附近进行动态游憩行为,分散分布
	无障碍设施	无障碍设施	—	存在少数坐(推)轮椅、挂拐行走等行为
	雕塑小品	1个雕塑,1个景观小品	良好	多为游憩活动,主要为0~3岁和4~6岁儿童,多围绕雕塑分布,聚集程度较高
	取水器	1个取水器	良好	为接水行为
构筑物	亭	1个亭	良好	多为运动行为和休憩行为,主要为60~74岁老人和4~6岁儿童,多在亭下及其附近分布,聚集程度高
铺装	透水砖	位于林下树阵空间,铺装	一般	多为运动行为和休憩行为,主要使用人群为60~74岁、75~89岁老人和4~6岁儿童,聚集程度一般
	塑胶运动场	位于空间西侧,铺装状态良好	良好	多为运动行为和休憩行为,主要使用人群为60~74岁老人和0~3岁、4~6岁儿童,聚集程度一般
	水泥地	位于林下树阵空间周围,铺装状态一般	差	多为游憩行为,主要使用人群为60~74岁人群,分布分散

其次,场地中存在老幼代际间活动矛盾的现象(表4至表6),例如:亭下空间有长椅和乒乓球台,造成打牌的老人和打乒乓球的少儿之间活动发生冲突;树阵空间中静态休憩的老人与动态玩耍的少儿之间活动发生冲突等。

最后,调研中发现场地内存在对老幼代际活动产生了消极影响的特征(表4至表6),例如缺少照明设施和无障碍设施、出入口没有人车分流等。

M2空间特征与老幼代际行为关系表　　　　　　　　　　　　　　　　　　　　　表6

地形	具体情况	地形与老幼代际行为关系
台地	有3处台地,分别位于空间北侧和西侧的边界处	多为动态游憩行为,主要为0~3岁和4~6岁儿童,聚集程度较高
空间	具体情况	空间与老幼代际行为关系
D/H	1:1~1:1.2	空间高宽比较适宜,无负面影响
出入口个数	4个出入口	3个出入口使用率高但未人车分流
边界高度	1.2~1.8	多发生老人看护儿童攀爬的老幼代际行为
围合程度	北侧和西侧被围合,南侧和东侧未被围合	围合边缘发生老幼代际行为较少,未围合边缘发生较多
郁闭程度	树阵空间郁闭程度高,运动空间郁闭程度低	郁闭程度较高的空间多发生老人为主导的老幼代际行为,郁闭程度较低的空间多发生儿童为主导的老幼代际行为
场地高差	场地内最大高差为1.5m,场地内外最大高差为16m	高差较大的出入口处发生老幼代际行为数量较少,但场地内台地、台阶、坡地发生儿童为主导的老幼代际行为数量较多

2.3 老幼代际行为方式特征

基于对不同年龄段老幼主体进行的老幼代际活动进行记录并整理，发现老幼主体存在较多老幼代际行为方式，并且不同年龄段间主体行为存在一定差异。总结老幼代际行为活动方式清单见表7。

可以看出，不同年龄段老人与少儿的代际组合，所进行的老幼代际行为也会有所不同。在老人年龄段相同的情况下，儿童0~3岁和13~18岁时老人行为的方式更少，和0~3岁儿童主要为老人陪护，互相陪伴的相关行为，和13—18岁儿童主要为老人和少儿相互观看，独立活动的相关行为。而和4~6岁、7~12岁时老人的行为方式更多，少儿活动性和独立性增强，老人的行为方式有更多选择。在相同少儿年龄段的情况下，可以看出随着年龄的增加，老年人的行为方式在减少，儿童的行为方式同样也随着老人年龄的增加而减少。

老幼代际行为方式清单 表7

老幼代际行为主体类别	老年	儿童
A1	休息、聊天、观看、抱（背）儿童、看手机、晒太阳、散步、遛狗、打牌、锻炼、游戏、赏花、推婴儿车、社区体检、修脚、取快递	怀里（背上、婴儿车里）休息、散步、吃东西、游戏、玩滑梯/摇摇车/滑板车/健身器材、爬树池/乒乓球台、看手机、赏花、等车、拥抱、喝水、看宣传栏
A2	接送、散步、等车、聊天、抽烟、遛狗、休息、观看、看手机、打牌/麻将、购物、抽烟、游戏、锻炼、取快递、抱（背）儿童、看宣传栏、修脚、修剪花草、缝纫、挖耳朵、收废品、售卖	上下学、吃东西、游戏、奔跑、等车、聊天、看手机/平板电脑、玩滑梯/玩具/健身器材/滑板车/摇摇车、爬乒乓球台/树池/雕塑/长椅/柱子、骑车、购物、怀里（背上）休息、观看、拥抱、看书、看宣传栏、打羽毛球
A3	接送、散步、等车、休息、聊天、看手机、打麻将、购物、打乒乓球、健身器材、打太极、踢球、购物、抽烟、取快递、观光、收废品、坐轮椅	上下学、吃东西、散步、等车、奔跑、吃东西、聊天、学习、看手机/平板、购物、打乒乓球/羽毛球/篮球、玩健身器材、踢球、回家
A4	散步、遛狗、接送上下学、休息、聊天、观看、吃面、打羽毛球、修脚、抽烟	上下学、散步、吃东西、看手机、休息、聊天、等车、玩滑板、跳绳、打羽毛球、听歌、观看
B1	休息、聊天、观看、修脚、睡觉、散步、收废品、遛狗、锻炼	休息、游戏、观看、玩玩具车/手机/健身器材、爬乒乓球台/楼梯/长椅/雕塑、奔跑、吃东西、休息
B2	接送、休息、聊天、观看、晒太阳、睡觉、散步、等车、打麻将、抽烟、等车、锻炼、坐轮椅	上下学、玩游戏/健身器材/乒乓球/跳绳/玩滑板车/水、奔跑、爬桌椅/爬乒乓球台、休息、散步、锻炼、吃东西、游戏、等车、写作业、购物
B3	接送、休息、聊天、观看、遛狗、散步、睡觉、等车、锻炼、打电话	上下学、游戏、聊天、奔跑、玩游戏、玩健身器材、打羽毛球、吃东西、购物
B4	休息、聊天、观看、散步、抽烟、锻炼、坐轮椅、打电话	上下学、打电话、聊天、散步、打羽毛球、跳绳、等车
C2	休息、聊天、观看	吃东西
C3	休息、聊天、观看	聊天、观察、游戏（健身器材）、打乒乓球
C4	休息、聊天、观看	玩滑板、上下学

2.4 老幼代际行为关系特征

不同年龄段的行为主体之间会存在不同的老幼代际行为关系，根据表8、表9可知既有单一主体互动的行为关系，也有多个主体共同互动的行为关系。

老幼代际间单一主体的行为关系往往伴随着老幼同行或与各自同伴进行聚集活动，行为关系比较简单，多不叠加。例如：老人带幼儿学步、老人聚集休息聊天的同时看护在一旁聚集玩耍的儿童等。

老幼代际间多主体的行为关系更多是基于不同主体的随机组合产生的，突破了单一主体的人物关系限制，更容易发生社区老幼代际关系的随机互动，产生更多元的、范围更大的老幼代际行为关系。例如：不同年龄段的老幼之间的看护与集体活动、熟悉与不熟悉的老幼之间的交流、合作等。

单主体互动的老幼代际行为关系表 表8

单主体互动	互动行为方式	行为关系
A1	老人贴身看护，幼儿行动同老人捆绑	共同活动
A2	老人多一旁看护儿童与同伴游戏或与儿童共同游戏	看护、共同活动
A3	老幼多各自活动，同时互相陪伴	看护、观看
A4	老幼多各自活动，互相观看，彼此与同龄伙伴聚集活动	观看
B1	老人贴身看护儿童，活动强度较弱	共同活动
B2	老人在儿童一旁看护或与儿童共同游戏，老人活动强度较弱	看护、共同活动
B3	老幼各自活动，同时互相陪伴，老人活动强度较弱	看护、观看
B4	老幼各自活动，互相观看，彼此与同龄伙伴聚集活动，老人活动强度较弱	观看
C2	老幼多相互观看，老人为休息、交谈，儿童多与同伴游戏	观看
C3	老幼多相互观看，老人为休息、交谈，儿童多与同伴游戏	观看
C4	老幼多相互观看，老人为休息、交谈，儿童多与同伴散步、聊天	观看

多主体互动的老幼代际行为关系表 表9

多主体互动	互动行为方式	行为关系
A1＋A2	老人多贴身看护不同年龄段幼儿，幼儿多与同伴一起玩耍	看护、共同活动
A2＋A3	老人易与其他老人发生交谈、休息等行为，同时在一旁看护不同年龄段儿童及其同伴玩耍。老人也易与儿童共同玩耍	看护、共同活动
A1＋A2＋A3	老幼更易发生共同玩耍、交谈等集体互动行为，以及不同年龄段儿童之间的交流与协作	共同活动
A1＋B1	易发生不同年龄段老人贴身看护幼儿同时聚集聊天、锻炼等行为	看护、共同活动
A3＋B3	老幼多各自聚集活动，互相观看。少儿独立性增强，易与同伴运动、散步交谈等	看护、观看
A4＋B4	老幼多各自聚集活动，聚集多年龄段老人休息交谈、观看，少儿多发生上下学交谈、看手机等行为	观看
A1＋B2/A2＋B1	不同年龄段老人多聚集交谈休息，并共同看护不同年龄段儿童玩耍	观看、看护、共同活动

根据对老幼代际单主体互动和多主体互动的行为关系进行分析，最终可以总结为3种行为关系：相互观看、互伴看护、共同活动。

3 老幼代际行为模式总结

基于对典型社区户外公共空间的老幼代际行为时间分布、空间分布、行为方式和行为关系的分析，可以进一步将典型社区内老幼代际间的行为模式总结为3类：互看型、互伴型和互动型。

3.1 互看型

互看型老幼代际行为模式的特征是老人与少儿在各自独立活动的同时，彼此之间有看与被看的关系，可以在视线上完成观看、看护等。该类行为模式更多发生在7～12岁、13～18岁少儿与各年龄段老人和90岁以上老人与各年龄段儿童之间。互看型的老幼代际行为方式独立性更强，是能满足老幼代际基本生活需求的行为方式。该类型的老幼代际行为普遍发生在各个时间段和各类公共空间，但更多发生在视线通畅、有较小高差、更易到达的空间。老幼代际关系较不紧密，对老幼的活动方式的关联性要求不高。

3.2 互伴型

互伴型老幼代际行为模式的特征是老人与儿童在各自周围进行活动，存在互相陪伴、看护的状态，有直接的互动行为，但并未共同参与一个行为。该类型为多发生在4～6岁和7～12岁少儿与60～74岁和75～89岁老人之间。该类模式受时间因素影响较大，多发生在工作日的17：00—19：00和休息日的16：00—18：00。空间上多发生于1～3号面状空间，并且会在一定程度上基于场地要素和空间特征产生该类行为模式，例如老人接送儿童上下学途中，在树池座椅上休息，儿童在座椅旁的健身器材上玩耍。其中，影响该类行为模式的场地要素包括：休息设施、运动设施和无障碍设施，空间特征包括高差较小的台地和坡道。老幼代际间的行为方式关联性增强，是能满足老幼代际交往共属需求和相互尊重需求的行为。该类型老幼代际间的活动距离相对更近，老幼代际关系相对于互看型模式会更加紧密。

3.3 互动型

互动型老幼代际行为模式的特征是老人与儿童共同参与一个行为。该类型多发生于0～3岁和4～6岁儿童与60～74岁和75～89岁老人之间。时间上该类模式受时间因素影响最大，基本只发生在工作日的10：00—11：00、17：00—18：00和休息日的8：00—9：00和17：00—18：00。空间上多发生于6号、8号点状空间和1～3号面状空间，并且受场地要素和空间特征的影响大，例如老幼共同在运动场上玩耍。其中，影响该类行为模式的场地要素包括：休息设施、运动设施、地面铺装、照明设施和雕塑小品，空间特征包括高差较小的台地和坡道以及面积较大、视线通畅的平地。该类型老幼代际关系最为紧密，活动方式的关联性最高，能满足老幼代际自我实现的需求。

4 总结与讨论

通过对山地城市典型社区户外公共空间的老幼代际行为的实证研究。基于环境行为学的相关方法，对典型社区的户外公共空间进行实地调研，分析了老幼代际行为的时间分布、空间分布、行为方式和行为关系4方面特征，总结出3类山地城市社区户外公共空间的老幼代际行为模式：互看型、互伴型和互动型，为研究山地城市社区老幼代际的相关研究提供基础。由于对于山地城市社区户外公共空间的研究范围存在一定局限性，不同山地城市的空间和老幼活动特征存在一定差异，仍需不断完善。

参考文献

[1] 张晓婧，戴昳雯，孙雯，等. 少子老龄化背景下社区"一老一小"代际融合设施建设研究[J]. 规划师，2022，38(8)：60-65.
[2] 黎晗. 促进代际融合的城市集合住居空间环境优化设计研究[D]. 哈尔滨：哈尔滨工业大学，2019.
[3] 吴岩. 重庆城市社区适老公共空间环境研究[D]. 重庆：重庆大学，2015.
[4] 吕元，曹小芳，李婧，等. 社区公共空间老幼共享模式研究[J]. 建筑学报，2021(S1)：80-85.
[5] 张炜玉. 可供性理论视角下的老幼复合空间要素及边界研究[D]. 天津：天津大学，2019.
[6] 罗淳. 关于人口年龄组的重新划分及其蕴意[J]. 人口研究，2017，41(5)：16-25.
[7] Silverstein M, Bengtson L. Intergenerational solidarity and the structure of adult child-parent relationships in American families[J]. American Journal of Sociology, 1997, 103(2)：429-460.
[8] Bengtson L, Harootyan A. Intergenerational Linkages: Hidden Connections in American Society[M]. Springer Pub. Co., 1994.
[9] 黎晗，付本臣. 城市住区公共空间的代际互动行为模式与环境支持[J]. 城市问题，2021(5)：73-83.

作者简介

裴高博，1998年生，男，汉族，江苏徐州人，重庆大学建筑城规学院硕士在读，研究方向为风景园林规划与设计。电子邮箱：christopherpei@163.com。

杜春兰，1965年生，女，汉族，河南洛阳人，博士，重庆大学建筑城规学院院长、教授、博士生导师，山地城镇建设与新技术教育部重点实验室，研究方向为风景园林历史与理论、风景园林规划与设计。电子邮箱：cldu@163.com。

环境行为学视角下的山地社区公共空间更新策略研究
——以重庆市国际村社区为例

Research on Public Space Renewal Strategies in Mountainous Communities from the Perspective of Environmental Behavior Studies
—A Case Study of International Village Community in Chongqing City

张嘉馨　杜　苗　李轶群　周冠宇

摘　要：近年来，我国也在大力推进社区更新，人居环境健康和"以人为本"越来越被广泛地提及，设计不再一味大拆大建，开始重视以微小细致的更新来提升居民幸福指数。本文以重庆市渝中区国际村社区为例，结合环境行为学，对其实体空间要素、居民的行为活动和知觉认知进行了调查研究，探索提升山地社区公共空间更新的可行策略。

关键词：环境行为学；山地社区；社区更新；行为观察

Abstract: In recent years, China has been vigorously promoting community renewal, with increasing attention given to healthy living environments and a "people-oriented" approach. Design is no longer solely focused on large-scale demolition and construction, but is now placing greater emphasis on small-scale, detailed updates to enhance residents' well-being. This paper takes the International Village Community in Yuzhong District, Chongqing, as an example and combines environmental behavior studies to investigate the physical space elements, residents' behavioral activities, and perceptual cognition. The aim is to explore feasible strategies for enhancing the public space renewal in mountainous communities.

Keywords: Environmental Behavior Studies; Mountainous Community; Community Renewal; Behavioral Observation

引言

近年来，经济高速发展，城镇高速扩张。2022年6月，据联合国人居署在世界城市论坛（WUF11）上发布的《2022世界城市报告：展望城市未来》指出，2021年世界城市化率为56%到2050年将上升至68%，且城镇化率增长主要出现在亚洲和非洲等发展中国家居多的地区。这意味着我国与众多发展中国家一样步入城市时代，与此同时，城市急剧扩张带来的是对人居环境的巨大挑战。

社区是城市的重要组成部分，与城市的发展和居民的福祉密切相关。社区也是建立良好人居环境的重要一环。第三次联合国住房和城市可持续发展大会指出"要建设包容、安全、有应变能力和可持续的城市和人类社区"。从1986年我国民政部首次在城市管理中引入"社区"概念，到我国"十四五"规划纲要提出要建立共建、共治、共享的社会治理新格局。在城市治理和更新的各个层面上，社区的建设和更新都正在成为日益重要的焦点和主角。其中山地社区由于其特殊地形，呈现丰富多样的户外公共空间的同时，也带来了更复杂的矛盾和挑战。这些特点使得山地社区的更新改造问题变得更为严峻。

本文以重庆山地社区代表——国际村社区的户外公共空间为研究对象，采用环境行为学的研究方法，从实体环境要素、居民行为活动和居民知觉认知3个方面展开研究，并综合分析调研结果，进而对国际村社区公共空间提出切实可行的优化策略。

1 研究对象和方法

1.1 研究区域概况

重庆市国际村社区位于重庆渝中区中部，西接重庆鹅岭二厂文创公园，东临大田湾体育场，南接长江一路，区位条件较为优越。该社区占地面积约6.7万 m²，总建筑面积约8万 m²。社区有4个主要出入口，分别位于长江一路与健康路。社区整体呈现中部高、南北低的形势，最大高差接近34m（图1）。由于高差较大，社区内部道路系统主要由阶梯和步道组合而成。建筑主要由居住建筑、历史建筑、办公建筑和公共建筑组成。

图1　高差示意图

国际村社区曾是二战期间外交使团、新闻机构的所在地，至今仍保留着许多历史建筑，例如英国海军俱乐部、美国记者楼、石雕堡遗址等。这些建筑共同组成了国际村社区的历史文化符号（图2）。

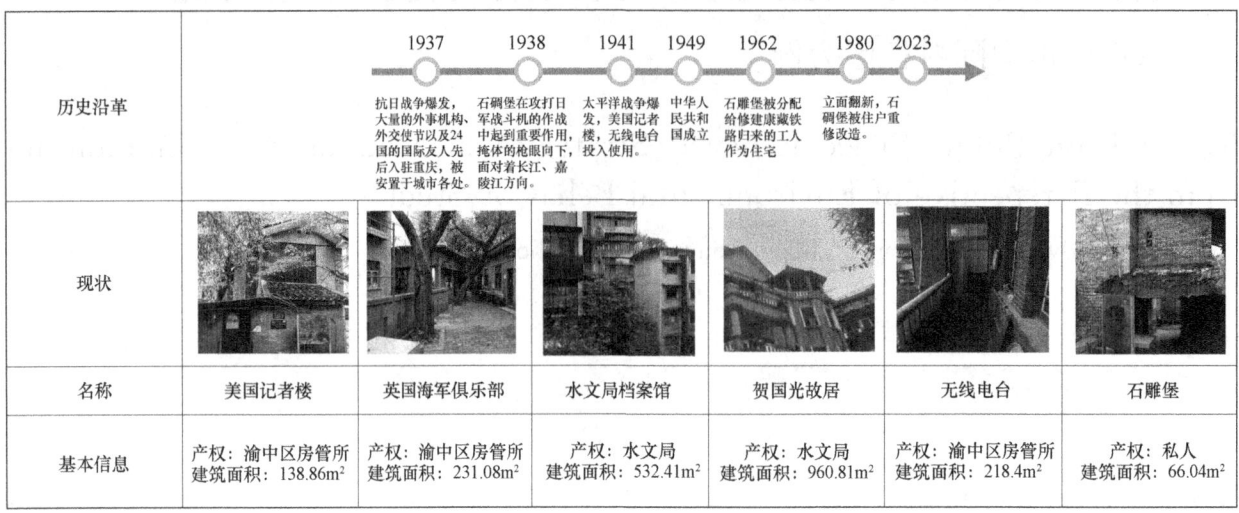

图2 国际村历史建筑示意图

社区常住人口3648人，共1140户，通过资料研究和走访调研我们得知社区住户的中老年人较多，老龄化严重。其中外地租户也是重要组成部分，占到了社区人口的23%，原住民占到总人口的70%，大部分居民居住时间都较长，其中居住30年以上的居民占比30%（图3）。

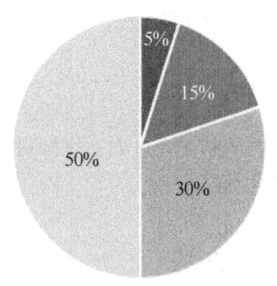

■ 0~18岁青少年　■ 18~39岁青年　■ 40~60岁中年　■ 60岁以上老年

图3 国际村人群年龄分布

1.2 研究思路与方法

黄瓴提出在中国式现代化道路上，要重构全新的人-空间-活动社会治理新格局[1]。2020年7月20日发布的《国务院办公厅关于全面推进城镇老旧小区改造工作的指导意见》中也明确提出要坚持以人民为中心的发展思想，加大城镇老旧小区的改造力度，提升老旧小区居住空间环境的质量。而环境行为学就是着眼于物质环境系统与人的系统之间的相互依存关系，同时对环境的因素和人的因素两方面进行研究[2]。值得一提的是，李斌认为环境行为学中的"环境"包含了文化和社会的层面，不再局限于仅指客观的肉眼可见的空间。这种扩展的环境定义体现了环境行为学"以人为本"思想的重要性，使得该理论更加接近我们日常所接触到的环境的真实状况。

在面对山地社区复杂多变的地形和空间布局时，环境行为学理论视角为我们提供了深刻的洞察力。我们不仅全面地分析空间实体要素，还能深入研究居民在特殊地形社区内的行为活动和知觉认知。同时，通过相互作用论（interactionalism）和相互渗透论（transactionalism）等理论的应用，我们能更深入地分析环境、行为和认知三者之间的关系。此外，环境行为学强调了居民的参与与反馈，使我们能够更加深入地挖掘居民的需求。通过精准地对人居环境进行优化更新，我们进一步提高公共空间的可持续性，从而为山地社区的发展和居民的福祉做出积极的贡献。

戴晓玲较为系统地讨论了环境行为学的广义与狭义概念，狭义环境行为学主要由建筑学和心理学领域的研究人员主导，广义环境行为学由Gary T. Moore提出，涵盖社会地理学、环境社会学、环境心理学、人体工学、室内设计、建筑学、景观学、城市规划学、资源管理、环境研究、城市和应用人类学等多个领域，是这些社会科学以及环境科学的集合。本文研究采用的行为观察、调查问卷、多感官调查问卷、实体要素分析等方法隶属于狭义环境行为学的概念[3]。

2 重庆国际村社区实证调查研究

2.1 宏观分析

如图4所示，国际村社区内部建筑布置主要是依地形而建，形态较为自由，但建筑老化严重，大多数为砖混结构，没有通电梯，且私自搭建情况较为普遍。

同时道路系统较为杂乱，"断头路"较多，公共空间的组织较为自由。其主要由南北纵向阶梯型交通空间及东西横向交通空间组成。由于地形原因，阶梯性交通空间非常多且冗长。东西向交通空间主要以台阶-道路-台阶的形式呈现，与南北向交通空间相比高差较少，台阶较少。因处理小高差而出现的台阶散布在社区的各个角落，使得本就不成体系的道路系统更为琐碎。

社区内部绿化良好，但景观规划未形成完整的体系，多数大面积绿化种植都在废弃斜坡上，杂草丛生。在微观上大多数公共空间亦未进行景观设计，以居民自发种植以及布置为主。

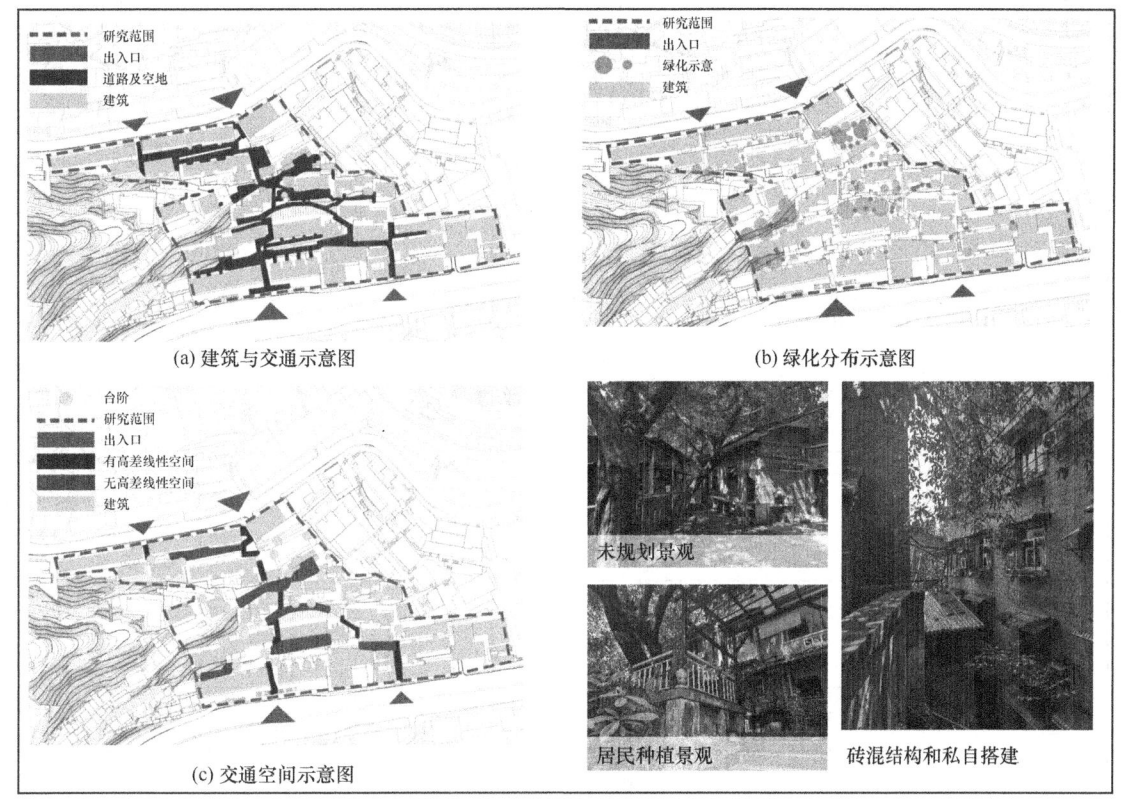

图 4　宏观分析示意图

2.2 实体环境要素分析

根据国际村社区公共空间的特征，我们将其分为3类，分别是全开放公共区域、半开放附属用地以及线性交通空间。其中，线性交通空间又可进一步细分为有高差线性交通空间和无高差线性交通空间。

全开放公共区域是指专门为居民活动休闲而开辟的区域，这类空间往往较为开阔，且具备公共休憩和健身设施。半开放附属用地则是指由于建筑和道路规划而形成的未经过开发者设计布置的公共区域，如楼前空地、拐角处伸出的空间等，虽然狭小但围合性较好，通常包含居民自行布置的景观和休憩设施。

有高差线性交通空间主要指以阶梯为主要通行方式的公共交通空间，通常以南北向形式出现。而无高差线性交通空间则是以无高差道路为主，伴有小高差台阶的交通空间，通常以东西向形式出现。部分公共空间可能同时具备无高差线性交通空间和全开放公共区域的特征，难以准确界定，因此我们在研究中将这些空间以不同分类形式进行深入分析。

在分析研究这些公共空间的实体环境要素时，我们采用人类学家阿摩斯·拉普卜特在《文化特性与建筑设计》中将场景划分的3类构成要素，分别是固定特征因素（fixed feature）、半固定特征因素（semi. fixed feature）和非固定特征因素（nortfixed feature）。其中，固定特征主要指几乎不发生变化的街道或建筑物的墙壁、地板；半固定特征主要指可以根据场景需要加以改变的装修、景观或标志等；非固定特征主要指场景中活动者以及他们的服装、姿势和关系。

采用这种分类法是要提醒我们，在进行研究分析过程中，尽管环境行为学告诉我们环境和行为之间存在着紧密的联系，但这种相互作用不一定发生在设计者可以控制的因素上。例如意义的传递，拉普卜特认为尽管固定特征即空间结构本身也传递意义，但更为经常的意义传递是依靠半固定特征发生的。而家具、装修、景观、标志这些半固定特征不一定属于城市设计实践有能力控制的范畴[4]。而在这种情况下，作为设计者，我们需要积极引导公众参与设计，以丰富和完善社区内公共空间更新乃至整个城市的更新。

从表1、表2我们可以看到，全开放公共区域通常较为开阔，很少出现"L"形的围合形式，同时，在调查中我们发现半开放附属空地通常位于居民楼前或在居民楼的灰空间内。与全开放公共区域相比，在其中活动的人群和行为也更为稳定。这种可能是由于围合程度高导致的半私密特征，使得同一片区的居民在此处进行活动时更具有安全感和舒适感。因此，我们认为在社区内部这类相对安静、亲密的公共空间是不可或缺的。

半开放附属空地分析　　　　　　　　　　　　　　　　　　　　　　　　　　　　　　　　　　　表1

类型	分类标准	选点		所处位置	空间界面						品质评估
			代表地点		可达性	可识别性	围合程度	围合方式	固定特征因素	半固定特征因素		
										人工元素	自然元素	
半开放附属空地	1. 无公共服务设施 2. 居民自发设施多	1. 小卖部点		（研究范围/出入口/半开放附属空地/建筑）	一般	一般	好	⊐	1. 老旧居民楼 2. 青灰色墙苔藓的旧瓷砖 3. 翻新的蓝色油漆扶手	1. 公共座椅 2. 招牌 3. 生活用品若干	1. 盆景若干 2. 青苔	1. 设施品质较差 2. 隐私性好，人群使用率高，人群较为稳定 3. 铺装和墙面质感品质一般，元素单一 4. 空间规划上较为规整
		2. 居民楼门前点			较好	高	好	⊐	1. 灰黑色墙 2. 米白色地板砖 3. 翻新的蓝色油漆扶手	1. 自家座椅若干 2. 自制门板围合 3. 生活用品若干	1. 盆景若干 2. 草本	1. 设施品质一般 2. 隐私性好，人群使用率高，人群较为稳定 3. 铺装和墙面质感品质一般，元素单一 4. 空间规划上较为丰富
		3. 某楼前空地点1			较好	高	较好	⌐⌐	1. 老旧居民楼 2. 青灰色苔藓的旧板砖 3. 翻新的蓝色油漆扶手	1. 石凳 2. 质量较差交叉椅 3. 晾衣杆	1. 盆景若干 2. 草本 3. 少量乔木 4. 少量灌木	1. 设施品质一般 2. 隐私性好，铺装和墙面质感品质一般，元素单一 3. 空间规划上较为丰富
		4. 卖花空地点			一般	一般	好	⌐⌐	1. 老旧居民楼 2. 青灰石板砖 3. 翻新的蓝色油漆扶手 4. 布满苔藓的挡土墙	1. 石凳 2. 宣传栏	1. 乔木 2. 青苔	1. 设施品质好，鲜切花工作聚集 2. 隐私性好，遮阴面和多 3. 铺装和墙面质感品质一般，元素单一 4. 空间规划上较为单一

表 2

全开放公共区域分析

类型	分类标准	选点		所处位置	空间界面				半固定特征因素		品质评估
			代表地点		可达性	可识别性	围合程度	围合方式	固定特征因素	人工元素 / 自然元素	
全开放公共区域	1. 有公共服务设施 2. 尺度开阔适宜 3. 居民自发性设施少	1. 凉亭点			较好	高	较好	⊐	1. 老旧居民楼 2. 青灰色石板砖 3. 翻新的蓝色油漆扶手 4. 瓷片栏板 5. 仿石材景观墙	人工：1. 凉亭 2. 垃圾分类点 3. 石桌石凳 4. 宣传栏 5. 便民洗手池 6. 消防栓 / 自然：1. 少量乔木 2. 观赏草本 3. 少量灌木	1. 设施品质较好 2. 有凉亭隐私性好，使用率高 3. 铺装和墙面质感好、元素丰富 4. 空间规划上较为杂乱
		2. 浮雕点			好	高	较好	⊐	1. 老旧居民楼 2. 青灰色石板砖 3. 翻新的蓝色油漆扶手 4. 瓷片栏板 5. 仿石材景观墙 6. 浮雕	人工：1. 各类健身器材 2. 垃圾分类点 3. 座椅、石桌石凳 4. 宣传栏 / 自然：1. 少量乔木 2. 草本 3. 少量灌木	1. 设施品质较好 2. 隐私性一般 3. 铺装和墙面质感一般 4. 空间规划上较为规整
		3. 电报楼-碉壁残迹片区			好	一般	一般	⌐	1. 老旧居民楼 2. 青灰色石砖	人工：1. 石桌石凳 2. 质量较差座椅 3. 宣传栏 4. 岗亭 / 自然：1. 少量乔木 2. 草本 3. 少量灌木	1. 设施品质较差 2. 隐私性一般 3. 铺装和墙面质感一般 4. 电报楼壁空间规划上为规整 5. 雕堡空间规划上较为杂乱
		4. 健身广场			一般	高	低	—	1. 老旧居民楼 2. 青灰有苔鲜的旧砖 3. 翻新的蓝色油漆扶手	人工：1. 各类健身器材 2. 座椅、石桌石凳 / 自然：少量乔木	1. 设施品质极差 2. 隐私性一般 3. 铺装品质一般 4. 空间规划上较为规整单一

半开放附属空地的可达性和可识别性较一般，且其半固定特征元素的品质也较差。铺装和墙面质感普遍一般，许多地砖上还出现大片苔藓。景观方面，主要以居民自发种植的盆景为主。

相比之下，全开放公共区域的绿化情况更加丰富，公共设施品质较好，元素也更为丰富。这些区域不仅配备了健身设施、凉亭等，且墙面进行了设计，增加了浮雕等元素。作为社区的枢纽，这些区域还承担着社区宣传和交流的职能，因此可达性和可识别性较好，吸引了更多不同类型的人群在这里进行活动。

有高差线性交通空间呈现坡度陡、坡道窄、梯段长的特点（表3），部分踏步和踏面未经过改造，不符合规范，有的甚至出现了没有休息平台的现象。翻新之后的蓝白色相间栏杆与国际村社区整体色调不太协调，且交通空间两侧界面元素较为杂乱，品质较差。许多居民表示出行体验感较差。无高差线性交通空间质量参差不齐（表4），不必要小高差较多，更新须平整小高差利于居民出行。

有高差线性空间分析　　　　　　表3

位置	编号	尺寸及形态	台阶	坡度
	1		平台：无 梯步：20	过陡
	2		平台：3 梯步：19	适中
	3		平台：无 梯步：28	过陡
	4		平台：7 梯步：20	适中
	5		平台：7 梯步：24	适中
	6		平台：3 梯步：34	较陡
	7		平台：4 梯步：23	平缓

2.3 居民行为活动观察

环境行为学视角的行为观察法通过对场景中人群行为进行观察，可以真实、客观、深入地展现场所中环境与人群行为的关系，为我们多维度地去分析环境、行为、认知之间的关系提供便利。我们对半开放附属空地和全开放公共区域共8个地点进行了动态行为活动调研。采用行人计数法，在晴朗的天气里，每名观察员每隔2h进行一次取样，共进行3次取样，每次取样时间为30min。取样方式为记录观测内人流信息以及行为。我们分别在10:00—10:30，14:30—15:00，17:00—17:30这3个时间段进行了调研。

如表5所示，我们可以看出半开放附属空地的人群较少，但通过观察我们发现其中活动人群较为稳定，且以中

无高差线性空间分析

表 4

编号	尺寸及形态	固定特征因素	半固定特征因素 人工元素	半固定特征因素 自然元素	品质评估
1	5.50m / 55.00m	1. 有苔藓的挡土墙 2. 青灰色石砖 3. 翻新的蓝色栏杆	少量座椅	1. 少量灌木 2. 少量乔木	1. 品质较好 2. 较干净 3. 界面较为有序但单一
2	8.00m / 67.20m	1. 老旧居民楼 2. 有苔藓的青灰色石砖 3. 翻新的蓝色栏杆	1. 少量座椅 2. 洗手台 3. 生活用品若干	少量乔木	1. 品质一般 2. 界面较为杂乱 3. 偶有异味
3	1.62m / 2.10m / 6.00m / 25.00m / 9.00m	1. 有苔藓的挡土墙 2. 青灰色石板砖 3. 翻新的蓝色油漆 4. 翻新的瓷片扶手	基本无	1. 大量灌木 2. 大量乔木	1. 品质较好 2. 属于国际村内观赏性最高的线性空间之一 3. 有异味
4	3.00m / 49.00m	1. 老旧居民楼 2. 青灰色石板砖 3. 翻新的蓝色油漆 4. 瓷片栏杆 5. 仿石材景观墙 6. 浮雕	1. 各类健身器材 2. 垃圾分类点 3. 座椅、石桌石凳	1. 少量乔木 2. 草本 3. 少量灌木	1. 品质较好 2. 界面较为有序丰富
5	3.80m / 48.50m / 1.50m	1. 老旧居民楼 2. 青灰色石板砖 3. 翻新的蓝色油漆 4. 瓷片栏杆 5. 仿石材景观墙	1. 凉亭 2. 垃圾分类点 3. 石桌石凳 4. 宣传栏 5. 便民洗手池 6. 消防栓	1. 少量乔木 2. 观赏草本 3. 少量灌木	1. 设施品质较好 2. 界面较为有序，但半固定特征元素的介入，界面在视觉上稍显杂乱

位置

图例：
- 研究范围
- 出入口
- 无高差线性空间
- 建筑

行为观察

表 5

位置示意图	点位		人群类型	10:00—10:30 行为	人数	14:30—15:00 行为	人数	17:00—17:30 行为	人数
新埠市巷与沐园飓风 研究范围 出入口 全开放公共区域 建筑 半开放限制区域 绿地	1. 凉亭点		少年儿童	玩耍	2	玩耍	2	玩耍	3
			青年	路过	1	路过	1	路过	3
			中年	聊天	2	聊天	1	聊天	2
			老年	聊天	6	聊天、坐着休息	8	聊天、坐着休息	5
	2. 浮雕点		少年儿童	玩耍、使用器械	5	玩耍	3	玩耍、使用器械	5
			青年	—	0	路过	3	路过	1
			中年	遛狗、路过、聊天	7	路过、扔垃圾、使用器械	10	遛狗、扔垃圾、聊天	9
			老年	使用器械	5	聊天、使用器械	5	休息、聊天	4
	3. 电报楼—碉堡遗迹片区		少年儿童	—	0	—	0	玩耍	2
			青年	路过	1	路过、偶有坐聊	3	路过	4
			中年	路过	2	路过、使用器械	2	打扫卫生、路过	3
			老年	聊天、坐着休息	7	聊天、坐着休息	6	聊天、锻炼做操	10
	4. 开阔空地点		少年儿童	玩耍	2	玩耍	2	放学路过	4
			青年	—	0	—	0	打电话	3
			中年	坐着聊天	3	使用器械、锻炼	2	聊天、使用器械、锻炼	6
			老年	等人	1	坐着休息、聊天	4	锻炼	9
	1. 小卖部		少年儿童	—	0	—	0	路过	1
			青年	聊天	1	聊天	3	路过	2
			中年	路过、聊天	6	路过	4	做饭、搬东西	4
			老年	—	0	聊天	3	休息	1
	2. 居民门前点		少年儿童	路过	5	—	0	短暂休息	0
			青年	路过、聊天	3	路过、坐着休息、收衣服	3	休息、聊天	1
			中年	聊天	7	聊天	4	路过、聊天	5
			老年	路过、聊天	2	坐着休息	3	聊天、坐着休息	4
	3. 某楼前空地点1		少年儿童	搬东西	1	玩耍	1	—	0
			青年	路过	2	路过	2	路过、搬东西	1
			中年	—	0	聊天	3	聊天	2
	4. 卖花空地点		少年儿童	休息	1	—	1	路过	3
			青年	休息	3	聊天	2	路过	4
			中年	休息	2	聊天、坐着休息	3	聊天、坐着休息	3
			老年						2

老年人居多，行为也较为单一稳定。这也是由于狭窄的公共空间无法提供更多丰富的活动选择。相比之下，全开放公共区域内的人群行为更为丰富，且人流量更大，动态行为更多。大多数居民会在2号浮雕器械点使用器械，这体现了全开放公共区域提供了更多多样化的活动场所，吸引了更多不同类型居民的参与。值得一提的是，在调研过程中，我们在问卷中提出了问题："您平时在社区内的活动方式"以及"您希望社区内增加的活动"。然而，大多数居民的回答都比较单一，许多居民表示不会在社区内进行活动，而会去周边的大田湾体育场等地。他们认为社区内部出行不便且活动种类单一。对于希望增加的活动，大多数居民表示难以想出社区内部可以增加的活动。通过分析，我们认为这可能与国际村内长期保持着单一的公共空间有关，这种单一性无法激发居民对社区内部活动的兴趣（表6）。

调研问卷结果汇总 表6

名称	选项	频数	百分比(%)
调研时间	周末	32	45.71
	工作日	38	54.29
1. 您的性别	男	27	38.57
	女	43	61.43
2. 您的年龄	12岁以下	7	10
	12~18岁	2	2.86
	19~40岁	18	25.71
	41~60岁	17	24.29
	61或以上	26	37.14
3. 您在国际村社区内居住年数	不足1年	10	14.29
	1~5年	8	11.43
	6~10年	12	17.14
	11~20年	8	11.43
	21~30年	6	8.57
	30年以上	26	37.14
4. 您的家庭成员有	1~2人	22	31.43
	3人	19	27.14
	3人以上	29	41.43
5. 您的身份是	社区业主	50	71.43
	租户	16	22.86
	游客	4	5.71
6. 现存的公共空间的使用频率	高频	36	51.43
	中频	10	14.29
	低频	24	34.29
7. 场地内自然环境对您的影响	无	34	48.57
	噪声	9	12.86
	下雨积水	2	2.86
	空气污染	3	4.29
	气味难闻	6	8.57

续表

名称	选项	频数	百分比(%)
8. 场地内自然环境对您的影响	晒不到太阳	7	10
	阳光过强	3	4.29
	其他	6	8.57
9. 您对国际村社区历史文化遗产的认知程度如何？	完全不了解	11	15.71
	不太清楚	19	27.14
	有所了解	26	37.14
	非常清楚	14	20
10. 您对国际村社区历史文化的兴趣程度如何？	完全不感兴趣	6	8.57
	不太感兴趣	13	18.57
	一般	22	31.43
	比较感兴趣	17	24.29
	非常感兴趣	12	17.14
11. 您希望国际村有更多的游客来吗？	希望	49	70
	不希望	9	12.86
	无所谓	12	17.14
12. 您是否觉得这片区域有安全隐患？	是	31	44.29
	否	39	55.71
13. 如果让您搬离这个小区，您会有留恋和不舍吗？	有	40	57.14
	没有	12	17.14
	无所谓	18	25.71
14. 您一般什么时候进行外出活动？	早上8:00以前	14	14.29
	上午8:00—11:00	15	15.31
	下午11:00—14:00	10	10.20
	下午14:00—18:00	14	14.29
	傍晚18:00—20:00	20	20.41
	晚上20:00—23:00	5	5.10
	每天随时	20	20.41
15. 您的日常爱好有	聊天	39	34.51
	下棋	2	1.77
	静坐	17	15.04
	运动	28	24.78
	打牌	10	8.85
	其他	17	15.04
16. 您在社区内主要的活动地点	公共活动广场	27	21.43
	街道	10	7.94
	座椅	25	19.84
	健身器材旁	18	14.29
	单元楼门前	20	15.87
	社区入口处	4	3.17
	社区室内活动室	5	3.97
	其他	17	13.49

续表

名称	选项	频数	百分比(%)
17. 满意度调查	邻里关系	1	4.35
	自然环境	1	4.35
	活动场所	0	0
	公共设施	4	17.39
	社区服务	8	34.78
	社区活动丰富度	9	39.13
18. 您认为社区公共空间存在的问题是什么？	活动场地数量不足	33	12.13
	活动空间不大	42	15.44
	小区绿化较少	21	7.72
	噪声	13	4.78
	活动场地缺少遮阳设施	11	4.04
	座椅数量不足	28	10.29
	夜间照明不足	8	2.94
	老年人儿童考虑不周	22	8.09
	健身设施不足	23	8.46
	娱乐设施不丰富	24	8.82
	交通可达性低	24	8.82
	主入口的辨识度低	3	1.10
	停车困难	12	4.41
	其他	8	2.94
19. 您希望社区应该增加哪些公共活动	传统节日庆祝活动	35	35.35
	书法绘画、手工艺制作等文化体验活动	23	23.23
	演唱会、舞台剧等演出活动	16	16.16
	其他	25	25.25
20. 您更希望社区的公共空间（即能够促进大家共同交流的场地，如广场等）包含哪些功能	休息	34	31.78
	邻里交往	31	28.97
	运动	31	28.97
	其他	11	10.28
21. 对于本社区历史文化的保护与传承，您认为社区应该采取哪些措施	加强文物保护和修复	31	30.69
	加强历史文化宣传	31	30.69
	举办文化活动，加深居民对本地历史文化的了解	17	16.83
	其他（请注明）	22	21.78
22. 您在社区中记忆最深刻的地方	小区干路阶梯	18	23.08
	自家院子	20	25.64
	历史片区	18	23.08
	小区主入口	0	0
	其他	22	28.21

2.4 居民知觉认知调研

在对社区进行了基本实体要素调研和预调查（pilot study）之后，团队采取配额抽样法确定样本，随后正式开始了问卷调查和数据收集，最终共收集了70份问卷。

由量表分析可知，社区内中老年群体占半数以上，其中大部分居民居住时间都较长，多人家庭较多，社区业主占71.43%，其中也有刚搬进来的租户，外地租户有一定占比。

在社区满意度调查中，40%的居民对邻里关系较为满意，他们表示老居民之间关系良好，但老居民和租户之间的关系较为冷漠。

对于社区的自然环境，40%的居民认为一般，对于活动场所有37.14%的居民表示不满意，28.57%的居民觉得一般；而对于公共设施，有34.29%的居民对其不太满意，30%的居民认为一般；此外，27.14%的居民对认为社区服务不到位，而37.14%的居民认为社区的活动丰富度不够。

48.57%居民认为国际村社区的自然环境没有很困扰的地方，此外有12.86%居民认为噪声较为困扰，山脚居民认为噪声问题严重，白天噪声比晚上噪声严重，我们也对现场白天噪声做了实测。少数居民表示气味难闻、蚊虫较多以及晒不到太阳令他们困扰。此外，活动空间不大、座椅数量不足、健身设施不足、娱乐设施不丰富、交通可达性低等都是居民迫切希望改善的问题。

国际村居民下午和晚上时间段活动人数较少，傍晚较多，其他时间段活动人群相对均匀。主要活动地点有公共活动广场、座椅、单元楼门前。

在询问到居民日常爱好时，聊天、运动2项的响应率和普及率明显较高，是社区居民在社区内的普遍爱好，但是其中我们需要注意到社区交通不便以及社区公共空间不丰富可能导致部分居民（尤其是老年居民）的爱好较为单一。例如一些居民可能难以在社区内开展广场舞等活动。

23.23%的居民希望增加传统节日庆祝活动和文化体验活动，有多数受访者表示这些活动自己可能不会亲身参与，但是会去观看。还有受访者表示希望增加球类运动等。部分受访者表示目前只能选择社区外体育场或者社区室内活动室。

3 策略提出

3.1 系统化多维度组织空间

国际村社区更新的首要任务是整体空间进行重新梳理，并且要结合地形特点和自然环境多维度，多角度地组织交通网络、公共空间以及景观绿化。合理划分不同类型的公共空间，并且平整不必要的小高差，建立连贯的道路系统，增加电梯等无障碍设施，以提升社区内部的可达性和连通性。在大范围内形成大的公共空间系统，小范围内形成小的系统，将其串联起来。整体规划的核心目标是打造宜居宜游的社区环境，使居民在社区内就能满足生活、娱乐和文化需求。

3.2 强化公众参与和共治

加强对居民的社区更新知识普及，组织社区工作坊，邀请居民、规划师、设计师等参与。在工作坊中，可以就公共空间的规划和设计进行深入交流和讨论，征求居民的意见，共同制定最佳的更新方案。确保社区更新的相关信息透明公开，及时向居民发布更新计划、进展情况和预算分配等信息。透明公开将增加居民对决策过程的信任，促进共治共建的良好氛围。在日常维护中，鼓励社区居民自愿成为志愿者，参与公共空间的维护和管理工作。

3.3 注重可持续更新

在社区更新过程中，尽可能保留原有的自然景观和生态系统。对环境进行微修复和保护，注意如建筑废弃物回收利用、生活垃圾分类处理等。通过资源的合理回收和再利用，让社区内部资源形成循环自给。在社区微更新过程中，应包括绿色基础设施、节能措施等。确保社区可以良性循环发展。

4 结语

与平原城市社区不同，山地城市老旧社区独特的自然环境、依山就势的建筑营建方式创造了更加复合多维的公共空间网络[5]。由此，居民所面临的问题变得更加复杂。再加上传统社区的特点，更新理念必须更加强调"以人为本"。设计师们需要走进街巷里，才能从更高层次、更多维度探索出山地老旧社区的更新之路。

参考文献

[1] 黄瓴，黄睿，骆骏杭，等.山地城市老旧社区公共空间场景资产研究：基于人—空间—活动的整体关联性分析[J]上海城市规划，2023，1(1)：88-95.

[2] 李斌.环境行为学的环境行为理论及其拓展[J]建筑学报，2008(2)：30-33.

[3] 戴晓玲.城市设计领域的实地调查方法——环境行为学的视角[D]，上海：同济大学，2010

[4] 阿摩斯·拉普卜特.文化特性与建筑设计[M]，常青，等译.北京：中国建筑工业出版社，2004.

[5] 魏晓芳，赵万民，孙爱庐，等.山地城镇高密度空间的形成过程与机制研究[J].城市规划学刊，2015(4)：36-42.

作者简介

张嘉馨，女，汉族，2000年生，陕西西安人，重庆大学建筑城规学院建筑学硕士在读，研究方向为社区更新。电子邮箱：651601121@qq.com。

杜苗，女，汉族，1999年生，四川巴中人，重庆大学建筑城规学院建筑学硕士在读，研究方向为医疗建筑的适老化。电子邮箱：3351495241@qq.com。

李轶群，女，汉族，1999年生，河南南阳人，重庆大学建筑城规学院建筑学硕士在读，研究方向为室外热舒适。电子邮箱：202215131085t@stu.cqu.edu.cn。

周冠宇，男，汉族，1999年生，四川成都人，重庆大学建筑城规学院建筑学硕士在读，研究方向为教育建筑。电子邮箱：752371563@qq.com。

基于CiteSpace的国内老年友好社区研究热点与趋势[①]

Research Hotspot and Trend of Domestic Elderly Friendly Community Based on CiteSpace

马颖婧　王晓雄*　余侃华

摘　要：针对我国老龄社会背景下，近九成老年消费者选择居家养老的方式，老年友好型社区对居家养老有重大意义。基于CiteSpace对知网收录的老年友好社区期刊论文进行可视化分析。分析结果显示关于老年友好社区的研究多侧重于理论研究，相关科研单位合作网络密度较低，研究地区相对局限。本文提出我国老年友好社区研究应对人口流失严重地区加以关注，对于老年友好社区的研究向多元化发展，交叉领域合作并对未来研究进行展望。未来相关研究可以从探索居家智慧养老、推进跨学科领域研究与创新研究方法论等方面进行思考与完善。

关键词：老龄化；老年友好；老年友好社区；CiteSpace

Abstract: In response to the background of China's aging society, nearly 90% of elderly consumers choose to age in place as a way of aging, and age-friendly communities are of great significance to ageing in place. Based on CiteSpace, the journal articles on age-friendly communities included in Zhi.com were visualised and analysed. The results of the analysis show that research on age-friendly communities mostly focuses on theoretical research, with a low density of cooperative networks of relevant research units and relatively limited research areas. This paper proposes that the research on age-friendly communities in China should pay attention to areas with serious population loss, diversify the research on age-friendly communities, and cross-field co-operation for future research. In the future, related research can be considered and improved from exploring home-based intelligent ageing, promoting interdisciplinary research and innovative research methodology.

Keywords: Ageing; Age-friendly; Age-friendly Community; CiteSpace

引言

根据第七次全国人口普查的主要数据，2022年我国60岁及以上人口约为2.8亿，占全国人口的19.8%[1]，我国将迈入中度老龄化阶段，必将对经济增长、科技创新、社会保障、公共服务等各方面提出全新的挑战和要求。

近九成的老年消费者选择居家养老方式，为应对老年人的养老观念向"积极老龄化"转变，我国实施积极应对人口老龄化的国家战略。《中华人民共和国老年人权益保障法》提出"国家建立和完善居家为基础、社区为依托、机构为支撑的社会养老服务体系"[2]，居家养老是构建社会化养老体系最主要的方向，社区环境作为老年人生活的物质载体，是实现"居家养老"的依托平台，同时也是老年人日常生活和交往的重要场所[3]，因此友好型社区的建设，对于老年人心理、身体和社会凝聚力及精神健康至关重要。

借助CiteSpace6.1.R6知识图谱软件与文献计量学分析，通过中国知网数据库检索，定量图谱分析发文数量、代表人物、研究热点、时区演变等方法，对老年友好相关文献、对老年友好社区研究前沿领域的发展趋势进行可视化分析。为国内居家和社区养老的老年友好社区建设提供实践与研究的经验与理论参考。

1　研究方法

1.1　数据来源

数据选取于CNKI文献库，以"老年友好"或"老龄友好"或"长者友善""老年宜居"或"老龄宜居"或"适老"和"社区"进行篇关摘检索，除去会议论文、学术论文、卷首语、新闻报道等不相关条目，筛选出524篇中文文献，转化格式、去重后得出有效文献共520篇，检索最终时间为2023年4月13日。

1.2　分析方法

将520篇目标分析利用CiteSpace6.1.R6软件根据发文量、关键词、作者群体、发文机构分别进行分析和可视化。时间跨度定为2010—2023年，绘制了老年友好社区领域研究的知识图谱。通过知识图谱分析，结合国内政策演变，运用文献综述归纳，总结我国老年友好社区的研究热点、关键研究主题、整体趋势与演进特征、研究核心内容进展。

[①] 陕西省科学技术厅，陕西省自然科学基础研究计划，2022JQ-491，基于绿色增长的关中平原城市群生态空间碳中和效能量化及优化路径研究。

2 结果与分析

2.1 发表文献时序分析

通过分析检索文献的发文时间与发文趋势（图1），能较为直观地观察到国内老年友好社区研究自2010年以来呈连年递增趋势，从发文数量和时间分析，大致可分为3个阶段，以期更好地反映我国实际情况。

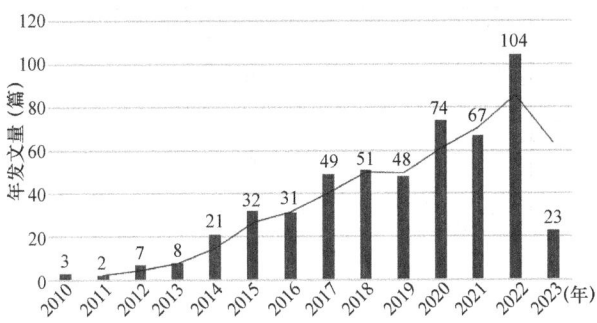

图1 老年友好社区文献发文趋势

第一阶段2010—2013年为起步阶段，人们对于老年宜居环境和社区概念认识仍较为薄弱，关于老年友好社区研究较少。2007年，世界卫生组织（WHO）发布《全球老年友好城市建设指南》，成为老年友好城市领域的纲领性文件。全国老龄办分别于2009年、2012年出台了《老年宜居社区建设指南》以及有关指导意见。

第二阶段2014—2019年为发展阶段，文献数量逐年递增，国家政策陆续颁布，对老年友好社区的重视度上升。2015年，《中华人民共和国老年人权益保障法》的颁布明确了老年宜居环境建设的法律地位。2016年出台《关于推进老年宜居环境建设的指导意见》标志着我国老年宜居环境建设的全面启动。同年印发《健康中国2030规划纲要》，推动健康老龄化作为健康中国战略目标实现的一项重要举措。2019年中共中央、国务院印发的《健康中国行动（2019—2030）》将老年友好环境建设作为老年健康促进行动的重要内容。

第三阶段2020—2022年间是快速增长阶段。2020年，国家卫生健康委员会发布《关于开展示范性全国老年友好型社区创建工作的通知》。2022年国家卫健委印发《"十四五"健康老龄化规划》表明老年友好社区建设已成为实现健康老龄化的重要策略。

从整体看，2012年以后老年友好社区为研究对象的发文数量总体呈递增态势，2022年发文量则超过100篇，社会对老年友好社区关注程度在逐步上升。对现有文献进行相关学科分类，发现在所有学科分类中，建筑科学与工程占比46.03%，中国政治与国际政治占比27.94%，而社会学与统计学和宏观经济管理与可持续发展占比在4.7%左右（表1）。老年宜居社区是社会问题，所涉及的领域众多，包括但不限于经济、社会、文化等多个方面，为了加强相关学科之间的联系和研究，需要采用跨学科、多视角的方法，以达到更深入的理解和探索。

表1 老年友好社区相关文献学科分布

学科分布	占比	发文量
建筑科学与工程	46.03%	290
中国政治与国际政治	27.94%	176
社会学及统计学	4.76%	30
宏观经济管理与可持续发展	4.60%	29
服务业经济	2.22%	14
贸易经济	2.06%	13
医药卫生方针政策与法律法规研究体育	1.90%	12
体育	1.27%	8
人口学与计划生育	1.27%	8
行政学及国家行政管理	0.95%	6

2.2 文献作者与机构分析

使用CiteSpace对国老年友好社区领域作者进行分析，我国老年友好社区研究的作者图谱中，网络密度为0.0031（图2）。发文数量最多的学者是北京工业大学胡惠琴，出现频次为9次；同济大学的于一凡和江西师范大学的李小云，出现频次均为7次（表2）。

图2 老年友好社区发文作者群图谱

老年友好社区发文作者群分析			表 2
排序	频次	年份	作者
1	9	2010	胡惠琴
2	7	2017	于一凡
3	7	2014	李小云
4	5	2015	王羽
5	4	2018	伍小兰
6	4	2017	刘昌贵
7	4	2014	王小荣
8	4	2014	吴芳芳
9	3	2019	唐悦兴
10	3	2017	姚望

国内发文机构分析图谱中（图3），同济大学建筑与城市规划学院是国内老年友好社区研究领域最具引领性的机构。天津大学、苏州科技大学和中国城市规划设计研究院等单位发文量也较多，构成我国老年友好社区研究的主要力量（表3）。机构之间的合作连线较少，网络密度仅为0.0033，这说明老年友好社区的跨机构研究需进一步加强。

老年友好社区机构发文量表			表 3
排序	频次	年份	单位
1	14	2016	同济大学建筑与城市规划学院
2	12	2014	天津大学建筑学院
3	7	2020	苏州科技大学建筑与城市规划学院
4	7	2014	中国城市规划设计研究院
5	5	2011	北京工业大学住宅研究所

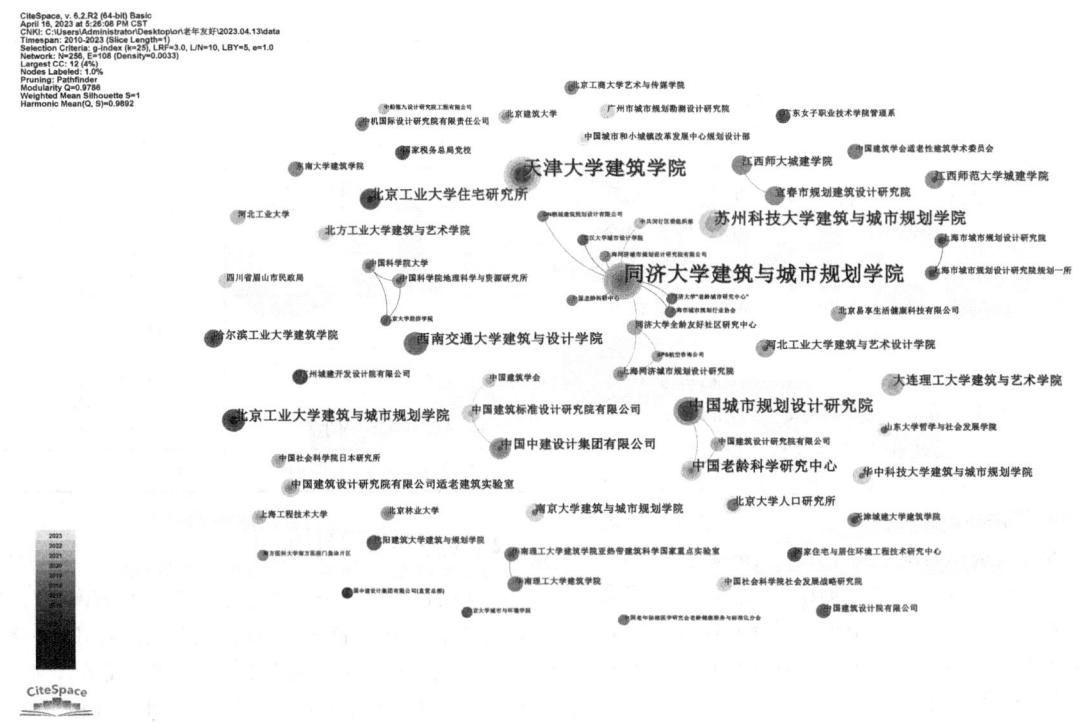

图 3 老年友好社区发文机构图谱

2.3 关键词聚类分析

通过对前述520篇文章关键词共现频次和中介中心性度量表的分析（表4），得出老年友好社区的前10位热点研究方向。

老年友好社区关键词共现图谱				表 4
排序	频次	中心性	年份	关键词
1	60	0.35	2011	老年人
2	56	0.20	2014	适老性
3	39	0.42	2012	老龄化
4	26	0.29	2013	居家养老
5	23	0.01	2017	老旧社区

续表

排序	频次	中心性	年份	关键词
6	20	0.06	2017	社区养老
7	18	0.10	2019	老年友好社区
8	17	0	2018	适老化
9	17	0.13	2015	公共空间
10	17	0.13	2014	养老社区

通过关键词共现知识图谱（图4）可以看出，"适老化、老年人、老龄化"为热点网络知识图谱中的主要节点，关键词关系最为紧密的是"老龄化"，中心性为0.42，与其他关键词存在共现关系。

运用CiteSpace软件，对各热点关键词进行聚类，分析、整理并重命名，以提高其代表性，最终绘制出2010—2023年关键词的聚类可视化图谱，得到12个关于未来社区的热点研究领域（图5），Q值为0.8467（大于0.3），S值为0.952（大于0.5)[4]，这表明该聚类视图具有显著性和说服力。关键词聚类视图形成13个聚类群，关于老年友好社区的研究主要围绕这些聚类展开。

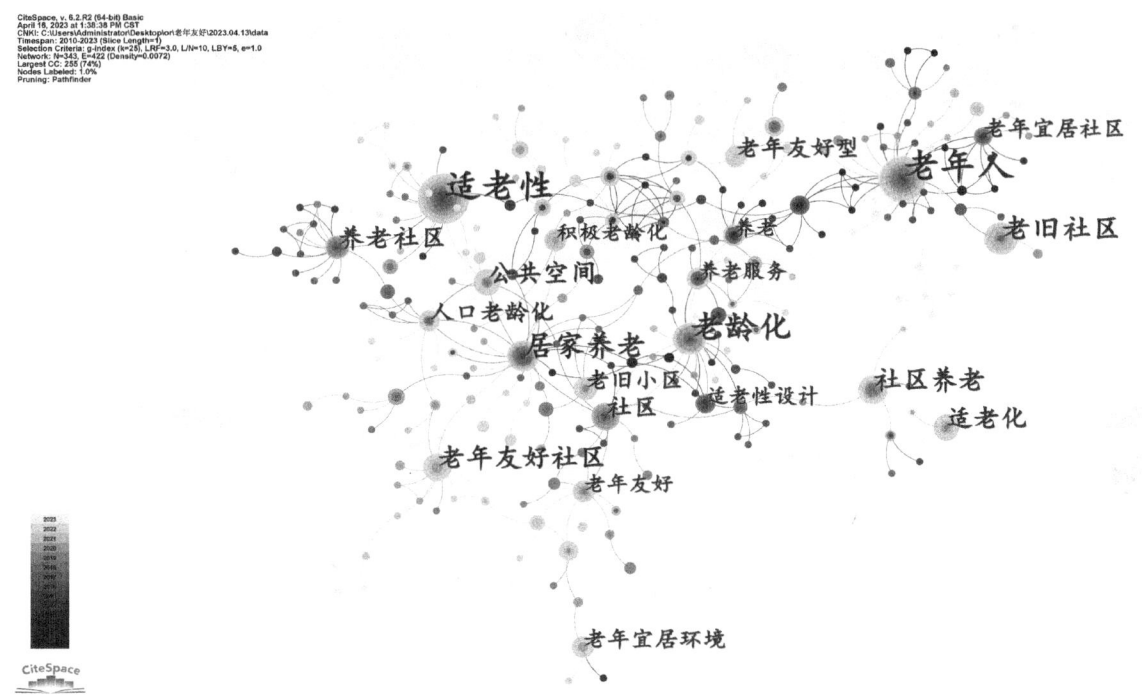

图4　老年友好社区关键词共现图谱

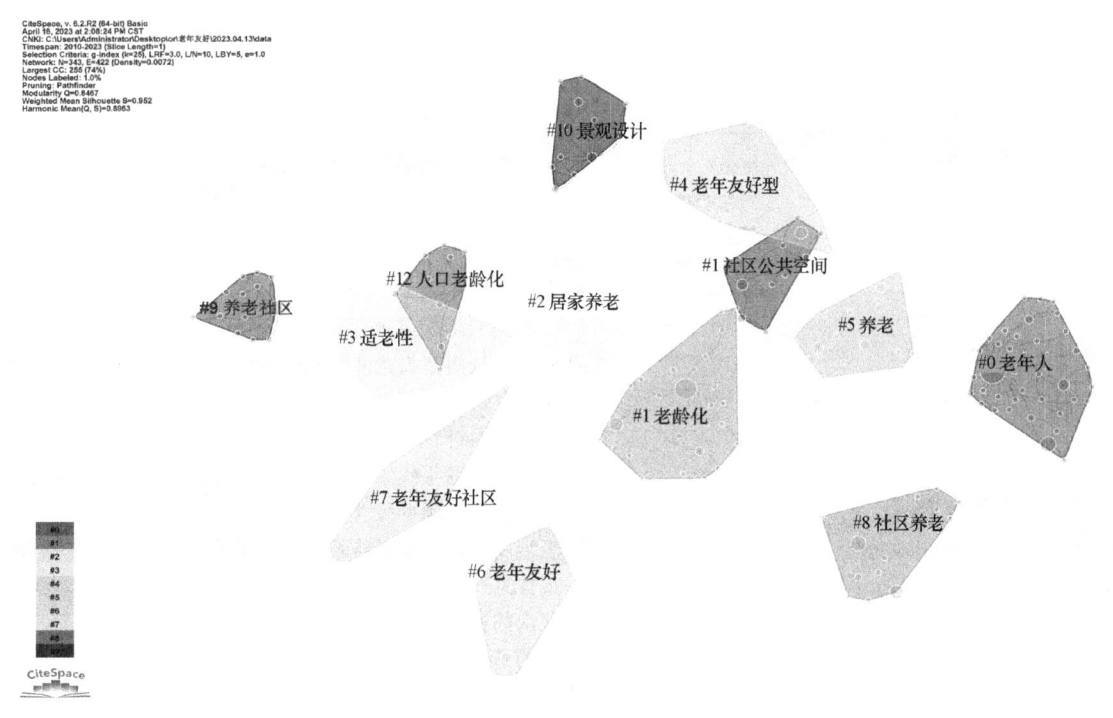

图5　老年友好社区关键词聚类图谱

将聚类标签沿时间轴横向扩展为聚类时间线可视图，其中，老年人、居家养老的讨论是从2010年至今未间断的话题。根据聚类结果，国内老年友好型社区研究热点集中在的13个方面（图6），主要是围绕老年友好社区物质空间、生活品质和社区环境3个趋势研究。

本文截取按照时间排序Top15关键词突现绘图谱（图7），突现强度前5分别为老年友好型、老年友好社区、积极老龄化、适老性设计和城市社区。

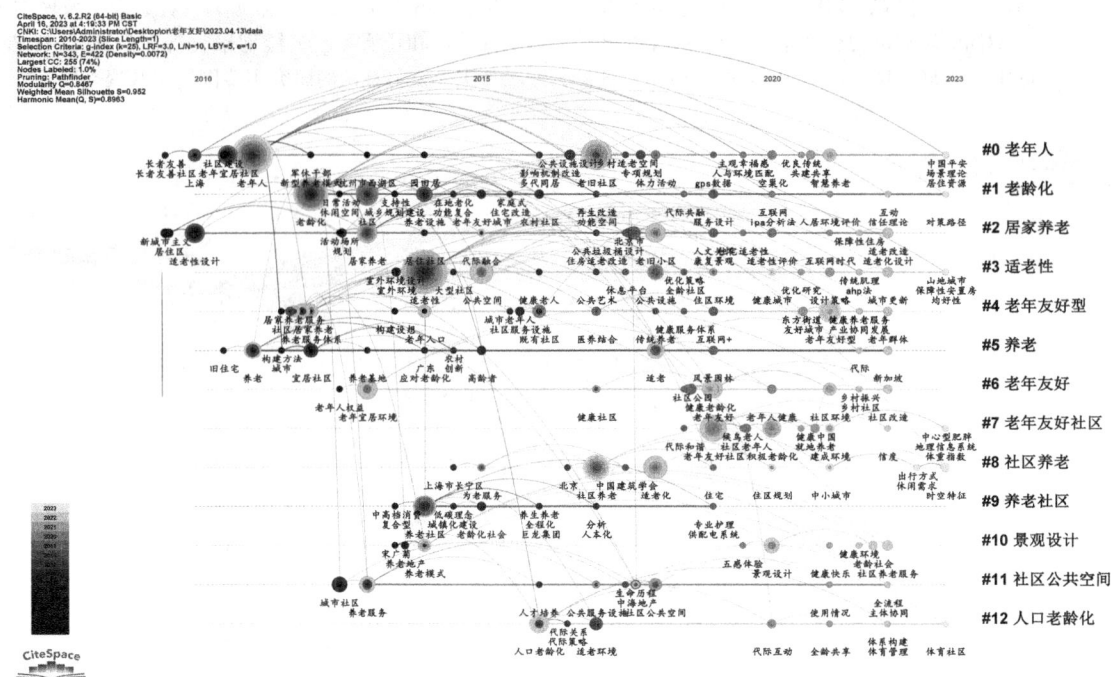

图6 老年友好社区关键词聚类时间线图谱

关键词	年份	突现强度	开始年	结束年	2010—2023
老年友好型	2021	4.68	2021	2023	
老年友好社区	2019	3.56	2020	2023	
积极老龄化	2020	2.77	2020	2021	
适老性设计	2010	2.40	2010	2015	
城市社区	2013	2.40	2013	2017	
宜居社区	2012	2.34	2012	2016	
宜居环境	2013	2.31	2013	2016	
居家养老	2013	2.18	2013	2015	
适老环境	2017	2.05	2017	2018	
老旧小区	2018	2.05	2021	2023	
设计	2018	2.03	2018	2019	
社区环境	2021	2.01	2021	2023	
规划设计	2017	2.00	2017	2020	
适老	2018	1.99	2018	2019	
适老化	2018	1.98	2021	2023	

图7 老年友好社区关键词突现图

3 老年友好社区研究趋势

3.1 老年友好社区的物质空间

多项研究显示，现阶段公共环境和住房环境无法满足城市老年人的需求[5-6]。多位学者对老年友好社区的适老性进行评价构建[7-9]、优化以及修订和信效度检验[10]；多位学者相继提出社区适老化改造及更新措施[11-12]，构建具有活力和归属感的社会生态环境；"养联体"模式[13]，提出形成动态平衡的养老服务联合体，满足多样化、公平公正的适老化。确保老年人的生活品质得到保障和提升，同时促进老龄化社会的和谐有序发展，也是社区养老事业的必由之路社区。

根据老年人时空活动的轨迹来构建适老型生活圈，而在老年友好社区中康养景观也逐渐被关注[14]。

在老年友好社区更新中，不仅需要进行无障碍等方面的改造和更新，还需要对以老年人为中心的物质空间进行适老性改造，向多年龄层次的新型社区关系营造转变[15]。在社区中完善社区适老性服务设施配套，开辟老年宜居公共空间，为居家养老提供物质基础。

3.2 老年友好社区的生活品质

宜居的适老型社区环境在养老过程中显得尤为重要，以提高老年人生活服务的可达性，刺激老年人积极参与体育健身。

根据老年人需求而设计室外环境，提升老年人的生活质量，从而建设老年友好环境[16]。提升慢行道路的密度、绿色空间覆盖率、街道连通性，合理规划土地利用，完善公共服务设施，为老年居民创造可供活动的公共空间区域，对老年体力活动有重要帮助[17]，降低疾病感染率以及老年人肥胖发生率[18]。社区体育项目是有利于构建老年友好社区健康养老服务并成为实现"健康老龄化"的最佳方式和手段之一[19]。作为老年人活动的主要场所，社区内的各种环境因素对老年人的心理健康产生着不可忽视的影响，建立老年友好社区已成为至关重要的措施[20]。

考虑到老年人的特殊心理需求，应采用通用性的设计原则改造室外环境[21]。适老性更新研究应关注隐藏在个体老年人行为背后的心理环境。

3.3 老年友好社区的社会环境

研究表明，社区自治管理对老年人幸福感有显著性影响[22]。形成老年友好社区是一个持续建设与管理的过程，老年人既是社区受益者，又是社区文化建设的主要参与者。

老年人对社区环境的使用能提升老年人的认同感、参与感和归属感。在老年文化服务供给和社区建设进程中注入适老文化生态，构建适老文化环境，强化老年人社区事务参与机制，促进老年人有效的社会参与，构建老年友好的社会环境[23]。

社区居家老年人群正逐步开始接受老年科技所代表的养老新方式——社区居家数字养老公共服务设施[24]，推动老年人充分融入并参与以老年科技为代表的新型养老方式的社区生活[25]。老年友好社区的建设不仅注重物质需求，同时注重老年人的身心健康、社会价值实现与社会融合支持的转变。

4 结论与展望

老年友好的社区应首先能提供老年人基本需求的基础设施和服务，其次应关注老年人身心健康、提升生活品质，最终建设老年人参与、实现积极老龄化的社区。

在老龄化背景下，社区作为居民生活的重要社会平台，改善社区积极老龄化的水平，是我国当前老龄化城市发展的重要议题。2020—2023年，我国老年友好社区建设研究取得了明显成效，无论从研究的数量还是质量均有显著进步。然而，老年友好社区领域的研究在下列层面仍存在提升空间：

在今后的老年友好研究中应加强机构之间合作，拓展老年友好社区的不同学科研究角度，深化现有研究。

对于老年友好社区的研究地域，应增加发达地区以外的研究，填补欠发达和偏远地区老年友好社区研究。为数不多的老年友好社区研究大多基于定性理论研究，缺少相应的数据和案例支撑。

在理论构建的同时注重运用量化方法，来提升老年友好社区研究的科学性、规范性，也应该积极探索老年友好社区研究趋势，以实证研究为基础，逐步加强老年友好社区相关研究的探索。

参考文献

[1] 卢杉, 汪丽君. 城乡社区环境对老年人心理健康的影响研究[J]. 人口与发展, 2021, 27(5): 36-45.
[2] 陈悦, 陈超美, 刘则渊, 等. CiteSpace知识图谱的方法论功能[J]. 科学学研究, 2015, 33(2): 242-253.
[3] 曲嘉瑶. 城市老年居住环境评价量表编制研究——基于北京市的实证调查[J]. 老龄科学研究, 2017, 5(12): 3-17.
[4] 李小云, 袁金伟. 欠发达地区城市老年友好居住环境研究——基于江西省95个社区的实地调研分析[J]. 中外建筑, 2019(11): 90-94.
[5] 李珊, 杨忠振. 城市老年宜居社区的内涵和评价体系研究[J]. 西北人口, 2012, 33(2): 17-21, 26.
[6] 宫晓东, 李玉龙, 解惠然. 我国适老宜居城市环境评价研究回顾与展望[J]. 现代城市研究, 2021(8): 108-114.
[7] 王小荣, 贾巍杨. 社区养老实态调研与满意度评价指标初探[J]. 建筑学报, 2014(S2): 157-159.
[8] 许吉祥, 陈瑛玮, 王一, 等. 健康中国背景下基于双因子模型的老年友好社区评价量表的修订和信效度检验[J]. 医学与社会, 2022, 35(7): 1-6, 23.
[9] 康越. 香港长者友善社区建设及经验简析[J]. 北京行政学院学报, 2014(3): 99-101.
[10] 胡惠琴, 畅流. 老旧住区文娱活动设施规划布局适老性改造研究——以北京红北社区为例[J]. 建筑学报, 2016(2): 22-27.
[11] 白维军, 宁学斯. "养联体": 模式内涵、运转逻辑与建设路径[J]. 社会保障研究, 2022(4): 15-22.
[12] 袁晓梅, 谢青, 周同月, 等. 基于健康管理的地域性适老社区环境设计研究[J]. 建筑学报, 2018(S1): 7-12.
[13] 夏大为, 林煜芸, 陈奕安, 等. 空巢化背景下的城市老旧社区更新模式研究[J]. 城市发展研究, 2020, 27(5): 87-93.
[14] 何凌华, 魏钢. 既有社区室外环境适老化改造的问题与对策[J]. 规划师, 2015, 31(11): 23-28.
[15] 吴志建, 王竹影, 张帆, 等. 城市建成环境对老年人健康的影响: 以体力活动为中介的模型验证[J]. 中国体育科技, 2019, 55(10): 41-49.
[16] 赵玉花, 方涛, 杜苗, 等. 社区建成环境与老年居民肥胖的关联[J]. 环境与职业医学, 2023, 40(2): 176-183.
[17] 张小沛, 戴健. 社区体育积极应对人口老龄化: 功能、现实困境与优化路径[J]. 沈阳体育学院学报, 2022, 41(5): 57-63.
[18] 黄钇, 车燕川. 社区建成环境对老年人健康影响的作用机制与实证结果[J]. 南京社会科学, 2020(12): 51-58.
[19] 蒋炜康, 孙鹃娟. 居住方式、居住环境与城乡老年人心理健康——一个老年友好社区建设的分析框架[J]. 城市问题, 2022(1): 65-74.
[20] 何铨, 张实, 王萍. "老年宜居社区"建设过程中社区管理对老年人幸福感的影响——以杭州市的调查为例[J]. 西北人口, 2015, 36(4): 75-79, 83.
[21] 陈明玉, 边兰春. 多元主体参与"双老化"住区更新的实施路径研究[J]. 规划师, 2022, 38(10): 54-60.
[22] 黄欢欢, 曹松梅, 肖明朝, 等. 社区居家老年人老年科技接受及影响因素的描述性质性研究[J]. 解放军护理杂志, 2021, 38(10): 4-7.
[23] 伍麟. 适老化转型升级中的数字技术关怀[J]. 人民论坛·学术前沿, 2023(2): 22-30.

作者简介

马颖婧，1997年生，女，回族，宁夏吴忠人，长安大学建筑学院风景园林硕士在读，研究方向为风景园林历史与理论研究。电子邮箱: 314391423@qq.com。

（通信作者）王晓雄，1973年生，男，汉族，陕西西安人，硕士，长安大学建筑学院风景园林专业，副教授、硕士生导师，研究方向为风景园林历史与理论研究。电子邮箱: wxxbobo@163.com

余侃华，1983年生，男，汉族，江西上饶人，博士，教授，博士研究生导师，长安大学建筑学院副院长，研究方向为绿色宜居村镇规划设计、道路景观生态学。电子邮箱: 510031693@qq.com。

安全感视角下老旧住区生活性街道适老化设计研究
——以哈尔滨主城区为例

Research on Aging-Friendly Design of Livable Streets in Older Residential Areas from the Perspective of Safety Perception
—A Case Study of Main Urban Area of Harbin

于嘉慧　董　宇　郭海博*

摘　要：促进健康老龄化与维护老年人权益已成为国家政策，满足老年人出行需求有助于提升其健康水平和生活质量。本文以哈尔滨老旧住区生活性街道为研究对象，总结了老年人出行安全感知的问题。基于出行需求特征，从活动安全感知、交通安全感知、防卫安全感知三个方面构建出行安全满意度评价体系，利用 IPA-KANO 模型测度老年人的出行安全满意度，确定了改进生活性街道物质环境的优先级，并提出适老化设计策略。旨在提升老年人出行环境品质，为管理者在城市适老化更新方面提出具有针对性的意见和启示。
关键词：老旧住区；生活性街道；安全感知；适老化；IPA-KANO 模型

Abstract: Promoting healthy aging and keeping the rights of the elderly have risen to the level of national strategy. Meeting the daily travel needs of the elderly helps improve their health and quality of life. Livable streets serve as crucial carriers for the elderly's daily travel activities, and residents' perception of safety characteristics has a significant impact on their travel. This paper focuses on the livable streets in the old residential areas of Harbin, identifying the spatial characteristics of livable streets and summarizing the current issues concerning the elderly's perception of travel safety. Based on the characteristics of elderly travel needs, an evaluation system for travel safety satisfaction is constructed, encompassing three aspects: Activity safety perception, traffic safety perception, and defense safety perception. The IPA-KANO model is utilized to measure the satisfaction of the elderly with travel safety, clarify the environmental sequence features that influence travel safety satisfaction, determine the priority of improving the physical environment of livable streets, and propose age-friendly design strategies. The aim is to enhance the quality of the elderly's travel environment and provide targeted recommendations and insights for managers in the context of urban age-friendly renovations.
Keywords: Old Residential Areas; Livable Streets; Safety Perception; Age-friendliness; IPA-KANO Model

引言

近年来，为了积极应对人口老龄化趋势的加速，国家始终关注和维护老年人群体的权益。基于当前快速老龄化的社会背景，老年人健康问题已经成为社会发展中不可忽视的问题，需要相应的政策、环境规划及建设实施的全面支持以创造一个健康、友好的社会环境。已有研究关注老年人行为的特殊性，为城市空间提出适老化改造策略[1-2]，旨在为城市环境适老性设计提供支持。生活性街道作为承载老年人日常出行活动的重要空间，直接影响老年群体对城市环境的感知。鉴于此，有必要从安全感知层面对老旧住区生活性街道做出评价并进行适老化更新设计。

老龄化社会已然为老旧住区更新改造提出了新的挑战，国内各地逐渐提高对存量住区环境老年友好层面的建设与改造。哈尔滨计划在 2023 年完成老旧住区改造 1055 万 m²，并强调在改造中重点关注、完善适老化相关的内容。面对庞大的工程量，需要更加准确的识别老年人出行需求及建成环境问题。目前，哈尔滨老旧住区生活性街道的适老化配置与老年人出行需求存在较大差距，以往研究多从客观环境对老年人出行安全进行分析，从使用者主观感受角度出发，对客观环境做出评价并进行优先级适老化更新设计的研究相对较少。从安全感知层面对生活性街道实际表现绩效及属性重要性进行的研究，有利于精准识别环境要素适老化更新改造的优先顺序，是提升街道环境品质、满足老年人群出行需求经济有效的方式。

1　调研概况

本研究主要分为 4 个阶段（图 1），第一阶段是通过实地调研及开放式问卷发放的形式，对影响老年人出行安全感知的环境要素特征进行分析；第二阶段确定安全感知评价维度及环境要素的选取；第三阶段是收集老年人出行行为及安全感知评价数据，并建立 IPA-KANO 模型；第四阶段结合环境特征优劣次序，针对老旧住区生活性街道提出适老化更新设计的建议。

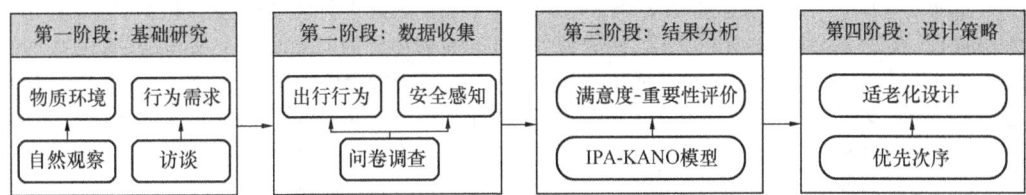

图 1 研究框架

1.1 研究对象概况

通过对网络数据的爬取，共获得建造年代在 20 年以上的住区数据 257 个。到 20 世纪 70 年代及当前建成的住区，大多建筑楼体已严重老化且基本达到住宅建筑使用年限，已进行拆除或重建。因此本文重点选取哈尔滨市 80 至 90 年代建成住区范围内的老旧住生活性街道为研究对象。根据统计发现，哈尔滨市老旧住区主要集中于南岗区、道里区、道外区、香坊区 4 个主城区的中心位置，故本文筛选了 4 个主城区范围内的 8 个居住功能较为集中的社区，共调研近 50 条生活性街道（图 2）。所选生活性街道两侧多为 6~7 层的住宅建筑，住宅底层为商业功能，且行车道宽度不超过双向四车道。街道界面特征较为统一，具有哈尔滨老旧住区生活性街道的一般特征。生活性街道的安全感知受老年人出行习惯及偏好的影响，因此年龄在 60 岁以上，且在调研范围内的住区居住时间为 1 年及以上的老年人是本次研究的主要调研对象。

图 2 研究对象选取

1.2 数据收集

1.2.1 现状调研

根据实地调研结果，对老旧住区生活性街道现状特征进行总结（图 3）。有效步行宽度狭窄及人行道的缺失，使老年人出行活动空间被压缩；路面铺装破损，没有及时更新维护；行车道侧停放货车、堆放杂物造成视线遮挡；街道交叉路口形态多样复杂；缺少人车隔离设施，人车环境混乱；前后凹凸的建筑界面使道路边界曲折；底层商铺的连续性较差且夜间照明不足。

1.2.2 安全感知评价体系建立

有研究已从不同角度对安全感知维度进行划分。谭少华等人从交通设施、空间环境及交通管理 3 个方面对住区街道进行安全性评价[3]。毛宇帆等人从交通、防卫、心理 3 个方面对老城商业化更新街道进行安全性研究[4]。梁思思等人基于儿童友好视角，从防卫安全、心理安全、交通安全和游憩交往安全 4 个维度构建安全评价体系[5]。本文在已有研究基础上结合老年人生理特征，将安全感知划分为 3 个维度：活动安全感知、交通安全感知和防卫安全感知。此外，本研究通过文献梳理、实地调研及开放式问卷方法，对影响老年人出行安全感知的环境要素进行总结，共确定了 16 项影响安全感知的环境要素（图 4）。

1.2.3 问卷调查

问卷包括 3 部分内容：基本信息、出行特征、生活性街道安全感知评价。安全感知评价部分将安全感知分为活动安全感知、交通安全感知、防卫安全感知3个维度。采用李克量5级量表（1~5分），分别对环境要素重要性及主观感受进行打分，数值越大代表重要程度或主观评价越高。问卷调研数据收集于2023年5—6月，向选取的8个住区范围内的老年人随机发放至少30份问卷，共发放问卷240份。为保证问卷的准确性，采用现场填写或现场问答的回收方式，剔除部分不符合要求的研究对象数据（居住时间不满1年或年龄在60岁以下）。最终回收问卷225份，回收率93.75%。将获取的问卷数据录入SPSS27.0，采用克朗巴哈（Cronbach's Alpha）信度法对获得的数据进行信度检验。计算得到本研究安全感知评价量表部分的Cronbach's Alpha系数为0.800（>0.7），同时3个安全感知维度的Cronbach Alpha值均在0.7以上，说明研究数据信度较好，可用于进一步分析。

本次调研受访者中，男性占比55.56%，女性占比44.44%，男女比例平均。受访者多可以独立出行，且选择步行为日常出行方式。从图5中可以看出，老年人群出行时间范围集中在10~30min，可接受的出行时间范围为5~10min。此外，老年人日常出行活动时间多集中在9:00—16:00时间段内，夜间出行活动频次较低。

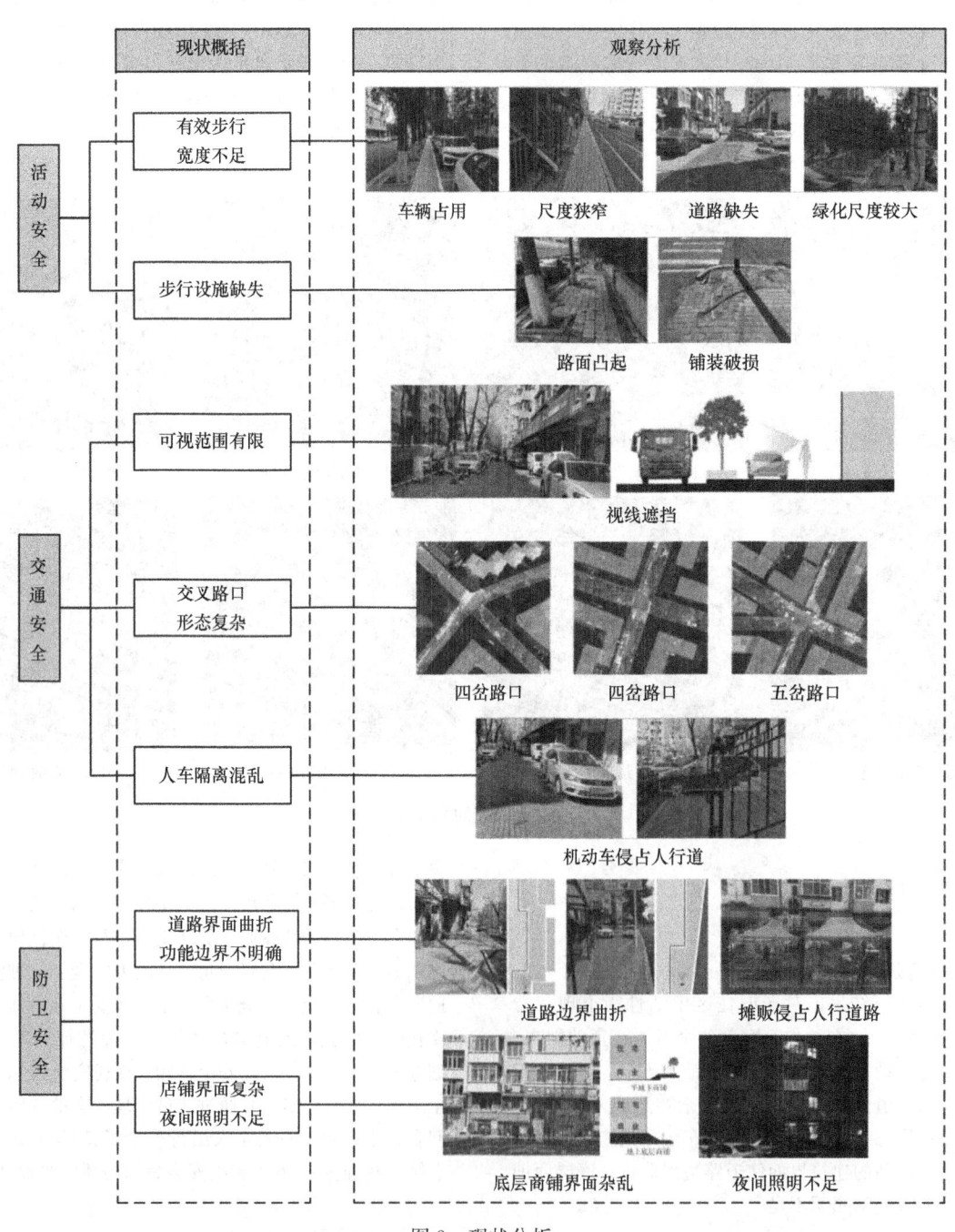

图3 现状分析

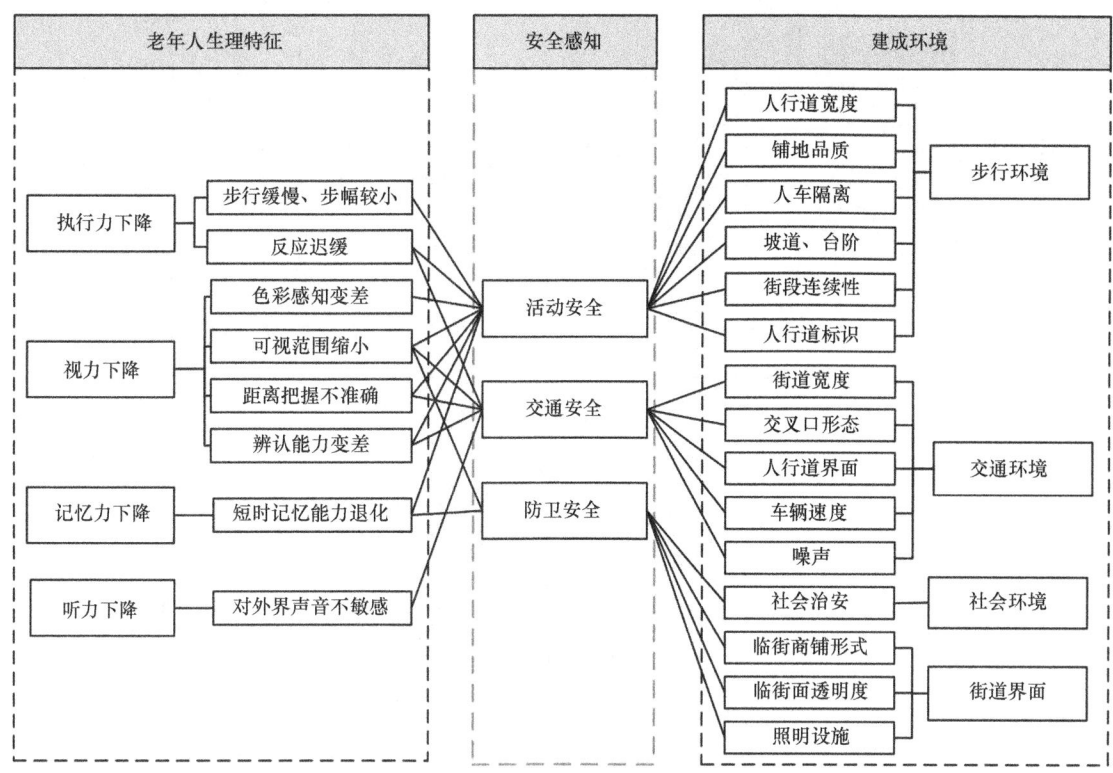

图 4 安全感知评价是指标选取

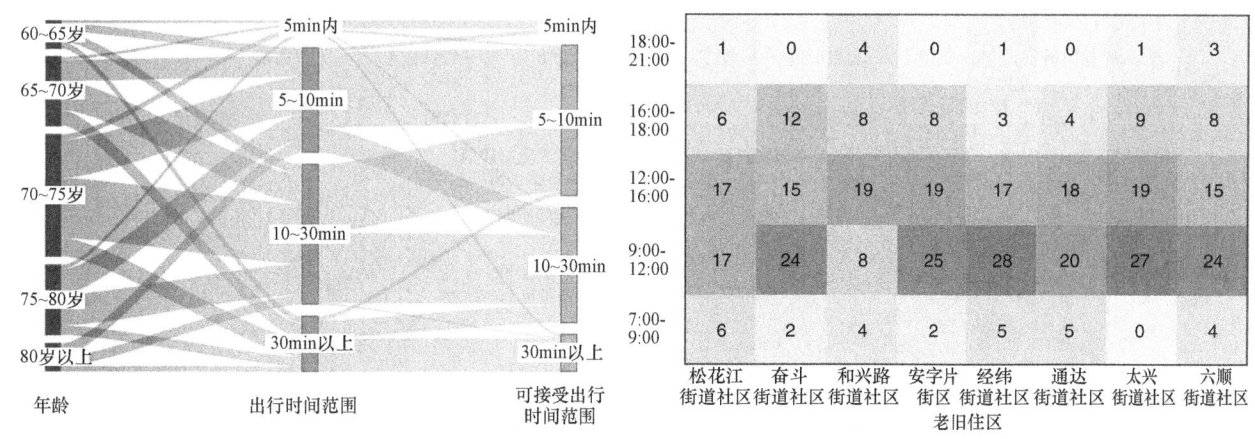

图 5 受访人群出行特征

2 IPA-KANO 模型的安全感知评价分析

2.1 IPA-KANO 模型建立

IPA-KANO 模型是将 IPA 象限分析与 KANO 模型要素结合（图 6），可以精准识别环境特征的优先次序，用于解释环境要素实际表现绩效与其重要性之间的因果关系[6]。IPA-KANO 模型纵坐标代表隐形重要性，横坐标代表显性重要性，依据对比结果共划分为 4 个象限：象限一为关键型绩效要素、象限二为魅力型要素、象限三为非重要绩效型要素、象限四为基本型要素。最终可得出要素优先级顺序为基本型要素、关键型绩效要素、魅力型要素、非重要绩效型要素。

2.2 安全感知评价分析

本研究通过统计问卷调查数据，提取老年人群对老旧住区生活性街道的客观环境表现及主观安全感受。图 7 展示了 8 个老旧住区生活性街道环境要素的显性重要性及安全感知绩效表现。总体上，老年人对 8 个老旧住区范围内的生活性街道的重要性及满意度评价差异较小。在活动安全感知、交通安全感知、防卫安全感知显性重要性方面，人车隔离设施、行车道侧视线遮挡及社会治安分别被认为是 3 个感知维度中最重要的环境要素。在环境要素绩效变现方面，有效步行宽度、行车道宽度及社会治安分别在 3 个感知维度中表现良好。

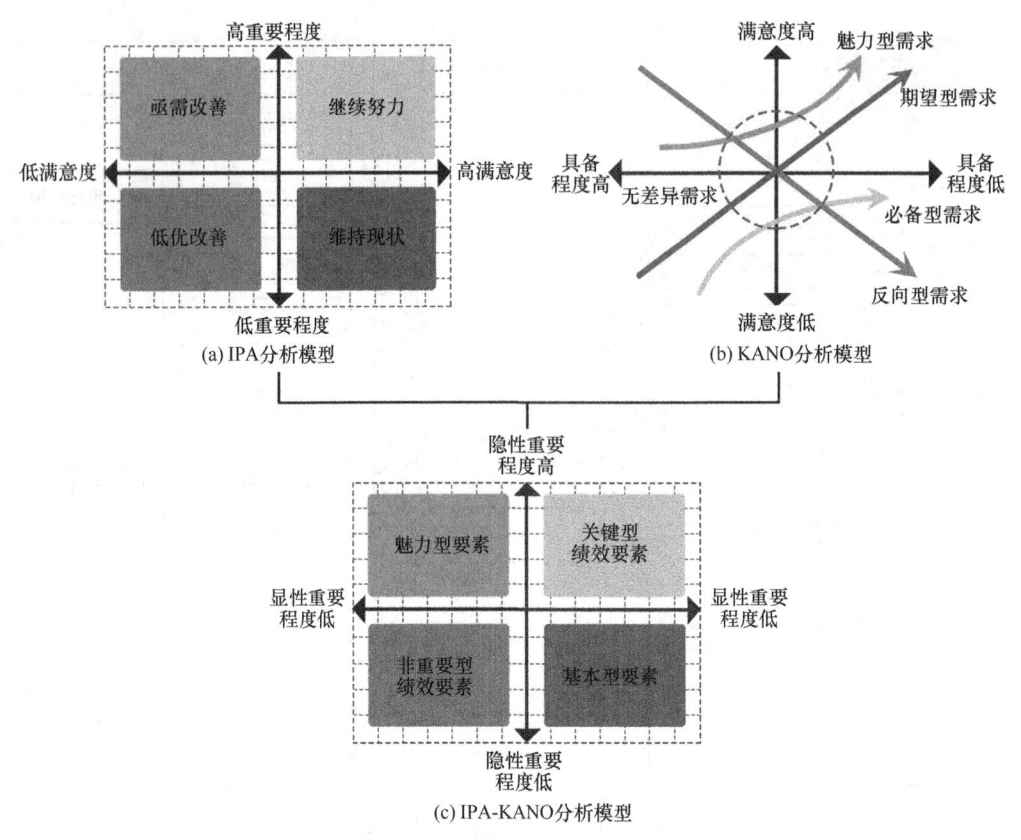

图 6 IPA-KANO 相关研究模型

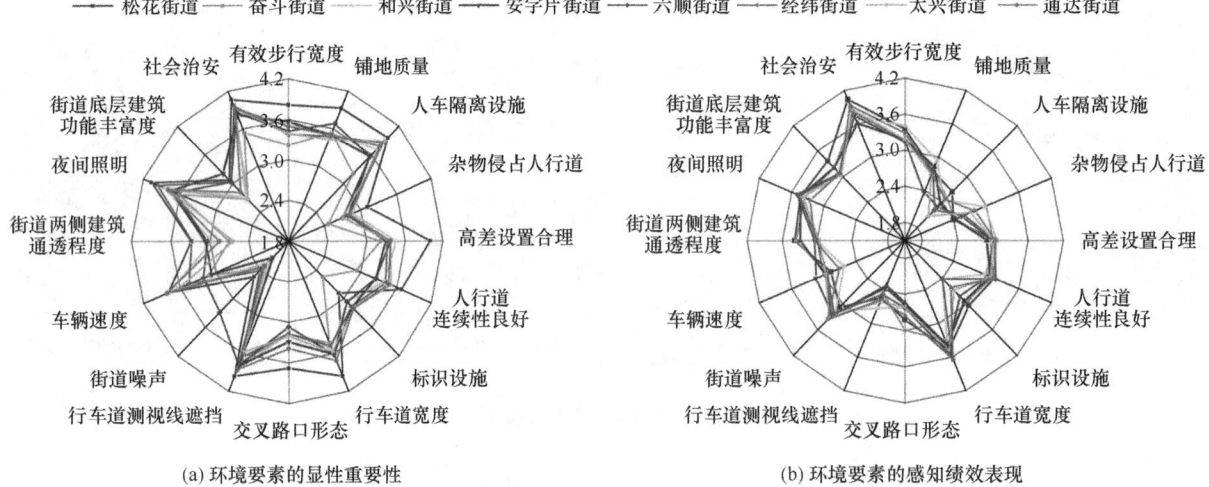

图 7 环境要素的显性重要性与感知绩效表现

此外，为了避免显性重要性自变量间的高相关性导致多重共线性影响研究的准确性，研究引入隐形重要性[7]。本文利用"各项因素的安全感知满意度评价"与"整体环境的安全感知满意度评价"做出双变量分析，通过相关系数得出隐性重要性数据；当相关系数数值大时，影响显著，隐性重要性高，反之则较低。8 个老旧住区生活性街道环境要素显隐性重要性结果及排名见表 1。

环境要素的显隐性重要性结果及排序　　　　表 1

感知维度	环境要素	隐性重要性		显性重要性	
		分值	排名	分值	排名
活动安全感知	有效步行宽度 A1	0.465	5	3.48	8
	铺地质量 A2	0.368	9	3.57	6

续表

感知维度	环境要素	隐性重要性		显性重要性	
		分值	排名	分值	排名
活动安全感知	人车隔离设施 A3	0.323	14	3.70	4
	杂物侵占人行道 A4	0.329	13	2.78	15
	高差设置合理 A5	0.305	15	3.42	9
	人行道良好的连续性 A6	0.476	3	3.36	10
	标识设施 A7	0.373	8	3.04	12
交通安全感知	行车道宽度 B1	0.417	7	3.61	5
	交叉路口形态 B2	0.339	11	3.27	11
	行车道侧视线遮挡 B3	0.358	10	3.78	3
	街道噪声 B4	0.143	16	2.45	16
	车辆速度 B5	0.476	3	3.49	7
防卫安全感知	街道两侧建筑通透程度 C1	0.425	6	2.98	13
	夜间照明 C2	0.555	1	3.82	2
	街道底层建筑功能丰富度 C3	0.333	12	2.91	14
	社会治安 C4	0.485	2	3.88	1

根据表 1 结果构建 IPA-KANO 模型，其中横轴为显性重要性数据，纵轴为隐性重要性数据，中心坐标为显隐性重要性的平均值。将 16 个变量对应进坐标，对环境要素属性进行归纳总结（图 8）。

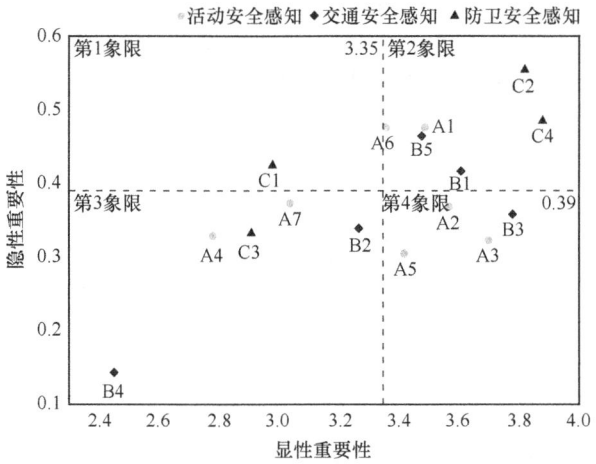

图 8 生活性街道环境要素 IPA-KANO 评价结果在四象限模型的分布

2.3 分析总结

通过实地调研及对街道安全感知评价结果的分析，本文将老旧住区生活性街道现状问题归纳为活动安全感知、交通安全感知及防卫安全感知 3 个层面。

2.3.1 活动安全感知层面

①铺地质量、人车隔离设施及高差合理设置作为基本型要素，其在感知绩效表现评价中得分较低。实地调研发现，此类要素存在未及时更新维护、缺少合理设置等问题，给老年人出行活动带来较大安全隐患，是适老化更新改造首要关注的问题。②根据本次调研结果，人车隔离设施对老年人群活动安全感知偏好有重要影响。这可能是由于老年人反应速度变慢，难以避让行驶车辆，因此在活动安全感知层面，更加关注此类要素对出行活动安全的影响。③有效步行宽度及人行道连续性的整体满意度评价较高，但部分生活性街道存在人行道缺失、有效宽度狭窄及连续性较差的问题，仍无法满足老年人出行安全的需求，在适老化更新中是次要关注的问题。

2.3.2 交通安全感知层面

①调研中发现行车道侧视线遮挡严重，老年人无法对行车道环境做出及时判断，且此要素满意度评价较低，亟待改进。②老旧住区生活性街道行车道宽度（不超过双向四车道）符合老年人过街偏好，因此行车道宽度满意度较高。但车辆速度满意度评价较低，在适老化更新时应重点关注。调研中发现多数街道对车速没有明确限制，由于老年人过街速度较慢，过高的行车速度增加了交通事故发生的几率。

2.3.3 防卫安全感知层面

①根据评价结果，社会治安和照明设施是提升老年

人安全感知的基本要素，其中对照明设施的满意度评价略低。夜间照明不足，可能会降低老年人出行活动的安全感，在适老化更新中应重点关注。②不同功能业态临街界面透明度均未呈现规律性，作为魅力型要素，在资源配置条件允许的情况下，应对其进行优化。

3 生活性街道适老化更新设计

3.1 活动安全感知的适老化设计

3.1.1 街道底界面平整化

街道底界面良好的设计品质与维护管理，对影响老年人出行活动安全感知起到积极作用。在地面铺装方面，平整坚固的地面可以帮助行动能力较差的老年人放心出行。铺装材料应适应降雨、降雪等气候特征，同时在色彩方面应考虑老年人视力衰退的生理特征，减少老年人对街道多余空间的注意力任务。在处理路面高差方面，应减少台阶数量，同时合理设置坡道，以减少老年人步行过程不必要的体力消耗，降低意外摔倒的风险。

3.1.2 人车隔离合理化

人车隔离设施可以清晰界定人行空间，有助于强化人行道空间的领域感。在隔离设施方面，应采用视线良好的隔离设施，如透明度较高的栏杆或低矮的绿化带，降低人车冲突引发的安全问题。在机动车位管理层面，应明确划分人车空间，适当降低机动车路权，避免机动车侵占人行道空间。

3.1.3 多类型尺度人行道精细化

老旧住区生活性街道人行道尺度存在差异，应根据不同类型生活性街道进行精细化设计响应。针对既有人行道尺度，在保证人行道宽度充足的前提下，合理布置平面布局，避免老年人与行人发生碰撞，对步行活动安全带来负面影响。①针对缺少人行道的生活性街道，应缩小车行道宽度，适当减少沿街停车位，营造宽敞、通畅的人行道环境。考虑到老年人步行的生理特征，人行道净宽度不应小于1.8m，同时为照明设施预留相应空间［图9（a）］。②既有人行道有效宽度狭窄的生活性街道，应合理规划建筑前区、人行道、绿化设施3类空间的宽度在总宽度的占比［图9（b）］。划分建筑前区空间，明确临街建筑边界线，提高人行道空间的限定感，降低街道环境的复杂程度。此外调研中发现，部分老年人出行需要借助轮椅、拐杖等，因此人行道宽度应尽量满足此类人群出行尺寸需求。同时，在空间允许的情况下，合理布置绿化作为人行道与车行道之间的缓冲区域。③既有人行道宽度充足的生活性街道，可适当拓宽各功能区域宽度［图9（c）］。考虑到临街商铺利益，预留1.5m的建筑前区空间供店铺进行商业活动，避免出现摊贩行为割裂人行道空间的现象。人行道宽度应充分满足多元人群出行需求。结合绿化提供休息设施，增强老年人外出活动在体力方面的信心。

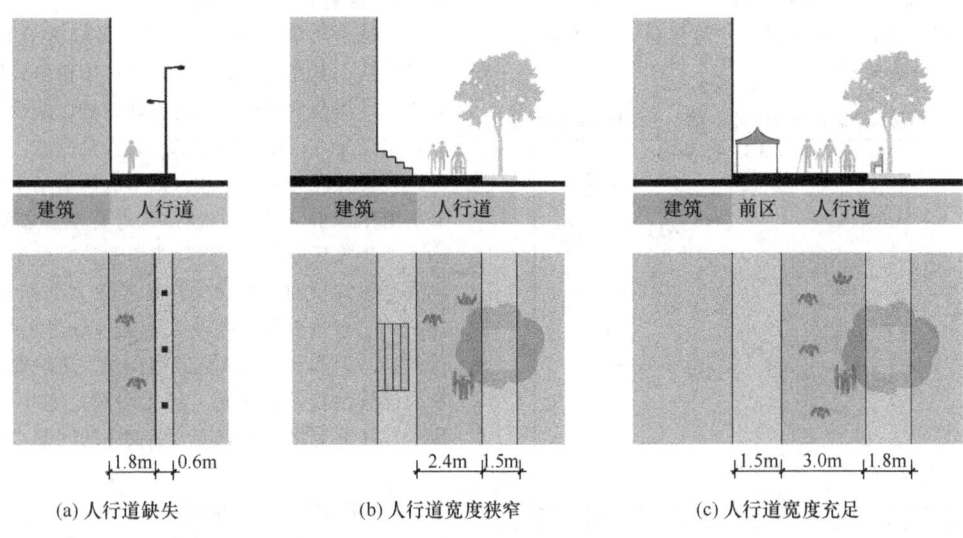

(a) 人行道缺失　　(b) 人行道宽度狭窄　　(c) 人行道宽度充足

图9　人行道宽度改造示意图

3.2 交通安全感知的适老化设计

3.2.1 增加行车道界面视野开阔度

对行车道界面视野开阔度进行优化，有助于老年人感知周边交通状况并做出及时的反应。针对行车道侧界面，建议行两侧绿植应尽量选择叶小疏松的树木，避免采用灌木隔离遮挡视野，不利于老年人及时观察道路交通环境。拓宽交叉路口处人行道宽度，帮助司机观察行人动向，同时有利于老年人过街时判断交通环境的安全性。

3.2.2 优化行车道平面形式

机动车路权过高会对老年人过街行为产生负面影响，优化行车道空间形态可以有效限制或降低车速，减少对老年人交通安全感知的干扰。通过调整行车道平面形态提示司机降低车速：①压缩行车道宽度；②增设过街节点；③适当增加行车弯道。此外，还可以改变道路铺装或减速设施限制车速，确保老年人过街安全（表2）。

行车道平面形式优化方法　　　表 2

优化层面	平面形态			道路铺装	
优化方式	压缩宽度	增设节点	增加弯道	增设减速带	改变铺装
图示					

3.3 防卫安全感知的适老化设计

3.3.1 丰富近人尺度照明

丰富的近人尺度照明可以为老年人出行活动提供良好的安全保障，增强老年人对街道环境的安全感知。可以从以下几方面对照明环境进行优化：①照明范围：除街道环境顶界面照明设施，还应补充近地面的照明设施，帮助老年人识别台阶、坡道位置；②照明方向：强调同向光照，避免不一致的光源方向产生的阴影给老年人视觉带来干扰；③照明强度：老年人夜间视功能会变弱，照明设施的平均照度宜取相关标准的上限值。

3.3.2 强化道路监控体系

监控是保障社会环境安全的有效方法，可以从自然监控与机械监控两方面入手。自然监控方面，保证视线高度范围内的空间不被遮挡，建议控制街道绿植的高度，灌木类高度小于 0.6m，乔木树冠下高度距地面大于 1.8m。机械监控方面，合理设置监控设施的高度与位置，保证监控范围全覆盖。

3.3.3 改善临街立面通透度

研究证明，沿街立面的透明度可以正向促进老年人出行活动[8]。老旧住区生活性街道底层商业功能多样，可以提升不同类型底层商铺界面透明度，增加室内外视线联系，丰富老年人步行活动的体验感，同时提高街道监视能力，避免老年人发生意外而无人知晓。结合底商类型，设置合理的透明度，有助于提升老年人出行意愿（图 10）。

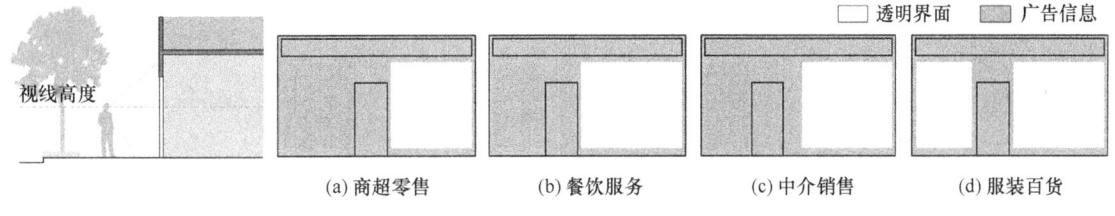

图 10　底层商铺透明度优化示意图

4 结语

本研究以老年人出行安全感知为出发点，对老旧住区生活性街道进行现状问题总结，并通过建立 IPA-KANO 模型对环境要素做出安全感知评价分析，从活动安全感知、交通安全感知和防卫安全感知 3 个层面提出适老化更新策略，以回应国家健康老龄化的社会发展目标。本研究结果还存在一定局限性：随着年龄增长，受出行能力的影响，老年人在出行安全感知层面关注的环境要素也会发生变化，后续需要进一步总结不同年龄段老年人出行安全感知的差异性，进行更加深入的讨论。

参考文献

[1] 赵万民，方国臣，王华. 生活圈视角下的住区适老化步行空间体系构建[J]. 规划师，2019，35(17)：69-78.

[2] 曲艺，张然，刘畅，等. 北方城市开放性公园空间适老化设计策略研究——基于沈阳百鸟公园老年人四季行为时态调查[J]. 建筑学报，2018，(2)：106-111.

[3] 谭少华，李英侠. 住区街道步行安全影响因素实证研究[J]. 城市问题，2014(8)：50-54.

[4] 毛宇帆，梁思思. 北京老城更新影响下的街区安全性研究——基于使用后评估的视角[J]. 住区，2018，(6)：88-93.

[5] 梁思思，黄冰冰，宿佳境，等. 儿童友好视角下街道空间安全设计策略实证探索——以北京老城片区为例[J]. 上海城市规划，2020(3)：29-37.

[6] Arbore A, Busacca B. Rejuvenating importance-performance analysis[J]. Journal of Service Management, 2011, 22(3): 409-430.

[7] Chen K S, Chen H T. Applying importance-performance analysis with simple regression model and priority indices to assess hotels' service performance[J]. Journal of Testing and Evaluation, 2014, 42(2): 455-466.

[8] 陈泳, 曾智峰, 吴昊, 等. 街区建成环境对老年人休闲和购物步行的影响分析——以上海市中心城区为例[J]. 当代建筑, 2021(3): 124-128.

作者简介

于嘉慧, 1997年生, 女, 哈尔滨工业大学建筑学院硕士在读, 研究方向为建筑设计及其理论。电子邮箱: 21s134160@stu.hit.edu.cn。

董宇, 1980年生, 男, 哈尔滨工业大学建筑学院, 寒地城乡人居环境科学与技术工业和信息化部重点实验室, 副教授、博士生导师, 研究方向为建筑设计及其理论。电子邮箱: dongyu.sa@hit.edu.cn。

(通信作者) 郭海博, 1982年生, 男, 哈尔滨工业大学建筑学院, 寒地城乡人居环境科学与技术工业和信息化部重点实验室, 副教授、博士生导师, 研究方向为建筑设计及其理论。电子邮箱: guohb@hit.edu.cn。

文脉主义视角下天津古文化街文脉价值评价及更新研究

Research on the Evaluation and Renewal of Guwenhua Jies Context Value from the Perspective of Contextualism

胥雨含 李鹏波*

摘 要：历史文化街区是城市珍贵的城市文化资源。我国正处于城市更新的高速发展阶段，保护与更新历史文化街区的问题备受瞩目。本文以天津古文化街为例，运用层次分析法，从文脉主义的视角出发，构建天津古文化街文脉价值评价体系，从显性文脉价值和隐性文脉价值两个方面选取历史遗存价值、街区艺术价值、街区科学价值、社会价值、文化价值5个指标和16项评价因子。通过计算权重得出天津古文化街显性文脉价值＞隐性文脉价值，历史遗存价值＞文化价值＞街区艺术价值＞街区科学价值＞社会价值；通过评价结果得出天津古文化街历史遗存价值表现最佳，街区科学价值表现最差。最后根据天津古文化街文脉价值保护和城市发展规划，提出天津古文化街保护与更新策略。希望将历史文化街区景观与城市文脉融合，从文脉主义视角为我国历史文化街区保护与更新策略提供参考。

关键词：城市更新；文脉主义；历史文化街区；天津古文化街

Abstract: Historical and cultural blocks are precious urban culture resources. China is currently in a rapid stage of urban renewal, and the issue of protecting and updating historical and cultural neighborhoods has attracted great attention. Taking Guwenhua Jie as an example, this paper uses the analytic hierarchy process to construct the evaluation system of cultural value of Guwenhua Jie from the perspective of contextualism, and selects five indicators and 16 evaluation factors of historical heritage value, street art value, street scientific value, social value, and cultural value from two aspects of explicit cultural value and implicit cultural value. By calculating the weight, it can be concluded that the explicit cultural value of Guwenhua Jie in Tianjin is＞the implicit cultural value, and the historical heritage value＞cultural value＞street art value＞street scientific value＞social value; Through the evaluation results, it is concluded that the historical heritage value of Guwenhua Jie in Tianjin is the best, and the scientific value of the block is the worst. Finally, according to the cultural value protection and urban development planning of Guwenhua Jie in Tianjin, the protection and renewal strategies of Guwenhua Jie in Tianjin are proposed. I hope to integrate the landscape of historical and cultural blocks with the urban context, and provide reference for the protection and renewal strategies of historical and cultural blocks in China from the perspective of contextualism.

Keywords: Urban Renewal; Contextualism; Historical and Cultural Blocks; Tianjin Ancient Cultural Streets

引言

历史文化街区不同于传统意义的街区，其在物质形态上具有较高的历史价值与美学价值，并承载着某一历史时期的民俗文化、宗教信仰等精神层次的内容[1]。我国历史文化街区保护在1986年正式提出，它是历史文化名城保护体系中中观层面的重要概念[2]。当前历史文化街区保护与更新研究主要集中在以下几个层面：首先是复兴街区活力视角，目前多数城市重视历史文化街区的保护而忽视了其活力建设[3]。研究表明影响街区活力的因素有空间、经济和文化等[4]。从保护历史建筑、空间肌理、居民的原有的社会网络和当地非物质文化遗产等方面着手，能够有效复兴街区活力[5]。二是文化基因的视角，我国城市发展进入存量阶段，文化特色基因的保护成为历史文化街区保护与更新中关注的核心内容[6]，国内学者认为文化基因具有"唯一真"性[7]，并将历史文化街区基因载体分为显性、隐性和行为活动3种[8]，提取文化基因的相关性并建立了历史文化街区基因库模型[9]。第三是地域文化视角，历史文化街区是地域文化精华的凝结[10]，有学者提出要在地域文化的基础上实现历史文化街区的更新，应实现历史街区修缮、传统社会形态保留以及非物质文化遗产激活的策略[11]。当前有关历史文化街区保护与更新的研究成果丰硕，根据地区历史、经济、社会、文化背景的差异，应从不同的视角出发，研究历史文化街区的保护与更新策略。

文脉是城市文明之根脉，它能够反映城市发展与变迁的过程。文脉最先来源于语言学领域，即"文化的脉络"，是介于各要素相互对话的内部关联[12]。文脉主义是在现代建设破坏了先有的城市结构和文明的基础上，设计师们想要重新构建失去的城市文化结构而发展起来的一种设计模式[13]。历史文化街区是城市文脉的延续和城市发展变迁的见证，在现代城市化进程中传统的地域文化结构正在消逝[14]。从文脉主义视角出发研究天津古文化街保护与更新策略，有助于传承当地地域文化，增强人们对场所的认同感和归属感，坚定城市文化自信[15]；历史文化街区文脉与当地的历史、经济、社会、文化强相关[16]，评价历史文化街区的文脉价值，补缺扬长提出保护与更新策略，从而加强城市的不可替代性，为城市特色和城市文化软实力的塑造提供参考。文脉主义认为设计应该有更多的文脉感和人文情怀[17]。文脉一词在本研究中包含两个方面的内容：一方面是横向上，即历史文化街区与城市的文化、社会、经济状态在某一特定时间内的相互关系；另一方面则是历史上的传承关系，在一个特定空间内纵向展开。许多学者把文脉要素研究划分为外在感知主导机制支配下所形成的物质形态表象，即显性文脉要素，以及文化内在主导机制下产生的行为模式与心理活动，即隐性文脉要素两个方面[18]。本文基于文脉主义的视角利用层次分析法，从显性文脉价值和隐性文脉价值两个层面构建天津古文化街文脉价值评价体系并分析评价结果，进而提出天津古文化街文脉保护与更新策略，希望能将历史文化街区景观与城市文脉融合。

1 研究区域

天津古文化街是津门十景之一，包含张自忠路、东马路、通北路、水阁大街4条街道以及内部街巷，其位于天津市南开区东北角、海河西岸，整个历史文化街区占地面积18.4万 m²（图1）。

天津凭借历史区位兴起海运，民间渴望出海安全。随着妈祖文化传入天津，于元泰定三年兴建天后宫[19]。明清两代扩大建设规模，形成了宫南、宫北大街；后由于经济衰败，宫南、宫北大街也一度成为厂房和民居，失去了商业街的基本功能。后经修复重建，1986年以"天津古文化街"命名并正式营业，旅游开发与历史保护同时进行（图2）。

天津市古文化街历史文化街区

图1　研究区域

图2　历史沿革

2 天津古文化街文脉价值评价

2.1 天津古文化街文脉价值评价体系构建

参考《威尼斯宪章》《中国文物古迹保护准则》，结合《天津市历史文化街区保护规划》和天津古文化街文脉要素，运用层次分析法，基于文脉主义理论，确定天津古文化街文脉价值评价体系。

其中天津古文化街文脉价值评价为目标层A；显性文脉价值、隐性文脉价值为准则层B；指标层C包含历史遗存价值、街区艺术价值、街区科学价值、文化价值和社会价值五个指标；D层为单项评价因子，包括历史遗存久远度、历史遗存稀有度、街区历史传统生活延续性等16个因子（图3）。

2.2 天津古文化街文脉价值评价体系权重确立

历史文化街区文脉价值评价是分层交错的评价指标，其指标间相互影响且难以被定量描述，而层次分析法（AHP）是将繁杂的问题拆解成多个子问题逐个分析，再通过定性分析和定量计算获得最优解的分析方法，所以层次分析法适用于天津古文化街文脉价值评价。

通过YAAHP软件构建评价模型，构建判断矩阵，对同一层级影响因子的重要性两两对比，将其重要程度的评定分为5个等级：两者同等重要、前者稍微重于后者、前者较强重于后者、前者强烈重于后者、前者极其重于后者，对应分值分别为1、3、5、7、9。根据构建的评价模型设计问卷，咨询专家，收集整合专业背景和风景园林相关的专家评分，对每项指标打分值求绝对平均值得出其重要程度，输入YAAHP软件检验数据一致性通过后（CR<0.1）并计算并得出权重结果（表1）。

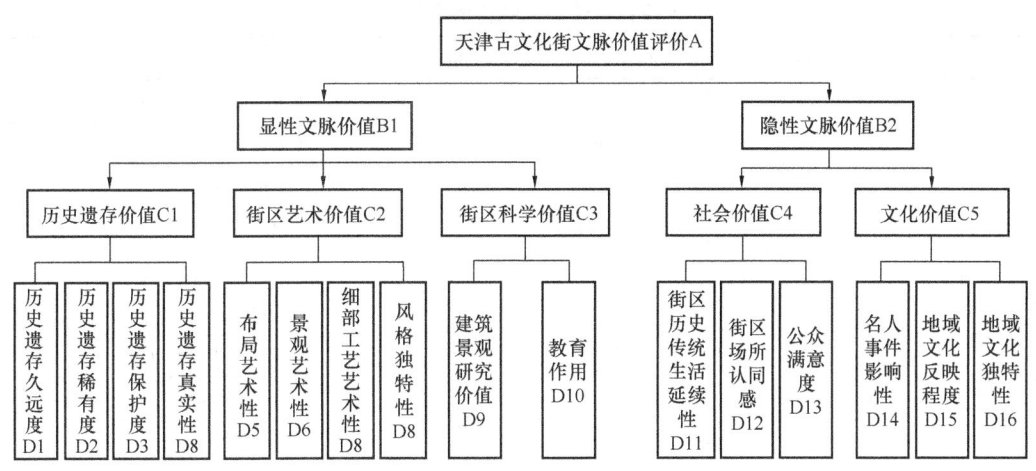

图 3 天津古文化街文脉价值评价体系

天津古文化街文脉价值评价权重 表1

目标层	准则层	权重	指标层	权重	评价因子层	权重
天津古文化街文脉价值（A）	显性文脉价值（B1）	0.6667	历史遗存价值（C1）	0.3289	历史遗存久远度（D1）	0.0658
					历史遗存稀有度（D2）	0.0495
					历史遗存保护度（D3）	0.1210
					历史遗存真实性（D4）	0.0927
			街区艺术价值（C2）	0.2072	布局艺术性（D5）	0.0625
					景观艺术性（D6）	0.0743
					细部工艺艺术性（D7）	0.0228
					风格独特性（D8）	0.0477
			街区科学价值（C3）	0.1305	建筑景观研究价值（D9）	0.0870
					教育作用（D10）	0.0435
	隐性文脉价值（B2）	0.3333	社会价值（C4）	0.0833	街区历史传统生活延续性（D11）	0.0136
					街区场所认同感（D12）	0.0450
					公众满意度（D13）	0.0247
			文化价值（C5）	0.2500	名人事件影响性（D14）	0.0409
					地域文化反映程度（D15）	0.0742
					地域文化独特性（D16）	0.1349

2.3 天津古文化街文脉价值评价结果

根据评价体系设计调查问卷，将问卷发放给古文化街的居民和游客进行打分。一共发放问卷 196 份，收回问卷 196 份，有效问卷 175 份。综合各项指标的评分，导入 SPSS 测试问卷的信度系数 $α=0.8$，信度较好（$α>0.7$），统计因子层各项指标打分的平均值（图 4）并与其对应的权重相乘得到加权平均分。

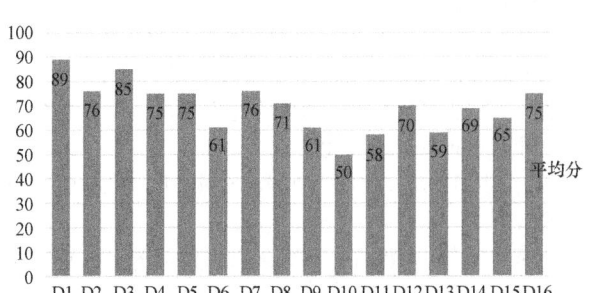

图 4 评价因子层指标评分统计表

天津古文化街文脉价值评价结果　表2

目标层	准则层	加权得分	指标层	加权得分	评价因子层	加权得分
天津古文化街文脉价值（A）	显性文脉价值（B1）	49.3259	历史遗存价值（C1）	27.5046	历史遗存久远度（D1）	5.8562
					历史遗存稀有度（D2）	3.7620
					历史遗存保护度（D3）	10.2850
					历史遗存真实性（D4）	7.6014
			街区艺术价值（C2）	14.3393	布局艺术性（D5）	4.6875
					景观艺术性（D6）	4.5323
					细部工艺艺术性（D7）	1.7328
					风格独特性（D8）	3.3867
			街区科学价值（C3）	7.4820	建筑景观研究价值（D9）	5.3070
					教育作用（D10）	2.1750
	隐性文脉价值（B2）	24.3859	社会价值（C4）	6.6233	街区历史传统生活延续性（D11）	0.7888
					街区场所认同感（D12）	3.7350
					公众满意度（D13）	2.0995
			文化价值（C5）	17.7626	名人事件影响性（D14）	2.8221
					地域文化反映程度（D15）	4.8230
					地域文化独特性（D16）	10.1175

3　结论与分析

分析权重结果（表1）得出：准则层B中，显性文脉价值（0.6667）＞隐形文脉价值（0.3333），说明历史文化街区中，其古迹遗址、建筑景观、街巷空间等显性文脉要素是影响评价结果的重要影响因素。指标层C中，权重分配特征以历史遗存价值（0.3289）最高，其次是文化价值（0.2500）和街区艺术价值（0.2072），明显高于街区科学价值（0.1305）和社会价值（0.0833）。这显示出历史文化街区要注重历史遗存和地域文化的保护。

分析评价结果（表2）得出：从宏观层面上看，天津古文化街的显性文脉价值高于隐性文脉价值。从中观层面上看，天津古文化街历史遗存价值得分27.5046分（满分为32.89分），说明天津古文化街在历史遗存价值方面表现较好；街区艺术价值得分14.3393分（满分为20.72），街区建筑景观所表现的艺术价值中等，其中建筑布局和细部工艺艺术价值较高，景观表现出的艺术价值不足，天津古文化街在景观塑造方面有待加强；街区科学价值得分7.4820（满分为13.05分），得分较低，其对建筑学科的研究意义和教育作用都没有很好地发挥出来；社会价值得分6.6233分（满分为8.33分），街区的社会价值相对较低，其中街区历史传统生活延续性和公众满意度方面表现较差；文化价值得分17.7626分（满分为25分），表明街区文化价值中等，地域文化未能被较好地反映出来。

综上所述，天津古文化街历史文化街区存在时间悠久且历史遗存保护与修复完整，能够反映出当地的历史沿革；建筑布局具有较高的艺术性且建筑细部工艺精美；当地居民对古文化街历史文化街区具有场所认同感。但现存诸多问题需要改进：显性文脉价值维度，存在历史遗存真实性不足的问题；街区内建筑仿照清代民间建筑风格，不具有独特性，且存在与其风格不符的商业店铺的小吃摊贩；街区内景观规划设计不具备艺术性且缺乏人性关怀；现阶段未将与建筑相关学科的学术指导意义和街区所承载的精神内涵很好地发挥出来。在隐性文脉价值维度：街区内历史传统生活方式延续性较差；对地域文化挖掘不足，缺少与之对应的文脉载体。

4　天津古文化街保护与更新策略

通过以上分析，在天津古文化街历史文化街区的保护与更新中，应侧重于提升显性文脉要素本体的价值，进而带动关联的隐性文脉价值提升。

（1）存真去伪，提升历史遗存价值。对于街区内有特殊意义和历史印记的文脉要素，如天演广场的严复铜像和天演石刻、街区内的手工木雕清明上河图等进行保留，整改古文化街历史风貌违和的建筑设施、景观小品等"假古董"；政府部门完善对历史建筑如玉皇阁、天后宫等古建筑保护管理制度，遵循"不拆真遗存，不建假古董"的原则，提升天津古文化街历史遗存的真实性，进而提升历史遗存价值。

（2）挖掘地域文化载体，提升文化价值。发扬天津古文化街现有的地域文化，如市集文化、妈祖文化以及天津的饮食文化等，并利用这些文化进行相应的活动策划；对于津门老字号的店铺进行保护和扶持，整改经营内容不具当地特色的商铺；对遗失的地域文化进行整理和深层次挖掘，如码头文化、天津的民俗文化等，寻找与之对应的文化载体，确保天津古文化街的地域文化能充分展现。

（3）对街区内景观改造设计，提升街区艺术价值。历史文化街区往往重视建筑遗址的保护而忽视街区内景观的艺术性应当拆除与天津古文化街风格相违和的景观小品；提炼古文化街民俗文化、历史故事中相关要素运用于街区设计中，如杨柳青年画、泥人张、软翅风筝中的艺术元素，可运用在景观小品、灯饰、铺装图案上；在街区内散布"绿团"，增设垂直绿化、屋顶绿化、悬挂绿化等种植方式，利用植物种植来提升景观的艺术性。

（4）营造街区场所精神，提升社会价值。文脉的传承不仅仅要考虑历史文化街区内的建筑、景观、空间等，更重要的是历史文化街区的保护与更新应尊重当地居民的体验感。在保留街区现代商业功能的同时，根据当地的民俗，在宫南宫北大街定期举办集市贸易活动，在妈祖文化广场上进行皇会表演活动等，尽可能还原传统的历史生活方式，让人们置身于街区中便会有一种场所归属感与认同感；在保留街区原有格局的基础上，植入不同的功能的空间，如小型的社交空间、娱乐空间等，提升公众满意度，进而提升其社会价值。

（5）加强与学校合作，提升街区科学价值。利用宫南大街的天津民俗博物馆与学校进行"馆校联盟"合作，以展览、参观、课堂教学等方式开展系列课程，引导学生去探究天津古文化街历史文化街区的人文底蕴和民风民俗；加强与当地建筑类院系的交流合作，打造研学场地；也可通过网络平台解说街区历史，开展网上教学，全方位发挥古文化街的科学价值。

5 结语

历史文化街区延续了一座城市的文脉，展现了历史风貌、城市文化、地域特色和民风民俗。本文基于文脉主义的视角，利用层次分析法评价天津古文化街文脉价值。天津古文化街的显性文脉价值远高于隐性文脉价值，历史遗存价值和文化价值较高，而街区科学价值和社会价值未能较好的展现。在社会经济飞速发展、城市景观快速更新的当下，历史文化街区的更新应顺应时代发展背景，尊重和保护城市历史文脉，保留和弘扬当地的传统文化和地域特色，利用好历史文化街区的科学价值和社会价值，恢复和延续城市历史文化景观。

参考文献

[1] 高鑫君，刘明明. 基于空间叙事的历史文化街区公共空间设计策略研究[J]. 包装与设计，2022(1)：122-123.

[2] 李祯. 我国历史文化街区保护研究综述[J]. 建筑与文化，2016(9)：78-81.

[3] 孙文青. 历史文化街区在空间活力视角下的重塑与更新——以扬州东关街为例[J]. 美与时代（城市版），2022(3)：40-42.

[4] 邓颖迪，孙以栋. 历史文化街区活力营造研究——以衢州水亭门历史文化街区为例[J]. 建筑与文化，2020，(6)：256-257.

[5] 钟行明. 历史文化街区的活力复兴——以济南芙蓉街历史文化街区为例[J]. 现代城市研究，2011，26(1)：44-48.

[6] 周佳豆. 基于文化基因的历史街区保护与更新策略[D]. 哈尔滨：哈尔滨工业大学，2021.

[7] 梁鹤年. "文化基因"[J]. 城市规划，2011，35(10)：78-85.

[8] 袁媛. 文化基因视角下太原旧城区历史街区保护与更新研究[D]. 西安：西安建筑科技大学，2013.

[9] 王西涛，刘飞飞，邵娟. 历史街区文化基因提取与基因库构建[J]. 重庆科技学院学报（社会科学版），2014(5)：102-106.

[10] 李文媚，刘慧莹. 地域文化视角下的皖中历史文化街区更新策略及实践[J]. 安徽建筑大学学报，2021，29(6)：55-60，74.

[11] 邵笛. 基于地域文化传承的历史文化街区保护与更新——以百年老街富锦正大街为例[J]. 住宅产业，2022(Z1)：114-118.

[12] 王明宇. 赵州历史街区保护的文脉传承[J]. 城乡建设，2012(7)：26-27.

[13] 李铁夫. 基于文脉主义的旧建筑改造及附属景观设计研究[D]. 上海：上海师范大学，2019.

[14] 彭长江. 保护语境下苏州历史文化街区活力分析及提升策略研究[D]. 苏州：苏州科技大学，2022.

[15] 易智康，余倩雯，莫文彬. 广州市历史文化街区保护利用规划编制报批指引探析[J]. 规划师，2018，34（S2）：10-15.

[16] 苗阳. 我国传统城市文脉构成要素的价值评判及传承方法框架的建立[J]. 城市规划学刊，2005(4)：40-44，27.

[17] 崔晓龙，郭雨. 场所文脉主义视野下北京城市生态景观设计的思考[J]. 北京林业大学学报（社会科学版），2019，18(3)：80-85.

[18] 刘稳. 吐鲁番历史文化街区文脉保护研究[D]. 西安：西安建筑科技大学，2018.

[19] 陈莹，阎瑾. 天津市三岔河口运河聚落形态研究与保护[J]. 华中建筑，2018，36(3)：105-108.

作者简介

胥雨含，1999年生，女，汉族，黑龙江人，天津城建大学风景园林硕士在读，研究方向为风景园林规划与设计。电子邮箱：508682112@qq.com。

（通信作者）李鹏波，1969年生，男，汉族，山东人，博士，天津城建大学建筑学院风景园林系，教授、硕士生导师，研究方向为风景园林规划与设计。电子邮箱：554070722@qq.com。

基于空间句法理论的昭馀古城公共空间特征研究

Research on the Characteristics of Public Space in Zhaoyu Ancient City Based on Spatial Syntax Theory

白钊义　赵建明　温佳浩

摘　要：昭馀古城隶属于山西省晋中市，位于晋商文化中心区，文化底蕴丰厚，是著名的晋商发祥地之一。研究采用空间句法分析方法，从空间关系和空间感知角度入手，通过轴线分析法和视域分析法，对昭馀古城整体空间结构关系和内部公共空间进行了量化解析。利用相关参数和图示数据，全面分析了昭馀古城公共空间的概况。此外，本研究还深入探讨了昭馀古城公共空间体系中空间结构特征与社会活动之间的相关性，以及局部空间形态对人们行为活动的影响力。最后，基于对昭馀古城空间形态特征的量化分析，为后续昭馀古城的开发保护提供了实际性的建议。
关键词：昭馀古城；公共空间；空间句法；空间结构

Abstract: Zhaoyu Ancient City, located in Jinzhong City, Shanxi Province, is part of the Jinshang Cultural center district. It holds significant cultural heritage and is renowned as one of the birthplaces of Jinshang. This study employs the spatial syntactic analysis method, focusing on spatial relationships and perceptions. It quantitatively analyzes the overall spatial structure relationship and internal public space of Zhaoyu Ancient City using axis analysis and viewshed analysis. The study comprehensively analyzes the public space of Zhaoyu Ancient City using relevant parameters and graphical data. Furthermore, it delves into the correlation between spatial structure characteristics and social activities within the public space system of Zhaoyu Ancient City, as well as the influence of local spatial forms on people's behavior and activities. Lastly, based on the quantitative analysis of the spatial morphological characteristics of Zhaoyu Ancient City, this paper provides practical suggestions for its subsequent development and protection.
Keywords: Zhaoyu Ancient City; Public Spaces; Spatial Syntax; Spatial Structure

引言

公共空间是由"公共"和"空间"两个词构成。"老子·道德经"早在中国古代已经对"器"和"室"之无有进行了论述，而西方的空间研究则始于亚里士多德，已经有2300多年的历史[1]。目前国内学术界在公共空间领域的研究主要集中在以下几个方面：李文[2]、孙彤宇[3]、吴岩[4]等人从设计的角度研究公共空间，探索公共空间的设计原则和应用策略；周波[5]、段文艳[6]、陈立镜[7]等人从历史学的角度研究不同类型公共空间的形成机制、特点和内在规律，并对当前城市公共空间的设计建设现状进行了反思；马骏华[8]、张靓[9]、罗丹[10]等人从保护和更新的角度对公共空间的历史文化保护措施和空间营造方式提供了思路。总之，国内学者在城市公共空间的定性研究上方面取得了一定的成果，但在采用定量研究方法分析城市空间的相关研究则相对较少。

空间句法是由比尔·希列尔教授等学者在20世纪70年代在剑桥大学创立的空间句法分析是以空间认知和空间组构为基础，通过对空间局部和整体之间的关系加以量化，来探究空间自律性以及空间与社会之间的关联性。国内学者在研究城市公共空间时，部分学者对苏州、北京、长沙的城市结构进行了量化分析，揭示了不同城市的内在运行规律和演变机制[11-14]。然而，这些研究大多以大城市模型为主，主要集中在南方地区，对北方地区的研究较少，同时对县级城市的分析也不够充分。

1　研究对象

祁县是新石器时期的文化发祥地之一，据记载，因"昭馀祁泽薮"而得名，自古被称为茶商之都、川陕通衢。昭馀古城位于山西省晋中市祁县城南，距离祁县城区约5km，始建于北魏孝文帝太和年间，至今已有1500多年的历史。明清时期，因茶商发达而闻名，成为"居于乡下，店设昭馀，商通天下"的中心。其整体呈长方形，东西约850m，南北约700m。城池的东南方向有一角缺失，形态宛如古代官吏所戴的纱帽，被称为"纱帽城"。1994年，祁县被国务院公布为第三批国家历史文化名城；2011年晋商老街被国务院公布为第三批历史文化名街。在整体布局上，以东、西、南、北4条大街垂直交叉点为古城中心，辅以28条街巷与主要大街纵横交错，形成了十字畅通的骨架结构。其街巷多平行于主要大街，走向规范整齐，展现了我国古代传统建筑设计的严谨思想体系。

空间句法为昭馀古城公共空间的研究提供了两个角度，即空间认知和空间关系。据此，研究将昭馀古城公共空间划分为内部公共空间和整体空间结构两个层级。内部公共空间分析从微观角度出发，探讨人们在空间中的感知、认知、行为和需求特点。在局部空间的量化分析中，空间形态的差异是影响人们对空间认知的主要因素。根据古城内部公共空间的几何形态特点，将其分为广场空间、交通型节点空间以及街巷空间3类（图1）。整体空间结构分析则是从宏观视角对古城公共空间本身的几何关系进行研究，对不同空间的组构方式及空间属性进行分析。

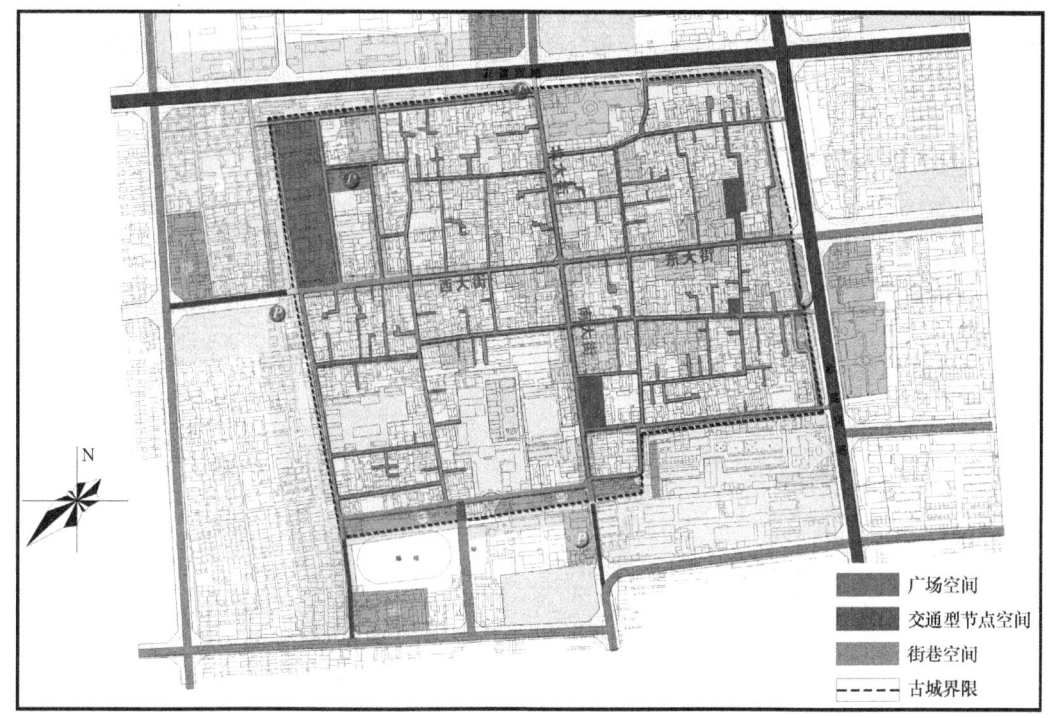

图1 昭馀古城内部公共空间类型及分布

2 研究方法

运用UCL Depthmap 10对古城样本进行视域模型和轴线模型的量化分析。在古城内部公共空间的量化分析中，主要采用了视域分析法，并以视域漂移度、视觉集成度、视线控制度和视线穿透度作为分析指标，对昭馀古城内部公共空间进行了微观层面的研究。在整体空间结构关系的分析中，主要使用了轴线分析，并通过选择度、平均深度、集成度、连接度和可理解度5个指标来描述昭馀古城空间系统的宏观结构特征。最后，根据对古城特征的总结，进一步探讨了对古城公共空间量化分析的应用策略。

3 研究结果

3.1 昭馀古城内部公共空间量化解析

（1）广场空间

视线漂移度可以清晰表示出对空间的重心位置，从分析来看，广场的重心位于中央偏南，整体呈水波形向四周扩散，说明了在此空间中距离该核心区的距离与其产生的吸引力成正比（图2a）。视线穿透度反映了空间本身对于不同方向上的人们视线的引导力强度。与漂视线移度不同的是，该椭圆形更偏向扁长型，南北方向较长，表明该区域对南北两侧的人流视觉上具有更大的引导力（图2c）。在视线控制方面，广场中央以及广场和周边街巷之间出现了控制中心，显示出广场中心以及与街巷相连的区域在整个广场空间中对人们的视线控制力最高（图2d）。同时，从视线整合度的分析来看，广场中央位置的矩形空间也是整个广场空间中的视线焦点区域，在对整个广场的空间信息进行掌控的同时，也汇聚了整个广场中的人流视线（图2b）。

（2）交通型节点空间

昭馀古城中的交通型节点空间主要有3处，其中，两处分别位于东街入口的南北两侧，另一处位于南大街以南。为了进行分析，研究以东大街北侧节点空间作为代表。从视域控制度来看，该节点空间与东大街交汇处出现了控制中心。此外，场地内还有狭长的控制带，其连接着主街巷和次街巷，表明了该空间与街巷的连接是影响人们行为模式的主要因素（图3c）。从集成度的分析图来看，该空间的聚集中心与控制中心呈现出相同的特点。椭圆形态分别向节点空间南北两侧的街巷延伸，人们在空间中的视线特点较为依赖主次街巷之间的连接关系（图3a）。另一方面，从视线漂移度分析来看，该空间重心位置更偏向场地南侧（图3d），视线穿透度也呈现出由南向北的放射形的色块，说明整个节点空间更多的是服务于场地南侧的东大街，人流方向也是主要从东大街开始进入。

（3）街巷空间

古城的街巷空间是古城居民活动的主要场所，其中以古城东西大街最具代表性。因此，针对古城街巷空间的量化分析主要集中在东西大街。研究发现，古城街巷空间中视线控制度最高值多数位于主次街巷的交汇处，其对视线的控制力影响着街巷空间中人流的主要活动轨迹（图4c）。同时，视线集成度在街巷空间交错处也具有较高的数值，但在集成度方面，东西主街的集成度明显高于次要街巷，说明东西主街的可视性高于次要街巷（图4a）。从视线漂移度来看，在主街交汇处以及连接广场空间的节点空间都呈现出最低数值，说明该区域对人流的吸引力更强（图4d）。视线穿透度则表现了主要街巷方向的强烈导向性，其穿透度数值与次要街道形成鲜明对比，主街道的线性引导作用更强（图4b）。

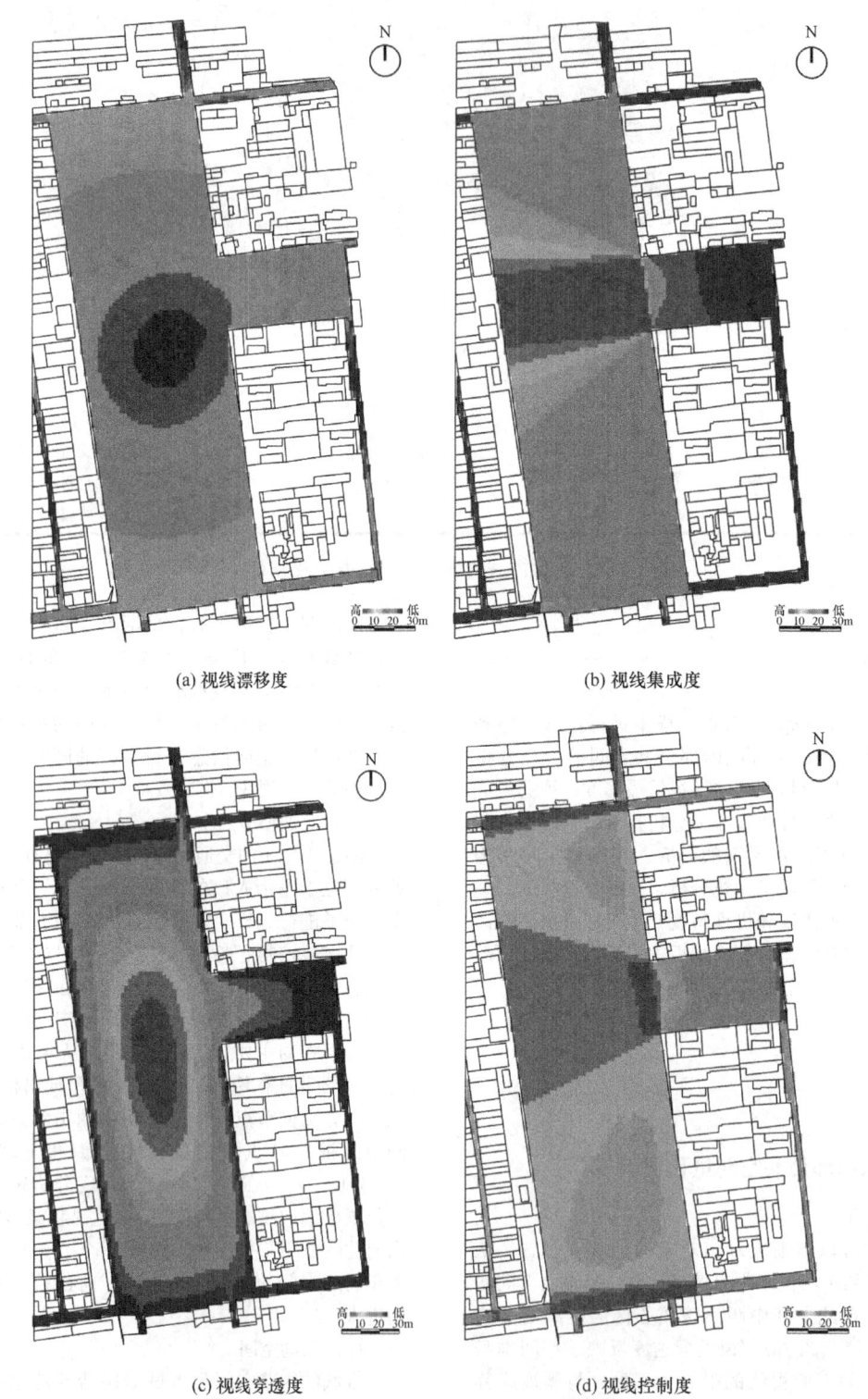

(a) 视线漂移度 (b) 视线集成度

(c) 视线穿透度 (d) 视线控制度

图 2 广场空间视域分析量化指标

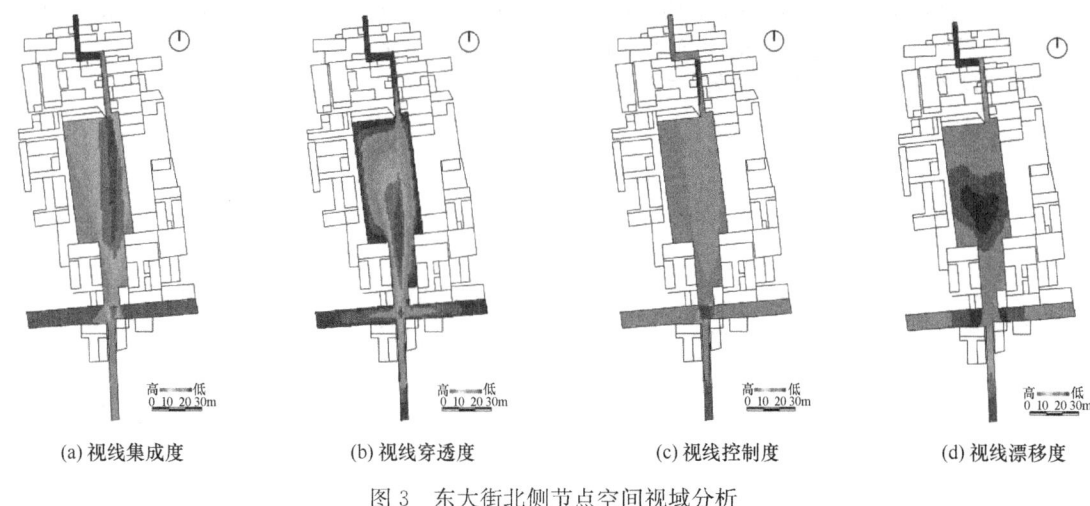

(a) 视线集成度　　(b) 视线穿透度　　(c) 视线控制度　　(d) 视线漂移度

图 3　东大街北侧节点空间视域分析

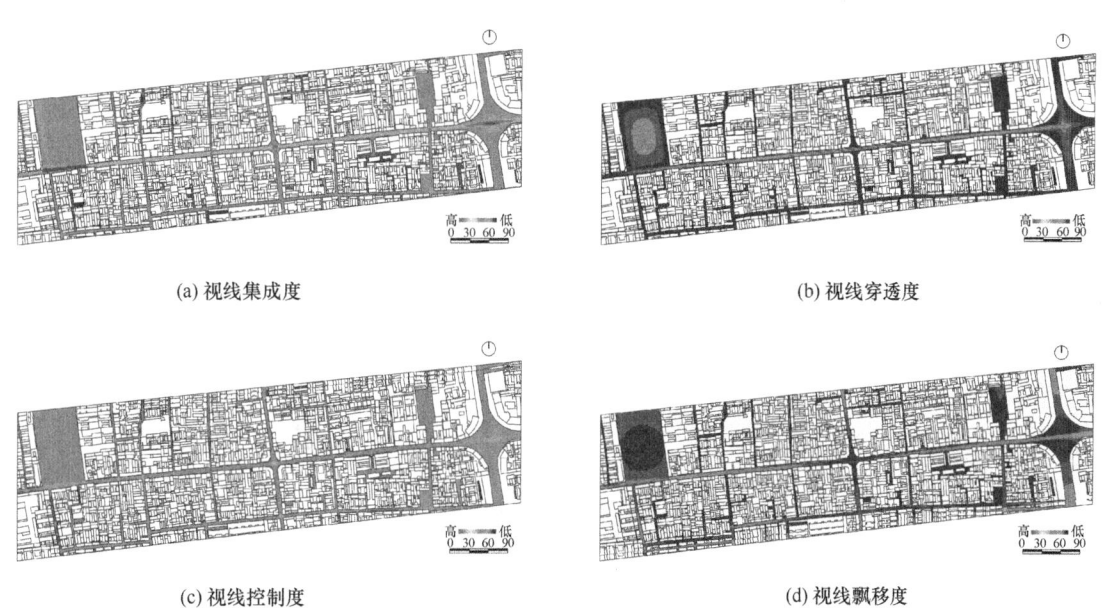

(a) 视线集成度　　　　　　　　　　　(b) 视线穿透度

(c) 视线控制度　　　　　　　　　　　(d) 视线飘移度

图 4　街巷空间视域分析

3.2　昭馀古城整体公共空间结构量化解析

昭馀古城的轴线系统共有 241 根轴线。研究发现，古城的公共空间结构展现出比较规则的组构方式，街巷横纵交错，主次分明。主街在轴线模型中表现为较长的轴线，同时也与众多次要街巷的短轴线相接，而连接居民住宅的巷道则多表现为大量的短轴线，归属于轴线模型的最低层级关系。在所有轴线中，四条主大街的数值最高，是古城的核心结构，也是居民日常活动和交流的主要场所（图 5）。

由图 6a 可知，昭馀古城公共空间的聚集程度呈现一种鲜明的层级关系，主次街巷以及连接居民住宅的短轴线均衡布置，构成整个古城的公共空间构架。全局集成度最高的区域是古城内纵横交错的 4 条主街，最大值为1.81（表 1）。深度值则可以表示某个空间的可达性，深度值越小，空间可达性越高。在古城中，4 条主街都在平均深度值方面表现为较低数值，说明了 4 条主街的可达性以及对人流的吸引力高于其他空间（图 6b）。古城的轴线

图 5　古城轴线选择度

选择度则呈现出一些不同的特点。由图 6c 中的连接度可知，古城内公共空间的连接度数值仅以东西向主街最为

突出，南大街次之，北大街则相对最低。另外，为了进一步了解古城结构与居民社会活动之间的关系，研究将昭馀古城的全局集成度分析图与古城中的一些重要因素进行叠加。通过叠加分析，发现其要素的分布密度与集成度的数值高低呈现出相近的趋势（图7）。

(a) 古城轴线集成度

(b) 古城轴线平均

(c) 古城轴线连接度

图6 昭馀古城轴线分析

图7 昭馀古城轴线集成度与古城主要公共要素分布叠加图

表1 昭馀古城轴线量化分析

分析项目	连接度	集成度	平均深度	选择度
最大值	19	1.81	10.23	26148
最小值	1	0.58	4.28	0
平均值	2.05	0.91	5.27	6103

4 昭馀古城公共空间特征总结

4.1 昭馀古城内部公共空间结构特征

（1）空间布局与视线选择的相关性

古城空间布局与视线之间的关系可以通过古城内重要历史文物保护单位的布局来得到验证。在古城中，公共性最强的历史文物保护单位，不论是曾经的票号还是茶庄等历史建筑，均分布在主街附近。相对来说，私密性较强的宅院则多散布在可视性较弱的次要街巷。视线变化和空间布局相适应的方式印证了物质环境与社会之间的关系。

（2）空间形态与视觉导向的相关性

古城的交通节点主要有两种形态，十字交叉形和T字形。十字交叉形节点分布于主次街巷之间，主要集中在古城的4条主要大街上，没有明显的空间导向性。相比之下，T字形节点在主干道和次要街巷交叉的位置上，具有明显的导向差异。通过空间形态的变化，T字形节点可以为主干道提供交通主导性，同时保证次干道的通行。通过空间形态变化来影响人们视觉导向，进而控制人们行为轨迹的方式，使得整个古城内的交通人流井然有序，古城公共生活空间的持续稳定运行。

（3）空间信息与心理暗示的相关性

从行为角度分析，视域分析揭示了人们在古城公共空间中的活动规律和空间信息的相关性。首先，建筑与城市的空间具有复杂性，无法一眼望穿的，往往需要从"人看"的角度来感知局部空间，因此，一般将公共性强的要素分布在视线集成度高、视线穿透性强的主要街道上。另外，人们在感知空间信息时，往往会选择视野较好的位置，以此来对信息交流、社交和认同的需求。同时，心理上的安全感也是人们感知空间的重要影响因素。因此，能够同时满足视野及心理安全感两方面的空间便成为人们聚集的场所，比如房檐下、大树下以及街道转角等，通过空间环境变化来给予人们心理暗示进而影响人们行为活动的方式，在揭示空间信息与心理暗示相关性的同时，也为后续空间环境营造提供了思路。

4.2 昭馀古城整体公共空间结构特征

（1）社会活动的结构主导性

首先，昭馀古城的空间结构与社会人文背景密切相关。驿道商贸区在整体形态和内部结构上都呈现出独有的特征。其次，昭馀古城的核心公共空间与古城中的社会经济活动分布高度吻合。社会经济活动集中在城市古城4条主街之上，也主导着整个古城的功能布局。最后，古城的结构关系和空间布局为居民的生活提供了日常的物质环境，同时，居民的社会经济活动也反过来塑造了充满活力的古城环境。

（2）空间结构的高度耦合性

通过对拓扑半径为3的局部集成度和整体集成度进行测算（图8）发现，古城的可理解度为0.77。古城内各个空间的可理解度趋近于回归线分布，表明古城各局部空间之间具有良好的渗透性。街道之间的连通性较强，其结构使得人们容易找到空间规律，并通过感知局部空间来理解整体环境。

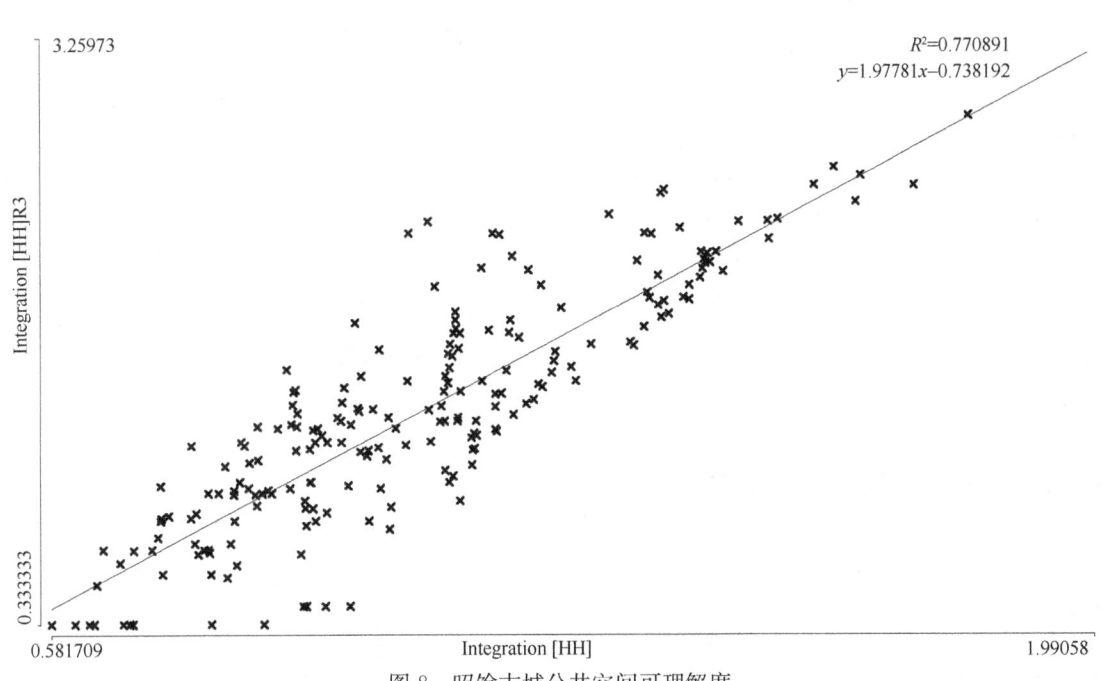

图8 昭馀古城公共空间可理解度

(3) 结构形式的稳定性

在古城不断发展的过程中，虽历经多次修缮和部分建筑翻新，但是古城的结构仍未发生改变。古城内布局形式和传统肌理依旧得到传承和保留。四条主街依旧是古城居民日常生活和交流的主要空间，古城的核心公共空间与古城中的社会经济活动分布高度重合。核心公共空间具有最强的公共性，也是人群最集中的地方，塑造了古城功能布局的模式。

5 昭馀古城空间结构特征量化分析的应用

5.1 昭馀古城内部公共空间结构特征量化分析的应用

(1) 分析空间属性特征，针对性地营造空间氛围

在对古城局部公共空间的视域分析中，发现空间形态对人们行为模式的影响起到决定性作用。因此，通过改变空间内各类元素的组织方式可以对人们产生心理上的暗示作用，从而提高人们对空间的感知程度。量化分析提供了空间内不同位置的视觉信息，可以进一步分析出人们的行为特点，有助于针对性地对空间进行改造与设计。

(2) 利用空间形态变化，引导人群活动路线

街巷空间的分析反映了古城主次街巷的空间形态对人流的引导作用。通过空间形态的变化来引导人流导向的方式可以进一步应用到古城的保护和发展之中。对于游客来说，古城空间的可理解度及整个参观轴线是否合理，是获得良好空间体验的前提，因此，可以根据古城空间布局及空间形态变化对游客的视线进行引导，合理布置古城的参观流线。而对于古城居民来说，公共空间作为日常生活中放松休憩的场所，更多的表现为对私密空间的需求，以避免游客的涌入对居民自身的生活带来影响，因此也可以通过对空间形态及视线引导的方式对空间进行分割，界定古城公共空间和私密空间，满足不同人群对公共空间的需求。

(3) 综合空间视域特点，强化局部空间设计

空间句法对局部空间的视域分析能够通过量化指标对空间内的视线特点进行定量的、直观的分析，其指标可以清晰表达出空间中不同位置之间的视线特点，为局部空间的规划设计提供依据，对于昭馀古城公共空间来说具有重要意义。同时，局部空间的视线特点可用来模拟人流在空间中的行动规律，为后续局部空间的设计提供了精细数据。不同于传统定性研究的是，定量研究的方式是客观的、理性的，避免了主观判断带来的弊端，使空间利用率最大化，创造出令人感到舒适和便利的空间环境。

5.2 昭馀古城整体公共空间结构特征量化分析的应用

(1) 明确古城空间结构的规律性，对其空间结构的变化加以控制

昭馀古城的保护与发展应注重整体性原则。空间结构量化分析可从宏观视角掌握古城公共空间概况，明晰整个古城的空间组构形式。在此基础上，通过对不同空间的量化指标进行调整，使其在保持原有功能次序的同时，控制古城公共空间的结构变化，将有助于古城内部空间肌理的有机成长。

(2) 明确古城空间层级关系，加强古城核心片区保护

量化分析古城整体空间结构特征有助于明确古城空间的层级关系和核心片区的范围，确保古城保护工作有主次有序进而针对性地提出保护策略，灵活推进整个古城的保护工作。此外，古城的核心片区保留了许多历史建筑，是整个古城的基因片段。通过量化分析空间结构特征，可以有效提取出其基因片段，通过设计手法进行传承和活化。最后，古城核心区的传统文脉是古城历史的见证，也是古城发展的内在动力，在新的时代背景之下，古城的文脉更应该得到传承和发扬。在加强古城核心片区保护的同时，要综合考虑与其他层级空间之间的联系，扩大核心片区对周围空间的渗透力。

(3) 探寻古城空间个性特征，促进古城空间特色化发展

每个古城都有其独特的空间组构方式。不同的古城在空间布局和空间形态等方面有所不同，导致了人们对整个环境中空间的感知差异。因此，应根据不同的空间特点来进行有针对性的空间组织和细节设计。量化处理整个过程有利于挖掘古城的个性特征，进一步推进古城发展特色化的目标。此外，古城的空间结构是人们社会活动影响的产物，社会活动是古城能够持续发展的动力。因此，古城的保护与更新发展应顺应古城社会活动的发展，并结合考虑居民新的生产生活方式需求。

6 结语

利用空间句法的轴线分析法和视域分析法对昭馀古城空间结构和内部公共空间进行量化解析，得出了以下主要结论：①空间句法作为一种量化研究空间的理论，能够弥补传统定性研究的方法的不足。②自为性、有机性和基因接续特征规律在古城公共空间结构中得到显现。③古城公共空间的形式视觉引导人的行为活动。

值得注意的是，空间句法虽然在量化分析方面表现出一定的优势，但仍然存在一定的短板，仅依靠空间句法无法涵盖真实世界所存在的各种复杂因素之间的不确定性和动态性的影响。因此，空间句法的分析并不能完全替代传统定性分析的方法。实际上，空间句法的量化分析对于优化空间结构及内部空间方面的应用还有更多的方法，值得进一步的探索。

参考文献

[1] 胡跃武. 公共空间研究线索简述[J]. 北京规划建设, 2010 (3): 10-17.

[2] 李文. 城市公共空间形态研究[D]. 哈尔滨: 东北林业大学, 2007.

[3] 孙彤宇. 以建筑为导向的城市公共空间模式研究[D]. 上海: 同济大学, 2010.

[4] 吴岩. 重庆城市社区适老公共空间环境研究[D]. 重庆: 重庆大学, 2015.

[5] 周波. 城市公共空间的历史演变[D]. 成都: 四川大学, 2005.
[6] 段文艳. 建构的神圣: 华北乡村的公共空间与民间信仰 (1895~1945)[D]. 天津: 南开大学, 2011.
[7] 陈立镜. 城市日常公共空间研究——以汉口原租界为例[D]. 武汉: 华中科技大学, 2017.
[8] 马骏华. 城市遗产的公共空间化[D]. 南京: 东南大学, 2012.
[9] 张靓. 意大利历史地段型城市滨河地区公共空间保护更新研究——以都灵波河为例[D]. 上海: 同济大学, 2013.
[10] 罗丹. 北京旧城公共空间特征分析与更新策略研究[D]. 北京: 北京林业大学, 2015.
[11] 朱东风. 1990年以来苏州句法空间集成核演变[J]. 东南大学学报(自然科学版), 2005, 35(A01): 257-264.
[12] 王静文, 毛其智, 党安荣. 北京城市的演变模型——基于句法的城市空间与功能模式演进的探讨[J]. 城市规划学刊, 2008(3): 82-88.
[13] 叶强, 鲍家声. 论城市空间结构及形态的发展模式优化——长沙城市空间演变剖析[J]. 经济地理, 2004, 4: 480-484.
[14] 刘英姿, 宗跃光. 基于空间句法视角的南京城市广场空间探讨[J]. 规划师, 2010, 26(2): 22-27.

作者简介

白钊义, 1967年生, 女, 回族, 山西太原人, 山西大学美术学院副教授, 硕士生导师, 研究方向为城市更新, 风景园林理论及规划设计。电子邮箱: 1978337075@qq.com。

赵建明, 1996年生, 男, 汉族, 山西大学美术学院硕士在读, 主要研究方向为城市更新、景观规划设计。电子邮箱: 786512474@qq.com。

温佳浩, 1997年生, 男, 汉族, 山西太原人, 厦门大学建筑与土木工程学院硕士在读, 研究方向为城市更新、传统聚落保护与更新。电子邮箱: jh_wen1997@163.com。

基于社交媒体文本数据的网红景观评价研究
——以成都市、上海市和深圳市为例

Research on the Evaluation of Instagrammable Landscape Based on Social Media Text Data
—Taking Chengdu, Shanghai and Shenzhen as Examples

张雯婷 王晓萌

摘 要：在社交媒体飞速发展的当下，网红景观借助其网络社交属性快速发展。为了探究网红景观对游客和当地居民等的空间感知影响，本研究使用机器学习方法，通过对社交媒体数据的爬取和分析，得到了人群对于网红景观的整体空间感知。并在此基础上归类总结出了不同景观要素的空间感知特征。结果显示，不同类型的景观要素所承担的感知作用明显不同，在网红景观的空间营建上承担着不同的功能，如配套设施是建设基础，自然要素是发展优势，而文化特色是规划名片。研究结果将为未来的网红景观空间规划提供参考建议。
关键词：网红景观；社交媒体；机器学习；景观感知

Abstract: With the rapid growth of social media, the instagrammable landscape is undergoing significant development, leveraging its network social attributes. This study aims to explore the impact of the instagrammable landscape on the spatial perception of people. To achieve this, machine learning methods are employed to analyze social media data, enabling the comprehensive assessment of the overall spatial perception regarding the instagrammable landscape. Subsequently, distinct spatial perception characteristics of various landscape elements are classified and summarized. The results show that different types of landscape elements have significantly different perception functions, and they have different functions in the space construction of instagrammable landscapes. For example, infrastructures are the foundation of construction, natural elements can promote the positive perception of instagrammable landscape, and cultural characteristics are planning business cards. The research results will provide reference suggestions for the future spatial planning of instagrammable landscape.
Keywords: Instagrammable Landscape; Social Media; Machine Learning; Landscape Perception

引言

随着网络技术的飞速发展和便携式电子设备的广泛应用，社会逐步步入了自媒体信息化的新时代。在这种环境下，"网红景观"这一词语应运而生，并伴随着自媒体的繁荣逐渐兴起。尽管至今国内外还未有明确的权威定义，但公众对于"网红景观"的理解大致一致，即指那些在社交媒体上受到广泛关注和追捧的特定地点或景色。这些"网红景观"通常以其独特的视觉魅力或独具特色的文化背景获得广大网友的青睐。

"网红景观"不断壮大的影响力带来了一些积极的效应。其中，最突出的正面影响包括提升了当地的知名度和经济收益。然而，在经济增益的面纱下，这些"网红景观"所引发的种种变化也面临着同质化的威胁[1]。目前对于"网红景观"的研究尚浅，而关于"网红景观"的评价研究多基于发展历程或空间规划[2]对其进行学者角度的整体评价。而对于民众的认知研究大多来源于对当地的政府、游客和居民的采访调查，尚未有明确的科学研究反映"网红景观"的大众评价[3]。

近年来，社交媒体数据作为大数据的一项重要组成部分[4]，已被认定为一种可以用于评估与城市空间相关的意见或价值的重要信息来源[5]。伴随着计算机网络和移动信息技术发展，越来越多的人会将心情和感悟随手上传至各类社交媒体平台[6]，这往往代表着发布账户使用者最真实且直接的情绪与感知[7]。Zhu Zhongwei等人通过利用某平台的文本数据对北京部分城市公园的用户满意度进行了评估，为华北地区城市公园建设发展提供建议[8]。Sun Peijin等人通过某平台数据研究了自然环境对于公众从事体育活动的意愿，证明了蓝色空间对于体育活动和公众情绪的积极影响[9]。

本研究将通过使用社交媒体数据，结合机器学习的方法对我国多处"网红景观"的空间感知与评价进行整体研究。目标是通过探究"网红景观"的民众需求，为其的未来规划发展提供理论引导和实践建议，同时促进景观建设者和管理者对"网红景观"的合理运用和规划，以推动景观设计行业的持续健康发展。

1 研究对象及方法

1.1 研究对象

研究选取了位于我国成都、上海和深圳的3处具有代表性的"网红景观"，分别为成都的太古里、上海的武康路以及深圳的南头古城，如图1所示。这3处景观都具有

图 1 成都太古里、上海武康路和深圳南头古城 3 处 "网红景观" 地理空间位置分布

深厚的历史背景且坐落于城市核心区域，这些因素是其走红的必要前提。同时，这 3 处景观所在的地理环境各具特色，其景观形态和具体的历史背景都存在一定差异。

1.2 研究方法

1.2.1 数据的收集和预处理

本研究使用了网络爬虫的方法，选择拥有 3.4 亿月活跃用户的新浪微博作为数据源，以研究区域名称为关键词，获取涵盖自 2023 年 1 月 1 日至 2023 年 6 月 19 日的相关文本数据，其中包括地点、时间、用户信息以及微博内容等详细信息，总计共计 2735 条数据。其中包含涉及"成都太古里"关键词的微博 1116 条，包含"上海武康路"关键词的微博 845 条，以及包含"深圳南头古城"关键词的微博共计 774 条。

直接从新浪微博爬取的数据中剔除包含许多与感知分析无关的内容，例如广告、新闻媒体微博、重复微博等。这些微博的存在将对后续的感知分析产生较大的影响。在对数据进行预处理时，本研究采用 Python 编程语言结合人工筛选的方式对所获取的微博文本数据进行相关处理，以提高文本数据的质量，从而增加机器学习的准确性[10]。数据预处理过程主要包括以下两个步骤：

（1）无效微博的删除。例如来自同一账号内容重复的微博、转发微博、来自非个人账户的微博、字数少于 3 个字的微博等。绝大部分的广告微博、新闻媒体微博和无关微博均可以被删除，在此基础上结合人工检测的方法对符合上述情况的无效微博进行精细化检查与删除。

（2）自然语言处理。通过对文本进行删除停用词和分词处理，提取文本数据特征，以便其被机器学习模型识别、处理和分析。

1.2.2 基于新浪微博的情感分析模型的构建

机器学习是大数据时代发展下伴随人工智能产生的一个重要分支，它通过计算机充分利用数据和算法来模仿人类学习的方式，逐步提高计算机学习的准确性[11]。本研究旨在运用机器学习技术对微博文本数据进行情感分析，并将其划分为二类。在众多机器学习模型中，研究经过深思熟虑，最终选择支持向量机（Support Vector Machine，SVM）[12] 作为微博情感分析的模型，技术路线如图 2 所示[13]。作为预训练模型，我们从开源网站上获取了包含 12 万条已完成标注的微博情感分析语料作为训练数据集，对 SVM 模型进行了基于微博文本数据的感知分析训练，并将完成训练的 SVM 模型作为该研究最终使用的情感分析模型。

成都太古里、上海武康路和深圳南头古城三处网红景观信息归纳　　表 1

景观名称	地理位置	景观形态	走红关键词
成都太古里	四川省成都市锦江区	城市中心街区	中心商圈；开放式娱乐购物中心；熊猫主题；历史文化景点；工业文化；川西风格建筑
上海武康路	上海市徐汇区	城市中心街道	法租时代的风格遗存；悠久的历史；独特的建筑风格；人气商铺；浪漫惬意高颜值
深圳南头古城	广东省深圳市南山区	城中村	优越的地理位置；历史文化建筑；新旧文化融合；独具特色的餐厅、商铺；双城展

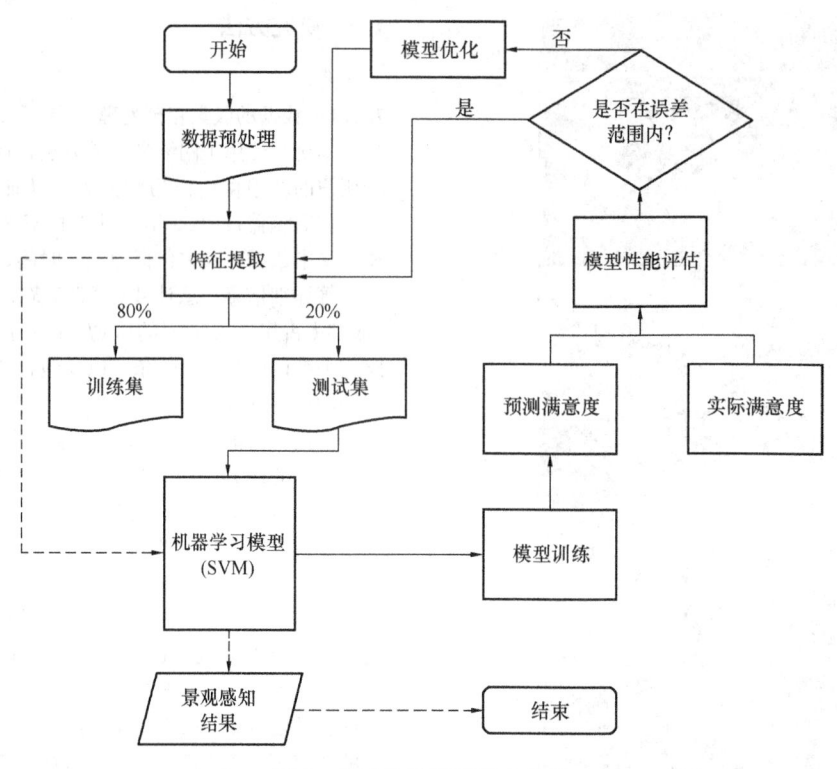

图 2　情感分析模型技术路线

2　研究结果与分析

2.1　整体满意度对比分析

利用微博文本数据与机器学习技术，本研究对成都太古里、上海武康路和深圳南头古城 3 处网红景观的空间感知整体情感倾向进行了研究。结果表明，上海武康路在整体满意度方面表现最为突出，达到了 81.67%；成都太古里的整体满意度为 81.18%；而深圳南头古城的整体满意度为 79.38%。

2.2　景观要素分类分析

为了进一步分析景观要素对于空间感知的影响，在整体满意度分析的基础上，我们对每处"网红景观"的文本内容进行了关键词的提取与频次统计，并将结果绘制为词云图（图 3）。

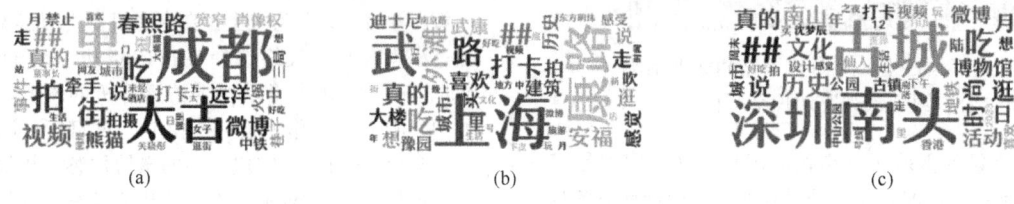

图 3　图（a）（b）（c）分别为成都太古里、上海武康路和深圳南头古城的景观要素词云图

研究结果显示，文化特征在影响人们对"网红景观"空间感知方面起着重要作用，同时也是"网红景观"规划过程中需避免同质化现象的重要考虑因素。具体而言，以上海武康路为例，其景观感知中高频次出现的景观要素主要包括"外滩""建筑""历史""武康大楼"等；而成都太古里的景观感知中高频次出现的景观要素则主要包括"熊猫""火锅""春熙路""美食"等；至于深圳南头古城的景观感知中高频次出现的景观要素，则主要涉及"文化""历史""古镇""博物馆"等。通过与前文总结的不同网红景观的规划定位关键词（表 1）进行对比，研究结果表明人们对于网红景观的实际感知情况与规划时的定位基本一致。

2.3　环境特征感知分析

本研究通过对不同景观要素进行细致的归纳总结，将网红景观微博文本内容中涉及的景观要素关键词语划分为自然要素、文化要素、配套设施三大类。其中，自然要素包括植物、水体和动物等；文化要素涵盖历史要素、文化要素、建筑要素和艺术要素等；而配套设施则包括游憩设施、服务设施、娱乐设施和公共设施等，共计 11 个细分子类别（图 4）。

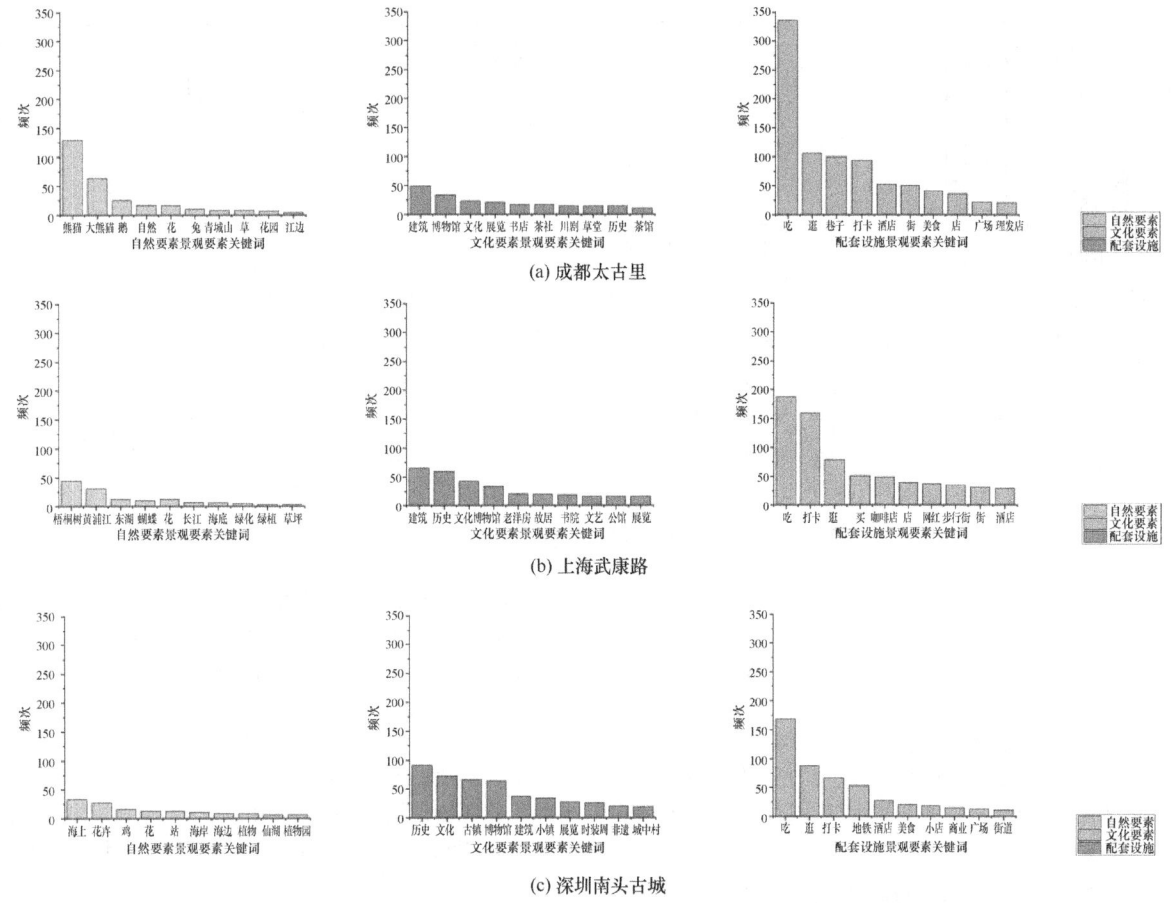

图 4　成都太古里、上海武康路和深圳南头古城的景观要素关键词统计

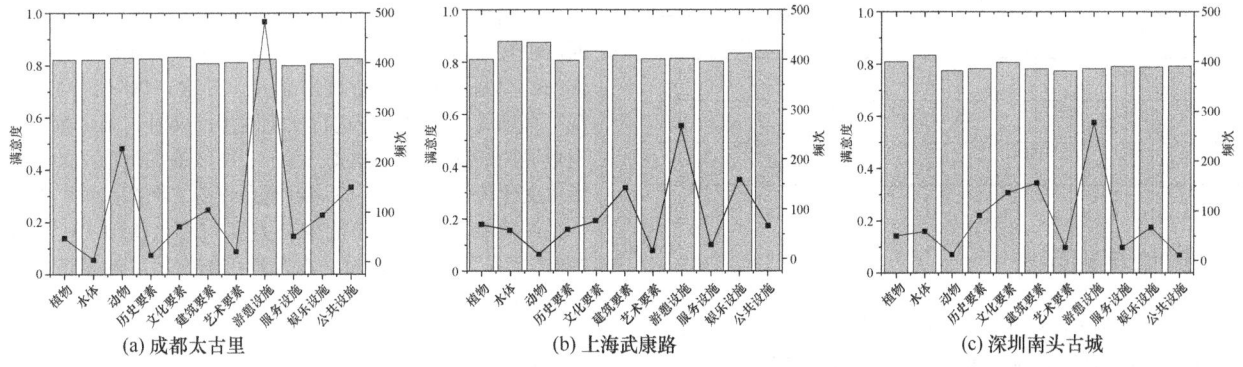

图 5　成都太古里、上海武康路、深圳南头古城景观要素满意度与频次统计

在此基础上，针对每处"网红景观"的不同景观要素类别，本研究分别计算了其景观感知的满意程度以及该类别景观要素的出现频次（图5），并得到了各个景观要素类别的加权满意度结果（图6）。结果表明，在3处不同地域和不同特征的网红景观中，自然要素整体满意程度在3类景观要素中均处于最高水平，而配套设施这类景观要素的出现频次最为突出。在细分的景观要素类别中，文化要素与公共设施在3处"网红景观"中的满意程度相对较高，建筑要素与游憩设施的出现频次较为显著（图7）。

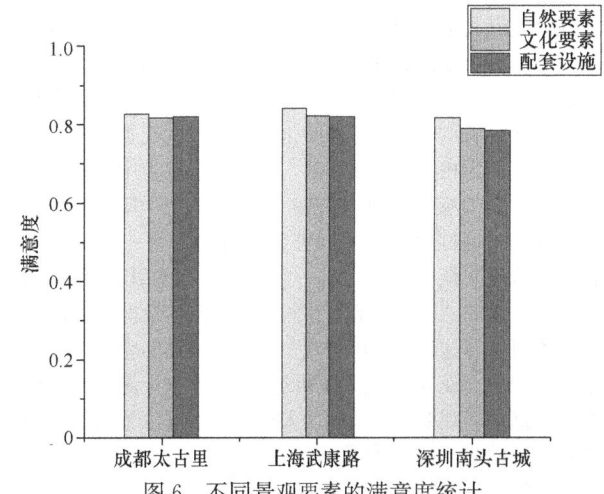

图 6　不同景观要素的满意度统计

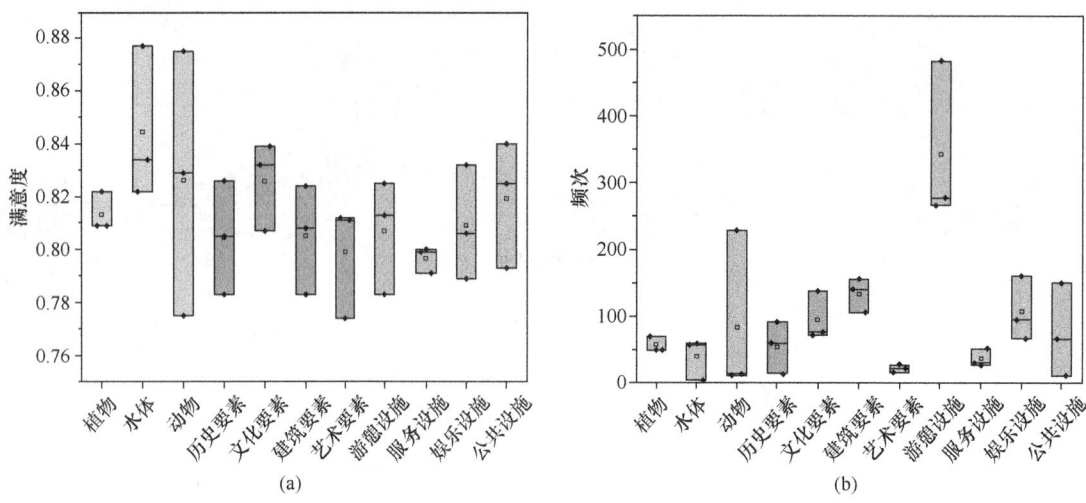

图7 不同景观要素的满意度箱线图与频次箱线图

2.4 感知偏好分析

将"网红景观"的整体满意度分别与不同类别的景观要素进行皮尔逊相关性分析（表2），结果显示，人群对于"网红景观"的感知与文化要素的感知最为相关（$r=0.9980$，$p=0.0405$），其次是对于配套设施的感知（$r=0.9791$，$p=0.1302$），感知相关性最弱的是自然要素（$r=0.9151$，$p=0.2641$）。

不同景观要素满意度与"网红景观"
整体满意度的相关性分析　　表2

景观要素	r	p
自然要素	0.9151	0.2641
文化要素	0.9980	0.0405
配套设施	0.9791	0.1302

3 讨论与启示

通过选择成都太古里、上海武康路和深圳南头古城3处网红景观，从整体满意度、景观要素出现频次、景观要素满意度等多个方面对其景观空间感知进行评价。研究发现，上海武康路的景观满意度最高，其次为成都太古里和深圳南头古城。除此之外，在对于景观要素的感知中，配套设施这类景观要素的出现频次最高，自然要素这类景观要素的满意度最高，而文化要素与"网红景观"的整体满意度最为相关。结果表明，人们对于空间中不同类型的景观要素的感知差别具有较大的差异性，但在不同地理位置的"网红景观"中却可以呈现出较为一致的规律性。这也说明该研究可以在一定程度上反映出更大范围和更多数量的"网红景观"空间感知的整体情况。通过总结，本研究将这种"网红景观"的空间感知的整体情况归纳为：①配套设施是空间感知的基础。配套设施作为出现频次最高的景观要素，反映出人们对于"网红景观"基础设施建设的强烈需要与直观感受。完备且优质的配套设施是"网红景观"建设和发展的根本和前提。②自然要素是空间感知的加分项。研究表明，人们对于"网红景观"空间中的自然要素的存在感知程度很弱，但满意度通常较高。意味着在配套设施完备的基础上，丰富的动植物可以更好地让人们对于"网红景观"产生正向积极的感知。③文化要素是空间感知的突出特征。从词云图的统计与相关性分析来看，文化要素的特色打造将会成为"网红景观"避免同质化的关键。不同的地域特色和历史背景将成为各个"网红景观"的名片，直接影响到人们对其整体感知与记忆。

结合本研究内容，在对于未来"网红景观"的规划建设上，相关政府部门首先应该结合当地或者待发展片区的历史背景与文化特色，对"网红景观"的建设定位进行详细的规划，率先打造城市名片。其次，做好"网红景观"基础设施建设。在进行文化输出的同时，满足游客和当地居民的衣食住行需求。由于"网红景观"特殊的社交媒体文化传播性质，还应该着重点打造"网红景观"的打卡拍照功能，加大传播范围与力度。在此基础上，加强"网红景观"的绿地建设，在合理范围内尽可能多地提供绿色空间。

4 结论

本研究通过采用机器学习的方法，对关于我国3处"网红景观"的社交媒体数据进行了爬取和分析，并得到了相应的"网红景观"空间感知特征。通过研究总结，"网红景观"的整体满意度处于较高水平。其中，配套设施的高品质建设是"网红景观"空间正向感知的基本条件，自然景观要素是提高"网红景观"满意度的重中之重，文化特征是"网红景观"空间传播与发展的根本。基于这些结论，可以为未来的"网红景观"规划和宣传提供针对性和参考性的建议，更大程度地促进当地经济的发展，提高人民生活幸福感。

参考文献

[1] 项婧怡，罗震东，张吉玉，等. 移动互联网时代"网红空间"分布特征研究——以杭州市主城区为例[J]. 现代城市研

究，2021(9)：11-19.
[2] 项婧怡. 移动互联网时代"网红空间"的产生与空间特征研究[D]. 南京：南京大学，2021.
[3] 耿虹，况易，吕宁兴. 城市网红景观空间批判性思考及治理策略初探[C]//中国城市规划学会，成都市人民政府. 面向高质量发展的空间治理——2020中国城市规划年会论文集(02城市更新). 北京：中国建筑工业出版社，2021.
[4] 汪梦欣，耿秀丽，白玛吉姆，等. 基于在线评论与情感分析的顾客满意度评价研究[J]. 软件导刊，2023，22(8)：10-16.
[5] Kong L，Liu Z，Pan X，et al. How do different types and landscape attributes of urban parks affect visitors' positive emotions？[J]. Landscape and Urban Planning，2022，226：104482.
[6] Fang J，Wen C，Prybutok V. An assessment of equivalence between paper and social media surveys：The role of social desirability and satisficing[J]. Computers in Human Behavior，2014，30：335-343.
[7] Wang Z，Jin Y，Liu Y，et al. Comparing social media data and survey data in assessing the attractiveness of Beijing Olympic Forest Park[J]. Sustainability，2018，10(2)：382.
[8] Wang Z，Zhu Z，Xu M，et al. Fine-grained assessment of greenspace satisfaction at regional scale using content analysis of social media and machine learning[J]. Science of the Total Environment，2021，776.
[9] Sun P，Lu W，Jin L. How the natural environment in downtown neighborhood affects physical activity and sentiment：Using social media data and machine learning[J]. Health & Place，2023，79：102968.
[10] Huang H，Long R，Chen H，et al. Exploring public attention about green consumption on Sina Weibo：Using text mining and deep learning[J]. Sustainable Production and Consumption，2022，30：674-685.
[11] Akyuz E，Clcek K，Celjk M. A comparative research of machine learning impact to future of maritime transportation[J]. Procedia Computer Science，2019，158：275-280.
[12] 刘慧慧，王爱银，刘禹彤. 基于SVM的文本情感分析——以新冠疫情事件为例[J]. 信息技术与信息化，2023(1)：37-40.
[13] Pavitha N，Pungliya V，Raut A，et al. Movie recommendation and sentiment analysis using machine learning[J]. Global Transitions Proceedings，2022，3(1)：279-284.

作者简介

张雯婷，2000年生，女，汉族，河南平顶山人，硕士，新加坡国立大学，研究方向为基于时空数据的城市空间感知与人群行为。电子邮箱：e0703377@u.nus.edu。

王晓萌，1998年3月出生，女，蒙古族，内蒙古呼和浩特人，硕士，新加坡国立大学，研究方向为基于多源数据的生态安全评价与规划。电子邮箱：e0536959@u.nus.edu。

空间叙事视角下的城中村日常行为研究
——以广州元岗村公共空间为例

Research on Daily Behavior of Urban Village Space Narration
—A Case Study on Guangzhou Yuangang

朱纯熙　李敏稚*　谭薇　王彤　冉姗姗

摘　要：本文探讨城市更新背景下城中村公共空间改造问题。如何利用空间进行日常生活叙事，促进城中村的生活愿景和空间意义再生，是本文的核心。城中村居民普遍面临"晾衣难"情况，晾晒这一行为既是生活必需的日常行为，又是体现公共生活和公共交往水平的重要现象之一。从居民日常行为切入，了解居民实际需求，结合空间叙事理论，将物品—空间—人联系起来。探讨衣物、晾晒行为、公共空间的内在联系。基于全过程的公众参与式设计，提出了解决晾晒问题的景观设计方案，能够有效防止晾晒行为侵占公共空间，也重塑了公共空间的多样化功能，为城中村的可持续更新模式提供借鉴。
关键词：空间叙事；城市更新；城中村；公共空间

Abstract: This paper discusses the reconstruction of urban village public space under the background of urban renewal. How to use space to narrate daily life and promote the regeneration of life vision and spatial meaning of urban villages is the core of this paper. The residents of urban villages generally face the situation of "drying clothes", which is not only a necessary daily behavior, but also an important phenomenon that reflects the level of public life and public communication. From the daily behavior of residents, to understand the actual needs of residents, combined with the spatial narrative theory, the article - space - people link. To explore the inner relationship between clothes-drying behavior and public space. Based on the public participatory design of the whole process, a landscape design scheme is proposed to solve the problem of drying, which can effectively prevent the encroachment of drying behavior on public space, reshape the diversified functions of public space, and provide reference for the sustainable renewal model of urban villages.
Keywords: Space Narration; Urban Renewal; Urban Village; Public Space

引言

中国城镇化是一个长期而复杂的过程，近年来取得了显著进展，第七次全国人口普查显示，我国常住人口城镇化率已达 63.89%[1]。随着土地资源供应日益紧张及生态文明战略的推行，我国城市建设从"增量扩张"转向"存量挖掘"[2]。

城市人口的持续增长加剧了城市空间的扩张，高密度的建成环境是人口在有限城市空间中快速聚集而产生的必然趋势[3]。高密度的发展模式能够促进城市集约发展、提高土地利用率、产生更好的经济效益，而人作为空间的使用者却没有得到重视，由此引发了一系列的社会治理问题，比如社会隔离、犯罪率上升和社会不公平现象；除此之外，高密度的空间也会产生城市热岛效应、交通拥堵等问题，对人的生理和心理健康造成一定的危害。

城中村作为乡村向城市转型不完全的、具有明显城乡二元结构的地域实体[4]，是许多人来到大城市落脚的第一个家，低廉的房租和便捷的配套设施也让城中村有了自己的"烟火气"和"生活圈"，城市野蛮生长的力量，比规划提出的"15分钟生活圈"更早出现。由于高密度建设引发的环境卫生问题、治安管理问题、交通堵塞问题等，城中村一直存在"脏乱差"的问题，各地政府都想彻底改造城中村。然而事情并不像想象中那么容易，以广州为例，城中村拆迁成本高，广州市政府在"三旧"改造工作中采取了一系列措施改善城中村的居住环境，以寻求改造和拆迁之间的平衡。

20世纪60年代末，城市地理学引入空间叙事理论，用以进一步解释空间、场所和环境等重要概念，揭示了后现代都市多元化的社会结构[5]。国内对空间叙事理论的应用集中在空间设计领域，关注叙事空间的时间维度与感知体验、叙事意义的关联研究[6]。本文从空间叙事角度出发，从日常空间中的活动入手，探索物品、空间、人之间的关系，通过提出一系列设计策略，改善居住体验，促进社区融合，提升价值认同。在城中村高密度的居住环境下，衍生出的一系列问题都会在空间中展现出来，引导公

---
① 国家自然科学基金资助项目（编号：51978267）：基于多元博弈和共同创新的城市设计形态导控研究；2023年广东省研究生教育创新计划研究生示范课程建设项目《风景园林规划与设计（二）》（编号：x2jz/C9238012）；华南理工大学2022年度校级精品教材专项建设项目《城市设计：融合自然的形态建构》（编号：x2jz/D622221004）

共生活的改善，需要我们找到这样的"拾得物"，运用可持续的规划设计策略，切实解决居民生活的困难，让设计服务于人，并激发社区自治力。

1 广州城中村概况

截至2018年底，广州全市域范围内的"三旧"改造面积达到590km²，其中旧村占比达54%，这说明旧村改造中提升人居环境品质和改善公共生活状况是重中之重。[7]由于优越的地理位置和经济效益，城中村成为旧村改造的核心。从20世纪八九十年代起，改造工作始终涉及地方政府、开发商和村集体之间的利益，经历了政企经济效益拉锯期、三方经济效益开放期、三方多元利益平衡期和社会多元利益共享期。最初改造过程和实施手段往往聚焦于经济收益和城市发展，而城市更新过程中大拆大建的方式引发了大量的社会问题，与建设美好人居环境的初衷背道而驰。2021年，住房和城乡建设部在《关于在实施城市更新行动中防止大拆大建问题的通知（征求意见稿）》中提出"转变城市开发建设方式，坚持'留改拆'并举"的重要性，建议"稳步实施城中村改造"[8]。

公共空间是城中村改造的重点区域，有学者指出"街道公共空间是城中村居民生活的唯一场所"，需对其价值进行深度挖掘[9]。在充满了"握手楼"的城中村里，稀有的公共空间承担了邻里互动、社会交往、商业活动等多项功能，呈现出功能高度复合、品质较差、分布无序等特征。本文从居住者需求出发，以日常生活视角切入，意在探究可复制、可持续发展的城中村公共空间改造模式。

1.1 研究对象

1.1.1 研究对象及方法

元岗村位于广州市天河区，东至天源路，南至下元岗西大街，西至下元岗大街，北临中元路，研究范围共18.1hm²，设计范围共1.9m²。本文以元岗村的行政边界为研究范围，选取研究范围内元岗村居民日常活动和公共空间作为研究对象，采用动线观察法、计时调查法、半结构式访谈、公共空间-公共生活调研法（Public Space-Public Life，PSPL）等研究方法对元岗村的居民日常活动和公共空间展开调查，作为后续构建空间改造模式的基础。

1.1.2 研究框架

首先从物品层面对元岗村的居民生活进行初步调研与了解，确定切入点；其次采用动线观察法、计时调查法、半结构式访谈、PSPL等研究方法从居民层面深挖其背后的影响因素和机制，了解居民真实需求；最后根据调研反馈，从空间层面提出改造策略，增加多功能公共设施，通过宣传活动提升对晾晒行为的包容度，解决居民的实际晾晒需求。同时对公共空间进行改造提升，增加居民交流活动空间，提升社区凝聚力。

1.1.3 元岗村居民日常活动概况

通过调研观察发现，居民在公共空间开展的活动除了聊天、静坐、购物等日常活动外，晾晒这一行为既是生活必需的日常行为，又是体现公共生活和公共交往水平的重要现象之一。居民晾晒的物品包括生活用品、衣物、食品等，晾晒位置有窗台、屋檐下、巷口以及公共空间的设施等（图1）。

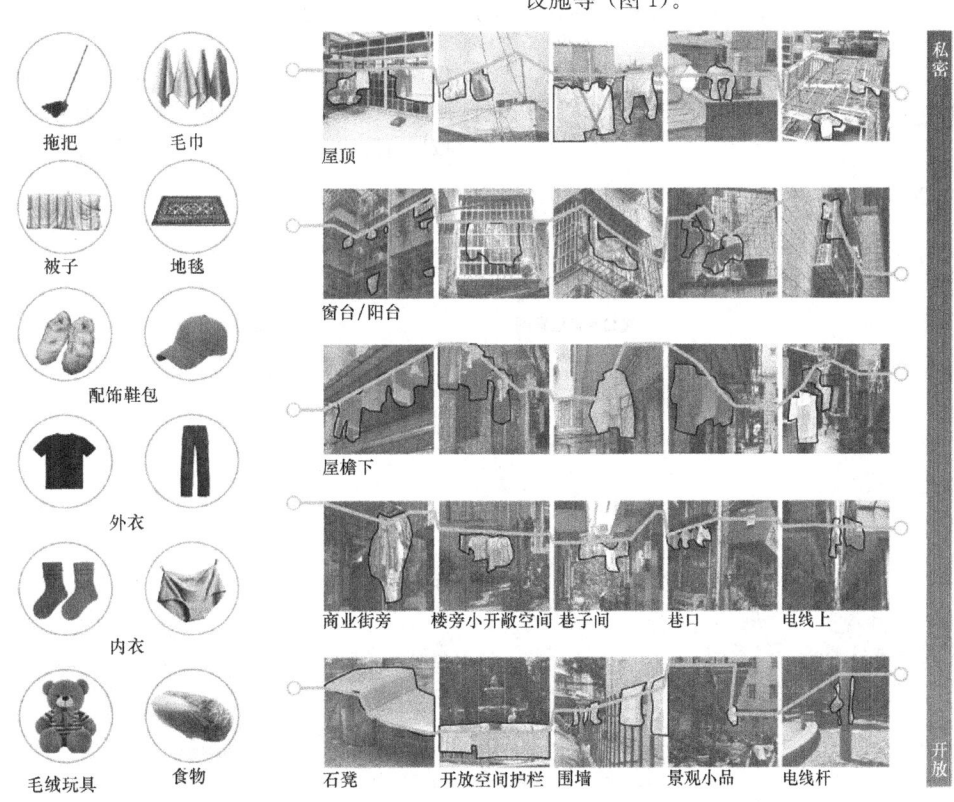

图1 晾晒物品、晾晒位置与空间开放程度关系图（图片来源：谭薇 绘制）

许多居民将大件衣物晾晒在公共空间的座椅上，或是将小件衣物晾晒在户外通风良好的栏杆上，居民通过这种方式与公共空间展开了互动，对于重构良性互动的社会网络结构具有重要意义。

衣物与人的日常活动关系最为密切，选择衣物作为"拾得物"继续深入调研，试图了解居民在公共空间进行晾晒的原因，并探索利用这一行为对公共空间进行改造的方式。

通过对场地内与衣物相关的地点（改衣点 2 个、成衣店 1 个、24h 洗衣店 1 个）进行连续 12h 的观察，了解了居民对衣物的购买、修改、洗涤等活动的基本需求量；采用计时调查法，对元岗村公共空间内有晾晒物的位置进行计时观察，记录其出现与消失的时间，据此判断居民普遍的晾晒习惯；通过问卷，对居民进行了晾晒习惯、晾晒观念、环保理念、公共空间使用方式的调查，结合其居住位置，将晾晒行为和晾晒习惯进行了空间落位，分析其与公共空间的关联性（图 2）。

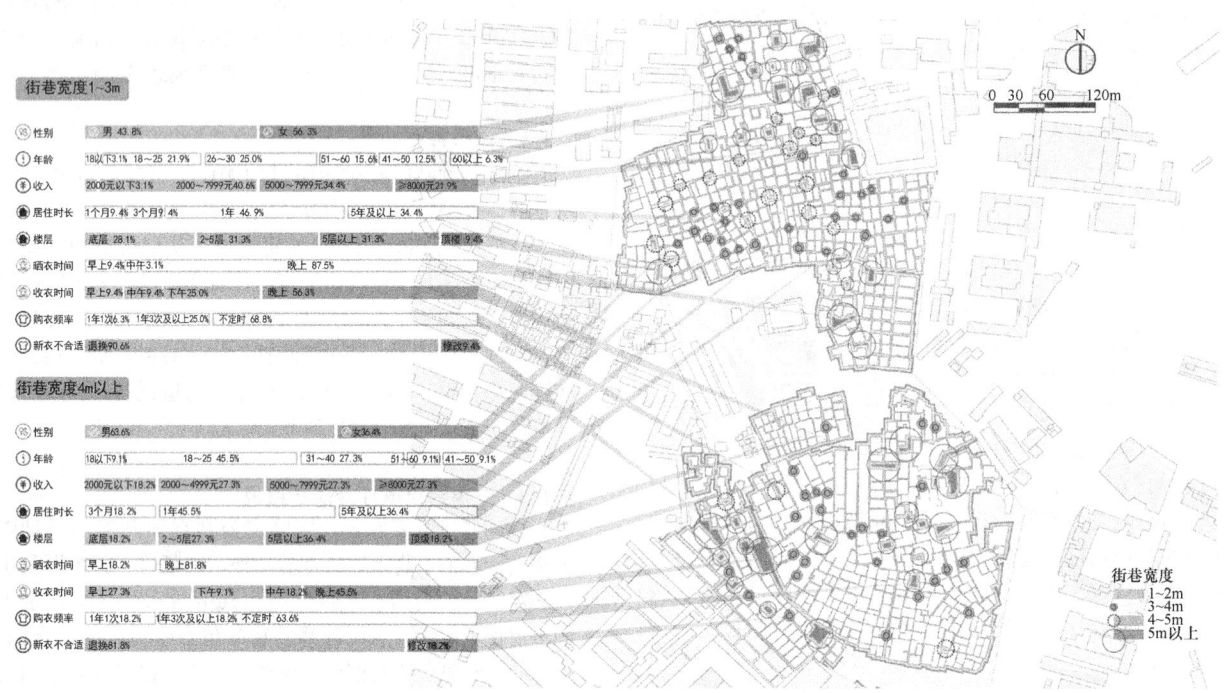

图 2　晾晒习惯与空间位置关系（图片来源：谭薇　绘制）

2　元岗村晾晒条件评价

2.1　衣物晾晒位置

本文对元岗村内衣物晾晒位置进行了调查记录。按位置可分为天台晾晒、窗台晾晒、底层晾晒和公共区域晾晒 4 类。天台晾晒和底层晾晒仅记录"有无"，窗台晾晒按照有晾晒的窗占整栋楼的百分比进行记录（图 3）。

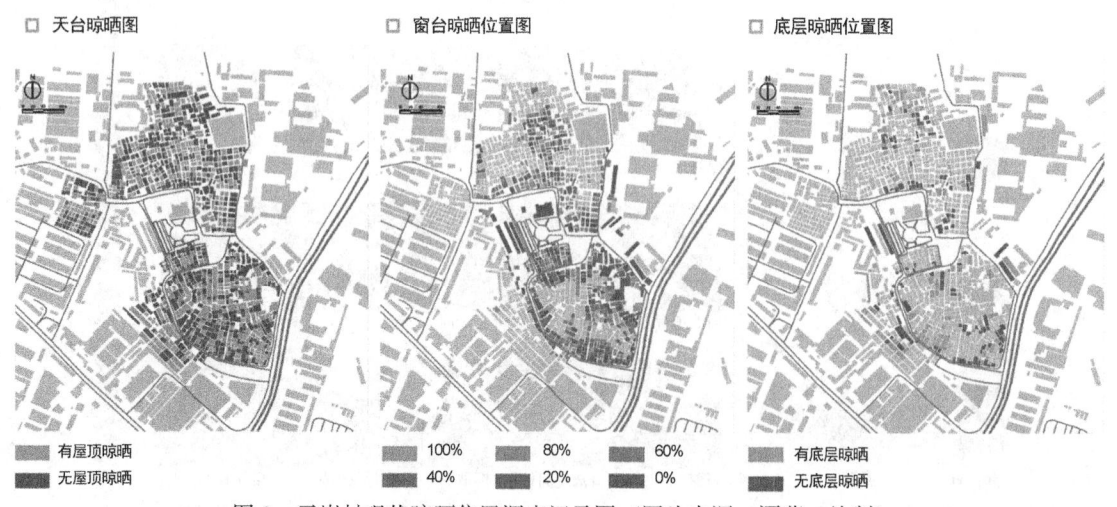

图 3　元岗村现状晾晒位置调查记录图（图片来源：谭薇　绘制）

可以看出，居民在天台进行晾晒的情况十分普遍，越靠近主要街巷，天台晾晒行为越少，反之则升高；底层晾晒的空间分布情况与天台晾晒相反，越靠近主要街巷，底层晾晒行为越多，而在相对内部的区域，底层晾晒行为减少；窗台晾晒的分布比与底层晾晒有相通之处，靠近主要街巷的窗台晾晒占比较高，而内部街巷和公共空间附近的窗台晾晒较少。

通过访谈和实地观察得知，内部街巷窗台晾晒占比低的原因之一是低层住户光照不足，加上楼间距过近，出于隐私考虑居民不愿意将衣物晾晒在窗台；公共空间附近的窗台晾晒较少，则是因为距离公共空间近，居民更倾向于将衣物晾晒在通风良好、光照充足的公共区域，因此窗台晾晒的占比相对较低。

2.2 晾晒条件评价

了解现状衣物晾晒位置后，本文尝试从物理环境和心理环境两个方面对元岗村的晾晒条件进行评价，将二者综合起来得到晾晒舒适度分布图，为后续设计提供改造点位选择上的支持。

2.2.1 物理环境评价

影响衣物晾晒的主要物理因素有光照、风速、温度、湿度等，而场地空间形态和街巷高宽比会直接影响光照和风速。通过对场地的调研与分析，本文将元岗村的空间形态总结为3类：密集型、开敞型、街巷型。将其与日照情况和街巷高宽比联系起来，可以发现密集型区域的光照较差，风速较快；开敞型区域的光照良好，风速较慢；街巷型区域的光照和风速适中（图4）。根据衣物晾晒位置的光照和风速，将其分为阴干和晒干两类区域，得到物理环境评价结果，描述了客观条件上更适合晾晒衣物的地点分布情况（图5）。

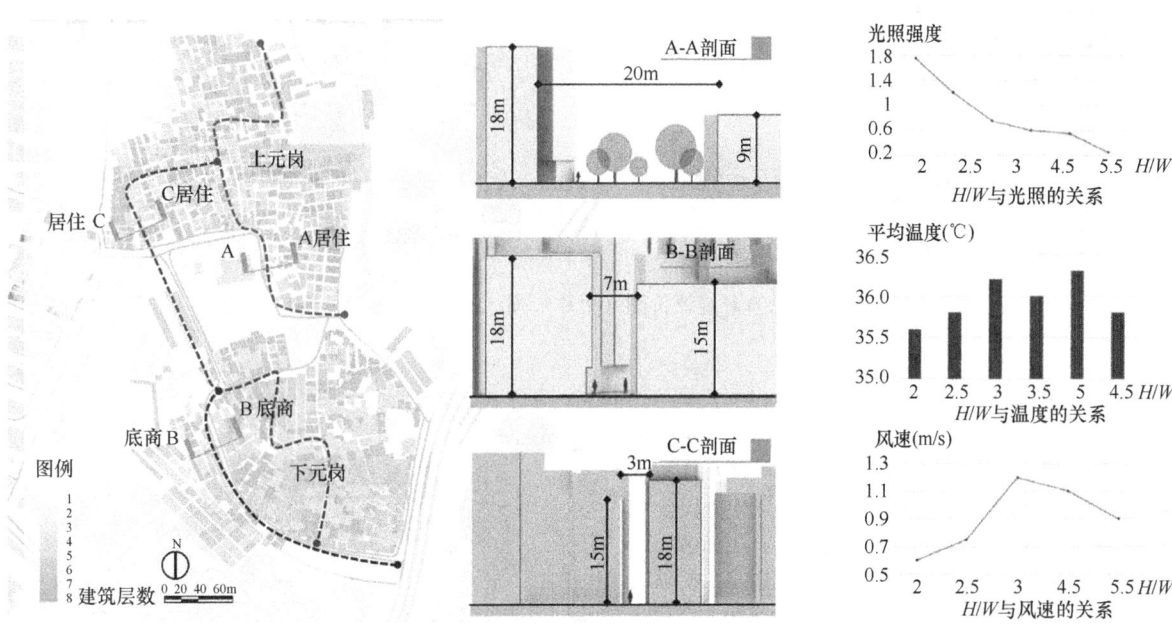

图4 街巷高宽比与光照、温度、风速关系分析（图片来源：王彤 绘制）

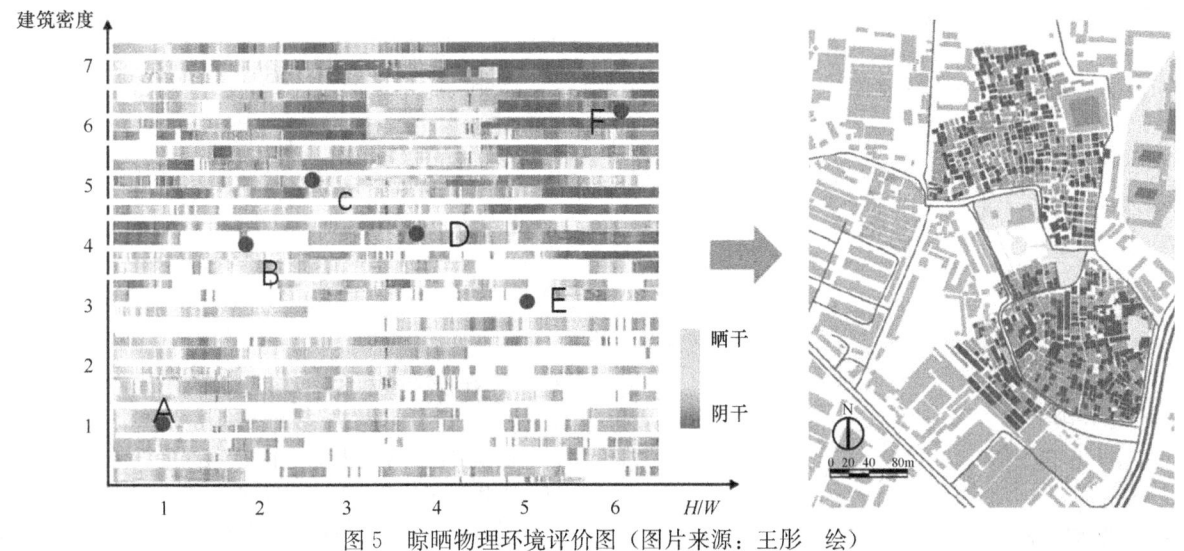

图5 晾晒物理环境评价图（图片来源：王彤 绘）

2.2.2 心理环境评价

"晾衣服"在东西方的文化语境下有很大的差异，在东亚文化中，晾衣服是大多数人青睐的干衣方式，而在西方，人们更倾向于使用烘干机，他们认为将衣服晾在公共空间或阳台上是不体面的行为[10]。虽然通风良好和光照良好的位置都能够让衣服变干，烘干机也能够实现干衣需求，但是通过访谈发现，居民更愿意将衣服自然晾干，并且对于光照良好区域的偏好大于通风良好区域。这也体现了东西方社会认知和公共行为差异性的影响。

对于光照良好且通风良好的位置，人们会晾晒被子等大件物品，对于隐私性的要求相对降低；在通风良好的底层位置，人们会晾晒被子、衣物、内衣等，对于隐私性的要求几乎没有；在光照良好的窗台或天台，人们会晾晒衣物等，对于隐私性的要求较高。基于半结构访谈和问卷调查结果，总结居民的晾晒习惯和偏好，将其绘制为心理环境评价地图，反映了居民主观意愿中更适合晾晒衣物的地点分布情况（图6）。

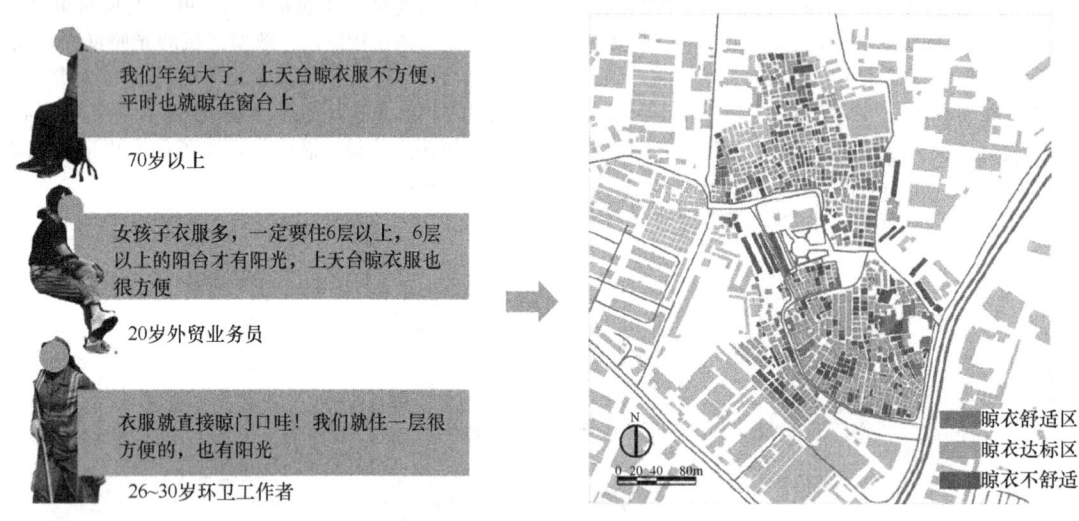

图6 晾晒心理环境评价图（图片来源：朱纯熙、王彤 绘）

2.2.3 晾晒舒适度评价

在前述结果的基础上，将其地点分布进行空间叠加分析可得到晾晒舒适度评价。物理环境评价良好且心理环境评价良好的区域划为晾衣舒适区；物理环境评价和心理环境评价只有一者良好的区域划为晾衣达标区；两者评价均较差的区域划分为晾衣不适区（图7）。在晾衣舒适区中选取4个示范点进行更新设计，改善公共空间晾晒条件（图8）。

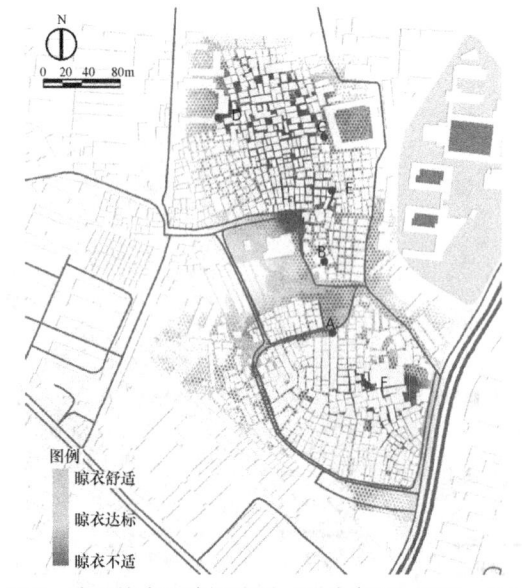

图7 晾晒综合环境评价图（图片来源：王彤 绘）

图8 示范点更新设计位置图
（图片来源：王彤 绘）

3 公共空间更新设计

根据前述调研分析，室内晾晒舒适度较低的居民会将衣物晾晒在公共区域及公共设施上，本研究从空间和活动层面提出详细的策略用以提升公共空间水平，以"洗衣"为线索，串联人群日常活动，以"晾晒"为契机，对街巷空间进行实用性改造，以"循环"为愿景，逐步改变"晾晒＝有损市容"的固有认知。从"衣物-公共空间-人"关系中的矛盾点出发，在提升城中村公共空间品质的同时，解决居民的日常生活需求。

3.1 空间策略与活动策略

3.1.1 空间策略

空间层面上，可以通过插入竖向晾晒装置改善街巷型公共空间的晾晒条件；对于单调无吸引力的场地，考虑通过与衣物相关的艺术装置进行激活；针对城中村邻里之间感情淡、本地居民与外来务工人员交流少等社会问题，在空间上予以回应：将年轻人支持的衣物循环点与老年人偏爱的健身设施放置在同一节点，可以促进邻里之间的交流以及环保观念的更新（图9）。

3.1.2 活动策略

配套的活动策划是空间能够良好运行的基础，社区可考虑通过线上线下结合的方式，从闲置交易、衣物改造、集中晾晒、循环利用4个方面，为居民做实事的同时，提升社区凝聚力和认同感（图10）。

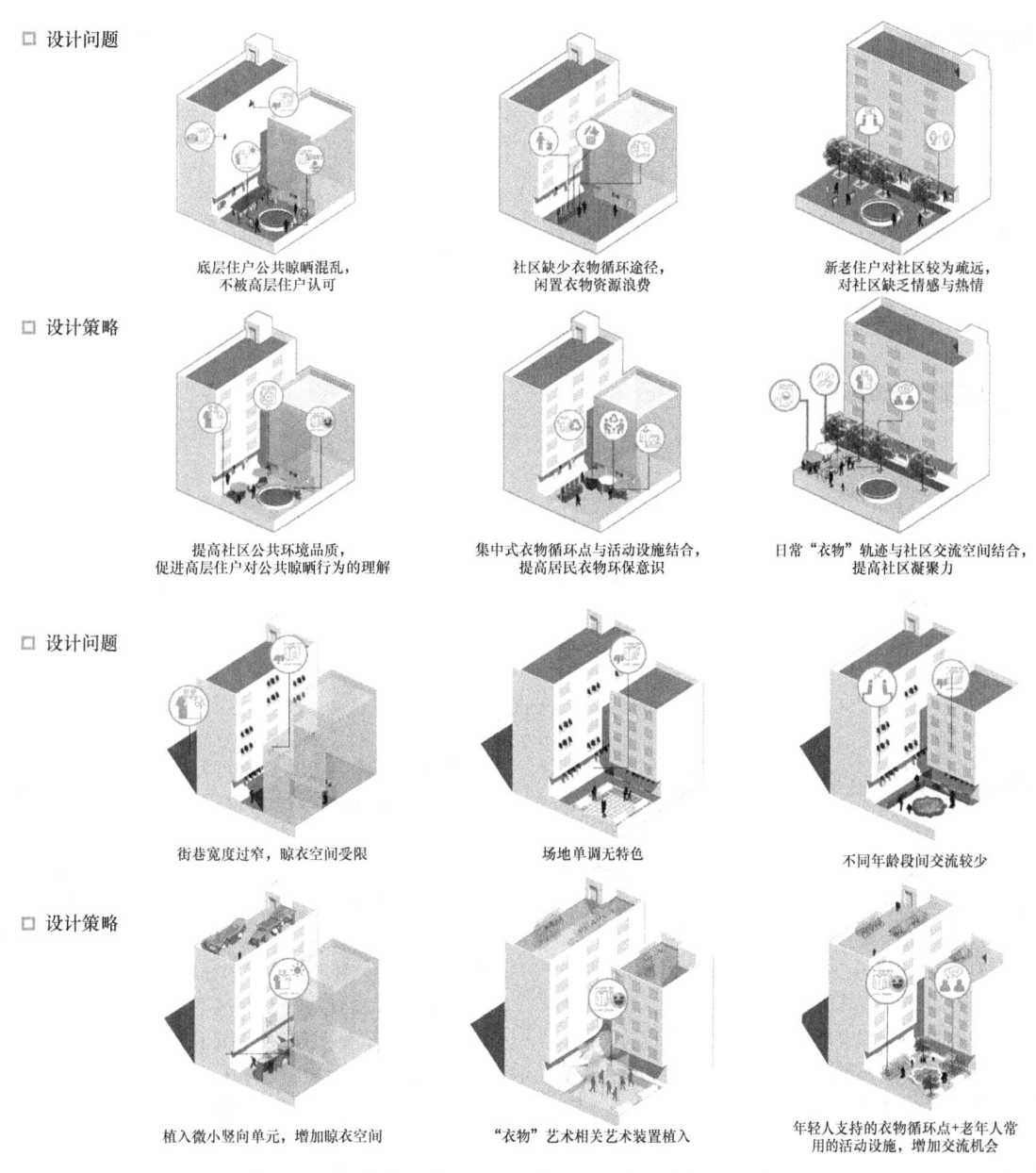

图 9 空间策略示意图（图片来源：王彤、冉姗姗 绘）

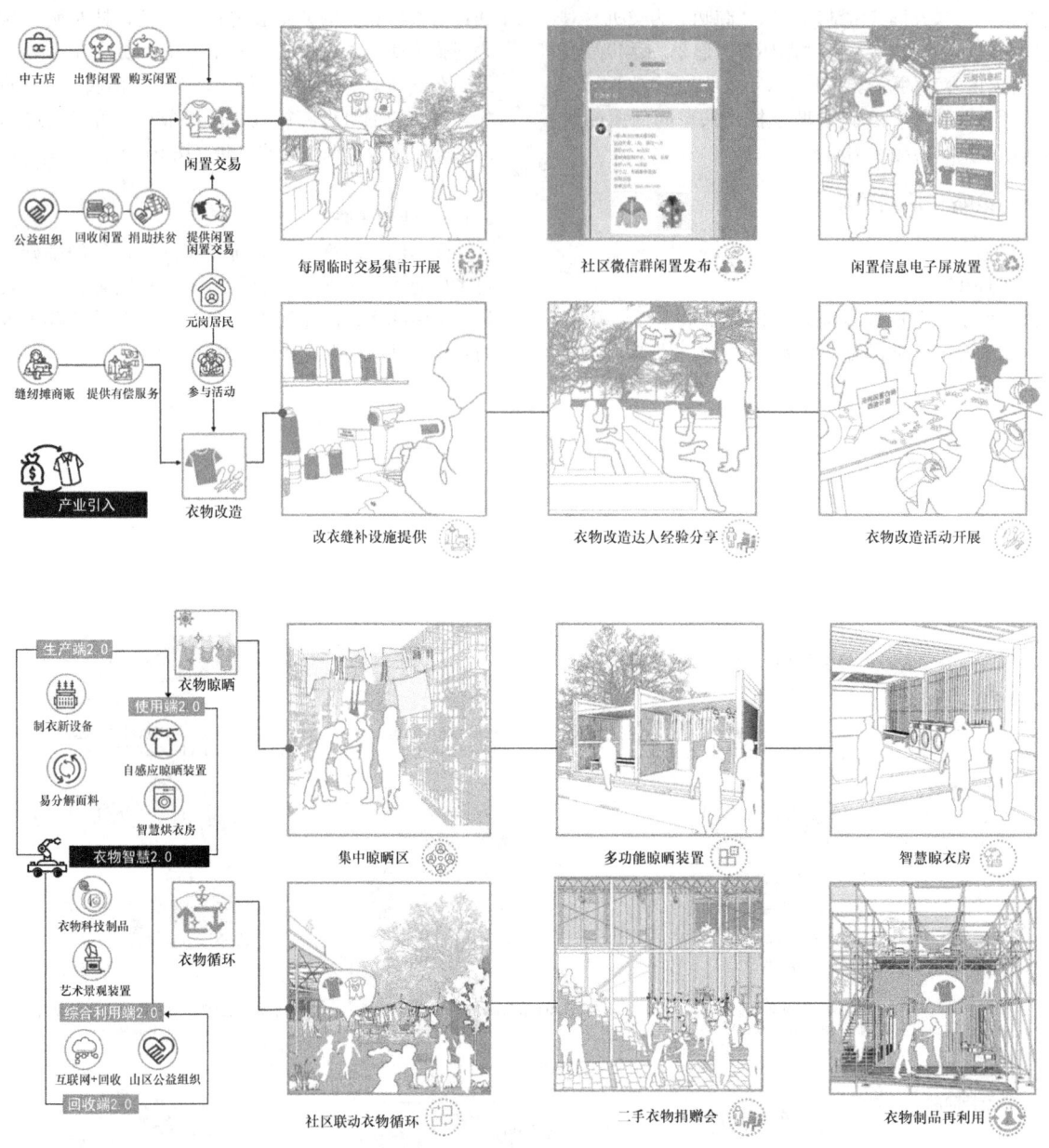

图10 活动策略示意图（图片来源：王彤、冉姗姗 绘）

3.2 短期目标与长期愿景

关于元岗村改造模式的探究，在短期内能够提升居民的居住幸福感，部分解决因高密度下光照不足而导致的晾晒条件差的问题，通过整体动线规划提升居民互动性，增强公共空间功能复合度，保证物尽其用。

长远来看，元岗村的公共空间改造模式具有轻量化和模块化的特点，能够在其他城中村进行推广。晾晒空间不足、晾晒条件较差是城中村的通病，与其禁止居民在公共场合进行晾晒，不如利用这一非正规行为的活力，把公共空间打造为适合晾晒和交往的空间。

4 总结

城中村的公共空间是居民重要的交往和放松空间，研究城中村公共空间改造是具有现实意义的。精准识别城中村的共性问题并提出可复制的普适性方案，或者建立专项的城市更新导则，都有助于提升城中村公共空间品质，改善城市整体风貌，构建更宜居的环境。

本文通过在城中村公共空间设置多功能晾晒装置，满足了居民的交往、健身、晾晒等需求；利用衣物相关的艺术装置进行宣传，改变大家对于在公共空间晾晒的消极态度；基于对现有环境的分析，在高密度建成环境中将公共空间作为节点激发社区活力。这样从日常生活的实际问题出发，通过解决一个问题，带动影响整体社区运转模式、提升居民参与度的方式，对于其他城中村的改造具有借鉴意义。"晾衣难"是城中村的通病，其本质是对于公共空间使用权的"争夺"，因此，如何提升公共空间的功能复合度，满足不同人群的需求，提升居民生活品质，是城中村公共空间改造的重点。

参考文献

[1] 晏龙旭,张尚武,王德.集聚经济、新型城镇化与规划改革[J].城市发展研究,2022,29(12):5-11.

[2] 邓毛颖,邓策方.利益统筹视角下的城市更新实施路径——以广州城中村改造为例[J].热带地理,2021,41(4):760-768.

[3] 郑屹,杨俊宴."泛健康"视角下高密度城市设计方法的反思与探索[J].城市发展研究,2022,29(9):23-32,2.

[4] 魏立华,闫小培."城中村":存续前提下的转型——兼论"城中村"改造的可行性模式[J].城市规划,2005(7):9-13,56.

[5] 侍非,高才驰,孟璐,等.空间叙事方法缘起及在城市研究中的应用[J].国际城市规划,2014,29(6):99-103,125.

[6] 刘乃芳,张楠.叙事视角下的空间设计研究综述[J].华中建筑,2015,33(10):23-26.

[7] 邓毛颖,邓策方.利益统筹视角下的城市更新实施路径——以广州城中村改造为例[J].热带地理,2021,41(4):760-768.

[8] 周艺,李志刚.城中村公共空间的重构与微改造思路研究[J].规划师,2021,37(24):67-73.

[9] 邱燕霞,巫俊龙,梁锐,等.基于多元主体交往模式的城中村公共空间价值挖掘——以广州员村程界西村为例[J].住区,2020(6):6-14.

[10] Elisabeth R. A Line in the Yard: The Battle Over the Right to Dry Outside[N/OL]. The New York Times, 2008-04-17.

作者简介

朱纯熙,2000年生,女,汉族,湖北人,华南理工大学硕士在读,研究方向为风景园林规划与设计。电子邮箱:zhuchunxi1120@163.com。

(通信作者)李敏稚,1979年生,男,汉族,广东人,博士,华南理工大学建筑学院,亚热带建筑与城市科学全国重点实验室,广州市景观重点实验室,副教授,系副主任,硕士生导师。电子邮箱:arlimz@scut.edu.cn。

谭薇,2000年生,女,汉族,湖南人,华南理工大学硕士在读,研究方向为风景园林规划与设计。电子邮箱:vvtan39@163.com。

王彤,1998年生,女,汉族,内蒙古人,华南理工大学硕士在读,研究方向为风景园林规划与设计。电子邮箱:1398483241@qq.com。

冉姗姗,2000年生,女,汉族,重庆人,华南理工大学硕士在读,研究方向为风景园林规划与设计。电子邮箱:2219598414@qq.com。

场所营造视角下城市公共空间优化策略研究
——基于 2012—2022 年相关文献分析

Optimization Strategies of Urban Public Space from the Perspective of Place-making
— Based on the Analysis of Relevant Literature from 2012 to 2022

管毓宁

摘　要：场所营造是建设人性化公共空间的有效路径，能够促进提升城市公共空间的品质。本文梳理研究了 2012—2022 年间的相关文献。首先，运用 CiteSpace 软件可视化分析场所营造视角下，城市公共空间优化策略的既有研究成果进展与方法，表明近 10 年来对人的需求与感受关注度逐步上升，公众参与成为当下研究的热点，但缺少切实可行的理论系统与执行方法。其次，总结分析了城市公共空间优化面临的困境与挑战，立足场所营造，指出城市公共空间优化应基于特定场所且纳入特定场所的公众。最后，建议我国城市公共空间在场所营造的实践中探寻新的场所治理模式。

关键词：场所营造；城市公共空间；公众参与；优化策略

Abstract: Placemaking is an effective way to realize the construction of humanized public space, which can promote the quality of urban public space. In this paper, relevant literature from 2012 to 2022 is sorted out and studied. Firstly, CiteSpace software is used to visualize and analyze the progress and methodology of existing research results on the optimization strategy of urban public space under the perspective of place-making, which shows that the attention to human needs and feelings has gradually increased in the past decade, and public participation has become a hot topic of research, but there is a lack of practical theoretical systems and implementation methods. Secondly, it summarizes and analyzes the dilemmas and challenges facing the optimization of urban public space, and points out that the optimization of urban public space should be based on a specific place and incorporate the public in a specific place, based on the creation of a place. Finally, it is suggested that China's urban public space should explore new models of place governance in the practice of place-making.

Keywords: Placemaking; Urban Public Space; Public Participation; Optimization Strategies

引言

新型城镇化战略和新常态经济发展战略提出以来，我国城市更新进入存量空间更新提质阶段，宜居生态建设、精细化管理成为当前城市建设的重点。然而，多数城市公共空间更新后未能延续原有的在地文化与地域特征，公众在改造后的环境中无法找到情感归属，场所缺乏场所精神使得公众无法获得认同感与归属感。因此，为了满足人民对美好生活的向往，如何营造具有地域文化特色的城市公共空间、建设具有良好生活氛围和归属感的城市环境、探寻场所营造实践中的场所治理模式亟待深入研究探讨。

1 研究方法与数据来源

1.1 研究方法

为详细了解并梳理总结国内外场所营造视角下城市公共空间优化策略研究现状，客观全面地分析既有研究成果，本研究通过大量阅读相关文献，根据文献内容进行整理和筛选分类，并运用 CiteSpace 软件对文献进行可视化分析。首先，对近 10 年来文章发表数量、文献出版来源、文献作者所属国家和地区进行统计分析，了解既有研究整体发展概况。其次，对数据进行可视化分析，并人工归纳总结，梳理场所营造视角下城市公共空间优化策略的研究热点和研究脉络。最后，对文献进行人工分类，总结相关研究的主要方法及内容。通过对文献的可视化分析与人工归纳，总结分析相关研究结论与优化策略，同时思考其中的局限性与存在的问题，为今后相关深入的研究提供理论支撑。

1.2 数据来源

本研究中的中文文献数据来源于中国知网数据库（CNKI），外文文献数据来源于 Web of Science（WOS）数据库。在 CNKI 数据库中，以"场所营造＊公共空间"为主题词，"城市"为篇关摘，对 2012—2022 年内发表的期刊、论文进行检索，得到 63 篇文献。为使分析结果更加客观准确，防止一些研究场所营造理论应用于城市中具有公共性、开放性、共享性的空间的文章，以及因未出现"公共空间"主题词而被排除的情况，最终以"场所营造"为主题词，限定"建筑科学与技术工程"作为期刊论文来源，得到318篇文献，逐一阅读篇名、摘要、关键词等信息，剔除行业刊讯、书评等无效文章以及建筑单体设计、传统村落保护等不在城市公共空间研究范畴内的文章，人工筛选出中文文献208篇。在WOS数据库中，以"place making"和"urban public space"为主题词，对2012—2022年内发表的论文进行检索，得到864篇文献。限定"Urban Studies, Geography, Regional Urban Planning"作为论文类别，得到外文文献280篇。

2 国内外研究进展

2.1 整体发展概况

在时间维度上，通过绘制年度文献走势图（图1）分析国内外相关研究的发展轨迹。可以看出国内外研究总体呈上升趋势。国内关于场所营造的研究发文量在2012—2019年呈逐年平稳增长趋势，2020年发文量显著增加，达到2019年的两倍，表明研究热度有所上升，近3年总体平稳，研究主要集中在微更新与社区营造层面。国外关于城市公共空间场所营造方面的研究在2016年和2020年出现两次激增，近3年发文量小幅度下降。总体上针对场所营造视角下城市公共空间优化的研究相对较少，表明在理论体系和营造方法上还有很大的拓展空间。

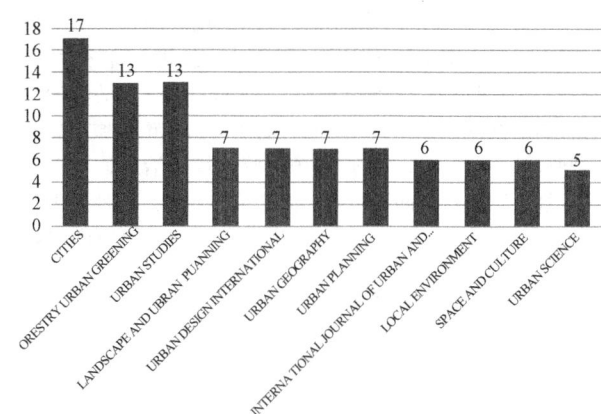

图2 WOS文献的来源出版物

从文献出版来源看（图2），相关文献主要分布在城市设计、城市绿化、景观与城市规划等学科领域。从文献作者所属国家来看（图3），美国居于首位，第二位为英国，其次分别为西班牙、澳大利亚、加拿大等，中国排在第八位，说明美国学者在该研究领域中处于较为主导地位。

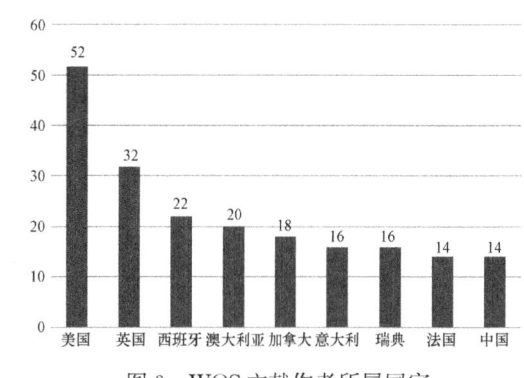

图3 WOS文献作者所属国家

2.2 研究成果与进展

2.2.1 研究热点分析

分别对国内外文献进行关键词共现分析（图4、

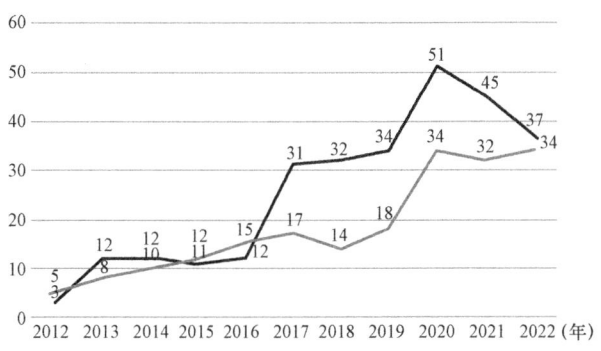

图1 年度文献数量走势图

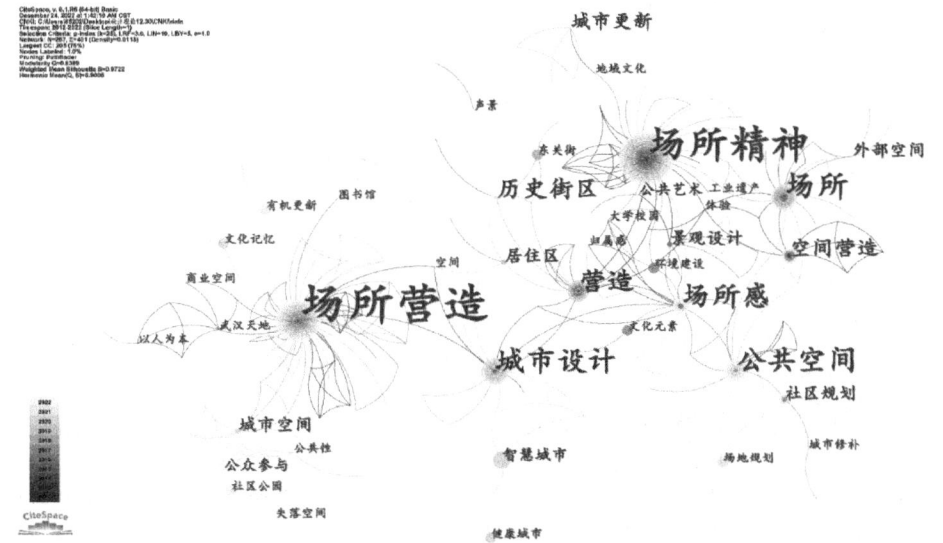

图4 国内相关研究关键词共现图谱

图5），中外学术界相关研究方向相似度较高。从图中可以看出，除去限定关键词"场所营造、公共空间""场所精神""空间营造""城市更新""公众参与"等关键词具有很高的共现频率。由此可见，场所营造理论在城市公共空间设计中主要应用在营造场所感、场所治理、公众参与、社区营造、空间再生等方面。总体而言，国外关于场所营造的对象主要集中在大城市公共空间，国内则多特定于老旧社区、历史街区、工业遗址、校园景观等。

2.2.2 研究脉络分析

通过关键词聚类及时间线图谱（图6、图7），分析各聚类间的联系及时间进程。同时，结合关键词突现分析（图8），可以分析得出国内外城市公共空间场所营造的研究脉络。

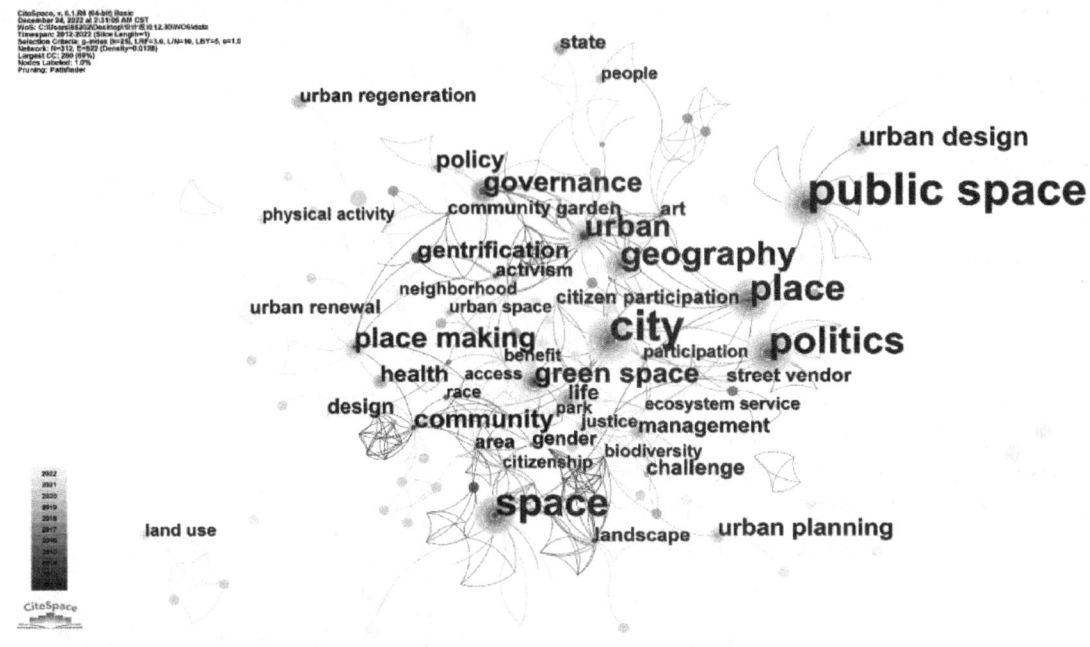

图5 国外相关研究关键词共现图谱

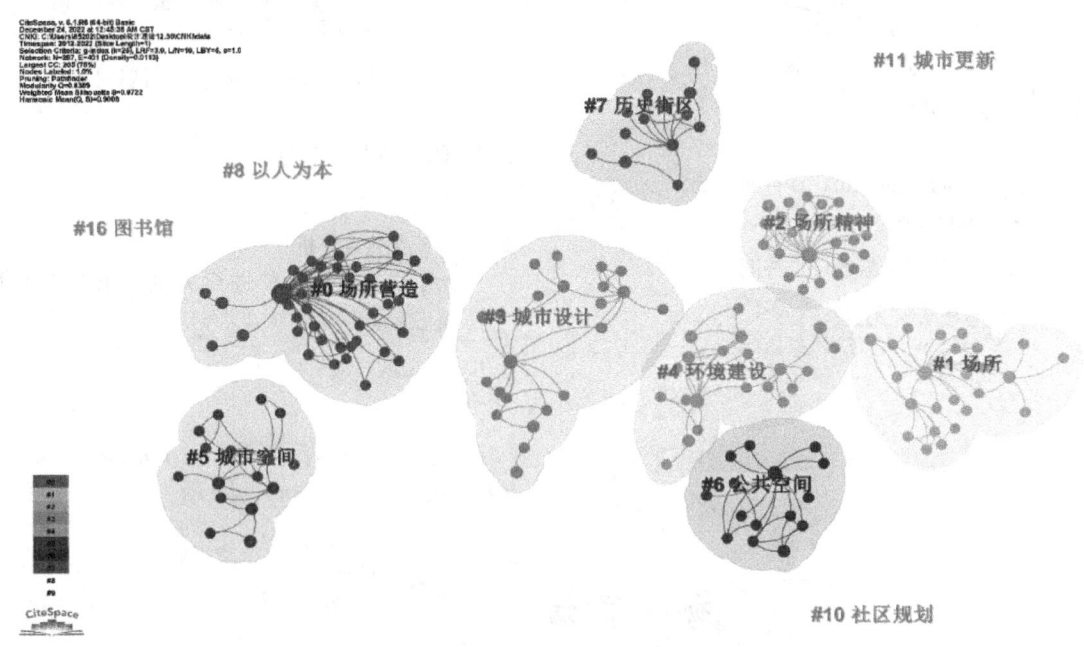

图6 国内相关研究关键词聚类图谱

2012—2017年，全球范围内的城市复兴（Urban Regeneration）运动达到高潮，大量城市更新实践涌现。2013年"海绵城市（the sponge city）"理念的提出，使得自然生态环境建设与城市建设发展相结合。接着，"城市双修"理念于2015年提出，修复城市生态，修补城市功能，提倡城市可持续性、宜居性发展战略，提倡从人的需求出发，共治共享的社区更新实践。对于城市公共空间的研究也在这个阶段逐步转向渐进式微空间更新、社区营造实践以及场所精神应用于城市设计。2018—2022年，新型城镇化战略和新常态经济发展战略的提出，使得我国城市更新进入存量空间更新提质阶段。公共空间复愈（public space restoration）理论的提出使得城市公共空间设计热点转向人性化设计、场所感营造、再生性发展，提倡以低成本干预，在既有环境空间中进行提升与优化。

可以看出，近10年针对城市公共空间场所营造的研究对人的需求与感受关注度逐步上升，"公众参与"成为当下研究的热点，且个案实践成果颇丰。但是当代城市公共空间的公众参与还多只是象征性参与，缺少切实可行的理论系统与执行方法，如何在场所营造的实践中建立场所治理模式亟待研究解决。

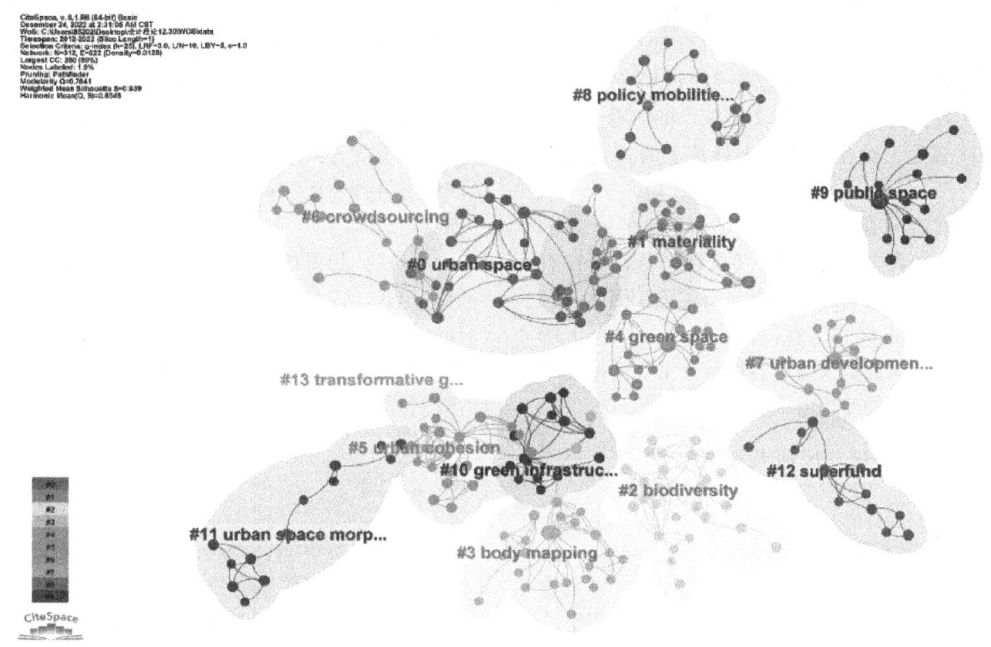

图7 国外相关研究关键词聚类图谱

Keywords	Year	Strength	Begin	End	2012—2022
体验	2012	1.24	2012	2013	
公共艺术	2012	0.92	2012	2017	
武汉天地	2014	1.15	2014	2015	
大学校园	2014	0.76	2014	2017	
以人为本	2014	0.76	2014	2017	
营造	2012	1.62	2015	2016	
地域文化	2015	0.87	2015	2017	
城市修补	2017	1.02	2017	2018	
场所	2013	1.39	2018	2019	
居住区	2016	1.31	2018	2019	
公共空间	2014	1.26	2020	2022	
城市空间	2018	0.94	2020	2022	
公众参与	2020	0.84	2020	2022	

图8 城市公共空间场所营造突现关键词

2.3 主要方法及内容

现有关于场所营造视角下城市公共空间的优化实践，主要关注使用者的环境认知、行为活动与心理体验，通过量化评价、跨学科研究、景观设计等方法，营造空间的场所感，注重场所的人性化表达，提高场所的品质。

对于场所营造视角下城市公共空间的问题识别可以分为定性分析与定量评价。定性分析主要基于对场所的长期观察，从可达性、联系性、空间舒适性、社交性4个方面对空间进行详细衡量，来评价公共空间在这些方面的品质好坏。定量评价则可以通过双层次综合模糊评价法、使用后评价分析法（POE）或是基于美国学者维卡斯·梅塔（Vikas Mehta）提出的公共空间量化模型，进行权重赋值评分后得到结果。而针对尺度较大的城市公共空间，多使用空间句法构建路网拓扑关系，分析空间组织与人类活动的关系，通过核密度分析法分析停留空间的分布态势。此外，"10+"空间转型法（"the power of 10+"）作为城市公共空间优化提质方法，是一种自上而下的构想，而其实现方式则是自下而上的过程，鼓励居民与利益相关者参与空间营造。在每一个具体研究或应用实践中，通常结合多种分析、评价、设计方法。

3 场所营造视角下的城市公共空间优化策略

3.1 城市公共空间优化面临的困境与挑战

3.1.1 城市公共空间存在失落问题

与自然环境和社会环境的联系性较低是城市公共空间失落的问题之一，公共空间的运作模式因不能适应社会需求而逐渐进入困境，久而久之，也不能够满足空间使用者多样化的需求。公共空间弹性能力不足，导致空间应变力、适应力低下，而最终呈现空间失落的现象。

3.1.2 城市更新进入存量提质阶段

新型城镇化战略和新常态经济发展战略提出以来，

我国城市更新进入存量空间更新提质阶段，存量空间提质、宜居生态建设、精细化管理成为当前城市建设的重点。因此，从微观角度入手，关注小尺度的城市边角地，对城市失落空间进行重塑将成为一种趋势。

长期以来增量发展"重总量、轻优化"模式导致了城市公共空间存在自然、社会、治理等方面的诸多问题。存量提质阶段，场所中既有利益相关者和自组织方的诉求与话语权进一步增大，各方的多元需求使得场所空间重塑需要更多融入人文关怀，重视人文需求，将物质空间视为空间载体，在感受上给使用者带来精神上的愉悦感及归属感。

既有城市公共空间存在失落问题多由于缺乏有效的互动体验设施，人与人之间的情感联系不足，无法保持有效的互动交流，导致场所缺乏认同感与归属感。因此，公共空间重塑首先应从人性化出发，营造满足公众需求的适宜性场所。同时应保证场所的包容性与公平性，确保不同人群对城市公共空间的使用需求。

3.2 城市公共空间优化与场所营造

3.2.1 基于特定场所而营造

在场所营造的过程中纳入公众自身的设想，会激发认同感和归属感。在对特定场所的具体营造中，有以下几点优化思考：

（1）公共艺术的介入：公共艺术本身就具有改善城市品质的变革性力量。在特定的场所置入符合场所整体气氛的公共艺术，将为城市公共空间带来积极的影响，能够使群众在特定的场所驻足停留，促进互动交流，同时也为特定场所注入活力。

（2）在地情感的联结：场所营造的关键在于唤起公众的场所精神。特定场所的标志性特征、在地文化、历史情景再现易于唤起人们对于场所的记忆。通过与所在场所发生联系，在特定场所营造在地文化体验，引起人们的共鸣与认同感，也能促进文脉的保护与传承。

（3）多元功能的融合：公共空间的多功能融合能为多样化的人群提供多元化的空间功能和行为体验，在设计过程中混合布局，融合公共空间的生态、休闲、运动、文化、商业等功能，关注相关群体的需求，激发互动行为与交流，促进公众的感官体验与情感共鸣，营造出多元的活力的沉浸式体验场所。

3.2.2 纳入特定场所的公众

在城市规划与运作过程中应将特定场所的公众介入作为重中之重。如何提高公众的话语权，唤醒公众的审美意识，推动公众参与决策，使公众能够主动参与特定场所的空间改造与治理，是当前存在的重要挑战。

3.3 场所营造视角下的城市公共空间治理模式

当前我国城市公共空间在建设与管理上仍然维持自上而下的治理方式，缺乏横向沟通协商。如何从城市治理的角度应对公共空间管理问题，将对城市公共空间优化起到重要作用。国外针对场所营造的实践中提出了"场所治理"模式，即通过将权力逐级下放，促进地方管理与治理能力，从而将公共空间的共同价值最大化。

首先，以场所资源和居民认知为基础，收集公众对于场所关键性问题的认识，记录公共空间的使用现状，分析缺少的活动类型，总结该公共空间未来的建设愿景。在规划设计阶段，深入分析公众需求，通过对公共活动的统筹规划来增强各个空间的联系，切入痛点问题，在需求导向下作设计，激发公众参与。在实施阶段，除了利益相关者和自组织者，还可寻求多元合作伙伴，通过集体讨论，用低成本方式介入，先通过短期试验对空间进行改造，将空间短板补齐，而后更加关注公众活动的加入，坚持实施长期营造。

其次，想要优化管理结构，打破传统自上而下的空间管理模式，应从管理层面做出重大改变。通过多部门合作，打破传统治理结构孤立僵化的局面，保证多元化需求在决策管理层面就能够受到重视，以协同合作的方式提出优化方案。

4 结语

我国城市更新已经进入存量空间更新提质阶段，精细化管理成为当前城市公共空间建设的重点。因此，多元主体协同合作的场所治理模式对于我国城市公共空间的建设发展具有借鉴意义。目前我国公众参与形式尚停留在意见征求层面，缺乏系统有效的参与，需要通过政府出台相关补助政策，培育公共组织，开展公共活动，凝聚公众整体意识。此外，我国还需慢慢摸索，建立公私协同的创新管理制度，探索低成本开发的设施与活动规划，通过公共空间改造试验提升场所治理模式的可行性，提升公共空间的价值与影响力，挖掘场所营造视角下城市公共空间优化的新策略。

本文对近10年来城市公共空间场所营造相关文献进行研究。首先，从数据层面分析既有成果进展与方法；其次，总结了城市公共空间优化面临的困境与挑战；然后，立足场所营造，指出城市公共空间优化应基于特定场所，且纳入特定场所的公众；最后，建议我国城市公共空间应探寻一种全新的场所治理模式，相关理论与具体实施方法还需进一步探索研究。

参考文献

[1] 阳建强，陈月. 1949—2019年中国城市更新的发展与回顾[J]. 城市规划，2020，44(2)：9-19，31.
[2] PPS. Place making：What If We Built Our Cities Around Places？[R]. 2016.
[3] 徐磊青，言语. 公共空间的公共性评估模型评述[J]. 新建筑，2016(1)：4-9.
[4] Mehta V. Evaluating public space[J]. Journal of Urban Design，2014，19(1)：53-88.

作者简介

管毓宁，1999年生，女，汉族，江苏南京人，重庆大学风景园林学专业硕士在读，研究方向为城市设计。电子邮箱：852025326@qq.com。

基于PSPL和空间句法的新老城区衔接区公共空间评估与优化策略
——以成都市典型公园为例[①]

Evaluation and Optimization Strategy of Public Space in the Junction Area of New and Old Urban Areas Based on PSPL and Space Syntax
—A Case Study of Typical Parks in Chengdu

顾梅馨 熊雪倩 刘 玥 杜雨桐 王倩娜*

摘 要：在城市由"增量发展"转向"存量优化"的更新背景下，作为新老城区联系的纽带，新老城区衔接区是城市更新过渡的重要空间载体。而新老城区衔接区的公共空间具有优化环境、协调需求、承载活动等功能，是城市公共空间体系的关键部分。优化衔接区公共空间不仅有助于完善城市公共空间系统，也对促进城市资源分配中的利益平衡、提高城市更新的公平性具有关键意义。本研究以成都市双流区和青羊区中两个代表性公园为例，采用PSPL调研法和空间句法分别对公园进行人流量调查、空间环境品质评价以及整合度、关联性分析，探索公园在新老城区衔接区的人群使用和空间结构特性。发现公园在合理化城市资源、传承城市文脉和展示城市风貌方面没有起到良好的过渡作用，因此从文化、交通、环境等方面提出新老城区衔接区公共空间更新的策略与建议。

关键词：新老城区衔接区；公共空间；PSPL调研法；空间句法

Abstract: In the context of urban renewal from "incremental development" to "stock optimization", as a link between new and old urban areas, the connecting area between new and old urban areas is an important spatial carrier for urban renewal transition. The public space in the connecting area between the new and old urban areas has functions such as optimizing the ecological environment, coordinating multiple needs, and carrying urban activities, which is a key part of the urban public space system. Optimizing the public space in the connecting area not only helps to improve the urban public space system, but also has crucial significance in promoting the balance of interests in urban resource allocation and improving the fairness of urban renewal. Taking two representative parks in Shuangliu District and Qingyang District of Chengdu as examples, this study uses the PSPL survey method and Space syntax to investigate the flow of people, evaluate the quality of space environment, and analyze the degree of integration and relevance of the parks, so as to explore the crowd use and spatial structure characteristics of the parks in the new old urban junction area. We have found that parks have not played a good transitional role in rationalizing urban resources, inheriting urban culture, and showcasing urban style. Therefore, we propose strategies and suggestions for the renewal of public spaces in the new and old urban areas from the perspectives of culture, transportation, and environment.

Keywords: Connecting Area Between New and Old Urban Areas; Public Spaces; PSPL Research Method; Space Syntax

引言

城市更新是城市存量空间再开发的重要手段，作为一种技术手段和沟通平台，城市更新规划的核心职能是对空间资源的再分配，而分配是否合理就是空间正义与社会公正问题[1]。在城市更新的过程中，新老城区衔接区发挥着过渡新老城区风貌、调配平衡新老城区资源的积极作用。但由于空间的精确定义不明确，加之城市经济发展和建设用地扩张的影响，新老城区衔接区易出现土地利用变动无序、区域发展方向不明确等问题，对提高空间利用效率有着强烈的需求。新老城区衔接区是人流、车流、商流、物流、生态流等各种流动要素的交换核心，既是承接老城区产业、生活、服务功能的外溢，也是完善新城区服务功能体系的有效空间载体[2]。新老城区衔接区的公共空间则是新老城区人群生活的平台、公众交往的媒介，在提升居民生活幸福感指数以及提升城市更新公平性方面发挥着重要作用，因此新老城区衔接区的公共空间是城市更新过渡的重要空间载体。

新老城区衔接区的前身为城市边缘区，随着城市建设演变为新老城区衔接区[2]。在国外，城市边缘区的研究源于西方国家郊区化带来的土地和社会问题[3]。德国地理学家路易斯首次提出城市边缘区的概念；威尔文提出城市边缘区是城市土地利用与农业用地之间的转变区域[4-5]；普里沃认为城市边缘区是一种土地利用、社会和人口特征的过渡地带[4-6]；洛斯乌姆提出城市边缘区是介

[①] 四川大学2022年"大学生创新创业训练计划"项目（编号：C2022122404）。

于城市和乡村之间的连续统一体[7]。国内的城市边缘区研究在20世纪90年代中后期形成理论框架的雏形。顾朝林指出城市边缘区同时具有自然特性和社会特性[8]；崔功豪指出城市边缘区是城市环境向乡村环境转化的过渡地带[9]；涂人猛则提出城市边缘区是城市建成区与乡村的接合部[10]。

由于国内新老城区衔接区领域的空白，对衔接区尚没有明确指标进行计算和定位，因此运用GIS技术对成都市新老城区进行定位得到成都市新老城区以及衔接区的分布图。本文根据分布图选定双流区和青羊区两个典型案例进行研究，运用更新理论对实际更新思路及方法进行总结分析，并对城市更新衔接区中的公园绿地如何提升服务效果提出优化方案。

1 研究对象及方法

1.1 研究对象选取

成都历史悠久，其城市更新状况较为复杂。成都市提出优化城市空间结构和重塑经济地理的重大战略，明确了"东进、南拓、西控、北改、中优"的方针。其中"中优"区域总面积为1264km²，常住人口约为900万。该区域的城市建设用地面积约为722km²，国土开发强度达到80%，是成都市建成环境时间最久、存量空间最为集中、人口最为密集和矛盾最为突出的区域[11]。故从成都市"中优"区域中选取新老城区衔接区面积最多的青羊区和双流区作为研究对象。

双流区是成都市第二圈层[12]发展的代表，全区面积1065km²，常住人口为14.65万人。该区虽然已具有成熟的城市格局，但在城区周围遗留大量未经改造的农村用房和乡镇居民自建房片区，存在着新老城区发展缺失、过渡断裂的情况。青羊区地处成都市核心区域，全区面积67.78km²，辖区人口约103万人，城镇化率达到100%，但仍存在着大量公共空间破败或数量不足的新老城区衔接区，发展定位模糊、公共资源较为匮乏。

因此本文以建设时间作为主要的衡量因素，辅助经济、人口等指标，运用遥感技术和ArcGis技术得出和双流区新老城区以及衔接区划分的范围和青羊区新老城区以及衔接区划分的范围，并在范围内对双流区和青羊区新老城市衔接区所含具体地区名称进行了统计（表1）。

衔接区所含公共空间名称统计　　表1

双流区	九江街道马家寺老场镇
	双流城市公园景观设计"两轴·一带·八园·一中心"的巨大十字形绿化带，包括运动公园、艺术公园、科技公园、森林公园等多个公园
	双流区大市场/实验小学
	维也纳森林公园
	双流区公兴初级中学
	南湖湿地公园
	中和江滩公园
	时代奥特莱斯
青羊区	世界非物质遗产文化园
	黄忠公园和成都金沙遗址博物馆
	杜甫草堂和浣花溪公园
	汪家拐菜市场
	北东街菜市场
	文家综合市场

根据统计表，以公园服务半径3km之内同时包含新城区和老城区的标准，对公园绿地类公共空间进行了调研总结，发现江滩公园和黄忠公园由于其地理位置原因具有较高的代表性，故最终研究对象确定为双流区江滩公园和青羊区黄忠公园（图1）。

图1　双流区江滩公园与青羊区黄忠公园区位示意图

1.2 研究方法

1.2.1 PSPL调研法

PSPL，即公共空间-公共生活的简称。PSPL调研法是由丹麦著名城市规划师杨·盖尔（Jan Gehl）创建的一项专门针对步行、自行车交通和城市空间环境的调研、评估方法，通过计数、观察、活动记录、采访、统计分析等手段，了解人在城市空间中的行为特点，评价公共空间的质量。本研究主要通过人群对公共空间使用情况进行分析，并采取Gehl等提供的公共空间品质"12个关键词"标准（图2）进行空间综合品质评价[13]，了解人们对于空间更新的真实意愿。

图2 公共空间品质评价标准[13]

1.2.2 空间句法

空间句法模型是一种描述现代城市模式的新的"计算语言"，是进行城市空间结构分析的理论和工具。它透过空间几何要素揭示城市空间形态演变的内在机理，评价城市交通网络合理与否[14]。空间句法通过整合度、连接值、可协同度、深度值、集成度以及可理解度等指标表达空间之间的相互关系。本文选取空间句法中的整合度、可协同度、可理解度等指标，基于DepthmapX软件平台对江滩公园和黄忠公园的轴线模型进行分析。

1.2.3 实地调研统计与问卷、访谈法

本研究以实地考察法、地图标记法和现场计数法为主，问卷法和访谈法为辅对公共空间进行分析和调查。调研时间共计7天，时间段选取为8:00—20:00，选取公园内包括交通节点、商业节点等重要公共空间进行调研。同时以调研人群使用公园的频率、感受、满意度以及新老城区人群使用公园程度为目的设计调研问卷，经过实地以及社交媒体平台进行网络问卷发放，一共发放253份问卷，收回有效数据174份。最后，对部分使用者、社区居委会人员进行访谈，征求了目前公共空间存在的问题及

改造建议。

2 研究结果

2.1 江滩公园

2.1.1 公共空间评估以及人群使用特征

每个调研点（图3、图4）在8:00—20:00共12h内，以每小时为一个单位，记录主要交通节点的人流通行状况（图5）。由图5可见，由于毗邻中和新区居住区，位于世纪城路旁的江滩公园西入口同时也是主入口（节点样本3）人流量最大，全天共计有4119人次。其次是江滩公园南门（样本节点1），为2287人次；以及位于江滩公园端部的小入口（样本节点4），为2119人次。而其余节点（样本节点2）在人数上较少，为741人次。虽然样本节点4紧邻"网红景点"五岔子大桥，但所吸引游客数量最少。这显示出空间入口可达性和环境舒适性在游客吸引力上存在明显差异，公共空间质量不均衡的问题。

在时间分布上，8:00—11:00游客数量逐步上升，并在11:00达到全天第一个游览高峰。在12:00—14:00的午休阶段有明显下降，而在15:00—17:00游客数量整体呈缓慢增加的趋势；18:00—20:00游客数量呈大幅度上升。20:00左右是全天游客数量的峰值，2285人次；18:00—20:00游客总量整体快速上涨，这是由于江滩公园发挥了作为公园绿地的休闲游憩作用，游客主要为当地居民以及部分外地观光游客。

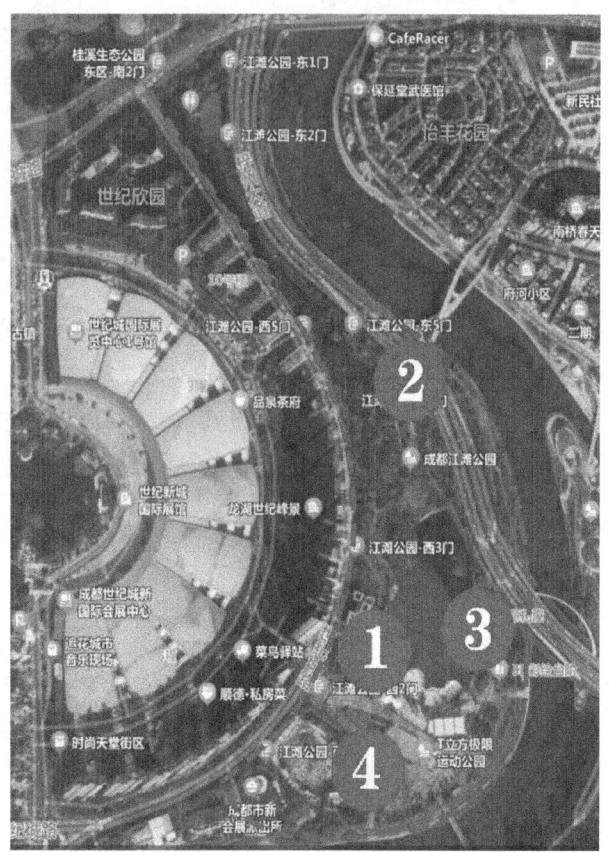

图4 江滩公园空间节点示意

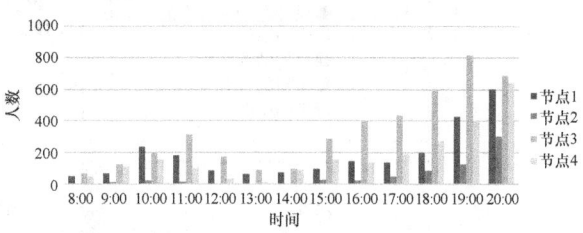

图5 江滩公园节点人流计数统计

综合调研数据（表2）显示公共空间活力评估都比较好，可见公共空间活力高低与公园设计的游行步道以及配套的商业、休闲服务等设施密切相关。公共空间驻足密度分布以极限运动公园为主，其他区域密度较为均匀。调研发现驻足行为多发生于宽阔的公共空间，主要源自商业与交往行为，坐歇行为主要发生在设施丰富、环境良好的空间区域。

江滩公园地处中和老城区的和新城区的过渡带，毗邻龙湖世纪和红树湾两大新城居民区和河对岸的中和老居住区，人流量巨大。人员构成以亲子结构为主，部分老年人会选择来公园游憩（图6）。新老城区使用人数基本相当，江滩公园起到了较好的过渡作用。其次从调研现场来看，江滩公园服务新老城区时在空间上具有一定的割裂性，究其原因是江滩公园内部交通联系性不高，导致人群流动性低。

图3 江滩公园出入口示意

江滩公园空间环境评估统计 表2

节点示意图	人群聚集情况					空间环境评价			
1	人群主要活动	体育活动	亲子活动	闲聊	娱乐活动	可达性	安全性	交通联系情况	停车场情况
	平均停留时间	0min	15min	25min	5min	5	5	4	5
	平均聚集人数（总人数/小时数）	0	1	4	0.5	公共设施便捷性	公共空间舒适性	步行环境综合评价	骑行环境综合评价
	空间选择原因	空间宽阔，邻主入口				4	2	2	4
活力评估：一般	空间说明：地下停车场入口在公园门口，有机动车道穿过								
2	人群主要活动	体育活动	亲子活动	闲聊	娱乐活动	可达性	安全性	交通联系情况	停车场情况
	平均停留时间	10min	15min	10min	5min	3	4	3	0
	平均聚集人数（总人数/小时数）	2	3	4	1	公共设施便捷性	公共空间舒适性	步行环境综合评价	骑行环境综合评价
	空间选择原因	道路长度适宜，景色丰富多变，有高大乔木遮阴，但缺少休息长椅				3	4	4	0
活力评估：较高	空间说明：有人行道经过，但不允许非机动车进入								
3	人群主要活动	体育活动	亲子活动	闲聊	娱乐活动	可达性	安全性	交通联系情况	停车场情况
	平均停留时间	40min	50min	25min	55min	5	4	5	3
	平均聚集人数（总人数/小时数）	8	9	3	10	公共设施便捷性	公共空间舒适性	步行环境综合评价	骑行环境综合评价
	空间选择原因	景观丰富，娱乐设施充足，休憩空间				5	4	5	5
活力评估：非常高	空间说明：有设置塑胶铺装的人行和自行车道，环境丰富，有临水界面								
4	人群主要活动	体育活动	亲子活动	闲聊	娱乐活动	可达性	安全性	交通联系情况	停车场情况
	平均停留时间	30min	30min	50min	25min	5	3	4	0
	平均聚集人数（总人数/小时数）	1.8	3	8.5	2.5	公共设施便捷性	公共空间舒适性	步行环境综合评价	骑行环境综合评价
	空间选择原因	环境开阔，有河流风景、树荫遮挡，休息座椅较多				4	3	4	4
活力评估：较高	空间说明：地下停车场入口在公园门口，有机动车道穿过								

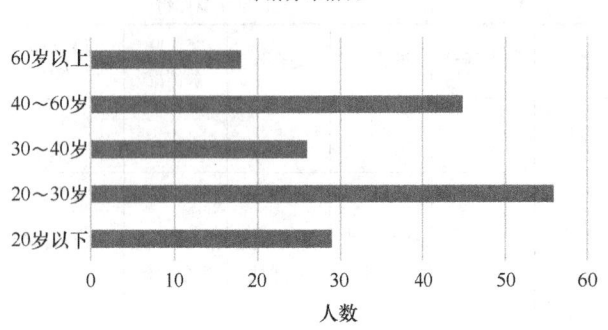
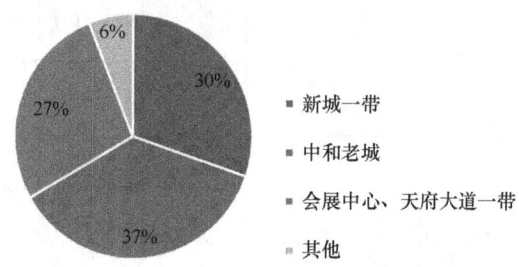

图6 年龄组成和人群居住区域构成

对江滩公园使用情况进行调查,周边人群以休闲散步为主(图7)。江滩公园整体空间舒适性评价较好。本地居民评分高于游客,说明空间具备营造认同感的良好基础。广场铺装和公共设施以及娱乐器械为游玩提供了具有较优吸引力的界面以及较为舒适的步行环境,但过多的硬化铺装导致绿地率下降,有22%受访者表示应提高绿地率。广场有大量满足亲子行游客多样化活动需求的设施。有24.56%的受访者在外环境的感官体验这一项上评价一般,以及有近80%的女性游客表示希望增加一定的遮阴设施,原因是数据获取时间正值盛夏,气温偏高,空间中缺乏遮蔽物,影响了游览体验(图8)。受访者大多表示空间尺度适宜,6%的游客认为场地内商业服务活力较低,无法为游客带来良好的体验。

2.1.2 空间句法分析
(1)整合度分析

整合度越高的空间,可达性和中心性越强,越容易聚集人流。江滩公园整体整合度平均值为0.607,最大整合度为0.880,最小整合度为0.402,各点整合度较为均衡,整体整合度较高。由图9、图10可知,沿世纪城路的道路是江滩公园内平均整合度最高的轴线,在交通上具有中心性。其他整合度较高的轴线上均有公园内重要公共空间节点,如江滩公园入口、智慧运动空间、儿童趣动空间等分布。整合度由主要节点向四周逐渐降低,表明节点起到了空间核心的作用,具有空间聚集性和引导性。

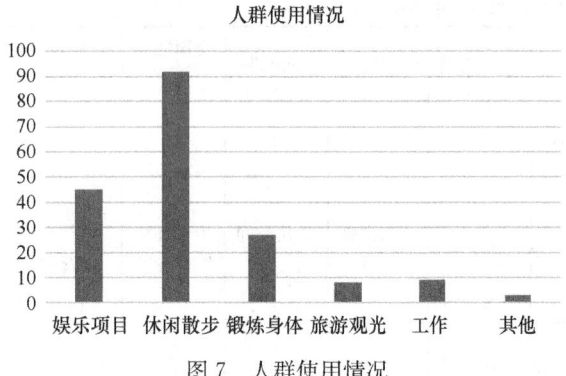

图7 人群使用情况

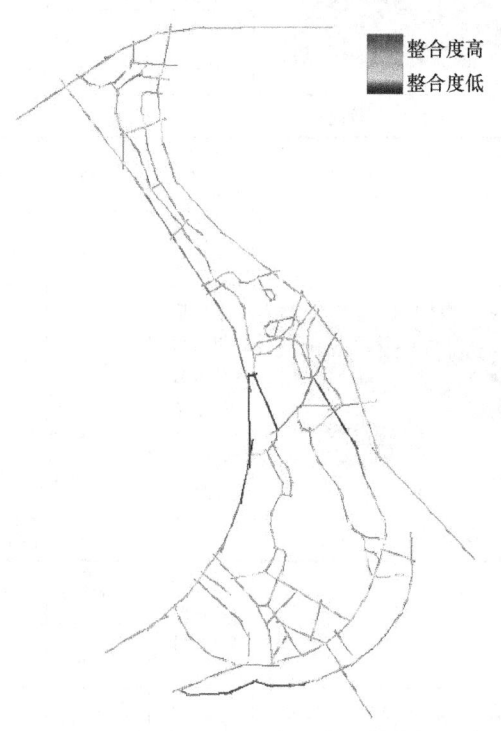

图9 空间整合度分析

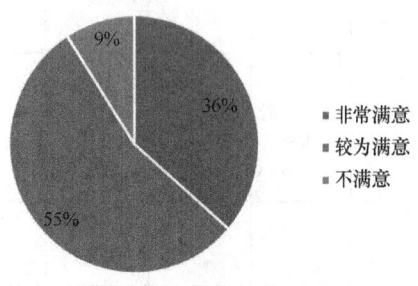

图8 人群使用满意度

(2)关联性分析

江滩公园内最小深度值区域(图11)主要集中在江滩公园南门和江滩公园西门,表明这两个区域较为核心,具有较强的空间影响力;分析连接值(图12)可以看出这两个位置连接值较高,表明景区具有较好的可达性和空间渗透性。南门人行天桥入口由于设置了路障,无障碍

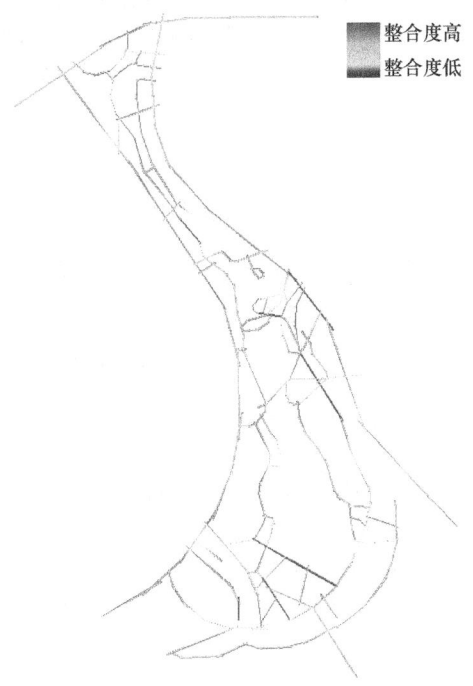

图10 空间整合度（拓扑值为3）分析

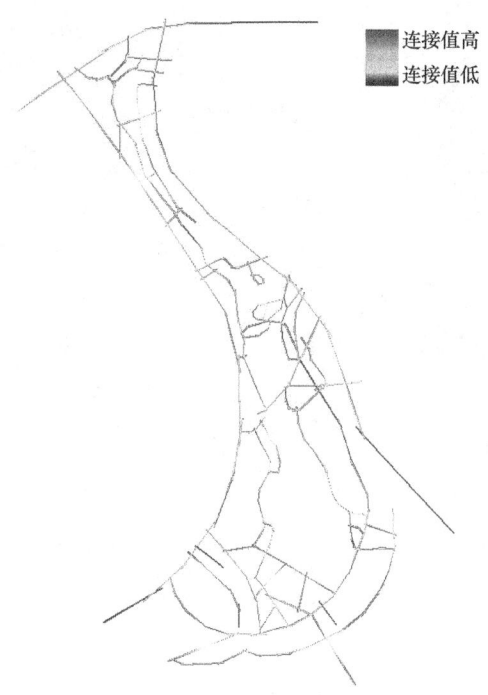

图12 空间连接度分析

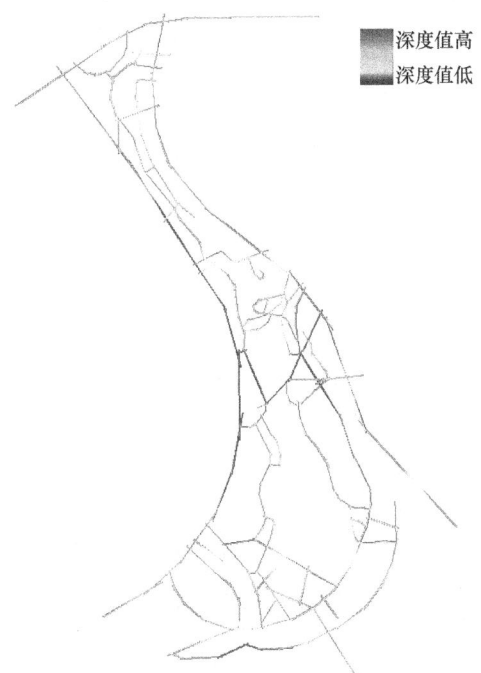

图11 空间深度值分析

性较差，有必要提高其整体空间质量，以激活现场并吸引人流量。

2.2 黄忠公园

2.2.1 公共空间评估以及人群使用特征

每个调研点（图13、图14）在8:00—20:00共12个小时内以每1小时为一个单位，记录主要交通节点的人流通行状况（图15）。由于临近东侧大量居住区，节点样本1人流量最大，全天共计有3324人次。其次是样本节点4，为3013人次。整体游客量较为平均，说明公园的出入口设置较为合理。

在时间分布上，9:00—11:00游客数量逐步攀升，在10:00达到全天第一个游览高峰后开始回落。从11:00—15:00有明显的回落，在16:00—20:00时间段游客数量呈大幅度上升。20:00是全天游客量最大值；从18:00—20:00，游客总量整体快速增长，这是由于黄忠公园发挥了作为公园绿地的休闲游憩作用，游客主要来自周边各大居住区，外地游客较少。

黄忠公园整体面积不大，毗邻多个居住区。对黄忠公园空间环境进行评估（表3）以及对使用人群进行问卷发

图13 黄忠公园出入口标注

图14 黄忠公园空间节点示意图

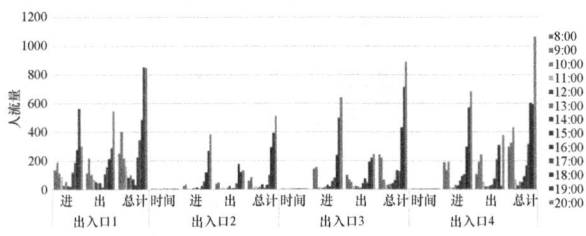

图15 黄忠公园节点人流数统计

带来了极大的困扰。当地居民表示急需多个公园绿地空间进行休闲娱乐活动，以及缓解新老城区居民对彼此的成见。

黄忠公园人员构成以老年人为主（图16），老城区使用人数占比更高，原因是黄忠公园附近道路封闭不畅，降低了可达性。对黄忠公园使用情况和使用评价进行调查，周边人群以休闲散步为主，从实地调研情况来看，进行娱乐活动的人数则占大多数。黄忠公园整体空间舒适性评价较低，使用人群都对空间感到不满，表示黄忠公园公共设施陈旧，健身器材老化，环境空间狭小，难以满足日常休闲娱乐的需要（图17）。

放后发现，当地公共空间供不应求，由于周边小区数量多，新老城区毫无过渡地衔接在一起，给当地居民的生活

空间环境评估统计　　　　　　　　　　　　　　　　　　　　　　　　　　　　　　　　　　　　　　表3

节点示意图	人群聚集情况					空间环境评价			
1	人群主要活动	体育活动	亲子活动	闲聊	娱乐活动	可达性	安全性	交通联系情况	停车场情况
	平均停留时间	20min	10min	15min	0min	3	4	2	0
	平均聚集人数（总人数/小时数）	0.5	0.25	0.4	0	公共设施便捷性	公共空间舒适性	步行环境综合评价	骑行环境综合评价
活力评估：较低	空间选择原因	树荫遮挡，到达方便，场地安全				3	4	4	4
2	人群主要活动	体育活动	亲子活动	闲聊	娱乐活动	可达性	安全性	交通联系情况	停车场情况
	平均停留时间	45min	20min	10min	55min	3	4	3	0
	平均聚集人数（总人数/小时数）	3	2	1	12	公共设施便捷性	公共空间舒适性	步行环境综合评价	骑行环境综合评价

续表

节点示意图	人群聚集情况					空间环境评价			
活力评估：一般	空间选择原因	道路长度适宜，景色丰富多变				3	4	3	1
3	人群主要活动	体育活动	亲子活动	闲聊	娱乐活动	可达性	安全性	交通联系情况	停车场情况
	平均停留时间	2min	30min	35min	40min	5	4	5	0
(图)	平均聚集人数（总人数/小时数）	1	3	4	6	公共设施便捷性	公共空间舒适性	步行环境综合评价	骑行环境综合评价
活力评估：较高	空间选择原因	休憩空间				1	4	3	3
4	人群主要活动	体育活动	亲子活动	闲聊	娱乐活动	可达性	安全性	交通联系情况	停车场情况
	平均停留时间	0min	20min	45min	0min	2	3	1	0
(图)	平均聚集人数（总人数/小时数）	0	3	7	0	公共设施便捷性	公共空间舒适性	步行环境综合评价	骑行环境综合评价
活力评估：一般	空间选择原因	公共设施较为丰富，空间环境宜人				4	3	2	0
5	人群主要活动	体育活动	亲子活动	闲聊	娱乐活动	可达性	安全性	交通联系情况	停车场情况
	平均停留时间	0min	0min	20min	40min	2	3	3	0
(图)	平均聚集人数（总人数/小时数）	0	0	0.5	0.4	公共设施便捷性	公共空间舒适性	步行环境综合评价	骑行环境综合评价
活力评估：非常低	空间选择原因	临水空间，环境较差				1	4	2	0
6	人群主要活动	体育活动	亲子活动	闲聊	娱乐活动	可达性	安全性	交通联系情况	停车场情况
	平均停留时间	45min	35min	55min	35min	4	4	4	1
(图)	平均聚集人数（总人数/小时数）	3	2	8.5	25	公共设施便捷性	公共空间舒适性	步行环境综合评价	骑行环境综合评价
活力评估：非常高	空间选择原因	核心广场空间，娱乐项目集中				5	3	4	3

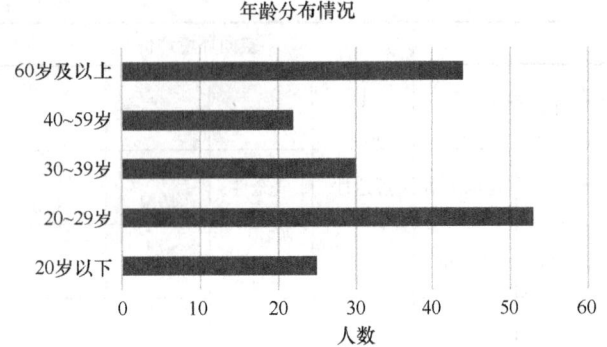
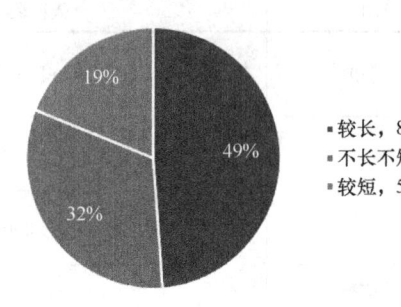

图 16 年龄组成和人群居住区域构成

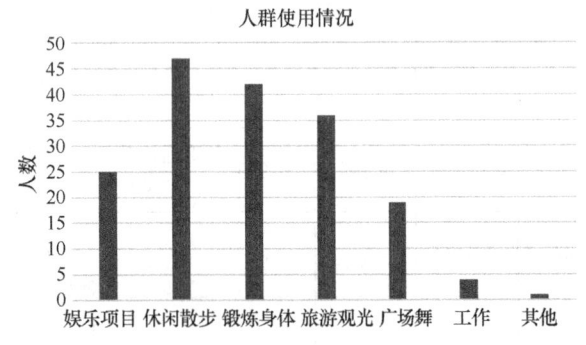
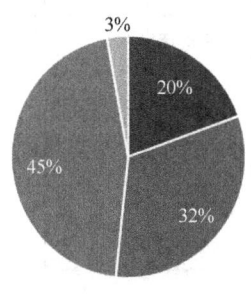

图 17 人群使用情况和人群使用满意度

2.2.2 基于空间句法的空间分析

(1) 整合度分析

首先通过建立轴线模型计算公园的可达性,扩大 2～3km 的范围消除边际效应后得到黄忠公园的计算结果(图 18)。全局整合度为 0.44＜0.5,说明公园整体空间聚集性不强。从轴线冷暖程度易知冷色轴线偏多,表明公园整体联系松散,部分空间节点甚至处于冷色范围内,说明公园空间可达性较差。选取拓扑距离为 3 时,局部整合度结果为 0.78（图 19）,小于 1.0,表明局部空间的关联性仍然较弱。

(2) 关联性分析

在运算过程中选取全局整合度（R_n）与拓扑数为 3 的局部整合度（R_3）进行相关性计算,协同度越高表明系统空间内部各个空间节点之间的通达性较好。通过计算可得协同度（图 20）为 $y=1.68831x+1.68$,$R^2=0.41$。得出协同度为 0.41,小于 0.5,说明局部空间与整体有一定联系,但是各节点间的通达性一般。

可理解度表示空间整体变量与连接度相关性的数据。可理解度越高表明空间的可识别性越强,因此游客的流动性越高。通过计算得出 $y=2.44864x+2.44$,$R^2=0.08705$。由此得出可理解度为 0.0875,数值低于 0.5,表明公园整体景观空间的可理解度较低,空间可识别性不强,景观设计不具备独特性（图 21）。

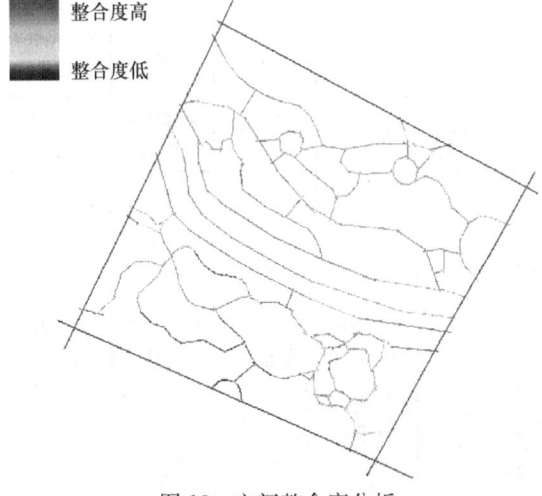

图 18 空间整合度分析

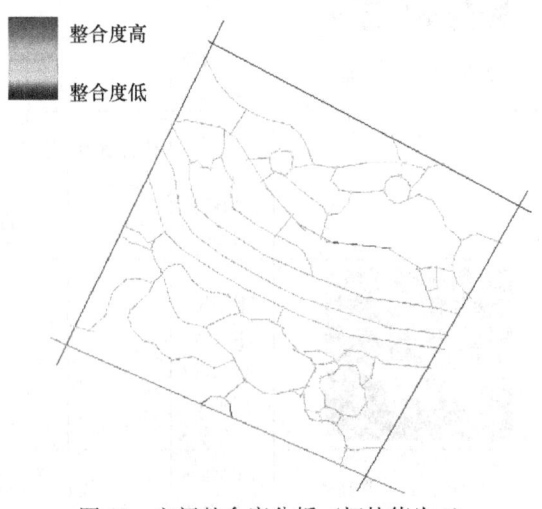

图 19 空间整合度分析（拓扑值为 3）

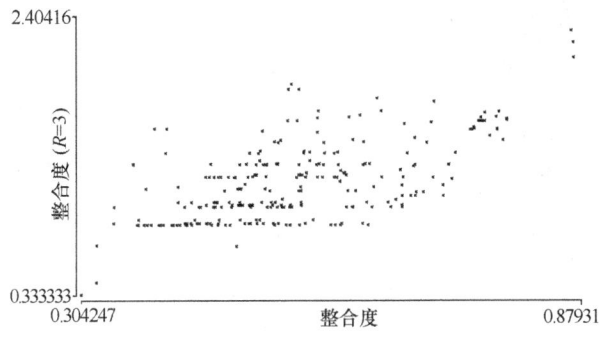

图20 空间协同度分析

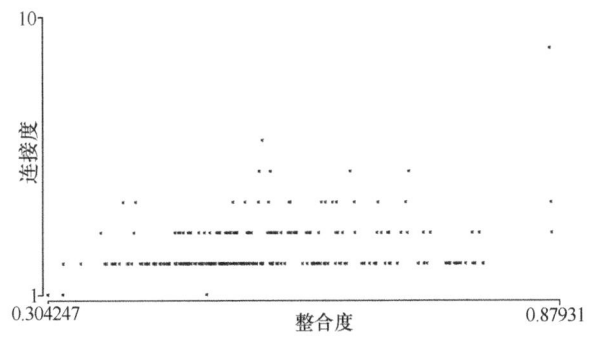

图21 空间可理解度分析

3 新老城区衔接区更新痛点

空间格局上,两个公园总体而言布局合理。在新老城区衔接上,江滩公园起到了较好的平衡新老城区资源配置的作用,但是对于文化、交通等方面没有起到良好的衔接过渡作用。黄忠公园则由于其设施设计的老化以及面积的局限性,丧失了服务周边新老城区的作用。

(1)核心文化记忆空间缺失。经调研发现,新老城区的城市文化存在断带情况,老城区的文化记忆缺失传承;并且公园公共空间节点分布零散,缺失核心空间。公共空间由于诸多配套设施设计不当,令使用者感到不满,极易产生相应的消极空间,日渐破败,无法利用。以黄忠公园为例,内部严重缺乏完整广场空间,以至于百分之五六十的使用者需要挤在公园绿化草坪内,降低了使用者体验感。

(2)多处交通衔接受阻。一定比例的非机动车想要通过公园缩短路径距离,意味着公园空间同时起到了新老城区部分非机动车通行衔接功能。转角空间逼仄,部分路段不能良好通行。人行步道则存在人与自行车混行的问题,道路宽度不够容纳高峰期人流量,易造成拥堵踩踏等问题。

(3)滨水蓝绿生态空间恶化。江滩公园饱受诟病的问题在于绿地率不能满足部分使用者的要求,以及滨江的区域水系污染、垃圾随处堆放等,导致滨水公共空间整体品质下降。黄忠公园则设施陈旧且空间狭小,无法满足周边大量居民的各类使用需求。

4 新老城区衔接区提升策略

综上所述,新老城区衔接区公园绿地类公共空间改造应按照"先整体规划、后填充细节"的顺序。具体策略及措施包括:

(1)整合焦点空间,打造标志场景。以老城区文脉为基础,优先提升具有历史价值的公共空间。以江滩公园为例,滨水公共空间是地域文化生长的界面,可以在滨水公共空间中加入老码头文化墙、设计滨水码头空间等。商业类空间,应加强业态整治,丰富商业行为。核心公园节点放大或者重新设计,增加文娱类空间如舞台设施等,增加坐歇设施。

(2)规整交通节点,梳理通行系统。从城市尺度上对新老城区规划或整理现有交通节点,使公园起到衔接新老城区非机动车交通的作用。从公园尺度上对内部道路进行修整,拆除打通步行系统中的路障。

(3)保护蓝绿廊道,构建良好生态。首先应改善滨江水环境,整治污染。比如增加码头设计、滨水退台绿廊、滨水生态林等景观。同时,注重景观与生态空间的有机结合,加强滨水文化生态场景的构建。同时可以结合策略(1)设置老城区文化记忆特色场景等。

5 结语

针对城市更新过程中的城市公共资源分配问题,深化提高新老城区衔接区的公共空间服务功能具有重要意义。本研究调研新老城区衔接区公园绿地类公共空间特征和人群使用特征,以江滩公园和黄忠公园为例,探索衔接区公共空间提升策略。但研究存在案例选取单一性的局限,缺少对各个类型公共空间的总体调研。期望后续能全面地对不同类型公共空间作出扩展性研究,以期提高对新老城区衔接区的重视,为衔接区公共空间的更新营造提供参考。

参考文献

[1] 周俭. 城乡规划要强化社会公正的目标[J]. 城市规划, 2016, 40(2): 94-95.
[2] 全国城市规划执业制度管理委员会. 城市规划原理[M]. 北京: 中国计划出版社, 2002.
[3] 张建明, 许学强. 城乡边缘带研究的回顾与展望[J]. 人文地理, 1997(3): 9-12, 37.
[4] 陈佑启. 城乡交错带名辨[J]. 地理学与国土研究, 1995, 11(1): 47-52.
[5] 张晓军. 国外城市边缘区研究发展的回顾及启示[J]. 国外城市规划, 2005, 20(4): 72-75.
[6] 顾朝林, 熊江波. 简论城市边缘区研究[J]. 地理研究, 1989, 8(3): 95-101.
[7] 顾朝林. 中国大城市边缘区研究[M]. 北京: 科学出版社, 1995.
[8] 罗彦, 周春山. 中国城乡边缘区研究的回顾和展望[J]. 城市发展研究, 2005, 12(1): 25-30.
[9] 崔功豪, 武进. 中国城市边缘区空间结构特征及其发展: 以南京等城市为例[J]. 地理学报, 1990, 45(4): 399-411.

[10] 涂人猛.城市边缘区初探——以武汉市为例[J].地理学与国土研究,1990,6(4):35-39.

[11] 钟婷,姚南,阮晨,等.成都市"中优"区域城市有机更新路径探索[J].规划师,2021,37(11):76-82.

[12] 何悦.成都市城市资源承载力测算与空间优化研究[J].中国西部,2021(1):39-46.

[13] 赵春丽,杨滨章,刘岱宗.PSPL调研法:城市公共空间和公共生活质量的评价方法——扬·盖尔城市公共空间设计理论与方法探析(3)[J].中国园林,2012,28(9):34-38.

[14] 陈明星,沈非,查良松,等.基于空间句法的城市交通网络特征研究——以安徽省芜湖市为例[J].地理与地理信息科学,2005,21(2):39-42.

作者简介

顾梅馨,2001年生,女,汉族,山东东营人,四川大学建筑与环境学院本科在读。电子邮箱:2019151470043@stu.scu.edu.cn。

熊雪倩,2000年生,女,汉族,重庆开州人,四川大学建筑与环境学院本科在读。电子邮箱:17311457806@163.com。

刘玥,2001年生,男,汉族,四川成都人,四川大学建筑与环境学院本科在读。电子邮箱:2826433537@qq.com。

杜雨桐,2001年生,男,汉族,四川成都人,四川大学建筑与环境学院本科在读。电子邮箱:3489806959@qq.com。

(通信作者)王倩娜,1986年生,女,汉族,重庆北碚人,四川大学建筑与环境学院,副教授、硕士生导师、风景园林教研室主任,研究方向为生态空间规划、绿色基础设施、新能源景观。电子邮箱:qnwang@scu.edu.cn。

生活性城市街道休憩空间更新设计策略研究
——以重庆市沙正街为例

Research on the Renewal Design Strategy of Rest Space in Living City Street
—Taking Shazheng Street in Chongqing as An Example

李轶群

摘 要：城市街道空间在满足人们出行需求的同时，也为人们复杂多样的交往活动提供了场所，其中休憩空间是城市街道的重要组成部分。然而，随着我国城市化进程的加快，现有街道休憩空间存在着数量不足、设计不合理、缺乏人文精神等诸多问题。本文依据环境行为学等相关理论，选取重庆市沙正街街道为研究对象，对城市街道环境与休憩行为之间的关系进行分析，针对性地提出一套切实有效的更新设计策略，以期对生活性城市街道休憩空间的更新设计提供参考。
关键词：城市街道；休憩空间；城市更新

Abstract: While meeting people's travel needs, urban street space also provides a place for people's complex and diverse interaction activities, of which open space is an important part of urban streets. However, with the acceleration of China's urbanization process, the existing street open space exists in insufficient quantity, irrational design, lack of humanistic spirit, and many other problems. This paper, based on environmental behavior and other related theories, selects Shazheng Street in Chongqing as the research object, analyzes the relationship between the urban street environment and open space behavior, and puts forward a set of practical and effective renewal design strategies, to provide a reference for the renewal design of living urban street open space.
Keywords: Urban Street; Rest Space; Urban Regeneration

引言

与社区接壤的生活性街道是城市公共活动的主要发生场所，承载着街区居民的日常活动需求[1]。近年来，《全球街道设计指南》和《上海市街道设计导则》等一系列街道设计导则的出台，表明街道建设越来越注重在街道中建设能满足人们日常交往活动的公共空间[2]。其中，街道休憩空间作为街道公共空间中与人的基础需求联系较为紧密的场所，是街道公共空间建设的重要组成部分[3]。然而，当前的街道休憩空间的建设却存在着设计不合理、空间利用率低、缺乏人文精神等诸多问题，使得行人的基本休憩需求和社交需求未能得到满足。本文旨在聚焦生活性城市街道休憩空间建设现存的问题，深刻探讨街道休憩空间环境与休憩行为心理的对应性关联，提出街道休憩空间的更新设计路径。并以重庆市沙正街街道为例，对更新设计路径的有效性进行实践，以期为生活性城市街道休憩空间的建设提供参考。

1 生活性城市街道休憩空间更新设计路径

生活性城市街道休憩空间更新设计路径主要由提出问题、分析问题和解决问题这3个步骤组成，见图1。首先，要从街道整体概况、街道界面连续性与街道断面构成这3个方面来调研街道休憩空间现状及存在的问题。秉持以人为本的设计原则，从街道使用者的角度出发，深入挖掘对街道休憩空间的使用需求。采用大数据分析、行为地图标记和问卷调查等方式研究人的休憩行为与街道空间环境的关系，并对现状问题进行总结提炼。

由于街道环境往往比较复杂，各个路段的情况有所不同，因此为了解决生活性街道休憩空间的现存问题，应先对街道休憩空间进行总体布局更新，再综合各个路段的街道断面的组合模式、停车需求、周边建筑性质以及主要使用人群需求等因素进行类型化分段更新设计。总体布局强调整体性、多元性、开放性、文化性和人本主义原则，以确保更新后的街道休憩空间协调统一，又具有特色，增强当地居民的文化认同感和空间归属感。分段改造则主要根据各路段休憩需求度的不同，分为短暂留憩型休憩空间、街边口袋公园型休憩空间和多元互动型休憩空间。短暂留憩型休憩空间作为可供行人短暂停留的休憩节点，往往设置简单的休憩座椅，其中针对休憩需求一般的路段和休憩需求集中的路段设置的座椅间距也不同，对于休憩需求集中的路段，座椅的设置应相对密集一些，以满足行人休憩需求。街边口袋公园型休憩空间则适用于休憩需求集中、人流量较大、有富余的街边绿化空间和设施带的路段，是互动性更强的街道休憩空间形式[4]。多元互动型休憩空间适用于休憩需求度高、使用人群和空间形式都较为复杂路段，满足除基本休憩需求外的交流互动休憩行为，休憩设施往往更为丰富多元，空间领域性更强。在实际的生活性街道休憩空间的更新设计中，要充分考虑街道休憩空间现存问题、断面情况以及休憩需求度等多种因素的影响，选用最适合该路段的休憩空间类型。

图1 生活性城市街道休憩空间更新设计路径

2 沙正街休憩空间现状问题分析

2.1 街道休憩空间现状分析

2.1.1 街道整体概况

沙正街位于重庆市沙坪坝老城的中心，街道全长1320m，整体走势为南北向，道路平均宽度为16m，是一个小尺度、功能混合、高密度的街巷空间。沙正街街道现有的业态形式多样，周边分布有商业区、办公楼、住宅区、学校等，是非常典型的生活性街道[5]。

2.1.2 街道界面连续性

凯文·林奇认为可识别的街道应该具有连续性[6]。街道界面的连续性影响着人们对于街道的认知。对于街道休憩空间而言，底层的街道建筑界面的连续性对其休憩行为的影响较大。而在以重庆为例的山地城市中，街道建筑界面多呈现出高差大、台阶多等特点。对沙正街街道建筑界面的连续性进行分析发现，有台阶的建筑界面将更易引发"坐"这一休憩行为，因为台阶的存在为行为的发生提供了场所。不同的台阶形式也对休憩行为的影响程度不同，上升式台阶因为背靠实体有良好的庇护性，而前方又有良好的视野便于人们观察，更易引发休憩行为。并且随着台阶数目增多，公共区域面积增大，依据"个人空间"学说[7]，将能容纳更多的连锁休憩行为，如交谈闲聊、晒太阳等。

2.1.3 街道断面构成

街道作为一个由多种复杂要素构成的整体性空间，将其断面分为通行区、设施带、绿化带、建筑前区以及建筑界面几部分[8]。通过对重庆市沙坪坝区所有主要街道进行调研，提取影响街道休憩空间设计的街道断面类型，并对其进行分类编码，标注其可休憩空间范围。主要划分为四大类型：类型一为仅有通行区的街道，该街道一般比较狭窄，仅适用于快速通行；类型二为设施带＋通行区的街道，此种类型的街道宽度一般较宽，在建筑界面为封闭界面时，可以合理利用边界效应沿封闭界面旁设置座椅等休憩设施；类型三为设施带＋通行区＋绿化带的街道，此类型街道的绿化景观带常常会与休憩设施结合设计；类型四为设施带＋通行区＋绿化带＋建筑前区的街道，该类型的街道一般比较宽阔，休憩空间多布置在绿化带区域内，使用人群相对而言更为多样化，是激活城市不可缺少的活力互动空间。

对沙正街整条街道断面类型进行分类标记可知，沙正街街道1—1和1—3类型的街道宽度只有2m，仅供行人通行，不适宜布置休憩空间。2—3类型的道路较多，可结合设施带设置休憩设施。2—6类型的道路宽度较小，不适合布置休憩设施，若要布置休憩空间，可以结合建筑界面来设置。3—2类型的街道作为校园入口空间，起到人流集散作用，广场人群多坐在花坛处休憩闲聊等候，行为类型丰富，可根据人群需求设置多元互动型的休憩空间。4—1和4—2类型的街道宽度较广，也可作为广场空间设置互动性强、丰富多元的休憩空间，见图2。

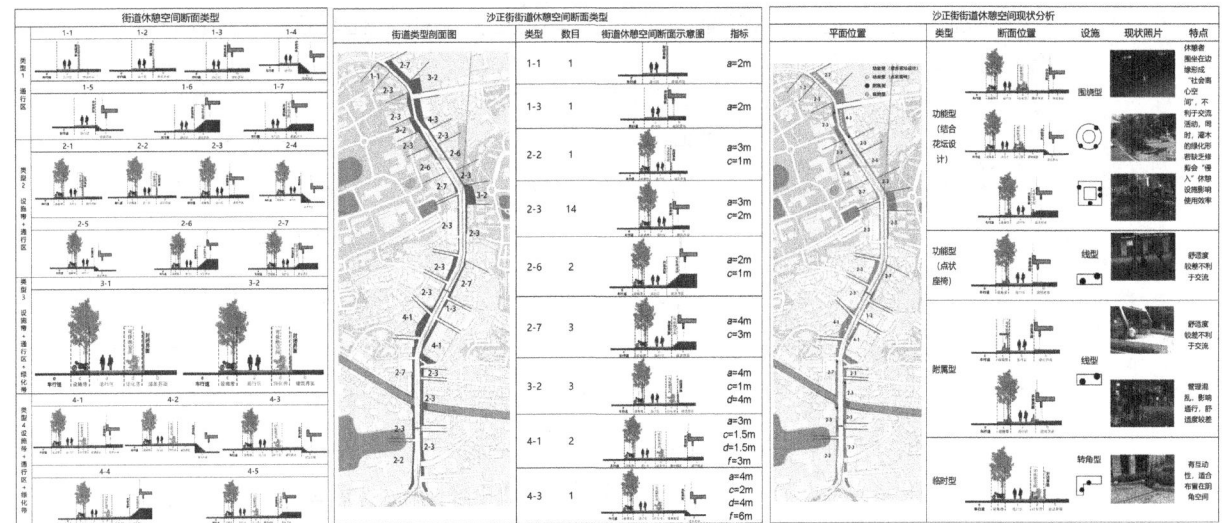

图2 沙正街休憩空间现状调研

2.2 沙正街休憩空间使用需求度分析

2.2.1 大数据分析

为调查街道中休憩需求度更高的区域，研究通过大数据平台获取沙正街区域范围内连续7天的6：00—24：00时间点的热力图数据，并用绘图软件进行数据叠加绘制，以获得一周内每日累计的人群密度图示，绘制出街道活力空间分布图，见图3。

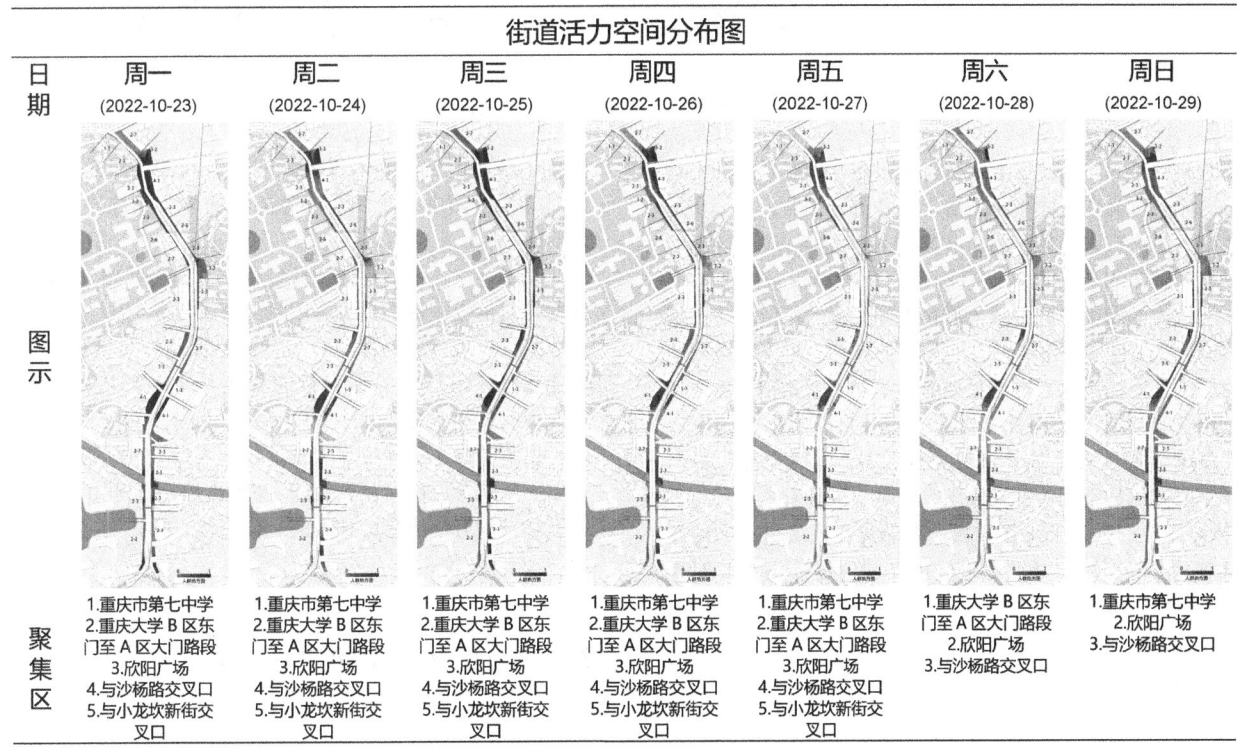

图3 沙正街活力空间分布图

经分析得出，人流聚集区存在较为明显的工作日和休息日的差异。工作日中人流除了聚集在道路交叉路口外，还多聚集在大学与中学的校门口，尤其是重庆市第七中学的校门口。休息日人流也多集中于道路交叉路口和欣阳广场路段，但校门口处的人流量较工作日明显减少。因此，对于沙正街上的5处日常人群聚集停留点，活力强度较大的路段，可考虑增加多元互动休憩空间。

2.2.2 行为地图标记

行为观察法可以直接高效地研究人群需求，人们在街道空间中的自发性休憩行为出现的频率越高，表明该区域的休憩需求越大[9]。沙正街的行为地图标记调研持

平面位置	人群类型		停留空间	人数	行为特征	行为需求
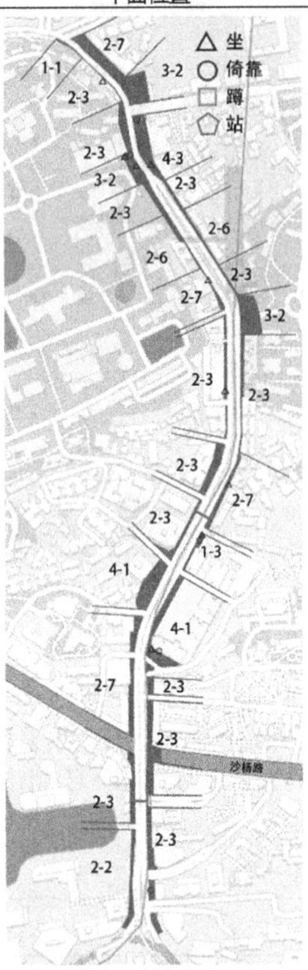	老年人	周边居民	巷口、入口空间	1~2	坐	晒太阳、休憩、聊天
			围墙边	4~5	坐	打麻将、互动交流
		非周边居民	建筑前台阶	1~2	坐、依靠	休憩、等待
	儿童	周边居民	校园等入口空间	1~2	坐、躺	攀爬游乐
	中青年人	学生	校园入口空间商店前	1~3	站、坐	休憩、等待
		职工	建筑前台阶	2~4	坐、依靠	聊天、休憩、等待
			地铁口	1~2	坐	休憩、等待
		服务人员	路口空间	3~4	站、蹲、依靠	寻找工作、聊天

图 4 沙正街自发性休憩行为标记地图

续时间为1周，通过反复在街道上行走，将遇到的行人自发性休憩行为在地图上标记出来，并进行拍照记录。实地调研发现，行人的休憩行为多集中在巷口或者路口空间，以及校园的入口空间，一些停止营业的银行台阶上也有休憩行为的发生。此外，人群在不同位置的停留行为有年龄差异，见图4。究其原因，街道上的老年人较多为周边的居民，他们更愿意在居住地的巷口聊天晒太阳，更强调休憩空间的舒适性和社交需求。而过路需要休憩的行人则多选择更具有领域性和私密性的建筑前的台阶空间，并不强调休憩空间的社交需求。此外，较具有重庆特色的"棒棒军"们则为了工作需要，更愿意在人流量较大的路口空间停留等待。可见街道休憩空间的设计离不开对街道复杂的周边人群结构加以考虑，应根据不同的人群需求在合适的位置设置具有针对性的休憩空间，提高休憩设施的使用效率。

2.2.3 问卷调查

对行人进行问卷调查能有效地了解行人对街道休憩空间的满意度和改进意见。调查问卷共设置有9个问题，包括被访者对休憩环境的整体印象、在街道中的休憩需求以及现存的休憩设施建议等。实地调研过程中收到的有效问卷为100份，其中被访对象的年龄多为19~29岁，见图5。在需求度调查中，有超过一半的人对沙正街现有休憩环境不满意，认为现有的休憩设施不满足其休憩需求，希望可以增加休憩设施。此外问卷还

调查了沙正街街道的休憩设施间隔区间的需求度，在提供的5个区间中，较多人认为街道的休憩设施距离应该为50~100m。

总之，沙正街街道休憩环境存在着诸多问题，空间满意度低。街道座椅的数量有限且分布不均，可明显观察到多个路段出现自发性休憩行为。休憩设施的品质也不佳，未能充分考虑行人的休憩行为心理与空间环境的关系，造成现有休憩设施的利用率不高。街道中也缺乏绿地空间，仅有的绿地空间位于部分学校的入口处，绿地景观形式单一，缺少层次变化。此外，街道的休憩空间也缺乏统一设计，没有形成自己独有的文化特色，缺乏文化内涵的表达。

3 沙正街休憩空间更新设计

3.1 总体布局

根据前文的沙正街街道休憩空间的现状及需求度调研，将沙正街街道进行总体设计与分段改造，见图6。首先对街道上的休憩设施进行统一设计，提取沙正街特有的历史文化符号，将其融入休憩空间的更新设计中，打造街道独特文化记忆节点。在加强街道休憩空间连续性的同时，也保留了街道独特的历史文化，增强当地居民的文化认同感和空间归属感。

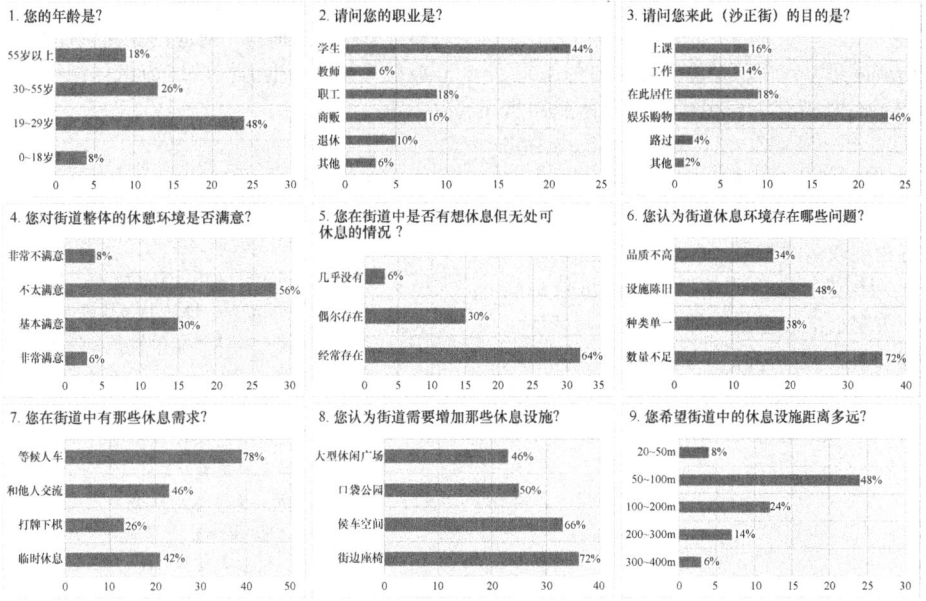

图 5 问卷调查结果

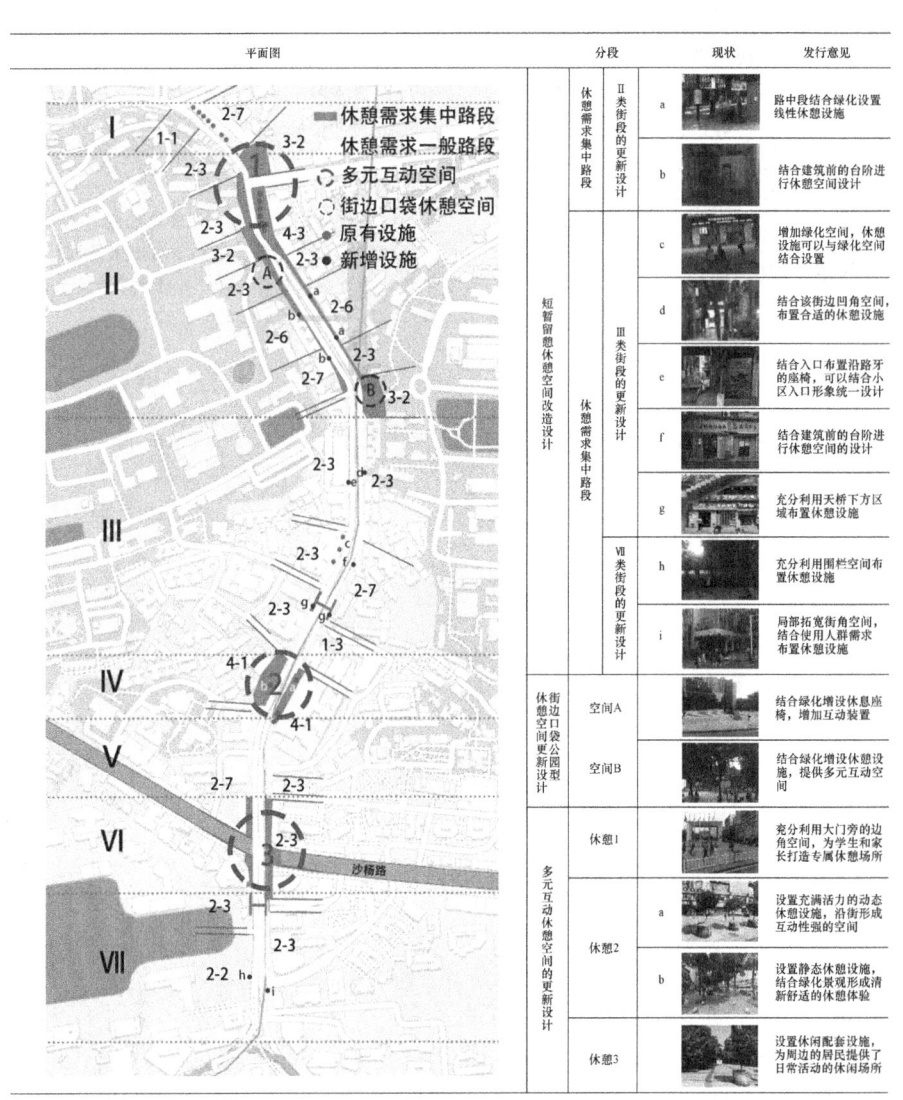

图 6 沙正街休憩空间更新设计策略

3.2 分段改造

根据沙正街街道休憩空间现状及需求度调研的结果，对街道休憩空间进行分段改造。将街道划分为休憩需求度集中路段和休憩需求一般路段，针对需求度较高的路段以 50m 的间隔距离设置休憩设施，而对需求度稍低路段选择 100m 作为间隔距离。

针对 3 处人群密度较高的路段，将打造多元互动型休憩空间，作为沙正街街道休憩空间改造设计的重点更新区域，分别为重庆市第七中学处、欣阳广场处，以及沙正街与沙杨路交叉路口处。此外，综合考虑行人休憩需求、街道休憩空间断面类型以及公交站点的位置后，增设两个街边口袋休憩空间，使整条街道中的公共休憩空间分布满足行人需求。

4 结语

街道休憩空间作为城市街道空间的重要组成部分，与人们的日常公共活动密切相关。虽然当前的街道建设越来越注重慢行空间的打造，强调行人优先，但对已建设街道的休憩空间改造却缺乏重视。本文以重庆市沙坪坝区沙正街这一生活性街道为例，研究出一套街道休憩空间更新设计策略。设计首先通过对街道中复杂多样的环境进行类型化梳理，用街道断面的方式进行类型学的划分，对不同街道断面的不同空间位置的休憩空间进行分析，研究了不同类型的休憩空间与环境行为的关联。然后采用大数据分析、行为地图标记与问卷调查等方法，对街道休憩空间现状布局和街道休憩设施的需求度进行调研。最后对街道不同路段的断面构成情况与休憩需求度进行整合分析，从而得出对应的更新设计方案。希望此更新策略能为今后的生活性城市街道休憩空间的更新设计提供参考。

参考文献

[1] 方榕. 生活性街道的要素空间特征及规划设计方法[J]. 城市问题, 2015(12): 46-51.
[2] Global Designing Cities Initiative. Global Street Design Guide [M]. Washington, DC: Island Press, 2016.
[3] 王珏. 城市公共休憩空间的私密性研究[D]. 广州: 华南理工大学, 2013.
[4] 克莱尔·库泊·马库斯, 卡罗琳·弗朗西斯. 人性的场所——城市开放空间设计导则[M]2 版. 俞孔坚, 译. 北京: 中国建筑工业出版社, 2001.
[5] 胡亚飞. 城市生活性街道步行停留活动影响因素分析及其应用研究[D]. 重庆: 重庆大学, 2017.
[6] 扬·盖尔. 交往与空间[M]. 何人可, 译. 北京: 中国建筑工业出版社, 2002.
[7] 李道增. 环境行为学概论[M]. 北京: 清华大学出版社, 1999.
[8] 蒋应红. 上海市完整街道设计导则[R]. 上海: 上海市城市建设设计研究院, 2017.
[9] 戴晓玲. 城市设计领域的实地调查方法——环境行为学的视角[D]. 上海: 同济大学, 2010.

作者简介

李轶群, 1999 年生, 女, 汉族, 河南南阳人, 重庆大学建筑城规学院硕士在读, 研究方向为街道设计方法与实践、亲生物设计、街道行人热舒适等。电子邮箱: yiqun.li@stu.cqu.edu.cn。

城市更新背景下老旧小区公共空间特征及改造策略研究
——以成都市为例

Research on the Characteristics and Transformation Strategies of Public Space in Old Residential Areas under the Background of Urban Renewal
—Taking Chengdu City as An Example

何妍伶* 郑德伟

摘 要：老旧小区公共空间改造是我国实施城市更新行动的有机组成部分，也是成都建设公园城市示范区、增进民生福祉的重要抓手。文章以问题导向和目标导向相结合，系统梳理成都老旧小区公共空间的主要类型及问题特征，提出4个维度的优化目标和策略体系：①优化空间布局，完善道路体系；②更新老化设施，完善配套服务；③提升环境品质，塑造环境特色；④延续人文历史，营造场景氛围。以期为老旧小区公共空间改造理论和实践提供有意义的探讨与参考。

关键词：城市更新；老旧小区；公共空间

Abstract: The renovation of public spaces in old residential areas is an organic component of China's urban renewal action, and also an important lever for Chengdu to build a park city demonstration area and enhance people's well-being. The article combines problem oriented and goal oriented approaches to systematically sort out the main types and problem characteristics of public spaces in old residential areas in Chengdu, and proposes four dimensions of optimization goals and strategy systems: ① Optimizing spatial layout and improving road systems; ② Update aging facilities and improve supporting services; ③ Improve environmental quality and shape environmental characteristics; ④ Continuing cultural history and creating a scene atmosphere. To provide meaningful exploration and reference for the theory and practice of public space renovation in old residential areas.

Keywords: Urban Renewal; Old Residential Areas; Public Spaces

引言

我国已步入城镇化发展的中后期，城市中老旧小区量广面大、类型多样、问题复杂[1]，而人民对城市生活品质提升的需求日益迫切，老旧小区改造成为新时期各地的重要工作任务。小区公共空间是保障居民日常生活和维系居民情感的重要空间载体[2]，其改造提升对于提高居民生活质量、提升城市品质具有重要意义。

近年来，国家持续加大对城镇老旧小区的改造力度，取得了良好成效，但当前更多关注于建筑外立面更新、供水、供气和管线等基础设施改善，较少关注于公共空间更新[3]，忽视了居民对公共空间的需求，导致功能缺失、空间闲置等问题。为此，本文以成都为例，聚焦老旧小区公共空间改造，解析当前城镇老旧小区主要类型及其公共空间特征，以问题导向和目标导向相结合，提出系统性的更新策略，对提升老旧小区改造质量、改善居民生活、推动有机更新理论发展具有积极作用。

1 成都老旧小区公共空间特征及面临的问题

1.1 成都老旧小区公共空间特征比较研究

老旧小区是特定历史条件下的产物，是城市的成长印记，记录了不同时期的社会经济和建设发展[4]。成都老旧小区类型复杂，根据建设年代主要分为开放街市型、单位大院型、现代商品房型3个类型，不同类型老旧小区的空间环境呈现出显著的异质性特征。

成都老城区是由老旧工厂生活区、新建现代小区、商业度高度集中与复合的典型城市区域，本文在区域内选取3个典型样本：曹家巷工人村、82信箱小区、青森小区，对其户外公共空间进行调查和比较研究（表1）。

典型老旧小区公共空间特征比较分析　　　　表1

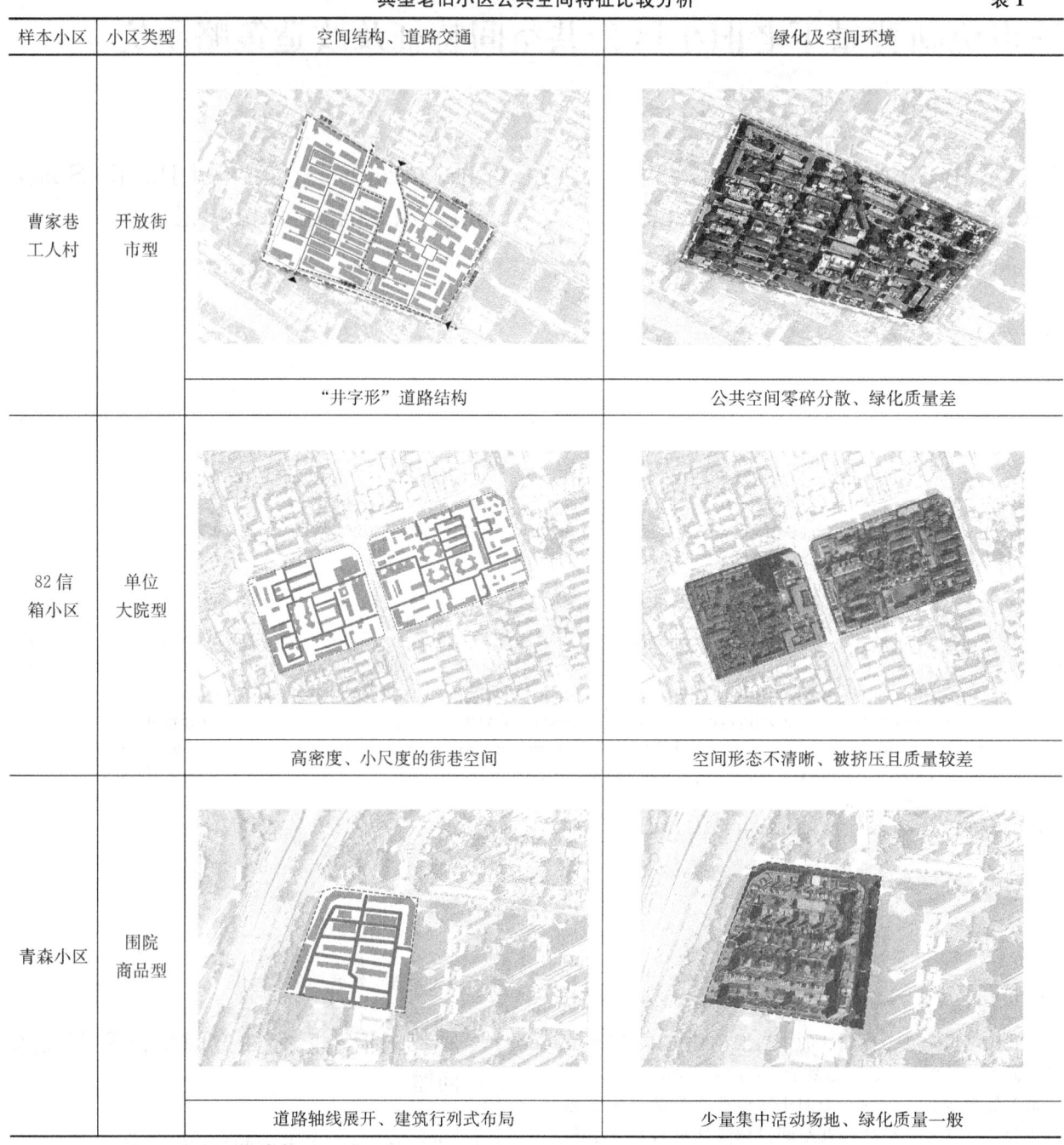

曹家巷工人村始建于20世纪50年代，原为华西集团职工宿舍，由于企业改制，逐渐演变成以开放空间结构、小商业服务业、低环境品质为主要特征的"街市型"老旧小区。公共空间分散零碎，相邻楼栋形成居住组团，围合成多个院落，小区道路与外围城市道路衔接，部分形成商业街巷，市井商业氛围浓厚。

82信箱小区前身为宏明电子厂单位小区，后逐步转型，单位制小区的遗留和社会化转变均能在小区的空间布局上发现典型特征。小区街巷空间符合高密度、小尺度的传统邻里模式，在建设初未考虑绿地布局，绿地空间在发展中又被其他用地侵占，出现空间形态不够清晰、公共活动空间被挤压且质量不高等问题。

青森小区为安置型商品房小区，住宅行列式布局，公共空间以道路为轴线展开，空间结构及其序列相对清晰，但对外封闭，室外空间类型完整且主次分明，但以线状空间为主，活动空间较为零散，环境及设施也相对完善。

1.2 成都老旧小区公共空间面临的普遍问题

综上分析，不同类型老旧小区公共空间特征虽有所不同，但也显露出以下共性问题：①空间布局：格局散乱，活动空间匮乏，交通混乱，占道停车现象明显；②环境品质：环境品质普遍较差，绿地率低，主要的景观界面和设施陈旧、破损；③配套设施：设施老化，配套不足，尤其是停车设施基本缺项，生活服务设施布局不合理、质量较差，消防安全措施落后；④场景特色：文脉缺失，特色缺乏，在小区发展过程中，历史记忆和文脉逐渐消失，而在已有的老旧小区更新中也缺少对在地文化的挖掘和空间特色、场景氛围的营造（表2）。

典型老旧小区公共空间突出问题对比一览表   表2

小区类型	空间特征	空间布局	环境品质	配套设施	场景特色
开放街市型	多个小型院落、独栋宿舍之间的开放型公共空间	×	×	△	○
单位大院型	以线性公共空间为主的品质较差的封闭型公共空间	×	△	△	○
围院商品型	以商品房为主的有较好环境基础的封闭型公共空间	△	○	○	×

注："×"为极差,"△"为差,"○"为一般。

2 老旧小区公共空间要素及优化策略研究

2.1 研究框架

本文以问题导向和目标导向相结合,聚焦老旧小区公共空间四大问题特征,构建4个层面的改造目标:①优化空间布局,完善道路体系;②提升环境品质,塑造环境特色;③更新老化设施,完善配套服务;④延续人文历史,营造场景氛围。通过总结曹家巷工人村片区等成都地区老旧小区更新经验,聚焦10类老旧小区公共空间要素,构建系统性的改造策略体系(图1)。

图2 工人村片区老旧小区公共空间布局优化

其次,深入挖掘可改造利用空间,植入多元化活动场所(图3):一是集中性活动空间,利用较为规整的绿地、广场、院落,注重功能复合性与弹性构建,打造社交中心、活动中心;二是小微休憩空间,合理利用"金角银边"等碎片化的公共空间,实行"针灸式"微改造,创造小型休憩场所,使其成为公共空间的触媒点。

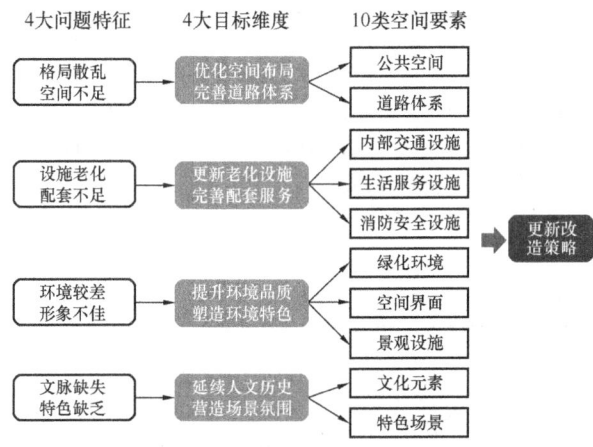

图1 "4+4+10"老旧小区公共空间改造路径框架

图3 工人村片区老旧小区活动场所植入

2.2 公共空间优化策略

2.2.1 策略一:优化空间布局,完善道路体系

老旧小区的空间布局是其发展演变和空间特色在宏观层面上的整体反映,小区的路网结构则反映了内部公共空间的组织规律[5]。在老旧小区的发展历程中,原始的空间格局逐步受到挤压,渐而失去其初始特征,并呈现出格局散乱、空间零碎且不足的问题。

(1)空间布局的梳理整合

首先,应厘清小区建设之初住宅与户外公共空间的"图底"关系,以有机疏导为主要手段,对小区空间布局进行有效修复。在工人村片区老旧小区更新中,通过现状评估,对不满足消防要求的搭建、隔断小区空间联系的围墙等予以适当的清除,拆墙并院,重构小区内部空间结构(图2)。

(2)道路体系的优化

结合小区空间布局优化,梳理优化主、次道路系统及各级道路的比例尺度,拆除影响道路通畅的违建物,"打通血管",恢复原有的街巷秩序。在此基础上,统筹道路红线、景观绿线、建筑退距线,合理分配街道空间资源,优化车行、慢行空间(图4)。

2.2.2 策略二:更新老化设施,完善配套服务

配套不足、设施老化是老旧小区普遍存在的共性问题,也是居民呼声最高、矛盾冲突最集中的方面。各项改造应综合考虑小区的现状特征和实际需求,在条件允许的情况下衔接现行规范要求,融入安全性、适老化与儿童

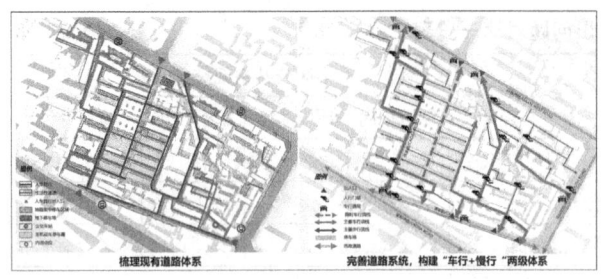

图 4 工人村片区老旧小区道路体系优化

友好、生态性、智慧化等多元目标，合理布局各类设施。

(1) 内部交通设施

老旧小区交通改善包括路面设施、停车设施、科学管理等方面，应统筹考虑小区的既有结构、出行特点等，从系统最优角度出发，兼顾车行与人行、停车设施增设与绿化环境等不同功能之间的关系，合理增补、优化各类设施。在工人村片区改造过程中，将有限的院落空间按照停车和公共活动两类主导功能进行分类提升，来应对停车位和公共空间都严重缺乏的现实问题。

(2) 生活服务设施

小区公共空间是承载居民日常户外生活的重要场所，公厕、无障碍设施、环卫设施、邮件快递设施、公共晾晒设施、康体设施等生活服务设施是各项活动有序开展的保障，在改造过程中应结合小区实际情况，衔接现行规范要求，合理布局各项生活服务设施。

(3) 消防安全设施

消防安全设施主要包括消防设施、安防设施、公共设备智能监控系统、疏散避难设施等，其改造提升是消除安全隐患、保障居民生命财产安全的重要举措。但老旧小区普遍存在消防安全设施不足的问题，应结合老旧小区的建成年代、建筑高度、周边环境、道路管网等情况，补足相关设施缺位，完善消防安全系统。

2.2.3 策略三：提升环境品质，塑造环境特色

小区的绿化环境、空间界面、景观设施等共同影响小区整体的景观环境品质，进而影响居民对户外公共空间的使用以及场所感、归属感的形成。因此，景观环境品质的提升是老旧小区户外公共空间改造的重要内容。

(1) 绿化环境

植被作为自然元素，不仅影响小区环境品质和风貌特征，同时对居民的身心健康具有良好的促进作用。在优化提升过程中，第一，应结合小区生态本底条件，梳理现状植被，优化绿化分布、密度和种植结构；第二，创新"绿化+"的空间模式，结合各类休憩设施、景观小品设置，落实"见缝插绿"；第三，强化公众参与，鼓励形成园艺互动空间，满足高密度城市中心区人们对自然绿化的需求。

(2) 空间界面

空间界面主要指小区出入口、建筑外立面、围墙等垂直性的景观界面，应采取不同的更新手段进行灵活性的优化：第一，小区出入口方面，应结合功能完善和交通流线优化，整合入口空间要素进行一体化设计，强调形成具有识别性的入口景观；第二，建筑外立面方面，通过清洗、墙面美化等方式，在整体的色彩和材质上进行统一和优化，通过要素的增加与重构，形成整齐而富有韵律的界面景观；第三，小区围墙方面，注重对围墙的功能性和艺术性提升，鼓励围墙的复合功能利用，嵌入宣传、文化展示以及休憩娱乐等功能（表3）。

工人村片区老旧小区空间界面优化对比分析　　表3

小区类型	改造前	改造后
小区出入口		
建筑外立面		

小区类型	改造前	改造后
小区围墙		

(3) 景观设施

景观设施主要指休闲娱乐、景观小品、儿童游乐、健身运动、信息宣传等设施。第一，应结合公共空间布局的优化，增补完善各类设施的数量和分布；第二，应注重各类设施的人性化要求，儿童游乐设施应满足安全性和趣味性要求，老人活动场地应提供遮阳避雨设施；第三，景观小品应注重系列化设计，强化对地方材料和地域文化的运用，体现整体感和文化性。

2.2.4 策略四：延续人文历史，营造场景氛围

成都老城范围内现状资源富集，文化内涵丰富[6]，每一个小区都有自身文化的沉淀，尤其以建设年代较为久远的街市型和单位大院型小区更为突出。文化资源是营造小区场所感的核心、塑造小区特色的关键。合理运用在地文化元素、进行场景化表达，是提升老旧小区环境特色，进而激发老城活力的关键举措。

(1) 保护利用特色资源

深入挖掘小区所在地区的人文内涵，保护小区中的历史遗存等特色要素，结合公共空间予以合理利用，使其成为小区独特的景观。结合小区的历史特色，赋予公共空间一定的文化主题，结合人物、事件、场所等进行创作，强化特色表达。

(2) 文化元素的提炼与植入

挖掘老旧小区在地文化，并通过直接引用、抽象凝练、象征表达等方式，将文化元素植入到小区公共空间中，运用现代的材料和形态，对复杂、传统的文化元素进行转化，对形式、色彩、材质进行现代化的转移，将传统的小区记忆与当代的物质文化有机融合，使之成为老旧小区新的文化象征（图5）。

图5 工人村片区老旧小区文化元素应用

(3) 文化场景重现和氛围营造

小区居民在日常生活中留存了丰富的记忆和故事，在公共空间优化过程中，应根据空间特征、文化资源等进行不同的场景氛围营造。通过走访、调研等方式，对曾经的公共生活和活动进行挖掘，并对其原有的生活场景进行提炼抽象。在改造过程中对这些场景和画面演绎再现，既可以维护原有居民的场所归属感，也可以塑造小区独特的文化基因和特色风貌（表4）。

成都典型老旧小区场景营造策略 表4

典型小区	小区类型	空间特征	文化特色	场景指引	场景构建策略
曹家巷工人村	开放街市型	开放式，小型院落，空间零碎分散	工人文化 市井文化	文化活动场景 市井消费场景	活动策划及场所营造文化设施布局、特色标识设计
82信箱小区	单位大院型	高密度、小尺度的街巷空间为主	企业文化 美食文化	文化活动场景 美食消费场景	文化场景再现、文化氛围营造、活动场所营造
青森小区	围院商品型	轴线空间，少量集中绿地	居住记忆 市井文化	宜居生活场景	生活环境优化、"针灸式"景观空间植入

3 结语

老旧小区公共空间改造是实施城市更新行动的重要组成部分，不仅关系到群众的居住条件，更关乎当前城市更新的整体质量。本文从成都老旧小区公共空间比较分析入手，总结了当前老旧小区公共空间的主要问题及特征。随后以问题导向和目标导向相结合，参考成都老旧小

区公共空间改造经验，提出了优化空间布局，完善道路体系；提升环境品质，塑造环境特色；更新老化设施，完善配套服务；延续人文历史，营造场景氛围4个层面的策略体系，希望为未来的老旧小区改造实践提供一定的参考。

参考文献

[1] 梅耀林，王承华，李琳琳.走向有机更新的老旧小区改造——江苏老旧小区改造技术指南编制研究[J].城市规划，2022，46(2)：108-118.

[2] 董贺轩，何妍伶，王振.市井·集体·邻里：中国住区的开放空间与老龄交往及其关联研究——基于武汉多模式住区实证比较[J].中国园林，2019，35(6)：23-27.

[3] 马乂琳，潘明辉，张海明，等.老旧小区公共空间改造的问题及对策探讨——以成都市下涧槽社区为例[J].建筑经济，2021，42(5)：86-89.

[4] 吴志强，伍江，张佳丽，等."城镇老旧小区更新改造的实施机制"学术笔谈[J].城市规划学刊，2021(3)：1-10.

[5] 江玉博.基于有机更新理念的老旧社区公共空间改造设计研究[D].成都：西南交通大学，2019.

[6] 朱直君，高梦薇."公园城市"语境下旧城社区场景化模式初探——以成都老城为例[J].上海城市规划，2018(4)：43-49.

作者简介

（通信作者）何妍伶，1992年生，女，汉族，四川南充人，硕士，成都市建筑设计研究院有限公司，工程师，研究方向为风景园林规划理论与设计方法。电子邮箱：550522566@qq.com。

郑德伟，1996年生，男，汉族，四川成都人，本科，成都市建筑设计研究院有限公司，工程师，研究方向为风景园林与规划设计。电子邮箱：2479536574@qq.com。

基于多功能需求的社区小微公共空间景观设施提升与改造策略

Promotion and Transformation Strategy of Community Small and Micro Public Space Landscape Facilities Based on Multi Functional Requirement

祁艳丽　李颖睿

摘　要：景观设施是公共景观空间中不可或缺的组成元素，人们丰富多样的空间活动和城市公共空间活力表现离不开景观设施的辅助优化。随着城市面貌的不断变化，景观设施的"固有形象"不同程度地影响了其创新发展的进程，与快速变化的时代需求有所脱节，导致原本的小微空间利用效率较低，固化的景观设施被简单地放置在有限的公共空间中，影响了社区公共空间活力的发展。景观设施如何适应居民行为、空间现状、受众需求的变化，提供符合"以人民为本"需求的多功能景观设施，是设计师需要考虑的问题。本文以北京市昌平区天通北苑社区公共空间景观提升为例，以景观设施的多功能引入为主，关注空间提升的使用效率，探讨基于多功能需求的社区小微公共空间景观设施提升与改造策略。从而探索景观设施与城市景观的多元化、个性化、艺术性、科学性等方面的进一步发展，以期望为未来景观设施的提升带来思路。

关键词：小微公共空间；多功能景观设施；多功能景观座椅；多功能晾晒景观设施

Abstract: Landscape facilities are an indispensable component of public landscape space, and the rich and diverse spatial activities of people and the expression of urban public space vitality cannot be separated from the auxiliary optimization of landscape facilities. With the continuous changes in the urban landscape, the "inherent image" of landscape facilities has varying degrees of impact on its innovative development process, which is disconnected from the rapidly changing needs of the times, resulting in low efficiency in the utilization of small and micro spaces. The solidified landscape facilities are simply placed in limited public spaces, affecting the development of community public space vitality. How landscape facilities adapt to residents' behavior, spatial status, and the change in audience needs and the provision of multifunctional landscape facilities that meet the needs of the "people first" are issues that designers need to consider. Taking the public space landscape improvement of Tiantong Beiyuan Community in Beijing Changping District as an example, this paper focuses on the use efficiency of space improvement, focusing on the introduction of multi-functional landscape facilities, and discusses the promotion and transformation strategies of community microenterprise public space landscape facilities based on the needs of multiple functional requirement. In order to explore the further development of landscape facilities and urban landscapes in terms of diversity, personalization, artistry, and scientificity, we hope to provide ideas for the improvement of future landscape facilities.

Keywords: Small and Micro Public Spaces; Multifunctional Landscape Facilities; Multi Functional Landscape Seats; Multifunctional Air Drying Landscape Facilities

1　相关背景

1.1　背景

随着近年来城市建设由增量建设逐步转向既有空间结构优化建设，简单的空间整洁逐渐难以满足居民对城市活力、美好家园的向往。"十四五"规划中提出的"城市更新行动"指出城市建设要及时回应群众关切，着力解决"城市病"等突出问题，提升城市品质，提高城市管理服务水平，让人民群众在城市生活得更方便、更舒心、更美好[1]。城市小微公共空间涉及街巷边角地、居住区闲置地、零散腾退空间等种类，具有"小、快、散、近、多、专"的特点[2]。社区小微空间改造与百姓日常生活息息相关，建设时既要充分考虑其示范性、惠民性、便利性的空间特质，又要通过景观要素设计营造富有活力的社区公共空间。因此，景观设施提升与改造的研究在城市建设"存量提质改造"阶段有重要意义。

1.2　现状问题思考

当前，景观设施的设计形式和内容主要以单一、实用功能为主[3]。由于社区小微空间设计范围小、工程时间紧，设计师在有限的时间里往往对空间内的景观设施设计缺少更深入的思考，即"意向图"或简单放置，使景观设施设计探索和创新能力明显不足。因此，如何合理利用有限空间并对景观设施进行"升级"，激活空间活力、提高空间使用率的实践研究，具有突出意义。

2　影响社区公共空间景观设施设计的要素

杨·盖尔在《交往与空间》对人的行为进行类型学的分析，并将其概括为必要性活动、自发性活动与社会性活动 3 种类型[4]。公共空间的提升可以让人们更享受必要活动，大大激发自发活动，从而引发更多的社会性活动。（图 1）而作为公共空间的必要要素——景观设施，便成为影响整个公共空间品质的重要元素之一。而影响社区公共空间景观设施设计的影响要素可以包含空间环境、行为心理、技术材料要素。

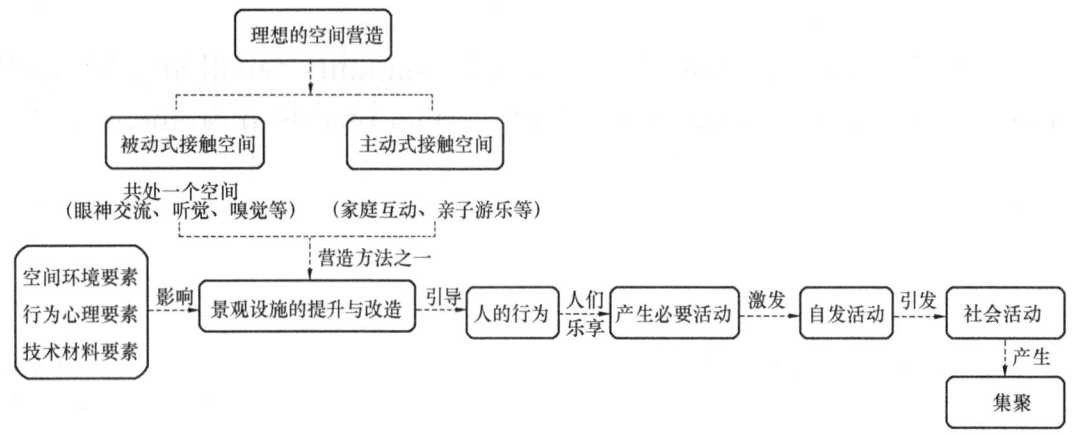

图 1　景观设施营造理想空间引发社会活动研究分析

2.1　空间环境要素

（1）人文环境

其所在地域及城市格局、建筑风格、城市风貌等文脉特征[5]。景观设施应与周围现状环境相互契合，满足社会需要和人文需求。

（2）场所空间

景观设施的"介入"必须引起人们对场所功能的使用及对生活的热情，从而突显其价值。

理想的公共空间使人聚集。如果空间景观设施足够安全、科学合理、功能多样、经济实用，人们活动的愿望就会增大。

2.2　行为心理要素

当今社会各层面都高度重视人性化，关注人的行为习惯与心理情感的变化，当行为意识得到积极反映或产生互动时，景观设施会成为公共环境中有用、管用、好用的元素。

（1）行为需求

社区公共空间中最常出现的活动包括：必要活动：上下班、上下学（500m 生活圈）；自发活动：遛弯、遛狗、晒太阳、休憩、锻炼、晾晒、阅读、采购等；社会活动：聊天、棋牌、文娱休闲、儿童游戏等。这些活动创造了建成空间的使用和形式，将日常生活需求转换为丰富的空间场所需求，构成了当代城市社区公共空间的日常文化标签[6]。

（2）社交需求

掌握各类人群在社区公共环境下的社交需求并针对性设计，充分利用好空间尺度限值，满足多层次群体社会需求，从而引导更多社会活动。

（3）情感需求

社区生活共建、共享、共治的治理理念，把社区居民"幸福感""归属感"放在重要位置，而景观设施"生命力"可通过功能重塑、多元提升、个性发展、艺术表现等方式，融入感染力，使人们体会到"设计改变生活"，从多方面引发不同情绪和感受，满足情感需求。

2.3　技术材料要素

（1）传统材料

防腐木、石材、砖瓦、卵石等。一方面通过元素提取、多功能组合、艺术再现等方式，不断解构、重塑、挖掘其独特内在特质；另一方面将新工艺运用到传统材料上，错位、变化等，使其活力再现。

（2）新材料、新技术、新工艺

对于景观设施的表达，一方面新工艺使其质感、纹理变得不同；另一方面"传统材料+"的组合更加多元。设计者通过对材料材质的洞察能力及组合方式的理解，融入时代需求，展现时代气息。巧妙结合"三新"，不断迭代创新汲取精华，创造新颖的景观设施。

（3）结合成本及施工要求

小微空间改造特点之一"快"，即周期短，见效快。需减少安装及后期维护成本，如通过材料多元组合节约空间，方便拆卸组装，提高使用效率。

3　基于多功能需求社区公共空间景观设施提升与改造策略

根据以上 3 点要素作者提出，满足多功能需求的景观设施——多义表达，将是解决社区公共空间高效利用和现代景观设施建设现状的有效途径之一。

3.1　社区公共空间景观设施现状

目前景观设施的"固有形象"深入人心，通过实地踏勘、调查走访及行为习惯研究等综合分析，探索多功能集合策略（表 1）。

表1 社区活动空间功能集合

人的行为	受众人群	利用时间	活动项目	功能集合
必要性活动	职员、学生	通勤性活动	上下班、上下学	安全便捷的道路
自发性活动	老人	7：00—11：00 18：00—20：00	锻炼、遛弯、遛狗、晒太阳、休憩、晾晒、采购等	健身、宠物、景观座椅、晾晒、短暂存储
	青年	19：00—22：00	锻炼、遛弯、遛狗、休憩、阅读等	健身、座椅、充电、户外休闲
	儿童	休息日	儿童游戏	儿童游乐
社会性活动	家庭	休息日	文娱休闲	休闲、交流
	邻里	—	聊天、棋牌、文娱休闲	

3.2 多功能介入方法的探索

一方面为多功能重组与设计：动态设计（可移动、可组合、具有活动机制的结构、利用视错觉、运用光电媒体技术）、多感官设计（冲击性的视觉表达、五感体验、综合感官体验）、反常态设计（利用拼贴手法、异化抽象、模糊多义）、交互式设计（主动操作式、感应式）。

另一方面文化与艺术的呈现：通过文化引导与艺术提炼，在满足功能的同时，符合周围环境需求，将文化与艺术内化融合、外化演绎（图2）。

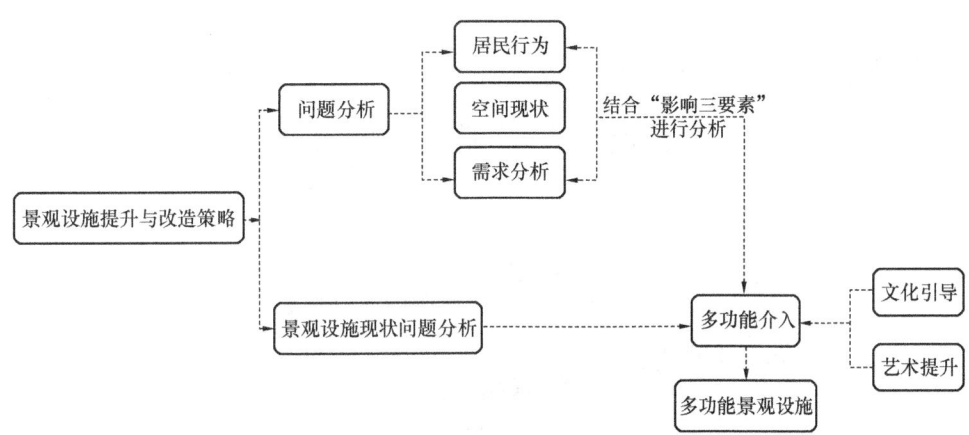

图 2 基于多功能需求的社区公共空间景观设施提升与改造策略

4 以丰台区社区公共空间提升项目——多功能景观设施设计研究为例

项目概况与现状共通问题：人口多，小微公共空间分布较分散，缺乏功能定位及景观特色，设施老旧、利用率较低，设施提升包括座椅、灯具、晾晒等。

4.1 多功能景观座椅为例

（1）设计提炼

为满足社区居民需求并使公共空间高效利用，作者在景观设施方面进行多功能探索，通过对空间现状、行为习惯、居民需求分析，结合"三要素"，选取最常见元素进行多功能设计。

（2）提升思路

人居环境改善通常面临的实际问题：①建设资金有限；②空间面积有限；③基础设施需求量大；④满足百姓日常生活需求；⑤满足精神文化需求。如何在有限空间低成本便捷施工，满足诸如休息闲坐、照明、增加邻里交流，是此设计重点关注问题。同时，随着信息社会的逐渐发展，手机等智能管理设施的利用也是作者关注的内容之一（图3）。

设施以常规座椅形式为原型，延伸靠背为桌面，后设活动凳面，增加使用功能及人数。选取造价相对较低、施工较方便的木、钢材，结合太阳能发电板，减少电线铺设。桌面下设置智能扫码电源，方便使用。利用座凳中空的空间增设智能扫码柜，方便居民户外暂时性存放物品，利于看护幼小。设置太阳能景观灯及座椅下LED灯带，满足夜间照明需求。座椅结构可自行承重，节省造价，方便施工。

设计将休息闲坐、办公学习、储物、悬挂背包、照明等功能结合在一起，形成多功能景观座椅（图4）。

4.2 多功能晾晒景观设施为例

（1）设计提炼

如何巧妙引入文化特色，利用居民日常晾衣需求与多功能用途相结合，解决公共空间美化及利用率问题是本次设计目的（图5）。

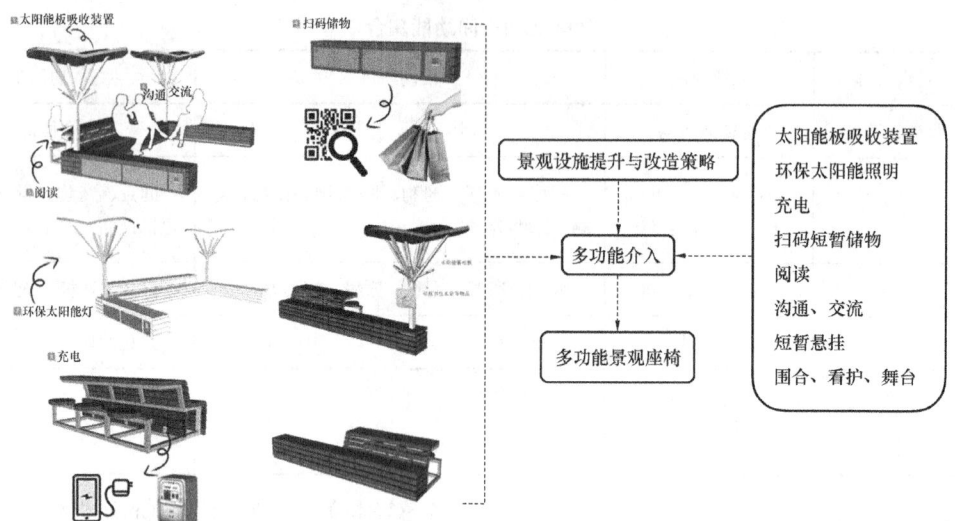

图 3 多功能景观座椅功能设计（来源：作者自绘且该设计受专利保护）

图 4 多功能景观座椅使用感受示意图

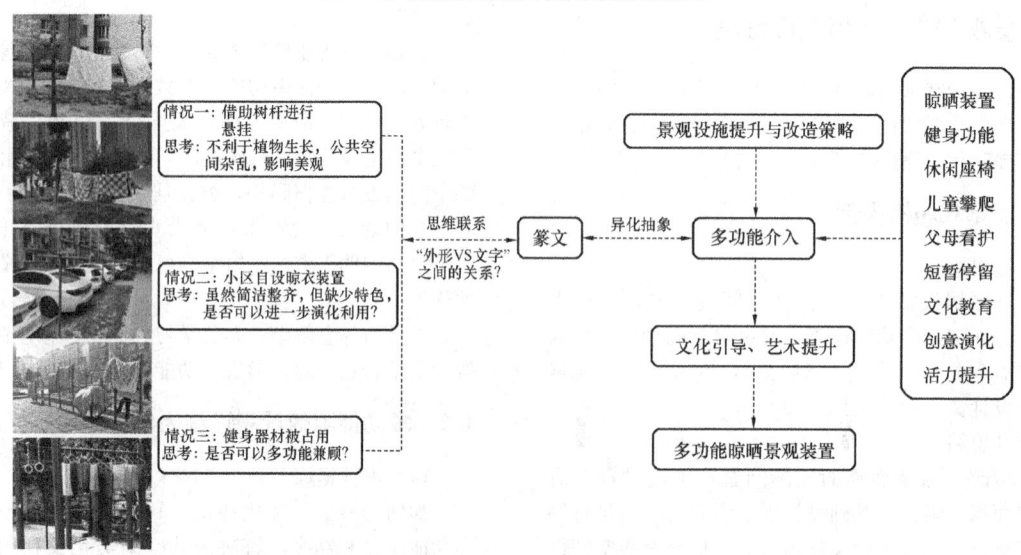

图 5 多功能晾晒景观设施功能设计策略

（2）提升思路

"晾衣杆"往往因其不美观，被看作是公共空间改造中的难点，设计着眼于居民日常实际需求，以"篆字"-"仁、和、行、诚、容、善"为切入点，进行设计演化（图6）。结合现有园林设计中百姓晾衣晒被的实际需求以及满足日常活动休息的需求，通过外观创新设计创造多功能景观设施。利用"篆文"，打破以往二维平面看字方式，以三维空间读字方式将晾衣杆功能和日常活动休息功能相结合，提高多功能景观设施公共服务能力。同时宣传优秀文化，起到"润物无声"的教育目的。

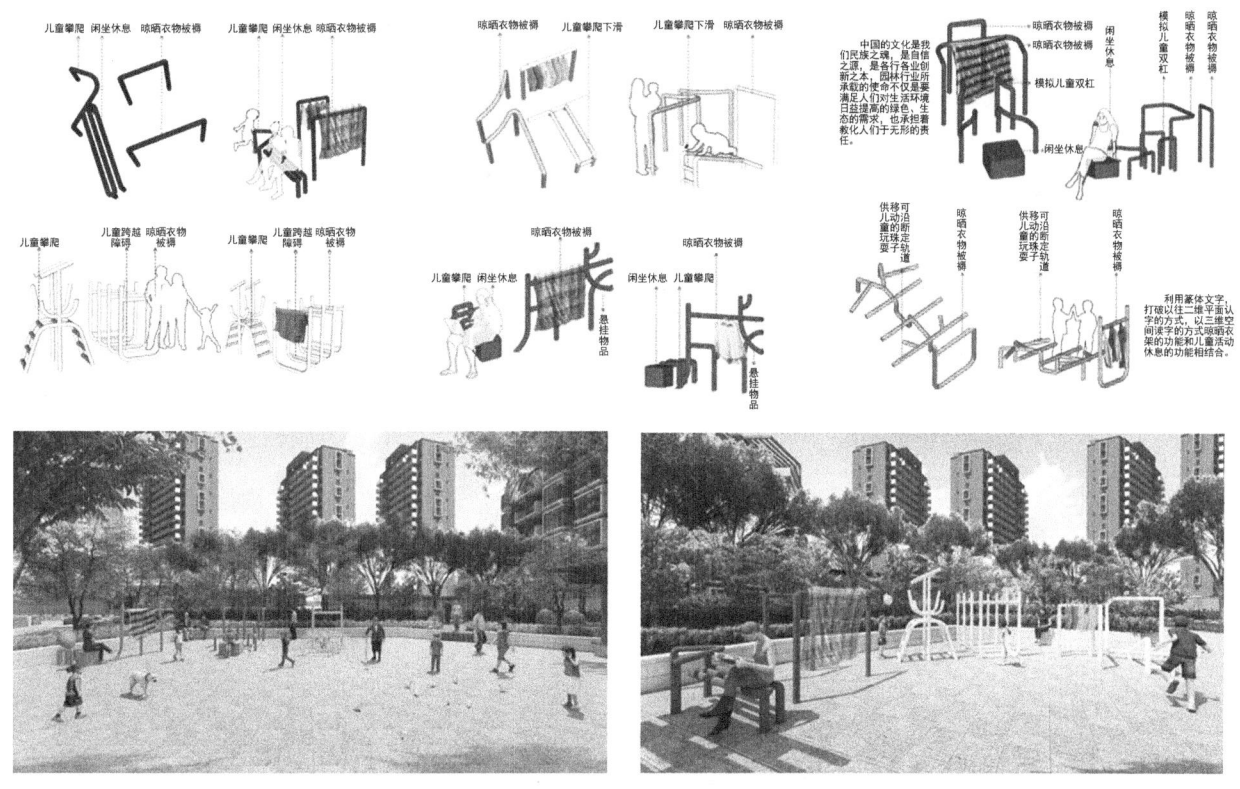

图 6 多功能晾晒景观设施功能示意及效果图

4.3 启发与创新

（1）多功能设施的设计与创新需要从公共空间实际情况出发，解决实际问题，让生活更便捷。

（2）在进行设施的更新与改造的过程中，要以人为本、以文化传承为着力点、以艺术创新为亮点、以技术为支撑，将传统思维和新型技术有机结合，提高园林景观的公共服务能力。

（3）多功能设施开发与实践，必须紧紧围绕使用者的诉求，从而深入活跃邻里沟通交流氛围，使生活更亲和温馨。

（4）多功能设施的落地与后期维护，要充分满足成本控制要求，易于施工，以减少后期维护成本。

5 小结

5.1 未来展望

通过多方面综合因素分析，以及设计实践与普及，未来发展将面向多功能景观设施进行精细化设计。

5.2 作用与价值

文化是民族之根，是自信之源，是各行各业创新之本。园林行业所承载的使命，不仅是要满足人们对生活环境日益提高的绿色、生态需要，也承担着教育于无形的责任。多功能景观设施关注空间提升的使用效率，在经济效益方面，将消极空间激活为积极空间，结合新型智能技术，节约资源，提高土地利用价值。在社会效益方面，多功能景观设施的探索可以激发空间活力，促进人与人的沟通交流，具有积极的社会效益。由此可见，探索多功能景观设施的营造策略，对景观设施与城市景观的多元化、个性化、艺术性、科学性等方面的进一步发展具有的一定的积极作用与客观价值。未来将克服难点，深入设计实践，开拓思路，探索多功能景观设施精细化设计。

参考文献

[1] 王蒙徽.实施城市更新行动[J]土木工程学报,2020(11):12-17.

[2] 王鹏训.北京的口袋公园建设[R].北京：城市小微绿地于城市更新研讨会,2021.

[3] 郭定荣.当代艺术视野中的装置性景观设施设计研究[D]杭州：浙江农林大学,2013.

[4] 白豆豆.基于行为心理的景观设施可变性研究[D]西安：西安建筑科技大学,2018.

[5] 王华清.现代城市公园景观设施人性化设计初探[D]成都：四川农业大学,2015.

[6] 侯晓蕾,郭魏.社区微更新：北京老城公共空间的设计介

入途径探讨[J].风景园林，2018，25(04)：41-47.

作者简介

祁艳丽，1989年生，女，汉族，吉林延吉人，硕士，北京中外建建筑设计有限公司风景园林规划设计院，工程师，研究方向为风景园林规划设计、风景园林与城市更新。电子邮箱：908698540@qq.com。

李颖睿，1985年生，女，汉族，吉林人，硕士，北京中外建建筑设计有限公司，工程师，研究方向为风景园林规划设计、风景园林与城市更新。

风景园林与乡村振兴

乡村振兴背景下遗址区闲置土地识别与利用
——以汉长安城遗址为例

Identification and Utilization of Idle Land in Site Areas in the Context of Rural Revitalization
—Taking the Han Chang'an City Site as an Example

吴 彬 杨 曼 陈稳亮*

摘 要：在现行乡村振兴成为国家发展战略的宏观背景下，遗址区村落相比于普通村落需平衡遗产保护与经济社会发展的博弈，而土地作为遗址区未来可持续发展的重要物质基础，如何提高土地利用率、缓解土地闲置的现象成为当下亟待解决的问题。本文以汉长安城遗址为例，对遗址区现有的农村闲置土地资源进行研究，通过究因、归类、初判后，利用目视解译流程识别闲置土地的清单，实施建构针对不同类型闲置土地的活化利用策略，助力乡村振兴。

关键词：闲置土地；汉长安城遗址；乡村振兴

Abstract: In the current rural revitalization has become a national development strategy of the macro background, the site area villages compared to ordinary villages need to balance the heritage protection and economic and social development of the game, and the land as the site area of the future sustainable development of the important material basis, how to improve land utilization, alleviate the phenomenon of idle land has become an urgent problem to be solved at present. This paper takes the site of Han Chang'an City as an example, through the site area with the existing rural idle land, land resources for research, through the cause, categorization, the initial judgment, the use of visual interpretation process to identify the list of idle land, land, the implementation of the construction of different types of idle land for the revitalization of the countryside, the revitalization of the use of strategies.

Keywords: Idle land; Han Chang'an City Site; Rural revitalization

引言

大遗址特指我国文化遗址资源价值较高、占地面积较大的遗存遗址[1]。随着我国经济快速发展，大遗址保护与民生发展的矛盾日益突出，为最大限度地保护遗址的完整性和原真性，遗址区长期以来坚持静态保护原则，在确保遗址安全的同时限制了遗址内部日常的生产生活行为，进一步导致遗址区土地粗放利用、文化氛围缺失、劳动力流失严重等困境。作为"十四五"定位的国家大遗址保护特区，汉长安城遗址肩负文物保护、文脉传承、旅游开发、乡村振兴等使命，而遗址区土地作为未来实现保护特区中乡村振兴的重要物质载体，难以通过转换用地性质的方式获得土地资源，因此盘活遗址区村落存量土地，提高土地利用率、缓解土地闲置现象成为乡村振兴中的用地需求痛点。如何合理利用闲置土地，使闲置用地具有一定的经济、社会、生态价值，由此推动乡村振兴战略中"生态宜居、生活富裕"目标的实现，是乡村振兴背景下汉长安城遗址发展进程中亟须解决的问题。

1 汉长安城遗址区闲置土地现状

汉长安城遗址位于西安市西北角，地理位置优越，在城市发展建设扩张背景下，遗址外围被城市快速路网包围，与之伴生的是遗址区内和外缘城市的经济社会发展存在明显断层，遗址区保护与发展之间冲突加剧[2]。因在土地规划与利用方面缺少科学稳定的政策支撑，许多土地在进行了非法的用地性质转移后又被强制收回，如2018年开展的大棚房整治活动，造成遗址区各类土地功能性质交杂混合，难以被合理使用，对居民生活与自然生态造成双重破坏。目前对汉长安城遗址区闲置土地的识别和策略提出较为粗放[3-5]。本研究通过梳理总结闲置土地的成因、类别及现状，对其进行精细化识别，进而针对具体类型提出相应策略以促进遗址区可持续发展，缓解城乡建设过程中的矛盾，以期在充实遗址区乡村保护与利用研究和实践的基础上对乡村振兴有所裨益。

1.1 汉长安城遗址区闲置土地成因

1.1.1 劳动力流失严重，农业生产效益低下

近几年，西安市迅速发展带来的虹吸效应，以及遗址区相对城市落后的基础服务、教育医疗、就业机会等资源，共同推动了遗址区劳动力的外流进程。而留守的老人和儿童难以继续从事农业活动，以及与农业生产不相匹配的经济效益，导致土地撂荒现象突出，闲置土地由此形成。

1.1.2 遗址保护政策摇摆，各方利益难以调和

由于汉长安城遗址长期以来的遗址保护政策压制村落民生发展，导致遗址区经济发展严重滞后。在此背景下，村民选择将村内部分土地出租给外来企业以获得经济收益。但由于2014年汉长安城未央宫遗址列入世界文化遗产地与2018年大棚房整治等事件的政策影响，部分工厂拆除后进行了复耕，另一部分将拆除的建筑垃圾回填硬化，就地掩埋，逐渐形成了垃圾场而闲置。政策的反复性和不确定性在一定程度上导致了闲置土地的产生（图1）。

1.1.3 保护规划落实欠佳，后期维护管理缺位

现阶段对汉长安城遗址的保护措施分为两种：一是针对地下遗址采取就地保护并地上植物标识；二是针对地上存留土遗址，在遗址表层土壤种植植物以减少自然环境的侵蚀[6]，然而保护现状不尽人意。现存遗址普遍存在绿地缺乏规划、基础绿化不完善、无明显遗址标识等问题，由此导致景观展示效率低、生态保护价值低下，逐渐造成遗址保护用地及其周边土地闲置。

1.2 闲置土地分类

通过分析汉长安城遗址区闲置土地的成因，本文参考《土地利用现状分类》GB/T 21010—2019、《汉长安城遗址保护总体规划（2009—2025）》，将闲置土地分为以下三类。

1.2.1 闲置农业土地

闲置前为耕地等农业用地。一是遗址区人口流失导致无人耕种而闲置。二则是农业生产活动收入微薄，村民劳无所得逐渐弃耕。这类闲置土地往往面积较大，环绕村落周边分布，地表呈现土黄色裸露，无植被覆盖或植被覆盖稀少（图2）。

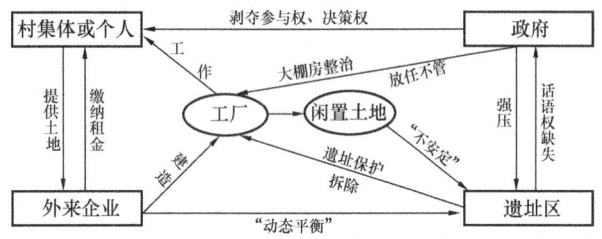

图1 闲置土地成因分析图

图2 闲置农业土地

1.2.2 闲置建设土地

闲置前为建设用地，产生的最直接原因为土地使用权的非法流转。村内除文物保护用地外，其他土地均为三权分置。但村集体为提高经济收益将村内的部分土地租借给外来企业开展工厂建设活动，后由于遗址保护政策收紧，各类建设活动被叫停，在此过程中的多方力量博弈，土地使用权并未转移回村集体。且部分土地在使用权流转过程中受到污染，已无法回归原用途，导致土地无法使用，造成闲置。这类闲置土地多是穿插在村子内部存在，呈现出被硬化后的水泥色，常堆砌有建筑、生活垃圾（图3）。

1.2.3 遗址保护闲置土地

遗址保护用地指的是在除去重点保护范围外的一般保护范围内规划的用以减少外界干扰对遗址本体造成破坏的土地类型，一般沿遗址本体外延500m[7]。由于现状绿地规划不当导致土地使用率过低[5]，长此以往土地的使用价值、景观生态价值低下导致土地闲置。这类闲置土地往往分布在遗址遗迹周边区域（图4、表1）。

闲置土地类型及特征　　　　　　　　　　　　　　　　　　　　　　　表1

闲置土地类型	闲置土地特征	闲置前土地类型
闲置农业土地	场地有大面积黄土裸露，存在零星的植被覆盖，整体呈现土黄色	农业生产用地：耕地、农业用地
闲置建设土地	场地有明显的人工痕迹，有建筑垃圾、生活垃圾覆盖，整体呈现水泥灰色	建设用地：食品厂房、物流厂房等
遗址保护闲置土地	场地植被覆盖率较高，但植被缺乏养护。场地内部有裸露的地块，整体呈现草黄色	遗址保护规划绿地

图 3 闲置建设土地

图 4 遗址保护闲置土地

1.3 闲置土地时空分布

1.3.1 时间特征

据闲置土地的表现形态可大致分为两种，一种是裸土地，该类土地地表缺乏植被覆盖，且被大量的建筑垃圾所覆盖；另一种闲置土地地表虽植被覆盖率稍高，但缺乏后期管理养护，生长粗放，存在局部的裸土地。基于此，本文引入植被覆盖率的概念，利用 ENVI 5.3 软件对 2014—2021 年 8 年间的遗址区遥感影像数据进行分类，了解闲置土地的变化趋势（图 5）。

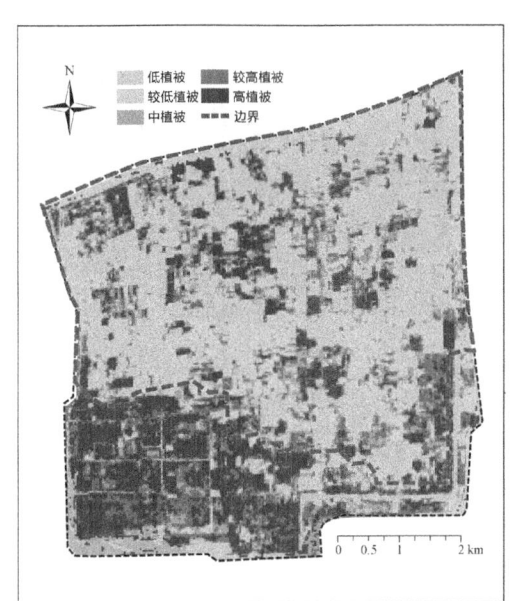
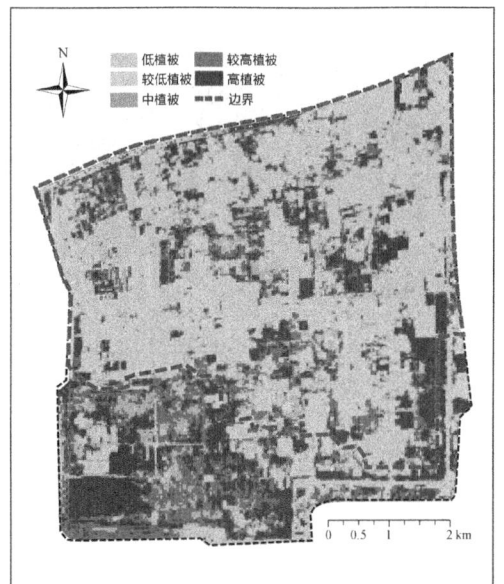

(a) 2014年研究区域植被覆盖情况　　　　(b) 2015年研究区域植被覆盖情况

图 5 2014—2021 年研究区域植被覆盖情况（一）

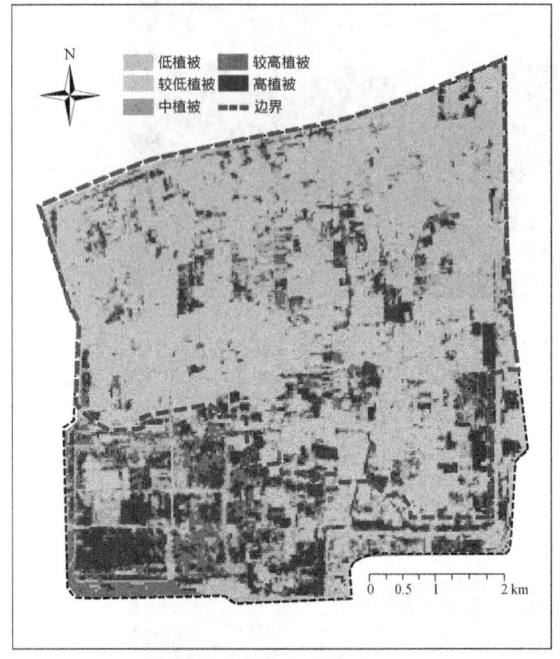

(c) 2016年研究区域植被覆盖情况

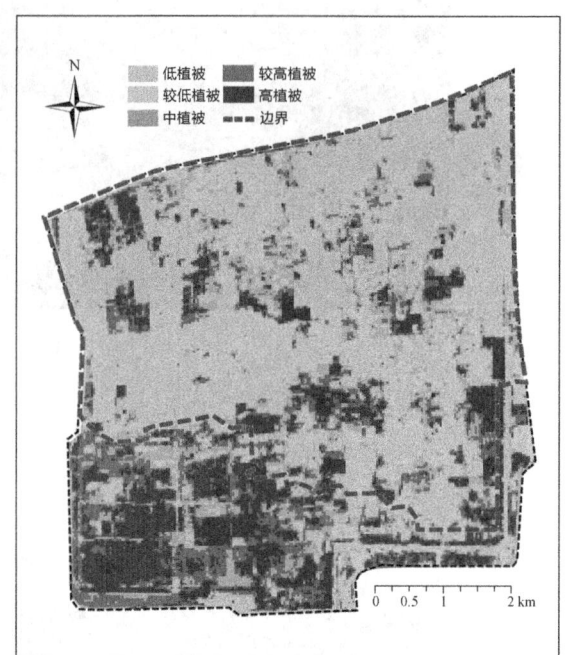

(d) 2017年研究区域植被覆盖情况

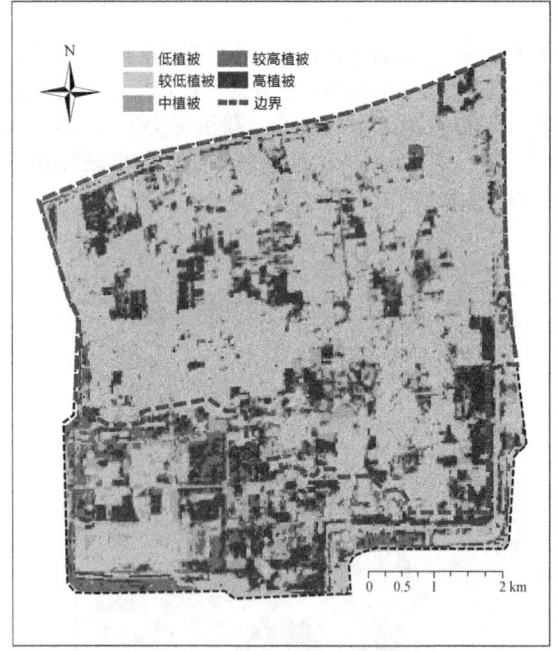

(e) 2018年研究区域植被覆盖情况

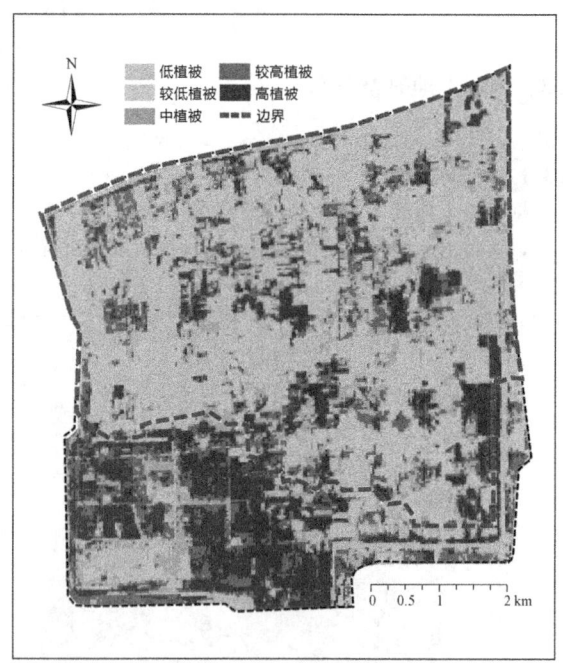

(f) 2019年研究区域植被覆盖情况

图5 2014—2021年研究区域植被覆盖情况（二）

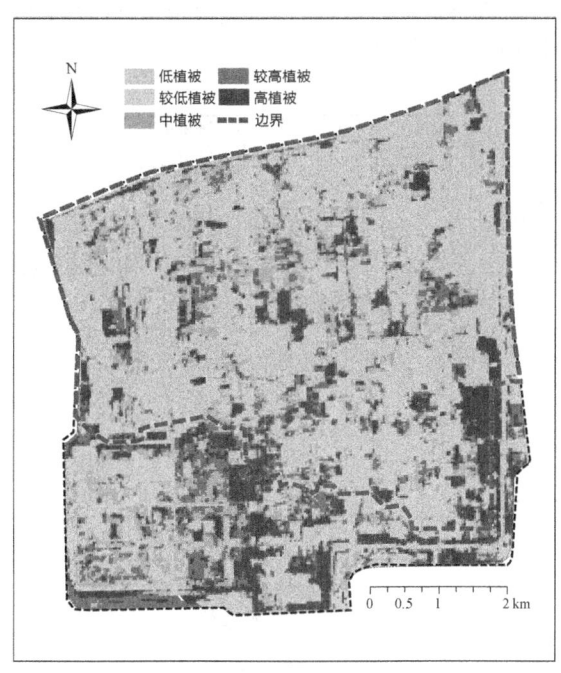

(g) 2020年研究区域植被覆盖情况

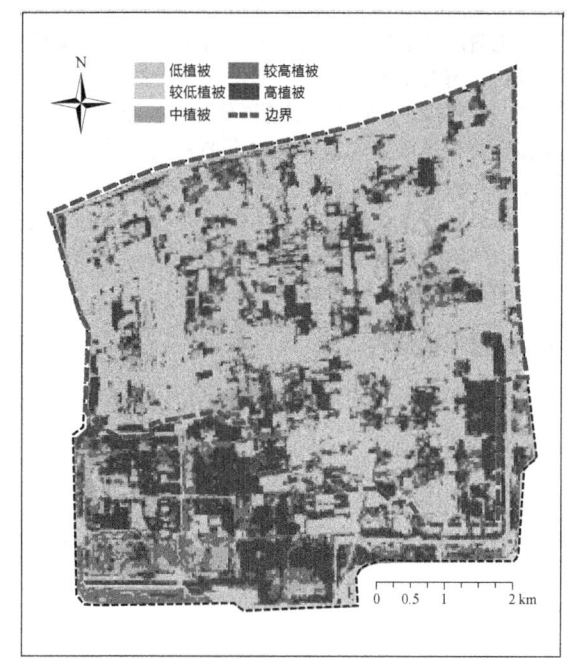

(h) 2021年研究区域植被覆盖情况

图 5　2014—2021年研究区域植被覆盖情况（三）

通过统计植被覆盖率≤0.2的地块面积后减去村庄建筑的面积，分析闲置土地的变化趋势。可观察到2015—2016年、2019—2021年出现了两次较大波动，均是因为前文提到的未央宫遗址进入《世界遗产名录》，和2018年底开展棚户整治以及"环保整治回头看"事件。由此可见，闲置用地的空间数量与遗址保护、生态保护等政策息息相关（表2）。

2014—2021年闲置土地面积变化趋势　表 2

年份	2014	2015	2016	2017	2018	2019	2020	2021
面积（km²）	6.71	4.58	7.71	7.42	7.19	6.40	7.31	5.19
占比（%）	19.73	13.47	25.61	21.82	21.15	18.82	24.45	15.26

1.3.2　空间特征

综合分析2021年遗址区植被覆盖率情况，在剔除村庄建筑面积后对剩余植被覆盖率≤0.2的地块进行核密度分析得到闲置土地的大体空间分布情况（图6）。遗址区闲置土地具有面积大、数量多、分布散的特点。整体来看，闲置土地分布范围广，基本上覆盖了遗址区的所有村落。闲置土地主要集中在遗址区的南部，即毗邻未央宫遗址的核心保护区域。其主要原因与上文时间特征上的波动类似，即是遗址保护与生态保护政策，而在相同的背景下，其余村庄由于遗址保护政策的相对宽松并依靠良好的区位条件可以进行一定的生产活动，因而闲置土地的数量较少，且分布零散。

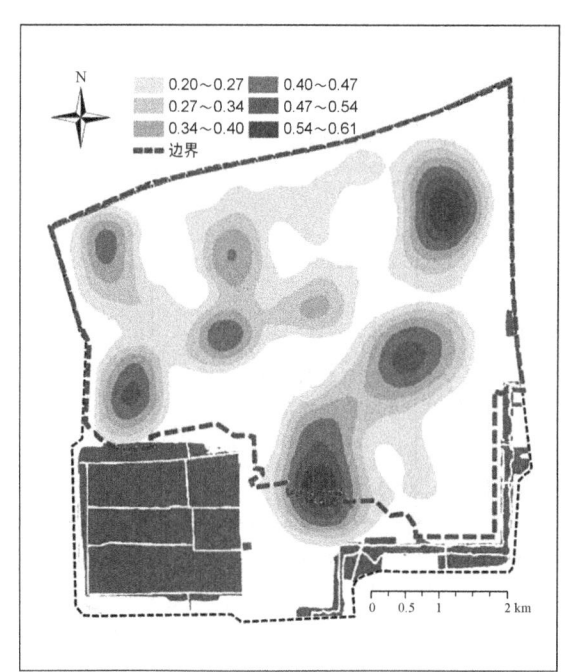

图 6　闲置土地核密度分析图

2　汉长安城遗址区闲置土地识别

2.1　闲置土地识别方法

本研究在识别闲置土地的过程中，首先利用NDVI软件统计出闲置土地的大概范围，并利用GIS处理得到闲置土地的初始数据集。其次，在调研过程中，对遗址区内的闲置土地进行影像拍摄记录并进行定位，得到闲置土地可视化图库。通过对比闲置土地初始数据集和实地调研所得到的闲置土地可视化效果图，剔除掉不合理的闲置地块。最后构建闲置土地遥感影像目视解译标志，该标志能够反映各类闲置土地所表现出的特征，可指导判别闲置土地并进行分类，进而形成一套标准规范的遥感影像目视解译流程[8]。利用该解译标志逐个分析上个步骤中筛选出的闲置土地，结合实地验证和考察，剔除误判用地，得到最终的闲置土地集合（图7）。

2.2 闲置土地清查

通过长期的实地调研总结出各类闲置土地的呈现颜色、大体形状以及主要特征，建立基于特征与高清遥感卫星地图相结合的解译标志（表3）。

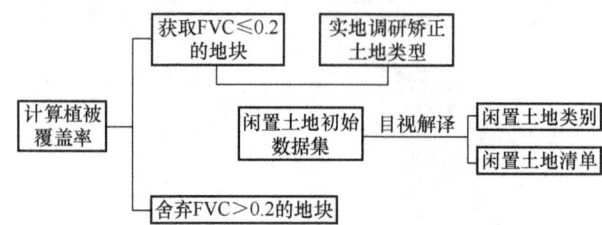

图7 闲置土地空间信息获取流程图

闲置土地解译标志对照表　　　　　　　　　　　　　　　表3

类别	颜色	形状	特征	影像结构
闲置农业土地	以土黄色（裸露地表）、黄绿色为主，场地中有少量的白色（破烂大棚）	形状不规则	植被覆盖率极低，地表粗糙，有不规则的线状路径分布表面	
闲置建设土地	以灰色、深灰色（硬化地面）为主，常伴有褐色、蓝色（建筑垃圾）	以规则矩形为主	有明显人工建造的痕迹，多数地面已被硬化。表面粗糙，有点状、块状的垃圾堆砌分布	
遗址保护闲置地	以草绿色为主（草地），少量深绿色（灌木）	无明显固定形状	植被覆盖情况明显好于另外两种闲置土地，但植物种植无明显规划行为	

建立解译标志后，以2021年8月21日的谷歌高清影像图为解译图像文件对闲置土地范围进行逐一筛选。首先，在ArcMap将目视解译确定的闲置土地以面要素数据的形式存储到数据集中作为初步筛选结果。其次，通过对比分析时间间隔超过一年的历史遥感影像图数据，结合现场调研的结果进一步分析所选地块是否可确定为闲置土地，进而得到最终的闲置土地数据清单（图8）。

2.3 清查结果分析

对清查结果进行进一步分析以明确闲置土地的类别。通过对闲置土地初始清单进行分类统计得出：遗址区现有闲置土地共72处。其中，闲置农业土地数量多达41处，闲置建设土地的数量有19处，遗址保护闲置地的数量有12处（图9）。

3 汉长安城遗址区闲置土地利用与活化

在遗址保护政策加剧遗址区内外贫富阶级分化背景下，农业、文保用地转向产值较高的工业、企业等建设用地的经济诱因日益强烈。面对闲置土地对生态环境、经济发展和人地关系的负面效应，急需有效的措施来缓解这一矛盾。根据上文所分析的闲置土地的类型、空间特征以及交通区位，将受未央宫遗址影响较深的腹地型村落归为核心区，西北以及东南部交通条件优越的闲置建设土地聚集区域划分为过渡区，将东北角以闲置农业土地为主的区域划分为边缘区。通过边缘区、过渡区和核心区的划分，综合所在圈层的基础条件，考虑由弱至强的遗址保护政策强度，提出具有适应性、灵活性以及临时性的利用与活化方法策略（图10）。

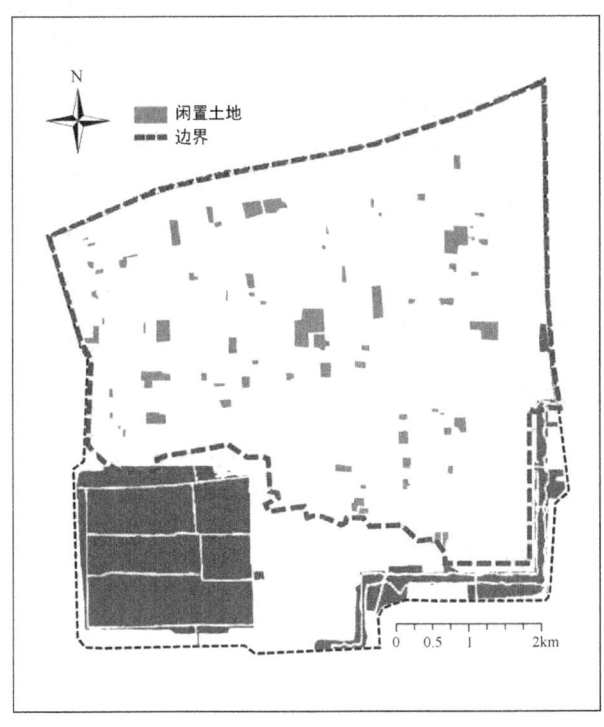

图 8　闲置土地数据清单

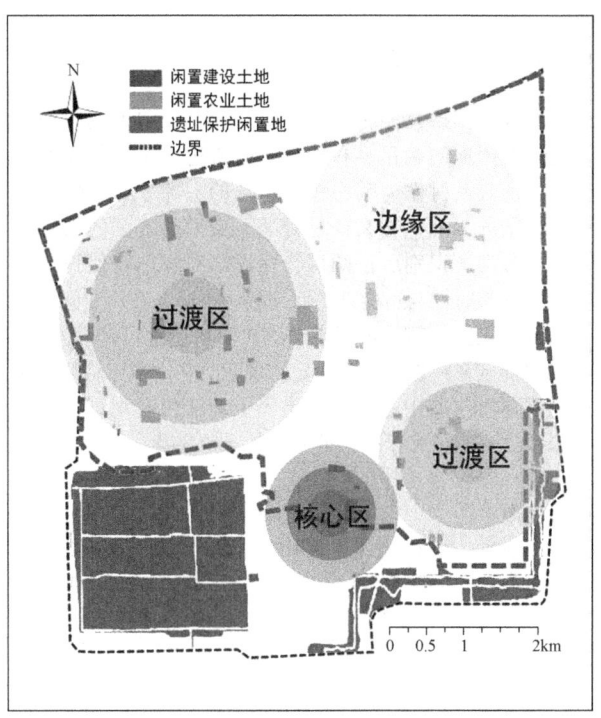

图 10　闲置土地圈层目标图

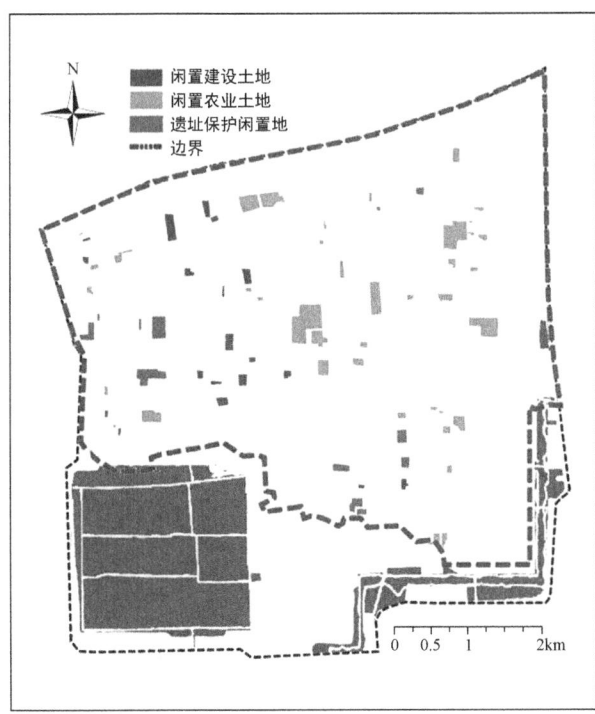

图 9　闲置土地类别图

3.1　边缘区闲置土地

边缘区的闲置土地以闲置农业土地为主，与城市衔接较为紧密，受城市的虹吸效应较为强烈，受核心文化圈的影响较弱。考虑到该区域的现有资源，可通过引入"共享菜园"的模式，对村民进行蔬果种植技术培训，引导村民与政府共建共治共享，吸引城市居民进行认领，在提高村民经济收入和加强城乡联系之余，改善遗址区内生态环境。除此之外，"共享菜园"内设置汉农耕文化、村落文化展角，打造田间地头的"博物馆"，使其兼具农事体验、教育研学、文化传承的功能，进一步推动乡村振兴。

3.2　过渡区闲置土地

过渡区因城市干道石化大道的穿过，具有较强的外向性，村内厂房、小企业较多，受遗址保护政策的影响较大，同时又因部分村落靠近未央宫遗址，闲置土地类型多为闲置建设土地和遗址保护闲置地。根据过渡区的现有遗址资源和交通优势，将建设闲置土地开发文化产业，如露营基地、茶室、香室等。再可考虑将临时性景观引入汉长安城遗址区内，利用遗址保护闲置土地，保留作为历史事件发生地在时空变迁过程中遗留的特殊符号及空间痕迹，使其景观空间的营造具有独特性，避免均质化的同时配合文化产业的发展，预期在一定程度上改善区域的生态环境、缓解经济困境、传承历史文脉，进而提高遗址区的综合价值。

3.3　核心区闲置土地

核心区内的村落位于遗址区腹地，其闲置土地多为遗址保护闲置地（图10），因紧邻未央宫遗址公园受限较多，内生动力不足。根据核心区现有资源，以文化、科技和服务为导向，发展遗址文化展示、学术交流基地、考古培训和景区服务延伸的功能。该区域是最能体现汉文化的区域，同时也是保护政策变数较大的区域，故而针对此区域以展示、教育、科研和培训功能为主，结合临时性与过渡性，实现遗址区经济、社会、文化效益的发挥，联合村民、游客、专家学者共同推动文化遗产的有效发展。

4 结论与讨论

在乡村振兴大背景下,土地作为不可再生资源,解决农村闲置用地问题是乡村振兴战略推进中不可避免的一环。遗址区乡村作为其中极为特殊的一部分面临着更为多元复杂的局面,本文通过对汉长安城遗址区的闲置土地进行分类、识别后按圈层特性提出顺应现行保护政策的、兼具临时性与适应性的活化利用策略,在短时间内高效化解闲置土地问题,对带动汉长安城遗址可持续发展、促进遗址区乡村振兴具有一定的现实意义。限于篇幅,本文对具体村落等中小尺度的闲置土地活化利用策略探讨还未深入,有待在未来的研究中扩充与完善。

参考文献

[1] 陈同滨. 城镇化背景下的中国大遗址保护[J]. 建设科技, 2006(22): 58-61.
[2] 陈稳亮. 大遗址保护与区域发展的协同——基于《汉长安城遗址保护总体规划》的探索[M]. 西安: 西北大学出版社, 2015: 1-3; 66.
[3] 刘文辉. 汉长安城遗址区村落闲置空间活化利用研究[D]. 西安: 长安大学, 2021.
[4] 阳洁璐, 陈稳亮, 姚岚. 基于战术城市主义理论的汉长安城遗址区闲置用地研究[J]. 现代城市研究, 2022(9): 90-96.
[5] 左文妍, 陈稳亮. 利益博弈视角下的汉长安城遗址闲置用地研究[J]. 山西建筑, 2022, 48(15): 30-33.
[6] 李玲, 王锐, 赵月帅, 等. 大遗址环境敏感性评价及保护模式初探——以汉长安城大遗址区为例[J]. 智能城市, 2021, 7(24): 108-109.
[7] 刘亚楠. 乡村型城址类大遗址的保护与展示研究[D]. 杭州: 浙江大学, 2022.
[8] 杜钦, 张超. 景观规划GIS技术应用教程[M]. 北京: 中国林业出版社, 2014.

作者简介

吴彬,1997年生,女,回族,陕西宝鸡人,硕士,长安大学建筑学院,研究方向为风景园林遗产保护。电子邮箱: 756783759@qq.com。

杨曼,1999年生,女,汉族,河北石家庄人,硕士,包钢绿金生态建设有限责任公司,研究方向为风景园林规划设计。电子邮箱: 1328653839@qq.com。

(通信作者)陈稳亮,1979年生,男,汉族,陕西西安人,博士,长安大学建筑学院城乡规划系,主任,教授,研究方向为城乡遗产保护规划与管理、景观资源与遗产保护管理。电子邮箱: 1125258278@qq.com。

传统时期湖州菱湖桑基鱼塘景观解析

An Analysis of The Landscape System of Traditional "Mulberry-dyke & Fish-pond" System in Huzhou, Linghu

姚心远　郭　巍*

摘　要：基于湖州菱湖桑基鱼塘形成演变背景的简要梳理，从水利系统、农耕系统及聚落系统三方面入手，运用文献综述法、形态学图解法及 GIS 平台辅助分析方法，对菱湖桑基鱼塘各人居要素的分布格局及肌理形态进行研究。挖掘农田水利格局及聚落形态的地域性特征，为桑基鱼塘农业遗产的文化、景观价值认知及利用提供参考。

关键词：人居环境；桑基鱼塘；湖州；分层解析

Abstract: Based on a brief overview of the formation and evolution background of the Hangzhou Linghu mulberry-dyke & fish-pond system, this study examines the distribution patterns and morphological characteristics of various settlement elements in the Linghu mulberry-dyke & fish-pond area from three perspectives: water management system, agricultural system, and settlement system. By employing literature review, morphological analysis, and GIS platform-assisted analytical methods, the regional characteristics of agricultural water management patterns and settlement morphology are explored. This research aims to provide insights and references for the cultural and landscape value recognition and utilization of the Linghu mulberry-dyke & fish-pond agricultural heritage.

Keywords: Human Settlement; Mulberry-dyke & Fish-pond; Huzhou; Hierarchical Analysis

引言

基塘系统是一种独具创造性的洼地利用方式和生态循环模式[1]，其中以"塘基种桑、桑叶喂蚕、蚕沙养鱼、鱼粪肥塘、塘泥壅桑"为特征的桑基鱼塘农业开发模式最早起源于太湖流域[2]。而作为地域景观的桑基鱼塘，则是由自然系统、水利系统、农耕系统及聚落系统的相互叠加所呈现的特色人居环境。

由于湖州桑基鱼塘的典型性，早在明清时期的《沈氏农书》《补农书》《蚕桑辑要》《湖雅》等农书里，就受到了广泛关注，随后民国时期的农业调查[3]对其也有更进一步的研究。2014—2017 年，"浙江湖州桑基鱼塘系统"先后入选中国重要农业文化遗产、"全球重要农业文化遗产"（GIAHS），当代相关学术研究也随之逐年上升。当前，许多学者对湖州桑基鱼塘地区的水利、农业和聚落等方面进行了探讨。叶明儿等通过史料分析，研究了湖州菱湖桑基鱼塘系统形成演变与水利开发、圩田开垦以及社会经济发展之间的关系[4]；顾兴国等从农业投入产出效率入手，揭示了传统和当代时期太湖南岸基塘空间比例、种苗及养殖搭配等方面的数据[5]；周晴从历史地理学的视角，详细阐述了嘉湖平原桑基鱼塘区域的水土环境、生态农业模式及乡村市镇兴起的过程[6]。然而，目前对桑基鱼塘地域景观营建及形态肌理的关注相对较少，各人居要素的关系也需进一步梳理总结。因此，本文试以菱湖一带桑鱼生产密集区为中心研究范围（表1、图1），从水利开发建设、农田开垦利用、聚落选址营建三个方面，对湖州菱湖桑基鱼塘的地域景观特征进行分层剖析解读。

20 世纪 80 年代菱湖镇周边区域稻桑鱼生产面积的分布情况（面积单位：亩，1 亩≈666.7m²）表 1

片区	耕地面积	水田面积	桑地面积	内塘面积	稻桑鱼面积比例
溪西	15657	13868	8767	7968	1:0.63:0.57
荻港	15612	13719	7971	6940	1:0.58:0.51
下昂	21649	19030	6559	5971	1:0.35:0.32
东林	16708	15431	4791	4642	1:0.31:0.30
锦山	10730	9562	4178	2493	1:0.44:0.26
新溪	14268	12076	6392	2788	1:0.53:0.23
长超	14975	13958	5352	1328	1:0.38:0.10
千金	25472	20762	10266	1609	1:0.49:0.07
合计	135071	118406	54276	33739	1:0.46:0.28

注：菱湖相邻镇区的稻桑鱼生产面积——德清洛舍为 1:0.25:0.10，常路为 1:0.25:0.05，重兆为 1:0.32:0.05。因此沿水系划定研究范围，东界为双林塘—老龙溪，南界为洛舍漾—苎西漾，西界为东苕溪导流港，北部边界为横山漾—和孚漾。

资料来源：依据参考文献 [7] 统计绘制。

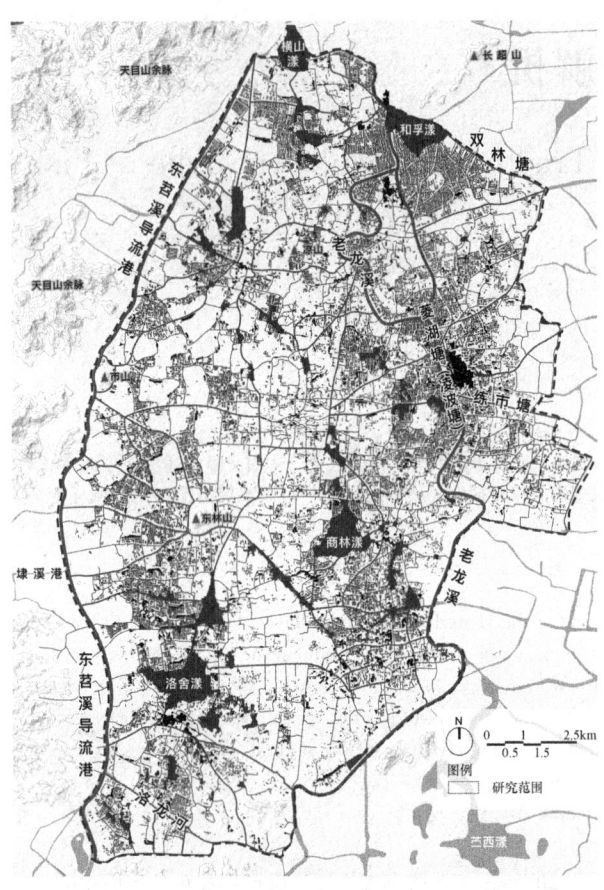

图 1 菱湖地区研究范围
（图片来源：以 ALOS 12.5m DEM 数据及
20 世纪 60 年代 USGS 历史卫星地图为底图自绘）

1 菱湖地区基塘农业景观形成概述

湖州菱湖桑基鱼塘是在特殊的水土条件下，长期人居环境营建与社会经济环境相互作用的产物。气候、地貌和水文条件共同塑造了初期的沼泽化环境，在这片低湿洼地中，水害与水利相辅相成，为先民的"治水"和"用水"提供了自然基础；圩田开垦和水利建设则划分了土地单元，决定了桑基鱼塘的基本空间结构；人口增长和技术进步为大规模圩田开发提供了可能；而市场经济和社会政策使以桑鱼为主的经济结构得以形成，催化了稻田向桑基鱼塘的转变[2]，最终形成了独特的桑基鱼塘地域景观。

1.1 基塘景观产生的地理背景

湖州地处东北亚季风盛行区，降水充沛但时空分布不均，易形成洪涝灾害。据记载，公元前 1901—公元 1990 年，平均每 3.59 年便会发生一次水灾[8]。

湖州东部平原是一个四周略高、中部偏低的凹形低地，其南北各有一条平均海拔 4.4～5.5m 的滨湖/滨海高地，东部平坦而坡降小，历来排水困难。菱湖水网地带则是东部平原中地势最低的地区，平均海拔在 3m。其西接天目山脉，"两引天目之水"，东苕溪下游及西部山溪均汇聚迂回于这片低平原之上；同时天目山残丘如凉山、灵山等散落其间，溪流遇之便停蓄发育成一系列积水湖泊，水质澄澈。

1.2 基塘景观产生的社会背景

春秋末期吴越两国为争霸天下，通过军屯在太湖南岸开始了初步的围田垦殖活动。唐安史之乱以后，北方藩镇割据，大批官民避乱南迁，为太湖流域带来大量人口和洼地垦殖技术，加之国家大规模军屯建设的延续，太湖沿岸"五里七里一纵浦，七里十里为一横塘"的塘浦圩田格局趋于完善，由凌波塘、頔塘、江南运河等构成的水路交通骨架也基本确立。

至宋代，土地制度及经营方式由集中经营转为佃农分散经营，以塘浦为四界的万亩大圩，多分割成以泾浜为界的百亩小圩。圩堤由民间自发修筑维护，抗洪能力远不及前代圩岸，旱涝灾害渐趋频繁，粮食生产愈发不利。与此同时，江南地区的人口随宋室南迁进一步增长，土地和粮食资源的矛盾日益加剧。

明清时期，受生产力所限，圩区进一步缩小，河网水面破碎化。"自水利不讲，湖州低乡，稳不胜淹……利在畜鱼也"[9]。与此同时，朝廷根据用地类型规定赋税，地、荡之税均轻于田，加之江南地区的商品经济大兴，进一步提升了植桑养蚕的利润空间。菱湖农家开始将长期淹水、产量低的圩田改造成鱼塘，塘埂栽种桑树，由水稻种植逐步转向桑蚕、渔业经营，充分利用有限的土地空间，以集约化的农业模式有效缓解了人地矛盾。圩田改塘养鱼在菱湖一带持续至晚清和民国时期，在原有的桑基圩田空间结构逻辑之上，规模化的桑基鱼塘景观逐渐形成。

2 菱湖地区基塘景观解析

2.1 水网格局与水利建设

菱湖地区的水网格局由塘路河网及湖泊荡漾两部分组成（图 2），二者共构的调蓄系统使区域排水基本保持漫流状态。

唐宝历中，刺史崔元亮筑凌波塘，拦挡了西部山溪的洪水，北泄至太湖，使菱湖一带获得了利于水利建设及农业开发的自然环境。此后，凌波塘以东陆续成规模开挖塘河，例如练市塘、双林塘等，承担向东部分洪及来往交通的作用；塘西则多由民间自发建设疏浚，历史上处于放任自流状态，溪流曲折多变，细小泾浜散布圩内，研究范围内平均河网密度为 4.89km/km²。

荡漾通常位于主干河道中或一侧，起到调蓄洪峰和减缓水流的作用，是菱湖水网中重要的调蓄系统。区域内湖漾面积大小悬殊，其中最大者有 160.07hm²，最小者则仅有 0.33hm²，平均面积 12.35hm²。

2.2 农田开发与土地利用

传统时期，菱湖地区家家户户种稻、养蚕、养鱼，三种生计方式各占 1/3 左右，当地俗称"三三制"，可见菱湖农家的土地利用形式涵盖田、地、荡三种。根据农田开垦演变历程及 20 世纪 60 年代圩田历史影像的形态差异，可将菱湖地区的基塘圩田分为三类：以荡为主导的桑基鱼塘、田荡相间的田塘圩田、以田为主导的桑基圩田。其中桑基圩田类型面积占比不足1%，本文不予讨论(图3)。

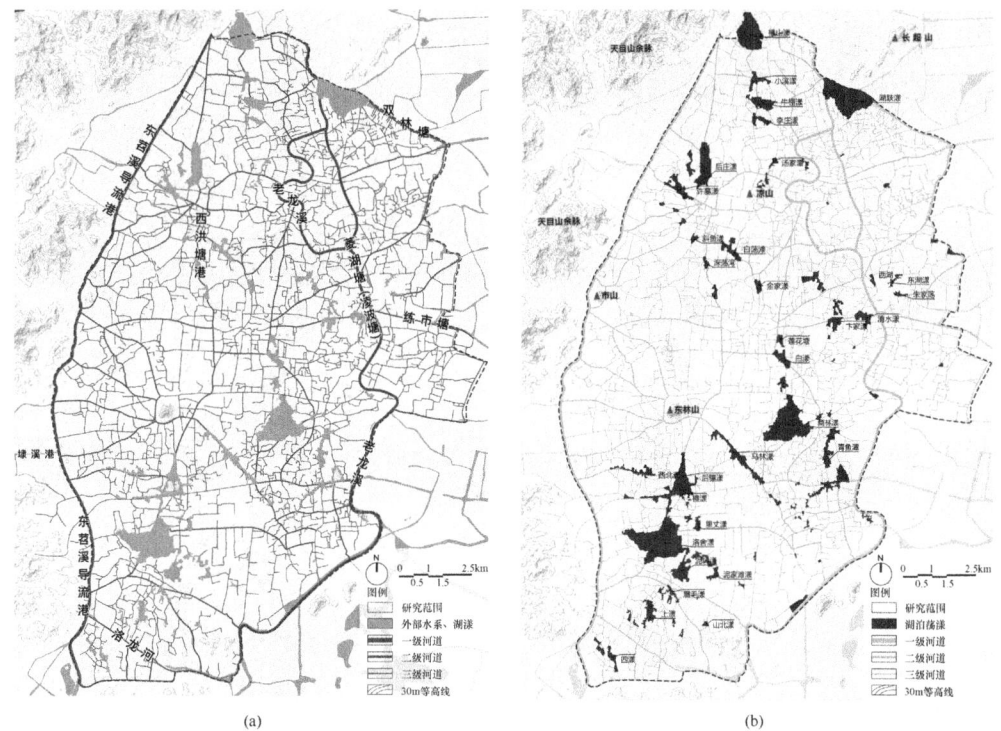

图2 菱湖地区水网格局
（a）塘路河网；（b）湖泊荡漾
(图片来源：依据参考文献[8]，以20世纪60年代USGS历史卫星地图为底图，结合民国21年浙江省陆地测量局测绘的浙江省五万分之一地形图自绘)

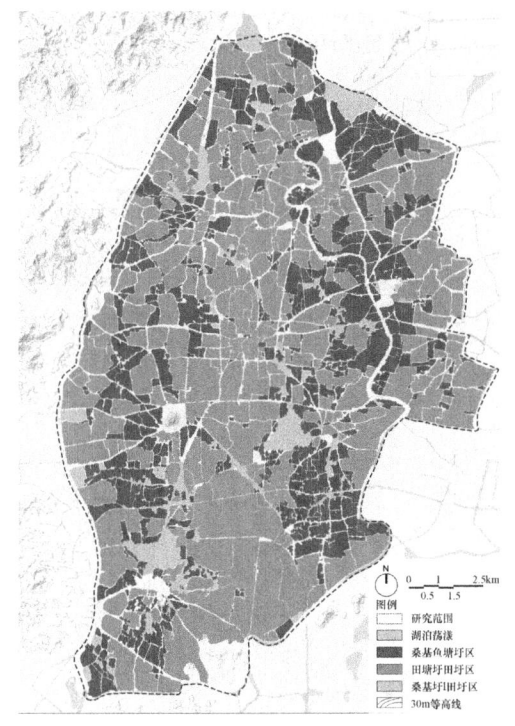

图3 菱湖地区基塘圩田分类
(图片来源：以20世纪60年代USGS历史卫星地图为底图解译自绘)

2.2.1 菱湖地区基塘圩田分布格局

水网格局和排灌方式在基塘圩田的形态大小和分布格局上起着关键作用。同时，桑基鱼塘与田塘圩田在利用方式上的差异，使两者之间产生了分布格局和面积形态的分化。

在湖荡积水区，农民往往通过挖掘河泥垫高田面、沿河港筑起较高的圩埂，形成四周环河的"孤岛状"圩区，称为"圩头"。由于菱湖地区塘路纵横、泾浜密度高，"圩头"单元尺度也被分割得相对较小（表2），并随曲折多变的泾浜产生变化各异的形态（图4）。

各类型圩区数据统计　　表2

圩区类型	最小面积(hm²)	最大面积(hm²)	平均面积(hm²)	面积和(hm²)	面积占比(%)	数量占比(%)
桑基鱼塘	0.09	97.31	8.15	5241.76	25.8	66.1
田塘圩田	2.09	346.32	33.68	10677.05	52.6	32.6

传统时期，由于菱湖地区单个圩区面积小，船只进出便利，因此一般不设置闸门，仅设涵洞排水引水。清代湖

图 4 菱湖地区各类型圩田圩区分布及面积分析
(a) 桑基鱼塘圩区分布及面积分析；(b) 田塘圩田圩区分布及面积分析
(图片来源：以20世纪60年代USGS历史卫星地图为底图，结合GIS平台数据分析自绘)

郡水利专家凌介禧曾描述："田围皆河荡环绕，潦则车出水，旱则车入水，圩岸之堤防，旱潦至要哉。"可见历史时期，菱湖圩区排灌主要依赖人力水车[8]。

"菱湖鱼荡，多畜鱼秧"，育鱼秧塘相对小而浅、旱涝不保（表3），因此桑基鱼塘圩区存在着排涝需求大的问题，加之传统时期排灌工具对人力的要求高，所以为了排灌及交通的便利[10]，桑基鱼塘圩区普遍更紧邻湖漾外荡及河道汇流处，相对高的河网密度使其圩区被分割成了平均面积更小、数量密度更高的圩区单元。相对应，田塘圩田圩区分布在相对远离河道交汇的地区，以及导流港堤坝一侧，面积大而密度较低（图4）。

2.2.2 菱湖地区基塘圩田形态肌理

土地利用与农耕方式决定了土地形态肌理，也为聚落居址的营建提供了独特的基底。

（1）桑基鱼塘圩区

桑基鱼塘圩区的圩堤与塘基通常为一体，因此其圩区单元由基、塘、溇沼及聚落四部分构成。随着单元面积的增大，溇沼常延伸为具备1～2级支流的渠系，宽3～8m，平均分布于圩区单元以内，以满足排灌、交通等需求（图5）。

圩区基塘形态与农业生态息息相关，良好的基塘比

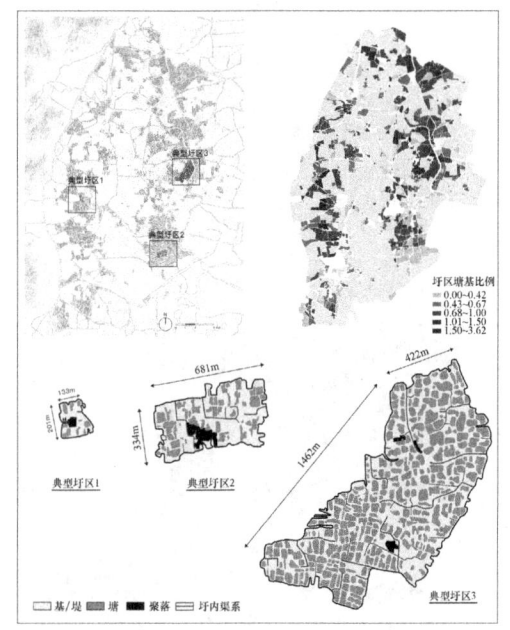

图 5 桑基鱼塘典型圩区样本肌理结构
(图片来源：以20世纪60年代USGS历史卫星地图为底图解译自绘)

能够保证基、塘间物质能量达到紧密的联系。传统时期，基塘系统具有"基六塘四""基四塘六""基七塘三""五水五基"等多种比例[11]。理想情况下，塘基面积比约4∶6是经济效益与物质能量循环达到平衡的最佳比例。

经统计，20世纪60年代菱湖地区39.5%的圩区塘基比例在四六比和六四比（0.67~1.5）之间，主要分布在老龙溪两侧及西洪塘港与天目山东麓之间。这一部分鱼荡多为水田挖塘改造而成，形态与原有的田块划分相关，鱼塘呈现出近椭圆形、长方形等形态有序排列，具有较为理想的基塘关系。另有37.3%的圩区塘基比例在三七比（0.42）以下，主要分布于商林漾南部湖群附近及洛舍漾外围。该区域鱼荡或部分为围垦外荡形成，水流情况复杂多变，因此塘基更为宽厚高大，鱼塘形态呈现出大小不一、形态不规则的特点（图5）。

此外，鱼塘形态规格也受水产经营需求所影响。菱湖地区鱼塘经营类型可分专饲鱼苗型、专饲种鱼型、专饲供食鱼型、全期饲养型四种（表3）。"湖州畜鱼秧过池，名曰花子，其利更厚"[9]，而"菱湖一带有池塘一万三千余口，大半饲养鱼苗"[3]，可见专饲鱼苗的经营模式投资风险小、收益高，周期较饲养成鱼更短，是菱湖水产养殖的主流。饲鱼苗之发塘不宜过大过深，经统计，60年代桑基鱼塘圩区鱼荡平均面积为2.25亩，77.9%的鱼荡面积在4亩以下。

鱼苗养殖对池塘规模、形态需求总结　　表3

鱼塘种类	尺寸要求	养殖时间	经营类型	其他	形态需求
育苗塘（发塘）	五~六尺（1.3~2m）1~4亩	（鱼苗培育）20余日夏季出池	专饲鱼苗型全期饲养型	较成鱼需更洁净供水源	圆形、方形、长方形及其他不规则之式不等，以长方形居多，利于形成水流增加溶氧量
种鱼塘	以深为佳七八尺~一丈（2.3~3.3m）	（1年种鱼）5~6个月冬春出池	专饲种鱼型全期饲养型	—	
成鱼塘	愈深愈佳一~二丈（3.3~6.6m）	1~2年连年陆续脱售	专饲供食鱼型全期饲养型	根据鱼种生长周期，捕捞时排水	

资料来源：依据参考文献[3][12]统计绘制。

(2) 田塘圩田圩区

田塘圩田单元由圩堤、田、塘、聚落四部分构成。

稻田田块划分一般依地势、排灌管理、作物品种及土地权属而定，每块用田埂包围的格田都是进行耕作、灌水和田间管理的独立单元。菱湖地区是以双季稻为主的稻麦蚕桑产区，水田的耕作需要精细化的土地平整及排灌管理工作，以防淹苗或干旱。经统计，60年代田塘圩田圩区内田块面积为3~11亩不等。

田塘圩田内塘平均面积为1.35亩，"种田之亩数，略如池之亩数，则取池之水足以灌禾"[9]，具备养鱼及蓄水灌溉之双重作用。其多分布于圩堤及圩心部位，由深水洼地开挖堆叠而来。"最低洼之田，无从取土，不妨即在田中开一小荡，挑取泥土，增筑堤岸。荡中蓄水，即可养鱼"，挖填平衡加之蚕桑经济影响，田塘圩田的圩堤、田埂、圩心溇沼两岸不断培土扩展，最终形成整体高低不平、田地交错、田角地墩横亘田间的土地肌理，为聚落选址提供了房基条件（图6）。

3 基塘景观格局下的聚落景观

"村虚船作市，地绝水为邻"，菱湖一带圩头切分细碎，形成以散居村落为主、聚落间相对松散的分布格局。同时，随着农业专业化、商品化发展，聚落开始产生生产与贸易的分化。在江南地区，市镇分布与水路交通密切相关[13]，菱湖地区水路均匀各向展开，位于交通节点的聚落逐渐形成不定期或定期的草市，一些草市规模扩大为镇，共同承担一定范围内聚落群的商品交易功能。市镇聚落与广大乡村聚落一道，构成菱湖"村-市-镇"的多层次社会市场空间结构。

3.1 基塘景观格局下的聚落布局特征

3.1.1 乡村聚落

湖沼湿地地貌及农业生产方式深刻地影响着菱湖一带乡村聚落的分布格局。若将19户以下的聚居点（占地约0.40hm²以内）理解为散村[14]，那么60年代菱湖地区仍以散居村落为多，占聚落总数的69.5%（表4）。

由散村发展为集村至少需要充裕的生产资料及足够的住宅用地作为前提[14]。高度集约化的桑基鱼塘模式在有限的资源条件下提高了人口承载力，水路运输的便捷也为村落耕作距离扩大提供了条件，使集居村落成为可能。然而菱湖乡村一带"巨溪荡漾，参错环迴，问津者有望洋之叹"，破碎化的毛细水网使住宅用地相对受限，因而集居村落较少，百户以上乡村聚落仅约占总数的2%。

在两种基塘圩田类型——桑基鱼塘与田塘圩田中，以散村为主的聚落形式是共有的。然而，与田塘圩田区相比，桑基鱼塘区通常具有集中的鱼荡耕作区域，受水面率的制约，桑基鱼塘区的大规模居住区倾向于与耕作区域分别集中布置，从而形成分布相对松散且面积较大的集村格局（图7、图8）。

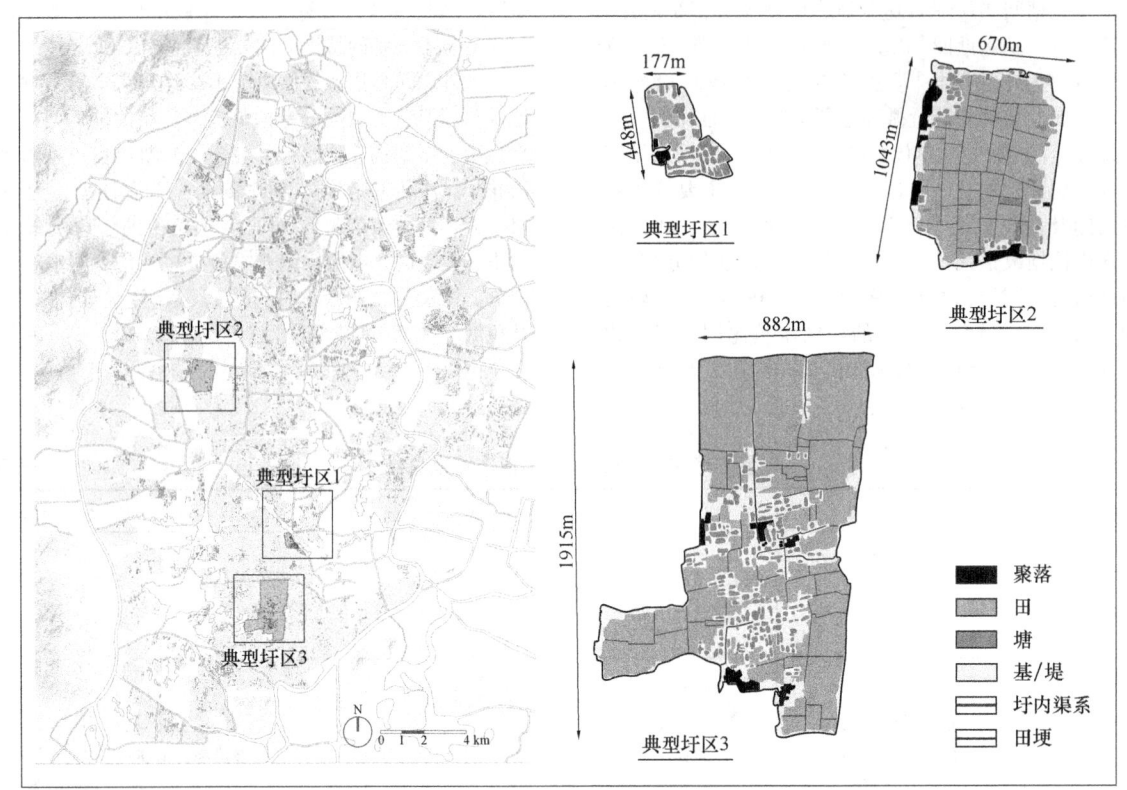

图6 田塘圩田典型圩区样本肌理结构
（图片来源：以20世纪60年代USGS历史卫星地图为底图解译自绘）

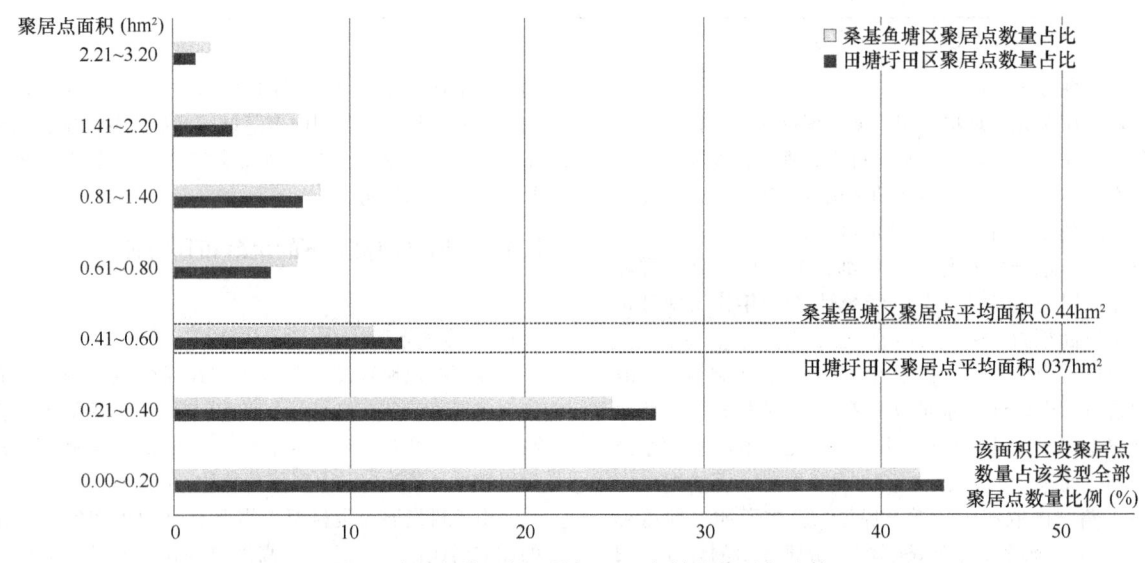

图7 桑基鱼塘区与田塘圩田区乡村聚落面积比较
（图片来源：依据20世纪60年代USGS历史卫星地图，结合GIS平台数据分析统计绘制）

3.1.2 市镇聚落

市镇源于承担商品贸易功能的乡村聚落。江南水乡市镇级差结构可分为基层市场、中间市场、中心市场及区域市场四级。基层市场（村市）仅为周边乡村农户提供一般生产生活资料；中间市场则服务于农户半天可往返的距离之内；中心市场及区域市场多为府、县，经济辐射至区域内其他城邑[15]。据该划分标准对研究范围及其周边聚落进行识别，可划分出两级市镇：菱湖镇、获港镇为中间市场，下昂市、竹墩市等11处为基层市场（表4）。可见受水系物流影响，菱湖一带围绕菱湖塘发育出了更具规模的市镇聚落（图9）。

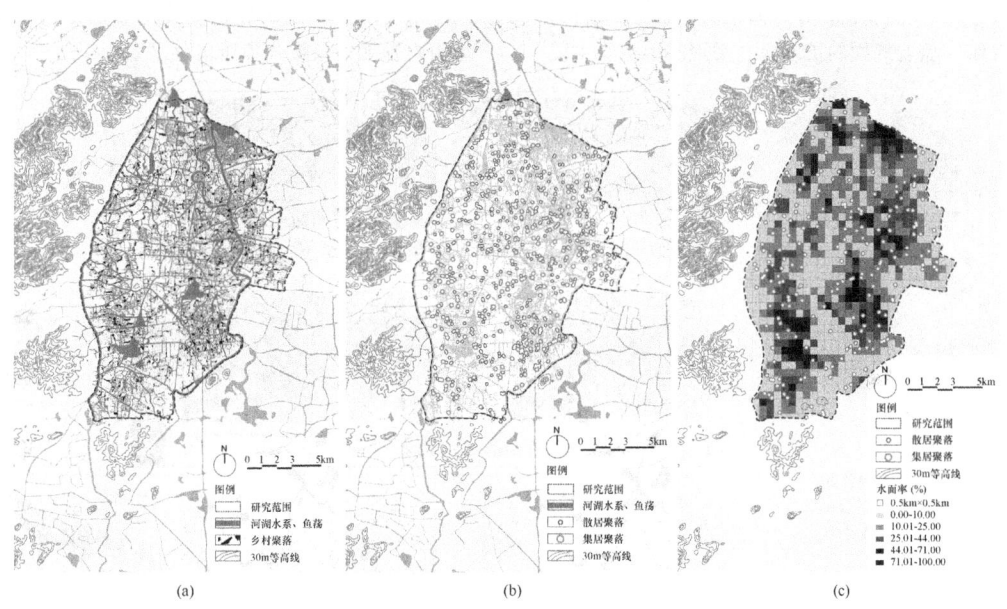

图 8　菱湖乡村聚落分布特征分析

(a) 菱湖乡村聚落；(b) 乡村聚落中散村与集村点位分布；(c) 水面率与集村关系

(图片来源：依据参考文献 [14]，结合 20 世纪 60 年代 USGS 历史卫星地图自绘)

研究范围及其周边清代主要市镇汇总　　　　　　　　　　　　　　　　　　　　　　　　　表 4

类型	名称	分布密度（个/km²）
中间市场	荻冈镇（荻港镇）、菱湖镇	0.02
基层市场	东林市、下昂市、竹墩市、射村市、南商林市、后塘市、钱家潭市、洛舍市、湖跤（和孚）市、思溪市	0.06

资料来源：依据参考文献 [16-17] 统计绘制。

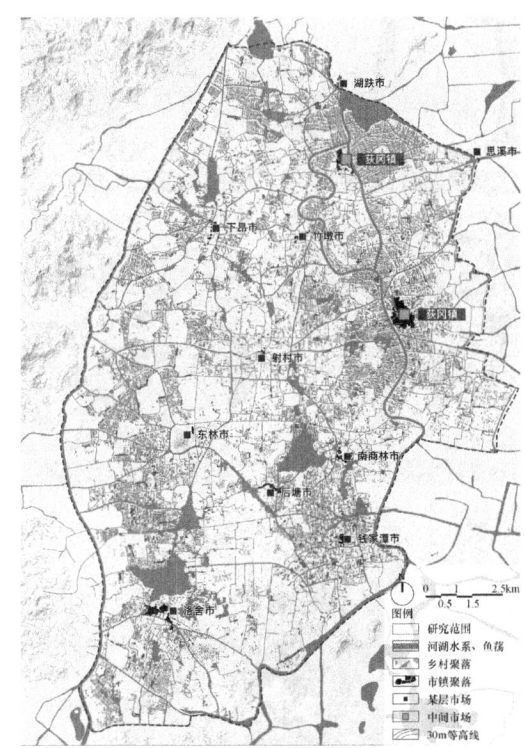

图 9　菱湖市镇聚落

(图片来源：依据参考文献 [16]，
结合 20 世纪 60 年代 USGS 历史卫星地图自绘)

市镇的辐射范围称为乡脚，受市镇辐射的乡村聚落通过贸易往来与市镇形成紧密的市场共同体，并使农民的生活超越以"社"为核心的村落空间。研究表明，中间市场的乡脚一般为 30 里（1 里＝0.5km）左右[16,18]，大约相当于早上上市、下午返村的路程。清光绪时期，菱湖周围 67 个村庄"皆鬻于菱湖市中"，围绕着菱湖镇的溪西、荻港、下昂、东林、锦山、长超、新溪、千金等片区都曾是其乡脚。

3.2　基塘景观格局下的聚落选址形态

3.2.1　乡村聚落

菱湖一带乡村聚落选址遵从因势利导、劳动就近的原则，多定居在不易受洪泛威胁、交通便利且靠近耕作用地的高地之上，包括天然淤积的土墩、圩田圩堤及鱼塘塘基等。

聚落具体形态则取决于居址与水系及耕地间的关系。乡村聚落的居住区域通常与耕作区域相互交杂、互为图底[18]。在桑基鱼塘环境中，屋宇集中在邻接河道、溇沼的鱼荡基围之上，在较狭瘠的塘基上沿基围深入基塘中，呈枝网状蔓延，在较宽厚的墩基上呈点状散居，随屋宇的增加，聚落整体沿水路及墩基朝独墩团块状集居形态发展。而在田塘圩田格局下，房屋通常沿培厚的圩岸而筑建，同时，出于居住小环境、溇心田开发等需求[19]，民居一面朝河（溇）、一面朝田，并开凿水荡，既方便出行，也便于就近劳作。随着规模的扩增，这类聚落形态受主要河道牵引由点状散居蔓延至线形集居，再垂直于水轴向圩田内发展为条带式集居聚落（图10）。

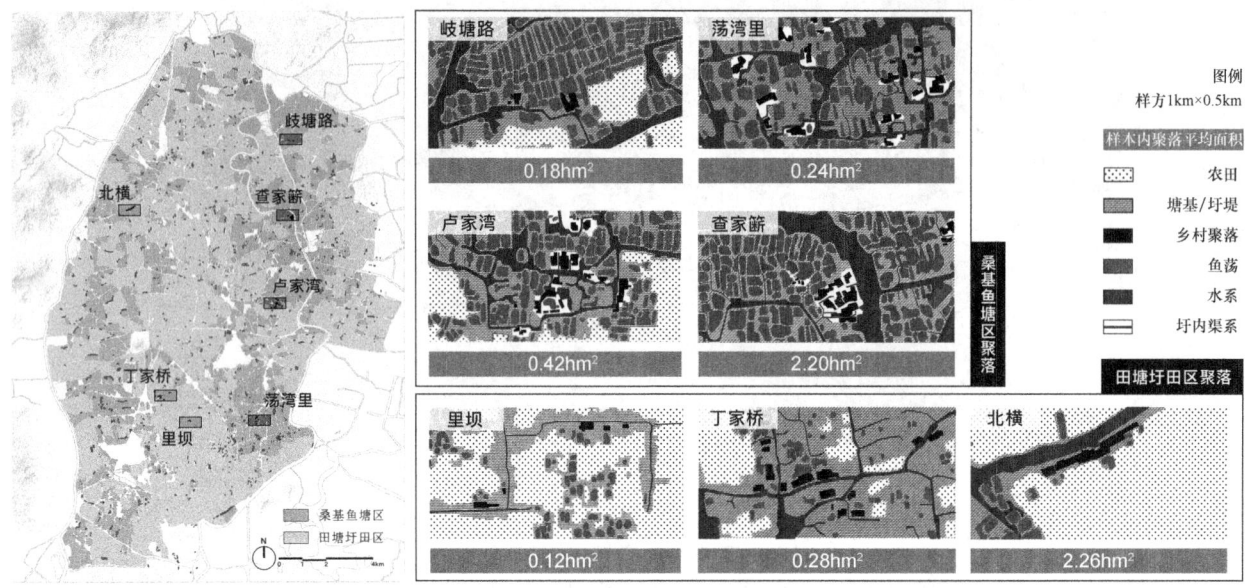

图10 菱湖基塘圩田格局下典型乡村聚落形态布局
（图片来源：根据20世纪60年代USGS历史卫星地图解译绘制）

3.2.2 市镇聚落

随着人口密集聚居，市镇越来越倾向于远离鱼荡等土地产业，耕作区域与居住区域分别集中布局，为屋宇扩增留出余地。至菱湖镇这一规模，绝大多数人口脱离农业劳动，为出租田产的乡村士绅或工商业从事者[16]，因此与耕地的距离不再是聚落布局的首要考虑因素（图11）。

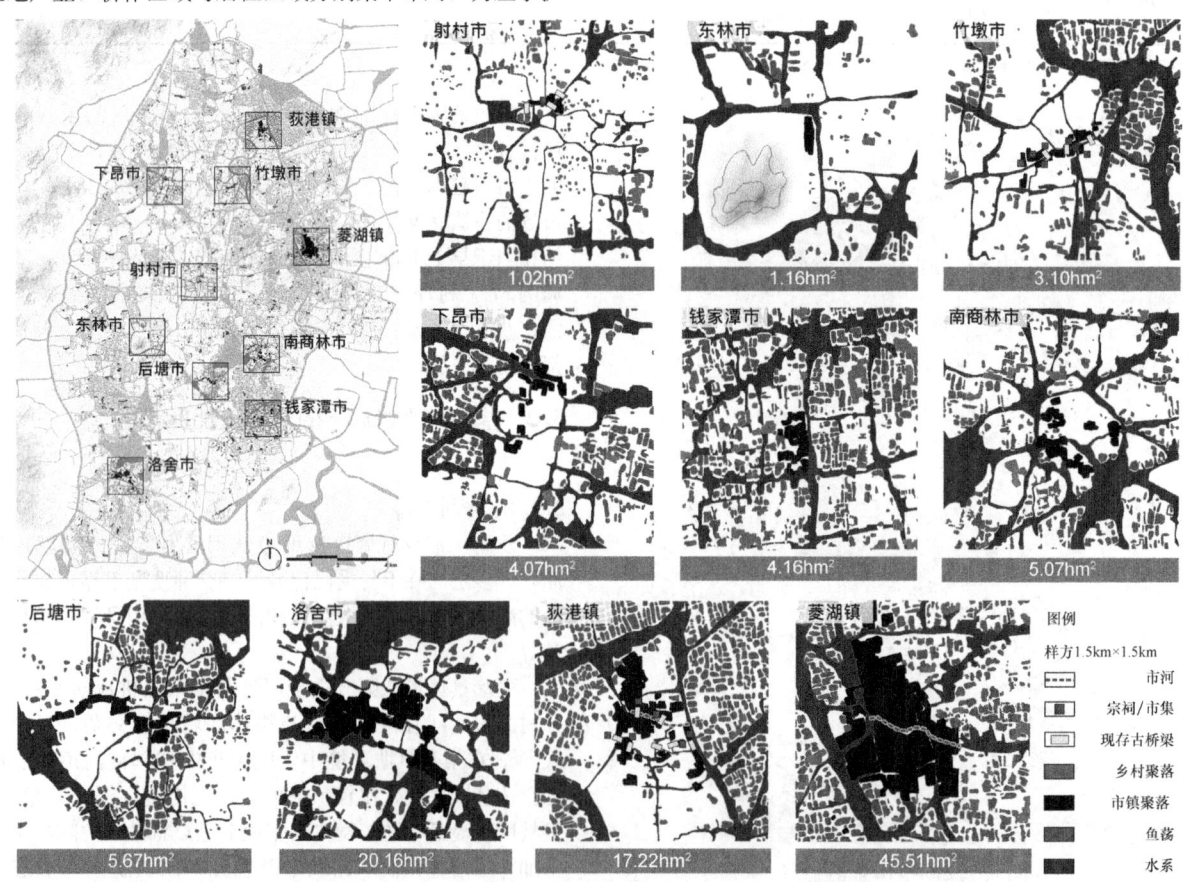

图11 菱湖基塘圩田格局下市镇聚落形态布局
（图片来源：参考文献[20，21]，根据20世纪60年代USGS历史卫星地图解译绘制）

同时，由于菱湖一带的聚落规模受制于水网的分割，绝大多数市镇都通过桥梁沟通多块圩头高地，以墩组的形态获得进一步扩张发育的条件。通过对部分市镇古桥梁信息的汇总观察可以发现，除将民居与民居/农耕区域连接外，有记载的古桥梁多伴随着宗祠庙宇、望族堂屋及商业市集出现，市镇的规模扩大与商业繁茂及宗族发展息息相关（表5）。

部分市镇聚落古桥梁信息统计表　　　　表 5

聚落名称	桥梁名	连接区域	始建造时期
射村市	永兴桥	永兴寺	唐大历元年（766年）
	大胜桥	鹿苑寺	唐末
	宝蓄桥	射村中心老街	宋宣和四年（1122年）
	长寿桥	唐宋时期酒坊	宋宣和四年（1122年）
	集福桥	古三堡村 民居	宋宣和四年（1122年）
	望仙桥		宋宣和七年（1125年）
	宝带桥	射村老街东村口	宋宣和七年（1125年）
	晋金桥	桑林	明洪武十一年（1378年）
	洋桥	桑林田畴	宋末元初（1280年）
	通舆桥		元中期（约1340年）
	费家桥	因风水而建	明初（约1380年）
	小桥	因风水而建	明初（约1381年）
	冲阳桥	茧站	明成化初（约1465年）
	庆源桥		清嘉庆五年（1800年）
	追远桥		
竹墩市	状元桥	朱氏宅居	宋宣和末年（1125年）
	寺前桥	朱氏家庙 敦行堂	宋治平二年
	养富桥		明永乐三年（1405年）
获港镇	舍西桥	吴氏宗祠	明嘉靖年间
	三官桥	三官庙	约明代
	积善桥	里巷球商铺	清乾隆年间（约1735年）
	秀水桥	礼耕堂	清康熙年间
	隆兴桥	民居	
	庙前桥	外向球商铺	明朝末年
	徐庆桥	民居	
	东安桥	外向球商铺	
	长春桥	南苕胜境 纯阳祖祠	清嘉庆年间（约1796年）
	乐善桥	总管堂	清嘉庆三年（1798年）

资料来源：依据参考文献[20]及[21]及获港镇现场调研资料统计绘制。

3.3 基塘景观格局下的聚落演变发育

散村是中国传统乡村聚落的原生方式，集村则是长期发展或演变的结果[14]。根据对菱湖地区聚落形态的对照分析，依据散村—集村—市镇的发展逻辑，可将菱湖一带聚落形态演化归纳为"点状高墩散村—线形水路集村—带状沿堤/团块独墩集村—团块墩组市镇"。

(1) 由点状高墩散村发育为线形水路集村：菱湖"地势割坼，古未成聚，唐宝历中刺史崔元亮筑凌波塘，民始聚居于塘之东"，在区域水流趋于平稳的深水沼泽环境中，初期聚落零散构筑于高燥之所，展现出居墩滨水的特性。

而后宋室南渡，以凌波塘为核心的交通网络不断得到开发及固定，水路的成型使聚落也得以随之线性扩张。

(2) 由线形水路集村向带状/团块独墩集村转变，并逐渐发育为团块墩组市镇：伴随北方人口大规模南下，人居环境建设需要更多的土地，聚落产生向圩区内部扩张的趋势，受农业开发模式差异的影响，呈现出沿带状及独墩团块两种形式。明清时期，繁荣的农商经济则使水路沿线要冲部位聚落开始产生特色"水市"，"街市"/"廊市"等市镇主街也随之伴生。人口的进一步聚集使主街生发次级巷道，聚落营建深入墩岛腹地，同时桥梁跨越市河连通各墩，最终形成菱湖一带独特的"团块墩组"聚落。

3.4 基塘景观格局下的信仰空间

植根于桑基鱼塘的农业模式，菱湖一带孕育出独特的蚕桑习俗与蚕神信仰，并透过饲蚕时节与多层次的聚落空间产生联系（图12）。

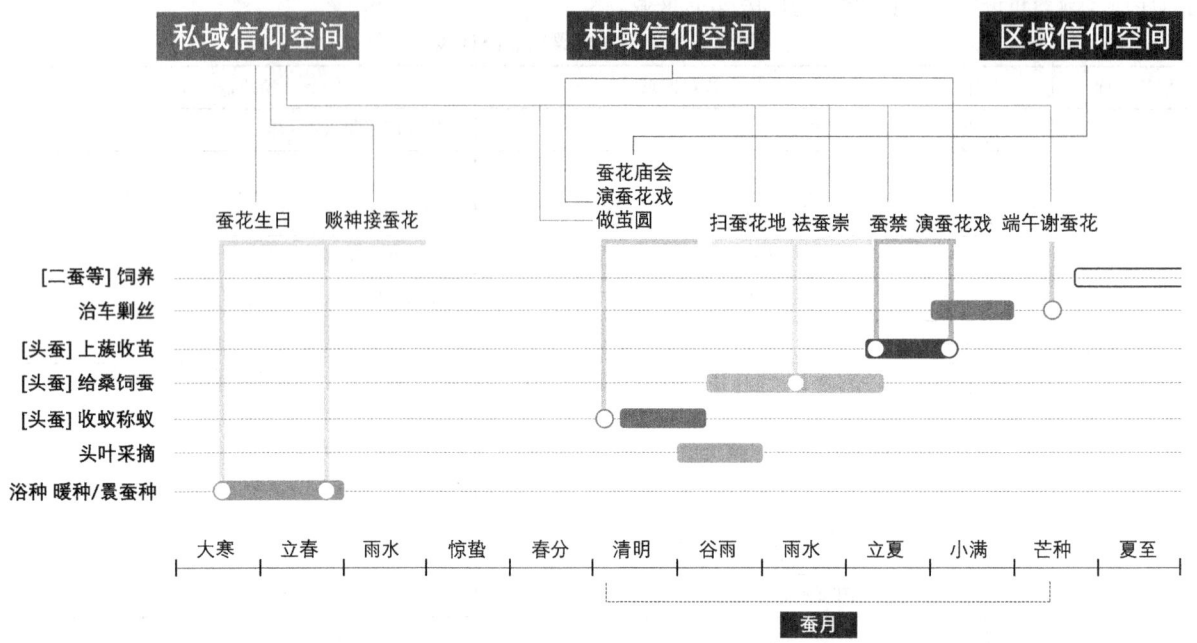

图12 饲蚕时节与信仰空间关联示意图
（图片来源：依据参考文献［23］［24］自绘）

（1）时节

在传统时期，一年中用于饲蚕的周期有两次，当地因饲蚕周期的不同，对相应时期收获的桑叶有特定称呼。《湖蚕述》载："蚕食头叶者谓之头蚕，食二叶者谓之二蚕。"头蚕与二蚕相比，"湖所重在头蚕，饲养颇广，二蚕之生，正在插秧时候，田工甚忙，不能多育，较头蚕不过三分之一"[22]。因此，蚕桑信仰习俗多集中于头蚕养殖时节。

（2）空间

建庙祈蚕，是中国自上而下先蚕祭祀的民间崇拜体现。在浙江桐乡、含山一带，每年清明前后举行"祭龙蚕会"，或称"轧蚕花"，其庙会影响甚广，人群来自吴兴、崇德、德清甚至嘉兴、苏州等各个地方，是蚕桑农业集中地的区域化信仰空间。

而在每年清明节前后或收茧后，则会由全村集资雇请羊皮戏艺人来村演皮影戏，在戏台等村域范围的公共空间祈蚕丰祭司。

家宅则是私人化的祈蚕空间，家宅祈蚕包括祝兴与祛祟两种方式。祝兴的方式以"扫蚕花地"为代表，祛祟则包含了蚕禁、厌胜、贴门神等方式[23-24]。

4 结语

通过对传统时期湖州桑基鱼塘景观分层次、分类型的解析，本文认识到作为与水环境相适应的农耕类型，桑基鱼塘在围绕水资源的适应、利用及改造上，其空间格局、肌理形态有着独具的成因和历史价值。同时，基于桑基鱼塘环境的营居择址、空间组织，逐步形成了具有地域特征的水乡聚落。聚落景观与自然景观、水利景观、农耕景观间的内在联系，在城市化时期对于保持地域景观整体性具有借鉴意义。

21世纪以来，随着市场经济格局的转变，塘基迅速萎缩，传统桑基鱼塘的生态功能大幅降低，传统的水乡聚落人居环境也在城镇化的进程中逐渐裂化。时值湖州桑基鱼塘成功申遗，其在生态系统恢复、传统文化传承等方面开始得到保护。本文则从人居环境的视角出发，系统挖掘传统农田水利格局及聚落形态的地域性特征，以期为桑基鱼塘农业遗产的文化、景观价值认知及利用提供新视角。

参考文献

[1] 叶明儿. 浙江湖州桑基鱼塘系统[M]. 北京：中国农业出版社，2017.
[2] 顾兴国，刘某承，闵庆文. 太湖南岸桑基鱼塘的起源与演变[J]. 丝绸，2018，55（07）：97-104.
[3] 徐鸣鹏，陈椿寿，等. 菱湖水产养殖业调查报告[J]. 上海市水产经济月刊，1933，2（7）：13-21.
[4] 叶明儿，楼黎静，钱文春，等. 湖州桑基鱼塘系统形成及其保护与发展现实意义[C]//昆明：2014中国现代农业发展论坛，2014.
[5] 顾兴国，吴怀民，沈晓龙，等. 太湖南岸桑基鱼塘投入产出效率的跨时期分析[J]. 蚕业科学，2020，46（02）：221-232.
[6] 周晴. 河网、湿地与蚕桑[D]. 上海：复旦大学，2011.
[7] 湖州市地名领导小组. 湖州地名志[M]. 湖州：湖州市地名办公室，1982.
[8] 湖州市江河水利志编纂委员会. 湖州市水利志[M]. 北京：中国大百科全书出版社，1995.

[9] 陈恒力. 补农书研究[M]. 北京：中华书局，1958.
[10] 湖州市水产志编纂委员会. 湖州水产志[M]. 湖州：湖州市水产局，1994.
[11] 张健，窦永群，桂仲争，等. 南方蚕区蚕桑产业循环经济的典型模式——桑基鱼塘[J]. 蚕业科学，2010，36(03)：470-474.
[12] 韩玉芬. 晚清民国时期湖州池塘养鱼技术考略——以菱湖地区为中心[J]. 中国农史，2020，39(01)：12-24.
[13] 吴滔. 流动的空间：清代江南的市镇和农村关系研究[D]. 上海：复旦大学，2003.
[14] 鲁西奇. 散村与集村：传统中国的乡村聚落形态及其演变[J]. 华中师范大学学报(人文社会科学版)，2013，52(04)：113-130.
[15] 陈晓燕，包伟民. 江南市镇[M]. 上海：同济大学出版社，2003.
[16] 陈学文著. 明清时期杭嘉湖市镇史研究[M]. 北京：群言出版社，1993.
[17] 归安县志·卷六·区庄村镇[Z]. 1882清光绪八年.
[18] 施瑛，潘莹. 江南水乡和岭南水乡传统聚落形态比较[J]. 南方建筑，2011(03)：70-78.
[19] 王建革. 明代嘉湖地区的桑基农业生境[J]. 中国历史地理论丛，2013，28(03)：5-17.
[20] 李惠民. 古村射中[M]. 杭州：浙江人民出版社，2008.
[21] 朱惠勇. 湖州古桥[M]. 北京：昆仑出版社，2003.
[22] 高铨. 吴兴蚕书[M]// 章楷，余秀茹. 中国古代养蚕技术史料选编. 北京：农业出版社，1985.
[23] 徐可著. 人家都住水云乡：湖州民俗文化研究[M]. 杭州：杭州出版社，2007.
[24] 张前方. 人文和孚[M]. 西安：三秦出版社，2004.

作者简介

姚心远，1998年生，女，汉族，安徽安庆人，北京林业大学园林学院硕士在读，研究方向为风景园林规划与设计。电子邮箱：yaoxy1208@foxmail.com。

（通信作者）郭巍，1976年生，男，汉族，浙江人，博士，北京林业大学园林学院，教授、博士生导师，研究方向为城市更新、水文导向的区域景观。电子邮箱：gwei1024@126.com。

珠三角乡村聚落时空演变与影响机制研究

Study on the Spatial and Temporal Evolution of Rural Settlements in the Pearl River Delta and the Influence Mechanisms

陈玉玺　李明倩　王春晓*

摘　要：改革开放以来，城镇化与工业化的快速发展使乡村聚落空间格局发生显著改变，乡村"空心化""萎缩化"现象日益突出。在乡村振兴战略背景下，基于1980、1990、2000、2010、2020五期的乡村聚落斑块数据，运用乡村聚落扩张强度指数、空间度量指数、GTWR模型对珠三角乡村聚落的演化特征与影响机制展开研究，结果如下：①近40年，珠三角乡村聚落空间规模呈N形动态变化趋势，空间形态整体破碎度降低，斑块形状区域规则化，空间布局呈"中心向外围"递减趋势，但聚集程度逐渐增强；②珠三角所有城市的农业所占GDP比重均呈下降趋势，城市经济结构逐渐向服务业与制造业转型；③耕地面积、人口密度、农业总产值是影响珠三角乡村聚落规模变化的主导因素。研究结果可为我国科学编制乡村规划、切实推动乡村振兴提供科学参考。

关键词：珠三角；乡村聚落；时空演变；影响机制；GTWR

Abstract: Since the reform and opening up, the rapid development of urbanization and industrialization has led to significant changes in the spatial pattern of rural settlements, and the phenomenon of "hollowing out" and "shrinking" of the countryside has become increasingly prominent. Under the background of the rural revitalization strategy, based on the rural settlement patch data of 1980, 1990, 2000, 2010 and 2020, we used the rural settlement expansion intensity index, spatial metric index and GTWR model to study the evolution characteristics and influence mechanism of rural settlements in the Pearl River Delta (PRD), and the results are as follows: ① In the past 40 years, the spatial scale of rural settlements in the PRD has shown an N-shaped dynamic trend of change, and the overall spatial pattern is fragmented, with the overall spatial scale of the rural settlement being more and more fragmented. ② Over the past 40 years, the spatial scale of rural settlements in the PRD has shown an N-shaped dynamic trend of change, the overall fragmentation of the spatial pattern has decreased, the shape of the patches has been regularized in the region, and the spatial layout has shown a trend of decreasing from the center to the periphery, but the degree of agglomeration has been gradually enhanced. ③ Cultivated land area, population density, and gross agricultural output value are the dominant factors affecting the changes in the size of rural settlements in the PRD. The results of this study can provide scientific references for the scientific preparation of rural planning and the practical promotion of rural revitalization in China.

Keywords: The Pearl River Delta; Rural Settlements; Space-time Evolution; Influence Mechanism; GTWR

引言

乡村聚落是具有生产、生活、生态与文化传承功能的乡村人口聚集空间[1]，其空间布局与演变特征是乡村人地关系的集中体现[2]。自改革开放以来，随着工业化和城市化的高速发展，城乡资源互动显著加快[3]，从2000～2021年，中国自然村由363万个锐减至261.7万个，乡村"空心化""萎缩化"现象日益严峻，珠三角等城市群尤为典型。2023年党中央一号文件与2022年党的二十大报告均将"乡村振兴战略"列为重大决策部署，全面推进乡村振兴进入了新时代的关键阶段。因此，探索典型城市群中乡村聚落演变特征与影响机制是乡村振兴背景下的必然命题，对优化乡村聚落格局[4]、促进乡村可持续发展具有重要理论价值与现实意义。

回顾学术界关于乡村聚落的研究，内容涉及地理学、城乡规划学、建筑学、风景园林学等多个学科领域，各学科间研究内容各有差异。地理学侧重于研究乡村聚落的形成与发展规律，从地理分区[5-7]、格局演变[8]、驱动力[2]等内容进行研究；城乡规划学侧重于乡村聚落变迁与城乡关系的耦合，核心任务是结合乡村发展对未来规划建设进行科学引导，主要有乡村聚落规划编制[9]、重构与转型[6, 10]、空间优化[11]等研究内容；建筑学视角下的乡村聚落研究更聚焦于微观建筑本身，研究内容主要围绕传统聚落民居保护[12-13]、建筑技术[14]等内容；风景园林学科关于乡村聚落的研究，常常与建筑学、生态学相结合，研究内容主要有聚落景观基因构建[15-16]、传统聚落景观营建[17]、乡村聚落景观格局[18]等。研究方法上，逐渐从以定性为主向定性定量结合转变，且多学科交叉成果显著。研究尺度上，既有研究大多从区域或村域尺度展开，区域尺度涉及黄土丘陵区[5, 8]、干旱绿洲区[19]、高原环湖区[7]等地理片区，村域尺度集中在传统村落[20-21]、城中村[22]等聚落类型。总体来看，现有研究多关注特定地理片区与村域尺度，就城市群尺度讨论乡村聚落演变的较少，且多从区域整体进行讨论，忽视了整体层面下单体的聚落变化特征。时间维度上，静态分析较多，长时序、多截面的动态研究不足，难以准确揭示乡村聚落发展规律。研究方法上，多使用地理探测器、地理加权回归等空间计量模型，虽然可以在一定程度上解决传统线性回归模型无法解决的空间异质性问题，但它们忽略了时间维度的空间异质性和尺度差异。

因此，本文在乡村振兴战略背景下，以典型城市群珠三角为研究区域，采用乡村聚落扩张强度指数、空间度量指数、时空地理加权回归（GTWR）等方法，从区域和市级层面讨论自改革开放以来1980—2020年珠三角乡村聚落规模、形态、布局的时空演变特征，并进一步构建了"自然环境-社会经济"复合指标体系探究其影响机制，以期为优化乡村聚落空间布局、科学编制乡村发展战略提供决策参考。

1 研究对象与数据

1.1 研究对象

珠三角位于广东省中心区域，包括广州、深圳、东莞、珠海、佛山、中山、惠州、江门、肇庆共9个城市，总面积55368.7km^2，占广东省面积不到1/3，却集聚了全省53.35%的人口和79.67%的经济总量。珠三角是我国改革开放的先行地区，其乡村聚落受城镇化与工业化影响严重。因此选择珠三角作为城市群视角下的乡村聚落研究样本，对其他城市群推动乡村振兴战略具有一定借鉴意义。

1.2 数据来源与预处理

主要包括：①1980—2020年5期乡村聚落斑块数据来源于中国科学院资源环境科学数据中心提供的30m分辨率的"中国土地利用现状遥感监测数据集"，该数据集对乡村聚落的采集正确率高于95%，使用ArcGIS软件提取其中"52"号分类农村居民点用以表达乡村聚落用地斑块和面积[23]。②年均降雨量、年均气温、人口密度与GDP等栅格数据均来源于中国科学院资源环境科学数据中心（https://www.resdc.cn/）。③DEM数据来源于地理空间数据云，通过计算可得到高程与坡度。④社会经济数据来源于《广东省统计年鉴》《中国城市统计年鉴》《广东农村统计年鉴》等统计数据。

2 研究框架与方法

2.1 研究框架

为了全面深入地探究珠三角乡村聚落演变特征，本文建立乡村聚落时空演变特征、乡村聚落发展类型划分、影响机制探究三个层次的研究框架。首先，分析珠三角乡村聚落近40年（1980—2020年）空间规模、空间形态、空间布局的变化情况，揭示其时空演变特征；其次，依据不同时期内一、二、三产业占地区GDP的比重，将珠三角城市乡村聚落划分为农业主导型、工业主导型、服务主导型和均衡发展型；进一步构建"自然环境-社会经济"复合指标体系，采用时空地理加权回归模型探究乡村聚落演变的影响机制（图1）。以此形成一个较为完善系统的乡村聚落研究框架，为珠三角乡村聚落发展规划与其他城市群研究提供参考。

图1 研究框架图

2.2 研究方法

2.2.1 乡村聚落扩张强度指数

乡村聚落扩张强度指数表示空间单元乡村聚落面积的阶段变化率，可直接反映其发展速度，适用于空间单元的时序和自异特征比较。标准化后，不同阶段的数值可以相互比较。公式如下：

$$K = \frac{S_{t2} - S_{t1}}{S_{t1}} \times \frac{1}{t_2 - t_1} \times 100\% \quad (1)$$

式中，K 为 $t_1 \sim t_2$ 时段内乡村聚落扩张强度指数；S_{t1}、S_{t2} 分别为时段内始末的乡村聚落面积；t_1 和 t_2 为研究始末年份。

2.2.2 空间度量指数

空间度量指数包括景观格局指数与聚集度指数两方面。景观格局指数用于分析珠三角乡村聚落的空间规模与空间形态，具体指标见表1；聚集度指数选取平均最近邻指数（MNN）与核密度估计（KDE）用于分析空间布局。其中MNN反映乡村聚落之间的聚集程度，值越大表明聚落之间距离越远，空间分布越离散；KDE反映乡村聚落整体的分布密度，值越大说明研究区乡村聚落分布越密集。

2.2.3 时空地理加权回归模型（GTWR）

时空地理加权回归（GTWR）在考虑空间异质性的基础上，引入时间维度，能有效处理空间与时间非平稳性问题，其基本公式如下：

$$Y_i = \beta_0(u_i, v_i, t_i) + \sum_{k=1}^{p} \beta_k(u_i, v_i, t_i) X_{ik} + \varepsilon_i \quad (2)$$

式中，Y_i 为被解释变量乡村聚落扩张强度指数；X_i 为解释变量驱动因子；i 为珠三角城市中心；u、v 为城市中心经纬度坐标；t 为时间；$\beta_0(u_i, v_i, t_i)$ 为截距项；$\sum_{k=1}^{p}\beta_k(u_i, v_i, t_i)$ 为驱动因子估计系数；$\beta > 0$ 表示 Y 与 X 呈正相关，反之则呈负相关。

空间度量指数体系 表1

序号	空间度量指数	分析目标	具体指标	指标意义
1	景观格局指数	空间规模	斑块数量（NP）	反映聚落斑块数量与景观异质性
2			斑块面积（CA）	反映聚落斑块的面积
3			最大斑块指数（LPI）	
4		空间形态	平均斑块面积（MPS）	反映聚落形状破碎度与连通性
5			景观形状指数（LSI）	
6			平均斑块形状指数（Shape_MN）	反映聚落形状的规则与复杂程度
7	聚集度指数	空间分布	最近邻比率（ANN）	反映聚落聚集程度
8			核密度估计（KDE）	反映聚落分布密度

3 结果与分析

3.1 珠三角乡村聚落时空演变特征

3.1.1 乡村聚落扩张强度

从区域层面来看（图2），珠三角乡村聚落总体呈现"平缓-剧增-剧减-回升"的N形变化趋势，在1990—2010年动态变化最大，与该时期国家宏观调控措施紧密相连。从市域层面来看，深圳市乡村聚落面积变化较为强烈，Δk值高达0.095；江门市与惠州市变化不太明显，Δk值为－0.009左右。说明随着改革开放与珠三角经济区等战略进入白热化阶段，城市发展对乡村聚落的影响随经济水平逐渐上升，中心城市普遍影响较大，组团城市影响较小。

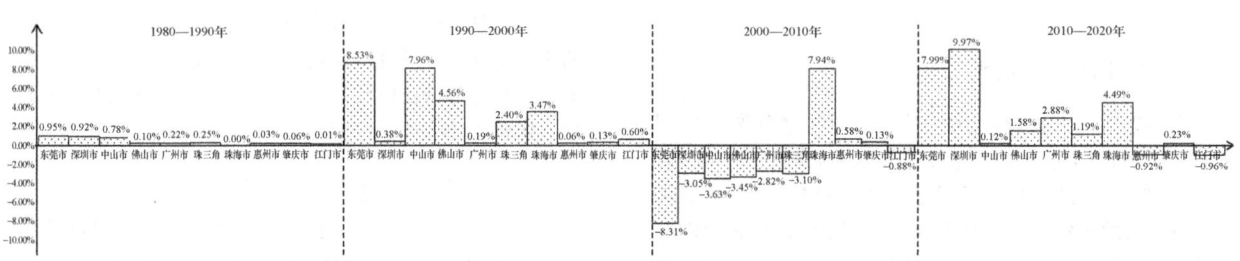

图2 珠三角及各市乡村聚落扩张强度指数统计（1980—2020年）

3.1.2 空间规模

珠三角乡村聚落面积占广东省总面积的2.6%～3.7%，近40年来整体呈先增加后减小的动态变化趋势。1980—2000年增幅为0.8%，2000—2010年降幅为1.2%，2010—2020年又小幅度增加0.3%。市域层面来看，珠海市乡村聚落面积减少最多，为－54.8 km²；东莞市乡村聚落面积增加最多，达＋94 km²，动态变化最强。

从景观格局指数结果（图3）可以看出，1980—2020年，珠三角乡村聚落NP递减，而CA先增加后减少，表明区域内乡村聚落破碎度降低，有合并现象且整体面积呈减少趋势。市域层面来看，广州市与惠州市聚落数量减少较多，珠海市与肇庆市聚落数量减少较小。

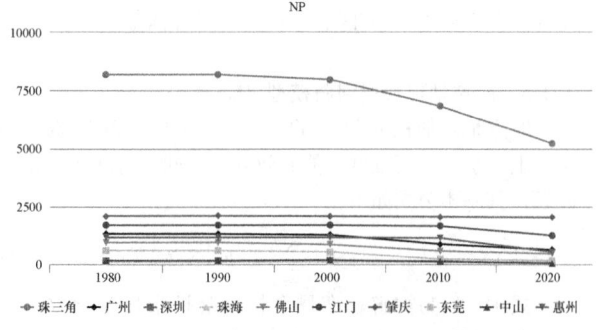

图3 珠三角及各市空间规模指数统计图（1980—2020年）

3.1.3 空间形态

由空间形态指数统计图可知（图4），1980—2020年，珠三角的LPI与MPS递增、LSI与Shape_MN递减，说明珠三角乡村聚落总体破碎度降低，斑块形状越来越规则，或在空间上聚集程度变高，使其边缘变短。市域层面上（图5），珠海与深圳市的LSI与MPS指数动态变化最显著，说明该市乡村聚落斑块形状受到持续调控，破碎化程度降低，东莞市与中山市的LSI与Shape_MN变化程度最高，表示这两个城市的聚落形状复杂性与不规则性最明显。

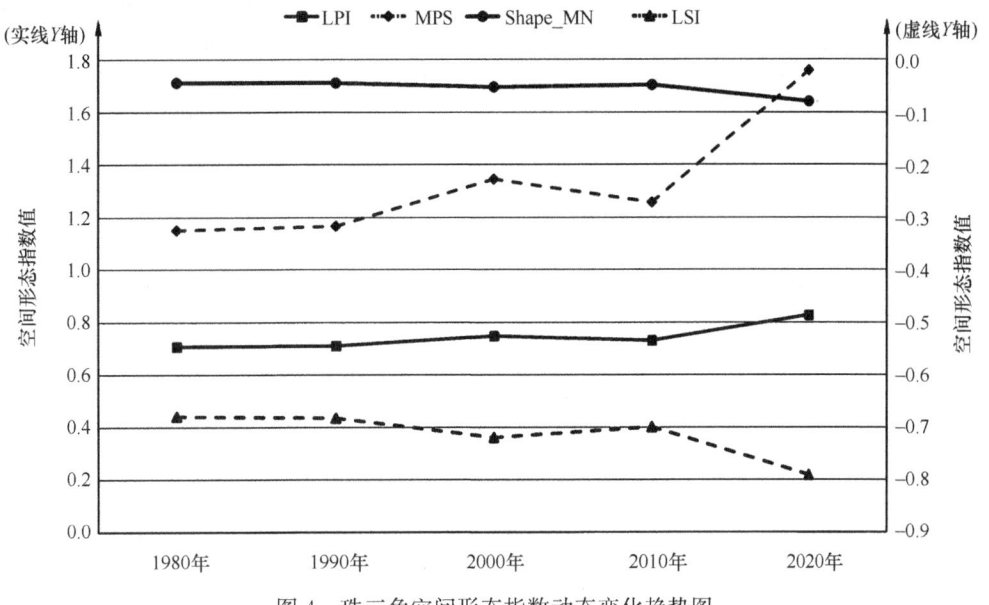

图4 珠三角空间形态指数动态变化趋势图

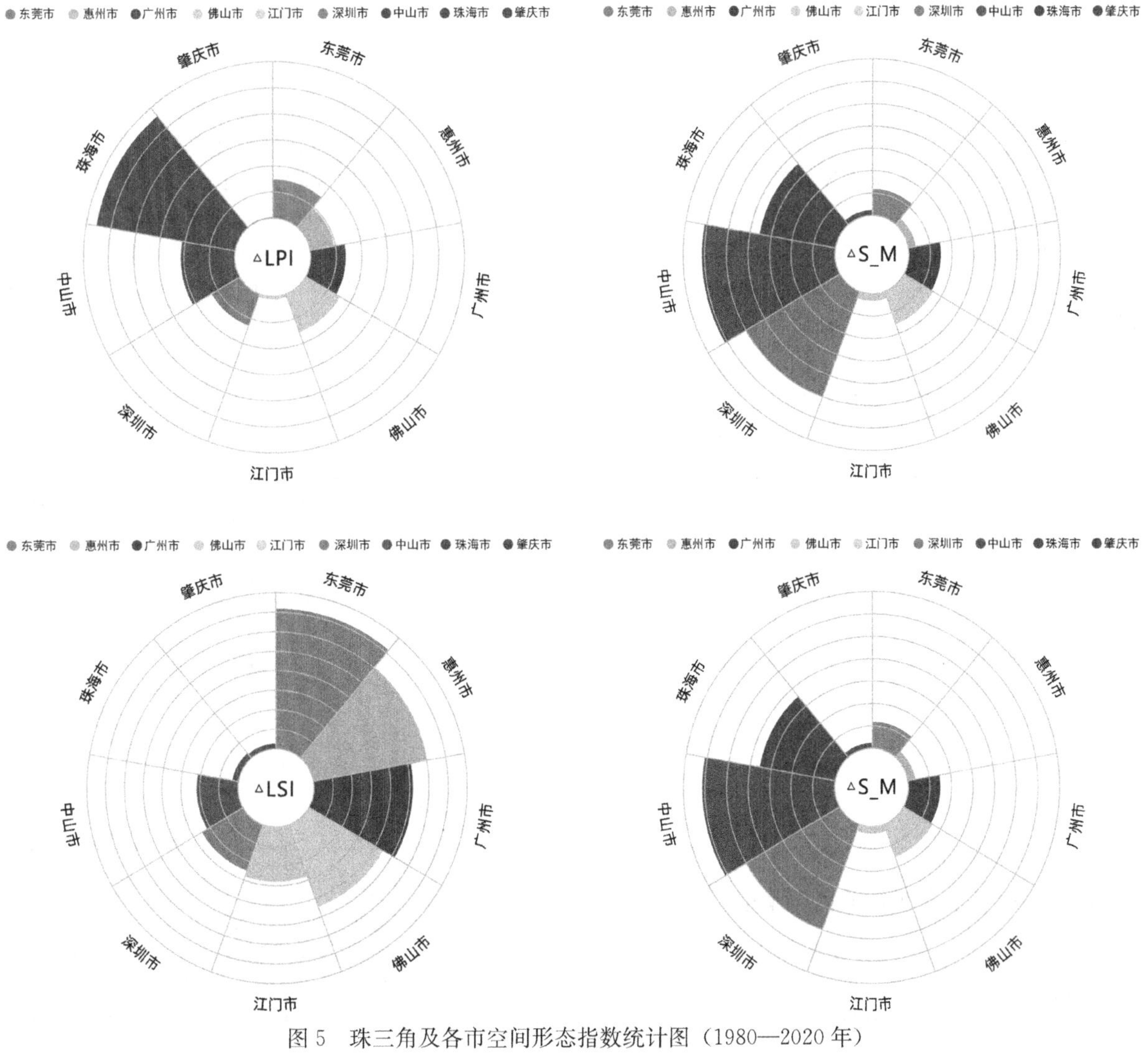

图5 珠三角及各市空间形态指数统计图（1980—2020年）

3.1.4 空间布局

空间布局演变由最近邻比率（ANN）和核密度指数（KDE）来衡量。置信水平为99%条件下，珠三角1980、1990、2000、2010、2020年的最近邻比率分别为0.739、0.738、0.733、0.692、0.674，均小于1，ANN逐步递减，说明珠三角乡村聚落整体呈聚集分布，且聚集趋势逐步增大。

进一步用核密度分析乡村聚落的空间分布情况（图6）。结果显示，近40年珠三角乡村聚落核密度最大值逐渐减小，空间分布呈"由中心向外围"扩散趋势。从演化进程来看，1980年，乡村聚落高密度区"呈多核"分布在广州、佛山、东莞、江门、肇庆等城市，随着城市化进程的快速发展，至2020年，中心城市高密度值逐渐下降，珠三角乡村聚落仅集中在边缘区的江门市与肇庆市。

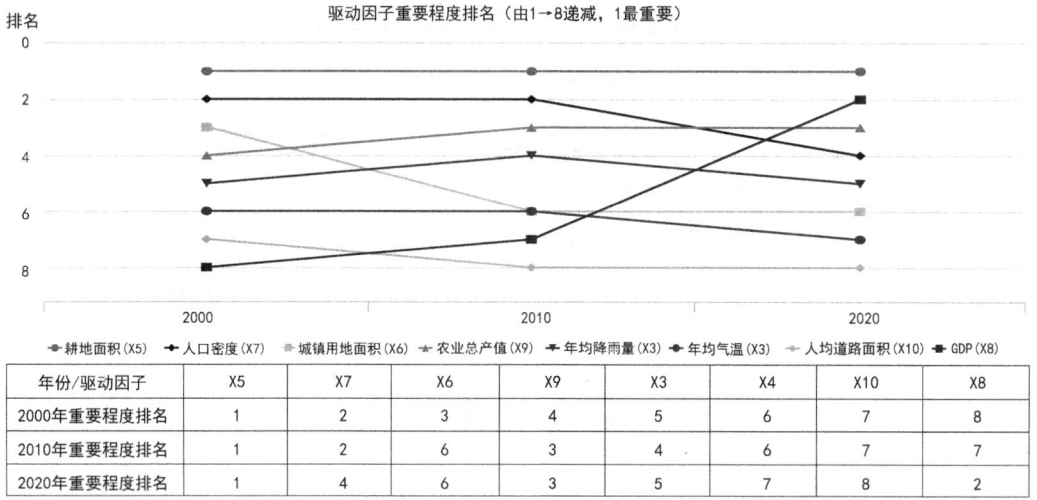

年份/驱动因子	X5	X7	X6	X9	X3	X4	X10	X8
2000年重要程度排名	1	2	3	4	5	6	7	8
2010年重要程度排名	1	2	6	3	4	5	7	7
2020年重要程度排名	1	4	6	3	5	7	8	2

图6 驱动因子回归系数

3.2 珠三角乡村聚落发展类型划分

依据"不同时期某产业在地区GDP中所占的百分比"，判断该产业在地区经济发展中是否占据主导地位，即可以根据第一、二、三产业的类型划分为农业主导型、工业主导型、商旅服务型，不符合上述划分条件的则归为均衡发展型。

在1980—2020年，所有城市的农业所占GDP比重均呈下降趋势，说明农业在发展过程中逐渐失去劳动力资源的竞争优势。深圳市始终以商旅服务业为主导；佛山市与东莞市始终以工业为主导；惠州市与中山市由农业转为工业主导；珠海市与肇庆市由农业转为工业又转为商旅服务业主导；广州市和江门市由工业转为商旅服务业主导，但转型时间不一（表2）。

珠三角乡村聚落发展类型演变特征　　　　　　　　　　　　　　　　表2

城市/年份	不同年份珠三角主导产业占比统计				
	1980年	1990年	2000年	2010年	2020年
广州市	(54.51%)工业	(49.3%)商旅	(55.12%)商旅	(60.33%)商旅	(72.51%)商旅
深圳市	(45.1%)商旅	(51.1%)商旅	(50.00%)工业	(54.77%)商旅	(54.9%)商旅
珠海市	(36.4%)农业	(43.6%)工业	(52.10%)工业	(54.51%)工业	(54.51%)商旅
佛山市	(52.5%)工业	(56.8%)工业	(52.8%)工业	(62.68%)工业	(56.4%)工业
江门市	(39.6%)工业	(42.9%)工业	(46.6%)工业	(55.54%)工业	(49.8%)商旅
肇庆市	(45.7%)农业	(37.6%)农业	(39.9%)商旅	(42.06%)工业	(42.1%)商旅
惠州市	(53.2%)农业	(35%)农业	(59.2%)工业	(58.94%)工业	(50.5%)工业
东莞市	(46.1%)工业	(50.4%)工业	(54.9%)工业	(50.89%)工业	(53.8%)工业
中山市	(42%)农业	(36.9%)工业	(52.35%)工业	(58.6%)工业	(49.4%)工业

3.3 珠三角乡村聚落演变影响机制探究

3.3.1 数据检验

采用GTWR模型，将不同时间各地级市乡村聚落面积作因变量，将指标体系中驱动因子作解释变量（表3）。在做GTWR模型前，对所有变量进行标准化处理，避免在回归时出现伪回归现象，随后进行多重共线性检验，将方差膨胀因子VIF大于10的变量剔除，最终确定8个指标（X3、X4、X5、X6、X7、X8、X9、X10）为解释变量。表4是GTWR回归结果的相关参数。从拟合优度看，R^2为0.95，Adj. R^2为0.85，表明该GTWR模型能够较好地测度解释变量对因变量的影响。因1980年与1990年统计年鉴数据匮乏，故本文仅讨论2000—2020年的影响机制。

影响机制指标体系　　表3

序号	类别	驱动因子	GTWR代码	VIF值
1	自然环境	高程	X1	17.742
2		坡度	X2	13.623
3		年均降雨量	X3	1.974
4		年均气温	X4	2.897
5		耕地面积	X5	4.320
6	社会经济	城镇用地面积	X6	2.423
7		人口密度	X7	6.630
8		地区生产总值	X8	4.872
9		农业总产值	X9	5.513
10		人均道路面积	X10	2.214

时空地理加权回归的相关参数　　表4

模型参数	Bandwidth	Sigma	Residual Squares	AICc	R^2	Adjusted R^2
值	1.98626	0.201454	0.365256	−2334.02	0.9638	0.8553

3.3.2 影响机制分析

不同时期各驱动因子对乡村聚落演变的作用强度呈现明显的时空异质性（图6）。

从总体时序来看，耕地面积、人口密度、农业总产值始终占据主导位置，而人均道路面积、年均降雨、年均气温则影响力较弱。由此表明，在近20年的发展中，自然环境因素只是珠三角乡村聚落演变的基本条件，且变化幅度与区域差距较小，社会经济活动对其影响更大。

从演变趋势来看，农业总产值、GDP对乡村聚落演变的影响力逐渐变强，人口密度、城镇用地面积、年均气温、年均降雨量与人均道路面积则逐渐减弱。进入21世纪后，珠三角进入城乡统筹发展的农村改革新阶段，农业生产转型与外资企业引进使乡村经济迅速发展，对乡村聚落演变造成显著影响。

4 结论与讨论

4.1 结论

本文在乡村振兴战略背景下，以典型城市群珠三角为研究对象，运用乡村聚落扩张强度指数、空间度量指数、时空地理加权回归等方法，研究了改革开放40年来珠三角乡村聚落的演变特征、发展类型与影响机制，结论如下：

（1）演变特征：1980—2020年，珠三角乡村聚落用地扩张强度总体呈现"平缓-剧增-剧减-回升"的N形变化趋势，1990—2010年动态变化最大；空间规模上，珠三角乡村聚落数量持续减少，面积先增加后减少；空间形态上，珠三角乡村聚落整体破碎度降低，斑块形状逐渐趋于规则化；空间布局上，珠三角乡村聚落呈聚集分布且趋势增强，核密度空间分布呈"由中心向外围"扩散趋势。

（2）发展类型：近40年间，珠三角所有城市的农业所占GDP比重呈下降趋势，说明在快速工业化与城市化进程中，城市经济结构逐渐向服务业与制造业转型，农业人口的流失进一步加剧了乡村聚落的衰退。

（3）影响机制：通过构建"自然环境-社会经济"的复合指标体系，发现自然环境因素只是珠三角乡村聚落演变的基本条件，社会经济因素对其影响更大，耕地面积、人口密度、农业总产值占据主导地位。

4.2 讨论

珠三角是我国重要城市经济群、广东省核心发展区，作为改革开放的"排头兵"，其乡村聚落人口、经济受城镇化与工业化影响严重，研究其乡村聚落的时空演变有助于挖掘长时序内珠三角乡村地区人地关系。

（1）珠三角乡村聚落分布的区域差异

珠三角城市群被认为是中国发展最快的区域之一。在珠三角城市群，乡村聚落早期主要"呈多核"分布，随着城镇化进程的快速发展，至2020年，中心城市高密度值逐渐下降，珠三角乡村聚落仅聚集在边缘的江门市与肇庆市。由此可见，珠三角城市发展的向外延伸明显带动了周边乡村聚落的发展，乡村聚落在形成一定的人口规模和土地利用规模后逐步城市化。乡村工业化催生的乡镇企业崛起，带动了深圳、东莞、佛山等紧邻港澳区域乡村人口、产业、土地的快速转型。生产方式的转变，带动了珠三角土地的快速扩张和乡村聚落高值集聚斑块的形成。珠三角地区乡村聚落的空间集约化布局在经济快速发展地区更高、更合理，基础设施和公共服务设施更加便利。

（2）珠三角乡村聚落分布的影响机制

时空地理加权回归模型分析结果表明，珠三角地区的自然因素虽提供了聚落发展基本格局，但因处于均质状态且相对稳定，影响程度逐渐减弱；社会经济因素则通过多种途径作用于聚落发展且影响程度不断增强。同时，作为典型的经济发达地区，在发展过程中，珠三角地区加快了人口、资金、科技等要素的流动和再配置，农业总产值、GDP的重要程度越来越高。随着乡村聚落向城市中心靠拢，生产要素流动更加便利，城市化水平加快。交通设施的不断完善以及对生产和住房用地需求的增加，促进了经济基础良好的乡村聚落向外扩张，并吸收了其他小型乡村聚落。珠三角乡村聚落扩张与收缩方式并存，对珠三角地区乡村聚落的规模和形态产生重大影响。

（3）珠三角未来乡村聚落空间优化策略

明确乡村聚落的空间分布特征和驱动机制是优化乡村发展布局的关键，只有正确理解乡村聚落空间表征下的自然、社会、经济运行逻辑，才能科学布局产业发展，推动乡村振兴战略的实施。未来在优化珠三角乡村聚落空间时，一方面要强化中心城市的引领作用，促进资源要素循环。根据乡村聚落的发展优势，按分类制定发展战略，破碎的土地资源要整合，灵活规范乡村用地的扩大和收缩，合理规划生产、生活、生态空间，提高人民生活水平。另一方面，也要关注本区域的生态背景，强化城乡空间格局融合的特点，从生态环境保护的原则出发，优先发展绿色低碳经济，打造美丽乡村，促进水乡文明可持续发展。

本研究采用了多种方法研究珠三角乡村聚落的时空特征、发展类型与影响机制，对城乡可持续策略具有一定参考价值。但由于受数据资料等因素限制也存在一定不足。例如在影响机制研究时，仅考虑了自然环境与社会经济因素，对乡村政策制度、村民主观意识考虑欠佳。因此，未来研究可结合村落实地调研、乡村政策量化等方式提高乡村聚落演变研究的深度与广度。

参考文献

[1] 周国华，贺艳华，唐承丽，等．论新时期农村聚居模式研究[J]．地理科学进展，2010，29(02)：186-192．
[2] 杨忍．基于自然主控因子和道路可达性的广东省乡村聚落空间分布特征及影响因素[J]．地理学报，2017，72(10)：1859-1871．
[3] Zhang R T, Zhang X L. Distribution Characteristics and Influencing Factors of Rural Settlements in Metropolitan Fringe Area: A Case Study of Nanjing, China[J]. LAND, 2022, 11(11): 93-100.
[4] Liu Y S, Fang F, Li Y H. Key issues of land use in China and implications for policy making[J]. LAND USE POLICY, 2014, 40: 6-12.
[5] 张晓荣，杨辉．陕北黄土丘陵沟壑区乡村聚落空间集聚演变特征与引导策略[J]．规划师，2019，35(22)：13-20．
[6] 武联，余侃华，鱼晓惠，等．秦巴山区典型乡村"三生空间"振兴路径探究——以商洛市花园村乡村振兴规划为例[J]．规划师，2019，35(21)：45-51．
[7] 唐建军，杨民安，周亮，等．高原环湖城镇聚落的景观格局及空间形态演变特征——以滇池为例[J]．长江流域资源与环境，2020，29(10)：2274-2284．
[8] 李骞国，石培基，刘春芳，等．黄土丘陵区乡村聚落时空演变特征及格局优化——以七里河区为例[J]．经济地理，2015，35(01)：126-133．
[9] 朱静怡，陈华臻，薛刚，等．国土空间规划背景下乡村地理单元划分探究——以杭州市富阳区为例[J]．城市发展研究，2021，28(04)：28-36．
[10] 李和平，池小燕，肖竞，等．基于RSSRI测度的乡村聚落空间重构研究——以重庆市为例[J]．城市规划，2022：1-12．
[11] 关中美，杨贵庆，职晓晓．基于社会网络分析法的乡村聚落空间网络结构优化研究——以中原经济区X乡为例[J]．现代城市研究，2021(04)：123-130．
[12] 严巍，王思静，折建荣，等．闽东海防传统聚落营建的防御性智慧解析——以福鼎石兰村为例[J]．建筑学报，2022(S2)：189-194．
[13] 李晓峰，周乐．礼仪观念视角下宗族聚落民居空间结构演化研究——以鄂东南地区为例[J]．建筑学报，2019(11)：77-82．
[14] 罗兰韵，张鹰．贡川镇传统建筑用材定量分析研究[J]．建筑与文化，2023(01)：115-117．
[15] 李晓颖，黄欢，王世超．乡土文化景观风貌提升中景观基因的识别与运用研究[J]．中国园林，2022，38(06)：29-34．
[16] 陈代俊，杨俊宴，史宜．基于空间基因的村镇聚落空间谱系构建研究[J]．中国园林，2022，38(12)：115-120．
[17] 林晓丹．围池而居：旱涝共存下黄土台塬传统聚落营建的景观特征研究[J]．中国园林，2022，38(12)：121-126．
[18] 张菁，龙彬，陈秋渝．地理民族双重影响下的渝东南传统聚落景观特征研究[J]．中国园林，2023，39(01)：85-91．
[19] 马晨，王宏卫，谈波，等．新疆典型绿洲城乡聚落规模体系特征及空间重构——以渭干河—库车河三角洲绿洲为例[J]．地理学报，2022，77(04)：852-868．
[20] 薛靖裕，高元．基于地理探测器的黄土高原地区传统村落空间分异及影响因素研究——以晋陕黄河沿岸为例[J]．西安建筑科技大学学报（自然科学版），2022，54(06)：873-880．
[21] 丁金华，张奕．基于SNA的苏南传统村落空间结构探析——以苏州东村古村为例[J]．现代城市研究，2022(12)：1-8．
[22] 冯艳，王晓云，方俊锋．城市边缘区聚落景观演替及现状——以安徽省滁州市为例[J]．滁州学院学报，2016，18(06)：34-37．
[23] 杨凯悦，宋永永，薛东前．黄土高原乡村聚落用地时空演变与影响因素[J]．资源科学，2020，42(07)：1311-1324．

作者简介

陈玉玺，1999年生，女，汉族，新疆乌鲁木齐人，深圳大学硕士在读，研究方向为景观与生态环境规划设计。电子邮箱：Chan101899@163.com。

李明倩，1999年生，女，汉族，重庆人，深圳大学硕士在读，研究方向为景观与生态环境规划设计。电子邮箱：2200322003@email.szu.edu.cn。

（通信作者）王春晓，1988年生，女，汉族，黑龙江人，博士，深圳大学建筑与城市规划学院风景园林系，副教授、硕士生导师，研究方向为风景园林的规划与设计。电子邮箱：chunxiaoaura@163.com。

生态约束下景边型传统村落产业空间布局研究
——以阳朔县旧县村为例

Research on the Industrial Space Layout of the Traditional Villages under the Ecological Constraints
—Taking Jiuxian Village of Yangshuo County as an Example

刘春晖　刘丽荣

摘　要：引用景观生态学"源-汇"理论，借助最小累积阻力模型构建旧县村生态格局，以此为生态约束条件对农业、工业和文旅空间进行空间布局，针对不同区域内土地利用现状提出差异化产业布局建议。首先，综合考虑景边型传统村落自身特征和周边环境因素，并借助InVEST模型评估生境质量识别源地特征；其次，根据最小累积阻力模型构建最小阻力面，并划分为低、较低、较高、高4个生态约束区。研究发现，旧县村生态约束排序为耕地＞林地＞水体＞园地＞草地＞居民点用地，规划高—生态约束区域耕地、林地禁止产业开发；较高—生态约束区域水体不新增产业开发活动；较低—生态约束区域园地、草地实现一产增值、一地多用；低—生态约束区域居民点以保护古迹建筑为核心，大力发展旅游业。结果客观反映了旧县村生态环境现状和产业发展方向，对传统村落产业可持续发展具有现实意义。
关键词：生态约束；产业布局；景边型传统村落

Abstract: Referring to the "source-sink" theory of landscape ecology, the ecological pattern of Jiuxian village is constructed with the minimum cumulative resistance model, and the spatial layout of agriculture, industry and cultural tourism is carried out by the ecological constraint, and differentiated industrial layout suggestions are put forward according to the land use status in different regions. Firstly, the characteristics of the traditional villages with scenic edges and the surrounding environment are comprehensively considered, and the habitat quality is evaluated with the InVEST model to identify the characteristics of the source area. Secondly, according to the minimum cumulative resistance model, the minimum resistance surface is constructed and divided into four ecological constraint zones: lower, low, high and higher. It is found that the ecological constraints of Jiuxian village are classified as cultivated land＞ forest land＞ water ＞ garden land＞ grassland＞ residential land, and industrial development of cultivated land and forest land in higher-ecological constraint areas is prohibited. No new industrial development activities will be added to water in high-ecologically constrained areas; Low-ecological constraint area garden and grassland planning to achieve value-added of primary industry and multiple uses of one land; Lower-ecological constraints in the planning of regional settlements with the protection of historic buildings as the core, and vigorously develop tourism. The results objectively reflect the current situation of the ecological environment and industrial development direction of the Jiuxian village, which is of practical significance to the sustainable development of the traditional village industry.
Keywords: Ecological Constraints; Industrial Layout; Traditional Village with a Scenic Edge

引言

产业兴旺是实现乡村产业振兴战略的关键，互联网平台、农村淘宝等信息时代的产物为交通劣势的乡村打开市场空间，乡村特色产业应运而生，繁荣发展。其中，拥有丰富传统文化资源、美学价值、文化价值、社会价值的传统村落抓住机遇，充分利用自身优势打造特色品牌，并取得了较高的经济价值。但土地承载的空间功能发生变化，对生态系统服务能力影响显著，如果没有有效的控制手段，产业无序扩展会造成乡村土地资源紧张、空间压缩甚至一定程度上破坏村落自然环境和空间特色，不利于生态文明建设。

根据主导产业划分，乡村产业主要分为特色农业、特色工业和特色文旅三大类[1]。景边型传统村落位于风景区边缘地带，在自然生态与文化生态的双重制约下产业类型以特色农业和特色文旅为主。近年来有关乡村产业的研究逐步深入，经历了农村产业适宜性的单向研究至生物多样性与土壤水域之间生态约束与产业适宜的双向研究[2]，提出了基于景观安全格局、生境质量、生态系统服务价值等方面的产业适宜性实现途径[3-6]。归根到底，乡村产业发展的关键在于平衡生态约束对产业用地发展的限制。本文选取遇龙河景区内典型景边型传统村落——旧县村为研究区，结合景观生态理论构建了基于最小累积阻力模型的生态格局，明确产业发展中不可忽

---

① 基金项目：国家自然科学基金地区科学基金项目"景边型传统村落空间功能与生态肌理适配耦合研究——以漓江风景名胜区为例"（编号：52268010）。

视的生态约束力，寻求景边型传统村落产业可持续发展的规划思路。

1 研究区概况与数据来源

1.1 研究区概况

旧县村位于广西壮族自治区阳朔县白沙镇（24°46′55.64″N，110°25′50.04″E），紧邻遇龙河景区。遇龙河穿村而过，河流两岸山势起伏，整体地形东北、西南两边高，中部低，呈山谷状。村域内土地利用总面积为1145.69hm²，主要土地利用类型为农村居民点、耕地、园地、林地、水域和草地。旧县村以特色文旅为主导产业，包括农业生态体验、田园休闲度假和人文古迹旅游三大类。根据乡村产业空间类型（表1）划分[7]，旧县村农业空间占据面积最大，约为335.83hm²，占村域总面积的29.31%；工业空间较少，仅0.15hm²；文旅空间8.84hm²，占村域总面积的0.77%。

产业空间类型　　　　　　表1

产业空间	产业次空间	内涵要素	用地类型
农业空间	基本农业空间	产出作物、提供田园风光的空间	耕地、园地等
	设施农用空间	用于规模养殖的生产设施空间	设施农用地等
工业空间	工业生产空间	手工艺品、粗加工产品空间	工业用地等
	物流仓储空间	产品出售转存、储存空间	物流仓储用地等
文旅空间	旅游设施空间	食宿、购物、接待等空间	商业、服务业设施用地
	旅游核心空间	古建筑古迹、景点等要素空间	居民点用地、特殊用地

1.2 数据来源

采用的数据分为栅格数据、矢量数据和属性数据。其中，旧县村土地利用现状数据来源于全国第三次国土调查（矢量数据，2020年）；旧县村30m分辨率数字高程DEM数据（栅格数据，2020年）来源于地理空间数据云平台；10m分辨率土地利用/土地覆盖（LULC）数据（栅格数据，2020年）来源于国家地理学会与谷歌和莫尔德资源研究所合作研究平台 SENTINEL-2 10M LAND USE/LAND COVER DOWNLOAD；旧县村基础资料（属性数据，2020年）来源于传统村落调查登记表，并结合实地调研补充完善。

2 研究方法

利用最小累积阻力模型（MCR），结合景观生态学中运用较为成熟的"识别源地-阻力因子分析-构建综合阻力面"步骤分别构建景边型传统村落自然生态格局和文化生态格局。将自然生态格局和文化生态格局进行GIS空间叠加分析得到综合生态格局，据此划分生态约束区，结合村落自身产业功能和用地类型为村落产业布局提出可供参考的规划思路。

2.1 源地识别

2.1.1 自然生态源地识别

基于"源-汇"景观理论，源地是在生态格局与生态过程中能够促进生态过程发展的景观类型[8]，即区域范围内生态系统服务价值较高的斑块。识别自然生态格局中的源地，通过经验判断识别大面积林地、水域等作为源地的方法不能充分考虑生态系统环境中不同源地的特征，而生境质量反映了生态系统为物种提供适宜生存环境的潜力，一定程度上决定了生态系统服务功能的稳定状态与物种多样性的维持能力[9]，故本文采用生境质量指数合理识别自然生态源地。

借助InVEST模型分析生境斑块受威胁程度来评估生境质量并选取自然生态源地，确定农村居民点、交通用地、耕地、园地、养殖坑塘、其他建设用地作为生境威胁因子，威胁因子属性表（表2）、生境对威胁因子敏感度（表3）参考相关文献得到。根据研究区实际情况，选取生境质量指数在0.4～0.8、面积大于1hm²的生态斑块为自然景观源地。

旧县村生境威胁因子影响程度与最大影响距离　　　表2

威胁因子	最大威胁距离（km）	权重	空间衰退类型
农村居民点	5	0.7	指数
交通用地	3	0.6	线性
耕地	2	0.5	线性
园地	2	0.5	线性
其他建设用地	5	0.7	线性
养殖坑塘	2	0.5	线性

生境类型的适宜度及对威胁因子的敏感性　　表3

名称	生境适宜度	居民点	交通用地	耕地	园地	其他建设用地	养殖坑塘
水体	0.9	0.7	0.9	0.7	0.7	0.7	0.7
林地	1	0.8	0.7	0.6	0.6	0.6	0.2
耕地	0.5	0.7	0.4	0	0	0.7	0
农村居民点	0	0	0	0	0	0	0
草地	0.3	0.7	0.6	0.4	0.3	0.7	0.5

2.1.2 文化生态源地识别

文化生态格局中的源地参考《传统村落评价认定指标体系（试行）》中的认定指标，确定旧县村内分布的文化生态源地，包括归义县城旧址、仙桂桥、黎氏宗祠、进士第、将军府、古树古井等文物古迹。

2.2 阻力因子分析

2.2.1 自然生态格局阻力因子

考虑到景边型传统村落的景区依附性[10]，在地形地貌、道路水文、土地资源的基础上增加与最邻近A级景区景点距离来综合评判自然生态阻力面。选择坡度、相对高程、距水体距离、距道路距离、距最邻近A级景区景点距离、土地资源6个因子，各因子相对阻力系数大小根据其对村落生态环境稳定性可能产生的威胁程度确定，威胁越大，阻力系数值越大，反之阻力系数越小。相对高程阻力因子中，相对高程越大，人类活动越少，对生态系统的保护越有利，相对阻力系数越小；坡度阻力因子中，坡度越大，生态环境越不会受到干扰，故相对阻力系数越小；水体阻力因子中，距离水体越近，生态环境稳定性越有保障，相对阻力系数越小；道路阻力因子中，距离道路越远，生态环境不易受车辆行人干扰，故相对阻力系数越小；最邻近A级景区景点阻力因子中，距离景点越远，自然生态环境稳定性与生物多样性越好，相对阻力系数越小；土地资源阻力因子中，生态功能级别越高的用地，其维持生态系统稳定性的能力越强，相对阻力系数越小，各用地类型生态功能级别为"林地＞水体＞园地＞草地＞耕地＞农村居民点"，据此得出各类用地相对阻力系数。采用层次分析法（AHP）确定各因子权重（表4），相对一致性指标（CR）为0.0679＜0.1，通过一致性检验。

自然生态格局中各阻力因子权重与相对阻力系数

表4

阻力因子	权重	分级	相对阻力系数
相对高程	0.07	0～5	9
		5～10	8
		10～15	7
		15～20	6
		20～25	5
		25～30	4
		30～35	3
		35～40	2
		＞40	1
距水体距离	0.13	0～25	1
		25～50	2
		50～75	3
		75～100	4
		＞100	5

续表

阻力因子	权重	分级	相对阻力系数
距道路距离	0.08	0～25	5
		25～50	4
		50～100	3
		100～150	2
		＞150	1
坡度	0.08	0～3	7
		3～5	6
		5～8	5
		8～15	4
		15～25	3
		25～35	2
		＞35	1
距最邻近A级景区景点距离	0.15	0～50	5
		50～100	4
		100～200	3
		200～300	2
		＞300	1
土地资源	0.49	居民点	6
		耕地	5
		草地	4
		园地	3
		水体	2
		林地	1

2.2.2 文化生态格局阻力因子

文化生态阻力面由古建筑、遗迹构成的建筑文化与古桥古井等构成的构筑文化叠加形成。文化景观周围的用地类型不同，则文化生态面扩张的能力不同：对建筑文化而言，用地类型中居民点用地转化为文物古迹用地的难易程度更低，因此其相对阻力系数越小；对构筑文化而言，用地类型中的水体、园地形成古桥、古树等更容易，因此其相对阻力系数越小（表5）。

文化生态格局中各阻力因子相对阻力系数 表5

建筑文化阻力因子	相对阻力系数
居民点	1
耕地	7
草地	3
园地	5
水体	10
林地	9
居民点	3
耕地	7
草地	2
园地	3
水体	1
林地	5

2.3 生态格局构建

2.3.1 最小累积阻力模型

最小累积阻力模型（MCR）重点考虑源、距离、阻力面三个因素，指物种从源地出发克服不同景观面阻力到达空间内某一点的最小阻力值[11]，学者修正后公式如下：

$$MCR = f_{\min} \sum_{j=n}^{i=m} \min(D_{ij} \times R_i)$$

式中，$f_{\min}$反映空间中任一点的最小阻力与其到源地的距离和景观阻力面的正相关关系；D_{ij}为物种从源j出发克服某景观面i到空间某一点的空间距离；R_i为景观面i对某物种的运动产生的阻力。

2.3.2 生态综合阻力面构建

通过坡度、高程差、距水体距离、距道路距离、距最邻近A级景区距离、土地资源6个阻力因子构建的单因子阻力面，借助ArcGIS栅格计算器进行因子叠加并重分类得到自然生态阻力面（图1）。其中，阻力值越大，自然生态扩张所受的阻力越大，人类活动就越频繁，即进行建设活动所遵循的生态限制约束条件越少，则生态约束等级越低。1∶1叠加建筑文化与构筑文化单因子阻力面并重新分类得到文化生态格局（图2），其中，阻力值越大，文化生态扩张所受的阻力越大，即进行建设活动所遵循的生态限制约束条件越多，则生态约束等级越高。借助ArcGIS空间分析功能，叠加得到生态综合阻力面并对其重分类，依次划分为低、较低、较高、高四种等级的生态约束类型，得到综合生态格局（图3）。

3 结果与分析

基于前文构建步骤得到源地与综合生态格局关系（图4），自然生态源地与较高、高—生态约束区重合度较高，文化生态源地聚集分布在大型居民点范围内。旧县村不同生态约束等级下未来产业发展方向初步显现，农业空间与文旅空间扩展的潜力较大。

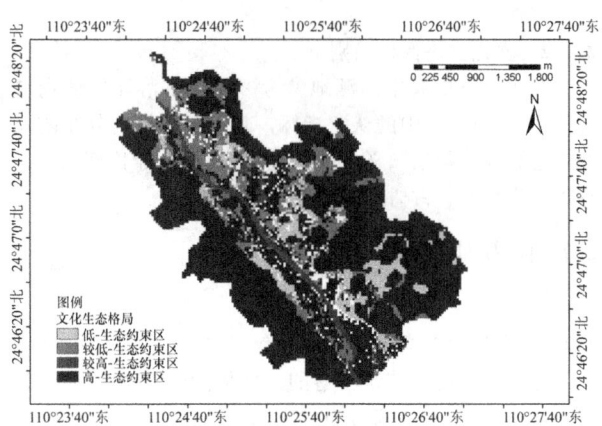

图2 文化生态格局

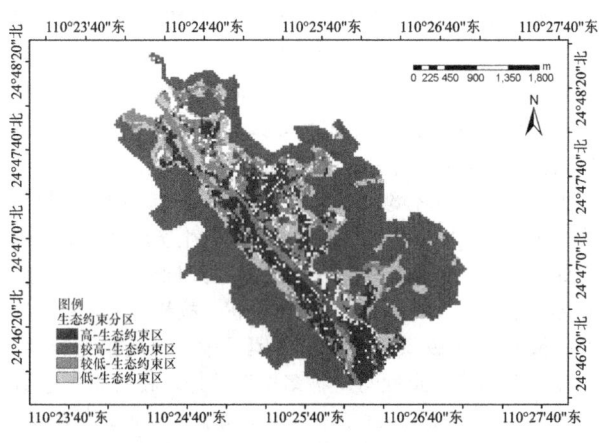

图3 综合生态格局

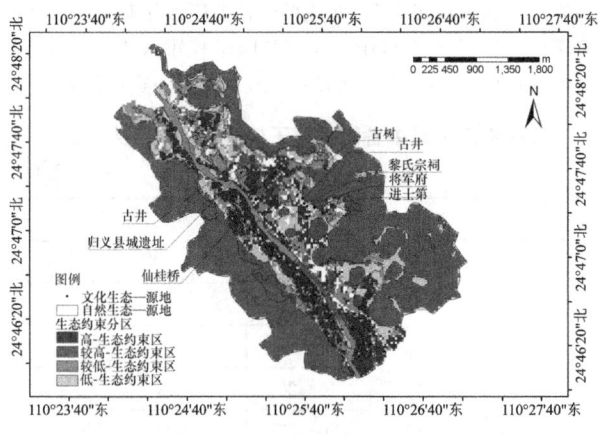

图4 源地与综合生态格局关系图

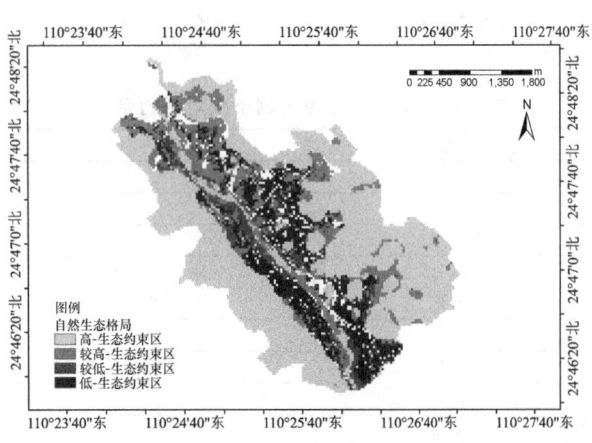

图1 自然生态格局

3.1 自然生态格局下产业用地解析

根据自然生态格局（图1）发现：①低—生态约束区内现状用地类型主要为农村居民点用地，主要分布在河流南部、中部，是旅游开发的主要扩张区域，适宜农业、文旅空间扩展，规划可适度新增民宿、餐馆和特色商铺等旅游设施空间，提升旅游舒适度；②较低—生态约束区内现状用地类型主要是耕地、草地，可充分利用稻田展现观光类农业空间优势，开展乡土生活体验，如野餐采摘、亲子活动和研学活动等；③较高—生态约束区内现状用地类型主要是生态功能价值较高的林地、园地，主要分布在沿河西北部或居民点与自然生态源地的过渡区，是生态缓冲区域，规划不新增产业用地，保持用地景观现状；④高—生态约束区内现状用地类型主要是自然生态源地，即生态功能价值最高的林地、遇龙河水域，规划禁止开发建设，严格保护地方自然生态环境。

3.2 文化生态格局下产业用地解析

旅游核心空间，即古建筑、古树、景点等是乡村文旅产业的内在核心，集中分布在河流东北方中部区域。根据文化生态格局（图2）：①高—生态约束区现状用地类型主要是林地、耕地，其转换为历史遗产古迹的可能性较小，农业、文旅产业发展潜力低；②较高—生态约束区内现状用地类型是水体，人类的亲水性使水体附近人类活动频繁，规划以保护为重点，布置短暂旅游路线节点；③较低—生态约束区内现状用地类型是园地，规划可适度增设具有地方特色的乡土景观；④低—生态约束区内现状用地类型是草地、居民点用地，文物古迹较多，对游客吸引力大，适宜文旅空间扩展，规划联合祠堂、将军府等旅游核心空间在周边形成旅游接待空间，保护核心空间的同时增加古建筑经济价值，展现旧县村传统文化魅力。

3.3 综合生态格局下产业规划布局

综合自然生态格局与文化生态格局约束条件（图4）可知，研究区生态约束排序为：耕地＞林地＞水体＞园地＞草地＞居民点用地。高等级生态约束下的耕地、林地，既是源地，也是生态保护的核心区域，规划禁止产业开发活动，避免人类活动；其他耕地、水体、园地、草地占据的农业空间应以多功能农业生产为主导，实现一产增值、一地多用，发展农事体验、田园观光等产业；居民点用地则规划在保护旅游核心景观的前提下大力发展文旅产业，联合一产进行复合产业开发，并为遇龙河景区提供乡村服务设施，与景区旅游体系相辅相成。

4 结论与讨论

研究基于"源-汇"景观理论，借助最小累积阻力模型构建景边型传统村落自然生态格局和文化生态格局，为生态约束条件下村落农业空间、工业空间和文旅空间内各用地提供了农业增值、农旅结合等产业布局思路。其中，生态格局构建的关键是源地识别，生境质量能够准确识别生态环境中，生态功能等级高、生态保护的核心源地，符合研究区生态约束的实际情况。

该研究构建生态格局的主要目的是提取出限制产业的生态约束条件，以促进村落产业可持续发展。但由于景边型传统村落的复杂性，影响研究区自然生态格局的阻力因子不限于此，其他有可能影响自然生态格局的阻力因子有待进一步研究。

参考文献

[1] 魏亮亮,常晓菲,缪屹泓,等.基于乡村特色产业发展的景观规划策略研究[J].绿色科技,2019(15):85-88.
[2] 刘畅,周燕凌,何洪容.近30年国内外生态约束下农村产业适宜性研究进展[J].生态与农村环境学报,2021,37(7):852-860.
[3] 张莹莹,李静,程亚鹏.青龙满族自治县景观生态安全格局研究[J].中国农业资源与区划,2017,38(6):77-84.
[4] 洪步庭,任平.基于最小累积阻力模型的农村居民点用地生态适宜性评价——以都江堰市为例[J].长江流域资源与环境,2019,28(06):1386-1396.
[5] 方莹,王静,黄隆杨,等.基于生态安全格局的国土空间生态保护修复关键区域诊断与识别——以烟台市为例[J].自然资源学报,2020,35(1):190-203.
[6] 包玉斌,刘康,李婷,等.基于InVEST模型的土地利用变化对生境的影响——以陕西省黄河湿地自然保护区为例[J].干旱区研究,2015,32(3):622-629.
[7] 黄庆香,李晨,沈山.苏北地区特色田园乡村产业类型与空间布局[J].江苏师范大学学报(自然科学版),2023,41(1):1-6.
[8] 陈利顶,傅伯杰,赵文武."源""汇"景观理论及其生态学意义[J].生态学报,2006(5):1444-1449.
[9] 张学儒,周杰,李梦梅.基于土地利用格局重建的区域生境质量时空变化分析[J].地理学报,2020,75(1):160-178.
[10] 杨蜜蜜,龙茂兴,刘建平.景区边缘型乡村旅游发展探讨[J].生态经济,2009(1):142-144.
[11] 俞孔坚.生物保护的景观生态安全格局[J].生态学报,1999(1):10-17.

作者简介

刘春晖,1999年生,女,汉族,湖南邵阳人,桂林理工大学硕士在读,研究方向为传统村落保护与振兴。电子邮箱:liuchunhui_88@163.com。

刘丽荣,1964年生,女,汉族,湖南长沙人,硕士,桂林理工大学土木与建筑工程学院,教授,研究方向为传统村落保护与振兴。电子邮箱:llr8288.@qq.com。

人口老龄化背景下乡村适老性景观设计要素研究

Research on the Elements of Rural Elderly Adaptability Landscape Design under the Background of Aging Population

瞿才皓　周　旭*

摘　要：随着城市化进展，乡村老龄化现象越来越突出。在国家乡村振兴战略背景下，现阶段乡村景观品质已经不符合新时代乡村建设要求。本文通过运用PSPL调查法对柳厂村进行详细调查研究，提出了一套乡村适老性景观研究框架，并深化了乡村景观设计引导要素表，为乡村适老性景观设计提供指导。

关键词：老龄化；乡村养老；适老性景观

Abstract: With the progress of urbanization, the phenomenon of rural aging is becoming increasingly prominent. In the context of the national rural revitalization strategy, the quality of rural landscape at this stage no longer meets the requirements of rural construction in the new era. This article conducts a detailed investigation and research on Liuchang Village using the PSPL survey method, proposes a research framework for rural aging friendly landscapes, and deepens the guide element table for rural landscape design, providing guidance for rural aging friendly landscape design.

Keywords: Aging; Rural Elderly Care; Age-friendly Landscape

引言

青壮年人口流失、本土产业衰败是当前乡村一个较为严重的现实问题，也导致了乡村公共空间活力缺失、村民之间社交属性减弱等问题。随着乡村留守老人数量增多，并且考虑到在未来将会有更多的老人回到乡村，乡村现有的景观设施已经无法满足老年人的需求。所以重塑乡村适老性景观空间成为乡村振兴战略的一个重要切入点。

目前国内适老性研究主要集中在老年社区[1]、室内家具[2]、养老设施[3]、养老服务[4]、老年支持[5]、乡村社区环境研究框架[6]等方面，研究地区也主要在城市公共空间[7]和居住区[8]，针对乡村适老性景观的研究文献较少。与城市适老性景观不同，乡村往往研究范围更大、场地条件更加复杂，因此更加需要针对乡村特有的实际情况进行系统的框架研究。

基于此，本文将以柳厂村为研究对象，运用PSPL实地调研法和半结构式访谈法，基于居民日常生活状态，从老年群体对乡村景观空间的需求出发，探讨乡村适老性景观设计理论框架和针对性的景观设计要素。

1 PSPL法乡村景观空间适老性设计要素研究

1.1 研究对象与方法

1.1.1 研究对象

柳厂村位于岳阳市临湘市长塘镇北部，对外交通便利，到岳阳市、岳阳北站和东站、临湘市区、临湘火车站约30km的距离。

通过对柳厂村现场调研发现，基地内的基本农田80%以上面积种植水稻作物，个别农户种植油茶等作物。

柳厂村基本无外来人口，村民就业多选择在临湘市或岳阳市，总体来说人口流动性较小。当地老龄化人口比例较大，就近择业人口较多。

1.1.2 研究方法概述

PSPL（public space & public life）调查法，即"公共空间-公共生活调研法"，是一种针对城市公共空间质量和市民公共生活状况的评估方法。PSPL调研法包括地图标记法、现场计数法、实地考察法和访谈法4种。在乡村景观设计中运用此方法，通过观察老年群体在公共空间的行为活动，进行系统性的总结归纳，再运用到乡村适老性景观设计之中去。

调研人员于2023年7月针对柳厂村景观要素和公共空间使用情况开展为期两天的调研。基于PSPL调查法，运用两步路户外助手软件进行轨迹记录和现状照片坐标定位，在各个重要节点记录人群活动情况。针对老年人群的活动需求，采用半结构式访谈的方式对8位村民进行访谈记录。

1.2 柳厂村现状情况分析

1.2.1 土地利用现状分析

基于场地勘测数据，绘制土地利用现状图（图1），从图中显示，现状土地以农田和林地为主，南部为丘陵，水系以池塘为主，零散地分布在场地中部。宅基地较为集中，主要位于北部，居民日常活动场所主要位于西北侧。

用地类型表：

用地代码	用地名称		面积(ha)	比例(%)
E	非建设用地		56.1	88.2%
	其中	农田	40.61	63.9%
		林地	9.3	14.6%
		坑塘	6.19	9.7%
总用地			63.6	100%

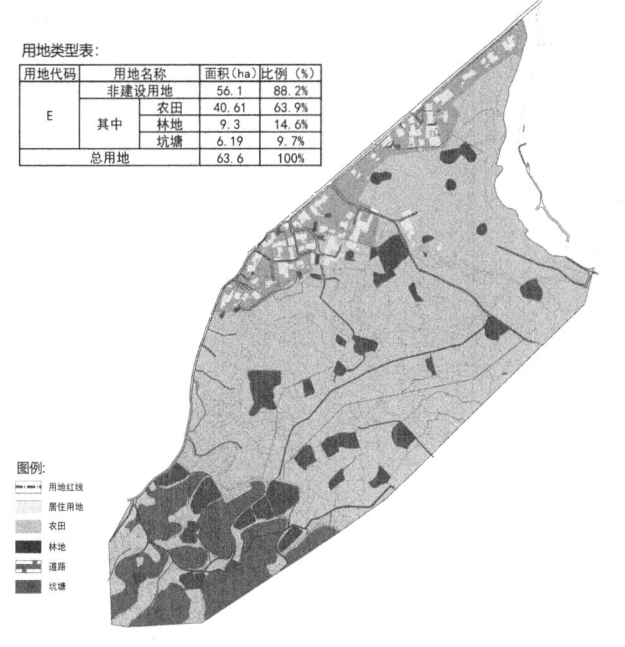

图例：
- 用地红线
- 居住用地
- 农田
- 林地
- 道路
- 坑塘

图1 土地利用现状图

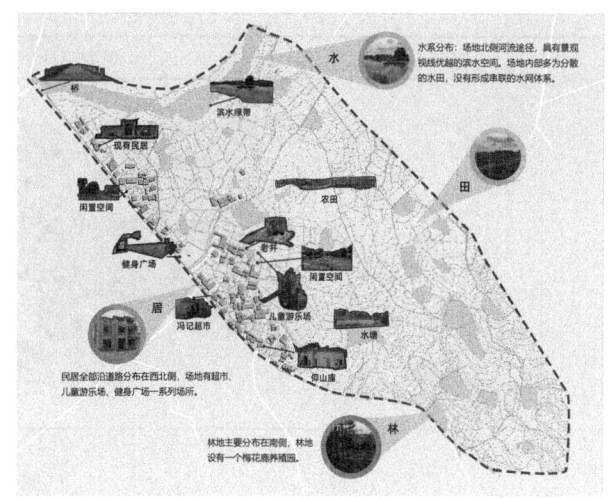

图2 柳厂村现状调研分析图

1.2.2 柳厂村公共空间分布现状分析

基于地图标记法对场地内道路系统、空间类型进行梳理，通过拍照、观察记录的方式对整个场地空间情况进行分类（图2）。调研发现，场地居民建筑较为集中，整个场地内主要有健身广场和儿童游乐场两个活动区域，村落内闲置空间较多，休憩场所为自然地，设施完善的休憩场所几乎为空白。

1.2.3 柳厂村空间使用情况

（1）村民日常活动观察

通过对场地进行调研发现，村内房屋主要集中分布在道路两侧，村民活动场所比较分散，老人的活动多为站在马路上、坐在花坛，以及在未修好的围墙边聊天、闲坐等（表1）。

村民日常活动　　　　　　　　　　　　　　　　　表1

序号	时间点	观测照片	村民行为活动
1	6:00—9:00		清早村民陆续外出耕作，阿婆推着轮椅前往村部
2	6:00—9:00		清晨的太阳刚爬上山头，阿婆送孙女去上学
3	9:00—12:00		村民在门前一边准备午餐一边闲聊

续表

序号	时间点	观测照片	村民行为活动
4	14:00—16:00		阿婆行动不便,骑着电动轮椅赶路
5	16:00—18:00		临近日落,村民陆陆续续聚集在健身广场,祖孙二人坐在球场边闲聊,偶尔有游人加入对话
6	16:00—18:00		刚参加完高考的少年在球场打篮球
7	18:00—20:00		儿童游乐场阿姨带着小朋友在荡秋千
8	18:00—20:00		村民饭后散步,聚集在杨梅树下摘杨梅

续表

序号	时间点	观测照片	村民行为活动
9	20:00—21:00		一些村民夜晚在健身广场旁的花坛上闲聊、休息
10	20:00—21:00		村民坐在路旁待修建的围墙上吃饭、聊天

（2）村民的日常活动

通过对柳厂村村民的访谈，我们了解到，现居村民以50~80岁老年群体为主，主要活动形式是看电视，或者相互串门闲聊，极少部分村民晚上会在健身广场跳广场舞，村民日常活动整体上呈现单一的特征（表2）。

村民日常活动访谈表　　表2

序号	采访对象	访谈要点
1	50~70岁奶奶	日常活动场所主要是在桥边、健身广场和儿童活动区
2	50~70岁爷爷	日常生活没有什么娱乐活动，主要就是串串门，在家看看电视
3	30~50岁阿姨	桥边和健身广场离我这里太远了，上了年纪走不动，平常就是在家附近串串门、喝喝茶
4	30~50岁叔叔	年轻人主要在外面工作，老人留在家乡，小孩读高中了基本上一个月回来一次

基于以上对柳厂村走访、调研总结，村庄整体基础设施配置较为完善，但居民点附近缺少村民休憩、聚集的活动场所，村民活动点都比较分散。而许多阿公阿婆因为行动不便不能去远的活动场所，因此，村庄休憩空间需要多点设置，并着重考虑适老性的休憩空间。此外，道路两侧缺少行道树以及灌木类植物，整个生活场地硬质偏多，来往的车辆以及施工的建筑产生了较多扬尘，而车行道是水泥铺地，对灰尘没有吸附作用，因此需要考虑增加植物配置来吸收灰尘、降低场地温度。

2 乡村适老性景观框架的构建

2.1 乡村老年群体对景观空间的需求

考虑到老年群体的特殊性[9]，对适老性景观设计也有特定的要求，主要是从空间营造、材质、文化等方面进行考虑（图3）。

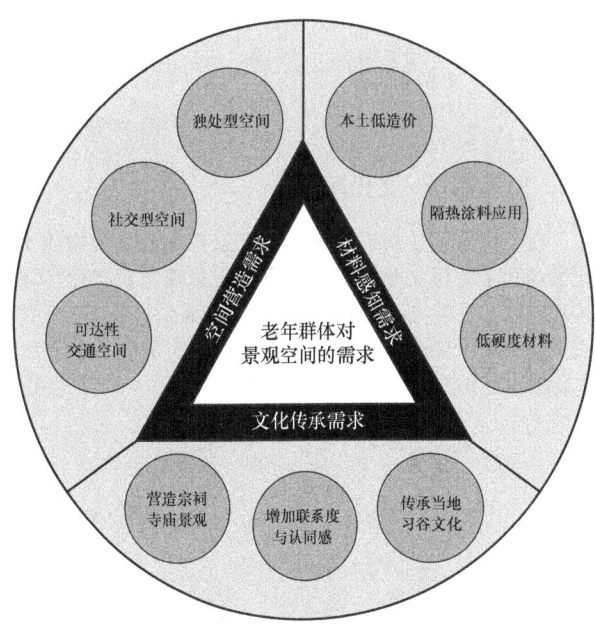

图3　老年群体对景观需求结构

在空间营造方面，由于老年群体特有的心理情况，需要设置独处型空间与社交型空间来满足老年群体的不同心理需求。老年人需要一些聚集、活动的空间，让乡村的老年群体能有一个良好的社会关系维系场所。

在材料方面，由于老年人出行不便以及对温度的敏感性较高，因此在室外景观材质上既要遵循本土低造价的原则，也要考虑材料的导热性以及硬度。在一些易磕碰的部位选用硬度较低的材料，以防老人摔倒碰撞。

在文化需求层面上，老年群体长时间生活在乡村，因此对于文化的认同感、需求感有更高的要求。在景观公共空间之中也应当更多地去融合当地的习俗文化，营造好宗祠、寺庙景观空间。

老年群体在生理和心理方面都有特定的需求。由于行动不便以及身体各项机能的退化，需要从温度、色彩、材料、高差的层面构建老人与空间友好的感知环境。从乡村独特的条件和老人心理需求的角度出发，以广场、闹市、运动场、庭院等活动空间构建老人与邻里友好的交流环境。在老年群体对家乡和文化认同感的高度需求下，同样需要从戏台、宗祠、寺庙、老井等历史传承场所出发，构建老人与文化友好的环境。

通过现状调研的整理与对老年群体需求的分析，本文系统化地构建了乡村适老性景观规划设计框架（图4）。该框架主要考虑在乡村景观中邻里之间的交往需求、场地空间感知体验以及历史文化传承与融合。以这三个要素作为评价体系，对乡村适老化景观设计提供引导与评价。

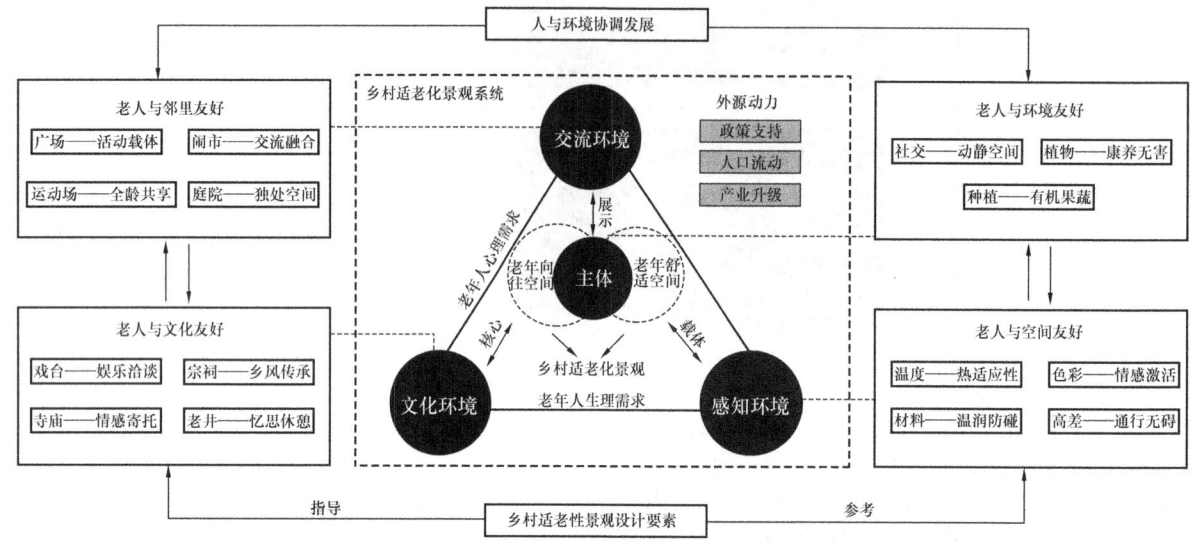

图4　乡村景观适老性景观研究框架

2.2　归属感——文化环境

在乡村文化景观框架中，文化景观主要分为物质文化景观和非物质文化景观。物质文化景观包含文化广场景观节点、农事文化景观节点、宗祠寺庙景观节点、非物质文化景观主要包含民俗舞台景观节点、非物质民俗街文化节点（图5）。

着一定的区别，互助行为贯穿在日常生活中，老年群体在互助行为中也能更好地得到归属感与自我价值。因此，本框架设想在整个规划体系上通过线状路网结构串联多个聚集性互动空间（图6）。在公共空间中为老年群体设计一些可供交流、互动的场所及设施，比如象棋石桌、围合型洽谈空间、广场舞场地等。

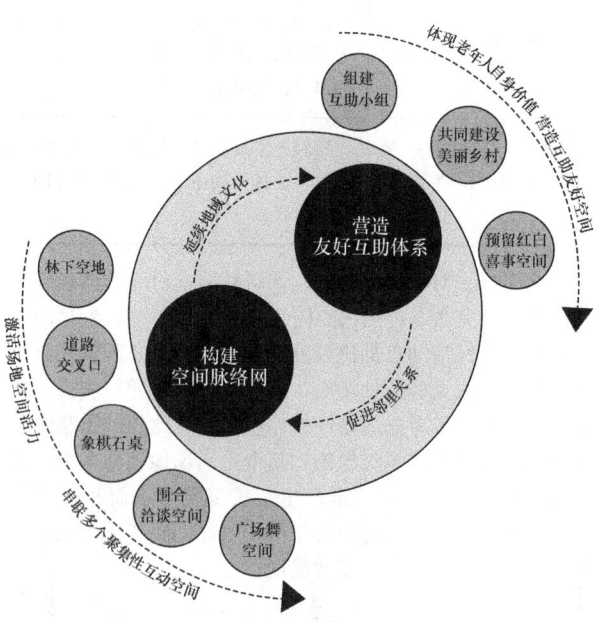

图5　文化环境系统　　　　　图6　交流环境系统

2.3　社交性——交流环境

构建空间脉络网，激活场地空间活力。乡村与城市有

通过前文对于老年人生理特征的分析，考虑到老年群体身体机能下降的情况，对景观活动空间的服务半径应当控制在120m范围之内。运用ArcGIS的多缓冲区工

具分析，对柳厂村的活动空间进行规划，确定每户村民前往最近的活动场所在0~120m范围之内（图7）。

（2）植物景观设计

适老性的室外空间设计中，对植物的选择在满足美观的前提下也要考虑安全性与康养性。一些植物散发的气味具有提神和杀菌的功效。在康养植物的选择方面可以选择云杉、松树、芍药、牡丹等，这些植物释放的物质能够增加周边环境的负氧离子，从而减少人体内的负电子含量。

（3）室外空间活动设施配置

通过对老年群体活动习惯进行分析可知，适合老年人室外活动的设施主要分为运动类、健身类、休闲类。室外座椅应使用温润材料，尺度设计更加贴合老人身体（图9）。

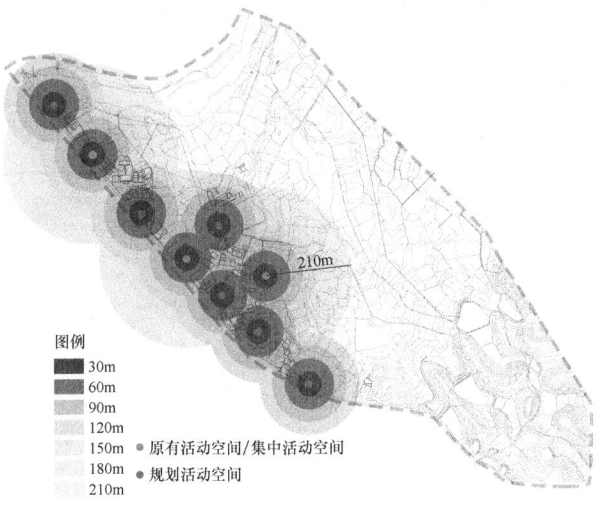

图7 活动空间服务半径规划图

2.4 空间性——感知环境

适老性景观空间设计主要遵循以下几个方面。

（1）道路通行系统

在车行道路系统的设计中，建议进村车速限制在30km/h。并将道路标识系统中限速标志、指示牌、警示类标识的字体放大，选择醒目的位置设置。人行道的设计与车行道进行隔离，适当增加花池、护栏，避免安全隐患。步行系统的设计上每隔50m建议设置座椅、林下休憩空间。对有高差阶梯的场地，应该设置无障碍坡道（图8）。

图8 柳厂村路旁休憩节点改造图

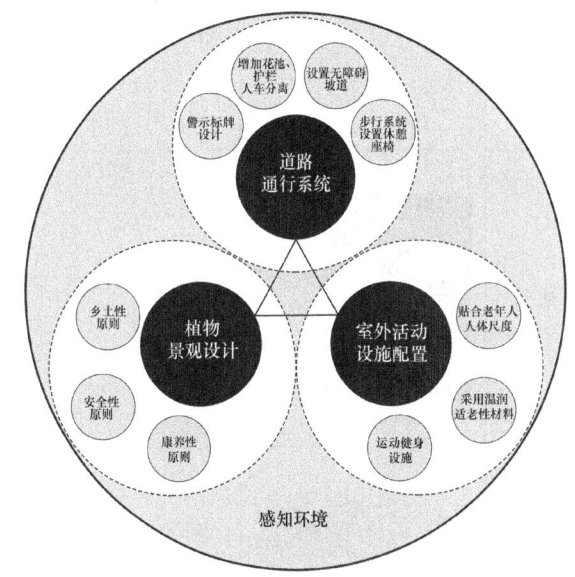

图9 感知环境系统

3 乡村景观设计要素表

通过柳厂村空间特征进行调研，以及对老年群体身体、心理层面加以研究，本文从空间布局、材料、色彩、植物选择等方面，构建了乡村适老性景观设计要素表，为适老性乡村景观设计提供参考。

3.1 乡村主要空间类型与特征

根据调研结果与资料搜集归纳，整理出乡村空间主要分为以下几个类型：娱乐性公共空间、生活性公共空间、生产性公共空间、信仰公共空间（图10）。

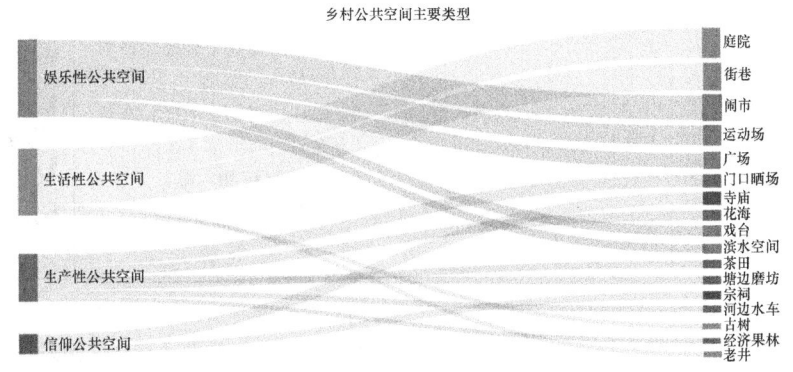

图10 乡村主要空间类型分析

3.2 娱乐性公共空间

娱乐性公共空间主要涉及广场、戏台、闹市、街巷、滨水空间、运动场等几类场所。该空间类型的特点是人流量较高，主要位于村庄的中心地带。该类空间老年群体与场地的互动性最为密切，因此在材料的选择上要考虑防滑、散热的特点。植物的选择上也要遵循安全、康养的原则（表3）。

娱乐性公共空间　　　　　　　　　　　　　　　　　　　　表3

空间名称	空间布局	材料	色彩选择	植物选择	案例图片
广场		花岗石、青石板、玄武岩、文化石、广场砖	青色、灰色	高大的林荫本土树种：香樟、榕树、桂花 下层植物：狼尾草、九里香	
戏台		红砖、青石砖、防腐木、不锈钢	红色、青色、灰色	耸立、深色的背景树种：圆柏、侧柏、银杏、云杉 下层植物：芍药、牡丹	
街巷		铺装：青石板，凝灰岩老石板、黄腊石、透水混凝土 建筑立面：青砖贴面	黄白色调、灰色调	上层植物：香樟、银杏、栾树、枫香 中层植物：石榴、杨梅、琵琶 下层植物：小叶栀子、紫茉莉、肾蕨、狼尾草	
滨水空间		块石、透水混凝土、鹅卵石、沙砾、防腐木栏杆、植草空心砖	灰色、黄色、蓝灰色	上层植物：柳树、枫杨、水杉、乌桕 中层植物：芭蕉、棕榈 下层植物：美人蕉、薰衣草、千屈菜、菖蒲	
运动场		聚氨酯PU涂料、EPDM塑胶材料	朱红色、蓝绿色、浅灰色	上层植物：香樟、格木、木荷 中层植物：木槿、绣球、冬青 下层植物：早熟禾、黑麦草	

3.3 生活性公共空间

生活性公共空间主要包含老井、古树、庭院这几类场所。该空间类型既具有一定的社交性，也具有一定的私密性，与村民日常的活动息息相关，因此在场地的布置上往往与村民的需求紧密相连。作为村民日常接触最多的空间类型，该场地在景观营造方面要特别关注空间的舒适度，材料选择上应选用硬度较低的材料给老年群体带来更好的感知体验。植物选择应当遵从因地制宜的原则，多选用本土树种（表4）。

生活性公共空间　　表4

空间名称	空间布局	材料	色彩选择	植物选择	案例图片
老井	无	防腐木、块石、青石砖、花岗石	灰色、褐色、色彩淡雅	桂花、香樟、榕树	
古树	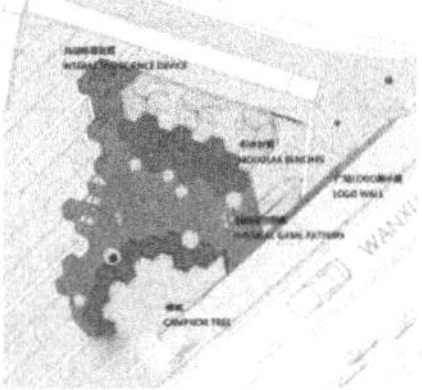	防腐木、不锈钢板、透水沥青	黄色、灰色、色彩活泼	榕树、香樟、狼尾草、肾蕨、米仔兰	
庭院		红砖、砾石、耐候钢、防腐木、青石板	灰色、红色、褐色	桂花、香樟、柿、狼尾草、枇杷树	

3.4 生产性公共空间

生产性公共空间主要指的是门口晒场、河边水车、塘边磨坊、经济果林、茶田、花海等场所。生产性公共空间场地条件比较复杂，地势高差起伏比较大。其多与产业相结合，种植当地的特色花木进行外销的同时打造美丽的花田、果林景观（表5）。

生产性公共空间　　表5

空间名称	空间布局	材料	色彩选择	植物选择	案例图片
门口晒场	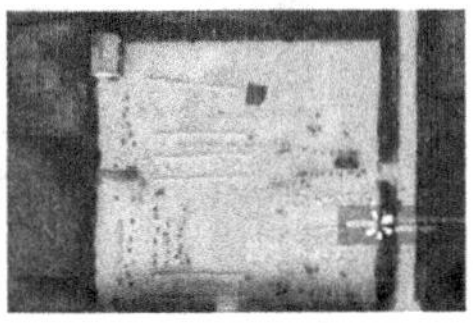	透水混凝土	灰色	桂花、香樟	
河边水车	无	防腐木	棕色、红色、黄色	柳树、水杉、美人蕉、薰衣草、再力花、菖蒲	
花海	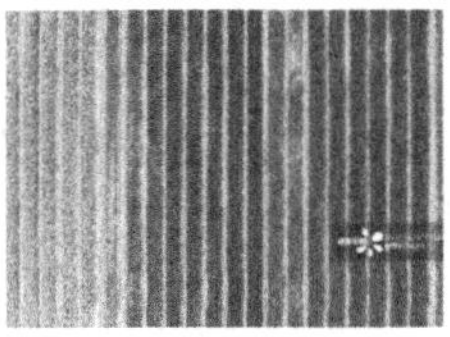	防腐木栈道	鲜花色彩	经济类花卉：玫瑰、芍药、牡丹、康乃馨、百合	

续表

空间名称	空间布局	材料	色彩选择	植物选择	案例图片
经济果林	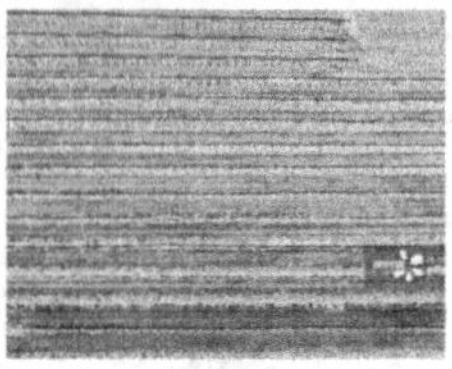	竹篱笆、防腐木	果蔬色彩	采摘外销果蔬：桃、李、琵琶、西瓜、草莓、葡萄	

3.5 信仰公共空间

信仰公共空间主要包含宗祠、寺庙等场所。意义在于保留村庄的历史文化，将当地的故事、精神通过场地墙绘与雕刻进行保留与宣传。材料的选择上多以灰白色调为主，种植松柏类植物营造庄严的空间氛围（表6）。

信仰公共空间　　　　　　　　　　表6

空间名称	空间布局	材料	色彩选择	植物选择	案例图片
宗祠	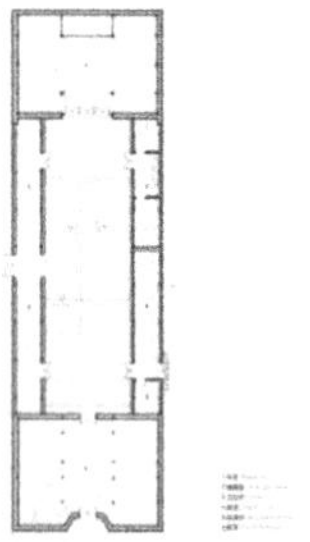	青石砖、花岗岩、草筋灰泥饰面、老青砖	灰色、红色	侧柏、油松、竹子、萱草、鸢尾	
寺庙		老青砖、防腐木、胡桃木	灰色、红色	山玉兰、侧柏、油松、菩提树、银杏、鸡蛋花	
文化礼堂	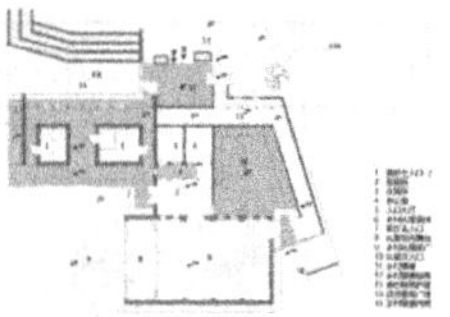	防腐木、花岗岩、老青砖	灰色	榕树、银杏、竹子、萱草、鸢尾	

3.6 乡村景观小品的选择

对乡村景观小品的设计主要从材料、色彩和老年群体舒适度几个方面考虑。材料上应当就地取材，体现乡村独有的特色，同时要考虑材料的硬度以及导热性。色彩上由于老年群体对颜色感知度减弱，导视牌等标识性小品应该遵循色彩突出的原则（表7）。

乡村景观小品的选择　　　　　　　　　表7

小品名称	应用场地	材料	色彩选择	图示案例
座椅	庭院空间、集散广场、路旁休憩节点、古树空间、运动场	防腐木、不锈钢板、玻璃钢、大理石	棕色、灰色	

续表

小品名称	应用场地	材料	色彩选择	图示案例
凉亭	庭院空间、集散广场、滨水空间	防腐木、茅草	棕色、黄色	
树池	古树、集散广场、路旁休憩节点、古树空间	防腐木	棕色	
廊架	集散广场、路旁休憩节点、庭院空间	防腐木、不锈钢	棕色	
标识牌	道路旁、节点入口	亚克力、铝塑板、不锈钢、铝合金	黄色、蓝色、橙色、紫色	

4 结论

在乡村振兴背景下，随着老龄化越来越严重，适老化乡村景观研究成为一个热点。本文通过 PSPL 调研法对柳厂村进行调研，运用 ArcGIS 软件对场地进行土地利用现状分析。通过对场地空间类型和老年人行为活动研究，构建出乡村适老性景观研究框架，并归纳总结乡村景观设计要素表，为乡村适老性景观设计提供参考，共同缔造乡村人居、生态、产业的协调发展，有序实现乡村振兴。

参考文献

[1] 张广尊. 社区养老模式下城郊旧村公共空间的适老化更新设计研究[D]. 上海：华东师范大学，2022.
[2] 冯麟越，李永昌. 适老化家具设计及无障碍空间研究与讨论[J]. 设计，2022，35(13)：66-69.
[3] 王艳陶，权芝薰. 社区养老设施空间评价体系研究[J]. 智能建筑与智慧城市，2022(10)：6-9.
[4] 孟磊. 乡村振兴背景下农村养老服务发展研究[J]. 现代农村科技，2023(4)：99-100.
[5] 裘知，张子琪，王竹. 基于"在地养老"的乡村老年支持体系架构研究[J]. 建筑学报，2018(S1)：40-44.
[6] 何成，和译. 我国乡村社区环境适老性研究进展与框架构建[J]. 建筑学报，2022(S1)：45-50.
[7] 李文君，公伟. 基于 Kano 模型的城市老旧社区公共空间适老化更新研究——以北京双榆树社区为例[J]. 工业设计，2023(03)：50-52.
[8] 毛永青，陈桑瑶，战胜男. 城市居住区公共空间适老化景观设计研究[J]. 居业，2022(10)：118-122.
[9] 熊浩杰，马云林. 基于老年人心理行为特征的老年公寓交往空间设计策略研究[J]. 设计，2021，34(8)：152-154.

作者简介

瞿才皓，1999 年生，男，汉族，湖南长沙人，中南林业科技大学风景园林学院硕士在读，研究方向为风景园林规划与设计。电子邮箱：10171597482@qq.com。

（通信作者）周旭，1979 年生，女，汉族，湖南长沙人，博士，中南林业科技大学，副教授，研究方向为风景园林规划与设计。电子邮箱：t20080238@csuft.edu.cn。

传统村落景观叙事要素的游客感知与认同
——以北京灵水村为例

Tourist Perception and Identification of Narrative Landscape Elements of Traditional Village: A Case Study of Lingshui Village in Beijing

冯萌欣　徐　峰*

摘　要：在乡村文旅开发的背景下，基于景观叙事理论，以北京传统村落灵水村为研究对象，分析游客对景观的感知和认同特征，并从叙事要素本身和游客属性剖析产生认知差异的原因。研究表明："位置"感知度最高，"历史文化"最低；"意义"认同度最高，"情感"最低。要素的整体感知度与感知维度得分之间均有较强相关性。老年人的感知程度更高，熟悉效应增加了其关注度。文化程度高的游客感知认同标准更严格。该研究有利于激发游客的体验感受，带动传统村落的保护和发展。

关键词：传统村落；游客感知；叙事要素；景观感知；景观认同

Abstract: In the context of the development of rural cultural tourism, based on the landscape narrative theory, this paper takes typical landscape narrative elements of Lingshui Village, a traditional village in Beijing, as the research object to explore the characteristics of tourists' perception and identity of landscape. Then, the reasons for the differences are analyzed in terms of the narrative elements themselves and the tourists' attributes. We found that the perception dimensions scored the highest in 'location' and the lowest in 'history and culture', and the identity dimensions scored the highest in 'meaning' and lowest in 'emotion'. There was a strong correlation between the overall perception degree and the scores of each dimension of perception. We analyzed the impact of visitors' backgrounds and found that the elderly had a higher degree of perception, as the familiarity effect increased their attention. Highly educated tourists had more stringent criteria for perception and identification. This study is conducive to stimulating tourists' experience and promoting the protection and development of traditional villages.

Keywords: Traditional Village; Tourist Perception; Narrative Elements; Landscape Perception; Landscape Identification

引言

中国传统村落蕴藏着丰富的文化景观资源和历史信息。在乡村旅游中，游客可以获得无意识、直观的真实感受，并完成对景观要素所传达的文化信息的感知。然而，不断的开发建设和专业保护的欠缺使得许多传统景观要素丧失或同质化现象严重，人们的文化认同感逐渐降低。提升人们的文化记忆感、认同感和使命感，成为提高乡村文化自信的新途径。

乡村景观要素的多元信息、游客感知的复杂过程可以借助叙事学的理论和方法进行分析、理解和评价[1]，并对场地的特性、文化信息等有效梳理和解构[2]，进而实现文化景观信息的新表达。同时，景观感知包括视觉和心理情感两个层面，运用视觉评价方法[3-4]，可以更多地从情感认同[5]、地方依恋[6]视角了解游客内心深处的感受。因此，研究基于景观叙事的理论视角，以北京灵水村为研究对象，探究村落景观叙事要素及游客对相关要素的感知和认同特征，以期为乡村文化景观的可持续发展提供新的思路。

1 叙事要素的提取

1.1 区域概况

灵水村位于北京西北部，2012年入选第一批中国传统村落。其形成于辽金，历史悠久，文化底蕴丰富，风貌保存较好。因其先后出过多名举人，又被称作"举人村"。村内蕴含丰富的叙事性景观资源，如"灵水八景"等数十处景点及节庆习俗、故事传说。

1.2 景观叙事要素选取

叙事要素包含物质要素和非物质要素两类。物质要素如历史建筑、街巷、植物、公共空间等，通过有形的特征直观传递叙事信息[7]（图1）。

通过资料查阅、实地踏勘等方式，提取灵水村典型叙事景观要素并进行归类，对非物质要素不作探讨。最终获得11个典型的叙事要素，涵盖建筑、自然、公共空间三个类别（表1）。

图1 叙事要素分布图

叙事要素统计表　　　　　　　　　　　　　　　　　　　　　　　　　　　　　　　　　　　　　表1

要素类别	叙事要素		
建筑类	 文昌阁和魁星楼	 火龙庙和圣母殿	 民居建筑
公共空间类	 八角龙池	 影壁墙	 石碾
公共空间类	 古井	 古戏台	 举人文化广场
自然类	 柏抱榆和柏抱桑	 灵芝柏	

2 研究方法

2.1 问卷设计与现场调查

叙事要素具有双重属性：一方面能可视化；另一方面具有隐含意义，依赖于人的解读。因此，采用感知度和认同度量表进行调查。

问卷量表借鉴杨立国[8]、Lee[9]等相关研究，构建了景观认知与叙事体验量表，为方便统计每一要素的整体感知情况，又增设"印象深刻"，最终形成8个题项的调查问卷（表2）。采用5分制的李克特量表。感知度、认同度分别以"是否清楚""是否认同"进行衡量，"5"表示"非常清楚"和"非常认同"，以此类推。被调查者需要针对这8个题项分别对11个叙事要素进行打分。

叙事要素感知和认同调查量表　　　表2

类别	题项	非常清楚	比较清楚	一般	较不清楚	很不清楚
感知度量表	我对它印象深刻	5	4	3	2	1
	颜色	5	4	3	2	1
	体积造型	5	4	3	2	1
	位置	5	4	3	2	1
	历史文化	5	4	3	2	1
类别	题项	非常认同	比较认同	不确定	较不认同	很不认同
认同度量表	它具有一定的功能	5	4	3	2	1
	它对村庄及人有一定意义	5	4	3	2	1
	它能引发我的情感共鸣	5	4	3	2	1

实地调研于2021年5月、10月完成，随机发放调查问卷，并进行了半结构化访谈。两次调研共发放98份问卷，有效问卷89份，有效率90.8%。借助数据分析软件SPSS 26.0对问卷感知度和认同度两个分量表进行信度分析，结果分别为0.914和0.929，总量表一致性系数为0.961，内部一致性较好。

2.2 叙事要素整体感知和认同度

为了便于统计各叙事要素整体感知和认同度情况，研究各感知维度与整体感知之间的关系，构建了整体感知和认同度的得分值模型：单个要素的整体感知度得分直接由题项"印象深刻"得到，整体认同度得分由"功能""意义""情感"三个题项求平均得到。计算各维度整体得分为该维度上所有游客样本得分的算术平均值；而单个游客样本在某一感知或认同维度上的得分为所有叙事要素的该维度得分的算术平均值。

（1）某一要素整体感知、认同度得分：

$$M_{i感} = A_{i印象}/S$$

$$M_{i认} = \frac{\sum_{j=1}^{n} A_{ij}}{3}/S$$

（2）某一感知或认同维度得分：

$$W_{j维} = \frac{\sum_{i=1}^{m} A_{ij}}{m}/S$$

式中，$M_{i感}$为第i个叙事要素的整体感知度得分；$M_{i认}$为第i个叙事要素的整体认同度得分；$A_{i印象}$为第i个叙事要素的"印象深刻"维度值得分；A_{ij}为第i个叙事要素的第j个感知或者认同维度的得分；$W_{j维}$为第j个感知或者认同维度整体得分；$m=11$；$n=3$；$i=1, 2, 3\cdots m$；$j=1, 2, 3\cdots n$；S为游客样本数。

3 叙事要素的感知与认同特征

3.1 感知特征

3.1.1 整体感知度

举人文化广场（4.11）和石碾（3.99）的感知度较高，文昌阁和魁星楼（2.00）以及灵芝柏（2.99）较低（表3）。结合实地考察和访谈得知，文昌阁和魁星楼、灵芝柏距村庄的核心区域有一定的距离，游客较难发现其位置；举人文化广场位于村庄入口处，石碾多沿主干道散落分布，区位较为醒目。由此可知，地理位置是影响游客对景观要素整体感知的重要因素。

3.1.2 感知维度比较

位置（3.33）＞体积造型（3.31）＞颜色（3.28）＞历史文化背景（3.07）。对于大部分游客来说，"位置"是他们对叙事要素的第一记忆点，良好的方向指引对于游客建立感知印象是较为重要的。"历史文化"感知度较低，是由于不同游客的兴趣点及文化知识背景存在差异，且需要自身去发掘和学习。

对感知各维度与整体感知度之间进行Pearson相关性分析，结果表明：四个因素与整体感知之间相关性极显著且均为正相关，说明要素的外观物理特征和内在文化内涵对于游客的整体感知印象均有正向促进的作用。其中，与整体感知度关系最为密切的是体积造型（相关性系数0.966），位置（0.919）和颜色（0.898）次之，最后是历史文化背景（0.783）。

不同要素整体感知和认同度得分　　　表3

要素	文昌阁、魁星楼	火龙庙、圣母殿	民居建筑	八角龙池	影壁墙	石碾	古井	古戏台	举人文化广场	柏抱榆、柏抱桑	灵芝柏
整体感知	2.00	3.53	3.02	3.10	3.54	3.99	3.48	3.31	4.11	3.74	2.99
整体认同	2.52	3.64	3.31	3.09	3.42	3.99	3.63	3.43	3.97	3.72	3.05

3.2 认同特征

3.2.1 整体认同度

石碾（3.99）的整体认同度最强，举人文化广场（3.97）次之，文昌阁和魁星楼（2.52）的最低（表3）。游客对石碾的认同主要来源于两方面：①对"君子不争碾"所表达含义和举人文化的领悟；②出于怀旧心理，石碾作为旧时典型的农业生产工具，展现了真实的农村生活场景，游客有深切的认同感。文昌阁和魁星楼承载了村中重要的祈福和祭祀的功能，游客对其认同度较低，一方面是文昌阁和魁星楼在北方较为常见；另一方面是经过翻新失去了原有的古朴感，让游客从心底无法认同它的古老功能和独特意义。

3.2.2 认同维度比较

意义（3.56）＞功能（3.44）＞情感（3.30）。游客根据自己的理解能领会到叙事要素带来的意义，而村内的古戏台、举人文化广场、古井等要素并没有带给人很深的触动，让人难以领会其中的情感态度。

3.3 游客属性的影响分析

景观要素的感知和解读与游客的生长环境、群体记忆、文化背景、民族特征、社会文化情感、人文内涵等[10]有关。因此，对不同年龄、学历群体得分进行ANOVA分析。

3.3.1 熟悉效应

结果显示（表4），石碾、古戏台和灵芝柏的感知度存在明显差异，各要素认同度均无显著差异；年长组（60岁以上）得分显著高于其他年龄组，特别是年轻群体（18～25岁）。这表明，有一定生活阅历的人会对自己过去接触过、有一定年代感的事物产生深刻、独特和感性的了解，这来源于自己的切身感受，社会认知心理学中称之为——熟悉效应（familiarity effect）。人们对一个事物的熟悉程度，可以增加对该客体的喜欢[11]。老年群体（60岁以上）过去曾亲身接触过石碾、古戏台，能够唤起心底对过往生活的回忆，因而认知、了解和关注都要更加深层。

年龄组间在不同要素上的感知差异分析　　　表4

叙事要素感知度均值	文昌阁、魁星楼	火龙庙、圣母殿	民居建筑	八角龙池	影壁墙	石碾	古井	古戏台	举人文化广场	柏抱榆、柏抱桑	灵芝柏	平均值	标准差
0～17	3.60	3.60	4.40	3.60	3.60	5.00	4.80	3.00	4.80	3.60	4.60	4.05	1.16
18～25	1.83	3.50	2.42	2.83	3.92	3.42	2.83	3.75	4.17	3.50	1.50	3.06	1.39
26～45	1.80	3.49	2.93	3.13	3.45	4.09	3.44	3.40	3.95	3.71	3.04	3.31	1.41
46～60	2.43	3.57	3.07	3.14	3.64	3.64	3.86	2.43	4.36	3.93	3.14	3.38	1.71
＞60	1.67	4.00	4.67	2.67	3.00	4.33	3.00	4.67	4.67	4.67	4.67	3.82	1.36
p（双尾）	0.207	0.984	0.061	0.914	0.733	0.048	0.127	0.041	0.240	0.846	0.012		

注：$p<0.05$，具有显著差异。

3.3.2 文化效应

不同学历群体在文昌阁和魁星楼、古戏台的感知度上有显著差异，在火龙庙和圣母殿、古戏台的认同度上有显著差异（表5）。

学历程度高的群体（本科及以上）对于很多要素的感知和认同程度都低于学历程度低的群体，说明他们的感知和认同标准更为严格。但是，也有一些要素是他们较为关注的，如古戏台。它在研究生及以上学历人群中的感知和认同度得分仅次于高中学历人群，表明古戏台具有一定的叙事信息发掘和景观提升的潜质。

高学历的人群对于宗教类的建筑更持谨慎和科学的态度，不轻易迷信，感知和认同感较低。

学历组间在不同要素上的感知和认同差异分析　表5

叙事要素感知度均值		文昌阁、魁星楼	火龙庙、圣母殿	民居建筑	八角龙池	影壁墙	石碾	古井	古戏台	举人文化广场	柏抱榆、柏抱桑	灵芝柏	平均值	标准差
感知	小学及以下	5.00	0.00	5.00	0.00	4.00	5.00	5.00	0.00	5.00	0.00	5.00	3.09	—
	初中	2.67	3.83	3.83	3.33	3.83	4.83	4.17	3.50	5.00	3.83	3.67	3.86	1.36
	高中	4.67	4.33	4.67	4.33	4.33	4.67	4.67	4.67	4.67	3.33	3.33	4.49	0.84
	专科	4.00	4.00	3.00	4.00	3.00	2.00	4.00	3.00	4.00	4.00	4.00	3.55	—
	本科	1.76	3.53	2.88	3.07	3.37	3.85	3.29	3.14	4.07	3.83	2.76	3.23	1.49
	研究生及以上	1.84	3.47	2.84	3.05	3.84	4.11	3.58	3.79	3.84	3.42	3.26	3.37	1.41
	p（双尾）	0.017	0.189	0.222	0.347	0.541	0.078	0.402	0.039	0.171	0.167	0.674	—	—
认同	小学及以下	4.67	0.00	3.67	0.00	4.33	4.00	4.33	0.00	5.00	0.00	5.00	2.70	—
	初中	3.56	4.28	4.39	3.56	3.83	4.83	4.39	3.89	3.83	3.83	3.67	4.02	1.30
	高中	4.33	4.44	4.22	4.56	4.67	4.89	4.89	4.33	4.44	5.00	3.33	4.33	0.75
	专科	3.33	3.33	3.33	3.33	3.00	3.33	3.33	3.33	3.33	4.00	4.00	3.30	—
	本科	2.21	3.55	3.12	3.02	3.21	3.83	3.40	3.23	3.87	3.83	2.76	3.28	1.41
	研究生及以上	2.70	3.77	3.44	3.05	3.72	4.12	3.86	3.95	4.14	3.42	3.26	3.61	1.16
	p（双尾）	0.154	0.019	0.354	0.114	0.148	0.070	0.241	0.036	0.674	0.167	0.674	—	—

注：$p<0.05$，具有显著差异。

4 传统村落叙事要素的保护

传统村落景观叙事要素与形式保留，功能上实现当代化[12]，是实现乡村文化传承的最佳途径。

4.1 加强叙事要素的功能延展

民居建筑的游客整体感知度较低，而建筑的整体感知印象受到体积造型（包括格局）等的影响（章节3.1.2）。因此，对于年代悠久、文物价值高的建筑，应遵从"修旧如旧"的原则，保护好原始的景观特征，恢复其最初的格局。对于一些遗址类建筑，如刘增广、刘懋恒宅院和灵泉禅寺，应保留现状，不做太多干涉，并配以展示牌进行说明。

对于村内已置入现代功能的传统建筑，应该挖掘特色叙事信息，通过旧物及历史资料展览、全息投影等方式打造创新业态。

4.2 提供个性化的文化体验

结合村民生活、游客游览的需求，针对青少年群体，提供文化科普以及文化体验活动，如设置农作物研磨等教学课程。针对中年人群，可满足其对乡村生活体验的心理需求，提升叙事要素的展示和体验内容，深化文化内涵，打造专属文化IP，对古井、古戏台和举人文化广场等感知认同度较高要素融入功能性体验活动。针对老年群体，为其增加怀旧的媒介，如在老年人感知和认同度最高的灵芝柏处，放置祈福箱，唤起人们的乡愁记忆。

4.3 建立丰富的文化导览系统

完善导引系统是提升要素感知度的重要举措。可安置在村口、道路交叉口等醒目位置，并加入距离提示的信息。

由于历史文化因素在所有的感知要素里分值最低，与要素的整体感知度关联性最弱，因此要整理精粹文化信息，以举人文化为主线，对各个要素从历史年代、故事传说、举人文化等方面进行介绍。同时，创新宣传方式，可设立电子解说屏，开发景点介绍小程序，实现随到、随看、随学。

参考文献

[1] 陆邵明. 浅议景观叙事的内涵、理论与价值[J]. 南京艺术学院学报（美术与设计），2018(3)：59-67；209.
[2] 陆邵明. 建筑叙事学的缘起[J]. 同济大学学报（社会科学版），2012，23(5)：25-31.
[3] 孙漪南，赵芯，王宇泓，等. 基于VR全景图技术的乡村景观视觉评价偏好研究[J]. 北京林业大学学报，2016，38(12)：104-112.
[4] 王荣华，赵警卫. 乡村景观美度评价及其决定要素[J]. 山东农业大学学报（自然科学版），2016，47(2)：231-235.
[5] 吕龙，吴悠，黄睿，等. "主客"对乡村文化记忆空间的感知维度及影响效应——以苏州金庭镇为例[J]. 人文地理，2019，34(5)：69-77；84.
[6] 冯悦，王凯平，张云路，等. 乡村公共空间与场所依恋研

究综述：概念、逻辑与关联[J].中国园林,2021,37(2)：31-36.

[7] 朱海玄,刘赛,贾晓谕.历史性空间叙事环境建构研究——以哈尔滨中东铁路管理局地段为例[C]//中国城市规划学会,重庆市人民政府."活力城乡 美好人居——2019中国城市规划年会",2019.

[8] 杨立国,林琳,刘沛林,等.少数民族传统聚落景观基因的居民感知与认同特征——以通道芋头侗寨为例[J].人文地理,2014,29(6)：60-66.

[9] Lee C. Understanding rural landscape for better resident-led management: Residents' perceptions on rural landscape as everyday landscapes[J]. Land Use Policy, 2020, 94: 104565.

[10] 刘欣.乡村叙事景观的感知分析[J].旅游纵览（下半月）,2017(24)：235.

[11] Zajonc, R B. Attitudinal effect of mere exposure[J]. Journal of Personality and Social Psychology, 1968, 1(2)：1-29.

[12] 吴必虎.基于乡村旅游的传统村落保护与活化[J].社会科学家,2016(2)：7-9.

作者简介

冯萌欣,1999年生,女,汉族,山东临沂人,硕士,农业农村部人力资源开发中心、中国农学会,研究方向为乡村景观与文化遗产。电子邮箱：523972931@qq.com。

（通信作者）徐峰,1969年生,汉族,浙江慈溪人,硕士,中国农业大学园艺学院,教授、博士生导师,研究方向为乡村景观与文化遗产保护、园林康养与健康景观设计。电子邮箱：ccxf-cn@sina.com。

基于人居环境质量评价的洋县溢水镇空心村治理策略研究

Research on the Governance Strategy of Hollow Village in Yishui Town, Yangxian County Based on the Evaluation of Human Settlements Environment Quality

甄　妮　蔡　辉　余侃华

摘　要：空心村是我国快速城镇化发展过程中的产物，长期空心化的问题阻碍了乡村振兴的进程。在此背景下，如何将"空心村"治理与人居环境建设相结合，推进宜居宜业和美丽乡村建设，显得愈发重要。本文以溢水镇乡村作为研究对象，以人居环境质量评价的视角为切入点，运用层次分析法（AHP）从居住环境、生态支撑、经济环境、基础设施、公共设施五大系统构建空心村的人居环境质量与空心化程度评价体系，分析人居环境质量与空心化程度。结果表明：①溢水镇总体人居环境质量相对较好，但各系统两级差异明显；②根据人居环境质量评价结果，将溢水镇各乡村人居环境分为较好区、一般区、较差区，研究显示，较好区多分布在镇域北部和镇政府周围，一般区分布在镇区中部；③通过对溢水镇乡村人居环境质量与空心化程度进行评价分析，将空心村划分为撤并搬迁类、重点整治类以及优化提升类。研究可为秦巴山区镇域乡村治理提供理论依据，并为其他区域空心村治理与优化提供一定的借鉴。
关键词：人居环境；空心村；治理策略；溢水镇

Abstract: Hollow villages are a product of China's rapid urbanization development process, and the long-term problem of hollowing has hindered the process of rural revitalization. In this context, it is increasingly important to combine the governance of "hollow villages" with the construction of living environments, and promote the construction of livable, business-friendly, and beautiful rural areas. This article takes the rural areas of Yishui Town as the research object, and takes the perspective of human settlement environment quality evaluation as the starting point. Using Analytic Hierarchy Process (AHP), the evaluation system of human settlement environment quality and hollowing out degree of hollow villages is constructed from five major systems: living environment, ecological support, economic environment, infrastructure, and public facilities, analyzing the quality and hollowing out degree of human settlement environment. The results indicate that: ① the overall living environment quality of Yishui Town is relatively good, but there are significant differences between the two levels of each system. ② According to the evaluation results of the quality of living environment, the rural living environment in Yishui Town is divided into good areas, general areas, and poor areas. The study found that the good areas are mostly distributed in the northern part of the town and around the town government, while the general areas are distributed in the central part of the town. ③ By evaluating and analyzing the quality and hollowing degree of rural living environment in Yishui Town, hollowing villages are divided into three categories: demolition and relocation, key renovation, and optimization and improvement. The study provides a theoretical basis for the governance of rural areas in the Qinba Mountain area, and provides a certain reference for the governance and optimization of hollow villages in other regions.
Keywords: Human Settlement Environment; Hollow Village; Governance Strategy; Yishui Town

引言

在党的二十大报告中明确提出全面推动乡村振兴发展，扎实推进农村人居环境质量整治提升，持续加强乡村基础设施建设，建设宜居宜业和美丽乡村[1]。在当今社会转型的特殊时期和全面建成小康社会的决胜阶段，乡村的"空心化"问题严重阻碍了国家进行美丽乡村建设的进程。因此，从人居环境质量评价的视角探索解决空心村治理问题的路径具有十分重要的现实意义。

国内外关于空心村的研究多围绕村庄聚集建设[2]、空心村人居环境演变特征[3]、乡村聚落空间[4]、农村基层治理困境[5]等方面，对省域、市域的乡村人居环境质量研究颇多，而对镇域的研究相对较少。研究视角主要从地理学[6]、土地管理学[7]、人口经济学[8]、社会学[9]等角度提出解决措施，从人居环境质量评价视角对乡村进行的研究文献不够充足。

本文以洋县溢水镇空心村为研究对象，构建空心村人居环境质量评价指标体系，并提出治理策略与规划模式，丰富了空心村治理的研究内容，并结合规划学、统计学、地理学等多学科知识更全面真实地反映溢水镇空心村治理诉求和治理路径，以期为今后其他镇域地区的空心村治理提供理论支撑和科学依据。

1　研究数据与方法

1.1　溢水镇概况

溢水镇位于洋县县城西北16km处，东临戚氏镇，西接马畅镇，与城固县相连，南接谢村镇，北连秦岭山尾，范窑公路贯通南北，溢水河由北至南穿境而过。全镇总面积154km²，辖16个行政村、140个村民小组，常住总人口12741人[10]。

1.2 空心村人居环境质量评价体系构建

1.2.1 人居环境质量评价体系

本文主要是对溢水镇空心村的人居环境质量进行评价，选取指标时主要参照王旭熙[11]、鄯慧[12]等的研究成果，从居住环境、乡村经济发展、基础设施、公共服务设施、生态支撑、空心化水平6个一级指标、28个二级指标，对溢水镇乡村人居环境质量进行评价。根据计算结果把溢水镇空心村划分为三个区间：人居环境质量较差区、人居环境质量一般区和人居环境质量较好区（表1）。

乡村人居环境质量评价体系　　表1

一级指标	权重	二级指标	权重
居住环境（A）	0.13	人均住房面积	0.21
		人均宅基地面积	0.24
		优质建筑质量住房占比	0.55
经济发展（B）	0.29	人均年收入	0.35
		纯农户占比	0.11
		是否有综合服务站	0.19
		全年村集体收入	0.35
基础设施（B）	0.14	卫生厕所普及率	0.20
		生活污水处理情况	0.26
		自来水用户占比	0.26
		公交线路的数量及公交站点的数量	0.15
		通宽带互联网的村民小组占比	0.15
公共服务质量（D）	0.16	医院及卫生院的数量及医生配备情况	0.13
		营业面积50m²以上的综合商店或者超市个数	0.23
		幼儿园、小学等教育设施的设置情况及服务能力	0.39
		体育健身场所的规模及数量	0.14
		图书馆、文化站的规模及数量	0.11
生态支撑（E）	0.28	生活垃圾是否集中处理	0.25
		塑料薄膜使用情况	0.16
		农用化肥使用情况	0.10
		植被覆盖度	0.49

1.2.2 空心化程度评价体系

为了更加有针对性地评价空心村人居环境质量，使其更具有合理性，本文对溢水镇乡村的空心化程度构建了评价体系（表2）。

乡村空心化程度评价体系　　表2

一级指标	二级指标	权重
空心化程度	耕地闲置比例	0.13
	房屋空置比例	0.20
	人口流出占比	0.36
	劳动力人数占比	0.31

结合空心化程度以及总体人居环境评价结果，对溢水镇村庄进行分类。

1.3 数据处理

本文通过实地调研及文献分析对人居环境质量构成要素及空心化程度构成要素进行深入分析，数据采用萨蒂1-9标度法，通过制作指标权重配置得到专家对各指标的赋值打分。共有20位专家进行打分，将分数计算平均分。

1.3.1 确定指标权重

对人居环境质量具体的评价方式如下。

影响乡村人居环境质量结果的指标因素有很多，各个指标元素没有直观的线性关系来进行参考，本文将AHP层次分析法与专家打分法相结合，采用萨蒂1~9标度法，专家组对同层次的各指标进行比较赋值，构建判断矩阵，从而确定各指标对应的权重。

对同一层次样本数据构建两两比较矩阵，对得到的矩阵进行归一化处理，由此获得评价指标权重，计算出各级指标权重系数。

专家打分存在一定的主观性因素，为验证最终权重系数的性度和效度，对模型进行一致性检验，过程如下。

计算矩阵最大特征值 λ_{max}。

计算CI（一致性的指标）和CR（一致性的比率）。

$$CI = \frac{\lambda_{max} - n}{n - 1}$$

当矩阵为五阶矩阵时，可知RI=1.11，可得：

$$CR = \frac{CI}{RI}$$

CR≤0.1时，可判断矩阵符合要求。

1.3.2 评价综合得分

计算各个样本的综合得分：

$$s_i = \sum_{j=1}^{m} w_j x_{ij}$$

式中，s_i 表示第 i 个样本的综合得分；x_{ij} 表示专家赋值；w_j 表示第 j 项指标对应的权重值。

2 人居环境质量评价结果及空心化程度评价结果分析

溢水镇各村人居环境子系统评价结果得分如表3所示。

溢水镇各系统得分及区间划分　　表3

村名	居住环境	经济发展	基础设施	公共服务质量	生态支撑	总体得分	划分区间
木家村	1	1	0	1	7	2.54	较差区
垭垱村	1	2	1	1	5	2.41	较差区
刘庄村	9	1	0	6	3	3.26	一般区
时家坡村	4	4	1	1	4	3.1	一般区
波溪村	4	1	1	5	5	3.15	一般区
花园村	4	1	2	2	6	3.09	一般区
西山村	4	1	2	4	5	3.13	一般区
大庄坡村	4	7	1	1	4	3.97	一般区
尹家泉村	7	5	4	3	4	4.52	一般区
桂峰村	5	4	0	3	7	4.25	一般区
西河村	6	4	0	5	6	4.42	一般区
岭底村	5	6	1	3	5	4.69	一般区
后坝河村	3	7	1	4	7	5.16	较好区
药树坝村	5	5	0	2	9	4.94	较好区
窑坪村	4	4	2	4	10	5.4	较好区
上溢水村	7	5	10	5	4	5.68	较好区

溢水镇各村空心化程度得分如表4所示。

溢水镇各村空心化程度得分　　表4

村名	木家村	垭垱村	刘庄村	时家坡村	波溪村	花园村	西山村	大庄坡村	药树坝村	桂峰村	西河村	岭底村	后坝河村	尹家泉村	窑坪村	上溢水村
空心化程度	9	2	5	1	2	2	1	1	2	1	2	1	1	1	2	1

2.1 乡村总体人居环境特征分析

通过以上的评价体系，得到溢水镇各子系统人居环境质量空间分异结果如下。

溢水镇公共服务设施整体水平较差，其中药树坝村公共服务品质极差。公共服务高品质区为上溢水村，是溢水镇镇政府所在地，公共服务设施数量多且质量较好。溢水镇公共服务品质得分差异较大，两极分化明显。公共服务高品质和较高品质的区域都分布在镇政府周围区域。溢水镇大部分区域公共服务设施建设不足。

溢水镇基础设施建设水平整体较好，上溢水村、尹家泉村以及刘庄村建设水平较好。基础设施建设两极分化明显。基础设施建设水平与公共服务设施建设水平在空间分异上具有一定的相似性，靠近镇政府区域的地区建设水平相对较高。此外，紧邻交通干线的村庄基础设施建设水平相对较好。

溢水镇经济发展情况总体水平不高。后坝河村、岭底村以及大庄坡村经济发展情况较好。木家村、花园村、刘庄村、波溪村以及西山村经济发展水平较差，溢水镇经济发展水平差异明显。经济发展水平相对较好的乡村集中在镇域西部，呈现出明显的"西强东弱"特征。

溢水镇乡村居住环境除时家坡村和大庄坡村外，整体来看比较均衡。时家坡村和大庄坡村分布在镇区边缘，远低于其他村庄的居住环境系统得分。

乡村生态环境整体质量较好，生态环境高品质区集中在森林覆盖率较高的区域，包括药树坝村和药坪村。生态环境较好的村庄都分布在镇域北部，形成"北强南弱"的空间分异特征。

有部分子系统如基础设施和公共服务呈现相似的空间特征，大部分得分较高的村庄分布在溢水镇镇政府附近区域；而生态环境子系统得分较低的大部分村庄分布在溢水镇镇政府附近区域。

溢水镇乡村总体人居环境质量较好，但各子系统之间的发展缺乏一定的协调性，并且各子系统间会有一定的相互影响，限制了整个镇域的人居环境发展水平。根据人居环境空间总体得分，划分较差区、一般区和较好区。较差区包括木家村、垭垱村，一般区包括刘庄村、时家坡村、波溪村、花园村、西山村、大庄坡村、尹家泉村、桂峰村、西河村、岭底村，较好区包括后坝河村、药树坝村、窑坪村以及上溢水村。从空间特征来看，较好区分布于镇域北部以及镇政府周围，一般区分布在镇域中间区域。

2.2 乡村空心化程度评价结果分析

溢水镇乡村空心化水平差异明显，空心化程度平均得分为 2.215，其中木家村得分为 9，空心化程度最高，远超于平均水平。空心化程度较低的村庄包括药树坝村、西河村、时家坡村、西山村、尹家泉村以及上溢水村，其中上溢水村空心化程度最低，空心化水平两极分化较为明显。从空间上来看，靠近镇政府的村庄空心化程度相对较低。

2.3 基于人居环境评价的溢水镇乡村空心化程度分析

以人居环境质量评价的视角判别村庄综合发展的潜力，以此作为空心村治理的主要依据。根据人居环境质量和空心化程度两个指标，把溢水镇空心村划分为 3 类：撤并搬迁类、重点整治类以及优化提升类。

空心化程度≥5、属于人居环境质量较差区且空心化程度≥2 的村庄归入撤并搬迁类，属于人居环境质量一般区且空心化程度为 2~4、属于人居环境质量较好区且空心化程度为 2~4 的村庄归为重点整治类，属于人居环境总体质量较高区且空心化程度为 1 的村庄归入优化提升类。由以上结果分析可得，撤并搬迁类村庄有木家村，重点整治类村庄有垭垳村、花园村、时家坡村、西山村、波溪村、刘庄村、大庄坡村、桂峰村、西河村、尹家泉村、岭底村、窑坪村，优化提升类村庄包括药树坝村、后坝河村、上溢水村（图1）。

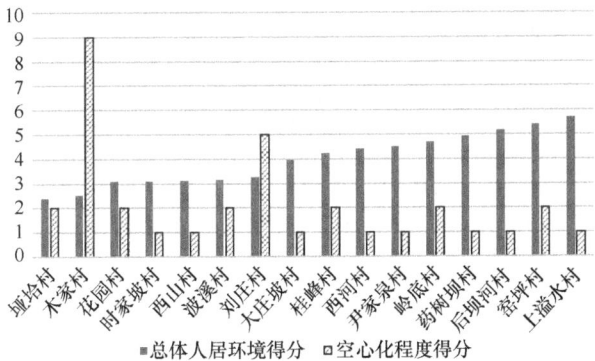

图 1 基于人居环境评价的溢水镇乡村空心化程度分析

对于重点整治类村庄，根据各村庄子系统分析结果，在整体提升人居环境的同时着重提升各村庄品质较低的子系统。对于优化提升类村庄，根据村庄具体环境，进行有针对性的改善。

3 提升策略研究

根据前文对村庄人居环境质量的评价，得出空心村人居环境质量各子系统空间分异特征。根据前文对人居环境质量评价结果的分析，提出空心村综合治理及规划策略。

3.1 生态优先：生态安全格局构建

空心村生态环境的整治需结合当地村民问卷调查需求，以生态环境保护为前提，严格落实上位规划中村庄生态红线保护控制范围线，协调构建村域生态空间网络整体性，探索生态空间创新发展模式。①深化生态保护要素。生态修复包括"山水林田"四类村域生态要素的保护。对于这类要素的保护应以提高区域生态服务功能和生态价值为原则，突出山体修复；突出乡村河道整治；突出农田生态修复，加快提升耕地质量。②增强生态环境的承载能力。积极开展坡耕地退耕还林还草，增强生态敏感区的环境承载能力。③构建网络连通的生态空间格局。识别潜在生态廊道范围，对破碎的山体、衰退的林地提出生态维护策略，完善廊道核心区、缓冲区及潜在保护地的构建，解决村庄及开发建设的避让问题，将单一的、零星分散的要素修复转变为山水林田的全面修复，在空间结构上实现水系连通、农田聚集、连片成网的生态空间格局。

3.2 经济复兴：村庄产业结构调整

结合溢水镇现有资源，应着重发展生态农业、绿色制造业、生态休闲服务业等绿色产业和循环经济。①打造特色化农林畜药产业集群模式。溢水镇耕地呈现分散的碎片化形式，必须积极延伸产业链，引进绿色农林技术，革新经营组织形式，加强品牌建设和产销平台，搭建形成特色化的农林畜药产业集群。②强化生态休闲服务业占比。通过三产向一产渗透，合理利用农业景观资源，发展线上推广，开发游客或市民果品采摘、观光农田、农家乐、蜂蜜体验的生态休闲农业。③"互联网+农村"，智慧乡村产业建设。溢水镇主要以传统种植养殖为核心产业，难以实现农业现代化目标，改变以往的传统农业商业模式，植入新机能，以"互联网+"为契机，开展区域产业经济的升级，充分利用网上销售等多种有效手段，加强合作社、供应商和生产基地与消费者的联系，深入推进农业发展科技化、智能化、信息化。

3.3 设施补齐：资源设施合理配置

公共服务与基础设施的合理配置是乡村振兴的关键举措。空心村设施配套问题的整治应充分利用闲置资源，根据城乡人口发展和分布，按照均衡配置、动态适应、集约环保的要求合理规划布置。

①提高公共服务设施品质。空心村公共服务设施的配置应遵循设施共享、生态节约的原则，以适应人口动态变化为依据。考虑未来空心村变成"实心村"后人员流动的情况，应注重医疗、教育等服务设施的需求，建立动态、合理的设施配套体系，对现状设施进行整合提升，逐步提升村庄公共服务水平，满足村民的实际需求，切实保障村民的权益。②完善市政基础设施服务体系。空心村基础设施的完善不是一朝一夕的事，必须有中长期规划，以保证整治工作的系统性、科学性、有序性。溢水镇空心村市政基础设施主要从排水设施及环卫设施两个方面进行完善。给排水设施首先需要预测近远期人口，从而预测实际需求，合理配置给排水管道处理设施。环卫设施方面，根据服务半径和预测的近远期人口数，预测生活垃圾产量，合理规划垃圾收集点，建立合理的生活垃圾收集、运输到处理的物流系统。

3.4 人流回溯：外来及内生动力激发

①制定空心村人才引进的激励政策。完善人才引进

政策是遏制空心村蔓延的重要举措，为此应加大由城市回到乡村的激励机制，主动吸引人才自愿回乡，并进行创业，同时为引进人才提供良好的就业环境，可采取提升外来人才福利、畅通人才引进渠道、提供人才发展平台等措施。通过外引人才回归，可以带给乡村新的观念、新的技能和新的见识，为乡村振兴贡献力量。②培养乡村内生动力，吸引部分青壮年村民返乡创业。青壮年作为乡村建设的主力军，应该完善创业鼓励机制以吸引部分青壮年返乡发展，为他们提供合适的岗位并创造良好的回乡生活条件。另外，从政策上予以支持，完善金融贷款方面的政策，为各类"新农人"提供良好的发展环境，激发青壮年农民返乡创业的积极性。

3.5 宜居营建：居住及公共空间完善

①提升改善村庄环境风貌，构建具有本土特色的乡村风貌格局。溢水镇的乡村居住环境改善应结合地形地貌和乡村的历史人文资源，延续村庄的自然肌理，传承村庄留存文化，打造宜居宜业的美丽乡村环境。对现状房屋保存良好、经过修缮可以继续使用的闲置房进行适度修缮整治。对于影响村庄景观风貌的破旧闲置住房且无人居住的，依据相关措施予以拆除。对于新建的房屋也应尊重地方风貌特色，在建筑色彩和材料的选择方面都应符合陕南民居形式，尊重陕南地区的环境，体现当地浓厚的乡土特色。②激活公共空间活力。复活空心村的内生动力，建设具有活力的公共空间。通过对空心村的公共空间进行合理整治，依托当地现有资源进行合理化改造设计，打造能够展现乡村特色风貌、文化魅力、凝聚活力的公共空间。对于长期闲置的公共空间进行功能置换，如闲置的小学建筑可以改造成村史馆、图书馆，供村民读书和学习知识，提高公共空间的使用价值，激活公共空间的活力。

4 结论

本文以溢水镇乡村作为研究对象，以人居环境质量评价的视角为切入点，运用层次分析法从居住环境、生态支撑、经济环境、基础设施、公共设施五大系统构建空心村的人居环境质量与空心化程度评价体系，分析人居环境质量与空心化程度，同时探讨了人居环境质量评价视角下的洋县溢水镇空心村治理策略与优化路径。研究显示，溢水镇存在人居环境适宜性较高，但空心化也很高的矛盾。通过对溢水镇乡村人居环境质量进行评价，根据评价结果划分较好区、一般区及较差区三类等级区域，并从居住环境、生态支撑、经济环境、基础设施、公共设施五大系统构建空心村的人居环境质量与空心化程度评价体系，分析人居环境质量与空心化程度，将空心村划分为：撤并搬迁类、重点整治类以及优化提升类。最后，对溢水镇空心村治理提出生态重构、经济复兴、设施完善、人力复兴和宜居营建改善五个方面的策略，以期为秦巴山区乡村发展提供借鉴。

参考文献

[1] 陈启明，韩桂兰. 乡村振兴背景下农村人居环境质量与经济发展协调度研究——以安徽省为例[J]. 统计理论与实践，2023，527(3)：31-35.

[2] 赵之枫. 城市化加速时期村庄集聚及规划建设研究[D]. 北京：清华大学，2001.

[3] 龙花楼，李裕瑞，刘彦随. 中国空心化村庄演化特征及其动力机制[C]//中国地理学会百年庆典学术论文摘要集，2009：294.

[4] 屠爽爽，龙花楼. 乡村聚落空间重构的理论解析[J]. 地理科学，2020，40(4)：509-517.

[5] 李兵弟，贾康，汤志明，等. 改善农村人居环境的公共财政引导问题[J]. 财经问题研究，2007(3)：3-9.

[6] 张正河. 准城市化下"空心村"解决思路[J]. 中国土地，2009(8)：29-31.

[7] 张志胜. 土地流转视阈下的"空心村"治理[J]. 长白学刊，2009(2)：66-70.

[8] 周祝平. 中国农村人口空心化及其挑战[J]. 人口研究，2008(2)：45-52.

[9] 程必定. 中国的两类"三农"问题及新农村建设的一种思路[J]. 中国农村经济，2011(8)：4-11.

[10] 张志慧. 基于人居环境质量评价的洋县空心村治理及规划策略研究[D]. 西安：长安大学，2022.

[11] 部誉，金家胜，李锋，等. 中国省域农村人居环境建设评价及发展对策[J]. 生态与农村环境学报，2015，31(6)：835-843.

[12] 欧向军，甄峰，秦永东，等. 区域城市化水平综合测度及其理想动力分析——以江苏省为例[J]. 地理研究，2008(5)：993-1002.

作者简介

甄妮，1998年生，女，汉族，陕西人，长安大学硕士在读，研究方向为城乡规划设计。电子邮箱：1253626344@qq.com。

蔡辉，1963生，男，汉族，甘肃人，长安大学，教授、硕士生导师，研究方向为城乡规划设计。电子邮箱：458791289@qq.com。

余侃华，1983年生，男，汉族，江西人，长安大学，教授、博士生导师，研究方向为城乡规划设计。电子邮箱：510031693@qq.com。

论文集

生态基础设施

社会-经济-生态发展投入及其系统耦合协调度熵值分析
——以重庆市为例

Entropy Analysis of Social-economic-ecological Development Investment and Its System Coupling Coordination Degree
—Taking Chongqing as an Example

卿 鑫 邢 忠

摘 要：生态文明建设水平是区域生态文明建设情况的外在体现，分析重庆的生态文明建设及其耦合协调度能为重庆的生态文明建设提供相应的建议，促使其不断向好发展。本文从经济、社会和生态三个维度对2010～2020年重庆生态文明建设进行整体描述，其后通过熵值法构建指标体系以测度重庆生态文明发展水平，结合耦合协调模型探索重庆生态文明建设各子系统间的协调程度及演变规律。结果表明：2010～2020年重庆生态文明建设发展良好，但受限于经济及社会发展，生态文明建设耦合协调度呈失调到协调的良好发展趋势。

关键词：生态文明；耦合协调；重庆市；经济发展；社会进步

Abstract: The level of ecological civilization construction is the external manifestation of regional ecological civilization construction. Analyzing Chongqing's ecological civilization construction and its coupling coordination can provide corresponding suggestions for Chongqing's ecological civilization construction and promote its continuous development. This paper gives an overall description of Chongqing's ecological civilization construction from 2010 to 2020 from the three dimensions of economy, society, and ecology, and then builds an index system to measure the development level of Chongqing's ecological civilization through the entropy method, and explores the various aspects of Chongqing's ecological civilization construction in combination with the coupling coordination model. Coordination degree and evolution law among subsystems. The results show that the construction of ecological civilization in Chongqing is limited by economic and social development, and the coupling and coordination degree of its ecological civilization construction shows a good development trend from imbalance to coordination.

Keywords: Ecological Civilization; Coupling Coordination; Chongqing City; Economic Development; Social Progress

引言

生态文明建设是可持续发展的基础，同时也是建设美丽中国、践行习近平新时代中国特色社会主义思想、实现第二个百年奋斗目标的必经之路。且目前我国面临的生态环境问题注定了我国要将发展生态文明建设放在重要及首要地位。生态文明建设的水平和发展趋势能通过生态文明发展水平的测度与评价进行呈现。

为更好测度生态文明建设及其耦合协调发展，本文梳理了相关学者的研究，发现当前有关生态文明建设的研究范围较广，从全国到省级和市县级，且研究的指标体系构建呈多元化，研究方法呈组合化发展。例如，当前的研究方法涉及变异系数组合赋权、发展指数、空间自相关、PSR模型、组合赋权、熵值法、主成分分析、专家打分法、线性加权法、无量纲处理、层次分析法（AHP）、多目标决策、决策选择模型和模糊综合评价法等[1-10]。

重庆作为中国生态山城的代表，对于生态文明建设的研究较少。故此，针对现有情况，本研究拟通过熵值法、耦合协调模型来构建指标评价体系。另外对重庆生态文明建设及其耦合协调发展水平进行综合测度和评价，了解和把握重庆生态文明建设发展过程中的优势和短板，以期为后续重庆的生态文明建设决策贡献提供相应的依据和参考，为促进重庆的经济发展、生态环境发展、社会发展提供有现实依据的有力支撑。

1 研究区概况

1.1 区位概况

重庆，简称"渝"，地处我国西南部，是国家中心城市和超大城市。作为全国的物流枢纽城市之一，它联结了"一带一路"与长江经济带。地势以山地、丘陵为主。整体地势呈东南和东北偏高，中部和西部偏低。至2021年末，辖38个区县，总面积8.24万km²，常住人口3212.43万。2021年，重庆地区生产总值达27894.02亿元。

---

① 基金项目："山地城乡结合部高价值碎片化农林用地生态保护规划方法研究"（编号：52178032）。

1.2 发展概况

1.2.1 经济发展概况

2010—2020 年，重庆经济发展水平良好，呈逐步向好的发展趋势。在经济投入与发展上，重庆 GDP 增长速率呈锯齿状上升，表明重庆整体经济发展良好。且第一产业占比与第一产业贡献率之间的相关性不强，第二产业占比和第二产业贡献率之间的相关性较强，第三产业占比和第三产业贡献率的相关性不强，表明重庆还需要加强产业占比和产业贡献率之间的协调关系。另外，固定投资资产增长、基础设施投资增长、工业投资增长和房地产开发投资增长都呈波动下降的状态（图1），表明重庆的固定投资资产在减弱，产业面临转型发展。

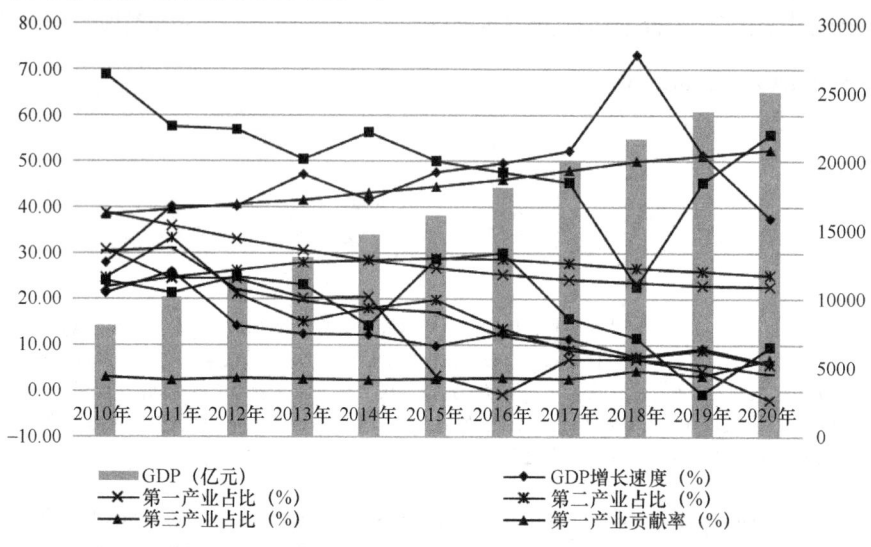

图 1　经济投入与发展

（注：GDP 的纵向坐标位于右侧，其余指标的纵向坐标位于左侧）

在能源消费上，天然气、油料的使用量呈稳步增长趋势，煤炭和一次电力及其他能源呈锯齿状上升的发展趋势（图2），表明天然气、油料将成为重庆未来主要的能源消耗，煤炭和一次电力及其他能源占比将逐步衰退，表明重庆在不断践行低碳理念。

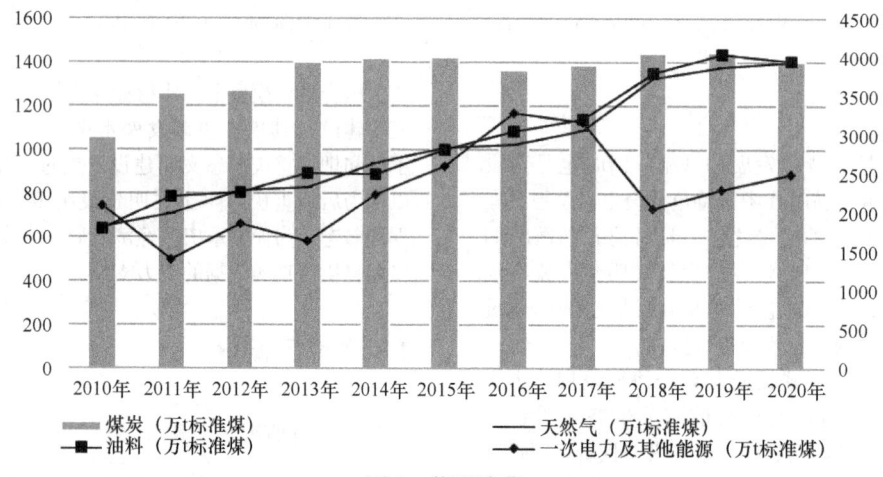

图 2　能源消费

1.2.2 社会发展概况

2010—2020 年，重庆社会发展取得了长足进步。在教育发展与人才培养上，普通中学的数量呈下降趋势，但普通高等学校的数量保持平稳增长趋势，表明重庆的教育水平在稳步提升。普通高等学校、中等学校、小学和幼儿园的在校学生数都稳步提升，且招生人数也随之增加（图3），表明重庆教育质量也在不断提升。

在社会制度与就业机制上，总人口和城镇化率呈上升趋势，表明重庆城镇化进程较快。且总就业人员和城镇就业人口的数量也呈稳步提升状态，表明重庆就业环境较好，社会治安较为稳定。少儿抚养比和老年抚养比也存在上升趋势，表明重庆的老龄化现象初显（图4）。

在生活水平上，人均日生活用水量和人均道路面积都呈稳步上升趋势，且用水普及率从 2010 年的 91.47%增长到 2020 年的 95.06%，燃气普及率也从 2010 年的 90.03%增长到 2020 年的 96.27%，表明重庆政府不断优化市政设施。城镇居民家庭恩格尔系数从 2010 年的 33%

降低到 2020 年的 32.6%,降低幅度较小,但农村居民家庭恩格尔系数从 2010 年的 42.9% 降低到 2020 年的 36.7%,表明农村的可支配收入在不断增加,且其文化娱乐生活(精神层面)的比例在增加。2010—2020 年,卫生技术人员的增长超 2 倍,但 2020 年的卫生机构数同比 2010 年增长 20%(图 5),表明卫生机构数的数量较少,随着卫生技术人员的增长,卫生机构数应同步增长。

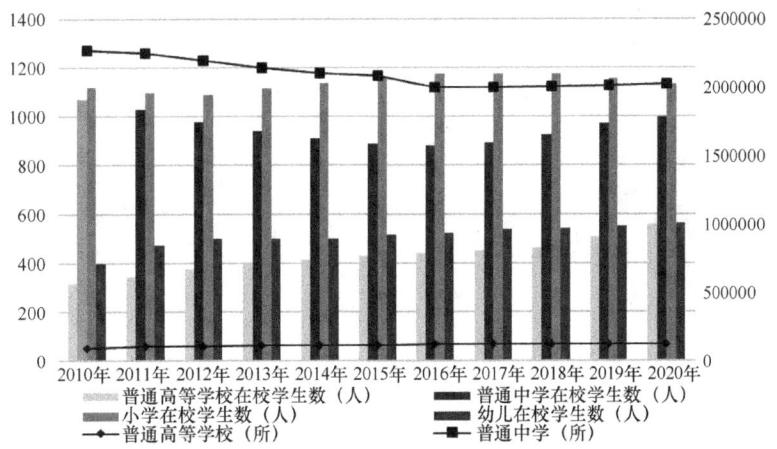

图 3　教育发展与人才培养

(注:普通高等学校和普通中学的数量纵向坐标位于右侧,其余指标的纵向坐标位于左侧)

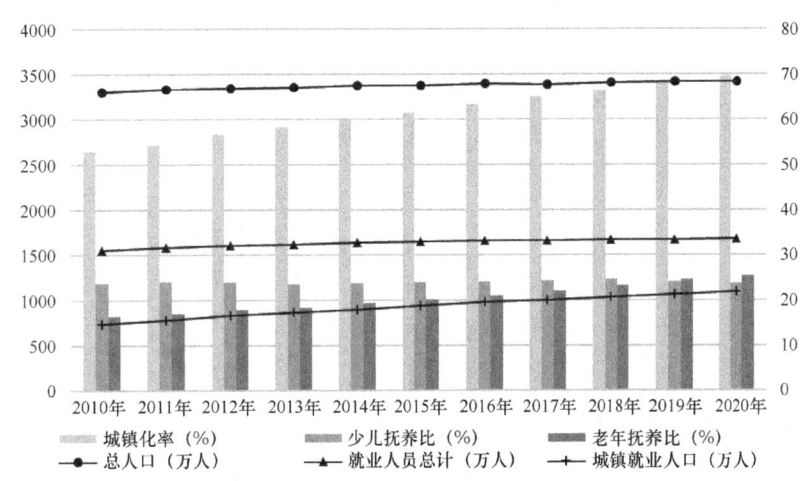

图 4　社会制度与就业机制

(注:总人口、就业人员总计和城镇就业人口的数量纵向坐标位于右侧,其余指标的纵向坐标位于左侧)

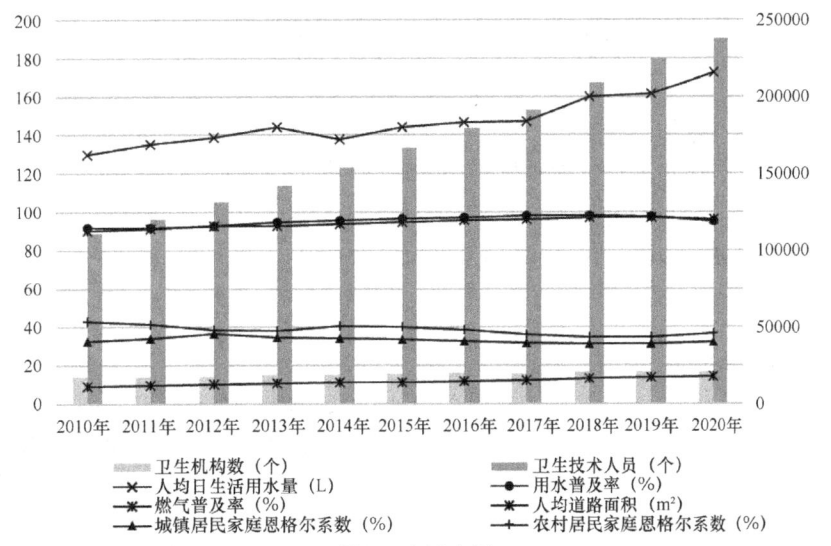

图 5　生活水平

(注:卫生机构数和卫生技术人员的数量纵向坐标位于右侧,其余指标的纵向坐标位于左侧)

1.3 生态保护概况

2010—2020年，重庆生态保护向好发展。在城市监管成效上，城市区域环境噪声平均值、全市大气可吸入颗粒物年均浓度、全市大气二氧化硫年均浓度和全市大气二氧化氮年均浓度都呈下降趋势，表明城市噪声和大气污染在减弱。伴随着全市环境空气质量优良天数比例和污水处理厂集中处理率的上升趋势，重庆的整体大气污染防治成效显著，反映出重庆对空气、噪声和污染的整体治理和监管成效较好（图6）。

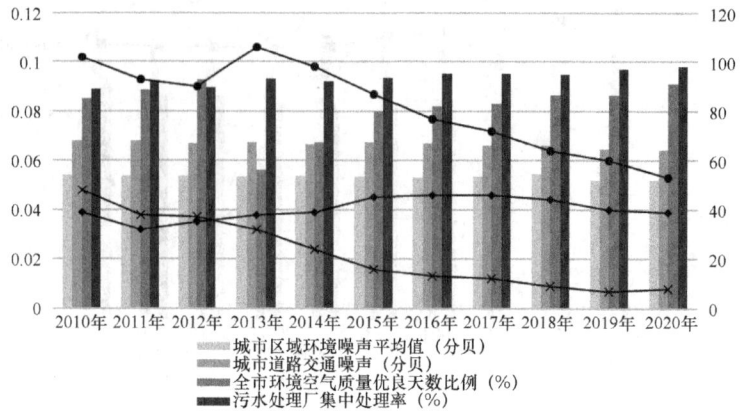

图 6　城市监管成效

（注：全市大气可吸入颗粒物年均浓度、全市大气二氧化硫年均浓度和全市大气二氧化氮年均浓度的纵向坐标位于左侧，其余指标的纵向坐标位于右侧）

在污染程度上，2010—2020年，工业污染治理施工项目数、工业污染治理项目完成投资、工业污染治理竣工项目数、工业固体废物综合利用处置率和环保投资呈上升趋势，且环保投资增长近2倍。且工业废水和废气排放总量、农村化肥施用量、二氧化硫排放量在减少，表明环境治理的政策有效可行。但生活污水排放量呈上升趋势，表明居民的数量增加，生活污水处理系统需要加强（图7）。

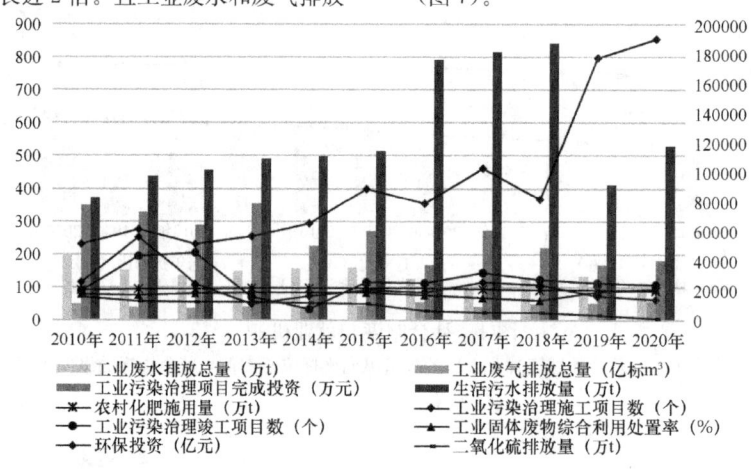

图 7　污染程度

（注：工业废气和废水排放总量、工业污染治理项目完成投资、生活污水排放量、生活污水排放量的纵向坐标位于左侧，其余指标的纵向坐标位于右侧）

在绿化与自然保护上，除自然保护区面积呈下降趋势外，其余指标都呈稳步上升的发展，表明重庆的绿化与自然保护成效显著（图8）。

2　研究方法与数据来源

2.1　研究方法

2.1.1　熵值法

熵值法的定义是判断特定评价体系的指标在整个评价体系当中的离散程度[11]。相比于AHP方法，熵值法作为一种客观赋权法，它的客观性在于能够通过选用实际数值，用无量纲方法对选取的各项指标进行逐一计算，且能够根据指标的正向和负向属性计算出各项指标的权重（图9）。

2.1.2　耦合协调模型

耦合协调模型是探究评价体系当中各项体系的协调发展水平，且用耦合度和协调度来展现体系中各系统的协调水平。耦合度指两个及更多系统间的协调和制约关系[11]。耦合协调模型涉及3个指标值的计算，其中将耦合协调度D值作为划分耦合协调等级的标准（图10）。

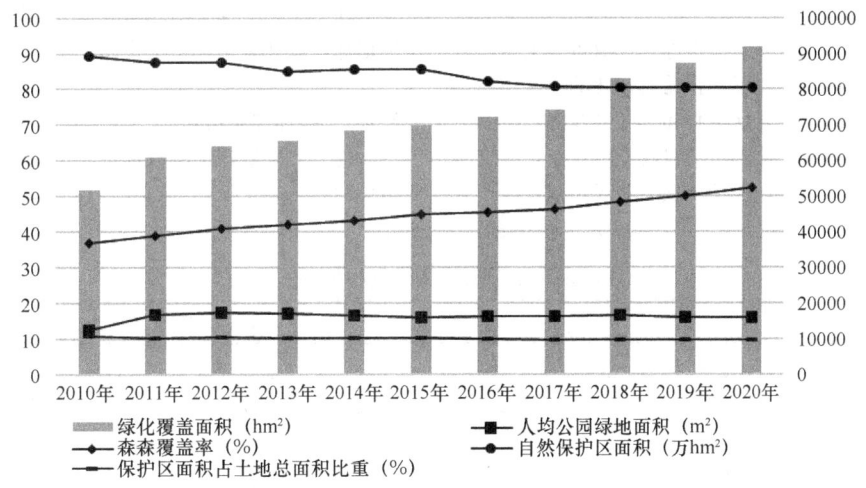

图 8 绿化与自然保护

（注：绿化覆盖面积的纵向坐标位于左侧，其余指标的纵向坐标位于右侧）

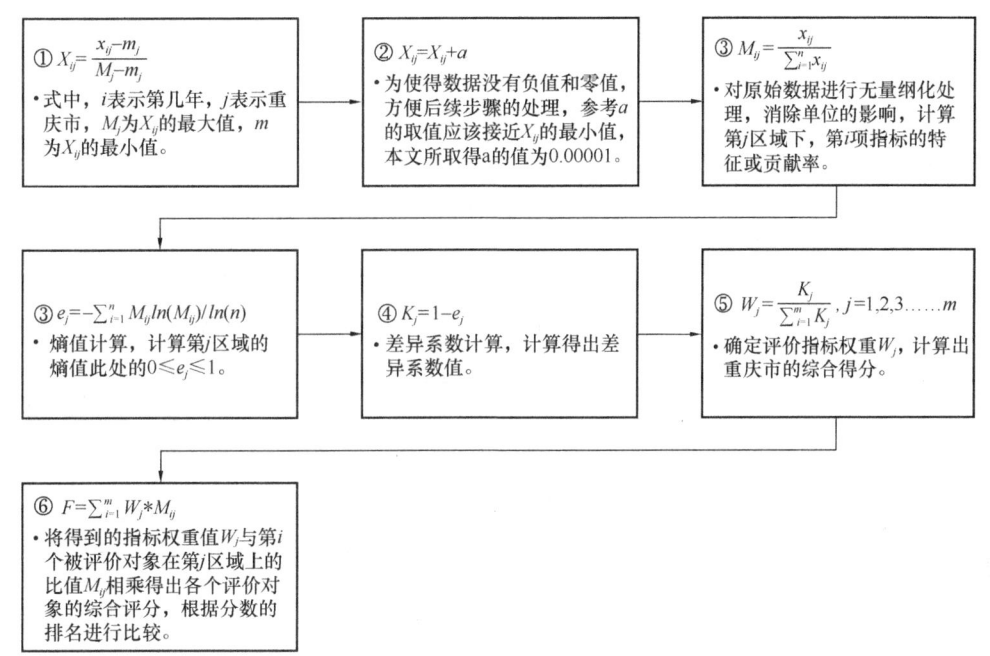

图 9 熵值法计算流程

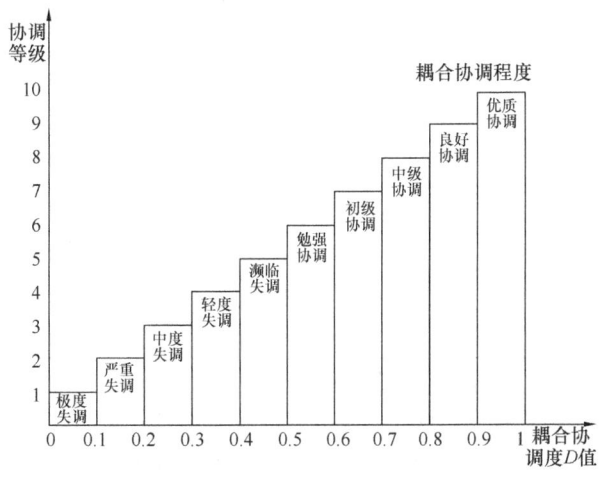

图 10 耦合协调度等级划分标准

2.2 数据来源

数据来源于《重庆统计年鉴》（2009—2022 年）、《重庆年度公报》（2009—2022 年）、《重庆国民经济和社会发展统计公报》（2009—2022 年）以及住房和城乡建设部。采用线性回归和 SPSS 回归分析补充统计数据当中缺失的小部分数据，以保证数据的完整性。

3 结果与分析

3.1 指标体系构建

3.1.1 指标体系的构建原则

重庆生态文明建设评价指标的选取参考了近 10 位学

者的生态文明建设指标评价体系[1-10]。另外，结合全面性、综合性、科学性和适宜性的特点综合选取重庆生态文明建设评价指标。通过整理发现，在前人构建的评价体系当中，大部分从生态、生活（社会）和生产（经济）层面划分和构建评价指标体系。鉴于重庆自身发展特点，本文以经济发展、社会进步和生态保护3项为一级指标，以产业占比、产业贡献、投资增长等17项指标为二级指标，以GDP、第一产业占比和第二产业占比等81项指标为三级指标，以此来构建重庆生态文明建设评价体系。

3.1.2 指标体系构建

将1.2发展概况的数据带入①～⑥当中计算得出以下指标权重（表1）。

重庆生态文明建设指标体系 表1

一级指标	二级指标	三级指标	单位	指标属性	权重
经济发展	经济增长	GDP	亿元	正向	0.011
	产业占比	第一产业占比	％	负向	0.021
		第二产业占比	％	正向	0.007
		第三产业占比	％	正向	0.013
	产业贡献	第一产业贡献率	％	正向	0.038
		第二产业贡献率	％	正向	0.005
		第三产业贡献率	％	正向	0.009
	投资增长	固定投资资产增长	％	正向	0.014
		基础设施投资增长	％	正向	0.007
		工业投资增长	％	正向	0.015
		房地产开发投资增长	％	正向	0.015
	财政收支	财政收入	万元	正向	0.007
		财政支出	万元	正向	0.008
	能源消费	能源消费总量	万t标准煤	正向	0.008
		煤炭	万t标准煤	正向	0.005
		天然气	万t标准煤	正向	0.013
		油料	万t标准煤	正向	0.011
		一次电力及其余能源	万t标准煤	负向	0.010
社会进步	教育质量	普通高等学校	所	正向	0.006
		普通中学	所	正向	0.024
		小学	所	正向	0.020
		特殊教育学校	所	正向	0.060
		幼儿园	所	正向	0.015
		普通高等学校在校学生数	人	正向	0.010
		普通中学在校学生数	人	正向	0.017
		小学在校学生数	人	正向	0.011
		特殊教育学校在校学生数	人	正向	0.020
		幼儿园在校学生数	人	正向	0.005
	城镇化率	总人口	万人	正向	0.008
		城镇化率	％	正向	0.011
	抚养占比	总抚养比	％	正向	0.013
		少儿抚养比	％	正向	0.010
		老年抚养比	％	负向	0.010
	就业人数	就业人员总计	万人	正向	0.007
		城镇就业人口	万人	正向	0.010
	生活状态	人均日生活用水量	升	正向	0.012
		用水普及率	％	正向	0.011
		燃气普及率	％	正向	0.009
		人均道路面积	m²	正向	0.010
		农村用电量	万kW·h	正向	0.006
		城镇居民家庭恩格尔系数	％	负向	0.013
		农村居民家庭恩格尔系数	％	负向	0.014
	医疗卫生	卫生机构数	个	正向	0.013
		卫生技术人员	人	正向	0.013

续表

一级指标	二级指标	三级指标	单位	指标属性	权重
生态保护	公园绿化	绿化覆盖面积	hm²	正向	0.009
		建成区绿化覆盖面积	hm²	正向	0.007
		绿地面积	hm²	正向	0.008
		建成区绿地面积	hm²	正向	0.007
		公园绿地面积	hm²	正向	0.005
		人均公园绿地面积	m²	正向	0.005
		公园面积	hm²	正向	0.006
		公园个数	个	正向	0.007
	农村污染	农村化肥施用量	万 t	负向	0.009
		农药使用量	万 t	正向	0.013
	工业污染	工业废水排放总量	万 t	负向	0.007
		工业废气排放总量	亿标 m³	负向	0.009
		工业二氧化硫排放量	万 t	负向	0.017
		工业烟粉尘排放总量	万 t	负向	0.012
		工业固体废物产生量	万 t	负向	0.011
		工业固体废物排放量	万 t	负向	0.004
		工业污染治理施工项目数	个	正向	0.018
		工业污染治理项目完成投资	万元	正向	0.016
		工业污染治理竣工项目数	个	正向	0.008
		工业固体废物综合利用处置率	%	正向	0.006
	生活污染	环保投资	亿元	正向	0.028
		水资源总量	亿 m³	正向	0.023
		用水总量	亿 m³	正向	0.007
		生活污水排放量	万 t	负向	0.012
		化学需氧量排放量	万 t	负向	0.015
		二氧化硫排放量	万 t	负向	0.010
		饮用水源水质达标率	%	正向	0.004
	自然保护	森林覆盖率	%	正向	0.010
		自然保护区面积	万 hm²	正向	0.023
		保护区面积占土地总面积比例	%	正向	0.022
	城市监管	城市区域环境噪声平均值	分贝	负向	0.015
		城市道路交通噪声	分贝	负向	0.018
		全市大气可吸入颗粒物年均浓度	mg/m³	负向	0.013
		全市大气二氧化硫年均浓度	mg/m³	负向	0.009
		全市大气二氧化氮年均浓度	mg/m³	负向	0.017
		全市环境空气质量优良天数比例	%	正向	0.006
		污水处理厂集中处理率	%	正向	0.009

注：1. 财政收入从2002年起为中央四税收入、地方财政收入和其余中央收入（不含关税）之和。自2003年起财政收入包含车辆购置税。2012年已按公共财政预算口径做相应调整。2017年起按营改增试点后新的收入划分办法及新增建设用地土地有偿使用收入等基金列转公共预算。
2. 人均面积的人均数为户籍人口口径。

3.2 综合得分分析

重庆2010—2020年的综合得分呈波动发展趋势：①2010—2011年，重庆生态文明建设综合评分呈上升发展趋势；②2011—2013年，重庆生态文明建设综合评分呈下降发展趋势；③2013—2020年，重庆生态文明建设综合评分呈上升发展趋势（图11）。

3.3 各子系统得分分析

2010—2020年，重庆生态文明建设各子系统的得分呈上升发展趋势。在2010—2017年，重庆生态文明建设的生态保护子系统得分大于社会进步子系统得分，且经济发展的子系统得分最低；在2017年以后，社会进步子系统得分超过生态保护子系统得分，位居第一。表明2017年以后社会进步的趋势较为明显，且经济发展的整体优势较弱（图12）。

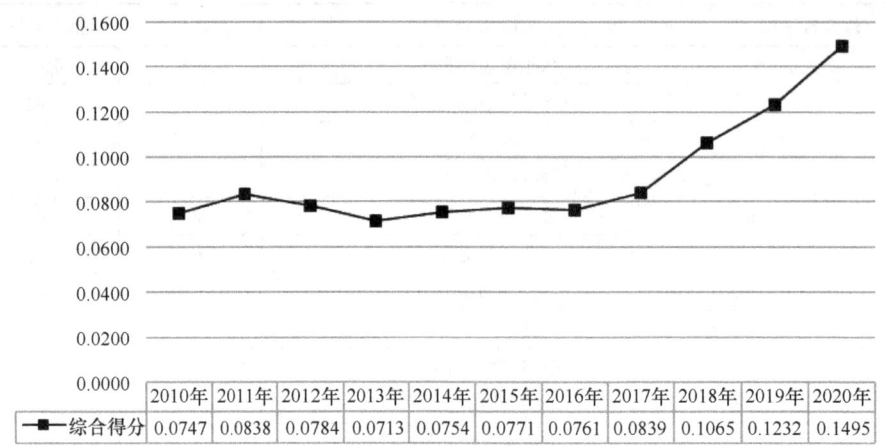

图11 综合得分分析

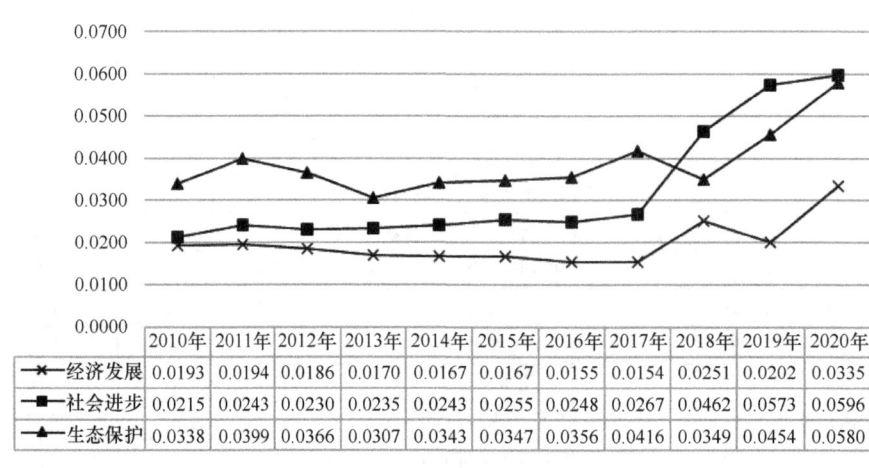

图12 各子系统得分分析

3.4 耦合协调分析

2010—2020年，重庆生态文明建设各子系统的耦合协调关系分为两个阶段，分别是：①2010—2017年，重庆生态文明建设各子系统之间的耦合协调程度属于失衡状态，从中度到濒临失调后过渡到其他失调程度，最后回到中度失调；②2018—2020年，重庆生态文明建设各子系统之间的耦合协调程度属于协调状态，从2018年的初级协调过渡到2019年的中级协调，最后到2020年的优质协调（表2）。表明重庆生态文明建设内部子系统间的耦合协调关系发展良好。

耦合协调度计算结果　　表2

项（年份）	耦合度 C 值	协调指数 T 值	耦合协调度 D 值	协调等级	耦合协调程度
2010年	0.545	0.106	0.24	3	中度失调
2011年	0.863	0.211	0.427	5	濒临失调
2012年	0.841	0.149	0.354	4	轻度失调
2013年	0.694	0.057	0.198	2	严重失调
2014年	0.965	0.101	0.312	4	轻度失调
2015年	0.963	0.118	0.338	4	轻度失调
2016年	0.575	0.129	0.272	3	中度失调
2017年	0.413	0.217	0.299	3	中度失调
2018年	0.934	0.481	0.67	7	初级协调
2019年	0.883	0.57	0.709	8	中级协调
2020年	1.000	0.99	0.995	10	优质协调

4 结论与讨论

重庆作为全国生态城市，对生态文明建设方面的研究较少。本文采用的熵值法和耦合协调模型相结合的方法能为国内其他地区和城市在研究生态文明发展水平和协调程度上提供参考。且本研究也采用熵值法来确定各项评价指标因子的权重及计算综合得分，以此规避主观因素带来的误差。

本研究选取了经济发展、社会进步和生态环境保护为一级指标,在一级指标下分别选取了17个二级指标和81个三级指标因子,通过熵值法对2010—2020年重庆生态文明建设水平进行综合评价分析,同时采用了耦合协调度模型对重庆生态文明各子系统的耦合协调性进行测度与分析。结果表明:①2010—2020年,重庆在经济层面实现了跨越式的发展。经济与产业结构不断优化提升,且人居环境和社会各项事业不断向好发展,生态环境保护效果逐步提升。②重庆生态文明发展水平受经济和社会发展制约较大。因此,重庆在未来生态文明建设过程中需进一步加强对基础设施和经济设施的建设投入。③2010—2020年,重庆生态文明各子系统耦合协调度呈锯齿状上升趋势。

参考文献

[1] 薛文碧,杨茂盛.生态文明城镇化评价指标体系构建及应用[J].西安科技大学学报,2015,35(4):511-518.

[2] 许鹏,高丽娟,邱微,等.生态文明建设评价指标体系构建与实证分析——以黑龙江省为例[J].环境保护科学,2016,42(5):63-70.

[3] 王文军,王文秀,吴大磊,等.四维生态文明建设评价指标体系构建与案例研究[J].城市与环境研究,2017,12(2):50-64.

[4] 苟廷佳,陆咸文.基于组合赋权TOPSIS模型的生态文明建设评价——以青海省为例[J].统计与决策,2020,36(24):57-60.

[5] 贾海发,邵磊,罗珊.基于熵值法与耦合协调度模型的青海省生态文明综合评价[J].生态经济,2020,36(11):215-220.

[6] 才吉卓玛.青海省生态文明建设差异化评价指标体系构建与实证研究[J].生态经济,2023,39(4):214-220.

[7] 任俊霖,李浩,伍新木,等.基于主成分分析法的长江经济带省会城市水生态文明评价[J].长江流域资源与环境,2016,25(10):1537-1544.

[8] 贾海发,卿鑫.西宁市生态文明建设及其耦合协调发展测度[J].江苏农业科学,2021,49(2):217-222.

[9] 肖强,冯沈萍,钱凤.永川区生态文明建设评价指标体系研究[J].西南师范大学学报(自然科学版),2016,41(11):130-134.

[10] 刘若莎,赵儒丹,李振勤,等.县域农业生态文明评价指标体系及实证研究——以石家庄市为例[J].中国生态农业学报,2017,25(10):1554-1564.

[11] 赵胡兰,杨兆萍,韩芳,等.新疆旅游产业-经济发展-生态环境耦合态势分析及预测[J].干旱区地理,2020,43(4):1146-1154.

作者简介

卿鑫,1999年生,女,汉族,四川成都人,重庆大学硕士在读,研究方向为城市设计、山地生态保护。电子邮箱:1901359985@qq.com。

邢忠,1968年生,男,汉族,河南洛宁人,博士,重庆大学山地城镇建设与新技术教育部重点实验室,教授、博士生导师,研究方向为城市规划设计理论与方法、山地城市生态规划理论与方法。电子邮箱:1178111403@qq.com。

特色资源驱动型县域绿道网络构建研究
——以桓仁满族自治县为例

Research on the Construction of County-level Greenway Network Driven by Characteristic Resources
—Taking Huanren Manchu Autonomous County as an Example

王梦瑶　彭晓烈*

摘　要：县域经济的重要性在党的二十大报告及"十四五"规划中被提升到新高度，绿道作为线性空间，通过对绿道网络的规划，可以有效整合全域旅游资源，提升全域旅游环境，促进旅游业的发展，进而带动全域经济提升。本文以作为首批国家全域旅游示范区的桓仁满族自治县为研究对象，依托其丰富的特色资源，探索特色资源驱动型县域绿道网络的构建，以旅游业推动县域经济的发展。文章首先厘清了全域旅游发展模式类型，对桓仁县现状资源进行了深入调研与梳理；然后提出适宜特色资源驱动型县域绿道网络构建的全域旅游资源评价体系，并对全域现状旅游资源要素进行评价分级；最后利用最小成本路径法对其绿道网络构建进行研究。本文旨在从全域旅游的视角，通过量化评估与系统构建，探索特色资源驱动型县域绿道网络的构建，为同类型绿道网络的规划建设提供参考。

关键词：特色资源驱动型；县域绿道；绿道网络构建；最小成本路径法

Abstract: The importance of county economy has been elevated to a new height in the report of the 20th National Congress of the Communist Party of China and the 14th Five-Year Plan. As a linear space, greenways can effectively integrate global tourism resources and enhance global tourism through the planning of greenway networks. environment, promote the development of tourism, and promote the overall economic improvement. This paper takes Huanren Manchu Autonomous County, which is one of the first batch of national all-for-one tourism demonstration areas, as the research object. Relying on its rich characteristic resources, this paper explores the construction of characteristic resource-driven county greenway network, and promotes the development of county economy through tourism. The article first clarifies the types of global tourism development models, conducts in-depth research and sorting out the current resources of Huanren County, and then proposes an evaluation system for global tourism resources that is suitable for the construction of characteristic resource-driven county greenway networks, and conducts an evaluation of the current situation of tourism resources in the whole region. Rating rating. Finally, the greenway network construction is studied by using the least cost path method. This article aims to explore the construction of characteristic resource-driven county-level greenway network through quantitative evaluation and system construction from the perspective of global tourism, and provide reference for the planning and construction of the same type of greenway network.

Keywords: Characteristic Resource-driven; County-level Greenways; Greenway Network Construction; Least-cost Path Method

引言

县域经济作为国民经济的基本单元[1]，其重要性在党的二十大报告及"十四五"规划中被提升到了新高度，县域经济在实现乡村振兴、城乡融合与区域发展中起到重要的支撑作用。全域旅游通过整合区域内旅游资源、相关产业、生态环境、公共服务、政策法规等，对区域进行全方位、系统化的优化提升，以旅游业带动社会协调发展，促进区域经济提升[2]。绿道作为一种线形绿色开敞空间，通过有效链接全域旅游中的生态、产业、文化、游憩等资源，营造绿色开放、活力宜人的生态空间[3]，是全域旅游发展中的关键组成部分之一。

关于全域旅游发展类型，国内当前研究中被普遍认同的是在第二届全国全域旅游推进会中所提出的五种典型发展模式[4]（图1）。桓仁县依托其优越的自然资源、特色文化等，是特色资源驱动型全域旅游示范区的代表。近年来，我国关于绿道的研究取得了长足的发展，但在全

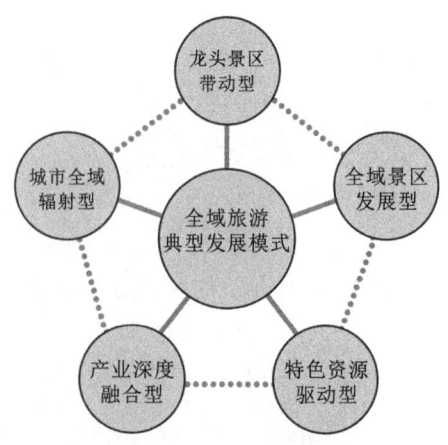

图1　全域旅游典型发展模式

域旅游视角构建绿道网络的研究内容较少，且少有在县域尺度开展的研究，对不同全域旅游发展模式下的县域

绿道网络构建尚处于起步阶段。因此，本文以典型的全域旅游示范区——桓仁满族自治县为例，探索特色资源驱动型县域绿道网络构建的新思路。

1 特色资源驱动型县域绿道

1.1 全域旅游与绿道网络

绿道网络建设以自然要素为基础，通过对资源点的有效串联形成绿色生态廊道。传统的县域绿道网络一般以优化生态景观、休闲游憩、运动健身及灾害预防等为核心[5]，而全域旅游视角下的绿道网络建设既要考虑其生态功能，又要考虑全域旅游相关要素的影响。借助全域旅游对全域相关配套、景观、产业等的规划发展，提升绿道网络构建基础条件，丰富绿道网络除生态保护功能外的游憩、交往等多种功能。而通过对全域绿道网络的构建，反哺周边旅游资源，通过线性廊道连接实现块状区域的有机融合，促进全域旅游要素的统筹利用与高效发展。二者相辅相成，形成良性循环（图2）。

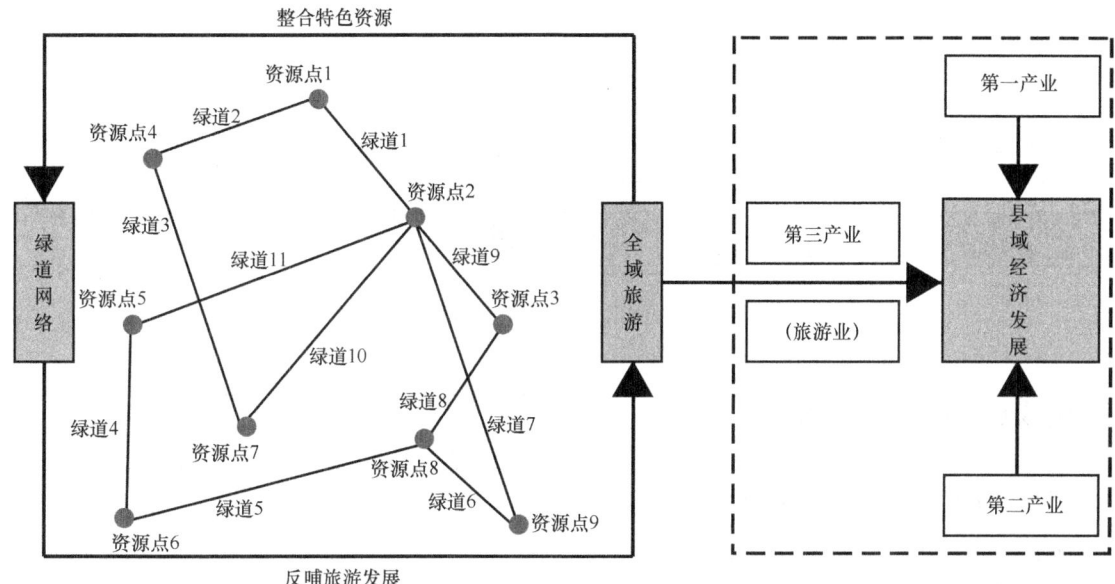

图2 全域旅游与绿道网络关系梳理

1.2 县域全域旅游发展模式研究

自2008年全域旅游的概念被提出以来，关于全域旅游的研究成果逐渐丰富。吕俊芳根据辽宁省沿海地区旅游资源及发展情况，提出"大城小镇嵌景区"的全域旅游发展模式[6]；曾祥辉认为县域旅游是全域旅游的最好实践[7]；刘玉春指出了全新休闲旅游模式、全新旅游景观模式以及城镇化的旅游产业模式三种全域旅游发展模式[8]。但关于县域全域旅游发展模式仍处于探索阶段，至今尚未形成一个确切的分类方式。当前相关研究多使用第二届全国全域旅游推进会上确定的五种典型全域旅游发展模式（表1）。

桓仁满族自治县位于辽宁省本溪市，地处辽宁东部山区，处于"沈阳、大连为一级枢纽地的辽宁旅游区"内，因拥有世界罕见的地温异常带而冬暖夏凉，是辽宁省首批国家全域旅游示范区的县。

桓仁县旅游资源数量多、种类全、分布广，拥有丰富的自然、人文、产业及游憩等多种资源。全域自然资源丰富多样，奇山、秀水、良田、翠林共同形成了"八山一水一分田"的自然风貌。桓仁境内拥有汉、满、回、朝鲜等多个民族，以满族风情最为突出。产业资源包括冰酒产业、山参产业、食用菌产业、稻米产业和干坚果产业，其中冰酒产业是桓仁最具代表性和特色鲜明的产业，冰葡萄种植面积与冰葡萄酒产量位居国内之首。游憩资源现拥有国家4A级景区4个、3A级景区6个、2A级景区2个，以及国家级自然保护区1个、国家地质公园1个、国家级森林公园1个。

全域旅游典型发展模式解析　　　　表1

发展模式	主要特征
龙头景区带动型	以龙头景区为吸引核和动力源，围绕龙头景区部署各类设施，以龙头景区带动发展
城市全域辐射型	以城市旅游目的地为主体，依托完善的旅游服务，以都市旅游辐射带动全域旅游
全域景区发展型	把整个区域看作一个大景区来规划、建设、管理、营销
特色资源驱动型	区域内存在高品质自然及人文资源，具有特色鲜明的民族文化、独特的资源基础条件
产业深度融合型	"旅游+""+旅游"推动旅业与其他产业融合

结合上述对桓仁县现状资源的分析，与五种全域旅游典型发展模式进行对比，桓仁因其优越的自然、人文资源，独特的旅游资源与民族特色，是一种典型的特色资源驱动型全域旅游发展模式。

1.3 绿道在县域旅游发展中的作用

绿道最早起源于美国奥姆斯特德的波士顿公园系统规划[9-10]。绿道作为城市绿色公共空间，其休闲游憩功能是国内外学者关注研究的方面之一[11-13]。

绿道一方面可以为本地居民提供休闲游憩场所；另一方面可作为县域旅游体系中的重要骨架，串联重要的人文、自然景点等旅游资源[14]。绿道体系和驿站式服务网点体系的建设是创建全域旅游示范区的重要一环[15]，绿道作为一种线性空间，可高效整合全域资源，增强资源的连通性与可达性。此外，通过绿道的规划与建设，不仅直接推动县域全域旅游的发展，还能间接影响地产、工商、建筑等的发展[16]，进而促进县域经济的增长。

2 特色资源驱动型县域绿道网络构建思路与方法

本研究采用最小成本路径法构建绿道网络。具体步骤主要分为"源"的识别与提取、阻力面的构建和最小成本路径计算三步，最终将最小成本路径模拟得出的路径作为潜在廊道[17]。传统的"源"通常以生态源地作为绿道网络构建的核心要素，而本文从特色资源驱动型的发展模式出发，以桓仁独具特色的旅游资源点作为"源"进行绿道网络构建（图3）。

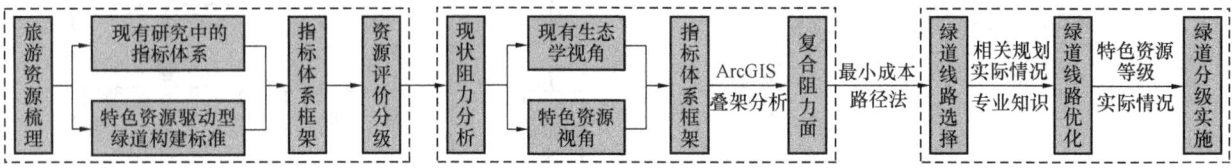

图3 特色资源驱动型县域绿道网络构建思路

3 桓仁满族自治县绿道规划

3.1 桓仁满族自治县全域旅游资源现状

桓仁满族自治县行政区总面积为3547km²，涵盖8个乡镇、4个乡和1个街道办事处，本次研究范围以其行政区划为界。桓仁域内便捷的交通为全域旅游发展和绿道网络规划提供了基础。

依据中华人民共和国国家标准《旅游资源分类、调查与评价》GB/T 18972—2017，桓仁满族自治县旅游资源分为八大主类，21个亚类，共47种基本类型，146处旅游资源单体。

3.2 绿道网络构建要素筛选与评价分级

3.2.1 评价体系的构建

本文采用层次分析法构建全域特色旅游资源价值评价体系，将评价因子分为特色生态、特色人文、特色产业、特色游憩四大类别[18]。最终得到如表2所示的全域特色旅游资源价值评价指标体系，以此来评价筛选出全域的特色资源。

全域特色旅游资源价值评价指标体系　　表2

评价目标层A	权重(%)	项目层B	权重(%)	因子层C	权重(%)
桓仁满族自治县特色旅游资源价值评价指标体系	100	特色生态价值	0.46	斑块面积	0.13
				绿化覆盖率	0.16
				物种多样性	0.05
				群落结构层次	0.04
				连接斑块类型	0.02
				碳汇量	0.04
				碳源	0.03

续表

评价目标层A	权重(%)	项目层B	权重(%)	因子层C	权重(%)
桓仁满族自治县特色旅游资源价值评价指标体系	100	特色人文价值	0.24	历史年代	0.05
				历史地位	0.03
				知名度和影响力	0.06
				完整性	0.04
				规划绿网要素	0.03
				区域发展政策	0.02
				公众参与	0.01
		特色产业价值	0.12	服务范围	0.05
				功能配套	0.03
				经济投入	0.02
				建设预算	0.02
		特色游憩价值	0.19	旅游区位条件	0.02
				游憩景观质量	0.03
				建筑多样性	0.01
				道路服务水平	0.05
				斑块连接	0.04
				智慧旅游服务	0.01
				适游期和适用范围	0.02

3.2.2 桓仁县绿道网络构建要素评价结果

根据前文所构建的评价体系，对全域特色旅游资源进行评价，筛选出特品级和优良级特色旅游资源，即五级特色旅游资源和三级、四级特色旅游资源。其中，五级特色旅游资源单体6个，四级特色旅游资源单体20个，三级特色旅游资源单体 38 个。

3.3 基于最小成本路径法的绿道网络构建

3.3.1 现状潜力绿道分析

通过对桓仁现状交通、山体、水系等特色资源调研与分析，可得出该研究区域内存在部分线形廊道，如浑江水系、省道、乡道等，特别是浑江水系一带旅游资源分布密集，可作为绿道构建中重点考虑区域，在现有基础上对其进行拓展与规划。

3.3.2 桓仁县现状阻力分析

现状资源对绿道网络构建的阻力大小是绿道构建的关键一步。参考现有研究成果，综合考虑绿道本身的生态因素和特色旅游资源的影响，创造性地构建一个全域旅游视角下的特色资源驱动型现状阻力评价体系（图 4），具体评价标准与权重如表 3 所示，以此来表征阻力因子对全域旅游功能流在"源"与"源"之间流转扩散的影响程度。

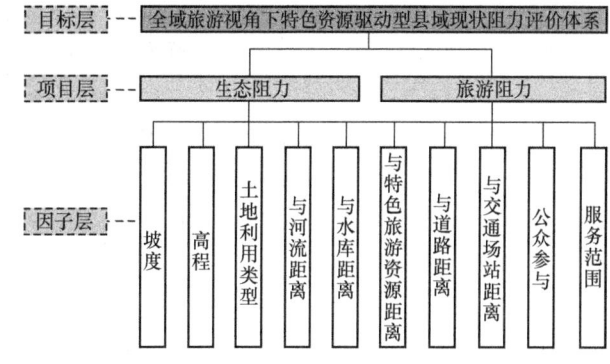

图 4 现状阻力评价体系梳理

全域旅游视角下复合阻力面体系　　　　　　　　　　表 3

阻力因素	阻力因子	划分标准	阻力值	权重
A 生态阻力	A1 坡度	<2°	1	0.0408
		2°～5°	2	
		5°～8°	3	
		8°～12°	4	
		>12°	5	
	A2 高程	<361m	1	0.0784
		361～504m	2	
		504～653m	3	
		653～853m	4	
		>853m	5	
	A3 土地利用类型	城镇住宅用地、公园与绿地、广场用地、农村宅基地、特殊用地	1	0.0585
		城镇村道路用地、公路用地、沟渠、河流水面、交通服务场站用地、坑塘水面、内陆滩涂、农村道路、水库水面	2	
		灌木林地、果园、其他林地、其他园地、乔木林地	3	
		旱地、裸土地、裸岩石砾地、其他草地、水浇地、水田、养殖坑塘、沼泽地	4	
		采矿用地、港口码头用地、工业用地、公用设施用地、机关团体新闻出版用地、科教文卫用地、商业服务业设施用地、设施农用地、水工建筑用地、铁路用地、物流仓储用地	5	
	A4 与河流距离	<75m	1	0.1445
		75～150m	2	
		150～225m	3	
		225～300m	4	
		>300m	5	
	A5 与水库距离	<150m	1	0.1445
		150～300m	2	
		300～450m	3	
		450～600m	4	
		>600m	5	

续表

阻力因素	阻力因子	划分标准	阻力值	权重
B 旅游阻力	B1 与特色旅游资源距离	距五级旅游资源<500m	1	0.2838
		距五级特色旅游资源 500~1000m；距三级、四级特色旅游资源<500m	2	
		距五级特色旅游资源 1000~1500m；距三级、四级特色旅游资源 500~1000m	3	
		距五级特色旅游资源 1500~2000m；距三级、四级特色旅游资源 1000~1500m	4	
		距五级特色旅游资源>2000m；距三级、四级特色旅游资源 1500~2000m	5	
	B2 与道路距离	距公路<500m	1	0.1856
		距公路 500~1000m，或距农村道路<500m	2	
		距公路 1000~1500m，或距农村道路 500~1000m	3	
		距公路 1500~2000m，或距农村道路 1000~1500m	4	
		距公路>2000m，或距农村道路>1500m	5	
	B3 与交通场站距离	<300m	1	0.0255
		300~500m	2	
		500~800m	3	0.0163
		800~1000m	4	
		>1000m	5	
	B4 公众参与（自然间断点分级法）	人口核密>252%	1	0.0222
		人口核密度 156%~252%	2	
		人口核密度 88%~156%	3	
		人口核密度 33%~88%	4	
		人口核密度<33%	5	
	B5 服务范围	距离城镇<500m，或在城镇内	1	
		距离城镇 500~1000m，或在村庄内	2	
		距离城镇 1000~1500m，或距离村庄<500m	3	
		距离城镇 1500~2000m，或距离村庄 500~1000m	4	
		距离城镇>2000m，或距离村庄>1000m	5	

在该阻力面构建中，生态阻力主要对全域特色生态相关阻力因子进行分析，旅游阻力主要是从特色旅游相关资源的服务能力与社群对绿道的需求角度进行分析。

利用GIS对各阻力因子进行评价并按照权重叠加，得出阻力面，为后续采用最小成本路径法构建绿道网络提供引导。

3.4 县域绿道网络构建结果与规划实施

3.4.1 绿道网络形态生成

首先，以上文中分析得到三个不同等级的特色旅游资源作为"源"，依据桓仁县A级景区现状，选取4A级景区作为要素源数据。其次，根据上文得出的阻力面，分别计算五女山景区、枫林谷森林公园、大雅河漂流、虎谷峡的距离成本栅格和回溯栅格。最终得出最小成本路径并作为潜在廊道参考。

由于最小成本路径法存在一些局限性，因此依据上述方法模拟形成的潜在廊道，结合桓仁满族自治县的实际情况，以现状水网布局与主要交通路网为依托[19]，按照高等级旅游资源点产生的廊道优先原则，对潜在廊道网络进行筛选与调整，最终得到桓仁满族自治县绿道网络。

3.4.2 县域绿道网络规划与实施

根据绿道网络构建结果，结合资源点等级、现状水系、主要交通道路，对绿道网络进行分级。一级绿道依托浑江水系及现状道路，形成"一纵两横"的网络结构。其中，纵向轴线依托沿线丰富的特色旅游资源与蜿蜒的浑江水系，形成本次规划中的特色风景廊道。二级绿道以一级绿道网络为基础，形成覆盖全域的环形结构，增加全域特色旅游资源的连通性和可达性。在一级、二级绿道网络基础上延伸三级绿道，以衔接尚未到达的资源点，最终形成"一纵两横一环"的桓仁全域绿道网络结构。

4 结语

全域旅游视角下县域绿道的建设，在提高生态环境质量的同时有效串联了全域特色资源，有助于旅游型城镇全域资源的统筹开发与合理利用，促进旅游业的发展，进而推动县域经济的提升。本文以桓仁满族自治县为例，探索了特色资源驱动型县域绿道网络的构建，填补了不同全域旅游发展模式下县域绿道网络构建研究的空白。但由于本研究的绿道网络系统构建要充分考虑生产、生态、生活等多方面要素影响，同时秉承以人为本的原则，要兼顾本地居民与外来游客等多方社群，因此数据的精确度与丰富度具有一定局限性，在后续研究中仍需要不断完善。

参考文献

[1] 曹辉，李正雄. 全域旅游背景下县域经济发展的研究综述[J]. 中国市场，2018(19)：14-16.

[2] 王佳果，韦俊峰，吴忠军. 全域旅游：概念的发展与理性反思[J]. 旅游导刊，2018，2(3)：66-80.

[3] 罗坤. 大都市区绿道选线规划与建设策略研究——以上海市徐汇区绿道为例[J]. 城市规划学刊，2018(3)：77-85.

[4] 郭伟，薛耀文. 基于全域旅游的龙头景区带动型模式研究——以山西省临汾市为例[J]. 改革与战略，2019，35(2)：71-81.

[5] 盛建峰，何大权. 基于生态旅游特色的县域绿道网专项规划探析[J]. 规划师，2012，28(S2)：81-84.

[6] 吕俊芳. 辽宁沿海经济带"全域旅游"发展研究[J]. 经济研究参考，2013(29)：52-56；64.

[7] 曾祥辉，郑耀星. 全域旅游视角下永定县旅游发展探讨[J]. 福建农林大学学报(哲学社会科学版)，2015，18(1)：86-91.

[8] 刘玉春，贾璐璐. 全域旅游助推县域经济发展——以安徽省旌德县为例[J]. 经济研究参考，2015(37)：97-101；112.

[9] 盛鸣. 对当前我国绿道网规划建设"热"的思考与对策[J]. 风景园林，2015(5)：31-37.

[10] 孙蕾，潘宜. 波士顿大都市公园系统与珠三角区域绿道的比较研究——以深圳为例[J]. 中国园林，2011，27(1)：17-21.

[11] Gobster P H, Westphal L M. The human dimensions of urban greenways: Planning for recreation and related experiences[J]. Landscape and Urban Planning, 2004, 68 (2-3): 147-165.

[12] 何志明. 城市滨河绿道使用状况评价研究以——杭州主城区为例[D]. 杭州：浙江大学，2013.

[13] 张文，范闻捷. 城市中的绿色通道及其功能[J]. 国外城市规划，2000(3)：40-43.

[14] 闫东升，朱战强，黄存忠. 广州市城市绿道旅游景观意象研究[J]. 旅游学刊，2016，31(12)：85-95.

[15] 刘家明. 创建全域旅游的背景、误区与抓手[J]. 旅游学刊，2016，31(12)：7-9.

[16] 杨阿莉，叶洋洋. "美丽中国"愿景下绿道旅游发展的使命与战略[J]. 旅游学刊，2016，31(10)：9-11.

[17] 曹加杰，傅剑玮. 基于InVEST模型和最小成本路径的城市绿色空间生境网络构建方法研究——以南京为例[J]. 中国园林，2023，39(1)：53-58.

[18] 王春晓，黄佳雯，林广思. 基于选线适宜性评价的城镇型绿道规划方法研究[J]. 风景园林，2020，27(7)：108-113.

[19] 滕耀宝. 基于最小阻力模型的潇贺古道遗产廊道网络构建研究[J]. 规划师，2020，36(8)：66-70.

作者简介

王梦瑶，1998年生，女，汉族，河北人，沈阳建筑大学建筑与规划学院硕士在读，研究方向为城市规划。电子邮箱：814603924@qq.com。

(通信作者)彭晓烈，1971年生，男，汉族，湖北人，博士，沈阳建筑大学设计集团有限公司，董事长、教授级高级工程师，研究方向为城乡规划。电子邮箱：pengxl@sjzu.edu.cn。

城市生物多样性

气候变化背景下北京市黑鹳适生区和景观格局相关性研究

Study on Correlation between Suitable Distributions of Ciconia nigra and Landscape Patterns in Beijing under Climate Change

陈 红 何玥彤 郑 曦*

摘 要：黑鹳是我国Ⅰ级保护物种，北京市是黑鹳繁殖和越冬的重要地点之一。气候变化和城市化进程通过影响景观格局改变黑鹳生境，本文基于最大熵模型和景观格局评价相关理论与手段，结合空间自相关分析，研究气候变化对北京市黑鹳适生区分布格局影响的同时探讨黑鹳适生区和景观格局的空间相关性，为提高北京市黑鹳保护水平和黑鹳适生区景观规划设计提供指导依据。

关键词：黑鹳；适生区；景观格局；生物多样性；空间自相关

Abstract: Ciconia nigra, as the first class protected species in China, Beijing is one of its important habitats for breeding and overwintering. Climate change and urbanization change the habitats of Ciconia nigra by influencing landscape pattern. Based on the relevant theories and methods of Maximum Entropy Model and landscape pattern evaluation, this paper studies the impact of climate change on the distribution pattern of suitable distribution of Ciconia nigra in Beijing and explores the spatial correlation between suitable area and landscape pattern of Ciconia nigra through spatial autocorrelation analysis, in order to provide guidance for improving the protection level of Ciconia nigra and landscape planning of suitable areas for Ciconia nigra in Beijing.

Keywords: Ciconia nigra; Suitable Distribution; Landscape Pattern; Biodiversity; Spatial Autocorrelation

引言

黑鹳（Ciconia nigra）作为鹳形目（Ciconiiformes）大型涉禽，数量稀少，不仅是国家Ⅰ级重点保护动物，更被列入国际自然资源保护同盟濒危鸟类红皮书和国际鸟类保护委员会濒危鸟类名录[1]。黑鹳对生境质量要求极高，景观格局是影响生境质量的关键因素[2]，湿地是黑鹳主要栖息生境类型，气候变化已上升为影响湿地生境的主要因素之一[3-4]。同时，城市化进程影响了区域气候变化并加剧了景观破碎化程度[5]，景观破碎化通过影响生态系统能量的流动和转化进而导致生态环境质量下降和生物多样性降低[6]，威胁黑鹳的生存。当前对黑鹳的保护研究多聚焦于种群动态[7]、适生区模拟和保护区构建[3,8]，很少进一步探究适生区与景观格局之间的关系。

北京市是黑鹳繁殖和越冬的重要地点之一[8]，近些年黑鹳频繁出现在北京市房山区拒马河流域[9]。为提高北京市黑鹳保护水平并为黑鹳适生区景观规划设计提供指导依据，本文基于物种适生区模拟和景观格局评价相关理论与手段，研究气候变化对北京市黑鹳分布格局的影响，并借助空间自相关分析探究黑鹳适生区和景观格局间的关系。

1 研究区概况和数据来源

1.1 研究区概况

北京市（39°26′N～41°04′N，115°25′E～117°30′E）地处华北平原西北部，地势西北高、东南低，占地面积16410.54 km²，属暖温带半湿润大陆性季风气候，降水量呈现时空分布不均的特点。北京市野生动植物资源丰富[10]，其中野生鸟类约占我国鸟类物种数的三分之一[11]。黑鹳作为世界濒危鸟类，被列为我国Ⅰ级保护动物，其在北京市主要分布于房山市拒马河和密云水库等山谷湿地一带。

1.2 数据来源

本研究所用数据主要包括黑鹳分布数据、地理空间数据和社会经济数据（表1）。

数据来源及用途　　　　表1

数据类别	数据描述	数据来源	数据用途
物种分布数据	黑鹳分布数据	中国鸟类观测中心网站	物种适生区模拟
地理空间数据	30m空间分辨率DEM	地理空间数据云	土地利用模拟和物种适生区模拟

---

① 基金项目：城乡人居生态环境学（北京高校高精尖学科建设项目）。

续表

数据类别	数据描述	数据来源	数据用途
地理空间数据	30m空间分辨率Landsat 5 TM地表反射率数据集（LANDSAT/LT05/C01/T1_SR）	谷歌地球引擎	土地利用模拟
	Landsat 8 OLI地表反射率数据集（LANDSAT/LC08/C01/T1_SR）	谷歌地球引擎	土地利用模拟
	土壤类型数据	中国科学院地理科学与资源研究所数据中心	土地利用模拟
	2020年30年代生物气候变量数据	WorldClim	物种适生区模拟
	坡度、坡向	根据DEM数据提取	土地利用模拟和物种适生区模拟
	水系分布数据	OpenStreetMap	土地利用模拟
社会经济数据	公路和铁路数据	OpenStreetMap	土地利用模拟
	GDP	中国科学院地理科学与资源研究所数据中心	土地利用模拟
	人口密度	中国科学院地理科学与资源研究所数据中心	土地利用模拟

2 研究方法

通过模拟预测北京市2020年、2035年和2050年黑鹳适生区和景观格局，探究气候变化对黑鹳适生区的影响，并基于空间自相关理论研究黑鹳适生区和景观格局的关系，以此为景观设计提供黑鹳保护的指导意见。研究主要分为以下几步：①模拟和预测未来土地利用，为黑鹳适生区模拟和景观格局分析提供基础数据；②收集黑鹳空间分布数据并进行适生区模拟和预测，探究气候变化对黑鹳空间分布的影响；③进行景观格局指数分析，探究景观格局变化特征；④分析黑鹳适生区和景观格局空间相关性，研究景观格局指数对黑鹳的影响。

2.1 未来土地利用预测

不同用地类型为野生生物提供多样的生境并影响着物种的空间分布，首先基于Landsat数据使用ENVI软件解译北京市2010年、2015年和2020年土地利用数据，将用地类型分为建设用地、水域、林地、草地、耕地和未利用地六类，并对解译结果进行精度检验，总精度大于80%。

PLUS模型是一种面向栅格数据的土地利用变化模拟模型，它耦合了多目标优化算法，集成了LEAS模块和CARS模块，能根据具体的开发和约束情景模拟未来土地利用[12-13]。因此本研究使用PLUS v1.3.5模型模拟自然发展情景下北京市2035年和2050年土地利用情况，并根据用地类型扩张面积占比确定领域权重。基于2010年和2015年土地利用数据进行精度检验，模型总精度达0.914，kappa系数达0.867，预测结果可靠性较高[14]。

2.2 黑鹳适生区模拟

从中国观鸟记录中心筛选2015年1月1日—2020年12月31日北京市黑鹳记录数据221条，使用MaxEnt模型模拟北京市2020年、2035年和2050年黑鹳适生区分布格局。首先使用ENMtools对环境变量进行相关性分析，以排除环境变量相关性对模型准确率的干扰。当相关系数大于0.9时，利用MaxEnt的刀切法剔除贡献率较低的环境变量[15-16]。并基于R语言Kuenm包对模型参数进行优化[17-19]，特征组合（feature combination，FC）为阈值型（threshold feature）且RM（regularization multiplier）为1.1时MaxEnt模型参数达到最优标准。

运行MaxEnt软件分别对2020年、2035年和2050年黑鹳适生区分布进行10次自举法检验（bootstrap），取平均值，并根据受试者工作特征曲线（receiver operating characteristic，ROC）中的AUC值评估模型预测的准确性：0.5~0.6，预测不合格；0.6~0.7，结果较差；0.7~0.8，结果一般；0.8~0.9，结果良好；0.9~1.0，结果优秀[20]。然后分别根据10次模拟结果最大训练敏感性和特异性阈值（maximum training sensitivity plus specificity，MTSS）平均值和平衡训练遗漏率、预测面积及阈值（balance training omission, predicted area and threshold value，TTP）平均值将黑鹳生境划分为不适宜区、次适宜区和最适宜区[21-23]。

2.3 景观格局分析

相关研究表明[24-26]，景观格局与生境质量存在一定的相关性，其通过影响生态系统结构和功能来影响生境质量，进而影响生物多样性的保护与生态安全格局的构建。本文共筛选出7个指标利用Fragstats 4.2软件进行景观格局指数景观尺度的分析[27-31]：聚合度指数（AI）、散布与并列指数（IJI）、最大斑块指数（LPI）、景观形状指数（LSI）、斑块密度（PD）、Shannon多样性指数（SHDI）和Shannon均匀度指数（SHEI）。

2.4 空间自相关分析

为探究黑鹳适生区和景观格局指数在空间分布上的关系，利用GeoDa软件中的双变量Moran's I指数分析对二者进行全局相关性和局部相关性的研究。全局双变量Moran's I指数可用于描述两个地理空间要素的空间关联和依赖特征，局部双变量Moran's I指数可用于分析两个地理空间要素不同空间单元的空间相关性[32-34]。全局空间相关性根据I值判断，I值范围为[−1，1]，小于0时呈负相关，大于0时呈正相关，趋近0时表明相关性减弱。局部相关性依据网格内Moran's I指数与邻近网格Moran's I的关系，分为H-H（高-高）、L-L（低-低）、H-L（高-低）、L-H（低-高）4种类型[35]。

为减小误差，本研究首先利用ArcGIS 10.6对研究区进行1.8km×1.8km的幅度采样，以保证与景观格局移动窗口分析尺度一致，共生成5377个网格，并利用zonal statistics as table工具分别提取相应网格单元的适生区指数和景观格局指数，然后使用GeoDa软件进行黑鹳适生区和景观格局的相关性分析。

3 结果与分析

3.1 黑鹳适生区空间分布格局

2020年、2035年和2050年黑鹳适生区模拟10次的AUC平均值分别为0.871、0.861、0.858，标准差分别为0.027、0.027、0.037，AUC最大分别为0.914、0.890、0.907，表明模型预测精度较好。

分别对2020年、2035年和2050年MTSS和TPT进行统计（表2），据此划分黑鹳适生区（图1），并对黑鹳适生区面积进行统计（表3）。黑鹳生境不适宜区面积呈现增长趋势，并向西北山林地带蔓延；次适宜区面积呈现先增加后减少的趋势，在三种生境类型占比最大；最适宜区面积呈现先减少后增加的趋势，主要沿浅山一带分布。

最大训练敏感性及特异性阈值和平衡训练遗漏率、预测面积及阈值　　表2

描述	阈值		
	2020年	2035年	2050年
MTSS	0.651	0.729	0.702
TPT	0.233	0.246	0.263

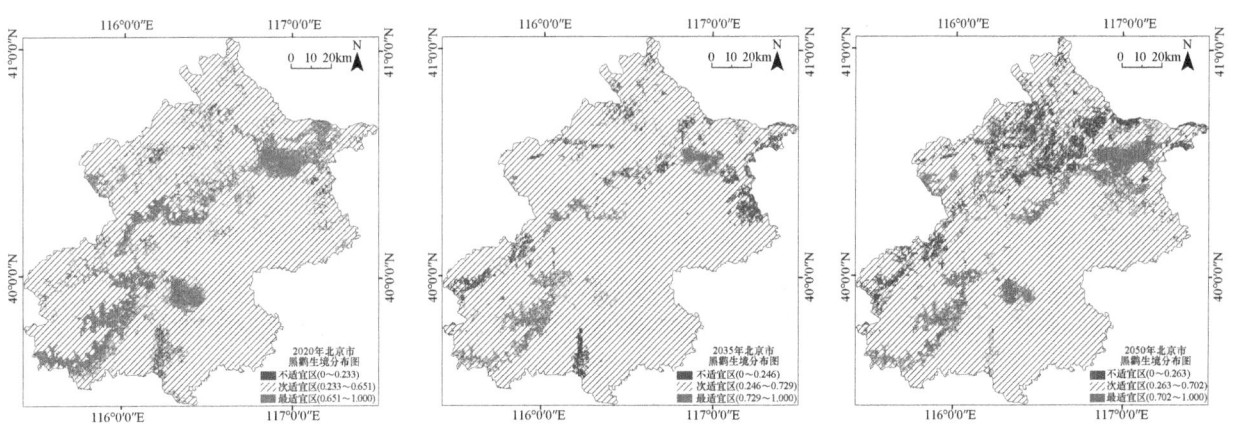

图1　黑鹳生境分布图

研究区内各适宜性等级所占面积及比例　　表3

适宜性等级	2020年		2035年		2050年	
	面积（km²）	%	面积（km²）	%	面积（km²）	%
不适宜区	130.66	0.80	370.24	2.26	698.67	4.26
次适宜区	14231.84	86.72	15326.56	93.39	14278.12	87.01
最适宜区	2048.04	12.48	713.74	4.35	1433.75	8.74

对筛选的14个环境变量的贡献率百分比（percent contribution）和置换重要性（permutation importance）进行统计（图2），选取两类重要性在2020年、2035年、2050年模拟结果中均位于前10的环境变量，探讨其与黑鹳适生区的关系[36]，最终筛选出等温性（Bio3）、温度季节性（Bio4）、最热季度的平均温度（Bio10）、降水季节性（Bio15）四个关键环境变量[37]（图3）：2020年和2035年黑鹳最适宜生境等温性取值范围分别约为28℃和27℃，2050年黑鹳最适生境对等温性这一气候变量要求增高；2020年、2035年和2050年黑鹳最适宜生境气温季节性变化取值范围分别约为1110℃、1090℃和1085℃；2020年、2035年和2050年黑鹳最适宜生境最热季度平均温度的取值范围约均为23～24.5℃；2020年和2050年黑鹳最适宜生境降水季节性取值范围分别是129～138mm和130～133mm，2035年黑鹳最适宜生境对该变量要求增高。

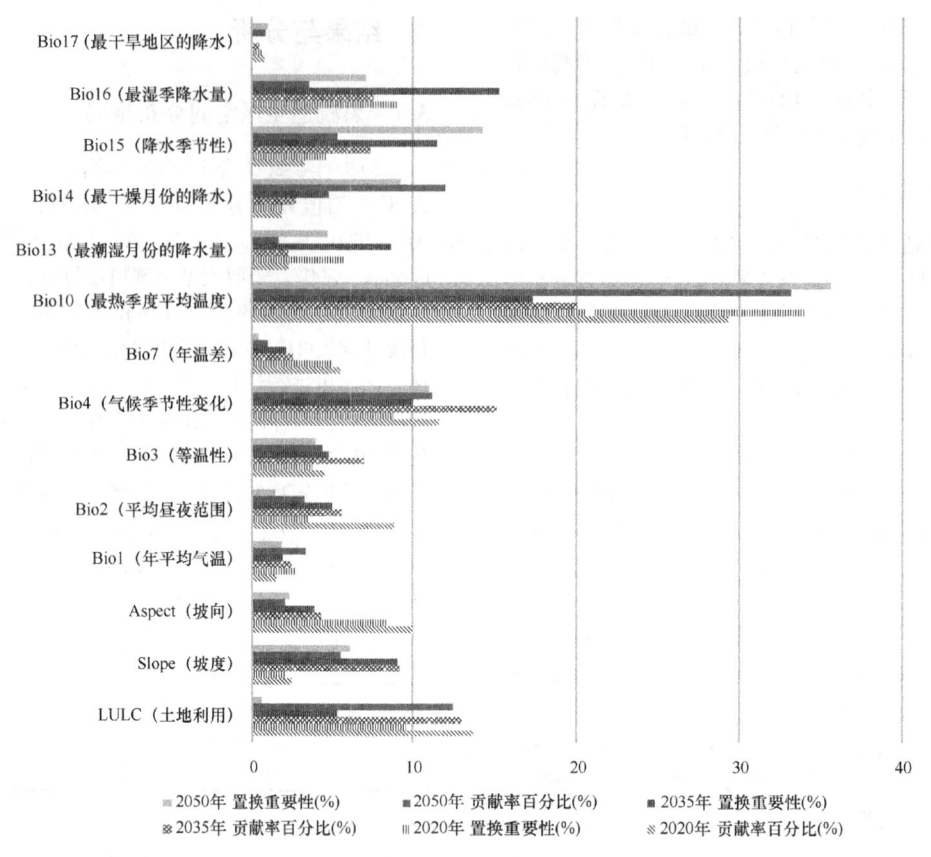

图 2 环境变量和贡献率

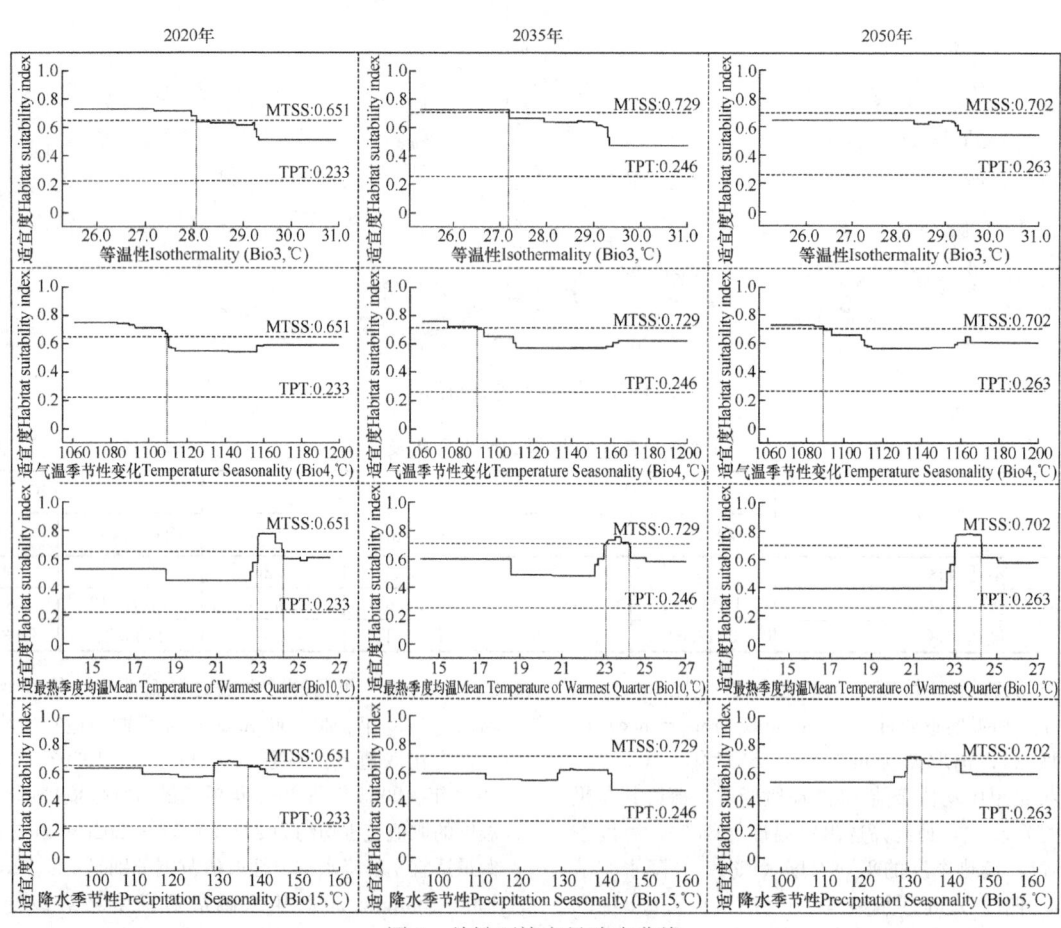

图 3 关键环境变量响应曲线

3.2 景观格局演变特征

景观格局指数运算结果如表 4 所示。聚合度指数（AI）、散布与并列指数（IJI）和斑块密度指数（PD）从不同角度表述了景观格局的破碎化程度：2020—2050 年 AI 先下降后上升，整体下降 0.0278，景观类型斑块间的连通性先减弱后增强；IJI 先下降后上升，整体上升 1.3702，景观类型混合度升高；PD 先上升后下降，整体上升 0.3697，斑块数量增多。以上指数变化表明北京市景观破碎化程度整体呈现加深趋势。LPI 整体上升 0.6752，表明景观类型斑块尺度增大；LSI 先上升后下降，整体上升 0.5824，表明景观复杂程度加深，人类活动对景观影响加大；SHDI 和 SHEI 分别下降 0.0088 和 0.0049，表明景观多样性水平降低。总体上，城市化进程和人类活动加剧了北京市景观破碎化程度并对生物多样性造成了威胁，其中以 2035 年影响程度最深，因此 2035 年黑鹳生境最适宜区面积仅为 713.74km²。

景观格局指数内涵和运算结果 表 4

指数名称	指标内涵	运算结果		
		2020 年	2035 年	2050 年
聚合度指数（AI，%）	描述每一种景观类型斑块间的连通性，值越大，斑块聚集度越高	92.1921	91.3512	92.1643
散布与并列指数（IJI，%）	反映不同景观类型空间分布关系，值越大，各景观类型混合程度越高	50.6858	49.2414	52.0567
最大斑块指数（LPI，%）	表征某一类型的最大斑块在整个景观中所占比例	40.0625	40.6215	40.7377
景观形状指数（LSI，无）	描述景观形状复杂程度	167.3829	185.1728	167.9653
斑块密度指数（PD，n/100hm²）	单位面积上的斑块数，是描述景观破碎化的重要指标	9.2667	9.679	9.6364
Shannon 多样性指数（SHDI，无）	反映景观异质性，对景观中各拼块类型非均衡分布状况较为敏感	1.1674	1.1612	1.1586
Shannon 均匀度指数（SHEI，无）	景观不同时期格局多样性均衡水平的重要指标	0.6515	0.6481	0.6466

3.3 黑鹳适生区和景观格局相关性分析

全局双变量 Moran's I 指数分析结果显示（表 5），黑鹳适生区与景观指数 AI、LPI 存在较弱的空间负相关性（除 2035 年 AI 与黑鹳适生区空间相关性呈随机分布外），与景观指数 IJI、LSI、PD、SHDI 和 SHEI 呈现较弱的空间正相关性，表明黑鹳更喜欢斑块聚集度低、景观类型混合程度高、景观形状复杂和景观多样性高的栖息地环境。除 IJI 和黑鹳适生区空间相关性呈现先增强后减弱的趋势外，其他景观格局指数与黑鹳生境空间相关性均先减弱后增强。

景观格局指数和黑鹳适生区相关性 表 5

景观指数	2020 年			2035 年			2050 年		
	Moran's I	p-value	z-value	Moran's I	p-value	z-value	Moran's I	p-value	z-value
AI	−0.068**	0.0010	−9.9520	−0.007*	0.1590	−0.9808	−0.234**	0.0010	−33.6719
IJI	0.190**	0.0010	25.5064	0.208**	0.0010	28.3881	0.048**	0.0010	6.7854
LPI	−0.151**	0.0010	−21.6947	−0.115**	0.0010	−16.6720	−0.309**	0.0010	−42.1086
LSI	0.078**	0.0010	11.6861	0.018**	0.0060	2.6515	0.244**	0.0010	34.9397
PD	0.092**	0.0010	13.6846	0.054**	0.0010	8.1145	0.141**	0.0010	20.8035
SHDI	0.194**	0.0010	27.5547	0.167**	0.0010	23.9538	0.346**	0.0010	46.3471
SHEI	0.100**	0.0010	14.0846	0.056**	0.0010	7.9983	0.272**	0.0010	36.8679

注：** 为 $p<0.01$，* 表示相关性呈随机分布。

局部双变量 Moran's I 指数分析结果显示（表 6、图 4），景观格局和黑鹳适生区存在四种类型的空间相关性：H-H 型（高适宜生境和高景观格局指数）、H-L 型（高适宜生境和低景观格局指数）、L-L 型（低适宜生境和低景观格局指数）以及 L-H 型（低适宜生境和高景观格局指数），2020 年、2035 年和 2050 年各景观格局指数和黑鹳生境局部空间相关性集聚特征无太大差别。H-H 型表示高适宜生境和高景观格局指数呈现集聚现象，黑鹳生境和 AI、LPI 指数 H-H 型主要分布于北京市城中心和西南浅山区一带，表明此处空间聚合度高但景观类型单一，不适合黑鹳生存；黑鹳生境和 IJI、LSI、PD、SHDI、SHEI 指数 H-H 型主要分布在北京市环浅山一带，表明环浅山一带景观类型混合程度高、景观形状复杂、景观多样性高，更适合黑鹳生存。

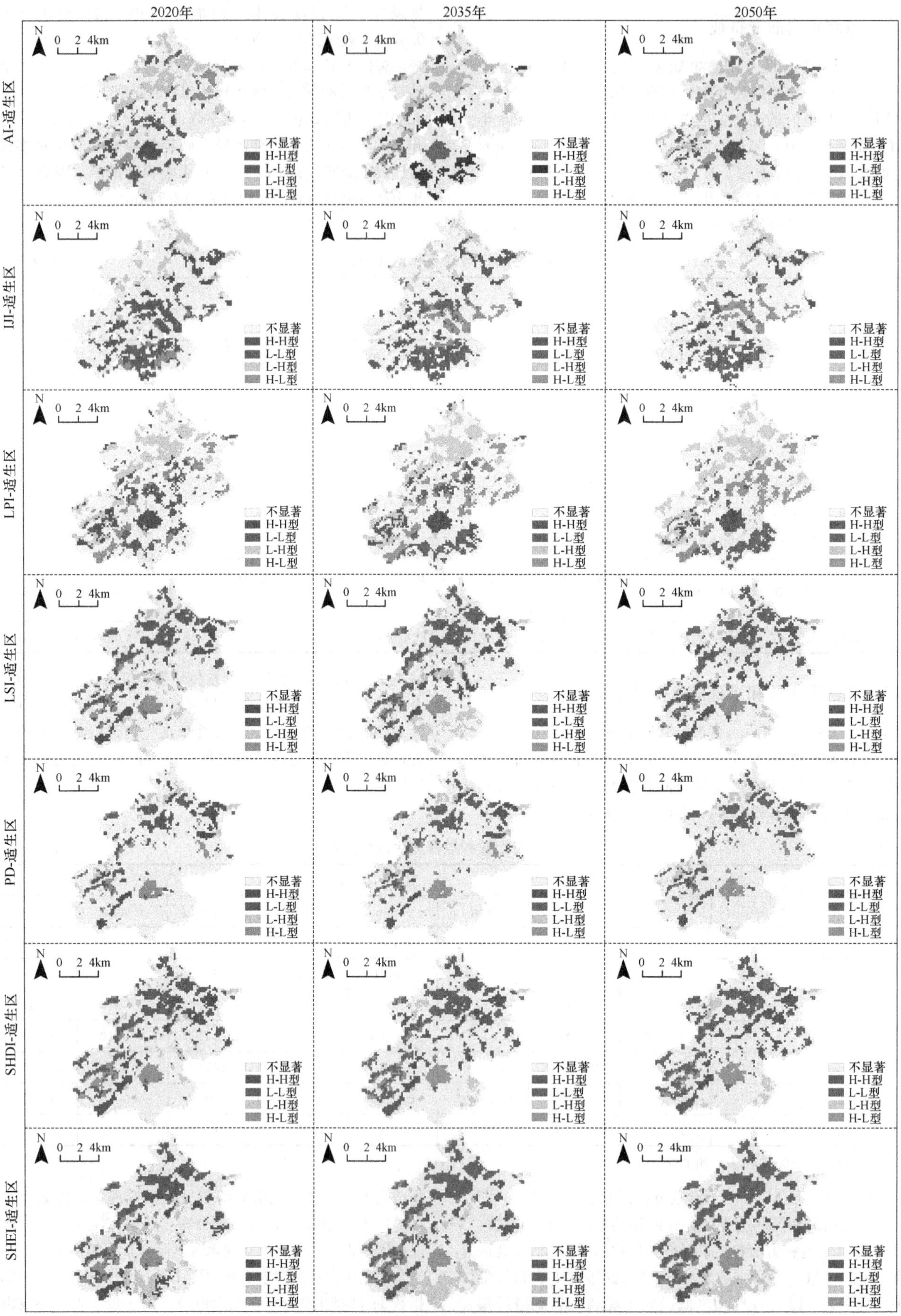

图 4 黑鹳生境和景观格局指数局部自相关分析图

黑鹳适生区和景观格局指数局部自相关聚类网格数量统计　　表6

	H-H			L-L			L-H			H-L		
	2020	2035	2050	2020	2035	2050	2020	2035	2050	2020	2035	2050
AI	280	327↑*	234↓	361	428↑*	220↓	631	680↑*	731↑	313	381↑*	446↑
IJI	433	454↑	398↓	683	600↓	460↓	335	324↓	332↑	196	314↑	365↑
LPI	323	358↑	272↓	418	440↑	361↓	773	802↑	872↑	405	490↑	610↑
LSI	322	387↑	457↑	633	688↑	732↑	344	417↑	216↓	280	324↑	233↓
PD	290	281	279↓	416	445↑	496↑	186	202↑	195↓	245	262↑	200↓
SHDI	442	513↑	554↑	711	750↑	827↑	192	183↓	181↓	295	327↑	252↓
SHEI	364	371↑	467↑	760	803↑	884↑	466	539↑	450↓	326	337↑	248↓

注：显著性过滤器参数为 $p>0.05$，↑↓表示该值较上一年份数值增减情况，* 表示相关性呈随机分布。

4 讨论与结论

4.1 讨论

（1）营建区域小气候，提高黑鹳保护水平

受气候变化和城市化进程的影响，北京市黑鹳适生区主要环浅山一带分布，其中，等温性（Bio3）、温度季节性（Bio4）、最热季度的平均温度（Bio10）和季节性降水量（Bio15）是影响其分布的关键环境变量。因此可以通过增加湿地面积[38]、提升绿化水平[39]等手段调节区域小气候，降低极端天气对黑鹳生存的威胁。

（2）提升景观丰富度，营造多样的栖息地环境

黑鹳主要分布于湿地河谷一带，对栖息地环境要求极高，通过黑鹳适生区和景观格局指数空间相关性分析，黑鹳更喜欢景观类型混合程度高、景观形状复杂、景观多样性程度高的栖息地环境，因此可依托北京市浅山现有生境类型营建多样的湿地河谷斑块并增强连通性，形成环浅山黑鹳湿生廊，提高黑鹳保护水平。

4.2 结论

2020年、2035年和2050年北京市黑鹳生境最适宜区主要沿浅山一带分布，且面积呈现先减少后增加的趋势；等温性（Bio3）、气温季节性变化（Bio4）、最热季度平均温度（Bio10）、降水季节性（Bio15）四个气候因子主要影响黑鹳适生区的分布，保护黑鹳生境可以从营造区域小气候入手；北京市景观格局破碎化程度呈现先加深后减弱的趋势，但整体破碎化程度加深，2035年要着重关注浅山一带景观多样性的营造和黑鹳的保护；黑鹳适生区和景观格局存在较弱的相关性，且相关性整体呈现增强的趋势，景观格局指数 AI、LPI 与黑鹳适生区呈空间负相关性，IJI、LSI、PD、SHDI、SHEI 与黑鹳适生区呈空间正相关性，在营建黑鹳生境时更应该注重提升景观类型混合程度，增加景观形状复杂度并提高景观多样性。

参考文献

[1] 刘伯,王红娜,樊素贞,等.河北涉县清漳河国家湿地公园黑鹳生态分布及季节动态[J].湿地科学,2020,18(4):494-499.

[2] Newbold T, Hudson L N, Hill S L, et al. Global effects of land use on local terrestrial biodiversity[J]. Nature. 2015, 520: 45-50.

[3] 白雪红,王文杰,蒋卫国,等.气候变化背景下京津冀地区濒危水鸟潜在适宜区模拟及保护空缺分析[J].环境科学研究,2019,32(6):1001-1011.

[4] 吴伟伟,顾莎莎,吴军,等.气候变化对我国丹顶鹤繁殖地分布的影响[J].生态与农村环境学报,2012,28(3):243-248.

[5] 陈方远.京津冀地区主要城市气候变化及其原因分析[D].南京：南京信息工程大学,2015.

[6] 王富武,张玉红.流域尺度的景观破碎化分析及生态环境质量评价[J].自然灾害学报,2023,32(1):67-75.

[7] 曾益波,彭波涌,刘鹏,等.西洞庭湖越冬黑鹳种群动态及行为[J].野生动物学报,2021,42(3):783-789.

[8] 王金凤,徐基良,李建强,等.基于动物适宜栖息地的北京市自然保护地保护成效评估[J].生态学报,2022,42(19):7807-7817.

[9] 李杨.北京拒马河流域黑鹳的保护生物学基础研究[D].北京：北京林业大学,2016.

[10] 冯达,胡理乐,陈建成.基于生态价值评价的北京自然保护地保护空缺分析[J].生态学杂志,2020,39(12):4233-4240.

[11] 王沫,刘畅,李晓璐,等.近自然社区公园的生物多样性特征——以北京市中心城区为例[J].生态学报,2022,42(20):8254-8264.

[12] 张鹏,李良涛,苏玉姣,等.基于PLUS和InVEST模型的邯郸市碳储量空间分布特征研究[J/OL].[2023-06-20]. https://doi.org/10.13961/j.cnki.stbctb.20230111.001.

[13] 孙欣欣,薛建辉,董丽娜.基于PLUS模型和InVEST模型的南京市生态系统碳储量时空变化与预测[J].生态与农村环境学报,2023,39(1):41-51.

[14] Wu C, Chen B, Huang X, et al. Effect of land-use change and optimization on the ecosystem service values of Jiangsu Province, China [J]. Ecological Indicators, 2020, 117: 106507.

[15] 周玉婷,葛雪贞,邹娅,等.基于Maxent模型的长林小蠹的全球及中国适生区预测[J].北京林业大学学报,2022,44(11):90-99.

[16] 杜倩,魏晨辉,梁作涛,等.中国东北地区12个建群树种对气候变化响应的 MaxEnt 模型分析[J].生态学报,2022,42(23):9712-9725.

[17] 郭云霞,王亚锋,付志玺,等.基于优化MaxEnt模型的疣果匙荠在中国的适生区预测与分析[J].植物保护,2022,48(2):40-47.

[18] 孔维尧, 李欣海, 邹红菲. 最大熵模型在物种分布预测中的优化[J]. 应用生态学报, 2019, 30(6): 2116-2128.

[19] Cobos M E, Peterson A T, Barve N, et al. Kuenm: An R package for detailed development of ecological niche models using Maxent[J]. PeerJ, 2019: 7.

[20] Swets J A. Measuring the accuracy of Diagnostic Systems[J]. Science, 1988, 240: 1285-1293.

[21] 戴凌全, 吴倩, 常曼琪, 等. 基于最大熵模型的东洞庭湖典型沉水植物生境评价[J/OL]. [2023-06-20]. http://kns.cnki.net/kcms/detail/21.1148.Q.20230414.1622.006.html.

[22] Liu C, White M, Newell G. Selecting thresholds for the prediction of species occurrence with presence-only data[J]. Journal of Biogeography, 2013: 40: 778-789.

[23] Clark J, Wang Y, August P V. Assessing current and projected suitable habitats for tree-of-heaven along the Appalachian Trail[J]. Philosophical Transactions of the Royal Society B: Biological Sciences, 2014: 369: 20130192.

[24] 庞惠心, 安睿, 刘艳芳. 武汉市城市化进程中生境质量对景观格局的样带响应[J]. 生态科学, 2022, 41(3): 33-43.

[25] 邓楚雄, 郭方圆, 黄栋良, 等. 基于INVEST模型的洞庭湖区土地利用景观格局对生境质量的影响研究[J]. 生态科学, 2021, 40(2): 99-109.

[26] 黄木易, 岳文泽, 冯少茹, 等. 基于InVEST模型的皖西大别山区生境质量时空演化及景观格局分析[J]. 生态学报, 2020, 40(9): 2895-2906.

[27] 吕乐婷, 张杰, 彭秋志, 等. 东江流域景观格局演变分析及变化预测[J]. 生态学报, 2019, 39(18): 6850-6859.

[28] 王耕, 常畅, 韩冬雪, 等. 老铁山自然保护区景观格局与生境质量时空变化[J]. 生态学报, 2020, 40(6): 1910-1922.

[29] 周德民, 宫辉力, 胡金明, 等. 三江平原淡水湿地生态系统景观格局特征研究——以洪河湿地自然保护区为例[J]. 自然资源学报, 2007(1): 86-96.

[30] 刘宇, 吕一河, 傅伯杰. 景观格局-土壤侵蚀研究中景观指数的意义解释及局限性[J]. 生态学报, 2011, 31(1): 267-275.

[31] 刘园, 周勇, 杜越天. 基于InVEST模型的长江中游经济带生境质量的时空分异特征及其地形梯度效应[J]. 长江流域资源与环境, 2019, 28(10): 2429-2440.

[32] Anselin L. Local indicators of Spatial Association-Lisa[J]. Geographical Analysis, 2010, 27: 93-115.

[33] 常玉旸, 高阳, 谢臻, 等. 京津冀地区生境质量与景观格局演变及关联性[J]. 中国环境科学, 2021, 41(2): 848-859.

[34] 刘芳锐, 张正栋, 王欣怡, 等. 粤港澳大湾区生态系统健康时空变化及其对城镇化的响应[J]. 生态学报, 2023, 43(7): 2594-2604.

[35] 李亚娇, 沈晒昕, 李家科, 等. 丹汉江流域生境质量对景观格局变化响应[J]. 环境科学与技术, 2022, 45(5): 206-216.

[36] 孙赫英, 隋晓云, 何德奎, 等. 金沙江流域鱼类的系统保护规划研究[J]. 水生生物学报, 2019, 43(S1): 110-118.

[37] 夏卓异, 苏杰, 尹海伟, 等. 气候变化背景下中国朱鹮适宜生境时空格局[J/OL]. [2023-05-24]. https://doi.org/10.13287/j.1001-9332.202306.008.

[38] 张伟, 朱玉碧, 陈锋. 城市湿地局地小气候调节效应研究——以杭州西湖为例[J]. 西南大学学报(自然科学版), 2016, 38(4): 116-123.

[39] 张彪, Amani-beni M, 史芸婷, 等. 北京奥林匹克公园夏季绿地小气候及人体环境舒适度效应分析[J]. 生态科学, 2018, 37(5): 77-86.

作者简介

陈红, 1998年生, 女, 汉族, 河南信阳人, 北京林业大学园林学院硕士在读, 研究方向为风景园林规划设计与理论。电子邮箱: 1320502253@qq.com。

何玥彤, 2000年生, 女, 汉族, 重庆人, 北京林业大学园林学院硕士在读, 研究方向为风景园林规划设计与理论。电子邮箱: heyuetong2022@163.com。

(通信作者) 郑曦, 1978年生, 男, 汉族, 北京人, 博士, 北京林业大学园林学院, 教授, 研究方向为风景园林规划设计与理论。电子邮箱: zhengxi@bjfu.edu.cn。

昆明市湿地公园鸟类多样性及其生境偏好研究

Bird Diversity and Habitat Preference in Kunming Wetland Park

李福泷　陈仕军　马长乐*　杨建欣　李　瑞

摘　要：为识别鸟类生境并开展其多样性研究，以昆明市捞鱼河、斗南、王官、海洪4个湿地公园、36块样地作为研究对象，采用样点和样线相结合的方法进行鸟类调查，对其种类、群落结构和生境等进行详细分析，探讨湿地生境与鸟类群落结构之间的耦合关系。结果表明：①湿地公园不同生境类型的资源丰富度、结构复杂度、人为干扰强度、面积大小和开放度差异等因素共同影响着鸟类多样性。②鸟类群落的多样性、均匀度、优势度和丰富度指数在不同季节的变化程度主要取决于生境资源的丰富度及其季节变化。本研究可为保护鸟类栖息地及改善湿地公园生态环境提供科学依据。

关键词：湿地公园；鸟类多样性；生境类型；昆明

Abstract: The study aimed to identify the bird habitat and investigate its diversity. In Kunming, four wetland parks including Laoyu River, Dounan, Wangguan and Haihong, were selected for the research. A combination of sampling points and lines were used to analyze the bird species, community structure, and habitat. Additionally, the study examined the coupling relationship between the wetland habitat and bird community. Results of the research indicate that the diversity of birds is jointly influenced by the resource richness, structural complexity, human disturbance intensity, area size, and openness of different habitat types in wetland parks. In different seasons, the diversity, evenness, dominance, and richness index of bird communities primarily depend on the richness of habitat resources and their seasonal variation. This study furnishes a scientific basis for protecting bird habitats and improving the ecological environment of wetland parks.

Keywords: Wetland Park; Bird Diversity; Habitat Type; Kunming

引言

　　湿地通过其独特的生态系统功能，对调节地球环境、缓解全球变化、保护生物多样性以及推动人类可持续发展发挥着至关重要的作用，加强湿地及其生物多样性的保护已成为国际社会的共识和责任。近年来，国际上对湿地鸟类的研究主要集中在珍稀濒危湿地鸟类的保护，以及鸟类的营巢生境、觅食地、栖息地碎片化对鸟类的影响等方面。我国城市鸟类学的研究起步较晚，主要集中在城市化与栖息地结构对鸟类多样性的影响、植被结构与景观对鸟类多样性的影响、城市公园绿地鸟类多样性及人为干扰对鸟类多样性的影响，对湿地鸟类生态效益的研究较少[1]。在鸟类群落结构方面，我国湿地鸟类研究初期重点是开展鸟类资源调查，为建立鸟类数据库和评价湿地生态系统提供基础信息。在鸟类多样性研究方面，相关研究常常对特定湿地区域内的所有湿地鸟类进行全面和深入的调查，获得详细的种类和数量信息，为监测湿地鸟类多样性变化提供参考。

　　本研究通过调查昆明市湿地公园鸟类多样性及季节动态变化规律，详细掌握鸟类资源现状，分析不同湿地公园鸟类种类、数量、分布及季节动态变化等，以评估天然生境减少及人造生境自然化的过程对鸟类的影响，阐述鸟类适应生境变化的过程。在此基础上，为保护鸟类栖息地及改善城市湿地公园绿地生态环境提供科学依据。

1　研究方法

1.1　研究地点选择

　　昆明市地处云贵高原，地形地貌复杂，气候条件温和并存在较大空间差异，垂直气候带较为突出，各地海拔和地形差异导致气候特征存在差异，如温度、降水等受局部地形影响而变化较大。通过对昆明市各大湿地公园进行实地勘察、综合对比后，本研究共选取鸟类资源丰富、生境类型多样的捞鱼河、斗南、王官和海洪4个湿地公园作为研究地点。在生境类型、可达性、适宜鸟类观测以及区域代表性等方面进行考虑，选取36块样地开展鸟类多样性与生境结构的调查（捞鱼河湿地公园11块样地、斗南湿地公园13块样地、王官湿地公园5块样地、海洪湿地公园7块样地），每块样地面积1000m²左右。

1.2　鸟类调查

　　于2021年10月～2022年9月对目标样地的鸟类物种多样性分布进行调查，采用定点观测法和样线法相结合的方式，选择天气晴朗、温度适宜的日子，在鸟类活跃的时段(7:00～10:00)开展调查。使用八倍双筒望远镜站在样方中心，记录样点半径50m内鸟类种类和数量以及所处生境类型[2]。观测时，根据调查区域的实际情况确定鸟类观测的样线，并在样线上选取样点。每月进行1次鸟类调查活动。每个样点停留时间15～20min[3]。参考《中国鸟类野外手册》[4]《云南植物志》[5]进行识别，根据实地观测的鸟类群落信息，查询《中国鸟类图鉴》[6]，将实地观察结果与文献参考资料进行对比分析，确定各鸟类在湿地不同生境的具体生活习性和行为特征，按不同湿地和不同季节构建详细的表格，记录不同鸟种的种类数量、分布区域、主要活动形式和时间等信息。

采用 Margalet 指数（R）、Shannon-Wiener 指数（H）、Simpson 指数（M）、Pielou 指数（E）、群落相似性系数（S）、Berger-Parker 优势度指数（I）综合评价 4 个湿地公园鸟类的物种多样性，以此反映湿地鸟类的物种组成、相对丰富度及分布均匀性等群落特征，其中：

Margalet 指数（R）计算公式为：

$$R = \frac{S-1}{\log_2 N} \quad (1)$$

式中，S 为物种数目；N 为物种个体总数。

Shannon-Wiener 指数（H）计算公式为：

$$H = -\sum_{i=1}^{n}(P_i)(\ln P_i) \quad (2)$$

式中，n 为物种数；N 为物种个体总数；P_i 为第 i 个物种的个体数占物种个体总数中的比值，$P_i = n_i/N$；n_i 为第 i 个物种的数量[7]。

群落相似性系数（S）计算公式为：

$$S = \frac{2c}{a+b} \quad (3)$$

式中，S 为相似性系数；a 为群落 A 的物种数；b 为群落 B 的物种数；c 为 A 和 B 两个群落中共有的物种数。

Pielou 指数（E）计算公式为：

$$E = \frac{H}{\ln S} \quad (4)$$

式中，S 为鸟类种数；H 为 Shannon-Wiener 多样性指数。

Simpson 指数（M）计算公式为：

$$M = \sum_{i=1}^{s}\left(\frac{n_i}{N}\right)^2 \quad (5)$$

式中，S 为鸟类种数；N 鸟种个体总数；n_i 为第 i 鸟种的数量。

Berger-Parker 优势度指数（I）计算公式为[8]：

$$I = \frac{N_i}{N} \quad (6)$$

式中，i 为第 i 个物种的个体数量；N 为总个体数。划分优势度等级的标准为：优势种（>10%）、常见种（1%~10%）、稀有种（<1%）[1]。

2 结果与分析

2.1 湿地公园鸟类物种组成

共记录到鸟类 87 种，隶属 13 目 39 科（表 1）。从目前的水平来看，雀形目（Passeriformes）最为丰富，共 54 种（占比 62.07%）；其次是鹈形目（Pelecaniformes）8 种，鸻形目（Charadriiformes）7 种；其他还涉及少量鸽形目（Columbiformes）、鹤形目（Gruiformes）、雁形目（Anseriformes）等鸟类，虽然数量较少，但种类组成较为齐全（表 1）。其中记录有国家一级保护动物 1 种：遗鸥（Larus relictus）。

湿地公园鸟类组成　　　　　　　　表 1

目	科数	物种数	物种数占比（%）
雀形目（Passeriformes）	24	54	62.07
鹈形目（Pelecaniformes）	1	8	9.19
鸻形目（Charadriiformes）	3	7	8.04
鸽形目（Columbiformes）	1	5	5.75
鹤形目（Gruiformes）	1	3	3.45
雁形目（Anseriformes）	2	2	2.3
雨燕目（Apodiformes）	1	2	2.3
䴙䴘目（Podicipediformes）	1	1	1.15
佛法僧目（Coraciiformes）	1	1	1.15
鹃形目（Cuculiformes）	1	1	1.15
䴕形目（Piciformes）	1	1	1.15
犀鸟目（Bucerotiformes）	1	1	1.15
鹰形目（Accipitriformes）	1	1	1.15
总计	39	87	100

2.2 居留型组成、生态类型组成

从居留情况看（图 1），调查区域鸟类物种组成以留鸟为主，冬候鸟次之，最后为夏候鸟和旅鸟[9]。在所记录到的 87 种鸟类中，留鸟 57 种，占调查鸟类物种总数的 65.52%[1]；其次为冬候鸟 14 种，占 16.09%；夏候鸟 12 种，占 13.79%；旅鸟 4 种，占 4.6%。

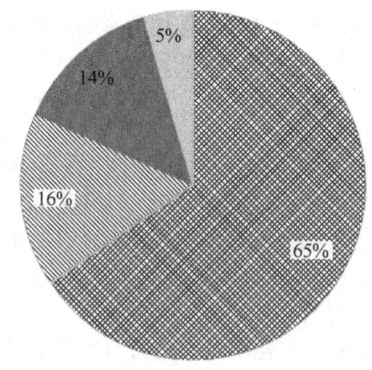

图 1　鸟类居留型

从生态类型看（图 2），四个湿地公园鸟类以鸣禽为主，种类最为丰富。在所记录到的 87 种鸟类中，鸣禽共调查到 55 种，占调查鸟类的 63.21%；涉禽共调查到 12

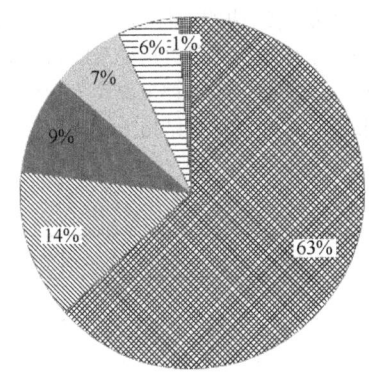

※ 鸣禽　※ 涉禽　■ 游禽　▨ 攀禽　≡ 陆禽　▦ 猛禽

图 2　鸟类生态类型

种，占 13.79%；游禽 8 种，占 9.2%；攀禽 6 种；陆禽 5 种；猛禽 1 种[10]。

2.3 鸟类生境类型与鸟类多样性的关系

通过调查分析昆明市湿地公园样地的温度、光照、湿度、距市中心距离、城市化程度、样线布设等情况，将湿地生境分为 7 种类型：①草地：以草本植物为主；②道路：含水泥路、柏油路及土路；③灌丛：以灌草为主；④河流：主要是入/出库河流[11]；⑤库塘：含水库、池塘、水田（有水）；⑥阔叶林；⑦针阔混交林。研究选取的 36 块样地中，包括草地 3 块、道路 4 块、灌丛 3 块、河流 11 块、库塘 4 块、阔叶林 4 块、针阔混交林 7 块。

2.3.1 不同生境下的鸟类物种组成

经调查和统计，草地生境鸟类有 35 种 2418 只，优势种为红嘴鸥（Chroicocephalus ridibundus），常见种为白喉红臀鹎（Pycnonotus aurigaster）、黑卷尾（Dicrurus macrocercus）、麻雀（Passer montanus）等，稀有种为红臀鹎（Pycnonotus cafer）、山斑鸠（Streptopelia orientalis）、黑额伯劳（Lanius minor）等；道路上鸟类有 44 种 8512 只，无优势种，常见种为白鹡鸰（Motacilla alba）、黄眉柳莺（Phylloscopus inornatus）、鹊鸲（Copsychus saularis）等，稀有种为普通翠鸟（Alcedo atthis）、噪大苇莺（Acrocephalus stentoreus）、中白鹭（Ardea intermedia）等；灌丛生境鸟类有 37 种 685 只，优势种为红嘴鸥（Chroicocephalus ridibundus），常见种为遗鸥（Ichthyaetus relictus）、树麻雀（Passer montanus）、白颊噪鹛（Pterorhinus sannio）等，稀有种为纯色山鹪莺（Prinia inornata）、蓝额红尾鸲（Phoenicurus frontalis）、扇尾沙锥（Gallinago gallinago）等；河流生境鸟类有 59 种 6666 只，优势种为红嘴鸥（Chroicocephalus ridibundus），常见种为家燕（Hirundo rustica）、骨顶鸡（Fulica atra）、白鹭（Egretta garzetta）等，稀有种为牛背鹭（Bubulcus coromandus）、大杜鹃（Cuculus canorus）、黄苇鳽（Ixobrychus sinensis）等；库塘生境鸟类有 51 种 2373 只，优势种为红嘴鸥（Chroicocephalus ridibundus），常见种为黑水鸡（Gallinula chloropus）、黄臀鹎（Pycnonotus xanthorrhous）、鹊鸲（Copsychus saularis）等，稀有种为黑领椋鸟（Gracupica nigricollis）、苍鹭（Ardea cinerea）、白腰文鸟（Lonchura striata）等；阔叶林生境鸟类有 26 种 470 只，优势种为红嘴鸥（Chroicocephalus ridibundus），常见种为乌灰鸫（Turdus cardis）、红头长尾山雀（Aegithalos concinnus）、灰喜鹊（Cyanopica cyanus）等，稀有种为黄腰柳莺（Phylloscopus proregulus）、绿背山雀（Parus monticolus）、黑胸鸫（Parus monticolus）等；针阔混交林生境有 46 种 3764 只，优势种为红嘴鸥（Chroicocephalus ridibundus），常见种为丝光椋鸟（Spodiopsar sericeus）、小䴙䴘（Tachybaptus ruficollis）、珠颈斑鸠（Spilopelia chinensis）等，稀有种为白眼潜鸭（Aythya nyroca）、黑头蜡嘴雀（Eophona personata）、灰头麦鸡（Vanellus cinereus）等。

总体来看，不同生境物种数和个体总数差异较大。其中河流生境物种数最高，达 59 种，个体总数也最多，为 6666 只；阔叶林生境的物种数和个体总数最低，仅有 26 种 470 只。这表明河流生境最为复杂，可以提供更多的生存空间和食物资源，有利于维持较高的生物多样性。而阔叶林生境相对单一，资源匮乏，不利于鸟类存活。除阔叶林生境外，其他生境的物种数均在 35 种以上，个体总数皆超过 600 只，可见调查区域生物多样性较丰富。草地生境的物种数与阔叶林生境的差异有统计学意义（$p < 0.05$），与道路、灌丛、河流、库塘、阔叶林、针阔混交林生境的差异无统计学意义（$p > 0.05$）。

2.3.2 不同生境下的鸟类群落多样性分析

不同生境类型的鸟类多样性指数和鸟类均匀度指数相比较都是道路最高，针阔混交林最低；鸟类优势度指数道路最高，草地最低；鸟类丰富度指数河流最高，阔叶林最低。7 种生境类型的鸟类多样性指数、均匀度指数、优势度指数趋势变化基本一致。道路生境多样性指数和均匀度最高，优势度最高，说明该生境可以支持较高的鸟类物种丰富度，但物种之间的相对分布不够均匀，物种组成较单一，优势种群所占比例较大，鸟类群落结构不稳定，生境适宜度较低。灌丛生境多样性和均匀度、优势度都较高，鸟类群落结构不够稳定，难以为大部分鸟类物种提供充足和长期稳定的生存资源。阔叶林生境多样性和优势度较高，但丰富度较低，对部分鸟类物种较为适宜，但生境质量对更多物种来说较差，难以形成高丰富度和稳定的群落结构。库塘和河流生境物种丰富度最高，但其他指数较低。这可能由于库塘生境结构较单一，虽然可以提供丰富食物支持更多物种，但难以维持高的群落稳定性。草地生境各指数较低，鸟类多样性较低，主要由于资源的缺乏和频繁的人为干扰，应改善生境，减少干扰，促进鸟类多样性。针阔混交林生境各指数最低，鸟类资源最贫乏，主要由于人为活动频繁、生境破碎化和资源减少导致，应控制人为活动，恢复生境连续性和资源丰富度。

2.3.3 不同生境相似性分析

通过生境相关性分析，采用相似性系数评价不同生境类型间鸟类群落结构的相似程度。生境类型的不同直接影响鸟类群落结构的形成，环境条件的相近性也影响了鸟类物种组成和丰富度的相似程度。由表2可知，草地生境和阔叶林生境的鸟类群落结构相似性最低，相似性系数仅为0.52，说明两种生境类型的鸟类组成和丰富度存在较大差异，环境条件对不同鸟类物种的适宜程度不同，导致鸟类的生存和聚集策略不同。针阔混交林生境和库塘生境的鸟类群落结构相似性最高[13]，相似性系数达0.72，说明两种生境类型的鸟类物种组成和丰富度较为接近，环境条件对大多数鸟类物种来说较为适宜，鸟类的生存策略较为相似，因而在群落结构上也较为接近。

不同生境鸟类群落相似性系数[12]　　　表2

生境类型	草地	道路	灌丛	河流	库塘	阔叶林	针阔混交林
草地	—	0.63	0.53	0.62	0.7	0.52	0.67
道路	25	—	0.67	0.7	0.67	0.57	0.6
灌丛	19	27	—	0.58	0.61	0.6	0.58
河流	29	36	28	—	0.71	0.59	0.69
库塘	30	32	27	39	—	0.55	0.72
阔叶林	16	20	19	25	21	—	0.56
针阔混交林	27	27	24	36	35	20	—

2.3.4 鸟类多样性比较

从表3可以看出，4个湿地公园的鸟类资源均较为丰富，但程度不同，捞鱼河湿地公园的鸟类资源最为丰富，王官湿地公园最低。从均匀度指数和优势度指数可以看出，各物种在体量和数量上分布较为均衡，这有利于维持群落的稳定性。从多样性指数、丰富度指数可以看出，捞鱼河湿地公园的鸟类种数最多，个体数量也最丰富，这与捞鱼河湿地公园水域面积最大、生境类型最丰富、人为干扰较小有关。王官湿地公园由于湿地面积较小，生境类型较为单一，人为活动频繁，难以维持高度的鸟类多样性，所以鸟类资源较为缺乏，四个指数值均最低，物种数量和丰富度均较低。斗南湿地公园和海洪湿地公园的鸟类资源处于中等丰富状态，四个指数均高于王官湿地公园但低于捞鱼河湿地公园，物种组成较为均衡，没有明显的优势种群。

湿地公园鸟类多样性分析表　　表3

样地编号	多样性指数	均匀度指数(E)	优势度指数(M)	丰富度指数(R)
捞鱼河	2.4239	0.5873	0.8010	5.1402
斗南	1.6710	0.4189	0.5501	4.1783
王官	0.5696	0.1692	0.1912	2.4500
海洪	1.3566	0.3564	0.4746	3.6757

3 结论与讨论

3.1 不同生境对鸟类多样性的影响

湿地公园不同生境类型的资源丰富度、结构复杂度、人为干扰强度、面积大小和开放度的差异等因素，共同影响着鸟类多样性。河流和库塘生境鸟类种类最为丰富，达59种和51种，这是由于水域生境可以提供丰富的食物和栖息资源；而草地生境鸟类种类最少，仅35种，资源较为匮乏，难以满足多种群需求。道路生境鸟类数量最多，达8512只，这显示道路生境可以提供较大活动空间和资源支持大数量种群；针阔混交林次之，3764只；而灌丛生境鸟类数量最少，仅685只，空间和资源限制了种群数量。道路、河流和针阔混交林生境的复杂空间结构提供各种生态位，利于种群共存，支持较高的鸟类多样性；而草地和灌丛生境较单一，生态位少，共存能力差，鸟类多样性受限。河流和库塘生境面积最大，可以提供更多生存空间和资源，支持更高的种群数量和鸟类多样性；而灌丛生境面积最小，种群数量和鸟类多样性较低。针阔混交林和阔叶林生境较稳定，利于种群长期生存；而道路生境由于人为干扰较大，不利于某些稀有种群生存，但由于资源丰富，仍可以支持较高多样性。

理想的鸟类生境应在这五个方面达到平衡：资源丰富可以满足各种群需求，维持较高的种群数量；结构复杂可以提供适宜的生态位，支持种群细分与共存，保持生物多样性；干扰小可以维持稳定的生存环境，防止种群数量与分布范围下降；面积大可以提供更多生存空间和资源，支持更高的生物多样性；较开放可以促进种群扩散与交流，提高生物多样性。相反，资源匮乏、结构简单、干扰频繁、面积小和封闭封锁的生境，种群数量少，种类贫乏，难以达到较高多样性。这些生境条件的差异，将导致不同生境类型的鸟类多样性差异。

3.2 鸟类群落结构的季节性变化

捞鱼河春季鸟类群落最为丰富和稳定，各指数最高；秋季减少，群落稳定性降低；冬季略有回升，但仍低于春季。这表明，春季是捞鱼河鸟类群落最盛期，秋季鸟类数量减少，群落结构受到影响。斗南春季鸟类群落较丰富但较不稳定，秋季增加，冬季显著减少。这表明斗南鸟类群落在秋季最为稳定，并在此期达最高峰值，春季和冬季较不稳定。王官夏季鸟类群落最为丰富和稳定，其他季节较贫乏且不稳定。这表明王官鸟类群落以夏季为主要活动季节，其他季节因环境限制很难达到较高指数。海洪春季和秋季鸟类群落较为丰富且稳定，夏季和冬季贫乏且不稳定。这表明海洪鸟类群落主要在春季和秋季活动，受环境条件的影响,在夏季和冬季生存较困难。

鸟类群落的多样性、均匀度、优势度和丰富度指数在不同季节的变化程度主要取决于生境资源的丰富度及其季节变化差异。资源丰富且季节变化大的湿地公园,如捞鱼河和王官,鸟类群落结构在不同季节的变化也较大;资源较贫乏且季节变化小的湿地公园,如海洪,群落结构的季节变化也相对较小。春季和秋季为活动高峰期,鸟类种类丰富、分布均匀、数量多,且无明显优势种群;而夏季和冬季为活动减弱期,种类和数量减少,分布不均匀,优势种群可能占据主导地位。这是鸟类活动强度变化导致的结果,但活动强度的变化幅度也受生境资源及其季节变化的影响和制约。

综上,4个湿地公园鸟类群落的季节性变化各有特点,但总体上春季和秋季是鸟类活动的高峰期,群落较为丰富和稳定。夏季受高温制约,冬季受低温和食物匮乏的影响,鸟类活动减弱,群落稳定性下降。

3.3 湿地公园鸟类生境修复思考

调查区域拥有草地、道路、灌丛、河流、库塘、阔叶林和针阔混交林等多种生境类型,资源与环境条件各异。根据鸟类多样性监测结果,道路、灌丛和阔叶林生境的多样性指数较高,河流和库塘生境也较适宜,而草地和针阔混交林生境的支持能力较弱。为提高公园内鸟类多样性,生境修复可采取差异化策略:对多样性较高和条件较适宜的生境(如道路、灌丛),应加强保护,控制人为干扰;对条件较差和不利于鸟类的生境(如草地、针阔混交林),应采取改善措施,如增加食物来源和栖息地资源、优化空间结构、限制破坏活动等,以提供更好的生存环境。对水域生境(河流、库塘),水资源的丰富是关键,应采取保证水体流动、控制污染、增加水生植被等措施以提供充足的食物来源;水域堤岸的结构也应避免过于简单,可以增加斜坡等地形以提供更多生态位。除此以外,生境修复还需考虑区域连接性,开放一定通道以利于鸟类觅食与移动。定期监测鸟类群落动态,评估生境修复效果,以便及时调整与优化措施。

总之,通过差异化保护各生境、改善条件较差的生境、维持水域资源丰富、提高连通性等措施以全面提高湿地公园的生境质量和环境适宜度,促进鸟类多样性。

参考文献

[1] 程威,袁兴中. 彩云湖国家湿地公园鸟类群落及其多样性[J]. 西南师范大学学报(自然科学版),2022,47(10):67-78.

[2] 李朝晖,黄成,虞蔚岩,等. 南京江心洲鸟类群落特征[J]. 动物学杂志,2007(4):117-122.

[3] 于姬,卜祥龙,刘玉安,等. 辽宁滨海(环渤海)湿地鸟类多样性调查与研究[J]. 海洋环境科学,2021,40(6):955-964.

[4] 约翰·马敬能,卡伦·菲利普斯,何芬奇. 中国鸟类野外手册[M]. 长沙:湖南教育出版社,2000.

[5] 云南省植物研究所. 云南植物志[M]. 北京:科学出版社,1997.

[6] 赵欣如. 中国鸟类图鉴[M]. 北京:商务印书馆,2018.

[7] 李娜,周绪申,孙博闻,等. 白洋淀浮游植物群落的时空变化及其与环境因子的关系[J]. 湖泊科学,2020,32(3):772-783.

[8] 曾锦源,胡洁,宋景舒,等. 宁夏六盘山国家级自然保护区林下鸟兽多样性调查[J]. 生态与农村环境学报,2022,38(2):209-216.

[9] 胡箭,韩联宪. 莱阳河自然保护区鸟类多样性及其保护管理对策[J]. 林业调查规划,2002(2):76-81.

[10] 王付红,魏振华,刘大钊,等. 安徽安庆菜子湖国家湿地公园鸟类多样性研究[J]. 安徽林业科技,2022,48(2):3-11.

[11] 张海波,孙喜娇,李光容,等. 贵阳阿哈湖国家湿地公园鸟类群落多样性分析[J]. 野生动物学报,2020,41(3):626-640.

[12] 马东辉,李建亮,刘威,等. 2016—2018年六盘山中部崆峒山区域夏季鸟类多样性研究[J]. 生态与农村环境学报,2020,36(11):1388-1394.

[13] 陈雪,张塔星,罗概,等. 四川美姑大风顶国家级自然保护区鸟类物种及垂直多样性研究[J]. 四川动物,2019,38(4):445-451.

作者简介

李福泷,1998年生,男,汉族,云南昆明人,西南林业大学风景园林学硕士在读,研究方向为风景园林规划设计。电子邮箱:1716478425@qq.com。

陈仕军,1999年生,男,汉族,云南昆明人,西南林业大学园林本科。电子邮箱:2147460028@qq.com。

(通信作者)马长乐,1976年生,男,汉族,新疆昌吉人,西南林业大学园林园艺学院,教授、博士生导师。电子邮箱:machangle@sina.com。

杨建欣,1986年生,汉族,云南昆明人,西南林业大学风景园林学博士。电子邮箱:la8099@qq.com。

李瑞,1998年生,男,汉族,山西长治人,西南林业大学风景园林硕士在读,研究方向为鸟类生物多样性。电子邮箱:2668685621@qq.com。

融入人为干扰因子的生境单元制图法在森林型郊野公园中的应用
——以北京市将府公园为例

Application of Biotope Mapping Incorporating Human Disturbance Factors in Forest Country Parks
—Taking Beijing Jiangfu Park as an Example

李金诺　陈晓彤　马玥祺　尹　豪*

摘　要：森林型郊野公园是城市生物的"踏脚石"，对保护生物多样性具有重要作用。但由于森林型郊野公园地处城乡隔离区，出现了养护管理水平不均、地权关系不清等问题，人为干扰使其生境质量下降，生境连通性减弱。因此，本文以将府公园为例，提出了融入人为干扰因子的生境单元制图法，对生境进行分类，并取生境分析指标，从生境的空间特征和人为干扰下的生境特征两个方面，分析园内生境情况。研究完善了公园尺度下的生境分类方法，为森林型郊野公园的生境营造提供理论支持。

关键词：生境单元制图；生境结构；生物多样性；森林型郊野公园；人为干扰因子

Abstract: Forested country parks are "stepping stones" for urban biology and play an important role in protecting biodiversity. However, because forest-type country parks are located in the urban-rural isolation zone, problems such as uneven maintenance and management levels and unclear land rights relationships have emerged, and anthropogenic disturbances have degraded the quality of their habitats and weakened the connectivity of their habitats. Therefore, in this paper, taking the General Mansion Park as an example, we proposed a habitat unit mapping method incorporating anthropogenic disturbance factors to classify the habitats, and took the habitat analysis indexes to analyze the habitats in the park from 2 aspects, namely the spatial characteristics of the habitats and the characteristics of the habitats under the anthropogenic disturbances. The study improved the habitat classification method at the park scale and provided theoretical support for habitat creation in forest-type country parks.

Keywords: Biotope Mapping; Biotope Structure; Biodiversity; Forest-type Country Park; Human Interference Factor

引言

城市化的快速发展导致了绿色空间锐减、生态系统连通性下降、生境破碎化等生态环境问题，使城市生物多样性大幅减弱。森林型郊野公园作为城市生物的"生境源"和"踏脚石"，对于保护城市生物多样性具有重要作用。但大部分森林型郊野公园在建设时仍照搬城市公园的建造方式，多以人为主体，注重景观和功能上的设计，对于生态设计的重视程度不足，忽视了营造生物友好生境的重要性。

营造生物友好生境的前提是对场地生境进行科学的分类与制图，在此基础上进行后续的针对性设计。然而，有关生境分类与制图的研究多集中于城市、乡村和区域等宏观尺度[1-6]，对于公园这一中小尺度场地的研究较少[7-10]。同时，森林型郊野公园地处城乡隔离区，园外施工作业多，园内场地地权不清，环境不如城市公园稳定，人为干扰是影响森林型郊野公园生境的重要因素之一。大部分的生境分类与制图多以空间结构异质性作为分类的标准，未将人为干扰纳入分类体系中。

综合生境分类与制图研究尺度及分类标准的问题，本文选择生境单元制图法作为森林型郊野公园生境分类与制图的基本方法，以适应中小尺度场地的研究。并在此基础上，划分人为干扰强度等级，绘制人为干扰强度分类图谱，提出融入人为干扰因子的生境单元分类与制图，对森林型郊野公园的生境进行指数分析，总结森林型郊野公园的生境空间分布特征及人为干扰下的生境特征。完善和改进公园尺度上生境分类的方法，为森林型郊野公园的生态规划设计及生物多样性保护提供理论支持。

1　研究场地与数据来源

1.1　研究场地

将府公园（1～3期）位于北京市朝阳区将台地区东侧，共53.24hm²，是一座森林型郊野公园。场地外部以居民区为主，交通便利，将台东路贯穿于1期与3期之间，西邻京包线，南至半截塔路，东接东五环；场地内部以林地生境为主，坝河从1、2期之间穿过，各个区域由

---

① 基金项目：北京林业大学热点追踪项目"城市人居环境植物景观资源应用水平与提升策略研究"（编号：2022BLRD05）；北京市共建项目专项资助（编号：2019GJ-03）。

于养护管理强度与设计风貌的差异，呈现出不同的生境特点。场地内外地权划分不清，朗园、高尔夫俱乐部、漫咖啡等商业场地坐落于园内。

1.2 数据来源

图像数据源于高分二号的2022年1月冬季遥感影像及2021年7月夏季遥感影像，采用ENVI 5.3遥感解译及实地调研对场地内生境进行判别，运用Arcmap 10.5绘制生境单元图谱，利用Fragstats 4.2、SPSS 27.0统计分析生境数据。

2 研究框架及研究方法

2.1 研究框架

为了分析森林型郊野公园的生境特征，本文将从生境分类与制图、生境分析指数计算两部分进行研究（图1）。

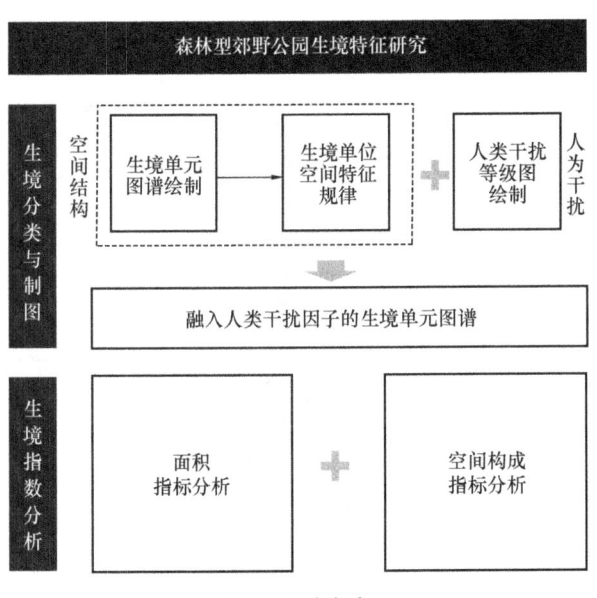

图1 研究框架

在生境分类与制图中，生境单元制图法因分类精细的特点，适用于中小尺度生境特征的分析，因此本文以该方法为研究核心。然而，传统生境单元制图法的分类边界虽然客观且明确，但忽略了生境间的耦合性，生境单元被区分得过于细碎。同时，森林型郊野公园的生境受到人类活动干扰影响较大，而以往的生境单元制图法多以空间异质性为主要的分类标准，未将人为干扰纳入分类体系中。因此，综合传统生境单元制图法的不足及森林型郊野公园的特点，本研究提出了融入人为干扰因子的生境单元制图法，方法共分为4个步骤：①基于空间结构的异质性，进行生境单元的分类与制图；②总结生境单元空间的规律特征，"耦合"生境单元；③划分人为干扰强度等级，绘制人为干扰强度分类图谱；④融入人为干扰因子的生境单元分类与制图。

在生境分析指数计算中，景观生态研究常用的生境分析指数包括斑块形状指数、分散度指数、多样性指数、破碎度指数等，可以研究目标景观格局所具有的空间特性。景观生态学的研究对象尺度大，斑块面积大，生境干扰因子种类复杂；而森林型郊野公园尺度小，斑块面积小，斑块变化较多，生境干扰因子少且强度低，人工化景观较多。因此，不是所有的生境分析指数对公园尺度上的研究对象均适用。所以，本研究将从面积和空间构成两个维度，筛选出适合公园尺度生境指数计算的指标，从公园整体的生境及受人为干扰因子影响的生境两个层次，分析将府公园的生境特征。

2.2 研究方法

2.2.1 生境分类与制图方法

（1）基于空间结构的生境单元分类与制图

研究以自然软质表面、水域、人工硬质表面三种下垫面类型为主要的划分依据，并根据这三种下垫面类型细分出水平空间和垂直空间结构的生境因子，作为4个级别的生境单元（表1），构建生境空间结构上的分类体系。根据遥感解译及实地调研勘正，绘制反映生境空间结构的生境单元图谱（图2）。

生境单元分类表　　　　表1

分类标准	一级单元	二级单元	三级单元	四级单元
自然软质表面	（上层）乔木类A	常绿密林A1	单层林Ax 双层林AxBx/AxCx 多层林AxBxCx	平坦J1：坡度0°~2° 斜坡J2：坡度2°~15° 陡坡J3：>15°
		落叶密林A2		
		混交密林A3		
		常绿疏林A4		
		落叶疏林A5		
		混交疏林A6		
		常绿疏林草地A7		
		落叶疏林草地A8		
		混交疏林草地A9		

续表

分类标准	一级单元	二级单元	三级单元	四级单元
自然软质表面	（中层）灌木及竹类 B	常绿矮灌丛 B1	单层林 Bx 双层林 BxCx	
		落叶矮灌丛 B2		
		混交矮灌丛 B3		
		常绿灌木 B4		
		落叶灌木 B5		
		混交灌木 B6		
		竹林 B7		
	（下层）草坪及地被类 C	冷季型草坪 C1	单层林 Cx 混合草坪与地被 CxCy	
		暖季型草坪 C2		
		草本地被 C3		
		藤本地被 C4		
		蕨类地被 C5		
		矮灌木地被 C6		
		矮竹类地被 C7		
		土质裸地 C8		
人工硬质表面	道路及园路 D	市政道路 D1	—	沥青面层铺装 K1
		主路 D2		块石面层铺装 K2
		次路 D3		砌砖面层铺装 K3
		支路 D4		木材面层铺装 K4
		小路 D5		混凝土面层铺装 K5
		园桥 D6		塑胶面层铺装 K6
		铁路 D7		碎石铺装 K7
				裸地面层 K8
				人造草皮面层 K9
				嵌草砖面层 K10
	场地及设施 E	铺装场地 E5		硬质覆盖面积（60%～75%）L1
		设施及构筑物 E6		硬质覆盖面积（75%～90%）L2
				硬质覆盖面积（90%～100%）L3
	建筑物 F	管理用房 F1		—
		厕所 F2		
		其他建筑 F3		
水域	水体 G	季节性河道 G1	—	硬驳岸 M1
		暂时性河道 G2		软驳岸 M2
		常年性河道 G3		混合驳岸 M3
		季节性湖泊 G4		
		暂时性湖泊 G5		
		常年性湖泊 G6		
		季节性溪流 G7		
		暂时性溪流 G8		
		常年性溪流 G9		
		季节性湿地 G10		
		暂时性湿地 G11		

续表

分类标准	一级单元	二级单元	三级单元	四级单元
水域	水体 G	常年性湿地 G12	—	—
		季节性水塘 G13		
		暂时性水塘 G14		
		常年性水塘 G15		
	水生植物覆盖区 H	挺水植物盖区 H1	植物盖区 Hx	—
		浮水植物盖区 H2	混合盖区 H1H2	
	岛屿 I	岛屿 I1	—	—

图 2 生境单元分类图谱

（2）生境单元空间规律特征总结及组合

研究总结生境单元空间规律特征发现（表2），在不同下垫面及场地边界处的生境单元具有相似性，从生境单元的数量、面积和种类3个角度对具有相似特征的生境单元进行分类、组合（图3），共分为4种类型：①大面积且变化单一的自然软质表面生境单元往往表现为密林、疏林、疏林草地3种生境；②在人工硬质表面生境单元的周边，自然软质表面的生境单元变化更丰富，面积更小，种类更多；③在靠近水域生境单元的位置，自然软质表面的生境单元类型丰富、数量较多，而水体内部变化较少；④近场地边界的自然软质表面生境单元，根据边界开放程度的不同、生境单元的变化不同，分为开放边界（场地入口）、半开放边界（视线可以透过的边界）和闭合边界（视线无法透过的边界）。开放边界的自然软质表面生境单元类型较为丰富，半开放边界的自然软质表面生境单元类型适中，闭合边界自然软质表面生境单元类型单一。

生境单元空间规律特征 表 2

类型		生境单元空间规律特征		
		数量	面积	种类
自然软质表面为主的变化规律	密林	少	大	少
	疏林	较少	较大	较少
	疏林草地	少	较大	少

续表

类型		生境单元空间规律特征		
		数量	面积	种类
人工硬质表面为主的变化规律	园路及路缘	多	小	多
	场地及场地边缘	多	小	多
	建筑物及建筑物边缘	多	小	多
水域表面为主的变化规律	水域表面	少	大	少
	近水区域	多	较小	多
	岛屿及周边	少	小	少
与场地外边界相邻的变化规律	开放边界	较多	较小	较多
	半开放边界	较少	较大	较少
	闭合边界	少	较大	较少

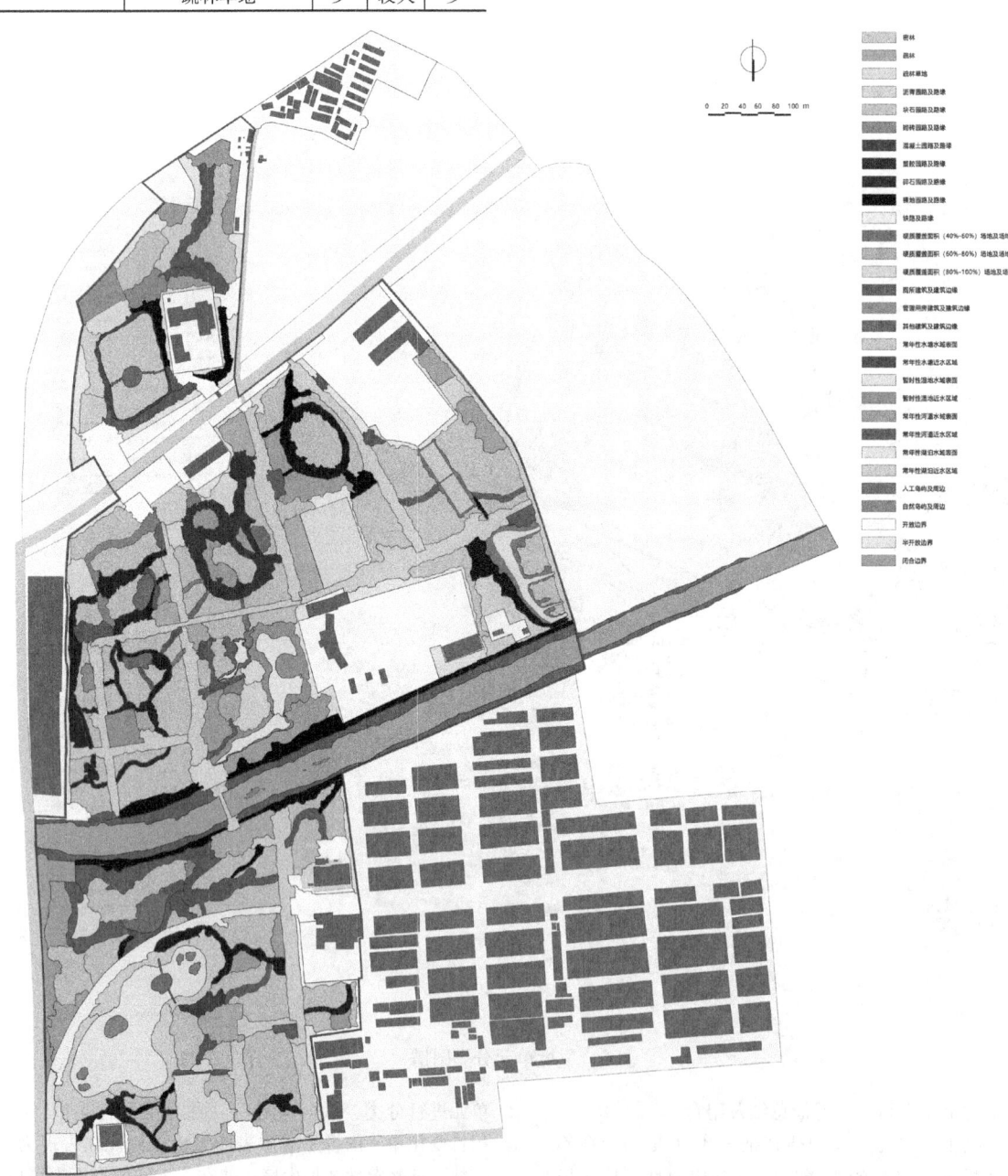

图 3　生境单元分类组合后的图谱

（3）人类干扰等级分类与制图

研究根据干扰强度的不同，建立了以森林型郊野公园常见的 4 种人为干扰源为分类标准的人为干扰分类表（表 3）。2022 年 4 月 1—8 日，实地调研将府公园人群干扰的活动类型、持续时间、活动强度和分布范围，绘制将府公园人为干扰强度等级图谱（图 4）。

森林型郊野公园人为干扰分类表　　　　表 3

活动干扰类型		干扰强度	活动干扰强度等级	活动干扰等级评定标准
开发建设	房地产开发	极强	Ⅰ级	分为极强、强、较强、中、较弱、极弱、无 7 个等级。 Ⅰ级：生境受到极强干扰；植被消失；野生动物无法栖息繁育。 Ⅱ级：生境受到严重干扰；植被基本消失，野生动物难以栖息繁衍。 Ⅲ级：生境受到干扰；植被部分消失，但干扰消失后，植被仍可恢复，野生动物栖息繁衍受到一定程度影响，但仍然可以栖息繁衍。 Ⅳ级：生境受到一定干扰；植被基本保持原样。对野生动物栖息繁衍影响不大。 Ⅴ级：生境受到较少干扰；植被基本保持原始状态。对野生动物栖息繁衍几乎没有影响。 Ⅵ级：生境几乎受到干扰；植被保持原始状态。对野生动物栖息繁衍没有影响。 Ⅶ级：生境没有受到干扰；植被保持原始状态，野生植物陆续出现。对野生动物栖息繁衍没有影响。 一个生境单元所受到的干扰源不止来自一个，有可能是多种干扰的叠加。具体根据场地情况来确定干扰等级
	公路建设			
	铁路建设			
	旅游开发			
	管线、风电、水电、火电、光伏发电、河道整治等建设工程			
	园林建设工程			
市政交通	公路交通	强	Ⅱ级	
	铁路交通			
	地铁交通			
游人游憩	具有生境破坏性行为的游憩活动（诱鸟捕鸟、挖野菜、划船等）	较强	Ⅲ级	
	群体聚集性、声音干扰性较强的游憩活动（如广场舞、打篮球、唱歌等）	中	Ⅳ级	
	非聚集性、声音干扰性较弱的游憩活动（如拍照打卡、观赏游览、聊天）	较弱	Ⅴ级	
养护管理	对生境营造负面的养护管理（如伐树、喷洒农药等）	较强	Ⅲ级	
	对生境营造积极的养护管理（如修剪、浇灌等）	极弱	Ⅵ级	
	疏于养护管理	无	Ⅶ级	

（4）融入人为干扰因子的生境单元分类与制图

将基于空间结构的生境单元图谱与人为干扰强度等级图谱叠加，绘制融入人为干扰因子的生境单元图谱（图 5）。

2.2.2 生境分析指数计算方法

研究共选取了 6 种面积指标和 5 种空间构成指标（表 4），利用 Fragstats 4.2 计算将府公园的生境分析指数。

3 结果与分析

3.1 生境空间特征分析

将府公园生境总面积为 64.84hm²，自然软质表面生境单元覆盖占比最高，人工硬质表面类和水域类的生境占比较小。分离度指数为人工硬质表面＞水域＞自然软质表面；多样性指数和丰富度指数均为自然软质表面＞人工硬质表面＞水域。说明将府公园以营造大量成片的自然植物生境为主，硬质类生境多以点状的形式分布在园内，水域生境的类型相对单一且分散（表 5）。

3.1.1 自然软质表面下的生境空间特征

密林为自然软质表面中面积覆盖占比最大的生境，其中落叶密林-草本地被（A2-C3-J1）面积覆盖占比最多，分离度指数最小，说明将府公园以大面积集中的落叶密林-草本地被（A2-C3-J1）为主，奠定了园内主要的生境格局。除此之外，大部分生境均以落叶密林为上层结构，落叶矮灌丛和落叶灌木为中层结构，草本地被为下层结构，如 A2-C3-J2、A2-B2-C3-J3、A2-B5-C3-J1 等。而具有丰富垂直空间结构的生境单元占比较小，且分离度指数相对较高，说明大多数植物群落层次丰富的生境是以小面积斑块形式分散布置在园中，如 A8-B1B5-C3-J1、A1-B5-C3-J1、A2-B5-C2-J1 等（图 6）。

图4 人为干扰强度等级图谱

图 5　融入人为干扰因子的生境单元图谱

	D1-K1	D2-K1	D2-K2	D2-K3	D2-K5	D3-K3	D3-K5	D3-K7	D3-K8	D4-K1	D4-K3	D4-K4	D4-K6
DI	0.020	0.071	1.065	0.416	0.291	0.264	0.575	1.331	0.532	2.379	0.635	0.378	0.189
PBC	5.465	3.612	0.058	0.334	0.427	0.622	0.108	0.047	0.165	0.037	0.325	0.285	0.328

	D4-K8	D5-K2	D5-K3	D5-K7	D5-K8	D6-K1	D6-K4	D7	E5-L1	E5-L2	E5-L3	E6	F1	F2	F3
DI	0.279	1.895	1.877	0.910	0.915	0.609	9.268	0.186	0.290	0.147	0.065	0.782	0.573	0.762	0.609
PBC	0.386	0.135	0.124	0.193	0.326	0.102	0.015	0.335	0.479	1.266	4.893	0.490	0.406	0.270	0.250

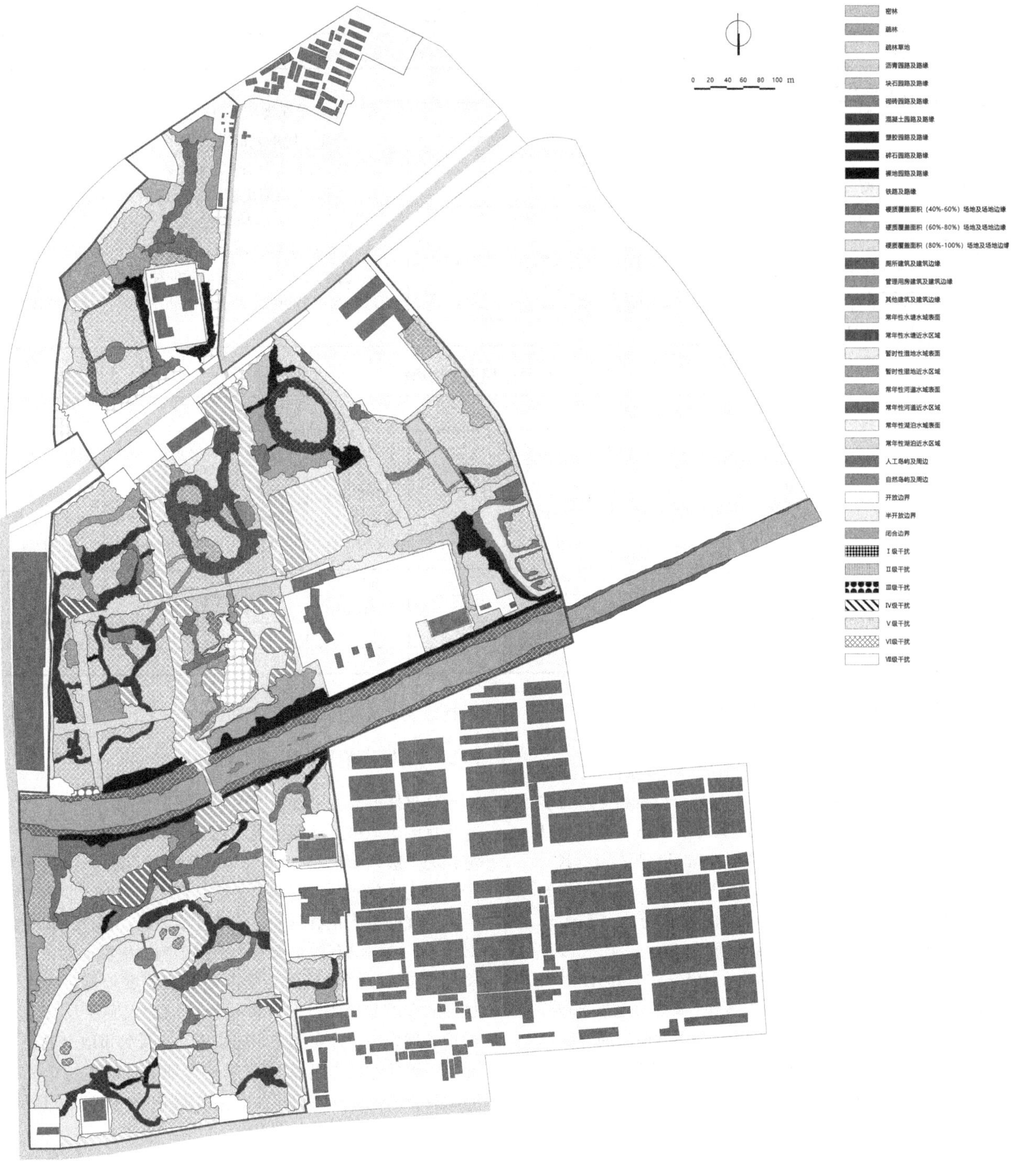

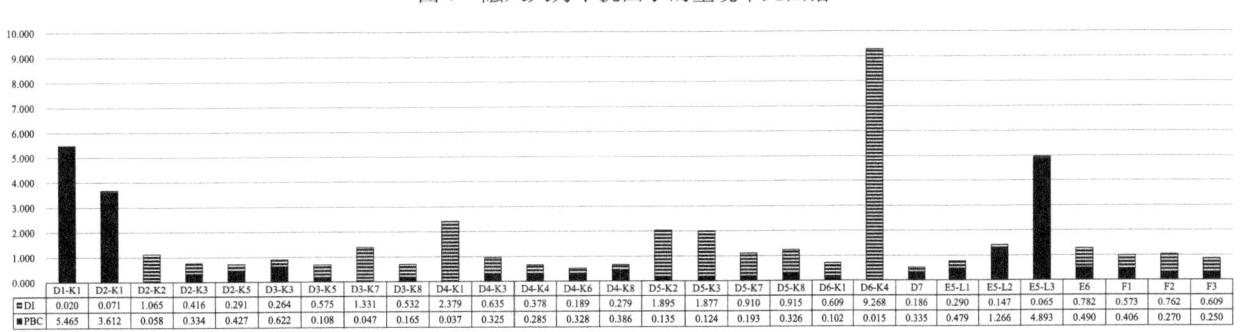

图 6　自然软质表面下的生境空间指数分析

将府公园生境分析指数　　表 4

类别	名称	公式	单位	说明
面积指标	斑块数量（NP）	$Np_i = N_i$	个	A_i：生境单元类型 i 的面积 A：全部生境单元的总面积 N_i：生境单元类型 i 的斑块数 N：生境单元组团内生境单元的数量 NS：生境单元的种类数 n：生境单元类型 i 的数量 S：为生境组团中生境单元的种类数量 P_i：为生境组团 i 的种类数占全部个体数的比例
面积指标	斑块面积（CA）	$CA_i = A_i$	m²	
面积指标	斑块密度（PD）	$PD_i = N_i/A$	m⁻²	
空间构成指标	生境单元覆盖百分比（PBC）	$PBC = A_i/A$	%	
空间构成指标	景观分离度指数（DI）	$DI = A/2A_i \sqrt{(n/A)}$	m⁻¹	
空间构成指标	Simpson 多样性指数（SIDI）	$SIDI = 1 - \sum_{i=1}^{s} P_i^2$	—	
空间构成指标	Margalef 丰富度指数（MADI）	$MADI = (S-1)/\ln N$	—	
空间构成指标	生境单元种类数（NS）	$NS = N_i$	种	

三种下垫面生境分析指数　　表 5

类别	面积指标				空间构成指标			
	生境单元数量（NP）	生境单元总面积（CA）	生境单元密度（PD）	生境单元种类数（NS）	生境单元覆盖百分比（PBC）	景观分离度指数（DI）	Simpson 多样性指数（SIDI）	Margalef 丰富度指数（MADI）
自然软质表面	378	40.35	0.0009	80	62.22	0.019	0.936	13.311
人工硬质表面	239	13.93	0.0017	28	21.48	0.045	0.926	4.930
水域	47	1.06	0.0004	16	16.29	0.026	0.899	3.896
总计	664	64.84	0.0010	124	100.00	0.016	0.969	18.928

3.1.2 人工硬质表面下的生境空间特征

在人工硬质表面中，由于市政交通在园内穿过，沥青铺装市政道路（D1-K1）的生境单元覆盖比较高，对园内的生境布局有一定影响。除沥青主路外，小路和支路的多样性指数较高，而主路及次路相对较小。小路和支路多以砌砖、块石、碎石铺装及裸地为主，如 D5-K2、D5-K3、D5-K8、D5-K7、D4-K3 等，这种生境分离度高，分布分散。硬质覆盖面积在 80%～100% 的硬质场地（E5-L3）覆盖面积最大，其次是硬质覆盖面积为 60%～80%（E5-L2），占比最小的为硬质覆盖面积 40%～60% 的硬质场地（E5-L1）。说明除了公园出入口等空旷的集散广场外，将府公园注重硬质空间的活动功能，林下硬质空间（嵌草砖铺装）及树阵广场占比相对较小且分布较分散。建筑（F）、设施及构筑物（E6）等分离度较高，多样性及丰富度较低，多以小面积点状斑块的形式分布在园内（图7）。

3.1.3 水域下的生境空间特征

在水域中，由于城市常年性河道（G3）——坝河在园内穿过，生境单元覆盖比最大，对全园的生境分布产生影响。除此之外，园内水域生境类型数量较少，多样性指数低。以大面积的水面为主，如常年性湖泊（G6）、暂时性湿地（G11）、常年性水塘（G15）。呈线性的溪流生境、点状的水景相对较少，分布分散，变化单一。岛屿生境人工化程度高（I1），自然岛屿（I2）分布分散且面积小，生物栖息停留的空间较小。水生植物以混合盖区（H1H2）为主，挺水植物盖区（H1）占少部分，且分布分散。近水域由于活跃的边缘效应及规划设计对其的重视，生境丰富度、多样性指数相对较高。岛屿的生境多样性指数及丰富度指数偏低（图8）。

3.2 人为干扰下的生境特征分析

从整体的人为干扰情况上看，将府公园中受到 5 级人为干扰的生境单元面积覆盖占比最多，为 80.25%。其次分别为 4 级、6 级、7 级人为干扰。同时，被 4～7 级人为干扰的生境单元分离度低，多样性高。而受到 2 级、3 级人为干扰的生境相对较少，分离度指数高，多样性指数相对较低。园内没有被 1 级人为干扰影响的生境单元。说明将府公园的生境在整体上受人为干扰程度较低，人为干扰形式多以非聚集性、群体聚集性的游人游憩及日常的养护管理为主，分布集中，连续成片。受到市政交通、具有生境破坏性的游憩活动及养护管理干扰的生境单元分布较为分散，在一定程度上干扰了园内整体的生境格局，破坏了生境的连通性（图9）。

从不同生境的人为干扰情况上看，由于场地外交通的影响，将府公园受到 2 级人为干扰的生境单元分布在开放边界处，分离度较高，多以点状形式分布在园内；受到 3～6 级人为干扰的生境单元主要分布于疏林草地、开放边界、半开放边界、园路及路缘、场地及场地边缘和近水域等区域，生境单元分离度普遍较低，多样性指数高，说明在服务于游人游憩的位置，注重营造连续性强的多样类型生境，同时生境受到人为干扰，可能出现了生境破碎的现象，如将府公园中多处被人踩踏后的裸地小路；受到 7 级人为干扰的生境在闭合边界、水域表面、近水区域、岛屿及周边、疏林、密林和疏林草地等区域分布最多，生境单元分离度低，多样性相对较高，这类生境疏于养护管理，在园内成片集中出现（图10）。

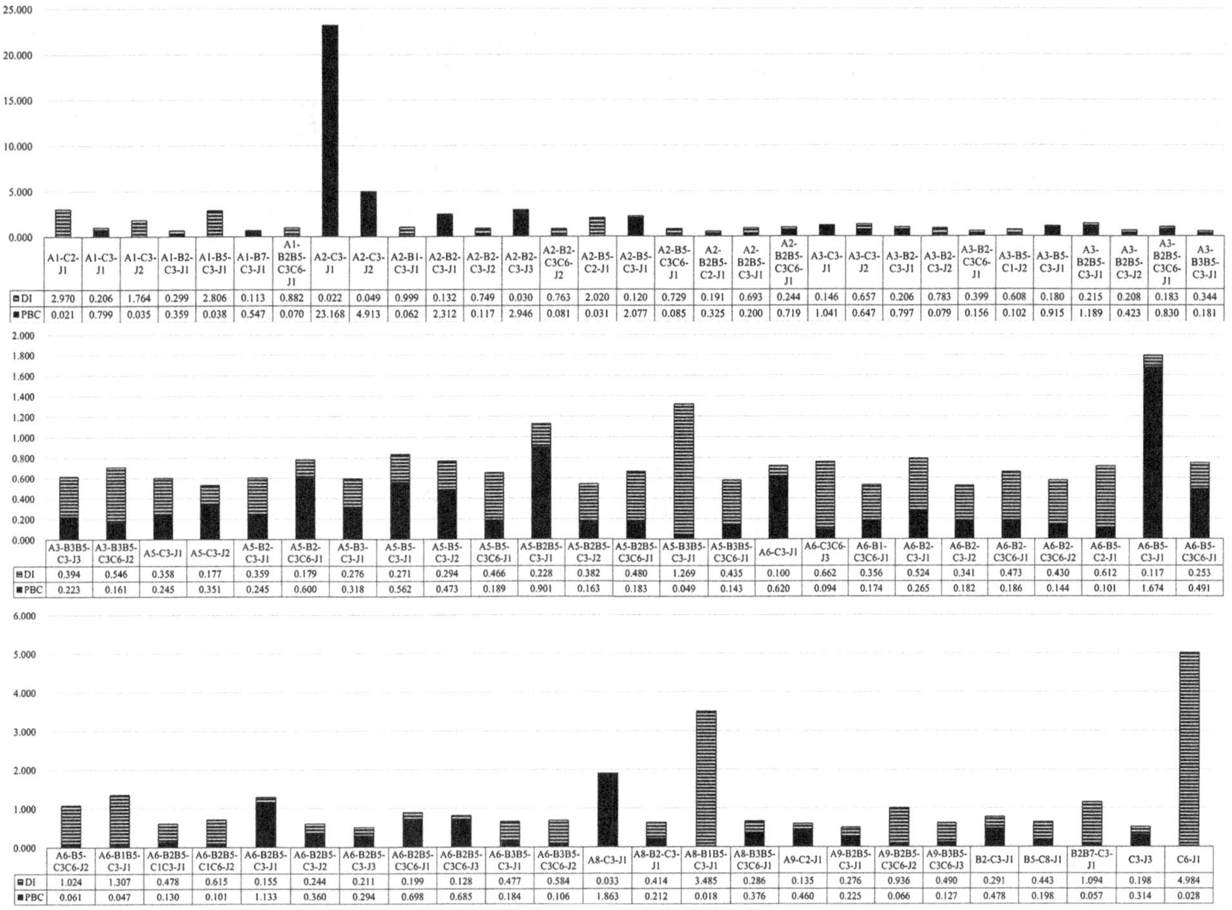

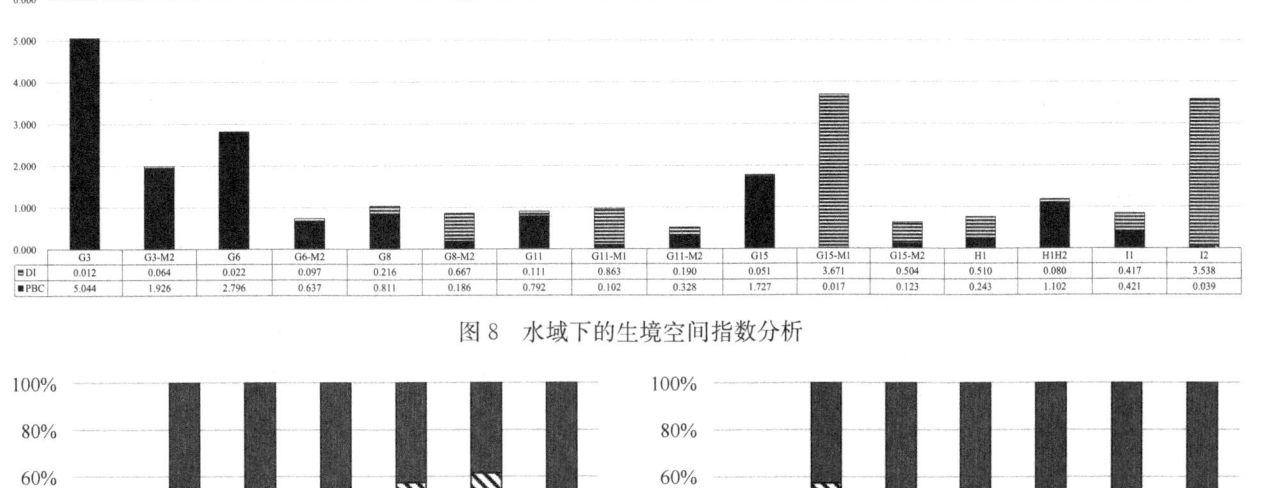

图 7 人工硬质表面下的生境空间指数分析

图 8 水域下的生境空间指数分析

(a) PBC、MADI指数　　　(b) DI、SIDI指数

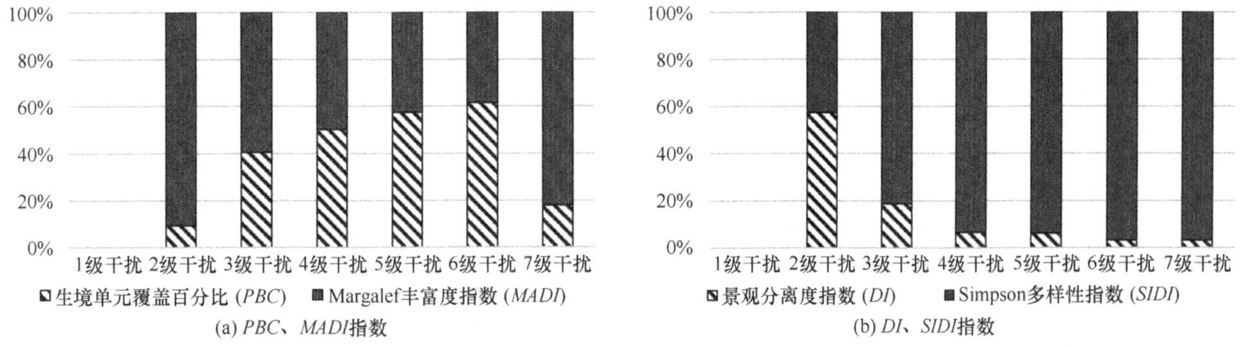

图 9 不同人为干扰影响下的生境单元分析指数

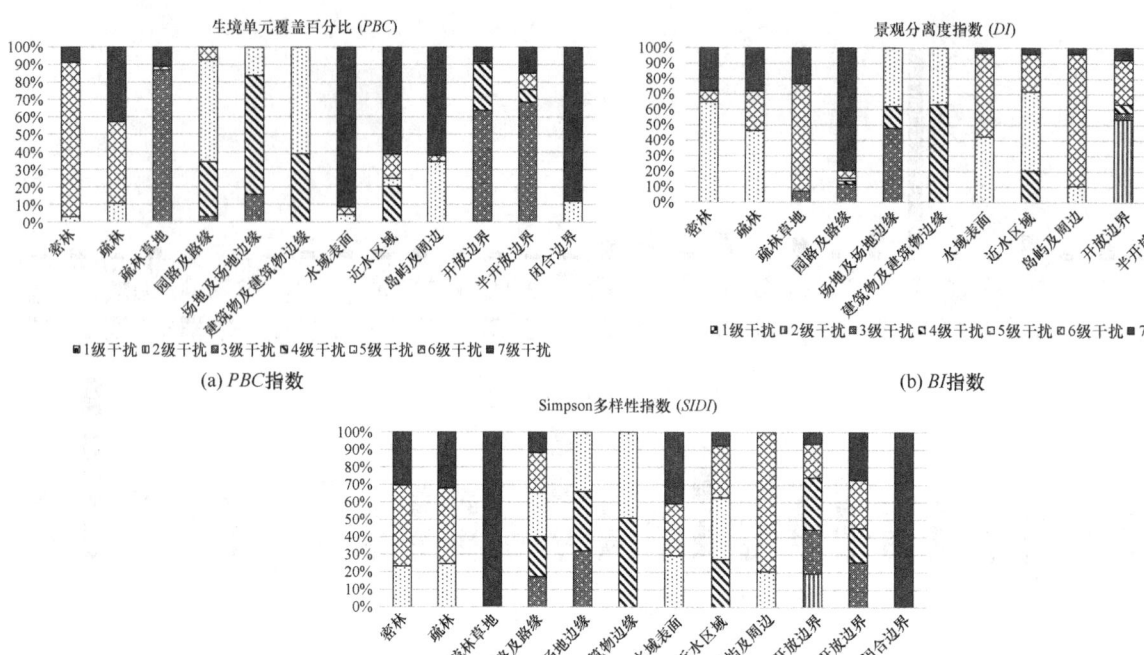

(a) PBC指数

(b) BI指数

(c) SIDI指数

图10 不同位置受到人为干扰影响的生境分析指数

4 结果与讨论

研究通过绘制融入人为干扰因子的生境单元图谱，从生境的空间特征和人为干扰下的生境特征两个方面，对将府公园生境进行分析，得出以下结论：

（1）在生境的空间特征方面。将府公园以营造大量成片的自然植物生境为主，硬质类生境多以点状的形式分布在园内，水域生境的类型相对单一且分散。在自然软质表面下的生境中，以大面积集中的落叶密林-草本地被（A2-C3-J1）为主，园内大部分生境的垂直结构层次较为单一，在各层次中落叶植物使用较多，常绿植物出现较少，分布分散；在人工硬质表面的生境中，沥青铺装的市政道路对园内的生境布局连通性有一定影响，各类铺装的小路、支路相较于主路、次路生境多样性指数较高，硬质覆盖面积在80%～100%的硬质场地（E5-L3）覆盖面积在硬质场地中占比最高，说明将府公园注重硬质活动空间的营造；在水域下的生境，园内水域生境类型单一，以大面积的水面为主，呈线性的溪流生境、点状的水景相对较少，分布分散，岛屿生境人工化严重，近水域由于活跃的边缘效应，多样性最高[11-12]。

（2）在人为干扰下的生境特征方面。将府公园的生境受人为干扰程度较低，人为干扰形式多以非聚集性、群体聚集性的游人游憩及日常的养护管理为主，分布集中，连续成片。受到市政交通影响的生境主要集中在开放边界处，分布分散；受到游人游憩和养护管理影响的生境集中出现，连续性强，多样性高，但亦可能出现生境破碎的现象；在疏于养护管理的生境处，生境单元分离度低，多样性高，未来有潜力进一步扩展，成为连续的生物友好生境。

本次研究将重点放在了构建森林型郊野公园生境的研究方法上，提出了融入人为活动干扰因子的生境单元制图法。这种方法区别于以往的研究，可以指导中小尺度的生境营造，不仅仅只考虑生境空间结构的异质性，还将人类干扰因子融入了生境单元制图中，对场地生境的分析更加深入。但这种方法仍存在着一些不足，其无法避免绘图者的主观认知，影响了生境分类因子的选择和生境边界的划定。因此，未来将进一步完善该方法。

参考文献

[1] 邱玲, 朱玲, 王家磊, 等. 基于生态单元制图的宝鸡市城区生物多样性保护规划研究[J]. 生态学报, 2020, 40(1): 170-180.

[2] 赵振斌, 薛亮, 张君, 等. 西安市典型区域城市生境制图与自然保护规划研究[J]. 地理科学, 2007(4): 561-566.

[3] 刘晖, 许博文, 陈宇. 城市生境及其植物群落设计——西北半干旱区生境营造研究[J]. 风景园林, 2020, 27(4): 36-41.

[4] 高大伟, 陈艳, 陆慧萍, 等. 生境制图在生境质量评价中的应用——以上海市闵行区为例[J]. 环境科学与技术, 2009, 32(5): 179-182.

[5] 赵兵, 韦薇, 郭立乔, 等. 城乡生态单元分类、评价与制图研究——以苏州市花桥镇为例[J]. 长江流域资源与环境, 2015, 24(11): 1805-1812.

[6] 干靓. 人与自然叠合视角下城市多重生境分类初探[J]. 中国城市林业, 2018, 16(3): 1-5.

[7] 张颖, 朱建宁. 融入风景园林因子的生境单元制图法及在公园鸟类微生境研究中的应用[J]. 风景园林, 2021, 28(2): 96-102.

[8] 黄越. 北京城市绿地鸟类生境规划与营造方法研究[D]. 北京: 清华大学, 2015.

[9] 陈天一,赵聪聪,文素洁,等. 城市生境单元制图研究进展及其在生物多样性保护中的应用[J]. 风景园林, 2022, 29(1): 12-17.

[10] 马嘉,高宇,陈茜,等. 城市湿地公园的鸟类栖息地生境营造策略研究——以北京莲石湖公园为例[J]. 中国城市林业, 2019, 17(5): 69-73.

[11] Falb D L, Leopold D J. Population dynamics of Cypripedium candidum Muhl[J]. Natural Areas Journal, 1993, 2(13): 76-86.

[12] Beecher W J. Nesting birds and the vegetation substrate[R]. Chicago ornithological society, 1942.

作者简介

李金诺,2000 年生,女,朝鲜族,吉林通化人,北京林业大学园林学院硕士在读,研究方向为景观规划与生态修复。电子邮箱:lijinnuo0704@foxmail.com。

陈晓彤,1999 年生,女,汉族,广东中山人,北京林业大学园林学院硕士在读,研究方向为景观规划与生态修复。电子邮箱:1132397034@qq.com。

马玥祺,2000 年生,女,汉族,山西运城人,北京林业大学园林学院硕士在读,研究方向为风景园林规划设计。电子邮箱:mayqlandscape@bjfu.edu.com。

(通信作者)尹豪,1976 年生,男,汉族,山东威海人,博士,北京林业大学,教授,城乡生态环境北京实验室成员,研究方向为城乡生态人居环境。电子邮箱:yinhao@bjfu.edu.cn。

城市鸟类生境偏好性研究
——以昆明市黑龙潭公园为例[①]

Habitat Preference of Urban Birds: A Case Study of Heilongtan Park in Kunming City

李 瑞　韩丹妮　马长乐*　李福泷

摘　要：昆明市鸟类资源丰富，研究城市公园鸟类特征及多样性，对城市生物多样性研究与保护具有重要意义。本研究于2021年6月—2022年1月采用样点法在昆明市黑龙潭公园对5种不同生境进行了植物群落和城市鸟类相关调查，共记录鸟类7目28科65种1682只。结果显示：①共记录到鸟类7目28科65种1682只，鸟类物种以留鸟为主；②雀形目无论是在科数、种数还是数量上均占绝对优势；③从栖息地生境类型看，多样性指数：乔灌（3.027）＞乔灌草（2.677）＞乔草（2.643）＞库塘（2.570）＞道路（2.547）；从季节划分，鸟类多样性指数：冬季（3.169）＞秋季（2.984）＞夏季（2.647）。通过植物群落对城市鸟类分布的影响进行探究，为园林绿地提供植物配置意见和景观改造建议，为招引和保护城市鸟类、修复城市生物多样性、保护城市生态环境提供科学依据。

关键词：城市鸟类；生境类型；偏好性；鸟类多样性

Abstract: Kunming is rich in bird resources, so it is of great significance to study the characteristics and diversity of birds in urban parks for the study and protection of urban biodiversity. In this study, plant communities and urban birds were investigated in 5 different habitats in Heilongtan Park, Kunming from June 2021 to January 2022. A total of 1682 birds of 65 species and 28 families of 7 orders were recorded. The results showed as follows: ① A total of 1682 birds of 65 species and 28 families in 7 orders were recorded, mainly resident birds; ② Passerines are absolutely superior in terms of the number of families, species and quantity; ③ From the perspective of habitat type, the diversity index of Trees and shrubs (3.027) > Trees, shrubs and grass (2.677) > Trees and grass (2.643) > Reservoir and pond (2.570) > Road (2.547); The bird diversity index in Winter (3.169) > Autumn (2.984) > Summer (2.647). Through exploring the influence of plant communities on the distribution of urban birds, this paper provides suggestions on plant allocation and landscape transformation for garden green space, and provides scientific basis for attracting and protecting urban birds, restoring urban biodiversity, and protecting urban ecological environment.

Keywords: Urban Birds; Habitat Type; Preference; Bird Diversity

引言

城市公园作为城市绿化水平的重要标志，为野生动植物提供了栖息的场所，是城市生物多样性的重要载体[1]。鸟类作为城市环境中最常见的野生动物之一，是城市生物多样性的晴雨表，在很大程度上代表了所在地区的物种多样性及生态系统的健康程度[2-4]。然而，城市化进程中的各项活动导致城市鸟类栖息地被侵蚀分割，呈现出岛屿化或破碎化特征，对鸟类造成了致命的影响，导致了鸟类物种多样性的丧失[5]。鸟类的生态习性、分布特点、群落结构是城市鸟类学研究的基础，也是构成城市鸟类基础研究的主要内容[6]。园林绿地的破碎化状况短时间难以改变，其植物群落结构就变得更加至关重要。不同生境的鸟类多样性具有显著差异，灌丛和湿地的鸟类多样性较高，而受人为干扰较大的建成区和居民区鸟类多样性较少[7-11]。研究园林植物群落如何作用和影响城市鸟类的分布，并分析园林空间内影响鸟类物种多样性的因素，对其进行相应改造，以期为招引和保护城市鸟类、修复城市生物多样性提供科学依据。

1　研究地自然概况

黑龙潭公园位于昆明市盘龙区，毗邻盘龙江（25°14′00″N1，02°74′56″E），占地面积91.4hm²，属于典型的亚热带高原山地季风气候。受印度洋西南暖湿气流影响，日照长，霜期短，气温温和，四季如春。生境类型多样，鸟类栖息地丰富，包含库塘、溪流、草地、灌木、林地等，园内保留有大片连贯的风景林，自然景观和生态环境良好，成为昆明城区重要的鸟类栖息地和迁徙停歇地。

据初步调查，样地内园林植物共31科58种，总计1651株、丛。其中乔木37种、灌木18种、草本植物3种。常绿植物的种类达34种，包含乔木16种、灌木15种、草本3种，占总数的58.6%；落叶植物有24种，包含乔木21种、灌木3种，占总数的41.4%。乡土树种49种，占84.5%；外来树种9种，占15.5%。外来树种为红花槭（*Acer rubrum*）、日本五针松（*Pinus parviflo-*

[①] 项目基金：国家林业和草原局西南风景园林工程技术研究中心和云南省教育厅科学研究基金项目（编号：2022Y616）。

ra）、胡椒木（*Zanthoxylum piperitum*）、芭蕉（*Musa basjoo*）、珊瑚樱（*Solanum pseudocapsicum*）、茶梅（*Camellia sasanqua*）、刺槐（*Robinia pseudoacacia*）、春羽（*Philodendron selloum*）等。

2 研究方法

2.1 调查方法

主要采用样方法调查，以黑龙潭公园的植物群落结构、生境情况、可达性和鸟类发现率为参考标准，选取了5块不同生境作为调查对象，分别为库塘（reservoir and pond）：大面积水域，且植物覆盖水域面积<40%；乔草（trees and grass）：乔木和草坪相结合，乔木覆盖30%～70%，无灌木或者灌木覆盖<15%；乔灌（trees and shrubs）：小乔木和灌木为主，大型乔木覆盖<30%，草高低于30cm；道路（road）：含硬化水泥路、柏油路，以硬质铺装为主；乔灌草（trees, shrubs and grass）：乔木覆盖>70%且草高高于30cm[12-13]（图1）。

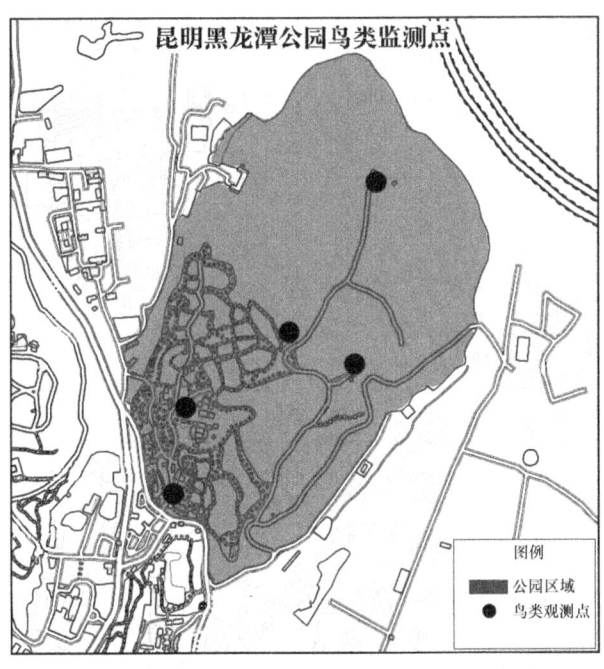

图1 黑龙潭公园调查样地范围

2019年6月—2020年1月，每隔15天对鸟类群落进行实地调查，选择晴天时鸟类活动高峰期的8:30—10:30及14:00—16:00，每块样地停留时间为15min，使用奥林巴斯8×42双筒望远镜进行观测，对所观测到鸟类的种类、数量、行为活动、空间分布等进行记录，飞越超过50m距离的鸟类不计算在内[14]。同时对植物的生长特性、群落结构、果实种子等情况进行记录。

鸟类分类系统参考《中国鸟类分类与分布名录（第三版）》[15]，鸟类野外调查的物种识别参考《中国鸟类图鉴》[16]和《中国鸟类野外手册》[17]。

2.2 数据分析

为了全面分析样地内植物与鸟类的多样性，采用Margalef丰富度指数（M）、Shannon-Wiener多样性指数（H）、Pielou均匀度指数（J）和Simpson优势度指数（D）分析样地内植物情况，鸟类群落增加鸟类密度（A）、相似性指数（S）和群落优势种（F_i）进行计算。

Margalef丰富度指数（M）　　$M=(K-1)/\ln N$
Shannon-Wiener多样性指数（H）　$H=\sum_{i=1}^{n}P_i(\ln P_i)$
Pielou均匀度指数（J）　　$J=H/\ln s$
Simpson优势度指数（D）　　$D=1-\sum_{i=1}^{n}P_i^2$
鸟类密度（A）　　$A=N/B$
群落优势种（F_i）　　$F_i=(n_i/N)\times 100\%$
相似性指数（S）　　$S=c/(a+b-c)$

式中，K为物种数；N为植物个体总数；n_i为第i种植物数量；P_i为某物种的个体在所有物种个体总数中的比例，$P_i=n_i/N$；B为样地面积；F_i为群落中优势种指数；当$F_i≥10\%$时，该物种为优势种；当$10\%>F_i≥1\%$时，该物种为普遍种；当$1\%>F_i$时，该物种为稀有种；a、b分别为两生境内的物种数；c为两生境中共有的物种数。

3 结果分析

3.1 鸟类群落组成

本次调查共记录到鸟类7目28科65种1682只（表1），约占昆明市记录到的鸟种总量的15.4%。其中雀形目无论是在科数、种数还是数量上均占绝对优势，共计21科58种1638只。从居留型来看，留鸟的种类最多，有44种，占鸟类总数的67.7%；夏候鸟占16.93%；旅鸟占13.85%；冬候鸟仅有7种，占10.78%。在所调查的鸟类中有国家Ⅱ级保护动物2种，为红胁绣眼鸟（*Zosterops erythropleurus*）和红隼（*Falco tinnunculus*）；列入国家保护的有益的或者有重要经济、科学研究价值的野生动物名录34种。灰腹绣眼鸟（*Zosterops palpebrosa*）、黄臀鹎（*Pycnonotus xanthorrhous*）、蓝翅希鹛（*Minla cyanouroptera*）、红头长尾山雀（*Aegithalos concinnus*）、远东山雀（*Parus minor*）、褐胁雀鹛（*Alcippe dubia*）、栗臀䴓（*Sitta nagaensis*）、鹊鸲（*Copsychus saularis*）在5种不同的生境内均有发现。

3.2 鸟类优势种指数分析

通过对黑龙潭公园鸟类的物种优势种指数统计分析表明，在记录到的7目27科65种1682只鸟类中，优势种（$T_i≥10\%$）有4种，共计811只，占统计鸟类种数的48.22%，为红头长尾山雀（219只，$T_i=13.02\%$）、黄臀鹎（191只，$T_i=11.36\%$）、灰腹绣眼鸟（214只，$T_i=12.72\%$）、蓝翅希鹛（187只，$T_i=11.12\%$）。普遍种（$10\%>T_i≥1\%$）共14种，计599只，占统计鸟类的35.62%，如远东山雀（118只，$T_i=7.02\%$）、褐胁雀鹛（92只，$T_i=5.47\%$）、黄喉鹀（77只，$T_i=4.58\%$）等。稀有种（$1\%>T_i$）共47种，计272只，占统计鸟类的16.16%，如白颊噪鹛（16只，$T_i=0.95\%$）、红胁绣眼鸟（2只，$T_i=0.12\%$）、红隼（1只，$T_i=0.06\%$）。在调查的5种不同生境中，生境为乔灌草结构的鸟类优势种的种类和数量最多，库塘结构的鸟类优势种的种类和数量最少（表2）。

各目鸟类科数、种数及数量比较　　　　　　　　　　　　　　　　　　　　　表1

目	科	科数比例（%）	种	种数比例（%）	数量	数量比例（%）
雀形目	21	75.00	58	89.23	1638	97.38
夜鹰目	1	3.57	1	1.54	3	0.18
鸽形目	1	3.57	1	1.54	6	0.36
隼形目	1	3.57	1	1.54	1	0.06
鹢形目	1	3.57	1	1.54	9	0.54
鹳形目	2	7.14	2	3.08	17	1.01
佛法僧目	1	3.57	1	1.54	8	0.48
合计	28	100.00	65	100.00	1682	100.00

各生境优势种数量及百分比　　　　　　　　　　　　　　　　　　　　　　　表2

中文名	拉丁名	库塘（RP）		乔草（TG）		乔灌（TS）		道路（R）		乔灌草（TSG）	
		数量	优势度（%）	数量	优势度（%）	数量	优势度（%）	数量	优势度（%）	数量	优势度（%）
红头长尾山雀	Aegithalos concinnus			44	13.66	55	11.90			82	23.03
黄臀鹎	Pycnonotus xanthorrhous	79	27.92					67	25.87		
灰腹绣眼鸟	Zosterops palpebrosa	46	16.25			65	14.07	27	10.42	44	12.36
褐胁雀鹛	Alcippe dubia									39	10.96
蓝翅希鹛	Minla cyanouroptera			57	17.70			44	16.99	48	13.48
远东山雀	Parus minor			75	23.29						
黄喉鹀	Emberiza elegans					61	13.20				

3.3 鸟类生活习性及垂直分布

从鸟类生态习性分析，鸣禽鸟类最多，58种，占比89.22%；其次是攀禽，3种，占4.62%；最少的为陆禽和猛禽，各有1种，占比1.54%（图2）。从鸟类食性来看，杂食性42种、虫食性17种、肉食性5种、谷食性1种，分别占鸟类总数的64.62%、26.15%、7.69%和1.54%（图3）。观测到的鸟类有2/3栖息于阔叶林、针叶林和针阔叶混交林中，如宝兴歌鸫（Turdus mupinensis）、长尾山椒鸟（Pericrocotus ethologus）；白颊噪鹛（Pterorhinus sannio）、黄喉鹀（Emberiza elegans）、褐胁

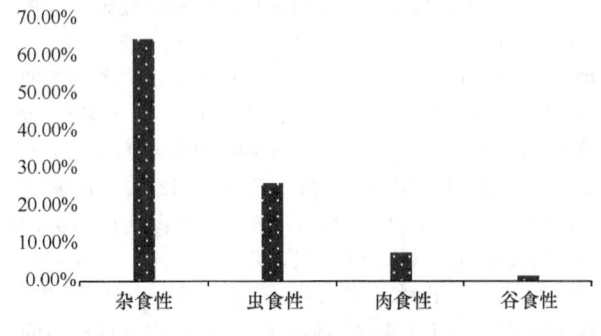

图2　不同鸟类食性组成

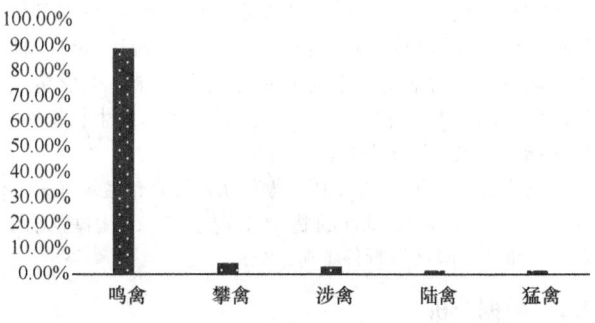

图3　不同鸟类生态习性组成

雀鹛（Alcippe dubia）等多活动于林下灌丛和草地；白鹭（Egretta garzetta）、普通翠鸟（Alcedo atthis）、白鹡鸰（Motacilla alba）等多见于水域岸边；鹊鸲、树麻雀（Passer montanus）多栖息于人类居住环境周围（图4）。

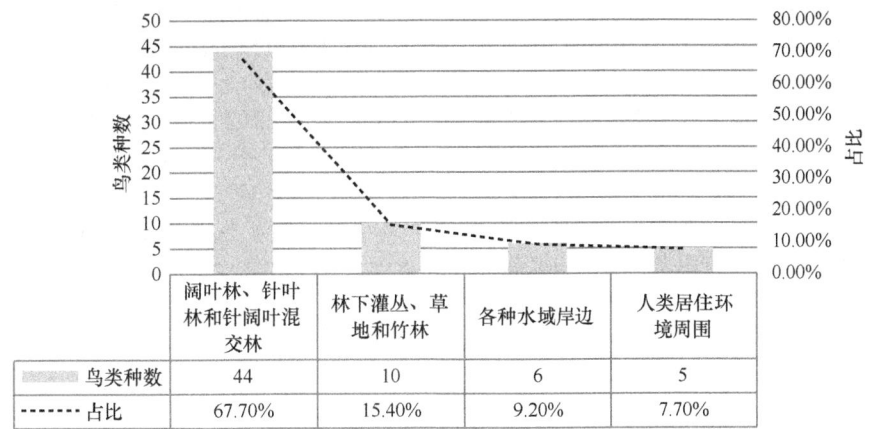

图 4 鸟类栖息地类型

同时观测到不同垂直结构鸟类物种数与数量由高到低依次为：树冠中层＞树冠下层＞地面层＞树冠上层和水面层（表3）。

鸟类垂直分布统计表　　　　　　　　　　　　　　　　　　　　　　　　　　　　　　　　表3

垂直层次	鸟类物种
树冠上层	灰腹绣眼鸟、红头长尾山雀、红胁绣眼鸟、黑尾蜡嘴雀、黑头金翅雀
树冠中层	蓝翅希鹛、黄臀鹎、黄绿鹎、白喉红臀鹎、白喉冠鹎、山麻雀、黑喉石䳭、蓝额红尾鸲、黑头奇鹛、红头穗鹛、红喉姬鹟、灰蓝姬鹟、栗腹䴓、黑胸鸫、宝兴歌鸫、方尾鹟、粉红山椒鸟、长尾山椒鸟、短嘴山椒鸟、红胸啄花鸟、冠纹柳莺、灰喉柳莺、橙斑翅柳莺、金眶鹟莺、珠颈斑鸠、棕头鸦雀褐头雀鹛、红翅鹛
树冠下层	远东山雀、绿背山雀、大山雀、黄腹山雀、灰林鸮、北红尾鸲、北灰鹟、白喉扇尾鹟、树鹨、栗臀䴓、纯色啄花鸟、黄眉柳莺、星头啄木鸟
地面层	白颊噪鹛、白鹡鸰、鹊鸲、黄喉鹀、褐胁雀鹛、树麻雀、灰鹡鸰、灰眉岩鹀
水面层	普通翠鸟、白鹭、池鹭、红尾水鸲、小白腰雨燕

3.4　不同季节鸟类及数量统计

将监测数据根据气候特征划分为夏（5—7月）、秋（8—10月）、冬（11—1月）3个季节[18]。从调查结果中分析，黑龙潭公园秋季鸟类的种数与只数最多（49种，955只），其次为冬季（41种，509只），最低为夏季（29种，218只）。其中3个季节均有记录的鸟类共计19种，占统计鸟类种数的29.23%；2个季节有记录的鸟类共计25种，占统计鸟类种数的38.46%；1个季节有记录的鸟类共计27种，占统计鸟类种数的32.31%。

各生境不同季节鸟类种类及数量　　　　　　　　　　　　　　　　　　　　　　　　　　表4

	库塘（RP）			乔草（TG）			乔灌（TS）			道路（R）			乔灌草（TSG）		
	夏季	秋季	冬季	夏季	秋季	冬季	夏季	秋季	冬季	夏季	秋季	冬季	夏季	秋季	冬季
种类	9	16	12	13	23	17	17	26	27	9	19	9	9	24	19
数量	38	154	91	29	189	104	48	260	154	48	164	47	55	188	113

从调查结果统计来看，鸟类只数最多的生境为乔灌，共462只，占鸟类统计只数的27.47%；最少的生境为道路，仅有259只，占鸟类统计只数的15.40%（表4）。通过比较5种不同生境在季节变化时的鸟类群落相似性发现，乔灌草结构的生境在夏秋两季的相似性指数最高（$S=0.2727$），两季节内共有物种数为9种；乔灌结构的生境在秋冬的季节变化中鸟类相似性指数最高（$S=0.3208$），两季节内共有物种数为17种（表5）。

不同生境季节变换鸟类相似性　　　　表5

	库塘（RP）	乔草（TG）	乔灌（TS）	道路（R）	乔灌草（TSG）
夏季与秋季	0.2400 (6)	0.2222 (8)	0.2326 (10)	0.1786 (5)	0.2727 (9)
秋季与冬季	0.2143 (6)	0.2250 (9)	0.3208 (17)	0.2143 (6)	0.2558 (11)

3.5 不同生境鸟类群落结构与生物多样性

鸟类群落多样性与其栖息地的生境密切相关。黑龙潭公园鸟类群落多样性指数为3.144,丰富度指数为8.616,优势度指数为0.928,均质度指数为0.753。

对不同生境中的鸟类多样性进行分析（表6），结果显示，鸟类Margalef丰富度指数（M）最高的生境是乔灌，最低的是库塘，乔灌（6.519）＞乔草（5.715）＞乔灌草（5.106）＞道路（4.499）＞库塘（4.251）；Shanon-wiener多样性指数（H）最高的生境是乔灌，最低的是道路，乔灌（3.027）＞乔灌草（2.677）＞乔草（2.643）＞库塘（2.570）＞道路（2.547）；Pielou均匀度指数（E）最高的生境是乔灌，最低的是乔草，乔灌（0.815）＞库塘（0.789）＞道路（0.782）＞乔灌草（0.780）＞乔草（0.749）；Simpson优势度指数（D）最高的生境是乔灌，最低的是库塘，乔灌（0.928）＞乔灌草（0.892）＞乔草（0.881）＞道路（0.877）＞库塘（0.874）；种群密度[只（次）/m^2]最高的生境是乔灌，最低的是乔草，乔灌（0.513）＞乔灌草（0.419）＞道路（0.392）＞库塘（0.345）＞乔草（0.285）。

各样地鸟类指数统计表　　表6

样地编号	Margalef指数（M）	Shannon-Wiener指数（H）	Pielou指数（J）	Simpson指数（D）	密度[只（次）/m^2]
库塘(RP)	4.251	2.570	0.789	0.874	0.345
乔草(TG)	5.715	2.643	0.749	0.881	0.285
乔灌(TS)	6.519	3.027	0.815	0.928	0.513
道路(R)	4.499	2.547	0.782	0.877	0.392
乔灌草(TSG)	5.106	2.677	0.780	0.892	0.419

从季节变化上看（表7），黑龙潭公园冬季鸟类Simpson指数、Shanon-wiener指数和Pielou指数最高，Margalef指数位居第二；夏季鸟类Simpson指数、Shanon-wiener指数和Margalef指数最低；Pielou指数最低的为秋季。各项指数均为最高的乔灌型生境（图5），其季节变化指数与黑龙潭公园鸟类总体变化一致，共记录鸟类2目21科462只，分别占统计鸟类科、种及数量的75％、63.08％和27.47％。

各季节鸟类指数统计表　　表7

季节	Simpson指数（D）	Shanon-wiener指数（H）	Margalef指数（M）	Pielou指数（J）
夏季	0.889	2.647	4.829	0.803
秋季	0.920	2.984	6.995	0.767
冬季	0.938	3.169	6.578	0.848

3.6 鸟类相似度

由表8可知，乔灌型生境与乔灌草型生境之间鸟类群落的相似度最高（$S=0.6000$），库塘型生境和乔草型生境之间的相似度最低（$S=0.2553$）。

鸟类相似度指数表　　表8

相似性	乔草（TG）	乔灌（TS）	道路（R）	乔灌草（TSG）
库塘(RP)	0.2553	0.2692	0.4167	0.2727
乔草(TG)		0.5967	0.3333	0.5116
乔灌(TS)			0.3400	0.6000
道路(R)				0.3256

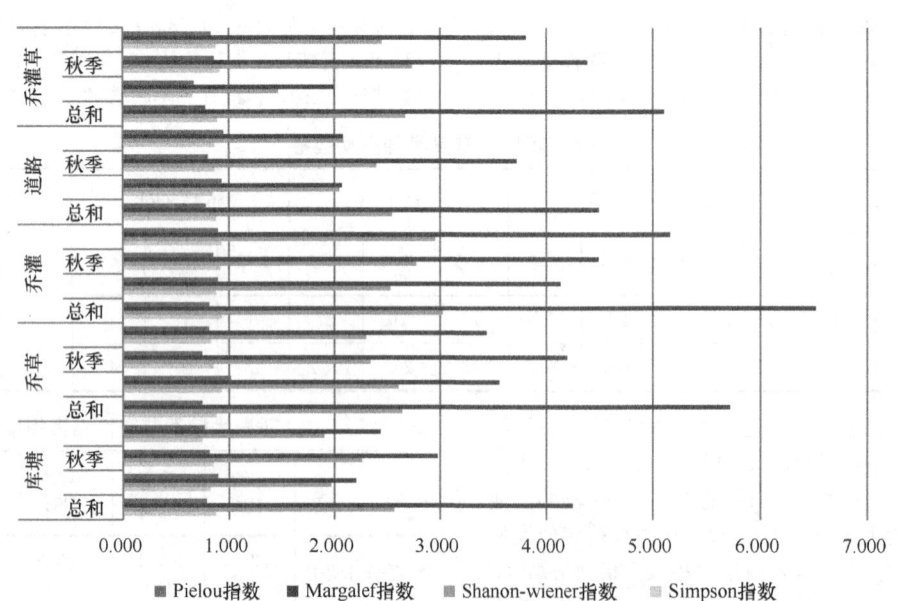

图5　各生境不同季节指数图

4 结论与讨论

4.1 昆明黑龙潭公园鸟类多样性

本次调查中共记录到鸟类7目28科65种1682只，约占昆明市记录到的鸟种总量的15.4%[19]。从生态习性上划分，鸣禽占绝对优势。黑龙潭公园有大片风景林，以森林生态系统为主，是造成此区域森林鸟类较为丰富、其他鸟类较低的主要原因。

从不同生境结构分析，黑龙潭公园鸟类数量及种数最多的是乔灌型，乔灌型＞乔灌草型＞乔草型＞道路型＞库塘型。不同生境的鸟类多样性有显著差异，乔灌型＞乔灌草型＞乔草型＞道路型＞库塘型。不同季节的多样性指数也会有所变化，秋季＞冬季＞夏季，这是因为秋季乔、灌及草间食物丰富，鸟类喜欢到此地觅食，导致多样性增加。乔草型生境在秋季多样性指数低于乔灌草型生境，很大程度是因为在秋季生境内有红隼这类猛禽，降低了此地的多样性[20]。乔灌型生境在夏、秋、冬三个季节的多样性为冬季＞秋季＞夏季，与公园整体数据略有差别，这是因为生境内过多的灌木一定程度上阻碍了鸟类的觅食，冬季来临时落叶灌木的凋零使遗留于地面间隙的果实可以被食用，比其他生境更能吸引冬候鸟及其他留鸟的停留。

4.2 植被结构与鸟类分布关系

黑龙潭公园的环境条件在城市绿地中是十分优越的，植被的结构搭配也较为合理。复杂、多样的植被结构能够吸引各种不同的鸟类，也导致了鸟类群落在植被结构分布上有明显的差异[21]。

从调查数据来看，树冠上层食物丰富，视野开阔且光照充足，适合营巢栖息，可吸引鸟类前来筑巢、觅食，如红头长尾山雀、灰腹绣眼鸟；树冠中层的枝叶生长旺盛，除为鸟类活动提供场所外，还为鸟类提供一定的庇护场所，大多数鸟类都选择在该层筑巢，如长尾山椒鸟、黄臀鹎；茂密的灌丛及地表有大量昆虫及掉落的果实和种子等，为鸟类提供了更为丰富的食物，吸引了白颊噪鹛、褐胁雀鹛、远东山雀等多种鸟类前来觅食；树冠下层的枝叶较为稀疏，易被地面捕食者发现，且没有丰富的食物，故鸟类的种数和数量较少。在此基础上，如果有特定的某种鸟类喜好植被的果实，就会吸引大量此种鸟类，导致鸟类数量增多，但对鸟类的物种数影响不大。由此可见，鸟类群落的分布与植被群落结构密切相关，且不同鸟类的生活习性和栖息地存在差异，要"因鸟而异"，具体情况具体分析。

除此之外，人类活动对鸟类的分布也具有一定影响[22]。人类活动遗留下来的食物残渣以及部分游人会对鸟类进行投食，为鸟类提供了食物来源，如树麻雀、鹊鸲等就栖息于人类居住的周边环境。另外，人为干扰会对鸟类造成威胁，人类频繁的近距离活动会使鸟类警惕甚至将其惊飞。

5 保护建议

通过对黑龙潭公园鸟类多样性进行调查，其结果可为今后鸟类栖息地的管理和鸟类资源的保护提供科学依据，为此对于公园的规划和建设提出如下建议：①黑龙潭公园有大面积风景林，为林栖鸟类的觅食和繁殖提供了良好的生境。但缺乏大面积水域，因而水禽数量较少，难以满足水禽鸟类的繁殖和觅食需求。应增加园内水域面积，为水禽鸟类提供觅食和繁殖场所。②在植物群落的营造上，充分考虑乔木、灌木、草本植物的合理搭配和多种生境的镶嵌关系，以满足不同鸟类、不同季节繁殖和觅食的需求。③尽量避免游人对公园生态系统的破坏，对生活垃圾进行规范处理，提高生态质量，宣传爱鸟意识。

参考文献

[1] 钟乐，杨锐，薛飞.城市生物多样性保护研究述评[J].中国园林，2021，37(5)：25-30.

[2] 隋金玲，李凯，胡德夫，等.城市化和栖息地结构与鸟类群落特征关系研究进展[J].林业科学，2004(6)：147-152.

[3] 福井亘.城市的生物多样性与环境——以日本城市与近郊的鸟类指标为例[J].西部人居环境学刊，2019，34(3)：8-18.

[4] 韩丹妮，罗旭，马长乐，等.昆明校园绿地因子与鸟类多样性关系研究——以昆明两所高校为例[J].西部林业科学，2022，51(1)：132-140；147.

[5] 吴贤斌，李洪远，黄春燕，等.城市绿地结构与鸟类栖息生境的营造[J].环境科学与管理，2008(6)：150-153.

[6] 张征恺，黄甘霖.中国城市鸟类学研究进展[J].生态学报，2018，38(10)：3357-3367.

[7] 孙勇，鲁长虎，王征，等.长广溪国家城市湿地公园鸟类群落结构及季节动态[J].四川动物，2015，34(4)：541-547.

[8] 王巧艳，吴逸群，刘建文，等.渭南市区及市郊秋冬季鸟类群落结构及多样性分析[J].湖北农业科学，2013，52(2)：398-401.

[9] 曹长雷.重庆市涪陵区春季城市园林鸟类及其群落结构研究[J].生态科学，2013，32(1)：68-72.

[10] 戴年华，蒋剑虹，赖宏清，等.江西鄱阳湖共青城市区域鸟类多样性研究[J].江西科学，2012，30(6)：733-739.

[11] 刘昊，石红艳，张利权.绵阳城市及近郊鸟类初步调查[J].绵阳师范学院学报，2004(5)：67-73；81.

[12] 张海波，孙喜娇，李光容，等.贵阳阿哈湖国家湿地公园鸟类群落多样性分析[J].野生动物学报，2020，41(3)：626-640.

[13] 邱玲，朱玲，王家磊，等.基于生态单元制图的宝鸡市城区生物多样性保护规划研究[J].生态学报，2020，40(1)：170-180.

[14] Guo S, Su C, Saito K, et al. Bird Communities in Urban Riparian Areas: Response to the Local- and Landscape-Scale Environmental Variables[J]. Forests, 2019, 10(8): 683.

[15] 郑光美.中国鸟类分类与分布名录(第三版)[M].北京：科学出版社，2019.

[16] 赵欣如.中国鸟类图鉴[M].北京：商务印书馆，2018.

[17] 约翰·马敬能，卡伦菲利普斯.中国鸟类野外手册[M].长沙：湖南教育出版社，2000.

[18] 刘化金,王璐. 黑龙江兴凯湖自然保护区不同季节鸟类多样性比较研究[J]. 野生动物学报, 2016, 37(3): 221-227.

[19] 王紫江,赵雪冰,罗康. 昆明地区鸟类50年的变化[J]. 四川动物, 2015, 34(4): 599-613.

[20] Wang Z J, Zhao X B, Luo K. Changes of birds in Kunming during the past 50 years [J]. Sichuan Zoology, 2015, 34 (4): 599-613.

[21] 张晶,赵成章,任悦,等. 张掖国家湿地公园优势鸟类种群生态位研究[J]. 生态学报, 2018, 38(6): 2213-2220.

[22] 毕骄. 城市公园绿地植被结构与鸟类多样性关系研究[D]. 杨凌: 西北农林科技大学, 2019.

作者简介

李瑞,1998年生,男,汉族,山西人,西南林业大学硕士在读,研究方向为风景园林规划设计。电子邮箱: 2668685621@qq.com。

韩丹妮,1998年生,女,汉族,山西人,西南林业大学硕士在读,研究方向为风景园林规划设计。电子邮箱: 2251637036@qq.com。

(通信作者)马长乐,1976年生,男,汉族,新疆人,西南林业大学,教授、博士生导师,研究方向为风景园林。电子邮箱: machangle@sina.com。

李福泷,1998年生,男,汉族,云南人,西南林业大学硕士在读,研究方向为风景园林规划设计。电子邮箱: 1716478425@qq.com。

基于生物多样性感知的城市野境价值认同路径研究

Research on the Value Identification Path of Urban Wildness Based on Biodiversity Perception

庞世源　嵇雨桐　李　雄*

摘　要：剖析城市野境的产生背景与认知困境，对相关研究进展进行述评。整合既往研究观点，归纳城市野境的识别特征与基本类型，辨析生物多样性感知与价值认同的内涵。提出探寻城市野境生物多样性感知测度与公众价值认同度之间关联性的设想，阐述这一设想的研究路径与应用策略。研究旨在构建和完善城市野境价值认同体系，探索公众参与土地利用转型决策的可行化模式，推动公众感知循证研究反哺城市野境设计实践。

关键词：城市野境；生物多样性；价值认同；公众感知；土地利用转型

Abstract: Analyze the background and cognitive dilemma of urban wildness, and review the progress of related research. Integrating previous research views, we summarize the identification characteristics and basic types of urban wildness, analyze the connotation of biodiversity perception and value identification, put forward the idea of exploring the correlation between biodiversity perception measurement and public value identification in urban wildness, and expound the research approaches and application strategies of this idea. The research aims to construct and improve the value identification system for urban wildness, explore feasible models for public participation in land utilization transformation decision-making, and promote evidence-based research on public perception to feed back urban wildness design practices.

Keywords: Urban Wildness; Biodiversity; Value Identification; Public Perception; Land Utilization Transformation

引言

我国处于城市化中期向后期过渡阶段，资源环境制约日趋显著，粗放低效的土地利用方式难以为继[1]。一方面，城市建设与城市生态空间存续的矛盾逐渐凸显；另一方面，存量土地治理促使大量城市建设用地发生土地利用转型。城市化进程遗留、废弃或闲置的碎片化土地在自然主导下发生自然演替，呈现出类似荒野的状态，这类土地被部分学者称为城市野境（urban wildness）[2]，其识别特征与多重价值已被多个学科所关注。快速城市化进程主导下的城市建设倾向于抹除场地原有痕迹，植入崭新的环境要素，追求短期速成效果，城市野境因不受明显人为干预而往往被视为消极空间[3]。但既往研究表明，城市野境具有保护生物多样性、增进公共福祉、提高城市绿视率等诸多功能[4]，化解公众价值认同困境成为实现城市野境存续与活用的关键环节。

1 相关研究进展述评

1.1 城市野境的识别特征与基本类型

广义上的城市野境可指代城市环境中承载"野性"自然的绿色空间[2]，其主要特征为：以自然主导，未受明显人为干预，或在人为干预停止后恢复自然主导状态，可进行自然演替[5]。

由于城市野境是城市荒野（urban wilderness）的衍生词，故而既往研究对城市野境识别特征的论述往往沿用城市荒野的评价指标，但并非所有评价指标都适用于概括城市野境的共性特征。譬如，安克·穆勒等提出量化荒野度（wildness）的 4 项指标：①地表覆盖植被的自然程度；②是否具有特殊地形；③偏远程度；④人工设施的可见度[6]。对于城市野境而言，②和③显然属于非典型特征，只有①和④适合作为界定其识别特征的参考指标，有学者将①所描述的指标概括为土地利用自然度（biophysical naturalness of land use）[7]。此外，边界模糊、用地类别复杂、尺度弹性大等客观因素导致现阶段城市野境的识别工作存在一定难度[8]。

在城市野境类型划分的观点上，原生野境、再生野境和类野境的分类体系得到多个学者的认同[5,9]，这一分类体系与城市野境的用地类别及土地利用转型紧密相关（表1）。

城市野境的基本类型　　表1

类型	释义	用地类别
原生野境	以自然主导且无可见人为干预痕迹的城市野境	通常为尚未进行建设的城市建设用地，以及部分其他非建设用地
再生野境	持续性人为干预停止后恢复自然主导状态的城市野境	通常为面临土地利用转型的城市建设用地与农林用地

续表

类型	释义	用地类别
类野境	人工模拟荒野景观而营建的城市野境,人为干预停止后可发展为再生野境	通常为城市绿地

1.2 城市野境价值认同的循证研究

价值认同研究的目的在于了解公众对城市野境的感知方式、审美偏好和使用意愿,从而科学引导公众认知,优化城市野境的应用策略。既往研究表明,作为认知主体的公众对城市野境的感知情况与职业、年龄、教育程度等多重因素相关[4];对于作为认知客体的城市野境而言,不同的自然演替阶段所呈现的景观也会引起公众感知的显著变化[10]。上述研究反映出不同的地域、文化背景和城市野境状态等情境下公众对城市野境价值认同的共性与差异,但仅凭这些结论尚不足以构建完整的价值认同体系。

整合既往观点[4],城市野境的多重价值可归纳为四种类型:①生态价值,即保护与提升城市生物多样性、提供类型丰富的生物栖息地、调节城市微气候等;②美学价值,向公众呈现与城市环境迥异的荒野之美;③经济价值,成为低成本、低养护、高效益的绿色基础设施;④用价值,为公众提供荒野游憩体验,促进人与自然的良性互动。四种价值互相关联,共同构成城市野境的价值认同体系(图1)。为了进一步判定公众价值认同的来源,后续研究应对城市野境的四种价值进行细分,有针对性地归纳公众感知规律。

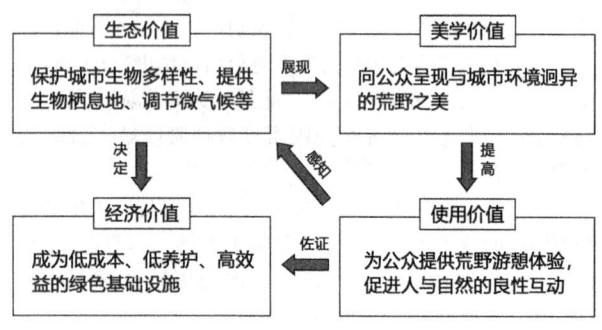

图1 城市野境价值认同体系图示

1.3 生物多样性感知研究

目前,生物多样性对人类福祉的影响机制仍在探索之中,"生物多样性感知"成为开拓这一领域的切口。既往研究普遍侧重于测量生物多样性,鲜有谈及感知生物多样性[11]。二者之间存在本质区别,前者是指量化生物多样性的客观属性,后者是指描述公众接触生物多样性后形成的主观印象。公众可以直观感知到的生物多样性主要为植物多样性、鸟类多样性、昆虫多样性等,感知过程涉及视觉、听觉、嗅觉、触觉等多种感官,因而实地进行问卷调查与用户访谈是获取直观感知数据的主要渠道。

2 研究框架

2.1 构建关联性的研究设想

相较于整洁有序的城市环境,城市野境中由自然演替形成的生物群落给人留下凌乱无序、缺乏管理、存在潜在危险的负面印象,这阻碍了公众感知的进一步深入,也影响了城市野境的价值表达。如要化解城市野境价值认同困境,则亟须改变公众的固有观念。生物多样性是能够通过多重感官直接形成认知印象的自然表征,当公众的生物多样性感知测度出现变化时,对城市野境的价值认同度是否也会随之改变?二者之间存在怎样的关联性?涉及哪些类型的价值认同?目前鲜有研究对此循证。由此,本研究提出探索城市野境生物多样性感知测度与公众价值认同度之间关联性的设想,以明晰前者对后者的影响机制,找到化解城市野境价值认同困境的方法。

2.2 基于"识别-采集-分析"的研究路径

2.2.1 城市野境样地识别

研究的首要工作是对研究对象进行界定。既往研究提出通过土地利用自然度和人工设施可见度等指标识别城市野境,在此基础上研究者还需要结合实际情况对其权属、尺度、边界等内容进行判定。传统的样地识别通常依赖效率低下的人工目视判读,现有学者提出运用深度学习识别遥感影像数据的方法对城市野境进行快速、大范围的筛选:由Google Earth等卫星地图软件提供高分辨率的研究区域遥感影像作为识别底图,再利用语义分割识别城市野境的地物细节,识别结果可精确到植物群落边界[12]。研究者利用这一方法筛选出城市野境的典型样地之后,再进行实地调研以检核识别结果。

2.2.2 公众感知数据采集

研究需要采集的公众感知数据包括生物多样性感知测度和价值认同度两项内容,涉及的研究方法主要为问卷法、访谈法、眼动追踪等。通过问卷法和访谈法相结合的调查方式可以直接获取公众实地感知与图像感知的基础数据,量化受访者对各类城市野境的生物多样性感知测度,以及对其四种价值的认同度。受访群体在年龄、性别、职业、教育程度等方面的差异会对调查结果产生影响,因此研究者需根据不同的研究目标有针对性地选择受访群体。眼动追踪能够记录公众对真实环境和图像场景的视觉认知过程,知晓被试者在生物多样性感知过程中重点关注的环境要素,辅助总结公众审美偏好规律[13]。

2.2.3 关联性分析与讨论

研究者将多种方式获取的公众感知数据进行统一整理后导入SPSS统计分析软件,对城市野境的生物多样性感知测度与生态、美学、经济、使用四种价值的认同度分别进行Spearman相关性分析,预计会出现以下三种结果:

(1)当呈现显著正相关时,研究者可据此判定公众对城市野境产生价值认同的具体来源，从而指导后续应用策略侧重于这些价值的挖掘与表达，使公众更容易悦纳城市野境的生物群落。

（2）当呈现显著负相关时，研究者可通过图像改绘或场景建模等手段进行情景模拟，调查和记录公众在"低干预"环境要素置入城市野境后产生的价值认同变化状况，由此找到兼顾公众价值认同与城市生物多样性保护的应用策略。

（3）当关联性较低时，应扩大样本容量、检核数据问题或调整研究方法。

根据上述关联性分析结论制定城市野境的应用策略，能够实现公众对土地利用转型决策的间接参与，发挥循证研究对设计实践的反哺作用（图2）。

2.3 三类城市野境的应用策略

2.3.1 类野境：认知的引导

作为模拟荒野的人工景观，类野境应注重公众认知引导，使其对城市与自然之间的共生关系进行思考，成为推动公众固有观念转变的绿色引擎。亨利·马蒂斯公园（Parc Henri Matisse）是类野境的典例，设计师采用"阻隔"与"对比"相结合的手法创造一个"生态孤岛"：阻

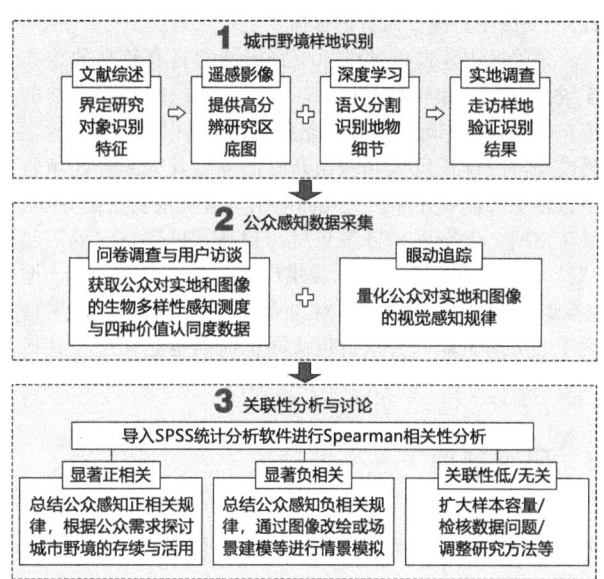

图2 基于"识别-采集-分析"的研究路径图示

隔为生物群落提供恣意生长的空间，公众可依托观察设施感知自然演替进程的微妙变化；孤岛内由自然主导的相对动态和孤岛外由人类主导的相对静态形成鲜明对比，自然演替的动态力量由此呈现（图3）。

图3 亨利·马蒂斯公园

（图片来源：根据 Parc Henri Matisse—Nathanael Scheffler 和 Parc Matisse—Wikipédia 整理）

2.3.2 再生野境：兴替的演绎

再生野境是一种自带"厚度"的半自然空间，不仅印刻了场地曾经作为农田、苗圃、鱼塘、工厂、填埋场等用地的环境变迁史，并且自行描摹出人与自然博弈之后的再野化图景，具有维系自然、历史与未来的潜质。以江洋畈生态公园为例，曾经的西湖淤泥堆积场在自然演变进程中呈现的动态景观得到充分的尊重、维护与展示，特别划定的自然演替区域采用景观叙事策略向公众述说场地的变迁历程，展现自然演替所蕴含的生命力与厚重感，发挥极具示范意义的自然教育功能（图4）。

图4 江洋畈生态公园

2.3.3 原生野境：风景的延伸

未受城市建设侵蚀的原生野境通常具有较高的生态系统服务价值和生物多样性，成为公众感知真实自然的窗口，如长株潭绿心、成都龙泉山、广州白云山等。原生野境通常因规模巨大和限制开发而导致其大部分区域难以被涉足，需要在保护优先的原则下合理规划生态绿道、眺望空间、生态展示区等场所与设施，以建立"景"与"观"的联结纽带，为公众提供广阔的自然观察视域。原生野境的保护与利用并非对立关系，而是多重价值平衡之下的应用策略，公众价值认同也应当建立在这一基础之上。

3 研究展望

3.1 构建和完善城市野境价值认同体系

获取公众价值认同是城市野境存续与活用的前置条件，需从社区、城市、区域等多个尺度对公众感知情况进行调查。由于国内针对城市野境的循证研究极少，围绕其地域分布、使用现状、公众观念等内容开展的基础研究严重缺乏，目前尚无法得出我国公众对城市野境价值认同的系统性结论。鉴于城市野境具有生态、美学、经济、使用等多重价值，后续研究可从作为视觉表征的美学价值率先切入，逐步扩展到其他价值的循证，从而构建完整的城市野境价值认同体系。

3.2 探索公众参与土地利用转型决策的可行化模式

城市环境与公共福祉息息相关，公众有权参与与城市环境相关的决策过程。城市野境是公众在城市环境内接触频率较高的自然空间，发挥着与城市绿地类似的生态系统服务功能。部分城市野境已经被公众悦纳并使用，但仍有更多的城市野境被公众视为消极空间。城市野境生物多样性感知测度与公众价值认同度之间关联性的循证研究最终是为其应用策略提供民意调查基础，辅助相关部门制定城市野境转型为绿地的环境决策。

3.3 推动公众感知循证研究反哺城市野境设计实践

在保护生物多样性的基本原则下，风景园林师的职责在于通过设计语言引导公众深入探索城市野境之美，使城市野境成为引导公众认知的媒介和开展自然教育的场所。公众感知循证研究反哺城市野境设计实践的良性互动模式将一步步地建立人与自然的情感共鸣，实现城市野境多重价值的高效利用，绘成人境共荣的时代愿景。

参考文献

[1] 瞿诗进, 胡守庚, 李全峰. 中国城市建设用地转型阶段及其空间格局[J]. 地理学报, 2020, 75(7): 1539-1553.

[2] Martin G V, Hill M. Urban wildness: A more correct term than "urban wilderness"[J]. Landscape Architecture Frontiers, 2021, 9(1): 80-91.

[3] Hester R T, Blazej N J, Moore I S. Whose wild? Resolving cultural and biological diversity conflicts in urban wilderness[J]. Landscape Journal, 1999, 18(2): 137-146.

[4] 邵钰涵, 徐欣瑜, 袁嘉. 城市荒野景观: 内涵与价值审视[J]. 景观设计学, 2021, 9(1): 14-25.

[5] 曹越, 万斯·马丁, 杨锐. 城市野境: 城市区域中野性自然的保护与营造[J]. 风景园林, 2019, 26(8): 20-24.

[6] Müller A, Bøcher K P, Fischer C, et al. 'Wild' in the city context: Do relative wild areas offer opportunities for urban biodiversity?[J]. Landscape and Urban Planning, 2018, 170: 256-265.

[7] Yue C, Steve C, Rui Y. Mapping wilderness in China: Comparing and integrating Boolean and WLC approaches[J]. Landscape and Urban Planning, 2018, 192(2019): 103636.

[8] 冯姗姗, 胡曾庆, 李玲, 等. 全生命周期视角下的闲置地转型绿地: 进展及思考[J]. 现代城市研究, 2021, (6): 93-101.

[9] 王晞月. 城市缝隙: 人居语境下荒野景观的存续与营造策略[J]. 城市发展研究, 2017, 24(7): 11-16; 24.

[10] 郑晓笛, 吴熙. 棕地再生中的生态思辨[J]. 中国园林, 2020, 36(6): 17-22.

[11] 马彦红, 朱捷, 陈曦. 城市公园感知生物多样性促进注意力恢复的影响研究[J]. 中国园林, 2022, 38(7): 80-85.

[12] 刘子晴, 王薪宇, 杨锋, 等. 城市更新背景下融合深度学习的非正式绿地数字识别技术研究进展[J]. 中国园林, 2023, 39(6): 33-38.

[13] 刘凌汉, 吴美阳, 马艺萌, 等. 眼动追踪应用于景观领域的研究综述[J]. 西部人居环境学刊, 2021, 36(4): 125-133.

作者简介

庞世源，1998年生，男，汉族，广西北海人，北京林业大学园林学院硕士在读，研究方向为风景园林规划与设计。电子邮箱：2905897150@qq.com。

嵇雨桐，1999年生，女，汉族，江苏苏州人，北京林业大学园林学院硕士在读，研究方向为风景园林规划与设计。电子邮箱：jiyutong99@126.com。

（通信作者）李雄，1964年生，男，汉族，山西太原人，博士，北京林业大学，副校长、教授，研究方向为风景园林规划设计理论与实践。电子邮箱：bearlixiong@sina.com。

基于生态系统服务协同与权衡关系的城市生态空间管控策略研究
——以粤港澳大湾区红树林湿地为例

Research on Urban Ecological Spatial Management Strategy Based on Synergy and Trade-off of Ecosystem Services: A Case Study of Mangrove Wetlands in the Guangdong-Hong Kong-Macao Greater Bay Area

张 婷 严仙友阳

摘 要：红树林湿地是沿海城市生态空间的重要组成部分，具有重要的生态系统服务功能。协调城市社会发展与生态环境保护已成为全球广泛关注的问题。生态系统服务之间的权衡与协同关系对探讨城市发展与生态保护提供了新的思路。本文以粤港澳大湾区为例，使用MaxEnt模型准确预测出粤港澳大湾区红树林湿地的空间分布范围，计算粤港澳大湾区红树林湿地生境质量、固碳、气候调节、土壤保持、净初级生产力、游憩机会等生态系统服务功能，并分析红树林湿地生态系统服务之间的权衡与协同关系。以此为依据，设置低权衡、低协同、高协同3种情景，在不同区域对生态系统服务分配不同的保护目标，得到3种不同的空间区划结果：低权衡是最理想化的情景，最大限度地减少权衡作用的干扰，高协同情景下，生态修复区面积较多，管理成本较高。综合各种因素，低协同情景的分区结果更加符合城市发展和生态保护的共同需要。本研究可为红树林湿地的规划建设和管理提供科学的决策依据，有助于缓解生态保护与城市发展之间的矛盾，对协调粤港澳大湾区红树林湿地保护与城市土地高效利用具有一定的指导意义。

关键词：城市生态空间；红树林湿地；生态系统服务；权衡与协同；多情景规划

Abstract: Mangrove wetlands are an important part of the ecological space of coastal cities and have important ecosystem service functions. Coordinating urban social development and ecological environmental protection has become a widespread concern around the world. The trade-offs and synergies between ecosystem services provide new ideas for discussing urban development and ecological protection. Taking the Guangdong-Hong Kong-Macao Greater Bay Area as an example, MaxEnt model is used to accurately predict the spatial distribution range of mangrove wetlands in the Guangdong-Hong Kong-Macao Greater Bay Area, calculate ecosystem service functions such as habitat quality, carbon sequestration, climate regulation, soil conservation, net primary productivity, and recreational opportunities in the Guangdong-Hong Kong-Macao Greater Bay Area, and analyze the trade-off and synergy between ecosystem services of mangrove wetlands. Three different spatial zoning results were obtained by allocating different conservation objectives to ecosystem services in different regions: low trade-off was the most ideal scenario and minimized the interference of trade-offs, and under the high synergy scenario, the ecological restoration area was larger and the management cost was higher. Combining various factors, the zoning results of the low coordination scenario are more in line with the common needs of urban development and ecological protection. This study can provide a scientific decision-making basis for the planning, construction and management of mangrove wetlands, help alleviate the contradiction between ecological protection and urban development, and have certain guiding significance for coordinating the protection of mangrove wetlands and the efficient use of urban land in the Guangdong-Hong Kong-Macao Greater Bay Area.

Keywords: Urban Ecological Spatial; Mangrove Wetlands; Ecosystem Services; Trade-offs and Synergies; Multi-scenario Planning

引言

城市生态空间是城市地表人工、半自然或自然的植被及水体（森林、草地、绿地、湿地等）等生态单元所占据的，并为城市提供生态系统服务的空间，是维持城市生态系统正常运转的重要物质载体，对城市可持续发展具有重要的支撑作用，同时能够保障城市生态安全及提升城市人居环境品质[1]。然而随着城市化进程的快速推进，城市建设用地规模不断扩大，城市生态空间和城市建设空间矛盾越来越突出，如何调节两者之间的矛盾，让城市生态空间提供生态功能的同时，也能满足人类的发展需求，则需要对城市生态空间进行合理管控，促进城市全域的空间资源合理利用、生态环境保护和城市协调发展。

目前，国内外对于城市生态空间管控的研究主要集中在三个方面：①通过对生态环境进行评价，识别主要的空间，并通过划定生态空间边界或者生态控制线来设置管控单元，如苏敬华等通过评估上海市生态系统服务功能重要性和生态环境敏感性，根据评价结果识别并确定生态空间，划定了113个生态空间管控单元[2]。②基于空间主导服务功能识别、多项服务功能权衡协同关系，来划定不同主导生态系统服务功能下的生态空间管控单元，如绍明等以成都东部新城为例，基于所识别的核心生功能空间范围及其所对应的不同主导服务功能，综合考虑主导服务功能数量及其与非主导服务功能之间权衡协同关系测定结果，划定3种类型生态功能空间范围[3]。③通过评估城市生态空间的生态系统服务功能，分析各种生态系统服务之间的权衡协同关系，在此基础上，设置生态保护和社会发展等多种情景，模拟分析不同情境下的空间利用情况，为不同城市发展和生态保护目标提供多种生态空间管控方案，如 Domischa 等基于4种 ESs 间关系，使用 Marxan with zones 对多瑙河流域依据不同分区对保护目标的设置不同，划分了重点保护区域、关键管理区、流域管理区域以及生产区[4]；Liu 等依据 ESs 间协同作用对3个县域进行区划，例如单一碳固存区、碳-土-水协同供应区及碳水协同供应区等区域[5]。此种方法相比前两种综合考虑了研究区域的经济发展和生态环境两种因素，可以真正实现城市发展和保护相结合。同时，不同区域对 ESs 的保护类型需要有所不同，将情景分析整合到生态系统服务的权衡协同中，可以更有效地指导规划并制定空间管理对策[6-7]。

生态系统服务（ecosystem services, ESs）是人类直接或间接从生态系统中获得的惠益[8]，分为4种广泛应用的服务类型，即调节服务、支持服务、供给服务和文化服务[9]。大量研究表明，ESs 各类服务之间有着复杂的相互作用关系，通常是此消彼长的权衡或相互增益的协同关系[10]。普遍存在的权衡或协同关系导致不是每种服务类型都能实现效用最大化，而且人类在消费某些生态系统服务类型时，会对其他服务类型的提供造成影响，产生不可避免的生态系统服务权衡与协同问题[1,11]。明确不同生态系统服务的权衡与协同关系，对兼顾人类社会发展与生态环境保护的共赢具有重要意义，已成为全球广泛关注的问题[12]。

红树林湿地分布在亚热带及热带的海岸潮间带，具有重要的生态特性和生态服务功能，在保障沿海生态安全和保护生物多样性等方面有举足轻重的地位。然而受到人类活动的影响，红树林湿地的面积不断缩小。据统计，1980—2000年全球红树林湿地面积减少35%[13]。自20世纪50年代以来，中国红树林湿地的面积减少了50%以上。尽管随着生态环境保护意识的提高及保护政策的实施，近年来沿海红树林湿地生态状况得到改善，但中国红树林湿地的保护工作依然严峻。如何在对红树林湿地保护的同时也兼顾社会发展的需求，是目前红树林保护关注的热点问题[14]。

红树林湿地作为粤港澳大湾区沿海地区重要的生态空间和沿海生态湿地的重要组成部分，长期存在着生态保护和社会经济发展的矛盾。随着粤港澳大湾区的经济快速发展，大湾区内红树林湿地生态系统的健康发展面临巨大考验。亟待需要能保障生态功能和区域社会经济共同发展的管控手段，从而优化空间格局，实现红树林湿地全面高效的区域管控。本研究以粤港澳大湾区的红树林湿地为研究对象，在准确预测红树林湿地适宜分布区的基础上，基于生态系统服务功能视角，选取红树林湿地的关键生态系统服务类型，并对其间的相互关系进行测度；根据其协同权衡关系，通过设置多情景的 ESs 保护目标和空间分配得到红树林湿地的管控规划结果，并对各情景的管控结果对 ESs 间协同权衡关系的促进或降低作用进行验证。通过本研究有望形成更有效、更完善的红树林湿地管控机制，以期为需要协同生态保护和社会发展的粤港澳大湾区红树林湿地的分区规划和生态系统服务保护管理提供决策依据。

1 研究区域概况

粤港澳大湾区（112°18′~115°07′E，21°27′~23°05′N），地处我国南部，珠江流域中下游，包括香港特别行政区、澳门特别行政区和广东省广州市、深圳市、珠海市、佛山市、惠州市、东莞市、中山市、江门市、肇庆市，总面积约为5.6万 km²[15]。粤港澳大湾区是我国开放程度最高、经济活力最强的区域之一，在国家发展大局中具有重要战略地位[15]。粤港澳大湾区以亚热带季风气候为主，年均降水量在1300~2500mm，年均温为22.3℃。夏季高温多雨，冬季温暖少雨，光、热和水资源充沛。地势北高南低，山地主要分布在东北和西北部，中部及沿海地区以平原为主。土壤类型以赤红壤为主，地域性植被主要是亚热带常绿阔叶林[16-17]。粤港澳大湾区拥有1512.18km的大陆海岸线，拥有丰富的自然资源，如红树林、海岛、河口水域等[18]。

粤港澳大湾区的红树林湿地分布广泛，香港、澳门以及广东省的深圳市、珠海市、广州市、惠州市、江门市和中山市均有红树林湿地，设有多个自然保护区，如香港米埔红树林鸟类自然保护区、广东惠州市惠东红树林自然保护区等[16]。目前粤港澳大湾区正处在快速城市化阶段，人类活动空间急剧扩张。红树林湿地普遍存在围垦填海、过度猎捕和不合理开发等现象，流域内水污染严重，严重威胁红树林的健康生长，破坏红树林湿地的生态环境[16]。

2 粤港澳大湾区红树林湿地空间界定

本研究使用 MaxEnt 模型进行红树林湿地分布区预测分析。MaxEnt 模型只需获取物种分布记录，结合相应环境变量数据，即可对物种潜在分布区进行准确预测[19]。

2.1 数据来源与处理

（1）红树林分布数据

红树林分布数据来自中国科学院地理科学与资源研究所，提取粤港澳大湾区的红树林分布斑块，获得粤港澳大湾区域4577个红树林分布点[20]。

（2）环境变量数据

大量已有研究表明，温度、盐度、距海岸线的距离、沉积物等是影响红树林生长的主要环境因素[21]。根据影响红树林分布的环境因素与数据的可获得性，共选取陆地生物气候变量、地形变量、土壤变量、海表温度变量共4类35个环境变量。

为消除环境变量之间的共线性，对35个环境变量进行 Spearman 相关性检验。同时导入 MaxEnt 模型选择贡献率较高的环境变量[22]。最终筛选出23个自然环境变量，包括11个陆地生物气候变量（年平均温度、昼夜温差日均值、温度季节性、最热月最高温度、最冷月最低温度、最湿季平均温度、最干季平均温度、年平均降水量、最干月降水量、最暖季降水量、最冷季降水量）、5个地形变量（海底地形高程、坡度、CTI地形综合指数、到海岸线的距离、坡向）、3个土壤变量（有机碳含量、碳酸盐含量、交换性盐基）、4个海表温度变量（年平均海表温度、年平均海表温度差、最冷季海表平均温度、最干季海表平均温度）。

将红树林分布点数据和23个环境变量导入MaxEnt 3.4.4软件，重复计算100次。运算后得到每个栅格的像元值，取值范围在[0，1]，值越大表明该栅格内的生境适宜度越高，红树林分布的可能性越高[23]。

2.2 粤港澳大湾区红树林湿地分布区

基于MaxEnt模型的预测结果，根据相关文献和利用2020年的高清遥感影像进行参照，将栅格像元值大于0.4的区域筛选出作为红树林适生的范围，最后得到粤港澳大湾区的红树林湿地面积为1495.12km^2。红树林最优适生区主要分布在广州南沙区、深圳湾、江门镇海湾、淇澳岛等区域，中等适生区主要分布在珠海市金湾区南部、江门广海湾、黄茅海地区和深圳前海湾等区域。

3 粤港澳大湾区红树林湿地生态系统服务价值的空间格局及关系

3.1 粤港澳大湾区红树林湿地生态系统服务识别和评估

3.1.1 红树林湿地生态系统服务识别

根据相关文献[24-27]，选取红树林湿地主要的生态系统服务功能，包括以净初级生产力为主的供给服务，以碳固定、土壤保持、气温调节为主的调节服务，以生境质量为代表的支持服务，以及为城市居民提供的科普教育、生态休闲旅游的文化服务。

3.1.2 红树林湿地生态系统服务评估

（1）生物多样性

InVEST模型中的生境质量模块（habitat quality）原理是以土地覆被/利用类型数据为基础，利用生境适宜度、胁迫因子敏感度、胁迫因子的影响距离与权重等影响因素对生境质量进行评估，将生境质量视为一个连续变量，用生境质量指数来表征生境质量，在一定程度上代表生物多样性的高低，即生境质量指数越高的区域，其生境质量越好，其生物多样性水平越高[28]。计算公式如下[29]：

$$Q_{xj} = H_j\left[1 - \left(\frac{D_{xj}^z}{D_{xj}^z + K^z}\right)\right]$$

$$D_{xj} = \sum_{r=1}^{R}\sum_{y=1}^{Y_r}\left(\frac{W_r}{\sum_{r=1}^{R}W_r}\right)r_y i_{rxy} \beta_x S_{jr}$$

式中，Q_{xj}为土地利用/覆被类型j中栅格单元x的生境质量指数；H_j为土地利用/覆被类型j的生境适宜度，值域为[0，1]，值越接近1表示生境质量越高；D_{xj}为土地利用/覆被类型j中栅格单元x的生境退化度；K为半饱和系数，通常取D_{xj}最大值的一半；z为常数；R为胁迫因子数；y为胁迫因子r的所有栅格单元；Y_r为胁迫因子r所占栅格单元总数。本研究选取耕地、城市建设用地等生态风险源作为胁迫因子，各因子最大影响距离及其权重参见文献[30-31]。

（2）碳固定

InVEST模型中碳储量以各土地利用类型或植被类型为评估单元，以4种碳库的平均碳密度乘以各评估单元的面积来评估区域生态系统碳储量。其计算公式如下[32]：

$$C_{tot} = C_{above} + C_{below} + C_{soil} + C_{dead}$$

式中，C_{tot}为总碳储量（t/hm^2）；C_{above}为地上生物碳储量；C_{below}为地下生物碳储量；C_{soil}为土壤碳储量；C_{dead}为枯落物碳储量。

（3）土壤保持

土壤保持量计算是基于沉积物保留模块开展的，该模块在通用土壤流失方程的基础上，考虑了地块本身拦截上游沉积物的能力，使得计算结果更加科学准确[33]。

$$RKLS = R \times K \times LS$$

$$USLE = R \times K \times LS \times P \times C$$

$$SD = RKLS - USLE$$

式中，$RKLS$是基于研究区特定地貌气候条件及裸地情形下的潜在土壤侵蚀量（t）；$USLE$是考虑了管理、工程措施的实际土壤侵蚀量（t）；SD为土壤保持量（t）；R为降雨侵蚀因子[MJ·mm/（hm^2·h·a）]；K为土壤可蚀性因子[t·hm^2·h/（hm^2·MJ·mm）]；LS为坡长坡度因子；C为植被覆盖和管理因子；P为土壤保持措施因子。

（4）气候调节

气候调节是指自然生态系统通过植被蒸腾作用、水面蒸发过程吸收太阳能，从而调节夏季气温、改善人居环境舒适程度的功能。本研究利用城市生态智慧管理系统的气候调节模块来计算。计算公式如下[34]：

$$E_{tt} = E_{pt} + E_{we}$$

$$E_{pt} = \sum_{i=1}^{3} EPP_i \times S_i \times D \times 106/(3600 \times r)$$

$$E_{we} = E_w \times q \times 10^3/(3600)$$

式中，E_{tt}为生态系统蒸散发消耗的能量（KWh/a）；E_{pt}为生态系统植被蒸腾消耗的能量（KWh/a）；E_{we}为生态系统水面蒸发消耗的能量（KWh/a）；EPP_i为第i类生态系统单位面积蒸腾消耗热量[kJ/（m^2·d）]；S_i为第i类生态系统的面积（km^2）；D为空调开放天数（天）；r为空调能效比：3.0（无量纲）；i为生态系统类型（无量纲）；E_w为水面蒸发量（m^3）；q为挥发潜热，即蒸发1g水所需要的热量（J/g）。

(5) 净初级生产力

净初级生产力（NPP）是指单位时间、单位面积上绿色植物通过光合作用产生的有机质总量减去自身呼吸消耗后所储存下来的部分，即绿色植物所积累的有机干物质总量[35]。本研究使用 NASA 的 Modis 数据，MODIS/TerraNPP 产品来源于 MOD17A3HGF.v006 数据集，该数据集已通过第三阶段的验证，空间分辨率为 500m[36]。

(6) 游憩机会

游憩机会参照相关文献和旅游开发潜力评价体系的确立人口、GDP、交通可达性三个指标，并利用层次分析法确定这三个指标的权重，叠加计算出研究区域的游憩机会[37-38]。

3.2 红树林湿地生态系统服务空间分布

根据粤港澳大湾区红树林湿地的 6 类生态系统服务价值的空间分布，支持服务生境质量最好的地区是香港、澳门、惠州惠东县等区域，其次是深圳湾地区以及粤港澳大湾区红树林湿地分布区的浅海海域部分。调节服务中的固碳量高值主要是在广州南沙区、中山南朗镇，低值主要是粤港澳大湾区红树林湿地分布区浅海海域和深圳、香港区域。整个区域的土壤保持功能较差，土壤保持量较高的区域是香港和江门的下川镇。调节服务中的气候调节在整个区域都较高，由此可见红树林在调节局部气候变化中具有重要作用。红树林的供给服务即净初级生产力功能较高，红树植物每年向附近海域输送大量的枯枝落叶，经微生物分解，成为底栖生物和鸟类的营养物质和能量来源。游憩机会所代表的文化服务，在经济较发达、人口较多的地区较多，如深圳、香港和澳门，且越靠近城市建成区游憩机会越多。

3.3 粤港澳大湾区红树林湿地生态系统服务之间的权衡与协同关系

Person 相关性分析是统计学分析方法，可以揭示多种生态系统服务功能之间的关系机制[3]。运用 SPSS 对两两生态系统服务种类进行 Person 相关性分析。负相关则说明两两生态系统服务之间是权衡关系，正相关则是协同关系[39]。

综合研究范围、尺度和数据精度，选择 1km×1km 的渔网矢量单元对红树林分布区进行划分，共得到 3326 个规划单元；再利用 ArcGIS 来获取各个规划单元生态系统服务价值数的平均值，对 3326 个规划单元的 5 类生态系统服务价值进行 Person 相关性分析，从而得到红树林湿地生境质量、碳固定、土壤保持、气候调节、净初级生产力（NPP）和游憩机会之间的相关性（表1）。

红树林湿地生态系统服务 Person 相关性分析　表1

	生境质量	碳固定	土壤保持	气候调节	NPP	游憩机会
生境质量	1	-0.141**	0.256**	0.477**	0.069**	-0.060**
碳固定		1	-0.041*	-0.634**	-0.340**	-0.001
土壤保持			1	0.020	0.072**	-0.095**
气候调节				1	0.411**	0.121**
NPP					1	0.121**
游憩机会						1

结果表明，调节服务中的碳固定与其他所有服务存在负相关，即权衡关系，红树林在实现固碳的同时不能进行其他的服务功能；生境质量、土壤保持、气候调节以及净初级生产力之间都是正相关，即协同关系，支持服务和调节服务之间是存在协同关系的，由于净初级生产力是生态供给服务，因此也与支持和调节服务是协同关系。文化服务中的游憩机会与碳固定、生境质量、土壤保持都存在负相关，文化服务存在一些人类活动，对生态服务功能存在消极的影响。

4 基于生态系统服务功能权衡协同关系的红树林湿地多情景空间规划

4.1 Marxan with zones 模型及原理

为了满足不同功能的保护需求，优化不同管理区域的空间分配，使用 Marxan with zones 模型来进行空间运算。Marxan with zones 模型是基于系统保护规划理论开发的算法模型，旨在支持多种保护需求的生态空间和保护地的区域空间规划。为实现因优先保护特征不同而保护目标不同的管理区域划分，Marxan with zones 通过模拟退火优化算法实现保护特征，最小化目标函数，目标函数如下：

$$\overset{1}{\underset{PUs}{\sum}Cost} + \overset{2}{BLM\underset{PUs}{\sum}CV_xBoundary} + \underset{Con}{\sum}FPF \times Penalty = MarxanwithZonesScore$$

式中，1 为分区配置的成本；按分区划分的分区配置内所有规划单元成本的线性组合，也可以是规划方案的总成本；2 为保护区边界长度和 BLM 值的乘积，BLM 是边缘长度系数，BLM 值越高，聚合度和连接性就越高。

本研究在使用 Marxan with zones 时，通过梯度测试确定最合适的 BLM 值为 135；成本因子选择社会经济 GDP 和人口数量；以各生态系统服务作为保护特征；FPF 是指每种服务未达到保护目标时所加到目标函数的惩罚值，保护特征的 FPF 越高，对应的服务类型重要性就越高[40]，因此将支持和调节服务的 FPF 设置为 2，供给与文化服务的 FPF 设置为 1。在运算中通过校准边界成本来确定分区之间的空间关系，以及将各分区聚集在一起并进一步将生态保护区和协调发展区分离开，将生态修复区作为缓冲区放置在保护区附近[41]。因此在边界分布成本文件中，生态保护区和协调发展区之间边界的成本设置为 3500，生态保护区与生态修复区、生态修复区与协调发展区之间的边界成本设置为1200。

4.2 空间分配及情景设置

根据《红树林保护修复专项行动计划（2020—2025年）》[42]，结合红树林保护和城市、社会发展的需要，将红树林潜在保护区划分为3个管理区域，分别是生态保护区、生态修复区、协调发展区域。基于生态系统服务功能之间的协同权衡关系，各区侧重不同的保护特征：①生态保护区坚持生态优先、整体保护，严格红树林用地管制，严管红树林区域的人为活动，生态功能全面加强保护，维护红树林生境和生物多样性；②生态修复区主要修复红树林，以调节服务为主，兼顾部分生态生产功能；③协调发展区主要是进行文化服务功能，并且可以一定程度上协同生态生产功能。研究将每个保护特征的保护目标进行空间区域分配，有助于减少要保护的ESs间的权衡，并增强协同效益。

保护特征是各分区侧重保护的生态系统服务，模型运算需为各区保护特征设置量化的保护目标作为分区计算的限制条件。保护目标是指分配给各分区需保护的生态系统服务数量占该服务全域保护总量ESs的百分比。单元集合覆盖总量达到预设目标数量时可形成分区。依据各管理区不同的侧重保护特征，将各特征的保护目标分配到3个区中合适的区域（各ESs分配在各区的总目标之和为100%），使有限的保护资源用在重点区域。并依据ESs的协同权衡关系，在同一管理区为兼容的ESs分配保护目标以增加协同效益，尽量减少权衡作用。

为比较不同的保护目标分配对每个区域ESs权衡协同效应的影响，设置了低权衡、低协同、强协同3种情景[41]。不同情景分配不同的保护目标。

（1）低权衡情景是最严格的保护场景，根据各分区对主要保护的生态系统服务类型的定位不同，将每类的生态系统服务以100%的目标分配在合适的区域中，最大限度地减少权衡的干扰。

（2）低协同情景允许支持服务、调节服务在生态保护区和生态修复区协同发展，供给服务和文化服务在生态修复区和协调发展区协同，即分别兼容30%的保护目标。

（3）高协同情景：对支持服务、调节服务进行更多的协同保护，使生态保护区对支持服务、调节服务的保护目标提升为70%，让调节服务得到更多的保护。并考虑人们广泛的游憩需求，扩大文化服务的分配范围，加大文化服务在修复区的保护目标，同时也为了生态生产的目标更好实现以及文化服务和供给服务更好协同，也加大了供给服务在协调发展区的保护目标（表2）。

各情景下每种生态系统服务在各区域的保护目标   表2

情景设置	保护特征类型	生态保护区	生态修复区	协调发展区
情景一 低权衡情景	支持服务	100%	—	—
	调节服务	—	100%	—
	供给服务	—	100%	—
	文化服务	—	—	100%

续表

情景设置	保护特征类型	生态保护区	生态修复区	协调发展区
情景二 低协同情景	支持服务	70%	30%	—
	调节服务	30%	70%	—
	供给服务	—	70%	30%
	文化服务	—	30%	70%
情景三 高协同	支持服务	70%	30%	—
	调节服务	70%	30%	—
	供给服务	—	60%	60%
	文化服务	—	40%	40%

4.3 不同情景下的分区规划

在经过Marxan with zones模型的100次迭代运算后，得到3种发展情景下的红树林湿地空间分配结果（图3）。

（1）在低权衡情景下，生态保护区有931个规划单元，占比28%；生态修复区有1785个规划单元，占比53.6%；协调发展区有610个规划单元，占比18.4%。

（2）在低协同情景下，生态保护区有959个规划单元，占比28.9%；生态修复区有1070个规划单元，占比32.2%；协调发展区有1297个规划单元，占比38.9%。

（3）在高协同情景下，生态保护区有937个规划单元，占比28.1%；生态修复区有1717个规划单元，占比51.6%；协调发展区有672个规划单元，占比20.3%。

相对于低权衡情景，在低协同的情景下，生态保护区的面积增加。这说明随着调节服务的保护，目标在生态保护区进行分配。生态保护区由仅仅保护支持服务到增加30%的调节服务，使得生态保护区的面积扩大。生态保护区增加的区域主要是江门市的川山群岛，主要是由于江门市经济发展水平较低，保护成本相对较低。同时，协调发展区的面积增加，随着一部分的供给服务分配到协调发展区，成功促使供给服务和文化服务的协同效益有所增加，协调发展区增加的区域主要是在深圳市。生态修复区在低权衡情景至低协同情景下，将调节服务、供给服务分配至生态保护区和协调发展区，因此生态修复区的面积减少，主要减少的区域在江门和深圳区域。相对于低协同情景，在高协同情景下，生态修复区面积增加，这意味着在低协同的基础上最大限度地保护环境，同时促使生态生产与人们的游憩服务更好协同，将文化服务的保护目标更多分配至生态修复区，使生态修复区面积增加。

5 结语

本研究在预测粤港澳大湾区红树林湿地空间范围的基础上，科学分析红树林湿地的各类生态系统服务功能价值及其之间的权衡与协同关系，并依据权衡与协同关系设置不同的生态系统服务功能保护规划情景，对红树林湿地进行多情景管控研究。从红树林湿地生态系统服务的权衡与协同关系出发，根据不同区域所需要保护的生态系统服务功能，设置多情景的不同保护目标时，进行合理科学的空间分配，对红树林湿地进行多情景管控研究，以期协调红树林湿地生态保护与城市社会经济发展，实现科学、合理、有效的红树林湿地保护管控体系。

总体上来看，生态保护区作为最严格的保护区域，应避免人类的活动。生态修复区应起到生态保护与城市发展的缓冲作用，同时修复更多的红树林湿地，以缓解红树林衰退的影响。协调发展区通过兼容供给与文化服务，来保护人类对自然良好风景和科普教育的社会游憩需求，以及为其他生物（如候鸟）提供食物，维持了红树林湿地生态系统的多样性。3种情景展示随着保护特征空间分配上的灵活程度而变化。低权衡情景是作为最严格也是最理想化的情景，将生态保护与城市发展的冲突降到最小，有利于集约化管理，但在粤港澳大湾区这种城市经济高密度发展的城市区域并不合适，不利于土地复合使用。高协同情景下，较低权衡情景，生态修复区面积减少，但是仍然超过一半的比例，面积仍然较大，不利于节约管理成本。因此，低协同的情景更具有实践意义。低协同情景通过对支持服务、调节服务更多地协同保护，能够减少相应的管控成本，并充分考虑城市居民的游憩需求，扩大了文化服务的分配范围，满足更多人口需求。因此，基于现实情况，低协同情景更加适合粤港澳大湾区红树林湿地规划建设和管理。

在《红树林保护修复专项行动计划（2020－2025年)》的指导下，在生态保护区需要全面加强红树林生态功能保护，维护红树林湿地生态系统的连通性与生物多样性。同时，需科学评估确定红树林适宜培育修复区域，在生态修复区对红树林进行科学修复。在不损害红树林湿地生态效益的前提下，协调发展区应协同红树林湿地的文化服务与生态生产功能，以满足城市发展需求。

本研究可对红树林湿地的生态保护资源进行合理的空间分配，有助于缓解自然生态保护与城市社会经济发展之间的矛盾，对粤港澳大湾区红树林湿地的保护和城市土地的合理管控利用具有一定的指导意义。

参考文献

[1] 王甫园，王开泳，陈田，等．城市生态空间研究进展与展望[J]．地理科学进展，2017，36(1)：207-218.

[2] 苏敬华，东阳．特大城市生态空间识别及管控单元划定——以上海市为例[J]．环境影响评价，2020，42(1)：33-37.

[3] 邵明，李方正．城市生态空间生态系统服务功能权衡协同及管控研究：以成都东部新城为例[J]．风景园林，2021，28(7)：114-120.

[4] Domisch S, Kakouei K, Martine L S, et al. Social Equity Shapes Zone-Selection: Balancing Aquatic Biodiversity Conservation and Ecosystem Services Delivery in the Transboundary Danube River Basin[J]. Science of The Total Environment, 2019(656): 797-807.

[5] Liu Y X, Li T, Zhao W W, et al. Landscape Functional Zoning at a County Level Based on Ecosystem Services Bundle: Methods Comparison and Management Indication[J]. Journal of Environmental Management, 2019(249): 109315.

[6] Acreman M C, Harding R J, Loyd C L, et al. Trade off in Ecosystem Services of the Somerset Levels and Moors Wetlands[J]. Hydrology Science, 2011, 56(8): 1543-1565.

[7] He J, Yan Z H Y, Wan Y. Trade-offs in Ecosystem Services Based on a Comprehensive Regionalization Method: A Case Study from an Urbanization Area in China[J]. Environmental Earth Sciences, 2018, 77(5): 179.

[8] Daily G C. Nature's Services: Societal Dependence on Natural Ecosystems[M]. Washington, D.C.: Island Press, 1997: 392.

[9] Millennium Ecosystem Assessment. Ecosystems and Human Well-Being: A Framework for Assessment[M]. Washington, D.C.: IslandPress, 2003.

[10] Bennett E M, Peterson G D, Gordon L J. Understanding Relationships Among Multiple Ecosystem Services[J]. Ecology Letters, 2009, 12(12): 1394-1404.

[11] 李双成，张才玉，刘金龙，等．生态系统服务权衡与协同研究进展及地理学研究议题．地理研究，2013，32(8)：1379-1390.

[12] 戴尔阜，王晓莉，朱建佳，等．生态系统服务权衡/协同研究进展与趋势展望[J]．地球科学进展，2015，30(11)：1250-1259.

[14] 但新球，廖宝文，吴照柏，等．中国红树林湿地资源、保护现状和主要威胁[J]．生态环境学报，2016，25(7)：1237-1243.

[15] 中共中央，国务院．粤港澳大湾区发展规划纲要[EB/OL]．（2019-02-18）[2023-06-10]．http://www.gov.cn/gongbao/content/2019/content_5370836.htm.

[16] 于凌云，林绅辉，焦学尧，等．粤港澳大湾区红树林湿地面临的生态问题与保护对策[J]．北京大学学报（自然科学版），2019，55(4)：51-59.

[17] 伍红雨，翟志宏，张羽．1961—2018年粤港澳大湾区气候变化分析[J]．暴雨灾害，2019，38(4)：303-310.

[18] 赵玉灵．粤港澳大湾区自然资源遥感调查与保护建议[J]．国土资源遥感，2018，30(4)：139-147.

[19] 牛沛航，冯艳芬，王芳．粤港澳大湾区珍稀濒危动物适宜分布区[J]．生态学杂志，2021，40(8)：2467-2477.

[20] 晁碧霄，王玉玉，俞炜炜，等．广东省土地利用驱动下红树林潜在生境预测[J]．中国环境科学，2021，41(11)：5282-5291.

[21] Peng Y, Zheng M, Zheng Z. et al. Virtual increase or latent loss? Areassessment of mangrove populations and their conservation in Guangdong, southernChina[J]. Marine Pollution Bulletin, 2016, 109: 691-699.

[22] 张海娟，陈勇，黄烈健，等．基于生态位模型的藏甘菊在中国适生区的预测[J]．农业工程学报，2011，27(S1)：413-418；420.

[23] 晁碧霄，胡文佳，陈彬，等．基于MaxEnt模型的广东省红树潜在适生区和保护空缺分析[J]．生态学杂志，2020，39(11)：3785-3794.

[24] Alemu B J, Richards R D, Gaw YF L, et al. Identifying spatial pattern sand interactions among multiple ecosystem services in an urban mangrove landscape[J]. Ecological Indicators, 2021, 121: 107042.

[25] 张和钰，陈传明，郑行洋，等．漳江口红树林国家级自然保护区湿地生态系统服务价值评估[J]．湿地科学，2013，11(1)：108-113.

[26] 曲林静．广东省红树林生态系统服务价值评估[J]．海洋信息，2012(3)：40-44.

[27] 郑秋燕．厦门湾红树林湿地分布及生态服务功能价值评估[D]．厦门：集美大学，2018.

[28] 刘汉仪,林媚珍,周汝波,等.基于InVEST模型的粤港澳大湾区生境质量时空演变分析[J].生态科学,2021,40(3):82-91.

[29] 冯舒,孙然好,陈利顶.基于土地利用格局变化的北京市生境质量时空演变研究[J].生态学报,2018,38(12):4167-4179.

[30] 江伟康,吴隽宇.基于地区GDP和人口空间分布的粤港澳大湾区生境质量时空演变研究[J].生态学报,2021,41(5):1747-1757.

[31] 江伟康.基于CA-Markov和InVEST模型的粤港澳大湾区生态系统服务评估研究[D].广州:华南理工大学,2021.

[32] 吴隽宇,张一蕾,江伟康.粤港澳大湾区生态系统碳储量时空演变[J].风景园林,2020,27(10):57-63.

[33] 柳冬青,巩杰,张金茜,等.甘肃白龙江流域生态系统土壤保持功能时空变异及其影响因子[J].水土保持研究,2018,25(4):98-103.

[34] 国家发展改革委,国家统计局.生态产品总值核算规范[EB/OL].(2022-03-26)[2023-06-10].https://www.gep.ac.cn/.

[35] 董晓宇,姚华荣,戴君虎,等.2000—2017年内蒙古荒漠草原植被物候变化及对净初级生产力的影响[J].地理科学进展,2020,39(1):24-35.

[36] 涂海洋,古丽·加帕尔,于涛,等.中国陆地生态系统净初级生产力时空变化特征及影响因素分析[J].生态学报,2023(3):1-15.

[37] 潘姿宇,周绍伟.城市旅游开发潜力综合评价——以山东省为例[J].数学建模及其应用,2021,10(4):19-29.

[38] Paracchini M L, Zulian G, Kopperoinen L, et al. Mapping cultural ecosystem services: A framework to assess the potential for outdoor recreation across the EU[J]. Ecological Indicators, 2014, 45: 371-385.

[39] 林媚珍,刘汉仪,周汝波,等.多情景模拟下粤港澳大湾区生态系统服务评估与权衡研究[J].地理研究,2021,40(9):2657-2669.

[40] Watts M E, Klein C K, Stewart R, et al. Marxan with Zones: Software for optimal conservation based land- and sea-use zoning[J]. Environmental Modelling & Software, 2009, 24: 1513-1521.

[41] 艾昕,兰亦阳,郑曦.基于生态系统服务协同增益的城市生态空间区划研究:以北京市生态涵养区为例[J].风景园林,2020,27(11):82-89.

[42] 自然资源部,国家林业和草原局.红树林保护修复专项行动计划(2020—2025年)[Z].(2022-04-01)[2023-06-10]. http://gi.mnr.gov.cn/202008/t20200828_2544810.html.

作者简介

张婷,1998年生,女,汉族,江西人,深圳大学硕士在读,研究方向为风景园林规划设计。电子邮箱:296513872@qq.com。

严仙友阳,1998年生,女,汉族,湖南人,深圳大学硕士在读,研究方向为风景园林规划设计。电子邮箱:2110326004@email.szu.edu.cn。

风景园林与公众健康

多重弱势叠加效应下城市绿地使用公平性研究
——以哈尔滨为例[①]

Research on the Equity of UGS Use under the Overlapping Effect of Multiple Disadvantages
—Take Harbin as an Example

郭雨倩　陈溪雨　张　曼　侯韫婧*

摘　要：寒地城市哈尔滨存在人群、结构、气候弱势，导致绿地使用公平性差异显著，且这些因素的影响并不孤立。以人口结构复杂的三大动力工业社区为例，观察并提取区域中弱势群体及其运动"动机-阻碍"机制，采用行为注记法和问卷调查法获得其运动时空分布与偏好特征，并分析运动时空特征、偏好特征与区域人群、结构、气候异质性之间的关联性与作用路径，进而从绿地格局和管理层面提出消除区域人群、结构、气候弱势的策略，以矫正资源使用差异。

关键词：风景园林；绿地缺失；气候弱势；人群弱势；使用公平

Abstract: In the boreal city Harbin, there are significant differences in the equity of UGS use due to the disadvantages of crowd characteristics, structure and climate, and these factors do not act in isolation. Taking the Three-Dynamic-Industrial communities with complex demographic structure as an example, we observe and extract the" motivation-hindrance" mechanism of them, using behavioral notation and questionnaires to obtain the spatial and temporal distribution and preference characteristics of their movements to analyze the correlation between the spatial and temporal characteristics and preference characteristics of movements and the crowd characteristics, structure and climate heterogeneity of the area, We also analyze the correlations and pathways between them, and then propose strategies to eliminate regional crowd characteristics, structure and climate disadvantages at the UGS pattern and management level to correct resource use inequity.

Keywords: Landscape Architecture; Lack of Green Space; Climate Disadvantages; Crowd Characteristics Disadvantages; Equity of Use

引言

绿地运动可为人群带来多方面益处[1]。世卫组织发布的《关于身体活动和久坐行为指南》中建议成年人（包括有慢性病或残疾的人）每周进行150~300min的中高强度运动，而大多数中国城市居民运动时长与强度均低于建议值。随着居民运动需求的提升，城市街区环境亟待更新。

战术都市主义影响下的资源配置由"城市经营"向"城市服务"转变，绿地规划原则也从发展权保障下的地域均等转向可达性保障下的使用公平[2]。目前研究获得的可达性差异主要来源于街区结构异质性[3]，对人群与气候异质性涉及较少。人群异质性对绿地使用公平性的影响表现为弱势群体的存在。环境正义导向下，弱势群体比例提升引导其在规划时优先被考虑[4]，气候异质性对绿地使用公平性的影响表现在气候、文化、植被丰富度等方面[5]。目前关于人群异质性的研究主要集中在东南地区，且很少将气候异质性与人群、结构异质性共同进行研究。

运动需求与绿地供给差异背景下，研究通过行为注记和问卷调查获得场地人群运动模式，观察场地人群绿地使用公平性与街区各类异质性之间的关联性及影响路径，并提出对应策略（图1）。

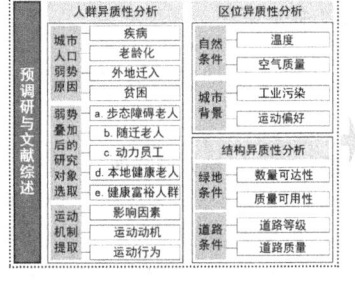

图1　研究框架

[①] 基金项目：黑龙江省哲学社会科学项目"健康绩效导向下老旧工业社区绿地人群健身空间优化模式研究"（编号：20TYC175）；中国博士后科学基金"公共健康导向下寒地工业社区绿地促进体力活动空间机制及'体绿结合'优化模式研究"（编号：2020M670873）

1 研究对象与实验设计

1.1 研究范围

哈尔滨市作为东北地区特大工业城市，具有显著的人群与气候异质性[6]。当代战术都市主义在小尺度社区空间建设方面更具优越性[7]。故选择弱势人群聚集、街区状况多样的三大动力路工业社区进行研究（图2），其中高于香坊区平均房价（8914元/m²）的高档小区占比为20.48%。研究区域附近共有郊野公园与专类园5处，社区公园6处，部分街道缺少街坊绿地。道路步行支持与保护性设施缺乏。

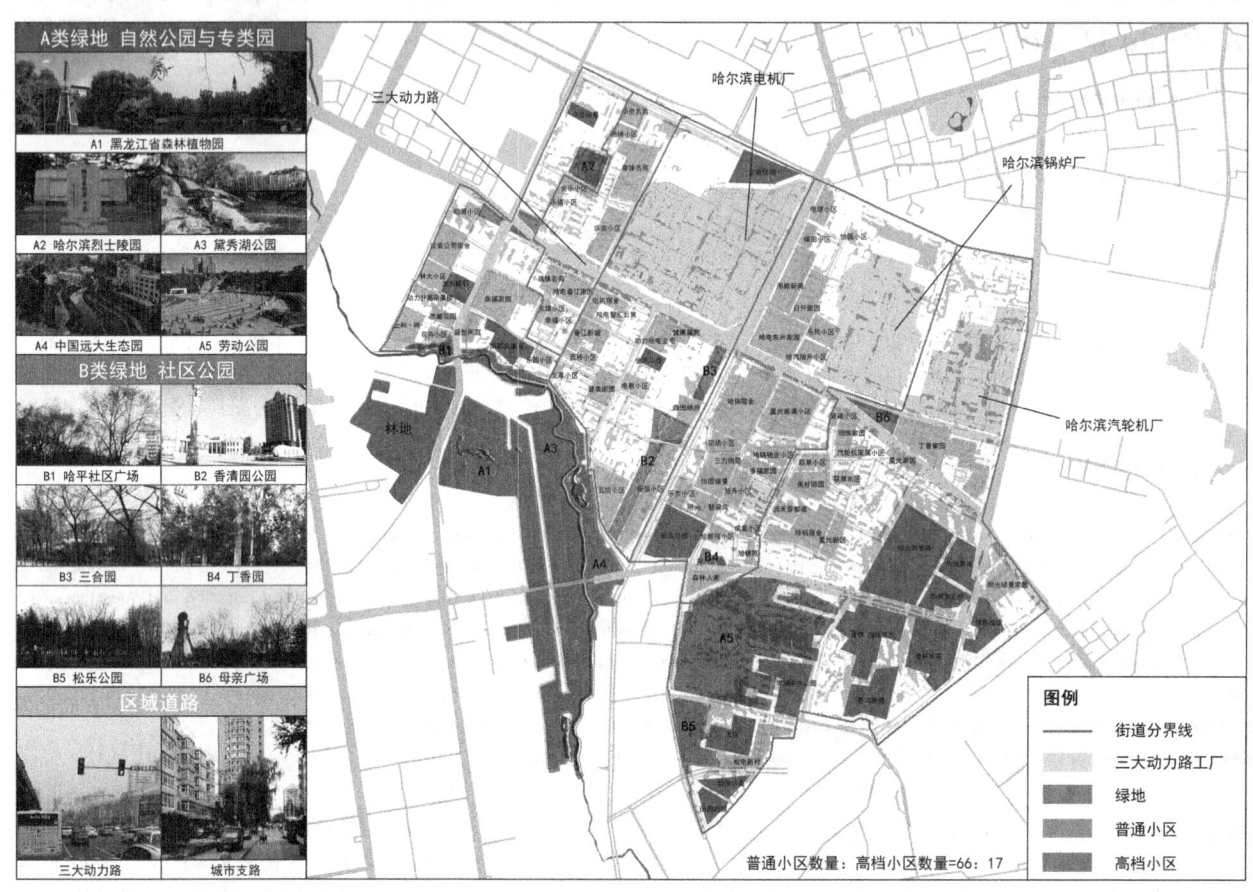

图 2 研究区域范围及内部结构

1.2 中国城市人群异质性来源

1.2.1 疾病

疾病群体主要由于身体障碍导致出行受阻。寒冷气候和雾霾天气影响下，不当运动方式会进一步恶化疾病群体体质，导致其运动劣势强于非寒地城市[8]。

1.2.2 老、幼龄化

老年群体出行速度分散度高[9]，存在一定认知障碍，未来数量增加趋势明显。幼儿与青少年常发生伴随性运动或有较为固定的上学路线[1]，故不纳入研究对象范围。

1.2.3 外地迁入

20世纪50年代左右，三个装备工厂建成发展，随后在经济体制转变过程中工厂效益因各种弊端下滑。90年代工厂实行竞聘上岗制后吸引大量技工型人才以个人或家庭形式迁入。但迁入主体及其子女由于工作、年龄等社交属性，外地迁入弱势不明显，故该弱势因素的主要研究对象为迁入家庭中非主体成员，即外地迁入的老人。

1.2.4 贫困

相较处于优良结构区位的富裕人口，贫困人口因资源匮乏和活动范围有限等导致其存在绿地使用劣势。研究中贫困群体指因工作压力导致绿地使用时空受限的人群，即"蓝领"阶层[10]。

1.3 人群异质性下场地弱势人群画像

1.3.1 弱势叠加下的弱势人群画像

1.2节中的四类群体存在大量交集，弱势叠加后产生图3中的结果。根据实地调研与1.2节中研究对象的限定，将部分结果舍去。最终获得三类研究对象：

（1）病态老人：半自动化工作方式与寒冷气候影响下，本地老人常由于年龄相关或结构病理性改变导致步态障碍，并因此发生跌倒事件[11]。据统计，跌倒已成为

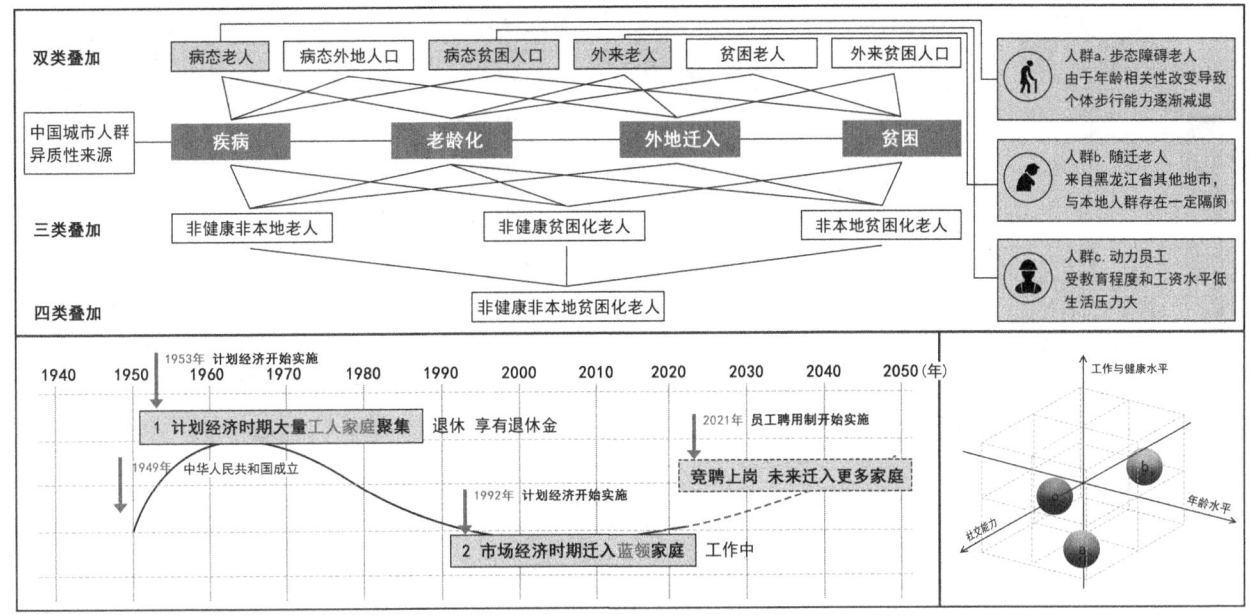

图 3 区域历史与人群弱势叠加图

老年人意外死亡的首要原因。为其提供适宜、安全运动空间对促进绿地使用公平和减缓老龄化社会压力具有重要意义。本文以步态障碍老人（a）作为东北典型病态老人的代表进行研究。

（2）外来老人：调研发现，区域人口总数减少的情况下仍存在人口流入，迁入的蓝领群体因生活支持需求导致家庭迁入。这部分家庭中的老人大多来自黑龙江省其他地市，具有照顾家庭第三代的责任。本文以随迁老人（b）作为区域典型外来老人的代表进行研究。

（3）病态贫困人：在城市居民精神疾病比例上升趋势下，辅助高压力蓝领群体运动对预防和治疗其精神疾病、降低犯罪率具有重要意义。本文以动力员工（c）作为区域典型病态贫困群体的代表进行研究。

1.3.2 对照非弱势研究对象补充

（1）人群 d 为本地健康老人，与人群 a、b 形成对照，分别观察疾病与外来条件带来的绿地使用劣势。

（2）人群 e 为健康富裕人群，与人群 c 形成对照，以观察疾病与贫困带来的综合绿地使用劣势。

1.4 研究方法

研究通过文献综述提取人群"动机-阻碍"运动机制并制作问卷。问卷内容包括个人特征、运动类型与动机偏好、运动时间与空间偏好、运动社交偏好与绿地管理水平评估五部分。2022 年 9 月，进行场地预调研，观察人群与场地特征。2022 年 10 月 7 日，随机抽取居民进行问卷调查后回收有效问卷 318 份。2022 年 10 月 11—14 日进行正式调研：选取每类研究对象各 5 人进行跟踪观察，每隔 5min 记录其位置，获取全程轨迹后导入 ArcGIS 中进行分析。街区结构数据来自 OpenStreetMap，住房与土地价格数据来自安居客与中国地价监测网。

2 实验过程与结果

2.1 "动机-阻碍"要素提取

通过文献综述与实地调研提取"动机-阻碍"运动机制，包括运动影响因素、运动动机与运动行为三部分（图4）。影响因素决定动机，动机选择行为，运动动机和运动行为共同组成运动模式。观察研究对象所受影响因素与其运动模式，并探讨二者之间的作用路径，寻找导致绿地使用公平性差异的原因。

运动影响因素包括四个方面[12]（表 1、表 2）：

运动强度与发生类型分类表　　表 1

运动强度	发生类型	运动名称
低强度活动 （MET≤3）	必要性活动	正常步行
	自发性活动	伸展运动、散步、钓鱼、写生、太极拳
	社会性活动	健身秧歌、弹奏乐器
中强度活动 （3＜MET≤6）	必要性活动	骑行
	自发性活动	打冰嘎、溜冰、滚雪球、响鞭、器材、园艺
	社会性活动	堆雪人、乒乓球、竞走、体操、羽毛球
高强度活动 （MET＞6）	自发性活动	滑雪、冰嬉、滑爬犁、登高、慢跑、引体向上、跳跃
	社会性活动	打雪仗、冰壶、拉雪圈、足球、篮球、网球

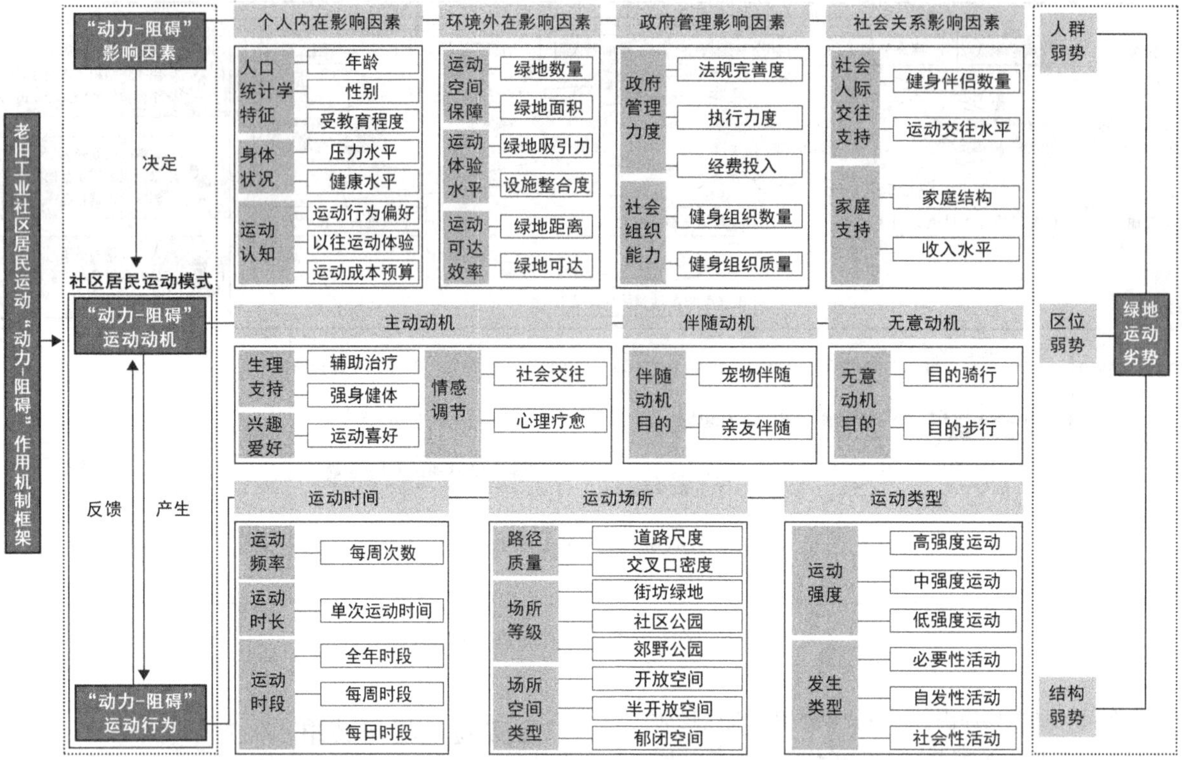

图4 "动机-阻碍"机制提取图

	共计	男女比例	受教育水平高于高中人数	自身收入高于3000元人数	自评家庭责任重人数	压力水平一般及以上人数
人群a	98	48∶50	43	42	74	64
人群b	79	42∶37	29	18	66	44
人群c	75	41∶34	75	75	75	40
人群d	16	1∶1	7	10	10	6
人群e	60	1∶1	29	60	37	39

表2 个人特征统计表

（1）个人内在：含人口统计学特征、身体状况和运动认知；
（2）环境外在：含运动空间保障、体验水平和可达效率；
（3）政府管理：含政府管理力度和社会组织能力；
（4）社会关系：含社会人际交往支持和家庭支持。

运动动机包括主动动机、无意动机和伴随动机。

运动行为包括三类[13]：
（1）运动时间：含运动频率、时长和时段；
（2）运动场所：含路径质量、场所等级和空间类型；
（3）运动类型：含运动强度和发生类型。

2.2 个人特征影响下人群运动时空特征与类型分异

2.2.1 研究对象单次运动时空特征分异

行为注记获得人群运动核密度分析图（图5）和单次时空轨迹分析图（图6）后分析发现，大多数情况下人群a大多优先选择小区附近街坊绿地运动，附近缺乏绿地时选择无交叉口的支路运动；人群b往往发生短时间伴随运动；人群c大多以工厂为目的地在最短路径上借用沿途绿地运动；人群d大多在综合公园进行长时间群体活动；人群e大多在小区内外高质量绿地进行运动。

图5 研究对象运动核密度分析图

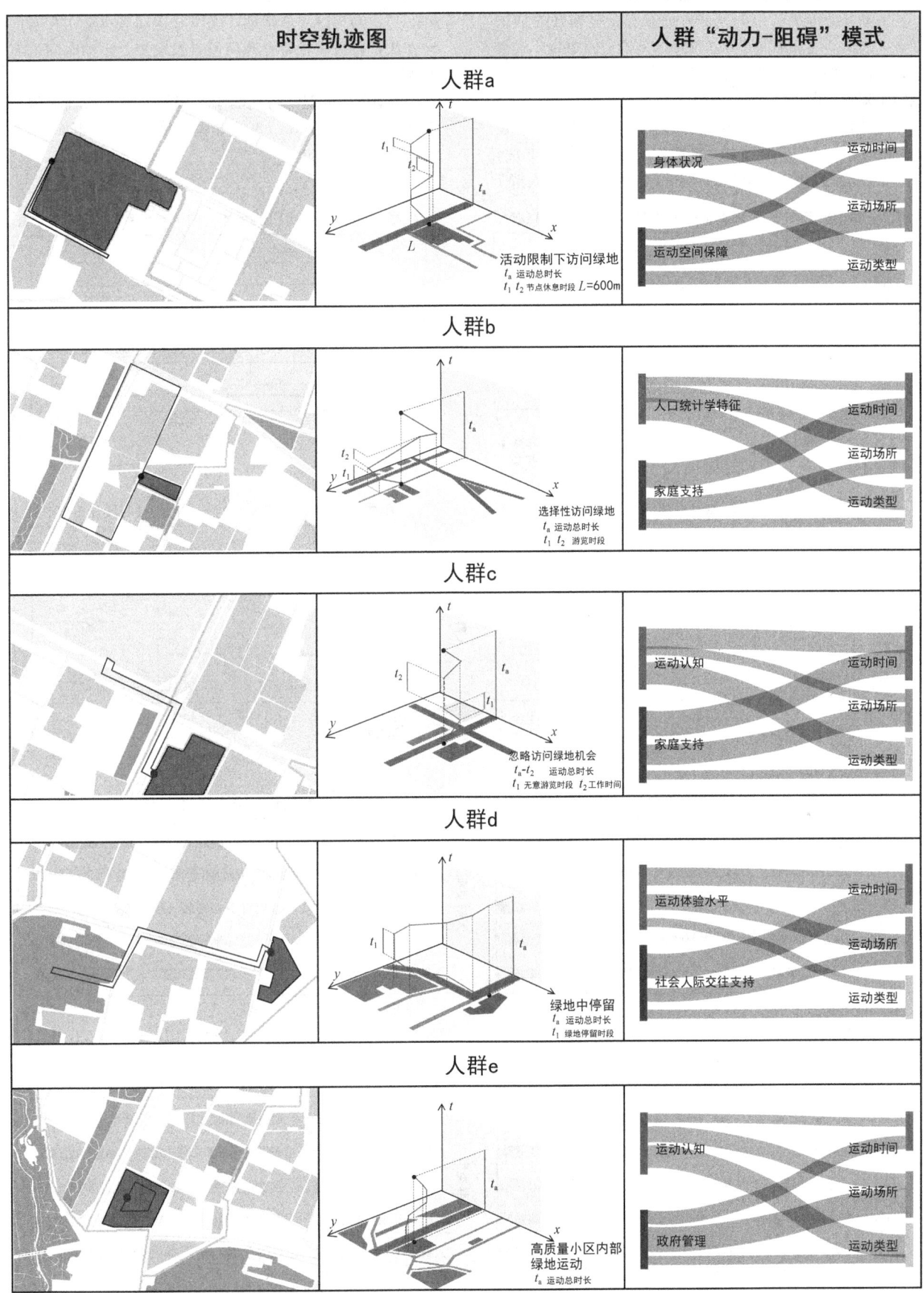

图6 研究对象运动单次时空轨迹分析图

2.2.2 研究对象运动时空与类型偏好分异（图7）

运动场所等级与空间偏好方面具有明显偏好的结果如下：人群a主观偏向于街坊绿地与郊野公园中的开放空间；人群b偏向于街坊绿地的半开放空间；人群c、d、e偏向于郊野公园。

运动频率、时段、周段、时长与季节性方面具有明显偏好的结果如下：人群a的运动频率通常为每周2~3次，寒季推迟2h运动，并减少约30min的运动时间；人群c的运动频率集中在每周0~1次，在寒季时略有升高，喜欢在17:00—19:00运动；人群d运动频率集中在每周4~5次，在寒季时略有升高但时长变短，运动时间也有所推迟。

运动发生类型与强度的主观偏好方面具有明显偏好的结果如下：人群d、e偏向于高强度运动；人群a、c、e偏向于社会性运动。

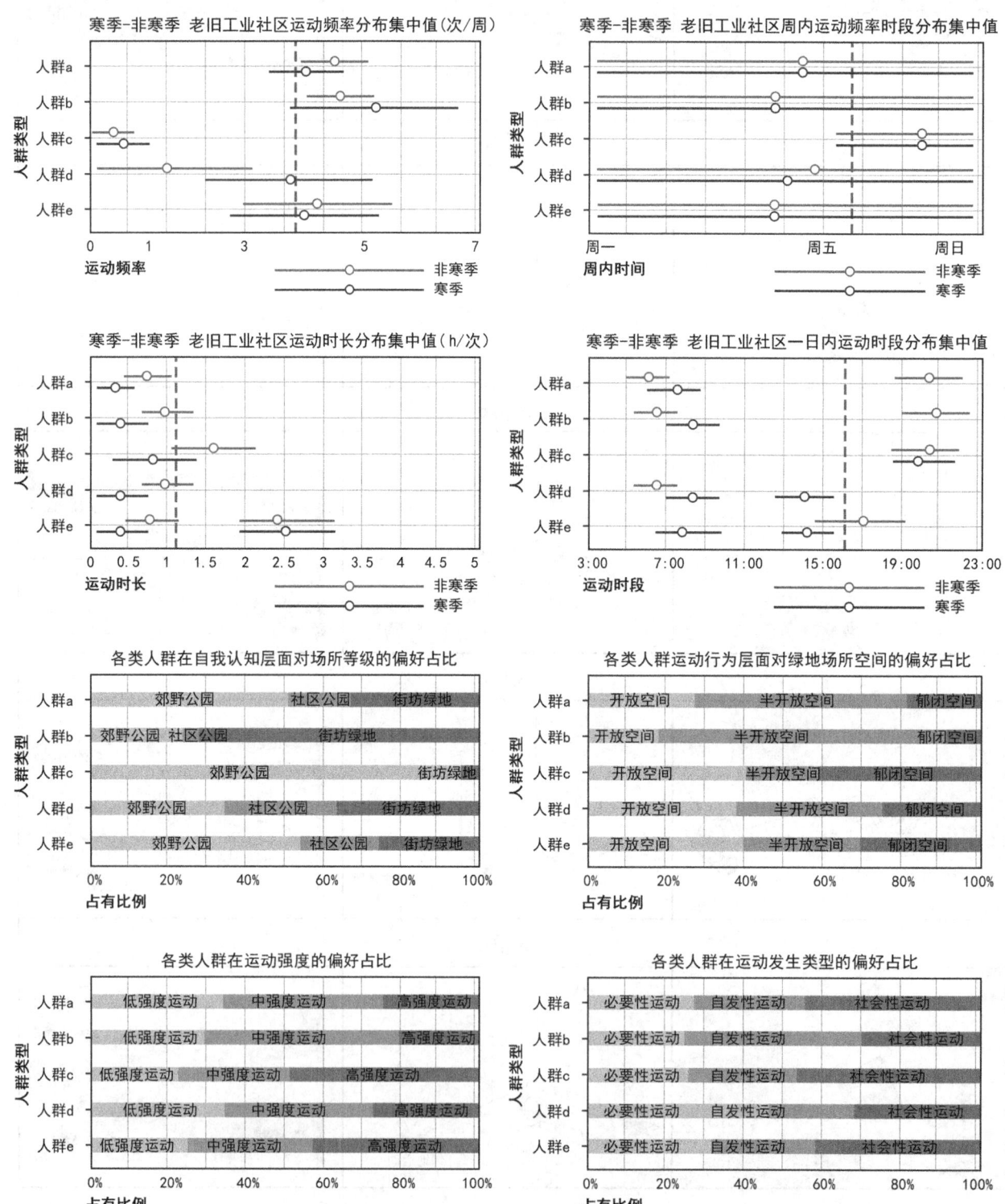

图7 研究对象运动行为偏好统计图

3 多重弱势叠加效应下绿地使用公平性差异与"动机-阻碍"机制讨论

3.1 活动阈值差异下人群 a 的绿地运动劣势分析

弱势叠加效应下人群 a 的"动机-阻碍"机制作用路径为：老龄化与疾病抑制运动行为，寒冷与雾霾天气的气候弱势削弱运动动机，并通过不适运动的弊端增加人群弱势，最终导致人群 a 在绿地运动方面处于劣势。

人群弱势显著主要因为个体活动能力受限后可达性范围缩小，导致主观意愿与实际行为差异较大；其运动轨迹团状分布，轨迹团平均半径与医学研究中步态障碍者活动阈值 600m 接近；结构弱势显著主要因为满足人群运动条件的绿地有限；将区域内小区按照其轨迹行为划分为四类（表3、图8），只有Ⅰ类小区（占比 15.7%）中的人群 a 有可用性较高的绿地；气候弱势显著主要因为寒季道路结冰及雾霾、风沙天气导致其阈值降低或出行风险增大，负反馈于运动动机。

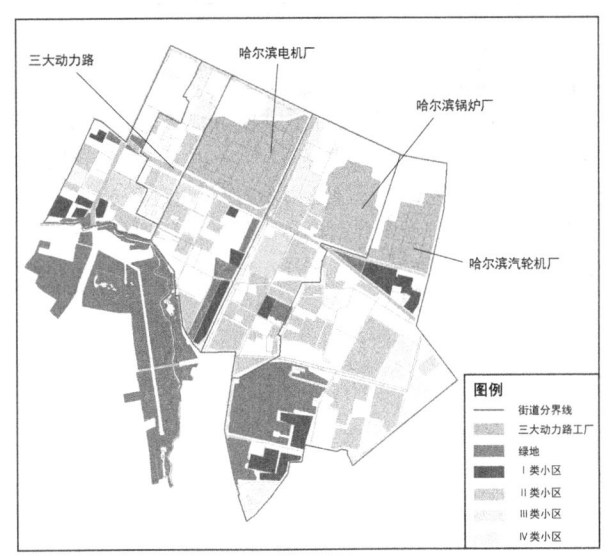

图 8 人群 a 阈值分类下小区分布图

人群 a 出行阈值下小区类型划分　　　表 3

小区类别	空间特征
Ⅰ类小区	阈值内有不需要穿过交叉口的绿地
Ⅱ类小区	阈值内绿地需要穿过交叉口
Ⅲ类小区	阈值内无绿地，出入口连接高等级道路
Ⅳ类小区	阈值内无绿地，出入口连接低等级道路

3.2 社交与压力差异下人群 b 的绿地运动劣势分析

弱势叠加效应下人群 b 的"动机-阻碍"机制作用路径为：外迁与年龄属性带来的家庭伴随需求直接导致运动行为的产生，而运动行为中社交障碍与偏好绿地缺失为运动动机带来负反馈，最终导致人群 b 在绿地运动方面处于劣势（图9）。

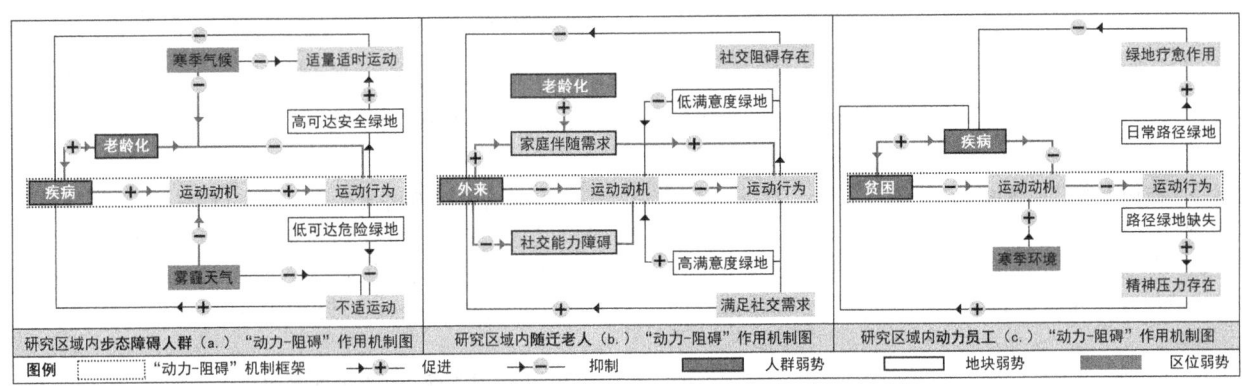

图 9　"动机-阻碍"机制中人群 a、b、c 的作用路径

人群弱势显著主要因为"双减"政策背景下儿童在家庭层面的支持需求增强，子女工作时间限制下人群 b 的家庭责任随之增加；结构弱势显著主要因为其偏好空间在建成公园中较少；气候弱势主要来源于其伴随对象作息时间改为冬令时，导致其运动时段发生变化。

3.3 经济水平差异下人群 c 的绿地运动劣势分析

弱势叠加效应下人群 c 的"动机-阻碍"机制作用路径为：贫困和疾病相互促进，共同削弱其运动动机，绿地运动为其带来心理疗愈作用并减少疾病发生，为运动动机带来正反馈，最终导致人群 c 在绿地运动方面处于劣势（图9）。

人群弱势显著主要因为工作和经济压力较大，休闲时间和路线固定；结构弱势显著主要因为其固定轨迹中绿地缺失，以及小区内部绿地缺失或质量低；气候弱势不显著，可能因为其对冰雪运动的偏好促进运动动机的产生。

4 弱势消除下回正公平差异的寒地工业社区更新模式

多重弱势与"动机-阻碍"机制下，社区更新的两条路径是：①调整绿地配置，减缓结构弱势；②既有需求得到供给回应后，提升绿地质量和管理水平以减缓气候弱势。

4.1 消除结构弱势的绿地配置优化策略

4.1.1 面向人群a的阈值内绿地补充

为人群a补充阈值内可用绿地可减缓其运动劣势。《哈尔滨市国土空间总体规划（2020—2035年）》等规划文件要求2030实现人均公园绿地面积超过9.63m²，市民出行500m（小于人群a出行阈值）可达到公共绿地。研究范围内人均公园绿地面积为4.66m²/人，远未到达要求。使用网络分析法从公共绿地反向计算500m可达范围并筛选未被覆盖小区，综合改造成本与地块经济价值判断建设适宜性，在未覆盖小区附近选择适宜性较高的地块作为街坊绿地。如图10所示，选择在1、2处添加公园绿地。未在区域东南侧添加的原因是该处高档小区聚集，可使用内部高质量绿地进行运动。

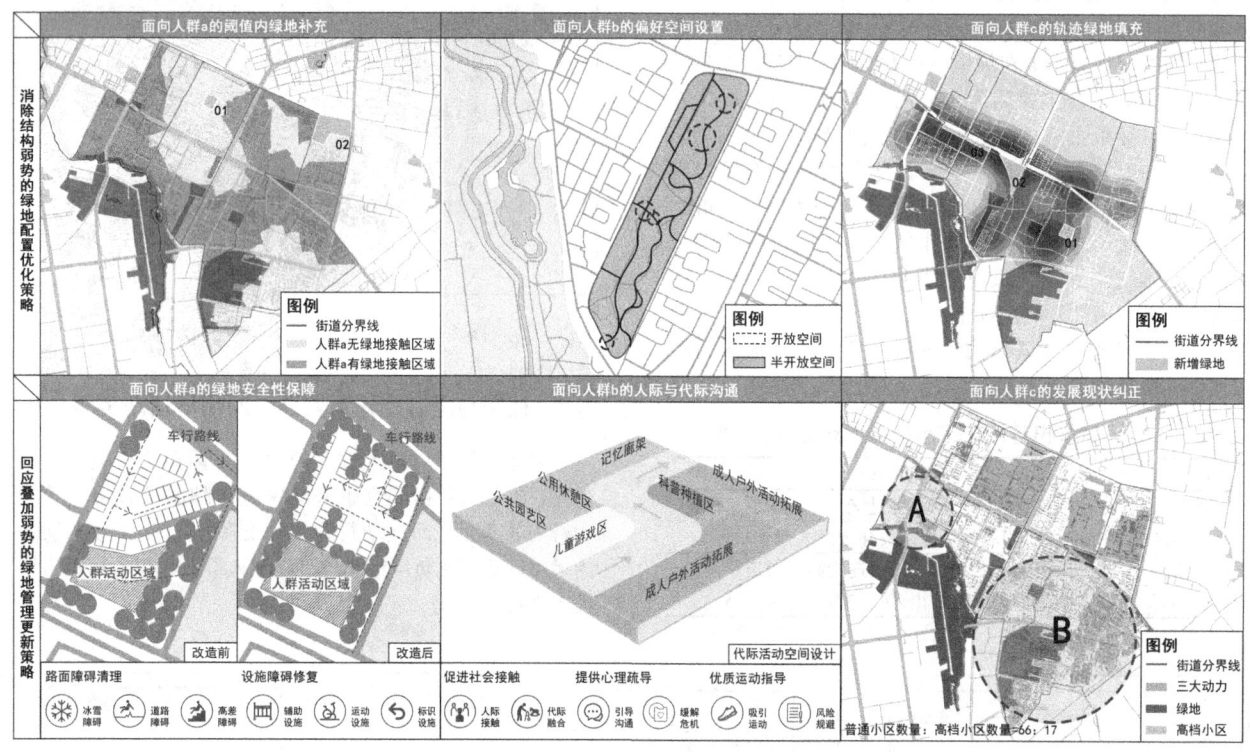

图10 弱势消除下的区域更新策略示意图

4.1.2 面向人群b的偏好空间设置

增加人群b的偏好绿地可增加其主动运动动机。区域内公园结构多为由主路串联的开放广场（如香清园公园），可在绿地内部营造更多半开放休憩空间供其使用（图10）。

4.1.3 面向人群c的轨迹绿地填充

前述分析发现，人群c在工作日进入绿地往往因为绿地中有可提高交通效率的捷径。在街角设置小型绿地，可在提高交通效率的同时增加其绿地运动机会（图10）。

4.2 回应叠加弱势的绿地管理更新策略

4.2.1 面向人群a的绿地安全性保障

环境安全性（人车冲突和路面安全）对人群a的绿地运动造成影响[14]。重新规划部分街坊绿地中车辆行驶路线（如乐松广场）、及时清除路面和设施障碍可缓解其在临街绿地运动时面临的安全隐患。

4.2.2 面向人群b的人际与代际沟通

家庭责任与低社交能力对人群b的绿地运动也造成了影响。从管理层面增加其社交频率以及运动认知是最有效的方法之一，包括举办代际融合的亲子活动、提供心理疏导与运动指导等。从人群接触与运动效果角度提高运动成本，达到社会联结性提升的目的。

4.2.3 面向人群c的发展现状纠正

研究范围内绿地组团分布导致附近房价持续升高，降低人群c运动机会，形成恶性循环。建议提倡贫富混居，并在较好区位设置廉租房与住宅溢价上限，以减小贫富之间的资源使用差距[15]。

参考文献

[1] 肖晓楠，韩西丽. 城中村儿童户外体力活动空间特征及其环境影响因素——以深圳市平山村为例[J]. 现代城市研究，2019(01)：8-14.

[2] 周聪惠. 公园绿地规划的"公平性"内涵及衡量标准演进研究[J]. 中国园林，2020，36(12)：52-56.

[3] Tao Zhuolin, Cheng Yang. Research progress of the two-step floating catchment area method and extensions[J]. Progress in Geography, 2016, 35: 589-599.

[4] Zwi, K. Joshua, P. Moran, P. White, L. Prioritizing vulnerable children: strategies to address inequity[J]. Child: care,

health and development, 2015, 41(6): 827-835.

[5] Li X, Ma X, Hu Z, et al. Investigation of urban green space equity at the city level and relevant strategies for improving the provisioning in China[J]. Land Use Policy, 2020, (prepublish): 105144.

[6] 侯韫婧, 孙月, 赵艺, 等. 运动健康视角下居住街坊绿地评价及更新研究——以哈尔滨老工业区为例[J]. 南方建筑, 2022, 214(8): 65-72.

[7] 魏方, 余孟韩, 李怡啸, 等. 基于战术都市主义的社区公共空间更新研究——一种促进景观公平的实践路径[J]. 风景园林, 2020, 27(9): 102-108.

[8] Castellani J W. Running in Cold Weather: Exercise Performance and Cold Injury Risk[J]. Strength & Conditioning Journal, 2020, 42(1): 83-89.

[9] 龙学文, 陈丹, 车生泉. 基于GVT的公园游憩偏好分析及管理对策——以上海世纪公园为例[J]. 中国园林, 2020, 36(05): 59-63.

[10] Mccauley L A. Immigrant workers in the United States: recent trends, vulnerable populations, and challenges for occupational health [J]. Aaohn Journal, 2005, 53 (7): 313-319.

[11] VergheseJ, Levalley A, Hall C B, et al. Epidemiology of Gait Disorders in Community-Residing Older Adults[J]. Journal of the American Geriatrics Society, 2006, 54(2): 255-261.

[12] 马祥熙, 崔孜毓, 王虹. 老年人运动动机量表的编制及信效度检验[C]//中国体育科学学会运动心理学分会, 中国心理学会体育运动心理专业委员会, 天津市体育科学学会, 等. 第十二届全国运动心理学学术会议论文摘要汇编, 2023: 192.

[13] 孙波, 王志博, 王才勇, 等. 冬奥背景下我国东北地区满族传统冰雪项目的挖掘与整理[J]. 哈尔滨体育学院学报, 2021, 39(05): 62-67.

[14] Yung E HK, Ho W K O, Chan E H W. Elderly satisfaction with planning and design of public parks in high density old districts: An ordered logit model[J]. Landscape & Urban Planning, 2017, 165: 39-53.

[15] 张雪葳, 许敏, 任维等. 公平性视角下县城住区绿色空间分布特征[J]. 风景园林, 2022, 29(08): 127-133.

作者简介

郭雨倩, 2001年生, 女, 汉族, 山西人, 上海交通大学设计学院硕士在读, 研究方向为风景园林规划与设计. 电子邮箱: yuqianguo0108@163.com.

陈溪雨, 1997年生, 女, 汉族, 江西人, 东北林业大学园林学院硕士在读, 研究方向为风景园林规划与设计. 电子邮箱: chenxiyu525@163.com.

张曼, 2002年生, 女, 汉族, 安徽人, 东北林业大学风景园林本科在读, 研究方向为风景园林规划与设计. 电子邮箱: zm18955026812@163.com.

(通信作者) 侯韫婧, 1986年生, 女, 汉族, 黑龙江人, 博士, 东北林业大学园林学院, 副教授, 研究方向为风景园林规划与设计. 电子邮箱: houyj@nefu.edu.cn.

法国老年友好城市建设实施框架：以第戎市和里昂市为例

Implementation Framework for the Construction of Age-friendly Cities in France: the Case of the Cities of Dijon and Lyon

张宇晗　潘芷卉　杜　雁*

摘　要：法国是世界上最早进入老龄化社会的国家之一，老年友好城市建设已发展多年并搭建了法国及法语国家和地区的老年友好城市网络（RFVAA），从参与式评估、策略制定和行动、反馈评估等方面总结法国老年友好城市网络构建实施框架，以第戎、里昂城市建设为例，分析其老年友好城市建设经验与实施策略、评估方法，以期为国内老年友好城市建设提供借鉴。

关键词：老年友好城市；老龄化；城市规划

Abstract: France is one of the earliest countries in the world to enter the aging society, and the construction of age-friendly cities has been developed for many years and has built a network of age-friendly cities in France and French-speaking countries and regions (RFVAA). We summarize the implementation framework of the construction of the network of France's age-friendly cities in terms of participatory assessment, strategy development and action, and feedback assessment, and analyze the construction experience, implementation strategy, and assessment method of the construction of the cities of Dijon and Lyon, as an example, in order to provide a reference for the construction of the age-friendly cities in China.

Keywords: Age-friendly Cities; Aging; Urban Planning

引言

人口老龄化是一个变革性的趋势，影响到社会的方方面面，如教育、住房、卫生、交通、通信以及家庭结构和代际关系等。联合国规定65岁以上人口占国家总人口的7%以上即进入老龄化社会，目前国际老龄化问题显著且日益严峻。2015—2050年，世界60岁以上人口的比例将几乎翻一番，从12%增加到22%。世界上每个国家的老年人在人口中的规模和比例都在增长。而人们居住的环境会影响健康的老龄化，无规划的快速城市化会给健康、社会和环境带来风险。在居住在城市中的老年人数量急剧上升的情况下，如何帮助城市创造一种使老年人能够保持活跃并参与社会生活的环境，是建设老年友好城市的重要目标。2007年，世界卫生组织（World Health Organization，WHO）启动了全球老年友好城市建设工作，旨在衡量和促进老年人融入城市环境，更广泛地说，是融入社会。随着越来越多的城市和社区致力于成为更适合老年人生活的地方，全球老年友好城市和社区不断发展壮大。

法国是世界上最早进入老龄化社会的国家，在应对老龄化问题方面有着诸多经验，老年友好相关建设已发展多年，基于老年友好建设工作搭建了法国/法语国家老年友好城市网络（Réseau Francophone des Villes Amies des Aînés，RFVAA）。法国的第戎和里昂是较早响应WHO老年友好建设的城市，也是RFVAA的核心成员。在过去的十年中，RFVAA在法国得到了不断推广和完善，目前已有286个地区加入RFVAA的行动。

1 老年友好城市政策背景

1.1 全球政策背景

为解决快速城市化与老龄化之间的矛盾，世界卫生组织于1999年提出了"积极老龄化"（active aging）的理念。2002年，第二次老龄问题世界大会通过了《马德里老龄问题国际行动计划》，强调需要采取国际和国家行动，落实与老龄友好型社区有关的三个优先事项：老年人与发展；解决整个生命过程中的健康和福祉问题；确保能够促进和支持健康与福祉的环境。2005年，世界卫生组织提出《阳光老年计划》，倡导全球城市以老年友好型为目标，推动了全球近20个国家开展老年友好城市建设。2007年，世界卫生组织（WHO）发布《全球老年友好城市建设指南》[1]，成为老年友好领域的纲领性文件。WHO认为"老年友好"这一理念用以解决由年龄带来的感官和其他变化而使老年人不得不面临越来越多的挑战。2010年建立的全球老年友好城市和社区网络是支持老年友好议程的里程碑。此外，联合国大会宣布2021—2030年为"健康老龄化十年"，旨在通过在四个领域采取集体行动，减少健康不平等现象，改善老年人及其家庭和社区的生活[2]；改变我们对年龄和年龄歧视的思考、感受和行动方式；以培养老年人能力的方式发展社区；提供以人为本的综合护理和针对老年人的初级卫生服务；为有需要的老年人提供高质量的长期护理。此决议认识到发展老年友好型城市和社区对于促进更长寿、更健康生活的重要性。

1.2 法国法规政策

早在1865年,法国65岁及以上老年人口比例就超过了7%,进入老龄化社会。1980年左右,法国老龄人口比例达到14%,进入了"超老龄社会"。根据法国国家统计及经济研究所(Institut national de la statistique et des études économiques,INSEE)统计,法国60岁以上人口在2022年已占到总人口的27%,到2030年法国60岁以上人口将达到2000万[3]。

2007年,法国政府批准了"高龄互助"为主题的全国养老规划(2007—2012)和以"共同居住,健康老化"为主题的国家性老龄社会规划(2007—2009)。后者重点分四个方面:预防慢性疾病的发生率;推广健康的生活方式;鼓励老年人在文化、社会和艺术方面的社会参与,巩固其社会角色;提高个人和综合环境,提高老年人的生活水平[4]。针对最后一项环境与生活,法国政府对特定项目设立了专项基金,并通过对老年友好城市的认证来提高公众对其重要性的认知。

法语国家老年友好城市网络于2012年成立,该协会隶属于世界卫生组织2010年成立的全球关爱老人城市和社区网络。RFVAA在法语国家层面推广老年友好城市方法,以更好地应对人口转型的挑战。

1.3 老年友好城市建设主题和步骤

法国老年友好城市建设的主题基本对应WHO的八个主题,分别为户外空间与建筑、交通、住房、社会参与、尊重与社会包容、公民参与与就业、交流与信息、社区支持与卫生健康服务。建设关键步骤(图1)、实施框架(表1)基本遵循WHO的可循环四步骤:参与和理解、规划、行动和实施、评估[5]。根据法国建设情况可将其总结为参与式评估、策略制定和行动、反馈评估三部分,下文将以法国老年友好城市网络以及其成员法国第戎、里昂两座城市为例阐述建设过程中的有力举措。

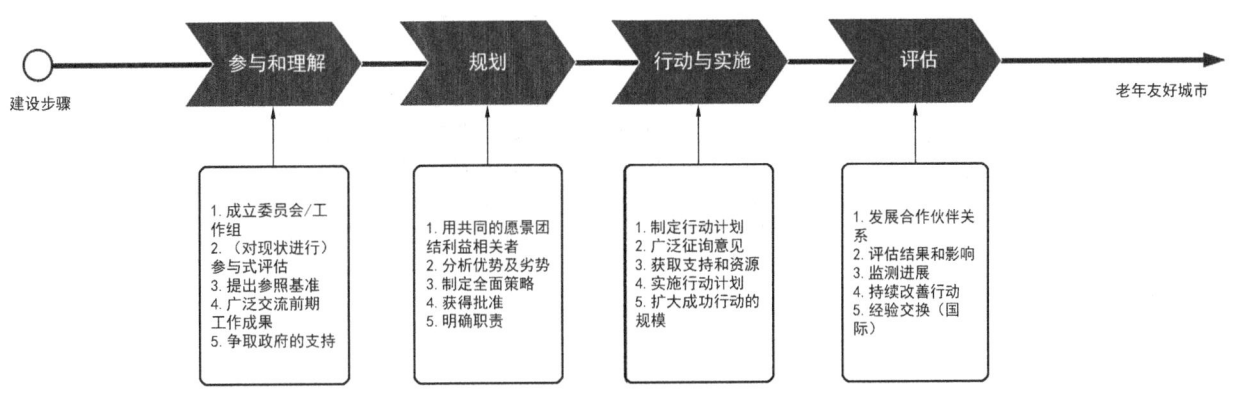

图1 老年友好城市建设关键步骤

老年友好城市建设实施框架 表1

框架	要素	关键步骤
参与和理解	伙伴关系、网络、利益相关者	确定创造有利老年环境的利益相关者; 了解利益相关者和现有伙伴之间的关系; 发展和支持利益相关者之间从地方到国家和国际层面的伙伴关系; 确保纵向(跨政府)和横向(跨部门)整合; 根据城市、社区和治理结构的针对性采取行动; 确定一个机构或行动者来推动、协调和管理; 协商并确定政府内部的角色、责任和问责制
规划	领导力和战略思维	确保各部门对老龄委员会有共同的理解、愿景或目标; 确定各部门的共同目标; 在国家城市和社区发展议程中纳入对老年友好环境的考虑; 利用国家的推动力和召集力,了解各部门相互重叠的政策和经验; 培养从战略到业务层面都相互信任、共同负责的文化; 确保协作式领导,促进资源共享; 向各级领导层宣传,提高参与方的知名度和认可度,创造展示空间; 争取非正式和正式支持以获得动力; 确保老年公民协会在政府中的地位; 加强战略思维,不断创新

续表

框架	要素	关键步骤
规划	人力、财力、机构和文化资源	确保提供专门的人力和财力资源，为每类资源编列专项预算； 利用和调动已有的机构、文化和社会资源，倡导和实施全民教育活动； 估算干预措施对经济、健康和福祉的潜在影响，为投资提供参考； 通过法律、财政和金融机制，确保资源利用有效； 将可用资源与每个行动领域的优先事项和选定的活动相匹配
行动与实施	能力建设	为工作人员和从业人员创造条件，制定新的或完善的程序； 发掘更广泛的社区建设有关的知识、技能和做法； 培养成功开展多部门活动、计划和倡议所需的能力； 培养反对老龄歧视的能力，包括自我反对老龄歧视的能力； 确保所需的专业技术知识都能从计划工作人员或伙伴关系获得； 实行交流、指导和分享知识、良好做法和经验教训等举措； 使当地的老年友好城市计划能够促进其社区和团体之间的学习和交流； 跨部门学习和共同解决问题的机会
评估	知识、研究和创新的关键步骤	收集、汇编和分享知识，加强老年公民参与的研究和创新； 支持、倡导和鼓励老年人共同研究，参与知识生产； 进行资金和资源的分配，以开展与老年公民大会有关的研究； 促进相关国家和国际机构之间的联合研究和科学交流； 对合作研究、实践和政策进行学术评估； 启动并支持制定针对全民教育合作的国家研究议程，并确定研究重点； 促进软技术和硬技术的创新，包括与社区和私营部门合作
评估	监测与评估	制定监测和评价计划，监测进展； 在现有指导和结构的基础上，建立或加强计划的监测和评估系统； 鼓励并指导数据优先排序； 制定收集、整理、分析和报告所有部门分类数据的统一方法； 确保按年龄、性别、残疾、城市化程度对数据进行适当分类； 倡导并确定定期分析、公布和以其他方式公开数据和信息

资料来源：参考文献［1］及 RFVAA 报告。

2 法国老年友好城市的建设情况

老年友好城市建设虽然有重点关注的主题和实施步骤，但在具体建设过程中每个国家、每个城市基于自身情况会有不同的做法。本文以法国老年友好城市网络以及法国城市第戎、里昂为例，从参与式评估、策略制定和行动、反馈评估方面总结经验。案例选取主要基于其创新的老年友好城市建设方法以及城市间的差异。里昂是法国第二大城市，其城市内部人口持续增长；第戎是法国东部历史名城，城市人口规模较小。

2.1 参与式评估

全球老年友好城市网络是在对 33 个城市进行了大规模的调查研究之后，由联合国老龄问题世界首脑会议发起。候选城市必须执行《温哥华协议》中提出的方法，通过建议成立讨论小组，该协议旨在帮助地方当局了解老年人与所在地区的关系。

第戎是最早加入世界卫生组织（WHO）"老年友好城市"网络的城市之一。市议会致力于不断改善老年人的状况。这不仅包括评估城市对老年人的欢迎程度，还包括确定城市取得进步的能力。因此，第戎发起了参与式评估，与老年人合作，共同开展一个城市项目，以应对人口日益老龄化的问题。这包括：了解并满足老年人的需求和偏好；鼓励老年人参与社会生活的各个领域；尊重他们的决定和生活方式[6]。

世界卫生组织采用了一种方法工具，用于帮助地方当局进行参与式评估。该方法分为 3 个阶段：①清点从事老年人工作的机构、团体和协会；②设立"讨论小组"，协议建议在城市中至少成立 5 个讨论小组，这些小组由 8～10 名居住在城市中的 60 岁以上老人组成，并将其按年龄和社会职业类别进行细分；③倾听老年人的心声。该方法旨在建立共识，以确定各小组内表达的共同问题和需求，必要时通过官方信息和数据加以确认。

第戎市政府的方法分为5个阶段：①专家的反思；②咨询前的定性探索过程；③咨询第戎老年公民；④咨询结果/结论的反馈；⑤确定城市目标和行动。第戎市的参与式评估方法增加了预先定性的过程，可以更好地指导老年人参与。定性探索过程（第2阶段）的目标：①根据世界卫生组织预先确定的主题，了解老年公民的看法、计划、期望、愿望和困难，以前瞻性和可操作性的方式促进公众辩论；②确定即将举行的磋商的实际内容。确定指导方针和要素，以编制一份完全符合第戎情况的调查问卷。

在方法上，第戎市根据不同情况将讨论小组分为两类，分别是小组会议和深入访谈（表2）。

第戎市参与式评估的两种方法[6] 表2

参与方法	适用情况	基本过程	时间	人数
小组会议	探索一个领域，旨在确定处理问题或情况的所有角度	准备定量研究的调查问卷；深入分析	持续3~4h	8~10人
深入访谈	出行不便、只能在家接受访谈的目标群体，也更适合"专家"目标群体	单独访谈	约1.5h	1人

2.2 策略制定和行动

对于这两方面，不同城市的实际情况不同，采用的方式差异较大，而法国老年友好城市网络在策略制定和行动上有着整体性的考量，除了与其他政府部门合作进行政策推进外，还设立基金、开展竞赛、举办大会等，统筹引导城市进行老年友好城市建设。

2.2.1 设立基金

法国老年友好城市网络呼吁成员地区围绕老年友好计划的八个主题，起草项目计划书并统计人口清单，根据项目涉及的居民规模与行动内容，可提供最高50000欧元的预算帮助项目实施[7]。其中，使老年人能够继续在其生活领域保持活跃和移动、代际团结等相关的话题都是项目评选的重要分类。

2.2.2 举办竞赛

自2015年起每年举办一次竞赛，突出社区及其合作伙伴的举措。竞赛的目标是促进创新行动，分享良好做法，同时也奖励创新和效率。每个老年友好地区可以为每个主题提名一个项目，该项目可以是一个伙伴关系项目，其主要实施者是社区支持的协会或当地行为者。RFVAA发起的第一届老年友好城市竞赛的主题是与老年人的无选择孤立作斗争。每个主题促成一个项目，通过其设计、实施，可以改善老年人的孤立情况。

2.2.3 里昂城市行动

里昂的老年人大多居住在罗讷河左岸人口密度较高的新区。与此同时，在一些历史中心区，尽管存在交通不便或房屋老化等潜在障碍，但仍有许多老年人非常留恋他们的生活环境。为了应对老龄化的挑战，里昂市结合当地的问题，采取了特别积极的态度，并采取了各种行动。2010年，启动了一项耗资1800万欧元的计划，对里昂的18家老年公寓进行现代化改造。与此同时，里昂政府还致力于支持和鼓励协会的发展，这些协会在改善老年人日常生活方面发挥着重要作用。政府为近160个协会提供补贴，这些协会涉及娱乐、文化活动、旅行援助和帮助人们留在自己家中的服务等领域。主要的城市规划项目（le confluent、la duchère等）都以将老年人融入城市生活为目标，包括推动建设适应性住房、家庭服务或公共交通服务[8]（表3）。

里昂市老年友好行动计划[8] 表3

行动计划	采取的具体行动
户外空间和建筑物	在城市和规划文件中考虑老龄化问题； 在花园和公园的开发/改建合同中考虑老龄化问题； 提高公共场所的安全性（火灾持续时间、防火期、封闭通道、街道、公共照明、城市家具等）
交通	引入邻里班车； 在公共交通方面更好地考虑老年人的需要； 发展软模式； 对为老年人提供的出租车服务进行反思
住房	鼓励在城镇中心和社区改造社会住房； 鼓励人们留在自己的家中，发展代际住房； 鼓励看护人留在楼房里
尊重和社会认同	鼓励代际活动； 促进老年志愿服务
文化和休闲	促进老年人接触文化； 发展社区生活； 发展老年人一日游和假日活动
传播与信息	提供人性化的欢迎服务，并根据老年人的需要调整信息资源； 开发互联网培训和计算机课程； 编辑以改善日常生活为重点的"老有所为"指南

续表

行动计划	采取的具体行动
团结	专门为低收入老年人提供可选援助；培训人们从事日常工作；发展邻里网络
健康	制定老年学建议，支持体弱和孤寡老人；促进积极健康的晚年生活

2.3 反馈评估

2.3.1 分发反馈表

在建设评估方面，RFVAA以分发"反馈"表的形式，评估成员的行动。从输入、产出、成果、影响四方面衡量老年友好程度（图2）。

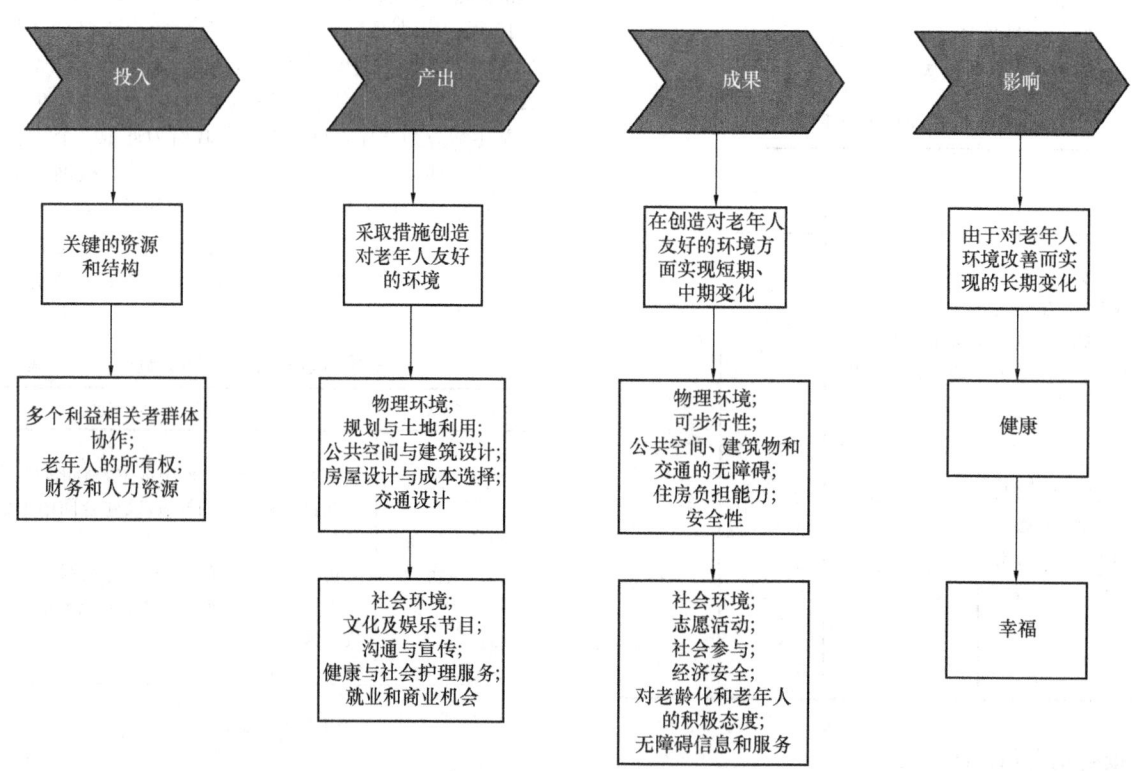

图2 衡量老年友好程度的一般框架

2.3.2 标签评选

RFVAA创新性地设立标准评选四个不同等级"老年友好"AMIDES AÎNÉS" ®标签（图3），鼓励成员不断推进老年友好行动。

标签保证并提高了地方政府为更好地考虑本地区老龄化问题而采取的公共政策的质量。它也是一种创新工具，旨在为地方参与者实施改进过程提供逐步支持，评估老年友好建设水平。标签有效期为六年，期满后，必须进行续期审核（如果地方当局希望重新评估其认证水平，可以提前进行，但这需要更改认证过程的计划）。此外，中途还要进行一次后续审计[9]。具体的评选过程如图4所示。

图3 四个等级的"老年友好"AMIDES AÎNÉS" ®标签

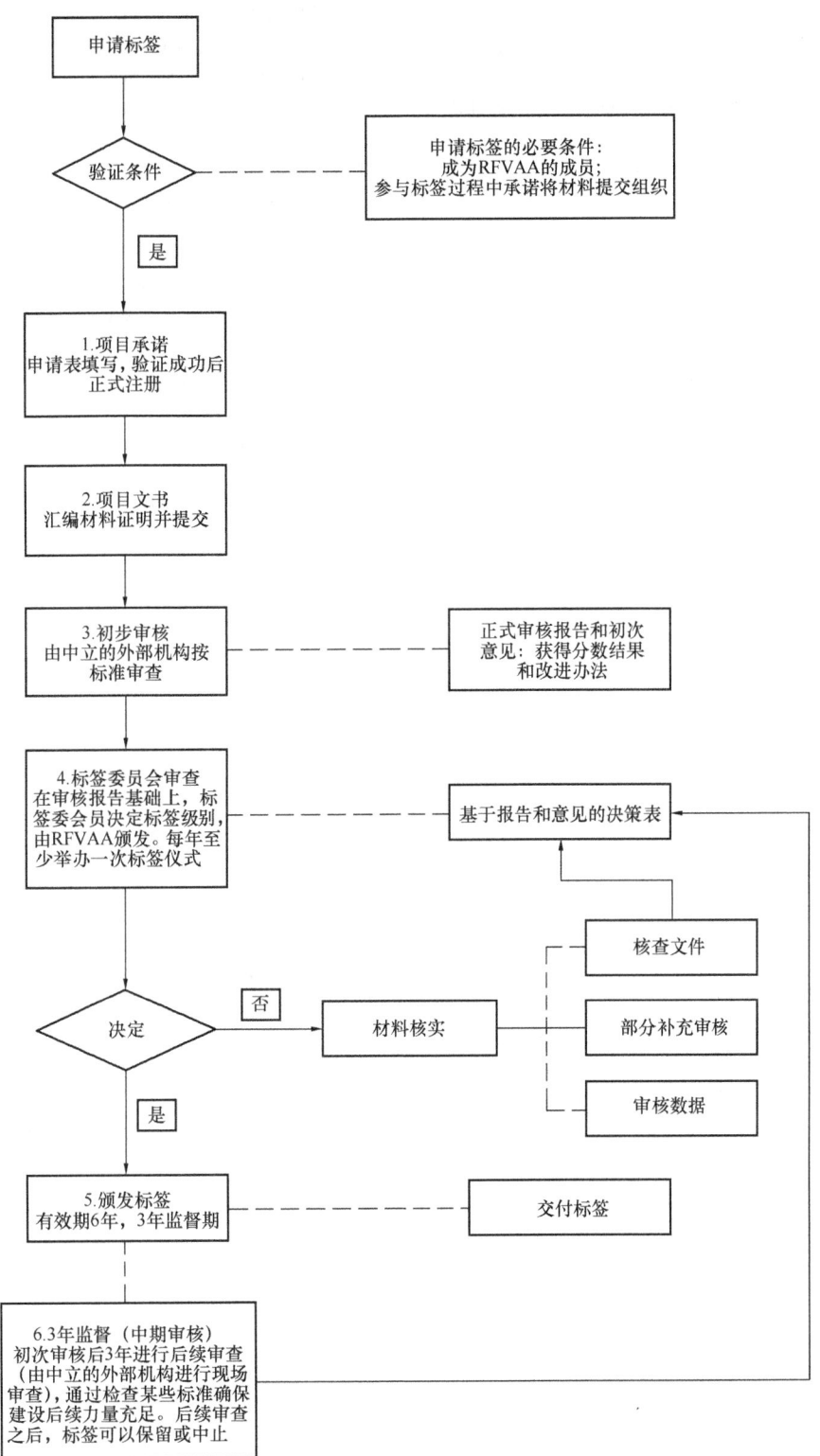

图4 "老年友好" AMIDES AÎNÉS" ®标签评选流程

3 结语

老年友好旨在促进多样性、包容性和凝聚力,一个对老年人友好的城市或社区是促进健康的。法国围绕老年友好城市框架,构建了整体网络,发展了多样的建设模式,证明了老年友好城市建设有多种实施的可能性,要根据实际情况明确建设重点及推进方式。法国虽然比中国早40余年进入老龄社会,但是其人均GDP(现价美元)指标和中国进入老龄社会时的数值接近,即中国进入老龄社会初期与法国当时的经济发展水平相近,可以在充分借鉴老年友好相关建设经验的基础上,建设在地化的老年友好城市。

参考文献

[1] 世界卫生组织. 全球老年友好城市建设指南[M]. 日内瓦：世界卫生组织，2007.

[2] 世界卫生组织. 2020—2030年健康老龄化行动十年[EB/OL]. [2023-06-10].

[3] 法国国家统计及经济研究所. 人口统计[EB/OL]. [2023-06-10].

[4] 窦晓璐，约翰·派努斯，冯长春. 城市与积极老龄化：老年友好城市建设的国际经验[J]. 国际城市规划，2015，30(3)：117-123.

[5] 世界卫生组织. 老年友好城市和社区的全球化网络：回顾过去十年，展望新未来[R]. 2018.

[6] 世界卫生组织. 第戎市老年人评估报告[EB/OL]. [2023-06-10].

[7] 法国团结、自治和残疾人事务部. 创新爱老地区支助基金[EB/OL]. [2023-06-10].

[8] 世界卫生组织. 里昂行动计划[EB/OL]. [2023-06-10].

[9] 法国/法语地区老年友好城市网络. "老年友好"标签工具包[EB/OL]. [2023-06-10].

作者简介

张宇晗，2000年生，女，汉族，河南正阳人，华中农业大学风景园林硕士在读，研究方向为风景园林规划设计。电子邮箱：zyh12241004@163.com。

潘芷卉，2001年生，女，汉族，湖南省株洲人，华中农业大学风景园林硕士在读，研究方向为风景园林设计及其理论。

(通信作者) 杜雁，1972年生，女，土家族，湖北长阳人，博士，华中农业大学园艺林学学院风景园林系，副教授，研究方向为风景园林历史与理论、风景园林规划设计。电子邮箱：yuanscape@mail.hzau.edu.cn。

基于 POI 数据与电路模型的朝阳区功能空间分布格局与绿色出行网络研究

Study on Urban Functional Space Distribution and Green Travel Network of Chaoyang District Based on POI Data and Circuit Model

孙千翔　李　雄*

摘　要：本研究针对当下北京市暴露出的一些功能空间分布问题，如职住空间分离、绿色出行线路不便捷、休闲游憩空间可达性低的问题，从居住生活、生态休闲、工作生产的三类城市功能空间视角出发，对朝阳区的功能空间分布模式和绿色出行网络进行研究。研究使用城市开源空间点数据和面数据，首先对朝阳区三种功能空间的单一分布模式进行识别，在此基础上使用地理加权回归模型对功能空间的协同分布特征进行分析，并基于 k 均值聚类算法划分功能空间单元，最后使用电路模型在功能空间之间建立便捷居民出行的绿色出行网络。

关键词：功能空间；绿色出行网络；电路模型；POI 数据

Abstract: This research aims at some problems of functional space distribution exposed in Beijing at present, such as the separation of occupational and residential spaces, inconvenient travel to green space, and low accessibility of leisure and recreation spaces. From the perspective of the three types of urban functional spaces of residence, leisure and work, the functional spatial distribution pattern and green travel network of Chaoyang District are studied. Using open source spatial point data and polygon data, the study first identified the single distribution pattern of the three functional spaces in Chaoyang District, and then used the geographically weighted regression(GWR) model to analyze the co—distribution characteristics of the functional space, and based on the K-means clustering algorithm, the functional space units are divided, and finally the circuit model is used to establish a green travel network that facilitates residents' travel between functional spaces.

Keywords: Urban Functional Space; Green Travel Network; Circuit Model; POI Data

1 研究背景

1.1 城市功能空间研究进展

20 世纪初期，城市功能空间理论起源于西方国家，以柯布西耶、沙里宁和芝加哥生态学派的学说为代表[1]。《城市规划基本术语标准》GB/T 50280—98 中将城市功能分区定义为"将城市中各种物质要素，如住宅、工厂、公共设施、道路、绿地等按不同功能进行分区布置组成一个相互联系的有机整体；常见的城市功能区类型包括：商业区、行政区、住宅区、工业区、科研文教区、休闲娱乐区、风景旅游区等"[2]。在国土空间规划的时代背景下，国土空间布局又可归纳为"生产-生活-生态"（简称"三生"）空间[3]。在城市中心区域，生活空间由居住区及各类生活性服务业空间组成；生产空间主要包括生产性服务业空间；而生态空间通常指代各类绿地空间。在本研究中，选取生活-居住空间、生产-工作空间、生态-休闲空间作为研究的三种功能空间类型[4]。

1.2 北京通勤暴露功能空间问题

中心城区通勤人口是指居住地或就业地至少一端位于中心城区范围内的通勤人口。其主要包括 5 类人群：城市内部通勤、郊区居住城区就业、城区居住郊区就业、市外居住城区就业及城区居住市外就业[5]。从通勤的视角出发，北京城市功能空间具有以下特征。

①内部通勤占比大。北京城区内部通勤占比 73%，在五类通勤人口中占据主要地位。②功能空间分离度高，通勤距离长。北京市中心城区平均通勤距离为 7.0km，在中国城市规模为"超大"的城市中距离最长。③功能空间与轨道路网连接度低。在中国 4 个超大城市中，北京市轨道覆盖通勤人口占比最低，仅为 27%[6]。

综上所述，北京市功能空间分布问题导致了严重的通勤"大城市病"，本研究对北京市功能空间分布特征做进一步探讨，继而在现有空间分布模式下提出改善居民出行的方案探索。

1.3 功能空间连接网络对居民出行的积极作用

市民以居住点为中心，与其他出行目的空间一同构成基本的出行模式。由若干居民出行模式共同构成的复杂出行网，本质是城市功能空间的连接网络。慢行交通通常指代自行车、步行的出行方式，而慢行空间是以自行车道、人行道、街旁绿地为主要元素的城市线性开放空间[7]。相较于机动车出行，慢行交通具有低碳、健康的特征，也被称为绿色的出行方式。依托于城市绿道的慢行道路同时可为居民提供绿地的疗愈效益。因此，通过合理、高效、友好的城市绿色出行网络建设，可以改善城市交通问题，并为市民提供健康且便捷的出行体验。

2 方法论

2.1 研究框架

本研究包括4个阶段：城市功能空间数据的收集、功能空间分布模式的分析、功能空间单元的识别和功能空间连接网络的构建（图1）。

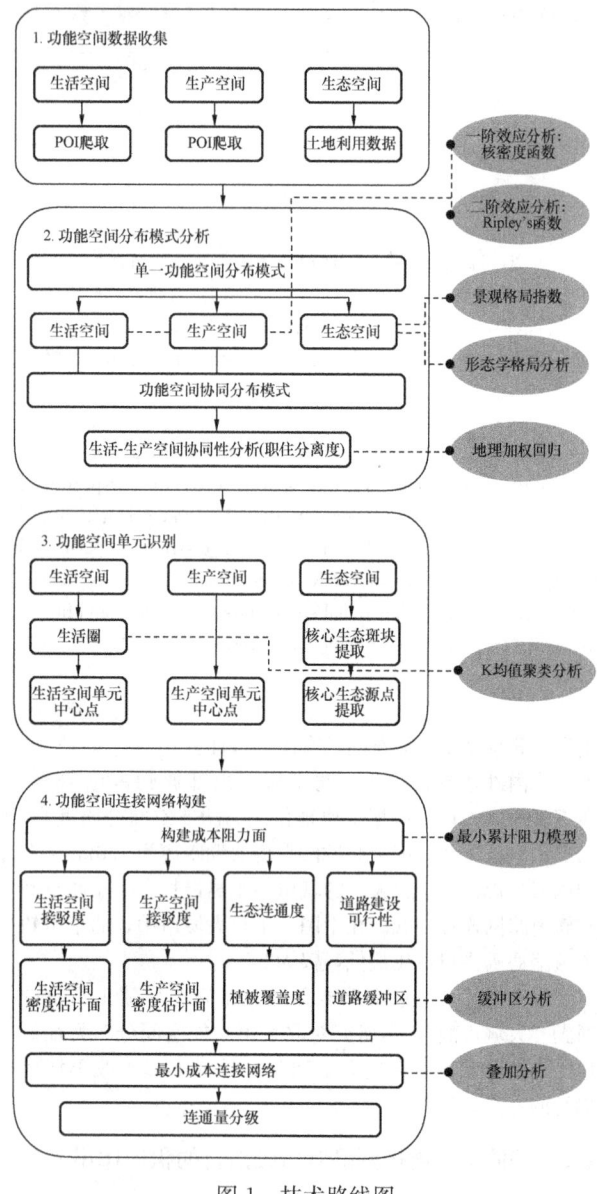

图1 技术路线图

2.2 数据来源

生活空间、生产空间点数据由高德地图开放API端口[8]爬取的POI兴趣点数据筛选得到，生态空间栅格数据由ESA 2021年发布的全球10m×10m土地覆被类型数据[9]筛选得到，城市交通路网由OpenStreetMap开源地图网站[10]提取得到。

2.3 k均值聚类算法模型

k均值聚类算法（k-means clustering algorithm）是一种迭代求解的聚类分析算法。其将数据分为k组，随机选取k个对象作为初始的聚类中心，然后计算每个对象与各个种子聚类中心之间的距离，把每个对象分配给距离它最近的聚类中心。每分配一个样本，聚类的聚类中心会根据聚类中现有的对象重新计算。这个过程将不断重复，直到没有（或最小数目）对象被重新分配给不同的聚类，或没有（或最小数目）聚类中心再发生变化，误差平方和局部最小。在该研究中，使用筛选后的生活空间点数据进行聚类运算，将其划分为若干功能空间单元[11]。

2.4 形态学格局分析模型

形态学格局分析是对栅格图像的空间格局进行度量、识别和分割的一种图像处理方法[12]。可从像元的层面上识别出研究区内重要的生态斑块。其将指定的生态用地类型作为前景，其他用地类型作为背景，然后采用一系列的图像处理方法将前景按形态分为互不重叠的七类（即核心区、桥接区、环道区、支线、边缘区、孔隙和岛状斑块）。在该研究中，对生态空间面数据进行形态学格局分析，用于分析生态空间的分布特征及识别核心生态功能空间单元。

2.5 电路模型

Brad McRae于2006年发表了电路理论，作为一种过程驱动的方法来模拟社交网络、交通系统、通信网络、流行病学或生态网络等领域中的各种流动。与电路模型相关的英文专业词汇中，"graph"（图）、"network"（网络）和"circuit"（电路）经常互换使用，都表示由节点和节点之间的连接构成的连通性网络。图论是数学的一个分支，关注的是离散对象之间的联系。而网络理论则应用图论，重点研究现实世界中网络的属性、它们的结构动力学以及结构与功能之间的关系。电路模型是应用网络理论来量化电路系统中连通性的方法。具体而言，电路上随机电子的移动可以通过电路理论来预测：电压可以预测随机电子移动成功的概率，电流可以预测电子移动路径的概率，电阻可以预测节点之间的通勤时间。在该研究中，使用电路模型构建城市功能空间的连接网络，用功能空间接驳度的大小、生态空间连通度、道路建设可行性定义阻力栅格的阻力值，以实现城市功能空间高效、高覆盖度的连接。

3 模型实施

3.1 研究区域

研究区域选定北京市生活空间、生产空间、生态空间全面且典型的朝阳区在二道绿隔以内的部分，其范围内有CBD、望京等大型工作区域中心，奥林匹克森林公园、朝阳公园等大型城市生态空间。朝阳区总面积为45 478.12 hm^2，研究区域面积约30 102 hm^2，常住人口345.2万人，占全市人口的15.8%，人口密度较大。

3.2 城市功能空间数据

3.2.1 生活空间点数据

在该研究中,将住宅小区、宾馆酒店、招待所、居住办公两用型写字楼、宿舍及各类生活服务设施定义为城市生活空间。从高德地图开放 API 端口爬取带有坐标信息的点数据,经筛选 POI 类型、按照空间范围裁剪、剔除空白重复等无效数据,共收集有效生活空间点数据 7442 条(图 2)。

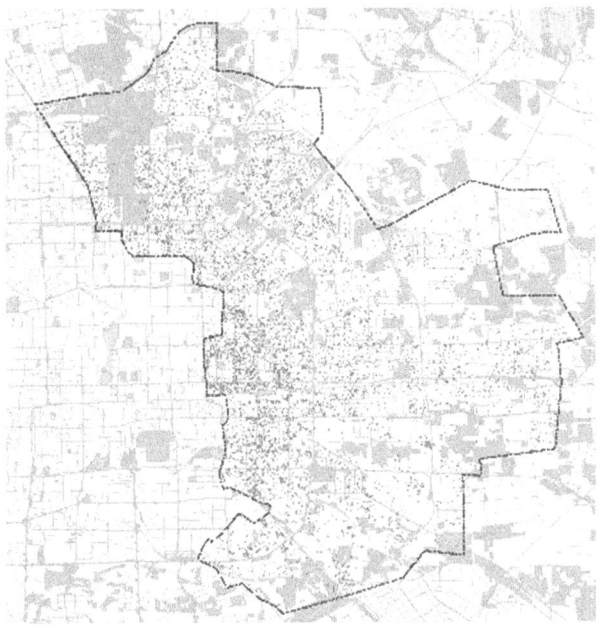

图 2 生活空间数据

3.2.2 生产空间点数据

在该研究中,将公司企业、科教文化服务、政府机构及社会团体、金融服务、医疗服务五个 POI 大类的点坐标定义为城市生产空间点。采取与生活空间点数据相同的爬取和筛选方法,共收集有效生产空间点数据 68667 条(图 3)。

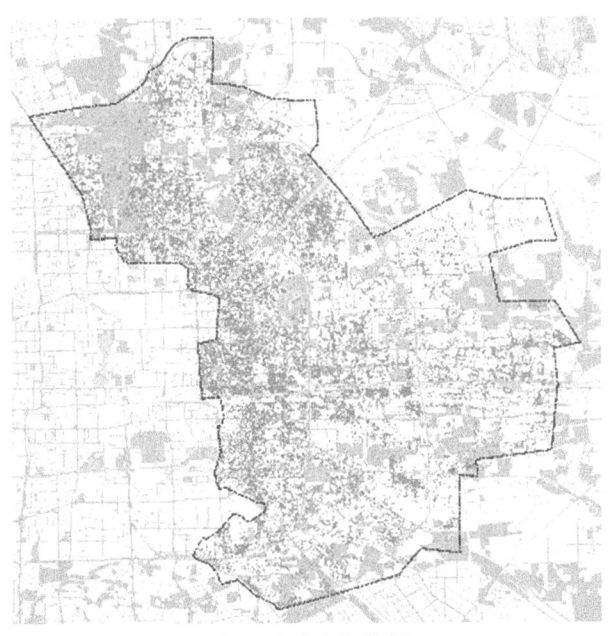

图 3 生产空间数据

3.2.3 生态空间面数据

林地、灌草地、水体、湿地、园地、耕地可被视为城市中重要的生态空间[13]。在本研究中,选取"城市地表人工、半自然或自然的植被及水体(森林、草地、绿地、湿地等)等生态单元所占据的并为城市提供生态系统服务的空间"作为生态空间的定义[14]。所对应的 ESA WorldCover 全球土地利用数据类型名称为:林地、灌木、草地、耕地、裸地/稀疏植被区、雪和冰、开阔水域、草本湿地。将土地利用栅格数据进行裁剪、重分类,得到研究范围内生态空间面数据(图 4)。

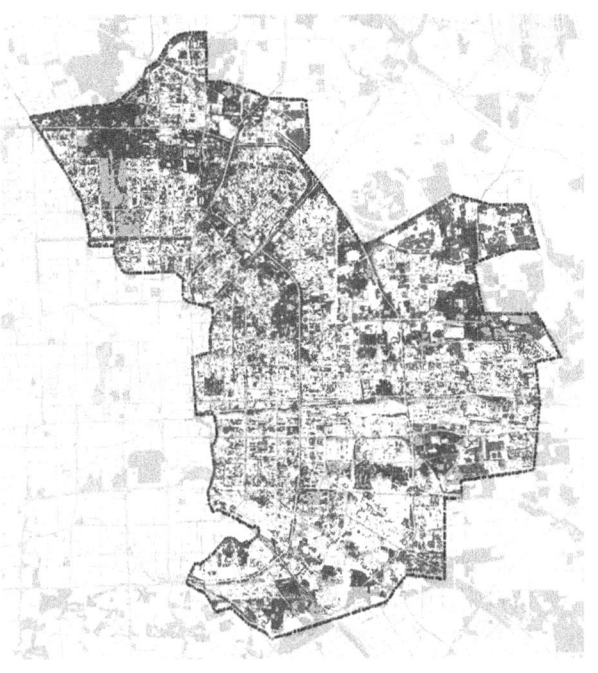

图 4 生态空间数据

3.3 功能空间分布模式分析

3.3.1 单一功能空间分布模式

(1)一阶效应分析

研究生活、生产空间在朝阳区的整体分布趋势,使用基于密度的核密度估计法。通过计算研究区域内每一处单位面积内居住点/工作点的数目的数学期望,并拟合为光滑锥状表面,对估计结果采用自然间断点分级法(Jerks)进行分类图示,以观测生活空间/生产空间在朝阳区的整体分布情况。搜索半径的选择基于空间面积和点数据数量自适应计算。研究生态空间的整体分布特征,使用 Fragstats 软件移动窗口法,采取景观生态研究中常用的景观格局指数——斑块密度(PD)、最大斑块指数(LPI)进行分析。PD 可反映生态空间的优势类型;LPI 用于反映生态空间优势斑块相较于小斑块的优势程度[15]。

(2)二阶效应分析

二阶效应用于分析功能空间在局部的分布特征,表达空间依赖性影响下近邻值的关系。对于生活空间、生产空间以空间点作为数据源的空间类型,采取基于距离的 Ripley's K 函数判断功能空间在各尺度上是否属于聚集分布或均匀分布特征，对空间单元/生活圈划分的可行性进行评估。对于生态空间，使用景观格局指数分析中的边缘密度（ED）、景观分离度（DIVISION）作为判断生态空间连通度特征，即破碎化程度的依据。ED 揭示生态空间被边界的分割程度，直接反映景观破碎化程度；DIVISION 采用基于距离的方法，代表不同斑块个体分布的离散程度。

3.3.2 功能空间协同分布模式

采用地理加权回归模型，对生活空间-生产空间的协同分布模式，即职住平衡关系进行分析。一阶效应分析使用相同带宽参数计算得到的两类空间核密度估计图，使用分位数分类法进行重分类，得到归一化后像元值由 0~10 分布的核密度估计图。其次以 50m×50m 作为空间单元进行重采样，并通过渔网工具转化为两类空间在 50m 尺度上分布密度估计的面要素。最后将生活空间分布核密度估计数据 β_0 与生产空间分布核密度估计数据 β_1 进行地理加权回归，其中 β_0 作因变量，β_1 作解释变量，回归结果代表生产空间分布与生活空间分布的相关程度，即朝阳区生活空间-生产空间分布协同性。

3.4 功能空间单元识别

3.4.1 生活空间单元

生活圈的概念由日本于 20 世纪 60 年代提出，强调基于需求导向与问题导向的、以社区为单元的整体环境营造。生活圈将城市空间划分为若干单元[16]。

依据研究区域生活空间点数据的空间聚集特征，使用 k 均值聚类算法模型对生活空间单元进行划分。使用 ArcGIS Pro 中 Spatial Statistics-Spatially Constrained Multivariate Clustering 工具，将其分为若干个组，在组中的点数据将在空间中具有尽可能大的临近性，组间具有尽可能大的分异性。

（1）将点数据的经纬坐标定义为分析字段，首先进行分析字段的分异性检验。R^2 反映在分组流程之后原始字段数据中变化的保留程度，R^2 的计算公式如下：

$$R^2 = (TSS - ESS)/TSS$$

式中，TSS 为总平方和；ESS 为回归平方和。TSS 的计算方法是先计算平方，然后再计算变量全局平均值偏差的总和。ESS 的计算方法相同，不同之处在于偏差是分组计算：从所属组的平均值减去每个值，然后再计算平方和总和。因此，字段的 R^2 值越大，该字段的变量越能更好地对要素进行区分。

（2）通过 Calinski-Harabasz 指数来测度理想的组数。CH 反映组内相似性和组间差异性的比率，CH 的计算公式如下：

$$CH_k = \frac{BSS_k}{WSS_k} \times \frac{N-k}{N-1}$$

式中，WSS 为组内平方距离之和；BSS 为每一分组的聚类中心到所有点数据平均值的距离之和；k 为分组的个数。CH 值越大，代表组相似性和组差异之间具有最佳性能，是理想的生活空间单元数量。

（3）使用 k 最近邻空间约束方法进行聚类计算。在该空间约束方法下，同一个组中的要素将相互邻近，每个要素至少是该组中某一其他要素的邻域。聚类运算将基于已得到的组数 k，在生活空间点数据中选择 k 个居住点作为种子要素（即生活圈中心）。第一个生活圈中心点为随机选择，后续 $k-1$ 个中心将尽可能选择离现有中心最远的距离。确定生活圈中心后，将向最近的中心分配所有点数据。对于每个聚类，将计算一个均值数据中心，即新的生活圈中心点，并将每个要素重新分配给最近的中心。该过程将被不断重复直至组成员关系稳定为止。在生活圈的聚类计算中，考虑到北京城市空间形态为横纵垂直肌理的特点，点和点之间距离的计算方法采用沿垂直轴度量的距离，即对两点的 x 和 y 坐标的差值（绝对值）求和，而非两点的欧氏距离。

3.4.2 工作空间单元

工作空间单元的识别方法与生活空间类似，首先进行点聚集模式的检验，其次寻找理想的组数，再使用相同的空间约束方法进行聚类计算。

3.4.3 生态空间单元

生态空间单元的划分首先需要在生态空间栅格数据的基础上使用形态学格局分析方法，提取生态空间中具有显著生态功能的核心区域，这些区域相较于其他区域承担更高的整体生态连通性价值和生境重要性价值。对提取后的核心生态斑块进行聚类计算，得到生态空间单元划分结果。

（1）核心生态斑块提取。使用 GuidoToolBox 软件的格局分析模块，选取 MSPA 形态学分析工具，定义 50m 为生态空间的边缘宽度，经过腐蚀、膨胀、开运算、闭运算等数学形态学运算，提取其中形态学区域中的核心区为生态空间核心斑块。

（2）对核心生态斑块面数据进行与生活空间类似的聚类计算，得到生态空间单元划分结果。

3.5 功能空间连接网络构建

3.5.1 功能空间单元源点选取

构建基于电路模型的功能空间连接网络，即在已识别并划分单元的三类城市功能空间之间建立高效、高接驳度、出行友好的绿色出行网络。该网络由节点和节点间的连接线路构成。根据功能空间单元识别结果，对于生活空间和生产空间，选取每一聚类的种子要素，即空间单元中心点，作为网络的节点。对于生态空间，选取每一空间单元的几何中心作为网络节点。

3.5.2 阻力面构建

理想的功能空间连接网络，应满足对生活地点、生产地点的最大程度接驳，并实现生态空间的最大程度连通，同时考虑城市道路的可建设性。研究共选取四类指标作为综合阻力面的构成因子：A1——基于生活空间最大接驳度的阻力面；A2——基于生产空间最大接驳度的阻力面；A3——基于生态空间最大连通度的阻力面；A4——基于道路可建设性的阻力面（图5）。

A1、A2阻力面采用基于密度的方法，将功能空间密度估计值高的区域定义为低阻力区，将估计密度值低的区域定义为高阻力区，实现连接网络对空间接驳程度的最大化。A3阻力面采用NDVI植被覆盖度与土地利用类型数据，将绿色覆盖率高的区域定义为低阻力区，将绿色覆盖率低的区域定义为高阻力区，实现连接网络对生态网络连通程度的最大化。A4阻力面采用城市路网数据，根据道路等级，沿道路两侧建立缓冲区，依据道路现状可建设条件，将条件良好的道路定义为低阻力区，将条件较差的道路定义为高阻力区，保障慢行网络的可建设性。使用层次分析模型对四类阻力因子的权重进行评价，之后将四类阻力面进行叠加，得到研究区域综合阻力面。最后，对矢量路网数据两侧建立50m缓冲区，去除缓冲区以外的阻力面数据，这步操作的目的是使连接网络的模拟结果沿城市路网展开。

3.5.3 网络连接与连通量分级

使用linkage mapper软件，输入源点要素和阻力面要素，对功能空间单元进行基于最小阻力的网络连接。连接结果包含每条线路的端点、路径、成本距离等信息。计算每条线路的累计成本距离L_1、线路长度L_2、两个源点间的欧氏距离L_3。定义$N=L_1/L_2$，则N代表慢行线路每单位长度的阻力，N值即代表该线路在连接网络中承载的交通量和重要程度。N值将作为评判城市道路在居民出行中重要性的依据。

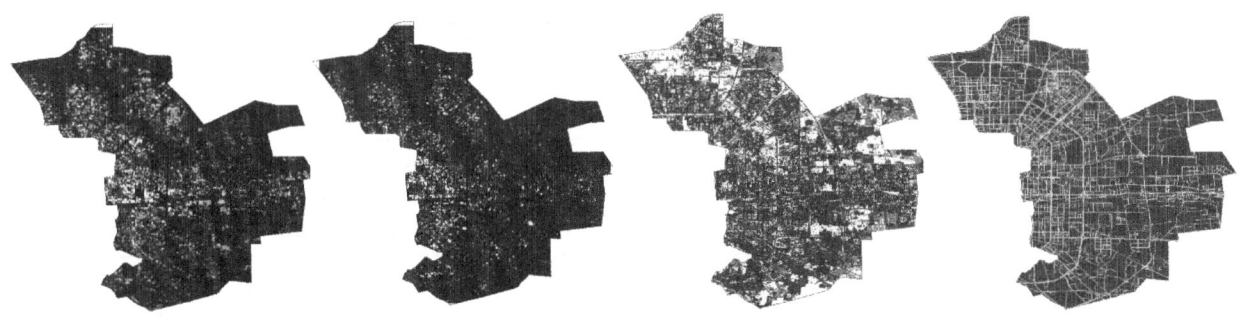

图5　A1、A2、A3、A4阻力面

4 结果

4.1 单一空间分布模式

4.1.1 生活空间分布模式

核密度估计结果显示，研究区内居住空间点密集，住区较多，整体呈现内环聚集分布、外环散点分布的趋势。分布密度较高的区域有：三里屯、朝阳门、东大桥、大望路、和平里、安慧里、花家地、东湖渠、高家园、南花园、潘家园、劲松等。

使用Ripley's K函数的二阶效应分析结果显示（图6），研究区域生活空间的观测值在每一尺度上都大于CSR随机分布的值，因此生活空间在微观尺度、宏观尺度上都呈聚集性分布。这一结果为功能单元的划分提供了合理性依据（图7）。

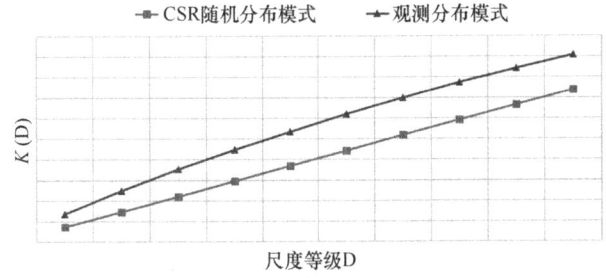

图6　生活空间Ripley's K函数聚集性检验结果

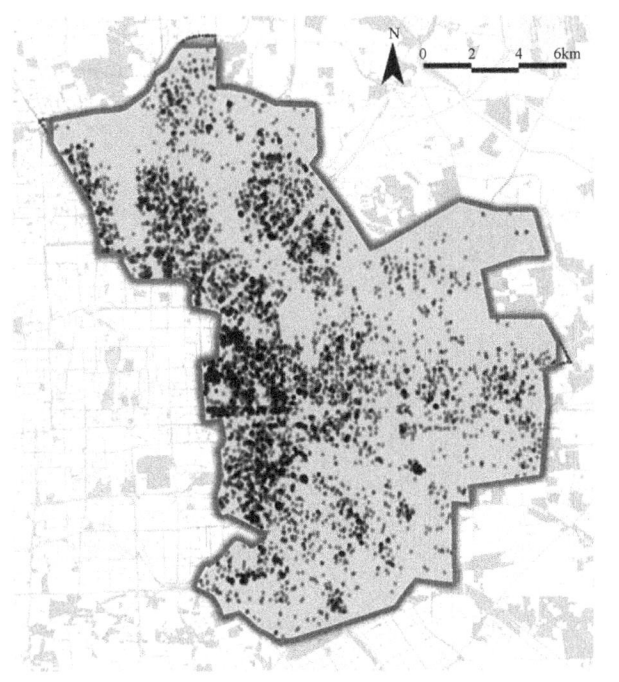

图7　生活空间分布核密度

4.1.2 生产空间分布模式

核密度估计结果显示，研究区内生产空间沿城市内环相对密集，主要集中在北京CBD核心区、远洋天地、四惠东、金台夕照、国贸、三里屯、朝阳门外大街、新源里、安立路、立水桥南、望京科技园、798艺术区、高碑店、常营、管庄、五方桥、肖村、双井等区域（图8）。

4.1.3 生态空间分布模式

景观格局指数计算结果显示，研究区域生态空间面积总量为10465hm²，占全区的33.57%（表1）。按整体分布情况类看，去除边缘区后，面积大于25hm²的生态空间共18处，最大的生态空间为东坝郊野公园联合京城槐园等周边绿地，其次是奥森北园、奥森南园、坝河以北管庄路以东绿地、望京西地区以北辰高尔夫球会为中心的绿地、朝阳公园、鸿博公园。按生态空间类型来看，林地是研究区域最主要的生态空间类型，其次是耕地、草地、永久水体。其中，林地的斑块数量和边缘密度保持较高数值，耕地、荒地、草地次之。从景观分离度的角度来看，所有类型生态空间都处于全部分离的状态（图9）。

表1 生态空间景观格局分析结果

类型	VALUE 代码	CA 面积（hm²）	PLAND 面积占比（%）	NP 斑块数量（个）	LPI 最大斑块指数	ED 边缘密度	DIVISION 景观分离度
林地	10	7493.85	24.04	16152	0.94	75.54	0.9999
灌木	20	27.49	0.09	441	0.00	0.73	1
草地	30	485.14	1.56	2681	0.03	7.50	1
耕地	40	2184.78	7.01	4257	0.09	20.06	1
建设用地	50	19627.32	62.96	3108	28.23	81.46	0.9203
荒地	60	1081.32	3.47	7864	0.04	18.86	1
永久水体	80	268.92	0.86	322	0.03	2.60	1
湿地	90	4.50	0.02	28	0.00	0.07	1

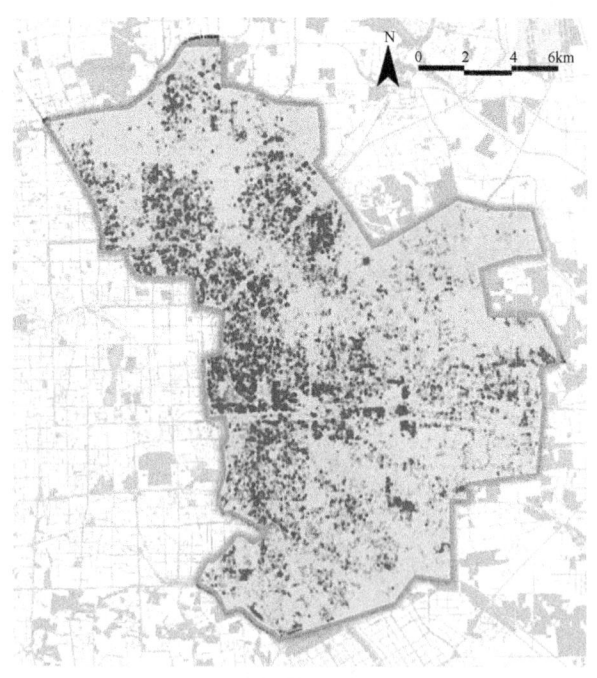

图8 生产空间分布核密度

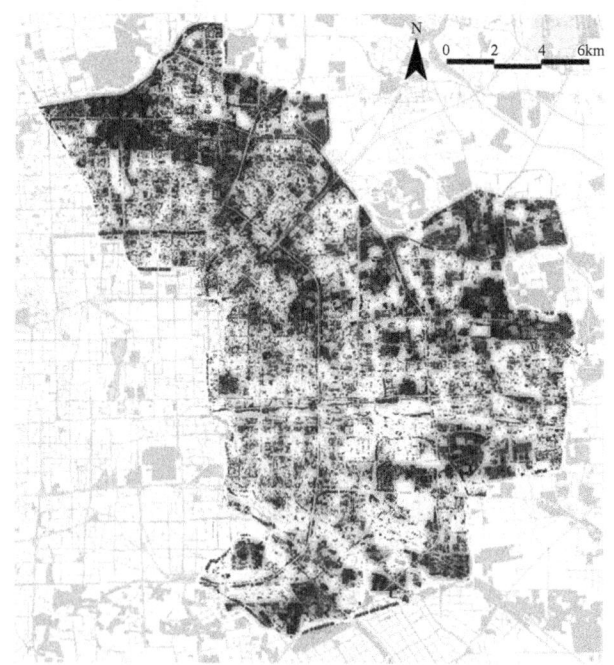

图9 生态空间景观类型

4.2 功能空间协同分布模式

生活空间-生产空间协同分布模式结果如图10所示。其中，无颜色填充空间为两种功能空间协同性较高区域，即居住地点与办公地点分布较为均匀；红色区域代表该网格为办公区聚集型，生产空间聚集程度显著高于生活空间；蓝色区域反之。其中，大使馆区、立水桥南、来广营、798艺术区、八里桥等地区为生产空间聚集型社区，辛店路、东风南路、坝河南路等地区为生活空间聚集型社区。

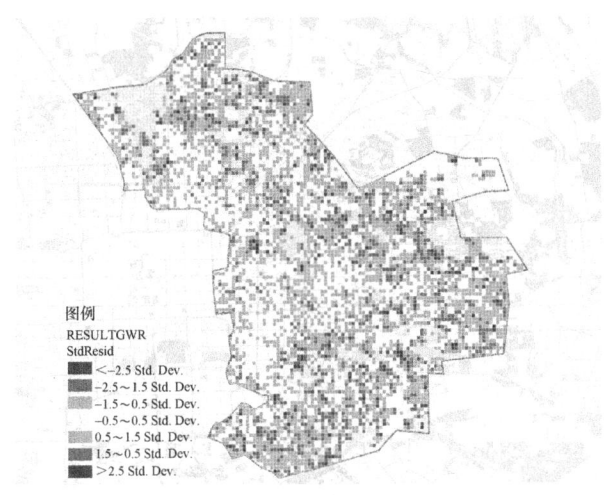

图 10 生活空间-生产空间协同分布模式

4.3 功能空间单元识别结果

4.3.1 生活空间单元（生活圈）

对生活空间点数据的经纬坐标分异性检验结果如表 2 所示。

生活空间数据点经纬坐标分异性检验结果　表 2

变量	平均值	标准差	最小值	最大值	R^2
WGS84W	39.930	0.0511	39.810	40.056	0.9451
WGS84J	116.46	0.046	116.35	116.61	0.897

研究区域点数据经度、纬度均有较好的分异性，表明点数据可以较好地进行区分。

对理想分组数量的 CH 统计结果显示，分组数在 5 个、10 个以上时达到最佳效果，分组数量大于 10 个后，组数的增加对聚类效果影响不大。生活圈半径以居民 15min 出行范围为常用标准，以自行车时速 20km/h 进行计算，则每个生活圈的合适大小约为半径 2.5km，每个生活圈面积约 2000hm²，而研究区域总面积约 30000hm²。因此，选取 15 个为功能空间单元数量（图 11）。

基于 k 均值聚类分析的生活圈单元识别结果如图 12 所示，并在每个生活圈中提取其种子元素作为生活圈中心点。

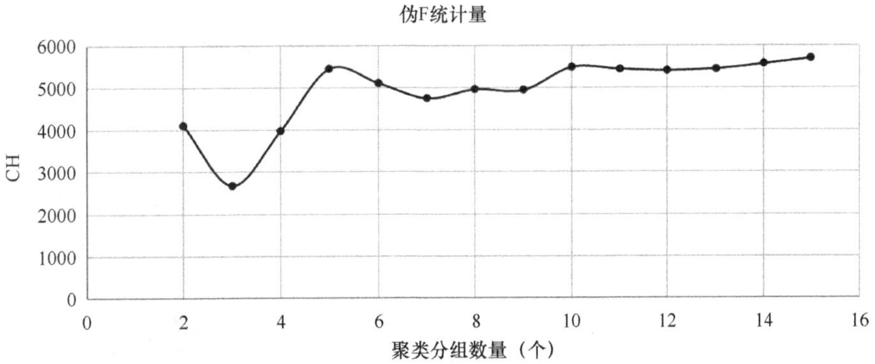

图 11 生活空间聚类 CH 指数统计结果

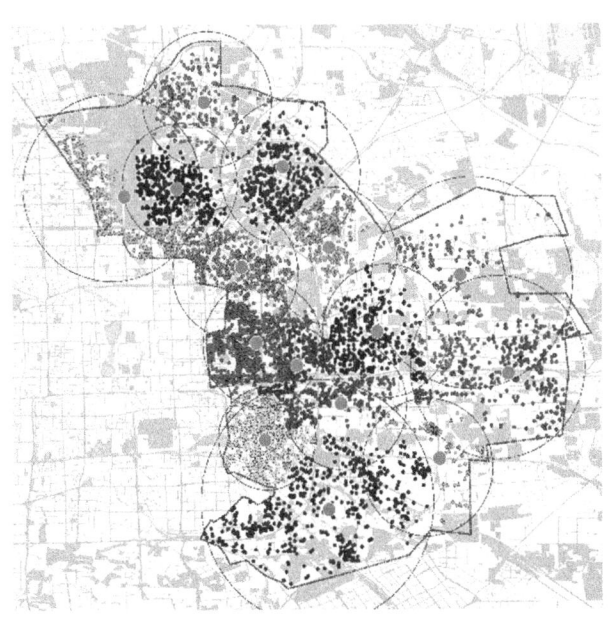

图 12 生活空间单元划分

4.3.2 生产空间单元

生产空间单元识别采取与生活空间相同的方法，共识别出生产空间聚类 15 个。

4.3.3 生态空间单元

根据形态空间格局分析的结果（图 13），将面积大于 25hm² 的核心区作为研究区域重要的生态源地。对 18 个重要生态源地进行 CH 指数统计和聚类分析，共得到生态空间单元 10 个（图 14）。

4.4 功能空间连接网络构建结果

在综合阻力面和 40 个功能空间中心点的基础上（图 15、图 16），构建起基于最小阻力的功能空间连接网络（图 17）。结果显示，连接线路共 118 条，并依据单位长度阻力值 N 的大小分为三级，如图 18、表 3 所示。

图 13　生态空间形态空间格局

图 16　综合阻力面

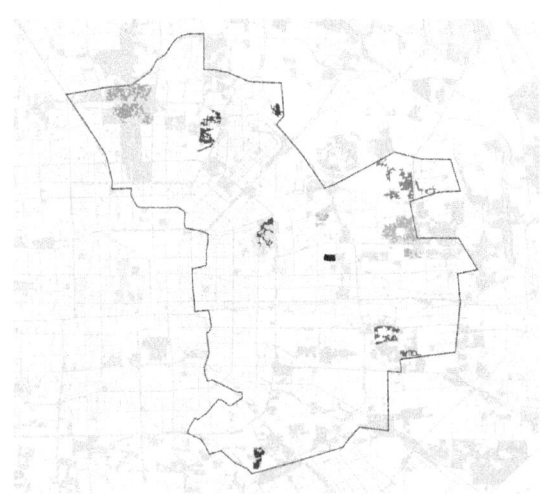

图 14　生态空间单元划分

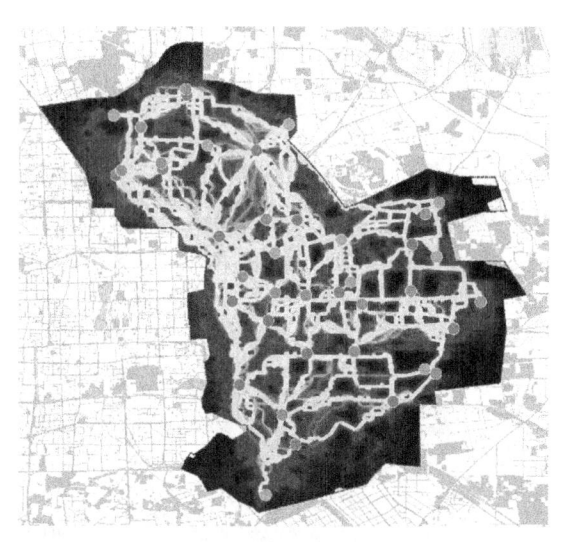

图 17　网络连接结果

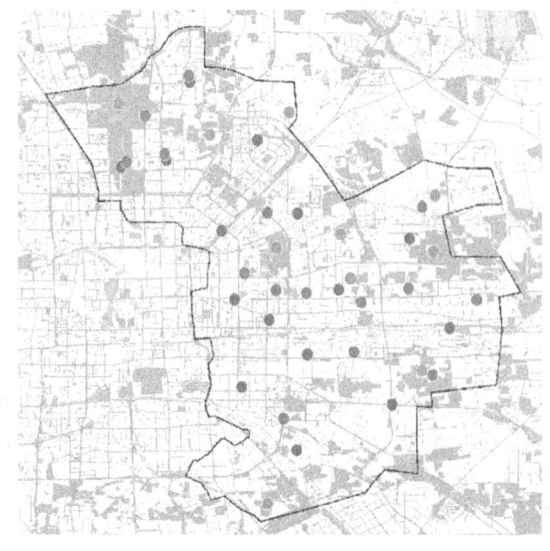

图 15　生活-生产-生态空间中心

连接线路分级		表 3
组别	单位长度阻力值	数量
A（连通性较高）	$14.00 < N \leq 20.00$	22
B（连通性一般）	$20.00 < N \leq 24.00$	39
C（连通性较低）	$24.00 < N \leq 45.00$	53
无效线路	$45.00 < N \leq 80.00$	4

根据连接线路的连通性分级，可合理进行道路的慢行系统建设。道路的连通性等级越高，承担着越多的居民出行压力，应重点满足绿色出行的通畅性、安全性需求，保障慢行空间的宽度与线路通畅。在功能空间连接线路共同组成的绿色出行网络中，可沿路合理布置各类绿色出行保障设施，如共享单车投放点、健身绿道、游园等，并根据线路在功能空间连接中主要承担的通勤出行或休闲出行特征，合理规划特色慢行线路。

图18 连接线路分级 从左到右依次为A、B、C级

5 讨论

5.1 使用开源点数据判断城市空间分布特征

城市的功能空间往往是在规划的基础上自发演变而来的。城市空间的扩张与功能空间的分布又具有高度的空间自相关性和异质性，难以从最初的空间规划文件中得到现状全貌。城市开源大数据作为一种新的空间分析手段，一定程度上可以表现出地理空间分布的复杂特征。本研究使用来自高德地图兴趣点数据中关于居住、办公空间的部分，和欧洲航空局制作的全球土地覆盖数据中的蓝绿空间部分，以及OpenStreetMap平台中的城市路网数据来分析北京市的功能空间分布特征。兴趣点数据可由普通人自发上传，且存在不断更新，一定程度上可以填补规划与实际间的空白。

5.2 使用聚类算法对生活空间进行单元划分

生活圈往往作为城市规划地铁公交站、医疗服务、科教文化服务、公园设施的依据，而生活圈的范围和半径往往是模糊的，居住区的密度和空间形态不同，生活圈的大小和形态也应不同。在以出行时长作为生活圈半径划分依据的基础上，本文加入聚类算法，将每一个空间上的居住点与其周边居住点的距离纳入分析范畴，考虑空间的聚集分布特征，这一做法可为生活圈大小的调整和边界的确定提供依据。

5.3 研究不足与展望

有几个因素限制了研究的准确性。首先，空间POI大数据不具有准确性，因为POI数据的分级分类结构是不严谨的，这造成了功能空间密度统计上的失准。这一点在企业公司等生产空间上尤为明显：商业服务POI数据不包含公司企业的规模信息，一些大型企业和一些员工较少的小公司可能在空间统计中充当了相同的量级。其次，研究区域限制在朝阳区，实际上居民出行有更大的空间范畴，对职住分离程度的探讨无法从功能空间分布数据上得到准确结论，移动通信数据可能对每个个体的出行模式研究更为准确，但也更难获取。此外，以功能空间聚类中心点作为源点进行功能空间网络连接可能是以偏概全的，中心点具有一定的代表性，但无法代表一些处在生活圈边缘人群的出行模式。在后续研究中，可以通过其他空间数据如人口数据对功能空间分布密度进行加权，以得到更准确的结果。

参考文献

[1] 吴志强.《百年西方城市规划理论史纲》导论[J]. 城市规划汇刊, 2000(2): 9-18; 53-79.

[2] 中华人民共和国建设部. 城市规划基本术语标准: GB/T 50280—98[S]. 北京: 中国标准出版社, 1998.

[3] 李广东, 方创琳. 城市生态-生产-生活空间功能定量识别与分析[J]. 地理学报, 2016, 71(1): 49-65.

[4] 曹政, 任绍斌. POI数据视角下武汉市中心城区"三生空间"现状识别及格局分析[C]//中国城市规划学会, 成都市人民政府. 面向高质量发展的空间治理——2020中国城市规划年会论文集(05城市规划新技术应用). 2021: 974-984.

[5] Wong C, Zheng W, Qiao M. Urban expansion and neighbourhood commuting patterns in the Beijing metropolitan region: A multilevel analysis[J]. Urban Studies, 2020, 57(13): 2773-2793.

[6] 2020年度全国主要城市通勤监测报告[EB/OL]. [2022-12-17].

[7] 云美萍, 杨晓光, 李盛. 慢行交通系统规划简述[J]. 城市交通, 2009, 7(2): 57-59.

[8] 高德开放平台 | 高德地图API[EB/OL]. [2023-06-10].

[9] WorldCover Viewer[EB/OL]. [2023-06-10].

[10] OpenStreetMap[EB/OL]. [2023-06-10].

[11] 史津鑫. 基于代表点的层次聚类算法研究[D]. 重庆: 重庆大学, 2021.

[12] 许峰, 尹海伟, 孔繁花, 等. 基于MSPA与最小路径方法的巴中西部新城生态网络构建[J]. 生态学报, 2015, 35(19): 6425-6434.

[13] 王甫园, 王开泳, 陈田, 等. 城市生态空间研究进展与展望[J]. 地理科学进展, 2017, 36(2): 207-218.

[14] 吴倩莲, 李飞雪, 张启舜, 等. 基于网络分析的城市生态空间结构优化——以常州市为例[J]. 应用生态学报, 2022, 33(7): 1983-1992.

[15] 康孝岩, 王艳慧, 段福洲. 单一景观空间分布指数及其适用性评价[J]. 生态学报, 2015, 35(5): 1311-1320.

[16] 概念·方法·实践: "15分钟社区生活圈规划"的核心要义辨析学术笔谈[J]. 城市规划学刊, 2020(1): 1-8.

作者简介

孙千翔,2000年生,男,汉族,河南许昌人,北京林业大学风景园林学硕士在读,研究方向为景观规划与生态修复。电子邮箱:arcsun21@qq.com。

(通信作者)李雄,1964年生,男,汉族,山西太原人,博士,北京林业大学校、党委常委、副校长、教授、博士生导师,研究方向为风景园林规划设计与理论。电子邮箱:bearlixiong@sina.com。

养老机构疗愈景观评价体系构建与应用研究
——以昆明市三家养老机构为例

Research on the Construction and Application of the Evaluation System of Healing Landscape in Elderly Care Institutions
—Taking Three Elderly Care Institutions in Kunming as Examples

韩 宏 丁 宁 金雪花*

摘 要：为定性定量评估、优化养老机构疗愈景观，本文在总结相关理论研究和实地调研的基础上，基于AHP法以5项准则层和28项指标层构建养老机构疗愈景观评价体系，并结合SD法，以昆明市三家养老机构为例进行评价。结果表明：准则层重要程度由高到低为心理康复性、生理康复性、植物景观、人工景观、景观空间；应用体系评价的三家养老机构疗愈景观均处于较健康水平，并提出优化策略。通过本研究以期为养老机构疗愈景观的建设提供新的思路，为今后的养老机构疗愈景观评价提供参考。

关键词：风景园林；疗愈景观；景观评价；层次分析法；昆明市

Abstract: In order to qualitatively and quantitatively evaluate and optimize the healing landscape of elderly care institutions, based on the summary of relevant theoretical research and field investigation, this paper constructs an evaluation system for healing landscapes of elderly care institutions, based on the AHP method with 5 criteria layers and 28 index layers, and evaluates three elderly care institutions in Kunming with SD method as examples. The results showed that the importance of the criterion layer from high to low is psychological rehabilitation, physiological rehabilitation, plant landscape, artificial landscape, and landscape space. The healing landscapes of the three elderly care institutions evaluated by the application system are all at a relatively healthy level, and optimization strategies are proposed. Through this study, it is expected to provide new ideas for the construction of the healing landscape of the elderly care institutions, and to provide a reference for the evaluation of the healing landscape of the elderly care institutions in the future.

Keywords: Landscape Architecture; Healing Landscape; Landscape Evaluation; Analytic Hierarchy Process; Kunming

引言

随着人口老龄化程度的加深，如何提高老年人生活质量，构建健康友好型老年社会成为攸关国家全局发展的战略性问题。高质量的疗愈景观能够对老年人起到调节情绪、缓解疲劳、促进社会交流、降低血压等作用[1]。养老机构作为养老体系的重要组成部分，提高其景观的疗愈功能有助于促进老年人身心健康，提升幸福感，构建健康舒适的老年宜居环境。

目前风景园林领域对养老机构景观的研究多聚焦于景观设计、植物景观营造[2-3]等方面，国内学者从景观空间、植物、功能[4-5]等角度出发构建体系，但缺乏对老年人身心疗愈效果的评价，指标的综合性不足。评价作为提高景观建设质量工作中的重要一环，具有优化改进和指导设计等重要意义，因此有必要构建一个科学合理的养老机构疗愈景观评价体系。本文基于AHP法构建养老机构疗愈景观评价体系，并进行实践运用，以期为今后养老机构疗愈景观评价提供参考。

1 研究方法、对象与指标筛选

1.1 评价指标筛选

科学合理的评价指标能够增加评价体系的科学性和评价结果的准确性。研究根据养老机构景观设计的相关规范、疗愈景观理论和实证研究成果进行指标选取，指标选取依据如下。

1.1.1 基于健康效益选取评价指标

疗愈景观是一种特殊的景观空间，对使用者生理、心理、精神、情感等方面都有良好的促进作用。根据"压力恢复理论"，景观能够缓解压力，对人体多方面生理指标都有改善作用[6]；"注意力恢复理论"也阐述了景观能够促进人的心理健康，提高注意力[7]。疗愈景观强调人与自然之间情感与精神的联系，已有大量研究表明景观与老年人的身心健康有密切关系，对老年人的生理、心理都有积极的促进作用[8-9]。

1.1.2 基于植物景观选取评价指标

"亲生物假说"强调了人类对自然有内在的亲近倾

向[10],通过接触自然对健康有多方面的好处,大量实证研究表明,植物对于老年人的血压、心率、压力缓解都有积极作用[11-12]。植物作为疗愈景观的重要组成因素,其营造水平直接影响着疗愈效果,植物的五感刺激能够促进人体健康,如色彩、听感、芳香、触感、味道等[13]。老年人随着年龄增长感官衰退,通过植物刺激感官,能让其更有效地感知环境、舒缓身心、减少压力。植物的配置形式和搭配层次不仅能为机构营造良好的观赏效果,也能够有效发挥植物对环境的净化抑菌作用[14],同时景观应该与周围环境相协调,以呈现出较好的连贯性。

1.1.3 基于空间与设施选取评价指标

除了植物等软质景观外,机构的硬质景观及景观空间的营造也会影响景观的疗愈效果。随着年龄的增长,老年人在心理和生理方面都会发生较大的变化,生理方面如骨骼肌肉性能下降、反应迟钝、五感衰退[15];心理方面如孤独、迷茫、缺乏安全感等多种负面情绪产生,故对环境质量的要求比普通人更高[16]。因此设施的安全性、舒适性、无障碍性,尺度的适宜性以及景观空间的多样性、可达性等都应该得到充分考虑,以满足老年人活动、观赏等多种需求。

1.2 评价方法选择

养老机构疗愈景观评价需要定性定量相结合、数据量化等,因此研究采用层次分析法(AHP法)[17]和语义分析法(SD法)[18]相结合的AHP-SD评价模型。由AHP法构建评价体系并计算指标权重值,然后采用SD法进行评价机构数据采集量化,最后根据求和公式(1),求得养老机构疗愈景观综合评分,并按分数划分健康等级:(1.2, 2]健康,(0.4, 1.2]较健康,(-0.4, 0.4]亚健康,(-1.2, -0.4]病态,[-2, -1.2]非健康。

$$F = \sum_{i=1}^{n} C_i W_i \quad (1)$$

式中,F 为评分;C_i 为养老机构景观评价因子SD评分;W_i 为评价因子权重值;n 为因子数。

1.3 评价对象选取

通过对昆明市多家养老机构进行初步实地调研后,最终选择昆明市不同区域、不同面积的三家养老机构作为研究对象,并对其进行访问和深入调研。三家养老机构基本情况如表1所示。

三家养老机构概况　　表1

名称	地理位置	面积(m²)	绿化面积(m²)	建成年份
云南省长青公寓	昆明市西山区	10466	约3500	1997(近年翻修)
云南省老年公寓	昆明市官渡区	41147	约10000	2017
云南省红十字老年公寓	昆明市五华区	3866	约1000	2011

1.4 问卷设计

1.4.1 指标权重计算

根据上述方法选取评价指标,并征询多名专家学者意见,得到最终指标并构建判断矩阵,邀请10名专家学者采用1-9标度法进行判断矩阵填写,标度及含义详见表2,并进行一致性检验[19],直至满足一致性比例 $CR<0.1$,最终获得各评价指标权重值,如表3所示。

1-9标度含义　　表2

重要性标度	定义说明
1	两个要素相比,二者同样重要
3	两个要素相比,前者比后者稍微重要
5	两个要素相比,前者比后者明显重要
7	两个要素相比,前者比后者非常重要
9	两个要素相比,前者比后者极度重要
2、4、6、8	表示上述相邻判断的中间值
倒数	若要素 i 与要素 j 的重要性之比为 a_{ij},那么要素 j 与要素 i 的重要性之比为 $a_{ji}=1/a_{ij}$

1.4.2 使用者打分问卷

基于SD法设计使用者感受评分问卷,各因子以正反义词形容使用感受,采用李克特5段尺度[20]:以好、较好、一般、较差、差来区分感受程度,并以相应分值加以对应(2、1、0、-1、-2),以机构使用人群为对象,对养老机构疗愈景观各评价因子进行使用感受打分。

于2021年4—5月天气晴朗日发放问卷,每个养老机构发放35份,调查对象以老年人为主,以及少数工作人员和到访者,最终回收问卷105份,剔除乱填等无效问卷得到99份。其中,长青公寓34份,云南省老年公寓34份,云南省红十字老年公寓31份,问卷有效率为94.3%。

2 结果与分析

2.1 评价体系建立

利用AHP法构建评价体系,目标层(A)为养老机构疗愈景观评价体系;准则层(B)为心理康复性、生理康复性、植物景观、人工景观、景观空间;指标层(C)为内心感到愉悦、视觉舒适度、安全性等28个评价指标(表3)。

养老机构疗愈景观评价指标及权重结果 表3

目标层(A)	准则层(B)	权重	指标层(C)	权重	总权重	排序
养老机构疗愈景观评价体系	B1 心理康复性	0.344	C1 减少孤独	0.268	0.093	3
			C2 减少紧张和焦虑	0.192	0.068	4
			C3 内心感到愉悦	0.358	0.121	1
			C4 获得归属感	0.182	0.062	5
	B2 生理康复性	0.195	C5 视觉舒适度	0.599	0.116	2
			C6 听觉舒适度	0.156	0.031	11
			C7 嗅觉舒适度	0.245	0.049	6
	B3 植物景观	0.193	C8 配置形式	0.152	0.028	13
			C9 层次丰富度	0.158	0.031	11
			C10 色彩美感	0.225	0.045	7
			C11 季相变化	0.128	0.025	15
			C12 触感舒适度	0.061	0.013	23
			C13 与周围环境协调性	0.135	0.023	17
			C14 植物种类多样性	0.141	0.028	13
	B4 人工景观	0.142	C15 布局合理性	0.078	0.011	26
			C16 使用舒适性	0.109	0.016	22
			C17 信息传递性	0.034	0.005	27
			C18 使用安全性	0.283	0.039	8
			C19 无障碍设施人性化	0.184	0.024	16
			C20 康复设施人性化	0.123	0.017	19
			C21 休憩设施人性化	0.078	0.012	25
			C22 娱乐社交性	0.079	0.013	23
			C23 水体景观丰富度	0.032	0.005	27
	B5 景观空间	0.126	C24 空间开敞度	0.13	0.017	19
			C25 空间私密性	0.122	0.017	19
			C26 空间可达性	0.333	0.038	9
			C27 空间尺度适宜性	0.183	0.022	18
			C28 空间功能多样性	0.232	0.033	10

注：因四舍五入可能会导致指标层总权重之和不等于1。

2.2 权重结果及分析

权重值代表着该指标或准则层对于养老机构疗愈景观的重要程度，由表3可知准则层权重值：心理康复性（B1）＞生理康复性（B2）＞植物景观（B3）＞人工景观（B4）＞景观空间（B5），表明养老机构中景观的营造除满足绿化、游憩等基本需求外，更应该重视景观对老年人身心健康的康复促进作用，环境让人产生的心理情绪会刺激大脑释放荷尔蒙，进而影响免疫系统工作，促进或抑制身体健康[21]，因此心理康复性权重较之生理康复性更大。疗愈景观多以植物为媒介来达到疗愈效果，因此就疗愈性来说，植物景观权重要高于人工景观。考虑到老年人心理、生理的特殊需求，机构的人工景观设施将直接影响老年人的行为活动，因此重要程度要高于景观空间。

指标层方面，C3（内心感到愉悦）、C5（视觉舒适度）、C1（减少孤独）、C2（减少紧张和焦虑）、C4（获得归属感）总权重值排名前五，都属于心理康复性和生理康复性准则层，进一步表明养老机构的景观营造应该以身心疗愈为重点。C23（水体景观丰富度）与C17（信息传递性）总权重最低，相较于设施的人性化、布局合理性以及老年人日常娱乐社交等指标而言，水体景观与信息传递重要程度稍显不足，但安全范围内的高质量水景营造和丰富多样的信息传递会更加优化机构疗愈环境质量。

心理康复性层次中C3（内心感到愉悦）权重最高，通过景观促使人产生的愉悦情绪可以促进老年人的行为积极性，增强免疫，达到更好的疗愈效果。生理康复性层次中C5（视觉舒适度）权重最高，视觉在人类五感中接收信息的比例最高[22]，是认知环境最直接的方式，疗愈景观很大一部分通过视觉感受自然达到疗愈效果，访谈中老年人也表示经常通过视觉感知景观来放松身心。植物景观层次中C10（色彩美感）权重最高，色彩对人视觉的刺激是最强的[23]，是植物属性中最影响视觉感知的因素，老年人随着年龄增长对事物敏感度下降，鲜艳的颜色更能对其产生刺激，并为其带来积极的生理、心理影响[24]，如红色能够为老年人带来活力感。人工景观层次中C18（使用的安全性）与C19（无障碍设施）权重最高，由于老年人身体素质下降，安全性成为机构环境设计的基本原则和首要考虑因素，而无障碍设施则为老年人行为活动提供便利和保护。景观空间层次中C26（空间可达性）权重最高，受身体机能的影响，老年人体力下降，行动缓慢，景观空间应该方便易达，增强老年人对空间的识别性和导向性。

2.3 机构评价结果及分析

从目标层评分（表4）可知，长青公寓为0.708，云南省老年公寓为0.924，红十字老年公寓为0.637，各机构疗愈景观都处于较健康等级，表明三家机构疗愈景观基本满足需求，能够为老年人提供较为健康良好的生活环境。景观的疗愈性能方面云南省老年公寓最佳，而红十字老年公寓最低，与其庭院绿化面积过小、未能充分发挥景观疗愈作用有一定关系。

机构目标层（A）综合得分　　表4

目标层	长青公寓	云南省老年公寓	红十字老年公寓
养老机构疗愈景观	0.708	0.924	0.637
	较健康	较健康	较健康

从准则层评分（表5）可知，除长青公寓的景观空间处于亚健康水平外，其余指标均处于较健康水平。调研得知长青公寓轮椅使用者较多，对道路及空间的可达性、尺度适宜性要求更高，而现状未能满足需求，与评价结果相印证，也表明不同机构情况不同，应当根据机构中老年人需求特点做出改进与完善。各准则层（B1、B2、B3、B4、B5）得分最高的养老机构均为云南省老年公寓，心理康复性方面，老年人表示户外景色优美，坐在凉亭里与朋友聊天、到花园散步等都会使人心情愉悦；生理康复性方面，老年人表示景观丰富、鸟虫轻鸣、空气清新，各感官体验都较好；植物景观方面，该养老机构植物种类多样、配置合理美观，营造出宜人的小气候和色彩丰富的四季景观；人工景观方面，设计较为安全合理，无障碍设计符合相关标准，运动、休憩设施舒适齐全，增加了老年人的使用频率和使用时间；景观空间方面，该养老机构空间可达性较好，景观空间多样，既有便于监护和交往的开敞、半开敞空间，又有便于老人独处、增强老人领域感的私密空间。

机构准则层（B）综合得分　　表5

准则层	长青公寓	健康等级	云南省老年公寓	健康等级	红十字老年公寓	健康等级
B1 心理康复性	0.758	较健康	1.091	较健康	0.815	较健康
B2 生理康复性	1.028	较健康	1.154	较健康	0.766	较健康
B3 植物景观	0.547	较健康	0.641	较健康	0.406	较健康
B4 人工景观	0.643	较健康	0.815	较健康	0.503	较健康
B5 景观空间	0.398	亚健康	0.669	较健康	0.455	较健康

从准则层评分结合权重值来看，心理康复性（B1）＞生理康复性（B2）＞植物景观（B3）＞人工景观（B4）＞景观空间（B5），而评价结果显示，各机构心理康复性和植物景观得分偏低，与重要性程度不符，表明机构在该方面考虑不足，存在疗愈景观设计重点偏离、不突出的现象。

从指标层综合得分（图1）可知，三个机构在内心愉悦度、视觉舒适度得分最高，在水体景观和信息传递性得分最低。各要素的SD法得分大多处于"一般"至"较好"（0~1）的区间，内心愉悦均为"较好"以上，水体景观均为"一般"以下。此外，云南省老年公寓中减少孤独、减少紧张焦虑、视觉舒适度、听觉舒适度、使用安全性、无障碍设计达"较好"以上；长青公寓视觉舒适度达"较好"以上，信息传递性为"一般"以下；云南省红十字老年公寓听觉舒适度达"较好"以上，触觉舒适度为"一般"以下。调研发现，机构对于水景设置较少，因考虑安全因素从而减少水景及其趣味性、互动性，此外信息传递缺乏，如宣传栏、报纸更新慢，宣传内容无趣，表现形式单一等。机构对于触感景观营造意识较为薄弱，缺乏在老年人容易触摸高度的植物景观，访谈中老年人提及对于植物触摸较少且触感舒适度较低，可参与的园艺活动较少。

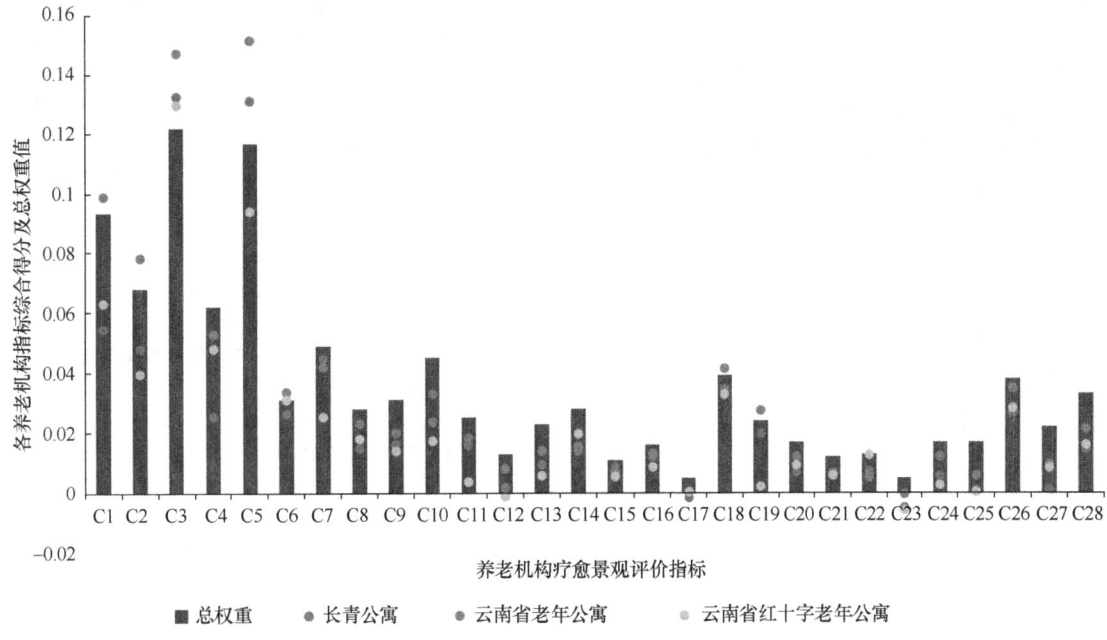

图1 各养老机构指标得分及权重图

注：指标综合得分为指标权重×指标 SD 得分，当 SD 得分为 0 时综合得分为 0，SD 得分小于 0 时综合得分小于 0，SD 得分为 1 时综合得分与权重相等，SD 得分大于 1 时综合得分大于权重，因此由图可知指标 SD 得分区间。

3 优化策略

通过评价可看出养老机构疗愈景观在各要素层面的优势与不足，并基于评价结果提出优化策略，以期为养老机构疗愈景观的建设提供参考。

3.1 疗愈性的植物景观营造

由权重值可知各指标对于疗愈景观的重要程度，在设计时应该统筹各因子，并根据重要程度进行强化设计，以达到较好的疗愈效果和资源的节约利用。评价结果显示，三家养老机构在疗愈景观的设计上均存在重点偏离的现象，心理康复性和植物景观得分较低，与重要程度不符，后期应进一步强化。心理康复性方面可通过增加自然要素，如水体、植物，以及增加园艺活动等来吸引老年人活动、锻炼，提供和自然接触的机会，以此改善情绪状态。植物景观方面，通过丰富植物色彩、层次等来优化植物景观，达到对心理、生理的疗愈作用[25]。可从五感出发进行疗愈景观营造，强化景观中视觉、听觉、嗅觉、触觉及味觉的刺激。由于老年人的身体机能下降，皮肤、呼吸系统等较敏感脆弱，植物选择应以安全性为主，避免带刺植物、飞絮植物以及花粉过多的植物种植。三家机构在触感舒适度得分都较低，因此后续优化要注重对于触感舒适度的营造，在老年人容易触摸的高度种植如银叶菊等，柔软的触感可以给老年人带来幸福感。研究表明，进行园艺活动能促进老年人心理和生理健康，应当充分运用植物进行相关园艺活动，如剪枝、种植、浇水、采摘等[26]。同时充分运用植物的文化属性，以此触发老年人的文化认同感，如松柏象征坚定、长寿，竹子象征品德高洁。

3.2 人性化的人工景观营造

由于老年人身体机能下降、行动不便，因此人工景观营造要遵循安全性、舒适性、无障碍的原则[27]。机构中道路交通、运动设施、休憩设施等的材质、色彩、布局都需要考虑到老年人心理、生理的特殊性，为其提供安全舒适的环境。评价中三家机构的信息传递性和水景得分都低。信息传递方面，可增加信息内容、丰富表现形式，如访谈中老年人提及对养生感兴趣，可通过海报、动画、广播等形式给老人普及养生小知识。水体营造方面，应在保证安全性的前提下适当加入水景，如水池、喷泉，水体能促进心理和情绪的疗愈效果[28]，改善小气候，给人以视觉、听觉的愉悦，缓解疲劳[29]，提高老年人生活品质。

3.3 多样性的景观空间营造

景观空间的营造以多样性为原则，以满足老年人运动、休憩、交往的活动需求。通过评价发现，三个机构在空间类型和尺度上均存在不足，景观空间类型应充分考虑老年人群体性活动的开敞空间和个人独处的私密性空间，现状机构开敞性空间过小，未能较好满足老年人社群活动需求，在未来养老机构建设规划时应当适当增加群体性活动场地面积，并通过增加健身设施、休憩设施、水景、小品、植物等来提高场地趣味性，增强场地空间的吸引力[30]。空间尺度方面包括道路的尺度、台阶坡道的处理以及各种设施的尺度都要充分考虑老年人特殊性和无障碍通达性，减少尺度过小过窄的空间。边界效应指出老年人倾向于在建筑或植被边缘具有隔断性质的边界逗留[31]，因此要充分利用边缘空间，如在活动空间周围要设置充足的休憩设施，既满足休息，也方便观察其他人活动。

4 结语

研究综合考虑心理康复性、生理康复性、植物景观、人工景观、景观空间五个维度，基于AHP法构建养老机构疗愈景观评价体系，以昆明市三家养老机构为例，对其景观进行评价，结果表明机构的疗愈景观都处于较健康水平。通过评价可看出机构在各要素层面的优点与不足，以此作为后期优化的科学依据。

研究在指标选取上从养老机构的特点出发，基于老年人生理、心理需求特点进行体系构建，指标维度更全面，不再局限于对植物等单一疗愈要素进行评价，而是考虑多要素包括景观空间、设施等在内的综合疗愈效果评价，并且研究在准则层重要程度方面的结果与前学者研究相似[32-33]，进一步验证了研究结果的科学性。

疗愈景观的发展属于一个动态的过程，对养老机构疗愈景观的建设与评价还需要不断地探索研究，评价体系仍需在实践中不断检验完善。

参考文献

[1] 王声菲, 金荷仙, 贾梅. 养老环境中的康复景观研究进展[J]. 风景园林, 2016, (12): 106-112.
[2] 吴琼. 基于老人生理、心理特征与需求的养老机构植物景观设计研究[D]. 南京: 东南大学, 2018.
[3] 宗桦. 成都市养老院植物景观现状调查及应用研究[J]. 中国园林, 2013, 29(11): 120-123.
[4] 柯鑫. 基于植物健康效益的养老院植物景观评价与设计[D]. 苏州: 苏州大学, 2020.
[5] 郑洁, 俞益武, 包亚芳. 疗养院康复景观环境评价指标体系的构建[J]. 浙江农林大学学报, 2018, 35(5): 919-926.
[6] Ulrich R S. Effects of Gardens on Health Outcomes: Theory and Research[M]. New York: John Wiley & Sons, 1999: 27-86.
[7] Kaplan R, Kaplan S. The Experience of Nature: A Psychological Perspective[M]. Cambridge: Cambridge University Press, 1989.
[8] 刘博新, 黄越, 李树华. 庭园使用及其对老年人身心健康的影响——以杭州四家养老院为例[J]. 中国园林, 2015, 31(4): 85-90.
[9] 刘博新, 朱晓青. 失智老人疗愈性庭园设计原则: 目的、依据与策略[J]. 中国园林, 2019, 35(12): 84-89.
[10] Kellert S, Wilson E O. The Biophilia Hypothesis[M]. Washington, D. C. Island Press, 1993.
[11] Thompson C W, Roe J, Aspinall P, et al. More Green Space is Linked to Less Stress in Deprived Communities: Evidence from Salivary Cortisol Patterns[J]. Landscape and Urban Planning, 2012, 105(3): 221-229.
[12] Roe J J, Thompson C W, Aspinall P A, et al. Green Space and Stress: Evidence from Cortisol Measures in Deprived Urban Communities[J]. International Journal of Environmental Research and Public Health, 2013, 10(9): 4086-4103.
[13] 李田. 基于五感疗法理论的养老社区康复环境设计与研究[D]. 西安: 陕西科技大学, 2020.
[14] 罗英, 何小弟, 黄利斌, 等. 城市公园绿地植物群落配置模式的抑菌功能[J]. 东北林业大学学报, 2010, 38(3): 73-75.
[15] Tieland M, Trouwborst I, Clark B C. Skeletal muscle performance and ageing[J]. J Cachexia, Sarcopen Muscl, 2018, 9(1): 3-19.
[16] 常晓菲, 金荷仙, 赖峰. 中国老年住区室外环境研究进展[J]. 中国园林, 2015, 31(4): 41-45.
[17] 宁惠娟, 邵锋, 孙茜茜, 等. 基于AHP法的杭州花港观鱼公园植物景观评价[J]. 浙江农业学报, 2011, 23(4): 717-724.
[18] 胡其魁, 刘庆华. SD法在园林景观评价中的应用[C]//中国园艺学会观赏园艺专业委员会. 中国观赏园艺研究进展. 2014: 5.
[19] 崔怀立. 南京市遗址公园植物群落调查研究[D]. 南京: 南京农业大学, 2015.
[20] 戴菲, 章俊华. 规划设计学中的调查方法3——心理实验[J]. 中国园林, 2009, 25(1): 100-103.
[21] 刘博新, 李树华. 基于神经科学研究的康复景观设计探析[J]. 中国园林, 2012, 28(11): 47-51.
[22] 李璞. 感觉——视觉、听觉、触觉、嗅觉和味觉[J]. 国外科技动态, 1998(09): 24-27.
[23] 谭明. 景园色彩构成量化研究[D]. 南京: 东南大学, 2018.
[24] 贾雪晴. 园林植物色彩的心理反应研究[D]. 杭州: 浙江农林大学, 2012.
[25] 陈宇钢, 刘伟, 王猛, 等. 基于老年人视角的园林植物景观营造的因子分析[J]. 中国园林, 2019, 35(8): 115-118.
[26] 李树华, 黄秋韵. 基于老人身心健康指标定量测量的园艺活动干预功效研究综述[J]. 西北大学学报(自然科学版), 2020, 50(6): 852-866.
[27] 赵万民, 李长东, 尤家曜. 城市公园适老运动环境影响要素聚类研究[J]. 中国园林, 2021, 37(5): 50-55.
[28] 刘博新, 徐越. 不同园林景观类型对老年人身心健康影响研究[J]. 风景园林, 2016(7): 113-120.
[29] 史舒琳. 城市水景康养功效与机制研究[J]. 西北大学学报(自然科学版), 2020, 50(6): 881-886.
[30] 孙艺, 戴冬晖, 宋聚生, 等. 社区户外活动场地空间环境特征对老年人吸引力的多元回归模型[J]. 中国园林, 2018, 34(3): 93-97.
[31] 付飞, 李昇, 张健. 高龄老人户外交往空间设计分析[J]. 四川建筑科学研究, 2011, 37(1): 218-221.
[32] 陈凯, 洪昕晨, 林洲瑜, 等. 基于GST法与AHP法的森林公园康复性景观评价指标体系构建[J]. 江西农业大学学报, 2017, 39(1): 118-126.
[33] Lu S S, Wu F, Wang Z J, et al. Evaluation system and application of plants in healing landscape for the elderly[J]. Urban Forestry & Urban Greening, 2021(58): 126-969.

作者简介

韩宏, 1999年生, 女, 汉族, 云南人, 昆明理工大学建筑与城市规划学院硕士在读, 研究方向景观设计与旅游规划。电子邮箱: 2432411588@qq.com。

丁宁, 1997年生, 女, 白族, 云南人, 昆明理工大学建筑与城市规划学院硕士在读, 研究方向为园艺疗法与康复景观设计。电子邮箱: 1617526584@qq.com。

(通信作者)金雪花, 1974年生, 女, 朝鲜族, 吉林人, 博士, 昆明理工大学建筑与城市规划学院, 副教授, 研究方向为园林植物应用。电子邮箱: xhkim2021@163.com。

基于公众感知的公园节点游憩活动吸引力影响因素研究
——以马甸公园为例

Research on Influencing Factors of Park Node Recreation Attraction Based on Public Perception
—Take Madian Park as an Example

何 昊 蹇汶辰 王博娅 刘志成*

摘 要：公园是城市游憩活动的载体，对促进公众健康具有重要作用。本文以马甸公园为例，结合实地调研和计算机视觉算法，通过SPSS统计分析探究公园节点游憩活动吸引力的影响因素，确定了空间感知因子对游憩活动的相关性方向。研究发现，平均宽高比和场地文化性是游憩活动吸引力的主要影响因子，对公园空间营造和公众行为引导具有指导意义。

关键词：城市公园；公众感知；空间吸引力；图像分割

Abstract: Parks serve as crucial spaces for urban recreational activities and play a significant role in promoting public health. This study focuses on Madian Park, utilizing field research and computer vision algorithms to investigate the factors influencing the attractiveness of spaces for recreation activities. Through statistical analysis, the correlation between spatial perception factors and recreation activities is determined. The research reveals that the average D/H ratio and site culture are the primary influencing factors affecting the attraction of recreation activities, providing valuable guidance for park space design and guiding healthy behavior.

Keywords: Urban Park; Public Perception; Spatial Attraction; Image Segmentation.

引言

随着人们对健康生活方式的重视程度不断提高，游憩活动需求也愈发凸显。公园作为城市环境与健康生活的纽带，对城市居民的身心健康具有重要作用。公园节点的游憩活动吸引力直接影响公众的来园意愿和活动类型，如何增强公园节点空间的游憩活动吸引力，倡导健康活动行为，进而提升公众健康水平，是风景园林学科亟待解决的问题。

目前，有关公园吸引力的研究多从规划视角分析公园作为目的地对周边人群的吸引力，侧重于公园之间的比较以及区位分布的影响[1-2]，鲜有人探究公园内部空间特征对吸引力的影响。而对于人群活动和空间使用的实证研究多采用传统的形态学和定性分析的方法[3-5]，缺乏客观数据的支撑，难以判断某一空间因素对活动的影响大小。

为解决以上问题，本文提出如下研究路线（图1）。首先，总结相关文献内容，构建公园节点游憩活动吸引力感知因子体系；其次，以北京市马甸公园为例，结合主客观研究方法，对公园内主要节点空间的景观感知因素和游憩活动吸引力进行量化；最后，通过统计分析，确定公园节点游憩活动吸引力的主要影响因子，提出空间优化策略。研究对提升公园品质、营造高质量活动空间、促进公众身心健康具有重要意义。

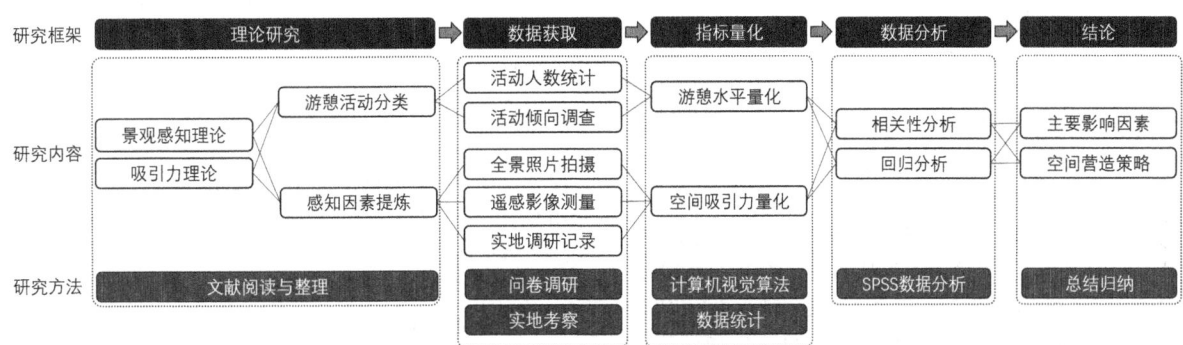

图1 研究路线

1 研究对象和方法

1.1 研究对象

本研究以北京市的马甸公园为例进行实证研究。马甸公园位于北京市北三环马甸桥西北角,总用地面积为8.6hm²,建成于2004年,是北三环附近最大的运动主题专类公园[6],免费开放。马甸公园的设计以"自然与运动和谐共处"为主题,强调景观与活动空间的结合,旨在为周边居民提供运动、休闲、健身的绿色空间[7],较为契合本文的研究内容。

本研究选取马甸公园内除公园出入口、园路和运动场之外所有可进入空间节点作为研究对象,共计18个。其位置分布和全景图片如图2所示。

图2 研究节点位置与全景图

1.2 研究方法

(1)实地调研与问卷调查

在实地调研中,观察并记录空间环境的基本特征和各类型活动人数。以李克特5点量表的形式设计问卷,询问并记录游客在特定空间的活动意向,真实反映游客在特定空间内的游憩行为和游憩倾向。

(2)计算机视觉算法

计算机视觉(computer vision,CV)是指利用计算机模拟人类视觉系统,CV算法可以从图像、视频等非结构数据中总结并提取有效信息。其中,语义分割算法会将图像中的每个像素分配到预定义的语义类别(例如建筑、人、树等)中,从而获得图像中不同物体的位置和所占比例。

本研究利用GoPro MAX运动相机采集马甸公园各节点的全景图像。由于全景图像是一个球面,而GoPro MAX默认导出的全景图采用了等距圆柱投影方式,图像面积与物体真实面积并不相等。因此,本研究首先将其转换为等积圆柱投影,以反映真实的面积。然后,基于Pytorch深度学习框架,利用在Cityscapes数据集上训练的DeepLabV3+模型对转换后的全景图像进行语义分割,使用OpenCV库统计各类别所占的像素比例,整个流程如图3所示。

(3)多变量统计分析

多变量统计分析是指同时研究多个变量之间相互影响关系的统计方法。基于多变量统计分析,可以更全面地了解各个变量之间的关系及其对研究对象的影响。本研究通过SPSS Statistics对调研数据进行处理和分析。

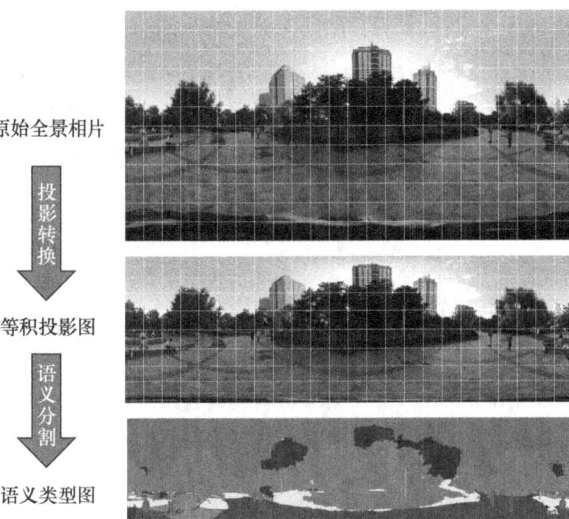

图 3 全景图像处理与语义分割流程

2 基于感知的公园节点游憩活动吸引力指标选取

2.1 景观感知

景观感知的相关理论主要基于环境心理学的研究成果。Ervin H. Zube 等将景观感知定义为人与景观之间的一个互动过程,表现为人类受到景观环境的刺激,最终产生特定情感态度和活动行为的过程[8](图4)。

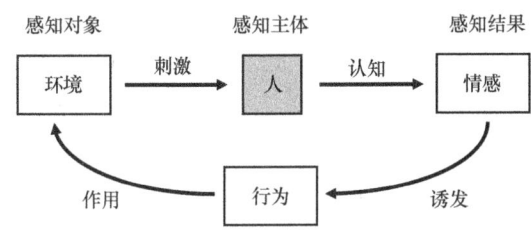

图 4 感知过程和行为作用

如图4所示,人作为感知主体,依靠感受器官从环境中获取感知信息,产生一定的感知结果(情感),而感知结果则会进一步影响人们在该环境中的行为偏好。总之,景观感知反映了人与景观之间的相互作用,是研究公众行为与空间环境相关性的一座桥梁。

2.2 游憩活动吸引力

在心理学中,吸引力是指吸引人们产生某种行为的力量。鉴于本文以公园节点游憩活动吸引力作为主要研究内容,笔者将其定义为公园内节点空间吸引游客产生各类游憩活动的力量。

2.3 游憩活动类型和游憩水平量化方法

游憩需求是游憩活动发生的前提和内在驱动力。游憩需求的类型多样,多数研究通过游憩活动的具体形式和所花费成本来划分游憩需求的种类[9]。参考前人的研究内容,本文将人群的游憩需求分为四类,分别对应不同的游憩活动(表1)。

游憩活动分类　　　　表 1

游憩需求	活动形式
放松休憩	散步、静坐、游览等较为平静的活动
强身健体	跑步、健身、武术、球类运动等较为激烈的活动
娱乐消遣	棋牌、戏曲、杂技等与个人爱好有关的兴趣活动
人际交往	在上述活动的同时,存在结伴、交谈等社交行为的活动

本文通过活动倾向和活动频数两个指标量化某个空间内的游憩活动水平。其中,活动倾向是一个概率,等于某空间内产生某类意向的次数占所有意向次数的比例;活动频数是指在不同时间段(早晨、下午、傍晚)观测到正在进行某类活动的累计总人次数。

2.4 游憩活动吸引力的感知因素和量化方法

目前,绿地环境的感知评价中应用最为广泛的是 Patrik Grahn 等提出的八维感知体系[10]。针对节点空间的游憩活动吸引力,本研究结合其他相关研究,总结了由宽敞感、通透感、自然感、丰富感、文化感和安全感组成的六维感知体系(表2)。

游憩活动吸引力六维感知体系　　　　表 2

感知因素	量化指标	数据来源
宽敞感	可游览面积	遥感图像测量
	平均宽高比	实地测量记录
通透感	天空开阔度	全景图像分析
	空间围合度	全景图像分析
自然感	景观自然度	全景图像分析
丰富感	植物多样性	实地调研记录
	设施多样性	实地调研记录
文化感	场地文化性	实地调研记录
安全感	环境监视度	实地调研记录
	安全隐患度	实地调研记录

宽敞感由可游面积大小和平均宽高比决定。丰富感采用香农-威纳多样性指数衡量,包括植物和设施多样性。文化感较主观,用李克特5点量表法评价。安全感包括实体安全和人员安全,可用安全隐患度和环境监视度衡量。这些指标数据均源于实地测量和采访,其中需要计算的指标计算方式如下:

$$平均宽高比 = \frac{1}{n}\sum_{i=1}^{n}\frac{D_i}{H_i}$$

式中,n 为选取的方向数;D_i 为第 i 个方向上的宽度(m);H_i 为第 i 个方向上的高度(m)。例如,当 $n=4$ 时,计算该场地东南西北四个方向的平均宽高比。

$$H = -\sum_{i=1}^{s} \frac{n_i}{N} \log_2 \frac{n_i}{N}$$

式中，H 为多样性指数；n_i 为第 i 个类型的个体数量；N 为所有类型的总个体数量；S 为类型总数。

$$安全隐患度 = \frac{H}{S} \times 100$$

$$环境监视度 = \begin{cases} \frac{P}{S} \times 100, & P > 2 \\ 0, & P \leq 2 \end{cases}$$

式中，P 为平均游客数量；H 为安全隐患数量；S 为空间可游面积（m²）。

此外，天空开阔度、空间围合度、景观自然度这三个指标可以通过利用 CV 算法，分析全景图像的构成，使用下列公式计算得到：

$$天空开阔度 = \frac{S}{A}$$

$$空间围合度 = \frac{C+G+T}{A}$$

$$景观自然度 = \frac{W+G+T}{A}$$

式中，A 为总像素量；S、C、G、W、T 分别为天空、构筑物、植被、水体、地形所占的像素量。其中，天空开阔度和空间围合度仅计算图像地平线以上的部分。

3 调研结果与数据分析

3.1 调研数据描述与正态性检验

为了尽可能完整地反映公园节点空间的使用状况，本研究在 2023 年 5—7 月多次对马甸公园进行调研。调研选择多云或者晴朗天气，在各个节点的中心位置拍摄了全景相片，观察并记录了各节点在早晨（7:00—8:00）、下午（3:00—4:00）、傍晚（18:00—19:00）三个时间段的人群活动情况。同时，共计采访了园内 93 名（男性 44 名、女性 49 名）游客的活动倾向，计算得到了各节点的游憩水平和吸引力指标。各变量的描述性指标如表 3 所示。

统计描述与正态性检验结果　　表 3

变量	统计描述						S-W 正态性检验	
	最小值	最大值	平均值	标准差	偏度	峰度	统计	显著性
可游览面积	113.00	2639.00	628.83	616.27	2.33	6.35	0.75	0.00
平均宽高比	1.01	2.75	1.58	0.47	0.90	0.58	0.93	0.18
天空开阔度	0.00	0.60	0.28	0.20	0.17	−1.54	0.91	0.08
空间围合度	0.36	0.99	0.69	0.20	−0.20	−1.51	0.92	0.12
景观自然度	0.19	0.66	0.44	0.15	−0.14	−1.14	0.94	0.29
植物多样性	1.65	3.78	2.98	0.43	−1.42	5.46	0.84	0.01
设施多样性	0.59	3.57	1.71	0.92	0.57	−0.95	0.91	0.07
场地文化性	1.10	4.10	2.27	0.86	0.78	0.06	0.92	0.13
环境监视度	0.00	4.31	1.73	1.21	0.74	−0.24	0.94	0.24
安全隐患度	0.11	0.88	0.42	0.21	0.69	0.23	0.94	0.29
强身健体活动频数	0.00	28.00	5.33	9.34	1.67	1.46	0.64	0.00
放松休闲活动频数	2.00	46.00	14.06	11.66	1.70	2.89	0.82	0.00
娱乐消遣活动频数	0.00	144.00	16.17	34.23	3.44	12.79	0.52	0.00
人际交往活动频数	0.00	166.00	22.94	39.08	3.22	11.56	0.58	0.00
平均实际在场人数	1.00	61.00	11.78	15.45	2.30	5.76	0.71	0.00
强身健体活动倾向	0.00	0.41	0.11	0.13	1.28	0.51	0.79	0.00
放松休闲活动倾向	0.08	0.73	0.41	0.19	0.05	−1.16	0.96	0.60
娱乐消遣活动倾向	0.00	0.53	0.18	0.15	0.76	0.10	0.93	0.18
人际交往活动倾向	0.17	0.48	0.31	0.08	0.30	0.17	0.98	0.98

由表 3 可见，在吸引力指标层面，可游览面积和植物多样性两个变量显著性 $p<0.05$，不符合正态性；在活动频数层面，所有活动频数变量均不符合正态性，且偏度较大，说明游憩活动对于空间具有一定的选择性，侧面说明本研究的必要性；在游憩活动倾向层面，强身健体倾向不符合正态性，说明强身健体倾向受空间因素影响的可能性较高，而人际交往活动倾向的显著性接近 1，高度接近正态分布，说明其很可能与空间因素无关。

3.2 游憩水平与感知因素的相关性分析

由于部分变量不符合正态分布，本研究选用斯皮尔曼分析法，将感知因素分别与活动频数和活动倾向进行相关性分析。

如表 4 所示，可游览面积、平均宽高比、设施多样性、场地文化性和环境监视度等指标与在场人数有显著的正相关性，而其他感知因素对大多数游憩活动的影响都不显著。空间围合度、景观自然度和安全隐患度与活动频度呈现负相关。

活动频数与感知因素的相关性分析 表4

	可游览面积	平均宽高比	天空开阔度	空间围合度	景观自然度	植物多样性	设施多样性	场地文化性	环境监视度	安全隐患度
强身健体	0.460	0.272	−0.063	0.027	−0.072	−0.182	0.828**	0.237	0.459	−0.089
放松休闲	0.822**	0.536*	0.118	−0.187	−0.390	0.251	0.651**	0.659**	0.505*	−0.347
娱乐消遣	0.690**	0.413	0.265	−0.327	−0.483*	0.056	0.741**	0.791**	0.655**	−0.201
人际交往	0.769**	0.498	0.174	−0.251	−0.430	0.005	0.825**	0.765**	0.689**	−0.237
在场人数	0.745**	0.473*	0.143	−0.228	−0.434	0.049	0.792**	0.737**	0.718**	−0.225

注：* 表示 $0.01 \leq p < 0.05$（双尾），相关性显著；** 表示 $p < 0.01$（双尾），相关性极显著。

如表5所示，人际交往活动倾向与任何空间感知因素都不显著相关，说明空间感知因素难以对人际交往活动倾向产生影响。设施多样性和环境监视度与强身健体活动倾向显著正相关，这主要是由于强身健体运动往往需要依赖活动设备。设施多样性、场地文化性和环境监视度与放松休闲活动倾向显著负相关，这可能是由于人更倾向于避开人群，选择安静的区域放松休憩[11]。比较特殊的是，天空开阔度与娱乐消遣活动倾向呈现显著正相关，这可能是由于开阔的场所更能激发人对自身的兴趣[12]，同时通透的环境也能吸引更多人的关注，实现自我爱好的满足。

活动倾向与感知因素的相关性分析 表5

	可游览面积	平均宽高比	天空开阔度	空间围合度	景观自然度	植物多样性	设施多样性	场地文化性	环境监视度	安全隐患度
强身健体	0.286	0.065	−0.129	0.044	−0.148	−0.139	0.532*	0.414	0.669**	0.120
放松休闲	−0.240	0.055	−0.100	0.137	0.248	0.349	−0.602**	−0.627**	−0.738**	−0.193
娱乐消遣	0.353	0.102	0.473*	−0.467	−0.450	−0.123	0.436	0.662**	0.553*	−0.003
人际交往	−0.098	−0.158	−0.066	0.128	0.237	−0.008	−0.081	−0.011	−0.267	0.072

注：* 表示 $0.01 \leq p < 0.05$（双尾），相关性显著；** 表示 $p < 0.01$（双尾），相关性极显著。

3.3 游憩水平的显著影响因素分析

为进一步探究各个感知因素对游憩活动影响程度的大小，研究选择各类游憩活动频数作为被解释变量，各类感知因素指标作为解释变量，进行多元线性回归分析。由于游览面积大小与节点的游客承载力直接相关，且本研究节点测得的天空开阔度和空间围合度存在共线性关系，因此在分析时剔除这两个因素。分析采用后退的策略，每进行一次迭代，剔除 p 值最大的自变量，直到剩余自变量的 p 值均小于0.05，此时，剩余自变量均对目标因变量有显著影响，记录最终输出结果（表6）。

多元线形回归分析结果 表6

因变量	自变量	偏回归系数	标准化系数	t	显著性 p	共线性统计 残差	共线性统计 VIF	R^2
强身健体频数	（常量）	−1.496	—	−0.377	0.711	—	—	0.780
	平均宽高比	−6.572	−0.332	−2.411	0.029	0.774	1.292	
	设施多样性	10.094	0.991	7.195	0.000	0.774	1.292	
放松休闲频数	（常量）	−34.174	—	−2.370	0.032	—	—	0.637
	植物多样性	8.100	0.297	1.886	0.079	0.979	1.022	
	场地文化性	10.615	0.785	4.990	0.000	0.979	1.022	
娱乐消遣频数	（常量）	−75.366	—	−3.647	0.002	—	—	0.593
	平均宽高比	32.942	0.454	2.402	0.030	0.757	1.320	
	场地文化性	17.344	0.437	2.311	0.035	0.757	1.320	

续表

因变量	自变量	偏回归系数	标准化系数	t	显著性 p	共线性统计 残差	共线性统计 VIF	R^2
人际交往频数	（常量）	−87.741	—	−4.106	0.001	—	—	0.667
	平均宽高比	39.550	0.478	2.788	0.014	0.757	1.320	
	场地文化性	21.173	0.467	2.728	0.016	0.757	1.320	
平均在场人数	（常量）	−31.674	—	−3.811	0.002	—	—	0.677
	平均宽高比	14.076	0.430	2.551	0.022	0.757	1.320	
	场地文化性	9.321	0.521	3.088	0.007	0.757	1.320	

由表6可知，所有自变量的残差值>0.2，且方差膨胀因子（VIF）<5，说明变量符合统计学要求，不存在共线性问题。R^2可以用来评估回归模型的解释能力，本研究算得的R^2在0.59~0.78，说明自变量可以解释59%~78%的情况，各模型均具有较好的拟合性。

由各变量的标准化系数可知，平均宽高比和场地文化性是平均在场人数、娱乐消遣和人际交往频数显著正向影响因子，且影响大小基本相同；平均宽高比和设施多样性分别是强身健体频数的显著负向和显著正向影响因子，后者的影响大小约为前者的3倍；植物多样性和场地文化性是放松休闲频数的显著正向因子，后者的影响大小约为前者的2.6倍。

4 结论与讨论

4.1 公园节点空间游憩活动吸引力的影响因素和提升策略

本研究发现，可游览面积、平均宽高比、天空开阔度、植物多样性、设施多样性、场地文化性、环境监视度对游憩活动水平呈现正相关，空间围合度、景观自然度、安全隐患度与游憩活动水平呈现负相关。其中，平均宽高比、场地文化性、设施和植物多样性是主要影响因子，不同活动类型的主要影响因子存在特异性。从公众感知视角提升公园节点游憩水平，本文提出如下策略：

（1）空间规划融入文化内涵，增强游憩活动吸引力

整体规划注重平均宽高比的适度控制，既要保持开阔空间，又要避免空间过于空旷，合理规划各个功能区域。同时也要强调场地文化性，注重地域特色和文化内涵的融入，使公园成为周边社区的文化中心，提升公园吸引力和凝聚力。

（2）节点设计综合感知因素，引导公众活动与交流

强身健体空间集中增设丰富的健身器材和运动场地，合理分配活动区域，营造紧凑但不狭窄的空间，促进公众参与和交流；放松休闲空间侧重植物多样性和场地文化性的营造，构建丰富多彩的植物景观，融入当地特色文化元素，创造轻松舒适的环境；娱乐消遣空间强调空间布局优化和文化氛围的塑造，吸引公众自发产生娱乐行为；社会交往空间重点关注场地尺度，规划合理的社交距离，提供舒适的座椅和遮阴设施，延长游客停留时间，促进交流互动行为的产生。

4.2 总结与讨论

本文对马甸公园内的18处节点进行了实证研究，客观记录了园内节点的活动水平，采用了全景图像语义分割模型辅助测算感知指标，并运用统计学方法和数学模型分析数据。研究确定了各类感知因子对游憩活动的相关性方向，并得出了各类活动的主要感知影响因子及其影响大小。

本研究的数据来源于现场调研和现场采访，与线上打分和图片分析获得的数据相比更能反映实际情况。但由于调研成本的限制，本次研究仅关注了游憩活动水平，尚未深入讨论公园节点空间对游憩心理的影响，也没有探讨公园节点空间对于公众心理健康的积极作用。后续还可以设计心理量表，并利用皮肤电、脑电等穿戴式设备，更深入地研究公园节点空间感知因素对游憩心理和心理健康的作用。

参考文献

[1] Roberto E, Simon H, Moses L, et al. What Makes a Locality Attractive? Estimates of the Amenity Value of Parks for Victoria[J]. Economic Papers: A journal of applied economics and policy, 2019, 38(3): 182-192.

[2] 宋少达. 北京城六区综合性公园吸引力研究[D]. 北京：北方工业大学, 2020.

[3] 董贺轩, 潘欢欢. 城市社区大型公共空间老龄健康活动及其空间使用研究——基于武汉"吹笛"公园的实证探索[J]. 中国园林, 2017, 33(2): 27-33.

[4] 赵书. 健康城市背景下开放空间与体力活动耦合关系研究[D]. 南京：东南大学, 2020.

[5] 朱宏佳. 重庆动步公园使用行为与空间环境的关系研究[D]. 重庆：重庆大学, 2014.

[6] 田海鸥, 肖俊杰, 张健. 北京户外全民健身场所空间特点研究——以马甸公园健身场所为例[J]. 建筑与文化, 2005(8): 68-71.

[7] 林航, 戴松青, 王宇. 自然与运动的和谐共处——北京马甸公园规划设计[J]. 中国园林, 2005(1): 27-31.

[8] Zube E H, Sell J L, Taylor J G. Landscape perception: Research, application and theory[J]. Landscape Planning, 1982, 9(1): 1-33.

[9] 李钰博. 基于老年人游憩感知的城市公园空间吸引力研究[D]. 重庆：重庆大学, 2020.

[10] Grahn P, Stigsdotter U K. The relation between perceived sensory dimensions of urban green space and stress restoration[J]. Landscape and urban planning, 2010, 94(3-4):

[11] 毛妍祺,邹永东,郑宇同,等.游人对乌兰察布城市公园植物景观空间的偏好研究[J].中国园林,2022,38(8):123-128.

[12] 卢杉,汪丽君.基于老年人感知的城市住区户外公共空间形态特征感知量化研究[J].西部人居环境学刊,2020,35(5):56-61.

作者简介

何昊,1998年生,男,汉族,浙江绍兴人,北京林业大学园林学院硕士在读,研究方向为风景园林规划设计、数字景观。

寒汶辰,2000年生,男,汉族,四川内江人,北京林业大学园林学院硕士在读,研究方向为风景园林规划设计。

王博娅,1990年生,女,汉族,河北石家庄人,博士,北京林业大学园林学院,讲师,研究方向为城乡生态网络构建、风景园林规划与设计。

(通信作者)刘志成,1964年生,男,汉族,北京林业大学园林学院,教授、博士生导师,美国明尼苏达大学访问学者,研究方向为风景园林规划与设计、风景园林历史与理论、景观规划与生态修复。

植物群落特征因子对飞絮飘散的影响

Effects of Plant Community Characteristics on Poplar and Willow Catkins Fluttering

米夏原　丁　康　于　淼　李运远*

摘　要：以北京市9块不同绿地27个典型植物群落为例，通过户外试验测定飞絮高发期植物群落内的飞絮浓度，分析其与群落结构、树种数量、三维绿量等植被因子的相关关系，探究影响飞絮飘散的关键因素，归纳总结出高、低2个飞絮浓度对应的植物群落配置模式，为含有飞絮源植物的群落优化和北京市存量绿地更新提供科学依据。

关键词：飞絮；植物群落；配置模式；三维绿量

Abstract: In order to investigate the key factors affecting fluffy catkins dispersal and summarize the configuration models of plant communities corresponding to high and low fluffy catkins concentrations, so as to provide a scientific basis for community optimization of plant community with flutter plants and the inventory green space renewal in Beijing, the paper takes 27 typical plant communities in 9 different green areas in Beijing as examples and measured the concentration of poplar and willow catkins in plant communities during the high occurrences of fluffy catkins through outdoor experiments and analyzed its correlation with vegetation factors such as community structure, number of tree species, three-dimensional green quantity and meteorological factors around the sampling sites.

Keywords: Fluffy Catkins; Plant Community; Configuration Mode; Three-dimensional Green Quantity; Meteorological Factors

引言

飞絮是杨柳科（Salicaceae）树木雌株开花结果的产物，是植物繁衍后代的一种自然生理繁殖现象。每年4—6月，杨柳树雌株果实发育成熟，包裹着种子和白色絮状物的硕果裂开，空气中便会出现大量飘散的飞絮，给人们的生产生活带来污染水体空气[1]、引发火灾事故[2]、传播细菌病毒[3-5]和引起过敏反应[6]等诸多困扰。2015年，全国绿化委员会及国家林业局首次以"1号文件"的方式下发《关于做好杨柳飞絮治理工作的通知》[7]，指出了杨柳飞絮治理工作的必要性，要求明确治理目标，采取有效措施，切实做好杨柳飞絮治理工作。北京市园林绿化局贯彻落实相关指示精神，组织编制《北京市杨柳飞絮综合防治工作方案》，展开了积极的治理实践[8-9]，持续加强杨柳飞絮综合防治。

然而，飞絮治理难度较大，目前对于杨柳飞絮防治的研究主要聚焦于3个方面：①界定飞絮植物种类和飘飞的气象时间[10]，设计飞絮气象指数[11]，构建杨柳飞絮物候期模型[12]；②对杨柳树雌株展开普查，掌握杨柳生长状况、飞絮数量及分布情况数据，并建立专业数据库[13]，定位监测飞絮源以精准防控[14]；③通过物理[15]、化学[16]及生物[17]措施防治控制飞絮。但飞絮是植物生长发育过程中的正常生理现象，现有的物理化学防治方法不仅造价高，且对物种繁殖和生物多样性保护具有一定负面作用[18]，因此亟需一套行之有效的生态科学治理方法来应对杨柳飞絮问题。

杨柳树因生长速度快、抗性好和繁殖容易等优点，常被用作造林树种，在北京地区广为使用，不仅产生了可观的生态效益，还承担着"绿色天际线"的城市景观形象展示功能。在首都推进高质量发展、全方位迈入存量时代、实行减量规划的背景下[19]，以减少飞絮飘散为目标探索绿地改造更新策略尤为必要。植物群落是构成城市绿地的基本单元之一[20]，目前已有研究提出利用植物群落阻滞飞絮[21]，但在植物群落具体生态特征与飞絮浓度之间的定量研究和深入探讨方面存在欠缺。因此，本研究选择包含飞絮源植物的植物群落作为试验样方，以群落内的飞絮浓度为基础，探究植物群落特征与飞絮浓度的关系，从飞絮防治的角度，为城市绿地植物群落针灸式更新提供参考。

1　研究区域及研究方法

1.1　样地选取

经过查阅文献资料[22]及实地走访调研发现，近年来北京市逐步重视飞絮污染问题，各城区公园飞絮污染治理成果显著，环境中飞絮浓度明显降低。然而，在面积较大的城市郊区，杨柳树基数大，加之受限于人力、物力和财力等因素，飞絮污染问题相对严重。因此，本研究以顺义区和延庆区的道路及交通设施用地附属绿地（7）和重点公园（2）作为监测对象，经现场调研后，在每块绿地中分别选取3个包含飞絮源植物的20 m×20 m试验样方，共计27个（表1）。

---

① 基金项目：北京市重点研发计划（编号：D171100007117003）；中央高校基本科研业务费专项（编号：2021ZY37）。

样地选择结果　　　　　　　　　　　　　　　　　　　　　　　　　　表1

绿地名称	群落样地序号	群落结构类型	群落配置模式
妫川路附属绿地	1	三层结构：针阔叶混交乔灌草	**(旱柳)**-云杉-山桃-榆叶梅-西府海棠+连翘+蒲公英-狗尾草-堇菜 (*Salix matsudana*) - *Picea asperata-Prunus davidiana-Prunus triloba-Malus*×*micromalus* Forsythia suspensa+Taraxacum mongolicum-Setaria viridis-Viola arcuata
	2	三层结构：针阔叶混交乔灌草	榆树-**(旱柳)**-香椿-杏树-侧柏+忍冬+黄耆-蒲公英 *Ulmus pumila* - (*Salix matsudana*) - *Toona sinensis-Prunus armeniaca-Platycladus orientalis*+*Lonicera japonica-Astragalus membranaceus* var. *mongholicus-Taraxacum mongolicum*
	3	三层结构：阔叶乔灌草	**(毛白杨)**-香椿-榆树+丁香-金银木+蒲公英 (*Populus tomentosa*) - *Toona sinensis-Ulmus pumila*+*Syringa oblata-Lonicera maackii*+*Taraxacum mongolicum*
延庆站东侧附属绿地	4	三层结构：阔叶乔灌草	**(旱柳)**-臭椿-榆树-栾树-鸡爪槭+丁香+沿阶草-马蔺-八宝景天-萱草 (*Salix matsudana*) - *Ailanthus altissima-Ulmus pumila-Koelreuteria paniculate-Acer palmatum*+*Syringa oblata*+*Ophiopogon bodinieri-Iris lacteal-Hylotelephium spectabile-Hemerocallis fulva*
	5	两层结构：阔叶乔灌	**(旱柳)**-国槐+铺地柏 (*Salix matsudana*) - *Styphnolobium japonicum*+*Juniperus procumbens*
	6	三层结构：阔叶乔灌草	**(毛白杨)**-榆树-栾树+铺地柏-丁香-连翘+沿阶草 (*Populus tomentosa*) - *Ulmus pumila-Koelreuteria paniculate*+*Juniperus procumbens-Syringa oblata-Forsythia suspensa*+*Ophiopogon bodinieri*
下坂泉村京银路附属绿地	7	三层结构：阔叶乔灌草	**(毛白杨)**+榆树-杏树+尖裂假还阳参-蒲公英 (*Populus tomentosa*) - *Ulmus pumila-Prunus armeniaca*+*Crepidiastrum sonchifolium-Forsythia suspensa*
	8	两层结构：阔叶乔草	**(毛白杨)**-元宝枫-国槐-**(旱柳)**+尖裂假还阳参-蒲公英 (*Populus tomentosa*) - *Acer truncatum-Styphnolobium japonicum*-(*Salix matsudana*)+*Crepidiastrum sonchifolium-Forsythia suspensa*
	9	两层结构：阔叶乔草	**(毛白杨)**-**(旱柳)**-元宝枫+尖裂假还阳参-蒲公英 (*Populus tomentosa*) - (*Salix matsudana*) - *Acer truncatum*+*Crepidiastrum sonchifolium-Forsythia suspensa*
妫水南街附属绿地	10	三层结构：阔叶乔灌草	洋白蜡-**(旱柳)**-榆树-碧桃+连翘-丁香+夏至草 *Fraxinuspennsylvanica* - (*Salix matsudana*) - *Ulmus pumila-Prunus persica* 'Duplex'+*Forsythia suspensa-Syringa oblata*+*Lagopsis supina*
	11	三层结构：针阔叶混交乔灌草	**(旱柳)**-碧桃-油松+榆叶梅-连翘+珍珠梅+夏至草 (*Salix matsudana*) - *Prunus persica* 'Duplex'-*Pinus tabuliformis*+*Prunus triloba-Forsythia suspensa-Sorbaria sorbifolia-Lagopsis supina*
	12	三层结构：阔叶乔灌草	**(毛白杨)**-榆树-碧桃-**(旱柳)**+丁香+夏至草-二月兰 (*Populus tomentosa*) - *Ulmus pumila-Prunus persica* 'Duplex'-(*Salix matsudana*)+*Syringa oblata*+*Lagopsis supina-Orychophragmus violaceus*

注：表中括号加粗的植物为样方群落中的飞絮源植物。

续表

绿地名称	群落样地序号	群落结构类型	群落配置模式
京银路米黄路交叉口附属绿地	13	两层结构：针阔叶混交乔草	(**毛白杨**)-侧柏-栾树+尖裂假还阳参 (*Populus tomentosa*) - *Platycladus orientalis-Koelreuteria paniculata* + *Crepidiastrum sonchifolium*
	14	两层结构：针阔叶混交乔草	(**毛白杨**)-侧柏+马蔺 (*Populus tomentosa*) - *Platycladus orientalis* + *Iris lacteal*
	15	两层结构：阔叶乔草	(**毛白杨**)+萱草 (*Populus tomentosa*) - *Hemerocallis fulva*
三里河湿地公园绿地	16	三层结构：阔叶乔灌草	(**毛白杨**)-(**旱柳**)-榆树+金银木+二月兰-夏至草 (*Populus tomentosa*) - (*Salix matsudana*) - *Ulmus pumila* + *Lonicera maackii* + *Orychophragmus violaceus-Lagopsis supina*
	17	单层结构：阔叶乔木	(**旱柳**) (*Salix matsudana*)
	18	三层结构：阔叶乔灌草	(**旱柳**)+金银木+牛筋草-旋覆花-附地菜 (*Salix matsudana*) + *Lonicera maackii* + *Eleusine indica-Inula japonica-Trigonotis peduncularis*
赵红路附属绿地	19	两层结构：阔叶乔草	(**毛白杨**)-刺槐+尖裂假还阳参 (*Populus tomentosa*) - *Robinia pseudoacacia* + *Crepidiastrum sonchifolium*
	20	两层结构：针阔叶混交乔草	(**毛白杨**)-刺槐-侧柏+尖裂假还阳参 (*Populus tomentosa*) - *Robinia pseudoacacia-Platycladus orientalis* + *Crepidiastrum sonchifolium*
	21	两层结构：阔叶乔草	(**毛白杨**)-刺槐+尖裂假还阳参 (*Populus tomentosa*) - *Robinia pseudoacacia* + *Crepidiastrum sonchifolium*
左堤辅路附属绿地	22	两层结构：阔叶乔草	(**毛白杨**)-臭椿+一年蓬 (*Populus tomentosa*) - *Ailanthus altissima* + *Erigeron annuus*
	23	三层结构：阔叶乔灌草	(**毛白杨**)-桑树+紫荆+尖裂假还阳参 (*Populus tomentosa*) - *Morus alba* + *Cercis chinensis* + *Crepidiastrum sonchifolium*
	24	两层结构：阔叶乔草	(**毛白杨**)+尖裂假还阳参 (*Populus tomentosa*) + *Crepidiastrum sonchifolium*
机场高速附属绿地	25	三层结构：针阔叶混交乔灌草	(**毛白杨**)-油松+沙地柏+二月兰 (*Populus tomentosa*) - *Pinus tabuliformis* + *Juniperus sabina* + *Orychophragmus violaceus*
	26	两层结构：针阔叶混交乔草	(**毛白杨**)-油松+二月兰-斑种草 (*Populus tomentosa*) - *Pinus tabuliformis* + *Orychophragmus violaceus-Bothriospermum chinense*
	27	两层结构：阔叶乔草	(**毛白杨**)+二月兰-尖裂假还阳参-斑种草 (*Populus tomentosa*) + *Orychophragmus violaceus-Crepidiastrum sonchifolium-Bothriospermum chinense*

注：表中括号加粗的植物为样方群落中的飞絮源植物。

1.2 数据采集

杨柳飞絮表现出明显的季节性和周期性，杨柳树雌株的生殖成熟期即为飞絮高发期。由于树种和气象环境的差异，北京市通常每年有三个杨柳飞絮高发期。第一次高发期在4月中旬，第二次高发期在4月下旬至5月上旬，第三次高发期在5月中旬[23]。相较于第一次和第三次高发期，第二次飞絮高发期影响范围更广、持续时间更长、高发区域更多、防治难度更大、关注度更高[24]。因此，本研究选择于北京杨柳飞絮第二个高发期进行实地数据采集。

飞絮具有自重轻、易溶于水和相互粘连等特点，不易被收集，已有研究也没有通识性飞絮采集试验方法的记载，因此本研究参考用于采集空气中致敏花粉的重力采样器采集法[25]，结合飞絮自身特征，提出采用直接计数法收集飞絮。在正式试验开展前进行为期5天的预试验，并针对试验过程中出现的问题对试验方法进行改良。最终飞絮收集方法定为：将两张20cm×25cm的粘絮板长边相对拼接，置于40cm×50cm底面积的矩形箱体底部，作为简易的飞絮停滞收集装置。使用三角支架将该装置固定在每个样方几何中心距地面1.5m高度、接近人类口鼻呼吸的位置进行数据采集。根据北京市气象服务中心发布的飞絮高发期预报，监测时间为2021年4月下旬至5月上旬天气晴朗无风的每日10：00—17：00，整点对收集装置中的飞絮个数进行计数，计数时不考虑飞絮团内的种子数量差异，将一团视为一个飞絮。

1.3 植被清查与指标层构建

现场观察、测量并记录各样方植物群落的结构层次、植株种类及规格等基本信息，并以样点法拍摄样地照片及周边环境。将植物群落划分为乔木层（胸径≥4cm的木本植物）、灌木层（胸径<4cm、高度>0.5m的木本植物）和地被层（高度≤0.5m的木本植物和草本植物）[26]，分层进行统计调查。

基于调研样地现状和研究目标，本文重点探讨飞絮浓度与绿色三维空间之间的关系。在空气流动的作用下，飞絮在三维空间中进行无规则运动。绿色空间中所有生长中植物茎叶所占据的空间体积被定义为三维绿量。通过对植物茎叶体积的计算，三维绿量可以揭示绿色三维体积与植物生态功能水平的相关性，反映绿地植物构成的合理性及生态效益水平[27]。已有研究通过三维绿量探讨植物群落固碳释氧[28]、降温增湿[29]、滞尘能力[30]、花粉沉降[31]等生态效益，因此，本研究引入三维绿量指标研究其与飞絮浓度的关系，采用周坚华等[32]研究得出的"以平面量模拟立体量"绿量方程，逐株计算乔木、灌木三维绿量，用实测覆盖面积与高度相乘计算地被三维绿量[33]。参考相关文献[34]并结合专家意见，将植物群落划分为飞絮源层和飞絮阻滞层，确定与本研究相关的植物群落结构层次和种类丰富度因子4项（表2），以及植被三维绿量因子16项（表3）。

植物群落结构层次和种类丰富度指标分解　　　　　　　　　　　　　表2

评价指标层	评价指标	指标描述
样方群落整体	结构层次丰富度	样方群落植物结构层次，如乔灌草等
	植物种类丰富度	样方群落树种数量
飞絮阻滞层	飞絮阻滞层结构层次丰富度	飞絮阻滞层植物结构层次，如乔灌草等
	飞絮阻滞层植物种类丰富度	飞絮阻滞层树种数量

植物群落植被三维绿量因子分解　　　　　　　　　　　　　表3

评价因子层	评价因子	指标描述
样方群落整体	乔木三维绿量	样方群落乔木的三维绿量
	灌木三维绿量	样方群落灌木的三维绿量
	地被三维绿量	样方群落地被的三维绿量
	总三维绿量	样方植物群落的总体三维绿量
	乔木三维绿量占比	样方群落乔木三维绿量与总三维绿量的比值
	灌木三维绿量占比	样方群落灌木三维绿量与总三维绿量的比值
	地被三维绿量占比	样方群落地被三维绿量与总三维绿量的比值
飞絮源层	飞絮源乔木三维绿量	样方群落飞絮源乔木的三维绿量
	飞絮源乔木三维绿量占比	样方群落飞絮源乔木三维绿量与总三维绿量的比值
飞絮阻滞层	针叶乔木三维绿量	样方群落针叶乔木的三维绿量
	非飞絮源阔叶乔木三维绿量	样方群落非飞絮源阔叶乔木的三维绿量
	非飞絮源乔木三维绿量	样方群落非飞絮源乔木的三维绿量
	非飞絮源乔木三维绿量占比	样方群落非飞絮源乔木三维绿量与总三维绿量的比值
	飞絮阻滞层针阔乔木三维绿量比值	飞絮阻滞层针叶乔木三维绿量与阔叶乔木三维绿量的比值
	飞絮阻滞层阔叶乔木三维绿量占比	飞絮阻滞层阔叶乔木三维绿量与飞絮阻滞层总三维绿量的比值
	飞絮阻滞层针叶乔木三维绿量占比	飞絮阻滞层针叶乔木三维绿量与飞絮阻滞层总三维绿量的比值

1.4 数据处理与分析

运用 Microsoft Excel 2020 汇总整合各项数据，应用 IBM SPSS 软件（R26.0.0.0，32 位）进行相关性分析，采用 Pearson 分析变量之间的相关性，统计采用双尾，以 $P<0.05$ 作为显著性阈值。

由于飞絮浓度缺少标准化定义，且不属于官方监管的政府环境质量检测指标[35]，为了量化监测结果以便比较分析，本文参考韩丛海等[36]的飞絮浓度计算方法，通过飞絮停滞装置底面积与样方群落面积换算得到样方群落飞絮数量，将样方群落收集到的飞絮总数量（单位：团）与单位样方体积（单位：m^3）的比值定义为植物群落内飞絮浓度（单位：个/m^3）。所调查绿地内的植物株高均不超过 20m，故以 20m×20m×20m 作为样方群落体积。计算公式如下：

$$C = \frac{N \times \left(\frac{S_2}{S_1}\right)}{V} \quad (1)$$

式中，C 为植物群落内飞絮浓度；N 为飞絮停滞收集装置收集到的飞絮数量；S_1 为飞絮停滞收集装置底面积；S_2 为样方群落面积；V 为样方群落体积。

2 结果与分析

2.1 植物群落特征与飞絮浓度

2.1.1 植物群落结构层次和植物种类与飞絮浓度相关性

样方植物群落整体结构层次丰富度、植物种类丰富度、飞絮阻滞层植物种类丰富度与飞絮浓度呈负相关关系（表4、图1）。考虑为层次丰富、树种较多的植物群落通常具有整体浓密、枝权丰富的特点，能够在垂直方向上多层级拦截飞絮，从而降低群落内的飞絮浓度。飞絮阻滞层的结构层次丰富度与群落内的飞絮浓度未呈现明显相关性，这可能与飞絮源植物和飞絮阻滞层植物的垂直空间相对位置有关。

植物群落结构层次和植物种类与飞絮浓度相关性　　表 4

		结构层次丰富度	植物种类丰富度	飞絮阻滞层结构层次丰富度	飞絮阻滞层植物种类丰富度
飞絮浓度（个/m^3）	皮尔逊相关性	**−0.386***	**−0.432***	−0.332	**−0.446***
	显著性（双尾）	0.047	0.024	0.091	0.020
	个案数	27	27	27	27

注：粗体为显著变量，* 表示显著相关（$P<0.05$）。

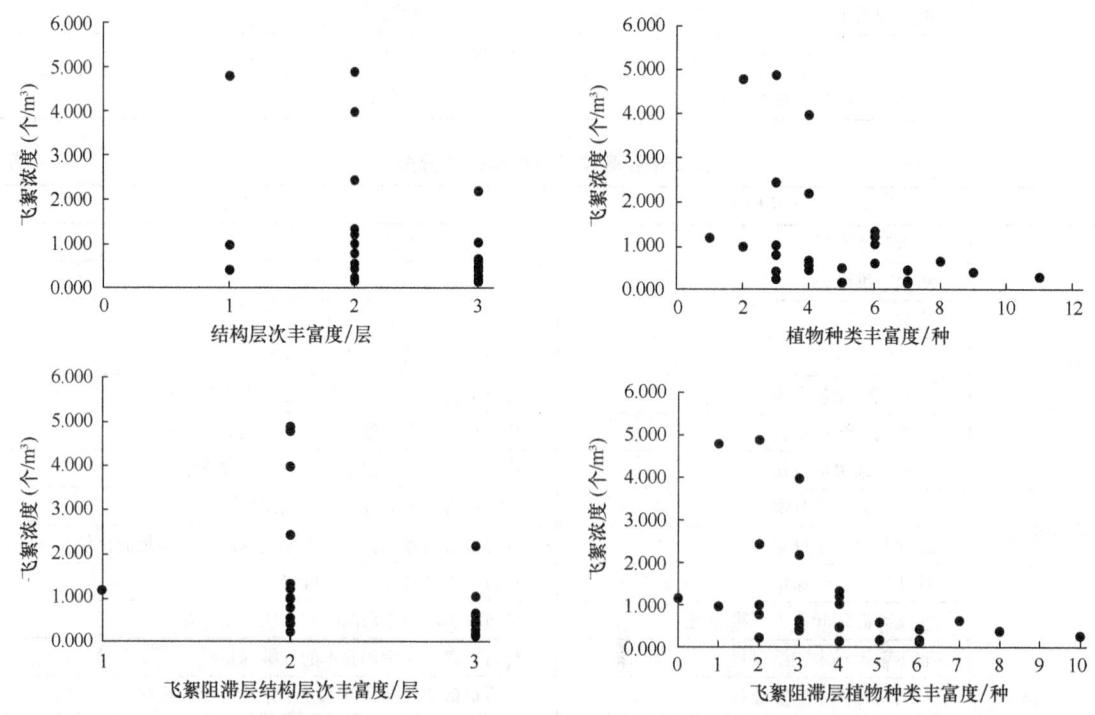

图 1　植物群落结构层次和植物种类与飞絮浓度变化关系

2.1.2 植被三维绿量因子与飞絮浓度相关性

飞絮浓度与植被三维绿量绝对值无明显相关性，与各类植被三维绿量相对占比呈现一定相关性（表5）。飞絮浓度与乔木三维绿量占比呈显著负相关，与地被三维绿量占比呈显著正相关。考虑在植物群落内，当包含飞絮源植物的样方群落整体乔木三维绿量占比较大时，通常植物郁闭度较高，能有效阻挡外部飞絮进入群落内，且生殖成熟的杨柳树通常较为高大，居于群落顶层，产生的飞絮容易直接飞散到群落外；当地被植物三维绿量相对占比较大时，通常群落郁闭度低，整体结构通透，对飘散飞絮的阻滞作用弱，易受整体空气环境飞絮浓度影响，并且容易钩挂空气中飘散的飞絮，在风力作用下，被钩挂的飞絮二次扬飞的可能性也较大。

植被三维绿量因子与飞絮浓度相关性　　　　表5

		乔木三维绿量	灌木三维绿量	地被三维绿量	总三维绿量	乔木三维绿量占比	灌木三维绿量占比	地被三维绿量占比	飞絮源乔木三维绿量
飞絮浓度（个/m³）	皮尔逊相关性	−0.190	−0.150	−0.023	−0.193	**−0.500****	−0.296	**0.579****	−0.102
	显著性（双尾）	0.342	0.610	0.911	0.334	0.008	0.134	0.002	0.612
	个案数	27	14	25	27	27	27	27	27
		飞絮源乔木三维绿量占比	针叶乔木三维绿量	非飞絮源阔叶乔木三维绿量	非飞絮源乔木三维绿量占比	非飞絮源乔木三维绿量比值	飞絮阻滞层针阔叶乔木三维绿量比值	飞絮阻滞层阔叶乔木三维绿量占比	飞絮阻滞层针叶乔木三维绿量占比
飞絮浓度（个/m³）	皮尔逊相关性	−0.233	−0.092	−0.158	−0.160	−0.148	**0.737****	−0.429	0.429
	显著性（双尾）	0.243	0.828	0.532	0.427	0.462	0.000	0.052	0.052
	个案数	27	8	18	27	27	18	21	21

注：**粗体**为显著变量，** 表示极显著相关（$P<0.01$），* 表示显著相关（$P<0.05$）。

在飞絮阻滞层中，针阔叶乔木三维绿量比值与群落内飞絮浓度呈强正相关，主要从以下两方面考虑原因：①针叶植物的树叶通常细长坚硬，容易捕获钩挂空气中飘散的飞絮；②针叶乔木通常分支点较低，整体较为浓密，树叶细密，相对于阔叶树通透的结构，同等三维绿量的针叶植物枝叶间空隙度小，风力作用下二次扬飞的飞絮难以飘散到群落外部。上述研究分析说明，当群落整体乔木层植物三维绿量、飞絮阻滞层针叶植物三维绿量相对占比较大时，能有效阻滞群落内飞絮向外飘散。

2.2 不同浓度飞絮的植物群落配置模式

2.2.1 低飞絮浓度植物群落配置模式

根据上述相关性研究结果，比对实际调研样地植物群落，归纳总结出低飞絮浓度植物群落主要呈现结构层次丰富、植物种类多样、乔木尤其是阔叶乔木的三维绿量占比较大的特征（图2）。此种植物群落配置模式有利于群落内飞絮源植物产生的飞絮飘散，在居住区、学校、交通枢纽、商业中心等人员活动密集的地区，可以此为依据改造包含杨柳科植物的群落，通过丰富结构层次和物种，降低飞絮源植物周边的飞絮浓度，提升空间使用的舒适度。

2.2.2 高飞絮浓度植物群落配置模式

高飞絮浓度植物群落主要表现为结构层次单一、植物种类较少地被植物的三维绿量占比较大乔木层中针叶乔木的三维绿量占比大的特点（图3）。此种植物群落配置模式有利于飞絮源植物产生的飞絮在群落内部沉降，

图2　低飞絮浓度植物群落配置模式图

避免城市环境中的飞絮飞散，在绿化隔离带、工业园区等人员活动较少的地区，可在飞絮源植物周边补植针叶植物，增加地被植物覆盖面积，提升绿地飞絮滞留能力，缩小飞絮影响范围。

图3　高飞絮浓度植物群落配置模式图

3 结语

植物群落内飞絮浓度变化是多维因子协同作用的结果[10-11,37]。由于在北京市现有具备飞絮源植物的绿地中,筛选出立地条件、植物组成、群落结构等相同的绿地来控制单一变量研究飞絮飘散的难度较大,因此为探寻飞絮飘散的关键影响因素,本研究以飞絮浓度与植物群落特征因子的关系作为切入点,探索治理飞絮的生态方法。实测北京市9块绿地、27个典型植物群落飞絮浓度,分析群落植被因子与群落内飞絮浓度的关系,结果表明:①飞絮浓度与植物群落结构层次丰富度、植物种类丰富度呈负相关;②飞絮浓度与植物群落乔木三维绿量占比呈负相关,与草本三维绿量占比呈正相关,与非飞絮源植物针阔叶乔木的三维绿量比值呈显著正相关;③低飞絮浓度的植物群落主要表现为结构层次丰富、植物种类多样、乔木尤其是阔叶乔木的三维绿量占比较大,高飞絮浓度的植物群落主要表现为结构层次单一、植物种类较少、地被植物的三维绿量占比较大、乔木层中针叶乔木的三维绿量占比大。

上述研究成果可作为城市微更新背景下指导城市飞絮污染问题的理论指导依据,在摸清现状的基础上,根据不同区域的实际需求和现状情况,可以对应不同的飞絮浓度群落模式进行小规模、精准性、渐进式的城市绿地更新。对于飞絮污染较严重的地区,在飞絮源植株数量难以减少、树种难以更换的情况下,可以通过调整飞絮源周边群落乔木和地被植物、针叶和阔叶植物比例等方式控制飞絮污染范围。例如,在人群密集的飞絮源周围绿地补种阔叶乔木,丰富群落树种和层次,形成低飞絮浓度植物群落;在人员稀少绿地,通过增大地被植物覆盖面积、补种针叶树等方式,形成高飞絮浓度植物群落。

本研究存在着一些局限性,主要包括:①受研究条件限制,调研绿地的飞絮源树木以旱柳和毛白杨为主,且忽略了两个研究树种间的飞絮差异;②未考虑其他飞絮源树种,如垂柳(*Salix babylonica*)、加拿大杨(*Populus × canadensis*)、青杨(*Populus cathayana*)等;③未考虑群落内植株平面种植点的相对位置和组团配置形式对群落内飞絮浓度的影响。后续可扩大样本量,以获得更多有代表性的绿地飞絮源数据,进一步明确和控制变量,开展更为深入细致的研究,为城市绿地更新提供更为全面的参考。

参考文献

[1] 王成. 城市花粉、飞絮飞毛等植源性污染特征及其防治[J]. 中国城市林业, 2018, 16(1): 1-6.

[2] 白夜, 朱柄年, 张学安. 杨柳絮火灾危险性及预防措施[J]. 森林防火, 2018(4): 31-33.

[3] Wan X, Gu G, Lei M, et al. Bioaccessibility of metals/metalloids in willow catkins collected in urban parks of Beijing and their health risks to human beings[J]. Sci Total Environ, 2020(717): 137240.

[4] Xu S, Yao M. Plant flowers transmit various bio-agents through air[J]. Science China Earth Sciences, 2020, 63(10): 1613-1621.

[5] 魏军强, 杨柳, 沈振兴, 等. 西安市春季生物气溶胶的分布特征和健康影响[J]. 环境科学, 2023, 44(1): 118-126.

[6] 严丽萍, 安芮莹, 卢永. 以应对杨柳絮健康影响为切入点浅谈对将健康融入所有政策的理解[J]. 中国健康教育, 2019(3): 276-278.

[7] 国家林业和草原局. 关于做好杨柳飞絮治理工作的通知[EB/OL]. (215-02-06)[2023-06-10]. http://www.xzly.gov.cn/m/article/553.

[8] 谷丽佳. 昌平公园杨柳飞絮治理实践分析[J]. 绿色科技, 2021, 23(7): 36-37.

[9] 国健, 年宁宁, 张珊珊. 北京动物园杨柳飞絮治理探索与实践[J]. 现代园艺, 2018, 10189-10190.

[10] 唐赞, 秦成云, 汤洁, 等. 杨柳飞絮与气象条件关系研究[J]. 安徽林业科技, 2015, 41(4): 24-26.

[11] 戴健, 程月星, 占俊杰. 北京市杨柳飞絮气象指数设计及应用[J]. 林业与环境科学, 2022, 38(2): 127-133.

[12] 林楠, 徐琳, 卢凡青, 等. 华北区域杨柳科树木春季物候期模拟[J]. 生态学报, 2023, 43(6): 2452-2464.

[13] 丁天苘, 何建勇. 北京编制首张"雌株密度图"精准施策治理杨柳飞絮[J]. 绿化与生活, 2019, (5): 21-22.

[14] 方昊, 袁艺, 马玉芹, 等. 100处监测点监控APP精准定位 "洗剪清"标本兼治 北京用生态的办法治理杨柳飞絮[J]. 绿化与生活, 2020(5): 11-14.

[15] 沈桐. 浅析行道树中杨柳更替及后期管护——以朝阳区杨柳综合治理工程姚家园路为例[J]. 城市建设理论研究(电子版), 2019, 292(10): 194.

[16] 张坤, 马纪忠, 王玉成, 等. 抑絮制剂治理杨树飘絮成本控制策略[J]. 现代园艺, 2022, 45(13): 201-202.

[17] 王桢, 何建勇. 长得快,不飞絮,北京林业大学培育出雄性毛白杨100000株 "雄大" "雄二"正在孕育中[J]. 绿化与生活, 2018(4): 42-44.

[18] 齐松伟, 王秀君, 任寒英, 等. 浅析城市园林中杨柳飞絮的防控方法[J]. 农业灾害研究, 2021, 11(8): 124-125; 127.

[19] 唐燕, 刘畅. 存量更新与减量规划导向下的北京市控规变革[J]. 规划师, 2021(18): 5-10.

[20] 范舒欣, 李逸伦, 李坤. 城市绿地植物群落特征对亚微米颗粒物的影响[J]. 生态学报, 2021(1): 213-223.

[21] 殷学波. 从杨絮成灾谈城乡造林绿化树种多样性的意义[J]. 科技资讯, 2019, 17(26): 53-54.

[22] 韩彦华. 昌平区杨柳飞絮治理措施成效调查[J]. 国土绿化, 2023(4): 51-53.

[23] 杨晓刚, 何建勇. 长短期治理结合 种质创新 杨柳飞絮治理做到有絮不成灾 5万古树繁育毛白杨雄株将上岗[J]. 绿化与生活, 2023(305): 319-315.

[24] 北京市园林绿化局关于持续加强杨柳飞絮综合防治的通知[EB/OL]. (2020-04-23)[2023-06-10]. http://yllhj.beijing.gov.cn/zwgk/fgwj/qtwj/202004/t20200423_1880233.shtml.

[25] 孙爱芝, 张海红, 李雪银. 北京市北部空气花粉类型及浓度变化特征研究[J]. 地理科学, 2023(4): 737-744.

[26] 杨英书, 胡希军, 金晓玲, 等. 三维绿量空间分布对植物群落夏季降温增湿效果的影响——以怀化市公园绿地为例[J]. 湖南农业大学学报(自然科学版), 2022, 48(2): 181-189.

[27] 刘立民, 刘明. 绿量——城市绿化评估的新概念[J]. 中国园林, 2000, 17(5): 32-34.

[28] 杨鑫, 高雯雯, 李莎, 等. 基于遥感影像估算的北京中心城区碳储量与气候环境关联性研究[J]. 风景园林, 2022, 29(5): 31-37.

[29] 高吉喜，宋婷，张彪，等．北京城市绿地群落结构对降温增湿功能的影响[J]．资源科学，2016，38（6）：1028-1038.

[30] 戴安琪，刘聪哲，圣倩倩，等．城市道路绿地三维绿量与大气污染物浓度的耦合关系[J]．中南林业科技大学学报，2022，42(11)：173-181.

[31] 于淼，陈颖，丁康，等．基于CART决策树模型的北京市春季气传花粉浓度与植被空间结构关系研究[J]．北京林业大学学报，2023，45(1)：121-131.

[32] 周坚华，孙天纵．三维绿色生物量的遥感模式研究与绿化环境效益估算[J]．环境遥感，1995，1995(3)：162-174.

[33] 王东良，金荷仙，范丽琨，等．疗养院人工绿地三维绿量分布特征及影响因子[J]．浙江农林大学学报，2013，30（4）：529-535.

[34] 刘新栋，季洪亮，刘彩云．杨树飞絮治理初探——以潍坊学院为例[J]．潍坊学院学报，2020，20(6)：7-9.

[35] Liu B，Du H，Fan J，et al. The gap between public perceptions and monitoring indicators of environmental quality in Beijing[J]. J Environ Manage，2021(277)：111414.

[36] 韩丛海，孙睿霖，韩彦华，等．杨柳飞絮浓度测定与污染状况评价方法[J]．中国城市林业，2023，21(3)：24-27.

[37] 马昕．许昌市春季杨柳絮气象指数设计与服务[J]．农业与技术，2020，40(18)：127-128.

作者简介

米夏原，1999年生，女，汉族，四川人，北京林业大学园林学院硕士在读，研究方向为风景园林规划与设计。电子邮箱：903853608@qq.com。

丁康，1993年生，男，汉族，山东人，北京林业大学园林学院博士在读，研究方向为风景园林规划与设计。电子邮箱：1367264866@qq.com。

于淼，1993年生，女，汉族，内蒙古人，北京林业大学园林学院博士在读，研究方向为风景园林规划与设计。电子邮箱：809658304@qq.com。

（通信作者）李运远，1976年生，男，汉族，河北人，北京林业大学园林学院，教授、博士生导师，研究方向为风景园林工程、风景园林规划与设计。电子邮箱：lyy0819@126.com。

附属绿地的春季致敏风险特征与改善策略研究

Study on the Risk Characteristics and Improvement Strategies of Spring Allergies in Subsidiary Green Space

宋淑晴　马　嘉　李运远*

摘　要：绿色空间对城市生态健康、公众身心健康至关重要，但是绿地扩张及致敏乔木的成熟带来愈发严重的季节性致敏风险，而且容易被忽视。因而如何在现有绿地基础上，探究绿地致敏风险特征及降低策略，对建设健康宜居环境至关重要。本研究对附属绿地的花粉过敏问题进行 25 天的调查和研究，使用改良的 Durham 采集器采集春季花粉，通过显微镜镜检识别出 10 种致敏植物，超过 1600 粒花粉。通过相关性分析法、GIS 软件模拟和对比分析法，探究小尺度下致敏风险特征及其受植物群落的影响。研究显示，采样时间内致敏风险呈"波动式下降"，具有时空差异性。树种和植物配置方式影响致敏风险，如冠大荫浓植物的花粉量大且影响范围广；通透的下层空间有利于花粉飞散外溢，而较高的植物盖度和下层植物密度有利于花粉在内部聚集。最后基于植物群落提出致敏风险改善策略，为面临季节性花粉过敏的城市提供参考借鉴。

关键词：附属绿地；致敏风险；时空变化；改善策略；公众健康

Abstract: Green space is crucial to urban ecological health and public physical and mental health, but the expansion of green space and the maturity of allergenic arbors bring more and more serious risks of seasonal allergies, which are easily overlooked. Therefore, on the basis of the existing green space, it is very important to explore the characteristics of green space allergy risk and the reduction strategy for building a healthy and livable environment. This study conducted a 25-day investigation and research on pollen allergy in the attached green space. The improved Durham collector was used to collect spring pollen, and 10 allergenic plants were identified through microscopy, with more than 1600 pollen grains. Then through correlation analysis, GIS software simulation and comparative analysis, the characteristics of allergy risk and the impact of vegetation at a small scale were explored. The study found that the allergy risk during the sampling period showed a "fluctuating decline", with temporal and spatial differences. Tree species and plant arrangement affect the risk of sensitization. For example, plants with large crowns and dense shade have a large amount of pollen and a wide range of influence. The transparent lower space is conducive to pollen flying and spillage, while the higher plant coverage and lower plant density are conducive to the accumulation of pollen inside. Finally, based on the plant community, a strategy to reduce the allergy risk is proposed, which provides a reference for cities facing seasonal pollen allergies.

Keywords: Accessory Green Space; Allergy Risk; Temporal and Spatial Changes; Improvement Strategies; Public Health

引言

气传花粉是一种重要致敏原，由绿地内植物产生后发生飞散及沉降，在公众户外活动和开窗通风时产生负面影响，能引发花粉过敏症，患者表现出打喷嚏、流鼻涕、皮肤痒等免疫反应[1-3]，近年世界各地花粉过敏症的发病率均呈逐年升高的趋势[4]。且致敏花粉和人体打喷嚏产生的飞沫在空气中形成气溶胶，携带病菌颗粒[5-8]，增加患病风险[9]。大学校园和居住区等用地人口密集，植物种类丰富多样，绿地空间与建筑布局紧密形成"街道峡谷"[10]，在公众户外活动和室内开窗通风时，致敏花粉能够直接或间接危害健康。

国内外关于致敏花粉进行了大量研究，运用了 Burkard 体积孢粉收集器收集法[11-12]、Tauber 型花粉捕捉器收集法[13] 和 Durham 重力收集法[11,14-15]等方法，研究方向集中在致敏植物种类、花粉浓度时空变化特征、影响花粉浓度的因素和致敏风险评估等。致敏花粉的时间变化研究表明：致敏花粉浓度有春季和秋季两个高峰期的季节性变化特点，春季致敏花粉以柏树、松树、美桐、构树、洋白蜡、柳树和榆树等为主，浓度高于秋季草本植物产生的花粉浓度[16-25]；致敏花粉日浓度在 14:00 和 20:00 出现双峰值[17,21]。致敏花粉飘散研究集中在水平和垂直飘散方向，杨颖等发现在水平方向上，随与花粉源距离的增大，致敏花粉浓度先增大后减小[12]；肖小军等研究发现距离地面一定高度上花粉种类最多且浓度最大[14,26]。致敏花粉浓度还受到气象因素，如风速、水汽压和气温等影响，气温适当升高会促进花粉浓度增加，但是过高的气温会抑制浓度升高[13,27]。致敏风险评估上，部分研究通过识别致敏物种数量、面积、授粉类型等指标，间接计算风险[19,28]，同时也有研究直接监测环境中致敏花粉含量，用以评估致敏风险，此方法更可靠[29]。

当前研究集中在花粉浓度的时间变化规律及广域空间下花粉浓度和种类变化，关于小型绿地空间内的花粉浓度变化，致敏风险的空间差异性以及群落对花粉浓度的影响研究涉及较少。因此研究选择人口密度高、使用频繁及活动类型多样的校园绿地作为研究对象，通过春季花粉采集和鉴定，探究附属绿地致敏风险的时空变化特征。从公众健康的角度出发，探讨减弱致敏风险的植物配置方式，为营造健康的户外活动空间提供参考。

1 研究样地概述

1.1 研究区域及功能分区

研究区域位于北京市海淀区,属于温带大陆性季风气候,全年平均降水量为 630mm,植物生长期为 220 天,气温适宜的春季为多种植物的生长和观赏季[17]。研究区域植被覆盖率超 50%,植物种类达 250 余种[30],附属绿地是人群活动密集的区域,致敏花粉直接影响公众健康,因此校园附属绿地具备致敏花粉研究的必要性。

北京林业大学校园根据使用功能划分为科研教学区、学生生活区、综合办公区、休闲活动区和教师家属区。通过观察记录发现,学生活动集中在学生生活区和科研教学区,因而校园内形成多条生活路径,其中西学生生活区和东科研教学区之间存在高频生活路径(图1)。

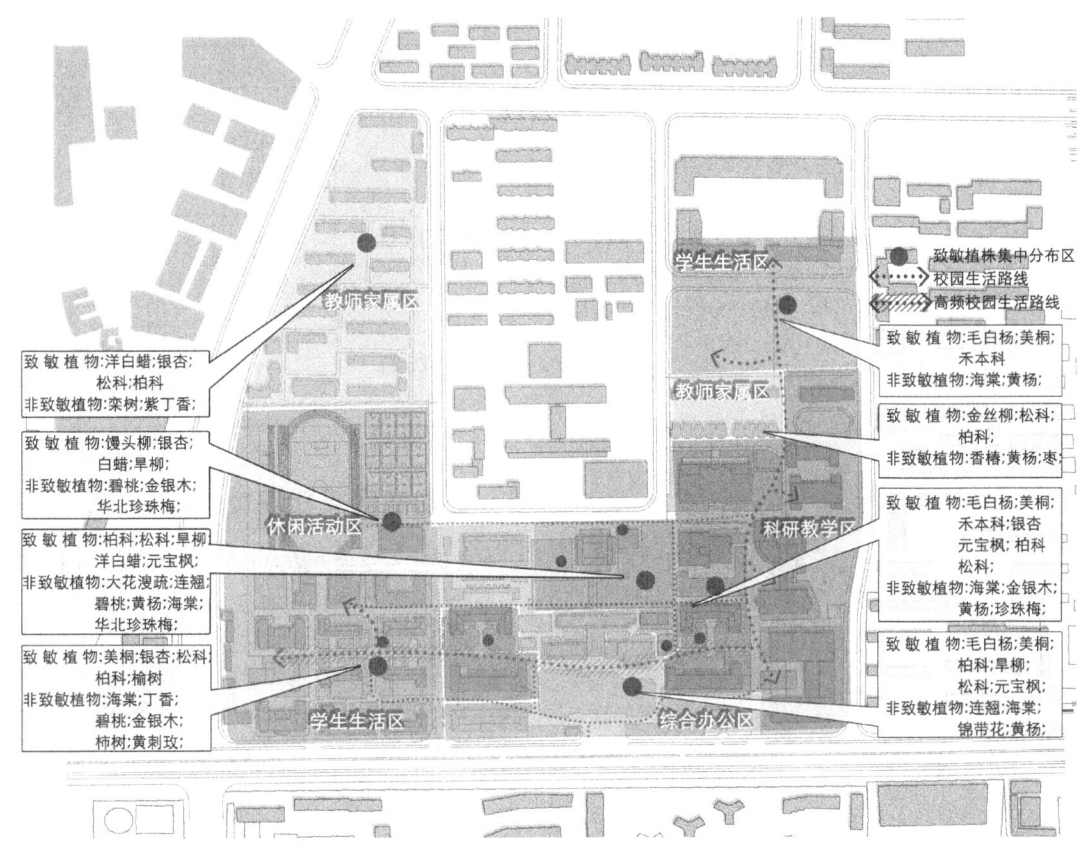

图 1 校园功能分区及主要植物分布图

1.2 植被分布

绿地植物种类和配置方式在不同功能区有较大差异,通过实地调研确定绿地内 13 个致敏植物集中分布区(图1)。高致敏植物有洋白蜡、美桐、银杏、榆树、元宝枫、松科、柏科、杨柳科和禾本科植物 9 类,低或非致敏植物有栾树、海棠、丁香、碧桃、金银木、柿树、黄刺玫、锦带花和珍珠梅等。

2 研究方法及数据处理

2.1 样地群落信息采集

在高频路径途经的 4 个功能区内的典型群落内布置 3 个采样点,每个功能区内采样点间距 10m(图2)。在 2021 年 4 月 10 日—5 月 10 日内晴朗无风及未进行绿地灌

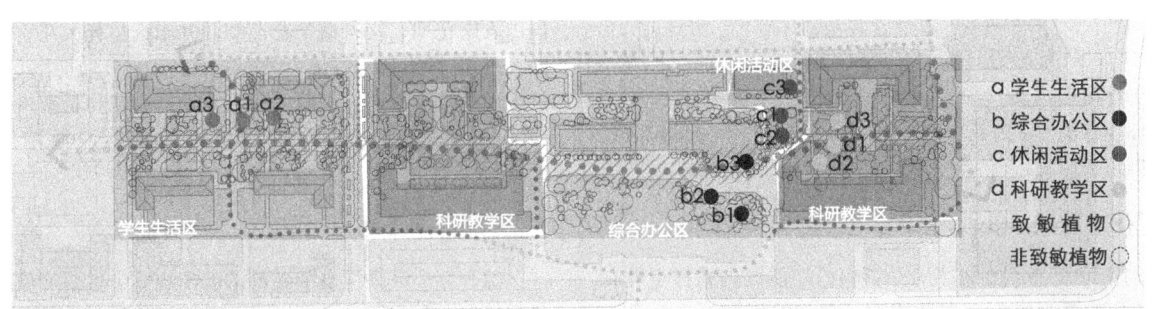

图 2 研究区域与采样点位分布图

溉的日期，进行为期25天的花粉采集，每天实验时间为8：00—14：00，共计6h。同时实地测量采样点附近绿地的植物高度、冠幅、胸径、三维绿量、林下植物高度及郁闭度等群落特征。

2.2 致敏花粉采集与种类鉴别

基于叶氏重力沉降法，使用Durham花粉采集器采集花粉[31-32]（图3）。实验时将涂抹凡士林黏着剂的载玻片（CAT. NO.7109，25.4 mm×76.2 mm）作为基底材料，放置于花粉采集器的中央，并暴露于空气中收集花粉。由于本研究方向为致敏花粉对公众健康的影响，因此将花粉采集器放于人类口鼻的高度，即约1.2m处，保证取得的花粉样品与公众吸入花粉样品更加接近，确保实验的准确性。

在规定的时间内共收集276片玻片，请专业人员带回实验室用0.1%龙胆紫染色剂染色，制成花粉样品，用电子显微镜镜检，得到1600余粒花粉。随后将采集的花粉与《中国气传花粉和植物彩色图谱（第二版）》[33]对比鉴别花粉种类，部分花粉形态难以区别的植物归纳至科。

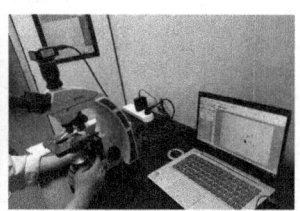
(a) 花粉采集器　　(d) 使用电子显微镜观察花粉

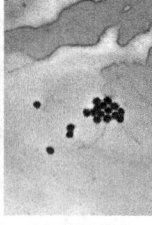
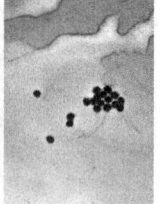
(b) 花粉采集过程　(c) 花粉染色　(e) 松属植物的花粉照片

图3　花粉采集与种类鉴定过程图

2.3 花粉浓度测定

使用Spline插值法补充空缺数据，参照公式[10,17]，计算花粉浓度，使用直接评估法评估绿地致敏风险，花粉浓度越高，致敏风险越强：

$$P = \frac{N}{B \cdot t} \cdot T \quad (1)$$

式中，P为花粉日浓度（grain/cm², g/cm²）；N为采样点的花粉数量（粒，grain）；B为收集花粉的面积（$B=1875mm^2$）；t为花粉收集时长（$t=6h$）；T为单位时间（$T=1d$）。

2.4 花粉数据预处理

运用SPSS软件的相关性分析检验功能区内采样点花粉浓度的关系（表1），结果表明，各功能区内样点间花粉浓度具有显著相关性，相关性均大于0.800，呈高度正相关，具有一致的变化趋势，因而可以进行后续功能区致敏花粉浓度研究。

各功能区内花粉浓度的相关性分析结果表

表1

功能区	采样点	相关性
学生生活区	a1-a2	0.985
	a1-a3	0.990
	a2-a3	0.993
综合办公区	b1-b2	0.985
	b1-b3	0.967
	b2-b3	0.942
休闲活动区	c1-c2	0.822
	c1-c3	0.924
	c2-c3	0.889
科研教学区	d1-d2	0.898
	d1-d3	0.917
	d2-d3	0.967

3 各功能区花粉浓度时间变化特征

求取3个采样点浓度的平均值作为该功能区的平均花粉浓度，绘制花粉浓度日变化图，与采集植物的花期叠合，探究浓度的时间变化特征及原因（图4）。结果表明，各功能区内采样点致敏花粉浓度相近，并呈"多峰型"变化，平均花粉浓度和采样点出现浓度峰值时间一致。根据开花植物种类和数量将采样时间分为三个阶段：4月11—14日，仲春时期；4月15日—5月1日，仲暮春过渡时期；5月2—10日，暮春时期。

3.1 学生生活区

学生生活区采样点的花粉浓度出现4个主要峰值，峰值浓度随时间延后而减小，采集到旱柳、连翘、洋白蜡、银杏、西府海棠、美桐、柏科和松科植物花粉（图4a）。

受西府海棠、洋白蜡、连翘和银杏的盛花期影响，最大峰值出现在4月12日，为199.4g/cm²。受美桐和柏科植物影响，4月15日和19日出现第2、3次峰值，峰值浓度相近；由于致敏植物开花数量少，浓度比第1次峰值降低约40%，花粉浓度波动下降约85%。随后柏科和美桐进入末花期，松科植物花苞初开并未大量释放花粉，致使4月25日出现峰谷浓度16.6g/cm²。浓度增加至5月1日出现第4次峰值，之后松科末花期释放花粉量减少，花粉浓度持续降低，直至实验结束的花粉最低浓度为8.4g/cm²。

3.2 综合办公区

综合办公区采样点的花粉浓度出现5个主要峰值，采集到旱柳、西府海棠、洋白蜡、美桐、杜仲、柏科和松科植物花粉（图4b）。

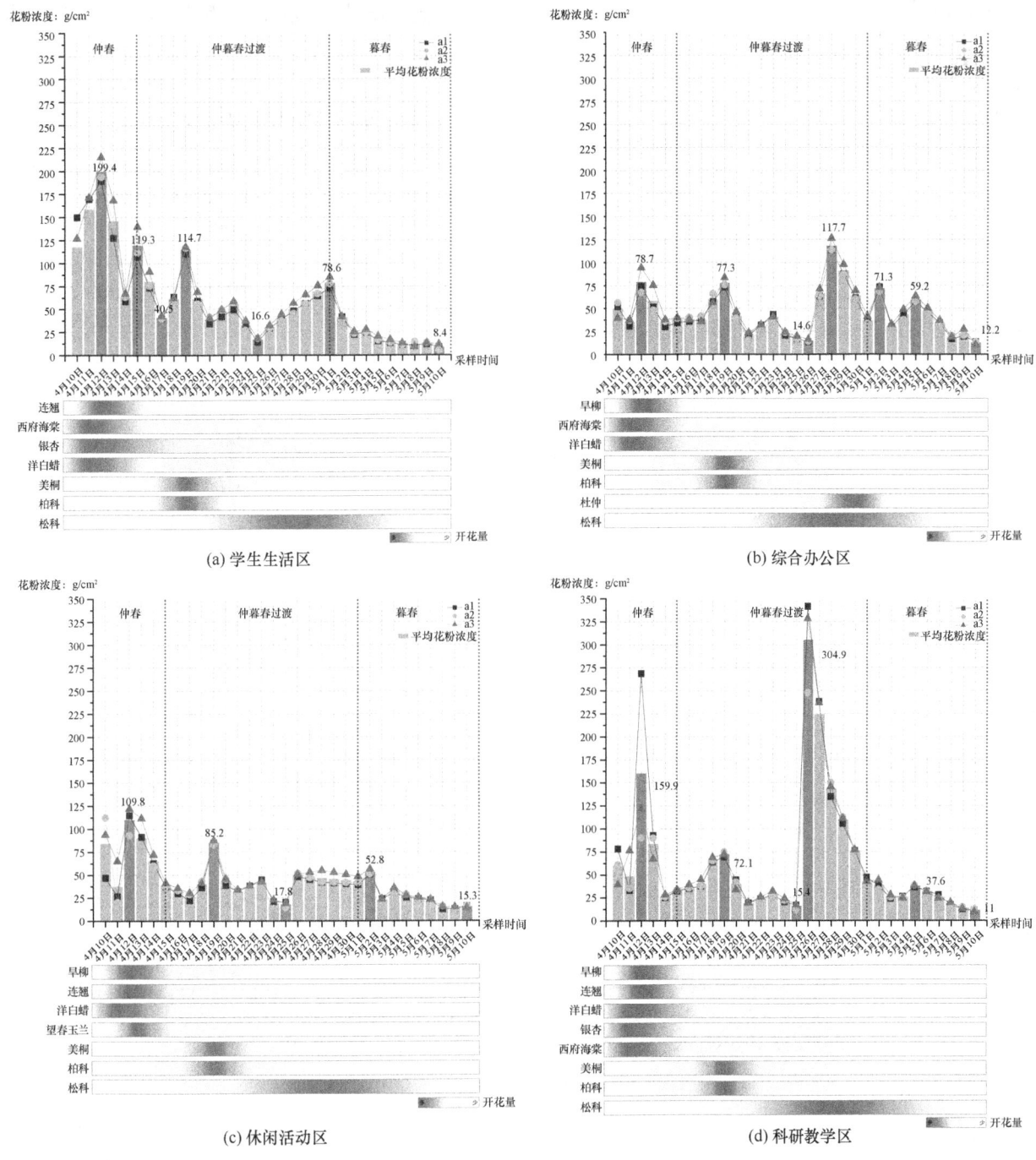

图 4 各功能区花粉浓度日变化和花期图

由于仲春时期旱柳、西府海棠和洋白蜡的植株数量较少，第 1、2、4 和 5 次浓度峰值分布在 $50\sim80 g/cm^2$，均低于最高峰值。受美桐和柏科末花期及杜仲和松科盛花期的影响，仲暮春过渡时期的花粉浓度较高，4 月 28 日第 3 次峰值最大，为 $117.7 g/cm^2$；4 月 25 日出现波谷 $14.6 g/cm^2$，最大增量达 707%。暮春时期松科和杜仲的末花期影响持续存在，导致 5 月 5 日之后花粉浓度持续降低至最低值 $12.2 g/cm^2$。

3.3 休闲活动区

休闲活动区采样点的花粉浓度出现 3 个主要峰值，峰值浓度随时间延后而减小，采集到旱柳、连翘、洋白蜡、望春玉兰、美桐、柏科和松科植物花粉（图 4c）。

旱柳、连翘、洋白蜡和望春玉兰影响第 1 次峰值变化，出现最大浓度为 $109.8 g/cm^2$，仲春时期变化幅度最大达 196%。美桐和柏科植物在仲暮春过渡时期进入盛花期，使 4 月 19 日出现第二次峰值 $85.2 g/cm^2$。受美桐和柏科处于末花期及松科植物花苞开放但花粉未飘散影响，浓度下降并在 4 月 25 日出现波谷 $17.8 g/cm^2$。仲暮春过渡时期持续受到美桐、柏科植物的共同影响，花粉浓度变化幅度小，后期持续稳定在 $40\sim55 g/cm^2$。暮春时期 5 月 2 日受松科植物盛花期影响出现峰值后，花粉浓度持续降低，均小于 $30 g/cm^2$，直到 5 月 10 日出现最小值为 $15.3 g/cm^2$。

3.4 科研教学区

科研教学区采样点的花粉浓度出现3个主要峰值，采集到旱柳、连翘、洋白蜡、银杏、西府海棠、美桐、柏科和松科植物花粉（图4d）。

连翘、旱柳、银杏和西府海棠在仲春时期正处于盛花期，开花量大，导致4月12日出现第1个峰值为159.9g/cm²。采样点d1的花粉浓度超过其他两点浓度119%~197%，是受d1附近的3棵旱柳影响。大量松科植物进入盛花期使第3次峰值显著高于其他峰值，较其余峰值增加190%~420%，而d1、d3点附近的成年白皮松的盛花期影响其花粉浓度显著高于d2。峰值出现期间有8天浓度超过100g/cm²，表明松树花粉的影响力强且时间长。

4 校园功能区的花粉浓度时空变化和群落特征

4.1 功能区平均花粉浓度时空变化特征

平均花粉浓度的日变化图表明4个功能区内花粉浓度呈"多峰值型"变化，峰值时间和次数不完全相同，峰值大小有明显差异（图5）。4个功能区均在4月12日、19日和27日左右出现较为明显的峰值，在4月25日出现最小波谷。表明4个功能区受到相同植物——松科、柏科和美桐的影响，但植株数量和开花量不同导致浓度出现差异。

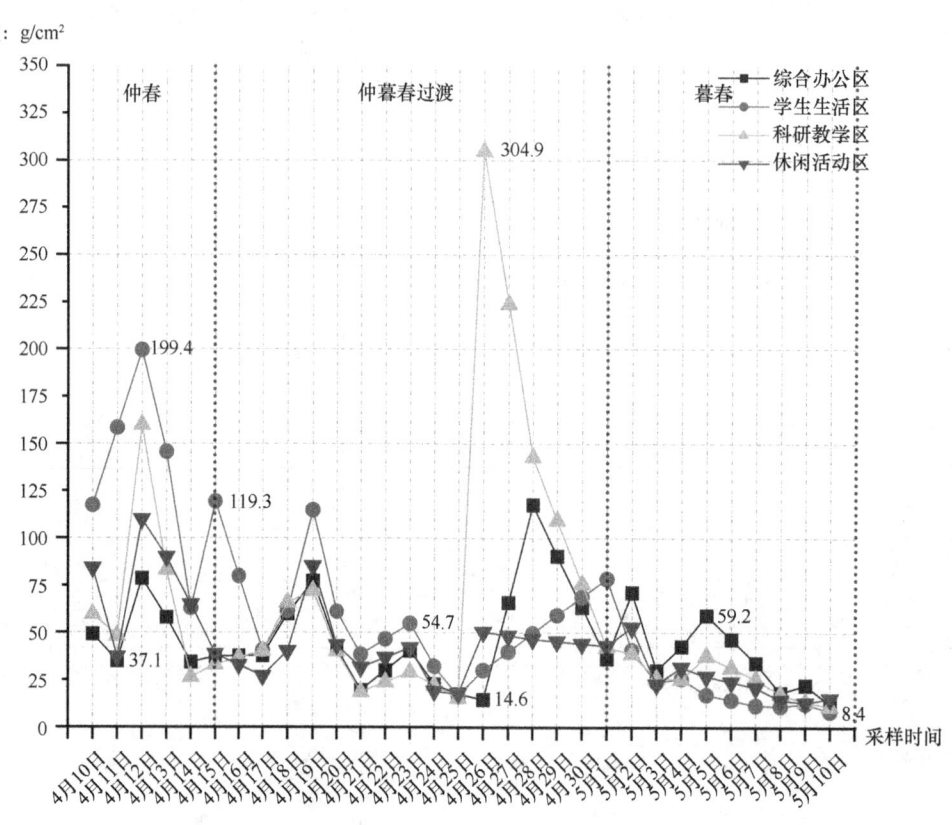

图5 功能区平均花粉浓度日变化图

根据花粉浓度的时空差异化，基于科研教学区和综合办公区内植物配置和种类的相似性，运用ArcGIS软件中的反距离权重工具模拟功能区之间花粉浓度的均匀变化趋势，并提取每个网格的花粉浓度，绘制3个阶段的花粉浓度分布平面图。

4.2 致敏花粉植物的应用形式与群落特征

总结各功能区内收集的致敏花粉种类、应用方式及影响时间（表2），绘制采样群落的典型剖面示意图，探讨花粉浓度空间变化的原因。其中松科、柏科、美桐、洋白蜡、旱柳、杜仲和银杏均为高致敏植物，占花粉种类的70%。仲春时期的开花植物集中且种类多，致敏花粉浓度高。仲春之后的松科、柏科和美桐应用广泛且致敏性强，影响时间最长。

仲春时期学生生活区花粉浓度最高（图6），开花植物有西府海棠、银杏和洋白蜡3种。由于生活区的观赏景观效果，开花量大且集中的西府海棠点植数量更多；银杏和洋白蜡列植数量多，树冠高大而花粉飘散不受遮挡，飘散距离远。此外，生活区群落盖度较低，为37.34%，林下植物平均高度较高，为4.19m（图7），人视高度上的植物茂密，因而花粉飘散受到周边植物阻挡，不易扩散而聚集，从而表现出高浓度。由于综合办公区采集的洋白蜡和西府海棠为点植形式，植株数量少，因而浓度最低。

仲暮春过渡时期科研教学区花粉浓度最高，综合办公区浓度依然最低（图6）。该4个功能区均采集到美桐、松科和柏科植物花粉，但是功能区特征决定相同植物的种植形式与使用数量不同。科研教学区使用大量松柏作为基调树种，采用对植、列植和片植形式（图7），凸显庄严宁静气氛。而其他功能区的松柏则作为落叶树的点缀搭配，因而数量较少。综合办公区绿地面积大，植物盖度高，三维绿量极高，林下植物平均高度高于人口鼻高度，为2.83m（图7），形成乔灌草密实的群落。松柏位于群落内部，产生的花粉在内部聚集，因而群落外围的浓度最低。

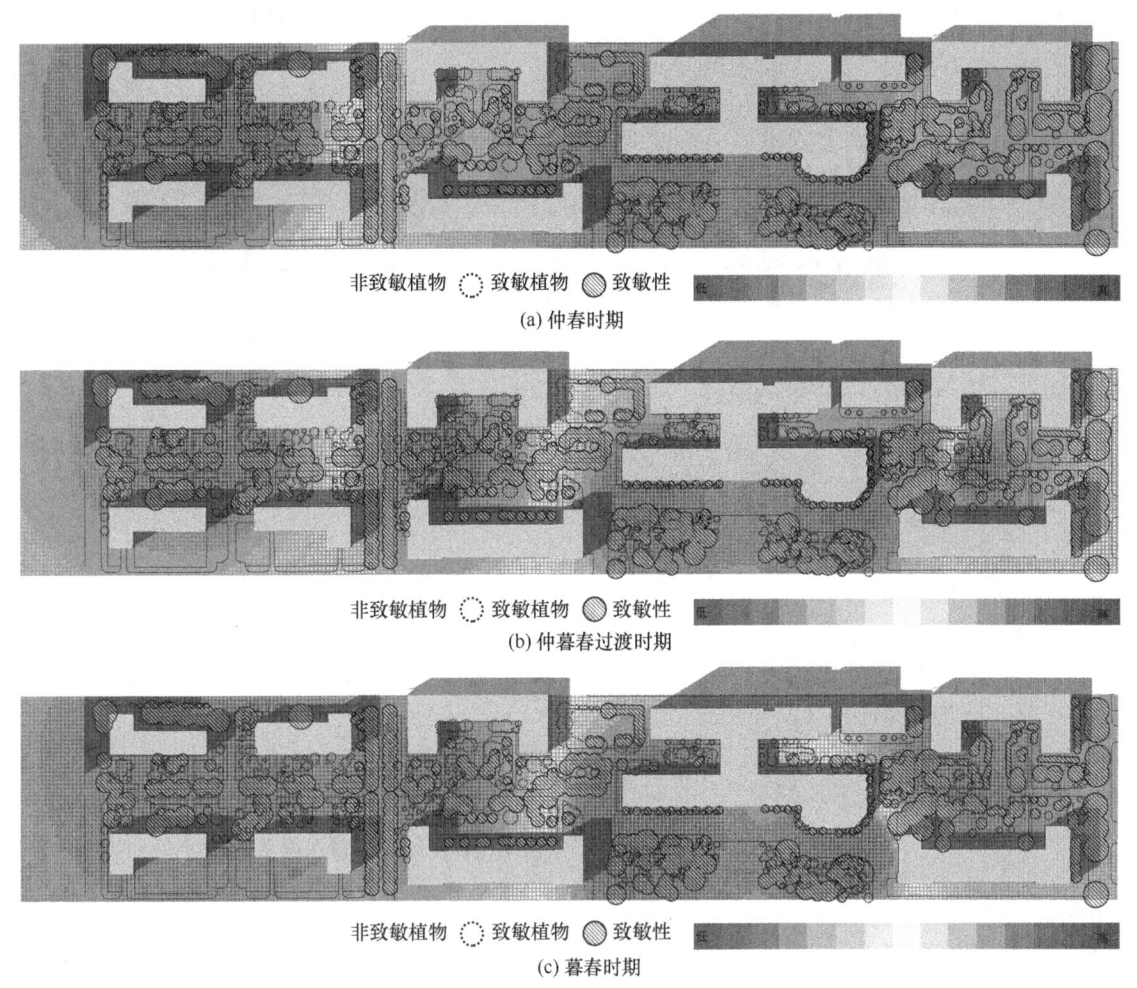

(a) 仲春时期

(b) 仲暮春过渡时期

(c) 暮春时期

图6 致敏花粉浓度与植物分布图

各功能区内致敏花粉种类及应用形式　　　表2

功能区	点植		列植	片植	
	观赏树	庭荫树	行道树	观赏树	背景林
学生 生活区	▲西府海棠 ▲洋白蜡※ ●柏科※ ▼松科※	—	▲银杏※ ▲洋白蜡※ ●美桐※ ▼杜仲※	—	—
综合 办公区	▲西府海棠	▲旱柳※	●美桐※	—	●柏科※ ▼松科※
休闲 活动区	▲望春玉兰	▲旱柳※	●美桐※	—	●柏科※ ▼松科※
科研 教学区	▲西府海棠 ▲洋白蜡※	▲旱柳※	▲银杏※ ●美桐※ ●柏科※ ▼松科※	▲连翘	●柏科※ ▼松科※

注：▲表示此种植物盛花期在仲春时期；●表示盛花期在仲暮春过渡时期；▼表示盛花期在暮春时期；※表示此植物花粉具有强致敏性。

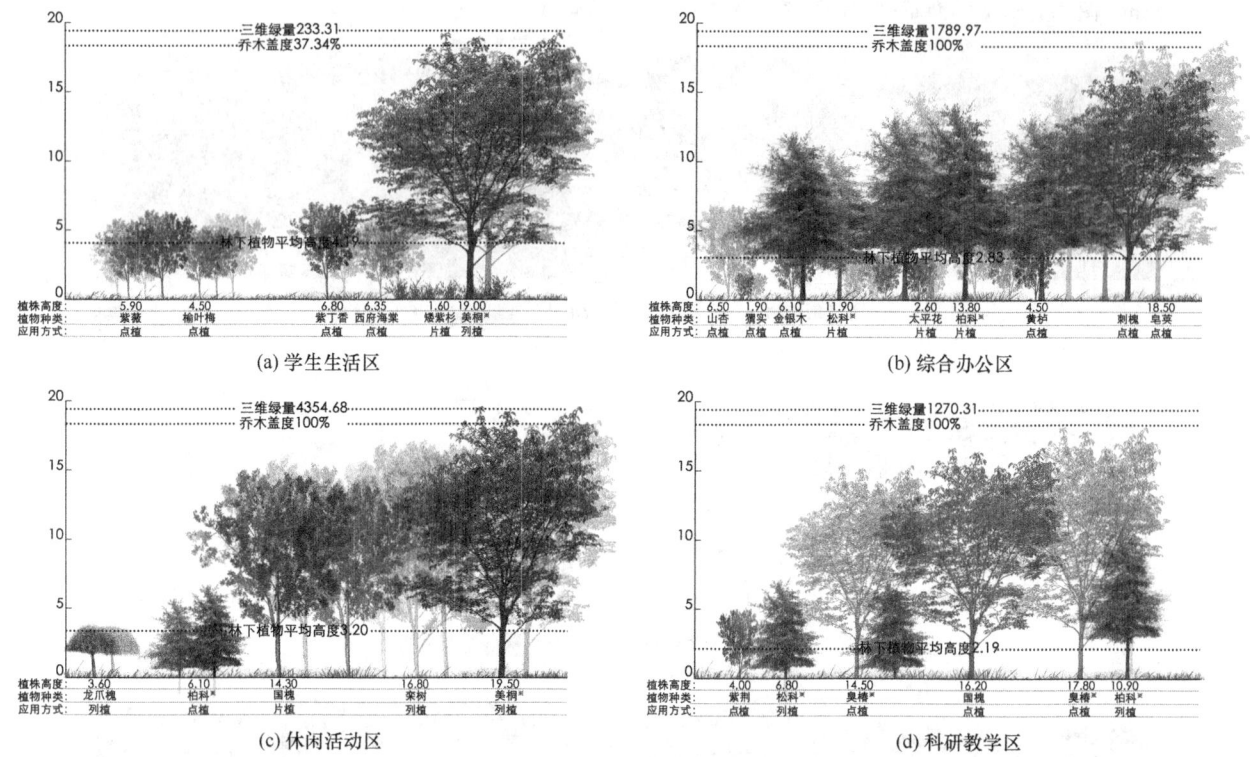

图7 各功能区植物群落剖面示意图

注：彩色植物和※表示致敏植物种类，灰色植物表示低致敏植物种类。

5 结语

植物的开花时间由植物的生物学特性决定，公众活动空间的花粉浓度受植物种类、数量、开花量和群落特征的共同影响。环境特点决定植物选择和配置形式，从而使花粉浓度及种类出现随时间变化的时空差异性。列植、片植和点植等配置方式形成不同特征的群落，影响致敏风险。冠大荫浓的行道树，如洋白蜡、美桐和望春玉兰，不易受到周边植物阻挡，花粉飞散距离更远，影响范围广。片植植物如松柏，自身花粉量大，树形枝叶紧密，因而其花粉不易向外飘散，附近会发生花粉聚集，致敏风险增大。绿地中点植的观花植物多为虫媒花，致敏种类少，致敏风险小。

植物群落特征会显著影响非高大乔木类植物花粉的飘散，如三维绿量、植物盖度和林下植物平均高度等。通透的下层空间有利于内部花粉飞散外溢，而较高的植物盖度和下层植物密度有利于花粉在内部聚集，降低群落周边致敏风险。

降低绿地致敏风险的最有效措施是适当减少致敏花粉源，将常见致敏树种如洋白蜡、银杏和美桐等替换为栾树、国槐和刺槐等低致敏或非致敏植物。新建绿地时将高致敏植物的区域安置在远离人群密集处，增强花粉源与人群活动之间的植物遮挡，减少人群与致敏花粉的接触。同时综合考虑树种致敏风险和应用形式，如片植松柏树尽量远离人群，在高致敏列植行道树的下层营造通透空间，实现低致敏风险。建成绿地更新时，可以在致敏植物外围补植非致敏植物，增强植被围合和植物密度，丰富群落结构，使致敏花粉在群落内部沉降，降低群落外致敏风险。

本文以附属绿地为例探究了春季致敏风险的特征及植物配置对致敏风险的影响，并提出致敏风险降低策略，未来还需要研究建筑形成的街道峡谷的空间结构与花粉飞散机制的关系等，为营造安全健康舒适的绿地环境提供配植优化途径。

参考文献

[1] 肖兰, 王晨钰, 宋天圆, 等. 城市绿地花粉暴露特征与致敏风险评估研究进展[J]. 中国城市林业, 2022, 20(6): 159-167.

[2] 杨琼梁, 欧阳婷, 颜红, 等. 花粉过敏的研究进展[J]. 中国农学通报, 2015, 31(24): 163-167.

[3] Gennaro D A, et al. Meteorological conditions, climate change, new emerging factors, and asthma and related allergic disorders. A statement of the World Allergy Organization [J]. World Allergy Organization Journal, 2015, 8(1): 25.

[4] Jaakkola Jouni J K et al. Airborne pollen concentrations and daily mortality from respiratory and cardiovascular causes [J]. European Journal of Public Health, 2021, 31(4): 722-724.

[5] 李雪, 蒋靖坤, 王东滨, 等. 冠状病毒气溶胶传播及环境影响因素[J]. 环境科学, 2021, 42(7): 3091-3098.

[6] Talib D, Dimitris D. On pollen and airborne virus transmission[J]. Physics of Fluids, 2021, 33(6): 063313.

[7] David V, et al. Probable aerosol transmission of SARS-CoV-2 in a poorly ventilated courtroom[J]. Indoor Air, 2021, 31(6): 1776-1785.

[8] Jarvis Michael C. Aerosol Transmission of SARS-CoV-2: Physical Principles and Implications[J]. Frontiers in Public Health, 2020, 8: 590041.

[9] Lo F, et al. Pollen calendars and maps of allergenic pollen in North America[J]. Aerobiologia, 2019, 35(4): 613-633.

[10] 王纪武, 王炜. 城市街道峡谷空间形态及其污染物扩散研究——以杭州市中山路为例[J]. 城市规划, 2010, 34(12): 57-63.

[11] 孟龄, 王效科, 欧阳志云, 等. 北京城区气传花粉季节特征及与气象条件关系[J]. 环境科学, 2016, 37(2): 452-458.

[12] Qin X X, Li Y Y. Influence of environmental factors on spatial and temporal variability of allergenic Artemisia pollen in Beijing, China[J]. Agricultural and Forest Meteorology, 2022, 313: 108690.

[13] 李英, 李月丛, 吕素青, 等. 石家庄市空气花粉散布规律及与气候因子的关系[J]. 生态学报, 2014, 34(6): 1575-1586.

[14] 肖小军, 胡东生, 刘志刚, 等. Durham重力采样法对不同高度气传致敏花粉的调查研究[J]. 南昌大学学报(医学版), 2016, 56(3): 64-67.

[15] 宁慧宇, 王洪田, 陈艳蕾, 等. 北京城区春季花粉与过敏性疾病就诊比例分析[J]. 中国耳鼻咽喉头颈外科, 2021, 28(2): 98-100; 104.

[16] 欧阳志云, 辛嘉楠, 郑华, 等. 北京城区花粉致敏植物种类、分布及物候特征[J]. 应用生态学报, 2007, 18(9): 1953-1958.

[17] 郄光发, 杨颖, 王成, 等. 北京城区硬质地面近地空间树木花粉浓度日变化及小气候因子的影响[J]. 林业科学, 2010, 46(8): 39-44.

[18] 刘艳, 孙磊, 路永红, 等. 成都市城区气传花粉飘散与气象要素的相关性研究[J]. 实用医院临床杂志, 2014, 11(4): 235-238.

[19] 闫珂. 北京4种常见树种花粉飘散规律及致敏潜力分析[D]. 北京: 北京林业大学, 2020.

[20] 姚亚男, 李树华, 王玥, 等. 中国花粉致敏树种分级研究[J]. 中国园林, 2023, 39(6): 114-119.

[21] 杨颖. 北京城区树木花粉飘散规律及影响因素研究[D]. 北京: 北京林业大学, 2007.

[22] 李英, 李月丛, 吕素青, 等. 石家庄市空气花粉散布规律及与气候因子的关系[J]. 生态学报, 2014, 34(6): 1575-1586.

[23] 王晓艳, 田宗梅, 宁慧宇, 等. 北京城区气传花粉分布与过敏性疾病就诊关系分析[J]. 临床耳鼻咽喉头颈外科杂志, 2017, 31(10): 757-761.

[24] 孟龄, 王效科, 欧阳志云, 等. 北京城区气传花粉季节分布特征[J]. 生态学报, 2013, 33(8): 2381-2387.

[25] 孟龄, 王效科, 欧阳志云, 等. 北京城区气传花粉季节特征及与气象条件关系[J]. 环境科学, 2016, 37(2): 452-458.

[26] 黄建花, 李敏, 汪岱华, 等. 不同高度气传花粉监测[J]. 免疫学杂志, 2013, 29(9): 760-763; 768.

[27] 刘宜纲, 吕世华, 刘志忠, 等. 2012—2016年海淀区气传花粉物候特征及其与气象要素的关系[J]. 应用生态学报, 2019, 30(10): 3563-3571.

[28] Savita D, et al. A new index to assess the air quality impact of urban tree plantation[J]. Urban Climate, 2021, 40.

[29] 周江鸿, 夏菲, 车少臣, 等. 城市绿地春季潜在花粉污染风险评估[J]. 中国城市林业, 2022, 20(4): 1-6.

[30] 纭七柒, 北京林业大学校园植物导览手册[M]. 北京: 中国林业出版社, 2015.

[31] 侯晓静, 王成, 郄光发, 等. 北京郊区蒿属植物花粉浓度时空变化规律[J]. 东北林业大学学报, 2010, 38(4): 77-79.

[32] 戴丽萍, 陆晨. 春季花粉及其观测技术[J]. 气象, 2000, 26(12): 49-51.

[33] 乔秉善, 中国气传花粉和植物彩色图谱(第二版)[M]. 北京: 中国协和医科大学出版社, 2014.

作者简介

宋淑晴, 1999年生, 女, 汉, 山东人, 北京林业大学硕士在读, 研究方向为风景园林规划与理论。电子邮箱: 331925570@qq.com。

马嘉, 1989年生, 女, 汉, 北京人, 博士, 北京林业大学园林学院, 副教授, 研究方向为风景园林规划与理论。电子邮箱: majiaaaa@hotamil.com。

(通信作者) 李运远, 1976年生, 男, 汉, 内蒙古人, 博士, 北京林业大学园林学院, 教授、博士生导师, 研究方向为风景园林规划与园林工程。电子邮箱: lyy0819@126.com。

基于遥感影像的城市自然因素对居民热暴露时空驱动研究
——以重庆建成区为例

Research on the Spatio-Temporal Driving of Urban Natural Factors on Residents' Thermal Exposure Based on Remote Sensing Images
—A Case Study of Built-up Area of Chongqing

张　凯　陈江华

摘　要：快速城镇化与气候变化下城市居民热暴露（resident heat exposure）现象将带来诸多负面效应。本文基于 Landsat8 遥感图像构建 RHE 评价体系，研究 2013—2021 年重庆市 RHE 时空分布，结合地理探测器探究驱动 RHE 时空变化的自然因子。研究显示，重庆市 2013—2014 年、2019—2020 年总体热暴露水平较高，沙坪坝、渝北区与江北区北部热暴露风险较大，且沙坪坝、南岸区热暴露风险呈持续上升趋势；2013—2021 年 RHE 时空分布主要驱动因子为干度分量和高程，归一化植被指数对 RHE 的驱动作用逐渐减小。研究可为热暴露空间识别制定缓解措施和自然优化策略提供建议。
关键词：遥感影像；自然因素；居民热暴露；时空影响；重庆市

Abstract: With rapid urbanisation and climate change, the phenomenon of Resident Heat Exposure (RHE) will bring many negative effects. In this paper, we construct a RHE evaluation system based on Landsat 8, studying the spatio-temporal distribution of RHE in Chongqing from 2013 to 2021, and combining with Geodetector to explore the natural factors driving the spatio-temporal changes of RHE. It is found that: the overall heat exposure level is high in Chongqing in 2013—2014 and 2019—2020, the heat exposure risk is higher in Shapingba, Yubei and the northern part of Jiangbei, and the heat exposure risk of Shapingba and Nan'an shows a continuous upward trend; the significant drivers of the spatial-temporal distribution of RHE in 2013—2021 are the dryness component and elevation, and the driving effect of the NDVI on RHE decreasing. The study can provide recommendations for spatial identification of heat exposure, designation of mitigation measures and nature optimisation strategies.
Keywords: Remote Sensing; Natural Factors; Residential Heat Exposure; Spatio-temporal Effects; Chongqing

引言

随全球气候变化，夏季极端高温事件发生频率、时间及强度持续增加，成为人类社会广泛持续关注的问题。我国遭受区域性极端高温概率显著增加[1]，西南、华东、华中等区域已成为高温灾害高风险地区[2-3]。居民长期暴露于高温热浪会增加热射病、热死亡发病率，严重威胁居民生命与健康安全[4-6]。评估城市热风险和热脆弱性[7-9]及高温承灾空间的识别[10]是应对气候变化的基础和前提，一直受到城市建设者、决策者和学者的关注和研究[11-12]。

居民热暴露（resident heat exposure, RHE）是地理学、生态学和环境科学的热门议题，常采用遥感数据反演地表温度（LST）反映城市热环境，具有高分辨率、时间序列长的优点[13-14]。近年来居民生活幸福指数重要性提升，以"受体导向"评估城市高温暴露风险的研究增多[1]，如有热舒适度[15]、生理等效温度[16]、通用热气候指数等指标来评价人体的"真实感受"。准确评估居民在城市建成环境的热暴露水平和空间分布有助于规划应对和个体行为的引导。

已有研究表明，自然环境空间异质性影响城市热环境的时空分布[17-18]，如归一化植被指数（NDVI）破碎化程度增高，城市热岛效应增强[19]；城市建设用地的热贡献程度远大于其余土地利用类型[20]；坡向等地形因素也在一定程度上影响城市热环境分布[21]。城市自然生态因子对热环境驱动机制已有一定研究，但以 LST 为主的热环境评价仅局限于地表物理特性，还需考虑其余热舒适指标及人口分布与热环境之间的交互关系[22]，更准确衡量"以人为中心"的热环境感受，更进一步研究城市自然因子对居民热暴露时空分布的影响作用[23-24]。

本文以重庆市主要建成区为研究区域，基于 2013—2021 年的 Landsat8 影像与 Landscan 人口数据集，以改进的三步集水区法（MH3SFCA）评估人口分布与城市非热舒适区域之间的接触概率作为 RHE 指标，通过地理探测模型探究 NDVI、地形等自然因素对 RHE 时空分布的影响程度，为缓解城市热暴露水平和自然优化策略提供决策支持。

1 研究区与数据来源

1.1 研究区域概况

重庆市作为"四大火炉"之一，地貌结构复杂，受高温灾害影响日益严重[25]。本文选取重庆市主要建成区（106.26°～106.83°E，29.27°～29.85°N）为研究区，面积1053km²，常住人口从2013年2970万人增加至2021年3212万人，城镇化率从58.34%上升至70.32%。重庆市属亚热带季风性湿润气候，最热月份平均气温26～29℃，居民受高温威胁影响加剧。重庆市为研究自然生态因素与RHE之间的时空交互作用提供了好的研究样本。

1.2 数据来源与预处理

选取美国地质勘探局发布的Landsat8遥感影像和SRTMGL1 v003地形数据作为基础数据集，时间范围为2013年—2021年7月、8月（2017年缺失），并通过Gooogle Earth Engine平台计算归一化植被指数（NDVI）、湿度分量（WET）、干度分量（NDBSI）、归一化差值含水指数（NDMI）、地表温度（LST）的夏季均值，分辨率为30m；城市建成区数据来源于鹏城实验室发布的城市边界数据集[26]；人口时空分布数据来源于LandScan Global (https://landscan.ornl.gov/)，分辨率为1km。以上数据均在ArcGIS PRO 3.0中处理，统一投影坐标系为WGS 1984 UTM Zone 48N，重采样、掩膜裁剪后栅格像元精度为30m。

2 研究方法

2.1 基于遥感的热舒适度计算

城市尺度下的热舒适评价常用温湿度指数（THI）[27]计算：

$$THI = 1.8T + 32 - 0.55 \times (1 - 0.01RH) \times (1.8T - 26)$$

式中，T和RH分别为空气温度和相对湿度，由于其受限于气象站点的观测难以反映大尺度城市空间的热舒适性，本文采用改进的温湿度指数（MTHI）评价城市级热舒适度[28]：

$$MTHI = 1.8LST + 32 - 0.55 \times (1 - 0.01NDMI) \times (1.8LST - 26)$$

式中，LST反映城市地表温度；NDMI为Landsat8近红外（NIR）和短波红外波长（SWIR）获取：

$$NDMI = \frac{NIR - SWIR}{NIR + SWIR}$$

MTHI评价城市热舒适性已得到相关验证[23]。本文将MTHI进行归一化，并以均值标准差法将其分级为非常不舒适、不舒适、较舒适、舒适、非常舒适五个级别，将非常不舒适和不舒适级作为城市非热舒适区域。

2.2 RHE评价方法

RHE表示居民和城市非热舒适区之间的接触概率，在空间上可表示为人口和非热舒适区之间的可达性[29]。本文采用改进三步移动集水区法（MH3SFCA）[30]评价人口与非热舒适区的可达程度，根据研究目的做相关改进，主要测度步骤如下：

第一步，以人口分布为中心i，步行15min极限距离作为半径建立搜索域，计算人口i与搜索域内非热舒适区域j间的相互作用概率（$Huff_{ij}$）。$Huff_{ij}$与居民和非热舒适区距离及区域非热舒适程度相关：

$$Huff_{ij} = \frac{S_j W_{ij}}{\sum_{k \in \{d_{ik} \leq d_{max}\}} S_k W_{ik}}$$

式中，S_j为非热舒适区j的MTHI值；d_{max}为15min步行距离；k为落在集水区i内的非热舒适区域；W_{ij}为i与j之间的单独高斯距离权重：

$$W_{ij} = f(d) = e^{-\frac{d^2}{\beta}}$$

当$d = d_{max}$时，W_{ij}取0.01。

第二步，以非热舒适区j为中心建立最大步行距离d_{max}的搜索域，计算j与落在搜索域内人口i之间的供需比R_j：

$$R_j = \frac{S_j}{\sum_{i \in \{d_{ik} \leq d_{max}\}} Huff_{ij} D_i}$$

式中，D_i为人口位置i的需求量，由于居民对非热舒适区j之间不存在需求竞争影响，而人口集中区域往往暴露水平较高，故本文将R_j计算修改如下：

$$R_j = \frac{S_j \sum_{i \in \{d_{ik} \leq d_{max}\}} D_i}{\sum_{i \in \{d_{ik} \leq d_{max}\}} Huff_{ij}}$$

第三步，以人口分布为中心i，最大步行距离为半径建立搜索域计算每个人口位置i的RHE：

$$RHE_i = \sum_{j \in \{d_{ij} \leq d_{max}\}} Huff_{ij} R_j W_{ij}$$

人口i的RHE为i与集水区内所有非热舒适区j的RHE之和。RHE越大，表明居民暴露非热舒适区的概率越高。

2.3 地理探测器模型

地理探测器（GeoDetector）是一种探测空间分层异质性与驱动要素的分析方法，主要包括四部分：因子探测器、交互作用探测器、风险探测器和生态探测器[31-32]。本研究使用因子和交互作用探测器探究不同自然遥感指数及组合对居民热暴露的时空驱动作用。

因子探测器的q值用于量化单个自然因子X对RHE变量Y空间分异的解释程度[32]：

$$q = 1 - \frac{\sum_{h=1}^{L} N_h \sigma_h^2}{N\sigma^2} = 1 - \frac{SSW}{SST}$$

$$SSW = \sum_{h=1}^{L} N_h \sigma_h^2, \quad SST = N\sigma^2$$

式中，q取值为[0,1]，表示因子X解释了$100 \times q\%$的Y；$h = 1, \cdots, L$，为因子X的亚分类；本文通过比较等间距法、分位数法和自然间断法这几种数据离散化方法来确定q值最大的离散化方案和亚类数；N_h和N分别为亚类h和研究区的单位数；σ_h^2和σ^2分别为亚类h与研究区的RHE值方差

交互作用探测器对双自然因子X_1、X_2共同作用的q值与它们各自q值比较，确定X_1、X_2共同作用是否会增强或减弱对RHE的影响。交互作用类型如表1所示。

双因子交互作用类型	表1
判据	交互作用
$q(X_1 \cap X_2) < \text{Min}[q(X_1), q(X_2)]$	非线性减弱
$\text{Min}[q(X_1), q(X_2)] < q(X_1 \cap X_2) < \text{Max}[q(X_1), q(X_2)]$	单因子非线性减弱

续表

判据	交互作用
q(X1∩X2)>Max[q(X1), q(X2)]	双因子增强
q(X1∩X2)=q(X1)+q(X2)	独立
q(X1∩X2)>q(X1)+q(X2)	非线性增强

3 结果与分析

3.1 重庆市建成区 RHE 时空分布特征

从时间上看，重庆市建成区非热舒适区域面积呈减少-增加-减少趋势，平均年增长率为−0.71%，RHE 面积变化与非热舒适区域变化保持一致，平均年增长率为−14%，该趋势与 2013 年、2017 年出现持续极端高温热浪有关[33]。2013 年、2014 年、2016 年、2019 年和 2020 年居民热暴露水平较高（表 2）。从空间分布上来看（图 1），RHE 高值区域主要分布在沙坪坝区、九龙坡区、南岸区和渝北、江北区的主要建成区，沙坪坝区 RHE 持续时期最长，2013—2014 年、2018—2019 年江北区机场附近出现高 RHE 区域。2020 年九龙坡区高 RHE 区域最为集中，居民高温暴露风险较大。而渝中半岛人口多，建设强度高，RHE 却较低，较为异常。通过 2013—2016 年与 2018—2021 年的 RHE 变化趋势来看，沙坪坝、九龙坡、南岸区 RHE 呈不断上升趋势，而江北、渝北、渝中区部分区域 RHE 不断减少，研究期间各建成区中心 RHE 呈不同程度上升趋势，2018—2021 年江北区东部出现 RHE 下降斑块（图 2）。

表 2 2013—2021 年重庆市建成区非热舒适区及热暴露区面积变化

年份	非热舒适区域			热暴露区域		
	面积（km²）	占比/%	年增长率（%）	面积（km²）	占比（%）	年增长率（%）
2013	313.21	0.30	—	120.5595	0.11	—
2014	311.29	0.30	−0.01	97.5699	0.09	−0.19
2015	308.06	0.29	−0.01	61.2099	0.06	−0.37
2016	325.58	0.31	0.06	87.6312	0.08	0.43
2018	299.58	0.29	−0.08	71.6688	0.07	−0.18
2019	315.49	0.30	0.05	97.0407	0.09	0.35
2020	304.49	0.29	−0.03	106.3584	0.10	0.10
2021	296.83	0.28	−0.03	76.4658	0.07	−0.28

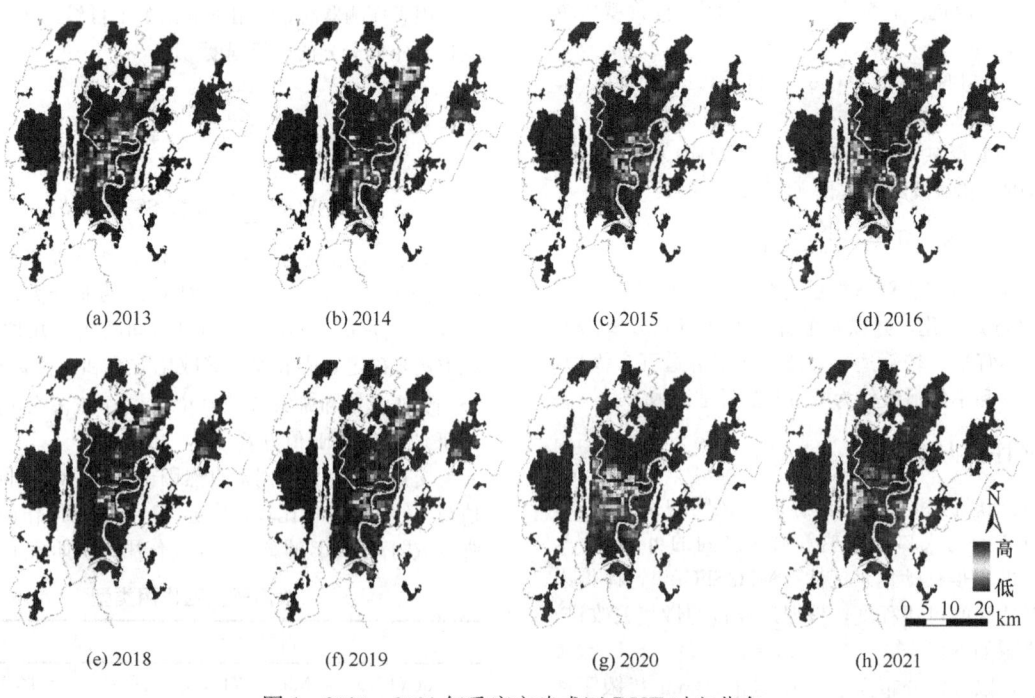

图 1 2013—2021 年重庆市建成区 RHE 时空分布

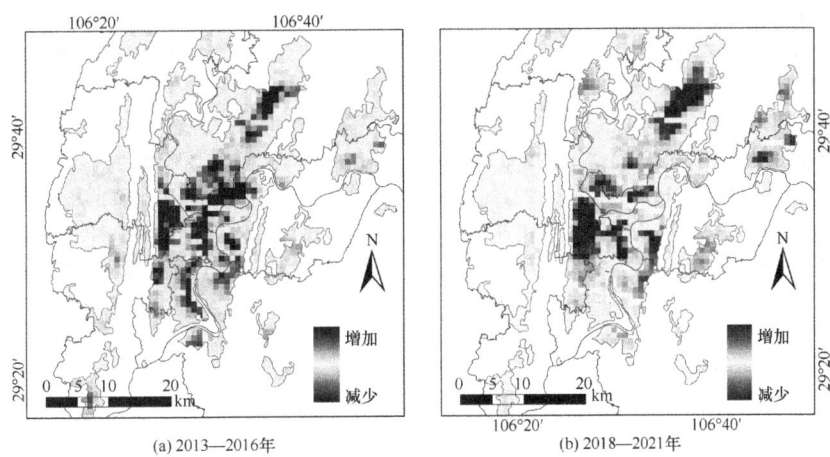

(a) 2013—2016年   (b) 2018—2021年

图 2　2013—2016 年与 2018—2021 年 RHE 变化趋势

3.2　自然因素对重庆市建成区 RHE 的驱动作用

通过地理探测器因子探测模块计算 NDVI、WET、NDBSI、Aspect（坡向）、Elevation（高程）及 Slope（坡度）对 2013—2021 年 RHE 的影响力，其 q 值与 p 显著性如图 3 所示。大部分因子通过显著性验证（$p<0.01$）。高

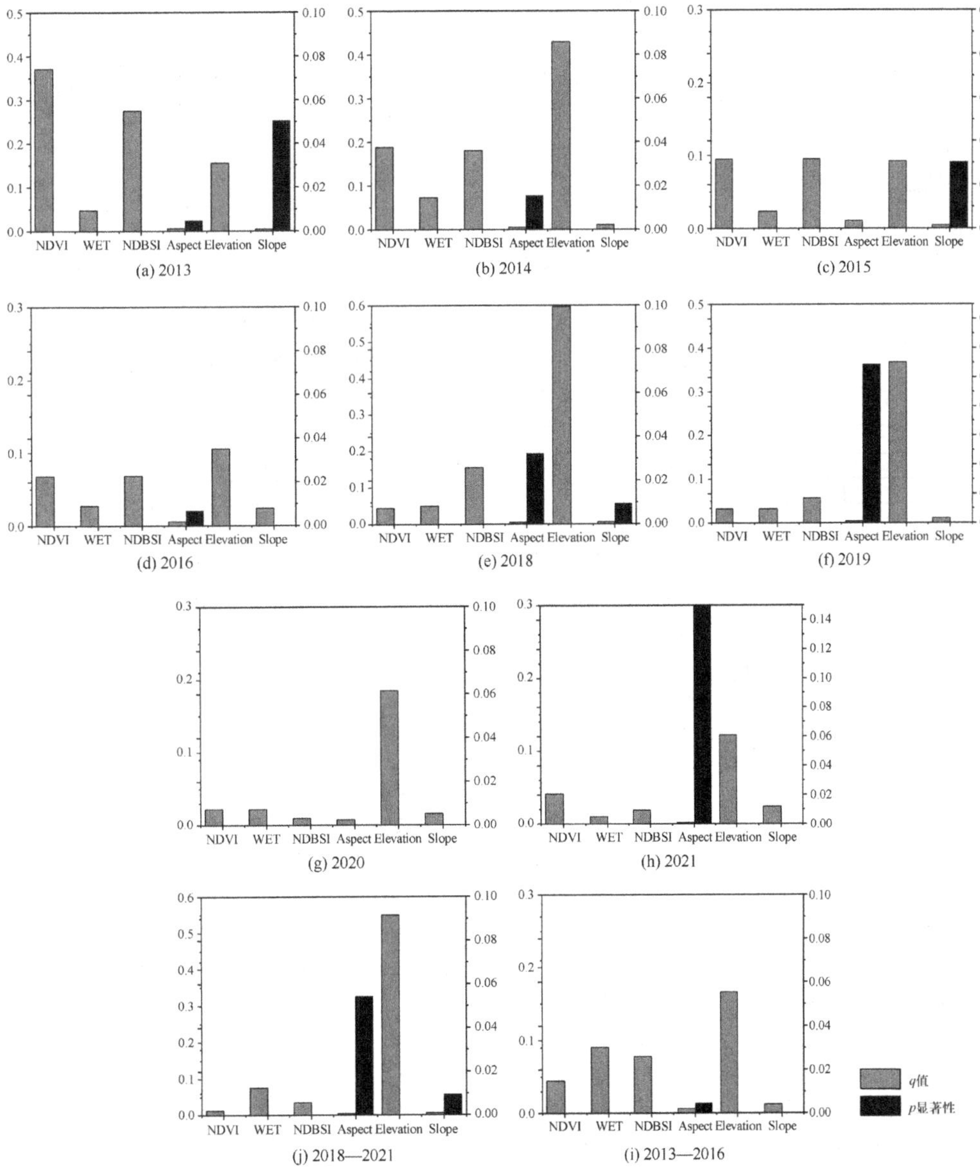

图 3　2013—2021 年重庆市单自然因子对 RHE 驱动影响结果

程对历年 RHE 空间分布影响力最强，2018 年高达 60%，NDVI 对 RHE 的驱动作用呈下降趋势，从 2013 年 37% 下降至 2021 年 0.4%；WET、坡向与坡度对 RHE 驱动影响力微弱，NDBSI 对 RHE 驱动影响力从 2013 年 27.6% 下降至 2021 年 1.9%。2013—2016 年 NDVI、WET、NDBSI 与高程是 RHE 主要驱动自然因子，而高程对 2018—2021 年 RHE 驱动力最为显著。初步推测随重庆市快速城市化进程，建成区内部植被覆盖与湿度分量逐渐下降，其斑块较为零散破碎，对 RHE 驱动作用逐渐下降[23]。而重庆市作为山地城市，随着城市建设需求的不断增大，城市建设对自然地形干预强度大，主要建成区从饱和的低海拔地区向高海拔区域扩张[34]，人口逐渐聚集，从而驱动 RHE 的增加。

通过交互作用探测 NDVI、WET、NDBSI、坡向、高程及坡度两两自然因子组合对 RHE 时空分布驱动的影响（图 4），绝大部分自然因子组合对 RHE 均呈现双因子增强和非线性增强，其中 2013 年、2014 年、2018 年和 2019 年高程对其余因子组合的增强贡献最为显著，与图 3 结果一致。高程与 NDVI 或 NDBSI 组合对 RHE 的空间分异影响最大，2018 年高程与 NDBSI 组合对重庆市 RHE 解释程度达 88.4%。高海拔与裸土空间组合显著控制重庆市 RHE 区域的分布，并且控制强度从 2013—2021 年呈上升趋势，表明自然地形显著驱动影响重庆市居民热暴露的时空分布。

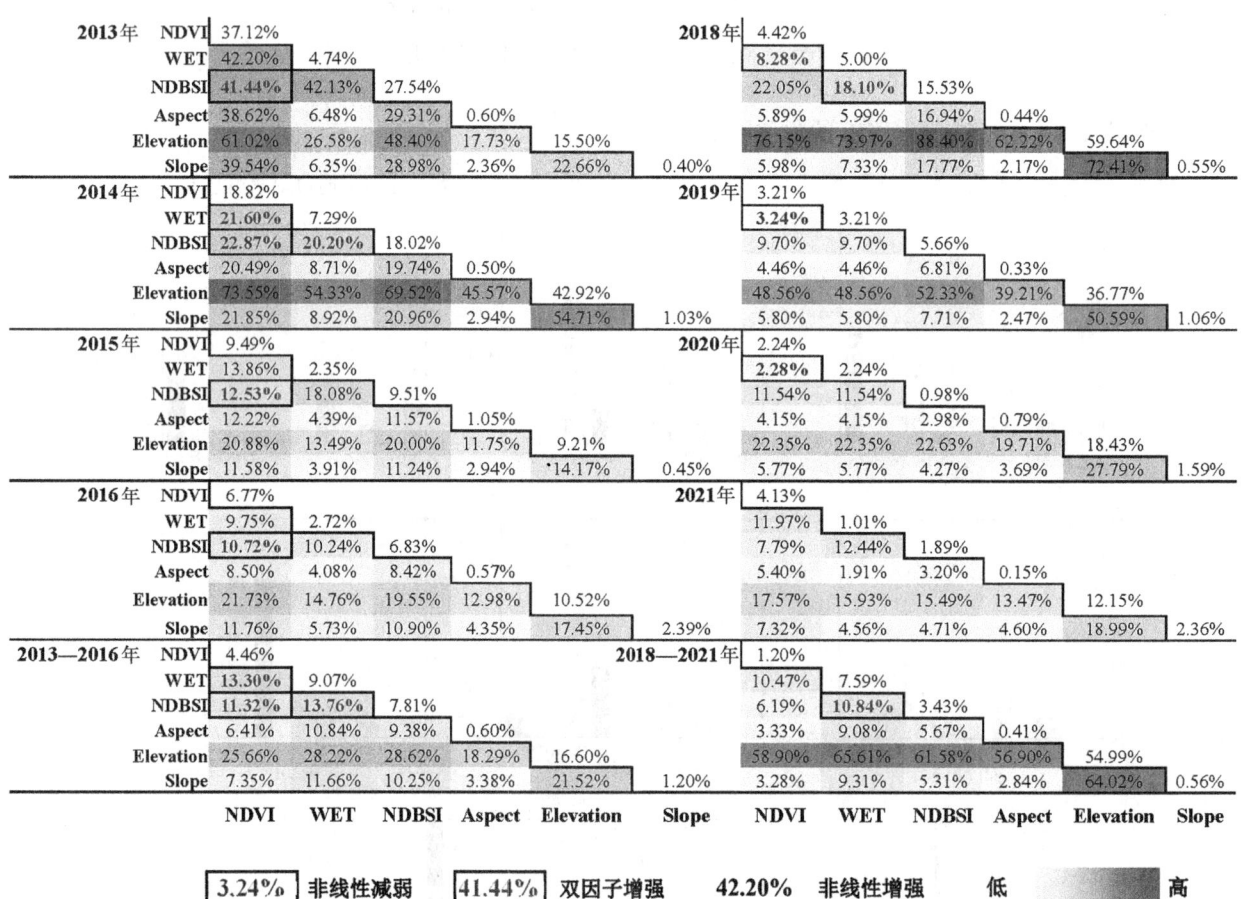

图 4　2013—2021 年重庆市双自然因子对 RHE 驱动影响 q 值结果

4　结语

本文基于 2013—2021 年的 Landsat8 遥感数据，通过地理探测器模型研究归一化植被指数 NDVI、湿度分量 WET、干度分量 NDBSI、坡度、坡向与高程对重庆市居民热暴露区域的时空驱动作用。研究显示：①重庆市 2013—2014 年、2019—2020 年总体热暴露水平较高，沙坪坝区、九龙坡区、渝北区与江北区北部热暴露风险较大，并且沙坪坝区、南岸区热暴露风险呈持续上升趋势；②2013—2016 年 NDVI、WET、NDBSI 与高程对重庆市热暴露区域驱动影响力较为明显，而 2018—2021 年则为高程因素驱动。较高海拔区域与裸土空间组合显著控制重庆市热暴露空间分布，自然地形是重庆市热暴露空间时空驱动主要因素。但本文仍有以下不足：人口数据分辨率较低，在精度上与遥感数据难以匹配，且通过 MHS3SFCA 构建热暴露评价指标适用性还需进一步提升；对地理探测器应用的尺度效应与数据离散化方法对结果的影响考虑还不足，需进一步优化。

参考文献

[1] Li L, Zha Y. Population exposure to extreme heat in China: Frequency, intensity, duration and temporal trends[J]. Sustainable Cities and Society, 2020, 60: 102282.

[2] 郑殿元，黄晓军. 中国县域高温人口暴露风险及其影响因素研究[J]. 地域研究与开发，2022，41(4)：143-149.

[3] 张嘉仪, 钱诚. 1960—2018年中国高温热浪的线性趋势分析方法与变化趋势[J]. 气候与环境研究, 2020, 25(3): 225-239.

[4] 王旭初, 李清春, 刘庆敏, 等. 高温热浪对人群死亡风险的影响[J]. 预防医学, 2017, 29(6): 603-606.

[5] 谢盼, 王仰麟, 彭建, 等. 基于居民健康的城市高温热浪灾害脆弱性评价——研究进展与框架[J]. 地理科学进展, 2015, 34(2): 165-174.

[6] 鲍俊哲. 中国气温和空气污染时空分布特征及其对人群健康影响与脆弱性评估研究[D]. 武汉: 武汉大学, 2016.

[7] 李莹, 尤佳鑫, 谭诚, 等. 江浙沪地区城市高温脆弱性评价[J]. 山西建筑, 2023, 49(3): 44-47.

[8] Hu L, Wilhelmi O V, Uejio C. Assessment of heat exposure in cities: Combining the dynamics of temperature and population[J]. Science of The Total Environment, 2019, 655: 1-12.

[9] 刘君男, 陈天, 王柳璎. 气候变化视角下的高密度城市热健康风险识别、评估与城市设计干预——以澳门为例[J]. 国际城市规划: 1-14.

[10] 张琦. 中国主要城市人口热暴露时空变化特征及评估[D]. 长沙: 中南林业科技大学, 2022.

[11] Bernhard M C, Kent S T, Sloan M E, et al. Diurnal heat exposure risk mapping and related governance zoning: A case study of Beijing, China[J]. Sustainable Cities and Society, 2022, 81: 103831.

[12] Sanchez Rodriguez R, Ürge-Vorsatz D, Barau A S. Sustainable Development Goals and climate change adaptation in cities[J]. Nature Climate Change, 2018, 8(3): 181-183.

[13] 徐涵秋. 新型Landsat8卫星影像的反射率和地表温度反演[J]. 地球物理学报, 2015, 58(3): 741-747.

[14] 岳文泽, 徐建华, 徐丽华. 基于遥感影像的城市土地利用生态环境效应研究——以城市热环境和植被指数为例[J]. 生态学报, 2006(5): 1450-1460.

[15] 吴志丰, 陈利顶. 热舒适度评价与城市热环境研究: 现状、特点与展望[J]. 生态学杂志, 2016, 35(5): 1364-1371.

[16] Höppe P. The physiological equivalent temperature-a universal index for the biometeorological assessment of the thermal environment[J]. International Journal of Biometeorology, 1999, 43(2): 71-75.

[17] 栾庆祖, 叶彩华, 刘勇洪, 等. 城市绿地对周边热环境影响遥感研究——以北京为例[J]. 生态环境学报, 2014, 23(2): 252-261.

[18] 谢苗苗, 王仰麟, 付梅臣. 城市地表温度热岛影响因素研究进展[J]. 地理科学进展, 2011, 30(1): 35-41.

[19] 刘艳红, 郭晋平. 基于植被指数的太原市绿地景观格局及其热环境效应[J]. 地理科学进展, 2009, 28(5): 798-804.

[20] 乔治, 贺曈, 卢应爽, 等. 全球气候变化背景下基于土地利用的人类活动对城市热环境变化归因分析——以京津冀城市群为例[J]. 地理研究, 2022, 41(7): 1932-1947.

[21] 韩贵锋, 叶林, 孙忠伟. 山地城市坡向对地表温度的影响——以重庆市主城区为例[J]. 生态学报, 2014, 34(14): 4017-4024.

[22] Vahmani P, Jones A D, Patricola C M. Interacting implications of climate change, population dynamics, and urban heat mitigation for future exposure to heat extremes[J]. Environmental Research Letters, 2019, 14(8): 084051.

[23] Feng R, Wang F, Liu S, et al. How urban ecological land affects resident heat exposure: Evidence from the mega-urban agglomeration in China[J]. Landscape and Urban Planning, 2023, 231: 104643.

[24] Wu S, Yu W, Chen B. Observed inequality in thermal comfort exposure and its multifaceted associations with greenspace in United States cities[J]. Landscape and Urban Planning, 2023, 233: 104701.

[25] 黄海静, 杨雨飞, 任毅迪. 山地城市高温热浪灾害时空特征研究——以重庆市为例[J]. 建筑技艺, 2022(S1): 103-106.

[26] Li X, Gong P, Zhou Y, et al. Mapping global urban boundaries from the global artificial impervious area (GAIA) data[J]. Environmental Research Letters, 2020, 15(9): 094044.

[27] Xu H, Hu X, Guan H, et al. Development of a fine-scale discomfort index map and its application in measuring living environments using remotely-sensed thermal infrared imagery[J]. Energy and Buildings, 2017, 150: 598-607.

[28] Feng L, Zhao M, Zhou Y, et al. The seasonal and annual impacts of landscape patterns on the urban thermal comfort using Landsat[J]. Ecological Indicators, 2020, 110: 105798.

[29] Nazarian N, Lee J K. Personal assessment of urban heat exposure: a systematic review[J]. Environmental Research Letters, 2021, 16(3): 033005.

[30] Subal J, Paal P, Krisp J M. Quantifying spatial accessibility of general practitioners by applying a modified huff three-step floating catchment area (MH3SFCA) method[J]. International Journal of Health Geographics, 2021, 20(1): 9.

[31] 王劲峰, 徐成东. 地理探测器: 原理与展望[J]. 地理学报, 2017, 72(1): 116-134.

[32] Wang J F, Zhang T L, Fu B J. A measure of spatial stratified heterogeneity[J]. Ecological Indicators, 2016, 67: 250-256.

[33] 杨淏鋆, 杜钦, 王咏薇, 等. 重庆市1959—2018年夏季高温热浪及湿度影响特征分析[J]. 长江流域资源与环境, 2021, 30(10): 2492-2501.

[34] 温莉, 周廷刚, 刘晓璐, 等. 地形对重庆市土地利用动态变化影响分析[J]. 人民长江, 2019, 50(4): 76-80.

作者简介

张凯, 1999年生, 男, 汉族, 四川南充人, 重庆大学建筑城规学院硕士在读, 研究方向为城市风热环境与生态规划。电子邮箱: 202215131187@stu.cqu.edu.cn。

陈江华, 1999年生, 女, 汉族, 广西梧州人, 重庆大学建筑城规学院硕士在读, 研究方向为城市风热环境与生态规划。电子邮箱: 202215021046t@stu.cqu.edu.cn。

风景园林与绿色公平

基于出行行为的成都市公园绿地可达性研究

A Study on the Accessibility of Park Green Space in Chengdu Based on Travel Behavior

马朝杨

摘 要：本文以成都市主城区的公园绿地为研究对象，在"供给、需求"两个维度从"步行、骑行、驾车"三种出行行为对居民点的公园绿地进行可达性分析，通过对比剖析三种出行行为可达性结果差异及成因，按照叠置分析赋权重的方法得出成都市中心城区各居民点的公园绿地综合可达性结果。结果表明：①在步行行为、骑行行为和驾车行为下，可达性结果具有不同表现；②对四种可达性结果进行差异化分析发现，采取不同出行行为对改善居民点的公园绿地可达性结果具有针对性作用；③公园绿地可达性提升可通过公园布局优化、完善路网和居民点布局等方式实现。研究结果和思路不仅可应用于成都市城市公园绿地空间布局，探究多种出行行为下的绿色公平性情况，还可为相关部门制定决策规划提供参考。

关键词：公园绿地；可达性；两步移动搜索法；出行行为；空间布局

Abstract: This article takes the park green spaces in the main urban area of Chengdu as the research object, and analyzes the accessibility of the park green spaces in residential areas from the perspectives of "supply and demand" from three travel behaviors: "walking, cycling, and driving". By comparing and analyzing the differences and causes of the accessibility results of the three travel behaviors, the comprehensive accessibility results of the park green spaces in various residential areas in the central urban area of Chengdu are obtained using the method of overlay analysis and weighting. The results indicate that: ① Accessibility results exhibit different behaviors under walking behavior, cycling behavior, and driving behavior. ② Differentiation analysis was conducted on four accessibility results, and it was found that adopting different travel behaviors has a targeted effect on improving the accessibility of park green spaces in residential areas. ③ The accessibility improvement of park green space can be achieved through optimizing park layout, improving road network and residential layout, and other methods. The research results and ideas can not only be applied to the spatial layout of urban park green spaces in Chengdu, but also to explore the green equity situation under various travel behaviors, and provide reference for relevant departments to formulate decision-making and planning.

Keywords: Park Green Space; Accessibility; Two Step Mobile Search Method; Travel Behavior; Spatial Distribution

引言

随着社会经济的发展，人民对美好生活环境的需求日益增长，作为承担居民主要休憩、娱乐等功能的公园绿地，在一定程度上能够影响居民的生活质量。可达性是定量表达居民到达公共服务设施便捷程度的指标，相比于用人均绿地面积等整体性指标，可达性可将公园绿地的规划布局依据具体到居民点乃至个体人的尺度。为实现更精准计算公园绿地可达性的目标，学界尝试了多种研究方法，如施拓等利用ArcGIS缓冲区分析法评价了沈阳市公园绿地可达性[1]；谭钦等运用网络分析法对昆明主城区的公园绿地进行可达性分析[2]；蒋理等基于大数据平台对广西玉林公园绿地可达性进行评价[3]；陈永生等采用费用加权距离法对合肥市中心城区绿地可达性进行分析评价[4]；程岩等采用两步移动搜索法（2SFCA），同时从供给方和需求方出发，弥补了仅从供给或需求角度探究可达性的局限性[5]。但对于可达性受出行模式影响的研究尚不多见，大多停留在了步行这一出行行为下的可达性研究[6]。本文一方面采用纳入距离衰减函数高斯2SFCA分析方法，另一方面根据实际出行情况考虑了多种交通行为（步行、骑行和驾车）下对公园可达性的影响，并分析了其综合影响结果，使公园绿地的可达性计算结果能反映居民实际享受公园绿地的便捷程度。

自2018年习近平总书记在成都考察首次提出公园城市理念以来，成都公园绿地可达性[7-11]研究得到较多关注。这些研究大多以步行出行方式展开，而城市中一些高游憩质量的公园，通过问卷调查和半结构式访谈，居民表示仍会采用驾车、非机动车的出行方式到达。因此，对道路交通网络完善的城市开展基于步行、骑行和驾车多种出行方式的公园可达性研究更有实际意义。本文以成都中心城区公园绿地作为研究对象，运用高斯两步移动搜索法分别对步行、骑行和驾车出行方式下公园绿地的可达性状况进行分析，利用ArcGIS软件对单一出行方式的可达性结果进行赋权叠置分析，得到公园绿地综合可达性结果，其差异化对比分析和综合可达性结果均可为优化公园绿地布局、完善城市路网和科学布局居民点提供依据，以期为其他城市的公园绿地规划建设提供参考。

1 研究方法

1.1 研究思路

本文针对成都城市中心城区的公园绿地进行可达性评价，除了考虑供需双方空间匹配问题外，还同时关注三种出行方式下可达性差异和其综合可达性结果（图1）。研究分为以下环节，最主要的是确定研究单元的尺度、公园绿地供给分析、居民点需求分析、单一出行方式可达性评价与其差异化对比分析和最终的公园综合可达性计算等。为提高可达性结果的准确性和实用性，选择以城市居民点为评价单元，利用Python在安居客官网获取居民点空间位置和人口数据，将其作为需求分析环节的基础数据，可以弥补以街道为基本研究尺度时的精度较低、代表性和实用性不足的问题。首先，供给源为研究范围内的公园绿地，按照一般来说，公园绿地服务半径是根据步行速率[12]和公园绿地的规模[13]确定。而成都市作为步行环境平坦优美、道路交通网络完善和具有绿道等骑行友好环境的城市，适合应用步行、骑行和驾车三种出行方式去考虑公园绿地的服务范围，并结合不同层级公园绿地的吸引力差异和居民出行体验确定供需双方移动搜索距离。

其次，在城市道路基础数据网络的基础上建立起交通（OD）成本矩阵。对（OD）成本数据进行筛选处理后，通过ArcGIS字段计算器计算公园的供需比，排除逻辑矛盾数据，汇总居民点出行范围内的公园供需比，得到居民点在特定出行方式下的公园绿地可达性，重复此过程三次分别得到基于步行、骑行和驾车出行方式下居民点的公园绿地可达性结果。并参考相关文献和规范指标，赋予出行权重后汇总得出公园绿地综合可达性。最后，利用分析结果从城市路网布局、单一出行方式和综合可达性结果以及公园绿地、居民点空间布局三个方面剖析公园绿地可达性差异化的空间分布特点及其成因，并总结出不同出行方式对可达性的提升作用特点，以期发挥出不同出行方式的优势及特点，最终为成都市中心城区公园绿地、居民点和路网系统布局提供依据。

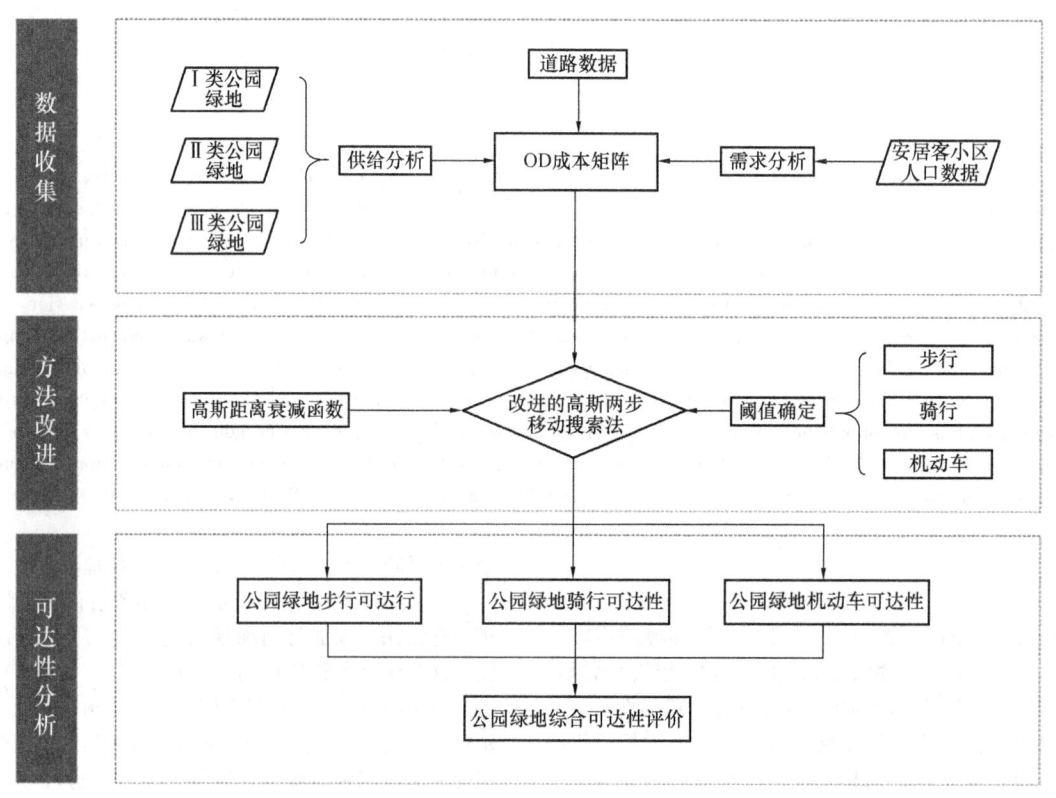

图1 城市公园可达性研究思路

1.2 基于高斯2SFCA的可达性评价

传统的2SFCA是以供给点和需求点为基础，在一定的距离阈值范围内移动搜索两次，最后将需求点范围内所有供给点的供需比相加得到该需求点的可达性。考虑到公园绿地服务能力随距离衰减，且衰减特征呈现出随距离的增加先加快后减慢的特性，本文所采取的高斯两步移动搜索法$G(d_{ij})$是在传统2SFCA模型中对供需数据源、OD成本矩阵算法等方面进行。其主要步骤如下：

第一步，人工标注公园绿地的出入口，将出入口作为公园绿地供给点j。以居民前往公园绿地的路网极限距离d_n为半径建立搜索域j，汇总搜索域j内所有的人口数量，利用高斯函数按照距离衰减规律赋予权重，并对这些加权后的人口进行加和汇总，计算供需比R_j：

$$R_j = \frac{S_j}{\sum_{k \in \{d_{ij} \leqslant d_n\}} G(d_{ij}) D_i}$$

式中，D_i为每个需求点i的人口数；d_n为出行阈值，本文在三类公园绿地的基础上研究步行、骑行、驾车三种出行方式，因此d_n分别对应d_1、d_2、d_3等9个常数值（表2）；d_{ij}为位置i、j之间的路网距离，对于一个公园有多个出入口的情况，按照逻辑筛选出需求点到最近公园入口的路网距离，居民点i需位于搜寻域内（即$d_{ij} \leqslant d_n$）；S_j为公园绿地j的面积；$G(d_{ij})$为改进的高斯衰减函数，其具体形式可表示为：

$$G(d_{ij}) = \frac{e^{-\frac{1}{2} \times (\frac{d_{ij}}{d_n})^2} - e^{-\frac{1}{2}}}{1 - e^{-\frac{1}{2}}} (d_{ij} < d_n)$$

第二步，将任一居民点的位置 i 作为需求点，以居民前往不同公园绿地的路网极限距离 d_n 为半径，建立搜索域 I，然后查找搜索域内的所有公园绿地 j，将这些公园绿地的供需比 R_i 在高斯距离衰减函数的基础上汇求和，得到居民点 i 的基于距离成本的公园空间绿地可达性 A_i^D，其值越大，表示可达性程度越高：

$$A_i^D = \sum_{j \in \{d_i \leqslant d_n\}} G(d_{ij}) R_i$$

式中，R_i 为公园绿地 j 搜索区（即 $d_{ij} \leqslant d_n$）内居民点 i 的需求比；d_{ij} 为公园绿地 j 和居民点 i 之间的距离；A_i^D 为居民点 i 的总体可达性，A_i^D 越大，可达性越好，受到公园绿地的服务越好。

第三步，分别以步行、骑行和驾车三种出行方式作上述可达性分析，并进行联合叠加汇总得到成都市中心城区公园绿地综合可达性结果。主要是利用 ArcGIS 对单一出行方式的可达性结果数据进行属性表添加字段赋值，赋值后将三个出行方式图进行联合叠加汇总，其字段的赋值权重主要根据《层次分析法出行方式选择中的应用研究》等文献[14]推算而出，具体赋值如下（表1）：

加权权重赋值表　　表1

公园类别	出行方式	权重赋值
Ⅰ、Ⅱ、Ⅲ类公园	步行	0.4
	骑行	0.4
	驾车	0.2

2 研究区概况及数据处理

2.1 研究区概况

成都是西部地区重要的中心城市之一，该地区地势平坦，道路基础设施完善，公共交通发展水平高，居民对城市公园绿地需求较多。本研究以成都为案例地，选取公园绿地、人口集中的成都中心城区为研究范围，对于分析多种交通方式下城市公园绿地可达性具有代表性和典型性。成都中心城区占地面积约 483km²，涉及武侯区、金牛区、青羊区、锦江区、成华区 5 个区。

2.2 数据来源与处理

2.2.1 成都市公园绿地供给量及其服务范围

研究所采用的成都市中心城区公园绿地数据是通过成都市公共数据开放平台、百度地图和《成都市城市绿线控制图册》等来源获取的公园空间布局、名称及面积信息，与遥感、高德地图等进行对比检查，在中心城区范围内共收集城市公园 78 个。

本研究中的城市公园绿地服务区是指从出入口向所有方向出发，以步行、骑行和驾车交通方式在指定时间内行进的路径之和。根据《城市绿地规划标准》GB/T 51346—2019 以及步行、骑行[11]、驾车速度标准和人群出行体验感知[15]等，将城市公园绿地分为 3 类，并设置了多级服务范围（表2）。

城市公园分级服务范围（单位：km）　　表2

公园类别		步行	骑行	驾车
Ⅰ类公园	0<S≤1	0.6	2	7
Ⅱ类公园	1<S≤25	1.2	4	14
Ⅲ类公园	S>25	1.8	6	21

最后选定 17 个Ⅰ类公园、59 个Ⅱ类公园、2 个Ⅲ类公园，共计 78 个城市公园（图2）。

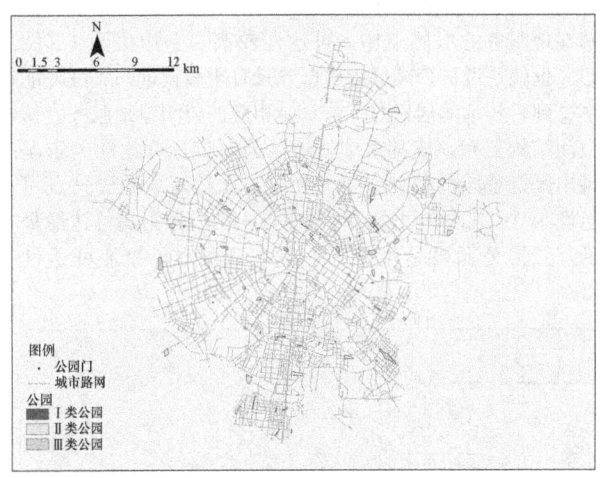

图2　成都市中心城区公园绿地空间分布

2.2.2 成都市居民点数据

在高斯 2FSCA 模型中，公园服务范围内的人口数量被认定为需求量。通过在安居客网站获取成都市中心城区居民点空间位置和人口数据信息，对数据进行清洗筛选处理，去除虚假数据，最终获取了需求点数据，包括 7780 个居民点和约 1053 万人数（图3）。

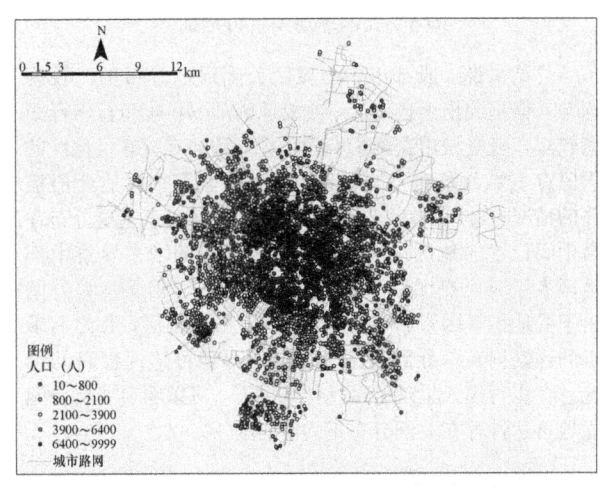

图3　成都市中心城区居民点空间分布

2.2.3 其他相关数据

包括成都市分级路网、区行政边界等数据。区行政边界数据来自全国基础地理数据库，分级道路网数据来自

OpenStreetMap。以上收集到的所有数据信息都转换成统一的"WGS 1984"坐标。

3 结果分析

3.1 步行出行方式可达性分析

基于高斯两步移动搜索分析法得到居民点步行方式下的公园可达性结果，发现占比57.12%的居民点（4444）在步行出行方式下，无法享受到公园绿地服务，可达性为0，这也导致了整体可达性较低。而在能享有公园绿地服务的居民点中，可达性较高，平均值为1（图4）。也就是说，公园绿地的服务只有距离较近的居民才能享受到，较远的居民点无法享受相应的公园绿地服务。从空间结构上看，成都市中心城区公园步行可达性大致呈现出围绕公园的块状零散分布，占比约六成的居民点可达性为0；其次在可达性结果中，一类公园附近可达性最低，二类公园可达性较为一般，三类公园绿地可达性极高。

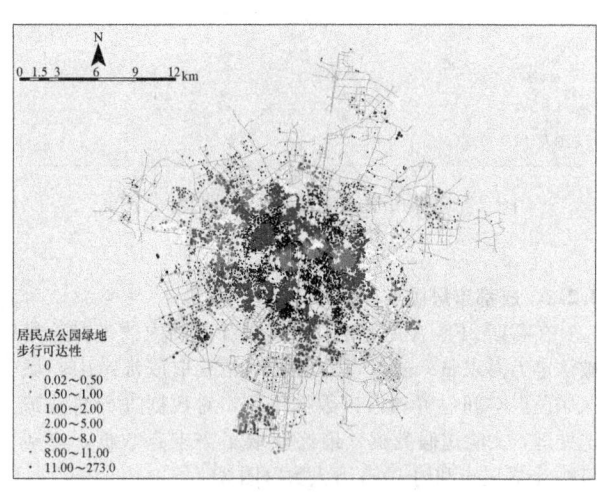

图4 公园绿地步行可达性

总结来说，成都市中心城区公园绿地分布虽然较为均匀，但呈现出上述情况，主要原因如下：①步行出行距离较短，且受城市路网影响较小，导致拥有较好可达性的居民点主要分布在公园绿地附近，其至存在可达性值极高的情况；②一类、二类公园和大多数居民点主要分布在靠中间位置的地区，供给的减少和需求的增多导致中部地区大量居民点无法享受公园绿地服务，相反三类公园由于受地价等因素影响，主要分布在外围地区，加之需求点的逐渐稀疏，导致外围地区公园绿地可达性极高的情况。在步行模式呈现的可达性结果下，可以明显看出公园绿地可达性存在空间分布不均衡问题。

3.2 骑行出行方式可达性分析

基于高斯两步移动搜索分析法得到各居民点骑行下的公园可达性结果（图5），约99.4%居民点可以享受到公园绿地服务，但整体可达性水平较低，平均值仅为0.38。其中可达性介于0.1~0.3的居民点（4285）最多，占总居民点的55.1%；其次是可达性0.3~0.5的居民点，约占17.6%；可达性5~7的居民点（16）极少。从空间结构上看，整体呈环状向外逐渐增加的空间格局，由二环路、三环路分为3个圈层，二环路以内区域可达性整体差于外围区域，其中三环以外到青羊区、锦江区等行政区边界的公园可达性最佳。

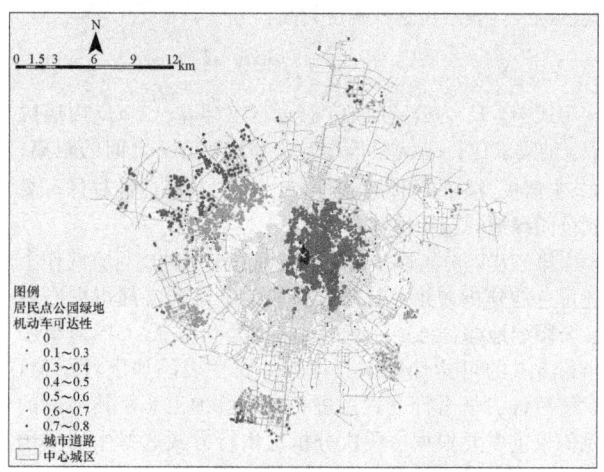

图5 公园绿地骑行可达性

总结来说，骑行方式比步行公园绿地覆盖率有明显的提升，但公园绿地可达性的不平衡问题依然严重，地区公园绿地服务差异较大。主要原因是：①因为骑行方式增加公园绿地的服务范围，导致负荷增加，供需比减少，导致整体可达性减少；②由于中部地区路网较好，骑行方式增加了居民点的公园绿地选择范围，导致中部地区大量居民点可达性实现了0的突破，但由于人口密集，可达性保持在较低水平；③中心城区人口分布主要集中于二环路以内，向三环路及以外逐渐减少，公园绿地可达性在空间上呈现出向外逐渐增加的空间格局。

3.3 驾车出行方式可达性分析

基于高斯两步移动搜索分析法得到居民点驾车出行方式下的公园可达性结果，整体可达性平均值为0.53（图6）。其中可达性介于0.5~0.6的居民点（2765）最多，占总居民点的33.5%；其次是0.6~0.7的居民点

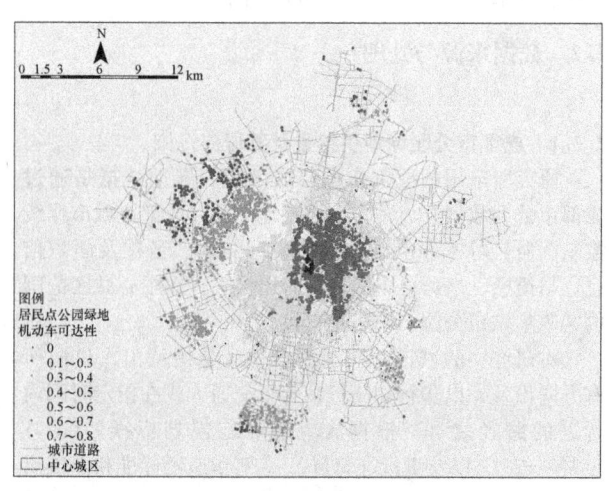

图6 公园绿地驾车可达性

(2322)，约占29.8%；可达性大于0.7的居民点极少。从空间格局上看有两个方面的特征：①可达性整体呈环状向外逐渐降低的空间格局，中心区域整体优于外围区域，这点与骑行呈现出相反态势，具体来说，成都市的中部地区，如天府广场附近公园可达性最佳，行政边缘地区的可达性最低；②局部上看，可达性呈现出东部优于西部、北部优于南部的特点。

总结来说，驾车模式下可达性的覆盖率和平衡性最高，地区间公园绿地服务差异减小。主要原因如下：①驾车方式大大增加了居民的出行距离，居民可选择的公园绿地增多，导致整体上居民可达性水平较骑行有所提升；②由于中部地区居民点可选择范围大于外围边缘地区，导致可达性呈现出由内到外递减的状态；③骑行方式受城市路网影响较大，跟随城市路网内密外疏、东密西疏格局，导致可达性也呈现出由内高到外低、东高西低的格局；④可达性北高南低的格局是由于北部人口稀少、南部人口密集所导致的。

3.4 综合可达性评价

公园绿地综合可达性是将步行、骑行和驾车可达性结果分别赋予权重（表1），再进行联合叠置合成的结果（图7）。

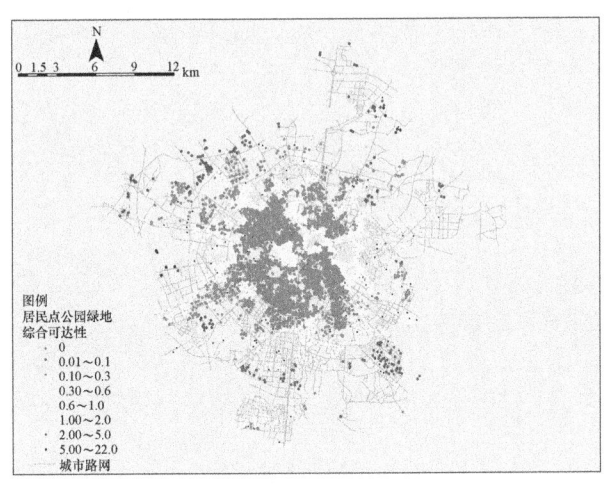

图7 公园绿地综合可达性

成都市中心城区公园绿地综合可达性平均值为0.43，其分布大致呈现由中心向外围递增的趋势。处于平均值左右（0.3~0.6）的居民点占总数的26.67%，以块状零散分布于整个区域；占比约有58.8%的居民点（4575）可达性较差，低于0.3，主要分布于成都市中部地区，这与骑行可达性的空间结构存在一定相似性。

总结来说，公园绿地综合可达性大致呈现环状结构，主要原因如下：①在驾车出行方式仅赋予0.2权重后，成都市中部地区在驾车单因子下的交通优势不再突出；②骑行方式下公园绿地服务覆盖率处于较高水平，远高于步行，且由于驾车方式权重不及骑行，导致综合可达性与骑行相似度较高。

4 结论与建议

4.1 结论

本文主要采用高斯两步移动搜索法从步行、骑行和驾车三种出行行为的可达性角度综合探究了成都市中心城区公园绿地的服务水平。结果表明：①整体上，成都市中心城区公园绿地可达性水平较低，且地区差异较大，大致呈现出层次状，即从中心向外围可达性依次递增；②不同出行方式下的公园绿地可达性水平和覆盖率差异非常大，且具有与公园绿地服务和布局有关的典型特点；③步行方式的特点是公园绿地服务水平较高，但覆盖率极低；④骑行方式在有限的研究范围内可达性结果最接近公园绿地综合可达性结果，公园绿地服务覆盖率提升较大，但也因此会较大影响公园绿地的服务水平；⑤驾车方式下的可达性受道路网络影响较大，对于提高公园绿地服务水平和覆盖率作用较为明显。

4.2 建议

总结以上公园绿地可达性分析结果，结合不同出行行为的公园可达性影响特点，对成都市公园绿地的规划布局提出以下建议：①根据步行研究结果，成都要提升公园绿地服务水平和覆盖率不能将措施方法局限于扩大公园的规模，而应当补充增加小面积的社区公园和采用见缝插绿的措施，注重小尺度公园体系的完善，对于提升公园绿地服务水平和覆盖率具有较好效果；②对于成都市中心城区西部地区，针对公园绿地覆盖率和建设公园绿地用地不足的问题，可以考虑发展骑行交通系统的措施，例如完善骑行路网和优化骑行环境等；③针对成都市中心地区公园绿地供给有限、人口高度集聚且趋势暂无法转变的情况，可以重点考虑完善城市路网，以发展机动车交通的方式来缓解中部地区公园绿地服务水平低的情况；④在进行新居民点和城市功能规划布局时，注意将其布局到二环路以外地区，减缓人口向内集聚的趋势。

4.3 不足

本文通过大数据与ArcGIS空间技术可直观分析各公园可达性情况。但由于高精度路网数据、小尺度公园绿地用地和居民点的准确人口数据难以获取，可能对公园绿地的可达性计算存在少许影响；另外，本文仅考虑了出行方式变量，未考虑到人群特征（如弱势群体）会影响到出行范围，之后可以考虑老人、小孩等群体对居民点公园绿地可达性的影响。

参考文献

[1] 施拓,李俊英,李英,等.沈阳市城市公园绿地可达性分析[J].生态学杂志,2016,35(5):1345-1350.

[2] 谭钦,毛志睿,于潮.基于多源数据的公园绿地可达性分析与服务盲区识别——以昆明中心城区公园绿地为例[J].园林,37(6):82-89.

[3] 蒋理,殷振轩,刘晓.基于可达性分析的城市公园绿地供给研究——以广西玉林市为例[J].风景园林,2019,26(8):83-88.

[4] 陈永生,黄庆丰,章裕超,等.基于GIS的合肥市中心城区绿地可达性分析评价[J].中国农业大学学报,2015,20(2):229-236.

[5] 程岩,刘敏,李明阳,等.基于2步移动搜索法的城市郊区公园绿地空间可达性分析[J].中南林业调查规划,2011,30(3):31-35.

[6] 仝德,孙裔煜,谢苗苗.基于改进高斯两步移动搜索法的深圳市公园绿地可达性评价[J].地理科学进展,2021,40(7):1113-1126.

[7] 龙鹏飞,傅凡,张苗苗,等.基于空间句法的城市防灾避险绿地空间结构分析研究——以成都浣花溪公园为例[J].北京建筑大学学报,2022,38(6):20-30.

[8] 胡昂,刘洋洋,戴维维,等.基于改进两步移动搜索法的城市公园绿地供需评价——以成都市三环内为例[J].风景园林,2022,29(9):92-98.

[9] 陈岚,成国强,廖晨阳,等.成都市武侯区城市公园可达性分析[J].中国城市林业,2022,20(2):30-35.

[10] 袁芬,袁红,吴森,等.基于空间句法实证分析的地下空铁换乘空间的步行可达性研究——以成都双流机场T2航站楼为例[J].西部人居环境学刊,36(6):83-91.

[11] 王茂吉.社会公平视角下城市公园可达性研究——以成都市为例[J].城市住宅,2021,28(4):100-103.

[12] 张超.山地城市公园绿地可达性研究[D].重庆:重庆大学,2016.

[13] 韩姝尧,何荣晓,王菲,张乐,周鹏.基于高斯两步移动搜索法的城市绿色空间可达性研究[J].现代园艺,2022,45(7):54-56.

[14] 舒孝珍.层次分析法在出行方式选择中的应用研究[J].太原学院学报(自然科学版),2020,38(1):41-46.

[15] 姚岚博,刘国锋,冶建明.不同交通方式下的城市公园绿地可达性研究——以乌鲁木齐为例[J].住区,13(6):29-35.

作者简介

马朝杨,1999年生,男,汉族,四川人,重庆大学硕士在读,研究方向为建成环境与人群健康。电子邮箱:915136302@qq.com。

基于有序 Logistic 模型的城市居民对绿色休闲空间公平感知研究

Study on Urban Residents' Perception of Equity in Green Leisure Space Based on Ordered Logit Models

梁天婧

摘 要：快速的城市化使居民对于美好生活的追求与发展不充分的矛盾日益凸显，而城市绿色空间作为社会公共资源，其公平性越来越受到人们的关注。研究基于对榆林市中心城区的 482 份调查问卷数据，运用有序 Logistic 模型分析了影响居民对绿色空间公平感知的主要因素。研究显示，家庭月均收入、常去场所所花时间和受教育程度对绿色公平感知有显著性影响，这表明社会经济地位和绿色空间可达性影响了居民公平享有绿色空间。因此，应从政策管控、绿色空间布局和绿色空间服务质量三个方面来改善城市绿色空间不公平现状，提高居民绿色感知体验，以期促进城市绿色空间的公平性。

关键词：绿色公平感知；影响因素；有序 Logistic 回归

Abstract: Rapid urbanisation has made the contradiction between residents' pursuit of a better life and underdevelopment increasingly prominent, and the fairness of urban green space, as a social public resource, has received more and more attention. Based on the data from 482 questionnaires in the central urban area of Yulin City, the study analysed the main factors affecting residents' perception of the equity of green space by using an ordered logistic model. The results of the study: average monthly household income, time spent in frequented places and education level had a significant effect on the perception of green fairness, which indicates that socioeconomic status and green space accessibility affect residents' fair enjoyment of green space. Therefore, policy control, green space layout and green space service quality should be used to improve the inequitable status quo of urban green space and enhance residents' green perception experience, with a view to promoting the equity of urban green space.

Keywords: Green Equity Perception; Influencing Factors; Ordered Logistic Regression

引言

城市绿色空间主要由城市绿地、公园、街头游园等构成，是城市环境的重要组成因素。绿色空间可以净化空气、减少污染、减弱噪声、降温、补水等，同时也给居民提供了休闲游憩的场所，对居民生活的幸福感有很大的作用。然而，城市绿色空间作为社会公共资源，受城市化的影响，存在分配的不公平性，且社会经济地位、年龄、性别等差异也影响了居民公平享有绿色空间。

城市绿色空间供需的不平衡导致诸多城市绿色公平和健康问题[1]，绿色空间公平性成了环境正义研究的热点话题之一[2]。国外学者主要通过低收入群体和其他族裔的角度来研究社区绿地的公平性[3]；国内研究也较早地引入了绿色空间可达性和公平性的概念，对于绿色空间公平性的研究多聚焦于对可达性的评价上[4]，然而对于绿色空间公平性的实证研究还相对较少。

本文基于对榆林市中心城区的 482 份调查问卷，根据问卷中的样本特征，选择有序 Logistic 模型来实证居民绿色公平感知的影响因素，并提出改善绿色不公平的建议，以期为提升居民的绿色获得感、优化城市绿色空间公平性提供参考。

1 研究区域

本文选取榆林市中心城区作为研究区域，是榆林市政治、经济、文化的中心。其已建成城市公园 5 处，广场、街道、行政中心绿地 27 处，榆林中心城区绿地总面积达 3948.37hm^2，公共绿地总面积 679.05hm^2。本文研究的绿色空间包括城市级公园、社区级公园和街头游园三类，主要集中于主城区和高新区，而西沙片区人口多，公园绿地面积少，城市整体绿色空间分布存在不均衡性。

2 研究方法

2.1 数据来源

本文数据来源于 2023 年 3 月对榆林市榆阳区居民的个人及出行信息情况调研，通过随机问卷调查的方式，收集居民的绿色空间出行特征和家庭、个人信息。本研究共发放调查问卷 600 份，其中无效问卷 118 份，有效问卷 482 份，问卷有效率为 80.3%。问卷数据特征见表 1。

样本的基本统计描述 表1

特征	类别	频数	比例(%)	特征	类别	频数	比例(%)
性别	男	214	45.1	家庭月均收入	3000元以下	116	24.4
	女	261	54.9		3000~5999元	170	35.7
年龄	18岁以下	13	2.7		6000~9999元	124	26.1
	18~29岁	108	22.8		10000~15999元	57	12.0
	30~39岁	103	21.7		16000元以上	9	1.9
	40~49岁	72	15.2	家庭阶段	单身与父母同住	60	12.6
	50~59岁	75	15.8		单身不与父母同住	41	8.6
	60~69岁	66	13.9		已婚没有子女	10	2.1
	70岁以上	37	7.8		最小子女未满6岁	89	18.7
受教育程度	小学及以下	62	12.9		最小子女已满6岁但未成年	71	14.9
	初中	100	20.7		子女都已成年与子女同住	97	20.3
	高中/中专/技校	109	22.6		子女都已成年独立居住	109	22.9
	大专	71	14.7	常去场所所花时间	5min以内	119	24.9
	本科	85	17.6		5~15min	159	33.3
	研究生	28	5.8		15~30min	124	25.9
职业	国家/社会管理者	19	4.1		30~45min	47	9.8
	经理人员	16	3.4		45~60min	13	2.7
	私营企业主	10	2.2		60min以上	16	3.3
	专业技术人员	29	8.4	常使用交通工具	步行	295	64.3
	办事职员	58	12.5		自行车	24	5.2
	个体工商户	42	9.0		摩托车	25	5.4
	商业服务人员	49	10.5		公共汽车	63	13.7
	产业工人	35	7.5		出租车	11	2.4
	无业/失业	25	5.4		私家车	41	8.9
	退休人员	87	18.7				
	学生	42	9.0				
	其他	43	9.2				

2.2 变量描述（表2）

2.2.1 被解释变量

为准确了解居民对于城市绿色空间公平感知行为的影响因素，发放问卷主要以"您对城市绿色空间的公平感知程度评价"为核心问题，根据李克特5级量表法设置"不公平""较不公平""一般""较公平""公平"五种选项，并对应赋值为1、2、3、4、5[5]。分数的高低反映出居民对于绿色休闲空间公平性的感知度，得分越高，表明居民认为城市绿色空间越公平。

2.2.2 解释变量

核心解释变量包括受教育程度、职业、家庭月均收入等。其中，受教育程度指标为小学及以下、初中、高中/中专/技校、大专、本科、研究生6档，量化标准依次赋值为1~6；职业指标为国家/社会管理者、经理人员、私营企业主、专业技术人员、办事职员、个体工商户、商业服务人员、产业工人、无业/失业、退休人员、学生、其他，分为12档，依次赋值为1~12；家庭月均收入由3000元以下、3000~5999元、6000~9999元、10000~15999元、16000元以上5档构成，依次赋值1~5；常去场所所花时间由5min以内、5~15min、15~30min、30~45min、45~60min、60min以上6档组成，依次赋值0~5；常使用交通工具指标为步行、自行车、摩托车、公共汽车、出租车、私家车6档，依次赋值1~6。

2.2.3 控制变量

选取控制变量为性别、年龄和家庭阶段。将性别量化标准为男性赋值0，女性赋值1；年龄分为18岁以下、18~29岁、30~39岁、40~49岁、50~59岁、60~69岁、70岁以上共7档，量化标准依次赋值为1~7；家庭阶段分单身与父母同住、单身不与父母同住、已婚没有子女、最小子女未满 6 岁、最小子女已满 6 岁但未成年、子女都已成年但仍与子女同住、子女都已成年独立居住共 7 档，依次赋值为 1～7。

样本变量描述性统计 表 2

类型	变量名	设置及赋值	平均值	标准差
被解释变量	公平感知	不公平=1；较不公平=2；一般=3；较公平=4；公平=5	3.012	1.126
解释变量	受教育程度	小学及以下=1；初中=2；高中/中专/技校=3；大专=4；本科=5；研究生=6	3.224	1.491
	职业	国家/社会管理者=1；经理人员=2；私营企业主=3；专业技术人员=4；办事职员=5；个体工商户=6；商业服务人员=7；产业工人=8；无业/失业=9；退休人员=10；学生=11；其他=12	7.555	3.11
	家庭月均收入	3000 元以下=1；3000～5999 元=2；6000～9999 元=3；10000～15999 元=4；16000 元=5	2.307	1.04
	常去场所所花时间	5min 以内=0；5～15min=1；15～30min=2；30～45min=3；45～60min=4；60min 以上=5	1.426	1.24
	常使用交通工具	步行=1；自行车=2；摩托车=3；公共汽车=4；出租车=5；私家车=6	2.164	1.727
控制变量	性别	男=0；女=1	0.555	0.498
	年龄	18～29 岁=1；30～39 岁=2；40～49 岁=3；50～59 岁=4；60～69 岁=5	3.821	1.705
	家庭阶段	单身与父母同住=1；单身不与父母同住=2；已婚没有子女=3；最小子女未满 6 岁=4；最小子女已满 6 岁但未成年=5；子女都已成年但仍与子女同住=6；子女都已成年独立居住=7	4.538	2.04

2.3 模型构建

有序 Logistic 模型是一种对于多项且有序的变量而构建的回归模型，其广泛应用于问卷调查研究中[6]。本文研究的被解释变量为居民绿色空间公平感知，其指标为有序分类变量，因此选择采用 SPSS 软件中的有序 Logistic 模型进行实证分析。Logistic 模型如下：

$$P(y \leqslant j \mid x) = F(\alpha + \beta x_i) = \frac{1}{1+e^{-1}} = \frac{1}{1+e^{-(\alpha+\beta x_i)}},$$
$$j = 1, 2, 3, 4, 5 \quad (1)$$

式中，y 为居民对城市绿色空间公平感知的评价等级；x_i 为影响居民绿色空间公平感知度的第 i 个因素。采用累积模型：

$$logit(p_j) = \ln\left(\frac{p_j}{1-p_j}\right) = \alpha_j + \beta_i x_i + \varepsilon,$$
$$j = 1, 2, 3, 4, 5 \quad (2)$$

$$p_j = p(y \leqslant j \mid x) = \frac{\exp(\alpha_j + \beta x_i)}{1+\exp(\alpha_j + \beta x_i)},$$
$$j = 1, 2, 3, 4, 5 \quad (3)$$

式中，p_j 为居民对城市绿色空间公平感知的某一评价等级的概率；α_j、β_i 为待估参数向量；ε 为随机误差项。

3 实证分析

3.1 被解释变量分布状况

对调查问卷中居民对于城市绿色空间公平性程度的评价进行统计，结果如表 3 所示。认为城市绿色空间不公平和较不公平的居民占 33.1%，认为一般的居民占 30%，认为较公平的居民占 29.4%，认为公平的居民仅占 7.5%。这表明，榆林市中心城区的绿色空间公平性还有待提高，尚不能公平满足城市不同层次群体的需求。

居民绿色空间公平感知现状统计 表 3

被解释变量	选项	频数	百分比（%）
公平感知	1	52	10.8
	2	107	22.3
	3	144	30.0
	4	141	29.4
	5	36	7.5
	总计	480	100.0

3.2 模型评价

对模型是否有效性进行似然比卡方检验，表 4 为模型的评价体系指标，可对模型的有效性进行检验，其指标主要包括似然比卡方、P 值、AIC 值、BIC 值。

似然比检验 表 4

似然比卡方	P	AIC	BIC
243.123	0.000***	1035.045	1083.528

注：***、**、*分别代表 1%、5%、10%的显著性水平。

模型的似然比卡方检验结果显示，显著性 P 值 $0.000***<0.05$，水平上呈现显著性，拒绝原假设，因此本研究中所构建的模型是有效的。

3.3 实证结果分析

（1）由表5可知，家庭月均收入、常去场所所花时间、受教育程度分别在1%、1%与5%的水平上显著为正，表明提高学历、收入水平和提高绿色空间可达性能够正向影响居民公平享有城市绿色空间。

（2）受教育程度的显著性 P 值为 $0.030<0.05$，水平上呈现显著性，拒绝原假设，因此受教育程度对公平感知会产生显著性影响，以及 OR 值为1.153，意味着受教育程度每增加一个单位，公平感知提高一个或一个以上等级的概率增加了15.289%。居民学历越高，意味着越有机会获得更高的社会经济地位，对绿色空间的需求也更多，有条件去追求更好的城市绿色空间资源。

有序 Logitstic 回归模型分析结果　　　表5

	变量	回归系数	标准误差	z	P	OR	95%置信区间	
							上限	下限
解释变量	受教育程度	0.142	0.065	2.176	0.030**	1.153	1.014	1.31
	职业	−0.021	0.033	−0.634	0.526	0.979	0.917	1.045
	家庭月均收入	0.794	0.105	7.529	0.000***	2.213	1.799	2.721
	常去场所所花时间	−1.117	0.099	−11.27	0.000***	0.327	0.27	0.398
	常使用交通工具	0.032	0.058	0.544	0.587	1.032	0.921	1.157
控制变量	性别	−0.375	0.193	−1.947	0.051*	0.687	0.471	1.002
	年龄	0.022	0.108	0.2	0.841	1.022	0.826	1.264
	家庭阶段	0.149	0.087	1.711	0.087*	1.16	0.979	1.376

注：***、**、*分别代表1%、5%、10%的显著性水平。

（3）家庭月均收入的显著性 P 值<0.01，对居民公平感知会产生较显著的影响。家庭月均收入的 OR 值为2.213，意味着家庭月均收入每增加一个单位，公平感知提高一个或一个以上等级的概率增加了121.28%。家庭月均收入越高，居民对绿色空间公平性的感知越高，这表明高收入水平的群体有更好的经济实力居住在城市绿色空间条件优质的区域[7]。

（4）常去场所所花时间的显著性 P 值<0.01，表明有较强的显著影响，以及 OR 值为0.327，意味着常去场所所花时间每增加一个单位，公平感知提高一个或一个以上等级的概率减少了67.263%。居民与绿色空间之间的路程所耗时间越少，居民会越愿意前往绿色空间，因此能够更多地享有绿色资源，以更好地满足居民对绿色空间的需求。

4 结语

通过对居民绿色空间公平感知评价的问卷调查，并在对统计数据进行整理的基础上，分析影响公平感知的因素，发现"家庭月均收入""受教育程度"和"常去场所所花时间"是影响城市居民对绿色空间公平性感知的主要因素，这些因素也反映出了社会经济地位和绿色空间可达性对绿色公平的影响。

基于以上结论，提出下列有利于绿色空间公平的建议。

（1）政府制定相关政策控制绿色空间周边住宅的溢价问题，保障低收入群体也能够公平享有城市绿色空间，避免因无法支付高房价而被迫远离绿色空间，丧失公平的绿色资源。同时通过调节住宅绿色租金，缓解因社会经济地位导致的社会空间分异问题。

（2）城市绿色空间布局应保障弱势群体拥有享受相应绿色空间的权利[8]。建设等级多样、服务功能完善的绿色空间体系，以满足不同阶层群体的多样化需求，精准提供城市绿色空间[9]，并提高绿色空间对居民的可达性，实现城市绿色空间的资源均置。

（3）优化城市绿色空间的景观环境、空间设计和基础设施，提高居民的绿色接触体验[10]，使居民在人际互动中感受到环境的舒适性。同时提高居民对绿色空间建设后的服务质量监督、管理意识，确保持续优化绿色空间，使居民获得更高水平的绿色资源。

参考文献

[1] 胡一可，丁梦月. 城市社区绿地空间研究进展[J]. 风景园林，2021，28(4)：21-26.

[2] Wolch J R, Byrne J, Newell J P. Urban green space, public health and environmental justice: The challenge of making cities"just green enough"[J]. Landscape and Urban Planning, 2014, 125: 234-244.

[3] 史春云，陶玉国. 城市绿色空间环境公平研究进展[J]. 世界地理研究，2020，29(3)：621-630.

[4] 刘常富，李小马，韩东. 城市公园可达性研究——方法与关键问题[J]. 生态学报，2010，30(19)：5381-5390.

[5] 李俊杰，赵琪. 基于有序Logit模型的扶贫车间工人满意度及其影响因素研究——以宁夏为例[J]. 管理学刊，2022，35(5)：19-37.

[6] 黎晗. 促进代际融合的城市集合住居空间环境优化设计研究[D]. 哈尔滨：哈尔滨工业大学，2019.

[7] Pearsall H. New Directions in Urban Environmental/ Green Gentrification Research[M]//Lees L, Phillps M. Handbook of Gentrification Studies. Cheltenham: Edward Elgar Pub-

lishing, 2018.
[8] Lefkowitz J. Ethics and Values in Industrial Organizational Psychology[M]. London: Routledge, 2017.
[9] 严易琳. 绿色绅士化背景下城市公园规划公平性提升策略[C]//中国风景园林学会. 中国风景园林学会2022年会论文集. 北京: 中国建筑工业出版社, 2023: 569-573.
[10] 杨赫, 曾智, 陈天宇, 等. 居民需求视角下超大城市绿色空间的公平性研究——来自天津市1655个微观样本的证据[J]. 城市问题, 2021(10): 36-45.

作者简介

梁天婧, 1998年生, 女, 汉族, 四川人, 长安大学硕士在读, 研究方向为城乡规划理论与方法。电子邮箱: 379944150@qq.com。

小微绿地和口袋公园建设

包容性视角下老旧住区周边小微绿地更新研究

A Study on the Renewal of Micro-Green Spaces around Old Settlements from an Inclusive Perspective

李诗玥

摘 要：在城市建成环境中，城市绿地稀缺，尤其在老旧住区周边，因先天设计不足且位于非核心地段，这些区域缺乏绿地空间，居民的休闲活动无法得到保障。微绿地得益于其更高的包容性，可以成为改善城市功能的"补丁"。为了实现小微绿地的更新改造，并满足多数群体的使用需求，本文引入包容性设计的理念。结合国内外相关研究讨论了小微绿地的概念内涵和现状问题。同时，从甄选可改造的微型绿地潜力点和挖掘场地更新要点的角度考虑了包容性更新的规划路径，其中包括用地保障、系统化协调、精细化设计以及共享空间的构建，旨在为相关研究和实践提供有益参考。

关键词：包容性设计；小微绿地；空间更新；老城区

Abstract: In urban built environment, urban green space is scarce, especially around old residential areas. Due to the innate design deficiency and the non-core location of these areas, they lack green space, and the recreational opportunities of the surrounding residents are not guaranteed. Micro greenspace becomes a "patch" to compensate for the urban function. In order to realize the renewal and transformation of micro greenspace, and make it meet the use needs of most groups, this paper introduces the concept of inclusive design. Based on relevant research at home and abroad, this paper discusses the connotation and current situation of micro greenspace. Combining with the realistic conditions of China, this paper thinks about the planning path of inclusive renewal from the aspects of selecting micro greenspace transformation potential points and exploring the key points of site renewal. Among them, the key points of site renewal are explored from five angles: land guarantee, systematic coordination, refined design, and shared space creation, in order to provide useful reference for related research and practice.

Keywords: Inclusive Design; Micro Greenspace; Space Renewal; Old City Area

1 研究背景

1.1 存量时代下的老城住区绿地空间更新需求

中国城市发展进入存量时代后，城市发展模式必须从粗放无序的扩张转变为高质量的城镇空间资源整合。住房和城乡建设部在2017年和2022年陆续发布了《关于加强生态修复城市修补工作的指导意见》和《关于推动"口袋公园"建设的通知》，提倡通过拆迁建绿、破硬复绿、见缝插绿等方式来扩展绿色空间，并以人为本、因地制宜、绿色低碳、社会参与为原则推进口袋公园的建设[1]。因此，微绿地逐渐成为优化高密度地段绿地空间结构、提供绿地服务救济的重要工具。

老城区是城市更新的重点区域，其公共空间面临着碎片化、消极化、无序化等问题，影响了城市生态环境和人居品质，加剧了人地矛盾和社会不平等。尤其是在老龄化和弱势群体聚居的老旧住区，由于公共绿地数量不足、质量不高、功能不全、需求不匹配等问题，居民的绿色生活空间难以保障。因此，如何利用碎片空间开发小微绿地，提升其包容性和多样性，满足不同人群的游憩需求，是当前老旧住区更新亟待解决的问题。近年来，不同地区在老旧小区绿地改造方面采取了以问题和需求为导向的实践探索，致力于提高微绿地的环境品质。通过参与式规划、微改造模式、社区活化以及长效机制等方法，取得了积极成效。然而，由于小微绿地与传统城市绿地存在明显的差异，传统的城市绿地规划范式难以应用于小微绿地。因而需要通过成本较低、普惠性较强的包容性更新方式进行小微绿地的更新设计。

1.2 包容性理论不断演进

1.2.1 包容性设计的内涵：走向"共享"设计

包容性设计是一种以人为本的设计理念，它旨在让不同年龄、性别、身体状况、文化背景等的用户都能方便、舒适、安全地使用公共空间，享受公共服务，参与社会活动。反对任何形式的歧视、排斥和隔离，强调公共空间的开放性、多样性和平等性。包容性设计的发展趋势是走向"共享"设计，即通过设计手段促进不同用户之间的交流、互动和协作，实现公共空间的共建、共治和共享。走向"共享"设计的包容性设计不仅能满足用户的个性化需求，还能增强用户的社会责任感和归属感，提升公共空间的活力和品质。

1.2.2 包容性设计的对象：弱势群体指代不断扩展

当前学者[2-4]主要以弱势群体作为空间包容性设计的研究对象。学术界弱势群体的指代并不是固定不变的，而是随着社会变化和公共空间发展而不断扩展的。最初，弱势群体主要指老年人、残障人士等有生理障碍的用户，他们在公共空间中面临着无障碍设施不足、安全风险高等问题。后来，弱势群体逐渐扩展到儿童、妇女、少数民族等有社会文化差异的用户，他们在公共空间中面临着服务设施缺乏、活动空间受限等问题。近年来，随着城市化进程加快和社会结构复杂化，弱势群体还包括了低收入者、流动人口、新移民等有经济困难或身份认同问题的用户，他们在公共空间中面临着参与权利缺失、社会融入困难等问题。因此，包容性设计的对象也就是弱势群体指代在不断扩展，需要设计者不断关注和适应。但在城市绿地空间使用中，仍缺乏一个明确的标准来划分和衡量处于弱势或需要被包容的所有群体类型。本文将使用微空间产生障碍的群体作为包容性更新的研究对象，如身体障碍者、经济困难者、少数民族与外来移民群体、安全缺乏群体等。

1.2.3 包容性改造的重点研究内容：集中于绿地系统空间改造

现有研究多集中于某一类群体，通过设计手段进行场所的改造（表1），较少涉及对全体使用者进行考虑，缺乏对如何降低微绿地的使用阈值进行研究。

包容性更新研究内容　　表1

服务对象	着眼点	包容性改造的内容
残疾人等肢体障碍者	身体状况和行为特点	分析其在城市公园使用过程中可能遇到的障碍及使用需求，建立城市公园无障碍环境构成要素体系，该体系重点强调城市公园各空间组团的可达性和连续性[5]
老年人	生理和心理特征	研究符合老年人行为特征及使用偏好的外部空间特点，从城市公园的功能分区、交通流线、空间设计、游憩设施及园林小品等要素入手，逐一提出适老性设计的要点和导则[6]
儿童	环境感知	探究儿童户外休闲活动的关键环境感知要素，扩展其安全性游乐空间的营造方式[4]
女性	两性使用差异	研究性别差异对城市公园游憩行为的时空分异特征、表现、作用机理及影响因素，探讨如何更好地关爱女性使用群体，从城市公园的空间布局、设施小品、铺装元素等方面提出适合女性行为特征、心理特征、游憩偏好的设计策略[7]

1.3 用包容性求解微绿地更新困境

人本考虑是社区改造的新着力点，包容性设计可以提高小微绿地的可达性、可用性、舒适性和吸引力，增强其对老龄群体和弱势群体的服务能力和社会效益[8]。在建成环境下老旧住区小微绿地更新中，引入包容性设计理念，有助于实现绿地系统整体绩效最大化。

2 微绿地更新

2.1 微绿地的发展演变

微绿地（micro greenspace）是一种非正规的绿地类型，其面积在我国通常不超过1hm²，相关的概念还有口袋公园、袖珍公园、街旁绿地、小游园等[9]。而微绿地概念与公园绿地概念的区别在于：微绿地更注重空间的使用价值和潜力，具有更高的包容性和实用性。因此，本文以包容性和实用性标准审视，微绿地既包含规划用地独立、政府直接管理维护的小体量"正规微绿地"（formal greenspace），也包含不属于独立规划绿地的"非正规微绿地"（informal greenspace），即附属于其他类型用地的绿色空间[9]。由于"非正规微绿地"在老城区中更为易得，例如居住用地、公共管理与公共服务设施用地等用地类型的附属绿地都属于非正规微绿地，所以将它作为本文研究的主要对象。

根据中国住房制度按建成时间段划分的历史演变，老旧住区周边的微绿地可划分为4个阶段：1949年以前以内部绿地为主，1949—1978年及1978—2000年以闲散绿地为主、2000年后以内部绿地为主，不同时期的居住区在建设过程中对微绿地的配套不同（图1）。虽然老城区的微绿地在数量上甚至超过了新城区，老城区居住区到绿地的可达时长大部分在15～30min[10]，但老住区的绿地建设质量难以满足人群复杂的活动需求。

2.2 微绿地的问题梳理

2.2.1 微绿地用地难以得到保障

在高密度的城市环境中，微绿地作为一种能够提高城市生态质量、改善居民生活环境、增强城市韧性的重要元素，其发展用地的保障显得尤为关键。然而，由于土地利用的竞争、规划制度的不完善、利益相关方的缺乏协调等原因，小微绿地的用地往往难以获得有效的保障，导致其规划与实施之间存在较大的落差。这不仅影响了微绿地的功能发挥，也制约了高密度城市环境的优化和提升，导致微绿地形成无形壁垒，影响了不同群体对空间的使用，剥夺了周边居民对"最后一公里"绿地的使用权。

2.2.2 活动群体之间产生重叠和冲突

包容性设计研究旨在抵抗被动排斥，因此包容性设计应该创造各种不同的空间单元或减少环境对特殊群体能力的要求。然而，现状是目前的绿地设计往往只以普通成年男性的身体和活动尺度为标准，忽视了对老年人等可能存在能力缺陷的群体的设计关注[8]。另外，使用者的需求是多样化的，并且可能会在与环境或其他使用者的互动过程中产生重叠和冲突，导致矛盾和障碍。例如，醉酒者、疑似精神病患者等使用者可能使其他群体感到恐惧

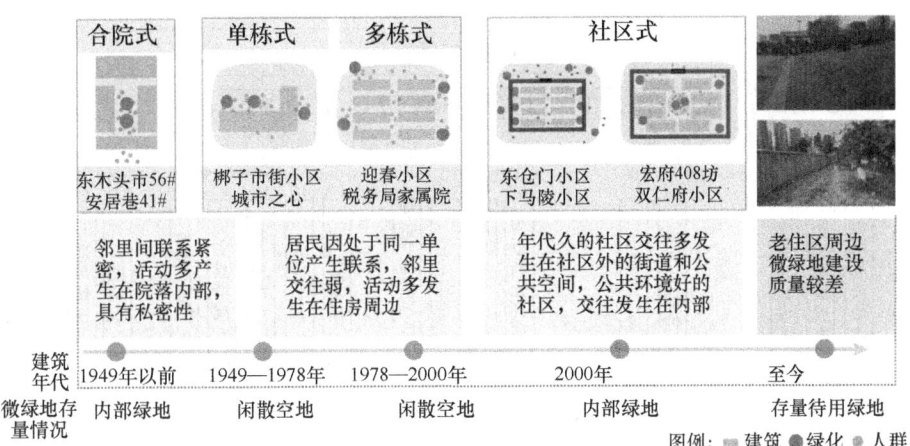

图1 住房制度下微绿地更新需求凸显

和疏离，年轻人活动可能产生的快速位移或声响可能使视觉、听觉和体力衰退的老年人产生紧张情绪。可见，微绿地使用涉及各种使用群体的综合游憩过程，受到场地活动时空限制。因此，包容性更新中要调节游憩群体间相互作用关系，消除设计排斥。

2.2.3 对弱势群体产生生理与心理隔离

社会弱势群体的困境不只是身体和经济上的，更是心理上的。为了缓解他们的自卑、失落等负面情绪，包容性设计应该从游憩者的心理感知出发。然而，过去一些旨在为特殊群体设计的专类设计（specialized design）常常被进行标签化或特殊化，与主流群体的使用方式存在显著差异，从而造成特殊群体感到被排除和歧视，影响了他们在游憩中的体验。这种空间使用频率的差异不仅存在于有生理障碍的群体中，也存在于不同社会阶层、文化背景和种族的群体中。比如，在中国深圳，低收入群体因城市变迁而失去原来熟悉的绿色空间，难以适应新的城市绿地环境[11]。空间设计过去往往以满足大众需求为主，忽视了少数群体的心理需求差异，使社会边缘群体与特定场所缺乏联系。为解决问题，需关注社会边缘群体需求，从空间设计角度考虑满足其情感联系，提升其活动体验和环境感知，创造一个包容友好的社会环境（图2）。

(a) 居民占用设施　　(b) 停车占用场地　　(c) 到达路径有障碍

图2 微绿地的现状问题

3 基于包容性理论的小微绿地更新路径

包容性设计的目标是通过消除设计的排斥，解决城市公园中存在的游憩不公平问题。具体实施步骤如下：首先，评估微绿地的更新潜力，并筛选出适宜的地块。其次，确定场地的主要使用群体，针对那些被各种设计因素排斥的群体进行需求分析，以空间设计能容纳更多的人群为目标，确定包容性更新的重点方向。最后，基于包容性理念制定一系列设计策略，尽可能地容纳那些被排斥的群体，使他们与主流群体融合。

3.1 评估微绿地改造潜力点，筛选出适宜改造点

在高密度环境下，要有效调控非正规城市绿地，需甄别和评测城市存量用地中具有绿地发展潜力的资源规模和条件。根据相关文献和实践[12-13]，微绿地包容性评测主要从微绿地用地可行性、可达性、公共服务、可使用性、自然属性五个方面进行（图3）。用地可行性主要评测用地转换为非正规城市绿地的综合难度，包括用地转换机会、沟通协调成本、实施建设成本等因素[14]。可达性主要评测到达微绿地的难易程度，其中包含路线便捷性、位置醒目度，如在道路一侧的微绿地会有更大的使用意愿[14]。公共服务属性主要评测微绿地周边是否能维持使用者一段时间内的良好体验，其中包含附近有无商店、有无厕所等。自然属性主要评测微绿地的日照情况、通风情况、声环境、遮阴情况、绿化情况等物理条件，以甄别其改造的价值，如有高乔木的地块比植物贫瘠的地块更有改造的潜力。最终，从五个维度——用地可行性、可达性、公共服务属性、可使用性、自然属性出发度量微绿地改造的潜力，通过实地调研对12个地点进行打分。再利用层次分析法构造判断矩阵并进行一致性检验以此确定权重，生成权重值，最终得到现有微绿地的改造潜力值（图4）。

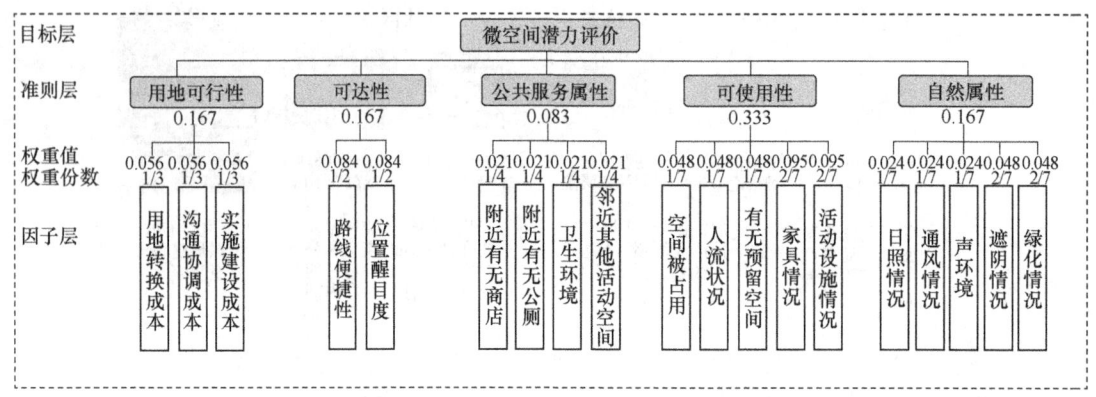

图3 微绿地潜力的评价因子示意

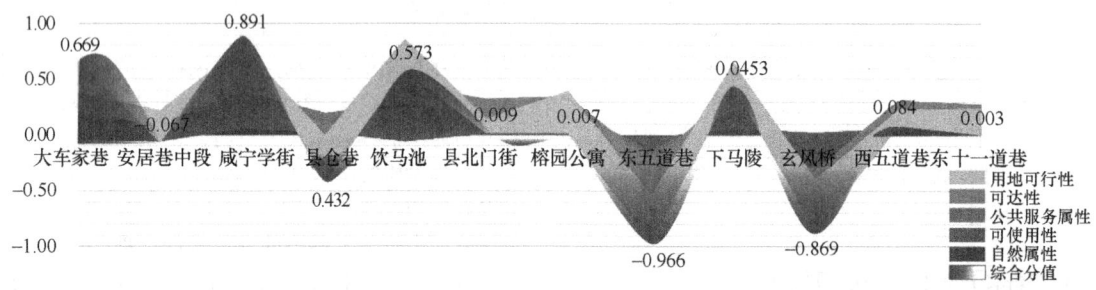

图4 微绿地潜力的评价结果

3.2 挖掘微绿地包容性更新要点

3.2.1 构建多样化的用地保障策略

非正规城市绿地需要利用建成环境中的存量用地，所以需要确保用地不被侵占。为了保障微绿地的发展用地，需要从多个层面进行改革和创新。首先，需要加强土地利用规划的科学性和合理性，充分考虑城市的生态需求和居民的生活需求，合理分配土地资源，避免对微绿地用地的挤占和侵占。其次，需要完善规划制度和法律法规，明确微绿地的定义、标准、分类、指标等，制定微绿地的用地保障政策和措施，加强对微绿地的监督和管理，保证规划的执行和落实。再次，需要加强利益相关方的沟通和协调，增强各方对微绿地的认识和重视，形成共同的目标和利益，促进微绿地的协同发展。最后，需要借鉴国内外的先进经验和做法，探索适合本地情况的微绿地发展模式和路径，创新微绿地的设计和建设方法，提高微绿地的质量和效益。

3.2.2 形成体系化统筹

非正规城市绿地要缓解高密度环境下的游憩资源不足，成为大体量绿地之间的黏合剂，必须规模化、体系化发展。非正规城市绿地主要提供日常就近服务，所以更适合在社区层面进行绿地组群的综合调控，通过多个不同且连续分布的微绿地形成一套系统多样的服务序列。在微绿地的功能规划中要考虑到绿地个体的特点和条件，并建立协同互补的服务组群。这种体系化规划能充分发挥绿地功能，提供全面完善的服务，满足居民不同需求。例如，中低收入人群偏好选择居住区内部绿地及外部的小游园，需求的是休闲的场所而对绿地品质要求不高；年轻人则更愿意选择体育运动型的绿地；老年人通过自己的健康和游憩需求来选择用地；外来进城务工人员与城市原始居民二元分立，绿地规划则需要考虑承载不同的社会、文化背景所带来的需求差异。

3.2.3 精细化设计

微绿地的设计需要考虑其与周边环境的密切互动，这在空间上有着一定的限制和边界。与大型公园相比，微绿地的服务受到周边环境的影响更大。一方面，尽管微绿地难以提供完善的服务设施，但可以依赖周边已有的休闲设施，比如公厕、餐饮和零售等，以实现与微绿地的整合效应。另一方面，如果，微绿地周边环境会产生噪声、异味或是存在危险设施以及大型公园等因素，则会对微绿地的吸引力和使用效率产生负面影响。为了解决此问题，通常通过城市设计导则和控规图则调节非正规城市绿地与其他地块和要素（如建筑、道路）的关系（图5）。这些规则将非正规城市绿地与周边环境无缝衔接，以确保微绿地在功能、景观和生态方面与周边环境协调。

3.2.4 空间共享

为了实现微型绿地服务于更多居民群体的具体目标，需要精心识别居民的休闲需求，并在绿地布局和选址中做出精准回应。为了提高对居民休闲需求的精细识别水平，除了分析居民的空间分布和密度外，还应该评估不同人群之间的休闲需求差异。据我国人口统计数据，目前较为可行的方法是调查不同年龄群体的休闲需求特点和强度，并将其与街道或社区的人口统计数据进行结合，以更为精确地预测居民的休闲需求强度。近年来的相关研究还发现，除了年龄因素外，职业、收入、宗教信仰、族群等属性也会影响人群的休闲出行模式和需求强度[7]。因此，在规划和设计微型绿地时，需要综合分析不同群体之间的休闲需求差异，考虑到不同年龄群体具有特定的空间需求。同一类型的空间难以同时满足所有居民的需求，然而，为实现社区的融合，避免居住隔离和代际冲突的发生，不同年龄群体之间互动和合作是必要的（图6）。首先应该加强老年人与儿童之间互动空间的营造，因为老年人和儿童都属于弱势群体，他们对于空间位置、尺度、设施等方面的需求往往是相似的，可以将儿童游乐区域和老年人健身或休闲区域设置在相邻的位置。通过结合老年和幼年群体相似的需求进行空间布局，既可以解决老年人看护儿童的问题，也可以让老年人在与儿童互动中获得精神上的满足，并实现对自我价值的认同。

(a) 优化石坎高差

(b) 多样化的导览系统

(c) 台阶防滑措施和扶手示意

图 5　步行网络的包容性策略

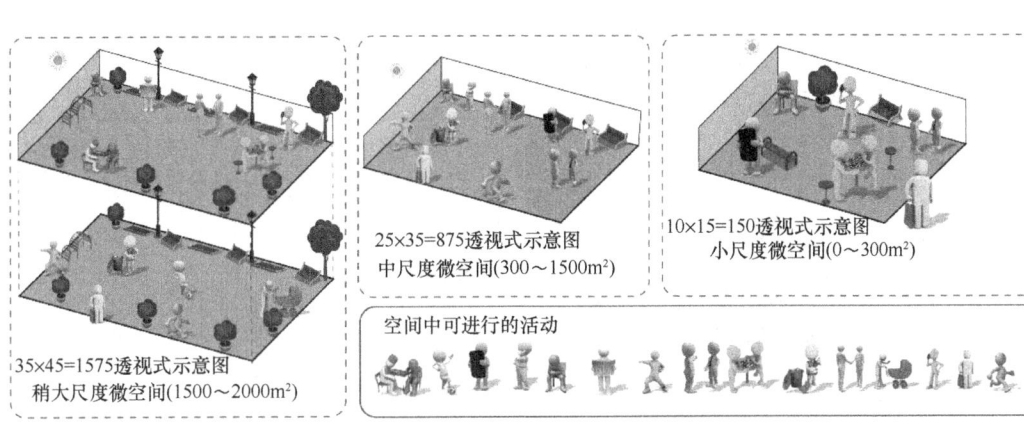

图 6　不同群体微绿地共同活动的策略

3.2.5　转向场所依恋感营造

通过对城市公园环境的研究中发现，色彩、空间、文化认同、活动数量、环境喜好、参与感等感知环境对依恋情感产生直接影响[11,15]。提出提升微绿地场所依恋感的策略：①提升微绿地的生态价值和美学价值：一是保护和恢复微绿地的自然生态系统，增加其生物多样性和景观多样性，从自然环境中树立依恋感；二是结合当地的文化和历史特色，创造具有地域特征和艺术表现力的微绿地景观，从人文环境中树立依恋感。②微绿地空间中应预留居民活动场地空间，为居民提供休闲、娱乐、交流、教育等多种功能，满足居民的多元需求和期望。③微绿地的空间组织应围绕居民的日常活动路线和节点，营造便捷、舒适、安全的微绿地空间，体现居民的行为习惯和空间偏好。④微绿地的空间用途方面倡导以居民为使用主体，鼓励居民共同参与微绿地的建设和管理，增强居民在微绿地空间中的归属感和责任感。⑤微绿地设计应当采用当地植物材料，利用当地居民所熟知的植物特征体现微绿地的生态特色。

3.2.6　建构可持续运营机制

空间背后的社会运作过程往往比空间本身更为重要，没有人的持续努力，空间也会逐渐衰败。中国社区更新目前呈现出政策复杂、沟通不畅、主体单一、利益冲突等问题，社区更新中的居民参与多为动员式，自愿参与度低。在微绿地更新中应试图以居民自治组织为主体，政府发起项目和引导，专业团队担纲设计，地方志愿团体等社会组织进行协作，把人联系在一起并提升彼此的生活质量。社区规划师与居民多次线下共同进行参与式设计，居民得以集体协商决定自己的生活空间，有利于形成社区共同体发挥城市更新中的社区主人翁意识，并与设计师、志愿者一起完成了马蹄街的社区景观微更新，让社区畸零空间变得更生态、温暖和美好的同时，也让人与人之间疏离的关系变得友善亲近，成为具有高度认同感的社区情感场域。

4 结语

目前我国处于整治增量空间扩张向存量空间优化与重构的城市转型发展时期，微绿地在城市设计中常被忽视，但却是居民日常活动最可得的空间，是实现绿地公园"最后一公里"的重要补充。城市微绿地"多功能、复合价值""情感纽带、社会交融"的特质让其具有空间和社会的双重复杂属性，因而提升场地包容性可容纳更广泛的群体和更丰富的活动是更新的重点。所以本文创新性地提出了微绿地的包容性更新路径。在包容性更新的具体路径方面，微绿地的规划调控较之正规城市绿地更为复杂，在筛选出有更新潜力的场地后，还需明晰使用群体的广泛需求，再通过对用地保障及规划设计提出更高要求，并在发展保障制度、更新机制及实施措施等方面展开全方位调适和优化。

包容性导向下的微绿地更新试图构建一种更具有普适性的空间，无论是在空间使用还是情感交流上，使用者都能避免设计排斥造成的隔阂，通过微绿地的驱动增强地区活力，维系一个具有凝聚力的社区家园。此外，微绿地多是非正规绿地，所以缺乏关于个体和群体服务机制、周边环境互动机制等方面的研究参考，这个短板需要更有针对性的研究来完善。

参考文献

[1] 周聪惠. 城市微绿地的基本属性与规划关键问题[J]. 国际城市规划, 2022, 37(3): 105-113.

[2] 周兆森, 林广思. 基于空间与程序途径的城市绿地景观公正研究[C]//中国风景园林学会. 中国风景园林学会2020年会论文集. 北京: 中国建筑工业出版社, 2020.

[3] 胡伟. 生活性街道包容性研究[D]. 重庆: 重庆大学, 2014.

[4] 林芷珊, 林广思. 基于可供性理论的儿童友好型开放空间研究现状与展望[J]. 风景园林, 2022, 29(2): 71-77.

[5] 党蔚琪. 成都市综合公园无障碍设计研究[D]. 成都: 四川农业大学, 2020.

[6] 石乙杉. 重庆巴南区城市口袋公园适老性优化策略研究[D]. 重庆: 重庆交通大学, 2021.

[7] 孟东生, 王静静, 贺城. 女性视角下城市综合公园景观人性化设计研究[J]. 设计, 2016(13): 26-27.

[8] 周兆森, 林广思. 抵抗设计排斥的城市公园包容性设计理论[J]. 风景园林, 2021, 28(5): 36-41.

[9] 何琪潇, 谭少华, 申纪泽, 等. 邻里福祉视角下国外社区公园社会效益的研究进展[J]. 风景园林, 2022, 29(1): 108-114.

[10] 李正图, 杨维刚, 马立政. 中国城镇住房制度改革四十年[J]. 经济理论与经济管理, 2018(12): 5-23.

[11] Maguire B, Klinkenberg B, 张宁馨. 公园社区的场所依恋可视化研究[J]. 城市规划学刊, 2022(1): 122.

[12] 丁竹慧, 董欣, 路金霞, 等. 功能修补视角下西安市老旧城区微空间改造研究[J]. 规划师, 2021, 37(20): 29-36.

[13] 周聪惠. "非正规城市绿地"概念辨析及规划策略研究[J]. 中国园林, 2022, 38(5): 50-55.

[14] Chris B, Aysin D, Jason B. Factors shaping urban greenspace provision: A systematic review of the literature[J]. Landscape and Urban Planning, 2018, 178.

[15] 刘群阅, 尤达, 潘明慧, 等. 游憩者场所感知与恢复性知觉关系研究——以福州温泉公园为例[J]. 旅游学刊, 2017, 32(7): 77-88.

作者简介

李诗玥，1998年生，女，汉族，重庆人，重庆大学建筑城规学院城市规划专业在读，研究方向为城市更新、遗产保护。电子邮箱：1163969905@qq.com。

基于CiteSpace的口袋公园研究进展综述及展望①

A Review and Prospect of the Research Progress of Pocket Parks Based on CiteSpace

白 雪 杨馨铭 王慧英 邓庆哲

摘 要：在我国城市建设由增量转向存量的背景下，高密度城区内绿色空间的建设成为规划设计师面临的新机遇与挑战，口袋公园正是为了满足高密度城市中心区居民对游憩环境的需求而产生的。以2017—2022年Web of Science TM核心合集数据库739篇英文文献和中国知网CNKI数据库647篇中文文献为研究对象，利用CiteSpace科学知识可视化图谱软件识别国内外研究进展；梳理口袋公园概念内涵、基本特征、分类与意义，提出高密度街区口袋公园设计策略，旨在为高密度建成环境下口袋公园建设提供参考。

关键词：口袋公园；Citespace；研究进展；系统综述

Abstract: In the context of China's urban construction from increment to stock, the construction of green space in high-density urban areas has become a new opportunity and challenge for planners. The generation of pocket parks is precisely to meet the needs of residents in high-density urban centers for recreational environment. Taking 739 English literatures in Web of Science TM core collection database and 647 Chinese literatures in CNKI database from 2017 to 2022 as the research objects, CiteSpace scientific knowledge visualization map software was used to identify the research progress at home and abroad. This paper combs the concept connotation, basic characteristics, classification and significance of pocket park, and puts forward the design strategy of pocket park in high-density block, aiming to provide reference for the construction of pocket park in high-density built environment.

Keywords: Pocket Park; Citespace; Research Frontier; System Overview

引言

随着城市建设进入由增量转向存量的阶段，我们需要从新的角度运用新的方法思考城市高密度空间的高效利用。"口袋公园"的出现满足了高密度都市中心地区居民对休闲空间的需要。对周边居民来说，口袋公园与其他类型城市公共绿地相比，具有可达性高、微小便捷、无处不在的特点，能够有效协调居民活动需求，成为城市居民触手可及的公园类型。在公园城市的背景下，如何统筹利用原有不同土地性质的绿地资源，并通过口袋公园的建设有效补充城市开放系统体系，进一步促进健康城市建设，是当前的特点和难点。本文基于Citespace软件对2017—2022年近五年来Web of Science TM核心合集数据库和中国知网（CNKI）数据库中有关口袋公园研究的文献进行可视化分析，梳理口袋公园概念内涵、基本特征、分类与意义，为公园城市背景下高密度城区口袋公园建设提供参考。

1 基于Citespace的国内外口袋公园研究系统综述

1.1 数据采集及可视化分析

以Web of Science TM核心合集作为英文文献数据的数据源，检索词为pocket park及相近类别：Minipark、small green space、neighborhood park等开展检索，检索时间为2020年12月20日，检索时段为2017年12月20日—2022年12月20日，对Web of Science学科类别进行筛选，最终选择739篇文献进行可视化分析。通过中国知网（CNKI）获取中文文献数据源，检索口袋公园、微空间、袖珍公园等主题词，检索时间为2022年12月20日，时间跨度为2017年12月20日—2022年12月20日，排除新闻、综合信息等，通过人工筛选，剔除掉重复和不相关的文献，共计647篇口袋公园和与之相关的文献。基于CiteSpace软件使用文献主题作为标签聚类，通过对主题词、关键词等客观性、可视化分析，直观清晰地呈现出口袋公园的研究状况与发展趋势。

1.2 英文文献研究系统综述

通过Citespace软件对英文文献主题词、关键词等进行可视化分析，得出近年来国外有关口袋公园的研究多围绕环境正义、热舒适[1]、微气候、儿童友好、空间模式、体力活动、心理健康等（图1），对739篇英文文献进行网络聚类（图2）得到14个共被引聚类（表1）。

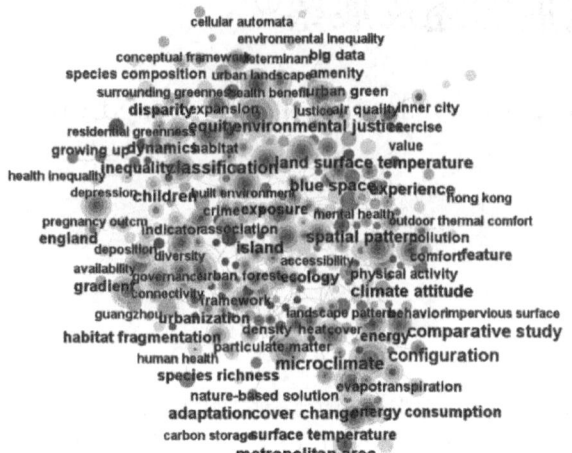

图 1 Web of Science 口袋公园主题分析网络图谱

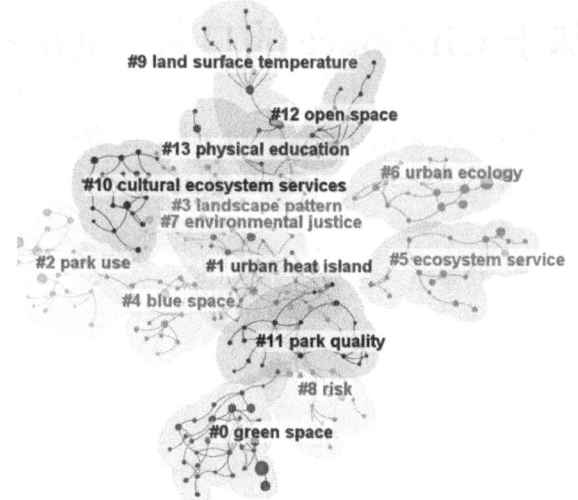

图 2 英文文献共被引网络聚类图谱

英文文献的共被引聚类信息　　　　表 1

#0 绿色空间	#3 景观模式	#6 城市生态	#9 地表温度	#12 开放空间
#1 城市热岛	#4 蓝色空间	#7 环境公平	#10 生态系统文化服务	#13 体育
#2 公园利用	#5 生态系统服务	#8 风险	#11 公园质量	

由分析可得，在口袋公园研究领域，学者普遍关注城市蓝绿空间和开放空间，通过口袋公园的建设改善城市热岛效应，优化生态系统服务供需平衡，提高公园可达性和环境公平性，同时提高文化服务质量，促进市民体力活动，降低健康风险。近年国外口袋公园研究排名靠前高突发性关键词为肥胖、儿童、热舒适、可达性[2]、网络分析、装配式设施[3]、社区花园、空气质量[4]、人居科学[5]、植物情境、模拟指数、体力活动、绿色基础设施[6]、深度学习、算法等（图3）。口袋公园的前沿研究将建立在先前的研究基础上，围绕生态系统服务、装配式景观、体力活动、可达性、人居环境、城市热岛效应、颗粒污染物等热点问题，并继续深入探讨高密度小型绿色空间的特征识别方法和数字景观的应用，重点关注儿童、老年人和孕妇的身体和心理健康，打造健康舒适的人居环境。

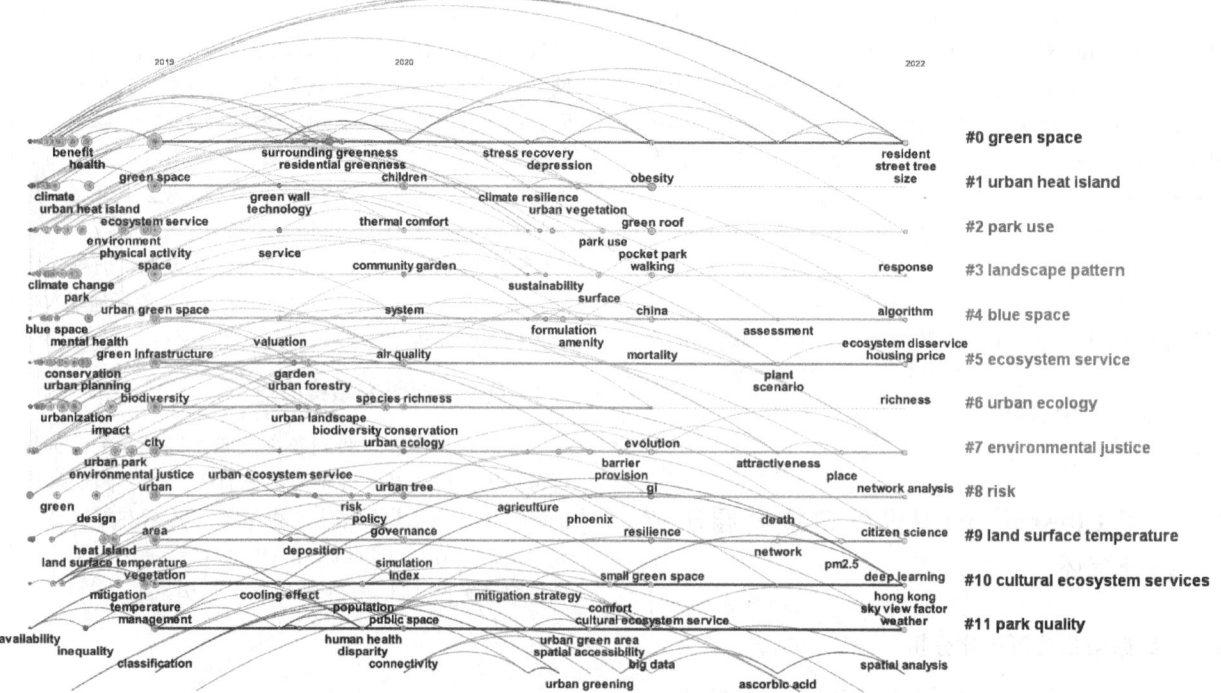

图 3 Web of Science 口袋公园研究主题网络时间线图

1.3 中文文献研究系统综述

近年来，我国有关口袋公园的研究主要集中在社区营造、城市微更新、海绵城市、公园城市、传统街区、老旧社区、公共空间、公众参与[7]、公平性[8]、优化策略[9]等方面（图4）。形成#1口袋公园、#2城市绿地、#3城市更新、#4公共空间、#5公园城市、#6交互设计、#7景观设计、#8多源数据等12个聚类（图5）。健康景观、建成环境、社区公园、交往空间、空间活力等在2020年成为口袋公园的研究主题，在此后的热环境[10]、地域文化、场地特征[11]、城市双修、疗愈景观、微花园、社区更新、多源数据[12]等领域开展对口袋公园的研究（图6）。

国内的研究多利用多源数据研究人群特征和行为特点，通过交互设计融合多学科，对城市街道和社区的微小空间从健康、景观、教育、参与等多方面进行改造更新，挖掘场地特性，营造居民地方感和安全感，通过微空间的利用丰富城市公园体系，促进人居环境健康发展。与国外相比，国内对于口袋公园的研究多偏向于园林景观、设计

图4 中国知网口袋公园主题分析网络图谱

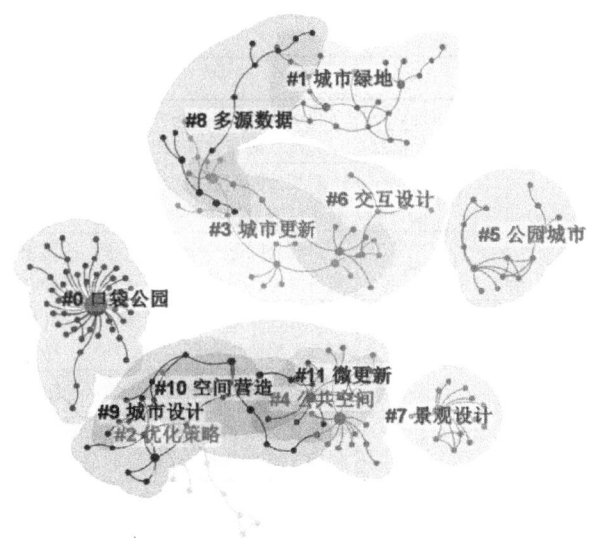

图5 中文文献共被引网络聚类图谱

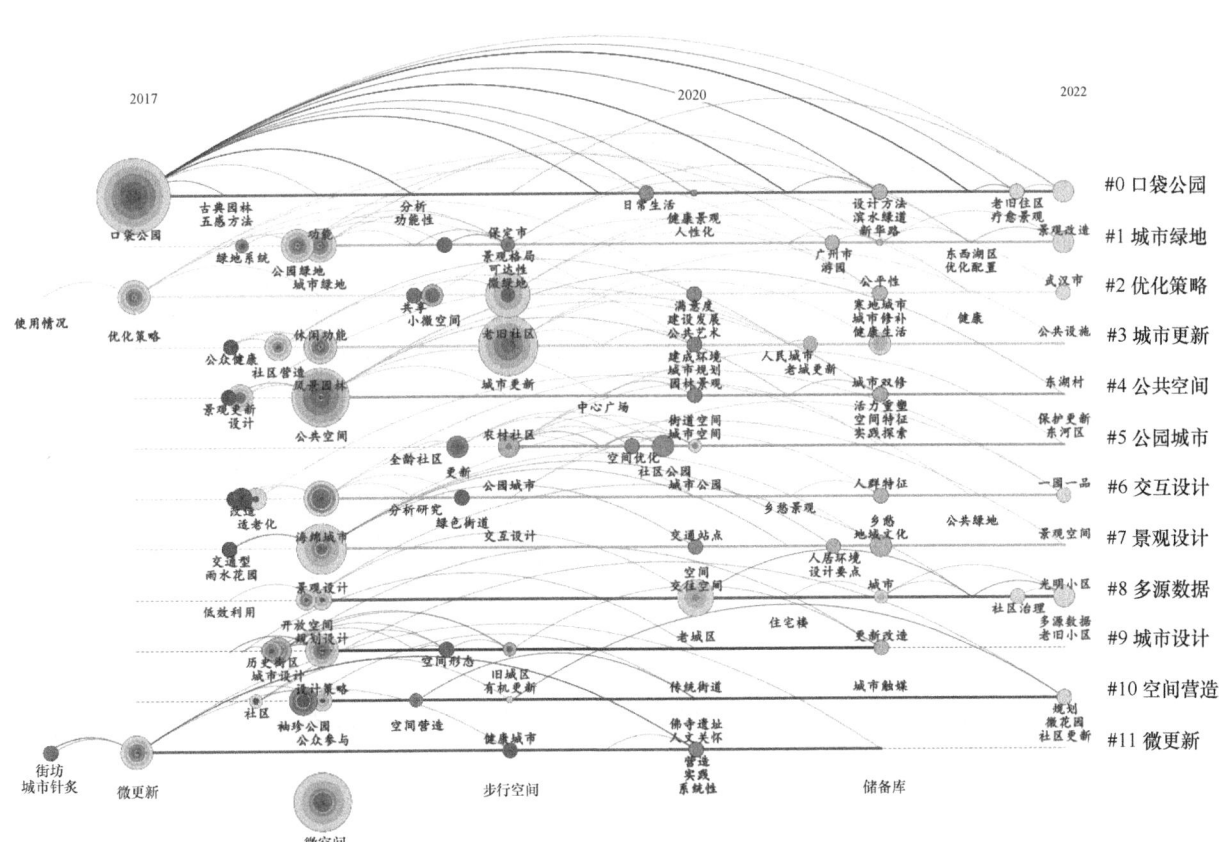

图6 中国知网口袋公园研究主题网络时间线图

方法、地域文化等方面，对于生态系统调节服务和数字化景观研究较少，国内外都关注了使用者的需求、生态系统文化服务等方面，基于国内外城市布局和密度的不同特点，研究方向也有所差异。

2 口袋公园概念内涵与基本特征

2.1 口袋公园内涵

整理国内外学者对口袋公园的定义和规模界定[13]（表2），总结其内涵概念：口袋公园是一种规模较小、形态多样、分布广泛，具有一定休闲、娱乐、教育等功能的，并有较强可达性、开放性的绿化活动场地，面积一般为400～1000m²，类型包括小游园、小微绿地等，是解决高密度城市中心区人们对休憩环境的需求而产生的一类绿地。具有一定分布密度的口袋公园，可以有效改善城市的微气候。口袋公园占地面积小、灵活性高，因此可以充分利用土地资源，增加城市绿地的连续性。

国内外学者对于口袋公园的定义[13]　　表2

	作者	定义
国外	Blake A.	Pocket parks, also known as mini park or vest-pocket parks, are urban open space at the very small scale
	罗伯特·宰恩	是建立散布在高密度城市中心区的呈块状分布的小公园
国内	张文英	口袋公园也称袖珍公园，是指规模很小、直接为当地居民服务的开放空间，由于口袋公园呈斑块状散落在城市结构中，步行系统将其联系起来会更为便捷
	刘悦来	口袋公园是一个个规模很小的城市开放空间，星星点点像板块一样散落或者隐藏在城市里，在国内类似于街旁绿地、带状公园，甚至写字楼花园这样的附属绿地
	柯鑫	口袋公园是一种小型城市公共开放空间，是提供人们都市生活中休闲、娱乐的场所，起到平衡城市发展、调节土地使用密度、美化环境、净化污染等作用
	马杰	位于城市的高密度中心城区的小型开放绿地形式
	余浏	面积在0.04～1hm²，以斑块形式灵活散布于城市中，高绿化率、方便可达、方便进入，且任何人都能够使用，能够为市民提供良好的休憩与交流场地的城市户外小型开敞空间

2.2 口袋公园基本特征

2.2.1 围合空间，闹中取静

口袋公园多分布在建筑物之间或街道两侧，又因其面积小，游人在公园之中常因为高大建筑物产生压迫感，因喧闹繁忙的街道和来往人群缺乏安全感和私密感，通过植物进行空间围合，形成自然的顶面、立面，减少外围环境的压迫感。

2.2.2 自然元素，立足根本

口袋公园主要是通过植物、水体等自然元素进行营造，充分利用植物的多种功能。通过树木遮阴并形成室外客厅，结合灌木、地被等植物营造丰富景观，改善小气候，缓解游人焦虑情绪；利用水体为场地带来活力，将水景、声景和光景充分融合，营造五感景观。

2.2.3 公众开放，城市融合

口袋公园尺度小巧，并且在内部设计上通常有一定面积的且较为集中的公共活动空间，通过向心型的空间设计营造一种公共的私有空间，适合人们在这里休憩与交往，以供全年龄段市民进行场地活动和交流。因公园面积较小，铺装宜采用统一的铺装形式和简单的铺装样式，避免空间破碎化。通过植物、材质、色彩的运用与外界环境相统一，使公园与城市融合。

2.2.4 移动设施，全民互动

分析公园使用者的行为和需求，以需求为导向布置场地功能分区和设施摆放，通过可移动设施组合满足使用者活动需求，如可移动桌椅、售卖亭、花箱、儿童设施等。将场地变为非限定空间，同时增添互动装置，如"微度假"装置、社区漂流瓶、节庆拼装墙、旧物仓库等，在有限的空间中为市民提供多功能的服务，促进邻里和亲子互动。

2.2.5 市民参与，便于维护

从公园的设计和建造到后期维护、管理和运营，可采用市民全过程参与的模式。通过半结构式访谈了解居民诉求，可选取木桩、铁桶、轮胎、石头等低维护低成本的材料应用到场地中，并鼓励市民参与场地的建造过程；通过公园居民轮流负责制进行管理和维护，后期可开设少量收费项目，将资金运用到场地维护和提升工程中。

2.2.6 场地记忆，文化归属

公园主题的确立要立足于场地本身的特征、场地周围的特点，并与区域的时代文化相结合，使文化主题与景观环境相结合，找寻场地记忆，提取元素应用到场地中，促进创建"口袋公园"文化品牌、"社区文化"。动员社会各界积极投身于"口袋公园"建设中，提升市民的归属感。

3 口袋公园分类与意义

3.1 口袋公园分类

通常绿地的位置会在一定程度上影响它的主要用途、使用者的类型以及绿地被使用的时间。要尽可能满足更

多不同使用者的需求，要保证口袋公园良好的可视性。因此根据口袋公园在城市中的位置，将其分为沿边型、角落型、居中型三种类型[14-16]（表3）。城市绿地多被建筑分割成多种不规则的零碎空间，按照形态对口袋公园进行分类，可分为点状型、线状型和面状型三种类型。从口袋公园功能角度分类可分为基本型和拓展型，基本型由公园绿地、小游园等新建和改造提升而来；拓展型由附属绿地（单位、居住、道路）改造而来，包括公共建筑、居住区、交通等附属空间建设和城市各类用地中的闲置（边角）空间建设。

口袋公园分类　　　　　　表3

分类依据	类型		主要内容
位置	沿边型		沿道路分布，起到绿色廊道作用，开放性高，提供视觉引导，使用人群广泛
	角落型		游憩功能与通行功能并存，开放性高，使用人群广泛
	居中型		多被建筑包围，可视性、开放性差，使用人群单一，多为周边居民
形态	点状型		面积小，零散点状分布，由城市其他建设用地规划之初围合形成的小绿地
	线状型		呈线性分布，可以衔接到城市绿带作为城市的绿地系统组成部分
	面状型		包括自然的面形和规则的面形，面积相对较大
功能	基本型	公园绿地	由街头绿地、游园提升改造而来，绿地属性为公园绿地
	拓展型	住宅型	使用率高，连接城市与居住空间，满足居民日常活动需求，保证安全和私密性
		商业型	开放性强，使用人群广泛，疏散引导人群，柔化建设用地的边界
		交通型	综合功能和人流动线，防护和美化城市界面，包括城市入口、交通枢纽、街道节点、通行型空间等
		公共管理与服务型	与城市科研教育用地紧密相连，满足科研、文化、教育等机构人群使用

3.2 口袋公园意义

3.2.1 适应高密度紧凑式城市格局

全国城市化水平预计将在2030年达到65%[17]，高密度发展是大势所趋。在城市高密度的建成环境中建设用地较多，而绿化空间相对较少，为保证地块周边人群的基础利益和土地现有的价值，通过口袋公园将遗落的绿色斑块进行设计提升，优化城市绿地系统和公园体系，增强城市绿色空间连续性，科学提高城市绿色空间生态系统服务绩效；通过微绿地协同优化绿色空间和建成环境耦合关系，改善高密度城区内小气候，提高附近居民体力活动水平，促进居民健康生活[18]。

3.2.2 优化分布零散的城市剩余空间

我国城市的规划建设呈现"碎片化"，城市产生了大量分布零散的城市剩余空间[19]，以建设口袋公园的方式组织城市"边角料"空间，能有效补充城市公共空间系统，进一步细化城市公园体系，提高人们的游憩和出行意愿。通过以公众参与为基础的口袋公园系统化渐进式景观微更新设计对城市公共空间进行更新改造，迎接城市存量发展背景下的机遇与挑战。

3.2.3 缓解公园服务扁平化趋势

目前全国各地已基本取消了综合性公园门票，原本作为周末休闲场所的综合性公园，也逐步成为周边居民的主要活动健身场所。在高密度的城区环境中，休闲资源的匮乏导致不同类型城市绿地的等级化特点在日常休闲活动中逐渐淡化，并逐渐趋于扁平化。居民选择日常游憩的目的地是通常把绿地邻近度作为最重要的考量因素，将公园社区化转向社区公园化发展，通过多个口袋公园形成连续的游憩服务序列，采用"小半径，分散式"的服务方式，建立"5分钟生活圈"（半径300m），形成"绿色踏脚石"[20]。

4 高密度街区口袋公园设计策略

4.1 提高可达性和服务半径覆盖率

口袋公园作为城市公园体系的补充，要以提升公园服务半径为目标。通过无人机倾斜摄影与手持激光点云扫描仪相结合的实测数据采集技术，精准识别口袋公园二维、三维规模和格局，构建街区公园绿地研究基础数据库，基于活动-移动系统分析方法，建立高密度街区公园绿地可达性评价模型，评价不同类型公园绿地服务半径覆盖率指标的合理性。依据"300米见绿，500米见园"的公园建设要求，对街区内所有公园绿地进行整体性分析，归纳整理可达性空间分布特征，基于公园服务半径覆盖率选址口袋公园，实现提升高密度街区公园游憩服务格局综合优化的目标。

4.2 提高智慧化系统化管理水平

口袋公园具有数量多、分布广的特点，因此要形成统一系统的管理体系。通过跨学科合作，从生态效能、社会效能两个基本模块构建与之对应的绿色空间信息资料库，通过通用性指标体系，对口袋公园整体效益的评价与优化提供参考。构建包含三维模型要素、动态感知要素、更新评估目录的口袋公园数据库，建立信息化、精准化的数字孪生模型[21]，从微观、中观、宏观三个视角提升公园决策智能化水平[22]，实现口袋公园智慧协同管理，准确反映城市绿色空间的环境价值[23]，为城市公园体系建设提供数据和有力支撑。

4.3 提高多元化文化服务水平

口袋公园与市民联系密切，要提高口袋公园文化服务水平，从教育、精神、体验、美观度、感知等方面丰富市民生活。口袋公园建设要挖掘周边"小文化"，形成地域记忆，满足教育互动环境需求，开发多样活动，设立多媒体解说，同时注重年龄层次差异化设计。吴晓华等[24]利用Kano模型对居民口袋公园的需求类型和重要性进行分类，基于居民信息进行差异性分析，为口袋公园和环境教育的建设提出建议。

4.4 推行共治景观基层治理模式

基于以人为本的设计理念，口袋公园建设要充分调动市民共同参与"设计-营造-维护-管理"全周期的积极性，提倡"共治景观"[25]。通过政校联合系列活动，鼓励市民参与，多渠道听取市民意见，形成可持续、可推广的口袋公园网络化建设模式，建设真正的"人民的公园"。

5 结语

本文基于Citespace软件对2017—2022年近五年来Web of Science TM核心合集数据库和中国知网（CNKI）数据库中有关口袋公园研究的文献进行可视化分析，分析近年热点内容和重点内容；梳理了口袋公园概念内涵、基本特征、分类与意义，以及数据多元化、景观数字化、管理智能化背景下的提升策略。口袋公园作为公园城市和城市更新背景下重点优化的绿色空间，对城市公园体系建设、城市街区形象塑造、公园服务水平提升、地域特色和本土文化的挖掘具有重要意义，将绿色更新和社会治理有机结合，建设美丽和谐、健康舒适的人居环境。

参考文献

[1] Rosso F, Pioppi B, Pisello A L. Pocket parks for human-centered urban climate change resilience: Microclimate field tests and multi-domain comfort analysis through portable sensing techniques and citizens'science[J]. Energy and buildings, 2022(4): 260.

[2] Zhang X, Melbourne S, Sarkar C, et al. Effects of green space on walking: Does size, shape and density matter?[J]. Urban Studies, 2020, 57(16): 3402-3420.

[3] Dall'Ara E, Maino E, Gatta G, et al. Green Mobility Infrastructures. A landscape approach for roundabouts'gardens applied to an Italian case study[J]. Urban Forestry & Urban Greening, 2018, 37: 109-125.

[4] Chen M, Dai F, Yang B, et al. Effects of neighborhood green space on PM2.5 mitigation: Evidence from five megacities in China[J]. Building and Environment, 2019, 156: 33-45.

[5] Weber E, Schneider I E. Blooming alleys for better health: Exploring impacts of small-scale greenspaces on neighborhood wellbeing[J]. Urban Forestry & Urban Greening, 2021(57): 57.

[6] Xza B, Zna C, Ywa C, et al. Public perception and preferences of small urban green infrastructures: A case study in Guangzhou, China-ScienceDirect[J]. Urban Forestry & Urban Greening, 2020, 53(prepublish).

[7] 马陈. 基于互动理念的口袋公园设计研究——以长沙市太平街街尾绿地改造为例[J]. 中外建筑, 2020(8): 165-167.

[8] 王敏, 朱安娜, 汪洁琼, 等. 基于社会公平正义的城市公园绿地空间配置供需关系——以上海徐汇区为例[J]. 生态学报, 2019(19): 7035-7046.

[9] 周聪惠, 张彧. 高密度城区小微型公园绿地布局调控方法[J]. 中国园林, 2021(10): 60-65.

[10] 卓志雄, 吴天杰, 洪长兴, 等. 热岛效应视角下口袋公园对城市热环境的影响研究[J]. 林业资源管理, 2022(1): 95-105.

[11] 朱正英. 环境偏好及场所依恋与口袋公园活力性影响关系研究[D]. 北京: 北京建筑大学, 2020.

[12] 陈浅予, 伍端. 城市口袋公园布局的数字化分析研究——以广州市越秀区为中心[J]. 美术学报, 2021(5): 111-118.

[13] 王珠珠. 城市口袋公园规划研究[D]. 苏州: 苏州科技大学, 2019.

[14] 赖秋红. 浅析美国袖珍公园典型代表——佩雷公园[J]. 广东园林, 2011, 33(3): 40-43.

[15] 周晓菲. "公园城市"视角下的小型绿地设计研究[D]. 北京: 北京林业大学, 2021.

[16] 成喆. 城市高密度区口袋公园环境设计研究[D]. 武汉: 华中科技大学, 2019.

[17] 中国发展研究基金会. 中国发展报告. 促进人的发展的中国新型城市化战略[M]. 北京: 中国统计出版社, 2010.

[18] 肖华斌, 何心雨, 王玥, 等. 城市绿地与居民健康福祉相关性研究进展——基于生态系统服务供需匹配视角[J]. 生态学报, 2021(12): 5045-5053.

[19] 赵依婷, 徐海顺. 城市剩余空间的活化再生策略研究[J]. 国土与自然资源研究, 2019(4): 24-27.

[20] 周聪惠. 城市微绿地的基本属性与规划关键问题[J]. 国际城市规划, 2022, 37(3): 105-113.

[21] 董则奉, 汪正, 张朱虹. 公园智慧管理中的数字孪生模型技术研究[J]. 园林, 2023(7): 43-49.

[22] 肖华斌, 郭妍馨, 王玥, 等. 我国绿色基础设施空间响应与规划技术研究进展与展望[J]. 园林, 2022(3): 54-62.

[23] 董楠楠, 贾虎, 王敏, 等. 从数量统计到效能评估——高密度城市绿色空间数据库的建设与应用[J]. 西部人居环境学刊, 2016, 31(4): 14-17.

[24] 汤素素, 吴晓华, 陶一舟, 等. 基于Kano模型的居住型口袋公园环境教育需求研究[J]. 中国园林, 2022, 38(5): 104-109.

[25] 刘悦来, 谢宛芸. 共治的景观系列参与式设计营造工作坊——基于社区公共空间治理的景观教学模式融合探索[J]. 园林, 2022, 39(12): 86-92.

作者简介

白雪，1998年生，女，汉族，山东济南人，山东建筑大学硕士在读，研究方向为风景园林规划与设计。电子邮箱：snow784722267@163.com。

杨謦铭，2000年生，女，汉族，河南安阳人，山东建筑大学硕士在读，研究方向为地景规划与生态修复。电子邮箱：921867368@qq.com。

王慧英，2000年生，女，汉族，山东菏泽人，山东建筑大学硕士在读，研究方向为风景园林规划与设计。电子邮箱：1905877487@qq.com。

邓庆哲，1999年生，男，汉族，山东聊城人，山东建筑大学硕士在读，研究方向为风景园林规划与设计。电子邮箱：D1872513834@163.com。

智慧园林

城市园林绿化数字化智治应用的搭建与实践
——以平湖市为例

The Construction and Practice of Digital Intelligent Governance Application in Urban Landscape Greening: Taking Pinghu City as an Example

高逸平

摘 要：以现代园林管理知识为理论基础，结合平湖市园林绿化管理现状，响应全面推进数字化改革的号召，通过"平湖市智慧园林"的建设，以数据普查为牵引，推动城市乔木、绿化建设项目等园林绿化要素归集、入库、加工治理、关联应用，夯实平湖市园林绿化智治数据塔基。同时，围绕乔木管理、绿线管控等应用场景，打造一批智治应用，通过科学化、专业化、创新化、规范化、数字化的手段，提高城市园林绿化建设和管理水平，实现了平湖市园林绿化的精细化和科学化管理。

关键词：智慧园林；智治应用；园林绿化

Abstract: Based on the knowledge of modern garden management, combined with the current situation of garden greening management in Pinghu City, in response to the call to comprehensively promote digital reform, promote the collection, warehousing, processing, treatment and related application of garden greening elements such as urban arbors and greening construction projects through the construction of "Pinghu smart Garden" and data census, tamp the data tower foundation of intelligent governance of landscaping in our city. At the same time, around the application scenarios such as tree management and green line management and control, we have created a number of intelligent governance applications, improved the construction and management level of urban landscaping through scientific, professional, innovative, standardized and digital means, and realized the fine and scientific management of landscaping in Pinghu City.

Keywords: Intelligent Garden; Intelligent Application; Landscaping

引言

城市园林绿化数字化智治应用主要包括城市乔木管理、绿线管控等应用场景的搭建，通过全面梳理园林现状及规划类数据、绿化建设项目数据，建立平湖市园林绿化专题数据库，将庞大的数据统一管理，制定统一的标准，数据上形成园林绿化资源台账，同时推进云计算、大数据、GIS等先进技术在园林绿化监管业务中的实践，带动管理方式创新和业务流程再造，实现园林绿化监管服务新的跨越式发展。

1 项目背景

绿地是城市或区域重要的自然环境生态资源，其分布与数量是衡量区域自然生态环境宜居程度的基本指标。园林绿化是影响区域社会、生态、经济协调发展的生态重建措施，是城市规划人员进行城市或区域发展战略分析、编制规划的重要内容，也是管理人员制定城市或区域发展政策时的重要依据。经过近40年的反复曲折，我国各地已开始重视城市园林绿化工作的规范化、标准化、数字化、信息化。

2016年住房和城乡建设部发布《关于印发国家园林城市系列标准及申报评审管理办法的通知》（建城〔2016〕235号）的文件中，附件一《国家园林城市系列标准》中第一大点的第7小点提出"城市园林绿化管理信息技术应用"，要求达到：①已建立城市园林绿化数字化信息库、信息发布与社会服务信息共享平台；②城市园林绿化建设和管理实施动态监管；③保障公众参与和社会监督。在提出的"城市数字化管理"中，要求达到：①已建立城市园林绿化专项数字化信息管理系统并有效运转，可供市民查询，保障公众参与和社会监督；②城市数字化管理信息系统对城市建成区公共区域的监管范围覆盖率100%。

2021年2月浙江省住房和城乡建设厅发布《省建设厅关于印发2021年度浙江省城市建设工作要点、目标任务书以及相关监督检查计划的通知》，其中附件9《2021年度各设区市城市园林绿化工作目标任务书》中提出"城市园林绿化管理品质提升工程"，持续推进数字园林系统建设。

2 城市园林绿化数字化智治应用整体设计

2.1 系统框架

"城市园林绿化数字化智治应用"采用MVC框架模式，基于IOS、Android双平台体系进行混合设计开发，GIS平台采用ArcGIS 10.2.2，客户端可应用于PC端、iPad、iPhone、Android平板手机等硬件设备，操作界面美观、简洁。

系统以软硬件基础环境为支撑，以"天地图"地图服务及测绘、园林现状及规划地理信息相关资源为基础，集成园林监管业务相关数据资源。整个系统采用统一的账号管理体系、权限管理体系和技术服务架构，数据共享互通，统一部署分权管控，提供强大的GIS展示、查询及空间分析功能。

2.2 系统功能架构

"智慧园林数字化管理"应用场景系统支持PC端、手机端和Pad端使用，主要包括行业应用体系、数据资源中心、应用支撑体系、基础设施体系、标准体系、安全体系六大体系。其中，行业应用体系包括城市乔木管理、绿线管控两大功能应用；数据资源中心包括数据交换、数据汇聚、数据清洗、数据开发和数据安全；应用支撑体系包括基础数据管理、应用支撑功能、集成开发环境和应用集成环境；基础设施体系包括计算服务、网络服务、存储服务、数据库服务、安全服务和容灾服务；标准体系包括应用标准、数据标准、网络标准、安全标准和服务标准；安全体系包括物理安全、主机安全、网络安全、数据安全和应用安全（图1）。

3 城市园林绿化数字化智治应用实践成果

3.1 城市乔木管理

面向绿线范围内城市公共绿地主要乔木、亚乔木等高价值的树木，通过激光雷达、航拍器等普查手段快速获取品种、位置、生长参数信息，按照一张图和一张表建档立户，并进一步形成资源资产清单，建立强大的城市乔木管理系统。同时，系统可逐年自动标定古树名木后备资源，一树一档，动态记录管理养护情况。

城市乔木管理系统的实践成果如下：①摸清家底，建档立库，特别是生产绿地和城市生态片林，合理安排，移植利用各类城市绿地；②预评价值评估算法，参照《浙江省造价信息》以及近几年工程建设苗木信息，自动形成资产价值报表，为政府、地块苗木的责任主体融资提供量化支撑，有利于盘活国有资产，实现绿地出让价格科学、量化评估；③依托建成区范围内城市行道树木、古树名木及后备资源，建立城市乔木专题库及管理系统，从植物属性、空间分布、责任单位、管护安排及记录等维度形成一树一档案；④对大树和古树后备资源自动标定并提醒，大树升级后备资源，后备资源升级古树名木；⑤满足城市乔

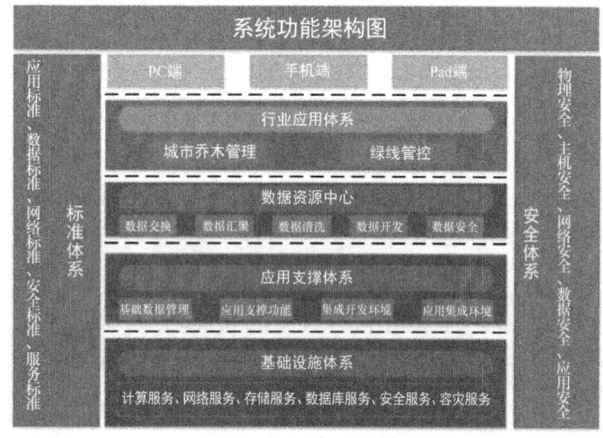

图1 系统功能架构框架图

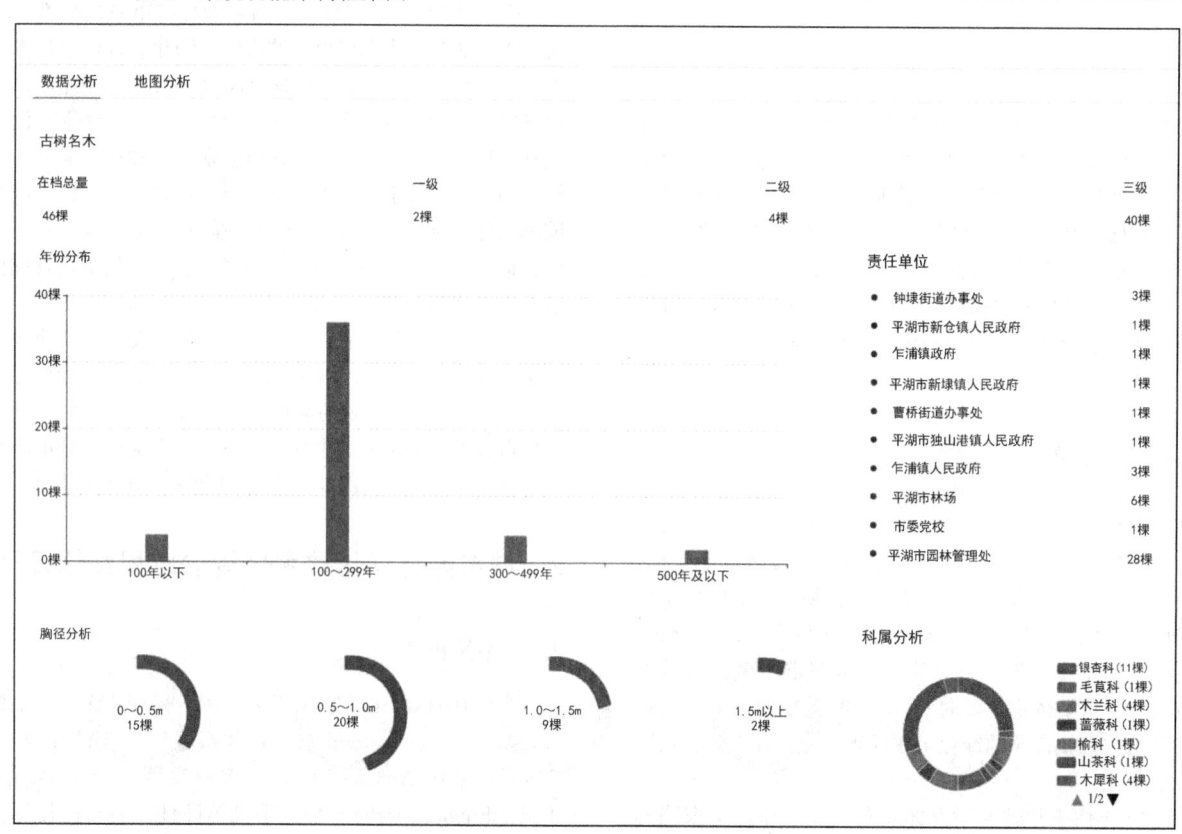

图2 城市乔木数据分析图

木植物的多样性分析和汇总；⑥高发病虫害、集中性病虫害阻断分析，辅助管控；⑦盘清绿地中空地，化整为零，面积大的，再用于城市树木移植用地加以补绿。⑧盘清低注、临河易淹没区域，规划种植耐水淹植物、乔木移植用地（图2、图3）。

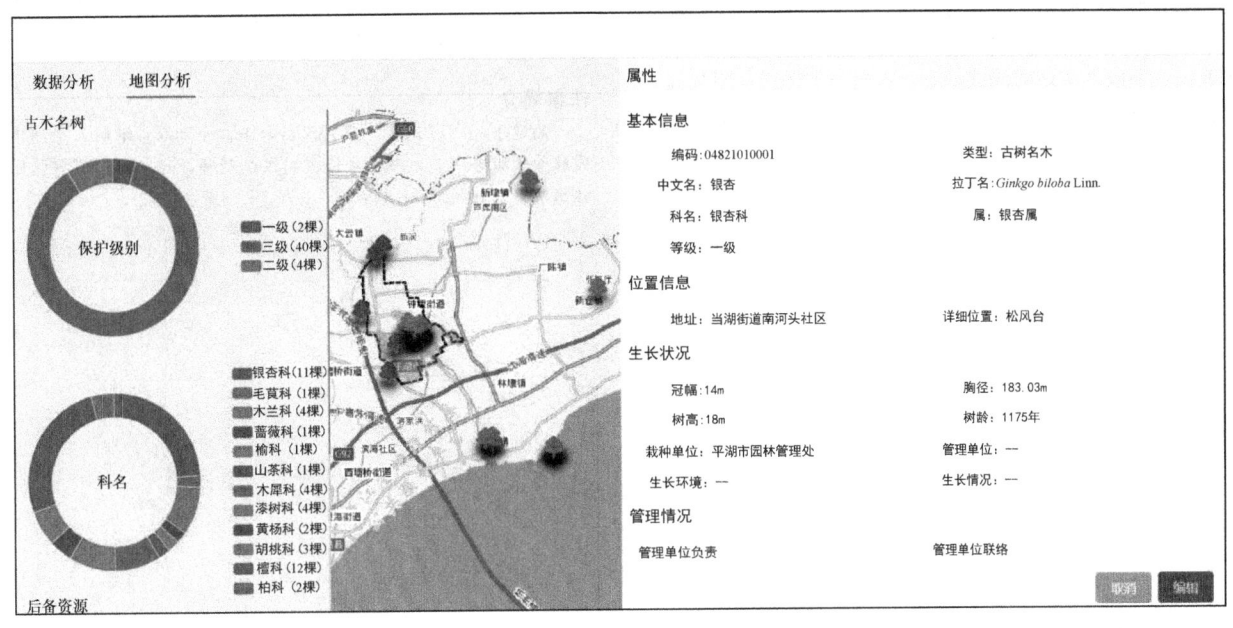

图3 城市乔木地图分析图

3.2 绿线管控

基于园林项目全过程管理，协同规划、执法、街道部门，制定"一张绿线规划管到底"长效工作机制，建立绿线管控系统。基于项目设计备案，竣工验收实测数据与绿线规划空间比对，对于违法违章、毁绿占绿，做到事前可预防、事后可发现。与规划、执法、街道部门做到数据实时共享、业务协同。可在地图上直观展示疑似违章工程的分布情况，并且在页面右侧可展示疑似违章工程数量与列表。

绿线管控系统的实践成果如下：①绿线管控主抓前道，自规局土地出让红线需系统核准，重叠占用自动警示；②设计图和竣工图系统复核，重叠占用自动警示，涉及配建代建和养护移交的自动生成；③和公安局相关系统对接，接入安控，导入挖机、拖拉管线设备、土方工程车甚至到野营帐篷等模型数据，自动识别、报警、形成列表。已办理登记审批的甄别进度和申报施工开挖面积、临时占用面积等，未办理未审批、违法违章、毁绿占绿的实时采集影像证据，办理案卷，同时和规划、交警、执法、街道、物业等相关部门协同实施违法违章、毁绿占绿案件办理（图4）。

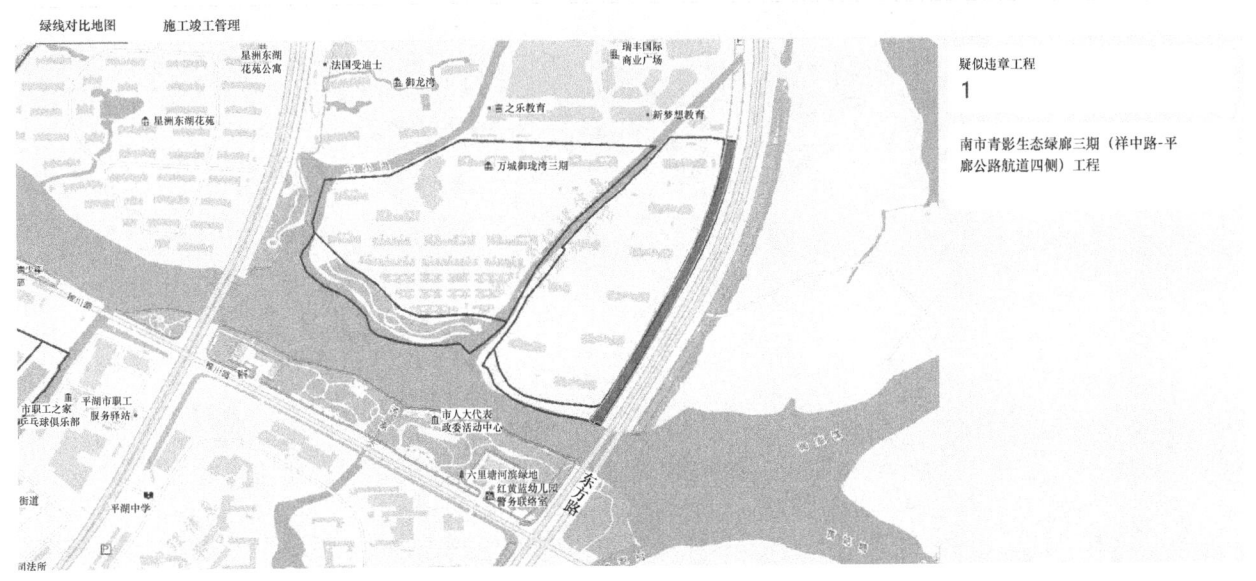

图4 绿线对比图

4 结语

城市园林绿化数字化智治应用旨在创新管理模式，整合基础数据、监管数据和行业运行数据，探索形成智能化、规范化、集约化的数字园林系统。利用GIS、遥感影像等技术手段，实现对绿线划定、古树名木保护、园林绿化和绿道建设等监督管理，提升科学化、动态化、精细化以及互动式建设管理水平。

参考文献

[1] 高逸平.城市园林绿化专项数字化信息管理系统的构建与应用——以平湖市为例[J].浙江园林，2020(3)：34-36.

[2] 钟汝淇，廖婉柔，余悦，等."5G＋智慧园林"发展路径探析.重庆建筑，2021，20(6)：9-11.

作者简介

高逸平，1977年生，男，汉族，浙江平湖人，本科，平湖市园林管理服务中心，书记主任、高级工程师，研究方向为智慧园林系统开发应用。

风景园林管理和工程实践

数字风景园林技术研究热点变化与前沿趋势
——基于历届国际数字景观大会的议题分析

ResearchHotspot Changes and Frontier Trends of Digital Landscape Architecture Technology
—Based on the Topic Analysis of Previous the Digital Landscape Architecture Conference

周凯漪　黄艳玲　张　炜*

摘　要：数字技术的迅猛发展，为风景园林设计师应对更复杂的环境挑战提供了有力的工具。国际数字景观大会是全球范围内展示数字风景园林最新成果、展望行业发展前景的平台。通过对国际数字景观大会举办23年来关注的热点议题进行梳理和归纳，分别阐述了会议持续关注议题、近年新增议题的研究内容和进展，并对风景园林数字技术的发展特点进行了总结。

关键词：数字风景园林；国际数字景观大会；研究前沿；数字技术

Abstract: The rapid development of digital technology provides landscape architects with powerful tools to deal with more complex environmental challenges. The International Digital Landscape Conference is a global platform for displaying the latest achievements in digital landscape architecture and looking forward to the development prospects of the industry. By sorting out and summarizing the hot topics that the International Digital Landscape Conference has been focusing on for 24 years, it expounds the research content and progress of the conference's continuous attention topics and newly added topics in recent years, and summarizes the development characteristics of landscape architecture digital technology.

Keywords: Digital Landscape Architecture; Digital Landscape Architecture Conference; Research Frontiers; Digital Technology

1　国际数字景观大会的发展背景

国际数字景观大会（digital landscape architecture conference）由德国安哈尔应用技术大学发起，自1999年开始，每年5—6月举办一届，至今已举办了24届。会议吸引世界各国的学者参与，得到了ESRI公司和犀牛等商业软件行业的技术支持，也成为全球范围内展示数字技术在风景园林中成果与应用的平台[1]。

2　历年国际数字景观大会关注热点变化

随着数字技术与风景园林结合的逐步加深，大会议题从单一主题的技术讨论，逐渐转向多方面的应用与专业分析。

从历次会议关注热点来看（图1），议题逐渐多样化，有对典型数字技术的新思考，也有对当前新兴热点的研究（表1）。

历年会议主要议题和研究方向　　　　表1

主要研究方向	热点年度	研究关键词	研究内容
地理设计	2014—2016	地理设计、地形建模	实现地理设计目标的规划设计框架、方法论的研究；执行规划设计方法的软件平台
数字景观可视化	2005、2021	AR、VR、公众参与、视觉景观感知	景观可视化工作流；景观可视化在公众参与中的应用和研究；历史文化景观保护；视觉景观感知评价；基于网络协作的可视化工具和流程
建筑/风景园林信息模型	2019	建筑信息模型（BIM）、风景园林信息模型（LIM）、GIS	景观设计中对LIM的需求；景观对象的标准化；GIS与BIM在景观规划中的应用整合；LIM在城市植被设计中的作用
数字化公众参与	2018	移动设备、景观可视化、社交媒体	传统与数字工具如何影响公众参与的过程；传统参与工具与新技术方法的整合；利用社交媒体数据库分析人们对景观的感知；交互平台的建设

---

① 项目基金：中央高校基本科研业务费专项资金资助项目（编号：2662021JC009）。

续表

主要研究方向	热点年度	研究关键词	研究内容
景观算法	2020	数据驱动、参数化模型、机器学习	数字技术在景观分析、评估方面的应用；景观模拟获取最优设计方案；相关景观算法工具的开发；机器学习在风景园林设计中的应用
气候变化	2021	灾害应对、韧性景观、微气候	气候灾害场景模拟；设计方案模拟，预测具体方案的有效性；气候变化对城市总体规划框架的影响；影响城市微气候的因素研究
数字摄影测量	2022	点云、无人机、三维重建、时序变化	在3D模拟分析与景观建模中的应用；景观环境的空间可视化及景观的时序变化
风景园林数据监测与分析	2017	物联网、传感器、智能系统	基于物联网的景观监测，以传感器为主要手段，其中包括响应式景观、智慧城市等方面；利用孪生数字模型进行监测分析
数字和模拟混合景观	2022	数字、模拟、跨学科协作	混合景观如何弥合人类与其他领域的差距，以及物质世界与周遭或自然环境之间的差距

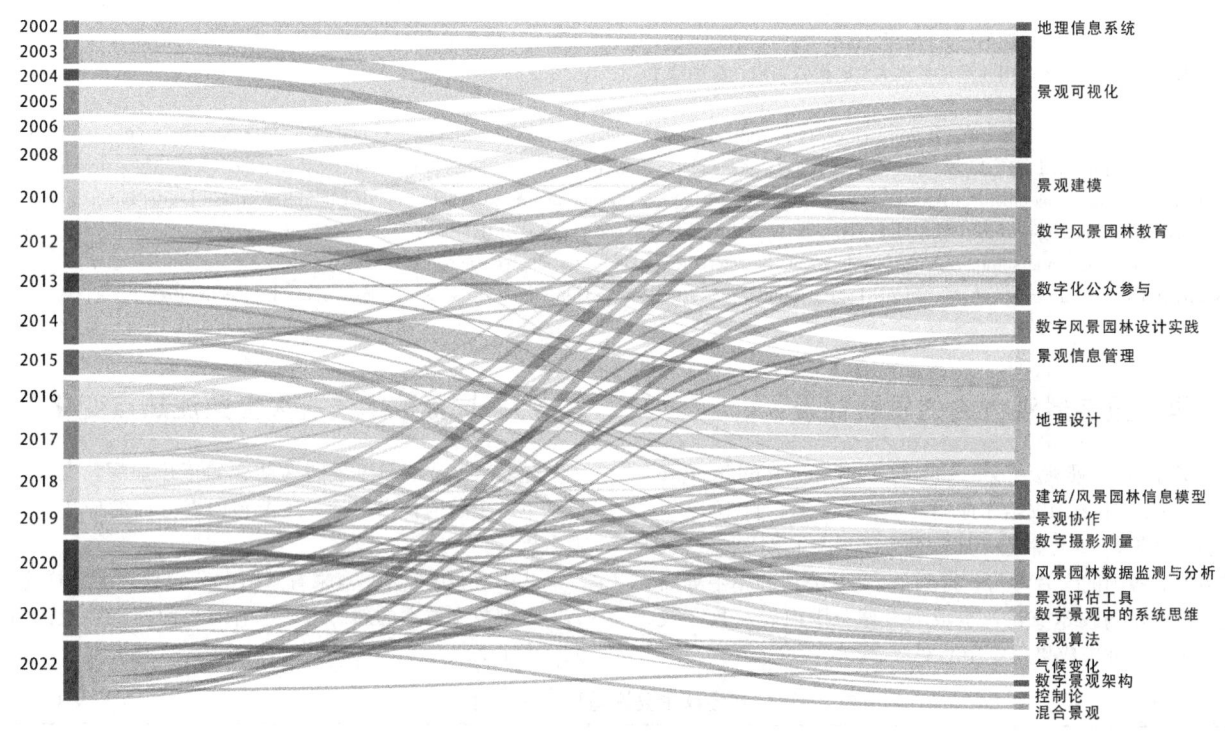

图1 历年国际数字景观大会议题

从历年国际数字景观大会议题演变趋势来看（图2），1999—2004年，虚拟景观表达被重点关注[1]。这一时期重点探讨的议题包括景观可视化和景观建模，以教学或研究报告为主，很少涉及数字风景园林的实践。2005—2006年，数字技术开始结合风景园林专业应用到处理实际问题中，2005年，首次对数字化公众参与进行了探讨。2007年至今，数字风景园林更趋向综合性的应用研究。2007—2008年，会议聚焦场地分析设计、景观信息管理、历史公园重建。景观信息模型（LIM）和地理设计（GeoDesign）分别在2009年和2010年的会议中被首次提出，此后出现在每届会议的议题中。尤其地理设计，在2011—2016年的会议中都被作为重点进行探讨。2015—2016年，景观中的系统思维也是会议中的关键议题。2017年，风景园林数据监测和分析成为热点。自2018年以来，会议开始关注数字景观应对气候变化的方法，以及数字摄影测量、物联网、大数据等热点话题。2020年至今，在全球疫情的影响下，会议重点关注虚拟数字环境下的景观设计，探讨如何在严重的全球挑战中推动数字景观发展。

3 持续关注的议题类型

3.1 地理设计

地理设计的起源可以追溯到20世纪60年代末，随着McHarg的《设计结合自然》及Steinitz的《地理设计框

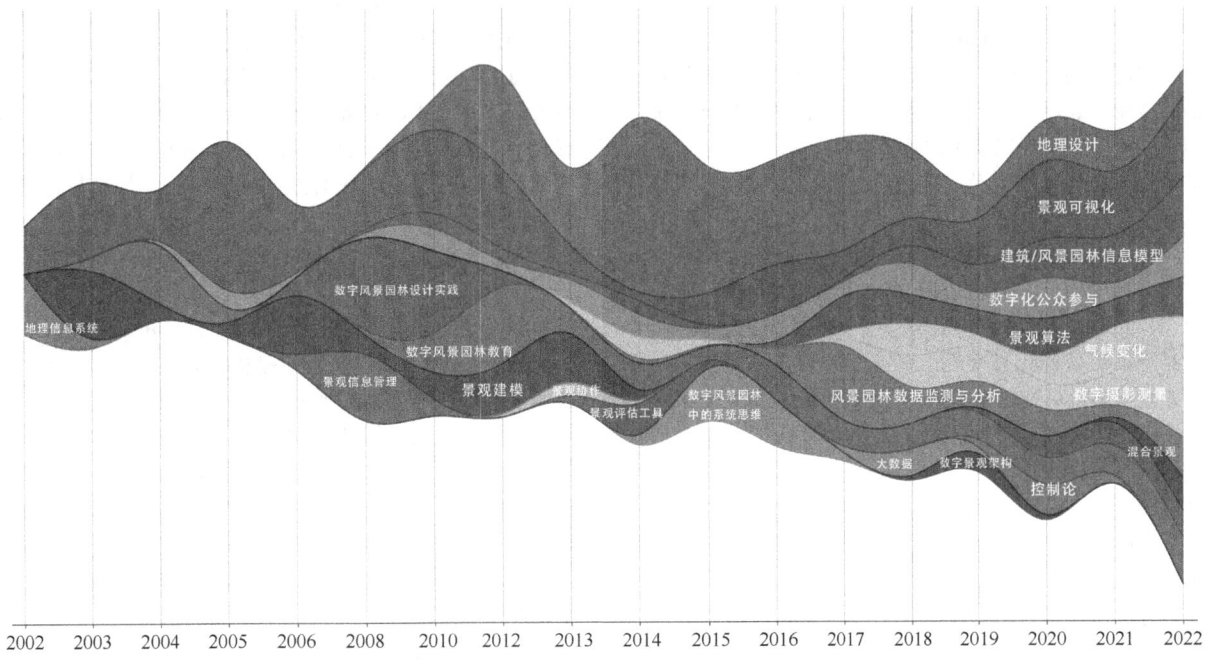

图 2 历年国际数字景观大会议题演变趋势

架：通过设计改变地理》两本书的相继出版，地理设计开始被人们讨论和探索[2]。2010 年第一届地理设计峰会以来，"地理设计"一词开始流行[3]。从广义上来说，地理设计是一种将设计方案与地理环境影响因素紧密结合在一起的设计和规划的方法[4]；从狭义上来说，地理设计是借助储存于数据库中的描述项目空间范围内各类自然与社会要素的众多信息层，初始设计草图能及时得到适宜性评价[5]。对于实现地理设计目标的规划设计方法论与执行规划设计方法平台的研究一直都是热门主题。

在理论方面，早期主要就地理设计的概念定义、系统框架组成要素以及工作流程进行了初步的探索。Raumer 回溯了地理设计的起源和内涵，并提出了三个维度来区分真正的地理设计方法[6]。Campagna 将地理设计视为一个设计过程，且应当对过程进行细致的管理，为此他提出元规划的概念，并且将业务流程模型和标记法（business process modelling and notation）引入地理设计过程的描述和管理中，有助于定义或模拟每个流程，以及实现参与者之间的相互理解[7]。Chen 在景观实践和教学中引入多尺度系统思维（scaled system thinking）来简化所研究系统的复杂性，同时也有助于理解、整合地理设计中多种跨时间和空间数据[8]。在后期不少研究者将 Steinitz 最初提出的地理设计框架应用于具体问题，试图在此之上尝试提出新的框架。Gu 基于系统思维和地理设计，为土地利用建模、设计和规划提出了一个整体框架和程序基础设施（procedural infrastructure）[9]。Onuk 将 Steinitz 提出的地理设计框架整合到传统的景观设计过程中，形成景观设计框架，以此来协调综合场地动态和设计目标[10]。

在实践方面，地理设计增强规划设计活动的同时能按照需要进行模拟分析，这需要在一个综合系统中集成多种信息和多种软件工具，但由于技术限制还没有单一的产品或方法可以实现，不少研究者对此进行了初步的设想与探讨。Ervin 描述了理想中的地理设计系统所需的 16 个基本要素和构成部分[11]。面对地理设计所需的广泛的信息数据，Li、Seeger 和 Kowalewski 等分别对 3D 激光扫描仪[12]、志愿地理信息（VGI）[13] 和 ESRI Collector 应用程序[14]在地理设计的数据采集方面进行了实践分析。地理设计框架提供的不仅仅是一种技术手段，来整合日益复杂的地理空间数据和模型，也有效地将公众参与融入设计过程。基于网络的再现地图作为一种表现和交流景观特征的手段，具有巨大的潜力，Harwood 等基于 Google Earth version 6 制作了英国诺福克的城市边缘景观之旅在线反馈地图[15]，Jombach 等利用 Google Earth 创建了一个集成匈牙利当地景观信息的网站，该网站有地图、照片等关于景观的基础信息，包括了大量图表和可视化工具，也支持公众的信息交换、个人评论[16]。也有研究者对于地理设计工具和平台以及方法进行了研究和实践。Albert、Radies、Janssen 及 Örnek 等探索了在实践中使用 GIS 工具[17]、CityEngine[18]、交互式地图工具触屏桌面（touch table）[19]和模拟软件 Open Simulator[20]来进行地理设计的潜力和局限性。

3.2 数字景观可视化

景观被普遍认为是一个自然或质朴的同义词，当景观最早与数字联系在一起时，景观可视化的意义被传统景观美学领域所斥，他们认为数字所能表现的仅仅是其表象，数字的人造世界仅仅是物质世界的拙劣替代品且缺乏内涵。正是因为这样，在会议的早期（2002 年）学者对于景观可视化进行着极力的争辩。Jörg Rekittke[21]认为景观的内在感知是动态的、面向未来的、发展的，景观凭借其固有的内涵以及虚拟的性质，非常适合通过数字媒体来体验和传达。且风景园林设计师需要现代技术的帮助来理解和解释从表面看不到的自然和景观的基本要素。

自1994年以来，虚拟现实建模语言（VRML）的发展，为创建3D世界提供了开放标准，使得3D可视化景观很容易在互联网上访问和传播，大大增加了在参与决策环境中使用虚拟现实技术的范围[22]。2002年至今，对于景观可视化工作流以及在公众参与方面的研究一直是景观可视化的主要方向。

对于可视化平台工作流的研究主要包括三方面：一是可视化技术研究，包括应用高效游戏引擎[23-24]、开发新的3D可视化方法平台[25]及经济实惠的可视化技术[26]；二是对于景观可视化真实性、交互性等细节与风格的研究，如改善虚拟可视化景观的交互性、提出智能导航策略及开发不同风格渲染环境等；三是对于可视化工作流的简化创新研究，如从数字图像中对景观自动建模和可视化。

景观可视化在公众参与方面的研究主要有两方面：一是信息集成、模拟与传递，如利用可视化技术与多媒体集成相关信息管理平台、基于规划政策的真实情景模拟系统[27]以及自然灾害模拟交互平台等[28]；二是公众参与规划设计。Christian等[29]基于游戏引擎设计了连接GIS和虚拟现实VR的设想系统（EvS），为公众提供了更多探索场地的机会。Nathan等[30]在虚拟景观中增加编辑功能，创造了一种游戏化的交互式规划系统。

自2005年起，有学者开始探索景观可视化在历史文化景观保护和视觉景观感知评价方面的研究。景观可视化技术可以模拟已经消逝的历史实体，并对珍贵的历史遗产进行采集和评估。Ruben等[31]讨论了两种用于可视化历史景观的方法。景观可视化技术的发展极大地改变了视觉资源管理和视觉影响评估的方式，沉浸式3D模型或模型图片开始取代一般的2D照片，成为新的评估媒介，在方法上也通过与问卷统计分析软件的结合以及采用认知学科的眼动追踪等方法，将评估方法由定性逐渐转变为定量分析。Michael等[32]基于8000多张照片和3D GIS系统开发了一个视觉质量模型，将1000多名参与者真实的景观评估和GIS数据集中的景观数据分析结合起来，再由SPSS对区域景观的风景质量（美景度、多样性、独特性）进行评估分析。Hossein Saedi等[33]让参与者在有无绿色植物的对比虚拟环境中完成持续注意力反应任务（SART），以此来研究自然元素对于人精力的恢复。Phillip Fernberg等[34]利用眼动追踪技术测量人们对虚拟环境中城市设计元素的感知。

2008年，随着景观设计全球化的日益加快，不少研究者开始探索基于网络协作的可视化工具和流程。Mark[35]基于学生使用情况，对商业可视化协作工具进行了分析和评估。他认为通过网络协作来可视化景观空间，可以提供更真实的空间体验，促进远程各方之间的虚拟协作，从而得到更严谨的景观设计、评估和研究。

2012年，随着技术的进步，开始探索移动增强现实系统的应用。Ruben等[31]基于智能手机开发了移动增强现实系统（MARS），帮助用户利用手机软件感知景观并分享知识。Daniel等[36]评估了几种基于手机的增强现实交互应用，认为这些应用不仅可以帮助设计师日常设计交流，还可以帮助非专业人士形成自己的规划设计观点。

2019年，有研究者开始关注景观虚拟现实在治疗方面的应用。Jacqueline等[37]利用虚拟现实景观还原新西兰军人的生活方式，来帮助有创伤后遗症的军人进行治疗和社交。Hyunji等[38]通过脑电波分析相关的定量方法，测试和验证了虚拟景观的治疗效果随着参与者与花园的互动性加强而提高。

3.3 建筑/风景园林信息模型

20世纪开始，建筑信息模型（building information modeling，BIM）在建筑、工程和施工（AEC）行业广泛应用，但对于风景园林师来说，当前的BIM软件和标准不能完全用于风景园林规划设计过程，而目前并没有专门针对风景园林师的BIM平台，这阻碍了风景园林师与其他领域BIM专业人员的协作。因此，很多研究人员开始呼吁BIM在风景园林中的应用。

Ahmad Mohammad Ahmad等[39]描述了当前BIM在景观设计中的相关性、需求、优势和挑战，认为风景园林师不能被排除在BIM流程之外。风景园林信息模型（landscape information modeling，LIM）为BIM增加了一个新的维度。

LIM必须整合场地规划、地形塑造、种植设计、自然系统分析、视觉评估等方面。其中，互操作性和标准化数据交换是关键组成部分。相关研究者对集成的LIM进行了初步探索。Howard Hahn等[40]介绍了将地理、土木工程和可视化软件联系在一起开发综合景观模型，将ArcGIS、Civil 3D和Vue用于LIM中进行雨水分析。Ye Chen等[41]利用数字化技术，建立了一个通用的地方植物数据库。该工具以通用软件Excel为技术平台，在移植过程中融入了各种策略和方法，创造了搜索、过滤和分析的能力。

现有数字信息模型标准和工作流程是根据基础设施行业定义的要求建立的，风景园林师缺乏相应无缝协作的LIM规范标准。而建筑行业已经制定了完善的标准化流程——buildingSMART标准，采用开放的国际交换格式（如IFC）的结构化数据，高效合作使用参数化模型。因此，将景观对象纳入国际标准化进程至关重要。为实现这一目标，挪威提出了一项名为"景观BIM"的倡议，Knut Hallgeir Wik等[42]介绍，该倡议创建了一组定义、参数和提议的代码列表，以共同努力实现统一的景观对象标准。挪威的这项倡议代表了风景园林专业发展和数字交付标准化的一个重要领域。除此之外，Alexander Peters等[43]根据挪威景观BIM倡议和景观研究所开发产品数据模板（product data templates，PDT）的经验，与一些专家合作起草德国标准"PDTPlant""PDT Stair" "PDT Retaining Wall""PDT Hard Surface"等草案，在符合国际标准的前提下，将PDT转化为国家需求，使软件开发商和制造商都有一个标准化的格式来提供信息。

到2021年，建筑、结构设计等学科已经将其流程、数据结构和工具很好地整合到建筑信息模型中，但风景园林行业尚未充分实现这一点。导致整合困难的原因主要是建筑施工模型主要关注结构本身，而环境规划要考虑自然对象，需要使用 GIS 来评估这些建设项目对环境的影响。因此，BIM 和环境规划的整合需要 BIM 与 GIS 整合。Johannes Gnädinger 等[44]研究表明，使用最先进的数据转换工具可以集成 BIM 和 GIS 数据。由于 IFC 等 BIM 格式的复杂结构以及 GIS 对象的定义不明确或缺失，从 GIS 到 BIM 的转换仍然需要大量的手动工作和单独的解决方法，这使得两方数据未能有效进行交换。Laura Wilhelm[45]等提出了一种用于整合 BIM 和环境规划的新 3D 信息模型——CityGML EnvPlan ADE，探讨了不同尺度下数据的整合方法。

目前，风景园林研究者开始聚焦 LIM 在城市植被设计中的作用。Michael G. white 等[46]使用功能结构模型模拟城市植物的生长。Lin 等[47-48]着重研究了 BIM 植被库在城市景观设计中的应用。他们利用 BIM 创作平台的植被库自动计算绿地率（green plot ratio, GnPR）。另外，开发工作流使 BIM 植被库与 ENVI-met 植被库结合起来完成微气候模拟，并直接与典型的种植设计工作流程联系起来。LIM 已经逐步进入风景园林实际项目的建设中，满足动态生态系统和线性施工过程的需求。

3.4 数字化公众参与

20 世纪初，Web 2.0 的出现从根本上改变了人与互联网的互动方式，从消费模式逐步过渡到参与、协作模式[49]。基于地理的 Web 工具提供了丰富的空间交互性，但这些工具都仅局限于"单向通信"或"双向通信"，不足以评估公众对视觉或空间设计问题的意见[50]，Web 2.0 为公众参与从"单向通信"或"双向通信"转向"协作决策""协作构建"提供了契机。Christopher J. Seeger,[51]介绍了联网应用程序 visual and spatial survey builder（VaSS Builder），它允许项目管理者创建一个在线的、视觉化的和可操作的应用程序，通过填写表格或上传图片内容进行信息反馈，实现了人与项目的交互性和多路径通信。Michael Roth[52]研究证实互联网调查是一种具有成本效益、客观（在群体层面）、可靠和有效的工具，可以用来收集景观感知和视觉景观评估的数据。数字媒体在公众参与景观规划的过程中表现出巨大的潜力。

而随着数字技术的发展，研究者开始转向传统参与工具与新技术方法的整合[53]。传统模拟技术一直以地图、照片、草图和模型的形式被应用于公众参与，移动设备的发展为模拟技术的使用带来了新的视角。通过景观三维可视化，用户可以在设备上进行探索、体验、评估可视化效果，更好地参与决策。Gulsah Bilge 等[53]以英国谢菲尔德的一个新城市公园为例，向公众展示研究地点的三维模型的动画短片，并询问有关移动设备可视化的问题。研究表明，使用移动设备的 3D 可视化有助于增强普通公众的理解，从而为决策创造一个更广泛的基础。Sarah Taigel 等[54]研究发现，增强现实应用程序在传达景观环境中生态系统服务的范围和性质方面具有强大的潜在能力。Paul Haynes 等[55]通过可视化潜在的洪水水位，让公众了解当地的洪水区，利用实时 AR 视觉效果和触摸屏交互让公众沉浸式参与其中，从而起到教育意义。

随着信息技术的迅猛发展，Web 2.0 与云服务、众包等相结合，使构建社交网络数据库成为可能。通过社交媒体数据对景观感知进行分析，成为推动公共景观从设计感知到规划实践转变的一种方式。社交平台让决策者有更多的机会了解用户对他们居住或访问的地方的意见和看法，将人类转变为潜在的"传感器"，收集和处理他们的感受和想法。Fernando Montaño[56]通过照片共享平台 Flickr 捕获、解释和可视化数据，评估了当地人和游客对慕尼黑两个公共开放空间的景观感知。结果表明，地理定位照片作为评估景观感知的来源被证明是有用和可靠的。David Tulloch 等[57]研究 Twitter 在公园和邻近地区的使用如何帮助衡量公园及其设计对用户体验的影响。

如今，公众参与的社区背景、主题教育、能力建设、全面的参与框架以及适当的工具和方法是未来研究和实践中需要更加关注的因素。因此，决策者开始着眼于针对性的交互平台的建设。Mahsa Adib 等[58]为绿色雨水基础设施（GSI）的规划和实施提供了一个增强的参与框架，该框架将参与式地理信息系统（PGIS）集成为一个交互式平台，将公众参与整合到数据收集、内容分析和信息共享的整个过程中，以促进决策者做出更好的决策。Olaf Schroth 等[59]介绍了 Esri Story Maps 在线交互平台，以数字故事地图的形式呈现可以提高景观特征描述和景观规划的可访问性和可理解性。除此之外，数字景观建筑在跨学科数据可视化平台开发中也具有巨大的潜力。Michaela F. Prescott[60]和 Melanie Piser[61]分别介绍了一个基于网络的行星健康数据交互平台以及 PUBinPLAN 数字教育参与平台。

4 近年新增的议题热点

随着科学技术的不断发展，近年风景园林数字化研究出现了景观算法、数字景观应对气候变化、数字摄影测量、风景园林数据检测与分析、数字和模拟混合景观等新兴研究方向，拓宽了数字风景园林的研究领域。

4.1 景观算法

景观算法是以脚本和代码的形式，让设计师可以根据参数调整设计过程，更严谨地研究复杂系统和动态过程的行为，产生不同的设计输出的能力。

从 2017 年开始，国际数字景观大会将景观算法作为其中一个主题供研究者探讨，探讨内容以算法在景观设计中的应用为主，包括景观分析、评估、模拟以及相关工具的开发。

在景观分析、评估方面，Mona Ghandi[62]通过两个项目研究了数据驱动和参数化过程在设计自适应网络生态系统中的应用。他提出的方法依赖于地理信息系统、编码语言（Python）和算法设计工具（Grasshopper）的集成，使设计能够更好地服务于居民。Reto Spielhofer 等[63]提出将基于 LiDAR 数据库的 3D 点云建模与环境音频记录相结合，可视化景观变化场景，评估人们对未来可能的景观发展方案的看法和反应。算法在景观分析、评估中的应用多数是基于数据驱动进行，嵌入数据可以实现项目概念化和设计客观化，从而针对特定条件定做场景，同时提供基于模拟的快速反馈和影响分析整合到建筑环境设计中。

景观模拟通过建模的形式根据研究对象自身的规律，以及其各要素之间的动态联系，从众多设计方案中找到综合最优解。消除了传统方法的主观性、随意性和模糊性，参数化设计模型可以实现设计方案数据的实时呈现和反馈，既能同时兼顾多个设计目标，又能根据不同的环境实现"因地制宜"的设计。Yuan Yangyang 等[64-65]采用 ArcGIS 中的 Dijkstra 算法建立最短路径，为南京牛首山景区北区环境道路规划提供了可靠的科学依据，使道路规划结果更加准确、合理。2018 年，他们将参数化方法应用到"自然主义"水景设计中，利用 Grasshopper 编制算法，调整和控制参数生成设计结果，实现了实时反馈。

在景观算法工具开发方面，研究者针对目前景观设计行业的需求进行相关算法工具的开发。Ilmar Hurkxkens 等[66]构建基于二维距离函数的计算地形编辑工具 Docofossor，将在处理困难地形和实施生态恢复项目方面发挥巨大潜力。另外，Philip Paar 等[67]针对植物动态生长可视化方面的问题，开发了一种为交互式在线 3D 草本植物床和边框设计器开发 Web 服务的方法。

随着景观算法的不断发展，研究者将目光聚焦到机器学习的算法应用中。随着城市数字化的快速发展，新型的机器学习方法可能成为城市和景观规划领域的重要工具。David Barbarash 等[68]提出一个正在开发的系统，使用人工智能驱动的一系列 ML 算法运行，识别空间用户行为，用于启用后评估（post-occupancy evaluation, POE）。Jun Yang 等[69]开发机器学习的计算方法来预测城市的可步行性，该研究表明机器学习可以以可量化的方式分析和理解复杂城市层的工作。

4.2 气候变化的模拟与预测

气候变化引起的越来越突出的环境问题对风景园林设计师提出了挑战，迫切需要数字工具来建模和可视化长期的环境变化。国际数字景观大会自 2018 年起，将"数字景观应对气候变化"作为历届主题，研究内容包括气候变化下的情景、设计方案的模拟、评估，城市规划、城市微气候变化等。

准确预测气候灾害影响的区域以及设计能够应对极端天气事件的弹性景观有助于支持城市规划，以更好地缓解未来潜在的灾害风险[70]。Aidan Ackerman 等[71]利用计算流体动力学对高风速沿海风暴事件进行动画制作，并在强风风暴事件的模拟中对已有的设计方案进行测试，以观察每种景观设计方案在阻止巨浪并防止其破坏海岸线方面的有效性。Medria Shekar Rani 等[72]提出了一个迭代和交互过程，模拟两种开发情景，评估 Ci Kapundung 上游集水区调节印度尼西亚万隆盆地洪水的潜在景观规划策略。

随着城市气象灾害的频繁发生，城市规划者不仅应考虑物理脆弱性，还应考虑社会、经济、环境等方面的问题。因此，规划者迫切需要更多的交互和协作工具，以便更有效地进行跨学科协作。Isaac Seah 等[73]开发了一个可访问的协作空间决策支持系统（SDSS）——Flux. Land，允许社区和规划机构可视化气候影响并采取集体行动。

另外，提高城市弹性的总体规划除了要综合考虑地上空间之外，地下空间也需要被重视。城市地下空间越来越被认为是实现城市韧性的重要多功能资源，尤其面对当前城市致密化的趋势，将城市地下空间纳入城市发展情景的设计和评估至关重要。Ulrike Wissen Haye 等[74]演示了如何使用开源 JavaScript 库 Cesium 在基于 Web 的平台中可视化地上和地下的城市基础设施及其对城市整体规划的作用。

2018—2022 年，城市中的微气候研究成为新的关注热点。为应对未来的城市气候条件，风景园林设计师需要获取影响微气候要素的可靠信息，以创建与建筑风格、街区布局、城市绿化等相关的合适的设计组件。2018 年，Muge Unal 等[75]研究了城市街道中两种不同树木特征（树冠密度和种植密度）对生物气候的影响，发现树冠的高覆盖率是减少热岛效应的关键资源。2022 年，Travis Flohr 等[76]对不同街区五种树木模式（树木斑块大小、形状、破碎程度、成分或叶面积密度）下的微气候进行了模拟，获得更广泛的结论。以上对城市微气候研究所得的结果都为相关设计人员提供了可靠的设计依据，除此之外，也需要进一步的工作来提供更详细的城市树木模式，从而得出更具体的景观指标设计建议。

4.3 数字摄影测量

测绘技术的进步正改变我们获取环境的数字空间数据的过程，在风景园林领域中逐渐融入图像、航空摄影、三维激光扫描等数字地形模型勘测与建模技术。

点云技术常应用于 3D 模拟分析与景观建模中。Yi-jing 等[77]将无人机倾斜摄影技术和三维激光扫描技术相结合，对一个中小规模的公园进行了三维重建，构建了一套场地建模与认知的研究方法。Don Royds[78]通过无人机摄影测量与地面 3D 激光扫描，为文化遗址库拉·塔维蒂保护区创建了精确 3D 景观模型，利于专业人员对这个区域进行地形分析和未来决策。Vincent Javet[79]以马里兰州巴尔的摩的设计案例，探讨了无人机扫描生成的三维模型在数字设计工作流程中的应用，同时提出了一种适用于中小型场地、节约成本的数据盘点（data inventory method）无人机扫描技术。

点云数据的可重复便捷获取，可以展现包括时间维度的景观信息，因此可以运用于景观环境的空间可视化以及展示景观时序变化。James Melsom[80]在研究澳大利亚落斯代尔火灾后森林的受灾情况时，组合使用了不同来源的点云数据集，对场地遭到火灾前后的点云进行时间的叠加，以此来绘制场地随时间变化的时序模型。Zuzana Fialová 等[81]在 2019—2021 年对特定区域植被的点云数据进行观测对比，得到了该地区植被群落的变化趋势。Verena Vogler 等[82]研究了水下激光扫描和摄影测量对于稀疏而复杂的珊瑚礁的密集点云重建，他们认为这种高精度的方法非常适合自动检测、定量研究以及状态监控。Sedláek 等[83]使用无人机获取点云数据来可视化景观的变化，同时比较了包含点云在内的三种不同可视化方法的特点。

在艺术表达方面，Brendan Harmon 等[84]将点云视为一种新兴的景观表示的媒介，从景观学科艺术方面对点云进行了探讨。他们对点云的索引性、标志性、象征性和偶然性进行了阐述，并通过剖面高程、横断面、时间序列和散点图等代表性策略将其与景观的经验和艺术理解结合起来。

4.4 风景园林数据监测与分析

目前，最常用于风景园林监测与分析的方法包括遥感技术、基于物联网和移动设备的监测系统，以及时空景观信息模型等。近年来，物联网的快速发展为风景园林数据监测与分析的发展提供了机遇。传感器作为一种新兴技术，可以测量人类感官无法感知的环境现象，它有能力改变风景园林设计师干预环境的方式[85]。由此，产生了传感器景观（Sensory Landscapes）这一种景观形式，其中，"响应式景观"和"智慧城市"都属于这种新兴的"传感器景观"。

传感器为响应式景观提供了强大的支持，并且在市场上得到了很好的应用。研究者也针对不同传感器的功能进行了探讨。Mingkun Xie等[86]介绍了基于物联网和无线传感器网络的雨水管理智能监测系统的框架，该框架可获取场地动态水文数据，通过客户端对雨水收集量等指标进行分析。Emily Schlickman[87]和Zhongzhe Shen[88]分别利用智能传感器测量本地空气质量，以改善景观绩效的测量。

基于分布式传感器对城市生活的环境和社会条件的监测，可提高城市基础设施建设的效率，简化城市运营，改善公共卫生和安全[89]。风景园林研究者也探究了智慧城市中的景观监测分析系统。Luis Fraguada等[90]提出在城市空间中高效部署低成本移动传感器网络的策略，为高效采集全市数据、进一步了解和改善城市的生活条件提供可能。György Szabó等[91]介绍了一个基于射频识别（RFID）技术和物联网的复杂交通监控系统，可以自动收集车辆的实时数据，用于道路使用状况监测和交通控制。

基于时空景观信息模型的风景园林数据监测与分析是基于遥感数据的不全面性而提出的。卫星和遥感技术的发展促进了多种基于卫星图像和机载图像监测环境变化方法的发展，但此类图像无法监测到景观规划的语义信息变化[92]。Thomas Machl等[93]开发了一个时空信息模型，用于在全州范围内监控、分析农田运输路径，指导农业路网规划。Marija Knezevic等[92]通过时空信息模型明确表示单个景观的对象属性层面上的景观变化，并表示景观之间的关系随时间的变化，利用土地利用的信息来进行适当的规划和管理。

目前，传感器在风景园林数据检测与分析中的使用处于迅猛发展的阶段[93]。而基于信息模型开发的各种监测、分析工具也揭示了这种时空建模在不同领域的潜力[92]。

5 风景园林数字技术的发展趋势

5.1 风景园林全数字化工作流程的初步实现

数字化技术已经应用到从场地分析研究到设计实践、可视化表达与数字建造过程，全流程基于数字技术的工作方案已得以实现。风景园林规划设计的成果载体，从传统的手绘图纸、到二维图纸、参数化模型，逐渐过渡到数字信息模型和数字孪生模型的成果表达。基于表达成果的数字模型逐渐精细化并用于承载多维时空数据。

但从当前研究和实践现状来看，各类数字信息模型的构建方法和维护尚不够灵活，不同尺度、不同类型的数字模型缺乏统一标准，对于复杂模型的构建和维护成本较高，是尚有待于解决的问题。

5.2 跨学科方法对风景园林行业的渗透与影响

各类跨学科技术的迅速发展，推动了数字风景园林技术的进步。目前新兴的多种数字技术和多元数据类型，为风景园林学科纳入了新的交叉研究方法和实践应用技术，拓展了风景园林学科的研究实践范围。

尽管当前借用各类数字技术产生了大量基于不同相关学科的研究和分析成果，但其在规划设计中的直接应用程度尚有待提升，如何将各类数字技术方法的分析成果应用聚焦于风景园林规划设计中，聚焦学科探讨相应的理论体系，是有待于进一步探究的内容。

5.3 不同类型数字技术的灵活性和通用性

随着各类数字技术应用的不断拓展深入，在应用实践中也体现出了一些问题。由于风景园林学科涉及内容与技术的广泛性，相关各类数字技术方法数据格式各异，操作方法缺乏统一的标准，不同技术、不同软硬件平台间缺少统一，导致不同技术体系和操作方法碎片化，各类数据成果标准缺少通用性，造成各类技术学习和使用成本的提升，已成为制约数字化发展的重要因素。

近年来，相关开源软件系统逐渐应用于风景园林规划设计中，随着各类开源标准和开源算法与平台的应用，基于QGIS、Blender、Ladybug以及各类Python算法已成为新的热点趋势，基于各类开源研究和实践平台的应用，提升了各类数字技术方法的可复用性和灵活性，已成为当前风景园林行业数字技术应用的重要趋势。

参考文献

[1] 刘颂，章舒雯．数字景观技术研究进展——国际数字景观大会发展概述[J]．中国园林，2015，31(2)：45-50.

[2] Haddad M A. A framework for geodesign: Changing geography by design[J]. Journal of Planning Education and Research, 2015, 35(2): 228-230.

[3] Chen S, Lee V. The Spatial Planning of Australia's Energy Land-scape: An Assessment of Solar, Wind and Biomass Potential at the National Level[C]//Digital Landscape Architecture Conference, 2016.

[4] Michael F. Fundamentals of geodesign[C]// Peer Reviewed Proceedings of Digital Landscape Architecture 2010 at Anhalt University of Applied Sciences, 2010: 28-41.

[5] 周文生，黄鹤，王英．对地理设计思想的认识及其实践[J]．华中建筑，2014，32(6)：17-21.

[6] Raumer H G S, Stokman A. GeoDesign-Approximations of a catchphrase[J]. Digital Landscape Architecture Conference, 2011, 364: 106-115.

[7] Campagna M. Geodesign as a process: From modelling to enactment[J]. Peer Reviewed Proceedings of Digital Landscape Architecture 2015 at Anhalt University of Applied Sciences, 2015: 276-283.

[8] Schroth O, La Valle A, Ipe D M, et al. Serious games as a tool for the landscape education of high school students[J]. Peer Reviewed Proceedings of Digital Landscape Architecture 2015 at Anhalt University of Applied Sciences, 2015: 336-343.

[9] Gu Y, Deal B. Coupling systems thinking and geodesign processes in land-use modelling, design, and planning[J]. Journal of Digital Landscape Architecture, 2018, 3: 51-59.

[10] Onuk T, Eşbah H, Gürler E E. Presenting Geodesign Approaches in Practice: Case of Çırpıcı and Kamil Abduş Urban Parks in Istanbul, Turkey[J]. Journal of Digital Landscape Architecture, 2016: 179-186.

[11] Ervin S. A system for GeoDesign[J]. Digital Landscape Architecture Conference, 2011: 145-154.

[12] Li P, Petschek P. From Landscape Surveying to Landscape Design-A Case Study in Nanjing, PR China'[C]//Digital Landscape Architecture Conference, 2014.

[13] Seeger C, Lillehoj C, Wilson S, et al. Facilitated-VGI, smartphones and geodesign: Building a coalition while mapping community infrastructure[J]. Digital Landscape Architecture Conference, 2014: 300-308.

[14] Kowalewski B, Girot C. The Site Visit: Towards a Digital in Situ Design Tool[J]. Journal of Digital Landscape Architecture, 2021: 258-266.

[15] Harwood A, Lovett A, Turner J. Extending virtual globes to help enhance public landscape awareness[J]. Peer Reviewed Proceedings of Digital Landscape Architecture, 2012: 256-262.

[16] Jombach S, Kollányi L, Molnár J L, et al. Geodesign approach in vital landscapes project[C]//Digital Landscape Architecture Conference, 2012: 211-218.

[17] Albert C, Vargas-Moreno J C. Testing geodesign in landscape planning-first results[C]//Digital landscape architecture conference, 2012: 219-226.

[18] Radies C. Procedural random generation of building models based Geobasis data and of the urban development with the software CityEngine[J]. Digital Landscape Architecture Conference, 2013: 175-184.

[19] Janssen R, Eikelboom T. Using geodesign to support collaborative planning workshops[C]//Digital Landscape Architecture Conference, 2014: 66-69.

[20] Örnek M A, Özer E. Employing Open Simulator as an Immersive and Collaborative GeoDesign Tool[J]. Peer Reviewed Proceedings of Digital Landscape Architecture 2015 at Anhalt University of Applied Sciences, 2015: 230-237.

[21] Rekittke J. Drag and drop-the compatibility of existing landscape theories and new virtual landscapes[J]. Digital Landscape Architecture Conference, 2002: 110-123.

[22] Lovett A, Sünnenberg G, Appleton K, et al. The use of VRML in landscape visualisation[J]. Digital Landscape Architecture Conference, 2002: 68-85.

[23] Johns R, Lowe R. Unreal editor as a virtual design instrument in landscape architecture studio[J]. Digital Landscape Architecture Conference, 2005: 330-336.

[24] Production of Virtual 3D City Models from Geodata and Visualization with 3D Game Engines. A Case Study from the UNESCO World Heritage City of Bambergs[C]//Digital Landscape Architecture Conference, 2005: 316-323.

[25] Werner A, Deussen O, Döllner J, et al. Lenné3D-Walking through landscape plans[J]. Digital Landscape Architecture Conference, 2005: 48-59.

[26] Lindquist M. Affordable Immersion Revisited-A Proposal for a Simple Immersive Visualization Environment (SIVE-Lab)[J]. Digital Landscape Architecture Conference, 2010: 253-260.

[27] Cavens D. Site-Specific Simulation and Visualization of Suburban Growth[J]. Digital Landscape Architecture Conference, 2005: 60-68.

[28] Buhmann E, Pietsch M. Interactive Visualization of the Impact of Flooding and of Flooding Measures for the Selke River, Harz[J]. Digital Design in Landscape Architecture 2008 Proceedings at Anhalt University of Applied Sciences, 2008: 152-162.

[29] Stock C, Bishop I D, Connor A. Generating virtual environments by linking spatial data processing with a gaming engine[C]//Digital Landscape Architecture Conference, 2005: 324-329.

[30] Fox N, Serrano-vergel R, Van Berkel D, et al. Towards gamified decision support systems: in-game 3D representation of real-word landscapes from GIS datasets[J]. Journal of Digital Landscape Architecture, 2022: 356-364.

[31] Joye R, De Muelenaere S, Heyde S, et al. On the Applicability of Digital Visualization and Analysis Methods in the Context of Historic LandscapeResearch[J]. Digital Landscape Architecture Conference, 2010: 331-340.

[32] Roth M, Gruehn D. Scenic quality modelling in real and virtual environments[J]. Digital Landscape Architecture Conference, 2005: 291-302.

[33] Saedi H, Rice A. A deeper understanding of the impact on the restorative quality of green environments as related to the location and duration of visual interaction[J]. Journal of Digital Landscape Architecture, 2022: 412-424.

[34] Fernberg P, Tighe e, Saxon M, et al. Measuring perception of urban design elementsin virtual environments using eye tracking: benefits and challenges[J]. Journal of Digital Landscape Architecture, 2022: 463-470.

[35] Lindquist M. Virtual Landscape Presence-Conveying the Experience of Place via the Web[J]. Digital Landscape Architecture Conference, 2008: 163-169.

[36] Broschart D, Zeile P. Architecture: augmented reality in architecture and urban planning[J]. Peer Reviewed Proceedings of Digital Landscape Architecture 2015 at Anhalt University of Applied Sciences, 2015: 111-118.

[37] McIntosh J, Rodgers M, Marques B, et al. The use of VR for creating therapeutic environments for the health and wellbeing of military personnel, their families and their communities[J]. Journal of Digital Landscape Architecture, 2019: 185-194.

[38] Je H, Lee Y. Therapeutic effects of interactive experiences in virtual gardens: Physiological approach using electroencephalograms[J]. Journal of Digital Landscape Architecture, 2020: 422-429.

[39] Ahmad A M, Aliyu A A. The need for landscape information modelling (LIM) in landscape architecture[C]. Digital

[40] Hahn H, Cross D. Linking GIS-based modelling of stormwater best management practices to 3D visualization[C]. Digital Landscape Architecture Conference, 2013: 266-273.

[41] Chen Y, Yuan D. An Excel Based Digital Tool for Planting Design, Analysis and Evaluation[C]//Digital Landscape Architecture Conference, 2013: 283-290.

[42] Wik K H, Sekse M, Enebo B A, et al. Bim for landscape: A norwegian standardization project[J]. Journal of Digital Landscape Architecture, 2018, 3: 241-248.

[43] Peters A, Thon A. Best practices and first steps of implementing bim in landscape architecture and its reflection of necessary workflows and working processes[J]. Journal of Digital Landscape Architecture, 2019: 106-113.

[44] Gnädinger J, Roth G. Applied integration of gis and bim in landscape planning[J]. Journal of Digital Landscape Architecture, 2021, 6: 324-331.

[45] Wilhelm L, Donaubauer A, Kolbe T H. Integration of BIM and environmental planning: the CityGML EnvPlan ADE [J]. Journal of Digital Landscape Architecture, 2021, 6: 323-324.

[46] White M G, Haeusler M H, Zeunert J. Simulation and visualisation of plant growth using a functional-structural model[J]. Journal of Digital Landscape Architecture, 2022: 191-199.

[47] Lin E S, Gobeawan L, Liu X, et al. Deriving Green Plot Ratio (GnPR) from a Building Information Modelling (BIM) Vegetation Library[J]. Journal of Digital Landscape Architecture, 2022: 224-235.

[48] Lin E S, He Y, Gobeawan L, et al. The Linking of Microclimatic Simulations and Plant-ing Design using a Species-Level Building Infor-mation Modelling (BIM) Vegetation Library[J]. Journal of Digital Landscape Architecture, 2022: 236-248.

[49] Lindquist M, Galpern P. Crowdsourcing (in) voluntary citizen geospatial data from google android smartphones[J]. Journal of Digital Landscape Architecture, 2016, 1: 263-272.

[50] Warren-Kretzschmar B, van Haaren C. Online Landscape Planning-What does it take? A case study in Königslutter am Elm[C]//Trends in Online Landscape Architecture: Proceedings at Anhalt University of Applied Sciences, 2004.

[51] Seeger C J. VaSS Builder: A Customizable Internet Tool for Community Planning and Design Participation[J]. Trends in Online Landscape Architecture: Proceedings at Anhalt University of Applied Sciences, 2005: 111.

[52] Michael R. Online visual landscape assessment using internet survey techniques[J]. Trends in Online Landscape Architecture: Proceedings at Anhalt University of Applied Sciences, 2005: 121.

[53] Bilge G, Hehl-Lange S, Lange E. Use of mobile devices in public participation for the design of open spaces[C]. Proceedings of Digital Landscape Architecture, 2014: 309-314.

[54] Taigel S, Lovett A, Appleton K. Framing nature: using augmented reality to communicate ecosystem services[J]. Proceedings of Digital Landscape Architecture, 2014: 292-299.

[55] Haynes P, Lange E. Mobile augmented reality for flood visualisation in urban riverside landscapes[J]. Journal of Digital Landscape Architecture, 2016, 1: 254-262.

[56] Montaño F. The Use of Geo-Located Photos as a Source to Assess the Landscape Perception of Locals and Tourists: Case Studies: Two Public Open Spaces in Munich, Germany[J]. Journal of Digital Landscape Architecture, 2018, 3: 346-355.

[57] Tulloch D, Im W. Towards Using Social Media as a Geospatial Tool for Measuring Design Impact on Human Experiences[J]. Journal of Digital Landscape Architecture, 2018, 2018(3): 227-234.

[58] Adib M, Wu H. Fostering community-engaged green stormwater infrastructure through the use of participatory geographic information systems (PGIS)[J]. Journal of Digital Landscape Architecture, 2020, 5: 549-557.

[59] Schroth O, Mertelmeyer L. Telling the Story of a Landscape Plan Online[J]. Journal of Digital Landscape Architecture, 2020, 5: 558-566.

[60] Prescott M F, Ramirez-Lovering D, Hamacher A. Rise Planetary Health Data Platform: Applied challenges in the development of an interdisciplinary data visualisation platform[J]. Journal of Digital Landscape Architecture, 2020, 5: 567-574.

[61] Piser M, Wöllmann S, Zink R. Adolescents in spatial planning-a digital participation platform for smart environmental and democratic education in schools[J]. Journal of Digital Landscape Architecture, 2020, 5: 584-591.

[62] Ghandi M. Landscape as a Networked Ecological System: The Role of Data and Emerging Technologies in Rethinking Site Remediation[J]. Journal of Digital Landscape Architecture, 2017, 2: 174-189.

[63] Spielhofer R, Fabrikant S I, Vollmer M, et al. 3D point clouds for representing landscape change[J]. Journal of Digital Landscape Architecture, 2017, 2: 206-213.

[64] Yangyang Y, Yuning C. Road planning for a scenic environment based on the dijkstra algorithm: case study of Nanjing Niushou Mountain scenic spot in China[J]. Journal of Digital Landscape Architecture, 2017: 162-173.

[65] Yangyang Y, Yulong C, Yuning C. Logical Construction and Algorithm Implementation: Research on Parametric Designs of Naturalistic Waterscapes[J]. Journal of Digital Landscape Architecture, 2018: 107-118.

[66] Hurkxkens I, Bernhard M. Computational terrain modeling with distance functions for large scale landscape design[J]. Journal of Digital Landscape Architecture, 2019 (4): 222-230.

[67] Paar P, Dapper T, Schliep J W. Development of an interactive 3d herbaceous bed designer[J]. Journal of Digital Landscape Architecture, 2017: 198-205.

[68] Barbarash D, Rasheed M, Gupta A, et al. Automated recording of human movement using an artificial intelligence identification and mapping system[J]. Journal of Digital Landscape Architecture, 2022: 59-70.

[69] Yang J, Fricker P, Jung A. From intuition to reasoning: Analyzing correlative attributes of walkability in urban environments with machine learning[J]. Journal of Digital Landscape Architecture, 2022, 2022(7): 71-81.

[70] Newman G, Kim Y, Joshi K, et al. Integrating prediction

and performance models into scenario-based resilient community design[J]. Journal ofdigital landscape architecture: JoDLA, 2020, 5: 510.

[71] Ackerman A, Wang Y, Bryant M. Animation of High Wind-Speed Coastal Storm Events with Computational Fluid Dynamics: Digital Simulation of Protective Barrier Dunes [J]. Journal of Digital Landscape Architecture, 2020: 498-509.

[72] Rani M S, Lange E, Cameron R, et al. An iterative landscape planning process for sustaining flood regulation in the Ci Kapundung upper water catchment area, Bandung Basin, Indonesia[J]. Journal of Digital Landscape Architecture, 2019, 4: 33-41.

[73] Seah I, Masoud F, Dias F, et al. Flux. Land: A Data-driven Toolkit for Urban Flood Adaptation[J]. Journal of Digital Landscape Architecture, 2021, 6: 381-392.

[74] Wissen Hayek U, Grêt-Regamey A. Conceptualizing a Web-based 3D Decision Support System Including Urban Underground Space to Increase Urban Resiliency[J]. Journal of Digital Landscape Architecture, 2021, 6: 85-93.

[75] Unal M, Uslu C, Cilek A, et al. Microclimate analysis for street tree planting in hot and humid cities[J]. Journal of Digital Landscape Architecture, 2018, 3: 34-42.

[76] Flohr T, Heris M, Derycke E. An ENVI-met Simulation Data Pipeline for Evaluating Urban Tree Patterns Impact on Urban Micro-climate[J]. Journal of Digital Landscape Architecture, 2022(7): 538-548.

[77] Pietsch M, Henning M, Mader D, et al. Using unmanned aerial vehicles (UAV) for monitoring biodiversity measures in periurban and agrarian landscapes[J]. Journal of Digital Landscape Architecture, 2018: 273-282.

[78] Royds D. Landscape modelling of a protected cultural landscape: Kura Tāwhiti conservation area[J]. Journal of Digital Landscape Architecture, 2022: 327-334.

[79] Javet V. UAV site surveying: application of drone imagery in the design process, pre- and post-occupancy[J]. Journal of Digital Landscape Architecture, 2022: 310-317.

[80] Melsom J. Representing dynamic landscapes: temporal point cloud visualisation applications in complex ecologies: the case study of the 2020 Rosedale fires [J]. Journal of Digital Landscape Architecture, 2022: 282-290.

[81] Fialová Z, Klepárník R, Sedláček J. Visualization of woody vegetation changes in 3d Point clouds[J]. Journal of Digital Landscape Architecture, 2022: 301-309.

[82] Vogler V, Schneider S, Willmann J. High-Resolution Underwater 3-D Monitoring Methods to Reconstruct Artificial Coral Reefs in the Bali Sea: A Case Study of an Artificial Reef Prototype in Gili Trawangan[J]. Journal of Digital Landscape Architecture, 2019, 4: 275-289.

[83] Sedláček J, Klepárník R. Testing Dense Point Clouds from UAV Surveys for Landscape Visualizations[J]. Journal of Digital Landscape Architecture, 2019: 258-265.

[84] Harmon B, Serrano N. Point cloud aesthetics[J]. Journal of Digital Landscape Architecture, 2022: 335-344.

[85] Chadderton C. Sensors in the Landscape: A Peatland Perspective[J]. Journal of Digital Landscape Architecture, 2020: 5-2020.

[86] Xie M K, Yuning C. A framework for the intelligent monitoring system of stormwater management based on the internet of things and wireless sensor networks[J]. Journal of Digital Landscape Architecture, 2018, 3: 310-318.

[87] Schlickman E, Andrikanis N, Harrell C E B, et al. Prototyping an affordable and mobile sensor network to better understand hyperlocal air quality patterns for planning and design [J]. Journal of Digital Landscape Architecture, 2021, 6: 94-100.

[88] Shen Z, Kim M. Improving Landscape Performance Measurement: Using Smart Sensors for Longitudinal Air Quality Data Tracking[J]. Journal of Digital Landscape Architecture, 2022: 164-174.

[89] Kurland K S. 3D and Spatial Analysis for Smart and Healthy Cities[J]. Journal of Digital Landscape Architecture, 2017: 76-84.

[90] Fraguada L, Melsom J. Urban pulse: the application of moving sensor networks in the urban environment: strategies for implementation and implications for landscape design [C]//Digital Landscape Architecture Conference, 2014: 317-325.

[91] Szabó G, Wirth E, Czinkoczky A. Monitoring Urban Roadspace Usage with Radio Frequency Identification Tags and Internet-of-Things[J]. Journal of Digital Landscape Architecture, 2018: 319-326.

[92] Knezevic M, Donaubauer A, Machl T, et al. Change Detection and Analysis of Landscapes Based on a Spatio-temporal Landscape Information Model[J]. Journal of Digital Landscape Architecture, 2022 (7): 122-136.

[93] Machl T, Donaubauer A, Kolbe T H. Planning agricultural core road networks based on a digital twin of the cultivated landscape[J]. Journal of Digital Landscape Architecture, 2019, 4: 316-327.

作者简介

周凯漪，1999年生，女，汉族，浙江绍兴人，华中农业大学硕士在读，研究方向为数字风景园林与绿色基础设施规划设计。电子邮箱：ZhouKaiyi@webmail.hzau.edu.cn。

黄艳玲，1999年生，女，汉族，重庆人，华中农业大学园艺林学学院风景园林学专业硕士在读，研究方向为数字风景园林与绿色基础设施规划设计。电子邮箱：yanlinghuang@webmail.hzau.edu.cn。

（通信作者）张炜，1988年12月生，男，汉族，河北衡水人，博士，华中农业大学园艺林学学院，副教授，研究方向为数字风景园林与绿色基础设施规划设计。电子邮箱：zhang28163@mail.hzau.edu.cn。

植物园建设与发展

公园城市背景下成都建设国家植物园的必要性和功能定位研究

Research on the Necessity and Functional Orientation of Building a National Botanical Garden in Chengdu under the Background of Park City

陈明坤　冯　黎　白　宇　卢奕芸　骆小红

摘　要：《生物多样性公约》第十五次缔约方大会后，我国以国家植物园为主体的植物迁地保护体系进入规划建设快车道。建设国家植物园是维护生物多样性、彰显城市生态价值、增进民生福祉的重要举措。成都建设国家植物园，既体现出承接国家重大战略的责任担当，也是建设践行新发展理念的公园城市示范区的重要生态名片，以及建设山水人城和谐相融的公园城市的最重要内容之一。本文从地理区位独特、植被分布垂直地带性显著、特有植物和珍稀濒危植物数量位居全国前列、植物文化源远流长、科研实力较好和植物园建设基础良好等方面，评析了将成都纳入国家植物园体系的必要性，提出公园城市背景下成都建设国家植物园的功能定位，并从全球、全国、区域等不同层次进行了具体阐释，以期促进成都纳入国家植物园体系，支撑我国构建完整的迁地保护研究网络。

关键词：国家植物园；迁地保护；生物多样性；公园城市；成都

Abstract: After the 15th Conference of the Parties to the Convention on Biological Diversity, our country's ex situ plant protection system, mainly the national botanical garden, has entered the fast lane of construction. The construction of a national botanical garden is an important measure to maintain biodiversity, demonstrate the ecological value of the city, and improve people's livelihood and well-being. The construction of the national botanical garden in Chengdu not only reflects the responsibility to undertake major national strategies, but also is an important ecological business card for the construction of the park city demonstration area that implements the new development concept and one of the most important contents of building a park city with harmonious integration of landscape and human city. This article evaluates the necessity of incorporating Chengdu into the national botanical garden system from the aspects of unique geographical location, significant vertical zonality of vegetation distribution, the number of endemic plants and rare and endangered plants in the forefront of the country, long history of plant culture, strong scientific research strength and good foundation for the construction of botanical garden. And put forward the functional orientation of Chengdu's construction of national botanical garden under the background of park city. It also explained the functional orientation of Chengdu's construction of national botanical garden from the global, national and regional levels. Ultimately, it is hoped to promote the incorporation of Chengdu into the national botanical garden system and support the construction of a complete ex situ conservation research network in our country.

Keywords: National Botanical Garden; Ex-situ Conservation; Biodiversity; Park City; Chengdu

引言

国家植物园是由国家批准设立并主导管理，代表国家科学研究水准、物种保护基础、科普教育能力、资源利用技术和园林园艺水平，实施国际植物园标准规范的生物多样性整合保护机构[1]。2021年10月，在《生物多样性公约》第十五次缔约方大会领导人峰会上，习近平总书记宣布，"本着统筹就地保护与迁地保护相结合的原则，启动北京、广州等国家植物园体系建设"[2]，标志着我国以国家植物园为主体的植物迁地保护体系进入建设快车道。建设国家植物园是维护生物多样性、彰显城市生态价值、增进民生福祉的重要举措。

2018年2月，习近平总书记在视察成都天府新区时首次提出"公园城市"理念，强调"要突出公园城市特点，把生态价值考虑进去"。2022年1月28日，国务院批复同意成都建设践行新发展理念的公园城市示范区，提出要以习近平生态文明思想为指引，着力厚植绿色生态本底，塑造公园城市优美形态，着力创造宜居美好生活，增进公园城市民生福祉，积极探索山水人城和谐相融新实践[3]。成都建设国家植物园，既体现出承接国家重大战略的责任担当，也是建设践行新发展理念的公园城市示范区的重要生态名片，以及建设山水人城和谐相融的公园城市的最重要内容之一。

当前，我国国家植物园体系建设尚处于起步阶段。任海等提出了国家植物园的定义及设立标准，进而提出了我国国家植物园体系的建设目标、管理体制、空间布局和认证等方面的建议[4]。黄文宏等提出要系统思考国家植物园体系建设的定位与目标、区域布局、科研重点、人才队伍与科技设施能力，促进国家植物园的长远规划和有序高质量推进[5]。唐肖彬等提出三种国家植物园体系建设架构及具体实现路径[6]。钟素飞以上海植物园为例，探讨了国家植物园体系建设背景下的植物园的功能定位[7]。本文在已有研究的基础上，基于成都现实概况探讨了成都纳入国家植物园体系的必要性，并提出成都建设国家植物园的战略性功能定位。

1 成都地区建设国家植物园的基础和优势

1.1 成都概况

成都位处四川盆地西部、青藏高原东缘，西部属于四川盆地边缘地区，以深丘和山地为主；东部属于四川盆地盆底平原，市域内形成1/3平原、1/3丘陵、1/3高山的独特地貌类型。成都属亚热带季风气候，四季分明，气候环境温润，年平均气温16℃，降雨丰沛，年降雨量1000mm左右。成都是"一带一路"的国际门户重要枢纽，是成渝地区双城经济圈核心城市，是生态资源、经济交往、文化融合、民族交流的重要节点。成都2021年GDP在全国所有城市中位居第七，在全国城市评价中连续七年位居中国新一线城市榜首，并在GaWC2020世界城市排名第59位，位居Beta+级。

1.2 成都建设国家植物园基础优势

成都地理区位优越，植被分布垂直地带性显著，特有植物和珍稀濒危植物数量位居全国前列，植物多样化程度高，植物文化源远流长，科研实力较好，且植物园建设基础良好。

1.2.1 地理区位优越，生物分布垂直地带性显著

成都是进入横断山脉和喜马拉雅东缘区域的重要门户城市，地处成都平原向川西高山峡谷至青藏高原的过渡地带，市域海拔高差达5005m，由于巨大的垂直高差，其西侧的华西雨屏带形成明显的不同热量差异的垂直气候带，带来显著的生物分布垂直地带性，有从中亚热带山地常绿阔叶林至高山流石滩植被类型的完整序列变化，是我国推进生物多样性保护与生态建设的重要区域[8]。

1.2.2 植物资源极其丰富，物种代表性强

四川成都地区位处全球重要的36个生物多样性热点地区之一——中国西南山地，是我国植物物种多样化程度高度集中以及新物种的主要来源地区之一。四川高等植物位居全国省份第二（14470种，约占全国的1/3）；特有植物位居全国省份第一（约8300种，约占全国的45%）；四川的国家重点保护野生植物占全国约21%（约233种）；珍稀濒危植物仅次于云南居全国第二（约80种）[9]；四川的极小种群植物占全国总数的27.5%（33种）[10]。西方著名植物学家威尔逊5次来中国，其中4次入川，带走1600多种植物，如珙桐、岷江百合等，为西方花园的发展作出瞩目贡献，他在《中国——世界园林之母》一书中将成都誉为"中国西部花园"。丰富的植物资源、特有植物以及珍稀濒危植物和极小种群植物是我国国家植物园生物多样性保护的重点。

1.2.3 生态文化、植物文化源远流长

得天独厚的生态环境孕育了成都，造就了"天府之国"的美誉，道法自然的都江堰水网，至今仍闪耀着古代中国人类的生态智慧。文秀清幽的川西园林更是成都生态文化的瑰宝，城中至今仍保留着公元10世纪的罨画池、公元14世纪的桂湖、公元18世纪的望江楼等历史名园，"园因城而兴、城因园而名"，传承着川西园林、生态文化。成都以花为名，诗人描写蜀地植物与风景的相关诗词达三千余首，"晓看红湿处，花重锦官城""成都海棠十万株，繁华盛丽天下无"等诗篇流传千古。道法自然的生态文化、源远流长的植物文化、繁花似锦的园艺历史为成都建设国家植物园提供了深厚的文化底蕴。

1.2.4 科研基础坚实

依托国家级、省市级科研机构和在蓉高校，成都现已初步构建由中国科学院（成都分院）、中国科学院成都生物所、中国科学院植物所、四川省林业科学研究院、成都市公园城市植物科学研究院、成都市农林科学院等科研机构，以及四川大学、四川农业大学、西南民族大学、西南交通大学、成都理工大学等在蓉高校汇聚的科研平台。其中，四川大学生命科学学院建设的自然博物馆（标本库）居国家植物标本馆第4位，信息共享平台是我国第二大数据共享平台；成都市公园城市植物科学研究院对芙蓉的相关研究达到了国际领先水平；峨眉山生物资源实验站积极开展"华西雨屏带"珍稀濒危植物及具有科研和经济价值野生植物资源的收集与保育工作，成为国家重大科学工程——中国西南野生生物种质资源库两个子库之一，是国家濒危野生动植物种质基因保护中心的种质基因库。成都已积淀了近40年的植物保护及地域特色鲜明的植物研究成果，为成都国家植物园建设提供有力的科研支撑。

1.2.5 植物园建设基础较好

成都市植物园紧邻中心城区，是四川省第一个植物园，为国际植物园保护联盟（BGCI）会员单位，总面积643亩（1亩≈666.7m²），现保存植物3000余种（包括品种），迁地保育国家重点保护野生植物134种。成都植物园的科普教育在全国植物园系统处于领先地位，是国家级科普教育基地，同时也是全国和全省的中小学生研学实践基地。拥有全国最大的室内植物科普场馆——成都青少年植物科普馆。植物园所在区位人才吸引力强，利于人才长效稳定、建设国家实验室以及形成科研成果，有发展为公园城市植物核心研究平台的潜力。华西亚高山植物园总面积829亩，海拔约2000m，以收集保育及研究横断山与喜马拉雅东缘地区杜鹃花属植物、珍稀濒危植物、药用与观赏植物为主要目标，收集保存活植物达2000种以上，引种栽培野生杜鹃种类与数量位居亚洲第一，突出高山、亚高山植被特色，有发展建成世界山地植物多样性保育基地的潜力。四川大学华西药学院药用植物园栽培药用植物800余种，成都中医药大学有我国仅有的两个国家级重要种质资源战略储备库之一。

2 成都建设国家植物园功能定位研究

研究采用因素分析法，通过国家重大战略、气候带与

植被区划特点、植物物种丰富度、植物园核心功能等因素的综合分析，提出公园城市背景下成都建设国家植物园的总体定位为：立足川渝及横断山与东喜马拉雅区位，面向欧洲和北美关键山地，突出盆地、丘陵、低山、中山、高山、极高山的完整山地序列植物多样性特征。紧密围绕植物迁地保护、科学研究、科普传播、园林园艺展示、生态休闲以及植物资源开发利用等核心功能，旨在建成世界一流的山地植物多样性保育基地，形成具有地域文化的国家自然科普教育目的地和公园城市植物研究平台。

2.1 突出完整山地序列植物多样性保护，建成世界一流的山地植物园

基于成都平原、丘陵、山地"三分天下"的地形地貌和5005 m的巨大海拔落差，综合考虑四川山地序列分布及对应植被带类型（表1），以及欧洲、北美关键山地的植被垂直带特征（表2），在成都布局国家植物园能有效保护和展示盆地、丘陵、山地的完整山地序列植物多样性特征。成都将参考国际、国内一流植物园的发展规划，对标《BGCI植物园认证标准》《BGCI全球生物多样性认证标准》等标准体系，按照远近结合、分区协同的建设理念，在全域范围内不同海拔高度，初步构建"一园多基地"的国家植物园布局模式。其中，"一园"基于成都市植物园扩建，以盆地、丘陵植被保育为特色；"多基地"选址位于海拔1800～3000m高山区域的华西亚高山植物园龙池基地、峨眉山和西岭雪山等地，以高山、亚高山植被保护为特色，建成世界山地植物多样性保育基地。

四川山地序列分布及对应植被带分析　　　　　　　　　　　　　　　表1

地形	海拔（m）	植被带类型	分布区域
盆地	<500	亚热带常绿阔叶林带	主要分布于四川中部，成都、德阳、绵阳一线以西至龙门山
丘陵	200～500	亚热带常绿阔叶林带	成都东部及南部部分区域； 以及南充、遂宁等川东地区
低山	500～1000	山地常绿阔叶林带	主要涵盖成都东部的龙泉山、成都西部的龙门山、蒲江； 以及巴中、广元、达州等区域
中山	1000～3500	山地常绿阔叶林带 亚高山针叶林带	龙门山脉一带，如青城山、西岭雪山、峨眉山等皆有分布； 横断山区一带，包括马尔康的北部与东部、康定东部以及西昌域内
高山	3500～5000	亚高山针叶林带 高山灌丛带 高山草甸带 高寒荒漠带	集中于横断山区，广泛分布于阿坝、凉山、甘孜境内，包括岷山、康定西北部以及西部的大雪山、沙鲁里山的高海拔区域等； 龙门山亦有分布，如成都的西岭雪山
极高山	5000以上	高寒荒漠带 高山积雪冰川带	集中于横断山区，四川西部的甘孜州、阿坝州境内，如四姑娘山、贡嘎山、仙乃日、格聂神山、卡瓦洛日等极高海拔地区； 龙门山亦有分布，如成都的西岭雪山

横断山脉与欧洲、北美关键山地的植被垂直带特征　　　　　　　　　表2

山脉	位置	海拔（m）	覆盖地形	植被带类型
横断山脉	我国最长、最宽的南北山系，主要分布于四川（占比62%）、云南（占比29%）和西藏自治区（占比9%）	最高：7556 平均：4000以上	盆地 丘陵 低山 中山 高山 极高山	山地常绿阔叶林 山地针阔叶混交林带 亚高山针叶林带 高山灌丛带 高山草甸带 高寒荒漠带 高山积雪冰川带
阿尔卑斯山脉	欧洲，覆盖意大利北部边界、法国东南部、瑞士、列支敦士登、奥地利、德国南部及斯洛文尼亚	最高：4810 平均：3000	低山 中山 高山	落叶阔叶林带 针叶林带 高山草原、草甸带 高寒荒漠带 积雪冰川带
比利牛斯-珀杜山脉	欧洲西南部最大的山脉，横跨法国与西班牙当前的国界，是阿尔卑斯山脉向西南的延伸部分	600～3352	平原 低山 中山	落叶林带 混交林带 高山针叶林带 高山草甸 积雪冰川带

续表

山脉	位置	海拔（m）	覆盖地形	植被带类型
落基山脉	北美洲的"脊骨"，主要的山脉从加拿大不列颠哥伦比亚省加到美国西南部的新墨西哥州，南北纵贯4800多m	最高：4399 平均：2000~3000	高原 平原 丘陵 低山 中山 高山	—

2.2 完善国家植物园体系空间布局，支撑国家战略植物资源保护

国家植物园体系是指以国家植物园为主体，结合区域性综合植物园组成的、覆盖我国主要气候带和重要植被类型、生物多样性热点地区以及重要经济植物的全国植物迁地保护研究网络[11]。目前，国家植物园（北京）立足首都，面向华北和世界同纬度地区，重点收集三北地区乡土植物、北温带代表性植物、全球不同地理分区的代表性植物；华南国家植物园则立足华南，面向全球同纬度地区，致力于全球热带亚热带地区的植物保护、科学研究和知识传播。此外，上海、武汉等地也分别立足我国华东、华中地区，积极推进国家植物园的建设与申报工作。成都市是公园城市"首提地""示范区"，具有突出的战略地位和强劲的综合实力，成都建设国家植物园可充分发挥其辐射带动优势，支持国家植物园建设发展，承接国家植物资源保护战略责任担当，促进西南地区植物资源保护与可持续利用，支撑完善国家植物园体系空间布局（表3）。

国家植物园体系空间布局分析　　　　表3

区位	核心植物园基础	定位	植物迁地保育	主要科研方向
华北	国家植物园（北京）	立足首都，面向华北和世界同纬度地区，在广泛收集保存植物资源、保存和抢救国际珍稀濒危植物的基础上，重点收集保存我国温带落叶林和冷温带针阔叶混交林地区分布的植物类型	15000种（目标3万以上）	系统与进化生物学、植被与环境变化、植物分子生理学、太阳能光生物转化与利用、北方资源植物研究
华南	华南国家植物园	立足华南，面向全球同纬度生物多样性保护，致力于全球热带亚热带地区的植物保育、科学研究和知识传播，在植物学、生态学、农业科学、植物资源保护与利用关键技术等方面建成国际高水平研究机构	17168种（目标2万种以上）	植物资源保护与可持续利用、退化生态系统植被恢复与管理、华南农业植物分子分析与遗传改良、海岛及海岸带生态修复、应用植物学
华东	上海辰山植物园	以"国内领先、国际一流"为目标，以"精研植物、爱传大众"为使命，立足华东，面向东亚，进行植物的收集、研究、开发和利用	15871种	园艺与生物技术、次生代谢与资源植物开发利用、植物多样性保育
华中	中国科学院武汉植物园	立足华中，致力于全球亚热带和暖温带战略植物资源收集、保育与可持续利用，以及流域治理和大型工程生态安全中的科学前沿问题和重大技术瓶颈，开展战略性、前瞻性应用基础研究	13000种	植物多样性研究、特色农业资源植物研究、流域生态研究、水生植物研究
西南	成都市植物园	立足川渝及横断山与东喜马拉雅区位，面向欧洲和北美关键山地，突出盆地、丘陵、低山、中山、高山、极高山的完整山地序列植物多样性特征，旨在建成世界一流的山地植物多样性保育基地，形成具有地域文化的国家自然科普教育目的地和公园城市植物研究平台	3000种（目标2万种以上）	公园城市植物研究、园林园艺技术研究（规划：盆地-高山植物多样性研究、濒危植物保育与野外回归、山地受损生态系统修复、药用植物开发利用研究、高山特色花卉开发利用研究）

2.3 立足横断山与东喜马拉雅区位，形成区域性植物保护网络

立足川渝与周边山地及东喜马拉雅和横断山，以成都"一园多基地"为基础，辐射周边区域，与其他植物园和种质库密切合作，充分发挥生物多样性热点地区的区位优势，形成资源互补的区域性植物保护网络，建设覆盖高山流石滩、高山草甸、山地针叶林、山地落叶阔叶林、针阔混交林、亚热带常绿阔叶林等自然群落的植物多样性保育基地，实现区域植物及关键山地植物的全面保育。同时建设完善的植物迁地保育体系及配套设施，匹配区域巨大的生物多样性保育需求，重点保育区域内珍稀濒危植物、极小种群野生植物以及具有潜在科学和经济价值的植物，实现易危等级以上植物全部保育。

2.4 围绕植物园核心功能，完善五大中心职能

成都建设国家植物园的功能体系以迁地保护、科学研究、科普传播、园林园艺展示、生态休闲及植物资源开发利用等核心功能为引领，构建迁地保育中心、科学研究中心、自然环境教育中心、园林园艺展示中心及植物推广应用中心五大中心（图1）。

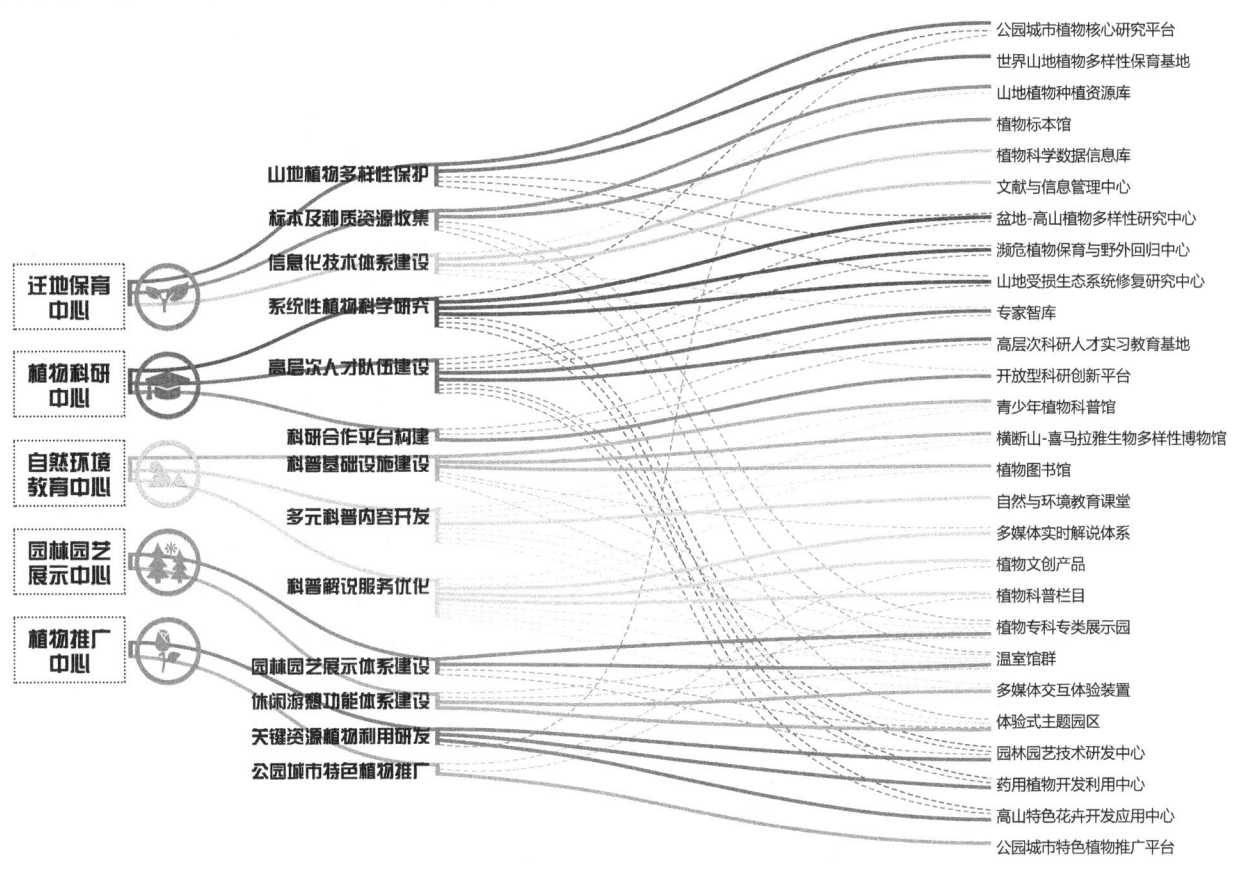

图1 成都建设国家植物园核心功能构成分析图

2.4.1 构建山地植物迁地保育中心，完善植物迁地保护格局

以"一园多基地"总体布局，建立山地植物多样性保育基地，收集活植物1.5万种以上，覆盖四川盆地与周边山地及东喜马拉雅和横断山区域、欧洲和北美关键山地100%的科、属，95%以上的种，实现山地植物多样性保护。建设山地植物种质资源库及植物标本馆，收集川渝及横断山与东喜马拉雅地区植物标本和种质资源。建设植物科学数据信息库和文献与信息管理中心，实现植物记录的在线化、智能化、实时化。

2.4.2 构建世界山地植物科学研究中心，完善科研支撑体系

建立盆地-高山植物多样性研究中心、濒危植物保育与野外回归中心以及山地受损生态系统修复研究中心。针对生物多样性保护、生态系统植被恢复、公园城市建设等多个目标开展科研课题。积极与国内外科研院所、知名高校、企事业单位等共建科研示范基地，开展合作交流，建成开放型科研创新平台。

2.4.3 构建自然环境教育中心，健全科普教育体系

打造具有世界影响的大熊猫与山地植物及环境自然教育体系，形成国家植物园、国家公园联动一体化自然教育和深度参与体验基地。推进青少年植物科普馆、横断山-喜马拉雅生物多样性博物馆及植物图书馆建设，植入环境监测与显示系统，实现高端科技资源与自然教育的实时联结。创新开发"走进横断山、重走威尔逊""探访西部花园"等研学活动，举办植物沙龙，普及植物文化及植物保护内涵。完善智慧展陈系统，依托专业解说队伍、

在线导览程序，提供游园过程中的实时解说服务。

2.4.4 构建园林园艺展示中心，创新营造公园城市植物展示场景

坚持"景观化、景区化、可进入、可参与"的公园城市场景理念，构建具有复合功能的园林园艺展示中心。园区设计充分融合低碳环保、低影响开发等前沿理念，借助多媒体交互体验装置，构建环境互动展示体系。同时，植物将融合生境特征综合展示，如依托西岭雪山基地，还原川西高山峡谷生境，依托竹与落叶树种混交的人工植被群落，营造林环水抱的川西林盘生境。

2.4.5 构建植物推广应用中心，促进关键资源植物高效利用研发与推广

建设园林园艺技术研发中心、药用植物开发利用中心、高山特色花卉开发应用中心等，对观赏植物、经济植物、药用植物、林木良种等关键资源植物开展相关研发工作。搭建植物推广应用中心对研发的新优植物进行推广应用和示范，形成植物研究与推广产业链，推动经济植物、药用植物、林木良种、观赏植物等科技成果转化。

3 结语

任海等认为国家植物园体系布局应综合考虑生物多样性热点地区、中国气候带与典型植被区划及植物区系分布、国家重大战略布局、现有植物园的综合实力、地方社会经济条件及积极性等因素[4]。黄宏文等认为我国主要自然气候带和特殊生境地区是国家植物园部署的首选，同时在边境地区及"一带一路"沿线宜布局分支保护点[5]。唐肖彬等认为国家植物园的设立应持审慎态度，宜精不宜多，避免一味追求空间布局的均匀性[6]。成都位处全球36个生物多样性热点地区之一，依托华西雨屏带这一独特的地理气候区，植被分布垂直地带性显著，在成都布局国家植物园能够有力支撑迁地保护这一核心目标。成都作为"一带一路"的国际门户重要枢纽、成渝地区双城经济圈核心城市、公园城市"首提地""示范区"，在成都布局国家植物园契合国家重大战略布局。同时，成都具有良好的植物文化基础、科研基础和建园基础，能够有力支撑国家植物园建设。因而，将成都纳入国家植物园体系布局十分必要，成都是国家植物园体系构建中不可或缺的一部分。

本研究通过对成都建设国家植物园的基础优势进行分析，提出了公园城市背景下成都建设国家植物园的功能定位，并从国际、国内、区域以及植物园本身四个层次展开阐释：①成都地处成都平原向川西高山峡谷至青藏高原的过渡地带，由于地形及海拔的剧烈变化，具备了完整山地序列植物多样性特征。成都西侧的横断山脉（62%位于四川境内）[12]对标欧洲和北美关键山地，能够覆盖较为完整的地形类型和植被垂直带类型。因而，在成都设立国家植物园将促进世界山地植物多样性保护，建成世界一流的山地植物园。②任海等认为应在每个气候带与典型植被区划内设立1～2个国家植物园，每个国家植物园应突出优势、强调特色，进行功能的差异化发展，最终其他植物园和种质资源库等形成迁地保护体系和网络[4]。成都国家植物园与已设立的国家植物园和华南国家植物园，以及其他气候带植被区的植物园错位发展，将助力完善国家植物园体系空间布局，支撑国家战略植物资源保护。③东喜马拉雅区域与横断山所属的中国西南山地同属全球36个生物多样性热点地区，对野生植物保护具有十分重要的意义，在成都布局国家植物园将立足横断山与东喜马拉雅区位，形成区域性植物保护网络。④目前关于国家植物园的设立尚未形成统一的标准。洪德元院士认为，保护和利用植物多样性、普及植物学知识、为大众创造优美休闲环境是植物园建设的三大使命[13]。国际植物园保护联盟（BGCI）2022年发布的《植物园认证标准手册》提出植物园应具备植物收集管理、科学研究、向公众开放和允许公众参与等功能。本文以保护全球植物多样性为宗旨，以承担国家重大战略使命为引领，以联动区域资源、保育区域植物多样性为落脚点，围绕植物园核心功能，完善五大中心职能，阐明了成都建设国家植物园的使命担当。

当下我国国家植物园规划建设如火如荼，全国各地都在积极争取纳入国家植物园体系。本研究基于公园城市建设背景，聚焦成都建设国家植物园的必要性及功能定位，但仍然存在诸多不足。成都建设国家植物园任重而道远，还需紧跟国家植物园建设进程，积极探索，整合多方资源，进行长远规划，成立成都国家植物园建设工作专班，落实具体责任，统筹研究解决各项重大问题，合理控制建设规模，进一步深化成都国家植物园建设实施策略与路径，建设健全成都国家植物园管理机制，逐步完善相关政策，促进科技、资金、人才的有力支撑，稳妥有序推进各项任务[14]。

参考文献

[1] 任海,文香英,廖景平,等. 试论植物园功能变迁与中国国家植物园体系建设[J]. 生物多样性, 2022, 30(4): 197-207.

[2] 习近平. 共同构建地球生命共同体——在《生物多样性公约》第十五次缔约方大会领导人峰会上的主旨讲话（2021年10月12日）[J]. 中国环境监察, 2021(10): 13-14.

[3] 国务院关于同意成都建设践行新发展理念的公园城市示范区的批复[J]. 中华人民共和国国务院公报, 2022(7): 35-36.

[4] 任海,文香英,廖景平,等. 试论植物园功能变迁与中国国家植物园体系建设[J]. 生物多样性, 2022, 30(4): 197-207.

[5] 黄宏文,廖景平. 论我国国家植物园体系建设：以任务带学科构建国家植物园迁地保护综合体系[J]. 生物多样性, 2022, 30(6): 197-213.

[6] 唐肖彬,韩枫. 国家植物园体系建设初探[J]. 湖南林业科技, 2022, 49(4): 93-100.

[7] 钟素飞. 国家植物园体系建设背景下的植物园功能定位探讨——以上海植物园为例[J]. 农业与技术, 2022, 42(10): 132-135.

[8] 庄平,高贤明.华西雨屏带及其对我国生物多样性保育的意义[J].生物多样性,2002(3):339-344.

[9] 张桥英,何兴金.四川省珍稀濒危植物及其保护[J].武汉植物学研究,2002(5):387-394.

[10] 潘红丽,冯秋红,隆廷伦,等.四川省极小种群野生植物资源现状及其保护研究[J].四川林业科技,2014,35(6):41-46.

[11] 陈进.关于我国国家植物园体系建设的一点思考[J].生物多样性,2022,30(1):29-32.

[12] 张颖,赵宇鸾.基于DEM的横断山县域山区类型划分[J].贵州师范大学学报(自然科学版),2016,34(6):8-14.

[13] 洪德元."三个'哪些':植物园的使命"的补充发言[J].生物多样性,2017,25(9):917.

[14] 寇江泽,胡璐,符超.国家植物园让保护体系更完整[J].绿色中国,2022(3):70-73.

作者简介

陈明坤,1972年生,男,汉族,四川宜宾人,清华大学建筑学院博士在读,成都市公园城市建设发展研究院,院长、教授级高级工程师,研究方向为公园城市建设发展与风景园林规划设计。电子邮箱:108931331@qq.com。

冯黎,1989年生,女,汉族,四川广安人,硕士,成都市公园城市建设发展研究院风景园林二所,所长,研究方向为公园城市建设发展与风景园林规划设计。电子邮箱:328268238@qq.com。

白宇,1996年生,女,汉族,山西朔州人,本科,成都市公园城市建设发展研究院,主创规划设计师,研究方向为风景园林规划与设计。电子邮箱:987262398@qq.com。

卢奕芸,1995年生,女,汉族,陕西西安人,硕士,成都市公园城市建设发展研究院,规划设计师,研究方向为风景园林规划与设计。电子邮箱:lu_yiyun@foxmail.com。

骆小红,1996年生,女,汉族,四川成都人,硕士,成都市公园城市建设发展研究院,规划设计师,研究方向为风景园林规划与设计。电子邮箱:1059764528@qq.com。

基于地域特色的植物园规划策略
——以郑州第二植物园规划设计为例

The Planning Strategy of Botanical Garden Based on Regional Characteristics
—Taking the Planning and Design of Zhengzhou Second Botanical Garden as an Example

李美蓉

摘 要：当代植物园的发展从科学性、艺术性、文化性角度出发，都离不开当地域特色的呈现。结合地域特色的植物园规划设计策略对植物园的规划定位和实施建设具有重要意义。本文结合郑州第二植物园规划设计探索了地域特色在植物园规划设计中的表达方式。因地制宜地利用地域植物种质资源，结合山水格局特点，在植物园的规划定位、景观结构及专类园设计等方面探索了基于地域特色的设计方法。

关键词：地域特色；文化传承；种质资源

Abstract: The development of contemporary botanical gardens is inseparable from the presentation of local regional characteristics from the perspectives of science, artistry and culture. The planning and design strategies of botanical gardens combined with regional characteristics are of great significance to the planning, positioning and implementation of botanical gardens. Combined with the planning and design of Zhengzhou Second Botanical Garden, this paper explores the expression of regional characteristics in the planning and design of the botanical garden. Based on the use of regional plant germplasm resources according to local conditions, combined with the characteristics of landscape patterns, the design methods of regional characteristics were explored in the planning and positioning of botanical gardens, landscape structure and special garden design.

Keywords: Regional Characteristics; Cultural Inheritance; Germplasm Resources

引言

世界各地植物园的规划建设历史悠久，植物园作为承载植物种质资源的诺亚方舟，经历了由科研、教学功能转向植物种质资源收集及引种栽培的过程，形成了综合型植物园的模式[1]。当代植物园的发展趋势则呈现出了植物种质资源收集策略和方式的转变，以及以科普教育为主题、强化公众认知和参与互动的转变，强调植物园的公益属性和社会价值[2]。挖掘当地历史文化、突显地域特色也成为当代植物园规划的一种创新模式[3]。

本文以郑州第二植物园规划设计为例，在规划设计中充分挖掘了项目所在地的地域特色，初步探索了植物园规划设计工作中有关地域性特色景观塑造的分析研究和规划思路。

1 研究背景

植物园要有"科学的内容，艺术的外貌，文化的展示"，要体现人与自然和谐共存的哲理[4]。张云璐提出，当代植物园规划设计的先进理念包含了就地保护和迁地保护兼备、合理开发与持续发展协调、尊重场地条件与生态恢复、传统文化与创新技术并重、跨学科融合实现合作发展等[5]。

结合地域特色的植物园规划设计策略对植物园的规划定位和实施建设具有重要意义。所谓地域性特色，是指一个地区自然景观与历史文脉的综合，代表着一个地区真正区别于其他地方的特质，其中包括气候条件、水文地质、地形地貌、历史文化资源、动物资源和人们的各种活动及行为方式等[6]。

国内部分植物园在规划设计方面也体现了地域特色。例如，上海辰山植物园根据场地特征营建了特色专类园——水生植物专类园[7]。水生专类园的规划设计通过模拟自然界的岛、滩、塘、半岛、溪、泉等多种湿地形态，创造不同大小的水面及内湖、外湖景观，为湿生、水生、耐阴湿植物营造了适宜生长的生境条件[8]。西溪湿地植物园则立足于西溪独特的基塘系统，以河流、滩地等生境的湿地植物的收集、保存和展览为主，形成以游览观赏、科普教育为主要功能，兼顾科学研究的湿地植物园[9]。

2 项目概况

郑州植物园曾经是郑州园林绿化发展史上的里程碑，随着城市的发展和空间重组，如今难以满足新时代背景下城市生态文明的建设需求。郑州市第二植物园的建设为华夏文明的发源地提供了永续发展的绿色基础，植物园是河南开放共享的窗口，是与世界接轨的平台，同时植物园的建设正是实现中国"绿水青山就是金山银山"的手段和基础，也是中华民族永续发展的基础。

项目选址位于新密市，距离郑州市中心约33km，项目占地约 14991 亩（1 亩≈666.7m²），共划分为三期建设，其中核心区域面积约 4816 亩。

3 郑州第二植物园地域特色要素研究

植物园是城市文明与地域特色的重要展示窗口。河南位于北亚热带与南暖温带的过渡地区，植物地理分布具有中国南北过渡地带的特色。区系成分较为复杂，珍稀植物、濒危植物较多。

3.1 自然植被特点

3.1.1 郑州植物种类极为丰富，植被类型多样、资源战略重要

河南省地跨中国植物区划中的南部暖温带和北亚热带地区，具备暖温带落叶阔叶林地带、北亚热带常绿落叶阔叶林地带两个植被地带类型。植物种类丰富，区系成分复杂，对维系中原地区生物多样性具有重要意义，是关乎国家种质资源安全的战略举措。

3.1.2 特色植物

河南省植物资源非常丰富，有植物 4473 种，有珍稀濒危保护植物 128 种，河南特有的植物有 42 种（含变种）。

植物活化石与悠久的中原远古文明的同时期存在，收集、保护中原地区古老孑遗植物、珍稀植物、濒危植物具有重要价值。

3.1.3 项目场地内植被特点

项目所在地山峰萦绕，山谷、山坡、山顶有不同类型的植被覆盖。山谷植物群落演替处于次生演替阶段，乔灌群落演替强烈，针叶种群入侵。山坡及山顶植物群落演替处于次生演替阶段，而草灌尚处于演替中，灌木主要有荆条、野酸枣等。基于现状植被条件，要充分利用、保护现状植被资源作为绿色样本，保留现状植物群落作为本底，以四旁大树作为绿色支撑，以古树名木作为场地记忆（图1）。

图1 场地内植被分布分析图

3.2 地貌特色

项目所在地山峰萦绕、地势起伏，自然地形、地貌资源丰富。区域内有山地、丘陵、平地等，中部山峰凸起，南部山谷呈 Y 字形，形成"南山望北峰"的山体格局。丰富的自然地形地貌有利于形成不同类型的小气候环境，为植物引种驯化和种质资源保育提供了良好的天然条件，同时有利于不同植物生境类型的构建和乡土植物群落的保护与展示。因地制宜地利用场地地形地貌特色，郑州第二植物园不应是城市植物园，而应该是近自然的、郊野的、具有山水田园特色的山地植物园（图2）。

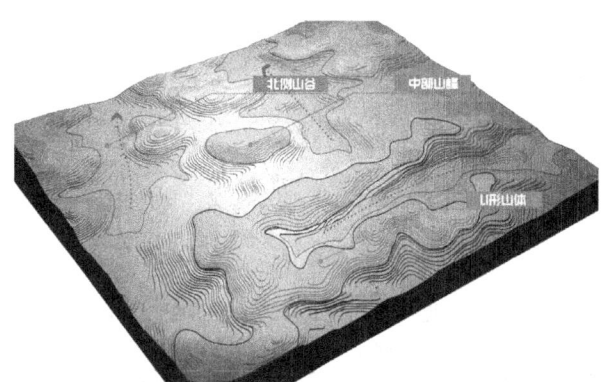

图2 场地内地貌特征分析图

3.3 地域文化

郑州是华夏文明的发祥地，为中华人文始祖轩辕黄帝的故里，可谓是人杰地灵，是华夏文明中心，更是华夏文明的源泉，嵩华之秀，玄牝之灵。早在三千年前的《诗经·郑风》就有"山有扶苏""蔓草在野"的植物描述。

3.3.1 植物与《诗经》文化

项目所在地新密县是《诗经》中《郑风》《桧风》产生地，曾记载了大量与植物有关的诗歌。例如，《郑风》中记载"山有扶苏，隰有荷华""山有乔松，隰有游龙"，描绘了山林繁茂的景象。《郑风》中记载的其他植物还有桑树、青檀、杞柳、木槿、茜草、栗子树等。

3.3.2 植物与伏羲文化

新密县是伏羲文化的发源地，伏羲了解自然万物，"神蓍"伏羲采来蓍草"揲蓍画卦"，创下了先天八卦，制定了历法和节气，尝百药、制九针，开创了早期的中华文明。

3.3.3 植物与岐黄文化

岐黄文化代表了中医药文化，中原地区药用植物资源极为丰富，是中国中医药文化的发祥地。《黄帝内经》《本草纲目》《神农本草经》对中原地区药用植物有详细记载，云台山地区则以"四大怀药"闻名天下。

4 基于地域特色的植物园规划策略

4.1 基于地域特色的规划定位

郑州第二植物园设计注重对原生生境和生物多样性的保护，以收集保护中原地区植物种质资源为主旨，规划目标是逐步建设成为中原最大的植物种质资源库、中国最大的珍稀濒危植物基地、中国最全的药用植物基因库。"周虽旧邦，其命维新"，在植物园功能定位的基础上进行创新，提出"植物园+"的理念，即植物园+文化+旅游+娱乐互动+3D体验的复合式多功能的植物园，逐步建设成为一个科普性最强、科研最具特色、科技含量最高、参与性最广的植物园。

4.2 基于山水格局和文化统领的景观结构

充分利用基址自然条件进行规划设计，景观结构与地域性的山水格局相融合。挖掘、运用区域内伏羲文化、岐黄文化、诗经文化等内容，以文化景观规划统领景观全局，传承地域特色。

在分析场地地形、现状植被、生态本底、水资源条件以及土壤、交通、气候条件和景观需求等基础上，综合植物科学布局需求和景观需要，将整个园区划分为一心、两轴、四区多景点的景观结构。

一心，为天人合一之心，中心环形区域，连接一溪一谷，形成盛世春秋。两轴之纵轴为文明之轴，连接新密与郑州城区，设置多处人文景观，以秋景为主；两轴之横轴为生态之轴，连接西部花石楼观景台和东部矿山修复区，以春景为主。全园分为四个区，四区分为入口区、植物展览展示区、科研试验引种生产区及自然保育区（图3）。

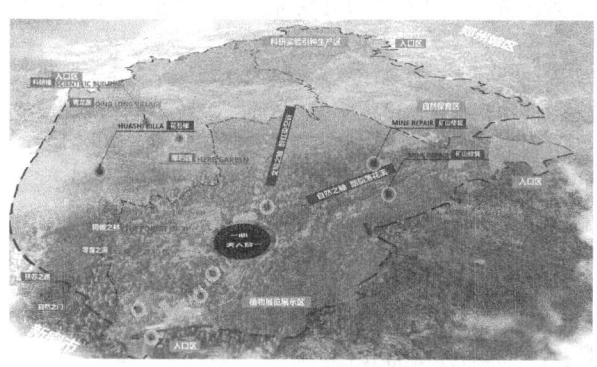

图3 景观结构示意图

4.3 矿坑修复

项目所在地内有多处山体因采石形成断崖和矿坑，现存矿业主要分布于场地东南侧，也是Y字形山谷最东侧，主要为有色金属采矿区。针对场地内这一特殊的立地条件，设计采取矿坑修复的手法，利用植被修复、土壤修复技术手段实现矿山生态修复，打造矿坑花园，成为科学研究的示范工程。植物园的科学规划不仅体现在外在形式上，也需要采用先进的工程技术才能实现生态可持续发展。

4.4 结合规划定位的专类园设计塑造地域特色

本项目专类园设计注重构建以地域性植物群落为主的生态景观。专类园的规划设计在体现植物园功能的基础上，除了发挥植物的收集、保育和展示功能外，还要利用专类园来营造鲜明的地域特色植物景观。

从项目所在区域植物种质资源中选取优势属，如木兰属、芍药属等，作为特色专类园。全园共设计24个露地专类园，其中牡丹园、木兰园、药用植物专类园、诗经文化植物专类园为重点展示园。另外，利用专类植物园的建设打造特色的植物节，如牡丹节、木兰节等，构建优美的植物景观吸引游人，使各植物专类园建设成为郑州市影响力最大的植物节日的载体。在自然优美的植物景观中附加科普教育、自然教育功能（图4）。

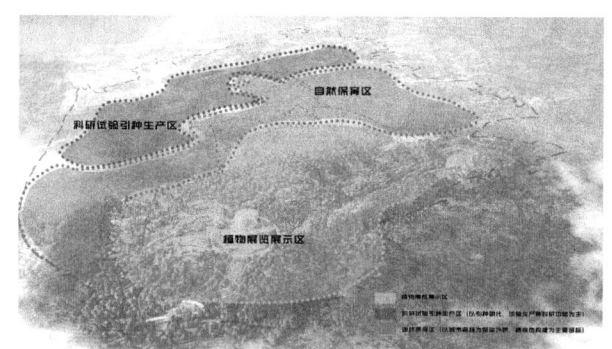

图4 功能分区图

4.4.1 牡丹园

牡丹是河南特色植物，牡丹专类园建设目标是收集、保育中国牡丹所有的品种资源和野生种类，逐步建设成为中国最全的牡丹专类园。设计采取自然式布局，因地制宜，借势造园。考虑牡丹生长习性，植物景观采用疏林结构的方式。以花海、花境、花团、花台等不同的种植形式展现牡丹多样的风貌特色，可近观，置身其中；可远观，远看花海成片。

收集牡丹、芍药野生品种及栽培品种，对公众科普牡丹地理分布、科学分类、遗传育种及栽培管理等知识，打造郑州地区规模最大，品种、数量最多的牡丹专类园。

4.4.2 木兰园

木兰科是河南特色植物，是特色展示专类园之一。植物景观风貌打造白玉兰花道、紫玉兰花坡等特色景观，并以常绿落叶复层混交密林构成林荫外貌。

木兰专类园针对木兰科植物种质资源进行收集和保存，以木兰属植物收集、展示为主，并收集含笑属植物以及鹅掌楸、观光木等。

4.4.3 药用植物专类园

中原地区是中国中医药文化的发祥地，更是道地药材中药资源分布较为集中的区域。云台山地区的"四大怀药"闻名天下。《本草纲目》《神农本草经》对中原地区药用植物有详细记载。郑州产业发展定位提出发展生物制药产品、培育特色医药制造产业集群,而郑州南部生物医药产业主要发展中药新产品、中药疫苗、道地中药及提纯产品等。以郑州第二植物园建设为契机,建立中国最大的药用植物基因库,激活带动区域经济。

药用植物专类园设计以"植物与健康"为主题,选用具有较高观赏价值的植物,使植物的药用价值与观赏价值相结合,建成集药用植物品种选育、科普教育和引种试验为一体的专类园。

4.4.4 诗经文化植物专类园

《诗经》记载了大量与植物有关的诗歌,其中《郑风》《桧风》起源于项目所在地新密市,传承诗经文化是地域文化的表达方式之一,因此设计诗经文化植物专类园作为重点展示园。诗经文化植物专类园主要展示《郑风》《桧风》中记载的植物,同时种植伏羲文化、岐黄文化等相关的植物,构建展示地域文化的科普展示园(图5)。

图5　专类园布局示意图

5　体现地域特色的植物收集计划

在植物收集保护方面,关注植物园地域特色的营造,不盲目求大求全,而是将目标转向区域性植被的收集保护。以收集、保护中原地区种质资源为主要目标,以南部暖温带及北亚热带种质资源收集保护为主,特别收集保育鸡公山、伏牛山等自然植被群落。近期收集目标种达到8000种,远期目标达到15000种,分步实施,逐步增加。最大限度收集濒临灭绝本地植物,植物园的建设将不仅为大自然中的植物提供一个诺亚方舟,也为华夏文明的发源地提供永续发展的绿色基础。

6　结语

现代植物园的发展不仅是植物的诺亚方舟,也是生态文明建设的载体。尊重场地、传承文脉、营造地域特色是植物园规划设计的重要策略。此外,植物园作为人与自然和谐共生的栖息地,应当重视生境营造,提高园内空间异质性,保护生物多样性,为不同类型的植物创造适宜的生境条件,为不同类型的动物提供良好的栖息环境,筑牢生态本底,完善生态系统。在植被的收集保存方面,不仅是单株单种植物的展示,而应该转向地带性植被群落的整体保存与展示。

植物园的发展与科研水平息息相关,所以要充分调动科研力量,与大学、科研院所紧密连接,科研引领,才能为植物园的发展提供源源不断的动力。

在植物园的管理方面,如何实现智慧化管理是当今时代的发展要求,是重要的发展方向,不仅要体现在对游客的管理服务上,也要体现在植物的管理监测方面,智慧化建设还有待进一步探索。

注:本文所展示的郑州第二植物园规划设计方案内容为作者参与的公开招标投标前三名入围方案,非最终实施方案。

参考文献

[1] (德)容克·格劳,丁一巨. 从药草园到专类园——欧洲大陆植物园的发展历程[J]. 中国园林,2010(1):18-20.
[2] 郑曦. 当代植物园规划策略[J]. 中国园林,2012(6):54-59.
[3] 张德顺,王伟霞,等. 植物园规划创新模式探索[J]. 风景园林,2016(12):113-120.
[4] 贺善安,张佐双,等. 植物园学[M]. 北京:中国农业出版社,2005:5-15.

[5] 张云璐. 当代植物园规划设计与发展趋势研究[D]. 北京：北京林业大学，2015：32-33.

[6] 苏文松. 植物园规划设计的地域性特色研究[D]. 南京：南京林业大学，2008：33-40.

[7] 克里斯朵夫·瓦伦丁，丁一巨. 上海辰山植物园规划设计[J]. 中国园林，2010（1）：04-10.

[8] 梅晓阳，邬传丽，等. 一径向池斜，池塘野草花——上海辰山植物园水生专类园规划设计[J]. 中国园林，2010(7)：36-41.

[9] 李永红，杨倩. 杭州西溪湿地植物园——基于有机更新和生态修复的设计[J]. 中国园林，2010(7)：31-35.

作者简介

李美蓉，1987年生，女，汉族，山东人，硕士，高级工程师，研究方向为风景园林植物景观规划与设计。电子邮箱：619787823@qq.com。

融合发展视角下盲人植物园营建研究
——以日本大阪大泉绿地公园的感官花园为例

Research on the Construction of Blind Botanical Garden from the Perspective of Integration Development: A Case Study of Oizumi Ryokuchi Park — "Garden of the Blind"

张耀文　崔思贤　贾　婕　王旭东*

摘　要：在快速城市化背景下，如何在增加视障人群接触自然机会的同时实现盲人植物园的可持续营造成为重要研究课题。通过对植物园、包容性设计理论及国内外法律条例、文件等的研究分析，重新审视国内盲人植物园发展的现状，提出将融合更新、包容性设计与公众参与等设计思维融入盲人植物园营造中的必要性和可能性。结合日本大阪大泉绿地公园的感官花园案例，分析案例的营造模式，并从触、嗅、感、视、听5个层面提出建议，总结融合发展视角下国内盲人植物园营造的重要意义及可行性，为未来盲人植物园的营造与更新提供借鉴和参考。

关键词：盲人植物园；植物配置；融合发展；包容性设计；公众参与

Abstract: In the context of rapid urbanization, how to realize the sustainable construction of blind botanical gardens while increasing the opportunities for visually impaired people to contact nature has become an important research project. Through the research and analysis of botanical gardens, inclusive design theory, domestic and foreign legal regulations and documents, this paper re-examines the current situation of the development of blind botanical gardens in China and puts forward the necessity and possibility of integrating design thinking such as integration and renewal, inclusive design and public participation into the construction of blind botanical gardens. Combined with the sensory garden case of Oizumi Ryokuchi Park-"Garden of the Blind" in Japan, the construction mode of the case was analyzed and suggestions were put forward from the five levels of touch, smell, sense, sight, and hearing. The significance and feasibility of the construction of blind botanical gardens in China from the perspective of integrated development were summarized, which provided a reference for the construction and renewal of blind botanical gardens in the future.

Keywords: Blind Botanical Garden; Arrangement of Plant; Integrated Development; Inclusive Design; Public Participation

引言

根据发表在《柳叶刀公共卫生》(*The Lancet Public Health*)上的一项研究和新思界产业研究中心发布的《2021—2025年全球盲人智能助视器行业深度市场调研及重点区域研究报告》显示，从全球范围看，中国是盲人数量最多的国家。在2020年，盲人数量约为830万人，占全球失明人口的21%左右，且每年新增盲人数量已经达到40万以上[1-2]，意味着需要给视障人群提供更多的关注与帮助，这是社会上每一个人的义务与责任。良好的城市景观环境是人类维持生命机体及活动的重要载体，能够促进人们的身心健康与生产发展。植物园提供科学、教育、文化和休闲活动的同时，也保存和加强遗产，并传播科学和历史方面的专业知识，是最受游客欢迎的旅游景点之一[3]。

视障人群是残疾人群，也是需要更多关怀的弱势群体之一，与正常的生命群体一样，同样享有漫步城市绿色空间、感受与聆听大自然声音与色彩的权利。风景园林规划师们作为人类与自然环境友善沟通与良性互动的媒介，他们更多扮演的是观察、引导、创建的角色，在创建生态科普与保健、疗愈与恢复的景观空间中具有重要作用。这就要求风景园林规划师和设计师们以视障人群在空间的感受和综合体验为工作重心，而不仅仅是单纯的视觉享受和功能活动。随着人们对城市生态、景观环境质量以及医疗健康各方面要求的逐渐增加，如何提升视障人群在城市中的参与度及社会认同感，如何提升视障人群无差别和无障碍使用城市绿色空间的权利，使其在自然的氛围中，获得身心和谐与健康，逐渐得到设计者们及研究学者的关注，且从开始到现在已经有多年的历史。

在国外，对无障碍环境建设的研究起步较早，自1974年联合国残疾人生活环境专家会议正式提出为弱势群体提供行动方便及安全空间的"无障碍设计"概念之时，残疾人友好型空间便遍地开花。然而国内针对无障碍的设计起步较晚，虽得到了相关法律法规的保障，但针对视障人群使用的植物园也仅仅是刚刚起步。我国经济发达地区已建成的盲人植物园多从人的感官出发，给盲人提供了休息、交流与放松、感受自然的环境，但数量较少[4-6]。

鉴于此，在快速城市化背景下，如何在增加视障人群及盲人接触自然机会的同时实现盲人植物园的可持续营造成为重要研究课题。本文基于对植物园、包容性、无障碍设计理论及国内外法律条例、文件等的研究分析，总结国外植物园建设管理先进经验，重新审视国内盲人植物园发展的现状，为如何在未来建成或融合发展视角下的国内盲人植物园的研究、营造与完善提供依据。

1 盲人植物园相关定义及发展现状

1.1 视障人群的行为需求及活动特征

建设为公众提供科普教育和休闲游览服务的城市绿地系统和城市绿色空间，离不开对同样享有参与城市绿色空间、感受"绿色"权利的视障人群的关注与研究。

视障人群的意向是在认知过程开始的阶段产生的（图1），通常首先表现为寻求便捷通畅的路径和安全有效的个人空间；其次是行为目的的可达性，即完成任务。无论是在公共场所还是在家庭住所，他们的每一个行为过程都是先由意向引起，然后产生明确的行为动机，最后找寻完成的途径从而达到目的[7]。视障人群的行为活动主要包含有帮助下进行活动和单独自行进行活动两个方面。漫步在植物园中，视障人群通过"认知意向"留下的认知线索，产生对园区的整体感受，通过个人行为和生理需求的产生，随着他们漫步园中的脚步逐渐加快，园内的盲人友好型景观、人与自然的交互设计、无障碍设计等都为满足视障人群的行为需求提供可能。

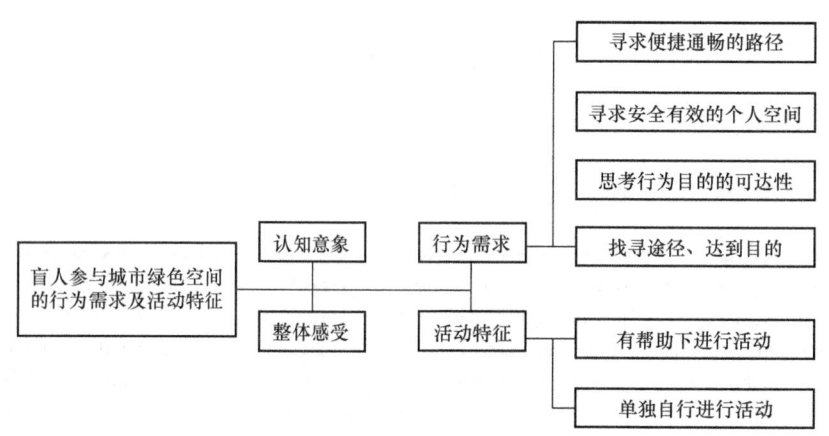

图1　盲人参与城市绿色空间的思维与行动导向生成图解
（图片来源：作者改绘自参考文献［7-8］）

1.2 国内盲人植物园发展回顾与发展现状

1.2.1 国内盲人植物园相关理论研究发展现状

20世纪80年代以来，我国残疾人事业得到了迅速的发展，针对盲人群体的相关理论研究也逐渐发展起来，有关盲人植物园的研究文献也随之增长。根据统计分析，国内期刊发文量为36篇（CNKI）。其中，盲人植物园、无障碍设计、景观设计、盲人公园、植物配置、无障碍设施、五感设计、盲人花园、芳香植物成为主要关键词（图2）。这也反映了国内对于盲人植物园的研究与设计，更加关注无障碍设计、植物选择与配置的研究，但从整体来看，也反映出国内相关理论研究的缺失状态。

从具体内容来看，国内盲人植物园研究可以归纳为3个方面。一是分类与类型。对于盲人植物园，国内学者更多关注盲人植物园中植物的设计与配置，结合互联网时代下的数字技术与植物园的新型融合等[9-12]。二是设计原则与手法。国内学者更多关注弱势群体的景观关怀、无障碍设计与如何提升和丰富视障人群的感官体验[13-16]。三是功能、需求与影响。国内学者通过系统化研究视障人群的行为及心理需求，分析具体的科学传播途径，关注视障人群等弱势群体的心灵体验，在规划设计初期进行对应的应用调查与用户走访，旨在为今后盲人植物园的营造与更新提供借鉴和参考[16-21]。

1.2.2 国内盲人植物园设计实践发展现状

纵观国内外盲人植物园发展现状，由于国外的无障碍设计理论与实践要早于国内，且国外针对盲人植物园进行了大量探索，丰富的成果也为研究的深入奠定了基础。然而，与国外研究相比，我国盲人植物园的建设实践相对较少，盲人植物园的设计实践多出现在经济发达地区，如香港的白普利公园、苏州桐泾公园盲人植物园、上海辰山盲人植物园、南京中山植物园盲人园等，且国内盲人植物园的建成发展、发展历程、社会关注度相对于国外较弱，国内设计学科学者更多从城市公园、市民空间等绿色空间的角度进行设计研究，且多数都附属于一个植物园体系和管辖之下，严格意义上单独建成的供盲人使用的植物园数量相对较少。

结合植物园融合更新发展、无障碍设计与全民参与的现实背景，理清盲人植物园的设计发展现状并总结国外先进的实践经验显得十分必要。

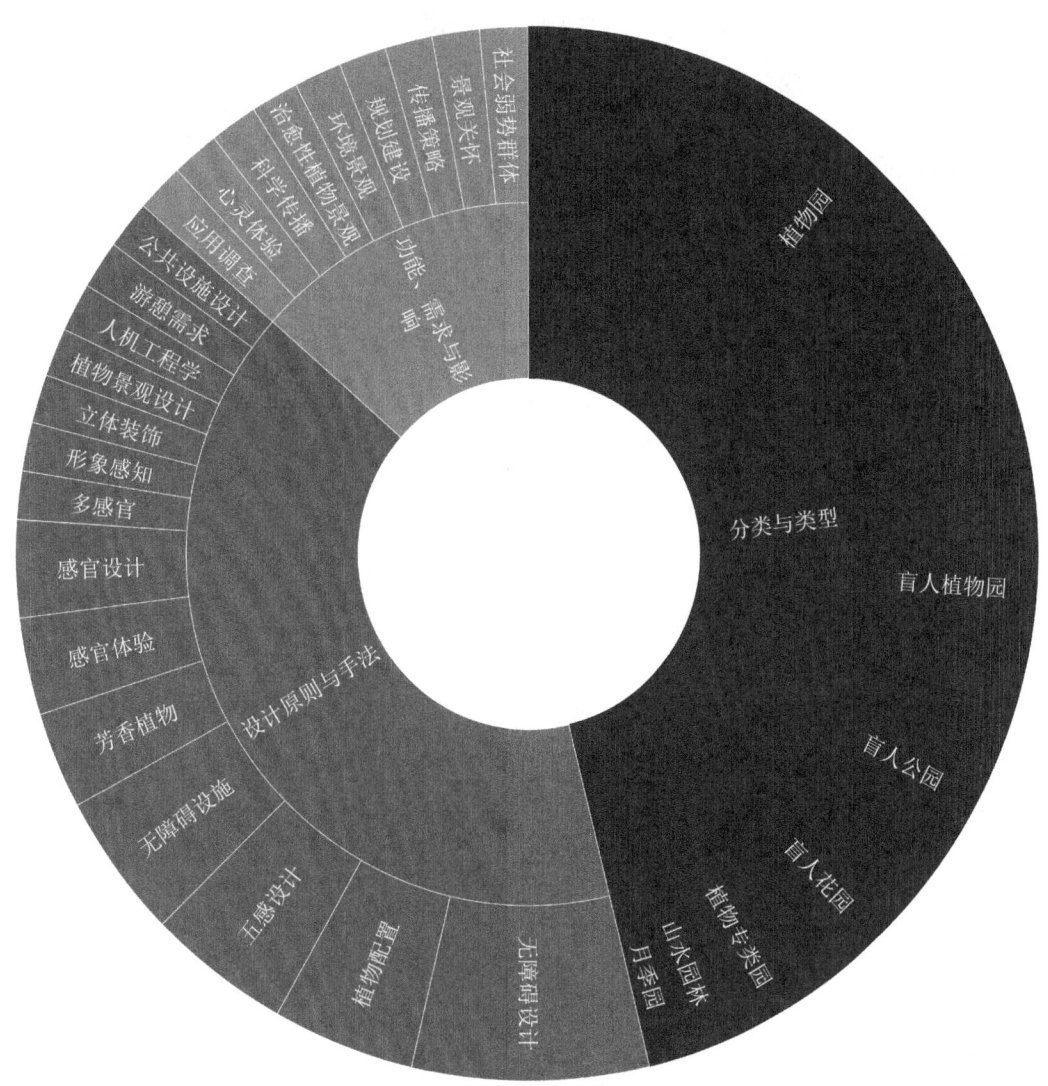

图 2　盲人植物园相关文献关键词占比汇总

2　日本大阪大泉绿地公园感官花园的发展回顾与设计营建

2.1　概况

大阪大泉绿地公园（Oizumi Ryokuchi Park）的感官花园（图 3）坐落于日本大阪大泉绿地公园园区中央，于 1974 年开放，其设计建设的初衷是提供娱乐机会和多样化的感官体验，吸引视力障碍者游园放松并体验自然。但由于"盲人花园"选址隐藏在公园较隐蔽的角落，因而建成开放后接待的游客很少，多年来一直停滞不前。1997年后，感官花园又将包容性、普遍性、多感官寻路系统、多重感官体验等设计手法和原则纳入大泉绿地公园的"盲人花园"翻新营造内容中，不仅丰富了视力障碍者在花园中的体验，也为大阪更多的市民提供了一个休憩、聊天和感受大自然的场地。在特殊群体、社会环境、社会健康等包容性建设与植物园融合更新方面都有着丰富的经验。

笔者通过文献研究法和个案分析法，搜索并积累了大阪大泉绿地公园感官花园的设计初衷、发展情况、翻新设计营建手法，尝试总结其成功的管理和设计经验，希冀为如何在未来建成或融合发展视角下的国内盲人植物园的研究、营造与完善提供依据。

2.2　设计营建方法与分析

结合上文分析，总结融合更新视角下盲人植物园（或自然、制度、人文和功能环境）的分析框架（图 4），以大泉绿地公园感官花园为例，总结其在融合更新后营造过程中的设计经验，具体内容如下。

2.2.1　自然环境：植物配置与盲人行为互动的融合

大自然提供的丰富的自然生态资源不仅营造了温馨舒适的环境，也对人体的身心健康与社会环境的促进起了推动作用。植物园的功能不仅局限于提供普及植物知识的科学营地，也需要重视植物园使用者尤其是视障人群使用者的感官体验和精神享受。从大阪大泉绿地公园感官花园来看，自然生态资源的作用主要体现在两个方面。一是丰富的植物配置。园内植物种类繁多，收藏了很多品种丰富的植物与观赏花卉。另一个是与视障人群行

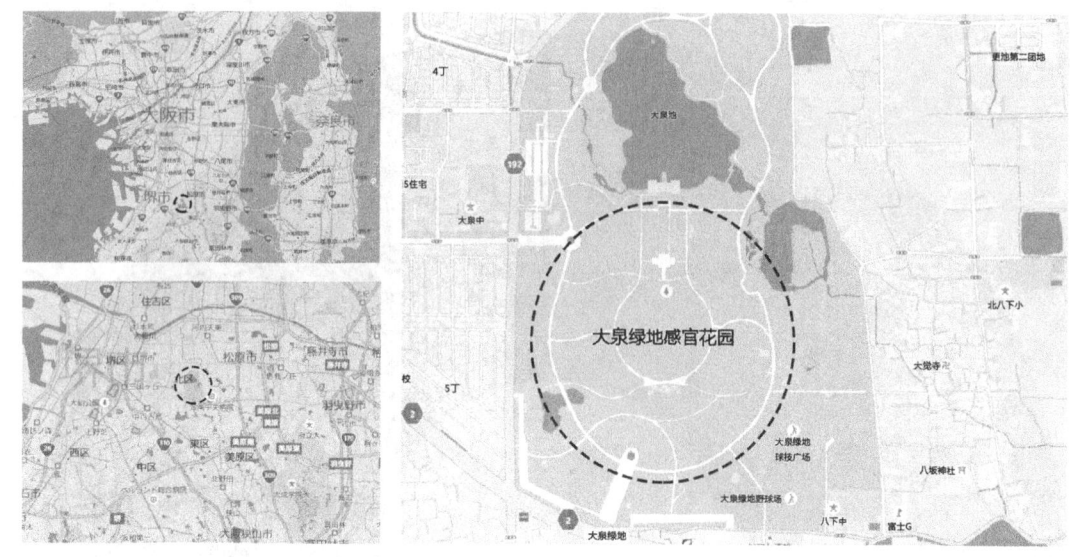

图 3 大阪大泉绿地公园的感官花园位置

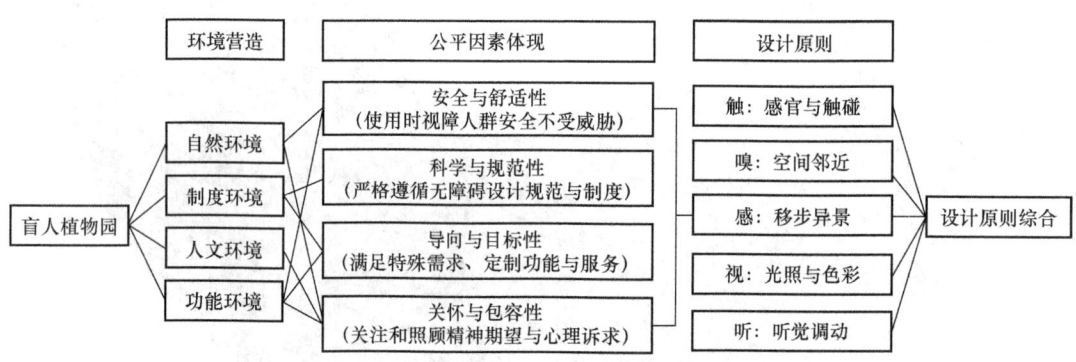

图 4 融合更新视角下盲人植物园的分析框架

为互动的融合。由于该感官植物园占地面积小，因而园内 500 多棵乔木以及其他多种草本、灌木足以在踏足的过程中满足人与植物的交互；入口墙上的浮雕瓷砖和传统扶手背面的盲文标签包含了可供视障人群通过触碰能识别到的植物的信息，艺术浮雕高度的设置是便于视力障碍人群能够更为方便地触摸与感知（图5），满足了人与植物的交互。

2.2.2 制度环境：管理制度与无障碍设计规范并举

感官花园距离大阪当地地铁线路的步行距离范围内，在方便游人出行距离的同时，场地内的要素，如长凳、走道、植物园和水上设施，都是为了最大限度地增加场地的

图 5 入口墙的盲人友好设置
（图片来源：网络）

用户数量。原有的盲人植物园缺乏普遍性与公众参与的特征，设计师三宅祥介则通过一种促进包容的修正哲学思路，延续原有植物园的位置，并适当开辟延续原有盲人花园在公园中的位置，为所有游客提供了休闲的机会和多样化的感官体验。

2.2.3 人文环境：精神生活与心理诉求的注重

对于人文环境，感官花园主要体现在关注视障人群精神生活与心理的诉求和园内设施元素体现当地传统文化特色两方面。一方面，从入口大门开始，其展现的视觉和触觉元素（代表性植物触觉瓷砖）为所有游客提供了引人入胜的体验；另一方面，为进一步凸显大阪市地域和传统文化特色，设计者将具有当地传统文化特色的元素融入植物园入口处以及园内的公共设施、步道、长凳和水上设施中。地域和传统文化元素的融合提升了盲人植物园的吸引力，也在无形之中增强了当地居民的文化认同感和归属感（图6）。

2.2.4 功能环境：服务功能与特殊需求的导向

进行融合翻新的感官花园始终以盲人友好功能与特殊需求为导向。设计初期，该园由集成和通用设计的概念演变而来，在植物园建设初期，管理者和设计师邀请所有年龄段和各行各业的游客前来参观，了解居民的现实诉求，多达500名的游客参与并提出了此次融合翻新的植物园应该具有的功能。1997年后，感官花园将包容性、普遍性、多感官寻路系统、多重感官体验等设计手法和原则纳入大泉绿地公园的"盲人花园"翻新营造内容中，使该植物园重新焕发活力（图7）。

图6　入口大门上的视觉和触觉元素
（图片来源：网络）

图7　特殊需求与盲人友好功能设置
（图片来源：网络）

①为了坚持植物园的设计初衷，设计师将重点放在色彩对比鲜明的植物床上，设置提升的植物床以供游客更加直接地触摸和闻嗅。②设置接触式池塘，即加固的挡土墙与柔软的树叶和花朵以及与水的亲密关系相融合，也为视障人群提供了独特和便于与水生植物亲密接触的座位。③花园步行道两侧虽没有明显的水平变化，但交替使用的各种材料也起到了过渡、平滑、安全舒适的作用，采取草本、灌木及乔木等多种季相被混搭的形式，丰富了空间形态与游人的感官体验。④植物园中的圆形篱笆窗也允许游人在实际进入植物园之前，想象植物园物种、景观之丰富。

3 对我国同等属性盲人植物园应用策略的借鉴

对于盲人友好型植物园建设，日后需针对该视障人群（弱势群体）特点深入剖析视障人群认知及行为需求，结合当今植物园建设及盲人友好型城市空间建设营造差异化、全民参与型营造模式，相关策略借鉴总结如下。

3.1 触：感官与触碰

对于设计影响力较为深远的盲人植物园，功能和感官刺激的作用比包装和产生的审美效果更为突出。了解游客的行为需求和喜好，建成前后观察他们如何与园内设施互动，以及园内哪些因素值得他们驻足与停留，对于未来的盲人植物园设计有很大启示[22]。

寻路系统或触觉地图需要作为盲人植物园中必不可少的一环，用于引导视觉障碍人群的空间意识和触觉刺激的产生，因而地面铺装、铺装符号与标志、标志位置的选择与放置、盲文的扶手、凹凸明显的触觉地图都是需要纳入园内设施的关键要素。

3.2 嗅：空间邻近

"空间邻近"在盲人植物园设计中，主要包含两个方面的含义：一是视障人群与空间的矢量距离。当视障人群进入一个空间中，赋予或增强其空间安全导航能力对于视障人群的感官体验有所帮助。可以通过设置区别于弯曲或更多岔路口的具有简洁明确的线性有防滑纹理的步道最为适宜。二是在视障人群感受一处绿色空间时，空间本身的可觉察性。可觉察性可以通过水元素或具有特殊香气的植物元素来烘托。水元素本身具有可觉察、可触摸、易识别、有声响的特征，因而利用水元素的固有特征可以增加视障人群的空间邻近性。无论是通过触摸水来刺激视障人群的感官，还是利用喷泉设施创设特定的声音效果，都有助于提升视障人群感受自然的能力。植物元素本身具有可触摸、可闻嗅、有微弱声响的特征，利用其有特殊香气的植物元素作为寻路系统的一部分，增强植物的可及性，不仅可以用于设计盲人植物园，而且也常见于更大范围的城市绿色空间。

3.3 感：移步异景

"移步易景"常强调在设计园林景观时，要注重园内景致与体验者的感官形式在时间和空间上的相互交融。在一项关于盲人游客对共享空间意见的调查研究中，学者发现，对于城市共享空间，由于安全原因，交通与行人的使用缺乏真正意义上的区分，这对于视障人群有着极大的安全隐患。

然而，盲人植物园中的"移步易景"则需要将移动性和接近性作为设计步道、布置座椅设施时一个重点考虑的安全问题，通过融入线性通道和弯曲的座椅，在保证视障人群步行安全的同时，也提升植物园内景致与视障人群感官的相互交融。

3.4 视：光照与色彩

某些视障人群或眼疾者仍然可以从阴影中感受光的存在，这就要求设计师们充分运用光线和阴影来定义空间，增强光和阴影的融合从而创造出盲人友好型的有效感知[22]。可以通过植物和遮阴结构区分空间的特点，充分利用光和阴影带来的效果[23]。对于视障人群或眼疾者而言，成片丰富多彩的植物的使用、成片丰富的色彩和色谱中最可见的黄色，对于创设盲人友好型植物园有极大的帮助[23]。

3.5 听：听觉调动

漫步于植物园中，视障人群在确定目的地距离方面，声元素也发挥着重要作用。场地内的听觉线索有助于视障人群深度感知，声音强度、声音频率、声音间隔等都有助于促进视障人群对其周围环境听觉线索的捕捉[23]。因此，在盲人植物园中创建各种创新的声元素来刺激听感不可或缺。同时也要注意声元素位置的摆放与选择，这与声元素是否存在同等重要。此外，也要注意声音的频率与分贝大小。

4 结语

在快速城市化背景下，如何在增加视障人群及盲人接触自然机会的同时实现盲人植物园的可持续营造成为重要研究课题。因此，本文通过对植物园、包容性设计理论及国内外法律条例、文件等的研究分析，重新审视国内盲人植物园发展的现状，提出将融合更新、包容性设计与公平参与等设计思维融入盲人植物园营造中的必要性和可能性。本文总结了融合更新视角下盲人植物园（或自然、制度、人文和功能环境）的分析框架，并以日本大阪大泉绿地公园的感官花园为例，系统总结了融合发展视角下国内盲人植物园营造的重要意义及可行性，为后续盲人植物园的营造与更新提供借鉴和参考。因此，未来盲人植物园的翻新融合可以借鉴日本大阪大泉绿地公园的感官花园经验，且需要进一步通过风景园林学、农学、植物保护、心理学和城市社会学等多学科融合的方法深入研究，更为细致深入地提出国内盲人植物园的营造对策及应用策略，真正让视障人群以及其他弱势群体"看见"绿色、"感受"绿色、与绿色"交互共生"。

参考文献

[1] Xu T, Wang B, Liu H, et al. Prevalence and causes of vision loss in China from 1990 to 2019: findings from the Global Burden of Disease Study 2019[J]. The Lancet Public Health, 2020, 5(12): 682-691.

[2] 新思界. 2021—2025年全球盲人智能助视器行业深度市场调研及重点区域研究报告[R]. 新思界产业研究中心, 2021.

[3] Postolache S, Torres R, Afonso A P, et al. Contributions to the design of mobile applications for visitors of Botanical Gardens[J]. Procedia Computer Science, 2022, 196: 389-399.

[4] 郝卫国, 牛瑞甲, 杨云歌. 盲人公园中多感官理论运用研究——以盲人植物园为例[J]. 建筑与文化, 2021(11): 187-189.

[5] 张晓敏, 汤巧香. 盲人花园景观设计研究[J]. 天津城建大学学报, 2017, 23(5): 328-332.

[6] 潘延龙. 针对特殊人群——盲人的公园设计研究[D]. 哈尔滨: 东北农业大学, 2014.

[7] 张璇. 盲人的感知行为对室内设计的需求研究[D]. 济南: 山东建筑大学, 2010.

[8] 张淼. 城市视觉障碍人群的行为特征与智慧安全出行策略研究[D]. 天津: 天津大学, 2017.

[9] 陈雷. 芳香植物专类园植物配置及景观营造探析[D]. 杨凌: 西北农林科技大学, 2013.

[10] 刘亚庆. 南昌市主城区芳香植物在园林中的应用调查及评价[D]. 南昌: 江西农业大学, 2016.

[11] 张晓敏, 汤巧香. 盲人花园景观设计研究[J]. 天津城建大学学报, 2017, 23(5): 328-332.

[12] 申佳君. 聆听色彩——基于盲人感官体验的数字花园设计研究[J]. 设计, 2021, 34(7): 143-145.

[13] 江春晓. 园林景观中的无障碍设计[D]. 南京: 南京林业大学, 2010.

[14] 薛岩. 户外环境景观中的无障碍感官设计研究[D]. 南京: 南京林业大学, 2012.

[15] 王诗婷. 城市公园无障碍设计分析[D]. 北京: 中国林业科学研究院, 2014.

[16] 郝峻峰. 社会弱势群体的景观关怀[D]. 荆州: 长江大学, 2019.

[17] 许彩芬. 用呼吸感受鲜花, 用心灵体验自然——苏州盲人植物园的规划设计[J]. 园林, 2006(4): 16-17.

[18] 陶艺音. 提升上海未成年盲人科学素质的传播策略研究[D]. 上海: 上海交通大学, 2012.

[19] 王诗婷. 城市公园无障碍设计分析[D]. 北京: 中国林业科学研究院, 2014.

[20] 熊田慧子. 新时期中国植物园规划建设的发展趋势探究[D]. 北京: 北京林业大学, 2016.

[21] 谢丹. 治愈性植物景观设计研究[D]. 长沙: 湖南农业大学, 2017.

[22] Pedersen C. The sensory garden experience: a sensory enrichment design for the Arizona school for the deaf and blind[J]. 2013.

[23] Hussein H. Using the sensory garden as a tool to enhance the educational development and social interaction of children with special needs[J]. Support for Learning, 2010, 25(1): 25-31.

作者简介

张耀文, 1999年生, 女, 汉族, 河南商丘人, 华北水利水电大学建筑学院硕士, 研究方向为风景园林规划理论与实践。电子邮箱: 1041622935@qq.com。

崔思贤, 1999年生, 男, 汉族, 宁夏石嘴山人, 华北水利水电大学建筑学院本科, 研究方向为风景园林设计理论与实践。电子邮箱: 2936292467@qq.com。

贾婕, 1999年生, 女, 汉族, 河北石家庄人, 华北水利水电大学建筑学院本科, 研究方向为风景园林规划理论与实践。电子邮箱: 2309812973@qq.com。

(通信作者)王旭东, 1986年生, 男, 汉族, 河南开封人, 博士, 华北水利水电大学建筑学院, 讲师, 研究方向为园林植物群落及绿地生态。电子邮箱: wang007xu007@163.com。

现代植物园的发展趋势与战略思考
——以上海辰山植物园为例

Development Trend and Strategic Thinking of Modern Botanical Garden
—An Excellent Example of Shanghai Chenshan Botanical Garden

张沐春　马其侠　胡永红

摘　要：通过对上海辰山植物园近年来的发展现状来探讨当代植物园在时代背景下如何定位其发展战略目标，从而集中高效地对植物进行收集展示和保育研究。本文探讨了植物园作为科学知识的重要传播者、科学方法的典型示范者、科学思想和科学精神的积极倡导者，在拓展丰富科学内涵和承担保护生物多样性重任的同时，如何进一步完善和提高其社会服务功能，更好地融入国家植物园体系建设。

关键词：植物园；发展战略；生物多样性；生态保护

Abstract: Based on the development status of Shanghai Chenshan Botanical Garden in recent years, this paper discusses how to locate the development strategic goals of contemporary botanical gardens under the background of The Times, and focuses on efficient collection, display and conservation research of plants. Botanical garden as the important disseminator of scientific knowledge, scientific method of typical demonstrators, actively advocates scientific thought and scientific spirit, to exploit rich scientific connotation and the tasks of biodiversity conservation at the same time, how to further perfect and improve its social service function, better integrated into the national botanical garden system construction.

Keywords: Botanical Garden;Development Strategy;Biodiversity;Biological Conservation

引言

全球的植物园工作者从未停止对建设和发展植物园的研究，通过对全球100多个植物园特别是知名植物园的建设运营进行深入细致的考察分析，结合上海辰山植物园（以下简称"辰山"）十余年来积累的大量第一手资料和丰富的规划建设管理经验，我们发现，知名植物园的成功规律是相似的，发展思路清晰，务实不急躁，工作连续不间断，成果逐步积累，最终形成颇具影响力的植物园体系和品牌。这些都值得现代植物园借鉴和学习。

从植物园发展的趋势来看，对接全球植物保护体系建设和中国植物保护战略，响应国家"双碳"战略和生态文明建设需求，选育推广新优植物资源，将成为今后一段时间发展的主流。而从游憩和科普的角度出发，植物园的建设和运营则面临明显挑战。一个新植物园在启动之初，就应该在各方面做好长远规划，为今后更好地实现保育、科研、游憩和科普功能打下良好的基础[1]。在对世界著名植物园的定位与目标、选址与规模、规划与设计、植物与特色、团队建设、资金投入等调查与研究的基础上，我们就植物园建设和发展中的核心问题，以及如何融入国家植物园体系建设，进行分析与探讨。

1　植物园发展史及其初心和使命

1.1　植物园发展史

如果我们梳理一下植物园的历史会发现，植物园一直围绕着国家战略和地方需求，其功能在逐步调整，与社会和时代同步发展。同时，植物园从诞生伊始，就承担着科学和教育的功能。

470多年前，在意大利建立了现存的世界上第一所公认的现代植物园——帕多瓦植物园。那时候，植物学还从属于本草研究，这所植物园的功能就是种植并标出各种药用植物名称，以确保公众不会吃错而导致中毒。这个问题在今天也还有重要意义，即使是城镇居民，往往也有采摘野菜的习惯。但如果不认识植物，把毒芹或毛茛当成野芹菜，把钩吻当成金银花，就会对生命造成威胁。此后，波兰的布雷斯劳植物园，德国的海德堡植物园，卡塞尔植物园和莱比锡植物园，荷兰的莱顿植物园和法国的蒙特皮利植物园等，如雨后春笋般涌现。它们的主要功能都不外乎搜集药用植物，并开展相关的教育和小型展示。

260多年前，邱园成立。随着殖民地的扩张，异域新奇植物和潜在的经济植物成为引种目标，成千上万的外来植物被运到欧洲的植物园进行分类研究，其中不乏大量后来发展起来的经济作物，如橡胶、咖啡等。它们迅速在世界范围内大量种植，那时的植物园起到非常重要的推动作用。1898年著名政治人物Joseph Chamberlain讲："我认为这样说一点也不过分，现在我们重要殖民地所拥有的繁荣，都得归功于皇家植物园所提供的知识、经验及协助。"

170多年前，英国开始第一次工业革命，城市里集聚了众多产业工人。然而，城市是一个充满人为扰动、很不自然的环境。心理学揭示，几万年前，人类大概就形成了厌恶人工环境、喜欢无扰动的自然景观的心理，因为人类活动会造成食物资源缺乏，并带来垃圾和疫病，而纯朴的自然意味着健康和丰富的资源。所以，就和今天也聚居在城市中的我们一样，当时英国的工人阶级渴望在烟雾缭绕的城市中享受到自然。这时，邱园适时转型，提供游憩功能，成为公众娱乐花园，通过打造乡村般的自然景观，为市民提供了回归自然的愉悦享受。

50多年前，全球环境恶化加剧，植物赖以生存的栖息地不断遭到人为破坏，加上其他各种原因，导致植物濒危或消亡速度是自然的数百倍，引起社会的关注。1985年，第一次"植物园和世界自然保护战略"国际会议在西班牙召开，把植物园与世界生物多样性保护紧密联系起来，使得迁地保护成为植物园越来越重要的使命。近些年，将就地保护、迁地保护、植物回归相结合的综合保护理念被日益重视，由于威胁生物多样性因素复杂，因此综合保护理念有力地推动了植物园的发展。

1.2 植物园的初心和使命

植物园是现代植物分类学研究的源头。作为现代植物学根基的植物分类学是欧洲文艺复兴时期的产物，植物园作为早期植物分类研究的平台发挥了重要作用。18世纪，林奈将双名法命名系统广泛用于动植物，开启了动植物分类学的新纪元。

植物园是植物基础生物学的创新研究平台。18世纪以来，植物园作为植物基础生物学最重要的研究与教学平台，对生物学发现及其理论体系的建立具有不可磨灭的贡献。比如，亨斯洛对物种形成与进化产生积极影响；胡克父子与英国邱园成为国际领导者，约瑟夫·胡克创建了植物地理学，在全球众植物区域地理划分与跨大陆植物间断分布的理论等方面建树颇丰；巴斯·贝金提出"生物无处不在，但都是环境的选择"的假说等创新举措[2]。

植物园是植物引种驯化中心与传播中心。植物引种驯化及传播是人类农业文明的基石，贯穿人类文明发展史的始终。16世纪以来，跨大陆、跨地区、跨国家之间的植物引种驯化及其发掘利用深刻改变了世界经济社会格局。15世纪末以来500多年的植物引种驯化中，植物园发挥的作用功不可没。最早建立的植物园是欧洲的粮食及农作物引种驯化的重要基地，这些植物引种改变了欧洲的经济、社会和文明进程，进一步推动了从美洲、非洲和亚洲收集植物和植物学研究。

由此可见，在漫长的发展史上，植物园的初心和使命一直在顺应时代变化，而如今，植物园已经且还应继续保护本土植物、稀有植物和受威胁植物，优先保护对于生态系统稳定具有重要价值的物种、人类已经利用而尚未驯化的物种、具有潜在应用价值的物种和农作物近缘种，积极开展保护性收集，提高植物个体遗传代表性，建立种质基因库[3]。

2 上海辰山植物园的发展现状

2.1 系统思维，长远规划

作为年轻的第三代植物园，自2010年开园以来，辰山以"精研植物、爱传大众"为使命，努力顺应时代需求，紧紧围绕"华东濒危植物资源的保护和利用"展开可持续性工作，在合理布局科研、保护、园艺和科普"四大中心"建设，建立国际化网络，支持城市可持续发展方面取得了一定的成效。

辰山有很良好的传统，中长期发展方向明确，目标清晰。从建园初期就制订了2011—2030年的战略发展规划，并得到全球植物园界同行的支持和认可。运用辩证的思维模式，明确实现目标的策略和形式，有主有次，有重点有侧重，并保持更新滚动五年规划，为辰山的科学发展合理纠偏、保驾护航[4]。

2.2 科学理性，发展现状

（1）全面发展。辰山从一开始就在科研、园艺、科普及文化上均衡发展，在每个方面都初步形成自身的特色和品牌，在业界具有良好的影响。已经在利用国际平台为亚洲发展中国家植物园培养专门人才，并为国内新建植物园提供技术支持。

（2）科研特色。围绕"植物迁地保育与可持续开发利用"这一发展主线，面向人类健康和城市生态环境建设需求，充分运用现代技术，形成植物多样性与保育、代谢与资源植物开发利用、园艺与生物技术三大特色鲜明的研究方向，并分别成立了研究中心或重点实验室。科研成果不断涌现，初步形成辰山的学术特色。

（3）景观亮点。结合辰山的地理特点，基于植物多样性与文化展示、复杂生境营造与配套养护技术研发，逐步形成辰山的特色景观，如矿坑花园、月季园及展览温室等。并结合土壤改良，目前已形成26个精品专类园，其中鼠尾草园是基于研究专类植物收集和展示的代表。同时，稳步推进活植物的引种管理，建立良好实用的系统，为自身和其他植物园服务。

（4）科普成绩。辰山充分发挥自身优势，在科普对象、科普设施、公众宣传和科普活动上精准发力，成功推出长三角300余所学校参与的"校园植物课堂"，形成以植物为特色的"园-校"联合自然教育模式。全方位宣传普及植物知识，推出的"植物医院""云赏花"等科普形式成为科普新风尚。同时，在花展文化、草地音乐及相关活动上逐步形成特色文化品牌，对吸引公众参与起到非常重要的作用[5]。

2.3 着力突破，发展瓶颈

植物园是科学知识的重要传播者、科学方法的典型示范者、科学思想和科学精神的积极倡导者。回望辰山12年的发展，取得的成绩已相当不易，但我们也清楚地认识到差距。在支撑植物园发展的理论体系上、在支撑植物园发展的学科建设上、在具有重要影响力的经济植物引种与推广上以及在重大的科研成果和理论创新上仍与国际知名植物园相去甚远。

一是成果不够显著，影响力有限。辰山虽然在这些年取得了一定的成绩，但和公众的需求尚有较大的差距，体现在缺乏有显著度的大成果，尚未获得高级别奖项，尚未组织国家级重大项目。

二是团队不够大，机制欠灵活。辰山的科研团队体量上尚显不足，难以在一个重点上突破。加上机制严格按照事业单位的管理模式，尚缺乏足够有吸引力的奖惩机制，人才流动过大，影响团队的稳定性。

3 协同创新——上海辰山植物园发展战略

3.1 机遇与挑战

国家层面提出的生态文明建设、"两山"理论、乡村振兴、健康战略、长三角融合发展等发展方向，上海提出的生态宜居之城、四大品牌建设等目标都是我们融合发展的机遇。而国家植物园体系建设是庞大、复杂的系统工程，需要加强组织领导与顶层设计，需要坚持标准、试点先行，逐步推广与完善[6]。

8月17日长三角区域生态环境保护协作小组会议指出，要深入学习贯彻近平生态文明思想，积极践行绿水青山就是金山银山的理念，坚决贯彻山水林田湖草是生命共同体的思想，共同加强生态保护，协同推进环境治理，携手夯实绿色本底，加快探索生态优先、绿色发展的新路，努力建设人与自然和谐共生的现代化，共同努力把长三角生态环境保护工作做得更好。

3.2 发展战略

辰山自建园以来一直是生态文明建设的主力，辰山建成之后快速发展，速度之快得到社会各界的认可，但也出现一些制约前进的因素，需要不断守正创新，才能有更大的进步空间。

（1）人才与植物园共同成长、相互成就。一方面，要进一步明确发展重点，科学确定人才培养规模，优化结构布局，在选拔、培养、评价、使用、保障等方面进行体系化、链条式设计，根据国家植物园创建目标需求组建团队，不断完善人才队伍结构，才能转化为辰山的创新优势、竞争优势和发展优势。另一方面，形成植物资源和专业人才集聚效应，为野生植物资源高效服务人类健康、促进经济与生态可持续发展搭建创新链，快速提升植物研究水平，切实把人才与植物资源优势转变为经济优势，助力上海"五个中心"和"四化"建设。让人才与植物园共同成长、相互成就，为辰山加快国家植物园创建注入新动力。

（2）找准植物园发展的规律和科学治理理念。植物园以其丰富的植物种类形成生机勃勃的拟自然植物群落，成为都市里野生动物的乐园，使人们充分领悟到生物多样性保护和人与自然环境和谐共处的生态文化内涵。所以，植物园内小生境的多样性、丰富的植物种类及园区各种科普设施，不仅能增强游客的环保意识，还能让人们享受大自然审美情操的陶冶，得到精神上的满足，同时提高游客的文化品位和精神层次，感受生态人文精神的熏陶[4]。辰山在近十年的发展中，为城市绿化收集培育了一大批新优植物资源，为我国重要经济植物研究培育提供了技术服务，为城市植物生态修复提出植物配置与管理方案，为植物园和公共绿地建设提供了技术指导，提升了支撑植物园发展的专门学科和理论体系建设。

（3）为全球植物保护贡献中国力量。积极参与全球植物保护战略，已搭建"一带一路"国际化植物保育和人才培训体系，与东南亚、东非及南美建立合作保育中心，不仅成为华东野生植物资源保护的核心力量，服务长三角城市群生态建设与提升，打造辰山专业技术领导者、自然研学先行者、社区生态倡导者，更积极推进"一带一路"植物多样性保护政策的制定与保护行动的实施，帮助"一带一路"国家提高生物多样性保护能力和环境教育事业[7-8]，带动壳斗科、唇形科、兰科、莲科、旋花科等特色植物资源的全球性保护。

（4）为植物持续利用研发全新模式。针对有益人类健康但开发不足的植物资源，探索有效成分"植物工厂"化生产的全新技术体系。未来，将通过高通量筛选，运用组学技术解析植物活性成分代谢路径，探索植物活性成分的离体富集与规模化生产技术，通过基因编辑创制新优种质资源，形成让植物更好服务人类健康的全新模式，为区域内的生物多样性保护和生态系统修复提供系统性与整体性方案[2]。

（5）为城市环境难题提供上海方案。以"低碳：全球创新新使命"为主题的2022年浦江创新论坛于8月27日在上海开幕。上海作为一座矢志攀登科技高峰的创新之城，科技创新为人与自然和谐共生提供了新空间，立足中国能源禀赋和高质量发展紧迫需求，针对全球城市普遍存在的绿化空间受限、环境污染严重、碳排放加剧等环境难题，辰山在为城市四化建设不断选育新优植物资源的同时，更探索出城市水土生态修复、不透水面立体绿化、城市植物根系生长环境改良等技术，促进植物和微生物互作，快速提高植物地上生长量及固碳效率，较好地解决了环境难题，成为城市植物多样性保护与利用的典范。未来，将建立城市植物智慧化管护信息服务平台，继续深入研发城市园艺材料和技术，开展高碳汇能力植物收集、评价、栽培养护与推广应用工作，打造种类最多、技术最优的全国"双碳"战略植物技术示范基地，为全球有机城市建设提供上海方案。

4 结语

每一个成功的植物园，都会与社会和时代需求相呼应和结合。辰山的建设与发展究其核心策略就是在顺应时代发展需求的基础上，用全球视野推动全球合作与竞争，在国家战略和地方需求之中找准自己的位置，用较为清晰的20年长远发展目标指导前行，并通过不断更新的滚动规划响应新形势，促进新发展。

植物园的发展史就是人类对植物资源的发掘与利用史，更见证了人类生态保护意识的不断增强。在全球植物保护重要性日益明确的今天，植物园要更加坚持人与自然和谐共生，以更大的力度、更实的措施推进生物多样性保护。我国国家植物园体系建设不仅彰显我国作为生物多样性大国共建地球生命共同体的决心，更为我国植物园的发展和功能定位指明了方向。未来，辰山将积极加入国家植物园体系建设中，打造最具国际化特色、体现海派文化的国家植物园，带动"一带一路"的植物园发展并促进全球植物保护。

参考文献

[1] 胡永红. 今天的植物园，为城市、人类和文明而创新[J]. 中国植物园，2020，23：9-14.

[2] 黄宏文，廖景平. 论我国国家植物园体系建设：以任务带学科构建国家植物园迁地保护综合体系[J]. 生物多样性，2022，30(6)：1-17.

[3] 任海，段子渊. 科学植物园建设的理论与实践[M]. 2版. 北京：科学出版社，2017.

[4] 胡永红. 现代植物园发展路径解析[M]. 北京：中国建筑工业出版社，2021.

[5] 王西敏，何祖霞，胡永红. 植物园的科学普及[M]. 北京：中国建筑工业出版社，2021.

[6] 陈进. 关于我国国家植物园体系建设的一点思考[J]. 生物多样性，2022，30(1)：22016.

[7] 焦阳，邵云云，廖景平，等. 中国植物园现状及未来发展策略[J]. 中国科学院院刊，2019，34(12)：1351-1358.

[8] 龙春林，马克平. 新时期植物园的机遇和挑战[J]. 生物多样性，2017，25(9)：915-916.

作者简介

张沐春，1987年生，女，汉族，安徽合肥人，硕士，上海辰山植物园，科员、翻译。电子邮箱：52819149@qq.com。

马其侠，1979年生，女，汉族，山东临沂人，博士，上海辰山植物园，副研究员，研究方向为植物学。电子邮箱：maqixia@cemps.ac.cn。

胡永红，1968年生，男，汉族，河南洛阳人，博士，上海辰山植物园，正高级工程师，研究方向为植物学、园林园艺。电子邮箱：huyonghong@csnbgsh.cn。

英国皇家植物园邱园建设管理研究

Research on Development and Management of the Royal Botanic Gardens Kew in the UK

李 莎 匡 纬 丁 戎 杨 鑫* 白 丹

摘 要：拥有 260 余年历史的邱园是当今全球最大的植物标本收藏单位，拥有全球最完善的植物和真菌数据库，并在园林园艺、科研教育、运营构架等方面具有先进性与系统性。本文梳理了邱园景观管理现状、规划管理框架、当前发展战略，以邱园建设管理经验为基础，对我国植物园建设提出复杂系统借鉴和景观领导力人才战略布局的思考与建议。
关键词：邱园；建设；管理；植物园；战略

Abstract: With a history of more than 260 years, Royal botanic gardens Kew is the largest collection of plant specimens in the world today. It has the most complete database of plants and fungi in the world, and is advanced and systematic in landscape, horticulture, scientific research, education, and operational and management framework. This paper sorts out the brief of current situation of landscape management, framework of management plan, and ongoing development strategy. Based on the experience of Kew, it puts forward thinking and suggestions on complex system reference and the strategic layout of landscape leadership talents for the construction of botanical gardens in China.
Keywords: Kew; Development; Management; Botanic Gardens; Strategy

引言

自 18—19 世纪殖民扩张时代起，英国植物收集走上世界前列的主要动因在于：第一，植物园成为英国民众了解海外殖民地、学习各气候带植物的窗口；第二，从海外收集植物物种培育改良后，再输送至其他殖民地作为经济作物进行大规模种植，使帝国经济贸易在国际市场获益匪浅[1-2]。历史上的邱园是英国与殖民地之间物种研究的主要平台之一。现在的邱园是英国皇家植物园之首，位于大伦敦西南部泰晤士河畔里士满伦敦自治市镇，占地 132hm²，至今有 260 余年的历史（图 1），在建设管理各方面具有成熟的自我进化机制。在其园林、温室、育苗室中汇集了全球最多样化的活体植物，同时拥有全球最完善、规模庞大且不断增长的植物和真菌数据库，覆盖标本分类学、图像信息、系统分布及保护等。

近年，邱园响应大卫·爱登堡爵士的观点"我们在现在几年内所做的事，将深刻影响未来数千年"，提出眼下正是全球环境危机的关键拐点，采取行动结束生物多样性丧失与未来 10 年间的生态修复至关重要。由此，《邱园世界遗产基地管理规划 2020—2025》《邱园变革宣言 2021—2030》《邱园皇家植物园科学优先级 2021—2030》等出台，旨在指导邱园长期立于世界一流植物园引领地位，并不断提升国际影响力。现有研究中，胡永红等从植物园建设角度对邱园进行分析[3]；周向频等从历史公园遗产保护角度对邱园进行借鉴研究[4]；朱建宁等分析了

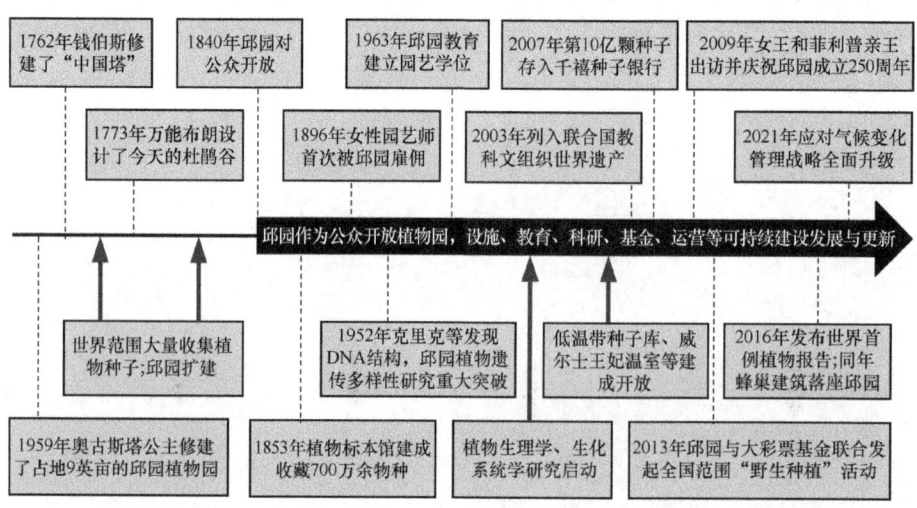

图 1 邱园发展简表
（图片来源：依据官网历史信息自绘）

威廉·钱伯斯对中国园林的认知及其对邱园的影响[5]；陈永进、周尤美等对邱园景观及功能进行了研究[6-7]。然而，建设管理研究的梳理工作相对较少。2021年，习近平总书记在COP15发表主旨讲话时指出，"本着统筹就地保护和迁地保护相结合的原则，启动北京、广州国家植物园体系建设"。2021年12月、2022年6月，国务院分别批复在北京设立国家植物园和在广州设立华南植物园，相关部门正在推进国家植物园体系建设规划编制。在此时代背景下，研究邱园建设管理经验，对我国国家植物园界定、建设、管理标准的设立有较大的借鉴意义。

1 邱园景观管理简述

在2002年与2010年，邱园两次制定总体景观规划，为景观布局、建筑的长期管理提供了愿景、目标和策略，界定了景观管理任务优先级和成果交付时限，并为部分花园在时间推移中灵活适应变化需求提供了发展空间。当前邱园景观特征主要分为8个区，参见图2与表1。花园与园艺是邱园景观中的重要组成部分，由园艺师、科学家和邱园管理者共同维护。当前邱园景观管理采用了三种管理模式，保护历史景观特征的同时，使其具有可读性，即保证未来景观发展在时间维度上与已有园林风貌相融合，同时也是园艺管理的重要目标。邱园现有树木超过14000棵。在树木管理层面，使用树木风险评估管理系统（TRAMS）进行监测；投入大量经费进行树木养护及相关研究；新栽植树木均经过长远战略效益考量而栽植；未来种植新树木的挑战，主要是针对气候适应性与新型病虫害选择适宜物种[8]（图3）。

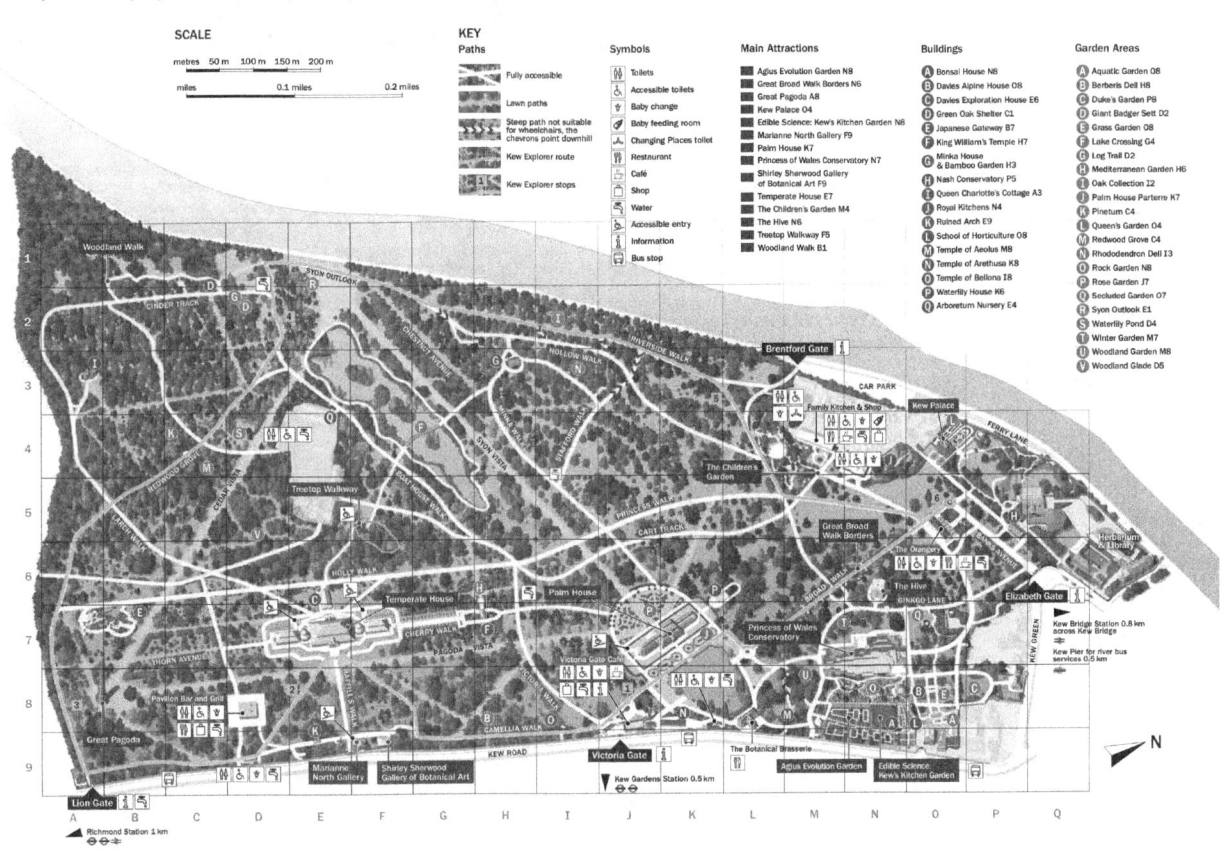

图2 邱园总平面图
（图片来源：网络）

邱园景观特征分区现状　　　　　　　　　　表1

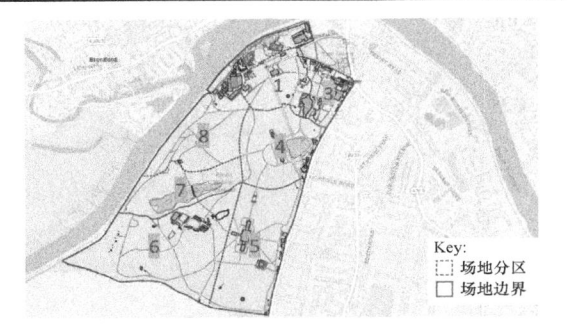

邱园景观特征分区
1. 入口区：开放草坪，正式主干道及行道树
2. 滨河区：含国家1级古建，科研活动区
3. 东北区：含离散小型主题园，如水花园等
4. 棕榈建筑区：国家1级古建，景观类型丰富
5. 宝塔景观区：国家1级古建，轴线景区
6. 西南区：含保护区，本土植物多样性管理
7. 锡永景观区：轴线景观，西部游客量最高区
8. 西区：混合布局，古树名木联结区内要素

资料来源：《邱园世界遗产基地管理规划2020—2025》

图 3 邱园实地调研

由于位于泰晤士之滨，除了园内自主领地的景观管理以外，邱园在更大尺度的"眺望视线-国土景观风貌-景观特征格局"层面（图 4），属于《泰晤士河景观战略》中"阿卡迪亚"景观的一部分。"阿卡迪亚"一词是指理想的、未经破坏的自然风景；该地区的"阿卡迪亚"景观由自然风景、乡村牧场、洪泛区草甸、正式景观大道与眺望视线组成。作为世界遗产基地，邱园的重要价值和所属"阿卡迪亚"景观密切相关，因此在数百年历史中邱园肩负着保护保留与增进区域景观特征的责任[9]。

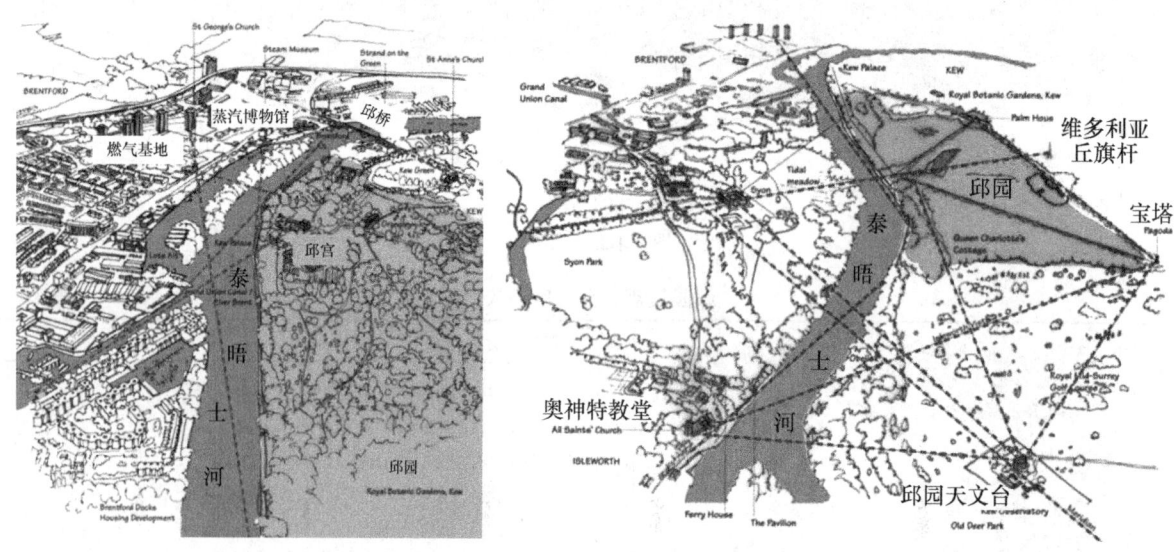

图 4 《泰晤士河景观战略》邱园相关眺望视线分布
（图片来源：网络）

2 邱园规划与管理框架

《国家遗产法（1983）》界定了英国皇家植物园邱园的职责与权限：第一，开展植物科学及相关学科的调查研究，宣传调查和研究结果；第二，根据时代诉求提供植物科学相关的建议、说明和教育；第三，提供检疫等植物相关的其他服务工作；第四，养护园内收集的活体植物、收藏保存的植物材料及书籍、记录等；第五，邱园收集植物属于国家参考资料，应当确保为个体研究者提供科研服务，如需要，邱园管理委员会应进行补充调整；第六，确保公众在以知识获取和欣赏为目的的条件下，有机会进入邱园管理委员会管辖的任何区域。作为慈善机构，邱园同时遵循《慈善法（2011）》。除以上两个主要法规外，邱园也规范于国内外20余项法律法规（表2）。邱园管理委员会以有效建设管理为目标，在风险管控、整体治理、内部控制与薪资分配各方面保证可持续发展（图5）。

上位指导法规　　　　　　　　　　　　　　　　　表2

邱园涉及的国内外法律法规（执行中）	
《联合国世界文化和自然遗产名录（1972）》	《皇冠庄园老鹿园景观战略报告（1999）》
《联合国世界遗产公约实施指南（2019）》	《伦敦世界遗产地——环境指南SPG（2012）》
《威尼斯宪章（1964）》	《伦敦市长全伦敦绿色电网补充规划指南（2012）》
《规划法（1990）》（用于国家古建和古建保护区）	历史英格兰历史资产规划注释3"优秀环境实践指导"
《古迹和考古区法（1979）》	《大伦敦考古项目指南（2015）》
《国家规划政策框架（2019）》	《欧洲景观公约（2000）》
《国家规划实践指南（2019）》	《欧洲建筑遗产保护公约（1985）》
《国家设计指南（2019）》	《欧洲考古遗产保护公约（1992）》
《伦敦规划（2021）》	《泰晤士河景观战略汉普顿至邱园》
《豪恩斯洛地方规划（2015—2030）》	《邱园租约法（2019）》
《列治文地方计划（2018）》	《国家遗产法（1983）》

资料来源：《邱园世界遗产基地管理规划2020—2025》。

邱园自2003年成为联合国教科文组织认定的世界遗产基地以来，英国政府要求邱园发挥世界领先植物园机构作用，在识别、保护、保留植物资源层面考虑永续发展问题。环境、食品与乡村事务部作为邱园的上级单位，在2022年发布了《邱园皇家植物园框架文件》。该文件根据英国财政部《管理公共资金》手册，针对治理结构、部门职责、财务报告、审计盘查等明晰了"中央政府-公共部门-邱园及其子公司"的问责框架[10]。邱园根据世界遗产公约"杰出普世价值"要求，将各部门发展战略进行汇总，建立了多方合一的管理规划文件。而在此之前，邱园制定管理规划始于2003年，第一份管理规划《邱园保护规划》作为申请世界遗产基地的附属文件完成交付；而后十余年间，《滨水北岸发展研究》《景观总体规划》《邱园花园研究》《东北区战略发展研究》《庄园2025邱园花园阶段1》《皇家植物园报告邱园阶段2》陆续发布并指导邱园的发展；《邱园世界遗产基地管理规划2020—2025》出

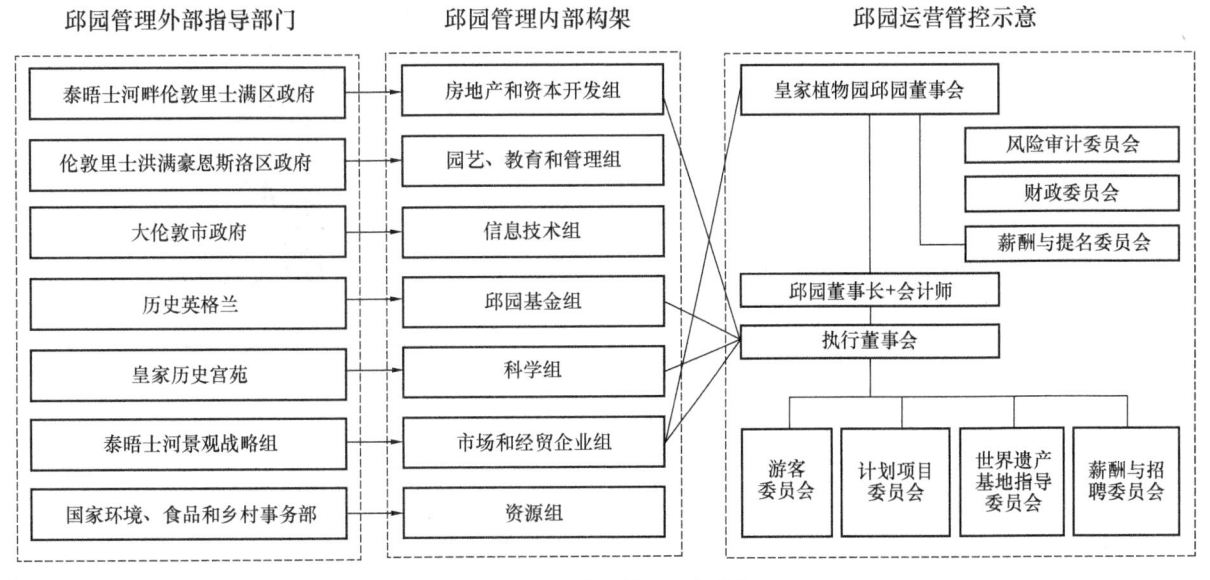

图5　邱园建设管理组织构架
（图片来源：依据《邱园世界遗产基地管理规划2020—2025》自绘）

台后,成为最新综合管控指南(表3)。

表3 邱园世界遗产基地管理规划目标

邱园世界遗产基地管理规划的核心目标
➢ 维持世界一流植物园标准,发挥科研、收集、保护和园艺实践的领导作用;
➢ 支持可持续管理与改革,保护并提升卓越的历史风景园林和建筑遗产;
➢ 提高游客设施质量;作为英国最受欢迎的旅游目的地之一,在游客管理和体验层面达到更高的水平;
➢ 持续平衡邱园作为科研中心和旅游地的关键角色,保护邱园的卓越资产;
➢ 提升与收藏、科研和雇员相关的场地设施质量,提供新公众参与机会与知识获取方式;
➢ 将邱园的科研和环境资产介绍给更大的范围、更多样化的公众,提出公众教育创新方案;
➢ 延续"现代景观设计"传统

资料来源:《邱园世界遗产基地管理规划2020—2025》。

3 当前邱园发展战略

邱园科学组指出,利用植物园独特资产针对全球气候危机与生物多样性丧失而采取行动具有紧迫性。围绕科学创新、公共参与和知识传递,制定基于自然的可持续解决方案,在阻止生物多样性丧失领域为全球提供示范样板。《邱园变革宣言2021—2030》计划10年内以科学方法可持续使用自然资源并保护生物多样性;激励公众保护自然;培养未来的环境科学家和园艺师;壮大国际园艺数据库;以邱园影响力在全球范围引领自然保护政策的制定[11]。2021年5月,《邱园皇家植物园科学优先级2021—2030》出台,以生态系统管理(ecosystem stewardship)、价值释放(unlocking properties)、数字革命(digital revolution)、加速分类(accelerated taxonomy)、强化伙伴关系(enhanced partnerships)五个关键发展方向,勾勒出10年科学发展优先级。其中,生态系统管理作为第一优先发展内容,目标是适地保护生物多样性,因地制宜利用可持续生物资源。具体做法为收集和分析植物与真菌从基因物种到整个生态系统的多样性数据,增强农业、林业生态恢复与生态系统相互作用进化过程洞察力。价值释放是指对植物与真菌适应环境的价值进行研究。邱园科学组指出,植物和真菌具有应对自然界挑战的复杂智慧,能成为解决许多环境问题的关键;破解植物与真菌的进化机制,一方面能够更好地在不同环境中保护保存物种,另一方面可用于科学提升人类福祉[12](图6、图7)。

活体植物收集及其信息管理是植物园的灵魂[13],邱园的生物多样性收藏库,尤其是千年种子库和活体植被收集,为价值释放研究提供珍贵的实验基地。邱园规模庞

图6 地球生态系统对人居环境的作用
(图片来源:《邱园变革宣言2021—2030》)

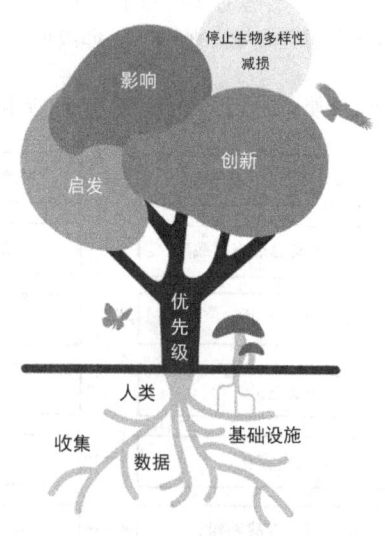

图7 科学发展战略树形图
(图片来源:《邱园皇家植物园科学优先级2021—2030》)

大且不断增长的植物和真菌数据库,覆盖标本分类学、图像信息、系统分布及保护等,目前仍有大量物理样本、标签和DNA未实现数字化。数字革命将促进高效管理,增加科学收藏的全球价值,使更广泛的公众受益,并产生大数据分析创新的新机会(表4)。邱园物种收集来源地主要有中国、美国、日本、土耳其、南非和澳大利亚。

邱园科学收集概况　　　　　　　　　　　　　　　　　　　　表4

收集	数量规模	说明
植物标本	约7000000	干燥的维管植物标本。总体数量未知,但当前的植物标本馆目录187500种,占馆藏总额的12%
浸液标本	76000	浸制在液体中的植物和真菌标本,覆盖30000个物种
菌类	1250000	真菌、地衣和真菌类似物,以干燥和液氮方式保存
经济植物学收藏	100000	记录人们使用植物的大量样本,含42000件木材藏品
种子收集	86000	其中千禧年种子库收藏的种子超过20亿颗,约38600个物种
DNA和组织库	58000	48000个植物基因组DNA样本储存在-80℃和10000个室温下二氧化硅干燥的组织样本——共代表约35000个物种
显微镜载玻片	150000	显微镜载玻片记录植物和菌类的解剖结构,含40000张花粉幻灯片、36000张木片、10500张真菌幻灯片
体外收集	6000	在琼脂上培养的活植物和真菌,含20余种兰花、1000株体外植物、5000种真菌培养物

资料来源:《邱园皇家植物园科学优先级2021—2030》。

4　思考与讨论

与英国规划体系"横向纵向分形再交叉"[14]的逻辑一脉相承,邱园管理作为极具活力的动态演替复杂系统,具有鲜明的层级嵌套、合力衍生、环环相扣的特征,以繁荣增长为愿景,保证可持续现状,并在经济风险应对、洪灾火灾防控等危机问题上进行前瞻治理准备与布局。充分研究邱园管理建设机制,对我国植物园可持续发展有着借鉴意义。

在研读邱园管理建设资料中,研究者认为充分借鉴邱园的难点,在于如何充分认识邱园在260余年的长期建设管理中形成的动态"社会-经济-文化"复杂系统。由于复杂系统作为科学研究对象是一种过程和演化的科学,"邱园建设管理"具备一般复杂系统的客观规律——非线性经济特征、动态系统演化、宏观变量与微观机制共存、确定性与随机性相融一[15],因此建议构建国际先进景观领导力引领下的合作机制,以数字化手段对植物园管理进行复杂系统建模及模拟,由此避免风景园林设计实践立足本学科传统视角对空间组织与游览美学等表象要素的重心偏移及过度前置。在邱园活力演变物质与能量体中,其植物园空间布局、植物景观设计原则与美学、商业文旅消费现象等,均是这个复杂系统由内核延伸至外围的可见物质表象,而其背后隐含的不可见的管理逻辑、运营战略、生存哲学,尤其是现金流可持续分配、团队衔接及各层级稳定更新改革,是邱园真正实现长期围绕植物收集、保护与科研,从多重角度作用于社会的核心灵魂。

胡永红指出"植物园建设既要见物,更要见人",通过建设植物园培养一批有志于植物园管理的青年力量;而其中关键要有一个核心引领者,他应具有扎实的专业背景,开阔的事业胸襟,具有创新力、进取心,把植物园作为自己毕生的事业追求,能够带领团队推进植物园的建设与管理。可以说,植物园的建设水平直接取决于其核心人员及其团队的水平[16]。在此思想基础上,研究者认为充分借鉴国际一流植物园并实现全面超越的重点,在于重视时代对景观领导力人才的战略需求。建议针对景观管理、景观领导力进行人才战略前瞻规划,以多个N年规划,一手抓世界一流植物园复杂系统建设,一手抓国际景观领导力人才梯队战略,将多部门多学科合作现状中存在的混沌、困难与矛盾,视为景观学变革与行业地位提升的关键期与转折期,创新形成国际先进多学科合作新业态。

参考文献

[1] 魏亚光.英国皇家植物邱园在殖民扩张中所起的作用[J].红河学院学报,2014,12(3):67-70.

[2] 汪爱平.英国统治时期缅甸的稻米产业与经济社会文化变迁[D].昆明:云南大学,2014.

[3] 胡永红.新世纪植物园的新发展[J].中国园林,2005,(10):12-18.

[4] 周向频,刘曦婷.英国历史公园遗产保护与发展策略:邱园的启示[J].国际城市规划,2014,29(1):101-107.

[5] 朱建宁,卓荻雅.威廉·钱伯斯爵士与邱园[J].风景园林,2019,26(3):36-41.

[6] 陈进勇.邱园的规划和园林特色[J].中国园林,2010,26(1):21-26.

[7] 周尤美,雷浩.积跬步至千里——英国皇家植物园功能研究[J].建筑与文化,2021(11):108-110.

[8] Rbg Kew. World heritage site management plan 2020-2025 [EB/OL]. (2019-12)[2022-08-26].

[9] Thames landscape steering group. The Thames landscape strategy Hampton to Kew[EB/OL]. (1994-06)[2022-08-26].

[10] Defra. Framework Document Royal Botanic Gardens, Kew [EB/OL]. (2018-06)[2022-08-26].

[11] Rbg Kew. Our manifesto for change[EB/OL]. (2021-03) [2022-08-26].

[12] Rbg Kew. RBG Kew's Scientific Priorities 2021-2030[EB/OL]. (2021-05)[2022-08-26].
[13] 任海, 文香英, 廖景平, 等. 试论植物园功能变迁与中国国家植物园体系建设[J]. 生物多样性, 2022, 30(4): 197-207.
[14] 周姝天, 翟国方, 施益军. 英国空间规划的指标监测框架与启示[J]. 国际城市规划, 2018, 33(5): 126-131.
[15] 宋学锋. 复杂性、复杂系统与复杂性科学[J]. 中国科学基金, 2003(5): 8-15.
[16] 胡永红. 植物园建设的几个要点[J]. 中国园林, 2014, 30(11): 88-91.

作者简介

李莎, 1982年生, 女, 汉族, 山东德州人, 博士, 中国矿业大学人工智能研究院3D视觉与空间技术重构研究中心, 副教授, 研究方向为景观治理、多学科合作中的景观学领导力。电子邮箱: ls.aone@qq.com。

匡纬, 1982年生, 女, 汉族, 江苏苏州人, 博士, 中国矿业大学人工智能研究院3D视觉与空间技术重构研究中心, 讲师, 研究方向为风景园林规划设计、数字景观。电子邮箱: bjfukw82@163.com。

丁戎, 1983年生, 女, 汉族, 湖南益阳人, 硕士, 中国城市规划设计研究院, 高级工程师, 研究方向为绿地系统规划、风景名胜区规划。电子邮箱: 21504804@qq.com。

(通信作者)杨鑫, 1983年生, 女, 汉族, 黑龙江哈尔滨人, 博士, 北方工业大学建筑与艺术学院, 中国矿业大学人工智能研究院3D视觉与空间技术重构研究中心, 教授, 研究方向为城市绿地格局、健康社区、城市气候环境。电子邮箱: bjyangxin@126.com。

白丹, 1982年生, 女, 汉族, 河南洛阳人, 博士, 郑州大学建筑学院, 讲师, 硕士生导师, 研究方向为风景园林遗产与保护、中国园林史。电子邮箱: baidan@zzu.edu.cn。

植物园发展历程及中国国家植物园建设思考

The Development of Botanical Gardens and Thoughts on the Construction of National Botanical Gardens in China

张 楠

摘 要：植物园是植物迁地保护的重要场所，其功能定位随发展历程有所变化，世界上现有植物园迁地保护约十二万种高等植物。我国植物园数量约占世界的十分之一，迁地保护两万余种高等植物。在植物多样性保护形势日益严峻的今天，我国高度重视国家植物园建设，在吸收世界一流植物园共同特征的基础上，同时结合我国实际情况，在国家植物园建设方面有以下四点思考：明确植物园功能定位与建园理念；广泛收集植物种类，接轨国际一流植物园；吸收传统优秀文化，创建优美园林景观；重视科研管理水平，丰富科普教育形式。

关键词：植物园；迁地保护；国家植物园

Abstract: Botanical gardens are important places for ex situ plant protection, and their functional orientation changes with the development process. There are about 120000 species of higher plants ex situ protected in botanical gardens in the world, and the number of botanical gardens in China accounts for about one tenth of the world, with more than 20000 species of higher plants ex situ preserved. Today, with the increasingly severe forms of plant diversity protection, China attaches great importance to the construction of the national botanical garden. On the basis of absorbing the common characteristics of world-class botanical gardens and combining with the actual situation of China, we have the following four thoughts on the construction of the National Botanical Garden: to clarify the functional orientation and concept of the botanical garden; Widely collect plant species and connect with the international first-class botanical garden; Absorb traditional excellent culture and create beautiful garden landscape; Pay attention to the level of scientific research management and enrich the forms of popular science education.

Keywords: Botanical Garden; Ex-situ Conservation; National Botanical Garden

引言

我国由于特殊的地理位置和地形地貌，是世界上植物多样性最为丰富的国家之一，现有高等植物约3万种，约占世界总数的10%，在亚洲国家中位居第一，在世界上名列第三[1]。但由于人类对自然资源的滥用导致全球环境迅速变化，给生物多样性带来了严重的威胁，其灭绝速度比自然过程快约1000倍，世界上多达1/3的植物种类受到威胁[2-3]。党中央及国务院高度重视植物多样性保护工作，国家主席习近平于2021年10月12日启动北京、广州等国家植物园体系建设，这是我国履行《生物多样性公约》的又一重大举措，对于展示我国植物迁地保护巨大成就、讲好植物保护中国故事具有重要意义[4]。

1 植物园的发展历程

1.1 植物园的定义及功能定位

植物园是一个外来词，国内外对其诠释各有差异。我国对植物园最早的定义源于1935年陈植的《造园学概论》："植物园乃胪列各种植物聚植一处，以供学术上之研究及考证者也"[5]。国际植物园协会（IABG）成立早期阶段对植物园的定义为：一个向公众开放的、其中的植物标有名牌的园地。后来国际植物园保护联盟（BGCI）于2000年时将定义修订为：拥有活植物收集区，并对收集区内的植物进行记录管理，使之用于科学研究、保护、展示和教育的机构[6]。可以看出，植物园在不同地区、不同时期的定义是有所差别的，这与其在不同的历史阶段承担的功能有一定关系，其功能定位均是与时俱进的。

1.2 世界及中国现代植物园的发展历程

植物园是欧洲文明的产物，意大利的帕多瓦药用植物园（Padua）作为世界上现存最古老的植物园，自1545年建立至今已有500年的历史[7]。中国植物园最早的雏形有认为是公元前2800年左右所建的神农药用植物园，也有认为是始建于秦、兴盛于西汉的"上林苑"或司马光的"独乐园"[8-9]，但按照现今国际上对于植物园的定义，它们还不能称之为植物园。我国近现代最早的植物园为1860年的香港动植物园，发展历程也有170余年[10]。

1.2.1 世界植物园发展

世界植物园的发展历程大致可分为三个阶段，期间植物园的功能定位也发生了一定的变化。自16世纪中期到18世纪中期为第一阶段，植物园多以收集药用植物为主，且多数植物园隶属于学校，服务于教学实习，如牛津植物园（1621年）、东京大学小石川植物园（1684年）、荷兰的莱顿植物园（1587年）等植物园；18世纪中期到20世纪中期为第二阶段，由于资本主义经济迅速发展，殖民掠夺足迹踏遍世界多地，同时伴随着植物学与生物科学的发展，植物园的主要任务转为对植物资源的收集保存、引种驯化与开发利用等研究，资本主义对植物资源的需求极大地促进了植物园的发展[11]；20世纪中期至今为第三阶段，由于人类谋求经济发展而造成环境的破坏，若不采取措施，预估到2050年前后，可能会有1/3的植物灭绝，人们逐渐意识到生物多样性的重要性，特别是生物多样性的概念于20世纪80年代被首次提出后，世界范围内植物园的主要工作才逐步转移到植物多样性保护上来[12-13]。

1.2.2 中国植物园发展

我国现代植物园发展较晚，其发展历程大致也可分三个阶段。自19世纪50年代到20世纪50年代为第一阶段，由于半殖民地半封建社会的性质及西学东渐的深入，植物园随之传入中国，但发展较落后且数量较少，仅有10余个植物园；20世纪50年代到20世纪80年代为第二阶段，也是我国植物园快速发展的第一个时期，由于经济建设的需要，我国植物园以各类经济植物为主要对象，为国家经济发展积累了一批重要植物资源[14]，在1950—1970年，我国共恢复、新建植物园62座[15]；20世纪80年代至今为第三阶段，我国植物园迎来快速发展的第二个时期，由于国家经济发展及社会的进步，同时国际与国内意识到植物园在种质资源上的重要保护作用，植物园得到了更进一步的发展，担负起稀有、濒危植物迁地保护的新重担[3,11]（图1）。

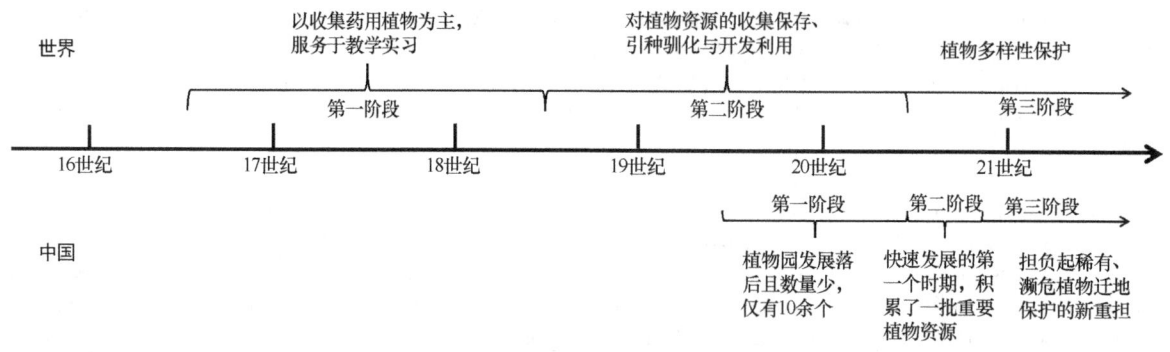

图1　世界及中国现代植物园发展历程[3,11-13]

2　植物园与植物迁地保护

由于栖息地破坏、全球气候变化、资源过度开发、外来物种入侵及植物自身繁殖受限等因素[16]，一些野生植物濒临绝灭。由研究机构和科研人员对全球58497个树种进行评估，其中有30%的树种仍然处于受威胁状态，有142种已经在野外灭绝[13]。据估计，中国处于濒危和受威胁状态的高等植物约占20%，即多达4000~5000种[1]。

2.1　生物多样性保护途径

生物多样性是植物园永恒的主题[17]。植物园在生物多样性保护和自然环境改善方面承担着防止全世界植物物种及遗传多样性的流失，以及防止世界自然环境的进一步退化等全球使命[6]。物种保护主要包括就地保护、迁地保护和种子库三大途径。就地保护也称原地保护，指在原有的自然条件下，对该物种进行的保护；迁地保护又称异地保护，即把该物种保存在自然生境以外的地方；种子库可用来保存植物的种子、茎尖、细胞、组织和器官等，也可算是植物迁地保护的一种形式[10]。就地保护与迁地保护相辅相成，迁地保护是植物多样性就地保护的重要辅助措施，两者相结合是开展生物多样性保护的主要手段[18]。

2.2　迁地保护成效

目前全球各地的3300多个植物园和树木园至少迁地保护了约120000种高等植物，占已知物种的1/3。其中，濒危植物有10000~20000种[19]。我国植物园对于珍稀、濒危植物的引种保育与国际现代植物园同步，始于20世纪80年代[20]。据廖景平调查，我国植物园迁地保护的维管束植物有396科3633属23340种，分别占我国高等植物科的91%、属的86%和物种的60%[15]。我国植物园和树木园活植物收集及迁地栽培已构成了我国植物迁地保护的核心力量，如中国科学院系统的15个植物园共引种保存植物20000种，占全国植物物种总数的86%；中国和地方特有种24740种，占特有种总数的73.56%[11,21]。由中国科学院牵头发起中国植物园联盟，启动"本土植物全覆盖保护计划"，完成了14个地区64879种/次本土植物评估，调查到极危物种501种、濒危种773种、易危种1299种，为下一步采取保护措施奠定了良好的基础[22]。

3　国际一流植物园特点

3.1　植物收集种类丰富

在世界现有的植物园中，活植物收集万种以上的有50余座，其中收集植物种类最多的为英国皇家植物园邱园，拥有活植物5.9万种；其次是茂物植物园，拥有活植物约5.3万种；再是墨尔本皇家植物园，共有世界各种植物4.9万余种[11,23-24]。

3.2　园区展示主题鲜明

世界上的著名植物园多具有艺术的外貌，园区景色优美，如威斯丽花园[25]，同时建有各类主题鲜明的专类园，以便收集展示特色植物，如南非克斯腾伯斯国家植物园，该植物园根据植物自身特点营建了多个主题公园，如节水型植物园、芳香植物园、药用植物园等[26]，在收集保护了本地特色植物的基础上，展现了优美的景色与鲜明的主题，给人印象深刻。

3.3 科普活动形式多样

科普教育是植物园的任务之一，美国有 340 多个植物科普园区，是世界上设立植物科普园区最多的国家[27]。在美国一系列知名植物园中，其教育类活动的主要目的为科普教育，项目多样，主要包括知识讲座与研讨会、植物学与园艺学课程学习以及园林设计类课程等[28]。无论是何种科普手段，其目的都是为了提高公众的环保意识，切实体会到保护植物的重要性，从而提升公民的科学素质。

3.4 科研管理水平先进

植物园科研实力体现在研究成果、数据库系统和收集保育平台等多方面，邱园拥有的数据库系统在世界范围内处于领先地位[29]。植物园物种收集量巨大，在记录上也需要科学管理，目前应用较广、技术较成熟的数据管理软件是美国开发的 BG-Base 软件[30]。

3.5 经费来源渠道多样

国外的植物园主要有公立和私立两种类型，公立植物园的资金来源主要有政府拨款、投资收入、募捐、门票收入等；私立植物园则通过植物园的建设基金、捐赠、政府支持、自身收入等来获取资金[31-32]。这两类植物园资金来源渠道多样，为园区建设打下良好基础。

4 中国国家植物园建设的思考

与世界一流植物园相比，目前我国植物园建设还存在植物种类数量较少、园内景观吸引力不足、科普活动普遍偏弱、科研实力稍显落后、建设资金短缺等问题[25]。根据植物园兼具"科学的内涵、艺术的外貌、文化的底蕴"的理念[10,30]，并结合许再富先生认为在现代植物园建设理念中"多样的植物种类是植物园的特征，丰富的科学内涵是植物园的核心，优美的园林景观是植物园的基础，传统的文化展示是植物园的灵魂"[33]，对于我国在国家植物园建设方面有以下四点思考。

4.1 明确植物园功能定位与建园理念

植物园的建设是服务其功能定位的，不同时期、不同地域及不同环境下的植物园承载着不同的历史使命，也有着符合其自身的功能定位。BGCI 在《植物园保护国际议程》中将世界的植物园划分为 12 个类型，我国则根据植物园的功能将其分为 5 类，不同的植物园隶属于不同的管理部门，其基础条件和任务也有所不同。贺善安教授将中国植物园与国家发展的联系归纳为十点，即改善和保护自然环境、物种保存、经济植物的引种和开发、观赏植物的研究和开发、药用植物资源的发掘和保存、为旅游事业服务、风景资源的发掘、回归自然、科普教育和现代园艺技术的推广[34-35]。不论是何种分类方式，植物园又属于何种类别，都应立足于当地需求，明确其恰当的功能定位，因地制宜，扬长避短，在建设上形成自己的特色。

陈封怀教授曾提出"科学的内涵，艺术的外貌"的建园理念，这也是后来我国植物园建设理念的基础[33]。随着科学技术的发展及经济社会的需求，植物园在建园理念上也需注入新鲜血脉，与时俱进地进行更新。中国科学院于世纪之交提出"科学植物园"的概念，并首先在西双版纳热带植物园启动"万种植物园"项目，提出了较为全面的"四面八方"建园理念，并获得"三满意"的效果。这对于中国植物园发展史具有重要的历史意义和深远的影响[36]，也彰显出植物园建园理念的与时俱进。

4.2 广泛收集植物种类，接轨国际一流植物园

世界上很多植物园建园历史悠久，在收集植物种类上十分丰富，如著名植物园邱园，拥有活植物 5.9 万种，馆藏标本 700 万份。我国国家植物园将对标世界顶级植物园，计划收集三北地区乡土植物、北温带代表性植物、全球不同地理区域的代表植物及珍稀濒危植物 3 万种以上，覆盖中国植物种类 80% 的科、50% 的属，占世界植物种类的 10%；收藏五大洲代表性植物标本 500 万份，覆盖中国 100% 的科、95% 的属[37]。

尽管植物园应注重物种收集与保存的数量，但很多时候忽略了遗传多样性的重要性，使得其仍面临较大的遗传风险，所以要根据植物园自身的功能定位，以及其场地大小、经济状况和人力资源而定，切不可盲目追求数量的庞大。由于极危、濒危和易危等受严重威胁种类更易受到人类活动的影响而灭绝，所以我国本土植物的收集应侧重对这类物种的保护，并且在受威胁的植物中还应侧重以下类型：中国特有植物、单（寡）型分类群、重要经济潜力种类、作物野生亲缘种、生态系统关键种和旗舰种[38]。

4.3 吸收传统文化特色，创建优美园林景观

民族文化是植物园的灵魂，东西方在传统理念与文化审美方面是有较大差异的，我国只有早期极少数植物园具有欧洲的一些园林风格，多数园林建设还是传承我国"天人和谐"等理念，向着生态与美学结合的生态园林发展[33]。尽管我国植物园建园风格各不相同，但特征极为鲜明，在景观营造上运用"三五成丛（群）、高低错落、疏密有致""小桥流水、曲径通幽"等手法；小品及建筑等服从于植物，建筑尤以古典风格为主，具有很强的民族文化特色，数量上在精不在多；植物选择上追求意蕴文化，如玉堂春富贵、岁寒三友、雨打芭蕉等，形成具有中国传统民族文化的诗情画意的园林艺术风格[39]。一些知名植物园中已建造了具备当地文化的园区，如西双版纳热带植物园建立的热带雨林民族文化博物馆、华南植物园建设的广州第一村暨地带性植被园等，都提升了园区的文化底蕴[33]。

植物园兼具科学内涵和艺术外貌，优美植物景观的营造需建立在尊重植物生态习性的基础上。植物园在生境营造方面要遵循生态性原则和地域性原则，造景时要注意避免"成林不成景"的情况，注重形态、群组、文化及季相四方面景观的营造[30]，营造出"三五成丛、高低错落、疏密有致"的植物景观。园区景观要有鲜明的特征，在主题选择上呈现多元化、地域化，彰显地区特色，如在植物收集展示上，除以传统的植物分类系统、植物色彩、四季景

观等为主题进行营造外，还可从地域差异上进行表达，如长白山东北亚植物园核心区景观针对当地特殊情况，选择了以美人松园、桦木园、杨柳园、槭树园等为主题公园来体现当地植物的特色[40]。

4.4 重视科研管理水平，丰富科普教育形式

科学研究是植物园发展的原动力，其研究学科涵盖植物分类学、植物形态学、植物解剖学、植物细胞学等，世界上许多先进国家的植物园均设有科研部门，科研实力雄厚，且在科学研究上形成了各自的特色，如美国的阿诺德树木园以研究植物分类学著称，堪培拉国家植物园主要研究乡土濒危植物的栽培与繁殖等[30]。计算机技术在植物园信息管理方面发挥着重要作用，我国植物园自20世纪80年代开始进行计算机植物信息档案管理的研究。目前，我国一些较大的植物园已致力于信息技术和数据管理系统的研究，如华南植物园已完成了以"3S"技术为基础的植物园信息化工作[41-42]。多数植物园已建立了自己的网站，各植物园利用计算机建立科学的植物档案管理体系，通过互联网便可以方便快捷地提取所需要的信息，同时有助于加强与国内外植物园在科研上的合作与交流。

科普教育是现代植物园的功能之一，如何在做好科研工作的同时，将园区科研成果展示给公众，从而提高全社会的科学素质，这是园区工作的难点[29]。我国植物园多通过设立植物标牌、科普栏、科普馆等形式来向公众传播科学知识，但略显单调。植物园的科普教育应通过不同形式将知识具象化、趣味化地展现给公众，使其在轻松愉快的状态下学习到知识[40]。国外著名植物园对我国有价值参考的科普活动可大致分为3类：特色游线活动、教育及展示活动和互动体验活动，同时辅以详细的解说系统[43]。从全国范围来看，还有很多植物园的科普教育体系不够成熟，甚至没有完整的官方网站，这便需要在科普教育工作上继续努力[28]。

参考文献

[1] 陈灵芝.中国的生物多样性——现状及其保护对策[M].北京：科学出版社，1993.

[2] WWF. The importance of biologicaldiversity[M]. Gland：WWF International，1989.

[3] 许再富，黄加元，胡华斌，等.我国近30年来植物迁地保护及其研究的综述[J].广西植物，2008(6)：764-774.

[4] 耿国彪.国家植物园怎样建：全国政协委员三人谈[J].绿色中国，2022(6)：36-41.

[5] 许再富.植物园及其建设的生态学基础——以中国科学院西双版纳热带植物园为例[C]//第三届世界植物园大会论文集，2007：17-22.

[6] Jackson P W, Sutherland L A. International agenda for botanic gardens in conservation[M]. Botanic Gardens Conservation International，2000.

[7] 余树勋.植物园规划与设计[M].天津：天津大学出版社，2000.

[8] 许再富.民族文化：植物园的个性标签[J].生命世界，2004(3)：55.

[9] 贺善安，顾姻，褚瑞芝，等.植物园与植物园学[J].植物资源与环境学报，2001，10(4)：48-51.

[10] 贺善安，张佐双，顾姻，等.植物园学[M].北京：科学出版社，2005.

[11] 李亚.植物园学导论[M].南京：东南大学出版社，2019.

[12] 贺善安.植物园：浓缩植物精华[J].森林与人类，2007(4)：28-45.

[13] 陈进.关于我国国家植物园体系建设的一点思考[J].生物多样性，2022，30(1)：29-32.

[14] 佟凤勤.发展中的中国科学院植物园[M].北京：科学出版社，1997.

[15] 廖景平，黄宏文.植物迁地保护的方法[C]//黄宏文.植物迁地保育理论与实践.北京：科学出版社：52-57.

[16] 姚亚奇.国家植物园，不只是看起来很美[N].光明日报，2022-05-05(12).

[17] 贺善安，顾姻，夏冰.植物园发展的动向[J].植物资源与环境，1998(2)：49-59.

[18] Vernon H. Plant conservation in the Anthropocene-Challenges and future prospects[J]. Plant Diversity，2017，39(6)：314-330.

[19] 黄宏文.植物迁地保育原理与实践[M].北京：科学出版社，2017.

[20] 黄宏文，张征.中国植物引种栽培及迁地保护的现状与展望[J].生物多样性，2012，20(5)：559-571.

[21] 黄宏文.中国植物园[M].北京：中国林业出版社，2018.

[22] 中华人民共和国生态环境部.中国履行《生物多样性公约》第六次国家报告[M].北京：中国环境出版社，2019.

[23] 朱建刚.世界著名植物园现状及对北京新建植物园的启示[J].国土绿化，2017(11)：46-48.

[24] 邹芳.墨尔本皇家植物园印象[J].生物学通报，1999(9)：29.

[25] 孟宪民.国外植物园发展现状及对我国植物园建设的启示[J].世界林业研究，2004(5)：4-8.

[26] 代色平，朱纯，黄华枝.南非的国家植物园[J].广东园林，2008，30(6)：70-71.

[27] 赵文茹.美国典型植物园服务功能与空间布局研究[D].哈尔滨：哈尔滨工业大学，2015.

[28] 赵晓龙，赵文茹，张波.美国植物园的公众活动研究[J].中国园林，2016，32(1)：115-120.

[29] 房迈莼，任海.科研与科普有效结合 促进公众科学素养提高——以英国皇家邱植物园和爱丁堡植物园为例[J].科技管理研究，2016，36(3)：252-255.

[30] 任海.科学植物园建设的理论和实践[M].2版.北京：科学出版社，2017.

[31] 胡永红，黄卫昌.美国植物园的特点——兼谈对上海植物园发展的启示[J].中国园林，2001(4)：94-96.

[32] 张治明，冯桂强.在新形势下植物园的发展对策[C]//中国植物学会植物园分会第十五次学术讨论会，2000：10-15.

[33] 许再富.与时俱进的植物园建园理念[J]//中国植物园，2010(13)：14-20.

[34] 娄治平，苗海霞，陈进，等.科学植物园建设的现状与展望[J].中国科学院院刊，2011，26(1)：80-85.

[35] 顾姻，盛宁.植物园与国家发展[J].植物杂志，1994(1)：9-10.

[36] 许再富.植物园学与科学植物园探讨[C]//中国植物学会，中国环境科学学会，2013.

[37] 代丽丽.国家植物园已收集植物1.5万余种[N].北京日报，2022-04-19(6).

[38] 许再富.植物园：六十年的实践与认知[M].北京：中国林业出版社，2018.

[39] 许再富.民族文化：植物园的个性标签[J].生命世界，2004

(3): 55.

[40] 张一康. 浅谈植物专类园的设计思路[J]. 花卉, 2019(12): 22-23.

[41] 林有润, 谢振华. 有关《植物园学》问题的讨论[J]. 植物研究, 2004(3): 379-384.

[42] 叶子易. 浅谈我国植物园科技发展现状与展望[C]//中国植物学会, 中国昆虫学会, 中国环境学学会, 等. 生物多样性保护与利用高新科学技术国际研讨会, 2006.

[43] 阎姝伊, 郑曦. 植物园科普教育系统规划设计探析[J]. 中国城市林业, 2018, 16(3): 52-56.

作者简介

张楠, 1998年生, 女, 汉族, 河南省商丘人, 浙江农林大学风景园林与建筑学院硕士在读, 研究方向为园林植物与观赏园艺。电子邮箱: 1665743172@qq.com。

植物园提升改造中存量景观升级策略
——以上海辰山植物园藤蔓园改造为例

Upgrading Strategies for the Existing Landscape during the Reconstruction of Botanical Gardens
—An Example from the Upgrading of Vine Garden in Shanghai Chenshan Botanical Garden

杨 榕 马其侠 胡永红

摘 要：随着北京、华南两座国家植物园获批启动建设，我国现代植物园的规划发展目标逐渐明确，建设管理方案也日趋成熟。然而对于已建成的大量植物园来说，尽管在建设初期根据当时的材料、技术、规范标准作出了科学的规划设计，但是与新目标、新标准、新理念之间难免存在一定的差距，难以满足新形势下植物迁地保育、科研、科普和园艺等工作需求。植物园存量景观的升级改造，是促进现有植物园焕发新生，实现可持续发展的一个有效路径。本文系统总结归纳了上海辰山植物园藤蔓园的升级改造过程，以期为植物园提升改造中一些存量景观的升级优化，提供些许策略性参考。

关键词：存量景观、景观改造、藤蔓园、扩绿增绿

Abstract: With the construction of the two national Botanical Gardens in Beijing and Guangzhou, the planning and development goals of Chinese modern botanical gardens are gradually clear, and the construction and management schemes are increasingly mature. Although a large number of established botanical gardens were constructed scientifically according to the time of the materials, technology, design standard, but they can't keep with the new goal, new standard, new idea today, and they are difficult to meet the needs of Ex situ plant conservation, scientific research, education and horticulture. Upgrading the existing landscape is an effective way to promote the regeneration of existing botanical gardens and achieve sustainable development. The upgrading process of the vine garden in Shanghai Chenshan Botanical Garden is systematically summarized in this paper with the hope of providing some strategic references for the reconstruction and optimization of some existing landscapes in botanical gardens.

Keywords: Existing Landscape; Landscape Upgrading; Vine Garden; Green Expansion

引言

植物园是实施植物迁地保护的主要场所，我国现代植物园经历了百年的发展，始终致力于植物资源的收集、保存、科研、科普等工作。1955年之后，我国植物园进入了大发展时期，植物园建设渐成规模，至2018年已建成现代植物园162座，长期以来在维护植物多样性等方面发挥了积极作用[1-3]。进入21世纪后我国植物园的发展也迈入新时代，面临着新机遇和挑战。2021年10月12日，国家主席习近平出席《生物多样性公约》第十五次缔约方大会并发表主旨讲话，宣布将启动北京、广州等国家植物园体系的建设。随着今年一南一北两座国家植物园的相继启动建设，我国现代植物园发展进入一个全新时代。

我国的国家植物园均是在现有植物园的基础上，经过扩容增效进而有机整合而成，对植物园的科学内涵、特色景观和文化展示等有了更高要求，植物园的存量景观需要根据国家植物园全新的目标定位，因地制宜实施高效整合、存量更新的建设方针，从而进一步统筹植物园的空间布局，既符合植物园发展与建设的经济性要求，又能推动现有植物园的空间结构优化和景观品质提升。

占地207hm²的上海辰山植物园于2010年4月初步建成并对外开放，是一座集科研、科普、园艺、游览于一体的4A级综合性植物园。园区现有26个特色专类园，伴随着植物园的成长与发展，园区内一些景观面临着升级改造，方能满足游客体验、景观优化、科普展示等升级的需求。本文以上海辰山植物园的藤蔓园改造设计为例，浅析植物园规划设计中存量景观的改造更新策略，以提升植物园存量景观的可进入性，重新构建游憩价值。

1 藤蔓园现状分析

1.1 地理位置

藤蔓园位于上海辰山植物园东南部，占地面积约5760m²，地块东、北、南向临近园区西湖，距离辰山植物园主入口约800m，地理位置较为优越。藤蔓园西南面的儿童植物园面积约10000m²，区内以植物为载体，融植物展示、科普教育和益智游戏为一体；西北部的植物造型园面积约2420m²，园内通过植物修剪形成高低错落的动物造型，区域内建有适用于5~9岁儿童的爬网设施；东南面可经景观桥梁进入西湖人工岛，岛上主要种植墨西哥落羽杉以及耐阴耐湿地被植物，并建有由树木枝干、绳索、藤蔓、钢构等材料搭建的树屋、吊桥景观群落；东北面可经景观

桥梁进入西湖内另一座面积约 1000 m² 的人工岛，岛内配有沙坑、滑梯以及一艘仿古海盗船。整个区域位于园区主园路，并设有游览车站台，区域内游客人流量较大，已形成适合儿童及亲子家庭休憩游玩和探索自然的大空间（图1）。

图 1　藤蔓园周边景点分布图

1.2　存在的问题

（1）生境条件差。藤蔓园基底被大面积砾石覆盖，地被绿化为斑块状形态镶嵌在砾石中，中部区域种植土壤板结荒退，多为裸露地被。此外，场地内大面积的硬质铺装缺乏亲切感，也削弱了环境的舒适性。

（2）植物覆盖率较低。园内主要收集展示上海地区适生的华东区系藤蔓类植物和国外园艺藤蔓品种，如猕猴桃科、五味子科、防己科、木通科等百余种。乔木主要集中于北侧和东端，东、北向围合感较好，但景观绿期较短，攀爬的藤蔓植物尚未形成规模，植物覆盖率较低。

（3）构筑物可观性不强。园内构筑物主要为高达 5 m 的钢构群组，多由碎片化分布的简易钢廊架以及钢网片墙形式组合而成，整个场地显得冰冷残缺、孤立突兀。而且钢架呈线状分布，内部缺乏多元步道连系，游览动线不清晰，大大降低了区域游览动线的连续性以及景点内步道便捷可达性（图2）。

以上系列问题导致藤蔓园鲜少有游客造访，与周围儿童植物园、植物造型园、树屋小岛、海盗船小岛等人气景点的环境氛围形成了鲜明对比。

2　藤蔓园改造目的与原则

2.1　改造目的

根据园区总体规划，结合区域水陆特征和藤蔓植物的立体造景优势，打造二层空中平台，形成特殊的植物立体景观，以及儿童游玩与科普学习的上层空间，将原有地面植物及游乐设施上下分流并合理贯通，连接植物造型园、藤蔓园、海盗船小岛、树屋小岛以及儿童植物园，形成立体化的综合型儿童互动场所，真正达到寓教于乐的效果。

图 2　改造前藤蔓园

2.2 改造原则

（1）经济性原则：坚持经济节约、物尽其用的原则，顺应现有格局，避免大拆大建的翻新改造，减少大的土方工程和大型乔灌木的移植栽种，通过增添少量元素，凸显藤蔓园特点。

（2）趣味性原则：摒弃追求单纯的视觉景观常规思路，注重人的参与，强化游客观览体验，营造可赏、可游、可憩的儿童友好型景点。

（3）可持续原则：改造过程中同时考虑后期植物养护的维护成本，实现长期持续生长。

3 藤蔓园改造设计方案

3.1 梳理动线，将现有爬藤钢架串联成环

藤蔓园内现状钢构架分布零散，单片钢网组成的植物攀爬墙高达5m，于场地内高耸孤立；园内虽然收集有大量国内外藤蔓植物品种，但通过植物攀附与钢构架营造的景观形式单一，且藤蔓植物越过片状钢网墙后无攀爬点，限制了植物的生长空间，植物覆盖率较低，对钢结构"掩饰""遮罩"作用甚微；且内部游线不清晰，未形成游线自闭环，与周边专类园、景点的道路连系不畅通，难以吸引游客踏足。

本次改造重新梳理藤蔓园游览动线，共设置5个与周边景观连系的主要道路，其中北出口道路通往植物造型园，东出口连接通往海盗船的浮桥，南出口连系通往树屋的景观桥梁，西侧两条出口道路则通往儿童植物园，同时内部游线形成自闭环路径。优化后的动线设计（图3），地面路线相对完整，既激活了藤蔓园内部的低效空间，引导游客进入藤蔓园内部，也满足了游客亲近藤蔓植物的需求。

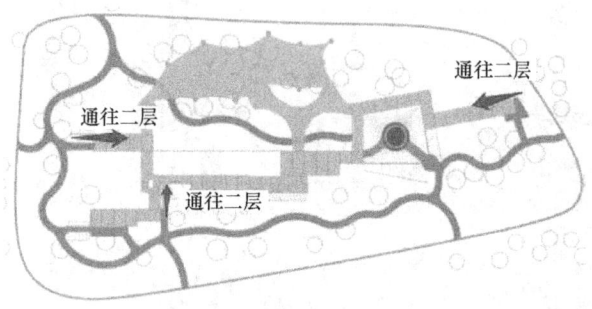

图3 藤蔓园地面路径示意图

而后又根据内部游览动线局部补充钢架，将整个藤蔓园的钢架有效串联起来。南侧钢架补充钢结构连廊、单榀钢架，形成块状围合空间，增加景观的视觉厚度；北侧两榀钢框架则通过增加连系梁串联，既增强了构筑物的平面外刚度，又增强了钢结构的整体稳定性，为后续搭建二层游览步道创造了基础条件。

3.2 增加空间多元性布局，重新构建游憩价值

改造后的藤蔓园将在原钢结构中间高度处（2.5m高度）加设二层平台（活荷载取$2.0kN/m^2$）。经检测原结构无法承担荷载处，采取"于原钢柱相近位置，设置与原结构无荷载传导关系的钢框架"结构体系，以确保钢平台既满足游客亲近植物的愿望，又符合承载要求，保障游客安全通行。

如图4所示，A1、B1区分别为通往二层平台的钢楼梯，J区为通往二层平台的无障碍坡道，G区为勇敢者之路（空中网桥），K、M区为钢铁树和人工编制网组成的科普空中大课堂，F区为环形飞来瀑区。

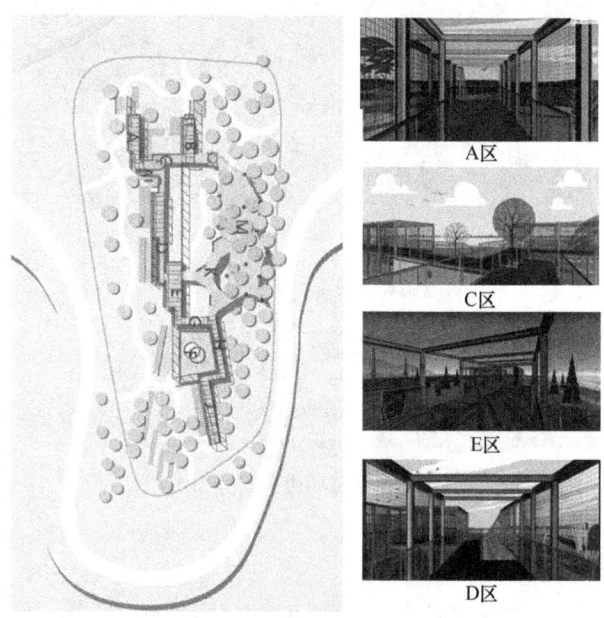

图4 藤蔓园二层钢平台功能分区及效果图

改造后的藤蔓园在不扩大构筑物占地面积的前提下，增加了游赏面积约$800m^2$，营造出郁闭度相对较高的植物景观空间，并建成适合藤蔓类植物生长的构筑物群落，让植物与人工环境融为一体，提升游人在植物景观空间的游憩体验感。

3.3 挖掘场所特性，营造"儿童友好型"景观

现状藤蔓园大面积的砾石铺地对人群过于疏离，缺乏亲切感。本次改造针对以往排水差、植物生长受限等问题，对场地内地形进行调整，增强排水功能，并将砾石铺装转变为耐阴的草坪和细砂，不仅为植物生长创造了有利条件，更还绿于园，营造更为宜人的游赏基底。同时保留藤蔓园现有乔木，补栽10~15棵中小型乔木，增加绿化密度，完善空间绿化界面，构建更富有层次、质感生动的景观。

图4中C、D、E、M区域围合形成的景观中庭，该区域现状植物因东侧乔木遮蔽导致阳光不足，且土壤排水不畅，植物生长势不良，游客罕至。本次改造对C区域钢平台下部空间采取不同以往的设计，从淘换树木上截取直径不等的树木段，塞入钢梁、钢柱组成的墙框内，同时镶嵌大小不一的穿梭孔洞，打造儿童可通行的"生态穿梭墙"（图5），同时在中庭内铺设草皮、种植耐阴灌木，并设计土壤排水系统，改善地表、地下排水不畅的现状；开放M区的地面通行，以激活利用该空间。

图4中K、M区是由3棵"钢铁树"、12棵大型乔木、

图 5　改造后 C 区生态穿梭墙及景观中庭实景图

1 座钢制构筑物组成的科普空中大课堂。不同于邻近的植物造型园、儿童植物园，科普空中课堂主要面向 9~15 岁少年儿童，该年龄段的儿童已具备一定的认知和行动能力，游玩模式由被动的必要性陪伴逐步向独立阶段过渡，因此网区的建设需要满足更多冒险性、趣味性、科普性需求，同时具备安全保障。"钢铁树"高达 4m，设计模拟乔木生长形态，由主体钢结构、竹地板、耐候钢种植槽组成，"树干""树冠"处种植槽内种有千叶兰、常春藤、肾蕨、火焰南天竹、熊掌木、六月雪、花叶络石、矾根（紫色）、吴风草、黄金蔓、金叶边阔叶麦冬等植物以遮掩钢构件；3 棵"钢铁树"穿插于 12 棵落羽杉树林中，游客可从 B、E、H 区经网桥逐步登高，进入科普空中大课堂，以全新的视角审视树木、灌木、藤蔓，独特的游赏体验也将拉近人与自然的关系。穿梭于林间的科普空中大课堂是人与环境近距离融合的一种尝试，林梢漫步、空中科普、云端休憩是网区的主旋律。

3.4　高质量扩绿增绿，低维护管理

改造后的藤蔓园共增加"绿宝瓶"榉树、桂花树等乔木 37 棵，增加绣线菊等灌木种植面积约 300m²、草坪面积约 280m²、藤蔓植物面积约 200m²（图 6）。植物多样性较改造之前提升了 60% 以上，景观效果上实现了乔木、灌木的错落布置，进一步完善了空间绿化界面，有效改善了藤蔓园的绿化密度及空间郁闭度。

改造后的爬藤钢架大部分与藤蔓植物相辅相成，组合成立体景观空间，有利于藤蔓植物的多维度生长。为了丰富景观空间多样性，实现尽可能扩绿增绿的改造目标，同时又满足改造工程的经济指标，整组钢架中仍然保留了五处单榀框架。由于单榀框架平面外稳定性不够，且植物覆盖面有限，景观空间单调，故本次改造在多处单品框架处张拉爬索，既增加了绿化覆盖面，同时也协同藤蔓植物营

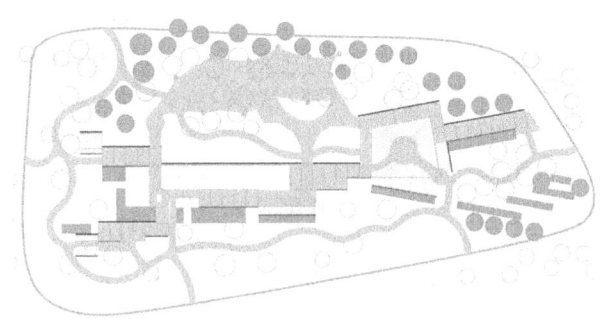

图 6　改造后藤蔓园新增绿化示意图

造出"帐篷"景观空间，增加儿童游玩的趣味性。

藤蔓园的植物养护与管理，由于种植槽内相对湿度一般比地面低 10%~20%，而为了降低种植槽内种植土容重，槽内均人工覆盖轻质栽培介质，土层薄，蓄水性差，热辐射变化剧烈；且种植槽尺寸有限，限制了蓄水量，需要大量和频繁依赖人工补水，以解决有限空间的持续生长问题。改造后的藤蔓园启用了滴灌系统，采用互联网+和物联网实施人机互动，利用智能化管控灌溉，达到了新形势下的精细化养护。

4　藤蔓园改造对植物园存量景观提升的借鉴意义

上海辰山植物园藤蔓园的景观提升主要基于以下三个策略予以实施。

4.1　生境改良为提升植物多样性保驾护航

植物选择和生长依赖于生境状况，存量景观改造过程中要把满足更多样化的植物生长需求放在首要地位，而进行生境再造就成为特殊生境可持续绿化的基础和核心，一

般应遵循以下原则[4]。

（1）根据当地气候和地下水位条件改造生境，要充分保证根系生长空间的介质透气和排水，并尽量与地下水隔离，不因产生毛细现象而过湿。

（2）针对不同栽培需求选择理化性质良好、容重适合的栽培介质。一般树穴种植，往往采用容重较大、具有稳定养分释放和良好透水保肥能力的介质或改良土；种植槽式种植，往往采用添加了较多人工介质的自然土壤。

（3）要环保安全且可持续。避免使用被污染过的土壤和介质进行生境再造，以防对植物根系和周围环境造成伤害，控制具有潜在污染源的化肥、农药和灌溉水的使用。为了防止养分的过快释放和流失，需通过添加缓释型材料为植物生长提供可持续养分供给，实现介质的可持续利用。

辰山植物园藤蔓园改造过程中遵循以上生境营造原则，实现了植物多样性种类的快速提升，并在短期内营造了良好的景观效果。

4.2 深挖场地特性，塑造友好型游园体验

儿童游园行为受到个体因素、环境因素和其他因素直接或间接的影响。其中个体因素主要取决于儿童年龄及家庭，环境因素包括场地周边交通环境、自然环境，其他因素主要是流浪狗等潜在危险因素[5]。

植物园内儿童游览区域改造设计时，应针对改造对象的潜在游览目标，考虑个体对建成环境的安全感知，合理规划空间布局，厘清周边景点的园路交通结构，保证园路的连续性及安全性，促成不同年龄段儿童相对独立且积极地游园，进而促进儿童健康成长。

辰山植物园藤蔓园主要面向9~15岁少年儿童，改造时充分考虑与周边植物造型园（5~9岁儿童）、儿童游乐园（1~12岁）的客流联动，合理规划空间布局及园路交通，增强三个相邻景点的人群聚集效应，塑造了区域内友好型游园体验。

4.3 通过调整植物种类，高质量扩绿增绿

存量景观改造时，应具体分析生境再造后的生态条件、承重条件，因"境"制宜，重新进行绿化设计，配置植物。针对生境的独特性，以中度生长势为原则，通过植物筛选实验优选综合抗性强、绿期长且年生长量适宜的植物，形成高质量的扩绿增绿[6]。

辰山植物园藤蔓园改造过程中遵循以上原则，按照改造后的生境条件，优选适生植物资源，新增藤本植物60种、乔灌木37种，移栽后的植物生长势良好，达到了预期改造效果。

5 结语

上海辰山植物园藤蔓园的存量景观改造，充分挖掘了园区空间潜力，激活低效空间，增强儿童游玩趣味性、探索性及安全性，同时高质量扩绿增绿，将现有藤蔓园改造提升为一处充满惊喜、令人向往的多元化空间，实现了不同演替阶段植物景观的持续共生，达到植物、景观与人工构筑环境的和谐共存。同时考虑与周边植物造型园、儿童游乐园的客流联动，增强主要面向儿童的三个相邻景点的人群聚集效应，本次改造不失为一次有效的存量景观更新。

伴随着我国国家植物园体系建设的不断推进，打造体现国家代表性、可将植物知识和园林文化融合展示的特色专类园，是我国植物园可持续发展面临的一个现实问题。对植物园现有存量景观进行更新改造是促进现有植物园焕发生机、实现可持续发展的一个有效路径。本文系统总结上海辰山植物园藤蔓园的升级改造策略，提出了植物园存量景观改造需要遵循的一些基本原则，希望通过植物园升级改造，为推动我国国家植物园体系的建设与发展提供一定借鉴与参考。

参考文献

[1] 贺善安，夏冰，钱俊秋．植物园与城市生物多样性保护和利用[J]．植物资源与环境，1999，4：48-52.

[2] 黄宏文，廖景平．论我国国家植物园体系建设：以任务带学科构建国家植物园迁地保护综合体系[J]．生物多样性，2022，30(6)：1-17.

[3] 黄宏文．中国植物园[M]．北京：中国林业出版社，2018.

[4] 胡永红．城市特殊生境绿化技术[M]．北京：中国建筑工业出版社，2019.

[5] 徐梦一，沈瑶，张潇，等．环境行为学视角下建成环境与儿童出行影响机制研究[J]．中国园林，2022，38(8)：54-59.

[6] 胡永红，秦俊，王红兵．城市特殊生境绿化技术研究——以上海20年的研究成果为例[J]．中国园林，2022，38(8)：89-92.

作者简介

杨榕，1986年生，女，汉族，江苏泰兴人，硕士，上海辰山植物园，中级工程师，研究方向为结构工程。电子邮箱：107205806@qq.com。

马其侠，1979年生，女，汉族，山东临沂人，博士，上海辰山植物园，副研究员，研究方向为植物学。电子邮箱：maqixia@cemps.ac.cn。

胡永红，1968年生，男，汉族，河南洛阳人，博士，上海辰山植物园，正高级工程师，研究方向为植物学、园林园艺。电子邮箱：huyonghong@csnbgsh.cn。

智能交互技术及交互体验在植物园科普教育中的应用

Application of Intelligent Interactive Technology and Interactive Experience in Science Popularization Education in Botanical Garden

张译雯　徐　峰*

摘　要: 科普教育是植物园的重要功能之一。智能交互技术和多样交互体验的应用,提高了公众参与科普活动的热情,也提升了科普教育的质量。因此,本文通过植物园中智能交互技术和交互体验在科普教育中应用方式的分析,明晰了其运用的现状。同时,基于不同的科普内容和对象的特点,提出了创新智能交互技术和交互体验的方式,以激发游客的学习兴趣,培养人们与自然和谐相处,建立保护自然的意识。

关键词: 植物园;科普教育;园艺体验;智能交互技术;交互体验

Abstract: Plant science popularization is an important function of botanical gardens. Through plant science popularization, people can learn more about plants, cultivate people's awareness of living in harmony with nature and protecting nature. With the progress of science and technology and the development of economy, people have higher and higher requirements on the form of knowledge acquisition, and intelligent interactive technology and interactive experience come into being. This paper introduces several forms of intelligent interaction technology and interactive experience in botanical garden science popularization education, and further expounds the application of intelligent interaction technology and interactive experience through relevant case analysis, and finally makes a summary according to the application status of intelligent interaction technology and interactive experience. It is necessary to innovate different application forms of intelligent interaction technology and interactive experience, highlight the particularity of different groups, and further promote intelligent interaction technology and interactive experience.

Keywords: Botanical Garden; Science Popularization Education; Gardening Experience; Intelligent Interaction Technology; Interactive Experience

引言

从古至今,人类对于植物的好奇和探索从未停止。李时珍的《本草纲目》记载了1892种药用植物的功效,《诗经》记录了约132种植物,描述了它们的形态和文化寓意。随着人们对生存环境质量要求的提高,植物在美化环境、维护生态功能、疗愈身心等方面的作用突显。由此,植物的科普教育逐渐兴起。而植物园作为涉及自然科学和社会科学的综合体,成了科普教育最重要的载体,在收集、栽培多样化植物的基础上,实现了科学研究、物种保育、科普教育、教学实习、旅游和新植物材料产业化等功能[1]。其中,植物科普教育主题紧扣"天人合一"理念,通过展示不同的植物生态系统,进行生态环境和生物多样性保护等教育,培养人们与自然和谐相处的意识,承担着植物科学的重要使命[2]。

科学技术日新月异,植物科普知识的传播形式也在不断更新。特别是人工智能和可穿戴交互技术的发展,为植物园科普形式的创新提供了技术保障和发展动力,将会极大促进植物科普教育参与度、丰富度的提升,吸引更多的游客进入植物园,进入植物科学的世界。

1　智能交互技术

智能交互技术是基于社交化、地点化、移动化智能媒介技术的发展[3],增强人与环境交互作用的新技术。在景观体验方面,主要包括能够增强感官体验的虚拟现实技术(VR)、增强现实技术(AR)、可穿戴式设备,以及能够增强认知的人工智能和大数据+数据增强技术(图1)。

近年来,随着图像识别等技术的不断发展,人机交互技术已从过去以计算机为中心的键盘鼠标交互模式,逐渐转为以人为中心的新型交互方式——自然人机交互[4],人们可以通过智能设备和装置,拥有更加沉浸性的景观体验。同时,利用智能交互技术也可以促进互动性强的科普形式发展。在未来,智能交互技术将会不断革新人与环境的交互方式[5]。

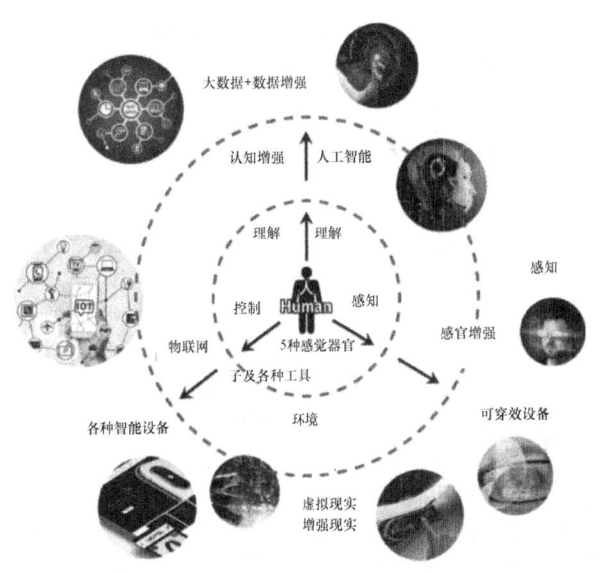

图1　智能交互技术[3]

1.1 智能交互技术的类别

1.1.1 虚拟现实技术（VR）

虚拟现实（virtual reality，VR），是以计算机科学为核心的，融合人机交互技术、计算机图形技术、传感器技术等多学科的综合性技术[6]。VR最大的优点是沉浸式，人们通过VR技术可以身临其境地进入计算机提前建立的环境模拟模型，还原环境中的感官体验，但其缺点为环境模拟模型缺乏真实性，与现实场景缺乏交互性，适合于云端园林漫游。

1.1.2 增强现实技术（AR）

增强现实技术（augmented reality，AR），是计算机用户接口技术，它可以给用户提供感官体验等许多直观而自然的实时交互体验，最大限度方便于人机的交互操作，而不再需要进行敲打键盘输入的烦琐步骤，以提高整个系统的工作效率[7]。AR弥补了VR的一些缺点，例如缺乏与现实场景的交互性以及场景的真实性，AR是基于现实场景和计算机模型的相互作用，拓展现实景观内容，并给予人们更多交互和感官体验的技术，在科普教育方面也具有重要作用。

1.1.3 可穿戴传感设备

可穿戴式传感设备主要用来测量人在环境中的感知反馈，通过获得生理数据的变化进一步探究景观对人群情绪变化的影响，探讨景观偏好。利用可穿戴设备采集神经生物电反应，从而观察记录实时环境体验感受，是一种研究环境综合体验评价的新技术[8]。

1.1.4 大数据+数据增强技术

数据增强是一种利用大数据方法挑选合适的数据扩充训练集，弥补数据平台缺漏的方法[9]。常见的数据增强方法包括基于外部数据的方法[9-10]和基于递归神经网络语言模型（recurrent neural network LM，RNN LM）随机采样的方法。大数据+数据增强技术已被运用于语音识别、机器翻译等领域，利用大数据对科普信息平台进行扩充训练，能够进一步完善人与科普平台的交互体验。

1.2 智能交互技术在植物科普中的应用

1.2.1 图片识别

随着具备拍照功能的智能手机快速更新迭代，基于图片识别的交互技术也不断发展。目前主要运用于拍摄植物图片，计算机程序即可通过数据平台反馈给用户植物信息，使用户能够更快捷地了解到植物的科普知识，当下比较热门的植物识别APP如花伴侣、形色识花都运用了基于图片识别的交互技术，帮助使用者快速识别植物，但此技术目前还需进一步提高准确性。另一种基于图片识别的植物科普是通过扫描二维码或图案获取信息，例如扫描场馆二维码可以进入场馆科普系统获取植物信息，在参观后也可以进行信息的查询[11]。

1.2.2 语音交互

随着智能语音识别技术的准确率上升，基于语音交互的科普途径越来越广泛。通过语音交互，人们可以通过"聊天"的形式获取知识，这种交互方式也更适合于不擅长操作智能手机的老年人和3~6岁的儿童，拓展了交互技术在科普中的应用，提高了知识传播的效率，语音交互相较于图片识别也更具趣味性和亲切感。

1.2.3 大数据平台

植物园建立自身的大数据平台，一方面能够建立科普智能系统，结合基于图片识别和语音交互的交互技术，在游客游览过程中进行科普；另一方面还能够为游客规划个性化游览路线。植物园专类园种类丰富而道路方向性弱，游客容易受到道路和人流的影响，运用大数据平台为游客规划游览路线，针对不同季节的开花植物规划赏花路线，有利于游客更清晰地了解植物知识。基于位置的园林植物科普平台可以通过使用者的移动设备GPS功能，帮助使用者定位植物，该平台服务于公众和高校师生，将大大提高公众科学素质和高校教学效果[12]。

2 交互体验

2.1 交互设计理念

比尔·莫格利奇在1984年的设计会议上首次提出交互设计理念，指通过两个或多个互动的个体之间的交流内容和结构，增强彼此之间相互配合，从而创造和建立人与产品及服务之间有意义的关系，最终共同达成设计目的[11]。交互设计的形式可以分为[13]：

（1）行为交互体验，是人们通过亲身参与活动获得的景观体验感；

（2）知觉交互体验，指的是人们的感官对空间的知觉感受；

（3）情感交互体验，指的是基于在前两种交互体验的体验之上所获得的景观感知。

随着人们对科普教育体验要求的提高，交互设计将逐渐得到运用，以更好地增强人们的体验感。

2.2 基于五感的交互体验

通过不同感官体验对人们进行植物科普，可以让人们更形象地了解植物知识，促进人与自然的近距离接触。如美国芝加哥植物园，运用人的五感体验来识别植物的颜色、质感、纹理、香味等特征，以促进人与自然的近距离接触。美国皇后植物园向儿童展示来自世界不同地域的植物，用不同植物的种子营造了"小盆栽世界"[14]，并通过开展园艺活动调动五感体验，进一步加深人们对植物的认识。

3 智能交互体验技术的应用

3.1 上海植物园

3.1.1 项目概况

上海植物园位于上海市徐汇区西南部,占地 81.86hm²,是一个以植物引种驯化和展示、园艺研究及科普教育为主的综合性植物园。上海植物园的展出游览区域约60万 m²,分为4个植物展出区:植物进化区、专类园区、环境保护植物区和人工生态区,以及1个游览区(图2)。

上海植物园充分利用了智能交互技术进行植物科普教育,建立了该植物园的智能科普系统。

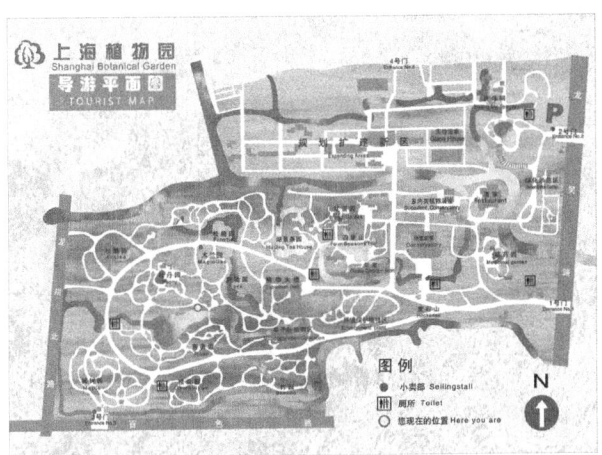

图 2 上海植物园平面图
(图片来源:引自上海植物园)

3.1.2 智能科普系统

(1)语音交互,可以通过游客对系统的提问和聊天进行科普,同时,语言系统除了支持普通话和英语外,也加入了上海话和周边地区的方言,便于世界各地的游客进行语音交互。

(2)图片交互,游客在观赏过程中可以针对想了解的植物拍下照片,上传智能科普系统,系统根据照片特征识别植物,将植物信息反馈给游客。

(3)路线规划系统,可以实时测量各个区域的游客数量具体位置,运用GPS定位游客当前位置,计算预计游览时间,规划最优游览线路;针对不同季节,路线规划系统也制定了不同的游览路线推荐[11](图3)。

3.1.3 科普活动和园艺体验

不定期为游客提供一些专题活动,帮助人群接触自然,了解更多植物知识,例如"暗访夜精灵"活动,邀请亲子家庭参与,活动为人们科普夜间能观察到的动植物,并组织开展亲子游戏和夜间观察活动(图4)。根据不同季节开花植物开展不同主题的家庭园艺DIY活动,通过园艺活动让人们更好地观察植物生长过程,了解栽培知识(图5)。上海植物园为大众开展的科普活动和园艺体

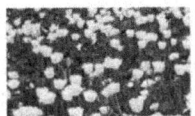 

图 3 不同季节导览路线推荐
(图片来源:引自上海植物园)

验起到了很好的科普教育作用,活动也被大众所喜爱,人们在活动中不仅能了解更多植物知识,更能促进人际交往、放松身心。

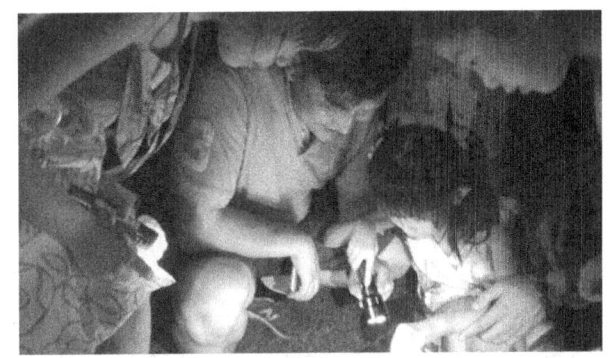

图 4 暗访夜精灵活动图片
(图片来源:引自上海植物园)

图 5 播种春天园艺活动照片
(图片来源:引自上海植物园)

3.2 孟菲斯植物园(Memphis Botanical Garden,美国)

3.2.1 项目概况

孟菲斯植物园位于美国田纳西州,占地96英亩,包

括30个特色花园和一个4级植物园，为人们提供了与各种植物互动的空间和活动。该植物园作为一个非营利的组织，致力于成为园艺和环境丰富的典范。孟菲斯植物园每年接待超过22.5万名游客，并为4万多名学龄儿童提供服务。该园将人们与自然联系起来，在提高生活质量的同时，提高了人们对环境的认识和欣赏水平。

3.2.2 虚拟地图参观

孟菲斯植物园为游客提供了虚拟地图参观的功能，游客通过虚拟地图探索植物园中的每一个花园，植物的信息会显示在地图上（图6）。每一株都被仔细地记录在数据库中，游客可以放大每一种植物，并获取植物的相关信息。

虚拟地图可以提高植物科普的效率，增加参与科普的机会，使游客可以在不到达植物园的情况下就能了解植物的知识。

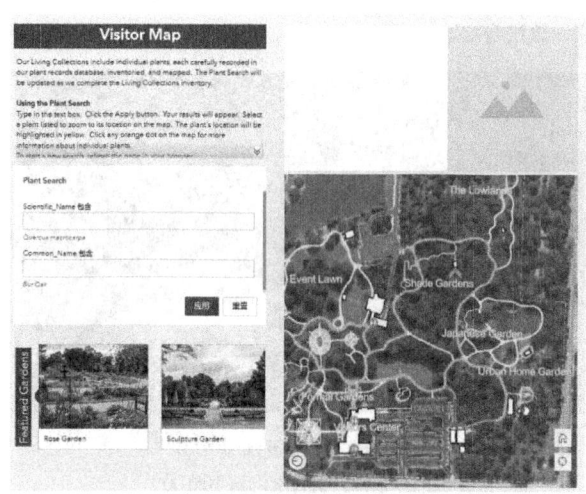

图6　虚拟地图参观
（图片来源：引自孟菲斯植物园）

3.2.3 线上、线下并行的科普活动和园艺体验

孟菲斯植物园的科普活动遍布全年，其中6—9月活动频次最高[15]，科普活动的形式也丰富多样，可以通过线上、线下多维度参与。科普活动是"以学习者为中心"的科普模式，注重激发人们的创造力，获得提出问题、解决问题的能力[15]。

线下活动主要包括课堂讲授、主题活动、户外教育等，通过音乐会、节日、庆典等吸引游客前来。如夏令营户外教育（图7），为4～12岁儿童提供了与自然亲密接触的机会，由植物园的专家导游带领孩子们探索花园，完成一份自然工艺品，让孩子们在户外接触自然的同时学习到更多植物知识。线上活动如自然教室（图8），为人们提供世界生态系统、多元文化研究、植物的历史用途、自然艺术、环境问题等课程，便于人们了解更多的自然科学知识。

孟菲斯植物园提供了全年季节性的园艺体验活动（图9），以满足参与者在兴趣、技能及时间上的需求。体验者与园艺工作者一起工作，接触自然，拓展五官感受，也学习到了更多的知识，改善人与自然的联系方式。

图7　夏令营
（图片来源：引自孟菲斯植物园）

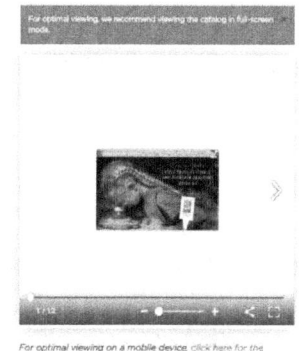

图8　自然课堂
（图片来源：引自孟菲斯植物园）

图9　园艺志愿活动
（图片来源：引自孟菲斯植物园）

4　展望

4.1　注重智能交互技术应用的创新

在传统的图像识别、语音交互以及大数据平台建立的基础上，进一步扩展AR、VR等在植物科普中的运用，满足大众探索自然的需求。如利用VRPlatform交互平台制作虚拟花境模型，进行虚拟花卉景观漫游，游客可以根据自身的需求，对花卉景观中单株花卉和整体景观效果进行观测[16]。采用了VR技术的虚拟地图可以让游客随时随地游览植物园，在疫情限制了人们出行的背景下，这种方式能够有助于创新科普方式、推广植物知识。同时，也可以在植物园线上、线下的科普活动中加入智能交互技术的应用，如孟菲斯植物园开设线上自然课堂，可以增强科普活动的趣味性，达到更好的科普效果。

4.2 建立和完善植物园科普平台

目前许多植物园的平台建设较为陈旧、内容缺乏更新、宣传效应不强，应充分利用智能交互技术进行完善。如上海植物园建立了智能科普系统，包含园内植物信息和多样科普方式；孟菲斯植物园利用虚拟地图承载植物信息，起到科普作用。利用大数据＋数据增强技术也能够完善科普平台数据库，通过机器训练使科普平台能够满足游客更多样化的需求，给予游客更好的科普体验。

4.3 注重不同人群特征的交互技术及体验

不同人群的认识能力和需求不同，因此，植物园科普的交互技术及体验也应该针对不同人群进行设计（表1），加强科普教育的针对性和效率。

如儿童主要通过游戏交互促进知识学习，以河北阿那亚农庄为例，其在场地内设置了较多互动装置，海星花田中的提水装置（图10）能够将收集的雨水提取进行灌溉，在游憩过程中可以了解到农业灌溉和植物的相关知识，获得更多满足感，产生更多的耐心和兴趣，最终对植物科普知识的学习产生更强的兴趣[17]。同时，儿童对于视觉界面的集中时间有限，认字较少[17]，应尽量使用图片科普，设置触摸式的交互体验；而老年人对于科技产品使用不够了解，应设置直接的交互方式，如语音交互等。

图10 提水互动装置
（图片来源：网络）

不同人群特征及适宜科普方式 表1

人群	人群特征	适宜科普方式
儿童 （5～11岁）	认知能力较弱，认知需求较强，注意力不易集中，需要引起兴趣，认字较少，对电子设备不够了解	游戏交互方式、图片科普、语音科普、视频科普、园艺种植交互体验
少年 （12～18岁）	认知能力较儿童有所提高，具备基本的认知能力，学业压力较大，对电子设备较感兴趣	AR/VR科普、园艺种植交互体验、APP小程序科普、图片科普、语音科普
青年 （19～35岁）	认知能力较强，学业、工作、生活压力较大，对电子设备熟悉	AR/VR科普、园艺种植交互体验、APP小程序科普
中年 （36～59岁）	认知能力逐渐衰退，工作、生活压力较大，会使用电子设备但不经常使用	APP小程序科普、园艺种植交互体验、图片科普、语音科普
老年 （60岁以上）	认知能力衰退，行动不便，不擅长使用电子设备	语音科普

4.4 加强智能交互技术及交互体验的推广

目前大部分植物园依然使用传统的铭牌、二维码和语音讲解的方式，线上、线下科普活动较少，科普方式枯燥单调，而智能交互技术和交互体验给科普教育带来了更多可能性，增加了科普的趣味性，以便人们更积极地获取知识，增强景观体验，提升大众对景观的满意度和喜爱度，因此加强智能交互技术在科普教育中的运用具有重要的意义。

参考文献

[1] 林有润，谢振华. 有关《植物园学》问题的讨论[J]. 植物研究，2004(3)：379-384.

[2] 李忠超，陈红锋. 我国植物园新时期科学普及工作的思考——以中国科学院华南植物园为例[J]. 福建林业科技，2006(3)：189-193.

[3] 曹静，何汀滢，陈筝. 基于智能交互的景观体验增强设计[J]. 景观设计学，2018，6(2)：30-41.

[4] 许再富. 植物园的科普教育及其发展[J]. 生物多样性，1996(1)：54-55.

[5] 余炳宁，陆祖双，黄小江，等. 基于能力提升的多元化植物科普模式研究[J]. 河南农业，2018(11)：91-93.

[6] 杨雅迪. 基于交互设计理念下的空间设计研究[J]. 大众文艺，2020(19)：70-71.

[7] Costanzo C，Iannizzotto G，Rosa F L. Virtual Board：Real-Time Visual Gesture Recognition for Natural Human-Computer Interaction[C]//IEEE Computer Society. International Symposium on Parallel and Distributed Processing，2003：112.

[8] 陈筝，刘颂. 基于可穿戴传感器的实时环境情绪感受评价[J]. 中国园林，2018，34(3)：12-17.

[9] Si Y J，et al. Block based language model for target domain adaptation towards web corpus[J]. Journal of Computational Information Systems，2013，22(9)：9139-9146.

[10] Tim N，et al. Web-data augmented language models for mandarin conversational speech recognition[C]//IEEE International Conference on Acoustics，Speech，and Signal Processing，2005.

[11] 郭丽娟，王计平. 基于人工智能技术的上海植物园科普服务研究[J]. 绿色科技，2019(15)：10-12；15.

[12] 黎欣,高凤君,郑马奋,等.基于位置的园林植物科普云平台的构建[J].山东林业科技,2018,48(6):56-59;62.

[13] 姚璐,王尉.交互设计理念在景观空间中的应用研究[J].四川建材,2019,45(5):52-54.

[14] 吕硕.基于科普教育主题的植物园规划设计研究[D].北京:北京林业大学,2019.

[15] 侯晨冉,王美仙,董丽."以学习者为中心"的美国南部植物园科普活动研究[J].中国城市林业,2021,19(1):111-116.

[16] 李子健.虚拟花卉景观可视化建模和交互技术应用研究[J].数字技术与应用,2012(9):50-52.

[17] 任倩茹,李敏,苏现东.儿童植物科普平台的交互设计研究[J].工业设计,2019(10):144-145.

作者简介

张译雯,1999年生,女,广东人,中国农业大学本科,研究方向为园林康养与园艺疗法。电子邮箱:839187205@qq.com。

(通信作者)徐峰,1969年生,女,浙江人,硕士,中国农业大学,教授,研究方向为园林康养与园艺疗法。电子邮箱:ccxfcn@sina.com。

城市公园绿地开放共享

城市公园绿地的多元化利用与开放共享策略研究

Strategies and Practices for Open and Shared Use of Urban Park Green Spaces

马 骁

摘 要：本研究旨在探讨城市公园绿地开放共享的策略与实践，并提出相应的管理与评估方法。通过对城市公园绿地开放共享的概念、背景和理论框架进行阐述，研究了多元化利用策略、社区参与策略、空间规划与设计策略以及资源管理策略的实施，并以北京奥林匹克公园、上海滨江滩公园和广州白云山国家森林公园为例进行实践分析。最后，总结评价了城市公园绿地开放共享的效果与影响，并提出了未来的发展方向和建议。

关键词：城市公园绿地；开放共享；策略与实践；管理与评估

Abstract: This study aims to explore the strategies and practices for open and shared use of urban park green spaces and propose corresponding management and evaluation methods. By elucidating the concepts, background, and theoretical framework of urban park green spaces'open and shared use, this research investigates the implementation of strategies such as diversified utilization, community participation, spatial planning and design, and resource management. Practical analysis is conducted using Beijing Olympic Park, Shanghai Binjiang Beach Park, and Guangzhou Baiyun Mountain National Forest Park as case studies. Lastly, an evaluation is made regarding the effectiveness and impact of open and shared use of urban park green spaces, followed by suggestions and future directions for development.

Keywords: Urban Park；Green Spaces；Open and Shared Use；Strategies and Practices；Management and Evaluation

引言

随着城市化进程的不断加速和人民生活水平的提高，城市公园绿地作为人们休闲娱乐、健身锻炼、社交交流的重要场所，具有日益增长的重要性。然而，传统的公园绿地模式已经难以满足人民群众对多样化服务和亲近自然的需求。为了适应社会发展和人民需求的新变化，住房和城乡建设部印发了《关于开展城市公园绿地开放共享试点工作的通知》，以推动城市公园绿地向开放共享的方向转变。

本研究旨在探索城市公园绿地开放共享的策略与实践，为公园绿地管理者和决策者提供有针对性的参考。通过系统研究城市公园绿地开放共享的理论基础、发展趋势以及实践案例，本研究旨在提出切实可行的策略和管理机制，促进公园绿地的开放共享，提升公园的多元服务功能，为人民群众提供更加美好的生活环境。

在本研究中，将综合运用文献研究、案例分析和专家访谈等方法，通过对国内外相关研究的综述和分析，深入挖掘城市公园绿地开放共享的理论和实践问题。同时，将结合实地调研和数据分析，探索城市公园绿地开放共享的策略与实践的具体方法和有效途径。

1 城市公园绿地开放共享的理论框架

1.1 城市公园绿地开放共享的概念

城市公园绿地开放共享是指城市中的公园绿地向公众开放，并且积极促进社会大众的参与和共享。它强调绿地作为城市公共资源的共享性质，倡导公众参与和享受绿地的权利，并且注重绿地在社会、文化和环境方面的功能和效益。

在城市公园绿地开放共享的概念中，重点强调以下几个方面。

公众参与：城市公园绿地开放共享鼓励公众参与和积极利用绿地，通过各种方式促进公众对绿地的互动和参与。

资源共享：城市公园绿地被视为公共资源，应该以共享的方式提供给社会大众，满足人们的休闲、娱乐、运动和文化等需求。

社会效益：城市公园绿地开放共享的目标是提供积极的社会效益，如促进社交互动、增加社区凝聚力、提升居民生活质量等。

可持续性：城市公园绿地开放共享应考虑可持续发展的原则，包括环境保护、资源管理和社会公正等方面的因素。

1.2 城市公园绿地开放共享的背景

城市公园绿地开放共享的背景源于多方面的因素和动因。首先，随着城市化进程的加速，城市人口不断增加，人们对绿地的需求也越来越高。城市公园绿地作为城市绿色空间的重要组成部分，具有丰富的生态、文化和休闲功能，对满足人们的精神和物质需求起着重要作用。

其次，人民生活方式和观念的变化也推动了城市公园绿地开放共享的发展。人们对健康、休闲和文化生活的追求不断增加，对绿色环境和自然景观的渴望也日益强烈。城市公园绿地作为城市绿色空间的代表，成为人们追求美好生活的重要场所。

此外，城市公园绿地管理的现状和问题也促使了城市公园绿地开放共享的需求。传统上，城市公园绿地的管理往往偏向于保护和维护，对公众的开放程度较低，限制了人们对绿地的使用和享受。因此，推动城市公园绿地开放共享成为提升绿地管理水平和满足公众需求的重要途径。

综上所述，城市公园绿地开放共享的概念和背景既体现了人们对绿地的需求和期望，也反映了城市管理和发展的新要求。在下一节中，将进一步探讨以人民为中心的发展思想与城市公园绿地开放共享之间的关系。同时，通过对现有研究的综述和分析，进一步揭示城市公园绿地开放共享研究的现状和问题。

2 城市公园绿地开放共享策略

2.1 多元化利用策略

2.1.1 多功能服务设施建设

引入适合不同年龄和兴趣的设施，如儿童游乐区、健身器材、休闲广场等，以满足人们的不同需求。考虑公园绿地的多功能性，例如结合运动、休闲、文化和社交等元素，打造综合性的绿地空间。

2.1.2 活动和活动管理策略

组织丰富多样的活动，如户外音乐会、文化节庆、体育赛事等，吸引人们参与并活跃公园绿地的氛围。建立健全的活动管理机制，包括活动策划、场地预约、安全管理等，确保活动的顺利进行和参与者的安全。

2.2 社区参与策略

2.2.1 社区合作与共治机制建立

建立社区居民参与公园绿地管理的组织机构或协会，促进社区与绿地管理者的合作和共同管理。开展社区志愿者培训，培养社区居民参与公园绿地管理的意识和能力。

2.2.2 社区参与活动和项目策划

鼓励社区居民参与公园绿地的规划、设计和改进过程，通过征集意见、召开座谈会等方式，充分发挥社区居民的智慧和创意。策划和组织社区参与的活动和项目，如社区清洁日、社区艺术展览、社区康体活动等，增强社区居民对公园绿地的关注和参与度。

2.3 空间规划与设计策略

2.3.1 空间组织与布局策略

根据公园绿地的功能定位和周边环境特点，进行合理的空间布局，确保不同功能区域的互相衔接和流线的顺畅。考虑公园绿地的可达性和无障碍性，设置合适的出入口、步行道路和无障碍设施，方便人们进入和流动。

2.3.2 设施设备配置策略

根据绿地的使用需求和人口密度，合理配置设施和设备，如座椅、遮阳设施、照明设备等，提供舒适和便利的使用体验。融入可持续发展的理念，使用环保材料和节能设备，减少资源消耗和环境影响。

2.4 资源管理策略

2.4.1 绿地保护与生态修复策略

制定绿地保护规划和管理措施，保护和恢复绿地的生态环境，提高生物多样性和生态系统服务功能。推广可持续的绿地管理方法，如低碳维护技术、水资源管理等，降低对环境的影响。

2.4.2 资金筹措与管理策略

探索多元化的资金筹措途径，如政府拨款、社会捐赠、合作开发等，确保公园绿地的运营和维护。建立透明和高效的资金管理机制，确保资金使用的合理性和公正性。

3 城市公园绿地开放共享实践案例分析

3.1 案例1：北京奥林匹克公园绿地开放共享的成功实践与经验

（1）实践背景和目标：北京奥林匹克公园是 2008 年北京奥运会的主要场馆群，位于北京市朝阳区。公园的实践目标是将奥林匹克公园打造成为市民休闲健身、文化展览、演出活动等多功能的绿地开放共享空间。

（2）多元化利用策略：北京奥林匹克公园采取了多元化利用策略，通过开放绿地供市民进行休闲活动，举办文化展览、演出等多种活动。公园内设有运动场馆、花坛、绿草地等不同功能区域，以满足不同人群的需求。

（3）社区参与策略：奥林匹克公园与周边社区合作，开展社区活动和项目，增加社区居民对公园的参与度。通过组织社区志愿者参与公园管理、绿化养护等工作，加强了公园与社区之间的互动和合作。

（4）空间规划与设计策略：公园根据不同功能区域的需求，进行合理的空间规划与设计。比如，在公园内设置了开放的草坪和广场，供市民休闲、野餐和户外运动使用。同时，公园内的景观设计融合了自然元素和人工设施，营造出宜人的环境氛围。

（5）资源管理策略：北京奥林匹克公园制定了有效的资源管理策略，包括严格控制游客容量、加强环境监测与保护、推行垃圾分类和能源节约等措施。通过科学管理，公园实现了资源的可持续利用，保护了公园环境的完整性。

3.2 案例2：上海滨江滩公园与社区参与的城市公园绿地开放共享实践

（1）实践背景和目标：上海滨江滩公园位于黄浦江畔，是上海市的重要城市公园绿地。公园的实践目标是通过开放共享,提供多样化的绿地服务,促进市民休闲娱乐、文化活动等需求的满足。

(2)多元化利用策略:滨江滩公园采取了多元化利用策略,开放滨江滩供市民进行休闲娱乐、举办文化活动和体育赛事等。公园内设有步道、花坛、运动场等多种设施,以满足不同人群的需求,打造多样化的绿地体验。

(3)社区参与策略:滨江滩公园建立了社区志愿者团队,让市民参与公园管理和活动策划。通过开展社区活动、社区文化展览等形式,增加了社区居民对公园的参与度,提升了公园的社会影响力。

(4)空间规划与设计策略:公园注重空间规划与设计,打造开放式的公共空间,融合自然景观和人工设施,满足不同人群的需求。公园内设置了观景平台、休息区、游憩设施等,提供便利的服务设施和舒适的休闲空间。

(5)资源管理策略:滨江滩公园制定了有效的资源管理措施,确保公园可持续发展和环境保护。例如,加强垃圾分类和清理工作,推行节能减排措施,提高资源利用效率,保护公园自然环境的可持续性。

3.3 案例3:广州白云山国家森林公园绿地多功能利用的创新实践

(1)实践背景和目标:广州白云山国家森林公园是广州市郊区的一处重要绿地景区,拥有丰富的自然资源和文化遗产。公园的实践目标是通过多功能利用,满足市民对自然、休闲和文化活动的需求。

(2)多元化利用策略:白云山国家森林公园采取了多功能利用策略,开设了丰富的旅游线路和景点,包括登山步道、观景平台、生态园区等。公园还定期举办自然科普讲座、艺术展览和户外体育活动,为公众提供多样化的绿地服务。

(3)社区参与策略:公园与周边社区建立了紧密的合作关系,开展社区活动和公益项目。通过组织社区志愿者参与公园管理、环境保护和文化传承等工作,增强了社区居民对公园的参与感和归属感。

(4)空间规划与设计策略:白云山国家森林公园在空间规划和设计上注重生态保护和自然景观的保留。公园内设置了生态教育中心、自然保护区、文化遗址保护区等功能区域,打造了与自然和谐共生的绿地空间。

(5)资源管理策略:公园制定了严格的资源管理制度,包括控制游客容量、监测生态环境、加强公园安全管理等方面。通过科学管理和保护,公园实现了资源的可持续利用,保护了白云山的生态环境和文化遗产。

4 城市公园绿地开放共享的管理与评估

4.1 管理机制建立与完善

为了有效实施城市公园绿地的开放共享策略,需要建立和完善相应的管理机制。管理机制应包括政府部门、公园管理机构、社区组织和利益相关者之间的协调与合作。以下是管理机制建立与完善的关键要点。

(1)政府部门的角色:政府部门应制定相关法规和政策,提供政策支持和指导,确保公园绿地的开放共享目标得到落实。

(2)公园管理机构的职责:公园管理机构应负责制定具体的管理规范和操作程序,包括开放时间、使用规定、安全管理等,并进行监督和执行。

(3)社区组织的参与:鼓励社区组织积极参与公园绿地的管理和服务,建立有效的沟通机制,让市民的需求和意见能够被充分听取和反映。

(4)利益相关者的合作:与公园周边的利益相关者进行合作,包括商业机构、社会组织和环境保护团体等,共同推动公园绿地的开放共享。

4.2 社会效益评估方法与指标体系

评估城市公园绿地开放共享的社会效益是了解其实际效果的重要手段。建立科学合理的评估方法和指标体系,可以帮助评估城市公园绿地开放共享的影响和价值。以下是社会效益评估方法与指标体系的一些示例。

(1)社会经济影响评估:通过测量公园绿地开放共享对经济活动、就业机会和产业发展的影响,评估其对当地社会经济的贡献。

(2)社区参与度评估:衡量公园绿地开放共享对社区居民参与度的影响,包括参与活动的人数、参与频率和参与满意度等指标。

(3)健康与福祉评估:评估公园绿地开放共享对市民身心健康和生活幸福感的影响,例如测量运动频率、健康指数和生活质量等。

(4)环境保护效益评估:评估公园绿地开放共享对环境保护和生态系统的贡献,包括空气质量提高、水资源保护和生物多样性维护等方面。

4.3 城市公园绿地开放共享的监测与评估实践

为了持续改进和优化城市公园绿地的开放共享策略,需要进行监测和评估实践,以了解其实施效果和存在的问题。以下是城市公园绿地开放共享的监测与评估实践的关键要点。

(1)监测指标的设定:建立适当的监测指标体系,涵盖公园绿地的使用率、满意度、安全性等方面的指标,以定量和定性的方式进行数据收集和分析。

(2)定期评估与报告:定期进行城市公园绿地开放共享的评估工作,制定评估计划和方法,撰写评估报告并向利益相关者和社会公众进行发布,以促进透明度和参与度。

(3)反馈与改进措施:根据评估结果,及时反馈给相关部门和机构,并提出相应的改进措施和建议,以进一步优化城市公园绿地的开放共享策略和实践。

通过有效的管理与评估,城市公园绿地的开放共享策略可以得到规范和改进,从而更好地满足市民的需求,并实现可持续发展的目标。

5 结语

5.1 对城市公园绿地开放共享的总结与评价

本研究通过对城市公园绿地开放共享的策略与实践

进行研究，总结出以下结论：首先，城市公园绿地开放共享是满足人民对绿色空间需求的重要方式，能够提供休闲娱乐、文化交流、健身运动等多样化的绿地服务；其次，多元化利用策略、社区参与策略、空间规划与设计策略以及资源管理策略是实现城市公园绿地开放共享的关键策略，它们相互协调、相互促进，为市民提供更好的绿地体验和服务。此外，成功的实践案例，如北京奥林匹克公园、上海滨江滩公园和广州白云山国家森林公园等，为城市公园绿地开放共享的实施提供了有益的经验和启示。

5.2 未来发展方向和建议

在未来的发展中，应重点关注以下方向和建议：首先，进一步完善城市公园绿地开放共享的管理机制，强化政府部门、公园管理机构、社区组织和利益相关者之间的合作与协调，确保开放共享策略的有效实施；其次，加强社会效益评估和监测体系的建设，建立科学合理的评估方法和指标体系，定期评估城市公园绿地开放共享的效果和影响，为进一步改进和优化提供依据；再次，注重创新和提升城市公园绿地的功能和服务，结合数字化技术和智能化手段，提升公园绿地的管理水平和服务质量，满足市民多样化的需求；最后，加强国际合作与交流，借鉴国际先进经验和成功案例，推动城市公园绿地开放共享策略的创新与发展。

综上所述，城市公园绿地开放共享是提升城市生活质量、促进可持续发展的重要举措。通过多元化利用策略、社区参与策略、空间规划与设计策略以及资源管理策略的实施，可以更好地满足市民对绿色空间的需求。未来的发展需要持续加强管理与评估工作，并致力于创新和提升绿地功能与服务，以实现城市公园绿地开放共享的长远目标。

参考文献

[1] 陈蓉. 城市公园绿地主题的确立与表达[D]. 南京：南京林业大学，2010.
[2] 江西启动城市公园绿地开放共享试点[J]. 未来城市设计与运营，2023，(4)：5.
[3] 宋洋，贺灿飞，徐阳，等. 中国城市公园绿地供需时空格局演化及驱动机制[J]. 自然资源学报，2023，38(5)：1194-1209.
[4] 陈亮，吴可嘉. 基于低维护理念的城市公园绿地景观营造策略[J]. 现代园艺，2023，46(12)：92-94.
[5] 佚名. 我国将开展城市公园绿地开放共享试点[J]. 未来城市设计与运营，2023，(2)：5.
[6] 佚名. 我国将开展城市公园绿地开放共享试点[J]. 建筑技术，2023，54(7)：815.
[7] 操思凡. 基于空间共享理念的城市附属绿地开放研究[D]. 吉林：吉林农业大学，2022.

作者简介

马骁，1996年生，男，汉族，山东汶上人，本科，南宁塞纳瑞文化传媒有限公司，设计总监，研究方向为探寻可持续创新设计思路。电子邮箱：479879557@qq.com。

城市公园绿地开放共享路径与策略
——以济南森林公园为例

The Path and Strategy of Urban Park Green Space Opening and Sharing
—Take Jinan Forest Park as an Example

于永红　焦秋霞　庞海宁

摘　要：为贯彻落实党的二十大精神，完整、准确、全面贯彻新发展理念，拓展公园绿地开放共享新空间，满足人民群众亲近自然、休闲游憩、运动健身新需求、新期待，2023年1月，住房和城乡建设部办公厅印发《关于开展城市公园绿地开放共享试点工作的通知》，在全国开展公园绿地开放共享试点。绿地开放共享后产生了诸多问题。针对如何实现公园共享开放后的公园管理，特别是园林绿地的精细化养护，本文阐述了公园开放共享后的管理问题，并提出了公园共享开放的思路与对策。

关键词：公园共享开放；管理；策略；途径

Abstract: In order to implement the spirit of the 20th National Congress of the Communist Party of China (CPC), to fully, accurately and comprehensively implement the new development concept, and to expand the new open and shared space of green space in parks, to meet the People's new needs and expectations for nature, recreation, sports and fitness, 2023 in January, the General Office of the Ministry of Housing and urban-rural development issued the circular on the pilot work of opening and sharing urban parks and green spaces, and launched the pilot project of opening and sharing urban parks and green spaces nationwide. There are many problems after the open sharing of green space. How to realize the park management after the opening of the park, especially the fine maintenance of the garden green space, this paper expounds the management after the opening of the park, and puts forward some ideas and countermeasures for the opening of the park.

Keywords: Share the Park Green Space; Management; Tratety; Approach

引言

为贯彻落实党的二十大精神，完整、准确、全面贯彻新发展理念，拓展公园绿地开放共享新空间，满足人民群众亲近自然、休闲游憩、运动健身新需求、新期待，2023年1月，住房和城乡建设部办公厅印发《关于开展城市公园绿地开放共享试点工作的通知》，在全国开展公园绿地开放共享试点。山东省住建厅也出台了相关的试点工作通知，如何保障公园的绿地质量，是公园管理面临的一个重要课题。

1　济南森林公园的发展状况

济南森林公园位于济南市槐荫区张庄路西首，东临兴济河，西至二环西路，由济南市园林苗圃改建而成。20世纪50年代末60年代初，此地为济南市蔬菜园艺场，1964年改为西郊苗圃，1987年更名为济南市西郊苗圃。1996年利用园林苗圃南部13.6万m²的圃地改建公园，1999年年底完成改建，2000年1月1日对外开放，定名为济南西郊森林公园，公园门票五元。2010年，公园进行扩建改造，园林苗圃全部改建成公园，并命名为济南森林公园，当年12月26日免费向社会开放。

济南森林公园是济南市西部唯一的一座融林地、湿地、水溪、雕塑等多种景观和集游憩、科普、健身、避险等多种功能于一体的综合性城市公园。总体布局为"一环、一轴、五湖、九园"。"一环"即环绕全园的林荫景观路；"一轴"即贯穿南北自然景观的中央主轴，由南门入口经台地园、揽翠湖、科普展馆至最北端的湿地景；"四湖"是园内主要水体景观，包括揽翠湖、映翠湖、花雨湾、积翠潭；"九园"即专类园区，包括台地园、雕塑园、科普园、春花园、夏木园、秋景园、杉林园、万竹园、儿童乐园。

济南森林公园是济南市第一个共享开放的综合性公园，开放共享后承载了周边5km范围内群众的健身、晨练、游憩以及群众自发的自娱自乐演唱活动，大量自发组织的群众性广场舞、节假日周边及较远地区市民野营活动、婚纱摄影、绘画培训机构、拓展活动也涌入公园。客流量激增，春季赏花季日平均客流达5万余人，这都给公园的管理带来一定的难度。

2　绿地开放共享后产生的问题

2.1　绿地过度被踩踏，甚至许多的观赏花卉也被踩踏和破坏

公园设计中的活动大草坪，因过多游人和过度使用而失去封坪息养时机，观赏性麦冬也被过多游人所践踏。另外，公园绿地内的设施，如座椅、坐凳、栏杆、花架花

廊，甚至一些雕塑作品也因过度使用而造成损坏。

2.2 养护成本翻倍增加

由于绿地被践踏后需要恢复，被破坏的花草树木需要修剪及养护，因过度使用而造成的设施需要修复，相对于未共享开放时的绿地，管理成本要增加许多，甚至是翻倍增加。同时由于人们审美水平的提高，欣赏园林景色和景观的品位也在提高，园林绿地养护的精细化程度也随之增加，所以绿地共享后的养护成本也大大增加。

2.3 卫生保洁难度加大

绿地开放共享后客流激增，游人的素质也参差不齐。共享开放后，游客可在园区搭设帐篷、挂设吊床，甚至被允许在草地上支设移动的桌椅，入园时他们会带进大量的生活用品，比如休闲食品和塑料袋装的水果、瓜子及其他的消耗品，甚至中午还可以订外卖送到公园门口。这样一个小型的家庭聚会就可以在园区内完成，既可以享受大自然带来的惬意生活，还实现了节假日家人的团聚。游人使用这些物品后会产生大量的生活垃圾，共享开放前的保洁人员已经无法满足要求，即便是增加了保洁人员，节假日和周末都无法达到共享前的保洁水平。

2.4 园区的治安管理难度加大

公园共享开放之后，激增的客流里面有许多人员的素质较差，也有一些社会闲散人员到公园霸座躺着休息，有的甚至赤膊上阵，还有一部分人带弹弓到公园内打鸟，打池塘里面的鱼，甚至用弹弓打建筑物的玻璃，这都给公园的安全保卫工作带来了挑战。因为这些行为有时会危及游人和管理人员的安全，也有精神不正常的人员到园区后，脱掉衣服，造成不文明行为。更有一些人员到园区后破坏坐凳、座椅等设施，还把原先的设施移位，这些都会给园区的管理工作带来难度。

2.5 植物的生存环境遭到破坏

绿地共享开放后的客流激增，使绿地的承载能力加大。过度的践踏增加了土壤的密实度，导致土壤透气性差，草坪变得斑秃，一些不耐践踏的植物死亡。济南森林公园内曾经引种成功的毛杜鹃和海州常山在没有共享开放时生长尚可，共享开放后，种植在大草坪周边的毛杜鹃和海州常山全部死亡，活着的也是长势不良。曾经引种成功的矾根、鼠尾草等地被植物也已绝迹。大花葱因栽植地过度踩踏长势也变弱，红花酢浆草的栽植区也变得稀疏，这些都给公园带来一定的损失，同时对植物的多样性应用造成伤害。

3 绿地开放共享的策略与途径

3.1 对公园部分区域进行改造与升级

由于开放共享后的公园人流量激增，原来的设施与活动区域已经无法满足过多客流的使用要求。开放共享后，对园区内的活动场地要求也相应增加。

3.1.1 增加二环游憩小道与运动空间

济南森林公园总的占地面积为 54.6hm²，在济南市公园中属于大的。原先规划建设中只有一条主环路，共享开放后，群众将公园当作自己锻炼的活动场所。在主环以外的树林里踩踏出多条小道，甚至自发开辟出众多的运动场所。森林公园针对这个特点，在依托踩踏道的基础上进行科学规划，在主环路以外的树林里增加了一条二环的游憩小道（图1）。在游憩小道的两侧开辟休息和运动场所（图2）。在适合铺装的地段进行铺装处理，不适合铺装的地段素土夯实（群众锻炼要接地气，铺装后他们会转移到其他绿地，还会造成踩踏），适当设置休息坐凳（图3、图4）。然后划清绿地与活动场地的边界，有的是直接埋设路沿，有的用杉木杆围合，有的用木桩和麻绳围合，通过这种方式，森林公园的二环游憩道共串联起了九个活动场地。同时为锻炼身体的游客设置挂衣钩，安放果皮箱。这样就大大分流了一批游客，把那些将公园当作锻炼场所的游客引流过去，有效缓解了园区主要道路的压力。

3.1.2 充分利用高大乔木，将乔木下开辟为林下休息绿地

森林公园以树木多见长，因为前期是园林苗圃，有许多生产的乔木直接在规划时原地不动，所以森林公园有多处天然景观林，充分利用这些景观林地改造出更多的活动场地。

图1 二环游憩道

（1）沿主环路改造的休息绿地

主环路西段有一处绿地，这个位置靠近西门，不远处有一处卫生间。原先的绿地主要种植暖季型草，夏季没有遮阴树，先期改造是在草坪上栽植了大规格的朴树以弥补没有遮阴树的不足。但这样的改造避免不了人为踩踏这个缺陷，又由于朴树栽植后造成的遮阴大，不适合暖季型草坪的生长，公园又进行了二次改造，将朴树下面直接改为嵌草自然石，同时设置自然石为坐凳。这样公园的绿地率虽然变小了，但绿化覆盖率一点没变，又为游人增加了一个活动场所，同时解决了遮阴和暖季型草坪不耐阴的问题（图5）。

图2　二环外运动广场挂衣钩

图5　主环树下铺装场地

（2）专类园的升级改造

雕塑园共有23组雕塑，雕塑园内的基调树种是白蜡，还有鹅掌楸和柿树等色叶树种，和西边的秋景园遥相呼应，构成一幅既体现雕塑园专类园特色又具有色叶秋季景观的综合性景观。此处绿化覆盖率非常高，改造后，在白蜡树群下重新规划线路，开辟多个活动广场，其余的场地种植耐阴的麦冬、玉簪和小叶扶芳藤，既保证了绿地景观质量，又增加了活动场所，还能为游人提供赏心悦目的观赏花卉（图6）。

杉林园也是济南森林公园非常有特色的专类园，主要栽植的树种是中国的孑遗树种——水杉，是由原先繁育水杉的圃地直接改造而成，所以水杉林的效果相当壮观，水杉的秋季景观也成了森林公园非常有特色的打卡胜地。二环游憩小道开通后，又在水杉林下开辟了两处广场，广场虽然没有铺装，但是用防腐木和麻绳作为象征性的护栏，对可活动的范围进行了约束。这样做给游客起到了一个引导作用，有效避免了改造前的践踏与混乱（图7）。

3.1.3　草坪的改造

开放共享之后，人们纷纷到公园里来野营，搭帐篷，挂吊床，孩子们也有带着足球在公园里面游戏的，甚至有的企业团建项目也选在森林公园。还有一些大型的活动，比如超级马拉松项目也选在森林公园。冷季性草坪无法满足这种高负荷践踏，故森林公园开辟了三处暖季型草坪栽植区，并规定了三处草坪的开放时间以及封坪息养

图3　广场周边设坐凳

图4　广场中间设坐凳

图7 杉林园改造升级

时间，只要是按照规则开放，践踏后的暖季型草坪在封坪息养期间就能得到有效的恢复。其余的观赏性麦冬和其他地被区域是不允许践踏的。另外，森林公园的林下除了栽植麦冬等耐阴植物外，还选择了常春藤、小叶扶芳藤、长春蔓等地被，这些地被植物虽然一次性投入大，但后期的管理和养护相对容易，管护成本也低。

3.1.4 绿地管理堵、疏和护相结合

有些绿地可以运用山石或植物进行围堵，选用不同的植物栽植阻挡游人的践踏，道路的转弯处也是容易被踩踏的边角，这些边角有的铺装处理，有的铺卵石嵌草处理，处理后的边角已经看不到被践踏的裸露地了。还有的地方做疏通处理，像二环游憩道串联起的活动广场就是基于这种理念改建而成的。对一些比较珍贵或稀有的品种用围栏进行维护（图8～图10）。

3.2 加大养护管理资金的投入

这种养护管理资金的投入分为两部分。

3.2.1 政府财政的投入

因为绿地共享开放之后，会大大增加养护成本，但是也会改善城市的营商环境，为城市的招商引资加分，为人民对政府的满意度加分，所以政府应该拨款来维护公园绿地的管理工作。同时，客流的增加也能带动周边的经济活动，刺激周边地区的消费，带动城市局部经济的发展。

图6 雕塑园改造升级

图 8　八宝景天等围护处理

图 9　洒金珊瑚围护处理

3.2.2　利用社会资金来养护

森林公园开展树木认养活动，在每年的植树节面向社会发布认养信息，社会公民和企业可以认养公园内的一棵树或者是一个种群的树木，对个人或企业收取一定的费用，被认养的树木挂上有认养人或认养企业名字的树牌，这样也可以解决一部分的资金来源。当然这种方式取得的资金量很小，森林公园对社会资金的开放规模也比较小，对社会资金的使用也处在探索阶段，但是在运用社会资金方面应该还有拓展空间。

3.3　升级安保监控系统

3.3.1　森林公园原有的监控点较少

原有监控都处于比较明显的主干道、出入口和广场，由于游客素质参差不一，再加上公园改造后增加的活动场地，游人在园区内的分布有时会有一定的隐蔽性，隐蔽处用弹弓打出的弹珠对游人有极大的杀伤力，对游客及服务场所造成极大的安全隐患。共享开放后增加的监控应分散在新建的广场道路及比较隐蔽的角落处，因为森林公园科普馆的玻璃被弹珠打碎，通过升级的监控系统可以有效及时地监控此类事情发生，也能为出现此类事件的处理提供证据与依据。

图 10　道路边角处理

3.3.2 增加巡查人次，及时制止不文明行为，避免违法犯罪

森林公园有巡逻车3辆，固定的安全保卫人员有21人，另外通过招标的形式，外聘一支保安队伍，每天有固定的巡逻车巡逻，加上保安队伍步行巡逻，结合监控系统，真正做到巡逻无死角，园区内的不文明行为及时制止。违法行为及时报警，有效地保证园区的安宁与祥和，确保游客和工作人员的人身安全。

3.3.3 发动群众，争当公园管理的志愿者

森林公园有一批固定的游客，就是周边到公园锻炼的群众，他们把公园当成自己的家，纷纷当起了志愿者，及时报告在公园里发现的不文明行为，公园里的每一个服务点都接收这些信息，接收后及时汇报、及时处理。森林公园的南门有服务台和意见本。志愿者或者是游人把自己收集到的信息写在意见本上，服务人员第一时间上报和解决。

3.4 加强培训，提高管理人员素质，实现管理科学化

建立一支高效精干的管理者队伍是把开放共享公园管理好的关键。森林公园自身的专业技术力量雄厚，具有高级职称的专业技术人员的占比高。这也是园区管理成功的关键。另外，建立起一套学习制度，定期由园区自己的专业技术人员进行培训，擅长什么就讲什么。几乎是每个月都有课程，这样专业技术人员互相学习和交流，使职工们的专业素质和综合素质都非常高，所以管理起来难度也会降低。绿化养护方面，济南市采取的都是通过招标方式招来的绿化队伍来进行养护管理，中标后的养护队伍进场先接受培训。培训技术标准、技术规程及相关的专业知识，有园区专业技术人员指导并带领他们养护，所以养护水平一直不错。

4 结语

绿地开放共享是党的二十大以来政府提高人民群众生活质量的一项重大举措，也是绿水青山就是金山银山的生动体现，更是深入贯彻新时代社会主义生态文明建设思想的核心内容。共享开放后的绿地会给人民的生活带来更多的幸福感，所以共享开放的绿地管理也是公园人的责任。

参考文献

[1] 济南市城市园林绿化局. 济南园林志[M]. 北京：方志出版社，2014：198.

作者简介

于永红，1967年生，女，汉族，山东肥城人，本科，济南市公园发展服务中心，高级工程师，研究方向为公园建设与管理、城市绿地养护与管理。电子邮箱：892494340@qq.com。

焦秋霞，1970年生，女，汉族，山东昌邑人，本科，济南市公园发展服务中心，高级工程师，研究方向为园林、公园建设维护与管理。电子邮箱：396607459@qq.com。

庞海宁，1981年生，女，汉族，河北衡水人，本科，济南市公园发展服务中心，高级工程师，研究方向为公园建设与管理、城市绿地养护与管理。电子邮箱：23930039@qq.com。

传统自然感知及公园城市政策对城市绿地开放共享的启发梳理

——探讨绿美广东理念下的深圳绿地开放共享

赵 亮

摘 要：在当前国家部门明确提出城市绿地开放共享政策之后，城市绿地再次成为研究者关注的重点。本文基于自然历史传统和政策引导国情，以中西方对于传统自然的认知为切入口，首先探讨人与自然绿地自下而上关系的精神基础。当前公园城市作为我国自上而下的最新全国政策，其为城市绿地开放共享奠定了空间基础。与此同时，需要进一步探讨传统自然感知和公园城市政策背后的研究思路和建设依据。因此结合我国当前城市化和生态文明问题，探讨以自然为基础解决方案与绿色基础设施网络理念，并探讨其与城市绿地设计建设和开放共享的关系。最后，本文探讨最新提出的绿美广东理念，并讨论其与传统自然感知和公园城市政策的传承，特别点出深圳城市绿地建设模范称号下的可能问题和未来研究方向。

关键词：传统自然感知；公园城市政策；城市绿地开放共享；绿美广东；深圳

1 背景

住房和城乡建设部办公厅发布通知明确，我国将开展城市公园绿地开放共享试点，鼓励各地增加可进入、可体验的活动场地，在公园草坪、林下空间以及空闲地等区域划定开放共享区域，完善配套服务设施，更好地满足人民群众搭建帐篷、运动健身、休闲游憩等亲近自然的户外活动需求。通知要求，各省级住房和城乡建设（园林绿化）主管部门要组织本地区有关城市开展公园绿地开放共享试点工作，试点时间为1年。其中，南方地区要应试尽试，逐步扩大公园绿地开放共享区域。其他地区可根据实际情况选择试点城市，合理确定开放共享区域。各地要以点带面，不断推动公园绿地开放共享。各试点城市要梳理公园绿地中的空闲地、可供游憩活动的草坪区和林下空间，以及其周边服务设施配置情况等，建立可供开放共享的绿地台账，科学编制试点实施方案，积极开展相关探索，因地制宜拓展公园绿地开放共享新空间[1]。本文基于此背景，认为具体城市绿地开放共享从理念到实现需要追溯本源，特别是自下而上及自上而下两种路径。

1.1 传统自然感知奠定我国当代城市绿地开放共享的精神基调

纵览城市绿地的现实发展，其与人对自然环境、人与人及城市发展的认知进步不无关系，而这被称为城市尺度下的自然要素感知。古代对自然要素的感知，使得几大文明古国就有一定意义的"公园"概念，且其对于原生文化、艺术哲学、创意感知等作用一直都贯穿整个人类文明。而进入工业文明以后，对自然要素更加经历了一系列过程：工业化致使人们开始转向对自然的重视，并于1898年首次正式提出城市文明理念即田园城市概念[2]。

西方学者代表John Dixon Hunt探讨了第一自然、第二自然、第三自然的界定并影响深远。他认为第一自然是完全没有人类触碰的荒野（wilderness untouched by man），第二自然是城市化和城市发展过程中的农业，而第三自然是城市尺度下的花园和公园[3]。表面上，三个自然之间的区别在于与人类生活的关系远近，从原始自然到最能够被市民大众接触，而深层在于人类对"自然"的理解。第一自然没有人类所接触，因此在哲学领域更多源于人类的想象，而第三自然虽然以自然为名，但已经是人类改造之后完全由人类文明乃至喜好所影响的自然，但其在城市环境中仍然被认为是区别于人类环境的自然环境。西方学者特别研究过自然的程度，如Buchwald提出自然度的概念，并提出在极端自然和完全人工两种状态之间依据植被的自然程度划分等级。自然度后来应用到林业研究中的等级划分，常用4级、5级、9级、10级和12级等[4]。

以中国为代表的东方哲学影响了我国传统自然感知路径，并经历了不同的发展历史阶段，且对我国城市发展产生了不同但深远的影响。有学者依托风景园林为载体将其分为形、情、理、神、意五个阶段。形的阶段从战国到西晋，情的阶段从三国到中唐，理的阶段从唐到北宋，神的阶段从北宋末年到明中期，意的阶段从明清延续至今。可以看出，自然思想与中国哲学发展密不可分，如在第一阶段，人们更加看重自然要素的外在形式，并以象征性的模拟缩景为主，以再现自然满足占有欲为目的。而在第二阶段，随着政治环境文化的变迁，特别以东晋为代表的士大夫开始寄情于自然，将自然当作情感载体，并在情感交融中尊重和发掘自然之美。之后中国社会进入理学儒家社会，这时将自然再次回到客体，并以格物致知的师法自然为目标，探索自然的内在组织。而在传承儒家理学基础上的心学再次影响了中国传统自然观，并再次将自然理解为是反映人的思维。在以清为主的时代，以皇家园林为代表，更加关注人工与自然的一体化，再次回到创造自然并安排自然但追求"意"的视角。总体上，中国哲学影响下的自然感知更注重精神感受和文化内涵，并不强调或者并不认为自然与人文之间的区别，更没有想过去研究自然度的概念。这更符合自然感知的文本概念，如《辞海》对"自然"的释义是"具有无穷多样性的一切存在物，与宇宙、物质、存在、客观实在等范畴同义，包括人类社会"。"感知"则通常被解释为客观事物通过感觉器官在人脑中的直接反映。因此，自然感知不仅包含大自然带给体验者的心灵感受，而且揭示了其与生命的内在联系，特别是人与大自然之间紧密联系的领悟。简单来说，就是通过听觉、视觉、嗅觉、触觉、味觉、运动等方式接触大自然，发现自然的奥秘，激发参与者对自然的好奇心[5]。

无论东西方理念对于传统自然感知的理解如何不同，不可否认的是，其共同强调城市环境奠定性地影响了我国当前城市绿地的精神基调，并决定了我国城市绿地研究的发展走向。

1.2 公园城市政策落地为我国当代城市绿地开放共享奠定空间基础

公园城市是习近平总书记在考察成都天府新区时提出的构建人与自然和谐共生的绿色发展新理念。作为针对我国当下时代更需要完善和解决人地关系、人与自然之间而最新提出的科学理论，其理论溯源就是充分借鉴了中西方哲学理念及我国新时代自然人文理念之长（图1）。不同于传统自然感知，公园城市理念更注重传统中国自上而下的政策导向，并以此为当代城市绿地建设提供从经费到空间等的充分保障。

公园城市政策的提出受到我国学者的重点关注，并进一步深度影响到我国的城市绿地开放共享研究。学者主要从两方面进行研究，即公园城市的本质以及对于市民生活的切实影响。2020年10月24日，中国城市规划学会联合天府新区在第二届公园城市论坛闭幕式上共同发布首个《公园城市指数（框架体系）》，以和谐共生（安全永续、自然共生、环境健康）、品质生活（人气活力、田园生活、城园融合）、绿色发展（生态增值、生态赋能、绿色低碳）、现代治理（依法治理、基层治理、智慧治理）、文化传扬（文化传承、文化驱动、开放包容）分别为一、二级指标因子，力图在生态文明旗帜下，建立对未来城市能够起到具体评估、诊断和指导作用的科学工具。学者探讨公园城市理念下的绿地系统游憩功能等，强调公园城市新型理念与城市居民之间的关系，特别是建立"居民-城市-自然"模型等，并特别提出公园城市政策带动了地方的城市绿地建设，为城市绿地空间开放共享奠定了空间基础[7]。

2 以传统自然感知与公园城市政策为基础的当前学术界主要研究视角

2.1 基于传统自然感知流派的自然解决方案研究

2008年，世界银行发布报告《生物多样性、气候变化和适应性：来自世界银行投资的NbS》，首次在官方文件中提出"基于自然的解决方案"（Nature-based Solution，NbS）这一概念，要求人们更为系统地理解人与自然的关系。2009年，国际自然保护联盟（International Union for Conservation of Nature，IUCN）将"基于自然的解决方案"定义为"一种保护、可持续管理和修复生态系统的行动"。2015年，欧盟委员会将"基于自然的解决方案"纳入"地平线2020"（Horizon 2020）计划。欧盟委员会认为，"基于自然的解决方案"是一种受自然启发、支撑并利用自然的解决方案，以有效和适应性手段应对社会挑战，提高社会的韧性，带来经济、社会和环境效益。这些方案将通过资源高效利用、因地制宜和系统性干预手段，使自然特征和自然过程融入城市、陆地和海洋景观。NbS提倡的"基于自然"的核心理念及一系列生态恢复的方法、工具和措施，对推动山水林田湖草系统治理和生态产品价值实现、提升自然资源治理能力和水平具有重要的启示作用和借鉴意义。

"基于自然的解决方案"是对自然感知路线的延续，也影响城市尺度的城市绿地研究，其中包括直接城市绿地研究及间接城市绿地研究。前者如人与绿色公共空间的交互作用受多重因素综合影响，且某种程度在高密度背景下可能行为属性超过自身所能认知，且这些因素囊括受教育程度、收入水平等，并在不同年龄、不同出行目标和不同定位的绿色空间中有着不同的互动现象。除了对城市空间文化活动（如艺术展览等）的中小尺度的公园关注外，小尺度的绿地空间在因地制宜及利用机制上也有较多的关注，如屋顶空间、社区夹缝、街道角落等这些传统意义上的灰色地带，往往能够满足人们对于公共空间的最底层需求，也往往触及最基本的模式与城市文明关系，如灰色地带的城市农业在当前中国城市的地位。后者如：基于自然的国土空间开发保护格局构建、基于自然的生态保护修复技术体系构建、基于自然的生态系统利用与管理、基于自然的生态保护修复政策制度体系构建、基于自然的气候变化应对与碳中和行动、基于自然的生物多样性保护行动等多维度、多视角的研究体系[8]。

2.2 基于政策导向的绿色基础设施网络构建及规划研究

当前的公园城市政策落地仍然依托绿地系统规划，并在学术研究中更加依靠绿色基础设施网络建设理念。绿色基础设施规划的思想可追溯到19世纪末，风景园林创始者奥姆斯特德（Frederick L. Olmsted）设计波士顿翡翠项链（Boston Emerald Necklace）项目。该项目的特色在于首度将公园和其他公共空间联系起来，尽可能避免生物栖息地破碎化并保护生物多样性。1984年，《人与生物圈》报告中首先提出了与绿色基础设施类似的生态基础设施。绿色基础设施（green infrastructure，GI）的研究与实践始于20世纪90年代中叶的美国，绿色基础设施被定义为"自然生命支持系统"，包括水道、湿地、森林、农田、野生动物栖息地、牧场、林地、公园绿道等城市绿地。GI规划主要包括自上而下从州省到景观尺度的保护性规划、自下而上从场地到城市尺度的问题解决型

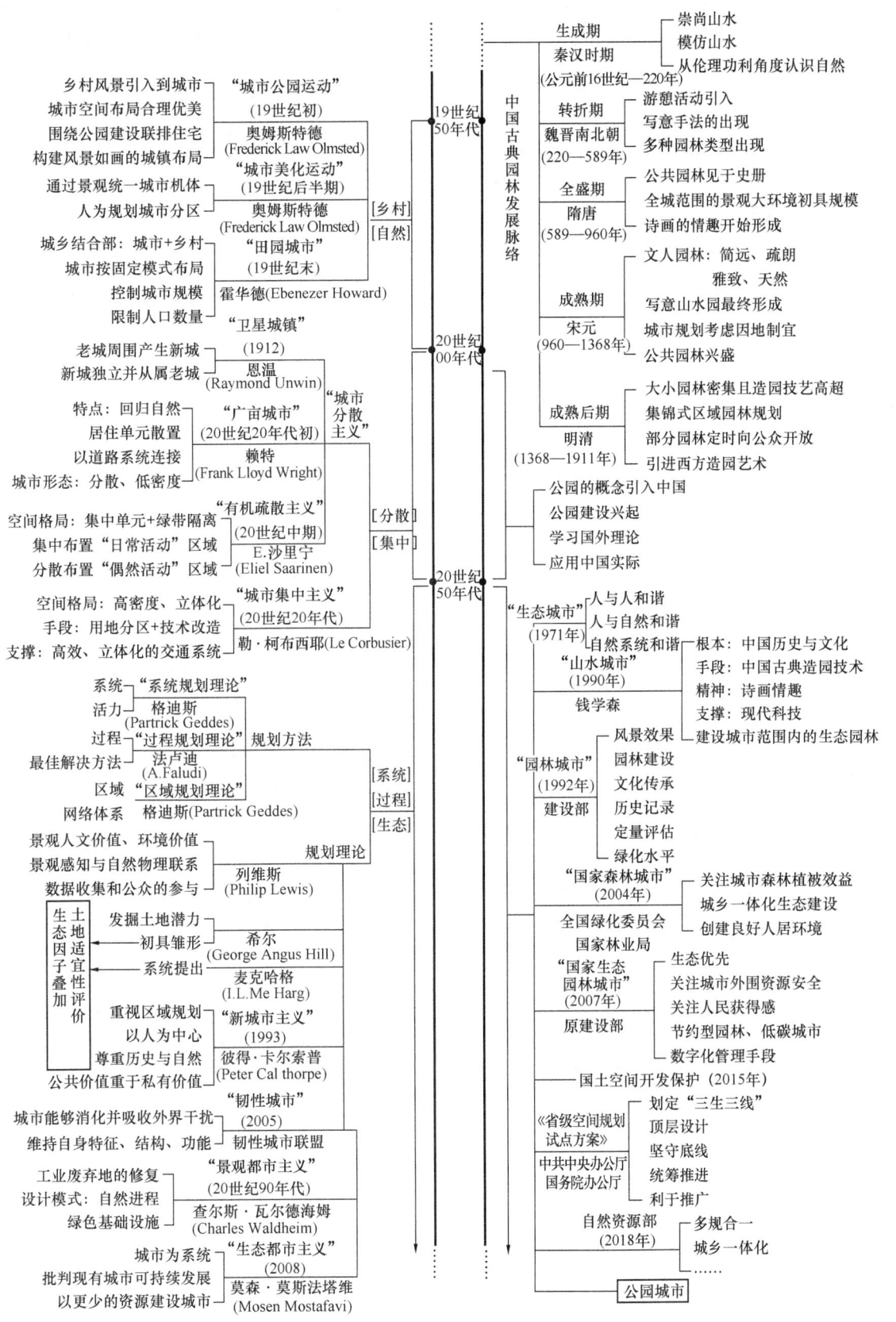

图 1 公园城市政策提出的东西方哲学及研究背景[6]

规划、分系统的城市结构调整型规划三种形式。城市 GI 规划是以城市生物多样性保护、生态过程修复、开放空间多种功能增强及其他生态、经济与文化功能为目标,将各层级的网络中心、廊道与场地有序连接与规划,同时保护与恢复已有和潜在的城市绿色资源,从而建立一个系统的、互相连接的、多功能且可持续的城市绿色空间网络并发挥多重效益[9]。而后，绿色基础设施的定义受各地区自身发展条件的影响而趋于多元化，逐渐成长为多尺度、多功能融合的网络系统，涵盖区域、城市、社区等宏观、中观和微观尺度，不同尺度所涵盖的概念不同[10]。

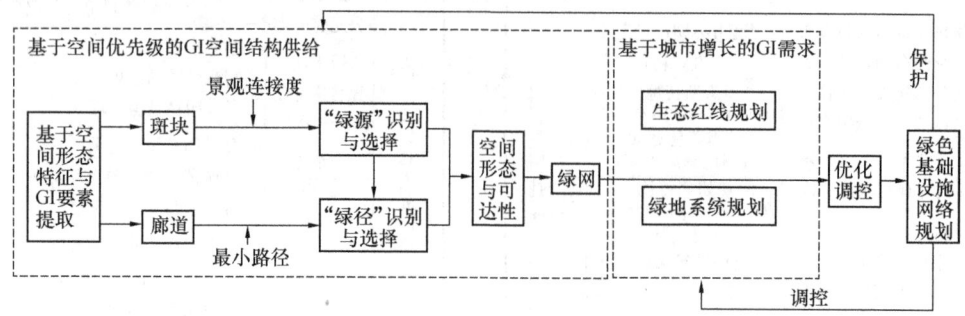

图2　绿色基础设施网络构建的逻辑框架

依托城市规划落地的绿色基础设施网络是公园城市政策实施的切实抓手（图2），且在建立网络的具体操作层面，学者总结有如下几个大概方向。①利用零碎空间和低效用地见缝插绿，增加"微绿空间"，将散点串联成绿网系统。如新加坡于1991年开始建设"公园连接道系统"，将六类开敞空间与居住区连接，在没有大片用地用于公园建设的情况下，通过优化利用排水道缓冲区、车行道保留区旁及其他类似的带状低效用地建设公园连接道，每条连接道长度介于2~10km。②推动城市垂直空间绿化，建设屋顶绿化、立体绿化。如日本六本木新城（Roppongi Hills）的立体垂直花园，从地面到屋顶，通过广场、绿地、街道形成多维多种空间体系构成"立体洄游"森林，成为市民自由漫步、交流以及促生碰撞交往的空间。③利用旧工业区、高架桥等原利用程度不高、功能兼容性较强的地带建设绿色空间，缓解空间原有的负面影响。如美国达拉斯城市公园（Klyde Warren Park），位于德州最繁忙的Woodall Rodgers高速路上，将原本被公路分隔的达拉斯市中心区和北部居民区重新连通；再如美国波士顿的罗斯·肯尼迪绿道，将原本架高的高速路埋至地下，并将地面空置场地改造成了2.4km长的公共公园[11]。

3 绿美广东政策下的深圳绿地开放共享

3.1 绿美广东政策及城市绿地开放共享引申

2023年2月28日，《中共广东省委关于深入推进绿美广东生态建设的决定》（以下简称《决定》）正式发布，为绿美广东生态建设指明了发展的方向。《决定》显示，至2027年底，广东全省完成林分优化提升1000万亩（1亩≈666.7m²）、森林抚育提升1000万亩，森林结构明显改善，森林质量持续提高，生物多样性得到有效保护，城乡绿美环境显著优化，绿色惠民利民成效更加突显，全域建成国家森林城市，率先建成国家公园、国家植物园"双园"之省，绿美广东生态建设取得积极进展。到2035年，全省将完成林分优化提升1500万亩、森林抚育3000万亩，混交林比例达到60%以上，森林结构更加优化[12]。

3.2 深圳绿地开放共享的自然人文基础及可能路径

深圳属亚热带季风气候，水热资源丰富，生物多样性较高，整体自然条件优异。"先有自然，后有城市"的城市口号不仅仅体现在相对优异的动植物多样性、栖息地多样性、自然环境种类多样性及候鸟黑脸琵鹭等栖息地标签上，更主要体现在城市是1400万人口与2万多种动植物共存的生存空间。此外，深圳是改革开放以来的典型快速城市化城市，具有典型的移民城市特征。在"来了就是深圳人"的城市人口吸引政策下，其已经发展为吸纳劳动力人口及高端人才等的高密度人口城市，并在人群行为及活动层面展现出一定程度的聚集性和规律性。深圳目前的绿色公共空间已取得一定成果，以绿地规划系统为代表的政策法规等有着"领先国标十年"的说法，并在一定程度上推动全国标准的进步，也存在红树林基金会等民间先进的城市绿色公共空间非政府组织，但实际的绿地空间是否落实并保障仍存在研究空白。

目前，深圳已建设"千园之城"为目标，大力发展自然公园、城市公园、社区公园三级体系，并已经在开放共享视角下作出一定成绩，但仍可看出深圳的公园建设仍然脱不开自上而下的政策引导。即使在走亲民路线，但仍然缺乏基于自然感知和基于自然解决方案的公园理念、设计和应用。城市内哪些绿色公共空间是高密度人口交集地区，这些地区在形态、城市空间等如何具体分区，又怎样与深圳市的因地制宜相结合，并如何具体展现在高密度商务区、高密度住宅区、高密度城中村等，这些均应该是未来深圳想要真正实现城市绿地开放共享的重要研究方向。虽然深圳在起步规划时即建立了与密度对应的绿地空间规划标准，但仍然造成了高密度城市背景下的诸多环境生态、公共服务、竞争力等层面的不同问题，并已经严重影响到深圳城市的宜居性、城市印象以及未来良性发展。

参考文献

[1] 丁怡婷. 我国将开展城市公园绿地开放共享试点[N]. 人民日报，2023-02-07（14）.

[2] 李晓鹏. 城市化环境下公园自生植物的多样性与公众感知研究[D]. 北京：北京林业大学，2020.

[3] 约翰·迪克森·亨特，杨云峰. 步行游园的魅力——关于园林中游人活动方式的探讨[C]//南京林业大学，江苏省建设厅，江苏省教育厅. 传承·交融：陈植造园思想国际研讨会暨园林规划设计理论与实践博士生论坛论文集. 北京：中国林业出版社，2009：85-97.

[4] 晏俊雯. 北京市部分公园绿地公众自然度感知评价研究[D]. 北京：北京林业大学，2020.
[5] 邹裕波，党安荣. 基于感知自然的现代景观设计[J]. 世界建筑，2007(8)：96-99.
[6] 徐海顺，陆晓. 城园共融——基于公园城市理念的城市绿地建设研究[J]. 园林，2020(10)：82-87.
[7] 王琦. 公园城市理念下城市绿地系统游憩空间格局研究探讨[J]. 居舍，2021(6)：110-111.
[8] 罗明，周旭，周妍."基于自然的解决方案"在中国的本土化实践[J]. 中国土地，2021(1)：12-15.
[9] 王云才. 基于生态系统服务提升的区域绿色基础设施网络优化[J]. 高科技与产业化，2023，29(2)：26-29.
[10] 宗敏丽. 城市绿色基础设施网络构建与规划模式研究[J]. 上海城市规划，2015(3)：104-109.
[11] 吴伟，付喜娥. 绿色基础设施概念及其研究进展综述[J]. 国际城市规划，2009，24(5)：67-71.
[12] 梁小碧. 绿美广东 各地应走出和谐新道路[J]. 小康，2023(15)：78.

作者简介

赵亮，博士，深圳大学建筑与城市规划学院 & 美丽中国研究院，研究方向为城市绿色公共空间、城市可持续发展、城市广义韧性等。电子邮箱：123456789@qq.com。

智慧化多元开放共享空间探讨
——以三殿公园为例

Discussion on Intelligent, Diverse, Open and Shared Space:
—A Case Study of Sandian Park

冯 钰 安 妮

摘 要：新发展理念下，绿地景观受到城市更新和市民生态健康意识的多重影响，人们更乐于开展亲近自然、感受阳光的户外活动，公园绿地随之朝开放共享的方向发展。三殿公园作为片区城市更新试点项目，旨在消纳渣土、堆山造园，打造智慧化台原生态公园。本文从开放共享空间的建设策略、建设与使用、管理与维护三个方面展开。运用多元化、智慧化、地域化建设策略打造特色的开放共享空间。依据调研的市民需求进行公园绿地的规划设计，重点打造三处台原草坡空间、两处林下绿地空间和入口的地域性标识IP空间。依据不同空间展开论述空间规模、户外活动类型、植物种植及特色亮点等。针对不同空间的管理维护问题，提出相应的管理手段、植物手段、设施配套等建议。本文的研究以实际案例为支撑，针对三殿公园在开放共享空间层面的建设和管理进行详细论述，对于探讨多样的开放共享绿地、推动公园绿地开放共享试点工作有一定的现实意义。

关键词：开放共享；智慧建造；三殿公园；多元空间

Abstract: Under the new development concept, the green landscape is affected by urban renewal and citizens' awareness of ecological health, and people are more willing to carry out outdoor activities close to nature and feel the sunshine, and the green space of the park is developing in the direction of openness and sharing. As a pilot project of urban renewal in the area, Sandian Park absorbs the muck pile to create a smart Taiwan ecological park. This paper starts from three aspects: construction strategy, construction and use, management and maintenance of open and shared space. Use diversified, intelligent and regional construction strategies to create unique open and shared spaces. According to the needs of the surveyed citizens, the planning and design of the green space of the park was carried out, focusing on creating three terraced grass slope spaces, two understory green spaces and regional identification IP spaces at the entrance. According to different spaces, discuss the scale of the space, what types of outdoor activities are carried out, plant planting and special highlights. According to the management and maintenance problems of different spaces, put forward corresponding management means, plant means and supporting facilities. Supported by actual cases, this paper discusses in detail the construction and management of Sandian Park at the level of open and shared space, and the research has certain practical significance for exploring various open and shared green spaces and promoting the pilot work of open and shared green spaces in parks.

Keywords: Open Sharing; Build Smart; Sandian Park; Multi-space

1 研究背景

（1）宏观背景。为全面贯彻党的二十大提出的新发展理念，对现阶段城市公园绿地景观发展提出了新的要求。住房和城乡建设部关于开展城市公园绿地开放共享试点工作也为风景园林指明发展方向。城市公园绿地建设新的共享空间，探索人民群众亲近自然的多种方式，共享生态文明建设的新成果。

（2）社会背景。陕西西安作为城市更新首批试点城市，随着城市更新的不断发展，催生市民对于亲近自然多样户外活动的新需求，近年来不断探索逐步形成新的发展理念和建设方式。

（3）现实意义。疫情对于思想观念的影响深远，人民更加关注健康，更乐于亲近自然、享受生态，对休闲游憩、运动健身等活动有了新的需求。本着发展为了人民的宗旨，在后疫情时代急需探索城市绿地开放共享的新思路。

2 三殿公园建设背景

2.1 项目背景

三殿公园项目位于陕西省西安市灞桥区，总占地面积约32920m²，项目总投资约3000万。为迎接全国第十四届运动会和中国—中亚峰会的重要活动而建设。项目承担片区形象展示、智慧公园试点、城市更新试点、集中式开放共享试点。建设目标一是消化周边拆迁垃圾土，二是为市民建设休憩游乐的智慧生态公园。项目经济技术指标见表1。

三殿公园经济技术指标　　　　　　　　　　　　　　　　　　　　　表1

总面积（m²）	用地类型	面积（m²）	比例（%）
32920.93	红线范围	32920.93	100
	硬质铺装	9699.98	29.46
	绿化	21449.26	65.15
	水景	1144.32	3.48
	建筑占地	627.37	1.91

2.2 建设重点和难点

三殿公园由于建设工期紧张、不确定因素多、地质条件较差，同时承担试点项目的作用，社会关注度高，因此建设重点和难点较多。

一是渣土消纳与地形处理。项目消化灞桥区三殿村及周边共七个村子拆迁剩余垃圾土，垃圾粉碎后约156万m³，以垃圾土建设公园坡地景观。但是垃圾土属于建筑垃圾，存在粉碎不彻底且不利于植物生长等问题，在实际工程中需进行二次粉碎、土方压实和种植土回填等工序。

二是城市更新背景下如何延续场地印迹，打造多元开放共享空间。三殿公园原址为三殿村，拆迁后就地安置，周边居民对于归属感要求较高，且人员组成多样，对于家门口的活动空间和城市公园绿地需求多样。多元开放共享空间对项目的调研、地域文化的传承、智能化的应用、坡地景观的开发利用、植物的配置、紧急避险等方面都提出挑战。

3 开放共享空间建设策略

借力智慧应用体系，建立新型智慧人居生态圈，为区域赋值，以生态为基底，以开放共享空间为骨架，智慧赋能不断迭代。三殿片区城市公园绿地将自然融入理想人居，注重延续城市文脉，打造以公园为核心的生态开放共享空间。

3.1 多元化建设策略

片区建设之初，针对灞桥区三殿周边地块开展统一调研，收集市民对于片区城市更新及城市公园绿地的核心需求。调研采用问卷及访谈形式，主要调研信息如表2所示。作为首批建设的试点项目，三殿公园建设为满足市民对于美好人居环境、健康生活、智慧生活等多种需求，针对不同的活动需求，在公园设计阶段通过地形与场地、地形与植物的设计手法创造多元空间类型，建设不同类型、不同规模的绿色开放共享空间。

三殿公园居民需求调研与建设策略　　　　　　　　　　　　　　　　　　　　　表2

类别	主要功能需求	占比（%）	建设策略
交通出行	车位数量	21	机动车、非机动车位
	慢行步道，跑道	18	慢跑道，林下健身步道
公共设施配套	卫生间	27	满足游客容量
	网络覆盖	26	智慧科技
传统公园景观	景观绿化	26	绿量，可进入草坪
	景观照明	14	夜景，环境艺术装置
	老人儿童活动	16	分级活动场地
	室外健身场地	19	不同规模的健身需求
	社交空间	20	小型交谈空间，大型举办活动空间
	文化科普教育	13	植物科普，地域文化科普
	配套商业	10	售卖、休憩、咖啡厅等后期运营
开放共享景观	可参与式绿地	23	互动式体验活动，后期运营
	亲子探险林下活动	15	低维护的绿地，参与式景观
	特色打卡拍照	16	打造IP景观
	地域文化传承	17	皂荚古树，文化印迹

注：某项功能需求的占比是指在调研对象中提出该项功能需求的人数占总人数的比例。

3.2 智慧化建设策略

灞桥区借力于智慧应用体系、物联网等，探索如何在三殿公园建设新型智慧人居生态圈，建造智慧公园，从设计建造到运营管理全流程进行智慧化、数字化建设。三殿公园以"智慧+健康"理念，通过对公园内部交通流线、功能分区梳理形成完整的智慧公园体系，满足各年龄段游客和市民的使用需求。在实现基础设施智能化的原则上，融入智慧元素，如智能导览、景观互动设施、智慧健身、智能科普、智能服务等，提高公园的娱乐性、观赏性、服务性，实现信息化建设，进一步提升品质，打造一个服务完善、互动性强、游憩体验佳的现代智慧公园。公园智能共享设施如图1所示。

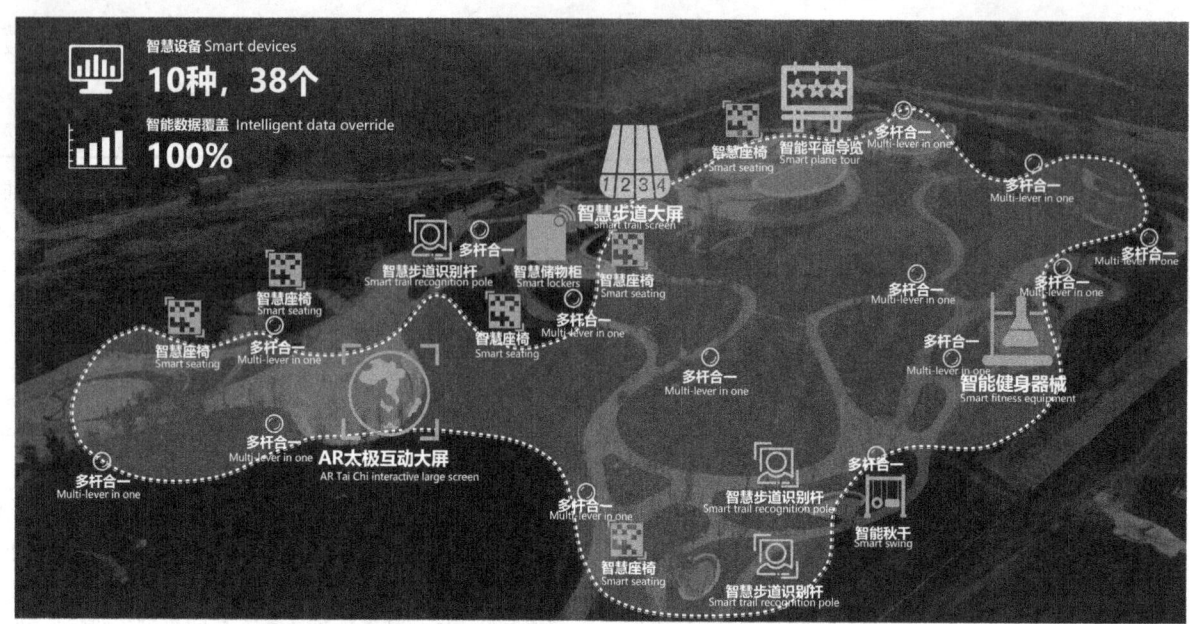

图1 三殿公园智能化设施布置

3.3 地域化建设策略

西安千百年的文化底蕴积聚在台原之上，三殿公园地处白鹿原，从秦汉时期的玄帝庙到唐代的祖师庵，从明代鹤龟殿到人民公社的三殿大队，场地文化底蕴深厚。项目本着地域化建设策略传承城市记忆，延续场地文脉及归属感，打造独具地域特色的开放共享空间，主要体现在两个方面。

一是台原坡地草坪共享空间的营造。公园建设消纳渣土，以地形和植物塑造坡地阳光草坪，台原坡地景观空间区别于开阔平坦的阳光草坪，在草坡上活动更贴近山地感受，也更贴近白鹿原原始地貌。虽然由于下垫面坡度大，不便于露营，但更适合亲近自然、沐浴阳光，开展坡地野餐、山地攀登、林下探险等趣味性高的活动。

二是主入口文化 IP 碰撞。皂荚古树文化延续与现代化的智慧之环互动水景相互碰撞，创造出多元开放绿地空间。场地东北角的皂荚古树树干所在的地面高度为三殿村原址，项目在原始地貌上堆土垫高 4~5m，为保留现状皂荚古树，设计透气井和水磨石座椅，以刻有鹿角样式的树池篦子覆盖，展现三殿村依托白鹿原而发展的历史。

4 开放共享空间建设与使用

4.1 三殿公园开放共享空间概述

三殿公园以需求为导向，将开放共享活动分级分类，针对集中式大型活动如剧场、集会、广场舞等活动建设活动广场；对于运动健身、儿童活动等建设专门的活动场地，提高活动的舒适度；对于休闲游憩和交谈等活动考虑分散式布局于景观步道周围小型景观节点或景观绿地；对于新兴的露营、创意集市等活动考虑与公园建筑功能相融合；对于林下休憩、探险、野餐等活动建设开放互动式共享绿地，提高绿地的通达性和可利用性，为绿地赋能，不断增加公园的活力和烟火气（表3）。

三殿公园主要的活动　　　　表3

活动类型	内容	针对人群	规模	容纳人数	下垫面	智能化
运动健身	慢跑散步	青年老年	830m	60~80人	彩色混凝土	有
	羽毛球	青年	360m²	15~20人	硅pu	有
	太极、林下健身	老年	840m²	40~50人	透水混凝土，草坪	有
休闲游憩	露营	亲子家庭	1280m²	50个家庭	PC砖	有
	野餐	亲子家庭	3800m²	300个家庭	草坪	无
	探险	儿童青年	600m²	80~100人	林下绿地	有
	科普认知	儿童青年	散布	约100人	建筑、草坪	有
	宠物游乐	有宠物人群	3800m²	300个家庭	草坪	无

续表

活动类型	内容	针对人群	规模	容纳人数	下垫面	智能化
娱乐	聚会活动	各年龄段	1500m²	500人	PC砖	有
	拍照打卡	各年龄段	1100m²	300人	PC砖,草坪	有
	互动装置	各年龄段	散布	约50人	PC砖,草坪	有
	儿童游乐	儿童	150m²	20~30人	彩色塑胶	有

对比建设前期调研的居民对于三殿公园的功能需求可知,在满足常规公园绿地的休闲游憩、娱乐活动等基础功能之外,关于开放共享绿地的建设也逐步完善,增加了开放式绿地,满足野餐、宠物游乐、林下健身等新兴的户外活动需求。图2为调研数据与建成公园功能活动对比,其中蓝色代表常规活动空间,橙色代表的下垫面为绿地的开放共享空间。

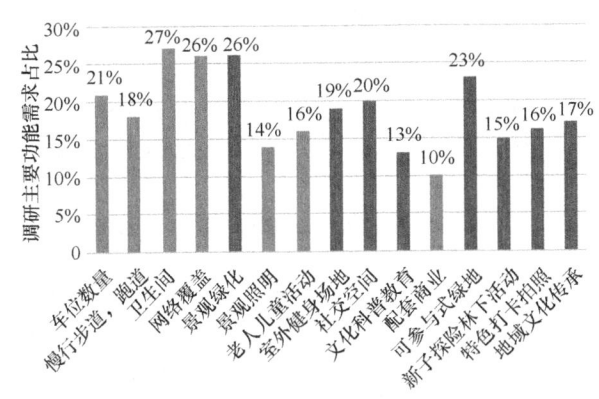

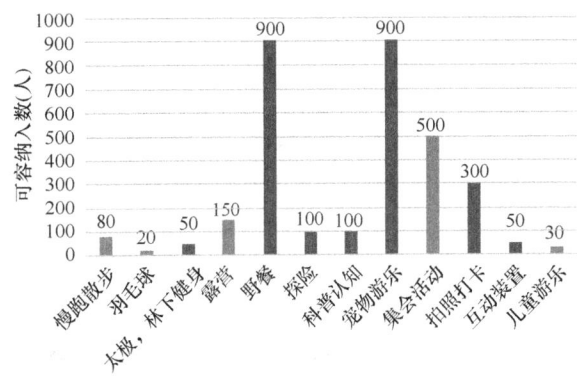

图2 调研数据与建成公园功能活动对比

三殿公园总面积约3.3万m²,定位为居住区公园,游客容量约1100人,鸟瞰图如图3所示。公园以大面积台原草坡景观为主,西侧为城市界面,以流线型铺装结合水景;东侧紧挨后期医疗用地,以康养休闲林下绿地为主。本文重点对公园绿地的共享空间展开说明,不同活动容纳人数不同,其中借助于地形塑造的台原草坡景观可容纳人数最多,可同时供300个家庭进行野餐、宠物游乐、晒太阳、吊床、爬坡锻炼等活动。西侧城市界面广场硬质景观或是建筑二层露台、一层灰空间等区域为游客提供露营和户外活动的场地,也避免搭帐篷等活动对草坡的破坏。充分利用林下空间开展老年健身、儿童探险、科普认知等活动,利用入口互动式景观开展智能化娱乐等新潮户外活动。

4.2 台原草坡开放共享

三殿公园整体风格简洁大气,设计采用流线型道路结合疏林草地营造开放的景观空间,公园内共设计三处开放式草坪,总面积约3800m²,分别为核心阳光草坪区域(图4)、观赏草草坪区域(图5)、剧场草坪区域(图6)。

(1)核心阳光草坪区域位于公园核心区域主环路旁,1#覆土建筑西侧,草坪面积约为1400m²,可供100~120个家庭活动。周边道路与草坪高差约5m,整体坡度约20%。草坪顶与1#建筑二层平台以钢楼梯相衔接。此处草坪坡度较大,不利于开展集中式露营活动,适于野餐、小范围登高远眺、宠物和儿童游乐等活动。草坪上孤

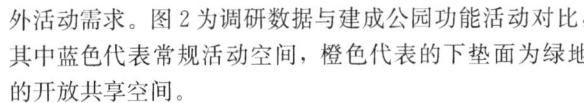

图3 三殿公园鸟瞰图

图4 核心阳光草坪空间

植有乌桕等大树，乌桕姿态独特，与建筑白色屋顶相得益彰，同时为游客提供树下遮阴的空间。围绕孤植的乌桕局部点缀观赏草，如狼尾草、细叶芒等，增加草坪的层次感。该区域草坪采用混播草籽，高羊茅：黑麦草：早熟禾以7：2：1混播草籽，18g/m²。其中高羊茅和黑麦草在西安地区表现良好，抗旱、耐践踏，通过草籽的混播平衡各个季节草坪的表现。但是此区域由于坡度较大，灌溉给水口的角度不好调整，在草坪上需伸出地面一定距离，对于草坡活动产生一定的限制。

（2）观赏草草坪区域位于公园南侧入口附近，主环路两旁，草坪分为道路南、北两处，面积分别为570m²和1000m²，可供120～130个家庭活动。道路北侧草坪最高点与道路之间高差约3～4m，草坪坡度约15%。道路南侧草坪最高点与道路之间高差2～3m，坡度约12%。此处草坪坡度较缓，便于开展集中式草坪活动、野餐、吊床、户外游乐、拍照打卡等活动。此区域草坪有丛生苦楝、丛生五角枫提供遮阴空间，大面积种植粉黛乱子草、细叶芒等观赏草与草坪相互搭配，创造特色景观打卡点。植物层次丰富，采用竖线条白杨、楸树作为骨架，结合常绿植物云杉、雪松、油松塑造草坪背景，采用混播草籽铺设草坪。

（3）剧场草坪空间位于公园东北角主出入口附近，环形剧场北侧，草坪面积为1030m²，可供70～80个家庭活动。周边道路与草坪最大高差为4m，草坪坡度约为10%。此区域靠近主要入口和活动空间，交通便捷，草坪坡度较缓且周边植物围合度高，便于开展户外活动，野餐、沐浴阳光、宠物和儿童游乐等均可开展。围绕环形剧场种植银杏，草坪背景林以雪松、油松为骨干树，局部点缀五角枫、银杏塑造天际线。草坪依旧采用混播草坪，在草坪边缘林下种植麦冬等耐阴地被，为游客提供方便通达的开放共享空间。

4.3 林下绿地开放共享

林下绿地与开放式阳光草坪相比，既有大树遮阴，又能亲近自然，开展户外活动更为舒适，更适合小范围社交，或是三五好友，或是家庭聚会，在不同的景观小空间中都可感受自然风光。三殿公园主要的林下活动空间包括东侧绿地和水杉夹道两处。面向群体不同，设计也各有特色。

东侧绿地临近后期医疗用地，设计以康养休闲为主题，通过一系列林下景观节点和游步道为市民提供开放共享的林下活动空间。沿环路一侧布置四处林下休闲健身活动节点，硬质面积分别为65m²、80m²、30m²、30m²，结合智能化布设休闲座椅、智能健身器材等设施。此区域主要为中老年人提供小型社交空间，可在此区域开展林下活动，如健身、太极拳、下棋、交谈等。植物以疏林草地为主，林下绿地也面向游客开放，为绿地增值。此区域结合透水混凝土铺装及绿地共计840m²，可供40～50人进行林下活动。道路或场地周边种植遮阴乔木，如国槐、栾树、杜仲等，点缀红梅、紫薇、红叶李等不同季相的开花植物，吸引视线，丰富景观色彩（图7）。

水杉夹道位于1#、2#之间曲折的林道之间，面积约600m²。主题植物水杉沿道路两侧成片种植，可供开展林下探险、植物认知等科普活动。设计曲折的步道与1#建筑二层室外钢结构楼梯相连，更适于青少年儿童开展自然探险、捉迷藏等趣味户外活动。植物以水杉打造纯林夹道，空间变化丰富，下层种植二月兰地被，早春时期二月兰开花（图8），夏季林荫夹道，秋季水杉震撼的秋色

图5 观赏草草坪空间

图6 剧场草坪空间

图7 疏林草地空间

图 8 水杉夹道

图 10 建筑连廊实景

叶都为区域增色不少。为游客提供神秘多变、趣味丰富的林下活动场地,为青少年儿童提供亲近自然的天然课堂,培养爱护自然、保护环境的意识。

4.4 建筑灰空间开放共享

三殿公园建筑占地面积约 630m^2,主要是 1#、2# 两栋建筑,采用曲线形覆土建筑方式,与公园整体景观协调一致。核心亮点在于 1# 的二层连廊及旋转楼梯,白色铝板屋顶结合白色金属栏杆打造公园沿城市界面的标志性景观。二层连廊可供游客开展户外活动,露台可俯瞰园区,可远眺片区自然山水(图 9),旋转楼梯与一层互动水景及儿童游乐区相连,灰空间可休憩观景。可开展露营野餐、休憩娱乐、登高远眺、摄影等一系列户外活动。智能化与建筑相结合,户外设有智慧座椅、智能储物柜、智慧健身步道等设施,为游客提供便利(图 10)。

图 9 连廊区域远眺

4.5 标识性 IP 开放共享

场地文化 IP 呼应西安白鹿原三殿片区的千年文脉。文化底蕴积聚在台原之上,如其上森林、郁郁葱葱。一条"灌溪"贯穿其中,灵动华美,开启三殿公园新的篇章。标识性 IP 核心体现在东入口的皂荚古树和智慧之环互动水景,古树所代表的三殿公园过去的历史及人文印迹,智慧之环所代表的智能化、现代化发展方向在此处碰撞交融,打造了独特的三殿文化 IP。积极运用智能手段延续城市印迹,创新式打造开放共享绿色空间,新发展阶段满足不同人群对于公园的新需求。

皂荚古树区域为保护古树,设计透气孔以树池箅子覆盖,四周设计环形水磨石座椅挡水并保护树池(图 11)。围绕古树设计两处约 120m^2 的林荫草坪,沿智慧之环一侧设计长度约 8m 的水磨石座椅,两处座椅可供 15~20 人休憩,林荫草坪可供 10~15 人活动。皂荚树冠大荫浓,可在树下聆听三殿村的历史文化变迁,游客可围绕古树展开活动(图 12)。古树前设计镜面水景及智慧之环互动水景雕塑,水景面积约 200m^2,周边草坪面积约 70m^2,

图 11 皂荚古树保护措施

图 12 皂荚古树草坪实景

图13 智慧之环雕塑实景

采用智能化控制水景水幕及灯光，提供打卡和互动装置体验场所（图13）。古树和智慧之环的古今碰撞，在东入口区域打造文化符号，塑造入口的标识性景观和三殿公园特色符号。作为开放式的公园，主入口以此来展现新时代新发展下公园绿地如何延续城市文脉，用新的科技手段创造更适于人民群众休闲游憩的开放共享空间。

5 开放共享空间管理与维护

随着公园绿地开放共享试点工作的不断开展，合理利用公园草坪、林间空地划定共享区域，增加绿地的活动空间，完善相应的配套服务，更好地满足了群众对绿色活动的新需求。公园绿地开放共享使得人民群众亲近自然，培育保护生态、尊重自然、爱护环境的意识，共享生态文明建设成果。

开放共享的公园绿地可引入多种活动，现今需求量比较大的活动包括露营、野餐等家庭聚会，以及宠物游乐、林下健身、丛林探险、花艺集市、自然认知、拍照打卡等活动。部分活动人流集中，对于草坪和花木存在一定程度的破坏，且产生的垃圾不及时处理会造成绿地污染，影响整体环境。针对以上问题，三殿公园在面向公众开放前需提出相应的管理维护办法，包括开放共享空间的管理手段、植物手段、设施配套三个方面。

（1）管理手段：三殿公园绿色类型多样，管理方式也应多变，积极发挥多方合作意识，制定相应完善的管理办法，引入专业运营管理团队进行统一协调安排。三殿公园内部两栋建筑除了满足公园管理基本的办公需求外，对外可承担简餐咖啡店、文化展示等功能，后期可引入社会资本和专业公司进行统一运营管理，派工作人员协调引导人流，合理开展户外活动。除此之外，建议采用绿色积分等趣味形式引导市民自己动手清理垃圾、爱护绿地，选拔积极热心的群众作为志愿者进行协助工作，可考虑后期与学校形成合作，开设自然课堂等暑期实践活动。

（2）植物手段：三殿公园开放共享空间多采用耐践踏的地被和混播草坪，在合理的游客容量下可满足市民活动需求。植物养护采用分季节开放的轮值方式。针对三处开放式草坪，根据季相效果按季度选择最具特色的草坪开放，便于展示最佳观赏效果的同时也能让绿地休养生息。春季以核心阳光草坪为主，市民进行野餐、登高远眺，感受春日，草坪周边也有种植樱花可供拍照打卡；夏季以林下活动空间为主，遮阴休憩，开展趣味活动；秋季以观赏草草坪及剧场银杏林草坪为主，秋景独特季相明显。根据轮值时间和季节变化对开放共享的草坪补充草籽，进行草坪的养护，尤其是冬季补播黑麦草为草坪增绿，对于林下地被也需及时修剪养护，对损坏植物定期予以补栽更新。

（3）设施配套：满足市民对于绿色空间的需求外，还应完善配套设施，保证游览的舒适度，在常规公园的基础上更关注安全性、便捷性和舒适度。结合建筑功能提供紧急医疗帮助，绿地空间严禁明火，由于地形多变，为安全考虑不得开展放风筝等危险活动。入口设置开放空间的平面标识，公示相关管理办法，合理安排卫生间停车场的位置及数量。三殿公园暂未面向社会全面开放，其他设施如园区的智能化设备与健身等活动器械后期在实践中需逐步完善。

6 结语

三殿公园在片区城市更新及绿色开放共享空间的建设背景下，积极消纳渣土、堆坡造园，打造独具地域特色的台原草坡公园。为满足市民多元的绿色活动需求，运用智慧化的建设手段，结合生态自然、地域文化、潮流IP等理念建设开放式共享公园绿地，重点打造台原草坡开放共享空间和林下活动空间，作为新建成的公园，引导片区城市更新和绿地景观建设的发展方向。通过智能化手段和管理措施为市民提供一个舒适、便捷、开放的绿地空间。三殿公园生态良好、景色优美、设施齐备，以全新的面貌创造亲近自然、感受绿色的开放共享空间，以全新的姿态迎接市民群众。

参考文献

[1] 佚名. 江西启动城市公园绿地开放共享试点[J]. 未来城市设计与运营，2023(4)：5.
[2] 佚名. 我国将开展城市公园绿地开放共享试点[J]. 建筑技术，2023，54(7)：815.
[3] 黄有剑. 市民"叹绿地"需补管理短板[N]. 江西日报，2023-02-24(6).
[4] 王晓梅. 人性化理念在风景园林设计中的应用探讨[J]. 现代农业研究，2022，28(1)：76-78.
[5] 钟艳. 现代风景园林设计中智能化理念的应用研究[J]. 江西建材，2022(5)：279-280.

作者简介

冯钰，女，1994年生，汉族，陕西西安人，陕西建工集团股份有限公司工程设计研究总院景观所，工程师，研究方向为风景园林、工程管理。电子邮箱：279144857@qq.com。

安妮，女，1991年生，汉族，陕西西安人，博士在读，陕西建工集团股份有限公司工程设计研究总院景观所，副所长、风景园林工程师，研究方向为风景园林管理。电子邮箱：284701576@qq.com。

公园城市发展导向下的城市业态空间演替

The Succession of Urban Format Space under the Guidance of Park City

冯 春

摘 要："公园城市"提出以来受到广泛关注，逐渐对成都发展产生影响，主要包括公园场景营造、公园周边功能业态构成变化及各类业态空间格局演替。公园城市围绕公园组织公共、生活、生产三大服务功能布局，推动生态价值转化，使城市业态空间产生演替。因此本文对成都公园城市建设以来公园业态的发展进行研究，梳理公园场景分布与业态变化情况，并总结3种典型公园业态服务模式，以期为建设提供借鉴。

关键词：公园城市；公园场景；业态；服务模式

Abstract: The concept of "Park City" has received widespread attention in the past four years, and has gradually had an impact on the development of Chengdu, mainly including the creation of park scenes, the composition and changes of parks and surrounding functional formats, and the succession of various formats of spatial patterns. The construction of Park City organizes the layout of three major service functions of public, life and production around the park green space, promotes the transformation of ecological values, and makes the urban format space alternate. Therefore, this paper studies the changes in the park format in Chengdu in the past four years, sorts out the distribution of park scenes and the changes in the format, and summarizes three typical park service models in order to provide reference for the construction of Park City in the future.

Keywords: Park City; Park Scenes; Format; Service Model

引言

2018年习近平总书记视察成都时首次提出"公园城市"理念，强调突出公园城市特点，推动生态价值转化[1]。公园城市作为生态文明时代城市建设的新模式，转换经济发展方式，促进人、城、境、业和谐统一[2]，构建城市与自然共融的公园城市空间格局，逐渐影响着成都的发展转型。

《成都市美丽宜居公园城市规划》提出了"三步走"目标，提出到2020年加快建设美丽宜居公园城市，公园城市特点初步显现[2]。成都2018年至今启动了天府绿道、龙泉山森林公园等重大项目，已分布1000多个公园，公园与绿道共同组成了完整的城市公园系统。

公园城市建设如何改变城市生活表现为两方面。一是城市建设由物质空间建造转为以人为本的场景营造[3]。以公园绿地为载体，统筹生态、景观、业态、文化、活动等要素[4]，通过设施嵌入与功能融入，有机融合自然与城市，构建满足多元化需求的公园场景，为全龄段居民的生活与工作提供舒适开放空间。

二是公园绿地的服务模式，即公园及周边功能业态的变化。公园不应是孤立的游憩场所，而是人们日常生活与生产的重要组成部分。城市发展路径由"产-城-人"转为"人-城-产"，凭借优质公园绿地和公共服务汇聚人才，集聚城市服务功能，进而促进周边产业集聚，实现区域繁荣[5]。公园城市建设以公园绿地为核心，统筹公共、生活、生产三大服务功能布局，将公园作为生态价值转为人文、生活、经济价值的载体与媒介[6]，重构城市功能业态空间的组织逻辑，建立一种新的业态秩序。

因此本文以反映人们生活与生产的POI数据为例，对成都中心城区公园业态进行定量研究，研究成都公园城市建设以来的变化情况，梳理公园场景分布与业态变化情况，并总结公园业态服务模式，以期为公园城市建设实践提供借鉴。

1 成都公园发展及业态变化总体情况

1.1 公园城市建设发展情况

依托公园与绿道等开放空间，成都市培育了山水生态、乡村郊野、城市街区、天府人文、产业社区和天府绿道六大公园场景，建设公园城市示范片区，将生态与生活、产业、文化等要素融合发展，整合周边资源，植入多元业态，实现功能复合[7]，探索生态价值转化机制。

以成都市中心城区为研究范围，含武侯区、成华区、锦江区、金牛区、青羊区、郫都区、青白江区、温江区、新都区、双流区、龙泉驿区11个行政区和高新区、天府新区2个功能区，是最体现成都宜居宜业特征的核心区。

以成都市中心城区内10hm²以上共92个公园绿地为研究对象。公园城市建设围绕公园打造15min公园社区生活圈[5]，步行作为最基本交通方式，是预判公园与城市融合的基本维度，而15min步行距离约1000m，也是人们可接受的最远步行距离，因此研究以公园为中心向外辐射半径1000m缓冲区为公园服务功能区，进一步将其确定为研究范围[8]（图1）。

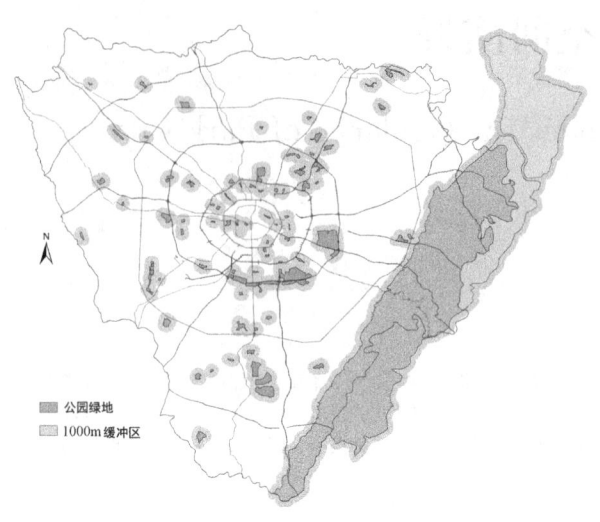

图1 研究范围与对象

1.2 数据与方法

数据来源为百度地图发布的2017年和2022年成都市POI数据库。在百度POI数据原本分类标准基础上，围绕三个维度对数据进行去重与验证，可将其分为生产服务、生活服务、公共服务三大类。

生产服务指服务于商务办公、金融和信贷等活动的产业类型，主要包括商务办公、金融保险、贸易咨询三类[9]。生活服务指向居民提供物质或精神的消费服务，主要包括餐饮服务、住宿服务、购物服务、日常生活服务四类。公共服务指能使居民受益的公共资源，主要包括科教文化、医疗保健、体育休闲、政府机构及社会团体四类。最终整理为三大类、11小类（表1）。

POI数据业态分类表　　　　表1

序号	大类	小类
1	生产服务	商务办公服务、金融保险服务、贸易咨询服务
2	生活服务	餐饮服务、住宿服务、购物服务、日常生活服务
3	公共服务	科教文化、医疗保健、体育休闲、政府机构及社会团体

研究裁剪了92个公园1000m缓冲区内各类POI，并利用统计分析法进行整理与归纳[10]，统计三类业态配比与变化情况，得到成都市中心城区整体公园业态的构成比例变化与数据变化折线图，以此分析成都公园业态发展总体情况。并分别统计得公园各自业态的构成比例与变化情况，以此进行公园分类，按培育公园场景的定位将其分为5类。同时，这5类场景依据其各自业态变化规律可再分成公共服务型、生活服务型和生产服务型3种业态服务模式（表2）。

公园分类表　　　　表2

业态模式	公园场景	成都中心城区内规模10hm²及以上公园
生活服务型	天府人文	百花潭公园、多宝寺公园、浣花溪公园、成都文化公园、望江楼公园、塔子山公园、东区音乐公园、人民公园、新华公园、宝光桂湖文化区、金沙遗址公园、棠湖公园、非遗博览园、昭觉寺-动物园
	城市街区	金牛公园、金沙滨河公园、新桥公园、东坡公园、沙河东篱翠湖公园、升仙湖公园、沙河公园、成华区活水公园、安德活水公园、江滩公园、海滨公园、双流中心公园、东部副中心市政景观公园、国防乐园、欢乐谷、植物园、极地海洋世界、FF足球公园、浅水湾国际体育公园、谢菲联足球公园、美洲时ộp体育公园、双流区运动公园、锦江体育公园、中海体育公园、熊猫体育公园、双流区艺术公园、露天音乐公园
公共服务型	乡村郊野	欢乐田园、漫花庄园、音乐·百花谷、木兰生态园、芙蓉长卷药博园、双流空港花田、国色天香、三圣花乡、蔚然花海、金沙农田湿地公园、香草湖湿地公园、金马太极龙旅游区、紫颐香薰山谷、云桥湿地公园
	山水生态	凤凰湖公园、凤凰山公园、清水河生态艺术公园、成都大熊猫基地、北湖生态公园、鹿溪河生态区公园、桂溪生态公园、龙泉山城市森林公园、青白江工业区森林公园、毛家湾森林公园、两河城市森林公园、永安湖城市森林公园、永康森林公园、泥巴沱森林公园、锦城湖湿地公园、白鹭湾湿地公园、兴隆湖湿地公园、青龙湖湿地公园、香城湿地公园、南湖湿地公园、中和湿地公园、洛水湿地公园、玉石湿地公园
生产服务型	产业社区	保利198公园、源上湾公园、大源中央公园、麓湖水城、创智公园、天府创客公园、交子公园、天府公园、白河公园、新川之心中央公园（东区）、天府芙蓉园、东湖公园、碧落湖公园、长流河公园

1.3 公园业态发展总体情况

通过数据统计得到了2017年和2022年研究范围内各类型POI数量与比例变化图（图2）。

各类服务POI均呈增长趋势，但增长幅度有差异和偏重，总体业态比例也发生了变化。其中，生活服务占比仍最大，且增量最明显，但在总体业态的占比小幅下降，由77.4%降至72.6%。而公共服务与生产服务在总体业态中的占比则均小幅上涨，公共服务占比由15.6%增至17.8%，生产服务也由7%增至9.6%。同时公共服务与生产服务在总体业态中占比仍较小，且增量远小于生活服务，但增量较2017年初始数据增长比例较大，尤其是生产服务数量增长43%，公共服务数量也增长了33%。由此可大致推测，成都市宜居宜业的空间环境建设已初见成效，居民生活与工作品质不断改善。

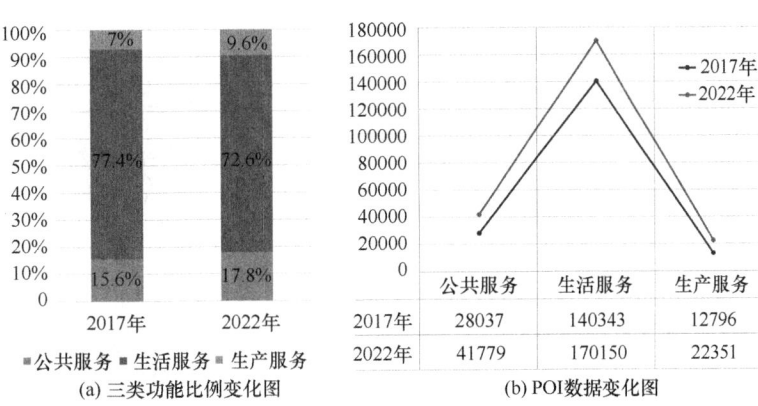

(a) 三类功能比例变化图　　(b) POI 数据变化图

图 2　公园业态构成比例变化与数据变化折线图

2　公园场景分布及业态变化情况

2.1　山水生态公园场景

山水生态公园场景大多分布于环城生态区，小部分位于环城生态区外的生态廊道上，与生态网络契合，以山地、森林、湿地等生态资源为载体。该场景的业态服务模式属于公共服务型，业态总体数据均有小幅增多，但程度较小。其中公共服务和生产服务的占比均小幅提升，而公共服务相对提升更多。环城生态区作为组织区域生态空间的核心骨架，串联起碎片化绿地，同时依托该网络构建公共生活网络，围绕公园绿道布局公服设施、社区综合体，形成"生态＋生活"发展模式。并依托地域优势培育休闲旅游服务及相关业态，形成游憩线路，以此才能逐渐提升区域吸引力，聚集更多人流与城市功能（图 3）。

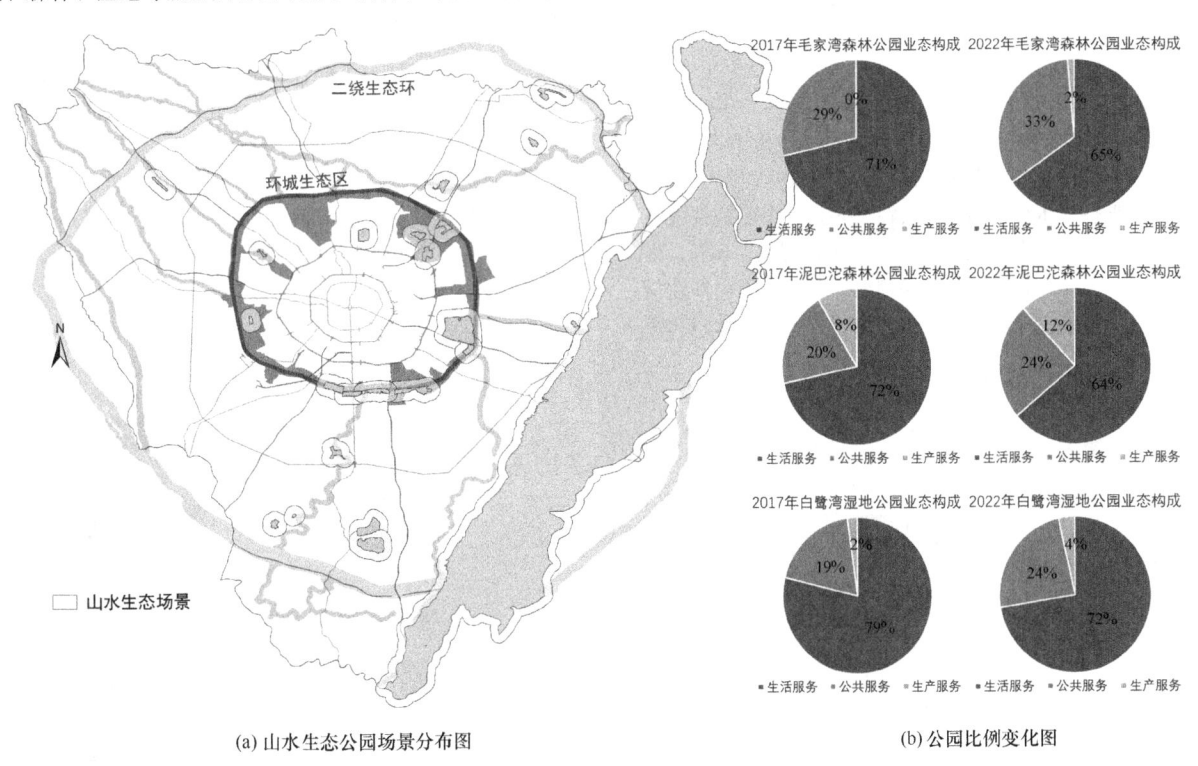

(a) 山水生态公园场景分布图　　(b) 公园比例变化图

图 3　山水生态公园场景分布与公园比例变化图

2.2　乡村郊野公园场景

乡村郊野公园场景均位于生态廊道之上，且均分布于环城生态区及环城生态区外部，以乡村农田为本底，呈现出网络化分布格局，以生态廊道为脉络，串联农业景区、园区与特色镇，如欢乐田园、三圣花乡等，将田园景观引入城市内部，形成了内外连通的生态网络。该场景的业态服务模式属于公共服务型，业态总体数据均有小幅增多，公共服务和生产服务的占比均小幅提升。得益于成都人民较高的休闲旅游需求，农业休闲旅游业态已得到初步发展，已形成几个代表性的农业景区，公共服务设施较山水生态场景的公园而言更完善，已具有吸引人流的能力。同时通过农商文旅融合发展，文创、商贸、创新等新业态不断出现。田园综合体、农业园区的发展更是使生产服务数据不断增多（图 4）。

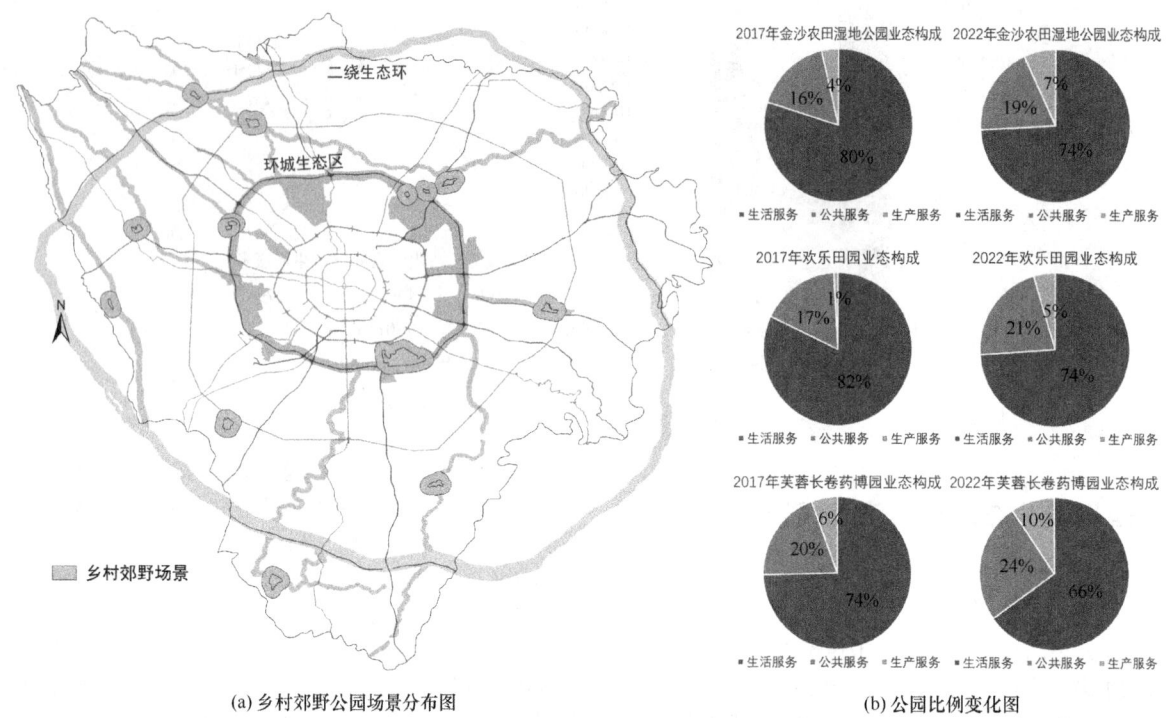

(a) 乡村郊野公园场景分布图　　　　　　　　　　　(b) 公园比例变化图

图 4　乡村郊野公园场景分布与公园比例变化图

2.3　城市街区场景

城市街区公园场景大部分都分布于环城生态区内部，同时也位于二环外部。该场景的业态服务模式属于生活服务型，业态总体数据均有较大幅增多。其中，公共服务和生产服务占比有小幅提升。2017年成都提出"东进、南拓、西控、中优、北改"的布局调整，在"中优"方针指导下，将公园建设融入社区建设，更新背景下区域内功能不断优化，将绿地与个性化、体验化的新兴生活消费业态融合，尤其是休闲、餐饮、文化、零售等，因此生活服务数据大幅增长，城市品质提升。同时还将公园建设融入产业功能区建设，产业层次不断提高，并培育生产服务来调节职住平衡，使生产服务占比小幅增高。而位于环城生态区外的该类型有向南发展趋势，符合"南拓"方针（图5）。

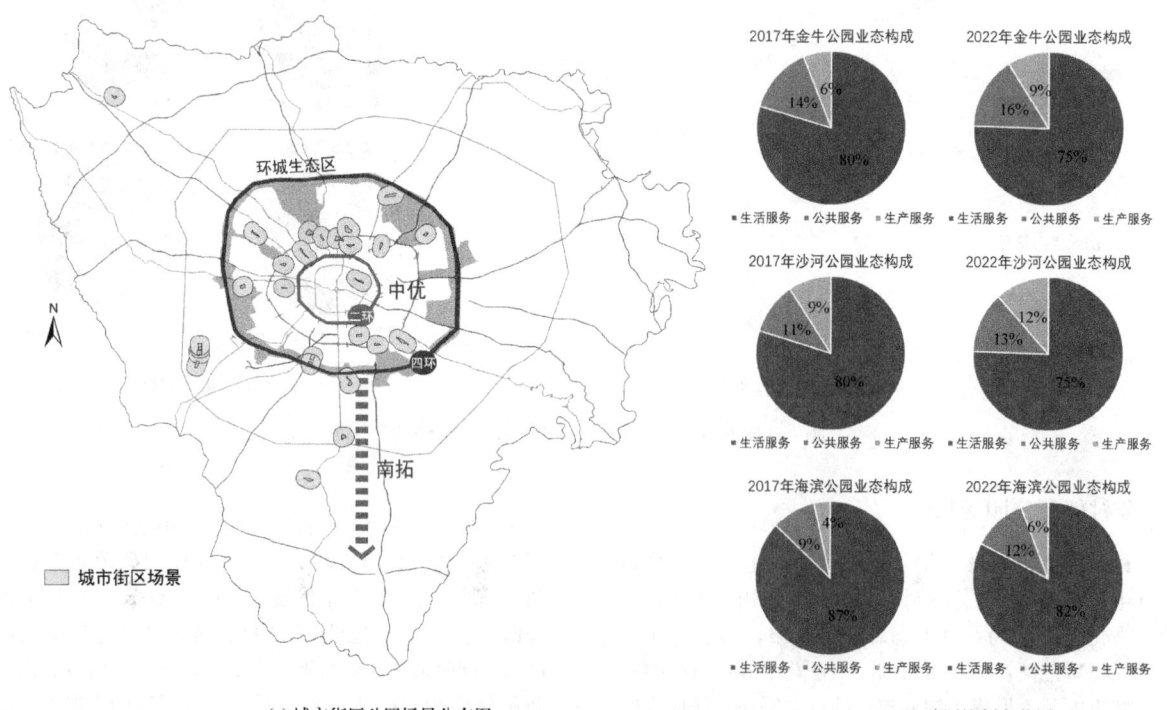

(a) 城市街区公园场景分布图　　　　　　　　　　　(b) 公园比例变化图

图 5　城市街区公园场景分布与公园比例变化图

2.4 天府人文公园场景

天府人文公园场景均分布于"中优"区域内,且大部分位于二环内部,是成都文化资源最丰富区域,也是城市更新规模最大区域。该场景的业态服务模式属于生活服务型,业态总体数据均有较大增多。其中,生活服务的占比有中小幅提升,是5类场景中唯一生活服务比例增长的,且生活服务设施较城市街区场景而言增长幅度还要更大,同时生产服务的比例也有小幅提升。二环内天府文化最浓郁,因此也是游客的主要目的地。人文公园在过去几年强化了对文化资源的挖掘与展示,且城市更新浪潮出现,以公共空间为载体,促进天府文化价值转化,实现文商旅融合发展,带动多元新业态发展,区域吸引力不断提高。因此该类型的公园业态出现了更新优化,业态也增量明显(图6)。

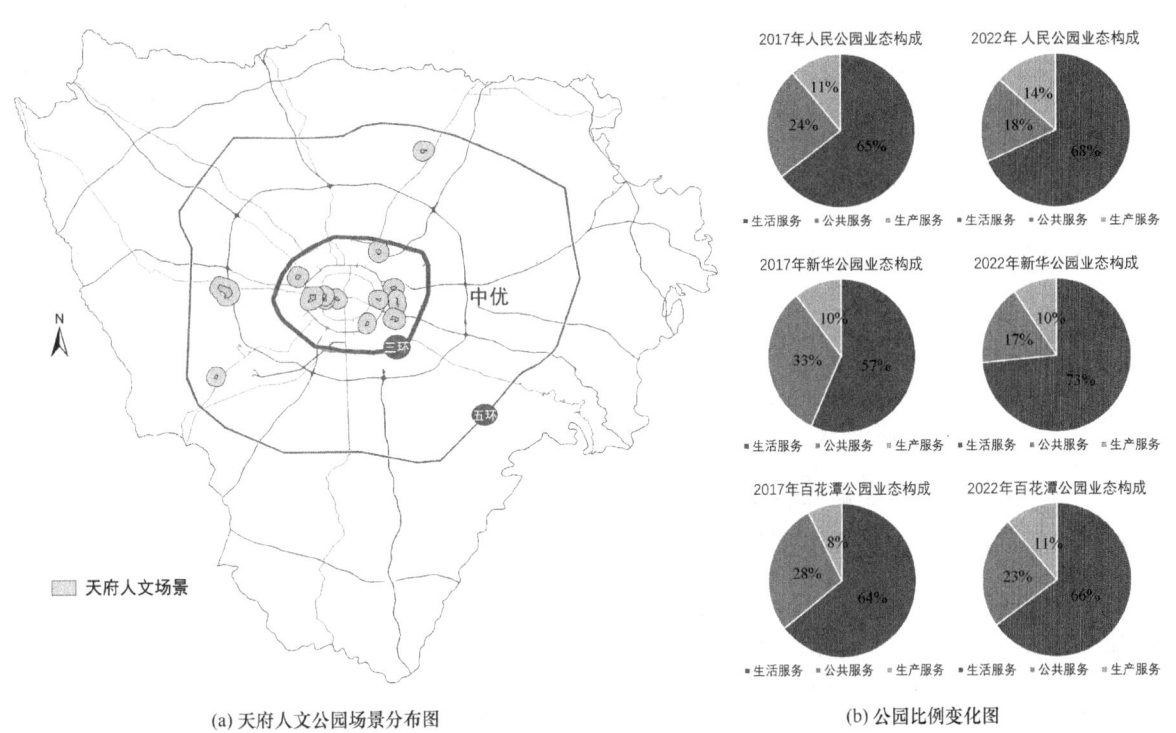

(a) 天府人文公园场景分布图　　　　(b) 公园比例变化图

图 6　天府人文公园场景分布与公园比例变化图

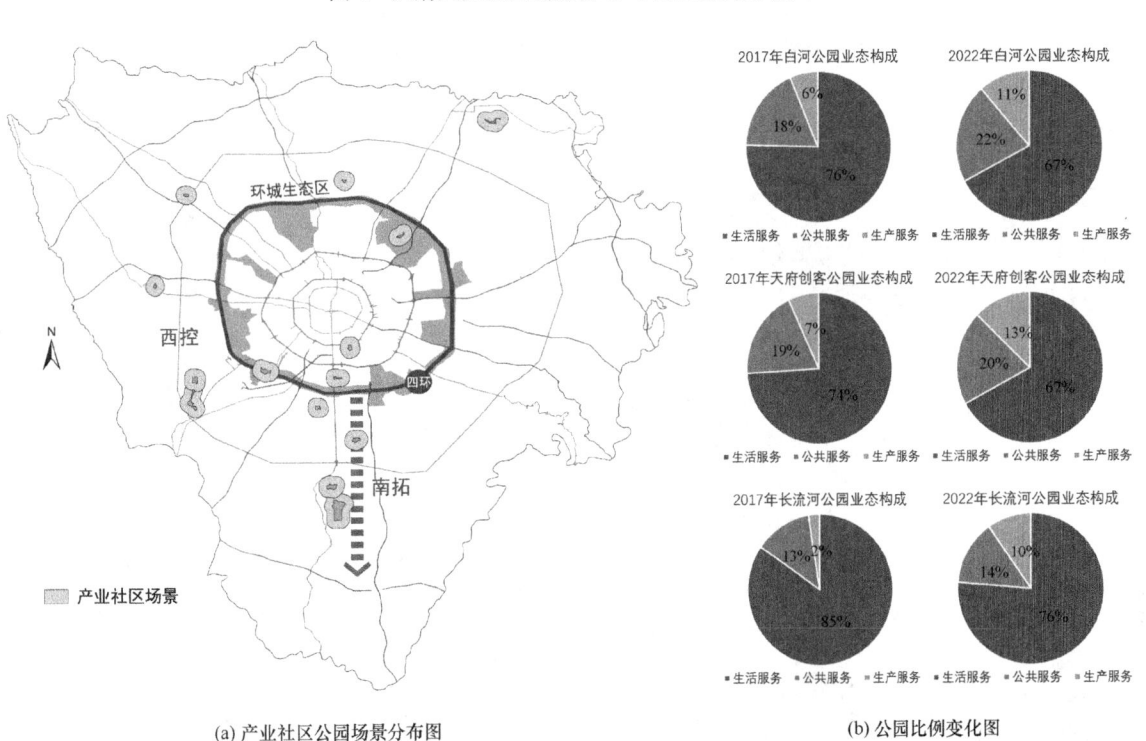

(a) 产业社区公园场景分布图　　　　(b) 公园比例变化图

图 7　产业社区公园场景分布与公园比例变化图

2.5 产业社区公园场景

产业社区公园场景大部分位于环城生态区上与环城生态区外部,且相对集中于南部和西部,既符合"南拓"发展趋势,也反映出"西控"方针对发展绿色产业的强调,尤其是有生态优势的地区。该场景的公园业态服务模式属于生产服务型业态总体数据均有小幅增多。生产服务占比有中小幅提升,公共服务占比也小幅提升。环城生态区外部公园的建设形成了"生态+生活"和"生态+生活+生产"两种不同发展模式。该场景建设属于后者,通过优质绿地集聚公共功能的同时,产业、住区、交通及公共设施与生态空间相融合,在公园周边植入了与生态结合紧密的研发、消费和绿色产业服务设施,营造宜居宜业的环境,导致生产服务占比增高(图7)。

3 典型公园业态服务模式总结

3.1 公共服务型模式

山水生态与乡村郊野公园场景的业态服务模式均属于公共服务型,普遍处于发展薄弱的城市外围,首先需要凭借优质公园绿地和公共服务汇聚人流,进而继续聚集功能与产业。以泥巴沱森林公园为例,周边以乡村田园与居住用地为主,斑块状布局工业用地。依托毗河、湿地、森林等优越生态本底,营建七岛八景生态公园,同时通过绿地串联,植入音乐文创、体育健身、休闲商业等功能。公园北区植入了"一院四馆",即大剧院、文化馆、美术馆、博物馆、图书馆,目标打造城北文化艺术中心,弥补片区公共服务不足,提升片区发展能级,并于北区凹岸打造休闲商业街,为游客提供餐饮休闲服务(图8)。

该类型以乡村田园与居住用地为基底,通过绿道串联,围绕公园绿地布局教育、文化、医疗、体育等重大公共服务设施,集聚城市核心功能,而15min基本公共服务圈建设也推动了社区综合体与绿地结合设置,同时公园内外均适当配套文创、餐饮、休闲、康养、零售等生活性业态。工业用地则呈斑块状位于外围,远离绿道布局。公园内部依托嵌套布局的点状文旅设施与消费新业态,融入服务游客、辐射城市的文化艺术、体育休闲的业态类型。最终形成围绕公园绿地的城市公共活力中心,带动城市发展能级提升,实现农商文体旅融合发展,满足居民的多元化公共服务需求(图9)。

3.2 生活服务型模式

城市街区与天府人文公园场景的业态服务模式均属于生活服务型。以金牛公园为例,公园和周边商业、交通设施紧密相联,公共服务齐全,在拆除围墙后打造开放街区,具有沿金牛大道文化资源与公园绿地串联的优势,通过跨线桥突破交通主干道的阻隔,将金牛体育中心、金牛公园、天府艺术公园与绿道等绿色空间连线成片,提高利用率(图10)。公园不仅能休闲健身,还能满足娱乐需求,并提供多元文化活动,将川饼、川酒、川茶、竹艺、蜀绣、三星堆等文化IP在六个胶囊博物馆中展现,为周边带来多样化生活消费场景。公园还以TOD理念整合地上与地下空间,与龙湖天街、地铁站等无缝衔接,并引入436文创机构,利用公园地下空间打造成都首个TOD文创综合体,构成了"公园+文创"发展路径。随着公园建设,周边锦麟天玺、云上观邸等住宅持续建设,商业入驻率也显著提高(图11)。

该类型位于城区内部、街区组团间,公园周边均为建设用地,多为居住用地,通过绿道串联多个尺度各异的绿地与功能板块,形成绿网渗透的公园化城区。城市更新背景下区域内功能不断优化,教育、文化、医疗、体育等公共服务结合多级生活圈建设,围绕公园散点式、较密集分布,并重点培育休闲、餐饮、文化、零售等多样化生活消费场景,促进商业服务发展。同时培育少量商务办公、贸易咨询等生产服务以调节职住平衡。城市更新还促进了文化资源挖掘,以绿地为载体,实现文化价值转化。公园

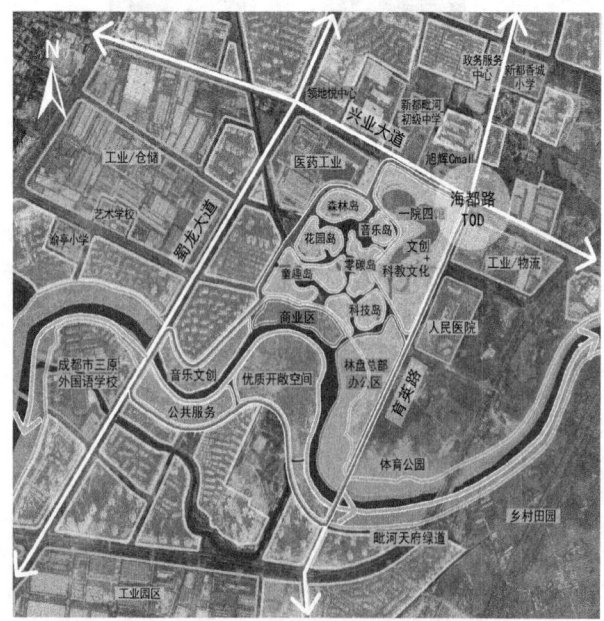

图8 泥巴沱森林公园功能业态分析图

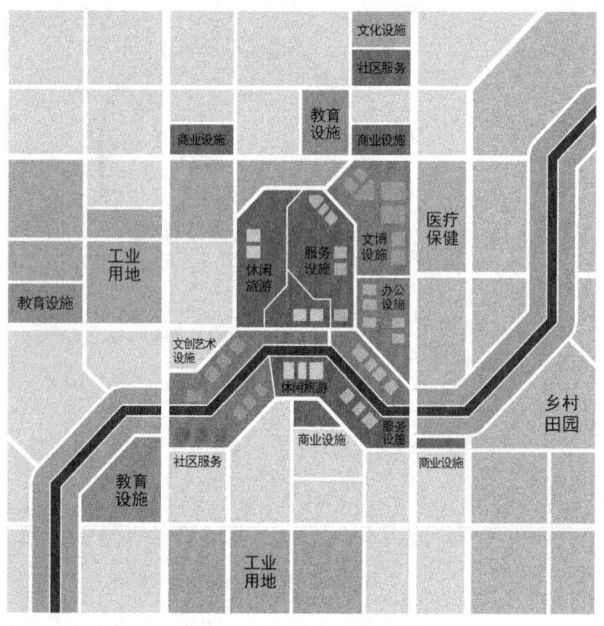

图9 公共服务型模式图

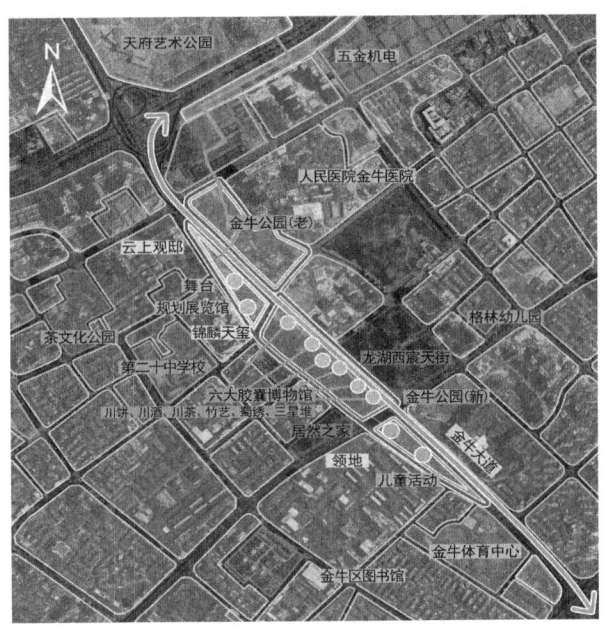

图 10　金牛公园功能业态分析图

图 12　交子公园功能业态分析图

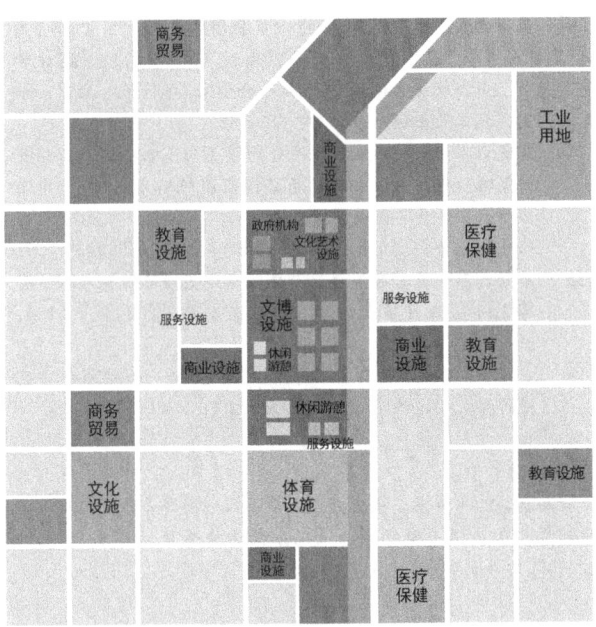

图 11　生活服务型模式图

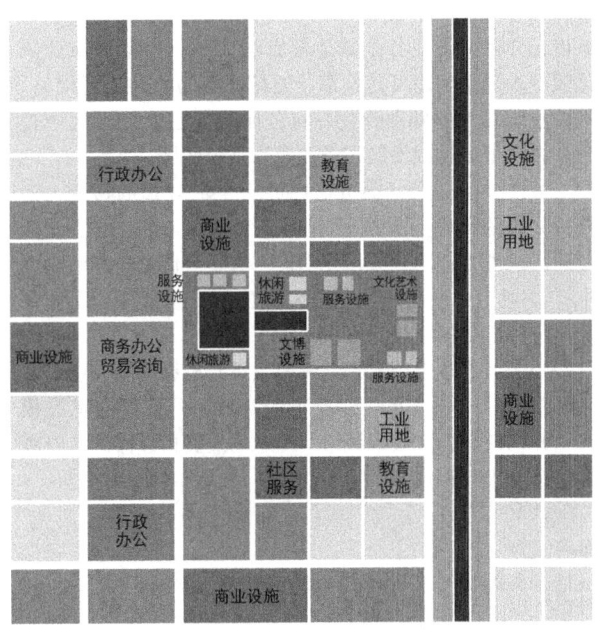

图 13　生产服务型模式图

内部依托嵌套布局的点状文旅设施与消费新业态，融入服务市民与游客的文化艺术、休闲体育、社区服务等业态，并开展各类市民活动，实现文商旅融合发展。

3.3　生产服务型模式

交子公园是位于金融商务区的现代生态艺术公园，分河东、河西及滨水三部分。西区已开放，是生活休闲好去处，也将是城南文化中心，布局交子艺术中心等，满足商务办公和文化艺术展览需求，并举办艺术活动，丰富市民生活。交子公园金融商务区致力于构建新型公园式消费模式，打造公园与金融科技、时尚消费、高端服务、文化旅游、生活休闲等业态融合的金融中心（图12）。片区围绕商务人群、高端人才和旅游者高端、个性化的消费需求，配套多元化服务业态；依托交子公园打造金融城西、城东两个商业聚集区和两条特色街区：交子二路商业街（金融消费特色街区）和交子金融街区（交子文化公园商业集群）[11]，环球中心、大魔方、银泰等差异化购物中心穿插其间，而居住功能为辅（图13）。

该类型以公园组织生产空间，周边多为生产服务，通过绿道串联，以商务商业、科技研发等功能为主，居住功能相对较少，且呈组团分布于外围区域。为满足商务、旅游等人群需求，公园周边布局多样化商业服务与生活服务设施，而公共服务在满足生活圈配套的基础上相对较少。公园内部则嵌套布局点状文旅设施，融入服务游客、辐射城市的文化艺术、体育休闲的业态类型，并开展各类活动，丰富市民文化生活。该类型依托公园绿地促进"城旅一体化"发展，通过旅游发展来刺激三产，以实现产业结构优化与城市功能完善，从而避免要素过度集聚而病态发展，围绕公园绿地实现生产空间与社区空间融合。

4 结语

公园城市是生态文明时代城市建设的新模式，成都建设宜居宜业环境已初见成效。首先反映在培育公园场景上，通过梳理公园场景分布与业态变化情况可知，5类公园场景除定位不同外，还有差异化空间分布特征与业态变化趋势，依据业态变化规律可分为公共服务型、生活服务型和生产服务型3种典型业态模式。

公园业态发展总体上则呈现出公共服务与生产服务占比均有上升趋势，且较2017年数据增长比例较大，但生活服务占比仍最大，且增量最明显。

最后总结出3种典型公园业态服务模式，并抽象为模式图，试图为公园城市的规划实践提供借鉴。

而公园城市建设并非仅与公园的增多与发展相关，而是一个完整体系，统筹规划城市的整体空间结构。单个公园服务功能区的更新与转型需依托连续网络骨架来与城市充分融合，使各个绿地形成联系[12]，推动城市公园化转型。还需构建可达性高、便捷高效的公共交通网络，强化公园绿地的辐射作用，将公园与周边更广泛区域连为整体，带动沿线发展，进而激活整个区域。

城市公共交通可促进居民健康生活方式的形成，而慢行系统的构建更是利于增加居民户外活动，除了满足交通需求外，还承载着多元功能，满足人们的多样活动需求[13]。城市建设可加快建设绿色公共交通系统，倡导绿色出行，打造城市慢行系统。

公园城市建设的实现，需要政策与机制不断完善，推动经济组织方式变革，建立集约高效、可持续的发展模式，并构建契合"公园城市"理念的发展指标体系，以考核公园城市建设成果。

参考文献

[1] 中共成都市委. 中共成都市委关于深入贯彻落实习近平总书记来川视察重要指示精神加快建设美丽宜居公园城市的决定[Z]. 2018.

[2] 成都市规划设计研究院. 成都市美丽宜居公园城市规划[Z]. 2018: 18-29.

[3] 曾九利, 唐鹏, 彭耕, 等. 成都规划建设公园城市的探索与实践[J]. 城市规划, 2020, 44(8): 112-119.

[4] 王忠杰, 吴岩, 景泽宇. 公园化城，场景营城——"公园城市"建设模式的新思考[J]. 中国园林, 2021, 37(S1): 7-11.

[5] 周逸影, 杨潇, 李果, 等. 基于公园城市理念的公园社区规划方法探索——以成都交子公园社区规划为例[J]. 城乡规划, 2019(1): 79-85.

[6] 范颖, 吴歆怡, 周波, 等. 公园城市: 价值系统引领下的城市空间建构路径[J]. 规划师, 2020, 36(7): 40-45.

[7] 陈明坤, 张清彦, 朱梅安, 等. 成都公园城市三年创新探索与风景园林重点实践[J]. 中国园林, 2021, 37(8): 18-23.

[8] 郑权一, 赵晓龙, 金梦潇, 等. 基于POI混合度的城市公园体力活动类型多样性研究——以深圳市福田区为例[J]. 规划师, 2020, 36(13): 78-86.

[9] 史北祥, 杨俊宴. 城市中心区的概念辨析及延伸探讨[J]. 现代城市研究, 2013(11): 86-92.

[10] 吴嘉铭. 基于POI数据的城市公园服务功能区识别研究——以重庆主城区43个公园为例[C]//中国风景园林学会. 中国风景园林学会2020年会论文集(下册). 北京: 中国建筑工业出版社, 2020: 489-492.

[11] 周逸影, 周塬, 李果. 新消费场景导向下的公园式商圈营造策略研究——以成都交子公园商圈规划为例[C]//中国城市规划协会. 面向高质量发展的空间治理——2021中国城市规划年会论文集(07城市设计), 2021: 658-667.

[12] 邹锦, 颜文涛. 存量背景下公园城市实践路径探索——公园化转型与网络化建构[J]. 规划师, 2020, 36(15): 25-31.

[13] 汪小琦, 李星, 乔俊杰, 等. 公园城市理念下的成都特色慢行系统构建研究[J]. 规划师, 2020, 36(19): 91-98.

作者简介

冯春，2000年生，女，汉族，陕西人，同济大学建筑与城市规划学院在读硕士研究生，研究方向为城乡规划。电子邮箱：474137519@qq.com。

公园城市理念下超大城市"城市公园绿地"开放共享建设策略探究
——以闵行区古美公园为例

Research on the Opening and Sharing Construction Strategy of "Urban Park Green Space" in Megacities under the Concept of Park City
—Taking Gumei Park in Minhang District as an Example

王 艺 潘 兵

摘 要: "公园城市"成为探索与革新人与自然和谐共生的城市发展新战略。本文通过系统性总结国内外"公园城市"建设经验,探讨"公园城市"理念下,上海破解超大城市生态环境建设瓶颈,进一步优化"市民-公园-城市"三者关系,建设开放、共享的"城市公园绿地"内涵,并浅析闵行区"城市公园绿地"开放共享建设策略和古美公园绿地开放共享建设实践路径。

关键词: 公园城市;超大城市;城市公园绿地;开放共享

Abstract: "Park City" has become a new strategy for exploring and innovating the harmonious coexistence between humans and nature in urban development. This paper systematically summarizes the construction experience of "park city" at home and abroad, discusses that under the concept of "park city", Shanghai will break the bottleneck of ecological environment construction in megacities, further optimize the relationship between "citizen-park-city", build an open and shared "urban park green land" connotation, and analyze the open and shared construction strategy of "urban park green land" in Minhang District and the open and shared construction practice path of Gumei Park green land.

Keywords: Park City; Megacities; Urban Park Green Space; Open Sharing

1 从"城园"到"园城"

1.1 "公园城市"理念背景

我国城园骨架传承千年,随着生态价值创造性转化时代的来临,探索与革新人与自然和谐共生成为城园现代化发展的新课题。

2018年,习近平总书记强调把生态价值考虑进城市发展,提出"公园城市"理念。城市公园将不再是空间上的"城市中建公园",而是以人民为中心,以人民的参与感、获得感和幸福感为根本出发点,强调公园与城市空间的无界融合,形成与生态、生活、生产功能相宜的城市新形态。

1.2 国内外"公园城市"建设经验

"公园城市"的建设源于英美,从城市公园体系构建到"国家公园城市"评选,至今发展已有百余年,核心为破解城市发展步入新阶段后,以创新能力优化资源配置、带动经济新增长,对当前我国广泛开展的公园城市建设启示意义较强(表1)。

国内外"公园城市"建设借鉴分析表　　　　表1

国家	国外		国内
	英国	日本	中国
实践城市	伦敦	东京	成都
城市定位	全球第一个 "国家公园城市"	亚洲最早发展 公园体系的城市之一	山水人城和谐相融的公园城市
发展阶段	4个阶段: (1)集群构建阶段(19世纪中期) (2)立法推进阶段(20世纪初期) (3)绿色成网阶段(20世纪中后期) (4)综合提升阶段(21世纪至今)	3个阶段: (1)大公园+公园道阶段(20世纪初) (2)服务圈层完善阶段(20世纪中期) (3)细化公园分类阶段(21世纪至今)	公园城市示范区建设: 到2025年,建设取得明显成效。 到2035年,建设全面完成

续表

国家	国外		国内
	英国	日本	中国
建设路径	体系建设： (1) 绿斑升级，内城公园微改造，融入娱乐亲子和运动，打造城市微度假中心； (2) 绿链激活，催生路网、水网新价值，融合城市功能，打造市民休闲美空间； (3) 绿楔引导，形如"绿手指"引导城市多核发展，打造混合型"产业走廊"； (4) 形成区域公园、大都会公园、地区公园、开放空间和口袋公园等组成的城市公园体系。 运营创新： 社区更新基金、增长绿色基金资助	体系建设： (1) 高密度城市适配居民"都市户外"需求，在标配之外延展更多个性化功能； (2) 形成基干公园、特殊公园、大规模公园、国营公园、缓冲绿地、都市绿地、都市林、广场公园和绿道等组成的城市公园体系。 运营创新： (1) Park-PFI 模式，实践公地私营、公私合营、长线经营（企业对公园的管理周期从 10 年延长到了 20 年）； (2) 提升建筑覆盖率（从 2% 到 12%），放开自行车停车场、广告牌等便利性设施	探索山水人城和谐相融新实践和超大、特大城市转型发展新路径： (1) 塑造公园城市优美形态，打造城市践行"绿水青山就是金山银山"理念示范区； (2) 增进公园城市民生福祉，打造城市人民宜居的示范区； (3) 激发公园城市经济活力，打造城市人民宜业的示范区； (4) 增强公园城市治理效能，打造城市治理现代化的示范区
实践借鉴	基金＋"绿斑升级-绿链激活-绿楔引导"	Park-PFI 模式＋高密度城市的"都市户外"	山水人城和谐相融新实践＋园中建城、城中有园、推窗见绿、出门见园的公园城市形态＋增进福祉、激发经济、增强治理

1.2.1 将"国家公园城市"作为城市永续发展的战略

英国从 19 世纪开始意识到要通过公共造园的建设改善城市居民的生活状况，逐步开展绿斑升级、绿链激活、绿楔引导等建设计划。伦敦在 2019 年正式宣布其成为全球第一个"国家公园城市"，并成立国家公园城市基金会，制定《伦敦国家公园城市大宪章》，到 2025 年，实现绿色空间占比达 50% 以上，城市变得更绿色、更健康、更具野性，让更多人愿意更积极地参与户外活动[1]。

1.2.2 创新运营模式，构建多元生活为核心的复合体系

日本深受霍华德"田园城市"理论影响，东京作为最早发展公园体系的亚洲城市第一，已形成通过 Park-PFI（private finance initiative）模式引入民间资本，由基干公园、特殊公园、大规模公园、国营公园、缓冲绿地和绿道等组成的公园系统，重在提高城市魅力、支持高度防灾、创造可传承的多元生活核心。

根据《城市用地分类与规划建设用地标准》GB 50137—2011、《城市绿地分类标准》CJJ/T 85—2017，我国现有公园绿地是指城市建设用地内向公众开放，以游憩为主要功能，兼具生态、景观、文教和应急避险等功能，有一定游憩和服务设施的绿地，划分为综合公园、社区公园、专类公园、游园（表 2）。2018 年，四川率先开展公园城市建设试点，并支持成都进行先行先试；2022 年国务院批复同意《成都建设践行新发展理念的公园城市示范区总体方案》，为探索山水人城和谐相融新实践以及超大、特大城市转型发展提供新路径。

公园绿地分类表 表 2

				向公众开放，以游憩为主要功能，兼具生态、景观、文教和应急避险等功能，有一定游憩和服务设施的绿地
G1	公园绿地	G11 综合公园	≥10hm²	内容丰富，适合开展各类户外活动，具有完善的游憩和配套管理服务设施的绿地
		G12 社区公园	≥1hm²	用地独立，具有基本的游憩和服务设施，主要为一定社区范围内居民就近开展日常休闲活动服务的绿地
		G13 专类公园	—	具有特定内容或形式，有相应的游憩和服务设施的绿地
			G131 动物园	在人工饲养条件下，移地保护野生动物，进行动物饲养、繁殖等科学研究，并供科普、观赏、游憩等活动，具有良好设施和解说标识系统的绿地
			G132 植物园	进行植物科学研究、引种驯化、植物保护，并供观赏、游憩及科普等活动，具有良好设施和解说标识系统的绿地
			G133 历史名园	体现一定历史时期代表性的造园艺术，需要特别保护的园林
			G134 遗址公园	以重要遗址及其背景环境为主形成的，在遗址保护和展示等方面具有示范意义，并具有文化、游憩等功能的绿地

续表

G1 公园绿地	G13 专类公园	G135 游乐公园	单独设置，具有大型游乐设施生态环境较好的绿地，绿化占地比例宜大于或等于65%
		G139 其他专类公园	除以上各种专类公园外，具有特定主题内容的绿地主要包括儿童公园、体育健身公园、滨水公园、纪念性公园、雕塑公园以及位于城市建设用地内的风景名胜公园、城市湿地公园和森林公园等，绿化占地比例宜大于或等于65%
	G14 游园	—	除以上各种公园绿地外，用地独立，规模较小或形状多样，方便居民就近进入，具有一定游憩功能的绿地

2 "公园城市"理念下上海"城市公园绿地"开放共享建设内涵

上海作为具有世界影响力的社会主义现代化国际大都市，常住人口超过2400万的特大城市，近些年来，立足"地少人多"的高密度人居环境特征，相继出台以人民性、共享性为导向的公园城市建设指导意见和实施方案，力图进一步优化"市民-公园-城市"三者关系，积极破解超大城市生态环境建设瓶颈，不断推动以"城市公园绿地"为主的绿色空间开放、融合，让绿色成为城市发展最动人的底色、人民城市最温暖的亮色，力争至2025年，公园与城市更加开放融合，公园城市治理取得突破，生态价值转换效益明显[2]。

依据《上海市生态空间专项规划（2021—2035）》《上海市公园城市规划建设导则》和《上海市"十四五"期间公园城市建设实施方案》，上海正以公园为基底，"公园+"推进国家、城市、地区、社区和口袋公园5级城乡公园体系全域融合（表3），"+公园"完善街区、社区、校区、园区和乡村的绿色开放（表4）。根据"2023民生访谈"，截至2022年底，上海纳入城乡公园名录管理的各类公园已有670座，到2025年底，上海将通过新建或改造提升新增公园600座以上，使公园总数超过1000座。

"公园+"：上海5级城乡公园体系功能融合分析表　　　　表3

公园类型	面积区间	服务半径	类型定位	规划布局	融合多样功能							
					+ 社会、经济、生活价值				+ 生态、安全、人文价值			
					一站式	开放共享	重要城市功能区、大型基础设施	地下空间	科普教育体育文化	生态保育	海绵城市	防灾避险	历史活化
五级体系												
国家公园	—	—	国家级公园	全球价值、国家象征	—	—	—	—	●	●	●	●	○
郊野公园	≥400hm²	区域	区域级公园	一般位于城镇开发边界外，突出三生融合	●	○	—	○	●	●	●	●	○
城市公园	≥10hm²（推荐50hm²）	市域	城市级公园	结合环城生态公园带、产业成片转型区域、新城中心以及南北转型区域	—	●	●	●	●	○	●	●	○
地区公园	≥4hm²	2km（中心城）	地区级公园	中心城范围内按照2km服务半径进行布局，郊区范围内打造"一镇一园"	—	●	○	●	●	●	●	●	○

续表

公园类型	面积区间	服务半径	类型定位	规划布局	融合多样功能								
					+社会、经济、生活价值					+生态、安全、人文价值			
					一站式	开放共享	重要城市功能区、大型基础设施	地下空间	科普教育体育文化	生态保育	海绵城市	防灾避险	历史活化
五级体系													
社区公园（乡村公园）	≥0.3hm²	500m	社区级公园	按照步行15min（500~1000m）可达要求	—	●	●	○	●	●	●	●	○
微型口袋公园	—	300m	公园服务覆盖的有效补充	宜结合绿地、街头广场、公共设施架空层等空间	●	●	●	●	●	●	●	●	○
其他													
立体绿化	—	—	立体绿化网	集中、特色、特色走廊	●	●	●	—	●	●	●	—	—

"十公园"：公园街区、社区、校区、园区、乡村建设分析表　　表4

公园+类型	公园街区	公园社区	公园校区	创新园区	公园乡村
性格特征	多元活力	舒适温馨	人文智慧	开放融合	多元复合
建设选址	本市以商业办公功能为主，以及富有历史文化与滨水特色的地区和街坊	针对本市以居住功能为主的地区和街坊	针对本市普教系统各公办、民办中小学、幼儿园等教育单位、各高等院校及大学园区	针对本市产业基地产业社区所在的工业园区	针对本市城市开发边界外的郊野地区
服务对象	行人、居民上班族、游客	全龄人群残障人士	在校学生教职员工游览人群	园区工作人群社交需求人群	乡村工作人群生活游憩人群
建设要点	整体统筹、完善网络特色节点、融合绿化美化小品、复合空间活力滨水、历史街区	绿色网络、步行可达共建共享、舒适空间便民慢行、全龄友好	覆盖提升、校城融合多元服务、活力系统开放场景、智慧科普	分类引导、网络空间多元功能、可感可知产景融合、创新生活	乡村生态、统筹要素活动网络、蓝绿本底宜居生活、特色产业

2023年1月，住房和城乡建设部办公厅印发《关于开展城市公园绿地开放共享试点工作的通知》，主动回应城市发展与市民对美好生活的需求，积极促进绿地空间的有效释放。上海积极顺应大势，以"城市公园绿地"的开放与共享为主要抓手，制定《上海市城市公园帐篷区管理指引（试行）》等政策，做足市民体验，推动绿色共享，逐绿而行地建设公园城市示范点和示范区，打造令人向往的"生态之城""千园之城"。

3 闵行区"城市公园绿地"开放共享建设策略

3.1 闵行区"城市公园绿地"现状发展特征

上海之"中"，横跨黄浦江、形似"钥匙"的闵行区，始终秉承"城市是生命体、有机体"的发展理念，坚持用美学的眼光和精致的手势构建精明增长的城市空间。截至 2022 年底，闵行区现有各类公园占比近上海全市的 25%（表 5），焕彩增彩间初见蓝绿产城交织、城园生活相融的城市框架雏形，但仍存在绿化总量不足、公园分布不均等问题。

闵行区绿化发展现状指标对比表　　表 5

地区	常住人口（万人）	户籍人口（万人）	绿地（hm²）	森林资源（hm²）	立体绿化（万 m²）	绿道（km）	各类公园（座）	人均公园绿地面积（m²）	森林覆盖率
上海市	2475.89	1469.63	171200	126533	550	1537.78	670	8.5	18.5%
闵行区	267.32	123.78	10280	7003	79.6	267	163	11	18.8%
	10.8%	8.4%	6%	5.6%	14.47%	17.36%	24.33%	—	—

资料来源：2022 年上海市国民经济和社会发展统计公报、2022 闵行统计年鉴。

3.2 闵行区"城市公园绿地"开放共享建设策略

闵行区强化衔接上海"公园城市"建设，全面探索"公园＋"和"＋公园"。在顶层统筹的基础上建立全方面评估体系；积极推进地区公园、绿道网络和立体绿化建设，全面推进包含环上绿带公园群、环内楔形绿地、环外生态间隔带在内的环城生态公园带建设，以及森林、绿化品质提升和邻里微公园建设；进一步聚力商区、街区、社区、校区、园区和乡村，拆墙透绿，加大公园免费和延长开放力度，拓展共享新路径。实现上海市闵行区绿化市容"十四五"规划所提出的：闵行中心城、主城区公园绿地 500m 服务半径基本全覆盖（中心城覆盖率 95% 以上、主城区覆盖率 90% 以上）。

4 古美公园绿地开放共享建设实践

古美公园位于闵行区古美路街道的南部，总用地面积为 98630m²，是闵行区中部板块"1＋7＋10＋N"公园体系里 10 个地区公园之一（图 1），也是闵行区首批可以搭建帐篷的 15 座公园之一（表 6），呈"蝶"状翩然飞舞在居民社区和商务楼宇中，水绿相依地建设生态自然永续、文体融合创新、市民欢聚共享的社区型开放绿地（图 2）。

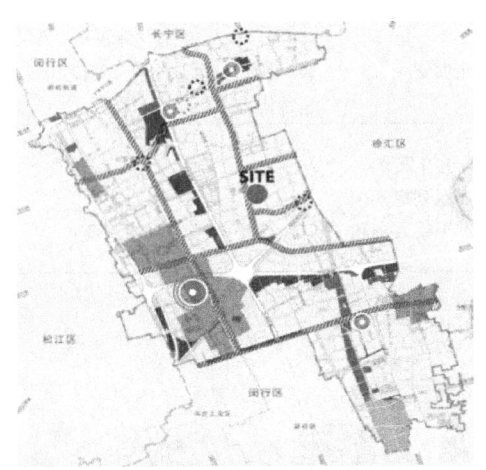

图 1 古美公园区位示意图

图 2 古美公园实景图
（图片来源：网络）

闵行区首批可以搭建帐篷 15 座公园名单　　表6

郊野公园	浦江郊野公园
区级公园	闵行体育公园、闵行文化公园、莘庄梅园、黎安公园
镇级公园	梅陇公园、梅馨陇韵、梅陇国防教育主题公园、梅陇南方公园、华翔绿地 莘城中央公园、银都绿地、浦江第一湾公园、古美公园、闵行科创公园

公园于 2021 年底对外开放,分为入口过渡、湿地涵养、生态密林、环湖活动、文化展示和运动场地等功能区（图 3），围绕时尚风、生活味、幸福感、烟火气四个方面，以市民共享活动需求为导向，设立"公园+"课堂、客厅、画廊和营地，植入荧光夜划活动、上海市划船器系列赛等文体美育节事，打造"行走即诗意的漫游、停留即观望的乐趣、坐下即人性化的示范生活空间"，成为敦亲睦邻"15 分钟生活圈"的重要组成（表7）。

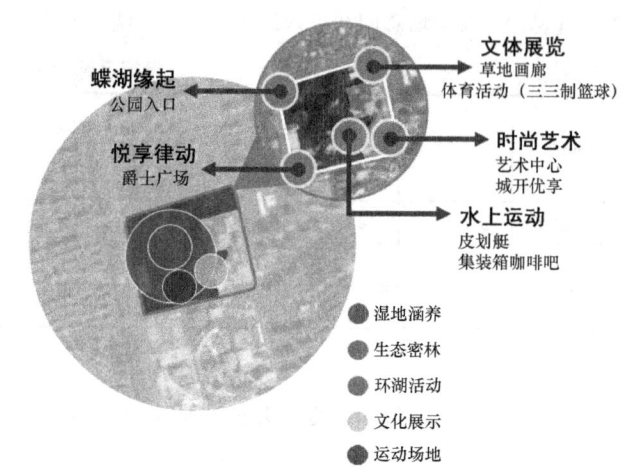

图 3　古美公园功能示意图

古美公园绿地开放共享路径分析表　　表7

服务对象	亲子家庭	"折翼天使" （智力障碍、听障人士） "星星孩子"（自闭症儿童）	活力长者	城市新青年
开放特征	课堂、客厅		客厅	画廊和营地
共享需求	"放学一小时"、户外工作坊 体育活动营、户外兴趣营、自然探索营		晨练广场、业余演奏	网红草坪、装置艺术展览 户外 Crossfit、公园 IP 演艺 周末市集、周末野餐
美育节事	"三三制"国际标准篮球赛、爵士音乐节 荧光夜划活动、上海市划船器系列赛 （"与你同行·共享阳光"青少年天使挑战赛、古美校园青少年二项铁人赛和"和美家庭"亲子二项铁人赛）			
活动示意				

5　结语

超大城市"城市公园绿地"开放共享建设，需要围绕全面探索"公园+"和"+公园"：

路径一，建体系，从事前、事中、事后三个维度全方面评估；

路径二，织绿网，注重"顶层统筹，点做亮点，面保基本，线性引领"，水扩绿、路添绿、境复绿、点环绿，打造舒适便捷的生态空间；

路径三，强主题，利用已建生态空间，通过调、改、增等方式，与周边各类设施空间融合连通，主题化植入人文、艺、体、科、旅等功能和节事；

路径四，提品质，完善服务设施，升级公园绿地"绿化、彩化、珍贵化、效益化"的"四化"建设水平，打造绿意盎然的精品空间；

路径五，倡开放，拆墙透绿，鼓励开放单位附属空间、加大公园免费和延长开放力度；

路径六，创示范，在"美丽街区""绿色校区""转型园区""乡村振兴示范片区、示范村"的基础上创建示范点。

真正实现让市民融入其中，体验公园城市的无界融合。

参考文献

[1] 郑宇, 李玲玲, 陈玉洁, 等. 公园城市视角下伦敦城市绿地建设实践[J]. 国际城市规划, 2020(1): 1-9.

[2] 上海市绿化和市容管理局. 关于推进上海市公园城市建设的指导意见[Z]. 2021.

作者简介

王艺, 1987年生, 女, 汉族, 上海人, 硕士, 万品建筑设计（上海）有限公司, 工程师、规划部部门经理, 研究方向为风景园林规划和环境设计。电子邮箱: 980320778@qq.com。

潘兵, 1987年生, 男, 汉族, 安徽人, 本科, 上海到特设计咨询有限公司, 工程师、景观事业二部经理, 研究方向为风景园林规划、环境设计。电子邮箱: 393751108@qq.com。

公园绿地开放共享的路径探索
——以宜春为例

Exploration of the Park Green Space Opening and Sharing Strategy
—Based on A Case Study of Yichun

漆子钰

摘　要：发现、拓展公园绿地开放共享新空间，是民心所向的新局面，本文以宜春市中心城区公园绿地开放共享为例，坚持以人民为中心的理念，从明确需要开放什么类型的公园绿地、明确需要完善公园绿地的什么功能、探索公园绿地开放后怎么管好三个方面逐一阐述了宜春市的经验做法。旨在提升公园绿地的功能价值，为公园绿地开放共享试点形成一些好经验、好做法，以期推进试点工作。

关键词：公园绿地；开放共享；宜春

Abstract: Expanding the open and sharing space in urban parks is what our citizens expect. This essay takes Yichun's park green space opening and sharing pilot reform as an example, based on the people-centered concept, to elaborate on the experience and practice of Yichun in solving three potential problems in this reform — what kinds of green space should be opened, what functions of the green space need to be improved and how to manage the space after opening. This research aims to enhance the functional value of park green space and provide good experience and approaches for the opening and sharing of park green space, thus promoting the pilot work.

Keywords: Park Green Space; Open and Sharing; Yichun

引言

在过去，城市公园大多被认为是城市发展的附属建设，设计和规划都受到种种局限[1-3]，随着新时代中国生态文明建设的推动，公园绿地逐渐受到重视[4]，其空间布局和配套服务设施持续引发社会各界关注[5]。如今，城市公园绿地是人们享受自然、亲近自然的重要场所，是健康城市建设的重要范畴[6]，是人们生活负担和情绪压力的缓冲带[7-8]，不仅能调节城市中的微气候、减缓温室效应，对城市的经济和环境起着积极的正面作用[9-10]，还直接或间接影响着人们的健康和社会适应能力[11-15]。

时下许多居民热衷于就近享受绿色，但城市内的公园往往会设置"小草青青，脚下留情"的温馨提示牌，倡导公众不要随意进入和践踏，使得公园内的不少空间"只可远观而不可近玩"。2023年1月，住房和城乡建设部发布《关于开展城市公园绿地开放共享试点工作的通知》[16]，要求不但让人顺利进入公园，还能顺利进入草坪、林下空间，满足人民群众搭建帐篷、运动健身、休闲游憩等亲近自然的新需求、新期待。

目前，城市公园绿地存在诸多共性问题：①公园闲置地多，使用率不高[9,17-18]；②绿地功能有待完善，各公园主题不明确，具有同质性[19]；③游憩体验感有待提高，公园缺少参与性和趣味性[20-22]。可见，如何有计划、科学合理地提升公园绿地的可达性、服务性、趣味性，是开展公园绿地开放共享的挑战之一[23]。为此，宜春市按照住建部和江西省住建厅关于公园绿地开放共享试点工作的要求，积极推进试点工作，增加公园内可进入、可体验的活动场地，进一步提升公园多元服务功能，助力文明城市、卫生城市、园林城市建设，以期形成一些好的经验和做法，为公园绿地开放共享试点工作提供新路径。

1　宜春市概况

宜春市位于江西省西北部，是长江中游城市群的重要成员、赣湘鄂区域中心城市、全国锂电新能源产业基地、全国健康养生基地[24]，现辖13个县市区，属中亚热带季风气候区，享有"山明水秀，土沃泉甘，其气如春，四时咸宜"之美誉[25-26]。中心城区袁州区是一座"城在山中，山在城中，山水相抱"的山水园林特色城市，曾先后获评"全国绿化模范城市""国家园林城市""国家卫生城市""江西省生态园林城市""国家森林城市"等。经过多年"拆墙透绿"的持续努力，宜春市中心城区城市公园免费开放率达97%以上，有着良好的开放共享基础。

2　实施路径

2.1　调查摸底，明确需要开放什么类型的公园绿地

截至2023年6月，全市城市公园292处，其中中心城区已建公园绿地76处，面积达1200hm²，2022年人均公园绿地面积达19.01m²/人。各公园绿地类型多元、特征不一，如何确定这些公园的开放共享区域成为第一步亟须明确的问题。宜春市第一时间组织开展实地调研，摸

清各城市公园实际情况，在全市范围内确定25个在本地具有代表性、服务设施较完善的公园作为第一批开放共享试点公园，涵盖了郊野公园、综合公园、专类公园及其他类型公园，开放共享面积66.1hm²（其中草坪35.7hm²、林下空间16.4hm²、空闲地6.2hm²、水域7.8hm²）。

中心城区开放共享公园9处，包括人民公园、袁山公园、状元洲公园、宜阳森林公园、丰城广场、东湖公园、松江园、春顺公园、玉盘公园。其他暂不满足开放共享的公园在有针对性地分批次提质改造后再行开放。

2.2 问需于民，明确需要完善公园绿地的什么功能

随着经济发展，人们的生活水平和生活习惯都发生了巨大变化，尤其在后疫情时代，人类对自然的向往不仅仅只是在家门口的绿地休闲、散步，他们渴望更高品质的绿色生活，而当前很多传统的城市公园建设已难以满足市民现有的休闲、健身、娱乐需求。为此，宜春市坚持以人民为中心的理念，做到问计于民、问需于民，积极征求园林界专家，以及宜春学院的教授、学者、学生的意见，通过主题为"绿地共享 乐在园林"的政府开放日等活动听取广大市民的声音，认真梳理，将其中合理、符合实际的意见融入试点方案中，做到"一园一特色"。同时，根据各个公园的具体情况进行分区，便于市民休闲娱乐，如毗邻市政府的人民公园以文化健身和亲子游乐为主，注重自然教育和户外学习，分为帐篷区、儿童游乐区、滑板运动区、阅读区、影音娱乐区、休闲娱乐区、特色摊点区（图1）；宜春古八景之一——袁山耸翠的袁山公园以娱乐观赏为主，注重休闲娱乐、运动健身，分为帐篷区、娱乐健身区、观赏区、垂钓区、特色摊点区（图2）；宜春古八景之一——卢洲印月的状元洲公园以状元文化为主，注重文化推广、聚会社交，分为帐篷区、状元文化展示区、娱乐健身区、休闲娱乐区（图3）。

根据调查摸底的情况，认真思考如何赋予公园更多服务公众的可能性，有针对性地对草坪、林下空间、空闲地等区域的功能设施进行完善，在人群集中区域增设直饮水、垃圾分类箱、灭烟筒、标识牌、微型消防站和太阳能视频监控等设施（图4～图6）。此外，还对老旧公厕创新融入"城市客厅""宜歇脚"理念，重点增加了母婴室以及无障碍设施，进一步拓展了公厕的便民服务功能。

2.3 积极作为，探索公园绿地开放后怎么管好

多元化的公园绿地意味着园林绿化管理工作和管理水平需要不断优化相关管理制度和措施，面对绿地开放共享新增的压力和挑战，在满足老百姓新期待新需求的同时，宜春市积极思考、主动作为，从加强植物养护管理和游客服务保障等方面制定个性化管理方案。

人民公园绿地开放共享试点方案

设计说明：
根据住房和城乡建设部办公厅《关于开展城市公园绿地开放共享试点工作的通知》《江西省2023年开展城市公园绿地开放共享试点工作方案》的要求，在公园草坪、林下空间以及空闲地等区域划定开放共享区域，满足人民群众搭建帐篷、运动健身、休闲游憩等亲近自然的户外活动需求。

人民公园位于明月北路东侧、宜阳大道北侧、泸州北路西侧，公园总面积381亩，分为东、西两个区域，本着"生态优先，以人为本，以史为魂"的设计理念，以高质量、高品位的建设标准，致力于为宜春人民打造一个满足公共活动需求的平台，一个感受历史文化的空间，一个亲近大自然的机会和休闲的场所。本次绿地开放共享试点位于人民公园西侧，面积约120亩，现有公厕两座，垃圾收集点一个。按照"因地制宜、分类管理、安全有序"的原则，结合草地、林荫地现状及游客需求，划分儿童游乐区、流动特色摊点、帐篷区、滑板运动区、阅读区、影音娱乐区、休闲娱乐区等。

图例
1 儿童游乐区（1500m²） 2 流动特色摊点（500m²） 3 精品帐篷区（1200m²） 4 滑板运动区（1000m²） 5 阅读区一（120m²）
6 阅读区二（700m²） 7 影音娱乐区（1200m²） 8 休闲娱乐区（17000m²） 9 帐篷区一（2000m²） 10 帐篷区二（1300m²）
11 微型消防站（3座） 12 公厕改"城市客厅"（140m²） 现有公厕

图1 人民公园平面布置图

袁山公园绿地开放共享试点方案

设计说明：

根据住房和城乡建设部办公厅《关于开展城市公园绿地开放共享试点工作的通知》《江西省2023年开展城市公园绿地开放共享试点工作方案》的要求，在公园草坪、林下空间以及空闲地等区域划定开放共享区域，满足人民群众搭建帐篷、运动健身、休闲游憩等亲近自然的户外活动需求。

袁山公园位于宜阳大道南侧、明月路北侧西侧、铜鼓路北侧、高士北路东侧，公园总占地面积1300亩，其中山地500亩，水面200亩，是宜春第一个综合性城市中心公园。公园现有公厕六座，小卖部三座。按照"因地制宜、分类管理、安全有序"的原则，结合草地、林荫地现状及游客需求，划分娱乐健身区、各类观赏区、特色摊点、帐篷区以及垂钓区等。

图例
1 帐篷区一（5000㎡）
2 帐篷区二（900㎡）
3 帐篷区三（2900㎡）
4 帐篷区四（3000㎡）
5 娱乐健身区一（1600㎡）
6 娱乐健身区二（23000㎡）
7 娱乐健身区三（4800㎡）
8 娱乐健身区四（200㎡）
9 娱乐健身区五（4300㎡）
10 花卉观赏区（20000㎡）
11 竹林观赏区（54000㎡）
12 荷花观赏区（24000㎡）
13 锦鲤观赏区（3500㎡）
14 垂钓区一（16000㎡）
15 垂钓区二（14000㎡）
16 特色摊点（1100㎡）
17 公厕改造（78㎡）
18 微型消防站（2座）
现有公厕
现有小卖部

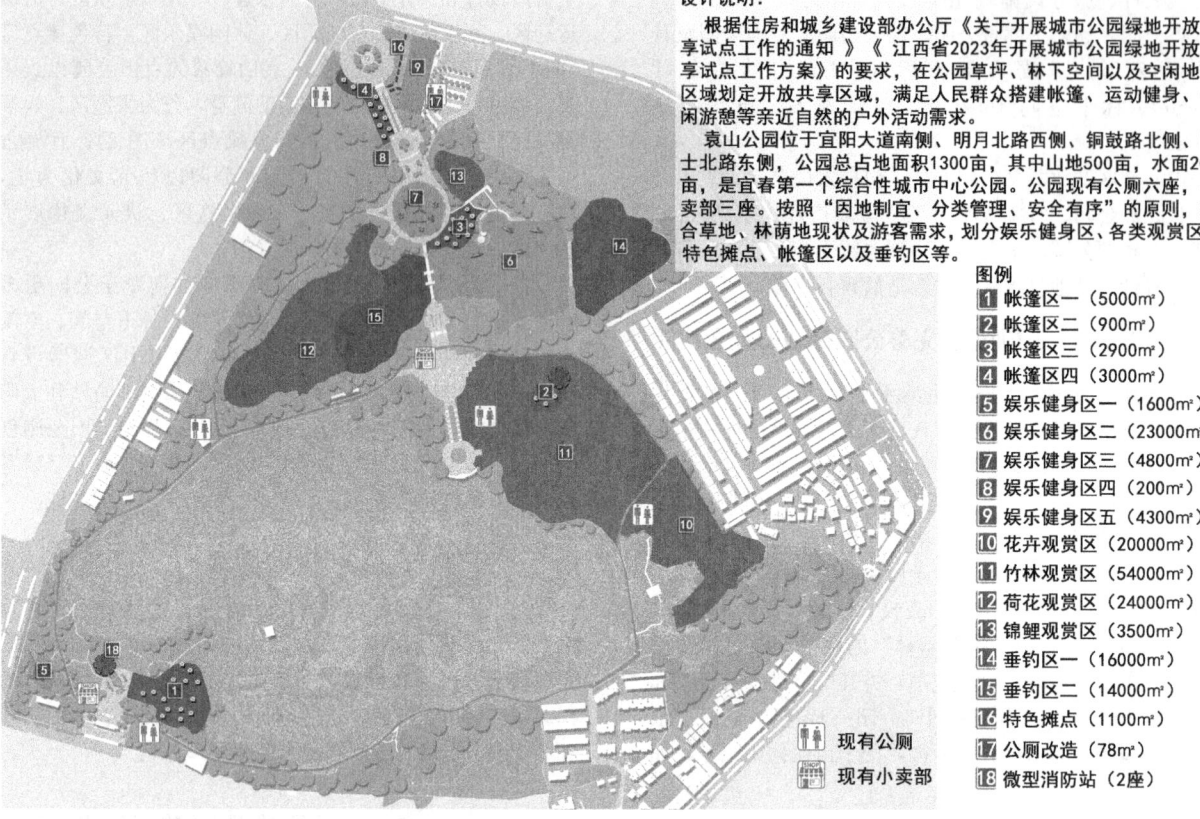

图2 袁山公园平面布置图

状元洲公园绿地开放共享试点方案

设计说明：

根据住房和城乡建设部办公厅《关于开展城市公园绿地开放共享试点工作的通知》《江西省2023年开展城市公园绿地开放共享试点工作方案》的要求，在公园草坪、林下空间以及空闲地等区域划定开放共享区域，满足人民群众搭建帐篷、运动健身、休闲游憩等亲近自然的户外活动需求。

状元洲亦称卢洲，位于明月路东侧、袁河路北侧、秀江东路南侧的秀江河中央，面积约108亩，形似巨舰。状元洲公园是以传承文化为核心，激励今人勤奋好学为目标，辅以市民休闲锻炼的综合性公园，主要展现"状元文化"，重现"卢洲映月"景观。公园现有公厕两座，垃小卖部两个。按照"因地制宜、分类管理、安全有序"的原则，结合草地、林荫地现状及游客需求，划分状元文化展示区、娱乐健身区、休闲娱乐区及帐篷区。

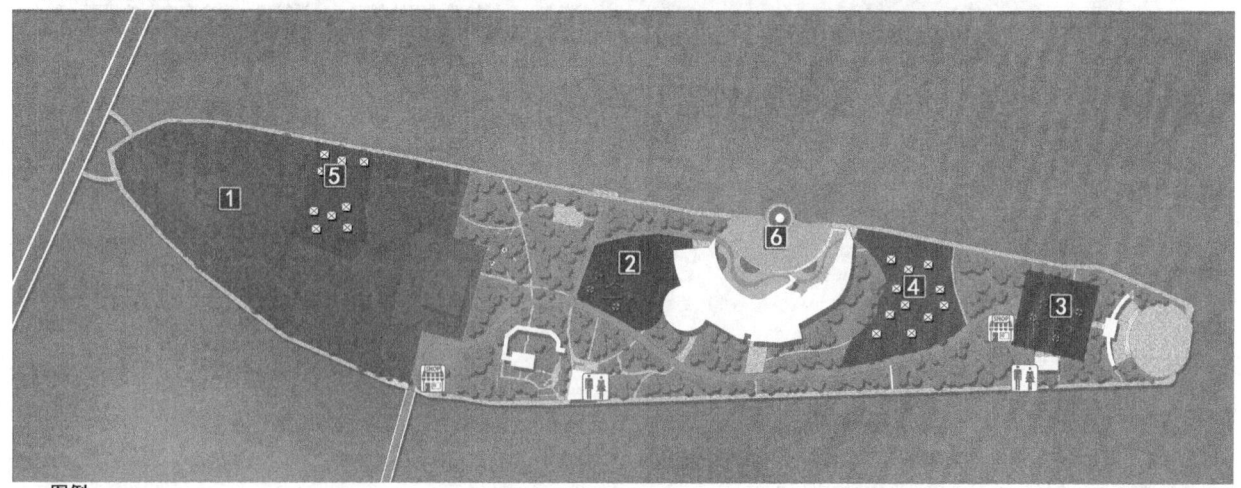

图例
1 状元文化展示区（19000㎡） 2 娱乐健身区一（2700㎡） 3 娱乐健身区二（2100㎡） 4 帐篷区一（3000㎡）
5 帐篷区二（2400㎡） 6 休闲娱乐区（1400㎡） 现有公厕 现有小卖部

图3 状元洲公园平面布置图

图 4 人民公园附属设施布置图

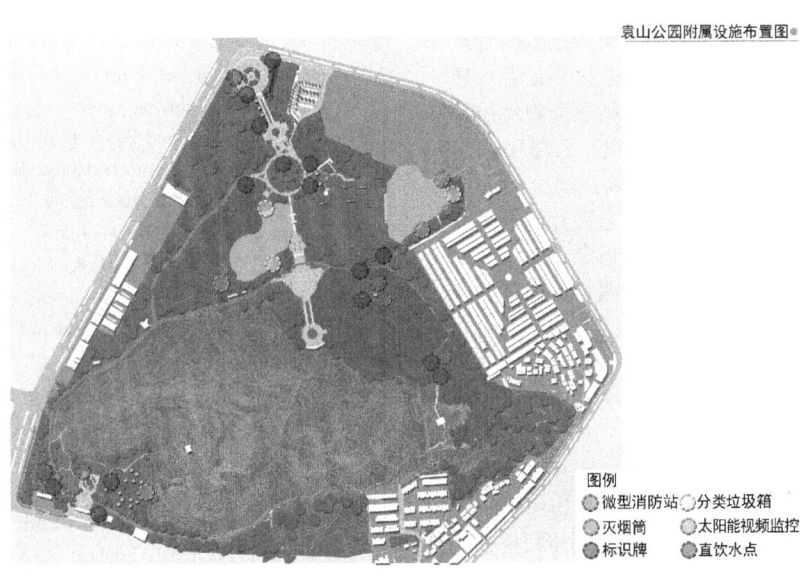

图 5 袁山公园附属设施布置图

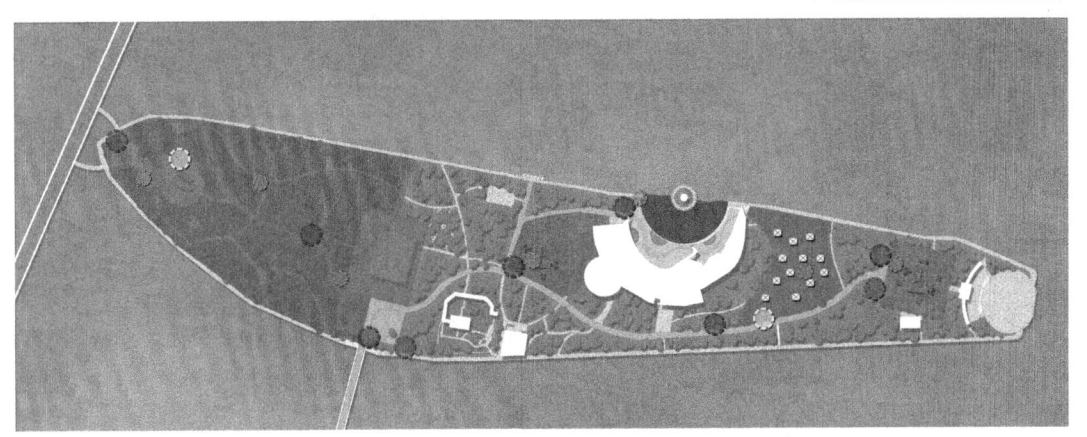

图 6 状元洲公园附属设施布置图

①落实资金保障，虽然2023年经费预算中没有配套该项工作资金，但积极向上争取，宜春市政府对这项工作高度重视，基本同意增加人民公园、袁山公园、状元洲公园绿地开放共享试点经费。②制定规章制度，从适用范围、选址布局、帐篷设置、配套服务、环境管理、管理机构职责、禁止行为等方面拟定《宜春市公园帐篷区管理指引》，安排试点区域草坪轮休表，每季轮流更替开放，在需要休息的草地放置"轮休"期的标识牌，让小草得到"休息"和"生长"。③做好温馨提示，在公园显著位置和每个开放区域设置儿童游乐、健身、观赏、垂钓、阅读、观影等安全导则和注意事项，提示市民游客文明游玩、安全游玩，并通过摄像系统喊话功能提醒劝导市民遵规守纪，倡导文明游园。④推行网上预约服务，在人民公园设置1200m²的精品帐篷区，实行预约制，届时市民可根据网上预约时段和号码，对号入座，为其他开放绿地帐篷峰值到来之前形成经验。⑤规范摊点管理，在公园内设置特色摊点区，让流动摊点固定化、固定摊点规范化、规范摊点精品化，既方便了市民日常生活需求，又缓解了公园流动摊点卫生管理难的困境。⑥与本地大专院校合作，建立"文明劝导员"队伍和志愿者服务队伍，引导市民科学合理使用开放绿地。⑦鼓励开展活动，与社会组织、志愿服务组织、教育机构合作，利用开放共享区域开展公园＋文化、公园＋科普、公园＋菊花文化节等老百姓内心自发产生的公益性活动。⑧联合三方经营，划定一定比例的区域，与有经营资质的第三方合作，按照相关程序委托第三方专业机构提供露营营地管理服务。

3 实施中的困惑

由于尚处于试点阶段，在推进公园绿地开放共享过程中也遇到一些困难和困惑。①随着试点工作的不断深入，对资金的需求逐渐增大，中央和省层面对专项资金缺乏标准要求，市、县资金投入机制尚未建立，资金难以保障到位，一定程度上延缓了试点工作的推进进度。②试点工作在全国呈现出了百花齐放的态势，但由于没有统一的技术标准，没有对标的施行措施，暂时只有"摸着石头过河"，拟定的各项措施是否真正合理科学，还需通过实践验证。

4 结语

今后，我们将进一步加大力度、勇于探索、认真思考。①进一步健全规章管理的制定实施，强化园林精细化管理意识，避免草地"返贫"；②进一步推进民生设施的落地建设，跟进直饮水点安装、公厕改造等配套服务设施的建设进度，将民生实事建设落到实处；③进一步探索绿地共享的实施路径，巩固试点成果，力争在公园绿地开放共享试点中形成一些好经验、好做法。

最后呼吁公众在"共同享受"的同时，也需要"共同爱护"，在"共享绿地"上留下文明脚印。

参考文献

[1] 李科慧. 公园城市背景下成都市成华区公园绿地文化服务格局优化研究[D]. 北京：北京林业大学，2021.

[2] 肖婧，李松平，梁姗. 健康的韧性城市规划模型构建与策略[J]. 规划师，2020，36(6)：61-64.

[3] 陈沂农. 应用特徵价格法探讨各类型公园绿地对台北市住宅交易价格之影响[D]. 台北：中原大学，2021.

[4] 宋洋，贺灿飞，徐阳，等. 中国城市公园绿地供需时空格局演化及驱动机制[J]. 自然资源学报，2023，38(5)：1194-1209.

[5] Lin Y Y, Zhou Y H, Lin M S, et al. Exploring the disparities in park accessibility through mobile phone data: Evidence from Fuzhou of China[J]. Journal of Environmental Management, 2021, 281: 111849.

[6] 文友华，范俊芳. 城市公园参与健康城市建设的经验探索——以温哥华为例[J]. 中国园林，2021，37(2)：43-47.

[7] Lee Y C, Kim K H. Attitudes of citizens towards urban parks and green spaces for urban sustainability: the case of Gyeongsan City, Republic of Korea[J]. Sustainability, 2015, 7(7): 8240-8254.

[8] Chen C X, Luo W J, Li H W, et al. Impac to fperception of green space for health promotion on willingness to use parks and actual use among young urban residents[J]. Environmental Research and Public Health, 2020, 17(15): 5560.

[9] Alessandro R. A complex landscape of inequity in access to urban parks: A literature review[J]. Landscape and Urban Planning, 2016, 153: 160-169.

[10] Wendel H E W, Zarger R K, Mihelcic J R. Accessibility and usability: Green space preferences, perceptions, andbarriers in a rapidly urbanizing city in Latin America[J]. Landscape and Urban Planning, 2012, 107(3): 272-282.

[11] Rigolon A. Parks and young people: An environmental justice study of park proximity, acreage, and quality in Denver, Colorado[J]. Landscape and Urban Planning, 2017, 165: 73-83.

[12] Xiao Y, Wang Z, Li Z, et al. An assessment of urban park access in Shanghai: Implications for the social equity in urban China[J]. Landscape and Urban Planning, 2017, 157: 383-393.

[13] 浩飞龙，王士君，谢栋灿，等. 基于互联网地图服务的长春市商业中心可达性分析[J]. 经济地理，2017，37(2)：68-75.

[14] Xing L, Liu Y, Wang B, et al. An environmental justice study on spatial access to parks for youth by using an improved 2SFCA method in Wuhan, China[J]. Cities, 2020, 96: 102405.

[15] Fan P, Xu L, Yue W, et al. Accessibility of public urban green space in an urban periphery: The case of Shanghai[J]. Landscape and Urban Planning, 2016, 165: 177-192.

[16] 住房和城乡建设部办公厅. 住房和城乡建设部办公厅关于开展城市公园绿地开放共享试点工作的通知[EB/OL]. (2023-01-31)[2023-06-20]. https://www.gov.cn/zhengce/zhengceku/2023/02/06/content_5740376.htm

[17] 李锋，王如松. 城市绿地系统的生态服务功能评价、规划与预测研究：以扬州市为例[J]. 生态学报，2003，23(9)：1929-1936.

[18] 李小马，刘常富，吴微. 沈阳城市公园游憩压力[J]. 生态学杂志，2009，28(5)：992-998.

[19] 邵大伟,吴殿鸣.1979—2017年城市公园绿地空间布局的分形演化特征——以南京为例[J].风景园林,2021,28(3):113-120.

[20] 张婧远,陈培育.面向城市公园的感知可达性研究进展述评与人本规划思潮下的应用启示[J].国际城市规划,2021,36(5):96-103.

[21] Liu X, Zhou J. Mind the missing links in China's urbanizing landscape: The phenomenon of broken intercity trunk roads and its underpinnings [J]. Landscape and Urban Planning, 2017, 165: 64-72.

[22] Jia M Z, Wen Z Y, Pei L F, et al. Measuring the accessibility of public green spaces in urban areas using web map services [J]. Applied Geography, 2021, 126: 102381.

[23] Zhao J, Chen S, Bo J, et al. Temporal trend of green space coverage in China and its relationship with urbanization over the last two decades. Science of the Total Environment, 2013, 1: 455-465.

[24] 曾志翔.省府发文!支持宜春市打造赣湘鄂区域中心城市[EB/OL].(2019-11-25)[2023-06-20]. http://jxyc.jxnews.com.cn/system/2019/11/25/018668431.shtml.

[25] 赵志刚,徐占春.宜春市风景园林调查与浅析[J].中国建设教育,2011,105:72-74.

[26] 王晓丽,张泽洲,王张民,等.江西宜春市明月山地区土壤和多种作物中硒的含量及形态分布特征[J].科学通报,2022,67(6):511-519.

作者简介

漆子钰,1992年生,女,汉族,江西宜春人,硕士,宜春市园林事务中心规划科,副科长,研究方向为风景园林学科理论、园林植物管养和应用。电子邮箱:1047742076@qq.com。

基于大数据分析的城市公园绿地开放共享策略研究
——以广州市天河区为例

Research on Open and Sharing Strategy of Urban Park Green Space Based on Big Data Analysis
—Take Tianhe District of Guangzhou as an Example

姚 睿 李 杨*

摘 要：2023年2月住房和城乡建设部办公厅发布通知，要求各省级住房和城乡建设（园林绿化）主管部门要组织本地区有关城市开展公园绿地开放共享试点工作。随着我国公园绿地建设和开放工作的推进，这些公园绿地的发展为市民带来利好的同时，也面临着时代的困境：①城市建设用地越来越紧张，新建城市公园绿地受限；②陈旧的公园设施配套无法满足新时代人民的多样使用需求；③城市公园建设需求多样化受到政府财政的制约。面对这些困境，本研究以广州市天河区为例，通过大数据分析方法，分析最受人民欢迎的公园绿地活动场景、活动形式等，并以此为依据对城市公园绿地的建设及活化运营方向、模式提出建议。力图以人群需求为锚，扬公园活力之帆，为绿色高质量发展助力。

关键词：公园绿地；开放共享；大数据分析；人群需求；策略

Abstract: In February 2023, the General Office of the Ministry of Housing and Urban－Rural Development issued a notice, requiring provincial housing and urban－rural construction (landscaping) authorities to organize relevant cities in the region to carry out park green space open sharing pilot work. With the promotion of the construction and opening of China's park green space, the development of these park green space brings benefits to the public, but also faces the dilemma of The Times. First, the urban construction land is becoming more and more tense, and the green space of new urban parks is limited. Second, the old park facilities cannot meet the diverse needs of people in the new era. Third, the diversification of urban park construction needs is restricted by government finance. In the face of these difficulties, this study takes Tianhe District of Guangzhou as an example, analyzes the most popular park green space activity scenes and activity forms through big data analysis method, and puts forward suggestions on the construction and activation operation direction and mode of urban park green space based on this. We strive to take the needs of the crowd as the anchor, raise the sails of the park's vitality, and help the green and high－quality development.

Keywords: Park Green Space; Opening and Sharing; Big Data Analysis; People Demand; Strategy

引言

党的十九大报告指出，新时期中国社会的主要矛盾已经转化为"人民日益增长的美好生活需要和不平衡不充分的发展之间的矛盾"[1]。在2023年2月住房和城乡建设部办公厅发布的通知中，也明确提出要求各地梳理已有城市公园绿地中的空闲地、可供游憩活动的草坪区和林下空间等，完善其配套设施，最大程度满足人民群众搭建帐篷、运动健身、休闲游憩等亲近自然的户外活动需求[2]。更好地满足"人"的需求、建设以"人"为中心的城市公园绿地是我国城市公园绿地开放共享的核心思想。

1 我国城市公园绿地开放共享相关实践及理论研究

1.1 城市公园绿地开放共享的相关实践

我国城市公园绿地开放共享工作早期是围绕公园"拆围"进行的。1998年广州青年公园"拆墙透绿"，取消门票，成为最先开放的公园之一。2004年上海绿化和市容管理局提出公园开放式管理措施。2002年10月，杭州西湖大小景观全部变为免费，开创了5A级景区不收费用的先河[3]。

现阶段多地已开展公园绿地开放共享试点，探索各地特色。宿迁市明确，将考虑全龄段户外活动需求，因地制宜，提供露营地、野餐点，配套建设直饮水、衣帽架、垃圾收集点、安全监控等各类服务设施，不定期开展草坪露营、放风筝等活动，满足市民亲近自然的需求。桂林市根据各个公园的特点，打造各具特色的开放绿地，如在公园开敞绿地开辟野餐露营区；利用公园特色花事活动，打造特色婚纱摄影打卡点等。温州市试点打造城市智慧公园，推出骑行喷泉、智能跑步道等，打造"智慧园林"系统。探索城市特色，回应市民需求，我国城市公园绿地开放共享正走向定制需求时代。

1.2 城市公园绿地开放共享的理论研究

开放共享工作不仅在各个城市实践，在理论研究方面也不断推进着。目前对于开放式公园绿地的研究主要集中在公园绿地管理、公园绿地边缘空间设计、公园绿地使用状况评价等方面。胡允岳等通过结合温州本地区的经济、文化、财政实力情况，探索了新形势下开放式公园绿地的管理模式[4]；苗琨等采用"使用状况评价法"研究了郑州市绿茵公园在不同时间段、不同气象条件下的使用状况，以及游人的游憩行为及游憩需求，并提出了相应的服务设施改善策略[5]；刘若慈以广州市公园开放边界的实践为例，从公园开放的历程、原则、方法等方面，探究城市公园开放的设计思路[6]。

2 广州市天河区公园绿地现状概况及问题

2.1 广州市天河区公园绿地建设现状概况

天河区作为广州市第一经济强区，也是广州市高质量发展和老城市新活力建设的重点城区。天河区系统推进生态公园-城市公园-社区公园-口袋公园四级公园体系建设。截至2021年，天河区共建成各类公园92个，总面积1997.16hm²。其中生态公园8个，总面积约1727.31hm²；城市公园9个，总面积约225.45hm²；社区公园23个，总面积约36.48hm²；口袋公园52个，总面积约7.92hm²。计划2022—2025年提升改造公园27个，新建公园44个。实现到2035年，公园绿地服务半径覆盖率达到95%，人均公园绿地面积不低于14m²。

2.2 广州市天河区公园绿地开放共享问题所在

通过数据分析及实地走访调研发现，天河区公园覆盖率及开放程度较好，其面临的主要问题有四点：①对市民户外活动项目开展偏好和诉求了解程度低，市民使用意愿低；②公园运维建设与政府财政制约之间的矛盾深化，公园绿地开放空间运营管理不足，无法实现长效运营；③现有公园开放共享绿地运营和共享使用方式陈旧，缺乏创新，配套服务设施落后，特色活动项目待挖掘；④公园开放共享绿地整合力度小，使用功能分配不均，使得公园中仍存在利用率较低的存量绿地空间，没有实现高效率、大尺度地满足市民开放共享需求。

因此，探索整合天河区公园绿地资源、梳理公园绿地中可供游憩活动的开放共享空间、拓展公园绿地开放共享空间和开放类型、打造更多热门活动场景是实现天河区城市公园开放共享必经之路。

3 方法：广州市天河区公园绿地居民使用偏好大数据分析

3.1 数据收集

热门笔记评论数据的收集是以"生态公园、城市公园、社区公园"的公园名称为关键词，运用Python软件爬取"大众点评""小红书""微博""马蜂窝"网站中2010年1月—2022年12月的用户全部评论和笔记数据，采集到的数据主要包括用户名、评论、笔记、性别、时间、评分等，共计1.8万余条评论数据，总计文本2474239字。

公园数据的收集是从广州市园林和林业局获取广州市公园名录（截至2022年底），以及天河区四级公园体系分布图及名单，筛选去除非研究区域的公园绿地，从而获得天河区公园绿地名单。获取名单后，查询公园绿地具体地址，并结合谷歌地图卫星影像、百度地图卫星影像，通过人工目视解译，矢量化公园绿地具体位置，以GIS矢量数据呈现。

3.2 天河区公园的现状使用情况

3.2.1 天河区公园游客量及使用情况

对2015—2022年各大网站笔记评论数据量排名前16的公园进行分析，可以看到，近八年来天河区公园游客量总体呈增长趋势，其中2018—2019年增幅最大。2019—2022年受疫情影响，公园游人量呈现下滑趋势，仅华南国家植物园未受影响，游客量逐年攀升（图1）。

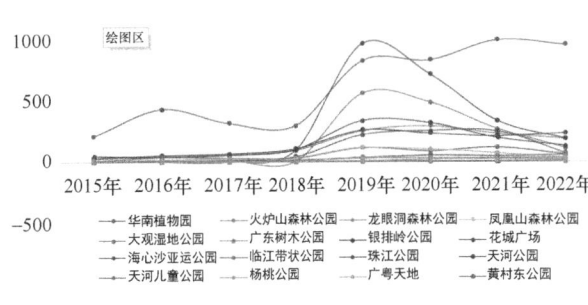

图1 天河区公园笔记评论总量变化示意图

通过对天河区的工作日百度热力图进行分析可以看出，花城广场等邻近珠江新城区域以及金融城区域的公园人口分布最多。同时对比早中晚不同时段的热力图可以看出，天河区居民更倾向于夜间出游。

3.2.2 天河区公园使用人群画像

通过对笔记评论数据量排名前十的公园用户性别进行分析可以看出，天河区公园的游览人群中，女性占比68%，男性占比32%，女性游客比例略高于男性。男性游客更倾向于到火炉山森林公园、华南国家植物园、花城广场等以运动徒步、野餐露营、美景摄影活动为主的公园场地。女性游客更倾向于天河儿童公园、杨桃公园、广粤天地等以遛娃亲子、儿童游乐、休闲购物活动为主的公园场地（图2）。

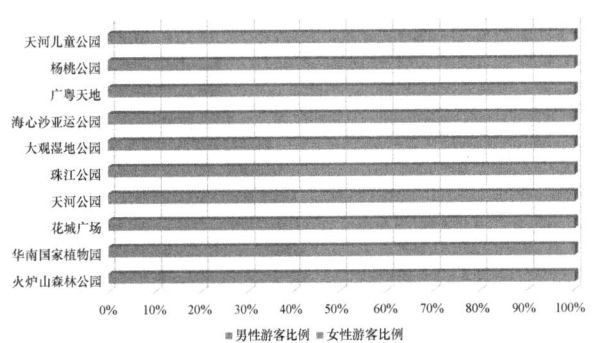

图2 天河区公园笔记评论用户性别比例

3.2.3 天河区公园智慧指引的数量及引导性

对天河区公园官方网站、微信公众号、个人游记攻略进行统计分析，拥有官方网站的公园仅有华南国家植物园，拥有独立微信公众号的公园有13个，全区公园游玩指引仅有小程序1个。另外在马蜂窝及携程网上，具有指导性的个人游记攻略共有2598篇。根据游记攻略数量及微信公众号引导性评分得到天河区公园智慧指引引导性最好的五个公园依次为：花城广场、天河公园、华南植物园、珠江公园、海心沙亚运公园。从整体上来看，天河区公园体系缺乏整体性游玩指引，指引的引导性较低(图5)。

3.3 天河区城市公园的现状使用偏好

3.3.1 天河区公园受欢迎程度排行

通过对大众点评网的评分以及点评数量进行加权分析，得出天河区最受人民喜爱的五大公园：华南植物园、花城广场、珠江公园、天河公园、大观湿地公园。

华南植物园上售票152.8万，评论累计2万余，连续4年入选广州必玩榜单。花城广场入选广州公园/广场好评榜第1名，是"广州最大的广场"。珠江公园入选广州公园/广场好评榜第2名，是广州首批露营预约制人气最高的公园。天河公园是全国三大"相亲公园"之一，也是广州老牌公园，跑步、散步爱好者首选。大观湿地公园入选科学城热门榜第1名，"落羽杉""露营"等话题引起高热讨论（图3~图6）。

3.3.2 天河区高人气公园中的主要活动类型

通过对笔记评论数据进行词频分析，得出天河区共有活动项目70余项，其中最受欢迎的十大活动项目有：采摘、拍照、露营、散步、观夜景、赏花、亲子游乐、打卡、爬山、跑步。将天河区公园中的活动项目归纳为五大类，包括自然观光类、休闲娱乐类、户外运动类、文化活动类、配套运营类。其中，自然观光类有28项，关键词包括赏花、观夜景、落羽杉等；休闲娱乐类有9项，关键词包括拍照、亲子游、打卡等；户外运动类有18项，关键词包括露营野餐、散步、爬山等；文化活动类有13项，关键词包括交友、乐队表演、唱歌、博览会、相亲等；配套运营类有8项，关键词包括温室采摘、烧烤、农家乐等（图7）。

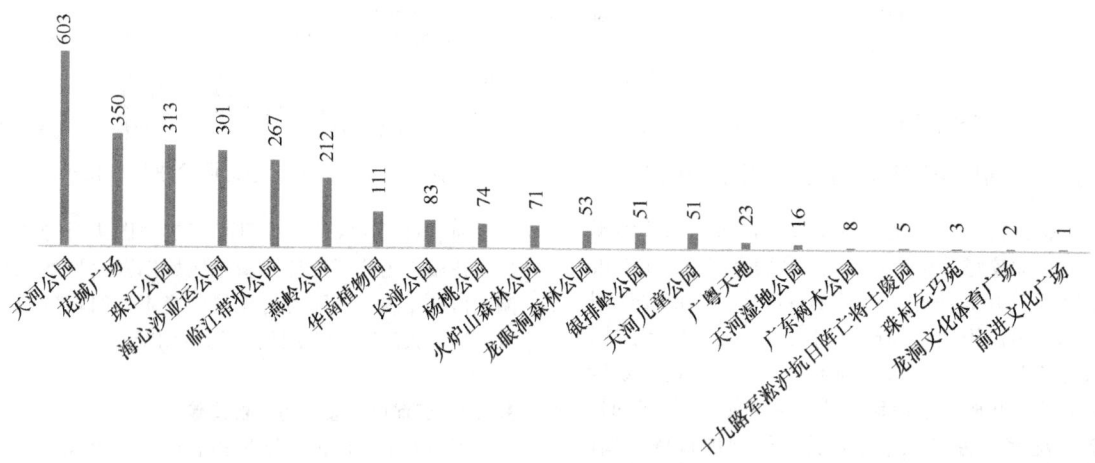

图3 天河区公园游记攻略数量统计表
（注：数据来源于2023年5月马蜂窝网及携程网游记）

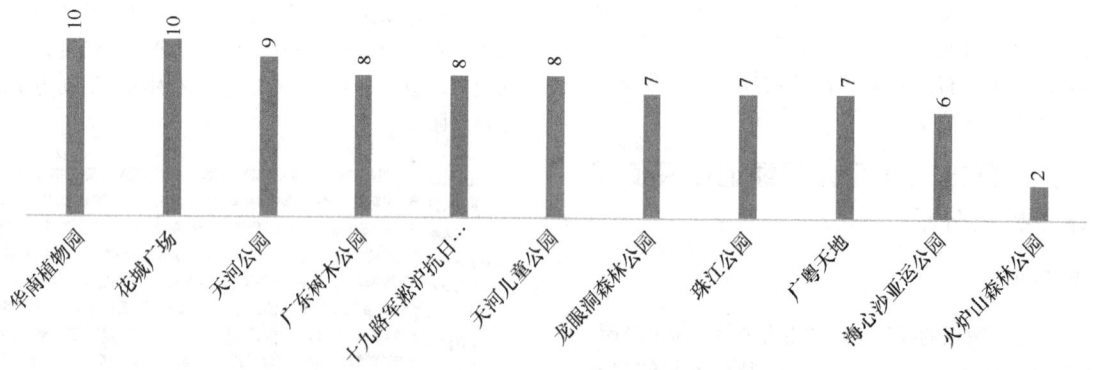

图4 天河区公园微信公众号引导性评分
（注：根据微信公众号服务栏内容及微文、视频阅读量进行打分）

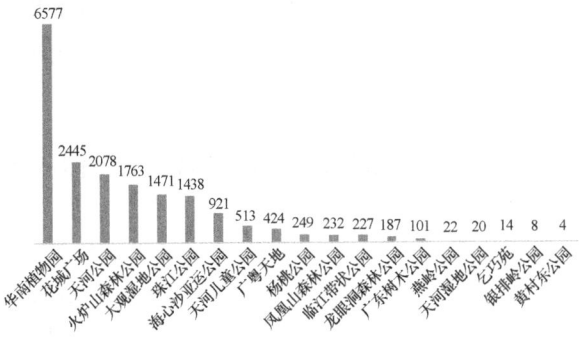

图 5 天河区公园大众点评数量排行榜

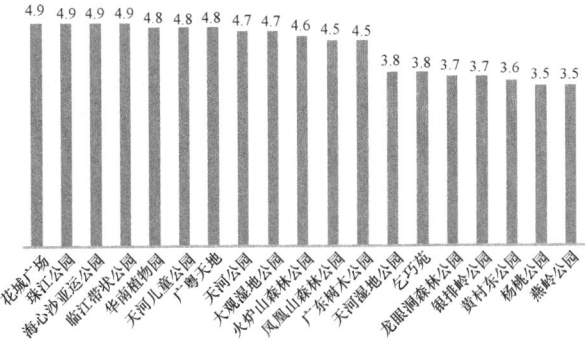

图 6 天河区公园大众点评评分排行榜

图 7 天河区高人气公园中的主要活动类型词云图

3.3.3 不同类型活动在社交媒体的热度呈现

自然观光类最受欢迎的活动项目有观夜景、赏花、观树、看日出/日落、观湖、观萤火虫（表1、表2）。

自然观光类最受欢迎的活动项目排行榜 表 1

活动类型	社交媒体热度总占比	评论量
观夜景	23%	1266
赏花	22%	1205
观树	11%	588
看日出/日落	6%	336
观湖	4%	245
观萤火虫	2%	108

休闲娱乐类活动以拍照打卡为主，占比超过一半。

休闲娱乐类最受欢迎的活动项目排行榜 表 2

活动类型	社交媒体热度总占比	评论量
拍照打卡	52%	3821
散步	24%	1778
野餐	4%	1381
唱歌	2%	123
跳舞	2%	135
棋牌	1%	70

天河区市民偏好的户外运动包括常规健身活动和小众网红运动。常规健身活动有露营、爬山、跑步、羽毛球、篮球、足球等。小众网红运动包括飞盘、划船/划龙舟、攀岩、放风筝等。

文化活动类活动种类较多，包括艺术节、游戏展、灯光秀、科普活动、音乐节、汉服秀等。除了这些常见活动外，交友功能在天河区市民对公园的使用偏好中显得尤为突出。交友在文化活动类词频的社交媒体热度总占比23%，评论量642条，高频次数647次；相亲社交媒体热度总占比9%，评论量235条，高频次数247次；约会社交媒体热度总占比7%，评论量189条，高频次数191次。

通过对配套运营类活动在社交媒体的热度分析来看，天河区市民偏好的配套运营活动总体较为单一、传统，以美食、玩乐为主。其中热度最高的活动是采摘，社交媒体热度占比69%，频次数2505次。另有烧烤、农家乐、观光车、婚纱照、集市等运营活动较为热门。

3.4 小结

从天河区公园的现状使用情况及使用偏好来看，天河区四级公园体系建设从规模和数量上基本满足居民"出门见绿"的需求。然而从城市公园笔记评论数据来看，其对人民使用需求的满足方面仍存在不足之处。

首先，天河区城市公园的智慧指引较弱，市民难以掌握全区公园的相关情况，无法做到公园游憩的有效选择。其次，天河区公园为市民提供活动场景类型较为丰富，与同类型其他城市中心区域相比，活动类型相对陈旧，缺少提供新型活动类型的场景。最后，从数据分析来看，交友、自然、健身是天河区最受市民喜爱的公园绿地开放共享典型场景，天河区公园的建设应结合天河特色定制合适的服务设施，从而实现活化运营长效发展。

4 广州市天河区公园绿地开放共享策略

4.1 归纳热门场景类型，提供公园开放绿地使用指引

根据社交媒体分享笔记的评分及情感分析，可提炼公园开放绿地热门场景关键词和热门活动场地，形成热门场景地图，为市民提供公园开放绿地使用指引。

根据热门场景地图和市民喜爱活动项目，结合公园

绿地场地自身特征，可以从市民使用需求角度出发，开展天河区公园开放绿地使用功能和运营形式规划。例如，对于"观夜景"活动，可在花城广场开展音乐喷泉、灯光展、夜间演出等夜景活动；可在海心沙亚运公园塑造"小蛮腰"最佳打卡点名片形象；可在华南植物园开展萤火虫养殖等活动，布置萤火虫观赏基地；可在火炉山森林公园规划开放夜爬路线，迎合市民山顶观览城市夜景的喜好等。对于"户外跑步"活动，可结合"城市慢跑计划"等系列活动，串联花城广场、天河公园、天河体育中心外围、珠江公园等热门慢跑打卡场所，结合场地环境特征，设置不同主题慢跑打卡路径（图8）。

图8　广州市天河区公园热门场景类型

4.2　多方共同参与公园运维，实现自我造血新机制

城市公园开放绿地作为"公共空间资产"，其运维应建立政府-企业-社会组织-市民多方共同参与、建设和运营一体化的城市公园开放绿地长效治理机制。对于天河区不同体量的公园绿地开放空间，应形成不同主体协作管理模式。对于小规模公园绿地，包括社区公园、口袋公园和街角小微公园开放绿地，形成"市民参与-社区设计师反馈引导"主体模式，社区设计师作为市民诉求和政府实施之间的桥梁，具备反映市民需求、引导市民自我维护和建设开放绿地的作用[7]。对于大型生态公园和城市公园开放绿地，形成"政府监督-生态机构参与-企业运作-市民参与"主体模式，维护绿地生态功能的同时发挥其社会价值，并通过政府和企业共建共管、企业和市民互助参与，实现经济效益的提升和日常维护管理费用的平衡。

4.3　总结热门公园潜在特质，发掘开放使用新模式

通过提炼热门场景的特征和模式，拉长板，塑品牌，塑造更多创新的活动场景类型，发掘更多新潮开放的空间运营和使用模式，结合公园开放绿地周边自然风光特征及城市地标，展开一些特色打卡活动项目。例如，在海心沙亚运公园、临江带状公园等滨江公园绿地，可结合开阔城市江景，开展夜间无人飞机表演，打造特色珠江夜景活动；在天河公园、珠江公园、燕岭公园等拥有较大面积草坪的公园绿地，可开展草坪电影院、亲子飞盘、小型音乐会、趣味风筝比赛等聚会互动活动，提升草坪空间人群活跃度和活动丰富度；在"火龙凤"森林公园、天河湿地公园等以自然山水植物景观为主的公园绿地，可展开户外瑜伽、自然教育"户外课堂"等特色学习和健康休闲活动；选取燕岭公园、东成花苑公园、长湴公园、珠村乞巧苑等大面积社区公园中的部分场地，可打造萌宠乐园，供社区居民有宠人士遛"毛孩子"。

4.4　规划功能丰富活动空间，实现场景空间价值转化

城市公园绿地空间以本体功能融合人群需求服务功能维度场景，可实现绿地空间的经济与社会价值的转化。如大型绿地生态涵养功能融合自然游憩功能场景，中型自然聚会功能融合文化活动功能场景，微型绿地绿化隔离功能融合休闲通行功能场景等思路进行价值转化。挖掘并整合天河区城市公园利用率较低存量绿地空间，利用现有自然条件，通过合理的功能规划和设施布置，赋予利用低效的场地新的空间价值和场景实现，实现场地的激活。例如，利用更多边角绿地空间设置儿童活动场地和游乐器材，实现微型隔离绿地融合儿童游憩功能；整合及规划更适合开放搭帐篷的草坪区域，实现大型生态绿地融合野餐露营功能；利用较规则的存量公园绿地空间设置更多的运动场地和运动配套设施等，实现中型线状自然绿地融合全民运动功能。此外，通过场景空间的价值转化，按照共建共享的原则，引导市民自发管理、维护公园绿地开放空间，使可持续运营管理和良性发展成为可能。

5　结语

本文探索了一线城市中心城区公园绿地开放共享的新途径与策略。通过构建基于人群使用需求的大数据分析方法，以广州市天河区为例找到天河区的特色及人群偏好场景，进一步提出公园绿地提升改造的策略和方向。实践证明，该方法具有较好的可行性和应用价值。城市公园绿地开放共享任重而道远，在城市公园绿地开放共享中充分考虑人群需求，有利于更好地满足人民日益增长的精神生活需求。但本研究与实践仍存在一些尚需完善和解决的不足，如人群使用现状及使用偏好的分析方法需要进一步精细化，公园活动场景价值转化实现机制等需要在今后的研究中进一步改进。

参考文献

[1] 巩琳.满足市民美好生活需要目标下的城市公园建设——以太仓市民公园为例[J].中国园林，2022，38（S1）：65-69.

[2] 李琳.公共管理视角下开放式城市公园管理的研究[D].天津：天津大学，2016.

[3] 丁怡婷.我国将开展城市公园绿地开放共享试点[N].人民日报，2023-02-07（14）.

[4] 胡允岳，林爱寿.温州开放式公园绿地管理模式分析[J].中国园艺文摘，2013，29（12）：86-87.

[5] 苗琨，吕锐，范晓琳，等.开放式公共绿地使用状况评价[J].北方园艺，2011（4）：121-124

[6] 刘若慈.基于"公园城市"理念的城市公园开放设计探究——以广州市公园开放边界实践为例[J].现代园艺，2021，44（24）：40-42.

[7] 张嘉慧.公园城市理念下城市绿地空间场景营造研究[J]. 城市建筑, 2022, 19(24): 177-181.

作者简介

姚睿, 1980年生, 女, 满族, 山西人, 硕士, 广州市城市规划勘测设计研究院, 正高级工程师, 研究方向为城市景观风貌和城市公共空间。电子邮箱: 68070162@qq.com。

(通信作者)李杨, 1993年生, 女, 汉族, 湖北人, 硕士, 广州市城市规划勘测设计研究院, 规划师、助理工程师, 研究方向为城市景观风貌和城市公共空间。电子邮箱: 364724369@qq.com。

深度共享
——城市公园绿地活力提升策略与路径

Deep Sharing
—Strategies and Paths to Enhance the Vitality of Urban Park Green Spaces

张琪奥 李书畅 卢诗意 张晋石*

摘　要：城市公园绿地是实现城市可持续发展的重要空间保障，其共享程度的高低也反映了社会公平、以人为本以及城市治理的理念。本文总结了公园绿地开放共享的发展过程以及深度共享的必要性，从群体、空间、功能和时间4个维度提出了深度共享的策略，从休闲娱乐管理体系、多方共建、反馈修订机制3个方面提出深度共享的实现路径。

关键词：公园绿地；深度共享；提升策略；路径

Abstract: Urban park green spaces is an important space guarantee for sustainable urban development, and its sharing degree also reflects the concept of social equity, people-oriented and urban governance. This paper summarizes the development process of park green space open sharing and the necessity of deep sharing, puts forward the strategy of deep sharing from the four dimensions of group, space, function and time, and puts forward the realization path of deep sharing from the three aspects of leisure and entertainment management system, multi-party co-construction and feedback and revision mechanism.

Keywords: Park Green Space; Deep Sharing; Promotion Strategy; Path

1 城市公园绿地的深度共享是城市高质量发展的必然要求

1.1 我国城市公园开放共享程度的发展过程

中华人民共和国成立后，全国各地积极开展城市绿化工作、新建公园，使城市面貌发生了较大的变化[1]。改革开放以来，特别是1992年创建园林城市活动的普遍开展，我国城市公园进入高速发展的阶段。但这时多数城市公园出于管理经费与安全的考虑，采取了旅游区式的门票收费制[2]。21世纪初，随着公园开放呼声的高涨，大量的收费公园采取了免费进入的模式。2001年在广州召开的公园协会秘书长会议，提出非历史文化遗产的公园应向免费开放的方向发展。国务院在2006年以通知的形式加以明确，有条件的城市公园应免费开放。2008年国家发展和改革委员会等八部委《关于整顿和规范游览参观点门票价格的通知》文件中明确表示："与人民群众关系密切的城市休闲公园要充分体现公益性，实行免费开放，暂不具备免费开放条件的，应实行低票价。[3]"国内城市公园逐步由"零盈利"向"零收费"过渡[4]，这是为适应当代社会背景和城市发展需要采取的新措施。以北京市为例，截至2023年4月，全市已建成1050处城市公园，其中有993处免费开放，占公园总数的94.6%①。开放的城市公园成为公认的社会共享资源，更好地满足了公众对休闲公共资源的需求。

1.2 新发展理念引领更加开放共享的城市公园

党的二十大报告中强调："贯彻新发展理念是新时代我国发展壮大的必由之路。"新发展理念即创新、协调、绿色、开放、共享的发展理念，其中共享发展指共享改革的物质文化成果、基本公共服务以及安全舒适和谐的生活环境②，注重解决社会公平正义问题，要让发展成果更多更公平地惠及全体人民③，让全体人民有更多获得感。

中国旅游研究院发布的《中国休闲发展年度报告（2022）》显示，城镇居民和退休居民的居家休闲比重分别比2019年下降5.26%和9.17%，利用闲暇时间外出休闲的意愿更为强烈。此外，2022年城镇居民工作日、周末、节假日休闲时间较2019年疫情前均出现不同程度增长，周末增幅最大，成为城镇居民休闲重要时段，日均休闲时间分别增加1.36h、0.85h④。这些数据统计报告均显示了中国居民对休闲娱乐活动需求的增加，娱乐活动成为提升人民生活幸福感和满足感的重要因素。疫情之后，公众对户外活动和开放场地的需求日益迫切，更加期望公园绿地这种可进入、可体验、高品质的城市绿色空间。据北京市公园管理中心统计数据显示，2023年"五一"假期，

---
① 公园信息-北京市园林绿化局（首都绿化委员会办公室）（beijing.gov.cn）。
② 新华网《共享发展：追求发展与共享的统一》。
③ 光明网《共享发展理念的深刻内涵及理论贡献》。
④ 中国旅游研究院《中国休闲发展年度报告（2022）》。

北京市市属公园累计接待游客295.37万人次，同比增长173.47%，比2019年同期增长21.03%[5]。因此，未来的城市公园不仅仅是简单的美学空间、生态空间，更是与人们日常生活联系日益紧密的人性空间。通过公园绿地的深度共享，建设休闲、健身、文化交流等多种功能于一体的综合场所，可以吸引城市居民的使用和参与，从而满足不同人群的需求，提升公园的利用率以及公众的参与度，促进城市的可持续发展。

城市公园作为与群众生活息息相关的公共服务产品，提升其开放共享程度，实现目标、理念、建设措施到实施评价的全面转型升级，是实现高质量发展、高品质生活和高效能治理的新模式。

2 公园绿地深度共享的内涵

"共享"在不同的语境中有着不同的解读。对于城市空间而言，"共享"空间比传统公共空间更加开放、更加包容，更加强调公众参与、社会力量的介入与运营，以及人与空间的互动[6]。

《汉语大字典》中，"共"在字义上有"共同具有或承受"之义；"享"有"享受、受用"之义[7]。当"共享"一词应用至城市公园绿地层面时，"共"是指公园绿地中各种空间类型的资源配置，如草坪、广场、亭廊、剧场等，基于社会公平和公共利益的原则，被不同职业、年龄的人平等使用的权力；"享"是指通过公园绿地的服务功能和服务能力，社会各个群体的休闲娱乐、文化体育、社会交往等需求得到满足，健康状况和幸福感得到提升，促进了社会的可持续发展和共同繁荣。

公园绿地的深度共享就是指在满足日常生活服务的基础上，服务于城市和社会，更好地发挥公园绿地作为城市的特定空间类型，这对于满足人民对美好生活的向往方面具有更深刻的作用。

3 当前我国公园绿地管理和运营的特点

城市公园作为城市的主要公共开放空间，是市民亲近自然、休憩娱乐的活动场所，也是政府履行公共服务职能的重要载体。20世纪90年代后，随着公园逐渐从封闭向开放转变，公园管理也趋于开放化，各级地方先后出台了公园管理条例，明确公园是公益性的城市基础设施[8]。管理制度上，地方政府依据相关上位法规结合本地特点制定公园管理制度。内容上，通常分章细致描述，以园容管理、安全维护、游客服务、收费项目等日常管理为主，公益属性较强，但在公园活力方面仍有提升空间。

3.1 公众参与管理和运营的程度不高

当前，我国公园绿地管理和运营由城市园林绿化行政主管部门、城市公园管理中心主导，公园管理的职责以园容管理、安全维护、游客服务、收费项目等日常管理为主；市民在政府公开平台或公园官网上可以互动留言，但公众参与公园建管事务实际面临许多困难。如北京市公园管理中心提供的2022网站报告结算互动交流成功办理事项仅54件[9]，说明由于参与形式及层次较少、参与机制不健全，公众参与公园的运营管理相当有限[10]。

3.2 重视日常管理维护，缺少运营和娱乐方面的系统服务

地方公园管理条例对植物养护、设施维护等内容有详尽描述，但是公园运营、娱乐方面仅有指导性描述，没有完整的休闲娱乐服务方案。如《武汉市城市公园管理条例》第三章园容管理、第四章安全管理对保护公园景观和设施安全提出了具体内容，第五章游园管理提出如"公园管理机构应当制定游园管理规范……维持正常游园秩序；公园实行免费开放；游客应当文明游园"等基础服务内容[11]。即公园绿地重视基本服务功能，缺少多样的活动类型，满足不了市民希望公园提供全龄段、多元化内容的需求，尤其对年轻人缺乏足够的吸引力。

3.3 管理资金来源单一，运营成本较大

以海淀区园林绿化局提供的数据为例，北京市海淀区公园管理中心2022年财政收入一般公共预算资金占96.67%，事业收入仅占3.33%[12]。目前我国公园建设与日常运营维护管理资金以政府财政投入为主，运营收益仅占公园收入的小部分，不足以支撑公园的建设与管理，也造成设施更新、社会服务等内容难以展开的局面[13]。

4 公园绿地深度共享的提升策略和实践路径

4.1 提升策略

实现公园绿地的深度共享，可从群体、空间、功能和时间四个维度进行探索。

4.1.1 创建全龄友好的休闲娱乐活动网络

在群体层面，创建为全年龄和全社会服务的新型休闲娱乐活动网络，通过合理的活动创建和群体连接，实现公园空间活力度提升，能够在满足休闲游憩、文化健身等活动需求的基础上，推进人与人之间的联系互动，让所有群体更充分地享受到公园绿地所承担的文化承载、科普教育等公共服务功能。

4.1.2 场景营建实现对空间资源的再开发

公园共享需要实现对既有空间资源的再开发，促使其转化为一种新的公园共享资源，实现物尽其用。通过进一步研究空间与活动之间的关系，关注不同活动对空间的差异化需求，模拟不同空间容纳不同活动的可能性场景，注重混合开发和开放流动的场景营建。

4.1.3 功能创新促进公园绿地共享度提升

从功能设定导向到功能创新导向是公园共享度提升、共享空间综合品质打造的关键所在。对生活在城市中和来到这个城市的"人"的行为进行深刻的研究，在功能重

构过程中建立公园的共享项目库，明确公园共享空间可能承载的具体功能指引，建设多元共生的公园共享功能体系。

4.1.4 时间配置实现共享活动高效协同

为达成对公园绿地安全、高效、活力地使用，需通过全时段的合理功能配置实现公园绿地使用的高效协同。公园共享管理体系从资源与应用的单一分配体系转型为多元协同体系，实现公园绿地空间的利用效果整体最优。

4.2 公园绿地深度开放共享的实践路径

公园共享活动建设的出发点在于活化公园存量公共空间，构建大量能激发市民自主性使用公园的共享场所和共享设施，进而优化公园娱乐服务功能，营造活力、融洽的公园娱乐氛围，提升市民的归属感、认同感和亲和感。公园绿地的深度共享是公园发展的新方向、新模式，要求共享的理念探索和在地实践进行有机融合，通过公园管理部门对娱乐活动运营模式的重新构建，建立更加开放、科学、可操作的公园绿地共享发展体系，促进优化"新发展理念"下公园绿地与市民的和谐关系（图1）。

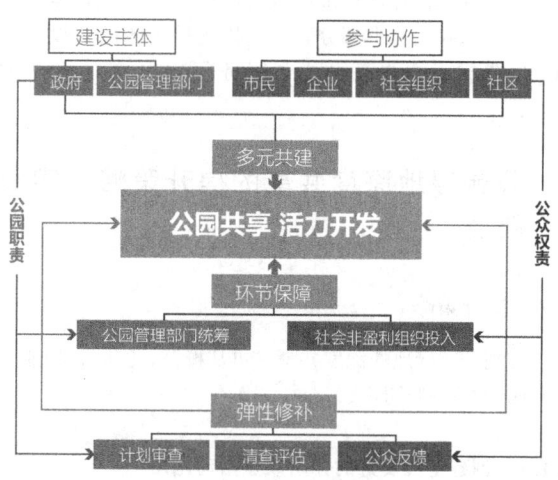

图1 公园绿地共享路径

4.2.1 建立公园绿地休闲娱乐管理体系

要达成公园绿地的深度共享和空间活化，需注重公园管理部门兼具共享实践的供给者和合作者的双重身份，优化公园绿地管理部门的职能：首先，要扩大管理部门的管理职能和范围，以实现其对娱乐共享活动的全面统筹管理的目标，全流程提供休闲娱乐活动项目和内容；其次，管理部门应为共享娱乐活动提供场所的选择、后续的协调管控以及资金链的管理保障；最后，在活动举办时进行统筹运维监管等保障事项。

共享实践除了要结合公园的特色发展外，更重要的是满足和创造新的娱乐需求。城市和市民的娱乐需求都处在不断变化的发展过程中，公园管理部门应该建立一个应对这种要求日益更新的综合服务战略框架，强化公园建设与共享特色发展的有机协调，满足公园共享良性持续发展的需求。新加坡根据不同公园主题进行特色化经营，比如在滨海湾公园内布置滨海酒吧街，在临近社区的公园内布置社区商业，在区域级公园组织各种文娱活动和自然课堂，在新加坡植物园这类专类公园内开发以胡姬花为主题的文创产品等[14]。

公园可对共享活动类型建立系统的分类，以便全面细致地统筹管理，有利于适度分配不同的空间资源，满足不同规模、不同群体的利益。不同的活动类型决定了不同的场地需求、活动氛围、配套设施、吸引方式，公园绿地应当依照自身发展特点合理进行不同类型的共享潜力挖掘。依据居民增长的娱乐活动需求和意愿，综合公园绿地的使用条件，将公园共享提供的娱乐活动划分为内向型、参与型和共创型三种类型。内向型指遛狗、读书、摄影、骑行、钓鱼等以个体为主的自发性活动；参与型指园艺活动、户外展览、科普讲座、周末集市等向公共开放参与的活动；共创型指音乐会、球类运动、跳舞等需公众参与、共同组建的活动。

4.2.2 建立多方共建新机制

公园管理部门在管理组织共享活动资源时，不仅要设定和提供物质性的共享空间供给公众休闲娱乐使用，而且还有责任为共享主体的多元性和参与性做出努力，使多方参与主体能够在共享空间的活动中形成合力，共同营造出富有活力性和亲和性的共享空间。公园管理部门通过积极优化共享活动的管理配置，同非营利组织及企业和商业品牌建立良好的合作关系，建立开放协作平台，让不同的利益群体参与其中，既可以为市民提供更优质的社会服务，又可减轻政府财政负担，推动公园共享可持续发展。

每个公园绿地的运营方式并不完全相同，但都有相似的模式，通过组建一个"运营主体"的方式进行活动商讨、志愿招募、资金吸纳等，共建共维公园绿地的共享活动，此举对于共享活动的公平公正、活力释放具有重要意义（图2）。

国内现已有公园开展合作的实践行动，例如北京亮马河河道积极创新"共商、共治、共建、共管、共享、共赢"模式，启动"国际风情水岸"建设工程，把过去"政府一家单打独斗治河"的旧方式转变为"政府主导、社会共建"的新模式[15]。深圳香蜜公园的公众参与模式由政府引导、培育公园之友等社会组织，构建公众参与平台，不断完善参与机制，在公园规划、建设、管理全过程中广泛调动社会力量多角色参与[16]。

在其他国家的公园娱乐管理体系中，有不少公园与社会组织合作共维的范例。高线公园由非营利性组织"高线之友"（Friends of the High Line）主导策划，管理运营由"高线之友"与纽约市政府、多个私人团体共同执行。"高线之友"在高线公园的保护、再开发和后期管理过程中发挥着积极乃至主导作用，通过活动组织、资金募集、周边商品销售等运营方式保障高线公园的自我运维[17]。日本的"南池袋公园促进会"由政府、市民、社区代表等利益相关者合作成立，主要职能是讨论公园使用准则、为提升公园魅力定期举办研讨会以及审议公园活动申请等[17]。日本在2017年出台了《都市公园法》修正案，推出 Park-PFI (Private Finance Initiative) 制度，引入私营主体参与公园运营中，通过放开一定的商业设施建设限制，让企业能够从中营利。作为交换，企业要通过对公园和周边进行修缮、开发、运营等方式部分返还收益，用于提升公园品质和魅力度。

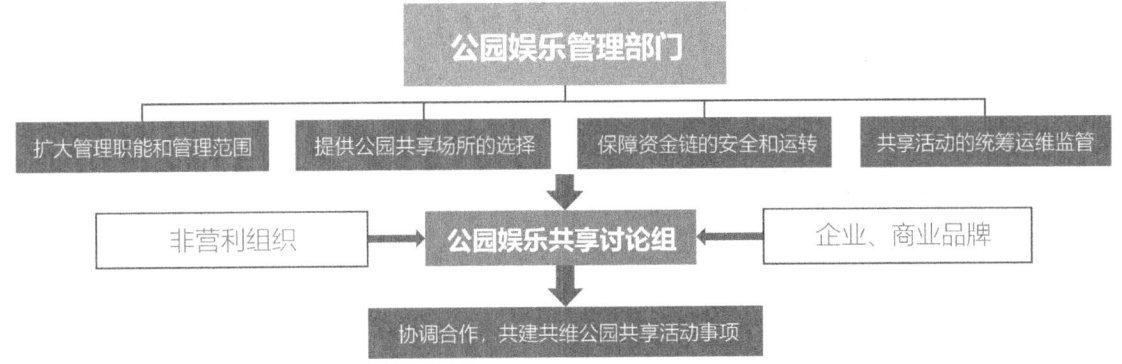

图 2 公园共享管理运营模式

4.2.3 建立深度共享的评价反馈和修订机制

随着公园绿地共享实践进程的不断推进，其建设将会遇见新的问题和挑战，促使管理部门需要一套有效的评价反馈和修订机制，不断优化共享活动内容和方式，不断探索人与公园、公园与娱乐的更完善的相处方式。

最基本的方式是收集公众的评价反馈，通过线上平台的公众评价及满意度调研结合线下的活动反馈获取公众意见。另外，在评估标准上，公园管理部门可以制定科学的评估标准作为公园共享发展的基本参考，每个公园可定期向管理部门提交该评估标准的达成情况，以核实在共享程度方面是否具有高质量计划和服务运营能力；公园还应定期开展自检自评，出具公园共享参与的数据报告，综合各方反馈情况并归纳出公园提升方向。综上，建立全面的多面联动的反馈修订机制，可以有效提升公园共享实践中的实际问题，塑造更加科学、活力、共享的城市公园环境。

5 小结

深度共享可以更好地实现公园绿地的可持续发展，真正完成生动、愉快的公共空间创造，使其真正成为城市的绿色公共财富。当前我国提出公园绿地开放共享理念，通过优化城市公园绿地的运营管理机制、转变公园管理部门职能，创新适合中国城市公园绿地发展的运营管理机制，既可以提升公园绿地的品质，又能为市民提供更好的休闲和娱乐场所，实现公园绿地的更好发展。

参考文献

[1] 柳尚华. 中国风景园林当代五十年 1949—1999 [M]. 北京：中国建筑工业出版社, 1999.
[2] 吕圣东, 严婷婷, 周广坤. 重塑城市公园开放性——"开放街区化"的理念和启示 [J]. 中国园林, 2020, 36 (3): 7175.
[3] 吴元芳. 城市公园免费开放背景下北京市民公园休闲行为变化与特征 [J]. 地域研究与开发, 2015, 34 (5): 105-110.
[4] 李晓林. 从零盈利逐步转向零收费——城市人民公园管理的趋向 [J]. 北京观察, 2005 (5): 48-50.
[5] 北京市公园管理中心. 网站互动交流报告 [EB/OL]. [2023-06-10]. http://gygl.beijing.gov.cn.
[6] 胡佳奕. 共享理念下济南市住区公共空间活力优化策略 [D]. 济南：山东建筑大学, 2019.
[7] 汉语大字典编辑委员会编纂. 汉语大字典. 第 2 版缩印本 上 [M]. 成都：四川辞书出版社, 崇文书局, 2018.
[8] 上海市城市管理行政执法局. 上海市公园管理条例 [Z]. 1994.
[9] 北京市公园管理中心. 网站互动交流报告 [EB/OL]. [2023-06-10]. http://gygl.beijing.gov.cn.
[10] 孙迅. 城市公园公众参与模式研究——以深圳香蜜公园为例 [J]. 中国园林, 2018, 34 (S2): 5-10.
[11] 武汉市园林和林业局. 武汉市城市公园管理条例 [Z]. 2022.
[12] 海淀区园林绿化局. 北京市海淀区公园管理中心 2022 年部门预算报表 [EB/OL]. [2023-06-10]. https://zyk.bjhd.gov.cn/jbdt/auto4565_51809/auto4565_54102/auto4565/auto4565_54109/auto4565_54111/ys2022/202201/t20220125_4510116.shtml.
[13] 谢恺琪, 黄兰英, 唐佳梦. 社会公益组织管理城市公园的创新实践 [J]. 中国园林, 2018, 34 (S2): 11-14.
[14] 祝思圆. 公园城市时代下，城市公园的市场化运营 [EB/OL]. [2023-06-10].
[15] 李艳霞. 创新治水理念，实施"六共"模式，亮马河打造水绿城融合的滨水新空间 [EB/OL]. [2023-06-10].
[16] 孙迅. 城市公园公众参与模式研究——以深圳香蜜公园为例 [J]. 中国园林, 2018, 34 (S2): 5-10.
[17] 宗敏, 蔡耳发, 李秋萍, 等. 空间治理视野下城市公园活化价值与策略研究 [J]. 上海城市规划, 2020 (1): 18-22.

作者简介

张琪奥, 2000 年生, 女, 汉族, 河南新乡人, 北京林业大学硕士在读, 研究方向为风景园林规划与设计。电子邮箱：2396262870@qq.com。

李书畅,2000年生,女,汉族,山西大同人,北京林业大学硕士在读,研方向为风景园林规划与设计。电子邮箱:2336153512@qq.com。

卢诗意,1999年生,女,汉族,广西马山人,北京林业大学硕士在读,研究方向为风景园林规划与设计。电子邮箱:1149508997@qq.com。

(通信作者)张晋石,1979年生,男,汉族,山东淄博人,博士,北京林业大学,教授、博士生导师,研究方向为乡村景观、生态景观规划。电子邮箱:hangjinshi@bjfu.edu.cn。

在家门口亲近自然

——城市公园绿地开放共享策略探讨

Get Close to Nature Near Home
—Discussion on Open And Sharing Strategy of Urban Park Green Space

谢细伢*　郭美锋　周爱平

摘　要：在生态文明建设思想引领下，我国城市公园绿地实现了量的增长和质的提升，推窗见绿、出门见景、四季见花的宜居城市逐步建成。但考虑管理成本等因素，城市公园绿地在可进入、可体验方面还存在不足，开放共享不够，更多的是"看一看"的"盆景"。随着人民生活水平的不断提升，人民群众对城市绿色空间和户外活动需求更加迫切，更想在家门口就能实现"诗和远方"，因此在以人民为中心发展思想下，城市园林绿化工作在努力增加城市公园绿地有效供给的同时，更应该注重提升公园绿地质量，加强公园绿地开放共享，不断提高服务水平，关注和回应新的社会需求。

关键词：城市公园绿地；开放共享；策略

Abstract: Under the guidance of ecological civilization construction, our nation urban park green space has achieved quantitative growth and qualitative improvement. A livable city is gradually being built where you can see the green through the window, foresight the scenery when you go out and see flowers in all the season. However, may consider management costs and other factors, the open sharing of urban park green space is not enough, just look like bonsai. With the continuous improvement of living standards, people need more urban green space and outdoor activities and want to realize "poetry and distant place" near home. Therefore, under the concept of people-centered development, city must pay more attention to increase the effective supply of green space, continuously improve the quality of green space and the level of service. Making more and more parks be opened and shared to respond to new social needs.

Keywords: Urban Park Green Space; Open and Sharing; Tactics

引言

党的十八大将生态文明建设纳入中国特色社会主义事业"五位一体"总体布局，绿色发展成为城市可持续发展的必由之路。在生态文明建设思想的引领下和公园城市建设实践中，城市公园数量不断增加，人均公园绿地面积不断增长，城市公园体系不断完善。但同时存在绿地分布不均衡、绿地质量参差不齐、绿地设施配套不足、绿地开放共享不够等问题，在一定程度上无法满足人民群众亲近自然、休闲游憩、运动健身的新需求和新期待。因此如何在新时期增加城市公园绿地供给，让城市公园绿地分布更加均衡，在城市公园绿地承载力的前提下将城市公园绿地向公众敞开大门，还绿于民，回应人民群众对亲近自然的新期盼是当前城市规划建设面临的问题。

1　城市公园绿地的类型

1.1　城市绿地分类标准

根据《城市绿地分类标准》CJJ/T 85—2017，公园绿地是城市中向公众开放的、以游憩为主要功能，有一定的游憩设施和服务设施，同时兼有健全生态、美化景观、科普教育、应急避险等综合作用的绿化用地。城市公园绿地分为综合公园、社区公园、专类公园和游园，其中专类公园又分为动物园、植物园、历史名园、遗址公园、游乐公园和其他专类公园。

1.2　城市公园管理相关办法、条例

《苏州市公园管理办法》所称公园是指向公众开放的，具有良好的绿化环境和服务设施，以游憩观赏为主要功能，兼具生态景观、健身娱乐、科普教育和应急避险等功能的绿色生活空间，包括综合公园、社区公园、专类公园、游园、口袋公园等。《石家庄市公园管理办法》所称公园是指向公众开放，以游憩为主要功能，兼具生态、美化、防灾等作用的绿地，包括综合公园、社区公园、专类公园、带状公园以及其他具备公园功能的场所。《鹤壁市城市公园管理办法（试行）》所称城市公园包括综合公园、社区公园、专类公园、游园和其他具有公园性质的场所等。《上海市公园管理条例》所称公园包括位于城市范围的综合性公园、专类公园、历史文化名园以及规划确定的公园建设用地。《成都市公园条例》所称公园包括综合性公园、专类公园（儿童公园、动物园、植物园、游乐园、体育公园、文物古迹公园、纪念性公园、风景名胜公园）、带状公园等。

1.3 开放共享的范围

在生态文明建设思想的引领下，公园城市以把城市建设成为人与自然和谐共生的美丽家园为目标，强调绿色创新发展，强调"公园即城市、城市即公园"，强调绿色生态空间的复合功能，为市民提供更多优质生态产品，已然成为新时代理想城市建构模式。因此，在为市民提供更多优质生态产品的新时期背景下，城市公园绿地开放共享的范围不应仅仅局限于《城市绿地分类标准》中定义的公园绿地类型。除了公园绿地外，城市中能向公众开放，绿化环境良好，具有一定服务设施，且具备休闲游憩、体育健身、生态景观等作用的绿地空间都应该纳入城市公园绿地开放共享的范围，包括城市郊野公园、森林公园、湿地公园、风景名胜区、带状公园、游园、街头绿地、口袋公园和绿化用地面积达 65% 以上的广场等，作大城市绿地空间开放共享的底数，为市民提供更多的优质生态产品。

2 城市公园绿地存在的问题

2.1 供给总量不足

近年来，随着我国公园城市建设，城市绿化工作取得了长足进步，城市人均公园绿地面积呈现出了不断增长的趋势，让城市成为人与自然和谐共生的美丽家园，为市民带来了实实在在的幸福感、获得感。但城市绿地总量仍然不足，据国家统计局数据，我国北方省份公园数量总体偏少，除河北外，大多都在 400 座以下，天津 140 座，青海仅 64 座。另外，四川、陕西、海南、甘肃、云南、湖南、上海等省市人均公园面积均低于 $3.0m^2$/人，不满足《园林绿化工程项目规范》GB 55014—2021 中人均综合公园面积要大于 $3.0m^2$/人的要求，而且上述省市在公园拥挤程度方面均达到了 34 人/$100m^2$ 以上，参照集散广场 $1m^2$/人的标准，相对比较拥挤（图 1）。

2.2 空间分布不均

从全国总体空间分布来看，城市公园在地区之间存在较大差异。城市公园数量分布总体为南方省市比北方省市多，东部省市比西部省市多，经济发达省市比经济欠发达省市多。据国家统计局数据，2020 年广东省城市公园数量高达 4330 个（公园个数全国第一），浙江省 1547 个（公园个数全国第二），而北京 360 个、宁夏 112 个、甘肃 203 个、西藏 155 个。从城市空间分布来看，新区城市公园个数总体上比老城区多，城市公园面积比老城区大，新区城市公园绿地 500m 服务半径覆盖率基本已达 80% 以上，如成都天府新区覆盖率为 90.01%，北京城市副中心覆盖率为 87.33%，南昌红谷滩新区覆盖率为 85%。老城区由于历史欠账较多，且用地紧张，虽然随着城市更新见缝插针地规划建设一批街头公园和小游园，但覆盖率仍然偏低，如南昌老城区覆盖率为 63.95% 左右，新余老城南片区覆盖率为 54.28%，宜春市老城区覆盖率为 62.85%，利用"巴掌地块"规划建设口袋公园是老城区补齐覆盖率"短板"的重要途径。

图 1 抱石公园"人山人海"

2.3 设施配套不全

在城市体检过程中对市民调查来看，市民普遍反映城市公园设施陈旧、配套不足，呼吁尽快提质升级。主要聚焦在篮球场、门球场等健身娱乐场地偏少，停车场配套不足，高峰时段停车难问题突出，公共厕所服务半径过大，厕位未充分考虑不同年龄和性别使用厕所的频率、时长等因素，导致等候时间过长，遮阴避雨设施、信息服务站、饮水器、医疗救助设施、小卖部缺乏，餐厅、茶座、咖啡厅等休闲设施配套不足。

2.4 开放共享不够

通过现场调查发现，传统城市公园除在入园处设置一定规模的集散广场外，公园内部均以游步道为主，未设置市民可进入进行休闲娱乐的草地、小型广场等公共开敞空间。可能是考虑到养护管理成本问题，基本上是保留了原始植被，林下空间未充分利用，或者采取乔木、灌木、草地立体园林绿化模式，灌木沿着游步道把草地围起来一隔了之，市民无法进入休闲娱乐。在城市新区的城市公园，虽然采取了现代园林绿化手法形成了大面积的草地，但到处可见不让进入的提示语，成为市民只能看一看的"盆景"。因此，城市公园绿地只能满足市民遛弯、跑步、健身、打拳等传统休闲项目，导致游步道比较拥挤，开放共享绿色空间不足，无法满足市民日益增长的亲近自然的需求。

2.5 养护管理不精

目前城市公园绿地的养护管理主要体现在对游步道、栏杆、路灯等设施的修补和更换，对乔木、灌木、草地的修剪和施肥等方面，以保证市民拥有更好的公园活动环境，更多的是关注公园的整体美观度。在围绕市民亲近自然需求方面谋划不足、建设不精、管理不细，对市民在城市公园绿地里打篮球、搭帐篷、露营野餐等新需求、新期盼，未及时对公园功能空间进行调整优化，实现自然资源向户外休闲运动开放。另外许多城市公园为便于管理，对市场力量拒之门外，隔断了人间烟火，不仅造成了市民休闲娱乐的不便，也断送了支撑公园可持续运营的一股力量。

3 城市公园绿地开放共享思路

3.1 在保护中开放

城市公园绿地等自然生态空间是城市可持续发展的底色，要切实理顺保护与发展的关系，在守好生态安全底色的前提下，在绿地承载力范围内科学划定开放共享区域，出台城市绿地开放共享区域管理指引文件，制定完善开放共享区域各类活动规则，加强对游客的引导，让共享绿地既能在保护中"放得开"，还能在精细服务中"管得住"。

3.2 围绕人来开放

城市公园绿地开放共享的意义就是强调城市绿地的实用功能，还绿于民，将只能"看一看"的"盆景"变成欢迎"坐一坐"的"客厅"，切实回应市民对亲近自然的美好期盼。因此，城市公园绿地开放共享必须围绕人的需求来开展，根据人的需求及时调整和优化城市公园绿地的功能布局，合理增设可进入、可体验的绿色活动空间，努力完善各类配套服务设施，切实提升管理水平，让市民乐意来、玩尽兴、满意归。

3.3 在有序中开放

城市公园绿地开放共享要切实做到精心养护、精细管理、精美呈现。建立城市公园绿地共享平台，向社会实时发布城市公园绿地开放共享位置、时间、规则和指引、预约方式、游客容量等实用信息，方便市民选择开放共享区域，避免拥挤和无序。另外，对城市公园绿地开放共享草地等需要养护的绿地空间，根据草地生长规律、养护周期进行轮流养护和有序开放，让绿地更绿。规范市场准入机制，适当引入市场力量并进行有序管理，提升绿地的功能性、体验性和场景性，方便市民进行生态休闲，同时也为城市公园可持续运营带来支撑。

4 城市公园绿地开放共享策略

4.1 做大总量，筑牢城市生态底色

中央城市工作会议已明确要求城市规划建设必须以生态文明建设思想为指引，坚持以人民为中心的发展思想，尊重自然、顺应自然、保护自然，改善城市生态环境，着力提高城市发展可持续性和宜居性。因此城市规划建设要坚持生态优先，坚持绿色低碳发展，保护城市现状地形地貌、河湖水系、自然山体等生态环境资源，将自然山水要素成为控制城市无序蔓延、实现组团式发展的生态空间，支撑城市空间结构优化调整和城市可持续发展，同时利用城市周边生态保育区域与生态修复后的区域建设郊野型公园。通过生态廊道将自然山水要素引入城区，实现城内外绿地连通，同时依托城区自然条件和城市更新增加城市生态绿地和街头绿地，做大城市公园绿地供给总量，改善城区生态环境，提升城区舒适度，让城市更自然、更生态。

4.2 完善体系，力促绿地均衡分布

随着生活水平的提高，公园绿地作为城市居民利用率最高的城市公共产品，人民群众不仅关注公园的类型、品质、特色，更加关注公园的可达性、实用性、体验性和场景性。因此城市规划建设要把在城市中建公园转变为在公园中建城市，进一步优化城市公园绿地的空间布局，根据人口规模、人口分布及使用需求、使用规律，建构类型丰富、数量达标、分布均衡、功能完备、品质优良的公园体系，实现绿色空间和建设空间耦合，努力提高城市公园分布均好度，让市民在家门口就能亲近自然、享受自然。根据城市公园绿地分类，承担市民日常生态休闲功能的主要为综合公园、社区公园、游园。经调查城区综合公园规划建设比较完善，分布相对均衡，目前社区公园、游

园相对比较缺乏，这一问题在老城区体现得更为突出。寸土寸金的上海，通过在大街小巷见缝插针式地建设口袋公园，不断提升人均公园绿地面积，据住房和城乡建设部发布的《2020年城市建设统计年鉴》，对比各大城市上海人均公园绿地面积仅 $9.05m^2$/人，排名垫底，但人均街旁绿地面积 $7.5m^2$/人，排名第一。2022年，上海口袋公园已达103座，面积虽小，但功能完备，且覆盖居住区的覆盖率高。因此，城区特别是老城区应通过城市有机更新见缝插针式地建设一批社区公园、街头绿地、口袋公园和游园等，不断提高公园绿地分布均好度，让老百姓出门逛公园更方便。

4.3 强化配套，夯实开放共享条件

城市综合公园在保证公园绿化用地规模和有效发挥公园生态功能的前提下，应按照居民使用需求和规律科学划分公园功能分区，做到动静分离。根据市民体育健身活动、生态休闲娱乐的需求，应适当增加体育设施用地的面积，配套一定规模的篮球场、门球场等体育健身场地，完善配套餐厅、咖啡厅、茶座、小卖部、医疗救助站、展厅、科普馆、停车场等游憩和服务设施。社区公园、游园、街头绿地面积较小，主要服务对象为老人和儿童，要设置满足老年人和儿童日常游憩需要的设施，面积虽小，但功能要齐全。

4.4 科学开放，增设绿地活动空间

城市公园绿地开放共享，让生态绿地释放更多民生红利，需做到科学开放，避免开放共享对生态绿地的破坏。①对城市人口分布、居民使用规律进行调查分析，结合公园绿地现状条件，在保护自然资源的前提下，增设绿地活动空间，在公园绿地生态承载力范围内科学确定公园绿地开放共享的位置、规模、允许活动类型、允许活动时间。②根据开放共享区域的不同类型、特点科学配套完善服务设施，提升开放共享区域服务能力，如休闲娱乐共享区域配套茶座、咖啡厅等设施，体育健身区域配套医疗救助、游戏娱乐设施，文化科普共享区域配套展厅、摄影等设施。③为加强对城市公园绿地的有效养护，要根据绿地的不同类型、特征和生长规律，科学制定城市公园绿地开放共享区域轮换与养护制度。

4.5 精细管理，创造和谐有序环境

城市公园绿地开放共享，不能一放了之，不然一定会出现乱扔垃圾、杂乱无序、破坏绿地和践踏花草现象，并存在安全隐患，因此城市公园绿地开放共享要做到精心养护、精细管理，创造和谐有序的环境。①探索制定城市公园绿地开放共享管理办法，规范对开放共享区域管理，对践踏花草和破坏绿地等不文明行为进行处罚，才能使公园绿地"放得开""管得住"。②出台城市公园绿地开放共享规则，加强对市民的行为引导，让市民认识到只有"共护"，才能更好地共享。③建立城市公园绿地开放共享信息平台，实时发布城市公园绿地开放共享位置、规模、允许活动类型和时间、容量等内容，让市民了解城市公园绿地开放共享的实时状态，更方便地选择开放共享的区域。④规范市场准入机制，适当引入市场力量并进行有序管理，为城市公园提供人性化、多样化的服务，方便市民进行生态休闲，也为城市公园可持续运营注入活力。

5 结语

我国已进入生态文明新时代，市民对大自然的向往只会越来越强烈，在家门口就能亲近自然已成为市民的新需求新期待。城市作为市民的家园，在努力做大城市公园绿地"蛋糕"，让城市变得更加宜居的同时，更应该为市民提供更多的可进入、可体验的生态绿地空间，还绿于民，让城市公园绿地变为市民的真正"客厅"，不断满足人民群众对美好生活的期盼。

参考文献

[1] 杨绪忠. 张弛 共享绿地 亲近身边的自然[N]. 宁波日报, 2023-5-24(3).
[2] 郑雅楠 让好生态看得见摸得着[N]. 中国自然资源报, 2023-2-28(3).
[3] 王忠杰, 束晨阳, 刘宁京, 等. 中国主要城市公园评估报告[R]. 北京: 中国城市规划设计研究院, 2021.
[4] 2020年城乡建设统计年鉴[R]. 北京: 中华人民共和国住房和城乡建设部, 2022.

作者简介

(通信作者)谢细仔, 1985年生, 男, 汉族, 江西新余人, 新余市自然资源局渝水分局, 空间规划股负责人, 研究方向为城乡规划与设计。电子邮箱: 1301733036@qq.com。

郭美锋, 1976年生, 男, 汉族, 江西吉安人, 新余市城乡规划研究中心, 主任, 研究方向为风景园林。电子邮箱: 516632481@qq.com。

周爱平, 1981年生, 男, 汉族, 江西新干人, 新余市城乡规划研究中心, 副主任, 研究方向为城乡规划与设计。电子邮箱: 52135750@qq.com。